爆炸焊接和爆炸复合材料手册

Explosive Welding and Explosive Composite Material Handbook

郑远谋 著

(本页"爆炸焊接和爆炸复合材料"由中国工程院院士,前全国政协常委、中国科协副主席、北京工业大学校长左铁镛教授题写。)

中南大学出版社
www.csupress.com.cn

·长沙·

图书在版编目(CIP)数据

爆炸焊接和爆炸复合材料手册 / 郑远谋著. —长沙：
中南大学出版社，2025.1
ISBN 978-7-5487-5380-3

Ⅰ. ①爆… Ⅱ. ①郑… Ⅲ. ①爆炸焊－手册②爆炸复
合－复合材料－手册 Ⅳ. ①TG456.6-62②TB41-62

中国国家版本馆 CIP 数据核字(2023)第 089090 号

爆炸焊接和爆炸复合材料手册
BAOZHA HANJIE HE BAOZHA FUHE CAILIAO SHOUCE

郑远谋　著

□ 出 版 人	林绵优	
□ 责任编辑	刘石年	
□ 责任印制	唐　曦	
□ 出版发行	中南大学出版社	
	社址：长沙市麓山南路	邮编：410083
	发行科电话：0731-88876770	传真：0731-88710482
□ 印　　装	湖南省众鑫印务有限公司	

□ 开　　本	880 mm×1230 mm 1/16　□印张 63.5　□字数 2190 千字　□插页 4
□ 版　　次	2025 年 1 月第 1 版　□印次 2025 年 1 月第 1 次印刷
□ 书　　号	ISBN 978-7-5487-5380-3
□ 定　　价	398.00 元

内容简介

金属爆炸焊接是介于金属物理学、爆炸物理学和焊接工艺学之间的一门边缘学科，爆炸焊接又是用炸药作能源进行金属间焊接和生产金属复合材料的一种很有实用价值的高新技术。它的最大特点是在一瞬间能将相同的、特别是不同的和任意的金属组合，简单、迅速和强固地焊接在一起。它的最大用途是制造大面积的各种组合、各种形状、各种尺寸和各种用途的双金属及多金属复合材料及其制品(复合板材、复合带材、复合箔材、复合管材、复合棒材、复合线材、复合型材、复合粉末和复合锻件，以及用它们制作的复合零件、复合部件和复合设备)。这种技术还是一种先进的表面工程技术，这类材料也是一类应用广泛的表面工程材料。

本书从金属物理学的观点出发，在实践、研究和大量国内外资料的基础上，在本学科中首次清晰和准确地描述了爆炸焊接的全过程，全面、系统地论述了爆炸焊接的工艺和原理，从而建立起一整套爆炸焊接的金属物理学理论，并提供了大量的金属爆炸复合材料的生产工艺、组织性能及其工程应用方面的资料。

本书图文并茂和通俗易懂，集理论与实践、研究和应用，以及实用于一体，可供下列学科、行业和领域中从事异种金属焊接和复合材料的研究、开发、生产、设计、管理或教学方面的科研及工程技术人员、企业家、工人和大专院校师生参考：爆炸加工、爆炸焊接(焊接)、金属和非金属复合材料(金属和非金属材料)、表面工程技术(表面工程材料)、炸药和爆炸物理(爆炸力学)、化工(石油化工)、工程爆破、材料保护、工程机械、机器制造、能源技术、环境保护、水利水电、冶金设备、舟艇舰船、地铁轻轨、交通运输、建筑装饰、腐蚀防护、摩擦磨损、致冷致热、高压输电、电力装备、电力金具、电工电子、电脑家电、电线电缆、电解电镀、电子防窃、电子封装、仪器仪表、办公用品、体育器具、多层硬币、五金配件、消防器材、海水淡化、食品轻工、烹饪用具、厨房设备、家具用材、医药化肥、医疗器械、生物医学、切削刃具、油井钻探、油气管道、桥梁隧道、港口码头、市政建设、设备维修、农业机械、真空元件、耐磨材料、超导材料、功能材料(储氢材料、软磁材料、硬磁材料、存储材料、穿甲材料、高磁致伸缩材料、弹性减振材料、形状记忆材料等)、低温构件、海洋工程、国防军工、航空航天和原子能(裂变聚变)，以及金属材料资源的节约、综合利用和可持续发展……

全书含图 2376 幅，表 845 张，数学式 220 条，参考文献 1709 篇，字数约 2190 千字。

题　词　一

爆炸焊接是焊接技术的一大发展和生产复合材料的一种高新技术，爆炸复合材料是材料科学及其工程应用的一个新的发展方向。

黄伯云（中国工程院院士，中南大学前校长，教授）

题 词 二

爆炸焊接大有可为
复合材料前程似锦

周廉

（本页题词由中国工程院院士、西北有色金属研究院名誉院长周廉教授题写）

题 词 三

　　大力开展爆炸焊接工作，大量生产各种金属复合材料，满足各项机械工程的需要，促进我国机械工业的发展。

——贺郑远谋同志的专著《爆炸焊接和爆炸复合材料手册》出版。

中国机械工程学会，
前副理事长兼秘书长，教授

序 一

　　郑远谋同志用毕生精力完成的专著《爆炸焊接和爆炸复合材料手册》是全面和系统地讨论爆炸焊接理论及其应用的一本好书。这本书不仅阐述了不同于流体力学的爆炸焊接的金属物理学原理，而且指出了爆炸焊接的最大用途是制造各种金属复合材料。这些复合材料广泛地应用在生产和科学技术的各个方面，从而显示出爆炸焊接技术的神奇性和不可估量的应用价值。

　　爆炸焊接是焊接技术的一个大发展，爆炸复合材料是材料科学的一个新的发展方向。爆炸焊接大有作为和任重道远，爆炸复合材料意义深远和前程似锦，值得一切有志于这方面工作的人们奋发努力。

中国科学院院士，
清华大学教授　潘际銮

（曾任国际焊接学会副主席、中国焊接学会理事长、
清华大学前副校长、南昌大学校长）

序 二

郑远谋先生的著作《爆炸焊接和爆炸复合材料手册》是讨论爆炸焊接工艺、原理和应用的一部专著，是作者毕生研究和实践爆炸焊接技术的结晶，同时又为读者汇集了国内外爆炸焊接方面的研究成果。该书论述严谨、结构新颖、内容丰富，为爆炸焊接技术设计和生产应用提供了大量翔实的宝贵数据。理论紧密联系实际、对生产实践指导作用强是该书的最大特色。

爆炸焊接可以实现多种材料、多种性能的复合，能将不同物理、力学或化学性能的常用材料或稀贵材料与普通钢材强固地焊接在一起，表面材料和本体材料的厚度及其厚度比可以任意选择，面积可达数十平方米，用它们制造的设备可达数百吨。爆炸焊接还可以与各种压力加工和机械加工工艺相结合，生产出更长或更短、更大或更小、更薄或更厚，以及异形的表面工程材料及其零部件。爆炸焊接也是一种先进的表面工程技术，用爆炸焊接技术生产的金属复合材料是一类用途广泛的表面工程材料。

与某些表面工程技术相比，爆炸焊接具有工艺设备投资少、操作简单、质量好和成本低等优点。用爆炸焊接制备的表面工程材料结合强度高、面积大、品种多、适应性强，并且由于爆炸硬化和爆炸强化，还使表面材料的某些性能，如强度、耐蚀性和耐磨性等有附加的提高。书中的大量事例说明，用爆炸焊接技术生产的各种各样的金属复合材料已构成了工程结构新的表面材料体系，丰富了表面工程的内涵，其应用前景十分广阔。

该书的出版发行，必将促进我国爆炸焊接及表面工程技术的研究与应用，为我国国民经济建设和国防建设作出重要贡献。

中国工程院院士，
装甲兵工程学院教授　

序 三

爆炸焊接是爆炸加工高科技领域的重要新工艺和新技术之一。爆炸焊接经过几十年来的研究、应用和发展，已成为爆炸加工领域中使用炸药最多、产品产量最大和品种最多、应用最广、迄今前景最好和最活跃的一个分支。

爆炸复合材料是材料科学及其工程应用的一个新的发展方向。爆炸复合材料的品种和数量宠大，形状和类型很多，性质和用途很广。它们为充分发挥和综合利用、增强和提高金属材料的化学、物理及力学性能展现了一幅无限广阔的前景。

书中相图在爆炸焊接中的应用和界面上大量金属物理学课题的研究成果，很是深刻和很有见地。它们为将爆炸焊接的理论建立在金属物理学的基础上提供了依据。

《爆炸焊接和爆炸复合材料手册》一书，全面和系统地总结了作者几十年来在爆炸焊接研究和金属复合材料生产中的理论及实践。

郑远谋同志早就计划写这部书了。作为作者的老师，对该书的出版和他所取得的成果十分高兴和欣慰。俗话说有志者事竟成。祝愿那些不畏艰险和勇敢攀登的人们，登上科学技术的高峰。

中国科学院院士，
中南大学教授　金展鹏

序 四

  爆炸焊属于特种焊的范畴，郑远谋同志在他执着研究和丰富实践经验的基础上写成的这部 200 余万字的著作中对爆炸焊涉及的各个领域，从爆炸焊的基础理论、金属物理基础到各种工艺、产品结构和接头性能，进行了详尽的论述。本书对于从事爆炸焊的工作者来说，既是一本教科书又是一本手册，对于涉及这个领域的工程技术人员也是一本很好的参考书。

  爆炸焊不仅是一种先进实用的焊接技术，而且还是一种用途广泛的金属复合材料的生产工艺。这种工艺技术具有重要的经济和技术价值。本书的出版必将促进这种工艺技术的发展。

中国机械工程学会焊接学会前理事长，
甘 肃 工 业 大 学 前 校 长 ，教 授

致　敬

　　值此本书出版之际，作者以个人的名义，向我国爆炸加工(爆炸焊接)事业的开拓者和奠基人郑哲敏院士(中国科学院力学研究所)，陈火金教授(大连爆炸加工研究所)，邵丙璜教授(中国科学院力学研究所)，张凯教授(大连理工大学)，薛鸿陆教授(国防科技大学)，张振逵教授(洛阳船舶材料研究所)，陈勇富教授(长沙矿冶研究院)，李同春教授(大连理工大学)，张登霞教授、李国豪教授和陈维波教授(中国科学院力学研究所)，金增寿教授(兰州214研究所)，以及章仕表教授(南昌洪都机械厂)等致以崇高的敬意。

　　此外，还要向北京有色金属研究总院前总工程师李东英院士致敬。早在20世纪60年代初，他在为原冶金部宝鸡902厂拟写的设计任务书中，就明确地提出了在该厂开展稀有金属材料的爆炸加工课题的研究工作。正是由于有了这个具有重大科技及历史意义的远见卓识和独具慧眼，以及后来该厂历届领导的英明决策和全力支持，才有了今天西北有色金属研究院和宝钛集团内的爆炸焊接研究与爆炸复合材料生产工作欣欣向荣的局面，及其几十年来对我国本学科和本行业发展的影响与贡献。自然，与此同时也就有了今天的作者和本书自20世纪70年代初开始的筹划、写作，直到21世纪初至今的出版面世。

　　另外，要向一位领导致敬，那就是自20世纪60年代起就任和首任宝鸡有色金属研究所的所长刘雅庭教授。感谢他在那个年代对作者写书"计划"(一个梦想)的支持和指导，如果没有当年的这个支持和指导，就可能没有现在的这本书，作者就不可能有今天的梦想成真。

　　还要向西北有色金属研究院名誉院长周廉院士致敬。感谢他对作者的关心和爱护、对本书的肯定和赞誉，以及他为本书题词。

　　最后，向为本书题名、题词和作序，共同推动爆炸焊接技术在我国快速发展的院士、专家和教授们致敬。向所有关心、支持和推动爆炸复合材料在我国广泛应用的人们致敬。

致 谢

感谢下列单位对本书出版工作的大力支持和对我国爆炸加工(爆炸焊接)事业的发展作出的贡献:

1. 宝鸡市钛程金属复合材料有限公司
2. 四川惊雷科技股份有限公司
3. 陕西宝鸡宝钛集团金属复合板公司
4. 陕西西安西北有色金属研究院天力公司
5. 辽宁大连爆炸加工研究所
6. 河南洛阳船舶材料研究所爆炸焊接研究室
7. 江苏南京昭邦金属复合材料有限公司
8. 宝鸡市东博容器复合材料有限公司
9. 宝鸡海华金属复合材料有限公司
10. 河南郑州宇光金属复合材料有限公司
11. 安徽中钢联新材料有限公司
12. 阳江十八子集团有限公司
13. 江苏南京航空航天大学材料学院
14. 湖北玉昊金属复合材料有限公司
15. 陕西安达实业股份有限公司
16. 中煤科工集团淮北爆破技术研究院有限公司
17. 山西太原太钢复合板厂
18. 湖北金兰特种金属材料有限公司
19. 湖北帅力化工股份有限公司
20. 福建温州永固集团
21. 广东宏大爆破股份有限公司、广东明华机械有限公司连南分公司
22. 江苏南通太和机械集团

此外还有:

23. 北京中国科学院力学研究所
24. 合肥中国科学技术大学近代力学系
25. 辽宁大连理工大学爆炸复合材料研究中心
26. 辽宁大连理工大学材料学院
27. 陕西宝鸡红旗鸿远金属复合材料有限公司
28. 陕西宝鸡巨隆金属复合材料有限公司
29. 陕西宝鸡汇鑫金属材料复合有限公司
30. 陕西宝鸡力合金属复合材料有限公司
31. 陕西迈特金属科技发展公司
32. 陕西富源讯达工贸有限公司
33. 山西省民爆集团
34. 河南舞钢神州重工金属复合材料有限公司
35. 河南盛荣金属复合材料有限公司
36. 河南辰润科技有限公司
37. 河南洛阳河南科技大学
38. 河南洛阳中信机电制造公司
39. 江苏无锡一加一金属制品有限公司
40. 江苏南京理工大学瞬态物理国家重点实验室
41. 江苏南京理工大学动力学院
42. 江苏南京炮兵防空兵学院南京分校
43. 江苏南京三邦金属复合材料有限公司
44. 江苏南京宝泰特种材料有限公司
45. 江苏南京首勤特种材料有限公司
46. 江苏南京德邦金属装备工程股份有限公司
47. 江苏徐州中国矿业大学
48. 安徽弘雷金属复合材料有限公司
49. 安徽滁州金元素复合材料有限公司
50. 安徽黄山顺钛新材料科技有限公司
51. 山东青岛潜艇学院防救系
52. 山东威海化工机械有限公司
53. 山东德州学院计算机系
54. 辽宁克莱德金属复合材料有限公司
55. 辽宁润锋集团葫芦岛金属复合材料有限公司
56. 辽宁消应新材料制造有限公司
57. 内蒙古工业大学材料学院
58. 内蒙古天工盛务爆炸加工科技有限公司
59. 湖南方恒新材料技术股份有限公司
60. 甘肃白银铝厂银铝公司
61. 湖南长沙众诚机电科技有限公司
62. 重庆顺安盛钛科技新材料有限公司
63. 河北承德帝圣公司
64. 辽宁沈阳陆正公司
……

特别感谢陕西宝鸡钛程公司的高扬文先生个人的特别支持。

前　言

PREFACE

1970 年初，我有幸参加了爆炸焊接新技术的研究和爆炸复合新材料的生产工作。50 多年来，我一面工作、一面学习和一面写作。因此，为了这本书，我干了 50 多年、学了 50 多年和写了 50 多年。现在经过四次改版之后，终于较为理想地完成了这个我为之奋斗了一生的光荣、艰巨而意义重大的任务。甚为欣慰和感慨。

本书的出版，使我能够表述我在这门新兴的边缘学科和高科技领域所作出的如下主要贡献：提出了爆炸焊接中炸药和爆炸，即能源和能量在传统的爆炸物理学中许多不曾有过的观点及结论；揭示了爆炸焊接能量的传递、吸收、转换和分配的全过程；探讨了爆炸焊接的冶金过程和冶金结合，即结合区金属塑性变形、熔化和扩散的起因、经过及结果；研究了结合区波形的形成原理；总结了爆炸焊接工艺和技术中几乎所有的理论及实践课题。并且提供了数百种爆炸复合材料的生产工艺、组织性能和工程应用方面的大量资料。这一切就从金属物理学的角度出发，几十年来在本学科中，第一次清晰和准确地描述了爆炸焊接的全过程，包括结合区波形成的全过程，全面和系统地论述了爆炸焊接及爆炸复合材料的原理与应用，从而为这门学科提出了一整套全新的和正确的理论及实践。此外，50 多年来，我为这门新工艺和新技术及其产品在我国的推广与应用也做了大量的工作。这本书出版后，我希望能对我国金属材料、焊接和表面工程，以及"内容简介"中所提及的众多学科、行业和领域的发展起一点作用，能对我国与世界各国的学术交流并促进这门学科的发展起一点作用。

本书导言简要地介绍爆炸加工和爆炸焊接领域大量的新工艺和新技术，介绍爆炸焊接的发展历史、特点和光明前景。第一篇提纲挈领地论述爆炸焊接的过程、爆炸焊接与聚能效应的原则和本质的区别，以及它的发展方向。由此简述爆炸焊接的金属物理学本质，并为后文论述这个本质提出问题和打下基础。第二篇介绍爆炸焊接的能源和能量，即炸药和爆炸方面的基本知识，讨论爆炸焊接能量的传递、吸收、转换和分配的全过程。第三篇在大量资料的基础上，以大量篇幅介绍爆炸焊接的工艺和技术，及用这些工艺和技术生产的数百种爆炸复合材料，以及它们的后续加工(如压力加工、热处理、焊接、机械加工和废料处理等)和工程应用。第四篇讨论所有爆炸复合材料中大量的共同和特有的宏观及微观的金属物理学课题，全面和系统地探讨爆炸焊接金属物理学的机理，以及结合区波形成的原理，从而建立起一整套完全不同于流体力学的金属物理学理论(包括波形成理论)，构成一部较为完整的爆炸复合材料学。第五篇介绍在爆炸焊接研究和爆炸复合材料生产及其工程应用中必要的工具资料。

这本书出版之后，希望读者一书在手能融会贯通和运用自如，并且在前人的基础上承前启后和推陈出新，为我国爆炸焊接和爆炸加工事业的发展作出自己最大的贡献。

以下说明几点：

(1)本书篇幅很大，内容很多。在目录和正文中按内容分类，除导言外，共分五篇。篇、章、节的编排参照 GB/T 1.1—2020 国家标准。除篇号用了汉字外，其余内中编排均用数字表示，如 1.1.1，即第一篇第 1 章第 1 节。

(2)本书图、表和公式很多。为了清晰地表明它们在书中的位置和序号，其编号以 4 个数位表示，前三个数位表示图、表和公式所在的篇、章、节，第 4 个数位为它们的顺序号。例如，图 3.4.5.12 表示该图是第三篇第 4 章第 5 节的第 12 幅图。

（3）本书金属组合的表示方法：在通常情况下用"–"连接两种或多种金属材料的组元，如"钛–钢""不锈钢–钢"和"钛–钢–不锈钢"等。在少数情况下，例如金属材料组元中有下标和连字符"–"存在时，则用"+"连接以示与它们相区别，如"锆$_2$+不锈钢"，"BFe30-1-1+921 钢"和"BT1-1+钢 3"等。并且覆层在前和基层在后。

（4）本书所用物理量的符号和单位采用法定符号及计量单位。爆炸焊接学科特有的符号和单位，能够统一的尽量统一。统一了的见本书附录 D.2，未统一的将在文内相应位置标明。

（5）为论证爆炸焊接的金属物理学原理，全书参阅了数以千计的国内外文献。为此特向所有文献的作者们致谢。对一些多作者文献未能写出全部作者的名字，在此特向他们致歉。

（6）感谢西北有色金属研究院的陈昆华同志为本书摄制了数百幅金相照片，也感谢该单位的许多同志为作者提供了更多的帮助，还要感谢国内主要从事爆炸焊接研究和生产的单位及个人为本书提供了大量的产品和应用方面的图片。特别要感谢多位资深的两院院士和专家教授为本书题名、题词和作序，共同推动爆炸焊接技术在我国的应用和发展。这一切不仅使本书更加完善、完美和锦上添花，而且使本书成为向国内外宣传和展示 60 多年来我国在此科技领域所取得的成就的窗口。从而有力地证明，中国人不仅在理论研究和实践应用中都做了大量的工作，而且向世界表明，中国人为了这门学科的发展也作出了自己的贡献。

（7）本书第 1 稿于 1998 年 7 月在广州火车站附近随行李被盗。作者百折不挠，于 2000 年写出第 2 稿，并于 2002 年出版（第 1 版），后经补充和修改，于 2007 年再版（第 2 版），2017 年出版了第 3 版。此次出版的书为第 4 版。由于学术的进展，这四个版本的书名略有不同，但全书的结构大同小异，而内容越来越丰富，理论和实践越来越扎实，越来越展现出我国在此科技领域所取得的巨大成就。以此凝结作者一辈子心血和期望的专著，献给从事和即将从事本学科工作的人们，并互勉。在此，作者希望有更多的有志者进入这个科技领域，并且人才辈出和硕果累累。在科学技术的发展中，无限风光在险峰。祝愿那些不畏艰险和勇敢攀登的人们登上科学技术的高峰。

（8）本书第 3 版于 2017 年出版后现已售完，甚为欣慰。此事不仅说明我的书颇受大家的欢迎，而且说明我国本学科和本行业的发展令人鼓舞。为了适应这种形势的需要，作者在 80 高龄决定将该书再版——出版第 4 版。这版书经过两年多的准备，现已基本就绪。在本版书中，除了对正文中的一些地方做了补充和修改之外，主要的还增加了另一些曾经、正在和即将从事爆炸焊接研究和爆炸复合材料生产工作的单位的名称及其典型产品的图片。这样，如果再加上前三版书中的工作单位和图片，就共有 60 多家单位和 600 多幅图片。这么多的工作单位是作者已经联系上的和已经掌握的，可能还有遗漏。然而，不管怎样，其工作单位的数量和图片的数量已十分可观和令人惊叹。由此可见我国本学科和本行业的研究及生产的宏大规模和不可估量的发展前景。作者仅在此希望我国这么多的同行们，在今后的岁月里相互交流、相互学习、相互支持和相互合作，共同努力推动我国爆炸焊接事业更快速地发展和获得更多更好的应用，开创我国本学科和本行业更新的局面。这是本书作者出版这版书的主要目的和殷切希望。在此过程中，本书和作者如能助大家一臂之力（包括无形资产），那么作者更深感欣慰和鼓舞。

最后指出，①全书参考了国外同行们的研究成果，但主要还是借鉴了国内同行专家、学者和工程技术人员的研究成果。特别是本书延续 20 多年的四个版本的出版，还借助了我国多家单位的赞助。没有这股雄厚的技术和物质力量，本书也难以面世。因此，将本书视为我国同行们集体智慧的结晶和共同劳动创造的财富颇为合适。②本书实际上是以大量数据、包括大量图片为依据的，集爆炸焊接和爆炸复合材料的原理、工艺、组织和性能，以及工程应用为一体的一部非常实用的工具书。因此，出于技术方面的原因，将本版书的书名命名为"手册"也颇为合适。

（9）借此机会，以本书向这么多年来给予我关心、同情、支持、帮助、爱护和保护的所有领导、同事及朋友们表示深深的谢意。

最后，书中的学术观点和语言文字难免有片面及错漏之处，敬请国内外专家学者批评指正。

郑远谋

2022 年 11 月 8 日

目 录
CONTENTS

CONTENTS

Title

Brief Introduction

Inscription

Preface

Dedication

Acknowledgments

Foreword

导 言

INTRODUCTION

0.1 爆炸加工

在现代金属材料的加工工艺中，与常规的许多金属压力加工工艺和机械加工工艺相对应及相辅相成的，还有一些高能加工工艺。这些工艺以化学能(炸药和可燃性气体)、电能、电磁能和机械能为能源，并在毫秒和微秒数量级的时间内将能量传递给金属，从而对材料进行预定形式的加工。这些工艺主要包括金属炸药爆炸加工、可燃性气体爆炸成形、水锤成形、液电成形、电磁成形、磁动力成形和电磁液压成形等[1~3]，从而形成了现代金属高能加工的高科技领域。其中以炸药为能源的爆炸加工历史最悠久和应用最广泛。

一百多年来，特别是近几十年来，金属爆炸加工已不再是爆炸成形之花一枝独秀了，它已经独立地形成了如下几十种新工艺和新技术：

(1)爆炸成形
(2)爆炸焊接
(3)爆炸粉末冶金(压实和烧结)
(4)爆炸硬化(含超硬材料)
(5)爆炸强化(含超强材料)
(6)爆炸消除焊缝残余应力
(7)爆炸切割
(8)爆炸合成金刚石(块体和粉体)
(9)爆炸合成高温超导材料
(10)爆炸合成非晶材料
(11)爆炸合成微晶材料
(12)爆炸合成纳米材料
(13)爆炸合成压稳化合物
(14)爆炸压涂
(15)爆炸喷涂
(16)爆炸衬里
(17)爆炸包覆
(18)爆炸挤压
(19)爆炸锻压

(20)爆炸胀管
(21)爆炸胀形
(22)爆炸缩(管)口(颈)
(23)爆炸扩(管)口(颈)
(24)爆炸冲孔
(25)爆炸铆接
(26)爆炸压印
(27)爆炸校形
(28)爆炸雕刻
(29)爆炸拆船
(30)爆炸取出深孔内的断钻头
(31)爆炸清除高温金属炉结和砌体
(32)爆炸清除矿热回转炉炉渣
(33)爆炸清除铁合金炉炉内高温凝结物
(34)爆炸消除转炉内带温渗凝物
(35)爆炸聚能使炼钢炉出钢口穿孔
(36)爆炸聚能打通油井
(37)爆炸金属热处理
......

此外，利用炸药和爆炸能量做功的新工艺和新技术还有以下多种：

(1)爆炸修复钻井
(2)爆炸物理探矿
(3)爆炸获得强磁场和脉冲电流
(4)爆炸整流强点回路
(5)爆炸 MГД 发电机

(6)爆炸冲击压缩凝集物产生电动力
(7)爆炸灭火
(8)爆炸拆除
(9)定向爆破
(10)爆炸生物处理

（11）脉冲爆燃压裂增产煤层气　　　　　　（15）爆炸加速深部软土地基排水固结

（12）深厚淤泥爆炸挤淤　　　　　　　　　（16）水介质预裂爆破采矿

（13）爆炸清除冰凌　　　　　　　　　　　（17）高能气体压裂增产油气

（14）爆炸开挖水电工程和海底沟槽　　　　……

　　能够预言，随着生产的发展和科学技术的进步，利用炸药这个巨大而廉价的能源对金属进行各种加工的新工艺和新技术将会不断涌现。其成果不仅将广泛地应用到化工、机械、矿业、建筑、造船、原子能和其他工业中去，而且将大量地用来加工人造卫星构件、空间运载工具、载人通信卫星、空间实验室、以及在空间探索和宇宙航行中人类可能制造的任何装置。今后爆炸加工的发展，正如它以往的发展一样，仍将取决于使用者和设计人员的想象力及创造性。爆炸加工为炸药的和平利用开辟了一条新的和广阔的道路，为金属材料的成形加工和综合利用展示了一幅无限光明的前景。

0.2　爆炸焊接

　　爆炸焊接经过几十年的研究、应用和发展，已成为金属爆炸加工领域中使用炸药最多、产品品种最多和产量最大、应用最广、迄今前景最好和最活跃的一个分支。

0.2.1　爆炸焊接的发展

　　由炸药爆炸的结果而产生的焊接现象，大概是在第一次世界大战时被首先发现，炮弹碎片在撞击中偶然地但强固地焊接在金属构件上。第二次世界大战中，在修理被击损的坦克时，人们也经常发现倾斜撞击到坦克上的弹片和装甲牢牢地粘在一起。但是，首先以文献形式记录下来的人是美国的 L. R. 卡尔[4]。他在一次偶然的试验中发现了爆炸焊接现象：将雷管置于两个半硬态的 α-黄铜圆盘的中央，并与圆盘直接接触。引爆雷管后，那两个圆盘焊接上了。他也注意到了界面上的波形，这种波形是爆炸焊接双金属结合区的明显特征之一。1946~1947 年，在苏联，M. A. 拉弗宁吉也夫领导下的科学家小组在进行聚能装药研究的时候，也观察到了钢和铜双金属锥形试样的界面上的波形[5]。1954 年，艾伦、麦普斯和威尔逊发现，当直的圆柱体倾斜地射向薄的平面铅靶时，入射角超过一定的临界角（与速度有关）后，圆柱体前沿表面出现连续的波峰和波谷。1957 年，V. 菲利甫丘克在铝坯料向 U 形截面的钢模爆炸成形和冲击的过程中，偶然地发现在一平方英寸（6.4516 cm²）的面积上铝和钢焊接了。在后来的论文中，他将这种现象正式地称为"爆炸焊接"[6~8]，并预言爆炸焊接可能成为一种有用的方法，此后又进行了大量的实验工作。1948 年，在进行水下爆炸的时候，他也偶然发现两块金属元件结合在一起。1961 年，在苏联西伯利亚流体力学研究所研究爆炸硬化的时候，获得了不希望的结果——爆炸焊接。这一结果是独立研究的产物，当时它被视为一种物理现象和"不感兴趣的东西"。

　　文献[3]叙述了另一些早期发现的爆炸焊接现象：炮弹碎片焊死在靶子钢板上；一堆炮弹同时爆炸，相邻弹壳之间会形成焊接层；过量的炸药将使成形件焊死在模腔内，导致费用很高的模具修理；早期的粉末压实研究中，发现压力元件如果没有对中，可能产生偶然的焊死。正是由于这类事件的发生以及人们研究如何防止此类焊接现象，导致了 20 世纪 50 年代后期人们对爆炸焊接的研究。

　　1958 年以后，为了确定金属板焊接的可能性，进行了最初的试验。据资料报道，当时美国的许多组织和大公司都进行了研究。如巴蒂尔研究所集中研究爆炸焊接的特殊应用：复合管、管接头、线焊、点焊、边焊和加强筋结构等；喷气通用公司研究了圆柱体和一些表面耐磨零件的焊接技术；杜邦公司研究了大面积复合板的爆炸焊接。丹佛研究所和加利福尼亚州海军兵工试验站的米克尔森试验室都做了大量的探索性工作。

　　日本于 1958 年在延冈火药厂开始了爆炸焊接的研究。首先由旭化成工业公司和三菱重钢所研究成功，并于 1962 年达到商业生产的水平[9, 10]，神户钢铁公司也很早开展了这方面的工作。

　　英国、德国、瑞典和苏联等国家也先后及陆续地进行了爆炸焊接工艺与应用的研究。以上所有早期的工作见文献[6~20]。

　　像每一项工业新技术产生的过程一样，爆炸焊接的产生和发展也有它明确的阶段性：先是小型试验，然后是工艺方法的完善和工艺参数的研究，最后是商业生产和工程应用。

据资料报道，杜邦公司经过几年探索之后，于1963年成立了工厂研究室，并开始以工业规模生产爆炸复合板。同年获得了7英尺×20英尺（13 m²）的世界上第一块实用型钛-钢复合板。英国在同一时期以加强材料和管与管板的爆炸焊接处于领先地位。日本则以产量和应用居多。现在许多国家已经成立专业化工厂来从事这项工作，进行复合材料的商业生产，如美国的杜邦公司和路易斯爆炸加工有限公司，日本旭化成化学工业公司，英国的约克逊帝国金属公司和苏格兰诺贝尔炸药公司，德国代拿买特诺贝尔公司和加拿大资源事业局。表0.2.1.1为1970年时一些国家爆炸复合板的生产情况。在这一时期，美国焊接学会和巴蒂尔研究所宣布，用爆炸焊接法获得了300种以上不同和相同的金属及合金的组合。实际上，后来这个数目被大大超过了。表5.8.1.1～表5.8.1.7为自那个时期以来，国内外文献上报道的爆炸焊接组合的不完全统计数据。由这些事实不难判断，在爆炸焊接这一新的焊接技术面前，原则上没有哪种金属材料是不能焊接的。实际上，非金属、非晶体和高分子材料还能与金属爆炸焊接在一起。这一切既显示了这种焊接技术的神奇性，又显示出它是焊接技术的一大发展。

在20世纪60年代，国内外的学者们在理论研究方面也做了大量的工作。这些工作主要集中在两个方面。第一，用高速摄影和X射线脉冲装置等手段对爆炸焊接过程进行了全面的研究。从爆炸力学原理出发，建立起了这个过程中几个动力学参数之间的几何关系。从而从瞬态上和能量上为阐述爆炸焊接的机理奠定了基础。第二，在实验的基础上，研究了结合区波形成的机理，包括建立了波形参数与工艺参数之间的关系，并从流体力学理论的观点提出了这种波形成的许多假设。由此而建立的波形成的机理，虽然不符合客观实际和不能指导实践，但在当时为活跃这门应用科学和技术科学的研究及讨论的气氛，起到了重要的作用。

表 0.2.1.1　1970 年一些国家爆炸复合板的产量[21]

国　家	公司或单位	商　标	开始商业生产年	产　量/(t·a⁻¹)
日本	旭化成	BACLAD	1962	5000
美国	杜邦	DETACLAD	1964	2000
瑞典	奈博	NITRCMETALL	1969	1000
德国	德乃伯	DYWAPLATT	1969	300
德国	克努伯	TIRRUPLAT	1969	200
法国	诺贝尔-鲍伊尔	NOBELCLAD	1969	200
英国	伊克特	KELOMET	1969	100
捷克斯洛伐克	塞姆特肯		1970	—
苏联	诺沃斯尔布		1971	—
中国①	宝鸡有色金属研究所②		1970	100

注：①为本书作者所加。②即西北有色金属研究院的前身。

总的来说，20世纪60年代是爆炸焊接工艺趋于完善、理论探讨热烈而深入、产品开始获得工业社会承认的关键时期。

进入20世纪70年代以后，国内外学者们的理论研究进入了一个新的阶段。他们中的大多数人从金属物理学的基本原理出发，应用电子探针和电子显微镜等手段，从微观上研究了结合区的成分、组织和性能。从而在一定的广度和深度上，自觉和不自觉地提出了与本书所阐述的理论基本相同的学术观点及理论。并且应用先进的试验技术，观察和发现了结合区波的形成自撞击点前即已开始（图4.16.2.8和图4.16.2.9就是其中二例），而不是开始于撞击点上和其后。这一事实与本书作者40多年前的推测和本书中提出的波形成的机理不谋而合。

所有这些理论上的工作和成果，不仅为引导人们将爆炸焊接机理（包括波形成机理）的研究迈入正确道路创造了物质和技术条件，而且为本书作者完善自己的学术观点，提供了必不可少的试验资料和佐证。

为了总结、提高和交流金属高能加工（包括爆炸焊接）领域的大量成果，从1967年起，国际高能加工学术讨论会每隔几年举行一次，每次都有论文集出版。另外，一些国家和地区性的类似的学术会议也经常举行。世界各国学者和专家的这些集会，对推动金属高能加工科技的发展起了重要的作用。

在实践和应用方面，50多年来，特别是近30多年来，在工艺进一步完善的基础上，用爆炸焊接法不仅生产了数以千万吨的各种金属复合材料，满足了航空、航天、化工、机械制造等各行各业的需要，而且独立地发展成一门崭新的种类繁多的金属加工新工艺和新技术，它们主要是：

（1）板-板爆炸焊接　　　　　　　　　　（3）管-管爆炸焊接

（2）板-管爆炸焊接　　　　　　　　　　（4）管-管板爆炸焊接

（5）板-管板爆炸焊接

（6）管-棒爆炸焊接

（7）板-棒爆炸焊接

（8）棒-棒爆炸焊接

（9）金属粉末与粉末、粉末与板（管、棒）爆炸焊接

（10）金属丝与丝、板或管爆炸焊接

（11）异形件爆炸焊接

（12）点或线（局部）爆炸焊接

（13）管的内、外或内外爆炸焊接

（14）管或板的搭接、对接和斜接接头的爆炸焊接

（15）爆炸焊接堵管

（16）热爆炸焊接

（17）冷爆炸焊接

（18）对称或非对称爆炸焊接

（19）半圆柱爆炸焊接

（20）一次、二次或多次爆炸焊接

（21）地面爆炸焊接

（22）地下爆炸焊接

（23）空中爆炸焊接

（24）水下爆炸焊接

（25）太空爆炸焊接

（26）真空爆炸焊接

（27）单面或双面爆炸焊接

（28）成排爆炸焊接

（29）成堆爆炸焊接

（30）成组爆炸焊接

（31）显微（箔材）爆炸焊接

（32）精密（构件）爆炸焊接

（33）用冲击器爆炸焊接

（34）爆炸焊接+爆炸成形①

（35）爆炸焊接-爆炸成形②

（36）爆炸成形+爆炸焊接

（37）爆炸成形-爆炸焊接

（38）爆炸焊接±爆炸胀形③

（39）爆炸焊接±爆炸挤压

（40）爆炸焊接±爆炸校平

（41）爆炸焊接+摩擦焊接

（42）轧制焊接+爆炸焊接

（43）爆炸焊接+轧制焊接

（44）爆炸焊接+轧制

（45）爆炸焊接+挤压

（46）爆炸焊接+锻压

（47）爆炸焊接+冲压

（48）爆炸焊接+拉拔

（49）爆炸焊接+轧制+冲压

（50）爆炸焊接+轧制+拉拔

（51）爆炸焊接+轧制+旋压

（52）爆炸焊接+切割

（53）爆炸焊接+焊接

（54）爆炸焊接+矫平

（55）爆炸焊接+卷筒

（56）爆炸焊接+各种形式的热处理

（57）爆炸粉末冶金-爆炸焊接

（58）爆炸压接

（59）利用中间层的爆炸焊接

（60）非晶态材料的爆炸焊接

（61）金属粉末的爆炸压涂

（62）爆炸焊接+堆焊

（63）爆炸焊接+镶铸铝

（64）爆炸焊接+表面改性

（65）（爆炸焊接+轧制焊接）+共同轧制

……

　　能够预言，随着生产的发展和科学技术的进步，利用炸药这个巨大和廉价的能源来进行金属间的焊接，生产各种金属复合材料，以及对它们进行各种深加工，以制造各种用途的产品的新工艺和新技术将会不断涌现。这些成果将被应用到比其他爆炸加工产品更加广阔的领域，并且成为常规金属加工工艺和技术（压力加工、铸造、焊接、热处理、机械加工和其他制造复合材料的方法等）的重要和不可或缺的补充。

　　随着爆炸焊接优点的充分发挥和缺点的不断克服，特别是计算机在此领域的应用，爆炸焊接技术将得到进一步的开发，其产品的应用在质和量方面将大大提高。

　　我国爆炸加工的试验研究始于 1960 年。最初研究爆炸成形，该工艺从 1962 年起逐步用于生产。1963 年开始研究爆炸焊接，1968 年用于生产。此后，在爆炸硬化、爆炸压接、爆炸切割、爆炸合成金刚石、爆炸粉末冶金（压实和烧结）、爆炸消除焊缝应力等方面也做了大量工作，取得了可喜的成果。目前有几十家单位在从事这个领域的工作，包括研究、开发和生产，有的还具备了一定的规模，如中国科学院力学研究所，冶金、造船、化工、航空和航天、原子能、电力等系统所属的有关研究所和工厂，以及一些高等院校。

---

① "+"表示两种或三种工艺分别和依次进行。

② "-"表示两种工艺连续进行和一气呵成。

③ "±"表示两种工艺可以分别和依次进行，也可连续进行和一气呵成。

多年来，许多民营企业也开展了这方面的工作，并成为一支重要的、不可忽视和令人欢欣鼓舞的生力军。

目前在我国，在爆炸加工领域，爆炸焊接是开展得最多的一项工作。几十年来，先后开发了数十种材料组合，如钛-钢、不锈钢-钢、铜-钢、铝-钢、镍-钢、铜-铝以及 3.2 章中几乎全部的复合材料。这些复合材料已较为广泛地应用在化工、冶金、造船、电力、交通、航空和航天等部门。

我国从事爆炸焊接研究和生产的单位各有特点和各具特色。几十年来，不仅生产了一大批金属复合材料，满足了国内市场的需求，有些还销往国外，取得了明显的经济、技术和社会效益，而且培养和锻炼了一支人数众多、水平较高的科研及生产队伍，为爆炸焊接技术在我国的发展打下了坚实的基础。

为了总结和交流爆炸加工的成果，20 世纪 60 年代我国召开了两次全国爆炸加工学术讨论会。20 世纪 70 年代后，自 1978 年起，一直到 2012 年的第十届全国工程爆破学术会议（见会议论文集《工程爆破新技术 Ⅲ》，北京：冶金工业出版社，2012）和第三届"层压金属复合材料生产技术开发与应用"学术研讨会（北京：北京科技大学，2012），每隔几年召开一次这样的会议，每次都有论文集出版。它们对于推动我国爆炸加工工作的开展起了一定的作用。同时，在国内外多种刊物上发表的论文亦有千余篇。另外，我国的专家学者还多次参加了世界性的、有关国家和地区性的爆炸加工学术会议。

值得一提的是，早在 1969 年，我国就出版了《高能成型》一书。这本书全面系统地总结了我国在过去 10 年时间里在这一高科技领域所取得的成果。10 年后，1980 年这本书再版，并定名为《爆炸加工》[1]。 1987 年《爆炸焊接原理及其工程应用》问世[22]。2002 年，郑远谋的专著《爆炸焊接和金属复合材料及其工程应用》出版，2007 年该书在补充和修订之后，以书名《爆炸焊接和爆炸复合材料的原理及应用》与读者见面了。 10 年后即 2017 年，作者在再次补充和修改之后，又以《爆炸焊接和爆炸复合材料》书名出版。作者在此宣布， 2002 年的书实为第 1 版，2007 年的书实为第 2 版，2017 年的书实为第 3 版，此次出版的《爆炸焊接和爆炸复合材料手册》实为第 4 版。可见，几十年来，我国在此科技领域除了物质生产取得了可喜的成果外，在理论和学术上也取得了可喜的成果。这些成果对于推动爆炸焊接（爆炸加工）技术在我国的应用和发展，对于向世界宣传和展示我国在此方面的工作，以及促进与各国同行的交流，已经并将起到越来越重要的作用。

目前，爆炸焊接以及爆炸加工领域的其他新工艺和新技术，在发展过程中还存在以下多个方面的问题，这些问题已成为其进一步发展的障碍。

第一，人们对使用炸药感到担心。炸药的危险性和破坏性人所共知。正由于此，在将炸药由军用转为民用的时候，人们往往难以转变观点，有的还谈虎色变。应当说，这种状况是可以理解的。然而，这也说明人们对炸药这种物质还缺乏了解。炸药是人造的，人必然能控制它。实际上，工业中使用的低速混合炸药很安全，可以说，只要遵守操作规程将万无一失。几十年来爆炸焊接发展的历史证明了这一点。

第二，爆炸焊接的研究和发展需要理论基础，而这种基础现时还不够扎实。后面将叙及，金属爆炸焊接主要建立在金属物理学、爆炸物理学和焊接科学的理论基础之上。此外，还涉及爆炸载荷下的固体力学、流体力学和空气动力学等。几十年来，国内外学者们在这方面做了大量工作，但仍远远不够。可以说，在爆炸焊接的全部理论基础建立起来之前，人们的认识还没有从"必然王国"进入"自由王国"。

第三，多年来，无论是国外还是国内，爆炸焊接（包括其他爆炸加工）都是由不同的单位在各自条件下进行的。例如，就国内情况来说，从事爆炸焊接工作的多为从事金属材料研究和应用的科研单位，或者从事爆炸力学研究和应用的科研单位。近些年来，几家有轧机的公司利用现有设备开展了一些爆炸+轧制复合板方面的工作。但是，由于各自为战，使得专业知识的欠缺和加工手段的不齐全的局面至今未能改变。因此，几十年来我国虽然在爆炸焊接中做了大量工作，科技储备也不少，仍摆脱不了小打小闹的局面，都未形成大规模的科研和生产的能力。国内有关的高等院校还少有开设这方面的专业和专业课。也就是说，我国这方面的科研和技术人才还是靠从事这项工作的单位自己培养和自我发展的。以上都是制约我国这些新工艺和新技术发展的因素。

另外，我国从事此项工作的科技人员的知识结构不尽如人意。搞爆炸物理的不懂金属材料，搞金属材料的不懂爆炸物理，或者彼此知之甚少。他们对焊接理论和实践的研究远未深入，特别是少数单位的领导人。所以，在探讨爆炸焊接理论和实践中的一些问题的时候，往往缺乏共同语言。这种局面已成为交流和达成共识的障碍，致使金属物理学理论在我国迟迟得不到应有的宣传，认识迟迟得不到统一，实在是令人遗憾。

因此，为了使爆炸焊接（爆炸加工）事业在我国有一个大的发展，必须在全国范围内统筹规划，将从事金属材料、爆炸物理和焊接的科研、生产及教学单位组织起来,形成一条完整的爆炸焊接(爆炸加工)"生产线"。

最后,应当指出,爆炸焊接技术和产品应用的市场在我国是很大的。然而由于宣传工作做得不够,在不少地方还鲜为人知。再者人们的传统观念和习惯也严重地影响着市场的开拓。这一切的改变都有赖于政府和企业的重视及有关人员的不懈努力。

文献[3]指出,"爆炸焊接已成为活跃的研究领域,它已应用于核能、宇航、化工、电子、造船、动力输送和其他工业部门,它的应用通常是新颖和独特的。在许多情况下,所提出的工艺在此之前是无法获得的。限制爆炸焊接进一步发展的因素将仅仅是设计人员的想象力和创造性"。的确如此。

0.2.2 爆炸焊接的特点

爆炸焊接这门新工艺和新技术之所以能够独立存在,并且在不太长的时间内获得了迅速的发展和较为广泛的应用,主要原因就在于它具有许多特点和优点。

1. 理论基础上的特点

分析和研究表明,金属爆炸焊接是介于金属物理学、爆炸物理学和焊接工艺学之间的一门边缘学科。这三门学科和其他有关学科的基本理论必然会为它的研究和发展提供必要的理论基础,使其成为有源之水和有本之木。爆炸焊接也有它自身的特殊性。这又给有关学科提出了新的研究课题(见1.3章)。可以预言,已有学科的基本理论在爆炸焊接中的广泛应用,新的研究课题的不断解决,必将为爆炸焊接的理论研究、实践应用和发展展现出一幅广阔的前景。所有这些成果,不仅会为爆炸焊接理论的建立提供丰富的资料,而且会为爆炸物理学、金属材料科学和焊接科学增添新的篇章。

2. 能源上的特点

任何金属的焊接,都需要某种形式的能源,如机械能、电能、热能、光能和化学能等。这些能源在金属焊接的时候,都会发生一定形式的转换。如在电弧焊的过程中,借助于电弧,将电能转换成热能,造成金属接触部分的局部熔化,从而形成金属原子间结合的基本条件。然而,这些焊接工艺中能量转换的次数相对来说是不多的,其转换的过程和金属间焊接的过程也比较长。就时间而言,以分和秒计。

爆炸焊接的能源是炸药的化学能。这种化学能在爆炸焊接的过程中,在炸药-爆炸-金属系统内将发生多种和多次能量的传递、吸收、转换和分配(见1.1.1节和2.3章),最后形成金属之间的焊接接头。不难发现这种能量转换的过程是十分复杂的。尽管如此,这种过程始终是依次和有条不紊地进行着。特别应当指出的是,爆炸焊接能量转换的过程,像爆炸焊接过程一样十分短暂,在时间上以微秒计。

爆炸焊接中使用的炸药多为铵盐类和铵油类的低速混合炸药,它们易得、廉价、安全和使用方便。

3. 工艺上的特点

常规焊接的过程都需要一定的设备、工艺和技术,然而,爆炸焊接的操作和过程却非常简单。它不需要昂贵的设备和复杂的工艺,也不一定要求十分熟练的技术。实际上,只要有炸药、金属材料和一块开阔地(爆炸场),以及为数不多的辅助设备和工具,在稍有技术训练和实践经验的人员的操作下,不仅能够很快地进行爆炸焊接试验和生产,而且这种试验和生产的规模及范围,可以随工作人员的增加和机械化程度的提高以及市场的扩大而迅速扩大。目前在我国已做了大量基础工作和有一定科技储备的情况下,爆炸焊接是一种能够迅速上马、快速应用、投资少和见效快的新工艺及新技术。

4. 焊接上的特点

用爆炸焊接法已经焊接了数百对物理和化学性能相同、相近及相差悬殊的金属组合。复合板的最大面积达300 m²。板与板、板与管、管与管板、管与棒以及异形件都可以爆炸焊接。形状复杂的双金属涡轮叶片、数十层及数百层箔材爆炸焊接成功了,金属与玻璃、塑料和陶瓷也能爆炸焊接在一起 …… 总之,用常规焊接方法能够制成的产品,爆炸焊接法原则上可以制成;用常规焊接方法不能或难以制成的产品,爆炸焊接法原则上也可以制成。

对于爆炸焊接来说,无论是在金属组合的数量、类型和焊接性方面,还是在焊接的面积和速度方面,或是在操作简便、成本低廉和经济性方面,以及产品的性能和广泛应用方面,都是其他焊接方法比不上的。原则上来说,爆炸焊接能简单、迅速而有效地为大面积、高质量和多种形状的相同金属(特别是不同金属)的焊接,提供一种不可替代的方法和工艺。

5. 焊接过渡区上的特点

爆炸焊接双金属和多金属的结合区是基体金属之间的成分、组织和性能的过渡区，在一般情况下，它具有金属的塑性变形、熔化和扩散，以及波形的明显特征。

在爆炸焊接过程中，由于高的加热和冷却速度以及结合区金属的塑性变形（加工硬化），结合区金属的硬度一般比基体金属高。在合金相图上形成固溶体或金属间化合物，或它们的混合物的金属组合，在该漩涡区的熔体内，仍会形成相应的固溶体、金属间化合物或混合物。漩涡区的铸态金属内也有疏松、缩孔、气孔、裂纹、夹杂和偏析等微观缺陷。在变形热的作用下，紧靠界面的一部分变形最强烈的金属，还会发生回复和再结晶。成分分析结果表明，在该区中存在着液态和固态下基体金属原子之间的相互扩散。这一切表明，在结合区中发生了如此众多的成分、组织和性能的变化。这些变化都是由爆炸焊接过程中的热效应引起的。具有此特性的结合区（过渡区），从理论上来说，就是爆炸焊接的热影响区。

爆炸焊接的过渡区通常很窄，一般为 $0.01 \sim 1$ mm。这个尺寸虽小，但它却是强固地联结基体金属的纽带。这个纽带的形成、其组织和性能直接地与工艺参数有关，也直接地影响基体金属之间的结合强度和使用性能。因此，爆炸焊接过渡区（结合区）形成的原因、经过和结果的研究，是这门学科理论研究的重要组成部分。

6. 性能上的特点

爆炸焊接的结合区在微观上融合了压力焊（塑性变形）、熔化焊（熔化）和扩散焊（扩散）的特性，这就为不同基体金属原子之间的结合提供了更多和更好的条件。正因为如此，同种和异种金属都可以爆炸焊接。它们的结合强度通常不低于基材中的较弱者的抗拉强度。爆炸复合材料，如钛-钢和不锈钢-钢等，经受得住后续的校平、转筒、切割、焊接、轧制、冲压、旋压、锻压、挤压、拉拔和热处理，以及爆炸成形等常规及非常规的压力加工和机械加工，而不会分层和开裂。

爆炸复合材料在使用过程中，当一边出现裂纹和裂纹发展的时候，该裂纹将在界面上被阻止。这样就能够延缓材料断裂的过程，提高其使用寿命。

爆炸载荷作用后，基体金属会有一定程度的硬化和强化。然而它们的一些特殊的物理和化学性能，例如耐蚀材料的耐蚀性能、导电材料的导电性能、热双金属的热-力学性能等，通常不变。这就是说，保持了它们原有的使用性能。因此，爆炸复合材料为充分发挥和综合利用，并增强和提高基体材料各自特殊的物理、力学和化学性能，提供了最佳的条件，展示了广阔的前景。

7. 应用上的特点

爆炸焊接和爆炸复合材料的应用范畴可概括为两个主要方面，其余的应用见 5.5 章。

第一，爆炸焊接作为一种金属焊接的新工艺和新技术，是迄今已知的焊接工艺和技术所无法比拟的。其实，只要金属材料具有一定的塑性和冲击韧性，它们就能在常温下任意组合地爆炸焊接起来。即使塑性和冲击韧性低的材料，利用热爆方法也能将它们焊接起来。

对于金属材料的焊接来说，各种新能源的利用，将促进焊接技术的发展。炸药这个巨大能源的利用，使爆炸焊接成为这个领域中新开辟的一种焊接新技术。

第二，爆炸焊接生产是金属复合材料的新工艺和新技术，这是它最大的用途。特别是爆炸焊接和各种压力加工、机械加工工艺联合起来之后，将使复合材料的其他的生产方法和工艺黯然失色。无论在品种、规格、产量、质量、市场、成本和效益上，爆炸焊接都具有明显的优势。实践证明，爆炸复合材料是对材料科学体系的丰富和扩展，爆炸复合材料是材料科学的一个新的发展方向和前沿之一，还是一支实现金属材料可持续发展的重要方面军。

应当指出，爆炸焊接也有其缺点、不足和局限性。第一，在掌握炸药这种危险性物质的使用规律之前，人们往往存在一定的恐惧感。这是阻碍这门学科发展的心理障碍。第二，爆炸声响和震动是不受人们欢迎的。第三，这种工艺的实施多在野外进行，难免受气候和天气的影响。第四，难以实现自动化，在机械化程度不高的今天，体力劳动的强度还是比较大的。第五，难以应用到有突变截面的材料的焊接，大厚度覆层的焊接也较难。第六，对于复合板的爆炸焊接来说，面积不能无限大；覆层不能太厚，基层不能太薄。第七，对于强度高和塑性低的材料，焊接强度较低，冲击韧性低的材料在常温下爆炸容易脆裂。第八，这门学科的理论基础还存在严重的不足，特别是在爆炸载荷下对金属材料在高压、高速、高温和瞬时的塑性变形过程中的性态还研究得不够，结合区的微观组织和性能也研究得不充分。因而，爆炸焊接的机理还未彻底揭示。然而这些问题不仅会被逐步解决，而且与上述优点比较起来这些问题毕竟是次要的。

不言而喻，爆炸焊接如此众多的特点和优点，既是它独立存在的原因，又是它获得广泛应用和迅速发展的动力。随着实践经验的不断丰富、理论研究的逐步深入和应用领域的迅速扩大，爆炸焊接的特点将会越来越多并越来越充分地显现出来。随着时间的推移，应用科学和技术科学百花园中的这朵新花，将会绽开得更加绚丽多彩。

0.2.3　爆炸焊接的展望

20 世纪 50 年代中期，由于航空航天工业的发展，产生和发展了以爆炸成形为主的许多爆炸加工工艺。20 世纪 60 年代崛起的爆炸焊接，为这一高新技术领域增添了新的内容。它们的出现使利用炸药进行金属高能加工的大量新技术不断地向许多工业部门扩展，有的还可能是唯一可行的金属加工方法，从而开拓了全新的工业领域。

60 多年来，爆炸焊接以其独特的优势获得了迅速的发展。这种发展不仅可以从前述数十种新工艺和新技术中俯瞰全貌。而且还能够从如下一些并非最新的资料中窥见一斑：美国路易斯爆炸加工公司一次用药量达 9000 kg，由此估计复合板的面积达 300 m²[23]。英国海军部委托承包商把 1600 m² 的铝薄板爆炸焊接到一个相当于足球场大小的平展甲板上，并进行了相当于 4.5 km 的世界上最长量程的爆炸焊接作业（指"线爆"）[24]。巴西工艺研究所 1974 年建立的爆炸加工厂每年可生产 10 万 t 双金属[25]。美国一公司每月复合 300~500 m² 的产品，为了复合直径 3 m 的管板，一次使用了 700 kg 炸药[26]。文献[27]报道，在进行重复生产时，记录的爆炸复合材料生产量每天超过 100 t。文献[28]报道，当时美国爆炸复合的双金属产量接近每年 5 万 t，联邦德国 2 万 t，瑞士 1 万 t；该文献又报道，爆炸复合的双层钢在原子动力装置内应用的 5 年中增加了 3 倍；在美国一家生产原子能发电设备的公司，为了制造各种热交换器的管板，广泛地使用了爆炸复合钢板；在 1972 年就制造了大约 70 件这种类型的管板，每件重约 50 t，直径达 3300 mm。用爆炸法还制造了面积为 16 m² 和重量达 40 t 的水轮机叶片的耐蚀材料覆面的复合坯料[29]。用低碳钢和低合金钢的复合板制造了 100~250 t 重的压力容器[30]。获得了长 12 m、外径 200 mm 和壁厚 4 mm+20 mm 的不锈钢-钢复合石油管道[31]。复合了 100 层以上的箔材[2]，并且用厚度为 0.025~0.05 mm 的钛或不锈钢箔材，在一次特殊的爆炸焊接工艺中焊接多至 600 层，然后进行切割并展开形成蜂窝结构[32]。文献[26]报道在电缆铝壳的包覆中，用爆炸法装好了超过 5000 km 长的通信电缆，在 5 年的使用期间显示了良好的质量和效果。大管径的石油管线的接头也可以采用爆炸焊接，石油管线长达数千 km，接头多至数十万个。加拿大已使用这种技术每天铺设 5000 m 石油管线，速度快且质量好[22]。加拿大还用此技术焊接了 1090 km 的天然气管道[24]。文献[22]报道，用爆炸+轧制的银-磷青铜双金属电触头，银层厚 0.1 mm，节银 95%，在电视机高频头中寿命可达 5 万次以上。文中还指出，普通钢和 65Cr4W3Mo2VNb 合金钢的复合刀具，其刃口强度达 2400 MPa。我国用爆炸+轧制+拉拔工艺研制了 Au-AgAu(Cu)Ni-CuNi 三层异型触头材料[33, 34]。文献[35]报道，每 15 min 爆炸焊接一个连接登月舱和燃料箱的钛-不锈钢管接头。采用机械化的爆炸洞，一个铝-钢阳极棒的生产只需要 5 min，在露天的爆炸场，以每年 10000 个的生产率修复这种组合的阳极棒[29]。用爆炸法生产的复合板覆板的厚度可达 50 mm[3, 35]；用爆炸焊接技术可制造出在 1100 ℃下工作的更高转速的透平叶片[36]。苏联建成了 200 kg 并设计了 500 kg 炸药的爆炸洞[29, 37]。文献[38]报道，1990 年美国复合材料的发货量为 117 万 t，1991 年保持此水平。这么多复合材料主要用于汽车、飞机、环保设备和石油化工设备。1995 年至 1997 年，美国复合材料的需求动向见表 0.2.3.1。

表 0.2.3.1　美国复合材料按用途区分的需求动向[39]　　　　　　　　/万 t

用　途	陆地运输	建筑	耐蚀设备	舟艇船舶	电子电器	消防器材	家电办公	其他	航空航天	合　计
1995 年（实绩）	44.48	28.51	17.87	16.85	14.26	8.34	7.55	4.83	1.07	142.76
1996 年（推定）	45.23	29.68	17.26	16.67	14.47	8.80	8.01	4.86	1.07	146.02
1997 年（预测）	45.35	30.16	18.31	16.38	14.78	9.39	7.84	5.11	1.09	148.41

表 0.2.3.1 中的复合材料无疑包括相当数量的金属复合材料，其中不乏有用爆炸焊接和爆炸+压力加工工艺生产的，就像这个国家的多层金属硬币材料那样（见 3.2.6 节）。由此可见，爆炸焊接新技术的发展

前途和爆炸复合材料的应用前景,是何等的光明和灿烂。

文献[1067]报道,我国许多单位生产的数以万 t 的不锈钢-钢复合板,已经用于三峡工程之中,并且还有同样多的这种复合板将要用于其他的大型水利水电工程之中。文献[1068,1069]报道,我国一些单位生产的铝-钢感应板也已数以万 t 计地用于广州地铁等城市的轨道交通建设中。还有燃煤脱硫烟囱上用的大面积的钛-钢复合板[1070]和高速铁路桥梁整体用的大面积的不锈钢-钢复合板[1071],以及航空航天领域使用的钛-不锈钢过渡接头[1072]、电解铝工业中使用的铝-钢过渡接头[1073]和船舰上使用的铝-钛(铝)-钢过渡接头[1074]等,都早已研制成功、批量生产和获得了大量的应用。

在此值得一提的是:如图 5.5.2.425 所示,我国陕西宝鸡钛程金属复合材料公司,于 2018 年首次一次性地爆炸焊接成功了当时我国最大面积的钛-钢复合板。又如封底最上方的图所示,该公司又于 2023 年再次一次性地爆炸焊接成功了现在世界上最大面积的钛-钢复合板。

文献[1075]提供了 2005 年至 2007 年我国金属复合板市场的产能、产量和容量及其增长率变化的数据,以及 2008 年至 2012 年我国金属复合板市场的产能、产量及其增长率的预测数据。图 0.2.3.1 和图 0.2.3.2 中的数据可以清楚地表明我国金属复合材料的生产和应用及其快速发展的形势。(图中的数据仅供参考——本书作者注。)

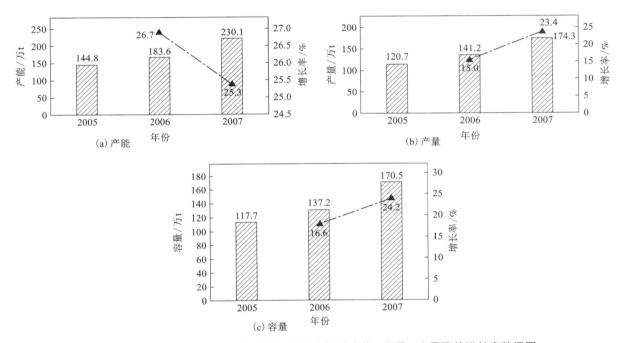

图 0.2.3.1 2005 年至 2007 年我国金属复合板的产能、产量、容量及其增长率数据图

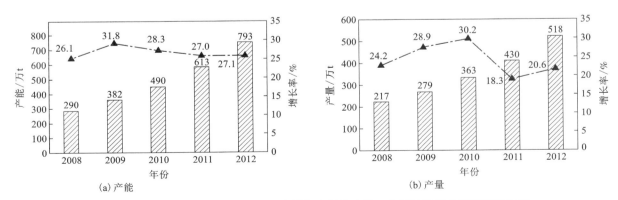

图 0.2.3.2 2008 年至 2012 年我国金属复合板的产能、产量及其增长率预测数据图

据文献[1076]报道,随着改革开放经济大潮的奔涌向前,我国爆炸复合加工产品的总产量已经跃居世界第一位。使得我国复合板的总产值从 21 世纪初的几亿元,迅速增长到现在的近百亿元。

　　以上数据和事实，不仅显示了当今我国爆炸焊接的技术水平，而且展示了这种焊接新技术和爆炸复合材料令人鼓舞的应用及发展的前景。实际上，可以说，凡是使用金属材料，特别是那些使用稀缺和贵重材料的地方，价廉和性能优异的各种爆炸复合材料都有用武之地，都能大显身手。至于异种金属的焊接，爆炸焊更有它不可替代的优势。

　　如果将爆炸焊作为一种焊接工艺看待，并且以情报文献的多少为依据，世界主要国家对焊接新工艺研究的平均位次如表 0.2.3.2 所列。由表中数据可见，在所列举的 10 种焊接新工艺中，爆炸焊的位次处于中间。但在美、英、日和西欧等国家爆炸焊接的分量重于苏联和东欧国家。显然，这与这些国家的科技水平和工业基础的差异密切相关。

　　应当说，如果以这些焊接新工艺每年生产的产品的产量、品种、产值、成本和效益，或者以它们的速度、效率和应用范围进行综合评比，爆炸焊则可能名列前茅。

　　如果将爆炸焊作为一种生产金属复合材料的方法来看待，并与轧制、堆焊和粉末冶金等方法相比，其优势也很明显。特别是爆炸焊接与轧制等压力加工工艺相联合之后，其他的方法更相形见绌。事实上，这种联合越来越成为生产金属复合材料及其产品的一种主要方法。

　　由本书提供的大量事实可以看出，爆炸焊接技术还是一种金属材料资源的节约和综合利用的先进技术。用爆炸焊接技术生产的各种各样的金属复合材料为金属材料资源的节约和综合利用开辟了一条广阔的道路。表 0.2.3.1 中的数据表明，这种节约和综合利用能够获得巨大的经济、技术和社会效益。如果说一个国家的钢铁产品的产量和质量是这个国家的综合国力和科学技术水平的重要标志，那么，复合材料产品的产量和质量也应当是这个国家的综合国力和科学技术水平的重要标志，表 0.2.3.1 中所显示的事实与美国的综合国力和科学技术水平的一致性，以及与其他工业发达国家的同样的事实和一致性，就清楚地证明了这个论断的正确性。因此，为了提高我国的综合国力和科学技术水平，爆炸焊接技术和爆炸复合材料应当在我国有一个大的发展，并在国家科技发展规划中占有一席之地。为此，应当引起国家的有关部门、科技界和企业界对这门新兴学科和这类新兴材料的高度重视。

　　另外，表面工程是使用物理、化学或机械等方法，改变固体材料表面的化学成分和组织结构，以获得所需要的性能，从而提高产品的可靠性和延长其使用寿命的各种技术的总称，它也是一门新兴边缘学科。

　　腐蚀、磨损和疲劳是零件、部件及设备在工作过程中失效和破坏的最主要的三种形式。由此造成的经济损失十分惊人（见 4.6.5 节）。而这些失效和破坏的现象大都发生在材料的表面。所以，在工程设计中，将材料的表面处理和改性作为工程建设的主要内容之一。因为通过材料表面的改变，不仅可以提高其耐蚀性和耐磨性，以及抗高温氧化和疲劳性能。确保产品使用的可靠性和安全性，延长寿命、美化外观和装饰环境，而且可以使材料和产品的表面具有特殊的声、光、电、磁、热或核的性能。以满足生产、生活和科学技术中许多的特殊要求。通过表面工程，还可以大量地节约资源和能源，充分发挥材料的潜力和降低成本，并有利于环境保护。因而表面工程同爆炸焊接和爆炸复合材料一样，是一项实现材料可持续发展的重要举措，也是一个重要的科技领域。

　　有鉴于此，最近几十年来，表面工程获得了极其迅速的发展。随着科学技术的进步和生产的大量需求，有关表面工程的新工艺和新技术层出不穷。爆炸焊接就是这些新工艺和新技术之一。

　　另外，事实证明，爆炸焊接（复合）是一种先进的表面工程技术。用这种技术获得的各种各样的复合材料，具有与本体材料完全不同的且能够满足多种需求的物理、力学及化学性能。从而为工程结构提供又一类完整的和新型的表面工程材料系统。进而为令世人瞩目的高新科技领域——表面工程学科和将主导 21 世纪工业发展的关键技术之一 ——表面工程增光添彩。

　　爆炸焊接作为一种表面工程技术，爆炸复合材料作为一类表面工程材料有如下许多特点：

　　① 爆炸焊接工艺的实施不需要专用的设备和大量投资。一般来说，只要有金属材料、炸药和爆炸场地

表 0.2.3.2　焊接新技术研究的平均位次[40]

新工艺及焊接能源应用	全世界平均位次	西欧、英、美、日等	苏联和东欧
电子束焊	1	1	1
等离子焊	2	3	3
摩擦焊	3	2	4
扩散焊	4	6	2
激光焊	5	4	9
爆炸焊	6	5	6~7
超声波焊	7	7	6~7
冷压焊	8	8	5
高频焊	9	9	10
太阳能焊	10	10	8

（采石场即可），以及一些辅助工具，就可以进行任意组合和相当尺寸的表面金属复合材料的生产。

② 爆炸焊接工艺很简单，参加此项工作的人员除安全教育外，不需要专门的培训。

③ 爆炸焊接能源是廉价的炸药，不需要厂房和特殊设备。与其他生产金属（表面）复合材料的技术相比，其成本低和经济效益显著。

④ 表面（覆层）材料和本体（基层）材料都可以根据实际需要任意选择。

⑤ 表面材料和本体材料的厚度及其厚度比也可以根据实际需要任意选择。以复合板为例，覆板（表面）材料的厚度可为 0.01~50 mm，基板（本体）的厚度可为 0.01~500 mm。基板和覆板的厚度比可为 1:1~10:1。

⑥ 单块复合板的面积可达数十平方米，重量可达数十吨，用其制造的设备可达数百吨。

⑦ 爆炸焊接的表面材料和本体材料之间为冶金结合，其结合强度高于或相当于两者中强度较低者的抗拉强度。

⑧ 因此表面爆炸复合材料可以承受多次和多种形式的压力加工（如轧制、冲压、旋压、锻压、挤压和拉拔等），机械加工（如切割、切削、矫平、矫直和成形等），以及热处理、焊接和爆炸成形等后续加工，而不致分层和开裂。

⑨ 许多表面爆炸复合材料在经过适当的机械加工（如平板）和热处理（如退火）后就是产品。如果将它们的坯料进行后续的压力加工，就能够获得更大或更小、更长或更短、更厚或更薄、更粗或更细，以及异形的表面复合材料。例如，将爆炸焊接的钛-钢和不锈钢-钢复合板坯进行轧制，便能够获得比它们长得多、宽得多和薄得多的复合中板及薄板。爆炸焊接和传统压力加工工艺的联合是多种表面复合材料生产的系列化、规模化和工厂化的必由之路。

⑩ 爆炸焊接后，表面、本体和整体材料都有不同程度的硬化和强化（见4.6.1节和4.6.2节）。这种硬化有利于表面材料耐蚀性和耐磨性的提高。这种强化有利于整体材料的强度设计。这种表面技术相当于复合表面工程技术。

⑪ 表面爆炸复合材料可以是双层和多层。三层如钛-钢-不锈钢、钛-钢-镍、不锈钢-钢-镍等。这类表面复合材料的两侧有不同的表面性能。

⑫ 表面爆炸复合材料的形状和形式很多。如复合板材、复合管材、复合带材、复合箔材、复合棒材、复合线材、复合型材、复合锻件和复合粉末。还可以用这些表面复合材料制成复合零件、复合部件和复合设备。

⑬ 爆炸焊接法还能使金属与陶瓷、塑料和玻璃等非金属，以及非晶和微晶材料焊接在一起组成表面复合材料。

⑭ 用爆炸焊接法获得的表面工程（复合）材料有更好的使用性能。

例如文献[510]报道，镀铂钛材作为外加电流防腐装置的阳极在大型船舶和海洋工程中有不少应用。然而，用电镀法制作的镀铂钛的铂镀层与基体钛结合不牢，会产生"脱铂"现象。该文献报道，用爆炸焊接+轧制工艺研制了铂-钛阳极。经多项目的检验表明，用这种工艺生产该产品，能满足阳极技术条件的要求。快速寿命考核试验的结果表明，镀铂钛材的试样在水和浓盐酸中煮沸一次即起皮，二次有脱落，三次铂镀层脱光。而用爆炸+轧制工艺获得的试样煮沸30次仍未脱落。由此可见爆炸焊接工艺比电镀工艺优越得多。

众所周知，电能是一种重要的能源。然而，除军工、开矿和筑路之外，很少有人想到炸药还是一种在工业上应当和能够充分利用的能源。实际上，据文献介绍[1]，1 kg TNT炸药的能量相当于 4 200×10³ N·m，即可以将420 t的重物提升1 m，而其成本才几百元人民币。由此可见，充分利用这一早就存在的巨大能源不仅是必需的和可能的，而且经济效益是可观的。

可以预言，炸药在爆炸加工领域的大量使用，爆炸焊接技术的迅速发展和爆炸复合材料的广泛应用，必将对我国的金属复合材料科学、焊接技术、表面工程、其他高科技和基础工业的发展作出重要的贡献。

自1944年以来，爆炸焊接走过80多个年头了。现在它正以一门新兴的边缘学科和高新技术迅速地发展着，在特种焊接和现代新材料领域中发挥重要的作用。到目前为止，其学术成果多以论文的形式发表在国内外的众多刊物上，包括国际高能加工、国内爆炸加工，以及各国和各地区有关的学术会议的论文集中，其数量估计有上万篇，而涉及爆炸加工和爆炸焊接的书籍主要有如下一些。

（1）*Explosive working of Metals*. Rinchart J S, Pearson J. 1963

（2）炸药与爆破，须滕秀治等. 1971

（3）*Физика упрочнения и сварки взрывом.* Дерибас А А. 1972（第一版）

（4）*Principles and Practice of Explosive Metalworking.* Ezra A A. 1973

（5）*Сварка взрывом в металлургия.* Кудинов В М，Коротеев А Я. 1978

（6）*Прокирование стали взрывом.* Гельман А С，Чудновский А Д и др. 1978

（7）*Физика упрочнения и сварки взрывом.* Дерибас А А. 1980（第二版）

（8）*Explosive Welding of Metal and Application.* Crossland B. 1982

（9）*Explosive Welding. Forming and Complaction.* Blazynski T Z. 1983

（10）*Сварка взрывом.* Конон Ю А，Первхин Л Б，и др. 1987

（11）《高能成型》.《高能成型》编写组编. 1969

（12）《太乳炸药与爆炸压接》.湖南湘中供电局，冶金部矿冶研究所等. 1978

（13）《爆炸加工》.郑哲敏，杨振声主编. 1980

（14）《金属爆炸加工的理论和应用》.宋秀娟，浩谦编译. 1983

（15）《爆炸焊接原理及其工程应用》.邵丙璜，张凯著. 1987

（16）《爆炸焊接和金属复合材料及其工程应用》.郑远谋著. 2002（实为第 1 版）

（17）《爆炸焊接和爆炸复合材料的原理及应用》.郑远谋著. 2007（实为第 2 版）

（18）《爆炸焊接和爆炸复合材料》.郑远谋著. 2017（实为第 3 版）

本书(《爆炸焊接和爆炸复合材料手册》，实为第 4 版)是国内外又一本介绍和讨论爆炸焊接的工艺、原理及应用的著作。这本书完全是从金属物理学的基本观点来研究爆炸焊接的，而对流体力学观点持批判态度。通过这本书以期建立起该门学科金属物理学学派较为完整的理论。

第一篇
CHAPTER 1

爆炸焊接金属物理学原理

　　金属爆炸焊接是介于金属物理学、爆炸物理学和焊接科学之间的一门边缘学科。爆炸焊接又是用炸药作能源进行金属间焊接和生产金属复合材料的一种很有实用价值的高新技术。

　　检验表明，在爆炸焊接的结合区内存在着明显的金属的塑性变形、熔化和原子间的相互扩散等冶金现象及事实。这些现象和事实就是在爆炸焊接过程中，在爆炸能量的作用下，在结合区内进行的物理–化学过程，即冶金过程。爆炸复合材料的冶金结合就是在这些冶金过程中形成的。所以爆炸焊接原理的探讨离不开金属学和金属物理学的基本理论在这门学科中的应用。实际上，只有将最终的落脚点放在这些问题上，爆炸焊接的理论和实践才有实际的意义。

　　几十年来，在爆炸焊接的理论和实践中，人们大都是从流体力学的观点来观察、分析和研究问题的。事实证明，这个方向错了。这种结局不仅将爆炸焊接的理论研究引上了错误的道路，而且至今不能指导实践。因此，现在是端正正确方向的时候了。此项工作是本书的目的和任务，并且由本篇开始。

　　本篇从金属物理学的基本原理出发，讨论爆炸焊接的过程、实质和定义，爆炸焊接与聚能效应的原则和本质的区别，以及爆炸焊接的研究课题和发展方向。首次清晰和准确地描述了爆炸焊接的全过程及提纲挈领地论述这门边缘学科和高新技术的金属物理学原理，为后述各篇阐述和论证这个全过程及原理提出问题及打下基础，进而以全新的和正确的金属物理学理论取代过时已久的和错误的流体力学理论。

1.1　金属的爆炸焊接

　　正如本书导言中所指出的，爆炸焊接实质上是一种以炸药为能源的压力焊、熔化焊和扩散焊"三位一体"的金属焊接的新工艺及新技术。本章以爆炸复合板为例来讨论金属爆炸焊接的过程、实质和定义，并由此简述爆炸焊接的原理。

1.1.1　爆炸焊接的过程

　　如图 1.1.1.1 所示，金属爆炸焊接的过程可以这样来描述：将炸药、雷管、覆板和基板在基础（地面）上安装起来。当置于覆板之上的炸药被雷管引爆后，炸药的爆炸化学反应经过一段时间的加速便以爆轰速度在覆板上向前传播。随着爆轰波的高速推进和后续爆炸产物的急骤膨胀，炸药的化学能的大部分便转换成高速运动的爆轰波和爆炸产物的动能。随后该动能的一部分传递给覆板，从而推动覆板向基板高速运动。在两板之间的空气迅速和全部排出的同时，覆板和基板随即在接触点上依次发生撞击。在这个过程中，在两板的接触面上，借助波的形成，一薄层金属由于倾斜撞击和切向应力的作用而发生强烈的塑性变形。在此过程中借助于金属塑性变形的热效应将覆板高速运动的动能的 $90\% \sim 95\%$ 转换成热能[41~44]。如此大量的热能在近似绝热的情况下将促使塑性变形后的金属的温度升高。当此温度达到金属的熔点以后，就会使紧靠界面的一薄层塑性变形的金属发生熔化。剩余的热能还会使部分塑性变形的金属发生回复和再结晶，并使双金属整体的温度有所升高。

由金属物理学的基本原理可知，在爆炸焊接的过程中，由于不同金属间的高浓度梯度，界面上的高压、高温和高温下金属的塑性变形及熔化等条件的存在及其综合作用，必然导致基体金属原子间的相互扩散。这种扩散现象使用光学金相显微镜、电子显微镜和电子探针以及其他检测手段都可以检测和度量出来。

这样，当界面上那一薄层塑性变形的和熔化了的金属迅速冷却及冷凝后，便在界面上形成包括有金属塑性变形特征、熔化特征和原子间扩散特征的结合区。此结合区就是两种金属之间的焊接过渡区，亦称焊接接头。

众所周知，爆炸焊接双金属的结合区在一般的和正常的情况下还具有波形特征。这是区别于其他类型的焊接过渡区的又一特征（见4.16章）。据分析和研究，此波形的形成与波动向前的爆炸载荷在金属中和界面上的波动传播有关。

上述分析表明，爆炸载荷最终在结合区转换和分配成三种主要形式的能量：一薄层金属的塑性变形能、熔化能和扩散能。研究指出，这三种能量是造成金属间爆炸焊接的基本能量。

综上所述，爆炸焊接过程可以这样简要地描述：如图1.1.1.1所示，随着爆炸化学反应以爆速 v_d 向前传播，爆轰波和爆炸产物的动能推动覆板以 v_p 速度向基板运动。间隙中的气体在排出的同时，借助覆、基板的高速冲击碰撞，在接触面上发生多次和多种形式的能量的传递、吸收、转换及分配，最后在界面上造成一薄层金属的塑性变形、熔化和原子间的扩散，从而使两种金属牢固地焊接在一起。碰撞点 S 以 v_{cp} 速度向前移动就是金属爆炸焊接过程的进行。由于炸药能量的释放及其在金属系统中的传递、吸收、转换和分配都是在若干微秒时间内进行的，所以爆炸焊接过程也是在一瞬间完成的。

用脉冲X射线照相法获得的爆炸焊接过程的瞬间照片如图1.1.1.2所示。由于熄爆获得的铝-铜复合板爆炸焊接瞬间过程的实物照片如图1.1.1.3所示。

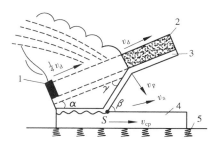

1—雷管；2—炸药；3—覆板；4—基板；
5—地面；v_d—爆轰波速度；$1/4 v_d$—爆炸产物速度；
v_p—覆板下落速度；v_{cp}—撞击点 S 的移动速度，
即焊接速度；v_a—撞击点前气体的排出速度；
α—安装角；β—撞击角；γ—弯折角。

图1.1.1.1　角度法爆炸焊接瞬态示意图

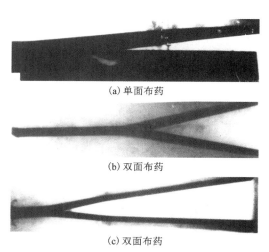

(a) 单面布药

(b) 双面布药

(c) 双面布药

图1.1.1.2　爆炸焊接瞬间过程照片[45]

图1.1.1.3　铝-铜复合板爆炸焊接瞬间过程实物照片

1.1.2　爆炸焊接的实质

根据一般的金属焊接的基本原理和对爆炸焊接过程的分析，结合区存在金属的塑性变形，于是，可以认为爆炸焊接首先应当属于压力焊的范畴，但如果伴随有金属熔化（这种熔化是很难避免的）和基体金属原子间扩散（这种扩散也是不可避免的），那么就不限于此了。因此，在一般情况下，爆炸焊既具有压力焊的特征——结合区内存在金属的塑性变形，又具有熔化焊的特征——结合区内存在金属的熔化，还具有扩散焊的特征——结合区内必然进行不同或相同金属原子间的扩散。这些特征在爆炸焊接的双金属和多金属结合区内的成分、组织和性能的检验中是客观存在和明确无误的。因此，爆炸焊是"以炸药为能源的压力焊、熔化焊和扩散焊'三位一体'的金属焊接的新工艺及新技术"这样一种观点和结论是客观的和有事实根据的。实际上，爆炸复合材料的冶金结合就是在结合区内金属的塑性变形、熔化和原子间的相互扩散这些冶金过程中形成的。

正因为如此，能够爆炸焊接的金属组合的数量比单一的压力焊、单一的熔化焊和单一的扩散焊要多得多。在一般的焊接工艺下不能或难以焊接的金属组合，采用爆炸焊都可以简单和迅速地焊接起来。现在可以毫不夸张地说，不仅所有的金属材料都能爆炸焊接，而且只要金属本身具有一定的塑性和冲击韧性，工艺参数又选择适当，那么，爆炸焊接的双金属和多金属就能具备一定的面积和相当的结合强度，从而获得实际的应用。

爆炸焊接的上述过程和实质在国内外不少文献中，从不同角度和在不同程度上都有论述。

例如，文献[46]就明确指出："熔化焊、压力焊和扩散结合是帮助形成（爆炸焊接）接头的主要机制"。文献[47]也写道："爆炸焊接的机理与轧制焊接法、摩擦焊接法和超声波焊接法多少有些相似，而这些焊接方法的实质主要是基于金属的固熔焊接。"文献[48]指出，研究者的多数确定爆炸焊接就像带有少量熔化的压力焊一样。国内已经见到的文献中，也有爆炸焊接过程的类似的论述，只是作者最后把它的这种实质与射流和喷射联系在一起[49]。

又如，大量的文献报道了结合区金属的塑性变形、熔化和扩散的研究成果。文献[50]探讨了爆炸焊接过程中塑性变形的机理，推导出了描述塑性变形的数学关系式。文献[51]讨论了结合区塑性变形的作用，确定了塑性变形的程度与双金属的结合强度，以及它们与工艺参数的关系。文献[51，52]用坐标网格法测定了结合区金属的塑性变形的程度。文献[53，54]定量地确定了结合区金属熔化的数量与工艺条件的关系，并获得了不产生熔化的工艺。文献[55]测定了铝-铜爆炸焊接接头中有 26 μm 的扩散区，并提出了扩散系数的计算公式。文献[56]叙述了电子探针试验的结果，推断出在高压和高温下爆炸焊接的焊缝中产生相互扩散的结论，并且测定了铜-钢双金属试样中，在经过 48 h 后铜、钢相互渗透的深度达 20~30 μm；还指出，在这种焊接工艺下结合区的扩散过程的更详细的分析和扩散系数的直接测定需要采用放射性同位素的方法。更有资料报道，在爆炸焊接过程中，在高压、高温和塑性变形的条件下金属原子间的扩散系数会增加 1000 倍以上。本书作者应用光学金相显微镜、扫描电子显微镜和电子探针等，对钛-钢爆炸复合板结合区中的塑性变形、熔化和扩散部位做了大量的定量、半定量及定性的检验工作。这些工作和国内外文献（包括 4.5 章中更多的文献）都从不同的深度及一定广度上论证了爆炸焊接的上述过程与实质。

以上观点是从金属物理学、爆炸物理学和焊接科学的基本原理得出的。在实践、认识和再实践的认识过程中，本书作者发现从这一技术观点和学术思想来分析及研究问题，不仅可以解释爆炸焊接过程中的大量现象，而且能够预计它的发展方向，许多疑难问题都可以迎刃而解。事实证明，这种主要基于金属物理学原理的爆炸焊接机理是从实际出发和符合事物发展的客观规律的理论，因而是正确的。

应当指出，基于聚能效应的流体力学的爆炸焊接机理是在非实际的情况下得出的结论。这个机理离开炸药和爆炸物理学、金属学和金属物理学、金属焊接和结合的基本原理，把真实的爆炸焊接过程中难以出现的射流和喷射现象当作问题的实质。这个理论不能解决爆炸焊接这门应用科学和技术科学中的基本课题，更不能指导爆炸焊接实践和爆炸复合材料的应用。因而是没有多大价值的。这方面的问题将在下章和 4.16.8 节讨论。

文献[1077]也指出，爆炸焊接工作者在今后的研究和工作中，应当把爆炸物理学、金属物理学和焊接工艺学的基本原理应用到爆炸焊接的研究领域，通过研究分析爆炸瞬间界面上产生的应力、应变、温度场等，建立界面结合的热力学和动力学模型，深入地研究爆炸焊接的机理。

文献[1078]在论述爆炸焊接的特点时明确指出，爆炸焊接是压力焊、熔化焊、扩散焊"三位一体"的焊接技术。

1.1.3　爆炸焊接的定义

根据上述爆炸焊接的过程和实质，以及它的金属物理学机理，可否给它下这样一个定义：金属爆炸焊接是在一个特定的用于焊接的炸药-爆炸-金属系统中，炸药的化学能经过多次和多种形式的传递、吸收、转换及分配之后，在待结合的金属界面上形成一薄层具有塑性变形、熔化和扩散，以及波形特征的焊接过渡区——结合区。从而形成强固结合的一种金属焊接的新工艺和新技术。简言之，金属爆炸焊接是以炸药为能源的压力焊、熔化焊和扩散焊"三位一体"的金属焊接的新工艺及新技术。

爆炸复合一般指大面积金属板之间的爆炸焊接。研究爆炸复合的过程及其原理对于研究众多不同形式的爆炸焊接的过程和原理具有典型的意义。其他形状和形式的金属材料的爆炸焊接，如管与管、管与管板、管与棒、零件与零件的爆炸焊接，以及局部爆炸焊接等，虽然它们在形状和形式上不尽相同，但它们与金属板的爆炸复合有类似的过程和实质。

1.2　爆炸焊接与聚能效应

　　长期以来，一些国内外学者在研究爆炸焊接机理的时候，往往将其与聚能效应联系在一起。其实，它们是两种性质完全不同的自然现象和物理–化学过程，它们之间没有一点点必然的联系。这种认识上的模糊和概念上的混乱是该澄清的时候了。本章讨论与此有关的许多问题，主要与从事本学科研究的专家们商讨。

1.2.1　金属焊接的一般原理

　　为了说清问题，首先简要地叙述一下金属焊接的一般原理。如图 1.2.1.1 所示，为了使两块理想平和理想纯的相同晶格常数的单晶体结合，它们的接触界面必须足够地接近到和晶格常数可以比拟的距离，随后界面消失和焊接发生。在实际情况下，这个距离是 5×10^{-8} m[57] 或 1×10^{-8} m[58]。也就是说，如图 1.2.1.2 所示，分离的原子在相互结合的时候，它们之间的引力和斥力渐渐处于平衡状态，即引力不能使原子更加靠近，斥力也不能使它们之间的距离拉得更大，于是金属就结合和焊接起来了。

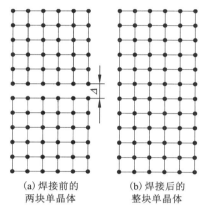

(a) 焊接前的
两块单晶体

(b) 焊接后的
整块单晶体

图 1.2.1.1　表面理想平和
理想纯的两块单晶体形成焊接

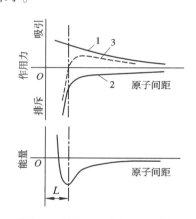

1—引力；2—斥力；3—合力；L—平衡距离。

图 1.2.1.2　一对原子的相互作用力和势能

　　事实上，在金属材料被彼此焊接的时候，它们的实际表面并不是理想平的和那样的洁净。在这种情况下，为了使接触面上的原子接近到引力和斥力的平衡距离，一方面，需要外界能量的参与；另一方面，借助这种能量使其接触面产生塑性变形、熔化和原子间的扩散等冶金过程，促使被焊接的金属表面发生许多物理的和化学的变化，形成连接金属的"金属键"，从而造成金属间的冶金结合，即焊接。上述几种冶金过程就是焊接科学中对应的压力焊、熔化焊和扩散焊等焊接工艺及技术的基本原理。

　　实际上，不少文献就是以上述金属焊接的一般原理为基础来研究和论述爆炸焊接的机理的。例如文献[59]就引用了如图 1.2.1.2 中的曲线，并且指出，当体系的势能降至最低时，在有关金属的原子间距上引力和斥力就达到了平衡。

1.2.2　聚能效应的现象和本质

　　金属焊接的简单原理如上所述。那么，聚能效应又是怎么一回事呢？

　　据文献[60]介绍，聚能效应原来是这样的一种物理–化学现象：

　　如图 1.2.2.1(a)所示，当雷管引爆带有金属药型罩的聚能药包以后，对靶板将产生如图 1.2.2.1(b)所示的穿透作用。这种穿透作用比柱形药包和不带金属药型罩的锥形药包大大提高。在军工术语中，这种形式的装药称为聚能装药，这种特殊的穿透作用称为聚能效应。聚能效应即是破甲弹的破甲原理。

　　据同一文献介绍，聚能效应的发生、经过和结果是这样的：如图 1.2.2.2 所示，当起爆点传播过来的爆轰波到达罩面时，金属药型罩由于受到强烈的压缩而迅速地向轴线运动，其速度达 1000~3000 m/s，结果使金属沿轴线发生高速冲击碰撞。这样就会从药型罩的内表面挤出一部分金属来，并以很高的速度向前运动。随着爆轰波连续地向罩底运动，就将从内表面连续地挤出金属来。当药型罩全部被压向轴线的时候，就在轴线上形成一股高速流动的金属流。这种金属流细长，长径比达 100 倍。它的横断面上集中了很高的能量。当它与靶子作用时，破甲作用的效果远远超过了无罩聚能装药。尾随金属流运动的杆体速度很低，没有什么破甲作用。由此可见，聚能效应之所以具有很大的破甲作用，根本原因是能量集中。图 1.2.2.3 为带有双金属药型罩的聚能药包爆炸后形成的金属流的真实形态。铜-铝双金属药型罩的实物照片如图 5.5.2.75 所示。

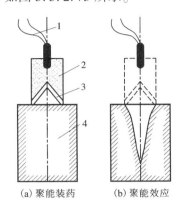

1—雷管；2—炸药；3—金属药型罩；4—杆体；5—金属流。

图 1.2.2.2　有罩聚能装药爆炸时形成的金属流和杆体示意图

(a) 聚能装药　(b) 聚能效应

1—雷管；2—炸药；3—金属药型罩；4—靶板。

图 1.2.2.1　聚能装药和聚能效应示意图

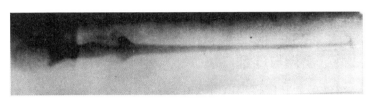

图 1.2.2.3　带有双金属药型罩的聚能药包爆炸后形成的金属流

该文献根据试验结果认为，所形成的金属流是一种接近熔化状态的高速流动的热塑性体。这种热塑性体是在 10 万 MPa 以上的压力下，通过药型罩内表面附近的金属之间的高速撞击挤压出来的。金属流头部的速度与药型罩的形状等因素有关，如表 1.2.2.1 所列。

表 1.2.2.1　各种锥角的紫铜罩形成的金属流的头部速度

药型罩角度/(°)	30	40	50	60	70
金属流头部速度/(m·s⁻¹)	7800	7000	6200	6100	5700

1.2.3　爆炸焊接与聚能效应的区别

在叙述了聚能效应的现象和本质以后可知，它和爆炸焊接没有任何共同之处。

（1）聚能效应的结果是产生一种特殊的破甲作用，而爆炸焊接的结果是使金属之间形成强固的结合。

（2）聚能效应是由炸药的能量推动药型罩自己发生撞击运动，从中挤出一部分高速流动的金属流来。这种金属流的高速运动是其破甲的原因。在金属爆炸焊接的时候，虽然在界面上也会出现半流体（塑性变形金属）和流体（熔化金属）沿一个个的波状界面断续和周期性流动，这种很薄的一层半流体和流体的形成是金属间焊接结合的原因，但它们在界面上的流动不是金属在爆炸载荷下焊接结合的原因。

（3）聚能效应是由聚能（锥形）装药产生的，爆炸焊接无锥形布药的情况。而且无论是从炸药的用量、密度和状态，甚至品种来看，它们之间完全不同。

（4）聚能效应中产生的金属流是在 10 万 MPa 以上的压力下形成的。爆炸焊接过程中，覆板表面上的爆炸压力比聚能效应的至少小一个数量级。

（5）聚能效应产生时，金属药型罩向轴线运动的速度是 1000~3000 m/s，有的高达 10000 m/s 以上[61]。爆炸焊接时，覆板向基板冲击运动的速度比它的下限还要低。

（6）聚能装药时金属药型罩的锥角大于 30°。而在爆炸焊接的实际情况下，覆板与基板间的夹角很小，平行法时安装角为 0°。

（7）国外有些单位在研究结合区波形和射流的形成原因及过程时，大都使用了比实际的爆炸焊接工艺大得多的角度[62~67]。在这种情况下，尽管可以发现射流和收集到射流物质，但是因为量变（角度大大增加），必然引起质变——它们已经不是爆炸焊接的真实情况了。

（8）聚能效应临近结束的时候，药型罩金属全部变为金属流和杆体，并一起向靶板冲击。爆炸焊接过程中的金属半流体和流体仅仅占有接触面上的金属的一薄层。例如，如图 4.16.5.1 所示，如果以波高的两倍作为塑性变形层（半流体）的厚度，它的最大厚度为 0.5 mm（钛和钢各为 0.25 mm）。如果将该图中波前的最大熔化块(流体)的面积换算成同一视场内波形界面长度上的厚度,那么这个厚度只有 0.036 mm。由此可见,这一薄层的半流体和流体金属与聚能效应中的金属流(包括杵体)相比,在厚度和质量上是多么的小。

(9)在正常和合理的爆炸焊接工艺下产生的半流体和流体是不会像聚能效应中产生的金属流那样高速地射向外面的。文献[68]指出,"在 S 点(撞击点)材料经受很大的剪切变形,同时处于很高的压力之下,使射流运动的速度在该点急剧下降,直到静止为止,撞击区的这个高压瞬时后也即迅速下降"。由此可见,在小角度的爆炸焊接过程中,结合区内的流体物质是不会"喷射"到复合体外的。文献[63]通过试验证实甚至在大角度下,不仅对称碰撞,而且非对称碰撞都看不到稳定射流的形成。文献[69]更是提出了许多流体力学模型所不能解释的现象。本书4.2章和4.3章论述了爆炸焊接结合区中金属塑性变形和熔化形成的原因及过程。两者相比较显然不同。当然,如果爆炸焊接工艺不合理,此时并不排除结合区中的流体会射向复合体外,但基体金属仍以相互焊接而告终。

以上是聚能效应与爆炸焊接基本的和主要的区别。由这些区别可以看出,它们是两种完全不同的现象和物理-化学过程,它们之间没有任何必然的联系。

1.2.4　模糊与混乱

聚能效应和爆炸焊接虽然有如上所述的原则和本质上的区别,然而长期以来不少人和许多文献却把聚能效应和射流的出现作为爆炸焊接的原因及解释。图1.2.4.1[70]就是将爆炸焊接过程中形成的流体金属及其流动——所谓射流,作为机理来探讨的。从而将两种完全不同性质的物理现象搅和在一起。这不能不说是一种认识上的模糊和概念上的混乱。

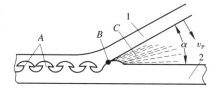

1—覆板;2—基板;
A—界面波形;B—碰撞点;C—射流

图1.2.4.1　爆炸焊接过程中覆板向基板的倾斜碰撞和射流的形态示意图

这种模糊和混乱还表现在另一个方面,那就是把爆炸焊接过程分为两步[20,67]:首先是两金属板之间的射流清除金属的表面膜,使之成为清洁和活性的表面;然后高速撞击产生的压力,使两金属的内表面达到紧密状态,形成原子间的结合,并且认为这是能否形成射流和能否爆炸焊接的关键。

真的是这样吗?如果射流能清洁待结合面,并使之自动净化,那么就可以推论在生产实践中根本无须在基板和覆板的表面处理上花费大量的人力和物力。然而,事实上,在爆炸焊接工艺中,表面处理仍不容忽视和十分重要。

大家知道,金属材料,尤其是钢材的表面往往覆盖着一层厚而疏松的氧化物和其他污物。这层东西在焊接之前如果不预先除去,是会影响金属间的焊接和结合强度的。

另外,爆炸焊接中的"射流",实际上就是结合区塑性变形金属和熔化金属的流动。计算表明,其厚度和质量是很小的。如果有厚厚的一层氧化物,那么在爆炸焊接过程中它们是否会被喷射出去呢?回答是否定的,因为这已被一些实验所证实。例如,在工艺安装中,在间隙内放置尺寸为 $\phi 3 \text{ mm} \times 3 \text{ mm}$ 的塑料棒,或1~3 mm厚的金属片,爆炸焊接后,很容易发现那些间隙支撑物原封未动,只是在高压下被压缩了一些而已。支撑起间隙的金属弹簧和小球也同样地被压在间隙之间。由此可见,界面上稍大一点的东西(包括较厚的氧化膜)是不能形成射流物而在喷射中流向复合体外的。因此,认为射流的形成能清洁表面的论据是不足的和不能令人信服的。如果真能如此,那就根本用不着表面处理了。其实,在实际工作中人们仍在千方百计地和多快好省地进行表面处理,以便使结合面既清洁又光滑。所以"喷射"理论在此方面是不能指导实践的。

问题的关键还在于喷射理论能够造成本章前面所叙述到的金属焊接的基本条件吗?也就是说喷射能够使分离的金属原子之间的距离缩小到引力和斥力相平衡的距离吗?回答仍然是否定的。这样的结果只能借助于外界的能量使接触面金属发生塑性变形、熔化或原子间的扩散以及它们的综合作用来达到。

结合区金属流动的现象是存在的,它产生的原因和过程如前所述,这只是在爆炸焊接过程中所发生的许多物理-化学现象中的一个。而且在正常的工艺下流动着的金属不会喷射出去。喷射不会造成金属之间的焊接。这就好像两手掌之间的水在手掌迅速拍合后,水"喷射"而出,而两手掌不会焊接在一起一样。也好像轧机在轧制难熔金属(如钨和钼)板的过程中,有时会出现崩料现象(金属碎片通过辊缝沿轧制方向

"喷射"而出），而两个轧辊不会焊接在一起一样……自然界中的气体、液体和固体的喷射现象何止万千，但又有哪一个造成了焊接的结果呢？

特别重要的是以聚能效应为基础的喷射理论，亦即流体力学理论能够解释爆炸焊接过程中能量的传递、吸收、转换和分配吗？能够解释金属间的结合强度吗？能够解释爆炸焊接工艺、组织和性能的关系吗？能够预言爆炸焊接的发展方向吗？该领域中众多问题的回答，流体力学理论都是无能为力的。理论和实践表明，这些问题只能依靠炸药和爆炸物理学、金属学和金属物理学，以及焊接科学的基本原理来解决。

文献[72]提到当时(1974年)国际上在爆炸焊接的理论研究中，就存在着流体力学和金属物理学两大学派。看来，这两大学派的对立是客观存在的。不过，可以预言，不论还要多长的时间，还要引起多大的争论，也不论还要经过多少曲折和反复，金属物理学学派的工作必将对爆炸焊接这门学科的研究和发展作出决定性的贡献，爆炸焊接的金属物理学理论必将逐步建立而取代其他理论。

本书所讨论的问题和所阐述的理论，就是为爆炸焊接这一边缘学科的金属物理学理论的建立及取代其他理论而进行的一次大胆的和挑战性的尝试。

1.3　爆炸焊接的研究课题和发展方向

根据对已有的大量资料的分析，金属爆炸焊接这门应用科学和技术科学是介于金属物理学、爆炸物理学和焊接工艺学之间的边缘学科。然而，当前国内外在此学科的理论探讨中分为两大学派，即流体力学学派和金属物理学学派。它们的学术观点是完全不同的和根本对立的。本章根据长期生产实践和理论研究的成果，以及大量的国内外资料，试图从金属物理学的观点，从下列方面比较系统地探讨这门学科的研究范围和研究内容，由此展示其发展的趋势和方向。

1.3.1　理论研究方面

因为爆炸焊接是上述三门主要学科之间的边缘学科，所以在理论研究中还得从这三门学科的基本原理出发。事实证明，只有这样才能迅速地抓住问题的本质，才能全面地观察和理解爆炸焊接工艺的全过程，才能纵观全局制订比较切实可行和行之有效的工作计划。

1. 炸药和爆炸物理学方面的课题

炸药的化学能是金属爆炸焊接的能源。爆炸的目的是将炸药的化学能在爆炸化学反应中释放出来，并将其转换成初始的金属焊接的能量——爆轰波和爆炸产物这两种物质高速运动的动能。这种能量在传递给金属和被其吸收之后，在金属系统内部再进行多次和多种形式的转换和分配，从而变为金属间焊接所需要的形式和数量的能量。因为一定数量的炸药及其正常的爆轰过程是金属爆炸焊接的必要条件之一，所以离不开炸药和爆炸的基本理论及实践。其主要课题如下：

(1)已有的炸药和爆炸的基本理论在爆炸焊接中的应用；爆炸焊接中炸药和爆炸的一般性及特殊性的研究课题。

(2)炸药研究课题。适用于爆炸焊接工艺的炸药的选择原则和依据，炸药的密度(药厚或单位面积药量)和其他物理参数与炸药的爆速、爆压及爆温的关系。爆炸焊接条件下，众多爆炸参数的计算和测定。

(3)爆炸物理课题。在爆炸焊接情况下炸药的引爆、传爆、爆炸化学反应区、爆轰波、冲击波、压缩波、拉伸波、卸载波、弹性波和塑性波的物理特性。在爆炸焊接过程中，它们在金属系统内部的传播(入射、折射、反射和贯通)及其相互作用。爆炸产物的飞散，它的有关参数的一维和二维计算及测定。

(4)在爆炸焊接的情况下，爆轰波、爆炸产物和爆热所包含的能量在炸药总化学能中所占有的比例。

(5)在爆炸焊接的情况下，爆轰波和爆炸产物的运动次序及速度，它们与覆层金属之间的能量的传递和被吸收，这部分能量对爆炸焊接的贡献。

(6)在爆炸焊接的情况下，炸药的化学能与金属间焊接能之间的能量关系。

(7)爆轰波的结构、它的波形形状和波形参数及其影响因素。爆轰波能量在金属表面和内部的周期性波动传播。结合区波形成的外因。

(8)冲击波的特点和性质，它对爆炸焊接的作用和影响。

（9）单金属板被接触爆炸之后，其表面波形和底面波形的出现，它们与爆轰波的关系。

（10）爆炸焊接双金属和多金属的表面波形、界面波形及底面波形的出现，它们与爆轰波能量在金属表面、界面和底面上周期性波动传播的关系，表面、界面和底面波形形成的外因；它们的波形形状、波形参数，及其影响因素和相互关系；它们的形成条件、过程图解及试验验证；结合区波的形成在爆炸焊接中的重要意义。

（11）在爆轰波周期性波动传播的能量作用下，覆层金属沿全厚度或内表面发生受迫振动，此受迫振动的振幅和频率及其影响因素；受迫振动的覆层金属在与基层金属发生波状的冲击碰撞后，在结合区形成波形；结合区波形成的内因。

（12）在爆炸焊接过程中，炸药的爆速与覆层金属向基层金属高速撞击的速度（能量）之间的关系；这种高速撞击过程在波形成中的意义。

（13）爆炸焊接力学。在爆炸焊接情况下，覆层的下落速度、静态角、动态角、弯折角、撞击点移动速度、间隙内气体的排出速度、覆层和基层的厚度及其材质，以及爆速等静态参数与动态参数之间的关系。它们与爆炸焊接过程的关系，该过程中能量的转换和分配，以及与焊接质量之间的关系。

（14）以 1/4 爆速跟随爆轰波运动的爆炸产物在结合区波形成过程中的作用。

（15）爆炸洞及其基本设备在上述爆炸焊接课题研究中的应用。

2. 金属学和金属物理学方面的课题

金属材料是爆炸焊接的物质基础之一。在爆炸焊接过程中，基体金属本身，尤其是它们的结合面上将发生许多宏观和微观的变化。这些大都属于金属学和金属物理学的范畴。研究这些变化对于探讨爆炸焊接过程，对于建立爆炸焊接的金属物理学理论，对于指导爆炸焊接实践和爆炸复合材料的应用都有重要的意义。这方面的主要课题如下：

（1）金属学和金属物理学的基本原理在爆炸焊接中的应用。在爆炸焊接的全过程中，金属学和金属物理学的一般性及特殊性的研究课题。

（2）爆炸焊接前后，基体金属的物理和化学性能的变化。

（3）在爆炸焊接的情况下，基体金属的强化和硬化，及其机理。

（4）在爆炸焊接的数千米每秒的变形速度下金属塑性变形的抗力，结合区塑性变形金属的动态屈服极限的理论计算和试验测定。

（5）结合区一薄层金属塑性变形的起因、过程和特性；塑性变形的机理：滑移、双晶和绝热剪切；位错、空位及其运动和相互作用。

（6）结合区金属熔化的原因、过程和特性；金属在高速、高压、高温和瞬时下的熔化与常态下熔化的异同；结合区内熔化块和熔化层对金属间结合强度的不同影响。

（7）在爆炸焊接过程中，在高的浓度梯度、高压、高速、高温下的塑性变形和熔化等多种条件及其综合作用下，在结合区范围内基体金属原子间相互扩散的必然性。基体金属的自扩散。

（8）爆炸焊接工艺对金属力学性能和其他物理及化学性能的要求。

（9）爆炸复合材料在静态和动态载荷下的破断特性，这类复合材料的断裂力学。

3. 金属结合和焊接方面的课题

如前所述，爆炸焊接实质上是一种以炸药为能源的金属焊接的新技术。既然如此，这种新技术中所包含的金属结合和焊接方面的问题理应是这门学科理论研究的重要组成部分。其中包括焊接的能源和能量，焊接的冶金过程和热效应，焊接过渡区的特征，焊接的变形和应力，焊接接头的检验、性能和评价，爆炸焊接工艺、组织和性能的关系，等等。只有把最终的落脚点放到这些问题上，爆炸焊接理论和实践才有实际的意义，才能把该门学科的研究和应用推向新的深度和广度。

（1）一般的金属结合和焊接的基本原理在爆炸焊接中的应用。在爆炸焊接的情况下，它的一般性和特殊性的研究课题。

（2）金属爆炸焊接的能源和能量，爆炸焊接过程中多次和多种形式的能量的传递、吸收、转换和分配，爆炸焊接能量的平衡及其理论计算和试验测定。

（3）爆炸焊接双金属和多金属焊接过渡区——结合区的特性。

（4）结合区内一薄层金属塑性变形程度的定量测定，这种变形程度和变形热与总的爆炸焊接能量之间的关系，这种塑性变形在爆炸焊接中的重要意义。

（5）结合区内热过程的理论计算和温度的试验测定，以及金属复合材料断面上的热传导问题；结合区内金属熔化块和熔化层的不同的成因和过程；它们的形状、大小和分布的定量测定；它们的成分、组织和性能的定量评价；合金相图在爆炸焊接中的应用；金属熔化在爆炸焊接中的意义。

（6）在爆炸焊接过程中，基体金属之间的自扩散和互扩散，结合区中扩散现象的显示方法和扩散层厚度的定量测定，自扩散系数，特别是互扩散系数和其他扩散参数的理论计算及试验测定，爆炸焊接过程中扩散的规律和影响因素，固态和液态下的扩散规律。这种扩散在爆炸焊接中的意义。

（7）结合区内金属塑性变形、熔化和原子间的相互扩散对金属爆炸焊接的贡献，爆炸焊接的冶金过程和冶金结合，它们与工艺参数的关系，爆炸焊接机理的探讨。

（8）在实际的爆炸焊接过程中，结合区内塑性变形金属（半流体）和熔化金属（流体），在高压和高速的爆炸载荷作用下沿一个个的波形界面的断续和周期性地流动及其规律；在这两种情况下，流动物质的成因、过程、状态和性质，及其流体力学解释，它们在爆炸焊接理论研究中的作用。

（9）爆炸复合材料的结合性能、加工性能和使用性能，它们的测定方法和评定标准。

（10）爆炸焊接的变形和应力，它们的影响，以及减轻和消除的方法。

（11）爆炸态、冷热压力加工态和热处理态的爆炸复合材料的应用，冷热压力加工和热处理对基体金属和结合区金属的成分、组织和性能的影响，最佳冷、热压力加工工艺和热处理工艺的制订。

（12）电子显微镜、电子探针、高温金相、定量金相、普通金相、光谱、X射线、激光和超声波等分析检验手段在爆炸复合材料的成分、组织和性能检验中的应用。

（13）爆炸复合材料的工艺、组织和性能之间的定量关系的建立，爆炸焊接"窗口"，最佳参数的选择及其对实践的指导。

（14）爆炸焊接局部过程和全过程的数值模拟[1124-1167]。

（15）用数学关系式描述金属爆炸焊接的各个局部过程和全过程。

应当指出，由于每一种金属材料的物理和化学性质的不同，所用炸药和爆轰过程的差异，以及实际的工艺操作的偏差，即使是同一金属组合的爆炸焊接过程及其特性也会是不完全相同的。这势必又会在相当数量上增加这门学科理论研究的内容。

然而，不管怎样，炸药和爆炸物理学、金属学和金属物理学，以及焊接工艺学这几门主要学科的基本原理，为爆炸焊接的研究和发展提供了雄厚的理论基础。自然，爆炸焊接也给它们提出了许多如上所述的新的研究课题。

1.3.2　实践应用方面

实践是认识规律和理论研究的基础，而应用则是它们的目的和归宿。所以，在实践和应用中出现的大量课题也是爆炸焊接重要的研究内容。以爆炸复合板为例，这些课题大致如下：

（1）小复合板试验与大复合板生产之间的关系。

（2）爆炸复合工艺对覆板和基板的材型及其性能的要求，它们的选择原则。

（3）不同种类、不同性能和不同尺寸的金属板之间爆炸焊接工艺的制订。

（4）平行法、角度法、长边中部起爆法和中心起爆法的优缺点，后两者在生产大面积复合板中的应用。

（5）低速、价廉、有效、使用方便的炸药的研制及应用，炸药罩的设置和爆炸能量的充分利用。

（6）有效、价廉和使用方便的缓冲保护层的选择及使用。

（7）爆炸大面积复合板时间隙的支撑和保证，间隙在爆炸焊接中的重要意义。

（8）爆炸大面积复合板时间隙内空气层中的气体及时和完全地排出，排气问题的重要性、现实性和严重性，解决排气问题的措施、方法和途径，结合区大面积熔化的预防。

（9）边界效应的力学-能量原理，雷管区不复和边部打伤的预防。

（10）覆板和基板待结合面清洁净化的必要性，简单和有效的净化处理方法的研究及使用。

（11）爆炸场地的选择、设计和建设；爆炸焊接基础的作用、选择原则和使用；大型爆炸洞在实际生产中的应用。

（12）必要的和适用的设备、辅助工具及起重运输机械的配置和使用。

（13）气候和气象条件对工艺操作、爆炸焊接过程和产品质量的影响。

（14）爆炸焊接过程的重复性和稳定性的现状、影响因素和提高的方法。

（15）爆炸复合材料的压力加工：轧制、冲压、锻压、旋压、挤压、拉拔和爆炸成形。

（16）爆炸复合材料的热处理：退火、淬火、回火、正火和时效等。

（17）爆炸复合材料的焊接：焊接设备、焊接工艺、焊接性能……

（18）爆炸复合材料的机械加工：切割、切削、校平和校直，以及加工成形。

（19）爆炸复合材料废料的回收、处理和利用。

（20）爆炸复合材料的破坏性和非破坏性性能检验的项目、方法及标准。

（21）计算机在爆炸焊接工艺参数设计中的应用。

（22）爆炸复合材料的验收标准：厂（院、所）标、部标和国标，以及国际标准。

（23）炸药和爆炸的安全与防护，爆炸震动和声响对爆炸场周围建筑物、工农业生产及居民生活的影响，爆炸加工生产中水、气、震、声四害的预防。

（24）爆炸焊接中的研究与生产、经营与管理、市场与信息、联合与发展。

复合板的生产仅仅是爆炸焊接工艺应用的一个方面。为了更好地为生产和科学研究服务，在爆炸焊接的实践和应用中，还有必要开展如下一些工作。

（25）爆炸焊接+爆炸成形，这两种工艺分别和依次进行。

（26）爆炸焊接−爆炸成形，这两种工艺同时进行并一气呵成。

（27）爆炸成形+爆炸焊接，这两种工艺分别和依次进行。

（28）爆炸成形−爆炸焊接，这两种工艺同时进行并一气呵成。

以上几种爆炸加工工艺对于生产双金属的封头和碟形管板件来说有颇大的技术和经济价值。它们在理论和实践上都是可行的，值得很好地研究、应用和发展。

（29）爆炸焊和摩擦焊结合起来生产复合棒材和复合刀具。

（30）各种双金属的桶、筒、管、棒、型、带、箔和线材的爆炸焊接。这些爆炸复合材料和常规的压力加工工艺(轧制、冲压、旋压、锻压、挤压或拉拔等)相联合，可以生产更大、更小、更长、更短、更厚、更薄、更粗、更细，以及异型的双金属和多金属的复合材料及零部件。

（31）管与板，管与管板，板与管板，零件与零件，零件与管、板和管板的爆炸焊接。

（32）局部爆炸焊接：点爆、线爆和爆炸压接。

（33）多种和多层金属材料的爆炸焊接。

（34）成组、成排和成堆爆炸焊接。

（35）各种异型件的爆炸焊接。

（36）粉末与粉末，粉末与板、管或棒的爆炸焊接。

（37）丝与丝，丝与板、管或棒的爆炸焊接。

（38）各种不同和多种多样的金属（黑色金属、有色金属和稀有金属）组合的爆炸焊接。

（39）塑料、玻璃和陶瓷等非金属与金属的爆炸焊接。

（40）非晶、微晶和纳米晶材料，以及其他特殊物理、力学和化学性能材料之间的爆炸焊接。

（41）扩大爆炸焊接技术的应用范围。例如，为解决某些合金板坯的热轧开裂问题，在板坯的两面覆一薄层纯金属板。又如用爆炸焊接法修理热交换器，特别是核反应堆传热管破损的修补——爆炸堵管。再如用爆炸焊接增厚的办法维修和利用欲报废的大中型零部件等。

……

最后指出，除上文论述的方向外，4.1.4 节末的讨论和书末的"后记（第二版）"更从微观和宏观、深度及广度上为这门边缘学科指出了新的和恒久的发展方向。

如上所述，金属爆炸焊接这门技术科学和应用科学的研究范围是相当广泛的，研究内容是极为丰富的。到目前为止，在这些研究课题中，一些已有重大的进展，一些正在深入地开展工作，还有一些尚未被人们认识到。随着实践和研究工作的不断深入，爆炸焊接所要研究和解决的课题会越来越多。但是它们不外乎理论和实践两个方面。掌握了这两个方面，爆炸焊接这门边缘学科的发展方向就尽收眼底和稳握手中。随着生产和科学技术的发展，爆炸焊接的产品和工艺的应用范围会越来越广。它的应用和发展，必将对我国的爆炸加工、金属材料、焊接技术、表面工程、石油化工、材料保护、工程机械、机器制造、能源技术、环境保护、水利水电、冶金设备，舟艇舰船、地铁轻轨、交通运输、建筑装饰、摩擦磨损、腐蚀防护、致冷致热、电力装备、电工电子、电脑家电、电线电缆、电解电镀、仪器仪表、办公用品、体育器具、五金配件、多层硬币、消防器材、海水淡化、食品轻工、烹饪用具、厨房设备、家具用材、医药化肥、生物医学、医疗器械、切削刀具、油井钻探、油气管道、桥梁隧道、港口码头、市政建设、设备维修、农业机械、真空装置、耐磨材料、功能材料、超导材料、低温构件、海洋工程、国防军工、航空航天和原子能，以及金属材料资源的节约、综合利用和可持续发展等众多相关学科、行业及领域的发展，作出贡献。

文献[1079]回顾了我国爆炸加工技术发展的历史，并主要从我国目前爆炸焊接产业和技术等方面对现状进行了综述，介绍了目前工业化生产中存在的炸药质量、管理和安全、环境和机械化等问题，并对我国爆炸加工事业的未来进行了展望。

文献[1080]对爆炸焊接的研究与应用现状进行了综述，并指出爆炸焊接机理研究、爆炸焊接专用炸药研究、爆炸焊接产品质量指标体系和检测方法研究、数值模拟和仿真软件研究、试验测试技术和应用研究是爆炸焊接有待进一步解决的问题。非晶态合金和具有耐高温、耐腐蚀、耐磨损、抗疲劳、高强度、高磁导率等特质和优质金属与合金的研制，以及超厚、超薄、超大和多样化（如脆性材料）的爆炸焊接是爆炸焊接技术的发展方向。

上述大量研究课题的深入开展和不断解决，不仅对探讨和阐述爆炸焊接的金属物理学原理有重要的意义，而且会为金属物理学、爆炸物理学和焊接工艺学，以及表面工程学增添新的篇章，还会为大量的异种金属的焊接、金属和非金属复合材料（包括表面工程材料）科学的发展及其工程应用展现无限广阔的前景。

爆炸焊接研究意义深远、任重道远和前程似锦，值得爆炸焊接和有关学科的科技人员奋发努力。

上述爆炸焊接的研究课题和发展方向，既是在其金属物理学原理的指导下研究和探讨出来的，又是这种原理的具体体现和有力论证。能够预言，本书所提出和阐述的爆炸焊接的金属物理学原理，不仅会逐渐地获得国内外同行专家学者们的认同和支持，而且经受得住历史的检验，还会在实践和研究中，以此为基础得到不断的丰富和发展。

第二篇

CHAPTER 2

爆炸焊接能源和能量基础　炸药与爆炸

如前所述，金属的爆炸焊接是一种压力焊、熔化焊和扩散焊"三位一体"的焊接新工艺及新技术。它的能源是炸药，是炸药爆炸以后生成的高速运动的爆轰波和爆炸产物的动能——机械能。当这种机械能的一部分传递给覆层并被其吸收以后，便推动覆层向基层高速运动。覆层高速运动的动能就是爆炸焊接的总能量。当覆层和基层相互撞击以后，这种动能在此过程中再转换和分配成金属之间的结合能——结合区内一薄层金属的塑性变形能、熔化能和扩散能，从而使它们牢固地焊接在一起。

但是，由于爆炸焊接工艺和技术的特殊性，人们逐渐认识到并不是所有的炸药都适用于爆炸焊接，而且，并不是已有的爆炸物理学的理论都能指导爆炸焊接实践。因此，人们在经过几十年的摸索和探讨之后，在炸药的选择应用中，解决了大量的实践课题。与此同时，也总结出了许多理论规律，进而提出了传统的和经典的爆炸物理学中许多不曾有过的观点及结论，从而丰富和发展了这门既古老又年轻的科学。

本篇全面、系统和深入地讨论爆炸焊接的能源和能量问题，即与本学科有关的炸药和爆炸及其能量在金属系统内的传递、吸收、转换和分配的全过程，为爆炸焊接产品的生产和使用，以及为爆炸焊接理论的研究和阐述提供能源及能量基础。

2.1　爆炸焊接的能源

爆炸焊接需要能源，这个能源就是炸药。爆炸焊接中所用的炸药及其爆炸，与其他爆炸加工工艺中所用的炸药及其爆炸有同有异。本章根据有关资料、实践和理论研究的成果讨论它们的异同，阐述爆炸焊接中炸药的种类与爆炸过程的特点和作用，以及由此引出的许多理论和实践课题。

2.1.1　炸药与爆炸

1. 炸药

炸药是这样一种物质，它在一定的外界能量作用下能够引起高速传播的爆炸化学反应，并在这个过程中放热、发光，并生成大量的气体。

炸药是一种具有相对稳定的化学体系的物质。若无一定的外界能量的作用，它是不会自行爆炸的。炸药按其组成一般分为两大类：单质炸药和混合炸药。

1）单质炸药

单质炸药为单一成分的爆炸化学物质。它们多数都是化学成分中含有氧、氮、氢、碳的有机化合物。按化学分子结构分为如下类型：

（1）乙炔及其衍生物类。如乙炔银（Ag_2C_2）、乙炔汞（HgC_2）等。

（2）雷酸及其盐类。如雷汞[$Hg(ONC)_2$]、雷酸银[$Ag_2(ONC)_2$]等。

注：本篇引用的资料中未注明出处者，均来源于文献[60，61，73-78]。

（3）硝酸酯类。如硝化乙二醇$[C_2H_4(ONO_2)_2]$、硝化甘油$[C_3H_5(ONO_2)_3]$、泰安（PETN），喷特儿$[C(CH_2ONO_2)_4]$，以及硝化棉等。

（4）硝酸盐类。如硝酸铵（NH_4NO_3）、硝酸脲$[CO(NH_2)_2 \cdot HNO_3]$、硝酸胍（$HN{=}C\begin{smallmatrix}NH_2\\[2pt]NH_2 \cdot HNO_3\end{smallmatrix}$）等。

（5）硝基化合物。包括芳香族和非芳香族硝基化合物两大类。前者如三硝基甲苯（TNT）、三硝基酚（苦味酸）、二硝基甲苯（DNT）、二硝基萘、三硝基甲硝胺（特屈儿），以及三硝基苯二酚（斯蒂酚酸）及其盐类等。后者如硝基甲烷（DM）、硝基胍、硝基尿素、环三亚甲基三硝胺（黑索金，即 RDX）、重（β，β，β-三硝基乙基-N-硝基）乙二胺，以及增塑性较好的重（α，α，α-三硝基乙醇）缩甲醛、奥索金（HMX）、基纳（DINA）、EDNA、黑喜儿（HND）、六硝基苯、呋喃炸药，皆属此类。

其他还有氯酸盐、过氯酸盐和叠氮化物等。

2）混合炸药

混合炸药至少由两种独立的化学成分所构成。通常，其成分之一为含氧丰富的物质，另一成分为不含氧或含氧量较少的物质。为了某些特殊的目的可以加入另一些附加物，以改善炸药的爆炸性能、安全性能、力学性能、成形性能和抗高、低温性能等。

混合炸药又可分为气态、液态和固态三类。

目前应用最广泛的固态混合炸药有以下几种：

（1）普通混合炸药。如钝化黑索金（AIX-1）是由 95%RDX+5%石蜡组成的。再如 TNT/RDX（40/60，50/50）、钝化 TNT/RDX（50/50）等各类 B 炸药，以及工程爆破中常用的硝铵炸药都属于此类。

（2）含铝混合炸药。加入铝粉的目的在于增加爆炸的热效应，以提高炸药的爆炸威力。如 TГAГ-5（60TNT/24RDX/16Al，外加 5%的钝感剂地蜡、石墨之类），Torpex（41RDX/41TNT/18Al），A-32 炸药（65RDX/32Al/1.5 地蜡/1.5 石墨）等。

（3）有机高分子黏结炸药。这类炸药主要以黑索金、奥索金和泰安为主体，用少量黏结剂进行黏结。以便在保证尽量好的爆炸性能下，改善炸药的力学性能、成形性能和安全使用性能等，如 8321、1871 和聚苯乙烯黏结黑索金等皆属此类。

（4）特种混合炸药。这类炸药主要是为了满足军事应用上的特殊要求而研制的，如各种塑性炸药、弹性炸药和橡皮炸药等。

3）特种炸药

（1）起爆药。这种炸药作为激发高猛炸药爆轰的引爆剂，可用它来制造雷管和火帽等。常用的起爆药有雷汞$[Hg(OCN)_2]$、叠氮化铅$[Pb(N_3)_2]$和斯蒂酚酸铅$[C_6H(NO_2)_3OPb \cdot H_2O]$、二硝基重氮酚$[C_6H_2N_2O(NO_2)_2$、代号 DDNP]，以及特屈拉辛（$C_2HN_{10}O$）等。起爆药在国际上叫作初发炸药。

（2）猛炸药。猛炸药又称次发炸药，与起爆药相比，它们要稳定得多。一旦被引爆，它们就有更高的爆速和更强烈的破坏威力。常用的猛炸药包括几乎所有的单质炸药和混合炸药。

（3）发射药或火药。这种炸药主要用于发射枪弹和炮弹，以及做发射火箭的燃料，也有用做点火药和延期药（如黑火药）。

（4）烟火剂。烟火剂通常由氧化剂、有机可燃物或金属粉末及少量黏合剂混合而成。如照明弹中的照明剂、烟幕弹中的烟幕剂、燃烧弹中的燃烧剂，以及曳光剂、凝固汽油剂和信号剂，等等。

2. 炸药的爆炸

炸药的爆炸属于化学爆炸。其速度可为数千米每秒至十千米每秒，所形成的温度为 3000~5000℃，压力高达数万兆帕，其产物能迅速膨胀并对周围介质做功。

炸药的爆炸有三大特征：

（1）反应过程的放热性。炸药爆炸时，其内的物质瞬时化为一团火光。这表明该过程是放热的，热能将爆炸产物加热到发光的程度。爆炸化学反应过程放出的热称为爆热，它是炸药爆炸后做功能力的标志之一。

（2）反应过程的高速度。炸药的爆炸化学反应过程以微秒计，其能量实际上是全部地聚集在炸药爆炸前所占据的体积内，这就造成了一般的化学反应所无法达到的能量密度。因此，该过程才具有巨大的做功功率。

（3）反应过程生成大量气态产物。这些爆炸产物（气体）处于高温和高压下，在高速膨胀过程中对外做功。

不同的炸药具有不同的爆炸性能和做功能力，但都具有上述三大特性。由此可知，炸药的爆炸应是一种高速进行和能自动传播的化学反应过程，在此过程中放出大量的热，并生成大量的气态和固态产物。

3. 炸药的燃烧、爆炸和爆轰

炸药在不同的条件下，可以出现三种不同的急剧反应形式：燃烧、爆炸和爆轰。

炸药在常温和常压下常常以缓慢的速度发生分解反应。这种反应是在整个物质内部进行的，其速度取决于当时环境的温度。温度升高，反应速度加快。

燃烧和爆炸在炸药的某一局部发生。两者都以化学反应波的形式在炸药中按一定的速度一层一层地自动进行和传播。化学反应波的波阵面（即化学反应区）比较窄，爆炸化学反应就是在其内进行的。

燃烧和爆炸是两种性质不同的化学变化过程。第一，从传播过程的机理上看，燃烧时反应的能量是通过热传导、热辐射及燃烧气体产物的扩散作用传入未反应的原始炸药的。爆炸的传播则是借助冲击波对炸药的强烈冲击压缩作用进行的。第二，从波的传播速度上看，燃烧时为数毫米每秒到数米每秒，比原始炸药内的声速低得多。相反，爆炸过程的速度大于原始炸药的声速，一般达数千米每秒。第三，燃烧过程的传播易受外界条件的影响，而爆炸过程几乎不受外界条件的影响。对一定的炸药而言，爆速在一定的条件下是一个常数。第四，燃烧过程中反应区内产物的质点运动方向与燃烧波阵面的方向相反，其内压力较低。爆炸时反应区内产物质点的运动方向与爆炸传播的方向相同，其内压力高达数万兆帕。

炸药的缓慢化学分解在一定条件下可以转变为燃烧，而燃烧在一定的条件下又能转变为爆炸和爆轰。

炸药的爆炸和爆轰，这两种反应形式在基本特征上没有本质的区别。所不同的是，爆炸的速度是不稳定和变化的，而爆轰的速度是稳定和不变的。对于一定的炸药和一定的条件而言，以最大的稳定速度传播的爆炸称为爆轰（炸药的爆速即是指此速度）。因此，爆轰只不过是爆炸的一种定常形态。爆炸也可叫作不稳定爆轰，所以有时爆轰也用"爆炸"一词统称。

4. 爆轰反应机理

前已叙及，在炸药中冲击波所到之处即引起该处炸药的爆炸化学反应。根据实验研究，对于不同化学组成和物理状态的炸药，有三种爆炸反应机理。

（1）均匀灼热机理（整体反应机理）。对于均匀的液体炸药或均匀的固体炸药，在冲击波的作用下，波阵面上的炸药层受到强烈的绝热压缩，受此压缩的炸药层均匀地升高到很高的温度（如 1000 ℃左右），因而化学反应在反应区的整个体积内同时进行。

（2）不均匀灼热机理（表面反应机理或弹道机理）。对于结构不均匀的炸药（如液体炸药中含有小气泡或杂质、松散多孔隙的散装炸药以及用粒状炸药压制的药柱），冲击波的作用不是使整个炸药层均匀灼热，而是使个别点（如气泡或炸药颗粒间的空隙）在绝热压缩下温度升得很高，形成了"热点"，或叫"起爆中心"。在冲击波压缩下，颗粒发生塑性变形，颗粒之间的内摩擦以及高温气体在其间的流动，都可以形成起爆的"热点"。

热点形成后，高速化学反应首先在炸药颗粒表面进行，而后向深层迅速发展。在几千摄氏度高温和数万兆帕的压力下，直径为 0.1 mm 的炸药颗粒可以在不到 1 μs 的时间内燃尽，这就足以使化学反应在爆炸化学反应区内完成。颗粒越小，反应所需要的时间越短，反应区的宽度越窄，爆速越高。这种反应机理比整体反应机理所需要的冲击波强度要小得多。这就是说，属于这类反应机理的炸药的爆轰感度较高。

（3）混合机理。对于由氧化剂和可燃物组成的混合炸药（如 NH_4NO_3+TNT 的混合炸药），在固态条件下直接进行反应是困难的。这类炸药的反应是在一些分界面上进行的。

由两种单质炸药组成的混合炸药，在冲击波的作用下，首先是各组分自身进行分解反应，放出大量的热量，然后分解产物互相混合，发生进一步反应，生成最终产物。在这种情况下，各组分自身反应起决定作用。这种混合炸药的一些反应规律与单质炸药相同，其爆速基本上是两种单质炸药爆速的算术平均值。

由反应能力相差悬殊的成分组成的混合炸药（如由炸药和非炸药成分组成的混合炸药，或全部由非炸药的氧化剂和可燃物组成的混合炸药），在冲击波的作用下，首先是易反应的组分（如炸药或氧化剂）分解，分解产物渗透或扩散到另一组分的质点表面并与之进行反应，或者与另一组分的分解产物进行反应。

这类混合炸药的爆轰传播过程，受各组分颗粒和混合均匀程度的影响很大。颗粒大和混合不均匀的炸药不利于这类化学反应的扩展，因而爆速下降。

另外，某些混合炸药如果密度过大，也不利于爆轰的传播。因为此时各组分颗粒之间的空隙小，不利于各组分所分解出的气体产物之间的混合反应，结果将导致反应速度下降甚至熄爆。

5. 不稳定爆轰区

炸药从起爆开始到以其固有的速度稳定爆轰，中间要经历一个不稳定的爆轰过程。这个过程在装药中所占的长度叫作该炸药的不稳定爆轰区。其长度及其爆速变化的情况首先取决于炸药本身的爆炸性能，同时也与起爆能有关。

2.1.9 节提供了用探针法测定的若干种炸药在不同试验条件下的几十条爆速沿爆轰距离的分布曲线。其中不稳定爆轰区的长度和爆速的变化情况及其影响因素一目了然。

在此指出，不稳定爆轰区的存在是爆炸复合材料雷管区产生的主要原因（见 2.4 章），在爆炸焊接实践中应引起高度重视。

6. 炸药对外界作用的感度

炸药在外界能量作用下发生爆炸变化的难易程度称为该种炸药的感度。这种外界能量——起爆炸药所需要的能量，一般叫作初始冲能或起爆能。这种能量有多种形式，如热能、电能、光能、辐射能和各种机械能。与这些能量相对应，炸药就有各种不同的感度，如撞击感度、摩擦感度、加热感度、火焰感度、冲击波感度和爆轰感度等。炸药的感度不仅与其本身的物理和化学性质有关，而且与其状态有关，如压装的和铸装的炸药的爆轰感度就不同。

1）热感度

炸药的热感度是指在热作用下引起爆炸的难易程度。它包括加热感度和火焰感度两种。它们是指热源在均匀加热炸药时的感度，通常用爆发点（爆燃温度或发火点）来表示。所谓爆发点，即指在一定试验条件下加热炸药到爆炸所需的热介质的最低温度。爆发点越高，热感度越小。一些炸药的爆发点如表 2.1.1.1 所列。

表 2.1.1.1　一些炸药的爆发点　　　　　　　/℃

炸药名称	雷汞	叠氮化铅	梯恩梯	特屈儿	黑索金	泰安	梯/黑（50/50）	8321 炸药
5 s 延滞期	210	345	475	257	260	225	220	231
5 min 延滞期	170~180	305~312	300~310	190~200	225~235	210~220	—	—

2）机械感度

炸药的机械感度有机械撞击、针刺和摩擦感度等。

炸药的撞击感度以标准条件下（锤重 10 kg，落高 25 cm）炸药发生爆炸的百分数来表示。一些炸药的撞击感度如表 2.1.1.2 所列。

表 2.1.1.2　一些炸药的撞击感度

炸药名称	梯恩梯	特屈儿	黑索金	奥克托金	泰安	钝化黑索金（黑/蜡）（95/5）	梯/黑（50/50）	梯/黑/Al（60/24/16）	8321 炸药	塑-4 炸药
爆炸/%	4~8	45~55	75~80	100	100	32	50	26	24~56	40

3）对起爆药的感度

一般来说，猛炸药的爆炸几乎都是靠起爆炸药提供某种形式的冲击能量来引爆的。通常用极限起爆药量来表示炸药对起爆药的感度。所谓极限起爆药量就是使一定数量的猛炸药完全爆轰所需要的起爆药的最小量。这个量越小，则表明猛炸药对起爆药的感度越大。

例如，引爆特屈儿、苦味酸和梯恩梯需要起爆药 PbN_6 的量分别为 0.025 g、0.075 g 和 0.145 g。这表明三者对 PbN_6 的感度以特屈儿最敏感，梯恩梯最钝感。一般来说，起爆药的爆速越高，爆炸加速期越短，起爆药的起爆能力就越大。

4）对冲击波的感度

炸药在冲击波的作用下发生爆炸的难易程度称为该炸药对冲击波的感度。在弹药和引爆技术中经常有一种炸药爆炸后产生冲击波通过某一介质去引爆另一种炸药的情况。例如雷管中的炸药爆炸后经过金属管壳、纸垫或空气隙来引爆另一炸药。聚能装药中采用隔板来调整波形和相邻炸药的殉爆等，都属于冲击波感度的范畴。

影响炸药感度的因素有如下几种：

（1）炸药的物理和化学性质对感度的影响。

① 炸药原子团的稳定性：炸药爆炸的原因是原子间键的破裂，原子团的稳定性对炸药的感度影响很大。一般来说，$—OCl_4$ 比 $—ONO_2$ 稳定性小，所以过氯酸盐比硝酸酯感度大；$—CONO_2$ 比 $—CNO_2$ 稳定性小，所以硝酸酯比硝基化合物感度大。

② 炸药的生成热：炸药的生成热与分子的键能有关，一般键能小时生成热也小，而生成热小的感度高。起爆药的生成热比猛炸药的生成热小得多。所以，一般起爆药的感度比猛炸药高。

③ 炸药的爆热：爆热高的炸药感度高，如黑索金的感度高于特屈儿，特屈儿的感度高于梯恩梯。

④ 炸药的活化能：活化能实际上是炸药爆炸的一个能栅，这个能栅越高，越不易跨过，也就是越不易爆炸。反之，活化能越小，感度越高。

⑤ 炸药的热容量和热传导性：炸药的感度随着热容量和热传导性的增加而减小。

⑥ 炸药的挥发性：在有相同爆发点和爆热的情况下，挥发性大的炸药达到爆发点所需的热量就较多。所以，这种炸药的热感度一般较小。

（2）炸药的物理状态及装药条件对感度的影响。

① 炸药的物理状态：通常炸药由固态转化为液态时感度提高。液态具有较高的温度；固态熔化为液态需吸收熔化潜热，因而液态比固态具有较高的内能；液态时具有较高的蒸气压而易于挥发。这些因素都有利于爆炸化学反应的进行，因而对外界的作用敏感。

② 结晶状态：叠氮化铅有两种晶形，即 α 晶形和 β 晶形。前者为棱柱状，后者为针状。前者的机械感度比后者小得多。β 型的晶格能量低，感度高。

③ 装药密度和表面情况：一般来说，随着炸药密度的增大，爆轰感度降低。当密度过大时会造成"压死"现象，即失去被引爆的能力。一般压装炸药的爆轰感度大于铸装炸药。

④ 炸药的晶粒度：晶粒度小的爆轰感度大，并且有利于爆轰的扩展，反应速度高。

⑤ 温度的影响：随着炸药初始温度的升高，炸药的各种感度增高。

⑥ 附加物的影响：不同的附加物起不同的作用。加入后能增加炸药感度的叫增感剂，降低感度的叫钝感剂。附加物对炸药机械感度的影响最大。

附加物的硬度大于炸药的硬度时，在一定的粒度和含量下，将使炸药的感度增加。附加物的熔点在爆发点以上的能使炸药增感。附加物的含量，以塑性大的物质为例，其含量越多，炸药越钝感。当这种附加物过多的时候，机械感度就等于零。

7. 炸药的热分解和安定性

（1）炸药的热分解。炸药在一定温度下会分解。只是温度较低时，这种分解进行得非常缓慢和不易觉察。炸药的热分解对其长期储存是不利的。炸药在常温下的热分解是一种缓慢的分解过程，这个过程可分为两个阶段，即开始分解阶段和反应自动加速阶段。微量的酸、金属微粒和金属氧化物、微量水分都可能对炸药物质的反应起催化作用，这是应引起注意的。

（2）炸药的安定度。所谓炸药的安定度是指炸药在一定条件和一定时期内不改变自身的物理和化学性质及爆炸性能的能力。它可分为物理安定度和化学安定度两种。前者的大小决定炸药产生物理变化的趋势，后者的大小决定炸药产生化学变化的速度。

炸药的物理安定性主要指其吸湿性、挥发性、可塑性、机械感度、老化和收缩变形等一系列物理性质。

通常最有意义的是化学安定度。确定这种安定度的方法是根据储存温度和条件进行试验，以测定炸药的分解速度，从而判定其安定度。

8. 爆炸反应过程和氧平衡

炸药的爆炸过程是化学能转变为机械功的过程，爆炸时放出的热能是炸药做功的能源，生成的气态和固态产物是做功的媒介。具体研究炸药的爆炸化学反应及其生成的产物和放出的热量等属于炸药热化学的范畴。这里先介绍炸药的爆炸化学反应过程和氧平衡。

（1）炸药爆炸化学反应过程。常用的猛炸药，大多数由 C、H、O 和 N 几种元素组成。其中 C 和 H 为可燃元素，O 为助燃元素，N 为隔离元素，即载氧体。爆炸前，N 将 C、H 与 O 隔开，并以化学键相连接。爆炸时，化学键被破坏。C、H、O 和 N 即呈单原子或离子状态。然而，这种状态是不稳定的，它们一定要重新组合成某些稳定的物质，即爆炸产物。例如，C、H 与 O 化合生成 CO、CO_2 和 H_2O。这一化合过程，即可燃元素的氧化过程，叫作分子的内燃烧。此时，如果 O 的数量不足，则可能有游离的 C 和 H_2 存在。N 原子本身结合为 N_2。如果 O 原子很多，在使 C、H 完全氧化后还有剩余，则会在很高的温度下生成 NO 和 NO_2。在有些情况下，爆炸产物中还可能有少量的甲烷（CH_4）、乙炔（C_2H_2）和氨（NH_3）等存在。

爆炸反应后究竟生成什么成分的产物，也就是说，炸药分解后 C、H、O 和 N 组成什么新的物质，主要取决于下面五种化学反应的结果：

$$
\left.
\begin{aligned}
&2C+O_2 \rightleftharpoons 2CO+2\times110.5\ \text{J}\\
&2CO \rightleftharpoons CO_2+C+172.5\ \text{J}\\
&2H_2+O_2 \rightleftharpoons 2H_2O+2\times242\ \text{J}\\
&CO+H_2O \rightleftharpoons CO_2+H_2+43.5\ \text{J}\\
&2NO \rightleftharpoons N_2+O_2+2\times98.4\ \text{J}
\end{aligned}
\right\}
\tag{2.1.1.1}
$$

可以看出，爆炸化学反应与爆炸化学反应后生成的产物成分及各成分的数量和炸药中可燃元素（C、H）和氧化元素（O）之间的比例有很大关系。在炸药热化学中，一个很重要的问题是炸药的氧平衡。

（2）炸药的氧平衡。炸药的氧平衡，就是指炸药中所含氧的数量与使其所含可燃元素完全氧化（即变成 CO_2 和 H_2O）所需氧的数量之比例关系。这种关系有三种情况：

① 炸药中含氧量多于使其中的可燃元素完全氧化所需的氧量，这种情况称正氧平衡，这种炸药叫正氧平衡炸药。

② 炸药中含氧量少于使其中的可燃元素完全氧化所需的氧量，这种情况称负氧平衡，这种炸药叫负氧平衡炸药。

③ 炸药中含氧量等于使其中的可燃元素完全氧化所需的氧量，这种情况称零氧平衡，这种炸药叫零氧平衡炸药。

氧平衡是炸药的一个重要性质，它在很大程度上决定炸药的做功能力，同时还影响到爆炸产物中有毒成分（如 CO、CO_2 等）的含量。

通常用氧平衡系数 K_0 来表示炸药中可燃元素与氧化元素的比例关系，K_0 值为

$$
K_0 = \frac{\left[c-\left(2a+\dfrac{b}{2}\right)\right]\times16}{M}\times100\%
\tag{2.1.1.2}
$$

式中：a、b、c 分别为 1mol 炸药中 C、H、O 物质的量，16 为氧的相对分子质量，M 为炸药的相对分子质量。

K_0 值的意义是 100 g 炸药中，氧的多余或不足的质量数。例如泰安的 $K_0=-10.1\%$，表示 100 g 炸药中要使其中的 C 和 H 完全氧化则缺少 10.1 g 的氧。多数炸药是负氧平衡，少数为正氧平衡，极少数为零氧平衡。一些炸药的氧平衡系数 K_0 如表 2.1.1.3 和表 2.1.1.4 所列。

表 2.1.1.3 几种常用单质炸药的氧平衡系数

炸药名称	分　子　式	相对分子质量，M	$K_0/\%$
梯恩梯	$C_7H_2(NO_2)_3$	227	-74.0
黑索金	$C_3H_6N_3(NO_2)_3$	222	-21.6
泰安	$C_5H_8(NO_3)_4$	316	-10.1
硝化甘油	$C_3H_5(NO_3)_3$	227	+3.5
硝酸铵	NH_4NO_3	80	+20.0

表 2.1.1.4　几种常用混合炸药的氧平衡系数　　　　　　$Q/\%$

炸　药	氧平衡系数 K_O	各组分的含量及该组分的氧平衡系数 K_O							
		硝　酸　铵		梯　恩　梯		木　粉		轻　柴　油	
		质量分数	K_O	质量分数	K_O	质量分数	K_O	质量分数	K_O
2# 岩石硝铵炸药	+3.38	85	+20	11	−74	4	−137	—	—
铵油炸药	−0.16	92	+20	—	—	4	−137	4	−327
80/20 阿梅托	+1.20	80	+20	20	−74	—	—	—	—
50/50 阿梅托	−27.00	50	+20	50	−74	—	—	—	—

注：铵油炸药和 80/20 阿梅托近似地为零氧炸药。

9. 炸药的热化学性质

炸药的热化学参数包括炸药的爆热(Q_v)、爆温(T_1)、爆容(V_0)、爆速(v_d)和爆轰压力(p)五个标志量。由这五个标志量可以综合评定一种炸药爆炸性能的高低，即炸药爆炸后做功能力的大小。

(1)爆热。单位质量的炸药爆炸后所释放的热量称为炸药的爆热，通常以 1 kg 炸药爆炸所放出的热量(J/kg)来计算。由于炸药爆炸过程近似于定容过程，故以 Q_v 表示，称为定容爆热。炸药的爆热在一定的装药条件下是一个固定值。一些炸药的爆热值如表 2.1.1.5 至表 2.1.1.7 所列。

由表 2.1.1.5 和表 2.1.1.6 中的数据可知，对于分子中含氧量较少的炸药，随着炸药密度的增加，爆热呈直线性增加。而对于含氧量较多的炸药，密度对爆热影响不大。对于氧不足的炸药，采用厚的外壳测出的爆热高。如表 2.1.1.7 所示，随外壳厚度的增加，爆热增加，但当其厚度增至 3~6 mm 后，爆热就不再增加了。

表 2.1.1.5　几种炸药的爆热试验数据

炸药名称	梯恩梯		黑索金		梯/黑(50/50)(铸装)		特屈儿		泰安		阿梅托(80/20)	阿梅托(40/60)	雷汞
$\rho_0/(\text{g·cm}^{-3})$	0.85	1.5	0.95	1.50	0.90	1.68	1.0	1.55	0.85	1.65	1.30	1.55	3.77
$Q_v/[10^3(\text{J·kg}^{-1})]$	3391	4229	5698	5401	4312	4773	3582	4564	5694	5694	4145	4189	1717

表 2.1.1.6　密度对黑索金爆热的影响

$\rho_0/(\text{g·cm}^{-3})$		0.50	0.65	0.70	1.00	1.15	1.70	1.73	1.74	1.78
$Q_v/[10^3(\text{J·kg}^{-1})]$	水为液态	5400	5527	5568	5740	5862	6238	6238	6280	6322
	水为气态	4982	—	—	—	5443	—	5862	—	5945

表 2.1.1.7　外壳材料对特屈儿爆热的影响

外壳材料	—	铁	软钢	软钢	软钢	软钢
外壳厚度/mm	无	0.4	1.6	3.2	6.4	12.7
$Q_v/[10^3(\text{J·kg}^{-1})]$	3894	4145	4564	4773	4857	4857

密度和外壳对爆热影响的原因，在很大程度上可归结为压力对反应式(2.1.1.3)的影响：

$$
\left.
\begin{array}{l}
2CO \rightleftharpoons CO_2 + C + 172.5 \text{ J} \\
CO + H_2 \rightleftharpoons H_2O + C + 131.5 \text{ J} \\
H_2O + CO \rightleftharpoons CO_2 + H_2 + 40.6 \text{ J}
\end{array}
\right\}
\qquad (2.1.1.3)
$$

当密度增加时，爆轰波阵面上压力增加，使得式(2.1.1.3)所示反应向右进行，因而反应热增加。有外壳时，当爆炸产物膨胀的时候，其能量传给外壳，使外壳破碎，并以高速(达 1500 m/s)飞散，炸药放出的能量转变为外壳的动能，因而产物被迅速冷却下来。当采用足够沉重的外壳时，温度将降到 $n \times 100$ ℃($n \leqslant 10$)。在这样低的温度下，反应基本上不能向左进行了(这称为爆炸产物的"淬火"或"冻结")。

对于含氧量丰富的炸药，若分子中全部的碳都被氧化成 CO_2，则不存在上述几个反应，所以密度和外壳对这类炸药的爆热影响不大。

为了发挥炸药的威力，需要提高炸药的爆热。提高爆热的途径有三条：

① 改善氧平衡：零氧平衡的炸药的爆炸产物基本上被完全氧化成 CO_2 和 H_2O，其放热量最大。由此可知，向正氧平衡的炸药中加入适量的可燃物对提高爆热是有利的。

② 向炸药中加入某些能生成高发热量的金属粉末，如铝、铍和镁等粉末，可大大提高炸药的爆热，其化学反应式为：

$$\left. \begin{array}{l} Al+\dfrac{1}{2}N_2 \longrightarrow AlN+241\ J \\ 3Be+N_2 \longrightarrow Be_3N_2+565\ J \\ 3Mg+N_2 \longrightarrow Mg_3N_2+464\ J \\ B+\dfrac{1}{2}N_2 \longrightarrow BN+112\ J \end{array} \right\} \qquad (2.1.1.4)$$

这些都是放热反应。因此，含氧量和含氮量高的炸药与这些金属粉末混合都能大大提高炸药的爆热。

③ 对于负氧平衡的炸药，提高装药密度可以提高其爆热。

（2）爆温。炸药爆炸时所放出的热量将爆炸产物加热到的最高温度称为该炸药的爆温。

采用色-光法能够测出一些炸药的爆温，如表 2.1.1.8 所列。

提高炸药爆温的途径有三条：增大爆炸产物的生成热，减少炸药本身成分的生成热和减小爆炸产物的热容量。

表 2.1.1.8　一些炸药的爆温实测值

炸药	硝化甘油	黑索金	泰安	梯恩梯	特屈儿
$\rho_0/(g \cdot cm^{-3})$	1.6	1.79	1.77	—	—
T_1/K	4000	3700	4200	3010	3700

设法降低爆温也具有很大的实际意义。例如为了减缓高速火焰对炮膛的烧蚀作用和提高井下爆破作业的安全性等都希望降低有关炸药的爆温。降低炸药爆温的方法与提高爆温的方法相反。

爆热越多和爆温越高，炸药做功的能力越大。

（3）爆容。爆容是指 1 kg 炸药完全爆炸所生成的气体产物在标准状态下所具有的体积，以 V_0 表示，单位为 L/kg。爆容也是评定炸药做功能力的重要参数。

因为 1 mol 的任何气体在标准状态下的体积都等于 22.4 L，所以只要知道气体产物的总摩尔数，就可算出其体积。对于成分复杂的工业混合炸药，用理论计算的方法求其爆容是困难的。但从计算原理可知，爆容与氧平衡有关，同时还与炸药分子中氮、氢和碳之间的比例有关。负氧平衡的炸药爆容最大，分子中含碳少而含氮、氢多的炸药爆容较大。以硝酸铵为氧化剂的工业混合炸药，不含碳，只含氢、氮和氧，能产生大量的气体。表 2.1.1.9 提供了一些炸药的爆容数据。

表 2.1.1.9　几种炸药的爆容

炸药	硝化甘油	梯恩梯		黑索金		泰安		阿梅托（80/20）		NH_4NO_3
$\rho_0/(g \cdot cm^{-3})$	1.6	1.50	0.80	1.50	0.95	1.65	0.85	1.30	0.90	—
$V_0/(L \cdot kg^{-1})$	690	750	870	890	950	790	790	890	890	980

假设炸药爆炸化学反应方程式已给定，应用阿伏伽德罗定律可以计算炸药的爆容。例如阿梅托（80/20）的爆炸反应式为：

$$11.35NH_4NO_3+CH_3C_6H_2(NO_2)_3 \longrightarrow 7CO_2+25.2H_2O+12.85N_2+0.425O_2$$

则爆容为：

$$V_0=\frac{(7+25.2+12.85+0.425)}{\dfrac{227+11.35 \times 80}{1000}} \times 22.4=898\ L/kg$$

式中，括号内为爆炸产物中各气态成分的摩尔数之和；227 和 80 分别为 TNT 和 NH_4NO_3 的相对分子质量，故（227+11.35×80）÷1000 为以 kg 计的炸药质量（重量）；22.4 L 为 1 mol 质量的气体在标准状态下（压力

0.1 MPa，温度为 0 ℃时）占有的体积。

由此，一般爆炸反应式可给定如下：

$$m_1 M_1 + m_2 M_2 + \cdots + m_k M_k = n_a A + n_b B + \cdots + n_L L \tag{2.1.1.5}$$

式中：M_1，M_2，$\cdots$，M_k 分别为炸药各组分的相对分子质量；m_1，m_2，$\cdots$，m_k 分别为 1 mol 炸药各组分的物质的量；A，B，$\cdots$，L 分别为爆炸产物各组分的相对分子质量；n_a，n_b，$\cdots$，n_L 分别为 1 mol 爆炸产物各组分的物质的量。假若各产物均为气体，则：

$$V_0 = \frac{(n_a + n_b + \cdots + n_L) \times 1000}{m_1 M_1 + m_2 M_2 + \cdots + m_k M_k} \times 22.4 \quad (L/kg) \tag{2.1.1.6}$$

式中：$n_a + n_b + \cdots + n_L = \sum n_i = N$，$\sum\limits_{i=1}^{i=k} m_i M_i = m_1 M_1 + m_2 M_2 + \cdots + m_k M_k$

则式（2.1.1.6）可改写成：

$$V_0 = \frac{N \times 1000}{\sum\limits_{i=1}^{i=k} m_i M_i} \times 22.4(L/kg) \tag{2.1.1.7}$$

（4）爆速。炸药的爆速指炸药稳定爆轰后爆轰波传播的速度。炸药的爆速值，特别是爆炸焊接中炸药的爆速值受很多因素的影响（见 2.1.8 节），但在一定的状态和条件下，其值基本不变。

爆速是显示炸药做功能力的一个很重要的物理量。同时，炸药的爆速又是爆炸焊接工艺的基本参数之一。因此，作为爆炸焊接中的一个重要工艺参数应当慎重选择。

更多的单质和混合炸药在不同条件下的爆速值及其测定方法参见 2.1.9 节。

与爆速相对应，炸药还有两个特征数据：临界厚度（直径）和极限厚度（直径）。

爆速的实测数据表明，在一定数据范围内，爆速随装药厚度或装药直径的增大而增大。到达一定数值后，装药厚度或直径再增大，爆速却不再增大。此时的爆速称为极限爆速，相应的装药厚度或直径称为极限厚度或极限直径。还有一种情况：当装药厚度或装药直径小于一定数值时，炸药不能爆轰。此时所对应的厚度或直径称为临界厚度或临界直径；此时的爆速称为临界爆速。它们的示意图如图 2.1.1.1 所示，数据如表 2.1.1.10 所列。

炸药的临界厚度（直径）的测定方法如图 2.1.1.2 所示：将药包做成楔形（板状药包）或圆锥形（柱形药包）后放在金属板上（铝、铜、铅板均可），然后引爆炸药。如果药包某处的厚度（直径）小于一定值，则爆轰会在此处中止，即熄爆。熄爆时会在对应的金属板位置击出印痕。此印痕处所对应的药包厚度（直径）值即为临界厚度值或临界直径值。这些临界情况在爆炸复合板、复合管和复合管棒时可能会遇到。

影响上述临界值的因素有炸药本身的状态、颗粒度、密度、有无外壳等。

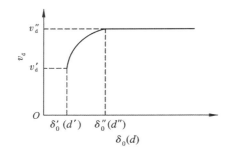

图 2.1.1.1　炸药的临界厚度 δ_0'（临界直径 d'）
与临界爆速 v_d'、极限厚度 δ_0''（极限直径 d''）
与极限爆速 v_d'' 关系示意图

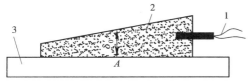

1—雷管；2—炸药；3—金属板；A—熄爆处
图 2.1.1.2　炸药的临界厚度（直径）的测定方法示意图

表 2.1.1.10　在各种条件下一些炸药的临界直径

炸　药	ρ_0 /(g·cm⁻³)	颗粒度 /mm	装药条件	临界直径 /mm
叠氮化铅	0.9~1.0	0.05~0.20	玻璃管壳	0.01~0.02
泰安	0.9~1.0	0.05~0.20	玻璃管壳	1.0~1.4
黑索金	0.9~1.0	0.05~0.20	玻璃管壳	1.0~1.5
铵-梯（79/21）	0.9~1.0	0.05~0.20	玻璃管壳	10~12
硝酸铵	0.9~1.0	0.05~0.20	玻璃管壳	100
粉装梯恩梯	0.9~1.0	0.05~0.20	玻璃管壳	8~10
铸装梯恩梯	1.58	0.05~0.20	铸装	26.9±0.1
黑-梯（75/25）	1.72	0.05~0.20	铸装	8.1±0.3
黑-梯（60/40）	1.70	0.05~0.20	铸装	6.2±0.2
泰-梯（50/50）	1.72	0.05~0.20	铸装	6.7±0.5

注：装药条件为铸装者均无外壳。

（5）爆压。炸药的爆压指在爆轰波结构中 C-J 面上的压力。爆压的高低也决定炸药做功能力的大小。一些单质炸药和混合炸药的爆压数据如表 2.1.1.11 所列。

根据炸药爆轰的流体力学理论，爆压与爆速和装药密度关系式为：

$$p = \frac{\rho_0 v_d^2}{K_r + 1}$$

(2.1.1.8)

式中：K_r 为爆炸产物的绝热指数，在一般情况下近似地取 $K_r = 3$。

表 2.1.1.11　几种炸药 C-J 面压力的实测值

炸药	黑索金（RDX）	梯恩梯（TNT）	B 炸药（64RDX/36TNT）	苏克劳托儿（77RDX/23TNT）
ρ_0 /(g·cm^{-3})	1.767±0.011	1.637±0.003	1.713±0.002	1.743±0.001
v_d /(km·s^{-1})	8.639±0.041	6.942±0.016	8.018±0.017	8.252±0.017
铝板 ρ /(g·cm^{-3})	2.788±0.008	2.790±0.003	2.791±0.004	2.793±0.006
自由表面速度，v_{fs}^* /(km·s^{-1})	3.693±0.016	2.462±0.006	3.378±0.004	3.521±0.005
相应冲击波压力，p_m /MPa	39730±240	23900±90	25480±180	37400±200
爆轰波压力，p_{C-J} /MPa	33790±310	18900±100	29220±260	31250±200
C-J 面处产物的质点速度，v_1 /(km·s^{-1})	2.213±0.029	1.664±0.011	2.127±0.019	2.173±0.020

10. 爆炸作用

炸药在民用和军工中有着极其广泛的应用，其原因就是炸药在爆炸过程中以极高的速度释放出大量的能量，对周围介质做功或产生破坏作用。

爆炸作用的形式多种多样：爆炸直接作用、聚能破甲作用、空气冲击波作用、密实介质（水中和土中）的作用，以及爆炸加工作用等。

（1）爆炸做功能力。爆炸做功能力的大小，各种炸药是不同的。目前还没有一种确切的参数来评价炸药爆炸做功能力的大小。在实验方面仅用威力和猛度值来相对比较。炸药做功能力参见表 2.1.1.12，式（2.1.1.9）为其计算式。

表 2.1.1.12　几种炸药的做功能力及其比较

炸药	ρ_0 /(g·cm^{-3})	Q_v /(10^3·J·kg^{-1})	$\frac{C_p}{C_v}$	做功效率 η /%	A /(10^3·J·kg^{-1})	$\frac{A}{A_{TNT}}$
硝酸铵	0.9	1591	1.30	86.2	1369	0.39
梯恩梯	1.5	4229	1.23	83.3	3517	1.00
黑索金	1.6	5485	1.25	86.6	4710	1.34
泰安	1.6	5694	1.215	82.7	4710	1.34
硝化甘油	1.6	6196	1.19	79.7	4940	1.40

$$A = Q_v \left(1 - \frac{V_2}{V_1}\right)^{K_r - 1} = Q_v \left[1 - \left(\frac{p_2}{p_1}\right)^{\frac{K_r-1}{K_r}}\right] = \eta \, Q_v$$

(2.1.1.9)

由式（2.1.1.9）可知：

① 炸药的爆热越高，做功能力越大，威力越大。

② 炸药爆炸后体积膨胀比 V_2/V_1 值越大，它的做功能力越大。这就要求炸药的爆压高。

③ 爆炸产物的绝热指数 K_r 越大，则炸药潜能转变越完全。从热力学可知，理想气体的 $K_r = \frac{R}{C_v} + 1$。所以爆炸产物的热容量越小，K_r 越大，做功能力越大。

实际上，提高炸药威力的途径是增加爆热、减小爆炸产物的热容量和改善氧平衡。

（2）爆炸直接作用。爆炸直接作用是指爆炸产物本身对周围介质或物体的猛烈作用，使与炸药直接接触的物体受到强烈破坏。这是最常见的一种爆炸作用形式。实践证明，用猛度、动能（$\frac{1}{2}mv_d^2$）、动量（mv_d）来表示这种作用不很确切。比较符合实际的是用爆炸产物对物体的比冲量 i 来评定爆炸直接作用。

如图 2.1.1.3 所示，柱形炸药与绝对刚体壁接触爆炸时，在炸药爆炸末端壁面所受到的总冲量为：

$$I = \frac{8}{27} m v_d \qquad (2.1.1.10)$$

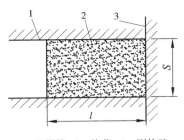

1—引爆筒；2—炸药；3—刚体壁

图 2.1.1.3　炸药与刚体壁接触爆炸的装药示意图

式中：I 为在 S 面积上作用的总冲量；m 为炸药质量；v_d 为爆速。单位面积上作用的冲量为：

$$i = \frac{I}{S} = \frac{8}{27} l \rho_0 v_d \qquad (2.1.1.11)$$

实际上，不可能有绝对刚体包围炸药，很多情况下炸药是裸露的。这是因为侧向稀疏波的传入，使爆炸产物的压力迅速降低，从而大大减小了作用于壁面的冲量。这时相当于只有一部分炸药 m_a 的产物完全作用在壁面 S 上，此时的冲量值所对应的那一部分炸药 m_a 称为"有效炸药"。

有效炸药量计算式为：

$$m_a = \frac{2}{3} \pi d^2 \rho_0 \quad (l \geqslant 4.5d)$$
$$m_a = \frac{4}{9} \pi d^2 l \rho_0 \left(1 - \frac{2l}{9d} + \frac{4l^2}{243d^2}\right) \quad (l < 4.5d) \qquad (2.1.1.12)$$

式中：d 为装药直径。

因此，对裸露的炸药而言，壁面受到的冲量为：

$$I = \frac{8}{27} m_a v_d \qquad (2.1.1.13)$$

例：设有 TNT 装药，$l = 90$ mm，$d = 10$ mm，$l > 4.5d$，故有效装药量：

$$m_a = \frac{2}{3} \pi d^2 \rho_0$$

式中：$\rho_0 = 1.4 \times 10^3 / 9.8$。

理论冲量值

$$i = I/S = \frac{8}{27} \times \frac{2}{3} d \rho_0 v_d = \frac{8}{27} \times \frac{2}{3} \times 0.01 \times \frac{1.4 \times 10^3}{9.8} = 1.78 \times 10^3 \text{ kg·s/m}^2 = 0.178 \text{ kg·s/cm}^2$$

试验测定值

$$i = 0.162 \text{ kg·s/cm}^2$$

由此可见理论值和实验值基本吻合。

应当指出，如表 2.1.1.12 所列，就做功能力而言，在不同的炸药之间存在一定的比例关系。这种关系对于在工作中互换使用的炸药很有参考价值。但该表中缺乏爆炸焊接中常用炸药的数据。因此，今后建立该工艺中常用炸药（如 2# 硝铵、铵盐和铵油等）的做功能力的比例关系是十分必要的。

11. 爆轰过程的激发

用雷管加传爆炸药产生的冲击波来激发主炸药时，由于激发条件的不同，主炸药的爆轰过程可以有以下不同的情况。

如果传爆药产生的冲击波速度小于或等于主炸药中的声速，则在主炸药中只产生声波，而不会引起它的爆轰。例如用直径足够大的 $NH_4NO_3 + TNT$（90/10）的传爆药柱（$\rho_0 = 1.6$ g/cm³，$v_d = 1600$ m/s）就不能引爆同样密度的 TNT 药柱（其声速 $v_s = 1900$ m/s）。

如图 2.1.1.4 所示，传爆药冲击波速度大于主炸药的最大爆速（v_{dm}）时，则发现在主炸药的前部有一段大于 v_{dm} 的不

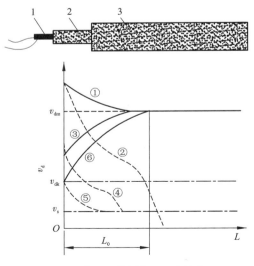

1—雷管；2—传爆药；3—主炸药

图 2.1.1.4　几种激发爆轰的过程示意图

稳定爆轰区(见该图中实线①),然后转变为恒速传播。并且,传入主炸药的冲击波速度与v_{dm}差别越大,则不稳定爆轰区越长。但是,即使在这种情况下,仍不能排除因其他因素使主炸药熄爆的个别情况(如该图中虚线②)。

传入的冲击波速度在v_{dm}和v_{dk}(临界速度)之间时,一般情况下,它要逐渐发展为正常爆轰并以v_{dm}在炸药中传播(见该图中实线③)。但在某些不利的情况下也可能造成熄爆(见该图中虚线④)。传入的冲击波速度越小于v_{dm},爆轰成长期(L_0)越长。

如果传入的冲击波速度大于主炸药的声速(v_s)而小于v_{dk},由于不足以引起主炸药中的化学反应而迅速地衰减为声波,主炸药不能爆轰(见图2.1.1.4中虚线⑤),只会使一部分发生了反应的炸药被抛散。但在很有利的情况下,由于传爆药的冲击波和爆炸产物的联合作用,有可能引起主炸药的燃烧,并最后转变成爆轰(图2.1.1.4中实线⑥)。

由上面的讨论可知,传爆药激发主炸药爆轰的必要条件是传入主装药的冲击波速度必须大于主装药的临界爆速。

除冲击波速度之外,还有很多因素影响爆轰的激发过程,归结起来有两个方面:一是传爆药方面的影响因素,二是主炸药方面的影响因素。

(1)传爆药方面的影响因素。

①传爆药的爆速(或爆压):同样尺寸和不同爆速的传爆药引爆同一主炸药时,爆速高的,有利于引爆主炸药。

②传爆药柱的高度:随着药柱高度的增大,引爆能力增大,但增大到一定值后,其引爆能力不再增加。

③传爆药柱的直径:直径增大,引爆能力加大。

④传爆药和主炸药的相对配置:如图2.1.1.5所示,图中(a)比(b)的引爆能力强,因为(a)增加了侧向引爆的面积。

(2)主炸药方面的影响因素。主炸药在传入冲击波的作用下引起爆轰的难易程度取决于主炸药的性质(冲击波感度)。一切提高主炸药冲击波感度和爆轰感度的因素都能改善其爆轰激发的过程。

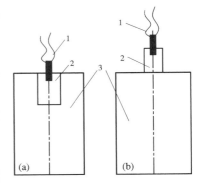

1—雷管;2—传爆药;3—主装药

图2.1.1.5 传爆药和主装药的相对配置

12. 引爆

在爆炸焊接工艺中,用电雷管来引爆主炸药,或者用火雷管通过导火索来引爆主炸药均可。其一,是因为这种工艺中使用的都是低速混合炸药,其声速不高;其二,由雷管发出的冲击波速度一般均高于主炸药的声速,因而能满足上面提到的激发主炸药爆轰的必要条件。所以,在爆炸焊接中如果仅从引爆主炸药考虑,一般不需传爆药。

然而,在现行的爆炸焊接工艺中,通常都在雷管下施放少量爆速高于主炸药爆速的炸药,习惯上称为附加炸药。添加附加炸药的目的在于提高主炸药的爆速(能量)和填补不稳定爆轰区的能量,如图2.1.1.4中的③和⑥所示,即v_{dm}线与③线和⑥线之间的面积所包含的能量,从而缩小和消除爆炸复合材料中经常出现的严重缺陷之一——雷管区,即放置雷管的位置往往结合不好。实践证明,这样做效果是良好的。当然,如图2.1.1.5(a)所示施放附加炸药和安插雷管效果会更好。为了减少工作量,高爆速的附加炸药仅以原始状态(如粉状)堆放在主炸药中和雷管下即可,一般不另做成柱状或聚能药包状,特殊情况例外。

13. 传爆

主炸药被雷管和传爆药的冲击波引爆以后,爆炸化学反应便能高速进行。然而,这种反应仍有一个发生、发展、持续和消亡的过程。引爆仅是"发生","发展"便是不稳定爆轰阶段,随后才进入"持续阶段",即稳定爆轰阶段。消亡过程见2.4章。

一般来说,"传爆"即指炸药的稳定爆轰阶段。在这个阶段中,爆炸化学反应的进行及其传播是稳定的,也就是爆轰过程的进行和传播是稳定的——爆速是恒定不变的。

然而,在实践中,特别是在爆炸复合板的实践中,由于主炸药布放厚度的不均匀性、激发冲击波能量的差异,以及当时当地许多具体情况的不同,往往造成主炸药传爆过程的不稳定,即在药面的每一局部位置的爆速各不相同。这种爆速在传爆过程中将造成爆炸复合材料各处质量的不均匀,因而爆轰的稳定传播是爆炸焊接实践中需要研究的一个重要课题。

14. 瞎爆

瞎爆又叫瞎炮，它是指在旋动起爆器旋钮后未见雷管和炸药爆炸的一种常见现象。产生这种现象的原因，一是起爆器干电池电源不足，二是导电线路断损。后者包括起爆器内的电子线路、引爆线的线路和雷管内的线路断损。

在这种情况下，应当先检查起爆器和干电池，后检查引爆线，再检查雷管。实际上，在正常生产的情况下干电池和引爆线应定期更换，雷管应事先用万能表检查，起爆器应有备用的，从而防止瞎炮现象在现场发生。

在使用导火索和火雷管时，瞎炮现象也常有发生。其原因包括导火索中断燃烧、导火索与火雷管脱离、导火索最后的火焰能量引爆不了火雷管、火雷管失效。

在爆炸焊接中，因为一般是一炮一炮地进行的，如遇瞎炮可以安全地和迅速地进行处理，所以通常不会发生安全事故。如果是串联或并联的群爆时，则例外。爆炸焊接的安全和防护见 3.1.12 节。

15. 熄爆

由于布药的不均匀性，当主炸药的厚度或直径小于临界值的时候，爆轰中的主炸药将会停止爆轰——熄爆。在爆炸焊接中，偶尔也会遇到这种情况。图 1.1.1.3 就是用熄爆后的铝-铜复合板制成的显示爆炸焊接过程的实物样品。

在爆炸焊接实践中，一般不会出现熄爆现象。但是，在复合板的布药过程中，由于手工布药的不均匀，有时局部位置的药厚较小，这就为熄爆创造了条件。另外，对于爆速较低和用药量较少的爆炸焊接情况来说，也要警惕熄爆发生的可能性。在大面积复合板的爆炸焊接中，一旦熄爆将造成整块复合板的报废。

16. 拒爆

雷管和传爆药爆炸后产生的冲击波不能引爆主炸药的现象叫主炸药拒爆。在爆炸焊接实践中有可能遇到两种拒爆情况。一种是在 $2^{#}$ 岩石硝铵+NaCl 的混合炸药中，当 NaCl 的含量超过某一数值（例如40%）以后，就不能用普通雷管引爆了。另一种是在 NH_4NO_3+柴油的混合炸药中，当柴油的含量超过某一数值（例如20%）以后，普通雷管也引爆不了，即使添加高爆速炸药也拒爆。这种拒爆主要是由于炸药内的添加物含量太高，已经改变了其性质，使其不再具备爆炸的性能。由此可见，在配制更低速的混合炸药的时候，添加物的数量不宜太多。

上述炸药的引爆、传爆、瞎爆、熄爆和拒爆现象不仅在普通的爆破作业中存在，而且在爆炸焊接实践中也存在。

17. 殉爆

甲、乙两个药包之间隔着空气、水、土、金属或其他物质时，甲药包爆炸后的能量通过这些物质传递给乙药包，引起乙药包爆炸的现象称为殉爆。前者称为主发药包，后者称为被发药包。它们之间的最大距离即为殉爆距离。

在空气介质中殉爆的原因是，主发药包的爆炸产物或冲击波对被发药包的冲击作用。金属碎片也能引起被发药包的爆炸。在致密的介质（如水或金属等）中，殉爆是由冲击波引起的。

殉爆距离可用经验公式计算，即

$$R_2 = A \cdot \sqrt{W} \tag{2.1.1.14}$$

式中：R_2 为殉爆距离(m)；W 为主发药包装药量(kg)；A 为试验系数，其值取决于炸药性能、装药条件及介质特性等。

当主发药包和被发药包的 $\rho_0 = 1.0$ g/cm³，形状为圆柱形及介质为空气时，如两炸药为苦味酸，则 $A=0.63$；若两炸药为65%以上的硝化甘油胶质炸药，则 $A=1.10$；若两炸药为压装梯恩梯，$\rho_0=1.5$ g/cm³，其他条件与上述相同时，$A=0.70$。梯恩梯的殉爆距离如表 2.1.1.13 所列（两药包均放在地面上，介质为空气）。

表 2.1.1.13　梯恩梯的殉爆距离

主发药包药量/kg	10	30	80	120	160
被发药包药量/kg	5	5	20	20	20
殉爆距离/m	0.4	1.0	1.2	3.0	3.5

炸药的殉爆和殉爆距离对设计具有爆炸危险的建筑物的安全距离有重要意义。

2.1.2 爆炸焊接中的炸药

在爆炸焊接实践中使用的炸药既有单质炸药，也有混合炸药。这些炸药，特别是混合炸药，与军用和常规爆破工程中使用的炸药不尽相同。这里先介绍爆炸焊接中使用过和能够使用的炸药的品种，及其物理、化学和爆炸性能，然后讨论爆炸焊接工艺对炸药的基本要求。

1. 爆炸焊接中的炸药

在爆炸焊接工作中使用的炸药有单质炸药和混合炸药，其中单质的高爆速炸药用作附加药包内的起爆药，混合的低爆速炸药用作主炸药。

1）梯恩梯（TNT）

（1）梯恩梯的物理性质。TNT 为淡黄色或黄色鳞片状物质，略有苦味。相对分子质量 227，化学纯的 α 梯恩梯，其凝固点为 80.85 ℃，熔化潜热为 89.64 J/g，结晶热为 23.45 kJ/mol，25 ℃ 时的热导率为 0.0023 J/(cm·s·℃)，在 $-40 \sim 60℃$ 范围内的平均线膨胀系数为 $7.7 \times 10^{-5}/℃$。结晶密度为 1.663 g/cm³，假密度（自由装填密度）为 $0.7 \sim 0.9$ g/cm³。梯恩梯几乎不吸湿，易溶于吡啶、丙酮、苯、甲苯和氯仿等，最好的结晶溶剂为乙醇和四氯化碳。

（2）梯恩梯的化学性质。梯恩梯是一种中性物质，与重金属及其氧化物不起作用，与碱类［NaOH、KOH、$NH_3 \cdot H_2O$、$(NH_4)_2CO_3$ 及其水溶液或酒精溶液］接触会发生激烈作用而生成极敏感的碱金属盐类。梯恩梯在阳光照射下将变成棕色，在表面上生成一层保护层（它增加梯恩梯的冲击感度）。

（3）梯恩梯的爆炸性质。梯恩梯的耐热性较强，100 ℃ 以上受热 100 h 熔点没有变化，加热到 $145 \sim 150℃$ 时开始缓慢分解，$180 \sim 200℃$ 显著分解。梯恩梯在空气中点着时可以平静地燃烧

表 2.1.2.1　TNT 的爆速与其密度的关系

$\rho_0/(\text{g·cm}^{-3})$	0.81	0.94	1.31	1.40	1.50	1.54	1.59	1.62
$v_d/(\text{m·s}^{-1})$	4400	4700	5000	6200	6500	6700	6870	7000

而不爆炸。对机械作用不敏感，用枪弹射击时一般不引起爆炸。梯恩梯的爆发点为 $300 \sim 310℃$（5 min 延滞期）和 475 ℃（5 s 延滞期），冲击感度为 $4\% \sim 8\%$（10 kg 落锤、25 cm 落高、药量 0.05 g），铅铸扩张值为 285 mL；猛度：盖斯试验 $16 \sim 17$ mm，爆热 $3978 \sim 4429$ J/g，氧差 -74%，梯恩梯的爆速与密度的关系如表 2.1.2.1 所列。

梯恩梯是一种毒性较强的炸药，人因皮肤沾染或吸入会中毒，粉尘能刺激黏膜而引起咳嗽。味苦，严重时会引起黄疸病。在生产和使用时必须注意劳动保护，完善通风设备。从事生产的工人应经常调换，以保证健康。

梯恩梯的爆炸化学反应式为：

$$C_6H_2(NO_2)_3CH_3 = 2CO+1.2CO_2+1.6H_2O+0.9H_2+1.5N_2+3.8C \qquad (2.1.2.1)$$

2）苦味酸（PA）

（1）苦味酸的物理性质。水中结晶的苦味酸为亮黄色片状结晶，熔点 122.5 ℃，凝固点 121.3 ℃，密度 1.815 g/cm³，假密度 $0.9 \sim 1$ g/cm³，熔化潜热 85.41 J/g，比热容 0.98 J/(g·℃)，苦味酸实际上不吸湿，难溶于冷水，但当温度升高时溶解度增加很快。

（2）苦味酸的化学性质。苦味酸易溶于乙醇、醚、苯和浓 HNO_3 中，呈强酸性。能与金属作用生成盐类，重金属的苦味酸盐对外界作用非常敏感。

（3）苦味酸的爆炸性质。苦味酸的安定性良好，熔化时不分解，在 160 ℃ 时分解，爆发点 $290 \sim 310℃$（5 min 延滞期）和 322 ℃（5 s 延滞期）。它的药包能平静地燃烧而放出白烟，若有金属或其盐类时，则可能转化为爆轰。

苦味酸的冲击感度为 $24\% \sim 32\%$，其爆轰感度比 TNT 稍大。在 $\rho_0 = 1.68$ g/cm³ 时，它的 $v_d = 7400$ m/s。威力（铅铸扩张值）305 mL，猛度（铅铸压缩值）16 mm，爆热 4312 J/g，爆容 730 L/kg，爆温 3500 ℃。

苦味酸味苦，有毒，长期接触会出现脓疱等皮肤病，且染色力极强，染色后不易洗去。

苦味酸的爆炸化学反应式为：

$$2C_6H_2(NO_2)_3OH = 2CO_2+2CO+H_2O+0.5H_2+1.5N_2+2C \qquad (2.1.2.2)$$

3）特屈儿

（1）特屈儿的物理性质。纯品为白色晶体，工业品为淡黄色，密度 1.725 g/cm³，假密度 $0.9 \sim 1.0$ g/cm³，

熔点 131.5 ℃，凝固点 127.7 ℃，20 ℃时的比热容 913 J/(g·℃)，熔化潜热 86.25 J/g。难溶于水，易溶于苯、丙酮、苯胺中。热导率 0.00335 J/(cm·s·℃)，线膨胀系数 0.00388/℃。

（2）特屈儿的化学性质。该炸药不吸湿，在室温下不分解。

（3）特屈儿的爆炸性质。该炸药在常温下安定，110 ℃放置 6 天后有较强分解性，130 ℃时有红烟发生，145~150 ℃时红烟急剧向外排放，130~150 ℃范围内分解很快，如果延长时间即自行发火。爆发点为 190~200 ℃（5 min 延滞期）和 257 ℃（5 s 延滞期），冲击感度 48.8%，摩擦感度 16%，爆轰感度是 TNT 的 4~5 倍，威力 340 mL，猛度 19 mm。爆速如表 2.1.2.2 所列。爆热 4585 J/g，氧差 -47.4%。

特屈儿有毒，人中毒轻微时可引起斑疹和水疱等，严重时引起皮肤充血、脸部水肿和眼结膜充血。

特屈儿对机械作用的敏感程度远大于 TNT，亦较苦味酸强。当其用雷管起爆时起爆感度大，故为强力起爆药。

表 2.1.2.2　特屈儿的爆速与其密度的关系

$\rho_0/(g \cdot cm^{-3})$	1.592	1.601	1.59	1.692	1.70
$v_d/(m \cdot s^{-1})$	7284	7319	7334	7502	7860

特屈儿的爆炸化学反应式为：

$$C_6H_2(NO_2)_3N\genfrac{}{}{0pt}{}{CH_3}{NO_2} === 1.6CO_2+3.1CO+2.3C+1.7H_2O+0.8H_2+2.5N_2 \qquad (2.1.2.3)$$

4）黑索金（RDX）

（1）黑索金的物理性质。黑索金为白色结晶，无臭无味，密度 1.896 g/cm³，自由装填密度 0.8~0.9 g/cm³，熔点 204.5~205 ℃，比热容 1.256 J/(g·℃)（20 ℃时），结晶热 89.18 kJ/mol。黑索金不吸湿，在水、醚、醇、氯仿和稀 HNO_3 中溶解性差，易溶于丙酮和浓 HNO_3 中。

（2）黑索金的化学性质。黑索金对各种化学药品都非常稳定，与金属和碱类不起作用。黑索金对温度的变化也非常稳定，其稳定性优于特屈儿，仅次于梯恩梯。发火点为 260 ℃。燃烧时有光亮火焰，其中一部分熔化成为黄色残渣。

（3）黑索金的爆炸性质。黑索金的爆速如表 2.1.2.3 所列。当 $\rho_0 = 1.733$ g/cm³ 时它的爆压为 33700 MPa。爆热 5568 J/g，氧差 -21.6%。威力 475 mL，猛度在 $\rho_0 = 1$ g/cm³ 时为 24.9 mm，冲击感度（80±8）%，摩擦感度（76±8）%，爆轰感度对氮化铅的极限药量为 0.05 g，爆发点为 230 ℃（5 min 延滞期）和 260 ℃（5 s 延滞期）。

黑索金有毒，人长期吸入微量粉尘会发生慢性中毒，短期内吸入较多的粉尘则会发生急性中毒。中毒形式以吸入粉尘和皮肤长期接触为主。

表 2.1.2.3　黑索金的爆速与其密度的关系

$\rho_0/(g \cdot cm^{-3})$	1.0	1.755	1.796
$v_d/(m \cdot s^{-1})$	6080	8660	8741

黑索金的爆炸化学反应式为：

$$C_3H_6N_6O_6 === 1.5CO_2+1.5CO+1.5H_2O+3N_2+1.5H_2 \qquad (2.1.2.4)$$

5）泰安（PETN）

（1）泰安的物理性质。泰安为白色结晶粉末，熔点 141~142 ℃，密度 1.77 g/cm³，比热容 1.675 J/(g·℃)。泰安不吸湿，也不溶于水和乙醇中。

（2）泰安的化学性质。泰安为中性物质，不与金属作用，对各种化学药品也十分稳定，与强碱溶液长期作用则会起皂化反应。

精制良好的泰安具有很好的化学安定性。不纯的泰安安定性较差，如长期保存则会自爆。

（3）泰安的爆炸性质。爆发点为 210~220 ℃。易于点燃，少量泰安点燃后能平静地燃烧，但量多时（超过 1 kg）可转变为爆轰。在密封容器中点燃，即使少量也容易发生爆炸。冲击感度大，在 10 kg 落锤、25 cm 落高时的爆炸百分数为 100%，枪弹射击试验也达 100%。对摩擦也很敏感。威力 500 mL，猛度 14~16 mm。爆速在炸药密度 $\rho_0 = 1.77$ g/cm³ 时为 8600 m/s，$\rho_0 = 1.723$ g/cm³ 时为 8083 m/s。爆热 5862 J/g，爆容 800 L/kg，氧差 -10.12%。

泰安的爆炸化学反应式为

$$C_5H_8N_4O_{12} === 4H_2O+5CO+1.5O_2+2N_2 \qquad (2.1.2.5)$$

上述五种炸药的爆炸性能列于表 2.1.2.4 中。

6）硝酸铵（NH_4NO_3）

硝酸铵为白色坚硬结晶物，吸湿性很强，极易溶于水。干燥的硝酸铵与金属略起作用，并形成金属氧化物，潮湿的硝酸铵尤甚，铝、锡除外。

硝酸铵本身就是一种炸药，不过其爆炸性能极弱。使其发生爆炸反应需要特别的条件和足够的初次冲击。经强力起爆后，爆速为 2000～2500 m/s，威力 165～230 mL。

硝酸铵的爆炸化学反应式为：

$$NH_4NO_3 = 2H_2O + N_2 + 0.5O_2$$
$$(2.1.2.6)$$

硝酸铵分解时析出游离的氧，故其常与可燃物质混合，制成混合炸药。

表 2.1.2.4　5 种炸药爆炸性能比较表

性　能		梯恩梯	苦味酸	特屈儿	黑索金	泰　安
氧平衡（氧差）/%		−74	−45.4	−47.4	−21.6	−10.12
爆温/℃		2950	3500	3715	3850	4006
爆热/（J·g^{-1}）		3978	4312	4585	5568	5862
爆容/（L·kg^{-1}）		690～1000	730	250	908	800
威力/mL		285	305	340	475	500
猛度/mm		16～17	16	19	24.9	14～16
爆速	ρ_0/（g·cm^{-3}）	1.62	1.68	1.701	1.7	1.77
	v_d/（m·s^{-1}）	7000	7400	7860	8370	8600
冲击感度/%		4～8	24～32	48±6	80±8	100
摩擦感度/%		4～6	—	16	76±8	—
爆发点（5 min 延滞期）/℃		300～310	290～310	190～200	230	210～220

纯硝酸铵为白色晶体，其晶形有正方形、菱形、斜六面体和正六面体等多种。其熔点为 169.6 ℃，达到 300 ℃时燃烧，高于 400 ℃时转为爆炸。

硝酸铵的主要缺点是具有较强的吸湿性和结块性，易溶于水。为防止硝酸铵结块，应在防潮的前提下，加入适量的疏松剂（木粉）或晶形改变剂（如十八烷胺等）。

7）硝铵炸药（NA）

硝铵炸药是由硝酸铵和一些可燃性物质混合组成的炸药。

用作硝铵炸药的可燃性物质有：

（1）炸药类。本身所含的氧不足以完全燃烧的炸药，如梯恩梯等。

（2）非炸药类。有机的非爆炸物，如木屑、煤粉、木炭等；无机的爆炸物，如硅铝合金和硅铁合金等。

由于混合物质的成分和形态不同，硝铵炸药可分为如下几类：

（1）阿梅托类。为含 20%～60% 梯恩梯的炸药。

（2）阿梅那尔类。为含梯恩梯和铝粉的炸药，后者能提高爆温。

（3）代拿买特类。为添加非爆炸性可燃物质的炸药。

以上炸药因生成较多气体其爆破作用大于梯恩梯。但爆速较低，其猛度次于梯恩梯。

硝铵炸药一般为粉状混合物，其颜色由所含的可燃物（如锯末、玉米面、高粱壳末等）的颜色而定。

由于这种炸药的吸湿性强和有结块现象，因而降低了初次冲击的感度，还可能产生不完全爆炸或由爆炸转变成燃烧。

硝铵炸药对冲击感度的敏感度比梯恩梯大，但摩擦感度较小。如果增加一些如铝和其他金属的粉末，便能大大提高该炸药的冲击和摩擦感度。该炸药对火焰的感度是很小的，火花不能使其发火，火焰亦难使其燃烧。

我国露天和岩石硝铵炸药的成分与性能如表 2.1.2.5 及表 2.1.2.6 所列。

国外一些硝铵炸药的组成和性能如表 2.1.2.7 及表 2.1.2.8 所列。

表 2.1.2.5　我国露天硝铵炸药的成分和性能

成分和性能		NH_4NO_3/%	TNT/%	木粉/%	柴油/%	ρ_0/（g·cm^{-3}）	威力/mL	猛度/mm	殉爆距离/cm
露天硝铵炸药	1#	82±1.5	10±1.0	8±1.0	—	0.85～1.10	>300	>11	>4
	2#	86±2.0	5±1.0	9±1.0	—	0.85～1.10	>280	>9	>3
	3#	88±2.2	3±0.5	9±1.0	—	0.85～1.10	>250	>7	>3
	4#	91±2.0	—	6±1.0	3±0.3	0.85～1.10	>300	>9	>3

表 2.1.2.6　我国岩石硝铵炸药的成分和性能

成分和性能	NH₄NO₃/%	TNT/%	木粉/%	水分/%	ρ_0/(g·cm⁻³)	威力/mL	猛度/mm	殉爆距离/cm
1#岩石硝铵炸药	82±1.5	14±1.0	4±0.5	<0.3	0.95~1.10	>350	>13	>6
2#岩石硝铵炸药	85±1.5	11±1.0	4±0.5	<0.3	0.95~1.10	>320	>12	>5

表 2.1.2.7　国外几种硝铵炸药的组成和性能

名　称	组　成/%	氧差/%	爆热/(J·g⁻¹)	爆容/(L·kg⁻¹)	爆速/(m·s⁻¹)	比能	威力/mL	猛度/mm	冲击感度/%	爆发点/℃
阿莫西克尔	硝酸铵(82) 三硝基二甲苯(18)	+0.29	4103	908	—	962	340~375	11~11.5	—	220~225
别利脱	硝酸铵(80) 二硝基苯(20)	−3.0	4057	912	—	960	370~400	10.5~11.2	16~18	—
季那夫季特	硝酸铵(88) 二硝基苯(12)	+0.88	3856	918	5100	924	340~380	12.0~13.5	16~18	235
顾得罗尼特	硝酸铵(95) 石油沥青(5)	+4	3404	963	4000	845	300~390	4.5~9.5	20	210~225
阿梅托	硝酸铵(80) 梯恩梯(20)	+1.2	4061	896	5300	950	350~405	13~14	22~32	210~220
梯恩梯		−7.4	4061	685	6990	860	275~305	16	4~8	295~300

注：1. ρ_0 = 1.0 g/cm³ 时的数据；2. 猛度除 TNT 外，其他样品用 1 kg 重荷加压 2 min。

8）铵盐炸药

在爆炸焊接工艺中，我国一些单位大量使用 2#岩石硝铵炸药与不同比例的食盐组成的铵梯盐炸药，简称铵盐炸药，效果不错。其爆速与组成的关系如图 2.1.8.11 所示。

我国煤矿使用的安全炸药中要加入一定量的消焰剂，其中常采用食盐。该种炸药爆轰时，食盐不参与化学反应，它在高温下汽化，从而吸收热量和降低温度。同时食盐蒸气扩散，有助于阻止瓦斯的燃烧反应，因而减少了瓦斯爆炸的危险。几种铵盐炸药的组成和性能如表 2.1.2.9 所列。

表 2.1.2.8　一些国家的硝铵炸药

组　分	组　成/%	名　称	国　家
硝酸铵+树皮粉	90+10	季那蒙 K	苏联
硝酸铵+煤沥青	95+5	季那蒙 TΠ	苏联
硝酸铵+石蜡	94.5+5.5	委那蒙 Π	苏联
硝酸铵+石蜡钝化黑索金	80+20	NTP 混合炸药	意大利
硝酸铵+石蜡钝化泰安	80+20	PNP 混合炸药	意大利
硝酸铵+梯恩梯+铝	80+17+3	阿留马托尔	英国
硝酸铵+梯恩梯+铝+碳	65+15+10+10	阿莫那尔	法国
硝酸铵+梯恩梯+铝	50+30+20，72+12+16	—	德国
硝酸铵+三硝基二甲苯+铝	(73~78.5)+(21.5~20)+7.0	—	苏联
硝酸铵+三硝基二甲苯+铝+石蜡	62+5.5+25+7.5	—	意大利
硝酸铵+梯恩梯+铝+碳	40+30+22+8	—	奥地利
硝酸铵+梯恩梯+铝+碳	32+50+16+2	—	奥地利

表 2.1.2.9 几种铵盐和铵油炸药的组成和性能

名　称	组　成 /%				性　能				爆 轰 参 数			
	NH₄NO₃	TNT	木粉	食盐	密度 /(g·cm⁻³)	猛度 /mm	威力 /mL	殉爆距离 /cm	爆热 /(J·g⁻¹)	爆温 /℃	爆速 /(m·s⁻¹)	爆压 /MPa
1#煤矿铵盐炸药	68±1.5	15±0.5	2±0.5	15±1.0	0.95~1.10	12	290	6	—			
2#煤矿铵盐炸药	71±1.5	10±0.5	4±0.5	15±1.0	0.95~1.10	10	250	6	—			
2#煤矿铵油炸药	78.2±1.5	柴油3.4±0.5	3.4±0.5	15±1.0	0.85~0.95	11	234	3	3178	2092	3269	2726

在爆炸焊接工艺中常使用的铵盐炸药,其添加食盐的目的主要是降低爆速。

9) 铵油炸药

铵油炸药是由硝酸铵和一定比例的柴油组成的混合炸药。其加工方法是将称量出的硝酸铵和相应比例的柴油充分混合后,装入塑料袋中,待 24 h 后使用。如果柴油扩散到整个混合物,组分更均匀。试验指出,密封在聚氯乙烯袋中 1 kg 含有柴油6%的铵油炸药,每天损失重量 0.5 g,10 天后柴油浓度减至 5.5%。

在药包厚度为 38 mm 的情况下,柴油浓度对炸药爆速的影响如图 2.1.8.22 所示。由该图可见,在6%柴油浓度时,爆速可达最高值。随着柴油浓度的增加,爆速降低。柴油浓度为 15% 时出现饱和,且速度不稳定,柴油浓度为 20% 时炸药拒爆。为了使该炸药能够稳定爆轰,常在雷管下布放一定数量的高爆速的引爆炸药。含 12% 柴油的铵油炸药的爆速与其厚度的关系如图 2.1.8.13 所示。由图可见,随着药厚的增加,其爆速缓慢增加,其值在 2000 m/s 左右。由此可见,铵油炸药能够获得爆炸焊接技术所需要的低爆速。在黄铜和软钢爆炸焊接时,如使用揣莫奈特炸药,所能焊接的覆板的最大厚度是 6 mm;如果使用含 4%~12% 柴油的铵油炸药,它能焊接的覆板的最大厚度为 18 mm。由此可见,该种铵油炸药像铵盐炸药一样,为爆炸焊接大面积和大厚度覆板的复合板提供了又一种低速炸药。这种炸药易得、价廉、使用方便。

硝酸铵是一种弱性炸药。若在其中加入柴油 C_nH_{2n} 一类的碳氢化合物,则可增加放热量,且能达到零氧平衡:

$$3nNH_4NO_3 + C_nH_{2n} \longrightarrow nCO_2 + 7nH_2O + 3nN_2 + 343 \ J/mol \qquad (2.1.2.7)$$

铵油炸药中一般用轻柴油,它为强还原剂,热值比木粉大。它与硝酸铵混合后,不仅均匀,而且容易渗透到硝酸铵颗粒的内部,使颗粒内外的氧平衡值一致。

铵油炸药的缺点是容易结块,为了减少这种结块性,可加入适量的木粉。92%硝酸铵+4%柴油+4%木粉的铵油炸药的爆炸性能如下:威力 280~310 mL,猛度 9~13 mm,殉爆距离 4~7 cm。

10) 乳化炸药

该炸药的主要成分为硝酸铵、柴油和乳化剂。由于乳化炸药中不含梯恩梯等炸药和其他有害物质,爆炸后产生的有害气体只有少量的氮氧化物,且含量很低(一般为 25~40 mL/kg)。但是,由于炸药中会有一定的杂质,储存过程中也会因温度和湿度的变化而发生变质。因此,该炸药爆炸时还是会产生一些毒气。这些毒气可致人、畜中毒,甚至死亡。

某炸药厂生产的该产品的检验报告单上的有关数据如表 2.1.2.10 所列。该炸药已用于爆炸焊接。能够预言,在 2#岩石硝铵炸药逐渐退出以后,粉状乳化炸药以其优良的物理、化学和爆炸性能,很有可能成为爆炸焊接行业中将大量使用的和主要的低速混合炸药,并成

表 2.1.2.10 粉状乳化炸药的性能

项目	水分 /%	堆积密度 /(g·cm⁻³)	殉爆距离 /cm	爆速 /(m·s⁻¹)	猛度 /mm
标准	≤5	≥0.52	≥5	≥3400	≥13
实测	2.4	0.62	10	3723	16.01

为今后的发展方向。为降低和调节其爆速,可以大比例地向其中加入工业用盐、滑石粉,或兼而有之,因而可以显著地降低其成本。

11) 岩石膨化硝铵炸药

本炸药由硝酸铵、柴油和木粉组成,是一种新型粉状工业炸药,它通过特种表面复合剂和真空强制析晶

工艺获得。具有威力大、无污染、不吸湿和不结块的特点，并具有密度小和爆炸后有毒气体生成量小等优点。

两个单位生产的该炸药的性能指标如表 2.1.2.11 所列。

表 2.1.2.11　岩石膨化硝铵炸药的主要性能指标

生产单位	水分/%	猛度/mm	密度/(g·cm⁻³)	爆速/(m·s⁻¹)	做功能力/mL	殉爆距离/cm	保质期/月
甲	≤0.3	≥12	—	≥3200	≥298	4	6
乙	≤0.3	≥12	0.80~1.00	≥3200	—	4	6

注：1. 执行标准 WJ9026—2004；2. 本产品适用于露天和无可燃气及有矿尘爆炸危险的地下爆破工程；有些单位已将此炸药用于爆炸焊接；3. 表中的爆速为用柱状药包测量的，表 2.1.2.10 同。

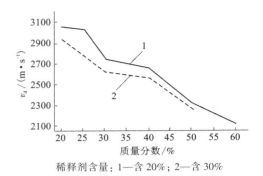

稀释剂含量：1—含 20%；2—含 30%

图 2.1.2.1　混合炸药的爆速随稀释剂含量的变化曲线

12）膨化铵油炸药

文献［1081］报道，研究者研制了一种膨化铵油［膨化硝铵和柴油的质量比为（94.5∶5.5）+稀释剂（不同比例的工业食盐和玻璃微珠）］的低速混合炸药。这种炸药的爆速与稀释剂的含量和药厚的关系如图 2.1.2.1 和图 2.1.2.2 所示。混合炸药的密度随稀释剂含量的变化如图 2.1.2.3 所示。

使用药厚为 30 mm、稀释剂含量为 35% 的膨化铵油炸药进行了 304-16MmR 复合板的爆炸焊接，复合板的尺寸为（3+12）mm×300 mm×6800 mm。检验表明，结合面积率为 100%。920 ℃正火处理后，在距起爆点分别为 500 mm、1000 mm、2000 mm、3000 mm、4000 mm、5000 mm、6000 mm、6700 mm 的不同部位（其编号分别为 1~8）进行取样和检测力学性能，结果如表 2.1.2.12 所列。

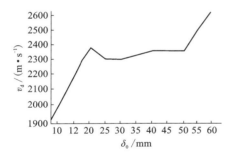

图 2.1.2.2　含 50% 稀释剂的混合炸药的爆速随装药厚度的变化曲线

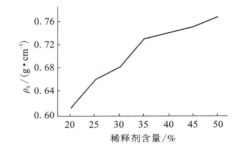

图 2.1.2.3　混合炸药的密度随稀释剂含量的变化曲线

试验证明，本项研究所制备的混合炸药，可以应用到爆炸焊接生产中。

文献［1082］指出，为了解决膨化铵油炸药中食盐添加剂吸湿性强和对环境影响大的问题，通过试验，选择几种稀释剂分析和比较其对膨化硝铵炸药的爆速的影响。结果指出，稀释剂 JM-4 的加入量为 20%~25% 时，新炸药的爆速为 2349~2523 m/s，具有较好的稀释能力，可作为低爆速爆炸焊接用炸药理想的稀释剂。

该文献指出，混合炸药稀释剂选择的原则是能有效调节炸药的爆速，与炸药有较好的相容性，能改善炸药的吸湿

表 2.1.2.12　304-16MnR 爆炸复合板的力学性能

距起爆点/m	复合板中的基板				复合板		
	σ_s/MPa	σ_b/MPa	σ_5/%	0℃冲击功 A_{kv}/J	剪切强度/MPa	弯曲180° 内弯，$d=3t$	弯曲180° 外弯，$d=4t$
500	320	525	31	120	270	好	好
1000	325	520	32.5	134	250	好	好
2000	320	510	33	152	305	好	好
3000	325	510	33.5	130	295	好	好
4000	315	515	33	132	305	好	好
5000	360	545	35	160	276	好	好
6000	325	515	33	110	310	好	好
6700	335	515	34	112	285	好	好

性和结块性能，并且成本低和来源广。

文献［1083］配制了一种满足铝-钢爆炸焊接需要的低爆速混合炸药，试验结果与粉状铵油+珍珠岩炸药爆炸的产品进行了比较。结果表明，复合板的剪切性能基本没有变化，但覆层铝的变形量和基层钢的加工硬化得到了有效的降低，铝表面的光洁度也有了很大的提高。

如上所述，为满足爆炸焊接的需要，人们在其适用的炸药上做了大量的工作。我国的科技人员在此方面也下了不少功夫。特别是在 2# 岩石硝铵炸药逐渐退出以后许多爆炸焊接用炸药相继出现。除了前已收录的部分资料之外，文献［1084］~［1104］展示的是另一些工作和成果。它们大都正在使用中，并且效果良好。因此，这些工作和成果可供本行业的同行们继续研究及参考。

13）起爆器材

在爆炸焊接工艺中，一定要使用起爆器材来起爆主炸药。这些器材通常有电雷管和导爆索，仅在不得已的情况下才使用火雷管和导火索。并且，在添加高爆速的引爆药的情况下，也不使用导爆索。这里为了知识的完整性，仍将这几种起爆器材一一介绍如下，供在实践中灵活使用。

（1）导火索。导火索是以具有一定密度的粉状或粒状黑火药为药芯，用棉线、纸条、塑料和沥青等材料包覆而成的圆形索状起爆器材。导火索用于传导火焰和引爆火雷管。

导火索在爆破作业中的点火作用分为三个阶段：

① 引燃阶段：以相当的热能，如火柴、烟头或打火机的火焰使药芯达到燃点，即导火索被点燃。这个阶段热分解速度小，反应速度较慢。

② 燃烧阶段：药芯被点燃后，黑火药即发生化学变化并产生相应的气体和固体产物。气体产物从引燃端和索壳排出，固体产物与内层包线形成排气通路，使火焰沿着药芯向前传播。然后形成比较稳定的均匀燃烧，直至药芯接近燃烧终了。这个阶段的热分解反应速度因燃烧产物中的 K_2S 等物质的自动催化作用而加速，直至增大到最大值。

③ 喷火阶段：导火索燃至尾端，由于黑火药燃烧时产生的气体的压力和本身所具有的热冲量，瞬间喷出火焰，以此火焰引爆火雷管和进而引爆炸药。

导火索外径为 5.2~5.8 mm，药芯直径不小于 2.2 mm，索卷长度为（25±2）m，索头用防潮剂浸封。导火索的燃烧速度为 100~125 s/m，即 1.0~0.8 cm/s。

（2）导爆索。导爆索是以猛炸药（黑索金或泰安）为索芯、以棉麻纤维为包覆材料、能够传递爆轰波的索状起爆器材。索芯直径 3~4 mm，外壳直径 5.5~6.2 mm，每卷长（50±0.5）m。

导爆索分安全导爆索和露天导爆索。后者又普通导爆索、高抗水导爆索、强起爆力导爆索和低能导爆索之分。普通导爆索是目前大量生产和使用的一种导爆索，它有一定的抗水能力（沉入 0.5 m 深的水中 24 h 后不失爆炸性能）和耐温能力（可在-30~50 ℃的温度下使用），能直接起爆一般常用的工业炸药。

普通导爆索（药芯为黑索金）的爆速规定为 6500 m/s 以上，大都在 6500~7200 m/s 范围内。这种导爆索在多段连接后能用 8 号电雷管起爆和爆轰完全。导爆索用电雷管引爆，然后引爆炸药。

（3）火雷管。大部分工业火雷管由雷管壳、正副装药和加强帽三部分组成。雷管壳有纸壳、塑料壳和铁壳，也有用铜、铝壳的，长 35~41 mm，外径 6~8 mm。一端开口和一端封闭成窝槽状以起聚能作用，加强起爆能力。在窝槽中心有 2 mm 的小孔（帽孔或称传火孔）。副装药压于雷管底部，正装药压于副装药的上部（在加强帽的范围内）。开口一端留一段长 15 mm 以上的空端，以备插入导火索。

火雷管中的正装药用雷汞、叠氮化铅、史蒂酚酸铅，或者使用雷汞与氯化钾混合物、雷汞与叠氮化铅的混合物。副装药则用特屈儿、黑索金、泰安或梯恩梯。

（4）电雷管。电雷管的构造与火雷管基本相同。所不同的是在管壳开口的一段有电气点火装置。这种装置的末端焊接高电阻的金属丝并组成电桥。桥丝上有滴状引燃剂。通电时，电流通过电桥使其发热，灼热的桥丝引燃引燃剂，从而使管内起爆药发火起爆。

电雷管分瞬发和延期两种。爆炸焊接中常用前者。电雷管用起爆器引爆。

电雷管的管壳分铜质、铝质和纸质三种，脚线分铜质和铁质两类。

工业上根据电雷管内起爆药量的多少分成 10 种号码，号数越大，起爆力越强。通常使用 6 号和 8 号两种。在爆炸焊接中常使用 8 号电雷管。

电雷管和导爆索中都含猛烈而敏感度高的炸药。因此，在制造、运输、储存和使用中应特别注意遵守操作规程，避免强震、冲击火花、火焰、摩擦和静电等情况的发生，并保持干燥和避免受潮。过期失效的应定期和集中销毁。

（5）起爆器。起爆器是用以起爆电雷管，从而引爆炸药的一种起爆器具。起爆器以干电池为能源。启动后通过其中的电子线路将干电池的低压变成高压（数百伏）。此高压电能通过雷管中的电桥时使桥丝发热，灼热的桥丝就引爆雷管中的炸药。

起爆器用导线与电雷管的脚线相连。根据爆炸场的安全距离，引爆用导线可拉出 25 m、50 m、100 m 或更远。在此距离之外用起爆器通过引爆导线来引爆雷管和炸药，而实现爆炸焊接。

（6）塑料导爆管。塑料导爆管又称诺纳尔（Nonel）非电导爆管。它是由内壁涂有薄层高能炸药混合物（如黑索金、泰安或奥克托金等）的中空塑料管。它分为普通型、耐高温型和耐低温型三种，常用普通型。其外径为 $3^{+0.1}_{-0.2}$ mm，内径为（1.4 ± 0.1）mm，长度可以任意选择。爆速在（1650～1950）±50 m/s 之内。在 $-40\sim50℃$ 的温度下，一支工业雷管通过塑料连接块可以同时起爆 1～20 根导爆管。于是，在爆炸焊接的情况下，就可以同时起爆 1～20 个炸药包，从而同时爆炸焊接 1～20 块复合板或同样数量的其他金属复合材料。因此，在大批量和重复生产同一产品（如大厚复合板坯）时，使用这种导爆管比使用多支雷管来引爆炸药较为优越。

上述起爆器材（具）和炸药等火工用品的使用，除了应当遵守一般的安全规程和操作规程之外，还应当遵守爆炸焊接工艺的安全规程和操作规程，严防人员和设备安全事故的发生（见 3.1.12 节）。

2. 爆炸焊接对炸药的要求

原则上说来，任何炸药都能用于爆炸焊接工艺中，上述许多炸药在本工艺的发展中也曾起过不同程度的作用，作出了相应的贡献。然而随着爆炸焊接实践和研究的深入，人们对适用炸药的品种和性能的认识越来越多，对其要求越来越严格。因此，一些曾经使用过的炸药被淘汰了，一些新的品种出现了。最后形成了爆炸焊接不同种类、形状、性能和尺寸的金属复合材料的主炸药品种及其系列。

正如本书导言中所说，爆炸焊接经过几十年的研究、应用和发展，已成为金属爆炸加工领域中使用炸药最多、品种最多、产量最大、应用最广、迄今前景最好和最活跃的一个分支。因此，研究和生产爆炸焊接中适用的炸药十分重要。这些炸药必须满足如下一些一般的和特殊的要求：

（1）爆速较低，一般以 2000 m/s 左右为宜。通常，复合板的面积越大，覆板越厚，炸药的爆速应当越低。混合炸药能够满足这个要求。而附加药包中的炸药的爆速应当较高。

（2）所用炸药应当具有稳定的物理、化学和爆炸性能。在厚度和密度较大的变化范围内能够用起爆器材引爆，并能迅速地达到稳定爆轰，即不稳定爆轰区应当尽可能小。

（3）炸药布放后与覆层紧密接触，其间不应有空隙。

（4）所用炸药来源广、价廉、加工和使用方便。并在达到工艺要求和目的的前提下使用的炸药量最少。

（5）所用炸药在加工、运输、储藏和使用的过程中具有高的稳定性和安全性。

（6）所用炸药防水、不吸水和不潮解，在一定的温度下和介质中具有稳定性。对于热爆工艺来说，炸药的熔点和爆发点应尽可能高。对于易脆的金属的爆炸焊接来说，还要求炸药爆热多和爆温高。

（7）对于直立的或曲面的工件的爆炸焊接来说，所使用的炸药必须与工件相应表面紧密接触。此时以塑性炸药或胶质炸药为宜。在常规工艺的大批量和重复生产中，为加快速度和提高效率，也适宜用这种炸药。当然，它们仍需满足上述要求。看来，这类炸药应当取代粉状和散装炸药，而成为爆炸焊接用炸药的主体和发展方向。

文献［1105］提出了爆炸焊接专用粉状低爆速炸药的设计要求：炸药为粉状，流散性好，抗水性强，储存期不小于 6 个月，在储存期内不结块；炸药密度均匀和适中；临界药厚不小于 15 mm；极限厚度不大于 70 mm；一定装药直径（厚度）下，炸药的保证爆速波动在 5 m 长的范围内应不大于 5%；在使用中不需加缓冲材料。该文献指出，通过选用适当的氧化剂、可燃剂、敏化剂、抗水剂和爆速调节剂组成的配方，研制了能基本上达到设计需求的低爆速混合炸药。

目前爆炸焊接中使用的炸药（例如铵梯盐和铵油炸药），并非都能满足上述要求。在这种情况下，要以前几项指标为主选用炸药。

根据不同的材料和不同的工艺，爆炸焊接对所用炸药都会有或多或少、或大或小的不同的要求。特别是在实践中遇到困难和调整工艺参数的时候应多考虑一些炸药方面的因素，并不断摸索、总结和提高。

据有关研究[79]，以硝酸铵为主要组分的粉状炸药容易获得并且价廉，可以方便地调整药厚和爆速。但它们也有一些重要的缺点。例如，可变的湿度、组元不容易弄碎和混合、因局部压缩会引起密度的变化。因而，焊接接头的组织和性能不均匀。在倾斜和垂直的产品表面复合的情况下，在利用这种炸药的时候将产生特殊的困难。使用弹性或塑性炸药将消除上述大多数缺点。这类炸药的生产工艺稳定，并以高的精度保证所要求的爆轰参数，这些参数在长时间内保持不变。在相对小的炸药质量和覆板质量之比（R_1）的情况下，能够获得强固的结合。与一般的混合炸药相比可以

表 2.1.2.13　使用弹性炸药时的爆炸焊接参数

No	覆板材料	v_d /(m·s^{-1})	R_1	v_p /(m·s^{-1})	E(单位冲击能) /(J·cm^{-2})
1	镍铬合金	2800	0.2	250	60
2	镍铬合金	3200	0.24	330	110
3	镍铬合金	2500	0.16	185	35
4	12X18H10T	3200	0.24	330	110
5*	镍铬合金	5600	0.2	440	195
6	12X18H10T	3000	0.28	350	120
7**	12X18H10T	2200	1.3	600	360

注：① 板状炸药厚 5 mm 和 10 mm，使用时利用多层这样的板，以调整爆速和 R_1；② 覆板尺寸为 2.5 mm×200 mm×400 mm，基板（G3 钢）尺寸为 10 mm×200 mm×600 mm；h_0＝6 mm；* 没有焊接，** 用混合炸药。

大大减少单位炸药的消耗。这种炸药的缺点是成本相对较高。其焊接参数如表 2.1.2.13 所列。试验结果表明，弹性炸药可以大大降低 R_1 值。此时接头波形很小、结合区内无铸态夹杂物和其他连续性的缺陷。这种炸药的高效力可能与焊接过程容许的相应高爆速有关（>3000 m/s），而不会明显损害结合区中的金属；可能还与爆炸产物强脉冲作用的特性或时间的变化有关。

最后应当着重指出，目前爆炸焊接中常用炸药的物理、化学和爆炸性能，以及其他特性均有待深入研究。

2.1.3　爆炸焊接中炸药的爆炸

1. 爆炸焊接中炸药爆炸的意义

炸药的爆炸通常是在雷管等起爆器材（具）的引爆下发生的，其本质是在外界能量的激发下进行的一种爆炸化学反应。借助这种反应将炸药中贮存的化学能迅速和猛烈地释放出来。这种能量以突然形成，并以高速运动的爆轰波和爆炸产物的动能为表现形式，并对外做功。所以炸药爆炸的过程就是炸药的化学能借助爆炸化学反应转变成对外做功的爆轰波和爆炸产物的能量的过程。

爆炸焊接过程中炸药的爆炸是将该工艺装置中布放的炸药引爆、激发爆炸化学反应，随之生成高速运动的爆轰波和爆炸产物，并以这两种物质具有的机械能推动覆层向基层高速运动，再借助覆层与基层的冲击碰撞，在其界面上发生多次和多种形式的能量的转换和分配，以及物理和化学的过程，从而实现金属间的焊接。因此，爆炸焊接中炸药的爆炸是实现金属爆炸焊接的能源和能量转换及传输的不可缺少的首要过程。也就是说，没有该过程中炸药的爆炸，就没有金属间界面上的物理-化学过程——冶金过程的进行，也就不可能使它们产生冶金结合。

2. 爆炸焊接中炸药的爆炸

爆炸焊接中炸药的爆炸与平常情况下炸药的爆炸大同小异。

根据图 2.1.3.1 爆轰波结构分析，图中有三个特征面：0-0、1-1 和 2-2；箭头表示爆轰波传播的方向，其速度为 v_d。

0-0 面为冲击波前沿，在此面之前为未受扰动的炸药。其状态参数为原始炸药的状态参数 p_0、ρ_0、T_0 和 u_0。0-0 面与 1-1 面之间的炸药已被冲击波压缩但尚未开始化学反应。这两个面的距离就是冲击波阵面的厚度。1-1 面和 2-2 面之间是爆炸化学反应区，在 2-2 面上化学反应已经完成，炸药全部变成了爆炸产物并释放出全部能量。这个面上的状态参数为 p_1、ρ_1、T_1 和 u_1。2-2 面后是迅速膨胀的爆炸产物。

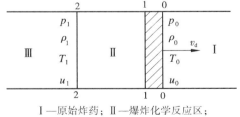

I—原始炸药；II—爆炸化学反应区；III—爆炸产物膨胀区

图 2.1.3.1　爆轰波示意图

冲击波阵面加化学反应区，即图 2.1.3.1 中的 0-0 面和 2-2 面之间构成了爆轰波阵面。这个阵面作为一个整体将未反应的原始炸药与已膨胀的爆炸产物分隔开。2-2 面是爆轰波中一个很重要的特征面，爆轰

波的状态参数实际上就是指这个面上的参数，如爆轰压力、温度等。这个面通常叫 C-J 面，这个面上的压力越高，则爆速越高。爆轰波结构及其压力分布如图 2.1.3.2 所示。

图 2.1.3.2 中，p_0 为原始炸药所处的压力（常压），p_z 为冲击波阵面的压力峰值，$p_{C\text{-}J}$ 为 C-J 面上的压力。根据理论推导，有

$$p_{C\text{-}J} = \frac{1}{2} p_z \qquad (2.1.3.1)$$

爆轰参数包括爆轰压力 $p_{C\text{-}J}$，爆炸产物比容 V_1，密度 ρ_1，爆炸产物的质点速度 u_1，爆温 T_1 和爆速 v_d。

凝集态炸药的上述爆轰参数可用经验公式（2.1.3.2）～公式（2.1.3.5）进行近似计算：

$$p_{C\text{-}J} = \frac{1}{K_r+1} \rho_0 v_d^2 \qquad (2.1.3.2)$$

$$V_1 = \frac{K_r}{K_r+1} V_0 \left(\text{或 } \rho_1 = \frac{K_r+1}{K_r} \rho_0\right) \qquad (2.1.3.3)$$

$$u_1 = \frac{1}{K_r+1} v_d \qquad (2.1.3.4)$$

$$c_1 = \frac{K_r}{K_r+1} v_d \qquad (2.1.3.5)$$

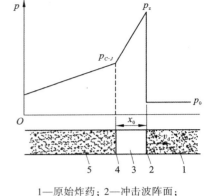

1—原始炸药；2—冲击波阵面；
3—爆炸化学反应区；4—C-J 面；
5—爆炸产物；x_0—爆轰波阵面的宽度

图 2.1.3.2　爆轰波结构的 **Z-N-D** 模型和压力分布图

式中，ρ_0 和 V_0 为炸药的原始密度（g/cm³）及比容（即密度的倒数，cm³/g）；c_1 为 C-J 面上爆轰产物的声速（m/s）；K_r 为爆炸产物的绝热指数（多方指数）；在近似计算中一般取 $K_r = 3$，则

$$p_{C\text{-}J} = \frac{1}{4} \rho_0 v_d^2 \qquad (2.1.3.6)$$

$$V_1 = \frac{3}{4} V_0 \left(\text{或 } \rho_1 = \frac{4}{3} \rho_0\right) \qquad (2.1.3.7)$$

$$u_1 = \frac{1}{4} v_d \qquad (2.1.3.8)$$

$$c_1 = \frac{3}{4} v_d \qquad (2.1.3.9)$$

计算爆温的经验公式为

$$T_1 = 4.8 \times 10^{-9} p_{C\text{-}J} V_1 (V_1 - 0.2) M_1 \quad (\text{K}) \qquad (2.1.3.10)$$

式中，M_1 为爆炸产物的平均分子量。

v_d 是一个能用多种方法测量的参数。由上述公式可知，若已知 v_d 和 ρ_0，即可计算出其他的爆轰参数。故在一般的爆炸中 v_d 和 ρ_0 的精确测量，以及在爆炸焊接中 v_d 和 ρ_0 的恒定及均匀一致具有重要的意义。几种单质炸药的爆轰参数如表 2.1.3.1 所列。

由式（2.1.3.8）和表 2.1.3.1 可知，爆炸产物的运动速度是爆速的 1/4。这是一个常被人们遗忘或不被重视而在爆炸焊接中很有意义的数量关系。这方面的问题后面会多处讨论。

表 2.1.3.1　一些单质炸药的爆轰参数

炸　药	ρ_0 /(g·cm⁻³)	v_d /(m·s⁻¹)	u_1 /(m·s⁻¹)	c_1 /(m·s⁻¹)	ρ_1 /(g·cm⁻³)	$p_{C\text{-}J}$ /(10³MPa)
梯恩梯	1.60	7000	1750	5250	2.13	19.60
苦味酸	1.63	7245	1800	5400	2.16	21.56
特屈儿	1.63	7460	1870	5530	2.13	23.13
黑索金	1.60	8200	2050	6150	2.13	26.46
泰安	1.60	8280	2070	6211	2.13	27.44
硝化甘油	1.60	7000	1975	5925	2.13	24.50

由公式（2.1.3.6）可知，爆轰压力与炸药的密度和爆速的平方成正比。对于与炸药相接触的介质来说，各点上所受到的爆炸的机械作用来源于爆轰波掠过时所给予的压力脉冲及其作用的时间。这个脉冲的幅值是爆轰压力 $p_{C\text{-}J}$，脉冲的宽度即压力作用的持续时间。在有些应用炸药的场合，如军事上的破甲弹需要

有尽可能强的脉冲强度，即要求有高的 p_{C-J} 值。故需致力于研制高密度和高爆速的炸药。但在金属爆炸加工(特别是爆炸焊接)中则要求作用于金属材料上各点的压力脉冲的幅值不宜太大，而其作用的时间宜长。所以，需要密度和爆速均较低的特种混合炸药。这是爆炸焊接工艺要求低速炸药的原因之一，其余的原因见 3.1.6 节和 3.1.8 节。

在爆炸焊接中，以爆炸复合板为例，炸药的布放呈扁平形式，即长向和宽向的尺寸很大，而高度很小。而且撒放的粉状炸药的密度较小。如此状态和如此布放的炸药的爆炸与压装和铸装、或在密闭状态下的炸药的爆炸，无疑有较大的区别。

首先，在爆炸焊接的情况下，炸药的厚度大于临界厚度而小于极限厚度，因而其爆速受厚度的影响而变化较大。其次，布药厚度和密度的不均匀将造成沿覆板表面爆轰距离上爆速的不均匀分布。再次，由于药包向上的一面敞开，四周的限制也很小，因而几个方向上的爆轰压力受空气的压力影响很大，也就是常说的稀疏波的影响很大。最后，炸药爆炸后传递给覆板的能量受覆板材质和厚度尺寸的影响，也就是覆板的性态也影响其上炸药爆炸的性态等。这些因素就使得爆炸焊接中炸药的爆炸有自己的特殊性，具有其他爆炸加工工艺所没有的特点，因而对炸药的爆炸有其特殊的要求。

3. 爆炸焊接对炸药爆炸的要求

爆炸焊接不仅对炸药有许多特殊要求，而且对其爆炸也有如下一些特殊的要求：

(1)爆炸焊接工艺中炸药的爆炸必须是接触爆炸。也就是炸药布放于覆层之上，或与覆层紧密接触的薄缓冲层之上。此时，炸药与覆层或缓冲层之间无空隙地接触。爆轰波不借助其他介质，直接紧贴覆层或缓冲层一扫而过。

(2)炸药引爆后，爆炸不稳定区应当尽量小，也就是能够以最快的速度达到稳定爆轰。

(3)在一定的条件下，爆轰必须稳定，不得波动太大或中断爆轰。爆轰强度和压力脉冲的幅值不宜太高，而压力作用的持续时间宜长。

(4)炸药的爆轰速度不宜高，其影响因素不宜多。或者说在众多的实际条件下，爆速不宜波动太大。

(5)在均匀布药的情况下，例如在爆炸复合板时，爆轰波自始至终以基本相同的强度在覆板上传播。在不均匀布药的情况下，例如在爆炸复合管和复合管棒或其他异型件时，爆轰波以相应的和预定的强度在覆层上传播。

(6)高爆速炸药的附加药包的设置，对于大厚复合板的爆炸焊接来说具有重要的意义。但炸药的品种和数量需设计合理，其引爆能力和效果须认真研究。

爆炸焊接中低速混合炸药爆轰的特点，及其爆轰波的波长、波幅和频率对爆炸复合材料结合区组织及性能的影响，在理论和实践上还有大量的研究工作要做。

2.1.4 爆轰波

炸药爆炸以后，其能量转换成了爆轰波(含冲击波)、爆炸产物和爆热的能量。下面讨论这几个问题。

1. 爆炸化学反应区的宽度

爆轰波即带有爆炸化学反应区的冲击波。不同的炸药不仅其爆压、爆热、爆容和爆速都不相同，而且其爆炸化学反应区的宽度也不一样。通常，单质的和高爆速的炸药，这种宽度较小，而混合的和低爆速的炸药，这种宽度较大。

有资料指出，对于大多数凝聚态炸药所测定的爆轰波的反应区宽度 x_0 一般为 $0.1 \sim 1$ mm。例如，对于 TNT($\rho_0 = 1.63$ g/cm³)，$x_0 = (0.6 \pm 0.1)$ mm；B 炸药(60RDX/40TNT，$\rho_0 = 1.692$ g/cm³)，$x_0 = 0.7$ mm；喷脱里特(50RDX/50TNT，$\rho_0 = 1.66$ g/cm³)，$x_0 = 0.5$ mm；奥克托儿(75 奥克托金/25TNT，$\rho_0 = 1.8$ g/cm³)，$x_0 = 0.8$ mm。

根据爆轰的弹导机理指出，在几千度高温和数万兆帕的高压下，直径 0.1 mm 的炸药颗粒可以在 10^{-6} s 数量级的时间内燃尽，这样就足以使爆炸反应在爆轰反应区宽度内完成。设这个宽度为 x_0，炸药颗粒的半径为 r，其燃速为 $u_{燃}$，则炸药颗粒燃烧的时间为

$$t = r/u_{燃} \tag{2.1.4.1}$$

于是爆炸化学反应区的宽度为

$$x_0 = v_d \cdot t = (r/u_{燃}) \cdot v_d \tag{2.1.4.2}$$

由此可见，爆炸化学反应区的宽度在爆速一定的情况下，还随炸药颗粒粒径的减小而减小。

2. 爆轰波的传播

试验研究表明，爆轰波的传播与光波的传播相似。如图 2.1.4.1 所示，它们都遵守几何光学的惠更斯－费涅尔原理。按照这一原理光波传播到的每一点都可视为一个新的子光源，并由该点发射子波。如在 Δt 时刻的新波阵面即为 t 时刻各子波的包迹面。爆轰波的传播也服从这一规律。例如，在点引爆时，爆轰波阵面是以球形逐渐展开的，并且波的传播方向总是垂直波阵面的方向。再如，当爆轰波由一炸药向另一炸药中传播时，由于爆轰波在两种炸药中的传播速度不同，因此也会发生爆轰波的干涉现象。

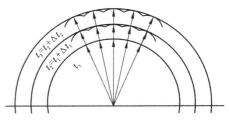

图 2.1.4.1　光波传播的惠更斯－费涅尔原理示意图

显然，在无限大的均质球形炸药中进行点引爆时，将形成以引爆点为中心的对称传播的球形爆轰波（图 2.1.4.2）。在这种情况下，爆轰波形的曲率半径 r_1 随爆轰波向外扩展而无限增大。

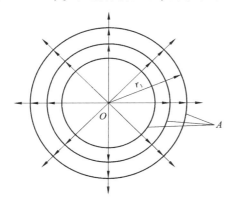

O—引爆点；A—爆轰波阵面；
r_1—爆轰波阵面的曲率半径

图 2.1.4.2　球形药包中心
引爆时爆轰波的扩展示意图

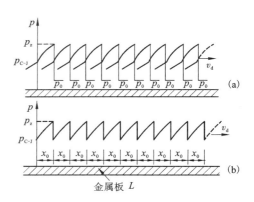

（a）根据爆轰波结构对其微观传播过程的分析；
（b）简化后金属板上的压力分布（p）与
爆轰距离（L）的关系示意图

图 2.1.4.3　爆轰波传播的微观过程和压力分布推测示意图

图 2.1.4.1 和图 2.1.4.2 可简单地视为爆轰过程的俯视图。然而，爆轰过程的正视图应该是怎样的呢？根据本书作者的分析和研究，这个正视图应当如图 2.1.4.3 所示。爆轰波 Z-N-D 模型可以认为是与炸药一次爆炸化学反应相对应的压力分布状态图。实际上，由于炸药的爆炸化学反应是连续地以波的形式进行的。因此，在炸药发生爆轰后的某一时刻或某一距离内，其压力分布应如图 2.1.4.3 所示。这就是说，每一次爆炸化学反应就有一次对应的压力分布。连续多次的爆炸化学反应就应有对应的连续多次的压力分布。每一次压力分布的宽度与爆炸化学反应区的宽度相对应，而压力峰值及其走向就应与 p_z 和 p_{C-J} 的大小及其走向相对应。

上述分析在经典的爆炸物理学中是找不到依据的。但是，许多国内外文献（见 4.16.2 节）和试验资料能够证明上述分析是正确的。这种分析还能够用图 2.1.4.4 所示的空气中冲击波的传播过程来证明：当炸药爆完之后，爆轰波结束了，但冲击波仍在空气中传播。只是由于其能量的衰减，强度越来越弱，最后变成声波而消失。然而，由于爆轰波中冲击波的波动性，使得它在空气中传播时也呈现波动性。要知道，如果没有原来的波动，是绝不会有后来的波动的。

利用上述爆轰波传播的几何光学原理，在爆炸力学和高压物理等学科领域，前人为某一特殊的目的而设计出许多特定的波形发生器。如直线波发生器、平面波发生器、锥面波发生器、内爆式球状波发生器，以及柱形波敛波发生器和炸药透镜等。调整和控制波形的主要手段是利用上述原理，采用多

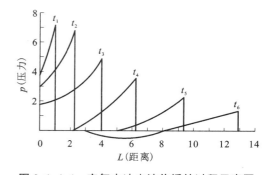

图 2.1.4.4　空气中冲击波传播的过程示意图

点引爆，或采用高低速炸药的组合，或在装药中设置惰性块等方法。

爆轰波波形控制的最典型的应用是聚能装药。这种装药爆炸后，要求爆轰波尽可能同时地到达聚能罩的表面，以提高破甲能力。另外，在爆轰参数的测试中，要求用平面波发生器以便使测量精度进一步提高。在弹药的传爆系列设计中，要求考虑控制爆轰波形，使薄片飞散方向和杀伤威力达到所希望的指标 …… 因此爆轰波形的控制就成为很实际和应用很广泛的研究课题。

不言而喻，上述大量事实反过来又可论证爆轰波传播的波动原理是有试验根据的。

根据上述分析和论证资料能够获得一个明确而又有意义的结论：爆轰波是一种具有波长、波幅和频率的波，就像水波、声波、机械波和电磁波一样。爆轰波的波长对应于爆炸化学反应区的宽度，其最大波幅对应于压力 p_z，其频率就是在单位时间内或单位爆轰距离内爆炸化学反应的次数。简言之，爆轰波是具有一定形状和参数的波。并且，能够推测，不同的炸药爆轰后，其爆轰波的形状和参数应当是不同的。

如上所述，爆轰波反应区的宽度 x_0 一般为 $0.1 \sim 1$ mm，这与爆炸焊接表面波、界面波和底面波的波长处于同一数量级。另外，如图 2.1.3.2 所示和表 2.1.3.1 所列，爆轰波内的压力远远超过材料的静态屈服强度，而且这个压力是波动地作用在金属板上的。不言而喻，上述三种波形的波幅大小与这个压力的峰值有关。由此可以推断，爆炸焊接中的表面波、界面波和底面波就是爆轰波与金属材料相互作用的结果。这里，爆轰波是这些波形成的外因，金属材料的变形特性是内因，它们的相互作用是不可缺少的过程。

根据上述结论能够很好地解释和阐述爆炸焊接结合区波形成的原理：不同强度和特性的金属材料，在不同强度和特性（主要指波动性）的爆炸载荷作用下爆炸焊接，将在爆炸复合材料的结合区产生不同形状和参数的波形（见 4.16 章）。同时，根据这样的波形成的原理还能完美地解释和阐述金属爆炸焊接的原理。因此，这个结论是研究爆炸焊接理论的基础。

3. 爆轰波的波动性、边界性和局部性

由试验发现爆轰波除波动性外还有两个特性：边界性和局部性（参见图 4.16.2.7）。由图可见，有炸药的地方有结合区波形，也就是有爆轰波；没有炸药的地方没有结合区波形，也就是没有爆轰波。这三种特性和爆轰波的高压、高速等特性，以及 2.4 章讨论的问题一起就构成了爆轰波的全貌。全面研究和阐述爆轰波这种物质及其物理－化学过程，对爆炸焊接这门学科的理论研究和科学实践有重要的意义。这些结论对已有的爆炸物理学也许是一个很有意义的充实和发展。

2.1.5　冲击波

流体力学理论认为，爆轰过程就是冲击波在炸药中传播的过程，在炸药中传播的冲击波就是爆轰波，如图 2.1.3.1 和图 2.1.3.2 所示。因为在炸药中冲击波所到之处，即引起该处炸药的迅速的爆炸化学反应，反应放出的能量又支持冲击波不衰减地向前传播。所以概括地说，爆轰波就是在炸药中以定常速度传播的带有爆炸化学反应区的冲击波。

因为爆轰波就是一种冲击波，所以一般冲击波所具有的特性爆轰波都有，如对介质的强烈压缩、介质状态的突跃变化、波速超声速并与波阵面压力有关等。因而，由物理学上的质量守恒、动量守恒和能量守恒三大定律导出的表示介质在波阵面前、后状态的冲击波的基本关系式，也可用于爆轰波。所不同的是，一般惰性介质中的冲击波，因无外界能量的持续支持而迅速衰减。而在爆轰波中，由于波阵面后带有一个爆炸化学反应区，又是放热反应，放出的热量可支持前面的爆轰波以恒速传播而不衰减。但是，炸药爆完后，爆轰波就不存在了。

如上所述，爆轰波就是带有爆炸化学反应区的冲击波。在炸药爆完后，爆轰波消失了。但实际上，一方面，冲击波并未消失；另一方面，紧跟爆轰波运动的爆炸产物仍以很高的速度向前运动。然而，由于炸药已经爆完，没有后续能量持续支持的冲击波，不可能持久地向前运动，而会很快地在空气中衰减为声波，如图 2.1.4.4 所示。因而，冲击波对外做功的能量也会很快地衰减。此外，没有后续能量持续支持的爆炸产物，因其迅速膨胀的体积，也会在空气阻力的作用下很快地减缓其向前运动的速度，直至很快地停止运动。

上述冲击波在空气中很快地衰减为声波，以及爆炸产物很快地停止运动的现象及事实，可为爆炸焊接生产中的一个多次进行过的简单试验所证实：在爆炸焊接工艺安装完毕后，依所布放的药量的多少，在以基础为圆心的 $1 \sim 10$ m 的半径上插放一些 1 m 左右长的树枝。当炸药爆完返回现场时，可观察到近处的树枝多数倒下,而在远一点的地方的树枝仍立着。近处倒下的树枝即是尚存的冲击波和爆炸产物的能量共同作用的结果。而未倒下的树枝的距离,则显示它们能量已经消失和达不到的距离。由此可见,爆炸焊接后,尚存的冲击波和爆炸产物继续对外作用的距离是很短的。

上述试验能够确定,倒下的树枝是炸药爆完后,尚存的冲击波和爆炸产物的能量共同作用的结果。但还不能确定它们在不同的尚存能量的支持下,哪一个"跑"得更远?也就是不能将它们最后对外作用的范围的大小区分开来。这个问题有待理论研究和用试验来确定。

2.1.6 爆炸产物

1. 爆炸产物的组成

要计算爆热、爆温和爆容,必须首先知道爆炸产物的组成,从安全性方面考虑,也需要知道这方面的知识,例如判断产物中是否含有毒成分和易爆成分。另外,从弹药设计角度出发,为了提高其威力也应该有这方面的资料,以便为分析结果提供依据。

爆炸产物的组成可以用试验方法确定:利用量热弹测量爆热后,抽取其中的气体试样分析其组成和含量。爆炸产物的近似组成也可根据经验法则确定。

对于正氧平衡和零氧平衡的炸药,能够按最大放热原则(即碳全部被氧化成 CO_2,氢全部被氧化成 H_2O)来确定爆炸产物。例如硝化甘油的爆炸反应方程式可直接写成:

$$C_3H_5N_3O_9 \Longrightarrow 3CO_2+2.5H_2O+0.25O_2+1.5N_2 \qquad (2.1.6.1)$$

对于负氧平衡的炸药,假设炸药中的氧全部氧化成 H_2O,碳全部氧化成 CO,多余的氧才使 CO 氧化成 CO_2。例如,泰安的爆炸反应方程式为

$$C_5H_8O_{12}N_4 \Longrightarrow 4H_2O+5CO+1.5O_2+2N_2$$

即

$$C_5H_8O_{12}N_4 \Longrightarrow 4H_2O+3CO_2+2CO+2N_2 \qquad (2.1.6.2)$$

对于含氧量足够使全部产物氧化(不产生固态碳)的炸药来说,假定炸药中的氧使碳氧化成 CO,剩余的氧均等地分配于氢使其氧化成 H_2O,并使 CO 氧化成 CO_2。依此,泰安的爆炸反应方程式又为

$$C_5H_8O_{12}N_4 \Longrightarrow 5CO+3.5O_2+4H_2+2N_2$$

即

$$C_5H_8O_{12}N_4 \Longrightarrow 3.5CO_2+1.5CO+3.5H_2O+0.5H_2+2N_2 \qquad (2.1.6.3)$$

对于严重缺氧,即含氧量不足以使产物全部氧化而含有固态游离碳的炸药可按下述原则确定爆炸产物:3/4 的氧分配于氢被氧化成 H_2O,剩余的氧均匀地用于碳氧化使其生成 CO 和 CO_2。例如,梯恩梯的爆炸反应方程式可写成:

$$C_7H_5O_6N_3 \Longrightarrow 1.88H_2O+2.06CO+1.03CO_2+3.91C+0.62H_2+1.5N_2 \qquad (2.1.6.4)$$

需要指出的是,在爆炸瞬间所形成的高温和高压下,许多产物之间还可能发生一系列的二次反应。例如:

$$\left.\begin{array}{l} 2C+O_2 \Longrightarrow 2CO+2\times110.5 \text{ kJ} \\ 2CO \Longrightarrow CO_2+C+172.5 \text{ kJ} \\ 2H_2+O_2 \Longrightarrow 2H_2O+2\times242 \text{ kJ} \\ CO+H_2O \Longrightarrow CO_2+H_2+43.5 \text{ kJ} \\ 2CO_2 \Longrightarrow 2CO+O_2+279.6 \text{ kJ} \\ CO+H_2 \Longrightarrow H_2O+C+131.5 \text{ kJ} \end{array}\right\} \qquad (2.1.6.5)$$

在高温下,吸热反应也可以发生,如:

$$\left.\begin{array}{l} N_2+O_2 \Longrightarrow 2NO-180.9 \text{ kJ} \\ 2C+N_2 \Longrightarrow C_2N_2-286.8 \text{ kJ} \\ 2C+N_2+H_2 \Longrightarrow 2HCN-257.1 \text{ kJ} \end{array}\right\} \qquad (2.1.6.6)$$

在产物冷却过程中,生成 CH_4 的反应将会发生,例如:

$$C+2H_2 \Longleftrightarrow CH_4+74.9 \text{ kJ}$$
$$CO+3H_2 \Longleftrightarrow CH_4+H_2O+206.4 \text{ kJ} \Bigg\}$$
$$2CO+2H_2 \Longleftrightarrow CH_4+CO_2+247.4 \text{ kJ}$$
$$(2.1.6.7)$$

同时，压力的高低对于上述二次反应的方向将产生重要的影响。一般情况下，压力高时反应将朝着使系统体积减小的方向进行。

综上所述，爆炸产物的组成不但与炸药的化学组成有关，而且与爆炸产物在爆炸瞬间所处的压力和温度有关。因此，在确定爆炸反应方程式时，必须考虑爆压和爆温对二次反应动态平衡的影响。

2. 爆轰波和爆炸产物的运动对爆炸焊接的贡献

边界有限的药包爆炸过程如图 2.1.6.1 所示。图中爆炸产物的生成、膨胀和消散过程一目了然。在此仅特别地探讨一下爆轰波和爆炸产物的运动及其能量对爆炸焊接的贡献。

由公式(2.1.3.8)和表 2.1.3.1 可知，爆炸产物质点的运动速度为炸药爆速的 1/4，即爆炸产物以此速度紧随爆轰波运动。

众所周知，我们这个世界是个物质的世界，所有运动都是物质的运动。既然是物质，必然有一定的质量和速度(静止状态时速度为零)，因而都有一定的能量(没有动能也有势能)。这是世界上所有物质的基本属性。

爆炸产物是物质，它又有一定的速度，因而具有一定的能量。并且爆炸产物的速度越高，能量也越大。这就是爆炸产物能够做功的基本原因。应当指出，爆炸产物做功的本领并非全部来自于它的急剧膨胀。从理论上分析和实践中观察，这种膨胀的有效范围并不大，有效时间并不长，其能量是有限的。爆炸产物做功的本领真正的还是来源于它的动能($E_2=\dfrac{1}{2}m_2v_2^2$，E_2、m_2、v_2 分别为它的动能、质量和速度)。这里爆炸产物的质量虽然不很大，但其速度很高，因而其动能还是相当大的。

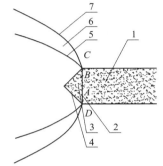

1—未反应的炸药；2—爆轰波波前；
3—未膨胀的气体；4—稀疏波波前；
5—高温气体膨胀波波前；
6—高温气体与空气的相互作用区；
7—冲击波波前

**图 2.1.6.1　边界有限的药包
爆炸过程的瞬间情况**

爆轰波也是一种物质。然而，有些人往往忽视了这一点。他们认为爆轰波高速传播，它看不见和摸不着，因而不是物质。于是，长期以来，忽视了这种物质所具有的巨大能量。或者将这一能量与爆炸产物急剧膨胀的能量合为一体和混为一谈。这都是对爆轰波认识不清的缘故。

爆轰波物质的质量，可否这样估计：从微观上说就是参加爆炸化学反应的那部分炸药的质量，或者尚未膨胀的那一部分产物的质量。从宏观上说，就是待爆的那一堆炸药的质量。具有这一质量且以数千米每秒速度传播的爆轰波的能量，可想而知会是多么巨大——$\dfrac{1}{2}mv_d^2$。

如上所述，炸药爆炸后生成爆轰波和爆炸产物这两种物质。它们具有一定的质量，又各自具有不同的运动速度，因而各自具有不同的能量。爆轰波和爆轰产物的能量可用下面的公式计算：

$$E_1=\frac{1}{2}m_1v_1^2=\frac{1}{2}m_1v_d^2 \qquad (2.1.6.8)$$

$$E_2=\frac{1}{2}m_2v_2^2$$

$$=\frac{1}{2}m_2\left(\frac{1}{4}v_d\right)^2$$

$$=\frac{1}{32}m_2v_d^2 \qquad (2.1.6.9)$$

式中，E_1、m_1、v_1 和 E_2、m_2、v_2 分别为爆轰波和爆炸产物的动能、质量及速度，$v_d(v_1)$ 为爆速。

假设 $m_1=m_2$，$v_1=v_2=v_d$，两式相比得：

$$E_1/E_2=16 \qquad (2.1.6.10)$$

由此可见，爆轰波的能量比爆炸产物的能量大得多。所以将这两种能量合为一体或混为一谈是错误的。同时，还可以明显地看出，炸药爆炸后做功的本领主要来源于爆轰波，而不是爆炸产物。

另外，爆炸产物以$\frac{1}{4}v_\mathrm{d}$的速度跟随爆轰波运动。因此，在接触爆炸和爆炸加工中，这两种物质的能量是一前一后和一大一小地作用在与之接触或待成形加工的材料之上的。对此现象人们早有感性认识。例如在爆炸成形中，坯料经历了两次加载过程，尽管第二次加载作用不大。又如在爆炸焊接实验中，通过 X 射线高速摄影，发现覆板上的各质点通常经历了两次加速和等速过程，第二次加速虽然不明显，但普遍存在[80]。前人用探针法检测了爆炸焊接覆板运动的全过程，结论指出，覆板在空间飞行的轨迹是一条三次曲线，覆板的动态角是一条二次曲线。从而否定了覆板飞行的空间形状是一次曲线和动态角不变的结论[81]。

但是，至今人们对上述两次加载现象的原因和本质的认识并不清楚。事实上，这两次加载就是由爆轰波和爆炸产物能量的先后及两次作用造成的。只是由于后者能量较小，因此第二次加载的程度较弱。

爆轰波和爆炸产物的先后传播和两次加载的现象，在爆炸和爆炸焊接的表面波形、界面波形及底面波形的形成机理上也有充分的体现：锯齿状传播的爆轰波的能量使金属材料的表面、界面及底面形成锯齿波形，随后传来的爆炸产物的能量便使这些锯齿波形变得弯曲和平滑，由此便形成了千姿百态和婀娜多姿的表面波形、界面波形及底面波形。

因此，对上述爆轰波和爆炸产物的所有讨论，最后都归结到了它们对爆炸焊接的贡献。这个贡献就是：没有这两种能量及其一先一后的传播，便没有结合区波的形成，也就没有爆炸焊接。由此可见，结合区波形成的过程，就是金属爆炸焊接的过程。

2.1.7 爆热

爆热即炸药爆炸后释放出的热量，它是将固态、液态和气态的爆炸产物加热到一定高温的热源。

众所周知，炸药爆炸以后生成爆轰波、爆炸产物和爆热，其化学能也分配给了这三部分。据资料介绍，它们在炸药总化学能中占有的比例相应为 36.6%、42.0% 和 21.4%。由此可见，爆热占有的比例是比较大的。

但是实践表明，爆热对爆炸焊接没有直接的贡献。因为，在复合板焊接以后，覆板表面上的沥青、黄油或水玻璃等保护层物质都没有完全烧尽而多有残留。由此可见，爆热不可能透过覆板而进入结合区，从而对金属间的焊接作出贡献。金属间的结合还是靠爆轰波和爆炸产物的动能传递给覆板并被覆板吸收，使覆板高速向基板运动，并以此动能再在结合区转换和分配成一薄层金属的塑性变形能、熔化能和扩散能。

显然，炸药的爆热越多，爆速越高，爆轰波和爆炸产物的能量越大。因此理论上还是应当肯定爆热对爆炸能量的贡献的。只是在爆炸焊接中并不需要高爆速炸药，爆热的这种贡献没有引起重视。这就是为什么至今一边倒地使用混合炸药，只重视其爆速的原因。

实际上，在"热"爆炸焊接工艺中，爆热有独特的作用。如图 4.11.1.7 至图 4.11.1.9，图 4.12.1.1 至图 4.12.1.4 所示，钼在常温下通常脆裂，在热爆（将钼加热到 400 ℃ 以上）时钼就不脆裂了（见 3.2.8 节和 4.15.2 节），但是热爆的工艺比较复杂。为了使钼在常温下爆炸焊接不脆裂，可以通过提高爆热的方法来提高钼材的温度。如图 4.15.2.2 所示，钼箔和钢板在常温下爆炸焊接没有开裂，只是钼箔起皱了，这就像热爆后的钼-不锈钢复合管棒外钼管的表面（图中下方的圆柱体）。钼箔表面的起皱是炸药爆热使其温度升高，在爆轰波和爆炸产物物质波动的冲刷下引起的一种波状变形。在此变形过程中，钼箔的温度已经超过了它的 a_k 值转变温度，于是钼不再开裂。此时，钼在高温下的塑性更高，在波动传播的爆轰波能量和紧随其后的爆炸产物的能量的二次作用下发生波状的塑性变形——起皱。这种起皱也可视为一种表面波形，如同其他爆炸复合板的表面波形一样（见 4.16.1 节）。

由此能够想到，如果提高炸药的爆热，将可能提高钼箔的厚度。从而有可能不采用热爆工艺而在常温下获得实用的钼复合材料。因此，这应是人们在爆炸焊接工艺中采取提高爆热的措施来生产易脆的金属复合材料的新途径。

最后指出，爆轰波、爆炸产物和爆热在炸药总化学能中占有的上述百分比，是几十年前在水下实验中获得的结论。现在看来这个结论不一定准确，特别是爆轰波的能量占有的百分比。由此可见，这几个数据有待更新。

2.1.8　爆炸焊接中炸药爆速的测定及其影响因素

1. 爆炸焊接中炸药的爆速

爆炸焊接中炸药的爆速是指在爆炸焊接的条件下,炸药的爆炸进入稳定爆轰时爆轰波传播的速度。

这种速度与其他爆炸加工工艺中炸药的爆速不尽相同。例如,在爆炸复合板的情况下,药包的纵向和横向尺寸较大,厚度尺寸很小;其向下的一面与覆板接触,其向上的一面敞开而与空气接触;炸药多为粉状的混合炸药,爆速较低等。这些工艺上的特性就预示了爆炸焊接中的炸药的爆速有许多不同的特点。

2. 爆炸焊接中炸药爆速的测定方法

爆速的测定方法分两类,一类是利用各种类型的测时仪器或装置,测定爆轰波从一点传播到另一点所经历的时间,然后去除该两点间的距离。这样得到的是爆轰波在该两点间传播的平均速度。这类方法统称计时法。另一类是利用高速摄影机,借助于爆轰波阵面的发光效应,将爆轰波沿炸药传播的轨迹记录下来,这叫扫描摄影法。用该法可得到爆轰波通过任一点时的瞬时速度。

这里主要介绍计时法中的两种:导特里什法(导爆索法)和探针法。此外,还简要介绍高速摄影法。

(1)导特里什法。这种方法不需要特殊的设备,只要有导爆索就行。其实质是通过同导爆索的已知爆速相比较,以求得被测炸药的爆速。此处导爆索起着计时仪的作用。

如图2.1.8.1所示,布置长度为30~40 cm的被测炸药试样,将一根长约1 m且已知爆速的导爆索的两端固定在被测炸药试样的 A、B 两点上。两点间的距离 l 取 10~20 cm。导爆索中段固定在一块铝板上,其上预刻一记号 C,此点即为导爆索的中点。炸药爆炸后,一方面,爆轰波传到 A 点时,使导爆索从 A 端引爆;另一方面,传到 B 点时又使导爆索的 B 端引爆。这样,导爆索先是以自己的爆速 $v_{d,导}$ 沿 $A\to C\to D$ 方向爆轰,继之又以同样的爆速从 B 端向 D 方向爆轰。这迎面传播的两股爆轰波将在 D 处相遇。相遇时将在铝板上击出一道很深的痕迹。试验后,测出 D 与 C 点之间的距离 i,由此便可计算出被测炸药的爆速。

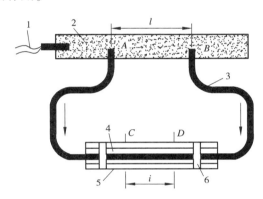

1—雷管;2—被测炸药;3—导爆索;
4—铝板;5—垫板;6—木卡子

图 2.1.8.1　测量炸药爆速的导爆索法装置图

假设被测炸药的爆速为 v_d,由于爆轰波从 A 点导爆索传到 C、D 点的时间应等于从 A 点沿被测炸药传到 B 点,再沿导爆索传到 D 点的时间,故得

$$\frac{AC+CD}{v_{d,导}} = \frac{AB}{v_d} + \frac{BD}{v_{d,导}} \tag{2.1.8.1}$$

因 $AC = L/2$(L 为导爆索总长度),$CD = i$,$AB = l$,$BD = (L/2)-i$,将这些数据代入上式,得:

$$v_d = \frac{l}{2i} v_{d,导} \tag{2.1.8.2}$$

所以只要已知 $v_{d,导}$,安装时量好 l,试验后量出 i,便可计算出被测炸药的爆速。

当上述有关数据测量值准确时,用导特里什法测量爆速的最大相对误差为±4.5%。

试验时应注意以下几点:

① 导爆索的爆速须预先准确测定。其值一般在6500~7300 m/s范围内,否则误差较大。

② A 点应在不稳定爆轰区之外。对于柱状药包来说,A 点到雷管底部的距离应是药柱直径的4~5倍。导爆索两端与被测炸药的连接方式应当一致。

③ 固定在铝板上的导爆索应拉直且牢固,两端略垫高,使这段导爆索与铝板之间的距离为3 mm左右。这样击痕更明显。

④ 铝板应平直(其厚度约2 mm),下面加一块垫板(如大于5 mm厚的钢板),平放在地面上。还要防止铝板被抛出和打弯。

(2)探针法。这是利用爆轰波阵面具有导电性能而建立的一种近代计时式的爆速测定法。测量装置如图2.1.8.2所示,由探针、脉冲信号发生装置及电子示波器组成。图中 A、B、C、D 为四对探针点(探针对数根据需要决定，至少两对），起传感器作用。探针由直径 10～30 μm 的镍铬丝或铜丝制成，也可用普通大头针制作。两根探针间的距离为 1 mm 左右。爆轰波未到达前，连接两根探针的回路是开路的。由于爆轰波阵面上的产物在高温高压下电离为正、负离子，具有很好的导电性，故爆轰波阵面到达 A 点时即把该处的一对探针接通，使该回路上的电容 C 充电，并给示波器一个信号。爆轰波相继传到 B、C、D 各点，依次接通各对探针回路，使示波器屏幕上出现一个个的脉冲波形。用照相机将这条带有一个个脉冲波形的扫描线及时拍摄下来，通过显微镜或比长仪从底片上量出各脉冲的时间间隔，用它们分别去除相应各对探针之间的距离，便可得到各个测段上的平均爆速。用这种方法测定爆速，在理论上可以达到误差不超过 0.1% 的精确度。

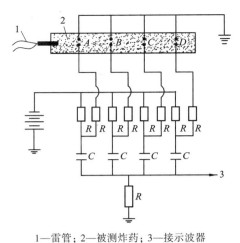

1—雷管；2—被测炸药；3—接示波器

图 2.1.8.2　探针法测量炸药爆速的系统示意图

研究发现，探针法测量高爆速炸药的爆速是可行的，但测量低爆速炸药一般达不到理想的效果。因为，低爆速炸药的密度很低，爆炸产物的密度也很低，炸药爆炸后爆炸产物难以电离，信号靶难以接通，使得测量波形很不规则，并常出现信号丢失现象，测量结果是不理想的。为此摸索出电离探针黏药测量低爆速炸药的方法：在探针的针尖黏 5 mg 左右的敏感炸药，然后按一般的程序进行安装和试验。炸药爆轰时就大大增加了爆轰的电离效果，从而使信号靶可靠接通，实测波形很规则。此法简单可靠，测量精确度高，但在制备和使用敏感炸药时要绝对注意安全[82]。

探针法产生的误差大部分原因是测量距离不准确引起的。例如，当探针间距为 50 mm 时，如果误差 1 mm，就可能会产生 2% 的误差。所以，准确安放和量测探针的间距是提高测量精度的一个重要环节。

（3）高速摄影法。这种方法是利用爆轰波阵面发出的强光，通过高速摄影机把爆轰波的运动轨迹记录到照相底片上，从而得到一条爆轰波的位移–时间曲线（即轨迹扫描线），然后用显微镜测出曲线上各点切线的斜率，便可得到各点的瞬时速度。

这种方法对于稳定爆速的测量误差不超过 ±0.8%，对不稳定爆速的测量误差不超过 2.5%。它的缺点是手续比较多，精度不如探针法高。但它的突出优点是能测出爆轰过程中各点的瞬时速度，可以直观地了解爆速连续变化的过程。

3. 爆炸焊接中影响炸药爆速的因素

在爆炸焊接的条件下影响炸药爆速的因素如下：

（1）炸药种类对爆速的影响。不同种类的炸药具有不同的爆速值，这是显而易见的。某些炸药的爆速值如表 2.1.8.1 所列。

（2）混合炸药中各组元的不同配比对爆速的影响。混合炸药中各组元的配比不同时其爆速的大小是不同的，如表 2.1.8.2～表 2.1.8.8 和图 2.1.8.3～图 2.1.8.4 所示。由表和图中的数据可见，随着组元组成的变化，爆速也在变化。一般来说，其中如果高爆速炸药的含量降低，混合炸药的爆速也降低。

表 2.1.8.1　几种炸药的爆速
（$\rho_0 = 1.0$ g/cm³）[74]

炸　药	v_d/(m·s⁻¹)
梯恩梯	5010
黑索金	6080
泰安	5500
黑–梯（60/40）	5690
石蜡钝化黑索金	5260
泰–梯（50/50）	5480
阿梅托（50/50）	5100

表 2.1.8.2　添加物对梯恩梯
爆速的影响[83]

TNT 及添加物的含量 /%	ρ_0 /(g·cm⁻³)	v_d /(m·s⁻¹)
100TNT, 0	1.61	6850
50TNT, 50NaCl	1.85	6010
75TNT, 25BaSO₄	2.02	6540
85TNT, 15BaSO₄	1.82	6690
74TNT, 26Al	1.80	6530

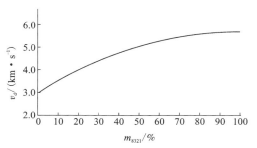

图 2.1.8.3　梯恩梯和 8321 混合炸药
的爆速与其组成 m 的关系[84]

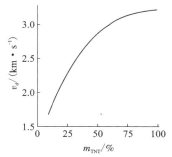

图 2.1.8.4　硝酸铵和梯恩梯混合炸药
的爆速与其组成 m 的关系[85]

（3）炸药密度对爆速的影响。在炸药的种类（包括混合炸药的种类）确定之后，使用的炸药密度对爆速有明显的影响，如图 2.1.8.5 所示和表 2.1.8.4、表 2.1.8.7 所列。由这些图表中的数据可知，一般而言，不论何种炸药的爆速均随其密度的增加而增加。

对于一些炸药来说，爆速与密度的关系为：

$$v_{d,\rho} = v_{d,\rho_0} + M(\rho - \rho_0) \qquad (2.1.8.3)$$

式中，$v_{d,\rho}$ 和 v_{d,ρ_0} 为密度分别是 ρ 和 ρ_0 时的爆速，M 为与炸药性质有关的系数，它表示炸药密度每增加 0.1 g/cm^3 时爆速的增加量，单位是 $(m \cdot s^{-1})/(g \cdot cm^{-3})$。对于常用的炸药来说，$M$ 为 $(3000 \sim 4000)$ $(m \cdot s^{-1})/(g \cdot cm^{-3})$，如表 2.1.8.7 所列。

有些爆炸性能很差的富氧和缺氧的两种组分的混合炸药，如硝铵、二硝基甲苯、毕耿特（以氯酸钾为主的混合炸药）等，当密度在一定范围内增加时，爆速增加。但超过这一范围后，密度再增加时爆速不但不增加，反而下降。这就是所谓的"压死"现象。

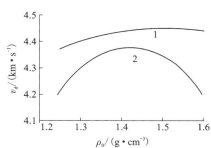

1—第一次焊接；2—第二次焊接

图 2.1.8.5　阿玛尼特炸药的爆速
与其密度的关系[83]

表 2.1.8.3　铵-梯炸药的特性[28]

炸药名称		Q（组成物质）/%		$v_d/(m \cdot s^{-1})$ （药高为极限直径）	临界直径，d /mm
		NH_4NO_3	TNT		
阿玛尼特 6ЖВ		71	29	4200	10～20
6ЖВ:NH_4NO_3	1:1	85	15	3200～3600	18～20
	1:3	94	6	2100～2600	24～28
细粒状（80/20）		80（粒状）	20（鳞片状）	3800	—
依格吉里特		95	5（柴油）	2000～3000	100～110

表 2.1.8.4　几种混合炸药的爆速[86]

种类	$\rho_0/(g \cdot cm^{-3})$	$v_d/(m \cdot s^{-1})$
铵油 AN/FO	0.8～0.95	1500～2500
铵梯 82AN/18TNT	0.8～0.95	~4850
铵梯 79AN/21TNT	0.8～0.95	1800～2900

表 2.1.8.5　不同组成的炸药的爆速[86]

NH_4NO_3	阿玛尼特 6ЖВ / NH_4NO_3				
类型	20/80	25/75	33.3/66.7	50/50	100/0
结晶的	1690	1900	2300	2770	3800
粒状的	1900	2250	2640	3120	3800

注：$\delta_0 = 40$ mm。

表 2.1.8.6　几种炸药的爆速与其密度的关系[87]

炸药名称	NGU	LFP-R	AKATSU-KI	KIKI-NoF.3	ELDV
$\rho_0/(g \cdot cm^{-3})$	0.28	0.50	0.73	1.3	0.68
$v_d/(m \cdot s^{-1})$	2500	2100～2740	3200～4000	4800～6000	1300～1470

表 2.1.8.7　一些炸药的爆速与密度的关系[73]

炸 药 名 称	在下列密度（g·cm⁻³）下的爆速/（m·s⁻¹）				M （m·s⁻¹）/（g·cm⁻³）
	1.0	1.2	1.4	1.6	
梯恩梯	5010	5655	6300	6940	3225
特屈儿	5600	6250	6895	7375	3225
黑索金	6080	6805	7520	8235	3530
泰安	5550	6340	7130	7920	3950
A 炸药（RDX/蜡，91/9）	5780	6585	7390	8180	4000
B 炸药（RDX/TNT/蜡，60/40/1）	5690	6310	6925	7540	3085
泰安/梯恩梯（50/50）	5480	6100	6725	7430	3100
黑索金/铝/蜡（73/18/9）	—	5615	6500	7380	4415
黑索金/梯恩梯/铝（42/50/8）	4650	5375	6100	6825	3605

表 2.1.8.8　三种炸药的爆速与其单位面积药量的关系

炸药名称	2#岩石硝铵炸药			TNT			75%TNT+25%8321
W_g/（g·cm⁻²）	1.0	1.2	1.4	0.6	0.8	1.0	1.5
v_d/（m·s⁻¹）	1200	1300	1400	1750	2000	2350	3700

表 2.1.8.9　铜-钢半圆柱试验获得的 2#炸药的爆速与单位面积药量等的关系[88]

δ_1/mm	1.8	1.8	1.8	4.0	4.0	4.0	7.0	7.0	7.0
W_g/（g·cm⁻²）	1.2	2.2	3.2	1.5	2.5	3.5	2.0	4.0	6.0
δ_0/mm	17.1	31.4	45.7	21.4	35.7	50.0	28.6	57.1	85.7
v_d/（m·s⁻¹）	2020	2580	2870	2250	2670	2930	2540	3040	3210

（4）单位面积药量对爆速的影响。在爆炸焊接的情况下，通常使用覆板表面的单位面积上的炸药数量 W_g（g/cm²）这一工艺参数来计算总药量，其大小与爆速的关系如图 2.1.8.6 所示以及表 2.1.8.8 和表 2.1.8.9 所列。由这些图表中的数据可见，炸药的爆速均随单位面积药量的增加而增加。

（5）炸药厚度对爆速的影响　在大厚度复合板坯的爆炸焊接中常用炸药厚度 δ_0（mm）这一工艺参数来计算总药量。实践表明，这一参数对爆速也有明显的影响。其数据如表 2.1.8.10 至表 2.1.8.13 所列以及图 2.1.8.7 至图 2.1.8.13 所示。由这些数据可见，与密度和单位面积药量一样，炸药的爆速亦随药厚的增加而增加。

用探针法获得的 Э-6 炸药的爆速与其厚度的关系如表 2.1.8.12 所列。炸药放在带刚性底板上用聚氯乙烯做的盒子里，密度 ρ_0 为 1.1~1.15 g/cm³。

所得数据表明，v_d 值的算术平均值的误差对每一组试验来说都不超过 2%。由表 2.1.8.12 中的数据可见，该炸药的爆速既与其厚度有关，又与药包的尺寸有关。

（6）药包尺寸对爆速的影响。由图 2.1.8.7~图 2.1.8.14 和表 2.1.8.10~表 2.1.8.14 的数据可知，在有限面积的情况下，在一定的范围内，炸药的爆速随药包尺寸（长度和宽度）的增大而增加。但爆速随药包直径的增加有一限度（极限直径），超过这一限度后，爆速就基本上不变了，如图 2.1.8.15 所示。

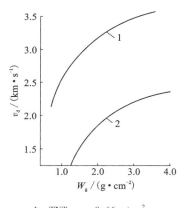

1—TNT，$\rho_0 = 0.66$ g/cm²；

2—2#，$\rho_0 = 0.71$ g/cm²

图 2.1.8.6　用导特里什法测得的粉状 TNT 和 2 号岩石硝铵炸药的爆速与其单位面积药量的关系[86]

表 2.1.8.10　铵油（12%柴油）炸药的爆速与其厚度和密度的关系[89]

δ_0/mm	26.2	30.0	30.6	72.9	35.3	78.5	39.6	80.7	86.0	86.0	92.0	94.2	100.2	106.0
ρ_0/(g·cm⁻³)	1.4	1.6	0.8	—	1.95	0.63	1.40	1.08	0.92	0.92	0.82	0.72	0.67	0.63
v_d/(km·s⁻¹)	—	1.25	1.27	1.43	2.01	1.55	2.05	2.06	2.1	2.1	2.1	2.1	2.1	2.1

表 2.1.8.11　炸药厚度和药包尺寸对爆速的影响[5]

炸药名称	δ_0/mm	$B×L$/mm	测量基距 l/mm	接触闭合之间的时间 t/μs	v_d/(m·s⁻¹)
阿玛尼特 6ЖВ + NH₄NO₃ (50/50)	10	80×400	200	10.4	1920
	20	80×400	200	88	2280
	30	100×400	200	78	2560
	40	120×400	200	75	2660
	50	150×400	200	70	2860
	60	170×400	200	67	3000
	80	200×400	200	63	3200
	100	300×400	200	57	3500
	120	400×600	300	83	3620
	150	400×600	300	88	3400
阿玛尼特 6ЖВ + NH₄NO₃ (33.3/66.7)	20	80×400	200	89	2250
	30	100×400	200	92	2180
	50	120×400	200	86	2320
	60	170×400	200	78	2570
	80	200×400	200	78	2570
	100	300×400	200	75	2670
	120	400×600	300	100	3000
	150	400×600	300	102	2940
阿玛尼特 6ЖВ + NH₄NO₃ (25/75)	40	120×400	200	104	1920
	50	150×400	200	102	1960
	60	170×400	200	106	1880
	80	200×400	200	99	2000
	100	300×400	200	93	2150
	150	400×600	300	119	2500

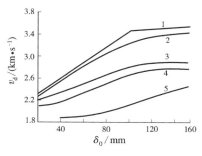

6ЖВ 含量（%）：1—50；2—40；
3—33；4—30；5—25

图 2.1.8.7　NH₄NO₃+6ЖВ 混合炸药
的爆速与其厚度的关系[38]

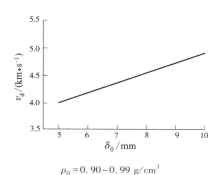

$\rho_0 = 0.90 \sim 0.99$ g/cm³

图 2.1.8.8　太乳炸药的爆速
与其厚度的关系[74]

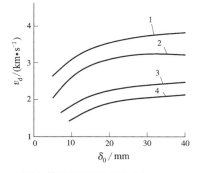

1—阿玛尼特 6ЖВ（TNT+NH₄NO₃）；
2—阿玛尼特 A₂₀（TNT+NH₄NO₃+20%NaCl）；
3—阿玛尼特 A₄₀（TNT+NH₄NO₃+40%NaCl）；
4—阿玛尼特 A₅₀（TNT+NH₄NO₃+50%NaCl）

图 2.1.8.9　几种炸药的爆速
与其药厚的关系[35]

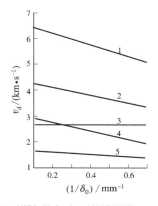

1—KIRI-No3；2—AKATSUKI；
3—NGU；4—LFP-R；5—ELDV

图 2.1.8.10　几种炸药的爆速
与其厚度的关系[87]

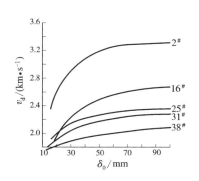

图中 16#～38# 分别表示其中 NaCl 的百分含量

图 2.1.8.11　2# 和 2#+NaCl 炸药的爆速
与其厚度及 NaCl 含量的关系

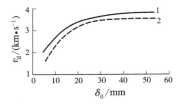

1—理论值；2—实验值

图 2.1.8.12　揣莫奈特炸药
（NH_4NO_3+TNT+铝粉）的爆速
与其厚度的关系[3]

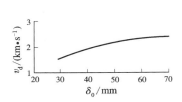

图 2.1.8.13　铵油炸药
（NH_4NO_3+12%柴油）的爆速
与其厚度的关系[89]

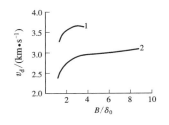

δ_0(mm)：1—20；2—10

图 2.1.8.14　阿玛尼特 6ЖВ 的爆速
与药包宽度和药高之比的关系[35]

（7）药包的垫层材料对爆速的影响。药包垫层材料的材质和厚度对爆速是有影响的，数据如表 2.1.8.14～表 2.1.8.16 所列和图 2.1.8.16 所示。由表 2.1.8.14 中的数据可知，在垫层材料相同的情况下，其厚度较大的爆速较高。由表 2.1.8.15、表 2.1.8.16 和图 2.1.8.16 中的数据可知，在垫层材料不同的情况下，其强度性能较高的爆速高。两相比较，厚度较大和强度较高的垫层材料的爆速还高出不少。这一事实对于爆炸焊接来说很有价值。由此可以估计在爆炸焊接厚覆板的复合板时，所使用的总药量应当小一些。这与实践中遇到的情况相一致。

表 2.1.8.12　Э-6 炸药的爆速与其厚度和药包尺寸的关系[90]

No	δ_0 /mm	$L \times B$ /（mm×mm）	v_d /（m·s⁻¹）			平均 v_d /（m·s⁻¹）
1	4	200×100	—			—
2	6	200×100	1580	1600	1620	1600±20
3	10	300×150	1750	1800	1810	1780±30
4	12	300×150	1850	1900	1910	1880±30
5	15	300×150	1890	1920	1950	1920±30
6	20	400×200	1970	2010	2035	2000±35
7	30	400×200	2145	2150	2215	2180±35
8	40	500×300	2145	2155	2215	2180±35
9	50	500×300	2155	2180	2225	2190±35
10	80	1500×500	2100	2300		2200±100

表 2.1.8.13　阿玛尼特 6ЖВ 的爆速与药包尺寸的关系[91]

No	δ_0 = 5 mm		δ_0 = 10 mm		δ_0 = 20 mm	
	$L \times B$/（mm×mm）	v_d/（m·s⁻¹）	$L \times B$/（mm×mm）	v_d/（m·s⁻¹）	$L \times B$/（mm×mm）	v_d/（m·s⁻¹）
1	150×5	不爆轰	150×10	2650±20	200×20	3250±100
2	150×10	2130	—	—	200×60	3520±110
3	150×15	2400±10	150×30	3320±50	200×60	3520±110
4	150×25	2520±10	150×50	3360±60	300×100	3910±50
5	150×35	2590±20	—	—	500×140	4060±70

表 2.1.8.14　阿玛尼特 6ЖВ 的爆速与药包垫层钢板厚度的关系[91]

No	垫层厚度 δ_1 /mm	δ_0 /mm	$L \times B$ /（mm×mm）	v_d /（m·s⁻¹）						平均，v_d /（m·s⁻¹）
1	1	5	150×35	2120	2310	2140	2130	—	—	2170±80
2	1	10	150×45	2620	2510	2610	2570	2610	—	2580±40
3	1	10	150×50	2480	2580	2670	2610	2650	2600	2620	2600±40
4	5	10	300×100	2940	3160	3480	3520	3520	2950	—	3220±220
5	5	15	300×100	3600	3720	3870	3880	3230	—	3600±220
6	5	20	300×100	4200	3690	3860	3960	—	—	3930±170
7	5	30	300×100	4420	4410	4060	3860	4340	—	4220±270
8	5	35	300×100	4460	4360	4410	4100	4130	4000	4240±180

续表2.1.8.14

No	垫层厚度 δ_1 /mm	δ_0 /mm	$L \times B$ /(mm×mm)	v_d /(m·s^{-1})						平均, v_d /(m·s^{-1})
9	5	40	300×100	4350	4000	3950	—	—	—	4100±180
10	5	40	600×280	4100	4380	—	—	—	—	4240±140
11	6	40	600×280	4630	4630	—	—	—	—	4630

表2.1.8.15　导特里什法测定的以钢板作垫层，2#炸药的爆速[49]

No	δ_0/mm	l/mm	i/mm	v_d/(m·s^{-1})
1	15	100	146	2220
2	25	100	136.5	2380
3	40	100	128	2540
4	60	100	116	2800
5	120	150	145	3360

注：$\rho_0 = 0.585$ g/cm^3，钢板厚 3 mm，底面尺寸为 200×400（mm×mm），8 号雷管引爆，$v_{d.导} = 6500$ m/s，l、i 见图2.1.8.1；$\delta_0 > 120$ mm 后，v_d 几乎恒定。

表2.1.8.16　用导特里什法测定的以胶合板为垫层，2#炸药的爆速[49]

No	δ_0/mm	l/mm	i/mm	v_d/(m·s^{-1})
1	35	150	300	1620
2	45	150	267	1830
3	55	150	232	2120
4	65	150	217	2240
5	75	150	190	2570
6	85	150	184	650
7	95	150	175	2780
8	105	150	165	2950
9	150	150	116	3040

注：$\rho_0 = 0.585$ g/cm^3，胶合板厚 3 mm，其余数据如表2.1.8.15所列；$v_d \approx (1000 + 196\delta_0)$ m/s；l、i 如图2.1.8.1所示。

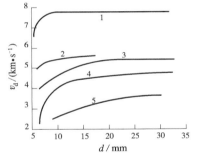

1—65RDX/35TNT，$\rho_0 = 1.71$ g/cm^3；2—RDX，$\rho_0 = 0.9$ g/cm^3；
3—60RDX/40TNT，$\rho_0 = 0.9$ g/cm^3；4—苦味酸，$\rho_0 = 0.9$ g/cm^3；
5—60RDX/40TNT，$\rho_0 = 0.5$ g/cm^3

图2.1.8.15　炸药的爆速与装药直径的关系[73]

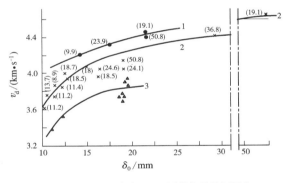

1—在钢板上；2—在有 3 mm 厚的橡胶的钢板上；
3—在 16 mm 厚的木板上；括号内的数据为覆板厚度（mm）

图2.1.8.16　垫托物和炸药厚度对爆速的影响[3]

（8）质量比 R_1 对爆速的影响。质量比 R_1 即单位面积上炸药的质量与覆板的质量之比值。其值对爆速也有影响，如图2.1.8.17所示。由图可见，随着质量比的增大，2#炸药的爆速也增大。在铜板和钢半圆柱爆炸焊接试验中，铜板上炸药的爆速可用式（2.1.8.4）表示，即

$$v_d = \delta_0/(0.284\delta_0 + 0.332) \times 10^3 \quad (\text{m/s})$$
$$(2.1.8.4)$$

或

$$v_d = R_1\delta_1/(0.284R\delta_1 + 0.332\delta_0/\rho_0) \times 10^3 \quad (\text{m/s})$$
$$(2.1.8.5)$$

式中，$R_1 = \delta_0\rho_0/\delta_1\rho_1$。

用半圆柱法和闪光 X 射线摄影法获得的 2#炸药的爆速与质量比的关系如表2.1.8.17至表2.1.8.18所列。

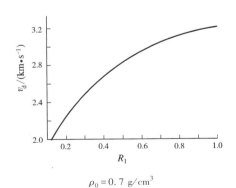

$\rho_0 = 0.7$ g/cm^3

图2.1.8.17　用导特里什法测得的爆速与质量比的关系[92]

表 2.1.8.17　铜-钢半圆柱试验中获得的爆速与质量比的关系[92]

δ_1/mm	1.8	1.8	1.8	4.0	4.0	4.0	7.0	7.0	7.0
$W_g/(g \cdot cm^{-2})$	1.2	2.2	3.2	1.5	2.5	3.5	2.0	4.0	6.0
R_1	0.75	1.37	2.00	0.42	0.70	0.98	0.32	0.64	0.96
$v_d/(m \cdot s^{-1})$	2020	2580	2870	2250	2670	2930	2540	3040	3210

表 2.1.8.18　铜-钢爆炸焊接试验中用闪光 X 射线摄影法获得的爆速与质量比的关系[92]

基板形式	半　圆　柱						平　板			无	
δ_1/mm	4.0	4.0	1.8	7.0	7.0	7.0	7.0	7.0	7.0	4.0	7.0
$W_g/(g \cdot cm^{-2})$	1.5	2.5	2.2	3.1	1.8	3.1	2.7	1.7	2.7	2.5	1.8
R_1	0.42	0.70	1.37	0.5	0.285	0.5	0.42	0.273	0.43	0.70	0.285
$v_d/(m \cdot s^{-1})$	2376	2737	2642	2815	2470	2766	2704	2516	2704	2717	2470

（9）炸药中的含水量对爆速的影响。炸药中的含水量对爆速影响的资料可见表 2.1.8.19 和表 2.1.8.20。由表中数据可见，对于单质炸药（如泰安和黑索金）来说，随着含水量的增加爆速增加。对于混合炸药（如铵梯炸药）则随着含水量的增加爆速降低，并且含水量增加到一定程度后炸药拒爆。水分在炸药中起双重作用：如果促使炸药的密度增加，则爆速增加；如果促使炸药钝化，则爆速降低。关于这一现象产生的原因还不太清楚。一般认为加入水后，水占据了空隙，而水的可压缩性比空气小得多，因而能量传递过程中损失小，也就是比空气容易传播冲击能量，冲击压缩时压力比对空气隙要高。还有人认为加入水后提高了密度，增加了声速，从而使爆速提高。

表 2.1.8.19　含水量对两种炸药爆速的影响[75]

炸药	$\rho_0/(g \cdot cm^{-3})$	不同含水量下的爆速						
泰安	0.9	含水量/%	1	10	20	40	60	—
		爆速/(m·s⁻¹)	5353	5770	6250	7140	7500	—
黑索金	0.9	含水量/%	0	10	15	20	22	24
		爆速/(m·s⁻¹)	6000	6320	6320	6600	6315	拒爆

表 2.1.8.20　湿度对炸药爆速的影响[86]

炸药	在不同湿度（%）下的爆速/(m·s⁻¹)									
	0.12	1.00	1.40	1.90	2.25	4.0	6.0	9.0	10.0	12.0
阿玛尼特 6ЖВ+NH_4NO_3	2300	2200	2050	局部爆轰	拒爆	拒爆	拒爆	拒爆	拒爆	拒爆
阿玛尼特 6ЖВ	2900	2900	2900	2900	2850	2750	2550	2000	局部爆轰	拒爆

（10）炸药组分的颗粒度对爆速的影响。炸药组元中的颗粒度对爆速的影响可见表 2.1.8.21 和图 2.1.8.18～图 2.1.8.20。由这些数据可见，炸药的爆速随组元颗粒的增大而降低。据研究，炸药的颗粒大小对单质炸药的爆速影响不大，而对混合炸药的爆速影响较大。通常，炸药的颗粒越细和混合得越均匀，其比表面积越大，爆炸化学反应速度越快，因而爆速越高。

对于"A"型的 B 炸药（RDX 的颗粒粒径一种为 100～200 μm，另一种为 500～700 μm），有

$$v_d = 7975.3 - 57.82 \left(\frac{1}{R_0} \right) \quad (m/s) \tag{2.1.8.6}$$

对于"B"型的 B 炸药（RDX 的颗粒粒径为 100～200 μm），有

$$v_d = 8009 - 76.82 \left(\frac{1}{R_0} \right) \quad (m/s) \tag{2.1.8.7}$$

式中：R_0 为装药半径。

表 2.1.8.21　TNT 和 Y 粉在不同颗粒度时的爆速[93]

颗　粒　度	TNT(目)	≤32		≤60		≤80		≤100	
	Y 粉/μm	30	100~200	30	100~200	30	100~200	30	100~200
$\rho_0/(\text{g·cm}^{-3})$		0.713	0.646	0.741	0.558	0.723	0.578	0.716	0.558
$v_d/(\text{m·s}^{-1})$	1	1857	1879	2289	2012	2610	2241	2372	2265
	2	1847	1895	2281	2044	2610	2196	2500	2257
	3	1906	1857	2313	2083	2569	2249	2559	2313
	平均	1870	1877	2294	2046	2596	2229	2477	2278

注：该混合炸药含 Y 粉10%，药包尺寸为 ϕ20 mm×400 mm，200 mm 范围内的平均爆速。

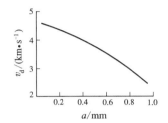

图 2.1.8.18　阿玛尼特 6ЖB 的爆速与其中 NH_4NO_3 粒度的关系[28]

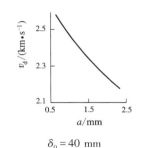

$\delta_0 = 40$ mm

图 2.1.8.19　阿玛尼特 6ЖB+NH_4NO_3(25/75)炸药的爆速与 NH_4NO_3 粒度的关系[94]

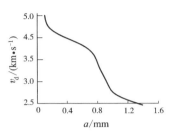

药包尺寸(mm)：12.5×200×300

图 2.1.8.20　TNT+NH_4NO_3(20/80)炸药(TNT 的 $a=2$~5 μm 时)的爆速与 NH_4NO_3 颗粒尺寸的关系[5]

若将 R_0 外推至无穷大，则得到极限爆速为

$$v_d(\text{A}) = 7975 \text{ m/s}$$
$$v_d(\text{B}) = 8009 \text{ m/s}$$

(11)掺和物对爆速的影响。炸药中的掺和物对其爆速的影响如表 2.1.8.22 所列和图 2.1.8.21 所示。由表中数据可见，掺和物的加入通常使爆速降低。然而，有时也可使爆速有所提高。如向雷汞中加入少量的石蜡后，其爆速就有所提高。再如向黑索金中加入含水的配合剂(由 100 mL 水、200 g NaNO₃、10 g 糖、5 g 土豆粉调和而成)，配成 80RDX/20 配合剂的炸药，当其 $\rho_0 = 1.67$ g/cm³ 时，v_d 为 8500 m/s，而同样密度的黑索金的 v_d 约为 8250 m/s。向 TNT 中加入适量的水也能提高其爆速。当 TNT 的 $\rho_0 = 1.64$ g/cm³ 时，$v_d = 6950$ m/s。但由 75%TNT+NaClO₄·H₂O 与 25%的水调和成的糊状炸药，当 $\rho_0 = 1.51$ g/cm³ 时，$v_d = 7600$ m/s。

有资料指出，当向黑索金炸药中加入 5%的石蜡后(即 8321 炸药)，其敏感度下降和爆速下降；添加 30%~60%食盐的 Nitrpenta 混合炸药的爆速为(4500~2000) m/s。爆速还与板材或管材有关。

图 2.1.8.22 为铵油炸药与其中柴油含量的关系。由图可见，在柴油含量为 6%时，该炸药的爆速达到最大值。随着柴油含量的增加，爆速降低。当浓度达到 15%时，柴油出现饱和。在浓度为 20%时炸药拒爆。

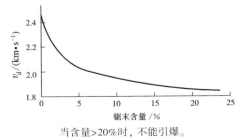

当含量>20%时，不能引爆。

图 2.1.8.21　锯末含量对 TNT 爆速的影响[73]

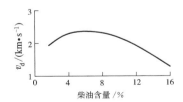

图 2.1.8.22　38 mm 厚的铵油炸药的爆速与柴油含量的关系[89]

文献[1106]指出，为克服爆炸焊接用炸药中食盐添加剂吸湿性强和对环境影响大的缺点，研制出了以 SBM-1 型添加剂代替食盐的新型粉状乳化炸药。在这种炸药中通过调节该添加剂的含量来控制炸药的爆

炸性能。实践证明，乳化炸药中加入 45% 的 SBM-1 型添加剂后能满足复合板材爆炸焊接的要求。而且这种炸药的流散性好，易于布药，炸药爆炸后所残留的惰性物质对周围环境的影响小且成本低，因而具有较好的推广应用前景。

SBM-1 型添加剂含量对炸药爆炸性能的影响如表 2.1.8.22 和表 2.1.8.23 所列，不同添加剂含量和药厚对爆速的影响如表 2.1.8.24 所列。

表 2.1.8.22　SBM-1 含量对炸药爆炸性能的影响

SBM-1(添加剂)含量/%	0	30	40	50	60
爆速/(m·s⁻¹)	3367	2886	2512	2018	1804
猛度/mm	12.31	11.23	9.62	8.16	7.26

表 2.1.8.23　添加剂含量在下述范围内的爆炸性能

SBM-1(添加剂)含量/%	42	45	48
爆速/(m·s⁻¹)	2347	2218	2103
猛度/mm	9.23	8.58	8.21

文献[1107]报道，为满足金属爆炸焊接的需求，研制出了以粉状乳化炸药为主体，配以适量的稀释剂 A 的爆炸焊接专用炸药。通过改变稀释剂的含量，可以得到不同爆速的炸药。这种炸药性能良好，原料广泛、成本低廉、操作简单、流散性好和安全可靠。该炸药的爆炸性能如表 2.1.8.25 所列。

选择三种不同单位面积的药量对不锈钢-钢复合板进行了爆炸焊接试验。结果表明效果良好，从而为爆炸焊接提供了又一种炸药能源。

(12)初始温度对爆速的影响。在临界直径以上，初始温度对液态炸药的爆速有一定的影响。如硝化甘油在 -5~33℃ 之内，其爆速与温度的关系为：

$$v_d = 6.3521 - 0.004235t - (0.01541 - 0.0003105t)\frac{1}{d} \quad (km/s) \quad (2.1.8.8)$$

式中，t 为摄氏温度(℃)，d 为装药直径(cm)。

(13)起爆能量对爆速的影响。起爆能量的强烈程度可以使某些炸药以两种很不相同的爆速稳定传播，这一般称为"高、低爆速"现象。这种现象在早期研究硝化甘油的爆轰时就已经发现了，见表 2.1.8.26。上述现象的一种解释是高爆速相当于爆轰的高速化学反应已在反应区内全部完成，所放出的能量全部都用来支持爆轰波的传播。而低爆速则是由于在反应区中化学反应未充分完成，只有一部分能量用来支持爆轰波的传播，而有相当一部分能量是在爆轰波的 C-J 界面后的"后燃"阶段放出的，它们对爆轰波的传播没有发挥作用。

表 2.1.8.24　在不同添加剂含量和药厚的情况下炸药的爆速

/m·s⁻¹

含量/%　药厚/mm	15	20	25	30	35	40	45
35	—	1800	2700	2700	2700	2750	2750
40	—	1800	2400	2400	2450	2500	2500
45	—	1800	2200	2200	2200	2200	2200
50	—	—	2000	2000	2100	2000	2100

注：1. 当添加剂的含量为 45% 时，炸药为临界厚度为 15 mm；2. SBM-1 型添加剂的主要成分为 Ca、C、O。

表 2.1.8.25　不同稀释剂 A 含量的乳化炸药的爆炸性能

稀释剂 A 含量/%	0	10	20	30	40	50
堆积密度/(g·cm⁻³)	0.68	0.81	0.93	1.01	1.18	1.30
爆速/(m·s⁻¹)	3276	2843	2567	2341	2156	2023
殉爆距离/cm	5	5	5	4	4	4
猛度/mm	13.11	11.46	10.72	10.52	9.03	8.24

注：1. 稀释剂中主要成分的比例为 Ca∶C∶O=10∶3∶12；2. 爆炸焊接专用炸药中粉状乳化炸药占 50%~60%，稀释剂占 50%~40%，其爆速在 1800 至 2500 m/s 范围内。

表 2.1.8.26　起爆能量对两种炸药爆速的影响[75]

炸药	ρ_0/(g·cm⁻³)	d/mm	起爆条件	v_d/(m·s⁻¹)
TNT	1.0	21	弱起爆	1120
			强起爆	3600
LFB	1.45	25	8# 雷管起爆	2535
			8# 雷管+2 g 泰安	5890

注：LFB 即基那米特——35% 硝化甘油+1.5% 硝化棉+4% 硝基甲苯+58% NH₄NO₃+1.5% 固体燃料。

(14)附加药包对炸药爆速的影响。爆炸焊接工艺安装时，通常在起爆位置设置一个高爆速的药包。这种引爆装置和引爆方法除了能使主体炸药更快地达到稳定爆轰外，还可以在不同程度上提高主体炸药的爆速(见 2.1.9 节)。

(15)气温对铵油炸药爆速的影响。文献[1108]对由 35 号轻柴油配制的粉状铵油炸药在不同温度下的爆速进行了测量，30 mm 厚的该炸药在低于 -7℃ 和高于 -2℃ 的两个温度区段内爆速值较为稳定，分别为

2700 m/s 和 3050 m/s。而在 −7~−2℃ 的温度区间内，爆速值发生了较大的变化，如图 2.1.8.23 所示。这种影响在我国北方冬天的爆炸焊接作业中需要认真考虑。

炸药爆速的高低是炸药能量大小的表征，也是金属爆炸焊接的必要条件之一。因此，不仅要选择好适用品种的炸药，而且应当选择好这种炸药适用的爆速值。然而炸药爆速的影响因素是很多的，必须综合考虑，在满足能量的要求下，尽量减少影响爆速大小的因素，特别是在工艺安装和布药操作的时候，应尽量做到药厚均匀和密度一致，以求获得预定的爆速值。爆炸焊接工艺中的这道工序并不那么简单，然而又十分重要，必须千方百计地做好这道工序。

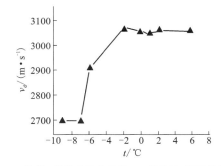

炸药：粉状多孔粒硝铵+35 号柴油，用导特里什法测爆速时的药包尺寸：30 mm×300 mm×800 mm

图 2.1.8.23　不同温度下铵油炸药的爆速

2.1.9　几种混合炸药爆速的探针法测定和结果分析[①]

炸药的爆速是金属爆炸焊接的一个重要工艺参数。炸药爆速的选择和控制是获得良好结果的一个重要前提。

实践表明，爆炸焊接工艺对炸药和爆炸各有一个基本的要求，那就是在能量足够的条件下，第一，必须使用低速炸药；第二，炸药的爆炸过程能够以最快的速度达到稳定状态。对于前一个要求，只要选用混合炸药即可。而对于后一个要求，缺乏试验资料。为此，特别进行了本节所叙述的几种混合炸药爆速的探针法测定。

1. 测量装置

过去常用导爆索法、即导特里什法来测量炸药的爆速。这种方法比较简便，也较准确。但它不能同时连续地多次测量同一药包内不同位置的爆速，因而不能全面地反映和记录同一药包内爆轰的全过程。而要做到这一点，只有借助于探针法和高速摄影法。这里用探针法。

本次试验使用 BSS-2 型 10 段计时仪，其性能和使用方法在此省略。

探针法测量炸药爆速的工艺安装如图 2.1.9.1 和图 2.1.9.2 所示，炸药厚度分别为 20 mm、30 mm、40 mm、50 mm 和 60 mm。所试炸药的组成和部分工艺条件如表 2.1.9.1 所列。

2. 测量结果

使用 BSS-2 型爆速仪对表 2.1.9.1 中 14 种炸药的爆速，进行了如表 2.1.9.1 和图 2.1.9.1 及图 2.1.9.2 所示工艺条件下的探针法测量，获得了大量数据。在对这

表 2.1.9.1　用于测爆速的几种混合炸药的组成和部分工艺条件

图　号	炸药代号	炸药组成含量/%	药筐底面尺寸/(mm×mm)	探针数量/对	备　注
2.1.9.4	1	20TNT+80Ba(NO₃)₂	150×600	10	—
			100×350	6	
2.1.9.5	2	30TNT+70Ba(NO₃)₂	150×600	10	—
			100×350	6	
2.1.9.6	3	40TNT+60Ba(NO₃)₂	150×600	10	—
			100×350	6	
2.1.9.7	4	65 硝铵+35Ba(NO₃)₂	150×600	10	存放 7 天
			100×350	6	存放 6 天
2.1.9.8	5	80 硝铵+20Ba(NO₃)₂	150×600	10	存放 6 天
			100×350	6	
2.1.9.9	6	90 硝铵+10Ba(NO₃)₂	150×600	10	存放 5 天
			100×350	6	存放 4 天
2.1.9.10	7	100 硝铵	150×600	10	—
			100×350	6	
2.1.9.11	8	65 硝铵+35 红丹粉	150×600	10	—
			100×350	6	
2.1.9.12	9	75 硝铵+25 红丹粉	150×600	10	用铜壳雷管引爆
			100×350	6	
2.1.9.13	10	85 硝铵+15 红丹粉	150×600	10	用铜壳雷管引爆
			100×350	6	
2.1.9.14	11	84 NH₄NO₃+12 柴油+4 锯末	150×600	10	加 150 g RDX 引爆
			100×350	6	
2.1.9.15	12	88 NH₄NO₃+8 柴油+4 锯末	150×600	10	加 50 g RDX 引爆
			100×350	6	
2.1.9.16	13	88 NH₄NO₃+12 柴油	150×600	10	加 50 g RDX 引爆
			100×350	6	
2.1.9.17	14	92 NH₄NO₃+8 柴油	150×600	10	加 50 g RDX 引爆，存放 36 小时
			100×350	6	

注：① 垫板均为 2~3 mm 玻璃板；② 除注明者外，均用纸壳雷管，炸药一般存放 24 h 和不加引爆药。

---

① 本节内容根据裴大荣、朱缠娥、郭悦霞和本书作者在 20 世纪 80 年代初所做试验的数据另行整理而成。

些数据进行处理之后，绘制了如图 2.1.9.4 至图 2.1.9.17 所示的爆速与爆轰距离关系的曲线。其中，图 2.1.9.3 为多种条件下所测得的爆速数据和根据这些数据画出的详细关系曲线图。为简洁图面其余各图仅画出曲线。

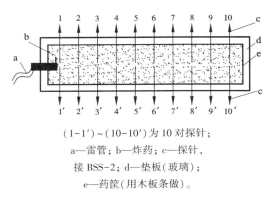

（1-1'）~（10-10'）为 10 对探针；
a—雷管；b—炸药；c—探针，
接 BSS-2；d—垫板（玻璃）；
e—药筐（用木板条做）。

图 2.1.9.1　药筐底面积为 150 mm×
600 mm 时爆速测量工艺布置示意图

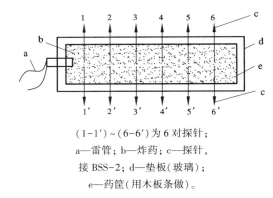

（1-1'）~（6-6'）为 6 对探针；
a—雷管；b—炸药；c—探针，
接 BSS-2；d—垫板（玻璃）；
e—药筐（用木板条做）。

图 2.1.9.2　药筐底面积为 100 mm×
350 mm 时爆速测量工艺布置示意图

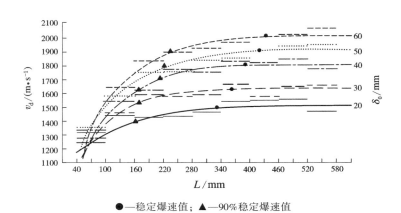

●—稳定爆速值；▲—90%稳定爆速值

图 2.1.9.3　爆速沿爆轰距离分布曲线的绘制方法

图 2.1.9.4　1 号［20TNT+80Ba(NO$_3$)$_2$]炸药的 v_d、δ_0 和 L 关系曲线

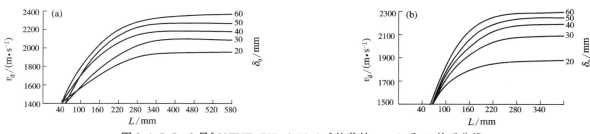

图 2.1.5.5　2 号［30TNT+70Ba(NO$_3$)$_2$]炸药的 v_d、δ_0 和 L 关系曲线

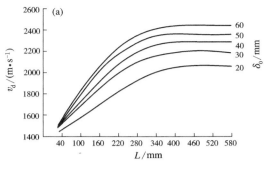
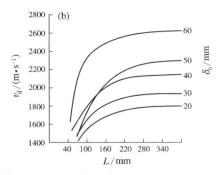

图 2.1.9.6 3 号［40TNT+60Ba（NO₃）₂］炸药的 v_d、δ_0 和 L 关系曲线

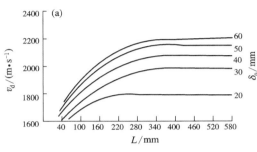
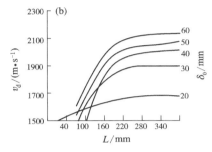

图 2.1.9.7 4 号［65 硝铵+35Ba（NO₃）₂］炸药的 v_d、δ_0 和 L 关系曲线

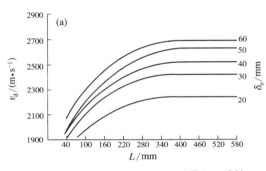
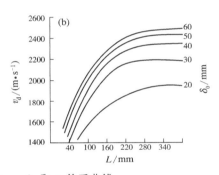

图 2.1.9.8 5 号［80 硝铵+20Ba（NO₃）₂］炸药的 v_d、δ_0 和 L 关系曲线

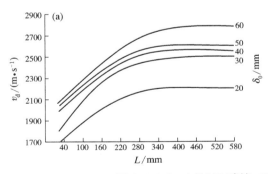
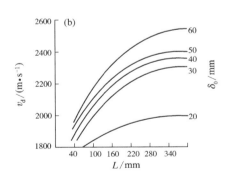

图 2.1.9.9 6 号［90 硝铵+10Ba（NO₃）₂］炸药的 v_d、δ_0 和 L 关系曲线

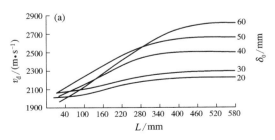
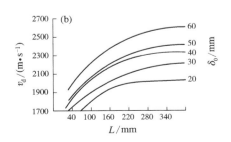

图 2.1.9.10 7 号（100 硝铵）炸药的 v_d、δ_0 和 L 关系曲线

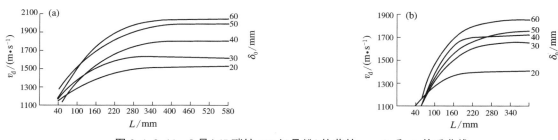

图 2.1.9.11　8 号（65 硝铵+35 红丹粉）炸药的 v_d、δ_0 和 L 关系曲线

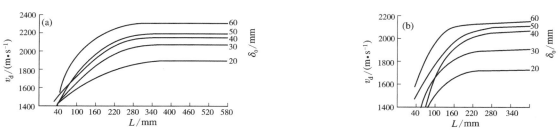

图 2.1.9.12　9 号（75 硝铵+25 红丹粉）炸药的 v_d、δ_0 和 L 关系曲线

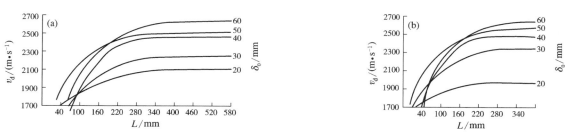

图 2.1.9.13　10 号（85 硝铵+15 红丹粉）炸药的 v_d、δ_0 和 L 关系曲线

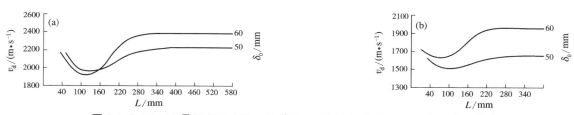

图 2.1.9.14　11 号（84NH$_4$NO$_3$+12 柴油+4 锯末）炸药的 v_d、δ_0 和 L 关系曲线

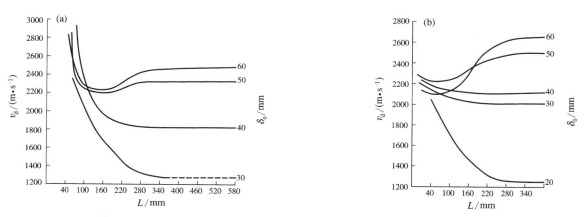

图 2.1.9.15　12 号（88NH$_4$NO$_3$+8 柴油+4 锯末）炸药的 v_d、δ_0 和 L 关系曲线

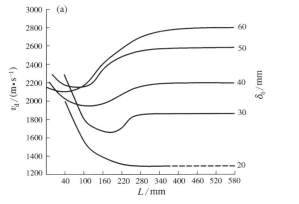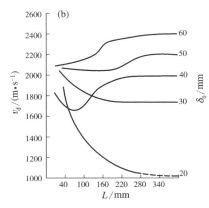

图 2.1.9.16　13 号（88NH$_4$NO$_3$+12 柴油）炸药的 v_d、δ_0 和 L 关系曲线

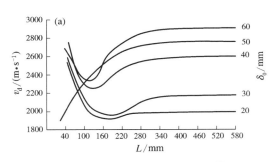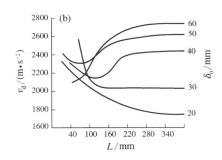

图 2.1.9.17　14 号（92NH$_4$NO$_3$+8 柴油）炸药的 v_d、δ_0 和 L 关系曲线

3. 测量结果分析

根据图 2.1.9.4～图 2.1.9.17 的爆速分布曲线和图 2.1.9.3 所示的方法，作出的稳定爆速值、90%稳定爆速值及其加速区长度的数据统计列入表 2.1.9.2 和表 2.1.9.3 中。

（1）统计结果和有关规律。由上述若干种不同组成和不同条件下炸药爆速的测量结果和对图 2.1.9.4～图 2.1.9.17 所示爆速与距离的关系的分析，以及表 2.1.9.2 和表 2.1.9.3 的数据统计，可以发现如下的一些规律。

① 图 2.1.9.4～图 2.1.9.17 中的曲线都形象地描述和记录了爆速沿爆轰距离的分布，即在药包长度范围内炸药爆轰的全过程。这一点是导爆索法所无法做到的。

② 由这些图均可见，炸药在被雷管引爆后，其爆轰速度并不马上达到最大值，而是在经过一段加速距离后才达到最大值。由于炸药的组成和工艺条件的不同，每种炸药的加速区的长度也不同。

表 2.1.9.2　不同炸药在不同条件下的稳定爆速值和加速区长度统计

炸药代号	药厚/mm	药筐尺寸为 150 mm×600 mm 时					药筐尺寸为 100 mm×350 mm 时				
		图号	稳定爆速		90%稳定爆速		图号	稳定爆速		90%稳定爆速	
			爆速值/(m·s^{-1})	加速区长度/mm	爆速值/(m·s^{-1})	加速区长度/mm		爆速值/(m·s^{-1})	加速区长度/mm	爆速值/(m·s^{-1})	加速区长度/mm
1	20	2.1.9.4 (a)	1500	325	1425	160	2.1.9.4 (b)	1320	310	1254	160
	30		1620	355	1539	172		1530	325	1454	172
	40		1815	385	1724	205		1590	340	1511	148
	50		1870	415	1777	220		1670	未稳定	1587	193
	60		2000	445	1990	241		1800	未稳定	1710	190
2	20	2.1.9.5 (a)	1930	385	1834	205	2.1.9.5 (b)	1860	265	1770	133
	30		2100	415	1995	241		2080	280	1976	175
	40		2200	430	2090	220		2180	295	2071	172
	50		2270	445	2157	223		2280	295	2166	181
	60		2350	460	2233	232		2240	295	2128	181

续表2.1.9.2

炸药代号	药厚/mm	药筐尺寸为150 mm×600 mm时					药筐尺寸为100 mm×350 mm时				
		图 号	稳定爆速		90%稳定爆速		图 号	稳定爆速		90%稳定爆速	
			爆速值/(m·s⁻¹)	加速区长度/mm	爆速值/(m·s⁻¹)	加速区长度/mm		爆速值/(m·s⁻¹)	加速区长度/mm	爆速值/(m·s⁻¹)	加速区长度/mm
3	20	2.1.9.6 (a)	2050	445	1948	295	2.1.9.6 (b)	1800	280	1710	157
	30		2200	445	2090	265		1940	295	1840	172
	40		2300	445	2185	262		2600	280	2470	136
	50		2370	460	2252	235		2140	310	2040	184
	60		2440	475	2318	253		2270	345	2157	217
4	20	2.1.9.7 (a)	1800	325	1710	127	2.1.9.7 (b)	1650	220	1568	58
	30		2000	340	1900	193		1900	265	1850	187
	40		2050	340	1948	172		2000	280	1900	178
	50		2150	340	2043	175		2050	295	1948	175
	60		2200	340	2090	184		2130	280	2022	172
5	20	2.1.9.8 (a)	2210	310	2100	175	2.1.9.8 (b)	1990	310	1891	211
	30		2400	340	2280	172		2200	295	2090	172
	40		2500	385	2375	214		2380	295	2250	169
	50		2600	385	2470	214		2500	310	2375	186
	60		2670	400	2550	211		2520	325	2394	190
6	20	2.1.9.9 (a)	2200	370	2090	220	2.1.9.9 (b)	1990	265	1890	139
	30		2500	370	2375	205		2300	280	2185	175
	40		2250	370	2423	175		2360	280	2242	175
	50		2600	385	2470	196		2400	280	2280	163
	60		2750	315	2613	250		2540	295	2420	172
7	20	2.1.9.10 (a)	2250	355	2138	196	2.1.9.10 (b)	2000	280	1900	145
	30		2300	385	2185	205		2180	295	2070	151
	40		2500	415	2375	235		2300	280	2185	151
	50		2660	445	2547	280		2400	310	2280	175
	60		2820	505	2679	337		2600	310	2470	163
8	20	2.1.9.11 (a)	1500	340	1425	199	2.1.9.11 (b)	1420	280	1349	130
	30		1600	355	1520	190		1660	295	1577	178
	40		1700	370	1610	190		1730	310	1640	169
	50		1950	400	1853	232		1750	未稳定	1660	217
	60		1980	355	1791	190		1880	未稳定	1876	217
9	20	2.1.9.12 (a)	1880	340	1780	217	2.1.9.12 (b)	1730	250	1644	148
	30		2060	340	1977	220		1910	310	1810	151
	40		2170	355	2062	220		2080	325	1976	190
	50		2200	340	2090	208		2130	340	2020	172
	60		2300	325	2185	178		2180	未稳定	2070	142
10	20	2.1.9.13 (a)	2100	370	1995	205	2.1.9.13 (b)	1770	250	1682	115
	30		2230	385	2120	196		2130	280	2020	127
	40		2450	385	2320	199		2290	310	2180	160
	50		2500	385	2375	184		2370	340	2246	154
	60		2630	400	2500	253		2460	未稳定	2337	202

表 2.1.9.3　不同炸药在不同条件下的稳定爆速值和加速区长度统计

炸药代号	药厚/mm	药筐尺寸为 150 mm×600 mm 时			药筐尺寸为 100 mm×350 mm 时		
		图　号	稳定爆速值/(m·s⁻¹)	加速区长度/mm	图　号	稳定爆速值/(m·s⁻¹)	加速区长度/mm
11	20	2.1.9.14 (a)	拒爆	—	2.1.9.14 (b)	不传爆	—
	30		下降至 1280	340		不传爆	—
	40		下降至 1840	370		不传爆	—
	50		2350	250		1650	295
	60		2550	400		1950	280
12	20	2.1.9.15 (a)	未测到	—	2.1.9.15 (b)	下降至 1260	265
	30		未测到	—		下降至 2010	190
	40		2200	370		下降至 2120	145
	50		2350	355		2470	250
	60		未测到	—		2630	310
13	20	2.1.9.16 (a)	下降至 1300	250	2.1.9.16 (b)	下降至 1050	235
	30		1850	325		1750	220
	40		2200	355		2000	280
	50		2580	355		2200	280
	60		2800	400		2400	295
14	20	2.1.9.17 (a)	2000	280	2.1.9.17 (b)	一直下降	未稳定
	30		2120	340		下降至 1990	160
	40		2600	370		2390	295
	50		2750	340		2590	325
	60		2900	355		2700	340

③ 在药包尺寸为 150 mm×600 mm 时，不论药厚多少，在药包长度内，其爆速均能达到稳定。而在药包尺寸为 100 mm×350 mm 时，有的爆速还未达到稳定。由上述图表中的数据可见，这些混合炸药在 300 mm 左右甚至更大的长度内才能达到稳定爆轰。

④ 对于每一种炸药来说，不论药包大小如何，稳定的爆速值都随药厚的增加而增加。

⑤ 就加速区的长度而言，它亦随着药厚的增加而增长，并且药包尺寸为 150 mm×600 mm 的加速区长度大于 100 mm×350 mm 的加速区长度。由此可见，小的药厚和小的药筐尺寸的药包爆炸时能更快地达到稳定爆轰。

⑥ 药筐的尺寸影响稳定爆速值。在③所述两种尺寸的情况下，当药厚相同时，大尺寸的稳定爆速值高于小尺寸的稳定爆速值。

⑦ 对于 TNT 和 $Ba(NO_3)_2$ 的混合炸药来说，随着 TNT 含量的增加，或者 $Ba(NO_3)_2$ 含量的降低，在这两种药筐尺寸的情况下，相同药厚的药包的稳定爆速值均增加，加速区长度亦增加。

⑧ 对于硝铵和 $Ba(NO_3)_2$ 的混合炸药来说，随着硝铵含量的增加，或者 $Ba(NO_3)_2$ 含量的减少，在此两种药筐尺寸的情况下，相同药厚的药包的稳定爆速值均增加，加速区长度亦增加。到含 100% 硝铵时，这两种趋势增加到最高值和最大值。

⑨ 对于硝铵和红丹粉的混合炸药来说，随着硝铵含量的增加，或者红丹粉含量的减少，在这两种药筐尺寸的情况下，相同药厚的药包的稳定爆速值均增加，加速区长度亦增加。到含 100% 硝铵时，这两种趋势达到最高值和最大值。

⑩ 对于 NH_4NO_3 和柴油的混合炸药而言，随着 NH_4NO_3 含量的增加，或者柴油含量的减少，在这两种药筐尺寸的情况下，相同药厚的药包的稳定爆速值均增加，加速区长度亦增大。这种铵油炸药的引爆需要借助于高爆速炸药。

⑪ 对于 NH_4NO_3、柴油和锯末相混合的混合炸药来说，其被引爆的能力很低，即使借助于高爆速炸药，在药厚较小时也拒爆或不传爆。其爆速的数据，虽有上述类似的规律，但不完整和不甚规则，故仅作参考。

⑫ 对于铵油炸药来说，高爆速的附加药包能量的作用，不仅能缩短加速区的距离，而且能改变加速区

内的能量状态，还能提高主体炸药的爆速。这对于缩小和消除雷管区，减少主体炸药的用量，从而提高复合板的结合面积率和焊接质量是非常有利的。这一爆炸现象和原理在爆炸焊接工艺中已获得很好的应用。

⑬ 通过对 95%、90%、85%、80%……含量的稳定爆速值及其加速区大小的分析和比较，可以观察到对应条件下加速区中爆速曲线的斜率，也就是爆速的增加速度。由这些图中的曲线可知，同一图中随着药厚的增加，加速区内爆速曲线的斜率逐渐趋于接近，即爆速的增长速度趋于接近。

（2）试验结论。由上述试验结果能够得出如下一些结论：

① 和任何事物的发展规律一样，炸药的爆轰不管其过程多么短暂，也有一个发生、发展、持续和消亡的过程。这可以从本节大量的爆速沿爆轰距离的分布曲线中一目了然。这种变化的规律在用探针法进行爆速测量之后，才有一个更为深刻的感性和理性认识。

② 数据表明，炸药爆轰的加速区长度和稳定的爆速值，受炸药组成和各种工艺条件的影响，并有其一定的规律。认识和掌握这些规律，并将其应用于爆炸焊接实践之中是很有意义的一项工作任务。

③ 上述试验中所配制的几种混合炸药究竟能否用于实践，这是应当由实践结果来检验的课题。初步试验表明，在大面积复合板的爆炸焊接中，采用铵盐（2#硝铵+食盐）和铵油（硝酸铵+柴油）炸药能获得较好的效果，故常用这两种炸药。

④ 试验中的爆速数据是根据某一爆轰距离上的爆轰时间计算出来的。由于爆轰距离和爆轰时间的测量都有一定的误差，这就给爆速的计算结果带来一定的误差。例如，两对探针间的距离名义上为 60 mm，但安装和测量中往往有 ±0.5 mm 的误差。其爆速的计算误差如表 2.1.9.4 所列。由时间测量上的误差，也可以计算出爆速的误差。

表 2.1.9.4　爆速的误差分析

爆轰距离 /mm		爆轰时间 /μs	计算的爆速 /(m·s⁻¹)	误差 /(m·s⁻¹)
名义上的	60.0	23.3	2575	0
测量的（上限）	60.5	23.3	2597	+22
测量的（下限）	59.5	23.3	2554	−21

另外，爆速分布曲线的描绘有一定的随意性，这也给稳定爆速值和加速区大小的测量带来一定的误差。但是，这些误差仅在一定的小范围内波动，它的存在只在小的程度上影响计算的数据。这一结果是允许的和可以接受的。

关于这个问题有一个深刻的教训：某单位在用探针法测量爆速时，设计的探针间距为 50 mm，安装时的间距的误差却大得吓人：最大时估计有 60 mm，最小时估计有 40 mm。另外，安装探针的材料太软，整个盒子弯弯曲曲和歪歪扭扭。再者，炸药的厚度也很不均匀。结果计算出来的每一小段的爆速值相差很大。这样的数据是不能算数的。对此类似事情，一定要以科学态度来严格要求。本节的试验装置可供参考。

⑤ 本节图例中所提供的曲线可以清楚地反映出炸药爆炸的发生、发展和持续阶段，其消亡阶段将在 2.4 章中讨论。前后结合，炸药的爆轰过程就全面了。这一研究揭示了爆炸物理学中未见讨论和阐述的爆轰过程的原理及规律，当然其中的许多试验还有待继续进行。

应当指出，本节和 2.4 章中所讨论的炸药爆炸的发生、发展、持续和消亡的四个阶段，可以看为炸药爆轰的宏观过程。它还有一个微观过程，这就是爆轰波的微观波动性，即炸药在爆炸和爆轰的过程中在微观上是波动地进行的。并且其波形在上述四个宏观阶段中相应地发生、逐渐增大、大小持续不变和消失。由于炸药爆炸和爆轰的上述宏观过程及微观过程的进行，就造成了爆炸复合材料的边界效应（见 2.4 章）和其中的表面波形、界面波形及底面波形（见 4.16 章）。

因此，在爆炸焊接这门边缘学科中，炸药爆炸和爆轰的上述两个过程，应当成为主要的研究课题之一。

文献［1109］研究了不定常爆轰区的大小及其影响。指出这个大小不仅与炸药本身的性能有关，还与起爆能量和装药结构有关。大厚板爆炸焊接时，2#炸药的不定常爆轰区的长度约为 10 倍装药厚度。从起爆点到 5 倍装药厚度，不定常爆轰区对飞板速度和弯曲角影响较大。5~10 倍装药厚度的影响减弱。10 倍装药厚度以后的影响逐渐消失。

文献［1110］研究了 3 mm 厚的钛板和钢板的爆炸焊接。当采用不同单位面积药量的低爆速炸药时，从起爆端开始沿爆轰方向对结合界面的波形、熔化和力学性能进行了研究，确定了不同药量时该复合板稳定爆轰的长度，为长度≥4 m 的钛-钢复合板的爆炸焊接工艺参数的制定提供了参考。复合板尺寸为（3+30）mm×2000 mm×6000 mm。

结论指出，双金属在爆炸焊接中存在稳定爆轰载荷区和不稳定爆轰载荷区。在该文所述尺寸的复合板的试验中，当采用平均爆速为 2150 m/s 的炸药时和药量为 30 kg/m² 和 35 kg/m² 时，不稳定爆轰载荷的长度范围是从起爆点开始到有缺陷部位的 1.5～1.7 m 处。除此以外的区域为爆轰载荷稳定区域。因此，如何控制该区域的大小将是提高爆炸质量的关键。

2.2　爆炸焊接的能量

爆炸焊接的能源是适用的炸药，炸药爆炸以后生成的能量不完全是用作爆炸焊接的能量。爆炸焊接的能量只是炸药爆炸以后给予金属间焊接的那部分能量，也就是爆轰波和爆炸产物的部分能量传递给覆板并被其吸收以后使覆板高速向基板运动时所具有的能量。

本章研究这种爆炸焊接能量的形成和大小，与此有关的工艺参数的选择、计算和试验；结合区压力和温度的计算及测量，以及爆炸焊接过程的能量平衡和边界效应的力学-能量原理。由此全面讨论爆炸焊接的能量问题。

2.2.1　爆炸焊接的静态参数

爆炸焊接静态参数是指在爆炸焊接工艺安装以后和炸药爆炸以前该系统在静止状态下的一些参数。如图 1.1.1.1 所示，这些参数有：炸药的品种、状态和数量，缓冲层的材质和厚度，金属材料的物理、力学和化学性能及其尺寸，覆层与基层之间的安装形式、基础的类型和性质，以及当时当地的气候和气象条件等。

然而，当炸药和金属材料确定且在它们安装起来之后，静态参数仅指炸药的数量（W_g 或 δ_0）以及覆板与基板之间的间隙距离 [h_0 或由 $h_1(\min)$ 和 $h_2(\max)$ 决定的 α 角] 等两个。一般来说，获知了这两个参数就可以预测爆炸焊接的结果。后面所讨论的爆炸焊接工艺参数的试验、计算和选择，就是为了获得合适的或最佳的这两个参数。

2.2.2　爆炸焊接的动态参数

爆炸焊接动态参数就是在炸药爆炸以后，在炸药-爆炸-金属系统内处于运动和变化状态下的一些参数。这些参数的大小决定爆炸焊接的结果。如图 1.1.1.1 所示，动态参数有如下一些：撞击角 β、弯折角 γ、炸药的爆速 v_d、爆炸产物的运动速度 $\frac{1}{4}v_d$、覆板的下落速度 v_p、撞击点 S 的移动速度即焊接速度 v_{cp} 和撞击点 S 之前气体的排出速度 v_a 等。

由图 1.1.1.1 不难发现这几个主要动态参数之间的几何关系：

角度法爆炸焊接时，有

$$v_{cp} = v_p/\sin\beta \tag{2.2.2.1}$$

$$v_p = 2v_d\sin\frac{\gamma}{2} \tag{2.2.2.2}$$

$$\alpha = \beta - \gamma \tag{2.2.2.3}$$

平行法爆炸焊接时，有

$$v_{cp} = v_d \tag{2.2.2.4}$$

$$v_p = v_d\sin\beta \tag{2.2.2.5}$$

$$\beta = \gamma \tag{2.2.2.6}$$

在此应当特别指出，动态参数 v_a 在国内外的文献中是没有的，是本书作者根据自己的研究成果提出来的（见 3.1.6 节）。因为这个参数的大小与炸药的爆速相当，并决定爆炸焊接的结果：当间隙中的气体在撞击点 S 之前及时和全部地排出时，结合区为波状；否则为熔化层状（见 2.2.13 节和 4.3.2 节）；当气体的排出状况处于中间状态时，结合区处于波形和熔化层交替出现的情况[95]，严重时将使覆板和基板全面不复合。既然如此，将 v_a 单独地作为一个动态参数看待是必要的。

静态参数一经确定，动态参数原则上也确定了。

下面将国内外在静态和动态参数试验中的一些结果介绍于后，供参考。

Э-6 炸药爆炸焊接时静、动态参数及其与结合强度的关系见表 2.2.2.1。

表 2.2.2.1　使用 Э-6 炸药爆炸焊接时，静、动态参数与结合强度的关系[90]

金属组合	材料尺寸 /(mm×mm×mm)	h_0 /mm	δ_0 /mm	v_d /(km·s⁻¹)	α /rad	β /rad	v_{cp} /(km·s⁻¹)	σ_τ /MPa	破断位置
M1-BOM	M1，1×90×160 BOM，5×100×300	1	8	1.70	0	0.23	1.70	235	M1
		1	10	1.78	0	0.27	1.78	255	M1
X18H10T-G3	X18H10T，5×100×300 G3，30×80×280	8	40	2.18	0	0.25	2.18	355	G3
		8	40	2.18	0.087	0.333	1.62	412	G3

揣莫奈特炸药和铵油炸药试验中动、静态参数的关系如表 2.2.2.2 和表 2.2.2.3 所列及图 2.2.2.1 所示。如果以 $\gamma=7°$ 为焊接的边界条件，那么如表 2.2.2.2 所列，使用揣莫奈特炸药时能够焊接的覆板的最大厚度约为 6 mm；而使用铵油炸药后，却能达到 16 mm 和 18 mm。

由图 2.2.2.1 可见，覆板的下落速度随炸药密度的增加而增大，并且含油量越小，这种速度增加得越快。

在另一些工艺参数下的动、静态参数如表 2.2.2.4 和表 2.2.2.5 所列。由表中数据的分析可以得出许多有意义的结论。

应用高速摄影技术对金属爆炸复合的过程进行研究，测定了许多动力学参数，归纳如表 2.2.2.6 和表 2.2.2.7 所列。由这些表中数据的分析也能得出一些很有意义的结论。此外，国内外另一些文献中的有关资料归纳如表 2.2.2.8～表 2.2.2.10 所列。

表 2.2.2.2　在铜-钢焊接中，用揣莫奈特炸药试验时的动、静态参数[96]

δ_1 /mm	v_p /(m·s⁻¹)	动能 E /(J·cm⁻²)	ρ_0 /(g·cm⁻³)	δ_0 /mm	v_d /(km·s⁻¹)	γ /(°)
2	422	150	0.66	11.1	2.67	9.1
2	731	450	1.37	23.0	3.46	12.2
4	298	150	0.42	14.1	2.95	5.8
4	517	450	0.85	28.6	3.65	8.1
6	243	150	0.33	16.7	3.15	4.4
6	422	450	0.66	33.3	3.75	6.5
8	211	150	0.28	18.8	3.26	3.8
8	365	450	0.54	36.3	3.81	5.5

表 2.2.2.3　在铜-钢焊接中，用铵油(12%柴油)炸药试验时动、静态参数[96]

δ_1 /mm	v_p /(m·s⁻¹)	动能 E /(J·cm⁻²)	ρ_0 /(g·cm⁻³)	δ_0 /mm	v_d /(km·s⁻¹)	γ /(°)
2	422	150	1.4	26.2	—	—
2	462	180	1.6	30.0	1.25	21.7
2	731	450	—	—	—	—
4	298	150	0.82	30.6	1.27	13.6
4	517	450	—	72.9	2.01	14.9
6	243	150	1.95	35.3	1.43	9.8
6	422	450	0.63	78.5	2.05	11.9
8	211	150	1.40	39.6	1.55	7.8
8	365	450	1.08	80.7	2.06	10.2
10	189	150	—	—	—	—
10	327	450	0.92	86.0	2.1	9.0
10	327	450	0.92	86.0	2.1	9.0
12	299	450	0.82	92.0	2.1	8.2
14	276	450	0.72	94.2	2.1	7.6
16	258	450	0.67	100.2	2.1	7.1
16	243	450	0.63	106.0	2.1	6.6

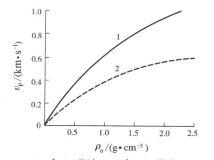

1—含 6%柴油；2—含 12%柴油

图 2.2.2.1　在铜-钢焊接中覆板速度与铵油炸药密度的关系[96]

表 2.2.2.4　使用揣莫奈特 1 号炸药爆炸焊接试验的动、静态参数[97]

δ_1 /mm	δ_0 /mm	v_d /(km·s⁻¹)	R_1	v_p /(m·s⁻¹)	动能 E /(J·cm⁻²)	γ /(°)
2	11.0	2.61	0.77	440	150	9.7
4	11.4	2.63	0.40	310	150	6.8
6	12.6	2.69	0.24	250	150	5.4
8	14.2	2.81	0.22	218	150	4.4
10	15.0	2.88	0.21	200	158	4.0
12	18.1	3.04	0.21	200	190	3.8
16	24.1	3.23	0.21	200	252	3.6
20	30.1	3.38	0.21	200	316	3.4
24	36.1	3.50	0.21	200	380	3.3
28	42.1	3.60	0.21	200	442	3.2

表 2.2.2.5　使用揣莫奈特 1 号炸药进一步做爆炸焊接试验的动、静态参数[97]

δ_1 /mm	δ_0 /mm	v_d /(km·s⁻¹)	R_1	v_p /(m·s⁻¹)	动能 E /(J·cm⁻²)	γ /(°)
10	28.5	3.37	0.4	310	380	5.3
	36.0	3.60	0.5	375	555	6.0
	43.0	3.61	0.6	418	685	6.6
	50.0	3.70	0.7	450	800	7.0
8	22.7	3.21	0.4	310	305	5.6
	28.8	3.37	0.5	375	445	6.4
	24.5	3.48	0.6	418	550	6.9
	40.0	3.58	0.7	450	640	7.2
6	17.5	3.03	0.4	310	227	5.9
	21.5	3.18	0.5	375	333	6.8
	25.8	3.29	0.6	418	410	7.3
	30.0	3.38	0.7	450	480	7.7

表 2.2.2.6　镍-钢复合板爆炸焊接试验的动、静态参数[98]

No		v_{cp} /(m·s⁻¹)	h_0 /μm	v_p /(m·s⁻¹)	γ /(°)	结合区特性			
						结合形式	λ /μm	A /μm	当量熔化层厚度 /μm
1	1	1650	45	215	7.4	直线和波形	112	10	<1
	2	2000	45	250	7.0	波形	103	11	<1
	3	2500	45	270	6.6	波形	236	39	1.6
	4	3600	45	410	6.5	波形	254	38	5.1
2	1	2000	85	310	8.7	波形	318	47	<1
	2	2500	85	337	8.2	波形	425	76	3.9
	3	3600	85	510	8.25	波形	590	96	9.8
3	1	1650	156	325	11.2	波形	520	52	<1
	2	2000	156	372	10.5	波形	567	88	<1
	3	2500	156	407	9.7	波形	671	121	6.0
	4	3600	156	625	9.95	波形	739	146	28.6
4	1	2000	250	420	11.8	波形	790	132	<1
	2	2500	250	462	11.8	波形	895	171	9.0
	3	3600	250	700	11.2	波形	965	162	24.0
5	1	1650	415	425	14.8	波形	1018	169	<1
	2	2000	415	460	13.0	波形	623	97	<1
	3	3600	415	775	12.5	波形	1333	284	59.2

表 2.2.2.7　钛-钢复合板爆炸焊接试验的动、静态参数[98]

No		v_{cp} /(m·s⁻¹)	h_0 /μm	v_p /(m·s⁻¹)	γ /(°)	结合区特性				δ /%
						结合形式	λ /μm	A /μm	当量熔化层厚度 /μm	
1	1	2000	45	330	9.9	波形	103	8	<1	32
	2	2500	45	400	9.7	波形	254	19	1.2	32
	3	3600	45	580	9.3	熔化层和波形	250	23	14.0	—

续表2.2.2.7

No		v_{cp} /(m·s⁻¹)	h_0 /μm	v_p /(m·s⁻¹)	γ /(°)	结合区特性				δ /%
						结合形式	λ /μm	A /μm	当量熔化层厚度 /μm	
2	1	2000	85	420	12.2	熔化层和波形	215	17	<1	34
	2	2500	85	460	11.0	熔化层和波形	482	47	3.0	29
	3	3600	85	710	11.3	熔化层和波形	468	59	11.6	28
3	1	2000	156	495	14.2	熔化层和波形	371	31	<1	31
	2	2500	156	520	12.1	熔化层和波形	768	89	3.1	29
	3	3600	156	845	13.4	熔化层和波形	868	122	9.2	—
4	1	2000	250	530	15.2	熔化层和波形	610	53	<1	32
	2	2500	250	565	13.0	熔化层和波形	1009	130	8.2	29
	3	3600	250	945	15.0	熔化层和波形	1228	189	18.5	—
5	1	2000	415	560	15.5	熔化层和波形	1013	96	<1	32
	2	2500	415	600	14.0	熔化层和波形	1300	167	3.6	27
	3	3600	415	1040	16.5	熔化层和波形	1360	230	21.8	23

表2.2.2.8 一些金属组合爆炸焊接的动、静态参数[99]

No	覆板, δ_1 /mm	基板, δ_2 /mm	v_{cp} /(m·s⁻¹)	γ /(°)	v_p /(m·s⁻¹)	界面波长, λ/mm		
						试验	计算*	计算
1	Cu(1)	Cu(1)	1950	19.0	645	0.55~0.65	0.75+	0.71
2	Cu(2)	Cu(1)	1950	12.0	410	0.25~0.30	0.31	0.56+
3	Cu(3)	St(15)	1950	9.0	305	0.30~0.40	0.40	0.48+
4	Al(3)	Al(3)	2230	19.3	285	1.60~1.65	1.63	2.19+
5	Al(6)	Al(3)	2230	12.2	480	0.95~1.10	0.92	1.76+
6	Al(9)	St(30)	2230	8.8	345	0.40~0.45	0.72	1.15+
7	Al(3)	Al(3)	2000	23.0	298	1.90~3.10	2.10	3.10
8	Al(5)	St(15)	2100	15.2	550	0.85~1.00	1.10	2.27+
9	Al(5)	St(5)	2100	10.4	380	0.55~0.65	0.71	1.07+
10	Ti(2)	St(15)	1950	21.0	700	1.00~1.05	0.83+	1.73+
11	Ti(2)	St(15)	1950	19.0	650	0.75~0.85	0.76	1.42+
12	Ti(2)	St(15)	1950	13.0	430	0.46~0.55	0.48	0.67+
13	Ti(2)	St(15)	1780	17.0	605	0.65~0.75	0.67	1.25+
14	Ti(2)	Al(10)	1950	15.2	460	1.00~1.10	1.07	0.91
15	Ti(2)	Cu(6)	1950	15.2	460	0.50~0.55	0.46	0.91+
16	黄铜(3)	黄铜(3)	2100	10.7	390	0.35~0.45	0.40	0.68+
17	Pb(2)	St(13)	1660	8.2	260	0.30~0.37	0.34	0.27
18	Pb(1)	Cu(3)	1230	7.5	159	0.26	0.28	0.11+

注：Al 为 AlCu 合金，St 为软钢；* 表示用 $\lambda = d \cdot 26\sin^2\gamma$ 计算获得的数据；材料中括号内的数据为其厚度，下表同；"+"表示有10%分散度的数据。

表 2.2.2.9　一些金属组合爆炸焊接过程中的动、静态参数[80]

No	覆层，δ_1 /mm	基层，δ_2 /mm	h_0 /mm	炸 药				β /(°)	
				品种	ρ_0 /(g·cm^{-3})	δ_0 /cm	v_d /(m·s^{-1})	实验值	计算值
1	紫铜(1)	Q235 钢（3）	15	2 号	0.585	2.1	2260	23.6	—
2								23.6	—
3			30					22.8	22.2
4								23.6	—
5			15					21.2	—
6								16.7	—
7	Q235 钢(3)	Q235 钢（10）	15	2 号	0.585	3.4	2430	14.6	14.2
8								11.3	—
9								10.2	—
10	B30 白铜(5)	Q235 钢（10）	15	2 号	0.585	4.7	2590	10.7	10.3
11			30					7.2	—
12			15					7.6	—
13	LY16(0.8)	Q235 钢（3）	15	2 号	0.585	2.1	2260	45.0	59.2
14	紫铜(1)-紫铜(1)-Q235(3)		15+15			2.1	2260	20.3/13.2	22.2/11.5
15	紫铜(1)	白铜(5)	15	RDX 80%	1.4	0.5	6500	13.5	13.0

表 2.2.2.10　一些金属组合爆炸焊接过程中的动、静态参数[3]

No	金 属 组 合	ρ /(g·cm^{-3})	体积声速，v_s /(m·s^{-1})	假设 σ_s /MPa	$v_{p,min}$/(m·s^{-1})		说 明
					估计值	测量值	
1	铝-铝	2.7	6400	35	41	—	—
2	6061-T651 铝合金 +6061-T651 铝合金	2.7	6400	76	319	270	$\delta_1 = 6.35$ mm
3	钢-钢	7.87	6000	200	85	90	射流极限值
						120	（低碳钢-不锈钢）
						~125	$\delta_1 \geqslant 25$ mm
						~165	$\delta_1 = 10$ mm
						130	$\delta_1 = 10$ mm(在真空中 焊接，没有氧化表面)
4	钛 115-钛 115	4.5	6100	250	182	220	
5	钼-钼	10.2	6400	400	123	—	—
6	铝-钛	2.7/4.5	6400/6100	35/250	236	—	—
7	铝-钢	2.7/7.87	6400/6000	35/200	158		
				35/470	372	~460	$\delta_1 = 3$ mm
8	钛-钢	4.5/7.87	6100/6000	250/200	144	~200	$\delta_1 = 3$ mm
9	镍-钢	8.9/7.87	5800/6000	150/200	81	~200	$\delta_1 = 3$ mm
10	铜-钢 （铜半硬）	8.96/7.87	4900	150	68	~200	$\delta_1 = 1.1$ mm
						130	
						240	

2.2.3　爆炸焊接过程中覆板的抛掷

覆板上均匀布放的炸药爆炸以后，爆轰波和爆炸产物便在其上高速地向前传播。与此同时，将一部分能量传递给覆板，使覆板在间隙之中以相当高的速度运动，最后与基板撞击和结合。

覆板的运动——抛掷，既是爆炸能量传递和转换的结果，又是金属间爆炸焊接的能量来源。其大小原则上决定爆炸复合材料的质量。因此，研究覆板的抛掷及其被抛掷的速度的大小(v_p)是爆炸焊接理论研究的重要课题。

当炸药(品种、密度、数量等)和覆板材料(包括缓冲层材料)一定时，覆板运动的规律就一定。研究这种运动规律的手段和装置有电阻线法、高速摄影法、X 射线闪光照相法和探针法等。下面介绍用相应方法获得的一些覆板抛掷速度的计算公式。

文献[2]提供了 v_p 的如下计算公式，即

$$v_p = \sqrt{2E} \left(\frac{3}{1+5R_1+4R_1} \right)^{1/2} \tag{2.2.3.1}$$

式中，E 为单位质量的炸药能量爆炸后转化为动能的一部分；R_1 为单位面积上炸药的质量和覆板的质量之比，即质量比。此为一维格尼方程。

$$v_p = \sqrt{2E} \left(\frac{5/3R_1}{1+5R_1+5/4R_1} \right)^{1/2} \tag{2.2.3.2}$$

$$v_p = 2\sqrt{2E_0} \cdot \sqrt{2} \left\{ 1+\frac{27}{16} R_1 \left[1-\left(1+\frac{32}{27} \cdot \frac{1}{R_1} \right)^{1/2} \right] \right\} \tag{2.2.3.3}$$

式中，E_0 为单位质量炸药的总能量。但当 $R_1 < 1$ 时，公式(2.2.3.3)是不满意的，可采用：

$$v_p = 1.2 v_d \frac{\left(1+\frac{32}{27} \cdot \frac{1}{R_1} \right)^{1/2} - 1}{\left(1+\frac{32}{27} \cdot \frac{1}{R_1} \right)^{1/2} + 1} \tag{2.2.3.4}$$

式(2.2.3.4)用于阿芒炸药和黑索金炸药，并为一维抛掷方程式。

根据气体动力学推导出方程式(2.2.3.5)，即

$$v_p = \frac{3}{4} v_d \left[(1+2R_1) \left(\frac{1/R_1+3}{1/R_1+6} \right) \right] \times \left\{ 1-\left[1+\frac{3/R_1(1/R_1+6)}{(1/R_1+3)^2} \right]^{1/2} \right\} \tag{2.2.3.5}$$

如果将式(2.2.3.1)和式(2.2.3.3)这两个流体动力学的和近似的经验公式结合起来，并把爆炸产物当作多方气体处理的话，那么二维近似解为

$$v_p = \Phi \sqrt{2E} \left(\frac{3}{1+5R_1+4R_1} \right)^{1/2} \tag{2.2.3.6}$$

式中，$\Phi = (1+v_g^2/2E)^{1/2}$，$v_g$ 为爆炸产物的速度。

文献[1]则提供了另一些 v_p 的计算公式：

$$v_{p,\,max} = \sqrt{2E} \left(\frac{0.6R_1}{1+0.2R_1+0.8/R_1} \right)^{1/2} \tag{2.2.3.7}$$

式中，E 是一个具有能量量钢的参数，其数据由试验确定；R_1 为质量比(单位面积上炸药的质量与覆板的质量之比)；$v_{p,\,max}$ 为 v_p 的最大值：

$$v_{p,\,max} = \Phi \cdot \sqrt{2E} \left(\frac{0.6R_1}{1+0.2R_1+0.8/R_1} \right)^{1/2} \tag{2.2.3.8}$$

$$v_{p,\,max} = v_d \left(\frac{0.612R_1}{2+R_1} \right) \tag{2.2.3.9}$$

式(2.2.3.9)只适用于 $R_1 > 2.5$ 的情况。当 R_1 约为 0.1 时，则

$$v_{p,\,max} = v_d \left(\frac{0.578}{2+R_1} \right) \tag{2.2.3.10}$$

$$v_{p,max}/v_d = 1 - \frac{27}{32R_1}\left(\frac{c \cdot t}{t_e} + \frac{t_e}{c \cdot t} - 2\right) - \frac{c \cdot t}{t_e} \quad (2.2.3.11)$$

式中，c、t、t_e 分别表示爆炸产物中的声速、时间和炸药厚度，$c \cdot t$ 可视为一个中间变量。

$$v_{p,max} = \frac{\left(1 + \frac{32}{27}R_1\right)^{1/2} - 1}{\left(1 + \frac{32}{27}R_1\right)^{1/2} + 1} \quad (2.2.3.12)$$

$$\frac{v_{p,max}}{v_d} = 1 + \frac{27}{32R_1}\left(1 - \sqrt{1 + \frac{32}{27}R_1}\right) \quad (2.2.3.13)$$

$$\frac{v_{p,max}}{v_d} = 1.2 \times \frac{\left(1 + \frac{32}{27}R_1\right)^{1/2} - 1}{\left(1 + \frac{32}{27}R_1\right)^{1/2} + 1} \quad (2.2.3.14)$$

图 2.2.3.1 提供了相应的 v_p/v_d 与 x 之间的关系曲线。由图可见，v_p 在爆炸加载的初始时刻增加较快，而后缓慢地趋向 $v_{p,max}$。当 $x = 58.8$ mm 时，$v_p/v_d = 0.37209$，即 $v_p = 842.9$ m/s。这和实测值 $v_p = 831 \sim 924$ m/s 大致相当。

应用探针法对爆炸焊接过程中覆板运动的全过程进行观测[81]，可以寻找覆板最佳的运动状态，为爆炸焊接的初始工艺参数(药量、间隙距离和静态角等)的选择提供试验依据。结果指出，覆板所达到的最大速度为：

$$v_{p,max} = K_g\left(W_g/\sqrt{\delta_1}\right)^\alpha \quad (2.2.3.15)$$

K_g 和 α 值如表 2.2.3.1 所列。

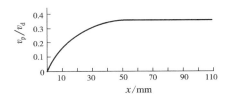

图 2.2.3.1 覆板运动的 v_p/v_d
与垂直距离 x 的关系

表 2.2.3.1 式(2.2.3.15)中的 K_g、α 值

材　料		1Cr18Ni9Ti	Cu	L1
TNT	K_g	690	935	1040
	α	0.576	0.576	0.576
RDX/Pb$_3$O$_4$	K_g	635	880	980
(35/65)	α	0.309	0.309	0.309

结论指出，大量试验结果表明，在爆炸焊接情况下，覆板运动的特性是先在爆炸载荷下加速，而后在覆板变形和空气阻力的作用下减速。覆板的空间形状是一条三次曲线，其弯折角是一条二次曲线。这比一般认为飞板的空间形状是一次曲线和弯折角不变的结论更为精确。不同的覆板撞击速度可获得不同形状的结合区波形。所需要的覆板速度可通过调整药量、间隙值和缓冲层厚度来获得。

应当指出，至今有关覆板运动的公式都是建立在忽略覆板强度的流体力学模型的基础上的，并且忽略了端部和侧向稀疏波对载荷的影响。另外，炸药的爆轰处于理想状态，亦即爆速已经达到极限。而在实际使用中，特别是硝铵类炸药，常常由于炸药厚度小于极限厚度而使其爆速低于极限值，这样不同厚度的炸药就有不同的爆速。还由于粉状炸药布药时的不均匀性，使得在覆板上传播的爆速出现波动。这一切都会给试验和计算结果带来偏差。另外，每一个公式都是作者在个别不同的条件下所得出的结论，因而难免有片面性。再者，如图 4.16.6.2~图 4.16.6.6、图 4.16.6.12~图 4.16.6.18 和表 4.16.6.1 中的数据所表明的，在同一工艺参数下的同一块复合板内，不仅沿爆轰中心线上的波形参数不同，而且在这条中心线两边的位置上都不同。这就不能用一个公式来计算同一块复合板内任一地方覆板的抛掷速度。因此，从实践和理论上讲，上述所有公式都不严格和不科学，还需要进一步深入研究。于是，更不能以它们为标准，来进行理论阐述和理论推导。

2.2.4 爆炸焊接工艺参数的选择和计算

1. 爆炸焊接工艺参数

爆炸焊接的所有参数将在 3.1.2 节详述，其中包括工艺参数。所谓工艺参数即直接影响金属爆炸焊接过程和结果的工艺上的参数。在炸药的品种和状态以及金属材料等确定之后，工艺参数就只有炸药的数量和间隙距离两个。

炸药的数量通常以覆板单位面积上布放的炸药的数量或炸药厚度来计算，以 W_g（g/cm²）或 δ_0（mm）表示。在大面积复合板爆炸焊接的时候，常用 W_g 来计算总药量；在大厚复合板坯爆炸焊接的时候，常用 δ_0 来计算总药量。

间隙距离的大小在用平行法时理论上是相同的，即均匀间隙值，以 h_0（mm）表示。在用角度法时，即为可变间隙值，其小的一端以 $h_{1,\min}$（mm）表示，大的一端以 $h_{2,\max}$（mm）表示。由 h_2 和 h_1 之差，以及金属板的长度能够计算出初始安装角 α。经验和实践表明，在大面积复合板的爆炸焊接中常用平行法；在小面积复合板和一些特殊试验中可以用角度法进行爆炸焊接。

2. 爆炸焊接工艺参数的选择和计算

目前，上述两个工艺参数值尚无理论上的计算公式，大都是用经验公式来计算。而且，不同的单位和个人，所用经验公式又各有不同，且无法统一。这里仅将参考文献上报道的一些经验公式介绍如下。

（1）单位面积药量。文献[100]提供的单位面积药量的经验计算公式为

$$W_g = A_1 \frac{(\rho_1 \cdot \delta_1)^{0.6} \cdot \sigma_{s,1}^{0.2}}{h_0^{0.5}} \quad (\text{g/cm}^2) \tag{2.2.4.1}$$

式中，A_1 为计算系数，并在 0.05～3.0 内选择，$\sigma_{s,1}$ 为覆板的屈服强度（MPa）。

文献[101]提供的单位面积药量和药厚的经验计算公式为：

$$W_g = K_g \sqrt{\delta_1 \rho_1} \quad (\text{g/cm}^2) \tag{2.2.4.2}$$

式中，K_g 为计算系数，取决于材料性能（见表 2.2.4.1）；并且

$$\delta_0 = W_g / \rho_0 \quad (\text{cm}) \tag{2.2.4.3}$$

表 2.2.4.1   不同金属材料下的系数 K_g 值

覆板	铝 及 铝 合 金			铜 及 铜 合 金			银	不锈钢	钢
基板	铝及铝合金	铜及铜合金	钢或不锈钢	低强度钢	中强度钢	高强度钢	铜镉合金	钢	铜及铜合金
K_g	1.0	1.5	2.0	1.3	1.4	1.5	1.3～1.5		

对于 2# 岩石硝铵炸药而言，经过晾干、粉碎和过筛后，其 $\rho_0 \approx 0.585$ g/cm³，所以

$$\delta_0 \approx 1.71 \ W_g \ (\text{cm}) \tag{2.2.4.4}$$

文献[102]提供的单位面积药量的计算公式为：

$$W_g = K_g \sqrt{\delta_1} \quad (\text{g/cm}^2) \tag{2.2.4.5}$$

式中，系数 K_g 为不同金属材料爆炸焊接时所需炸药量的相似系数（表 2.2.5.1）。

（2）间隙距离。文献[100]提供的间隙距离 h_0 值的计算公式为：

$$h_0 = A(\rho_1 \cdot \delta_1)^{0.6} \quad (\text{cm}) \tag{2.2.4.6}$$

式中，A 为计算系数，其值在 1～2 内选择。

文献[3]提供的 h_0 值的计算公式为：

$$h_0 = 0.2(\delta_1 + \delta_0) \quad (\text{cm}) \tag{2.2.4.7}$$

文献[2]根据覆板的密度提出了如下范围的间隙值：

① 覆板密度小于 5 g/cm³ 时，$\dfrac{1}{3}\delta_1 < h_0 < \dfrac{2}{3}\delta_1$

② 覆板密度在 5～10 g/cm³ 时，$\dfrac{1}{2}\delta_1 < h_0 < \delta_1$ $\qquad(2.2.4.8)$

③ 覆板密度大于 10 g/cm³ 时，$\delta_1 < h_0 < 2\delta_1$

应当指出，上述计算所得的工艺参数值（W_g 和 h_0），还须经受实践的检验并在实践中不断修正。最后用能获得最佳结果的参数值作为大批量和大面积复合板的爆炸焊接的工艺参数。

还应当指出，由于金属板材在压力加工中所形成的尺寸公差和板形不规则，使得理论上的 h_0 无法达到。甚至在实践中，实际的 h_0 的超出量以倍数计。复合板的面积越大，这个超出量越大。在这种情况下，

人们应当认识到，一方面，在实践中 h_0 必然是一个范围；另一方面，应当采取有效措施（如捆、绑、压、夹等方法）尽量缩小这个范围，使其在 h_0 的计算值附近波动。否则，在 h_0 太大的地方，由于撞击能量过大，覆板有可能被严重打伤和打裂。这就是为什么在爆炸大面积复合板的时候不宜采用角度法的根本原因，即前端间隙过大。也是为什么大面积的原始覆板，由于大的加工瓢曲而必须先用平板机平复的根本原因。

文献［1111］提供了用内爆法爆炸焊接复合管时，所需药量的经验计算公式，即

$$W_g = \rho_0 \delta_0 (1 - \delta_0/d)$$
（2.2.4.9）

式中：W_g 为覆管内表面上单位面积的药量，g/cm^2；ρ_0 为炸药密度，g/cm^3；δ_0 为炸药厚度，mm；d 为覆管内径，mm。

该公式讨论了覆管内径对单位面积药量的影响。当药厚（H）和密度一定时，直径越大，单位面积药量越大。当直径远大于药厚时，$H/d \to 0$，单位面积药量与平板爆炸焊接相近。但是内爆法的药厚通常比相同条件下的平板爆炸焊接要小。减小的程度也不同。覆管直径小，厚度小和长度大，药厚要减小得多。由经验估计，内爆复合管时，其单位面积药量一般取平板爆炸焊接时的 60%。

3.2.42 节也指出，在用内爆法爆炸焊接 Ta10W-CrNiMo 钢复合管的时候，其炸药用量取相同条件下平板爆炸焊接时的炸药厚度的 60% 左右为宜。

文献［1111，1112］指出，用外爆法爆炸焊接复合管时，其用药量目前还没有一个准确的计算方法。一般情况下可根据质量比，先计算出平板复合时的炸药厚度，再取其 60% 作为圆管外覆时炸药的厚度。

文献［1113］提供了一个复合管棒爆炸焊接时单位面积药量的计算公式，即

$$C = \rho_0 H (1 + H/d)$$
（2.2.4.10）

式中：C 为单位面积药量，g/cm^2；ρ_0 为炸药密度，g/cm^3；H 为相同条件下平板爆炸焊接的药厚，mm；d 为覆管的外径，mm。

例如，覆管厚度为 4 mm 的 0Cr18Ni9 复合管棒爆炸焊接时选用膨化硝铵炸药，其堆积密度为 0.67 g/cm^3。平板爆炸焊接的单位面积药量为 2.0 g/cm^2，药厚 30 mm。那么，由式（2.2.4.10）计算可知，覆管外径为 94 mm 时，计算的单位面积药量为 2.7 g/cm^2。

应当指出，爆炸焊接的工艺参数，与炸药和金属材料的特性密切相关。因此，不同的炸药和不同的金属材料在爆炸焊接时，其药量大小和间隙值都是不同的。然而，个别单位将不同材质和不同厚度的金属材料爆炸焊接的炸药厚度都定为 30 mm。这种做法显然是不合理和不科学的。

文献［3］指出，对于常规作业来说，工艺参数是妥当地确定了的，还可用表列出，操作时可从表中随时选用。至于新的组合，其参数按基本原理推导，而且可通过爆炸试验达到最佳化。

2.2.5　爆炸焊接模型律[①]

这里讨论的爆炸焊接模型律是文献［102］提出的预测爆炸焊接工艺参数的一种方法。它和下面的几种方法一起，可以成为试验、计算和选择爆炸焊接工艺参数的手段及工具，供从事这方面工作的人们参考。

从爆炸焊接的量纲分析中可得出结论：单位面积药量 W_g 和覆板质量与覆板面积之比（简称单位面积覆板质量）m_f 成正比[103]。实际上，爆炸焊接的几何相似律表明，W_g 和 $\sqrt{m_f}$ 成正比。这个结论由许多实验和数据得到了证实，因此可以成为爆炸焊接工艺参数的计算方法。

1. 爆炸焊接相似参数

为了保证两次爆炸焊接的效果相同，由独立物理量组成的 $(n-3)$ 个相互独立的无量纲参数，即相似参数都应相等。组成相似参数的关键在于首先选定哪些是独立的物理量。现从炸药和金属材料等方面进行讨论。

（1）炸药。对于凝聚态炸药的爆轰有如下一些关系式：

$$p = \frac{1}{4} \rho_0 v_d^2$$
（2.2.5.1）

$$\rho = \frac{4}{3} \rho_0$$
（2.2.5.2）

---

① 原文献的符号很多，为与本书的有关符号相一致，在此作了缩减和统一（本书作者注）。

$$u = \frac{1}{4} v_d \qquad (2.2.5.3)$$

式中，p，ρ 和 u 分别为爆炸产物的压力、密度及飞散速度，ρ_0 和 v_d 分别为炸药的密度及爆速。

爆炸产物后期运动假若是等熵的，那么

$$p = f(\rho) \qquad (2.2.5.4)$$

这个式子写成量纲为 1 的形式，即

$$p / \frac{1}{2} \rho_0 v_d^2 = f(\rho/\rho_0, r_1, r_2, \cdots) \qquad (2.2.5.5)$$

单位质量炸药爆炸后爆炸产物的内能为

$$e = f(p, \rho) \qquad (2.2.5.6)$$

写成量纲为 1 的形式，即

$$e / \frac{1}{2} \rho_0 v_d^2 = f(p / \frac{1}{2} \rho_0 v_d^2, \rho/\rho_0, r'_1, r'_2, \cdots) \qquad (2.2.5.7)$$

其中 r_1，$\cdots$，r'_1，$\cdots$ 是量纲为 1 的参数，其值取决于炸药的物理和化学性质。以下统一由 r 表示这些参数。

药包的特征尺寸用炸药厚度 δ_0 表示，改变药量只需改变 δ_0 或 W_g，即

$$W_g = \rho_0 \cdot \delta_0 \qquad (2.2.5.8)$$

综上所述，炸药的独立物理量有 ρ_0，v_d，δ_0 或 W_g。

(2) 金属板材。覆板在爆炸载荷作用下，获得高速度去撞击基板，被焊接好的复合板随后相继运动。在此，覆板和基板的密度 ρ_1 及 ρ_2 是两个重要的物理量。描述它们的独立物理量有：ρ_1，ρ_2，v_{s1}，v_{s2}，σ_{s1}，σ_{s2}，δ_1，δ_2，α 和 h_0。根据 π 定理可以组成 9 个独立量纲为 1 的量，再加上 r 和 e 就得到爆炸焊接相似参数，即

$$\frac{W_g \cdot v_d}{\sqrt{\rho_1 \cdot \delta_1 \cdot e}}, \frac{\delta_2}{\delta_1}, \frac{v_{s1}}{v_d}, \frac{v_{s2}}{v_d}, \frac{\rho_0}{\rho_1}, \frac{\rho_2 \cdot v_{s2}}{\rho_1 \cdot v_{s1}}, \frac{h_0}{v_d \cdot t}, \frac{\sigma_{s1}}{\rho_0 \cdot v_d^2}, \frac{\sigma_{s2}}{\rho_0 \cdot v_d^2}, r, \alpha$$

式中，$W_g \cdot v_d / \sqrt{\rho_1 \cdot \delta_1 \cdot e}$ 代表覆板接受的爆炸载荷，e 表示作用在覆板上单位面积炸药的有效能量；δ_2/δ_1 为基板和覆板的厚度比；v_{s1}/v_d，v_{s2}/v_d 分别为材料声速和炸药爆速之比；ρ_0/ρ_1 为炸药密度和覆板密度之比；$(\rho_2 \cdot v_{s2})/(\rho_1 \cdot v_{s1})$ 为基板、覆板的声阻抗之比；$h_0/(v_d \cdot t)$ 中，t 为覆板从一点下落到另一点所需要的时间；$\sigma_{s1}/(\rho_0 \cdot v_d^2)$ 和 $\sigma_{s2}/(\rho_0 \cdot v_d^2)$ 分别为覆板和基板的变形能和炸药能量之比；r 表征炸药的物理和化学性质；α 为安装角。

令 N 代表爆炸焊接的效果（金属板材的几何尺寸变化、结合强度、面积结合率、结合区波形尺寸等）的某一个量，则

$$N = F\left(\frac{W_g \cdot v_d}{\sqrt{\rho_1 \cdot \delta_1 \cdot e}}, \frac{\delta_2}{\delta_1}, \frac{v_{s1}}{v_d}, \frac{v_{s2}}{v_d}, \frac{\rho_0}{\rho_1}, \frac{\rho_2 \cdot v_{s2}}{\rho_1 \cdot v_{s1}}, \frac{h_0}{v_d \cdot t}, \frac{\sigma_{s1}}{\rho_0 \cdot v_d^2}, \frac{\sigma_{s2}}{\rho_0 \cdot v_d^2}, r, \alpha \right) \qquad (2.2.5.9)$$

在相似参数相等的情况下，覆板和基板的运动、爆炸产物的运动等所有方面都是相似的。

2. 几何相似律

如果不改变炸药（品种、密度和颗粒度）、覆板和基板材料，以及给定的相似的几何条件，那么爆炸焊接效果就相似。于是式（2.2.5.9）就能简化成

$$N = F\left(\frac{W_g}{\sqrt{\delta_1}}, \frac{\delta_2}{\delta_1}, \frac{h_0}{v_d \cdot t}, \alpha \right) \qquad (2.2.5.10)$$

模拟试验的主要目的是找出焊接强度 σ 和单位面积药量 W_g、覆板厚度 δ_1、基板和覆板厚度比 δ_2/δ_1、间隙距离 h_0 和静态安装角 α 之间的具体函数关系。那么式（2.2.5.10）可写成

$$\sigma/\sigma_s = F_1\left(\frac{W_g}{\sqrt{\delta_1}}, \frac{\delta_2}{\delta_1}, \frac{h_0}{v_d \cdot t}, \alpha \right) \qquad (2.2.5.11)$$

式中，σ_s 取 σ_{s1} 和 σ_{s2} 中最小值。因此，试验中只须改变 W_g，δ_2，h_0，α，并测量 σ，就能确定函数 F_1，而无须改变覆板厚度 δ_1。

对于面积结合率、金属板几何尺寸变化、结合区的波形尺寸等同样可以写出与式（2.2.5.11）相似的式子。

从试验得到 F_1 函数对应于 $\sigma/\sigma_s = 1$ 的点，即结合强度达到基材中强度最低者的点，取 δ_2/δ_1，$h_0/(v_d \cdot t)$，α 的最优值（一般 $\alpha = 0° \sim 3°$，$h_0 = 1 \sim 5$ mm），改变 δ_1，则 W_g 应根据相似参数保持常数来改变，即

$$W_g/\sqrt{\delta_1} = K_g \qquad (2.2.5.12)$$

式中，常数 K_g 与炸药的品种、密度和颗粒度，以及起爆方式和边界条件（缓冲层材料）等有关。由式(2.2.5.12)可知，若其他条件不变，仅只改变 δ_1，所需药量根据炸药作用到覆板上的冲量来确定，与覆板厚度的平方根成正比。

对于多层材料的爆炸焊接来说，则

$$N = F_2\left(\frac{W_g}{\sqrt{\delta_1 + \cdots + \delta_{n-1}}}, \frac{\delta_n}{\delta_1 + \cdots + \delta_{n-1}}, \frac{h_{0\,n \sim n-1}}{v_d \cdot t_{n \sim n-1}}, \alpha_{n \sim n-1} \right) \qquad (2.2.5.13)$$

$$W_g/\sqrt{\delta_1 + \cdots + \delta_{n-1}} = K_g \qquad (2.2.5.14)$$

为了使问题简化，在上述分析中未引进有关缓冲层、间隙柱和基础等物理量。如此处理不会影响几何相似律的成立。

3. 几何相似律的试验检验

检验的原则是：当其他条件相同时，按式(2.2.5.12)改变 W_g 和 δ_1，则爆炸焊接的效果（焊接强度 σ/σ_s、相对变形）应相同，反之亦然。

据此，用铝-铝和铜-铜复合板的爆炸焊接，以及导线的爆炸焊接进行了上述几何相似律的检验，结果表明没有理由认为按几何相似律计算药量是不成立的。

对于使用同一种炸药爆炸焊接不同材料的复合板，其 K_g 值要稍作调整。表2.2.5.1提供了几种常用炸药爆炸焊接时的 K_g 值，其药量在 $\pm 10\%$ 之内调整。

由此可见，爆炸焊接所需药量应根据炸药作用在覆板上的冲量来确定，并且与覆板单位面积质量或覆板厚度的平方根成正比。这在一些相同和不同的两层或三层复合板的爆炸焊接实际应用时获得了较好的效果。电缆和导线接头的爆炸焊接也满足此几何相似模型律。因此，此模型律能够成为计算爆炸焊接工艺参数的一种方法。

表 2.2.5.1 不同材料爆炸焊接时的 K_g 值

覆 材	基 材	炸 药			保 护 层	安装参数		K_g
		品 种	ρ_0 /(g·cm^{-3})	颗粒度孔 /in^2		h_0 /mm	α /(°)	
铜及其合金	低强度钢	2# 岩石 硝铵	0.585	30~40	无	5~10	0.5~1.5	1.3
	中强度钢							1.4
	高强度钢							1.5
银	铜镍合金							1.3~1.5
不锈钢	钢							
钢	铜及其合金							
铝	铝、铜、钢	TNT	1~1.2	20	0.8 mm厚马粪纸	3~4	4	0.7
铜、银、铝及其合金、镍、钽、铌钛合金、铅铋合金	铜、不锈钢、铝及其合金、铌钛合金、铅铋合金	RDX35% + Pb$_3$O$_4$65%	1.69~2.14	80	5 mm厚有机玻璃、黄油或橡皮	1~2	2	1.43

注：in^2 = 654.16 mm^2，后同。

2.2.6 爆炸焊接半圆柱法工艺参数试验

1. 半圆柱法原理

半圆柱法工艺参数的爆炸焊接试验的装置示意图如图 5.4.1.99~图 5.4.1.101 所示，金属板和金属半圆柱爆炸焊接过程如图 2.2.6.1 所示，铜-钢半圆柱真实的爆炸焊接过程如图 2.2.6.2 所示，爆炸焊接后的

钛-钢和铜-钢半圆柱实物照片如图 2.2.6.3 所示。

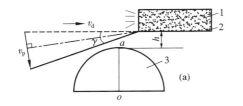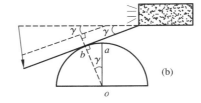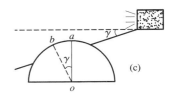

1—炸药；2—金属板；3—金属半圆柱；v_d—炸药的爆速；γ—弯折角；v_p—覆板下落速度

图 2.2.6.1　金属板和金属半圆柱爆炸焊接过程示意图

(a) 碰撞前　　　　　　　　　　　　　　　(b) 碰撞过程中

图 2.2.6.2　铜-钢半圆柱爆炸焊接过程的 X 射线照相[45]

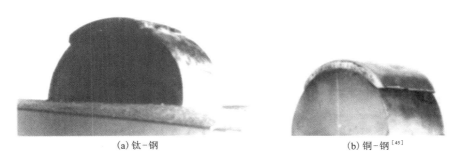

(a) 钛-钢　　　　　　　　　　　　　　　(b) 铜-钢[45]

图 2.2.6.3　爆炸焊接试验后的半圆柱体

由图 2.2.6.1(a) 可见，覆板的运动方向大致地垂直于弯折角 γ 的角平分线，于是有

$$v_p = 2v_d \cdot \sin \gamma/2 \tag{2.2.6.1}$$

$$v_{cp} = v_d \cdot \sin \gamma/\sin \beta \tag{2.2.6.2}$$

由式(2.2.6.1)可知，v_d 可以通过多种方法准确测量，所以只要知道了弯折角 γ，覆板的下落速度 v_p 就可以计算了。v_p 一经确定，其他的工艺参数也就可以确定。

弯折角 γ 的测量，目前已有多种方法，如高速摄影和 X 射线照相法，以及后面讨论的台阶法、小角度法和电阻丝法等，这里介绍半圆柱法。

如图 2.2.6.1 所示，当炸药爆轰至任一位置时，相应的覆板弯折程度是相同的，即覆板弯折角在任一瞬时均相等。随着炸药的爆轰继续向前推进，覆板的弯折角也依次向前移动，并以撞击速度 v_p 向下跌落，逐渐靠近半圆柱表面，最后与半圆柱相撞击。在该瞬间，覆板的弯折部分与半圆柱相切于 b 点、即垂直撞击点(三维立体上为一直线)。由图可见 $\angle aob = \angle \gamma$。

因此，只要试验前在半圆柱的两个端面上刻出垂线 oa，并在试验后找到垂直撞击点 b 的位置，那么弯折角 γ 即可测量得到。

如图 2.2.6.3(b) 所示，oa 垂线依稀可见。如图 2.2.6.4 所示，b 点可这样找到：从焊接后的半圆柱上撬开覆板，将发现在半圆柱表面上有一个没有波形和未发生焊接的空白区域，该区域的中心位置即是 b 点的位置。

当弯折角确定之后，就能够根据有关公式确定其他所需要的参数了。

图 2.2.6.4　铜-钢半圆柱试验和铜板剥离后，在钢半圆柱表面上留下的痕迹[45]

一些半圆柱试验的工艺参数和结果列于表2.2.6.1。

表 2.2.6.1　半圆柱试验的工艺参数和结果[45]

覆　　板			工　艺　参　数					γ /(°)
材　　质	ρ_1 /(g·cm^{-3})	δ_1 /mm	ρ_0 /(g·cm^{-3})	δ_0 /mm	v_d /(m·s^{-1})	h /mm	R_1	
B30	8.9	1.8	0.7	17.1	2020	2.0	0.75	9.50
				31.4	2580		1.37	12.90
				45.7	2870		2.00	14.20
		4.0	0.7	21.4	2250	3.0	0.42	7.50
				35.7	2670		0.70	9.85
				50.0	2930		0.98	11.35
		7.0	0.7	28.6	2540	5.0	0.32	5.25
				57.1	3040		0.64	8.75
				85.7	3210		0.96	10.03
1Cr18Ni9Ti	7.9	1.0	0.7	14.5	1950	2.0	1.28	17.89
				16.4	2010		1.46	18.53
		2.0	0.7	14.5	1950	2.0	0.64	11.15
				23.1	2320		1.03	15.70
		3.0	0.7	21.4	2250	3.0	0.63	11.55
				28.4	2540		0.84	13.00
TA5	4.5	2.0	0.7	14.3	1940	2.0	1.11	13.80
				17.1	2020		1.33	16.19
		5.0	0.7	16.1	2010	4.0	0.50	9.90
				24.3	2370		0.76	10.95
				28.6	2540		0.89	12.84

注：① 炸药均为2#岩石硝铵炸药；② 三种材料的覆板尺寸为100 mm×250 mm；③ 半圆柱为922钢，直径100 mm，宽度50 mm；④ 参数 h 的含义见图2.2.6.1(a)；⑤ R_1 为质量比。

2. 半圆柱试验在爆炸焊接中的应用

通过半圆柱试验原理和结果的分析可知，这种试验除了可以求得各种材料在不同工艺下的动态弯折角外，它的独特的界面结构也揭示了撞击角从零到某一数值的变化，即揭示了从垂直撞击到倾斜撞击的一系列动态过程和金属流动(变形)的特征。这些特征从理论上而言，可以认为都是平板爆炸焊接(无论是平行法还是角度法)在一定条件下的反映。因此半圆柱试验是反映爆炸焊接过程和本质的一种基础性试验。它应当在爆炸焊接中有许多应用。

1) 对某些动态参数和其他力学参数的计算

由于半圆柱试验可以相当准确地测得弯折角 γ，借助它和已有的理论公式能够对其他一些动力学参数，如速度、压力和能量进行计算。

(1) 覆板下落速度的计算。由公式(2.2.6.1)可知在弯折角为小角度时，有

$$v_p = 2v_d \cdot \sin \gamma/2 \qquad (2.2.6.3)$$

(2) 撞击点移动速度的计算。由公式(2.2.6.2)可知，对于弯折角为小角度时，有

$$v_{cp} = v_d \cdot \sin \gamma / \sin \beta \qquad (2.2.6.4)$$

(3) 撞击压力的计算。在爆炸焊接中，撞击压力 p 与 v_p 的近似关系为：

$$p = \frac{\rho_1 \cdot v_{s,1} \cdot v_p}{1 + \dfrac{\rho_1 \cdot v_{s,1}}{\rho_2 \cdot v_{s,2}}} \qquad (2.2.6.5)$$

（4）覆板撞击动能的计算，即

$$E = \frac{1}{2} m v_p^2 \qquad (2.2.6.6)$$

式中，m 为覆板的质量。

2）爆炸焊接工艺参数的选择

根据对半圆柱试验主要动力学参数的研究和界面组织特征的观察，可以建立半圆柱试验和平板爆炸焊接之间的联系，从而为后者合理工艺参数的制定提供依据。

（1）装药厚度 δ_0：δ_0 的数据能够从所获得的 v_d-δ_0 关系曲线中获得。

（2）最小间隙 h_0：h_0 可用下式计算，即

$$h_0 = \left[1.84 \arcsin \left(\frac{v_p}{2v_d} \right) \right]^{0.965} \qquad (2.2.6.7)$$

应用半圆柱法制订平板爆炸焊接工艺参数的计算步骤如下：

①进行不同药厚下的爆速试验，画出 v_d-δ_0 关系曲线；

②测量半圆柱复合界面参数 γ 等，计算出 v_p 等参数；

③进行半圆柱试验，画出 γ-R_1 曲线和 v_p-R_1 曲线；

④对于同材质、同厚度的平板爆炸焊接，可根据联立方程

$$v_{cp} = \frac{v_d \cdot \sin \gamma}{\sin (2+\gamma)} \qquad (2.2.6.8)$$

$$v_p = 2v_d \cdot \sin \gamma/2 \qquad (2.2.6.9)$$

求出 v_d 和 γ。

当 $\alpha = 0°$ 时（平行法），求出 v_d 后，可从 v_d-δ_0 曲线上求出 δ_0。

当 $\alpha = n°$ 时（角度法），可用"渐近法"，求解联立方程，再确定 δ_0。

最小间隙的确定可参照式（2.2.6.7）估算。

⑤对于同材质和不同厚度的平板爆炸焊接，可参照相同装置的速度转换公式：

$$v_{p2} = \sqrt{\delta_1/\delta_2} \cdot v_{p1} \qquad (2.2.6.10)$$

计算出 v_{p2}，由 v_p-R_1 曲线或者有关 $v_p = f(R_1)$ 的公式先确定 R_1，而后求得 δ_0。

最小间隙也可参照式（2.2.6.7）估算。

由半圆柱试验的界面组织的金相观察可知，随着弯折角 γ 的变化，结合区的波形参数、界面两侧金属的塑性变形、显微硬度分布，以及结合区的熔化程度等也随着变化。在特定的工艺条件下，在平板的爆炸焊接中，也能显示相同的金属流动的规律和再现其组织结构。因此，通过对半圆柱复合界面组织的研究，在一定的程度上可以预示待结合的两块金属板爆炸焊接后界面上的显微组织特征，为更合理地选择外部工艺参数，在微观组织上提供可靠的依据。

现将文献[45]提供的有关曲线介绍如下（见图 2.2.6.5~图 2.2.6.9）。

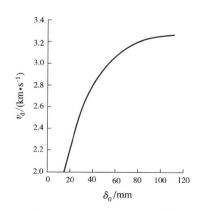

图 2.2.6.5 $\rho_0 = 0.7 \text{ g/cm}^3$ 的 $2^\#$ 岩石硝铵炸药的爆速与其药厚的关系曲线

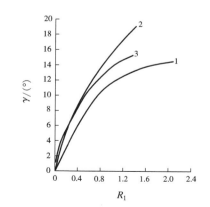

图 2.2.6.6 B30（1）、1Cr18Ni9Ti（2）和 TA5（3）覆板和 922 钢半圆柱试验的弯折角与质量比的关系

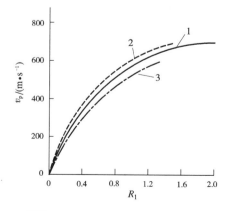

覆板：1—B30；2—1Cr18Ni9Ti；3—TA5

图 2.2.6.7 v_p 与 R_1 的关系

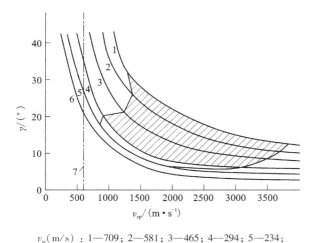

$v_p(\text{m/s})$：1—709；2—581；3—465；4—294；5—234；

6—196；7—v_{cp} 的临界点速度

图 2.2.6.8　弯折角与碰撞点移动速度的关系（覆板 B30）

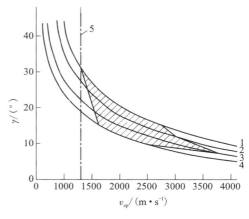

覆板 1Cr18Ni9Ti

$v_p(\text{m/s})$：1—694；2—575；3—454；

4—380；5—v_{cp} 的临界点速度

图 2.2.6.9　弯折角与碰撞点移动速度的关系

文献[87]提供了不同覆板材料在不同工艺参数下的爆炸焊接弯折角的测量数据，如表 2.2.6.2 所列。覆板的下落速度计算式为：

$$v_p = \frac{2.33}{\delta_0^5} \cdot \frac{v_d}{v_{d0}} \cdot \sqrt{2F_a} \cdot \sqrt{\frac{0.6R_1}{1+0.2R_1+0.8/R_1}} \qquad (2.2.6.11)$$

式中，v_{d0} 为使用炸药的最高爆速（m/s），F_a 为 1 kg 炸药爆炸所产生的有效能量（m²/s²）。

炸药爆炸后有一段加速距离，经此距离后才达到稳定爆轰状态。这个距离随着装药条件的不同而不同。

表 2.2.6.2　半圆柱法测量的动态弯折角

炸药	覆板	$\delta_0=15$ mm*					$\delta_0=30$ mm					$\delta_0=60$ mm				
		L/mm	h_0/mm	R_1	γ/(°)	$\dfrac{v_p}{v_d}$	L/mm	h_0/mm	R_1	γ/(°)	$\dfrac{v_p}{v_d}$	L/mm	h_0/mm	R_1	γ/(°)	$\dfrac{v_p}{v_d}$
NGU	SUS304	350	20	0.18	5.9	0.103	350	20	0.355	8.6	0.151	350	20	0.715	11.8	0.206
	TP28	350	20	0.31	9.6	0.167	350	20	0.619	13.8	0.239	350	20	1.212	16.2	0.281
	A1050	350	20	0.77	19.4	0.337	—	—	—	—	—	—	—	—	—	—
		350	20	0.51	14.5	0.252	350	20	0.98	18.3	0.318	350	20	2.04	21.4	0.371
LEF-R	SUS304	—	—	—	—	—	200	20	0.65	14.2	0.247	200	15	1.30	16.2	0.282
		—	—	—	—	—	350	20	0.60	14.2	0.247	350	20	1.36	16.5	0.287
	TP28	—	—	—	—	—	—	—	—	—	—	200	20	2.02	18.5	0.321
		—	—	—	—	—	—	—	—	—	—	350	20	1.92	20.5	0.356
	A1050	200	20	0.93	22.3	0.387	200	20	1.84	25.0	0.433	—	—	—	—	—
		350	20	0.95	22.8	0.395	350	20	1.88	26.8	0.463	—	—	—	—	—
AKATS	SUS304	—	—	—	—	—	350	10	0.93	14.5	0.252					
UKI	A1050	350	20	0.90	18.4	0.320	350	20	2.6	22.3	0.387					
KIRI	SUS304						200	20	1.63	17.9	0.311					
							350	20	1.73	20.1	0.378					
No3	A1050	200	20	1.64	17.9	0.311	200	20	4.75	21.8	0.349					
		350	20	1.56	16.2	0.282	350	20	4.68	21.9	0.380					

续表2.2.6.2

炸药	覆板	$\delta_0 = 15$ mm *					$\delta_0 = 30$ mm					$\delta_0 = 60$ mm				
		L/mm	h_0/mm	R_1	γ/(°)	$\dfrac{v_p}{v_d}$	L/mm	h_0/mm	R_1	γ/(°)	$\dfrac{v_p}{v_d}$	L/mm	h_0/mm	R_1	γ/(°)	$\dfrac{v_p}{v_d}$
ELDV	SUS304	350	20	0.42	13.8	0.239	—	—	—	—	—	350	20	1.74	18.8	0.326
	A1050	200	15	1.27	29.5	0.509	—	—	—	—	—	—	—	—	—	—
		350	20	1.18	31.0	0.534	—	—	—	—	—	—	—	—	—	—

注：覆板尺寸为 3×100×500(mm×mm×mm)，* KIRI No3 炸药的 $\delta_0 = 10$ mm。

2.2.7　爆炸焊接台阶法工艺参数试验[104]

1. 台阶法原理

台阶法是进行爆炸焊接参数试验的新方法。其原理是根据覆板在加速区内对应于不同间隙距离 y 有不同的覆板速度 v_p 和弯折角 γ，采用与大面积复合板爆炸焊接相似的平行法装置，在覆板加速区内进行变参数试验，如图 2.2.7.1 所示。由图可见，假设稳定爆轰后的爆速为 v_d，并将坐标原点取在爆轰波头上，用 $y = f(x)$ 表示覆板在爆炸产物推动下的飞行姿态，那么在特定条件下，不同的 y 值便有不同的 $\gamma = \arctan(\mathrm{d}y/\mathrm{d}x)$ 和不同的

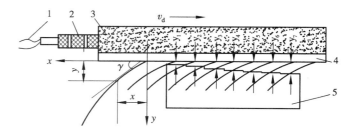

1—雷管；2—传爆药；3—主炸药；4—覆板；5—台阶式基板
图 2.2.7.1　爆炸焊接台阶法工艺参数试验法示意图

$v_p = 2v_d \sin(\gamma/\alpha)$。只要将基板事先加工出几个台阶，便可在一次爆炸试验中得到几组参数的对应结果。这几组参数具有相同的 $v_{cp}(v_{cp} = v_d)$，但 γ（或 v_p）各不相同。对某一特定金属组合，在可能焊接的 v_{cp} 范围内，设计若干个 v_{cp} 不同的试验装置。每个装置的基板都加工出几个台阶。爆炸焊接后对各台阶进行性能试验。凡符合要求的标"○"，否则标"×"，并把各台阶的"结果标志"（○或×）画在窗口中与该台阶的 v_{cp} 和 γ 相对应的点上。这样就很容易确定该特定金属组合令人满意的焊接参数范围。

2. 爆炸焊接台阶法工艺参数试验

在覆板加速区内用台阶法进行爆炸焊接工艺参数试验关键在于确定各台阶的焊接参数。为此对 12 组不同的装置（包括 3 种炸药、每种炸药取两种药厚、每种药厚取两种质量比）进行试验。用闪光 X 射线照相拍摄覆板的飞行姿态，然后用最小二乘法借助 Ti-59 程序计算器拟合数据。设覆板的飞行姿态用多项式表达并取项数为 7，求得多项式系数。最后根据 $\gamma = \arctan(\mathrm{d}y/\mathrm{d}x)$ 求不同间隙距离 y 所对应的弯折角 γ 和覆板速度 v_p。

试验结果表明，与文献[1]中介绍的二维简化计算式计算的结果有同一精度。上述 12 组不同装置在加速区内 84 个点的计算结果表明，弯折角的平均相对误差为 6.8%（计算值小于测量值）。

台阶法应用实例如下：

以 1.5 mm 厚的不锈钢板和 4 mm 厚的 Q235 钢板的爆炸焊接为例，预测可焊接参数的范围为 100 m/s $< v_p <$ 1000 m/s，5°$< \gamma <$ 20°，1700 m/s $< v_{cp} <$ 4200 m/s。共设计出 6 组装置，每组的基板加工出 7 个台阶。后来为探讨 v_{cp} 的上限又做了两组补充实验，各组的具体参数列入表 2.2.7.1 中。

实验结果如图 2.2.7.2 和图 2.2.7.3 所示。由图 2.2.7.2 可知，界面波长 λ 和弯折角 γ 的关系随 v_{cp}（或波形）而变化。图中曲线反映 1~3 试验的覆板厚度 δ_1 都为 4 mm，但 v_{cp} 不同，波形不同，试验点分别落在不同的曲线上。3 和 4 虽然 v_{cp} 不同，但波形相似，试验点落在同一曲线上。图 2.2.7.3 表示 δ_1 分别为 1.5 mm 和 4.0 mm 的试样满足 $\sigma_\tau \geqslant 294$ MPa 的参数范围，即焊接性窗口。图中阴影部分为 $\delta_1 = 4$ mm 的试样中界面熔化率 <25% 及无法用扁铲沿界面劈开的参数范围，该区可认为是最佳范围。为便于比较，把预测参数范围也画在其中（斜线部分）。此外，图中还标出了 v_{cp} 所对应的界面波形。

用台阶法在覆板加速区内进行爆炸焊接参数试验是切实可行的，它对于减少试验次数和节省费用，以及加快试验进度都是非常有效的。由于这种试验方法与实际生产条件相同，因而具有较高的可靠性。试验

结果可直接用于生产。又由于每一组参数是在一次爆炸试验中得到的，便于比较，因而对理论研究也是一种较好的手段。如果能同电阻丝法(见 2.2.10 节)结合起来，在焊接试验的同时直接进行覆板加速区内的参数测量那就更好了。它将排除各种转换所带来的误差。

表 2.2.7.1　不锈钢-Q235 钢台阶法试验的参数

No	δ_1 /mm	δ_0 /mm	R_1	v_d /(m·s⁻¹)	各台阶的 实际间距，h_0/mm ———————— 弯折角，γ/(°)						
					1	2	3	4	5	6	7
1	1.5	30	2.24	1700	$\dfrac{0.25}{6.2}$	$\dfrac{0.6}{9.2}$	$\dfrac{1.35}{12.9}$	$\dfrac{1.9}{14.7}$	$\dfrac{3.1}{17.5}$	$\dfrac{4.55}{19.9}$	$\dfrac{6.7}{22.1}$
2	4.0	30	0.757	2500	$\dfrac{0.6}{5.12}$	$\dfrac{0.9}{6.07}$	$\dfrac{1.45}{7.34}$	$\dfrac{8.73}{2.35}$	$\dfrac{10.1}{3.6}$	$\dfrac{11.2}{5.05}$	$\dfrac{12.2}{6.95}$
3	4.0	30	0.694	3200	$\dfrac{0.6}{4.85}$	$\dfrac{0.85}{5.62}$	$\dfrac{1.5}{6.98}$	$\dfrac{2.35}{8.15}$	$\dfrac{3.6}{9.33}$	$\dfrac{5.05}{10.2}$	$\dfrac{6.95}{10.94}$
4	4.0	40	1.02	1900	$\dfrac{0.55}{5.2}$	$\dfrac{0.85}{6.34}$	$\dfrac{1.45}{7.93}$	$\dfrac{2.2}{9.41}$	$\dfrac{3.45}{11.2}$	$\dfrac{4.85}{12.6}$	$\dfrac{6.85}{14.1}$
5	4.0	40	1.04	2900	$\dfrac{0.55}{4.9}$	$\dfrac{0.85}{5.88}$	$\dfrac{1.35}{7.09}$	$\dfrac{2.15}{8.44}$	$\dfrac{3.35}{9.79}$	$\dfrac{4.85}{10.9}$	$\dfrac{6.85}{11.9}$
6	1.5	30	2.09	3200	$\dfrac{0.2}{5.16}$	$\dfrac{0.55}{8.00}$	$\dfrac{1.35}{11.39}$	$\dfrac{1.95}{12.93}$	$\dfrac{3.05}{14.77}$	$\dfrac{4.95}{16.39}$	$\dfrac{6.55}{17.66}$
7	4.0	31	0.752	4300	$\dfrac{0.65}{4.43}$	$\dfrac{0.8}{4.79}$	$\dfrac{1.45}{6.00}$	$\dfrac{2.35}{7.07}$	$\dfrac{3.6}{8.02}$	$\dfrac{5.65}{8.90}$	$\dfrac{6.9}{9.27}$
8	4.0	30	0.708	4770	$\dfrac{0.7}{4.48}$	$\dfrac{0.9}{4.94}$	$\dfrac{1.40}{5.83}$	$\dfrac{2.40}{6.95}$	$\dfrac{3.60}{7.79}$	$\dfrac{5.0}{8.43}$	$\dfrac{7.0}{8.99}$

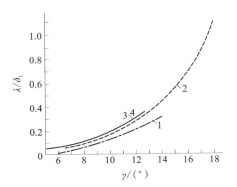

1—δ_1 = 4 mm, v_{cp} = 3200 m/s；2—δ_1 = 4 mm, v_{cp} = 2500 m/s；
3—δ_1 = 4 mm, v_{cp} = 2900 m/s；4—δ_1 = 1 mm, v_{cp} = 3200 m/s

图 2.2.7.2　不同 v_p 下的比波长 λ/δ_1 与 γ 的关系

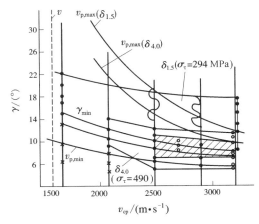

图 2.2.7.3　不锈钢-钢复合板
爆炸焊接参数的合理范围

2.2.8　爆炸焊接小角度法工艺参数试验[22]

1. 小角度法原理

脉冲 X 光照相和计算结果均表明，在低速炸药的驱动下，覆板需要经过一个相当大的加速空间 Δy 才能达到 $v_{p,max}$。通常 $\Delta y = 0.6 \sim 0.8\delta_0$。当覆板、基板之间保持一个小倾角时，并令最大间隙 $h_{max} < \Delta y$，则在不同的间隙 h_i 处，覆板将以不同的 $v_{cp,i}$ 和 β_i 与基板相撞击。随着间隙逐步变大，$v_{cp,i}$ 和 β_i 也将相应增加，其装置如图 2.2.8.1(a) 所示。

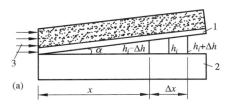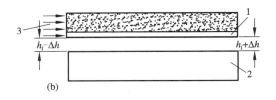

1—覆板；2—基板；3—线状波发生器起爆

图 2.2.8.1　小角度法爆炸焊接工艺参数试验示意图

在采用上述装置后，得到的焊接界面形态将由引爆端的平面结合逐步过渡为波状结合。由于预置的倾角 α 相当小，界面形态的变化也将是连续的和逐步的。其焊接质量包括结合强度和防渗漏能力等也将是连续变化的。通过界面分析，如果发现某一间隙（$h_i+\Delta h$）区域内具有良好的结合质量，则可将该区域扩大，如图 2.2.8.1(b) 所示。这时倾角进一步变小，爆炸焊接参数变化更趋平缓，可焊参数的确定也更为准确。这种方法一次试验可获得数十到数百种不同焊接参数的质量信息。因此，在顺利的情况下几次试验就可以找到适用的焊接参数（β_i，h_i）。和半圆柱法相比，该法实验准备工作简单，参数调节方便，获得界面不同焊接质量的信息多。不锈钢-铜复合板用此法获得的一些参数如表 2.2.8.1 所列。

表 2.2.8.1　不锈钢-铜复合板沿 x 轴向的一些参数

x/mm	0	10	20	30	40	50	60	70	80	90	100	110	120	130	140	150	160	170	180
h_0/mm	0	0.67	1.3	2.0	2.67	3.3	4	4.67	5.3	6	6.7	7.3	8	8.67	9.3	10	10.67	11.3	12
$\gamma/(°)$	0	6.07	8.3	9.7	10.7	11.5	12.1	12.7	13.1	13.5	13.8	14	14.2	14.4	14.6	14.7	14.9	15.0	15.1
$\beta/(°)$	3.81	9.88	12.1	13.5	14.5	15.3	15.9	16.5	16.9	17.3	17.6	17.8	18.0	18.2	18.4	18.5	18.7	18.8	18.9
$v_{\text{cp}}/(\text{m·s}^{-1})$	0	1408	1570	1645	1690	1720	1742	1761	1774	1785	1794	1799	1805	1810	1815	1818	1823	1825	1828

2. 小角度法爆炸焊接工艺参数试验

以铝-不锈钢的爆炸焊接为例，这两种材料由于物理和力学性能（熔点、密度和强度）相差很大，用一般的爆炸焊接工艺有一定难度。为了获得较好的结合质量，通常采用银合金的过渡层。例如杜邦公司采用这种过渡层后，经质谱仪检漏，其渗透率<$1.33\times(10^{-7}\sim10^{-6})$ Pa。

利用小角度法所找到的工艺参数进行爆炸复合（不用过渡层），即获得了相当好的结合质量。其试样经过冷、热冲击后，渗透率<1.33×10^{-8} Pa。

使用小角度法来确定某两种金属的可焊性参数时，事先应知道这两种金属大致的可焊性范围，即可焊性参数 v_{cp} 和 β 的范围，以减少试验的盲目性。

LD2 铝合金和 1Cr18Ni9Ti 不锈钢爆炸复合时，用小角度法设计了如下参数：使用铵油炸药，LD2 的 σ_b=118 MPa，比强度为 32.5，v_{cp}=1700 m/s，v_d=2100 m/s，小倾角 α=2.1°，h_0=4 mm，则相应在 316 mm 长的试样中 β 在 14°~18.6° 之间变化。由此可获得沿试样长度上的焊接参数的变化情况，如表 2.2.8.2 所列。

表 2.2.8.2　铝合金-不锈钢小角度法试验中的焊接参数

x/mm	3	25.9	48.5	73	95.6	122.7	150	177.3	204.5	231.8	261.8	289	316
h_0/mm	4.1	4.95	5.78	6.67	7.50	8.50	9.50	10.5	11.5	12.5	13.6	14.6	15.6
$\gamma/(°)$	11.9	12.6	13.2	13.7	14.2	14.6	15.0	15.3	15.5	15.8	16.0	16.2	16.4
$\beta/(°)$	14.0	14.7	15.3	15.8	16.3	16.7	17.1	17.4	17.6	17.9	18.1	18.3	18.5
$v_p/(\text{m·s}^{-1})$	434.6	459.8	482	500	518	533	546	557.6	569	577	584	593	600
$v_{\text{cp}}/(\text{m·s}^{-1})$	1781	1796	1808	1817	1825	1832	1837	1842	1846	15850	1852	1855	1857

沿长度等间距取 8 个试样进行真空检漏试验，其结果均达到 1.33×10^{-8} Pa 的指标，测定前也经过冷、热冲击处理。上述试验表明，在 v_{cp}=1800~1850 m/s 和 β=14°~18° 之内，不用银作过渡层，直接进行铝合金-不锈钢爆炸复合也可以获得很好的结合质量。

一种连续改变炸药层厚度(即梯形布药——沿爆轰方向炸药层连续增厚)来确定爆炸焊接参数的方法[105]，可使飞板的速度和弯折角在一定的范围内变化，而撞击点速度变化不太大。该文献推导出该试验条件下动态参数间的数学关系式，并将此法应用于钛-钢、黄铜-钢的爆炸焊接。结果表明，这种试验方法是合理的，它使得金属爆炸焊接时选择最佳动力学条件的过程变得更快、更容易和更有条理性。

2.2.9　爆炸焊接梯形布药法工艺参数试验

文献[1115]用梯形布药法进行了爆炸焊接药量参数的试验研究。原理图如图2.2.9.1所示。试验中，覆板为电解镍板、尺寸是6 mm×70 mm×400 mm；基板是电解铜板，尺寸是14 mm×70 mm×400 mm。其物理和力学性能如表2.2.9.1所列。

表 2.2.9.1　铜和镍的物理及力学性能

材料	σ_b/MPa	$\sigma_{0.2}$/MPa	δ/%	E/GPa	ρ/(g·cm^{-3})	比热容/(J·kg^{-1}·K^{-1})	熔点/℃
铜	209	33.3	60	128	8.93	255	1084
镍	317	59	30	207	8.902	471	1453

为了获得合理的爆速，在炸药中加入适量的食盐作为稀释剂，此时炸药的爆速为2500 m/s左右，堆积密度为0.81 g/cm³。

单位面积药量计算公式为

$$W_g = K_g \sqrt{\delta_1 \cdot \rho_1} \qquad (2.2.9.1)$$

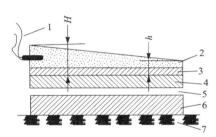

1—雷管；2—炸药；3—缓冲层；4—覆板；
5—间隙；6—基板；7—基础

图 2.2.9.1　梯形布药法爆炸焊接工艺参数试验原理图

式中：δ_1 和 ρ_1 分别为覆板的厚度和密度；K_g 为相似系数，取 K_g=1.4。梯形布药时，W_g=2.6~3.7 g/cm²。如图2.2.9.1所示，h=$W_{g,1}/\rho$=2.6÷0.81=3.2 cm，H=$W_{g,2}/\rho$=3.7÷0.8=4.57 cm。

间隙值 h_0 按经验公式计算，即

$$h_0 = A(\delta_1 \cdot \rho_1)^{0.6} \qquad (2.2.9.2)$$

式中：A 为计算系数，其值在0.1至1.0范围内选择。试验中取 A=0.5，计算后取 h_0=12 mm。

爆炸焊接后，对复合板进行取样分析，根据不同部位的结合区波形的特征，获得与最佳波形相对应的最佳单位面积药量为3.2 g/cm²。据此再次进行该镍-铜复合板的爆炸焊接试验，以验证试验结果的准确性。结果表明，两者一样。

结论指出，采用梯形布药法获取的最佳爆炸焊接药量参数，是一种简便快捷的试验方法。本文所叙的试验证实了这种方法的可靠性和实用性。梯形布药法尤其适用于两种性能相差较大的金属材料爆炸焊接药量参数的测定，并提供可靠的参数数据。

2.2.10　爆炸焊接电阻丝法工艺参数试验[106]

1. 电阻丝法原理

用电阻丝法进行爆炸焊接工艺参数试验的装置示意图如图2.2.10.1所示。覆板和基板的材料均为LY12CZ铝合金，基板尺寸为 6 mm×100 mm×250 mm。覆板宽100 mm，长300 mm，厚度分别为2 mm，3 mm，4 mm，5 mm，6 mm。为了获得不同的撞击速度 v_{cp} 和动态角 β，必须调整爆炸载荷 v_d，间隙距离 h 和安装角 α。爆炸载荷的调整用改变炸药组分、种类和质量比 R_1 来试验。

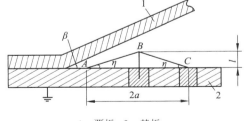

1—覆板；2—基板；
ABC—中央顶起的电阻丝($AB=BC=b$)；
l—电阻丝中央的高度；
$2a$—电阻丝在基板上的跨距；
η—电阻丝与基板的夹角；β—碰撞角

图 2.2.10.1　爆炸焊接电阻丝法工艺参数试验安装图

如图2.2.10.1所示，$\eta < \beta$，所以抛射板——覆板首先从 A 点同电阻丝接触，然后以速度

$$v_1 = v_p / \sin(\beta - \eta) \qquad (2.2.10.1)$$

同 AB 段电阻丝闭合。当闭合到 B 点时，由于电阻丝 BC 段下倾，覆板将以速度

$$v_2 = v_p / \sin(\beta + \eta) \tag{2.2.10.2}$$

同电阻丝 BC 段闭合。显然 $v_1 > v_2$，故在 B 点发生闭合速度的转折。如果供给电阻丝以恒定电压（或恒定电流），那么由于闭合速度的差异，电阻丝 AB 段和 BC 段缩短速率不同，从而电阻丝上电压下降速度不同。利用这一点在示波图上就可测得 AB 段和 BC 段的闭合时间 t_1 和 t_2。由此转而求出闭合速度：

$$v_1 = b / t_1 \tag{2.2.10.3}$$

$$v_2 = b / t_2 \tag{2.2.10.4}$$

经过简单的几何运算求得：

$$\beta = \arctan \frac{l \cdot t_k}{a \cdot \Delta t} \tag{2.2.10.5}$$

$$v_{cp} = 2a / t_k \tag{2.2.10.6}$$

$$v_p = 2a \cdot l / (t_k^2 \cdot l^2 + \Delta t^2 \cdot a^2)^{1/2} \tag{2.2.10.7}$$

式中，$\Delta t = t_2 - t_1$，$t_k = t_1 + t_2$，时间从示波图上均可测量得到，$2a$ 和 l 为电阻丝的安装尺寸。

于是，用上述的简单装置可同时测出 v_{cp}、v_p 和 β 等重要的动态参数。

2. 电阻丝法工艺参数试验的结果

根据 24 次电阻丝法工艺参数试验的结果，作图 2.2.10.2 至图 2.2.10.4。图 2.2.10.2 为以 $v_{cp} - R_1$ 作坐标系的铝合金板的爆炸焊接可能性"窗口"，图 2.2.10.3 为以 $v_{cp} - \beta$ 作坐标系的铝合金板的爆炸焊接可能性"窗口"。由此窗口可以看出它们有几条边界线。

（1）当 v_{cp} 小于一定值后，在接触点产生的应力不超过材料的弹性极限或塑性极限，因此在基板上只能有弹性变形或塑性变形，不能有波的形成和射流形成等特殊的表面现象，爆炸焊接当然不能实现。

（2）当 R_1 小于一定值后，或者炸药得不到稳定爆轰，或者造成的 β 角太小，不能产生射流，爆炸焊接也不能实现。

（3）当 R_1 值较大，或者虽然 R_1 值不太大，但是所用炸药的爆轰速度较高，或者安装角较小，v_{cp} 较大，于是造成较多的熔化。这将严重地降低焊接强度，而形成一条限制焊接可能性范围的边界线。

（4）当 v_{cp} 值太大时，不可避免地造成射流的消失，爆炸焊接也将无法实现。

由上述四条边界线围成的区域，即为爆炸焊接可能性"窗口"。在这个"窗口"内，爆炸焊接都能实现。这个"窗口"又由直线 V 分成两个区域：左边区域是平滑的层焊区，在交界面上没有波形成；右边区域是在结合界面上有波形的区域。

图 2.2.10.4 显示了窗口内若干位置的爆炸焊接双金属的剪切强度数据。由这些数据可见，它们相当于或高于原始基材的抗拉强度，也就是说，选用此窗口范围内的工艺参数值，都能够获得与基材等强的结合强度的双金属。

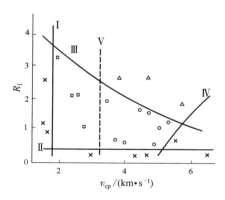

○—波形焊试验点；□—层焊试验点；
△—过熔化试验点；×—无射流试验点

图 2.2.10.2　LY12CZ-LY12CZ
在 $R_1 - v_{cp}$ 平面坐标上爆炸焊接
可能性窗口图

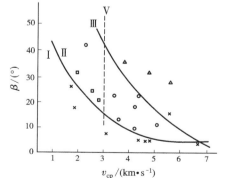

图中符号同图 2.2.10.2

图 2.2.10.3　LY12CZ-LY12CZ
在 $\beta - v_{cp}$ 平面坐标上爆炸
焊接可能性窗口图

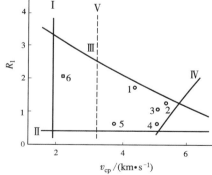

图中各点的剪切强度为（MPa）：
1—51.1；2—63.7；3—62.1；
4—62.7；5—63.9；6—81.9

图 2.2.10.4　在可能性窗口中不同
焊点的剪切强度实验数据图

由此可见，该电阻丝法是获得相应金属组合爆炸焊接工艺参数数据的简单易行的实验方法。

2.2.11　计算机在爆炸焊接工艺参数设计中的应用

随着计算机的广泛普及和大量地应用于科学研究、生产和生活中，它在爆炸焊接这个科技领域内也获得了成功的应用。这种应用首先是确定爆炸焊接的各项工艺参数。

从事爆炸焊接工作的人们知道，当初在设计工艺参数的时候，往往采用试凑法，即制订一组工艺参数进行试验，根据试验结果选择最佳参数。这种方法很原始，后来从大量的试验资料和实践经验中总结出经验公式，由这些公式来计算所需要的工艺参数数据。这无疑前进了一大步。

但是，由经验公式获得的工艺参数数据仍有局限性。一方面，这些数据的正确与否还要经受实践的检验，在实践中不断修正。另一方面，对于不同爆炸性能的炸药和不同材质、尺寸、状态及性能的金属组合来说，还没有一个万能的经验公式能计算它们的工艺参数值。

因此，寻求便捷和准确的工艺参数的设计方法和手段，就成了更迫切的要求，由此而促进了计算机在爆炸焊接领域中的成功应用。

文献［107］运用计算机合理和系统地确定了各种金属组合的爆炸焊接工艺参数。下面简单地描述确定爆炸焊接参数所使用的程序和模型。

1. 撞击要求的确定

这部分程序的输入内容由被焊接的金属材料的一些物理和力学性能组成，包括密度 ρ（g/cm^3）、厚度 δ（cm）、强度 σ_b（MPa）、硬度 HV、体积声速 C_V（cm/s）、熔点 $t_{熔}$（℃）、导热系数 λ［J/（cm·s·℃）］、比热容 c［J/（g·℃）］。如表 2.2.11.1 所列。

（1）最小覆板速度的确定。在得到上述性能数据后，该程序的第一步是确定为保证结合区产生塑性变形和射流所需要的足够动能，以及消耗于砧座上的能量而需要的最小覆板下落速度 v_p。v_p 可用经验公式（2.2.11.1）来计算：

$$v_{p,\,min} = (\sigma_b/\rho)^{1/2} \tag{2.2.11.1}$$

如果两种被焊金属相同，则 $v_{p,\,min}$ 可直接由上式求得。如果两种被焊金属不同，则 $v_{p,\,min}$ 需要保证有足够的能量使"比较硬的"金属产生塑性变形，这就需按如下的步骤顺序完成。

① 用公式（2.2.11.1）计算每种金属的 $v_{p,\,min}$。

② 用雨贡纽关系式确定每种金属中的相应压力，即 $p = C_V \cdot u_p \cdot \rho$。式中 u_p 为质点速度，u_p 可由公式（2.2.11.1）所确定的覆板速度的 1/2 计算。

③ 选两个压力中比较大的一个；用较大的压力重新计算另一种金属相应的质点速度。

④ 这个新的质点速度和由第二步确定的与较大压力值相关的质点速度之和，就是所需要的最小覆板速度。

因此，这个过程将保证"较软的"金属在其界面产生足够的压力使"较硬的"金属变形。

（2）覆板的确定。下一个步骤是选择两种金属中哪一个用作覆板。这个选择通常是以单位面积质量为基础的，即将具有较小值的金属选为覆板。

（3）撞击点速度的确定。临界撞击点速度由式（2.2.11.2）确定，即

$$v_{cp}' = \left[1 - \frac{2Re(\mathrm{HV_1 + HV_2})}{\rho_1 + \rho_2} \right]^{1/2} \tag{2.2.11.2}$$

式中，Re 为雷诺数，$\mathrm{HV_1}$ 和 $\mathrm{HV_2}$、ρ_1 和 ρ_2 分别为覆板和基板的维氏硬度及密度。

按下述方式增大 v_{cp}'，便可得到实际的 v_{cp}。

① 当 $v_{cp}' \geqslant 2500$ m/s 时，$v_{cp} = v_{cp}' + 50$（m/s）；

② 当 2000 m/s $\leqslant v_{cp}' < 2500$ m/s 时，$v_{cp} = v_{cp}' + 100$（m/s）；

③ 当 $v_{cp}' < 2000$ m/s 时，$v_{cp} = v_{cp}' + 200$（m/s）。

经验指出，临界撞击速度增大的原因是：良好的焊接不是产生在临界速度条件下，而通常是出现在比其大的数值上。由于随着临界速度值的增大，焊接性一般是降低的，因此，当其临界速度值增到较大时，附加的增加量要减小。

（4）最大覆板速度的确定。为防止结合区出现熔化，最大覆板的下落速度用式（2.2.11.3）确定：

$$v_{\text{p, max}} = \frac{(t_{熔} \cdot C_V)^{1/2}}{v_{cp}} \left(\frac{\lambda \cdot c \cdot C_V}{\rho_1 \cdot \delta_1} \right)^{1/4} \tag{2.2.11.3}$$

当两种金属相同时，可用式(2.2.11.3)计算 $v_{\text{p, max}}$。当它们不同时，则要考虑哪一种金属先熔化，这个问题与热扩散率有关。即热扩散率的倒数可表示材料达到一定温度所需要的时间，即

$$\frac{1}{\alpha} = \frac{1}{\lambda / \rho \cdot c} Re \tag{2.2.11.4}$$

式中，α 为热扩散率。

因为 α 与 $t_{熔}$ 之积较小的金属将先熔化，所以从 $\frac{1}{\alpha} \cdot t_{熔}$ 值较小者选择与以前确定的覆板相对应的 c、λ、ρ 和 $t_{熔}$，C_V 和 δ_1 确定 $v_{\text{p, min}}$。

当确定了最大和最小覆板速度之后，最恰当的覆板速度由式(2.2.11.5)确定，即

$$v_p = v_{\text{p, min}} + 0.1 \cdot \Delta v_p \tag{2.2.11.5}$$

式中，$\Delta v_p = v_{\text{p, max}} - v_{\text{p, min}}$。$v_p$ 值如果是负值，则表示焊接将是相当困难的，其原因可能是覆板太厚、熔点太低或者 v_{cp} 太高。

到此为止，根据上述计算出的参数，可画出如图 2.2.11.1 所示的曲线。用这种图解法能够清楚地阐述产生焊接的范围(图中阴影区)。

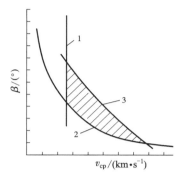

1—临界碰撞点速度；
2—最小板速；3—最大板速

图 2.2.11.1 由焊接参数组成的焊接区(阴影区)范围

2. 满足撞击要求的炸药的确定

程序第二部分的输入由每种炸药的一个数据库(或数据块)组成，可检查能使用的不同炸药的数量。这些数据块被装置在程序的数据输入部分里，每个数据块包含炸药名称、最大爆速 v_d(m/s)、最大格尼能 $\sqrt{2E}$、炸药密度 ρ_0(g/cm^3)、能引爆的最小炸药厚度 δ_0(cm)、格尼能和最大爆速的比率 G、曲线拟合常数 B。

(1)装药量的确定。为了确定装药量，有如下要求：

① 按公式(2.2.11.5)确定产生需要的 v_p 所要求的装药量；

② 这个特定的装药量要能达到所需的传播速度；

③ 格尼能与上述确定的装药量有关，将式(2.2.11.6)与式(2.2.11.7)两个方程联立求解，即

$$\sqrt{2E} = v_p \Big/ \left(\frac{3}{1 + 5m/c + 4m^2/c^2} \right)^{1/2} \tag{2.2.11.6}$$

$$\sqrt{2E} = G \cdot v_d \Big/ \left[1 - \exp\left(\frac{C_{\min} - C}{d} \right) \right]^B \tag{2.2.11.7}$$

式中，m 为单位面积的覆板质量，d 为归一化常数(g/cm^2)，$C_{\min}$ 为能引爆的炸药的最小装药量，C 为要求的装药量。

式(2.2.11.6)为格尼方程，式(2.2.11.7)是一个推导出来的与试验确定的表示炸药特征的数据点相符合的方程。当这两个方程画成如图 2.2.11.2 所示的曲线时，格尼方程可以认为是在各种不同的 $\sqrt{2E}$ 值下，产生固定的 v_p 所给出的要求装药量。图中两曲线的交点是装药量和产生要求的覆板速度相对应的 $\sqrt{2E}$ 值。当联解这两个方程时，可以推导出两个不允许的条件。如果炸药对所产生的和所需要的覆板速度不是足够强有力时，则两条曲线不相交。如果覆板速度要求炸药的厚度值小于爆轰传播的最小厚度，则交点将在图中标示的 $C_{\min}$ 的垂直线的左边。当这两个条件中的任何一个存在时，则这种炸药在没有更换品种的前提下，是不能使用的。

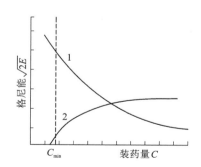

1—格尼方程：在各种不同的 $\sqrt{2E}$ 范围内产生固定的覆板速度所要求的装药量；
2—曲线拟合方程：C 和 $\sqrt{2E}$ 之间的函数关系

图 2.2.11.2 格尼方程和曲线拟合方程联立求解的图解表示法

(2)爆速的确定。在上一步确定的装药量基础上，要计算炸药爆速。它可通过经验关系式(2.2.11.8)来求得，其中 $\sqrt{2E}$ 格尼能值由式(2.2.11.6)和式(2.2.11.7)联立求解得到，即

$$v_d = \sqrt{2E}/G \tag{2.2.11.8}$$

经验证明，在各种不同装药量的范围内，$\sqrt{2E}/v_d$ 的比率是相对不变的。而对个别的炸药来说，可在 $(0.30\sim0.41)$ 之内变化。

（3）焊接几何图形的确定。程序的剩余部分是确定初始安装角（如果需要的话）或最小间隙。最小间隙的经验计算式为

$$h_0 = 0.2(\delta_1 + \delta_0) \tag{2.2.11.9}$$

上述计算机设计程序可用图 2.2.11.3 和图 2.2.11.4 来描述。

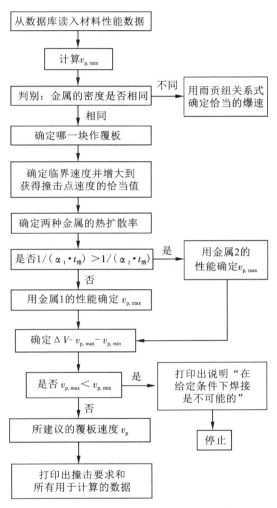

图 2.2.11.3　确定撞击要求的程序方框图

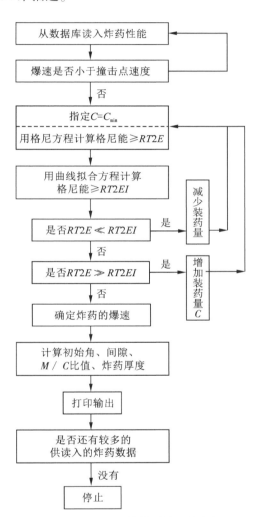

图 2.2.11.4　确定装药量的程序方框图

该文献以 $\frac{1}{2}$ 冷加工铜和 9.5 mm 厚的特高强度钢的爆炸焊接为例，用计算机程序设计确定了该组合的爆炸焊接工艺参数如下：

① 临界撞击点速度 1998.31 m/s；

② 撞击点速度 2196.31 m/s；

③ 最小覆板速度 357.22 m/s。

为了保证撞击速度和覆板速度的必需数据，计算机设计输出的炸药参数如表 2.2.11.2 所列。

表 2.2.11.1　金属材料的物理-力学性能

性　　能	冷加工铜	特高强度钢
密度/（g·cm^{-3}）	8.91	7.86
厚度/cm	0.35	0.95
抗拉强度/MPa	238	980
维氏硬度（HV）	50	272
体积声速/（m·s^{-1}）	3940E+06	4590E+06
热传导率/［J·（cm·s·℃）$^{-1}$］	362E+08	520E+07
比热容/［J·（g·℃）$^{-1}$］	385E+07	447E+07
熔化温度/℃	1082	1510

表 2.2.11.2 由计算机输出的炸药性能参数

炸 药 名 称	δ_0/cm	W_g/(g·cm^{-2})	$h_{1, min}$/cm	α/(°)	v_d/(m·s^{-1})	$RT2E$/(m·s^{-1})	R_1
TSE 1005	0.67	1.07	0.20	5.91	5338.17	1549.04	2.90
TSE 1004	0.96	1.15	0.20	4.57	4029.46	1463.81	2.71
DBA 10HV	0.90	1.21	0.25	3.43	3332.71	1400.27	2.57
40X EXTRA	1.51	1.89	0.37	2.48	2913.64	990.65	1.65
EXCOA K40U	2.75	3.25	0.62	0.42	2293.94	679.69	0.96
EXCOA K60	2.08	2.45	0.49	1.61	2615.74	821.37	1.27
OETABHEET	0.50	0.73	0.17	6.96	7172.13	2153.01	4.27

文献[108]也将计算机应用到了爆炸焊接工艺参数的设计中。指出，在动力和化学工业中，例如大功率的水轮发电机的涡轮叶片，原子发电站的飞轮和其他重达20 t或更重大的大型零件，为了获得大尺寸的双金属坯料，特别有效地利用了爆炸焊接。当周围介质的参数大大改变的时候，在野外的条件下可实现该工艺过程。但是，与炸药的含水量和厚度，以及覆板的厚度有关的爆炸焊接工艺参数的校正需要付出繁重的劳动，并需进行复杂的计算。这些在野外是难以办到的。根据已知的变化关系，可用计算机设计爆炸焊接过程的程序，计算爆炸焊接最佳工艺参数，以提高焊接产品的质量。文献[109~113]也将计算机应用到了爆炸焊接之中。

文献[1077]指出，随着计算机在爆炸焊接研究领域中的应用，其作用也日益突出。用计算机模拟爆炸焊接过程可以有效地降低试验次数，节省人力、物力和财力。此外，爆炸焊接参数复杂，影响因素众多，用计算机辅助确定爆炸焊接参数可以大大降低其复杂程度。还应该指出的是，用计算机模拟爆炸焊接过程和辅助确定爆炸焊接参数是建立在一定的模型的基础之上的。因此，只有深入地了解爆炸焊接过程之后，才能建立适当的模型，以准确地模拟爆炸焊接过程。

文献[1116][1117]根据爆炸焊接窗口理论及试验分析，开发了"爆炸焊接窗口仿真系统(EWW1.0)"。通过该系统可以实现各种双金属爆炸焊接窗口曲线的计算机仿真。应用该软件对于确定爆炸焊接合理的工艺参数具有很好的指导意义。

文献[1118]指出，爆炸焊接参数的优化是获得高质量金属复合材料的关键。本文采用材料和炸药两个系统拟合的方法，按参数下边界条件优化参数的原则，建立了参数计算的计算机辅助系统，使参数确定由试凑法和单纯的经验上升到理论。该方法有足够的合理性和可靠性，适用于广泛的材料组合，可在工程实际中采用。

文献[1119]根据爆炸焊接理论，综合分析了相关爆炸焊接参数计算方法，利用 Visual C ++语言，编制了爆炸焊接参数计算机辅助设计程序。该程序采用菜单和视图形式对输入和输出命令结果进行操作，方便直观。与有关试验结果的对比表明，计算机估出的焊接窗口及最佳焊接参数具有很高的准确度。爆炸焊接的 CAD 方法对于减少试验次数、摆脱经验设计方法和选择最佳焊接参数将是非常有用的工具。

随着科技的发展，特别是计算机技术的发展，计算机(电脑)在科学技术和国民经济中的应用，包括在爆炸焊接工艺参数设计中的应用，将越来越多和越来越广泛。随着爆炸焊接技术和产品的大量开发和其工艺参数的计算和确定，计算机会日益深入并广泛地成为人们的好帮手。

2.2.12 爆炸焊接"窗口"

1. 爆炸焊接"窗口"的概念及表示方法

为了用爆炸焊接法获得优质的产品，必须研究其工艺参数。人们为了预测最佳的工艺参数，先提出了一些爆炸焊接的准则和判据，后来又出现了可焊性"窗口"的基本方法和概念。

爆炸焊接"窗口"实际上是在实验的基础上，在以静态参数、动态参数和界面参数，以及产品的物理、力学和化学性能中的两个(或三个)不同物理量所构成的平面(或立体)的坐标图中，由表示爆炸条件和结果的焊接参数曲线所限定的区域。这种坐标图给出了不同金属组合的爆炸焊接性的范围，亦称爆炸焊接区。它标示出某一金属组合焊接与否和结合区状态的一个质量优劣的工艺参数范围。在用该范围之内的工艺参数时能够获得优质的结合，在用该范围之外的工艺参数时结合质量就不高。

　　如图 2.2.12.1 所示，1 区是结合强度较高的工艺参数范围，直线 2 以内也能焊接在一起，直线 3 以外则为无波区，曲线 4 以外就不能焊接了。1 区的范围就是由一组代表各自参数的线条所划定的。这些参数多是动态参数，然而，可根据它们再用一些数学式计算成静态参数。由这些静态参数就能够进行爆炸焊接试验。这就是爆炸焊接"窗口"的作用。

　　图 2.2.12.2 是爆炸焊接"窗口"的另一种表示方法。图 2.2.12.3～图 2.2.12.18 为另一些不同形式和各种金属组合的爆炸焊接"窗口"图。由这些图能够查找到获得强固焊接的参数，从而指导实践和生产。

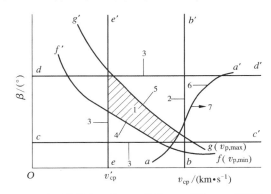

1—界面有波的焊接区域；2—焊接；3—无波；4—无焊接；
5—带熔化层焊接；6—有射流；7—无射流；v'_{cp}—临界碰撞点速度

图 2.2.12.1　爆炸焊接性窗口示意图[3]

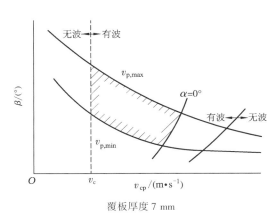

覆板厚度 7 mm

图 2.2.12.2　铜-钢爆炸焊接窗口示意图[93]

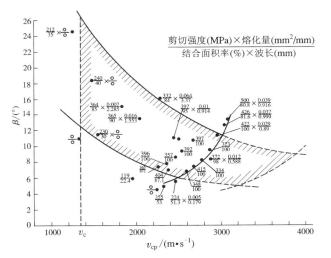

$$\frac{剪切强度(MPa)\times 熔化量(mm^2/mm)}{结合面积率(\%)\times 波长(mm)}$$

图 2.2.12.3　爆炸焊接参数边界条件和窗口示意图[45]

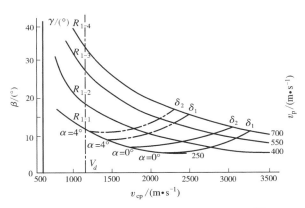

图 2.2.12.4　铜-钢爆炸焊接参数模型图[92]

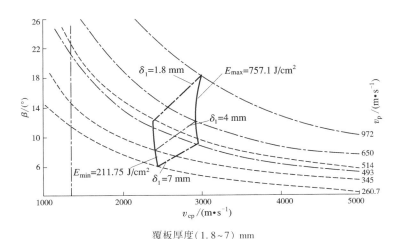

覆板厚度（1.8～7）mm

图 2.2.12.5　铜-钢爆炸焊接能量窗口形式[45]

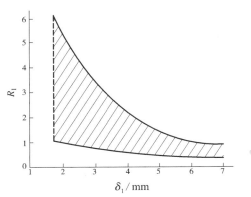

**图 2.2.12.6　铜-钢爆炸焊接合适的
质量比与覆板厚度的关系**[45]

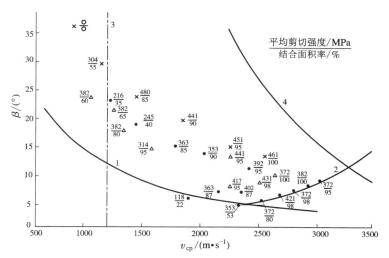

B30 覆板厚度（mm） ● —7；△—4；×—1.8

图 2.2.12.7　铜-钢复合板爆炸焊接窗口[92]

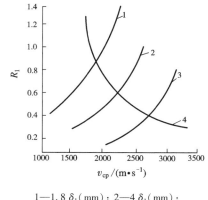

1—1.8 δ_1（mm）；2—4 δ_1（mm）；

3—7 δ_1（mm）；4—$IE=1.3$（IE）mm

图 2.2.12.8　铜-钢复合板确定
最佳药量的图解法[92]

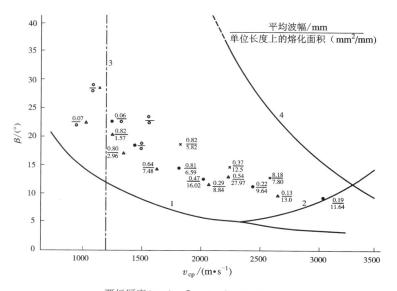

覆板厚度（mm）：● —7；△—4；×—1.8

图 2.2.12.9　铜-钢爆炸焊接窗口内结合区状态[92]

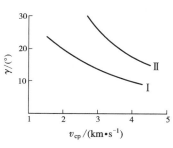

图 2.2.12.10　08X18H10T-G3 复合板
爆炸焊接的下限（Ⅰ）和上限（Ⅱ）[28]

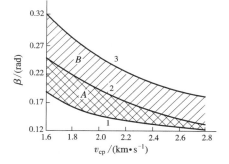

1 和 2—铅在 293 K 的温度下焊接的下限
和上限；3—铅在 77 K 温度下焊接的上限

图 2.2.12.11　在不同的初始温度下，厚度
（2+5）mm 的铜-铅复合板的爆炸焊接区[115]

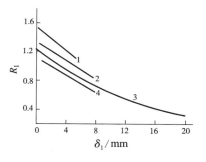

1—钛；2—钢；3—铝；4—铜

图 2.2.12.12　用杜纳尔 4/290 炸药进行爆炸复合时
取决于覆层材料及其厚度的要求的质量比[116]

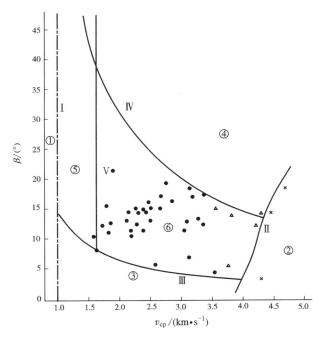

●—强焊接；▲—焊接；×—未焊接

图 2.2.12.13　钛-钢复合板爆炸焊接窗口[114]

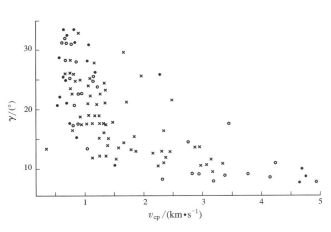

●—没有焊接；×—强固焊接；○—局部焊接

图 2.2.12.14　铜-铜复合板爆炸焊接区[117]

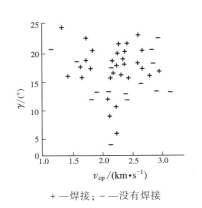

+ —焊接；– —没有焊接

图 2.2.12.15　铝 –G3 钢复合板的爆炸焊接区[117]

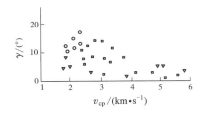

○ —无波焊接；□ —有波焊接；▽ —未焊接

图 2.2.12.16　杜拉铝-杜拉铝复合板的爆炸焊接区[117]

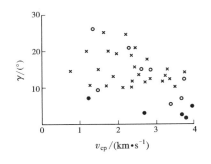

●—未焊接；×—强固焊接；○—局部焊接

图 2.2.12.17　铜-钢复合板爆炸焊接区[117]

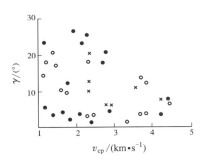

●—未焊接；×—强固焊接；○—局部焊接

图 2.2.12.18　1X80H10T-G3 复合板爆炸焊接区[117]

2. 爆炸焊接"窗口"的获得

与爆炸焊接"窗口"有关的静态参数、动态参数和界面参数计有 W_g、ρ_0、δ_0、δ_1、ρ_1、h_0、α、β、γ、v_d、v_p、v_{cp}、R_1、E、λ 和 A 等，以及材料的各种力学性能和复合材料的结合性能，等等。对于每一种金属组合，就平面坐标的窗口而言，如果由上述任意两个参数组合就能获得数十个至数百个窗口。因此，制作爆炸焊接"窗口"的工作量是相当大的。

但是，并非所有的窗口都有很大的价值。在工作中应当抓住主要矛盾，尽量获得与最佳工艺参数有密切的和直接关系的窗口，在此前提下再去制作有理论价值的窗口。制作爆炸焊接窗口的方法很多。如前面讨论过的半圆柱法、台阶法、小角度法和电阻丝法，以及计算机法等。此外，排列组合法、正交设计法和优选法这些科技领域中常用的试验方法也有很大的应用意义。

文献[1120，1121]论述了爆炸焊接参数设计的能量模型，该模型具有不同的概念和性质，同时可靠、简洁和实用，是一个新的参数设计模型。结论指出，由该文献提出和建立的最小等能量线、最大等能量线、下限能级转换轨迹线和上限能级转换轨迹线，构成了材料新的可焊条件边界，又可作为参数设计时可焊条件的判据。与能量方程结合起来，该能量模型是制作可焊性窗口、优化参数设计的可靠基础。使用等能量线、等压力线及其数学表达式 VEP 方程可进行能量、速度和压力参数的相互转换。等能量线和等压力线是 $\beta-V_{cp}$ 曲线，横坐标轴的一条垂线或者 V_{cp} 为常数的直线。但等能量线和等压力线的位置，以及 V_{cp} 数值又是可移动和可变化的，这种变化取决于材料和炸药的性质。该文提出的下限当量厚度、上限当量厚度、最小可焊厚度和最大当量厚度的概念，为建立能量分级、能级分布、能级转换和能级转换轨迹线提供了依据，拓宽了材料的可焊厚度范围和可焊参数的边界。

文献[1122]指出，在爆炸焊接中，爆炸焊接参数的确定是非常重要的。作者总结了已有的爆炸焊接参数窗口理论，根据爆炸力学和爆炸焊接的基本原理，提出一种双金属爆炸焊接参数窗口的下限理论。

该文献根据流体力学理论，推导出了单一金属对爆炸焊接的覆板下落速度的下限公式：

$$V_{p,min} = K \cdot HV/\rho \tag{2.2.12.1}$$

式中：HV 为材料的维氏硬度；ρ 为材料的密度；K 为与表面粗糙度有关的常数，取 0.6~1.2。

用公式(2.2.12.1)计算单一金属对的最小可焊速度 $V_{p,min}$，再以 $V_{p,min}$ 计算该单一金属对的最小可焊压力 P_{min}。

以上述单一金属对的计算结果为基础数据，可找到双金属对之间的最小可焊压力 P_{min}。再以双金属对的 P_{min} 值计算出它们的最小可焊速度 $V_{p,min}$，即

$$P_{min} = min(P_{min,1}, P_{min,2}) \tag{2.2.12.2}$$

$$u_1 = \sqrt{[4\lambda_1 P_{min}/(\rho_1 C_{01}^2) - 1/2\lambda_1]} \tag{2.2.12.3}$$

$$u_2 = \sqrt{[4\lambda_2 P_{min}/(\rho_2 C_{02}^2) - 1/2\lambda_2]} \tag{2.2.12.4}$$

$$V_{p,min} = u_1 + u_2 \tag{2.2.12.5}$$

式中：λ 为线性系数；ρ_1、ρ_2 为双金属对的密度；C_{01}、C_{02} 为双金属对的声速。

用公式(2.2.12.1)再计算双金属对的可焊下限。数据表明，该下限值有较高的精度。

文献[1123]指出，爆炸复合是一个复杂的物理和化学过程，其最佳工艺参数必须由试验确定。为了指导试验参数的选择，可根据理论和半经验公式，确定出工艺参数的范围，即爆炸复合焊接性窗口。该文根据确定该窗口的方法，编制了计算机辅助设计程序，计算并绘制了钽-钢爆炸复合的焊接性窗口。用此窗口指导试验参数的选择。通过试验再确定最佳的工艺参数。结果表明，该程序可用于指导选择爆炸复合的工艺参数。

本书作者指出，所有"窗口"中的"最佳参数"并非十全十美——它们至少没有考虑合金相图在其中的应用(见 4.14 章)。因而，还得在实践中进行检验和不断修正。同时，在几十年实践积累的基础上，以及在计算机已用于爆炸焊接工艺参数设计的情况下，用此"窗口"法和前述几种方法来试验和选择工艺参数，就日益显得费时、费事和费钱而不合时宜。然而，作为一种科技发展的"历史"，它们还是应该被记录和保留下来的。

还值得一提和着重指出的是，上述各种不同金属组合和用多种方法获得的"窗口"，也包括文献[1124~1130]中的，基本上都没有涉及金属材料的一些特殊的物理和化学性质，而仅仅涉及了它们的一些力学性能。但就力学性能而言，除了 a_k 值特小的金属材料之外，其余的材料原则上都能够爆炸焊接在一起，这就显示了爆炸焊接的神奇性的一面。然而，由此便掩盖了许多问题，使一些研究者只见树木不见森林，而片面地作出结论，从而将"窗口"课题的研究"神奇化"和将其在大生产中的适用性和指导性扩大化。实际上并非如此，下面试举一例说明。

早在 20 世纪 80 年代初，某单位为了找寻钛-钢复合板爆炸焊接的最佳参数，用半圆法获得了如图

2.2.12.13所示的"窗口"。然后用此窗口中的最佳参数，爆炸焊接了当时算是最大面积的钛-钢复合板。但是当此复合板在平板机上校平的时候，部分地方出现了开裂——钛板和钢板分离了。当时，这一现象和结果引起了本书作者的思考：是"窗口"有问题，还是原材料有问题？本书作者在思考了20多年后的前几年，才"悟出"了其中的奥秘，这就是4.14.8节和4.15.1节中所叙述的原因：钛在882 ℃下会发生相变（$\alpha \rightleftharpoons \beta$），与此同时伴随着5.5%体积的变化。即由$\alpha$钛转变为$\beta$钛的时候，其体积缩小5.5%。钛和钢在爆炸焊接过程中，结合区的温度高于882 ℃。过程结束后，结合区的温度又低于882 ℃。结合区内温度如此一升一降，便导致了相应位置钛的体积一缩一胀。如此的缩和胀，相当于钛层和钢层在界面上进行了来回搓动。这种往复搓动必然削弱钛和钢之间的结合强度。另外，在爆炸焊接过程中，结合区内钛侧的一薄层金属经历了如上所述的温度和体积的变化，而结合区外的钛层的金属没有经历同样的温度和体积的变化。在同一钛层内如此两种不同的热过程和物理—化学过程，也将造成其内相应位置同一金属两部分之间的往复搓动，从而在这一对应位置形成另一个强度薄弱区（图4.15.1.1）。这两个薄弱区就是钛-钢复合板不容易炸好、易出现开裂和整块复合板可以撬开的主要原因（图4.16.6.2）。这一特性可能是以钛为组元之一的爆炸复合材料所共同具有的。

另外，如4.7章所述，钛在和其他金属爆炸焊接的时候，由于其较低的a_k值，使得这种爆炸复合材料的结合区内的钛金属只能以"飞线"——绝热剪切线的形式来进行塑性变形，并与另一种金属冶金结合。这种"飞线"形式的塑性变形，与晶粒的拉伸式和纤维状的塑性变形相比，也许不一定有利于爆炸焊接情况下的冶金结合和结合强度的提高。再者，例如，钛与钢在爆炸焊接的时候，在其结合区内会形成大量的Fe_mTi_n型金属间化合物。这些硬脆化合物的存在，就成为钛-钢复合板结合区中削弱其结合强度的又一因素。

此外，如4.14.2节和4.14.3节所指出的，根据合金相图能够估计对应金属组合的爆炸焊接性和相对的结合强度。例如，钛-钢、钛-镍等在合金相图上有大量金属间化合物的金属组合，虽然它们都有爆炸焊接性，但在工艺上比较困难一些，结合强度也相对较低。对于像不锈钢-钢、镍-钢等在其主要元素的合金相图上形成固溶体的金属组合，它们都能很容易地爆炸焊接在一起，而且结合强度也相对较高。前者显示出爆炸焊接的"窗口"较小，而后者的"窗口"较大。

4.14章、4.15章和本书其他章节的内容，详细地讨论了金属的合金相图和它们的一些物理和化学性质对其爆炸焊接性和结合性能的影响。这些内容和影响是至今所发表的有关"窗口"的文献中都不曾提到的。而这一问题都是"窗口"研究和讨论的实质。因此，现有的有关"窗口"的论述都是不全面和不科学的。这是这些文献的作者们有的不通晓金属学、金属物理学和金属材料学所致，也是他们有的太专注于错误的流体力学理论所致。

另外，"窗口"研究的成果大都是实验室里的工作，并不能且也没有用到大生产中去。例如，文献[1131]以T10-Q235复合板的爆炸焊接为例，不仅主张使用窗口下限的药量，而且指出："可焊性窗口的下限是可以突破的，即实际的炸药用量比可焊性窗口的允许的装药量的下限还可以减少20%左右。"本书作者认为这一结论很片面且很危险。第一，前已指出，"窗口"中的参数值还得在实践中不断修正，才能应用到大生产中去；第二，该文献提供的上述复合板的最大面积为$1.250 \times 0.82 = 1.025$ m²。在这么小的覆板面积上布药很容易，其上各处的药厚相差不会太大。但是在2×10 m²和更大面积的覆板上布药，如果使用下限药量，其上各处的药厚就会相差很大（用刮板刮来刮去的次数多得多）。如果再减少20%左右的话，覆板上各处的药厚就会相差更大。如此相差更大的药厚中的最低值很可能就会小于临界厚度尺寸而使炸药不能爆炸——熄爆或拒爆。对此对本书作者有一深刻的教训：20多年前，用2#岩石硝铵+25%食盐的混合炸药爆炸（2+15）mm×1000 mm×2000 mm的不锈钢-钢复合板，设计的药厚为18 mm。结果布药过程中，用刮板刮来刮去，药厚在不同地方相差很大：最厚处15 mm，最薄处11 mm，炸药爆炸后，药厚最薄处的炸药没有爆炸，从而使整块复合板报废。由此可以想象，如果是2×10 m²，或者更大面积的复合板，使用下限药量，甚至再减少20%，其结果会是什么样子？量变必然引起质变。希望该教学单位从事试验研究和小面积复合板试制的研究人员不要将一己之见推而广之，并将产品的研究、中试和大生产三个阶段严格区分开来（见5.7章）。还有该文献中的"小波状结合尤其是微波状结合才是高质量的结合"的结论也是缺乏理论和实践依据的，是不成立的和有害的。

总之，所有"窗口"中的"最佳参数"并非十全十美——它们至少没有考虑上述合金相图的论述在其中的应用，因而，还得在实践中进行检验和不断修正。

2.2.13　结合区压力的计算和测量

1. 结合区的压力

结合区的压力即是在爆炸焊接过程中，覆板在同基板高速撞击的瞬时，由覆板形成的对基板的压力。这个压力是覆板在获得爆轰波和爆炸产物的能量之后，转化成其高速运动的动能所产生的。不难理解，这个动能就是用于金属间实现爆炸焊接的总能量。因此，研究结合区的压力就是研究爆炸焊接的总能量。在覆板同基板撞击结合之后，这个能量就转换成了金属间的结合能——塑性变形能、熔化能和扩散能等。所以，爆炸焊接结合区压力的计算和测量是这门学科的理论和实践中的一个重要研究课题。

2. 结合区压力的计算

爆炸焊接过程中结合区塑性变形金属的动态屈服强度问题（参见4.6.3节），实际上是结合区的压力问题。结合区撞击压力的计算有不同的方法。

1）根据覆板下落速度和金属密度计算结合区压力

根据覆板下落速度和金属密度计算撞击压力的公式[118]为

$$p = a_0 + a_1 v_p + a_2 v_p^2 \qquad (2.2.13.1)$$

式中，a_0、a_1 和 a_2 为特定金属系统中的计算常数，由这些常数值和由设计的 v_p 值计算出来的撞击压力均列入表 2.2.13.1 中。

由表 2.2.13.1 中数据可知，结合区内的撞击压力不仅与覆板的下落速度有关，而且与金属的密度有关，通常与这两个物理量成正比关系。同时，表中数据还指出，撞击压力，亦即动态屈服强度是对应金属材料的静态屈服强度的几十倍至几百倍。下面的数据亦然。

文献[28]指出，在爆炸焊接的情况下，最重要的参数是结合区中的压力。这种压力将保证连接和净化结合表面所需要的塑性变形。显然这个压力应该高于一定的临界值。该临界压力对于铜来说是 3000 MPa，对于钢来说是 16500 MPa，对杜拉铝来说是 4400 MPa。这种撞击压力不仅取决于撞击速度和接触材料的特性，而且取决于碰撞角。在改变质量比、炸药厚度和爆速以后可以改变碰撞角和撞击压力。

表 2.2.13.1　不同金属组合的撞击压力　　　　　　　　　　　　　　　/MPa

金属组合		a_0	a_1	a_2	设计的，$v_p/(\text{m} \cdot \text{s}^{-1})$				
覆层	基层				200	400	600	800	1000
纯铝	紫铜	−7.9118	97.686	0.014916	1972	4062	6269	8593	11034
纯铝	钢	−400.88	104.84	0.014747	2073	4302	6646	9108	116802
纯铝	不锈钢	−343.15	103.92	0.014720	2061	4271	6429	9037	11593
防锈铝	不锈钢	−383.22	101.39	0.014603	2048	4168	6439	8827	11330
紫铜	钢	−168.69	178.99	0.027767	3601	7435	11488	15758	20246
黄铜	钢	−294.15	172.83	0.027263	3466	7174	11095	15231	19580
青铜	钢	−481.19	161.46	0.025911	3219	6777	10361	14236	18315
白铜	钢	144.03	192.14	0.027444	3888	7976	12280	16799	21533
不锈钢	钢	227.18	195.98	0.025794	3963	8094	12450	16997	21746
银	紫铜	5.5105	154.59	0.0319	3156	6561	10216	14121	18277
银	钢	−837.08	172.94	0.030382	3427	7174	11159	15382	19844
紫铜	纯铝	−7.9118	97.686	0.014916	1972	4062	6269	8593	11034
钛合金	钢	−91.267	145.33	0.019396	2916	5992	9221	12601	16134
纯铝	纯铝	81.237	69.766	0.0088675	1418	2882	4423	6328	7714

2）根据其他工艺参数计算结合区压力

结合区的压力与其他工艺参数的关系可归纳成表 2.2.13.2 和表 2.2.13.3，其中 M1、G3 和 Д16T 三种材料的静态屈服强度相应为 70 MPa、140 MPa 和 45 MPa。

表 2.2.13.2 在临界工艺下，一些复合板的撞击压力与其他参数的关系[35]

炸 药	金 属 组 合	δ_0 /mm	δ_1 /mm	α /(°)	v_p /(m·s⁻¹)	v_{cp} /(km·s⁻¹)	p_{max} /MPa	$\dfrac{p_{max}}{\sigma_{s,静}}$
黑索金	M1-M1	4.5	3	18	300	0.85	3000	42.86
	M1-M1	3.0	3	10	300	0.95	4000	51.14
	G3-G3	4.5	3	5	260	1.90	14500	103.57
	G3-G3	6.0	3	14.5	360	2.00	16000	114.29
阿玛尼特	Д16Т-Д16Т	10.0	10	5	290	1.60	3700	82.22
	Д16Т-Д16Т	15.0	10	8	460	1.70	4000	88.89
	Д16Т-Д16Т	25.0	10	16	850	1.80	4400	97.78

3）根据覆板与基板的密度及声速计算结合区压力

根据覆板与基板的密度及声速计算撞击压力的公式为：

$$p = \rho_1 \cdot v_{s,1} \cdot v_p / \left(1 + \frac{\rho_1 v_{s,1}}{\rho_2 \cdot v_{s,2}}\right)$$

（2.2.13.2）

式中，ρ_1、$v_{s,1}$ 和 ρ_2、$v_{s,2}$ 分别为覆板与基板的密度及声速。

假设金属组合为钛和钢，它们的密度分别为 4.51 g/cm³ 和 7.85 g/cm³，声速分别为 4800 m/s 和 4800 m/s。根据公式（2.2.13.2）计算的结果列于表 2.2.13.4 中。其中计算的结果是功（能）而非撞击压力。由表 2.2.13.4 数据可见，撞击能量是相当可观的。

文献[81]提供了与上述类似的撞击压力的计算公式（2.2.13.3），由此式计算的一些金属的撞击压力列入表 2.2.13.5 中。该表中的数据与表 4.6.3.3 基本一致，其结论也应当是相同的，即

$$p = \frac{\rho_1 v_d^2}{4 \times 9.8}$$

（2.2.13.3）

表 2.2.13.3 撞击压力与工艺参数的关系[117]

No	炸药	v_d /(km·s⁻¹)	覆板材料	δ_1 /mm	p_{max} /MPa
1	AT-2	3.3±0.15	M1 铜	4	7050
2		3.3±0.15	M1 铜	4	7320
3		3.3±0.15	M1 铜	4	7500
4		3.3±0.15	M1 铜	4	7470
5		3.3±0.15	M1 铜	4	8560
6		3.3±0.15	M1 铜	4	7470
7		3.3±0.15	M1 铜	4	8280
8		3.3±0.15	M1 铜	4	7080
9	阿玛尼特+ 硝酸铵（1:1）	2.7	M1 铜	4	7430
10		2.7	M1 铜	6	4850
11		2.7	G3 钢	6	6640
12		2.7	G3 钢	6	5920

表 2.2.13.4 钛-钢复合板在不同的 v_p 下的撞击能量

设计的 v_p/(m·s⁻¹)	200	400	600	800	1000
W/(J·mm⁻²)	66807	133614	200421	267228	334035

表 2.2.13.5 当 $v_d = 2000$ m/s 并且覆板为表中材料时的撞击压力

金属材料	铝	钛	锆	钢	不锈钢	铌	铜	镍	钼	铅	钽
ρ_1/(g·cm⁻³)	2.7	4.5	6.49	7.82	7.90	8.57	8.9	8.9	10.2	11.34	11.6
p/MPa	2754	4590	6620	7976	8058	8741	9078	9078	10404	11567	11832

3. 结合区压力的测量

在爆炸焊接过程中，覆板向基板高速撞击，将产生超过金属材料的静态屈服强度许多倍的压力。这个压力能够通过一些参数来计算。理论上来说，这个压力也是可以测量的。然而，至今国内外有关结合区压力测量方面的资料和数据尚少。这里仅根据图 2.2.13.1 提供的装置和方法，测量和计算覆板对基板的冲量，以此冲量的大小来评论结合区压力的大小[118]。

爆炸冲量的测量原理是：炸药爆炸后，对覆板加载，将部分能量转化为覆板高速运动的动能。当覆板与基板（此处称模板）撞击时，则覆板的动能便转化为冲裁功。只要模板上预先开好的直径不等的各孔相应处覆板不是全被冲下和全冲不下，便可以得到一个相应于该药包的被冲下的最小孔径。根据这最小冲孔直径 d、覆板材料的剪切强度 τ_0 及板厚 δ_1，就可以计算出冲裁功 W。从而反过来求出厚度为 δ_0、密度为 ρ_0、爆速为 v_d 的药包爆炸时覆板所接收的单位面积冲量 i。

关于冲裁功的计算可借助常规冲压。对于 Q235 钢板来说常规冲压中的冲裁力与行程的关系如图 2.2.13.2 所示。冲裁功 W 即为图中阴影所包围的面积 A。从试验得知：

$$A/F\delta_1 \approx 0.55$$

式中，$F = K_c \tau_0 \pi d \delta_1$。所以，有

$$W \approx 0.55 K_c \tau_0 \pi d \delta_1^2 \times 10^{-2} (\text{kg·m}) \quad (2.2.13.4)$$

式中，$K_c \approx 1.3$；$\tau_0 = 3470 \text{ kg/cm}^2$；$d$ 为冲孔直径，cm；δ_1 为覆板厚度，cm。所以从式(2.2.13.4)得

$$W \approx 78.5 d \delta_1^2 (\text{kg·m}) \quad (2.2.13.5)$$

假设炸药的爆轰压力为 $p(\text{kg/cm}^2)$，加载时间为 $t(\text{s})$，则作用在覆板上的单位面积上的冲量为

$$i = pt \quad (2.2.13.6)$$

覆板单位面积质量为

$$m_1 = \delta_1 \rho_1 / (9.8 \times 10^3) \quad [\text{工程单位}]$$

根据动量守恒定律，有

$$i = pt = m_1 v_p = \delta_1 \rho_1 v_p / (9.8 \times 10^3) \quad (2.2.13.7)$$

式中，v_p 为覆板加载后的下落速度，m/s，m_1 为其质量。

覆板单位面积吸收的动能为

$$E = \frac{1}{2} m_1 v_p^2$$

$$= \frac{i^2}{2\delta_1 \rho_1} \times 9.8 \times 10^3 (\text{kg·m}) \quad (2.2.13.8)$$

假设在特定的药包参数下，覆板被冲下的最小钢片直径为 $d(\text{cm})$，则底片的质量为

$$M = \frac{\pi}{4} d^2 \delta_1 \rho_1 / 9.8 \times 10^3 [\text{工程单位}] \quad (2.2.13.9)$$

而钢片的动能为

$$E = \frac{1}{2} M v^2 = \frac{\pi d^2 i^2}{8\delta_1 \rho_1} \times 9.8 \times 10^3 (\text{kg·m}) \quad (2.2.13.10)$$

令动能 $E = $ 冲裁功 W，得

$$i = \frac{78.5 d \delta_1^2 \times 8 \delta_0 \rho_1}{\pi d^2 \times 9.8 \times 10^3} \quad (2.2.13.11)$$

将 $\rho_1 = 7.8 \text{ g/cm}^3$ 代入式(2.2.13.11)，得

$$i = 0.4 \frac{\delta_1^{1.5}}{\sqrt{d}} (\text{kg·s/cm}^2) \quad (2.2.13.12)$$

式(2.2.13.12)指出了欲将厚度为 δ_1 的 Q235 钢板冲成直径为 d 的钢片时所需的单位面积冲量。反过来说，当炸药爆炸时，若给予厚度为 δ_1 的 Q235 钢覆板单位面积的冲量 i，则使覆板被冲下的最小钢片直径

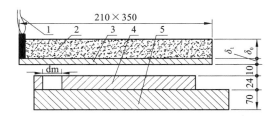

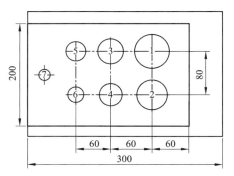

1—雷管；2—炸药；3—覆板；
4—模板[用 921 钢板，其内钻孔 7 个，
d 分别为 20、18、16、14、12、10、8（mm）]；
5—基座（AK27 钢板）

图 2.2.13.1　爆炸冲量实验装置

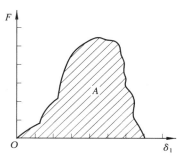

Q235 钢板，δ_1 为其厚度，A—冲裁功 W

图 2.2.13.2　冲裁力与行程的关系

$$d = \left(0.4\frac{\delta^{1.5}}{i}\right)^2 (\text{cm})。$$

根据上述原理，实验分两组进行：一组是固定覆板厚度，改变炸药的厚度和测量最小的钢片直径；另一组是固定药厚，改变覆板厚度和测量最小的钢片直径。实验数据列入表 2.2.13.6。

表 2.2.13.6　爆炸冲量实验数据

实验组别		I				II		
		定板厚、变药量				定药厚、变板厚		
板厚，δ_1/cm		0.32				0.32	0.38	0.48
药厚，δ_0/cm		1.3	1.5	2.0	2.5	2.5		
炸药密度，$\rho_0/(\text{g·cm}^{-3})$		0.625	0.625	0.585	0.585	0.585	0.585	0.585
爆速，$v_d/(\text{m·s}^{-1})$		2110	2220	2240	2380	2380	2380	2470
最小钢片直径，d/cm		1.75	1.18	1.04	0.5	0.5	0.77	1.4
$i^*/(\text{N·cm}^{-2})$	据式(2.2.12.12)	0.539	0.652	0.696	1.009	1.009	1.049	1.107
	据式(2.2.12.13)	0.510	0.617	0.774	1.029	1.029	1.029	1.058

注：*此处将原计量单位换算成法定计量单位。

为了同下面理论公式相比较，有

$$i = \frac{8\rho_0\delta_0 v_d}{27\times9.8}\times10^{-3}(\text{N/cm}^2) \tag{2.2.13.13}$$

在试验中除测量 δ_0 外，还测量 ρ_0 和 v_d，并将它们代入(2.2.13.13)式，计算结果也列入表 2.2.13.6 中。由表中数据可见，实验获得的结果和理论计算的结果吻合良好。由此可见，上述爆炸冲量的试验是可行的，结果是可信的。

根据公式(2.2.13.6)，再假设覆板与基板相互作用的时间为 10^{-6} s，则可由表 2.2.13.6 中的数据计算出相应实验条件下的压力，其相应值列于表 2.2.13.7 中。

表 2.2.13.7　由冲量实验结果计算得到的撞击压力

实验组别		I				II		
		1	2	3	4	1	2	3
p/MPa	试验值	5390	6517	6958	10094	10094	10486	11074
	理论值	5096	6174	7742	10290	10290	10290	10584

由表(2.2.13.7)中数据可见，撞击压力值是相当可观的，与前面表 2.2.13.1～表 2.2.13.5 中的结论完全一致。如果与 Q235 钢的静态屈服强度的 226 MPa 相比，此动态压力是其 23.8~49 倍(实验值)。如果是爆炸焊接而非冲裁，此时覆板对基板的撞击压力会更高。

由上述计算和测量的结果，以及 4.6.3 节的讨论可知，在爆炸焊接的情况下，金属之间的相互作用力是相当大的——是其静态屈服强度的几十倍至几百倍。在这么大的应力下才会在它们的结合区产生塑性变形，进而产生熔化和扩散，从而强固地结合在一起。否则，爆炸焊接就成为不可能。由此可见，在爆炸焊接的状态下，金属仍是刚体而非流体。

文献[119]用锰铜压力量计测得爆炸焊接结合区的压力场。试验中采用铝合金-铝合金非对称碰撞，锰铜压力量计埋设在基板中的不同深处，使用两种不同厚度的覆板，所用炸药为太乳炸药($\rho_0 = 0.98$ g/cm³，$v_d = 3000$ m/s)。试验结果如图 2.2.13.3 所示。由图可见，结合区中的

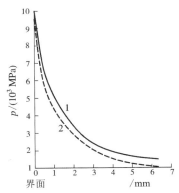

材料：LY12-LY12；尺寸(mm)：
1—(3.8+6)×100×300
2—(2.8+6)×100×300

图 2.2.13.3　基板内的压力峰值
与距界面距离的关系

撞击压力峰值约为 10000 MPa，随着与界面距离的增加，压力迅速减小。并且，覆板越厚，压力峰值越大。两者的差别均随与界面距离的增加而增加。试验由于锰铜压力量计绝缘层的存在，所测得的压力峰值偏低。用柱状炸药在一些固体上爆轰，测量压力的试验结果归纳于表 2.2.13.8。由表中数据可见，爆炸载荷对材料的压力非常高，以致远远超过了任何材料的静态屈服强度。试验炸药梯恩梯的密度为 1.5 g/cm³，装药密度为 0.8 g/cm³ 时也采用过柱状炸药，药柱长 72 mm，直径 24 mm。将其放在固体材料的平直表面上，药重 60 g，用 8 号雷管引爆。由表 2.2.13.8 中数据可见，在此非爆炸焊接的情况下，爆炸载荷对这些固体材料的压力是如此之高。可想而知，在爆炸焊接的情况下，覆板对基板的撞击压力无疑比这还要大一些。此时的金属材料就更不会是流体了。

2.2.14 结合区温度的计算和测量

4.3 章指出，由于结合区内热源的不同，由其所形成的熔体以两种主要形式——熔化块和熔化层——分布在结合区内。并且，熔化块是由结合区一薄层塑性变形金属所产生的塑性变形热造成的，而熔化层则是

表 2.2.13.8 $\rho_0 = 1.5$ g/cm³，TNT 与某些材料接触爆炸时的最大压力[77]   /10⁴MPa

材　料	铁	铜	铝	镁	石英玻璃	黄铜	铅
压力下限	2.82	2.82	2.13	1.75	1.65	2.74	2.63
压力上限	2.88	2.92	2.38	2.15	1.68	2.87	~3

由未能全部排出而残留在结合界面上的空气被绝热压缩所产生的绝热压缩热造成的。也就是说，两种不同形式的金属熔体对应着两种不同的热源。结合区内还有其他的熔体形式，它们都是介于熔化块和熔化层之间的，因而其热源也是介于上述两种热源之间的，在此不加讨论。

本节的主要目的是分析和计算这两种热源所产生的温度，另外介绍国外关于这种温度的测量方法和有关数据。

1. 由塑性变形热形成的结合区温度的分析和计算

本书 4.2 章讨论了结合区金属的塑性变形，指出这种塑性变形以晶粒的拉伸式和纤维状显示出来，其变形程度相当强烈，界面附近达 90% 以上，有的还被破碎成亚晶粒，还有的产生回复和再结晶。

由金属物理学的基本原理可知，金属在塑性变形过程中，会将外界能量的大部分转换成热能，这种热能的一部分使金属的温度升高。

塑性变形时金属所吸收的能量将转化为弹性变形位能和塑性变形热能[120]。这种塑性变形过程中变形能转化为热能的现象称为热效应。塑性变形热能 A_m 与变形体所吸收的总能量 A 之比称为排热率 η，即

$$\eta = A_m/A \tag{2.2.14.1}$$

据有关资料介绍，在室温和塑性压缩的情况下，镁、铝、铜和铁等金属的排热率 $\eta = (0.85 \sim 0.9)$，这些金属的合金的 $\eta = 0.75 \sim 0.85$。由此可见，金属塑性变形的热效应十分可观。

塑性变形热能 A_m 的一部分散失于周围的介质中，余者使变形体的温度升高。这种现象称为温度效应。温度效应取决于变形速度。这个速度越高，所产生的热量越多；热量的散失相对越少，温度效应就越大。在爆炸焊接的条件下，结合区金属塑性变形的速度与爆速相当，达数千米每秒，其排热率达 90% ~ 95% 或更多。所以，此结合区的温度效应应当是很大的，而且是在近似绝热的情况下。据此原理和有关数据可进行结合区塑性变形温度的计算。

假设有一厚度为 0.2 cm，面积为 1 cm×1 cm 的小钢片被炸药爆炸的能量加速到 100 m/s，并与另一块钢板相碰撞和相焊接，则小钢片的动能为：

$$E = \frac{1}{2} m_1 v_1^2 \tag{2.2.14.2}$$

式中，m_1 和 v_1 分别为小钢片的质量及其运动的速度；钢的密度取 7.85 g/cm³。将这些数据代入式（2.2.14.2）得

$$E = \frac{1}{2} \times 0.2 \text{ cm} \times 1 \text{ cm} \times 1 \text{ cm} \times 7.85 \text{ g/cm}^3 \times (100 \text{ m/s})^2 = 7.85 \text{ kg} \cdot \text{m}^2/\text{s}^2$$

$$= 7.85 (\text{kg} \cdot \text{m/s}^2) \cdot \text{m} = 7.85 \text{ N} \cdot \text{m}$$

$$= 7.85 \text{ J}$$

再假设两块钢板焊接以后，在结合区形成 0.01 cm 厚的塑性变形层，又假设覆板的动能全部通过该厚度层的塑性变形转化成了热能。这些热能将使该塑性变形层的温度由室温 t_1（20 ℃）升高到 t_2，则

$$Q = E = m_2 \cdot c \cdot (t_2 - t_1) \tag{2.2.14.3}$$

式中，Q 为由动能 E 转换来的热能，m_2 为塑性变形层的质量，c 为钢的比热容[0.4602 J/（g·℃）]。将这些数据代入式（2.2.14.3），得

$$
\begin{aligned}
t_2 &= Q/m_2 \cdot c - t_1 \\
&= 7.85 \text{ J}/0.01 \text{ cm} \times 1 \text{ cm} \times 1 \text{ cm} \times 7.85 \text{ g/cm}^3 \times 0.4602 \text{ J}/(\text{g} \cdot ℃) - 20 \text{ ℃} \\
&= 218 \text{ ℃} - 20 \text{ ℃} = 198 \text{ ℃}
\end{aligned}
$$

重新假设小钢板的速度为 1000 m/s，在其他条件相同的情况下，塑性变形层的温度为：

$$t_2 = Q/(m_2 \cdot c) - t_1 = \frac{1}{2} m_1 v_2^2/(m_2 \cdot c) - t_1 = 785/0.036 - 20 = 21786 \text{ ℃}$$

由此数据可见，当覆板速度增加 10 倍的时候，塑性变形薄层的温度将增加 10^2 倍。

由式（2.2.14.3）可知，结合区塑性变形薄层的温度与覆板的动能成正比，与塑性变形薄层的质量成反比，与金属材料的比热容成反比。在被加热温度较高的情况下，室温对该温度的高低影响不大，可以忽略不计。

据此可以设计不同的覆板速度（即动能）、不同的金属材料和不同厚度的塑性变形薄层等条件，来计算塑性变形层升高的温度，即结合区的温度。

例如，在其他条件相同的情况下，假设 0.2 cm 厚的覆板的速度 v_p 分别为 200、400、600、800 和 1000（m/s），被加热的塑性变形层的厚度分别为 0.01、0.02、0.03、0.04、0.05（cm）时，几种相同金属组合的复合板结合区温度的计算结果如表 2.2.14.1～表 2.2.14.4 所列。

钢、钛、铜和铝的密度相应为 7.85、4.51、8.96 和 2.699（g/cm³），它们的比热容相应为 0.4602、0.519、0.3849 和 0.8996 [J/（g·℃）]，而熔点相应为 1536、1668、1083 和 660（℃）。

由表 2.2.13.1 中的数据可见，当 $v_p = 400$ m/s，被加热的塑性变形层的厚度为 0.2 mm 时，结合区内所产生的温度就能使这一厚度层的金属全部熔化。当 $v_p = 600$ m/s 时，即使 0.5mm 厚度的塑性变形层的金属也处于熔化状态。当 v_p 更高时，结合区内的温度均远远超过钢的熔化温度。在这种情况下，熔化金属层的厚度将会更厚。并且，剩余的热量还会使整个基体金属的温度显著地升高。

同理，由表 2.2.14.2～表 2.2.14.4 中的数据，可以判断使钛-钛、铜-铜和铝-铝复合板结合区相应厚度层的金属发生熔化的 v_p 值，以及得出类似的结论。而这些 v_p 值和熔化金属层的厚度值，在爆炸焊接中均可能出现。

另外，在假设其他条件相同的条件下，还可以计算出覆板的 v_p 为 1000 m/s，厚度为 5 mm 时，钢-钢、钛-钛、铜-铜和铝-铝复合板结合区的金属熔化层的厚度，计算结果如表 2.2.14.5 所列。这些情况在实践中也是可能出现的。

表 2.2.14.1　钢-钢复合板在相应条件下结合区的计算温度　　/℃

d/mm	v_p/(m·s⁻¹)				
	200	400	600	800	1000
0.1	872	3489	7850	13956	21806
0.2	436	1744	3925	3978	10903
0.3	291	1163	2617	4652	7269
0.4	218	872	1963	3489	5452
0.5	174	698	1570	2791	4361

表 2.2.14.2　钛-钛复合板在相应条件下结合区的计算温度　　/℃

d/mm	v_p/(m·s⁻¹)				
	200	400	600	800	1000
0.1	771	3084	6938	12335	19274
0.2	386	1542	3469	6168	9637
0.3	257	1028	2313	4112	6425
0.4	193	771	1735	3084	4819
0.5	154	619	1388	2467	3855

注：d 为被加热的塑性变形层的厚度，表 2.2.14.2～表 2.2.14.4 中的 d 意义相同。

表 2.2.14.3　铜-铜复合板在相应
条件下结合区的计算温度　　/℃

d/mm	$v_p/(m \cdot s^{-1})$				
	200	400	600	800	1000
0.1	1039	4155	9350	16621	25971
0.2	620	2074	4675	8311	12986
0.3	346	1385	3117	5540	8597
0.4	260	1039	2338	4155	6493
0.5	208	831	1870	3324	5194

表 2.2.14.4　铝-铝复合板在相应
条件下结合区的计算温度　　/℃

d/mm	$v_p/(m \cdot s^{-1})$				
	200	400	600	800	1000
0.1	444	1777	3999	7108	11107
0.2	222	899	2000	3509	5554
0.3	148	592	1333	2339	3702
0.4	111	444	1000	1755	2777
0.5	88.8	355	800	1422	2221

2. 由绝热压缩热形成的结合区温度的分析和计算

结合区内的熔化层是由未能及时从间隙中排出的气体，包裹在界面上被绝热压缩时所产生的绝热压缩热造成的。试验证实了熔化层的铸态金属内有气体存在（见 4.3 章）。这里根据气体绝热压缩放热的原理来计算这个过程产生的温度。

理想气体状态方程式为：

$$pV = nRT \qquad (2.2.14.4)$$

式中，p 为压力，MPa 或 Pa；V 为体积，m^3；n 为摩尔数；T 为温度，K；R 为通用气体常数。

由式（2.2.14.4），可以根据一种状态下气体的压力、体积和温度计算出另一种状态下气体（已知压力和体积）的温度。例如：

假设第一种状态下　$p_1 V_1 = nRT_1$

第二种状态下　$p_2 V_2 = nRT_2$

两式相除得　$T_2 = p_2 V_2 T_1 / p_1 V_1$ 　　　(2.2.14.5)

又假设 $p_1 = 0.1$ MPa，$V_1 = 1$ 个单位体积，$p_2 = 20$ MPa，$V_2 = 0.02$ 个单位体积，$T_1 = 300$ K。这就是说在 20 MPa 压力下的气体由常温和常压下的一个单位体积被压缩到原来的 1/50。此时被压缩气体的温度为：

$$\begin{aligned} T_2 &= p_2 V_2 T_1 / p_1 V_1 \\ &= 20 \times 0.02 \times 300 / 0.1 \times 1 \\ &= 1200 \text{ K} \end{aligned}$$

文献[121]指出，在爆炸成形过程中，模腔内的空气被强烈压缩。按热力学公式计算，当气体的体积被压缩到 1/50 时，其中的压力可达 20 MPa，温度上升到 1100 K。在这样高的温度下，一般的金属可能被烧伤，铝合金表面会熔化。上述计算的结果与此结论基本一致。

但是，在爆炸焊接的情况下，爆炸载荷所形成的压力更大（见 2.2.13 节和 4.6.3 节），被压缩的气体的体积更小。所以，此时被压缩的气体的温度将会更高。并且，爆炸焊接的过程以微秒计，此过程可以视为绝热过程。据此能够设计一些过程参数，并用公式（2.2.14.5）来计算结合区中被绝热压缩的气体的温度，结果列于表 2.2.14.6 中。此表中假设 $p_1 = 0.1$ MPa，$V_1 = 1$ 个单位体积，$t_1 = 25$ ℃。

根据表 2.2.14.6 的数据，能够将被压缩气体所具有的热能转换和计算成结合区熔化层的厚度，计算过程如下。

空气中以氧为主，其密度 $\rho_{氧} = 0.00143$ g/cm^3，比热容 $c_{氧} = 0.837$ J/(g·℃)。假设有 1 cm^3 的氧被压缩，其温度达到 2500 ℃。那么，该体积氧所包含的热量为：

表 2.2.14.5　在 $\delta_1 = 5$ mm，$v_p = 1000$ m/s 时
结合区熔化金属层的计算厚度

金属组合	钢-钢	钛-钛	铜-铜	铝-铝
熔化层厚度/mm	0.354	0.289	0.421	0.6

注：此厚度数据应视为波前漩涡区熔体的面积折换成相应波形界面或直线形界面长度上的厚度。

表 2.2.14.6　在下列过程参数下结合区
绝热压缩气体的计算温度　　/℃

p_2/MPa	$V_2/\%$				
	0.01	0.02	0.03	0.04	0.05
1000	2500	5000	7500	10000	12500
2000	5000	10000	15000	20000	25000
3000	7500	15000	22500	30000	37500
4000	10000	20000	30000	40000	50000
5000	12500	25000	37500	50000	62500
10000	25000	50000	75000	100000	125000

注：表中 p_2 为设计的覆板压力，V_2 为被绝热压缩的气体体积占原体积的百分数。

$$Q_{氧} = m_{氧} \cdot c_{氧}(t_2 - t_1) \tag{2.2.14.6}$$

式中：$m_{氧}$ 为 1 cm^3 氧的质量；$c_{氧}$ 为其比热容；$t_2 = 2500$ ℃；t_1 为室温（在此不计），将它们代入式（2.2.14.6），则

$$Q_{氧} = 1 \ cm \times 1 \ cm \times 1 \ cm \times 0.00143 \ g/cm^3 \times 0.837 \ J/(g \cdot ℃) \times 2500 \ ℃ = 2.992 \ J$$

根据式（2.2.14.7）将其转换成钢-钢复合板结合区（0.01×1×1）cm^3 体积内金属的温度：

$$Q_{钢} = Q_{氧} = m_{钢} \cdot C_{钢} \cdot t_{2,钢} \tag{2.2.14.7}$$

将有关数据代入得

$$2.992 \ J = 0.01 \ cm \times 1 \ cm \times 1 \ cm \times 7.85 \ g/cm^3 \times 0.4602 \ J/(g \cdot ℃) \times t_{2,钢}$$

$$t_{2,钢} = 83.1 \ ℃$$

同理，当被压缩的氧的温度为 25000 ℃时，则 0.01 cm×1 cm×1 cm 体积的钢的温度为：

$$t_{2,钢} = 831 \ ℃$$

在爆炸焊接的情况下，覆板对基板的压力高至数万 MPa，结合区内被压缩的空气的温度估计就远不只表2.2.14.6中那么高了。根据设计的有关参数计算的压缩空气的温度和被加热的金属层的温度列于表2.2.14.7中。由表中数据可见，除覆板的压力在 10000 MPa 时钢-钢、钛-钛和铜-铜结合区 0.01 mm 厚的金属层的温度未达到相应的金属的熔点外，其余情况下均远远超过了相应的金属的熔点。

在表2.2.14.7所列的超过金属熔点的温度下，能够计算出相应热量下使对应金属组合的结合区发生熔化的金属层的厚度，结果如表2.2.14.8所列。

实践证明，上述有关熔化层形成过程中结合区温度的计算结果是准确的和可信的，并且在爆炸焊接中均可能出现。

以上是相同金属组合的结合区熔化层温度计算的结果。其过程比较简单并容易为人们所理解。但对于不同金属组合的结合区熔化层形成过程中的温度的计算，则比较复杂。另外，结合区内介于熔化块和熔化层之间的熔体形式，它们的形成原因、过程和温度的计算，理应也介于熔化块和熔化层之间。但其分析、研究和计算相当复杂，也相当困难。这方面的课题均有待进一步研究。

表 2.2.14.7　在下列条件下对应金属组合结合区内的计算温度

覆板的压力 p_2/MPa	被压缩的空气的温度/℃	下列金属组合结合区内的温度/℃			
		钢-钢	钛-钛	铜-铜	铝-铝
10000	25000	831	1279	867	1231
20000	50000	1662	2558	1734	2462
30000	75000	2493	3837	2601	3693
40000	100000	3324	5116	3468	4924
50000	125000	4155	6395	4335	6155

注：① 被压缩的空气的体积为原体积的1%；② 被加热的结合区金属层的体积为 0.01 cm×1 cm×1 cm。

表 2.2.14.8　在对应温度下相应的结合区熔化金属层的计算厚度

金　属　组　合	钢-钢	钛-钛	铜-铜	铝-铝
结合区的温度/℃	2493	3837	2601	3693
结合区熔化金属层的厚度/mm	0.16	0.23	0.24	0.56

3. 结合区温度的测量

根据国内外有关文献，结合区的温度可采用不同的方法进行测量。

1）热偶测量法

图2.2.14.1显示了铜-铜复合板在爆炸焊接的情况下接触界面上的温度测量方法[122]。其原理相当于天然热偶——在铜覆板和厚 0.10~0.15 mm 的镍或康铜的箔材冲击的情况下得到了这种热偶。先将箔材放在铜基板上，并用厚 0.5 mm 的绝缘体同基板隔离，其一端点焊到基板上。然后用表2.2.14.9中所示的工艺参数进行爆炸焊接试验。试验过程中所发出的信号均被记录。再根据记录到的数据进行有关计算，将表2.2.14.9中的数据整理后，反映出结合区温度与有关参数的关系如图2.2.14.2~图2.2.14.5所示。由图2.2.14.2可见，在其他工艺参数相同的情况下，结合区的温度随覆板冲击速度的增加而增加，并且使用阿玛尼特和 Ba(NO$_3$)$_2$ 的混合炸药时增加得更快。但发送器的

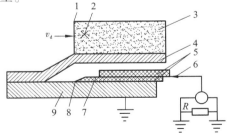

1—爆轰前沿；2—示波器启动；3—炸药包；4—覆板；5—绝缘层；6—铜箔（发送器的一端——冷端）；7—发送器——铜箔；8—发送器和基板的焊点（热端）；9—基板

图 2.2.14.1　爆炸焊接过程中测量温度的试验示意图

材料对此影响不大。由图 2.2.14.3 可见，随着碰撞角的增大，结合区的温度升高。由于两种炸药和两种发送器材料的试验结果差别不大，于是可以用虚线来表示其综合结果。图 2.2.14.4 显示，在较小动能的情况下，结合区温度随动能的增加而增加。但是，当动能增加到一定程度以后，结合区的温度反而下降。其原因是，在这种情况下结合区金属的熔化量增多，它们以粒子云和短小射流的形式被带走。所带走的材料的厚度可达到 50 μm，热量达 29.3 J/cm²。图 2.2.14.5 则显示了结合区的温度随覆板厚度的增加而降低的情况。

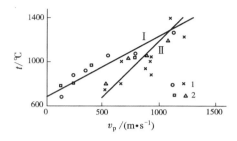

I—阿玛尼特；II—50%阿玛尼特+
50%Ba(NO₃)₂；1—康铜；2—镍
图 2.2.14.2　结合区温度与覆板撞击速度的关系

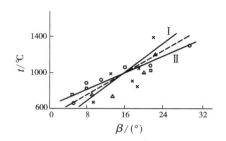

图中符号同图 2.2.14.2
图 2.2.14.3　结合区温度
与撞击角的关系

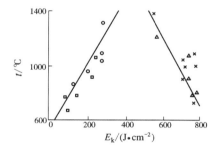

图中符号同图 2.2.14.2
图 2.2.14.4　结合区温度与覆板撞击动能的关系

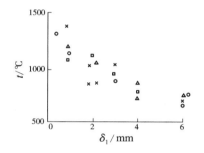

图中符号同图 2.2.14.2
图 2.2.14.5　结合区温度与覆板厚度的关系

　　总的说来，在爆炸焊接条件下，覆板吸收的能量的大部分，在结合区金属的塑性变形的过程中用于加热金属的界面层，或者被带出一部分。结合区的温度与 v_p、β、δ_1、E_k 等因素密切相关。

表 2.2.14.9　爆炸焊接温度试验的有关数据

炸　药	δ_1 /mm	v_p /(m·s⁻¹)	β /(°)	v_{cp} /(m·s⁻¹)	E_k /(J·cm⁻²)	发送器材料	t_1 /℃	t_2 /℃	Δt /℃	l /μm	Q /(J·cm⁻²)
阿玛尼特 6ЖВ	1	1110	22	2700	550	K	1400	1450	50	37	15.1
	1	1110	22	2700	550	H	1200	1400	200	45	21.8
	2	900	18	2800	706	K	1050	1300	250	50	19.3
	2	900	18	2800	706	K	900	1350	450	45	15.1
	2	900	18	2800	706	K	1000	—	—	35	13.0
	2	900	18	2800	706	K	900	—	—	40	13.4
	2	900	18	2800	706	H	1050	1400	350	36	15.9
	3	750	16	2700	740	K	1050	1250	200	36	14.2
	4	650	14	2700	750	K	1000	1300	300	34	13.0
	4	650	14	2700	750	H	800	1000	200	62	18.0
	6	530	10	2900	750	K	750	1200	450	72	20.1
	6	530	10	2900	750	H	800	1200	400	47	15.5

续表2.2.14.9

炸　药	δ_1 /mm	v_p /(m·s^{-1})	β /(°)	v_{cp} /(m·s^{-1})	E_k /(J·cm^{-2})	发送器材料	t_1 /℃	t_2 /℃	Δt /℃	l /μm	Q /(J·cm^{-2})
阿玛尼特 6ЖВ + Ba(NO$_3$)$_2$ (50/50)	0.5	1140	29	2100	290	K	1300	1450	150	21	20.9
	1	760	20	2100	260	K	1100	1200	100	18	18.0
	1	760	20	2100	260	H	1050	1250	200	20	20.1
	2	540	16	1960	260	K	1050	1200	150	20	20.5
	3	400	11	2050	215	K	950	1150	200	18	17.6
	3	400	11	2050	215	H	960	1060	100	14	13.4
	4	300	8	2150	160	K	900	1100	200	14	14.2
	4	300	8	2150	160	H	850	1250	400	14	13.8
	6	190	5	2300	97	K	700	1150	450	17	17.6
	6	190	5	2300	97	H	800	1100	300	9	8.4

注：表中 E_k 为动能，K 为康铜，H 为镍，t_1 为测量值，t_2 为计算值，Δt 为计算值与测量值之差，l 为热透层厚度，Q 为析出热。

2）热电动势测量法

图 2.3.14.6 为通过测量热电动势来测量结合区内温度的装置示意图。图 2.3.14.6（a）中，镍板的直径为 10 mm，厚 5~6 mm。试验时铜板和镍板的接触面分两种情况：一为抛光至镜面的粗糙度，二为用金刚砂处理。图 2.3.14.6（b）中，镍板仅在中心 2 mm 的直径上与铜板接触，其余两表面呈 2°的角，图 2.3.14.6（c）中，在铜粉和镍粉的分界面产生热电动势。所有试验中都用梯-黑（50/50）炸药及平面波发生器形成的冲击波来加载。在这些试验中用示波器记录热电动势的变化。然后将热电动势转换为温度。

结果指出，被抛光的试样的界面温度为 440±120 ℃，用金刚砂处理过的界面温度为 700±120 ℃。对于带角度的板的试验，温度高于 1000 ℃，最高达 1600 ℃。在粉末冲击压缩的情况下，测量到的温度为 1200 ℃。

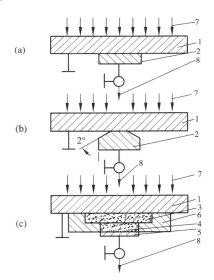

1—铜遮光板；2—镍板；3—铜粉；4—镍粉；
5—铜箔；6—模型；7—载荷；8—放大器入口
图 2.2.14.6　爆炸焊接过程中测量温度的装置示意图[123]

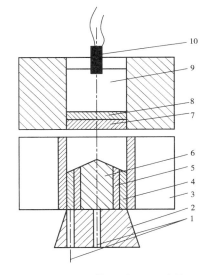

1—接触导线；2—开口元件（两半）；3—套筒；4—钢管；
5—陶瓷绝缘器；6—镍杆；7—覆板；8—缓冲层；9—炸药；10—雷管
图 2.2.14.7　爆炸焊接过程中测量温度的装置示意图[124]

图 2.2.14.7 为另一种通过测量热电动势来测量结合区温度的装置示意图。如图所示，当炸药爆炸以后，覆板 7 和镍杆 6 发生撞击和焊接，同时在它们之间形成热偶并产生热电动势。热电动势的大小与焊缝的温度有关，其值由钢管 4、接触导线 1 和同轴电缆将信号传输出来，判读后即可获得结合区温度数据。结果如图 2.2.14.8 和图 2.2.14.9 所示。

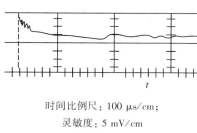

时间比例尺：100 μs/cm；
灵敏度：5 mV/cm

图 2.2.14.8　热电动势示波图

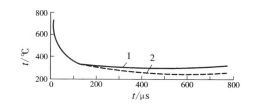

$v_{cp} = 2200$ m/s；$\beta = 17°$；$\delta_1 = 3$ mm；$Q = 12.54$ J/cm^2；

$t_0 = 120$ ℃；1—实验值；2—计算值

图 2.2.14.9　焊缝温度与时间的关系

3）其他方法

文献[125]将结合区熔体的厚度和爆炸焊接工艺联系起来，据此进行温度的计算。结果如表 2.2.14.10 所列和图 2.2.14.10 所示。

金相检验指出，在爆炸焊接过程中，在波前的漩涡区内存在熔化金属的组织。此外，在此熔体周围和焊缝附近，在 5 至 50 μm 的范围内将发生回复和再结晶，以及一些其他的现象。根据这些现象进行了测量和计算，结果如表 2.2.14.10 所列。由表中数据可见，在接触点速度较高时，结合区析出热量多，熔体层厚度大。另外，熔点低的材料（如铝合金）中熔体层的厚度也大。如图 2.2.14.10 所示，在爆炸焊接瞬时，在结合界面很狭窄的区域内析出大量的热，使其温度达到峰值。然后，随着时间的延长，热量将沿整个深度析出，其温度也相当高。

表 2.2.14.10　一些材料的结合区熔体层厚度和爆炸焊接工艺的关系

金　属　材　料	v_{cp} /(km·s^{-1})	β /(°)	δ_1 /mm	δ_2 /mm	Q/(J·cm^{-2}) 计算值	Q/(J·cm^{-2}) 实验值	熔体 计算	熔体 实验	再结晶 计算	再结晶 实验
钢 3-钢 3	3.8	15°30′	3	10	33.5	25.1	13	14	47	35
	2.25	18°20′	3	10	18.0	12.1	7.3	7	26	40
铜-铜	2.2	16°	2.5	6	11.3	5.9	8	8	31	33
	1.86	21°30′	1.4	2.5	10.0	5.4	7.1	5	—	—
	1.86	21°30′	2.5	3.5	14.9	10.0	10	9.5	—	—
不锈钢-不锈钢	4.5	13°	1	1	6.0	4.2	2.6	3	—	—
钛-钛	4.0	28°	1	1	13.4	14.7	1.8	2.9	—	—
Д16-Д16	3.2	17°	4	10	12.1	12.1	20	49	—	—
	3.4	14°20′	6	10	12.6	10.0	21	40	—	—

由焊缝温度与时间的关系图也可以确定焊缝中温度的下降速度。例如，在 700~750 ℃ 的范围内，焊缝中温度下降的平均速度 $\Delta t/\Delta \tau = 3.5 \times 10^6$ ℃/s。显然，在更高的温度下，这个速度还要高，并将大大超过所有金属热处理的一般过程中的冷却速度。于是，在这种情况下，就可能在焊缝区出现从前不曾遇到过的组织。铝和铜爆炸焊接

表 2.2.14.11　铝和铜绝热压缩的温度[126]　/K

金属材料	p/(10^3 MPa)				
	1	2	3	4	5
铝	35	488	687	948	1266
铜	316	375	459	569	706

时，在不同的压力下结合区绝热压缩的温度列于表 2.2.14.11 中。由表中数据可见，随着压力的增大，绝热压缩的温度升高。由图 2.2.14.11 可见，在熔化区以后，所达到的最高温度急剧下降。在距界面 10 μm 深和 1×10^3 MPa 压力下，也就是距熔化层约 5 μm 的距离上，铝的温度约为 653 K，而铜的温度为 855 K。在距界面深 15 μm 的地方相应为 510 K 和 595 K。在冲击压力增加的情况下，各层的温差有些减小。但是，为了获得焊接接头，通常使用不大于 (1~2)×10^3 MPa 的压力。

由图 2.2.14.12 可见，热量从熔化区进入基材内层的时间非常短。由曲线分布的趋势可知，热量的传播在短于 5×10^{-6} s 时间内结束，也就是这个时间与冲击波作用的时间相一致。由此可以认为，在熔化区存在下所能达到的最高温度仅保持在微秒级的时间内。这将导致熔体金属很高的冷却速度。在距离达到 20 μm 的地方，冷却速度为 $10^6\sim10^7℃/s$。

由此可见，在爆炸焊接的情况下，除焊接瞬时之外的温度的后效作用不可能影响结合区组织的形成过程，但是，在接近 $10^7℃/s$ 冷却速度下，在焊接缝区获得非晶型合金层在时间上是足够的。

文献[127]研究爆炸焊接情况下相互冲击的金属板之间的空间中空气流动的特性，还利用发光温度法确定了它的辐射特性。叙述了与气体塞形成和发展的机理，确定了它的形状，以及在覆板锐角撞击的条件下跟随冲击波前沿的气体的导电性。试验确定了间隙中的温度近似恒定和等于 11 000 ℃，尽管辐射表面有不均匀的特性。该文献从理论上讨论了这些结果。

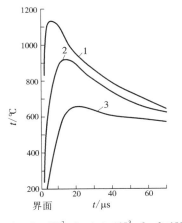

$x(cm)$：$1—10^{-3}$；$2—1.4\times10^{-3}$；$3—2\times10^{-3}$

图 2.2.14.10　在 $Q=20.9$ J/cm² 和 $t_0=100$ ℃时，在钢中不同深度的断面上温度与时间的关系曲线

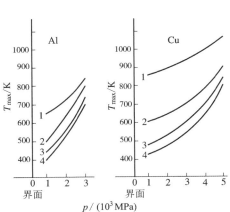

$x(μm)$：$1—10$；$2—15$；$3—25$；$4—55$

图 2.2.14.11　在距界面不同深处，最高温度与冲击压力的关系[126]

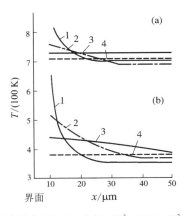

冲击压力(MPa)：(a)3×10^3；(b)1×10^3；时间(s)：$1—10^{-7}$；$2—10^{-6}$；$3—5\times10^{-6}$；$4—10^{-4}$

图 2.2.14.12　在瞬时热析出后经过不同时间，沿铝基体深度的温度分布

如上所述，在爆炸焊接过程中结合区的温度是相当高的。然而，由于它与基体金属的温差太大，这样就造成了极大的冷却速度。据有关文献报道：爆炸焊接后，经过 $10^{-4}\sim10^{-2}$ s，沿双金属的整个断面的温度分布已达均匀[125、128、129]。如此高的冷却速度，一方面它并不会影响结合区金属的熔化和塑性变形金属的恢复及再结晶；另一方面将造成这些组织的高硬度，以及与 4.8 章和 5.2.9 节所述的硬度分布。这些就是爆炸焊接热过程和热效应的特点。这种特点也是爆炸焊接情况下同种和异种金属材料焊接结合的机理之一。

文献[130]提供的爆炸焊接情况下结合区的温度与有关参数的关系如图 2.2.14.13 所示，在两板之间任意位置的温度和撞击点前沿的温度都高达数百度，并且它们都随爆速和质点速度的增加而增加。同时，后者高于前者。

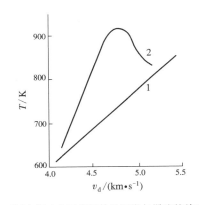

1—两板之间冲击压缩气体的温度与爆速的关系；
2—碰撞点前沿的温度与相应位置质点速度的关系

图 2.2.14.13　板间跟随冲击波前沿的气体的温度与爆速的关系

在爆炸焊接的情况下，被焊金属原始强度的增加，将引起覆板的抛掷速度和结合区一薄层塑性变形金属的塑性变形能最小值的大大增加[131]。这一最小值表征结合区的热析出。随着被焊金属密度的提高，将观察到结合区强化金属层厚度降低的时候，熔化金属的数量直线增加。

由爆炸焊接结合区塑性变形能的分布与结合强度的关系，可以评价金属深层和狭窄焊缝区塑性变形过程中析出的能量[132]。为了在广阔的范围内获得等强接头，必须保证沿被焊金属的厚度方向在波形结合区得到的能量恒定不变。这些能量消耗在狭窄焊缝区的变形上。

文献[133]指出，在爆炸焊接过程中，在被焊材料表面之间(间隙)的空间中和冲击波前沿，将形成高温和高压。在炸药的爆速为 3000 m/s 的情况下，在空气中，这种温度和压力相应达到 6800 ℃ 及 14 MPa。在氦气气氛中，相应为 680 ℃ 和 1.75 MPa。在氢气气氛中，相应为 520 ℃ 和 1.05 MPa。这就是说，在氦和氢气气氛中爆炸焊接时，比在空气气氛中，间隙内的温度和压力均低一个数量级。由此可见，将待焊板放到充满相应气体(如氦和氢)的塑料薄膜中进行爆炸焊接，能够降低结合区的温度，从而提高结合质量。

计算表明[134]，在熔化区内引起材料熔化所需要的热能大约为 1675 J/g。这个数值比起在 0.1 MPa 的绝热条件下计算出来的热能小得多。实际上，压力是很高的，绝对绝热条件是没有的。在此情况下，使材料熔化所需要的热能将是很高的。尽管如此，爆炸焊接过程中被聚集的热能，大致可使材料达到气态。如果这样，就可以解释，在极短的时间内(如 10^{-5} s)，在相对大面积的熔化区内，熔化层的厚度达到惊人的均匀度[135]。

4) 爆炸焊接的热源

文献[136]指出，在爆炸焊接的结合区内存在三种主要的引起熔化的热源。这就是炸药的爆热、结合区金属在高压冲击波作用下严重的塑性变形产生的内热，以及金属板间气体的绝热压缩热。此外，从间隙中排出的气体与金属表面摩擦，部分撞击动能转化成热能，还有结合区中覆层和基层之间的摩擦热等[35]。

图 2.2.14.14 提供了在钢爆炸焊接情况下，结合区中的压力和温度与爆速的关系。由图可见，随着爆速增加，结合区中的压力和温度明显增加。资料表明，在 v_d = 2000 ~ 2500 m/s 的时候，结合区中绝热压缩空气的压力和温度相应为 p = 588 ~ 882 MPa 和 t = 2200 ~ 3500 ℃。当 v_d = 4000 m/s 时，则 p = 2352 MPa 和 t = 10000 ℃。计算表明，在 h_0 = 10 mm，绝热压缩空气的平均温度为 3000 ℃ 时，它的热足以使厚 50 μm 的钢层加热到近 200 ℃。但是在绝热压缩空气的温度很高的情况下，可能会引起金属表面一薄层熔化。这种熔化的程度随 v_d 的增加而增大。由此可见，在真空下爆炸焊接的时候，加热和熔化的程度应该大大低于在空气中爆炸焊接的情况，特别是在大面积复合板爆炸焊接的时候。

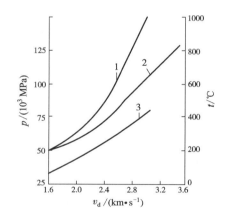

图 2.2.14.14　结合区中的计算压力(1)、冲击压缩瞬时(2)和卸载以后(3)的温度与爆速的关系

在绝大多数情况下，爆炸焊接是在空气中进行的，在焊板之间的间隙之中空气的压缩和加热可能改变冲击参数以及过程的热平衡，特别是改变焊接上限的位置。研究表明[117]，用氢或氦代替间隙中的空气可以几倍地减少相互冲击的板间的加热。在钛-钢长复合管爆炸焊接的时候，间隙中的气体将大大影响强固接头的形成。

还有研究[28]表明，爆炸焊接过程中，随着冲击波速度和接触点速度的增加，间隙内空气的压力和温度也明显增加(见表 2.2.14.12 所列)。

表 2.2.14.12　间隙内空气的压力和温度与焊接速度的关系

v_d/(km·s⁻¹)	v_{cp}/(km·s⁻¹)	p/MPa	T/K
2.15	1.8	51	2260
3.35	2.8	132	4000
7.00	5.8	567	10000

间隙中为空气、氦气和氢气时，压力和温度与冲击波速度和接触点速度的关系研究表明(表 2.2.14.13)，间隙内的气体介质的种类显著地影响着其中的压力和温度；介质为空气时这种压力和温度最大及最高，为氦气时次之，为氢气时影响最小。在尺寸为(3+18)mm×950 mm×3900 mm 的钛-钢复合板爆炸复合的过程中，氦介质的影响良好。在这些试验中，沿整个面积都达到了连续结合，结合强度在 147 MPa 至 274 MPa 范围内。

文献[1168]研究了铝-钢金属爆炸焊接的上限，指出，通过一维热源理论推导出了不同材料的界面附近的温度场和可焊上限，并进行了一定的验证。根据热传导理论给出了爆炸焊接时双金属结合区附近的温度场解析解，并利用试验对铝-铜双金属爆炸焊接上限的解析解进行了验证。

文献[1169]指出，在爆炸焊接过程中，炸药驱动覆板撞击基板。这样就在焊接界面附近产生高压和高温，以致生成金属化合物。如果界面温度过高就会出现过度熔化或产生大量的脆性金属间化合物，从而影响焊接质量。对中厚板、低熔点材料和两种易生成脆性化合物的金属爆炸焊接时都必须考虑上限问题。根据"过熔"理论，爆炸焊接参数的上限与温度场有关。为此，作者依据热传导理论给出了爆炸焊接时双金属结合区附近的温度场解析解，并利用该解初步研究了双金属的爆炸焊接上限。铝-钢爆炸焊接的试验数据证明该上限有一定的精度。是否可用于其他的双金属尚需进一步试验验证。

文献[1170]指出，在爆炸焊接过程中，焊接件界面温度的高低对焊接质量产生直接影响。因此，爆炸焊接界面温度场是爆炸焊接理论研究的一个重要内容。通过对引起爆炸焊接界面温升的因素进行理论分析之后，认为除了覆板和基板的冲击温升和畸形变形能温升之外，还应该包括覆板和基板之间的气体绝热压缩温升。后者可通过气体的状态方程导出。

文献[1171]指出，爆炸焊接界面温升是由爆炸绝热压缩和畸变形能沉积两者造成的。通过计算绝热压缩温升和畸变形能沉积产生的温升，给出熔化判据，由此估算出了爆炸焊接界面熔化层的厚度。

上述大量研究表明，在爆炸焊接过程中，结合区内的温度是相当高的。但是，应当指出，文献中几乎所有温度的测量和计算都未能指出哪种情况的温度是由结合区金属的塑性变形热引起的，哪种情况的温度是由间隙内空气的绝热压缩热引起的。因为如前所述，结合区内的热源主要有这两个，它们形成了两种不同的结合区熔化的组织和结合形式。因此，只有将结合区温度的测量和计算与其中的组织形态联系起来进行描述才确切和实用。否则，光有温度是解释不了结合区不同的组织形态和结合形式的。

表 2. 2. 14. 13　在一定的撞击参数下，间隙内不同气体介质时的压力和温度[137]

v_{cp} /(m·s^{-1})	间隙内的有关参数	空气	氮气	氢气
1500	v_d/(m·s^{-1})	1850	2200	2500
	t/℃	1800	300	200
	p/MPa	4.0	0.6	0.4
2500	v_d/(m·s^{-1})	3000	3300	3500
	t/℃	4800	620	400
	p/MPa	10.0	1.25	0.8
3000	v_d/(m·s^{-1})	3600	3850	4000
	t/℃	6800	860	520
	p/MPa	14.0	1.75	1.05
4000	v_d/(m·s^{-1})	4800	5050	5150
	t/℃	11800	1450	850
	p/MPa	24.5	3.0	1.7
5000	v_d/(m·s^{-1})	6000	6150	6300
	t/℃	18000	2150	1280
	p/MPa	38.0	4.5	2.6

注：在正常情况下，空气、氮气和氢气中的声速相应为 333 m/s、997 m/s 和 1330 m/s。

2.3　爆炸焊接过程的能量分析和能量平衡

金属间的爆炸焊接是焊接工艺的一种。这种焊接的能量来自炸药的化学能。但是，炸药爆炸以后，其中的能量在爆炸焊接的各个局部和全过程中是怎样传递、吸收、转换和分配的呢？分析表明，该过程各个阶段，能量的大小和能量总平衡的计算是一个十分复杂的课题，有待于通过严密的试验和精确的计算来解决。本书拟在文献[44]的基础上，以爆炸复合板为例对爆炸焊接的全过程进行一次能量分析，也就是对从炸药爆炸，到爆炸焊接完成，直至爆炸复合板静止为止的各个阶段能量的传递、吸收、转换和分配，进行一次全面的和定性的分析及讨论，供进一步研究时参考。

2.3.1　爆炸焊接过程的能量分析

1. 炸药的爆炸化学反应释放能量

当炸药被雷管引爆以后，爆炸化学反应经过一段时间的加速进入稳定爆轰（图 1.1.1.1）。在均匀布药的条件下，这种状况直到爆炸化学反应结束为止。炸药的爆速即是炸药稳定爆轰时爆炸化学反应的速度。与此同时，爆炸产物以 1/4 爆速的速度跟随爆轰波运动。

根据爆轰理论，炸药爆炸后，其化学能以三种形式释放出来：爆轰波和爆炸产物高速运动的动能，以及爆热。文献[138]引用《水下爆炸》（库尔著）一书中的实验数据，称这三种能量在炸药总化学能中所占有的比例相应为：36.6%、42.0%和21.4%。实践证明，爆热对爆炸焊接是没有直接贡献的。因此在计算爆炸焊接能量的时候，只考虑爆轰波和爆炸产物两种。即如果完全利用的话，它们占炸药总化学能的78.6%。但是，在不设置炸药罩的情况下(炸药上面不加盖任何物质制作的覆盖层)，在爆炸焊接的时候只利用了炸药爆轰时向下给予覆板金属的那部分能量，其余方向上的能量都消散到空气中。

如果以 Q 表示炸药的总化学能，它爆炸后全部地转化为爆轰波的能量 $Q_1(0.366)$、爆炸产物的能量 $Q_2(0.420)$ 和爆热 $Q_3(0.214)$，那么：

$$Q = Q_1 + Q_2 + Q_3 \tag{2.3.1.1}$$

则

$$Q_1 + Q_2 = Q - Q_3 = K_1 Q = (0.366 + 0.420)Q = 0.786Q \tag{2.3.1.2}$$

假设爆轰波和爆炸产物的质量及运动速度分别为 m_1、m_2、$v_1 = v_d$、$v_2(v_2 = \frac{1}{4} v_1 = \frac{1}{4} v_d)$，那么它们具有的动能 E_0 为：

$$E_0 = \frac{1}{2} m_1 v_1^2 + \frac{1}{2} m_2 v_2^2 \tag{2.3.1.3}$$

因为

$$m_1 \approx m_2$$

所以，有

$$E_0 = \frac{1}{2} m_1 v_1^2 + \frac{1}{2} m_1 \left(\frac{1}{4} v_1\right)^2 = \frac{1}{2}\left(m_1 + \frac{1}{16} m_1\right) v_1^2 = \frac{17}{32} m_1 v_d^2 \tag{2.3.1.4}$$

由式(2.3.1.2)和式(2.3.1.4)得：

$$E_0 = Q_1 + Q_2 = K_1 Q = \frac{17}{32} m_1 v_d^2 \tag{2.3.1.5}$$

式中，$K_1 = 0.786$。

2. 接触爆炸后覆板吸收能量

接触爆炸后，上述能量 E_0 的一部分传递给覆板并被其吸收，这部分能量以 E 表示。于是，有

$$E = K_2 E_0 = K_2 \cdot (Q_1 + Q_2) = K_2 \cdot K_1 Q = K_e Q \tag{2.3.1.6}$$

式中，$K_e = K_1 \cdot K_2$。因为 $0 < K_1 < 1$，$0 < K_2 < 1$，所以 $0 < K_e \ll 1$。

由式(2.3.1.6)可知，被覆板吸收的能量仅占炸药化学能的很少部分。

应当指出，能量 E 除随 E_0 的变化而变化之外，还与覆板和基板金属的质量、炸药上方气流的密度、湿度和相对爆轰方向的风向及基础的刚度等有关。

3. 覆板的高速运动转换能量

当与覆板接触的炸药爆炸以后，爆轰波和爆炸产物向下部分的能量 E 便传递给了覆板。覆板吸收该部分能量后高速向下运动。这种在适当大小的间隙中运动着的覆板将表现出加速、匀速和减速三个阶段(见图3.1.3.1)。如果以速度 v_p 做匀速运动，则覆板所具有的能量 E_1 将为

$$E_1 = E = \frac{1}{2} m v_p^2 \tag{2.3.1.7}$$

式中，m 为覆板的质量。由式(2.3.1.7)可知，覆板具有的能量与其本身的质量成正比，与其运动速度的平方成正比。由该式还可知，爆轰波和爆炸产物被覆板吸收了的那部分能量，转换成了覆板向基板高速运动的动能。这一动能就是金属间爆炸焊接的总能量。

4. 覆板和基板的高速撞击转换能量

当与覆板接触的炸药爆炸以后，爆轰波和爆炸产物的向下部分的能量被覆板吸收或传递给覆板以后，推动覆板向基板高速运动。当它们相互接触时将发生撞击。借助这个撞击过程，能量 E_1 将转换成多种形式的能量。这个能量除实现金属间的焊接(E_2)外，还引起复合板宏观和微观的塑性变形(包括爆炸焊接强化和爆炸焊接硬化)(E_3)，随后使复合板在正反作用力的作用下在基础上上下振动(E_4)，形成弹坑(E_5)和使砂石飞扬(E_6)，以及产生地动和巨大声响(E_7)，最后静止下来。因此总的能量转换和平衡式为

$$E_1 = E_2 + E_3 + E_4 + E_5 + E_6 + E_7 \tag{2.3.1.8}$$

5. 焊接界面在冶金过程中分配能量

由式(2.3.1.8)可知，E_2 为金属间实现爆炸焊接的能量。这个能量在促使焊接界面上发生金属的塑性变形、熔化和扩散等冶金过程。这些冶金过程使金属间实现冶金结合。因此，能量 E_2 将依次转换成结合区金属的塑性变形能(E_{2-1})、熔化能(E_{2-2}) 和扩散能(E_{2-3})。也就是借助界面上的冶金过程的进行，E_2 将分配成 E_{2-1}、E_{2-2} 和 E_{2-3} 三部分，即

$$E_2 = E_{2-1} + E_{2-2} + E_{2-3} \tag{2.3.1.9}$$

文献[41~44]指出，E_2 占 E_1 的 90%~95%。

6. 复合板的爆炸变形等消散能量

复合板爆炸焊接以后，剩余的能量(消散能)为

$$E_i = E_1 - E_2 \tag{2.3.1.10}$$

实践表明，能量 E_i 消散在如下几方面：使复合板在长、宽和厚度方向，以及三维空间上发生宏观的爆炸变形，由微观组织的变化引起的爆炸焊接强化和爆炸焊接硬化(E_3)；随后由多余能量形成的压力和基础(地面) 的反作用力使复合板上下振动(E_4)；复合板在如此振动中冲击地面后形成弹坑(E_5)；在弹坑的形成中，剩余的那部分能量将激发砂石向上飞扬(E_6)；在弹坑形成和砂石飞扬中产生巨大声响及引起附近地表震动(E_7)。当上述阶段一一结束后，爆炸焊接的全过程才告完成。于是，有

$$E_i = E_1 - E_2 = E_3 + E_4 + E_5 + E_6 + E_7 \tag{2.3.1.11}$$

如果 E_2 占 E_1 的 90%~95%的话，E_i 仅占 E_1 的 10%~5%。由此可见，炸药给予覆板的那部分能量的绝大部分用在爆炸焊接上，很少一部分转移到其他方面作无用功或有害功。

2.3.2　爆炸焊接过程的能量平衡

根据以上爆炸焊接全过程的能量分析，得到能量平衡式，即

$$K_e Q = K_2 E_0 = K_2 \cdot (Q_1 + Q_2) = E$$
$$= E_1 = E_2 + E_i = E_2 + E_3 + E_4 + E_5 + E_6 + E_7 \tag{2.3.2.1}$$

式中，$0 < K_e \ll 1$。

由式(2.3.2.1)可以看出以下几方面的事实和规律。

(1)炸药的化学能仅有很少部分对爆炸焊接过程作出贡献，大部分则在爆轰中传播至四面八方并消散到周围的固态及气态介质中。

(2)炸药的化学能给予爆炸焊接系统和过程很少一部分能量，而其中的绝大部分用于金属间的结合，剩余的部分转移到无用功和有害功中。

(3)在结合能 E_2 和消散能 E_i 不变的情况下，可以通过增大系数 K_e 的办法来减少 Q，即减少炸药的消耗量。布药后在炸药层上铺放一层固态物质(炸药罩) 是办法之一(见 3.2.53 节)。

(4)在结合能 E_2 不变的情况下，若能减少消散能 E_i，则也可以减少炸药的消耗量。

另外，若能减小复合板的爆炸变形(E_3)和上下振动所消耗的能量(E_4)，则可达到同样的目的。对此，使用大、厚、重的砧座将是一个办法。此外，从感性认识来看，当覆板和基板大、厚、重的时候，在其他工艺参数不变的情况下，可以使用少一点的药量。因为在同样药厚的情况下，覆板和基板厚的其上的爆速高。由此也可以减少炸药的消耗量。

(5)在结合能 E_2 不变的情况下，增大炸药量 Q，必然使消散能 E_i 增加。这就是为什么药量偏多时将造成复合板更大的爆炸变形、爆炸焊接强化和爆炸焊接硬化，以及更大的弹坑、地动和声响的原因。

(6)在消散能 E_i 不变的情况下，炸药总能量(Q) 将随结合能 E_2 的增大而增加。例如复合板的面积增大时，或者覆板厚度增大时，或者基材的强度增加时，E_2 将增大，Q 也将增加。

(7)在结合能 E_2 不变的情况下，如果消散能 E_i 增大，将促使炸药使用量(Q) 增加。例如，在易于变形、强化和硬化的金属组合爆炸焊接时，或者以易于飞散的细砂为基础且爆炸后形成大坑的时候，E_i 将增大，Q 也将增加。

(8)在增加炸药量，或者使用相应数量的高爆速炸药来增加爆炸焊接总能量的情况下，不仅消散能 E_i 增大，而且结合能 E_2 增加。E_2 的过多增加，将促使结合面上金属大面积的熔化。此时的 E_2 就主要代表熔化能(E_{2-2})。例如，在使用黑索金或梯恩梯炸药来爆炸钛-钢复合板的时候，即使面积不大，也会使结合面

上出现大面积的熔化，甚至因这种过量熔化，会使爆炸后的复合板立即分离。

综上所述，爆炸焊接过程中能量平衡的分析、试验和计算是爆炸焊接这门学科的重要研究课题。这个课题的解决，对爆炸焊接过程和机理的研究不仅有理论上的意义，而且在实践上亦具重要意义，可为改进和完善爆炸焊接工艺提供依据、措施及办法。电子计算机的应用和能量平衡的定量试验及计算将进一步促进该门学科的理论研究和实践应用。

2.4 爆炸焊接的边界效应及其力学-能量原理

在金属爆炸焊接这门应用技术中存在着许多复杂而又有趣的力学-能量问题，边界效应便是其中之一。但是，这种边界效应现象至今尚未见有学者从力学和能量的观点来研究及阐述。而这个问题不仅关系到爆炸焊接的理论和研究，也直接地关系到爆炸焊接产品的质量和应用。为此，本书作者独辟蹊径，从力学和能量的角度来讨论这个重要课题，以与国内外的同行们商讨。

2.4.1 爆炸焊接的边界效应现象

爆炸焊接工艺实施之后获得的复合板和复合管等，有许多宏观现象会引人注目。其中以边界效应首当其冲。

1. 边界效应现象的宏观形貌

小型复合板和复合管爆炸焊接实验中出现的边界效应现象如图2.4.1.1~图2.4.1.4所示。此四图显示了边界效应部分的宏观形貌：

图2.4.1.1 钛（TA5）-钢（Q235）复合板在大角度爆炸焊接后钛层两侧边部和前端被打伤和打裂的情况（爆轰方向从左至右）

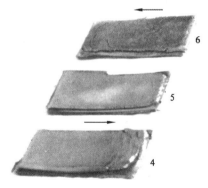

图2.4.1.2 钛（TA2）-钢（Q235）复合板爆炸焊接后钛层两侧边部和前端被打伤和打裂的情况（箭头表示爆轰方向）

图2.4.1.3 锆$_{-2}$+不锈钢复合管爆炸焊接后葫芦状的外部变形（爆轰方向自左至右）

图2.4.1.4 锆$_{-2}$+不锈钢复合管爆炸焊接用（两半）模具内孔的葫芦状变形（爆轰方向自上而下）

（1）对复合板而言，爆炸焊接后两侧和前端打伤、打裂严重。

（2）对复合管而言，除前端也会被打伤和打裂之外，整个复合管呈葫芦状变形（由小到大指向爆轰方向），复合管爆炸焊接用模具的内孔相应地也呈现这种变形。

（3）检验表明，雷管区（起爆点及其周围区域）未焊接（图4.11.1.2），前端和两侧（对复合板而言）焊接不良。

2. 边界效应的影响

对复合板而言，边界效应的影响可归纳为以下几点：

① 从使用上看，复合板在加工和制作设备之前必须将边界效应作用区的范围和面积去掉。因此，边界效应区的大小直接关系到复合板可有效利用的面积。边界效应区越大，复合板的有效利用面积越小。

② 边界效应区越大，去掉的复合板部分就越多，金属的损耗就越大。

③ 边界效应区往往焊接不良，因而它直接影响复合板的结合面积率。边界效应区越大，其结合面积率就越小。

边界效应不仅存在于与炸药接触爆炸的单金属板和复合板面上，而且存在在复合管内。实际上，可以说，它存在在与炸药接触爆炸且能显示出这种现象的一切固体物质上。那么，它是怎样产生的？为了回答这个问题，必须先对金属板上和金属管内炸药的爆轰过程进行力学分析，从中找出爆轰过程的能量关系。只要弄清了爆轰过程的力学-能量关系，边界效应产生的原因和预防措施就一目了然了。

2.4.2 金属板上炸药爆轰过程的力学-能量分析

金属板爆炸焊接的瞬间过程参见图1.1.1.1。然而，在此过程中，覆板表面上的爆轰速度的分布又是怎样的呢？关于这个问题，本书2.1.8节提供了大量的实验曲线。由这些曲线可知，不管何种炸药的爆炸，它在金属板上都有一个发生、发展、持续和消亡的过程，即引爆、爆炸加速、稳定爆轰和爆轰结束的过程。其中，加速区的长短和稳定爆速的大小均依不同的炸药而有所不同；同一种炸药依不同的厚度，其爆速也不一样。

但是，在那些爆轰曲线中，未见爆轰消亡、即爆轰结束过程的描述。为了补充此不足，本书作者根据物质运动的一般原理将金属板上炸药爆炸-爆轰-爆轰结束的全过程描述于图2.4.2.1中。由图中（a）可见，O_1 为起爆点，O_1a_1 为爆炸加速段，a_1b_1 为稳定爆轰段（O_1g_1 为药包长度），$b_1c_1d_1e_1f_1\cdots g_1$ 为爆轰结束段。由此速度分布曲线可以画出如图中（b）所示的能量分布曲线。

另外，前已述及，炸药爆炸以后，其化学能将转化成三种能量：高速（v_d）传播的爆轰波的能量，以 $\frac{1}{4}v_d$ 传播的爆炸产物的能量和爆热。这里除爆热对爆炸焊接没有直接的贡献之外，爆轰波和爆炸产物的能量对爆炸焊接均有直接和重要的贡献。可以说，没有这两种能量就谈不上爆炸焊接。

同理，爆炸产物的速度和能量分布如图2.4.2.2所示。

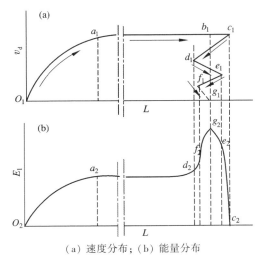

（a）速度分布；（b）能量分布

图 2.4.2.1 在金属板上炸药
爆炸-爆轰全过程分析示意图

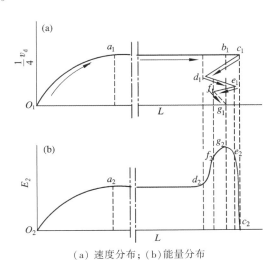

（a）速度分布；（b）能量分布

图 2.4.2.2 在金属板上爆炸
产物运动全过程分析示意图

　　爆轰波和爆炸产物都是物质,这两种物质具有一定的能量,它们的能量用式(2.1.6.8)和(2.1.6.9)进行计算。由式(2.1.6.10)可知,爆轰波的能量还是爆炸产物能量的16倍。

　　但是图2.4.2.1(a)中的折线$b_1c_1d_1e_1f_1\cdots g_1$和图2.4.2.2(a)中的折线$b_1c_1d_1e_1f_1\cdots g_1$是怎么回事?它们是怎么形成的?它们的物理意义又是什么?

　　上两图中的$O_1a_1b_1$,$O_2a_2b_2$曲线是容易理解的。两图中右边折线的来历和意义可根据经典力学的原理来解释。

　　设一刚性小球在外力f_1的作用下在一平面上运动。根据牛顿第三定律,此时必有一反作用力f_2与之相抗衡。当$f_1>f_2$时小球做加速运动;当$f_1<f_2$时小球做减速运动;当$f_1=f_2$时小球做匀速运动或静止。假设在小球做匀速运动时,f_1突然消失(就像高速运动的汽车突然刹车一样),即$f_1=0$,此时小球会怎样运动(或汽车会怎样运动)?是向前、向后,还是停止不动?回答应当是在惯性力的作用下先向前运动一段距离后,再在反作用力f_2的作用下向后运动更小一段距离。如此前后反复运动越来越小的距离,最后在作用力为零时停止下来。应当指出,如此反复运动的过程只是定性的,并非果真就是那么几次。但从力学上分析,如此反复的过程应当是存在的。由此能够推断,一个在外力作用下经过启动、加速运动、匀速运动和突然失去外力作用的刚性小球高速运动的轨迹,应该也能够与图2.4.2.1(a)和图2.4.2.2(a)的爆轰波及爆炸产物物质运动的轨迹一样。自然,高速运动的爆轰波和爆炸产物物质的运动轨迹也应与刚性小球一样。

　　上述力学现象在自然界中是屡见不鲜的:汽车或火车在突然启动和高速行驶中突然刹车时,座位上的旅客会后仰和前倾。其运动的轨迹,也应有类似图2.4.2.1(a)和图2.4.2.2(a)右侧的情况。只是由于启动和刹车的速度及强度方面的原因,人上身后仰和前倾及其再反向运动的次数感觉不够多和强度不够强而已。再如,卡车在高速行进中突然刹车后司机会后仰和前倾。还由于车轮和水泥路面的强烈摩擦,会在路面上留下两条轮胎宽度的黑色磨痕——轮胎接触表面上的碳被剥下一层。由此可以估计这种短暂而又强烈的刹车过程中相互作用的能量有多么巨大。

2.4.3　金属管内炸药爆轰过程的力学-能量分析

　　在复合管内爆炸焊接的时候就会遇到炸药在金属管内爆轰的问题(见3.2.7节和3.2.42节)。那么在这种工艺条件下炸药爆轰以后,管内爆轰波和爆炸产物的速度及能量分布又如何?根据经典力学的原理,并且作类似于金属板上的力学分析后,可以画出如图2.4.3.1所示的金属管内炸药爆轰过程的力

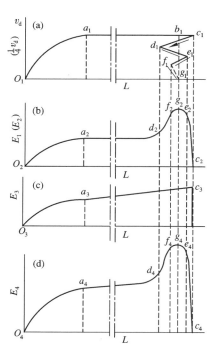

图2.4.3.1　金属管内炸药爆炸的
速度和能量分析示意图

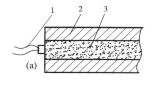

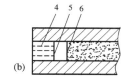

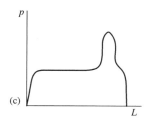

1—雷管;2—金属管;3—炸药;4—爆炸产物;
5—爆炸产物的膨胀前沿;6—爆轰前沿

图2.4.3.2　金属管内炸药的爆轰(a,b)
及其内压力分布(c)示意图

学-能量分布图。由图可见，金属管内与金属板上的爆轰过程的力学-能量问题是相似的。所不同的是，金属管内的爆炸产物不能迅速消散而是逐渐积集在管内，从而形成一种随爆轰过程的进行越来越大地作用在管子内壁的能量［图 2.4.3.1（c）］。如果将图 2.4.3.1（b）和（c）的能量分布合成，则可得到如图 2.4.3.1（d）所示的综合能量分布示意图。文献［139］提供了金属管内炸药爆轰过程及其压力分布图（图 2.4.3.2）。将其与图 2.4.3.1 相比，不难发现它们有相似之处，那就是在爆轰结束的前端作用在金属管内壁的能量显著增加。

2.4.4 爆炸焊接边界效应的力学-能量原理

根据上述炸药在金属板上和金属管内爆轰过程的力学-能量分析，可以解释和阐述复合板及复合管爆炸焊接后出现的边界效应现象。

图 2.4.4.1 为（2+10）mm×100 mm×1000 mm 碳钢-碳钢复合板爆炸焊接后覆板和基板的伸长率沿爆轰方向的分布图，其中间隙为 4 mm，炸药爆速为 2000 m/s，布药长度为 700 mm。由图可见，爆炸焊接后，在布药的范围内覆板和基板都发生了不同程度的延伸变形。这种变形在爆轰将要结束的位置上最大，并且基板比覆板还要大。如果将此图与图 2.4.2.1（b）和图 2.4.2.2（b）比较一下，不难发现它们有相似之处。其实这种相似性是容易理解的，即有多大的能量就会产生相应大小的延伸变形；有什么样的能量分布就会有什么样的变形分布。由该图还可发现一个有趣的现象：在炸药爆轰结束以后，伸长变形没有结束，而继续延伸至一定的距离（图 2.4.4.1 中为 700～800 mm 的位置）。这一现象可用爆轰结束以后，爆轰波和爆炸产物的高速运动并未马上停止，而是继续运动一段距离来解释。这与图 2.4.2.1（a）的 b_1c_1 段和图 2.4.2.2（a）的 b_1c_1 段有关，并且它们是相互对应的。这也与汽车突然刹车后会继续往前滑行一段距离相似。

因此，图 2.4.4.1 是很有意义的，它既可以用前述金属板上炸药爆轰的力学-能量原理来解释，又论证了这个原理是正确的。

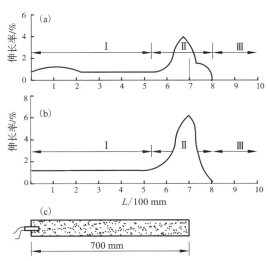

图 2.4.4.1 碳钢-碳钢复合板中覆板（a）和基板（b）的伸长率沿爆轰方向的分布曲线[140] 及布药位置和长度（c）

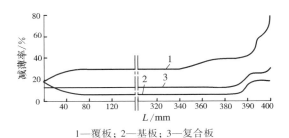

1—覆板；2—基板；3—复合板

图 2.4.4.2 镍-不锈钢复合板沿爆轰方向的减薄率分布曲线

图 2.4.4.2～图 2.4.4.7 为几种组合的复合板沿整个爆轰方向特别是在爆轰结束的位置上，覆板、基板和复合板在厚度上的变薄率的分布曲线。由这些图可见，不仅在整个长度方向上覆板、基板和复合板都变薄了，而且在前端即爆轰结束的部位减薄得最多，减薄率最高者达 80% 或更大。由图 2.4.4.6（b）和图 2.4.4.7（b）可见，在复合板两侧的减薄率的分布曲线亦有同样的规律：在爆轰结束的部位复合板减薄得最多。可以说，除雷管区以外的复合板的边部减薄得最多。其实，这一现象与图 2.4.4.1 是相似的，不同的是后者是用复合板的伸长率来描述的。自然，上述减薄率分布曲线也可以用图 2.4.2.1（b）和图 2.4.2.2（b）的能量分布曲线来解释。

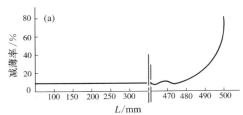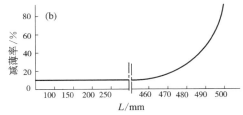

总厚度（mm）：（a）2+18；（b）22+40

图 2.4.4.3 铝-不锈钢（a）和铝-钢（b）复合板沿爆轰方向的减薄率分布曲线

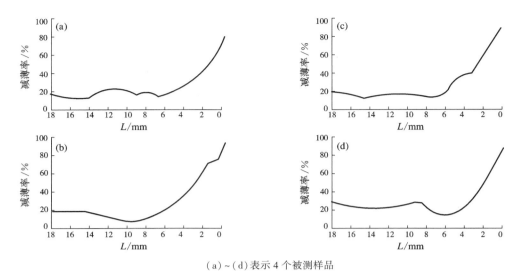

（a）~（d）表示4个被测样品

图 2.4.4.4　铜-铝复合板[（1.2+3）mm]爆轰结束部位的减薄率分布曲线

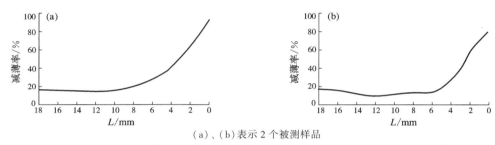

（a）、（b）表示2个被测样品

图 2.4.4.5　铜-铝复合板[（1.2+5）mm]爆轰结束部位的减薄率分布曲线

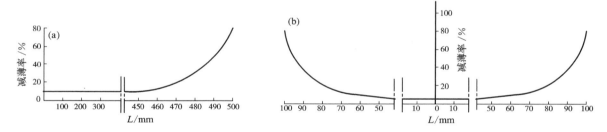

图 2.4.4.6　铝-钢复合板[（15+40）mm]沿爆轰方向（a）和两侧（b）的减薄率分布曲线

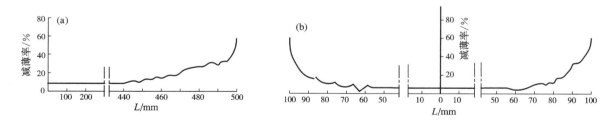

图 2.4.4.7　铝-钢复合板[（12+30）mm]沿爆轰方向（a）和两侧（b）的减薄率分布曲线

　　图 2.4.4.8 为爆炸焊接后复合管的外形和模具内孔的变形情况示意图，真实的管、孔变形形态见图 2.4.1.3 和图 2.4.1.4。图 2.4.3.1（d）所示的能量分布就是这种变形形态产生的原因。表 2.4.4.1 和表 2.4.4.2 提供了管、模具变形的测量数据。表 2.4.4.3 提供了管-棒复合体变形的测量数据。文献[139]也指出管内最高压力处于沿爆轰方向的管长的 5/6 的地方。这些数据表明前述的能量分析是正确的。

　　用铝棒进行外爆试验后铝棒外形塑性变形情况如图 2.4.4.9 所示。由图可见，在爆轰快要结束的地方铝棒的直径相应缩小了。其原因和原理也与上述分析相似。

表 2.4.4.1　锆$_{-2}$+不锈钢复合管沿爆轰方向外径变形数据统计　　　　　/mm

炮　次	管　　长									
	0	10	20	30	40	50	60	70	80	90
第一炮	39.5	39.6	39.6	39.6	39.6	39.7	39.7	39.7	39.8	39.5
第二炮	39.5	39.6	39.7	39.9	40.2	40.4	40.6	40.8	40.9	40.6
第三炮	39.6	39.7	39.9	40.1	40.4	40.8	41.0	41.2	41.4	41.0

注：基管原始外径为 39.0 mm。

表 2.4.4.2　锆$_{-2}$+不锈钢复合管爆炸焊接 5 根后，沿爆轰方向模具内孔直径的变形数据统计　　　　　/mm

原内径	管　　长													
	0	10	20	30	40	50	60	70	80	90	100	110	120	130
74.0	74.7	74.7	74.8	74.9	75.8	76.2	76.5	76.5	76.4	76.5	76.7	77.0	76.8	76.6
42.0	42.3	42.4	42.6	42.8	43.4	43.8	44.0	44.2	44.0	43.8	43.1			
39.0	39.3	39.3	39.4	39.5	39.7	40.3	40.7	40.8	41.0	41.2	41.1	41.0		
32.0	32.7	32.8	33.3	33.9	34.3	34.5	34.9	35.2	35.0	35.0				

表 2.4.4.3　爆炸焊接的铜-铝复合管棒沿爆轰方向残余塑性变形的测量数据　　　/mm

复合管棒号	1 号		2 号		3 号	
测量位置	1	2	1	2	1	2
0	—	—	—	—	—	—
10	28.40	28.35	28.35	28.30	28.50	28.40
20	27.88	27.84	28.12	27.90	27.80	27.85
30	27.80	27.76	27.80	27.70	27.80	27.75
40	27.68	27.65	27.46	27.45	27.60	27.60
50	27.58	27.55	27.40	27.45	27.45	27.50
60	27.58	27.55	27.40	27.40	27.45	27.50
70	27.54	27.56	27.40	27.40	27.45	27.50
80	27.50	27.56	27.40	27.40	27.45	27.50
90	27.45	27.40	27.40	27.40	27.45	27.50
100	27.50	27.36	27.40	27.40	27.45	27.50
110	27.50	27.34	27.40	27.40	27.45	27.50
120	27.50	27.32	27.40	27.40	27.40	27.50
130	27.50	27.30	27.20	27.34	27.30	27.48
140	27.46	27.00	27.30	27.28	27.16	27.40
150	25.58	26.10	27.14	27.10	26.88	27.30
160	25.40	25.20	26.50	26.38	26.60	26.70
170	24.00	24.00	25.10	24.88	24.62	25.24
180	—	—	—	—	—	—

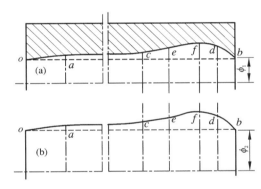

（a）模具内孔变形形态；（b）复合管外形变形形态
ϕ_1—模孔原始内径；ϕ_2—外管原始外径

图 2.4.4.8　复合管爆炸焊接后，复合管的外形和模具内孔的变形形态示意图

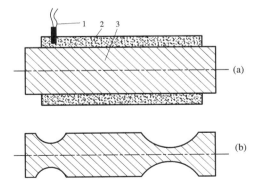

1—雷管；2—炸药；3—铝棒

图 2.4.4.9　铝棒外爆炸试验（a）及其变形情况（b）示意图[74]

注：①爆轰方向从上至下；②测量方向的 1 和 2 互为垂直；③两端的数据舍去；④铜管的尺寸为 φ28.0 mm×1.2 mm×200 mm，铝棒的尺寸为 φ24.5 mm×180 mm；⑤上述复合管棒的爆炸焊接残余变形的规律也与本章讨论的边界效应的规律一致。

同理，根据上述众多实例不难解释图 2.4.1.1 和图 2.4.1.2 中复合板前端和两侧打伤、打裂的现象。

在讨论了金属板（包括复合板）上和金属管（包括复合管）内的力学和能量分布问题，以及列举了许多边界效应的实例以后，就有基础来讨论边界效应产生的原因了。

将图 2.4.2.1（b）和图 2.4.2.2（b）两图合并，作图 2.4.4.10（a）。根据图 2.4.4.6（b）和图 2.4.4.7（b），以及同样的力学-能量分析作图 2.4.4.10（b）。

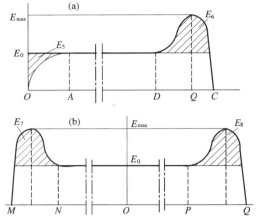

图 2.4.4.10　复合板的雷管区和前端（a），以及两侧（b）的边界效应产生的力学-能量原理

众所周知，金属之间的焊接是需要能量的，如机械能、电能、热能、化学能等。金属之间的爆炸焊接也是需要能量的，这个能量就是炸药的化学能，即由此化学能转换来的爆轰波和爆炸产物高速运动的动能。假设这个能量在图 2.4.4.10 上为 E_0，并且假设 OC 为从短边中部引爆的矩形复合板的纵向长度，MQ 为其横向宽度，在此复合板的整个面积上布放炸药。然后从 O 点引爆炸药。自爆炸开始至爆轰结束，在覆板面上的能量分布就如该图所示了。由图 2.4.4.10（a）可见，在起爆端及其附近（OA 段），与 E_0 相比，为了使金属间实现焊接就少了一部分能量 E_5（阴影部分）。而在前端（DC 段），与 E_0 相比又多了一部分能量 E_6（阴影部分）。由图 2.4.4.10（b）可见，在两侧（MN 和 PQ 段）也多了一部分能量 E_7 和 E_8（阴影部分）。能量少了不能焊接；能量多了，金属就会被打伤打裂。这是很浅显的道理。这就是爆炸焊接工艺中边界效应现象产生的原因：在雷管区部分（OA），复合板由于能量不足而焊接不上；在前端（DC）和两侧边部（MN 和 PQ）由于能量过大覆层被打伤打裂，以及由此造成焊接不良。因此图 2.4.4.10 明确和清楚地揭示了复合板的边界效应的能量原理。

同理，由图 2.4.3.1 也可作出复合管爆炸焊接时类似的力学-能量原理图，并由此图来分析其起爆端焊接不上、前端打伤打裂和焊接不良的原因，由此讨论复合管边界效应现象产生的原理。复合管棒亦然。

应当指出，复合材料边部和前端被打伤打裂的原因，除了能量过大之外，还有一个爆轰波和爆炸产物的高能量物质一先一后和反复作用于覆层表面上的问题[图 2.4.2.1（a），图 2.4.2.2（a）和图 2.4.3.1（a）的右侧]。这种反复作用，特别是高速和高能量的反复作用是任何金属材料也经受不了的。普通铁丝用手正反弯折几次会折断就是一个例子。

综上所述，爆炸焊接工艺中的边界效应产生的原因是有的地方（雷管区）能量不足，有的地方（除雷管区之外的其余周边）能量过大，以及过大的能量在相应地方的反复作用。本章前面的大量篇幅就是揭示这个"不足""过大"和"反复作用"的原因，即此边界效应产生的力学-能量原理。

在爆炸物理学的名词术语中有"卸载波"一词。其意大概是在炸药爆完之后作用在物体边部的使载荷得以卸除的波。然而，至今不仅它的物理意义含混不清，而且它是怎样产生的也没人说得清。在分析和讨论了上述边界效应产生的力学和能量原理之后，本书作者认为"卸载波"就是如图 2.4.2.1、图 2.4.2.2、图 2.4.3.1 和图 2.4.4.10 所示且反复作用在与炸药接触爆炸的物体（金属材料）边部的强大得多的载荷。如果的确如此，此"卸载波"或称"稀疏波"即是除雷管区之外的边界效应产生的原因。

文献[1172]认为，边界效应不仅受炸药和基、覆板边界稀疏波的影响，而且还受覆板反弹拉伸波的影响，因此设计了不等面积复合板爆炸焊接的工艺。超声探伤的结果表明，复合板的边界效应极小，满足工程需要。

2.4.5　爆炸焊接边界效应的预防

到此为止，可否给边界效应下这样一个定义：爆炸焊接中的边界效应就是在金属复合材料（板、管、管棒等）的周边上，由爆炸能量的不足和过大而引起的焊接不上（雷管区）和打伤打裂，以及焊接不良（其余周边）的一种物理现象。

根据这一定义和大量的事实可知，边界效应包括两个方面的问题：雷管区不复合和其余边部被打伤打裂（包括焊接不良）。而这种效应的危害也正表现在这两个方面。因此要千方百计地预防它。其实，在进行上述边界效应原因分析和讨论之后，减轻和消除边界效应的措施也就可以找到。

1. 雷管区的预防

为预防雷管区的出现可采取如下两个方面的措施，这两个措施在图2.4.4.10(a)中可明确找到。

第一，在雷管位置布放高能量的附加药包，或者堆放更多的主体炸药，或者兼而用之，以补充雷管区不足的能量，即图2.4.4.10(a)中的E_5。

该方法早已在国内外广泛使用[138]，效果良好。这是人们在实践中总结经验和教训，有意或无意、自觉或不自觉地顺应自然规律的结果。

第二，将雷管区引出复合面积之外，即将能量不足的范围放在复合面积的外边。如图2.4.4.10(a)所示：如果AD段是焊接良好区，则将待结合的双金属板(管)放在这个位置，而向左延长药包即把雷管区OA段放在复合面积之外。实践证明，这个方法也能收到良好的效果。

上述第一种方法主要适用于中心起爆的情况，对边部起爆的情况也有较大使用价值。第二种方法唯一地只适用于边部起爆的情况。

文献[1173]通过炸药性能的调整和布药方式的变化，来改变爆炸焊接过程中压力的分布规律，从而更好地保证大面积钛-钢复合板爆炸焊接的效果，如图5.4.1.144和图5.4.1.145所示。本书作者认为，这与图5.4.1.146所示的台阶式布药的方式如出一辙，有异曲同工之妙。其原因都与本书图2.1.1.4和图2.1.9.3~图2.1.9.17中的不稳定爆轰区普遍地存在于炸药爆轰过程和爆炸焊接过程有关。如2.4章所述，这种不稳定爆轰区的存在就是爆炸复合材料(板、管、棒等)雷管区及其周围爆炸不复的根本原因。为了缩小雷管区，通常在放置雷管的覆层的位置上增加一些主体炸药，或添加一些高爆速的引爆炸药，或兼而有之。这些措施都能起到一定的效果。然而，上述的分段布药和台阶式布药方式的出现，也说明上述措施并不能从根本上解决雷管区存在的问题，也难以解决爆炸焊接过程中与炸药和爆炸有关的其他质量问题。于是，就出现了上述分段布药和台阶式布药的形式。这不仅是一种改进，而且也是有关单位的科技人员顺应和利用自然规律的一种创新，值得高兴和祝贺。

应当指出，比较起来，台阶式布药的方式更胜一筹。因为这种方式不需要混配多种爆速的炸药——一种爆速的炸药即可。炸药堆放的厚度不同，便可获得不同的爆速(同一组成的炸药，厚度越大，爆速越高)。只是台阶式布药时，最好不要突然(直角)过渡，以免爆速突然变化而引起其他的问题。分段布药也存在爆速突然过渡的问题。最好如图5.4.1.147所示布药。

文献[1174]报道，采用合理和特殊的爆炸焊接工艺参数和引爆方式，可以显著缩小钛-钢复合板的雷管区。例如，钛板厚度在4 mm以下时，雷管区直径可控制在ϕ20 mm以下；钛板厚度在5 mm以上时雷管区直径可控制在ϕ30 mm以下。该单位在最近几年的生产中，为用户生产了5 mm以上覆板的钛-钢复合板几百吨，雷管区直径都在ϕ30 mm以下。特别是在1991年对钛覆板厚度为10 mm的复合板，采用特殊的工艺技术，雷管区的最大直径只有ϕ25 mm。这种工艺和技术可能如图3.5.9.1所示(本书作者注)。

文献[1175]报道，利用附加药包的聚能效应，调节药包底部到覆板表面的距离(吊高h_0)，能够控制该药包对覆板释放的能量，以达到减小复合板雷管区的目的。6次爆炸焊接试验后，对于5 mm+10 mm的钛-钢复合板而言，当h_0=8 mm时，雷管区尺寸小，覆板减薄量小，复合板结合率最高。该方法的示意图如图2.4.5.1所示。

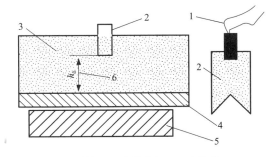

1—雷管；2—聚能药包；3—主炸药；
4—钛板；5—钢板；6—吊高。

图2.4.5.1 在爆炸焊接中，雷管区聚能效应试验示意图

2. 复合板(管)其余周边打伤打裂的预防

为了预防复合板其余周边被打伤打裂，可以参考预防雷管区的第二种方法。如图2.4.4.10所示，将复合板的面积置于AD和NP的范围之内，而将能量过大的DC、MN和PQ三部分放在复合板的面积之外。其实，在长期实践中人们也是这样做的，即覆板的长、宽尺寸比基板的总要大些，以便药包的尺寸大于基板的尺寸。结果表明，如此这般之后除了覆板边部多出部分被剪切除去之外，对覆板周边的状态影响不大，通常效果是良好的和明显的。

在此过程中，炸药应该布放到覆板的边缘，使覆板和药包的尺寸都大于基板的尺寸。如果仅仅覆板的尺寸加大，而药包的尺寸不相应加大，那么不仅覆板的边部照样打裂打伤严重，而且复合板的边部结合不良，会造成不应有的损失。此事有一深刻教训，见后续文字和图2.4.5.4。

文献[35]报道，用爆炸法焊接有相同矩形面积的覆板和基板[（16+200）mm厚的不锈钢－钢复合板坯]，发现距坯料周边50 mm的边部和引爆区未结合。为此，从$1\delta_1$到$5\delta_1$改变覆板的伸出量（δ_1为覆板厚度）。结果沿爆轰方向当覆板的伸出量为$5\delta_1$的时候获得了优质的结合。其余三边在$3\delta_1$的时候也获得了优质的结合。文献[3]也提出，覆板的周围要比基板的周围突出25 mm；还报道在覆板的边缘对接扁平钢条的方法也可消除边界效应的影响。这样覆板中的压缩波传至钢条，而来自钢条边缘的反射波不会经过接口进入覆板。为了组合方便，将整块覆板用延伸钢条围绕起来。炸药要加放到钢条表面上。

还有三种方法可以试验和研究：一是在爆炸复合板的情况下，在覆板的边部实行梯形布药。即在矩形或圆形药包的边部，从内向着边缘，炸药的厚度逐渐减小。这种梯形布药的尺寸范围和能量大小由试验确定。这样做的目的是逐渐减小作用在复板边部的能量。初步的试验表明，此法能够消除覆板边部相应位置不时出现的表面波形，从而提高覆板的表面质量和去掉磨平工序。另外，如此梯形布药，也减小了如图2.4.4.10所示的覆板周边的能量（E_6、E_7、E_8）。与此同时，边界效应的影响自然就小了。由此可以预计，在充分试验的基础上，如果这种梯形布药的范围和能量适度，那么，边界效应就有可能被缓解。二是加盖炸药罩（见3.2.53节）。这种炸药罩也许能吸收和消散上述覆板边部过大的能量（E_6、E_7、E_8），或者改变这种能量的分布，从而缓解边界效应。三是将上述两种方法结合起来进行试验和研究。如此效果也许会更好。

在此指出，上述三种缓解边界效应的方法如能获得预期的效果，那么就有可能实现覆板同基板等长和等宽地爆炸焊接。即与基板的长度和宽度尺寸相比，覆板的相应尺寸就不再需要加大了。如此这般，不仅可节约大量的稀贵金属的覆板材料，而且会大大提高爆炸焊接工艺的水平。

文献[1176]报道，爆炸焊接边界效应产生的原因，归结到一点，就是覆板边部与中部各点在爆炸焊接过程中的受力状态及大小不同。若要消除它就必须使边部和中间的受力状态相同，为此，制作了一种聚能药盒，以限制板边部炸药爆炸后的能量消散，保证板边部的受力状态基本同于其中部各点。采用这种方法，在生产实践中进行了数十次检验，效果良好，基本上解决了钛合金厚板爆炸焊接时的边界效应问题。

文献[1177]提出了减小边界效应的两种方法：等面积爆炸焊接情况时，加大布药宽度和在焊接窗口内适当加大质量比R；不等面积爆炸复合时将覆板边界刨去一部分或开应力槽。前者的经验尺寸为：起爆端覆板伸出基板50~60 mm，药盒两侧分别向外延伸20~30 mm。

我国科技人员找到了消除爆炸焊接边界效应的又一种安装形式和布药方法，如图2.4.5.2所示。这种形式和方法的实质就是由被延长的基板的那一部分金属材料来承受如图2.4.4.1和图2.4.4.10所示的边部强大得多的爆炸载荷的作用，从而保护覆板的边部免于被打裂和打伤。此时，由于基板很厚，其强度足以承受那强大得多的爆炸载荷的作用，而不致被打裂和打伤。即只要使基板的长、宽尺寸增加多一点，就可保护覆板，基板长、宽增加部分会作为加工余量切除。

图2.4.5.2所示的消除边界效应的方法更适用于稀有和贵重覆板的爆炸焊接。

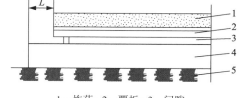

1—炸药；2—覆板；3—间隙；
4—基板；5—基础；L—基板的外延部分
图2.4.5.2　复合板爆炸焊接安装中消除
其边界效应的又一种布药方法

延长覆板或基板来消除爆炸焊接边界效应的安装形式和布药方法的原理，均同本章前面的分析和讨论有异曲同工之妙。

对于短复合管的爆炸焊接来说，为了预防边界效应，除了延长两头的药包长度之外，还可在其内部放置一个非金属的圆锥体，即实行梯形布药。这样得到的短复合管就不会成葫芦状而显得圆和平直（见3.2.7节和3.2.42节）。

这里再补充一个上述边界效应原理应用的实例：某单位由于受爆炸场地条件的限制，使得一块大的复合板需要二次爆炸。即先在基板上复上一半覆板，再在另一半基板上复合另一半覆板。如此这般，便出现了一个大问题：在两半覆板的中间，与其对应的基板部分的表面和内部严重硬化，有的还出现了裂纹。为了解决这个问题，本书作者提出了一个好方法。即在一半覆板支撑起来之后，在覆板和基板之间的间隙位置放置一块厚度 3～5 mm、宽度 50～100 mm、长度与基板宽度相同的普通钢板窄条。在爆炸另一半覆板时也同样操作，如图 2.4.5.3 所示。钢板窄条的上下两边用纸张隔离，以免其上下与覆板和基板相焊接。二次爆炸焊接后，基板中间位置经清理后补焊。如此两次爆炸焊接后，基板中间位置的硬化程度就小得多了，也没有裂纹了。这个结果的原因是：在爆炸焊接的瞬间，那块小钢板窄条吸收了该处边界效应产生的绝大部分能量，于是作用在基板中间位置的能量就小得多了。这小得多的能量就不会使基板相应位置产生强烈的硬化，更不会出现裂纹了。

另有一个类似的例子：为了避免两块较小的覆板拼接，将其贴近后，同时地复合在同一块基板之上，然后将贴近处焊接起来即可。这种安装和爆炸焊接工艺也存在上述基板中间严重硬化和开裂的问题。此时也可以用上述在基板中间放置薄钢板窄条的方法来解决。

还有一例也值得人们牢记：某单位在布药过程中，炸药的边部仅布至与基板相应的边缘位置，尽管覆板也延长了。但爆炸焊接后，发现复合板边部的覆板打伤打裂严重［见图 2.5.5.4（a）］。后来将炸药布至覆板的边缘［见图 2.5.5.4(b)］，结果覆板在切边后，复合板完好无损。由此事实也证明了前面探讨的边界效应的原理是正确的。

值得一试的是，如 3.2.53 节所述，在炸药布放好后，在药包上方加盖炸药罩，如此也可能使边界效应缓解。

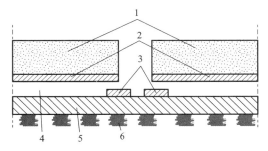

1—炸药；2—覆板；3—普通钢板窄条；
4—间隙；5—基板；L—地面；
左半部为第一次爆炸焊接，
右半部为第二次爆炸焊接。

图 2.4.5.3　两次爆炸焊接时解决基板中间位置严重硬化和开裂的方法示意图

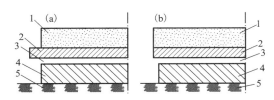

（a）炸药布至基板边部的相应位置；
（b）炸药布至复板边部的相应位置

1—炸药；2—覆板；3—间隙；4—基板；5—地面

图 2.4.5.4　两种布药方式对边界效应的影响

由上述实例看出，前述作者探讨的边界效应的原理是正确的。所以在实际工作中只要灵活机动地应用它，定能出人意料地解决生产实践中出现的许多技术难题。

应当指出，雷管区的产生还有两个原因：一是垂直碰撞；二是该处间隙中的气体来不及排出。这两个因素也会造成爆炸不复。

综上所述，爆炸焊接工艺实施之后，存在一种称之为边界效应的物理现象。对这种现象的产生，本章探讨了它的复杂和有趣的力学-能量原因，从而阐述了一套力学-能量原理。在这种原理的指导下提出了预防边界效应的措施和方法。实践证明这些措施和方法是切实可行且行之有效的。

最后指出，任何物质的运动都是在一定的时间和空间内进行的。爆炸焊接也不例外。由此时间和空间两个因素便涉及力学和能量问题。只是爆炸焊接中的力学和能量问题有两个显著的特点：一是过程的瞬时性；二是作用载荷的巨大性。这两大特点便决定了该领域中力学和能量问题研究的复杂性及困难性。但是只要从基本的力学和能量原理出发，并创造性地运用它们，困难是可以克服的，问题是可以解决的。本章所讨论的课题就是本书作者在此方面的一次大胆尝试，供继续研究时参考。

第三篇

CHAPTER 3

爆炸焊接工艺和技术基础 爆炸复合材料

金属复合材料是最近几十年开发出来的一类新型结构材料，它们具有许多优点。由两种和多种、两层和多层金属组成的这些材料与合金和单一金属相比，综合了现代新型材料的许多物理、力学和化学特性。这类复合材料的开发利用，可解决大量的和最重要的技术课题。特别是在航空和火箭制造工业、运输和机器制造工业、压力容器和石油化工工业，以及其他许多工业部门中，金属复合材料的应用可明显地提高材料的强度、刚度、冲击载荷强度，减少结构件的重量；可以在宽广的范围内控制导热性能、导电性能、导磁性能、核性能；在保持同等耐蚀性下明显地降低成本等。

复合材料的种类主要有三种：塑料基复合材料、金属基复合材料和陶瓷基复合材料。金属基复合材料又分为被连续纤维强化、被丝状晶体(或短纤维)强化和被粒子强化的金属复合材料。本篇和本书讨论的用爆炸焊接法生产的层状金属复合材料是又一类新型的金属基复合材料，也是一种在高科技和民用工业中有广泛用途的新材料系统。

层状金属复合材料的生产方法很多，常用的是多种金属压力加工工艺。然而，爆炸焊接技术在生产这类材料方面有许多独特的优点。尤其是这种技术和常规压力加工工艺联合起来之后，各种各样的任意层状金属复合材料(板、带、箔、管、棒、线和型材，以及锻件和粉末)都可以制造出来。因此这种技术值得广为推广。

本篇在讨论爆炸焊接的一般工艺问题之后，将用大量篇幅讨论用多种爆炸焊接技术生产的大量层状金属复合材料及其后续加工(压力加工、热处理、焊接、机械加工、废料处理等)，以及它们独特的工程应用，系统地总结爆炸复合材料的生产工艺、组织性能和工程应用。以此构成爆炸焊接的坚实的工艺和技术基础。

3.1 爆炸焊接的工艺

爆炸焊接和用爆炸焊接法来生产金属复合材料，不同于一般焊接技术，也不同于一般金属复合材料的生产方法，它有自己的特点。这些工艺上的特点就是本章所要讨论的具体内容。

所谓爆炸焊接的工艺，就是在开展爆炸焊接的过程中，共同制订和遵循的一整套工艺程序及技术规定。

爆炸焊接工艺的共同程序和规定主要有：工艺流程、工艺参数、间隙问题、表面净化、表面保护、基础、爆炸场地、工艺安装、安全与防护等。可以说，掌握了这些基本知识和基本技能，就可以开展爆炸焊接工作了。

其实，开展本专业的工作并不难，在熟练地掌握这些方面的知识和技能之后更不难。但是要干好并不容易。这不仅要善于总结正面的经验，也需要及时地吸取反面的教训，也许后者更重要。因此，从事这方面工作的人员，特别是工程技术人员应不断总结经验并不断提高理论水平，经常地参考国内外有关资料。只有这样才会少犯错误和少受损失，并有所创新和不断进步，将爆炸焊接工作提高到一个新水平。

3.1.1　爆炸焊接的工艺流程

如本书导言中所说，爆炸焊接有许多特点和优点。其中，与电焊、气焊、氩弧焊、电子束焊和等离子焊等焊接工艺相比，爆炸焊接不需要特殊的设备，操作和过程都很简单，它的能源是廉价的炸药。与轧制、堆焊、浇注、挤压、拉拔、电镀、涂层、喷涂、气相沉积和粉末冶金等生产复合材料的方法相比，爆炸焊接具有简单、迅速、结合强度高、尺寸大和成本低等特点。无论是作为一种焊接工艺，还是作为一种生产复合材料的技术，只要有金属材料、炸药和爆炸场，在稍有技术训练的人员的操作下，就可以进行任意同种和异种金属材料的焊接，以及进行品种和规格繁多、形状和尺寸各异(如双金属和多金属)的板、管、管板、管棒、带材、箔材、线材、型材、粉末及异形件的试验和生产。并且，这种试验和生产的规模，能够随工作人员的增加、起重运输设备的配置和市场的扩大而迅速扩大。

以复合板为例，爆炸焊接的上述特点还可以从图3.1.1.1的工艺流程中看出。

用爆炸焊接法生产复合板的工艺流程具有其典型性。其他爆炸复合管、复合管板、复合管棒等生产的工艺流程与此大同小异(详见5.4章)。

自从爆炸焊接工艺被发现以来，国内外学者在这种新工艺的研究方面做了大量的工作，取得了重要的成果。现在不难发现，早期的工艺流程和近期的有较大的不同，不同单位的工艺流程也不尽相同，但都在向简化、完善和成熟的方向发展。

爆炸焊接和压力加工及机械加工相联合所组成的新工艺多达数十种(见"导言")。它们为金属材料的复合、焊接和加工成形，为制成大量的异种金属的过渡接头，双金属及多金属的零件、部件和设备，以及新型结构材料系统，提供了一些不可替代的新技术方法。

在掌握了上述共同的工艺流程之后，就可以在科研和生产中广泛地应用这些新工艺和新技术，并且使它们在生产和科学研究中发挥应有的作用。

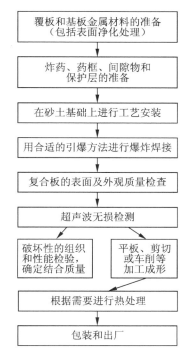

图3.1.1.1　用爆炸焊接法生产复合板的工艺流程图

3.1.2　爆炸焊接的工艺参数

任何一种新工艺和新技术都有其众多的工艺参数，这些参数直接地决定了产品的质量。爆炸焊接也一样。这些参数的择优选取将为获得优质的爆炸焊接产品提供条件。

爆炸焊接参数有数十至上百个之多。在实际工作中人们往往只考虑一些看得见和摸得着的参数，认为其余的参数并不重要。即使诸如"间隙"和"药量"等关键性参数也都在一个较大的范围内变化，因而只重视少数而忽视其余，这种观点和做法是不正常的。它将阻碍人们的视野，使人们在一些老问题和新现象面前一筹莫展与束手无策。这对于该学科的理论研究和实践应用以及发展是不利的。

为了正确地认识爆炸焊接这门新工艺和新技术，并且更全面地探讨它的过程、产品质量及其影响因素，这里系统地讨论爆炸焊接的各种参数(不仅仅是工艺参数)，但不涉及它们的选择和计算，这些将在别的章节里讨论。

爆炸焊接参数系指影响并决定爆炸焊接过程和结果的诸物理量。这些物理量如下。

1. 材料参数

该类参数包括待爆炸焊接的金属和非金属材料，以及保护缓冲层材料的一些物理和化学性质、几何尺寸。如覆层和基层材料的长、宽和厚度尺寸，尺寸公差和基覆比，平面度和平直度，金属强度极限、屈服极限、塑性、冲击韧性和硬度，密度和熔点，氧化还原性和金属组合在高温下的互溶性和生成金属间化合物的能力等。还有保护缓冲层材料的厚度、熔点、密度、质量和它们的保护缓冲性能等。该参数的作用在于选择适合进行爆炸焊接的金属材料，以及保护它们在爆炸载荷下免受损伤。

在该类参数中，以金属的厚度、强度和塑性最为重要。在其他参数一定的情况下，由这三项参数可以初步地判断任一金属组合在理论上的爆炸焊接性和相对的结合强度。

2. 炸药和爆炸参数

该类参数包括爆炸焊接中使用的炸药的品种、密度、厚度（或单位面积药量）、总药量、药包尺寸和附加药包等。此外，实际情况下还包括炸药的引爆、传爆、爆轰、拒爆和熄爆、炸药爆轰的速度、爆压、爆热和猛度、爆炸化学反应区、爆轰波和冲击波，以及爆炸产物的组成、数量、密度、运动速度和飞散等。

炸药爆炸的作用在于为金属间的焊接提供能源。这种能源在经过多次和多种形式的传递、吸收、转换和分配之后成为金属间结合的能量——结合区一薄层金属的塑性变形能、熔化能和扩散能。

该类参数中以炸药的品种、数量、爆速最为重要。在其他参数一定的情况下，根据该类参数可以判断任一金属组合实际的爆炸焊接性和相对的焊接强度。

3. 安装参数（静态参数）

这类参数包括在一定的安装图式中，覆层与基层之间的几何配置关系，例如平行法时的间隙大小，角度法时的安装角大小，中心起爆法时自然形成角的大小，在大面积爆炸复合时置于间隙内部的间隙物的大小、数量及其性质等。

该类参数的作用在于提供将爆轰波和爆炸产物的动能传递和转换成金属间焊接能的一种机构。简言之，由该类参数形成的间隙距离给覆层与基层间的相互作用——冲击碰撞提供条件。这种撞击过程能够将覆层的动能转换成金属间的结合能。

间隙距离的大小是一个重要参数。它不仅决定撞击过程的性态，而且决定边界效应的强弱。一般来说，复合板的面积越大，间隙值越要慎重选择。特别是在覆板挠曲和几何尺寸不规则等情况下，应使间隙尺寸尽量均匀。

4. 动态参数

该类参数是在覆层吸收爆轰波和爆炸产物的能量之后，在间隙中向基层运动并相互作用——高速冲击碰撞时所形成的。它包括覆层向基层的运动速度、覆层的弯折角和动态角，以及撞击点的移动速度，即焊接速度。此外还有一个未引起足够重视而又重要的参数——撞击点前气体的排出速度。

该类参数的作用是为爆炸焊接所需能量的转换提供一个过程和手段。也就是通过由这种参数所决定的撞击过程，将爆轰波和爆炸产物的能量转换为金属间的焊接能。当气体的排出速度大于或等于焊接速度时，方能保证撞击过程的正常进行和能量的顺利转换，以及金属间的焊接。否则，撞击过程难以实现。其结果会在界面上产生大面积的熔化，甚至使金属间的焊接成为不可能。

5. 能量参数

金属间爆炸焊接的能量不是直接地取自于炸药的化学能，甚至不是直接地由爆轰波和爆炸产物提供的，而是经过了一个多次和多种形式的能量的传递、吸收、转换和分配的过程，最后才有一部分能量成为金属间的焊接能。当然，这些焊接能最初还是来自炸药。因而，能量参数包括炸药的种类、所使用炸药的化学能、爆轰波和爆炸产物高速运动的动能、这两种能量被覆层金属吸收并向基层高速运动所具有的动能，成为在它们撞击过程中由界面上冶金过程的进行而形成冶金结合所需要的能量。剩余的能量还造成复合体向基础的冲击，随后引起复合体的上下振动和变形、爆炸坑的形成和沙石的飞扬、地表震动和巨大的声响，以及爆炸产物的吸热、放热和发光等。

该类参数和能量的转换将极大地影响爆炸焊接过程和金属间的结合强度。

6. 基础参数

该类参数包括爆炸焊接基础的类型（钢砧、岩石、砂、黏土、砂-黏土等）和基础的性质（刚度、强度、弹性、松散性、黏性和含水量等），以及爆炸场周围的地形地物。

该类参数的作用在于支托炸药-爆炸-金属系统，对爆炸焊接过程中的剩余能量进行吸收、反射和消散，保持复合体比较规则的外形。

实践表明，不论是复合板，还是复合管的爆炸焊接，基础都是很重要的。不合适的基础，在一定程度上将影响复合材料的质量，甚至决定爆炸焊接过程的成败。

7. 气候和气象参数

该类参数包括爆炸场周围当时当地的气候和气象因素，如春、夏、秋、冬、阴、晴、雨、雪，以及风向和风力，空气的温度、湿度和密度等。

该类参数影响炸药爆炸化学反应的进行、爆炸产物的飞散、覆层和基层的碰撞及结合。在不同的气候和气象条件下，炸药的湿度和密度是不同的，这种差异将影响爆炸化学反应进行的过程，从而影响炸药能量的释放。这种影响自然会波及爆炸焊接的全过程及其结果。另外，在不同的气候和气象条件下，空气的温度、密度和湿度不同，这种差异将对爆炸产物的飞散产生不同的压力——空气对爆炸产物的反作用力，因而影响炸药化学能的有效利用率。再者，恶劣的气候和气象条件，如大风和下雨，还将使操作变得困难，甚至将炸药和砂土吹到间隙中去。逆风向爆炸焊接将影响间隙中气体的排出，会造成大面积的鼓包——未焊接区。此外，北方冬天室外的低温还将使一些钢材"冷脆"。所以，气候和气象参数的影响不可低估。

8. 界面参数

该类参数是指爆炸焊接工艺实施之后，表征复合材料界面组织形态的诸参数。这些参数包括界面波形的波长、波幅和频率(或周期)，波形形状，熔化块的形状和大小(长短轴及其中心距)，熔化层的形状和尺寸(连续程度和宽窄程度)，界面两侧异种元素原子间单向扩散区和相互扩散区的宽度等。

该类参数是爆炸焊接工艺实施后的最终结果。用这些结果既可评价爆炸复合材料的结合性能，又可检验其工艺参数。因而它是一些微观的质量指标。

爆炸焊接主要参数如上所述。在金属材料确定之后，炸药和爆炸参数及安装参数是主要的和基本的工艺参数。这两个参数如果选择得当，爆炸焊接工艺一般来说能够顺利进行。如果得到其他参数的良好配合，那么就可以获得具有一定质量的双金属和多金属复合材料。

9. 爆炸焊接参数图示

复合板的上述诸多爆炸焊接参数可从图 3.1.2.1 中一目了然。

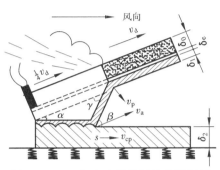

图 3.1.2.1 角度法爆炸焊接参数图示
(有关图例参见图 1.1.1.1)

3.1.3 爆炸焊接中的间隙

爆炸焊接中的间隙，就是在爆炸焊接的工艺操作中，在覆层和基层被支撑起来以后，在它们之间人为设计和安排的一定尺寸的距离。本节讨论爆炸复合板中与间隙有关的一些问题。

1. 间隙在爆炸焊接中的意义

间隙的设置是金属爆炸焊接的必要条件之一。可以说，在有足够的炸药的化学能之后，一般来说有了间隙就会有金属间的爆炸焊接；没有间隙，就没有这种焊接。不少国内外文献都论述过这个问题。这是被大量试验事实证明了的规律。

爆炸焊接之所以需要间隙，根本原因就在于炸药的化学能尚不能直接地提供给金属用于焊接。它还必须通过能量的传递、吸收、转换和分配，金属间的焊接才能实现。简而言之，该过程是在间隙中借助于覆板与基板的高速冲击碰撞来完成和实现的。所以覆板与基板金属之间的间隙距离的设置，是关系到爆炸焊接成败的工艺参数之一。

此外间隙值 h_0 的大小也影响爆炸复合材料的结合强度 (σ_f)，表 3.1.3.1 提供了这方面的数据。

2. 覆板在间隙中的运动形态

当爆轰波和爆炸产物的能量传递给覆板以后，覆板便以数百米每秒乃至上千米每秒的速度向基板撞击。那么覆板在间隙中是怎样运动的？它的运动形态对爆炸焊接的影响如何？下面论述这些问题。

表 3.1.3.1 间隙大小对钛-16MnCu 钢复合板结合强度的影响

h_0/mm	5	8	11	14	18
σ_f/MPa	373	397	436	319	338

(1)覆板的运动形态可用一组动力学参数来描述。如图 1.1.1.1 所示，覆板的运动与过程中的动力学参数有如下几何关系。

角度法时：

$$v_{cp} = v_d/\sin\beta \qquad (3.1.3.1)$$

$$v_p = 2v_d\sin\frac{\gamma}{2} \qquad (3.1.3.2)$$

平行法时：

$$v_{cp} = v_d \qquad (3.1.3.3)$$

$$v_p = v_d\sin\beta \qquad (3.1.3.4)$$

（2）覆板在间隙中的运动有加速、等速和减速三个阶段。图1.1.1.1所示的情况是理想的，实际上由于内外因素的影响，覆板的运动形态要复杂些，如图3.1.3.1所示。由图可见，当间隙距离在一定范围内的时候，覆板在加速区内，或在等速区内，或在减速区内向基板运动，并随后同基板相撞击。考虑到过程的稳定性和结合质量的均匀性，它们之间的撞击一般应控制在等速区内进行。另外，由图3.1.3.1可见，覆板运动的方向大致垂直于弯折角的角平分线。

（3）覆板在间隙中的运动速度是脉冲加速的。文献[142]提供了这一试验的结果，如图3.1.3.2所示。由图可以看出覆板在间隙中运动的速度和时间的关系。例如，在一定的时间以后，即在一定的间隙范围以外，覆板运动的速度才趋向稳定，而且在这一定的时间（间隙）范围之内覆板的运动形态是不稳定的，这种不稳定表现为脉冲加速。由图可见，这种脉冲加速的轨迹是锯齿状的。这一结果从微观的角度揭露了覆板在间隙中的运动形态是锯齿状的这一特征。根据这一结果可以大胆地假设：爆炸复合材料中结合区的波形与覆板的这种运动形态有关，而这种形态又与波动传播的爆轰波有关，这是一个值得深入研究和很有意义的课题。

（4）覆板在大间隙中的运动形态。以上是比较正常的爆炸焊接工艺下覆板的运动形态。如果间隙很大，例如大于50 mm，覆板的运动形态又是怎样的呢？

本书作者用下述工艺参数进行过这方面的试验：覆板和基板均为Q235钢，其尺寸为（2+8）mm×100 mm×200 mm，间隙为50~100 mm，硝铵炸药，单位面积药量为1.6 g/cm²，总药量320 g，中心起爆。试验结果：两块钢板结合在一起了，但覆板是波浪式地（起皱）焊接在基板上，中心起爆的位置因气体未及时排出使覆板中心被胀破一个洞，洞口向上卷边。间隙越大，这些现象越严重（见图3.1.3.3）。用类似的工艺还爆炸焊接了钛-钢复合板，结果是钛板中心起爆位置被胀破一个洞，钛板和钢板分离，它们的结合面有波形，钛的结合面还被氧化成蓝色。

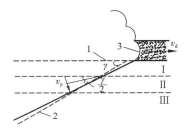

1—覆板的原始位置；2—运动中的覆板；
3—爆轰前沿；Ⅰ—加速区；
Ⅱ—等速区；Ⅲ—减速区
图3.1.3.1　覆板运动过程的几何模型[141]

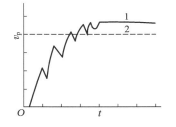

1—稳定速度；2—90%稳定速度
图3.1.3.2　覆板的运动速度
与时间的关系示意图

图3.1.3.3　大间隙试验时
覆板的外观形态

由上述事实可知，间隙大小在一定程度上决定过程中覆板的运动形态。而这种形态不仅会影响爆炸焊接过程中能量的转换和分配，而且会影响覆板的外形。因此，间隙大小是影响爆炸焊接质量的一个重要工艺参数。

但是，并不是说间隙大了，爆炸焊接就成为不可能，或者说覆板一定起皱。有文献指出，在间隙值取50~700 mm的情况下都能实现爆炸焊接[143]。另外，在爆炸成形金属半球的时候，其内外表面并未起皱。由此可见，在大间隙试验中，金属板起皱与否，决定于间隙内或模腔内的气体排出完全与否。因为这种金属板的特殊变形不仅与高速度传播的爆炸载荷有关，还与未及时排出的气体的反作用力有关，而且后者是主要的。

3. 间隙的几种形式

在复合板的爆炸焊接中，间隙有如下几种形式。

（1）均匀间隙。所谓均匀间隙就是覆、基板用间隙柱支撑起来之后，从一端到另一端的间隙距离保持不变。这种工艺安装和爆炸焊接的方法通称为平行法。

（2）不均匀间隙。所谓不均匀间隙就是在工艺安装后，从一端到另一端，覆、基板间的间隙距离是不均匀的，通常逐渐增大，且构成一定大小的角度，这个角度称为安装角或静态角。这种工艺安装和爆炸焊接的方法通称为角度法。

（3）均匀间隙安装和不均匀间隙起爆。如图 3.1.3.4 所示，在这种安装方式中，不管基覆板是矩形的、正方形的、还是圆形的，它们之间的边部都用相同长度的间隙柱支撑起来[图中（a）]，这种安装方式与平行法相同。但是由于覆板的和炸药的重量所造成的重力作用，必然使覆板的中部下垂而形如锅状。这样，覆板下垂的最低点的水平面与"锅"的底面就构成了一定大小的角度[图中（b）]。此后当雷管置于"锅底"并引爆炸药后，其过程就类似角度法了。这种安装和引爆方法是平行法和角度法的综合：平行法安装和角度法起爆。由于雷管放在中心并引爆炸药，这种爆炸焊接的方法又通称为中心起爆法。

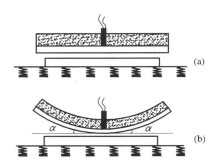

（a）平行法安装；（b）角度法起爆

图 3.1.3.4　中心起爆法爆炸复合板工艺安装示意图

以上是爆炸焊接中常用的几种间隙支撑方式，也是常用的几种爆炸焊接方法。从排气考虑，比较起来，在其他工艺参数合适的情况下，在爆炸焊接复合板时角度法比平行法好，中心起爆法又比角度法好。但在实践中，在爆炸焊接大面积复合板时不用角度法，而用平行法，特别是多用中心起爆法。

4. 间隙大小的确定

根据覆板在间隙中的运动形态和表 3.1.3.1 中的数据可知，间隙值可以在一定的范围内变化，在此范围内都可以获得较好的焊接强度。由实践可知，这个范围是比较大的，并且随着各种工艺参数的变化，获得最佳性能的最佳间隙值也会变化，再加上工艺操作上的偏差和其他异常情况，特别是爆炸焊接的瞬时性所引起的千差万别，这些都使间隙大小的选择变得复杂。所以到目前为止，间隙值的选择都是凭借经验和经验公式。

间隙值的经验计算公式，2.2.4 节中已经介绍了几种。应当指出，用这些公式计算出的数据还要经受实践的检验和不断修正，直到获得最佳结果为止。

5. 间隙大小的影响因素

在工艺操作中，以复合板为例影响间隙值的因素主要如下。

（1）覆板加工瓢曲的影响。金属板在加工成材的过程中，由于内应力的不均匀，往往会造成板材的不平整——加工瓢曲。用具有这种形状的金属材料作覆层，并支撑在基板上，自然会造成间隙大小的不均匀。实践证明，这种不均匀性会影响爆炸复合材料的质量。因此，在选择覆板材料的时候应当尽量选取平直的，或带有单向瓢曲的，不可选用波浪形和不规则的覆板。这样不仅有利于保持间隙的均匀性，而且有利于间隙中气体的排出，从而保证覆板在间隙中处于正常的运动状态。有不规则变形的覆板，应先在平板机上尽量平复。

（2）覆板重力瓢曲的影响。覆板以一定的间隙距离在基板上支撑起来以后，由于覆板、保护层和炸药的重量所引起的重力作用而使其中部下垂，形成瓢曲。在这种情况下，为了获得良好的结果，就应因势利导，变不利为有利，采用中心起爆法。

（3）基板形状的影响。如果基板厚度较小且面积较大，它的表面也可能是不平整的。这时，即使覆板很平，整个间隙距离也是不均匀的。在这种情况下需要将其在平板机上预先校平。

6. 间隙的支撑方法

在爆炸焊接小面积复合板的时候，间隙的支撑和间隙值的保证是不难的。在操作中只要将所需长度的间隙物（小木棍、塑料管、金属块和其他材料）支放在覆板与基板之间的边缘部位即可。在爆炸焊接过程中，这些间隙物在间隙内高速排出的气体的吹击下会被排出，一般不会存留在间隙内。

但是当复合板的面积较大时，例如达到若干平方米的时候，由于覆板的加工瓢曲和重力瓢曲，使覆板的中部贴近或贴合基板。这样预先设计的间隙值就不好保证了。实践证明，覆板越大、愈薄和愈不规整，此时的间隙值就愈难保证。

为了获得预定的间隙值，国内外研究者在此方面做了大量的工作。例如有的研究者将金属丝条做成正弦形、锯齿形和螺旋形，然后将它们以一定规律摆放在覆板与基板之间。此时这些有一定形状的金属物体的高度就是所需的间隙的大小[144,145]。

也有研究者介绍了在待结合面上放置 SiO_2、$CaCO_3$、CaF_2、Al_2O_3、MgO、CaO、K_2O、钛粉、铝粉或锰粉等粉状固态物质来保证间隙值的方法。据称，该方法不需要在待焊表面使用支杆等支撑物，还可改善可焊性和简化工序[146]。

实践表明，在间隙内部放置少量的一定形状的金属薄片来保证间隙的方法是简单、可行和有效的。爆炸焊接以后在对应位置的覆板表面上不会出现明显的凸起。随着覆板厚度的增加，这种凸起更不明显。剥皮试验发现，作为间隙物的那些金属片与基材金属之间还有焊接现象。由于金属片的数量不多，它们对双金属的结合强度和使用性能不会产生大的影响。注意：如果是异形的间隙物，其放置的方位和方向不应阻碍间隙内的排气过程。

应当指出，间隙柱的支撑位置是值得研究的。如图3.1.3.5所示，在钛-钢复合板的小型试验中，如果将覆板的四角用棉线吊起以保证间隙，爆炸焊接后发现被棉线吊起的四角卷起了，有的还反向卷起180°。图3.1.3.3中也有此现象。由此看来，在爆炸焊接过程中间隙物的反作用力是多么巨大。因此，为了减小此反作用力对该过程的影响，应当力求将间隙物支撑在基板之外。边部间隙位置有的复合不良也是这种反作用力影响的结果。

图3.1.3.5　被棉线吊起四角试验的钛-钢复合板，其覆板的四角被卷起

在生产实践和科学实验中，人们认识到间隙在爆炸焊接中的重要意义，因而千方百计地保证间隙的支撑和间隙的大小，并在此方面积累了丰富的经验。这一切为工作的顺利进行和成功打下了基础。

一些研究者的研究结果也证实了支撑材料对爆炸焊接过程有重要影响[147]。

3.1.4　爆炸焊接中金属待结合面的净化处理

下面讨论爆炸焊接工艺中金属待结合面净化处理的一些理论和实践问题。

1. 净化处理的理论基础

爆炸焊接是金属结合的一种新技术，这种焊接新技术在实施之前也要进行待结合面的清洁净化处理。

众所周知，金属材料的焊接都是在一定的条件下进行的，待焊接部位的净化处理就是这些条件中的一个。实践表明，越是活泼的金属对清洁度的要求越高，有些还要求在真空下进行。即使普通钢材的焊接也要求清除待焊位置过多的氧化物，所以清洁净化是焊接工艺对金属材料的基本要求之一。

金属材料的焊接（包括爆炸焊接）为什么要求净化处理呢？如图1.2.1.1所示，两种金属焊接时的首要条件是必须使它们彼此分离的表面之间的距离在外界能量的作用下，借助于不同的途径和方法达到原子间距的距离。在这个距离上原子间的引力和斥力趋于平衡，金属就结合在一起了。理论和实践证明，由于金属的物理和化学性质对焊接过程的影响，相同金属间的焊接要容易一些，异种金属间的焊接要困难一些，有的甚至不可能。即使相同金属间的焊接如果在待结合面上混有其他物质，必将使焊接过程复杂化：影响轻的会给它们的结合带来困难，即使焊接了焊接强度也不会高；重则将使本来能够焊接的金属材料变得不能焊接。

一般的焊接工艺中待焊部位的清洁处理（包括真空和惰性气体保护下的焊接），目的都是为了尽量减少和清除焊接位置的杂质，排除氧化物、氮化物、油污和气体分子对焊接过程的影响，以便增加金属间的焊接性和提高结合强度。

2. 净化处理在爆炸焊接中的意义

金属爆炸焊接是压力焊、熔化焊和扩散焊"三位一体"的一种焊接新工艺。因此，理所当然地也需要净化处理。所不同的是这种处理必须在整个待结合面上进行。也就是说，无论是板-板、管-管、管-管板、管-棒等全面爆炸焊接，还是点、线局部位置的爆炸焊接，凡是需要结合的面积都应进行表面处理。大量试验资料表明，爆炸焊接前待结合面处理得越干净和越平整，爆炸复合材料的结合强度将越高，如图3.1.4.1和图3.1.4.2所示及表3.1.4.1~表3.1.4.3所列。

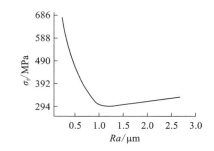

图3.1.4.1　钛-钢复合板的结合强度与表面粗糙度 Ra 的关系[143]

文献[148]以实例证明了异种金属爆炸焊接，当增加被连接表面的粗糙度时，可将结合强度提高若干倍。

文献[23]也指出了表面粗糙度对可焊范围和焊接质量的影响。试验结果表明，表面质量越高，焊接质量越好，可焊范围越大。例如，钢管与钢管板的焊接，当管子的外表面和管板孔的粗糙度达到 Ra 为

0.5 μm时，v_p在250 m/s至1100 m/s范围内都能达到满意的焊接质量。如果表面粗糙，可焊范围将缩小（下限提高和上限降低）。因为粗糙的表面难形成波形界面且易于造成熔化而形成金属间化合物的中间层。但是表面的精加工是一种费钱和费时的工序。这就促使人们研究爆炸焊接对表面粗糙度的合理要求。

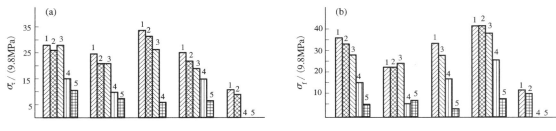

1—铣削；2—手工打磨；3—喷砂+钢丝刷；4—喷砂；5—酸洗

图 3.1.4.2　G41-M63 黄铜接头的强度性能与钢板表面预处理方法的关系[149]

表 3.1.4.1　不同表面处理方法对钛-不锈钢复合板结合强度的影响

δ_1 /mm	δ_2 /mm	h_0 /mm	W_g /(g·cm^{-2})	状　态	σ_τ/MPa			基板表面的处理方法
					最大值	最小值	平均值	
3	18	5	1.4	爆炸态	530	279	402	磨床磨光
				爆炸态	393	306	349	砂轮打磨
				退火态	370	87	240	
5	18	6.5	1.6	爆炸态	410	337	370	磨床磨光
				爆炸态	339	60	230	砂轮打磨
				退火态	332	42	133	

表 3.1.4.2　不同表面处理方法对钛-钢复合板结合性能的影响

No	表面处理的方法	W_g /(g·cm^{-2})	σ_f /MPa
1	磨床磨光	1.5	186
2	水磨石机磨光	1.5	123
3	砂轮打磨	1.5	88

表 3.1.4.3　表面粗糙度对铜-钢焊接接头稳定性的影响[149]

No	粗糙度的等级	微观不平度的高度/μm	耐磨性
1	2	160	278
2	3	80	307
3	4	40	334
4	5	20	304
5	6	10	301

　　H. Hampel 用平行法和类似于在 Ra 为 0.5 μm 以上的表面粗糙度下能够获得波形焊接界面的装药量所使用的方法，对表面粗糙度 Ra 在 0.10~12.5 μm 范围内的试样进行了试验。他根据 v_p 在 350~800 m/s 范围内所得到的具有波形界面的试验结果，得出了以下几条结论[150]：

　　① 如果两个被焊界面的粗糙度总高比爆炸焊接过程中产生的波幅小一个数量级，那么就能获得具有对称波状界面的良好焊接。

　　② 当粗糙度总高接近希望的波幅时，波形焊接界面将带有周期性的夹杂物中间层。

　　③ 当粗糙度总高是希望的波幅的 2 倍时，将由于生成连续中间层而使波形界面缩小。

　　④ 当粗糙度总高是希望的波幅的 4 倍时，将形成带有周期性中间层和裂纹的平面形不可焊接界面。这说明再加大粗糙度焊接是不可能的。

　　根据这些观察，建议采用这样的爆炸焊接参数，使它能产生波幅大于表面粗糙度总高的一半的波形界面。

　　由上述讨论可知，表面处理是爆炸焊接准备工作的重要工序。

3. 爆炸焊接对净化处理的要求

　　和一般的金属焊接不同，爆炸焊接工艺对净化处理的要求除了希望待结合面清洁和纯净之外，还要求平整和光滑，总起来说是平、光、净。

爆炸焊接之所以需要待结合面平整光滑，原因在于金属间的焊接主要靠结合区金属的塑性变形（属于压力焊），此时熔化金属的数量并不多。它不像熔化焊那样，熔融金属会填满焊缝中每一凹凸不平的角落。当待结合面处理得平整光滑时，整个结合区内的金属都会因发生充分的塑性变形而接近到原子间距的距离，原来分离的覆层和基层金属就能牢固地结合起来。当待结合面处理得不那么平和光时，由于界面塑性变形金属层在厚度上的限制，大量的凹凸位置附近的金属就不会发生塑性变形，因而结合不好。这样既减少了焊接界面的面积，又降低了焊接界面的连续性，还有可能使该塑性变形的金属变形得不充分。在这几个方面因素的综合影响下，爆炸复合材料的结合强度自然不会很高。这就是前述图和表中不同处理方法下，爆炸复合材料结合强度有较大差别的根本原因。

应当指出，上述爆炸复合材料的结合性能与表面处理方法的关系是一个客观存在的事实。然而，由于爆炸焊接工艺的特殊性——表现在这不仅是一种焊接方法，更重要的它还是一种大批量生产大面积复合材料的工艺，因此，必须考虑表面加工处理的成本和效率。所以从工业生产角度选择待结合面的处理方法和指标，不能不说是一个重要的研究课题。

文献[2]报道，爆炸焊接不需要抽真空，待焊表面也只有一般的除油污要求，不需要精心清洗，待焊表面也无须粗糙化。所得焊接强度相当于基体金属（即强度较低的那一种金属材料）。由此可见，寻求更简单和更方便的表面净化方法不是没有根据的。

在爆炸焊接过程中，由喷射所产生的自动净化作用是存在的，这就是塑性变形金属（半流体），特别是熔化金属（流体）在向波前流动的过程中，将部分污物带进了漩涡区，从而使波脊上的金属得到净化。这对金属间的结合是有利的。这种有利因素也为工业生产降低表面处理的程度提供了依据。但是由于熔化金属的量很少，不能对此"自动净化"的作用评价过高。

综上所述，爆炸焊接工艺对表面净化的具体要求是：在实验室内，为了研究的目的可以将金属材料的待结合面加工得好一些，以达到较高的粗糙度为宜。在批量生产中，从成本和效率上考虑，粗糙度 $Ra \leqslant$ 12.5 μm 即可。各单位的条件不同，这一标准可以自行确定。但在工艺安装过程中，绝对不允许将砂土弄到基板的待结合面上和在其上任意踩踏。

4. 爆炸焊接工艺中净化处理的方法

由实践可知，待爆炸焊接的金属材料表面处理的方法有如下多种。

（1）机械方法。这种方法有用砂布擦拭，用手提式和手推式或机械化砂轮机打磨，用钢丝轮刷刷和磨床磨削等方法。其中磨床磨削效果最好，但常用的是前三种及其结合。这些方法适用于强度较高和厚度较大的各种钢材——基板。钛、铜和铝，以及不锈钢薄板——覆板，则宜用砂布擦拭和钢丝轮刷刷，或者用抛光机抛光。厚钢板有时也用喷砂法进行表面除锈。

（2）化学方法。这种方法是用酸液或碱液刷洗待结合的金属表面，以除去表面上的氧化物和油污。它适用于强度较低和厚度较小的铝、铜等有色金属材料。

（3）电化学方法。这种方法是利用电解抛光的原理，将待处理的金属表面抛光净化。该方法适用于尺寸较小、形状复杂和不易净化的管、棒、型材。只要工艺上可行、电能充足和成本可接受，大尺寸的其他金属材料也可用此法抛光和净化。若用电解抛光法来处理钢板的待结合面时，应当先进行实验室试验。

（4）化学热处理。研究新的方法，例如用化学热处理法处理表面，对提高复合材料的结合强度和使用性能、减少界面金属间相含量的影响，是爆炸焊接工艺中表面处理工作的一个新的发展方向[151]。

爆炸焊接工艺中待结合面的净化处理是该工艺实施前的一项重要的准备工作。表面净化的方法及平、光、净的程度对爆炸复合材料的结合强度和使用性能有重要的影响。从工业生产考虑，探求多、快、好、省的表面处理方法和处理标准是一个重要的研究课题。各单位可以根据自己的条件和要求自行确定。

应当指出，上述净化处理的结论不是绝对的。有文献指出[71]，钢在加热到 600 ℃ 以下的温度时，通常在其表面形成一层薄的氧化膜。当它与钛、锆、钽或铝爆炸焊接以后，这种薄膜不会降低结合区的力学性能，没有形成焊接区硬的脆性中间层。焊接区分层的阻力较之以前的爆炸焊接方法增加了（1.5~2）倍。还有文献指出，在两块不同的焊板的待结合面上，可刷上很薄一层人造树脂，然后进行爆炸焊接。人造树脂的存在，可以调整金属间的相互扩散和防止结合区脆硬层的形成。还有的在不锈钢与钢之间放置镍粉，在钛和钢之间放置银粉。由此可见，在爆炸焊接工艺中，材料表面净化处理的原理和方法仍需深入探讨。但真相如何? 不得而知。故不能由此而否定前述表面处理的原理和实践。

3.1.5 爆炸焊接中金属材料的表面保护

覆层金属材料在爆炸焊接过程中，将经受高速运动的爆轰波和爆炸产物物质的冲刷及撞击，以及数千度高温的作用。这样必然使与高压、高速和高温物质相接触的覆层材料的表面氧化，并可能被打伤。这种氧化和打伤的程度还随炸药烈度的增加而增强。

复合板表面的氧化烧伤和打伤是爆炸复合材料的缺陷之一(见 4.11 章)。这种缺陷不仅严重地影响复合材料的表面质量，而且影响覆层材料的诸如耐蚀性之类的特殊的物理-化学性能。因此，千方百计地保护覆层表面，减轻和防止复合材料表面氧化烧伤及打伤是爆炸焊接实践中的一项重要任务。

1. 保护材料的选择

实践证明，只要在炸药和覆层金属材料之间放置适当的一种物质，不管其厚度和质地如何，都可以起到缓冲爆炸载荷和保护覆层表面的作用。几十年来，国内外曾使用过多种物质作为保护层。如橡皮板、塑料板、胶木板、五合板、三合板、纸板、水、粉状物质、各种厚度的纸张、沥青、黄油和水玻璃等。

然而，经过长期实践，人们根据经验和结果，逐渐地懂得了如何选择这种材料。并且通过实践制订了选择保护层的原则：廉价、来源广、使用方便和效果好。

根据这个原则，逐步地淘汰了橡皮板和塑料板等高成本的材料，而选用了沥青、黄油和水玻璃。

20 世纪 80 年代初期，在大批量生产复合板时又舍弃了沥青，后来仅用黄油，现在一些单位也用水玻璃和机油。

2. 保护材料的使用

不同种类的保护材料有不同的使用方法。例如，各种板状保护材料只要将其放在炸药和覆层表面之间即可。通常希望它们与炸药和覆板的表面无间隙地贴合在一起。

对于沥青来说，先将它熔化，再去除其中的块状硬物及其他杂质，然后均匀地浇灌在覆板的表面上。为了保证其厚度的均匀性，还要用乙炔火焰将它烧化并吹流到较薄的地方去。待其冷却后即可得到有一定厚度和厚度比较均匀的沥青保护层。

对于黄油来说，只需要在覆板安装好后将其涂抹在覆板表面即可。其厚度可以根据需要控制。较稠的黄油可用机油稀释。

对于水玻璃，其操作与黄油相似，可预先涂抹，也可在覆板安装好后将其涂抹在覆板的表面上。由于水玻璃较稀，它的使用更方便。

长期的和大量的生产实践表明，爆炸焊接保护层不需要太厚。这个厚度通常在 0.5~2 mm 之内。也就是说只需要在覆板的表面上涂抹上薄薄的一层别的物质就能起到保护覆板表面的作用，从而避免其在爆炸焊接过程中被氧化烧伤和打伤。

在效果相同的情况下，黄油和水玻璃比沥青好。因为沥青熔化、浇灌和均匀化很费事，而且沥青的厚度不能做得很薄，其厚度的均匀性也很差。沥青层太厚，还将增加炸药的消耗，使成本增加。因此，除特殊产品和特殊情况外，现在一般不使用沥青作保护层。

黄油和水玻璃比沥青更能使炸药和覆板表面紧密接触，所以现在工业生产中常用黄油和水玻璃作保护层材料。然而，黄油与水玻璃相比，水玻璃的流动性更好，使用起来更方便。它还可以用水稀释到更稀的程度使用。例如，当水玻璃不够时可以加水稀释，比较起来水玻璃的成本更低。所以，在批量生产中一般使用水玻璃作保护层材料。也可以使用机油。

另外，在某些情况下，如在用两次爆炸焊接法复合三层铝合金板坯的时候，在第一次复合时，需用一定厚度的纸张或纸板垫在细沙的基础上，以保护铝锰合金板坯的底面。如此也有利于翻过来进行第二次复合之前的表面处理。

对于强度低和塑性高的纯铝覆板的爆炸焊接来说，如地铁感应板用铝-钢复合板，为了保护铝板表面，则需要采用较厚的保护层材料。

最后指出，从爆炸焊接的理论和实践，以及从爆炸复合材料的工程应用上考虑，不能赞成和不能同意不采用任何保护材料及表面保护措施的爆炸焊接工艺。

3.1.6　焊炸焊接过程中的排气

所谓排气，即在爆炸焊接过程中，在覆板与基板的撞击点前，间隙内的气体从间隙中向外排除。实践证明，气体的排出是自然的，但完全排出并非那么容易。间隙内气体的及时和全部的排除是爆炸焊接工艺的必要条件之一。

1. 排气问题的现实性和严重性

大家知道，在爆炸焊接工艺操作中，不管是复合板还是复合管，当基层和覆层用间隙支撑物支撑起来以后，在间隙之中都人为地造成了一个厚度为间隙尺寸的空气层。在爆炸焊接的瞬间，随着撞击点的移动和焊接过程的进行，很自然地要求迅速消除这个空气层，也就是要将焊接点上的空气及时地和完全地排除出去。不然的话，空气将把待撞击和待焊接的两层金属阻隔开来，使撞击和焊接过程不能进行。其结果，重者使覆层和基层全然不能结合，次之使复合材料内部出现鼓包，轻者则使界面大面积熔化（当结合区出现这种情况时，双金属的结合强度是很低的）。

但是时至今日，人们对排气问题的认识还是不够的。除了文献[74]在叙述钢芯铝绞线的爆炸压接时明确地指出了排气问题的重要性和严重性之外，其余已经见到的国内外文献大多数未谈及这个问题，少数谈及的也只是泛泛而论[47, 135, 152~156]。其实，在金属粉末与金属板爆炸焊接的过程中也发现了空气的影响（见3.2.41节）。

究其原因，一方面是由于间隙中的空气层虽然存在，但未引起足够的注意和应有的重视；另一方面是习以为常，总以为间隙中的气体在爆炸焊接过程中会自然而然地排除出去。

实际上，该工艺中的排气问题并非那么简单，也并非那么容易解决。在许多情况下，特别是在使用高爆速炸药、爆炸厚覆层和大面积复合板的时候，这个问题就会突出地显现出来。在没有解决好这个问题之前，往往让人较为头痛和多走弯路。最后不得不调整工艺参数，例如选用低速炸药等，双金属才能较好地复合在一起[22]。

这里再举一个爆炸成形的例子：在金属坯料和阴模安装好后，需要将模腔中的气体抽出，直至达到一定的真空度，以保证坯料在爆炸压力下很好地贴模。否则，坯料是不能成形的。爆炸焊接过程比爆炸成形过程快得多。如果间隙中的空气层不及时排除，覆层和基层怎能彼此冲击碰撞？它们又怎能焊接在一起？

另外，由4.14.6节可以见到一个生产实践中的例子：三层铝合金钎料在冷轧至0.2 mm并退火后，会在其两表层见到"繁星点点"的无数个鼓包——气泡。它产生的原因是：无数个波形漩涡区内的气体，虽被压扁，但并未消失。这些气体在高温退火的过程中体积膨胀，从而将两表层鼓起，形成气泡状的鼓包。这一事实证明，在爆炸焊接过程中，界面绝大多数的气体虽被排出，但仍有少量的气体存留在波形漩涡中。一有机会，这些气体就会显露"原形"。

还有一个微观检验的例子证明界面上气体的存在：如图4.3.2.3和图2.3.2.4所示，大量的气体以氧化物的形式存留在熔化层的裂纹之中，其内也会有大量的游离态的气体。

爆炸焊接过程中的排气问题是非常重要的，应当引起足够的重视，并寻求解决此问题的途径和方法。

2. 影响排气的因素

（1）炸药爆速的影响。炸药的爆速越高，间隙中的气体越难及时和全部地排出。

如图3.1.2.1所示，在爆炸复合板的过程中，为了获得良好的质量，必须使 s 点前的气体在焊接时及时排出。该点前气体的排出速度 v_a 有如下关系式：

平行法时，有

$$v_a = v_{cp} = v_d \qquad\qquad (3.1.6.1)$$

角度法时，有

$$v_a = v_{cp} = v_d \frac{\sin\gamma}{\sin(\alpha+\gamma)} \qquad\qquad (3.1.6.2)$$

由式（3.1.6.1）可见，平行法爆炸焊接时，焊接点前气体的排出速度等于炸药的爆速。由式（3.1.6.2）可见，角度法中，焊接点上气体的排出速度稍小于爆速。因此，可以说，间隙中气体的排出速度是一个可以和炸药的爆速相比拟的爆炸焊接工艺参数。因为它也严重地影响爆炸焊接的结果。

在炸药的爆速为数千米每秒的情况下，间隙中的气体由静止突然被加速到这么高的速度，不仅需要一个过程（即需要一定的时间），而且气体还会变为电离状态[157]，这种状态的变化也是需要时间的。间隙内气体的排出只能在一定的时间内完成。可以想象，如果给予排气的时间不充分，即使排气通道畅通无阻，那么其间的气体也是不可能及时和全部地排出的。

影响排气的因素很多，然而首先是炸药的爆速。爆速越高，可能给予排气的时间越短；反之，给予排气的时间越长。例如使用爆速为 2000 m/s 的炸药比使用爆速为 4000 m/s 的炸药给予排气的时间就会增加 1 倍。

因此，为了使间隙中的气体在爆炸焊接过程中能及时和完全地排除出去，在保证总的和足够的化学能的前提下，应当尽量选用爆速较低的炸药，以增加排气时间和延缓排气过程。这就是目前国内外普遍选用低速炸药于爆炸焊接的根本原因。

由表 3.1.6.1 和表 3.1.6.2 可以看出，炸药种类不同，其爆速不同，间隙内气体的排气时间也不同，它们对爆炸复合板的结合强度的影响是很大的。这种影响表现为：在高爆速炸药下，未完全排出的气体包裹在间隙内被绝热压缩。此过程放出大量的绝热压缩热，将引起界面金属大面积熔化。这种熔化金属层存在在界面上，便会严重地削弱金属间的结合强度。

表 3.1.6.1　钛–16MnCu 复合板的工艺和性能

No	h_0/mm	W_g/(g·cm^{-2})	S/%	σ_f/MPa	界面金相观察
1	5	2	0	自动开裂	大面积熔化
2	8	2	30	低	大面积熔化
3	10	2	15	低	大面积熔化
4	13	2	15	低	大面积熔化
5	15	2	10	低	大面积熔化

注：炸药 TNT，v_d = 3150 m/s。

表 3.1.6.2　钛–16MnCu 复合板的工艺和性能

No	h_0/mm	W_g/(g·cm^{-2})	S/%	σ_f/MPa	界面金相观察
1	5	2.2	>95	373	波形结合
2	8	2.2	>95	397	波形结合
3	11	2.2	>95	436	波形结合
4	14	2.2	>95	319	波形结合
5	18	2.2	>95	338	波形结合

注：炸药 2#，v_d ≈ 1950 m/s。

（2）安装方式的影响。在比较常用的几种工艺安装方式和大量的试验数据以后，发现在其他工艺参数相同的情况下，角度法比平行法好。其主要原因是角度法有一个安装角，这个角度能够为间隙中气体的排出提供一个良好的通道和较低的排气速度。如图 3.1.6.1 所示，可将角度法和平行法作一比较。由图可见，在平行法时，有

$$v_{a,1} = v_{cp,1} = v_d, \qquad \gamma_1 = \beta_1, \qquad v_{p,1} = 2v_d \sin\frac{\gamma_1}{2} \qquad (3.1.6.3)$$

在角度法时，有

$$v_{a,2} = v_{cp,2} = v_d \frac{\sin\gamma_2}{\sin\beta_2} = v_s \frac{\sin(\beta_2 - \alpha)}{\sin\beta_2},$$

$$\beta_2 = \alpha + \gamma_2, \quad v_{p,2} = 2v_d \cdot \sin\frac{\gamma_2}{2} \qquad (3.1.6.4)$$

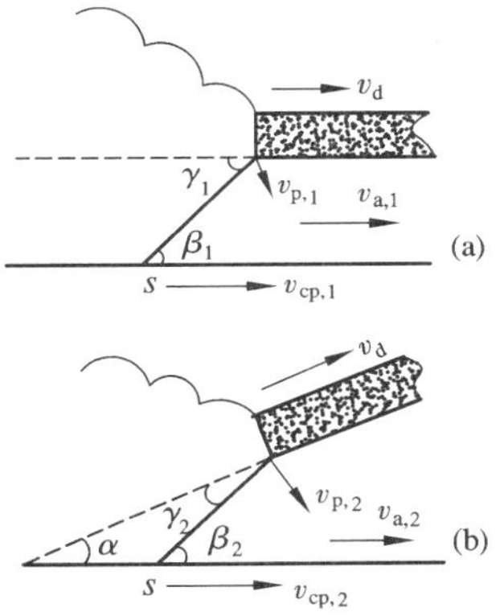

由式（3.1.6.3）和式（3.1.6.4）可知：因为 $v_{cp,1} > v_{cp,2}$，所以在完全和及时排气的前提下便要求 $v_{a,1} > v_{a,2}$。

假设 $\beta_1 = \beta_2$，则 $\gamma_1 > \gamma_2$，所以 $v_{p,1} > v_{p,2}$。基于同样的原因，也要求 $v_{a,1} > v_{a,2}$。

由此可见，在其他工艺参数，例如，在爆速、动态角等相同的情况下，如果希望间隙中的气体能及时和完全地排出，平行法所要求的排气速度较角度法高。如果 $v_{a,1} = v_{a,2}$，则用平行法时间隙中的气体就有排不出去的危险。这就是在相同工艺下，角度法比平行法优越的原因。

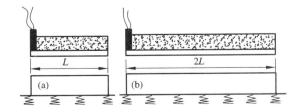

图 3.1.6.1　平行法（a）和
角度法（b）爆炸焊接
时排气状况比较

（3）原始材料尺寸——排气路程的影响。如图 3.1.6.2 所示，覆板和基板的长向及宽向尺寸越大，则气体在间隙中通过的路程越长，在爆速相同的情况下排气就需要越多的时间。这样要使气体及时和完全地排出就越困难。例如在爆速相同的情况下，1 m 长的复合板比 2 m 长的排气路程短一半，前者所需要的排气时间就少一半，因而它的排气条件就会好一些。这就是为什么小板复合时比大板复合时界面上大面积熔化要少

（a）排气路程为 L 时；（b）排气路程为 2L 时

图 3.1.6.2　原始板材尺寸（排气路程）
对排气状况的影响

些的主要原因。

在原材料的尺寸不能改变的情况下，可以利用中心起爆法来缩短排气路程，如图 3.1.6.3 所示。由图 3.1.6.3 可见，如果采用端部起爆法，则爆轰的全程是 AOB，排气的全程也是 AOB。如果采用中心起爆法，则爆轰的全程是 OA 或 OB，而 $OA = OB = \dfrac{1}{2}AOB$，于是排气的路程缩短了 $\dfrac{1}{2}$。中心起爆法的实质和物理意义就是平行法安装和角度法起爆，两者合二为一。中心起爆法为爆炸大面积复合板提供了一个有效的方法。它是爆炸焊接工艺中化消极为积极，变不利为有利，因势利导夺取胜利的一个成功实例。

在爆炸焊接大面积复合板的工艺中，还有一种如图 3.1.6.4 所示的引爆方法。其实质也是为了缩短排气路程。实践证明，其效果也较好。

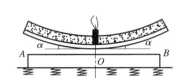

图 3.1.6.3　中心起爆法原理示意图

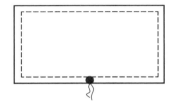

图 3.1.6.4　用长边中部引爆法爆炸大面积复合板

（4）动态角、覆板厚度和密度的影响。动态角（即撞击角）是爆炸焊接中一个非常重要的特征角度。它除了影响其他过程外，还影响排气过程，如图 3.1.6.1 所示，动态角内包容的气体量多，像张大的嘴巴一样为气体的容纳和排出提供了一个良好的形状及通道。

由公式 $v_{cp} = v_d \dfrac{\sin\gamma}{\sin\beta}$ 可以看出，β 越大，在 v_d 不变的情况下 v_{cp} 越小。v_{cp} 越小，气体就有充裕的时间从间隙中排出。

文献[81]提供了一个计算动态角的数学式：

$$\beta = \arctan \frac{v_p}{v_d} = \arctan \frac{8\rho_0 \delta_0}{\rho\,\delta} \qquad (3.1.6.5)$$

由式（3.1.6.5）不难发现，动态角的大小主要取决于炸药和覆板的质量比。在覆板的质量不变的情况下，爆速越高或单位面积药量越小，动态角越小，此时排气条件不良，不利于爆炸焊接。另外，在炸药的质量或爆速不变的情况下，随着覆板质量（这里主要指厚度）的增加，动态角也随之减小。在其他工艺参数不变的情况下，这就是为什么前者需要选用低速炸药的原因，后者就是为什么增加覆板的厚度会造成焊接不良的原因。

（5）间隙形状的影响。在实际情况下，间隙的形状是不规则的，它受覆板加工瓢曲的影响。实践证明不规则的间隙形状对排气过程的影响是很大的。如图 3.1.6.5 所示，特别是波浪形和不均匀的间隙将会形成恶劣的排气条件。在这种条件下将严重地影响覆板与基板的撞击过程，因此会严重地影响复合板的结合质量。这就是为什么不能选用有严重加工瓢曲的金属板进行爆炸焊接的主要原因。另外，覆板的严重瓢曲，还会造成布药厚度的严重不均匀，其后果可想而知。

（6）间隙大小的影响。间隙距离越大，覆板与基板之间的空气层越厚。在这种情况下进行爆炸焊接，其间的气体更难于及时和完全地排出。

3.1.3 节已提到一些大间隙的试验。由这批试验发现，当间隙 > 50 mm 时，覆板的中部都被高压下的压缩气体胀破了。由此

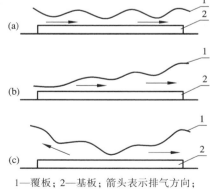

1—覆板；2—基板；箭头表示排气方向；
（a）平行法；（b）角度法；（c）中心起爆法

图 3.1.6.5　由覆板的加工瓢曲造成的
不规则间隙形状对排气过程的影响

可见，即使复合板的面积不大，但空气层如果太厚，其中的气体不仅难排除出去，而且在高压下气体的反作用力同样是巨大的。这一巨大的气体反作用力会将覆板胀破（鼓包破裂）（见图 3.1.3.3）。因此，在选择间隙尺寸时一般不宜太大。

（7）爆轰波形状的影响。如图 3.1.6.6（a）所示，在用点起爆进行爆炸焊接时将产生球面爆轰波。与此球面波在金属中传播的轨迹相对应，在某一瞬间时，覆板与基板之间的撞击点和焊接点的轨迹的连线也应是圆弧形的。实际上从大量的钛-钢复合板的整块剥皮试验中可以观察到，其结合面上的相应波形的连线是圆弧形的。由此可以推测，在爆炸焊接过程中，间隙内的气体是在这种轨迹为圆弧形的压力下向前方推出的。这种推出的形式比用平面爆轰波［图 3.1.6.6（b）］推出的形式要好。如图 3.1.6.6（a）所示，当焊接轨迹为 $\overset{\frown}{AO'B}$ 时，O' 点前方未焊部分的气体不需要马上从两侧排出（可滞后一段时间）。同样，当焊接的轨迹为 $\overset{\frown}{CO''D}$ 时，O'' 点前方未焊部分的气体也不需要马上从其两侧排出。但是，如图 3.1.6.6（b）所示，在用平面爆轰波焊接时，焊接的轨迹每前进一步，O' 和 O'' 点前方的气体都必须从两侧立即排出，否则将影响焊接过程的进行。

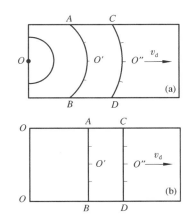

图 3.1.6.6　用球面爆轰波（a）和平面爆轰波（b）爆炸焊接对排气过程的影响分析示意图

应当指出，在复合板的长度大于宽度的情况下，间隙中的气体的排出必走近路，即从宽向排出。这就是为什么复合板的宽度不宜太大的原因。由上述分析还可以得出这样的结论，在爆炸焊接大面积复合板的时候没有必要采用平面波发生器。

（8）风向的影响。如图 3.1.6.7 所示，气象条件（例如风向和风力）对排气过程也是有影响的。在有微风的情况下进行爆炸焊接时，不难理解，应使爆轰方向与风向一致。但是，需要指出，在较大风力下是不宜进行此项工作的。特别是在风不定的时候更应停止工作。例如，炸药和砂土被吹进间隙内，会严重影响爆炸焊接的效果。这方面的教训是深刻的。

（9）基础的刚度、强度和松软度的影响。如表 2.1.8.14 中 No 9～No 11 所列，随着炸药垫层钢板厚度的增加，所测炸药的爆速增加。由此可见，在爆炸复合板的时候，炸药的爆速不仅会随着覆板厚度的增加而增加，也会随着复合板厚度的增加而增加。

图 3.1.6.7　风向与排气

另外，2.3.2 节讨论过，从感性认识来看，当覆板（还有基板）大、厚、重的时候，在其他工艺参数不变的情况下，可以使用少一点的炸药量。因为在同样药厚的情况下，厚覆板（还有厚基板）其上的爆速要高。由此能够减少一点炸药的使用量。

如前所述，爆速高不利于排气。当药量减少一点后，炸药的爆速要低一点，从而有利于排气。

再者，爆炸焊接的基础也影响排气。例如，某单位在使用松散的沙质基础的时候，整块复合板不需要补焊，即爆炸焊接后的复合板的整个结合区内没有鼓包——不结合区。这无疑与基础的松软度和松散度有关。这样的基础不会增大爆速，从而有利于排气和消除鼓包。

如前所述，复合板的爆炸焊接基础非常重要，仅从上述排气的角度考虑也是这样的。一般以沙质或干土质的基础为佳，切勿在岩石上进行复合板的爆炸焊接。这样的教训也是深刻的。

综上所述，影响排气的因素很多。这些因素都在不同程度上影响爆炸焊接过程。排气对爆炸焊接过程影响的实质是：为实现覆板与基板之间顺利的撞击，使过程中的能量顺利地进行传递、吸收、转换和分配，这样就一定要消除间隙中一切有碍撞击的因素。在这些因素中，首当其冲的是间隙中人为造成的空气层。大量实践证明，完全排气是爆炸焊接工艺的一个必要条件。

3. 解决排气问题的途径和方法

解决排气问题的途径和方法主要有：在爆炸大面积复合板时，在金属材料的种类和尺寸（面积）等原始条件确定之后（自然应当选用最小不平度的板材），首先选用低速炸药；其次是采用中心起爆法；然后是尽量采用尽可能小的间隙距离和顺风向等。

实践证明，在采用上述措施并调整其他工艺参数之后，一般能解决排气问题，从而获得较好质量的复合板。例如采用低速的铵盐炸药和中心起爆法后，比使用 TNT 炸药来说，2～3 m^2 面积的钛-钢复合板结合界面上的熔化量要少得多，结合强度也高得多。表 3.1.6.1 和表 3.1.6.2 列出了有关的数据。

应当指出,爆炸焊接中选用低速混合炸药的原因有两个:一是排气过程的需要;二是较慢的焊接速度有利于结合区内众多的物理和化学过程——冶金过程的进行,从而给这些过程的进行提供更充裕的时间。不难理解,在一定的程度和范围内,时间越长,冶金过程进行得越充分,覆层与基层金属之间冶金结合的强度将越高。

3.1.7　爆炸焊接的基础

1. 爆炸焊接的基础及其作用

在工艺安装和炸药爆炸后的爆炸焊接过程中,支撑和垫托炸药-爆炸-金属系统的物体或物质称为爆炸焊接的基础,如爆炸复合板时各种物质的地面(黏土、砂土、砂石、砂粒、钢筋水泥)和钢砧,爆炸复合管时的模具等。

爆炸焊接基础的作用除了支撑和垫托炸药-爆炸-金属系统外,重要的还在于吸收和消散金属爆炸焊接后的剩余的爆炸能量,以便尽可能地减小金属复合材料的微观和宏观变形。这些变形不仅会造成金属原始组织和性能的颇大改变,而且甚至会造成材料的破坏。所以,爆炸焊接基础的设计和选择十分重要。

2. 爆炸焊接基础的设计和选择原则

大家知道,在爆炸焊接过程中,当复合体向基础冲击的时候,基础物质会吸收一部分剩余的爆炸能量。与此同时,还会有一部分剩余能量以反作用力的形式进入复合体中,使复合体离开基础上下运动和产生宏观及微观塑性变形。在爆炸复合板时,这种作用力和反作用力相互作用的次数还不止一次。

以复合板的爆炸焊接为例,复合板对基础的冲击——作用力,将造成基础物质(如砂土)的飞散和弹坑的形成。这种作用力越大,基础物质飞散得越多,弹坑也越大。

基础物质对复合板的反作用力越大,复合板再次引起组织和性能的变化也越大。这种变化包括金属材料的过量的强化和硬化、过大的不规则的宏观塑性变形和破坏。

2.3 章讨论了爆炸焊接过程中能量的平衡。指出,在炸药总能量一定的情况下,复合板传递给基础的能量(作用力)也就一定了。但是,基础对复合板的反作用力的大小会因基础物质消散作用力的多少而有所不同:消散得越多,反作用力就越小;反之,反作用力就越大。这里举一个例子能够形象地说明这个问题:大锤砸钢板,除了会在钢板上留下砸痕外,大锤还会反跳一定的高度;但大锤砸海绵就不会出现同样的现象。不难理解,后者的原因是海绵将大锤的动能吸收和消散了。

应当指出,在爆炸焊接的情况下,复合板对基础的作用力,与基础对复合板的反作用力方向相反,但大小不会相等,后者显然要小些。这与经典力学中的定理不是一回事。

从理论分析可知,基础对复合板的反作用力的大小取决于基础物质的强度、刚度和整体性(松散性)。强度和刚度较大的整体基础,其反作用力大;整体性的基础比松散性的反作用力大;都是松散的基础者,含水分多的黏土和砂粒比含水分少的黏土和砂粒的反作用力大等。

不言而喻,为了使复合板的微观和宏观塑性变形最小,应当选择反作用力最小的物质作为基础。这应当成为选择基础物质的一条基本原则。此外,还有成本问题和来源问题等。不过水不能作为基础。水在低速冲击下反力不大,但在高速冲击下,其反力会相当大,甚至比刚体的反力还大。水还不能含在其他松散性的物质中,如含水的黏土其反力也会相当大。

几十年的爆炸焊接实践证明,整体的刚性物质,如钢筋水泥不宜做基础。如非特殊需要也不宜用钢砧。除成本外,它们的反作用力大是主要原因。通常在黏土、砂土、砂石或砂粒等物质组成的基础上进行复合板的爆炸焊接。

采用金属(生铁)颗粒做基础材料有其优越性[158]。金属颗粒的球状粒子有相对稳定的颗粒性能,它们在使用过程中完全服从颗粒介质的力学规律。每一个粒子都是固体,其性能用弹性理论描述。它们的总和又有准液态介质的性能。在这种介质中,无论是主应力中的哪一个(σ_x, σ_y, τ_{xy}),由于不存在粒子间的结合力,都不能形成拉伸应力。在爆炸焊接的情况下就成为一种减震器,从而可以降低产品的变形。用颗粒材料做基础进行的大量试验和生产指出,在土壤、钢筋水泥、整体金属和其他材料面前,它有许多无可争议的优点。利用它可以 3~4 倍地降低和稳定产品的残余变形,以及防止开裂。

实际上,在效果差不多的情况下,考虑到来源和成本问题,用干燥的砂粒做基础可能更有利。这种物质来源广、成本低、容易堆塑和可以重复使用。使用砂粒做基础,不必压紧,自然堆放则可。

从应力波理论可深入讨论使用颗粒材料做基础的原理[3、28、158]。然而，应力波是由能量的传播产生的，能量的反复作用才有应力波的入射、反射、折射和贯通。所以从上述能量原理来讨论这个问题可能更容易为人们所接受。

应当指出，用"柔性"基础时，复合板的宏观塑性变形（瓢曲）比"刚性"基础的要大些。这是使用砂粒等基础的不利的一面。但是，刚性基础使复合板内部产生的微观塑性变形（强化和硬化）更严重和影响更大。例如，有一次在山坡的岩石基础上进行大面积不锈钢-钢复合板的爆炸焊接，结果复合板被炸断成几截。这种教训是深刻的。所以宁可要大一点的宏观变形，也不要严重的微观变形。前者可用平板机平复，后者必要时用热处理的方法消除，但是如果存在宏观或微观裂纹就无法挽救了。

对于不能用平板机平复和价值较高的大面积复合管板，可用如图 5.4.1.132 所示的工艺安装方法进行爆炸焊接——其原理是"矫枉过正"。此时，复合管板的宏观塑性变形（平面度）是主要矛盾。在这种情况下，这种形式的基础作用很大，它可以使复合管板的平面度达到技术要求。此时较高的成本是次要矛盾。

另外，在待轧制的二层或三层大厚复合板坯爆炸焊接的时候，能够使用对称碰撞、成排和成堆爆炸焊接的工艺进行安装（图 3.4.1.142 和图 3.4.1.143）。如此可以不用或少用基础物质。这样就减小了基础对复合材料的反作用力和有利产品质量的提高。

文献[159]在支撑（基础）材料的影响方面，从理论和实践上做了研究。这种影响在大多数情况下反映在许多缺陷上。文献叙述了支撑材料的性能与复合产品性能的关系，指出影响结果的主要因素之一是复合产品材料和支撑材料的声学特性之比。在此基础上，在爆炸复合钢产品的情况下，推荐使用生铁砂作为支撑材料。文献研究了爆炸复合过程中产品的变形问题，以及提供了一个计算宏观挠曲的方法。

在爆炸焊接时，爆炸场的基础材料的密度影响双金属的质量[35]。因此，不希望使用刚性材料作基础。在使用混凝土或岩石做基础时，板坯必须放在厚度不小于 1 m 的砂层或碎石层上。当这个厚度为 0.5 m 时，从刚性基础上反射的冲击波将对结合质量产生不良的影响。例如，在砂层厚 0.3 m 的岩石上爆炸焊接 216 mm×1300 mm×1600 mm 双金属板坯的情况下（δ_1 = 16 mm），发现坯料的一边报废近 1 m。并且在炸药的爆轰区内，沿整个宽度有长 300 mm 的未焊透区。在碎石底层上预先密实沙子的基础上，大厚板坯的爆炸焊接是最适宜的。此外，在这样的基础上，400 kg 炸药的爆轰，只使双金属板坯下陷 200 mm。

实践证明，结构简单的沙垫（深度可达 1.5 m）是最好的基础[3]。爆炸过程中可以期望这种基础会吸收复合板冲击时所产生的冲击波和尽量减少反射膨胀波的发生，这种波会给结合面带来不良的影响。爆炸复合后，复合板被轰进沙中，有时下陷相当深。沙坑用推土机推平后，可供下次使用。

大量实践表明，对于大面积复合板的爆炸焊接来说，用适当厚度的砂层作基础是最好的。特别是不锈钢-钢等覆板可补焊的复合板，在这样的基础上爆炸焊接后，基本上不用补焊，甚至有时连雷管下的未结合部分都探（伤）不出来。

文献[1178]指出，爆炸焊接场地的地基受土壤组成、密实度和含水量等因素的影响而表现出不同的结构特性，试验表明，这些地基特性对爆炸焊接的质量有直接的影响。本文在多年积累的实践经验和理论研究的基础上，阐述了爆炸焊接场地地基的建设方法和维护措施。

（1）在放置复合胚体的支承地基范围内，用机械方法（挖掘机等）往地下挖掘深度大于或等于 2 m 的大坑，然后在其内填埋大片石块并整理平整，层层夯实，以保证地基建立在刚性基础上。

（2）在大片石块上填埋砂石，在深度 1 m 范围内尽量压实基础，夯实表面。

（3）最后在离地面 1 m 范围内用砂土混合物（砂土和黏土的混合物，其混合比例为 2∶1 左右）填埋，并高出地面 0.2 m（此位置不能用砂土混合物，最好用细砂。砂土混合物遇水后就会变成泥，它将阻碍雨水的下渗并使其累积，还会使爆炸焊接过程中的反作用力大为增加。细砂会使雨水迅速下渗，雨停之后便能在此场地迅速进行生产作业——本书作者注）。

（4）在爆炸场地的周围选择合适位置挖设沟渠，使其排水量达到当地山洪期间的最大排水量，并且避免爆炸场地内砂土流失。需要时，设刚性管道，以抵抗爆炸作业时的冲击破坏。

有证据表明，完全干燥的沙和很湿的沙可使扭曲（爆炸焊接残余变形）减到最小。大量的标准管板的变形计算见式（4.9.1.1）。

3.1.8　爆炸焊接的必要条件

任何一种工艺过程都是在一定的条件下实现的。金属爆炸焊接工艺也不例外，它的实现也需要一定的条件。

爆炸焊接的工艺条件有基本条件、必要条件、充分条件和最佳条件等。本节讨论必要条件。

自从爆炸焊接工艺出现以来，不少的研究人员在必要条件方面进行了许多研究，做了大量的工作，也发表了众多的文献[2, 74, 157, 160-163]。但是根据现有的资料，在实现爆炸焊接工艺的必要条件方面尚有深入研究和讨论的必要。

1.1 章已经指出，金属爆炸焊接实际上是一种以炸药为能源的压力焊、熔化焊和扩散焊"三位一体"的焊接新技术。它的过程和本质就是借助于炸药的能量在两种金属的接触界面上形成具有金属塑性变形、熔化和原子间相互扩散特征的结合区，即焊接过渡区。形成了这样的过渡区，金属之间就能焊接起来。因此，要形成这样的焊接过渡区，就一定需要一些必要的条件。离开了这些必要条件，这个工艺过程就不可能实现。

下面讨论金属爆炸焊接工艺的必要条件。

1. 需要足够数量的炸药

在具备金属材料这个基本条件以后，欲使它们之间彼此焊接在一起，首先一定须有足够数量的炸药。这些炸药的化学能足够到经过多次的传递、吸收、转换和分配之后，能够在金属间的结合界面上形成一定厚度的具有塑性变形、熔化和扩散特征的结合区。炸药的数量不能太少，也不能太多。不然会结合不好。这里足够数量的炸药是指它所包含的总的化学能给予强固焊接的数量。因为这部分能量与炸药的爆速密切相关，所以一般都以其爆速来描述。

从原则上说，在适当的工艺条件下，爆速范围宽的炸药都可以使金属爆炸焊接。然而，大量的实践也表明，低速炸药更有利于爆炸焊接工艺。特别是在爆炸大面积和厚覆板的复合板时，低速炸药尤其有效和重要。

一些文献谈到所用炸药的爆速必须小于被爆炸焊接的金属的声速的 1.2 倍。实际上，这种说法是不科学的。因为，第一，金属的声速是声波在金属中传播的速度，它与金属的爆炸焊接没有直接的联系，以其声速作为炸药爆速的选择标准是没有根据的。第二，金属的声速有高有低，有的还相差很大，而对所选用的炸药的爆速来说是很难适应这个变化的。例如，铍的声速为 12500 m/s，然而至今还未研制出如此高速的炸药来，更谈不上 1.2 倍。第三，同一种金属在不同厚度和不同面积时爆炸焊接，由于炸药数量的不同，其爆速可以相差很大。此时，在适当的工艺条件下都可以达到焊接的目的。第四，当选用高于金属声速 1.2 倍的炸药后，金属之间仍然能够焊接在一起。第五，在通常情况下，不会选用太高爆速的炸药，例如，一般 v_d 在 2000 m/s 左右。生产中使用的炸药都是混合炸药，这些炸药的爆速都比较低，并且与金属的声速相差很大。从发展趋势上预计，复合板的面积越大和覆板越厚，所用炸药的爆速应当越低。所以提出 1.2 倍声速的上限是没有意义的。

一些文献谈到覆板高速运动所具有的压力必须超过金属的动态屈服强度。实际上，这个"压力"是由足够的炸药数量造成的。这一内容已包括在该条件之内，不必再另立了。应当指出，在爆炸载荷下金属的动态屈服强度至今没有准确的数据报道，而且它是很难测量的，只能靠分析和理论计算获得（见 4.6.3 节）。因而，将此作为一个条件没有多大价值。

一定形式和数量的能量是金属材料焊接的基础。压力焊需要压力——机械能，熔化焊需要温度——热能，扩散焊需要压力和温度——机械能及热能。对于金属的爆炸焊接来说，一定数量的炸药的化学能及其在工艺过程中的传递、吸收、转换和分配就是爆炸焊接的基础。没有这个基础，或偏离这个基础，就谈不上爆炸焊接。

2. 覆板与基板之间需要间隔一定大小的距离

设此间隙的目的在于实现爆炸焊接所需要能量的传递、吸收、转换和分配，为金属爆炸焊接提供一个获得能量的机构、手段和过程。

大家知道，光有炸药和金属材料还不能使金属焊接起来，还必须通过一定的形式、方法、手段和过程将此化学能转换成金属焊接所需要的能量。

在爆炸焊接的情况下，金属焊接所需要的能量主要有三种：结合区一薄层基体金属的塑性变形能、熔化能和它们之间原子的扩散能。间隙的作用就在于它能够将炸药的化学能转换成这些能量（其过程见 1.1.1 节）。有了间隙，就有覆板与基板间的撞击；有了这种撞击过程，就一定有不同形式的能量的传递、吸收、转换和分配。于是就有具有塑性变形、熔化和扩散特征的结合区的形成，因而就有爆炸焊接。

如果说，没有足够的炸药量就没有爆炸焊接的话，那么，大量的事实证明没有间隙也是没有爆炸焊接的。这就是该工艺过程中设置间隙和重视间隙大小的根本原因。

有的文献把覆板向基板的倾斜撞击，以及由此产生的切向应力作为爆炸焊接的必要条件之一，这是不妥的。因为倾斜撞击是在有间隙的情况下才会发生。没有间隙，哪有倾斜撞击呢？其实倾斜撞击是爆炸焊接过程中必然出现的。它是由爆轰波和爆炸产物与覆板在能量交换过程中，推动覆板向基板高速运动造成的。另外，除雷管区一小块地方之外，其余地方都是倾斜撞击，而不会垂直撞击，更没有平行撞击，倾斜撞击发生在爆炸焊接的整个过程之中。

由倾斜撞击所产生的切向应力是结合区金属发生塑性变形的基本条件。但它不是爆炸焊接的必要条件。即使塑性变形是爆炸焊接的原因和机理之一；否则就颇为勉强和牵强附会了。

3. 需要间隙中的气体及时和全部地排出

当覆板和基板以一定大小的间隙支撑起来以后，便在其间人为地造成了一个厚度等于间隙距离的空气层。这个空气层是客观存在的，但人们往往不重视它。因而对爆炸焊接过程中气体的排出问题认识不到位或重视不够，于是不能全面地分析爆炸焊接过程中的工艺、组织和性能问题。

既然爆炸焊接之前存在这个空气层，那么，在爆炸焊接过程中就要消除它。也就是存在一个如何促使和保证空气层中的气体，在过程的瞬时及时和全部地从间隙中排除出去的问题。

假如气体排不出去或者排不干净，空气层或厚或薄地仍然存在于间隙之中，那么覆板和基板是不能焊接在一起的，或者造成质量低劣：空气层全面存在，则全面不能焊接；局部存在则局部不能焊接——形成鼓包；少量存在，则在界面上形成大面积的熔化区，这种区域的存在将大大削弱双金属的结合强度。

例如，在爆炸（3+20）mm×1000 mm×2000 mm 钢-钢复合板的时候，使用粉状 TNT 炸药、平行法和端部起爆等工艺条件，结果一点也没有焊接上。其原因就在于炸药爆速太高，间隙中的气体排不出去。

又如在爆炸（3+15）mm×1100 mm×2600 mm 钛-15MnV 钢复合板时，使用了类似的工艺条件，其中有这样一个例子：复合板的边缘都焊接上了，但中部90%以上的面积未焊接，形成了一个很大的鼓包。当这块复合板在卷板机上被缓缓卷筒的时候，鼓包中的气体从一个小小的缝隙中急速地排出，以致发出连续的嘶嘶……声。

当少量气体存在于结合面上的时候，它在高压下在绝热过程中被压缩，由此过程转换来的大量热能引起界面上一薄层金属熔化，从而形成连续的熔化层。少量的气体此时便以金属氧化物或游离态的形式存在于结合区中。这一事实已用电子探针检验出来（见 4.3.2 节）。

在爆炸小面积复合板时，排气问题不甚突出。但是当使用高爆速炸药、平行法和厚覆板时，排气问题仍相当严重。所以可以说，没有间隙中气体及时和完全的排出，不管是大面积还是小面积复合板的爆炸焊接都是不可能的。即使有局部焊接，这样的复合板的使用价值也不大。

实际上，可以说，界面上残留气体的存在及其被绝热压缩，是造成爆炸复合材料内的成分、组织和性能的不均匀，以及它的结合性能、加工性能和使用性能不高的"祸根"。

有的文献将覆板和基板待结合面上的清洁净化当作必要条件，这是不妥的。这个问题在 1.2 章和 3.1.4 节中已经讨论过了。

上述实现爆炸焊接工艺的三个条件是基本的和必不可少的。但不是全部条件，也不是较佳条件和最佳条件。例如，为了获得一定的结合强度和使用性能，爆炸焊接对炸药和爆炸、对金属材料的物理和化学性质及其表面状态，以及诸如气象条件、爆炸基础、间隙大小和工艺操作等都有一定的（有时还是严格的）要求。但在具备上述三条必要条件的前提下，一般来说就可以获得具有塑性变形、熔化和扩散的结合区——焊接过渡区，爆炸焊接就可能实现。

以上讨论的爆炸焊接工艺的三个必要条件是从实践中得出来的，它是国内外研究者多次成功的经验和失败的教训的总结。本书作者认为，根据本节所提出的观点，能够预言许多新工艺能否实现，从而对实践起重要的指导作用。例如，50 多年前，作者就预言过用爆炸焊接±爆炸成形的工艺研制双金属的封头和碟形管板。这些在国内外早已获得成功（见 3.2.37 节和图 5.4.1.110 至图 5.4.1.121）。因为这些新工艺和新技术满足了上述提出的三个必要条件。

综上所述，本节讨论的爆炸焊接工艺的三个必要条件缺一不可。一般有了它们就有了爆炸焊接。由此还能够预言许多爆炸焊接新工艺和新技术,从而研制出许多双金属和多金属的新材料及新产品,并且使爆炸焊接处于经常的和不断的发展之中,永远不停止在一个水平上。

3.1.9 爆炸焊接的场地和配套工序及设施

1. 爆炸焊接的场地

用来进行试验、试制和大批量生产爆炸复合材料的地方称为爆炸焊接场地,简称爆炸场。一个稳定的爆炸场地是开展爆炸焊接工作的基础和首要条件。

爆炸场地通常选择远离城市和居民区的小山沟、河湖海边或荒漠地带。距离远近以爆炸声响及震动不影响城市和农村的工农业生产及居民生活,以及运输成本能够承受得了为选择原则。在一般情况下,小药量时,半径 1 km 范围内无建筑物的地方即可。或者以每增加 100 kg 炸药,安全半径则至少增加 1 km 的标准来估算爆炸场范围的安全距离。总之,药量越大,这个范围越大;产量越大,这个范围也越大。否则,将会"打一枪换一个地方",成不了大气候。

爆炸场内的最小面积以运输卡车能在其内运转自如为佳。复合材料的尺寸越大和每天的产量越大,场地面积应当越大。爆炸场应与简易公路相通并邻近主干公路。在每次用药量不太大的情况下,废弃的采石场是首选之地。

爆炸场内一般不需要特殊的或专用的设备,充其量和必要时用推土机将弹坑推平即可。通常在其内挖掘一个或几个深 0.5~1 m、面积与产品面积相适应的凹坑,坑内填充经过筛选的细砂粒。此沙坑即为产品爆炸焊接的基础之地。

冲击波和爆炸产物在空气中消失的距离,可用在爆炸焊接基础附近抽放树枚的试验来确定(见 2.1.5 节)。这种试验证明这个距离是很短的。

由上述冲击波和爆炸产物在炸药爆完后的特性能够使人们明白一个道理:爆炸焊接工作中,工作人员只需处于一定的安全距离(如 100 m)之外,就不会被尚存的冲击波和爆炸产物所伤害。因为它们在炸药爆完后,继续作用的范围仅几米。上述安全距离完全足够。但是,要提防被尚存的冲击波和爆炸产物的能量所推动的被剪切下来的覆板的边角料和小石块所伤害。这些边角料和小石块能飞出十数米和数十米开外。就像炸弹、炮弹和手榴弹爆炸后,在数米至数百米范围内,其破碎的弹片会伤人一样。

根据上面的分析和事实,在此应当指出一个很多人都存在的错误的认识,那就是炸药爆炸后伤人的是冲击波。爆炸场附近的树木被斩断是高速飞出的覆板边角料所致(此边角料散落在爆炸场附近的一个大范围内就是明证)。总之,炸药爆完后,冲击波作用的范围是很小的。爆炸焊接工作中,只要工作人员处于安全距离之外,就不会有危险。但最好处于掩体之内。

文献[1179]通过对四川宜宾金属复合板厂爆炸场地面爆炸震动的环境影响力的评价,论述了地面爆炸震动的特征、其传播的衰减和对人体及建筑物的影响,并指出,金属复合板爆炸焊接生产时地面爆炸震动强度大、时间短、频率低和影响范围大,对人体和建筑物有明显影响。地面爆炸震动主要是由表面波引起的,其传播符合一般的震动传播衰减规律。爆炸震动对人体的影响评价可根据 ISO 2631 关于人体全身震动暴露准则,由测定的震级直接作出判断结论。对建筑物的影响可按 GB 6722—2003《爆破安全规程》确定爆炸地震的安全距离。

爆炸震动的环境影响评价应考虑地区和时间等因素,以不危害人体健康、不妨碍日常生活和保障爆炸场周围建筑物的安全为原则而进行。

文献[1180]指出,爆炸焊接过程会产生爆炸地震、冲击波、有毒气体和噪声等有害效应。在爆炸焊接作业过程中存在诸多不安全因素,如人的不安全行为、物的不安全状态和环境的不安全因素等安全问题。因此,必须清醒认识、充分分析和全面了解那些危害产生的机理和影响因素,以便及时采取与之相应的控制措施。本文从安全评估、设计和管理等方面对爆炸焊接过程中存在的问题进行了剖析,并提出了相应的防护措施,为爆炸焊接的安全施工和危害控制提供了有益的帮助,最后提出了爆炸焊接过程的安全评估和安全管理工作今后的发展方向,以期进一步提高爆炸焊接作业的安全程度。

在此指出,上述爆炸场的安全距离,并不是预防冲击波的需要,而是预防地震波的需要。

在爆炸焊接完成的瞬间,炸药爆炸剩余的能量将作用在基础的地面上。于是便引发了地震波。这就像常规的地震引发地震波一样。这种地震波传播的距离与震级有关,并随着距离的增加而衰减。传播一定的距离后地震波就会消失。在这里，由炸药爆炸所引发的地震波消失的距离，与所使用的炸药量有关。这个距离就是爆炸焊接中不干扰外界和不受外界干扰的最小的安全距离。

在爆炸焊接时，还有爆炸声响(噪音)对生活和生产的影响，这种影响也是应当预防的。这种声响也随着距离的增加而衰减，并在一定远的地方消失。一般而言，预防爆炸震动的安全距离也是预防爆炸声响的安全距离。

文献[1181]指出，爆炸产生的地基震动与天然地震基本相似。不同之处在于前者的持续时间短，峰值持续时间只有数十毫秒，有效震动的持续时间不足 1 秒。天然震动的持续时间可达几秒甚至数十秒。其次，前者的频率一般为几十周，天然震动的频率一般为 1~5 周，接近建筑物的破坏作用远小于天然地震。虽然如此，爆炸焊接场地的最小安全距离是必不可少和必须保证的。

文献[1182]对爆炸焊接进行了安全评估和提出了许多安全防护措施，并指出，爆炸焊接施工中存在爆炸震动、毒气和噪声危害。为此提出如下意见和措施。

(1)爆炸震动的预防。爆炸震动是由爆炸地震波引起的。于是，首先须划定安全距离。这个距离可用下式计算，即

$$R = \left(\frac{K}{V}\right)^{1/a} \cdot W^{1/2} \tag{3.1.9.1}$$

式中：R 为安全距离，m；V 为质点允许的最大震动速度，cm/s；W 为爆炸焊接的一次用药量，kg；K、a 为与地质条件有关的系数，介质为岩石时 $K=30~70$，为土质时 $K=150~250$；一般取 $a=1.5$。

其次，应在爆炸焊接作业点挖(1~2) m 深的基坑，在其中填以松土和细砂，将基板置于松土和细砂之上。爆炸焊接时，复合板向下运动的能量将有很大的一部分被松土和细砂所吸收，使之不能向外传播；同时，细砂和松土对表面波的传播也不利，这样就可能降低表面波传播的能量。另外，应在施工点 20 m 的范围内挖设宽 1 m、深 2.5 m 左右的防震沟。在沟中填以稻草和废旧泡沫塑料等低密度、高空隙率的物质，以免防震沟震塌。防震沟可以截断一部分地震波，特别是表面波的传播通道，能明显地降低地震波对周围环境的影响。

(2)毒气的预防。当使用硝铵类的炸药时，一般会生成 NO、NO_2、N_2O_3、H_2S、CO 和少量的 HCl 等有毒气体。黄油等缓冲层物质与高温下的爆炸产物作用也会产生有毒气体。在不采取任何措施的情况下，爆炸焊接产生的灰尘和气体，可以向上冲起 20~50 m，随风飘出 1~2 km。对此的防护方法有以下几种：

① 使用混合均匀的零氧平衡炸药，使其爆炸后产生的有毒气体量降低到最少。

② 避免使用受潮的炸药，同时采用高能的起爆药柱，确保炸药的爆炸反应完全。

③ 在作业点安装自动喷雾洒水装置。爆炸焊接完成的瞬间，立即进行喷雾洒水。如此能大大抑制爆炸毒气和灰尘的产生及扩散。

④ 在作业完成至少 3 min 后，工作人员方能进入现场，此后毒气就不多了(本书作者说明：据资料报道，上述爆炸产物升空后，如遇雷雨天气，在雷电的高温作用下，会生成 NH_4NO_3 等类型的物质，它们随雨水降落到地面上就是一种肥料。于是，坏事就变成了好事。因此，不必对此"毒气"过于介意)。

(3)噪声的预防。爆炸焊接时，若炸药上无覆盖物，裸露在空气中的炸药爆炸后的噪音远比同当量的地下药包大。为预防此噪声的危害，可以采取以下措施：

① 爆炸场必须远离城市和距离建筑物足够远。

② 避免早上和晚上进行作业，以减少扰民和大气效应所引起的噪声增加。

③ 必要时挖一深坑，或在矿井或地下进行作业。

最后，起爆前，工作人员都应撤离到根据安全距离所确定的警戒线之外，以防飞石和边角料飞出伤人。

2. 爆炸焊接的配套工序和设施

欲开展爆炸焊接工作，除了需要有爆炸场之外，还需要有一些工序和设施与之配套。

(1)原材料和成品仓库。用于存放爆炸焊接所用的金属材料和其他原辅材料。爆炸焊接产品也可以堆放在此仓库内。

(2)机械加工工厂。用于进行待爆炸焊接的金属材料的各项准备工作的地方，如剪切、拼焊和打磨(表面净化)以及间隙物的制作等。另外，爆炸焊接坯料的后续加工也在此内进行，如平板、切边和机械加工，以及补焊等。在此还需要建造热处理设备，以便必要时进行原始金属材料(如钢材)和产品的热处理。

为了获取更大的经济效益，有条件的单位，可再添置一些机械加工设备，如卷板机、抛光机、刨边机和水(油)压机等，以便用这些设备和爆炸复合材料来制造化工和压力容器，以及其他产品。

（3）实验室。为了保证产品质量，需要配备必不可少的分析和检验仪器，如金相显微镜、显微硬度计、万能材料试验机和超声波探伤仪等，为此必须建立一个有专人负责的实验室。

（4）压力加工工厂。实践经验表明，爆炸复合板的生产效率不高，劳动强度比较大，效益也不甚理想，产量还很难满足要求。

为了显著地提高效率和产量，也为了显著地增加经济效益，可以走爆炸焊接联合压力加工的道路。例如，先用爆炸焊接的方法生产钛-钢和不锈钢-钢的复合板坯，然后将它们在轧板机上进行热轧，从而获得所需厚度的复合中板。还可以将热轧的不锈钢-钢复合中板进行冷轧，获得不同厚度的薄板。将这种薄板进行深加工制成复合焊管，此焊管的外层、内层或内外层为不锈钢。至于三层铝合金复合钎料（3.2.30节）走爆炸焊接加轧制的道路更有它无可争议的优点。

其实，用于生产和科学技术研究的许多双金属及其零、部件，都能够用爆炸焊接+压力加工的工艺来制造。从技术、质量、成本和经济效益角度分析，这种联合工艺显示出了它特殊的价值和优势（见3.3章）。因此，爆炸焊接和金属材料加工领域的科技人员应当通力合作。

爆炸焊接的主要配套工序和设备如上所述。随着生产规模的扩大、机械化程度的提高和深加工产品的增多，其配套工序和设备会相应增多。其实，几十年后的今天，我国许多规模生产的企业，上述配套工序和设备大都已具备。

文献[3]也提出，选择爆炸场地时，首先考虑的是适合于采用大量的炸药进行工业性生产（一次爆炸所用的炸药量超过1 t是常见的），以及关于噪音和振动的问题。爆炸复合大多数采用露天场地，所以必须离人口稠密地区相当远，以免发生干扰和损伤。同最近的居民区保持7 km的距离是一个合理的最低限度距离。当爆炸时，在半径约0.5 km的区域内严禁工作人员以外的人员进入。在邻近爆炸场的地方可以设立若干车间，以便贮存金属材料，准备和组合待复合的材料，以及在爆炸后进行精加工和质量检查。

3.1.10　爆炸焊接的工艺安装

1. 爆炸焊接工艺安装

为实现金属材料的爆炸焊接，需要将它们按预定的形式先进行工艺上的安装。大量的各种各样金属复合材料爆炸焊接的工艺安装示意图见5.4章所述。

为讨论爆炸焊接工艺的完整性，现以复合板的爆炸焊接为例，具体介绍它的工艺安装步骤和过程。

2. 复合板爆炸焊接的工艺安装

如图3.1.10.1所示，复合板爆炸焊接工艺安装的步骤和过程如下。

（1）堆塑爆炸焊接基础。用铁锹将筛分好的砂粒堆塑成一高度为200~300 mm、上表面面积与基板底面积相当的砂堆，此砂堆即为爆炸焊接的砂质基础。

（2）安放基板。将基板抬放或吊放到砂堆上。此时，应保持砂堆的既定形状。另外，将基板的待焊表面用砂布再次擦拭一次，并用酒精或汽油清洗，以保持该面的洁净。

（3）安放覆板。先将待焊接的覆板表面用纱布和酒精再次清洗干净，然后将其抬放或吊放到基板上。放置时，两块板的待结合面相向接触。覆板周边比基板多出的尺寸应当适当。

（4）安放间隙柱。先用螺丝刀从周边插入覆板和基板之间的缝隙之中，然后撬起覆板。在覆板向上抬高一定距离后，将既定长度的间隙柱放置其中。在基板的边部每隔200~500 mm放置一个间隙柱。在间隙柱安放之后，如果复合板的面积不太大，则两板之间就形成了以间隙柱长度为尺寸的间隙距离，并且这个距离在两板之间的任一位置都是相同的和均匀的。

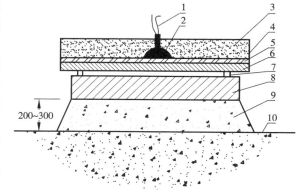

1—雷管；2—高爆炸药；3—主炸药；4—药筐；
5—缓冲保护层；6—覆板；7—间隙柱；8—基板；
9—砂基础；10—地面

图3.1.10.1　复合板的爆炸焊接工艺安装示意图

但是，当复合板的面积足够大时，间隙距离就不会相同和均匀。特别是几何中心位置可能很小，甚至两板会贴合在一起。在这种情况下，需要在覆板安放之前，在基板的待结合面上均匀地放置一定数量、形状和尺寸的金属间隙物。这样，在覆板叠放之后就能保证整个间隙距离。这个间隙距离可在人趴下后从周边用眼睛来检查。注意：如果是异形的间隙物，其放置的方位不应阻碍间隙内的排气通道。

（5）涂抹缓冲保护层。当覆板在基板上支撑起来之后，用毛刷或滚筒将水玻璃或黄油涂抹在覆板的上表面，该上表面将接触炸药。这一薄层物质能起缓冲爆炸载荷和保护覆层表面免于氧化及损伤的作用。

（6）放置药框。将预先备好的木质或其他材质的炸药框放到覆板周边。药框内缘尺寸比覆板的外缘尺寸稍小。如有缝隙就用纸条贴封。

（7）布放主炸药。药框安放好后，将主炸药用工具（最好是木质工具——木锨）一锨一锨地掀进药框之内。为了更加均匀，事先在覆板表面用粉笔画好方框，每一方框内掀入同样数量的炸药。

全部主炸药嵌入药框内后，再用刮板将堆放的主炸药刮平，并随时用钢板尺测量炸药厚度，尽最大努力保证各处的药厚基本相同。

（8）布放高爆速的引爆炸药。为了提高主炸药的引爆和传爆能力，在覆板的几何中心位置（中心起爆时）或其他位置（该位置插放雷管）布放 50~200 g 的高爆速引爆炸药。引爆炸药也可在主炸药布放之前布放到预定的位置上。

（9）安插雷管。引爆药和主炸药布放好后，将雷管插入引爆药的位置上，并插到底，与覆板表面接触。为防止雷管爆炸后前端的聚能作用（这种作用会在覆板的相应位置冲出一个凹坑），可在雷管下垫一小块橡皮或其他柔性物质。

（10）接起爆线。在使用火雷管的情况下，将导火索插入火雷管之中。至此爆炸焊接的工艺安装完成。

在使用电雷管的情况下，则需将其两根脚线与起爆线的两股导线相连。起爆线（即普通导线）的长度依安全距离而定，可以是 25 m、50 m、100 m 或 200 m。两线相连后将起爆线的另一端的两股导线端头拧在一起，以示短路。至此，爆炸焊接的工艺安装亦完成。

随后的工作就是在将所有人员和物资撤到安全区后，或用火源点燃导火索和引爆炸药，或用起爆器连接起爆线，进而引爆电雷管和炸药，进行复合板的爆炸焊接。

5.4 章提供了数以百计的复合板、复合管、复合管板和复合管棒等的爆炸焊接示意图。不难发现，它们都需要进行工艺安装，并有相似的安装工艺。只是复合管外爆和复合管棒爆炸焊接时不需要模具（基础）。而复合管内爆时需要钢质模具。这些就是它们各自的特点。到时便根据不同的产品形状进行不同形式的工艺安装，为爆炸焊接高质量的产品打下基础。

3.1.11　爆炸焊接过程的重复性和稳定性

1.爆炸焊接过程的重复性和稳定性及其现状

长期从事爆炸焊接生产的人们都会深深感到，对于同一批产品，尽管工艺参数相同，但结果很难一样：宏观上，产品的长、宽和厚度，以及三维空间上的变形不一样，边界效应作用的程度不一样，覆板表面的氧化损伤情况不一样；微观上，结合界面不同的地方波形（塑性变形）大小不一样，熔化状况不一样，由此造成结合强度不一样……总之，用同一工艺参数生产的所有产品，在宏观和微观质量上都会有或大或小的差别，特别是在结合强度上有可能造成低于技术要求的情况。即使在同一块复合板内，如图 4.16.5.146 所示和表 4.5.2.1 所列，不同位置的结合区组织和性能有明显的区别。

上述事实说明，爆炸复合材料在宏观和微观质量上的重复性不是很高，因而稳定性不是很高。

导致这种重复性和稳定性不很高的原因主要是爆炸焊接过程。也就是说，爆炸焊接过程的重复性和稳定性不很高，必然造成其产品质量的重复性和稳定性不是很高。

2.爆炸焊接工艺重复性和稳定性的影响因素

影响爆炸焊接工艺重复性和稳定性的因素有如下几点。

（1）炸药布放得不均匀。在现行的爆炸焊接工艺中，大都使用粉状的铵盐、铵油或乳化炸药。铵盐炸药容易吸湿而形成大小不等的团块，铵油炸药中有液体（柴油）也容易成大小不等的团块，乳化炸药中也要加盐。这三种状况的炸药在布放过程中厚度很难均匀。另外，大面积的覆板也不平，在其上布药，药厚不会那么均匀。这种药厚的不均匀性是造成爆炸焊接过程重复性和稳定性不很高的重要原因。因为药厚不同，爆速不同，由此传递给覆层的能量也不同，于是复合材料的各项质量指标就不会相同。

（2）炸药爆轰过程的不稳定。由2.1.8节和2.4章可知，和任何物质的运动过程一样，炸药的爆轰也有发生、发展、持续和消亡的过程。这个过程中的四个阶段从图4.16.6.2至图4.16.6.5所示的结合区波形状可清楚地观察到。在四个阶段中结合区的波形从无到有，由小到大，持续不变，到前端爆轰结束时波形增大等。与此相对应的位置的结合强度无疑是不同的，呈现明显的不均匀性。由图还可见，在持续阶段，由于布药的不均匀性，也造成了结合区局部波形的不均匀。这种不均匀自然也会造成结合强度的不均匀。

（3）爆炸焊接过程的高速度。金属爆炸焊接过程是相当快的，其速度与爆速相当，即数千米每秒。在这么高的速度下，间隙中的气体是很难及时和完全地排出的，残留的气体或者被绝热压缩造成熔化层；或者搅乱波形造成乱波。这些结合区组织的不均匀，自然会造成结合强度的不均匀。复合板的面积越大和覆板越厚，这些不均匀性越严重。

（4）炸药爆轰过程的高速度。在开展爆炸焊接的初期，有的单位使用黑索金炸药，后来使用梯恩梯炸药，再后来就使用硝铵炸药，现在大都使用铵盐炸药和铵油炸药。在这些炸药中，即使后两者，其爆速也在2000 m/s以上。

不言而喻，炸药的爆速越高，爆炸焊接过程越快。其结果，一方面结合区的微观组织的不均匀性加重；另一方面复合板的宏观变形也加重。并且，这两方面的结果还越不好控制。俗话说"差之毫厘，失之千里"。这是高速运动的物体偏离原运动轨迹而可能造成的后果的准确描述。由此不难理解，在爆炸焊接过程中，物质运动的稍许偏差，也会造成偏离原"方向"的严重后果。这就是为什么人们现在在爆炸焊接中选用低速炸药的又一原因。

实际上，爆炸复合材料中所有的宏观和微观缺陷，以及质量上不能满足技术要求的问题，都与炸药的爆速高有关，也就是说爆炸焊接过程的重复性和稳定性方面的问题都是由炸药的高爆速引起的。

因此为了提高爆炸焊接过程的重复性和稳定性，在保证足够的总能量的情况下应尽可能地选用低速炸药。这类炸药的不稳定区应相对很小（或者采取其他措施使该区的范围尽可能地小），并且它们容易均匀布放。对此，研究可以满足这些要求的塑性炸药应当成为发展方向。

需要指出，上述关于爆炸焊接的重复性和稳定性的讨论是实事求是地揭露这种新工艺和新技术中存在的某些难于解决的问题。然而，由此不能得出爆炸复合材料不能使用的结论。实际上，这类材料在国内外已经成千万吨地使用几十年了，它们都具有能满足技术条件要求的性能。另外，这些问题在使用爆速越来越低的炸药之后都有明显的缓解。这里讨论其重复性和稳定性的目的在于引起人们的更多重视，从更多的方面寻找原因和解决方法，以及获得工程使用单位的理解和支持。因此，这种讨论不是倒退而是前进。

还需要指出，如图3.2.6.5和图3.2.6.6所示的贵金属触点丝的断面形状不能满足图纸要求的问题，不是由爆炸焊接工序引起的，而是由后续的压力加工工序引起的。因此，不能由此得出爆炸焊接在此领域不能应用的结论。这个问题在3.2.6节中还要讨论。

3.1.12　爆炸焊接的安全与防护

爆炸焊接工作中要使用炸药，而炸药是一种高能量的物质。这种物质利用得好，将做有用功，否则会产生很大的破坏作用，甚至造成人员伤亡和财产损失。因此，爆炸焊接工作的安全问题十分重要。

这个问题存在在炸药的运输、储存和使用的全过程中。因此，在该过程中处处和事事都得小心谨慎。炸药和其他火工用品的购买、运输、储存和使用，国家有关部门和单位都有严格的规定和管理制度，希望从事爆炸焊接工作的人员认真学习和严格执行。在此仅将实践中必须注意的事项强调如下。

（1）爆炸场地应设置在远离建筑物的地方。文献[164]指出，距爆炸点的安全距离，对于建筑物来说大于10000 m，对于人体来说为100~300 m。爆炸场的安全距离在3.1.9节中已讨论过了。

（2）炸药库管理人员须昼夜值班，外人不得入内；炸药、雷管和导爆索等应分类及分开存放，入库和出库应严格管理，做到账物相符和日清月结。

（3）所有工作人员必须遵守国家有关的政策法令，接受公安和保卫部门的监督，接受工种训练和考核，并领取操作证。

（4）炸药和原材料、雷管和工作人员均须分车运输，严禁炸药和雷管同车装运。

（5）所有工作人员在当班班长和安全员的指挥下进行工作，现场操作按预定的工艺规程进行。特别是雷管和起爆器应自始至终由一人保管及使用，决不可两人或多人保管和使用。

（6）工艺安装完毕，待所有人员和备用物件撤至安全区后方能引爆炸药。引爆前发出预定信号，使所有人员作好防声、防震和安全准备。

（7）炸药爆炸 3 分钟后，待爆炸烟尘消散，工作人员方能进入现场检查处理，并且要预防瞎炮或其他安全隐患。

（8）严禁将火种火源带入工作现场。

（9）爆炸焊接工作每告一段落，进行一次安全总结，查找事故苗头和杜绝安全隐患。

爆炸焊接生产中通常使用低爆速的混合炸药，如铵盐炸药或铵油炸药。前者由硝酸铵和一定比例的食盐组成，后者由硝酸铵和一定比例的柴油组成。仅使用少量的梯恩梯作为引爆炸药。硝酸铵是一种常见的化肥，在通常情况下是很稳定的。它与食盐或柴油混合以后"惰性"更大。乳化炸药也相似。颗粒状的硝酸铵和鳞片状的 TNT 能用球磨机破碎成粉末而不会爆炸。铵盐和铵油炸药只有在 TNT 等高爆速炸药的引爆之下才能稳定爆炸。TNT 在受到枪弹射击时一般不会爆炸，它只在雷管的激发下才会爆炸。雷管中的高爆速炸药只有在起爆器发出的数百伏高电压下才会爆炸。所以，在现场操作中，只要严格地控制好雷管和起爆器，通常是不会出现严重的安全事故的。严格遵守操作规程和有关规章制度，是安全生产的保障。

3.2 爆炸焊接的技术和爆炸复合材料

爆炸焊接的技术即各种爆炸焊接的方法、爆炸焊接的材料、爆炸焊接的工艺、爆炸焊接的设备等，及其基础理论的总称。

爆炸焊接的最大用途是用来生产金属复合材料，如复合板、复合管、复合管板和复合管棒，等等。这些主要产品共有数十种。因此，与这些产品相对应的爆炸焊接技术也不下数十种。实际上，随着研究工作的深入和生产发展的需要，更多的爆炸焊接产品会不断出现，因而新的对应的爆炸焊接技术也会不断产生。同样，一种新的爆炸焊接技术出现了，由其生产的新产品也就产生了。所以，它们是相辅相成和相互促进的。5.4 章（以图集形式）汇集了众多的爆炸焊接技术和产品的工艺安装示意图。本章论述这些爆炸焊接技术和用它们生产的大量的金属复合材料及产品，还有这类材料及产品的独特的工程应用。这些产品和应用的实例都包含在相应的爆炸复合材料之内。其应用的学科、行业和领域有如"内容简介"中的数十个，而遍及所有金属材料的工程应用和部分非金属材料的工程应用之中，并且有过之无不及。本书 5.5.2 节收录了 600 多张爆炸焊接和爆炸复合材料的产品及应用的实物图片。其中，国内部分也仅是我国部分科研院所和生产单位所生产的产品及应用的很少部分。相信，随着工作的深入开展和应用领域的不断扩大，新的产品和新的应用将会迅速增加。

本章和全书所涉及的黑色、有色和稀有金属材料的化学成分，物理、力学及化学性能详见有关的手册（见附录 G）。

3.2.1 钛-钢复合板的爆炸焊接

1. 钛和钛-钢复合板

钛是一种新型的金属，具有密度小、强度高、耐腐蚀和高低温性能好等许多优异性能，是航天、航空、海洋、化工、电力和冶金等部门重要的结构材料。

为了节约钛资源和降低成本，以及在民用工业中推广这种新金属材料，钛-钢复合板应运而生。

钛-钢复合板在石油化工和压力容器中有越来越多的应用。使用这种结构材料不仅可成倍地降低有关设备的成本，而且能够克服单一的钛设备和衬钛结构在这个领域中应用的许多缺点。

用钛-钢复合板制造的设备内层钛耐蚀，外层钢有高强度；两层连成一体，具有良好的导热性，以及克服热应力、耐热疲劳、耐压差和耐其他载荷的能力，可以在更苛刻的条件下工作。因此，钛-钢复合板已成为现代化学工业和压力容器工业不可缺少的结构材料。

由于钛和铁在高温下可生成多种金属间化合物,这两种金属材料不能用常规的熔化焊方法直接进行焊接。这就使得钛-钢复合板的生产显得困难。到目前为止,钛-钢复合板的生产方法有以下几种。

(1)铜焊复合。将铜银合金放置在钛板和钢板中间,并且在高真空、高温和高压下,使钛和钢复合在一起。这种方法实际上是在钛和钢中间使用一种能将它们彼此对应地焊接起来的中间过渡层材料(焊料)。这种材料除铜银合金外,还有铜-铌复合板。

(2)轧制复合。在保护气氛下和真空中将钛和钢用轧机轧制复合在一起。其间可以用中间合金,也可以不加中间合金。

文献[165]使用含 C 量≤50 μg/g 的超低碳钢和各种不锈钢丝网作中间夹层材料,用轧制复合法获得了大面积的钛-钢复合板。文献[166]报道用大功率的轧机(最高负荷达 9000 t),成功地生产了无孔隙和无微孔的该种复合板。这种轧制工艺除了须选好夹层材料外,还要注意加热温度(850 ℃)、真空除污和叠合方式等。

(3)爆炸焊接。

(4)爆炸焊接+轧制。该方法即将爆炸焊接和轧制两种工艺结合起来。这样既可以克服爆炸复合板面积不很大和轧制复合工艺复杂的缺点,又可以充分发挥各自的优势,生产出面积大得多和厚度尺寸很小的钛-钢复合板。这样效率更高和成本更低。

有条件的单位越来越多地应用这种联合技术来生产钛-钢和不锈钢-钢等金属复合板材。这种联合技术有望成为生产任意金属复合板、复合带和复合箔的发展方向。

2. 钛-钢复合板的爆炸焊接

(1)钛-钢复合板爆炸焊接的工艺安装。钛-钢复合板在大面积爆炸焊接的情况下,其工艺安装示意图如图 5.4.1.2 所示,即多用平行法。引爆方式如图 5.4.1.5 所示,即多用中心起爆法,少数情况用长边中部起爆法[图 5.4.1.7(c)]。采用这种安装和引爆方法的原因见 3.1.3 节和 3.1.6 节。

大厚钛-钢复合板坯的焊接工艺安装示意图如图 5.4.1.6、图 5.4.1.142 和图 5.4.1.143 所示。

(2)钛-钢复合板爆炸焊接的工艺参数。曾经使用过的大面积和大厚钛-钢复合板坯爆炸焊接的工艺参数如表 3.2.1.1 和表 3.2.1.2 所列。其中,从排气角度考虑,覆板越厚和面积越大,炸药的爆速应当越低,并且越要采用中心起爆法。为了缩小和消除雷管区,在雷管下通常添加一定数量的高爆速炸药。在爆炸大面积复合板的情况下,为了间隙的支撑有保障,可在两板之间的内部安放一定形状及数量的金属间隙物。在大厚板坯爆炸焊接的情况下,间隙柱宜支撑在基板之外。为了提高效率和更好地保证焊接质量,可采用对称碰撞爆炸焊接的工艺来制作这种复合板坯(见图 5.4.1.12 至图 5.4.1.14,图 5.4.1.142 和图 5.4.1.143,以及 3.2.51 节),以及并联和串联爆炸焊接法(图 5.4.1.10 和图 5.4.1.11)

表 3.2.1.1　大面积钛-钢复合板爆炸焊接工艺参数①

No	钛,尺寸 /(mm×mm×mm)	钢,尺寸 /(mm×mm×mm)		炸药品种	W_g /(g·cm⁻²)	$h_0$② /mm	保护层	起爆方式
1	TA1,3×1100×2600	15MnV	18×1100×2600	TNT	1.7	5~37	沥青+钢板	短边引出三角形
2	TA5,2×1080×1760	902	8×1060×1740	TNT	1.4	5,1°	沥青+钢板	短边延长 300 mm
3	TA5,2×1080×2130	13SiMnV	6×1060×2100	TNT	1.4	5,1°	沥青+钢板	短边延长 300 mm
4	TA1,5×1800×1800	Q235	25×1800×1800	TNT	1.5	3~20	沥青 3 mm	短边中部起爆
5	TA2,3×2000×2030	Q235	20×2000×2030	TNT	1.5	3~25	沥青 3.6 mm	短边中部起爆
6	TA1,5×2050×2050	18MnMoNb	35×2050×2050	2#	2.8	20,48′	沥青 3.5 mm	短边中部起爆
7	TA1, φ2800×5	14MnMoV	∅2800×65	2#	2.6	5,40′	沥青 4 mm	短边中部起爆

① 《爆炸焊接和金属复合材料及其工程应用》(2002 年,实为第一版)出版后至今的 20 多年里,国内有关单位在钛-钢复合板的爆炸焊接中,做了大量的研究工作,使其工艺参数的设计越来越完善、合理和准确,因而复合板的面积越来越大,质量越来越好。其他爆炸复合材料也一样。这种技术上的进步是历史必然的和令人欣喜的。因此,这里所提供的包括钛-钢复合板在内的众多爆炸复合材料的工艺参数只代表过去和历史。现在和将来更多更好的工艺参数以各单位的实践为准,并自行研究、更新和发展。——作者第四版注。

② h_0 的两种表示方法:a. 如 5~37 mm,即起爆端的间隙值为 5 mm,末端为 37 mm。b. 如 5,1°,即起爆端的间隙值为 5 mm,此后以 1°的安装面进行覆板安装。如此类推。

续表3.2.1.1

No	钛，尺寸 /（mm×mm×mm）	钢，尺寸 /（mm×mm×mm）		炸药 品种	W_g /（g·cm^{-2}）	h_0[②] /mm	保护层	起爆方式
8	TA1，5×2850×2850	14MnMoV	75×2850×2850	2#	2.5	5,10′	沥青 4 mm	短边中部起爆
9	TA1，5×2000×2000	18MnMoNb	35×2000×2000	2#	2.6	10,10′	沥青 3 mm	短边中部起爆
10	TA1，5×2850×2850	14MnMoV	65×2850×2850	2#	2.0~2.5	5~20	沥青 3 mm	短边中部起爆
11	TA1，5×2000×2000	18MnMoNb	35×2000×2000	2#	2.5~2.8	10~20	沥青 3 mm	短边中部起爆
12	TA2，3×1000×2000	Q235	14×1000×2000	25#	1.9	10	黄油	中心起爆
13	TA2，1×1000×1500	Q235	20×1000×1500	25#	1.5	3	黄油	中心起爆
14	TA2，2×1000×2000	Q235	20×1000×2000	25#	2.1	4	黄油	中心起爆
15	TA2，3×1500×3000	20g	25×1500×3000	25#	2.2	6	水玻璃	中心起爆
16	TA2，4×1500×3000	16Mn	30×1500×3000	25#	2.4	8	水玻璃	中心起爆
17	TA2，5×1500×3000	16MnR	35×1500×3000	25#	2.6	10	水玻璃	中心起爆
18	TA2，6×1500×3000	16MnR	50×1500×3000	25#	2.8	12	水玻璃	中心起爆

注：2# 即 2 号岩石硝铵炸药，25# 为 2#+25%NaCl 的混合炸药。下表及以后均同。

表 3.2.1.2　大厚钛-钢复合板坯爆炸焊接工艺参数[①]

No	钛，尺寸 /（mm×mm×mm）	钢，尺寸 /（mm×mm×mm）		炸药 品种	δ_0 /mm	h_0 /mm	保护层	引　爆
1	TA1，10×700×1080	Q235	75× 670×1050	25#	44	12	黄油	
2	TA2，10×690×1040	Q235	70× 650×1000	25#	35	12	水玻璃	
3	TA2，10×730×1130	Q235	83× 660×1050	25#	40	12	黄油	+辅助 药包， 中心起爆
4	TA2，12×690×1040	Q235	70× 650×1000	25#	51	12	水玻璃	
5	TA2，12×620×1085	Q235	60× 570×1050	25#	55	13	黄油	
6	TA2，8×1500×3000	16Mn	80×1500×3000	25#	40	14	水玻璃	
7	TA2，10×1500×3000	16MnR	100×1500×3000	25#	50	14	水玻璃	

（3）钛-钢复合板结合区的组织。钛-钢爆炸复合板结合区的组织形态如图 4.16.5.1 至图 4.16.5.8、图 4.16.5.51 至图 4.16.5.59 和图 4.16.5.85 所示。由这些图可见，这种爆炸复合板的结合区通常为波形形状，并且依工艺参数的不同，此波形形状不同。实际上，由 4.16.5 和 4.16.6 节可知，不同强度和特性的爆炸载荷、不同强度和特性的金属材料，以及它们之间不同强度和特性的相互作用，将获得不同形状和参数（波长、波幅和频率）的结合区波形。4.16.5 节和 4.16.6 节中大量的波形图片证明了这个结论。

从这些钛-钢复合板结合区的波形图片还可见，在一个波形内，界面两侧的金属发生了不同的组织变化。例如，在钢侧，离界面越近，晶粒的拉伸式和纤维状塑性变形的程度越严重。并且在紧靠界面的地方出现细小的似是再结晶或破碎的亚晶粒的组织。在高倍放大的情况下，界面上还有一薄层沿波脊分布的熔化金属层，波前的漩涡区汇集了大部分爆炸焊接过程中形成的金属熔体。这种熔体内还包含有一般铸态金属中常有的一些缺陷：气孔、缩孔、裂纹、疏松和偏析。离开界面和深入钢基体以后，随着距离的增加，纤维状塑性变形的程度越来越小。当离开波形区以后，逐渐呈现出钢基体的原始组织形态。在高倍放大的情况下，还会发现波形内外有不少的双晶组织。

在钛板一侧，没有出现如钢板一侧那种变形形状和变形规律的塑性变形组织。但出现了或多或少、或疏或密和或长或短的"飞线"——绝热剪切线。这种"飞线"实际上是类似于钛这种 a_k 值较小的金属在爆炸

[①] 为了使读者先期了解与工艺参数有关的符号，特将它们在此提前列出，其余符号仍见附表 D.1 和附表 D.2：W_g 为单位面积药量，g/cm^2；δ_0 为炸药厚度，mm；ρ_0 为炸药密度，g/cm^3；h_0 为均匀间隙值，mm；α 为安装角，（°）；δ_1、ρ_1、$\sigma_{s,1}$ 分别为覆层的厚度（mm）、密度（g/cm^3）和屈服强度（MPa）；δ_2、ρ_2、$\sigma_{s,2}$ 分别为基层的厚度（mm）、密度（g/cm^3）和屈服强度（MPa）。HB、HV、H_μ、H_{50} 等为不同试验条件和方法下的硬度。

载荷下产生的一种特殊的塑性变形线和塑性变形组织，也是这类材料在这种载荷下进行塑性变形的一种新机制。这种飞线在更强的载荷下将开裂，因此它还是一种裂纹源。未开裂的飞线在适当的退火工艺下将消失。关于此"飞线"问题将在4.7章中讨论。

另外，在爆炸焊接过程中，在高压、高温下界面两侧的异种金属的原子必然进行扩散。这种扩散和扩散的程度能够用金相、光谱、电子探针和电子显微镜等分析检验手段检测出来。

上述结合区内金属的塑性变形、熔化和扩散等冶金过程，以及其中大量的金属物理学课题将在4.1章至4.5章中讨论。实际上，金属材料在爆炸焊接过程中的冶金结合，就是在这些冶金过程中形成的。没有钛-钢复合板结合区内的众多冶金过程，就没有钛和钢的冶金结合。

钛-铁系二元合金的相图如图5.9.2.20所示。

上述对钛-钢复合板结合区内组织的讨论为把爆炸焊接的基本原理置于金属物理学的基础之上提供了依据。

(4)钛-钢复合板的力学性能①。钛-钢爆炸复合板的力学性能包括剪切、分离、拉伸和弯曲等，它们的具体数据如下，检验方法见5.1章。在此对这些数据不做分析和讨论。

① 剪切性能：该复合板的剪切性能如表3.2.1.3至表3.2.1.8所列和图3.2.1.1及图3.2.1.2所示。

② 分离性能：该复合板的分离性能如表3.2.1.9至表3.2.1.16所列和图3.2.1.3及图3.2.1.4所示。

表3.2.1.3 钛-钢复合板的剪切强度[167]

组合	TA1-Q235	TA2-Q235	TA1-18MnMoNb	TA2-18MnMoNb	TA2-16MnCu
σ_τ/MPa	342	341	448	390	421

表3.2.1.4 钛-钢复合板的剪切强度和分离强度

类 别	σ_τ/MPa		σ_f/MPa	
状 态	爆炸态	退火态	爆炸态	退火态
数 据	261	190	250	186

表3.2.1.5 钛-钢复合板的剪切性能[168]

材料及尺寸/mm	距起爆点距离/m	界面情况	σ_τ/MPa
钛(Contimet-30)钢(GH2)(2+6)×1250×2500	>2	直线型界面	147~196
	1~2	清晰的波形界面	235~294
	<1	乱波界面	176~245

表3.2.1.6 钛-钢复合板的剪切强度与方向的关系[170]

组合：BT1-0+BG3cⅡ	σ_τ/MPa		
与纵向轴线	平行	呈45°	垂直
强度比较	最高	最低	中等
数 据	461	241	—

表3.2.1.7 钛-钢复合板的力学性能[169]

状 态	复 合 板 及 尺 寸/(mm×mm×mm)	σ_τ/MPa	冷弯，$d=2t$，180°		HV/覆层/黏结层/基层
			内弯	外弯	
爆炸态	TA2-Q235，(3+10)×110×1100	397	良好	断裂	347/945/279
退火态	TA2-20g，(5+37)×900×1800	191	良好	良好	215/986/160

注：退火工艺为650℃，2h，真空下；d为弯曲直径，t为试样厚度，mm。后同。

表3.2.1.8 钛-钢复合板(过渡接头)的结合强度

状 态	爆 炸 态		退 火 态		热循环后
覆层厚度/mm	3	5	3	5	3
σ_τ/MPa	397~439	312~378	234~322	222~272	—
σ_f/MPa	382~482	456~525	—	—	354~424

注：热循环工艺为250℃下保温3min，然后水冷，连续500次。

---

① 为了使读者先期了解与爆炸复合材料力学性能有关的符号，特将它们在此提前列出，其余符号仍见附表D.1和附表D.2：σ_τ为剪切强度，MPa；σ_f为分离强度，MPa；$\sigma_{b\tau}$为拉剪强度，MPa；σ_b为抗拉强度，MPa；σ_s($\sigma_{0.2}$)为屈服强度，MPa；δ为延伸率，%；ψ为压缩率，%；a为弯曲角，(°)；d为弯曲直径，mm；t为试样厚度，mm；A_k为冲击功，J；a_k为冲击韧性值，J/cm²；S为面积结合率，%。

表 3.2.1.9 钛-钢复合板(过渡接头)的分离强度(1)

覆 层		基 层		h_0	W_g	σ_f/MPa									
金属	δ_1/mm	金属	δ_2/mm	/mm	/(g·cm^{-2})	1	2	3	4	5	6	7	8	9	平均
钛	3	钢	22	5	1.4	410	467	400	434	328	471	393	482	407	421
	5		22	6.5	1.6	490	500	502	507	523	494	458	523	521	502

表 3.2.1.10 钛-钢复合板(过渡接头)的分离强度(2)

覆 层		基 层		h_0	W_g	σ_f/MPa			
金属	δ_1/mm	金属	δ_2/mm	/mm	/(g·cm^{-2})	试样数	最大值	最小值	平均值
钛	3	钢	22	5	1.4	12	482	328	416
	5		22	6.5	1.6	12	525	456	497

表 3.2.1.11 钛-16MnCu 钢复合板的分离强度

No	1	2	3	4	5	6	7	8	8	10	11	12	13
h_0/mm	8	8	8	8	8	5	11	14	18	8	18	5	5
W_g/(g·cm^{-2})	1.5	2.2	2.5	2.7	1.7	2.2	2.2	2.2	2.2	1.9	1.9	2.7	2.5
σ_f/MPa	604	397	627	564	600	373	436	319	338	486	329	503	566

表 3.2.1.12 钛-钢复合板的分离强度

复合板	TA2-18MnMoNb				TA2-16MnCu						
No	1	2	3	平均	1	2	3	4	5	6	平均
σ_f/MPa	299	294	279	291	319	358	519	372	250	333	359

表 3.2.1.13 钛-钢复合板的分离强度[172]

覆 层	基 层	σ_f/MPa	破断位置
钛板,δ_1 = 2 mm	钢板,δ_2 = 12 mm	420	覆层金属
钛板,δ_1 = 3 mm	钢板,δ_2 = 12 mm	499	结合区
钛板,δ_1 = 5 mm	钢板,δ_2 = 12 mm	466	结合区

表 3.2.1.14 钛-钢复合板的分离强度和剪切强度

覆层金属	基层金属	σ_f/MPa	破断位置	σ_τ/MPa	破断位置
钛,3 mm	高强度钢,12 mm	446	结合区	468	覆层金属

表 3.2.1.15 钛-钢复合板的分离强度

原材料特性	TA2 覆板(热轧态)			Q235 钢基板(供货态)		
	σ_b/MPa	δ/%	尺寸/(mm×mm×mm)	σ_b/MPa	δ/%	尺寸/(mm×mm×mm)
	490~539	20~25	8×240×340	445~470	22~24	26×200×300
组别	I				II	
试验序号	1	2	3	4	5	1	2	3	4
h_0/mm	10	10	10	10	10	8	14	18	22
W_g/(g·cm^{-2})	3.0	3.5	4.0	4.5	5.0	3.5	3.5	3.5	3.5
W/g	3060	3570	4080	4590	5100	3570	3570	3570	3570
S/%	66	70	73	73	77	50	73	73	56
雷管区长度/mm	100	90	80	80	70	150	80	80	130
σ_f/MPa	273	174	241	339	287	286	384	174	257

注:均使用 2# 炸药,短边中部引爆。

表 3.2.1.16　钛-钢复合板在不同的爆轰距离上的分离强度[35]

L/mm	σf/MPa 平均	最低*	最高	L/mm	σf/MPa 平均	最低*	最高
δ1+δ2：(8+35) mm				δ1+δ2：(4+16) mm			
30	216	84	265	30	294	108	402
200	196	97	314	300	284	216	382
400	176	93	245	600	245	196	377
600	176	98	314	900	245	147	392
800	196	93	274	1200	216	157	323
1000	216	90	284	1500	206	127	333
1200	235	83	265	1800	196	82	255
1400	216	83	270	δ1+δ2：(3+18) mm			
δ1+δ2：(6+39) mm				30	314	137	377
30	245	93	314	300	294	152	353
700	216	181	289	900	265	142	323
1400	225	172	270	1500	235	98	294
				1800	216	118	309
				2400	186	108	284
				3200	167	118	245

注：＊沿复合板边部的分离强度

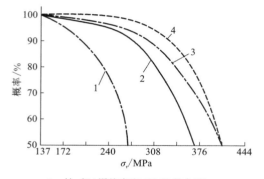

1—钛-钢(爆炸态和 593℃退火后)；
2—镍及镍合金-钢(爆炸态和爆炸及校平后)；
3—哈斯特洛依合金-钢(爆炸态和爆炸及校平后)；
4—不锈钢-钢(爆炸后和校平状态)

图 3.2.1.1　钛-钢等复合板的剪切强度超过 137 MPa 的几率[171]

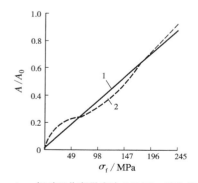

A_0—相对于分离强度为 245 MPa 时的超声波信号的最大振幅；A—某个试样的超声波信号的振幅；1—理论值；2—实验值

图 3.2.1.4　钛-钢复合板的分离强度与其超声波振幅大小的关系[173]

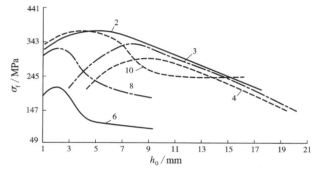

图 3.2.1.3　在不同的钛板厚度时(图中数值，单位为 mm)钛-钢复合板的分离强度与初始间隙的关系[35]

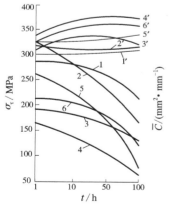

1、3、5—450℃；2、4、6—600℃；1~4—经化学热处理后钛表面带有保护层的试样；1、2—冲击压力 p＝4700 MPa；3、4—冲动压力 p＝8260 MPa；5、6—未经化学热处理的原来的试样，冲动压力 p＝4700 MPa。化学热处理的工艺是：先用砂布净化，再用酒精脱脂，后在 100℃浓 HNO₃ 和 70℃ HF(0.5%)中进行浸蚀

图 3.2.1.2　不同温度下钛-钢复合板中的爆炸焊接参数、化学热处理和热处理对其结合强度及金属间相长大的影响[151]

③ 拉剪性能：该复合板的拉剪性能如表 3.2.1.17 所列。

④ 拉伸性能：该复合板的拉伸性能如表 3.2.1.18 至表 3.2.1.21 所列。

表 3.2.1.17 钛-钢复合板的拉剪强度[167]

组合	TA2-Q235					TA2-18MnMoNb			
No	1	2	3	4	平均	1	2	3	平均
$\sigma_{b\tau}$/MPa	251	142	142	104	160	382	397	392	390

表 3.2.1.18 钛-钢复合板在横向和纵向上的抗拉强度

$\delta_1 + \delta_2$ /mm	横向，σ_b /MPa	纵向，σ_b /MPa	横向和纵向的差别，σ_b/MPa
2+15	319	304	15
3+30	222	219	3

表 3.2.1.19 钛-钢复合板的力学性能[174]

材料及其厚度	σ_s/MPa	σ_b/MPa	δ/%	内弯	外弯，$d=1t$	σ_τ/MPa	σ_f/MPa
Ti-SS41，2+16 mm	332	445	32	良	良	345	386
Ti-SS42B，5+40 mm	309	431	30	良	良	318	370

表 3.2.1.20 钛-钢复合板的拉伸性能[167]

组合	TA2-Q235				TA2-18MnMoNb			
	1	2	3	平均	1	2	3	平均
σ_b/MPa	461	451	475	462	750	750	750	750
δ/%	13.5	14.5	12.0	13.3	5.0	4.5	5.0	4.8
试样形状	板 状				棒 状			

表 3.2.1.21 钛-钢复合板的拉伸性能

σ_b/MPa					σ_s/MPa					δ/%				
1	2	3	4	平均	1	2	3	4	平均	1	2	3	4	平均
648	607	559	617	608	571	577	517	583	562	3.0	4.6	6.0	4.4	4.5

⑤ 显微硬度分布曲线：钛-钢复合板结合区和断面上的显微硬度分布曲线如图 4.8.3.1、图 4.8.3.34～图 4.8.3.36、图 4.8.3.49、图 5.2.9.1～图 5.2.9.3 所示。

⑥ 弯曲性能：该复合板的弯曲性能如表 3.2.1.22～表 3.2.1.24 所列。

⑦ 扭转性能：该复合板的扭转性能如表 3.2.1.25 和表 3.2.1.26 所列。

表 3.2.1.22 钛-钢复合板的弯曲性能[167]

组 合	内 弯 曲			外 弯 曲		
	d/mm	α/(°)	宏观观察	d/mm	α/(°)	宏观观察
TA2-Q235	20.2	80	一侧明显分层	10	45	开始时一侧分层，45°时两侧开裂
	20.2	48	一侧明显分层	10	>50	试样两侧界面皱缩明显
	20.2	20	一侧明显分层	10	62	试样两侧界面皱缩明显

注：试样尺寸为 25 mm×30 mm×250 mm，内弯时 d 等于钢层厚度，外弯时 d 等于钛层厚度的 4 倍。由于 d 选择不当，试验数据仅供参考。

表 3.2.1.23 钛-钢复合板弯曲 180° 的影响[175]

复合方法	表面伸胀度/%	表面状态	结合完整性
钎 焊	33	有少量裂纹	部分分层
滚 焊	21	有大量裂纹	分离
爆炸焊	35	没有裂纹	未分离

表 3.2.1.24　钛(TA5)-钢(902)复合板的弯曲性能[84]

弯曲类型	d/t	取样方向	试样相对宽度, B/t	弯曲结果
外弯	3	横向	2	33°, 一侧分离
			5	36.5°, 两侧分离
	2	纵向	2	20°, 一侧分离
			5	32.5°, 两侧分离, 钛层大裂, 裂纹长 25 mm
		横向	2	10°~23°, 一侧分离
			5	26°~31°, 一侧分离
内弯	2	纵向	2	180°完好
			5	180°, 钢表面完好, 钛表面大裂, 裂纹长 35 mm
		横向	5	180°, 钢表面小裂, 钛表面大裂, 裂纹长 35 mm, 宽 2.3mm

注: B 为试样宽度; t 为试样厚度, mm。此为早期的工作(使用了 TNT 炸药等), 数据仅供参考。

表 3.2.1.25　钛(TA2)-钢(Q235)复合板的扭转性能

试样号	扭转性能	备注
1	扭转 500°发生分离	试样的扭转长度为 160 mm, 参考 GB/T 10128—1988《金属室温扭转方法》进行
2	几乎在试验开始时发生分离	
3	几乎在试验开始时发生分离	

表 3.2.1.26　钛(TA5)-钢(902)复合板的扭转性能[84]

非标准试样尺寸 /(mm×mm×mm)	试验时夹头之间距	顺时针单向扭转试验结果
8×8×240	200 mm	纵向试样到 540°时完好; 横向试样到 540°时完好, 630°时有分离现象发生。

　　钛-钢复合板的其他力学性能参阅 5.2 章, 爆炸+轧制复合板的组织和力学性能见 3.3 章, 它们热处理后的组织和力学性能见 3.4 章, 以及 4.5 章。

　　3. 钛-钢复合板爆炸焊接工艺、组织、性能和工程应用的文献资料

　　以下将散布在国内外大量文献中的有关钛-钢爆炸复合板的资料介绍如下, 供参考。

　　1970 年宝鸡有色金属研究所接受解放军总后勤部 2348 工程用钛-钢复合板的研制和生产任务。为此, 该研究所当年组织人力和物力开展了工作。在国内外参考文献很少的情况下, 当年研制、生产和完成了这项任务, 为该工程提供了必须的和为当时最大面积的复合板[钛-15MnV 钢, (3+15) mm×1100 mm×2600 mm]。用该复合板制造的氧化塔设备如图 5.5.2.57 所示。该项工程即是后来的岳阳化工总厂。这是我国首次用爆炸焊接技术来生产钛-钢复合板和首次批量地生产爆炸复合材料。也是本书作者有幸和自此步入爆炸焊接新技术研究和爆炸复合新材料生产的行列之中, 并为之勤奋工作和奋斗了一生。并且, 几十年来的历史事实证明, 本书作者不仅是我国爆炸焊接工艺和技术的实践及理论研究的先行者, 而且是我国爆炸复合材料生产、压力加工和热处理的实践及理论研究的先行者, 还是我国爆炸焊接和爆炸复合材料的众多宏观和微观检验、研究和工作的先行者。从而为我国本学科和本行业的发展做出了大量的开创性的工作, 作出了重要的和不可磨灭的贡献。几十年来的历史事实还证明, 本书作者也是我国爆炸加工(爆炸焊接)事业快速发展的参与者、亲历者、见证者、记录者和讴歌者。

　　另外, 原宝鸡有色金属研究所, 即现在的西北有色金属研究院为上述氧化塔的制造, 首次和首先解决了钛-钢复合板的焊接和机械加工课题。随后又相继解决了锆-钢、铌-钽和钽-钢等复合板的焊接和机械加工课题, 为当时相应设备的制造和产品的生产作出了很大的贡献。因此该单位不愧为我国稀有金属的复合板焊接和机械加工的先行者, 和宝钛集团一起还是我国钛-钢和不锈钢-钢等复合板坯热轧加工课题研究和大批量生产的先行者。

　　这里应当特别指出和大书一笔的是: 我国陕西宝鸡钛程金属复合材料公司, 继 2018 年首次一次性地爆炸焊接成功当时我国最大面积的钛-钢复合板之后(见图 5.5.2.425), 又于 2023 年再一次性地爆炸焊接成功现在世界上最大面积的钛-钢复合板(见本书封底最上图)。为此创造了一项世界纪录。

　　文献[95]介绍了(3+25) mm×1000 mm×2000 mm 的钛-钢复合板, 获得了距起爆中心不同距离上结合区内的微观组织和对应的力学性能资料，并指出，由于爆炸焊接过程中间隙内气体未完全排出，使得结合区的形状呈现小波、大波、乱波、熔化层、小波和大波等周期变化的情况，从而使其对应位置上的结合强度也呈现出有规律的变化：大波时结合强度最高，小波时较低，熔化层时更低，乱波时为零。气体的存在还影响结合区波形的形状和参数（波长、波高和频率）。由此可见，爆炸焊接过程中的排气是一个十分明显和需要认真对待的问题。因此，将其视为爆炸焊接的必要条件之一和一个动态参数是有事实根据的。这个问题的讨论详见 2.2.2 节，3.1.6 节，3.1.8 节。

文献[176]在进一步讨论钛-钢、钛-钛、钢-钢和不锈钢-不锈钢等复合板中的"飞线"问题时明确指出，这种飞线不仅是在爆炸载荷下金属中才会出现的一种塑性变形线和塑性变形组织，以及裂纹源，而且是在这种载荷下金属进行塑性变形的一种机制。它与滑移和双晶一样，可能是在不同速度的金属塑性加工中的又一种塑性变形的机制。

文献[151]指出，在钛和钢爆炸焊接时，在结合区将形成 Ti_mFe_n 型金属间相，这些相会降低双金属的结合强度。在高温条件下使用这种双金属，由于金属间相体积的增加，将导致结合强度大幅度地降低。为了获得最佳的结合性能，可适当地采用如下两种钛表面的预加工方法。

① 爆炸焊接前，用砂布擦拭钛板，并用酒精脱脂，然后在 100 ℃ HNO_3（浓）和 70 ℃ HF（0.5%）中进行化学浸蚀 15 min 至 2 h。根据所采用的爆炸焊接工艺，用试验方法选择试验时间，结果如图 3.2.1.2 所示。

② 用电沉积和随后热处理的方法，将一薄层铁涂到钛表面上。

文献[177]讨论了材料的原始强度对爆炸焊接结合区特性的影响。试验指出，随着钢基板硬度的增加，钛-钢复合板结合区中的金属间化合物的数量增加。并且，它们的形状也从钢的低硬度时的圆形变成高硬度时的针状，结果导致结合强度降低。随着材料原始强度的增加，结合区波形的波长和波幅减小，而熔化金属的数量增加。因此，必须将材料的原始强度作为爆炸焊接过程的参数之一。

文献[178]用金相分析法确定，BT1-0+46XHM 复合板的结合区有不均匀的波形，其结合强度处于钛的强度极限的水平（$\sigma_\tau = 450 \sim 550$ MPa）。Zr_{-2}+46XHM 复合板的结合区有无波特征和无缺陷；双金属的力学性能足够高。用显微镜和局部 X 射线光谱分析法不仅确定了直接爆炸焊接后的相组成，而且确定了经 700 ℃、800 ℃ 和 900 ℃ 热处理后的过渡区的相组成。建立了 800 ℃ 下 Ti-Ni-Cr 和 Zr-Ni-Cr 系的扩散通道，还研究了过渡区中相成长速率的动力学。

有人综述了钛-钢复合板在压力容器上的应用[170]，并指出，随着我国石油化学工业的迅速发展，钛材越来越多地用于尿素、乙醛、醋酸、聚酯和其他强腐蚀生产条件下，从而解决了不少严重的腐蚀问题。然而，钛结构的容器在 200 ℃ 或稍高的温度下工作是不够安全的，在更高的温度下使用是不允许的。但是用钛-钢复合板制造的设备可以在更苛刻的条件下工作。例如，用这种复合板制造的直径为 1.8 m 的压力容器已在 300 ℃ 高温下安全使用，并有可能达到 500 ℃ 的高温。

人们应用扫描电镜和能谱仪对钛-20 g 钢复合板结合区进行了成分分析，结果如表 3.2.1.27 所列。由此可见，在爆炸复合过程中，由于高压和局部高温的作用，界面两侧均有扩散。

文献[1183]报道了钛-钢复合板在内蒙古吉兰泰盐场精盐分厂的真空制盐装置里蒸发室的应用，并指出，该厂在生产（含试生产）中，经过几年实际应用表明，钛-复合板在蒸发室的使用情况是理想的，比用碳钢板做储罐优点多；虽然也有结垢现象，但总体不影响生产，产生大盐块的可能性小。对稳定生产、延长洗罐周期、防止腐蚀和保证产品质量都起到了决定性的作用。

表 3.2.1.27　钛-20 g 钢复合板结合区不同位置的主要化学成分[179]　Q/%

位置	界面	钛侧	钢侧	漩涡内
Ti	63.54	91.25	2.25	5.86
Fe	36.46	8.75	97.75	94.14

注：以上数值均为 3 个点成分的平均值，钛侧和钢侧的测量点均距界面 50 μm。

文献[1184]报道，在镍的湿法精炼领域，将 8 mm 的钛板爆炸复合到 100 mm 厚的碳钢板上，再进行弯曲加工，作为具有高耐蚀性的内壁材料，用于建造内径 4~5 m 和长 30~35 m 的巨大的高压设备。

文献[1185]报道，在不使用中间层材料的情况下，进行了 TC4 与普钢的直接爆炸焊接。运用了金相观察、显微硬度和拉剪强度测试及扫描电镜检验，分析了爆炸态和经 540 ℃、40 min 消除应力处理的试样的结合区形貌及结合强度。结果指出，不使用中间层（如纯钛板）进行 TC4-普钢直接爆炸焊接是可行的。所选用的工艺方法使其结合面具有适度的金属流动和细小的界面波形。直接结合的界面拉剪强度>339 MPa，断裂发生在钢层内。

文献[1186]指出，占钛材用量一半以上的 TC4 合金与钢的爆炸焊接还研究得较少。这种结构材料已逐渐为航空和核能工程所应用。因此，国外的研究有很大的进展。作者为此在这方面开展了工作，即不用中间层，将 TC4 与钢直接爆炸复合。结果显示，所使用的工艺方法，使两金属的结合界面具有适度的金属流动和形成了细小的界面波。此复合板的拉剪强度>339 MPa，断裂发生在钢层内。热处理制度是 540 ℃下保温 40 min、空冷到室温。

文献[1187]对比分析了我国钛-钢复合板标准对覆材的要求和使用时对覆材的要求存在矛盾，并对这些问题进行了探讨，并指出：压力容器用钛-钢复合板的质量除考虑常规的外形尺寸外，还应侧重考虑覆层的化学成分和复合板的整体力学性能及工艺性能，对覆层强度不应作为考核的依据；为了提高钛-钢复合板的质量，更充分地发挥其功能性能，推荐尽可能采用杂质含量低、强度指标偏低的钛材作为覆层金属；建议在修订复合板标准时，应明确覆层的力学性能指标不作为验收标准。

文献[1188]报道，西北有色金属研究院的钛-钢复合板产品在日本和韩国引起很大反响，不少其他国家的公司也正积极与该院协商产品和价格等事宜。这标志着该院的钛-钢复合板已正式进入日本和韩国市场，进而为下一步进入欧美市场打下了良好的基础。

文献[1189]指出，生产薄覆层金属复合板的方法有两种：爆炸制坯+轧制法和直接轧制法。前者可保证二层和三层板间的结合质量、生产率高和成品率高，产品尺寸精度高，表面质量好，可以生产面积达 25 m^2 的宽面复合板。后者可以扩大复合板的面积、生产成本低和适合大批量生产，易建立自动化程度较高的生产线、产品结合性能好和质量稳定。

材料特点：

(1)价格低廉。如钛-钢和镍-钢复合板的价格仅为纯钛板和纯镍板的 1/10～1/5。

(2)节约资源。覆板采用稀贵材料后，可节约大量的这种材料。

(3)改善了材料的综合性能。如不锈钢-钢复合板，既有不锈钢的高耐蚀性，又有钢的高强度，两全其美。

(4)解决了异种金属焊接的问题。如铝-钢接头，使异种材料的焊接变为同种材料的焊接。

(5)用作特殊功能材料。如金、银等热敏金属复合板在仪器和仪表中的使用等。

薄覆层复合板的应用领域有如下几个方面：

(1)制酒和食品机械等弱腐蚀设备。使用复合板后解决了铁离子的污染问题，又减少了维修费用。

(2)环境保护。环保行业的水处理设备和高层建筑的供水设备中，使用薄覆层复合板后，解决了铁锈的污染，降低了投资费用和维修费用。

(3)高层建筑。使用这种材料，降低了成本、减少了腐蚀，确保了外壁的平整度。1990 年，日本有 42 座高层建筑使用了这种材料。有的已 10 多年，但大楼依旧光彩夺目。

(4)公路隧道。隧道长，汽车行驶时影响视觉，又由于汽车排气和灰尘的影响，使视觉反射降低。使用该种材料后，视觉反射率高达 80% 以上，长期使用，仍可保持视觉高反射率。

(5)桥梁建设。特别是斜拉式钢索大桥，其柱子高大、维修困难。所以大桥的柱子顶部的鞍罩采用薄覆层的复合板，这在国内外已广泛使用，既美观又减少维修，如我国的江阴长江大桥。

(6)电力行业。如大功率的电炉的铜-铝母排的过渡接头，可将铜母排和铝母排连接在一起。于是，保证了其导电性、增加了强度、省料和成本低。

(7)城市建设。城市高压电杆和路灯灯杆采用了薄覆层的不锈钢-钢复合管后，避免了水泥杆的强度和高度不足，热镀锌和镀铝金属杆的表面质量不好和铁塔高压杆的占地面积过大等缺点。

(8)其他方面。如防盗门、广告牌、防护栏和运输船等。

文献[1190]综述了大型化钛-钢复合板的爆炸焊接及其结合区波形状态、缺陷形式和工艺改进。大量试验表明，钛-钢复合板的结合区状态在距离引爆点(1.8～2) m 以外的区域的波形就开始不稳定，有"过熔"和"射流堆集"等几种缺陷，使得大面积的钛-钢复合板在后续矫平、切割和热处理等工序加工中易出现脱层。为尽量减少这些缺陷的产生，在爆炸复合工艺上提出了一些改进措施。

试验用材为 TA2 和 Q345R，其尺寸为(3+50) mm×2450 mm×7500 mm。工艺安装的改进措施主要如图 5.4.1.145 和图 5.4.1.148 所示。

文献[180]指出，目前金属价格高，使人们的注意力集中在包覆金属板上。爆炸焊接是将钛或锆与钢结合的唯一的实用方法。钛和锆的复合板主要用于两个方面：热交换器管板材和加工容器板材。管板材通常总厚为75～100 mm，包覆层厚为12～15 mm。加工容器板材总厚为19～25 mm，包覆层厚2～3 mm。使用钛和锆时，允许的腐蚀率常不是主要因素。从经济上考虑，包覆层越薄越好。设计时，钢基板的厚度是重要的因素。

钛复合板用得最多的是反应堆和对苯二甲酸厂的有关设备。还有一些其他产品的生产也应用了钛复合板的设备：如乙二醇、湿氧化废物处理、马来酸和除莠剂等的生产设备。

文献[181]报道，为生产更大面积的钛-钢复合板，改钛板拼接缝的方向(a)为(b)，如图3.2.1.5所示。如此能防止爆炸焊接后焊缝破裂。

实际上，钛板在此处破裂的原因除应力大之外，主要还在于焊缝金属为铸态，其a_k值比基体钛材更小。具有如此小的a_k值的材料是经受不了大一点的爆炸载荷的作用的，其结果只有破裂。这个问题在文献[182]中早有论述。不锈钢板不管怎样拼焊，在爆炸焊接后焊缝都不会破裂，其原因就在于焊缝材料的a_k值和基材一样比钛大得多。所以，爆炸载荷下材料的破坏都应从其a_k值的大小上去分析原因和寻找解决问题的方法。

钛-钢复合板的尺寸受原始材料尺寸的限制[183]。研究人员曾经复合了2.8 m×2.8 m的平面钛板和两块钛板拼焊而成的3.9 m×2.8 m的钛-钢复合板，还用中心起爆法制成了14.4 m²的这种复合板。将厚25.4 mm的钛板复合到了厚86 mm的钢板上，也将厚0.8 mm的薄钛板复合到了厚32 mm的钢板上。在重50 t的基层钢板上完成了钛板的复合，基层钢板的厚度在工业生产中已经达500 mm以上。在一块基层钢板上可同时作两面复合，两块覆层金属可以是相同的材料和相同的厚度。一种常见的复合管，其一面是钛，另一面是不锈钢，中间是碳钢。

对于不同金属的结合来说，熔化焊的应用常常是有限的[184]。在一系列的情况下，许多金属对都是最佳的组合，但它们用熔化焊都不能得到满意的结果，例如钛及其合金与耐蚀镍铬钢和碳钢等。在这些情况下，爆炸焊最有前途，它能获得具有新型使用性能的双金属和复合材料。在化学和原子能工业的结构材料中，研究了钛和耐蚀钢及镍铬合金的双金属过渡管接头(图3.2.1.6)。其分离强度，前者为400～500 MPa，后者为350～550 MPa。它们的腐蚀试验结果见4.6.5节。这些管接头直径为50～600 mm。

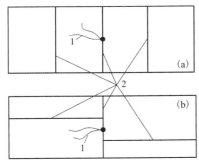

1—雷管位置；2—拼接焊缝

图3.2.1.5 钛覆板拼接焊缝的方向[(a)型，竖拼]
[(b)型，横拼]对其爆炸开裂倾向的影响试验

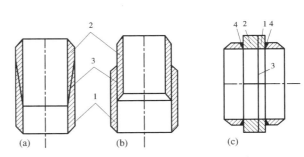

1—覆层；2—基层；3—爆炸焊缝；4—熔化焊缝

图3.2.1.6 无台阶式(a)、台阶式(b)
和法兰盘式(c)双金属过渡管接头

对于飞行器调节系统的高压导管系统来说，制造了OT4钛-耐蚀钢的无台阶式薄壁过渡管接头。并且根据通道直径为80～130 mm的五种规格，完成了整个研究工作。在$\sigma_f = 450～500$ MPa下的分离试验以及过量的流体(1760 Pa)和空气(1176 Pa)的压力下试验，获得了良好的结果。管接头经标准试验，在盐雾箱中没有发现腐蚀。在一种特殊的装置中，加速使用能源的试验指出，OT4-耐蚀钢的管接头在飞行器的高压管道内，能够顺利地工作5000 h以上。

钛合金和各种牌号的钢爆炸焊接过程的能量参数对所得复合材料的组织和性能均有影响[185]。其中，图3.2.1.7为钛-钢接头的结合强度与撞击速度的关系。由图可见，这些钛-钢复合材料的最佳参数的范围较狭窄，在这个范围内能保证最高的结合强度。该图可视为以$\sigma_f - v_p$为参数的爆炸焊接"窗口"。

钛-钢复合板结合区中熔化金属量是一个重要的特征量，它决定了材料的使用性能。因此，确定焊接过程中的能量参数与熔体数量之间的关系，对预测复合材料的性能有一定的意义。如图3.2.1.8所示，在

$W_2 = (1 \sim 1.2)$ MJ/m^2 时，结合区内不出现熔体。随着 W_2 的增加，熔体的数量直线地增加。在此情况下，该复合材料的结合强度自然会越来越低。

由图 3.2.1.9 可知，HV/δ 值的增加将导致塑性变形能临界值增加。这种临界变形能将保证钛和钢的高强度结合。根据上述研究的结果，制定了借助爆炸焊接来生产用于原子电站热交换器装置的钛-钢双金属管板的制造工艺。

由图 3.2.1.10 可知，在其他参数不变的情况下，可利用预先热处理来改变钢层的硬度，不同的硬度能大大地影响双金属的组织和性能。当 H_{5G} 从 100 增加到 390 时将导致分离强度明显降低。而在 H_{5G} = 390 时焊接接头完全不能形成。强度的下降伴随着结合区波形参数(λ 和 A)的减小和熔化金属量的增加。

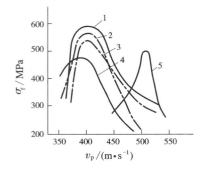

1—BT6-10Γ2C，(6+10)mm；2—BT1-1+G3，(2+10)mm；
3—OT4+MK-40，(6+20)mm；4—OT4-1+G3，(8+10)mm；
5—OT4-1+12X18H10T，(10+10)mm

图 3.2.1.7 钛-钢接头的结合强度与撞击速度的关系

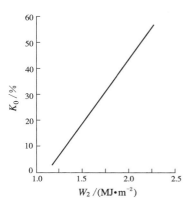

图 3.2.1.8 BT1-1+G3 复合板结合区的熔化
金属量 K_0 与其塑性变形能 W_2 之间的关系

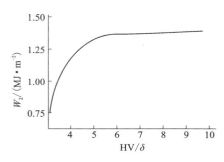

图 3.2.1.9 BT1-1+G3 复合板结合区内临界
的能量析出量与硬度和相对伸长之比的关系

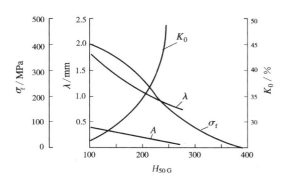

图 3.2.1.10 BT1-1+G3 复合板中，钢基板
的硬度对其结合区组织和性能的影响

用爆炸焊接法制造的钛-钢复合板，其尺寸受到限制。也就是说，用这种方法的钛板厚度只能在 1.5 mm 以上，全厚在 12 mm 以上，面积不大于 10 m^2。最近，随着工厂设备的大型化，在排烟排水设备方面对更宽、更长和更薄尺寸的钛-钢复合板材的需求越来越多。为此，用爆炸焊接后的板坯进行热轧，就可以制造出宽幅、长尺寸的复合板。其中钛层厚 0.5~1.5 mm，钢层厚 6.0~15.0 mm，面积可达 3500 mm×6500 mm。这种复合板已在市场上销售[186]。

爆炸焊接方法在化学工业和机械制造部门展示了广阔的应用前景[187]。在制造化工装置时，采用此方法可降低稀贵金属的消耗。例如，用 2 mm 厚的钛板同 30 mm 厚的钢板爆炸成了复合板。这种复合板用来制造压力为 3.92 MPa、温度为 250 ℃、带浸蚀性介质的储藏器。1 m^2 构件的成本远低于用 50 mm 厚钛板制造的同类产品构件的成本。有一种用钛-钢复合板制造的储藏器直径为 2.5 m，长 18.5 m[188]。

为了提高各种金属的爆炸焊接法的使用可靠性，在许多情况下将采用软性的中间层。例如，在钛合金和不同等级的钢的接头中加入铜-铌中间层。这种中间层的加入，一方面能够提高该复合板在高温下的使用温度(在长时间加热到 1000 ℃ 后，仍可保证其高的工作能力)，另一方面可以提高它们在低温下的使用性能[188]。

在低温下的使用性能的试验如下：用等强工艺爆炸焊接钛-铌-铜-钢四层复合板，它们的厚度分别为11 mm、1 mm、1 mm 和20 mm。然后从复合板中切取坯料加工尺寸为ϕ4 mm×40 mm 的圆形试样，再在其两端用氩弧焊分别焊上相应尺寸的钛棒和钢棒以制成拉伸试样，最后在低温性能试验机上进行破断试验。

试验结果表明，随着温度的降低，在爆炸态下，带有铜和铌的相对厚度为 $x=0.25$（$x=H/d$，这里 H 和 d 为试样中间层的厚度及直径）的四层试样的强度极限，从 20 ℃时的 480 MPa 增加到-196 ℃时的 715 MPa。由图 3.2.1.11 可知，在-196 ℃试验的情况下，同时减小铜和铌的相对厚度将提高接头的强度极限。

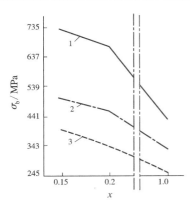

试验温度：1——196 ℃；2、3—20 ℃

图 3.2.1.11　爆炸态（1、2）和在 600 ℃、0.5 h 回火后（3），在不同温度下试验的钛-钢接头的强度与软性中间层（铜铌）相对厚度（x）的关系

为了获得强度高（或者用其他方法根本不能焊接）的不同物理-化学性能的金属和合金的复合板，人们应用了爆炸焊接方法。然而，使用时多次高温和长时间加热的时候，组元相互间有化学作用的复合板，由于脆性金属间相的形成，会降低其结合强度。为了避免这一点，在爆炸焊接时，可在不同的金属间采用带有"扩散壁垒"的一种或几种金属材料——中间层。高温加热时，这类中间层材料不会与组元中任何一种形成不希望有的金属间相，从而提高这种复合板的高温使用性能。例如，在钛和钢之间引入铜、铌中间层后，与钛-钢复合板 600 ℃的安全加热温度比较，其允许的最高加热温度可达 1000 ℃[189]。

人们研究了爆炸焊接的钛-钢热轧双金属板的性能，确定其剪切强度大大超过最小值 140 MPa，弯曲和扭转试验证明该材料有足够高的塑性。将试样浸入 HNO_3 和 CH_3COOH 中研究了其耐蚀性能，此时腐蚀速度相应为 0.1 mm/a 和 0.003 mm/a。根据直径为 1350 mm 盆形件冲压的结果所评定的冷和热的成形性能指出，在高于 680 ℃的冲压温度下有满意的结果。成品复合板的最大外形尺寸是 2.5 m×10 m。用这种复合板制造了高 40 m，直径 6 m 的纸浆漂白塔[190]。

文献[191]指出，爆炸焊接是在被炸药抛掷的物体高速撞击的特殊工艺中所发生的压力焊过程的一种变种。根据现代的观点，在结合区中实现强烈的塑性变形是金属结合的条件。由于这种塑性变形，第一，保证消除微观不平度和破坏被焊表面的氧化薄膜，并且能自动净化和形成物理接触；第二，保证表面附加的活化，这种活化是为了形成新的原子键所必须的；第三，可保证初始动能被不可逆地吸收、加热金属和在加载及弹性恢复过程中减小拉伸应力。过分强烈的塑性变形可能成为结合界面上化学和物理不均匀性形成的原因，从而降低焊接接头的质量。

用爆炸焊接的方法获得了钛-钢、铜-钢、黄铜-钢和铝-钢等复合板。这些复合板覆层的厚度可以是 2~20 mm，基层的厚度没有限制，复合板的面积为 4~6 m²。在这种情况下，炸药的单位消耗取决于覆层的厚度，可以在 20~60 kg/m² 范围内变化。结合强度通常相当于被结合的金属中强度较弱者的强度。根据同一原理，制定了三金属管坯和管，以及大尺寸的平面环状三金属过渡接头的爆炸焊接工艺。借助爆炸焊接获得的上述复合材料可用于宇航技术和其他工业领域。

工业上，在用煤气加热的罩式炉中进行钛-钢复合板热处理时，为避免钛层被气体饱和，必须限制金属在炉内加热的温度和停留的时间。考虑到这些因素，推荐 550 ℃回火 3 h，然后随炉冷却到 300 ℃，再去掉盖子并在空气中冷却。在高于 300 ℃的温度范围内，复合板在炉内总的停留时间大约 12 h。如此热处理后的复合板的力学性能见如表 3.4.4.9、表 3.4.4.10、表 3.4.4.13、表 3.4.4.15、表 3.4.4.16 和表 3.4.4.20 所列。表 3.2.1.28 为该复合板超声波检验的结果。

化学工业、石油化学工业和石油工业上需要高耐蚀性、高强度的复合材料。最大的被钛复合的化学装置直径有 2.4 m 和高 18.3 m，并且在美国用来制造硅有机化合物。所得到的爆炸焊接的过渡接头用于低温技术、核装置和宇宙装置。还用爆炸+热轧的方法生产了不锈钢-钢复合板[193]。

根据试验研究，可以确定超声波信号的振幅和爆炸焊接的钛-钢双金属结合强度的关系，结果如表 3.2.1.29 所列。由表中数据可见，结合强度与超声波信号的振幅之间存在密切的关系。经大量数据统计分析，就能够获得一种规律。在该规律的指导下就可以根据超声波检验的信号振幅来确定钛-钢复合板的结合强度。

表 3.2.1.28　工业批量生产的钛-钢复合板超声波探伤检验的结果[192]

复合板号	N_{50}	$N_{50\sim100}$	$N_{>100}$	ΣN	$S_{总}$ /cm²	S /%	成品率 /%	复合板号	N_{50}	$N_{50\sim100}$	$N_{>100}$	ΣN	$S_{总}$ /cm²	S /%	成品率 /%
1	17	1	2	20	5572	11.5	62.5	10	3	1	3	7	748	1.55	93.6
2	8	3	4	15	1275	2.5	82.5	11	3		3	6	4466	8.82	68.5
3	3	1	2	6	8286	16.7	58.3	12	5			5	113	0.26	81.5
4	2	1	3	6	15878	31.4	废品	13	16	3	2	21	2935	6.08	54.2
5	5		1	6	579	1.2	75.0	14	5		2	7	554	1.14	73.0
6	27	2	1	30	875	1.9	86.5	15	4		3	7	1461	3.02	76.3
7	19	1	1	21	537	1.03	93.0	16	7	2	1	10	385	0.77	94.5
8	7	1	1	9	687	1.38	69.0	17	5	1	1	7	1028	2.13	82.0
9	6	1	1	8	5055	9.57	75.0	18	4	1	3	8	1077	2.23	96.0

注：① N_{50}、$N_{50\sim100}$ 和 $N_{>100}$ 分别为面积 50、50~100 和 >100（cm²）的缺陷的数量；② ΣN 为缺陷的总数量；③ $S_{总}$ 为缺陷的总面积；④ S 为缺陷的总面积与覆板总面积之比，即不结合面积率(%)。

表 3.2.1.29　在一定的结合强度下，对应超声波振幅的数量[173]

$\dfrac{A}{A_0}$	在 σ_f 为下列值(MPa)时，对应超声波振幅的数量					$\dfrac{A}{A_0}$	在 σ_f 为下列值(MPa)时，对应超声波振幅的数量				
	34	98	147	196	245		34	98	147	196	245
0	15	0	0	0	0	0.63	0	0	0	2	0
0.14	2	3	1	0	0	0.73	0	0	0	2	1
0.23	2	6	0	0	0	0.82	0	0	0	2	5
0.32	3	5	5	1	0	0.92	0	0	0	3	9
0.45	4	4	9	4	1	1.0	0	0	0	0	3
0.54	0	0	6	2	0	—	—	—	—	—	—

注：A_0 为 σ_f =245 MPa 时的超声波振幅，A 为 σ_f 其他值时的超声波振幅。

文献[1191]指出，钛-钢复合材料以其结构合理、价格低廉而被日益广泛应用。大面积的复合板的覆板和基板均有拼接焊缝。为保证爆炸或轧制复合后的焊缝内部的质量，除 X 射线探伤法外，作者还研制了一套超声探伤的方法。对覆材厚 1~12 mm、基材厚 7~120 mm 的焊缝在复合后可进行 100% 探伤。其灵敏度完全满足国家三类压力容器用材的一级焊缝的超声探伤标准。

基材焊缝探伤时，由于超声波在钛中的横波声速(Cs_{Ti} =2960 m/s)与钢中横波声速(Cs_{Fe} =3240 m/s)不同，因此，在全声速通过复合界面时会产生"二次折射"现象。这就给基材焊缝的缺陷定位带来了困难。为了解决这一问题，制作出了同工艺、同材质和声学特性相近的标准试块。采用对比试块法和理论计算，绘制出水平定位补偿曲线，对基材焊缝缺陷进行补偿定位。这种方法准确性高和误差小。通过 X 射线探伤对比和解剖试验证明：定位尺寸精度可达 0.1 mm。

对覆材焊缝探伤时，由于覆材是厚度很薄的耐蚀层，因此，对微裂和针孔等面状或贯穿性缺陷控制极严，这就对近表面的分辨率和灵敏度指标提出了较高的要求。为此，采用了人工切槽作为标准当量，制作了复合板灵敏度标准试块。用横波法对覆材焊缝进行探伤。回避了纵波法对缺陷的高分辨率指标要求。此方法的探伤灵敏度可达 0.15 mm 当量，且对表面开口性缺陷极为敏感。

此方法可靠和简便。还可推广到其他不同材质的复合板焊缝的超声探伤。对用钛-钢复合板制作的压力容器筒体焊缝的探伤，同样具有很大的借鉴意义。

文献[1192]指出，当复合的两种材料(如钛-钢复合板)声阻抗差异大和超声探伤采用试块对比法时，判定覆材和基材中出现的材料缺陷问题会比较困难。为此，在 4 mm + 40 mm 的钛-钢复合板的超声探伤检验中，试验了一种在示波屏中界面波的高度和分贝差值联合判定的方法，并指出，在该复合板的头、中、尾部探伤的对应点取样对比结果，得出了界面波高度的判定范围，当界面波高度为 18~35 μm，分贝差值为 5~12 dB 时，结合质量良好。实践表明，这种方法完全可以判别结合质量，是一种切实可行的方法。这种方法为大于 4 mm 覆层厚度的钛-钢复合板的探伤检测打好了基础。其他的两种声阻抗差异较大的爆炸复合材料也可采用此法进行探伤检验。

文献[1193]指出，为避免钛-钢爆炸复合板常规超声探伤时两种材料(钛和钢)声阻抗差异大产生界面回波而导致判定缺陷难，从而使用试块比较判定带来准确性差的问题，本文从 4 mm+40 mm 钛-钢复合板爆炸焊接工艺出发，利用声阻抗差异与一次底波后的界面波高低与结合强度关系的对比，直接判定结合质量，同时建立了 4 mm+40 mm 钛-钢复合板超声探伤检验规范。

结论指出，采用示波屏中界面波的高度和分贝差值联合判定的方法，对 4 mm+40 mm 钛-钢复合板进行超声探伤检测，完全可以判别结合质量的好坏，从而确定此超声探伤检测是实际探伤检测的一种可行的检验方法。通过 4 mm+40 mm 钛-钢复合板头、中、尾部探伤对应点的取样结果对比，得出了界面波高度的判定范围，指出界面波高度在 18~35 μm、分贝差值在 5~12 dB 时，结合质量良好。该研究为大于 4 mm 不同覆层厚度的钛-钢复合板的探伤检测打下了基础。同时，对于别的声阻抗差异较大的爆炸复合材料的超声探伤，也可用此法进行深入研究。

文献[1194]报道，在传统超声波检测的基础上，利用小波变换将超声检测回波信号分解成不同频率上的信号成分，通过分析这些不同频率上的焊接界面回波和底面回波，结合爆炸焊接复合板不同结合界面对超声波传播的影响，能够检测出爆炸复合板界面的结合形态。用这种方法对钛-钢爆炸复合板的实验室检测结果表明，该方法具有检测方便、周期短和不破坏材料整体性的优点。

文献[170]比较了真空轧制和爆炸焊接两种方法获得的 BT1-0+BG3cπ 双金属的力学性能，其结果如图 3.2.1.12 和图 3.2.1.13 所示。由图 3.2.1.12 可见，在所试验的温度下，爆炸法比轧制法有更高的强度和塑性。由图 3.2.1.13 可见，随着加热温度的升高(保温 15 min)，结合强度急剧下降，但爆炸焊接的复合材料总是有较高的力学性能数值。

爆炸焊接的双金属在平行纵向轴线、垂直和成 45°角方向上的剪切强度是不同的；其中成 45°角的最低($\sigma_\tau = 73$ MPa)，平行纵向轴线的最高($\sigma_\tau = 241$ MPa)。

用爆炸焊接得到的覆层和基层的硬度比用轧制法得到的要高些，这是由于爆炸硬化所致。

爆炸焊接的过渡区沿爆轰方向有波形特征。在钢层的波形顶部观察到明显的变形线。结合区存在着白色和灰色的夹杂物。白色夹杂物是脆性的，并有高的硬度(HV 为 10094)，在磨片加工过程中会形成显微裂纹。灰色夹杂物的 HV 为 4234~6566。

在钛-钢复合板中，钛的抗腐蚀性能与其制造方法无关，在氯化钙和硝酸溶液中相当于单一金属的抗腐蚀性能。采用钛-钢双金属来代替钛材，在制造列管式热交换器、容器和塔时，成本可以大大降低。

文献[194]提供了钛和锅炉钢板的爆炸复合板结合区的扩散层厚度与加热温度和时间的关系，如图 3.2.1.14 所示。试验指出，当温度高于 900 ℃时，2 h 后钢侧扩散层部分分离。当出现钛的扩散时，通过 γ-Fe 向 α-Fe 的转变，使扩散层更加明显，分离是碳化钛起的作用。

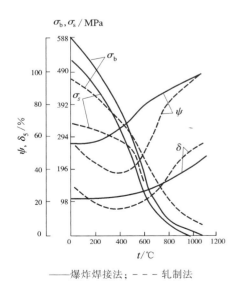

图 3.2.1.12　加热温度对钛-钢
双金属拉伸性能的影响

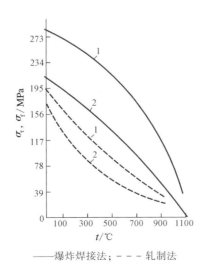

图 3.2.1.13　加热温度对钛-钢双金属
分离强度(1)和剪切强度(2)的影响

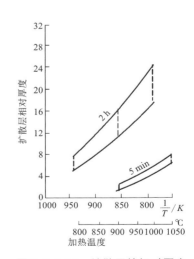

图 3.2.1.14　扩散层的相对厚度
与加热温度和时间的关系

对用 3 mm 厚的钛复合尺寸为 23 mm×500 mm×700 mm 的锅炉钢板进行了热轧，复合板先预热到 600 ℃，然后在中性气氛中加热到 1000 ℃，15 mim 后轧制到 15 mm（$\varepsilon=42\%$），此时温度为 850 ℃。轧制到 10 mm 时（$\varepsilon=60\%$），此时温度为 800 ℃。轧制后复合板的剪切强度为 36~131 MPa。

人们研究了冷轧和热轧对爆炸焊接钛-钢复合板结合区的显微组织和破断特性的影响[195]。试验指出，冷轧压缩 30% 或更少时，焊接结合破坏。在 656 ℃ 轧制，不出现任何金属间化合物。然而在 760~927 ℃ 之间轧制，将形成 1~2 μm 厚的 TiFe 层。在 980 ℃ 和 1034 ℃ 轧制后观察到 TiFe 和 $TiFe_2$（主要是 $TiFe_2$）的双层组织。

在 656 ℃ 轧制后出现断裂，虽然沿结合区均匀和连续的应变-硬化带难以出现，但在 760 ℃ 和 815 ℃ 轧制后，由于在结合区内不连续的应变-硬化带里出现裂纹而造成断裂。在 870 ℃ 轧制后，TiFe 颗粒周围的金属流出现分离和产生空位，断裂由此引起。在 927 ℃ 和 1034 ℃ 轧制时，断裂通过金属间化合物相进行。

经过分析，在该钛-钢复合板结合区内检测出在相图上找不到的相应的化合物的成分。这意味着，在高压和高速冷却条件下，可能在漩涡区形成了新的化合物。

文献[196]报道，用 2 mm 厚的钛板和 50 mm 厚的钢板爆炸焊接的复合板具有钢的高强度和钛的耐蚀性。用这种方法还焊接了宇宙火箭的零件和核子加速器的真空箱壁，这种接头在高剂量辐射的条件下有高的强度和真空密封性。

如下的钛-钢复合板的轧制工艺可供参考：在 843 ℃ 下加热 30 min，然后迅速通过三道次工序的轧制，直到 538 ℃ 为止。该轧制复合板结合良好，在室温下可弯曲 180 ℃ 而不破裂。最后 $\lambda/A=36:1$[197]。

人们对用爆炸焊接法获得的 2+8 mm 厚的钛-钢复合板进行了剪切、弯曲、扭转、变换温度多次淬火和随后进行剪切检验，以及金相研究[198]。剪切试验指出，$\sigma_\tau=245~294$ MPa。弯曲、扭转和金相研究的结果证明了接头的可靠性，以及被冲压和折边时良好的可加工性。在生产条件下，温度的变化不影响结合强度。该试验说明了借助爆炸焊接获得的钛-钢复合板工业利用的可能性。

通过爆炸使钛和钢结合必将引起界面附近成分和结构的变化，以及残余应力的产生[135]。由于撞击的结果，在界面上形成熔化。被熔化的材料成分本质上是 $TiFe_2$ 和 TiFe 两种金属化合物的混合物。在漩涡区常常可以观察到缩孔和小裂纹。高的不均匀塑性变形、局部熔化和快速的不均匀热传导，是造成结合面附近残余应力出现的原因。

人们研究了厚度为 2+15 mm、5+15 mm 和 2+20 mm 的钛-钢双金属在正火状态下的力学性能（钢为 GH_2，钛为 Contimet-30）。获得的数据是：σ_b 为 402~490 MPa，$\sigma_s\geqslant245$ MPa，$\delta\geqslant20\%$。用爆炸焊接的钛-钢复合板制造了各种容器和蒸发器，以及不超过 250 ℃ 温度下工作的直径为 900~1600 mm、长达 5500 mm 的锅炉[199]。

实践证明，钛-钢双金属板具有钛的耐蚀性和钢的高强度，并且与单层钛相比具有良好的导热性。用爆炸焊接法生产了厚 20~100 mm，宽 1000 mm，长 4600 mm 的钛-钢复合板，研究了热处理对其成分、组织和性能的影响，提供了不同状态的钛层在不同介质中的腐蚀试验结果。研究指出，该复合板可以承受切割、弯曲、轧制、热冲压和焊接等冷、热加工。就价格而言，由于钛层相对不太厚，该复合板的价格远低于钛板的价格[192]。

诺贝尔公司制造了英国第一个大型钛复合板的压力容器，直径为 4.5 m，长 10 m，总重量约 50 t。复合板用爆炸法制造。容器的碳钢层焊完后，钛覆层用半自动焊焊接[200]。

钛-钢爆炸焊接产品，在化工设备上主要用于制造对苯二甲酸、乙醛和醋酸的反应装置、海水利用的热交换器和公害防止装置等。异种金属的接头用在导电零件的例子有将薄钛板夹在铝中间（三层复合）的炼铝用阳极，钛-不锈钢双金属用在电表装置，镍-钛双金属冷轧成薄板制造接头等。具有抗腐蚀和良好导电性的钛-铜及钛-铝复合管、棒等可用来制造电镀用电极。低温装置中代替法兰连接的多层复合板、如抗腐蚀的铝合金-纯铝-钛-镍-不锈钢复合板中，可用钛作为中间层。另外，钢-钛复合管（用于热交换器）、铜-钛复合管（铜改善延展性）、超薄钛复合管（用于电解槽）和大面积复合板等均被广泛应用[201]。

随着化学工业的发展，成套设备的大型化和多样化，对所使用的材料的要求也越来越高。钛材在化纤原料尿素和电解设备中显示了极优越的耐蚀性能。因此，钛的用途越来越广泛。为了降低钛的消耗和成本，可使用爆炸法制造钛-钢复合板。现在大部分这种复合板是用该法制造的。与其他方法相比，该法有面积大、质量稳定等优点。但无论什么方法几乎不可避免地在界面上会形成宽 30 μm 的中间化合物层。当然，就整体而言，钛-钢爆炸复合板是非常优越的[202]。

化学工业采用高温高压新流程，要求用耐腐蚀的材料制造设备，如混合器、热交换器和塔等。制造这些设备一般采用钛、钽、铝和钼的复合钢板[203]。

近年来，钛-钢爆炸焊接产品除应用在航空、宇航、电工、电镀和医学工业外，钛管、钛板、钛衬里或爆炸复合板在化工设备制造中也得到了广泛应用。与爆炸钛-钢复合板相比，钛板衬里的缺点是制造费用高，在较低的热应力作用下可能出现变形，故目前钛-钢复合板的制造和加工工艺得到了迅速发展。

最近工业上多用爆炸+轧制法制造大尺寸的薄复合钢板，即先制造超厚的爆炸复合钢板，然后再轧制成大面积的薄板。这样不仅可以减少施工焊缝，降低机器装配成本，而且可减少钛等贵重材料的厚度，节省资源。这是今后开发的重点[204]。

随着化学工业的高速发展，非常明显的趋势是化工装置的大型化、运转条件的高温高压化、处理媒质的复杂化和多样化。各种工艺中需要耐苛刻条件的特殊耐蚀耐热材料。在加工这些材料时要求很高的技术，而且价格高。所以作为降低成本的方法，采用衬里和复合材料的例子非常多，这也是现代化工装置的一大特征。爆炸复合材料在此领域大有用武之地[205]。

爆炸焊接的应用，包括制造 Ti6Al4V 钛合金和不锈钢或铝合金，以及铝合金和不锈钢过渡接头。它们在宇航技术中也得到了应用。用爆炸焊接技术获得的钛合金和铝合金的多层制品，其热循环强度大大超过原始合金。疲劳裂纹在生长过程中将停止在界面上。为了获得铝-锂接头和另外的一些产品，采用了爆炸焊接。这些产品不能用扩散焊得到[206]。

在板厚≥15 mm 的情况下，用钛-钢复合板代替单层钛板是经济有利的。越来越多的企业用这种复合板代替整块的不锈钢板制造化学容器。尽管带有 2~3 mm 厚覆层钛的钛-钢复合板的价格是不锈钢板的 2.5~3 倍。但是，设备的使用期限将提高 3 倍以上。因此，使用钛-钢复合板还是很有利的[207]。

爆炸焊接有如下优点：对于高温下形成脆性金属间化合物的那些金属和合金，爆炸焊接几乎是唯一适用的焊接工艺；产品尺寸没有特别的限制；高的生产率，日产量已超过 100 t，已制成 27.9 m² 的复合件[208]。

早在 1964 年，美国复合材料的生产量就已达 300 000 m²。主要是碳钢被不锈钢和钛复合。在不同的技术部门，复合材料越来越多地得到应用。只存在着改善质量、提高结合强度和降低制造成本的问题。有关文献提供了用爆炸法获得的复合材料的清单、性能检验的项目、方法和数据[209]。

钛-钢、铝-钢、铜-钢和铜-钛占有爆炸产品的大多数，用它们可制造许多不同的产品：板、管、棒和蜂窝结构等。这些产品应用于化学和电机工程、有色冶金、宇宙和航空、火箭制造、船舶、电子、低温技术和纤维(纸浆)工业等。爆炸工作可在废弃的核爆炸场上进行。为了复合直径 3 m 的管板(将 16 mm 的钛板复合到 100 mm 的钢板上)使用了 700 kg 的炸药。钛-铜双金属应用于海洋石油平台结构中是有效的。爆炸焊接法在水轮机工作轮叶片上复合不锈钢，获得了成功，其成本较堆焊法经济 70%，和完全用不锈钢制造相比经济 40%。用爆炸法装备了超过 5000 km 的通信电缆，在其 5 年使用期内情况良好。用爆炸焊接工艺每年焊接了超过 15000 t 的铝-钢金属构件[26]。

有关研究人员研究了爆炸焊接的钛(Contimet-30)-钢(GH₂)复合板的力学性能，厚度有 2+6 mm、2+15 mm、2+20 mm、5+15 mm，宽 1250 mm，长 2500 mm 几种类型。在正火状态下，σ_b 为 (402~490) MPa，σ_s = 245 MPa，$\delta \geqslant 20\%$。在 2+6 mm 的复合板中，直线型结合区的 σ_τ 为 147~196 MPa，波形结合区的 σ_τ 为 235~294 MPa。复合板内横向和纵向的力学性能差别不大：在 2+15 mm 厚的复合板中，横向 σ_τ 为 319 MPa，纵向 σ_τ 为 304 MPa。当退火温度从 500 ℃升高到 1000 ℃时，σ_τ 从 294 MPa 下降到 49 MPa。在此过程中，脱碳过程加速，晶粒长大，钛的气饱和度提高等。该复合板在加工成形之前需在平板机上以不大的压下量平整。可用该双金属制造压力容器和蒸发器，以及在不超过 250 ℃下工作的直径 900~1600 mm 和长度为 5500 mm 的锅炉[199]。

钛-碳钢双金属可用来制造使用温度达 550 ℃的化工设备。用热冲压法制造封头的时候，加热温度不应超过 700 ℃，退火应当在 550~625 ℃下完成。在这些工艺参数下，该双金属仍能保持高的力学性能和保证接头的最佳质量[210]。

文献[211]指出，与完全用钛制造的装置和用钛衬里的储藏器相比，钛-钢的复合材料将开辟复合容器更广泛的应用领域，而爆炸焊接将保证钛-钢组合有更强固的结合。用钛-钢爆炸复合板制造的设备可以增加工作压力和容器的尺寸，工作温度可达 500 ℃。在大的压力和温度波动的情况下，由于更好的导热性，对于从外面加热的容器来说，还有许多结构上的优点。

钛-钢复合板在制造热交换器的管板、大直径(达 1800 mm)的无缝封头和反应器等方面有很好的应用前景。例如，一些储藏器，其工作温度达 200 ℃，9 MPa 内压力，设备直径 700 mm、长 1080 mm，复合板厚度为 2+15 mm。另外，还用 5+15 mm 的该复合板制造了蒸发器。

对于在普通高压和高温下工作的石油化工设备来说，衬里必须提供很好的热传导，也必须经得起热循环、压力差和其他应力。因此，松动的衬里、或者用(插入)塞焊或点焊的带有钒中间层的附加衬里通常是不能令人满意的。但是，爆炸焊接的钛-钢复合板能够满足上述所有要求[175]。

文献[1195]报道，由于钛材在受污染的海水中的耐蚀性明显优于铜合金，且钛材表面易于形成滴状冷凝，所以使用效果更好。同时，由于钛-钢复合板的成本比纯钛板低 20%~30%，这种爆炸复合材料在滨海电站的凝汽器中已大量使用。

在国外，日本于 1986 年逐步在滨海电站及海水淡化装置中的凝汽器和换热器上使用钛-钢复合管板，效果显著。旭化成公司作为日本金属复合材料的主要制造商，自 1986 年以来，在此领域大幅面的钛-钢复合管板的发货量超过 1500 张。分别提供给日本横滨芝浦公司汽轮机厂、三菱重工、日立制作所、东芝公司和亚洲市场。瑞典电力厅在 20 世纪 80 年代建设的 960 MW 核电站的冷凝器中采用了(6+30) mm×φ3800 mm 的钛-钢复合管板，并与薄壁纯钛管焊接。此后德国、法国、美国、科威特和印尼等国家，在大型火电站和核电站中较多地采用了钛-钢复合管板。目前，美国 DMC 公司向该领域提供了多种规格的钛-钢复合管板。其产品最大幅面超过 25 m²，遍及全球多座滨海电站。

在我国，200 MW 以上的汽轮机制造技术多引进和消化国外的。钛-钢复合管板也采用进口的，此后一直依赖进口。这种局面持续到 2002 年才有所改变。200 MW 机组用钛-钢复合管板的性能比较如表 3.2.1.30 所列。

2002 年来，国内电力投资大幅增加，因而对钛材和钛-钢复合管板的需求也大量增加。西安天力金属复合材料有限公司自 20 世纪 60 年代以来一直从事钛-钢复合板的研发和生产。近 3 年来，该单位向哈尔滨锅炉厂、北京北重汽轮电机有限公司、上海动力设备有限公司等多家单位提供了凝汽器用大幅面钛-钢复合管板，使用效良好，并部分地代替了进口产品。

表 3.2.1.30　200 MW 机组用钛-钢复合管板性能比较

性　能	哈尔滨汽轮机有限公司	上海动力设备有限公司	东方汽轮机有限公司	北京北重汽轮电机有限公司
材质	TA1(TA2)-20g	Grl+SA516-70	Grl(TA1)+SA516-60(20g)	TA1(Gr2)-20g
厚度/mm	6+35	3.5+35	5+35	5+30
规格/mm×mm	2550×4060	(2400~3420)×4800	2869×4076	3030×4090
结合率	≥98.5%，单个不结合区线长<90 mm，面积≤6.5 cm²	按 SA578C 级和 S7 要求超声探伤，起爆点允许有小于 φ70 mm 的非结合区	按 SA578C 级超声探伤，≥99%	≥98.5%，单个非结合区面积≤4 cm²
σ_τ/MPa	≥195	≥140	≥140	≥140
平直度	3 mm/2 m，6 mm/全长	3 mm/2 m，5 mm/全长	2 mm/m，4 mm/全长	2 mm/m，4 mm/全长
热处理	540 ℃±15 ℃、保温>3 h	540 ℃±25 ℃、保温>3 h	540 ℃±25 ℃、保温 3 h	540 ℃±25 ℃、保温 3 h

国内外电站凝汽器用钛-钢复合管板主要制造商的技术经济指标对比如表 3.2.1.31 所列。由表中数据说明，国产材料在价格、交货期和运输等方面有较明显的优势，性价比最好。但所能提供的规格有限，仅能供 600 MW 以下的机组使用。国内产品在技术和品牌等方面与国外企业有一些差距。但通过努力，加强与国内汽轮机及辅机制造企业的战略合作，必将加快此产品的国产化步伐，以替代进口，满足我国电力市场的需求。

表 3.2.1.31　国内外电站凝汽器用钛-复合管板主要制造商技术经济指标的比较

国家	生产厂商	性价比	交货期/月	可供的最大板面/mm×mm	制造方法	技　术　特　点
中国	西安天力	0.6~0.7	3~6	3500×6000	爆炸法	工艺范围宽，对原材料适应性好
日本	旭化成	1.0	6~10	3600×7500	爆炸法	工艺范围窄，对原材料有特殊要求
美国	DMC	1.1~1.3	6~12	3800×7800	爆炸法	工艺范围窄，对原材料有特殊要求

文献[212]除了提供表 0.2.1.1 所列的当年世界各国爆炸复合产品的生产情况外，还提供了如下资料：杜邦公司生产量的 50% 是钛复钢，其他不锈钢复钢占 25%，镍复钢占 15%，铜和铜合金复钢占 10%。NAB 和 DNAG 公司几乎都是不锈钢复钢。克虏伯公司主要是钛复钢，同时也有钽复钢。而当时苏联和捷克正处于研究和试制阶段。

表 3.2.1.32　日本复合材料生产情况

生　产　年　份	1965	1966	1967	1968	1969	1970
不锈钢复钢，轧制复合/(t·a^{-1})	6710	7260	8640	8790	12730	13170
不锈钢复钢，爆炸复合/(m^2·a^{-1})	1040	3200	5360	7730	10990	14400
钛复钢/(m^2·a^{-1})	410	630	1160	590	1810	2440
钛复钢占爆炸复合的比例/%	39.4	19.7	21.8	7.7	16.5	17.0

日本爆炸复合材料 1970 年各部门的实际需要情况为：化工机械占 76%，船舶占 10%，电气部件占 5%，压延机械的衬垫占 4%，与冷却器有关的占 4%。有关资料如表 3.2.1.32 和表 3.2.1.33 所列。

表 3.2.1.33　钛复钢(板、管)的新用途

用　途	组　合	要　求　性　能
铝电解精炼用的汇流条的连接	铝-钛-钢（12+2+20）mm	高温时分离强度高，结合界面电阻稳定
冷冻工业用联轴器的连接	铝-钛-不锈钢（12+2+12）mm	焊接时分离强度高，低温下分离强度高，气密性 1.33×10^{-5} Pa·L/s
电解用电极板	钛-铝-钛（1+3+1）mm	结合界面分离强度高，结合界面电阻稳定
碱电解用电极棒	铜-钛 φ(22+1)mm	焊接时的分离强度高，加热时结合界面电阻（电流分布）稳定
电镀用电极棒(悬杆)	铝-钛 φ(22+0.5)mm	结合界面的电阻(电流分布)稳定

在铝-钢中插入钛板的优点是热稳定性好，即使在高温下结合强度也不会下降，这是因为高温下结合界面上相互扩散很少。另外，在高温下长时间作业，接触电阻也不会变化。例如，在插入 2 mm 的钛板后，三层板的界面总电阻，在 450 ℃下和增加热处理时间后，仍保持在 15 μΩ 左右。

铝-钛-不锈钢接头在冷冻工业中也获得了应用。例如，大型冷冻机的部件与液氮和液氧的输送管道连接时，采用了铝-钛-不锈钢的过渡管接头。这种接头通过卤素检漏试验(二氯二氟甲烷气，0.392 MPa)和氦气检漏试验[1.33×10^{-5}(Pa·L)/s]，其气密性即使在热循环后(-196 ℃⇌水中，往复 40 次)也不泄漏，可靠性非常高。三层之间的结合强度很高，在各种条件下均从铝层破断。低温处理后也没有看到结合强度下降。

爆炸焊接双金属的生产量很大，并且正在不断增长[213]。例如，根据已有的资料报道，当时仅美国年产量就接近 50000 t，西德和瑞士的产量相应地超过 20000 t/a 和 10000 t/a。在日本，覆层金属为耐蚀钢、铜及其合金、镍及其合金和钛，其分量分别为 49%、17%、5% 和 28%。其他的资料和数据如表 3.2.1.34 和表 3.2.1.35 所列。

表 3.2.1.34　美国杜邦公司爆炸复合双层钢的品种

覆　板		基　板	复合板尺寸／mm			球形封头的最大直径 /mm
材　料	δ_1 /mm		总　厚　度 （大于）	最　大　值 宽度	长度	
耐蚀钢	1.6~19.0	碳钢	51	3353	9144	3759
镍及其合金	1.6~19.0	碳钢和合金钢	51	3353	9144	3708
		耐蚀钢	6	×	×	×
铜及其合金	1.6~19.0	碳钢和合金钢	6	2743	10160	2743
		耐蚀钢	6	×	×	×

续表3.2.1.34

覆 板		基 板	复合板尺寸/mm			球形封头的最大直径 /mm
材 料	δ_1 /mm		总 厚 度 (大于)	最 大 值		
				宽度	长度	
钛及其合金	1.6~19.0	碳钢和合金钢	6~12	3048	5080	2048
		耐蚀钢	6	×	×	×
哈斯特洛依	1.6~19.0	碳钢和合金钢	6	1118	3454	1118
		耐蚀钢	6	1118	3454	1118
锆	1.6~4.8	碳钢和合金钢	6	1118	3658	1118
钽	0.5~3.2	耐蚀钢	6	×	×	×
铝	1.4~4.8	——	6	1118	3658	1118
6B型斯吉里特	1.6~3.2	碳钢和耐蚀钢	6	762	2794	762

注:×—尺寸取决于厚度。

表3.2.1.35 日本机器制造和金属加工部门
的爆炸复合双金属材料应用情况表 Q/%

部 门	1970 年	1971 年	1972 年	1973 年	1974 年
化学装置	68	75	70	62	69
电力装置	9	11	12	19	13
黑色冶金	10	3	7	6	5
蒸气动力	2	3	1	2	3
原子机器制造	—	1	1	2	3
其 他	11	7	9	9	7

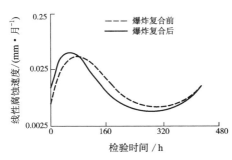

图 3.2.1.15 钛在沸腾 HNO_3 中的行为

文献[117]指出,钛-钢双金属是现代爆炸焊接技术最重要的工业应用之一。钛覆层的高耐蚀性能,将保证这种双金属在化学机器制造中的广泛应用。钛类似铝,可和铁形成一些脆性的金属间化合物。用爆炸法进行的焊接,所得接头均具有足够的强度。

原始钛-钢爆炸复合板可弯曲180°而没有裂纹,剪切强度是 272 MPa 和 255 MPa。结合区有 Fe_2Ti 和 FeTi 金属间化合物[214]。

爆炸焊接后,金属出现剧烈的变形行为,它们或多或少地影响着金属的腐蚀性能。已发现欲减少其中的应力,在氩气中于 900 ℃ 下热处理 10~15 min 就够了。由图 3.2.1.15 可见,爆炸复合前后,钛在 HNO_3 中的行为,不存在明显的差异。

文献[215]中试验了钛-钢复合板的腐蚀性能。试样制备方法是将原始钛加工成 20 mm×30 mm 的形状,两面各自去掉 0.15 mm。爆炸复合后,从复合板上取下钛,加工成 20 mm×30 mm 的形状,结合的那一面去掉 0.2 mm,另一面去掉 0.1 mm。腐蚀试验方法是:在 5% 草酸和 5% 的磷酸沸腾溶液中,以及在 20% 的盐酸溶液中进行试验。所有试验数据指出,完全没有看到钛的耐蚀性降低。

在实际工作条件下的试验表明,复合材料的耐蚀性没有降低[209]。例如,在 200 ℃ 和 1.4 MPa 的压力下工作的工厂反应器内部,在 HNO_3 蒸气气氛中,钛经受住了两年的试验。非复合的不锈钢试样在这些条件下是 6~8 个月。在 65% HNO_3 中,55A 级钛的耐蚀性数年没有变化。

钛-钢复合板的热轧工艺及其组织和性能为:热轧温度为 482~900 ℃,最好是 650~870 ℃;热轧后,界面波长和波幅之比从(5:1)~(15:1)增加到(20:1)~(1000:1);如果在 843 ℃ 加热 30 min,然后通过三道工序轧制,直到 538 ℃,最后复合板减薄 59.1%,则轧制后的双金属结合良好,在室温下可弯曲 180 ℃ 而不开裂,波长和波幅之比为 36:1,结合区有少于 15% 的凹槽。用此工艺轧制的许多不同规格的钛-钢复合板的力学性能为:$\sigma_\tau = 213$ MPa,$\sigma_s = 350$ MPa,$\sigma_b = 535$ MPa,以及 $\delta = 23\%$[197]。

钛-钢复合板在室温下轧制 6 道次,相当于断面收缩率为 53% 后,仍然没有开裂[219]。

一些复合材料在设备制造和使用过程中的最高许用温度如表 3.2.1.36 和表 3.2.1.37 所列。

文献[217]报道,钛-钢复合板的使用温度为 450 ℃。

表 3.2.1.36 一些复合材料的最高许用温度[216]

复 合 材 料	界面类型	最 高 温 度 /℃		备 注
		制 造	使 用	
铝-碳钢	波形	315	260	—
铝-碳钢	平面	458	未测定	在 482 ℃ 时迅速恶化
铝硅合金-碳钢	波形	未测定	>260	热循环-40 至+260 ℃
铝-马氏体时效钢	平面	>490(>460)	未测定	在 480 ℃、12 h 时无损
铝-铜	波形	260	150	—
铝-银-不锈钢	波形	260	-196(最低)	—
铝-铁素体不锈钢-碳钢	波形	370	316	—
铝-钛-碳钢	波形	480	425	—
不锈钢-碳钢	波形	未测定	>750	无金属间化合物
钛-碳钢	波形	900	~400	—
钛-碳钢	波形	未测定	<650	—
锆合金-不锈钢(或碳钢)	波形	未测定	>300	热循环在 20~300 ℃ 之间(超声波评价)
	波形	未测定	>400	剪切试验准则
	波形	未测定	≥450	泄漏试验准则

文献[3]指出,爆炸复合板的最大尺寸取决于多种因素。假定覆板和基板的厚度不受工艺方法的限制,那么主要障碍往往在于所能买到的覆板的最大尺寸。例如,宽度为 2~2.5 m 的薄钛板就不易买到。为此可将两块或更多块的板料拼焊起来。但是所带来的问题是拼板往往扭曲。覆板的平面性总是首要的。经验表明,电子束焊的焊接质量和平面性最好,但受设备和试验室大小的限制。等离子焊也能获得良好的效果,而且不受尺寸的限制。然而,预先拼焊使覆板的成本显著增加。

为了避免拼焊,可以试验下面介绍的方法:将两块贴近的覆板分别或同时复合在同一块基板上,然后将其贴近处焊接起来。例如,用大面积的哈斯特洛伊合金包覆碳钢的复合板就是这样复合的。当然这种方法仍有些问题有待解决。

使复合板的尺寸受到限制的其他因素,是所能运送的最大板材的重量和爆炸使用的最大允许的炸药量。

大多数复合板除用户有特殊要求外不需要进行热处理。有些组合如钛和钢等则要按标准要求来消除应力。例如,对每 25 mm 厚度来说,应力消除一般在 625 ℃ 下进行 1 h,而钛-钢复合板最好按每 25 mm 厚在 525 ℃ 下进行 3 h,最长可达 6 h。此时,最重要的还是不使钛表层受铁的污染。所有这些复合板在消除应力前要用铁氧化指示剂进行检查。

表 3.2.1.38 列出了一些复合材料的覆层的厚度数据。由表中数据可见,工业用的覆板的厚度为 0.4~50 mm(铝)。在小规模试验中,覆板可薄至 0.025 mm,而铝覆板可厚至 50 mm。这些都已焊接成功。

钛-钢复合板在不同温度下退火后,结合强度数据如图 3.2.1.16 所示。

热处理制度对钛-碳钢复合板结合强度的影响,如图 3.2.1.17 所示。由图可见,在 625 ℃ 以下保温若干小时,或者在 750 ℃ 下保温不超过 5 h,其剪切强度仍能满足技术要求($\sigma_\tau \geq 140$ MPa)。

文献[218]研究了钛-钢的爆炸焊接。指出为了获得强固的接头,界面上必须有熔化层,结合界面上的连续铸态中间层可提高强度。

表 3.2.1.37 一些复合板的极限温度[3]

复 合 板	最 高 温 度 /℃	
	制造(热成形)	使用
不锈钢-碳钢	1100	—
蒙乃尔合金-碳钢	1100	—
哈斯特洛伊合金-碳钢	1200	—
铜镍合金-碳钢	1000	—
铜-碳钢	925	540
钛-碳钢	800	400
铜-铝	260	150
铝-碳钢	315	260

注:热成形时按该温度下的最短时间计算。

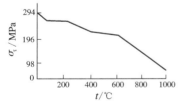

图 3.2.1.16 退火温度对钛-钢复合板剪切强度的影响[169]

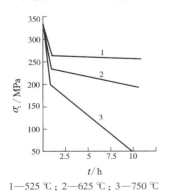

1—525 ℃;2—625 ℃;3—750 ℃

图 3.2.1.17 热处理对钛-碳钢复合板结合强度的影响[3]

表 3.2.1.38　一些复合材料及其厚度

No	覆 层 材 料	常用覆层厚度/mm		No	覆 层 材 料	常用覆层厚度/mm	
		最小值	最大值			最小值	最大值
1	铝	6	50	10	镍（200、201 系）	1.5	20
2	铝青铜（CA106）	1.5	20	11	镍银（杜邦公司）	1.5	20
3	铜（OF、DHP 和 DLP）	1.5	22	12	铂	0.4	未确定
4	铜镍合金（90/10）	1.5	22	13	硅青铜（杜邦公司、赛钢硅青洞 1015 和高硅 655）	1.5	16
5	铜镍合金（70/30）	1.5	22				
6	哈斯特洛依（B、B_2、C、C-276、C_4 和 G）	1.5	13	14	不锈钢（奥氏体和铁素体）	1.5	25
				15	钽	0.5* 或 1.5	>6
7	因科洛依（800 和 825）	1.5	20	16	钛	1.5	20
8	因科镍（600 和 625）	1.5	20	17	锆	未确定	12
9	蒙乃尔（400、404 和 K-500）	1.5	20	18	黄铜	1.5	20

文献[219]指出，钛包覆钢的主要问题是在高的撞击能作用下，界面上形成熔融层，从而导致金属间相产生。为了防止这一现象的发生须减小撞击能。为此可以采用能够吸收撞击能的中间垫片。如在焊接工业钛和 TTStE47 的复合板时，可采用 0.8 mm 厚的 StT2u 铁素体低碳钢板。

复合板除应用于压力容器、热交换器和管板方面外，还有如下的应用[3]：

（1）处理城市污水用的容器，这些废水中含有较大量的氯化物。这些容器用钛-钢复合板制作。

（2）高温用的化学蒸馏罐，如用铜包覆的不锈钢蒸发器在尼龙生产中可用来运输己乙酸。

（3）贮水容器和存放核废物的容器（用铜-不锈钢复合板和铜镍合金-低碳钢复合板制作）。

（4）制作具有良好的导热性、刚性和美观的烹饪用具（用铜-不锈钢或铜-低碳钢制作）。

（5）双重硬度的装甲板（装甲板与低碳钢或铝结合）。

（6）工具、大型挖土机和工厂设备中的硬层或耐腐蚀的镶块或棱边等（例如，用哈斯特洛伊-B 包覆在低碳钢上）。

（7）恒温器用的双金属条（α 黄铜-因瓦合金）。

（8）装饰用金属箔（镍用金合金包覆，在爆炸焊接后从 38 mm 轧制到 0.5 mm）。

文献[220]综述了薄覆层金属复合板的生产和应用前景。指出覆层厚度小于 2 mm 的金属复合板有两种生产方法：爆炸+轧制法和直接轧制法。

这类材料的特点如下：①价格低廉，如钛-钢和镍-钢复合板的价格仅相当于纯钛和纯镍板的 1/5 至 1/10。②这样既可降低设备制造的成本，又可延长其使用寿命，同时还节约了稀贵金属资源。③改善材料的综合性能，如不锈钢-钢复合板在弱腐蚀行业在解决材料的耐蚀性的同时，又能解决其设计强度。④解决异种金属的焊接问题，如铝-铜薄覆层复合板用作过渡接头时既解决了材料的导电性，又使异种金属的焊接变为同种金属的焊接。⑤用作特殊功能材料，如金、银等热敏金属复合板在仪器和仪表中的使用等。

这类材料还可应用于下述情况：制酒及食品等弱腐蚀的机械设备、环境保护设备、高层建筑外壁装饰、公路隧道内壁装饰、桥梁建设、电力行业、城市路政设施和其他防盗门、广告牌等民用产品。

第二次世界大战后，日本的社会资本投资很高，相应的其维护管理费用也增加。1990 年这项费用占年投资额的 25%。据日本建设部预测，到 2005 年维护费用将超过新投资的规模。维护的必要性大部分是因为腐蚀而重涂和材料的更换。因此要想降低费用，建筑物的防蚀设计尤为重要。例如，钢在海水中由于涨落潮飞沫的腐蚀，年腐蚀量达 0.3~0.4 mm。因此，需要开发耐长期腐蚀的材料和生产技术。

最近，钛-钢复合板已能用常规钢铁生产工艺来制造，其价格接近高级不锈钢。而钛受海水腐蚀微乎其微，可忽略不计。用钛-钢复合板建桥墩，光滑美观，是三种防蚀方法中最优的一种。

这种钛-钢复合板用轧制法（加铜中间层）制造。分析表明，实际上用爆炸+轧制法（不加中间层）完全能够获得钛-钢复合板，其质量和成本完全可以同轧制法相竞争，因而可作为海洋建筑物的防蚀材料。

文献[1196]报道，日本四面环海，经济活动的基地设在近海区。随着经济社会和国民生活的需要，流通、交通和城市功能等设施的空间正在利用海域，并且从过去的内海和内湾的浅海域向现在的外海和深海域发展。为此，日本设立了超大型的浮式技术研究小组，对数千米规模、耐用 100 年的超大型浮式海洋构筑物进行了理论研究和各要素的实地试验。该小组的开发目标是 1995 年至 1997 年的 3 年时间，确定 500 万 m² 规模的浮式建筑物在海洋上的施工技术，确立耐用 100 年的保证体系等。其中在新材料的适用性实证研究中，采用了钛-钢复合板的挂衬。首先在工厂制造了 9 个 100 m×20 m×2 m 的单元体，然后在海面上焊接成 300 m×60 m×2m 的大型浮式构筑物，以证实海洋上挂衬施工的可行性。为此，使用了大量的钛-钢复合材料。

文献[1197]指出，据日刊报道，神户钢铁公司加古川钢铁厂采用爆炸焊合法，制成了宽达 2000 mm 以上的钛包钢的冷凝管板。用这种管板与壁厚 0.4 mm 的钛管焊接，制作冷凝器。金相检验指出，爆炸焊合的该复合板结合面呈波浪状，结合强度超过 300 MPa。可用这种复合板材制造火力和原子能发电站的冷凝器、大型热交换器及冷却器。

文献[1070]报道，用爆炸+轧制法生产的薄覆层和大面积的钛-钢复合板现在主要用于火电站的燃煤脱硫烟囱之中，并指出，随着人类环境保护意识的增强和国家环保标准的提高，节能减排工作已成为构建和谐社会的重要内容。特别是《燃煤电厂大气污染物排放标准》(GB 13023)的发布执行，对以燃煤为主的高污染企业进行治理，使其燃烧的烟气中含硫量降低到国家允许的排放标准，以使我国在较短时间内将污染物的排放量达到国际先进水平。新建火电厂工程要求进行烟气脱硫处理。脱硫处理后的烟气中还含有氟化氢和氯化物等强腐蚀性物质，形成腐蚀强度高、渗透性强且较难防范的低温高湿稀酸型腐蚀状况。为此，如何进行烟囱的防腐设计，各电力设计院都在进行摸索和探求，以期达到安全可靠和经久耐用。

钛-钢复合板(钛层厚度为 1.2 mm)是一种较合适的防腐蚀材料，也是国际烟囱设计标准推荐的防腐处理方案。这种材料真正做到了结构(钢)和防腐(钛)各司其职，能够抵御多种工况下烟气的腐蚀作用，而且烟囱中烟气流速稳定和烟气扩散效果好。在防腐蚀性能和耐热性能方面完全可以满足钢内减湿烟囱长期运行的要求，能够确保烟囱结构的使用寿命，而且工程造价并不高。

薄覆层和大面积的钛-钢复合板在烟囱内衬中的使用，使得该产业符合了节约能源和保护生态环境的产业结构。2004 年以来，这种复合材料先后应用于江苏常熟电厂、江苏太仓电厂等大批国内外工程项目，使用量超过了 40000 t。文献[1198]也讨论了同样的课题。电厂实体如图 5.5.2.322 所示。

文献[1199]分析了钛-钢复合板的特性及应用优势，阐述了这种复合材料在石油化工、电力、盐化工、海水淡化和海洋工程等多领域的应用实例及应用前景，并指出，钛的表面有一层致密的氧化膜，可保内层钛不受介质的腐蚀。因此，钛在酸性、碱性、中性盐水溶液和氧化性介质中具有很好的稳定性，比现有的不锈钢和其他常用的有色金属的耐蚀性都好。采用爆炸法生产的钛-钢复合板既有钛的高的耐蚀性，又有普通钢的良好的强度和塑性，成本也大幅度地下降了。这种复合材料被广泛地用于石油、化工、冶金、轻工、盐化工、电站辅机、海水淡化、造船、电力和海洋工程等行业。随着我国设备制造业的快速发展，钛-钢复合材料的应用领域将会不断拓宽。

(1)石化和化工容器制造。该领域是钛-钢复合材料的传统应用领域。例如，制造石油精炼厂的真空塔、蒸馏塔、热交换器，化工厂的各种反应塔、沉析槽和搅拌器等。尿素等化肥设备，用钛-钢复合板取代不锈钢材后，设备寿命大幅增加，检修时间同步减少。钛对漂白剂有特殊的抗腐蚀性能，因而钛-钢复合板在纺织印染工业和造纸工业也有重要的应用。

(2)真空制盐设备。20 世纪 80 年代开始，用钛-钢复合板制造的制盐设备在四川和内蒙等真空制盐厂首次投入使用。用钛-钢复合板制造的蒸发室，对减缓腐蚀和结盐垢、延长生产周期，以及提高盐质均具有良好效果。1987 年，四川大安盐厂和五道桥盐厂的两套年产 30 万吨真空制盐主体设备的蒸发罐中就使用了 360 t 钛及钛-钢复合板；2007 年，又向四川六大制盐厂提供了钛-钢复合板 600 多吨，从而使该行业成为使用这种材料的大户之一。

(3)海水淡化装置。钛材具有优异的抗海水、耐氯化物溶液腐蚀和抗流体冲刷的性能，且无毒性。中国将占有几十亿美元的市场。中国市场将成为国外海水淡化产品的装备制造的重要市场，这必将掀起应用钛-钢复合板材的高潮。

(4)PTA 设备的国产化进程。精对苯二甲酸(PTA)氧化反应器用材主要为钛-钢复合板。这种反应器直径达 7800 mm、长度 40 m、总重 420 t、容积为 1200 m³，是目前全球最大的钛-钢复合材料承压设备。自 2009 年以来，宝钛集团已提供了 3000 多吨钛-钢复合板用于制造 PTA 设备。该设备的价格仅为进口设备的 1/2。

（5）核电设备。厚覆层大宽幅钛-钢复合板是核电设备中冷凝器管板的主要用材。据测算，未来 10 年，中国将年均新增核电装机容量 770 万 kW。对应核电行业用钛-钢复合板年需求增量为 924 t 以上。

（6）海洋工程。在海洋工程中，使用钛-钢复合板的优点如下：

① 钛在海水中基本上不腐蚀，钛离子也不会溶出。

② 钛生物体没有毒性，对周围的生态环境没有影响，是一种环境友好型材料。钛-钢复合板主要用于海洋钢构物的衬里。

文献［1200］指出，层状金属复合材料在能源、环保、石化、冶金、氯碱工业、航空航天和核工业等领域具有重要的应用价值和广阔的市场前景。按主要的应用领域分为如下五个方面：一是石油和化工行业用稀有金属层状复合材料，如钛-钢、锆-钢、钽-钢、铌-钢和铝-钢等，主要用于 PTA 大型工程项目、真空制盐等关键设备；二是冶金行业用层状金属复合材料，如各类钛合金-钢、铝-钢、镍及镍合金-钢等金属复合板、棒和管材，典型代表如湿法冶金项目的高压反应釜壳体材料；三是能源和环保行业用层状金属复合材料，如各类钛及钛合金-钢、铜及铜合金-钢、不锈钢-钢等，主要用于火力发电站的发电机组冷凝器和脱硫烟囱；四是航空航天和国防工业用层状金属复合材料，如卫星接头用钛-不锈钢复合接头，军用飞机用钛-铝复合板、核反应堆用锆-钢复合板等；五是民用及体育行业用层状金属复合材料，如高尔夫球头用钛-不锈钢、钛合金-不锈钢复合材料，复合锅用钛-铝、不锈钢-钢复合材料。

文献［1201］指出，钛-钢复合板具有良好的耐蚀性能和高性价比，在化工设备、汽轮机冷凝器和电力等行业有广泛应用。常规规格（宽度不大于 2.5 m、长度不大于 4.0 m）的钛-钢复合板爆炸复合工艺的稳定性可达 90%。但对于覆层厚度不大于 3.0 mm、宽度大于 2.5 m、长度大于 4.0 m（注：这里主要指长度）的情况，一次爆炸焊接成功率仅为 80%，需要补焊和补炸。反复修补造成成本加大。为了达到大面积钛-钢复合板一次爆炸更高的成功率，研究了炸药稳定爆轰长度对结合界面氧化、熔化和波形的变化规律的影响等问题。

该文在 3 mm 覆层厚度和 21 m² 面积的钛-钢复合板爆炸焊接的条件下，用三种爆速的炸药和三种不同的布药方式进行了试验。试验结果为如此大面积的钛-钢复合板的爆炸焊接制订工艺参数打下了基础。

文献［1202］总结了我国爆炸焊接和爆炸复合材料的研究及发展的几个阶段：

（1）1966 年至 1969 年主要从事工艺上的研究。

（2）1970 年至 1980 年为试制阶段，首次为国内多家大型石油和化工企业的设备国产化试制出了钛-钢等复合板。

（3）1981 年至 1995 年为批量生产和推广应用阶段，逐步形成了五大系列产品（稀有金属复合材料、贵金属复合材料、有色金属复合材料、不锈钢复合材料和多层复合材料）。

（4）1996 年至今，产业规模不断扩大，产品种类不断完善，并且大面积的钛-钢和不锈钢-钢复合材料的研发和生产取得了重大技术突破。

目前，国内主要爆炸或爆炸+轧制复合材料的生产商分布在西北宝鸡和西安地区、西南四川地区、华东南京地区、中原洛阳地区、东北沈阳地区和山西太原地区等。宝鸡、大连和洛阳三地区较早地从事了这项工作。

经过 50 年的发展，宝鸡和西安地区已经具有了爆炸焊接金属复合材料的产业链。这里是我国钛、锆、钨、钼、铌、钽等稀有金属的研究和加工基地，工业基础非常好，又具有炸药生产和研发企业。因此，在爆炸焊接和爆炸复合材料领域拥有得天独厚的人才、技术、装备和材料等优势，其产品的品种、规格、产量和市场占有率在全国占有重要地位。

文献［1203］报道，随着工业和国民经济的迅速发展以及科技的进步，越来越多的领域需要使用钛复合材料来制造一些特殊的设备或构件。然而，它们的长度、直径和面积越来越大。为了减少和缩短焊缝长度、减少钛贴条的数量，缩短制造工期和提高其安全性，这些设备采用爆炸焊接的钛复合材料。这些复合材料不仅节约钛和钛合金材料，而且寿命长。爆炸焊接的钛复合材料用于化工厂里的各种反应器，换热器、沉淀槽和搅拌器，海水淡化工厂中的海水淡化装置，纸浆造纸工业中的染色缸，洗涤塔和高压釜，制盐工业中的蒸发器和加热室，核能工业中的加速器、脱盐装置、纯水装置和反应堆热交换器管板，造船工业中的小型舰艇、巡逻艇和化学品运输船。

文献[1204]指出，随着世界经济水平的飞速发展，打高尔夫球成为一项大受欢迎的运动。据美国刊物报道，仅在 1998 年一年的时间里就开发了 448 个新的高尔夫球场，打高尔夫球的人数誉为 2500 万，约占全世界参加这项运动总人数的 50%。高尔夫球头是这种球具中最具附加值的产品，也是制造技术最复杂和综合要求最高的部件。这个部件具有高反弹性、高强度、配重性能好、易加工和成本低等特点。现在使用的主流材料为钛制品，其优点是比强度高、接触面大和击球远等。但钛制球头存在配重不好控制和成本高的不足。因此，研制一种能有效控制材料配重和成本低的新型材料迫在眉睫。爆炸焊接的 TC4-304 复合材料解决了这个问题。这种材料耐腐蚀性能好、弹性好和成本低。因此，采用爆炸焊接法制备高尔夫球头用 TC4-304 复合板的应用前景较为广泛。但是，目前采用爆炸焊接法制造高尔夫球头的报道较少。针对这一情况，本文对爆炸焊接法制造的高尔夫球头用的 TC4-304 复合板的性能和微观组织进行了初步的研究。

结果指出，用爆炸焊接法制备了 2.4 mm×1000 mm×1500 mm 尺寸的 TC4 覆材与 3.5mm×1000 mm×1500 mm 尺寸的 304 基材的复合板，其中间引入了 1 mm 的 TA1 板材。微观组织的分析结果表明，复合板的界面无焊接缺陷。拉剪试验的结果表明复合板的结合强度高于 270 MPa，满足技术要求。

文献[1205]介绍了 600000 t/a PTA 项目中大型钛-钢复合板设备的加工制造工艺，焊接工艺措施、场地清洁程度和检测工艺等技能，为大型特材设备的国产化加工制造打下了基础。

2004 年，该公司承制的年产 600000 t PTA 项目的一期工程中，有一些大型全钛及钛-钢复合板设备，如 ϕ4400 mm×43000 mm 钛制氧化反应器、ϕ6500 mm×4600 mm 钛制共沸塔、3400 m² 钛制换热器、ϕ3300 mm×42000 mm 钛制共沸塔和 ϕ6900 mm×11000 mm 钛制滤液罐等。

文献[1206]报道，随着我国石油化工、医药、冶金和环保等行业的快速发展，工程项目越来越大，生产工艺流程中各种强腐蚀介质使用的场合越来越多。而制造设备必须的常规金属材料已经不能满足耐腐蚀的要求，大型特种耐蚀有色金属材料及其复合板设备的需求量越来越大，如 ϕ4400 mm×43000 mm 的钛制氧化反应器，ϕ6500 mm×46000 mm 钛制共沸塔，3400 m² 的钛制换热器，ϕ3300 mm×42000 mm 钛制共沸塔、ϕ6900 mm×11000 mm 钛制滤液罐等。这些设备不论从加工制造的工艺难度、体积和重量等方面来说，在同类行业中均属领先水平。本文介绍了 600000 t/a PTA 项目中大型钛-钢复合板设备的加工、焊接工艺措施、场地清洁程度的保证和检测工艺等技术，这些技术为大型特材设备的国产化加工制造打下了基础。

文献[1207]对国内外有关的爆炸复合材料结合界面力学性能的测试方法进行了评述，并利用这些方法对 TA2-Q235 爆炸复合板的力学性能进行了测试。结果指出，在同一块复合板内相对于起爆点不同位置处的力学性能有所不同。这种复合材料在经过消除残余应力后，结合界面的综合性能有明显提高。数据如表 3.2.1.39 所列。

表 3.2.1.39　TA2-Q235 爆炸复合板的力学性能

No	距离/mm	σ_b/MPa	σ_s/%	σ_τ/MPa	σ_f/MPa	a_k/(J·cm⁻²)	外弯角/(°)	内弯角/(°)
1	360	490	26	206~365	117~175	60~65	116~158	180
2	1460	495	25	283~370	160~234	61~66	141~154	180
3	1760	462	30	215~265	130~180	74	180	180

注：1. 复合板的尺寸——(2+12) mm×480 mm×1870 mm，端部起爆；2.3 号试样经 620 ℃、0.5 h，空冷，消应力热处理。

文献[1208]采用数值模拟和试验的方法，研究了爆炸焊接用的间隙大小和形状对爆炸复合板质量的影响。研究结果表明，对于厚度为 5 mm+35 mm、面积为 25 m² 的钛-钢复合板的爆炸焊接来说，选用 6 mm 高的间隙尺寸时，复合板才能得到较好的结合质量。采用圆柱形或方形的间隙形状，能有效地解决复合板局部强度降低的现象，尤其是在生产大板面的复合板时。

文献[1209]指出，近些年来，随着国家环保标准的逐步提高和人们环境意识的增强，国内新建火电厂工程的耐蚀性能在此方面获得了高度重视。国际烟囱设计标准推荐的钛-钢复合板的常用规格为 [1.2+(10~18)] mm×(2000~3000) mm×(5000~14000) mm。这种复合板的主要特点是：价格低廉，复合板的价格仅为纯钛板的 1/10~1/5；既降低设备制造成本，又延长了使用寿命，节约了稀贵金属；改善了材料的综合性能，解决了强度问题。这种材料能够抵御多种工况下烟气的腐蚀作用，烟气流速稳定，烟气扩散效果好，防腐性能和耐热性能完全可以满足钢内筒湿烟囱的长期运行，可以确保烟囱结构的使用寿命，而且造价并不高。钛-钢复合板在电厂烟囱内衬上的应用，使得该产业符合了节约能源和保护环境的产业结构。

该文报道，采用爆炸+轧制的工艺方法来生产这种薄覆层和大面积的钛-钢复合板。自2009年至2011年下半年，该公司先后为国内30家电厂生产了20000 t厚度为1.2 mm的钛覆层的钛-钢复合板，为我国电力建设和环保事业作出了巨大贡献。

文献[1210]报道，宝钛集团复合板公司利用钛板、钢板原料自给和3.3 m宽幅轧机的优势，采用爆炸+轧制法自行开发研制的薄覆层钛-钢复合板，以其优良的性价比在电厂烟囱湿法脱硫领域得到了广泛应用。2004年初至2009年上半年宝钛集团先后为20个电厂生产了万余吨1.2 mm钛覆层的钛-钢复合板，为国内电力建设和环保事业作出了巨大贡献。

该复合板材质为TA2-Q235B，成品尺寸为(1.2+18) mm×(2000~3000) mm×(5000~14000) mm，单块最大复合面积达到35 m²，其价格为纯钛板的1/10～1/5。爆炸复合板坯的尺寸为66 mm×2100 mm×2600 mm，使用工业纯铁板中间层，复合板坯在电阻炉内加热，加热温度为900~950 ℃，保温时间为2～2.5 h，终轧温度≥750 ℃。

文献[1211]通过对宝钛集团复合材料发展历程的简要回顾，重点介绍了该公司复合材料的发展现状，展现了宝钛复合材料研发和生产的技术实力及发展前景。图3.2.1.18显示了宝钛集团在2004年至2010年复合材料的产能和产量。

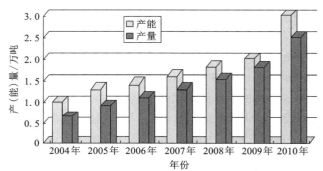

图3.2.1.18　宝钛集团2004年至2010年
复合材料的产能和产量

我国宝鸡有色金属研究所(西北有色金属研究院的前身)早在1970年就用爆炸焊接工艺首次生产了大面积的钛-钢复合板。并在当年就用来制造了化纤设备的氧化塔。随后，该单位又与宝鸡有色金属加工厂联合，开发了爆炸+轧制的钛-钢复合板。通过几十年的发展，宝鸡便成为了我国生产钛-钢复合板的基地。从而为我国化工和压力容器工业的发展作出了重要的贡献。

最后指出，与不锈钢-钢等复合板相比，钛-钢复合板，以及以钛材为另一组元的任意的爆炸复合材料，是不容易爆炸得很好的；即使爆炸好了，也能用尖刃工具将钛材与另一组元分离。其后续加工也会出现其他金属组合在同样的工艺条件下所不容易出现的许多缺陷和质量问题。上述所有问题，究其原因，实际上都与钛材的一些特有的性质有关。这方面的讨论见4.14章和4.15章。

3.2.2　不锈钢-钢复合板的爆炸焊接

1. 不锈钢、钢和不锈钢-钢复合板

(1)不锈钢。凡是在空气或各种气氛中，在水或各种酸、碱、盐的水溶液中具有高的化学稳定性的不会生锈或不会受到腐蚀的钢，都称为不锈钢。

不锈钢按其在不同腐蚀性介质中所具有的化学稳定性，可以分为以下几种：

① 普通不锈钢——在空气中能抵抗腐蚀的钢。

② 不锈耐酸钢——在具有强烈腐蚀性酸溶液中能抵抗腐蚀的钢。

不锈钢按其在正火后的组织的不同，又可分为铁素体型不锈钢、马氏体型不锈钢、奥氏体型不锈钢。此外，还有中间型的不锈钢，如马氏体-铁素体型不锈钢。

不锈钢主要为Fe-Cr系二元合金和Fe-Cr-Ni系三元合金，其中Cr含量>12%。这些元素使钢具有耐蚀特性。

不锈钢的品种已超过一百种，除耐蚀不锈钢外，还有耐低温、耐高温、耐磨和磁性不锈钢等。

(2)碳钢。碳钢又称碳素钢，它是钢材中产量最大、应用最广的黑色金属材料。船舶、车辆、桥梁、电站、锅炉、压力容器、矿山设备、石化装置、工业厂房、民用建筑、农业机械等，无不大量使用。

碳钢是一种铁-碳合金(C含量<2%)，还含有少量的有益元素锰和硅，以及杂质元素硫和磷。对于某些重要的碳钢来说，还含有一些镍、铬、铜和氮等元素。

碳钢按含碳量高低分为低碳钢(其C含量<0.25%，国外将C含量在0.15%~0.25%者称为软钢)，中

碳钢(其 C 含量为 0.25% ~ 0.60%)，高碳钢(其 C 含量大于 0.60%)。

按冶炼方法分为平炉钢、转炉钢、电炉钢。

按脱氧程度的不同分为沸腾钢、半镇静钢和镇静钢。

按用途分为结构钢和工具钢。

按质量分为普通碳素钢(S 含量≤0.050%，P 含量≤0.045%)、优质碳素钢(S 含量≤0.035%，P 含量≤0.035%)和高级优质碳素钢(S 含量≤0.030%，P 含量≤0.030%)。

(3)低合金钢。低合金钢是在碳素钢的基础上加入一定量的合金元素(其总量不超过 5%)，以提高钢的强度并保证其具有一定的塑性和韧性，或使钢具有某些特殊性能(如耐低温、耐高温或耐腐蚀等)。

(4)合金钢。合金钢是在碳素钢的基础上加入适量的一种或几种合金元素(其总量超过 5%)，以便明显地提高钢材的强度、韧性和耐磨性，并具有良好的淬透性。

在爆炸焊接工艺中常使用结构性的不锈钢、碳钢、低合金钢和合金钢材料，并且以板材为主，其次是管材和棒材。

以上钢材与有色金属及稀有金属结构材料，可用不同的复合方法制成金属复合材料，如钛-钢(不锈钢、碳钢、低合金钢或合金钢，下同)、锆-钢、铌-钢、钽-钢、镍-钢、铜-钢和铝-钢等。不同种类的钢也可组成金属复合材料，如不锈钢-碳钢、不锈钢-低合金钢、不锈钢-合金钢等。

(5)不锈钢-钢复合板。用不同的方法使不锈钢板和钢(碳钢、低合金钢或合金钢)板复合连接在一起而组成的复合板材称为不锈钢-钢复合板。这类复合板既有不锈钢的特性，又有普通钢的特性。该种复合板对于节约合金资源、减少材料消耗和降低成本有重要的意义。

不锈钢-钢复合板的制造方法有如下几种：① 堆焊法；② 铸造法；③ 轧制法；④ 爆炸焊接法；⑤ 爆炸焊接+轧制法。

本节主要讨论爆炸焊接法，爆炸焊接+轧制法的许多内容将在 3.3 章中讨论。

2. 不锈钢-钢复合板的爆炸焊接

(1)不锈钢-钢复合板爆炸焊接的工艺安装。大面积不锈钢-钢复合板爆炸焊接的工艺安装示意图如图 5.4.1.2 所示，引爆方式如图 5.4.1.5 和图 5.4.1.7(c)所示。考虑到排气问题，多用中心起爆法。

大厚复合板坯的爆炸焊接工艺安装示意图如图 5.4.1.6、图 5.4.1.142 和图 5.4.1.143 所示。

(2)不锈钢-钢复合板爆炸焊接工艺参数。曾经使用过的大面积和大、厚不锈钢-钢复合板坯爆炸焊接部分工艺参数如表 3.2.2.1 和表 3.2.2.2 所列。

表 3.2.2.1　大面积不锈钢-钢复合板爆炸焊接工艺参数

No	不 锈 钢，尺寸 /mm	钢，尺寸 /(mm×mm×mm)	炸药品种	W_g /(g·cm^{-2})	h_0 /mm	保护层	引爆材料和方式
1	1Cr18Ni9Ti, 3×1760×6200	20g, 12×1700×6100	25#	3.5	10	水玻璃	+100 g TNT，中心引爆
2	1Cr18Ni9Ti, 3×1760×6200	20 g, 12×1700×6100	25#	3.0	10	水玻璃	+100 g TNT，中心引爆
3	1Cr18Ni9Ti, 3×1760×6200	Q235, 12×1700×6100	25#	2.5	10	水玻璃	+100 g TNT，中心引爆
4	1Cr18Ni9Ti, 3×1760×6200	16 MnR, 14×1700×6100	25#	2.7	8	水玻璃	+100 g TNT，中心引爆
5	304, 3×1850×4050	20 g, 24×1800×4000	25#	2.8	8	黄油	+50 g TNT，中心引爆
6	304, 2×1850×4050	20 g, 20×1800×4000	25#	2.2	6	黄油	+50 g TNT，中心引爆
7	304, 2×1850×4050	16 MnR, 18×1800×4000	25#	2.2	6	黄油	+50 g TNT，中心引爆
8	304, 2×1850×4050	Q235, 16×1800×4000	25#	2.2	6	黄油	+50 g TNT，中心引爆
9	316, 2×2050×6450	Q235, 18×2000×6400	25#	2.2	6	黄油	+50 g TNT，中心引爆
10	316, 3×1550×6050	Q235, 20×1500×6000	25#	2.5	8	水玻璃	+100 g TNT，中心引爆
11	316, 4×1550×6050	20 g, 20×1500×6000	25#	3.0	10	水玻璃	+100 g TNT，中心引爆
12	316L, 5×1550×6050	20 g, 25×1500×6000	25#	3.3	12	水玻璃	+100 g TNT，中心引爆
13	316L, 6×1550×6050	16 MnR, 30×1500×6000	25#	3.6	14	水玻璃	+100 g TNT，中心引爆

表 3.2.2.2　大、厚不锈钢-钢复合板坯爆炸焊接工艺参数

No	不锈钢，尺寸/（mm×mm×mm）	钢，尺寸/（mm×mm×mm）	炸药品种	W_g/（g·cm^{-2}）	h_0/mm	保护层	引爆材料和方式
1	1Cr18Ni9Ti，8×1550×3050	Q235，50×1500×3000	25#	3.8	16	黄油	+100 g TNT，中心引爆
2	1Cr18Ni9Ti，10×3050×3050	Q235，80×3000×3000	31#	4.0	20	黄油	+100 g TNT，中心引爆
3	1Cr18Ni9Ti，12×2050×3050	20g，100×2000×3000	31#	4.2	22	黄油	+100 g TNT，中心引爆
4	304，12×2050×3050	20g，100×2000×3000	31#	4.2	22	黄油	+100 g TNT，中心引爆
5	304，12×2050×3050	16MnR，100×2000×3000	31#	4.2	22	黄油	+100 g TNT，中心引爆
6	304，15×1550×2050	16 MnR，100×1500×2000	31#	4.8	25	黄油	+100 g TNT，中心引爆
7	316，15×1550×2050	Q235，120×1500×2000	31#	5.0	26	黄油	+100 g TNT，中心引爆
8	316，18×1050×1550	Q235，120×1000×1500	31#	5.5	30	黄油	+100 g TNT，中心引爆
9	316L，18×1050×1550	20 g，150×1000×1500	31#	5.5	30	黄油	+100 g TNT，中心引爆
10	316L，20×1050×1550	16 MnR，150×1000×1500	31#	6.0	32	黄油	+100 g TNT，中心引爆

　　和钛-钢复合板的爆炸焊接一样，不锈钢-钢复合板的面积越大和覆板越厚，炸药的爆速应当越低。为缩小和消除雷管区，在雷管下通常布放一定数量的高爆速引爆药。在两板之间的间隙内部安放一定数量的金属间隙物，以保证间隙距离的均匀性。也可用对称碰撞爆炸焊接工艺来制造这种组合的复合板坯。

　　（3）不锈钢-钢复合板结合区的组织。不锈钢-钢复合板结合区的组织形态如图 4.16.5.45 至图 4.16.5.48、图 4.16.5.64 和图 4.16.5.65、图 4.16.5.147、图 4.16.5.158~图 4.16.5.160 所示。由这些图可见，该复合板的结合区也为波状，其波形形状还因覆板厚度的不同而不同，覆板较厚时，波形较高。波形内（钢侧）可见明显的纤维状塑性变形的金属组织。在波高较大的情况下，可见到波前和波后的两个漩涡区，漩涡区汇集了爆炸焊接过程中生成的大部分熔化金属，少部分熔体还以薄层形式分布在波脊上（在图 4.16.5.46 上清晰可见）。成分分析表明，在界面两侧能够发现异种金属原子的扩散。上述结合区中的一些冶金现象（即冶金过程）在 4.5 章中讨论。实际上，不锈钢和钢以及其他组合的复合材料的冶金结合就是在这些冶金过程中实现的。铁-碳系二元相图如图 5.9.2.1 所示。

　　（4）不锈钢-钢复合板的力学性能。不锈钢-钢复合板的力学性能如下所述，其检验方法见 5.1 章。在此仅列出具体数据，不做分析和讨论。

表 3.2.2.3　不锈钢-钢爆炸+热轧复合板的力学性能

No	σ_τ/MPa	σ_f/MPa	σ_b/MPa	σ_s/MPa	δ/%	内弯曲角/（°）	a_k/（J·cm^{-2}）
1	285	317	433	325	36.0	180	162
2	308	329	457	359	34.5	180	158
3	315	343	481	376	32.6	180	150
平均	303	330	457	353	34.4	180	157

　　① 剪切性能：该复合板剪切性能数据如表 3.2.2.3 至表 3.2.2.6 所列。

表 3.2.2.4　12X18H10T-22K 复合板的剪切强度[35]　/MPa

复合板厚度/mm	32	34	48	48	70	70	70	110
A	297	323	300	300	284	287	287	399
B	291	321	317	372	316	323	311	350

注：A 为炸药引爆位置，B 为爆轰结束位置。

表 3.2.2.5　不锈钢-钢复合板的力学性能

No	σ_τ/MPa	σ_b/MPa	σ_s/MPa	δ/%	内外弯曲角/（°）	a_k/（J·cm^{-2}）
1	495	561	520	18	180	63.7
2	491	537	505	19	180	85.3
3	—	—	—	—	—	100.9
平均	493	549	513	18.5	180	83.3

表 3.2.2.6　不同状态的不锈钢-钢复合板的力学性能和腐蚀性能[169]

状　态	抗　拉　强　度			弯曲 180°，$d = 2t$		σ_τ /MPa	a_k(梅氏) /(J·cm^{-2})	晶间腐蚀 ("T"法)
	σ_s/MPa	σ_b/MPa	δ_5/%	内弯	外弯			
316L	>176	>480	>40	—	—	—	—	通过
20g	>235	>402	>25	良好	—	—	>58.8	—
爆炸态	519	539	15	裂	裂	402, 421	50, 39, 48	通过
600°、30 min 退火	392	529	22.5	良好	良好	255, 333	—	未通过
920 ℃、30 min 稳定化处理	274	456	32.5	良好	良好	304, 274	76, 96, 100	通过

注：复合板尺寸为（4+20）mm×1600 mm×2300 mm。

② 分离性能：该复合板的分离性能如图 3.2.2.1～图 3.2.2.3 所示和表 3.2.2.7～表 3.2.2.9 所列。

③ 拉伸性能。该复合板的拉伸性能如表 3.2.2.10～表 3.2.2.17 所列和图 3.2.2.4～图 3.2.2.6 所示。

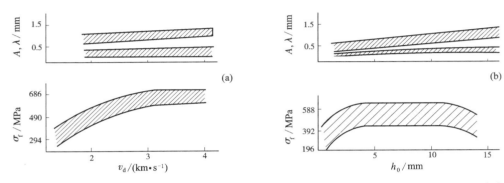

图 3.2.2.1　08X18H9T-22K 复合板的分离强度、波形参数与爆速（a）和间隙值（b）的关系[28]

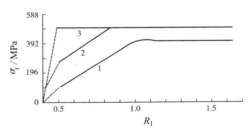

1—复合+回火（650 ℃，2 h）以后；2—正火（900 ℃、2 h）以后；3—正火（900 ℃、8 h）以后

图 3.2.2.2　08X18H10T－G3 复合板的分离强度与质量比的关系[28]

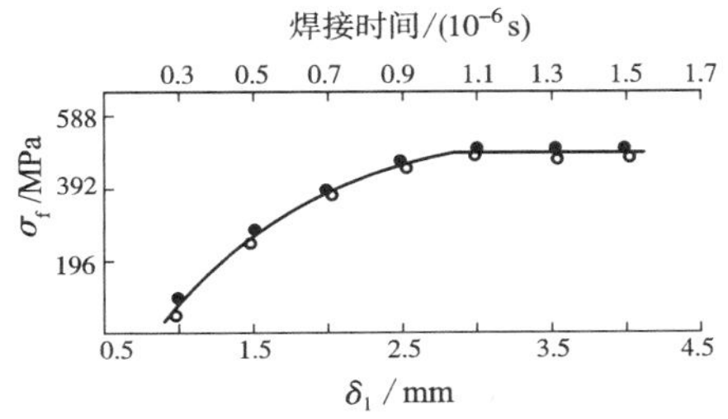

○—$\delta_2 = 10$ mm；●—$\delta_2 = 16$ mm

图 3.2.2.3　08X18H10T－G10 复合板的分离强度与焊接时间和覆板厚度的关系[28]

表 3.2.2.7　08X18H9T-22K 复合板的力学性能[28]

结合区组织特征		σ_f /MPa	σ_τ /MPa
$\lambda \leq 1.8$ mm，铸态夹杂物少	热冲压前	440	407
	热冲压后	484	—
$\lambda \leq 1.2$ mm，铸态夹杂物很少		483	366
$\lambda \leq 3.0$ mm，100% 铸态夹杂物，有许多树枝状裂纹		487	398
$\lambda \leq 3.0$ mm，在基层中有许多树枝状有规律的裂纹		508	382

注：状态为奥氏体化（1050 ℃、20 min），正火（930 ℃、每 1 mm 厚保温 2 min）和回火（630 ℃、7 h）。

表 3.2.2.8　12X18H10T-G3 复合板的分离性能与工艺参数的关系[79]

No	v_d /(m·s^{-1})	R_1	v_p /(m·s^{-1})	单位冲击能 /(J·cm^{-2})	爆炸后热处理	相对引爆区的位置	σ_f /MPa
1	3200	0.24	330	100	回火	接近	129~143
						远离	306~333
					正火+回火	接近	269~302
						远离	296~357
2	3000	0.28	350	120	回火	接近	129~145
						远离	191
					正火+回火	接近	280~351
						远离	301~355

注：复合板的尺寸为（2.5+12）mm×200 mm×400 mm。

表 3.2.2.9　08X18H10T-22K 复合板的分离性能与波形参数的关系[28]

结合区中的波形参数/mm		σ_f/MPa
λ	A	
≤0.7	≤0.2	512　461
0	0	539　500

表 3.2.2.10　不锈钢-钢-不锈钢复合板和它的组分的拉伸性能[28]

材　料	σ_s/MPa	σ_b/MPa	δ/%
08X18H10T-G3-08X18H10T	554	627	28.4
G3+结合区	451	—	23.8
08X18H10T	622	760	11.3

表 3.2.2.11　不锈钢-钢复合板的拉伸性能[28]

材　料	热　处　理	σ_b/MPa	σ_s/MPa	δ/%
22K	奥氏体化 1050 ℃+正火 930 ℃+回火 650 ℃	485~503	267~316	25.0~32.0
08X18H10T	奥氏体化 1050 ℃+正火 930 ℃+回火 650 ℃	617	340	50.0
08X18H10T-22K	奥氏体化 1050 ℃+正火 930 ℃+回火 650 ℃	510~544	240~291	30.7~33.8
08X13-22K	奥氏体化 1050 ℃+正火 930 ℃+回火 650 ℃	486	272	21.4
08X18H10T-20XMA	回火 650 ℃	672~690	365~603	20.0~22.7
X2M1Φ	淬火 1000 ℃+回火	578~580	465~470	22.5~23.8
08X18H10T-X2M1Φ	淬火 1000 ℃+回火	549~588	412~441	25.0~28.0

表 3.2.2.12　不锈钢-钢复合板的拉伸性能[28]

复　合　板	热　处　理	试验温度/℃	σ_b/MPa	σ_s/MPa	δ/%
08X18H10T-22K	正火+回火	20	510	350	25.0
	正火+回火	350	461~480	304~314	20.0~22.0
	奥氏体化+正火+回火	20	510~544	240~291	30.7~33.8
08X13-22K	未热处理	20	622~632	475	8.0~9.5
	奥氏体化+正火+回火	20	486	272	21.4
08X18H10T-X2M1Φ	淬火+回火	20	549~588	412~441	25.0~28.0
	淬火+回火	350	441~451	333~343	15.0~18.0
	回火	20	608~657	441~510	23.0~26.0
08X18H10T-20XMA	回火	20	672~690	565~603	20.0~22.7
	回火	350	584~621	480~534	15.0~16.3

表 3.2.2.13　被 08X13 复合的低合金钢的拉伸性能[28]

状　态	σ_b/MPa	σ_s/MPa	δ/%	ψ/%
复合后	605	526	11.7	48.0
回火	535	377	23.0	55.5
热轧	715	—	16.7	40.5
热轧+回火	664	—	18.0	48.2

表 3.2.2.14　不锈钢-钢复合板的拉伸性能[30]

结合区特征(正火和回火后)	σ_s/MPa	σ_b/MPa	δ/%	ψ/%
22K 钢	284	505	26.5	55
带不大的铸态夹杂物的双层钢	338	549	26.5	48
带有大块铸态夹杂物和非贯穿性裂纹的双层钢	296	490	14.2	—

表 3.2.2.15　用不同方法获得的不锈钢-钢等复合板的拉伸性能[28]

复　合　板	获得方法	板材厚度/mm	σ_s/MPa	σ_b/MPa	δ/%
08X13-10K	板叠轧制	12~24	284~323	372~490	23~32
08X18H10T-20K	板叠轧制	12~20	314	470	31
08X18H10T-09Γ2	板叠轧制	5~32	294	441	16~18
12X18H9T-10XCHД	板叠轧制	5~32	392	529	16

续表3. 2. 2. 15

复 合 板	获得方法	板材厚度/mm	σ_s/MPa	σ_b/MPa	δ/%
0X17H16M3T-20K	板叠轧制	36	235~294	431~490	28~36
X25T-G3	板叠轧制	6~10	265~353	412~480	26~33
H70M28Φ-G3	板叠轧制	8~10	382~392	529~559	32~35
08X18H10T-低碳钢	堆焊	32	—	478	25
08X13-低碳钢	堆焊	50.8	—	436	25
铜-结构钢	爆炸焊接	16	277	404	28.3
铬镍钢-结构钢	爆炸焊接	31	366	503	40.0
铝-结构钢	爆炸焊接	12	236	388	33.0
钛-结构钢	爆炸焊接	11	344	477	32.0

表 3. 2. 2. 16 不锈钢-钢复合板的拉伸性能[28]

材 料	结 合 区 组 织	σ_b/MPa	σ_s/MPa	δ/%	弯曲到180°时
22K	—	485~508	266~316	25.0~32.0	—
08X18H10T	—	617	333	50.0	—
08X18H10T -22K	带有无波区段的波形结合、少量铸态夹杂物，有单个气孔	510~532	241~291	30.7~33.8	结合区未分层
	波形结合，有少量的无缺陷铸态夹杂物	515	240~274	24.5~25.0	
	波形结合，带有连续缺陷的大块铸态夹杂物	490~519	255~314	25.0~28.0	
	无规则波，带连续缺陷的连续铸态夹杂物，有枝状裂纹	510~519	284~289	—	枝状裂纹发展
	无规则，带连续缺陷的连续铸态夹杂物，有枝状裂纹	467~514	289~304	8.8~13.6	
18Cr8Ni-22K*	无缺陷	431	216	20.0	—

注：* 获得方法为堆焊+轧制。

④ 冲击性能：该复合板的冲击性能见图 3. 2. 2. 7 所示以及表 3. 2. 2. 4~表 3. 2. 2. 6，表 3. 2. 2. 17 和表 3. 2. 2. 18 所列。

⑤ 弯曲性能：该复合板的弯曲性能如表 3. 2. 2. 4~表 3. 2. 2. 6，以及表 3. 2. 2. 17 所列。

⑥ 显微硬度分布曲线：该复合板结合区和断面上的显微硬度分布曲线如图 4. 8. 3. 4、图 5. 2. 9. 20、图 5. 2. 9. 35、图 5. 2. 9. 38 和图 5. 2. 9. 39 所示。

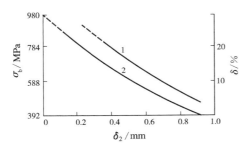

图 3. 2. 2. 4 拉伸试验时，与 65Г 钢层厚度（δ_2）
有关的 X18H10T-65Г-X18H10T
三层试样的强度（1）和塑性（2）[221]

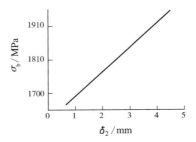

图 3. 2. 2. 5 取决于试样厚度的
X18H10T-42X2TCИM-X18H10T
三层钢的极限强度的变化[221]

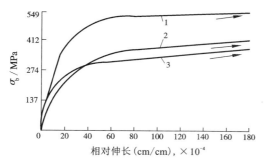

图 3.2.2.6 304L 不锈钢+A305-LF₂ 钢
复合板试样拉伸时的强度变化曲线[222]

1—结合区；2—在复合板的中间；
3—在外表上

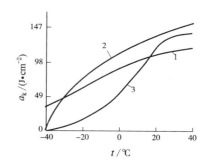

图 3.2.2.7 08X18H10T-22K 复合板的 a_k 值
与带夏皮切口试样的试验温度的关系[28]

1—基层金属的；2—在普通复合工艺下结合区的；
3—在高强度复合工艺下结合区的

表 3.2.2.17 不锈钢-钢爆炸复合板坯的力学性能

No	σ_τ/MPa	σ_f/MPa	σ_b/MPa	σ_s/MPa	δ/%	内弯曲角/(°)	a_k/(J·cm⁻²)
1	337	422	528	505	16.0	180	90.5
2	359	431	536	512	15.5	180	80.1
3	376	457	553	525	14.0	180	75.3
平均	357	437	539	514	15.2	180	82.0

表 3.2.2.18 不锈钢-钢复合板的冲击韧性(顺着轧制方向)[30]

复 合 板	切口在下面位置时的 a_k 值/(J·cm⁻²)					
	在覆层中	在结合面上	在基层中, 距结合面的距离/mm			
			1	3	5	9
08X18H10T-22K	127~137	196~245	147~176	137~167	147~176	157~176
08X18H10T-CrMoV 钢	167~186	245~265	225~333	255~284	265~274	255~274

不锈钢-钢复合板的其他力学性能参阅 5.2 章,该爆炸+轧制复合板的组织和力学性能见 3.3 章,它们热处理后的组织和力学性能见 3.4 章,以及 4.5 章。

3. 不锈钢-钢复合板爆炸焊接工艺、组织、性能和工程应用的文献资料

以下将国内外大量文献中的有关不锈钢-钢爆炸复合板的资料介绍后,供参考。

文献[1214]报道,中国石化北京设计院、大连爆炸加工研究所和抚顺石化公司石油三个单位合作,历时 4 年多,对"不锈钢与容器钢爆炸复合钢板性能的研究"的重点科技开发项目,进行了研究。以 0Cr18Ni9Ti-15CrMo 复合钢板为重点,对 9 种类型的复合钢板的生产工艺、组织性能和工程应用开展了大量的工作。结果指出,本课题研究及其他类型复合钢板性能的试验研究工作所取得的成果,解除了人们对使用国产爆炸焊接复合钢板的担忧。目前石油化工行业使用的复合钢板已逐渐立足于国内,价廉的国产爆炸复合钢板的应用业绩赢得了人们的普遍认可,它将为国家的建设带来显著的经济效益。

多品种的不锈钢-钢复合板的力学性能数据如表 3.2.2.19 至表 3.2.2.24 所列[223]。

表 3.2.2.19 不锈钢-钢复合板以及基层钢的拉伸性能

材 料	σ_s/MPa	σ_b/MPa	δ_5/%	ψ/%
1Cr18Ni9Ti-16Mn	(495~505)/500	559	(24.5~27.0)/26.0	—
00Cr17Ni14Mo2Ti-20g	(475~529)/495	(510~568)/529	(14.0~25.0)/21.0	—
爆炸后的 922 钢	626	696	19.3	71.6

表 3.2.2.20　不锈钢-钢复合板的剪切性能 σ_τ　　　　　MPa

材　　料	未经热处理	断裂位置	920 ℃ 正火	断裂位置
1Cr18Ni9Ti-16Mn	（225～372）/348	分界面	（231～255）/245	分界面
NHB-1+922	（485～549）/514	分界面	—	—
00Cr17Ni14Mo2Ti-20g	（287～412）/343	分界面	（299～348）/309	分界面

注：NHB-1 为 00Cr20Ni25Mo5 耐海水腐蚀不锈钢。

表 3.2.2.21　不锈钢-钢复合板的分离性能 σ_f　　　　　MPa

材　　料	未经热处理	断裂位置	920 ℃ 正火	断裂位置
1Cr18Ni9Ti-16Mn	（680～773）/745	16Mn 处	（512～644）/573	分界面
NHB-1+922	（343～946）/751	分界面	—	—
00Cr17Ni14Mo2Ti-20g	（274～608）/456	分界面	（260～441）/348	分界面

表 3.2.2.22　不锈钢-钢复合板的弯曲性能

材　　料	取样部位	弯曲方向	弯　曲　试　验　结　果
1Cr18Ni9Ti-16Mn	平行爆轰方向	内弯	180°弯曲后覆层表面良好，侧面界面有微小裂纹
		外弯	
	垂直爆轰方向	内弯	180°弯曲后覆层表面和侧向界面均良好
		外弯	
00Cr17Ni14Mo2Ti-20g	垂直爆轰方向	内弯	180°弯曲后覆层表面和侧面界面均较好
		外弯	180°弯曲后覆层表面微裂，侧向界面良好

表 3.2.2.23　不锈钢-钢复合板的冲击性能 α_k　　　　　J/cm²

材　　质	未经热处理	920 ℃ 正火	备　　注
1Cr18Ni9Ti-16Mn	（48.0～70.6）/58.8	（165.6～274.4）/217.6	缺口垂直界面
NHB-1+922	（143.0～169.5）/156.8	—	
00Cr17Ni14Mo2Ti-20g	（30.4～50.0）/40.0	—	

表 3.2.2.24　爆炸焊接后 922 钢在不同温度下的冲击韧性

温度/℃	16	0	-20	-40	-60
a_k/(J·cm⁻²)	（155.8～189.9）/183.3	（154.8～197.0）/178.4	（165.6～202.9）/186.2	（137.2～189.1）/172.5	（129.4～187.2）/158.8

文献［1215］报道了爆炸焊接不锈钢复合板的隐蔽性缺陷和超声波检测。作者指出，在不锈钢复合板的超声波探伤时发现两种现象：探测出复合板某些位置基板有裂纹；探测出某一直径的未复合区，在用角向磨光机解剖时，发现未复合区超过原尺寸，即"扩展"。这是两种隐蔽性的缺陷，有一定的危险性，故此进行了检测研究。其中"扩展"型裂纹部位结合强度很低，远未达到国标要求（$\sigma_\tau \geqslant 200$ MPa），故作为未结合区处理。基板裂纹对于设备的安全运行是巨大隐患，也影响使用寿命。加强复合板出厂前的超声波检验和产品验收时的探伤检验是发现这类缺陷的有效方法。作者摸索了一套行之有效的检测此类缺陷的超声波探伤法。

文献［224］叙述了高耐蚀性的奥氏体钢和两相铁素体钢爆炸焊接及随后轧制获得双金属的方法。指出，在处理该双金属的过程中，必须避免在空气中在 650～950 ℃ 的温度内冷却。因为这可能析出金属间化合物和碳化物，从而降低复合材料的韧性和耐蚀性。X1CrNiMoCu3127 钢作为覆层材料用作输送天然气的管道和开采天然气和石油的海洋装置的构件。在相应的处理后，在不锈钢的组织中不存在弥散的析出物，具有高的耐蚀性。

人们研究了爆炸焊接的 SUS304 不锈钢-HT80 钢双金属的破断特性[225]。对于在 SUS304 钢上带有表面切口的双金属来说，它的 σ_b 值在所有的试验温度范围内都比 SUS304 钢高，以及比低温下的 HT80 钢高。对于在 HT80 钢上带有表面切口的双金属来说，它的 σ_b 值接近低温下的 HT80 钢的 σ_b 值，而在高温情况下处于 SUS304 和 HT80 钢的 σ_b 的范围内。在 SUS304 钢带表面切口的双金属中，裂纹的临界破裂值低于 SUS304 钢的。

关于爆炸复合的钢板中疲劳裂纹长大的特性问题[226]，在反复拉伸和不变的应力强度系数 K（$\Delta K=$ 常数）的情况下，双金属板的疲劳裂纹的成长速度 da/dN，取决于结合区中残余应力的水平和硬化层的厚度。在退火（650 ℃、1 h）的双金属板中，da/dN 随 ΔK 水平的增加而增加。遏制结合区疲劳裂纹所需的循环次数取决于疲劳裂纹传播的方向。对于爆炸焊接的金属板来说，da/dN 值与 ΔK 参数无关，而与靠近疲劳裂纹顶端的最大变形范围有关。复合钢板为 18 mm 厚的 S10C 低碳钢+16 mm 厚的 S35C 中碳钢。

人们用分层确定碳含量的方法测量了热处理过程中不锈钢增碳层的厚度，这种增碳层是由基层中的碳的扩散引起的[227]。由图 3.2.2.8 可见，950 ℃下的正火将导致在整个厚度上增碳。在回火或热循环的情况下，覆层中碳的含量为 0.083%~0.103%。而在 550 ℃回火的情况下，增碳层的深度不超过 1 mm。

ЭП794（02Х8Н22С6）-12Х18Н10Т 复合板的力学性能数据如表 3.2.2.25 所列。ЭП794 钢在浓 HNO_3 中工作，它的 $\sigma_b \geq 550$ MPa，$\sigma_{0.2} \geq 200$ MPa，$\delta_5 \geq 40\%$。金相研究指出，在原始态下，该双金属的结合区呈波状，波形界面两侧分布着变形晶粒和破碎晶粒。熔化区含有柱状组织，以及缩孔、疏松和裂纹。在 650 ℃回火的情况下，从覆层和基层的变形区中析出细小的碳化物。850 ℃退火后，将发生再结晶过程和碳化物的凝集，在 ЭП794 钢的界面一侧将形成白亮的再结晶带。1050 ℃淬火后，在复合体中将发生再结晶过程和熔化区的强烈的扩散过程。它们的显微硬度从原始态下的 3780~4580 MPa 降低到 2230~2450 MPa，从而接近基体金属的硬度。

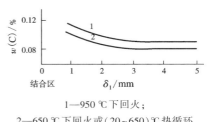

1—950 ℃下回火；
2—650 ℃下回火或（20~650）℃热循环

图 3.2.2.8　08Х18Н10Т-09Г2С
双金属在不同热处理工艺下覆层的增碳

表 3.2.2.25　ЭП794-12Х18Н10Т 复合板的力学性能[228]

热 处 理 工 艺	σ_f/MPa	σ_τ/MPa
原 始 态	（510~748）/627	（534~677）/609
回火（450 ℃、3 h）	（870~1086）/971	（593~660）/629
回火（650 ℃、3 h）	（660~786）/686	（129~325）/207
退火（850 ℃、3 h）	（414~745）/580	（426~530）/466
淬火（1050 ℃、1.5 h）	（512~731）/626	（436~505）/475

注：均为（9~12）个试样的试验数据，试样厚度为（11+20）mm。

由表中数据可见，该双金属在原始状态下有高的力学性能。650 ℃回火和 850 ℃退火后，结合强度有所降低。450 ℃回火后结合强度的提高可能与结合区中应力的重新分布有关。弯曲试验表明，无论内弯还是外弯，弯曲角都能达到 180°。上述试验结果，可以应用于焊接和冲压等制造任何机械及设备零部件的过程中的热处理。

文献[30]指出，与堆焊法相比，爆炸焊接有许多优点：覆层较薄，将明显地减少高合金钢或贵重合金材料的消耗；焊接以后不需要清理表面；过程中相对小的劳动量；具有小的焊接变形，排除了后续修整的必要性；高的接近 100% 的结合面积率，保证了较大的经济效果。例如，在被 3~4 mm 厚的 08Х18Н10Т 钢复合的 100 mm 厚的 22 К 钢复合板，实际上比类似的堆焊的复合板便宜 1 半。因此，爆炸焊接工艺特别是在制造大型的双金属坯料或零件的时候，将保证高的技术经济指标。

有文献提供了如下产品的信息[229]：爆炸复合的双层钢的管板（Х18Н10Т-20К，直径>3000 mm）用于 250 MW 电站的热交换装置的网状预热器。厚度接近 500 mm，直径约 3500 mm，重量超过 40 t 的 22Х3 М 钢锻造圆盘，被 6 mm 厚的衬里板复合后用于乙烯氧化接触装置。直径 3150 mm，重约 45 t 的 A533 低合金钢锻造圆饼被 6.2 mm 厚的镍合金板复合的管板，在美国一原子动力装置的公司用来制造大功率的水-水反应堆蒸汽发生机的管板。

0Cr18Ni9Ti-16MnR 复合板的力学性能和热处理试验的结果如表 3.2.2.26 和表 3.2.2.27 所列。由表 3.2.2.26 中的数据可见，爆炸焊接后，金属材料的强度明显提高，塑性明显降低。热处理后（表 3.2.2.27），不仅消除了内应力，而且恢复了基材的原有的力学性能，还保证了覆材的抗晶间腐蚀的能力。但低温退火制度在奥氏体钢的敏化温度范围内，因此建议采用高温退火工艺(实为正火)来对此类复合板进行热处理。

表 3.2.2.26　0Cr18Ni9Ti-16MnR 爆炸复合板的力学性能和晶间腐蚀性能[230]

批号	σ_b/MPa	σ_s/MPa	δ_5/MPa	J_b/MPa	A_k(常温)/J	弯曲，$d=3t$，$\alpha=180°$	晶间腐蚀
1	635	590	15	630	30, 36, 26	合格	合格
2	660	615	13	560	46, 40, 28	合格	合格
3	620	580	17	490	57, 51, 48	合格	合格

注：1、2 批号的复合板厚度为(3+20) mm；3 批号的为(3+30) mm。

表 3.2.2.27　热处理对 0Cr18Ni9Ti-16MnR 复合板力学性能和晶间腐蚀性能的影响[230]

试验	热处理工艺			σ_b /MPa	σ_s /MPa	δ_5 /%	J_b /MPa	A_k(常温) /J			冷弯，$d=3t$，$\alpha=180°$	晶间腐蚀
1	620±20 ℃	1 h	空冷	530	400	27	430	58	58	51	合格	合格
2	450±14 ℃	6 h	空冷	670	580	17	575	35	35	27	合格	合格
3	510±14 ℃	3.5 h	空冷	625	520	19	530	66	63	57	合格	合格
4	560±14 ℃	2.5 h	空冷	610	485	22	485	70	65	66	合格	合格
5	950±14 ℃	0.5 h	空冷	550	355	26	380	84	60	58	合格	合格
6	870±14 ℃	0.5 h	空冷	560	370	27	400	57	65	82	合格	合格
7	910±14 ℃	1 h	空冷	570	390	29	415	95	64	55	合格	合格

注：试验 1 号、2 号复合板厚为(3+20) mm；(3~7) 号为(3+30) mm；晶间腐蚀试验按 GB4334.5-84 进行。

　　一些品种的不锈钢-钢复合板的力学性能和化学组成，如表 3.2.2.28 至表 3.2.2.32 所列。

　　不锈钢-钢爆炸和爆炸+轧制复合板的力学性能数据如表 3.2.2.33 和表 3.2.2.34 所列。

表 3.2.2.28　不锈钢-钢复合板的力学性能[231]

材料	σ_b/MPa	σ_s/MPa	δ_5/%	A_k(常温)/J	冷弯180°，$d=1.5t$	备注
1Cr18Ni9Ti-20g	415~435	315~295	35	80, 75, 70	完好	实测值
20g	400~510	≥245	≥26	≥27	完好	YB/T 41—1987
1Cr18Ni9Ti	≥520	≥206	≥40	—	—	GB 4237—1992
不锈钢-钢复合板	≥基层	≥基层	≥基层	—	完好	GB 8165—1997

表 3.2.2.29　1Cr18Ni9Ti-20g 爆炸+轧制复合薄板的力学性能[231]

成品厚度 /mm	σ_b /MPa	σ_s /MPa	δ_5 /%	杯突 /mm	冷弯180° $d=2t$	覆层厚度 /mm	金相组织
1.0	450~470	350~380	36~45	10.2~10.5	完好	0.06~0.12	(F+P)+A

表 3.2.2.30　0Cr13-20g 复合板的力学性能[231]

厚度 /mm	σ_b /MPa	σ_s /MPa	δ_5 /%	A_k /J	σ_τ /MPa	覆层厚度 /mm	冷弯180° $d=2t$
17(3+14)	470	315	28	45 50 50	310	3.18	完好
19(3+16)	465	330	27	30 40 40	350	2.99	完好
GB 8165—1987	400~510	≥235	≥25	≥31	≥147	—	完好

表 3.2.2.31　几种不锈钢-钢复合板的性能[231]

复　合　板	σ_s /MPa	σ_b /MPa	δ_s /%	σ_τ /MPa	A_k /J	弯曲 180° $d=2t$	晶 间 腐 蚀	点 蚀 率 /(g·m^{-2}·h^{-1})
1Cr18Ni9Ti-20g	335	455	33	375	62.7	完好	无晶间腐蚀裂纹	—
00Cr18Ni5Mo3Si2-20g	430	525	27	375	62.0	完好		0.76
00Cr18Ni5Mo3Si2-16MnR	375	500	29	370	65.3	完好		0.99
00Cr18Ni5Mo3Si2)-Q235	295	465	26	343	67.5	完好		0.99

注：弯曲包括内弯和外弯；晶间腐蚀按 GB 4334.5—1984 进行；点蚀条件：1.5% FeCl₃·6H₂O+3.0% NaCl+20 mL HAc，(40±1) ℃、24 h。

表 3.2.2.32　不锈钢-钢爆炸复合板的剪切和分离性能[232]

材　料	碳钢 (Q235)	爆　炸　复　合　板					热轧复合板
覆板厚度/mm	—	10	10	10	15	15	2
σ_τ/MPa	332	297	315	294	314	318	339
σ_f/MPa	353	478	518	471	432	432	364
α/(°)		180	180	180	—	—	180

表 3.2.2.33　不锈钢-钢爆炸+轧制复合板的拉伸性能[232]

No	1	2	3	4	平均
σ_b/MPa	472	469	478	470	472
最低合成 σ_b/MPa	401	404	404	404	403
δ/%	25.3	25.5	25.6	25.6	25.5

表 3.2.2.34　00Cr18Ni5Mo3Si2-16MnR 复合板界面两侧主要元素含量[231]　　Q/%

位置	距离 /μm	Cr	Ni	Fe	Mo	Si	Mn
覆层	600	17.93	5.01	72.53	2.56	1.98	0
	400	18.11	4.76	72.48	2.66	2.00	0
	200	17.04	5.80	71.45	2.28	1.76	1.61
	10	9.18	2.30	84.19	1.56	1.35	1.42
界面	0	—	—	—	1	—	—
基层	10	0.09	0	97.33	0.41	0.68	1.49
	200	0	0	97.56	0.27	0.66	1.51
	400	0	0	97.58	0.24	0.53	1.54
	600	0	0	97.66	0.29	0.74	1.31

　　关于波兰的爆炸焊接工作，其中包括不锈钢-钢大厚复合板坯的爆炸焊接+轧制[149]。尺寸和组合如下：8 mm×1000 mm×2000 mm 1X13 覆板和 110 mm×1000 mm×2000 mm 18Г2A 基板，8 mm×1000 mm×1600 mm 0X18H10T 覆板和 110 mm×1000 mm×2000 mm 18Г2A 基板。爆炸焊接后上述复合板的拉伸强度与标准要求相比超出 130~160 MPa。σ_τ=420~500 MPa，超过标准要求的 3 倍。

　　之后，坯料沿爆轰方向和相反的方向进行了轧制。轧制以后进行了力学性能、组织、扩散和覆层表面晶间腐蚀的试验研究。超声波检验也证实了焊接的良好质量。结果表明，拉伸强度较轧制前低，但相当于标准的要求。剪切强度高于标准要求的 2 倍（300~350 MPa）。1X13-18Г2A 复合板的 σ_f=275 MPa，0X18H10T-18Г2A 复合板的 σ_f=340 MPa。这两种复合板的覆层表面有良好的晶间腐蚀抗力。

　　用爆炸法还获得了以 24 mm 厚的 1X18H9T、0X13 和 17H13M2T 为覆板，以 110 mm×2000 mm×2000 mm 和 110 mm×1000 mm×2000 mm G3 钢为基板的复合板坯。爆炸和热轧后的复合板的力学性能类似前面的。

　　金相观察指出，爆炸+轧制的、以及用热轧法获得的这些复合板，在界面的基层钢侧发现了铁素体区，在覆层钢侧见到了奥氏体和铬与碳的化合物。前者硬度较低，后者较高。这是由于前者脱碳和后者增碳引起的。这部分区域的宽度在热轧法时为 0.4~0.55 mm，在爆炸+热轧法时为 0.15~0.2 mm。

　　有文献报道了用于涡轮机的网状加热器管板的 X18H10T-20K 双金属爆炸焊接的资料[233]。该管板的厚度为 4+120 mm，直径为 3090 mm 和 3640 mm。以后将 7300 根 φ25 mm×1 mm 的 X18H10T 钢管胀到和焊到管板的覆层上。

　　爆炸焊接前，将覆板拼接到既定的宽度。爆炸焊接后，复合管板的平均平面误差是 5 mm，大大小于原始（覆板）的平面误差（平均 16 mm）。在未复合好的地方，在去掉覆层后用奥氏体钢电焊条堆焊补上。

　　力学性能和超声波检验发现了低强度区（σ_f=39.2~157 MPa）。为了消除这种低强度区，可以进行高温热处理（正火）。在这种情况下，由于强烈的扩散过程，可以"医治"结合区中缺陷。为了检验这种加工方法的效果，用变换炸药厚度的方法复合了 60 mm×600 mm×1200 mm 的板坯，结果如图 3.2.2.9 所示。由图可见，长时间的正火将稳定和提高爆炸焊接的双金属（珠光体+奥氏体钢）的强度。

用修正后的爆炸焊接工艺能够降低结合区内铸态夹杂物的数量和尺寸，因而可以防止其中缺陷的形成。用这种工艺复合了一整套用于涡轮机的网状预热器的复合板材。试验指出，覆板和基板，覆板和随后焊接的管的接头都有良好的强度和气密性。这种网状预热器在300 ℃高温和 34.3 MPa 压力下工作，在 78.4 MPa 下网中的水温是 120 ℃。

文献[234]叙述了在地下平峒中用一次爆炸，进行了厚度为 127 mm 的锅炉钢板被面积为 32 m² 厚度为 5 mm 的不锈钢板复合的试验。

试验研究了爆炸焊接的 Ti115(工业纯钛)-BS1501(碳锰压力容器钢)和 En58J(奥氏体不锈钢)-BS1501 复合板的力学性能[235]。结果如表 3.2.2.35 和表 3.2.2.36 所列，图 3.2.2.10 和图 3.2.2.11 所示。由表和图中数据可知爆炸焊接提高了基材的强度和降低了它的塑性。复合板通过热处理后能够在不同程度上恢复其原有性能。另外，爆炸复合工序对覆板材料的化学腐蚀和应力腐蚀特性的影响是很小的，甚至根本没有。例如，用 Ti115-BS1501 和 En58J-BS1501 复合材料制作的试样，在盐-喷雾室里腐蚀28 天后，结果表明，在总腐蚀率方面没有任何增加的迹象；又如，用去掉基层的覆层材料制成样品，在沸腾的42%MgCl₂ 溶液中腐蚀 7 天后，结果表明覆层金属的抗应力腐蚀能力不受其残余应力的影响。金相和电子探针检验发现，在 Ti115-BS1501 复合板的结合区内含有约 65% Fe 和 35% Ti，这相当于 Fe_2Ti 相的组成。热处理将大大改变复合板的结合区的组织。

在化工装置制造中与堆焊相比，在爆炸复合的情况下，制造成本降低到 35%，而制造的时间降低到 1/3。化工装置的使用寿命增加了 2~3 倍[236]。

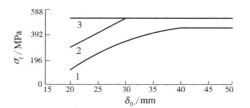

1—热处理以前和回火(650 ℃、2 h)以后；
2—正火(900 ℃、2 h)和回火以后；
3—正火(900 ℃、8 h)和回火以后

图 3.2.2.9 X18H10T-20K 复合板的结合强度与药包厚度和热处理工艺的关系

表 3.2.2.35 3 种材料在不同状态下的拉伸性能

材料	状态	$\sigma_{0.2}$ /MPa	$\sigma_{b, max}$ /MPa	δ /%
BS1501	供货态	241	514	33.0
	爆炸后	369	525	32.0
	应力消除	276	515	36.0
En58J	供货态	292	576	63.0
	爆炸后	687	776	25.6
	应力消除	673	750	45.6
Ti115	供货态	272	366	18.9
	爆炸后	494	556	29.9
	应力消除	392	478	

表 3.2.2.36 复合材料的剪切强度 σ_τ MPa

复合材料	爆炸态	消应力态
En58J-BS1501	353	346
Ti115-BS1501	307	306

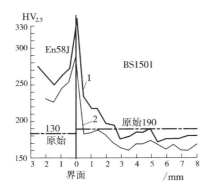

图 3.2.2.10 爆炸焊接(1)和消应力退火(600 ℃、3 h)后(2)，En58J-BS1501 复合板断面的显微硬度分布

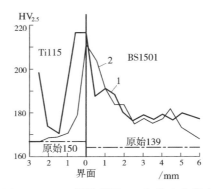

图 3.2.2.11 爆炸焊接(1)和消应力退火(400 ℃、3 h)后(2)，Ti115-BS1501 复合板断面的显微硬度分布

工业上利用爆炸焊接获得了平面形的多层板[237]。其中包括三层板，它的组成是：两边是厚 15 mm 的1X18H9T 不锈钢，中间一层是厚 120 mm 的 08KII 低碳钢。然后，将这种三层板坯轧制至 2~4 mm 厚。它们在农业机器中，用来制造输送液态氨肥的机器。爆炸焊接的双层坯料可以制造双金属轴承。在直径 40~300 mm 的钢盘上覆以厚 0.5~1 mm 的黄铜减磨层。A020 铝合金-钢的爆炸焊接，获得了在柴油机上工作的

轴承的双金属的坯料。为了制造冶金设备采用了爆炸焊接：用铜-钢双金属制造电冶金炉和熔化炉的双层水外壳及双层结晶器。爆炸焊接用于制造含有化学活性物质的各种化学装置，制造铝-钢过渡接头等。

有关尺寸为 180 mm×1000 mm×2000 mm 的 18T2ANb 钢板被尺寸为 8 mm×1000 mm×1600 mm 的 08X18H9T 钢板爆炸焊接的资料表明，焊接后可轧制到更小的厚度。剪切强度等于 420~450 MPa，大大超过规定的 140~150 MPa。在 $2×10^6$ 次循环后，剪切强度变为 150 MPa。接头沿热影响区破断[238]。

有文献提供了在 450、500、550、600 和 650（℃）下回火及 950 ℃下正火热处理，对爆炸焊接的 06XH28МДT-22K 双金属的力学和腐蚀性能影响的研究结果[239]。指出该双金属的最佳热处理工艺是在 450~550 ℃之内回火。这种回火将保证有高的力学性能和覆层晶间腐蚀的稳定性。

为了使双金属材料在浸蚀性介质条件下工作的装置中获得广泛的应用，考虑到工艺性的加热对力学性能、组织、应力状态和腐蚀稳定性的影响，必须研究它们的工作能力。为此研究了不锈钢-碳钢复合板（08X18H10T-09Г2C、06XH28МДT-20K、08X22H6T-BCT3cn），在这些组合中，覆层的厚度为 5 mm，基层的厚度为 30 mm。热处理包括在 723~923 K 之内回火和在 1223~1323 K 之内正火。所进行的研究指出，这些爆炸焊接的双金属具有足够高的工作能力，它们不亚于类似覆层单金属的工作能力。力学性能、低循环疲劳、残余应力和腐蚀稳定性在原始状态和正火以后将观察到最佳值。这就为用作制造化学生产的装置和设备用的结构材料的顺利采用提供了可能[240]。

研究者研究了 36HXTЮ-12X18H10T 复合材料的显微组织和性能，确定了典型的热处理工艺，这个工艺包括 36HXTЮ 合金在 1223 K 到焊接的温度下的淬火以及复合材料在 1000~1020 K 温度之内时效 1.5~2 h。这个热处理工艺将保证该复合材料有高的和综合的物理-力学性能，以及用其制成的产品有高的工作能力。爆炸加工以后在 36HXTЮ 合金中弥散强化的过程与原始状态相比将进行得更加强烈[241]。

人们对 40~45 mm 及更厚的双层钢进行了焊接试验，制定了最佳的焊接规范并检验了焊接接头的性能。其中，就选择合理的坡口形式、焊接规范、热处理方法和力学性能进行了研究[242]。

对厚板 12X18H10T-16ГC 和 12X18H10T-09Г2C 双层钢所制订的电渣焊工艺，被广泛用来制造氨生产线中的瓦斯分离器。该分离器直径 2400 mm，长约 6000 mm，壁厚 45 mm。工作条件是 200 ℃温度和 3.7 MPa 内压。

文献[243]进行了 10 号钢和 X18H10T 钢的爆炸焊接试验：10 号钢覆板有两种厚度（δ_1 为 10 mm 和 16 mm），调整基板 X18H10T 钢的厚度，以及在这两种厚度的情况下固定它的冲击速度（v_p = 400 m/s），焊接时间在 $(0.3~1.6)×10^{-6}$ s 内变化。结果指出，随着基板厚度的增加，结合强度增加，并且在 δ_2 = 150 mm 时，达到与 10 号钢板等强的数值，而保证获得等强结合的焊接的最小时间大于或等于 $0.9×10^{-6}$ s。

制造压力设备、化工设备、炼油设备和合成工业设备，都大量使用了复合钢板。覆层的厚度通常为总厚的 5%~20%。美国复合钢板的碳钢层的材料为 A515、A516、A204、A387、A32、A36 等。覆层材料为 AISI 型 405、410、410S、429、430、304、309、316 和 321，以及镍合金 200、因科镍 600、蒙乃尔 400 等[244]。

分别在 500~700 ℃和 5~500 h 的情况下，研究了爆炸焊接的 SUS304 不锈钢-低碳钢[厚度为（3+20）mm]复合板界面上碳迁移的过程[245]，指出由于加热，发现碳由基层向覆层迁移，并在界面的基层一边形成脱碳层，而在覆层的另一边形成增碳层，该层的宽度正比于加热时间的平方根。碳扩散过程的活化能为 131884 J/mol。在 600 ℃加热和保持 100 h 及以内的情况下，形成了由 $Cr_{23}C_6$ 组成的增碳层。在更长的保持时间下，在界面附近获得了由 Cr_7C_3 组成的增碳层，以及在离界面远一点主要由 $Cr_{23}C_6$ 组成的增碳层。碳迁移过程的动力是浓度梯度。

有文献提出了一个用爆炸焊接制造具有高的耐蚀性和分层阻力的复合材料的方法[246]。焊接前，在覆层金属的表面放置另一种材料的中间层，这种材料的熔化温度低于被结合金属之一的熔化温度。作为覆层材料使用了 304L、316L 和 347L 不锈钢（熔化温度为 1370~1420 ℃），作为中间层材料的是含硼的镍合金（熔化温度约为 1300 ℃）。

人们用 347 型不锈钢和 A287-D 型钢爆炸焊接的双金属试样进行了腐蚀试验。这种试验在石油工业应用中可以认为是标准的。结果表明，不锈钢覆层在爆炸焊接以后的耐蚀性，在预定的试验介质中没有明显的变化[247]。

在日本爆炸复合钢在原子动力装置中的应用 5 年内增加了 3 倍。根据已经发表的资料，这类钢可应用在重载结构中。其中，在美国，某家制造原子能发电装置的公司为了制造这种设备中的各种热交换器的管板，大量使用了爆炸复合的管板。据资料报道，在 1972 年就制造了约 70 个这种类型的重约 50 t 和直径 3300 mm 的管板[28]。

爆炸焊接的 X10CrNiT18.9 奥氏体钢+HⅡ锅炉钢的双金属试样，在 50 次加热到 120 ℃ 并在水中冷却后，基覆层不分开[248]。

实践证明，被 3~4 mm 的 08X18H10T 钢复合的厚 100 mm 的 22K 钢复合板，实际上比用堆焊法获得的复合板便宜一倍。在相应的爆炸复合工艺参数和热处理参数下，不仅将保证高的结合性能，而且双层钢是整块的。所有加工过程对基板和覆板都不会产生不良的影响。爆炸复合的双层钢在重载的机器制造结构中，可以有效地被利用上[249]。

文献[171]报道，覆层为不锈钢、镍及其合金、锆及其合金、钛和铝等，基层为碳钢、不锈钢和合金钢等的多种组合的爆炸复合材料试样，很好地经受了加热到 455~540 ℃ 并在水中冷却 2000 次的循环试验。其中加热用了 168 s，冷却用了 12 s，而一个循环的时间是 3 min。此外，一些试样在高温热处理后（955~1093 ℃）在水中冷却，并在 343 ℃ 的空气中保温 3000 h 后，在室温下进行弯曲和剪切试验，钛的复合材料的塑性和结合强度不恶化。在手锯切割、气焰和火焰气割、砂轮切割，车刀、铣刀或其他形式的切割后，没有发现一个分层。经受住了电弧焊接、冷热轧制、挤压和制凸缘等加工工艺。

304 不锈钢和 85-A 钛（均厚 3.12 mm）覆于 25.4 mmA212B 钢上。其试样经 1000 ℃ 加热后在水中淬火，周期为 3 min。经 2000 次循环后，再测剪切强度，发现无重大变化。若以铝-软钢双金属作类似试验，发现剪切强度仍然差不多。爆炸复合后，经 677 ℃、20 min 热处理过的 304 型不锈钢，经受住了标准的晶间腐蚀试验[2]。

表 3.2.2.37 列出了 X18H10T-G3 双金属的高温拉伸性能数据。

不锈钢-碳钢（或低合金钢）复合板坯爆炸焊接的资料如表 3.2.2.38 和表 3.2.2.39 所列、及图 3.2.2.12 和图 3.2.2.13 所示。

表 3.2.2.37 X18H10T-G3 双金属的高温拉伸性能[225]

试验温度/℃	20	450	500	600	800	1000
σ_b/MPa	706	520	500	353	108	34
δ/%	12	15	17	19	45	50

在世界水电建设史上，我国在三峡工程中首次在多个地方使用了大量的不锈钢-钢复合板。三峡工程的雄姿如图 5.5.2.100 和图 5.5.2.277 所示。

表 3.2.2.38 在不锈钢-碳钢（低合金钢）板坯爆炸焊接时，R_1 对结合质量的影响[30]

板坯尺寸 /(mm×mm×mm)	δ_1 /mm	R_1	v_d /(km·s⁻¹)	未焊透面积 /%	板坯尺寸 /(mm×mm×mm)	δ_1 /mm	R_1	v_d /(km·s⁻¹)	未焊透面积 /%
215×1300×2100	10	0.57	2.3	4.0	215×1300×2800	16	0.68	2.7	0.0
215×1300×2100	10	0.68	2.5	2.0	80×1300×1800	20	0.63	2.8	3.0
215×1300×2800	10	0.80	2.6	0.0	80×1300×1800	20	0.57	2.8	5.0
215×1300×2800	10	0.80	2.6	0.0	90×1000×1800	24	0.55	3.0	8.0
215×1300×1350	16	0.50	2.6	8.0	90×1000×1700	24	0.55	3.0	8.0
215×1300×1350	16	0.57	2.6	5.0	90×1000×1800	24	0.53	3.0	9.0
215×1300×2100	16	0.68	2.7	0.5	105×1200×1480	28	0.57	3.0	10.0
215×1300×2800	16	0.68	2.7	0.0	200×700×1300*	35	0.80~0.50	—	~20

注：* 药包高度朝覆板端部降低，因而缺陷（未焊接）主要分布在复合板坯的端部，在那儿 $R_1 \approx 0.5$。

表 3.2.2.39 覆板上人造应力集中器的存在与否对不锈钢-碳钢结合质量的影响

基板尺寸 /(mm×mm×mm)	覆板尺寸 /(mm×mm×mm)	人造应力集中器的存在与否*	R_1	未焊透面积 /% 在起爆区	未焊透面积 /% 在爆轰结束区
100×1000×1800	24×1150×2100	没有	0.67	13	7
100×1000×1800	24×1150×2100	没有	0.57	12	6
100×1000×1800	24×1150×2100	没有	0.57	12	6
90×1000×1800	24×1100×1800	将 7 mm 厚的板带焊到覆板上	0.57	10	0
90×1000×1700	24×1000×1700	将 12 mm 厚的板带焊到覆板上	0.55	8	0
90×1000×1800	24×1150×1800	在覆板上刨出深 3~5 mm 的沟槽	0.55	8	0

注：* 人造应力集中器可能是焊接在覆板周边，以消除边界效应影响的钢板条。未焊透面积即不结合面积，上表同。

文献［1067］指出，国外，如美国和日本等在建造高水头水力发电站时，已大量使用了不锈钢或不锈复合钢板。原因是它们既具有较高的强度，又具备高流速下的耐气蚀性、泥沙冲击下的耐磨性和水质变化下的耐腐蚀性。我国从长江三峡工程开始，在排沙泄水管道、永久船闸等地方大量地使用了复合钢板。例如，三峡工程就使用了8300余吨复合钢板。向家坝水电站和溪洛渡水电站复合钢板的使用量也分别达到了2000余吨和3500余吨。在这些复合板中，有双相不锈钢复合板2205-Q345C（4 mm+20 mm）、奥氏体不锈钢复合板304N-Q345C（4 mm+20 mm）和马氏体不锈钢复合板0Cr13Ni5Mo-Q345C。其中以2205-Q345C为主。

为了满足三峡工程用复合钢板的技术要求，该文献作者的所在单位早在1995年就开始针对上述几种复合板进行研发，并取得了很好的效果，各项性能(拉力、内外弯、延伸、冲击、剪切、结合率、扭转、黏结、无损检测、硬度等方面)完全满足工程建设的要求。该单位2001年至2003年陆续为三峡工程提供了3000余吨2205-Q345C复合板。

该文献以2205-Q345C复合板为例，较详细地介绍了该复合板生产中爆炸复合、焊接、热处理等几道关键工序的质量控制。

文献［1071］指出，随着我国高速铁路和桥梁建设的飞速发展，高可靠性和低使用维护成本成为桥梁建设和使用者的迫切需求。如何采用新技术和新材料，提高结构的耐久性，保证桥梁的使用寿命是桥梁设计应当解决的主要问题之一。钢桥面作为主要的受力构件，直接承受着铁路载荷，故其耐久性要求更为突出。尤其是在道碴槽和钢桥面的连接面，会存在局部连接不密贴现象，容易产生积水，从而加速桥面的锈蚀，同时结合面处的日常检修维护困难。因此桥面成为整个结构耐久性设计的薄弱环节。

传统的油漆防腐的寿命仅有8～10年，而电弧喷涂工艺的涂层厚度、密度、结合质量和自身耐蚀性能受限，其使用寿命也仅30～50年。这对于设计使用年限100年以上的永久性钢桥结构来说，尚不能做到一次防腐性能与钢桥设计寿命同步。而桥面防腐的维护、修理和重涂势必需要相当长的时间，而且需要中断运输，如此造成的经济损失将非常巨大。

复合钢板是理想的工程结构材料。采用不锈钢-桥梁钢双金属复合钢板代替单一的桥梁钢板，将会发挥不锈钢和桥梁钢各自的优点和长处，从而显著提高桥面结构的抗腐蚀能力和使用寿命，实现目前的防腐工艺方法无法达到的耐久性目标，这不失为一条新的途径。

该文献作者的所在单位在国内首次根据高速铁路桥梁桥面的环境工况条件和材料的综合性能及适应性比较，提出了奥氏体不锈钢与桥梁钢组成复合钢板使用于桥梁整体桥面的建议，并对组合321-Q370q复合钢板的组织和性能进行了全面的研究及评价。这些试验和评价的结果对于桥梁设计和工程技术人员加深对该复合钢板的了解和在桥梁建设中的应用有重要的意义。

该复合钢板在桥梁桥面上的使用位置如图3.2.2.14所示。

文献［1113］用爆炸+轧制的工艺技术获得了复合型的不锈螺纹钢产品，即用不锈钢包覆的螺纹钢。这种产品具备高科技、环保、节能、节材和耐腐蚀等特性。其主要应用于特殊环境下的基础设施建设工程，如沿海地区的造地护坡、桥梁、隧道和输油管线等。市场主要以海外为主；目前需求量达到10万t，2～3年内将迅速超

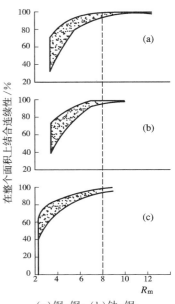

（a）钢-钢；（b）钛-钢；
（c）黄铜-钢(阴影部分表示沿双金属板的整个面积上复合层未焊透的尺寸)；
R_m 为基板和覆板的质量比

图3.2.2.12   在双金属板的整个面积上结合的连续性与 R_m 的关系

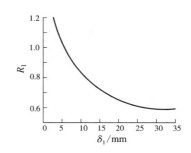

图3.2.2.13   在厚度为215 mm的碳钢板坯和不锈钢板坯爆炸焊接的情况下，质量比与覆板厚度的关系

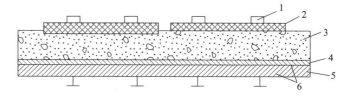

1—钢轨；2—枕木；3—道碴；4—覆板；5—基板；6—复合板
图3.2.2.14   复合钢板在桥面上的使用位置示意图

过 30 万 t。本产品符合国家鼓励政策和出口政策。在世界各国不断向海洋发展和不断改造内陆特殊环境地区的趋势下，本产品的应用空间广阔。

文献[1216]指出，采用爆炸焊接法制作双相不锈钢 2205 复合钢板，须将覆层进行拼焊对接，以满足不同尺寸的要求，并对未复合区进行堆焊。为此对 2205 双相钢对接和 2205-Q345R 复合板未复合区堆焊工艺进行了试验研究，结果表明各项性能均能满足相关技术要求。

文献[1217]对大连爆炸加工研究所生产的 316L-16MnR 爆炸复合板的各项性能进行了试验研究，数据如表 3.2.2.40~表 3.2.2.42 所列。

表 3.2.2.40　316L-16MnR 爆炸复合板的剪切强度和分离强度试样状态

试样状态	σ_τ/MPa	断裂位置	σ_f/MPa	断裂位置
爆炸焊接	(415　465　425)/435	基材	(555　580　570)/568	基材
正火	(375　370　395)/380	界面	(495　530　580)/535	基材

表 3.2.2.41　316L-16MnR 爆炸复合板的弯曲试验和冲击试验的结果

试样状态	σ_s/MPa	σ_b/MPa	σ/%	A_{KV}/J
爆炸焊接	—	(615　595)/605	(16　14)/15	(46　42　49)/45.7
正火	(340　360)/350	(535　525)/530	(28　30)/29	(58　64　59)/60.3

表 3.2.2.42　316L-16MnR 爆炸复合板的弯曲试验和扭转试验的结果

试样状态	内弯，180°，$d=3t$	外弯，180°，$d=3t$	侧弯，180°，$d=3t$	扭转性能
爆炸焊接	好	好	好	扭转至 720°
正火	好	好	好	均完好

金相检验表明，在爆炸焊接和正火的 2 种状态下，316L 中均为奥氏体组织，16MnR 中均为铁素体+珠光体组织，珠光体呈带状分布，晶粒度为 8 级。

对该复合板进行晶间腐蚀倾向试验（GB 4334—2008）：试样弯曲 180°，试验结果良好。还进行了焊接试验。

结论指出，316L-16MnR 爆炸复合板的工艺参数是合理的，结合面积率为 100%，$\sigma_\tau \geqslant 370$ MPa，远高于美国、日本、德国和我国的标准。该复合板正火处理后具有较高的强度、塑性和冲击韧性，同时也具有良好的工艺性能、焊接性能和耐蚀性能。该复合板在施焊后进行消除应力退火处理，可得到良好的综合性能。

文献[1218]指出，在爆炸焊接中，厚覆板的焊接条件比薄覆板要苛刻得多。为了实现厚覆板的爆炸焊接，作者先通过理论分析和计算机辅助设计，绘出了不锈钢厚覆板（大于 10 mm）与普通钢进行爆炸焊接的窗口。然后根据窗口选择焊接参数，进行不锈钢-普碳钢厚板坯爆炸焊接试验。针对试验中出现的问题进行了详细的分析，认为起爆端不焊是由于炸药爆速低、爆轰不稳定、飞板弯折角太小等原因造成的。界面上出现过熔是由于覆板速度太大。根据这一分析进一步优化了装药参数。为了消除起爆端和尾端的稀疏影响，采用阶梯布局。为了消除边界的影响，采用"凹"字形装药；为了避免界面上的过熔，采用爆速很低的硼化炸药。在改进装药参数后，大板的复合率达到了 98% 以上。

文献[1219]指出，为了满足爆炸复合+轧制一体化技术的产业化要求，成功进行了不锈钢-普碳钢大型厚板坯（覆板厚 20 mm）的爆炸复合试验。试验前，首先对爆炸复合参数进行计算和优化设计。试验结果表明，计算参数比较准确地预示了不锈钢-钢大型厚板坯的爆炸焊接窗口。同时，也表现出装药面积和装药厚度对炸药爆轰速度有很大的影响。试验所得到的数据为不锈钢-普碳钢大型厚板坯的爆炸焊接产业化提供了依据。复合板尺寸为（20+115）mm×1500 mm×4500 mm。

文献[1220]指出，爆炸焊接不锈钢制压力容器和封头 RT 底片显示的波状"裂纹"问题已困扰压力容器行业多年并常引起争议。通过大量试验分析，证实这种"裂纹"的问题主要是爆炸焊接复合钢板的一种固有"欠缺"。不是加工制造和焊接等所致。制造、监督、检验和使用单位希望有个共识。并作为修订"承压设备无损检测"等法规和标准时的参考。

文献[1221]报道，洛阳船舶材料研究所从20世纪60年代开始进行爆炸焊接技术研究。80年代将这项军工科研成果转向民用，开始向石化和炼油行业提供复合材料。但因产品规格较小和生产能力不足，故我国所需的大规格的复合板一直依赖进口。1989年，"大面积爆炸金属复合板"进入河南省火炬计划。经过两年开发达到预期目标，于1991年10月由河南省科委进行产品验收。该研究所现已形成年产复合材料1000吨以上的生产能力，产品性能可满足发达国家的产品验收标准，已应用于石化和炼油行业。

文献[1222]报道，太钢复合材料厂从20世纪80年代末开始研制不锈钢复合材料，至今已在三峡工程、天津石化和辽宁化工等重点工程上成功应用，其年生产能力可达8000余吨，覆板钢号涉及奥氏体、铁素体、马氏体和双相不锈钢四大类的10余种，产品规格可达到厚度×2000 mm×9200 mm的超大规格，实物质量达到较高水平。

文献[250]总结了爆炸复合材料在如下几个方面的应用：

（1）石油化学工业。石油精炼工厂是复合材料用量最大的一个部门，主要用于真空塔、蒸馏塔及各种热交换器等。化工设备主要有各种反应塔、沉析槽、搅拌器、海水淡化装置和各类换热器。此外合成纤维制造和造纸工业中的染色缸、洗涤塔和高压釜，烧碱和制盐工业中的蒸发器等，都使用了大量的不锈钢-钢和铜-钢等复合板。

（2）造船工业。20世纪70年代中期以来，金属复合材料在造船工业中的应用获得了迅速的发展，除了各种热交换器管板，大直径复合管和膨胀带复合法兰之外，在船体结构材料方面的应用也有较大突破。例如，用铜镍合金复合钢板建造船舶壳体，用铝-钢过渡接头连接铝合金上层建筑和钢甲板来建造船舰。

（3）原子能工业。主要用于加压器、脱盐装置、纯水装置、反应堆的热交换器的管板和各种异种金属管接头。

（4）科学研究领域。金属复合材料的应用，近年来已逐步深入到科研部门，如各种特殊用途的多层复合法兰、异种金属过渡管接头以及大型研究设备（用铜-钢复合板制造高能物理研究用的直线加速器腔体）。

（5）电力工业。爆炸复合材料的特征之一是结合界面上的电阻几乎等于零。利用这一电学性质可以制成各种材料的过渡电接头。如铜-铝过渡连接汇流排、电解铝用的铝-钢过渡连接电极。这一结构增加了电解工艺的安全可靠性和提高了电流利用效率。

（6）食品工业和其他。食品储藏中，冷冻机里的异种过渡接头的应用是很有前途的，如哈斯特洛伊-不锈钢-软钢复合管的超低温冷冻机管接头。

在其他方面，由于爆炸焊接+轧制法的联合使用，为制造优质薄型复合钢板提供了条件。覆层厚度可达几十微米。因此，复合板的成本大大降低。从而使金属复合材料在建材工业和家具制作方面开辟了新的用途（见表3.2.2.40）。

文献[1223]报道，宝鸡有色金属加工厂复合板公司近年来生产出复合材料深加工新产品——城市街灯灯杆和广场高杆灯杆。采用超薄覆层的不锈钢-钢双金属材料制作的城市灯杆比用其他材料（如铸铁和水泥等）具有更大的优越性。灯杆外层为不锈钢，防腐蚀能力大大提高，可长期使用，无须维护和维修。其外表美观，满足现代都市审美要求。该公司已研制出不锈钢-钢复合材料的圆锥形灯杆和六角锥形灯杆等多种产品，以满足不同客户的要求。

表 3.2.2.43　三层不锈钢-钢-不锈钢复合薄板的用途

用　途	美观的金属光泽	优良的耐蚀性	出色的抗附着性	优良的热传导性	良好的加工性
炊　具	○	○	○	◎	○
厨房机械	○	◎	—	○	—
游泳池	—	○	—	—	○
水　槽	○	◎	—	—	○
热水机	—	◎	—	—	—
建筑材料	○	—	○	—	○
家　具	○	—	○	—	○

注：○表示佳；◎表示更佳。

文献[1224]指出，爆炸不锈钢复合板在石油设备中主要用作耐蚀容器的壳体和管板。表3.2.2.44列出了部分应用实例。长期的生产实践表明，最早产品的内壁的焊缝完好无裂纹，附近的复合板仍保持着良好的结合状态。

表 3.2.2.44 爆炸不锈钢-钢复合板在石化设备上的部分应用实例

设备名称	用户名称	材质	厚度规格/mm	交货状态	使用日期
热交换器管板	天津中和化工厂	1Cr18Ni9Ti-16MnR	10+103	爆炸	1987
减压塔	克拉玛依炼油厂	1Cr18Ni9Ti-SB42	2+16、2+18、2+20	正火	1989
溶剂罐	洛阳炼油厂	1Cr18Ni9Ti-20g	2+16、2+18、2+20	正火	1989
热交换器管板	抚顺炼油厂	1Cr18Ni9Ti-16MnR	4+40	爆炸	1990
溶剂罐	天津炼油厂	316L-3C	3+16、3+18	正火	1990
常减压塔	洛阳炼油厂	0Crl3-20g	3+16、3+18	正火	1991
溶剂罐	洛阳炼油厂	316L-20g	3+12、3+14、3+16	正火	1991
减压塔	济南炼油厂	304-20g	2+14、2+16、2+18	正火	1992
减压塔	兰州炼油厂	316-20g	2+16、2+18、2+20	正火	1993
溶剂罐	兰州炼油厂	254SM0-16MnR	2+14	退火	1993
溶剂罐	辽阳炼油厂	304-16MnR	3+16、3+18	正火	1993
气体塔	洛阳炼油厂	0Crl3-16MnR	2+12、2+14	正火	1994
反应釜	锦州炼油厂	Crl3-20g	2+12	正火	1994
热交换器管板	扬子石化公司	304-16MnR	4+20	爆炸	1994
转油线	乌鲁木齐炼油厂	316L-20g	2+14	正火	1994
脱吸塔	安庆石化总厂	321-16MTR	2+10、2+14	正火	1995
沥青气体塔	天津炼油厂	0Crl3-Q235	2+14、2+16、2+18	正火	1996
密封水缓冲罐	扬子石化公司	321-16MnR	2+12、2+14、2+16	正火	1996
分馏塔	浙江新昌化学总公司	321-20g	2+12、2+14	正火	1996
蒸发罐	平顶山盐厂	316L-20g	2+12、2+14	正火	1997

经济性比较如下：

(1) 与碳钢相比，可以根据设备内的介质腐蚀性的强弱，通过选用合适的不锈钢作为覆层，达到延长设备使用寿命、减少维修次数的目的。

(2) 与不锈钢相比，可以根据设备的不同强度的要求，选择合适的钢材作为基层，从而节约昂贵的不锈钢，达到降低造价的目的。

(3) 与碳钢+衬里不锈钢相比，复合板是全面积的冶金结合且结合强度高，可在设备内件的连接上简化制造工艺，同时减少设备的维修次数。

(4) 与进口复合板相比，国产复合板的性能超过了国外的复合板的性能，且价格便宜 30%~40%，同时缩短了设备的制造周期。

爆焊法生产大面积不锈钢复合板，具有生产工艺简单、产品规格齐全、界面复合状态好和结合强度高等特点。通过合理的热处理工艺还可以恢复基材原始的力学性能和耐蚀性能。

爆炸不锈钢复合板还具有综合的加工性能，在石化行业得到了广泛的应用，是石化设备的首选材料。

文献[1225]指出，金属爆炸复合板可以经受各种机械加工和冷热成形。按照规范可以获得各种焊接接头形式和良好的接头性能。另外，采用复合板制造设备，可以提高设计的许用应力和安全系数，增加设备的可靠性。断裂试验表明，裂纹是沿着复合界面扩展的，这一点对结构的安全性非常重要。表 3.2.2.45 提供了设备设计选材的几种方案的对比。由此对比不难发现选用爆炸复合材料的优越性。

文献[1226]指出，在纸浆和造纸工业中，金属复合板用于染色缸、洗涤塔和高压釜等设备，用以防止介质对设备的腐蚀。据资料介绍，为减轻亚硫酸铵法制浆对蒸球和蒸煮设备的腐蚀，国外的用材为含钼耐酸钢。笔者认为，无论蒸煮器还是还原剂蒸球，宜采用不锈耐酸钢-钢复合板。对于蒸球可采用00Cr17Ni14Mo2-20g 复合板，自贡市轻机厂正在设计中。随着金属爆炸复合板的优越性逐渐为人们所认识，它将越来越广泛地应用于造纸设备和其他工业部门。

文献[1227]指出，近年来随着爆炸复合板在石化等行业中的大量应用，其复合技术和后续制造技术的进步愈显重要。本文根据不同材质的复合板石化装备等工程领域的应用情况，结合爆炸焊接窗口及特点，阐述了不同材质的爆炸复合板在生产过程中的热处理参数及使用中焊接、无损检测等关键技术。

本节最后指出，多年来，我国大连船舶重工集团爆炸加工研究所、宝钛集团金属复合板公司、西安天力金属复合材料股份有限公司、四川惊雷科技股份有限公司、洛阳船舶材料研究所爆炸焊接研究室、太钢复合材料厂、南京的三邦、宝泰和弘雷，以及沈阳的华阳和大连理工大学爆炸复合材料研究中心等单位，在不锈钢−钢爆炸复合板的生产中尽展风采和各显风流。宝钛、太钢和营口中板厂还开展了该复合板的爆炸+轧制

表 3.2.2.45　金属材料工程适应性评价

金　属　材　料		复合材料	不锈钢	碳钢	碳钢+涂层	衬里
质量	安全性	A	B	D	C	C
	耐蚀性	B	B	D	C	B
	结构材料	A	D	D	C	A
	力学性能	A	C	B	B	B
	高温性能	A	A	C	D	C
成本	材料成本	70%	100%	15%	20%	80%
	建造	C	B	A	C	D
	焊接性	B	A	A	C	B
	使用寿命	A	A	D	C	B

注：①A—优秀，B—良好，C—可采用，D—不可采用；②不锈钢为316L，复合材料和衬里的覆层也为316L；③本表为日本制钢公司对管材所作的评价，板材只作参考。

工作，都取得了很好的成绩，为我国爆炸复合材料的生产和应用，作出了重要的贡献。

3.2.3　铜−钢复合板的爆炸焊接

1. 铜和铜−钢复合板

（1）铜及铜合金。工业上应用的铜及其合金的种类很多，通常可分为四大类：

① 紫铜。紫铜是含 Cu 量不低于99.5%的工业纯铜，具有极好的导电性和导热性，良好的常温和低温塑性，以及对大气、海水和某些化学药品的耐腐蚀性。因而，被广泛地用于电工器件、电线电缆和热交换器等。

② 黄铜。黄铜原指由铜和锌组成的二元合金，表面呈淡黄色，它比紫铜有高得多的强度、硬度和耐腐蚀能力，并有一定的塑性和能承受冷热加工，因而，作为结构材料在工业中得到广泛的应用。为进一步提高黄铜的力学性能、耐蚀性能和工艺性能，在普通黄铜中再加入少量的锡、铅、锰、铝、铁、硅等元素，而获得一系列的多元铜合金——特殊黄铜。

③ 青铜。青铜指铜−锌、铜−镍合金以外的所有铜基合金，如锡青铜、铝青铜、硅青铜和铍青铜等。为了获得某些特殊的性能，在青铜中还可加入少量的其他元素。

④ 白铜。白铜是铜和镍的合金，因镍的加入使铜由紫色逐渐变白而得名。白铜是一种高耐蚀性能结构材料。

（2）铜−钢复合板。铜及其合金具有良好的导电和导热性能、耐腐蚀性能和良好的加工成形性能，某些铜合金还有较高的强度。因而，它们在电气、电子、化工、食品、动力和交通等工业部门得到了广泛的应用。由于铜资源不多，在一些大型结构件中使用单一的铜成本太高和不合理，于是铜−钢复合板应需求而出现了。

目前，实用的铜−钢复合板用堆焊法，叠轧法，爆炸焊接法三种方法制造。这种复合板兼有铜和钢的物理、力学及化学性能，是一种很有实用价值和发展前景的新型结构材料。

2. 铜−钢复合板的爆炸焊接

（1）铜−钢复合板爆炸焊接工艺安装。铜−钢复合板大面积爆炸焊接工艺安装如图5.4.1.2所示，引爆方式如图5.4.1.5所示，即多用平行法安装和中心起爆法起爆。

（2）铜−钢复合板爆炸焊接的工艺参数。曾经使用过的大面积铜−钢复合板爆炸焊接工艺参数如表3.2.3.1所列。通常铜及其合金板材的尺寸不会很大，此时大面积的板材需要拼接，拼接时应注意整块板材的平整度。大厚复合板坯的爆炸焊接也可在此基础上试制。该复合板爆炸焊接工艺方面的其他问题，可参考钛−钢和不锈钢−钢复合板的。

表 3.2.3.1　铜-钢复合板的爆炸焊接工艺参数

No	铜，尺寸 /(mm×mm×mm)	钢，尺寸 /(mm×mm×mm)	炸药品种	W_g /(g·cm^{-2})	h_0 /mm	保护层	引爆方式
1	TU1，2×1050×2050	Q235，10×1000×2000	25#	2.0	5	水玻璃	中心起爆
2	TU1，3×1050×2050	Q235，15×1000×2000	25#	2.3	7	水玻璃	中心起爆
3	QA19-2，3×1050×2050	16Mn，20×1000×2000	25#	2.4	7	水玻璃	中心起爆
4	QA19-2，5×1550×3050	16MnR，25×1500×3000	25#	3.5	10	水玻璃	中心起爆
5	B30，6×1550×4050	16MnR，40×1500×4000	25#	3.5	13	水玻璃	中心起爆
6	B30，8×1550×6050	20g，50×1500×6000	25#	4.0	16	水玻璃	中心起爆
7	B30，10×1550×3050	20g，80×1500×3000	31#	4.5	20	水玻璃	中心起爆

（3）铜-钢复合板结合区的组织。铜-钢复合板结合区的组织形态如图 4.16.5.35、图 4.16.5.36、图 4.16.5.60~图 4.16.5.63 和图 4.16.5.157 所示。由这些图可见，该复合板的结合区均为波状。钢侧波形内沿波形弯曲分布的拉伸式和纤维状塑性变形流线清晰可见。由于波形较高，波形两侧分布着两个漩涡区。由图 4.16.5.35(a)和(b)可见到沿波脊分布的熔体薄层（白色弯曲的窄带），这是爆炸焊接过程中形成的熔体金属在大部分流进波前和波后的漩涡区后残留在波脊上的，其厚度以微米计。这种波形、波前和波后漩涡区形成的原因和过程见图 4.16.4.5 及 4.3.2 节。

用电子探针和电子显微镜对该复合板界面两侧进行的成分分析表明，其中存在着明显的扩散：Cu 原子通过界面进入钢中的数量和 Fe 原子通过界面进入铜中的数量，不是陡然消失而是逐渐减少的。其扩散层的厚度在(5~20) μm 内。

上述结合区内金属的塑性变形、熔化和扩散等就是爆炸焊接过程中在双金属界面上进行的一些物理和化学过程——冶金过程，爆炸焊接的铜-钢复合板就是在这些冶金过程中实现冶金结合的。铜-铁系二元相图如图 5.9.2.3 所示。

（4）铜-钢复合板的力学性能。铜-钢复合板的力学性能如表 3.2.3.2~表 3.2.3.15 所列。

表 3.2.3.2　铜-钢复合板的剪切性能

覆层		基层		h_0 /mm	W_g /(g·cm^{-2})	状态	试样数 /个	σ_τ/MPa		
金属	δ_1/mm	金属	δ_2/mm					最大值	最小值	平均值
铜	4	钢	22	8.6	1.3	爆炸态	18	211	79	194
						退火态	6	161	149	154
铜	4	钢	22	8.6	1.7	爆炸态	18	213	192	198
						退火态	6	167	151	157

表 3.2.3.3　铜-钢复合板的分离性能

覆层		基层		h_0 /mm	W_g /(g·cm^{-2})	试样数 /个	σ_f/MPa			备注
金属	δ_1/mm	金属	δ_2/mm				最大值	最小值	平均值	
铜	4	钢	22	8.6	1.3	12	283	148	217	—
						2	349	320	334	重新加工的试样
					1.7	12	218	125	182	—
						2	320	294	307	重新加工的试样

表 3.2.3.4　B30-922复合板棒状焊接试样的拉伸性能[251]

试样状态	σ_s/MPa	σ_b/MPa	断口位置
爆炸态	(142~191)/167	(323~343)/333	全部断在 B30 的焊缝上

表 3.2.3.5 铜-钢复合板的剪切和分离性能

状态	爆炸态		退火态		热循环态*	
σ_τ /MPa	191~211	192~213	149~161	151~167	—	—
σ_f /MPa	294~320	320~345	—	—	303	279
W_g /(g·cm^{-2})	1.7	1.3	1.7	1.3	1.7	1.3

表 3.2.3.6 铜-钢复合板的分离性能 σ_f MPa

复 合 板	爆 炸 态	650 ℃、2 h 退火	980 ℃、2 h 退火
BFe30-1-1+922	(470~666)/580	(475~593)/537	(446~451)/449
BFe30-1-1+921	(358~581)/469	—	—
QA19-2+20 g	500~666	421~500	—
TU2-0Cr16Ni14	196~216	—	—

注：* 热循环工艺为 250 ℃下保温 3 min，水冷，连续 500 次。

表 3.2.3.7 不同状态的铜-钢复合板的力学性能[169]

状 态	覆 层	基 层	σ_s /MPa	σ_b /MPa	δ_5 /%	冷弯 $d=2t$, 180° 内弯	冷弯 $d=2t$, 180° 外弯	σ_τ /MPa	a_k(梅氏) /(J·cm^{-2})	硬 度 覆层/结合区/基层
供货态	QA19-2	—	167	500	60	良	好	—	186 196 206	HB 89
供货态	—	20 g	235	402	>25	良	好	—	>59	—
供货态	—	20 g	—	412	>25	良	好	—		—
爆炸态	TU1	20 g	382	421	24	良	裂	216	89 76 92	—
退火态	TU1	20 g	284	402	29	良	良	181		—
爆炸态	QA19-2	20 g	不明显	529	10	良	断	382~421	69 78 73	HV 330/240/363
退火态	QA19-2	20 g	255	421	37	良	良	255~365	118 114 130	HV 206/240/163

注：TU1-20g 复合板的尺寸为 (4+20) mm×1900 mm×2000 mm；QA19-2+20 g 复合板的尺寸为 (10+52) mm×1000 mm×1000 mm。

表 3.2.3.8 B30-922 钢复合板的拉伸性能[1]

材 质	状 态	σ_s/MPa	σ_b/MPa	δ_5/%	ψ/%
B30	供货态(硬态)	534~544	559~564	5.5~6.5	38.5~44.5
	供货态经 650 ℃、2 h 处理	360~372	480~505	28.5	—
	爆炸后	578~627	583~642	2.5~7.0	39.5~47.5
	爆炸后经 650 ℃、2 h 处理	299	412~441	48.5	—
922	供货态(调质)	554~652	666~725	18.0~24.0	42.5~44.0
	爆炸后	666~696	740~750	11.0~11.5	—
	爆炸后经 650 ℃、2 h 处理	613~632	706~720	18.0~18.5	—
B30-922 复合板	爆炸后	740~769	750~774	10.5~11.5	46.0~51.5
	爆炸后经 650 ℃、2 h 处理	515~539	627~652	24.0~25.5	—

表 3.2.3.9 B30-922 钢复合板的弯曲性能[251]

试样尺寸和试验条件	材料及状态	弯 曲 方 向	结 果
试样总厚 $t=10$ mm，其中 B30 厚 1 mm，922 钢厚 9 mm，试样宽 $b=2t$，弯曲直径 $=2t$	B30-922 复合板 爆炸后	外弯(B30 朝外)	46°~52°界面出现微小孔洞，180°界面微裂，个别试样 100 ℃左右大裂
		内弯(B30 朝内)	180°完好
	爆炸后经 650 ℃、2 h 回火	外弯	180°完好
		内弯	180°完好
$b=2t$, $d=2t$	B30 供货态		180°完好

表 3.2.3.10　B30-922 钢复合板的冲击弯曲性能[251]

状　态	冲击弯曲试验温度/℃	冲击功 A_k /J	试样外观
爆炸复合层	19	(516~596)/558	发生了弯曲变形，在 B30 上被剪断，界面完好
	-10	(504~543)/522	

表 3.2.3.11　铜-钢复合板的梅氏冲击韧性 α_k[251]　J/cm²

材　　质	爆炸态	650 ℃、2 h 退火	备　注
TU1-20 g	93	130	缺口垂直板面
BFe30-1-1+922	74	120	缺口垂直板面
QA19-2+20 g	(69~78)/73	(114~130)/118	缺口垂直板面

表 3.2.3.12　铜-钢复合板的弯曲性能[251]

复合板	弯曲方向	爆炸态	650 ℃、2 h 退火
TU1-20 g	内弯	180°完好	—
	外弯	180°完好	—
BFe30-1-1+922	内弯	180°完好	180°完好
	外弯	180°微裂	180°完好
QA19-2+20 g	内弯	180°完好	180°完好
	外弯	27°左右断裂，界面完好	180°完好
TU2-0Cr16Ni14	内弯	180°完好	—
	外弯	180°完好	—

表 3.2.3.13　铜-钢复合板的沙尔普冲击韧性[251]

材　　质	状　　态	a_k/(J·cm⁻²)	备　注
922 钢	爆炸后	(174~214)/192	试样厚度的中心线到界面距离为 15 mm
		(191~201)/198	试样厚度的中心线到界面距离为 25 mm
BFe30-1-1+922 复合板	未经热处理	(128~214)/171	BFe30-1-1 厚度为 5 mm，其余为 922 钢

表 3.2.3.14　爆炸复合后基层钢裂纹源落锤试验[251]

材　质	试验温度/℃	锤重/kg	落高/m	试验结果
922 钢	-55	130	(2.7~2.9)/2.8	完好
	-70	130	(2.8~3.0)/2.9	完好

表 3.2.3.15　BFe30-1-1+922 钢复合板的裂纹源爆炸胀鼓试验[251]

No	试验温度/℃	炸药量/kg	炸药放置高度/mm	厚度减薄率/%	破裂情况
1	-20	4	450	4.8~7.6	近缝区微裂
2	-35	4	300		近缝区裂纹长 30 mm
3	-35	4	300		三条大裂纹，长者 80 mm，断口呈撕裂状

铜-钢复合板其余的成分、组织和性能详见 3.3 章、3.4 章、3.5 章、3.6 章、4.5 章、4.6 章、4.8 章和 5.2 章等。

3. 铜-钢复合板爆炸焊接工艺、组织、性能和工程应用的文献资料

文献[1228]报道了爆炸焊接的铜-钢复合管在电炉设备上的应用，并指出，电弧炉从水冷电缆到石墨电极之间的传统结构是钢制横臂和支撑在它上面的导电铜管，二者分别承担带动电极升降和传导电流的任务。国外在 20 世纪 80 年代中期出现用铜-钢或铝-钢复合管制作的导电横臂。这种横臂既带动电极又起导电作用。具有安全可靠、增加刚度、减小震动、减小电阻和电抗，以及节约电能等许多优点。

作者用爆炸焊接的铜-钢复合管焊接制成矩形框式的导电横臂。铜层在外用于导电，钢层在内与内部的支撑桁架结构焊成一体，并形成冷却水通道。同时，电极夹持机构也设置在支撑体内部。

作者通过对铜管、钢管和铜-钢复合管的内部的等值电抗和等值电阻模拟了铜-钢复合导电横臂类似参数的变化。结果如表 3.2.3.16 所列和图 3.2.3.1 所示。

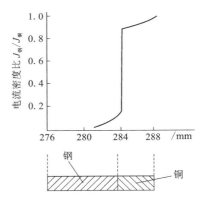

图 3.2.3.1　铜-钢复合管中的电流分布

由图 3.2.3.1 可以看出，在钢管外包覆一层铜时，铁磁材料既不引起电抗的增加，又不会产生过多的涡流损失；而且由于导电层的屏蔽作用，横臂内部没有磁场，所以其内的支撑桁架、碟簧和拉杆等铁磁物不会产生涡流。

由此可见，铜-钢复合管是制造导电横臂的理想材料。经过近 10 年的推广应用，这种复合导电横臂在电炉行业的使用率达到 80% 以上，是电炉改造和新建的首选材料。铜-钢复合管在电炉行业中的应用范围相当广泛。

表 3.2.3.16　不同材质的圆管在 50 Hz 时的内部等值电抗和等值电阻

管子尺寸（见下注）	材　料	内部等值电抗/($\mu\Omega \cdot m^{-1}$)	等值电阻/($\mu\Omega \cdot m^{-1}$)
a	铜管	0.30	2.5
b	钢管	1.50	3.6
c	铜-钢复合管	0.35	2.5

注：管子尺寸：铜管 $\phi_外$ 288 mm、$\phi_内$ 284 mm；钢管 $\phi_外$ 288 mm、$\phi_内$ 284 mm；铜-钢复合管 $\phi_外$ 288 mm、$\phi_中$ 284 mm、$\phi_内$ 264 mm。

文献 [1229] 报道，近年来，我国高速列车发展迅速，制作精良和安全的车体尤为重要。其关键之一就是电阻焊的电极平台。过去使用铬铝镁青铜来制作这种平台，20 世纪 70 年代曾采用铬铜合金，但这种材料价格高，交货周期长，有的还依赖进口，影响车体生产。为此，北车集团与作者单位共同开发铬青铜复合钢板作为电阻焊的电极平台。

电极合金是电阻焊过程的关键材料。它的作用是给被焊工件传递热能和压力。焊接时，通过电极的电流从几安到几万安，压力从几千克到几千千克，并且这种承压是在高温下进行的。因此，要求电极材料具有优良的导电性、导热性、耐磨性，抗熔黏性，较高的强度和硬度等综合性能。铬青铜复合钢板具有这些性能，是一种优良的电极平台材料。

通过优化爆炸焊接参数，成功地实现了 17 mm 的铬青铜与钢的焊接，一次结合率超过 98%。这种复合板代替纯铬青铜作为电阻焊的电极平台，降低了制造成本，提高了平台的表面质量和使用寿命，从而保证了车辆侧墙外表面的点焊质量。

表 3.2.3.17　爆炸焊接铬青铜-钢复合板的技术指标

σ_b/MPa	δ/%	表面硬度/HB	结合率/%	电导率/($S \cdot m^{-1}$)	通长不平度/mm	R_a/mm	σ_τ/MPa
350	34	110	98	60	1.3	3.0	260　255

爆炸焊接的铬青铜-钢复合板的工艺指标如表 3.2.3.17 所列。

爆炸焊接制作的电极平台较原工艺有以下优点：

（1）节约原材料铜合金板 60% 左右，降低电极平台生产成本 50%。

（2）两种材料为可靠和均匀的冶金连接，结合率达 98% 以上，电导率达 60 S/m 以上。

（3）在整个加工过程中取消了铜钉连接方法，这样就避免了在实际生产过程中出现的频繁点压铜台，不使铜垫下陷的问题发生，提高了铜台的表面质量和使用寿命。

（4）铜台表面质量的提高，保证了车体侧墙外表面的点焊质量。

文献 [1230] 对堆焊、喷涂（焊）和爆炸复合的铜-钢复合板的结合强度、界面特征和适应范围作了对比，结果如表 3.2.3.18 所列。

表 3.2.3.18　铜-钢复合板三种复合方法的技术经济比较

复合方法	结合强度	耐热疲劳性能	覆层厚度	覆层厚度均匀性	基材热影响区	复合板变形程度	复合后机加工量	复合时间	能源消耗	设备投资	场地要求
堆焊	高	中等	厚	差	较大	较大	大	长	高	中等	一般
喷涂	低	差	薄	较好	无	很小	小	长	高	中等	一般
爆炸	高	好	较厚	好	很小	中等	较小	很短	低	少	特别

由表 3.2.3.18 中数据可知，如果在钢板上复合一层不是特别薄的铜层，那么，爆炸复合应该是最经济的。复合件不仅适合于高负荷的静载荷条件下使用，而且还适合于在动载荷条件下使用，包括一些承受冷热疲劳冲击的恶劣场合。以上结论是在待复合表面的形状为平面或圆柱形曲面条件下得出的。如果复合件的表面形状不规则，那么爆炸复合的优势就不复存在，相反，堆焊和喷涂，则显得非常灵活。因此，在机械零部件的制造和修旧利废时，应根据实际情况选择一种复合方法。

文献[1231]指出，直线电机是一门集电机、机械、控制等综合技术于一体的高新技术。它的优点是可以将电能直接转换成直线运动的机械能，而不需要经过中间的转换机构，大大改善了直线运动条件下的传动系统。

"直线电机在煤矿运输系统中的应用"被列入"八五"期间原煤炭工业部100项新技术推广项目之一。直线电机驱动机车系统的基本特点有设备结构简单、容易装设、启动性能好、过载能力强、动力单一、便于集中控制、运行安全可靠和维修方便。但是，原来使用的钢次级直线电机的钢次级既是导磁体，又是导电体。由于钢次级电阻率较大，电磁性能较差，启动电流和额定工作电流都很大，不能保证电机长时间工作。为此研制了一种新型的铜-钢复合次级电机。

爆炸焊接的铜-钢复合次级的加工工艺先进，结合强度高。复合板的铜层用来导电，钢层用来导磁，使得该直线电机次级具有良好的导电导磁性能，其主要技术性能指标大大提高。

铜-钢(Q235)复合板两层的厚度为0.8 mm+7.2 mm。爆炸焊接的该复合板具有结合强度高、界面电阻低、导电平稳和导热性能好等优点。

以铜-钢复合次级直线电机为驱动力的推车机、阻车器和安全门等操车设备，多家厂矿经过试用取得成功。由此可得出如下结论：

(1)复合次级直线电机各项技术性能指标优于钢质次级直线电机。

(2)爆炸焊接法应用于复合次级直线电机是成功的。

(3)复合次级直线电机功率因素高和节电效果明显，并可减少配套电气设备的容量，具有良好的经济效益和社会效益。

文献[1232]指出，高炉风口在炼铁炉内承受高温、氧化和磨损，工作环境恶劣。为此，炼铁工作者一直在进行长寿风口的研究开发。其中，对风口的表面进行处理是一个重要措施，爆炸焊接就是其中之一，即用爆炸焊接的铜-钢复合板制造高炉风口。试用表明，复合风口在1.6 MPa条件下持续30 min无渗透。据报道，从1996年起，复合风口已在全国多座大、中型高炉上进行了工业试验。结果表明，复合风口使用安全、可靠，覆层可抗高温氧化、耐煤粉冲刷和铁水侵蚀。使用寿命比普通风口可提高200%～250%，比普通表面处理的风口提高80%～150%。成本比普通风口提高25%～30%，与普通表面处理的风口相当。应用此新型复合风口可显著提高高炉生产作业率、降低工人劳动强度和炼铁成本，具有良好的推广应用前景。

文献[1233]报道，爆炸焊接技术已用于我国氯碱工业中的铜-钢导电板的制造。隔膜碱电解槽阴极箱的制造中很关键的一个部件就是阳极铜-钢导电板。由于几千安甚至十几万安的电流都需要从阳极导电排流向阴极板，因此，阳极箱体与铜板之间的连接就是影响导电效果的一个重要因素。

隔膜槽阴极导电铜板之间的连接方式有三种：铜焊、钎焊和爆炸焊。爆炸焊是一种先进的加工方法。阜新市化工设备厂每年生产电解槽几百台，都采用了这种新技术和新材料，爆炸焊接的铜-钢复合板在氯碱工业的电解槽中已经得到大量应用。

铜-钢复合板的界面电阻：爆炸焊为0.64×10^{-7} Ω/mm²，钎焊为1.92×10^{-7} Ω/mm²。整机性能中国产槽和进口槽的技术指标持平，但阴极电压降国产槽比进口槽低100 mV。

文献[1234]报道，铜-钢复合材料，由于具有防腐蚀、抗磨损、导电和导热性优良、美观和成本低等优点，在军工、电子、造币、炊具和建筑装饰等领域有着广阔的应用前景，其研究越来越引起国内外的关注。这种复合材料在民用方面的应用主要体现在炊具和建筑装饰领域。为了保护食品，平常使用不锈钢锅，但不锈钢导热不良，加热时易产生局部高温而粘底。具有高导热性的铜和钢的复合材料可很好地解决这个问题。使用这种复合材料代替铜或铜合金做屋顶、门窗的框架及屋顶的气窗等，不仅庄严美观，而且强度高和成本低。同时由于内层的钢板导热系数低，可以使用较小的电烙铁和以较低的温度进行焊接，进而可以缩短焊接时间。此外，还可用钢复H62或H68黄铜制作标牌、扶手和家具。

在电子和电气方面广泛使用铜-钢复合材料代替传统的铜及铜合金制造电子器件。如导电弹簧一般用磷青铜和铍青铜制造，成本高且弹性性能随导电率的升高而下降。用以高碳钢作芯体的铜包钢线来代替，不仅同时具备了良好的导电和弹性性能，而且成本低。铠装电缆过去一直用铜或铜合金制造，现在用复铜不锈钢制造，不但保证了耐蚀性和导电性，而且减小了厚度和提高了强度。用铜包钢线制成的绳索已成功地应用在铁路电气化方面，它们取代了至今使用的铜、铜镉合金和铜镁合金后获得了很好的效果。用铜包钢线作为内导体的同轴电缆具有良好的自支承性和接线性能，在大跨距布线的场合更具有其独特的优势。

在军工方面，如某发射器由 20 号钢圆筒和 HPb59-1 黄铜导轨组成。由于这两种材料之间难以焊接，因此铆接处常因密封不好而漏水。采用铜-钢复合材料后，导轨和钢之间可以用间隔点焊来代替铆接。这不仅解决了漏水问题，还简化了工艺和降低了成本。使用厚度比为 15∶80∶5 的铜-钢-铜复合材料代替弹壳黄铜做炮弹，不仅经济，而且其弹道性能优越。

在其他方面，如在汽车工业中，使用铜-钢复合材料制造热交换器，同步器锥环、减速机涡轮和轴瓦等。在冶金工业中，使用铜-钢复合材料做电镀用的电极、放电用加工电极、接地棒等。由于黄铜与硫化橡胶有优异的黏结力，因此复黄铜的钢丝被大量应用于橡胶工业做子午线轮胎帘线。焊炸焊接和爆炸+轧制（拉拔等）的联合工艺是生产各种形状的铜-钢复合材料的好方法。

文献[1235]指出，铜-钢复合材料由于具有防腐蚀、抗磨损、导电和导热性能优越、美观和成本低等优点，在军工、造币、炊具和建筑装饰等领域有着广阔的应用前景。又由于它具有铜和钢的优异性能，还广泛地用于其他领域。如在汽车工业中，使用铜-钢复合材料制造热交换器、同步器锥环、减速机涡轮和轴瓦等。在冶金工业中，使用铜-钢复合材料制作电镀技术用的电极等。

根据目前国内外对铜-钢复合板设备的需求来看，也越来越朝着大型化的方向发展。因此，对铜-钢复合板的面积要求也越来越大。

现在铜-钢复合板的生产方法有热轧法、冷轧法、爆炸法和爆炸+轧制法。相对于这几种复合方法，爆炸法简便、结合强度高和能一次复合成形。

本文用爆炸焊接的方法，复合了面积大于 15 m² 的铜-钢复合板，其中 T2 铜板厚 6 mm，Q235 钢板厚 22 mm。该铜-钢复合板的检验项目和性能数据如表 3.2.3.19 所列。还进行了 SEM 和 EDX 能谱分析。

结论指出，用本文提供的工艺参数，制备了一种大面积的铜-钢爆炸复合板；其界面的剪切强度超过了指标的要求，其他的力学性能也完全能够达到指标要求；铜-钢界面呈规则的正弦波形，产生了比较明显的塑性变形，未见明显的金属间化合物，在界面处存在原子扩散现象。

表 3.2.3.19　T12-Q235 爆炸复合板的力学性能

试验项目	试样取向	目　标　值	第一组数据	第二组数据
拉伸试验	横向	$\sigma_b \geqslant 330$ MPa，$\delta \geqslant 26\%$	$\sigma_b \geqslant 395$ MPa，$\delta \geqslant 33\%$	$\sigma_b \geqslant 395$ MPa，$\delta \geqslant 31\%$
剪切试验	—	$\geqslant 100$ MPa	197 MPa	177 MPa
内弯试验	横向	$180°$，$d = 1.5t$	完好	完好
外弯试验	横向	$180°$，$d = 1.5t$	完好	完好

文献[1236]对铍青铜（QBe2）进行固溶处理，以便降低其硬度和提高其爆炸焊接性能。然后再与 Q235 钢在三种装药量下进行爆炸焊接。通过对复合板界面波形参数和力学性能进行试验分析，结果表明，在一定的装药范围内，沿爆轰方向复合板的界面波形从平直→小波→大波→稳定波形依次变化。稳定波形的参数可随质量比的增大而增大，其剪切和分离强度也相应增大。在三种质量比下所得复合板的弯曲性能良好。界面附近的加工硬化的程度也随质量比的增大而增大。复合板的强度如表 3.2.3.20 和表 3.2.3.21 所列。

表 3.2.3.20　QBe2-Q235 复合板的剪切强度　/MPa

质量比 R	1 号试样	2 号试样	3 号试样	4 号试样	平均
0.8	494.06	452.12	484.81	508.37	484.84
1.0	485.62	473.75	494.81	524.12	494.58
1.5	548.62	501.56	520.75	513.62	521.14

表 3.2.3.21　QBe2-Q235 复合板的分离强度　/MPa

质量比 R	1 号试样	2 号试样	3 号试样	平均
0.8	失效	351.08	234.30	292.69
1.0	420.81	357.61	248.52	342.30
1.5	431.83	387.66	254.11	357.87

QBe2 固溶处理的工艺为大于 800 ℃下保温 20 min，用油纸包裹，冷却介质的温度小于或等于 18 ℃。固溶处理后的 HB 硬度为 140。

文献[1237]也指出，铜-钢复合材料由于具有防腐蚀、抗磨损、导电和导热性能优良、美观和成本低等优点，在军工、电子、造币、炊具及建筑装饰领域有着广阔的应用前景。此外，在汽车工业中，使用铜-钢复合材料制造热交换器、同步器锥环、减速机涡轮和轴瓦等，在电镀工业中用作电极等。

该文对铜-钢复合板生产过程中的工艺参数进行了研究与设计。在小板试验的基础上，对大面积复合板的生产工艺进行了确定。成功地实现了 T2-Q235B、尺寸为（6+20）mm×1500 mm×8700 mm 的爆炸复合。经力学性能和界面组织检验后认定，该复合板符合相关标准的要求。用爆炸法生产的如此大面积的铜-钢复合板，目前国内尚属首次故而处于领先地位。该复合板的室温力学性能指标如表 3.2.3.22 所列。

文献[1238]介绍了镇海炼化 100 万 t/a 乙烯工程中环氧乙烷/乙二醇装置用爆炸复合材料制造过程中出现的管板泄漏问题。分析了原因，管板按返修工艺返

表 3.2.3.22　铜-钢复合板的力学性能

σ_b/MPa	σ_s/MPa	δ/%	σ_τ/MPa	内　弯	外　弯
405	285	18.5	197	180°，完好	180°，完好

修后再未出现泄漏现象。设备为固定管板式多效蒸发器再沸器，立式结构。管板直径分别为 DN4000 mm 和 DN2800 mm。换热管材料为 SB-171 铜镍合金，管板材料 16MnⅢ复合 SB-171 铜镍合金和 00Cr19Ni10Ⅲ复合 SB-171。覆层厚度为 5 mm，管板厚度为 170 mm、150 mm、115 mm、85 mm，复合方法均为爆炸焊接。介质：管程——水、乙二醇，壳程——蒸汽。

文献[1239]指出，打桩机是一种建筑用机械，其作用是用重锤及其下落来夯实地基或混凝土。为了减小重锤下落过程中的摩擦力和减小对打桩机导轨的磨损，一般在钢制打桩机滑块与导轨的接触面上覆焊一层一定厚度的铜（图 3.2.3.2），或者采用在钢基上开槽镶嵌铜板或在钢基表面上涂焊铜层的方法。这两种方法比较复杂和成本高，且铜-钢之间的结合强度和质量难以保证。为此，作者在该文献中详细地讨论了这个异型件——打桩机滑块的爆炸焊接试验和研究过程。经过多次试验，爆炸焊接的该产品完全满足工程质量的要求。

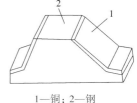

1—铜；2—钢

图 3.2.3.2　打桩机滑块的示意图

文献[1240]试验了无缓冲层爆炸焊接铜-钢复合板。这种复合板用于烧碱行业的设备的电极板。在试验中，使用 2# 抗水岩石炸药+添加剂 C 的混合炸药。这种炸药直接与覆板表面接触，从而避免了由于缓冲层与覆板间空气泡的存在而造成复合板的表面烧伤。

文献[1241]报道了 2# 岩石硝铵炸药在铜-钢爆炸焊接中的应用，并用半圆柱法确定了工艺参数。试验结果表明，对于 1.8 mm 厚的铜覆板而言，质量比 1.37、爆轰速度 2.58 km/s 为最佳。对 4.0 mm 厚的铜覆板而言，质量比 0.7、爆轰速度 2.6 km/s 为最佳。据此，该单位 2 年来大量使用 2# 岩石硝铵炸药来爆炸焊接铜-钢复合板。如此不仅工期和质量得到了保证，而且制造成本大大降低。该铜-钢复合板拟用于电焊机和电炉的导电线路中。

用 B30-922 钢复合板机械加工而成的双金属法兰盘如图 5.5.2.76 所示。铜-钢双金属的力学性能与钢层厚度的关系如图 3.2.3.3 所示。

文献[1242]报道，生产中使用的刀闸开关一般用铜材制造。其缺点是：铜材的消耗大；铜的刚度低，频繁使用，会使铜插脚刚度下降，导致接触不良或报废。为了节省铜材，又能保证良好的导电接触，采用铜-钢复合板代替铜钢板制造刀闸开关。其中的闸刀为铜-钢-铜三层复合板。此种复合板是用爆炸焊接法生产的。即在镀锌钢板上单面或双面复合一层铜板，然后将该复合板轧制成所需要的厚度（一般为 1 mm），再制成相应形状的刀闸开关。

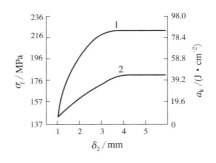

图 3.2.3.3　铜-钢双金属的分离强度（1）和冲击韧性（2）与钢层厚度的关系[252]

爆炸焊接的铜-钢（-铜）复合板经分离、剪切、抗拉和抗弯强度等测定，均符合标准规定，其导电性能也完全能满足要求。用该复合板制造的刀闸开关经 1 万次开、关试验后，其刚度仍很大。这种刀闸开关不仅保证了材料的刚度，而且保证了导电性能，还大大提高了产品质量和使用寿命。

文献[253]提供了 ЛО62-1 黄铜和 X17H13M3T 不锈钢爆炸焊接的资料。它们的厚度分别为 11 mm 和

42 mm，面积为 2 m²。超声波检验指出结合面积率为 95%～97%，不结合部分接近起爆点。在非起爆位置的分离强度为441～539 MPa，在爆炸结束的地方分离强度降到294～392 MPa。整块复合板上分离强度的分布频率如图 3.2.3.4 所示（试验了180 个试样）。由图可见，除少数边界效应作用区外，其余地方的结合强度均高于黄铜的屈服强度（$\sigma_s = 235$ MPa）；分布频率最高的是343～382 MPa 的强度，分布频率在 15% 以上的强度范围是294～480 MPa。

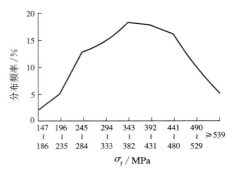

图 3.2.3.4　ЛO62-1+Х17Н13М3Т
复合板的分离强度的分布频率曲线

为了使成品板热校平，研究了该复合板加热温度对结合强度的影响，结果如表 3.2.3.23 所列。由表中数据可以看出，在所研究的温度范围内，与爆炸后的相比，热处理后的结合强度实际上没有重大的变化，尽管它们的结合区组织发生了一些变化。

表 3.2.3.23　热处理工艺对 ЛO62-1+Х17Н13М3Т
复合板分离强度的影响　　σ_f/MPa

加热温度/ ℃	300	400	500	600	700	800	850
保温（空气）1 h	411	413	359	380	388	343	374
保温（空气）4 h	421	412	338	384	385	376	349

文献［254］提供了铅青铜和钢的爆炸焊接资料，如图 3.2.3.5 所示，随着质量比的增加，双金属的结合强度增加。但是在所研究的范围内未能得到等强接头。热处理后使结合强度增加了 1.5～3 倍。其他双金属的结合强度如表 3.2.3.24 所列。检验和分析表明，铅青铜和钢复合板较低的结合强度与青铜中铅的形态有关。在原始的青铜中铅以直径 5～15 μm 的圆形杂质均匀分布。爆炸焊接后，在变形区中这种圆形杂质变成了薄片状，其长度占结合线的 30%～40%。因此，接头的 30%～40% 等于铅的强度（$\sigma_b = 9.8$ MPa）。铅薄片的尖端可能成为应力集中的地方。热处理后铅薄片凝集成类似原来形状的球锥晶，于是导致结合强度的增加。

表 3.2.3.24　青铜-钢复合板的分离性能 σ_f　　/MPa

覆　层	基　层	热处理前	热处理后	组合中最弱金属的强度
ОЦС4-4-2.5	ОЦС4-4-2.5	9.8～29.4	39.2～68.6	294～314
М1	ОЦС4-4-2.5	19.6～88.2	196～216	196～216
ОЦС4-4-2.5	08КП	19.6～98.0	58.8～167	294～314
ОЦС4-4-1	08КП	49.0～98.0	58.8～176	304
ОЦ4-3	08КП	392～451	294～333	294～323
ОФ6.5-0.15	08КП	343～588	353～412	294～323

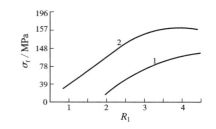

1—爆炸后；2—620 ℃、3 h 热处理
图 3.2.3.5　ОЦС4-4-2.5+钢复合板
的分离强度与质量比的关系

表 3.2.3.25 提供了结合面上铅的含量和结合强度与质量比和热处理温度的关系。由表中数据可知，随着质量比增加，结合面上铅的含量减少，结合强度增加。在质量比不变的情况下，随着热处理温度的升高，结合面上铅的含量减少，结合强度提高。

用 X 射线光谱显微分析仪（MS-46）研究了爆炸焊接的铜-钢焊缝区，估计了 Cu 和 Fe 不同金属的原子相互渗透的深度，推断出在高压和高温下焊缝区产生相互扩散的结论［255］。

表 3.2.3.25　铅青铜-钢复合板结合性能的影响因素

R_1	热处理温度/ ℃	结合面上铅的含量/%	σ_f/MPa 计算的	σ_f/MPa 实际的
1.5	—	72	83.3	机加工时接头破断了
2.5	—	63	108	29.4～58.8
4.0	—	10	265	98～108
2.5	480	58	123	88.2～98
2.5	620	21	230	127～147
2.5	780	19	235	127～147
2.5	920	12	260	196～216

该铜-钢复合板用爆速为 3700 m/s 和密度为 1.0～1.1 g/cm³ 的粉状阿玛尼特炸药加载。在金属结合的时候，动态角为 10°～12°，覆板下落速度为 500～700 m/s，结合区附近深（20～30）×10⁻⁶ m 的地方的瞬时压

力在 $6×10^4 \sim 8×10^4$ MPa 和更大。对于铜和钢来说，这样的压力已超过它们的压缩强度极限，导致塑性变形机制的变化。当 $v_p = 700$ m/s 时，可用分子动力学理论的已有关系式来估计撞击界面的温度，即

$$T = \frac{1}{2} mv^2 \tag{3.2.3.1}$$

$$T \approx 1300 \text{ K}$$

对于铜和钢来说，撞击界面上的瞬时温度为 $1300 \sim 2000$ K。在不同的结合条件下用直接测量的方法确定。

X 射线光谱显微分析表明，爆炸焊接后经过 48 h 后，试样中 Cu 和 Fe 彼此对流扩散的深度达 $(20 \sim 30)×10^{-6}$ m。扩散过程更详细的研究，需要用放射性同位素的方法。

爆炸焊接过程中，反射拉伸波的强度 (σ_R) 与压缩应力波的强度 (σ_I) 之比对铜-钢复合板结合强度的影响如表 3.2.3.26 所列。

文献[257]指出，用某些方法可以获得不锈钢-碳钢之类的双金属，但对于铜-钢双金属来说，这些方法是不合适的。铜和钢的物理-力学性能的重大差别在铸造复合和堆焊复合的时候将导致铜的疏松。在板叠轧制的时候，由于保证压下时两层金属相同变形程度的典型温度参数的选择很困难，使得这种工艺也很复杂。已知的超声波焊和扩散焊的方法，仅能获得有限尺寸的试样。对摩擦焊和压力焊来说，情况差不多。20 世纪 60 年代提出和大大发展起来的爆炸焊接方法，不仅将获得大尺寸的铜及铜合金与钢的复合板，而且能保证焊接接头的高强度。铜-钢复合板的结合强度如表 3.2.3.27 所列。弯曲试验表明，当 $d = 27$ mm 时，$(2+2)$ mm 的 40 个试样中，只有一个未退火的试样分层了，其余都能弯曲到 180°。退火对铜-钢复合板界面两侧的显微硬度分布的影响如图 3.4.4.50 所示。

表 3.2.3.26 应力波对铜-钢复合板结合强度的影响[256]

No	$\frac{\sigma_n}{\sigma_I}$	σ_b /MPa		熔化金属的相对宽度 (L/L_0)/%	结合区的波形参数	
		爆炸后	热处理后		A/mm	λ/mm
1	1.0	333	123	55	0.46	0.86
2	0.85	306	105	53	0.48	1.05
3	0.75	319	204	56	0.35	0.91
4	0.60	300	210	60	0.42	0.95

表 3.2.3.27 铜-钢复合板的结合强度

状态	爆 炸 态		650 ℃、2 h 退火	
	结合强度 /MPa	试样数量 /个	结合强度 /MPa	试样数量 /个
σ_f	$110 \sim 316$ /210	20	$129 \sim 272$ /190	40
σ_τ	$162 \sim 258$ /214	20	$154 \sim 182$ /166	20

表 3.2.3.28 列出了三种类型的铜-钢复合板的力学性能数据。

表 3.2.3.28 三种铜合金-钢复合板的力学性能[118]

复合板		QA19-2+20g $(6+20)$ mm× 1000 mm×1400 mm		B30-921 ϕ1290 mm× $(7+22)$ mm	BFe30-1-1+BHW38 ϕ980 mm× $(10+110)$ mm	
		起爆端	末 端	起爆端	起爆端	末 端
σ_f /MPa	最高	549	544	581	617	657
	最低	421	522	358	593	588
	平均	507	524	497	605	622
$\sigma_{b\tau}$ /MPa	最高	365	408	456	351	461
	最低	351	355	331	363	363
	平均	378	381	407	371	413

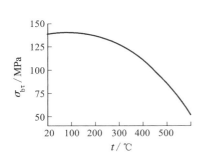

图 3.2.3.6 铜-不锈钢双金属管的高温结合强度[258]

爆炸焊接的铜-1X18H9T 不锈钢双金属管在热循环前后和高温下的结合性能数据如表 3.2.3.29 所列和图 3.2.3.6 所示。由表中数据可见热循环前后，该双金属的结合强度变化不大。由图可见，随着温度的升高，结合强度逐渐降低。

文献[149]指出，被黄铜复合的钢板主要用于管板上。在制造管板的情况下，随着爆炸焊接的应用，将产生便于管子缩口的黄铜覆板最佳厚度的问题。在已有的构件中，没有理由使用 $\delta_1 = 15$ mm 的覆层。为此进行了试验，在 $\delta_1 = 2 \sim 15$ mm 的复合管板上进行缩口，然后从其上切取试样，并在相应的装置上进行压力试验（10 MPa）。结果表明，为了在该管板中有把握地进行管的收口，必须使 $\delta_1 \geqslant 5$ mm。

表 3.2.3.29　铜-不锈钢双金属管热循环前后的结合性能[258]

No		1	2	3	4	5	6	7	8	平均
σ_f /MPa	循环前	165	175	181	181	139	159	142	172	164
	循环后	138	147	158	156	109	130	115	147	138
$\sigma_{b\tau}$ /MPa	循环前	147	134	139	117	—	—	—	—	134
	循环后	129	119	123	103	—	—	—	—	119

注：热循环工艺为（300~800）℃内和 50 ℃/min 的升温速度下，水冷，经受 30 次热冲击。

而根据结构和工艺分析，δ_1 应当为 $8 \sim 10$ mm。据此，制造了一系列的 $\delta_1 = 10$ mm、直径为 $700 \sim 1100$ mm 和总厚度为 $80 \sim 110$ mm 的黄铜（M63）-钢（G41）管板。在结合面积率为 100% 的情况下，$\sigma_f = 508 \sim 630$ MPa，$\sigma_\tau = 350 \sim 420$ MPa。

在制造反应器、热交换器、储藏器、油槽和塔的情况下，爆炸焊接法在化学机器制造中有最广阔的应用前景。用板状复合坯料进行冲压（封头）和轧制（筒体）来制造设备。例如，用 6 mm 的铜板复合的热交换器本体和被耐蚀铜复合的装载苛性钠的槽车，它们的内表面的面积为 30 m²。

将蒙乃尔-400 的板状保护覆盖层，用爆炸的方法焊接到钢零件的边部。这种零件在浸蚀性介质中保持 10 年以后没有观察到腐蚀。还用同样的方法用铜镍合金包覆了灰铸铁容器[259]。

用铜及其合金爆炸复合的材料的应用范围很广（工艺电容、热交换部件、电触头）。通常，爆炸复合后的变形坯料要进行压制或辊式修整。在很多情况下，爆炸焊接后大截面的复合板用作后续热轧和冷轧的坯料。文献[118]给出了一个获得 10NiCu、Ni 和钢三层复合板的例子，它作为接触海水的构件以及 10NiCu、Cu 和 10NiCu 制作钱币的三层材料。实验探讨了爆炸复合材料在电子零件中采用时的优点和不足[260]。

人们研究了从两边复合黄铜制造复合钢板的新工艺[261]。在该工艺中，为了结合各组元材料，采用了爆炸焊接。因此，可以 10 倍地增加同一块板的质量。通过确定强度和塑性性能以及法向各向异性的指标、材料强化的系数和平面各向异性的指标，在不同的方案下研究了三层板轧制的可行性。所得出的结论指出，这些工作的完成，可改进现行复合板的爆炸焊接、轧制和热处理工艺，以获得既定厚度、结合区组织和力学性能的黄铜-钢-黄铜复合板。

用爆炸焊接制成了 5+30 mm 厚的铜-钢和黄铜-钢复合板坯料。用前者制造了接触焊机卡盘的钳口。在后者爆炸焊接的情况下，确定了界面波幅、波长和剪切强度取决于底层（钢、砂和橡皮）和钢的厚度[238]。

对于铜-钢双金属来说，沿结合区的破断应力是 $444 \sim 469$ MPa。在原始状态下超过铜的强度极限的 200%。在结合区没有发现金属间化合物[262]。

借助三金属坯料的热处理，实验获得了在 G20 上复合铝青铜覆层的方法。坯料是预先用爆炸焊接法获得的。由所得到的资料可知，在弯曲变形的条件下，这种复合材料具有足够的塑性[263]。

关于热作用对爆炸焊接的铜-钢双金属的影响。研究结果指出，带有不同后续冷却速度的铜-钢双金属的退火和热循环，不会对结合强度产生大的影响。双金属的结合强度取决于铜基体的强度。铜的短时加热和后续再结晶不会导致结合强度的完全丧失[264]。

铜-钢复合板的应用如下：在氟利昂冷凝器钢底板上覆以青铜敷层，在压力容器的钢制压板上覆以铜敷层。还有造船工业用的铝-钢结构，以及用爆炸焊修复被磨损的表面，这种技术有很高的经济性[265]。

人们研究了基板的初始温度和冷作硬化，以及覆板的后续热处理对材料爆炸焊接性的影响。基板的初始温度是 -100 ℃、20 ℃ 和 100 ℃，覆板材料是铜、铝和不锈钢。不锈钢板用退火状态的（在轧制加工硬化后在固溶温度下进行后续退火）。结果指出，在提高初始温度和材料韧性的情况下将改善爆炸焊接性，而覆板的硬度不影响这种焊接性[266]。

有研究者提出了一个获得在海水和氨气中有高的耐蚀性、高的耐磨性和工艺性的双金属的方法。在这种情况下，含 Be $0.01\% \sim 2.0\%$、Sn $1.0\% \sim 9.0\%$ 和 Ni $1\% \sim 30\%$ 的铜合金，用爆炸焊接法与钢或铁合金结合，然后将所得双金属进行轧制，以获得薄的复合板。如果该铜合金中合金元素极少，将降低它的工艺性能；如果合金元素含量更高，则铜合金有过高的硬度。在这两种情况下都难以获得双金属。该双金属在

300~500 ℃下经受时效，将提高它的力学性能和耐蚀性[267]。

文献[268]在不同的爆炸焊接工艺参数下，研究了铜和铁接头结合区的性能，利用了光学显微镜、透射电子显微镜、显微 X 射线光谱分析和 X 射线结构分析。结合区的特点与质量比 R_1 和距爆轰点的距离 L 有关。波长和波幅是 R_1 和 L 的增函数。在 $R_1 < 1.4$ 的情况下，爆轰点附近的结合区是平面的。在一定的距离时开始出现波形。在 $R_1 > 1.47$ 的情况下产生波形界面，并开始于爆轰点。结合区熔化部分的组织取决于它们的成分和冷却速度，比其他地方通常有更细的晶粒，并且与电子束焊得到的焊缝金属的组织相似。

文献[269]介绍了白铜复合钢板的爆炸焊接和热轧的发展。指出，在日本用热轧爆炸结合的复合板制造较薄的或较宽的复合板是很普遍的。例如，制造运输核燃料渣的容器的不锈钢-紫铜-不锈钢复合板，制造餐具和水箱用的不锈钢-软钢-不锈钢复合板。

爆炸结合的复合板在结合性能方面是超过轧制复合板的。但是，爆炸复合板的热轧将引起结合区界面内部物质的扩散。这种扩散会使结合强度降低。这种现象在轧制复合板里几乎看不出来。因此，如果能使爆炸复合板在热轧之后不产生扩散，那么其各方面的质量都将超过轧制复合板。防止结合区界面上镍扩散的方法：①在不引起扩散的温度范围内加热和热轧复合板；②选择那些不发生镍扩散的覆层和基层金属；③插入中间层。

有文献提供了一种铵油炸药(硝酸铵+柴油，88/12)，用它进行了黄铜-软钢爆炸焊接。飞板速度的实验数据指出，这种混合炸药能够获得非常低的爆速；柴油的浓度不影响飞板速度。用这种炸药可以爆炸焊接覆板厚度为 18 mm 的黄铜-软钢复合板[270]。

现将用爆炸焊接法制造的与铜材有关的复合材料的应用介绍如下[271]。

铜-钢：以钢为母材，在其上敷上一层薄薄的铜包覆材料，用作晶体管的基板材料。其目的是用铜改善散热，还使钢制管底易于焊接。

铜-钢-铜：这是一种既可保持铜的导电性、导热性和耐接触性，又具有高的力学强度和廉价的材料。其实用例子是打入式 S 形地线棒和电气机器用的挤压件(端子和接头材料)。前者除具有上述优点外，还有埋在地下时耐接触腐蚀的特性。

磷青铜-钢：它兼有磷青铜的耐磨性和钢的高强度，主要用于低速度负荷轴承(卷式衬套)。

银-磷青铜：作为兼有银的耐磨性、耐电弧性和磷青铜的弹性的触头材料，被用于通信机器上。其耐磨性能比镀银件优越得多。

铝-钢-铜：这是广泛用作真空管的阳极材料。其中，铜有导电性和力学强度，表面上的铝一方面抑制气体从钢中逸出，另一方面使得加热处理时形成铝-钢金属间化合物而变黑。

铜-铝：冲压成形成垫片状，分别作为防电化学腐蚀接头，用于量度仪器的铜棒端子和镀层的托梁部分；以及深拉后车床加工，用于铜管和铝管的托梁部分。

文献[272]报道，覆层为 ОЦС4-4-2.5 青铜(3 mm×180 mm×750 mm)，基层为 11КП 钢(5 mm×150 mm×500 mm)，用平行法进行了爆炸焊接。其 $\sigma_f = 50 \sim 100$ MPa，扩散退火后 $\sigma_f = 150 \sim 160$ MPa。以 $\varepsilon = 50\%$ 冷轧，青铜和铜的硬度增加到 87~89 HRB，650~680 ℃中间退火后冷轧至 (1.5 ± 0.1) mm，$\sigma_b = 610 \sim 650$ MPa，$\delta = 1\% \sim 2\%$。将其在 650~680 ℃下最终退火 3 h 后随炉冷却至 200 ℃，然后在平静的空气中冷却。此时，$\sigma_b = 310 \sim 330$ MPa，$\delta = 29\% \sim 32\%$。铜的硬度为 24~31 HRB，青铜的硬度为 18~27 HRB。

文献[273]指出，M1 铜-G3сп 钢、BT1-0 钛+G3сп 和 08X18H10T-G3сп 钢等三种双金属热处理后都经受住了晶间腐蚀试验。热处理工艺如表 3.4.4.21 所列。

大连爆炸加工研究所生产的铜-钢复合板作为直线电机的感应板早已用于日本的地铁中(图 5.5.2.90)。

文献[1217]报道，造船工业中甚至利用复合板建造小型舰艇、巡逻艇和化学品运输船。例如，美国铜开发协会等单位发起建造的"铜海员"Ⅱ号捕虾船已于 1976 年下水。船长 23 m，宽 6 m，航速 10 km/h。船壳材料为 CA-706 铜镍复合钢板。由于铜镍合金材料表面具有优良的抗海水腐蚀性能，因而不需要涂刷油漆，而且还具有良好的抗海生物附着及生长能力，从而提高了航速，大大减少了维修时间和费用。

3.2.4　铝-钢复合板的爆炸焊接

1. 铝和铝-钢复合板

(1)铝和铝合金。铝是地球上含量极丰富的金属元素。至 19 世纪末，铝才崭露头角，成为在工程应用中具有竞争力的金属。航空、建筑和汽车三大重要工业的发展，要求铝及其合金具有独特的性质，这就大大地有利于铝的生产和应用。

现在已有300多种铝合金在工业界得到公认。铝及其合金的优良特性是其外观好、质轻、可加工性、物理和力学性能好，以及抗腐蚀性能好。从而使铝及其合金在很多应用领域中被认为最经济实用。

铝有优良的电导率和热导率，使其广泛地应用在电工业中。铝是非铁磁性的，这对电气工业和电子工业而言是一个重要特性。

铝的表面具有高度的反射性。有宜人的外观，可着色和染上纹理图案。因而多用作具有反射功能和装饰用途的材料。

在大多数环境条件下，包括空气、水(或盐水)、石油化学和很多化学体系中，铝显示了优良的耐蚀性。

某些铝合金的比强度可以与钢媲美，而其比刚度超过了钢。因此铝合金材料在交通运输、化工、机械、电力、电子和建筑，特别是航空航天工业中得到了广泛的应用。

(2)铝-钢复合板。铝-钢复合板是一种具有特殊使用性能的新型结构材料。由于铝和钢的一些性质，特别是熔点和强度的差别，以及它们之间会生成很多金属间化合物的特性，很难用常规的工艺将它们制成复合材料。这就使得爆炸焊接成为一种最好的制造大面积铝-钢复合材料的新工艺。这些复合材料能够应用在工业和科学技术的许多领域。

2. 铝-钢复合板的爆炸焊接

(1)铝-钢复合板爆炸焊接的工艺安装。大面积铝-钢复合板爆炸焊接的工艺安装如图5.4.1.2所示，引爆方式如图5.4.1.5所示，即多用平行法安装和中心起爆法引爆。

(2)铝-钢复合板爆炸焊接的工艺参数。曾经使用过的铝-钢复合板爆炸焊接的工艺参数如表3.2.4.1所列。

表 3.2.4.1　铝-钢复合板爆炸焊接的工艺参数

No	铝，尺寸 /(mm×mm×mm)	钢，尺寸 /(mm×mm×mm)	炸药品种	W_g /(g·cm^{-2})	h_0 /mm	保护层	引爆方式
1	L2, 2×300×500	Q235, 10×300×500	2#	0.7	3	水玻璃	端部
2	L2, 3×500×1000	Q235, 15×500×1000	2#	0.9	5	水玻璃	端部
3	LY12, 5×500×1000	Q235, 20×500×1000	25#	1.4	7	水玻璃	端部
4	LY12, 5×1000×2000	Q235, 20×1000×2000	25#	1.4	7	水玻璃	中心
5	LY2M, 5×1000×2000	Q235, 20×1000×2000	25#	1.5	8	水玻璃	中心
6	TA2, 2×500×1000	Q235, 26×500×1000	25#	1.0	4	水玻璃	端部
	L2, 5×500×1000	TA2-Q235, 28×500×1000	25#	1.5	7	水玻璃	端部
7	L2′, 12×1000×1000	Q235, 24×1000×1000	25#	2.0	10	水玻璃	中心
	L2″, 12×1000×1000	L2′-Q235, 36×1000×1000	25#	2.0	10	水玻璃	中心
	L2‴, 12×1000×1000	L2″-L2′-Q235, 48×1000×1000	25#	2.0	10	水玻璃	中心

铝-钢复合板通常用来加工制作过渡接头。这种接头的使用温度一般小于300℃。如果在铝和钢之间夹入钛，即采用铝-钛-钢过渡接头，当使用温度达到450℃时，其结合强度和导电性能仍能保持不变。由于原始铝板的厚度所限，当需要大厚度的铝-钢复合板时，可采用多次爆炸焊接的方法加厚铝层。

(3)铝-钢复合板结合区的组织。铝-钢复合板的结合区也为波状，其形状如图4.16.5.66所示。三层铝的两个结合区的波形如图4.16.5.110所示。五层铝的四个结合区的波形如图4.16.5.132和图4.16.5.133所示。由这些图可见，波形界面两侧的金属晶粒发生了强烈的拉伸式和纤维状的塑性变形，其规律如钛-钢和不锈钢-钢复合板一样。铝-钢复合板仅有波前一个漩涡区，三层时两个界面的波形内有波前和波后两个漩涡区。漩涡区内汇集了爆炸焊接过程中产生的大部分金属熔体，少部分分布在波脊上。

电子探针和电子显微镜的成分分析表明，该复合板的界面两侧存在着 Al 和 Fe 的相互扩散。并且在熔体中还存在着它们的多种金属间化合物，如 Fe_3Al、Fe_3Al_2、$FeAl_2$、Fe_2Al_5、$FeAl_3$ 和 Fe_2Al_7 等。铝-铁系二元合金的相图如图5.9.2.2所示。

上述结合区金属的塑性变形、熔化和扩散即为铝和钢在爆炸焊接过程中实现冶金结合的原因及机理。

(4)铝-钢复合板的力学性能。铝-钢复合板的力学性能如表3.2.4.2~表3.2.4.10所列以及图3.2.4.1~图3.2.4.3所示。

表3.2.4.2 铝-钢复合板的结合性能[274]

状　态	纯铝(供货态)	爆　炸　态	300℃、1h真空退火
σ_τ/MPa	56.1	(68.2　70.9　71.3　72.8)/70.8	(59.8　65.2　68.4)/64.5
σ_f/MPa	—	(108　116　116　128)/117	—

表3.2.4.3 铝-钛-钢复合板的结合性能[274]

状　态		爆　炸　态	300℃、1h真空退火	450℃、1h真空退火
σ_τ/MPa	铝-钛界面	(66.1　68.4　68.7　70.3)/68.2	(66.2　68.3)/67.3	(48.2　50.9　54.3)/51.1
	钛-钢界面	(324　325　336)/328	—	(286　292　305　323)/302
σ_f/MPa	铝-钛界面	(123 128 135 137 138 141 141 144 151)/138	—	—

表3.2.4.4 铝-钢复合板的剪切强度[275]

复合板	剪切界面	σ_τ(平均值)/MPa	破断位置
A3003-TP28-SB42	A3003-TP28	108.8	A3003一侧
	TP28-SB42	375.3	TP28一侧
A5083-A1050-SS41	A1050-SS41	87.2	结合面

表3.2.4.5 铝-钢对接接头的拉伸性能[278]

材料	尺寸/(mm×mm×mm)	对接方式	焊缝,σ_b/MPa	基体σ_b,/MPa	$\dfrac{\text{焊缝}\,\sigma_b}{\text{基体}\,\sigma_b}$/%
A6和A7铝	8×100×300	一面对接	122	90	136
A6和A7铝	12×100×300	二面对接	105	79	133

表3.2.4.6 铝-钢复合板的拉伸性能[275]

复　合　板	σ_b/MPa	σ_b(平均值)/MPa	破断位置	试　样　加　工
A3003P-TP28-SB42	212　212	209	A3003P部分	圆柱形
	208　204　206		A3003P-TP28界面	
	145 104 151 145 142	137	铝合金熔接部	板状,两端焊接接长

表3.2.4.7 铝-钢复合板的拉伸性能[274]

No	1	2	3	4	5	6	7	8	9	10	平均	破断位置
σ_b/MPa	102	102	104	102	105	102	106	106	107	106	104	全部铝母材

表3.2.4.8 铝-铝对接接头的拉伸性能[278]

金　属	σ_b/MPa	$\sigma_{0.2}$/MPa	δ/%
焊缝	106	93	18
基体	87	60	37
相对增加或减少值	$\dfrac{106-87}{87}=+22\%$	$\dfrac{93-60}{60}=+55\%$	$\dfrac{18-37}{37}=-51\%$

表3.2.4.9 铝-钢复合板的拉剪强度

状　态	爆　炸　态	300℃、1h真空热处理
$\sigma_{b\tau}$/MPa	(68.2~72.8)/70.8	(59.8~68.4)/64.5

表3.2.4.10 铝-钢复合板的冲击性能

材　质	a_k/(J·cm^{-2})
L1-Q235	77.4

铝-钢复合板结合区的显微硬度分布曲线如图5.2.9.27和图5.2.9.43所示,三层铝-钢复合板结合区和断面的显微硬度分布曲线如图4.8.3.44所示,三层铝复合板的结合区和断面的显微硬度分布曲线如图4.8.3.47所示。对称碰撞两层铝合金的结合区和断面的显微硬度

表3.2.4.10 A5083P-A1100P-SB41复合板的弯曲性能

板厚比	1.43	2.86	5.7	11.4	17.4	22.9	28.6
侧弯	△	△	○	○	○	○	○
外弯	×	×	○	○	○	○	○
内弯	×	×	○	○	○	○	○

注:○—良好,△—较好,×—不好。

分布曲线如图4.8.3.33所示。

3. 铝-钢复合板爆炸焊接工艺、组织、性能和工程应用的文献资料

文献[279]指出,在制造铝合金-钢双金属的时候,会产生足够复杂的撞击工艺问题。一方面,铝的低密度和钢的高强度需要高的撞击速度;另一方面,高撞击速度导致结合区大量的热析出,由此可能产生脆性的金属间化合物,这些化合物不良地影响着结合质量。此外,还必须考虑铝合金低的熔化温度。为此通常利用中间层。

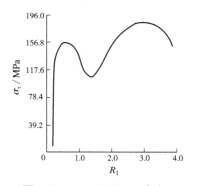

图 3.2.4.1　AlZnMg1 合金-
钢 37 复合板的剪切强度
与质量比的关系[276]

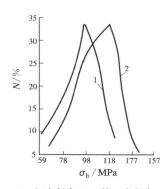

1—初次复合;2—第二次复合
图 3.2.4.2　铝-钢焊接接头
强度分布的频率特性[277]

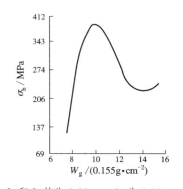

δ_1 和 δ_2 均为 6.35 mm;h_0 为 6.35 mm
图 3.2.4.3　6061-T6+6061-T6 复合板
的抗拉强度与单位面积药量的关系[2]

由试验得出[280],厚度为(6+1.5+8)mm的 AMr6-АД1-G4C 复合板的力学性能数据为:$\sigma_\tau = 74.5$ MPa 和 $\sigma_f = 97.0$ MPa。同样厚度的 AMr6-АД1-1X18H10T 复合板 $\sigma_\tau = 66.6$ MPa,$\sigma_f = 68.6$ MPa。

铝-铝对接接头中焊缝金属和基体金属的拉伸强度与热处理工艺的关系如图 3.2.4.4 所示[278]。

由 A7-A7 爆炸焊接的搭接对头的组织、力学和化学性能均匀性的研究可确定[281],根据焊接参数能够获得两种类型的结合界面:直线状和波状。前者结合界面上组织的不均匀性是不大的,表现在界面附近形成的金属变形晶粒区有 0.3~0.5 mm 厚。在此区域中,晶粒发生畸变和被破碎,并沿金属流动的方向被拉长,像轧制

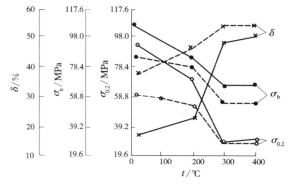

图 3.2.4.4　铝-铝对接接头中焊缝金属(实线)与基体
金属(虚线)的拉伸强度与热处理温度的关系(保温 2 h)

情况一样,形成了条纹组织。界面上常见到气孔和不致密。如果能量不足,这类缺陷将大大扩展。

后者沿结合界面形成的变形层比直线形界面厚得多,并取决于波幅。由于扩展了界面,变形区也大大加长了。在波形成的过程中,由于金属的流动,出现了漩涡。这就导致该处热量的强烈析出和铸造区的出现。力学试验表明,漩涡内熔体的存在实际上不影响结合强度。但它们的腐蚀稳定性明显降低。

热处理是消除组织不均匀性的有效方法。由于再结晶过程,界面几乎消失。但原有的气孔和砂眼、疏松和不致密等缺陷仍存在。

焊接接头的化学不稳定性首先与焊接热过程有关。由于熔化在铸造区引起杂质的重新分布和它们浓度的改变。熔体的高的冷却速度对此不均匀性也会产生大的影响。结论指出,就组织和物理的不均匀程度而言,波形界面比直线形界面高得多,可以借助于再结晶退火来消除组织的不均匀性。爆炸焊接的铝的接头实际上不存在化学的不均匀性。

文献[282]指出,高纯度铝在制造用于生产和储存浓硝酸的设备中获得了广泛的应用。但用熔化焊接制造的这种设备,在工作 6~12 个月后,由于焊缝电化学的不均匀性的腐蚀破断而常常被损坏。此时,基体金属的寿命是 5~10 年。

为此可用爆炸焊接的方法来覆盖这类设备的焊缝。研究表明,爆炸焊接后具有直线形界面的铝的接头在硝酸中将有接近基体金属的腐蚀稳定性。但要全部获得这样的接头在技术上有困难。研究表明,通过降低接触面的微观不平度的方法可以提高这种接头的化学均匀性。为此试验了 A7 和 A85 工业纯铝板材接触

表面的粗糙度对其搭接接头波形界面化学均匀性的影响。结果指出，在爆炸焊接的结合区中，铝的氧化是其产生化学不均匀性的决定性因素，因而它是影响腐蚀稳定性的决定性因素。降低接触表面的粗糙度，可以增加接头的腐蚀稳定性，这样便增加了相应设备的使用期限。

文献[283]对船舰制造中连接钢和铝合金的铝合金-钢复合材料作了规定。其组成和性能如表3.2.4.11和表3.2.4.12所列。

表3.2.4.11　铝合金-钢复合材料

制造方法	组　成　材　料			标　准
爆炸焊接	覆材	最上层	A3003P	JISH4600（铝及铝合金板条）
		中间层	TP28	JISH4600（钛板及钛条）
	母材		SM41	JISG3106（焊接结构用轧制钢材）

表3.2.4.12　铝合金-钛-钢复合材料的力学性能

σ_b /MPa	σ_τ/MPa	
	铝合金-钛界面	钛-钢界面
137	78	137

弯曲试验采用侧弯，试验后在弯曲表面不产生裂纹，但结合面允许3 mm的裂口缺陷。

实验研究了加热对铝-钢复合板结合区组织和破断特性的影响[284]。结构碳钢的截面为90 mm×160 mm，长500 mm和2050 mm，铝的厚度分别为2 mm、4 mm、16 mm和20 mm。试板的待焊表面用砂轮处理和脱脂。使用C 25和C 30炸药，其爆速为2100～2300 m/s。

研究爆炸焊接后的和在（100～320）℃下加热100 h后的结合质量，结果发现，钢侧结合区有暗区，它是由金属化合物组成的。在接头的宏观磨片上可见到带有裂纹的灰色脆性金属间化合物相区，这是由局部熔化和冷却后的应力引起的。

在加热试验中，随着加热温度的升高，界面上金属间化合物的数量有些增加。同时接头的力学性能也改变了：到100 ℃时，强度有些提高；然后降低（到320 ℃时）。在100～320 ℃的温度范围内，铝侧都发生塑性破断。当进一步升高温度时将发生脆性破断。

（4+25）mm厚的A85-A85复合板爆炸焊接过程中的动态参数与静态参数的关系如表3.2.4.13所列。试验指出，在$\beta \geq 19°$的情况下，复合板为带有熔化区的结合界面。随着v_{cp}的减小，熔化金属的量减少。随着β的增大，覆板的塑性流动区的深度保持不变，而基板减小。同时，随着β的增大，$v_{p,\tau}$明显增大，从而引起冲击点两侧金属强烈的塑性变形和较多的熔化。

表3.2.4.13　A85-A85复合板爆炸焊接参数[285]

No	静　态　参　数			动　态　参　数		
	α/(°)	R_1	β/(°)	v_p/(m·s⁻¹)	$v_{p,\tau}$/(m·s⁻¹)	v_{cp}/(m·s⁻¹)
1	0	0.33	10	328	290	1800
2	0	1.48	14	540	440	1800
3	14	0.31	19	590	170	1800
4	16	0.31	21	590	190	1600
5	27	0.31	32	590	292	1100
6	39	0.31	44.5	590	396	850

注：$v_{p,\tau}$为v_p的切向分量。

采用直线电机车辆技术的我国广州地铁4、5号线，使用了大量的爆炸焊接的铝-钢复合感应板（图5.5.2.178和图5.5.2.179）。

文献[1069]指出，随着我国城市化进程的加快，城市建设的规模不断扩大，人口不断增加，市内交通问题越来越突出。据调查，目前全国有30多个城市正在规划、筹建和在建地铁、轻轨等城市轨道交通设施，力图以此来改善日益拥堵的城市交通状况。然而，传统的地铁系统采用的是旋转电动机驱动，经减速器、齿轮箱和联轴节等传动机构，靠轮轨黏着驱动前进的模式。这种模式使地铁工程存在建设费用高、震动噪声大、维护费用高等缺点。直线感应电动机驱动模式是最近20年来逐渐发展起来的一种先进的轨道交通模式。其动力类似于磁悬浮系统，实现了以磁力为牵引力的转变。它具有震动小、噪声低、爬坡能力强、动力性能优越、工程造价低和运量大等优点。这种系统已在日本、美国、加拿大等多个国家的9条线路上成功运行了10多年。实践证明这种系统安全可靠，在经济、技术和效率方面具有相当优势，是21世纪轨道交通的发展趋势。

在新型地铁直线电动机轨道交通系统中，复合感应板相当于旋转电动机的转子，它平铺安装在两条铁轨之间。其作用是与安装在列车底部转向架上的电动机的定子一起，通过电磁感应产生动力，从而驱动列车前进。

相当于转子的感应板材料应该具备电阻率低、导热快和无磁性等特点。铜材和铝材具有这种特性，都可作为这种感应板材料，但单一的铜板或铝板存在强度偏低的问题，为此，采用铜-钢或铝-钢复合感应板。由于铜材较贵，最终选定铝-钢复合板作为感应板材料。

爆炸焊接是实现铝和钢这两种性能差异很大的异种金属优质结合的可靠方法。

该文献作者的所在单位根据上述复合感应板的技术和使用要求，开展了深入广泛的试验工作。解决了地铁用铝-钢复合板生产制造中的关键技术问题：优选出了爆炸焊接参数和工艺，模拟了实际应用场合下的工况条件的焊接热循环和确定了合理的焊接工艺，提出了一套行之有效的超声波检验方法。最后获得了性能优良的大面积的铝-钢复合感应板，并成功地应用于国内第一批以磁力牵引的地铁工程——广州地铁第 4 号线和第 5 号线及第 6 号线。实现了关键部件材料的创新和国产化，取得了良好的经济、技术和社会效益。

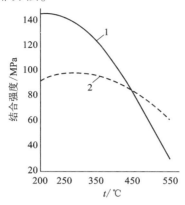

1—剪切强度；2—分离强度

图 3.2.4.5　铝-铝爆炸复合板在不同热处理温度下的结合强度（均保温 15 min）

产品的原材料：铝材为 8 mm 厚的 1050 铝板，钢材为 25 mm 厚的 Q235 钢板。用如图 5.4.1.145 所示的安装图式进行爆炸焊接。获得了（8+25）mm×1500 mm×5500 mm 的大面积的铝-钢复合板。最后将这块复合板切成定尺的地铁用感应板。

该文献还提供了在不同温度下的热处理与该复合板结合强度的关系，结果如图 3.2.4.5 所示。

文献［1068］讨论了铝-钢复合板在城市轨道交通的应用，指出在城市轨道交通体系中，采用短定子列车驱动直线感应电动机。当初级线圈通以三相交流电时，由于感应产生磁力，直接驱动车辆前进。改变磁场方向，车辆运动随之改变。直线电动机驱动技术先进，爬坡能力强，转弯半径小，运行平稳，系统安全可靠，工程造价低，运营费用低和环保性能好。

直线电动机的转子就是铺在轨道中心的感应板，它构成了直线电机牵引系统不可或缺的重要部分。其材质、安装和运行时的气隙大小都直接地影响着整个系统的技术经济指标。直线电动机车辆转向架（包括电动机）、直线电动机和感应板构成了直线电动机轨道交通系统的核心技术。

2004 年，我国首次提出在广州地铁 4、5 号线上使用金属复合材料感应板做直线电动机转子。为此，铝-钢爆炸复合板成功地应用于直线电动机转子的感应板。

广州地铁 4 号线是国内首次使用直线电动机技术的一条地铁线路，使我国成为全球第五个拥有该技术的国家。在感应板的制造方面，摆脱了依赖进口的局面，填补了国内空白。

该单位生产的铝-钢复合感应板的技术指标如表 3.2.4.14 所列。

铝-钢感应板在广州地铁的应用如图 5.5.2.178 和图 5.5.2.179 所示。

文献［1073］报道，地铁工程中大量采用了铝-钢复合板作为 DC750V 电压制式轨道交通的导电板，与低碳钢导电板相比具有多方面的优势。

DC750V 电压制式轨道交通系统采用了第三轨技术，使得地铁工程建设的隧道截面积要比 DC1500V 电压制式架空接触网的小，即隧洞直径由原来的 5.8 m 减小到 3.5 m。这不仅使工程开挖量大大减小，而且提高了施工速度，节省了人力、物力和财力。

当轨道坡度较大时，所需要的牵引功率较大，于是导致输电感应板产生更多的热能使其

表 3.2.4.14　铝-钢复合感应板的技术指标

项　目	数　据	项　目	数　据
σ_b/MPa	480~510	表面不平度/(mm·m^{-2})	1
δ/%	26~35	结合率/%	>99.6
σ_τ/MPa	85~110	端面垂直度/mm	<1
表面粗糙度/μm	4~6	四面直角度/mm	<1
长度公差(mm·m^{-1})	0~3	厚度公差/(mm·m^{-1})	-4~0

温度升高，将导致铝-钢感应板出现寿命降低的问题。铜-钢作为一种替代材料，在地铁工程中坡度较大的情况下得到了应用。如日本从新宿到练马的地铁新干线就采用了爆炸焊接的铜-钢复合板作为感应板材料（图 5.5.2.90）。

文献［1243］通过试验，选取了铝-钢复合板爆炸焊接的工艺参数和覆层表面保护的材料，并测定了复合板的结合率、界面波形、结合强度等。结果表明，结合率大于 99.9%，界面呈波状，剪切强度为 100~

110 MPa。为保护覆板表面，试验了表面贴纸，涂抹水玻璃和涂抹 3 号钙基润滑脂三种方法。通过比较表明，第三种方法效果比较理想。

该新产品作为直线电机的感应板已用于广州地铁的 4、5、6 号线。

文献[1244]简述了直线电机轨道交通车辆技术的优点和状况。以广州地铁 4、5 号线为例，介绍了爆炸复合板——铝-钢感应板首次在国内直线电机车辆中的应用情况，并指出，直线电机轨道交通系统是一种运行安全可靠和技术比较成熟的新型城市轨道交通模式。铝-钢感应板在广州地铁的成功应用，显示出了明显的优势。随着城市轨道交通的快速发展，在不久的将来，爆炸焊接的铝-钢复合板必将在直线电机轨道交通中得到广泛应用。

文献[1245]报道，铝-钢复合接触轨是一种新型的接触轨材料。它与传统的低碳钢接触轨相比，具有重量轻、导电性能好、电损耗低等优点。采用铝-钢复合接触轨可减少地铁牵引变电所的数量和相关的土建工程投资。由于这种复合轨采用机械连接，零部件少、易于安装施工和维修养护、减少运营后的检修工作量，所以用铝-钢复合轨代替低碳钢轨是国内轨道交通的发展趋势。

该文从北京地铁 5 号线的工程实际出发，对铝-钢复合轨和低碳钢轨进行了综合技术及经济比较，对选择上部受流方式的铝-钢复合接触轨进行了理论研究、技术论证、产品开发和试验线工程的实施及总结。

由 AMr6+АД1+ВТ1-0+М1+G3 五层过渡接头的过渡区研究可知，АД1 中间层的采用，使得在等温和焊接加热的情况下，脆性金属间化合物的形成会向更高的温度移动[286]。

在该过渡接头的铜-钢界面有波形特征，并在波脊上能够观察到很难腐蚀的区域。该区的组织、成分和显微硬度与基体金属不同。显微 X 射线光谱分析表明，界面两侧的 Cu 和 Fe 含量可变。HV 从 200 增加到 300。结合区除塑性变形外，还可观察到熔化，以及各种比例的金属粒子的分散和混合。

钛和铜的波形界面上有均匀和交替的波脊及漩涡。在漩涡区分布着高硬度，其内组织不均匀。HV 从 300 增加到 500，铜侧的硬度提高了 3~5 倍。高硬度区内 Ti 和 Cu 的含量明显不均匀，其内可能含有 Ti_2Cu_3 和 Ti_2Cu_7。Ti_2Cu_3 中的扩散系数 $D(cm^2/s)$ 对铜而言为 $(9.1\pm0.3)\times10^{-10}$，对钛而言为 $(1.0\pm0.3)\times10^{-10}$；$Ti_2Cu_7$ 中扩散系数 $D(cm^2/s)$ 对铜而言为 $(9.7\pm0.3)\times10^{-10}$，对钛而言为 $(1.4\pm0.3)\times10^{-10}$。

铝和钛间的界面几乎是平的，沿着它分布着厚 20~70 μm 的光亮区。这些夹杂物的分布区的 Hμ 从 400 增加到 700，其内含有 Al_3Ti 金属间化合物。

AMr6+ВТ1-0+M_1+12Х18Н10Т 四层过渡接头中没有 АД1。有它时过渡接头有足够的塑性，但强度低。这种接头的强度不亚于 AMr6 合金的强度的水平。

在该过渡接头的铜和钢的界面附近有大量的熔化区，该区内含有 Ni、Cr、Fe 和其他元素。通过界面的这些元素分布的特点是 Cr 向铜的扩散。过渡区的铜侧的 HV 为 200~250，钢在界面和铜的附近被强化到 HV 400。

铜和钛熔化区的成分分布曲线有弯折，这表明其内除有夹杂物外还有某些化合物。它们的显微硬度几乎比铜高 3 倍，HV 为 350~450。在 Cu-Ti 界面上没有发现显微裂纹、未焊透和气孔。

铝合金-钛界面的元素分布线表明，镁不参与过渡区的形成和不妨碍它们的结合。分离强度试验表明，所有试样的破断均沿 AMr6 合金发生。

最后指出，结合区尽管存在组织和化学的不均匀性，爆炸焊接仍能保证强固结合和不形成裂纹及非熔化区。

可借助超声波检验的方法来评价爆炸焊接的铝的接头中的缺陷类型[287]。复合板为 (4+25) mm×150 mm×300 mm 的 A85-A85，结合区有三种主要类型：直线形和带有局部未焊透的，波状和没有任何缺陷的，带有连续熔化层的。

超声波探伤仪通过酒精和二甲苯接触液覆盖检查区，来保证覆层的表面与超声波转换器之间实现声学接触。在超声波振动的频率 $f=5$ MHz 的情况下（纵向超声振动的波长 $\lambda=1.25$ mm），进行了该复合板的超声波检验。根据平面反射的需要，超声波转换器和探伤仪进行了系统灵敏度的调整（在尺寸为 25 mm×40 mm×180 mm 的 A85 铝的试块上，一个浅孔的深度为 21 mm，它的面积为 0.5~7 mm^2）。反射超声波信号的振幅大小与平面反射器面积的关系见图 3.2.4.6。

该焊接接头的超声波检验结果的分析指出，上述每一种类型的结合区内的缺陷都有自己的一定的超声信号振幅值,那些信号是从界面和复合板底面反射出来的(表 3. 2. 4. 15)。反射超声波信号振幅的大小用来作为评价结合区缺陷的类型的标准。

有文献报道了铝-钢纤维复合材料的资料[288]指出,在用钢丝强化铝合金的情况下,它们的疲劳破坏的强度将提高 3 倍;持久强度极限与短时强度之比为 0.5~0.7,对于普通材料而言这个数值为 0.2~0.3。该复合材料的大量资料见 3. 2. 40 节。

表 3. 2. 4. 15　A85-A85 复合板结合区内的缺陷与其超声波信号振幅值的关系

缺　陷	超声波信号的振幅,从下面位置反射/dB	
	从界面缺陷	从复合板试块底部
带有局部熔化区的未焊透 $S_1 = 0.002\ mm^2$	31~33	17
连续熔化层 $b = 0.05~0.10\ mm$	19~21	20
局部熔体 $S_1 = 0.004\ mm^2$	—	32

注:S_1 为熔体的面积,b 为熔化层的厚度。

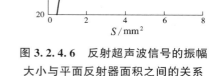

图 3. 2. 4. 6　反射超声波信号的振幅大小与平面反射器面积之间的关系

用铝-钢复合板制作的铝-钢过渡接头、及其连接的形式和连接的部件示意图如图 3. 5. 5. 1~图 3. 5. 5. 6 和图 3. 5. 5. 9 所示。

表 3. 2. 4. 16 列出了 AMr6-X18H10T 双金属的分离强度的数据。

文献[290]指出,由于焊缝的物理-力学和电化学性能的不均匀性,使得用压力焊接制造的工业纯铝的生产硝酸的压热器反应器使用期限不长(约 4 个月)。利用高纯铝和使焊缝金属变性处理,可以大约 3 倍地增加这些设备的寿命。但是,焊接过程中,过热区金属在电弧断裂时形成的焊口的补焊和焊接速度的缓慢等,都使焊缝出现低的腐蚀稳定性。

用基体金属覆盖常规焊缝金属是整体地提高焊接接头和装置腐蚀稳定性的根本方法。这种覆盖须借助爆炸焊接来实现。

为了能使低温真空设备安全工作,研究和制造了无台阶的铝-钢过渡接头[184]。爆炸焊接的这种接头的结合强度相当于铝的性能水平。过渡区有完整的波形接触面。该过渡接头的低温热循环试验(冷却到 -196 ℃ 和加热到 20 ℃,在一定时间内循环 100 次)指出,它们有高的密封性。

铝-钢、铝-铜-钢和铝-钛-钢复合板的一些持久强度试验的结果,如表 3. 2. 4. 17 和表 3. 2. 4. 18 所列。

文献[25]报道了高强钢和铝镁合金爆炸结合的资料。覆板为 5 mm 的钢,基板为厚 25 mm 的铝镁合金。

在低爆速(1400~2200 m/s)和保证获得平面界面的撞击角的情况下,对厚度为 6~18 mm 的 1100 铝板和厚度为 12.7~37.2 mm 的 1015 低碳钢板进行了爆炸焊接[291]。焊接接头在氩气中于 350~550 ℃ 下退火 4~32 h。试验表明,带有平面界面的接头有高的强度,且比铝更高、更均匀(不仅在焊接以后,而且在 550 ℃ 下退火 8 h 后都有金属间化合物)。为了确定在形成平面和波状界面时消耗的能量的差异,画出了横过结合区的硬度分布曲线。波形结合区含有许多金属间化合物,这些化合物降低接头的拉伸和弯曲强度。在平面的情况下,在所有形式的强度试验中,接头都沿铝界面破断。在 550 ℃ 下退火 8 h 后,在平面界面的

表 3. 2. 4. 16　铝-不锈钢复合板的分离强度[289]

h_0/mm	3	5	8
σ_f/MPa	(83~147)/123	(43~103)/55	(41~61)/49

表 3. 2. 4. 17　铝-钢复合板的持久强度(1)

组　合	试验温度/℃	应力/MPa	持续时间/h
铝-钢	300	78.4~98.0 增加	765
	300	78.4~39.2	765
铝-铜-钢	400	78.4~98.0	765
	400	78.4~39.2	741
	500	78.4~98.0	741
铝-钛-铜	400	78.4~39.2	741
	400	78.4~98.0	741
	500	78.4~39.2	765
	500	78.4~98.0	765
	500	78.4~39.2	741

注:试验中温度梯度为 3 ℃ 和温度波动±3 ℃;试验结果均未断。

接头中形成的最大量的金属间化合物，都不影响结合强度。

铝-钢型材的生产方法一般有黏合、轧制复合和爆炸复合。在 X5CrNi18.9 钢被尺寸为 2.5 mm×80 mm 的 AlMgSi 合金条带复合和 St41 钢被 AlMg3、AlMg4.5Mn、AlMgSi0.5 及 AlMgSi1 铝合金制品复合的时候，获得了高强性能的接头。这些复合型材在仪表和船舶制造中被广泛应用[292]。

为了能使大电流通过电解槽的电极，用爆炸焊接法制备了综合性能优良的过渡接头元件。这种元件由长 2000 mm 或 3000 mm、截面 100 mm×120 mm 的钢板和尺寸为 20 mm×160 mm×290 mm 的铝板组成。结合表面预先净化到有金属光泽，并除油。铝板以 5~6 mm 的间隙距离放到钢板的上面。将此复合板的铝层焊到第二块铝板上从而制成过渡接头。这种元件在使用 2 年后其电性能未变。与老工艺相比，过渡接头的电阻平均降低了 30%。由于缩短了制备时间，降低了电能和有色及贵重金属的消耗，获得了明显的经济效果[293]。

在强电流技术条件下，爆炸复合法制备的过渡元件的应用研究指出，用爆炸焊接使铝和钢坯对接或者使板状铜和铝坯料搭接，这种复合材料可用来制作电解窑的过渡导电元件。有关文献提供了一些这类元件的形状和它们焊接的条件[294]。

关于中间层在铝和钢爆炸焊接时的应用研究[295]指出，铝-钢复合板在使用过程中常常要经受高温和长时间的作用（如在电解熔炼的装置中用它们作阳极和阴极）。在这些条件下，在焊接中，在铝-钢界面上产生的 $FeAl_3$ 和 Fe_3Al_5 型的金属间化合物，将降低其结合强度。为此，提出用薄的铜板和镍板做中间层，以减少其界面上的中间化合物和增加焊接接头的强度。用爆炸能量焊接了厚 22 mm 的 AISI 1020 型钢和厚 7 mm 及 15 mm 的 1100 铝。作为中间层使用了厚 0.5 mm 的镍板和厚 1.45 mm 的铜板。焊接试样经受了 400 ℃ 和 515 ℃ 下的热处理。提供了焊接后和在上述温度下保持 4~8 h 和在 110 h 热处理的情况下的金相组织、显微硬度和拉伸强度。确定在用铜做中间层的情况下，铝-铜-钢接头中有高的疏松度和低的力学强度，因此用铜做中间层是不合理的。相反在铝-镍-钢型接头中，在 515 ℃、8 h 热处理后，强度特性仍足够高。这就可以预测，在 400 ℃ 以下工作时，长期使用这种接头仍有可靠的稳定性。

人们研究了爆炸焊接的铝-钢接头的力学和电性能试验的方法及结果。在氧化铝的电解中，这种接头用来制作大截面的电导体[296]。早在 20 世纪 70 年代，我国大连爆炸加工研究所已将该接头用到了电解铝中。

文献[1073]指出，铝-钢过渡接头最大的应用领域是电解铝行业，是爆炸焊接技术最早工业化应用的产品之一。在这种产品出现之前，传统的铝电解设备采用机械连接的方法（压接、铆接、包接和螺栓连接等）将铝导杆与钢爪、铝导杆与铝母线连接在一起。这种连接方式施工复杂，而强磁场又给维修带来困难。特别是由于机械连接不紧密，导致导电性差，造成很大的电力浪费。据现场测量，在铝导杆与钢爪机械连接时，该处的电阻达 136 μΩ，而采用爆炸焊接的铝-钢过渡接头时，其电阻仅为 0.3 μΩ。按照目前电解铝的实际生产情况，对于电压为 4 V、电流为 320 kA 的生产线，采用铝-钢过渡接头时，该部位的电压降为 96 mV；采用机械法连接时却为 43520 mV。据统计，如果界面电压降低 1 mV，按年产 100000 t 电解铝计

表 3.2.4.18　铝-钢复合板的持久强度（2）

组　合		试验温度/℃	持续时间/h	结　　果
铝-钢	1	400	601	未断
		400	601	未断
	2	500	601	断
		500	601	断
	3	300	624	断
		600	1001	断
	4	400	624	断
		630	1603	断
	5	500	624	断
		550	840	断
		640	295	断
	6	300	624	断
		600	728	断
	7	400	624	断
		630	343	断
	8	500	624	—
		550	840	—
		650	55	—
铝-铜-钢	9	400	624	断（升温 <630 ℃ 时断）
		630	0	
	10	500	624	断（重升温时断）
		600	0	
铝-钛-钢	11	400	624	未断
		600	1603	
	12	500	624	断
		630	727	

注：试验过程中温度梯度 3 ℃，温度波动±3 ℃，应力 78.4 MPa。上两表中试样的尺寸为 φ5 mm。

算，1 年可节电 80×10^4 kW·h。因此，采用爆炸焊接的铝-钢过渡接头，对于电解铝企业的节能来说，数据相当可观。

文献[1246]介绍了铝-钢爆炸焊接的特点、该接头的制造方法和应用，以及在现代铝电解行业中的应用。

传统的铝电解设备均采用自焙槽，在电解槽的阳极和阴极、铝导杆和钢构件、钢导杆和铝排的连接上采用压接、铆接、包接和螺栓连接等方式。这些连接方式存在着施工复杂，维修频繁和导电性差等缺点。随着爆炸焊接技术的发展，目前铝和钢的连接普遍采用爆炸焊接的铝-钢过渡接头。与传统的连接方式相比，爆炸焊接的接头结合强度高、界面电阻小、简化施工和安装，方便维修，同时大大减少了电能的消耗。因而，铝-钢接头是现代铝电解设备理想的选用材料。它的使用必将带来巨大的经济效益。

铝-钢接头的制造方法有三种：铝和钢直接爆炸法；采用一层薄铝板中间层的直接爆炸焊接法；铝板直接爆炸焊接在钢构件上。表 3.2.4.19 为该单位近年来生产的铝-钢过渡接头的应用情况。

表 3.2.4.19　洛阳船舶材料研究所近年生产的铝-钢接头的应用情况

用　户	应　用　部　位	接头尺寸规格/(mm×mm×mm)	使用数量/块	使用日期
铜川铝厂	自焙电解槽阳极导杆	(12+40)×135×135	1100	1995—1996
白银铝厂	预焙电解槽阳极导杆	(12+40)×120×200	900	1997—1998
河南新安县铝厂	预焙电解槽阳极导杆	(12+40)×165×165	3500	1997
青海铝厂	预焙电解槽阳极导杆	(12+40)×165×165	800	1997—1998
贵州铝厂	预焙电解槽阳极导杆	(12+40)×165×165	4900	1996—1997
丹江口铝业有限公司	预焙电解槽阳极导杆	(12+40)×150×150	500	1999
山东荏平县热电厂铝厂	预焙电解槽阳极导杆	(12+40)×165×165	2200	1999
苹果铝业公司	预焙电解槽阳极导杆	(12+40)×185×235	500	1999
	自焙电解槽阳极导杆	(12+400)×150×270	500	1999

在铝电解行业采用铝-钢接头后的经济性主要体现在节约能源方面。据统计，如果界面电压降低 1 mV，按 100000 t 电解铝计算，1 年可节电 80×10^4 kW·h。如果电价按 0.4 元/kW·h 计算，每年可节约电费 32 万元。采用铝-钢接头后，界面电压至少降低 5 mV。于是，对整个铝电解行业来说，其经济效益是十分明显的。

文献[1247]指出，铝-钢接头采用爆炸焊接后，可使电解槽接头处的电压降至原来的 1/7。同时各阳极穿钉电流分配均匀，产品的各项技术性能得到改善和提高。据俄罗斯 2 个较大的制铝厂的统计，每 100 个电解槽 1 年可节约电能 200×10^4 kW·h。

文献[1248]研究了爆炸焊接的铝-钢复合板接头的组织和性能。结论指出：在爆炸态下，这种接头的拉伸、剪切和弯曲性能良好，达到了工程应用的标准，其 $\sigma_b = 343$ MPa、$\delta = 23\%$、$\sigma_\tau = 80$ MPa，内弯外弯未出现裂纹；爆炸焊接的接头具有良好的抗热疲劳性能，通过合理的热处理工艺可以恢复基材原始的力学性能；显微硬度试验表明，复合界面出现了明显的硬化现象，其峰值出现在过渡层位置；随着焊后热处理温度的提高，铝-钢界面原子的扩散增强，扩散区域扩大，扩散层的厚度逐渐增加。

文献[1249]进行了三种质量对比下的铝-钢爆炸复合板试验，并指出：所有复合板的界面均焊合良好，焊合率大于 95%，结合强度大于 60 MPa，而且基、覆材的硬化程度不明显。但界面上存在 Fe 和 Al 的金属间化合物，故工艺参数应慎重选择，尽量减少其生成量。

文献[1250]报道了用爆炸+爆炸成型的方法生产铝-钢复合锅，指出日常生活中常用铁（钢）锅和铝锅，前者有利于人体吸收铁质，后者传热快但铝对人体有害。作者研制的铝-钢复合锅综合了两者的优点。为此，先爆炸焊接 φ400 mm×(2+1) mm 的铝-钢复合板，然后将此复合板退火和轧制成所需的厚度，再用压机成形或爆炸成形的工艺将该复合板成形为钢-铝复合材料锅。这种锅传热快，有利于人体吸收铁质、质量好和经久耐用。

在制造高压电缆和大截面汇流排的时候，铝及其合金常用来代替铜[297]。用爆炸焊接来结合汇流排有大意义。该方法本身有很好的经济性和很高的生产率，不需要专门地准备表面，并保证稳定的结合质量，以及与基体材料一样的强度。在遵守安全规程的情况下，甚至在房屋内都能够实现汇流排的爆炸焊接。

用爆炸焊接制造了一种过渡接头，用这种接头连接 Sf41 钢的船舶甲板和 PA11 铝合金的上部建筑。上部建筑和甲板的焊接接头经受了 121.8 万次加载循环试验后，沿 PA11 合金的热影响区破断[238]。1992 年我国也将铝-钢过渡接头用于实船建造中。

用爆炸焊接可获得用于船舶制造的铝-钢双金属。这种双金属用来作为焊接钢构件的中间元件（过渡接头）。例如含有铝合金结构的甲板和舱面设施[298]。

用爆炸焊接获得了面积达 20 m² 的铝-钢两层板。用这种方法还获得了铝-铜、铝-钛和铝-镍的接头[299, 300]。1987 年在船舶制造中，在焊接的情况下，铝-钢界面的温度不超过 150 ℃。利用这种过渡接头完成的连接总长度可达 800 m[301]。在船上，使用这种过渡接头连接的总长度为 600 m[302]，并且在船舶制造和修理中，爆炸焊接和铝-钢接头有广泛的应用[303]。文献[304]介绍了在电子工业中铝的爆炸焊接的应用。

有关爆炸焊接的 АД0-BG3 双金属接触腐蚀的规律性研究指出，钢侧阳极区的位移是爆炸焊接情况下钢的塑性变形度的函数。腐蚀强度取决于结合区金属间化合物的体积和相组成[305]。

将含 N 量小于 0.03% 的钢的壁垒层引入结合区，就会使爆炸复合和后续 350~400 ℃ 加热的 АД0-BG3 双金属结合区的组织稳定化。这种加热相当于经过铝-钢过渡接头的导电线路的焊接时和它们进一步使用时的加热。在爆炸焊接的情况下，中间层的存在，不仅在复合过程中而且在后续的加热中，都会阻止金属间化合物的形成。总之，将明显地降低在电解铝时在蒸汽的浸蚀性介质中和在双金属后续使用过程中的接触腐蚀。作为电解铝导电体的 АД0-BG3 过渡接头的使用，在增加阳极使用期限 1.8 倍的情况下，可以大大降低电能损失[306]。

文献[307]提出了一个双金属接触表面预处理的方法，分析了这个方法和高温加热对铝-钢复合件使用特性的共同影响。结果指出，在钢的表面进行化学热处理的情况下，记录到了最小的电阻值。在同一种处理工艺下，在加热到高温的时候，仍然保持着铝-钢复合件的性能的稳定性和足够高的使用特性。

在铝和低碳钢的爆炸复合材料中形成了具有比较低的硬度的过渡层（HV 350），这一过渡层主要由 $FeAl_6$ 相组成。此时没有形成马氏体层。铝合金和合金钢爆炸焊接，将用纯铝作中间层[308]。

人们研究了撞击动能和后续热处理对铝及其二元合金与 X18H10T 钢爆炸焊接接头不均匀程度的影响。试验指出，用这种接头代替含 Si、Fe 或 Ni（到 5% 数量）的 АД1 及其合金的中间层，可以阻止 Al 向钢中的扩散和提高界面上脆性金属间化合物的形成温度[309]。

爆炸作用对铝-钢复合板的钢基体的力学性能是有影响的。撞击试验表明，与爆炸前相比，撞击值的上限有明显下降，且平均值低；脆性转变温度升高。这些现象随着炸药层厚度的增加而明显。拉伸试验表明，强度增加和塑性降低。硬度测量表明，维氏硬度从焊前的 141 提高到 185。界面处有金属间化合物。为此，应该尽量减少炸药的使用量[310]。

爆炸焊接法可用来制造铝电解炉用钢包铝质导电体。这种工艺可以节省工时、有色金属和填充材料。由于接触电阻减小，可使热损失降低 30%[311]。

爆炸焊接适用于钛、铅、铜、镍与钢及铝与钢等两种和两种以上异种金属的焊接，不适于铸铁和锌等脆性金属。其中，铝合金-钛-低碳钢（不锈钢）三层复合材料已广泛地用于护卫舰和其他船舰的船舱、船舷及桅杆、液化天然气罐等。铝-低碳钢复合材料的结合界面的电阻接近于零，用作汇流排。钢管外侧包覆铝材用来制作渔船冷冻设备和配管。导电用铝-铜复合材料用作汇流排和变压器等。冷藏库用的铝-钢复合材料主要用于压缩机的管子接头。超低温用的铝合金-铝-钛-镍-不锈钢五层复合板用作液氮、液氧、液氢、液氨和液化天然气等的储罐及配管。它们的强度和热稳定性均良好。研究指出，异种金属的爆炸复合材料是充分发挥包覆材料特性的有效手段，其用途十分广泛[312]。

为了能在铝的薄板制品上形成搭接的强固焊缝利用了爆炸焊接，例如在电缆包皮（在电缆生产中）或者在焊接钢绕组的输出端的过程中，工作在爆炸洞中进行[313]。

在研究铝镁合金 A5083 与 SUS304 不锈钢的爆炸焊接性时。发现这两种材料直接爆炸焊接很困难。为此提出了一个方法，该法在覆板 A5083 和基板 SUS304 之间放置厚度为 0.3 mm 的 SUS304 的中间层。进行了爆轰波在三层中传播的分析[314]。试验也采用 SUS304 薄中间层对 A5083 铝合金和 SUS304 不锈钢的难焊组合进行了一次爆炸焊接[315]。

导管、用于压缩气体的油槽储器、在低温下工作的高强度结构，以及超导、航空和宇航技术都要使用的液氢和液氮贮槽对材料提出了更高的要求。对于在 4.2~77.4 K 温度下工作的构件而言将采用不锈钢、铝、钛合金和高锰钢，对于在 774~169 K 温度下工作的构件来说，将采用含 Ni 9%的不锈钢和铝合金。对于不同材料的接头，将采用不同的焊接技术，其中包括扩散焊、摩擦焊、轧制焊和爆炸焊。这些方法的比较。提供了爆炸焊接的例子：为了使高导热性的 A5083 铝合金和低导热性的 SUS304 不锈钢结合，将采用中间层。例如在用 50 mm 厚的 A5083 的时候，宜放置厚度分别为 12 mm、5 mm、2 mm 或 1 mm 的 A1100 铝的中间层，再远一些是厚 2 mm 的 TP28C，1.6 mm 厚的 NNCP，随后是 30 mm 厚的 SUS304L 不锈钢。研究了该 A5083-SUS304L 爆炸焊接接头在低温下破断时的变形和行为：低温强度、不同组合中 A1100 层的热析出和壁垒层的用途[316]。

人们用光学和电子显微镜相分析法，以及拉伸试验，研究了摩擦焊和爆炸焊的铝-低碳钢复合板在焊接以后和在 350~500 ℃ 退火的状态下的强度、结合区的组织及相成分。结果指出，在摩擦焊的工艺下结合强度较低，而在爆炸焊的工艺下高于变形铝的强度（86 MPa）。在退火的情况下，摩擦焊的结合强度达到 56 MPa，并且不取决于退火温度。爆炸焊的结合强度随退火温度的升高而降低，并且在大于或等于 450 ℃ 退火后低于退火铝的强度，以及低于同样退火温度下的摩擦焊的强度。铝侧的中间层是细小的 Al 和 Fe_4Al_{13} 晶粒；而在钢侧一边是 Fe 和柱状的 Fe_2Al_5 的晶粒。爆炸焊的结合区由三部分组成：大的熔化区、薄的熔化区和非层状区。熔化区由铝的基体加上网状的细小的 Fe_2Al_5 和基体+大块的粒子、Fe_4Al_{13} 和 Fe_2Al_5 组成[317]。

铝及其合金，以及与其他材料连接和应用的爆炸焊接经验表明，这种技术能使铝及其合金与铜、铬、钛、镍及其合金连接成有良好工作能力的接头。在具有相应焊接设备时有可能得到上述材料组合的面积达 20 m² 的复合板。目前，用上述复合板可制造相当多品种的工件，如管道、汇流排、凸缘接头等。爆炸焊接还能成功地制造诸如厚壁大型热交换器和复杂外形的双金属结构[300]。

在制造海洋船舶时，铝合金的应用问题主要是使铝质结构件与钢甲板的连接。过去这种连接采用铆接或螺钉连接，保证不了密封性，从而加速了海水介质的腐蚀。为此推荐采用爆炸焊接的铝-钢过渡连接的工艺。这一工艺可完全代替铆接。这种方法已广泛地用于欧洲的各造船厂[318]。

爆炸焊接可获得面积达 20 m² 的铝-钢复合板，还可获得铝-铜、铝-钛、铝-镍复合板。例如，铝-铜导电母材、带铝覆层的钢船壳体、承重的钢结构、铝设备或导体的连接、铝管与不锈钢管或钛管的连接。在管连接的情况下是斜接式爆炸焊接的，可连接长 6 m 的管件和直径 5~250 mm 的管道。直径 1 m 的双金属法兰、平面式热交换器（厚 10 mm）和线式热交换器的制造，以及管式热交换器、带有铝制双壁及其他金属的连接，都采用了爆炸焊接[299]。

在船舶制造中利用爆炸焊接，这种技术可解决铝-钢过渡连接的问题[319]。

现代材料科目指出，很多合金应具有一定的组织，才能保证有相应的性能：高温下的持久强度、蠕变强度和在超塑性工艺下的变形能力。为了获得一定的组织可采用热处理。为保持非平衡状态的粉末或薄箔形式熔体的迅速再结晶，可采用粉末冶金和后续凝固的机械合金化，用在气相中直接沉积和随后机械冷作硬化的超速淬火。为了保存所得到的组织，采用固态下的焊接。对于对接接头来说，利用熔化对接焊。对于钛合金的搭接接头来说利用了扩散焊接，以及爆炸焊接。厚 4 mm 的 8090 铝锂合金板（Al 2.5 Li 1.3 Cu 0.8 Mg 0.12 Zr 0.1 Fe 0.05 Si）的爆炸焊接是一个例子。所得接头具有密封性、高的分离强度和韧性。能够获得多层构件和超塑性成形。为了使厚 1.6 mm 的 Supral 100 铝合金板和 Supral 150 铝合金（Al6Cu0.4Zr）、热稳定铝合金（Al1Cr2Mn0.5Mg0.5Zr）、RAE72 气相沉积铝合金（Al7.5Cr1.2Fe）及厚 1.3 mm 的因科镍 MA956（Fe20Cr4.5Al0.5Ti0.5Y_2O_3）结合，顺利地利用了爆炸焊接[320]。

有文献提出了向钢上爆炸焊接一层或两层铝的方法[321]。该方法可以保证接头的高强度和电导率。铝层的厚度达 12.7~25.4 mm，钢层的厚度为 25.4~152.4 mm。研究指出[213]，爆炸焊接的铝-钢过渡接头（甲板构件）广泛地用于海上容器，良好的耐蚀性和低的重量具有吸引力。但是，一般是用搭接螺钉或铆接法使铝船舱隔壁与钢甲板连接起来。这种连接造成的缝隙会引起腐蚀。在海上经常不到一年的时间就要进行大修补。现在的铝-钢接头是为了取代螺钉连接。用高强度的可焊接的铝合金和适应于海上要求的低合金钢来制作这些过渡接头。这些接头证明了它有良好的抗剪力和 96 MPa 的拉剪强度。并且经受了盐渍试验的扩大检验。当年，美国警卫团和美国航运局已经批准在贸易运输容器中大规模试用。文献[35]指出，工业纯铝和钢能很好地爆炸焊接，所用炸药的爆速应处于 1.8~2.5 km/s 之内。在厚度为 3~20 mm 的铝和厚度为 10~30 mm 的碳钢爆炸焊接的情况下，分离强度为 83~113 MPa。在结合区内形成硬度达 6000 MPa 的非腐蚀区。铝和钢的原始硬度分别为 294~490 MPa 及 1460~1900 MPa。这种爆炸焊接的铝-钢双金属主要用于中间的过渡接头。

铝-钢复合板和铝在不同条件的高温下的力学性能如图 3.2.4.7 所示。

铝锌镁合金直接与钢爆炸焊接是困难的，因为这种合金的凝固温度范围较宽而密度较低。在它们之间用纯铝作中间层则可获得良好的焊接。由于纯铝的熔点较高、凝固温度范围为零和导热性高，焊接过程中所产生的熔化量和处于液态的时间均减少。铝和铝锌镁合金的界面为正弦波形。由于密度相同，熔化金属在良好发展的波形的波峰和波谷处被隔开[3]。

铝-钢接头用于电解铝厂。为了减少结合区金属间化合物和热量损失，一种方法是优先采用无熔化的平坦界面的焊缝；另一种方法是在界面上设置一块阻碍扩散的挡板。例如，具有 2 mm 的钛中间层的过渡接头比直接的铝-钢接头能耐较高的温度，包括加工时（480 ℃ 比 315 ℃）和使用时（425 ℃ 比 260 ℃）的情况。

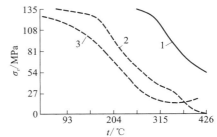

1—在指示温度下，3 min 后的室温下，铝-钢复合板的剪切强度；2—在指示温度下，200 h 后该温度时，铝-钢复合板的剪切强度；3—200 h 后，该温度下铝的抗拉强度（图中纵横坐标值是换算的）

图 3.2.4.7　铝-钢复合板和铝的高温力学性能[1]

通过分析铝镁合金（含 1%~6% Mg）-钢双金属接头强度方面的数据，可了解镁的不良影响的机理。这种机理与结合区分界面附近塑性变形急剧受阻而附加析热有关[322]。

铝-钢接头还能把铝制上层结构、舱面室、桅杆和天线连接到钢制船体上。这样能使船的重心降低和加强船的稳定性。以前是用螺钉连接的，由于缝隙腐蚀导致维修非常困难。采用爆炸焊接的接头可以减少维修。

试验已确定，在低碳钢和工业铝爆炸焊接时，为了获得等强和高塑性的接头，必须力图降低导入结合区的热量，并同时增加塑性变形率，以便将破碎的金属间化合物隔离在漩涡区。确定了确保强度和塑性最佳匹配的爆炸焊接规范[323]。

铝-钢爆炸复合材料在我国已较为广泛地应用在地铁、电解铝、船舶制造和交通车辆等领域。

3.2.5　铜-铝复合板的爆炸焊接

1. 铜-铝复合板

铜和铝都是电的良导体和制造导电体的材料。铜储量少、产量少、加工较难和价格较高。而铝则相反，因而在电力工业中在许多情况下需要以铝代铜。以铝代铜是发展电力工业的一项重要的技术措施。但是在许多时候铜和铝的过渡连接，是推广铝导线、节约铜材的重要课题。

铝表面的氧化膜很牢固，电阻率很高。铝和铜之间采用机械法连接是不可靠的，需要采用焊接的方法，以减小它们之间的电阻和电能的消耗，以及事故的发生。

铝和铜的熔点相差较大，高温下铝强烈氧化。另外，它们能够形成 $AlCu_2$、Al_2Cu_3、$AlCu$ 和 Al_2Cu 等金属间化合物。因而，铜和铝之间采用熔化焊比较困难。

由于铝和铜本身的塑性都很好，可以用压力焊的方法制造它们的过渡接头。过渡接头的铝端和铝导体、铜端和铜导体分别用熔焊法焊接。于是铝和铜的导电体就牢固地连接起来了。这种过渡接头的妙用就是变异种金属的焊接为同种金属的焊接。

铜和铝的压力焊，如电阻对焊、闪光对焊、摩擦焊和扩散焊等，都需要相应专门的设备和严格的工艺，有的还要加中间层。因而成本较高，过渡接头的尺寸和产量也有限制，这些方法都有其局限性。

比较起来，爆炸焊以其特有的优势，在生产大面积和任意厚度比的铜-铝复合材料（复合板、复合管、复合管棒和复合棒棒等）上，能够发挥重要的作用。

爆炸焊接的铜-铝复合材料通常用来加工成板状、管状或管棒状的过渡电接头，它们在电力工业中会得到越来越多的和广泛的应用，其中一些如图 5.5.2.170~图 5.5.2.177 所示。

2. 铜-铝复合板的爆炸焊接

铜-铝复合板爆炸焊接的工艺安装和工艺参数与前述的以及其他复合板的大同小异。但由于基材、特别是铜板的厚度和面积没有很大的，不像不锈钢-钢等复合板那样，这种复合板不可能很厚和很大。另外，铜和铝的强度较低和塑性较高，故其爆炸焊接使用的药量较小。

爆炸焊接后，铜-铝、铝-铜、铜-铜和铝-铝等复合板结合区的波形形状如图 4.16.5.15 至图 4.16.5.21、图 4.16.5.81、图 4.16.5.96、图 4.16.5.110、图 4.16.5.111、图 4.16.5.131 ~ 图 4.16.5.136 所示。部分复合板的结合区的显微硬度分布曲线如图 4.8.3.9、图 4.8.3.10、图 4.8.3.26、图 4.8.3.33、图 4.8.3.46、图 4.8.3.47、图 5.2.9.7、图 5.2.9.8、图 5.2.9.23、图 5.2.9.42、图 3.4.4.40、图 3.4.4.41 和 3.4.4.43 所示。铜-铝复合管棒结合区和断面显微硬度分布曲线如图 5.2.9.52 和图 5.2.9.53 所示。由这些图可知，在铜-铝或铝-铜复合板的结合区内存在着金属的塑性变形和熔化。电子探针和电子显微镜的成分分析表明，在界面附近存在着 Cu 和 Al 的原子的相互扩散。这些就是在爆炸焊接过程中在结合区发生的冶金过程。铜和铝即是在这些冶金过程中实现冶金结合的。铜-铝系二元相图如图 5.9.2.28 所示。

正由于是冶金结合，这类复合材料具有较高的结合强度。铜-铝复合板的爆炸焊接工艺参数和有关力学性能数据如表 3.2.5.1~表 3.2.5.12 所列。

表 3.2.5.1　铝-铜复合板的剪切强度(1)

覆　板		基　板		h_0 /mm	W_g /(g·cm^{-2})	σ_τ/MPa						
金属	δ_1/mm	金属	δ_2/mm			1	2	3	4	5	6	平均值
铝	12	铜	10	8.5	1.7	66	78	76	75	71	77	74

表 3.2.5.2　铝-铜复合板的剪切强度(2)

覆　板		基　板		h_0 /mm	W_g /(g·cm^{-2})	试样数 /个	σ_τ/MPa		
金属	δ_1/mm	金属	δ_2/mm				最大值	最小值	平均值
铝	12	铜	10	8.5	1.7	9	95	66	76

表 3.2.5.3　铝-铜复合板的分离强度(1)

覆　板		基　板		h_0 /mm	W_g /(g·cm^{-2})	σ_f/MPa					
金属	δ_1/mm	金属	δ_2/mm			1	2	3	4	5	平均值
铝	12	铜	10	8.5	1.7	87	73	73	106	87	85

表 3.2.5.4　铝-铜复合板的分离强度(2)

覆　板		基　板		h_0 /mm	W_g /(g·cm^{-2})	试样数 /个	σ_f/MPa		
金属	δ_1/mm	金属	δ_2/mm				最大值	最小值	平均值
铝	12	铜	10	8.5	1.7	9	87	57	69
						2	106	87	93

表 3.2.5.5　铝-铜复合板的结合强度

状　态	爆　炸　态	热循环态*
σ_τ/MPa	66~95	—
σ_f/MPa	87~106	52~85

注：* 热循环工艺为在 250 ℃下加热 3 min，然后在水中速冷，连续 300 次。

表 3.2.5.6　铜-铝复合板的拉剪强度

状　态	厚　度　比	σ_{bt}/MPa
爆炸态	1 : 1.5	(76　80　82) / 79*

注：* 斜线下数据为平均值，下表意义相同。

表 3.2.5.7　铝-铜复合板的拉剪强度和分离强度

试验温度/℃	室温	100	200	300
$\sigma_{b\tau}$/MPa	90	58	49	42
σ_f/MPa	(88~108)/101	(58~93)/76	(35~75)/55	(42~61)/51

表 3.2.5.8　铝-铜复合板的弯曲和扭转性能

材　质	弯曲试验, 内弯, $d=2t$	扭转试验
L2-T4	180°完好	360°完好

表 3.2.5.9　铜-LY2M 复合板的拉伸性能

No(厚度比)	1 号(1:1)		2 号(1:1.5)		3 号(1:2)		4 号(1:3)		5 号(1:4)	
拉伸性能	σ_b/MPa	δ/%	σ_b/MPa	δ/%	σ_b/MPa	δ/%	σ_b/MPa	δ/%	σ_b/MPa	δ/%
1	300	10.8	281	7.9	284	7.3	278	6.9	254	6.6
2	305	10.1	290	12.0	284	7.0	279	6.6	271	6.5
3	—	—	283	7.7	—	—	—	—	—	—
平均	303	10.5	285	9.2	284	7.2	279	6.8	263	6.6

表 3.2.5.10　退火对铜-LY12 复合板弯曲性能的影响　　　　(1.5+6.0) mm

退火工艺	400 ℃、0.5 h, 空冷				450 ℃、0.5 h, 空冷				500 ℃、0.5 h, 空冷			
原始状态	爆　炸		爆炸+轧制		爆　炸		爆炸+轧制		爆　炸		爆炸+轧制	
试样号	1	2	3	4	5	6	7	8	9	10	11	12
内弯曲角/(°)	134	—	>137	>141.5	69	77	78	79	61	63	83	69.5
破断方式	B	—	—	—	A+B	A	A	A	A+B	A+B	A+B	A

注：A—弯头处铝基层断裂；B—复合板分层。

表 3.2.5.11　铜-LY12 复合板的杯突性能与退火工艺的关系　　　　/mm

状　态	复合板厚度/mm	退　火　工　艺				
		350 ℃、0.5 h	400 ℃、0.5 h	450 ℃、0.5 h	500 ℃、0.5 h	未退火
爆炸+轧制	4.0	(4.9　5.0)/5.0	(5.1　5.9)/5.5	(14.9　16.1)/15.5	(6.4　9.5)/8.0	(4.3　4.4)/4.4
备　注	试样尺寸为 90 mm×90 mm，按 GB4156—1984 进行试验；复合板原始厚度为(2+6)mm					

表 3.2.5.12　铜-铝复合板的杯突性能与退火工艺的关系　　　　/mm

状　态	复合板厚度/mm	退　火　工　艺				
		350 ℃、0.5 h	400 ℃、0.5 h	450 ℃、0.5 h	500 ℃、0.5 h	未退火
爆炸+轧制	4.1~4.2	—	(14.7　15.1)/14.9	(15.0　16.0)/15.5	(14.7　15.0)/14.9	(13.6　14.5)/14.0
爆炸+轧制	3.8~4.0	(10.0　12.0)/11.2	(11.7　12.0)/11.8	(11.5　11.6)/11.6	(11.5　11.8)/11.7	(8.5　9.0　8.8)/9.1
	1.9~2.0	(13.1　13.5)/13.3	(14.6　14.6)/14.6	(6.5　15.0)/10.8	(14.7　15.0)/14.9	(13.0　13.0)/13.0
备　注	试样尺寸 90 mm×90 mm，按 GB 4156—1984 进行试验；复合板原始厚度(1.2+4)mm					

3. 铜-铝复合板爆炸焊接工艺、组织、性能和工程应用的文献资料

文献[324]用爆炸焊接法试制了用于连接大功率铁合金炉短网的铜排和铝排的铜-铝过渡接头。用多次爆炸焊接法获得的这种接头的坯料如图 3.2.5.1 所示。这种坯料在不同试验条件下的分离强度如表 3.2.5.13 所列。弯曲试验表明，无论内弯还是外弯均达到 180°($d=2t$)，符合铜-铝接头的技术要求。扭转试验指出，一般能达到 270°、360°和多次扭转，直到机头夹断，尚未发现覆层与基层分离的现象。金相检验发现结合区为波形形状，未见到不结合的地方，但有一条宽 6 μm 的熔化层。铜侧晶粒严重变形并破碎成一碎晶带，该带宽 2 mm 左右，离界面较远处发现有双晶。硬度测量指出，复合后的铜板和铝板的硬度都增加了，尤其是结合界面处硬度增加最多。

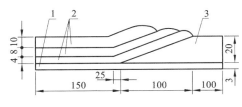

1—钢板；2—铝板；3—铜板

图 3.2.5.1　多次爆炸焊接的铜-铝搭接接头毛坯示意图（宽度 400 mm）

这种铜-铝过渡接头的电性能试验结果如下：

（1）接头老化试验。按预定的方法进行老化试验。结果表明，头 100 次测量出来的接头的电阻值变化不大，704 次周期的老化试验后电阻值变化不超过 10%（技术条件规定不超过 20%），数据如表 4.6.6.9 所列。由此可见，该接头具有良好的抗腐蚀性能、可靠和稳定的电性能。

（2）大电流冲击试验。经过 704 次周期的老化试验后，接头再经受 10 次短路电流冲击。结果表明，其力学性能和电阻值仍保持良好。

（3）大电流连续运行试验。将经过上述试验的接头直接接到电焊机的地线上，进行大电流的焊接。焊接电流为 320~420 A，时间 2 h，负载率 80%。试验结果表明该接头部分的温升不超过 80 ℃。

如果将接头的紧固部位松开，使连接处的温度升至 280 ℃。在这种情况下通电焊接。结果表明，该接头部分的温升近 170 ℃，导电性能仍然良好。

由上述试验结果可以看出，爆炸焊接的铜-铝过渡电接头不但具有良好的力学性能，而且具有可靠的和稳定的电性能，是电力、电子和电化学行业不可多得的结构材料。

文献［184］指出，用爆炸焊接的方法将铝棒的一端焊到铜管上。这种铝棒-铜管过渡接头的强度相当于铝的强度，它们的结合面上为完整的波形。铜-铝接头的爆炸焊接工艺很简单，并且可以用来焊接平面的、管状的和轴对称形状的零件。这些零件有强的工作能力。

人们用爆炸焊接的方法获得了铝（外管）-铜（内管）复合管。在其结合面发现有带

表 3.2.5.13　铜-铝爆炸焊接接头在不同试验条件下的分离强度

试　验　条　件	取样位置	分　号	σ_f/MPa
爆炸后试样未经任何处理，常温下进行	起爆端	1	107
		2	108
	末　端	3	102
		4	88
升温至 250 ℃、400 ℃和 500 ℃后保温 1 h，随炉冷却	起爆端	38（250 ℃）	127
		31（400 ℃）	108
	末　端	10（500 ℃）	113
用瓦斯加热、电温计测量温度，在高温下进行分离试验	—	100 ℃	58
			93
		200 ℃	75
			35
		300 ℃	61
			42
经 704 次老化试验和 10 次大电流冲击试验后，进行分离试验	—	—	79
			76
			77
未经任何试验的爆炸后的试样			98

注：均在铝层破断。

横向裂纹的 Al_2Cu 的中间化合物。与基体相比，这种化合物的硬度明显提高。此外，变形后基材的强化是明显的。当加热到 400 ℃时，沿整个界面，由于扩散形成了 Al_2Cu 相的过渡层。因为铜和铝是高塑性材料，金属间化合物中的裂纹原则上不影响结合性能。从耐蚀性的观点出发，可适当地调整一些工艺参数，以便在结合区形成最少量的金属间化合物［284］。

文献［325］用爆炸焊接法制造的铜-铝复合管用于高压配电站的接线柱。

文献［326］研究了在超高压输电中连接部件的结合方法。这个方法是将厚 0.2 mm 的铜箔焊到"矽铝明"铝合金基体材料上，以传输超高电压。炸药的爆速 v_d 为 2100~2400 m/s，铜箔的动能为 1000~1200 kJ/m²。该方法能够结合任意难以焊接的金属，并保证基体金属有高的力学性能和良好的导电性。

文献［327］报道了尺寸为 40 mm×140 mm 的铜板和 8 mm 厚的铝板的爆炸焊接，是用平行法进行的。质量比 $R_1=e/m$，每间隔 0.05，从 0.25 变到 0.45；间隙 $h_0=4$ mm。用 X 射线结构分析的方法，沿所得双金属的厚度测量了残余应力的分布。在铝板中应力小、呈单值变化并且为压缩应力。在铜板中，应力明显地改变着大小和符号。在所有情况下，结合区附近铝中的压缩应力比铜中的高一些。在靠近铜一边的结合区内发现了拉伸应力。

爆炸复合技术用于生产电解产品中的连接元件的研究［328］指出，将铜载流体与铝连接起来对电解技术来说格外需要。这种特殊用途的连接元件是用爆炸复合法生产的。方法是在钢和铜的元件上爆炸复合小厚度铝板，达到长度与厚度之比小于 10。铝的干法电解所需的载流体是外爆复合的一个应用实例。

在电子技术工业中，为了使铝导体和铜导体连接，广泛地利用了爆炸焊接：如顺利地焊接了铁塔、铁轨和电话电缆；易弯曲的元件的连接；加拿大在建设长 1090 km 煤气管道的时候，用爆炸焊接结合管子；在

运输设备中，用此技术结合许多圆形板；在化学工业中用铜-铝汇流排代替铜的汇流排，以便节省铜；同样，将铜复合到锌的阳极上；在汽车制造中，焊接汽车的保险杆和挡泥板；在船舶制造中使用铝-钢过渡接头[329]。

导电汇流排接头的最大好处是铜的接触电阻小和铝的成本低。用爆炸法可以结合成一个永久的连续性的导体[3]。

电冰箱蒸发器由铜质改为铝质后，与管路系统中的铜管连接需要采用过渡接头——铜-铝连接管。应用爆炸焊接方法生产这种接头具有工艺简单、容易掌握、能实现工厂化生产、合格率高和经济效益好等优点。当生产条件稳定和技术熟练后，合格率可达 90% 以上[330]。

文献[331]报道，用爆炸焊接复合了(6+32)mm 厚的铜-铝复合板，然后轧制到 20～30 mm。这种复合板在机加工后作为过渡接头用在铝合金型材表面处理的生产线设备上。在这种设备中，通常铝材垂直或水平挂在导电梁上，依次进入脱脂、碱洗、中和、电解、着色、封孔等槽中进行处理。当进入电解和着色工序时，导电梁上依型材表面积大小通入相应的电流量。于是在接触部位产生了电接触问题。过去，铜质导电板与铝质导电梁之间用螺钉连接，由于接触面间的电化学腐蚀导致接触不良，影响导电性能。导电板和导电座之间为干式接触，由于接触不充分或电流过大而发热，甚至拉弧损坏表面。后来，将铜-铝复合板作为导电板，其铝侧与铝导电梁焊接，铜侧与电铜座接触。接触表面引入自来水冷却。该结构在日本铝材表面处理生产线上已被广泛采用，国内在大功率电源导电中也有应用。如某公司的 8000 t/a 产能的铝材表面处理生产线上就采用了此结构。结果显示接触表面不会过热和拉弧，导电性能稳定，提高了铝材表面处理的质量；避免了发热，减少了电能消耗；导电板寿命延长，维修次数和更换量减少，价格低廉，仅为日本同类产品价格的 1/4。故该铜-铝复合板的过渡接头在铝材表面处理和大型电镀生产的设备中有广泛的应用。该组合的过渡电接头的界面电阻如表 4.6.6.10 所列。

文献[1252]指出，电气行业使用的铜-铝过渡板常用铜板和铝板通过闪光对焊或摩擦对焊工艺焊接成整体。这类工艺有如下缺点：

(1)制造工艺复杂。闪光对焊须经成型、清洗、对焊、机加工等工序，废品率高。

(2)使用性能差。这两种工艺或多或少会在接头中产生一些脆性化合物，使接头弯曲性能下降。使用时，常常在铜、铝的结合处断裂，造成事故。

(3)铜材消耗量大。铜在过渡板中的重量占整体的 73% 左右。

铜-铝过渡板实际使用时，从导电角度讲，仅要求螺母或铜垫圈接触面的铜与铜接触。因此，将铜-铝过渡板的铜端部分改为在铝板上单面或双面复合一薄层铜板(铜板的厚度为 1 mm 即可完全满足导电要求)。同时，为了改善焊接工艺、消除结合区处脆性断裂、提高结合强度和降低接触电阻，特采用了爆炸焊接的方法来生产此铜-铝过渡板。

爆炸复合后将复合板进行退火、轧制、矫平等工序后，再进行铣削和钻孔，加工成所需规格的产品。

对铜-铝复合板进行了分离、剪切、抗拉和弯曲等性能的测试，均符合标准。金相检验表明，铜、铝间结合良好。

温升试验前后的接触电阻和被试品两端同等长度导线的电阻测试数据如表 3.2.5.14 所列。结果表明，被试品的接触电阻小于同等长度导线(铝线)的电阻。温升试验前后所测电阻值无变化。被试品在环境温度为 30 ℃，通以 1.05 倍的额定电流(600+600×0.05 = 630 A)的温度值如表 3.2.5.15 所列。试验结果表明，被试品的温升均低于距被试品 1 m 以远处的导线的温升。

表 3.2.5.14　接触电阻测试数据　　/μΩ

部　位	温升前	温升后
板前连线	未测	未测
板身	18	18
板后连线	46	46

表 3.2.5.15　温升试验

测试部位	A	B	C
温升/℃	67	103	55

注：环境温度为 30 ℃，表中数据均为 10 min 内三次温升的平均值

此铜-铝过渡板改为爆炸焊接法生产后，克服了对焊法结合区的断裂现象，并使铜材的消耗量比原来的减少了 10%～20%，废品率小于 20%。本产品已批量生产。

文献[1253]指出，电器用铜-铝过渡板的传统生产方法是闪光对焊。用这种方法焊接的铜-铝接头容易断裂，且耗铜量大(铜占产品重量的73%)。此外，闸刀开关，熔断器、插座和插头等电器中的导体均采用纯铜板压制，耗铜量更大。天长日久，导体因刚度下降而导致接触不良。作者为此将上述电器用材的铜-铝过渡板改用爆炸焊接法生产：铝板(厚约4 mm)单面或双面覆铜(厚约1 mm)。其他电器导体改为镀锌钢板(厚约0.5 mm)单面或双面覆铜(厚约0.5 mm)。爆炸焊接后的性能检测结果表明，上述产品的接触电阻和温升试验均符合国标要求。寿命试验指出，与用传统工艺生产的金属板相比，爆炸焊接的上述产品(电器)的寿命长，而且相应节省铜80%和50%。

文献[1254]指出，采用爆炸焊接工艺生产的铜-铝复合散热片，兼具铜和铝的优点，工艺简单，适合大规模生产，成本远低于其他生产工艺。通过温度场模拟分析和试验测试，对该复合散热片进行结构优化，选择合适的铜层厚度，降低了成本，减轻了自身重量，提高了性价比。使其在普通微机中普及应用成为可能，可以产生可观的经济效益和社会效益。

文献[1255]指出，CPU用风冷散热器由散热风扇、散热片、扣具和导热介质四部分构成。由于散热片直接与CPU的表面接触，其散热能力的大小，直接影响到整体的散热效果。因此，散热片是整个散热系统的关键部件。本文介绍了一种采用爆炸焊接技术生产铜-铝复合散热片的工艺。爆炸焊接技术实现了铜-铝间的无介质连接、结合强度高、导热性能好、热处理和机加工条件下也能确保复合层不分离。

本文介绍这种生产铜-铝复合散热片的爆炸焊接工艺，并在热传导理论和散热过程分析的基础上探讨了该散热片底部厚度对散热性能的影响，以及采用有限元热分析技术和试验测试的方法，对散热片结构进行了优化。

文献[1256]及[1257]采用爆炸复合工艺研制CPU散热器用的是铜-铝复合体。通过试验证明其具有优良的散热性能和可有效地解决CPU散热问题，为CPU速度的提升提供了更广阔的发展空间。由于成本低廉，使其在普通微机中的应用成为可能。

文献[1258]作者用爆炸焊接技术开发了几种复铜金属材料的电气制品，如电气行业中广泛使用的铜-铝过渡板、建筑行业中普遍使用的闸刀开关、熔断器、插座和插头等。

文献[1259]报道，江苏某互感器厂生产了铜-铝爆炸复合板数千件用于互感器，规格是60 mm×60 mm，除裁剪后的边角废料外，板材的合格率为96%。此产品为该互感器厂带来了一定的经济效益。

文献[1260]指出，铜材持续的高价，使电控配电设备生产企业的成本迅速上升，经营压力增大。在这种形势下，促进了导体材料的升级换代。用不同方法制造的镀铜铝母线、覆铜铝母线、铜包铝母线等就是这种升级换代的集中表现。铜-铝复合母线是一种以铝为芯体和外层包覆铜的双金属复合材料，它是将铝的高导电性能、低的资源成本、铜的高化学稳定性和较低的接触电阻集于一体，实现低成本和节能的一种新型导体材料。该文论述了铜-铝复合母线的技术性能，探讨了它在电控配电设备中的应用。

文献[1261]报道，铜-铝设备线夹在输变电线路设备中应用较多。目前，这种线夹的生产工艺是由铜-铝棒料或板料经过摩擦焊或闪光焊等多道工艺完成。该法工序多且繁杂，生产效率低和原材料用量大。特别是铜的用量大。其中最突出的问题是焊接不牢固和容易出现断裂现象。为此，将铜-铝设备线夹的焊接工艺作进一步的改进。

用爆炸焊生产的铜-铝线夹，与摩擦焊比较，大大改善了用电设备的连接性能，同时改善了受力状况。新线夹不会产生应力集中，也不容易出现断裂现象，减少了停电事故，大大提高了电器的使用性能和电器运行的可靠性。爆炸焊的铜-铝线夹可代替其他焊接工艺制造的铜-铝过渡的设备线夹。

文献[1262]报道，在过去的设计和生产中，铝电解侧插自焙槽的阳极大母线与阳极软母线的连接大都采用Cu-Al闭锁焊"Γ"形支架连接。经过几十年的生产实践，证明这种连接方式存在以下问题：焊接工艺复杂，焊接不良导致焊接处电阻增大、电解槽导电不均、电耗增加和生产中支架脱落难以修复。为了解决上述问题，将Cu-Al爆炸焊技术应用到该地方，即用爆炸焊的Cu-Al"Γ"形支架代替过去的Cu-Al闭锁焊"Γ"形支架，如图3.2.5.2所示。

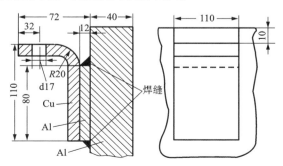

图3.2.5.2　铜-铝爆炸焊"Γ"形支架示意图

经过 2 年多的试验,证明新型的 Cu-Al 爆炸焊"Γ"形支架比原闭锁焊"Γ"形支架具有较大优越性:降低压降、便于施工、焊接质量好、导电均匀、有利于生产和经济效益良好。应用新支架后,每台槽每年可节电 10423 kW·h,若以电价 0.35 元/kW·h 计,则年节约费用 3648 元/(年·台)。目前,全国在运行的 60 kA 侧插自熔槽数以 6000 台计,则每年节电 6.25×10^6 kW·h,则年节约费用 2187.5 万元。结论指出,试验是成功的、技术是先进的和效益是显著的。该技术既适用新厂建设,也适用于老厂改造,具有十分重要的意义。

文献[1263]对铜-铝复合排爆炸+轧制的生产工艺进行了研究和总结,并指出,电气设备对汇流排的要求主要是它的载流量和在发生短路故障时能满足热稳定的要求,也就是它的电气性能和力学性能。电线电缆中以铝代替铜是必然趋势。铜的密度是 8.96 g/cm³,是铝(2.7 g/cm³)的 3.32 倍,而铜的电阻率为 0.01851 Ω·mm²/m,是铝(0.0294 Ω·mm²/m)的 63%。根据国家推荐的标准,在 20 ℃时,铜的某截面直线电阻值与对应大两个规格的铝相当。从理论上来说,用铝作为电线电缆的原料比铜划算得多。

铜和铝都是良好的导电材料。但铝排表面极易氧化,在搭接处易造成接触不良故障;同时,由于硬度低,搭接处紧固时间长了也会自然松动,造成接触不良的故障。因此电气设备中的载流导体目前 98% 都采用铜排。

铜-铝复合汇流排的表面的抗氧化性能和接触电阻与铜排相同,只要铜层厚度达到一定要求,其导电性能和力学性能接近铜排,就可满足电气设备的要求。

原材料:覆层为 T2 纯铜,尺寸为 4.0 mm×1060 mm×1260 mm;基层为 1060 纯铝,尺寸为 40 mm×1000 mm×1200 mm。爆炸焊接后,经过超声波探伤,再在 450 mm 四辊可逆轧机上进行轧制,3~5 道次,每道次变形量为 20%~40%。轧制后,铜板厚度差小于 0.1 mm,镰刀弯每米小于 5 mm。最后进行校平、纵剪、修边和退火。退火试验的结果如图 3.2.5.3 所示,退火试样的尺寸为(0.4+7.2+0.4) mm×100 mm×600 mm。由图可以看出,为保持较高的结合强度,退火温度为 250~350 ℃、保温时间为 1~4 h 较好。表 3.2.5.16 提供了退火工艺与复合排基体材料的硬度的关系。

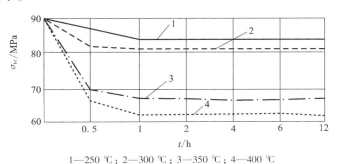

1—250 ℃;2—300 ℃;3—350 ℃;4—400 ℃

图 3.2.5.3 铜-铝爆炸+轧制的复合排的结合强度与退火工艺的关系

表 3.2.5.16 铜-铝复合排基体的硬度与退火工艺的关系

退火温度/℃		150	200	250	300	350	400
硬度/MPa	Cu	170	121	121	97	78	64.1
	Al	67	65	55.4	46	45	35

文献[1264]讨论了爆炸焊接的铝-钢和铝-铜导电过渡接头在铝加工中的应用,并指出,在原铝电解中,电解槽的阳极和阴极都已采用爆炸焊接的铝-钢复合材料作为导电过渡接头。石墨电极的钢架与该铝-钢接头钢侧焊接,通过该接头的铝侧过渡到铝汇流排上。另一电极则是采用爆炸焊接的铝-铜接头作为铝和铜之间的过渡。

在铝型材阳极氧化工序中,铝型材悬挂在铝导电梁上逐槽移动进行氧化。通常铝梁与导电排之间是接触导电的,为减小接触电阻,铝梁与导电排之间常采用铜头过渡。以前厂家大都采用螺栓连接的方式,将铜头固定在铝梁上。这样,常常由于接触面氧化,接触电阻增大引起发热,甚至打弧击穿铝梁。这不但影响工作效率,造成铝梁过早报废,而且有时由于接触电阻的变化会使氧化工艺受到影响。据现场测试,一般螺栓连接的铝、铜界面,在 6000~10000 A 电流下,初期的电压降只有几毫伏,而使用中期的电压降达到几百毫伏,直至维修前甚至达到 1000 mV,耗电达数 kW。当采用爆炸焊接的铝-铜复合块——过渡接头后,使铝梁与该接头的铝侧焊接。这样就彻底地消除了上述不良现象。由于爆炸焊接的铝-铜界面的电阻只有 1.6×10^{-7} Ω/cm²,复合率高达 99%。结合强度为 80~120 MPa,在与铝梁连接时又采用了焊接工艺。因此铝型材阳极氧化时铝导电梁导电连接的几种设计,彻底地解决了导电梁发热和打弧击穿的问题,增加了导电铝梁的使用寿命,延长了维修周期,同时也稳定了氧化膜的厚度,还节电和环保,在生产中取得了较好的效果。

文献[1265]报道,该公司铝厂在 60 kA 侧插自熔槽上使用了爆炸焊接的铜-铝过渡接头,获得了很好的技术和经济效益:每槽年节电 10000 kW·h 以上;铜母线和阳极电流分布均匀,从而使阳极消耗更均衡,不易出现阳极长包和氧化等异常情况；因阳极导电弱，使电解槽不易产生压槽和滚铝等病槽；可避免有的槽的铜母线烧毁等恶性事故，确保设备安全生产；有利于提高电流效率、增加产量和降低铝消耗。

文献[1262]报道，首次将 Cu-Al 爆炸焊技术应用在侧插自焙槽的阳极母线上。通过工业试验证明，该技术有利于铝电解生产，节能显著，单槽每年可节电 10000 kW·h 以上，非常具有推广意义。

文献[1266]用爆炸焊接的铜-铝复合板 2 mm+3.4 mm 经退火处理（380 ℃、90 min）和强力旋压（变形率达 72%）制造了符合要求的双金属药型罩。该复合板的力学性能为：$\sigma_b=206$ MPa，$\delta=25\%$。

文献[1184]报道，可以进行复合棒、复合管和凸缘喷嘴的内衬加工。特别是由铜和铝构成的复合管，经爆炸焊接后再进行冷拉拔加工，可使外径变成 5 mm。这种尺寸的 Cu-Al 复合管材已作为冰箱制冷剂用的异材配管接头而被广泛使用。

文献[1267]研究了铜-铝复合带退火工艺对同轴电缆用铜-铝复合带组织和性能的影响。结果表明，其合理的退火工艺为 310 ℃×1 h。此时，复合带的 $\sigma_b=78$ MPa，$\delta=23.17\%$，杯突值为 8.5mm。

前期工作研究了中间退火工艺对同轴电缆铜-铝复合带力学性能和界面和影响、复合带变形区的特点和 Cu、Al 各组元与总压力的关系。

文献[1268]指出，采用爆炸焊接工艺生产的铜-铝复合散热片，兼具铜和铝的优点、工艺简单、适合大规模生产和成本低于其他生产工艺。通过温度场模拟分析和试验测试，对该复合散热片进行结构优化，选择合适的铜层厚度，降低了成本，减轻了自身的重量，提高了性价比，使其在普通微机中的普及和应用成为可能，能够产生可观的经济效益和社会效益。

图 5.5.2.170~图 5.5.2.177 提供了铜-铝双金属导电排、电力金具和电力机车上使用的铜-铝双金属过渡接头的许多实物图片。

3.2.6　贵金属复合板的爆炸焊接

1. 贵金属及贵金属复合材料

贵金属包括金、银、铂、钯、铑、铱、锇和钌 8 种金属。除金和银外，其余 6 种称为铂族金属或稀有贵金属。该族金属中，钌、铑、钯为轻铂族金属，锇、铱、铂为重铂族金属。

现代科学技术的发展使人们对贵金属的各种性能（如抗氧化性，抗腐蚀性，催化活性，对光、电、热的特殊效应等）有了更深刻的了解，应用范围不断扩大，成为航海、航空、宇航、电子、能源、机械、交通、化工和冶金等领域重要的材料。随着工业的发展和科学技术的进步，贵金属的应用将进一步扩大。

然而，单一的贵金属的应用越来越显现出它的局限性：第一，单金属的某些性能不能满足多种使用条件下的不同要求；第二，其成本较高；第三，资源有限。这些局限性一方面限制了它的应用范围，另一方面也促使了贵金属复合材料的问世。贵金属复合材料的出现和其他金属复合材料的出现一样，为材料科学及其工程应用展现了广阔的前景。

Ag-Cu 等贵金属二元和三元系合金的相图见图 5.9.2.29 和参考文献[1036~1040]。

2. 贵金属复合材料及其生产方法

贵金属复合材料一般是指以贵金属为基材之一，其余基材为贱金属或富金属的层状（二层或三层）金属组合体。例如，银-金、银-铜、银-镍、银-不锈钢、银-铁、银合金-铜合金、银-钯、钯-铜、金-银合金-铜合金等。这些复合材料既有贵金属的特性，又有其他材料的特性，既节约了贵金属又提高了产品的使用性能，是一类很有技术和经济价值的新型结构材料。

贵金属复合材料的生产方法，以双金属触头为例有如下几种[332]。

（1）冷压复合。这是一种机械的方法。在被复合的两种金属线材的轴向施加强大压力，使两种材料的接触面产生塑性变形。当变形达到临界状态时，两种金属便实现结合且结合强度较高。这种方法多用于生产银-铜铆钉和复合触头。生产效率很高，每小时可打 8000~11000 个复合铆钉。

（2）轧制复合。将触头材料和基层材料用轧机（大压下量）轧成复合板材，然后冲制成触头。这种方法生产效率高，适合于大批量自动化生产。

（3）钎焊复合。用低于母材熔点的钎料，通过加热熔化钎料使两种金属复合。其方法简单，但要注意不要使中间扩散层过厚。否则，将会影响触头的散热速度。

（4）液相复合。用焊剂将基体金属覆盖，以防其表面氧化，然后浇进熔融的覆层金属。其结合情况比钎焊好。

（5）扩散复合。对叠合的两块金属施加一定的压力，并在无氧气氛中加热，使结合面形成扩散区和合金层。易形成脆性相中间层的金属组合不宜采用此法。

（6）滚焊复合。将基体金属做成成卷的带材，触头材料做成线材，通过转动的电极连续焊接而制成覆盖或镶嵌的半成品，然后根据产品需要剪截使用。

（7）爆炸复合。通过炸药爆炸的能量，强行使两种或多种金属复合在一起。这种方法适用于金属材料之间因扩散而形成脆性相的场合及难于焊接结合的金属。

有关文献最后指出，在复合触头的诸生产工艺中，以冷压复合和轧制复合最为先进。这两种工艺已成为当今衡量一个国家触头生产水平的重要标志。

3. 贵金属复合材料的爆炸焊接及产品的后续加工

实际上，正如其他层状金属复合材料一样，用爆炸焊接来生产层状贵金属复合材料的方法都优于其他的生产方法。特别是爆炸焊接和后续传统的压力加工工艺联合起来之后，任意组合的二层、三层或多层贵金属复合材料及其产品都能满意地制造出来。因此，爆炸焊接（复合）法能够也应当在贵金属复合材料及其产品的生产中发挥重要而又特殊的作用。

下面以几种以贵金属为覆层的复合触头和铆钉的生产为例，讨论爆炸焊接技术在此方面的应用。

（1）银-铜复合电触头材料[333]。用爆炸法制成尺寸为（1.1+3.2）mm×100 mm×300 mm 的银-铜复合板，然后将其冷轧至厚度 2.10~2.20 mm，再将其切成 4.0~4.5 mm 宽的窄条，最后在双柱可倾压力机上冲压成形和落料成图 5.4.1.130 和图 5.5.2.77 所示的银-铜触头及铆钉。另一些不同形状的银-铜复合触头如图 5.5.2.78 所示。

试验表明，爆炸复合板经超声波检验和 X 射线探伤未发现分层现象。金相观察结合面上呈波状结构。拉剪强度 σ_{br} = 114 MPa。图 5.4.1.130 和图 5.5.2.77 中两种产品内显微硬度分别为 986 MPa 和 934 MPa，相应的银层厚度为 0.28 mm 和 0.52 mm。

经爆炸、轧制和冲压等一系列加工和变形后，银和铜两层的厚度比一直保持不变，且银层在触头的整个工作面上厚度均匀。

以上两种触头在家用电器上进行了装机破坏性试验。试验条件是：发热功率 700 W、温控 60~70 ℃，通电 5140 次（10 次/min）后触头仍未破坏。超过了企标规定的 4000 次的指标。另外，进行了寿命试验：耐压 3000 V 和关断时间 0.0022 s，如此反复进行达 60000 次以上。该触头材料的上述性能满足了使用要求。

应当指出，用爆炸复合+轧制+冲压成形法来生产银-铜触头的优点是，工序和设备简单、品种容易更换，尤其是工作层和基层结合强固。

（2）银合金-铜合金复合电触头材料[334]。人们用爆炸+轧制+拉拔的工艺研究了如图 3.2.6.1 横断面所示的继电器中银合金-铜合金复合电触头材料。这种触头的工作条件是：电压 60 V，电流 0.1 A，感性负荷，接触压力 22+4 g，接触电阻 0.03 Ω，使用寿命在有消火花装置时 5000 万次、无消火花装置时 1000 万次，使用温度为 -10 ℃~40 ℃。同时要求材料具有优良导电性能和焊接性能。

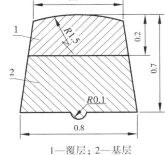

1—覆层；2—基层

图 3.2.6.1　继电器用银合金-铜合金复合电触头断面图

爆炸焊接用覆材为 Ag（88%）Au（10%）Ni（2%）、Ag（90%）Au（10%）、Ag（90%）Cu（10%）、Ag（88%）Cu（10%）Ni（2%）4 种银合金，基材为 Cu（75%）Ni（25%）合金。

爆炸焊接的工艺参数如下：覆材尺寸为 1 mm×46 mm×100 mm，基材尺寸为 2.5 mm×40 mm×107 mm，间隙 1~4.5 mm，安装角 30′~2°，W_g = 2.4~3.0 g/cm²。用 2# 炸药和 8# 电雷管端部

表 3.2.6.1　几种爆炸焊接贵金属复合板的力学性能

材　料	σ_{br} /MPa	弯曲次数 /次	扭　转　性　能	
			断裂时扭转角	结合情况
AgCu-CuNi	178	6.0	2×360°+130°	中部有微裂纹
AgCuNi-CuNi	164	6.5	2×360°+30°	无裂纹
AgAu-CuNi	211	5.5	1×360°+300°	无裂纹
AgAuNi-CuNi	211	5.5	1×360°+220°	无裂纹

注：① 弯曲是以正向弯曲 90° 后再反向弯曲 90° 作为一次弯曲次数；② 拉剪试验时均从覆材处破断。

起爆；然后将爆炸焊接的二层复合板进行轧制，再将其切条，最后将此条状复合材料在有预定形状的模孔的模具内进行拉拔，从而获得断面如图 3.2.6.1 所示的触头材料丝。使用时将该丝切成预定长度后焊接在继电器内。上述几种复合板的力学性能如表 3.2.6.1 所列。检验结果表明，爆炸复合板结合强度高，有良好的冷加工性能。经加工制成的触头材料经 10^8 次寿命试验后未发现材料分层，可满足使用要求。

（3）Au-AgAuNi-CuNi 三层异形触头材料[33]。为了提高银基双金属触头的抗硫化性能和改善触头工作过程中的接触稳定性，用爆炸焊接+轧制+拉拔的方法研制了 Au-AgAuNi-CuNi 三层异型触头材料，其断面图如图 3.2.6.2 所示。

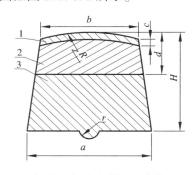

1—Au；2—AgAuNi；3—CuNi

图 3.2.6.2　Au-AgAuNi-CuNi
三层异形触头材料断面图

表 3.2.6.2　AgAuNi-CuNi 复合板的分离强度

$W_g/(g \cdot cm^{-2})$		2.5		3.5		4.5	
σ_f /MPa	1	270	240	186	125	183	256
	2	274	257	162	157*	132	302
	3	263	232	202	155*	105	0
	平均	269	243	183	146*	140	186

注：* 为软态，其余为爆炸态。

该三层复合板可用二次爆炸法获得：先使 AgAuNi 和 CuNi 复合，再使 Au 和 AgAuNi-CuNi 复合。复合触头丝的加工过程同上。其有关性能如表 3.2.6.2～表 3.2.6.5 所列。

表 3.2.6.3　AgAuNi-CuNi 复合板冷轧态及其退火后的弯曲性能

状　态	冷　轧　态					冷　轧　后　退　火　态				
弯曲类型	内　弯			外　弯		内　弯			外　弯	
试样号	1	2	3	4	5	1	2	3	4	5
弯曲角/(°)	>143	>142	>138	144.5	>146	>145	>144	>145	>147	>144.5

注：$d=t$，$t=3$ mm；试样尺寸 3 mm×10 mm×L，$L \geqslant 100$ mm；内弯时 Au 层在内，外弯时 Au 层在外。

表 3.2.6.4　Au-AgAuNi-CuNi 三层异型触头寿命试验

No	负荷大小	负荷性质	动作频率 /(次·s^{-1})	通断比	检测间隔 /次	硫　化　试　验	使用寿命 /次
1	$0.5V_{DC} \times 0.3$ mA	阻性	10	1:1	10^6	每隔 10^6 次作一次试验	10^6
2	$60V_{DC} \times 0.1$ A	阻性	10	1:1	10^6	每隔 10^6 次作一次试验	10^7
3	$28V_{DC} \times 1$ A	阻性	4.4	1:1	10^5	寿命试验前作一次硫化试验	10^8

注：硫化试验是在 0.01% 的 H_2S 气氛中储存 12 h。

由上述数据可知，用该三金属生产的三层异型触头材料具有良好的结合、加工和使用性能。它能够取代一些银基单一的和双层材料的触头，以提高使用性能和节省大量贵金属。这种触头材料在中、小负荷的继电器上可以广为应用。能生产这种多层触头材料的爆炸焊接法值得大力推广。

表 3.2.6.5　Au-AgAuNi-CuNi 三层异型复合丝的性能

性能	σ_b /MPa	δ /%	弯曲次数 /次	ρ /($\mu\Omega \cdot cm$)	HV 硬度		
					Au	AgAuNi	CuNi
数据	454	1.8	5~8	6.745	647	1029	1725

为了进一步节省贵金属（以铜代金），人们又研制了 Au-AgCuNi-CuNi 三层异型触头材料[34]。先用爆炸焊接法获得尺寸为（0.31+4.88+5.45）mm×135 mm×330 mm 的三层该复合板。为消除加工硬化，将其在真空炉中在 650 ℃ 下退火 2 h。然后在轧板机上轧制到 3 mm 厚，随后在剪板机上将其切成 3 mm×3 mm 断面的复合板条。这种板条在氢气炉中退火后，用模孔形状和尺寸逐渐过渡成一套模具，将其拉拔成断面如图 3.2.6.2 所示的三层异型触头成品丝。

力学性能检验的结果是 AgCuNi-CuNi 复合板的分离强度的平均值为 233 MPa，与基材 AgCuNi 的抗拉强度接近。爆炸态及其后退火态、冷轧态及其后退火态的内、外弯各项性能与表 3.2.6.4 相近。

该复合丝在剪切成一个个触头时各层不分离。CuNi 合金有良好的焊接性，加上触头底部的小突起，使得该触头具有良好的点焊性能和焊接强度。其寿命试验的结果如表 3.2.6.6 所列。

实践证明，这种三层异型触头材料也是中、小负荷继电器优良的结构材料。同时，它比 Au-AgAuNi-CuNi 能更多地节省贵金属。

图 4.16.5.37、图 4.16.5.49~图 4.16.5.50、图 4.16.5.97~图 4.16.5.100 分别为银-铜及 Au-AgAu(Cu)Ni-CuNi 双金属、三金属结合区的微观形貌。由图可知，它们的结合区均为波状，在波形上还有

表 3.2.6.6　Au-AgCuNi-CuNi 三层异型接点的寿命试验

负荷大小	负荷性质	动作频率/(次·s⁻¹)	通断比	检测间隔/次	硫化试验	使用寿命/次
$220V_{AC} \times 2\,A$	阻性	3.7	1:1	5×10^4	寿命试验前作一次试验	5×10^5
$28V_{DC} \times 2\,A$						5×10^5
$220V_{AC} \times 5\,A$	阻性	1.1	1:1	10^4	寿命试验前作一次试验	10^5
$28V_{DC} \times 5\,A$						10^5

注：① 硫化试验在 0.01% 的 H_2S 气氛中储存 12 h；② 负荷大小为各两组转换。

一个或两个漩涡区。在腐蚀清晰和高倍放大的情况下，可以观察到波形内金属发生了如下规律的塑性变形：在界面附近，晶粒呈纤维状，随着与界面距离的增加这种变形的程度减弱，在变形区以外的晶粒形状就与原始状态差不多。漩涡区是爆炸焊接过程中生成的熔化金属汇集的地方。电子探针和电子显微镜的成分分析表明，界面两侧不同金属的原子在高压、高温、塑性变形和熔化等因素的综合作用下，彼此发生了渗透和对流，即扩散。如同其他的爆炸复合材料一样，这几种爆炸复合材料的结合区亦具有金属塑性变形、熔化和扩散，以及波形的明显特征。与这些特征特别是塑性变形(加工硬化)特征相对应的一些贵金属复合材料结合区及其断面上的显微硬度分布曲线如图 4.8.3.12、图 4.8.3.18、图 4.8.3.19、图 4.8.3.45、图 5.2.9.10 至图 5.2.9.12 所示。这些曲线所包含的内容也充分地反映了爆炸焊接过程中结合区和断面上所发生的物理-力学性能的变化。对其进行深入的研究也是很有意义的。

文献[335]指出，为了节约白银并提高电器元件的使用寿命，国内外广泛地开展了复合触头的研究。其中爆炸焊接的银-铜复合板在加工以后就能用来制造触头。其特点是焊接强度高，固有电阻小；焊缝塑性好，可以冷轧、冲压和剪切；覆层和基层金属的厚度可以在较大的范围内选择。

人们用爆炸焊接+后续压力加工的方法制成了 Ag-M3 和 Ag-H62 两种复合触头。其中复合板的力学性能和成品的性能如表 3.2.6.7 和表 3.2.6.8 所列。

表 3.2.6.7　银-铜爆炸复合板的力学性能(平均值)[335]

$\sigma_{b\tau}$/MPa				σ_b/MPa
横　向		纵　向		
I	II	I	II	
197	185	214	256	410

表 3.2.6.8　复合触头的磨损性能[337]

No	材料组合	厚度比	电磨损/mg	熔焊次数	复合层焊接程度
1	银-紫铜	1:3	1.6	无	复合层牢固
2	银-紫铜	1:2	1.2	无	复合层牢固
3	银-黄铜	1:1	2.1	无	复合层牢固
4	银-黄铜	1:1	1.3	无	复合层牢固

分析认为，该复合触头与整体银触头相比，耐电磨损性能几乎毫无差异，而熔焊性能有提高，焊接牢固度足以使复合层不开裂。

对这两种复合触头进行了接通与开断、动稳定、电寿命、温升、机械寿命等试验，认为各项指标均能满足技术条件的要求。

文献[1269]指出，银-铜复合带可代替纯银带材用于电刷和接插件等电接触材料，也可用于电话交换机中的电接触簧片。据统计，1990 年全国电话机总数达到 1500 万台，到 20 世纪末可达到 3000 万台以上。如果我国的纵横制自动电话交换机 PT-501 型接线器静簧片，从现在起全部改用银-铜复合带材代替纯银带材，按每台节银 30.9 g 计算，3000 万台可节银 927 t，其经济效益相当可观。

此外，这种材料还可用于洗衣机定时器的接点、电视机的接触簧片、电子计算机的插播件等，用途十分广泛。

北京某厂研制的银-铜复合带银层厚 0.12 mm，铜层厚 0.08 mm，节银达 40%。天津某厂研制的同种产

品银层厚 0.06 mm，铜层厚 0.14 mm，节银量达 70%。

文献［1270］指出，弱电领域的微电机制造业是中国当前快速发展的行业之一，中国已成为世界生产和出口微电机的大国。长江三角洲和珠江三角洲、环渤海湾三大地区已成为我国微电机主要的生产基地和出口基地，总产量约占全球的 60%。直流微电机是视听设备、计算机用外围设备、家用电器和汽车等领域重要的电子器件。而微电机中的换向器和刷片则是其心脏。如果换向器和刷片出现失效，导致微电机出现故障，会影响整个设备不能正常运转。

最早一代使用的换向器复合材料主要为 AgCd-TUl 和 AgCuCdNi-TUl 等系列复合材料。由于 Cd（镉）材料具有良好的灭弧特征，在弱电领域广泛应用。但 Cd 是一种毒性仅次于汞的积累富集型毒物。因此各种无 Cd 电接触材料逐渐成为研究热点。以 AgCuNi-TUl 为主的换向材料在微电机行业上得到广泛应用。

目前，国际上广泛使用的这种复合材料的复合技术以轧制复合为主。根据复合温度的不同，可以分为温度高于贵金属合金再结晶温度的热轧复合和低于这个温度的冷轧复合两种工艺。实践证明，在有条件的单位，采用爆炸焊接+热（冷）轧技术生产这种产品将会更为简单可行、质量更好和成本更低。

文献［336］指出，PdAg-BZn 贵金属复合材料是用于微电机的一种新型复合电刷材料，现用于音响设备直流稳速电机、RS 刮胡工具电机和医疗器械记录仪等电子仪器的驱动元件。

覆层 PdAg 合金（Pd 含量>30%）——电触头转换材料，在空气中长期保存而不失原有金属光泽、高硬度、抗电弧磨损、接触电阻小而稳定。基层为 CuNiZn 合金，其强度高，有优良的弹性性能，以及良好的耐蚀和抗疲劳性能，是一种典型的弹性材料。该产品的市场前景广阔。用 PdAg-BZn 电刷与 AgCuNi-T2 或 Ag-T2 换向匹配，应用于微型电机。其接触电阻稳定，稳速精度高，耐磨性能好，可用于音响设备和其他电子仪器的驱动元部件。

以上贵金属复合材料可以采用固相轧制技术获得。但分析表明爆炸焊接技术可能更好。

采用各种新技术和新工艺研制的多种复合材料，不仅节约了大量贵金属，而且满足了可靠度高、寿命长、耐高温和微型化的要求。一些贵金属复合材料已成功地应用于机床电器、电视高频头、电冰箱温控器、计算机键盘、微动开关、电话交换机及各种触头，取得了良好的经济效益[337]。

爆炸焊接的大量应用是在金属坯上包覆、再热轧和冷轧成带条，用于制造美国硬币：在 89 mm 厚的纯铜板上两面同时包覆 22.9 mm 厚的铜镍合金（75/25），每块重 154 kg。然后轧制成 10 美分和 25 美分厚的硬币坯料。另外，大量生产的轧坯是供生产 50 美分的硬币的条材。此举是为了代替和取消原硬币中的银。

文献［208］指出，最引人注目的例子是美国复合硬币的使用。其总产量已超过 15000 t，其中一半是用爆炸法结合的，而且都是由杜邦公司制造的。复合板坯的厚度为 178 mm，长度为 5180 mm，重量超过 5000 kg，经热轧和冷轧后制成厚 0.75 mm 的带材，然后再加工成硬币。其中 25 美分和 10 美分的中间为铜，两边为镍合金。50 美分的硬币过去含银 90%，现在中心含银 20%，两边含银 80%。

用爆炸焊接+轧制工艺可获得银-磷青铜双金属，其中银层厚 0.1 mm。用这种双金属制成电触头，比纯银触头节银 95% 以上。用于电视机高频头上，据初步试验这种触头的寿命达 5 万次以上[22]。

人们用爆炸焊接法生产了下列组合的双金属触头的坯料：Cu-Ag2（5+2 mm）和 1X18H9T-Ag2（2+2 mm）。它们的分离强度相应为 209 MPa 和 224 MPa，剪切强度相应为 298 MPa 和 396 MPa[238]。

在 Ag-Cu 和 Ag-低碳钢电触头用双金属带的制造中，带的全厚为 0.90~0.99 mm，银层厚为（0.25~0.35）mm，采用了爆炸焊接、923 K 中间退火（对于钢和铜相应保温 1.5 h 和 0.5 h）和随后轧制的工艺。显微硬度测量显示，焊接后在所有的系统中都有硬化区。金相分析指出，在结合区有熔化，在界面附近发生了铜的再结晶，以及强烈的塑性变形。在制造触头的时候，重要的是选择半成品各层的厚度比。Ag 与 Cu，Ag 与钢的厚度比接近 0.6[338]。文献［339］也用爆炸焊接法制造了银-低碳钢复合板。

银-钢双金属爆炸焊接的研究指出，这种组合用通常的焊接方法是难以实现结合的，但用爆炸法足够简单并在很宽的工艺参数的范围内实现。用银-钢双金属制造的化工装置，其中银层厚 2 mm，钢层厚 12 mm。比较了扩散法和爆炸法制造这种双金属的优劣：就结合强度而言，后者要高于前者[5]。

特殊用途的电触头需要具有高导电性、高抗磨性及低成本的综合特点，这些单金属材料都不具备。如含银抗磨电触头，以氧化镉弥散硬化，与碳钢基板结合，然后将板坯进行冷轧制，厚度减少 75%，再用冲压工艺制成厚度为 1.2 mm 的触头按钮。另用爆炸法使 0.5 mm 的钼包覆铜，此触头的耐磨性提高很多。用银或铜与铝爆炸焊接制成低惯性的电器元件，此元件不受潮湿空气的腐蚀[3]。

在高压反应器的半圆形的池内和用于拉长晶体的压热器的区域内，用爆炸法使厚 2 mm 的 X8CrNiTi8.10 钢覆上一层厚 1 mm 的银。炸药与覆层的质量比、爆速和覆板下落速度相应为 0.6、1900 m/s 和 260 m/s。经过如此改进之后，装置的使用寿命增加 2~3 倍[340]。

用爆炸焊接法生产贵金属双金属的坯料，它用来制造合成纤维工业中需耐蚀的拉模。贵金属利用如下合金：Au90Rh10、Au69.5Pt30Rh0.5、Au59.5Pt40Rh0.5、Au50Pt49Rh1[341]。

为了节约昂贵的铂，研究了以钯为内层和以铂为外层的复合材料。这种铂-钯-铂结构的复合材料，铂层经过了氧化锆晶粒的稳定化处理，这种处理的好处是避免了再结晶过程中的晶粒长大。由于两种金属的相适应性，可以用钎焊、爆炸焊、扩散焊和轧制焊等焊接技术，使它们结合起来。这种材料可作为实验室器皿和玻璃工业中的炉衬等使用。还使用了铑-铂、金-铂等，以降低玻璃介质对材料的腐蚀[342]。用爆炸法研制了 Ag10Cu-钢复合板[343]。

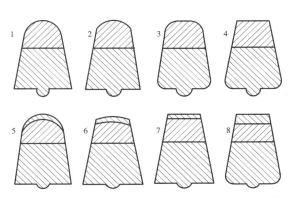

图 3.2.6.3　两层和三层贵金属触头材料的断面形状

目前，国内外已能用不同的方法生产如图 3.2.6.3 和图 3.2.6.4 所示的多种断面形状的贵金属触头材料。

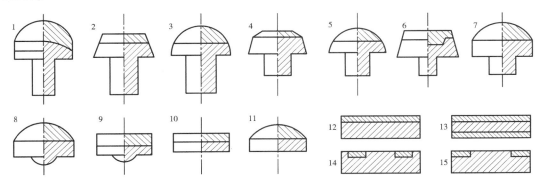

图 3.2.6.4　多种形状的贵金属复合材料和触头示意图

为了节约贵金属和提高单金属及电镀制品的使用性能，国外用叠轧、挤压、模锻、扩散焊接和爆炸焊接等多种固相黏结的方法，已获得了如下一些贵金属复合材料。

(1) 导体贵金属复合材料。用挤压和进一步拉伸+退火的工艺研制了用银包覆铜的双金属丝材。其直径为 0.10~0.32 mm，包覆层厚度为直径的 1/40~1/20。以代替镀银的铜丝作为在低于 250 ℃ 温度下工作的耐热导体。电镀法时镀层与基体结合不牢，镀层疏松，厚度小且不均匀。

(2) 弹性贵金属复合触头。用叠轧或扩散焊接的工艺制成了以黄铜、青铜和白铜为基体(弹性)材料，以银、银钯、金镍、钯镉和耐磨合金为触头层材料的双金属带材及条材[图 3.2.6.4(12~15)]。用这种复合材料冲压获得具有弹性性能的触头。包覆了耐磨合金层的滑动触头，与电镀制品相比寿命提高(1.5~2)倍，而银和金的消耗量则可大大减少。

(3) 块状贵金属复合触头。用带有贵金属触头材料层的复合带和条可以冲压出如图 3.2.6.4(1~11)所示的许多粒状触头。这些触头能够节约贵金属达 50% 或更多。由于这些触头有下部的凸台，这就改善了触头与有关零件钎焊(熔化焊、黏结)的焊接性。

(4) 贵金属复合钎料。例如，为了使硬质合金与铣刀或车刀本体钎焊，要考虑节省白银和提高可靠性，因此使用了银钎料-铜-银钎料的三层复合带材(复合钎料)。这种银钎料的组成为铜银合金。

如上所述，爆炸焊接，特别是爆炸焊接和有关的压力加工相联合的工艺是生产贵金属复合材料及产品的一种新技术，这种新技术在此方面的应用有许多特点和优点，值得大力推广。

然而，应当指出，由于这类复合材料后续压力加工方面的原因，使得其产品的形状有时不甚理想，例如如图3.2.6.5和图3.2.6.6所示的两例。由图可见，它们的外形和内层的界面并不像图3.2.6.1和图3.2.6.2那样规整。

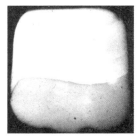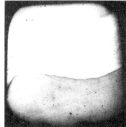

图 3.2.6.5　Au-AgAuNi-CuNi
三层异形复合触头丝
的断面形状（×75）

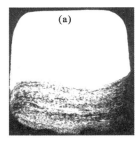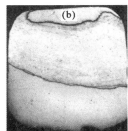

图 3.2.6.6　AgCuNi-CuNi(a) 和
Au-AgCuNi-CuNi(b)
异形复合触头丝的断面形状（×50）

如前所述，爆炸复合材料的结合强度是很高的，能够经受得住后续多种形式和多次的压力加工而不会分层及开裂。图3.2.6.5和图3.2.6.6的形状不规整，产生的原因在于爆炸+轧制的复合板在切条时断面形状（应为正方形 3 mm×3 mm）发生了歪扭，成为平行四边形，或边长不等的不规则的四边形（图3.2.6.7）。用这种断面形状的复合条材进行拉丝，最终产品的形状很难是规整的。改变这种状况的办法是改剪床剪切为纵剪机纵剪。因此，不应当将图3.2.6.5和图3.2.6.6，以及其他质量标准

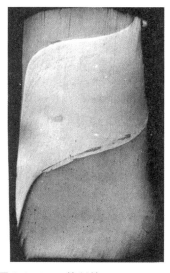

图 3.2.6.7　轧制的 Au-AgAuNi-CuNi 复合板在切条后的横断面形貌　（×50）

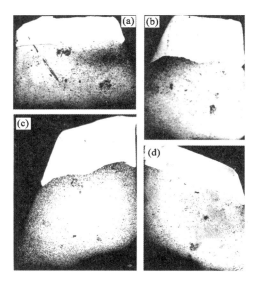

（a）、（b）—AuAg-CuNi；（c）、（d）—Ag-CuNi
图 3.2.6.8　日本（a、d）和美国（b、c）的复合触头材料的断面形状

不尽如人意的原因简单地归结于爆炸焊接，而应主要地从后续压力加工工序上找原因。否则，就会否定爆炸焊接这一生产金属复合材料的最佳方法在此方面的良好应用。实际上，国外的同类产品也有类似的问题，如图3.2.6.8所示。

3.2.7　锆合金-不锈钢管接头的爆炸焊接

锆合金（锆-2、锆-4、锆2.5铌和锆1铌等）具有优良的核性能，是原子能工业不可缺少的结构材料。为了在核工程建设中节省这种稀缺和贵重的金属材料以及降低工程造价，可以在反应堆内使用锆合金管，而在堆外使用廉价的不锈钢管。于是，就产生了这两种不同物理和化学性质的管材的焊接问题。爆炸焊接的锆合金-不锈钢管接头能够解决这个问题。到时管接头的锆合金管部分与锆合金长管相焊接，置于堆内；管接头的不锈钢管部分与不锈钢长管相焊接，置于堆外。由此不难看出，这种管接头的作用和别的类似的管接头一样，实质上是变不同金属的焊接为相同金属的焊接，从而为各种金属材料的物理和化学性能的充分发挥及综合利用，展现了一幅光明的前景。

应当指出，这种管接头的应用还可以简化长的锆合金管材的加工设备、生产工艺和其他许多技术问题。例如，长3 m和长6 m的锆-2管材生产的设备、工艺、技术、成材率、成本和价格无疑是有明显的不同的。因而，这种管接头具有重要的技术和经济价值。

1. 锆$_{-2}$+不锈钢管接头的爆炸焊接

锆$_{-2}$+不锈钢管接头用爆炸焊接的这两种材料的短复合管加工而成。这种复合管和管接头的实物照片如图 5.5.2.18 和图 5.5.2.23 所示。

这里提供爆炸焊接的锆$_{-2}$+不锈钢复合管的工艺、组织和性能。

（1）复合管的爆炸焊接工艺。用于制作管接头的复合管通常较短，并且一般用内爆法焊接，因而需要一副模具。使用这副模具的目的是在复合管焊接之后，吸收和传递剩余的爆炸能量，使复合管具有既定的尺寸和形状，并防止变形过大和炸裂。

为了制作锆$_{-2}$+不锈钢复合管，先后试验了水模、水泥模、钢模、水泥-钢模、复式钢模、两半模和四半模等。最后确定以动量守恒原理为依据的两半模较为合适，其实物照片如图 3.2.7.1 所示，安装示意图如图 3.2.7.2 所示。

如图 3.2.7.2 所示，该复合管爆炸焊接的过程如下：炸药由雷管引爆后，其释放的能量的一部分使两金属管焊接起来，剩余的能量便推动复合管扩张。设其动量为 m_1v_1（m_1 为复合管的质量，v_1 为其扩张的速度）。当具有如此动量的复合管与模具内壁相互作用——碰撞之后，便将其动量 m_1v_1 传递给模具，使模具向外飞出。模具的动量为 m_2v_2（m_2 为模具的质量，v_2 为其飞出的速度），于是，$m_1v_1 = m_2v_2$。在动量传递的一瞬间，由于剩余能量已全部传给了模具，复合管就不会继续扩张，自然就不会破裂，也不会变形（扩径）太大了。两半模外面的两半式上下固定环，由于其连接处的销钉被剪断也不会破坏。

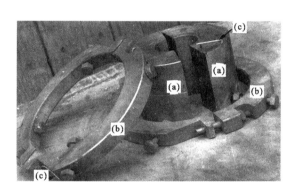

图 3.2.7.1　两半模（a）及其两半固定环（b）的实物照片，（c）为固定环上的剪切销钉

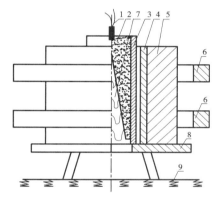

1—雷管；2—炸药；3—锆$_{-2}$管；4—不锈钢管；5—两半模；
6—上下固定环；7—非金属圆锥体；8—支架；9—地面

图 3.2.7.2　复合管爆炸焊接工艺安装示意图

试验表明，两半模结构简单，体积较小，加工容易和操作方便。问题是在均匀布药的情况下，复合管将发生葫芦状的变形，两半模内孔的形状与复合管外形相对应，如图 2.4.1.3 和图 2.4.1.4 所示。随着炸药量的增多和试验次数的增加，这种变形增大。表 3.2.7.1 为一副两半模在三次试验后的模孔内径和复合管外径变形情况的测量数据。4.9.2 节提供了在多种试验条件下模和管的变形数据。由这些数据可以掌握其变形的规律，由此规律就能够将模和管的变形控制在一定的范围之内。在此范围之内既可以获得满足技术要求的复合管，又能够延长两半模具的使用寿命。

表 3.2.7.1　某副两半模第三次试验后模管变形数据　　　　/mm

沿爆轰方向距离		10	20	30	40	50	60	70	80	90	100
模具内径	第一半	51.3	51.6	51.5	51.7	51.8	52.0	52.2	52.4	52.3	52.0
	第二半	51.3	51.6	51.6	51.7	51.9	52.1	52.3	52.4	52.3	52.0
复合管外径	接缝处	51.5	51.7	51.9	52.0	52.1	52.0	52.2	52.2	52.3	52.1
	垂直接缝处	51.3	51.2	52.1	52.1	52.1	51.2	51.3	51.5	51.5	51.5

注：不锈钢基管的原始外径为 50.0 mm。

用满足技术要求的两半模进行了锆$_{-2}$+不锈钢复合管的爆炸焊接试验，部分试验的工艺参数如表 3.2.7.2 所列。

表 3.2.7.2 锆$_{-2}$+不锈钢复合管爆炸焊接工艺参数

No	Zr$_{-2}$ 覆管，尺寸 /（mm×mm×mm）	1Cr18Ni9Ti 基管，尺寸 /（mm×mm×mm）	炸药 种类	W_g/（g·cm^{-2}）	h_0 /mm	结 果
1	ϕ42.0×1.5×125	ϕ50.0×3.4×120	TNT	0.50	0.60	焊接良好
2	ϕ42.5×1.6×125	ϕ50.0×3.0×110	TNT	0.55	0.55	基管内表面磨光，熔化少
3	ϕ42.5×1.6×125	ϕ50.0×2.7×110	TNT	0.55	0.65	基管内表面磨光，熔化少
4	ϕ42.5×1.6×125	ϕ50.0×2.6×110	TNT	0.55	0.85	基管内表面磨光，熔化少
5	ϕ42.5× 1.6×125	ϕ50.0×2.5×110	TNT	0.55	0.95	基管内表面磨光，熔化少
6	ϕ43.0×17.5×120	ϕ50.0×2.7×110	TNT	0.48	0.75	基管内表面车削，焊接良好
7	ϕ43.0×1.75×120	ϕ50.0×2.7×110	TNT	0.55	0.80	基管内表面车削，焊接良好
8	ϕ43.0×1.75×120	ϕ50.0×3.25×110	TNT	0.55	0.25	焊接良好
9	ϕ43.0×1.75×120	ϕ50.0×3.0×110	TNT	0.55	0.50	焊接良好
10	ϕ43.0×1.75×120	ϕ50.0×2.5×110	TNT	0.55	1.00	焊接良好
11	ϕ46.0×2.9×130	ϕ57.0×4.0×130	TNT	0.56	1.50	焊接了，熔化多
12	ϕ46.0×2.9×130	ϕ57.0×4.3×130	TNT	0.56	1.20	焊接了，有熔化
13	ϕ46.0×2.9×130	ϕ57.0×4.3×130	2#	0.70	1.50	焊接良好
14	ϕ46.0×2.0×130	ϕ57.0×4.3×130	2#	0.64	1.20	焊接良好
15	ϕ46.0×2.9×155	ϕ65.0×8.0×150	TNT	0.424	1.50	焊接良好
16	ϕ46.0×2.9×155	ϕ65.0×8.0×150	2#	0.565	1.50	焊接良好
17	ϕ52.0×2.0×130	ϕ60.0×3.0×125	TNT	0.30	1.00	焊接良好
18	ϕ52.0×2.0×130	ϕ60.0×3.0×125	TNT	0.35	1.00	焊接良好
19	ϕ52.0×2.0×130	ϕ60.0×3.0×125	TNT	0.40	1.00	焊接良好，有熔化
20	ϕ52.0×2.0×130	ϕ60.0×3.0×125	TNT	0.45	1.00	焊接良好，有熔化

（2）复合管的结合区组织和成分分布。金相分析表明锆$_{-2}$+不锈钢复合管的结合区为有规律的波形结合，如图 4.16.5.39 所示。在浸蚀清晰的情况下，可观察到界面两侧的金属发生了拉伸式和纤维状的塑性变形，离界面越近这种变形越严重。波前的漩涡区汇集了爆炸焊接过程中形成的大部分熔化金属，少量残留在波脊上，厚度以微米计。

该复合管结合区的扫描电镜试验结果如图 4.5.5.13 所示。由图可见，在熔化区内 Zr、Fe 元素的含量呈波动形式，由此说明此区内熔化金属由不同含量的 Zr、Fe 组成。当由一种材料进入另一种材料时，扫描线呈梯度分布，这是 Zr、Fe 两种元素相互扩散的特征和标志。如此两种形式的成分分布是爆炸焊接过程中异种金属的原子在液态和固态下彼此扩散的结果。锆-铁二元系相图如图 5.9.2.14 所示。

（3）复合管的力学性能。该复合管的力学性能试验包括拉剪、弯曲和显微硬度分布等项，其结果如表 3.2.7.3、表 3.2.7.4 所列和图 4.8.3.14 所示。复合管的拉剪试样见图 5.1.1.17，其弯曲试样的实物照片如图 3.2.7.3 所示。

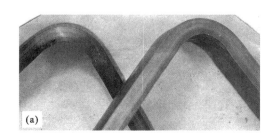
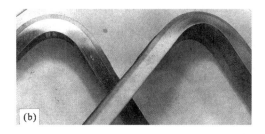

（a）内弯   （b）外弯

图 3.2.7.3 锆$_{-2}$+不锈钢复合管弯曲试样的实物照片

表 3.2.7.3　锆$_{-2}$+不锈钢复合管的拉剪性能

No	Zr$_{-2}$ 覆管，尺寸 /(mm×mm×mm)	1Cr18Ni9Ti 基管，尺寸 /(mm×mm×mm)	W_g/(g·cm^{-2})		h_0 /mm	热处理		$\sigma_{l\tau}$ /MPa
			TNT	2#		t/℃	t/min	
1	φ42.0×1.5×125	φ50.0×3.4×120	0.50	—	0.60	300	1440	372
2	φ42.0×1.5×125	φ50.0×3.4×120	0.50	—	0.60	400	1440	404
3	φ42.0×1.5×125	φ50.0×3.4×120	0.50	—	0.60	550	30	149
4	φ42.0×1.5×125	φ50.0×3.4×120	0.50	—	0.60	600	30	149
5	φ42.5×1.6×125	φ50.0×3.0×110	0.55	—	0.55	—	—	333
6	φ42.5×1.6×125	φ50.0×3.0×110	0.55	—	0.65	—	—	343
7	φ43.0×1.75×120	φ50.0×2.7×110	0.48	—	0.75	—	—	342
8	φ46.0×2.9×155	φ65.0×8.0×150	0.424	—	1.50	—	—	387
9	φ46.0×2.9×155	φ65.0×8.0×150	0.424	—	1.50	—	—	383
10	φ46.0×2.9×155	φ65.0×8.0×150	—	0.565	1.50	—	—	416
11	φ46.0×2.9×155	φ65.0×80×150	—	0.565	1.50	—	—	418
12	φ42.0×1.5×125	φ50.0×3.4×120	0.50	—	0.60	热循环：250℃、3 min，水冷，500 次		404
13	φ42.0×1.5×125	φ50.0×3.4×120	0.5	—	0.60			404
14	φ42.0×1.5×125	φ50.0×3.4×120	0.50	—	0.60			321
15	φ42.0×1.5×125	φ50.0×3.4×120	0.50	—	0.60	250℃瞬时拉剪		245
16	φ42.0×1.5×125	φ50.0×3.4×120	0.50	—	0.60			245
17	φ42.0×1.5×125	φ50.0×3.4×120	0.50	—	0.60			236

表 3.2.7.4　锆$_{-2}$+不锈钢复合管的弯曲性能

No	Zr$_{-2}$ 覆管，尺寸 /(mm×mm×mm)	1Cr18Ni9Ti 基管，尺寸 /(mm×mm×mm)	W_g/(g·cm^{-2})		h_0 /mm	热处理		α/(°)	
			TNT	2#		t/℃	t/min	内弯	外弯
1	φ46.0×2.9×155	φ65.0×8.0×150	—	0.565	1.50	—	—	—	>100
2	φ46.0×2.9×155	φ65.0×8.0×150	—	0.565	1.50	—	—	—	>100
3	φ46.0×2.9×155	φ65.0×8.0×150	0.424	—	1.50	—	—	—	>100
4	φ46.0×2.9×155	φ65.0×8.0×150	0.424	—	1.50	—	—	—	>100
5	φ42.0×1.5×125	φ50.0×3.4×120	0.50	—	0.60	600	30	>100	—
6	φ42.0×1.5×125	φ50.0×3.4×120	0.50	—	0.60	600	30	>100	—
7	φ42.0×1.5×125	φ50.0×3.4×120	0.50	—	0.60	600	30	—	>100
8	φ42.0×1.5×125	φ50.0×3.4×120	0.50	—	0.60	600	30	—	>100
9	φ42.0×1.5×125	φ50.0×3.4×120	0.50	—	0.60	—	—	>100	—
10	φ42.0×1.5×125	φ50.0×3.4×120	0.50	—	0.60	—	—	>100	—
11	φ42.0×1.5×125	φ50.0×3.4×100	0.50	—	0.60	—	—	—	>100
12	φ42.0×1.5×125	φ50.0×3.4×120	0.50	—	0.60	—	—	—	>100
13	φ42.0×1.5×125	φ50.0×3.4×120	0.50	—	0.60	热循环：250℃、3 min，水冷，500 次		>100	—
14	φ42.0×1.5×125	φ50.0×3.4×120	0.50	—	0.60			>100	—
15	φ42.0×1.5×125	φ50.0×3.4×120	0.50	—	0.60			—	>100
16	φ42.0×1.5×125	φ50.0×3.4×120	0.50	—	0.60			—	>100

注：弯曲试样尺寸为 t mm×10 mm×100 mm，t 为试样厚度；$d=2t$，mm；$\alpha \geqslant 90°$为合格。

（4）复合管的腐蚀性能。将锆$_{-2}$+不锈钢复合管加工成的管接头使用于原子反应堆中，会在多种条件下经受多种介质的腐蚀，为此需要检验它的有关项目的腐蚀性能。所进行的这些项目的检验结果如下。

① 静水腐蚀性能：检验条件是在（400±6）℃、压力为 9.5 MPa 的高压釜离子水中停留 14 昼夜，样品为块状（3 mm×10 mm×20 mm）。结果指出在接头中锆$_{-2}$合金的腐蚀增重不超过 38 mg/dm^2，经检验后的样品实物如图 3.2.7.4 所示。

② 应力腐蚀性能：爆炸焊接后会在接头中产生内应力，这种在内应力作用下的抗腐蚀性能的检验方法有两种：

第一，快速腐蚀法：将 4 mm×10 mm×20 mm 的块状样品和 ϕ50 mm×5 mm×10 mm 的环状样品置于 3%NaCl+42%MgCl$_2$ 水溶液中，在 150 ℃ 左右煮沸 14 昼夜。然后取出，经洗涤，干燥、抛光和浸蚀后金相观察，结果未发现任何腐蚀裂纹。样品的宏观照片见图 3.2.7.5。

图 3.2.7.4　静水腐蚀后样品的宏观形貌

（a）块状样品；（b）环状样品

图 3.2.7.5　快速应力腐蚀后样品的宏观形貌

第二，高压釜腐蚀法：将块状和条状样品置于 Cl$^-$ 浓度为 0.1 mg/L、联氨（NH$_2$-NH$_2$）浓度为 0.01 mg/L、pH 为 6～7 的水溶液中，然后将其放入高压釜内，在 150 ℃ 温度下的饱和蒸汽压中停留 1000 h。取出，经充分洗涤和干燥、抛光和浸蚀后进行金相观察。检验结果未发现任何腐蚀裂纹，宏观照片如图 3.2.7.6 所示。

③ 晶间腐蚀性能：按 YB44-64B 法（即硫酸铜法）进行检验。结果表明，此过渡接头中的不锈钢材料的抗晶间腐蚀性能良好。检验样品经弯曲试验后的照片如图 3.2.7.7 所示，未发现腐蚀迹象。

图 3.2.7.6　高压釜应力腐蚀后样品的宏观形貌

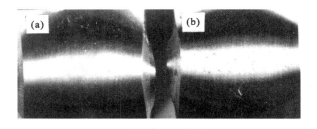

（a）未退火；（b）退火

图 3.2.7.7　晶间腐蚀后样品的宏观形貌

由上述检验结果可以看出，用爆炸焊接法制造的锆$_{-2}$+不锈钢复合管具有良好的结合区组织、力学性能和抗腐蚀性能。用它加工成的搭接管接头可以用于核工程之中。

2. 锆 2.5 铌-不锈钢管接头的爆炸焊接

用爆炸焊接的锆 2.5 铌-不锈钢复合管加工制作的这两种材料的管接头的实物照片如图 5.5.2.24 所示。

（1）复合管爆炸焊接工艺安装。锆 2.5 铌-不锈钢复合管爆炸焊接的工艺安装示意图如图 3.2.7.8 所示。由图可见，这种复合管是用内爆法爆炸焊接的。并且，由于管材较小和药量较少，使用了整体的沥青模。这种模具可重新浇铸和重复使用。

（2）复合管爆炸焊接工艺参数。锆 2.5 铌-不锈钢复合管爆炸焊接的部分工艺参数如表 3.2.7.5 所列。爆炸焊接后，复合管的起爆端和末端通常都有一段不结合区，该区通常变形（扩径）较大。不过，此复合管在长度上留有余量，在用它加工制作管接头时，两端会切除而保留中部结合完好的部分。该批试验获得的 6 支复合管的爆炸焊接变形数据的测量和分析见 4.9.3 节。

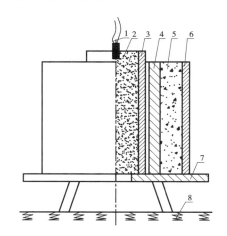

1—雷管；2—炸药；3—锆 2.5 铌覆管；4—不锈钢基管；5—沥青+沙子；6—钢管；7—支架；8—地面

图 3.2.7.8　锆 2.5 铌-不锈钢复合管（管接头）爆炸焊接工艺安装示意图

（3）复合管的力学性能。该复合管的力学性能如表3.2.7.6~表3.2.7.8所列。其断面显微硬度分布曲线如图4.8.3.13所示。

（4）复合管的化学性能。不锈钢和复合管的静水腐蚀试验数据如表3.2.7.9所列。

由上述结果可以看出，该复合管（管接头）也具有良好的组织和性能，能够用于核工程之中。

文献［344］指出，用爆炸焊接法制造的异种金属的过渡管接头同用机械法、扩散法或共挤压法制造的同类过渡管接头一样，可用于宇航工业和其他工业中，并且爆炸焊接被认为是第一流的生产方法。用这种方法制造过渡接头，在许多情况下提供了最终产品，这些产品能保证界面的严密性和很高的结合强度。这些指标超过了用其他方法制造的同类产品的力学性能。

表3.2.7.5　复合管爆炸焊接工艺参数

| No | Zr2.5Nb 覆管 | | | | 1Cr18Ni9Ti 基管 | | | | h_0 /mm | 主炸药 | | 引爆药 RDX /g | 结　果 |
	外径 /mm	内径 /mm	壁厚 /mm	长度 /mm	外径 /mm	内径 /mm	壁厚 /mm	长度 /mm		W_g /(g·cm⁻²)	R_1		
1	24.4	20.4	2	148	40.4	28.2~28.25	6.08~6.10	130	1.90~1.93	0.28	0.21	10	起爆端70 mm 未复，其余复合
2	24.1~24.32	20.3~20.4	1.5~2.5	148	40.5	28.16~28.22	6.14~6.17	130	1.91	0.32	0.24	—	未焊上，覆管内壁炸裂
3	24.4	20.4	2	148	40.4	28.18~28.23	6.09~6.11	130	1.89~1.92	0.28	0.21	11	起爆端30 mm 未复，其余复合
4	24.4	20.4	2	148	40.6	28.19~28.26	6.17~6.21	130	1.90~1.93	0.28	0.21	14	起爆端20 mm 和末端10 mm 未复
5	24.4	20.4	2	148	40.6	28.13~28.16	6.22~6.24	130	1.87~1.88	0.25	0.19	6	起爆端10 mm 未复，其余复合
6	24.4	20.4	2	148	40.4	28.14~28.18	6.11~6.13	130	1.87~1.89	0.28	0.21	11	起爆端15 mm 未复，其余复合
7	24.4	20.4	2	148	40.4	28.14~28.18	6.11~6.13	130	1.86	0.25	0.19	8	起爆端15 mm 未复，末端10 mm 未复

注：覆管2号、4号为挤压态，其余为退火态（700 ℃、1 h）；基管为轧制态；炸药为2#。

表3.2.7.6　锆2.5铌-不锈钢复合管的剪切强度

No	1		5		6		7	
温度	室温	热循环	室温	热循环	室温	热循环	室温	热循环
σ_τ/MPa	299	329	>360	>355	189	191	272	299

注：热循环工艺是在300 ℃下保温3 min后在流水中冷却，连续500次；复合管剪切试验如图5.1.1.15~图5.1.1.18所示。

表3.2.7.7　锆2.5铌-不锈钢复合管的压扁性能

| No | 试样尺寸/mm | | 负　荷 /N | 压扁率 /% | 界　面　观　察 |
	实验前	实验后			
1	外径41.2	高35.0	107300	15.0	压头处一侧面有10 mm 分层，内壁微裂
5	外径41.0	高37.4	93100	8.8	基管断裂，复合管未分开
6	外径41.0	高34.2	53900	16.6	压头处内壁有明显裂纹，两侧面部分分层
7	外径41.0	高34.8	44100	15.1	基管断裂，复合管未分开

注：试样尺寸5号、7号为φ41 mm×8 mm×25 mm，1号为φ41.2 mm×（8+13.7）mm，6号为φ41 mm×8 mm×13 mm；复合管的压扁试验如图5.1.1.39所示，一种复合管压扁试验前后试样的实物照片如图5.1.1.40所示；负荷值为基管断裂或出现裂纹和分层时的值。

表 3.2.7.8　锆 2.5 铌–不锈钢复合管的静水腐蚀试验数据

No	试验材料	总面积/dm²	试样重量 /g		增　重		表 面 观 察
			腐蚀前	腐蚀后	mg	mg/dm²	
0	不锈钢	0.067868	6.48480	6.48514	0.34	5.00	不锈钢表面呈蓝灰色
1	复合管	0.0655328	6.83835	6.84027	1.92	29.30	内表面有蓝褐条,外表面呈蓝灰色,内表面有白条
6	复合管	0.0688552	7.70236	7.70411	1.75	25.40	同 No1

注: 如果将复合管试样中的不锈钢部分的增重减去,锆 2.5 铌的净增重:1 号为 24.30 mg/dm²,6 号为 20.40 mg/dm²;美国标准锆 2.5 铌的增重以小于 60 mg/dm² 为合格。

文献[1271],采用金刚砂作为铝–不锈钢复合管爆炸焊接试验装置中的填充物,并在注水和不注水两种工艺下进行试验。结果表明,因金刚砂注水后密度得到提高,使得复合管的变量相对较小,采用扫描电镜和能谱仪分析两种工艺下制备的复合管的界面,指出金刚砂注水的复合管,其界面为规则的微小波状结合,其间的金属间化合物更少,此时其力学性能也完全满足使用要求。

原始管材的基本参数如表 3.2.7.10 所列,复合管的爆炸焊接装置如图 3.2.7.9 所示,复合管的外部变形数据如表 3.2.7.11 所列。

对金刚砂注水和爆炸焊接的复合管进行了压扁、压缩、弯曲和显微硬度等力学性能的测试。

文献[1272]用爆炸焊接研制了铝–钛复合管。基管 TAl 的尺寸为:外径 20 mm,壁厚 3 mm,长度 350 mm;覆管 2A12(LY12)壁厚 1.2 mm,装置图如图 3.2.7.10 所示。由图可见,为了约束复合管的变形和使复合管容易与模具分离而采用了复式模具。模具材料为 45 号钢,其高 400 mm,外径 260 mm,内外模间锥角为 80°,顶面直径 140 mm,内模中心孔径 20 mm。炸药为低速乳化炸药,其爆速为 2000 ~ 2200 m/s。两管之间的间隙距离为 1 mm。共试制出 10 根复合管样品。进行了压剪、压扁和压缩测试,均未发现界面开裂现象。由此可见,复合管的结合强度能够满足使用要求,也说明此爆炸焊接工艺是可行的。

表 3.2.7.9　锆 2.5 铌–不锈钢复合管的弯曲性能

No		试验条件	α/(°)	界 面 观 察
1	1	室温	37	压头右半部两侧面分层,左半部未分层
	2		86	压头右半部两侧面分层,左半部未分层
5	1		67	压头右半部和两侧面均分层
	2		105	完好,未分层
6	1		100	完好,未分层
	2		102	完好,未分层
7	1		91	完好,未分层
	2		95	压头右半部两侧面均分层
1	1	热循环	73	压头右半部两侧面均分层
	2		83	压头左半部两侧面分层
5	1		91	完好,未分层
6	1		96	完好,未分层
	2		96	压头左半部一侧面约 10 mm 长分层,右半部完好
7	1		99	压头右半部两侧面均分层,左半部完好

注: 弯曲角以 90° 为标准,看试样是否分层;d = 2t = 10 mm。

表 3.2.7.10　铝管和不锈钢管的基本参数

材料	ρ/(g·cm⁻³)	$\sigma_{0.2}$/MPa	σ_b/MPa	内径/mm	壁厚/mm
L2	2.71	28	75	10	1
316L	7.98	175	480	18	2

表 3.2.7.11　爆炸焊接前后两种方案下复合管的变形数据

试验方案	基管外径/mm		变量/%
	试验前	试验后	
金刚砂不注水	18	21.0	16.7
金刚砂注水	18	18.5	2.8

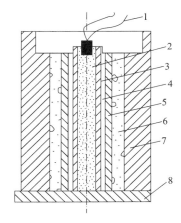

1—雷管；2—炸药；3—覆管；4—间隙；
5—基管；6—金刚砂+水；7—钢模；8—基座

图 3.2.7.9　L2-316L 复合管爆炸焊接装置示意图

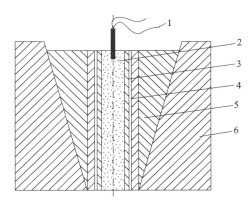

1—雷管；2—炸药；3—覆管；4—基管；
5—内模；6—外模

图 3.2.7.10　爆炸焊接装置结构图

3.2.8　钼-不锈钢管接头的(热)爆炸焊接

1. 钼和钼复合材料

钼的熔点高、高温强度高和弹性模量高，在一些介质中有良好的抗腐蚀性能，使其在宇航工业、原子能工业、电子工业和化学工业中有很多的应用。特别是钼不与氢反应，它在氢和含氢的介质中表现出极佳的耐蚀性。然而，由于钼的常温脆性和高温抗氧化性能差，限制了它的应用范围。

用于核工程的钼-不锈钢复合管(管接头)的爆炸焊接首先就遇到了钼的常温脆性问题——在爆炸载荷下钼材(板、管和棒)都脆裂了。

本节在讨论钼-不锈钢复合管(管接头)爆炸焊接之前，讨论解决其中钼爆炸脆裂问题的全过程。从而为研制钼复合材料开辟道路。爆炸焊接成功的该复合管接头的实物照片如图 5.5.2.25 所示。钼-铁系二元相图如图 5.9.2.11 所示。

2. 钼-不锈钢复合管(管接头)的爆炸焊接

(1)钼材的爆炸脆裂。在研制钼-不锈钢管接头之前，用爆炸焊接工艺试验了钼-钢复合板、不锈钢-钼复合管，后来又试验了不锈钢-钼复合管棒。结果表明，钼材(板、管和棒)都脆裂了，其宏观形貌如图 4.11.1.7 至图 4.11.1.9、图 4.12.1.1 至图 4.12.1.4 所示。文献[345]也有类似的报道。看来，在常温下钼材的爆炸脆裂是一个自然规律。

表 3.2.8.1　厚度为 1.0 mm 的钼板的室温力学性能

拉伸性能	轧制态	消应力退火态 (850 ℃、1 h)	再结晶退火态 (1100 ℃、1 h)
σ_b/MPa	1078	694	560
δ/%	7.8	27.8	35.4

(2)钼材的力学性能。钼材的爆炸脆裂可能与其强度和塑性有关。为此检验了它在多种状态下的力学性能，结果如表 3.2.8.1 至表 3.2.8.11 所列。

表 3.2.8.2　钼棒在 1150 ℃，1 h 退火后的高温拉伸性能

试验温度 /℃		100	200	300	350	400	500	100 瞬时拉伸	350 瞬时拉伸
按表 3.2.8.2， B 工艺加工	σ_b/MPa	415	279	245	235	309	250	544	294
	δ/%	49.5	69.0	63.0	62.5	40.0	52.0	32.5	52.5
按表 3.2.8.2， F 工艺加工	σ_b/MPa	333	255	245	216	181	162	343	225
	δ/%	20.0	50.0	37.0	47.0	52.5	62.0	33.0	46.0

注：瞬时拉伸时不经保温，温度一到马上拉伸；其余保温 20 min，变形速度均为 5 mm/min。

表 3.2.8.3　钼棒的拉伸性能与其加工工艺的关系

状　态		加　工　工　艺	退火温度/℃（均保温 1 h）	σ_b/MPa	δ/%
多晶体（工业纯钼）	A	烧结条，25 mm×25 mm→轧制（加热 1200 ℃、15 min，5 道次）→ϕ8 mm 棒材	800	776	40.0
			1150	544	58.5
	B	电子轰击锭 ϕ63 mm→挤压至 ϕ29 mm→轧制成 18 mm×18 mm 方坯（1200 ℃、20 min，8 道次）	1030	542	11.7
			1070	586	7.0
	C	电子轰击锭 ϕ63 mm→挤压至 ϕ29 mm→锻压至 ϕ20 mm→轧制成 12 mm×12 mm 方坯（工艺同 B）	1030	571	5.6
			1070	534	6.0
	D	烧结条 16 mm×16 mm→轧制成 11 mm×11 mm 的方坯（工艺同 B）	1030	560	7.3
			1070	417	6.3
	E	电子轰击锭 ϕ63→挤压至 ϕ27 mm→剥皮至 ϕ25 mm→锻压至 ϕ17~19 mm	800	608	2.5
			1200	510	10.6
	F	电子轰击锭 ϕ63 mm→挤压至 ϕ29 mm→锻压至 ϕ20 mm	820	519	11.8
			1150	534	11.0
单晶体		区域熔炼的钼单晶，ϕ10 mm 左右	—	500	26.0

表 3.2.8.4　钼棒（按表 3.2.8.2，A 工艺加工）1150 ℃退火时的拉伸性能与保温时间的关系

保温时间/min	15	30	45	60
σ_b/MPa	444	472	431	534
δ/%	5.5	4.0	3.2	11.0

表 3.2.8.5　钼棒（按表 3.2.8.2，F 工艺加工）800 ℃退火后高温拉伸试验的性能数据

试验温度/℃	50	100	200	300	400	500
σ_b/MPa	496	370	343	306	294	232
δ/%	11.2	44.3	27.0	29.5	19.3	22.7

注：保温时间 20 min，变形速度 5 mm/min。

表 3.2.8.6　钼棒（按表 3.2.8.2，F 工艺加工）经 800 ℃，1 h 退火后的高温拉伸性能

试验温度/℃	100	350	100，瞬时拉伸	350，瞬时拉伸
σ_b/MPa	392	260	377	235
δ/%	22.5	30.5	31.5	55.0

注：瞬时拉伸含义同上，其余保温 20 min，变形速度 5 mm/min。

表 3.2.8.7　钼棒（单晶体）的高温拉伸性能

试验温度/℃	保温时间/min	变形速度/(mm·min⁻¹)	σ_b/MPa	δ/%
100	20	5	263	3.3
350	20	5	145	5.3

表 3.2.8.8　钼棒（按表 3.2.8.2，E 工艺加工）的力学性能与其状态的关系

状　态	E 态	800 ℃、1 h 退火	1200 ℃、1 h 退火	1200 ℃、2 h 退火	1200 ℃、3 h 退火	1300 ℃、1 h 退火	1400 ℃、1 h 退火
σ_b/MPa	561	608	512	458	476	397	480
δ/%	1.25	2.5	10.6	15.5	4.0	1.5	2.0
a_k/(J·cm⁻²)	—	—	1.47	1.08	1.27	1.27	1.57

表 3.2.8.9　钼棒（按表 3.2.8.2，F 工艺加工）的力学性能与其状态的关系

状　态	800 ℃、1 h 退火	900 ℃、1 h 退火	1000 ℃、2 h 退火	1050 ℃、3 h 退火	1100 ℃、1 h 退火	1150 ℃、1 h 退火	1200 ℃、1 h 退火
σ_b/MPa	519	554	502	470	433	534	441
δ/%	1.75	0.5	1.7	1.5	2.2	11.0	2.0
a_k/(J·cm⁻²)	0.784	1.47	1.37	1.67	1.27	1.18	1.37

表 3.2.8.10　钼棒在常温下的冲击韧性值

状　态	多　晶　体								单晶体
	C		D		E		F		
退火温度/℃	1030	1170	1030	1170	800	1200	800	1150	—
a_k/(J·cm^{-2})	1.372	2.156	2.156	2.156	1.470	1.568	0.780	1.176	2.056

注：真空退火时均保温 1 h；C，D，E，F 的加工工艺见表 3.2.8.2。

表 3.2.8.11　不同形状和状态的钼材的显微硬度

No	退　火　工　艺	材型及尺寸/mm	HV	备　注
1	(800~850)℃、1 h 真空退火	管，$\phi16\times2.2$	234	—
2	900 ℃、1 h 真空退火	管，$\phi15.7\times2.0$	262	—
3	1000 ℃、1 h 真空退火	管，$\phi17.9\times2.5$	233	—
4	1150 ℃、1 h 氢气炉退火	棒，$\phi16.1$	191	—
5	1150 ℃、1 h 氢气炉退火	棒，$\phi16.1$	194	爆炸后的，内部有裂纹
6	1150 ℃、1 h 氢气炉退火，又 1200 ℃、2 h 真空退火	棒，$\phi16.0$	131	—
		棒，$\phi16.0$，车螺纹	198	爆炸后的，有焊接处
7	1200 ℃、2 h 真空退火	管，$\phi16\times1.6$	187	—
8	1300 ℃、1 h 真空退火	管，$\phi16\times1.5$	199	
		管，$\phi16\times0.5$	192	
		管，$\phi28\times5.7$	193	
9	1400 ℃、1 h 真空退火	管，$\phi16\times1.6$	178	
		管，$\phi16\times0.5$	191	

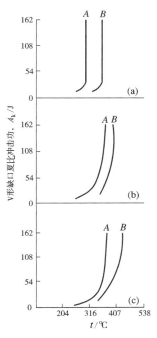

A—Mo0.5Ti；B—钼；(a)完全再结晶；(b)消应力；(c)轧制

图 3.2.8.1　钼的冲击功与试验温度的关系(样品用直径为 15.875 mm 棒)[346]

（3）钼材爆炸脆裂的原因。由表 3.2.8.1~表 3.2.8.11 可知，无论是钼的板材、棒材和管材，也无论是压力加工态和热处理态的钼材，它们都具有并不太高的强度和硬度，特别是高温下的塑性是相当好的。但是，它们不仅在常温下爆炸焊接，而且在低于 400 ℃ 的温度下爆炸焊接的时候，钼材都会开裂。由此事实不能不使人怀疑钼的爆炸脆裂是否与其上述强度、塑性和硬度特性有关。

为此，测定了钼的 a_k 值，结果如表 3.2.8.8~表 3.2.8.10 所列。由表中数据可知，在那众多状态下的钼材的冲击韧性值都很小。由此事实不难推断，此钼材是经受不住强大的爆炸载荷的作用的——只会脆裂。钼的冲击功随温度的升高而变化的情况如图 3.2.8.1 所示。由图可见，钼的冲击功在高温下有一转变，这个转变温度在轧制、消应力和再结晶三种状态下分别为 386 ℃、386 ℃和 315.5 ℃。即在这个温度以下，钼的冲击功很小，高于这个温度后迅速增大。在这一事实的指导下，后来进行了 400 ℃ 以上的热爆炸焊接试验。结果指出，钼不再开裂了。

由上述结果可以看出，钼材在常温下的爆炸脆裂，只因为它的常温冲击值(a_k 或 A_k)太小之故。由此可见，决定钼爆炸脆裂与否的力学性能指标不是它的塑性值(δ)，而是它的冲击韧性值(a_k)。这个结论也被钨、铍、锌、镁和灰铁的爆炸焊接及爆炸成形试验所证实[347]。

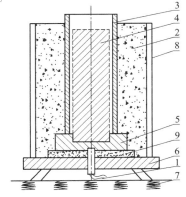

1—雷管；2—炸药；3—不锈钢管；4—钼棒；5—小底座；6—支架；7—地面；8—塑料管药筒；9—引爆药

图 3.2.8.2　不锈钢-钼复合管棒热爆炸焊接工艺安装示意图

（4）钼-不锈钢复合管棒的热爆炸焊接。在明白了上述钼的爆炸脆裂的原因后，便进行了高温下的钼-不锈钢管棒的热爆炸焊接试验。该试验的工艺安装图如图 3.2.8.2 所示。即用火焰或电炉将钼棒加热到预定的温度后，再快速夹出和送进预定的位置，并立即起爆。还可以在钼棒不动的情况下，将其两端接上电源，即用电加热（钼棒自为发热体）的方法进行热爆，如图 5.4.1.94 所示。

用电加热、火焰加热和电炉加热进行热爆炸焊接试验的部分工艺参数和结果列入表 3.2.8.12。结果已指出，当钼棒的温度>400 ℃以后，它就不再脆裂了。这个温度就是钼的热爆温度。

钼-不锈钢复合管常温下爆炸焊接的结合区形貌如图 4.16.5.73 所示，高温下爆炸焊接的结合区形貌如图 4.16.5.72 所示。不锈钢-钼、钼-钢复合管（板）结合区的显微硬度分布曲线如图 4.8.3.16 和图 4.8.3.32 所示。不锈钢-钼复合管结合区内主要元素（Fe）分布的面扫描图如图 4.5.5.11 所示。由这些资料可以看出该组合的结合区具有金属的塑性变形、熔化和扩散，以及波形特征。因而，这两种金属实现了冶金结合。这一结果为研制钼-不锈钢管接头开辟了道路和打下了基础。

表 3.2.8.12　不锈钢管-钼棒热爆的工艺参数和结果

No	不锈钢管尺寸/mm			钼棒尺寸/mm		h_0/mm	W_g/(g·cm^{-2})	W/g	加热钼的方法	加热温度/℃	爆炸前停留的时间/s	在爆炸瞬时钼内的估计温度/℃	结果
	直径	壁厚	长度	直径	长度								
1	17.5	0.5	70	16	65	0.25	1.0	35	电热法	130~150	—	<150	钼脆裂
2	17.9	0.5	140	16	65	0.40	1.0	42	乙炔火焰	700~800	65	>400	未裂，未焊接
3	18.5	0.7	80.5	16	65	0.55	2.0	102	马弗炉	550	80	<400	上部裂，未焊接
4	18.5	0.7	80.5	16	65	0.50	2.0	102	马弗炉	600	30	>400	未裂，大部分焊接
5	18.5	0.8	80	16	63.5	0.40	2.0	102	马弗炉	600	25	>400	未裂，大部分焊接
6	18.6	0.8	80	16	63.5	0.40	2.0	102	马弗炉	600	40	>400	未裂，大部分焊接

注：钼材均为工业纯钼，不锈钢管为 1Cr18Ni9Ti 管。

3. 热爆炸焊接的其他实例

文献[348]指出，用粉末冶金法获得的金属陶瓷硬质合金，由于低的塑性，在冲击载荷的作用下，在形成裂纹网络后被破坏。但是，这类材料的经过预热和随着温度的升高，它们的硬度降低和塑性增加。以此可防止裂纹的形成。

用图 3.2.8.3 所示的安装方法获得了硬质合金 BK8B、BK15 和 BK20 与钢的强固结合。加热温度为 900~1200 ℃，加热时间不超过 4 min。试验中的温度用误差为±5%的铬-铝热偶测量。温度对炸药的影响借助特殊的装置消除。

试验指出，在使用黑索金炸药的情况下，硬质合金和钢获得了优质的焊接。当使用阿玛尼特炸药时没有结合。试样加热的温度不低于 1050 ℃。力学性能检验指出，结合强度超过了硬质合金的强度。

结合区成分检验时发现了碳，这些碳不同于硬质合金中的碳。结合区由两层组成，这可由显微硬度分布曲线（图 4.8.3.22）来证明。靠近钢的一层不存在碳，仅靠近 BK20 侧一层有较低的硬度。碳富集于第二层，这些碳将保证该层有高的硬度。

用 MS-46 电子探针对 G3-BK20 结合区进行了成分检验，结果发现了相互扩散：W 渗进钢中，Fe 渗进硬质合金中，并溶于钴内。X 射线相分析指出，结合区除 WC、Co 和 Fe 外，还含有 Fe_3W_3C。这种相不仅在钢侧，而且在硬质合金中也见到了，但钢中的含量明显较高。

表 4.6.4.1 提供了当 $t=1100$ ℃时用黑索金爆炸加工后的 BK20 的力学和物理性能的变化。由表中数据可见，其力学性能变化不大，但磁导率和矫顽力明显地改变了。这种改变是由于结合区那一薄层组织引起的。

表 4.5.7.1 提供了 BK20 硬度合金中 X 射线研究的结果。由此可见到该合金的一薄层组织明显地改变了，WC 和 Co 相的线条宽度明显增加，这证明塑性变形的进行。而 Co 的晶格常数的增加表示 WC 的溶解度增加。

文献[349]提供了G3生铁和钢热爆炸焊接的结果。实验指出，由于生铁非常脆，它在冲击波载荷下将被破坏。于是利用如图3.2.8.4所示的装置进行热爆。接入生铁板内的电流为$(4 \sim 5) \times 10^3$ A，加热时间不超过5 min，用石棉层隔热。G3钢板尺寸为2 mm×80 mm×180 mm，生铁板的尺寸为7 mm×80 mm×220 mm。试验在500~900 ℃之内进行，从加热到爆炸瞬间的时间范围不超10 min。在生铁板的温度为900 ℃时，钢板的最高温度为100 ℃。

　　图4.16.6.41提供了生铁和钢结合区的波幅与波长之比同热爆温度的关系。由该图可见，那个比值正比于加热温度，并且在900 ℃时，在三种炸药下均达到了最大值。

　　表3.2.8.13所示的资料中，生铁和钢的原始硬度分别为250~270 HV和120~140 HV。表中"+"表示优质焊接。在700~900 ℃内不形成金属间化合物。

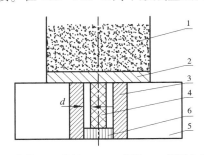

1—炸药；2—护板；3—G3套筒；4—硬质合金
样品；5—钢模；6—塞子；$d=(0.2 \sim 0.3)$ mm 间隙

图3.2.8.3　硬质合金-钢
热爆炸焊接工艺安装示意图

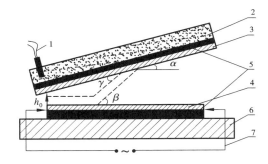

1—雷管；2—炸药；3—钢板；4—生铁板；5—石棉层；6—钢砧；
7—通电导线；h_0—间隙(min)；α—安装角；β—碰撞角；γ—弯折角

图3.2.8.4　钢-生铁热爆炸焊接工艺安装示意图

表3.2.8.13　热爆下生铁和钢的焊接质量与温度和焊接参数的关系

炸　药	δ_0/mm	ρ_0/(g·cm⁻³)	v_d/(km·s⁻¹)	α	β	v_{cp}/(km·s⁻¹)	p/MPa	t/℃	焊接质量	金属间化合物	HV 生铁	钢3	化合物
阿玛尼特+硝酸钾(50/50)	20	0.95	2.1	15°	15°	2.1	1100	500	+	+	950	190	450
								600	+	+	200	190	400
								700	+	−	290	190	−
								800	+	−	290	190	−
								900	−	−	−	−	−
阿玛尼特+硝酸钾(75/25)	20	0.95	2.7	15°20′	15°20′	2.7	1800	500	+	+	330	200	450
								600	+	+	240	210	460
								700	+	−	260	160	−
								800	+	−	250	190	−
								900			300		
阿玛尼特	20	1.00	3.2	16°20′	16°20′	3.2	2600	500	−	+	240	210	370
								600	+	+	220	230	
								700	+	−	250	210	
								800	+		230	210	
								900	−		290		

　　注：焊接质量中"+"表示良好，"−"表示较差；金属间化合物中"+"表示有，"−"表示无。

　　文献[350]报道，钻井用的钻杆有各种直径，均长达4 m。为了方便钻取和排出钻到的材料，以及冲洗之便，杆件为中空。在使用它们的时候，在浸蚀性的井下水介质中，在其中空腔内将发生腐蚀、材料损伤和断裂。为此，很多工厂和制造者对中空腔进行了不同的处理。爆炸焊接便是一种：将18-8不锈钢管复合到内腔中。例如，钻杆的内径尺寸为29~32 mm，能将直径28 mm和壁厚2 mm的不锈钢管与其内孔复合。由于钻杆材料的冲击韧性值低，复合前将它加热到 60~80 ℃。这样就在整个长度上获得良好的结合而不会发生断裂。还可以用通常的工艺进行这种双金属坯料的后续热加工。由此能够得到许多形状和尺寸的钻杆。例如，内孔为 6 mm 和 22 mm 的六边形钻杆，此时不锈钢层的厚度为 0.6~0.7 mm。用这种复合杆件进行扭转和动载荷下的性能试验，结果证明覆层和基层有良好的结合及高的抗疲劳强度值。

为了使铝铁系合金与不锈钢复合而又不使前者开裂，须将其加热到 100 ℃ 以上。此时该铝合金便具有更高的韧性。爆炸复合就不会发生困难。结果焊缝有长 0.2 mm，高 0.03 mm 的波形。

为了使厚 10 mm 的多孔钨与 0.2 mm 厚的钼箔复合，也利用了热爆法。这种零件用作特殊的阴极。借助爆炸能够使它们结合。这种结合是其他方法难以办到的。

试验指出，在发展现代刀具材料中找到了一个新的方向：制造硬质合金-耐磨覆层的层状复合体。这种复合体的出现，对于强化金属切削过程来说是一个革命性的因素。这种复合刀具的生产方法很多。爆炸焊接（包括热爆炸焊接），或者爆炸焊接与其他焊接技术的联合是生产这种产品的一个更好的方法[351]。

目前，在化工设备制造中使用钼材是很少的。其原因是，经过长期研究后近年来才获得有延性的产品。钼耐氧化酸比钛差，但它有自己的优点，即不受氢的影响。这一特性对钼作为化学合成中的设备材料，特别是在初生氢形成的地方使用，具有决定性的意义[352]。

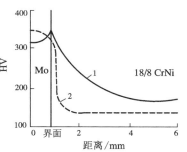

1—爆炸后；2—900 ℃、15 min 退火

图 3.2.8.5　钼-不锈钢复合板断面的显微硬度分布

以前，钼的爆炸复合试验都失败了。原因是钼材开裂。但使用延性好的钼材以后，它同 18-8 不锈钢结合了。进一步的观察表明，钼板表面有无数的滑移线，但无裂纹。钼-不锈钢复合板断面的显微硬度分布曲线如图 3.2.8.5 所示。由图中 1 可见，结合区内的硬度增加，界面处最高。900 ℃ 退火后，硬度降低（图中 2）。弯曲试验时试样弯曲到 180° 而没有裂纹。扭转试验中扭转 90° 仍未开裂。拉剪试验中只有用很大的力才能使钼板脱落，此时在结合区处的钼层仍未分开。

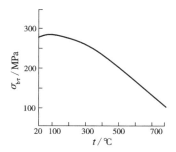

图 3.2.8.6　钼-不锈钢双金属管的高温结合性能

已用爆炸法制备了钼-1X18H9T 不锈钢双金属管[258]。实验指出，不仅在高温下，而且在可变的温度下，在许多结构和装置中使用了这种产品。为此确定了热循环前后和高温下的该双金属管的强度性能。结果如表 3.2.8.14 所列及图 3.2.8.6、图 3.4.4.11 所示。由表 3.2.8.14 中的数据可见，热循环后，该复合管的 σ_f 平均才降低 17.6%，$\sigma_{b\tau}$ 才降低 18.7%。由图 3.2.8.6 可见，即使在 700 ℃ 的高温下，该钼-不锈钢双金属仍有足够高的结合强度。图 3.4.4.11 显示了在 800 ℃ 下该双金属在真空中的结合强度与试验时间的关系，结果也是一样的，即使在持续 2000 h 的试验时间以后。

由上述事实可以说明，爆炸焊接的钼-不锈钢双金属不仅在热循环前后，而且在高温下都有高的结合强度。

用爆炸焊接的方法已复合了脆性材料，如 0.25 mm 厚的钨板和 TZM 钼合金[353]。钼及 TZM 钼合金包覆因科镍 600 及 Kanthal 铝的爆炸焊接窗口已经建立。作为一种应变率敏感的材料是很脆的。然而在高的撞击点下，能制造出复合材料而不致破坏。这个速度的上限是由界面形成金属间相给出的。复合板和复合管可用轧制和深拉进一步加工[354]。

表 3.2.8.14　钼-不锈钢双金属管热循环前后的结合性能

	No	1	2	3	4	5	6	7	8	平均
σ_f /MPa	循环前	302	354	334	340	351	335	345	360	340
	循环后	249	286	278	278	284	278	276	295	280
$\sigma_{b\tau}$ /MPa	循环前	281	273	285	291	—	—	—	—	283
	循环后	229	222	232	237	—	—	—	—	230

注：热循环工艺为在 300~800 ℃ 和 50 ℃/min 的升温速度下，经受 30 次热冲击。

通常，爆炸焊接在开阔的爆炸场上，或者在零上温度的专门的爆炸洞中进行爆炸焊接。但是在另一些情况下，需要在零下的温度下进行爆炸焊接[35]。

为了确定零下的温度对双金属结合质量的影响，用经过预先热处理过的 100 mm 厚的低碳钢和厚

20 mm 的不锈钢进行了一些试验。结果表明，环境温度为−15 ℃的时候，板坯将发生开裂。如果将板坯预热到 20~40 ℃，在同样的试验条件下，就可以获得金属之间的优质结合。

试验指出，钼−钢复合板的试样可以弯曲到 180°而没有裂纹，扭转 90°后仍未出现裂纹[352]。爆炸焊接的钼−18Cr8Ni 钢双金属试样，在接连 10 次加热到 500 ℃，然后在水中淬火后，钼未从钢上脱落[175]。

3.2.9　铅复合板的(冷)爆炸焊接

1. 铅和铅复合板

铅在地壳中含量为 0.004%，它是一种塑性极好、强度低和耐蚀性好的有色金属。铅对振动、声波、X 射线和 γ 射线都有很大的衰减能力，在空气中呈灰黑色。

铅在大气、淡水和海水中很稳定。附着在铅表面的氧化铅薄膜可保护内部的铅免受进一步的氧化。铅对硫酸有较好的耐蚀性，它不耐硝酸的腐蚀，在盐酸中也不稳定，但对磷酸、亚硫酸、铬酸和氢氟酸则有良好的耐蚀性。

为了充分发挥铅的特性和克服它的缺点，能够用爆炸焊接的方法使铅与铜、钢、铝和钛等组成复合材料以供使用。铅−铁和铅−铜的二元系相图如图 5.9.2.8 及图 5.9.2.35 所示，其余相图可参阅文献[1036~1040]。

2. 铅复合板的爆炸焊接

文献[355]指出，以铅为基材之一的板状复合材料可以用来制造许多仪器和装置，它们在离子辐射场和浸蚀性介质中，以及在强震动载荷下工作。例如，为了制造同时保护离子辐射和屏蔽强大电磁场的装置，需要使用铅−铜双金属。

用在其他金属上堆焊铅的方法可以获得铅复合材料。但这种方法的缺点是不可能获得大面积的和沿厚度上真空致密的板材，以及由于有毒的铅蒸气使得该过程存在危险。爆炸焊接法能够简便和致密地在钢板上覆上铅层，该过程不需要加热且无有毒蒸气形成。

图 3.2.9.1 为铅−铜的爆炸焊接区。由该图可见，在常温下，随着焊接速度的增加，高质量的焊接区限(图中 A 区)将降低到零。在大面积爆炸焊接的情况下，这将发生某种难以控制的撞击参数的波动。如此会在狭窄的焊接工艺参数范围内引起复合板分层。

借助于铅的初始温度的降低来改变被焊金属的强度性能的比值和降低撞击区的温度，这将扩展高质量的焊接工艺参数的范围。例如将铅冷却到液氮的沸腾温度，这就提高了焊接区的上限和获得附加的撞击工艺参数区(图中 B)。在这个区域均将达到强固的结合。由图 3.2.9.1 还可见铅在 77 K 下有比 293 K 下更大的焊接区。

图 3.2.9.2 显示铅在 77 K 下有比 293 K 下更满意的强度性能。破断试验时 I 区和 III 区沿结合区发生破断，II 区沿铅层破断。图 3.2.9.3 指出，就结合区金属的塑性变形程度而言，77 K 时比 293 K 时的为小。这将降低结合区的温度和提高结合强度。图 5.2.9.37 说明铅在低温下(77 K)比常温下(293 K)有更大的硬化。这也能显示出前者结合强度比后者为高。

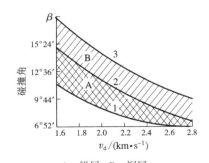

A—铅层；B—铜层；
1，2—铅在 293 K 的温度下焊接的下限和上限；3—铅在 77 K 的温度下焊接的上限

图 3.2.9.1　铅−铜复合板爆炸焊接区与铅初始温度的关系

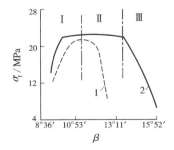

1—铅的温度为 293 K；
2—铅的温度为 77 K；
v_{cp} = 1900 m/s

图 3.2.9.2　铅−铜复合板的结合强度与动态角的关系

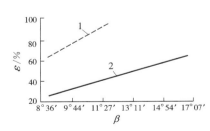

1—铅的温度为 293 K；
2—铅的温度为 77 K；
v_{cp} = 1900 m/s

图 3.2.9.3　在铅和铜爆炸焊接的情况下，动态角对铅塑性变形度的影响

电子探针试验指出，在结合区的熔体中确定了两个成分的物质：35%Cu+65%Pb 和 71%Cu+29%Pb。第二个成分的物质产生于焊接上限和冷态铅中。

由于铅在常温下强度太低和塑性太高，以致支撑不起预定大小的间隙，特别是在大面积爆炸焊接时。这一状况无疑会影响过程的稳定性。适当地冷却铅板，能够明显地提高它的强度和刚度。这样就有利于工艺安装和间隙的保证，从而有利于提高爆炸焊接过程的稳定性和产品的质量。

铅-铜复合板的结合区波形如图 4.16.5.31 所示。

文献[356]指出，铅和各种金属及合金的结合有很大的理论和实际的意义。铅由于本身的低强度，难于用来作为结构材料。所以，用铅和其他金属材料构成的双金属就成功地被利用了。例如，可制造在浸蚀性介质中工作的设备。利用铅吸收放射性辐射的能力，可以用来制造相应的被铅包覆的各种金属的保护装置。

到目前为止，铅和不同金属大面积结合有一些方法，这些方法通常不能保证满意的性能，其中两种金属间的结合强度是很低的。

浇注法：先将被结合的金属加热到 300 ℃，其上还须预先覆盖一层特殊的乳胶体或若干微米厚的镍层，然后再向表面上浇注熔融的铅。但是如此获得的复合板有如下缺点：在浇注过程中通常出现缩孔，铅层有多孔组织，在一些地方常常见到分层。

电解法：用电解沉积的方法将铅沉积到其他金属的表面上。其缺点是：消耗大量电能，沉积过程非常慢（如在单位面积上沉积 5 mm 的铅需要 250 h 以上），易形成枝晶造成铅的大量消耗（有大约 50% 的铅消耗在枝晶的形成上）。

在上述两种情况下都需要进行后续的表面机械加工和处理。金属结合强度比铅低。

用爆炸焊接法能使铅和铜、铝、黄铜、钢、钛、铌和锆实现焊接。

1.5 mm 厚的铅和 ЛО60 黄铜的复合板的剪切强度为 13.7 MPa（铅的 $\sigma_\tau=9.8$ MPa），铅的硬度从 HV 6 增加到 HV 8。界面两侧的显微硬度分布如图 4.8.3.20 所示。结合区组织分析没有发现任何可见的中间化合物。有不平整的界面和不明显的波动的周期性。在高温显微镜下观察发现即使直到铅熔化，分界面上也未显示出变化。

图 4.8.3.21 为铅和 АД1 铝复合板界面两侧的显微硬度分布。铅和铝的结合区具有无波特征，其 $\sigma_\tau=11.3$ MPa。铅的硬度提高不多。X 射线结构分析没有在界面上发现新的化合物。

特别有实际意义的是钛及其合金和铅的结合。因为在锌的电解过程中利用铅阴极。由于铅的低强度，就产生了用其他强固金属加强它的必要性。并且最好是三种结构，例如铅-钛-铅。杜拉铝、铜和钢不能作加强材料，因为它们会参与电解过程，钛不会。

用爆炸焊接的方法使有不同强度特性的几种铅合金和纯铅与钛焊接了。其中一半为无波结合。已经确定，波存在与否都不影响结合强度。试样的破断沿铅层面发生。X 射线分析没有发现结合区有金属间化合物。由此估计这种结构材料有满意的阳极导电性。

文献[1273]报道，使用爆炸焊接法生产了用于电化学领域的铅-钛阳极复合材料。

试验确定铅与 AMr6 铝合金不能直接复合，就像铅和钢一样。为此利用了能与两者很好结合的中间层，如黄铜、铜和铝等。

AMr6-黄铜-铅：在经过黄铜中间层使 AMr6 和铅焊接的情况下，在 AMr6-黄铜界面上形成了 500 HV 数量级的显微硬度和具有高脆性的金属间化合物（$CuAl_2$ 或 Cu_3Al_2）。这种化合物的存在不影响焊接接头的力学性能，试样沿铅发生破断。

AMr6-АД1-铅：АД1 与 AMr6 和铅都有良好的焊接性。在 АД1-AMr6 界面上没有发现中间化合物，AMr6 的硬度平均值由 125 HV 增加到 140 HV，在界面上增加到 160 HV。在剪切试验中破断沿铅发生。

在 AMr6-АД1-铅复合板试验的基础上，使用如图 3.2.9.4 所示的工艺爆炸焊接了铅-AMr6 产品。其中铅层厚 5 mm，АД1 层厚 1 mm，药包厚度 18~20 mm。结果表明，在所有各层上和所有的待焊面上都牢固地焊接了。

分析指出，图 3.2.9.4 所示的工艺实质上是爆炸成形和爆

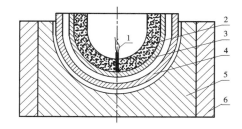

1—雷管；2—炸药；3—铅；
4—АД1；5—AMr6；6—钢支架

图 3.2.9.4　铅-АД1-AMr6 产品的爆炸焊接

炸焊接两种工艺的联合。这种联合的爆炸加工技术在 3.2.37 节中还要讨论。

关于大钢板被铅爆炸复合的研究指出[357]，铅-钢复合板用热轧的方法也可以制造。只是需要在其中放置中间层锡。在热轧过程中将产生大量的铅蒸气，这就需要采取保护措施。此外这种方法需要消耗大量的金属锡。

铅-钢复合板爆炸焊接的工艺简单得多。

先进行小型试验。铅板的表面用钢丝刷刷去氧化物，用化学腐蚀清除钢板上的氧化皮，并用磨料清洗使表面金属达到闪光。使用爆速为 1050~1300 m/s 的炸药。间隙距离是铅板厚度的 2 倍。单位面积药量为 5.5~6.0 g/cm²。用掺水糨糊将厚纸贴到铅板表面上作缓冲保护层。

爆炸焊接的小型铅-钢复合板经过了金相和力学性能试验。结果指出，焊接接头具有连续性和没有发现缺陷。在 150 ℃下加热 30 min，并在水中冷却，如此循环 100 次，都没有发现铅从钢板上脱落。所有的试样都是沿结合界面破断的。在 25%的 H_2SO_4 溶液中研究了铅覆层的腐蚀稳定性。结果表明，爆炸焊接不会降低铅覆层的耐蚀性能。

根据小型试验的结果，爆炸焊接了尺寸为 1220 mm×2240 mm 的大面积的铅-钢复合板。在工艺安装过程中，为保证一定的和均匀的间隙距离，在两板之间放置一些小的空心铅球。

用于尺寸为 1220 mm×2240 mm 铅板和钢板爆炸焊接的辅助材料的成本是 80 元，装配和焊接的劳动量是每小时 4 人。

铅-钢爆炸复合板的腐蚀性能试验：试样尺寸 50.8 mm×50.8 mm，腐蚀液 25% H_2SO_4，7 天后试样增重 0.25 mg/cm²，而原始铅板试样是 0.90 mg/cm²。由此可见，爆炸焊接工艺不会降低铅覆层的腐蚀稳定性。

文献[117]指出，铜和铅在相当宽阔的撞击参数范围内都可以获得结合，结合强度在任何类型的力学试验下都超过铅的强度。显微探针研究确定存在某些最常遇到的浓度：79%Cu+21%Pb、63%Cu+37%Pb、32%Cu+68%Pb。结合区的 X 射线结构分析显示出有新的线条，这证明有新的早先没人知道的铜和铅的化合物。这些化合物是在爆炸焊接的条件下产生的。尽管铜和铅的相图上，无论是固溶体还是化合物都不会形成。

文献[1274]报道，采用电阻测量装置、金相显微镜和透射电镜对爆炸焊接的铅-钢复合界面进行了研究。结果表明：该复合板的结合界面导电性能优越；界面结合形态呈准正弦波形；无漩涡区；两侧的铅和铁相互扩散，钢侧铅含量下降较快，铅侧铁含量下降较慢，扩散深度在微米数量级；结合界面的组织由铁微晶和铅微晶的混合组织组成。

该文献指出，电极用铅-钢复合板的生产方法有浇注法、电解法和喷射法。但由于这些方法普遍存在铅层疏松、缩孔和结合不牢，以及耗能高、生产效率低和污染严重等缺点，因此越来越难以满足不断发展的电极技术和环保的要求。爆炸焊接法具有材料适应性广、结合强度高和生产效率高等优点。为此，本文对一种生产合成尼龙中间体的关键设备用电极采用爆炸焊接法进行试制，并获得成功应用。

试验材料为 2 mm+4 mm 的 Pbl-Q245R。爆炸焊接后，其结合强度和界面电性能如表 3.2.9.1 和表 3.2.9.2 所列。

表 3.2.9.1　Pbl-Q245R 爆炸复合板的结合性能

No	1	2	3	4	平均
σ_τ/MPa	18.0	16.0	20.0	22.0	19.0

表 3.2.9.2　26 ℃下 Pbl-Q245R 爆炸复合板界面的导电性能

No	面积 /mm²	测量长 /mm	电 压 /10⁻³ V	电 阻 率 /(10⁻⁷ Ω·m)	电 导 率 /(10⁶ S·m⁻²)
1	4.8602	11.54	0.520	2.13	4.70

结论指出，该复合板的结合强度等于和大于基材中 Pbl 的抗拉强度，导电性能优越，作为电极材料使用能起到节能降耗的作用。

3.2.10　镍-不锈钢复合板的爆炸焊接

1. 镍和镍-不锈钢复合板

镍和镍基耐蚀合金是化学、石油、有色金属冶金、航空航天和原子能工业中耐高温、高压，且能在多种苛刻腐蚀环境下使用的金属结构材料。

在镍中加入 Cr、Mo、Cu 和 W 等元素，可获得耐蚀性能优异的耐蚀镍基合金。如 NiCu 合金(蒙乃尔)、NiCrFe 合金(因科镍和因科洛依)、NiCrMo 合金(哈斯特洛依)等。

镍-不锈钢复合板是为了充分发挥镍和不锈钢这两种材料的化学特性而组成的一种新型金属结构材料。用这种复合材料制造的设备,镍侧可对付一种介质的腐蚀,不锈钢侧可对付另一种介质的腐蚀。如此设计的镍-不锈钢复合板自然有比上述众多复合板更为新颖和优越的特性。这里讨论的镍-不锈钢复合板是用爆炸焊接和随后轧制获得的,原拟用于两侧介质不同的造纸设备。

2. 镍-不锈钢复合板的爆炸焊接

用表 3.2.10.1 所列的工艺参数进行镍-不锈钢复合板的爆炸焊接,小型试验是为大型复合板的生产摸索工艺参数。试验结果也列入表 3.2.10.1 中。

表 3.2.10.1 镍-不锈钢复合板的爆炸焊接工艺参数

No	覆板尺寸 /(mm×mm×mm)	基板尺寸 /(mm×mm×mm)	h_0 /mm	W_g /(g·cm^{-2})	基础	引爆方式	试验结果
1	1.57×103×126	9.65×99×132	5	2.1	砂土地	短边中心	雷管区长 10 mm,其余焊接
2	2.0×102×165	9.63×99×188	6	2.3	砂土地	短边中心	雷管区长 15 mm,其余焊接
3	2.0×102×168	9.65×108×187	6	2.3	砂土地	短边中心	雷管区长 10 mm,其余焊接
4	2.5×103×266	9.68×103×268	6	2.5	砂土地	短边中心	雷管区长 15 mm,其余焊接
5	1.57×102×217	9.20×102×225	6	2.2	砂土地	短边中心+20 g TNT	雷管区长 5 mm,其余焊接
6	2.05×202×400	9.45×201×418	6	2.4	钢板+砂土地	短边中心+20 g TNT	90%以上面积焊接,待轧制
7	2.05×203×402	9.55×201×418	6	2.4	钢板+砂土地	短边中心+20 g TNT	95%以上面积焊接,待检验
8	1.6×535×1032	11.9×508×1011	6	2.2	钢板+砂土地	短边中心+20 g TNT	98%以上面积焊接,待轧制

注:炸药为 25#,用黄油作保护层。

由表中数据可以看出,用在雷管下添加少许高爆速炸药的方法能够减小雷管区和扩大结合面积率。

沿 7 号复合板爆轰方向和中心线的金相检验的结果表明,它的整个结合区内均有波形。随着爆轰波的传播,该波形有一个发展过程:在引爆位置及其附近有一直线结合区段,随后出现小波形,然后逐渐增大。在 140 mm 以后,波形大小和波形形状趋于稳定。

在一个波形内(图 4.16.5.70)还可以观察到如同其他复合材料结合区波形内的金属的塑性变形及其规律。该波形内有前后两个漩涡区——熔体金属的汇集区,如图 4.16.5.70 和图 4.16.5.71 所示。该组合的结合区内元素含量分布的检验表明,在界面附近存在着异种元素原子的相互扩散区。镍和不锈钢就是在这些冶金过程(塑性变形、熔化和扩散)中实现冶金结合的。

铁-镍系二元相图如图 5.9.2.10 所示。

该复合板的力学性能如表 3.2.10.2 和表 3.2.10.3 所列。厚度参数的测量和计算数据如表 3.2.10.4 所列。

表 3.2.10.2 镍-不锈钢复合板的力学性能

试样号	1	2	3	4	5	6	平均
σ_τ/MPa	560	552	533	532	525	514	536
σ_f/MPa	496	399	351	—	—	—	415
弯曲角($d=2t$,内弯)/(°)	>180	>180	>180	—	—	—	>180

表 3.2.10.3 镍-不锈钢复合板的扭转性能

No	取样位置	试样尺寸 /(mm×mm×mm)	扭转角/(°)
1-1	前半部 (靠前端部分)	11×11×200	>540
2-1			540
1-2	后半部 (靠雷管区部分)	11×11×200	>360
2-2			360

表 3.2.10.4 镍-不锈钢复合板沿爆轰方向的厚度参数测量与计算

距离/mm	20	80	140	200	260	320	380	平均	原始
镍层厚度/mm	1.635	1.517	1.531	1.538	1.556	1.572	1.356	1.529	2.05
不锈钢层厚度/mm	8.513	8.981	8.981	9.028	9.095	9.021	9.203	8.974	9.45
总厚度/mm	10.148	10.498	10.512	10.566	10.651	10.593	10.559	10.503	11.50

续表3.2.10.4

距　离 /mm	20	80	140	200	260	320	380	平均	原始
不锈钢与镍的厚度比	5.207	5.920	5.866	5.867	5.845	5.739	6.787	5.896	4.610
镍层减薄量/mm	0.415	0.533	0.519	0.512	0.494	0.478	0.694	0.521	—
镍层减薄率/%	20.2	26.0	25.3	25.0	24.0	23.3	33.9	25.4	—
不锈钢层减薄量/mm	0.937	0.469	0.469	0.422	0.355	0.409	0.427	0.476	—
不锈钢层减薄率/%	9.9	5.2	5.2	4.5	3.8	4.5	2.6	5.3	—
复合板减薄量/mm	1.352	1.002	0.988	0.939	0.849	0.907	0.941	0.977	—
复合板减薄率/%	11.8	8.7	8.6	8.2	7.4	7.9	8.2	8.7	—

镍-不锈钢复合板在爆炸态、退火态的和热轧态断面的显微硬度分布曲线如图 4.8.3.5、图 3.4.4.39、图 3.3.4.8 和图 3.3.4.9 所示。退火对爆炸态和热轧态的该复合板结合区形貌的影响如图 3.4.3.9 和图 3.4.3.10 所示，爆炸+热轧和冷轧复合板的拉伸性能如表 3.3.4.4 所列，退火对爆炸态复合板剪切性能的影响如图 3.4.4.2 所示。

不同状态的镍-不锈钢复合板的获得工艺，它们的成分、组织和性能的有关数据及其他资料汇集在本书的有关章节之中，可供参数。

上述讨论的镍-不锈钢爆炸复合板在各项质量指标达到预定目标后，将其先热轧后冷轧，最终获得了 1.0 mm×1000 mm×3000 mm 的复合薄板，然后将其应用到实践中去。这种复合板的实物照片如图 5.5.2.63 所示。

表 3.2.10.5　镍-不锈钢双金属管热循环前后的结合强度

No		1	2	3	4	平均
$\sigma_{b\tau}$ /MPa	循环前	325	333	354	319	333
	循环后	284	294	305	288	293

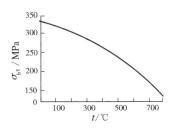

图 3.2.10.1　镍-不锈钢双金属管的高温结合强度

文献[258]用爆炸焊接法制造了镍-不锈钢复合管。实验指出，不仅在高温下，而且在可变的温度下，在许多结构和装置中使用了这种产品。为此，确定了热处理后和高温下的这种双金属的结合强度，如表 3.2.10.5 和图 3.2.10.1 所示。由表中的数据可见，在热循环后，该双金属的结合强度下降缓慢。由图中数据指出，即使在 700 ℃的温度下，该双金属仍有足够高的结合强度。

文献[1275]报道，用爆炸焊接制备了 Incoloy800-SS304 复合板。爆炸后该复合板的界面呈波状，无裂纹、分层和熔化块等缺陷，界面硬度较高，抗拉强度为 365 MPa，剪切强度 240 MPa，弯曲试验结果合格。该复合板的性能符合 ASME SA265—2010 标准，能够满足工程使用要求。

文献[1276]介绍了 0.5 mm 薄镍板与 0Cr18Ni9 不锈钢的爆炸复合工艺，研究了工艺参数对结合区波形、熔化区的金相组织，以及复合板综合力学性能的影响。

镍板的尺寸为 0.5 mm×450 mm×500 mm，不锈钢板的尺寸为 10 mm×500 mm×600 mm。由于覆板很薄，为了提高其刚度，将 10 mm 厚的硬质高分子合成板与其黏结在一起。爆炸焊接后对该复合板进行全面检验，抗拉、抗弯和剪切等力学性能均符合设计要求，并与不锈钢板相同。

3.2.11　镍-钛复合板的爆炸焊接

1. 镍-钛复合板

镍和钛在许多相应的介质中各自具有良好的耐蚀性，是制造化工和压力容器设备的不可多得的结构材料。但考虑到价格和成本，使用以它们为覆层的复合材料，如镍-钢和钛-钢等复合板是很有利的。如果设备中有两种不同的浸蚀性介质，需要使用镍和钛，那么使用镍-钛复合板就顺理成章了。基于这种设想，和镍-不锈钢复合板一样，用爆炸焊接法研究出来的镍-钛复合板原计划使用于造纸设备中。

2. 镍-钛复合板的爆炸焊接

用表 3.2.11.1 所示的工艺参数进行了镍-钛复合板的试验和试制。由试验结果可知，爆炸焊接后，该复合板在不加高爆速炸药引爆的情况下，其雷管区的范围和不结合区的面积较同种条件下的镍-不锈钢复合板的为大。这与这两种组合的结合区中有无金属间化合物的生成有关,即相图在此方面的应用,见4.14章。同样,用在雷管下添加高爆速炸药的方法能减小雷管区的面积和扩大结合面积率。

在该复合板的中心线上,从起爆端沿爆轰方向至末端一定位置上结合区的组织形态如图3.2.11.1所示。由该图可见,在复合板的结合区内均为波形结合。而且,随着爆轰波的传播,该波形也有一个发展过程:在引爆位置及其附近有一直线区段,随后出现小波形,然后逐渐增大;在140 mm以后,波形大小和波形形状趋于稳定。这个过程与爆轰的发生、发展和随后稳定传播有关。

在一个波形内(图4.16.5.69)可以发现波形界面两侧(如镍侧)金属发生了拉伸式和纤维状的塑性变形。波前有一个漩涡区(熔体汇集区)。如图4.5.5.17所示,界面两侧的异种金属的原子发生了对流扩散。镍和钛就是在此塑性变形、熔化和扩散等冶金过程中实现冶金结合的。

镍-钛系二元相图如图5.9.2.24所示。

表3.2.11.1　镍-钛复合板的爆炸焊接工艺参数

No	覆板尺寸 /(mm×mm×mm)	基板尺寸 /(mm×mm×mm)	h_0 /mm	W_g /(g·cm^{-2})	基　础	引爆方式	试　验　结　果
1	1.6×103×220	8.3×100×222	5	2.1	砂土地	短边中心	雷管区长25 mm,其余焊接
2	2.1×103×168	10.1×100×200	5	2.3	砂土地	短边中心	雷管区长60 mm,前端10 mm未焊接
3	2.1×101×167	10.0×99×201	6	2.3	砂土地	短边中心	雷管区长70 mm,前端20 mm未焊接
4	2.5×102×224	8.3×99×222	6	2.5	砂土地	短边中心	雷管区长90 mm,前端20 mm未焊接
5	1.6×102×204	8.3×101×221	6	2.2	钢板+砂土地	短边中心+20 g TNT	雷管区长20 mm,其余焊接
6	2.1×205×401	8.3×201×400	6	2.4	钢板+砂土地	短边中心+20 g TNT	90%以上面积焊接,待轧制
7	2.1×203×401	10.1×200×400	6	2.4	钢板+砂土地	短边中心+20 g TNT	90%以上面积焊接,待检验
8	2.1×218×405	10.3×204×400	6	2.4	钢板+砂土地	短边中心+20 g TNT	90%以上面积焊接,待轧制
9	1.7×530×1050	10.3×507×1032	6	2.2	钢板+砂土地	短边中心+50 g TNT	98%以上面积焊接,样品板

注:使用25#炸药,用黄油作保护层。

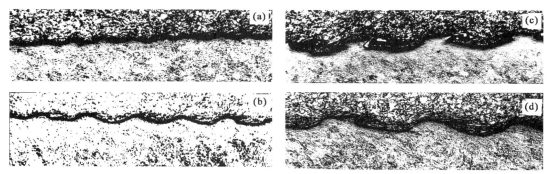

距离(mm):(a)20;(b)80;(c)200;(d)320

图3.2.11.1　镍-钛爆炸复合板沿爆轰方向不同距离上结合区的形貌

镍-钛复合板的力学性能如表3.2.11.2和表3.2.11.3所列。由表中数据可见,这种复合板的结合强度还是相当高的。表3.2.11.3中后半部的扭转角较小,其原因是这部分靠近雷管区,该区有不复合部分,即使复合了的结合强度也较低。

表 3.2.11.2　镍-钛复合板的力学性能

试样号	1	2	3	4	5	平均
σ_τ/MPa	270	360	575	565	628	480
σ_f/MPa	224	302	345	338	421	326
弯曲角(内弯)/(°)	>180	>180	167	—	—	—

表 3.2.11.3　镍-钛复合板的扭转性能

No	取样位置	试样尺寸 /(mm×mm×mm)	扭转角/(°)
1-1	前半部 (靠前端部分)	10×10×200	>360
2-1			360
1-2	后半部 (靠雷管区部分)	10×10×200	73
2-2			56

表 3.2.11.4　镍-钛复合板沿爆轰方向的厚度参数的测量与计算

距　离/mm	20	80	140	200	260	320	380	平均	原始
镍层厚度/mm	1.422	1.425	1.608	1.614	1.554	1.583	1.645	1.550	2.05
钛层厚度/mm	9.857	9.842	9.947	9.522	9.761	9.709	9.517	9.736	10.10
总厚度/mm	11.279	11.267	11.555	11.136	11.315	11.292	11.162	11.286	12.15
钛与镍的厚度比	6.932	6.907	6.186	5.900	6.281	6.133	5.785	6.281	4.927
镍层减薄量/mm	0.628	0.625	0.442	0.436	0.496	0.467	0.405	0.500	—
镍层减薄率/%	30.6	30.5	21.6	21.3	24.2	22.8	19.8	24.4	—
钛层减薄量/mm	0.243	0.258	0.153	0.578	0.339	0.391	0.583	0.364	—
钛层减薄率/%	2.4	2.6	1.5	5.7	3.7	3.9	5.8	3.6	—
复合板减薄量/mm	0.871	0.883	0.595	1.014	0.835	0.858	0.988	0.864	—
复合板减薄率/%	7.2	7.3	4.9	8.3	6.9	7.1	8.1	7.1	—

由表 3.2.11.4 中的数据可以看出，爆炸焊接后覆板和基板都变薄了。由于镍的塑性较钛的为高，变薄量和变薄率镍的均比钛的大。厚度比也发生了较大的变化。但该复合板爆炸焊接前后的质量不会有可觉察得到的变化。

上述镍-钛爆炸复合板在各项质量指标达到预定目标后，也将其进行热轧和冷轧，从而获得了 1.0 mm×1000 mm×3000 mm 的复合薄板，其实物图片如图 5.5.2.64 所示。

爆炸态和热轧态，以及退火态的镍-钛复合板断面的显微硬度分布曲线如图 4.8.3.11、图 3.4.4.37、图 3.3.4.6 和图 3.3.4.7 所示，退火对爆炸态和热轧态的该复合板结合区形貌的影响如图 3.4.3.4 和图 3.4.3.8 所示，爆炸后热轧和冷轧复合板的力学性能如表 3.3.4.3 所列，退火对爆炸态复合板剪切性能的影响如图 3.4.4.2 所示。

其余的不同状态的镍-钛复合板的获得工艺，它们的成分、组织和性能的有关数据及资料可参考本书有关章节的内容。

文献[358]报道了钛-镍双金属在 650~940 ℃下保温 1~5 h 的热处理资料。进行了金相、电子探针、光谱和微观组织分析。所进行的研究可以确定高速变形对钛-镍双金属组织的影响。试验研究了扩散过程进行的连续性和共晶形成的条件。发现了再结晶温度的变化和共晶的形成。

文献[1277]报道了利用爆炸焊接工艺制备镍-钛双金属材料的试验方法和工艺分析，并指出，该双金属爆炸焊接时，工艺参数应控制在界面波形 $0.05\ mm \leqslant \lambda \leqslant 0.14\ mm$ 之间，在此范围内结合强度高，界面的熔化、夹杂和硬脆(相)物较少。金相观察到界面处，钛基体内有大量孪晶、轻微的 $\alpha\text{-Ti}$ 绝热剪切带。X 射线衍射和微区能谱分析，发现界面处钛基体内有 Ti-Ni 化合物形成。利用此复合棒再轧制和拉拔成覆镍的钛眼镜架边丝。该工艺流程简单、结合强度高，能满足边丝加工的要求，性能接近日本同类产品的水平。

原材料尺寸为：镍管 $\phi_外$ 15 mm×1 mm×280 mm，钛棒 ϕ11.6 mm×300 mm；镍管 $\phi_外$ 25 mm×1.2 mm×380 mm，钛棒 ϕ20.8 mm×400 mm。使用外爆法，结合面积率达 95% 以上，不结合区集中在头部和尾部。将此复合管棒进行轧制(挤压)和拉拔，加工成 ϕ1.70 mm 的细丝，再整形成眼镜架边丝，中间经几次退火。加工态的复合丝 σ_b=619~650 MPa，整形后的边丝的 σ_b=310~350 MPa，反复弯折直至断裂，但不分层。爆炸镍-钛复合管棒的结合强度与其界面波长的关系如图 3.2.11.2 所示。

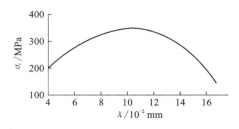

图 3.2.11.2　镍-钛复合管棒的结合
强度与界面波长的关系

文献[1278]指出，镍-钛复合板具有良好的耐蚀性能，是制造化工和压力容器(如造纸设备和电解设备等)的结构材料。为了降低成本，采用爆炸+轧制的工艺生产了厚度较小和面积较大的这种复合板材。镍和钛的坯料尺寸为(5+5) mm×710 mm×900 mm，轧制后的复合板尺寸为(1.57+1.57) mm×700 mm×2500 mm。热轧工艺为：开轧温度 850 ℃，保温时间(20～23) min，道次压下量为 10→9→8→7.5→7→6.5→6→5.5→5→4.5→4→3.5→3.3→3 (mm)。结论指出，爆炸和轧制后，该复合板材均为冶金结合。爆炸态复合板的界面呈波状并发生了加工硬化，界面硬度最高，远离界面逐渐接近原始硬度。轧制后，界面变得平直，镍和钛的晶粒被拉长，呈明显的纤维状。轧制后，镍和钛的厚度一致，其厚度比不变。

3.2.12　铜-钛复合板的爆炸焊接

1. 铜-钛复合材料

铜是电的良导体，钛在很多化学介质中有良好的耐蚀性。由铜和钛组成的复合材料，不言而喻，在电化学工业中将首先获得很好的应用。

例如，某厂在用电解法生产氯酸钾的复合板式电解槽中，以前是用钛板在作耐蚀结构材料的同时又作导电面的。而导电铜板与钛板的连接是靠螺栓压紧的。在这种情况下如果电流从钛流向铜，由于电流密度大，钛的表面迅速钝化，电阻上升和严重发热，使电解槽被迫停产检修。使用期限仅 20 余天。后来采用了铜-钛复合板，使其铜侧与导电铜板接触。由于该复合板的界面电阻仅 $13.5×10^{-7}$ Ω/cm^2，这样就使整个阴极总板的电阻值小而稳定。于是，就从根本上解决了那种机械压紧时造成的点接触而使电阻急剧增加的问题。这种结构的阴极总板导电面预计寿命极长。铜-钛复合板在此方面的应用获得了极为明显的技术和经济效益[359]。

电解镍工业中使用了铜-钛复合过渡接头。这样就使原来机械连接的同种过渡接头的电阻大大降低。并且，由于该接头有高的腐蚀稳定性，其使用寿命提高了 3 倍多[360]。

另外，钛-铜复合材料在制碱工业中获得了应用。钛-铜复合管棒也应用到了别的电化学工业中。钛-铜复合板还和铝-铜等复合板一起作为双金属药型罩的选择和试验的新材料之一而被试用过。

可以预言，铜-钛复合材料以其优越的物理和化学性能，在生产和科学技术中将获得更多及更好的应用。

铜-钛复合材料的生产以爆炸焊接法最为合适。

2. 铜-钛复合材料的爆炸焊接

上述用于复合板式电解槽中的铜-钛复合板的爆炸焊接工艺参数和结合强度如表 3.2.12.1 所列。用于过渡接头的钛-铜复合板的爆炸焊接工艺参数和结合强度如表 3.2.12.2 至表 3.2.12.4 所列。

表 3.2.12.1　铜-钛复合板爆炸焊接工艺参数和结合强度

覆　层		基　层		h_0/mm	W_g/(g·cm^{-2})	σ_τ/MPa	σ_f/MPa	$\sigma_{b\tau}$/MPa
金属	尺寸/(mm×mm×mm)	金属	尺寸/(mm×mm×mm)					
铜	2.5×710×710	钛	10×700×700	4	1.4	250	230	196

表 3.2.12.2　钛-铜复合板爆炸焊接工艺参数和剪切强度(1)

覆　层		基　层		h_0/mm	W_g/(g·cm^{-2})	状　态	σ_τ/MPa						
金属	δ_1/mm	金属	δ_2/mm				1	2	3	4	5	6	平均
钛	3	铜	6	5	1.4	爆炸焊接后	215	191	208	209	202	195	203
						550 ℃、1 h 退火	193	198	194	181	135	121	170
						650 ℃、1 h 退火	144	150	142	147	157	137	147

表 3.2.12.3　钛-铜复合板爆炸焊接工艺参数和剪切强度(2)

覆 层		基 层		h_0	W_g	状　　态	试样数	σ_τ/MPa		
金属	δ_1/mm	金属	δ_2/mm	/mm	/(g·cm^{-2})		/个	最大值	最小值	平均值
钛	3	铜	6	5	1.4	爆炸焊接后	6	216	191	204
						550 ℃、1 h 退火后	3	226	160	187
	5			6.5	1.6	爆炸焊接后	2	182	154	168

钛-铜复合管棒的爆炸焊接工艺安装可参考图 5.4.1.34 和图 5.4.1.35。钛-铜和铜-钛复合板结合区的波形形貌如图 4.16.5.9 至图 4.16.5.12 所示。它们的显微硬度分布曲线如图 4.8.3.2 和图 4.8.3.3 以及图 5.2.9.4 所示。钛-铜系二元系相图如图 5.9.2.19 所示。

表 3.2.12.4　钛-铜复合板的结合强度

状　态	爆　炸　态		退火态	热　循　环　后	
δ_1/mm	3	5	3	3*	5**
σ_τ/MPa	191~216	154~182	160~226	191~223	140~156

注:热循环工艺为 * 250 ℃、3 min,水冷,连续 500 次;** 350 ℃、3 min,水冷,连续 300 次。

文献[361]指出,钛和铜的爆炸焊接课题对于新兴的技术领域有重要的意义。

人们研究了 OT4-1 钛合金和 Ti37Nb3Al 钛合金与 M1 铜爆炸焊接的结合区。它们的工艺参数相同,并且在焊接以后和在真空中退火的状态下,用金相和电子探针法进行了分析。

金相分析发现,OT4-1 合金和铜的结合线是波状的,没有发现高硬度区。Ti37Nb3Al 合金和铜的试样中,观察到局部的高硬度区。前者在加热后将出现沿波形界面重复显现的连续带,其宽度在 700 ℃ 加热 30 min 时为 25~30 μm,在 820 ℃ 加热 10 min 时为 130~150 μm。

电子探针确定,在爆炸焊接的状态下,在 Ti37Nb3Al 合金和铜的界面上,Cu 的含量从铜中的 100% 降低到钛合金中的零[图 3.2.12.1(a)]。同时在 OT4-1 合金和铜的接头的高硬度区,在 Cu 的分布曲线上[图 3.2.12.1(b)]有几个拐点,这种拐点证明它的浓度不变。计算表明,曲线自上而下第一个拐点在成分上与钛-铜状态图中最易熔的共晶(880 ℃)Ti$_2$Cu$_3$-TiCu$_3$ 相符合,第二个拐点和 TiCu(982 ℃)金属间化合物相符合,第三个拐点和 Ti$_2$Cu-TiCu(960 ℃)共晶相符合。研究表明,在钛和铜爆炸焊接的情况下,这些金属间化合物的形成显然与固态下的扩散过程关系不大。但接触熔化可能是这些化合物形成的原因之一。爆炸焊接过程中,除了局部加热到高温外,还发生短时的和非常多的熔化。这种接触熔化的速度与压力成直线关系,并且在初始时急剧增加。

Ti37Nb3Al 钛合金和铜的试样热处理后,初始接触的清晰线条加宽,从而形成过渡区。其中,除 TiCu$_3$ 外,在钛-铜二元系中存在的所有金属间化合物都被发现了[图 3.2.12.2(a)~(c)]。它们的形成与 Cu 原子向钛中的扩散有关。因为随着离开纯铜将观察到一些金属间化合物,这些化合物含钛越来越多,含铜越来越少。在连接钛合金的界面上发现含铜最少的 Ti$_2$Cu 化合物。铌的浓度从钛合金向铜连续降低。只有在金属间化合物积聚的地方,在铌的分布曲线上,在曲线总的降低的趋势下,发现一些浓度的跳跃[图 3.2.12.2(c)]。

在 800 ℃、10 min 热处理的试样中,主要依靠 TiCu$_3$-Ti$_2$Cu$_3$ 区的扩展来增加过渡区的尺寸[图 3.2.12.3(a)、(b)]。在该加热温度下,它们形成的最有利的动力条件,可能引起了已经发现的相的数量优势增加。

铌的分布非常特殊。在其浓度曲线上[图 3.2.12.3(c)],将观察到最小值和最大值的相互更替。随着接近纯铜,它的浓度的最大值和最小值之差增加。在靠近铜的过渡区的界面上铌的局部含量超过它在合金中含量的半倍多。

检验指出,结合区中金属间化合物伴随着固溶体邻近区铌的富集。它们形成的速度在一定的程度上取决于铌的原子的扩散迁移率。近似的计算指出,在显微组织中所观察到的金属间化合物区的宽度,与根据合金中扩散迁移率的资料计算的数据能很好地相符(表 3.2.12.5)。

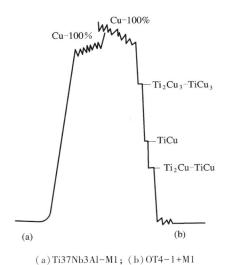

图 3.2.12.1　Cu 在爆炸焊接的
钛-铜结合区中的分布

(a)Ti37Nb3Al-M1；(b)OT4-1+M1

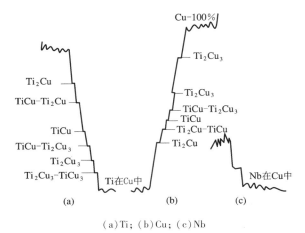

图 3.2.12.2　热处理(700 ℃、30 min，真空冷却)后
Ti37Nb3Al-M1 结合区中元素分布的特点

(a)Ti；(b)Cu；(c)Nb

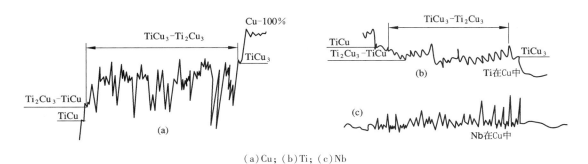

(a)Cu；(b)Ti；(c)Nb

图 3.2.12.3　热处理(800 ℃，10 min，真空冷却)后 Ti37Nb3Al-M1 结合区中化学组成的变化

表 3.2.12.5　Ti37Nb3Al-M1 双金属中的扩散参数

扩散元素	基 体 金 属	D_0^* /(cm²·s⁻¹)	Q^* /(J·mol⁻¹)	T /K	D /(10⁻⁹ cm²·s⁻¹)	t /(10² s)	x /μm	d /μm
Nb	合金 Ti37Nb3Al	~10⁻³	167472	973	4.6	18	58	25~30
				1093	1020	6	157	150~170
Cu	合金 Ti37Nb3Al	~10⁻³	159098	973	62.5	18	216	25~30
				1093	1385	6	590	150~170

注：D_0^*—频率因子，Q^*—活化能，x—Cu 向钛中扩散的平均深度，D—Cu 在钛中的扩散系数，T—绝对温度，t—扩散时间，d—在扩散方向上金属间化合物的尺寸。

由上述爆炸态和热处理态的 Ti37Nb3Al-M1 复合材料结合区的组织和结构分析可以看出，由于钛合金中 Nb 的存在，可避免或减少结合区内金属间化合物的生成和提高焊接接头的热稳定性。

文献[362]指出，爆炸复合材料结合区物理-化学作用的特点是：由于被焊材料的高速变形将增加组织缺陷。大量缺陷的产生将导致结合区中原子进入活化状态，这就为新相的产生创造了条件。这些新相决定所得接头的性能。

对于大多数爆炸焊接工艺来说，结合区是被结合材料的固态和熔融粒子的混合物进入并相互作用的地方。X 射线相分析指出，钛-铜双金属的结合区是由 Ti_3Cu_4 和 TiCu 金属间相，以及一些钛的单个粒子组成的。脆性的金属间相粒子的增加，将导致双金属结合强度的降低和复合材料分层。

铜与钛的接头有很大的实际意义[363]。为了降低电能的消耗和增加电解金属的单位生产率，制备了钛-铜导体。在一种情况下，用钛管来复合铜棒，前者可以保护导体不受电解产物的浸蚀。双金属的结合强度相当于铜的强度水平，有完整的无缺陷组织的波形界面。钛-铜接头的应用，大大增加了铜棒的使用期限。如图 5.5.2.169 所示的不锈钢-铜复合管棒亦有相同的妙用：不锈钢管保护铜棒导体作为电极材料而应用于电化学工业中。

钛-铜接头的爆炸焊接工艺很简单，并且可以用来焊接平面的、管状的和轴对称形状的零件。

在使用于射线仪和焊接装置的情况下，对于导体接触器来说，必须使用非磁的热双金属，这类金属在工作温度范围内将保证有一定的弯曲应力。青铜-钛热双金属被推荐用来作为焊接电子射线装置 CA-449 和管子焊箱自动装置中的接触元件(触头)。

钛-铜复合管棒作为制碱电解槽的新型电极材料，以其优良的导电性和耐蚀性迅速地替代了传统的石墨电极[364]。其主要规格有：ϕ32 mm×H14 mm 宫灯形和 27 mm×27 mm 方形两种。这种复合棒的主要生产工艺之一 ——矫直，以前多采用张力矫直法。此方法材料损耗大(需消耗夹头)、易产生小尺寸(缩径)废品、矫直效果差、操作困难和不易掌握等。为此必须寻找一种新的矫直方法。悬臂型材辊式矫直机具有成形的装配式矫直辊，每个辊子有方形或宫灯形孔槽，正好适用这种复合棒材的矫直。该机由于辊数多，矫直反复弯曲次数多，可使矫直后的棒材平直度提高。首次使用悬臂型材辊式矫直机和正交设计法对工艺参数——压下量进行优化试验，确定出各个辊的压下量，获得了外观质量好和平直度小于 1/1000 的钛-铜复合管棒材，并且成品率提高 2.6%。以每生产 492 个钛-铜复合棒为例，可节省金属铜 4886 kg，折合人民币 34.2 万元。

文献[1279]报道，近年来，随着电力、电子和电化学工业的迅猛发展，对结合质量好且具特殊形状(如矩形、鼓形等)的双金属导电棒电极材料的需求日益增加。目前，国内大多采用浇注-挤压和热扩散焊接-挤压的方法生产。但是以这些方法生产的钛-铜复合棒的性能有一定的局限性，为此，开发了爆炸焊接-孔型轧制的新工艺。用该工艺生产的复合管棒赢得了市场。

试验了爆炸焊接的钛-铜复合棒坯孔型轧制制备阳极导电棒的工艺过程。通过不同的箱形孔型系统和道次加工率的设计，试制出了形状精度、尺寸精度和工艺性能均满足技术要求的电极材料。确定的工艺流程可满足工业生产的要求。

产品材料为 TA2-T2，棒坯尺寸为 ϕ54 mm，TA2 管壁厚 2.6 mm。结合强度达 200~300 MPa，结合率大于或等于 98%。棒坯加热温度为 600 ℃±10 ℃、保温 40 min。获得的产品尺寸为 11 mm×50 mm×1000 mm 的矩形复合棒。

文献[1280]报道，在电化学工业中，普遍地采用了 Ti-Cu 连接。爆炸焊接的 Ti-Cu 复合体的结合性能与 Cu 相当，其 σ_τ 一般为 138 MPa。采用冷轧或弥散强化可以获得更高的剪切强度。

文献[1281]指出，钛-铜复合管棒是用来制作电解槽钛阳极的重要构件。自 20 世纪 60 年代末金属阳极电解槽问世以来，它已被世界上许多国家广泛采用。目前，在我国氯碱生产中它亦起主导作用。以 1993 年为例，其中以金属阳极电解槽生产的氯碱占总产量的 65% 以上。因此，对钛-铜复合管棒的研制与开发有着十分重要的意义。

20 世纪 70 年代中期，国内通常采用钛管包覆铜棒然后挤压的方法来生产这种产品。作者单位于 1981 年研制和开发了新的生产工艺，同时改进和完善了钛-铜复合管棒的生产线，从而获得了性能优异的这种新产品，并迅速获得推广应用。

多年来，该单位为国内氯碱行业提供了 2000 多吨的钛-铜复合管棒，用来制作金属钛阳极。这种阳极与石墨阳极相比，使用寿命由原来的 6~9 个月提高到现在的 10 年以上；同时还提高了氯碱的产量和质量，降低了生产成本，提高了劳动生产率，其经济和社会效益显著。该产品已部分销往国外。经过长期发展以后，其规格、尺寸和品种已系列化。随着市场的需求，后来又研制和开发了方形、鼓形和带形卷盘的异形钛-铜复合管棒及其阳极产品。

文献[1282]指出，用共挤压法生产的 TA2-Cu 和 310 不锈钢-Cu 复合管棒，因其结合强度不高、界面电阻大、表面质量差和复合层厚度均匀性差而未能获得市场全面接受。用爆炸焊接技术研制的该两种复合管棒的尺寸为 (ϕ34±0.2) mm×1250 mm。经检验，其结合率达到 100%，金属间的结合强度高、界面电阻小、表面光滑和复合层厚度均匀性好。

文献[1283]介绍了一种生产钛-铜复合管棒用的拉伸模，并指出，宝鸡有色金属加工厂生产的钛-铜复合管棒产量大和质量要求高。该产品使用的拉伸模以往采用高碳钢制作。由于产品种类多和形状各异，所以，模具制作困难、制作周期长、使用中磨损严重和修复困难。因上述情况造成产品超差严重，平均每个模具只可拉伸 3 t 左右的产品。1988 年，该厂与有关单位合作，用硬质合金试制了多种形状的这种拉伸模。

结果每个模具已能拉伸约 30 t 产品，模具状况仍然良好。产品比钢模平直，尺寸公差易于控制，修模方便。修模不影响模具的公差尺寸和寿命。该厂正在做进一步的改进，使拉伸模的使用性能有更大的提高。

文献[1284]报道了 Ti-Cu-Ti 三层复合板的生产与应用，并指出，该三层复合板采用直接轧制法比爆炸焊接法和爆炸焊接+轧制法，具有工艺简单、板形易控制、贴合率高、结合强度高和表面质量好等优点；试制出了厚度为 1.5 mm+1.5 mm 的钛-铜两层和厚度为 0.5 mm+2 mm+0.5 mm 三层复合薄板，经超声波、剪切、拉伸和弯曲等性能测试，均满足用户的技术要求和有关标准的要求。

这种产品主要用作电解阴极种板，已应用于金川公司和芜湖冶炼厂等单位，使用效果良好。

另外，三层复合板在换热设备上也获得了应用。0.25 mm+0.3 mm+0.25 mm 厚的 Ti-Cu-Ti 复合板用于制作换热器片，使其热交换率和使用寿命有明显提高。1989 年，大连旅顺换热器厂的冲击试验表明，该种材料具有如下特点：回弹性比全钛板材低；以部分铜代钛，提高了成形塑性；铜的导热性好（其导热系数为钛的 26 倍）；铜板的价格为同样规格的钛板的 1/10，从而降低了材料成本和节约了设备投资。

再者，镍电解槽阴极种板为钛板，供电排用铜板，采用钛-铜复合板接头，到时铜端与导电排焊接，钛端与种板焊接。

文献[1285]报道，钛-铜复合管棒自 20 世纪 60 年代问世以来，得到了迅速的发展。这项技术是由意大利的 Derona 公司和美国的铝业公司首先联合开发的。自 20 世纪 70 年代开始，日本、美国、西德、法国和意大利等相继采用了钛阳极代替石墨阳极投入工业化生产。

近年来，有文献报道，钛-铜复合管棒作为导电棒已应用于电解铜业。使用后提高了导电性能和电流效率，减少了电能消耗，同时提高了电极使用寿命和降低了维修成本。特别是近年来复合管棒的使用形状趋向矩形和扁形，并要求超薄型，即钛层厚度向超薄发展。目前，生产这种产品的工艺有真空铸成复合坯，再挤压复合、冷拉伸。生产出了圆形、矩形和宫灯型钛-铜复合材。

另有资料报道了利用回收钛制备高品质的钛-铜复合型材的消息，并指出，钛-铜复合型材是一种综合了钛材优异的耐蚀性能和铜材优良的导电性能的层状金属复合材料，是金属阳极的主要部件。它成功地代替了石墨电极材料，使其寿命提高 10 倍以上，节电 20% 以上，并提高了氯碱和烧碱的纯度，是一种优异的导电材料。钛-铜复合型材作为导电棒用于湿法冶金行业，提高了导电性能和电流效率，减少了电能消耗，同时提高了电极的使用寿命，并降低了维修成本。

钛-铜复合型材的生产方法很多：挤压法、热挤压+拉伸法、爆炸复合法，爆炸+热轧法。挤压法发展前景更好，因为其工艺简单、适应性强（不同断面形状）和成本较低。

文献[1286]爆炸焊接的铜-钛和铜-钛-铜复合板用于铜的电解冶炼获得成功。将电解槽的铜板吊耳连接钛母板改为用这两种复合板吊耳连接钛母板后，其对比试验的结果如表 3.2.12.6 所列。由表中数据可见，用复合板吊耳时，电压降小且稳定，很好地满足了生产的要求，节能效果显著。

表 3.2.12.6　两种吊耳连接点的电压降对比试验

No	层数 /层	复合板吊耳			钢板吊耳		
		入槽 7 天内测量 2 次平均值 /mV	入槽半年内测量 23 次平均值 /mV	入槽半年后测量 4 次平均值 /mV	入槽 7 天内测量两次平均值 /mV	入槽半年内测量 14 次平均值 /mV	入槽半年后测量 2 次平均值 /mV
1	2	20.0	14.3	18.3	52.5	59.2	79.3
2	2	16.0	13.2	14.8	132.5	99.8	176.0
3	2	16.3	15.5	16.6	77.5	82.3	184.8
4	3	18.7	14.4	16.9	27.5	75.3	159.0
5	3	14.3	14.8	16.1	69.4	74.9	105.2
平均	—	17.06	14.44	16.54	71.88	78.3	140.86

文献[1287]报道了钛、铜材在氯碱工业中的应用。其中每万吨烧碱生产装置会使用 6620 kg 钛-铜复合管棒，并且从 2005 年至 2010 年每年新增的生产装置和每年需要修复的生产装置将使用 3310 t 钛-铜复合管棒。

文献[1288]爆炸焊接了 Cu-Ti6A14V 复合板。结果表明，当质量比 $R=1$ 时，铜和钛未能焊接，但其他的质量比都焊接上了。性能检测表明，复合板的拉伸剪切强度在 $350\sim370$ MPa，且随质量比的增加而增加，断裂均在铜侧。如此说明界面强度高于铜的强度。显微硬度测试表明，复合板的硬度均高于原始材料，最高硬度值出现在距界面 $200\ \mu m$ 处。另外，随着炸药的增加复合板硬度增加。金相检验表明，界面呈波状形态，且随炸药量的增加界面波长增加，波幅也增加。SEM 照片显示，爆炸变形使结合界面产生了变形带，但没有看到结合面上有金属间化合物析出的痕迹。

文献[1289]报道了日本开发 Pt-Ti-Cu 三层复合电极材料的消息，并指出，神户制钢所采用热静水压挤压技术，开发了 Pt-Ti-Cu 三层复合电极材料。它作为贵金属及铬、锌等高级品电镀用电极材料和用户一起反复试验，共同开发。

用同一技术制作的 Ti-Cu 复合材料，在用苛性钠和电解锌的电镀钢板中获得成效。上述三层复合材料的厚度可减薄到 1/20。这与爆炸复合的 Ti 和 Cu、并在其外侧镀 Pt 的三层复合电极材料相仿，质量没有差别，但稳定性高。另外，表面覆 Pt 具有以下特点：组织严密，电极表面消耗与使用的 Pt 电极差不多，但使用寿命长得多；电极没有变细，电镀条件稳定；取代产品氧化和还原用的是高价 Pt 电极。

3.2.13 钛-不锈钢复合板的爆炸焊接

1. 钛-不锈钢复合板

钛材和不锈钢材在很多相应的介质中有良好的耐蚀性。用它们制造的复合板与镍-钛和镍-不锈钢复合板一样，能够在含有不同浸蚀性介质的化工设备中作为结构材料使用，因而是一种很有实用价值的新金属材料。钛-铁系二元相图如图 5.9.2.20 所示。

另外，用这两种材料制造的过渡接头，能够分别将钛材和不锈钢材及其零部件巧妙和牢固地连接起来，组成一个异种金属的复合材料或设备系统。

大面积的钛-不锈钢复合板及其过渡接头的制造方法，目前只有爆炸焊接法最为合适。

2. 钛-不锈钢复合板的爆炸焊接

表 3.2.13.1 和表 3.2.13.2 提供了钛-不锈钢复合板爆炸焊接的工艺参数和力学性能数据。该复合板的结合区波形如图 4.16.5.13 所示。由两表中的数据可见，基板待结合面磨光的比一般打磨的结合强度为高。由此可见，表面粗糙度对爆炸焊接的结果是有明显影响的。

我国西北有色金属研究院用爆炸焊接的方法研制了钛-不锈钢管接头。类似的这种管接头曾使用于"阿波罗"飞船上。材料为 TA2 和 1Cr18Ni9Ti，厚度为（10+30）mm。典型的力学性能测试结果如表 3.2.13.3 所列。金相和扫描电镜检验指出，具有与 TA2 等强的钛-不锈钢接头表现出有别一般爆炸焊接界面的特别形态：波长长和波幅小、其比值大、钛的绝热剪切滑移很轻微；断口分析表明，断裂发生在极接近界面的钛层内。疲劳裂纹起源于试样的外表面，顺波峰和波谷传播，不横切波形。因此，裂纹是否产生与界面波在试样表面露头时的状况密切相关，裂纹传播快慢取决于一定截面上波的数量和沿波分布的化合物及夹杂等缺陷的数量和形态。结合区内小波形分布时具有最高的强度。这种管接头已用于卫星喷气推进系统。

表 3.2.13.1 钛-不锈钢复合板的结合强度与工艺参数的关系（1）

覆 板		基 板		h_0 /mm	W_g /(g·cm^{-2})	结合强度 /MPa	试 样 号				平均	备 注
金属	δ_1/mm	金属	δ_2/mm				1	2	3	4		
钛	3	不锈钢	18	5	1.4	σ_τ	293	200	392	179	266	基板一般打磨
						σ_f	247	208	113	92	165	
						σ_τ	447	530	460	441	444	基板磨光
						σ_f	403	200	363	—	322	
	5			6.5	1.6	σ_τ	139	105	203	205	163	基板一般打磨
						σ_f	231	345	286	287	285	
						σ_τ	407	410	263	407	372	基板磨光
						σ_f	498	571	513	—	527	

表 3.2.13.2　钛-不锈钢复合板的结合强度与工艺参数的关系（2）

覆　板		基　板		h_0 /mm	W_g /(g·cm^{-2})	结合强度 /MPa	最大值	最小值	平均值	试样数 /个	备　注
金属	δ_1/mm	金属	δ_2/mm								
钛	3	不锈钢	18	5	1.4	σ_τ	392	87	240	18	基板 一般打磨
						σ_f	345	92	157	12	
						σ_τ	530	279	402	5	基板磨光
						σ_f	403	200	321	3	
	5			6.5	1.6	σ_τ	339	60	230	18	基板 一般打磨
						σ_f	287	149	233	11	
						σ_τ	410	337	370	6	基板磨光
						σ_f	571	513	541	2	

表 3.2.13.3　钛-不锈钢管接头的力学性能[365]

检　验　项　目	试　验　条　件	结　果	备　注
界面拉伸	试样长 57 mm，工作直径 3 mm， 垂直界面拉伸	σ_b = 490 MPa （不在界面断裂）	TA2 的 σ_b = 490 MPa
界面分离	正分离（剥去部分 TA2） 反分离（剥去部分 1Cr18Ni9Ti）	$\sigma_{f,正}$ >588 MPa $\sigma_{f,反}$ >588 MPa	—
弯曲疲劳	试样长 163 mm，工作直径 8 mm， 振动频率 5000 次/min	在 σ_{-1} = 196 MPa 时 10^7 次循环，越出	TA2 的 σ_{-1} = 196 MPa， 10^7 循环，越出
轴向拉压疲劳	试样长 40 mm，工作直径 2.5 mm， 振动频率 86 次/min	在 σ_{-1} = 167 MPa 时 10^7 次循环，越出	TA2 的 σ_{-1} = 196 MPa， 10^7 循环，越出
界面冲击	试样断面 4 mm×4 mm，缺口为 U 形，梅氏，缺口位置正中界面	a_k = 2.94 J/cm^2	—

　　文献［1290］报道了爆炸焊接的钛-不锈钢过渡管接头的性能数据，并指出，这种接头首批科研样品已交付用户使用。接头呈圆棒形，有 ϕ25.5 mm 和 ϕ31.5 mm 两种。外包不锈钢层厚度大于 3.5 mm。也可将钛置于外包层。接头的结合强度、疲劳强度和高温性能达到了钛的相应性能指标。经 2 MPa 氦检漏，泄漏率小于或等于 10^{-8}（Pa·L）/s。研究结果表明，试样的各项性能达到了卫星用材的要求。这种钛-不锈钢爆炸复合过渡管接头将用于卫星喷气推进系统。

　　文献［1291］报道了钛-不锈钢两种规格的过渡管接头已用于广播卫星的消息，并指出，长寿命广播卫星的姿态控制，喷气推进系统的自锁阀是该系统的关键部件之一。出于可靠性和推进剂相容性的需要，自锁阀的进、出口接头选择严格和质量要求高。根据用户要求，西北有色金属研究院选用钛-不锈钢复合管棒制作了两种规格的自锁阀进、出口过渡管接头。经初步鉴定认为质量合格，有关设计师已正式同意在广播卫星正样自锁阀中使用。

　　西北有色金属研究院采用爆炸焊接方法研制的 Ti-不锈钢复合管棒，是由厚壁不锈钢管和钛棒复合。几何尺寸、金相组织、拉伸强度、冲击值、温度、气密性和相容性等技术性能均满足了设计要求。钛和不锈钢实现了等强结合。拉剪强度测试时，虽从钛侧破断但结合面完好。疲劳（R0.1）检验指出，失效部位亦为母材基体。经 2 MPa 检漏，泄漏率小于 1×10^{-8}（Pa·L）/s。

　　文献［1292］报道，钛-不锈钢过渡管接头通过了部级课题鉴定。指出，这种管接头属国内首创，性能达到了苏联同类产品的水平。它的研制成功，满足了卫星喷气推进系统的选材需要，具有明显的社会效益。

　　该过渡管接头用于制作长寿命卫星喷气推进系统自锁阀的进、出口接头。专项检验结果表明这种管接头能与推进剂长期相容，在规定的自锁阀环境试验条件下，可靠地保证了阀的密封连接。

　　文献［1293］对爆炸焊接的钛-不锈钢管棒过渡接头进行了研究，并指出，这种过渡接头在航空和航天技术中的应用，在美国"阿波罗"宇宙飞船中就已经开始。此后，科学工作者又将其应用于制作卫星部件。钛和不锈钢与现今采用的新型喷气推进剂有良好的相容性，因此在长寿命的卫星发射中也占有十分重要的地位。但钛和不锈钢是互不相容的两种金属，要制得高质量的具有冶金结合的接头，不能采用普通的熔化焊接的方法，必须采用诸如爆炸焊接的特种焊接技术。目前，航天技术中所用的钛-不锈钢接头有板状和棒状两种对接接头，这两种接头都可用相应的爆炸复合板经机械加工而成。本文研制的管棒形状为搭接过渡接头。这种接头由爆炸焊接的管棒复合材料经机械加工制成。其中进行了爆炸焊接工艺、金相组织、力学性能等多方面的研究和试验。结果表明，如此获得的这种过渡接头各项性能均已达到工程应用研究的技术指标。

文献[1294]报道，钛与不锈钢的爆炸复合管接头，其一端是钛，另一端是不锈钢，中部是两金属的结合段。用于过渡连接时，以熔化焊使钛和不锈钢分别与被连接的同质管件焊接，从而将原本不可熔化焊的钛管和钢管连接在一起。

管接头长 100 mm，约 30 mm 长的两金属端的壁厚为 2~6 mm。这种管接头的制造方法是将钛-不锈钢爆炸复合棒进行加工，如旋锻，使不锈钢段缩径而得。复合棒的拉剪强度为 180~250 MPa。在 2 MPa 的氮压力下保压 1 min，质谱检测的泄漏率不大于 1×10^{-7}(Pa·L)/s。经几何设计和强度计算后，该管接头的几何形状和尺寸如图 3.2.13.1 所示。已有的工艺技术能满足制作要求和加工出符合设计需要的管接头。

文献[1295]报道，使壁厚 3.5 mm 的不锈钢管与钛棒爆炸复合，获得了与钛等强的不锈钢-钛复合管棒。拉剪强度与拉伸强度之比为 0.6~0.7。界面的金属流动适度，避免了漩涡熔化和形成金属间化合物，不锈钢和钛直接形成了完整的结合。拉剪试样如图 3.2.13.2 所示，拉剪性能如表 3.2.13.4 所列。

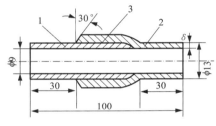

图 3.2.13.1　用钛-不锈钢复合管棒加工而成的搭接管接头

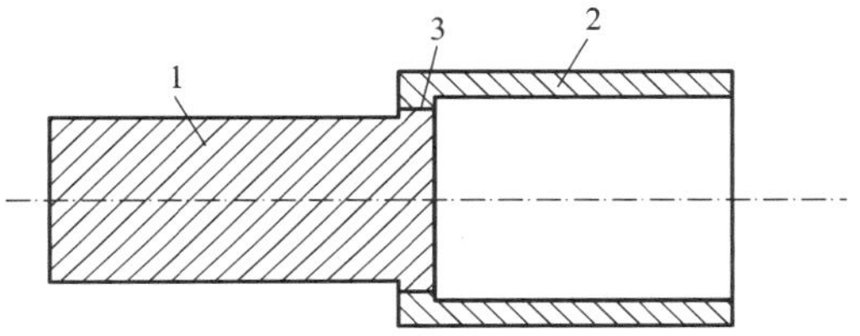

1—钛；2—不锈钢；3—结合界面

图 3.2.13.2　不锈钢-钛复合管棒的拉剪试样

1—钛；2—不锈钢；3—结合界面

文献[1072]简要介绍了爆炸焊接的钛-不锈钢过渡接头的界面特征、当量缺陷和拉剪强度等技术指标。讨论了这种接头在航空航天中的应用。该文献指出，这种接头用于航空航天的推进系统，并在姿态控制方面发挥极其重要的作用。相信运用爆炸复合技术研制的这种新材料，在我国的高科技领域的应用仅仅是开始，未来将会有更多的爆炸复合接头和材料在飞船、空间站及核动力等工程中得到广泛的应用。

文献[370]报道，用爆炸焊接工艺制造了面积达 1.5 m² 的如下钛-不锈钢复合板：(≤16+≥40) mm 的 OT4-1+0X17H13M3T 或 OT4-1+0X23H28M3Д3T，(≤16+≥40) mm 的 12X18H10T+OT4-1。使用 3 mm 厚的 BT1-1 中间层，钛合金覆层厚度 $\delta \leq 8$ mm 时，σ_f = 250~350 MPa。此时 v_d = 2500 m/s，h_0 = 8 mm，R_1 = 2.0~3.3。随着覆层钛合金厚度的增加 ($\delta_1 > 8$ mm)，σ_f 相应降低。

表 3.2.13.4　不锈钢-钛复合管棒的拉剪强度

No	试样数/个	$\sigma_{b\tau}$/MPa	破断位置	钛的强度 σ_b/MPa	$\dfrac{\sigma_{b\tau}}{\sigma_b}$
1	6	313	界面或钛层	510	0.61
2	10	322	界面或钛层	535	0.60
3	3	349	钛层	555	0.63
4	5	359	钛层	570	0.63
5	7	362	钛层	565	0.64

在钛合金被不锈钢复合的情况下，当后者的厚度为 3~4 mm 的时候达到强固结合。此时，v_d = 2600~2700 m/s，R_1 = 1.5~2.0，h_0 不小于 3~4 倍不锈钢的厚度。

热处理试验表明，加热到 500 ℃(保温 1 h)不降低结合强度。但是进一步升高温度后将导致它们的结合强度大大降低：在 700 ℃下 σ_f 降低到 10~20 MPa。

钛-12X18H10T 钢双金属试样的拉伸试验给出了类似的结果：温度在 500~550 ℃时，抗拉强度在

340~360 MPa 之内，而在温度升到 700 ℃ 时降低到 180~110 MPa。

在该钛-不锈钢双金属的结合区中观察到了白色相——金属间化合物，其中许多地方发现了气孔和裂纹。该区域的电子探针化学分析结果如表 3.2.13.5 所列。

表 3.2.13.5　钛-不锈钢双金属结合区的化学组成和力学性能[366]

双　金　属	白色相中的化学组成，Q/%					σ_f /MPa	白色相的 HV
	Fe	Ti	Cr	Ni	Cu		
BT1-1+0X23H28M3Д3T	32~35	35~36	13~15	18~20	2	230	12000~13000
BT1-1+12X18H10T	50~52	31~33	11~12	8~9	—	350	8500~9600

结论指出，该双金属能够用爆炸焊接的方法获得，但不推荐用高于 500 ℃ 的温度加热。

爆炸焊接可以在钛-不锈钢之间获得与组合中较弱者等强的接头[367]。但是，在高温下（大于 600 ℃）的后续使用中，或者在钛-不锈钢结构的制造过程中熔化焊接热循环的作用将引起界面两侧异种元素的相互扩散，并且随着钛的金属间化合物和碳化物的形成，将引起焊接接头强度明显降低。为此，迫使在该双金属中采用厚度为 1~2 mm 的铜和铌的中间层。这样就保证了在 100~1000 ℃ 下长时间加热后的焊接接头有高的和稳定的强度。力学试验指出，在使用 M1 铜的情况下，该四层复合板的 σ_b = 270 MPa，在加热到 600 ℃（保温 1.5 h）以后 σ_b = 235 MPa，都沿铜层破断。如果用厚 1.5 mm 的高强铜合金代替 M1 铜，则平均的 σ_b = 372 MPa。

试验了铜合金的相对厚度 x 对该复合材料结合强度的影响，结果如图 3.2.13.3 所示。由图可见，爆炸焊接以后结合强度将从 x = 0.5 时的 372 MPa 增加到 x = 0.067 时的 519 MPa（图中曲线 1）。热处理后，当在 400 ℃ 下加热 1.5 h 时，将局部地降低它们的强化（图中曲线 2）。当加热到 600 ℃，特别是 800 ℃ 时，强化完全消失（图中曲线 3 和 4）。再结晶退火（600 ℃）将恢复合金的塑性，并且在 x = 0.5 的情况下使结合强度降低到合金的原始强度。

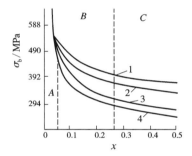

A—沿不锈钢破断；B—混合破断；
C—沿铜合金优势破断

图 3.2.13.3　钛合金-铌-铜合金-不锈钢复合板的抗拉强度与铜合金相对厚度的关系

试验研究了 10X17H13M3T 不锈钢+BT1-0 钛双金属[368]，它们相应的厚度为 5~15 mm 和 19 mm。在用爆炸焊接法制造的该双金属结合区中，可以观察到一些单个的析出物，即金属间化合物，其中裂纹网络的出现将证明它是脆性的。这种化合物呈圆柱状。但是因为它们是分散的，其分离强度仍很高（294~440 MPa）。

热处理试验表明，在 450 ℃ 和 500 ℃ 加热 1 h 的情况下，未形成金属间化合物的连续中间层。随着温度的升高（600 ℃ 和更高）和保温时间的延长（大于 30 min），所析出的新相的数量增加，它的界面变直。随着连续中间层的形成，钢和钛的结合强度明显下降。详情见图 3.4.4.20。

电子探针结构分析表明，爆炸态下结合区中金属间化合物由 $TiFe_2$ 和 $TiFe_3$ 组成。并且这些化合物内熔解有大量的 Ni 和 Cr。在 500~600 ℃ 热处理的情况下，沿着整个熔化区将形成细散的 $TiFe_2$ 化合物。

热处理的双金属破断时，沿邻近加工硬化区的钛层发生分离。如果界面上没有连续的金属间相析出的话，断口是典型的有韧性的。在有连续金属间相析出的地方，破断沿其中的裂纹发生，断口是脆性的。

钛-不锈钢复合板的一次室温疲劳强度试验的结果如表 3.2.13.6 所列。

在化工设备上，使用钛-钢-不锈钢三层复合板会更为有利，将承压强度交给中间部分的钢，两侧的材料仅承担耐

表 3.2.13.6　钛-不锈钢复合板的室温疲劳强度

No	最大应力 σ/MPa	最大应变保持时间/min	循环速度 /(次·min^{-1})	循环次数，N/次	结　果
1	255	2	5000	3700	断在焊缝钛侧
2	235	1	10000	3600	断在焊缝钢侧
3	225	45	5000	228400	断在界面上
4	225	41	5000	203300	断在焊缝钢侧
5	225	13	5000	58600	断在焊缝钛侧

注：应力状态-1，试样规格 ϕ6.4 mm×162 mm，试验时挠度大导致较大震动。

蚀任务。这样,在满足技术要求的情况下,更多地节省稀缺和贵重材料,因而成本更低。这种三层复合板的界面波形如图 4.16.5.108 和图 4.16.5.109 所示。

在宇航工业中复合板的应用很多,如制造美国空间发展规划中的设备部件。巴蒂尔研究所曾用不锈钢-钛复合板制造宇宙飞船的液氧箱,在"阿波罗 11"上的月球舱使用了钛-不锈钢爆炸焊接的过渡接头[157]。

人们研究了加热对 BT1-0 钛和不锈钢焊接结合区组织和性能的影响[369],发现在短时加热(700 ℃ 和 15 min)下接头有高的强度(250 MPa);在温度大于或等于 800 ℃ 的情况下,强度明显下降。双金属加热到 500 ℃ 和在此温度下保持 1 h,对结合区的组织不产生大的影响。在加热温度为 500 ℃ 以上时,钛的爆炸强化消失,而不锈钢的该过程开始于 700 ℃。在加热到 600 ℃ 温度时将开始钛和不锈钢之间的相互扩散作用。TiFe 和 Ti_2Fe 金属间化合物和 Fe、Cr、Ni 的有限固溶体常常表现为中间层。这种中间层是高温下形成的。在初始状态下,试样的断口带有混合特性。在 700 ℃ 的温度下,双金属回火将优势地发生脆性破断。

研究者确定了不锈钢和钛没有中间层的爆炸焊接的诸参数[370]。在这种情况下,在界面上不形成金属间相和铸造区,这种相和区将导致缩孔的形成。在下列参数下焊接接头将获得最佳的性能:400 m/s ≤ v_p ≤ 700 m/s,2400 m/s ≤ v_{cp} ≤ 3400 m/s。在壁厚为 15 mm 时获得了直径为 35~200 mm 的焊接坯料。在制作法兰盘时,为了获得超高真空系统,利用了这些管状坯料。20 次热循环后,在接头中没有发现泄漏(热循环工艺为迅速加热到 350 ℃、保温 2 h 和迅速冷却)。

钛-不锈钢复合板过渡区的组织和性能取决于金属板的安装次序,也就是取决于哪块板是抛掷的或是不动的。

表 3.2.13.7 和表 3.2.13.8 提供了基板表面在不同处理方法下,钛-不锈钢复合板的结合强度比较。由表中数据可见,待结合面愈光滑,结合强度越高。另外,热循环工艺不影响原来的结合强度。

表 3.2.13.7 钛-不锈钢复合板的结合强度(1)

状 态	爆 炸 态		退 火 态		备 注
δ_1/mm	3	5	3	5	
σ_τ/MPa	81.3	392	306~370	321~332	基板用砂轮打磨
σ_f/MPa	79.3	345	306~455	159~453	

表 3.2.13.8 钛-不锈钢复合板的结合强度(2)

状 态	爆 炸 态		热 循 环 后						备 注
δ_1/mm	3	5	3*	3**	3***	5*	5**	5***	
σ_τ/MPa	441~530	337~410	343	417~488	433~531	433~462	333	419	基板用磨床磨光
σ_f/MPa	363~403	513~571	310	273	230~234	646	654		

注:热循环工艺是 * 250 ℃、3 min,水冷,连续 300 次;** 250 ℃、3 min,水冷,连续 500 次;*** 350 ℃、3 min,水冷,连续 300 次。

表 3.2.13.9 列出了钛-不锈钢复合板的分离强度和爆炸焊接工艺参数的关系。

表 3.2.13.9 钛-不锈钢复合板的分离强度与工艺参数的关系[366]

No	覆 层		基 层		面积 /m^2	v_d /(m·s⁻¹)	R_1	h_0 /mm	σ_f /MPa
	金属	δ_1/mm	金属	δ_2/mm					
1	Ti(BT1-1)	≤8	不锈钢	≤40	1.5	2500	2.0~3.3	钛的厚度	230
2	不锈钢	≤4	Ti(BT1-1)	≤40	1.5	2600~2700	1.5~2.0	(3~4)倍不锈钢的厚度	350

表 3.2.13.10 提供了不锈钢-钛双金属法兰盘的超高真空致密性的试验数据。由表中结果可见,这方面性能是良好的。

表 3.2.13.10 不锈钢-钛双金属法兰盘的超高真空致密性与爆炸焊接工艺[370]

v_p/(m·s⁻¹)	v_{cp}/(m·s⁻¹)	产品尺寸/mm	试 验 结 果
400 ≤ v_p ≤ 700	2400 ≤ v_{cp} ≤ 3400	厚度 15,直径 35~200	迅速加热到 350 ℃,保温 3 min,冷却 20 次。此后该接头在超高真空下没有发现泄漏。

3.2.14　铝−不锈钢复合板的爆炸焊接

1. 铝−不锈钢复合板

铝的密度小，不锈钢的强度高，在许多介质中它们都有较好的耐蚀性。作为装饰材料和烹饪用具材料，它们的应用更多。由它们组成的复合材料兼有二者的物理和化学特性，是一种有广泛用途的新型结构材料。

铝−不锈钢复合材料的制造方法目前有轧制焊接、摩擦焊接和爆炸焊接等。比较起来，爆炸焊接在生产多品种和大尺寸的产品，特别是不同厚度比和大面积的铝−不锈钢复合板上有得天独厚的优势。

2. 铝−不锈钢复合板的爆炸焊接

铝−不锈钢复合板爆炸焊接的工艺安装、工艺参数和结合区的成分及组织同铝−钢复合板差不多，有关数据和资料可参看 3.2.4 节。铝−铁系二元相图如图 5.9.2.2 所示。

现将铝−不锈钢复合板力学性能的有关数据如表 3.2.14.1～表 3.2.14.3 所列以及图 3.2.14.1、图 3.2.14.2 所示。

表 3.2.14.1　铝−不锈钢复合板的剪切强度

覆　层		基　层		h_0 /mm	W_g /(g·cm⁻²)	试样数 /个	σ_τ/MPa		
金属	δ_1/mm	金属	δ_2/mm				最大值	最小值	平均值
铝	3	不锈钢	18	4	1.0	6	93.4	68.9	79.4
	12			8.5	1.7	18	75.3	33.0	51.0

表 3.2.14.2　铝−不锈钢复合板的分离强度

覆　层		基　层		h_0 /mm	W_g /(g·cm⁻²)	试样数 /个	σ_f/MPa		
金属	δ_1/mm	金属	δ_2/mm				最大值	最小值	平均值
铝	12	不锈钢	18	8.5	1.7	16	89	26	57

研究指出[374]，在不锈钢或碳钢与工业纯铝或铝合金爆炸焊接的情况下，在结合区将形成高硬度(达到 $H_\mu = 6\,000$ MPa)的中间相区，该区的存在将明显地降低结合强度。因此，它们的爆炸焊接的工艺参数范围将比铜−钢更为狭小。

表 3.2.14.3　铝合金(铝)−不锈钢复合板的结合强度

材　质	结合强度/MPa	断裂位置
LF21−1Cr18Ni9Ti	$\sigma_f(235\sim529)/294$	界面
L1−1Cr18Ni9Ti	$\sigma_\tau(58.8\sim127.4)/93.1$	铝侧

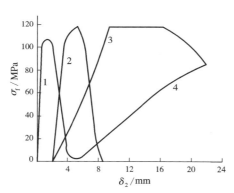

v_p(m/s)：1—520；2—360；3—250；4—200

图 3.2.14.1　12X18H10T−АД1 复合板的分离强度与基板厚度($\delta_1 = 8$ mm)和冲击速度的关系[371]

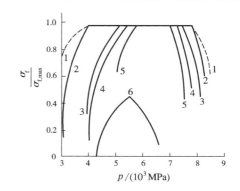

铝合金：1—АД1；2—Al Si；3—Al Fe；4—Al Ni；5—Al Cu；6—AMr5B

图 3.2.14.2　冲击压力对 X18H10T−铝合金复合板相对结合强度的影响[372]

用爆炸法已获得了厚为 20+3+20 mm，面积为 1.5 m² 的 AMr6−АД1−12X18H10T 三层复合板坯。先用 v_d 为 1500～2000 m/s 的炸药使后两者复合，再用 v_d 为 2000～2600 m/s 的炸药使前者与后两者复合。

在 v_d 为 1500 m/s 的情况下，АД1−12X18H10T 的结合区是平的，$\sigma_f = 50\sim80$ MPa；当 $v_d = 1600\sim1650$ m/s 时，$\sigma_f = 100\sim140$ MPa。结合区内有厚 3～16 μm 的中间层，不锈钢的 $H_\mu = 2900$ MPa，铝的 H_μ 为 280～320 MPa。显微 X 射线光谱分析揭示，中间层内含有 Cr、Ni、Fe 和 Ti。当 $v_d = 1900$ m/s 时中间层的厚度增加到 35 μm，其中有裂纹和分层，$H_\mu = 3500\sim7400$ MPa。其内由如下成分的 FeAl₃ 型金属间化合物组成(%)：Cr(2.7～4)、Ni

（2.5~3）、Fe（10.5~12）、Ti（0.1~0.25）、Al（80.6~88.5）。图 3.2.14.3 和图 3.2.14.4 为复合板的分离强度与几种参数之间的关系。

在 AMr6-АД1 结合区中，用 $v_d = 2000 \sim 2100$ m/s 的炸药时，有低的强度和不大的波形。当 $v_d = 2300$ m/s 时，将形成 $\lambda = 0.45$ mm、$A = 0.2$ mm 的波形结合区，以及 $H_\mu = 330 \sim 600$ MPa 和成分为（%）Mg（2.7~4.2）、Mn（0.4~0.6）、Fe（≤0.2）的中间层。其结合强度取决于 АД1 的特征强度。在 $v_d = 2600$ m/s 的情况下，结合区内中间相的厚度增加，其中有裂纹和分层。

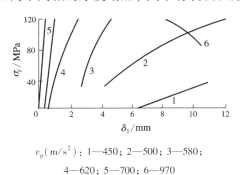

v_p(m/s^2)：1—450；2—500；3—580；
4—620；5—700；6—970

图 3.2.14.3 АД1-12X18H10T 复合板的分离强度
与覆板厚度（$\delta_2 = 10$ mm）和撞击速度的关系[371]

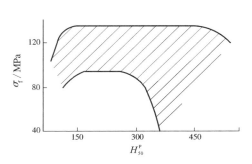

图 3.2.14.4 АД1-12X18H10T 复合板的
分离强度与界面上熔体硬度的关系[373]

这样，为了制造 AMr6-АД1-12X18H9Ti 三层板坯，在分次爆炸焊接的过程中，在 АД1 和 12X18H10T 结合时，最佳的 $v_d = 1600 \sim 1650$ m/s；在 AMr6 和 АД1-12X18H0T 结合时，最佳的 $v_d = 2300$ m/s。

图 3.2.14.5 提供了爆炸焊接法获得的厚度为 12+3+20 mm 的 AMr6-АД1-08X18H10T 三层复合材料断面显微硬度分布曲线。由图可见，爆炸后基体的硬度都升高了。还可见，在 АД1-08X18H10T 界面上含有一显微硬度为 98~360 HV、厚度为 0.01~0.2 mm 的熔化层。

拉伸试验和显微硬度比较的结果，可以有条件地分为三个区域，如图 3.2.14.6 所示。Ⅰ 种形式的破断和熔

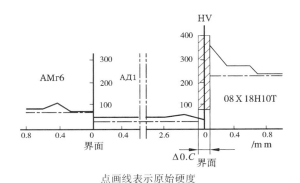

点画线表示原始硬度

图 3.2.14.5 AMr6-АД1-08X18H10T
复合板断面的显微硬度分布曲线[375]

化区的硬度为 235~245 HV 所具有的接头属第一区域。在该区中，在 $\sigma_b = 98 \sim 117$ MPa 的时候，焊接接头沿 АД1 破断。这种接头有高的可靠性。Ⅲ 种形式的破断和熔化层的硬度为 390~410 HV 所具有的接头属第三区域。第二区连接的是硬度层从 235~245 HV 到 390~410 HV，以及拉伸强度从 0 MPa 到 117 MPa 的接头。АД1-08X18H10T 的结合强度也取决于熔化层的厚度：随着这种厚度的增加，它的硬度值范围缩小，此时沿 АД1 破断。并且在其厚度超过 0.12 mm 时，就将完全排除这种破断特性；随着熔体厚度的增加，其内出现纵向和横向裂纹，破断将沿此处发生。

在爆炸焊接的情况下，常常在接头中采用由第三种材料组成的工艺性的中间层，以便改善爆炸焊接的条件，或者扩大温度-时间条件，或者起"扩散壁垒"的作用，或者起塑性缓冲层的作用。在该复合体中，АД1 就起塑性缓冲层的作用。此外，它还有接触强化的效果。如图 3.2.14.7 所示，当软性中间层的相对厚度 x 为 0.3 和 0.2 时其强度相应为 137 MPa 和 157 MPa。随着 x 的进一步减小，复合体的强度提高，并且在 $x = 0.08$ 时为 215 MPa。

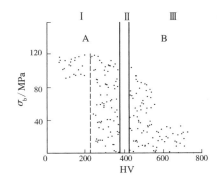

A—沿 АД1 破断；B—沿熔化层破断

图 3.2.14.6 АД1-08X18H10T 界面上
熔化层的显微硬度对该三层复合材料拉伸
强度的影响（熔化层的厚度<0.05 mm）[375]

用铜作中间层时，AMr6-12X18H10T 复合板的 $\sigma_f = 140 \sim 180$ MPa，并沿铝合金-铜的界面发生破断。在所有的铝和其他在工业中广泛使用的金属及合金中，铝-钛组合具有最小的形成金属间化合物的趋势。因此，为了获得具有高强特点的过渡接头，使用了 BT1-0 为中间层。但是，此时产生了钛和钢的结合问题，

这种结合将形成中间化合物。这个问题通过引入一层铜的方法解决了，即组成铝合金-钛-铜-钢（不锈钢）四层复合板。力学试验表明，所有试样均沿 AMr6 合金破断，数据如表 3.2.14.4 和表 3.2.14.5 所列。

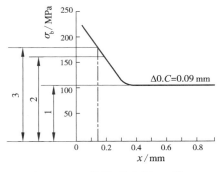

1—$\sigma_{b,max}$，在 $\Delta 0.C>0.09$ mm 时；
2—$\sigma_{b,max}$ 在 $\Delta 0.C=0.02\sim0.05$ mm 时；
3—$\sigma_{b,max}$ 在 $\Delta 0.C<0.02$ mm 时

图 3.2.14.7　AMr6-АД1-08Х18Н10Т 复合板的拉伸强度与中间层 АД1 相对厚度的关系[375]

表中的数据高于 AMr6 合金的强度（318 MPa），这可用其爆炸强化来解释。循环疲劳试验的结果如表 3.5.5.1 所列，数据表明，这种复合体可以在承受可变载荷的结构上使用。

用此复合板制造的过渡接头如图 3.5.5.2 所示。这种过渡接头为连接厚的钢（不锈钢）和铝合金构件提供了可能。

用爆炸焊接的方法获得了带铝中间层的 AMr6-铝-耐蚀钢的无台阶过渡接头[184]。为了获得这种高强和高真空的接头，起初向钢层焊接 0.8～1.5 mm 厚的工业纯铝的中间层，然后用 AMr6 合金焊接铝-钢复合板。该三金属的接头的强度性能相当于 AMr6 合金的性能的水平。铝-耐蚀钢和 AMr6-铝-耐蚀钢无台阶过渡接头是预先用通道直径为 50～80 mm 的爆炸焊接的管坯制造的。

用爆炸法制备了铝-不锈钢双金属管，测定了它的热处理和高温下的结合性能如表 3.2.14.6 所列和图 3.2.14.8 所示[258]。由表 3.2.14.6 中数据可见，热循环前后，该双金属的结合强度变化不大。高温性能试验指出，在 300 ℃下仍有较高的结合强度（见图 3.2.14.8）。

人们研究了在 1×10^{-3}/s 和 1×10^{3}/s 的变形速度下，对 Д20+ВТ1-0+ 12Х18Н10Т 三层复合管棒力学性能的影响[376]。研究用试样图如图 3.2.14.9 所示。结果指出，随着变形速度从 1.5×10^{-3}/s 增加到约 900/s，对于爆炸焊接的这种管棒来说，剪切破断应力增加。当 Д20 处于原始状态的时候，这种增加约为 7%；而当 Д20 在淬火+爆炸+时效的时候，这种增加约为 28%。这个结论对于评价结构的强度、结构的使用和制订最佳的工艺过程都是很有价值的。

对于 A5083（Al4Mg0.6Mn）合金和 SUS304L 不锈钢的结合来说，经过 A1100P 铝合金、钛和镍的中间层，用爆炸法获得了焊接接头[377]。这个接头在 293 K、77 K 和 7 K 的温度下的拉伸试验指出，在变形和破断过程中的行为与 A1100P 中间层关系不大。在限制变形的条件下，强度将提高。在更低的温度和更大的变形限制的情况下，破断沿结合区发生。甚至在 4.2 K 的温度下，接头的强度极限还比 A1100P 合金高 2 倍。

表 3.2.14.4　铝合金-钛-铜-不锈钢复合板的分离强度[376]

坯料号		1					2		3		
σ_f/MPa	试样号	1	2	3	4	5	6	7	8	9	10
	数据	319	405	253	337	196	187	289	344	405	267
	平均值			302				238			338	

表 3.2.14.5　铝合金-钛-铜-不锈钢复合板的抗拉强度[376]

试样号	1	2	3	4	5	6	7	平均
σ_b/MPa	360	350	355	360	370	380	380	365

表 3.2.14.6　铝-不锈钢双金属管热循环前后的结合性能

No		1	2	3	4	5	6	7	8	平均
σ_f/MPa	循环前	131	168	150	120	160	178	172	146	153
	循环后	105	146	125	99	131	148	146	119	127
$\sigma_{b\tau}$/MPa	循环前	108	107	98	115	—	—	—	—	107
	循环后	97	96	88	103	—	—	—	—	96

注：热循环工艺为在 300～800 ℃内和 50 ℃/min 的升温速度下，水冷。经受 30 次热冲击。

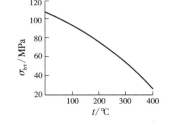

图 3.2.14.8　铝-不锈钢双金属管的高温结合强度

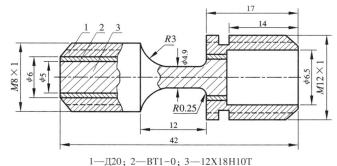

1—Д20；2—ВТ1-0；3—12Х18Н10Т

图 3.2.14.9　在静态和动态载荷下 Д20+ВТ1-0+12Х18Н10Т 复合管棒剪切试验试样图

用爆炸焊接法制造了在低温介质中工作的 AlMg5-不锈钢双金属板；这种双金属板用于化学机器制造、原子能和低温技术，以及用于飞行机械的真空致密的管接头，这种接头是用 AlMg3-St37 钢制造的，其直径为 12~150 mm[378]。

文献[372]提供了 1X18H10T 不锈钢和一些铝及铝合金的复合板中结合区内金属间化合物的形成温度与时间的关系（图 3.2.14.10）、金属间化合物层的厚度与保温时间的关系（图 3.2.14.11），以及这些双金属的分离强度与加热温度的关系（图 3.2.14.12）。由这些关系能够寻找到许多规律。

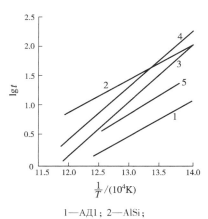

1—АД1；2—AlSi；
3—AlFe；4—AlNi；5—AlCu

图 3.2.14.10　在 1X18H10T 和下列铝合金的接头中，金属间化合物的形成温度与时间的关系

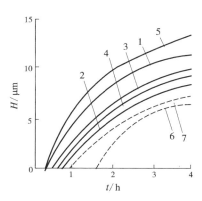

1—АД1；2—AlSi；3—AlFe；4—AlNi；
5—AlCu；6—1X18H10T-АД1 双金属；
7—1X18H10T-AlSi（5.6%）双金属；
1~5—爆炸焊接；6、7—扩散真空焊接

图 3.2.14.11　在 525 ℃下，在 1X18H10T 和下列铝合金的接头中，金属间化合物层的厚度随保温时间的增长

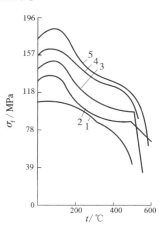

1—АД1；2—AlSi；3—AlFe；
4—AlNI；5—AlCu

图 3.2.14.12　加热温度对 1X18H10T 和下述铝合金复合板的分离强度的影响

文献[1184]报道，随着液化天然气和液化气体用量的增加，这些液化装置和气化装置的需求也不断增加。一般在制造液化气时，使用铝合金制造的热交换器。它与配管材料的不锈钢连接时，使用了爆炸焊接的超低温异种材料的配管接头。这种用途的材料构件是将爆炸复合板进行机械加工成异种材料配管接头供给使用的。其理由如下：铝合金和不锈钢直接结合时存在许多问题，为了使其具有优良的特性，必须由四层结构变为五层结构；制作多层复合管相当困难，多层复合板的制作则比较容易；用复合板进行机械加工，可以加工出任意形状的配管材料。用上述方法，目前可以制造最大直径 1600 mm（公称配管直径 56 英寸）的铝合金-不锈钢异种材料过渡接头。这种接头用于液化天然气交换器设备中异种材料间的过渡连接。另外，用本方法制作的复合板也可加工成异型形状，用于超高真空的发射光装置中。

文献[1296]报道，通过调整炸药的配比和装药密度等参数，用内爆法制备了铝-不锈钢复合管（长径比 $L/D \geqslant 90$）。通过对结合界面的金相观察、UT 探伤、剥离检验和扫描电镜等手段来检验复合管的结合情况。结果表明，结合界面为小波纹时结合最好和结合强度最高，大波纹时界面上存在中间层组织 Al-Fe 化合物。

文献[379]用电镜研究了低温用的铝-不锈钢管接头的成分和组织，提供了有关的性能数据。并指出，在宇航工业中，为了使用低温性能好的材料，又能减轻结构的重量，所以盛装液氢和液氧的低温容器与外管道的连接常采用不同的材料并进行焊接。当两种材料的焊接性很差而连接强度要求又高时，则必须采用不同材料的管接头进行过渡连接。例如，国外曾采用过摩擦焊、挤压焊、套接装配和爆炸焊接等方法制造 304L 不锈钢-铝铜镁合金的过渡管接头。

该文献报道了用爆炸焊接法制造 1Cr18Ni9Ti 不锈钢-银铜合金-LF6 铝合金管接头的信息，其中，中间层的使用是为了提高管接头各层之间的结合强度。检验表明，该管接头在 300 ℃、0.5 h 热处理后对焊缝组织和性能无明显影响；管接头层间的室温剪切强度≥157 MPa；管接头在液氮（-196 ℃）和热蒸馏水（60 ℃）中各浸泡 5 min，并交替循环 100 次处理后，结合区未发现显微裂纹；焊缝不存在连续脆性相，漏气率达 $1.33×10^{-7}$ Pa·L/s。由此可以证明该管接头能够在-196~60 ℃的交变温度下使用。

不锈钢-铝-不锈钢复合材料兼有铝的重量轻和优良的导热性能、不锈钢的高强度和耐腐蚀等优点，而

且深冲性能优良和成本较低，因而得到广泛的应用，例如制造高级烹调器具、车辆部件、医疗器械、压力容器、集成电路引线框架、导弹外壳和飞机辅助动力装置等。

我国大连爆炸加工研究所研制的铝合金-不锈钢管接头已用于长征火箭上(图 5.5.2.89 和图 5.5.2.596)。

3.2.15　钛-铝复合板的爆炸焊接

1. 钛-铝复合板

钛和铝的比强度和比刚度都比较高，它们都是航空和航天器上重要的结构材料。但钛材的价格昂贵。而随着速度的增加和其他条件的变化，铝及其合金又很难适应使用要求。为此，国外 20 世纪 60 年代即已开始钛-铝复合材料的研制及其在航空和航天工业中的应用。这种复合材料具有钛和铝单一材料不会具有的和综合的物理、力学及化学性能，因而首先成为航空和航天领域中一种竞相研制和发展的新材料。钛-铝系二元相图如图 5.9.2.16 所示。

钛-铝复合板的研制方法较多，几乎获得复合材料的其他方法都可用来制备它。这里仅介绍爆炸焊接法和爆炸+轧制法研制这种复合板的过程及结果，供进一步研究时参考。

2. 钛-铝复合板的爆炸焊接

用爆炸焊接+轧制的方法研制了钛-铝复合板，材料相应为 TA1M 和 LY12CZ，它们的厚度相应为 2.5 mm 和 10 mm[380]。爆炸焊接后结合界面呈现正弦波形。然后将该复合板坯加热到 480 ℃后热轧，轧制方向与爆轰方向平行。七道次后由 12.5 mm 轧到 2.5 mm。如此得到的半成品板有两个明显的特征：一是铝层沿轧制方向大量流动，钛层的流动量却很小；二是复合板的中部钛层出现裂纹，露出了白色的铝层。结果使复合板各个位置上的厚度比极不均匀：边部为 1:1，中部的某些位置为 6:1。

上述第一种特征产生的原因是铝和钛的热变形抗力相差悬殊。铝对钛的"不均匀牵引变形"是造成第二种特征的原因。为此，采用交叉轧制的工艺来解决上述问题：先垂直爆轰方向轧制，二道次压下 40%~45%；后平行爆轰方向轧制，三道次压下 40%~45%。这样轧制后，可获得厚度比较均匀和钛层不裂的热轧板。

热轧板经退火后进行冷轧，道次加工率控制在 10%以下，总加工率在 40%以下，从而获得了 1.3 mm 厚的成品板。最后按 LY12 的最终热处理工艺对冷轧复合板进行淬火和时效处理，随后进行力学性能检验。结果列在表 3.2.15.1 中，表中还列出了 LY12CZ 和苏联样件的有关数据。由表中数据可见，采用如此交叉轧制的钛-铝复合板的力学性能达到了苏联样件的指标，可以满足设计对该复合板性能的要求。

表 3.2.15.1　爆炸+轧制的钛-铝复合板的力学性能

No	σ_b/MPa	σ_s/MPa	δ_5/%	E/MPa	α/(°)
1	448	335	31.2	82615	>180
2	453	349	28.4	81830	>180
3	466	357	39.0	83500	>180
LY12CZ	>426	>279	>10	—	—
苏联样件	457~465	391~400	21.2~26.9	81730	>180

注：① $d=3t$，弯曲试验时铝层在内侧，钛层在外侧；② 苏联样件取自安-26 飞机蒙皮板。

研究者指出[381]，用不同的方法，其中包括爆炸焊接使钛和铝合金直接结合的熟知的困难，迫使在它们结合的时候采用工业纯铝的中间层，这种中间层最终决定焊接接头的强度性能。引进铝中间层将大大提高接头的塑性和促使脆性金属间化合物开始形成的温度向更高的方向移动。因而，铝中间层的采用，不仅在制备钛-铝合金复合板的时候，而且在使用这种材料的过渡接头的时候，都将产生有利的影响。

用一般的方法爆炸焊接了(1.5+8) mm×100 mm×300 mm 的 АД1-ВТ1 复合板和(6+2+10) mm×100 mm×300 mm 的 АМг6-АД1-ОТ4 复合板。在其他工艺参数不变的情况下，它们的结合强度与撞击速度的关系如图 3.2.15.1 所示。力学试验表明，v_p=400 m/s 时形成的接头，它们的结合强度为 98~117.6 MPa，并且在结合区之外韧性破坏了。这相当于爆炸强化状态下的 АД1 纯铝的强度。但带中间层的复合板的结合强度比不带中间层的高许多。

随着铝-钛界面上撞击速度的增加，界面波的波长和波幅增加(表 3.2.15.2)，并出现熔化和未焊透、气孔、显微裂纹等类型的缺陷。在 v_p>500 m/s 的情况下，熔化区的相对长度达到 25%，其硬度为 3626~4018 MPa。这一硬度与钛铝合金在含 Ti 25%~32%和含 Al 55%~63%的浓度时的硬度相符合，这一成分与金属间化合物 $TiAl_3$ 的成分接近。尽管如此，在所研究的撞击速度的范围内仍保持着纯铝的强度的水平。

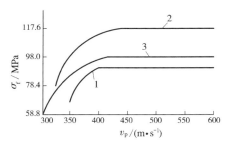

1—АД1-ВТ1；2—АМr6-АД1-ОТ4；
3—АД1-X18H10T

**图 3.2.15.1 撞击速度对几种复合板
结合强度的影响**

表 3.2.15.2 铝合金-铝-钛复合板结合区波形参数与冲击速度的关系

| АД1-ОТ4 界面上 | АМr6-АД1 界面 | | АД1-ОТ4 界面 | | 近缝区硬度/MPa | |
的 v_p/(m·s⁻¹)	A/mm	λ/mm	A/mm	λ/mm	АД1	ОТ4
500	0.10	0.64	0.79	0.10	372	3107
540	0.09	0.67	1.07	0.18	382	3352
570	0.17	0.92	1.36	0.23	392	3469

注：原始硬度 АД1 为 274 MPa，ОТ4 为 1715 MPa。

上述三层铝-钛复合板供随后轧制、过渡部件的冲压和把它们焊入焊接结构之中。为此研究了加热温度对该复合板结合强度的影响，结果如图 3.2.15.2 所示。由图可见，当加热到 100 ℃ 时，由于残余应力的松弛结合强度有些提高。在 150~600 ℃ 下加热，由于铝的软化引起结合强度单调地降低，并且保温时间长一些，这种降低就更多一些。但在所有的情况下，破断都沿铝层韧性地发生。

在 150~500 ℃ 下加热和保温 1~2 h 的情况下，铝-钛界面上没有出现金属间化合物的中间层。这证明它们有颇长的孕育期（图 3.2.15.3）。此时由金属间化合物的形成所引起的过程的活化能（计算值为 269630 J/mol），大大超过固相和液相铝的焊接情况的活化能（163285 J/mol）。由此活化能数据的比较可以证明扩散过程进行得非常缓慢。也就是钛和铝在固态下结合的情况下，中间层的引进会使形成铝-钛金属间化合物的温度提高，从而保证在此温度以下有较高的和稳定的结合强度值。

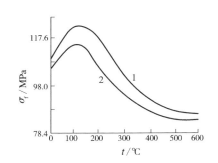

保温时间：1—1 h；2—2 h

**图 3.2.15.2 加热温度对 АМr6-АД1-ОТ4
复合板分离强度的影响**

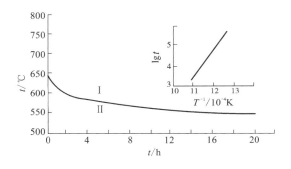

Ⅰ—有金属间化合物；Ⅱ—没有金属间化合物

**图 3.2.15.3 钛和铝相互作用到出现
扩散中间层的时间与加热温度的关系**

文献[382]研究了 Д20-АД1-ВТ6С 钛-铝复合板在高温下的力学性能。指出，随着温度的提高，纯铝中间层的接触强化效果仍然不变。这种复合板在高温条件下使用的过程中和 Д16 合金等强度。

关于爆炸焊接的 Д20-АД1-ВТ6С 复合板的研究指出[383]，在爆炸焊接的情况下，这种复合板将依靠软铝中间层的接触强化，获得了和 Д20 合金等强的接头。Д20 合金的强化（时效）热处理，将依靠力学不均匀系数的增加提高该钛-铝接头的强度。

试验研究了在相同的条件下使铝合金（АМr6）和钛（ВТ6）、钢（X18H10T）、镍（电解镍）爆炸复合[384]。试验前，先用热轧法使 АМr6 和 АД1 复合在一起。爆炸焊接工艺参数和力学试验的结果如表 3.2.15.3 所列。所获资料的分析指出，在相同的原始焊接条件下，铝合金-钛组合比铝合金-钢和铝合金-镍有较好的焊接性。和 АД1 等强的铝合金-钛接头，在所有研究的工艺范围内都得到了。试样的破断均沿铝中间层发生。而铝合金-钢和铝合金-镍的最佳工艺范围将缩小。在 $h_0 = 8$ mm 的时候，这两种复合板沿对接处破断。

钛-铝爆炸复合板结合区波形如图 4.16.5.14 所示，它的结合区显微硬度分布曲线如图 4.8.3.6 所示。

已用光学和电子显微镜研究了钛-铝接头的界面组织和拉伸强度。这种接头是用摩擦焊和爆炸焊获得的。接头在焊接以后在 723~923 K 温度下退火 1 h。确定结合强度高于铝的强度，在被结合材料的接触面上，摩擦焊的有一 Al_3Ti 层，爆炸焊的有 Al_3Ti 和 AlTi 层，该层的厚度在退火以后实际上不变[385]。

表 3.2.15.3 三种复合板的结合强度与工艺参数的关系

爆炸焊接工艺参数、炸药、材料及其他	对下列复合板而言，σ_{f}/MPa			
	h_0/mm	AMr6-BT6	AMr6-X18H10T	AMr6-Ni
6ЖB+NH₄NO₃(1:1)，$\delta_0 = 30$ mm，AMr6[6×65×130（mm）]，BT6、X18H10T 和 Ni[5×60×120（mm）]，在 $p=1.3$ Pa 的真空箱内爆炸	3	（81～124）/105	（83～147）/123	（77～108）/86
	5	（95～139）/110	（43～103）/55	（83～106）/95
	8	（88～98）/94	（41～61）/49	0

关于铝-钛阳极的爆炸焊接生产工艺，文献[386]介绍了可保证阳极使用寿命比普通阳极高(1~2)倍，且电解液还原过程指标稳定的焊接条件。分布在铠装的阴极之间的阳极上沉积着密度相同和化学成分均质的铜，从而改善了质量。

文献[387]报道了用于制造 Ti6Al4V 与不锈钢或铝合金的过渡接头，以及铝合金-不锈钢的过渡接头的资料。在航空航天技术中使用了铝合金和钛合金组合爆炸焊接的多层制件。这种复合材料的疲劳强度比原来的合金高得多。疲劳裂纹扩展时被阻止在层间界面近旁。爆炸焊接可制造铝-锂接头，以及扩散焊无法获得的制件。

文献[1297]报道，用于制作飞机蒙皮的铝-钛双金属板经三年研制取得了良好的成绩。实验室工作表明，该双金属板的性能达到了国外同种材料的性能指标。第一次产品规格试验于1987年底完成，1998年对试验样品进行了详细的分析检验。结果表明，这批样品的规格尺寸，力学性能和同板厚度差均达到技术要求。样品的表面质量、平整度和板形符合使用要求。蒙皮成形和点焊等加工技术也都进入实用阶段。

铝-钛双金属板在国外已用于有关机种，但技术资料不曾报道。国内急需此种材料制作飞机蒙皮，以使国产飞机进入世界的先进行列。

本产品采用爆炸复合+轧制联合工艺来研制铝-钛蒙皮。铝-钛板爆炸制坯需要严格控制复合界面的结合状态使之满足热轧要求。复合板坯热轧、冷轧和随后的淬火时效及矫形等工艺过程必须考虑铝和钛的变形抗力和膨胀系数间的明显差异，充分保证复合板坯的均匀连续变形和蒙皮的平整度。双金属板的爆炸复合，复合板坯的轧制变形和蒙皮的淬火，矫形是此工艺的三个关键环节。围绕解决这些技术问题开展了大量的研究工作。在几个单位的大力协作和不懈努力下终于取得可喜的结果。

文献[1298]指出，钛-铝复合板兼备了钛的耐高温、耐腐蚀和铝的低密度、高导热性的特点，目前主要用作飞机特殊部位的包覆材料。由于其优越的性能，在化工和炊具等领域也有广阔的应用前景。由于这两种金属的熔点和力学性能等差别较大，这种双金属复合板在加工中和单一材料相比有很大差异。本文用爆炸焊接的方法获得了钛-铝复合板（厚度为 1 mm + 4 mm），后经 450 ℃、1 h 去应力退火，然后校平，再进行高温拉伸试验。变形温度为 380~470 ℃，应变速率为 0.001~0.1/s。在此条件下研究其变形行为和拉伸力学性能。结果表明，峰值应力随温度的升高而降低，随应变速率的提高而增大。该复合板在单向拉伸时出现翘曲现象，并发现随变形速率的增大，其伸长率增大。爆炸焊接法制备的该钛-铝复合板中钛和铝的冶金结合非常好，断口的铝侧和钛侧都有大量的韧窝存在，是典型的塑性断裂断口。

文献[1299]采用金相显微镜、扫描电镜、电子探针和拉伸试验机等测试手段对层状爆炸焊接和爆炸+轧制的钛-铝复合板的组织及性能进行了研究。结果表明，爆炸复合板的界面呈波状，距起爆点越远界面波波长和波幅越大。界面上局部出现周期性的 TiAl₃ 和 TiAl 硬脆相。该复合板轧制后界面波形变得平直，在钛层的最薄处和硬脆相为界面波形成附加的拉应力，从而引起周期性的轧制裂纹。在 450 ℃、10 h 和 490 ℃、3 h 二次退火条件下，界面上钛、铝原子的相互扩散不明显，无中间相形成。

该文献指出，钛-铝复合板兼有铝的低密度、高导热性和钛的耐高温、耐腐蚀的特点，在航空航天和石油化工业等领域具有十分广阔的应用前景。试验用材为 TA1 和 LY12，尺寸为（1+4）mm×800 mm×850 mm。轧制态的该复合板总加率为60%。它们在不同状态下的力学性能如表 3.2.15.4 所列。

表 3.2.15.4 原材料和复合板在不同状态下的力学性能

材料及状态	TA1	LY12	爆炸焊接态	爆炸+退火态	爆炸+轧制+淬火时效态
σ_{b}/MPa	371	228	305	260	473
$\sigma_{0.2}$/MPa	222	100	143	130	170
δ/%	60	13	12.7	27	28.2

注：表中数据为 3 次试验的平均值。

文献［1300］报道了钛-铝双金属复合锅研制成功的消息，并指出，1992 年 7 月，西北有色金属研究院经过长期研究，采用爆炸焊接+轧制技术和特殊的加工工艺，成功地试制出钛-铝双金属复合锅。钛材重量轻、比强度高、耐蚀性好，不易氧化和耐磨损。铝材重量轻和导热快，但易软化、强度低、耐磨性差、易氧化和对人体有害。将这两种材料结合起来，用较薄的钛层做锅的内层材料，用较厚的铝层做锅的外层材料。用此复合材加工成锅具，既有钛材的优点，又有铝材的优点，是一种综合性能优良的现代化锅具。

文献［1301］指出，钛-铝双金属板是用于高速飞机蒙皮的新材料，国内属空白。国外有的国家虽已使用，但未见有关资料。该项目从试制需要出发，对爆炸复合的钛-铝双金属板的轧制变形、结构和性能的关系进行了研究。结果表明，在 400 ℃用与爆炸方向平行和交叉的方法轧制后，钛的（002）晶面的取向是影响钛-铝复合板性能的一个重要因素。结论指出，使用适当的交叉轧制工艺，强化钛金属的理想型结构，对改善和提高钛-铝复合板的性能有显著效果。

文献［1302］指出，钛-铝复合板兼有铝的低密度、高导热性和钛的耐高温、耐腐蚀的特点，在航空航天和石油化工等领域有十分广阔的应用前景。该项目用爆炸+轧制的方法制备了钛-铝复合板。并使用金相显微镜、扫描电镜、电子探针和显微硬度计等对该复合板在爆炸态、退火态和轧制态的界面进行了研究。结果表明，结合面呈波状，距爆炸点越远界面波的波长和波幅越大。周期性轧制裂纹的分布与界面波形的分布吻合。复合板的界面周期性分布着中间相，中间相由 TiAl 和 $TiAl_2$ 组成。但在 420 ℃、10 h 和 490 ℃、3 h 退火的条件下，界面钛、铝原子的相互扩散不明显，不会产生中间相。由于爆炸硬化和爆炸热效应的共同作用，界面附近钛板和铝板硬度的分布规律不同，周期性轧制裂纹是变形时界面的附加拉应力引起的，裂纹源在钛层的最薄处。界面波形和波形参数过大是钛板面出现轧制裂纹的主要原因。因此，爆炸焊接时应严格控制波形参数和中间相。

文献［1303］指出，钛-铝复合板综合了钛的耐高温和耐腐蚀、铝的密度小和导热性能好的优点而成为航天航空材料领域中近年来发展较快的一种新型材料。该项目主要对制备厚度 1.5 mm 的钛-铝复合板的爆炸焊接+轧制工艺进行了试验研究。确定了这两种材料的爆炸焊接工艺参数。以此两块复合板对称叠轧的方法，解决了单块复合板轧制时的缠辊现象。确定了两种基材流动变形的不同步性和铝对钛的不均匀变形力是导致钛层表面开裂的主要原因。钛-铝爆炸复合板坯的厚度为 0.75 mm+3.0 mm，轧制后的复合板尺寸为 1.5 mm×400 mm×500 mm（钛板厚 0.3 mm），材料为 TA1 和 2Al2。爆炸+轧制后的该复合板表面质量良好，厚度尺寸精度高。

文献［1304］用高温拉伸试验法做热塑性试验，研究了钛-铝爆炸复合板的变形行为，以及流变压力与变形温度和变形速度之间的关系，从而得到了该复合板的热轧工艺。试验用材为 TA1 和 LY12，其厚度分别为 1 mm+4 mm，爆炸焊接后获得了 4.7 mm 厚的复合板。将该复合板在 450 ℃、3 h 去应力退火后较平，然后在垂直于爆轰方向的复合板上截取和加工高温拉伸试样。再在电子式材料试验机上进行高温拉伸试验，拉伸温度为 380 ℃、410 ℃、430 ℃和 470 ℃，应变速率分别为 10^{-3}/s、10^{-2}/s 和 10^{-1}/s。试样在加热炉内升温至预定温度后保温 15 min，然后开始拉伸。试验结束，马上将拉断试样快速放入水中冷却，以防止断口氧化，之后进行断口分析。

结果表明，该复合板冶金结合得非常好，两者之间没有分层。端口都有大量韧窝，为典型的塑性断裂。拉伸后试样出现翘曲，由平面变成拱状，铝层在外，钛层在内。其原因是该复合板的两基材的泊松比、塑性应变比等力学性能存在差异，导致两者变形不均。同时复合板的两层材料之间先都处于双向应力状态，当此应力达到一定程度，沿试样的宽度方向也会发生翘曲。由此试验获得了该复合板热轧加工的温度为 380 ～470 ℃，应变速率为 $10^{-1.6}$ ～10^{-1}/s。复合板在不同温度下的拉伸性能如图 3.2.15.4 所示。

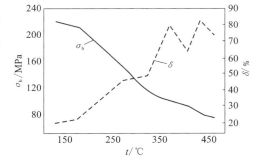

图 3.2.15.4　钛-铝爆炸复合板在
不同温度下的拉伸性能

文献［1305］进行了多层铝-钛复合板的爆炸焊接试验和研究。结果指出，用爆炸焊接法成功地获得了高强和轻质的铝-钛多层复合板。检验表明，复合板中的多层均发生了硬化，钛层更为明显。试验所获得材料的强度与纯钛板较为接近。

3.2.16　镍-钢复合板的爆炸焊接

1. 镍-钢复合板

由镍和钢组成的复合板,既有镍的在一些介质中的良好耐蚀性,又有普通钢的高强度和低成本,是某些化工行业首选的新型结构材料。

例如,某厂的化碱炉体积为 4 m³,操作温度 220 ℃,碱浓度 70%~75%。以前此设备用碳钢制造,日平均腐蚀量 0.11 mm,设备年检修费用 8 万余元。后来该设备改用镍-钢复合板制造。在同样的生产条件下,经一年多的使用未发现异常的腐蚀现象。由此可见,这种复合材料在我国化工行业的应用前景广阔。

2. 镍-钢复合板的爆炸焊接

我国镍资源不丰富,使用镍-钢复合板是在化工设备上省镍的一条必由之路。这种复合板和不锈钢-钢复合板一样,能够用轧制复合的工艺生产。但爆炸焊接或者爆炸焊接+轧制法更为合适。

镍-钢复合板爆炸焊接的工艺和工艺参数与铜-钢复合板的相似。如果镍板的长、宽尺寸不够,则需拼接增大。这种复合板的轧制工艺可参考不锈钢-钢复合板的,具体的工艺参数可在试验中得到。由相图可知,镍和钢(Fe)在高温下为固溶体,不会生成硬脆的金属间化合物(图 5.9.2.4)。所以镍和钢的爆炸焊接,以及后续轧制不会有大的困难,且工艺参数的范围较大和结合强度较高。

镍-钢复合板结合区的波形形状如图 4.16.5.33 所示。镍合金-钢复合板结合区的显微硬度分布曲线如图 5.2.9.21、图 5.2.9.29 和图 5.2.9.30 所示。

我国营口中板厂用爆炸焊接和爆炸焊接+轧制法获得的 Ni6-20g 复合板的力学性能如表 3.2.16.1 所列。

表 3.2.16.1　镍-钢复合板的力学性能

状　态	名义厚度 /mm	σ_τ /MPa	拉　伸　性　能		a_k /(J·cm^{-2})	弯　曲 180°	
			σ_b/MPa	δ/%		内弯,$d=2t$	外弯,$d=t$
爆炸	12+46	207	333	35	112	合格	合格
爆炸+热轧	3+13	265	400	35	—	合格	合格
爆炸+热轧	2.4+9.6	—	430	30	—	合格	合格

文献[1306]讨论了镍基合金复合板的制造和应用。主要镍基合金的化学组成和它们的应用领域,以及某公司生产的镍基复合板的品种、规格和使用厂家介绍如表 3.2.16.2 和表 3.2.16.3 所列。

表 3.2.16.2　某公司生产的镍基合金复合板举例

基　材	覆材(UNS 代号)	复　合　板　组　成	厚　度/mm	订　货　方
CrMo 钢	N08825	lncoloy825-15CrMoR	3+30、3+40	西安航天华威化工生物工程公司
不锈钢	N10276 N06600	N10276-304	3+10	沈阳东方钛业股份有限公司
		N10276-304 II	10+140	西安核设备有限公司
		N06600-304	2+16	张家港化工机械股份有限公司
CrMn 钢	N08825	lncoloy825-SA516Cr60	3+12、3+20、3+40	深圳巨涛机械设备有限公司
		N08825-16Mn III	6+34、8+47	南京斯迈柯特种金属装备股份有限公司
	N06600	Incoloy600-16MnR	9+55、9+60	江苏中晟高科环境股份有限公司
		lncoloy600-Q345R	3+42	西安航天华威化工生物工程有限公司
	N06625	lncoloy625-Q345R	2+22	天津冠杰石化工程有限公司
	N06059	Alloy59-Q235B	2+8	华能洛璜电厂
	N10276	Hastelloy C276-Q235B	2+12、2+25	东方锅炉股份有限公司
		Hastelloy C276-16MnR	12+46、12+50、12+100	西安核设备有限公司
	N04400	Monel 400-16MnDR	4+12	南化集团建设公司中圣机械厂
		Monel 400-16MnR	3+22、3+24	上海杨园压力容器有限公司
		Monel 400-SA516Cr70	3+14、3+16	中国石油天然气第七建设有限公司
	—	Monel 400-Q245R	3+12、3+14、3+16	南京宇创石化工程有限公司

表 3.2.16.3　几种镍基合金的化学成分(%)和应用领域

合金牌号	UNS 代号	Ni	Cr	Mo	Fe	Cu	其他	应 用 领 域
Monel 400	N04400	65.1	—	—	1.6	32.0	Mn1.1	海洋工程、制盐设备、化工设备
Inconel 600	N06600	76.0	15.0	—	8.0	—	—	石油化工、核工业
Inconel 625	N06625	61.0	21.5	9.0	2.5	—	Nb3.6	航天、化工、油气和治污工程
Inconel 825	N08825	42.0	21.5	3.0	28.0	2.0	—	化工、石油和治污工程
Hastelloy C275	N10276	57.0	16.0	16.0	5.5	—	W4.0	烟气脱硫、治污工程和化工设备
Alloy 59	N06059	59.0	23.0	16.0	—	—	—	—

该文献提供了镍基合金复合板热处理、焊接、力学性能和腐蚀性能检验的许多数据。

文献[1307]指出，镍和镍合金在强腐蚀性介质中的耐蚀性比不锈钢好，抗高温氧化性能和高温强度比耐热钢好，纯镍在氧化性介质中有良好的耐蚀性，在还原性酸性系统中常常具有与铂相等的开路电位；在热浓碱液中的耐蚀性极好，而且不产生硬脆性应力腐蚀。纯镍的耐盐酸腐蚀的性能极好。但其价格昂贵，为了降低成本，使用了镍-钢复合板。

该文献介绍了用爆炸焊接的纯镍-钢复合板制造氯化反应器和聚化反应器的封头的资料。规格为标准椭圆形封头 EH2500×(3+16) mm 和 90°锥度锥体封头 CH2500×(3+16) mm。复合板为 2201-16MnR，其厚度为 3 mm+16 mm。复合板力学性能：$\sigma_s = 350$ MPa，$\sigma_b = 495$ MPa，$\delta_5 = 30\%$，内外冷弯合格($d = 3t$，$d = 4t$，180°)，$\sigma_\tau = 275 \sim 285$ MPa，冲击功 A_{KV} 为 164 J、134 J、162 J(13 ℃)。

封头的加工工艺：爆炸复合→热处理→下料拼焊(卷锥体)→热处理→冲压(旋压)成型→热处理→酸洗检查。其中，第一次热处理是为了消除爆炸复合产生的应力并使破碎的晶粒回复；第二次热处理是为了去除焊接应力，防止成型时焊缝开裂；第三次热处理是为了去除冷加工应力。三次热处理作用不同，但工艺相同：用正常速度升温至 650℃，保温一定时间后以正常速度冷却至 600 ℃，立即开炉冷却。为了保证炉内气氛的含硫量，采用电炉加热，并专门开炉不与其他钢铁产品混装。

文献[1308]指出，金属复合板具有足够的强度，又能够很好地满足耐蚀性的需求，并且比较经济，因此广泛地应用于石油化工设备。镍材是制造化工设备的良好材料，它有单相奥氏体组织，具有优异的耐蚀性能、良好的力学性能、高的耐热性能和特殊的电磁性能，以及较低的热膨胀性能。但纯镍材的价格昂贵而限制了它的应用。镍-钢复合板既实用又价廉，是一种新型的制造相应介质下工作的化工设备的极好材料。

该文以一台工效蒸发器中的工效换热器为例，介绍这种化工设备的制造方法。壳体材料为 Q235A，管板材质为 Ni-16MnR 爆炸复合板，换热管为纯镍(Ni)。

文献[388]提供了关于含碳量和含硅量低的被 Cr、Ti 和 Nb 合金化的镍合金与 22 K 钢和低合金铬钼钢爆炸焊接的资料。镍合金和钢的厚度相应为 3 mm 和 50 mm，使用两种爆速(2300 m/s 和 3200 m/s)的炸药进行复合。在低爆速复合的情况下，波形结合区的铸态夹杂物的尺寸不大。在高爆速复合时，那种尺寸大得多，且含有连续性的缺陷。前者不存在中间层。回火以后，结合区组织很少改变，只发现钢中的碳向镍合金中有不大的扩散。在高温热处理以后(1100 ℃、1 h 奥氏体化，随后在 650 ℃下保持 50 h 回火)，将发生结合区组织的很大变化：碳沿整个结合区扩散，出现厚约 25 μm 的中间层，它的硬度达到 3920 MPa。

电子探针研究指出，中间层中含有约 50% 的 Fe 和 50% 的 Ni，而它的硬度相当于这个成分的固溶体的硬度。该复合板不同位置和不同状态的显微硬度如表 3.2.16.4 所列。由表中数据可见，钢侧结合线附近的硬度较低和镍侧结合线附近的硬度较高。这是前者位置的脱碳和后者位置的增碳造成的。

用低爆速复合的镍合金-钢复合板的剪切性能如表 3.2.16.5 所列。由表中数据可见，在所有情况下，剪切强度值均超过 294 MPa。在适当地选择焊接参数和后续热处理工艺的情况下，这种复合板具有高的变形能力。由此得出结论，爆炸焊接的镍合金-钢复合板是用于重载荷结构的一种有前途的材料。

表 3.2.16.4　镍合金-钢复合板的显微硬度

测 量 位 置	显 微 硬 度 /MPa		
	原始态	回火后	奥氏体化加回火
低合金钢	2450	2283	2285
低合金钢、靠近结合线	3130~3303	1980~2060	2020~2244
镍合金	3303	3430	3130
镍合金、靠近结合线	4430~4541	3130~3243	2600~2650

表 3.2.16.5　镍合金-钢复合板的剪切性能

组　　合	σ_τ /MPa	
	爆炸后	热处理后
镍合金-22K 钢	—	299
镍合金-铬钼钢	598	392

爆炸焊接情况下镍塑性变形有其特定的特点[389]。爆炸焊接接头的使用性能取决于结合区金属的组织状态。而这种状态首先与撞击工艺有关,爆炸焊接过程中被焊材料消耗于塑性变形的能量 W_2 不低于造成焊接的临界能(其值为 1.2 MJ/m²)。W_2 用下式计算,即

$$W_2 = \frac{1}{2} m_1 v_\mathrm{p}^2 \left[1 - \left(\frac{v_\mathrm{cp}}{v_\mathrm{s}} \right)^2 \right] \qquad (3.2.16.1)$$

式中,m_1 为被焊板的平均单位质量,v_s 为金属中的声速,$v_\mathrm{p} = 730$ m/s。

试验参数如表 3.2.16.6 所列,即通过改变安装角来改变 v_cp 和 W_2。由表中数据可见,随着 α 的增大,β 增大,v_cp 降低,W_2 增加。

由此可见,在固定覆板下落速度的情况下,可以通过改变焊接的动态角来分配塑性变形能,从而控制结合区的热状态、结合区组织和复合板的结合强度。

表 3.2.16.6　镍爆炸焊接过程中塑性变形能的试验参数

No	$\alpha/(°)$	$\beta/(°)$	$v_\mathrm{cp}/(\mathrm{m·s^{-1}})$	$W_2/(\mathrm{MJ·m^{-2}})$
1	3	10	4290	2.2
2	5	12	2570	3.2
3	15	22	1980	4.7
4	20	27	1630	4.9

有文献报道,为了制造用于挤压玻璃花灯的吊杆的模具,这种吊杆为直径 30~50 mm 的低碳钢,用爆炸焊接法在模具上复合了一层厚 2 mm 的镍板。能够提供高质量产品的这种模具的应用,可以使镍的消耗大大减少。

镍-钢这种组合能够形成许多 Ni-Fe 固溶体,在宽阔的撞击参数内将获得足够强固的结合,这类似于铜-钢的焊接工艺[5]。

爆炸焊接过程中,镍被强化(HV 从 140 增加到 170)。破断通常沿钢发生。显微探针研究指出,在钢侧漩涡区内发现了 Fe 的高浓度(从 60% 到 75%);而在镍侧的漩涡区内,镍浓度是 50%~60%。在它们之间的中间层的区域,观察到了 Ni 和 Fe 的交替成分。

650 ℃下退火 4 h,将出现扩散区,其宽度在 10~15 μm 数量级。850 ℃下退火 4 h,扩散区的宽度增加到 20~30 μm。1200 ℃退火 4 h,漩涡区被扩散区所吞并,该区宽度达到 600 μm。有趣的是,清晰的镍-钢界面向钢侧移动,这就形成了一个镍向钢优势扩散的事实。

在美国和日本被因科镍型镍合金复合的重达 50 t 的热交换器管板已用于原子电站中[28]。这种镍合金含有少量的碳和硅,以便减小该复合结构在熔化焊接时形成热裂的可能性。为了阻止晶间腐蚀,该合金还被 Ti 和 Nb 合金化。两种复合板在不同状态下和不同位置上的硬度如表 3.2.16.7 所列。

热处理后的剪切强度,对于镍合金-22K 钢而言是 299 MPa,对于镍合金-低合金钢而言为 390 MPa。

关于镍及镍-钢复合板容器的设计,镍在高浓度碱和还原性介质

表 3.2.16.7　镍合金-钢复合板不同区域的硬度

复合板	测 量 位 置		HV		
			原始的	回火后	高温热处理后
镍合金-22K 钢	钢	焊接热影响区之外	180	—	140~170
		靠近结合线	254	—	140~170
	镍合金	焊接热影响区之外	290	—	254~280
		靠近结合线	421	—	254~280
	铸态夹杂物		234~272	—	330~360
	中间层		没有中间层		337~421
镍合金-低合金钢	钢	焊接热影响区之外	250	233	223
		靠近结合线	219~337	202~210	206~229
	镍合金	焊接热影响区之外	337	350	319
		靠近结合线	452~462	319~331	265~270

中具有优异的耐蚀性，这是其他金属材料无可比拟的。近年来，随着经济的飞速发展，镍材优良的耐蚀性越来越引起人们的重视，应用范围也日益扩大。但镍的比重大和价格高，在设计中考虑其经济性，镍-钢复合板常常用作上述容器的衬里或双金属的覆层[390]。

美国 ASME 规范规定镍材的最高使用温度为 315 ℃。该文献推荐用镍制造的容器的设计温度，在下列范围内加工制造和使用是可行的和有安全保障的：全镍容器 230 ℃，镍-钢复合板容器 250 ℃。

由于镍和钢可以焊接，在镍-钢复合板容器的强度计算中，覆层的强度可以按 GB 150—1989 的计算方法计入壳体强度。

在镍和钢爆炸焊接的情况下，双金属的结合强度通常超过镍的强度。用显微探针研究了混合区，发现其中有任意浓度的 Fe 和 Ni。这一结果与其相图上形成连续固溶体的事实是一致的。如果漩涡区处于钢侧，则 Fe 的浓度是 60%~75%；如果处于镍侧，则 Ni 的浓度是 50%~60%[117]。

有文献报道，为了提高 X5CrNiW18.9 钢排气阀的寿命，研究了阀盘底面带有向泄油边过渡段的阀座平面和尾柄用 SRX6NiCrTiAl75.210 镍合金爆炸包覆的工艺。结果表明，经 1000 h 试验台试验后，排气阀满足了技术要求[391]。

3.2.17　锆-钢复合板的爆炸焊接

1. 锆及锆-钢复合板

锆具有一系列的优异性能，如良好的耐热性、可塑性、抗蚀性、特殊的核性能等，因而成为原子能、电子、化工、冶金和国防等工业的重要结构原材料。例如，锆的热中子吸收截面小，可作为反应堆堆芯的结构材料。锆对强碱、熔融的苛性物及液态金属（如钠和钾），以及酸有良好的耐蚀性，在某些介质中甚至优于钛材。锆的吸气性能使其在电真空领域作为吸气材料得到了广泛的应用。锆材的价格高，但在化工和农药等设备上仍得到日益广泛的应用。为了更多地降低成本，使用爆炸焊接的锆-钢复合材料是一个很好的办法。

2. 锆-钢复合板的爆炸焊接

为了在农药和化工设备上使用锆-钢复合板，原宝鸡有色金属研究所曾在小型试验的基础上，爆炸焊接了大面积的这种复合材料。锆-钢复合板的结合区形貌如图 4.16.5.75 所示，结合区断面的显微硬度分布曲线如图 5.2.9.32 所示。锆-铁系二元相图如图 5.9.2.14 所示。

文献[392]指出，在爆炸焊接的情况下，锆和钢能够形成金属间化合物和锆-铁系固溶体，以及以它们为基的共晶合金。这些物质在结合区的存在将大大降低结合强度。

那些生长速度和数量与爆炸焊接过程中的单位塑性变形能有关的物质，在等强的条件下，随着覆板厚度的增加而增加。由此可以推测，存在一个临界的覆板厚度（如 5~6 mm），在这个厚度以下，能够获得锆和钢的优质焊接。

对于一些设备来说，例如热交换器的管板，可能需要厚度大于 6 mm 的锆覆板的双金属。这样的厚覆板的双金属的获得，用二次爆炸焊接的工艺是合适的。例如，7 mm 厚的锆板与钢板的焊接，可以先在钢板上覆以 3 mm 的锆板，然后再在该复合板的锆层上覆以 4 mm 的锆板。

如此重复爆炸，可能引起基板开裂。为了防止开裂，有的采用"热爆"法，即在爆炸焊接前加热基板，以降低被焊材料的温度梯度；从而降低接头中残余应力的水平。

最可取的方法是在第一次复合以后，将坯料退火，然后复合第二层。

该文献报道的用两次焊接法制造的锆-钢复合板，其相应厚度为 4+3+24 mm，锆合金为 Zr1Nb，钢为 09Г2С。

锆合金（厚 3 mm）-钢双金属的结合区为波形形状，$A = 0.030~0.045$ mm，$\lambda = 0.16~0.24$ mm，波前熔化区的相对面积是 2%~3%。随后热处理，发现钢侧的变形晶粒发生再结晶，并且有 0.3 mm 的脱碳层。复合板在爆炸态下的分离强度为 304~412 MPa，平均 363 MPa。退火后的分离强度为 169~363 MPa，平均 288 MPa。两种状态下均沿界面破断。650 ℃、2 h 热处理后，在结合区没有发现任何可见的组织变化。图 3.2.17.1 为该三层复合板的结合区和断面的显微硬度分布曲线。

随后用热处理过的和未热处理的锆合金（3 mm）-钢复合板进行第二次爆炸复合（覆以 4 mm 的锆合金板）。分离试验指出，未经热处理的三层试样的分离强度是 381~490 MPa，平均值为 421 MPa。经过热

处理的分离强度是 218~431 MPa，平均值为
333 MPa。试样的破断沿锆-钢界面发生，也就
是该部分的强度决定整个复合板的强度。

　　试验结果也指出，焊接第二层以后的复合
板的热处理，会导致三层板的分离强度降低
约 20%。

　　结论指出，为了获得厚覆层的和高质量的锆
合金-钢复合板，可以采用两次爆炸焊接的方法。

　　有文献研究了锆合金（Zr1Nb）管和该锆合
金-钢（20 号）双金属热交换器管板的焊接问题。
为此用爆炸焊接法先制备了厚度相应为 4+
40 mm 的锆合金-钢复合板[393]。

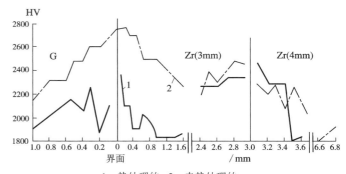

1—热处理的；2—未热处理的

图 3.2.17.1　两次爆炸焊接的锆-钢
复合板断面的显微硬度分布曲线

　　在 1048~1918 K 的温度范围内，锆-钢复合板的结合区内可能形成 Zr-Fe 系内的一些金属间化合物。
管子和管板的焊接试验表明，该双金属结合区的温度在 773~1023 K 范围内，且保持时间仅几秒。由此可
以判断，焊接时的热作用不会在双金属的结合区形成另外的金属间化合物。分离试验指出，爆炸态的复合
板的分离强度是 188~429 MPa，焊管以后的分离强度是 382~499 MPa。由此可见，焊接时的热作用不恶化
锆合金-钢双金属的结合强度。

　　本书作者为了研究锆-钢复合板在不同条件下的结合区的波形形状，用一次和二次爆炸焊接的方法获
得了钢-锆-钢三层复合板的两个结合区的波形，如图 4.16.5.102 和图 4.16.5.103 所示。由该两图可见，
如此颠倒覆板和基板的位置之后的结合区波形形状基本相似。这两种情况下的三层复合板断面的显微硬
度分布曲线如图 4.8.3.38 和图 4.8.3.39 所示。

　　金相法分析确定，BT1-0+46XHM 双金属的结合区有不均匀的波形，其结合强度处于钛的强度极限的
水平（σ_b=450~550 MPa）。锆-46XHM 双金属的结合区有无波特征和无缺陷组织。双金属的力学性能足够
高。用金相显微镜和局部 X 射线光谱分析法，不仅确定了直接爆炸焊接后的结合区的相组成，而且确定了
700 ℃、800 ℃ 和 900 ℃ 热处理后的结合区的相组成。建立了 800 ℃ 下 Ti-Ni-Cr 和 Zr-Ni-Cr 系的扩散通
道。研究了结合区中相成长速度的动力学[394]。

　　有文献介绍了用于制造核燃料装置的锆和耐蚀钢爆炸焊接的过程，研究了它的结合区的显微组织、拉
伸试验中的力学性能，以及在添加了 $RuNO^{3+}$ 离子的 9 mol/L HNO_3 溶液中，在 60 ℃ 和 120 ℃ 下保持 500 h
和 48 h 后相应的耐蚀性。在用钽中间层的情况下获得了锆-SUS304 不锈钢的优质接头。那种中间层将延
迟结合区金属间化合物的生长。比锆的强度更高的锆-钢接头的破断应力，在用中间层的情况下约为
520 MPa，在不用中间层的情况下为 140~220 MPa。在结合区中没有发现腐蚀痕迹[395]。

　　锆合金和不锈钢管接头的爆炸焊接见 3.2.7 节，原子能材料中锆材的爆炸焊接见 3.2.26 节。

　　文献 [1309] 讨论了压力容器用锆及锆-钢复合板的特性和应用，并指出，锆为难熔稀有金属（熔点
1852 ℃），因其具有良好的抗热中子辐射钝化性能而常用于核设备。锆又属于钝化型金属，室温下能和
空气中的氧化合生成钝化的氧化膜。这种薄膜十分致密，对大多数的有机酸、无机酸、强碱和融盐等介
质，具有比不锈钢、钛、镍合金等更为优异的耐蚀性能。锆的力学性能和热传导性能也很优良。因此，
锆是石化和化工等行业重要的有色金属结构材料。随着
材料科学和设备制造技术的不断发展，醋酸、硝酸、盐
酸、尿素、过氧化氢，聚甲醛和氯化聚乙烯等生产装置中
的强腐蚀设备，正越来越多地使用锆材或锆复合板。

　　锆材价格昂贵，使用爆炸焊接的锆-钢复合材料为节
约锆资源、降低设备造价、满足特殊的耐蚀要求，提供了
一条实用和可靠的途径，其费用比较如图 3.2.17.2 所示。
锆-钢复合板的平均价格仅为纯锆材的 1/6~1/5。

　　自 20 世纪 90 年代以来，在石化和化工等行业一批重
点建设项目的带动下，我国有色金属爆炸复合材料加工技

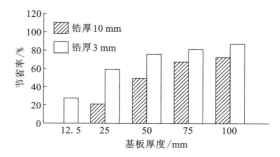

图 3.2.17.2　用锆-钢复合板代替
纯锆制压力容器费用比较

术得到了快速发展。其中，试制成功了 27 m³ 的钽-锆-钛-钢的反应釜、80 m³ 锆-钛-钢复合管板换热器和锆-钢复合板储罐等多台压力容器。投入使用后运行情况良好，制造质量均达到了设计要求。批次性能试验数据的统计表明，在稳定的大生产条件下的爆炸复合工艺，可保证锆-钢复合板的界面剪切强度值均大于 210 MPa。采用钛作过渡层，剪切强度值均超过 280 MPa。复合板的界面结合面积率均可达到 A 级要求。由此可以预计，锆-钢复合板在压力容器设备制造中将进一步得到应用。

文献［1310］报道，为推广和普及锆材的应用，降低锆设备造价和节约锆资源，西北有色金属研究院采用爆炸焊接技术，于 1999 年底研制成功锆-钢复合板。这种复合板是以锆材为耐蚀层，以钢板和其他廉价材料作为受力层面而制成的一种层状金属材料。此种复合材料可用于制造设备和其他结构件，而不降低锆材的耐蚀性能和其他原有的性能，但其价格只是纯锆材价格的 1/3 左右。这样就大大地降低了锆设备的制造成本，有利于锆材和锆-钢复合板的推广和应用。

目前，生产锆-钢复合板的方法仅限于爆炸复合法，其最大面积为 2 m²，锆覆层的最大厚度为 6 mm，锆和钢的结合强度大于或等于 100 MPa。

文献［1311］报道，2000 年 2 月西北有色金属研究院与日本三井造船株式会社签订了 9 块锆-钢复合板的供货合同。覆层锆的厚度为 8 mm，执行 ASME SA264—1987 标准。该单位克服重重困难，在不到一个月的时间里就圆满完成了任务。这是继 1999 年该单位的钛-钢复合板进入国际市场后，此锆-钢复合板又一次进入国际市场。

文献［1312］指出，锆材是一种优良的耐蚀材料，在很多强腐蚀介质中具有很好的耐蚀性，因此在化工行业中的应用日益增多。为了规范锆设备的设计和制造，提高使用可靠性，我国近几年来相继发布了关于锆材及其加工制造等方面的标准规范。NB/T 47011—2010《锆制压力容器》的发布，为设计、制造、检验等提供了基本依据，但在一些细节设计上还不够完善。本文结合锆-钢复合板设备设计和加工制造过程中的一些经验，对其结构进行了分析，为合理审计设备壳体与接管的连接结构提供参考。

本文分别从插入式和安放式结构的强度、制造过程和焊接对复合板的影响等方面进行了比较，分析了如何合理设计锆-钢复合板设备接管与其壳体的连接结构。在锆-钢复合板设备管口设计时，如果在加工过程中能保证安放式结构全焊透，或者焊接完成后有镗孔条件的，应优先安排安放式结构（图 3.2.17.3）。对接管锆材衬里的设计，一方面应尽量少采用在密封面上使用螺钉紧固的结构，而采用焊环与钢法兰直接钎焊的

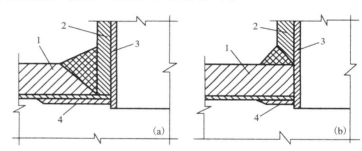

1—复合板壳体；2—接管；3—接管内衬管；4—盖板
图 3.2.17.3　接管与复合板壳体的连接结构

连接结构；另一方面当工作温度超过 150 ℃时，对于公称直径大于 100 mm 的管口，设备内部应优先采用翻边结构（图 3.2.17.4）。设计检漏嘴时，应考虑在漏嘴通气、检验和信号孔的多重用途下进行设置，总结出检验漏嘴设置的几项原则（图 3.2.17.5）。

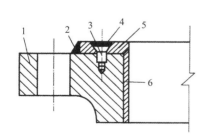

1—钢法兰；2—钎焊缝；3—螺钉；4—密封面；
5—焊环；6—接管内衬管
图 3.2.17.4　用螺钉紧固的钢法兰
与焊环连接结构

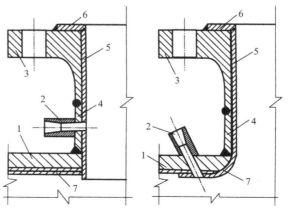

1—复合板壳体；2—检漏嘴；3—钢法兰；
4—接管；5—衬管；6—焊环；7—盖板
图 3.2.17.5　优选接管锆衬里连接结构

3.2.18　铌-钢复合板的爆炸焊接

1. 铌和铌-钢复合板

铌是难熔稀有金属之一。它熔点高（2468 ℃±10 ℃）、高温下强度高、弹性模量高和抗腐蚀性能优异，广泛地用于创制各种合金钢、耐蚀合金、超合金、光学玻璃、切削工具、电子元件和超导材料。铌基合金、含铌的超合金和不锈钢用于制造要求高温抗腐蚀、高比强度的机械零部件，以及火箭、导弹、喷气发动机和飞机的零部件。铌合金具有低的中子吸收系数，是核工程的重要材料。NbTi 和 Nb₃Sn 有高的超导转变温度，是最重要的工业用超导材料。随着科学技术的发展，铌的应用将越来越广，不论是国防和尖端科技，还是国民经济各部门都将越来越显示出它的重要作用。

铌储量少，提取加工困难，因而价格较高。为了节约这种稀有金属和降低材料成本，在某些设备中，使用铌-钢（不锈钢）复合板是一条很好的出路。爆炸焊接是制造这种复合材料的最佳技术。

2. 铌-钢复合板的爆炸焊接

20 世纪 70 年代中期原宝鸡有色金属研究所曾试制过大面积的铌-钢复合板，用于制作生产农药用的薄膜蒸发器。为此先进行了一批小型铌-钢复合板的试验。铌板的尺寸为 1 mm×104 mm×126 mm，Q235 钢板尺寸为 20 mm×149 mm×153 mm，$W_g = 1.0 \ g/cm^2$，$\alpha = 30'$，端部起爆。结果是结合面积率在 95%以上，当内弯曲角达 130°~160°时试样未分层，扭转试验中扭转角可达 825°~1080°。

铌-钢复合板的结合区波形如图 4.16.5.41、图 4.16.5.42、图 4.16.5.88 和图 4.16.5.89 所示，它的结合区的显微硬度分布曲线如图 4.8.3.15 所示。铌-铁系二元相图如图 5.9.2.7 所示。

文献[185]指出，铌-不锈钢双金属在一系列的工业部门（特别是化学工业）由于有广阔的利用前景，有颇大的意义。铌的高抗蚀性能，将保证用铌-钢复合板制造的装置有长期的工作能力。力学试验、超声波检验和腐蚀研究，得出了良好的结果。

为了提高铌-钢双金属结构的热稳定性，最可取的是在铌和钢之间放置铜的中间层，这种中间层起着扩散-减震壁垒层的作用。引入中间层将避免形成铌的碳化物和 Nb₂Fe 金属间化合物，以及在温度高于600 ℃的情况下，在其结合界面上析出易熔的共晶体 NbNi。用爆炸焊接获得的铌-铜-耐蚀钢三层过渡接头（铜中间层厚度为 0.5~1.2 mm），在使用温度达 1100 ℃的情况下具有高的强度性能（在无中间层的铌-钢双金属强度的水平之上）和足够好的使用性能。但是，由于铜的存在，接头的抗腐蚀性能有些降低。

铌-钢复合板的使用将使生产硝酸的设备降价；而铜中间层的应用，提高了在高温下的使用期限。

文献[396]用爆炸方法获得了铌-钢复合板。但是，这种复合材料不能承受高温加热。因为在高温下将形成过度的扩散区，该区由有限固溶体和金属间化合物的中间层组成。

在铌和钢之间加入一种金属的中间层，这种金属能够和铌及钢形成不含金属化合物的有限和无限的固溶体。这样在加热时能使结合强度提高。其中，最有效的金属是钒。

用爆炸法获得了 Nb-V-阿尔姆卡铁和 Nb-V-12X18H10T 钢的三层复合板。这两种复合板的 σ_f = 392~490 MPa，前者沿铁、后者沿铌优势破断。它们在高温下的拉伸试验结果如图 3.4.4.22 和图 3.4.4.23 所示。它们的断面的显微硬度分布曲线如图 5.2.9.46 和图 5.2.9.47 所示。

试验结果指出，用铌-钒-12X18H10T 复合件制成的动力装置的零部件能在 800 ℃下短时工作。借助氩弧焊将此复合板坯料制成直径为 80~120 mm 的环状过渡接头焊接到动力装置上，能够顺利地经受住正常温度和高温下的强度及密封性的台上试验，以及冲击和震动载荷的作用，显示了高的可靠性和工作能力，以及很好的应用前景。

用电子探针仪研究了铌-奥氏体不锈钢双金属的波形过渡区的化学组成[397]。沿厚度方向上的波后和波前漩涡区内的化学组成如表 3.2.18.1 所列。在波形界面的漩涡区内形成了金属间化合物相。

用爆炸焊接法制备的铌-1X18H9T 钢双金属管不仅在高温下，而且在可变的温度下在许多结构和装置中得到使用[258]。为此，确定了热处理后这种双金属管的结合性能。结果如表 3.2.18.2 和图 3.2.18.1 所示。由表 3.2.18.2 中数据可见，热循环后该复合管的 σ_f 才降低 19.5%，σ_{bt} 才降低 12.2%。由图 3.2.18.1 可见，即使在 800 ℃的高温下，Nb-1X18H9T 双金属仍有足够高的结合强度。图 3.4.4.11 显示了该双金属在 800 ℃下，真空中的结合强度与试验时间的关系，结果也是一样的，即使在持续 2000 h 的试验以后。

表 3.2.18.1　铌-不锈钢复合板的波形结合区内的化学组成

测量位置	区号	曲线特征	Q/%				备　注
			Fe	Cr	Ni	Nb	
沿波后漩涡区	1	单值变化	38.9	14.7	14.3	18.7	在初始区段
	2	水平变化	44.2	17.5	16.4	7.8	中间化合物相，沿整个长度
	3	单值变化	11.8	4.5	4.5	75.0	在初始区段
	4	水平变化	44.2	17.5	16.4	7.8	中间化合物相，沿整个长度
	5	圆顶形变化	13.4	5.2	5.5	66.0	在弯曲点
沿波前漩涡区	1	水平变化	38.2	14.3	14.7	17.2	中间化合物相，沿整个长度
	2	水平变化	41.9	16.7	15.5	12.5	中间化合物相，沿整个长度
	3	正弦曲线变化	7.5	2.5	3.0	82.8	在近2区的界面上，在极值点
			31.0	12.6	11.0	31.3	在近覆板的界面上

表 3.2.18.2　铌-不锈钢双金属管热循环前后的结合性能

No		1	2	3	4	5	6	7	8	平均
σ_f /MPa	循环前	548	466	500	556	478	473	537	535	512
	循环后	449	376	394	451	372	381	435	434	412
$\sigma_{b\tau}$ /MPa	循环前	414	386	400	377	—	—	—	—	394
	循环后	366	328	354	334	—	—	—	—	346

注：热循环工艺为在 300~800℃ 内和 50 ℃/min 的升温速度下，水冷。如此经受 30 次热冲击。

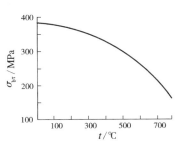

图 3.2.18.1　铌-不锈钢双金属管的高温结合性能

由上述事实可以说明，爆炸焊接的铌-不锈钢双金属不仅在热处理前后，而且在高温下都有高的强度。

本书作者为了研究铌-钢复合板在不同条件下的结合区的波形形状，用一次和二次爆炸焊接的方法获得了钢-铌-钢三层复合板的两个结合区的波形，如图 4.16.5.104 和图 4.16.5.105 所示。由该两图可见，如此颠倒覆板和基板的位置之后的结合区波形形状基本相似。这两种情况下的三层复合板断面的显微硬度分布曲线如图 4.8.3.40 和图 4.8.3.41 所示。

文献[398]研究了真空轧制焊接和爆炸焊接的铌-12X18H10T 双金属接头的组织和性能，确定了层间强度和焊接工艺的关系，指出了压缩率和不均匀的塑性变形程度对焊接接头强度的影响。进行了焊接情况下双金属组元相间相互作用的分析。确定了界面上析出的相的成分。发现在退火和高速冲击加工后的双金属有最好的性能。为了消除双金属组元之间的扩散作用，采用了中间层，这种中间层起扩散壁垒的作用。

文献[399]在 v_{cp} 为 1130 m/s 和 1670 m/s 的情况下进行了铌和不锈钢的爆炸焊接。在 1670 m/s 的时候，观察到过渡区中元素分布得比较均匀的特性。这可以如此解释：在这个速度下，波高降低，分界面变得较平坦，结果在界面的单位面积上的相对压力值相同的条件下形成了过渡区。

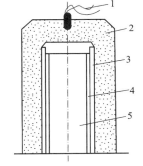

1—雷管；2—炸药；3—不锈钢管；
4—间隙；5—铌合金棒

图 3.2.18.2　不锈钢-铌合金复合管棒爆炸焊接装置示意图

文献[1313]用外爆法制取了不锈钢(316L)-铌(NblZr)复合管棒。不锈钢管尺寸为 $\phi_内$ 20 mm×3.5 mm×170 mm，铌合金棒尺寸为 ϕ19.5 mm×180 mm，爆炸焊接装置如图 3.2.18.2 所示，炸药为 TB 系列，药包直径为 ϕ60~80 mm，爆速为 2100~2500 m/s。爆炸焊接后沿长向复合管棒外径的变化如表 3.2.18.3 所示。

金相观察表明：界面形貌为波形结合，125 倍放大下波前无明显漩涡，亦无明显的熔化分布。经 800 ℃、5 min、空冷 2 min 和 800 ℃、3 min、空冷 2 min 2~10 次的两种热循环后，结合界面无明显变化，受浸蚀的不锈钢面无明显再结晶，界面附近亦无明显的元素扩散带。压剪试验的数据如表 3.2.18.4 所列。超声探伤表明，除两端 20 mm 之外，其余复合管棒的结合面积率为 100%。试验结果表明，在合适的动态条件下，可形成不锈钢管与铌合金棒间的冶金结合，性能测试结果表明，科研样品的性能超过了预定的技术指标。

表 3.2.18.3　不锈钢-铌合金复合管棒外径尺寸的变化

距起爆端的距离/mm		10	40	70	100	130	160	170
外径/mm	1	27.30	27.40	27.34	27.30	27.00	26.10	24.90
	2	27.38	27.46	27.40	27.34	27.30	26.20	25.20
	平均	27.34	27.43	27.37	27.32	27.15	26.15	25.10

表 3.2.18.4　不锈钢-铌合金复合管棒的压剪强度

状　态	距起爆距离/mm	σ_τ/MPa	断裂位置
爆炸态	~60	301	铌合金基材
爆炸态	~110	310	铌合金基材
热循环态	~40	341	铌合金基材

文献[1314]用爆炸焊接的方法获得了 Nb1Zr-316L 不锈钢复合管棒。其中铌合金棒外径为 19.5 mm，不锈钢管外径为 29.2 mm，复合管棒长 165 mm。该复合管棒的样品在 $2×10^{-3}$ Pa 真空度的炉内退火。退火工艺是：1300 ℃、30 min 和随炉冷却至室温。

文献[1315]指出，Nb 和 304L 不锈钢在原子能工业中有着广泛的应用。为此采用爆炸复合的方法制备出 Nb-304L 复合板。通过金相显微镜、扫描电镜、能谱和显微硬度等试验手段，分析了复合界面的组织形貌和成分。结果表明，控制适当的工艺参数可获得波状结合界面。在界面两侧，材料产生强烈的塑性变形并引起硬度升高。在界面波的两侧有旋涡，并产生熔化层。熔化区和熔化层内主要由铌和不锈钢熔化后的 Fe、Nb、Cr 和 Ni 的合金组成，还夹带有 Nb 和不锈钢的颗粒物。在界面上元素间的扩散程度小。

3.2.19　钽-钢复合板的爆炸焊接

1. 钽和钽-钢复合板

钽也属于稀有难熔金属。电子工业、硬质合金、化工和高温材料是其四大主要应用领域。金属钽对大多数无机盐、无机酸、碱溶液和有机试剂的耐蚀性能良好。钽在 150 ℃ 以下耐化学腐蚀及大气腐蚀的能力很强。除氢氟酸、发烟硫酸及高温下的硫酸和磷酸外，钽对其他酸都是稳定的。钽在 200 ℃ 以下的酸性和中性介质中的稳定性甚至比金、铂还高。

钽除有特殊的耐蚀性能外，还具有良好的强度、冲击韧性、塑性、导热性及加工性能，是很有价值的化工设备的结构材料。例如，在氯化氢气氛中，不锈钢制的零部件的使用寿命仅两个月，而若用 0.2 mm 的钽板代替，使用寿命可达 20 年之久。

钽薄板主要用作化工设备的内衬材料。用钽-钢复合板制成的化工设备能适应在温度和压力变化幅度很大的环境中工作，并使设备成本大为降低。

本书介绍用爆炸焊接法制造的钽-钢复合材料，以及它的工艺、组织和性能。

2. 钽-钢复合板的爆炸焊接

由于钽的塑性好，钽和钢的爆炸焊接比较容易。为了研究这种组合在不同条件下结合区的波形形状，本书作者用一次和二次爆炸焊接的方法，获得了钢-钽-钢三层复合板，它们的两个结合区的波形形貌如图 4.16.5.106 和图 4.16.5.107 所示。由两图可见，如此颠倒覆板和基板的位置之后的结合区波形形状很相似。该三层复合板的断面显微硬度分布曲线如图 4.8.3.42 和图 4.8.3.43 所示。钽-不锈钢复合板的结合区波形形貌如图 4.16.5.43 和图 4.16.5.44 所示。钽-27MnMoV 钢复合管结合区的显微硬度分布曲线如图 4.8.3.30 所示。钽-铁系二元相图如图 5.9.2.9 所示。

文献[400]报道，杜邦公司用爆炸复合的钽-钢复合板制作了两个直径为 2.4 m，高 18.3 m 的大钽塔。拥有这种设备的工厂以每天 600 t 的速度将 HCl 转变为氯气。

在该复合板的钽和钢之间插入了铜层，其目的是在设备焊接加工时让多余的热量传导开去，从而保护钽的耐蚀表面和钢的背板。经试验,铜层厚度为 1.3~1.8 mm,钽层厚度为 0.75~1.12 mm 时能获得满意的效果。压力加工成的钽板尺寸为 1346 mm×4115 mm。三层复合板一次爆炸焊接成功。

由于钽对热浓无机酸具有良好的耐蚀性因而作为内衬材料用于化学设备中。图 5.2.9.19 为钽复合板焊接试样硬度的演变情况,在焊区可见到硬度急剧上升。由于爆炸加工硬度提高 30% 以上。尽管硬度增加了,可很多试样在弯曲试验时弯曲 180° 而没有出现裂纹。轧制试验显示了高的变形能力。试样在轧制 6 道次后变形 55%,然后在真空中于 850 ℃ 下中间退火 15 min。轧制 4 道次后断面收缩达 83%,仍未观察到裂纹或钽松裂。爆炸复合的钽-钢复合板的深冲情况也是良好的。该复合板的试样可弯曲到 180° 而不出现裂纹。

爆炸焊接法生产的钽 10 钨合金内套和 AISI4340 钢管的复合管,带难熔金属内衬可在高压、高温、浸蚀和腐蚀条件下使用[401]。过去,用压力焊接的这种复合管,常常看到管和内衬分层、管材强度逐渐恶化,以及焊缝和热影响区塑性降低。

试验钢管的内径为 118.2 mm,壁厚 18 mm,长 600 mm(热处理后 HRC 为 38~42),钽管的内径 117 mm,壁厚 0.5 mm。钽管用再结晶状态的板材卷筒和在保护气氛中用钨电极的纵焊缝电弧焊接获得。

该复合管用内爆法进行试验,两管分平行放置和带一小角度安装两种情况,间隙内抽真空,传压介质是水和空气。

经小型试验和改进后,两管能获得较好的结合。在 100% 冶金结合的地方,$\sigma_{bt} = 274$ MPa,沿基体破断。在 180° 自由弯曲试验后,纵向试样仍然是完整的。

显微硬度测量表明,结合区内的硬度是 715 HV、钽 10 钨是 370~395 HV、AISI 钢是 470~645 HV。538 ℃ 热处理 1 h 后相应为 832 HV、390~440 HV 和 472~646 HV。在这两种情况下,结合区的硬度高于基体的硬度,这证明在结合区内形成了金属间化合物。电子探针分析表明,由 Fe 和 Ta 的重量比可知,有 $TaFe_2$ 金属间化合物。

爆炸焊接试验发现,复合管会发生不均匀的变形。怎样提高结合面积率也是一个问题。因此,在应用到工业中去之前,还必须对该复合管的爆炸焊接过程进行深入的研究。

人们在地下矿坑中进行了钽-钢复合板爆炸焊接[400]。这种复合板的最大尺寸是 1.5 m×4 m。钢板经铜中间层覆以一薄的钽层。设置中间层的目的是在用这种复合板制造设备的时候,在用一般的焊接方法焊接加工的过程中,在钽-钢界面上不形成中间化合物。用这些复合板制造了直径 2.5 m 和长 18 m 的化学反应器,该装置可在高温下在氯气氛中工作[401]。

关于非合金钢或低合金钢与钛或钽的爆炸焊接复合,钽和钛与钢的结合强度相应为 660 MPa 和 450 MPa[402]。

文献[1316]进行了 Ta10W-30CrNi2MoA 钢爆炸复合的研究。这两种材料的物理和力学性能如表 3.2.19.1 所列,由计算获得的它们的可焊性窗口如图 3.2.19.1 所示。

表 3.2.19.1 Ta10W 和 30CrNi2MoA 的物理及力学性能

材 料	比热容(c) /[J/(kg·K)]	热传导率(k) /[W·(m·K)$^{-1}$]	熔点(T_m) /K	密度(ρ) /(kg·m^{-3})	体积声速(V_s) /(m·s^{-1})	HV	强度极限 /MPa
30CrNi2MoA	2721.42	188.40	-1773	7800	4800	338	1118
Ta10W	150.72	14.23	3353	16600	3530	311	882

文献[403]报道,用爆炸焊接复合钽的钢板可制成直径 2.5 m 和长 18.5 m 的储藏器,并可长久时间内使用。在爆炸复合后,结合面积率达 95%~98%。

文献指出,根据可焊性窗口,合理选择爆炸焊接工艺参数,可以满意地实现 Ta10W 合金板和调质的 30CrNi2MoA 高强度钢之间的复合。作者用 HCl:H_2SO_4=2:1 的腐蚀剂将钢腐蚀掉,然后用金相显微镜和扫描电镜观察结合界面,发现界面上的波形图样并不是连续的,存在若干点波源和干涉现象。这种现象可能对结合强度产生影响。

文献[1317]指出,钽是一种高熔点、低蒸气压和低膨胀系数的稀有难熔金属。其表面极易形成一层致密的氧化膜,使其具有良好的耐蚀性。它在硫酸、盐酸和硝酸及大多数有机酸中是稳定的。它具有很高的强度和优良的加工性能，焊接性和热传导性良好，可作为高温结构材料用于制作各种设备及一些重要部件。但是由于它资源少、冶炼提取难，生产成品率低、产量少而价格昂贵，限制其广泛的应用。为了推动科技进步、降低设备价格和扩大钽材应用，用爆炸焊接法研制出了钽-钢复合板系列产品，并形成专业化批量生产规模，质量稳定，性能达到或超过日、美、英等发达国家的产品性能及相应标准。品种有筒体板和管板。覆层材料有 Ta1、Ta2 和 TaNb3-1 等。基层用材料有普钢、低合金钢、容器钢、锅炉钢和各种钢锻件，以及一般常用的不锈钢及其锻件等。规格：覆层厚度一般为 1~4 mm，基层厚度为 8~200 mm。加工成复合板的规格筒体板为 950 mm×1950 mm，管板为 650 mm×650 mm。性能指标参照 CB 8547—2006 的有关要求。从 20 世纪 80 年代末至今已生产钽-钢复合板和管板数十件，制造硫酸浓缩加热设备数十台。产品质量稳定可靠。钽-钢复合板的价格是全钽板材价格的（1/20~1/10）。

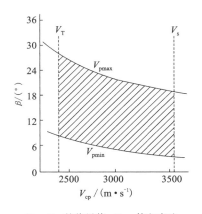

V_T—V_{cp} 的临界值；V_s—体积声速

图 3.2.19.1　Ta10W-30CrNi2MoA 爆炸焊接可焊性窗口

文献［1318］指出，Ti-35 和 Ta 合金具有优异的耐腐蚀性能，在核处理等特殊领域发挥着极为重要的作用。由于 Ti-35 和 Ta 合金的物理及化学性能差异明显，用传统的焊接工艺很难将它们复合在一起。采用爆炸焊接的方法试制出了 Ti-35+Ta 复合板材。利用金相显微镜、扫描电镜、能谱仪和显微硬度等试验手段分析了复合界面的组织特征。结果表明，在复合界面附近形成了熔区，熔区的硬度高于基体的硬度，熔区内的成分 Ti 和 Ta 相互扩散均匀。界面两侧 Ti 和 Ta 相互扩散的距离较小。爆炸复合界面呈周期性的正弦波形。在 Ti 侧可观察到绝热剪切带。Ta 侧离界面越近，呈塑性变形越强烈的再结晶组织。

文献［1316］指出，Ta10W 合金以其优异的强度、塑性和化学安定性在高熔点金属和合金材料中具有独特的地位，在宇航工业中已经得到广泛的应用，在兵器工业中成为有着相当潜力的合金材料之一，尤其是在解决火炮身管抗烧蚀技术方面有着极好的前景。Ta 基合金十分昂贵。在工业应用中，钽合金与基体合金之间的复合无疑成为扩大钽及其合金应用的最理想的材料技术。爆炸焊接能使两种性能截然不同、很难或几乎不能采用常规方法实现高强度结合的金属材料实现大面积的复合。这一技术近年来已得到十分广泛的应用。20 世纪 70 年代以来，德、美各国都在钽-钢爆炸复合技术上作过研究。但限于钽与普通钢的复合，关于高强度钽基合金与高强钢之间的复合尚未见报道。

该文进行了 Ta10W 和 30CrNi2MoA 钢的爆炸焊接试验，确定了它们爆炸焊接的工艺参数和"可焊性窗口"。利用金相分析、电子探针、硬度试验、拉剪试验和超声检验等分析手段，对复合层的界面状态、结合强度、塑性变形深度和界面成分等进行了试验研究。还通过腐蚀剥离方法研究了波状界面的立体形貌，试验证明了波状界面结构中的干涉现象。

试验参数：Ta10W 厚度 0.4 mm，间隙 0.8 mm，炸药 2#岩石+10% TNT，其爆速约为 2400 m/s。几次试验之后，复合面积率为 96.10%，σ_τ 为 481.7~719 MPa。界面为均匀细小的波状，界面间存在一定程度的扩散，界面两侧塑性变形区不大。

3.2.20　锆-铜复合板的爆炸焊接

前已叙及，锆是一种有良好核性能的原子能材料，又是一种在多种介质中有良好耐蚀性的化工结构材料。铜为常用的电的良导体。因此，由锆和铜组成的复合板、复合管和复合管棒等在核工程、化工和电化学工业中都有广泛的应用前景。

锆及锆合金-铜复合板结合区的波形形貌如图 4.16.5.24 至图 4.16.5.27 和图 4.16.5.76 所示。

人们研究了爆炸焊接的锆-铜接头和它的后续退火过程［117，405］。

用爆炸法得到 1+5 mm 的锆-铜复合板和 ϕ5 mm 管+ϕ1 mm 棒的锆-铜复合管棒。

金相观察指出，复合板的结合区内波形小，有漩涡，其内有明显可见的熔体，沿整个界面优质结合。复合管棒的结合区也有一些波，有时观察到波前凝固的熔体，其中有不大的裂纹和缩孔，其余的界面为紧密结合状态。

显微硬度测量显示，在复合板的情况下，锆基体内硬度与原始轧制态的相同，但因塑性变形，在靠近界面 10~50 μm 的地方锆大约硬化 10%，铜大约硬化 20%。在复合管棒的情况下，沿截面锆被硬化 10%，紧靠界面的地方被硬化 25%。铜侧也有类似的硬化程度。

显微 X 射线光谱分析指出，漩涡内熔体的成分为 35% Zr 和 65% Cu，相应为 $ZrCu_2$ 的中间化合物。

进行了两种形式的热处理：在 300 ℃、500 ℃ 和 700 ℃ 下保温 30 min，以及在 900 ℃ 保温 5 min 的阶梯式加热试棒；在 300~900 ℃ 温度的范围内，以 10 ℃/min 的速度加热试棒，均在真空中进行。发现此爆炸焊接的锆-铜系的相互作用开始于 600 ℃。在 700 ℃ 时形成的中间层随后随时间有颇大的增长。如果温度连续变化，这种变化还是进行得比较强烈。中间层将两基体分开。在 750~800 ℃ 的时候，相互作用的前沿将更强烈地向锆的一边发展，特别是在出现熔化征兆的时候。确定锆-中间层的熔化开始于 860 ℃。在约 800 ℃ 时将观察到铜的等轴晶粒的聚合再结晶。当以 10 ℃/min 的速度冷却的时候，在厚的中间层中将出现一些裂纹，并在结合区产生应力，这就导致其中的显微硬度增加 1.5 倍。

X 射线光谱分析结果如表 3.2.20.1 所列。由表中不能解释的线条可以估计，在该种复合材料的结合区中，既可能存在 Zr-Cu 相图中已有的金属间化合物，又可能存在该相图中所没有的金属间化合物。锆-铜系二元合金相图参见文献 [1036~1040]。

表 3.2.20.1　锆-铜复合材料结合区 X 射线光谱分析的结果

材 料 和 分 析 位 置		能解释的结果	不能解释的线条，平面间距，$d/(10^{-10}\ m)$
复合板，结合区		Cu, Zr	—
复合管，结合区		Cu, Zr, WZr	2.36，1.71
在含铜的熔体中		Zr_2Cu	2.36，1.81，1.71
在 (750~800) ℃ 形成的中间层		Cu, Zr	2.87，2.59，2.15，1.93，1.49，1.26
因应力破断的结合面 (860 ℃ 后 2 min)	在铜侧	Zr_2Cu（痕量）	2.39，2.304，2.15，2.058，1.98，1.64，1.58，1.54，1.48，1.43，1.375，1.331，1.281，1.255，1.17，1.099，3.23，2.88，2.58，2.48
	在锆侧	Zr_2Cu	2.38，2.31，2.15，1.98，1.93，1.81，1.73，1.64，1.558，1.554，1.49，1.43，1.381，1.30，1.26

3.2.21　钼-铜复合材料的爆炸焊接

钼是重要的电子和电工材料，铜是电的良导体，钼-铜复合材料在电子和电工工业中会有很多的应用。这种复合材料（包括粉末材料）能够用爆炸焊接的方法获得。

文献 [404] 试验研究了爆炸焊接的钼-铜复合材料的结合区的成分和组织。金相观察发现，在该组合的界面上，经过很好浸蚀的结合区是由细散（光亮的）薄片和暗色的浸蚀部分组成。有的地方界面清晰，有的地方不太清晰——有弱腐蚀的熔化物质。

用 X 射线显微分析仪研究了 10 个地方。其中 2 个地方观察到清晰的界面。带强浸蚀性的 3 个地方有 8 μm、10 μm 和 14 μm 宽度的混合区，每一区都有相对不变的化学组成。另三个地方相应含有 20%、25% 和 35% 的钼（其余为铜）。最后 2 个地方没有浸蚀，在 10 μm 的宽度上发现了熔化物质内的浓度过渡。

为了进一步研究钼-铜复合材料，利用了如图 3.2.21.1 所示的钼粉和铜粉爆炸粉末冶金-爆炸焊接的方法。试验在外径 20 mm，内径 8 mm 的钢圆筒中进行，粉末混合物在内腔中填装的长度为 160 mm。在图 3.2.21.1 所示的试验中，可用下列 3 种方法填装粉末：

① 以 50/50 的重量比均匀混合钼和铜的粉末，并充满圆筒的整个长度；

② 圆筒的上部充满铜粉，下部充满钼粉；

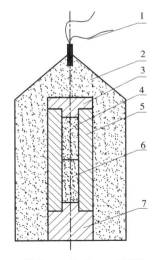

1—雷管；2—炸药；3—圆筒的上部塞子；4—钼粉；5—圆筒；6—铜粉；7—圆筒的下部塞子

图 3.2.21.1　在圆筒中钼粉和铜粉的爆炸粉末冶金-爆炸焊接

③ 圆筒的上部充满钼粉，下部充满铜粉。

用第一种方法填装粉末的平均密度为 3 g/cm³，用第二、三种方法时钼的密度是 3.1 g/cm³，铜的是 2.6 g/cm³。

试验表明，在用第三种方法爆炸粉末冶金的情况下，得到了最有意义的结果。打开圆筒以后发现上部是致密压实的钼，下部是粗晶铜，而中间（~40 mm）是钼和铜的混合区。由此能够确定这是个用爆炸粉末冶金法、其实也是爆炸焊接法获得的钼-铜复合棒。

用显微探针研究了钼和铜混合物区中晶体的组成。结果发现钼中含有 3%~5% 的 Cu，而铜中实际上不含 Mo。根据钼-铜相图，无论在固态下，还是在液态下都没有发现彼此的溶解度。

文献[117]进行铜-钼双金属结合区的组织和性能的研究混合区的硬度与相邻的铜和钼相比，一般硬度为中等数值（HV 200~260），但在某些焊接工艺下，HV 可达 600；在焊缝处，铜的 HV 为 150，钼的 HV 为 470。剪切强度通常超过铜的强度。分离试验下，由于机械加工时的脆裂倾向，通常钼会被破坏。一般来说，不在结合区破断。金相研究指出，在暗场下，在混合区内将观察到一些亮色的和细散的鳞片。也常常遇到有明显界面的区域，以及弱腐蚀区。显微探针研究指出，在混合区中，有含任意浓度铜和钼的区域，尽管在其相图上不存在相互的溶解度。混合区的 X 射线结构分析没有提供任何新线，除铜和钼的线条之外；但在试验中有时观察到线条的移动，这就证明有固溶体形成。铜-钼系二元合金相图见文献[1036]~[1040]。

3.2.22　热双金属材料的爆炸焊接

1. 热双金属

热双金属是由膨胀系数相差很大的两种和两种以上的金属或合金沿整个结合面强固焊合的组合体，是一种将热能转换成机械能的换能材料。

热双金属具有元件形状简单、价廉和动作可靠等优点。因而，从 1766 年第一次将其用于天文精确计时起，热双金属的生产和使用已 200 多年了。至今在电讯、仪器和仪表工业中获得了极其广泛的应用。

热双金属诸组元合金的熔点和塑性相差很大，相互熔合的能力很差。我国过去有的厂家用"液相结合法"生产出了几种热双金属。但产品的性能不稳定，生产周期长，工序繁琐和复杂，不易掌握和成材率低，造成大量的人力和物力的浪费。因而，这种工艺是不可取的。"中温固相轧制法"使热双金属材料的成材率大大提高，不失为一种有效的生产工艺。目前这种工艺已成为获得一些品种的热双金属材料的主要途径。

然而，要制造更多品种（这些品种的组元难于或不能用轧制法结合）的热双金属。特别是三层或四层热双金属，上述工艺就行不通了。此时，爆炸焊接和常规压力加工工艺相联合的工艺就将大显身手和卓有成效，而且工艺简单、质量可靠和成本低廉。

2. 热双金属材料的爆炸焊接、性能和应用

由于爆炸焊接能够将任意物理和化学性能的两种或多种金属材料彼此组合和焊接在一起，这种新技术在热双金属材料的生产中应当发挥重要的作用。实际上重庆钢厂早在 1967 年就用爆炸焊接和轧制的联合工艺生产了几种热双金属材料[406]。尽管当时爆炸焊接工艺不完善，人们对雷管区复合不好的缺陷认识不清和未能解决该问题而影响了成材率。但是，最终还是获得了有良好性能的热双金属材料。因此，将爆炸焊接技术像生产其他金属复合材料那样应用于热双金属材料的生产中，现在是引起人们重视的时候了。当年的工艺参数如表 3.2.22.1 所列。

表 3.2.22.1　几种热双金属材料爆炸焊接的工艺参数

No	牌号	主 动 层		被 动 层		厚度比	炸药	间隙/mm	基础
		材料	尺寸/(mm×mm×mm)	材料	尺寸/(mm×mm×mm)				
1	5J11	Mn75NiCu10	10.5×120×550	Ni36	9.0×120×550	1.17	硝铵	3~4	钢板
2	5J14	Mn75Ni15Cu10	11.0×120×550	Ni45Cr6	8.6×120×550	1.28	硝铵	3~4	钢板
3	5J17	Cu62Zn38	11.0×120×550	Ni36	9.5×120×550	1.16	硝铵	3~4	钢板
4	5J20	Cu90Zn10	11.0×120×550	Ni36	9.5×120×550	1.16	硝铵	3~4	钢板

将爆炸焊接的上述复合板坯用砂轮整修，随后在冷轧机上轧至 4 mm 厚。5J17 和 5J20 经 700 ℃ 包装处理，5J11 和 5J14 经 800 ℃ 装箱氢气处理后，用 15%～20%H_2SO_4（前者）或 36%HCl（后者）酸洗，再经过表面抛光后即可轧制成成品。

将复合板坯用超声波探伤检查未发现开裂。用 0.8 mm×10 mm×100 mm 和 1.0 mm×10 mm×100 mm 的 5J11 试样反复扭转 10 次亦未发现分层。在半径为 2.5 mm 的钳口上反复弯曲也不分层。将经过 80% 和 60% 压下率轧制的 5J11 进行剪切强度试验，测得的剪切强度值分别为 299 MPa 和 279 MPa。由这些数据可见两组元的结合强度是高的。

将规格为 1.2 mm×80 mm×L mm 的 5J11 成品在 270℃、2h 退火后剖析其结合面，用 10% 的过硫酸铵浸蚀断面后在显微镜下放大 100 倍观察，发现界面清晰，也没有见到"液相结合法"所产生的中间层。这样就保证了热双金属材料各部分的厚度和厚度比相对不变。从而确保了同一炉号产品的比弯曲 K_0、电阻率 ρ 和弹性系数 E 等物理性能都稳定在同一数值上。这就保证了该热双金属材料的使用性能。4 年的使用结果证明，用爆炸焊接法生产的上述 4 种热双金属材料均未发现分层，热-力学性能符合技术要求。它们的有关数据如表 3.2.22.2 至表 3.2.22.4 所列。

表 3.2.22.2　热双金属各组元的热膨胀系数　　10^{-6}/℃

组　元	$\alpha_{(20～100)}$		$\alpha_{(20～200)}$		$\alpha_{(20～300)}$	
Ni36	14	15	2.6	2.6	5.0	5.1
Cu90Zn38	9.65	10.15	13.25	15.16	18.64	18.73
Cu90Zn10	6.49	7.03	14.92	13.46	18.80	—
Ni45Cr6	6.51	7.01	8.04	8.14	—	—
Mn75Ni15Cu10	12.80	13.00	22.50	23.30	28.30	28.50

表 3.2.22.3　爆炸+轧制的热双金属材料的剪切性能

牌号	规格 /(mm×mm ×mm)	冷轧压下率 /%	σ_τ /MPa	剪切位置	最弱层的 σ_τ/MPa
5J11	4×20×250	80	299	界面	182
		60	279	界面	

表 3.2.22.4　两种热双金属的热膨胀系数
与温度的关系　　10^{-6}/℃

牌号	$\alpha_1～\alpha_2$ 20～100 ℃	$\alpha_1～\alpha_2$ 20～200 ℃	$\alpha_1～\alpha_2$ 20～300 ℃	备　注
5J11	11.45	15.15	23.20	α_1—主动层
5J17	7.48	11.61	13.53	α_2—被动层

今天，人们对爆炸焊接已有深刻的认识，工艺也成熟多了。因此，现在和以后用爆炸焊接法来生产热双金属材料不仅成为可能而且很有必要。热双金属已经有了国家标准[407]。在此标准的指导下，如同其他爆炸复合材料那样，采用爆炸焊接技术来生产热双金属材料当是爆炸焊接和材料工作者的又一有意义的课题及任务。

文献[408]报道了用爆炸焊接+轧制法获得热双金属（α 黄铜-因瓦合金）材料的资料。指出，这种双金属用热轧法和浇注法难以制成：前者结合强度不高和不可靠；后者在过渡区形成脆性的金属间化合物、疏松和其他缺陷，导致大量废品和废料。用爆炸+轧制法获得的该热双金属的性能检验结果如表 3.2.22.5 所列。结论指出，用这种工艺来生产热双金属是一个很有前途的方法。

实践中已用爆炸焊接法生产了热双金属 ТБ200-113 的板叠[409]，并指出，75ГНД 和 36Н 精密合金具有明显不同的热的线膨胀系数，用它们制造了称为活性和钝性组元的热双金属——ТБ200-113。前者用尺寸为 19 mm×300 mm×600 mm 的热轧板，后者用尺寸为 15 mm×300 mm×600 mm 的铸造板。试验前两板的结合面用砂轮净化和脱脂。使用 6ЖВ 和 Ba(NO_3)_2 的不同比例的炸药。用爆炸焊接工艺制成双金属板坯后进行轧制，以获得既定尺寸的热双金属板。在制造这种热双金属板坯的过程中，爆炸焊接法可以替代传统方法（共同浇注和随后轧制）。

表 3.2.22.5　用爆炸+轧制法获得的 α 黄铜-因瓦合金热双金属的热-力学性能

根据 ASTM 的热弯曲系数（从 30°～90°/℃）	$2.8×10^{-5}$
电阻/μΩ·cm	14
杨氏模量（弹性系数）/MPa	124000

注：ASTM 用右边公式确定热双金属的热弯曲系数，这里 R_1 和 R_2 对应 T_1 和 T_2 温度时的弯曲半径，t 为双金属总厚度

$$F=\frac{(1/R_2-1/R_1)}{T_2-T_1}t$$

用爆炸焊接+轧制法获得的钼-因科镍热双金属材料，其活化组元和钝化组元分别为因科镍 601 和钼，它们的热膨胀系数相应为 15×10^{-6}/K 和 5.7×10^{-6}/K，弹性模量相应为 210000 MPa 和 326000MPa。在爆炸焊接试验中，利用了面积为 50 mm×200 mm，厚度相应为 1.0 mm 和 0.8 mm 的钼及因科镍板。后者向前者抛掷。将爆速为 3500 m/s 的炸药铺到覆板上，最佳撞击角为 17°~25°。爆炸复合以后，坯料在加热状态下轧制到 1.5 mm 厚，并将它切成 1.5 mm×10 mm×100 mm 的片状，将它们一端夹住并在保护气氛下分段加热到 900 K，每次将温度提高 100 K。根据加热时弯曲的绝对值计算确定比热弯曲，其值为 6.97×10^{-6}/K。为了保护钼免于氧化，在试验过程中推荐采用带有铂层的热双金属元件[410]。

在电子射线仪和焊接装置中，对于导体接触器来说，必须采用非磁性的热双金属。这类热双金属在工作温度范围内将保证有一定的弯曲应力。为此目的，用爆炸焊接+轧制法制造了以铍青铜、耐蚀钢、铬镍合金和铝的四种形式的热双金属材料。金相分析指出，在青铜-钛、青铜-钢、青铜-铬镍合金的结合区中，均有完整的实际上是无缺陷的波形组织。青铜-铝的结合区为带有少量金属间化合物相的无波结构，因而在轧制以后发生严重的破碎和分离。在试验条件下的强度性能和使用性能指出，这些热双金属均有良好的工作性能。青铜-钛和青铜-铬镍合金的热双金属可推荐作为焊接电子射线装置 CA-499 和管子焊箱自动装置中的接触元件[184]。

上述几种热双金属的物理和力学性能如表 3.2.22.6 所列。

表 3.2.22.6 中的热敏感系数 A 用下式计算，即

$$A = 0.75(\alpha_a - \alpha_n) \qquad (3.2.22.1)$$

式中 α_a 和 α_n 分别为活化层及钝化层的热的线膨胀系数。

在加热情况下在热双金属结合面附近的最大热应力 σ 正比于组元的 α 之差和温度之差，即

表 3.2.22.6　几种热双金属的物理和力学性能[363]

牌　号	各层材料	$A/(10^{-6} \cdot ℃^{-1})$	σ/MPa
ТБ1253(ТБ7)	36Н–БРБ2	11.6	210
ТБ0651	ВТ1-0+БРБ2	6.2	81
ТБ0451	БРБ2–АД1	3.6	31
ТБ0351	46ХНМ–БРБ2	3.9	91
ТБ0151	БРБ2–12Х18Н10Т	0.4	100

注：各组材料中前者为钝化层，后者为活化层。

$$\sigma = 0.5E(\alpha_a - \alpha_n)(T_1 - T_0) \qquad (3.2.22.2)$$

在金属焊接的情况下，使用热双金属代替单一的铍青铜能够提高电子束焊枪接触元件的弹性性能而不降低其导电系数。这种改进首先将提高焊枪工作的稳定性和降低高温电阻。

用爆炸焊接和真空轧制相联合的工艺能够获得上述几种热双金属。它们既有高的结合强度又有最大的热敏感性和经受得住最大的应力。用这种工艺制造的双金属的应用范围是广泛的，从电子仪表和焊接电源中电的接触元件到各种用途的结构材料。

人们用爆炸焊接法生产了如下 5 种热双金属材料：22% NiFe-Mn 合金（75% Mn15% Cu10% Ni）、48% NiFe-Mn 合金、因瓦合金-铜、因瓦合金-镍、因瓦合金-工业纯铁[411]。

图 3.2.22.1 至图 3.2.22.3 为几种热双金属的物理性能图[412]。

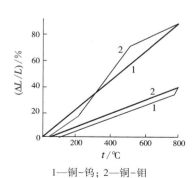

1—铜-钨；2—铜-钼
上面的曲线对应加热的时候，
下面的曲线对应冷却的时候。

图 3.2.22.1　复合材料的热膨胀曲线

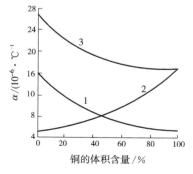

1—铜-钨；2—铜-钼；3—铜+ПМБ-2

图 3.2.22.2　热膨胀的有效系数 α
与组元的体积含量的关系

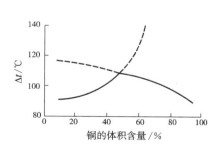

图 3.2.22.3　铜-钼组合局限
于弹性应力区的温度范围与
组元的体积含量的关系

文献[413]指出，热双金属不只是两层了，还有三层和四层的。三层热双金属主要是在原两个组元之间夹一铜或镍的中间薄层，使该双金属在比弯曲值变化不大时其电阻率变化很大。"四层"热双金属主要是在原双金属的两个外表面上各覆上一薄层不锈钢耐蚀金属，以增强其抗蚀能力。这对于在恶劣环境下工作的元件来说尤有必要。这就是所谓的耐蚀热双金属。

文献[414]也指出，目前由高低膨胀层组成的热双金属片发展成三层和四层了。其中三层热双金属是为了满足电器电阻率的要求，在该双金属之间增加一分流层。为了保证这种元件的高灵敏度要求，高膨胀材料通常为 MnNiCu 合金。但实际情况表明，这种合金与低电阻的分流层材料(一般为铜或镍)之间在热处理和使用过程中会产生扩散现象(其最大变化可达 35%以上)，致使产品达不到设计指标而造成性能不稳定。目前为了解决这个问题，特在高膨胀层和分流层之间增设一层防止原子扩散的不锈钢隔离层。

文献[415]研究了磁性和非磁性热敏双金属的爆炸焊接和轧制。指出热敏双金属被广泛地用作调节器、自动保护装置、热补偿装置、保护继电器开关、记录和信号装置，以及其他自动装置的热元件。近年来，由于新技术用产品对可靠性及寿命要求的提高，热敏双金属的产量和品种扩大。作为非磁性热敏双金属的组元可采用下列材料：对于第一类热敏双金属采用 БРБ2 铍青铜(活性电导层)、ВТ1-0 钛和 46ХН 铬镍合金(弹性钝化层)。对于第二类热敏双金属采用 БРБ2 铍青铜(钝化层)和 АД1 铝(活性层)。青铜轧制坯料的原始厚度为 0.8 mm，钛为 2.0 mm，46ХН 合金和铝为 3.0 mm。制造磁性热敏双金属 ТБ2013 用的原始坯件是厚 12 mm 的 75ГНД 合金和厚 9 mm 的 30ХН 热轧板。制订了生产磁性和非磁性热敏双金属的全套工艺，其中包括爆炸焊接和随后轧制，以及热处理规范。对所制成的该热敏双金属件所作的检查证实了它们在各种装置和结构(电子束焊接装置和管子焊接机等)中的高的工作能力和可靠性。

现在，热双金属有多种类型，如普通型、高温型、低温型、耐蚀型和电阻系列等。不言而喻，爆炸焊接和轧制等压力加工工艺的联合使用是生产所有类型的热双金属材料的一种新工艺和新技术，值得大力推广。特别是那些用传统方法难以或无法制造的热双金属材料，这种新工艺和新技术就显得更为重要。

文献[1319]讨论了作为复合材料的热双金属材料。

综上所述，热双金属是许多机械、电器和仪表上不可缺少的工作元件。爆炸焊接和压力加工相联合的技术可作为生产此类元件材料的传统工艺的补充和替代。这种联合技术在研究和开发新型热双金属材料方面尤具优势。

3.2.23　耐磨复合材料的爆炸焊接

1. 耐磨双金属

在汽车、拖拉机、飞机和其他重型机械内存在大量的用摩擦材料制成的轴瓦、轴承和轴套等零件。这类零件以自身的磨损为代价来减小机械转轴的磨损，从而提高转轴的使用寿命。

随着发动机功率的提高和速度的增大，轴承的负荷越来越大。同时随着产量的增加，对轴承材料的需求也日益扩大。在这种情况下，不仅要求材料有更优异的摩擦磨损性能，而且要求成本更为低廉。于是，双金属耐磨材料应运而生。这类材料的内层为耐磨材料，外层为廉价的普通钢材，例如铅青铜-钢和铝合金-钢等。这些双金属的出现和大量应用，为机械工业的发展作出了很大的贡献。

轴承等零部件的寿命主要取决于在大的动载荷下工作的耐磨材料的疲劳强度。而这种强度又取决于一系列因素，其中包括组成双金属材料的物理和化学性质、组织状态和获得方法。

对于与曲轴组成摩擦副的双金属轴瓦而言，在较低负荷下工作的以铝合金为覆层的双金属轴瓦可用轧制复合的方法制造；在较高负荷下工作的以铅青铜为承压层的轴瓦可用浇注法生产。但这种工艺不能满足现代汽车工业的要求，特别是拖拉机和其他重型机械上不能使用。为此需要寻求更好的加工工艺。

2. 耐磨双金属材料的爆炸焊接，性能和应用

用爆炸焊接(复合)和随后轧制的工艺能够获得性能良好的耐磨双金属材料。

用爆炸焊接法制成的铅青铜(БРОЦС4-4-2.5)+钢双金属，其结合区具有特殊的波状结构，波形内由于塑性变形，铅青铜内的原始球状的铅锥晶变成了薄片。此时双金属的结合强度不超过 98 MPa，热处理后增加到 145~157 MPa，但仍低于钢的强度($\sigma_b = 333$ MPa)和铅青铜的强度($\sigma_b = 314$ MPa)[416]。

在不含铅的 БРОФ6.5-0.15+钢的双金属中，其结合强度与基材相当(382~441 MPa)，退火以后强度变

化不大（372～392 MPa）。一些爆炸+轧制的耐磨双金属材料的性能如表3.2.23.1所列。由表中数据可见，用这种工艺获得的双金属材料的力学性能较好，而且在横向和纵向上性能的差异不大。这种双金属的弯曲试验结果表明，覆层和基层没有分层。

表3.2.23.1　一些爆炸+轧制耐磨双金属的力学性能

双金属类型	纵　向　轧　制		横　向　轧　制		硬　度	
	σ_b/MPa	δ/%	σ_b/MPa	δ/%	钢（HRB）	覆层（HB）
БРОЦС4-4-2.5+钢	（470～490）/475	（16.0～17.0）/16.5	（510～539）/515	（10.0～12.0）/11.0	（90～94）/92	（68～72）/70
БРОФ6.5-0.15+钢	（412～431）/421	（16.0～20.0）/18.0	451/451	（12.0～14.0）/13.0	（80～86）/83	（116～120）/118
АСМ+钢	（529～549）/544	（8.0～9.0）/8.5	（588～608）/598	（4.0～5.0）/4.5	（98～100）/99	（30～32）/31
АО-20+钢	（412～431）/421	（8.0～9.0）/8.5	—	—	（89～90）/89.5	（33～37）/35
А9-1+钢	（568～578）/573	（4.0～5.0）/4.5	（637～657）/647	3.5/3.5	100/100	（36～38）/37
А5-11+钢	（402～412）/407	（9.0～11.0）/10.0	—	—	（88～90）/89	（40～42）/41
АМСТ+钢	（529～549）/539	（11.0～14.0）/12.5	—	—	（97～99）/98	（38～40）/39

用两种工艺获得的一些耐磨双金属材料的特性列于表3.2.23.2中。由表中数据可见，在厚度相差不大的情况下，爆炸焊接+轧制获得的双金属覆层的硬度远高于共同轧制的硬度，这无疑提高了耐磨性能。

表3.2.23.2　两种工艺获得的一些耐磨双金属的特性

双金属类型	采用工艺	总厚度/mm	覆层厚度/mm	硬　度	
				覆层（HB）	钢（HRB）
БРОЦС4-4-2.5+钢	爆炸焊接+轧制	3.10	0.80	73.0	90.0
БРОФ6.5-0.15+钢	爆炸焊接+轧制	3.60	0.94	120.0	88.0
АО-20+钢	共同轧制	3.00	0.85	35.0	92.0
АСМ+钢	共同轧制	3.00	0.85	30.0	95.0
АМСТ+钢	共同轧制	3.00	0.90	38.0	98.0
А9-1+钢	共同轧制	3.45	1.10	37.0	98.0

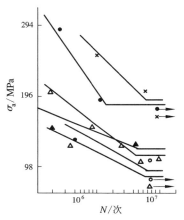

●—БРОФ6.5-0.15+钢；
×—БРОЦС4-4-2.5+钢；
○—АО-20+钢；△—А9-1+钢；
▽—АСМ-钢；▲—АМСТ-钢

图3.2.23.1　滚动轴承用双金属的疲劳曲线

几种爆炸+轧制的耐磨双金属材料疲劳试验的结果示于图3.2.23.1中。试验条件：单臂固定平面试样，$1×10^7$循环，室温18～20 ℃，本身谐振频率150～200 Hz，每组5～7个试样。将裂纹的出现作为疲劳破断开始的标准。

由所得的资料分析表明，青铜-钢双金属的疲劳破断与铝-钢双金属相比从更高的载荷下开始，它们的破断特性也不同。含铅基耐磨层的双金属试样的破断从覆层的自由表面开始，随后产生分层和裂纹并发展，破裂在比较低的载荷下（低于147 MPa）便可观察到，并且裂纹向钢基内部扩展。

青铜-钢双金属的破断特性取决于青铜的类型。带БРОЦС4-4-2.5的双金属的疲劳破断也开始于覆层的自由表面，但是在接近294 MPa的载荷下也未出现分层、裂纹和疲劳破断。由此可以得出结论：同是用爆炸焊接+轧制获得的双金属制造的轴承，БРОЦС4-4-2.5+钢的疲劳强度是АО-20+钢的2倍以上。由图3.2.23.2可以看出，以铅青铜为工作层的双金属耐磨复合材料在轴承中使用具有最大的承载能力。

文献[417]报道了一些爆炸焊接的耐磨双金属的结合性能（图3.2.23.3和表3.2.23.3）。

我国大连爆炸加工研究所采用爆炸焊接的青铜-08钢板坯通过轧制和成形加工制造的车用双金属轴套，与粉末冶金法制造的产品相比，其使用寿命从2万km提高到20万km，达到了世界先进水平。

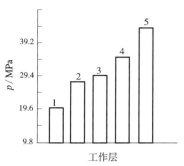

工作层：1—ACM；2—AO-20；3—A9-1；
4—БРСФ6.5-0.15；5—БРОЦС4-4-2.5
图 3.2.23.2　现代滚动轴承的双金属最大的比载荷

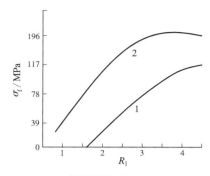

图 3.2.23.3　爆炸焊接的 БРОЦС4-4-2.5+
钢双金属的分离强度与质量比（1）和
热处理（620 ℃、3 h）（2）的关系

对于负荷不太大的汽车，现在国外使用铝锡合金-钢来制造双金属轴瓦。这种轴瓦采用轧制复合法获得：首先将纯铝带复合到铝锡合金带上，然后将其纯铝面与钢带冷轧复合。如此获得的双金属有较高的结合强度，能满足汽车对轴瓦的技术要求。国内已有汽车厂引进了这种双金属材料的生产线。

表 3.2.23.3　一些爆炸焊接的耐磨双金属的结合性能

| 覆　层 | 基　层 | σ_f/MPa | | 组合中最弱金属 |
		热处理前	热处理后	的强度/MPa
БРОЦС4-4-2.5	БРОЦС4-4-2.5	9.8~29.4	39.6~68.6	294~314
M1	БРОЦС4-4-2.5	19.6~88.2	196.0~216.0	196~216
БРОЦС4-4-1	08 锰钢	19.6~98.0	58.8~167.0	294~314
БРОЦС4-3	08 锰钢	49.0~98.0	58.8~176.0	304
БРОЦ4-3	08 锰钢	396.0~451.0	294.0~333.0	294~323
БРОЦФ6.5-0.15	08 锰钢	343.0~585.0	353.0~412.0	294~323

用下述工艺试制了 БРОЦС4-4-2.5 青铜+11 锰钢耐磨双金属[272]。采用平行法爆炸 3+5 mm 厚的双金属板的结合区为波状，分离强度为 50~100 MPa。为了消除残余应力和降低爆炸硬化，将其进行扩散退火，此时结合强度增加到 150~160 MPa。然后在常温下以 50% 的总压下率进行轧制，首道次压下率为 35%~40%。轧制后青铜和钢的硬度增加到 87~89 HRB，结合区的波幅大大减小。然后在 650~680 ℃下中间退火，最后将该双金属冷轧到最终厚度 1.5±0.1 mm，此时结合区的波形完全消失。这种冷轧后双金属的力学性能 σ_b=610~650 MPa，δ 为 1%~2%。为了获得所需的组织和性能，该双金属进行如下处理：650~680 ℃下保温 3 h，随炉缓冷到 200 ℃，然后在平静的空气中冷却。该双金属成品的力学性能：σ_b = 310~330 MPa，δ 为 29%~32%，钢的硬度为 24~31 HRB，青铜的硬度为 17~18 HRB。

用上述工艺获得的耐磨双金属的性能能满足技术要求，用其制成的批量产品获得了满意的结果。

用爆炸焊接法可在直径 40~300 mm 的钢盘上覆厚度为 0.5~1 mm 的黄铜耐磨层。用铝合金（AO-20）+钢双金属坯料可以制造柴油发动机上的轴承[418]。

冶金设备（触头、活塞和涡轮等）的圆柱形耐磨双金属（ЛАЖМЦ66-6-3.2+40 号钢）爆炸焊接工艺和性能检验的结果如表 3.2.23.4 所列。由表中数据可见，产品在撞击速度为 430~450 m/s 的情况下达到最佳性能。这些双金属零件在冶金设备上的生产试验结果指出，它们的寿命相应提高了 1.5 倍、3 倍和 4 倍。由此可见，借助爆炸焊接制造和修理重型冶金设备的双金属支撑部件是非常有效的。

文献[421]报道，用爆炸焊接法制造了双金属轴瓦，以及使采矿电铲的牙齿上覆上一层耐磨材料。

我国大连爆炸加工研究所用爆炸焊接法制造了材料为 QA19-2+40Cr 钢用于球阀上的双金属活塞。

人们用爆炸焊接法获得 X6Ф1-45 号钢和 X6Ф1-65Г 钢耐磨双金属。实验指出，先爆炸焊接和随后轧制至 6~12 mm 的这两种双金属板，可以用来制造土壤耕耘机的工作部件[420]。

目前，在国内一些汽车厂和单位采用粉末冶金法来生产铜（铜合金）-钢双金属的轴承、轴瓦、轴套和衬管等耐磨零件。即先将铜粉铺在钢板上进行烧结，然后热轧制，使它们合为一体。再用这样的复合板制造有关零件。这种工艺对于内层需要自润滑的双金属耐磨零件来说有一定的可行性。但是，对于不需要自润滑或可通过油道随时注入润滑油的零件来说，这种工艺有许多缺点：耐磨层的厚度不大，与钢的结合强度不高，使用寿命不长，双金属板各层的厚度和厚度比不易调节，面积不大，制品的尺寸和形状受到限制，生产过程中铜粉浪费大，成品率低和成本高等。如果改用爆炸+轧制工艺来生产，可克服上述缺点。新工艺流程可简述如下：先爆炸铜-钢复合板坯，随后将其轧至所需要的厚度（薄板），再将大块的薄板切成既定尺寸的小板，然后在此小板的耐磨层上加工出各种形状的沟槽（流通润滑油用），最后将其卷成轴套和衬管等零件。或者用直接爆炸焊接复合管的工艺来生产这类产品。

表3.2.23.4　冶金设备用圆柱形耐磨双金属的爆炸焊接工艺和性能[419]

No	产品	覆管尺寸/mm 直径	覆管尺寸/mm 壁厚	v_p/(m·s⁻¹)	σ_f/MPa	界面上的熔化量/%	爆炸焊接的残余应力/MPa 结合面上 区内的	爆炸焊接的残余应力/MPa 结合面上 轴向的	爆炸焊接的残余应力/MPa 覆层表面 区内的	爆炸焊接的残余应力/MPa 覆层表面 轴向的	波形参数/mm A	波形参数/mm λ	界面附近的显微硬度(H_{50}) 黄铜	界面附近的显微硬度(H_{50}) 钢
1	触头	55	3	300	60~170	30	30	30	20	1	未确定			
2				430	400~530	40	80	50	280	250	0.20	0.45	270	218
3				550	200~300	90	100	30	340	320	未确定			
4				610	100~200	100	330	320	380	360	未确定			
5	活塞	167	3	430	500	40	未确定				0.12	0.50	265	216
6	涡轮	113	12	300	20~140	30	0	80	0	40	未确定			
7				450	350	90	320	360	0	0	0.045	0.35	290	318
8				600	70~120	100	300	240	200	220	未确定			

文献[1320]报道了用于动压轴承（油膜轴承）中衬板的铜（H64）-钢（Q235）复合板爆炸焊接的消息。这种轴承以其优异的使用性能、很高的承载能力和可靠性被广泛地应用于以高速和重载为特征的现代板材轧机上，该轴承中的衬板是其重要的部件，也是一个易损件。武钢热轧带钢厂因生产需要一定数量的这种材料的复合衬板，衬板规格为：800 mm×720 mm×20 mm、800 mm×720 mm×30 mm、490 mm×380 mm×21 mm、铜（H64）覆板的厚度不小于3 mm。作者对该复合板的爆炸焊接工艺进行了研究和试验，最后获得了优质的产品。

文献[1321]对不同爆炸焊接参数下复合板界面的组织结构和力学性能的相互关系进行了探讨，得出了一些有用的结论：金相观察发现，爆炸焊接的结合区存在不同程度的塑性变形、熔化和扩散，并且它们都随着药量的增大而增强；结合区波形的波长随着质量比的增大而逐渐增大，而波幅开始是随着质量比的增加而增加，当波幅达到峰值后，随质量比的增加反而减小；拉伸试验表明，爆炸态复合板的屈服强度随药量的增大而增大，且比爆炸前的基材的要大，其变化率还与覆板材料有关，复合板抗拉强度随药量的增大也呈现出逐渐增大的趋势，但这种变化很小，几乎可以忽略，复合板的抗拉强度高于基材的原始强度，随着炸药厚度的增大，复合板的屈强比也逐渐增大，随着药量的增加，复合板的塑性与基材相比降低了；剪切试验发现，对所有的复合板其抗剪强度都大于验收标准；硬度试验发现，爆炸焊接后，复合板的覆材和基材都有一定程度的硬化，其硬化程度还与它们的材质有关。

根据上述结果，对爆炸焊接参数的经验计算公式进行了修正，并将修正的结果应用于武钢热轧带钢厂的铜-钢油膜轴承衬板的爆炸焊接实际工作中，复合率达到98%，取得了满意的结果。

文献[1322]用堆焊的方法制成了耐磨合金层和普通低碳钢或低碳合金钢的双金属复合耐磨钢板。该产品的表面合金层硬度高，具有优良的抗磨损性能，基层则韧、塑性良好。两层为冶金结合，其综合性能好、适应性强、安装和使用方便，可以进行弯曲、穿孔和焊接加工。在使用状态下，以基体足够的强度和韧性抵抗外力或冲击。一般情况下，耐磨合金层为3~10 mm厚，基板5~40 mm厚。使用结果证明，该双金属复合耐磨钢板可以代替常规材料，如高锰钢板、高锰钢铸件，不锈钢板和其他国产或进口的耐磨钢板，并且可提高服役寿命3~15倍，性价比优势突出，目前已广泛应用于冶金、矿山、水泥、电力、化工、航道疏浚、码头装卸和玻璃行业。其应用实例如下。

（1）水泥行业。选粉机叶片、立磨内衬、导风锥、输料管道、震动筛板和料仓等。

（2）风机行业。风机叶轮和叶片，后盘衬板、风机出口，易磨损部件等。

（3）钢铁冶金。料仓衬板、网幕、鼓风锅炉钟形罩和强化板、料车、烧结送料筒、管道、配送料板、出渣槽，排风机等。

（4）火电行业。风机叶轮、煤灰管道、料仓、输料槽、煤炭输送部件和料斗内衬等。

（5）煤炭行业。料仓衬板、刮板输送机底板和筛板等。

（6）其他行业。太阳能玻璃、矿山机械、建筑机械、煤矿机械、耐磨风机制造、制砖，沙石开采等。

2011 年我国的钢产量为 6.83 亿 t，煤炭 35.5 亿 t，水泥 2793 万 t，火力发电装机容量 8 亿 kW 以上。应当指出，原材料工业的产品有流程性的特点，即其生产过程中加工处理和装卸运输的物料量一般为产品数量的几倍，如水泥工业为 3 倍。因此，耐磨材料在这些行业中的需求量是非常大的。其中双金属复合耐磨钢板的使用占有很大的比例。随着低碳经济时代的到来，随着我国"节能、降耗、环保"和"规模化生产"等政策的进一步落实，双金属复合耐磨钢板的应用将有更广阔的前景。实际上，爆炸焊接技术在生产此类和上述耐磨复合材料中会大有作为和更具优越性。

文献［1323］报道了高炉风口用铜-钢复合板的爆炸焊接资料，并指出，炼铁技术（尤其是高炉喷煤技术）的发展对高炉风口材料的性能提出了更高的要求。风口材料是炼铁高炉的易损部件之一，其工作条件极其恶劣。它不但要承受近 2000 ℃高温和高温差造成的热应力的作用，还要经受熔铁滴落的冲蚀和高速回旋焦炭的磨蚀。高炉喷煤新技术的应用，加速了风口材料的磨损，使其寿命急剧下降。用爆炸焊接技术制作的复合材料解决了这个问题；在原有铜板上覆上一层耐磨和耐热性能良好的合金板。铜基板的尺寸为 22 mm×900 mm×2400 mm，合金板的厚度为 3~3.5 mm。爆炸焊接后，这种复合板的剪切强度高于铜材，复合率 100%，内弯和外弯 180°均无分层和开裂现象。该复合板有优良的焊接性能，用它制作的风口，在 1.6 MPa 的压力下，持续 30 min 无渗漏。这种由复合材料组成的风口安全、可靠，使用寿命超过一年以上，明显优于普通风口和堆焊处理的风口。

自 1998 年起，复合风口已在全国多座大、中型高炉上进行了工业试验。结果表明，它使用安全，可靠，覆层抗高温氧化、耐煤粉冲刷和铁水浸蚀。其寿命比普通风口提高 200%~250%，比处理过的风口提高 80%~150%。成本比普通风口提高了 25%~30%。但与处理过的风口相当。应用新型复合材料的风口可显著提高高炉生产作业率、降低劳动强度和炼铁成本，具有良好的应用前景。

文献［1324］通过降低炸药的爆速和增加缓冲层的厚度，用爆炸焊接成功焊接了工具钢-Q235 复合板。这种复合材料不仅有极好的耐磨性，而且还有良好的抗冲击性能。

文献［1325］用爆炸焊接法研制了钢管热连轧机架的耐磨衬板。指出，轧机衬板固定于轧机机架上起着保护机架的作用。衬板工作过程中受到轴承座的滑动摩擦和轴承座对衬板的冲击。衬板工作面与轴承座之间的间隙一般为 0.15~0.20 mm，当其达到 0.8~1.0 mm 时，衬板就必须更换，否则将影响产品质量。宝钢钢管厂热连轧机架衬板厚 15 mm，采用焊接方法将其固定在机架上。自 1985 年投产以来，这种耐磨衬板一直从国外进口。为此，曾采用国产表面强化处理衬板。但因硬化层浅、变形量大和耐磨性差，使用效果与进口衬板相距甚远。常用的衬板的复合技术有：铸造复合、黏结剂复合、扩散焊接、轧制复合和爆炸焊接等。前面几种技术各有缺点，均不宜使用。研究表明，爆炸焊接技术制造的复合衬板，完全可以满足生产的要求。爆炸焊接用原材料为基板 16 Mn，覆板高碳低合金耐磨钢，其力学性能如表 3.2.23.5 所列，其尺寸为（8+12）mm×800 mm×1200 mm。用 2# 岩石硝铵炸药，其密度为 5.733 g/cm³，炸药厚度为 20~30 mm，选用 10~12 mm 厚的橡胶板做缓冲层材料。

爆炸焊接后，复合板进行消除应力退火（600~720 ℃、保温 3~6 h，炉冷至 350~400 ℃时出炉）。然后趁热进行校平处理，最后在保温坑内冷却至室温。如此处理过的复合板的剪切强度大于 340 MPa，内弯和外弯 180°无分层和开裂现象，超声波探伤显示复合率为 100%。

经过上述处理过的复合板再经过淬火（加热到 900~920 ℃、淬火时工作面喷雾冷却，背面空冷）和回火（350~370 ℃、4 h）处理。将退火处理后的复合板进行切割和粗加工，将淬火和回火处理后的复合板精加工至成品尺寸。衬板工作面的硬度

表 3.2.23.5 原材料的力学性能

材料	σ_b/MPa	δ/%	ψ/%	a_k/(J·cm⁻²)
基板	537	25.8	54.2	85.8
覆板	1680	1.78	2.58	18.2

大于60HRC。装机运行试验表明，复合衬板的工作面有优异的耐磨性，结合层不分层开裂；工作面不开裂、剥落，使用8个月后磨损量小于0.2 mm，其比表面处理和轧制复合的衬板降低了200%以上。另外，复合衬板的背面焊接性能好，可以牢牢地焊在机架上，耐磨衬板焊接中不变形。爆炸焊接的耐磨复合衬板可以提高轧机作业率、减轻劳动强度、降低轧材成本和改善轧材质量，具有很好的经济效益。

文献[1326]讨论了高锰钢-碳钢复合板的制造和应用。结论指出，用爆炸焊接法，在高锰钢与碳钢之间能够形成高质量的焊接结合，但在焊件变形、残余应力和焊后校平方面仍存在一些问题。目前这种复合板已成功应用于运输卡车和现场施工机械的工作部件（如犁头、铲斗前缘等）。

文献[1327]报道，采用明弧自动保护堆焊工艺堆焊了大面积耐磨复合钢板，即在普通钢板上进行多枪摆动堆焊。根据母板和焊层厚度的不同可形成多种规格。根据焊层成分的变化可应用到不同的工矿环境，目前已广泛应用到水泥、钢厂、矿山、电厂等领域。其特点是耐磨性高，耐磨复合钢板的寿命是钢板的8~10倍；耐高温性能好，高温耐磨复合板在600 ℃以上的环境下仍具有良好的耐磨性；可加工性好，可切割成任何形状，可加工成各种构件。这种复合板的规格和用途如表3.2.23.6所列。

表3.2.23.6　堆焊耐磨复合板的规格和用途

尺寸		用　途	HRC
长×宽/mm×mm	厚度/mm		
3000×1600	堆焊：（3~10）	碳化铬型适合大多数工况	58~60
		碳化铬+Mo型用在300 ℃环境	60~62
可裁	母板：（5~30）	复合化合物型用在600 ℃环境	62~64

如上所述，爆炸焊接技术在此耐磨复合材料的生产上亦有良好的应用。实际上，这种复合材料市场广阔和很有开发及应用的前景，值得在本行业狠下功夫。可以预言，工具钢-钢等耐磨复合材料是继不锈钢-钢、钛-钢、铝-钢和复合管等复合材料之后，最值得大量开发和生产，以及大批量应用的又一种爆炸复合材料。

3.2.24　电真空用复合材料的爆炸焊接[413]

1. 电真空用复合材料

电真空用复合材料是把两种以上的金属和合金组合在一起用于电真空工业的金属材料。它兼有几种金属和合金的特性，具有一种材料不可能具备的综合特性。例如，用在电真空工业中的双面镍铁（过去使用纯镍）既可达到使用要求，又可增加刚性，在充分发挥纯铁的优点时又大量节省了贵重的镍资源。

电真空用复合材料首先是由德国生产的。到后来，美、苏、德、日等国在这种复合材料的生产和使用上都具有相当的规模。以日本为例，在1973年仅这种电真空用复合材料就生产了500多吨。

最先出现的电真空用复合材料是双面覆铝铁带和单面覆铝覆镍铁带。它们在小型发射管和收讯放大管中作阳极材料。其原材料是低碳钢和含1%~1.5%硅的铝，以及纯镍。在铝中含一些硅主要是为了在成品使用前处理时，使铝的退火温度能与低碳钢相接近。否则在800℃左右会形成很厚一层质脆的FeAl中间相而不能使用。这两种复合带材在氢中加热呈现暗黑色，增加了辐射率且容易散热。之后，1958年发明了铜基双面覆铝铁的五层材料。它进一步改善了散热条件，这主要是利用了铜的高导热性（铜为无氧铜）。

据不完全统计，国内电真空工业所需用的复合材料主要有以下几种：双面覆镍铁带、双面覆铝铁带、单面覆铝覆镍铁带、单面覆铝镍带、铜基双面覆铝铁带、铜芯单面覆镍覆铝铁带、覆铝可伐带、覆银可伐带、覆铜可伐带和双面覆铜镍带等。其厚度规格从0.1至0.3 mm，每年用量为80~90 t。这里用工业纯铁。如果铁中适当增加点锰，则可扩大纯铁的热加工范围。

2. 电真空用复合材料的生产方法

复合材料的结合方法很多。但对电真空复合带材来说，有意义的是热压结合和冷压结合。双面复镍铁采用热压结合法，其他一些品种主要采用冷压结合法。不管哪一种，在结合前都必须严格精整和清理结合面。因为结合面不清洁，尤其是含有油污时，将严重影响结合强度。使这些复合材料彼此结合不牢和在使用中分层。

另外，经过抛毛的坯料在轧制之前的停放时间对结合强度影响很大，时间越长结合强度越低：如停放18 min，结合强度为108 MPa；停放4 h则为85 MPa；166 h则为40 MPa。

热压结合法和冷压结合法，可以统称轧制复合法，这种方法有其优点，也有其缺点。与爆炸复合+轧制法相比，这些缺点更加明显。与复合钎料的生产一样（见3.2.30节），本书作者认为如果这种电真空用复合带材使用爆炸+轧制法来生产将优越得多：组元任意选定，厚度比任意选定，工艺简单，成本低，性能好，可以轧制成卷。今后，电真空用复合材料无论是数量，还是品种和规格都会有更高的要求，它的发展前途是非常可观的。爆炸+轧制工艺能很好地适应这种形势。

3.2.25　超导复合材料的爆炸焊接

1. 超导现象、超导材料和它的应用

1911年荷兰物理学家卡麦林·翁纳斯发现将水银冷却到 −260℃ 时，其电阻急剧地下降到零。后来人们称这种物理现象为超导现象。具有超导特性的物质即为超导体。目前已经发现现有元素的四分之一和1000种以上的合金及化合物是超导体。每种超导体在各自特定的温度——临界温度 T_c 下呈现超导电性。1985年我国北京有色金属研究总院研制的超导体的 T_c 值达到 90~92 K。1994年有文献报道 T_c 值达到了室温的一半（164 K）。最近又有文献报道在多种样品中观察到了在 240 K 附近电阻有 2~3 个数量级的陡降。因此，寻找室温超导材料并非不可能[422]。我国西北有色金属研究院在超导材料和超导研究方面也做了大量工作，取得了许多重要成果。

超导材料在高能物理、能源、运输、医疗、通讯和微电子等领域有广泛的应用，如高效率的发电机、磁悬浮列车、输电电缆和电子线路等。这些应用将在颇大的程度上影响科学技术和生产的发展及人类的生活。

2. 爆炸焊接在超导材料研制中的应用

根据资料可将这种应用归纳为如下三个方面。

（1）制造复合超导材料。目前，工业中使用的超导材料多为铌钛合金。初期使用这种合金的单芯丝绕成磁体后，由于退化现象致使不能在其短样所显示的电流下进行试验。后来采用敷铜、细芯化和扭绞等方法来克服那种不稳定现象。在这种情况下，崭新的铌钛-铜多芯复合绞扭超导线材在20世纪60年代问世。该材料将数十根至数千根极细的铌钛纤维埋入电阻率小和导热性能好的无氧铜基体内，并沿轴向进行扭绞。这种线材的出现，使超导体材料在应用效果上产生了引人注目的进展。

过去，制造铌钛-铜多芯复合超导线材的方法有两种：钻孔组装法和套管组装法。后来使用了爆炸焊接法，即用炸药的能量使铌钛-铜组成超导复合材料。

文献[423]报道了用外爆法研制两种这类组合的复合超导材料，其工艺安装如图3.2.25.1所示：一为用铜管包覆铌钛合金的单芯丝，二为用铜管包覆这种合金的多芯丝。试验结果表明，只要工艺参数合理，就可以使铌钛-铜之间达到良好的冶金结合状态，并能很好地承受后续冷轧、温轧和拉伸加工。除单芯超导线外，还用这种工艺制成了线径 0.5 mm、芯径 25 μm、芯数 199 根、铜超比为 1 和长度大于2500 m 的铌钛多芯复合超导线，并用它绕制了中心磁场强度为 8.5 T 的磁体。其超导性能达到了现今商用线的水平。实践表明，爆炸焊接法是获得这种复合超导体材料的可行工艺。爆炸包覆的该多芯复合体及其断面形状如图5.5.2.42和图5.5.2.43所示。

（2）焊接加长超导材料。在超导磁体的制作中，一个关键的课题是超导体的焊接加长。但不良的接头质量将导致磁的和热的不稳定及温升，甚至使磁体失超而恢复到正常状态。

另外，大型复合超导材料的设计与制造，常常受到现有超导体最大长度的限制。未来的磁体，特别是核聚变使用的磁体将需要数吨，用连接加长的方法无疑更简单和更经济。因此，超导体的连接加长是个重要的课题。

目前，超导体连接加长的方法很多，如钎焊、冷压焊、扩散焊、储能焊和爆炸焊等10余种。实践证明，就接头的几何形状、质量、力学性能和超导性能而言，比较起来，爆炸焊接工艺是理想的。它操作简单、质量可靠、成本低廉。

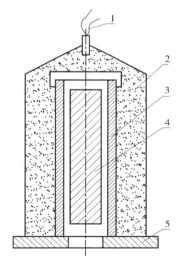

1—雷管；2—炸药；3—铜管；4—单芯或
多芯铌钛超导材料坯料；5—底座

**图 3.2.25.1　铌钛-铜复合超导材料
爆炸焊接工艺安装示意图**

国外采用爆炸法焊接超导体的研究始于 20 世纪 70 年代，国内则始于 80 年代初。这方面的工作简单介绍如下：如图 5.4.1.45 所示，进行工艺安装时，应加以适当保护。试验结果指出，爆炸焊接法可以焊接令人满意的长超导体和超导磁体电流引线[424]。

爆炸焊接后的接头经过简单修理后，其外形尺寸与原超导体基本一致。最佳者可达到难以辨认的程度，如图 5.5.2.44 所示。将铜包覆层腐蚀和溶解后，超导体内的铌钛多芯丝的焊接情况如图 5.5.2.45 所示。由这两图和它们的力学性能及电学性能试验的数据表明，接头质量是良好的，丝的焊接数为 90% 左右，抗拉强度为原始超导体的 91%，弯曲角为 180°，电阻值为 $10^{-10} \sim 10^{-9}$ Ω，并优于用其他焊接方法制成的同类接头，以及能与同类国外产品相比拟。

有文献介绍了用爆炸焊接技术把铌钛-铜复合超导体连接起来的方法，以及试验了样品接头的力学和电气性能[425]。使用这种方法可以很方便地得到铌钛复合超导体的镶嵌接头。在初步有限的试验里，即可使接头的强度等于导体原始强度的 80%。相信今后经过进一步的微小改进后，就可以把这个数值提高到 100%。由于爆炸焊接的准备工作是简单的，而且可以很准确地控制住炸药量。由此表明，在适当的夹固和固定之下，用这种技术就能够生产出优质的接头，而不需要一些特殊的技巧。一些电气试验的结果表明，虽然这种接头的部分超导性能比导体本身的要低一些，可是它的接头的电阻值是很小的。在一个大线圈里有几百个这样的接头是可以接受的。该技术可以获得不占用额外空间的接头，这就能够使导体有效地达到无限的长度。在线圈的缠绕程度中不必担心由于过多的热量或溢出的钎料使线圈受到损害。这就可以在靠近线圈的地方来制作接头，大大简化了工艺。这也是该方法优于一般常用的钎焊、钎焊-螺栓连接的原因所在。

表 3.2.25.1　不同连接方法所获得的超导体接头的室温力学性能[427]

No		连接方法	接头形式	性能种类	σ_b/MPa	备注
1	1	爆炸焊接	斜面搭接	拉伸	304	为该超导体强度的 80%
	2				335	为该超导体强度 97.3%
	3				320	—
2	1	冷压焊接	对接	拉伸	563	导体
	2				528	导体退火后
	3				474	导体接头
	4				392	退火后 1 号接头
	5				398	退火后 2 号接头
3	1	扩散焊接	斜面搭线	拉伸	453	—
	2				449	—
	3				460	—
4	1	超声波焊接	搭接 200 mm	拉伸	189	刮削处理
5	1	钎焊	97.5Pb61.5Ag1Sn	搭接	剪切	17.3　19.8	—
	2		95Sn5Ag			40.0　21.4	—
	3		25In37.5Pb37.5Sn			24.9　12.5	—
	4		80Pb20Sn			21.4　20.5	—
	5		50Pb50Sn			18.9	—
	6		95Pb65Sn			—	—

有人在 6.35 mm² 截面的超导体上进行了研究[426]。这些导体以 6° 和 12° 的斜角搭接结合，并放在 2 块铜板之间。使用了具有 3050 m/s 爆速的炸药。焊接接头经过金相研究和拉伸试验。其强度是基体材料的 80%，结合界面电阻与基体金属区别不大。

现将一些文献中提供的用爆炸焊接法研制的超导材料的力学和物理性能如表 3.2.25.1～表 3.2.25.8 所列。

表 3.2.25.2　铜-铌钛超导体接头的爆炸焊接工艺和拉伸强度[428]

No	爆炸焊接工艺	基体强度 σ_b/MPa	超导体的 σ_b/MPa	占基体金属强度的百分比/%
1	规格 6 mm×6 mm，工件斜面角 12°，芯丝数量 500 根，W_g = 2.31 g/cm²，铜/超导体 = 1.2:1，一面布药，在另一面放置辅助炸药，其余同上	594	307	51.6
2		594	322	54.2
3		594	470	79.1

表 3.2.25.3　爆炸焊接铜−铌钛多芯
超导体接头的室温拉伸性能[429]

No	σ_b/MPa	ψ/%	断口部位
1	332	60	中间
2	334	57	中间
3	335	59	接头外
4	520	63	接头外
5	518	52	接头外

注：1 号和 2 号为无接头同类超导体，铜均为软态。

表 3.2.25.4　爆炸焊接铜−铌钛多芯
超导体接头在液氮下的拉伸性能[429]

No	σ_b/MPa	ψ/%	断口部位
1	427	55	靠近表头
2	401	53	靠近表头
3	449	42	靠近表头
4	415	66	接头外
5	356	63	接头内
6	451	53	接头外
7	426	49	接头外

注：1 号~3 号为无接头同类超导体，5 号接头内约有 1/3 接触面没有焊接，铜均为软态。

表 3.2.25.5　铜−铌钛超导带爆炸
焊接接头的室温拉伸性能[430]

No	拉断载荷/N	σ_b/MPa	断口位置
1	2367	265	—
2	2367	265	—
3	2372	265	—
4	2372	296	接头外
5	2626	394	接头外
6	2303	303	接头外
7	2352	344	接头外

注：1 号~3 号为无接头的试验带。

表 3.2.25.6　不同连接方法得到
的超导体接头的低温电阻值[427]

连接方法	接头的低温电阻值/Ω
静电焊	10^{-14}
储能脉冲焊	10^{-13}
爆炸焊	$10^{-9} \sim 10^{-11}$
超声焊	10^{-9}
钎焊	$10^{-8} \sim 10^{-10}$
冷压焊	10^{-8}

表 3.2.25.7　不同连接方法获得的超导体接头在低温（77 K）下的拉伸性能[427]

No	结构类型	导体类型	连接方法	导体状态	接头长度/mm	破坏强度/MPa	破坏部位
1	搭接	C	钎焊 Ag 1.5	软	127	191	接体
2	搭接	C	电子束焊	软	50.8	328	导体
3	套筒搭接	B	钎焊 Ag 1.5	软	127	504	夹头
4	套筒搭接	A	钎焊 Ag 1.5	软	127	465	导体
5	锥形搭接	B	钎焊 Ag 2.5	软	127	494	导体
6	搭接	B	钎焊 Ag 2.5	软	127	503	导体
7	搭接	B	钎焊 5/95	软	127	490	导体
8	锥形搭接	B	钎焊 Ag 1.5	软	127	513	夹头
9	斜面搭接	A	爆炸焊	硬	101.6	672	接头
10	斜面搭接	D	爆炸焊	软	42	411	导体
11	铆搭接	A	铆+钎焊 Ag 2.5	软	127	494	导体
12	搭接	B	电子束焊	硬	50.8	508	接头
13	套筒搭接	B	钎焊 Ag 2.5	软	127	503	夹头
14	侧面搭接	B	钎焊 Ag 2.5	软	127	546	夹头
15	搭接	C	钎焊 50/50	软	127	160	接头

注：A—0.838 mm×11.2 mm，铜/超导体 = 3.4，84 NbTi 芯；B—1 mm×9.8 mm，铜/超导体 = 3.4，84 NbTi 芯；C—3.05 mm×9.3 mm，铜/超导体 = 80，6NbTi 芯；D—3.6 mm×7 mm，铜/超导体 = 10，204 NbTi 芯。

文献[1328]指出，早在 20 世纪 70 年代末和 80 年代初，美国劳伦斯·利弗莫尔实验室为制造受控热核聚变反应装置的一对 Yin-Yang 大型线圈用的长超导体，采用了爆炸焊接的方法，制作了截面为 6 mm×6 mm 的 NbTi-Cu 多芯超导复合接头。该接头的样品在 4.2 K、6 T 场强下，临界电流为 750 A，低温电阻为 $3×10^{-11}$ Ω。英国帝国金属工业公司用含有许多爆炸焊接接头的 NbTi-Cu 超导体绕制了磁体线圈。该导体截面为 10×1.8 mm。在 6T 场强下，接头的临界电流为 1500 A，低温电阻为 $2×10^{-8}$ Ω。1981 年中国宝鸡有色金属研究所也采用爆炸焊接技术，成功地爆炸焊接了 NbTi-Cu 多芯超导短棒，试样的尺寸分别为 7 mm×3.6 mm，204 芯和 3.6 mm×1.8 mm，174 芯。超导接头在 4.2 K、5T 场强下，平均电流值为 180 A。上述二者的研究结果已应用于中、长型超导带的生产中。

几种方法生产的超导接头的低温电阻率的比较如表 3.2.25.9 所列。

文献[1329]报道，西北有色金属研究院和北京英纳超导技术公司建成了 200 km 的生产线，为我国高温超导技术产业化提供了必要的材料基础，300 km 长带的临界电流达到国际先进水平。

文献[1330]报道，北京有色金属研究总院自 20 世纪 60 年代开始研究超导材料，是国内较早从事低温超导材料研究与开发的单位。几十年的发展过程中，先后开发成功 NbTi、Nb3Sn、V3Ga，Nb3Ge 等多组分、多系列的低温超导材料，是国家超导材料研发和应用的重要基地。该研究中心组建于 1992 年，以高温超导材料为主攻方向。研究涉及高温超导材料、薄膜、靶材、粉体等全部实用超导材料。先后承担和完成多项国家"863""973"等研究项目，在国内外拥有良好的影响力和知名度（表 3.2.25.10 和表 3.2.25.11，以及图 3.2.25.2 和图 3.2.25.3）。

文献[431]指出，自 20 世纪 70 年代开始，以铌钛合金超导材料制作的实用超导磁体已进入大型化阶段。这不仅对该超导材料的性能提出了更严格的要求，而且对导体的长度也要求越长越好。例如，现在的一些超导装置，实用超导材料重达数十吨，每根的长度至少数千米。要制造这样的长度的超导线，往往受到加工设备的限制。因此就提出了超导材料焊接加长的问题。但是，经过焊接以后，如何保持焊接部位的固有超导性能，就成为研究这种材料焊接的主要问题。这个问题的深入研究，不仅具有理论上的重要性，而且具有现实的必要性和迫切性。

表 3.2.25.8　爆炸焊接铌钛芯丝接头的室温拉伸性能[429]

No	铌钛芯丝长度/mm	铌钛芯丝重量/g	状态	σ_b /MPa	断口部位
1	150	0.0107	硬	1053	靠近夹头
2	150	0.0107	硬	1101	中间
3	150	0.0105	硬	748	中间
4	150	0.0117	硬	724	接头外
5	150	0.0115	硬	873	接头外
6	150	0.0113	硬	634	接头外
7	200	0.0165	硬	1022	接头外
8	200	0.0174	硬	917	接头内
9	200	0.0158	硬	693	接头内
10	200	0.0164	硬	980	接头内
11	200	0.0156	硬	927	接头内

表 3.2.25.9　几种焊接方法制造的超导接头的低温电阻率比较

焊接方法	储能冲击焊	爆炸焊	冷压焊	超声焊	钎焊
低温接头电阻率 /($\Omega \cdot$ cm)	10^{-13}	$10^{-10} \sim 10^{-9}$	10^{-8}	10^{-9}	$10^{-9} \sim 10^{-8}$

表 3.2.25.10　铜-铌钛多芯超导体的爆炸焊接参数和接头性能[427]

国家	超导体	爆炸焊接参数				接头焊接情况	相对抗拉强度		电性能	
		导体斜面角 α_1/(°)	两斜面夹角 α_2/(°)	h_0 /mm	W_g /(g·cm^{-2})		室温	液氮	I_c 接头 / I_c 母体	低温电阻 /Ω
美国	6 mm×6 mm 铜/铌钛=1.2，500 芯	12	6	0.79	3.64	尾部局部地方没有焊接	为母体的 79.6%	—	80%	～10^{-10}
中国	1.8 mm×3.6 mm 铜/铌钛=5，174 芯	5	0	2.5	7.2	全部良好焊接	为母体的 100%	为母体的 100%	90%	—

表 3.2.25.11　EJ Ⅱ超导体爆炸焊接接头的临界电阻值[429]

背景场/T	临界电流/A			平均电流退降/%
3	—	2525	2519	—
4	2558	2181	2162	15
5	2000	1781	1808	10

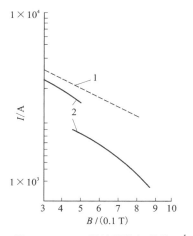

图 3.2.25.2　爆炸焊接铌钛接头在磁场中的临界电流[427]

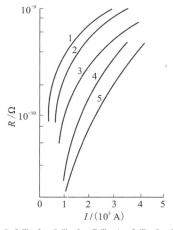

图 3.2.25.3　4.5K 时铌钛爆炸焊接接头的临界电阻值[427]
1—8.5 T；2—8 T；3—7 T；4—3 T；5—5 T

目前，连接超导体的焊接方法计有爆炸焊、超声焊、扩散焊、钎焊、冷压焊和储能冲击焊等。不论哪种焊接方法，对接头的性能都有如下要求：第一，尽可能低的接头电阻。试验证明，当负载电流为千安级时，所允许的接头电阻率的上限值为 10^{-8} Ω·cm。否则，电阻过大会引起局部发热，最后造成失超。第二，焊接后超导线临界电流的下降尽可能小。焊接时，要求焊接温度不超过（350~400）℃。否则将改变接头部位的微观组织，而这种组织是铌钛合金对临界电流的一个很敏感的影响因素。第三，焊接接头应该有足够的力学强度。超导体在工作时受到了多种力的作用，例如冷却时的热应力、励磁时产生的洛仑兹力和缠绕磁体时产生的弯曲应力等。因此，要求焊接接头部位应具有足够的力学强度。对于搭接接头来说，这种强度表现为剪切强度和分离强度；对于对接接头来说表现为抗拉强度。第四，焊接接头的形式应该适宜于绕制磁体。也就是说，这种接头应该尽可能减少占据磁体的额外空间。据此要求，以选择对接接头为好。第五，所有的连接方法还必须考虑工程应用的可能性和可靠性。上述几种搭接方法，国内外都已成功地应用于实验室的研究中，部分方法已在工程中有所应用。但对于在不同方法下工程实用的可能性和必要性的深入研究及比较筛选工作到目前为止还较欠缺。

对于铌钛超导体的爆炸连接，国内外都取得了较为满意的结果，并且部分研究成果已应用于长型超导长带的生产。然而，有一些问题需要进一步研究。其一，爆炸焊接的结合区有塑性变形、熔化和扩散等新型界面层组织。这种组织是导致接头超导电性和力学性能发生变化的直接原因。这种影响的机制和可恢复性等问题还需进一步研究。其二，爆炸焊接技术在焊接较大截面积的超导带材方面，显示了较大的优越性。对于小的和极小的截面超导体的焊接，要获得较好的结果困难较大。特别是多芯超导体，由于接头配置时导体两端的芯丝很难对正，只要稍微偏离一点，对焊接效果影响甚大。这也是爆炸焊接方法的不足之处。因此，发展简便和可靠的焊接工艺方法是连接超导中长线（带）的客观需要，也是今后制造大型磁体的重要因素之一

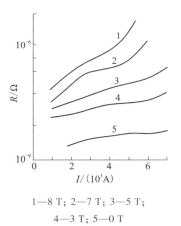

图 3.2.25.4　磁镜核聚变装置用的铌钛超导体三个冷压焊接头的电阻[427]
1—8 T；2—7 T；3—5 T；4—3 T；5—0 T

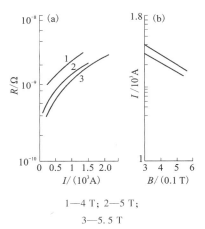

图 3.2.25.5　铜-铌钛多芯超导长带爆炸焊接接头的电阻（a）和临界电流（b）[430]
1—4 T；2—5 T；3—5.5 T

（图 3.2.25.4 和图 3.2.25.5）。

（3）制造超导开关材料。用爆炸焊接法可制造复合超导开关材料[432]。这种材料有两层和三层：NbTiZr-Cu，Ag-NbTiGe-Cu，PbBi-Cu 和 PbBi-NbTiZr-Cu，其中铜均为无氧铜。

在超导性能测试中，将两块复合板分别内外弯曲 90°，以构成接触对。接触表面应磨光和清洗干净。接触压力为 1.94 MPa。浸泡在液氮中，用电子电位差计测量接触电阻。结果表明，由 Ag-NbTiGe-Cu 复合板构成的接触对的接触电阻为 0.22 Ω，在 50~350 A 电流区间内是稳定的。随着接触应力的增加，接触电

阻有所下降。但随着"开-闭"循环次数的增加，接触电阻又有所增加，然而增加的速度缓慢。"开-闭"循环 10 次后，其平均增加值为 0.361 Ω。

用 Ag-NbTiGe-Cu 复合板构成接触对，在用于电感 $L = 4$ H，$I = 150$ A（或更大一些）的回路中，用磁场衰减法测得的衰减时间常数 $T = 5000$ h。这表明在该回路中经 530 h 后，其电流值仍保持初始值的 90% 和其储能量初始值的 81%。用磁场衰减法和电子电位差计测出的同一接触对的接触电阻的误差为 13.5%。结论指出，用爆炸焊接法获得的 Ag-NbTiGe-Cu 三层复合超导材料制成的开关，其接触电阻性能不低于同类型的日本产品。

文献［433］报道，爆炸焊接在强力超导输电中也得到了应用。已制备成 3400 MV·A 的三芯超导电缆。圆形超导体和隔罩的基体是铌-铜-因瓦合金三金属，其中铌是超导体。还进行了铌和 Nb_3Sn 基超导体的研究工作。它们由铜或青铜基体中的 200 根 Nb_3Sn 丝组成。该文献还指出，用炸药爆炸产生的高压和高温可以获得高温超导材料。例如，文献［434］用爆炸焊接法进行了粉状 $YBa_3Cu_3O_7$ 组元的试验，从而制备了带金属基体的超导复合体。由此可见，爆炸加工技术在制备新的超导材料上的应用，已引起了国外专家的重视。

文献［1187］报道，在超导高频加速空洞中，使用加工成蛇腹状的铌配管。铌在液态氦的温度下有超导现象。但是由于高频电流只在热表面层流动，所以使用内表面用银、外周用铜制成的加速空洞。以往是将铌-铜复合板用冲压成形的方法加工成半球状，然后再沿其赤道线焊接而成。最近，为了进一步降低成本和提高性能，人们正在尝试制作铌-铜的复合管，然后采用液压凸肚成型的工艺将其制成蛇腹状的超导加速空洞。

铌-钛和铌-铜的二元系相图分别如图 5.9.2.23 和图 5.9.2.33 所示。

综上所述，爆炸焊接在超导材料上的诸多应用是这门高新技术又一很好的应用领域。在此方面更多的应用有待研究及开发。

3.2.26 原子能复合材料的爆炸焊接

1. 原子能材料

原子能是被人类越来越多地利用的一种巨大能源。原子能反应堆是将原子能转化为电能的一种主要机构。原子能材料是指在裂变式和聚变式原子反应堆中使用的各种金属材料。这些材料大都为稀有金属及其合金。

原子能用金属材料主要包括如下一些：

（1）结构材料。这种结构材料包括燃料包套和其他结构件。如压力容器、各种管道系统，控制棒导管、热交换器、冷却剂冷凝装置和堆芯支板等，以及稀有金属中的铍、钛、钒、钼、钨、钽、铌、锆和铪等。锆及其合金是其中性能好和应用广的一种。

（2）控制材料。即借吸收中子以控制反应堆，使其在一定的电功率下安全运转或停堆的材料。这种材料要求具有很高的中子吸收面、适当的力学强度、高的热稳定性和辐射稳定性、良好的热传导和耐蚀性。

（3）减速和反射材料。减速剂的主要功能是通过弹性散射，以降低裂变反应产生的高能中子的能量。反射剂是指能把逃逸的中子反射到堆芯热中子再生区的材料。它们都要求有良好的散射性能和低的中子吸收截面。

（4）屏蔽材料。这种材料是防止容器和冷却剂等升温，保护生物和人体安全，保证电磁和电子仪器的正常运转。屏蔽的作用是降低快中子的能量、吸收中子和衰减的 γ 射线。钽和钨的密度及熔点都很高，可作为屏蔽材料使用。

为了节省稀有金属材料和降低成本，国内外在反应堆的建造中，已越来越多地使用金属复合材料，特别是结构材料。如各种压力容器、热交换器、冷凝器和管道等，取得了良好的效果。这一点已为几十年来的大量实践所证明。这些复合材料原则上都能用爆炸焊接法生产。

2. 在裂变反应堆中用金属复合材料的爆炸焊接

这类复合材料的爆炸焊接在 3.2.7 节~3.2.9 节中介绍了一些，这里再介绍另外一些。

（1）锆合金-因科镍管接头等的爆炸焊接。文献［156］提供了这种管接头爆炸焊接的工艺、组织和性能。

为了获得搭接和斜接的该组合的管接头，使用了如图 5.4.1.24 和图 5.4.1.25 所示的工艺安装图。其中，外管为锆合金，其外径为 91.4 mm，内径为 82.3 mm；内管为因科镍，其外径为 80.9 mm，内径为 77.9 mm。出于排气的要求，界面内的气体用真空泵抽出至一定的真空度。使用 C-3 炸药 40~60 g，原始间隙在 0.25~2.03 mm 之内选择。锆合金管的待结合面设计成平直的、槽形和扇形的（图 3.2.26.1）。

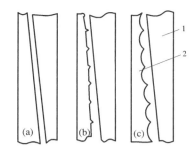

（a）—平直面；（b）—槽形面；（c）—扇形面；
1—因科镍；2—锆合金
图 3.2.26.1　锆合金和因科镍管
待结合面的形状示意图

试验指出，在上述试验条件下，锆合金和因科镍之间形成了焊接。并且，随着炸药量的增加，两种材料焊接的面积增加；随着间隙距离的增大，结合区内生成的金属间化合物的量增加；随着间隙内真空度的升高，那些化合物的量减少。待结合面上的沟槽和扇形设计有利于爆炸焊接过程中表面氧化膜的破碎和增加接触锁合角度，从而有利于焊接和焊接强度的提高。

力学性能试验指出，该双金属的拉剪强度在 300~486 MPa 之内；拉伸性能则为 $\sigma_b = 663~730$ MPa，δ 为 3%~12%；冲击硬度中锆合金由原始的 226 增加到最高的 261，因科镍由原始的 150 增到最高的 336。结果表明，图 3.2.26.1 的几种形状都可以获得焊接，但较为满意的还是扇形的。实验还指出，炸药量和预真空是获得强固焊接的两个重要因素。

有文献报道[435]，通过爆炸焊接已成功地将下列材料焊接在一起：锆_2 + AISI304L、锆 2.5 铌 – AISI304L、锆 2.5 铌 – UHIC10、SAP – SAP、SAP – AISI304L、A12Si – AISI304L、锆_2 + 锆_2 和 AISI316L – AISI316L。其中一些组合的复合管的力学性能如表 3.2.26.1 所列。

金相观察指出，它们的结合区为典型的周期性变化的波状组织。波形结合区的厚度大约有 0.07 mm。电子探针微区分析的结果表明，结合区的一些穴孔内主要元素是 Zr 和 Fe，它们的含量接近金属间化合物 $ZrFe_2$ 的成分。这些断续分布的小穴对复合管的力学性能没有什么不良影响。复合管的结合强度与基体材料相近，并且破断位置超出了结合区。用这些爆炸复合管制作的异种材料的过渡接头，它们的渗漏紧密度是绝对可靠的，即使在热循环的条件下，对于膨胀系数极为不同的两种材料的管接头来说，也是同样可靠的，可以放心地将它们用于原子反应堆之中。

表 3.2.26.1　一些组合的复合管的力学性能

No	外管材料	内管材料	热循环 （100~400 ℃）/次	σ_τ /MPa	弯曲抗力 /MPa
1	锆_2	AISI304L	—	289	
2	AISI304L	锆_2	1233	268	
3	AISI304L	锆_2	—	301	
4	AISI304L	锆 2.5 铌	—	382	
4	AISI304L	锆 2.5 铌	1058	412	
6	C10	锆 2.5 铌	—	355	1076
7	C10	锆 2.5 铌	—	380	1208
8	C10	锆 2.5 铌	—	248	1045
9	C10	锆 2.5 铌	—	347	1009
10	C10	锆 2.5 铌	—	372	1098

已研制成功的管接头的尺寸范围：直径从 8.7 mm 到 110 mm，壁厚从 0.3 mm 到 3 mm。一台每小时能够焊接 100 个燃料元件的管接头的爆炸焊接机正在研制中。

文献[184]报道，在放射性化学生产和原子动力装置中利用了爆炸焊接的锆和耐蚀钢及铬镍合金的过渡管接头，这种接头为直径为 80 mm 和壁厚为 4 mm 的无台阶式（即斜接式）。它们的强度性能处于锆的力学性能的水平上。金相分析和超声波检验指出，过渡区有无缺陷的结构和完整的波形组织。热循环试验（在加热到 200 ℃ 和冷却 1000 次的情况下）显示了这种过渡接头的高的密封性，对其生产工艺进行了半工业性试验后，工业性试验获得了良好的结果。

在原子反应堆的设备中，有许多压力容器、热交换器、冷凝器和管道系统等。这些设备的制造已越来越多地使用了金属复合材料。如钛-钢、不锈钢-钢、因科镍-钢、锆-钢、铌-钢、钽-钢、镍-钢和铅-钢等。这类材料既有覆层的物理和化学性质，又有基层钢的高强度和低成本的特点。它们作为上述设备的管板、筒体和管道在经济上及技术上是很合适的。爆炸焊接是生产这些复合材料的最有前途的一种新工艺和新技术。

例如，在美国一家生产原子能发电设备的公司，为了制造各种热交换器的管板，广泛地使用了爆炸复合的钢板。在1972年就生产了大约70个这种类型的重约50 t和直径3300 mm的管板。并且指出，爆炸复合的双层钢在原子动力装置中使用的5年里增加了3倍。由此可见，爆炸复合材料在原子能用材料中占有多么重要的地位[28]。

表3.2.26.2列出了爆炸焊接的原子能用金属复合管的材料及其尺寸，为了防止扭曲采用了芯棒。

文献[270]报道了用爆炸焊接法制造斜切口式（即斜接式）的直径达0.5 m的锆合金-不锈钢过渡接头的消息。

据资料综合报道，在核工程中还使用了如下爆炸焊接的金属复合材料：用于制造运输核燃料渣的容器的不锈钢-铜-不锈钢复合板；用于离子雾化装置的

表3.2.26.2　原子能用金属复合管的材质及其尺寸[436]

No	内　管			外　管		
	材　质	外径/mm	壁厚/mm	材　质	外径/mm	壁厚/mm
1	Zr$_{-2}$	110	2	X2CrNi18.9	119	2
2	Zr$_{-2}$	110	2	X2CrNi18.9	106	2
3	Zr	112	3	X2CrNi18.9	120	3
4	Zr2.5Nb	98	3	X2CrNi18.9	104	3
5	Zr2.5Nb	98	3	st37-2	104	3
6	CAП和(7%~10%)Al$_2$O$_3$	98	3	X2CrNi18.9	102	2
7	ZrFeCu合金	114	4	X2CrNi18.9	122	4
8	ZrFeCu合金	126	3	X2CrNi18.9	132	3

钽-铜复合板；用于制造液氮、液氧、液氩、液氮和液化天然气储罐的铝合金-铝-钛-镍-不锈钢五层复合板；用于氟利昂冷凝器底板的青铜-钢管板；用于核子加速器真空箱壁的铜-钢复合板和核动力装置内盛装水银（传压介质）的钛-不锈钢复合管等。由此可见，为了大量节省稀贵材料、降低工程造价和提高使用性能，在核工程中用复合材料代替相应单金属材料是一个方向。而爆炸焊接是制造这些复合材料和零部件的最佳技术。

用爆炸焊接法制备的铁和镍基合金与锆的复合材料，已用于原子能反应堆[437]。

爆炸焊接技术在加拿大原子动力装置中，也得到了应用[438]。在耐蚀性金属层复合热交换器的管板和其他在浸蚀性介质中工作的零件中，就引入了这种技术。为了复合低碳钢，制取了具有高强度和高耐蚀性的Detclad复合材料。爆炸焊接也被用来结合各种由钢、铜、铝、镍、钛和其他金属，以及以它们为基的合金复合零件。

试验研究了爆炸焊接在反应堆燃料元件生产中的应用[439]。第一批试验是在直径为30~34.2 mm的7%CAП平滑管子中完成的。借助炸药包使法兰盘焊接在这种管子上。这种焊接在一般情况下借助于银焊料的钎焊来完成。爆炸焊接好的管与法兰盘的试样，在充满氮的情况下承受了0.5~1.0 MPa的过剩压力的作用。结果表明，焊缝是真空致密的。在450 ℃的温度下，用加载速度为0.5 MPa/min的过剩压力，确定了该接头的力学性能。试验指出，在压力大于5 MPa的情况下发生了焊缝的破坏。此时，剪切强度为58 MPa。在锆$_{-2}$合金燃料元件爆炸焊接的时候，获得了满意的结果。文献[440]利用低速炸药焊接了锆和不锈钢及因科镍，接头是高质量的。

用爆炸法能使下列金属材料结合：锆合金和因科镍；钛、铝和因科镍、镁、不锈钢等。在焊接核容器的管板的时候，也采用了爆炸焊接[441]。

3. 在聚变反应堆中用金属复合材料的爆炸焊接

文献"氚增殖包层的大型含流道板构件爆炸焊接技术研究"（段绵俊①）报道了"内含流道的产氚包层第一壁爆炸焊接制造"，指出：聚变发电被视为未来人类的清洁能源，而氚增殖包层具有产氚、转化及提取热能、屏蔽中子辐射等功能，是聚变堆实现氚自持的关键构件；由于其长期承受着高能中子辐射、复杂的热力耦合载荷，应用环境极为严苛，氚增殖包层也是聚变堆最难制造的部件之一。因此，氚增殖包层的设计及制造被视为聚变能商用的关键技术之一，备受聚变界重视。

氚增殖包层是聚变堆的核心部件，其所需的含流道板构件具有面积大，壁薄且应用环境苛刻的特点，是聚变堆的工程难题。现有制造技术存在焊接强度低、材料力学性能劣化，难以工业转化等问题。本课题

① 段绵俊：氚增殖包层的大型含流道板构件爆炸焊接技术研究（待发表）。

基于包层结构特征及制造需求分析，提出了一种新的爆炸焊接制造技术。针对含流道板"焊合区与非焊合区交替分布"的特点，创新了"凸台式装药"，构建凸台式装药的二维及三维模型，通过理论分析与数值模拟研究其爆炸焊接机理，解决焊接能量需求不均衡的矛盾；研发新的支承模板等工艺装置，解决填充、脱模及防粘三大工艺难题；分析研究爆炸焊接变形机理、规律及其控制技术，实现爆炸焊接制造的精确化；研究 CLAM 钢的爆炸焊接特性，制备 CLAM 含流道板，运用多种检验手段分析其焊接质量，并评估其在核聚变堆中的应用安全。该技术具有焊接强度高，不影响材料组织等优点，可制备长于 1.2 m 的大型构件，是包层制造技术的重大突破，为我国的 TBM 及 CFETR 包层储备相关技术，在核聚变、航天、航空等领域具有广泛推广应用前景。

含流道板的爆炸焊接工艺示意图如图 5.4.1.149 所示。其实物产品见图 5.5.2.522～图 5.5.2.528。

参考文献中还有一例爆炸焊接的复合材料在聚变反应堆中的应用：3.2.76 节指出，在将来的聚变堆运行中，氚元素因具有较强的渗透性，极易造成环境污染，而陶瓷材料有阻渗防污的作用，但其脆性限制了它在这一方面的应用。为此先用爆炸焊接法制备不锈钢-铝的复合管，然后将该复合管的铝层全部或部分地转化为氧化铝陶瓷材料。这种复合管也就具有了阻渗防污的能力。此即为用爆炸焊接+表面改性的方法来获得有特殊用途的复合材料的一个很好例子。

文献[442]指出，在热核聚合装置中，传统材料和它们的加工方法在许多情况下不能满足工作条件（高的通量、恶劣的能量光谱、中子照射和大的热流等）的要求。为此目的，爆炸加工成为了制造一些特殊材料结构件的新方法。例如爆炸焊接可以制造多层材料，平面的和圆柱形的，如铜-钢复合材料。爆炸粉末冶金可以获得在金属陶瓷和它们的混合物的基体上覆上疏松的覆层，以保证在非晶型合金的基础上制造最简单的构件。爆炸强化可以用来提高金属的屈服极限和强度极限，以改善辐射特性而不改变产品的几何形状。由此可见，爆炸加工技术在核工程中，在制造满足该领域特殊性能要求的新型材料方面是大有作为的。爆炸加工（包括爆炸焊接）在核工程中的应用前景，极大地取决于使用者和设计人员的想象力及创造性。

上述锆-镍、钛-镁、铝-镁、铝-镍的二元系相图分别如图 5.9.2.60、图 5.9.2.22、图 5.9.2.43 和图 5.9.2.42 所示。

3.2.27 核燃料复合材料的爆炸焊接

1. 核燃料材料

铀和钍都是一种核燃料材料。前者在地壳中的含量为 0.0004%，后者为 0.0012%。其丰度类似铅和钼。据估计由地壳中钍所得的能量多于由铀和石化燃料所得的能量。

在裂变式核反应堆中最初的核燃料是铀。钍也是核能燃料的来源。它们在核工程中被广泛应用。

2. 核燃料复合材料的爆炸焊接

文献[443]报道了锡、铀和钍与铜爆炸焊接的资料：厚 1 mm 的锡的飞板，固定到厚 2 mm 的承压的铝板上，随后同 6 mm 的铜板焊接了。后来将尺寸为 0.5 mm×10 mm×15 mm 的钍板和铀板粘到不锈钢的承压板上，并且和 0.5 mm 厚的铜板焊接了。炸药的爆速为 2700 m/s。当爆速为 1500～2700 m/s 和冲击角为 6.5°～20.8°时获得了优质的结合。锡-铜的结合面在所有情况下均为波状。而铀-铜的结合面在爆速为 1800 m/s 时是平直的，在更高的爆速下是波状的。铀-铜和钍-铜复合板用作重离子的靶子。铜-锡的二元系相图如图 5.9.2.37 所示。

3.2.28 装甲复合板材料的爆炸焊接

1. 装甲复合板材料

装甲复合板材料目前有三种类型的用途：装甲车辆用的，战斗机用的和武装人员用的。

在装甲车辆的生产中，均质薄型装甲板的消耗量大，它的生产工艺简单，成本低廉。其缺点是若处理得过硬则变脆；若过软则抗弹能力低，均不能满足使用要求。但对于双硬度的装甲复合钢板来说，其优点是面层硬和背层软。这样既可以使抗弹能力比均质好，又可减少装甲的等效厚度，减轻车辆重量和提高机动性。因此，在轻型车辆装甲材料的生产中，采用双硬度的装甲复合钢板是一个发展方向。

我国强击机的防弹装甲板过去是从国外进口的均质钢板。它比重大、强度高和不能成形，仅用于驾驶员座舱地板、油箱、油盖和油泵口盖等处有限部位。航空轻型防弹装甲复合板的研制将为下一代强击机提供比重小、强度高、能成形和防弹效果好的新型复合材料。

　　武装人员为减少伤亡,在人体的关键部位设置轻便和有效的防护材料,例如防弹背心,是个理想的方法。

　　根据防弹机理,材料的强度和韧性对于防弹装甲板来说,是两个同样重要的性能指标。但对于均质材料来说,它们是相互制约的,两者往往不可兼得。所以要提高防弹性能,任何装甲板都应当采用复合材料。

2. 装甲复合板材料的爆炸焊接生产

　　装甲车辆用装甲复合板,国外曾使用轧制复合、锻压复合、挤压复合和爆炸复合的方法,也有用电渣复合和随后轧制的生产方法。航空用装甲复合板的生产方法主要有螺栓连接、胶接、双金属轧制和爆炸焊接等方法。防弹背心的制造方法与上述相似。

　　实际上,爆炸焊接以及与轧制等压力加工工艺相联合来生产上述装甲复合板材料更有独特的优势:工艺简单、金属组合的层数不限和材质可以任意选择、结合强度高、防弹性能好、成本低和能批量生产等。

　　我国曾用爆炸焊接+轧制的方法研制了覆板代号为2Π和FP,基板代号为BP的两种装甲车辆用装甲复合钢板(见图5.5.2.62),力学性能试验表明,其结合强度高于软层基体金属的强度,断裂面绝大部分发生在软层一侧。断口扫描电镜观察发现主要为韧窝状。爆炸和爆炸+轧制的该双金属的结合性能良好。

　　靶试结果表明,这种装甲复合钢板的临界穿透速度较均质材料有明显提高。并且随复合板面板硬度的提高其抗弹性能提高。当面板硬度不变时,背板硬度提高后临界穿透速度提高。但面板和背板的强度及强度之比应当适中。此时,即使靶板被打穿,也只是弹丸挤缝和穿孔,而不会产生崩落、环切或冲塞等不良现象。弹孔解剖结果表明,所有复合界面都是很完整的,既未裂开也没有崩落。因此,用爆炸+轧制工艺来获得该种装甲复合钢板在技术上是可行的,质量上是可靠的,可作为轻型装甲车辆用结构材料。

　　我国还曾用爆炸焊接法研制过不同厚度和厚度比的、由钛及钛合金组成的三层航空轻型防弹复合装甲板。这种装甲板应当强度高、重量轻、防弹性能好。不同厚度和厚度比的两种三层装甲板断面的显微硬度分布曲线如图3.2.28.1和图3.2.28.2所示。

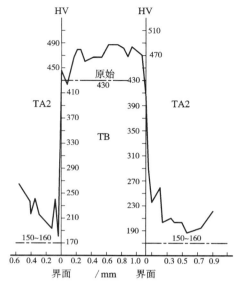

图 3.2.28.1　TA2-TB-TA2 三层复合板断面的显微硬度分布曲线(1)

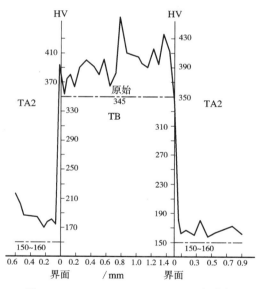

图 3.2.28.2　TA2-TB-TA2 三层复合板断面的显微硬度分布曲线(2)

　　试验结果指出,要提高这种装甲复合板的抗弹性能有两个途径:第一,在保证硬层材料强度的前提下提高复合材料的韧性;第二,在保证韧性材料韧性的前提下提高复合材料的强度。对于薄装甲板,特别是对其厚度有严格要求时,它的强度和韧性应该有一个临界值。为了使弹丸着板后弹跳,迎弹面的材料还应有相当高的弹性模量。因此,这种复合材料的选材和匹配至关重要。爆炸焊接是可以提供这种复合材料的一个很好的生产方法。

　　文献[24]指出,适当地将物理和力学性能相差很大的两层和多层金属材料组合起来,用爆炸焊接法可以获得具有优越冲击性能的轻型金属防弹装甲材料。例如,把镀金金属爆炸焊接包覆到SAE钢带的两面,以制成防弹背心。

　　下面是另外两种爆炸焊接的多层防弹材料的资料:一是由不锈钢和碳钢交替组成的,共16层,每层厚

0.5 mm；二是由铝和高锰钢交替组成的，共 11 层，每层厚 0.125 mm。后者按单位面积具有相同质量的情况与组成中的单项金属相比，表明防弹性能强得多[3]。

文献[444]研究了高强度材料，例如马氏体时效钢与铝装甲板爆炸焊接的可能性。文献[445]用爆炸焊接获得了铝-低碳钢-钢装甲结构材料。

文献[446]报道，为了对付装甲，提出了一个可获得定向爆破的双金属锥筒（注：意指双金属药形罩，见 1.2.2 节和图 5.5.2.75）的方法。它是由不同金属爆炸焊接、切成圆盘、退火和成形锥筒等工艺制成的。这种形式的锥筒的双金属结构可以更有效地穿透装甲。

实践证明，只要材料选择得当，上述装甲复合材料和破甲复合材料都能用爆炸焊接法获得。爆炸焊接技术在生产这些金属复合材料方面也是卓有成效的。

3.2.29　弹性复合材料的爆炸焊接

由具有良好弹性性能的金属材料与普通金属材料组成的复合材料称为弹性复合材料。这种复合材料用于需要一定弹性性能的构件和装置之中。

文献[447]报道了一种爆炸焊接的弹性复合材料的成分、组织和性能。其组成是 36HXTЮ-12X18H10T。前者为一种具有预定弹性性能的弥散硬化型合金材料。

金相研究指出，结合界面为波状，波前有漩涡区，波形结合区内金属发生了颇大的塑性变形和局部的熔化——铸态金属区，其中有缩孔和裂纹。

电子探针分析表明，在没有金属熔化的区域内，元素分布曲线如图 3.2.29.1(a)所示。由图可见，元素分布的曲线从一种金属向另一种金属倾斜过渡。这种形式的过渡表明不同的金属原子在通过界面时在固态下发生了扩散。在漩涡区的铸态金属内，发现了 62% Fe、19% Ni、16% Cr 和 1.7% Ti 的固溶体。其内元素的分布曲线如图 3.2.29.1(b)所示。

沿该复合材料结合区的显微硬度分布曲线如图 3.2.29.2 所示。由图可见，爆炸焊接以后，两种材料有颇大的硬化，界面及其附近硬化得最大。

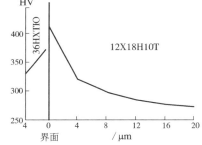

图 3.2.29.2　36HXTЮ-12X18H10T 复合板
结合区的显微硬度分布

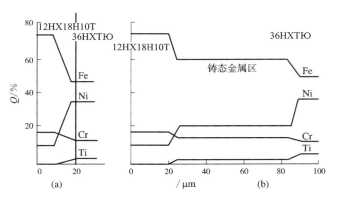

图 3.2.29.1　36HXTЮ-12X18H10T 复合板
结合区内不存在(a)和存在(b)
金属熔化区时化学元素含量的分布

不同原材料和不同状态的复合板的力学性能如表 3.2.29.1 所列。由表中数据可见，爆炸焊接后的复合板不论在何种状态下，它们的强度通常都高于原始材料的。

表 3.2.29.1　原材料和不同状态的 36HXTЮ-12X18H10T 复合板力学性能

状　态	36HXTЮ	12X18H10T	爆　炸　后复　合　板	970 K 时效1.5 h	970 K 时效4 h	1220 K 水中淬火970 K 时效 4 h
σ_b/MPa	600~670	550~600	970~910	920~960	950~1030	640~650
破断位置	—	—	36HXTЮ 合金	36HXTЮ 合金	焊缝和钢	12X18H10T 钢

图 3.2.29.3 提供了不同状态下 36HXTЮ 合金硬度变化的情况。由图可见，爆炸焊接后，在热处理下将同时发生两个过程：第一，再结晶，它引起硬度的降低；第二，时效伴随着硬度的提高。并且，这两个过程进行的强度和结果取决于温度和保温时间。

在 12Х18Н10Т 钢中，随着温度和时间的增加，由于再结晶，加工硬化将逐渐消除。最强烈的再结晶发生在焊缝区。在 1020 K 温度下保温 1.5 h，该钢的硬度降低到 195~200 HV。爆炸焊接和随后的热处理不影响它的耐蚀性。

结论指出，爆炸焊接前 36НХТЮ 合金在 1223 K 温度下淬火，爆炸焊接后的该复合材料在 1000~1020 K 温度下时效 1.5~2.0 h 为最佳热处理工艺。在这个工艺下将保证该复合材料有最佳的和综合的物理及力学性能，以及用这种复合材料制作的产品有高的工作能力。

文献[448]报道，用爆炸法使弹簧钢和 18/18 不锈钢(含 0.5% C、0.7% Mn、0.6% Cr 和 1.5% Si)复合。其结合区的波长为 0.23 mm，波高 0.07 mm。将该复合钢退火后，强度达到 1100 MPa 和硬度达到约 300 HB。所获得的坯料轧制成 2.5~5 mm 的厚度后，结合状况良好。

文献[1425]报道了一种 CuAlNiMnTi-QBe2-CuAlNiMnTi 三层减振弹性复合材料爆炸焊接+轧制法生产的资料(见 3.2.66 节)。

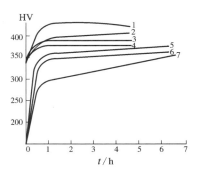

1~4—爆炸焊接后；5~7—原始状态；
1、5—1020 K；2、6—970 K；
3—950 K；4、7—920 K

图 3.2.29.3　36НХТЮ 合金的硬度及其变化与热处理保温时间的关系

3.2.30　钎料复合材料的爆炸焊接

1. 复合钎料

钎料是在钎焊接过程中，在低于被焊基材熔点的温度下熔化，用以填充钎焊接头和实现钎焊的金属或合金材料。

复合钎料是用不同的方法在基材的一侧或两侧复合一定厚度的钎料层，而制成的两层或三层板状、带状或箔状的钎料材料。复合钎料既是一种金属复合材料，又是一种有特殊用途的功能材料。

复合钎料在使用过程中，通过钎料层的熔化将被钎焊的材料钎焊在一起。这种复合钎料适用于钎焊大面积和接头密集的机械零部件。如汽车的散热器(冷凝器、蒸发器、油冷器、中冷器、暖风机和水箱)，还有制氧机的散热器和柴油机的冷却器，以及其他机械和各种空调设备的散热器和冷却器。对于不锈钢、铁镍合金、铜或铝的散热器和冷却器，用相应的复合钎料钎焊这些零部件时，除能焊接大面积和多接头的材料之外，还有加固零部件和简化装配过程的作用，并且有工效高、质量好和成本低等优点。事实表明，复合钎料是机械工业(如汽车)中制造散热器等不可缺少的换热和结构材料。

国内开发和生产的复合钎料有如下几种。

(1)三层铝合金复合钎料。这种复合钎料的组成：中间层为铝锰系合金，两边钎料层为铝硅系合金。它们用于钎焊铝质汽车散热器等汽车零部件。

(2)包覆不锈钢的复合钎料[449]。这种复合钎料的中间层为 18-8 不锈钢，两边为银锂合金的钎料层。它能够在 850~940 ℃下无钎剂地在气体保护或低真空的条件下，钎焊不锈钢和铁镍基高温合金。当工作温度为 400 ℃时，钎焊接头的抗剪强度为 78~98 MPa。钎焊时，该复合钎料既当钎料焊接，由于中间层不熔化又可作器体覆板，从而起到分焊加固作用。这种产品尤其适用于钎焊体积小、质量小、温度高、耐蚀和高效的散热器。

(3)钎焊钛制换热器的复合钎料[450]。某工程用的钛制高效紧凑的换热器，其单位体积换热面积为普通管板式换热器的 10~100 倍。它的芯体是一种多层复合的蜂窝结构，需要 BTB 板进行钎焊。

BTB 板是一种三层结构复合板，其中间一层为钛板，上下两层是低温钎料。BTB 板的突出特点是它可以方便地把多层结构的钛制蜂窝形波纹板通过真空钎焊而组焊成一个整体。并且其钎焊温度低于 700 ℃，组焊时把 BTB 板与钛波纹板相间地叠合在一起，中间不需要铺放钎料，因而简化了工艺、提高了生产率，而且使钎焊质量得到了保证。

(4)钎焊硬质合金和钢工件的复合钎料[451,452]。该复合钎料由三层结构组成，两外层为一种银钎料合金，芯层为铜基合金。这种铜合金有两种：一为(a，%)Mn(1.0~3.0)，铜余量，其中还可加入 Ni(0.5~1.0)或 Zn(0.5~1.0)，或者二者均有(其和为 1.0~1.5)；二为(a，%)Sn(3.0~6.5)，P 或 Si 中之一种(0.1~0.3)，铜余量。这两种复合钎料主要用于钎料焊接硬质合金-钢工件。其接头的抗剪强度和抗冲击性能更好。

2. 复合钎料材料的生产方法

目前，复合钎料材料的生产方法主要是用轧制复合法及其随后的轧制加工。用此工艺制成所需尺寸的带有基材和钎料层的复合板、带和箔材。另外，在我国爆炸焊接（复合）及其随后轧制加工的高新技术已用于复合钎料材料的生产。这种技术很有特点和优点，值得在别的复合钎料材料的生产中大力推广使用。

上述第 1 种、第 3 种和第 4 种钎料材料就是用轧制复合法生产的。

第 1 种复合钎料材料也可用爆炸焊接法生产。

第 3 种复合钎料材料制造过程是这样的：中间层钛板厚 0.4~0.6 mm，钎料层厚度 0.1 mm，用轧制复合的工艺将它们复合在一起。经过反复试验已生产出板面平整、结合良好材料适于钎焊钛制蜂窝结构的 BTB 复合板。试制产品的尺寸为 0.6 mm×250 mm×800 mm。

第 4 种复合钎料材料的制造过程亦为叠轧复合。所不同的是其后需要进行复合面之间的扩散焊接热处理，最后精轧成 0.3 mm 厚的成品复合板。据该文献报道，这种复合钎料的制造方法简单、工序少和成本较低，适合连续批量生产。

3. 复合钎料材料的爆炸焊接生产法

第 2 种复合钎料材料是由爆炸焊接加轧制法生产的：先用爆炸焊接的方法将 QAl_1 钎料包覆不锈钢板的两面，使其成为致密一体的三层金属板坯。然后将这种板坯经轧制后制成各种规格的板、片、带和箔材的复合钎料材料。例如尺寸为 0.1 mm×150 mm×L mm 的复合型板箔钎料材料。

第 1 种复合钎料材料可以用轧制复合法生产，也可以用爆炸复合加轧制法生产。后者有很多优点。用爆炸+轧制法获得的三层铝合金复合钎料材料的产品和工艺过程，以及用其制造的各种汽车散热器如图 5.5.2.67~图 5.5.2.70 及图 5.5.2.152~图 5.5.2.163 所示。

实际上，本节介绍的一些复合钎料材料，以及其他所有的双层或多层材料，都能够用爆炸焊接、爆炸焊接与传统的压力加工工艺相联合的技术获得。这些金属复合材料的结合强度将更高、厚度和厚度比更均匀、更平整、更经济、效率更高和尺寸更大。这些独到之处，将使这种新技术和新产品能够获得更大的经济、技术和社会效益，因而值得大力推广和应用。

3.2.31　金属与陶瓷、玻璃和塑料的爆炸焊接

众所周知，陶瓷（包括金属陶瓷）、玻璃（包括金属玻璃）和塑料有许多普通金属材料所不具备的特性，它们在高科技中显示了越来越大的应用前景，是许多领域有重要使用价值的材料。

由陶瓷、玻璃和塑料这几种非金属材料与金属组成的复合材料具备双方的特性，其用途会更多和更广。爆炸焊接是制造这类复合材料的理想工艺和技术。

金属与这几类非金属材料的爆炸焊接首先遇到一个难题，即要克服它们在爆炸载荷下的脆性。这个问题能够用热爆法解决，就像 3.2.8 节和 4.15 章所介绍的那样。

这里讨论金属与陶瓷、玻璃和塑料爆炸焊接方面的内容。

1. 金属与陶瓷的爆炸焊接

3.2.8 节介绍了金属陶瓷硬度合金与钢的热爆炸焊接。这种陶瓷是用粉末冶金法获得的。由于它低的塑性，在常温的冲击载荷下，在形成裂纹网络后被破坏。用热爆法可以使其不裂，此时，加热温度为 900~1200 ℃，加热时间不超过 4 min。在合适的工艺参数下，钢和该陶瓷之间的结合强度超过了后者。

美国某单位进行了各种金属的箔材和陶瓷无线电元件的爆炸焊接[332]。工作中利用了以特殊的叠氮化铅为基的软膏状炸药。这种炸药在 5 mm 厚时能够以 2.13 km/s 的速度爆轰。在其厚度增至 40 mm 的时候，爆速增到 3.66 km/s。爆轰以热脉冲的方式进行。将厚度从 0.0025 mm 到 0.0175 mm 的铝、铌、钽、钛和锆的箔材焊到了以 Al_2O_3 为基的陶瓷的表面。最大的结合面积是 0.76 mm×4.83 mm。对于上述材料来说，结合强度良好。铜、镍、钼和银与陶瓷结合得相当不好。陶瓷的表面影响结合强度，这种表面在所有的试验中都是粗糙的。被焊金属的原子量也影响结合强度。有时看不到熔化和波。在所利用的焊接安装工艺中，炸药和金属箔之间放上一层纸板，箔直接地放到陶瓷的不平的表面上。

有人用轴对称的爆炸焊接工艺在 200 MPa 和 350 MPa 冲击波压力下，获得了 $Cu+YBa_2Cu_3O_{7-x}$ 和 $Al+Ba_2Cu_3O_{7-x}$ 高强接头的连接[453]。根据测量数据，随着冲击波压力的增加，显微硬度增加。这将引起这两

种类型的接头的陶瓷部分,以及界面附近金属部分的强烈硬化。

文献[454]也指出,爆炸焊接不仅可以结合不同的金属,而且可以使金属与陶瓷和玻璃结合。用它们制造电阻器、冷凝器、线架和电感器等。带有某些类型的陶瓷的钢被铝爆炸复合了[455]。

文献[456]介绍了陶瓷和金属爆炸焊接的方法,如陶瓷和铝;叙述了这些构件的使用性能。

2. 金属与玻璃的爆炸焊接

金属玻璃亦称非晶态合金,它是近30多年来兴起的一种新材料。与一般合金相比,具有强度高、韧性好、超耐腐蚀和高导磁等特性。通常使用的有 $Fe_{80}P_{18}C_7$、$Fe_2Ni_8P_{13}C_7$ 和贵金属的 $Pd_{30}Si_2$ 等。

20世纪60年代金属玻璃仅仅是实验室的珍品,70年代国外采用新的工艺方法制成了非晶态合金带及细丝并以商品出售。当时在世界上引起很大的反响[457]。

世界各国对金属玻璃的研究极为重视。1974年美国将其列入三大重点课题之一。这种材料有高的强度,以铁-硼合金玻璃为例,它的强度超过了3430 MPa,硬度达到10780 MPa,塑性好,可以弯曲和轧制。它的变形硬度极小,是一种理想的弹塑性材料。

有些金属玻璃有极高的耐腐蚀能力(为不锈钢的100倍)。含铬高于8%的金属玻璃在 H_2SO_4、HCl 和盐等稀溶液中不产生腐蚀。这是因为这种材料不存在晶界,又没有堆垛层错等缺陷,减少了形成化学电池的几率。

非晶态铁磁合金的磁滞损耗极小、导磁力高和矫顽力低,显示了优异的磁性能。可用于磁带录像机、录音机和电视机等。

金属玻璃电阻率比较高,电阻温度系数比较低,用它可作辐射金属温度计。PdAgSi 金属玻璃对纵向声波衰减极小,利用这种特性可用于制作声电转换装置中的材料。有些金属玻璃具有超导性,如液态淬火的 AuRh、Nb(Rh,Ni) 和 Zr(Rh,Pd) 玻璃是一种超导体。

金属玻璃有如此众多的优良特性,但至今不能在广泛领域得到应用,其原因是它只能制成极薄的带材和细丝,产品的最大厚度都达不到毫米数量级,当温度超过300~500℃时它就被转化为结晶态金属。

不久前,德国科学家用爆炸法将金属玻璃焊接到碳钢、不锈钢、黄铜和铝的金属板上。选用的几种金属玻璃是 $Fe_{80}B_{20}$、$Fe_{40}Ni_{40}B_{20}$、$Ni_{78}Si_8B_{14}$ 和 $Co_{48}Ni_{10}Fe_{15}Si_{11}B_{16}$,厚度为 0.040~0.045 mm。进行了大量的试验,以寻找爆炸焊接的最佳工艺参数。结果表明,在一定条件下,$v_{cp}<2300$ m/s 时,金属玻璃与上述金属焊接不够好,结合面容易用刀剥离。如果 v_{cp} 为 2300~3200 m/s,则焊接样品的质量符合要求。再增大速度,往往会导致金属玻璃破裂。与此同时,还研究了金属玻璃之间的爆炸焊接。实验结果还证实,爆炸焊接后,金属玻璃仍为非晶态结构。其原因是爆炸焊接是在极高的速度下进行的,可以认为是"冷焊"的过程。

研究还表明,爆炸压实金属玻璃粉末是一种很有希望的工艺。高速压实将促使颗粒焊接在一起。$Fe_{40}Ni_{40}P_{14}B_6$ 粉末爆炸压实后,最高密度可达理论密度的96%。

金属玻璃的爆炸加工,现时国内外仅仅处于实验室研究阶段,能否在工业领域得到应用还有待科学工作者进一步开拓。一旦获得突破将产生不可估量的影响。

有人进行了两个方面的研究[458]:一是将 $Fe_{40}Ni_{40}B_{20}$ 强化金属玻璃的带材焊接到了 A516-70 钢上。尽管爆炸焊接时玻璃体经受了大的变形,结合区中没有观察到脆性区的形成。这种工艺可保证在任何金属零件上获得强化金属玻璃的覆盖层。二是用爆炸焊接法生产了强化金属玻璃的带材。

对于热不稳定的材料,例如在 $Fe_{40}Ni_{38}Mo_4B_{18}$ 型金属玻璃的情况下,爆炸焊接也可提供良好的结果[459]。

文献[460]发现,相互冲击的材料熔化的深度,取决于所选择的炸药参数。在金属玻璃结合的情况下,这个深度是 0.5~4 μm。

用高分辨率的光学和电子显微镜、X射线照相和光谱分析等检验手段,研究了爆炸焊接的金属复合材料,以及以 Fe、Ni 为基的金属玻璃。试验指出,界面上金属高的塑性变形、连续熔化区的形成和达 10^{11}℃/s 的结合区的极高的冷却速度,是爆炸焊接情况下获得强固结合的原因[461]。

文献[462]研究了爆炸焊接工艺参数对金属玻璃与金属焊接接头质量的影响。金属玻璃是金属(铁、镍)和类金属(硼、磷、硅和碳)元素的熔体,以 10^6℃/s 的速度冷却而成。冷却时,抑制了结晶的形成和结晶组织的发展。在爆炸焊接实验中,将 0.045 mm 厚的金属玻璃薄片固定在缓冲板的下表面上,或固定在基板的外表面上。使用的金属玻璃有下列几种：$Fe_{80}B_{20}$、$Fe_{40}Ni_{40}B_{20}$、$Ni_{78}Si_8B_{14}$ 和 $Co_{48}Ni_{10}Fe_{15}Si_{11}B_{16}$。缓冲板和基板由 st37-2 钢、不锈钢、黄铜、Kantnal 铝和铝制成。所有金属材料都要充分退火。缓冲板的厚度为 0.6~1.6 mm。当 $v_{cp}<2300$ m/s 时，结合界面是直线的，而金属玻璃和金属的结合强度很低。试样弯曲时会产生剥离，在金属玻璃层中有大量裂纹。当 v_{cp} 为 2300~3200 m/s 时，结合界面上有小波形，玻璃层中的裂纹减少，结合强度显著提高。当 $v_{cp}>3400$ m/s 时，结合界面有明显的波状，波的高度与玻璃层的厚度相当。发现此时金属玻璃有些剥落，且形成了金属间相。

文献[463]提出了一个使非晶型金属和其他任意金属爆炸焊接结合的方法，以便获得磁性传感器，例如扭转瞬间传感器。

玻璃金属是一种金属材料，它被制成很薄的带，其厚度约 40 μm，是从液态通过迅速冷却的方法得到的。因此，它的结构是无定形的和非晶态的。这种金属被称为玻璃态金属或金属玻璃。通常的焊接过程，例如热熔焊接都会引起它的重新结晶。所以对这种金属的冷焊操作，特别是像爆炸焊接这样的方法有很大的兴趣[464]。

文献[465]指出，不易变形这一特性使金属玻璃可以制造出更好的穿甲装置。用一般金属制造的弹头在撞击时会变成蘑菇状；但金属玻璃穿甲弹不会被压扁，只是在冲击时会被切掉外皮，即穿透他物时把自己磨尖了。

制造商很可能将金属玻璃应用于发动机和变压器中。但由于熔炼的金属必须极快地冷却（约每秒 10000 亿摄氏度），所以很难大规模地生产出足够数量的金属玻璃。要解决的问题包括如何渗入不同的金属以制造金属玻璃合金。

3. 金属与塑料的爆炸焊接

文献[466]报道，用爆炸焊接法已获得了金属与聚四氟乙烯的复合材料，研究了这种材料的结合区的物理-化学性质，以及在浸蚀性介质中复合材料的腐蚀稳定性。由聚四氟乙烯的强度和密度资料，以及剥离试验的结果指出，浸蚀性介质向金属中的渗透没有发生，也就是说借助爆炸焊接加工能够得到良好的结果。聚四氟乙烯和金属发生了强固的结合。

要制造具有特殊使用性能的聚合物接点和金属聚合物接点，爆炸焊接技术有广阔的应用前景[467]。

文献[468]提出了金属管和塑料管爆炸焊接的方法，在其中一管子中套入另一管子。该法中可以同时爆炸两个药包，其中一个在管的对接端头的内部，另一个在被结合套管的外部。

4. 金属与其他非金属的爆炸焊接

有文献评论了硼-铝复合工艺的进展[469]，指出硼-铝（6061）复合材料可以用衡压法和爆炸法进行试验和制备。

3.2.32　热交换器破损传热管的爆炸焊接堵塞

1. 热交换器传热管的破损

热交换器是锅炉、化工和压力容器、特别是反应堆系统的主要设备之一。它的运行安全与否直接地关系到整个设备和工程的正常运转。

在反应堆系统的运行中，由于介质的腐蚀、机械振动、Cl^- 和 OH^- 离子的应力腐蚀和热应力疲劳等诸多原因，都会使热交换器内的传热管发生破损，而且破损量是相当大的。据 1978 年 4 月份的"国际核工程"报道，加拿大原子能有限公司对全世界正在运行的 200 多座核电站的热交换器进行了调查。结果发现，有 81% 的核电站在不到 1000 个有效满功率天，就不同程度地发生了热交换器传热管的破损。不论哪一个反应堆一旦发生这种现象，哪怕只有一根管破损，此时具有高放射性的冷却剂会从一回路渗漏到二回路中去，造成二回路的污染。这是一个十分危险和紧迫的问题，因而必须及时停堆检修。

2. 热交换器破损传热管的修理

由于大量放射性的存在，人要进入热交换器内部检修破损传热管是很困难的。唯一的办法是对破损传热管的两头进行堵塞。过去常用人工焊接堵塞的办法，即先停堆和对热交换器进行清洗，直到剂量减少到人能接近并能进入热交换器的水池内，用塞子塞上，然后用手工焊接的方法将破损了的管子焊（堵）死。

首先，由于堆内存在很强的放射性，欲使其衰减到人员可以接近的水平，就要相当长的时间（一般需要停堆几星期到几个月）。这么长的时间在经济上来说是不能容许的。其次，在堆内进行人工焊接堵塞，工作条件十分恶劣，会严重地影响工作人员的健康。再次，冷却剂内含有硼。在这种介质内施行一般的手工焊接，要保证焊接质量是很困难的，焊后常常产生裂纹和气孔。尽管如此，由于条件的限制，20 世纪 70 年代以前，世界各国都是采用人工焊接的堵管方法。

3. 热交换器破损传热管的爆炸焊接堵塞

长期以来，面对手工焊接堵管的许多缺点，国外都在千方百计地寻求一种速度快和质量好、安全、经济和操作方便的堵管方法。爆炸焊接技术的出现，为解决这个课题提供了一个最好的方法。

热交换器破损传热管的爆炸焊接堵塞，就是用爆炸焊接的方法，即用特制的装有炸药和雷管的金属塞头，并用特制的运输工具将塞头运送到破损的 U 型传热管的两个端头，引爆雷管和炸药后，塞头便和传热管内壁焊接在一起了。于是就将这根破损管的两端封死了。在有数百乃至数千根传热管的热交换器内，封闭几根是不会影响其效能的。图 5.4.1.87 和图 5.4.1.88 为核反应堆用爆炸焊接堵塞热交换器破损传热管的操作示意图，图 5.4.1.89 为几种金属塞头的示意图，图 5.4.1.90 和图 5.4.1.91 为塞头在管板中的示意图。

文献指出，爆炸堵管可以远距离操作，减少检修人员受射线伤害的程度，能提高检修速度和减少停堆时间，因而能极大地减少因停堆造成的经济损失。爆炸堵管工艺简单和操作方便，大大节省人力、物力和财力。爆炸焊接的质量比手工焊接的好。特别是在一回路中有硼存在的情况下，爆炸堵管的质量十分令人满意，因此这种工艺在国内外获得了普遍的应用。

文献[470]报道了用爆炸焊接法修复给水预热器的资料，指出从 1972 年开始的 4 年里，焊接了 9000 个塞头，并且它们全部都是长寿命的。普通的热交换器发生漏泄后，甚至在工作时就可以进行堵塞。实践证明，对这些刻不容缓的修理工作，爆炸焊接是唯一可行的方法。

有文献指出[471]，在一个发电量为 100 万 kW 的现代发电站的蒸汽发生器里有 1 万根管子。在 30 年的使用期内，以及在扩建过程中，即使有 1 根漏气也不能忽视。许多现代化的热交换器一经建成，就没有可能更换漏气或损坏的导管。即使能更换，耗费也巨大。因此，不得不采取将有毛病的导管两端塞住的办法。实践证明，传统的导管堵塞技术是无法使用的。于是，人们试图研究其他的堵塞方法。其中之一就是用爆炸焊接法把塞子焊入管板孔之中。

在现代原子能和常规发电站里，蒸汽发电机可能含有 1 万多根热交换的管子。在设备使用的期限内，某些管子的泄漏是不可忽视的问题，在许多情况下，尤其是让核电厂更换泄漏或损坏的管子是不可能的。因为停机时间付出的代价太高。唯一的办法是堵塞有缺陷的管子。近 30 年来，爆炸焊接堵管在这方面的应用是卓有成效和有口皆碑的。

文献[472]报道，在功率为 1000 MW 的电站里，要利用含有 10000 根管子的蒸汽发生器。7 年里进行了 200 多次的修理。用爆炸焊接把塞头焊进电站的水热器上，但建成几个月就出现漏水情况。于是用爆炸焊接法进行修理，再用超声波进行接头的检验。

对爆炸堵管的操作者的技能要求不高，只需要他们在操作时，在比较短的时间内使管板中的孔保持清洁和干燥。这一时间是放置塞头和炸药所必需的。使用小型的风动抛光装置，净化很容易实现。

这样，借助爆炸焊接，通过密封有缺陷的管子的两端来修理热交换器的方法，在国外的实践中得到了广泛的使用[473]。

在修理电站的热交换器过程中利用了专门的镍塞头。炸药放在它的内部。将塞头插入管子损坏的地方，或者在离管子不远处的管与管板的连接处。塞头直径 13～15 mm。在爆炸过程中，镍塞头将和管或管板焊接在一起。与熔化焊不同，在爆炸焊接的情况下，将大大缩短热交换器的停歇时间[474]。

研究人员研究了钠污染对爆炸焊接接头可靠性的影响[475]。为了适应中子载热体反应堆蒸汽发电机的需要，论证了爆炸焊接的管与管板之间焊接接头的可靠性。介绍了熔化焊接接头修理的情况。研究对象是 9Crl 钢管和 2.25CrlMo 钢管板的接头。在这些接头中，发现了 2 个腐蚀破坏的危险区：厚度为几微米的金属薄层和马氏体中间层。同时，由于长时间加热导致碳沿结合面扩散，因此而产生的增碳层也是危险的。腐蚀试验表明，介质是带有 NaOH 和 Zn 的钠污染物。根据金相、断口和力学（静态和疲劳）试验的结果综合评价接头的性能。在上述区域内，证实了在所检验的介质中有选择性腐蚀。在 350 ℃下加热几年（钠从热交换器中出来）没有发现接头位置有明显的组织变化。由于加热在不高于 450～550 ℃ 的温度下进行，将发生回火，这就会相应降低腐蚀。在 550 ℃长时间加热，2.25CrlMo 钢中的碳向合金中强烈转移，腐蚀有些加强。静态和疲劳强度的降低引起了强烈腐蚀。在实际条件下，$NaFeO_4$ 型络合氧化物是钠的污染物，这些氧化物融进 NaOH，会降低耐蚀性。但是，爆炸焊接获得的接头在使用中完全符合要求。它们具有所必需的综合力学性能和腐蚀稳定性。为了减少增碳层的形成，必须采取措施。

也有文献报道了用爆炸焊接法密封核电站气体发生器的毛细管[476]。

在制造原子装置的过程中爆炸焊接的应用是多方面的。接头应具有高的使用特性、足够的抗热循环稳定性和应力下的耐蚀性[477]。

人们研究了核反应堆热交换器的爆炸焊接[478]。例如，在核反应堆的孔壁出现缺陷的情况下，把 316 不锈钢的塞头爆炸焊接进孔内，借助安装环来安装塞头，炸药用 TNT。

有人提出了一种用爆炸焊接法把塞头安装到人难于进入的有放射性的或危险的核反应热交换器系统的管子的位置的方法[479]。

用爆炸焊接堵管修理热交换器中有缺陷的管子时，使用点状炸药包，它将保证爆轰波为球面波。在堵头过分膨胀的情况下，为了防止管子的破坏，焊接参数需要经过试验确定。还要研究焊接表面的加工精度对结合质量的影响，确定有没有必要清除表面污染[480]。

3.2.33　复合刀具材料的爆炸焊接

1. 复合刀具

高速钢主要用于机械加工行业制造各种切削刀具。由于它含有大量的钨、钼、铬、钴和钒等合金元素，价格显得昂贵。多年来，世界各国都在努力提高高速钢刀具的使用寿命、力求节约资源和降低成本，取得了一定的成果。复合刀具的研制是该项工作的重要组成部分。这种刀具对于提高其使用寿命、降低价格和改善工人的劳动条件都有重要的意义。

复合刀具是由两种和两种以上的金属材料组成的刀具。以双金属的复合刀具为例，其刀头（刀刃）部分可为高速钢，而刀体部分可用普通钢制作。这两种材料可用一特定的方法和工艺将其牢固地连接起来，先制成金属复合材料，如复合板和复合棒等。然后对其进行预定形状的加工，将它们制成预定用途的切削刀具，如车刀、铣刀和钻头等。不言而喻，这些复合刀具较单一材料的刀具有上述的许多优点。

当前，国内外制造复合刀具的主要方法有：氧-乙炔焊、摩擦焊、钎焊、氩弧焊、等离子焊、真空电子束焊、真空扩散焊和轧制焊接等多种。它们各有优点和局限性。加上各种刀具的形状和用途不同，使这些方法的应用受到了限制。因此，寻找制造复合刀具的新工艺是亟须解决的课题。

爆炸焊接及其与其他焊接工艺的联合是制造复合刀具的又一条较好的途径。

2. 复合刀具材料的爆炸焊接、性能和应用

文献[481]用爆炸焊接和摩擦焊接相联合的方法来制造棒状复合刀具。为使高速钢和普通结构钢结合以制造复合切削刀具，常采用的是熔化焊、摩擦焊和惰性气体保护焊。这些工艺有以下许多缺点：在焊接中，稀缺和贵重的高速钢要留有大的加工余量；焊接以后必须进行热处理，在退火和高温回火后，焊接过渡区因碳的扩散而造成组织和化学的不均匀性，从而造成不高的结合强度和低的可靠性。

为了消除上述缺点，在高速钢的一个端面用爆炸焊接法事先覆上一层结构钢材的中间薄层。再用摩擦焊或惰性气体保护焊将该双金属靠近中间层的一端与刀具的支承部层（刀体）相焊接，该部分的材料与中间薄层的材料相同。随后进行切削成形将其加工成刀具。

具体操作如下：如图 3.2.33.1（a）所示，将高速钢的圆棒 4 切成定长，然后使其一端与 45 号钢板 3 爆炸焊接。再使该棒状双金属的 45 号钢中间薄层 3 与相同直径的 45 号钢棒 6 摩擦焊接[图 3.2.33.1（b）]。该复合体的高速钢棒部分 4 即为刀头，45 号钢棒部分 6 即为刀体（支承部分）。

由图 3.2.33.1 可见，高速钢棒和 45 号钢棒这两种不同材料的焊接是借助 45 号钢的中间薄层 3 的过渡而实现

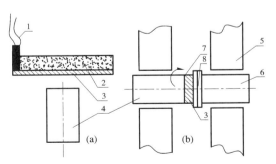

1—雷管；2—炸药；3—覆板（45 号钢中间薄层）；
4—基板（P6M5 高速钢棒刀头）；5—摩擦焊机；
6—45 号钢棒；7—爆炸焊焊缝；8—摩擦焊焊缝

**图 3.2.33.1　用爆炸焊（a）和摩擦焊（b）
联合工艺制造复合刀具的流程示意图**

的，而这种过渡即异种金属的焊接是靠爆炸焊促成的。这种促成就是变异种金属的焊接为同种金属的焊接。这种本领是爆炸焊接技术不可替代的优势。

试验确定，用图 3.2.33.1(a)的方法能够一次同时爆炸焊接多于 100 个的高速钢-45 号钢中间薄层复合棒。

爆炸焊接工艺中使用了阿玛尼特和硝酸铵的粉状混合炸药，其工艺参数如表 3.2.33.1 所列。

用半自动的 MCT-2001 型焊机进行摩擦焊接，使爆炸焊接得到的双金属棒和刀具的支承部分(45 号钢棒)焊接在一起。摩擦焊接的主要工艺参数见表 3.2.33.2。

表 3.2.33.1　板-棒爆炸焊工艺参数

高速钢棒直径 /mm	中间薄层厚度 /mm	v_p /(m·s^{-1})
25	2	400~650
30	3	400~650
40	4	400~650

表 3.2.33.2　棒-棒摩擦焊工艺参数

高速钢棒直径 /mm	加工阶段的时间 /min	
	加热	给压
25	7	2
30	10	3
40	12	3

注：加热阶段的压力为 250 MPa，给压阶段的压力为 300 MPa，心轴旋转速度为 750 r/min。

在爆炸焊接过程中，由于结合区金属的塑性变形和基体的爆炸硬化，导致高速钢的硬度提高到 33~37 HRC；另一方面在焊接接头中将形成组织和温度应力。为此，应将此焊接后的坯料在 600~718 ℃下进行 1~4 min 短时和局部的热处理。这种热处理由于温度较低和时间较短，不会造成较大的碳扩散而影响其组织和化学的均匀性，这是这种工艺的主要优点。此后结合区中高速钢的硬度降至 24~30 HRC。

摩擦焊接后的坯料在空气中冷却。借助金相研究和力学试验来评价焊接质量。结果指出，在如图 3.2.33.1(b)所示的两个对接区(7,8)和邻近区没有发现硬化组织、气孔、缩孔和分层类型的缺陷。拉伸试验表明，用此联合工艺获得的复合刀具坯料的破断发生在 45 号钢棒的基体之中(刀具的支承部分)，并非在焊接接头(7,8)上。这种强度的提高可以用焊接结合区中不存在扩散中间层并得到细晶组织来解释。

将上述坯料进行机械加工，将获得所需形状、尺寸和用途的复合刀具。这种直径为 25~40 mm 的刀具获得了应用。这种应用达到了节约贵重材料、降低成本、提高刀具的强度和可靠性的目的。

原宝鸡有色金属研究所曾用轧制焊接和爆炸焊接相联合的工艺来制造高速钢(W18Cr4V)-Q235 钢的复合刀具。由于这种高速钢在常温下的 a_k 值很低，直接爆炸焊接时常开裂和脆断。为此，先用轧制焊接法制成高速钢-Q235 钢(中间薄层)复合板，然后将此薄层的一面与 Q235 钢厚板爆炸焊接，制成块状的高速钢-Q235 钢复合刀具。其形式如图 3.2.33.2 所示。

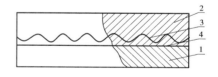

1—高速钢；2—Q235 钢；3—爆炸焊焊缝；
4—轧制焊焊缝

图 3.2.33.2　用轧制焊接+爆炸焊接联合工艺获得的块状复合刀具示意图

文献[22]指出，用爆炸焊接法制造的复合刀具其刀刃既坚硬锋利，又有较高的韧性。例如，普通钢与 65Cr4W3Mo2VNb 高强合金钢的复合刀具，其刃口强度达 2400 MPa。不锈钢-65Mn 弹簧钢-不锈钢三层一次爆炸的复合刀具兼有锋利和耐腐蚀的特点。

大连理工大学的李同春教授用爆炸焊接+轧制工艺获得了厨用复合刀具新材料。其芯层刃口材料为碳素工具钢、弹簧钢或马氏体钢，两侧为碳素钢或普通不锈钢。用此复合材料制成的厨用刀既锋利又不生锈，且耐磨、刃口不崩、不卷刃、不断裂和不脱落。质量达到国外同类产品的水平(图 5.5.2.79)。图 5.5.2.192 又提供了一种我国专家研制的复合剪刀，图 5.5.2.330 亦为复合剪刀。

文献[1331]和[1332]进行了用于刀具材料的可淬硬复合材料的爆炸焊接和应用研究。指出，近几年来，国内外开始将爆炸焊接技术应用于刀具材料的制造中。研制出了以碳素工具钢和低合金高碳钢为芯料，与普通低碳钢组成的双层及三层可淬硬爆炸复合板，如 T9、T10、65Mn、CrWMn 与 Q235 组成的双层及三层复合板。以 6Crl8、7Crl7、8Cr13、9Crl8 等高碳合金钢为芯料与 1Crl3 或 304 组成的三层不锈钢复合板。应用这些爆炸复合材料制造的复合刀具与全钢刀具相比，具有锋利度好、淬火不易变形、易磨削、生产质量稳定和加工中不易脆裂等优点。为了提高生产率，大多应用爆炸焊接+轧制工艺来生产相应厚度的复合板材，为此，进行了爆炸焊接、轧制及其后续的热处理(退火、淬火、回火)试验。这些试验研究对于拓展这类复合材料在刀具领域的应用有重要的意义。

文献[482]提供了工具钢的复合试验及其热处理方面的资料，叙述了用于制造切割纸张和皮革的刀具双金属的爆炸焊接法。刀具的基础部分是结构钢，工作部分是不同牌号的工具钢。尽管用新的工艺的成本费比旧的高2%，但是由于该双金属有更高的使用性能，在技术上和经济上还是很合算的。

文献[483]根据试验结果，确定了用于金属切削刀具的高速钢-结构钢双金属爆炸焊接的最佳参数。还研究了高速切削钢-结构钢和38ХН3МФА-钼合金[484]，以及P6M5-40Cr钢[485]双金属的爆炸焊接工艺。

用爆炸焊接法制造的用于机械加工的由高速钢刀刃和中碳钢刀体组成的拉刀具有高的可靠性和工作能力[486]。

文献[487]指出，带有硬质合金耐磨覆层的复合刀具的出现，对于强化金属加工过程来说是一个革命性的进展。这种复合刀具有如下一系列的优点：

① 明显提高刀具的使用寿命。与原来的硬质合金刀具相比，提高寿命2~10倍。

② 提高刀具的生产效率。在保证耐磨性的情况下，复合刀具可以用于高速切削，与单一材料的刀具相比，生产效率提高25%~50%。

③ 提高被加工件表面的质量。由于明显降低了刀具的磨损，这就降低了刀具与被加工材料之间的摩擦系数，于是大大改善了表面粗糙度和被加工件的尺寸精度。

④ 降低消耗。一方面，这种消耗与金属加工设备的停工有关，而复合刀具缩短了刀具重新调整的时间；另一方面，在某些情况下可以取消工艺周期中刀具的磨削工序，从而也减少了昂贵刀具材料的消耗，这样就会节省大量的稀贵材料。

⑤ 在使用过程中，复合刀具的切削力较小，使加工设备的功率减小15%。这样在某些情况下能够利用功率较小的加工设备。

⑥ 提高金属加工工业部门的劳动生产率，不仅要依靠提高加工的生产率，而且要依靠降低劳动的消耗。因此，复合刀具的使用可以大量地解放出高度熟练的机床工人。

总之，复合刀具有许多特点和优势，它使用于各种机器制造的自动化生产线上，能够获得很大的经济效益。

众所周知，复合刀具是由不同的金属材料组成的，它们之间的焊接属于异种金属的焊接。爆炸焊接的最大特点是能够强固焊接任意组合的异种金属材料。这意味着它在研制和开发任意品种的复合刀具中具有特殊的价值。大量事实表明，用爆炸焊接法制作的复合材料，包括复合刀具材料，各层间结合强度高，质量好，效率高和成本低。因此，爆炸焊接、或者爆炸焊接与其他焊接工艺和连接方法的联合是制造任意品种的复合刀具的一种新技术，值得大力推广和广泛应用。

高速钢、硬质合金或其他刀具材料如果它们的a_k值很小，常温下爆炸焊接时则可能开裂或脆断。为此得实施热爆工艺。这种工艺的原理、操作和范例见3.2.8节和4.15章。

3.2.34　蜗轮叶片复合材料的爆炸焊接

1. 蜗轮叶片

在动力机械(如其中的水轮发电机)和船舰(如其中的螺旋桨)中都有蜗轮叶片这种零部件。它的形状宛如电风扇的叶片那样呈现一定的蜗形弯曲状。

水轮机蜗轮叶片在水电站使用时，承受着夹带泥沙和气泡的水流的冲击，海洋中船舰的螺旋桨还承受着海水的腐蚀。这样便使蜗轮叶片迎着水流的一面经受着冲刷和腐蚀。随着水中泥沙含量的增加，水的流速的增大和叶片转速的增加(气泡数量的增加)，以及浸蚀性介质的浓度增加，蜗轮叶片被腐蚀的程度增加。其被腐蚀的痕迹犹如蜂窝状，这就是所谓的空化腐蚀现象。这种现象在水电站水轮发电机的蜗轮叶片上是常见的和严重的。因而，早就引起了水电机械和材料工作者的关注。

2. 复合蜗轮叶片

为了预防和减小空化腐蚀，人们利用了如下几种办法。

第一，蜗轮叶片全部用高合金不锈钢制作。这固然可行，只是成本太高。第二，用电镀法，如在螺旋桨上镀上一层耐蚀层。但因镀层厚度有限，它与基体的结合力不高和容易脱落，故寿命不长。第三，在普通钢的叶片上堆焊一层耐蚀层。然而堆焊过程工作条件差、效率低，且堆焊后清理工作量大及工件会产生大的残余变形，而且这种变形是难于消除的。尽管如此，在没有更好的办法之前，堆焊法还是常被采用。

3. 双金属蜗轮叶片材料的爆炸焊接

爆炸焊接技术成熟之后，国外一些专家便摸索将此技术用来制造双金属蜗轮叶片材料。已有一些文献报道了这方面的信息，但没有提供具体的工艺上的资料。根据理论分析和实践经验，如此形状的蜗轮叶片材料的爆炸复合可有三种途径和方法：

（1）如果叶片的基材是已经成形的部件（如锻件、铸件或板件），则覆材（板材）在爆炸焊接前也应加工成与基材部件形状相同的形状（如蜗形曲面）。然后，将覆材和基材同普通复合板的工艺一样进行安装，随后进行爆炸焊接。这就相当于异形件的爆炸焊接。

（2）如果该叶片基材的形状是尚未成形的板状坯料，则在该板坯的一大平面上用一般的工艺爆炸焊接上一层耐蚀覆层。然后将此复合板坯再压力加工或机械加工成预定的叶片形状和尺寸。

（3）如果原蜗轮叶片基材的形状不太复杂（蜗形弯曲不大），则用耐蚀的板状覆材与其爆炸焊接即可。在此情况下，一方面应支撑好形状不太规则的基材，另一方面要控制好覆板与基材之间的间隙值的范围不能太大。

据文献[488]报道，用爆炸焊接法制造了尺寸为（60~100）mm×2000 mm×6000 mm 低碳钢和 5 mm 厚的奥氏体钢复合板，用来制造面积达 16 m² 和重达 60 t 的水轮机叶片的复合坯料。可用上述第 2 种方法来制造涡轮叶片材料。

也有文献报道[489]，由低合金钢制作的倾斜的转动叶片，在最受强烈空化腐蚀的约 5.5 m² 面积上，用爆炸焊接法覆以 08X18H10T 钢板（3 mm 厚）。在特殊的支架上复合将明显地降低叶片的爆炸变形。这种变形比堆焊的小几倍。因此，实际上排除了叶片的修理工序。平滑和光洁的覆层表面也免除了难于磨削的工序。这就可以处处保证它的名义厚度和叶片高的使用指标。此爆炸焊接的叶片的空化稳定性高于堆焊的，明显提高了叶片的使用寿命。用爆炸焊接工艺代替堆焊工艺，将大大降低这种叶片的成本。

对爆炸焊接的复合蜗轮叶片模拟材料进行了空化稳定性试验。双金属为 12X18H10T（不锈钢）−普碳钢和 08X13（不锈钢）−普碳钢两种。结果指出：前者的空化稳定性实际上与覆层原始状态一样；后者较前者低一些，这可能与其覆层较低的空化稳定性有关。力学实验指出，在贯穿性破断的情况下，均没有看到覆层与基层分离。结论为爆炸焊接将保证 100% 的焊接连续性和高的结合强度，若覆层选择得当将保证其高的空化腐蚀稳定性。被爆炸焊接的复合叶片在水轮机上已顺利地使用。和堆焊相比，爆炸法的成本低 60%，与全不锈钢相比低 40%。

我国洛阳船舶材料研究所研究了钛−钢爆炸复合板的空泡腐蚀性能，并与几种单金属材料的进行了比较。结果指出，钛−钢复合板性能比钢好得多。其他力学性能亦较好[84]。

用爆炸焊接法给水轮机叶片复合一层抗气蚀和抗磨损的金属材料后，其使用寿命成倍提高，修复周期缩短，设备简单和成本低廉[421]。用同一方法也制造了用于高速透平的哈斯特洛伊−钢的大面积复合板[276]。

文献[490]还报道了用爆炸焊接的纤维增强复合材料制造空心透平叶片的消息。文献[491]叙述了爆炸焊接在制造和修理透平零件中的应用。

文献[488]研究了爆炸焊接的以 X18H10T 和 0X13 钢为覆层，以 G3 和 22K 钢为基层的双层钢试样的空化稳定性。试验在冲击−浸蚀试验台上进行。试验条件：试样穿过 73 m/s 速度的液流，水压 0.08 MPa，喷管直径 5 mm。将试样固定在试验台的旋转圆盘上，圆盘每一次转动，都有从喷管喷出的水流冲击试样的覆板，这种喷管平行于圆盘的转动轴。试验结果如图 3.2.34.1 所示。由图可见，以 X18H10T 和 0X13 钢为覆层的复合钢板的空化稳定性，不亚于它们的原始的空化稳定性；在爆炸焊接的情况下，将保证焊接接头有足够

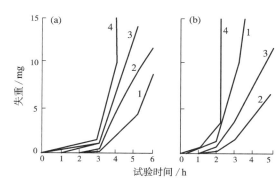

1—没有热处理的；2—标准样品（X18H10T 钢为冷轧板）；
3—630 ℃回火；4—930 ℃回火

图 3.2.34.1　被 X18H10T（a）和 0X13（b）爆炸复合的双层钢板试样空化稳定性

高的强度,这种接头是在重复可变的微观冲击载荷下工作的。

由上述讨论可见爆炸焊接技术在制造双金属蜗轮叶片材料上是大有作为的。我国江河的流水中含沙量较大。水电站的水轮机蜗轮叶片用材的复合化是很必要的。希望有关部门统一规划,将此项工作在我国开展起来。

3.2.35 蜂窝结构材料的爆炸焊接

1. 蜂窝结构

蜂窝结构形如蜂巢,它的容积最大、用料最省和强度也高。这种结构材料首先用在飞机上,制作壁板。另外,为了充分利用它的优良的力学性能,使用激光焊和扩散焊使其与飞机蒙皮焊接,以增强蒙皮的强度。利用仿生学的原理,后来在太空飞行器中采用了这种结构,使飞行器容量增大,强度提高,且大大减轻了自重,还不易传导声音和热。因此,今天的航天飞机、宇宙飞船和人造卫星上都大量地采用了这种蜂窝结构材料;蜂窝结构材料还可用来制造过滤器、稳定器、散热器和真空管栅格等。

爆炸焊接最理想的用途之一是制造出了蜂窝结构。用这种技术获得的产品比用扩散焊和其他方法获得的同类产品有更好的力学性能,且质量好、成本低。

2. 蜂窝结构材料的爆炸焊接

目前有两种爆炸焊接工艺可获得两种形状的蜂窝结构材料[3]。

其一,如图 5.4.1.50 所示。制造蜂窝结构的用材的是金属箔材。在工艺安装中,在多层箔材叠合的时候,每层在一定位置上相间地设置间隙物。以便在爆炸能量作用下,金属与金属撞击和焊接的区域仅限于预定的节点线上,即两间隙物之间的局部位置。这样,爆炸焊接后每层间焊接区就隔开了、相互间断了。然后,将该多层箔材的复合体进行切割和展开,于是就形成了蜂窝结构,如图 5.5.2.50 所示。

在一次爆炸焊接中焊接了多达 600 层的金属箔材。已生产出来的作为商品出售的蜂窝结构的主要规格:蜂窝格子尺寸为 5 mm,金属箔材的厚度为 0.025~0.05 mm,材料为钛或不锈钢。对于航空和宇航系统来说,用爆炸焊接法制造的蜂窝结构,材料是铝合金、钢、不锈钢、哈斯特洛依、因科镍、镍、铜或钛。其厚度为 0.013~0.015 mm,格子的尺寸为 1.5~6.35 mm。

其二,用爆炸焊接法可以制造出非平面几何结构的蜂窝材料。例如已制成了一种圆盘形的全铜蜂窝结构,它具有实体的外缘。方法是在铜管中装以镀铜的许多铝丝,用外爆法使铜管和这些铝丝焊接起来。然后用苛性钠使铝完全溶解而被清除,最后留下了六角形的铜蜂窝结构。

3.2.36 平面复合管板的爆炸焊接

管板是化工和压力容器不可缺少的部件,它通常是用有一定耐蚀能力的高强度的钢制作。为了提高其对介质的耐蚀能力,几十年来国内外使用了复合材料的管板,例如钛-钢、不锈钢-钢、因科镍-钢和铜-钢等双金属管板。这种管板的覆层耐腐蚀,基层强度高,它们兼有两种材料的使用特性,因而越来越成为化工和压力容器的不可缺少的结构材料。

1. 平面复合管板

正如单金属管板一样,复合管板亦有平面和异形两种。平面复合管板,即两块原始的覆层和基层金属板都是平板状的,它们结合在一起成为管板之后也是平板状的。一定厚度的、特别是厚度较大的平面复合板能够作为管板使用。

正像平面复合板一样,平面复合管板的生产方法有堆焊、叠轧和爆炸焊接三种。比较起来,爆炸焊接法有许多优点,例如,金属组合可以任意选择,覆板和基板的厚度及厚度比也可以任意选择,而且面积大、结合强度高、工艺简单且成本低。因此,爆炸焊接技术越来越成为生产异种金属材料管板的一种好方法。

2. 平面的复合管板的爆炸焊接

平面复合管板的爆炸焊接,通常就是平面复合板的爆炸焊接。它们在工艺安装上没有大的区别。如果覆板的厚度相同,而基板厚度较大的话,仅工艺参数中的用药量不同,此时单位面积药量或总药量会小些。原因见 2.1.7 节和 2.3.2 节。

钛-钢、不锈钢-钢和铜-钢等复合管板的爆炸焊接的工艺参数、组织和性能,可参见本章前面的有关内容。

平面复合管板爆炸焊接后也会发生宏观的和不规则的塑性变形。随着基板厚度的增加，这种变形减小，但仍可能超过技术条件的要求。为此需要用平板机平复。如果爆炸强化和爆炸硬化程度较大，则须在热处理后再平复。在管板面积较大和无法用平板机平复的情况下，可以用图 5.4.1.132 所示形式的基础进行爆炸焊接。按此生产的复合板或复合管板一般能够满足平直度上的技术要求。

文献[28]指出，在制造热交换器管板装置的时候，爆炸复合很有效，此时可以用不贵的结构钢作管板的支承层，而用相应薄的合金钢作覆层，用此方法制造了厚度为 120 mm、用于热电涡轮的网格预热器的管板。重量超过 45 t、厚约 450 mm 的高强度低合金钢锻造板坯，被厚 6 mm 的奥氏体不锈钢复合。尽管有野外天气和起重运输方面的困难，但用爆炸焊代替堆焊，不仅高合金钢覆层消耗量减少因而降低了成本，而且减少了劳动量和改善了劳动条件(堆焊在坯料加热到 300~350 ℃下进行)。所提供的资料指出，直接爆炸复合，特别是在基层厚度大的情况下是一种高利润的过程。需要指出的是，重管板的爆炸复合在国外得到了广泛的应用。

计算表明，被 08X18H10T 钢板($\delta_1 = 3 \sim 4$ mm)爆炸复合的结构钢板($\delta_2 = 70 \sim 100$ mm)，几乎比类似堆焊的钢板便宜两倍。现在已经掌握了厚度为 70~100 mm、面积为 16.5 m² 的大面积复合板的制造技术。这种复合板有优良的表面质量和不大的变形，结合面积率近 100%，可用于有重要意义的压力容器。

文献[1333]报道了一种钛-钢-钛三层复合板的应用，并指出，某厂制作了一台 U 形管式换热器，其换热管为 TA2，直径 89 mm，壁厚 4 mm。管板为钛铸件，直径 1400 mm，厚度 60 mm。为节约钛材，后将管板改为 TA2-16MnR-TA2 三层复合板，其规格尺寸为 5 mm+55 mm+5 mm。到时，换热管与管板的两面相焊接，满足了技术要求。与采用纯钛管板相比，每块管板节约钛材 350 kg，经济效益极为显著。

文献[1334]介绍了爆炸焊接复合板生产工艺在制造特厚双面复合的不锈钢管板上的应用。基板为 $\phi1360$ mm×110 mm 的 16Mn Ⅲ 锻件，覆板选用 $\phi1410$ mm×10 mm 的 304 不锈钢热轧板。通过两次爆炸焊接的工艺将基板的两面覆上不锈钢板。炸药为 2# 岩石乳化硝铵炸药，其 $\rho_0 = 0.5 \sim 0.7$ g/cm³，$v_d = 2200 \sim 2500$ m/s，含水率不大于 1%。为了减小复合板的宏观变形，采用如图 3.2.36.1 所示的安装示意图。其中，中部地基为硬质材料，周围为砂质材料。检验结果指出，结合面积率为 100%，界面剪切强度为 280~295 MPa，抗拉强度为 520 MPa，弯曲试验(180°，$d=3t$)没有裂纹和分层。

结论指出，某石化炼油厂的焦化换热器的 E250 和 E210 管板部件，原制造工艺是用堆焊法在厚锻钢的两面堆焊不锈钢层。该工艺复杂、生产周期长、变形量大、后续加工困难和成本高。采用爆炸焊接法后，成本降低 40%，复合管板的强度、塑性、韧性等优于堆焊法

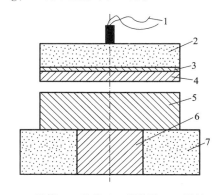

1—雷管；2—炸药；3—保护层；4—覆板；
5—基板；6—硬质地基；7—砂质地基

图 3.2.36.1　不锈钢-钢管板爆炸
焊接工艺安装示意图

的。爆炸法不改变原钢板的化学成分和组织结构，其耐蚀性能也优于堆焊法的。该爆炸焊接的复合管板在某炼油厂焦化换热器上已使用了 7 个月，运行情况好。

文献[1335]报道，941(0Cr12Ni25Mo3Cu3Si2Nb)钢在低于 100 ℃ 和浓度 70% 以下的硫酸中，耐蚀性能较好。这种钢材是制造 50% 硫酸的异丁烯装置的重要材料。为此爆炸焊接试制了 941-16MnR 复合管板，941 厚 10 mm，管板尺寸 $\phi530$ mm×40 mm。用此新管板焊接成了生产异丁烯的装置。该装置开车 2 个月，生产出了约 1300 t 异丁烯，效果良好。与点焊和堆焊方法制造的同材质的管板相比，爆炸法可制造出厚管板，且加工方法简单，能节省大量资金。最后指出，爆炸焊接工艺在机械制造行业的应用将会越来越广泛。

3.2.37　异形复合管板的爆炸焊接

1. 异形复合管板

形状特异的复合管板称为异形复合管板。如复合的碟形、盆形、封头形、(超)半球形和锥形等管板。这些管板的形状根据生产工艺确定。

一些异形复合管板的实物照片和示意图如图 5.5.2.46，图 5.4.1.110~图 5.4.1.120 以及图 5.4.1.126(a)、(b)所示。它们中的一些还可在其中钻孔，并与管材连接(胀接或焊接)，组成管-管板系统，以便制成热交换器等设备。

在化工和压力容器中，从结构和工艺上考虑，异形复合管板比平面复合管板更为合理，因而用得更多和更广。

2. 异形复合管板的爆炸焊接

异形复合管板的爆炸焊接工艺与平面复合管板完全不同，根据实践和理论分析能够设计出如下一些。

(1)局部爆炸焊接工艺。如图5.5.2.46和图5.4.1.110(a)所示，在碟形钢管板的凹底部，用常规的爆炸工艺焊接一层耐蚀金属板，而在凹坑的圆角和直边没有耐蚀金属层。这两个位置将用衬套的方法衬上耐蚀层。实践证明，特别是在高温和高压下，此衬套层会分离而使整个设备不能使用。所以这种局部爆炸焊接的复合管板的使用价值不大。

(2)全面爆炸焊接工艺。如图5.4.1.110(b)所示，不仅管板底的平面部分焊接，而且圆角和直边位置也焊接。这种全面复合的管板自然比局部复合的管板优越得多。即使圆角和直边位置没有焊接，由于覆层是一体的，其效果也比局部复合和衬套的覆层好。

全面复合的碟形、盆形和半球形等形状的管板，可采用如下的爆炸加工工艺。

① 爆炸成形+爆炸焊接。如图5.4.1.116所示，先用爆炸成形法将覆板炸成与管板内腔相同的形状，然后进行工艺安装。炸药爆炸后，成形的覆板便与内腔形状相同的管板焊接在一起了。由此可知，此种工艺分两步：先爆炸成形和后爆炸焊接。图5.4.1.117也是一例。

② 爆炸成形-爆炸焊接。如图5.4.1.118~图5.4.1.120所示，成形和焊接原本是两道工序，此时则一气呵成和一次成功。其原理是在爆炸能量较大的情况下，在金属板成形后，剩余的能量使覆板与基板(或管板)焊接起来。此种制造复合异形管板的技术更为优越。

③ 爆炸焊接+爆炸成形。如图5.4.1.112和图5.4.1.113所示，即用爆炸焊接的复合板作坯料，再进行爆炸成形，两种工艺分两次进行。此过程对于制造复合封头和类似形状的管板有特殊的价值。

④ 爆炸焊接-爆炸成形。如图5.4.1.114和图5.4.1.115所示，在爆炸能量的作用下，覆板和基板(或管板)在焊接后不久也成形了，即焊接和成形一气呵成并一次成功。这种技术在制造异形复合管板时效率更高。

在机械加工能力足够强的单位，利用爆炸复合板进行旋压(图5.4.1.126)和冲压(图5.4.1.128)，也能够获得复合的异形管板件。

应当指出，上述四种爆炸焊接和爆炸成形相联合用以制造异形复合管板的技术，是本书作者在20世纪70年代中期根据实践需要和理论分析而设计出来的。当时仅仅是一种理论上的设想和预言，由于当时客观因素的影响未能进行试验。然而，本书作者从文献中早了解到当时国外就已经在用此联合技术来制造异形复合部件了[492~494]，后来也见到了类似资料的报道[495~498]。例如，文献[498]指出在爆炸焊接和同时冲压的情况下，90%的模具材料能够采用水泥和金属。在使用金属模具的情况下可达到最佳的形状。此时不存在未焊透、凸起、烧穿和其他缺陷。试验分析指出，和爆炸焊接比较，爆炸焊接和同时冲压不会带来任何大的分离强度、波形参数及熔化金属量的变化，但是，将观察到更大的强化。又如，早在1966年文献[499]就介绍了爆炸成形和爆炸结合一气呵成的工艺。在1974年9月举行的第四次全苏燃烧和爆炸会议上，也有代表专门报告了在生产化学容器的底部时，爆炸焊接和冲压两种工序结合的问题[500]。

上述四种制造异形复合管板的爆炸加工技术具有重要的技术和经济价值，值得大胆和深入地研究和开发。

3.2.38　多层复合板的爆炸焊接

在生产和科学技术中，常常需要多层金属复合材料。例如，三层和多层装甲材料、三层复合钎料、多层箔材、多层纤维复合材料、三层和四层热双金属等。这些复合材料具有单层金属和双层复合材料所不会具有的物理、力学和化学性能，是又一类新型的金属复合结构材料。另外，多层金属复合材料也分为板、带、箔、管和棒等。

多层复合材料用爆炸焊接的方法，或者用爆炸焊接+压力加工的方法能够很容易地制造出来。特别是对于物理-化学性质相差很大的基材和层数很多的材料，爆炸焊接的方法也许是唯一可行的。

这里多层复合材料通常指三层及三层以上用爆炸法或爆炸+压力加工法制造出来的层状金属材料。以复合板为例，爆炸焊接方法如图5.4.1.13和图5.4.1.14、图5.4.1.17~图5.4.1.19、图5.4.1.142和图5.4.1.143所示，用重叠式的一次、二次和多次的爆炸焊接法，或者用对称和非对称碰撞的方法进行。

它们各有其特点和用途。

为了研究多层复合材料中每个结合区的波形形状和波形参数,本书作者在此方面做了大量的工作。采用重叠式和对称(非对称)碰撞法,获得了大量结合区的波形图片,如图 4.16.5.97~图 4.16.5.145 所示。一些组合的结合区和断面的显微硬度分布曲线如图 4.8.3.38~图 4.8.3.48、图 5.2.9.13~图 5.2.9.18、图 5.2.9.46~图 5.2.9.51 所示。它们中的一些物理、力学和化学性能见本书的有关章节。

文献[189]指出,一些复合板,例如钛-钢复合板,使用时在经多次高温和长时间加热后,会在结合区形成硬而脆的金属间化合物。结果必然降低其结合强度。为了避免这一点,可在不同的金属之间插入带有"扩散壁垒"的一种或几种金属材料。在高温加热时,它们不与任何一种被焊接的材料形成所不希望的金属间相。例如,在钛-钢之间引入铜-铌中间层后,与钛-钢复合板的 600 ℃的安全加热温度相比,其允许的最高加热温度可达 1000 ℃。这种复合板也可视为多层复合板。

有两种方法可爆炸焊接四层复合板。

第一,采用通常的工艺先焊接两层,再依次焊接第三层和第四层。在第三层和第四层焊接前,必须将前一次的复合板平复并清理净化待结合面。

第二,一次焊接四块板叠。在这种情况下可以采用冲击器焊接技术。

文献[501]提供了爆炸焊接的三层和多层复合板在不同状态下的力学性能,如表 3.2.38.1~表 3.2.38.3 所列及图 3.2.38.1 和图 3.2.38.2 所示。

表 3.2.38.1 硬层配置方法及其相对厚度对多层钢板拉伸性能影响

多 层 材 料	硬层的相对厚度/mm	σ_b/MPa	δ/%
65Γ(硬层)-X18H10T(软层)-65Γ(硬层)	0.15	735	12
X18H10T-65Γ-X18H10T	0.20	862	18
X18H10T-65Γ-X18H10T-65Γ-X18H10T	0.15	882	20
Y8(硬层)-X18H10T-Y8(硬层)	0.16	686	3
X18H10T-Y8-X18H10T	0.11	784	6
30ХΓСА(硬层)-X18H10T-30ХΓСА(硬层)	0.26	725	27
X18H10T-30ХΓСА-X18H10T	0.24	735	30

表 3.2.38.2 硬层特性对多层材料塑性的影响

多 层 材 料	h_1/mm	$\dfrac{h_1}{H}$	硬 层 特 性		δ/%
			含碳量/%	显微硬度/MPa	
X18H10T-Y8-X18H10T	0.6	0.11	0.80	7350	6
X18H10T-65Γ-X18H10T	0.5	0.20	0.65	5390	12
X18H10T-42Х2ΓСНМ-X18H10T	0.5	0.17	0.42	6174	18
X18H10T-30ХΓСА-X18H10T	0.7	0.24	0.30	5390	30

注:h_1 和 H 的含义如图 3.2.38.2 所示。

表 3.2.38.3 淬火加热时间对多层材料拉伸性能的影响

多 层 材 料	X18H10T 层的相对厚度	t/min	h_1/mm	σ_b/MPa	δ/%
X18H10T-42Х2ΓСНМ-X18H10T	0.135	10	0.50	1793	6.0
X18H10T-42Х2ΓСНМ-X18H10T	0.135	20	0.80	1725	6.0
X18H10T-42Х2ΓСНМ-X18H10T	0.135	30	0.95	1686	6.0
X18H10T-42Х2ΓСНМ-X18H10T	0.135	40	0.95	1676	6.0

注:t 为淬火加热的时间。

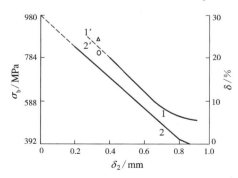

白点表示 X18H10T-65Γ-X18H10T-65Γ-TX18H10T
五层复合板的强度和塑性

图 3.2.38.1 X18H10T-65Γ-X18H10T 三层复合板的强度(1)和塑性(2)与 65Γ 钢层厚度的关系

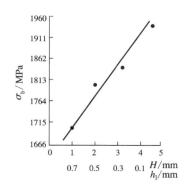

图 3.2.38.2 试样厚度(H)和脱碳区的相对厚度(h_1)对 X18H10T-42Х2ΓСНМ-X18H10T 三层钢强度极限的影响

文献[502]为获得多层复合板，使用了用直径 0.3 mm 的软钢丝制成直径 3 mm 的螺旋体间隙物，它们以 200~300 mm 的距离布置。

用爆炸焊接法研制 B95-Al-B95 复合板时发现，铝中间层的加入能够提高其强度。在焊接和后续热处理的情况下，铝中间层的加工硬化降低。利用薄的中间层和进行扩散退火以后，将增加 B95-Al-B95 复合板的均匀性[503]。

文献[504]研究了铝-钢接头，这种接头用两种方法获得：双金属；铝和钢交替的多层过渡接头。对于后者来说，提供了一个公式，用这个公式可以计算被同一药包抛掷的某几层中任意一层的弯曲角。并且在相同的 v_{cp} 下，在以不同角度的同一冲击试验中可以实现结合。证实了铝-钢爆炸焊接接头作为导电元件的可能性。但是，在高温下、在要求真空的零件中，因为有强烈的气体排出，不可能被利用。

下面是三层金属的结构材料。第一（外）层，由铝、钛或锆为基的高强材料组成；第二（外）层，由铝、镍或钢的材料组成；第三（中间）层是以钽或铌为基的塑性材料。用爆炸焊接使它们强固结合。这些结构材料在低温下可保持高的性能。例如，由不锈钢-铌-铝三金属制作的异径管接头，可连接不锈钢管和配件与铝容器壳体。试验证明这种接头具有足够高的真空气密性[505]。用爆炸点焊法同样能获得相同和不同金属的多层板[506]。

三层防腐蚀板材的加工在工艺上包括两个阶段：第一阶段将厚度分别为 12.5 mm、13.5 mm、12.5 mm 的不锈钢-碳钢-不锈钢的三层板材用爆炸焊接的方法焊接在一起；第二阶段通过热轧将其轧成厚度分别为 0.1~0.2 mm、2~4 mm 和 0.1~0.2 mm 的带卷，试验表明，这种复合材料在腐蚀性介质中（化肥和农药）有和不锈钢相当的耐蚀性[507]。

文献[367]提供了 OT4-Nb-Cu 合金-X18H10T 四层复合板断面在不同状态下的显微硬度分布，这种复合板的抗拉强度和铜合金中间层相对厚度的关系的资料如图 3.2.38.3 和图 3.2.38.4 所示。

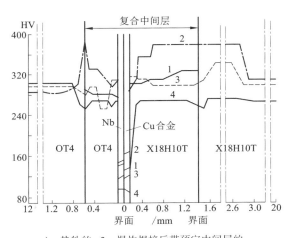

1—热轧的；2—爆炸焊接后带预定中间层的；
3 和 4—同 2，分别加热到 600 ℃和 800 ℃、1.5h 后

图 3.2.38.3　OT4-Nb-Cu 合金-X18H10T
四层复合板断面在不同状态下的
显微硬度分布

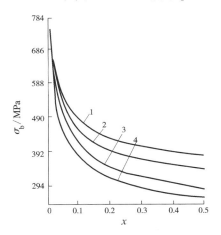

1—爆炸焊接；2—加热到 400 ℃；
3—加热到 600 ℃；4—加热到 800 ℃

图 3.2.38.4　OT4-Nb-Cu 合金-
X18H10T 四层复合板的 σ_b 与 Cu 合金
中间层相对厚度的关系

下面是 BT1-BT14-BT1 三层复合板和 BT1-BT14-BT1-BT14-BT1 五层复合板的结合区及其附近的显微硬度分布的资料，如图 3.2.38.5 和图 3.2.38.6 所示。它们的力学性能如表 3.2.38.4 至表 3.2.38.6 所列[508]。

文献[3]指出了多层复合板中的一些例子：铝和钢的过渡接头内，在铝合金和钢的中间加一层纯铝的中间层，钽-钢复合板需要铜中间层，低温结构用的铝-不锈钢复合板含有银或钽的中间层。

采用的方法一般是在一次爆炸中，在基板上覆以两层金属，尽管低温用复合板以及其他有特殊要求者是分两次来爆炸的。

采用一次爆炸复合的工艺，选择参数时要使两个界面的情况都符合技术要求。组装多层板时要特别小心，保证两个间隙准确，间隙物的位置不要重叠。

电解槽阳极和阴极用的铝复合材料，也可用爆炸焊接法获得。例如，使用 Semtex S25、S30 和 S35 炸药，尺寸为 15 mm×80 mm×150 mm 的 CSN11373 和 11423 钢板与 4 mm 厚的铝板复合。在此基础上，又用 90 mm×160 mm×200 mm 的 11423 钢板阴极连续与厚 2 mm 和 6 mm 的铝板结合了。对于钢-铝和铝-铝的接头来说，S25 的爆速相应为 2490 m/s 和 2230 m/s，撞击速度是 1010 m/s，安装间隙是 5 mm 和 25 mm。炸药层的厚度是 50 mm 和 25 mm。上述工艺参数在制造实际长 500 mm 的阴极时被采用了。为了向钢的阴极上结合 32 层厚 1 mm 的带状导体，制定了它们和厚 2 mm 的铝覆层爆炸焊接的工艺。这种焊接工艺与螺栓连接相比有重要的经济价值。

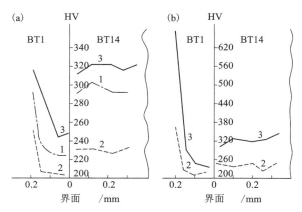

1—轧制态；2—退火态；3—淬火和时效后

图 3.2.38.5　BT1-BT14-BT1 三层复合板的两个界面(a)(b)附近，在不同状态下的显微硬度分布

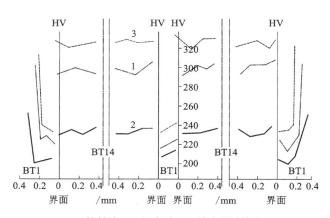

1—轧制后；2—退火后；3—淬火和时效后

图 3.2.38.6　BT1-BT14-BT1-BT14-BT1 五层复合板沿厚度的显微硬度分布

表 3.2.38.4　BT1-BT14-BT1 复合板在不同状态下的力学性能

材料状态	气体渗透层的性能		拉伸性能*			备注
	厚度/μm	HV	σ_b/MPa	δ_5/%	ψ/%	
轧制后	30	2940~2215	(960~1039)/1000	(6~12)/10	(30~35)/33	在空气中加热
退火 700 ℃、0.5 h	50	3528~1960	(813~872)/853	(8~11)/10	(18~24)/19	
淬火 920 ℃、0.25 h，时效 480 ℃、16 h	110	5880~2401	(941~1058)/1019	(1~4)/2	(3~7)/5	
退火 700 ℃、0.5 h	30	2500~1960	(892~931)/911	(10~14)/12	(28~40)/34	在氩气中加热
淬火 920 ℃、0.25 h，时效 480 ℃、16 h	30	2087~2254	(1127~1196)/1156	(3~8)/5	(4~9)/6	

*注：分子为拉伸性能的范围，分母为平均值，后同。

表 3.2.38.5　BT1-BT14-BT1 复合板在不同轧制方面上的拉伸性能

材料状态	顺着焊接方向轧制			横着焊接方向轧制		
	σ_b/MPa	δ_5/MPa	ψ/%	σ_b/MPa	δ_5/%	ψ/%
轧制后	(931~1000)/960	(4~10)/7	(25~33)/28	(960~1039)/1000	(6~12)/10	(30~35)/33
退火：700 ℃、0.5 h（在氩气中加热）	(833~911)/892	(8~12)/10	(20~37)/30	(892~931)/911	(10~14)/12	(28~40)/34
淬火：920 ℃、0.25 h；时效：480 ℃、16 h（在氩气中加热）	(1058~1127)/1107	(2~6)/4	(3~7)/4	(1127~1196)/1156	(3~8)/5	(4~9)/6

表 3.2.38.6　三层和五层复合板在不同状态下的拉伸性能

材料状态	BT1-BT14-BT1			BT1-BT14-BT1-BT14-BT1		
	σ_b/MPa	δ_5/MPa	ψ/%	σ_b/MPa	δ_5/%	ψ/%
轧制后	$(961\sim1039)/1000$	$(6\sim12)/10$	$(1\sim4)/1.5$	$(882\sim960)/931$	$(3\sim8)/5$	$(1\sim4)/2$
退火：700 ℃、0.5 h（在氩气中加热）	$(892\sim931)/911$	$(10\sim14)/12$	$(2\sim5)/2.5$	$(813\sim921)/892$	$(7\sim11)/9$	$(4\sim8)/5$
淬火：920 ℃、0.25 h；时效：480 ℃、16 h（在氩气中加热）	$(1127\sim1196)/1156$	$(3\sim8)/5$	$(1\sim3)/1.5$	$(1029\sim1134)/1078$	$(2\sim5)/3$	$(2\sim4)/2.5$

铝-钽-不锈钢三金属的爆炸焊接工艺、性能和用途如表 3.2.38.7 所列。

表 3.2.38.7　铝-钽-不锈钢三金属的爆炸焊接工艺、性能和用途[509]

覆层	基层	δ_0/mm	v_d/(m·s^{-1})	β/(°)	S/%	剥皮检验	σ_τ/MPa	破断位置	低温塑性	用途
钽	铝	23	2190	11	95	在常温和-195 ℃下均未破坏	≥387	沿铝基体发生	高	用作低温材料和高真空气密性的异径接头
铝-钽	不锈钢	25	1640	14	87					

文献[1336-1338]进行了三层和三层以上金属复合材料的研究，其中许多试验方法和试验方案，以及结论值得参考和借鉴。

文献[1339]在论述双金属板爆炸焊接参数试验方法的基础上，结合工程中大幅板面爆炸焊接的实际应用，介绍了一种比较实用和高效的多层板爆炸焊接倾角试验方法。在单面炸药和一次完成双界面爆炸焊接的试验研究中，以较少的试验次数获取了多组试验数据，从而节省时间，收到事半功倍的效果。

文献指出，近年来，对于多层复合板的应用和市场需求不断增长，开发潜力很大，如刀具钢等组成的多层可淬硬复合板及高延展性（用于深拉成形）的不锈钢多层复合板，在日用五金、装饰材料、刀剪和化工制造业中都有广阔的应用前景。

3.2.39　箔材的爆炸焊接

金属箔材的爆炸焊接包括箔材与厚基板、多层箔材和多层箔材之间插入加强丝材的爆炸焊接三种情况。

一般厚度小于或等于 0.2 mm 的金属薄板称为箔材。由于厚度很小，金属箔不容易保持其形状和平整度。所以当它自由地放置在平坦的基板表面上时，它们之间不能紧密地贴合在一起，其间距甚至大于箔材的厚度。另外，箔材的质量小，能够很快被加速。这种加速不会很均匀，再加上排气过程的影响，将导致金属箔在飞行中呈现振荡和颤动，从而导致爆炸焊接后覆板（箔材）起皱和出现波浪形，其宏观形貌如图 4.15.2.2 所示。所以，箔材的爆炸焊接不比其他材料的爆炸焊接容易。

现将国内外有关箔材爆炸焊接的文献资料辑录部分如下。

文献[510]报道，铂材优良的抗蚀性、高的化学稳定性和大的排流量，可有效地增加船舶的使用寿命。因而在大型船舶和海洋工程中，镀铂钛材作为外加电流防腐装置的阳极在国外已有不少应用。然而，用电镀法制作的镀铂钛材的铂镀层与基体钛结合不牢，会产生"脱铂"现象，这个问题妨碍了这种新材料的进一步推广和应用。为此，该文献用爆炸焊接+冷轧的工艺研制了铂-钛复合阳极。结果表明，这两种材料结合牢固和表面光洁密实，各种性能试验的数据均达到技术要求。

试验用材中铂的厚度为 0.007~0.10 mm，钛的厚度为 2.0~35 mm，面积为 80 mm×160 mm；使用低速炸药，质量比 $R_1 = 0.4\sim0.8$；用平行法爆炸焊接。

爆炸焊接后经 650 ℃、1 h 真空热处理和冷轧得到最终产品。经拉伸、弯曲、金相、测厚和渗透探伤检查，证明铂和钛达到了良好的冶金结合，满足阳极技术条件的要求。

镀铂钛材的界面有许多的微观裂纹、疏松和孔隙，在长期通电试验中，证明是产生"脱铂"的原因。而爆炸焊接的镀铂钛材在同样的试验中都完好无损。快速寿命考核试验结果表明，镀铂钛试样在水和浓盐酸中煮沸一次即起皮，二次有脱落现象，三次铂层脱光。而爆炸焊接的试样煮沸 30 次仍未脱落。由此可见，爆炸焊接的铂钛阳极优于镀铂钛材，具有较大的推广价值。

在此铂箔与钛板的爆炸焊接时使用了冲击器。

文献[3]建议在多层金属箔的爆炸焊接中做到如下各项：

（1）用成形工具把金属箔滚平。多层金属箔安装时，注意避免小的碰撞角或负碰撞角。

（2）采用冲击器，使金属箔均匀加速。

（3）在真空中进行爆炸焊接。

文献[511]报道，用 0.2 mm 厚的铝箔在 1600 m² 面积内与单块基板进行爆炸线焊。

文献[512]报道，用少于 1 mg 的炸药在高氧化铝陶瓷的基板上，包覆了厚 2.5 μm 至 17.8 μm 的铝箔或其他金属箔，基板的面积仅为 0.76 mm×4.83 mm。在电子线路中所用炸药量甚至更少[513]。

为研制防弹装甲，提出了两个方案：一是由每层厚 0.5 mm 和 16 层的不锈钢及碳钢交替组成，二是由每层厚 0.125 mm 和 11 层的铝及高锰钢交替组成。后者显示防弹性能强得多[514]。

文献[515]报道，在一次爆炸中把 100 片以上的金属箔结合在一起，这种层状材料能够获得非一般的综合特性（如强度、硬度、横向导热性和防裂能力等）。厚 1 mm 的铝箔（板）组成的 12 层材料的每端与两个导电板条的端头焊接，如此形成一种柔性连接，与导电板条的载流量相同。

文献[516]指出，目前爆炸焊接的多层箔材的最先进的用途之一是制造多层蜂窝结构用材，具体情况详见 3.2.35 节。为此，在一次爆炸中可以焊接多至 600 层。爆炸结合的蜂窝材料比用其他方法如扩散焊等有更好的力学性能。同所有的其他制造方法相比，爆炸焊接的蜂窝材料的主要优点是成本较低。

金属箔与金属纤维的爆炸焊接能够制成金属纤维增强复合材料，如 3.2.40 节所讨论的。这种复合材料有比基材高得多的力学性能，是金属复合材料的又一个很有用途和很有前景的研究及应用的方向。

文献[517]指出，在制造复合材料的时候，爆炸焊接工艺简单和可获得高的结合质量，研究了箔-箔型（铜-铝、铜-黄铜、铜-钢、钢-钢、黄铜-铝和铝-铝）和箔-丝-箔型（母体由铝、铜、黄铜和钢制成，丝由不锈钢制成）复合材料结合区的组织和强度性能。

文献[518]用显微爆炸焊接的方法，焊接了约 11 μm 厚的金属箔材。

文献[519]研究了铜被非晶形箔 Fe$_{80}$B$_{14}$Si$_6$ 和镍基箔材（VITKOVAC）爆炸复合的可能性。提出了焊接的工艺条件。用金相法研究了所得接头的质量。用带铜阳极的 X 射线衍射仪来检验非晶形金属的组织变化。

文献[520]提出了一个将厚度为 8～100 μm 的金属箔材爆炸焊接到一底层上的方法。这个方法包括：将箔材固定到低声速（最好≤1500 m/s）的软弹性材料的板上，箔材的另一面与材料硬板结合，在其反面铺上炸药。用胶使两种材料黏合在一起。弹性材料用橡皮或软板，固态材料用金属或有机物质，如塑料、有机玻璃或木质纤维板。在箔材很薄的情况下，该法可以获得无缺陷的结合。

3.2.40　纤维增强复合材料的爆炸焊接

1. 纤维增强复合材料

在现代复合材料的发展中，纤维增强复合材料的发展最为迅速和活跃。它的发展和应用在一定程度上代表着复合材料的发展方向。按基体材料的构成，复合材料可分为非金属基和金属基两类，按性能和用途又可分为功能复合材料和结构复合材料。

从 20 世纪 40 年代起至今，纤维复合材料已发展了三代：第一代是玻璃钢（用玻璃纤维增强塑料），第二代是碳纤维增强塑料，第三代是纤维增强金属。前二者以树脂为增强基体，其主要缺点是不耐高温。金属基纤维增强复合材料具有高的横向力学性能和层间剪切

表 3.2.40.1　工业合金和纤维增强复合材料的性能比较

材　料		ρ/(kg·m⁻³)	σ_b/MPa	$\sigma_{0.2}$/MPa	E/MPa	比强度/km	比弹性模量/km
工业合金	钢	7800	1300	450	2×10^5	16.6	2560
	钛合金	4500	1100	530	1.15×10^5	24.4	2560
	铝合金	2800	550	150	7×10^4	19.6	2500
复合材料	硼-铝	2600	1300	600	2.2×10^5	50.0	8460
	硼-镁	2200	1300	500	2.2×10^5	59.0	10000
	碳-铝	2200	900	300	2.2×10^5	45.0	10000
	铝-钢	4500	1700	350	1.1×10^5	37.0	2440
	硼-塑料	1400	1000	400	1.8×10^5	71.0	12850
	硼-塑料	1800～1880	1200	400	2.7×10^5	60.0	13500
	无机纤维-塑料	1350	600～2500	240	$(3\sim9)\times10^4$	44～185	2200～6660

强度、高的工作温度、坚硬耐腐蚀和稳定持久等优点，并具有导电和导热等金属特性。

现在，比较成熟和获得应用的金属基纤维增强复合材料有硼纤维增强铝及其合金、硼纤维或碳纤维增强钛及其合金、钨丝钼丝增强高温合金、石墨增强铝及其合金、氧化铝增强镍基合金等。这类复合材料与单一的金属相比，具有重量轻、热膨胀系数小、高强度、高刚性和耐疲劳等一系列优异特性。其中一些如表 3.2.40.1 所列。

一些复合材料的比弹性模量一般为 7000~10000 km，为工业合金的 2~3 倍。铝、镁和钛基复合材料抗拉强度和持久强度是相应金属的 2~3 倍。这类复合材料具有良好的抗疲劳性能，它们在破坏前有明显的预兆。此外还有良好的减震性能和成形性能，并适于整体成形，因而制造工艺简便且省时省工。

这类复合材料，尤其是先进的纤维增强复合材料，都是随着航空、航天和现代科学技术的发展而发展起来的一批高科技材料。例如，新型复合材料在飞行器结构上的应用，把飞机制造业提高到了一个质变的阶段，这就促进了新的火箭和宇宙技术的发展。在波音 767 飞机、"鲁斯兰"巨型运输机、依尔-96 和图 204 飞机上都广泛地应用了纤维增强复合材料。根据美国的预测，在民用飞机上，1995 年使用复合材料的占 23%，而使用铝合金的占 51%。在一些新型的结构材料中，纤维增强复合材料占有特别的位置。

文献[521]提供了几种纤维增强复合材料的物理-力学性能的综合图如图 3.2.40.1 所示。

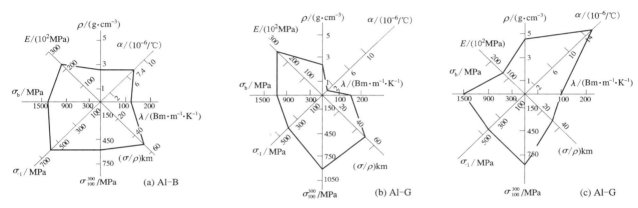

图 3.2.40.1　BKA-2(a)、BKY-1(b)和 KAC-1(c)复合材料的物理-力学性能图

2. 金属纤维增强复合材料的爆炸焊接

为了制造铝基和其他金属基的纤维增强复合材料，目前采用了各种焊接方法(扩散焊、压力焊和爆炸焊、喷涂，以及联合法)。考虑到非金属纤维的脆性，这里仅讨论由金属纤维和金属基体组成的纤维增强复合材料的爆炸焊接问题。

现将本课题的国内外文献资料综述如下。

文献[3]介绍了用图 3.2.40.2 的方法进行金属箔与金属丝(网)爆炸焊接。事前将整个装置放在一个塑料袋中，并抽去其中的空气至一定的真空度。

沿平行于金属丝的轴线方向的抗拉强度可按混合物定则精确地计算：

$$\sigma_c = \sigma_m V_m + \sigma_w V_w \qquad (3.2.40.1)$$

式中，σ_c 为纤维复合材料的抗拉强度，σ_m 为金属丝断裂应变时基体中的应力，V_m 为基体体积的百分比，σ_w 为金属丝的抗拉强度，V_w 为金属丝的体积百分比。

这种复合材料的抗拉杨氏模量大致与组成材料的模量加数的平均值近似。一些纤维增强复合材料的力学性能如表 3.2.40.2 所列。疲劳试验表明，两种钨-铜复合材料的寿命循环次数分别为 5.6×10^5 次和 8.9×10^5 次，其疲劳应力(旋转-弯曲)为

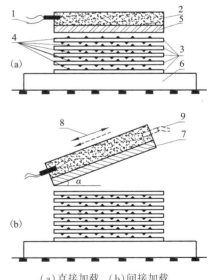

(a)直接加载，(b)间接加载

1—雷管；2—炸药；3—金属箔；4—金属丝网；
5—缓冲板；6—砧座；7—冲击器；
8—通常采用的爆轰方向；9—用于平面加载的雷管

图 3.2.40.2　金属箔与单向金属丝网爆炸焊接安装示意图

309 MPa(相当于疲劳应力和极限抗拉强度之比分别为 0.39 和 0.43)。对含 24%(体积)的不锈钢丝-铝基复合材料进行脉动拉伸试验后,得出 S-N 曲线指出,在 10^5 次循环时的疲劳应力与极限抗拉强度之比约为 0.4,而在 10^7 次循环时约为 0.24。

在制造纤维增强复合材料的方法中,爆炸焊接与其他方法相比的优点是:不涉及高温,即使在结合界面和表层上温度较高,但时间很短,不会影响整体复合材料的强度。相反,爆炸强化还会使这种材料的强度有附加的提高。同时,爆炸焊接法还具有生产大面积纤维复合材料的潜力。金属丝所占的体积百分比已达 40%。

文献[522]指出,爆炸焊接是获得纤维增强复合材料坯料和零件最有前途的方法之一。为此研究了用钼丝加强的钛(BT1-0)基体的复合材料。其中钼丝 σ_b = 1568~1862 MPa,δ 为 5%~10%。钛基体的 σ_b = 441~588 MPa,δ 为 10%~18%,厚度为 0.1 mm。

表 3.2.40.2 爆炸纤维增强复合材料的力学性能

No	金 属 丝	基 体	最大 V_w /%	单向或丝网	板尺寸 /(mm×mm×mm)	$\sigma_{b, max}$ /MPa
1	ϕ0.1 mm 的钨丝	铝	10	单向	约 3×13×100	370
2	ϕ0.15 mm 的钨丝	铜	17	单向	约 3×13×100	754
3	ϕ0.11 mm 的铍丝	铝	38	单向	约 3×13×100	369
4	AFC-77 钢丝	6061 铝合金	不固定	单向	—	669
5	AM-355 不锈钢丝	1100 铝	不固定	单向	—	462
6	ϕ0.25 mm 和 ϕ0.5 mm 的 TZM 钼合金丝	C129Y 铌合金	147	单向	—	938
7	ϕ0.25 mm 高强度钢丝	铝	8	单向	约 5×200×600	283
8	ϕ0.13~0.27 mm 的高强度不锈钢丝	铝	24	50/10 钢/铝丝网	约 6×300×500	453
9	ϕ0.125 mm 的钨丝	低碳钢	5.1	单向	约 10×22×90	268
10	各种钢丝网	铝和 7005 铝合金	20	丝网	约 8×300×300	290
11	铬铝钴丝和镍铬丝	各种铝合金	10	丝网	约 3×100×250	—
12	钨丝和钼丝	各种铝合金	32	单向	约 3×100×250	—
13	马氏体时效钢丝	各种铝合金	35	板料+单向金属丝	约 3×100×250	960

原始坯料是由纤维和箔材交替组成的多层板叠,其尺寸为 70 mm×150 mm。爆炸焊接后进行了多种形式的组织和力学性能试验。

金相观察指出,钼丝上有径向裂纹,钼丝和钛基体的界面上有"白色相",其平均尺寸为 20~25 μm。邻近丝的部位硬度为 710 HV(钛硬度为 290 HV,钼硬度为 545 HV),其中 Ti 与 Mo 含量之比为 1.5:1.8。在硬度为 400 HV 的部位 Ti 与 Mo 之比为 4.5:7.0。X 射线结构分析指出,在个别的白色相的地方,确定了属于 Ti_3Mo_2 金属间化合物的一些线条。该复合材料的力学性能如表 3.2.40.3 所列。

表 3.2.40.3 中 σ_b 的理论值采用下式计算:

$$\sigma_b = \sigma_1 \cdot V + \sigma_2 (1-V) \qquad (3.2.40.2)$$

式中,V 为钼丝的体积分量,σ_1 为钼丝的强度(取 1620 MPa),σ_2 为钛基体的强度(取 490 MPa)。

表 3.2.40.3 钼-钛爆炸纤维增强复合材料的力学性能

钼丝的体积分数/%	σ_b/MPa 理论	σ_b/MPa 实验	相对强度/%
28	706	1078	154
30	794	1058	134
—	—	1372	—
22	706	1058	151
25	745	1058	143
25	735	1058	145

注:相对伸长为 0.8%~1.5%。

退火温度对该复合材料力学性能的影响如表 3.2.40.4 所列。试验表明，在温度达到 750 ℃ 退火的试样中，丝分批破断。而在 930 ℃ 时，丝同时发生破断。在这些试样中，扩散层的厚度是 15~20 μm。

表 3.2.40.4　退火温度对钼-钛爆炸纤维复合材料力学性能的影响

退火温度/℃	20	250	500	750	930
σ_b/MPa	1078	902	804	608	813
相对强度/%	100	84	75	56	76

在所有达到钛的相变温度的退火试样中，均沿丝-基体的界面破断。高于相变温度时，丝在拉伸时形成缩颈。930 ℃ 退火后，白色相不存在了。由于扩散区的强烈增长，高于相变点的退火是不合理的。

文献[509]报道，纤维复合材料在比强度和比刚度方面，几倍地超过普通结构合金。在用钢丝强化铝合金的情况下，其疲劳强度提高 3 倍。持久强度与短时强度之比为 0.5~0.7，而对于普通材料来说这个数值等于 0.2~0.3。

爆炸焊接是一个非常有前途的工艺和技术方法。它的主要优点是迅速和简单，以及兼有附加强化。丝和基体可以获得高强度的结合。在这个过程中不需要高温变形，在固相下获得焊接和不形成金属之间的新相，因为扩散过程来不及进行。

用爆炸法获得了 CAП-1+BHC-9 纤维复合材料。前者为基材(烧结的含 7%~9%Al$_2$O$_3$ 的 CAП-1 铝粉末)，后者为高强钢丝($\sigma_b \geqslant 3430$ MPa，直径为 0.1~0.3 mm)。在钢丝直径为 0.3 mm 的情况下，该复合材料有如下性能：$\sigma_b = 1088 \sim 1176$ MPa，$\sigma_b/\rho = 30$ km，$\sigma_{500}^{400} = 441$ MPa。

被高强和热强钢丝加强的 CAП-1 在所有的工作温度下都提高它的强度，数据如表 3.2.40.5~表 3.2.40.7 所列，以及图 3.2.40.3 所示。

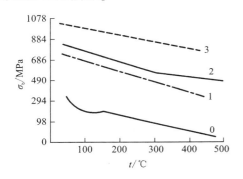

图中 0~3 的含义见表 3.2.40.7

图 3.2.40.3　CAП-1+BHC-9 纤维复合材料的高温短时强度

表 3.2.40.5　CAП-1+BHC-9 纤维复合材料在不同试验条件下的持久强度

材　料	试验温度/℃	试验时间/h	持久强度/MPa	备　注
原始的 CAП-1	200	100 / 1000	93.1 / 88.2	—
CAП-1+BHC-9，钢丝的 σ_b=3430 MPa	400	162	196~392	没有破坏
	400	160	245	
CAП-1+BHC-9，钢丝的 σ_b=2940 MPa	400	128	294	没有破坏
		125	343	
		116	392	
		150	441	
		110	490	

表 3.2.40.6　CAП-1+BHC-9 纤维复合材料在不同温度下的性能

材　料	ρ /(g·cm^{-3})	在下列温度下的性能				
		20 ℃			400 ℃	
		σ_{-1}/MPa	(σ/ρ)/km	a_k/(J·cm^{-2})	σ_{100}/MPa	(σ_{100}/ρ)/km
CAП-1	2.7	78.4(在 2×10^6 次循环基础上)	29.01	7.84	44.1	16.66
复合材料(CAП-1+25%体积的 BHC-9 钢丝，其 σ_b=3430 MPa)	4.02	294(在 10^7 次循环基础上)	73.50	14.7~24.5	441	107.80

由图 3.2.40.3 可见，在 400 ℃ 下增强的 CAП-1 基体的短时强度高于 883 MPa，比未增强的高 12 倍。试验指出，由于 CAП-1 的强化，将提高裂纹传播的阻力和在塑性减小时降低对缺口的敏感性。复合材料的冲击韧性比未强化的 CAП-1 高 2 倍。

显微 X 射线分析认为，在该复合材料中将形成(Fe、Cr、Ni)$_2$Al$_5$ 相。被高强钢丝增强的 CAП-1 烧结铝的复合材料，对于在高温条件下(400~500 ℃)工作的结构来说是有前途的。

一些纤维复合材料制造方法的基本参数如表 3.2.40.8 所列。由这些参数可以看出，爆炸焊接法的温度最高，时间最短，压力最大。应当是制造这种材料最理想的方法。

文献［490］指出，在制备纤维-基体系统的复合材料的时候，爆炸焊接占有特别的地位。1968 年英国进行了首次试验，后来美国也进行了大规模的研究。该文献介绍了这种材料爆炸焊接的方法和工艺，还介绍了用爆炸焊接方法制造了在 1100 ℃ 下工作和比现在有更高转速的透平叶片的信息。

表 3.2.40.7　СAП-1+BHC-9 纤维复合材料的短时强度（拉伸试验）

No	材　料	σ_b /MPa	E^{20} /MPa	E^{250} /MPa
0	原始 СAП-1	—	68600	
1	含 17%丝	2744	87220	60270
2	含 20%丝	2744	92120	67130
3	含 25%丝	3430	—	—

表 3.2.40.8　一些纤维复合材料制造方法的过程参数[523]

No	制　造　方　法	材料状态 基体	材料状态 纤维	过程的时间	过程的温度 T_m（基体熔点）	压　力 /MPa
1	热挤压、热压焊接	固态	固态	s-min	$0.6 \sim 0.8\ T_m$	$1.96 \sim 58.8$
2	热轧制	固态	固态	s	—	—
3	爆炸焊接	固态	固态	$10^{-5} \sim 10^{-6}$ s	$0.3 \sim 1.0\ T_m$	$1960 \sim 6860$
4	浸渍	液态	固态	s-min	—	—
5	铸造	液态	固态	s-min	较高	—
6	经过液态熔池拉拔纤维	液态	固态	10^{-1} s	T_m	—
7	喷涂	固态	固态	$10^{-2} \sim 10^{-4}$ s	$\sim 0.8 T_m$	$9.8 \sim 49$

文献还报道了如下组合的纤维增强复合材料：用直径 0.05 mm 厚的 VZA 钢丝增强 0.1 mm 厚的镍箔，用直径 0.1 mm 的钨丝增强 0.1 mm 厚的 VZA 钢箔，用 0.1 mm 的钨丝增强 0.09 mm 厚的弹簧钢箔，用直径 0.1 mm 厚的钨丝增强 0.1 mm 厚的锆箔，用直径 0.1 mm 的钨丝增强 0.1 mm 厚的铌箔，用直径 0.1 mm 的钨丝增强 0.05 mm 厚的因科镍箔，用直径 0.1 mm 的钨丝增强 0.1 mm 厚的钛箔和用直径 0.15 mm 的钨丝增强 0.3 mm 厚的铜箔，以及高强度钢丝-铝箔，钨丝-低碳钢箔，不锈钢丝-铝箔，钼丝-低碳钢箔，不锈钢丝-铜箔，铬铝钴丝和镍铬丝-铝合金箔，钨丝和钼丝-铝合金箔，钨丝-镍基合金箔等。另有资料报道，在金属基纤维增强复合材料中作为基体广泛利用了铝、镁、钛、镍和钴，作为纤维增强剂利用了硼纤维、碳纤维和钢丝。

关于纤维增强复合材料的焊接问题，这种材料的焊接有许多困难[524]：

（1）纤维强化剂的熔化温度有时达 2500 ℃，与基体的熔化温度差别大（在 600~700 ℃ 数量级）。

（2）在线膨胀系数上，基体和强化剂有大的不同，这是由大的热应力引起的。

（3）组元的导热性和热容不同，将导致温度场和焊接结晶条件的某些变化。这就影响到比较难熔金属丝的浸润度。

（4）当选择一种焊接方法的时候，如果复合材料的温度较高和热作用的时间足够长，组元之间彼此进行化学作用。这样它将丧失自己的强度性能。

（5）复合材料的强度有别于传统材料，这取决于沿整个长度上纤维的连续性。复合材料的接头所固有的连续性的破坏，就很难用任何已知的结合方法来补偿。

加强纤维的熔化将伴随着复合材料增强了的力学性能几乎完全丧失。这就是为什么纤维复合材料不能焊接的原因。例如用传统的电焊方法焊接时，焊缝会被未熔化的或部分熔化的粒子混合。这样，焊缝的成分就变得不可预知了。另外，高的温度还会使纤维和基体的组织和性能发生变化。

图 5.5.2.52 为一种纤维增强复合材料的断面图。

图 5.5.2.53 为爆炸焊接的肋条增强结构，它是又一类金属增强结构材料。这类材料预计在航空航天领域的应用会大大增加。

文献［276］报道了用高强钢丝增强多层圆筒的消息，这种圆筒用铜、青铜、镍和铝等材料。用爆炸焊接获得的这种圆筒结构重量轻，有很高的强度和良好的热物理性能。

研究被难熔金属及其合金的丝材增强的镍铬合金板是制作在 1100~1150 ℃ 下工作的新型热强材料的方法之一[502]。人们研究了被钨丝和钼丝增强的 X20H80T 板材，在 1100 ℃ 和 500 h 的情况下组织和

性能的变化。其中性能的变化如图
3.2.40.4～图 3.2.40.6 所示。由
图 3.2.40.4 可见,在 1100 ℃ 试验
的情况下,在原始材料时,用钨丝增
强的板材的强度高于用钼丝增强
的板材的强度[图 3.2.40.4(a)和
(b)与(c)的比较];对于用钨丝增
强的板材来说,体积含量高的强度
高于体积含量低的。在退火的试样
中,用钨丝和钼丝增强的板材的强
度相差不大。

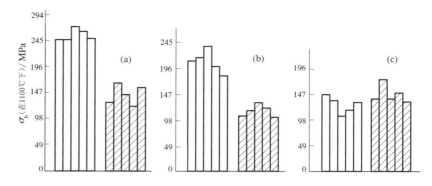

图 3.2.40.4　以 ϕ0.5 mm 体积含量为 35% 钨丝(a)、24% 钨丝(b)和
35% 钼丝(c)增强的 X20H80T 板材的短时强度

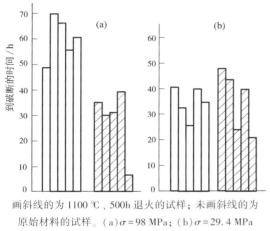

画斜线的为 1100 ℃、500h 退火的试样;未画斜线的为
原始材料的试样。(a)σ = 98 MPa;(b)σ = 29.4 MPa
图 3.2.40.5　以 ϕ0.5 mm 的由钨丝(a)和钼丝(b)
(体积分数为 35%)增强的 X20H80T 板材,在 1100 ℃
长时试验到破断的时间变化

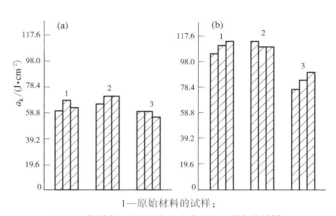

1—原始材料的试样;
2、3—分别在 1100 ℃ 下 50 h 和 500 h 退火的试样
图 3.2.40.6　在 20 ℃(a)和 1000 ℃(b)的
X20H80T+ϕ0.5 mm 钨丝(体积分数 24%)
的纤维增强材料的冲击韧性

由图 3.2.40.5 可知,从原始材料到破断的时间,用钨丝增强的比用钼丝增强的所需时间更长;在退火
的情况下,两者时间差不多。

由图 3.2.40.6 可知,在 20 ℃ 时试验的冲击韧性比 1000 ℃ 时试验的冲击韧性较低。分别在 20 ℃ 和
1000 ℃ 试验时,原始材料和在不同时间退火后的试样的冲击韧性相差不大。

文献[525]介绍了一种用丝材增强多层复合件的爆炸焊接法。这种方法特别是在生产具有高强度结构
材料时有重要意义。

铝合金和高强度钢丝在爆炸焊接的时候,钢钎维和铝基体强固接头的获得取决于纤维的热活化[526]。
这种活化在"纤维+固相+基体+局部液相"的状态中,在焊接过程的情况下,它们与熔化基体相接触,因而
可以实现。在此纤维复合材料爆炸焊接的情况下,基体熔化的可能尺寸由下述公式确定:

$$b = 2.15\sqrt{Q \cdot t_x} \qquad\qquad (3.2.40.3)$$

式中,b 为与纤维接触处的基材熔化的厚度,Q 为爆炸焊接过程中生成的热量,t_x 为相应的时间。

下面是纤维复合材料生产的一个实例[527]。原始材料利用了厚度为 0.3 mm 的 ЭП202 镍基热强合金板
材(母体)和直径 0.35 mm 的钨丝。丝的体积充实度依丝的配置间距而定。将所得的纤维复合材料切取试
样研究。结果表明,在爆炸焊接后的状态下,在丝-母体的界面上没有过渡区。在退火过程中,发生强化金
属(丝)和母体的相互扩散,以及增强丝的局部和不多的再结晶。在结合界面上形成了白色的不腐蚀相形式
的高硬度区。组织的变化对该纤维复合材料力学性能不会产生不良的影响。

在板状纤维增强复合材料焊接的情况下,结合区的缺陷将引起金属间相的形成、增强纤维的软化和残
余应力[528]。

文献[529]研究了低温下爆炸焊接的纤维增强复合材料(铝丝-钢基体)的力学性能。指出,这种复合
材料在试验温度降低到-70 ℃ 的情况下,在脆性破断过程中保持着高的强度。对于低温下工作的构件来

说，这种材料显示了良好的应用前景。

人们研究了以 AMr6 铝合金为基体和钢丝组成的单向纤维增强复合材料[530]。所进行的研究指出，在单轴和双轴载荷下，这种材料的强度在很多情况下决定于丝和基体的结合强度及内部的几何安装。当载荷不仅顺着而且还横着丝的时候，这种关系时强度特别高。结果指出，爆炸焊接的纤维增强复合材料和管状制品，在各种载荷下都具有足够高的强度。其值可以用计算的方法预测。

在制造复合材料时，爆炸焊接工艺简单并可保证接头的质量。在箔-箔（铜-铝、铜-黄铜、钢-铜、钢-钢、黄铜-铝、铝-铝）和箔-丝-箔（铝、铜、黄铜、钢；不锈钢丝）型复合材料上，人们研究了焊接接头的组织和强度特性与金属箔、丝匹配的关系[517]。

文献[531]研究了用爆炸焊接制造的由高强塑性钢丝和纯铝或钛基体组成的纤维复合材料。用拉伸试验确定了材料的强度。最佳的爆炸载荷取决于纤维部分的体积。在铝基体的情况下，研究指出，相邻箔材之间以及箔与钢丝之间有良好的结合。

文献[532]叙述了铝和铝合金板钢网增强复合材料的爆炸焊接：软钢网 n°14、n°18、n°25 增强 AA1050 铝基体和改进的专利钢 SAE1060，软钢网 n°10、n°18 增强 AA1050 铝基体，SAE1060 钢网 n°18 增强 AA7005 铝合金基体。所用炸药是以硝酸铵为基料的粉状炸药。

为了获得损伤最小和外形较好的复合材料，分析了不同材质的砧座的行为。分析结果显示，水砧座最好，但操作困难。放在薄砂层下的钢砧座对复合材料性能的影响位居第二。

文献[533]报道，为了获得一种改善了力学性能的复合材料，采用了爆炸焊接。这种材料以铝和铝合金为基体。这项工作的主要目的是获得 $R_m = 1000$ MPa 和 $A_{50} = 50\%$ 的高强复合材料。研究了工艺参数对爆炸焊接制造的这种复合材料中高强铝合金基体力学性能的影响。

文献[534]用爆炸焊接法研究了铜-钨纤维增强复合材料：把直径 150 μm 的钨丝放进厚度为 300 μm 的铜箔之间，飞板平行于放置的板束，而爆轰波平行于丝材的方向。在该复合材料中，用这种方法获得的丝材的最大体积分数是 17%。

文献[1340]指出，爆炸焊接是金属复合材料的重要制造方法之一，可以用来制造金属纤维增强金属基体的复合材料，如用钢丝增强铝用作轴承材料、用钢丝增强镁用于航空工业、钨丝增强铜制作火箭喷管。此外，还有用钢丝增强铝和银，钨丝增强钛和镍，钼丝增强铜和钛等。焊接前应采取机械和化学方法清理基体和纤维表面，为了防止焊接过程中纤维的弯曲和移动，应事先将其固定和编织好。

文献[1341]指出，用纤维和颗粒增强的金属基复合材料有广泛的应用前景。它的突出特点是有更高的比强度和比刚度，并抗热冲击和辐射。这种材料常规的生产方法有熔铸和热压等。但由于高温的影响，增强物与基体之间会产生较多的化合物，影响二者的结合强度。爆炸和冲击加工技术不会伴随较高的温升，一般仅在材料的结合面附近产生强烈的塑性变形，形成局部的高温。当材料相互结合以后，界面上的热量会迅速导入基体内部，对界面形成急速冷却，从而抑制增强相与基体之间的化学反应。

近期研究结果表明，很难保证脆性的硼纤维和碳化硅纤维在高速冲击下不发生断裂。使用钢、钨和钼等高强度金属纤维的研究取得了一定的进展。金属纤维不仅有相当高的抗拉强度，而且价格较为便宜，用它们生产的复合材料虽得不到较高的比刚度，但比强度和高温性能的提高都较为突出，而且具有硼、碳和碳化硅纤维无法比拟的冲击韧性，因而，可能会在兵器、化学、航空和航天工业中得到广泛的应用。20 世纪 70 年代以来国外学者对此进行大量的研究，但国内研究甚少。本文对钨丝、不锈钢丝与纯铝箔的爆炸焊接试验进行了介绍。对工艺条件进行了初步探索，研制出面积达 30 cm×17 cm 的复合试件。在适当的工艺参数下，φ0.3 mm 的不锈钢丝与铝箔获得了良好的结合。含 18.8% 体积比的这种纤维增强复合材料的平均抗拉强度为 368 MPa，接近按复合材料混合定律所预测的 380 MPa 强度值。断口分析指出，未发现不锈钢丝抽出，断口较为整齐。

图 5.5.2.197 为我国专家研制的用钢纤维增强铝板的实物的图片。

本节中大量新的金属组合的二元系合金相图在 5.9 章和文献[1036]中都能查找得到。

3.2.41 金属粉末与金属板的爆炸焊接

1. 金属粉末-金属板复合材料

在 3.2.23 节中曾介绍过用粉末烧结和随后热轧制的工艺来生产铜粉-钢板复合材料的信息。这种复合材料用来制造轴套、衬管等汽车用耐磨复合零件。实际上，金属粉末与金属板还可以爆炸焊接，以此工艺来制造它们的复合材料和相应的零部件。此技术既属爆炸压实（粉末之间压实），又属爆炸焊接（粉末压实成一体后又与金属板焊接成一体）。

2. 金属粉末与金属板的爆炸焊接

金属粉末不单指铜粉末，其他纯金属的粉末、合金的粉末、金属化合物的粉末、非金属的粉末，以及它们的混合物粉末，都可以和金属板爆炸焊接。

下面列出金属粉末与金属板爆炸焊接的示意图（见图 3.2.41.1）。由图中（a）可见，其工艺安装与复合板用平行法爆炸焊接的工艺相似，只是在两板之间布置了金属粉末。另外，爆炸焊接时的覆板在此当作冲击器用了（冲击器的含义、目的和用途见 3.2.52 节）。随着炸药的爆轰，爆炸载荷驱动冲击器向下运动，具有巨大能量的冲击器随后就压缩金属粉末。随着炸药的爆炸，这个过程继续进行。当被压缩了的金属粉末与金属底板接触后也发生高速撞击。当其能量足够的时候，已成一体的粉末就会与底板焊接。当炸药爆完后，金属粉末既被压缩成一体，它又与底板焊接在一起。

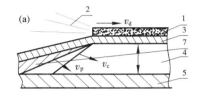 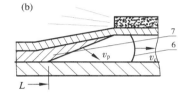 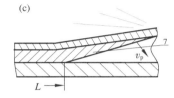

1—炸药；2—爆炸产物；3—金属板（冲击器）；4—未挠动的粉末；5—金属底板；6—空气冲击波的前沿；7—被冲击压缩的粉末；
v_d 为炸药的爆速；v_p 为在粉末冲击前沿的速度；v_c 为空气中冲击波的速度；L 为粉末与金属板焊接的范围

图 3.2.41.1　空气冲击波在粉末中形成和发展示意图[535]

粉末与金属板爆炸焊接的类似的示意图如图 3.2.41.2 所示。它们的结合不仅在固态下，而且也可在液相下。如该图所示，跟随冲击波前沿，粉末粒子具有速度 v_p。在冲击波传播到底板表面的瞬时，它们在一定的角度下相互冲击。v_p 可以分解成垂直分量 v_n 和水平分量 v_τ。在 v_n 的作用下，粉末在冲击压缩方向移动和密实，而在 v_τ 的作用下，粉末沿底板变形。

通过理论分析已得出粉末与金属板爆炸焊接的过程的物理模型，并得出了一个方程式。根据这个方程式能够评价粉末从焊接向熔化过渡的临界界面，及主要的参数：剪切变形速度、切向应力水平、接触温度和被结合金属原子的活化能。借助这个方程式可以控制粉末的加热过程和在它们之间形成强固的结合。

文献[537]提出了下面为形成粉末镀层的两种机理：在

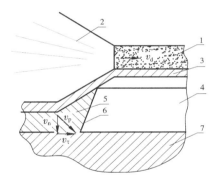

1—炸药；2—爆炸产物；3—冲击器；4—粉末层；5—被冲击压缩了的粉末；6—冲击波的前沿；7—金属底板；v_p 为粉末粒子的速度；v_n 为 v_p 的垂直分量；v_τ 为 v_p 的水平分量

图 3.2.41.2　斜冲击波通过金属冲击器作用到粉末层上[536]

粉末以临界速度向底板倾斜冲击的情况下，整个原始粉末在固相下形成金属镀层。在高于临界速度撞击的情况下，只在原始粉末的局部形成金属镀层，这个镀层经受了宏观塑性流动，并且是在固液态或液态下形成的。在发生固相过程中，镀层由粉末的压实和变形的粒子组成，它和底板的结合强度达不到整体材料的强度。在发生固液态或液态过程中，这一镀层有铸态组织，粉末和底板的结合强度与整体材料的结合强度相当。表 3.2.41.1 提供了某些粉末和钢底板的临界冲击速度值。

在滑动冲击波加载的情况下，粉末沿底板表面移动和漫流，使它与底板金属结合的过程变得大为容易，并将提高金属镀层的质量。图 3.2.41.3 提供了铜粉和钢底板的冲

表 3.2.41.1　临界冲击速度的计算——试验值（v_p）和计算值（v_p'）

冲击速度	粉末材料			
	Cu	Ni	Fe	Mo
$v_p/(\mathrm{km \cdot s^{-1}})$	0.7~0.75	0.85~0.9	0.95~1.0	1.05~1.1
$v_p'/(\mathrm{km \cdot s^{-1}})$	0.8	1.02	1.05	1.15
v_p/v_p'	0.875	0.84	0.95	0.91

击速度对它的位移值的影响情况。由图可见，随着粉末层厚度(δ_1)的增加，其移动的距离增加。由粉末的这种宏观塑性移动所得到的金属镀层有铸态组织。这种组织和过程对粉末和金属板的爆炸焊接来说有重要的意义。

图3.2.41.4提供了镍粒子的速度对其与钢基板结合强度的影响的资料。由图可见，在那种速度为(700~850) m/s的情况下，结合强度增加得最快。并且，当速度增加到上千米每秒的时候，既能够使覆层的密度提高，又能使结合强度更多地增加。

文献[538]指出，对于各种成分的粉末来说，都存在一个临界速度v_s，在这个速度下控制爆炸复合和预测下述性能的参数：厚度、组织、成分，以及和基体金属的结合强度。在粉末层的厚度为常数的情况下，速度v_s对所得覆层厚度δ_1的影响如图3.2.41.5所示。由质量不变条件，在该图上得到了粉末层的理论厚度δ_t：

$$\rho_{00} \cdot \delta_1 = \rho_0 \cdot \delta_t \tag{3.2.41.1}$$

式中，ρ_{00}和δ_1分别为粉末层的原始密度和厚度；ρ_0和δ_t分别为被压实的覆层的密度和厚度；这个密度采用与整体材料等同的密度。

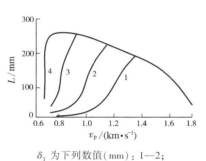

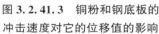

δ_1为下列数值(mm)：1—2；
2—4；3—6；4—8

图3.2.41.3　铜粉和钢底板的
冲击速度对它的位移值的影响

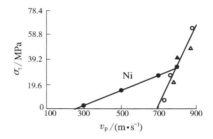

在系统中熔化粒子的数量：白圈—90%；
黑圈—50%；黑三角—25%；白三角—10%

图3.2.41.4　在爆炸喷涂的情况下，
镍粉粒子的速度对覆层和
基板(45号钢)结合强度的影响

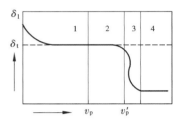

1—压制覆层区；
2—熔体-再结晶覆层区；
3、4—熔化(铸态)覆层区

图3.2.41.5　覆层的厚度
变化与粉末向基板的冲击
速度v_p的综合关系

由该图可见到4个特性区：随着v_p的增长δ_1开始减小；达到理论值δ_t后保持不变(1区)；当$v_p = v_p'$时停留在δ_t的水平上(2区)，并且在$v_p > v_p'$的情况下急剧下降，粉末粒子在强烈变形的过程中铺满钢板的表面(3、4区)。

根据研究的结果可得出如下结论：在粉末被滑动冲击波加载的情况下，存在两种包覆的机理。当$v_p < v_p'$时，依靠粉末粒子彼此之间，以及粉末和基板的机械啮合及局部咬紧，使原始粉末在固相下形成包覆层。当$v_p > v_p'$时，由于大的能量析出，在固液相或液相下形成包覆层，依靠粉末粒子原子间键形成等强结合，在接触区发生了强烈的宏观塑性流动。因此，粉末向金属表面的爆炸包覆，在速度上、附着方法上、压力水平上和包覆层形成的物理过程的机理上，与已有的工艺过程不同。这些差别可以大大扩展被覆材料的范围和提高其质量。

文献[535]报道，用冲击波加工粉末时，强冲击作用不仅影响所得材料的组织和性能，而且还影响它们和周围气体相互作用的特点，这些气体吸附在粉末粒子的表面和处于它们之间的空隙中。这个问题的探讨有重要意义。

通常原始粉末的撒放密度是整体材料的17%~40%。因此，在撒放层中的大部分体积被气体所占有。由于这些气体和粉末

表3.2.41.2　由爆炸形成的粉末覆层中氮的质量分布　/%

粉末材料	原始粉末	粉末覆层的组织		
		压 制	烧结再结晶	铸 态
镍	0.0007	—	0.03	—
铜	0	0.004	—	0.037
铬	0.003	—	0.066	—
铝	0	—	0.28	—
铁	0.005	0.01	—	0.03

紧密接触，不仅影响粉末制品的成形过程，而且影响它们的性能。表3.2.41.2为几种粉末材料在不同的压制状态下其中氮的质量分布统计。由表中数据可知，在用冲击波加载粉末材料的过程中，将出现气体饱和趋势，这种趋势还随着粉末加热温度的升高而增加(从固相到液相)。

复合到长 0.2 m 钢棒上的铁粉覆层中氮呈现不均匀分布并沿厚度形成几层,如图 3.2.41.6 所示。由图可见,沿覆层厚度,其中间位置的氮含量最低,而直接靠近棒表面(覆层与棒的界面层)的地方氮含量最高。并且,在后一种情况下覆层中氮含量随棒的长度增加而增加(从爆轰开始到爆轰结束。)

研究还指出,在粉末和金属板爆炸焊接的情况下,当冲击波接近底板端部时,被冲击压缩的空气可以自由地跑出粉末层,并带走一些粉末粒子。或者在路上遇到刚性障碍时,将在封闭的体积中承受彻底的绝热压缩。这就会妨碍粉末覆层和底板的强固结合。但是,在预真空下由粉末形成覆层时,不会看到类似的现象,复合层沿金属板整个表面均匀地形成,它们有很高的结合强度。

在真空下,界面上出现的铸态中间层的厚度沿底板长度一直到端头基本上不改变。在非真空下,尤其在后端,熔化中间层的厚度急剧增加(图 3.2.41.7)。由此可见,过程中所形成的高压气流对粉末覆层形成的特点和性能有重要的影响。

文献[539]研究了在声速($v_{cp} = 3.0 \sim 4.0$ km/s)和超声速($v_{cp} = 6.5 \sim 11.1$ km/s)范围内爆炸焊接时,铬粉和石墨,铬粉和碳化硅,铬粉和碳化硼的混合物在 17ΓC 珠光体钢上复合的特点。相分析的结果指出,在铬和碳化硅、铬和碳化硼系统中,在形成液相的情况下,它们将进行物理和化学反应,形成铬的碳化物 Cr_7C_3 和复杂的化合物 Cr_7BC_4。由此可见在液相形成区进行了强烈的物理-化学反应。

有文献提供了青铜粉末(Sn 9%、Cr 3%、Ni 3%、Cu 其余)爆炸压实、烧结、附加塑性变形和退火等方面的研究成果[540]。其目的是获得青铜的最大塑性。在爆炸焊接的条件下,这种塑性有利于获得高强度的青铜-钢复合材料。

文献[541]也讨论了金属粉末与金属板的爆炸焊接性问题。其目的是提高覆层的硬度,从而提高其耐磨性。

综上所述,金属粉末和金属板的爆炸焊接实际上是综合了爆炸粉末冶金和爆炸喷涂两种新技术的特点而形成的一种爆炸焊接新技术,前两者的一些实践和理论完全可以用到爆炸焊接上来。可以预言,各种粉末与金属材料(板、管、棒和型材)的爆炸焊接,必定能够制造出许多有特殊性能和用途的金属复合材料。

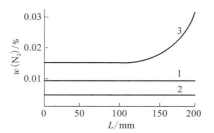

1—(覆层)上部;2—中间;
3—覆层和棒的界面层

图 3.2.41.6　沿铁粉覆层的厚度
和被覆棒的长度氮的分布

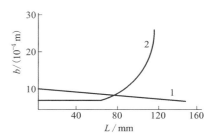

图 3.2.41.7　在利用真空(1)
和非真空(2)焊接镍粉末的情况下,
界面上熔化中间层厚度的变化

3.2.42　短复合管的爆炸焊接

短复合管通常指长度在 300 mm 以内的双金属或多金属管。例如 3.2.7 节介绍的几种锆合金-不锈钢复合管、3.2.8 节介绍的钼-不锈钢复合管就是其中之一。本节介绍的几种复合枪(炮)管也在此之列。

1. 复合枪(炮)管

在现代武器技术的发展中,随着防空导弹的出现,大、中口径的高炮已失去它在防空武器系统中的作用。防空导弹正在成为防御中高空的主要武器。尽管如此,各国仍在不断地研究和发展 20~40 mm 口径的速射小炮。它们与导弹并用,担负着高度 2000 m、距离 3000 m 以内的低空防御任务。射击时无死角,也不受对方干扰,既可对付低空目标,又可对付地面目标。因此,这种武器仍有它的独特优点[542]。

目前,在小口径速射武器方面的发展趋势主要强调提高射速。然而,随着射速和射击强度的提高,炮管内温度升高较快,而其寿命随着上述两个因素的提高而大幅度地下降。小口径速射小炮寿终的主要原因可归结为内腔磨损和烧蚀。为了减少磨损和延缓烧蚀,以提高火炮的寿命,现在多在试验和采用衬复、镀、涂、喷等新工艺,在炮管内壁上覆上一层抗磨损和耐烧蚀的金属或合金。爆炸焊接也是获得这种成果的一种简单而有效的方法。

本节简要地介绍用爆炸焊接法研制的几种双金属复合枪(炮)管的工艺、组织和性能。

2. 复合管的爆炸焊接

(1)试验用材。试验使用了如表 3.2.42.1 和表 3.2.42.2 所列几种金属材料,它们的物理和力学性能也列入其中。

（2）复合管的爆炸焊接工艺。几种复合管的爆炸焊接的工艺安装示意图如图 3.2.42.1～图 3.2.42.3 所示。部分结果较好的试验的工艺参数如表 3.2.42.3 所列。试验结果用复合管的爆炸焊接变形、它们的结合区组织和力学性能来评价。

表 3.2.42.1　基管材料坯料的品种、规格、状态和力学性能

钢　种	外径/mm	内径/mm	壁厚/mm	长度/mm	状　态	σ_b/MPa	ψ/%	δ/%
27MnMoV	60	26.5	16.75	150	退火	980	—	—
	60	26.5	16.75	150	调质	1150	15	58
	60	26.2	16.90	150	退火	980	—	—
	60	26.2	16.90	150	退火	980	—	58
	60	26.2	16.90	150	调质	1150	15	—
	48	13.4	17.30	120	退火	980	—	58
	48	13.4	17.30	120	调质	1150	15	—
	48	13.4	17.30	120	退火	980	—	—
30CrNi12MoV	99	26.6	34.7	150	退火	872	39	12
	99	26.6	34.7	150	调质	973	64	19
	78	13.4	31.4	120	退火	872	39	12
	78	13.4	31.4	120	调质	973	64	19

表 3.2.42.2　覆管材料的物理和力学性能

材料	密度/(g·cm⁻³)	熔点/℃	σ_b/MPa	$\sigma_{0.2}$/MPa	δ/%	ψ/%	备　注
铁	7.87	1534	245～323	123	25～55	70～85	—
钛	4.51	1668	343～539	294～491	20～30	40～60	—
钽	16.6	3000	343～441	245	25～50	—	—
GH140	Fe：7.87	Fe：1534	617	—	40	45	1080±10 ℃淬火，室温性能
			245	—	40	50	空冷，800 ℃性能

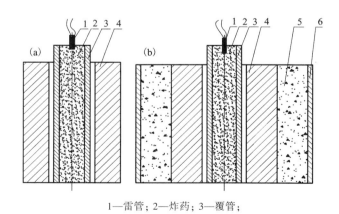

1—雷管；2—炸药；3—覆管；
4—基管；5—沥青+沙子；6—钢壳
图 3.2.42.1　复合管爆炸焊接工艺安装示意图之一

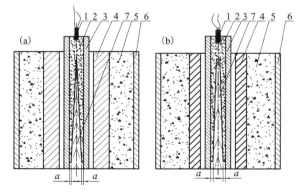

1—雷管；2—炸药；3—覆管；4—基管；
5—沥青+沙子；6—钢壳；7—木质圆锥（台）
图 3.2.42.2　复合管爆炸焊接工艺安装示意图之二

3. 复合管的爆炸焊接变形

按技术要求的规定，复合枪管的内径<12.70 mm，复合炮管的内径<25.70 mm。它们的外径的尺寸不作规定，因为有充足的加工余量。据此进行了百余次试验。试验表明用图 3.2.42.1(a)的工艺安装图，即以厚壁

基管作模具以吸收和消散爆炸剩余能量的方法是不可取的：药量小了，两根管子焊接不上；药量大一点时，内径和外径的变形都超过标准。当使用图 3.2.42.1(b) 的工艺方案时，可以控制复合管的内、外径变形在一定的范围之内，还可以改善结合状况，但是此种情况下工艺参数要求控制得相当准确。

后来改用图 3.2.42.2 所示的工艺装置，特别是对于要求内径<25.70 mm 的复合炮管来说，效果更好。为了获得更理想的结果，随后设计了如图 3.2.42.3 所示的工艺安装图，其实物照片如图 3.2.42.4 和图 3.2.42.5 所示。据此逐渐改进后，复合管的内径的变形量基本上都能控制在技术要求以内，它们的有关数据汇集在表 4.9.4.1 和表 4.9.4.2 之中。

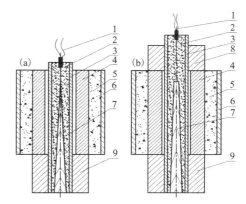

1—雷管；2—炸药；3—覆管；4—基管；5—沥青+沙子；
6—钢壳；7—木质圆锥(台)；8、9—上下接管

图 3.2.42.3　复合管爆炸焊接工艺安装示意图之三

表 3.2.42.3　几种复合枪(炮)管的爆炸焊接工艺参数

No	覆管						基管							炸药				间隙 /mm	圆锥	
	金属	状态	外径 /mm	内径 /mm	壁厚 /mm	长度 /mm	金属	状态	外径 /mm	内径 /mm	壁厚 /mm	长度 /mm	种类	W_g /(g·cm⁻²)	W /g	R_1			a /mm	H /mm
1	钛	软	25.70	23.60	1.05	180	27	软	60.00	26.61	16.70	150	2#	0.28	37	0.61		0.45	2.06	152
2	钛	软	25.70	23.60	1.05	180	27	软	60.00	26.56	16.72	150	2#	0.30	40	0.65		0.43	1.87	152
3	钛	软	25.70	23.60	1.05	180	27	软	60.00	26.20	16.90	150	2#	0.21	28.5	0.46		0.26	2.05	150
4	钛	软	25.70	23.60	1.05	180	27	调质	60.00	26.20	16.90	150	2#	0.30	41.5	0.65		0.26	4.30	150
5	钛	软	25.70	23.60	1.05	180	27	调质	60.00	26.20	16.90	150	2#	0.33	43.7	0.71		0.26	5.40	150
6	钛	软	25.70	23.60	1.05	180	27	调质	60.10	26.20	16.95	150	2#	0.36	47.7	0.77		0.26	6.80	150
7	铁	软	12.60	11.60	0.5	187	30	软	76.00	13.40	31.30	120	2#	0.20	27.63	0.53		0.40	—	—
8	CH140	软	12.70	11.70	0.5	187	30	调质	76.00	13.40	31.30	120	2#	0.21	27.87	0.51		0.35	—	—
9	钽	软	12.30	11.30	0.5	130	30	调质	76.00	13.40	31.30	120	2#	0.21	19.50	0.26		0.55	—	—
10	铁	软	12.60	11.60	0.5	187	27	调质	48.00	13.40	31.30	120	2#	0.21	29.13	0.55		0.54	—	—
11	钛	软	12.70	11.70	0.5	187	27	调质	47.90	13.41	17.25	120	2#	0.21	29.37	0.55		0.35	—	—
12	钛	软	12.30	11.30	0.5	130	27	调质	47.90	13.40	17.28	117	2#	0.21	19.50	0.26		0.55	—	—
13	铁	软	25.60	23.40	1.10	165	27	软	60.00	26.50	16.75	150	2#	0.35	39	0.41		0.45	锥角 35′	
14	铁	软	25.60	23.40	1.10	165	27	软	60.00	26.50	16.75	150	2#	0.35	39	0.41		0.45		
15	铁	软	25.60	23.40	1.10	165	27	软	60.00	26.50	16.75	150	2#	0.35	39	0.41		0.45		
16	GH140	软	25.60	23.40	1.10	165	27	软	60.00	26.20	16.90	150	2#	0.36	40	0.42		0.30		

注：表中"27"表示 27MnMoV 钢，"30"表示 30CrNi12MoV 钢；a 为圆锥(台)下部的直径与内管的内径之差的一半(见图 3.2.42.2)，H 为圆锥(台)的高度。

4. 复合管的组织和性能

(1)复合管的剥皮检验。和复合板一样，复合管也可以进行剥皮检验，即用尖刃工具和强力使覆管和基管分离，由分离的难易程度来确定它们的结合强度。图 3.2.42.6 即是钛-钢复合管剥皮试验后的实物图片。由图可见，该两种管材结合得很牢固，几乎撬不开。此结果能够说明爆炸焊接工艺是可行的。

(2)复合管结合区的金相检验。图 3.2.42.7 提供了两种复合管结合区形态的金相图片，其余的复合管的结合区形态与此相似。由图可见，这些复合管的结合区和复合板一样均有波形。这是爆炸焊接的金属复合材料结合区共同的特征。在腐蚀清晰和高倍放大情况下将发现波形界面两侧的金属晶粒发生了拉伸式和纤维状的塑性变形。并且离界面越近，这种变形越严重，离开波形区之后就逐渐呈现金属原始形态的晶

粒组织。在波前的漩涡区（图中每个波形左边的小白点），汇集了爆炸焊接过程中生成的大部分熔化金属，少部分分布在波脊上，其厚度以微米计。

图 3.2.42.4　复合枪（炮）管
爆炸焊接工艺安装实物图

图 3.2.42.5　复合枪（炮）管试验用
基管和木质圆锥（台）体实物图

图 3.2.42.6　钛-钢复合管的剥皮检验

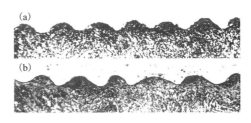

（a）GH140-30CrNi12MoV；（b）Ta-30CrNi12MoV
图 3.2.42.7　两种复合管的
结合区微观形态　×200

（3）复合管结合区的元素分布检验。为了了解这些双金属结合区的元素分布和扩散效应，在扫描电镜上进行了几种复合管的界面观察和元素分布试验，结果如图 4.5.5.14 ~ 图 4.5.5.16 所示。图中除了能够观察到波形、波形内金属的塑性变形和熔化（包括熔化块和熔化层）之外，还可观察到界面及其附近的扩散区，扩散区由一种金属通过界面向另一种过渡时，元素含量不是突变的，而是逐渐过渡的。也就是说存在一种元素的含量由多到少和另一种元素含量由少到多的分布过渡区。这个过渡区就是基体金属元素间的相互扩散区。由于工艺参数的不同和金属物理-化学性质的差异，这个扩散区的大小亦不同。

由上述检验可知，在这些复合管的结合区内存在着金属的塑性变形、熔化和扩散，以及波形的四大特征，这些特征是爆炸复合材料强固结合的原因和标志。

（4）复合管的弯曲性能。复合管的弯曲试样如图 5.1.1.36 所示。弯曲性能如表 3.2.42.4 所列。由表中数据可见，无论是内弯还是外弯，弯曲角都比较大（外弯时因基管强度高而开裂，但未分层），这说明这些复合管的结合强度是高的。

（5）复合管的压扁性能。用图 5.1.1.39 的方法制备该复合管的压扁试样和进行压扁试验，结果列入表 3.2.42.5 和图 5.1.1.40 中。由表中压扁率数据可知，大试样的压扁率较小，而小试样的压扁率较大；覆管为铁时的较大，为 GH140 的较小；基管退火态的压扁率较大，调质态的较小；基管为 30CrNi12MoV 钢的压扁率较大，为 27MnMoV 钢的较小。由这些结果可以看出，压扁率的大小与工艺参数、试样尺寸、基材的品种、状态及性能有关。由试验结果还可知，压扁试验中，试样基本上没有分层，这说明复合层间的结合强度是高的。

（6）复合管结合区的显微硬度分布曲线。铁 - 27MnMoV 钢、钽 - 27MnMoV 钢、铁 - 30CrNi12MoV 钢和 GH140 - 30CrNi12MoV 钢结合区的显微硬度分布曲线如图 4.8.3.28 ~ 图 4.8.3.31 所示。这些分布符合爆炸复合材料结合区显微硬度分布的一般规律，也是这类材料强固结合的标志。

表 3.2.42.4　$\phi_\text{内}$ 12.70 mm 复合管试样的弯曲试验结果

覆管	基　管	弯曲类型	弯曲半径 /mm	弯曲角 /(°)	备　注
钽	27MnMoV 钢，调质	内弯	3	132.5	—
		内弯	3	137.0	—
		外弯	3	58.5	弯头处断裂，未分层
铁	30CrNi12MoV 钢，退火	内弯	3	>137.5	—
		内弯	3	>140	—
		外弯	3	40	弯头处断裂，未分层
铁	27MnMoV 钢，退火	内弯	3	>132.5	—
		内弯	3	>135	—
		外弯	3	110	弯头顶点有微裂，其余完好
GH140	27MnMoV 钢，调质	内弯	3	130	—

注：内弯时覆管在内，外弯时覆管在外。

表 3.2.42.5 $\phi_内$ 12.70 mm 复合管试样的压扁试验结果

覆 管	基 管	试样	压扁负荷/N	试验前高/mm	试验后高/mm	高度差/mm	压扁率/%	备 注
GH140	27MnMoV 钢，调质	大	29000	18.48	16.94	1.54	8.33	有微裂，未分层
		小	10000	16.52	13.42	3.10	18.80	有微裂，未分层
铁	30CrNi12MoV 钢，退火	大	19700	18.84	15.34	3.20	17.30	上压头处分层，长 5 mm
		小	11000	16.54	7.16	9.38	56.70	上压头处断裂，未分层
钽	27MnMoV 钢，调质	大	25900	18.50	17.00	1.50	8.11	覆管微裂，基管断裂，未分层
		小	8800	16.54	13.54	3.00	18.10	覆管断裂，未分层
铁	27MnMoV 钢，退火	大	17500	18.54	15.40	3.14	16.90	覆管微裂，基层断裂，未分层
		小	9000	16.34	5.5	10.84	66.30	长轴方向两端断裂，未分层

注：大试样名义尺寸为 ϕ18.50 mm×3.0 mm×18.50 mm，小试样名义尺寸为 ϕ16.50 mm×2.0 mm×16.50 mm。

(7) 复合枪(炮)管的抗磨损和耐烧蚀性能。对内径为 12.70 mm 的三种衬管材料的复合枪管进行了靶项试验。条件是野外靶场，弹药无恒温控制设施，靶场当时气温 28~31 ℃。射击规范为每 50 发子弹一连，每 100 发一组，每组打完后用水冷却，并将枪管称重，每连间换弹药链停 30 s，射击频率为 600 发/min，射击膛压为 280~300 MPa。

靶试结果表明，与 802A 均质枪管比较，纯钽衬管材料有特别优越的抗磨损和耐烧蚀性能，GH140 高温合金也有一定的效果。宏观观察靶试复合枪管结果表明，经 100 发和 500 发实弹循环连射后，衬覆材料均未见脱落。事实说明，在中小口径复合枪(炮)身管材料研制中选用爆炸焊接工艺是可行的，其结合强度可经受速射考核，并且只要选材合适，其抗磨损和耐烧蚀性能也能满足技术要求。

此外，爆炸焊接的短复合管在一些情况下常用来制作异种金属的过渡管接头。

文献[543]指出，借助爆炸焊接也可制备管状双金属过渡接头。研究了两种接头的力学性能：青铜-低碳钢和铜-低碳钢。从力学强度看，焊接接头的质量通常是高的。在使用附加套管焊接的情况下，接头具有高的真空气密度。

用低碳钢、工业纯铜和 70-30 青铜三种管材，爆炸焊接了如下组合的复合管：钢-铜、铜-钢、钢-青铜和青铜-钢，复合管的外径和内径分别为 55 mm 及 46 mm。前者均为外管，后者为内管。通过对计算和试验的数据进行比较，表明两者的结果很相近[544]。

文献[545]叙述了黄铜-紫铜-软钢和软钢-黄铜-紫铜三层管系外爆炸焊接的试验研究，评价了该复合管的焊接质量和力学性能，讨论了后一种复合管的冷拔工艺[546]。

金属管束的爆炸焊接示意图如图 5.4.1.31 所示[546]。

文献[547]提出了一个管部件爆炸焊接的方法。在这个方法中，炸药应该有 4572~9144 m/s 的爆速。用这个方法焊接了直径为 50~1200 mm 的管材。炸药的使用量取决于套管的厚度及其爆速。

文献[548]报道，用爆炸焊接完成了下列无缝管的试验：钢-铜、铝-铝、铝-钢、钢-铝和青铜-青铜。两管间的间隙在 0.04~0.60 mm 和 0.23~0.75 mm 之间变化。在剪切试验中，试验的强度在所有的情况下都高于基体金属的强度，或等于较弱强度的金属的强度。

爆炸焊接的双金属管的大量耐压力试验结果表明，优质的焊接接头承受住了 42 MPa 的内压力[549]。

人们用爆炸焊接的直径为 203 mm 的管接头进行了致密性试验。在 3.1 MPa 的压力下，保持 24 h 后没有渗漏。随后用超声波检验了这些接头的真空致密性。结果显示，焊缝的质量仍然保持在起初的水平上。用直径 25 mm 的管的焊接试样进行了 50000 次循环试验。此后，对这些接头进行金相分析，在焊缝内没有发现明显的缺陷。剪切强度试验的结果表明，接头的破断发生在远离焊缝的基体金属内[550]。

在最佳条件下，爆炸焊接接头都是真空致密的。在直径为 400 mm 的管接头的加压试验中，24 h 内压力为 304 MPa 的时候，几乎没有发现泄漏。直径为 25 mm 导管经受了循环和疲劳试验，压力从 69 MPa 到 758 MPa，变化 50000 次后也没有发现致密性的破坏[551]。

管状过渡接头，有时是用复合板加工成环状而制成的。例如用作冷冻联轴节的铝-不锈钢管接头，这种接头用于连接管道和液化气体储存器。曾经用银、镍和钛作一个或几个中间层进行试验，以改进这种接头的力学性能。目前，已有 0.75 mm 厚的银中间层的铝合金-不锈接头在工业中应用，它在-196 ℃下保证 $\sigma_{b,\,min}$ 为 280 MPa。铝合金（A5083）-纯铝-钛-镍-不锈钢（304）组成的五层复合接头也有较好的综合力学性能[3]。

文献[3]还提供了双金属管和三金属管的剪切强度数据，如表 3.2.42.6 和表 3.2.42.7 所列。爆炸焊接及其后拉拔的双金属管的剪切强度如表 3.2.42.8 所列。

表 3.2.42.6　双金属管的剪切强度

焊接装置	材料		试验数据，σ_τ /MPa					界面状况	结合状况
	覆管	基管							
外爆法	机器钢	铝	38	36	42	38	41	连续	b
	机器钢	铜	236	197	189	196	189	波形	b
	机器钢	机器钢	351	327	317	327	317	波形	b
	机器钢	不锈钢	347	331	336	331	336	波形	a
内爆法	铝	铝	117	119	128	122	119	波形	a
	铝	机器钢	40	39	32	42	38	连续+波形	a+b
	黄铜	黄铜	121	152	154	154	165	波形	b
	黄铜	机器钢	185	189	210	248	220	波形	b
	铜	机器钢	123	167	178	177	179	波形	a
	机器钢	铝	55	72	75	77	73	波形	a
	机器钢	黄铜	120	138	172	169	158	波形	a
	机器钢	机器钢	223	238	257	268	265	波形	a
	机器钢	不锈钢	375	411	454	458	450	波形	a

注：a—金属与金属直接结合；b—界面上有金属间化合物或相变。

表 3.2.42.7　用内爆法获得的三金属管的剪切强度

材料	覆管1-覆管2，σ_τ /MPa					覆管2-基管3，σ_τ /MPa					界面状况	
											1~2	2~3
黄铜-铜-机器钢	227	252	175	236	240	228	240	195	260	240	波形	波形
黄铜-铜-机器钢	240	185	200	160	190	220	260	240	180	210	波形	波形
黄铜-铜-机器钢	195	240	215	207	210	145	90	180	175	180	波形	波形+熔体
机器钢-黄铜-铜	180	210	0	60	40	210	145	195	180	200	波形+熔体	波形

该文献指出，从工业观点出发，两种或多种金属制成的过渡接头的价格一直在提高，特别是在热传导（包括化工厂和原子能发电厂）及超高真空装置和低温装置领域，其次是高频电子设备领域。

应用情况主要是运送温度有差别的流体，而这些流体往往具有腐蚀性。典型例子是锅炉的热水-过热蒸汽系统、与燃煤有关的流体化装置及一般所用的化学装置。对于低温装置来说，例如在蒸馏塔、轴类和流体阀的延伸部分，以及类似的装置中就要使用铝-不锈钢组合。在真空系统中必须能经受 133.32×10^{-12} Pa 的负压力。用爆炸焊接的多层板可加工出扳接头和管接头，用复合管能加工出各种形状和用途的管接头。例如用铝合金-铝-钛-镍-不锈钢五层板进行机械加工可以制成外

表 3.2.42.8　内爆炸焊接及其后拉拔的双金属管的剪切强度 /MPa

材料	爆炸焊接后的试样				爆炸焊接+拉拔后的试样			
Br-Ms	129w	185w	234w	157w	102w	87w	163b	0m
Br-Ms	190w	234w	230w	238f	135w	124w	35w	0m
Br-Ms	190w	171f	177w	222f	187w	59w	231w	0m
Cu-Ms	145f	81w	169f	129f	107w	130w	111w	0m
Cu-Ms	137f	81w	161f	129f	122w	106w	91w	0m
Cu-Ms	165f	173f	182f	161f	78w	120w	130w	0m
Ms-Br	157b	161b	169b	157b	87w	46w	0m	0m
Ms-Br	187b	161b	157b	166b	115w	46w	0m	0m
Ms-Br	157b	97b	145b	187b	74w	96w	0m	0m
Ms-Cu	133b	133b	105b	125b	139b	167f	93b	120b
Ms-Cu	133b	129b	105b	97b	144b	213f	93b	120b
Ms-Cu	133b	133b	105b	113b	204b	167f	93b	120b

注：断裂形式：b 为基管缩颈；f 为复管剪切；m 为机械加工时；w 为焊缝；Ms 为机器钢；Br 原文未注明名称。

径为 0.7 m 的管接头。用质谱仪进行氦漏泄试验表明，在灵敏度为 10^{-10} cm³/s 的情况下，外径为 25～450 mm 的接头没有发生漏泄。这种接头的内部充压测定的结果显示，其工作压力为 4 MPa 左右。

有研究者用内爆法焊接了 Ta10W 和 CrNiMo 钢复合管[552]。实验指出，采用修正后的平板爆炸复合的最佳工艺参数作为复合管内爆的工艺参数的方法是可行的。此时，炸药厚度取相同条件下平板复合的炸药厚度的 60% 左右为宜。在 $R_1 = 0.8$ 时，能将 0.4 mm 厚的 Ta10W 覆管可靠地内复在 CrNiMo 钢管内。结合界面为波状。在保证钢管具有一定的强度和壁厚的条件下，复合管的内径变形量可以控制在 1% 左右。在这种情况下，对钢管的力学性能影响不大。

文献[1111]进行了钢管与铜管外包爆炸焊接的试验研究，并指出，用水作为铜管内间爆炸焊接的柔性芯模以减小基管缩径是可行的。在装药质量比 $R = 0.8$ 的条件下，已将 2.0 mm 厚的覆管可靠地焊接到铜基管上。结合界面呈波状，管径变形量可以控制在 5% 左右。该复合管外爆时，采用相同条件下平板爆炸焊接时炸药厚度的 60% 是适宜的。该工艺在结晶器的修复加工中得到了实际应用。

3.2.43　长复合管的爆炸焊接及其批量生产和应用

由长度较长的两种或多种金属管材组成的二层或多层金属管，叫长复合管。这种复合管通常内层耐蚀，外层承压，用作输送气态、液态或固态的浸蚀性介质。有的内(外)层导电而外(内)层耐蚀，用于电力或电化学方面。总之，可以根据生产和科学技术中的实际需要设计出所需材料和预定用途的长复合管材。例如，利用海水的温差发电，为防止海水腐蚀，其中所需的钛管价格昂贵，如果使用钛和其他材料的复合管来代替，成本将低得多。又如衬铝的锆合金管用作核反应堆中的双层压力管，铝的作用是构成一层防氢层，防止反应堆工作时锆合金管氢化(图 5.5.2.22)。此外，还有核动力装置内盛装水银(传压介质)的钛-不锈钢复合管、化工装置中输送氢气和硫化氢的锆复合管。压热器用贵金属为内层的复合管、加速器真空箱壁用的大管径的铜-钢复合管、石油化工和压力容器中使用的以钛、不锈钢和镍等为内管、以高强度钢为外管的长复合管等。

上述的各种复合管及其他用途的长复合管通常内管和外管之间紧密接触，并有一定的结合强度。以利于后续的机械加工和承受工作条件下的热应力，以及其他外力(如震动)的作用，从而保证它应有的工作能力和寿命。

爆炸焊接是制造长复合管的首选方法。长复合管的爆炸焊接和短复合管一样，也有两种不同的工艺：内爆法和外爆法。

内爆法工艺需要一套模具(外模)。另外炸药在内管爆炸后爆速相应提高，并且压力逐渐增加，于是会造成复合管不均匀的宏观变形。结合面积率不一定很高。这些不仅限制着复合管的长度，而且限制了内爆炸法在此方面的应用。内爆法示意图如图 5.4.1.33(a)所示。

国内外多采用外爆法来制造长复合管。这种工艺的安装图如图 5.4.1.32 和图 5.4.1.33(b)所示。由图可见，此时炸药布置在基管之外，内管内部浇注低熔点合金(见表 3.2.43.1)或充满水。

应当指出，用外爆法获得的长复合管也会发生一定的宏观变形(径向和长向上)。所以，不管内爆法，还是外爆法获得的长复合管，最好再经过一次拉拔或轧制，以获得既定尺寸和尺寸公差的长复合管。化工、石油和石油化工行业所需用的管径较小(无缝)的长复合管的制造，爆炸+挤压(拉拔)+轧制工艺是必经之路。管径较大的长复合管则可用爆炸+轧制的复合板再用直缝焊或螺旋焊的工艺生产。

表 3.2.43.1　三种低熔点合金的组成及其有关的物理性质

名　称	Bi	Sn	Pb	Cd	备　注
伍德合金/%	50	12.5	25	12.5	根据合金理论，表中合金的熔点低于组元中熔点最高者的熔点
	50	18.5	31.5	—	
牛顿合金/%	50	18.75	31.25	—	
露西合金/%	50	22	28	—	
	30	35	35	—	
熔点/℃	271	232	237	321	
密度/(g·cm⁻³)	9.8	7.3	11.36	8.65	

注：表中合金成分取自《俄华冶金工业字典》，中国工业出版社，1963。

例如用外爆法制成了外径为 114.3 mm，内径为 88.9 mm，壁厚为 12.7 mm 和长 3048 mm 的钛-钢复合管，两种管材的厚度比为 1:3。

文献[23]报道，用这种方法生产的双金属管在长度方向上可能由于装配公差而造成轻微的弯曲，φ114.3 mm 的外径也可能有轻微的变动，在 3048 mm 长度上不大于 1.6 mm。这种弯曲和误差都可在随后进行的第一道拔管工序中消除。

由于端部效应的影响，管子两端存在不焊接区，上端大约 230 mm 长，下端大约 80 mm 长。不焊接区的长度与管子的总长度无关。通常将上端的不焊接区作为拔管的夹头，这样可使该复合的成品率大大提高。

文献[350]指出，在传统的冶金工业中，有一系列的生产多层管的方法。显然在某些情况下使用爆炸能量被认为是工艺先进的和经济的。特别是基管较厚、工作管(覆管)较薄的时候。为此，科技人员研究出了一种既可从内面，又可从外面爆炸复合管材的工艺。在复合过程中作为填充材料成功地利用了水。复合后获得的半成品可以进行进一步加工。检验发现，距结合面约 0.1 mm 的深处有大约 30% 的强化。这种强化有特别重要的意义。能够借助退火或者后续加工前的加热来消除这种强化。这样，就研究出了一种内外管都具有特殊性能的双金属管的生产工艺。这种工艺有最大的经济性。与目前采用的 φ70×7×L 的不锈钢厚壁管相比，在 1 m 长的管子上，双金属管可以节省 0.75 kg 的镍和 1 kg 以上的铬。

有文献报道，用可铸金属获得管内支撑——在长管内部浇注低熔点金属和合金。然后使用爆炸焊接法制造复合管。将爆炸后的复合管升温和倒出低熔点金属，即得长复合管[344]。

另外一种成形的方法是把炸药装在内管的内部或外管的外部，并且分别在外管的外部和内管的内部填入加热时熔化的流体和在常温下能凝固的塑性材料，如沥青混合物或焦油沥青。这样就将管子和热塑材料凝成一体，从而增强管子的强度。于是，管子就成为一个不可压缩的杆，或者成为一个能抵抗爆炸压力的厚壁的外管，以阻止管的过大的变形。利用内爆法和外爆法进行这种复合管的爆炸焊接[553]。

下面是一些资料摘录，供参考。

文献[554]报道了圆筒零件爆炸焊接的一些资料。指出，在满足合理的工艺要求的情况下，长不大于 800 mm，外径不大于 800 mm 的圆筒零件，成功地进行了爆炸复合。壁厚大于 80 mm。在这些零件爆炸复合的情况下，圆筒的直径可能增加 0.1~3 mm。

文献[555]用爆炸焊接法获得了 321 不锈钢-J55 钢的双金属的石油管道。这种管道长 12 m，直径 200 mm，壁厚 20 mm，不锈钢覆管厚度 4 mm。用 25 kg 炸药和沿管的轴线均匀布药，在 12 min 内完成爆炸复合。安装时管内充满水。

文献[556]提供了用于输送氯、硫化氢的锆双金属管的制作工艺。

文献[557]报道了铜-钢复合管的爆炸焊接试验：在直径为 660 mm 和长为 6 m 的钢管内壁衬以厚度为 1.5~6 mm 的铜管。试验时，在竖立的钢管内部放置待焊的铜管。铜管内充满水，上下孔用塑料底板盖上。在钢管外部同轴安装塑料管子，在塑料管和钢管之间布放炸药。爆炸焊接后，铜管轴向伸长了 12%，壁厚减小 6%。所获得的管材具有高的强度和高的耐蚀性能。用爆炸法还可使形状更复杂的铜镍合金和铜、铝青铜零件复合。

文献[558]报道了外径 60.5 mm、壁厚 4 mm 和长 1000 mm 的碳钢管与外径 50 mm、壁厚 1.5 mm 和同样长度的不锈钢管爆炸焊接的资料。用外爆法进行焊接(内管内腔充满水)。焊接以后沿管的长向和径向没有发现不均匀性，内管和外管之间的焊接质量很高。

文献[559]提出了一个直径为 50.8~1219 mm 的管材爆炸焊接的装置。

文献[560]指出，在制造两种长为 5.5 m、内径为 700 mm 的压热器的时候，在奥地利采用了爆炸焊接法。该设备在内压为 30 MPa 和 400 ℃ 的温度下使用。压热器外壳由钢组成，内部由纯镍组成。工艺操作次序如下：将一根管子放进另一根管子之中，沿端部放置炸药包和装上特殊的端盖。为了在管壁产生均匀的冲击波压力，水充满镍管的内腔。再将两管之间若干毫米的空间抽至真空度不高的状态。炸药爆炸后获得了可靠的结合。用内部 48 MPa 的压力、超声波和有色颜料等方法检验，结果均证实了接头的质量很好。

文献[561]指出，在化学生产的设备、核反应堆和船舶装置中，在高压条件下工作的套管内表面复以耐蚀性覆盖层的最重要方法之一是爆炸复合。这个方法在消除了堆焊的一些已知的缺点之后，保持了产品的一切使用性能。例如，外径 228.6 mm、内径 76.2 mm 和长 762 mm 的 A350-LF2 钢管坯料，其内孔被 304L 不锈钢管爆炸复合。另一 A182-F22 钢管(内径 101.6 mm、外径 330.2 mm 和长 406.4 mm)被 347 不锈钢管爆炸复合。这两种钢管坯料均为锻件。被复合的不锈钢管的厚度相应为 5.6 mm 和 4.0 mm。

复合锻件进行了热处理前后的各种性能试验。根据所有试验可以得出下述结论：剪切强度不仅超过

ASTM 规定的最小值 137 MPa，而且还大大超过低合金钢-不锈钢的商品材料保证有的 206 MPa。A182-F22 钢的复合件已用于在高压和 371~482 ℃下工作的水裂化装置中。

文献[276]报道了用爆炸焊接法制造用于化学工业的不锈钢-钢-不锈钢三层管的消息。

文献[562]采用间隙元法求解了金属圆管在爆炸焊接时二维弹黏塑性大变形的接触问题，对圆管的内爆炸焊接的全过程进行了详细分析，并对某一具体工程问题进行了计算，得到了爆炸焊接所需的最低爆炸压力（即最小装药量）。研究方法及其结果具有较大的工程应用价值。

文献[1342]报道了大直径钛-钢复合管研制成功的消息，并指出，1992 年 8 月，西北有色金属研究院采用特殊的加工方法，成功地研制出了直径为 370 mm，长为 850 mm 的钛-钢全复合管。质量优于卷焊管。经用户检验技术指标达到使用要求。

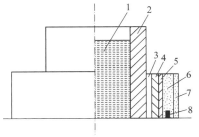

1—水；2—钢管；3—间隙；
4—铜管；5—保护层；
6—主炸药；7—药包外壳；8—导爆索

图 3.2.43.1　铜-钢复合管外
爆炸焊接示意图

目前，我国石油工业用的管道一直在负压下工作，并有温度变化，内衬材料（塑料、橡胶或涂料等）易老化、分层和开裂，甚至被吸扁或剥离，造成管道堵塞而停产，严重时甚至有爆炸危险。为了解决这一难题，西北有色金属研究院为南京金陵石化公司研制成功了钛-钢全接触复合管。其中钛的重量轻、塑性好、强度高，并具有良好的耐蚀性能，克服了非金属材料作内衬的缺点，为我国石化工业用管道填补了一项空白。西北有色金属研究院已能生产直径 370 mm 以下、长度在 1500 mm 以内的钛-钢全接触复合管和多种钛管接头。为适应我国石化工业用管道的需要，该院正在研制更大规格的钛-钢全接触复合管。

表 3.2.43.2　铜管-钢管爆炸焊接工艺参数

No	炸药	质量比 R	间隙 /mm	覆管尺寸 /(mm×mm×mm)	基管尺寸 /(mm×mm×mm)
1	$2^{\#}$+10%食盐	0.8	4.04	$\phi226.33×$2.13×250	$\phi214×$14.09×600
2	$2^{\#}$+10%食盐	0.8	4.18	$\phi26.40×$1.98×250	$\phi214×$13.91×600

注：用导爆索引爆炸药，药厚按平板爆炸焊接时的 60%计算，2 号试验时基管内的注水。

文献[1112]试验研究了内管注水和外爆法研制钢管-铜管复合管的爆炸焊接工艺。工艺安装如图 3.2.43.1 所示，工艺参数如表 3.2.43.2 所列，试验结果如表 3.2.43.3 所列。

表 3.2.43.3　铜管-钢管爆炸焊接试验结果

No	复合管理论外径/mm	复合管实际外径/mm	复合管实际内径/mm	外径变形量 /%	结合界面形态
1	218.41	175.75	143.06	19.53（未注水）波状	—
2	218.18	207.90	175.85	4.71（注水）	波状

表 3.2.43.4　试验用材的一些参数

材料	$\sigma_{0.2}$ /MPa	σ_b /MPa	δ /%	ρ /(g·cm⁻³)	外径 /mm	壁厚 /mm	平直度 /(mm·m⁻¹)
L2	28	75	39	2.705	11	1	≤1
316L	289.6	558.2	50	7.8	15	1	≤1

结论指出，利用水在爆炸瞬间压缩性极小的特性，采用外爆法爆炸焊接复合管，内部注水的工艺方法是可行的。如此可以将复合管的外径变形量控制在 5%以内。检验结果发现，焊接界面为波状结合。这样，复合钢管在后期的拉伸成型过程中，表现出良好的整体性和可塑性，并在结晶器的爆炸修复加工中得到成功的工业应用。

文献[1343]用内爆法制备了铝-不锈钢长复合管，如图 3.2.43.2 所示，试验用材如表 3.2.43.4 所列。

结果指出，此复合管的爆炸焊接，以使用爆速较低的炸药为宜，并且当模具的壁厚大于 100 mm 时，能获得扩径量小于 0.12 mm 和平直度小于 0.15 mm 的复合管。其长为 1000 mm，焊合率为 100%。界面观察显示从起爆端开始到爆轰结束端，界面形状由平直形向波形，以及波形由小到大的过渡。在爆轰末端存在 Fe 和 Al 的化合物（Al_3Fe）。

文献[1344]表明，细长管的内爆炸焊接受管道效应的影响明显，从爆轰起始端至结束端，复合管的界面附近金属的塑性畸变有加剧的趋势。使用低能量的炸药制备的复合管，在爆轰结束端存在 Al-Fe 化合物相。用该方法制备了长度为 1000 mm 以上，$L/D=60$ 的薄壁铝-不锈钢复合管（用了外模）。

文献[1345]用爆炸焊接法获得了铁-铝复合管。铁管(DT4)尺寸为 $\phi18$ mm×2.3 mm×350 mm，铝管(1060)尺寸为 $\phi12$ mm×1 mm×400 mm，炸药为乳化炸药，将纯铝管复合在铁管的内壁可以满足一些特殊用途(如核电管路系统)的要求。试验结果表明，制得的复合管中部实现了铁和铝的波状结合，过渡层较薄，界面处未观察到明显的金属间化合物，界面强度高于铝的抗剪强度，退火处理能够明显改善界面的元素分布，当采用400 ℃以下退火时不会明显降低界面的结合强度。退火过程中有扩散，以铝向铁中的扩散为主。

文献[1346]指出，随着石油和天然气开采规模扩大，经常需要跨地域的长距离管道输送。碳钢管的耐腐蚀性较差，经常发生泄漏事故。若采用不锈钢管输送，则会极大地提高建设成本。因此，近年来碳钢管内衬不锈钢管的双金属复合管，由于其优良的耐蚀性能和相对较低的成本，在炼油、石化、化工电力、冶金、医药和食品加工等领域逐步推广应用。该文献对316L-20g复合管进行了 TIG 对接试验和成分、组织及性能的检验。

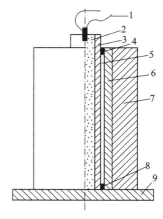

1—雷管；2—炸药；
3—铝管；4—上定位环；
5—间隙；6—不锈钢管；7—模具；
8—下定位环；9—基座

图 3.2.43.2 铝-不锈钢长复合管爆炸焊接装置示意图

文献[1347]指出，异种多层金属复合管取代单金属贵重管材的技术、经济和社会效益非常可观。该文献用如图3.2.43.3所示的方法获得了双金属管。

双金属管爆炸复合的主要特点如下：

(1)不需要任何压力加工的机械设备。

(2)其能源为价廉的炸药和雷管。

(3)异种金属的复合管取代贵重的单金属管后技术和经济效益凸显，市场前景广阔。

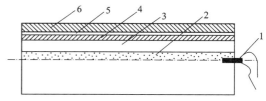

1—雷管；2—炸药；3—传压介质；
4—覆管；5—间隙；6—基管

图 3.2.43.3 双金属管爆炸复合装置示意图

(4)双金属管的层间无水分和无气体，外力分不开。

(5)复合后的双金属管内外表面粗糙度不升高。

(6)复合管的长度可长可短，最长可达运输工具可以运输的长度。

(7)与拉拔复合等工艺比较具有工效高和成本低的优点。

(8)应用广泛，尤其是异种金属的复合管，可广泛地应用于石油、化工、天然气、食品饮料工业和医药卫生等不同场合的管线建设。

文献[1348]指出，双金属复合管是一种高效复合材料，它由两种不同的金属材料通过一定的工艺方法结合而成。根据不同的使用要求，国外已陆续开发出油井管、机械结构管、轴承管、输送管、锅炉管、原子能用管、电缆管、热交换器用管、耐热耐蚀管和耐磨管等。国外采用的工艺方法主要有离心铸造、爆炸焊接、热膨胀焊接、热扩散焊接和热压力加工等。其中爆炸焊接法的结合强度很高，可以生产其他方法无法生产或有困难生产的双金属管。例如，基层和覆层的熔点、热膨胀系数、硬度等差别很大，特别是结合界面易产生不良金属化合物的双金属管。当与热、冷压力联合加工时，就既能发挥上述优点，又能利用变形加工的长处。最后指出，国内至今尚未进行双金属管的批量生产。因此，尽快批量生产各类用途的双金属管是极为急需解决的问题。

文献[1349]指出，随着世界能源需求的日益增长，油气田的开采逐渐向深井和高腐蚀环境方向发展。国外的研究和应用结果表明，使用耐蚀合金的复合管是解决上述腐蚀问题相对安全和经济的途径之一。双金属复合管的衬管采用薄壁耐蚀合金材料，可根据不同的腐蚀环境选用相应材料(不锈钢、镍基合金和其他耐蚀合金)，以保证其良好的耐腐蚀性能。基管采用碳钢(无缝钢管或焊接钢管)或其他合金钢管，以保证其优异的力学性能。

该文介绍了双金属复合管的结构特点和生产工艺，总结了其技术优势和经济优势，分析了复合管的应用现状和存在的问题，提供了国内外复合管的具体应用实例。认为要在更大范围内推广应用复合管，必须解决耐蚀合金内衬层选材和基管选材的评价、复合管的连接和内外层结合强度的评价四大技术问题。复合管的生产工艺、特点和结合方法如表3.2.43.5所列。

表 3.2.43.5　双金属复合管的生产工艺

No	工 艺 名 称	工 艺 特 点	结合方式
1	水压法	结合力小,高温下易产生应力松弛而分层失效	机械
2	冷拔法	拉拔、旋压或滚压处理,高温下易产生应力松弛而分层失效	机械
3	热膨胀法	内管气体加压,外管感应加热,热膨胀系数小的高价金属内管,易于制造耐蚀性高的复合管	机械
4	包复焊接法	按次序焊接内管和外管、整形、表面抛光,很难生产内层为薄壁管的内复合钢管	机械
5	爆炸焊接法	材质选择范围广,界面结合区易形成波形,管坯长度受到限制	机械
6	热挤压法	内层为镍基含金,可能产生壁厚波动,并由于变形抗力不一致而产生裂纹	冶金
7	热轧法	无缝复合管,生产率高、质量高、成本低,可大量降低金属材料消耗,一次性投资大,材料选择范围小	冶金
8	离心铸造法	管坯表面需要机械加工,由于金属为两层,壁厚不均,铸造时液态金属相互冲刷而形成过渡层	冶金
9	离心铝热法	内层为镍基合金,可能产生壁厚波动,并由于变形抗力不一致而产生裂纹	冶金
10	复合板焊接法	有缝或螺旋焊缝,适用直径大于 300 mm 的油气输送管道	冶金
11	冷加工扩散法	接合边界明显均匀,结合强度较高	冶金
12	粉末冶金法	粉末法+热等静压+热挤压,可加工出高强度和耐蚀性能良好的复合管	冶金
13	喷射成形法	热挤压时需要高温高压条件,技术基本成熟	冶金
14	电磁成形法	可连接性质迥异的两种金属,但只适用于加工强度低和导电性好的金属	冶金

文献[1350]从耐蚀性和经济性两方面对比分析了油气田用双金属复合管作为防腐措施的优势,并提供了应用实例。还对双金属复合管的生产方法和国内外应用现状进行了综述。表 3.5.43.6 为双金属复合管的生产方法及其特点的比较资料。

该文献指出,双金属复合管的生产技术已基本成熟。以爆炸复合法为例,国内西安向阳公司已处于国际先进水平,但国内对于复合管的应用起步较晚,使用范围有限。今后应立足国内先进的生产水平,借鉴国外应用经验,开展复合管在可能使用的油气田腐蚀环境下的腐蚀行为和耐蚀性能的研究,为复合管的广泛应用提供依据,使其获得更好更多的使用。

文献[1351]指出,复合钢管是由两种或多种具有各自特性的单体钢管,通过特定的工艺手段把它们结合成一体,从而使其具有综合特性的价廉物美的新型钢管。由

表 3.2.43.6　双金属复合管的生产方法及其特点

No	生产方法	特 点	结合方式	生 产 厂 家
1	水压法	结合力小,易分层	机械结合	Butting
2	热挤压法	限于碳钢与不锈钢和高镍合金复合,变形抗力小	机械结合	日本住友
3	爆炸焊接法	可实现多种金属间的复合,效率高,覆层金属可厚可薄,界面结合紧密	冶金结合	西安向阳 成都贝根
4	复合板焊接法	可生产直径大于 300 mm 以上石油天然气输送管道用复合钢管	冶金结合	Butting
5	粉末冶金法	粉末法+热等静压+热挤压	冶金结合	日本山阳特钢,新日铁
6	低熔点金属层粘接法	界面之间采用低熔点金属层,再冷轧,结合强度大于 300 MPa	冶金结合	美国,日本
7	离心铸造法	结晶细密,力学性能好,结合面紧密,但内表面质量较差,且限于内层金属熔点低于基管熔点	冶金结合	新兴铸管
8	类无缝钢管法	热穿孔,可生产 ϕ 60.3 mm ~ ϕ 219.1 mm 的复合管	冶金结合	NKK,西班牙挤压成型钢管公司
9	喷射成形法	近终形和半固态加工技术,基本成熟	冶金结合	瑞典 AB 山德,维克钢厂,美国 Bebcock
10	离心铝热法	离心法+铝热反应	冶金结合	&wleex 北京科技大学

于复合钢管具有优良的综合性能,因此自20世纪60年代起,日、美、德、英和苏联等国家都很重视复合钢管的开发及使用。这些国家从生产工艺、使用性能和检验方法等方面进行大量的研究。从而使复合钢管产品在能源、造船、化工、石油和机械等领域得到了广泛的应用。复合钢管按使用性质可分为化工液体气体用管.石油天然气输送管及油井用复合管、锅炉用复合管、废物焚烧炉用复合管、热交换器用复合管、耐磨损用复合管、耐腐蚀用复合管和建筑装潢用复合管等。

日本和英国在化工液体和气体输送领域复合钢管的应用情况如表3.2.43.7所列。

表 3.2.43.7 日本和英国复合金属管的应用情况

No	用 途	工 作 介 质		管 子 材 料	
		外	内	外 层	内 层
1	净化用冷凝器	石油气	海水	低碳钢	黄铜
2	石油化学工业用冷凝器	石油气	海水	耐腐蚀钢或碳素钢	黄铜
3	石油精炼用高温冷凝器	石油、腐蚀性气体	海水	耐腐蚀钢或碳素钢	黄铜
4	高温反应气体冷却器	腐蚀性反应气体	水或海水	耐腐蚀钢	黄铜
5	胺用冷却器	胺	盐水	钢或铝	CuNi70-30合金
6	氨冷却器	氨	盐水或水	低碳钢	铜或铜合金
7	氨制冷机	氨	水或海水	碳素钢	铜或铜镍合金
8	苯冷凝器	苯蒸气	海水	低碳钢	黄铜
9	海水冷却器	盐水	海水	低碳钢	铜镍合金
10	表面冷凝器	蒸气	冷却水	耐腐蚀钢	铜、铜合金
11	水银净化器	水银	冷却水	低碳钢	铜
12	烃冷凝器	烃	海水	低碳钢	铅或黄铜
13	食油加热器	蒸气	食油	铜	耐腐蚀钢或碳素钢
14	食油冷却器	食油	水	耐腐蚀钢或碳素钢	铜
15	制取 CO_2	CO_2 吸附器	冷却水	耐腐蚀钢	铜镍合金
16	牛奶冷却器	牛奶	氯化钙溶液	耐腐蚀钢	铜

生产复合钢管的方法很多,其中焊接复合法和热加工法(挤压和轧制)能生产冶金结合的复合管。该文献的作者相信,不久的将来,复合钢管在我国定会出现蓬勃发展的局面。

文献[1352]介绍了双金属复合管制造中的一些关键技术和几种复合管的焊接方法。同时介绍了这类复合管的加工和应用。复合管的应用如下:

(1)输送管道。在碳钢管或低合金管内壁复合不锈钢管和高镍合金管的复合管,可用来输送含高腐蚀性的气体或液体,如海水淡化系统的海水引入管等。

(2)加热炉用管。如在石油精炼时处于常压分馏装置上的钢管,在有环烷烃酸腐蚀的同时还有氯离子的应力腐蚀,所以必须使用复合管。

(3)造纸等回收锅炉用复合管。

(4)高温高压锅炉用复合管。

(5)化工用复合管。

(6)复合水管。

(7)输浆料用耐磨复合管。

(8)原子能发电用复合管。以纯锆为内层,以铝锡合金为外层的复合管,用于原子能发电装置。这种复合管具有高耐蚀性,并能提高轻水炉燃料寿命。

(9)结构用复合钢管。用不锈钢或高合金钢外包复的复合钢管用作结构材料,既防锈、防腐,外形又美观。这种复合管可以用作海岸设置的护栏,楼梯扶手,阳台护栏,汽车、火车和轮船的货架及扶手,自行车把手,公共场所的栏杆、卷闸门、花架、衣架、灯具杆、电扇杆和各类钢制家具等。这种复合管是一种极好的建筑和装饰材料,既美观又价廉。

(10)海上石油钻井平台用复合配管,这种配管在冬季海风侵袭下可以防止因应力腐蚀裂纹而造成的设备事故。

文献[1353]指出，采用管道输送物料具有高效、节能、污染小和损耗低等优点。随着泵输送技术的提高和输送管道技术的发展，物料的管道输送发展很快。由于输送物料的种类增多，输送距离增长和输送量增加，管道输送行业对管道材料的要求越来越高，希望有多种管道材料供输送不同性质的物料时选用。管道材料的主要性能指标是耐磨性、耐腐蚀性、减摩性和加工性。目前，物料输送用管道材料的发展方向是提高耐磨性。

双金属管材是功能材料，可根据输送物料的理化性质和工况条件，选择不同的材料组合，从而使材料发挥最大的潜能。例如，对于耐磨性强的粉状物料，如矿粉和氧化铝粉等，可采用耐磨合金钢板制作的钢管作为衬管衬在普通钢管内，使管材具有很好的耐磨性；对于水煤浆和泥浆等腐蚀性强的浆料，可用不锈钢管等耐腐蚀材料作为衬材与普通钢管复合在一起制成耐腐蚀的双金属管材。此外，双金属物料输送管道还具有以下特点：

（1）由于对管材内壁进行了滚压光整加工，降低了内表面的粗糙度，使物料的流动阻力大为减小，降低了长距离输送的能量消耗。

（2）对管材内壁进行了滚压，相对变形量为15%～25%，冷作硬化提高了内层材料的硬度，从而提高了管材的耐磨性。

（3）双金属管结合紧密，有良好的整体强度，能够承受一定的弯曲变形。由于外层管多采用低碳钢，其可焊性和加工性较好。经过端面的处理后可以方便地进行对焊连接或法兰连接，从而易于管道的铺设施工和检修维护。

双金属管材用于物料的管道输送具有明显的优势。这种材料的推广使用将会在很大程度上促进物料管道输送技术的发展。目前需要解决的问题是：研制大规格和强力的滚压复合设备；寻求更合适的制作内层管的合金材料。

文献[1354]报道，以铜箔为中间层，采用拉拔+内压扩散法制备了钛-钢复合管。利用光学显微镜、扫描电镜、X射线衍射仪和能谐仪对界面组织、断口形貌和成分进行了分析，通过剪切试验测定了界面的结合强度。结果表明，以铜箔作中间层，用拉拔+内压扩散法实现了钛-钢的冶金结合。在钛-钢界面处发生了明显的扩散，并形成了不同厚度的扩散层。随着扩散温度和时间的增加，扩散层的厚度逐渐增加。中间层的加入阻止了固相扩散中钛-铁和钛-碳脆性化合物的生成。钛-钢界面的剪切强度随着扩散温度的升高先增加后降低。铜层的加入使抗剪强度明显提高，最高可达310 MPa。扩散的加热温度对钛-钢复合管界面剪切强度的影响如图3.2.43.4所示。

文献[1355]报道，X60(2205)-16 MnV金属复合管的管层之间通过特定变形和连接技术形成冶金结合。该复合管兼具了内外两种金属材料的优点，相对于整体合金钢管能有效地降低成本，而且在保证耐蚀性的同时提高整体强度和安全性，因此，广泛地应用于石油、石油化工、海洋平台、核工业、冶金和食品等诸多领域。

该文献研究了热处理工艺对该复合管的组织和力学性能的影响。结果表明，经固溶+回火处理后，复合管的力学性能满足技术要求。随着固溶温度的升高，强度逐渐降低，塑性先降后升。随着回火保温时间的延长，强度和塑性明显降低。分析指出，其原因主要是脆性相的析出所致。热处理对该复合管力学性能的影响如图3.2.43.5所示。

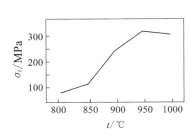

**图3.2.43.4　扩散温度对界面
剪切强度的影响**

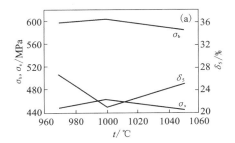 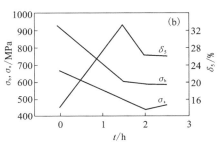

（a）力学性能与温度的关系；（b）力学性能与保温时间的关系。

图3.2.43.5　热处理工艺对2205-16Mn复合管的力学性能的影响

文献[1356]指出，在天然气田的开采过程中，由于管道内部长期受到 H_2S、CO_2、Cl^- 等介质的腐蚀，加上其他因素(如温度和压力)的共同作用，易使管道发生穿孔、泄漏和开裂，极易发生火灾和爆炸等事故。

牙哈凝析气田位于新疆库车县境内，于 2000 年建成投产。该气田属高产气田，凝析气流体复杂和地层压力高。原来设计时各采气井的井口温度为 24~25 ℃，CO_2 腐蚀速度低，集气管道的材质采用 16Mn。但实际生产运行后各采气井口温度均高于 65 ℃，加上 CO_2 的分压较高，加剧了管道的腐蚀速度。截至 2005 年 5 月，采气管道腐蚀穿孔 50 余次。

针对牙哈凝析气田的产能规模及其主要地位，为了既有效又比较经济地解决采、集气管道的腐蚀穿孔问题，可行的方式为使用复合管道。双金属复合管道是由两种材质的管材复合而成。外管起承压作用，其材质常用 20 号钢、16 Mn 或 L360 等。内管起着防腐作用，常用 304 或 316L 等耐蚀不锈钢。

复合管道的防腐效果与整体不锈钢的相同，而工程投资却远远低于整体不锈钢管道。2005 年，在采、集气管道的改建中设计和采用了双金属复合管道。外管选用 20 g 钢，内管选用 316L，其厚度 1.5 mm。工程实施后，分别于 2005 年 9 月 10 日和 2006 年 4 月 26 日对复合管道的实际运行情况进行了检查。结果表明，管道内壁和焊缝表面光洁，无腐蚀现象。

文献[1357]以 L360-Q08823 冶金结合复合管为例，分别对母材及其焊接接头的力学性能和抗腐蚀性能进行了腐蚀评价。结果表明，采用离心铸造+热挤压(轧)工艺生产的冶金结合复合管材在同一热处理制度下处理后，可获得优良的基层力学性能和覆层优良的抗腐蚀性能。同时对其焊接接头的力学性能和抗腐蚀性能的评价，也说明了该复合管具有良好的焊接性能。由此证明，这种复合管完全可以适用于我国高酸性油气田的恶劣环境。

文献[1358]介绍了双相不锈钢复合管的复合结构、复合工艺、外防腐和连接管件，并指出，双相不锈钢复合管具有很好的耐腐蚀性，被广泛地用于化工领域。与纯不锈钢管相比，价格低廉，且兼有不锈钢管的高耐蚀性能和碳钢管的高强度及高韧性。其制造工艺、可焊性和连接管件都已得到深入研究，并已应用于耐腐蚀油气输送管道，具有良好的经济效益和社会效益。

文献[1359]报道，针对油田对集输管线用板材较高抗腐蚀性的要求采用爆炸焊接技术。对 2205 双相不锈钢与碳钢 Q235 进行爆炸焊接，研制出了 10000 mm×1400 mm×14 mm 的大面积复合板材。其中不锈钢层厚 2 mm。检测结果表明，其剪切强度和其他力学性能均达到或超过标准要求。在 H_2S、CO_2 和 Cl^- 共存的气相腐蚀介质中，试样的腐蚀率为 0.045 mm/a。复合界面的 SEM 观察及元素分析表明，该两种材料实现了冶金结合。

用 CHI600C 电化学分析仪，在质量分数为 3.5% 的 NaCl 水溶液中，测试了该复合板、焊缝和热影响区的电化学行为，其极化曲线如图 3.2.43.6 所示。由图可见，该复合板及其焊缝可极化曲线在自然腐蚀电位上区别不大。这说明该复合板及其焊缝和热影响区在腐蚀过程中的自然腐蚀电位趋于一致，三者的腐蚀行为无明显区别。HIC 试验也证明了这一点。HIC 试验为：试验时间 96 h，pH 为 3.5~4.0，溶液温度为常温。结果表明，裂纹敏感率 CSR、裂纹成长率 CLR 和裂纹厚度率 CTR 均为 0，符合标准要求。HIC 试验执行美国腐蚀工程师协会 NACE 标准 TM 0284—1996。

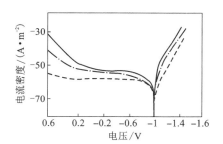

图 3.2.43.6　复合板的极化曲线

文献[1360]确定了 X52-825 冶金复合管和 L245-825 机械复合管的焊接工艺，设计了复合管(含焊缝)在室内和现场整管段的试验装置，进行了相应的腐蚀试验研究评价。结果表明，设计的整管段试验装置能满足复合管(含焊接)的腐蚀评价要求。在高酸性油气田地面集输管线的腐蚀环境下，上述两种类型的复合管及其焊缝均未发生明显的电化学腐蚀，也未出现 SSC，成形的焊接工艺和评价方法可用于指导复合管的推广应用。

文献[1361]通过对离心浇注冶金复合管的特点阐述，及其与无缝单金属管、钎焊复合管和爆炸复合管在各方面的性能进行对比，为复合管材在工业中的应用提供选择和建议。

文献[1362]指出，随着高含硫油气资源的开发、海上油气开采和油气高压输送技术的推广，对强度和防腐蚀管材的需要更加迫切，双金属复合管迅速以高强度合金管与双相不锈钢和镍基合金管之间相互组合的方向转移。而 2205 双相不锈钢以其优越的力学性能、良好的耐氮化物应力腐蚀，点蚀、疲劳磨损腐蚀和可焊性强等特点，在石油天然气输送、海洋工程和化学工业等行业得到了广泛的应用。

为进一步拓展双金属复合管的市场，该单位开发了 2205 双金属复合管产品，并对该产品的焊接工艺进行了评定，为其市场推广和应用进行了必要的技术储备。

文献［1363］指出，L360QS-N08825 作为高附加值复合管，被应用于石油天然气行业。基层承压，覆层耐蚀。但是由于覆层和基层的含碳量有较大差别，它在后续加工和热处理过程中会发生碳的扩散。为了保证覆层的耐蚀性能，需要对碳扩散的深度进行理论研究和试验分析。结论指出，成品冷轧管的碳扩散影响区在 0.5 mm 范围内，对成品内层的晶间腐蚀性能没有影响。基层和覆层之间的元素相互扩散对于提高它们之间的剪切强度有重要作用，这正是冶金复合管的优势所在。

文献［1364］介绍了用爆炸+热轧+冷轧+钢管成形的生产工艺。即不锈钢-钢复合板在爆炸焊接以后，进行热轧和冷轧至一定厚度的复合带，然后将此复合带在焊管机组上进行连续辊式成型和焊接而成焊管。其特点是必须用爆炸焊接+轧制工艺先制成复合带，此带的不锈钢层厚度可小于 0.2 mm，其比例最小可达到 5%。可以直接生产圆管、方管和矩形管等，可以生产任意壁厚的复合管，可以生产内、外和内外均复的复合管。这类复合管结合紧密、冷弯性能好、焊接性能好、产品适应性广泛和生产效率高。

文献［1614］指出，外复式不锈钢复合管广泛应用于各种栏杆，楼梯扶手、广告牌和体育器械等。内衬式不锈钢复合管广泛应用于石油管道和各种腐蚀介质液体的输送。

文献［1364］指出，由于不锈钢-钢复合管优良的综合性能，它被广泛地用于城市建设、建筑安装、家具、自行车、健身器材、商场、车辆制造，以及纺织、化工和食品等行业中。据预测，2000 年复合管的消费量将大大增加，且随着人民生活水平的提高、饮用水的输送、城市建筑装饰、居民室内室外装饰、建筑门窗等使用该复合管将更为广泛。目前，上海和香港等发达城市饮用水管已不再使用碳钢管而使用复合管。高层建筑也不再使用铝合金门窗而改用复合框，且这些领域逐渐接受这种复合材料。最近，四川省建委也发文指出，将于 2000 年在全省停止使用普碳钢水管作为城市建设输水管道而推荐使用复合管。因此这种复合管作为输水管道具有非常诱人的市场潜力。

在复合管化的应用中，首先遇到焊接加长的课题。为此，3.5.12 节提供了不锈钢-钢复合管在应用过程中焊接加长的大量资料，可供参考。

3.2.44　管道与管道的爆炸焊接连接

1. 管道与管道的连接

在许多工业部门，特别是石油和化工部门，存在着大量的管道与管道的连接问题。这些管道用以输送气态、液态或固态物质。如蒸汽管道、煤气管道、石油管道、天然气管道、自来水管道和灰渣管道等。这些管道都是由许多根管子组成的，管与管之间的连接通常采用直接熔化焊的方法，或者用套管将两根相邻的管子间接地连接起来。在生产日益发展的现代，尤其是在石油和天然气工业中，这两种方法越来越显示其缺点和局限性。为此人们正不断地探求其他的管道与管道的连接技术。

2. 管道与管道的爆炸焊接连接

爆炸焊接技术发展到今天，有理由将它用到了管道连接这个很有前途和经济效益的领域。实践表明，与其他焊接或连接的方法相比，在解决这个课题上，爆炸焊接有如下优势：

（1）实施爆炸焊接时，不需要重型运输机械和复杂的工装，不需要大面积的土方作业和熟练的操作工作。

（2）焊接的速度、效率、质量和成本，爆炸焊接更为合算。

（3）在山区缺水和严寒的条件下工作，熔化焊方法更困难和艰苦得多。

（4）对于不同材质和性能的管道，如用熔化焊或其他焊接法，会导致材质明显的恶化。

（5）管道的横截面积太大，有的方法（如摩擦焊）不便采用。

管道与管道的爆炸连接就是用爆炸焊接的方法将一根管道的末端与另一根管道的首端相焊接，再将这根管道的末端与第三根管道的首端相焊接……如此重复地进行，从而连接成一定长度的管路系统。

管道与管道两端头爆炸焊接的工艺安装示意图如图 5.4.1.76～图 5.4.1.85 所示。两根管子的连接处（接头）可以是对接、搭接或斜接形式的，也可以通过套管来形成这种接头。对于异种材质的管道来说，还能够通过爆炸焊接的这两种材质的过渡管接头，再用熔化焊等方法将它们连接起来。

管道连接头的爆炸焊接可用内爆法、外爆法或内外同时爆炸法三种工艺进行。内爆法时，管外需要设置一个坚固的模具。外爆法时，管的内部需要装填固态填充物。内外爆法时，需要内外同时布药及其能量平衡。它们的工艺参数，如炸药的种类、状态及其爆速、布药方法和药量大小，以及间隙距离等，需要预先设计和在试验中摸索及完善。这些参数一经确定，在以后的正式生产中就可以根据这些参数进行。为此，为了获得高的效率，炸药包和其他工装可以预制，以便运输到现场后马上使用。

实践指出，管道的爆炸连接能够在地面、地下、水中或空中（架空）实施。

用爆炸焊接的技术来连接管道的实例国外资料中多有报道。例如，加拿大用该技术敷设了长 1090 km 的铝制天然气管道[24]；用爆炸法连接了长达数千公里的石油管线，在这条管线上接头达数十万个，每天连接 5000 m，进度快，质量好[22]。

另外，加拿大还进行了大直径管线的爆炸焊接连接。例如，这种管子为低碳钢管，直径为 1000 mm，壁厚为 8~15 mm，管端搭接长度为 120 mm。事先制造好标准药包，采用内外同步引爆和爆炸的方法。现已达到大批量生产的水平。其机械化程度是相当高的。同常规焊接工艺相比，人员从 133 人减少到 61 人，设备从 73 台减少到 49 台。按每段管长 8 m 计算，每天可焊 1524 m，节省 2.5 万~3.0 万加拿大元[23]。

文献[563]提供了直径小于 1067 mm 的管道爆炸焊接的资料。在工艺实施的过程中，从接头的内部和外部，统一和同时地引爆炸药，即利用内、外同时爆炸焊接的方法使两根管道连接起来。这种工艺可在大气条件下和不用夹具实现爆炸焊接。此爆炸连接的效率和经济性均超过其他方法。另外，过程很简单，这就降低了对高技能人员的需求，并提供了实现过程自动化的可能性。1984 年用这种方法连接了长 6 km、外径 1067 mm、壁厚 10.3 mm 和 13.7 mm 的煤气管道。焊缝经技术检验，包括纵向试样和沿厚度方向切取的试样的拉伸试验、结合区的组织试验、冲击弯曲试验、耐蚀性和疲劳试验。结果表明，焊缝能满足技术要求。大厚壁管道的焊缝有高的硬度，并沿长度有某些波动。因此，对这些管道来说采用了更高温度的热处理。发现待焊面的准备工作好坏对焊缝的质量有重要的影响。

还有文献研究了 12X1MΦ 钢管的爆炸焊接接头对硫化氢脆性的影响[564]。在石油和天然气装备的腐蚀过程中，有破坏的突然性。爆炸焊接的接头没有危险的近缝区，它的宽 0.05~0.25 mm 的微观结合区非常强固，并且承受得了硫化氢的脆性影响。在 800~850 ℃、30 min 回火以后，不仅将完全消除这种接头的硫化氢脆性的趋势，而且将稳定下来，使接头更加可靠。

文献[565]报道了爆炸焊接直径分别为 6 mm、127 mm、25~203 mm、460 mm 和 760 mm 的管道的消息。文献[566]和[567]指出了在安装大直径管道中爆炸焊接的应用。

在应用爆炸焊接技术建造大直径的管道时，瑞典 Volvo 和 Nitro Metal 两家公司专门为此研制了 VONO 法[568]。此法系将待对接的管端扩成顶角不大的锥体，使两管靠近和略带间距。将相应断面的环嵌入管间形成双面锥形空腔，在环下放置炸药。API60 钢管的焊接接头的试验表明，接头中无裂纹，最大 HV_5 为 260~235，弯曲时只沿管子发生断裂。接头不需退火。所有接头均用超声波检验。

文献[569]指出，一些大直径管对接熔化焊时，需要专门准备边缘、大量的设备、工艺非常困难和价格昂贵，特别是在复杂的气候条件下。而爆炸焊则简单多了。

图 5.5.2.198 为我国专家和工程技术人员在用爆炸焊接技术对接大口径的钢管。

此外，还有不少文献指出了在安装大口径管道时爆炸焊接技术的广泛应用。

能够预言，随着我国化学和石油工业的发展，特别是西北石油和天然气资源的开发，超长距离的石油和天然气管道的铺设定会提到议事日程上来。在那种缺水、炎热而又寒冷的气候条件下，爆炸焊接技术在这项工作中定能发挥重要的作用。

3.2.45　管与管板的爆炸焊（胀）接

1. 管与管板的焊（胀）接

在列管式热交换器中管与管板的连接，过去常采用机械胀管法和熔化焊法。这些方法虽然可以获得一定的胀接强度和气密性，但往往受到材质和操作条件的限制，难以达到预期的效果。特别是薄壁、小口径的异种金属管与管板的连接，例如钛-钢、铜-钢和不锈钢-钢等，采用这两种方法非常困难。另外，机械胀管法只在低的工作温度和压力条件下可靠。否则由于整体性差，可能不足以保持所要达到的标准和要求。内部残余应力的释放容易导致连接头失效。此外，热循环和机械振动也是失效的原因。熔化焊除了操作困难外，还不能保持焊接质量的一致。结合质量也不均匀。因此，管与管板的连接方法应当寻求更好的技术。

2. 管与管板的爆炸焊（胀）接

热交换器中管与管板的爆炸焊（胀）接，是以炸药为能源使它们之间形成紧密和牢固的焊接或连接的一种新工艺。

20世纪60年代中期，国外就已将爆炸焊接技术应用于热交换器管与管板的焊接了，获得了很大的经济效益。特别是异种材质和高温、高压容器，爆炸焊接显示了极大的优越性。在药量较小的情况下，爆炸胀接也取得了令人满意的质量和技术效果。

管与管板爆炸焊接工艺安装如图5.4.1.102~图5.4.1.109所示。即将管子插入管板孔内，管孔间保持一定的间隙距离。炸药以预定的形式布放在管子内，雷管插入其中。安装完毕和引爆炸药后，管子的外壁就和管板孔的内壁焊接在一起了。在此，炸药的种类、数量、爆速和它的安放形式，以及间隙大小、管材的材质和几何尺寸等是主要的工艺参数。

管和管板的爆炸焊接有角度法和平行法两种。早期多用高爆速炸药和角度法进行。近几年来多用低速炸药和平行法进行。为了更好地保证焊接质量，已使用冲击器于该工艺之中了。

在管与管板的爆炸焊接中，可以单根管子一次进行，也可以多根管子一次进行。甚至能够一次爆炸数十至数百根管子。其效率可以根据实际需要和可能，在较大的范围内选择。

在此项工作中，需要注意如下几个问题：

（1）管桥的变形。管桥是指管板中相邻两个管孔间的最小距离。管桥越小，爆炸后的变形将越大。选择合理的工艺参数而使管桥的变形不超过许可的程度是一个重要的课题。

（2）粗糙度。待结合的管材的外壁和管孔的内壁的粗糙度越高，焊接质量越高，焊接工艺参数的范围也越大，然而成本越高。如何选择合理的粗糙度是一项重要的工作。

（3）炸药的选择和装配。一般选用低速炸药即可，但需考虑装药容器的体积。如果这个体积较小或能量不够，那就只能选择爆速高一点的炸药。尽量使炸药充满预定形状和尺寸的容器。为此可在容器内安放一定形状和尺寸的非金属填充物。为了提高工作效率和降低成本，那种药包需预先制作，最好是流水作业。使用时只需将其插入管材孔内和连接雷管脚线。

（4）间隙大小。此种情况下管子外壁和管板孔内壁之间的间隙距离不宜太大也不宜太小，并且和其他工艺参数（如炸药爆速）一同考虑，通过试验选择合适的。

（5）结合性能检验。结合性能的检验只宜在试验品或试验小件上切取样品进行。其中可像复合管的结合性能检验那样做成管状，如图5.1.1.5和图5.1.1.6所示，以确定其剪切强度。也可如图5.1.1.4一样制作剪切试样。

在正确处理好上述几个问题之后，管与管板的爆炸焊（胀）接的质量就有保证了。图5.5.2.47和图5.5.2.48为两种不同材质的爆炸焊接的管–管板系统实物照片，图5.5.2.56为爆炸胀接的黄铜管–钢管板系统的实物照片。

用爆炸法使管与管板焊接，能极大地延长热交换器的使用寿命。例如，用此法焊接的二氧化碳冷凝器，甚至在使用6年后仍结合很好。而在用一般的方法的情况下（扩管和熔化焊接），它们仅有3个月的工作期限。一种用因科镍600制造的热交换器，管子直径为12.7~70 mm，管与管板的爆炸焊接直接在车间里进行。接头用超声波法检验。这种设备使用了多年，没有发现腐蚀和循环应力破断的迹象。

有文献指出，为适应快中子载热体反应堆蒸汽发电机的需要，论证了爆炸焊接的管与管板之间焊接接头的可靠性。结果指出，用这种工艺获得的接头在使用情况下，有完全符合技术要求的可靠性，它们具有所必需的综合的力学性能和腐蚀稳定性。

在管与管板的焊接中，越来越多地舍弃了传统的熔化焊法而采用爆炸焊接技术，其原因如下：

（1）爆炸焊接操作无需高度熟练的技能。

（2）爆炸焊接无需预热和后处理。

（3）由于爆炸焊接时没有明显的热效应，焊后管子的强度与初始强度接近。

（4）爆炸焊接可以焊薄壁管子从而节省材料。

（5）管和管板的材料性能相似或差异很大均可实现焊接。

（6）不需要特殊气氛，如氩弧焊那样。

（7）对设备可接近性要求不高。

（8）焊缝长度至少是管壁厚度的 3 倍，而熔化焊时只有 1 倍管壁厚度。

（9）管与管板焊前装配要求不如熔化焊那样严格。

（10）接头可用比射线检查更为方便的超声波法和着色法检查。此外，由于爆炸焊缝的范围比熔化焊大得多，任何检查出来的微小缺陷的严重性和危害性都比熔化焊法较低。

（11）焊接界面与工作介质基本上不接触。

（12）爆炸焊速度快、质量好、成本低。

爆炸焊接法除有上述众多优点外，也有如下不足之处：

（1）焊接不能达到管板的背面。

（2）对施工中的噪音和碎片要有防护措施。

文献［570］指出，制造冷凝器和热交换器等设备，冷却管与管板的连接是一个至关重要的问题。在美国，起初管子用钛材，管板用海军黄铜，然后采用胀接的方法。但这种方法强度不够，密封性能也不好。为了克服这个问题，管板采用全钛板或钛-钢复合板。然后采用气体保护焊的方法进行管与管板的焊接。这样，一方面增加了成本，另一方面钛在高温下和有氢的环境中有吸氢变脆的性质，稍不小心就会出现氢脆裂纹。例如有一台全钛型再沸器，管与管板的连接采用气体保护焊，结果运行 3 个月后，焊缝全部被腐蚀掉了。

为了使钛材在核电站的冷却器上发挥作用必须研究钛管与钛-钢复合管板和钛管与不锈钢-钢复合管板的焊接课题。与其他焊接方法相比，爆炸焊接技术显示了很大的优越性。

下面是钛管（$\phi26\times1.5$ mm）与不锈钢（1Cr18Ni9Ti）管板的爆炸焊接试验。试验中用下式确定炸药量，即

$$W = K_{f}ML \qquad (3.2.45.1)$$

式中，W 为炸药量，g；L 为焊缝长度，mm；M 为单位长度管子的质量，g/mm；K_{f} 为综合系数，它与材料的屈服强度、熔点和炸药的性能有关，一般 $K_{f}=0.4\sim1.0$。

初始间隙用下式确定，即

$$h_{0} = (0.5\sim1)\delta_{1} \qquad (3.2.45.2)$$

式中，h_{0} 为管板孔的内径与管子的外径之差的一半，δ_{1} 为管子的壁厚。

根据上述工艺参数的范围，用优选法进行爆炸焊接试验，获得如图 3.2.45.1 所示的焊接性窗口。由图可见，当 $K_{f}=0.7\sim0.9$、$h_{0}=0.8\sim1.0$ mm 时可实现焊接且变形小。这个窗口的中心是 $K_{f}=0.8$、$h_{0}=0.9$ mm，它们是所求的两个参数的最佳值。

试验后将样品进行了金相、真空检漏、打水压、拉剪、热疲劳等检验。随后还进行了设备的模拟试验。结果表明，采用爆炸焊接的工艺的质量确实是信得过的，完全能够满足核动力工程冷凝器的要求。

在焊接管和管板时，与电弧焊接相比，采用爆炸焊接在经济上并不占有优势。但是，所获得的接头质量更高且使用时间更长。例如，用爆炸焊接制造的热交换器和冷却器的排管工作了 14 个月，而用电弧焊制备的类似的热交换器总共工作了 3 个月。根据最近的资料，这些用爆炸焊接结合的冷却器工作的时间又增加到 4 年[549]。

在一些情况下，采用爆炸焊接不仅改善了质量，还能降低劳动量和提高生产率。例如，在使用钛管和耐蚀钢制造热交换器的时候，由于使用爆炸焊接，在苏格兰的工厂里不仅仅改善了接头的质量，而且在普通的大气中，管板被钛复合和完全焊接。此外，还大大地简化了焊接工艺。

下面是这方面的文献摘录。

文献［571］叙述了一个利用爆炸焊接制备具有耐蚀钢管板和 1961 根直径为 50 mm 钛管的热交换器的工艺。

文献［572］指出，1965 年首次研究了管与管板的爆炸焊接。从那时起，用爆炸焊接法制造的热交换器板的质量大大提高。

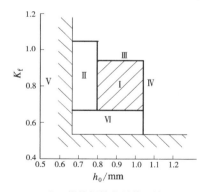

Ⅰ—爆炸焊接的最佳区域；
Ⅱ—部分焊上但强度不够的区域；
Ⅲ、Ⅵ—焊上但变形的区域；
Ⅴ、Ⅵ—焊不上的区域

图 3.2.45.1　钛管-不锈钢管板爆炸焊接参数范围

文献[573]报道了关于在制造化学反应的热交换器时爆炸焊接的利用，这种交换器是用因科镍600 制备的。使用 ϕ12.7 mm～ϕ76 mm 的管子。管和管板的爆炸焊接直接在车间里进行，在那儿制造热交换器。接头用超声波的方法检验。这种热交换器中的一个使用了多年，而没有被腐蚀和因循环应力而破断的迹象。

文献[574]制订了管和管板爆炸焊接的工艺。将管焊接到长 15 m、直径 1.8 m 的装置上。管束是由1483 根 ϕ20 mm×2.5 mm 的 10CrMo9.10 号钢组成的。每个药包的重量为 10 g，同时爆炸 60 个药包。在挤压压力为 0.38 MPa 时，管和管板的最大拉脱力为 980000 N。在 400～500 ℃ 下，拉脱力降到 784000 N。

文献[575]借助爆炸将直径 16 mm、壁厚 1.2 mm 的 0.1%C、0.4%Mn 钢的管子焊接到了 0.2%C、0.8%Mn 钢的管板上。研究了焊接接头中的组织变化和元素分布的特点。试验表明，结合区约有 20 μm 宽，好像摩擦焊的结合区一样。结合界面被局部的熔化所间断，显示出塑性变形和高的冷却速度的金属显微组织。铁素体内部有高的位错密度。铁素体内的双晶在焊接接头的一些单个区域中沿[112]面发生。在局部熔化区内碳的浓度是不均匀的。在碳的低浓度区发现了一些含有不均匀铁素体晶粒，马氏体呈大片和无秩序的位错分布。在碳的高浓度区，马氏体有针状结构。

文献[576]指出，在奥氏体钢管和管板爆炸焊接的情况下，能够获得不出现变形马氏体、保证接头有高的强度和密封性的大面积的结合。爆炸焊接的接头在热的和机械的载荷作用下，比用其他方法获得的接头更稳定。

文献[577]叙述了管与热交换器管板爆炸焊接的方法。炸药包安放在管子的末端，它爆炸的压力使管与管板之间很好焊接。这个方法极大地增加了热交换器的使用寿命。根据这个方法焊接的二氧化碳冷凝器，甚至在使用 6 年后仍有结合得很好。同时，用一般的结合方法(扩管，熔化焊接)仅有三个月的工作期限。

文献[578]从理论上和试验上研究了管-管板爆炸焊接的可能性，其中利用了聚乙烯插入物和高爆速炸药(7000 m/s)。管子用蒙乃尔、因科镍、铜和不锈钢，它们与孔径 75 mm 和厚 40 mm 的不锈钢管板焊接。影响焊接质量的因素是管子的冲击动能和管板的变形。被焊产品表面间的原始距离应该近似为管壁厚度的 1/2。

文献[579]介绍了一种管与管板的爆炸焊接方法。用这种方法制备了 140 个热交换器。

文献[580]提供了如下爆炸焊接的管和管板的相应材料组合(表 3.2.45.1)。黄铜管和软钢管板的两种连接方法的相对比较如图 3.2.45.2 所示。由图可见，爆炸焊接结合的相对强度要高得多。

文献[581]指出，在一个有 850 根管子的热交换器中需要换掉 170 根管子。旧管子的移走和新管子的安装需要 4 天，但成功地爆炸胀接它们只需要半天。爆炸技术已被大量地用来维修设备，这样可以大大缩短单项设备的停工时间，并节省大量资金。

表 3.2.45.1 爆炸焊接管和管板的相应材料组合

管	管 板	管	管 板
铝黄铜	铝黄铜	70/30 铜镍	70/30 铜镍
铝黄铜	Muntz 金属	不锈钢(TP304)	不锈钢(TP304)
铝黄铜	海军黄铜	不锈钢(TP316)	不锈钢(TP316)
铝黄铜	铝青铜 D	不锈钢(TP316)	软钢
铝黄铜	铝青铜 E	低碳钢	铝青铜 E
铝黄铜	70/30 铜镍	低碳钢	低碳钢
铝黄铜	90/10 铜镍	钛	钛
铝黄铜	软钢	钛	不锈钢
铝黄铜	不锈钢	铝	铝
90/10 铜镍	90/10 铜镍	铝	不锈钢
90/10 铜镍	70/30 铜镍	铜	铜
90/10 铜镍	海军黄铜	铜	低碳钢
90/10 铜镍	软钢	70/30 黄铜	Muntz 金属
70/30 铜镍	海军黄铜	70/30 黄铜	海军黄铜
70/30 铜镍	软钢	海军黄铜	低碳钢

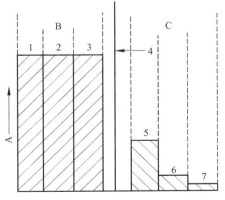

A—压缩力；B—爆炸焊接结合；C—扩径结合；
1—初始的焊接结合；2—10 万次疲劳循环后；
3—250～0 ℃ 四次热循环后；4—管的破断力；
5—初始的扩径结合；6—10 万次疲劳循环后；
7—250～0 ℃ 四次热循环后

图 3.2.45.2 直径为 25.4 mm，壁厚 1.22 mm 的黄铜管与软钢管板两种连接方法的比较

文献［582］指出，作为热交换器的厚壁管与管板的结合，确立了爆炸胀管和密封焊并用的方法。这种方法具有拉脱力大、焊接时不产生气孔（因为不用润滑剂）、高温高压下热交换器长期使用其可靠性大等特点。另外，对厚壁小径管，脱管工序简单安全，尤其节省费用。从用爆炸胀管和密封焊两者并用制造的热交换器的使用情况来看，结果非常优异。例如，对在 350 ℃、压力为 29.4 MPa 下，使用 6 个月后发生泄漏事故的热交换器进行改造，即对该热交换器使用爆炸胀管和密封焊。结果显示，2 年以上甚至至今未出事故，由此可说明其性能的优越性。从经济方面看，对超过 4 mm 的厚壁管来说，爆炸胀管法比机械胀管法其费用可以降低 30%~40%。

文献［583］指出，多管式热交换器和锅炉是化学成套设备的不可缺少的部件，爆炸胀管是在设备制造过程中，利用炸药的力量使传热管胀接到管板上的一种方法。与机械胀管法相比，它有如下优点：适用于各种材料、操作简单、不需要特殊设备、在狭窄的地方也能进行施工、胀管效果好、沿轴向管的伸长小且管板的变形小、更适合于使用密封焊。爆炸胀管在使用条件为高温和高压时尤其优越。

文献［584］指出，虽然熔焊法对焊接膨胀管和管板件来说有着明显的优点，内焊法以紧排焊接方式能够得到整洁的焊件。但是，熔焊法仍有严重的局限性。例如，这种方法会导致很多钢焊件出现凝固的焊滴、气孔和硬化区裂纹。同时，焊件的局部高温会影响初始的冶金状态，如冷加工状态和热处理状态。

爆炸焊接法能够克服上述局限性。这主要是它实质上是一种固态焊接法。在爆炸焊接过程中，确实也出现了局部变热，结合区也可能出现少量的熔化。但这些现象都可通过控制工艺参数而减至最小或被克服。诸如此类的因素不会明显地影响焊件的初始的冶金状态。

文献［23］提供了在钢管-钢管板爆炸焊接的情况下，结合区状态和结合强度与工艺参数的关系，其规律性是相当明确的。由此规律性能够选择最佳值，如表 3.2.45.2 所列。

该文献还提供了管与管板焊接后不同位置的剪切强度数据，如图 3.2.45.3 所示。由图可见，在 15 mm 左右的地方，结合强度有一最高值。

表 3.2.45.2　钢管-钢管板爆炸焊接参数、结合区状况和结合强度的关系

焊接参数		结合区状况	σ_τ /MPa
$v_p/(\mathrm{m \cdot s^{-1}})$	$\gamma/(°)$		
180~250	4.5~5.5	平面型结合界面	147~294
280~370	5.5~6.5	平面-波状过渡型结合界面	245~343
370~850	6.5~12	波状界面	294~490
700~850	10~12	波状界面	最大值
850~1100	12~15	带周期性中间金属层的波状界面	↓
1100~1500	15~20	连续熔化层	<98
>150	>20	中间金属层开裂，形成不焊接界面	0

注：↓表示随着 v_p 和 γ 的增加，中间金属层（熔化层）增厚，σ_τ 降低。这些结果是在待结合面 Ra 为 0.8 时得到的。

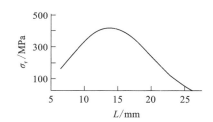

图 3.2.45.3　爆炸焊接管-管板不同位置的剪切强度

文献［585］指出，作为成套设备，热交换器是最典型的产品之一。它既用上了板材爆炸焊工艺和管材爆炸焊工艺，又用上了管与管板的爆炸焊工艺。这种技术上的改进可归纳出以下五大优点。

（1）用复合材料代替普通碳钢制造换热器，可显著地提高设备的使用寿命，提高产品的质量和保证生产正常进行。

（2）用复合材料代替纯贵重金属，可以大量节省稀贵金属，降低设备造价。

（3）用爆炸加轧制工艺代替纯轧（拔）工艺制造复合管，这种管用作热交换器的管束，可以显著地提高传热效率。

（4）在管与管板的连接方面采用爆炸焊接，与机械胀管相比，可提高密封的可靠性，同时减轻体力劳动。与熔化焊相比，可显著提高焊缝的抗腐蚀能力。又由于爆炸焊接的同时具有胀接效应，可消除管与管板之间的间隙，避免缝隙腐蚀。尤其是当采用复合管板的时候，在管与管板爆炸焊接时可同时与管板的基层和覆层焊接。

（5）复合材料的应用不仅使要求管程和管壳分别耐不同介质的腐蚀成为可能，而且使管程和管壳分别用同种材料成为可能。这既有利于避免电化学腐蚀，又便于筒体与管板之间采用焊接结构而不用法兰连接。

文献[586]报道了管和管板的爆炸焊接在原子能工业的热交换器和硝酸回收再沸器中的应用,并进行了经济效益的对比。

在某原子能工程中有一组热交换器,管程为去离子水,进口温度为 135 ℃,出口温度为 60 ℃,流量 1700 m³/h。管程的冷却水为自来水,氯离子进口温度 30 ℃,出口温度 50 ℃,流量 6000 m³/h,含量 100 μg/g。原设计传热管选用 1Cr18Ni9Ti 不锈钢。管子与管板的连接采用机械胀管加端面焊的传统工艺方法。投产 17 年来传热管的破损频繁,年年都发生过破管事故。不但造成了重大的经济损失,而且影响工程的安全运行和潜力的发挥。后来采用爆炸焊接工艺代替机械胀管加端面焊的传统工艺,在热交换器破损最严重的区域焊接了 200 根管子。这些管子投入运行后,至今经受了 4.5 年的实际考验。中间经过四次停堆检查,均未发现任何泄漏。采用传统工艺制造的同类设备,平均使用 1.42 年后开始泄漏。爆炸焊管比传统工艺焊管的使用寿命长 3.24 倍,而且前者还在继续使用中。

再沸器是核工业中后处理工厂必不可少的关键设备。它在 93 ℃ 沸腾后的浓硝酸介质中工作,条件极为恶劣,每年发生泄漏事故。这种设备管子与管板的连接也是采用传统的机械胀管加端面焊的制造工艺。发生泄漏的部位大部分在端面焊缝处。为了解决泄漏问题,花了很大的精力和本钱,包括选用钛材,使用传统的制造工艺,焊缝腐蚀仍然严重。后来爆炸焊工艺解决了此问题。从设备的使用情况来看,爆炸焊的焊缝在沸腾的硝酸介质中比熔化焊的焊缝耐蚀得多。如若选取耐蚀的材料与之匹配,还将会大大地提高运行寿命。

上述两种核设备在两种焊接工艺下的经济效益和使用寿命比较如表 3.2.45.3 所列。

文献[587]研究了一种爆炸焊接方法,利用这种方法可以大大减小焊接构件之间的间隙,并且不需要待焊表面的机械处理,还能提高焊件的强度和寿命。在生产和修理热交换器的过程中,爆炸焊接工艺的利用,可以将管与管板间的间隙降至 0.127 mm。压力焊接时这种间隙为 3.175 mm。

表 3.2.45.3　两种核设备中管与管板在两种焊接工艺下经济效益的对比

设　备	投资/(万元·台⁻¹)		寿　命/年		经济效益和使用寿命对比,爆炸焊提高倍数
	熔化焊	爆炸焊	熔化焊	爆炸焊	
热交换器	85	85	1.42	>4.6	>3.24
再沸器	15	4.5	<1 周期	≥1 周期	>3

文献[1365]提供了如图 3.2.45.4 所示的管与管板爆炸焊接的两种基本方法。其中图 3.2.45.4(a)中管与管板间为 15°锥形间距,适合于爆速较高的情况下,炸药爆炸后得到相对较低的加速度。该方法的优点是管与管板之间的最小距离小于 1 mm,并容易起爆;不足之处是没有足够的厚度加工锥形孔,因此管板不能紧紧地咬住管子。图 3.2.45.4(b)中管与管板间的间距相同,适合于爆速较低的情况,间距必须等于管壁的厚度。该方法的优点是能长距离地焊接,焊接长度可以达到管壁厚度的 10~20 倍,存在的问题是起爆困难。

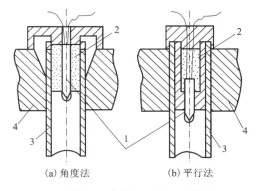

(a) 角度法　　　(b) 平行法

1—雷管;2—炸药;3—管;4—管板

图 3.2.45.4　两种形式的管与管板的焊接

与传统的焊接方法相比,焊炸焊的主要优点是,特别适用于某些特殊的场合,如不同材质、不同规格和硬度的焊接,铜管与钢管爆炸焊后,其结合强度相当于铜的强度;热交换器在工作中,其强度不受热循环和管束移动的影响;由于焊接强度高,可以提高换热器的工作温度、工作压力和工作效率;爆炸焊可以在现场进行,节省了加工时间;最大的优点是容易更换热交换器中损坏的管子,如管板中的孔径大或变形,则可将这些孔加工成锥形孔,再通过爆炸焊焊上新管。爆炸焊也有缺点,必须遵守爆炸物的管理制度;工作人员必须经过训练和取得许可证;焊接厚度约为管壁厚度的 4 倍,因此会提高大型热交换器的成本;由于焊不到管板的背面,因而在某些场合会产生缝隙腐蚀。

文献[1366]指出,铜管与钢管板的连接是热交换器生产中的关键工艺。常规的机械胀接法和熔焊法连接效果差、效率低,铜管变形量大和难以达到预期的效果。爆炸焊接法不需要使用设备和工装,一次可以完成数十孔管板的焊接,具有高效、节能、成本低和质量高的特点。该文介绍热交换器制造中铜管与钢管板爆炸焊接试验的研究结果,确定了其爆炸焊接的工艺参数,分析了爆炸焊接界面的波形特征。结果表明，此技术是可行的，可用于工业生产，并对理论药量的计算公式进行了修正。

文献[1367]指出，管和管板胀接是保证高压加热器产品性能的重要工艺。本文对于不同的胀接方法在高压加热器制造中的应用，以及它们的优缺点进行了探讨，其中爆炸胀管具有较高的连接强度和可靠密封性，同时又有较好的材料兼容性，故适用于不同材料各种管径的胀接。一组 300 MW 机组高压加热器的管-管板胀接结果表明，管子的扩张量相当均匀。此外，最显著的优点是工艺简单和生产效率极高。例如，该机组有近 3000 个胀口，采用机械胀管需要 2 周左右，而采用爆炸胀管仅用 2 天就能完成，极大地缩短了工期。

文献[1368]指出，大型工业热交换器是石油和化工领域的重要设备。散热管与定位管板的连接是热交换器制造过程中的核心环节。大型热交换器的抗压性能和使用寿命与管和管板的连接质量有着直接的关系。传统的管板连接方式有管口熔融焊接、机械胀接、机械胀接+焊接结合等方法。这些方法虽然可以获得一定的连接强度和气密性，但存在连接面积小、连接效率低和使用寿命短等不足，难以达到热交换器预期的抗压能力和使用寿命。

管与管板的爆炸焊接技术是一种高效能特种焊接方法。采用此法可以将数根散热管同时和管板焊接起来。在参数和工艺准确的情况下，一次可以同时完成数十根散热管、甚至全部散热管与管板的焊接。所以具有生产效率高、连接质量好和高效能的工艺特点。

该文在检索和相关文献的基础上，进行了铜管-钢管、不锈钢管-钢板和钢管-钢板爆炸焊接的试验研究。并在试验工艺及参数的基础上，建立了管板爆炸焊接的前期材料模型和有限元模型。最终利用大型非线性有限元软件 ANSYS/LS-DYNA 进行管板爆炸焊接的数值模拟。

作者应用爆炸焊接法成功地实现了上述三种管-管板的冶金结合。这项技术为热交换器制造中的管与管板连接提供了一条节能和高效的新途径。

文献[1369]介绍了管与管板爆炸焊接的条件、接头的形状、操作技术、接头的坚固性和适用范围。结论指出，管与管板爆炸焊接组合的金属面广，包括不同金属的结合，且无须保护气氛。焊接参数范围较宽，调整这些参数可使管子得到足够的膨胀，管桥变形和裂隙到最小限值。接头强度至少比弱的基材高。炸药和焊接参数均可由预先试验选定，故只需有熟悉爆炸的操作人员即可。焊接结合区比普通的致密焊要大，而且更强。比机械胀管的接头可靠度高。事实证明，超声波检验接头的方法极可靠。用超声波法鉴定认可的接头，其他的金相检查和剥离试验等检验的结果也一定很好。

文献[1370]指出，对胀管过渡区进行喷丸处理已被证明是阻止压水反应堆(PWR)蒸汽发生器管子产生一次侧水应力腐蚀破裂的一种有效方法。然而在进行喷丸处理之前管子中的裂纹若已扩展到大于管壁厚度的 10% 左右，则这种技术就失去了它的有效性。另外，喷丸处理不能用于对付二次侧水的腐蚀问题。传统的连接技术，如滚胀、液压胀、钎焊和 TIG 焊都有许多缺点，因此必须开发更经济和更有效的修理管子的新方法。

爆炸焊接技术在这方面应用的突出优点是一些主要参数不需要在现场确定，工艺过程的复杂性大大减少，并使安装效率提高。

1993 年已用这种技术修理了 5000 根以上的有缺陷的蒸汽发生器的管子。通过一些遥控的自动操作装置，迅速地完成了这种操作。

综上所述，50 多年来的实践证明，管与管板的爆炸焊(胀)接法在技术上是完全可行的，质量上是完全可靠的，并且取得了良好的效果，展示了广阔的发展前景，值得大力推广和应用。

3.2.46 复合棒材的爆炸焊接

1. 复合棒材

在金属结构材料中，有各种材质、形状和尺寸的棒材，如普通钢棒、合金钢棒、不锈钢棒、钛棒、铜棒和铝棒等。这些棒材的断面形状有圆形、方形、矩形、菱形、梅花形和椭圆形等。其大小尺寸多种多样和千变万化。它们或作为转动轴和传动轴，或作为导杆、连杆和支撑杆等。依它们的物理和化学性质，或作为耐蚀、耐磨和耐热的零部件使用，或作为导电体使用等。

在许多条件下，从使用效果和降低成本上考虑，上述棒状结构材料采用复合管-棒或复合棒-棒的形式将更为合适。例如，作为耐蚀用的棒材，使用不锈钢管和钛管与普通钢棒组成复合管-棒。作为耐磨用的棒材，使用耐磨合金管与普通钢棒组成的复合管-棒。作为耐热用的棒材，使用耐热合金管与普通钢棒组

成的复合管-棒。这几种复合管-棒的表层有所希望的和特殊的理
化性质,芯部则有高强度和低成本的特点。因此,既能满足技术要
求,又可显著地降低成本,还节省了许多稀贵材料。

比如在腐蚀介质条件下工作的导电棒,有耐蚀和导电两种技术
的要求。这对于单金属导电体来说是难以两全的。但如果使用耐蚀
金属管和导电性能良好的金属棒材组成的复合管-棒,则可两全其
美。如钛-铜、钛-铝、不锈钢-铜和不锈钢-铝等复合管-棒,就是
这类复合结构材料。其中,前者为管材,后者为棒材,相应的外层
耐蚀、内层导电。这种复合管-棒已大量地使用在电解、电镀和电
力工业中,它们具有良好的使用性能。

上述复合管-棒的形式如图 3.2.46.1(a)所示。为了同样的目
的,复合棒材还可做成图中(b)和(c)的结构形式。前者表示异种
金属的管材和棒材。在端头搭接后用爆炸法焊接起来。后者表示通
过爆炸焊接的过渡管-棒接头再用熔化焊的方法分别将同种材料的
管材和棒材连接起来。然后依它们的理化性质而充分发挥各自的使
用性能。

异种金属的棒材还能用另一些方法将它们制成复合棒-棒,如
图 3.2.46.2 所示。其中,图中(a)表示用一套管将两种棒材连接起
来,图中(b)表示通过爆炸焊接的中间过渡层将两种棒材连接起来,
图中(c)表示用斜接的形式将两种棒材连接起来,图中(d)表示两种棒材搭接式地连接起来。这些类型的
复合棒-棒,也能依各自的理化性质,在生产实践中充分发挥它们的作用。这种作用不仅能够满足使用要
求和降低成本,而且往往可以巧妙地解决用常规焊接方法难于解决的异种金属焊接的问题。

用爆炸焊接的方法制造复合管-棒和复合棒-棒,还可以设计出其他许多结构形式而使用于各种不同的
地方。

2. 复合棒材的爆炸焊接

上述几种复合棒材的爆炸焊接方法如下:

(1)用外爆法制造复合管-棒[图 3.2.46.1(a)]。如图 5.4.1.34~
图 5.4.1.37 所示。复合管-棒的长度可达数米,直径也可在一定
大的范围内选择。

(2)管-棒的搭接及其搭接接头[图 3.2.46.1(b)和(c),以及
图 3.2.46.2(a)]也用类似的外爆法制造。

(3)图 3.2.46.2(b)的中间层用图 5.4.1.38 的方法制造。

(4)图 3.2.46.2(c)的斜接用图 5.4.1.70~图 5.4.1.74 的类似
方法制造。

(5)图 3.2.46.2(d)的搭接用一般的板-板爆炸焊接的方法
制造。

能够预言,只要能设计出其他形式的复合棒材,一般就能设计
出它们的爆炸焊接的工艺方法。

有些复合棒材,如强度较低和塑性较高的复合管-棒,可以用
共同挤压或共同轧制的方法获得。但从工艺过程、技术难度和成
本,以及质量上比较,爆炸焊接法还是略胜一等。为了提高生产率
和质量,以及为了获得更长、更细和异形的复合管-棒与复合
棒-棒,采用爆炸焊接后进行共同挤压和共同轧制的工艺流程将是
最佳的。实践中,就常将爆炸焊接的钛-铜复合管-棒在型辊轧机
上进行轧制,以获得方形和椭圆形的复合管-棒。大量事实说明,
这两种工艺的联合也是生产各种复合棒材的最好途径。几种复合

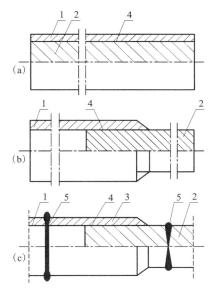

(a)全复合管-棒; (b)搭接的复合管-棒;
(c)通过搭接的管-棒接头连接管和棒;
1—管; 2—棒; 3—搭接管-棒接头;
4—爆炸焊焊缝; 5—熔化焊焊缝。

图 3.2.46.1　复合管-棒的结构形式

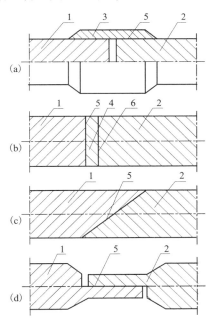

(a)用搭接套管将两种棒材连接起来;
(b)通过中间过渡层将两种棒材连接起来;
(c)两种棒材斜接式地连接起来;
(d)两种棒材搭接式地连接起来;
1—棒1; 2—棒2; 3—搭接套管;
4—与棒2相同材料的中间层;
5—爆炸焊焊缝; 6—熔化焊或摩擦焊焊缝。

图 3.2.46.2　复合棒-棒的四种结构形式

棒材的实物图片如图 5.5.2.15~图 5.5.2.17,以及图 5.5.2.39~图 5.5.2.41 所示。异形的复合棒材可视为一种复合异形件。

从使用结果看,用上述工艺生产的复合棒材的质量是不错的。例如,早已用于化工行业的用钛-钢复合管-棒制作的耐蚀搅拌轴(图 5.5.2.16)和用于电化学行业的钛-铜复合管-棒的电极等,显示了它们良好的质量和可靠的性能,以及显著的经济和技术效益。

为了一些特殊的目的,还可以用爆炸法制造三层复合管-棒。例如,为了提高 Д20 铝合金管和12X18H10T 不锈钢棒之间的结合强度,在它们之间夹入 BT1-0 工业纯钛管,组成 Д20+BT1-0+12X18H10T 三层复合管-棒(图 3.2.14.9)。这种中间管的加入还能使其在高温下的使用温度明显提高。这种三层复合管-棒采用两步法爆炸焊接:先使钛管与钢棒焊接,再使铝管和这个复合体焊接[376]。

用大厚度的复合板的小块车削成不同直径的复合棒(管)-棒(管),然后将其作为对接型过渡接头去连接不同大小的异种金属的棒(管)材,从而形成棒-棒、棒-管、管-管复合材料。这种过渡接头的形式之一如图 3.2.46.1(c)所示。

还能用类似的工艺制造出四层或更多层、三段或更多段的异种金属的复合管-棒和复合棒-棒。

文献[588]报道了宽厚比为 0.5 的钛-铜复合扁棒的信息,并指出,钛-铜复合扁棒作为一种新的电极材料具有导电性能好、耐腐蚀、寿命长、相同截面的表面积比圆棒大、能在电流密度相同的情况下提高电流密度等优点,从而提高了电解槽的生产效率。但这种扁棒的机械加工不方便。为此进行了大量的工艺试验,探索出钛-铜复合扁棒弯曲的工艺及设备,从而生产出外形优美、性能良好和综合造价低的这种复合扁棒。后经使用证明效果良好。

该文献没有说明该扁棒的复合和加工成形的方法。本书作者认为可以用爆炸焊接+型辊(扁孔)轧制(或拉拔)的方法试制。

文献[1371,1372]指出,用于电子和通信等军工及民用设备的复合金属材料,要求具有高强度,高导热和高密封等性能。为此用爆炸复合方法制备了具有较高结合强度的蒙乃尔-铜复合棒,并借助金相显微镜(OM)、扫描电镜(SEM)、能谱分析(EDS)和压剪分离试验研究了不同工艺条件下的 Monel-Cu 爆炸复合界面的微观组织和力学性能。结果表明,随着爆炸质量比的增加,结合界面逐渐由平直状过渡到波状。铜基体晶粒内的形变孪晶的数量也随爆炸质量比的增大而增加。界面局部存在少量熔区,熔区内存在细小的柱状晶。复合界面内没有发生扩散,但经过热处理后其界面观察到扩散。剪切断裂发生在铜侧而非界面上,这表明界面结合强度高于铜基体。界面附近的硬度较两侧基体内为高,并且随着与界面距离的增加,两侧基体内的硬度逐渐降低。

本文通过计算机辅助设计程序,对这种组合的爆炸焊接参数进行了计算,并得出了爆炸复合窗口,从中选择了合理的工艺参数。还采用有限元软件 LS-DYNA 对爆炸复合过程进行了数值模拟。

如图 5.5.2.175 所示的铜包铝的圆形件和异形件,能够用爆炸焊接+轧制(+挤压,+弯折)的工艺获得。各种组合的圆形件和异形件的长复合管棒的批量生产,爆炸焊接+挤压(+轧制)等压力加工工艺的联合是必经之路。

综上所述,两层或多层的复合管-棒,以及两段或多段的复合棒-棒(圆形或异形的),是一种新型的用途广泛的结构材料。爆炸焊接及其与压力加工和机械加工工艺相联合的工艺,在生产此类复合材料方面能够发挥重要的作用。

3.2.47　复合异型件的爆炸焊接

1. 复合异型件

复合异型件是指基层构件的外形为非平面和非圆柱(筒)形的机械零部件,或者覆层和基层均为非平面和非圆(筒)形的机械零部件。因此,这类复合材料的爆炸焊接,无论是工艺安装,还是工艺参数都将有别于平面形和圆柱(筒)形复合构件的情况。

2. 复合异型件的爆炸焊接

复合异型件的爆炸焊接可有如下几种类型。

(1)将同径或异径的管材爆炸焊接到异型的基材上去,如图 5.4.1.57 和图 5.4.1.58 所示。如将直径35.1 mm 的管子焊接到直径 1960 mm 的半球容器上;还有肋条加强板的爆炸焊接;金属芯杆、螺钉、铆钉与金属板的爆炸焊接；轴承、管子与法兰盘的爆炸焊接；多根管子组成的管束的爆炸焊接；双层金属圆环、圆形喷嘴衬套和电接头向金属管上的爆炸焊接；圆锥体、复杂圆锥体及复杂圆柱体的爆炸焊接；零件与金属板的爆炸焊接；用于成形合成纤维的复合拉模的爆炸焊接等。

（2）凹形件的爆炸焊接盖板，如图 5.4.1.51 和图 5.4.1.52 所示。其基板上有弯折的凹槽，这种凹槽用于通过流体（液体或气体）介质，其上需要盖上盖板。用爆炸焊接法可以使盖板完全封闭凹形件，还可以使盖板二次加厚。爆炸焊接前用低熔点的伍德合金（表 3.2.43.1）或易溶于水的固态物质（如食盐等）填满凹槽。然后用复合板的爆炸焊接工艺就能达到目的，随后加热或通水，使填充物去除。

有文献提到的槽焊与此相似：将槽的壁适当支撑，在槽内浇注伍德合金，然后爆炸焊接上盖板。化掉伍德合金后即可得到密封的槽式结构。这种结构实际上是一种槽式的青铜热交换器。

上述工艺还可以用来制造连续铸钢机的冷壁和其他需要通水冷却的双层铸模、喷气发动机的喷管壁和如此结构的热交换器。

还有文献进行了带有内腔产品的爆炸焊接工作，利用了铜合金和镍合金。焊接前用易熔填料填充内腔，焊接后用酸溶解填料。为了得到曲线的护墙板，和填料在一起的平面坯料可以进行机械加工成形。

（3）在槽钢上爆炸焊接（图 5.4.1.61）和获得"T"形构件（图 5.4.1.59）

（4）如图 5.4.1.41、图 5.4.1.42 和图 5.4.1.36、图 5.4.1.37 所示，这些零部件的基层都是非平面形和非圆柱形的。为了能够爆炸焊接，有时需要将覆层加工成与基层相似的形状（前两图即是此例），以便工艺安装后，它们之间有均匀一致的间隙。这类异型件与平面和圆柱面复合的爆炸焊接实际上是相似的。

（5）各种管状、板状和棒状的对接、搭接及斜接的过渡接头也可列入异形件之列。它们也可用相应的复合管、复合板或复合棒加工制得。因此，为了获得这类复合异形件可以在复合管、复合板和复合棒上多下功夫。也许用容易爆炸焊接的复合棒、复合板和复合管，就能够制造出多种形状和各种用途的复合异型件来。

（6）如上类推，爆炸复合材料还能与传统的压力加工工艺，如轧制、旋压、锻压、挤压、冲压和拉拔，以及爆炸成形等联合起来，以便制造许多不同形状和用途的复合异型件。

例如，巴蒂尔实验室用爆炸成形和爆炸焊接的联合工艺来制造大型火箭发动机的再生冷却推力室：先将不锈钢板用爆炸成形法制成直径分别为 720 mm、1040 mm 和 1440 mm 的三个分组合件的外壳；然后用爆炸焊接法把镍合金材料的肋条焊到那种外壳上，以形成冷却槽；再用同样的方法将内衬焊到肋条上构成夹层板；最后将该三个分组合件用熔合法焊成一个推力室。用这种工艺制造的推力室与管束式推力室相比方法简单、连接强度高、更可靠和成本低，并且使设计和制造有更大的自由度。

此外，文献中还报道了用爆炸焊接法制造双层"U"形管（图 5.4.1.60）和使铜的凸缘焊到 155 mm 口径的炮弹上的资料[589]。

复合异型件的种类和形状很多，它们可以根据实际需要进行设计。然而，能否用爆炸焊接法制造出来，则要看它们安装起来之后是否具备爆炸焊接的必要条件：足够的炸药量，适当的间隙距离和良好的排气条件。如果能够满足这些条件，爆炸焊接就是可能的。如果工艺参数合适，复合异型件的质量不会低，爆炸变形也不会太大。

例如，经过试验，将 28 mm 的 BT1-0 钛轧制板材制成筒体，然后将 10 mm 厚的同样的钛材爆炸焊接到对接缝上。如此焊上盖板以后制成了两个外径 910 mm 和长 1300 mm 的钛筒。超声波检验提出，始端未焊透的长度是 60~70 mm，侧边是 10~20 mm，实际上不存在末端未焊透和分层区[590]。

所得筒体加工到所需要的尺寸，去掉未焊透部分，然后抛光筒体的外表面。此时用肉眼也不会发现盖板的界面。由此可见，结合界面的质量和均匀性都很高。在工业条件下，筒体的试验证实了它具有很高的使用性能，以及爆炸焊接工艺在解决类似课题方面的应用前景。

盖板与筒体的爆炸焊接属于异形件的爆炸焊接，示意图如图 5.4.1.39。

下面是涉及这方面内容的另一些文献资料。

文献[578]研究了将管焊接到法兰盘上的爆炸焊接方法。这些方法在化学机器制造中得到了应用。

文献[591]提供了一个管与厚壁法兰焊接的工艺，此时管接头就是法兰。

文献[592]提供了一个把内径 340 mm，壁厚 25.4 mm 的圆环焊接到厚 19 mm 的 APIN-80 钢管的外表面上去的方法。

文献[593]叙述了一些管子的端头和法兰结合的例子。

文献[594]提供了利用金属坯料的爆炸焊接法来制作带有内凹坑的多层部件的资料。其中，金属坯料的凹坑里用低熔点或易溶解的材料充满，爆炸焊接后将这些材料熔（溶）去。此法已应用于制造连续铸钢机的冷壁和喷气发动机的喷管壁等。

文献[595]提供了铝和钢爆炸焊接的一种方法和装备。焊接接头是复合的过渡环，这种环由外铝环和内钢环组成。

文献[596]报道了用爆炸焊接法制造连续铸造的模子。这个模子的两边（面）分别为铜板和不锈钢板。这两种金属板的作用是耐蚀和耐磨。

文献[597]报道了管和法兰盘爆炸焊接的方法和机构。在这个方法中，带孔的保护板放在法兰盘的上面，那个孔径等于管子的外径。保护板中的孔和法兰盘中的孔之间保持均匀过渡。管子经过法兰盘与保护板固定。炸药放在管内。炸药爆炸后，管与法兰盘就焊接在一起了。用此方法还顺利地把直径小于12 mm的管子焊到了管板上。这些焊接接头是严密的和高强度的。

文献[3]介绍了用于涡轮机的比较复杂的槽式结构的加工。由304型不锈钢或718型镍基合金制成的带肋面板包覆哈斯特洛伊-X合金蒙皮。在肋之间采用普通钢制造的支撑物，其后经过酸洗而除去。

该文献还报道了一种不锈钢的简单槽式结构的制造方法如下：在不锈钢上加工出深10.6 mm，宽12.6 mm的槽形，然后用截面相同的铝条填入，用来支持焊在厚1.6 mm的不锈钢盖板上厚3.2 mm的肋，随后用氢氧化钠将铝溶解掉。

文献[1187]也报道了结合界面有沟槽的复合材料的制造方法：先在基板上挖槽，在槽内充填低熔点金属、管子或弹簧等，再与覆板进行爆炸焊接。必要时，可除去沟槽内部的填充物。这样就在界面上形成了沟槽。用这种方法制作的材料，可考虑用于内部有冷却孔壁材和型材等方面。

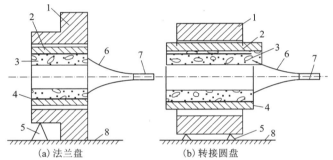

1—锻钢件；2—不锈钢件；3—炸药；4—缓冲层；
5—支撑；6—导爆索；7—导爆管雷管；8—地面
图 3.2.47.1　锻钢上爆炸焊接装置示意图

文献[1248]报道，爆炸焊接还可用于铁路钢轨接头的焊接。它可使接头处不产生热影响、裂纹或剥落等缺陷。

文献[1373]开展了在锻件上进行爆炸焊接的工作，并指出，某化工厂反应主塔卸料孔转接工作，按原设计要求，需在16Mn锻钢为基层的材料上，采用不锈钢堆焊技术，堆焊一层3~4 mm厚度的不锈钢材料。此工艺涉及打磨、堆焊、热处理、机械加工等数道工序。如此，不但程序复杂、费时费工、成本高，而且平整度和复合性也不理想。为此，采用乳化炸药和爆炸焊接工艺，将不锈钢材料复合到16Mn的锻钢材料上，示意图如图3.2.47.1所示。使用药量按平板类的爆炸焊接计算，考虑到内复法的能量消耗，应适当地减少药量。

综上所述，复合异型件的制造是爆炸焊接技术很好应用的又一个方面。可以预言，只要开动脑筋，完全可以在此方面做出很多生动的和很有价值的"文章"来。

3.2.48　金属板的搭接、对接和斜接接头的爆炸焊接

在一些材料、机械或设备上，常常会有许多金属板的搭接、对接或斜接的连接头。这些接头对于同种金属材料来说，用常规的焊接方法即可焊成。但对于异种金属，特别是对那些物理和化学性质相差悬殊的材料来说，常规的焊接方法不一定可行。即使可行，质量不一定可靠，成本不一定令人满意。但是，同种特别是异种金属板的搭接、对接和斜接接头的爆炸焊接，如同复合板的爆炸焊接一样轻而易举。所以说，爆炸焊接是制造异种金属板的搭接、对接或斜接接头的最理想的方法。

异种金属板的搭接、对接和斜接过渡接头常应用在两个方面：一是在金属板状结构上，作为相应异种板状结构材料的过渡连接之用；二是在导电线路中，作为相应异种板状导电材料的过渡连接之用。在这两种情况下，该过渡接头的两端分别用相同或不同的焊接方法与同种板状材料相焊接，将构件或导电系统连成一体。因此，这种爆炸焊接的板状过渡接头的妙用，就是变不同金属板的焊接为相同金属板的焊接，巧妙地解决异种金属材料的焊接问题。

一些用途的金属板的搭接、对接和斜接接头的爆炸焊接的工艺安装示意图如图 5.4.1.20、图 5.4.1.21、图 5.4.1.65～图 5.4.1.75 所示。爆炸焊接的一些不同金属组合和不同形状的板状搭接、对接和斜接接头的设计图和实物照片如图 5.5.1.1（9～20）、图 5.5.2.33～图 5.5.2.38 所示。文献［3］还提供了如图 3.2.48.1～图 3.2.48.4 所示的板的对接、搭接和斜接接头爆炸焊接工艺的示意图。

为简化工艺和降低成本，一些板状的搭接和对接接头可以用爆炸焊接的相应材料的复合板通过机械加工来制造。在一些机械和设备中，如果相应位置的空间足够，可以使用搭接的板接头，或者占有一定空间的对接头。如果相应的空间不够，能够使用斜接的板接头，或者不占额外空间的对接的板接头。

上述爆炸焊接的几种形式的板接头，以及管接头和棒接头等，为连接任意异种金属的结构件和导电系统，为解决任意异种材料的过渡连接课题提供了新思路。

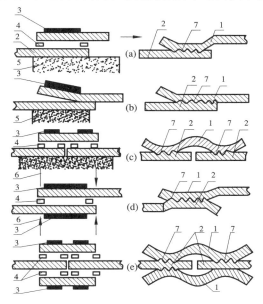

1—覆板；2—基板；3—炸药；4—间隙物；5—砧座；
6—夹子；7—爆炸焊焊缝；（爆轰方向与图垂直）

图 3.2.48.1　矩形板条爆炸搭接基本几何结构示例

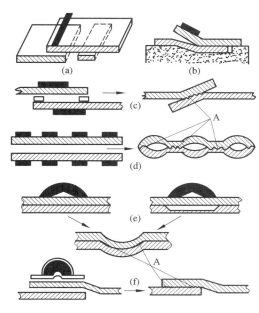

A—爆炸焊焊缝

图 3.2.48.2　板的直线爆炸焊接的几种结构示意图

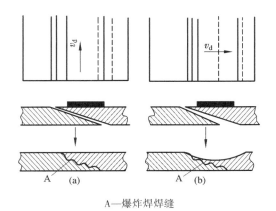

A—爆炸焊焊缝

图 3.2.48.3　板的斜接接头爆炸焊接示意图

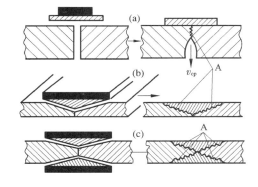

（a）直对接；（b）V 形对接；（c）菱形对接；A—爆炸焊焊缝

图 3.2.48.4　板的对接接头爆炸焊接的三种形式示意图

3.2.49　金属管的搭接、对接和斜接接头的爆炸焊接

同样，在一些材料、机械和设备上，常常也有许多金属管的搭接、对接或斜接的连接头。这些接头对于同种金属材料来说，用常规的焊接方法即可焊成。但对于那些物理和化学性质相差悬殊的异种金属来说，爆炸焊接法不仅能迅速和强固地焊好，而且有其独特之处。

同种和异种金属管接头的爆炸焊接工艺安装示意图如图 5.4.1.24、图 5.4.1.25、图 5.4.1.76～图 5.4.1.85 所示。用爆炸法制成的异种金属的搭接、对接和斜接的管接头的设计图和实物照片可见图 5.5.1.1（1～8）、图 5.5.2.23～图 5.5.2.32。

这种管接头有两个用处：第一，在两根同种或异种材料的长管的待连接的端头，用直接或间接的方法，以爆炸能量形成的过渡接头将两根长管连成一体。第二，用爆炸焊接法先制成管接头，再用这种管接头从两端去连接相应材料和尺寸的金属管材。这两种用处在上述一些图中都有描述。前者如石油管道和天然气管道的爆炸连接。后者如核工程中锆合金管与不锈钢管通过爆炸焊接将这两种材料的管头相连接，钼管与不锈钢管通过钼-不锈钢管接头相连接等。后者的实质也是变不同金属管的焊接为相同金属管的焊接。

为简化工艺和降低成本，长度较小的对接管接头可以用爆炸焊接的相应材料的复合板通过机械加工来制造。在一些机械和设备中，如果相应位置的空间足够，可以使用搭接的管接头。如果空间不足，则能够使用对接或斜接的过渡管接头。此时，管接头和用这种管接头连成的管线不占有相应机构或设备中相应位置的额外的空间。

爆炸焊接的对接、搭接和斜接的管-棒及棒-棒接头的结构形式有如图 3.2.48.1～图 3.2.48.4，它们的用途与管接头的相似。应当在工程中充分利用。

上述爆炸焊接的几种形式的管接头，以及板接头和棒接头等，为连接任意金属构件、为解决异种导电材料的过渡连接课题也提供了新思路。

文献［598］报道，为了对接结合铝管应用了爆炸焊接技术。初始试验是在直径 75 mm 和壁厚 3 mm 的铝合金管上进行的。每次和准备在内的焊接时间是 4～5 min。所获得的接头的强度等于基体金属的强度，在管的内部放置炸药。

表 3.2.49.1 和表 3.2.49.2 提供了两种管接头在不同条件下的结合强度。

表 3.2.49.1　LF6-S92.5-1Cr18Ni9Ti 过渡管接头在下述处理条件下的剪切强度[599]　　　/MPa

处理条件		室　温			在 500 ℃、大气中保温 30 min		在 350 ℃、10⁻³ Pa 下保温 30 min		在 300 ℃、10⁻³ Pa 下保温 30 min		(−196～60)℃ 下循环 100 次②	
位置/mm①		20～30	30～40	40～50	20～30	30～40	20～30	30～40	20～30	30～40	20～30	30～40
1	1	204	210	—	—	—	125	125	—	—	—	—
	2	166	222	—	—	—	131	120	—	—	—	—
	3	190	140	—	—	—	132	142	—	—	—	—
	平均	186	191	—	—	—	129	129	—	—	—	—
2	1	159	188	—	76	87	—	—	155	153	183	161
	2	189	172	—	—	69	—	—	142	141	172	160
	3	191	151	—	—	83	—	—	144	128	132	161
	平均	179	170	—	76	80	—	—	147	141	162	161
3	1	186	162	207	①沿爆轰方向切取试样，从起爆端算起；②在液氮(−196 ℃)和热蒸馏水(60 ℃)中各浸泡 5 min，连续循环 100 次；该管接头的焊缝漏气率为 1.33×10⁻⁷ Pa·L/s　注：S 92.5 为银铜合金。							
	2	190	166	198								
	3	160	177	164								
	平均	182	168	190								

文献［1334］报道了异种金属接头在复合板设备中的应用。其一为钛-钢过渡接头。某厂一台用钛-钢复合板制作的反应器，其筒体上有一外接管，其伸出筒体部分必须与纯钛管相连。为此在筒体外壁加置用钛-钢复合板制作的过渡接头。到时，过渡接头的钢管与筒体的钢外壁焊接；过渡接头的钛管与外接钛管相连。其二为锆-钢复合管接头。某厂制作的一台冷却器，其壳体为碳钢，中间换热管是一根锆管。壳体通两种介质，而这两种介质必须隔开。为此，采用了锆-钢复合板制作的管接头，

表 3.2.49.2　铝镁合金-不锈钢管接头的剪切性能[379]

管接头组合	热处理工艺	σ_τ/MPa
LF6-1Cr18Ni9Ti	—	45
LF6-Ag-1Cr18Ni9Ti	—	102
	—	181
	300 ℃、30min	144
LF6-Ag-1Cr18Ni9Ti	350 ℃、30min	129
	500 ℃、30min	77
	−196 ℃、5min～60 ℃、5min 交替循环 100 次	162

到时，冷却器壳体与过渡管接头的钢管部分相焊接，锆管则与过渡接头的锆管部分相焊接。

文献［1374］报道，一些爆炸焊接的过渡接头已在宇宙飞船中得到应用。如内管是 Ti6A14V、外管是不锈钢、另一种接头是 6061 铝和不锈钢。内管不锈钢的孔径只有 1.6 mm 的过渡接头用于卫星装置。还可以用爆炸焊接的复合板制作过渡管接头，其方法是将平板穿孔。这种形式的铝–不锈钢管接头已用于低温工程。

3.2.50　点状、线状和局部爆炸焊接

用常规的某些焊接工艺，就能够进行相同金属间的点焊和线焊，使材料间获得点状和线状的连接。

爆炸焊接通常用来进行金属间大面积的焊接。然而，也可以利用局部的点状和线状布药的方法进行点焊和线焊。这就是所谓的点爆和线爆。这种技术也能使金属间获得点状和线状的连接。点爆和线爆属于局部爆炸焊接。还可以利用爆轰波的边界性和局部性，在复合板的局部位置有选择地布药，从而在所选择的位置上获得有限面积的局部焊接。这种局部爆炸焊接的方法也是很有意义的。

点爆和线爆适合于相同金属之间，也适合于不同金属之间，特别是在覆板较薄的时候，其用途和优点更为突出。

图 5.4.1.63～图 5.4.1.69 为点爆和线爆的工艺安装、焊接过程和应用实例图。由图可见，点爆和线爆是利用点状和线状药包（实际上是有一定底面积和体积的）进行点状和线状布药。引爆炸药后，金属间的相应位置就焊接在一起了。在工艺安装和焊接原理上，它们与大面积的爆炸焊接大同小异。不同之处如下：

（1）点爆和线爆的药包形状像聚能装药一样（图 5.4.1.66）。

（2）点爆和线爆在炸药的使用量上较少，并形成点状和线状布置。

（3）由于雷管区和垂直碰撞的影响，点爆后的结合位置呈环状，即中间未焊接而周围一圈焊接了。线爆后的结合位置呈中空条形（图 5.4.1.68），即中间一条窄带未焊接而这条带的两边焊接了。

（4）由于爆炸焊接变形，点爆和线爆后的对应位置均凹陷了。

有限面积的局部爆炸焊接的例子如图 5.4.1.53 和图 5.4.1.54 所示。它是在金属板间有选择的局部位置进行布药，从而在该位置上实现焊接。这种形式的焊接是为了一些特殊的目的和用途。

除点爆外，线爆和有限面积的局部爆炸焊接这两种方法还能够形成连续的搭接、对接和斜接的过渡板、管和棒状接头，如图 5.4.1.65～图 5.4.1.67，图 5.4.1.70～图 5.4.1.86 所示。

大量的性能检验的结果表明，只要工艺参数合适，上述三种局部爆炸焊接工艺获得的结合区均能形成冶金结合状态，因而仍有相当高的结合强度，其使用性能也是好的。

点爆和线爆等局部爆炸焊接技术获得了应用。现将文献中报道的资料介绍几例。

在大面积内进行点爆时，和线爆一样，两板平行支撑，并相隔一定的间隙距离。

点爆的药包要特别制备。点爆可以在两块或更多的薄板上进行。在一次爆炸中能够完成几处点焊。国外已设计出自动爆炸点焊机。

爆炸点焊不仅用于相同材料间的焊接，如 2024-0、2024-T3、6061-T6 和 7075-T6 铝合金，304 和 307 不锈钢，以及 BT6 钛合金，而且用于不同金属间的焊接。如将铝点焊到钛和不锈钢上，将不锈钢点焊到钛、钴基合金和镍基合金上，将铝和钛点焊到高强度的合金钢上。

爆炸点焊既可用于电源输送不到的地方，又可在困难的条件下进行，如水下和外层空间。爆炸点焊对于修补有缺陷的接头很有用处。

爆炸点焊突出的应用实例是空间轨道试验站和深海水下试验站。后者已经证实不需要从被焊的两板的界面排除海水，即可在水下容易地实现爆炸焊接。爆炸点焊还用来连接电缆接头，使电缆和铁轨、汇流排等连接起来。

线爆获得了应用，其实例之一是用线爆法密封容器的四周（图 5.4.1.69）。向容器里输入干燥的氮气，相应保持 93～131 MPa 的压力。到 103 MPa 压力时，容器还不失密封性。在达到基材强度 80% 的压力下，才在焊缝区沿基材发生破断。由此可见，线爆接头的强度是足够高的。

例如用线爆法将面积为 1600 m² 、厚度为 0.2 mm 的铝薄板焊接到了相应面积的平展甲板上，该甲板相当于一个足球场那么大。每次线爆 10 m 多长，总共完成了 4.5 km 的线爆长度。这大概是世界上最长量程的爆炸焊接作业[24]。

　　有限面积的局部爆炸焊接的应用除前已指出的外，还有扁平圆环的一面或两面的爆炸复合，以获得耐蚀、耐磨或导电的零部件。在基板上有弯折的凹槽，这种凹槽用于通过流体物质，其上用此法盖板（图5.4.1.51和图5.4.1.52）。

　　文献[600]指出，如果在被焊金属的表面刻上一些深度为2.5 mm的小槽或小沟，高强难熔金属的爆炸点焊可以顺利实现。在这种情况下，小槽和小沟将保证平面的或圆形的被碰撞表面所必需的间隙。

　　文献[601]提供了小厚度材料直线焊缝爆炸焊接的研究结果。介绍了线爆的工艺、方法和性能检验的数据等许多资料。

　　文献[602]提供了一个用于金属板爆炸点焊轻便的和携带式的工具。

　　文献[603]研究了金属手工和机器爆炸点焊的方法及设备。其中，点焊后钛和钢接头的剪切强度是250~300 MPa(保证140 MPa)，不锈钢和钢的剪切强度是300~400 MPa(保证210 MPa)。

　　文献[604]指出，1.58 mm厚的6061-T6铝合金爆炸线焊的试验表明，它的接头比之非熔化极氩弧焊接具有更优越的性能。其焊接工艺不要求用特殊的夹头来防止挠曲。成条状的炸药放在毛坯的一面或两面。

　　文献[205]介绍了点、线、面爆炸焊接技术，提供了力学性能和化学性能的大量检验数据，讨论了爆炸复合材料在化工装置中的应用。

　　文献[605]指出，爆炸焊接可以点状、线状和全面地实现。点状和线状焊接主要用于金属衬里，全面焊接主要用于复合钢板。在厚度为0.5~2 mm的板材复合的情况下，结合强度和耐蚀性能是高的。结构材料例如低碳钢、高强钢等和钛、锆、钽、铜、铝、镍及其合金可以直接结合。爆炸焊接的复合材料的结合强度和腐蚀稳定性比轧制的高。

　　文献[606]将爆炸焊接和轧制复合进行了比较。就钛-低碳钢复合板而言，轧制法的分离强度为98~147 MPa，爆炸法为294~392 MPa。剪切强度和扭转强度在点爆炸焊接时，都比轧制焊接的高得多。在爆炸线焊的情况下，破断沿基体发生。

　　文献[607]指出，在包覆化学设备上，现在广泛采用了两种爆炸焊接的方法：点复合和线复合。根据钛包覆不锈钢设备的资料发现，爆炸焊接法最经济。结合区中的腐蚀稳定性接近基体金属，爆炸焊接后不需要热处理。这种设备在工作过程中，事故的数量不多。因而具有很高的腐蚀稳定性。几乎一切金属的复合都能用爆炸焊接进行，并且达到很小的厚度。

　　文献[608]研制了爆炸点焊枪。枪身有衬筒，装满定量的若干克炸药，其中放有雷管。衬筒前部嵌有用作冲锤的小盖帽，其直径取决于被焊焊点的尺寸。在焊枪的撞击机构的作用下，雷管起爆后，烟烽从炸药中心向外围运动，冲锤即对某一零件产生压力，零件间即形成焊接接头。接触表面具有环形波的形状。中心范围内不发生焊接。在对钢点焊铜、钛、钽、钼和不锈钢包覆层时，其厚度均为2 mm，间隙分别为0.8~2 mm、0.8~1.5 mm、0.5~0.8 mm和0.5~1.5 mm。用钼作包覆层时，必须用铅作缓冲层。该焊枪使用轻便，不需要外加能量，特别适用于石油化学工业。文中列举了钢点焊上铜包覆层(焊点直径为18 mm)的实例。

　　文献[609]指出，铜和钢架的导电触头、2024-T3和6061-T6、不锈钢和钛、钛和铝、以及不锈钢和铝等的结合，均可采用点状爆炸焊接。爆炸点焊时，使用了一种手枪，这种手枪使用时特别便利。对于不同金属厚0.3 mm的箔材采用了爆炸线焊。在包覆管部件和其他曲面，以及提高型材刚度和强度方面，也采用线状爆炸焊接。

　　文献[506]提供了一个多层金属板爆炸点焊的方法：将炸药包放到需要焊接的板上，在药包和上焊板之间放置比药包直径大一点的衬垫(缓冲层)。为了形成多点结合，将放置一系列的药包，这些药包同时爆炸。该方法可以结合相同的和不同的金属及合金。

　　文献[3]指出，熔化点焊往往被用来把松动的防腐蚀衬材固定到用低碳钢制造的容器内。但是，局部熔化会使包覆层减薄，减弱了它的防腐蚀性能。对于某些金属覆层来说，也会产生脆性化合物和脆性热影响区。在最佳的爆炸焊接的情况下，这些问题则不存在。

　　文献[1376]采用线爆法将铝板焊接到带有沟槽的基板上，通过金相显微镜和扫描电镜对焊接界面进行微观分析。发现沟槽及其周围区域结合良好。在沟槽的结合区内有明显的过渡层和熔化块出现，过渡层中有金属原子的扩散现象。结合区中的熔化块是由爆炸焊接时的塑性变形热形成的。过渡层实际上就是两金属间的塑性变形层。塑性变形、高温、熔化和扩散是实现爆炸焊接的基础和必要条件。结果表明，线爆法结合沟槽工艺可作为爆炸焊接维修方法中的重要补充，具有一定的应用前景。

综上所述，点爆和线爆在覆层较薄的复合材料、零部件及设备的制造中有良好的应用前景。有限面积的局部爆炸焊接是一个尚未广泛开发的应用领域。在这方面的推广和应用是爆炸焊接技术发展的需要，是很有价值的。

3.2.51　对称碰撞爆炸焊接①

1. 对称碰撞爆炸焊接

对称碰撞爆炸焊接是将两块相同的金属板对称安装，两面相应对称布药和同时引爆，以使金属板焊接起来的一种爆炸焊接的工艺和技术。

起初，对称碰撞爆炸焊接的定义很严格，非要对称不可，即一定要两块金属材质相同、几何尺寸相同和其他工艺参数相同等。否则，就叫"非对称"。后来，出于实际应用和简洁含义之便，只要是两面布药和两面加载进行爆炸焊接的工艺，就可统称为对称碰撞爆炸焊接。这样，三块、五块、七块……和一组、二组、三组……相同或不同的金属板材，在两面布药和加载后进行的爆炸焊接试验及生产，现在就简单地称为对称碰撞爆炸焊接，或者简洁地叫"对称碰撞"。

这种工艺和技术起源于试验，后来由此而发展成了一种简单和高效的，特别是多层复合材料板坯的生产工艺和技术，其实际价值和应用范围扩展多了。

2. 对称碰撞爆炸焊接工艺

对称碰撞爆炸焊接工艺的安装如图 5.4.1.12~图 5.4.1.14 所示。由图可见，金属板以一定的角度或平行地安装起来，炸药布放在外部金属板的侧面，用一支雷管同时引爆炸药后，金属板就焊接在一起了。

对称碰撞爆炸焊接的工艺参数在金属材料和炸药品种确定之后，主要还是药量和间隙（或安装角）两个参数。它们的大小暂无经验公式可以计算，只能根据经验在实践中摸索和调整。一些金属组合对称碰撞爆炸焊接试验的工艺参数如表 3.2.51.1 所列。

表 3.2.51.1　对称碰撞爆炸焊接工艺参数

| No | 金属（1） | | | 金属（2） | | | 炸药种类 | B 值/mm | 试验结果 |
	材质	尺寸/(mm×mm×mm)	药厚/mm	材质	尺寸/(mm×mm×mm)	药厚/mm			
1	钛	5×70×180	35	钛	5×70×180	35	硝铵	30	焊接
2	钛	10×80×200	60	钛	10×80×200	60	硝铵	40	焊接
3	铜	2.5×50×250	25	铜	2.5×50×250	25	硝铵	30	焊接
4	铜	2.5×49×250	25	铜	2.5×50×250	25	硝铵	40	焊接
5	铜	2.5×47×250	25	铜	2.5×46×250	25	硝铵	50	焊接
6	铜	2.5×54×250	25	铜	2.5×57×250	25	硝铵	60	焊接
7	铜	2.5×60×300	20	铝合金	2.5×72×300	20	硝铵	70	焊接
8	铜	2.5×73×300	20	铝合金	2.5×70×300	20	硝铵	80	焊接
9	铝	2.8×70×300	15	铝	2.8×70×300	15	硝铵	30	焊接
10	钢	9.0×70×180	40	钢	9.0×70×180	40	8321	40	焊接
11	钢	4.0×82×225	20	钢	4.0×82×225	20	TNT	50	焊接
12	不锈钢	5.0×65×200	50	不锈钢	5.0×65×200	50	8321	50	焊接
13	不锈钢	6×75×200	50	不锈钢	5.9×80×200	50	8321	30	焊接
14	铜	2.5×68×300	20	铝	2.5×60×300	20	硝铵	70	焊接
15	铜	2.3×64×250	15	钢	4.5×64×250	25	硝铵	50	焊接
16	铝	2.7×75×295	15	钢	4.5×75×295	25	硝铵	50	焊接

---

① 在爆炸焊接工艺中，"对称碰撞"中的"碰撞"一词显得速度不高和能量不大，称"对称撞击"更为确切。故前后文中已将"碰撞"一词改为"撞击"。不过，为习惯之故，在此一节仍保留原词。

续表3.2.51.1

No	金 属（1）			金 属（2）			炸药种类	B 值/mm	试验结果
	材质	尺 寸/（mm×mm×mm）	药厚/mm	材质	尺 寸/（mm×mm×mm）	药厚/mm			
17	钛	2.8×70×300	35	钢	4.5×75×300	45	硝铵	50	焊接
18	钛	5.0×70×180	35	钢	9.0×70×180	50	硝铵	30	焊接
19	钛	5.0×70×250	20	不锈钢	5.0×70×250	20	8321	30	焊接
20	不锈钢	5.0×70×250	20	钢	5.0×70×250	20	8321	30	焊接

注：B 值的含义见图 5.4.1.12。

3. 对称碰撞爆炸焊接工艺的应用

综合起来，对称碰撞爆炸焊接工艺有如下一些应用。

（1）研究爆炸焊接结合区波形成的机理。事实证明，对称碰撞爆炸焊接的结果对于认识和研究爆炸复合材料结合区波形成的机理有重要的意义。

例如，图3.2.51.1和图3.2.51.2（c）为铜-铜复合板的波状外形，这种外形能够印证图4.16.4.4（c）~（e）所推测的覆板在波动传播的爆轰波能量的作用下所发生的波动，这种波动是界面波形形成的外部原因，自然也是表面波形和底面波形形成的外部原因。并且图3.2.51.1和图3.2.51.2（c）与图4.16.2.8和图4.16.2.9本质上是一样的。它们为爆炸和爆炸焊接情况下表面波形、界面波形和底面波形的形成机理的研究，以及金属物理学原理的探讨提供了令人信服的试验依据。

又如图3.2.51.3~图3.2.51.5所示，结合区的波形从起爆位置开始直到爆轰结束，有一个发生、发展、持续和消亡的过程，也就是开始时没有波形，到波形出现时较小，后来逐渐增大，然后波形大小保持不变，最后在爆轰结束时波形没有［图3.2.51.5（a）、（b）右侧］或发生畸变［图3.2.51.3（b）右侧和图3.2.51.4（d）右侧］。这些试验事实与4.16.6节所讨论的波形参数的影响因素是一致的。

由此还可见，任何波形参数（λ，A）的计算公式，只能描述结合区某一部位的情况，不能描述整块复合板结合区内波形的大小。因此，所有波形参数的计算公式都有其局限性。

图3.2.51.1 铜-铜复合板的波状外形和波状界面

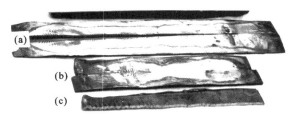

图3.2.51.2 铜-铜复合板的波状
结合面（a）、（b）和波状外形（c）

（a）后半部（直线状界面）；（b）前半部（波状界面）
图3.2.51.3 不锈钢-不锈钢复合板的断面形状

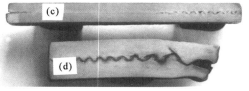

（a）、（b）后半部（直线状界面）；（c）全部（界面由直线过渡到波状）；（d）前半部（波状）
图3.2.51.4 钛-钛（a、b）和钢-钢（c、d）复合板的断面形状

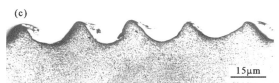

图 3.2.51.5 铜-钢复合板界面的波形形貌

（2）研究爆炸焊接平面结合区形成的机理。如图 3.2.51.3（a）和图 3.2.51.4（a）、（b）及（c）的左半部，以及图 4.16.5.148～图 4.16.5.156 所示，双金属的结合区呈直线状。这类形状的结合区在对称碰撞的情况下比较多。但是它形成的机理尚不清楚，此时金属间焊接结合的机理也不清楚。既然如此，利用对称碰撞爆炸焊接的技术研究这两种机理就有很多优越之处。这是爆炸焊接这门学科需要开展的又一研究课题。

（3）研究爆炸复合材料中的"飞线"。4.7 章讨论了爆炸复合材料中的飞线——绝热剪切线的产生原因、条件、性质、实质和影响。对于 a_k 值较大的金属材料，如 Q235 钢和 1Cr18Ni9Ti 不锈钢来说，只有在对称碰撞爆炸焊接的工艺下，即在较强和特强的爆炸载荷下，才有可能在它们的结合界面上炸出飞线，并由此认识飞线的许多理论问题。从而论证了金属的 a_k 值的大小是飞线形成的难易程度的判断依据。因此，这种工艺对于研究金属材料中这一新的金属物理学课题有重要的意义。

（4）进行大厚复合板坯的生产。如果用爆炸焊接+轧制工艺来生产厚度较小和面积较大的双层复合板，则需要先用爆炸焊接法生产大厚复合板坯，如钛-钢、不锈钢-钢、铜-钢和镍-钢等。如果是三层板坯，如钛-钢-钛、钛-钢-不锈钢、不锈钢-钢-不锈钢、不锈钢-钢-镍、钛-钢-镍等，则需要分两次爆炸焊接，即第一次在中间基板的一面爆炸焊接第一块覆板，第二次在中间基板的另一面爆炸焊接第二块覆板。尽管可以用串联或并联的方法来提高生产率，但其生产率仍然是不高的，且质量难以保证。但是，如果用对称碰撞爆炸焊接的工艺来生产上述二层、三层或更多层的复合板坯，则效率会高得多。特别是对于更多层的复合板坯来说，此工艺的优越性更大。如果再采用成排、成堆和成组对称碰撞爆炸焊接的工艺来生产这些产品，效率更高、产量更大、质量更好和成本更低（图 5.4.1.142 和图 5.4.1.143）。因此，对称碰撞爆炸焊接对于大批量地重复生产某些金属复合材料的大厚复合板坯来说是一个十分诱人的新工艺和新技术，值得花力气研究、开发和应用。

文献[610]指出，人们在研究中出乎意外地发现较厚的覆板或覆管可以通过使用两层炸药与基板或基管爆炸焊接。两层炸药在同时起爆时，会由此在垂直于上述炸药层的方向上，沿爆轰波前产生一种总的平衡力。爆炸后，复合板特别是复合管不会破坏。本书作者认为，此两层布药的爆炸焊接工艺即为对称碰撞爆炸焊接的方法，只是此处还用这种方法来制造复合管[图 5.4.1.28（c），图 5.4.1.29（b）和图 5.4.1.30]。

文献[38]报道，为了使尺寸为 100 mm×600 mm×1300 mm 的 G3 板被厚 15 mm 的镍板两边复合，顺利地采用了上述方法。此时，炸药的消耗与通常的复合方法相比减少 1.5～3 倍。为了减少板坯之间金属脆裂的可能性，可适当地放置一些沙子和碎粒作为中间层。

由此可见，国外早就用对称碰撞爆炸焊接的工艺和技术来生产复合板和复合管了。

3.2.52 利用冲击器爆炸焊接

利用冲击器爆炸焊接就是利用一种称为冲击器（或称冲击体）的机构来进行金属间焊接的爆炸焊接技术。如图 5.4.1.44 所示，所谓冲击器就是安放在覆板之上的一块金属板，它通常比相应的覆板厚。

在这种情况下，炸药与冲击器接触爆炸，随后使冲击器加速。然后冲击器与覆板高速撞击，并使其加速。在覆板达到预定的下落速度和撞击角后与基板撞击及焊接。由此可见，利用冲击器爆炸焊接实质上是一种新的覆板加载技术。冲击器实质上是一种载能体。

利用冲击器进行爆炸焊接有如下好处：[23]

第一，在利用高爆速炸药进行爆炸焊接的时候能够降低覆板与基板的焊接速度（v_{cp}）。因为，当冲击器与覆板以角度法安装、覆板与基板以平行法安装的时候，冲击器与覆板的撞击速度（v_{cp}）就小于炸药的爆速，于是，覆板与基板的撞击速度（v_{cp}）也小于炸药的爆速。这样，就可以利用爆炸性能比较稳定、密度较大和操作较方便的高爆速塑性炸药来实现亚声速的焊接。也就是利用冲击器能够调节既定炸药爆速下的焊接速度(v_{cp})，以利于焊接过程的进行和结合强度的提高。其实，如3.1.6节所述，此法有利于排气，有利于覆板与基板的顺利碰撞。

应当指出，这种技术对于大面积复合板的爆炸焊接来说意义不很大。因为，一方面冲击器的使用，会增加金属材料的消耗和提高成本；另一方面覆板和基板的焊接速度能够通过改变炸药的品种及其他许多参数来方便地调节。

第二，由于冲击器与覆板之间的撞击压力比炸药的爆轰压力高得多，在获得同样的撞击速度(v_p)的情况下，可以大大缩短覆板的加速时间和加速距离，也就能够大大减小覆板与基板间的间隙值。

由此可见，利用冲击器爆炸焊接的技术很适合于热交换器中管与管板的爆炸焊接，如图3.2.52.1所示。这种技术能够利用高爆速炸药进行平行法焊接，并使管与管板孔之间的间隙减至最小值。这不仅可以大大降低管板孔的机械加工费用，而且能够使管桥和管壁厚度的变化最小。管桥也因此可以做得薄些。这对提高热交换器的效率和扩大这种产品的爆炸焊接窗口是非常有益的。

冲击器技术还适用于多层箔材的爆炸焊接（图5.4.1.50）、纤维复合材料的爆炸焊接（图5.4.1.47～图5.4.1.49）、超导接头（图5.4.1.45）和管接头（3.2.7节，3.2.8节，3.2.42节）的爆炸焊接。

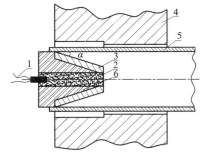

1—雷管；2—炸药；3—冲击器；4—管板；
5—管；6—缓冲器；α—安装角

**图3.2.52.1　用冲击器进行
管与管板的爆炸焊接**

文献[524]报道，在爆炸焊接薄板或箔材的多层复合材料时，常常需用一种所谓"盖板"（冲击器）的东西。实质上，这种盖板是一种能量传递介质。它能消除由于爆炸产物和被焊板束表面层直接作用时产生的不稳定性，缓冲由于这种不稳定性在爆轰前沿后产生的压力峰值。

文献[611]也报道，在用爆炸焊接法制备多层纤维增强复合材料的情况下，适当地利用"不焊接"的大重块的飞板——冲击器，这种飞板只作为载能体，以大的脉冲形成冲击。一方面，这种飞板的使用可以很容易地调节能量，这种能量消耗于各层的每次冲击的情况时，容易控制纤维附近的区域中的局部熔化量，在纤维增强的复合材料中通常会发生这种熔化。另一方面，可以保证各层的均匀分布。此外，这种飞板的利用，在多层板叠爆炸焊接的情况下，将促进结合区波形的消除。

文献[612]利用了金属或聚合物的冲击器以加速覆板。它最有意义的优点是只需极小的间隙和不需要基材层间的静态角。

文献[1377]指出，为了获得爆炸焊接后性能稳定的多层金属板，可以通过调节层间间距和添加撞击板的方法来实现。为此，该文对7层和11层铝板进行了爆炸焊接研究，结果指出，由金相照片可知复合板焊接质量良好。界面附近硬度有所增加且各界面处硬度波动不大，由此证明各层间的相互撞击速度基本一致，该文的研究结果为控制多层之间的撞击速度并使其基本一致、且接近焊接下限提供了解决办法。

3.2.53　加盖炸药罩爆炸焊接

所谓炸药罩，就是覆盖在裸露的炸药层上的一层固态罩状物质。所谓加盖炸药罩爆炸焊接，就是在常规的复合板的工艺安装完成之后，将炸药罩物质覆盖在裸露的炸药层上，然后进行爆炸焊接。

加盖炸药罩的主要目的是炸药在覆板上爆炸以后，短时地阻止爆炸产物向空气中的飞散，减缓爆炸载荷向其他方向散失的速度和份额，从而使覆板获得更多的能量用于爆炸焊接。归根结底是提高炸药能量的利用率。由式(2.3.1.6)可知，在现行工艺下，这种利用率是很低的。

上述设想和措施的原理是炸药在密实介质中的爆炸。在这种情况下，爆炸产物的飞散受到限制，于是炸药的爆速提高了，此时其能量自然增大。在爆炸焊接过程中，被覆板吸收的能量自然更多。实际上，在复合管爆炸焊接的情况下，所使用的炸药量就比复合板的相对为少。其原因就在于此时爆炸产物的横向飞散受到了限制。

在实际工作中，人们都深感裸露式布药进行的爆炸焊接，炸药的能量的利用率不高。但是鉴于炸药的价格并不太高，至今在如何提高炸药能量利用率方面的工作开展得不多。本书作者仅在文献上看到一幅图片（图5.4.1.43）。尽管如此，也深有感触和启发。

根据设想，这种用作炸药罩的物质的比重不宜太大，不能与炸药层接触，不能是颗粒状的。否则，用这些物质覆盖后将改变炸药的密度、组成和状态，使原定的工艺难以实施。据此推测，炸药罩以具有挠性的层状物质为好，如各种厚度较大的纸张、橡皮板、塑料板（包括泡沫塑料）、油毛毡、废弃的金属板等。炸药罩物质的选择以使用效果好、操作方便、易获得和成本低为标准。

有文献指出，为了稳定爆轰前沿和节省炸药，适当地使用惰性材料的覆盖层，将这种覆盖层放在药包的上面。其中，瑞典的一家公司成功地使用了水层。当爆轰波在药包边部排出的时候，爆炸产物抛掷的情况有所不同。因而它们对覆板的作用都将大大改变。这就将导致边缘区域焊接工艺的变化。为了减少边部未焊透区的尺寸，为了控制靠近药包自由侧面的爆轰过程，需要使用一些特殊的方法。药包上部增加覆盖层就是这些方法中的一个。

在加盖炸药罩进行爆炸焊接的过程中，可能会出现一些过去不曾出现的技术问题，如炸药量的调整和边界效应的可能缓解等。对此正确的态度是有什么问题就解决什么问题。其结果也许会将爆炸焊接工艺的水平提高一步。这一点在2.4.5节中讨论了。

3.2.54 水下爆炸焊接

1. 水下焊接

水下焊接是焊接技术的一个重要应用领域。在战争时期，水下焊接用来修复被破坏的桥梁、修理损坏的舰船，以及其他的水下工程作业。在近代，特别是最近几十年来，大大地扩展了水下焊接的应用范围，例如，建造海上油田的水利工程设备，不同用途的水下管道和隧道管的焊接，航行中的船舶的修理，修复倒虹吸管，港口的水下部分的建造等。随着现代生产和科学技术的发展，越来越趋向海洋，水下焊接越来越重要。

过去，水下焊接多用手工电弧焊。这种焊接技术有很大的机动性和只需简单的设备，为实现它仅需要专门的夹具，借助这些夹具将水从焊缝区排开。这就使水下焊接成本低。然而，这种焊接法有一些缺点，其中一些是不能获得与基体金属等强的焊接接头，过程效率低，需要同潜水员一样本领的焊工和高的技能，在一些特殊的位置和空间进行焊接操作有困难等。因此已有的水下焊接方法不能满足所有的要求。

2. 水下爆炸焊接

水下爆炸焊接是爆炸焊接技术的一个新的发展方向和新的应用领域。这种焊接工艺将成为水下焊接方法的重要补充而发挥其应有的作用。

水下破损管道的爆炸焊接修理过程如图5.4.1.92所示[24]。由图可见，先将破损的管道部分截除，然后在被截开的管的两端头分别套上预制的两个法兰盘，再将管的两端头与两个法兰盘分别爆炸焊接（此处用内爆法），最后用螺钉将两个法兰盘连接起来。这样，破裂的管道就修复好了。在此处需要用气囊将被爆炸焊接的管内部分的水排开。

下面是水下爆炸焊接的文献资料。

文献[613]叙述了导管对接接头水下爆炸焊接的工艺。管的直径为762 mm，壁厚12~19 mm。在焊接管接头的时候利用了套管。炸药放在导管内部待焊接的地方。还提供了用法兰盘连接导管的方法。在日本除了进行水下导管的爆炸连接外，还进行了水下爆炸复合板的工作，例如获得了铜-钢复合板。文献指出，水下爆炸焊接将保证获得的高质量焊接接头，不需要复杂的装置并且有很高的经济效益，就像水下电弧焊一样。

同一文献报道，直径820 mm的管道已用爆炸法焊接成功，并且已能在水下构成完好的焊接头。在水深达120 m的爆炸焊接作业的研究，正在进行中。

文献[614]指出，在大海上敷设和修理导管时，与熔化焊接相比，爆炸焊接的优点是：焊接接头的质量很高；焊接过程不受水下深度影响；有把炸药这种能量运送到海底的可能性；有远距离实现结合的可能性；焊接速度很高。已经进行过的工作指出，直径813 mm、壁厚12.7 mm的管在深达1000 m的海中用爆炸焊接法连接起来了。用爆炸法还完成了海底管道、垂直吊装的管道、分接头和端盖的结合及修理。

实际情况表明，爆炸焊接法在完成任务时操作更简单，这就能够充分发挥它在海滨和大海上敷设和修理管道时的优越性。

文献[615]研究了直径483 mm、壁厚19 mm的管接头和法兰盘在水深135 mm的地方爆炸焊接的方法。待焊接的地方先在地面上在液压机床上加工处理，以排除氧化膜和腐蚀区。接头的形状和附加的密封装置将保证可以直接在水下焊接处排水。为检查焊接接头的质量可采用超声波法。

文献[616]指出，管子的修理和结合首次采用了水下爆炸焊接，所有试验都在北海中 122 m 深处进行。焊接了直径 406.4 mm、壁厚 19 mm 的管道。结果表明，与水下电弧焊相比，其优点是简单，不需要很高的技能；可靠，结合质量不取决于操作的熟练程度；焊接接头的质量与水深无关；焊接前排除结合处的气体，可利用相对简单和轻便的装置，成本较低。

水下爆炸焊接最主要的问题之一是支座的建立和待焊表面的净化。海水中盐的存在使这种净化较为困难。为此设计了一种安装在管的端头的带液压传动的机器。用淡水和干燥的空气可以快速进行表面的净化。研究发现，在深于 300 m 的地方和电弧焊接不能利用的时候，水下爆炸焊接特别有用途。

文献[617]报道了直径约为 400 mm 的水下导管爆炸焊接工艺。这种工艺有如下优点：所得接头强固可靠，生产率高，所用装备轻便，对为焊接过程服务的潜水员技能的要求比较低。焊接质量的检验规定用超声波法。

文献[618]~文献[621]都在不同角度和程度上报道了用水下爆炸焊接法修理管道，以及其他应用的资料。

文献[622]提供了在水下爆炸焊接的情况下用于排水的装置，指出在带法兰盘的管道水下爆炸焊接的情况下，在靠近炸药包的管子内有水。这就可能引起靠近法兰盘的管子的破坏。为预防这种破坏，依靠引入管中的装置将水从该部分排出去。这种装置是由折叠式的袋子组成的，袋子放在炸药包和移动车架之间的管子中。炸药爆炸前，把气体充入袋中，袋子被挤压。在这种情况下，沿管移动车架的同时排出管中的水。

文献[623]提供了一个爆炸装置，这种装置在水下导管和法兰盘爆炸焊接时可以利用。

文献[624]提供了一个管状零件水下爆炸焊接的方法。在管与过渡套管之间实现焊接，这个套管预先焊到其他管子上。

文献[625]指出，在北海修理水下石油管道和气管的过程中，为了结合内径为 812 mm 的管子，利用了爆炸焊接。

文献[619]报道了水下管线爆炸焊接的资料。

文献[626]研究了把管道铺设到海底时的爆炸焊接工艺。指出，为了结合管子，工作人员利用了爆炸焊接，他们使用一个外套管，将这个套管焊接到两管的对接端。在这种情况下，使用了可同时焊接几个对接接头的装置。因此，大大地降低了工作的成本并提高了过程的安全性。

文献[627]报道，在建设深度达 140~200 m 的大不列颠大陆架水下输送管道的过程中，研究了爆炸焊接工艺。

文献[628]报道，在不耐风雨的情况下，为了密封安装在海底的管子的端头，研究了爆炸焊接的问题。确定了水下密封管子的可能性，以及在损坏的情况下焊接和修理它们的可能性。

文献[614]指出，爆炸焊接可以加速海中导管的建设工作。为此，研究了在海水中铺砌和维修导管中采用爆炸焊接技术的前景。

有文献指出了水中爆炸焊接的优点是，与空气中的焊接相比不存在由于爆炸加热而损伤覆板表面的现象。

文献[1378]首次报道了我国有关单位进行的水下复合板的爆炸焊接试验。

文献[1379]综述了水下爆炸焊接应用的优点：操作简便，不需要很高的配套技能，大大降低了成本；可以在深水(1000 m)中进行爆炸焊接；焊接速度快；具有高质量的焊接接头；适用的焊接材料多。

文献[1380]指出，发展水下焊接的研究及其应用，对于发展海洋事业、开发海底油气，具有重要的现实意义。水下焊接技术已广泛用于海洋工程结构、海底管线、船舶、船坞、港口设施、江河工程及核电厂维修。到目前为止，已研究和应用的水下焊接方法达 20 多种。水下焊接依据焊接所处的环境可以分为三大类，即湿法、干法和局部干法。目前的水下焊接方法还有许多局限性，其作业环境和焊接质量受焊接方法、环境和水深等因素的影响较大。

文献[1381]指出，水下爆炸焊接是爆炸焊接技术中的一个新的发展方向和应用领域，是水下焊接方法的重要补充。与通常的水下焊接和修补管线的手工电弧焊方法相比，水下爆炸焊接具有焊接速度快、不需要预热和后热等热处理过程、焊缝质量高、对水下操作人员的技术要求较低和焊接成本低等优点。随着大陆架资源和海洋工程建设的日益增多，海底石油和天然气管线的连接技术和修补作业技术，也越来越受到关注。在此形势下，如果能把爆炸焊接方法引到水下进行管线的连接和修补，将会获得巨大的经济效益。该文献还综述了国外水下爆炸焊接的历史和现状，相关的试验研究，以及在水下油气管道的连接和修补中的应用及所取得的成果。

文献[1382]指出，由于炸药爆炸威力的原因，常规爆炸焊接一些很薄的金属箔材和变形能力很差的脆性材料(如陶瓷和非晶材料)等，通常要进行许多特殊的处理，而且焊接效果并不理想(如复合板断裂、薄片屈曲和复合率低等)。这样，便限制了爆炸焊接在此特殊材料上的应用。

近年来，国内外学者提出了水下爆炸焊接的方法在此类材料上的应用，并且成功地实现了铝箔与ZrO_2陶瓷、不锈钢与金属玻璃、铜板与钨板、NiTi 形状记忆合金与铜箔、锌板与铜箔等特殊材料组合的爆炸焊接。水下爆炸焊接的优点可以总结如下：

(1)以水作为爆炸能量传递的媒介，即使很薄的飞板，也能得到一个均匀的加速。

(2)在一个很短的加速距离内，飞板可以得到很高的速度而实现焊接。

(3)由于水相比于空气的不可压缩性，爆炸产生的能量不会使水的温度显著上升，绝大部分用于推动水的运动，金属薄板不会被爆炸产生的高温烧蚀。

该文利用数值模拟分析水下爆炸焊接时飞板的加速过程和飞板与基板的贴合过程。对比试验结果论证了水下爆炸焊接的可行性。

文献[1383]指出，随着大陆架资源的开发和海洋工程建设的日益增多，海底石油和天然气管线的连接技术和修补作业技术也越来越多地受到关注。如果能把爆炸焊接方法引到水下进行管线的连接和修补，将会获得巨大的经济效益。

该文献报道，作者进行了管与管的水中爆炸焊接连接试验，分析了工艺参数，指出水中可以使用爆炸焊接方法对管线进行连接和修补。但必须针对具体情况调整工艺参数。

文献[1384]叙述了水下爆炸焊接的优点，介绍了国外几个发达国家在水下爆炸焊接方面所取得成就，提出了在水下爆炸焊接中一些需要解决的问题。

文献[1385]指出，水下爆炸焊接有如文献[1382]所述的 3 个优点外，该文献还指出，NiTi 形状记忆合金由于其有自身优异的形状记忆功能和超弹性，成为一种新型的功能材料，在航空航天、武器研发和医疗器械等领域，受到广泛的关注。但 NiTi 合金与其他材料的连接问题成为一个难题。该文采用水下爆炸焊接的方法对其与铜箔进行爆炸焊接试验和研究。NiTi 为基板，铜箔为覆板，尺寸分别为 100 mm×50 mm×1 mm 和 100 mm×50 mm×0.5 mm。水下爆炸焊接试验采用平行法。结果表明，结合界面为连续均匀的波纹状态、界面处无裂纹，焊接性能良好。断口形状为解理和准解理断裂。水下爆炸焊接方法将解决脆性和薄板金属用传统方法难以爆炸焊接的问题。

文献[1386]论述了水下爆炸焊接的优点：

(1)对于变形能力差的脆性材料，如钨板、非晶材料、金属玻璃和陶瓷材料，能够得到均匀的水下冲击波压力，且压力值可调，于是，它们能实现完整和均匀的复合。

(2)对于厚度很小的金属箔材，在水下爆炸焊接可以避免热影响，不致箔材氧化。

(3)水下爆炸焊接不需要缓冲层而直接焊接，并且没有大的宏观变形。

总之，水下爆炸焊接能够焊接塑性低的脆性材料和很薄的金属箔材。这两类材料在常规下很难进行爆炸焊接。

利用水下爆炸焊接法成功地焊接了铝箔(0.3 mm)与铁、铜箔(0.5 mm)与铁、铜箔(0.5 mm)与 NiTi 形状记忆合金，以及铜箔(0.5 mm)与锌板(0.8 mm)。此外，还有铝板与 ZrO_2 陶瓷、不锈钢与金属玻璃、铜板与钨板等。

我国中煤科工集团淮北爆破技术研究院有限公司在水下爆炸焊接方面也做了大量工作，其成果简单综述如下：

露天爆炸复合技术在生产薄型复合材料(≤2 mm)时容易出现材料拉断的质量问题，导致其生产的复合材料的复板厚度一般不小于 2 mm，复合薄板时需要先爆炸复合再进行轧制减薄，会引起成本增加、界面结合强度降低等问题。而水下爆炸复合技术则在很大程度上避免了上述问题，水下爆炸复合可以直接复合 2 mm 以下厚度的薄板，体现了其在复合薄型材料和硬脆材料方面的优势，且复层材料不会被炸药爆炸产生的高温烧蚀，表现出较广的应用范围和良好的加工质量。同时，水下爆炸复合技术较传统露天爆炸复合技术，其噪声振动小、环境污染小，符合我国工业绿色发展战略需求。

中煤科工集团淮北爆破技术研究院有限公司在水下爆炸复合领域已开展研究数年，通过水下爆炸复合技术实现了单面、双面及四面包覆铜/铝、不锈钢/低碳钢、钛/钢及铝/钢等高质量金属复合材料的制备，相关材料在电子电力、石油化工及船舶工程等领域具有十分广泛的应用前景。有关产品和设备的图片见图 5.5.2.598~图 5.5.2.605。

我国海岸线很长，海洋面积很广，大陆架和海洋资源的开发以及海洋工程的建设已经提上议事日程。爆炸焊接在此方面应当发挥作用。

3.2.55　宇宙中的爆炸焊接

1. 宇宙中的焊接

20 世纪 50 年代中期，人类开辟了新的活动领域——宇宙空间。为了在浩瀚的宇宙中航行，须建造航天器，如宇宙火箭、宇宙飞船、航天飞机和空间轨道站等。这些高性能和高可靠性的装置，一方面需要在地球上建造，另一方面需要在空间进行安装、装配和修理。因此，各种焊接技术在这些装置的制造和修理上能够发挥重要的作用。另外，它们也会对焊接技术提出更多和更高的要求。这些要求主要基于宇宙空间中的特殊环境和条件，例如，失重、在高速吸出气体和蒸汽情况下（漫射）的高真空、较宽的温度范围（180~400 K），以及各种射线的辐射等。

宇宙设备都应具有可靠性高、安全性高、能容小、重量轻和体积小等特点。所以，用于具有这些特点的宇宙设备的相关焊接技术，必须以解决这些课题为目的。这就需要从根本上修订和完善很多的工艺过程，建立很多特殊的轻合金和热强合金的焊接工艺，制造高度可靠的自动化的焊接设备。

据文献[629]报道，在研究的第一阶段选择了如下的焊接方法：电子束焊、熔化电极的电弧焊、激光焊、接触焊、冷焊和扩散焊。

有文献报道，在制造和安装宇宙空间轨道站时成功地应用了焊接[630]。在宇宙空间完成焊接与在地面上不同，具有下列许多特点：失重、真空、低温和电离紫外线辐射等。文献讨论了在宇宙空间中应用不同的焊接工艺的可能性，以及钎焊、热切割和喷涂的可能性。宇宙条件下开拓了在固态下实现焊接（爆炸焊、扩散焊和冷焊）的广阔的可能性。研究了在接近宇宙条件下液态金属在固体表面铺展的过程。还叙述了在上述条件下完成焊接接头的特点和焊接结构使用的特点。强调指出，宇宙中内外因素的作用可导致金属和焊接接头发生一系列的不可逆变化。其中主要有产生机械应力、线性尺寸变化、化学和化学腐蚀、形成微裂纹、易挥发元素的蒸发、组织变化、相变和发生扩散过程等。上述过程可导致材料的力学、化学和物理性能的变化。

2. 宇宙中的爆炸焊接

在宇宙客体的结构中，通常不利用大厚度的金属，这些焊接装置的功率不超过 1.5 kW。文献[631]研究了构件的爆炸焊接和精密爆炸焊接。这两种焊接技术在精密的水平上，在有限的金属构件的表面上可获得高质量的焊接接头。如此两种新型的爆炸焊接技术也许能为宇宙装置的焊接和修理提供宝贵的服务。

20 世纪 70 年代期间，在广阔的前沿上进行了宇宙焊接方面的工作，在宇宙条件下使用了一系列新的很有前途的焊接方法，如太阳能焊接、磁脉冲焊接、爆炸焊接、放热焊接和钎焊等[629]。

1961 年有人就预言过爆炸焊接在宇宙空间中在使工件结合方面会发挥重要的作用[632]。

长期以来人们从各方面探讨了爆炸焊接在宇宙技术上的某些应用问题。例如，利用爆炸焊接制作了用来储存非对称的乙烷联氨的储藏器。乙烷联氨为火箭-宇宙系统的燃料。这种储藏器试用了几年，没有发现任何腐蚀的征兆。但是在用常规焊接的情况下，热影响区仅能经受数月的腐蚀。对于航空和宇宙系统来说，用爆炸法还制造了蜂窝结构。这种结构的材料由铝合金、不锈钢、哈斯特洛依、因科镍、镍、铜和钛组成的厚度从 0.013 mm 到 0.15 mm 的箔材，格子的尺寸从 1.5 mm 到 6.35 mm[322]。

文献[633]叙述了宇宙焊接工艺研究的发展史，对比了 1957 年以来美国和苏联在此方面的主攻方向和研究结果。研究了不锈钢、铝、铝锡合金和钛合金在宇宙中的电子束焊、等离子弧焊、熔化极气体保护焊，以及金属熔化钎焊球形构件的形成。研究了电子束焊、MIG 焊、等离子弧焊、冷焊、扩散焊、太阳能焊、爆炸焊、低温和高温钎焊，以及材料的射线加工方法。对板材、管件、板与管板 T 型接头的焊接工艺作了选择。

文献[2]报道，全面爆炸焊接工艺虽然有许多优点，但也有噪音大和能量消耗过多的缺点。由于爆炸点焊的机动性和可焊接不同金属的能力，它的应用是不可估量的，包括远距离或非常环境中的使用，例如外层空间、水下实验室和战地。

文献[1375]指出，深空探测的重要任务之一是在深空获取土壤、岩石等样品，并安全地传送到地球上。由于探测任务的复杂性和空间环境的多变性，因此，必须寻求一种合适的金属容器的密封技术。

本文针对深空探测采样容器的爆炸焊接工艺，将圆筒形的容器的爆炸焊接简化为平板的爆炸焊接，为此，设计了几种密封工艺方案，进行了爆炸焊接试验、拉伸检验和金相检验。结果表明，确定的最佳工艺方案，能够实现容器的严实密封。

到目前为止，有关宇宙中爆炸焊接的具体资料尚不多见。然而，鉴于爆炸焊接的特点和优点，可以预计，这种焊接技术定会在这个领域获得不少的应用，从而为人类开发宇宙空间和星际航行作出应有的贡献。

3.2.56　在爆炸洞中爆炸焊接

1. 爆炸洞

用于研究爆炸现象及其规律的爆炸密闭结构，简称爆炸洞。爆炸洞内可进行下列试验和研究：炸药性能试验，穿甲模拟试验，爆炸聚能试验，爆炸射流试验，爆炸金属加工试验，固体中爆炸应力波的模拟试验，水下爆炸模拟试验等。为此，爆炸洞内设有高速摄影机、X射线脉冲照相机和其他现代化的测试设备。不少爆炸洞还配备了真空系统，以便在真空下研究某些高速、高压、高温和瞬时的物理、力学和化学现象。在爆炸洞内从事上述研究工作，可以不受气候和天气环境的影响。

2. 在爆炸洞中爆炸焊接

在爆炸洞中进行爆炸焊接包括两个方面工作：试验和生产。前者包括爆炸焊接动态过程的研究，动态过程中各动力学参数的研究，结合区波形成机理的研究，各种爆炸焊接条件下的爆轰波试验和爆速试验等。后者包括用不同炸药品种和数量的爆炸复合板、复合管及复合管棒等的生产。总之，爆炸焊接试验和生产是在爆炸洞内进行的许多工作的重要组成部分。

现在，在金属爆炸加工方面形成了三条组织生产的道路：开阔地——地面爆炸场；地下区域（矿井、坑道或隧道）；带有金属爆炸容积的封闭区域——爆炸洞。但是，最有前途的显然是爆炸洞。这种设备可以直接地建立在企业和机器制造厂的内部。在爆炸洞内可以建立自动化的流水作业线，从而获得高的劳动生产率[634]。

下面是爆炸洞中爆炸焊接的文献资料。

文献[276]报道了在地下采石场中进行爆炸加工的消息。在这里有三个带有自然通风的地下爆炸场，每天各进行一次爆炸，消耗炸药达6 t。最大的药量被用来生产人造金刚石，炸药达(2.5~3) t。其次是复合板，复合板的最大尺寸为5 m×10 m。威力强大的起重运输机械可以在矿坑中工作。

我国南京梅山铁矿曾在200 m深的巷道内进行了重达数吨的不锈钢–钢复合板坯的爆炸焊接工作。

文献[635]报道，爆炸洞分两种类型：试验型和工业性的。它们使用炸药量分别为0.2~2 kg和1~200 kg。巴顿电焊研究所在一个直径为1400 mm的试验性的爆炸洞内装备有脉冲X射线管、电影摄影机、反射望远镜、照相盒和滑动闸门。工业性爆炸洞高4180 mm，用来把直径35.1 mm的管焊到直径为1960 mm、厚20 mm的半球容器上，使用了小于或等于20 kg的炸药。该爆炸洞建有三层基础，每层厚度相应为1200 mm、530 mm和950 mm。其主要由砂石或碎石、混凝土和碎石建成。通常球形爆炸洞的直径根据炸药量在20 kg以下和200 kg以下来计算，分别等于2 m和4.2 m。在苏联科学院流体力学研究所建造了如下爆炸洞：直径1290 mm，球状的(2 kg炸药，带滑动闸门的)；用液压传动的封闭式和敞开式的；直径1800 mm和长7000 mm圆筒形的(5 kg炸药)，它供硬化铁道道岔的锰钢。在农业技术研究所建造了用于复合尺寸为4×1.3 m²、坯料的直径为10 m的爆炸洞。有色金属学会建造了用来复合10~12 m²坯料的爆炸洞，使用炸药150 kg。这个爆炸洞建在深7 m的基础上，它的屋顶重量为350 t。诺贝尔化学公司还将设计移动式的爆炸洞。

文献[631]报道，为了直接在车间条件下开展金属爆炸加工工作，在研究所里设计和建造了许多壳式结构的爆炸洞。它们根据50 kg炸药量来计算，并用于科学研究工作、工艺试验和产品的批量生产。

为对付爆炸威力强大的炸药包，设计了许多新的管状结构的爆炸洞，这种结构是多孔的半球形。把底端封死了的管子焊到那些孔中。爆炸洞的壳体和钢筋混凝土的厚基础相焊接。管状爆炸洞的主要参数如表3.2.56.1所列。

文献[636]在真空的条件下进行了爆炸焊接试验，这种真空只有在爆炸洞中才能获得。结果指出，炸药 Donarit 4（65%NH_4NO_3、13%$NaNO_3$、7.8%硝化甘油、14%木粉和0.2%红丹粉）在0.67Pa的真空中停留以后，不影响它的爆轰性能。例如，在其厚度为20 mm的情况下，该炸药的爆速在空气中和真空内都一样，并且等于1900 m/s。而覆板下落速度 v_p 在不变的间隙距离下（在该距离中将加速）和不变的质量比 $R_1 = m_s/m_a$（m_s 和 m_a 分别为炸药和飞板的质量）时，从空气中的200 m/s增加到真空中的510 m/s。用爆炸焊接法制造了铜–钢复合材料。这种材料在空气中复合的情况下（$R_1 = 0.7$），没有形成波状界面，而在真空中和同样的 R_1 复合的情况下，在界面上出现了均匀的波形。

在特殊的真空箱——爆炸洞内使银和钢复合了。由计算机确定的 $v_{p, min} = 550$ m/s。超声检验和毛细检验没有发现裂纹，结合强度高于拉伸时被复合金属的强度。在真空下在界面区钢内的硬度（$HV_{0.05}$）比空气中有非常明显的增加。

文献[637]指出，近年来，在爆炸焊接技术中发生了质的变化。苏联科学院西伯利亚分院流体力学研究所研究出了爆炸洞计算的工程方法，这将促进它们在科学上的应用，并且产生一系列的工艺过程。阿尔泰机器制造工艺科学研究所制成了一种特殊的设备和装置，在其中可以进行与天气和气候条件无关的爆炸工作。在电焊研究所建造了使用200 kg炸药的功率强大的爆炸洞。

据文献[638]报道，我国在20世纪70年代或更早就设计和建造了爆炸洞，并开展了一系列包括爆炸加工在内的研究工作。图5.5.2.199为小型爆炸洞的图片。

由于在爆炸洞内进行爆炸焊接试验和生产不受气候和天气的影响，这无疑是本学科研究工作的一个发展方向。但是，面积越来越大和产量越来越多的复合板的生产，在爆炸洞中进行显然是无能为力的。

表 3.2.56.1　几种标准的管状爆炸洞的主要参数

参　数	20 kg 炸药	200 kg 炸药	500 kg 炸药
管的数量/件	92	216	385
管的直径/mm	322	720	720
半球的直径/mm	1960	4200	6020
爆炸洞的总重量/t	14.5	275	1570
爆炸洞的工作体积/m^3	26	380	1280
爆炸洞的工艺体积/m^3	16	160	730
砂堆的体积（合在一起的体积）/m^3	60	1000	7000

3.2.57　架空电力线接头的爆炸压接

1. 架空电力线接头的连接

架空电力线接头的连接过去采用机械方法进行。这种方法不仅接头位置连接强度不高，而且电阻很大，容易酿成事故。

1965年，我国电力系统的科技人员创造了架空电力线接头的爆炸压接法。这就是用炸药爆炸的能量使这种接头在瞬间强固地连接起来。实践证明，爆炸压接的架空电力线接头具有足够的力学强度和良好的电气性能。

2. 架空电力线接头的爆炸压接

爆炸压接架空电力线接头时，其工艺可分为：切割管线、清洗管线、浸沾保护层、裁药、包药、穿线、放炮和整理等几个阶段。这里仅就钢绞线和钢芯铝绞线接头的爆炸压接过程介绍如下，详细方法和注意事项见文献[74,639]。

（1）钢绞线接头的爆炸压接。钢绞线接头的爆炸压接示意图如图3.2.57.1~图3.2.57.3所示。所有接头的压接均用泰乳炸药。这种炸药是由一种高分子黏结剂黏结高感度的主爆药组成的特种混合炸药。点爆剂为泰安炸药，黏合剂为配合乳胶或硫化乳胶，调节剂为红丹粉。泰乳炸药的1号配方为泰安75%，配合乳胶20%，红丹粉5%；2号配方为泰安75%，配合乳胶20%，石墨5%。这种炸药有许多优点：抗水防潮、性能稳定和使用可靠；易于成形、现场装药简便迅速和可

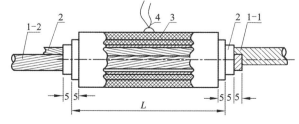

1-1、1-2—钢绞线；2—爆压管；
3—药包；4—雷管；L—药包长度

图 3.2.57.1　钢绞线爆压管的装药结构示意图

保证质量；爆轰特性适当、不需要缓冲垫层和药量可调性好；携带方便、制备简易和操作安全。

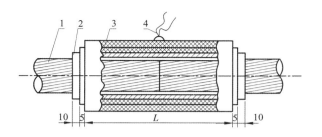

1—钢绞线；2—压接管；3—药包；4—雷管；L—药包长度

图 3.2.57.2　钢绞线压接管的装药结构示意图

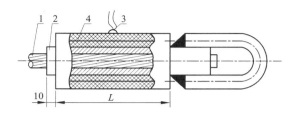

1—钢绞线；2—压接型耐张线夹；3—雷管；4—药包；L—药包长度

图 3.2.57.3　钢绞线压接型耐张线夹的装药结构示意图

钢绞线压接接头的力学性能试验的结果如表 3.2.57.1 所列。

(2)钢芯铝绞线接头的爆炸压接。爆炸压接钢芯铝绞线接头的安装示意图如图 3.2.57.4 和图 3.2.57.5 所示。按照如此工艺进行试验的压接接头的力学性能如表 3.2.57.2 和表 3.2.57.3 所列。疲劳试验结果证明，用泰乳炸药爆炸压接的接头在振动 1000 万~3000 万次的情况下，其强度极限仍能满足要求。

电气性能试验表明，爆炸压接后的接头由于其电阻较等长的导线小，在大电流试验时，温升远远低于导线本身的温升。在冲击电流试验时，接头外两端的导线有些股断，有些甚至全部烧断，而接头则完好无损。当冲击电流通过的时间为 4.14 s 时，接头的直流电阻基本无变化。这说明此压接的接头的电性能是完全符合要求的。

金相观察表明，爆炸压接接头除有良好的机械结合外，还出现了冶金黏结即爆炸焊接的现象。爆炸焊接区的出现，有利于接头电性能的改善和连接强度的提高。

表 3.2.57.1　钢绞线抗拉试验结果

钢绞线 型号	抗　拉　试　验			试验 件数	断脱位置
	计算拉断力， T'/N	实际拉断力， T/N	(T/T') /%		
GJ-25	28714	38220	133.1	6	压接管外
GJ-35	40180	51646	128.5	9	压接管外
GJ-50	55308	61622	111.4	9	压接管外
GJ-70	75460	64040	84.8	9	压接管外

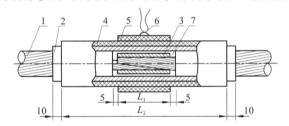

1—钢芯铝绞线；2—爆压管(铝管)；3—爆压管(钢管)；4—基准药包；
5—辅助药包；6—雷管；7—允许最大的工艺间隙<5 mm；
L_1 为辅助药包长度；L_2 为基准药包长度

图 3.2.57.4　钢芯铝绞线爆压管的装药结构示意图

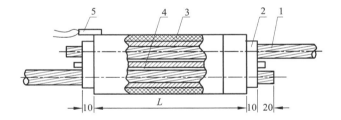

1—钢芯铝绞线；2—爆压搭接管；3—药包；
4—垫条；5—雷管；L—药包长度

图 3.2.57.5　钢芯铝绞线爆压搭接管的装药结构示意图

表 3.2.57.2　钢芯铝绞线爆压搭接管抗拉试验结果

钢芯铝绞线 型号	爆压搭接管 型号	计算拉断力 T'/N	实际拉断力 T/N	(T/T') /%	试验 件数	断脱位置
LGJ-35	BYD-35	116816	124460	106.5	9	爆压搭接管外
LGJ-50	BYD-50	150920	138768	91.9	12	爆压搭接管外
LGJ-70	BYD-70	213940	202468	94.6	12	爆压搭接管外
LGJ-95	BYD-95	319774	362404	113.3	9	爆压搭接管外
LGJ-120	BYD-120	391216	406700	103.9	9	爆压搭接管外
LGJ-150	BYD-150	486374	537040	110.4	9	爆压搭接管外
LGJ-185	BYD-185	613480	664734	108.4	9	爆压搭接管外
LGJ-240	BYD-240	785372	818790	104.2	9	爆压搭接管外

表 3.2.57.3　爆炸压接接头的疲劳强度

No	压接管型号	适用导线型号	在张力为18620 N下震动次数/次	疲劳试验后接头状况	疲劳试验后接头的拉断力/N	导线计算的拉断力/N	抗拉试验破坏情况
1	BYD-185	LGJ-185	1000万	完好	69776	61348	接头口断铝线5根
2	BYD-185	LGJ-185	1000万	完好	68992	61348	夹头口断铝线1根
3	BY-185	LGJ-185	3000万	完好	62622	61348	夹头口断铝线13根

注：试验条件为频率36.6次/s，振动角43′，16个半波长。

文献[631]报道，铝导电干线的导电条的爆炸对接焊工艺，可以不使用昂贵的焊接设备和材料，大大提高劳动生产率和改善劳动条件，保证与真实的整体的汇流条一样的强度，以及焊接接头的导电性。这些都不取决于焊接工作人员的熟练程度。借助爆炸焊接法实现了汇流排和导电条的结合。同时焊接的汇流排的数量和它们的厚度没有限制。这种工艺在用于装配的情况下把盘条安装到坯料上，以及在干线导电条垫块的修理能使对接接头实现有效的结合。所研究出来的工艺具有简单和灵活的特点，可以在工业企业的厂房内直接组织爆炸工作的连续生产。

文献[403]指出，受力的铝的导电体的结合是爆炸焊接应用的又一方面。多于12000次的结合试验表明，这种作业是简单的和不需要操作者高度熟练的技术。文献[640]也报道已成功爆炸焊接220 kV和更高电压的高压线接线夹及拉线夹。

如上所述，架空电力线的爆炸压接比机械压接有许多优点，不失为一种多快好省的新技术，值得广泛应用。

3.2.58　钢筋混凝土电杆接头的爆炸压接

1. 钢筋混凝土电杆接头的连接

离心浇注钢筋混凝土电杆在国内高压输电线路上已使用多年。由于重量、长度和制造模具的限制，较长的电杆得分段制造。现场安装时将它们再连接起来，这种杆段的连接过去以气焊为主。这种焊接方式给电力基本建设的野外施工带来很多困难。特别是西北高原地区干旱缺水，低温严寒，山高路陡，如果再氧气供不应求，往往会造成停工待料。加之器材笨重，因此工效低，速度慢。多年来为了克服这一施工的薄弱环节，一些单位曾试验过射钉法和铝热法来进行连接。但由于种种因素的影响，这种电杆的连接问题均未解决。

2. 钢筋混凝土电杆接头的爆炸压接

后来采用爆炸压接法，经过数百次试验，终于解决了这个问题[639,641]。

钢筋混凝土采用爆炸压接法的最大优点是克服了长期以来高寒地区氧气供应不足的局面，加快了施工进度，甩掉了氧气瓶和乙炔筒，减少了劳动力，降低了劳动强度。爆压一个接头，只需10 min左右，比常规焊接一个接头提高工效3~4倍。全部器材不超过16 kg，只有一个氧炔工具的25%。工作轻便简单，成本比常规焊接低35%~45%。同时操作简单，一般技工均可独立进行。

混凝土杆接头的爆炸连接，实质上就是用炸药爆炸的能量来连接两个管状钢质接头，使其达到一定的结合强度。尽管连接的形式不同，装药方式还有外爆式和内爆式两种，但就接头结合的性质来说，可分为爆炸压接和爆炸焊接，只是多为爆炸压接。爆炸压接法已在 $\phi300$ mm 非预应力杆和 $\phi300$ mm、$\phi400$ mm 预应力杆上获得了实际应用。

两种类型的混凝土杆爆炸压接工艺的示意图如图3.2.58.1和图3.2.58.2所示。它们的装药参数分别如表3.2.58.1和表3.2.58.2所列。

表 3.2.58.1　预应力杆接头的装药参数

电杆规格/mm	外套钢圈厚度/mm	药厚/mm	药宽/mm	药重/g	使用雷管
$\phi300$	6	5±1	30	135	8号
$\phi400$	8	8±1	30	210±5	8号

表 3.2.58.2　非预应力杆接头的装药参数

层别	主药包			辅助药包			总装药量/g	使用雷管	起爆方式
	药厚/mm	药宽/mm	药重/g	药厚/mm	药宽/mm	药重/g			
第一层	5.0	25	118	5.0	20	92	332	8号	一次
第二层	5.0	15	75	5.0	10	47			

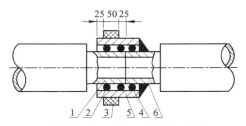

1—下钢圈；2—ϕ10 mm 圆钢；3—药包；
4—ϕ12 mm 圆钢；5—外套钢圈；6—上钢圈；

图 3.2.58.1　ϕ400 mm 预应力杆接头结构和装药示意图

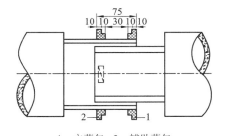

1—主药包；2—辅助药包

图 3.2.58.2　非预应力杆接头结构和装药示意图

对于非预应力杆，施工工艺如下：

(1)清除钢圈内外硬块及其他杂物。

(2)画好压条位置标记，再焊好压条。

(3)将内钢圈插入外钢圈。

(4)将任一电杆转动45°。

(5)在接口下方挖一个宽 600 mm，长 1400 mm，深 900 mm 的坑，以免空气冲击波由地面反射引起杆身混凝土开裂。

(6)在指定位置组装好防震抱箍。

(7)组装好药包(必须厚薄均匀)和引爆系统(包括引爆主、辅两个药包的导爆索，或药条、雷管、导火索)。

(8)爆炸连接后，经检查合格上防锈漆。如遇残爆或内外圈间隙大于 0.5 mm 时，可进行补爆，即用厚 5 mm、宽 20~30 mm 和长 880 mm 的药条，沿钢圈外圆包绕后再爆一次。

对于预应力杆，其施工工艺与非预应杆大致相同，但防震抱箍仅在药包附近的下节电杆上安装一个。由于药量较小，接头下面的土坑可相应减小。药包必须准确包在相应于下钢圈两道圆钢中间的上钢圈上，误差小于 2 mm。

爆炸压接后，检查外套钢圈圆周的绝对收缩尺寸。这个尺寸对 ϕ300 mm 的预应力杆以 45~65 mm 为合格，对 ϕ400 mm 以 50~80 mm 为合格。

应当指出，混凝土杆接头爆炸压接时，杆身会强烈震动而使混凝土产生裂纹，这对其长期运行是不利的。为此，采用两个铁抱箍，内衬 6 mm 厚的橡皮板。起爆前分别卡在靠近内、外钢圈的混凝土上。对于预应力杆只卡在靠近药包的一端，就可防止混凝土杆因震动而开裂。

爆炸压接后，经抗弯试验证明，不论预应力杆还是非预应力杆均能满足设计要求，其结果如表 3.2.58.3 所列。破坏位置均在杆身而不在接头上。

表 3.2.58.3　实际弯矩与设计弯矩比较表

电杆类别	规格/mm	配筋/mm	弯　矩		
			设计(T')	实际(T)	T/T'/%
非预应力杆	ϕ300	ϕ14	65660	78400	1.19
预应力杆	ϕ300	ϕ6	24500	29400	1.20
	ϕ400	ϕ6	90160	94270	1.05

如上所述，用炸药爆炸的能量连接混凝土电杆，是架空电力线路施工中的又一重大革新，其成果值得大力推广应用。

文献[276]也报道了钢筋混凝土梁附件钢筋爆炸结合的方法。这个方法是将钢管套到钢筋的端头，钢管被外部的炸药包爆炸压缩。所达到的强度超过了整体钢筋的强度。在施工工作中，接头所耗的成本和该方法的生产率，与焊接同类钢筋的其他方法相比，爆炸焊接法是优越的。

3.2.59　修理中的爆炸焊接

爆炸焊接作为一种焊接技术，它能够将任意相同的和不同的金属材料点、线、面地焊接起来，这就使得它在设备和零部件的修理中可以发挥重要的作用。下面将散布在文献中的许多实例收集一些，供参考应用。

当工件在车削加工中发现内部有缺陷的时候，先将这种缺陷车去，再用爆炸法覆上一层同种金属。继续加工后便可得到无缺陷的工件。或在缺陷上复上一层金属，以之掩盖。爆炸复合和掩盖的金属层的厚度可以很薄直至几毫米。对于很大的工件来说，这个厚度可达 10 mm。在修补圆柱形零件时，这个方法特别有效：只需在圆柱体的外面覆上一根套管或套筒即可[642]。

另外，对于圆筒形工件来说，外壁和内壁上的缺陷也可以用爆炸法修复。如报废的枪筒用此法更换衬里，这种衬里是耐高温烧蚀的金属合金。又如将工具钢用爆炸法覆到被磨损的耐磨工件的表面上去。

工件因公差不合要求而面临报废的时候，覆上一层同种金属以满足尺寸公差的要求。这个方法特别是对于大型工件而言，经济价值更大。如果所选用的材料的厚度不够，则可用同样的方法增加厚度。

资料介绍，日本在军用拖车的铝轮外面，用爆炸法覆上一层耐磨钢板后，寿命大大延长。海军船舰的水下机构易磨损的地方，用爆炸法重新复上不锈钢。这种机构的使用期限明显增加。

在英国的北海油田，在修理水下石油管道和天然气管道的过程中，为了连接内径为 812 mm 的管子，利用了爆炸焊接技术。

苏联的文献报道了一则用爆炸法修理生产浓硝酸的反应器的消息。这种反应器是用铝做的，用压力焊焊接而成。由于焊缝高的物理、力学和电化学的不均匀性，使得设备的使用寿命仅四个月。后来用爆炸焊接法，用纯铝保护层包覆原来的压力焊的焊缝，计划以此来提高该焊缝的耐蚀性。结果表明，如此获得的焊缝保护层的反应器的使用期限提高了 5~6 倍[290]。

文献[643]设计了用局部爆炸焊接的方法修理用热强铝合金制造的壳形金属结构的方案(图 3.2.59.1)。在制造此类薄壁壳形结构中，不排除结构底板的损伤(变薄、穿孔或击穿、平板上的裂纹等)的可能性。高的产品成本和严格的制造期限，决定了对损伤的构件不能报废而只能修理。修复后的构件必须满足强度、耐蚀性、在正常和超低温下的密封，以及修理区和整个产品的形状及几何尺寸等要求。为此试验了机械结合、黏合、钎焊、熔化焊(电弧焊和电子束焊)和扩散焊等方法。但是都不能满足上述要求。而爆炸焊接技术经试验后证明，它是解决这个课题的一个好工艺。结果指出，经过如此修理的这种薄壁壳形金属构件有高的质量和工作能力，以及良好的技术经济效益。

用爆炸法修理冶金设备的圆柱形零件是其应用的重要方面[419]。这类零件有涡轮、齿轮、触头、液压机的活塞等。它们的耐磨性和接触强度原来都不满意。借助爆炸焊接在其上覆上一层黄铜的耐磨层，这些零件的耐磨性便明显提高。复合的涡轮、活塞和触头的生产及使用实践指出，它们的使用寿命相应提高了

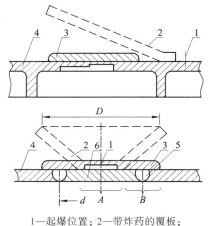

1—起爆位置；2—带炸药的覆板；
3—覆板；4—结构；
5—手工氩弧焊焊缝；6—直径为 d 的套管；
A—非焊接区；B—软化区；D—碟形覆板的直径

图 3.2.59.1   用热强铝合金制造的壳形金属结构平板复合修理的基本方案

1.5 倍、3 倍和 4 倍。这些零件磨损之后，还可用同样的方法来修复它们，以便多次地使用。

用爆炸焊接法修复了高速涡轮机转轴的易磨损部分。此外，修复连续铸造的铜模和轧机的轧辊可能成为爆炸焊接的潜在的应用领域。

有文献报道了用爆炸法修理直升机减速器主轴的资料[589]。在主轴上通常磨损花键的接头。修理之前在镟床上去掉花键部分，再用爆炸法焊上高强钢管。该方法在直升机的修理中已被利用。在此之前主轴被弃掉。

利用局部爆炸焊接的方法还可修理薄壳金属的构件，如万能火箭-宇宙运输系统的燃料箱[631]。

如 3.2.32 节所述，热交换器，特别是核电站热交换器中破损传热管的爆炸焊接堵塞，也是此技术在修理工作中的一项很好的应用。

文献[644]提供了用爆炸焊接法修理被磨损的平面的工艺。文献[645]介绍了爆炸焊接在导管修理中的应用。

文献[1248]报道，爆炸焊接还可用于机动车辆磨损部位的修复。

文献[1387,1388]分析了装备抢修和维修的特点及要求，在此基础上阐述了爆炸焊接方法在装备抢修和维修中的应用情况及下一步需做的工作。指出，爆炸焊接技术高效迅速，特别符合装备抢修和维修的要求。但在国内工程装备抢修和维修领域还很少应用，爆炸焊接工作者应该在这一方面多做研究工作。

上述大量实例说明，爆炸焊接技术为维修和利用一些重要、复杂及贵重的设备、部件和零件，以及材料，提供了一个好方法。这个方法应当被各行各业充分地利用而变废为宝。

3.2.60   铝合金-钛(铝)-钢复合板的爆炸焊接

铝合金-钛(铝)-钢复合板的应用很多，发表的文献不少。为了适应这种形势，除前面已有的讨论之

外，在此特将最新的这方面的资料专题摘录如下，仅供参考。

文献[1074]指出，为了减小质量、降低重心、改善稳定性和提高航速，船舰的上层建筑采用铝合金结构是近代船舰发展的一大趋势。传统船舰的结构铝合金与钢之间的连接方式是铆接和螺栓连接。这种连接方式的水密性和密封性差，施工效率低，还存在缝隙腐蚀和渗漏等问题。

采用爆炸复合法生产的铝-钛-钢、铝-铝-钢和铝-不锈钢的过渡接头，其覆层为铝合金，基层为船体钢(不锈钢)。到时，这些过渡接头的铝合金覆层与船舰的结构铝合金相焊接，过渡接头的基层和主船体钢相焊接。于是，如此就实现了同种金属的焊接，解决了传统连接方式产生的问题。例如，某舰从上层建筑的1~7层和飞行甲板以下的1~5层的各种舱室(如指挥中心、机组室、会议室、值班室和水兵仓等)的铝板和钢板的连接都选用了铝-铝-不锈钢的过渡接头产品，实现了整舰铝和钢的直接焊接连接。整个过程施工方便且外观美观。与传统的螺栓连接和铆接相比，其强度高，水密性和气密性优异，且免维护，从根本上解决了缝隙腐蚀和渗漏问题。

该文献介绍了我国爆炸复合过渡接头在船舰行业中的应用情况。1968年，我国开始使用进口的具有铝合金上层建筑的钢船，所用的是航空铝合金和铆接工艺。20世纪70年代以来，国外普遍采用铝合金-铝-钢、铝合金-钛-钢过渡接头，通过焊接方法实现铝合金与钢的连接。1980年，我国建成全用海洋防腐铝合金焊接的小艇，并逐步用这种铝合金建造钢船的上层建筑。1982年，洛阳船舶材料研究所采用爆炸复合的方法研制出覆层为5083或3A21、中间过渡层为纯铝或钛、基层为船体钢的铝-铝-钢和铝-钛-钢过渡接头，1989年，用于"海鸥"3号的铝上层建筑与钢主船体的连接。该船1992年8月开始航行在琼州海峡。

广西柳州西江造船厂将铝-钛-钢和铝-铝-钢过渡接头用于新建的某些快艇上。广西梧州桂江造船厂是使用这些过渡接头建造舰艇最多的厂家。之后，广东、上海、武汉、哈尔滨、舟山、大连和青岛等地的船厂推广采用上述两种过渡接头进行舰艇的上层铝合金建筑与主船体钢的过渡连接，使铝-钛-钢和铝-铝-钢过渡接头在我国的造船行业得到广泛应用。

表3.2.60.1为两种过渡接头的力学性能。铝-钛-钢、铝-铝-钢和铝-铝-不锈钢三种过渡接头的爆炸复合的界面均呈波纹状结合。图3.2.60.1为铝-钛-钢复合材料的弯曲疲劳$S-N$曲线，并指出，在使用条件下(应力39~49 MPa)的疲劳寿命大于

表3.2.60.1　铝-钛-钢、铝-铝-钢过渡接头的力学性能

复合板编号	σ_τ/MPa			σ_f/MPa	弯　曲	
	铝-钛界面	钛-钢界面	铝-钢界面		内弯	外弯
A01	133~152	305~315	—	183~175	合格	合格
A02	145~158	297~285	—	174~195	合格	合格
A03	156~152	265~245	—	156~174	合格	合格
A04	148~143	255~275	—	187~165	合格	合格
A05	106~123	285~295	—	155~175	合格	合格
L01	—	—	121~126	143~140	合格	合格
L02	—	—	129~122	148~148	合格	合格
L03	—	—	100~108	146~133	合格	合格
L04	—	—	119~117	144~151	合格	合格
L05	—	—	119~120	156~145	合格	合格

2×10^5。取疲劳寿命为2×10^5时，焊接前后过渡接头的条件疲劳极限为296.45 MPa和271.58 MPa，大于设计使用条件的49 MPa，完全满足使用要求。

上述三种过渡接头在船舰服役中，长期处于海洋大气和海水飞溅的状态下，因此其腐蚀与防护问题特别重要。为此，进行了实验室腐蚀电位的测定、盐雾试验、间浸试验，并在海南榆林港试验站进行了实海环境暴露腐蚀。试验结果指出，上述过渡接头在实船上应用，属异种金属的接触腐蚀。在实海环境中存在严重的电化学腐蚀行为。但同传统的铆接和螺栓连接形式相比，避免了缝隙腐蚀。

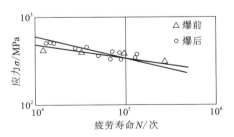

图3.2.60.1　铝-钛-钢过渡接头的弯曲疲劳$S-N$曲线

采用油漆9515或9516的氯化橡胶，可以有效地保护过渡接头免受海水和海洋大气的腐蚀。

铝-钢过渡接头还大量地应用在船舶工业。在水面舰艇和中小型快艇的设计中，为使其轻量化、增加稳定性和提高航速，常采用铝合金作为上层建筑材料，钢作为主船体材料。以往它们之间的连接采用铆接或螺栓连接。这种连接方式存在着水密性不良、耐蚀性差、施工工艺复杂和维修困难等缺点。为了提高铝-钢结合部位的耐蚀性和水密性，延长舰船的使用寿命，设计和建造者们采用了爆炸焊接的铝-钢和铝-钛-钢过渡接头，

作为船甲板与铝的上层建筑物的连接部件。而在大型的液化天然气的运输船上，上述两种过渡接头已经满足不了设备设计的使用要求，进而提出了铝-钛-镍-不锈钢四种材料的爆炸焊接的过渡接头，四层材料的厚度分别为 13 mm、2 mm、2 mm、20 mm。这种接头的力学性能如表 3.2.60.2 所列[1073]。

文献[1389]指出，用结构过渡接头代替铆接将铝合金上层建筑与钢主船体连接起来，在我国从 20 世纪 80 年代就已经开始了。这期间发生过复合界面开裂等事故。文献指出，该过渡接头的使用直接决定舰船钢-铝连接的可靠性。本文从保证连接可靠性的角度分析该种接头的自身质量和用于舰船上的接头的焊接质量控制的全过程，指出控制措施为该接头的设计、施工提供技术依据。

表 3.2.60.2　铝-钛-镍-不锈钢四层爆炸复合过渡接头的力学性能

界面	σ_τ /MPa	σ_f /MPa	侧弯， $d=6\,t$，90°	A_k /J(-196 ℃)
铝-钛	120	157，不带槽，铝断	好	32.35
钛-镍	370	257，带槽，铝断	好	33.27
镍-304L	410	265，铝-钛断	好	33.31

注：在-196 ℃的条件下，冲击值的设计要求为 16 J

文献[1390]指出，高性能船舶的建造数量逐年增加，其中多数是上层建筑采用铝合金结构。铝合金上层建筑与钢主船体的连接，采用结构过渡接头(STJ)直接焊接的形式日益增多，几乎完全代替了铆接。了解 STJ 的类型和特点，正确设计过渡区节点细部是保证上层建筑与主船体可靠连接的前提。该文对 STJ 的类型和特点进行了详细阐述，应用弹塑性理论分析了中间层为纯铝的 STJ 的力学性能，探讨了各种类型的 STJ 在航船上的应用并进行了节点设计。

文献[1391]报道，为某型号低磁钢主船体焊接铝质上层建筑的需要，研制了 917 低磁钢与铝合金的爆炸复合板。结果指出，917 低磁钢与 LF5、LF21、LF11 等铝合金通过纯铝过渡层，爆炸焊接成铝-铝-钢三层复合板是可行的。强度试验表明，基板越厚结合强度越高，二次复合的强度比一次复合要高。数据指出其抗剪强度达到同类型的进口产品。为满足工程实际需要，基、覆厚度比接近 1:1。目前，在船舶工业中已经广泛应用的爆炸复合板有铝-钢、铝-钛-钢和铝-铝-钢等。用这类复合板加工成的过渡接头，已逐渐取代传统的造船工业采用的铝与钢铆接的连接方式。这样便大大地提高了造船效率，提高了铝和钢的连接强度和连接结构的寿命。

文献[1392]指出，铝-钛-钢爆炸复合板作为新型舰船上结构铝合金与钢之间的过渡连接头，取代传统的铆接连接，具有优越的连接性能和施工工艺(过渡连接接头的形式如图 3.2.60.2 所示)。该研究模拟实际应用的条件，测定了焊接前后在固定应力水平下的弯曲疲劳寿命和绘制了弯曲疲劳曲线。并运用计算机得到 S-N 曲线的回归方程，为该复合过渡接头疲劳寿命的预测和最大应力的控制等提供了依据。试验和分析表明，采用合理的焊接工艺，复合过渡接头的疲劳性能受焊接热循环的影响不显著，弯曲疲劳性能可满足小型舰船的设计和使用要求。

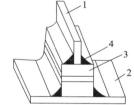

1—铝合金板；2—钢板；
3—复合过渡接头；4—熔化焊焊缝

图 3.2.60.2　过渡接头的连接方式

文献[1393]介绍了"海鸥"3 号渡船在采用爆炸复合的铝-钢复合连接(过渡接头)的条件下，进行铝合金上层建筑与钢结构的焊接情况。该渡船上层建筑长 23 m、高 9.9 m、宽 7 m，是 1992 年 8 月用该过渡接头焊接建造成功的我国首艘渡船。在 3 年中的使用表明，该船已经受了风浪载荷的考验。在随后建造的五艘渡船上也推广和应用了此材料和工艺。实际采用的复合过渡接头及其连接方式如图 3.2.60.3 所示。

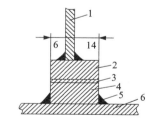

1—铝上层建筑；2—铝(10 mm)；
3—钛(2 mm)；4—钢(12 mm)；
5—熔化焊焊缝；6—钢甲板

图 3.2.60.3　实际采用的复合
过渡接头及其连接方式

文献[1394]在分析了现行的铝合金上层建筑与钢主船体焊接的过渡接头存在问题的基础上，提出了一种新型过渡接头。这种过渡接头在耐热性、传递载荷、装配焊接工艺和降低成本等方面均优于现行过渡接头。这种新型过渡接头的形状和连接方式如图 3.2.60.4 所示。

文献[1395]指出，相对于传统卧式复合接头，新型立式铝-钢复合接头(图 3.2.60.5)具有耐热性能高、承载状态好、适用性强、弯曲性能优和经济性好等优点。这种接头的对接焊示意图如图 3.2.60.6 所示。

结论指出，焊接试验表明，新型立式铝-钢复合接头的对接焊，及其与铝合金的对接焊、均不会使复合界面产生开裂,复合接头具有较好的耐热性。对接焊后,钢-铝复合界面的拉伸强度、疲劳强度和抗冲击强度均满足工程应用要求,可在舰船建造中应用。

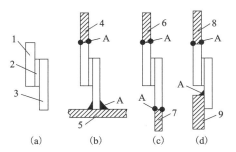

(a)新型接头;(b)~(d)连接方式。
1—铝合金;2—钛;3—钢;4—铝合金上层建筑;
5—钢质甲板;6—铝合金舱壁;7—钢质舱壁
8—铝合金扶强材;9—钢质扶强材;A—熔化焊焊缝
**图 3.2.60.4 新型过渡接头及其与上层
建筑和主船体的连接方式**

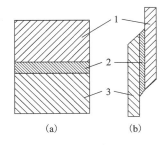

(a)卧式复合接头;
(b)立式复合接头。
1—铝合金;2—过渡层;3—钢
**图 3.2.60.5 两种复合
接头结构示意图**

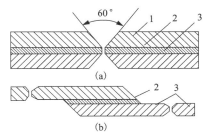

(a)复合接头的对接焊;
(b)复合接头与铝和钢的对接焊。
1—钢;2—过渡层;3—铝合金
**图 3.2.60.6 立式铝-钢
接头的对接焊**

文献[1396]指出,高速船舶和高速列车的建造数量逐年增加,其中多数是上层建筑采用铝合金结构。铝合金上层建筑和下部钢质主体的连接采用结构过渡接头直接焊接的形式日益增多,几乎完全代替了铆接。这种接头分铝合金-纯铝-钢和铝合金-钛-钢两大类。过去这种过渡接头绝大部分是层叠式,后来发现这种形式存在一些缺点而提出了搭接式。搭接式过渡接头不仅克服了层叠式的一些缺点,而且通过调整搭接面积可以提高承载能力,并能适应不同载荷方向。搭接式和层叠式各有优点,两者互补,在高性能船舶和高速列车上并用,共同改善过渡后的结构节点,提高连接可靠性。

该文简要分析了纯铝-钛-钢搭接式过渡接头复合界面结合情况和弯曲性能,为实际应用的铝合金-钛-钢搭接式过渡接头进行了前期探索。结论指出,采用搭接式,以纯铝作上覆层可以得到质量更好的铝-钛-钢复合板接头。但高速船舶和高速列车上使用的过渡接头不宜采用纯铝,而应该选择强度较高的铝合金。

文献[1397]报道,一般用于高速船舶上层的铝合金(如5083和6082)都有很好的耐腐蚀性能。但若在船舶建造过程中,不按工艺要求来,船舶使用几年后还是会发生腐蚀,包括如下几种类型。

(1)点腐蚀。铝在海洋空气中出现凹坑,并在整个表面形成很浅的沙砾状的白色粉末。

(2)电化学腐蚀。电极电位不同的金属在导电液中,电位较负的金属将加速腐蚀,而电位较正的金属则受到保护。

(3)泥敷剂腐蚀。泥敷剂是指泥敷状的物质(如污垢和油泥等),当它们与铝合金接触时,在接触处会渗出大量的白色黏性的氢氧化物。这种物质对铝金属会产生腐蚀并会连续不断地腐蚀下去,直到完全腐蚀。

(4)缝隙腐蚀。这种腐蚀是在构件缝隙处发生的斑点状或溃疡形宏观蚀坑。

由于连接处的缝隙被腐蚀产物覆盖以及介质扩散受到限制等原因,该处的介质成分和浓度与整体有很大差别,形成了"闭塞电池腐蚀"。

文献[1397]介绍了铝合金-铝-钢结构过渡接头的焊接工艺。接头形式如图3.2.60.7所示。

焊接要点:铝层采用 MIG 焊,钢层采用CO_2气体保护焊或手工焊;铝-钢界面上下 3 mm 范围内不允许焊接;铝-钢界面温度低于 300 ℃;不能对过渡接头进行预热;对过渡接头不允许用气体切割,只能用机械切割;过渡接头的侧面绝对不能被电弧伤害,在焊接钢层和主甲板时,尽量在主甲板上引弧,然后进行焊接;施焊时不作横向摆动,以获得直线细焊道为佳。

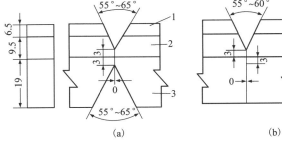

(a)自由对接焊坡口;(b)约束对接焊坡口。
1—铝合金;2—铝;3—钢
图 3.2.60.7 铝合金-铝-钢结构过渡接头的焊接坡口形式

结论指出,使用铝合金-铝-钢结构过渡接头连接钢质主船体和铝质上层建筑时,只要焊接工艺正确,在力学性能和耐腐蚀性能上,都能达到满意的效果。

文献[1397]报道，随着造船市场的不断发展，每年建造的高速船舶和公务船的数量都在增加。这种类型的船舶的大部分是主船体属钢质结构，上层建筑属铝合金结构。两者的连接，以前是铆接。现在大多数是用结构过渡接头将铝合金上层建筑与钢质主船体直接焊接而成。这一改进不仅美化了结构还使建造工艺大为简化。

钢-铝过渡接头是由钢层（低碳钢和不锈钢等），中间层（纯铝或钛）和铝合金（5086、5083或3003）用爆炸焊接法制成的三层复合材料。按中间层材料的不同分为铝-铝-钢和铝-钛-钢。常用的厚度尺寸为35 mm（钢19 mm、纯铝9.5 mm、铝合金6.5 mm），爆炸后的厚度在34 mm左右，宽度分为16 mm、20 mm、24 mm、28 mm和30 mm几种。最低力学性能为复合界面的拉伸强度：铝-铝-钢>75 MPa，铝-钛-钢>140 MPa；复合界面的剪切强度：铝-铝-钢>55 MPa，铝-钛-钢>110 MPa。

文献[1398]通过试验加工了船用铝-钛-钢（5083+1060+TAl+CCS-B）爆炸复合板，并对其结合质量、力学性能和界面形态进行了研究。结果表明，将纯铝板和纯钛板作为中间过渡层后，复合板的质量良好，且铝-钛界面的剪切强度在85 MPa以上，其力学性能达到了相应标准。钛-钢界面呈规则的正弦波形，产生了较明显的塑性变形。铝-钛界面比较平直，波长较大，波幅较小。

文献[1399]报道，按照爆炸复合材料的应用条件，将铝-钛-钢爆炸复合材料投放在青岛、舟山和厦门三个海域的潮差和飞溅区，暴露两年后研究了材料腐蚀情况和力学性能。结果表明，该复合材料的腐蚀形态主要为电偶腐蚀，在铝-钛之间形成腐蚀沟槽。但是，这种腐蚀对该复合材料的结合性能影响不大。

文献[1400]通过不同的爆炸焊接工艺对铝合金-铝-钢进行了爆炸复合，并对其界面组织和力学性能进行了测试分析，探讨了不同的工艺对该复合板界面性能的影响。结果表明，在此三层复合板中，铝-钢界面上容易产生一层金属间化合物。随着装药密度的增加，此中间层变得愈加连续，界面的结合强度明显降低，而铝-钢界面上元素相互扩散距离的变化不明显。

文献[1401]介绍了船体结构中铝-钢的传统连接方法、铝-钢过渡接头的工艺特性和力学性能及其可焊性，以及他们在船舶结构焊接中的应用。其数据如表3.2.60.3~表3.2.60.6所列。

表3.2.60.3   日本和美国铝-钢过渡接头性能标准

力学性能项目	铝-钛-钢过渡接头日本标准	铝-铝-钢过渡接头美国军用标准
σ_τ/MPa	铝-钛：78，钛-钢：137	铝-铝：未要求，铝-钢：54
厚度方向 σ_τ/MPa	137	75

表3.2.60.4   我国生产的几种铝合金-铝（钛）-钢过渡接头的结合性能

复合材料	结合界面	σ_τ/MPa	沿厚度方向 σ_τ/MPa
铝合金-铝-钢（2011-L1-902）	2011-L1	141	125
	L1-902	109	
铝合金-钛-钢（FL21-TAI-902）	LF21-TAI	166	208
	TAI-902	169	
铝合金-钛-钢（FL21-TAI-3C）	LF21-TAI	154.6	165
	TAI-3C	272.5	

表3.2.60.5   热处理工艺下铝-钛-钢过渡接头中铝-钛界面的力学性能

状态	爆炸态	150 ℃	250 ℃	350 ℃	450 ℃	550 ℃
σ_τ/MPa	160	145	180	157	128	98
沿厚度方向 σ_τ/MPa	204	213	203	197	160	154
σ_τ/MPa	260	224	248	236	204	191
铝层 σ_b/MPa	—	192	203	199	166	162

注：热处理时均保温30 min和空冷。

该文献提供了如下铝-钢过渡接头在船舶结构焊接中的应用实例：这种过渡接头首先在国外舰船的铝质上层建筑和钢甲板之间的连接而被采用。如美国利顿公司英格尔斯船厂1980年建造的7800 t排水量的"斯普鲁恩斯"级大型导弹驱逐舰DD-963，采用了5456-1100-516过渡接头。1980年，在日本滋贺造船厂下水的180 m船长，2950 t排水量，30节航速的日本"初雪"号和

表3.2.60.6   焊接时不同焊接电流对铝-钛-钢过渡接头铝-钛界面力学性能的影响

铝合金 TIC 焊焊接电流	LF21-TAl 界面 σ_τ/MPa	沿厚度方向 σ_τ/MPa
200 A	96	167
220 A	97	149
爆炸态	104	188

注：经多种温度试验，铝-钛界面的抗拉强度均大于铝覆层的抗拉强度。

"白雪"号护卫舰则采用了材质为3003-TP26-SB41的过渡接头。1982年，日本建造的52.25 m长、347.8 t排水量和12.8节航速的"千叶"号日本渔船，采用了5083-1050-SM4I的过渡接头。澳大利亚、苏联、英国也有一些水面舰艇采用了类似的铝-钢过渡接头。此外，这种接头还应用于液化天然气运输船上大型铝球罐的赤道带(铝板厚200 mm)与钢船体的过渡连接等。

我国从1983年开始对铝-钢过渡接头的爆炸复合工艺及其焊接性进行研究，并于1992年首次应用于广州新中国船厂建造的"海鸥"3号豪华双体海峡渡船上，使该船的铝质上层建筑通过这种接头与钢甲板焊接在一起。该船长49.5 m、排水量500 t。与其同类型的姊妹船共建造了6条。

我国研制的铝-钢过渡接头经过施工建造和多年的营运性航行使用，连接部位无一处开裂。由此证明其加工工艺的适应性及实船使用性是安全和可靠的，连接性能能够满足要求。现在我国广西桂江船厂、西江船厂、黄埔船厂、求新船厂、哈尔滨船舶修造厂、武昌船厂和华南高速船公司等15家以上的船厂，在造船中相继采用了铝-钢过渡接头，并且完全取代了铆接工艺，开创了我国造船业应用铝-钢过渡接头的历史，其高质量的焊接工艺在造船界赢得了相当高的声誉。

文献[1402]采用不同的工艺爆炸复合了铝合金-纯铝-钢和铝合金-钛-钢复合板，对其结合界面的形态进行了显微观察和分析，测量了界面波形的波形参数，探讨了不同的工艺和不同的材料对该波形参数的影响。结果表明，爆炸焊接的界面波形参数受工艺和材料性能的影响。当基、覆层材料性能相差较大时，易形成平直界面和不明显的波形。当材料相同或相近时，界面易形成有规律的正弦波形。当材料相同时，随着装药密度的增加，界面波长和波高均有所增加。

文献[1403]指出，铝合金具有密度小和耐腐蚀等优点，因而，广泛地应用于船舶结构。在水面舰艇和中小快艇的设计中，为使其轻量化、增加稳定性和提高航速，常要用铝合金作为上层建筑材料，钢作为主船体材料。以往上层建筑铝合金结构与主船体钢的连接均采用铆接或螺栓连接。这种传统的连接方式存在着水密性不良，耐腐蚀性差、施工工艺复杂和维修困难等缺点。20世纪70年代以来，国内外对铝、钢连接技术开展了大量的研究工作。其中采用爆炸焊接法制备的铝-钢过渡接头较好地解决了传统连接方式的不足，实现了异种金属从铆接工艺到同种金属的焊接工艺的一次技术革命。从而改善了实船建造的施工条件，提高了铝-钢结合部位的耐腐蚀性和水密性。延长了船舰的使用寿命。

该文介绍了船用铝-钛-钢过渡接头爆炸焊接的特征，并对其焊接界面进行了微观分析和结合性能测试。结果表明，利用爆炸焊接获得的铝-钛-钢过渡接头的界面达到了冶金结合，性能良好，满足了舰船的设计和使用要求。工作中使用的三种材料分别为LF21、TA2和3C。爆炸焊接后LF2I-TA2-3C复合板过渡接头两个结合界面的剪切强度的平均值分别为102 MPa(纵向)和97 MPa(横向)，306 MPa(纵向)和321 MPa(横向)。日本标准分别为大于或等于78 MPa和大于或等于137 MPa，美国标准为大于或等于55 MPa。过渡接头厚度方向的抗拉强度平均值为320 MPa，日本标准为大于或等于137 MPa，美国标准为大于或等于76 MPa。过渡接头侧弯试验的结果分别是$d=6t$，弯曲角90°；$d=12t$，弯曲角90°。当$d=12t$、弯曲角180°时，弯曲面均未分离，界面开口长度小于3 mm。该过渡接头的疲劳寿命为$2.0×10^5$次时，其条件疲劳极限为289.6 MPa。

文献[1404]采用正交试验法研究焊接热循环对应用于船舶铝质上层建筑与钢质船体连接的铝合金-铝-钢复合过渡接头性能的影响。试样依次采用了铝合金TIG焊和MIG焊、钢MAG焊，分别实现了过渡接头与铝合金板材和钢之间的焊接。复合界面剪切强度和厚度方向的抗拉强度测试结果表明。随着焊接电流的增加，过渡接头的性能明显下降。三种工艺方法对复合板的影响由主到次的顺序为：铝合金TIG焊>钢MAG焊>铝合金MIG焊。通过复合界面焊接温度场的测定，分析了复合界面峰值温度与复合板性能之间的关系。结果显示：为满足船舶结构设计的要求，焊接热循环在铝-铝-钢过渡接头复合界面上产生的峰值温度不宜超过300 ℃。过渡接头的材料组合为5083-1060-ccsb，其厚度尺寸分别为8 mm、6 mm、20 mm。铝合金-铝-钢过渡接头连接如图3.2.60.8所示。

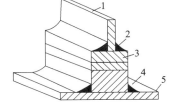

1—铝合金板；2—铝焊缝；3—过渡接头；
4—钢焊缝；5—钢板。

图3.2.60.8 爆炸焊接的铝合金
-铝-钢过渡接头及其连接方式

文献[1405]指出，为了减轻船舶和海洋结构的上部重量，降低重心和改善稳定性，上层建筑常采用铝合金结构。1978年我国开始使用进口的具有铝合金上层建筑的钢船，该上层建筑和钢船体采用铆接工艺。

1980年，我国建成全用海洋防腐蚀铝合金焊接的小艇，并逐步用该种铝合金建造钢船的上层建筑。1982年，洛阳船舶材料研究所将爆炸复合的铝-钢复合板用切割的方法得到铝-钢过渡接头，1987年，该接头用于"海峡"3号的铝上层建筑与钢主船体的焊接，其船长49.5 m，宽13.4 m，排水量590 t、航速15.5 km。该船由广东新中国船厂建造，1992年8月开始航行于琼州海峡。广西梧州桂江船厂建造218型和684型交通艇共74艘，成为使用过渡接头建造船艇最多的厂家。此外，广东、上海、武汉、哈尔滨、舟山、大连和青岛等地13家船厂推广采用了铝-钢过渡接头。全国共有16家船厂105艘船艇采用这种方法。现在，铝-钢过渡接头有Al-Ti-St和Al-Al-St两种可供选用。铝层厚度从7 mm到10 mm。宽度有16 mm、20 mm、25 mm、30 mm和50 mm等多种，也可供应更宽的铝-钢过渡接头。

文献介绍了三个国家的铝-钢过渡接头的形式和几何尺寸（图3.2.60.9），以及我国船用铝结构和钢结构连接的形式（图3.2.60.10），并认为使用这种过渡接头于船艇焊接时，过渡接头中的界面温度不超过350 ℃。

文献［1406］从分析舰船用铝合金的物理和化学性能、加工性能和焊接性能入手，阐述铝合金用于船舶建设的诸多优越性，提出在铝合金船舶结构设计中应推广应用带筋板结构。当上层建筑采用铝合金结构、主船体结构为钢质时，应采用结构过渡接头直接焊接的方法。文献［1407］也讨论了这类问题。

文献［1408］通过爆炸焊接试验复合了铝合金（5083）-纯铝-钢（Q235）三层复合板，对其界面形态、显微硬度和力学性能进行了研究。结果表明，铝合金-纯铝界面为规则的正弦波形，纯铝-钢界面的波形较小。该三层复合板的界面剪切强度在75 MPa以上。在爆炸复合过程中，纯铝-钢界面生成了金属间化合物，其界面处基体金属发生了强烈的塑性变形。复合板变形和组织变化的结

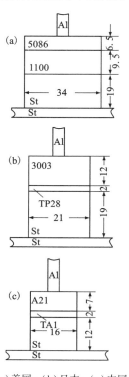

（a）美国；（b）日本；（c）中国

图3.2.60.9 三个国家的铝-钢过渡接头的形式和几何尺寸

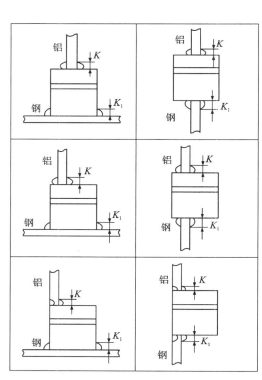

图3.2.60.10 我国的铝-钢过渡接头与铝合金上层建筑和钢船体角焊的形式

果造成界面处的显微硬度最高，随着与界面距离的增加，两侧基体金属的硬度逐渐降低。

最后，关于上述铝-钢过渡接头在船舰上的应用，本书作者在技术上发表如下两点不同的和应当引起严重关切的意见。

（1）据说用于军方的铝-钢过渡接头全部来自进口，而未用国产爆炸焊接的过渡接头。其原因是：前者的结合界面是平直的，后者的是波状的，意即平直的界面比波状的要好。

实际上，上述观点是一种误解和错觉。它说明使用者不知道爆炸复合材料是怎样结合在一起的，也不知道这种复合材料的高强度性能与其波状界面的密切关系。

本书1.1章讨论了爆炸焊接的过程和实质，4.1章～4.5章和4.16章讨论了爆炸焊接结合区内的塑性变形、熔化和扩散等冶金过程，及其内部的成分和组织，以及波形界面的形成。指出，金属的爆炸焊接就是在那些冶金过程中形成冶金结合的。也正因为如此，能够爆炸焊接的金属组合的数量比单一的压力焊（塑性变形）、单一的熔化焊（熔化）和单一的扩散焊（扩散）要多得多。现在可以不夸张地说，所有的金属材料都能用这种焊接方法焊接在一起。其结合强度也比仅有单一的结合机理的焊接方法要高得多。另外，由于爆炸焊接的能量——波动传播的爆轰波在金属中的传播，便形成了波状的结合区。这种波形的形成过程就是上述冶金过程的起因。所以没有这种波形，便没有爆炸焊接。

检验数据表明，与其他形状的结合界面相比，具有波状界面的结合强度高，而且波形参数大的结合强度更高（图4.16.5.146和表4.5.2.1）。这一结论还与波形界面比平直界面有更长的长度有关〔见4.16.7（4）节〕。

进口的平直界面的铝-钢过渡接头用复合材料是用轧制焊接法或其他压力加工法获得的。其结合的机理只能是界面两侧金属的塑性变形——压力焊。这单一的压力焊的结合强度能否与爆炸复合材料的压力焊、熔化焊和扩散焊"三位一体"的焊接强度相比？结论应该不言而喻。

文献［1220］对爆炸复合材料的波状界面也有讨论和争论。在此作者亦用上述讨论来作说明，解释和总结。

（2）关于铝-钢过渡接头在船舰上的应用问题，早在20多年前，本书作者与一位技术人员讲述了自己如下的看法，这位同行的单位正在用爆炸法生产和应用这种铝-钢过渡接头：铝的熔点为660℃，铁的熔点为1536℃，前者比后者低得多。这样，如果舰艇的上层建筑用铝合金制造，在战时将远不及钢制上层建筑能耐战火的考验。这一严峻的事实是有关人士应该严重关切和认真对待的。否则，在战时，其后果会不堪设想。当然，依据这一事实，也能设计出对付敌方舰艇的方法。

最后指出，不论用何种方法生产的铝-钢过渡接头在民用船舶上的应用应当是大有作为和毫无疑义的。但是仍要千方百计地预防火灾，尤其是客轮和大型油（气）船。

3.2.61　锆-钛-钢复合板的爆炸焊接

文献［1409］报道，锆-钛-钢爆炸复合板的生产对爆炸焊接技术进行了改进和创新，解决了生产难题。采用该技术生产这种三层复合板的面积达到了15 m²，贴合率达到99.5%以上，各项指标符合相应标准的要求，并达到国际先进水平。

据了解，生产该产品的南京宝泰采用了聚能技术，显著地缩小了不贴合率。采用了阶梯布药技术，保证了大面积爆炸焊接质量的均匀性。此外，还优化了爆炸工艺参数，解决了三层复合板的参数选取问题，确保了产品质量的稳定性。

锆具有优良的耐蚀性能，可以耐多种化学物质，包括各种无机酸、碱、大部分有机酸、各种盐溶液和熔融碱的腐蚀。近年来，我国的石油化工，煤化工和精细化工的迅速发展，使锆复合材设备的需求量剧增。为了提高锆化工装置的国产化水平和降低生产成本，南京宝泰十几年来，坚持在锆-钛-钢爆炸复合板的研制上进行技术攻关和反复试验，终于取得了突破，并实现了批量生产。

文献［1410］报道，锆-钛-钢三层复合板中，中间层钛起保证复合板化学性能和过渡作用。该文献还报道了该三层复合板（φ1400 mm，厚度分别为2 mm、2mm、24 mm）的封头的压制工艺。

3.2.62　铜-钼-铜复合板的爆炸焊接

文献［1411，1412］用爆炸复合的方法，试制出Cu-Mo-Cu三层复合板材，并指出，Mo的熔点高，热膨胀系数和半导体硅接近。由于其导热和导电性能好，在电子工业领域被大量地用作基底材料。Cu具有极佳的导电和导热性能，以及良好的加工性能，也被大量地用于电子工业。随着电子工业的发展，电子仪器设备向着微型化和高功率级发展，材料的加工性能、散热和热膨胀匹配等，随之成为亟待解决的课题。为了适应这种需要，开发了Cu-Mo-Cu层状复合材料。相对于纯Mo板：这种材料热膨胀系数和弹性模量可以通过Cu、Mo、Cu的厚度比而调整及控制，以便和一些关键的电子材料，如Si、砷化镓、氮化铝、氧化铍及氧化铝匹配；提高了导热和导电性能，以5%、90%和5%的Cu-Mo-Cu为例，水平方向上热传导系数比纯Mo板提高了17.6%，垂直方向上提高了7%，这有利于散热，纯Mo板的电阻是这种复合材料的1.2倍；加工性能和导电性能得到了改善。

采用冷轧态铜板和交叉轧制的纯钼板，使用平行安装方式一次性地爆炸复合制备了Cu-Mo-Cu层状复合材料，沿爆轰方向取样并制备其金相样品，随后在金相显微镜、扫描电镜和显微硬度计上进行了组织和力学性能的试验。

金相检验表明，Cu-Mo界面为波状，波状类似正弦波，波峰两侧一般分布着熔区。Mo-Cu界面为平直界面。波形界面两侧的金相组织为纤维状，即发生了剧烈的塑性变形，纤维组织发生了弯曲。平直界面两侧的金相组织为带状。能谱分布表明，熔区内Cu约占90%，Mo约占10%。熔区内的显微硬度值为

1200 MPa，该值处于 Cu(800 MPa) 和 Mo(2100 MPa) 基体的硬度值之间。Cu 和 Mo 在任何温度下几乎都不互溶，故熔区内应是 Cu 和 Mo 的简单机械混合物。

结论指出，用爆炸复合的方法一次性地制备 Cu-Mo-Cu 复合材料是可行的，合适的工艺参数可制得无显微裂纹的复合材料。

文献[1413]指出，铜-钼层状复合材料的热导率高和耐高温性能优异，同时具有良好的机械加工性能，在大规模集成电路和大功率微波微电子器件中，作为散热元件和基片连接件应用，得到了迅速的发展。

该文通过建立临界参数计算模型，绘制了铜-钼的爆炸焊接窗口，并试验验证了该可焊性窗口的可靠性。然后采用爆炸焊接的方法制备了铜-钼-铜复合材料。铜-钼界面为波状结合，金属钼在爆炸载荷下易发生断裂。合理地选择可焊性窗口的下限，可以减少和避免裂纹的发生。该工作为研究其他硬脆材料的爆炸复合工艺，积累了理论计算和工艺试验的宝贵经验。

文献[1414]指出，Cu-Mo-Cu 复合材料主要应用于电子封装领域。铜具有高的导电和导热性能，钼具有低的热膨胀系数和高的高温强度等优点，因此利用两者优异性能制备的复合材料，具有高导电导热、可调的热膨胀系数和特殊的高温性能等优点而备受电子工程的青睐。特别是由于电子技术的高速发展，半导体集成电路的密度越来越大和体积越来越小，使电子封装技术向着高密度、大功率、小型化、高性能和高可靠性方向发展，在 HB-LED、多芯片组基板材料、热沉散热、雷达和航空航天等领域有着广泛的应用前景。

目前，国内外生产 Cu-Mo-Cu 复合材料的方法主要有轧制、爆炸焊接和爆炸+轧制等。相比而言，轧制法有成本低、效率高、设备少等优点，是一种极具潜力的大规模生产该复合材料的制备加工方法。该文研究了在轧制条件下，Cu 和 Mo 的界面结合特性，分析了界面结合的内在机理。

文献[1415]概述了铜-钼复合材料生产技术的发展现状，通过对各种复合工艺的对比，指出了这种复合材料生产工艺发展的趋势和方向。

铜-钼复合材料主要用于安装和封接集成电路和高功率半导体器件，以代替以前使用的陶瓷材料。随着超级集成电路和高功率半导体器件的发展和应用，运行中必然产生大量的热。这些热必须及时地从系统中传导出去，才能保证系统的正常运行。否则整个系统就会有烧毁的可能。以前使用的陶瓷封接技术用材料导热性差，热胀系数与硅相差很大，而钼与铜的热胀系数较接近。因此，人们对铜-钼复合材料进行了大量的研究。

钼的熔点高和强度高，热胀系数和导热系数低。与半导体硅相比，可避免因系统过热造成的热胀系数失配产生的巨大应力，使封接材料与硅开裂而失效。铜的导热性能优于钼，所以将钼-铜作为复合材料，可使这种材料的热胀系数与硅接近。由于铜的导热性好，使集成电路在运行中产生的大量热更易输导出去，从而保证电路系统总处于较低的温度环境下运行。于是，可以提高超级集成电路和高功率半导体器件工作的可靠性及安全性。

钼-铜复合材料既具有钼的低膨胀特性，又具有铜的高导热特性，尤其是其热胀系数和导热导电性能可以通过调整材料的成分而加以设计。钼-铜的密度比钨-铜的小得多，因而更适合于航空航天等领域，给该类材料的广泛应用带来了广阔的前景。

爆炸焊接+轧制法也是获得铜-钼-铜三层复合材料的一种好方法。其膨胀系数等性能具有可设计性，同时兼有高强度、高导热率和可冲制成形等特点。这种材料经常应用在一些比较重要的场合，如用作热沉、引线框架和多层印刷电路板(PCB)的低膨胀层与导热通道。

文献[1416]报道，由于铜具有高的导电和导热性能，钼具有低的热膨胀系数和高强度等优点，因此利用两者的这些优异性能组成的 Cu-Mo-Cu 复合材料在微电子工业方面有着广泛的应用前景。目前，这种复合材料的生产方法主要有复合轧制法，熔焊法和热喷涂法。

文献[1417]指出，铜-钼-铜层状复合材料具有低的膨胀系数和高的导热系数，并且这两种系数可以调节和控制。由于其突出的优点，近年来该复合材料在大规模集成电路和大功率微波器件中获得了广泛的应用。它作为基片、镶块、连接件和散热元件得到了迅速的发展，潜力巨大。而目前国内虽然对电子封装和热沉用铜-钼-铜复合材料进行了大量的相关研究，但往往停留在试验阶段。钼与铜一方面在力学和物理性能上存在较大的差异，如铜的延展性很好，熔点较低(1083 ℃)等，而钼的低塑性和高熔点(2610 ℃)，使得变形困难且易出现变形缺陷。另一方面，钼与铜互不相容，不能形成真合金。也不能将钼板和铜板通过任何压力加工的方式直接形成冶金结合。因此,用常规的轧制复合法不能将两种金属板材复合在一起。该文选择一种铝合金的中间层材料(助复剂)制成了铜-钼-铜复合材料。实际上,用爆炸焊接和爆炸+轧制的工艺也是获得这种三层复合材料的一种好方法。所以,本书作者认为,有此条件的单位不妨试一试。

3.2.63　镁合金-铝合金复合板的爆炸焊接

文献[1418]进行了镁合金和铝合金的爆炸焊接,并指出,镁合金是21世纪最具发展潜力的绿色工程结构轻金属材料,它在航空航天、汽车工业和电子通信等领域有广阔的应用前景。但由于它强度较低和耐蚀性较差,其发展和应用潜力受到限制。目前,铝合金仍是占主导地位的轻金属材料。若将镁合金和铝合金复合在一起,充分发挥两者的综合性能,有望进一步扩大它的应用领域。为此国内外开展了对镁合金-铝合金复合材料的初步研究。爆炸焊接法制备复合材料已有了广泛研究和应用,但镁合金-铝合金爆炸焊接未见资料报道。本文对AZ31B镁合金和7075铝合金板材进行了爆炸焊接试验,然后对其样品进行热处理试验:加热温度分别为300 ℃、350 ℃和400℃,保温时间分别为10 min、20 min和30 min、试样保温后出炉空冷(用箱式电阻炉加热)。再将上述样品在金相显微镜、扫描电镜、能谱仪和性能试验机上进行该复合板的成分,组织和性能的检验。

文献[1419]对材料组合为AZ31镁合金-7A52铝合金进行了爆炸焊接的工艺性研究。上述两种材料在汽车、电子通信和航空航天等领域有广泛的应用。如果将其组合起来制成复合材料,充分发挥两者的优势,就可以在以上多个领域得到更广泛的应用。但是由于该镁合金的室温塑性和变形能力差、易脆裂和常温下难以成形等缺点,限制了它的应用。研究结果表明,AZ31镁合金塑性差,爆炸复合困难,复合率小于10%,已复合的部分的界面为波状结合,并且随着药量的减少,波长和波幅有所减小,界面加工硬化显著。AZ31-7A52的爆炸焊接窗口非常小,对工艺参数十分敏感。

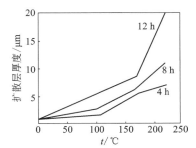

图3.2.63.1　低温退火后扩散层厚度的变化

文献[1420]对AZ31B-7075爆炸复合材料进行了120~220 ℃的低温退火。用金相显微镜、扫描电镜、能谱仪和力学性能试验机对复合界面进行金相观察、成分扫描和剪切强度测试,研究了结合区低温退火演化机制。结果表明,随着加热温度的升高和保温时间的延长,在结合区的镁合金发生了回复、再结晶和晶粒很大的现象。爆炸形成的绝热剪切带逐渐消失。原清晰的复合界面转变为一定厚度的由镁、铝扩散形成的扩散层。扩散层的组织结构由以固溶体为主逐渐转变为以金属间化合物为主。界面剪切断口由韧性断裂转变为脆性断裂。界面的剪切强度取决于扩散层的组织结构,当扩散层为以固溶体为主时,适当的加热可产生固溶强化而提高剪切强度。当以化合物为主时,将降低剪切强度。

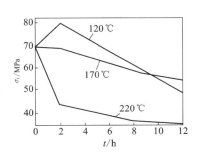

图3.2.63.2　低温退火后界面剪切强度的变化

低温退火后,复合板界面的扩散层厚度和剪切强度的变化如图3.2.63.1和图3.2.63.2所示。

研究指出,AZ31B-7075爆炸复合板的结合界面为波形,靠近铝侧有熔块、镁侧存在绝热剪切带和大量孪晶。热处理结果指出,在相同加热温度下,随保温时间的延长,镁合金侧的绝热剪切带和孪晶等变形组织消失及晶粒长大,并在界面上形成扩散层且逐渐变厚。加热温度的升高对结合界面的影响与保温时间的延长相似。该复合板在不同热处理工艺下的扩散层厚度和剪切强度如图3.2.63.3所示。

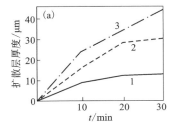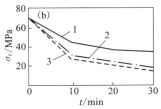

1—300 ℃;2—350 ℃;3—400 ℃

图3.2.63.3　AZ31B-7075爆炸复合板在不同热处理工艺下扩散层厚度(a)和剪切强度(b)

结论指出:

(1)爆炸复合时结合面内形成的特征组织,如绝热剪切带和孪晶等在加热后完全消失,并再结晶和晶粒长大。界面上镁、铝扩散层厚度随加热温度的升高和保温时间的延长而急剧增厚。

（2）爆炸复合界面扩散层内的相结构和相组成随加热温度的升高和保温时间的延长依次按下列次序演化：镁基固溶体-铝基固溶体、镁基固溶体-Al_3Mg_2-铝基固溶体、镁基固溶体-Al_3Mg_2-Al_2Mg_{17}-铝基固溶体。扩散层厚度的增加主要是金属间化合物层的厚度增加所致。

（3）界面剪切强度因加热后扩散层中金属间化合物的形成而降低，断口也因这种化合物的存在而表现为脆性断裂特征。

如表 4.15.2.4 所列，镁及其合金在常温下其 a_k 值很小。所以，它们在爆炸成形中就会开裂。在爆炸焊接中，由于能量更大和速度更快，它们更会脆裂。这就是镁及其合金，以及含镁合金不宜用爆炸焊接法制成复合材料的根本原因。又如表 4.15.2.5 所列，镁及其合金的 a_k 值在 200 ℃ 及以上会有大的增加。由此可以估计，只要在爆炸焊接瞬时，将其温度升高到 200 ℃ 及以上，它们和其他金属材料的爆炸焊接将成为可能。也就是像钼及其合金的爆炸焊接那样，要实施"热爆"工艺。实际上，镁及其合金的爆炸成形、甚至其加工成材都要加温至 200 ℃ 以上，就是同一原因。上述镁合金爆炸焊接后，其基体内出现的种种金属物理方面的问题，就是其常温下的 a_k 值很小引起的。

3.2.64　铂-钛复合板的爆炸焊接

文献［1421］用爆炸焊接+轧制的工艺获得了较薄覆层的 Pt-Ti 复合板。Pt 和 Ti 原始厚度为 0.1 mm 和 10 mm。爆炸焊接后经 650 ℃、1 h 真空热处理，随后冷轧，循环两次。最后 Pt 层为 0.02 mm，Ti 层为 2 mm。这种爆炸+轧制工艺能够大大节约贵金属和降低成本。

文献［1422］指出，在外加电流保护系统中，镀铂钛是性能优良的不溶性辅助阳极之一。这种阳极是在钛基体上镀一层 2.5～10 μm 厚的铂层。但是这种阳极在使用过程中，因其金属间化合物 $TiPt_3$、$TiPt$ 和 Ti_3Pt 组成的焊缝区耐蚀性较低，会引起 Ti 与 Pt 分层，从而降低该阳极的效率，使铂的利用系数不超过 30%。

为了消除镀 Pt 组织疏松、结合强度低、有大量微气孔和裂纹等缺陷，以及"脱铂"现象。为此，采用"爆炸焊+热处理+冷轧"的新工艺来制作铂-钛复合材料。

材料为纯铂和 TA2 钛。爆炸焊接后使复合板在真空热处理炉进行 650 ℃、1 h 退火。冷却降温后，采用了 3 种不同的冷轧工艺进行轧制。结论指出，此三种轧制工艺都能达到试验要求，其中以递减压下率更为合理，可一次轧到成品，不用中间退火。650 ℃、1 h 退火对扩散影响不明显，两侧扩散层厚度不超过 3 μm。拉伸试验和弯曲试验表明，复合板结合性能良好，达到了有关技术标准的要求。

文献［1421］用扫描电镜、能谱、X 射线、射线衍射仪对 Pt-Ti 爆炸焊接及爆后轧制双金属断面形态和界面结构进行的分析表明，爆炸焊接界面上有断续的新生化合物层。此层是由 PtTi、$PtTi_3$、Pt_2Ti_3 等化合物组成的混合组织，有很高的结合强度，强制拉断在界面 Pt 侧。爆后轧制态界面上有大量龟裂块；化合物减少，以 PtTi 和 Pt_3Ti 为主。龟裂块是导致沿界面拉开的原因。

文献［510］也报道了铂-钛复合材料的爆炸焊接、轧制、检验和应用。

3.2.65　硬质合金-碳钢复合板的爆炸焊接

文献［1423］开展了 TiC 硬质合金和碳钢板的爆炸焊接工作。试验用材的化学组成如表 3.2.65.1 所列。其中，TiC 硬质合金由 TiC 和黏结材料烧结而成。TiC 多为球形颗粒，大小为 2～4 μm。黏结材料主要为具有珠光体组织的碳钢粉末。中碳钢板材为退火态，由铁素体和珠光体组成。中碳钢做基板，TiC 做覆板。覆板和基板

表 3.2.65.1　试验用材的化学成分　　mol/%

用　材	TiC	C	Cr	Mo	Si	Mn	Fe
TiC 硬质合金	50	3.5	2.14	2.23	0.24	0.4	余
钢	—	0.34	—	—	0.34	0.41	余

间隔一定距离，覆板上铺设炸药，采用一端起爆法焊接而成。该文献作者用透射电镜、扫描电镜和 X 射线能谱仪对 TiC 硬质合金-碳钢爆炸焊接复合板的界面微观组织和相组成进行了分析。结果表明，界面上有一断续的熔合层，层厚约 10 μm。层内为尺寸在几十至几百纳米之间的纳米或亚微米超细晶粒，组成相为铁素体、奥氏体和少量 TiC。在界面附近的碳钢侧可以看到明显的流线状组织特征，铁素体具有板条状与奥氏体的结构特征。珠光体层片间距减小，呈流线分布。焊接过程中，Ti 向钢中扩散 15 μm 左右。

3.2.66　形状记忆合金复合板的爆炸焊接

文献[1424]指出，NiTi 形状记忆合金是由美国海军军械研究室偶然发现的，是近些年来发展起来的一种新型金属功能材料。它除了具有形状记忆效应和伪弹性两大特异功能之外，还具有优良的耐磨损和耐腐蚀性能，以及良好的生物相容性和阻尼特性，被人称为"跨越 21 世纪的理想材料"。

试验表明，NiTi 开关记忆合金是一种强度高和冲击吸收功较小的材料。它在常规焊接时极易产生开裂和脆断，使焊接失效，而爆炸焊接是实现其与不锈钢复合的行之有效的方法。

根据轧制态该形状记忆合金的实际应用要求，进行了爆炸焊接试验研究，并获得了较为理想的焊接结果，基本上在不改变其记忆功能的条件下实现有效的焊接，基本满足国内航天工业对这一材料特殊应用的要求。

结论指出，通过改进传统爆炸焊接的工艺方法，采用刚性缓冲板代替常规的柔性保护层，配合刚性砧座，可实现非退火态 NiTi 合金的爆炸焊接。该工艺对基材的影响较小，仅在距界面 100 μm 的过渡区内有一定的晶粒细化，化学成分分布比较均匀，且接近基体的成分。这对保持该合金的形状记忆功能具有重要意义。

文献[1425]用爆炸焊接+轧制的工艺研制了一种 CuAlNiMnTi-QBe2-CuAlNiMnTi 三层减振弹性材料。形状记忆合金 CuAlNiMnTi 的尺寸为 1.5 mm×200 mm×250 mm，QBe2 的尺寸为 3 mm×250 mm×300 mm，爆炸焊接后，将该三层复合板在 780 ℃热轧到 2.0 mm（一道次），并直接淬入水中。然后在 350 ℃、45 min+420 ℃、5 min 的条件下热处理。

检验结果表明，爆炸态复合板的界面呈波状且有一定的宽度。表 3.2.66.1 列出了该三种材料在不同热处理下的力学性能。

表 3.2.66.1　三种材料在不同热处理状态下的拉伸性能

状　态	QBe2				形　状　记　忆　合　金				复　合　板　材			
	强　度 /MPa			塑性/%	强　度 /MPa			塑性/%	强　度 /MPa			塑性/%
	$\sigma_{0.01}$	$\sigma_{0.2}$	σ_b	δ	$\sigma_{0.01}$	$\sigma_{0.2}$	σ_b	δ	$\sigma_{0.01}$	$\sigma_{0.2}$	σ_b	δ
A	547	595	660	9.1	140	185	545	5.4	365	545	885	4.4
B	—	1150	1250	8.5	125	185	615	6.6	395	920	1075	1.02
C	—	1154	1200	6.0	140	260	785	3.9	450	855	995	1.14

注：A—780 ℃、固溶 5 min，淬火；B—A+350 ℃、45 min；C—B+420 ℃、5 min。

由表 3.2.66.1 中数据可见，在淬火状态下，复合板材的 σ_b 大于两基材的。经过时效强化处理后，复合板材的 σ_b 增大较明显。在 420 ℃保温 5 min 后，复合板材的 σ_b 有较小回落。由表 3.2.66.1 中数据还可见，复合板材的延伸率在时效强化后有明显下降。

复合板材的减振性能。图 3.2.66.1 为复合板材在不同频率下内耗随温度变化的情况。从图中可以看出，在不同频率下，内耗随温度变化的情况基本一致。这种变化可分为三部分：AB 段，有较高的内耗值，$18×10^{-3}$ 左右；BC 段，其值较 AB 段为高，且先升后降，在 125 ℃附近达到峰值，为 $30×10^{-3}$ 左右；CD 段，随温度的升高，内耗迅速降低到一个很小的数值，为 $2.5×10^{-3}$ 左右。

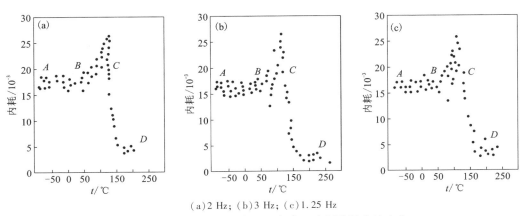

（a）2 Hz；（b）3 Hz；（c）1.25 Hz

图 3.2.66.1　复合板材在不同频率下内耗随温度的变化

图 3.2.66.2 为复合板材和 QBe2 的内耗与应变振幅的关系。由图中(a)可以看出，复合板材的内耗随振幅的升高而呈增大的趋势，即有明显的振幅效应。QBe2 的内耗值基本没有变化，即无明显的振幅效应[图中(b)]。QBe2 的内耗对温度和频率的变化不敏感。常温下其内耗平均值较小，为 2×10^{-3} 左右。图 3.2.66.3 为该合金在频率为 2 Hz 时的内耗随温度变化的情况。

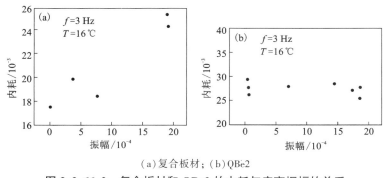 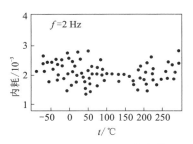

(a)复合板材；(b)QBe2
图 3.2.66.2　复合板材和 QBe2 的内耗与应变振幅的关系

图 3.2.66.3　QBe2 合金的
内耗随温度的变化

该文献指出，利用本文提供的材料和工艺，研制出了一种新型的减振弹性复合板材。阻尼性能测试表明，其内耗值比基材 QBe2 增加了近 1 个数量级(10 倍)，并且有明显的振幅效应。复合板材的电阻率介于两基材之间。

该文献还指出，继电器失效一直是人们研究的热点问题。失效的主要原因有两个：继电器的电接触点的烧蚀及其接触抖动。理想的继电器弹簧片材料应具有 4 个特点：优良的导电性能、高弹性、高减振性和良好的耐热能力。目前使用的弹簧片材料，如镀青铜和黄铜等，它们虽然具有高弹性和高导电性，但阻尼性能差，无法用作弹簧片材料。该文利用爆炸复合技术研制的三层复合板材是一种新型弹性和减振综合性能良好的继电器用材料。

文献[1426]研究了铝-钢爆炸复合材料的阻尼性能，并指出，铝-钢爆炸复合材料具有质量小、水密性好和耐腐蚀等优点，在航船上有广阔的应用前景。另外，随着航船功率和速度的不断增加，在航海等领域还存在着不同程度的振动和噪声等问题，有害的振动将导致材料疲劳，光学系统和导航仪器也常因此发生故障。研究表明，铝-钢复合材料有良好的阻尼性能，在解决这类课题上还能发挥重要的作用。

该文通过改变铝-钢复合板铝层的厚度探讨其对固有频率、内耗、传递函数和强迫振动的影响。结论指出，复合板中，随着铝层厚度的增加，振动的振幅明显降低。在频率高于 170 Hz 或低于 50 Hz 时，4 个试样对振动均出现衰减现象。为发挥该复合材料的阻尼性能，其频率应避开这个区间。

文献[1427]指出，0.4 mm 厚的超薄 NiTi 形状记忆合金是一种强度高，冲击功 A_k 值小的材料。NiTi 中 Ni 含量为 50.48%，Ti 为 49.52%。在爆炸焊接时该材料易产生开裂和脆断。为了实现该同种材料薄板的爆炸焊接，改变了传统的工艺方法，改为采用 4 mm 厚的 Q235 板作为缓冲板，其间以薄纸间隔。按照覆板厚度 4.5 mm 计算药量。同时增设高强度的刚性金属基座。如此成功地实现了 0.4 mm 的超薄和高强度的形状记忆合金的爆炸焊接。通过金相组织的检验和材料记忆功能的测试，效果十分理想。

文献[1428]利用水下爆炸焊接方法进行了 NiTi 形状记忆合金和铜箔的爆炸焊接研究。指出水下爆炸焊接方法的优点是：以水作为爆炸能量传递的媒介，即使很薄的飞板，也能得到均匀的加速；在一个很短的加速距离内，飞板可以得到很大的加速和实现焊接；由于水相对于空气的不可压缩性，爆炸产生的能量不会使水的温度明显上升，绝大部分用于推动水的运动，金属薄板不会被爆炸产生的高温烧蚀。日本学者成功地用此方法将非晶薄带焊接到了不锈钢表面。两种材料的尺寸分别为 100 mm×50 mm×1 mm 和 100 mm×50 mm×0.5 mm，间距为 1 mm，炸药爆速为 3000 m/s。将焊接部件密封在密封袋中，安装示意图如图 3.2.66.4 所示。

试验结果表明，用水下爆炸焊接的方法，能使 NiTi 合金和铜箔成功

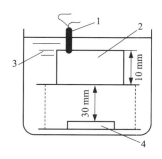

1—雷管；2—炸药；3—水；
4—覆板+基板系统
图 3.2.66.4　水下爆炸焊接装置图

结合。由此可见这种方法对于成形性差和高脆性的薄板材料(如 NiTi 和非晶薄板)的结合有很好的应用前景，这正是传统爆炸焊接的难点。水下爆炸焊接将是对爆炸加工技术的一次拓展和丰富。

3.2.67　钢轨连接线的爆炸焊接

文献[1429]报道，铁路信号传输是决定列车安全和正常运行的关键，用于传输信号的钢轨连接线是保障铁路信号传输和减少电流不平衡的重要设施。目前，钢轨连接线的连接普遍采用的是 20 世纪 60 年代的技术——塞钉法。随着铁路的不断提速，采用该技术的连接线，在使用中的问题逐渐凸显出来。主要表现在：易松动，脱落和丢失，给行车安全带来巨大隐患；需进行定期维修养护且维修成本高；信号传输可靠性难以适应铁路高速化。目前，随着国家对基础设施建设投入的加大，铁路建设飞速发展，新建电气化铁路和电气化铁路改造比例逐年增加。为了适应铁路电气化和高速化发展的需要，部分路局已达成钢轨连接线必须采用焊接方式的共识。为此，该文研究了钢轨连接线的爆炸焊接技术。分析表明，受钢轨尺寸的限制，采用爆炸焊接法连接钢轨连接线必然有尺寸小、焊接面积小、边界效应突出，使用炸药量少等特点。因而，如何保证可靠的焊接质量是能否获得工程应用的前提和必要条件。

在进行爆炸焊接的理论分析并确定爆炸焊接参数后，进行了钢轨连接线的爆炸焊接试验。并对焊接后的试件进行外观、抗拉强度和微观结合面的形态等检测。结果表明，采用爆炸焊接的钢轨连接线焊接质量可靠，能确保铁路信号的正常传输和保证列车的行车安全。

文献[1430]指出，铁路信号传输是确保列车安全和正常运行的关键，用于传递信号的钢轨连接线是保障信号传输和减小电流不平衡的重要措施。多年来，这一技术设施在实际运行中不断改进和发展。为此铁路系统先后采用了塞钉式钢轨接续线，铝热剂焊接式接续线和电弧焊接式接续线。这些技术的改进有效地减小了轨道电路牵引电流的不平衡。随着铁路建设的发展，新建电气化铁路及电气化铁路改造比例逐年增加。为了适应这个形势，人们研制了一种新型的适应铁路电气化和高速化发展需要的"爆压冷焊式钢轨接续线技术"，获得了国家专利，并在铁路系统中广泛运用。

文献[1431]报道，铁路信号的传输现在采用路轨跳线构成通路的方式，其连接方法主要有塞钉法、自熔焊法和弧光钎焊法，这些方法各有利弊。在此作者介绍了爆炸焊接连接技术，即是将具有承受路轨长时往复振动的弓形铁板条用爆炸法搭焊在相邻的两路轨上。该法的使用环境与塞钉法基本相同，不受温度、气候和周围环境的影响，操作简单、作用可靠和成本低廉。既可保证信号的畅通，又可最大限度地减少经营性的路检维修，从而解决了其他方法所存在的问题。

文献[1432]介绍了一种铁路钢轨接续线的爆炸压接装置，压接操作和压接后钢轨的电气性能。结论指出，该装置施工操作简便，单点压接时间短、施工效率高和不影响正常行车。本装置不仅适用于非电气化站段，也适用于电气化站段。特别适用于大面积检修、大面积抢修和新建铁路线的接续线的连接施工。

文献[1433]指出，铁路信号传输是确保列车正常和安全运行的关键，用于传递信号的钢轨连接线是保障铁路信号传输及减少电流不平衡的重要措施，运用爆炸焊接方法连接的钢轨连接线具有操作简单，焊接强度高和成本低等优点。

该文对钢轨连接线的爆炸焊接进行了试验研究，对焊接后的质量从外观、力学性能和结合面的微观结构等多方面进行了详细的检测。结果表明，焊接质量可靠和满足工程应用的要求。该文还对爆炸噪声的特性及其危害作了分析，并对降噪措施进行了研究。选取了合适的吸音材料，确定了钢轨连接线爆焊接过程中的降噪方案。

该方法可以大大节约钢轨连接线的维修养护费用。

文献[1248]报道，俄罗斯的铁路电气化线路中，接触网及部件的连接初期采用螺栓夹板的连接方式。现在已逐步采用爆炸焊接来代替。前者最大的不足是对安全的影响。因为螺栓夹板必须进行经常性的螺栓紧固，以防松动和脱落。尤其是在列车运行密度大、时速高、列车长而重载时，对电气网线的作用力和振动不断增强，很容易使螺栓松动。在漫长的铁路电气化线路上有成千上万个这样的螺栓夹板，如果其中一个松动和脱落，对列车的安全运行就会产生极为严重的后果。此外，螺栓夹板每年必须进行一次到两次的拆下维修和接触表面的清洗工作。在侵蚀性较大的环境下，维修次数还要增加，否则会影响线路的导电性能。再者，螺栓夹板的制造、安装及维修费用都相对较高。

采用爆炸焊接的连接方式，使线路整个供电系统上没有了螺栓夹板，从根本上消除了上述缺陷。首先，爆炸焊接接头抗拉强度高，即使导线断裂，拉断部位也不会出现在接头上。其次，爆炸焊接后导线的导电性能得到提高，并且接头部位不存在腐蚀、铁锈等减弱导线强度和导电性能的缺陷，终身不必维修。爆炸焊接可以在列车运行的间隙中进行，也可在切断电源时进行，还可以在不切断电源时采取绝缘施工法进行操作。

3.2.68　铜包铝和铜包钢电线电缆的爆炸焊接法生产

文献[1434]报道了铜包铝和铜包钢线的生产和使用，并指出，由连续包覆法生产的铜包铝线和铜包钢线主要用于通信电缆中，这是由于高频集肤效应所致。铜包铝线在电缆中的应用较同类产品的用铜量最多可减少60%，成本降低30%～40%。这两种双金属导线目前的应用范围已涉及通信电缆（铜包铝线和铜包钢线）；电缆屏蔽编织线（铜包铝线）；电力电缆（铜包铝线）；建筑用电线电缆（铜包铝线）；汽车用电线电缆（铜包铝线和铜包钢线，用于汽车的电源线和通信线）；漆包线（铜包铝线）。结论指出，以铝节铜已是大势所趋，但应发展到什么程度，这要由技术和经济上可行，以及供需双方的认同来确定。

文献[1435]指出，铜包铝和铜包钢双金属复合材料，它是利用两种金属各自的优点，通过特殊的生产工艺而制成的。早在20世纪30年代，最早由德国发明，随后在美、英、法等先进国家迅速推广，并广泛地使用于各个领域，包括电力传输系统。1968年，铜包铝线和铜包钢线被使用在有线电视电缆上。我国20世纪六七十年代的CATV电缆基本依赖进口，而此时高价进口的产品基本上都是铜包铝和铜包钢的同轴电缆。随后，我国陆续能够生产有线电视电缆，但也只是纯铜内导体的电缆。目前，我国的铜包铝和铜包钢线材的生产技术已经成熟，并满足技术标准的要求，期待更多的推广和应用。

该文献指出了铜包铝和铜包钢的几大优势：电气性能指标完全能满足有线电视系统的需要，其衰减、回波损耗、特性阻抗等性能不低于纯铜芯电缆；为国家节省了大量的自然资源；减少了网络维护工作量；重量轻，可降低运输和安装等费用，减轻架设杆路的载荷；降低了工程成本，有利于发展有线电视事业。

铜包铝和铜包钢线目前国内外采用包覆焊接工艺，即选用高纯度的铝线和铜带，在铝线或钢线上包覆铜层，经焊接后用多次特殊工艺拉制而成。它们之间实现了冶金结合。铜层沿圆周方向和纵向分布均匀且同心度好。铜包钢线也有采用电镀法的。

分类：铜包铝线按力学性能分为软态（A）和硬态（H）两种；按体积比分为10%和15%两种。一般75-9和75-12有线电视电缆采用软态和15%体积比的铜包铝线作为内导体。铜包钢线按导电率分为21%、30%和40%（ACS）三种，按力学性能分为软态（A）和硬态（HS）和超硬态（EHS）。一般的有线电视电缆的75-5和75-7采用30%的软态铜包钢作为内导体。文献将纯铜导体和铜包铝导体的电气性能进行了测试和比较。数据表明，它们的主要性能基本相同。

文献指出，从整体情况来看，铜包铝和铜包钢电缆的成本要比纯铜电缆的低10%～20%。在铜价不断攀升的今天，这两类电缆的生产和应用有很大的优势。可以相信，随着推广的深入，铜包铝和铜包钢型复合电缆的应用将越来越广。

最后，本书作者认为，爆炸焊接+拉拔等压力加工工艺的联合，在生产此类电缆产品上，可以并应当发挥应有的作用。

3.2.69　利用中间过渡层的爆炸焊接

本书4.14章和4.15章讨论了钛-钢复合板爆炸焊接的不易性和这种不易性产生的原因。为了改善这种状况，文献[1280]提出了过渡爆炸焊接的概念。即在钛和其他金属材料爆炸焊接的时候，在它们中间插入中间层材料。这种中间层材料能够将钛和其他金属材料牢固地焊接在一起。此方法用于钛与铝、铜、钢、不锈钢和镍合金的爆炸焊接，也可进行其他组合的焊接。

实际上，并不是所有的爆炸焊接金属都具有理想的强度、韧性、延性和密封性等，利用此过渡层可获得最佳的性能。

在用过渡层焊接中，金属部件一般以板或圆柱体的形式爆炸焊接，然后提供块、带或管件。利用过渡层爆炸焊接的方法，可使不同金属之间的焊接更适合于一般的制造厂。

上述过渡层焊广泛地用来进行钛合金和不锈钢管道的连接（管接头），用于宇航上。其形状一般为圆柱形和圆锥形状。在海军的舰船上，钛的过渡焊最简单的用途是在铝甲板上装配丝扣连接的不腐蚀高强度2级钛导轨板和丝扣钛螺杆。

在爆炸焊接的过程中，过渡层焊接到钛的一面，其他金属部件焊接到过渡层的另一面。上述过渡层金属有 Ta、V、Nb、纯钛+纯镍、CuNi 和 Fe 等。更多的金属组合和过渡层材料如表 3.2.69.1 所列。

该文献还指出，钛和标准压力容器结构钢之间的直接爆炸焊接得不到最好的断裂韧性。为此一般采用中间层来改善。在强度和环境允许的地方，低碳钢或铁的中间层可有限地改善韧性。Cu、Ni 合金的中间层对改善断裂韧性和结合强度的作用明显地优于铜或镍的中间层的作用。表 3.2.69.1 提供了许多钛合金与其他金属材料爆炸过渡焊的资料。

有关中间过渡层在爆炸焊接中的应用，在前面的部分金属组合的爆炸焊接中也有讨论。例如，文献[1482]报道，加纯铁的爆炸+轧制的钛-钢复合板面积达 35 m²。

文献[436]利用作者建立的厚板爆炸焊接窗口理论和图 3.2.69.1 所示的示意图，爆炸焊接了 29 mm 厚的铝-钢复合板，其中的薄钢板厚度为 0.5~1 mm，钢板厚度 20~50 mm。由于薄钢板很薄，当厚铝板与其焊接时，使焊接窗口变得很宽，从而使焊接参数比较好选择和控制。当它们再与厚钢板焊接时，由于钢的熔点远高于铝的熔点，钢-钢间的焊接上限要比铝-钢高得多。如此就可以使厚铝板成功地焊接在厚钢板上。结果表明，它们的结合强度达到 81.3 MPa，超过了铝自身的强度。

该文献还指出，厚板爆炸焊接时应注意：适当地降低爆速，选用较低的冲击速度和质量比，以及较低密度的炸药。

表 3.2.69.1　钛合金和其他金属材料爆炸过渡焊的数据一览表

No	钛合金	基层金属	过渡层金属	σ_s/MPa	σ_b/MPa	韧性
1	Ti6242	Inconel 718	Ta		857.7	很好
2	Ti64	Inconel 718	Ta	236.5	828.8	很好
3	Ti64	Inconel X 750	Ta		820.5	很好
4	Ti64	RA330	Ta		351.6	很好
5	Ti64	304 不锈钢	Ta	227.5	586.1	很好
6	Ti64	17-4PH 不锈钢	Ta	331.0	544.7	很好
7	Ti64	AerMet 100	Ta		827.4	
8	Ti6242	Inconel 718	Nb		551.6	好
9	Ti6242	Inconel 718	V	248.2	709.5	很好
10	Ti64	Inconel 718	1 级 Ti+Ni		413.7	中等
11	Ti64	Inconel 718	1 级 Ti		200.0	差
12	Ti64	Inconel 718	Ni		337.9	差
13	IMI829	Haynes 242	Nb+47%Ti	259.3		

注：以上内容为郑月秋译自"1994 年钛加工和应用国际会议"文集的资料。

有文献指出，在爆炸焊接的情况下，常常在接头中采用由第三种材料组成的工艺性的中间层，以便改善爆炸焊接的条件，或者扩大温度-时间条件，或者起"扩散壁垒"的作用，或者起塑性缓冲层的作用，或者当软性中间层的厚度一定时还有接触强化和提高复合材料结合强度的作用等。因此，在爆炸复合材料的设计中，应当多考虑中间过渡层的妙用。

文献[1437]报道，在 TC4 钛合金与 F122 和 1Cr18Ni9Ti 不锈钢之间，加 0.25 mm 厚的银铜合金或 0.5 mm 厚的铜作中间层，用爆炸焊接工艺能一次成功地制成这种三层复合板。其中用 TC4-Cu-1Cr18Ni9Ti 复合板制成的波纹管贮箱底板能满足技术要求。例如，焊缝泄漏率为 1.33×10^{-7} Pa·L/s。焊缝在充氮 30 个大气压、保压 30 min 的条件下，水检未见气泡。室温下的剪切强度接近

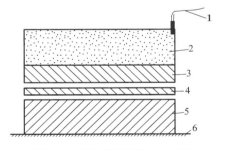

1—雷管；2—炸药（代拿迈特）；3—铝板；
4—薄钢板；5—低碳钢板；6—基础
**图 3.2.69.1　超厚铝-钢
复合板爆炸焊接示意图**

230 MPa。经-196~+50 ℃各浸泡 5 min，连续循环处理 50 次后，焊缝抗拉强度约为 400 MPa。焊接试件的抗拉强度为 680~700 MPa，$\delta_5 = 7.5\% \sim 21.1\%$。焊缝能经受 600 N 气锤冲击锻打校平后，无显微裂纹。焊件经 350 ℃、5 h 退火处理后，应力集中部分消除，中间层 Cu 发生回复和再结晶。

文献[1438]指出，在 LY12 与 Q235 钢的爆炸焊接试验中，其焊接比较困难。例如，它们先结合后又被拉开；有的虽然结合，但末端约 10 mm 长的覆板被打断，起爆端边角未焊上，覆板两侧被剪切约 4 mm 等。为此，作者在覆板和基板之间插入 Q235 钢的薄板进行了试验，实现了良好的焊接。

文献[1439]指出，由于铝合金和钢的物理及力学性能相差很大，直接爆炸焊接有一定难度，尤其是含镁量较高的铝镁合金与钢爆炸焊接时，在界面上易形成低熔点的脆性金属间化合物而影响焊接质量，甚至未达到焊接。因此，为了获得良好的焊接质量，通常采用中间过渡层的方法。考虑到成本和价格，从纯铝、钛合金、银合金和铜等中选择了纯铝1060作为中间过渡层。本文采用三种不同的工艺对铝合金-铝-钢复合板进行了爆炸焊接。结果指出，该三层复合板的铝-钢界面容易产生一层金属间的化合物，并且随着装药密度的增加，金属间化合物的中间层变得愈加连续，界面强度明显降低，而铝-钢界面元素间的相互扩散距离变化不明显。

表 3.2.69.2　LY12 和 Q235 直接爆炸焊接的工艺参数和结果

No	覆板厚/mm	基板厚/mm	药量/g	药厚/mm	间隙/mm	超爆方式	结果
1	4	25	140(10%)	20.8	3	T 形	失败
2	4	25	175(10%)	26.0	4	T 形	失败
3	4	25	140(10%)	20.8	5	T 形	失败
4	4	25	200(10%)	29.8	6	T 形	失败

文献[1440]提出在 LY12 与 Q235 钢之间插入中间材料(Q235 薄板)的新的爆炸焊接方法。如此能实现铝、钢之间的良好焊接。两种试验结果的比较如表 3.2.69.2 和表 3.2.69.3 所列。

表 3.2.69.3　LY12 和 Q235 之间插入中间层爆炸焊接的工艺参数和结果

No	中间层厚/mm	覆板厚/mm	基板厚/mm	药量/g	药厚/mm	间隙 1/mm	间隙 2/mm	起爆方式	结果
1	0.5, 1.0	4	25	140(10%)	20.8	1	2	T 形	成功
2	0.5, 1.0	4	25	175(10%)	26.0	2	2	T 形	成功
3	0.5, 1.0	4	25	140(10%)	20.8	3	2	T 形	成功
4	0.5, 1.0	4	25	200(10%)	29.8	4	2	T 形	成功

注：板材尺寸均为 80 mm×120 mm；铵梯炸药，药量后标准的百分数为 TNT 的含量。

文献[1441]指出，由于铝合金与钢的物理和力学性能等相差较大，直接爆炸焊接有一定的难度，尤其是含镁量较高的铝镁合金与钢爆炸焊接时，在界面上易形成低熔点的脆性金属间化合物，影响焊接质量，甚至不能焊接。因此，为了获得良好的焊接质量，通常采用中间过渡层的办法。经过理论分析和试验研究，过渡层可选用纯铝、钛合金、银合金、铜等。但考虑价格和成本，最后选择了 2 mm 厚的纯铝 1060。组成 5083-1060-Q235 组合，并用 3 种工艺进行爆炸焊接试验。

对上述三层复合板进行了金相观察和电子探针分析，并指出，3 种工艺下的铝-钢界面的波形都较小，且晶粒破碎和位错密度大。电子探针分析指出，3 种条件下的铝-钢界面均产生 Al、Fe 金属间化合物，且均为 $FeAl_3$。随着装药量的增加，化合物的厚度有增加，其分布也愈加连续。界面有数十微米的扩散距离。

力学性能试验结果表明，3 种工艺下的铝-钢界面的抗剪强度分别为 43 MPa、52 MPa 和 79 MPa，随着药量的增加，剪切强度降低。

文献[1442]探讨了用铜和铝作为钛-钢爆炸焊接中间层的复合工艺的可能性，指出在钛-钢爆炸焊接时，其结合界面上 Ti 与 Fe 易生成 FeTi、Fe_2Ti 等脆性金属化合物，大大降低了界面的结合强度，并影响其复合率，有时还会使该复合板在生产和使用过程中发生大面积的脱焊开裂，造成质量事故。因此，钛-钢的爆炸焊接一直是该领域的一个重要课题。为此，作者尝试用铜和铝作为中间层，以提高这种复合板的焊接质量。

作者在小型试验后指出，铜和铝作为中间层，对钛-钢复合板的复合率没有明显的影响，但钛-铜-钢界面之间的结合强度明显高于钛-铝-钢界面之间的结合强度。

文献[1107]选择一种铝合金作为中间层材料(助复剂)，制成了铜-钼-铜复合材料。

3.2.70　非晶态复合材料的爆炸焊接

文献[1443]报道，自 20 世纪 80 年代以来，超硬材料的粉末爆炸成形、精细形状的爆炸成形、陶瓷类及非晶态金属箔类材料的爆炸焊接等，受到发达国家有关研究人员的普遍关注。指出，目前具有特殊性能的工艺陶瓷、非晶态金属薄膜材料在世界范围内迅猛发展。但这些材料在合成加工方面仍存在着急需解决的课题,如工业陶瓷在高温状态下会晶粒长大,晶界物质析出等现象,影响产品的使用性能。非晶态金属箔也因厚度不足而无法扩大使用范围。爆炸焊接技术发达的国家都在进行针对性的研究。其中,日本学者正在进行的多层非晶态金属箔-软钢的爆炸焊接结合试验颇具新颖性和独特性。非晶态金属箔是一种高强度脆性材料,塑性变形能力很差。直接利用爆轰压力结合时,薄膜内部出现大量裂纹,界面的软钢一侧也会开裂。对此,日本研究人员采用驱动板加水压轰击的方式,有效地抵消了结合界面处的拉应力,避免了拉伸裂纹,成功地将 5 层非晶态金属薄膜与软钢爆炸焊接成复合板材。

文献最后指出,由于 HIP、CIP 等大型精密加工机械的发展,高强度物质粉末固化烧结技术的进步,爆炸焊接工艺的应用范围受到前所未有的挑战。充分发挥爆炸焊接这种高能加工形式所具有的不可替代的特点,不断研究新型的爆炸焊接材料,才能使这一工艺技术更好地适应时代的需要。

文献[1444]指出,非晶态合金不具备长程原子有序,称为玻璃态合金或非晶合金,是新型功能材料研究的热点之一。事实上,人类早已利用非晶材料,如玻璃和许多生物体都是非晶态物质。

非晶合金是 20 世纪 60 年代才发展起来的。1960 年,DUWEZ 等人采用熔体快速冷却的方法首先制备了 Au-Si 非晶合金。至今为止,非晶合金的研究已取得巨大的进展。如非晶合金用作变压器、传感器的铁芯,非晶合金纤维也用于材料的纤维增强等。这种材料的研究之所以得以如此迅速发展,根本上是因为它的优异的力学、磁学和化学性能所决定。将合金组成从气态或液态快速凝固下来,以致将原子的液体组态冻结下来。这样合金在微观结构上就呈现出高度无序的玻璃态,使合金具有了许多不同于结晶金属的性能,如高硬度、高强度,优异的磁学性能和抗腐蚀性能等。这样便使非晶态合金有广泛的应用范围和极大的开发价值。但同时,由于快淬形成的特点所决定,一般的非晶态合金只能以条、带、薄片和粉末等形式存在。这样,就大大限制了非晶合金优异性能的发挥。为此,开发块体非晶合金成为这类材料实用化的重点。目前许多学者已用多种方法制备出块体非晶合金。这些方法和技术可分为 4 种:非晶粉末冶金、固态反应、从液相中直接制取和非晶条带的直接复合。

采用爆炸焊接技术来制备块体非晶合金时,尤其是将多层非晶条带直接焊在一起,保证块体非晶态是该技术关键之一。对普通的合金来说,较大的冷却速率是制备非晶合金的关键因素。爆炸焊接能满足这一要求。爆炸焊接过程中界面热能迅速传入基体内部,并在界面形成 $10^5 \sim 10^8$ K/s 的降温速率,同时整体的温升也很小。此外,爆炸焊接的本身特点又决定了它有以下优点:层间的焊接射流有效清洁非晶条带的表面氧化膜以达到良好的焊接结合,从理论上讲,可以获得无孔隙的密实的非晶合金块体;与粉末相比,条带需要焊接的表面较少,从而材料中产生的缺陷也会大大减少,如果条带不断裂或只有很少裂纹,用作软磁材料时可以保证磁路畅通,而成为优异的磁芯材料;制造非晶合金和普通金属的复合材料,如将多层非晶条带焊在普通金属表面,作为优质的防腐和耐磨材料。这是这个方法的独特优点。

爆炸焊接技术用于制备非晶条带块体及涂层,已引起世界各国学者的重视。有文献报道,国外有人将非晶条带爆炸焊接到金属基板上。焊后非晶条带保持非晶态,增强了表面的硬度和耐磨性。国内的张凯和李晓杰等专家将卷成 165 层的 2605S-2 的非晶条带进行轴对称爆炸焊接,得到了外径 2 cm、壁厚 0.4 cm、长 8 cm 的非晶合金管。此外,能将不同的非晶合金复合在金属基板上,达到了预期的效果。爆炸焊接后的非晶合金的密度几乎能达到非晶合金条带的密度。

诚然,用爆炸焊接技术制备非晶合金块体也存在着有待进一步研究的问题。如材料在焊接加压变形过程中,整体处于常温状态,非晶条带经历高速的冷变形过程。如果当驻点的移动速度较低时,即驻点应变率较低时,非晶合金的塑性流动与静态结果相同,呈不均匀性。以致形成 45° 滑移线,最终发展为剪切断裂。另外,从微观上观察,可以观察到有微裂出现。为解决这一问题可以通过调节驻点的高速变形状态等措施来解决。还有,由于一般非晶条带的 ΔT_x 较小,爆炸焊接时,必须合理选择焊接参数避免块体非晶合金晶化。这些问题有待进一步深入研究。

结论与展望:目前,非晶合金块体有多种方法制备,其中直接复合技术即爆炸焊接更有其独特性。它以非晶条带为原料直接复合为块体。这样,不仅能保证非晶块的非晶性,而且能有效地清除氧化膜、不受材料组成的影响等诸多优点。因此,在爆炸焊接时,如能选择合适的工艺参数来控制裂纹的产生,那么,爆炸焊接技术用来制备非晶合金块体,将是很好的发展方向。图 5.5.2.194~图 5.5.2.196 为我国专家学者在此方面所做工作的一些成果的实物图片。

文献[1445]指出,非晶态材料是粒子以小于 1.5 nm 的短程有序排列的不呈现晶体结构而呈玻璃态的材料。非晶态合金是以 $10^5 \sim 10^6$ K/s 的冷却速度将熔融合金骤冷制成的。在此条件下，金属没有结晶的机会，是被强行冻结的液体。它的生产方法有多种：旋转铜台冷、喷雾水冷等。可生产出粉末和鳞片状的非晶合金。非晶带材的制造方法有单辊法、双辊法和三辊法。其中单辊法是将合金熔体置于高速旋转的铜辊上方，溶液流借助惰性气体喷到铜辊表面，借助气体对流和铜辊的接触导热而速冷成带。目前，用该法获得宽度达 100 mm、厚度约 25 μm 的非晶合金条带。这种材料兼备了高强度钢、不锈钢和硅钢的所有性能，是一种很有前途的材料。但其缺点是加工性能差、不能热焊、厚度有限，遇到 400 ℃ 以上的高温即可结晶等。上述缺点限制了它的应用范围。

多层非晶条带的爆炸焊接是将多层非晶带叠合在一起，利用爆炸能量推动覆板对多层组合进行冲击，从而促使条带相互焊接的技术。作者利用这种技术已成功将 20 ~ 200 层厚度为 25 μm 的 $Fe_{78}B_{13}Si_9$ 和 $Fe_{40}Ni_{40}P_{14}B_6$ 非晶合金条带焊接成管状件和板状件。

文献[1446]指出，非晶态材料是近 20 年来非常活跃的研究领域。从熔体以 10^6 K/s 量级的降温速度直接快淬出来的合金，它有许多独特诱人的性能，如高强度、高硬度、低磁滞损耗和优异的耐蚀性能。以铁基非晶合金为例，它具有低矫顽力和高磁导率等优点，电阻率为硅钢的 3 倍左右，铁损仅为取向硅钢的 1/4，为无取向硅钢的 1/10，是优异的软磁材料。但限制它在电力变压器等电器上应用的主要原因之一是带材较薄，使得填充系数仅为 75% 左右。因此，迫切需要制备三维大尺寸的非晶材料。国内外在这方面进行了大量的研究，包括等离子喷涂、热膜压结、冷压结和动态压实。该文提出用非晶条带直接爆炸复合的方法，生产三维尺寸的非晶合金块件，弥补了上述方法的缺点。

该文献报道了利用爆炸焊接技术，对铁基和镍基非晶合金条带（厚度约 25 μm）进行双层和多层爆炸焊接的结果。金相分析表明，条带间结合良好，X 射线衍射结果指出，焊接后的条带仍保持非晶态，即使采用表面已有部分晶化的条带进行爆炸焊接，焊接后仍转化为非晶态。这说明焊接过程中条带表面已发生熔化，且冷却速度也可达 10^6 K/s 量级。

文献[1447]指出，非晶合金不具备长程原子有序，称为玻璃态合金或非晶合金。近年来，它已成为科技界和产业界重点研究和开发的对象之一。至今为止，非晶态合金的研究已取得巨大进展。如非晶态合金已用于变压器和传感器的铁芯，非晶态合金纤维也用于材料的纤维增强等。非晶态合金的研究得以如此迅速地发展，根本上是由于它具有优异的力学、磁学和化学性能。很多非晶态合金还兼具众多优异性能于一身。这样就使非晶态合金具有广泛的应用范围和极大的开发价值。但由于一般非晶态合金只能以条带、薄片和粉末等形式存在，这样就大大限制了它们的优异性能的发挥。为此，开发块体非晶态合金成为这类材料实用化的重点。目前，许多学者已用各种研究方法制备出块体非晶态合金。所有制备技术大致可分为四个方向：粉末冶金、固态反应、从液相中直接制取和爆炸焊接。本文重点研究了爆炸焊接技术在非晶态条带直接复合中的应用。

文献[1448]指出，爆炸焊接方法是制备块体非晶材料的一种重要方法，受到国内外的广泛重视，而非晶爆炸焊接的关键是抑制其晶化。为此该文对非晶薄带的爆炸焊接温升进行了深入研究。结论指出，在多层非晶薄带焊接中，随着其装填密度的提高，由于薄带可加速运动的距离减小和质量的增加（层数增多），要达到 $v \geq v_{min}$ 的撞击速度所需要的撞击压力增大，进而撞击温度随着初始的装填密度增大而增高（图 3.2.70.1）。在非晶薄带爆炸焊接制备块体非晶材料时，因装填密度大而引起的温升相当可观，而非晶合金作为温度的敏感性材料，在爆炸焊接和类似的加工操作时必须对撞击温度加以充分考虑，因而对非晶薄带的装填密度进行合理设计。

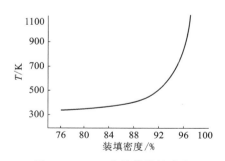

图 3.2.70.1　非晶薄带的冲击温度与其装填密度的关系曲线

文献[1449]指出，非晶薄带的爆炸焊接成功，表明爆炸焊接技术在用于非晶薄带的块体合成时，能保证薄带的非晶态。不仅如此，在普通的复合板爆炸焊接时也能产生非晶相。有学者在做钛和镍的爆炸复合研究中出现非平衡相，其中也有非晶态相产生。这是由于沿焊接面薄层快速熔化和快速冷却所致，但没有给出具体的理论解释。本文从非晶产生的原因出发，提出了一种焊接界面温度场的模型来解释此处非晶相产生的原因。结论指出，本模型的温度场分布规律，可以解释在焊接时，有时会在界面上出现非晶相，并为非晶薄带的爆炸焊接提供了理论基础。爆炸焊接中界面非晶相的出现，实为界面瞬时出现一薄层熔化层而后又急速冷却所致。

文献[1450]综述了近年国内外非晶态合金在焊接方面的研究进展，并指出，目前可以成功焊接大块非晶合金的方法有高压压实法、摩擦焊、闪光电阻焊、电子束焊、爆炸焊和激光焊。大块非晶合金的焊接成功推动了大块非晶合金在工程材料方面的应用。爆炸焊中的爆炸会产生能量集中的冲击波，其能量将使被连接的非晶态各部分的界面温度迅速升高至过冷液体区或液体区，从而达到焊接的目的。由于爆炸焊施加给被焊材料的能量非常集中(即能量密度高)，使得加热速度和冷却速度很快，避免了晶化的产生。所以可使用爆炸焊将非晶态合金的粉、丝、条带制成大块非晶。2003年，Keryvin等人成功地用爆炸法将厚2 mm、宽20 mm、长20 mm的$Zr_{55}Al_{10}Ni_5Cu_{30}$BMG板与晶体Ti合金板焊接起来。多种方法成功焊接大块非晶材料，使其不受尺寸的限制成为可能，从而使非晶材料的应用更广泛，特别是其在化工材料上的应用。

文献[1451]指出，非晶态金属合金具有"冻结的液态结构"，是长程原子无序而短程原子有序的金属合金，因而不存在影响到合金性能的空位、位错、层错和晶界等缺陷。这种微观结构使其表面自由能较晶体合金高，处于热力学亚稳态，因而，显示出一系列优异的力学和物理性能。爆炸复合非晶块体材料具有高的防护能力，使其可能成为新一代关键防护材料之一。

该文提出先对非晶薄带涂层、然后进行爆炸复合的方法，开展对有、无涂层对非晶薄带爆炸焊接过程中温度的系列对比和分析计算。利用放缩法将涂层后的薄带简化为均质材料，并对30 mm厚的$Fe_{78}B_{12}Si_{10}$非晶涂层爆炸焊接前、后层内温度场进行系列分析计算。结果表明：高速撞击产生的热量主要集中在铜涂层上，涂层处理能够显著减小界面撞击引起的热影响区域；相对于非涂层的非晶爆炸复合，文中方案平均温升降低280 K；铜涂层后，撞击界面冷却速度高达10^7 K/s。研究表明，具有表面涂层的非晶薄带在爆炸复合制备层合块体非晶复合材料过程中，能够更好地保持非晶材料的非晶结构，并有效扩大爆炸焊接的窗口。最后指出，表面涂层材料的选择及其厚度的最优化设计有待深入探讨。

文献[1452]从非晶合金形成的特点出发，结合爆炸焊接传热的特殊性，提出用一种方波形的温度场模型来解释非晶薄带爆炸焊接后能保证非晶态的原因。结果表明，此模型符合非晶薄带爆炸焊接的实际情况。

文献[1453]报道了用爆炸压实法制备非晶颗粒增强铝基的复合材料。其中增强相的含量分别为5%、10%、15%和20%。XRD和DTA分析的结果表明，爆炸压实过程中非晶颗粒未发生晶化现象。SEM分析的结果表明，非晶颗粒在基体中分布均匀。对爆炸压件的硬度、密度和强度进行了检测。结果表明，该复合材料的硬度和强度呈增大趋势。

文献[1454]指出，非晶态合金的原子结构处于亚稳态，在一定条件下会向稳定态转变而成为晶体，称为晶化。一旦非晶态合金发生晶化，就会失去原有的非晶态的优良性能。所以采用爆炸焊接方法制备块体非晶合金时，熔化层快冷后的温度是否低于材料的晶化温度，是块体非晶合金能否成功制取的关键。该文通过爆炸焊接热分析，计算出急冷后界面熔化层的温度低于非晶合金材料的晶化温度，论证了采用爆炸焊接方法制备块体非晶合金时可以使原始非晶材料保持原有的非晶状态。

文献[1455]重点研究了非晶态合金块体爆炸焊接制备技术，完成了20～120层和25 μm厚的非晶薄带的爆炸焊接。焊件分别制成板状和管状。同时也完成了单层非晶薄带与普通钢板的爆炸焊接试验。此外，主要的研究成果还有：针对多层非晶态合金薄带爆炸焊接的特殊性提出了"薄带爆炸焊接理论窗口"；为了减少薄带内裂纹的产生，对爆炸焊接界面附近的应变率和应变分布规律进行了分析；指出爆炸焊接界面附近温升是由爆炸绝热压缩和畸变能沉积两者造成的；提出用一种方波形温度场来解释薄带爆炸焊接后能保证非晶态的原因。

文献[1456]报道，块体非晶合金在钨丝增强下，在保持高强度和高硬度的同时，可有效提高其密度，并且有良好的自锐性。本文综述了国内外钨丝增强块体非晶复合材料的制备方法、界面特性、力学性能和变形行为的研究现状，对今后的研究方向进行了展望。

指出，块体非晶合金在钨丝的增强作用下，在变形过程中产生的局部区域剪切断裂行为使其在穿透物体的过程中产生自锐效应。同时具有较高的密度，因而有望应用于需要承受高速冲击的结构材料领域。虽然这种材料的穿甲性能还不及贫铀合金，但随着其制备方法、界面特性、力学性能和变形行为研究的深入，相信钨丝增强块体非晶合金复合材料有可能完全取代贫铀合金，而成为穿甲弹芯的主要材料。

文献[1457]指出，由于非晶合金不存在影响材料变形的空位、位错和层错等缺陷结构而具有很高的强度和低弹性模量等力学性能。同样，由于不具有磁晶各向异性结构，因而具有良好的软磁性能。另外，非晶态合金不存在晶界结构，成分是均匀的，某些非晶合金还会有大量形成钝化膜的元素，而具有优异的耐腐蚀性能。正是由于这种合金具有优异的力学、物理和化学性能，使其在航空航天、汽车部件、能源化工、运动器材、信息和装甲防护等领域展现出广阔的工业应用前景。为此在军事和民用领域的研究得到了广泛的关注及重视。

为了克服非晶合金在尺寸上带来的限制，人们积极开展了复合制备非晶块体和非晶增强复合材料的研究。其中包括摩擦焊、电火花焊、激光焊、爆炸焊和非晶颗粒增强复合材料的爆炸压实等。多层非金薄带的直接爆炸复合，因焊接窗口狭窄而对操作要求较高且易出现裂纹等明显缺陷。

该文献针对利用非晶薄带爆炸复合制备非晶块体面临的困难，提出在薄带表面涂镍，使表面硬度降低。此举不仅可降低焊接下限，还可使焊接熔化区域集中于涂层上。同时，基于损伤力学的观点和焊接界面温升热软化模型对装置进行改进。通过在基座上增设缺陷界面，以削弱到达焊接界面的反射拉伸波强度，从而提高焊接上限。以上措施使爆炸焊接窗口得以扩大。再根据多层薄带焊接动力学进行装药设计并试验。最后对制备的样品进行 X 射线衍射、DSC 和 SEM 测试。由 X 射线衍射和 DSC 曲线可知块体样品呈非晶状态，而 SEM 照片则表明焊接界面结合良好。

文献[1458]结论指出，非晶薄带涂层后的爆炸焊接上限不能再凭晶化限确定。焊接界面的"过熔"及涂层与基体结合的界面强度也对爆炸焊接上限起到限制作用，因而，涂层后非晶爆炸焊接上限由晶化限、焊接界面"过熔"和涂层界面的结合强度三者共同确定。应用温升热软化模型，使焊接界面模型估测达到量化效果，从而使上限数值更明确化。在设计中利用适当的消波层结构，可以有效地削弱反射拉伸波的强度和保护结合界面完好，有利于提高上限数值和扩大焊接窗口。

文献[1459]指出，非晶态合金从 20 世纪 60 年代问世以来，由于其独特的性质，已广泛地用于国民经济的许多领域，取得了令人瞩目的成就。目前，非晶态合金主要的应用领域有以下几个方面：

（1）用于化学催化剂。展示了这种新型催化剂的美好前景。

（2）在电力行业。其中铁基非晶合金的最大应用是做配电变压器的铁芯，其工频铁损仅为硅钢的 1/5 ~ 1/3，空载损耗降低 60% ~ 70%。因此，非晶配电变压器作为换代产品有很好的应用前景。

（3）在电子信息行业。随着计算机网络和通信技术的迅速发展，对小尺寸，小质量、高可靠性和低噪声的开关电源和网络接口设备的需求日益增长，要求越来越高，非晶材料能够满足这方面的要求和有许多很好的应用。

（4）在电子防窃系统中。早期钴基非晶窄带的谐波式防盗标签在图书馆中获得了大量应用。最近利用铁镍基非晶带材的声磁式防盗标签克服了谐波式防盗标签误报警率高，检测区窄等缺点。其应用已经扩展到了超级市场。可以想象，随着超市、书店、开放式图书馆的发展，作为防盗的非晶带材和丝材的应用会急剧增长。

大块非晶合金由于具有许多优异的性能，如软磁性、硬磁性、高强度、高硬度和高耐蚀性能等，从而具有更广阔的应用前景。表 3.2.70.1 列出了大块非晶合金的基本特性和应用范围。

表 3.2.70.1　大块非晶合金的基本特性和应用范围

基本特性	应用范围	基本特性	应用范围
高强度	机械结构部件	高储氢性	储氢材料
高硬度	精密光学部件材料	良好软磁性	软磁材料
高断裂强度	模具材料	高磁导率	存储材料
高冲击断裂能	工具材料	高磁致伸缩率	高磁致伸缩材料
高疲劳强度	切削材料	高侵彻性能	穿甲材料
高耐蚀性	耐蚀材料		

非晶粉末和条带在形状及大小上都满足不了工业生产的需要而要求制备非晶合金块。目前，已成功完成了 20 ~ 120 层 25 μm 厚的非晶薄带的爆炸焊接，焊件分别制成板状和管状。同时也完成了单层非晶薄带与普通钢的爆炸焊接试验。

非晶合金是一种新型功能材料，但制备难度大。该文给出了爆炸焊接制备过程中的技术难点，提出了解决的相应对策。成功完成块体非晶合金的爆炸焊接试验，还有待进一步的研究和完善。

文献[1460]利用单辊法制备单层非晶薄带，采用双喷嘴快速凝固技术将两层合金直接复合在一起，制备出双层非晶复合带材料。研究了单层薄带材料的软磁性能和双层复合后软磁性能的变化。结果指出，将具有高的磁导率，低弛豫频率和高弛豫频率、低磁导率两种材料制成双层复合材料，能有效地改善其软磁综合性能，并根据畸壁运动动力学和内应力的影响进行了分析。该研究对改善软磁材料的综合性能具有重要意义。

本书作者认为，爆炸焊接技术在制备此类复合材料方面应当有很好的应用。

3.2.71　纳米晶复合材料的爆炸焊接

文献［1461］［1462］对 Cu-Fe 爆炸复合薄膜的组织进行了光学显微镜、TEM、HRTEM 观察。结果表明，在一定厚度范围内材料纳米晶化，有的地方甚至出现非晶相。这是由于在高冲击力、大塑性变形量、高塑变速率和温度急剧升降的条件下，材料内部位错大量增殖缠结，空位浓度急剧增加，使晶粒碎化成纳米尺度的细晶，有的地方原子甚至全无规则排列。试验结果说明，有望采用爆炸冲击制备纳米晶复合薄膜材料。

金属纳米晶材料晶粒细小，界面体积分数大，表现出独特的力学及物理和化学性能。近几年来，陆续开发出多种纳米材料的制备方法，其中包括非晶晶化法，惰性气体蒸发原位加压法，机械研磨法、电解沉积法和烧结法等。这些方法都不够理想，该文作者采用爆炸复合法制备纳米晶薄膜取得初步成功，这种方法工艺简单，成本低廉和生产效率高，有望成为制备金属纳米晶材料的适用方法之一。

3.2.72　金属粉末的爆炸压涂

文献［1463］提出了一种制造双金属复合板的新工艺——爆炸压涂。它是利用炸药爆炸产生的高压驱动金属板高速撞击粉末，使粉末在得到压实的同时，牢固地附着在金属板表面形成双金属复合板的爆炸加工工艺。这种工艺兼具了爆炸焊接和烧结复合的优点，能够制备出结合强度高，覆层性能好且具有微量孔隙的复合板。该技术不需要专用设备、工艺简单、生产成本低。爆炸压涂可以一次形成大面积（几平方米）的厚涂层（厚度几毫米）。其实质是爆炸焊接，爆炸压实和爆炸喷涂三者的结合。

爆炸压涂可以选用单质金属的、合金的或混合的粉末作为覆层，粉末的成分及含量易于调整，可以使覆层具有防腐、耐高温、导电、自然润滑等多种性能，甚至可以选用细晶粉末，纳米粉末或陶瓷粉末来制造优异的新型复合材料。

爆炸压涂的复合板覆层的密度可以达到 90%~100% 的理论密度。覆层含有微量孔隙的复合板的最大用途是制作新型石油射弹孔的药型罩。例如，将铜粉和镍粉混合后与铜板进行爆炸压涂来制备双金属板，将这种双金属板冲压成药型罩。铜镍粉末覆层作为药型罩的外层，铜板作内层。根据聚能射流原理，药型罩内层形成射流，外层形成杵体。由于覆层含有一定孔隙且颗粒间的结合强度较低，因此形成的杵体在高压下很容易破碎，从而有效地消除了孔道的杵堵率。采用这种新型药型罩可以实现无杵堵和深穿孔，具有广阔的应用前景。

爆炸压涂的复合板经过轧制以后，可以消除覆层中的孔隙，形成致密度高和结合强度高的双金属复合板，完全可以与爆炸焊接的复合板相媲美。更重要的是，选用不同的粉末材料，可以用于雷达吸波材料和坦克装甲等特种材料的研制与开发。

文献［1464］指出，涂覆技术是复合材料领域的研究热点，总结了现有的涂层制备技术。并在现有技术基础上提出了一种制备板-粉末双层复合材料的新工艺——爆炸压涂。爆炸压涂是利用炸药爆轰产生的高压驱动金属板高速撞击涂层粉末，使粉末在得到压实的同时牢固地附着在金属板表面形成涂层。该文详细地阐述了爆炸压涂的原理和实施方法，分析了爆炸压涂技术在涂层制备方面的优缺点，最后论述和展望了爆炸压涂的研究方向和应用前景。

爆炸压涂的特点如下：

（1）由于炸药能驱动大面积金属板的运动，所以爆炸压涂可以一次性地制备大面积板-粉末双层复合材料，生产效率高。

（2）爆炸压涂不需要设备、工艺简单、操作方便和生产成本低。而且可根据材料性能的不同，很方便地调整爆速，炸药厚度，间隙和粉末厚度等主要工艺参数，具有很好的灵活性。

（3）金属板的速度可以在 500~800 m/s 范围内调整，最高可产生几十兆帕的压力，所以爆炸压涂技术几乎可以将任何塑性或脆性粉末材料制成致密的涂层。

（4）粉末中传播的冲击波压力较高，可以将松散的粉末压实到接近 100% 的理论密度。因此涂层中的孔隙度很低，涂层致密度好。

(5)爆炸压涂在常温下进行，爆轰的瞬时性使得过程只有几毫秒。粉末颗粒表层熔化后能够急速冷却下来。这种快熔快冷性可以避免发生氧化、晶化或晶粒长大，可以显著减少粉末中氧化物杂质的形成。更重要的是非常适合制备非晶或纳米涂层。

爆炸压涂的缺点是：噪声大、自动化程度低，另外，压涂基体只能为塑性板状材料，不能进行选区压涂。

3.2.73 用爆炸压实法制备复合材料

文献[1465]指出，铝-石墨复合材料是一种新型的减摩材料.其特点是在铝合金基体上分布一定数量的石墨颗粒。在摩擦过程中，一方面，这些石墨颗粒优先脱落，并在磨面上形成连续的石墨膜，这种膜起减摩和润滑作用；另一方面，基体是铝合金，使用该复合材料还具有一条优点，即质量轻和导电性能好。因此，这种用爆炸压实法获得的铝-石墨复合材料具有广阔的应用前景。

爆炸压实法是利用炸药爆轰产生的撞击能量以激波的形式作用于粉末，在瞬时，高压和高温下发生压实的一种材料加工或合成的新技术。针对其加工时间短(为几十微秒)和作用压力大(最大可达100 GPa)的特点，该文献以电力机车系统用部件——导电滑板材料为应用对象，对铝和石墨粉的爆炸压实进行了研究，以期能采用该技术替代传统的生产工艺，制造出优质的铝-石墨复合材料。

该文献研究了铝和石墨粉末的爆炸压实。采用轴对称圆管收缩爆炸压实的方法，得到了压实密度达95%理论密度以上的不同石墨含量的铝压实件。压实件无宏观裂纹，无马赫孔洞。金相观察指出，压实件中铝和石墨的颗粒分布均匀、结合良好，并测定了部分压实件中心轴到边缘的硬度变化情况，以及电阻率、摩擦和磨损性能。结论指出，铝-石墨粉末爆炸压实件的组织均匀，结合良好，压实密度在理论密度的95%以上，达到了很高的数值。爆炸压实件的摩擦磨损性能优良，且优于传统的复合铸造法制品。爆炸压实装置(图3.2.73.1)和参数设计是合理的及成功的。

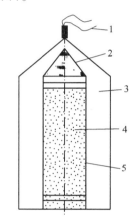

1—雷管；2—锥形塞；3—炸药；
4—混合粉末；5—外套管
图3.2.73.1 用爆炸压实法制造复合材料的试验装置示意图

文献[1466]指出，当前爆炸压实技术的应用已经不仅仅是用来制取高密度粉状材料，而且更重要和更有前途的是用来合成新材料及对粉末材料的撞击活化和改性。这种活化和改性上的潜力非常大，其巨大作用和深远意义将逐渐被越来越多的人所了解和认识。本书作者也认为爆炸压实(含爆炸烧结，即爆炸粉末冶金)将成为爆炸成形和爆炸焊接之后爆炸加工科技领域中最为活跃的又一个分支，其应用前景、技术、经济和社会效益将无可估量。

文献[1456]指出，钨丝增强块体非晶复合材料的制备方法有液态浸渗铸造法和爆炸压实法。爆炸压实法是利用炸药爆轰产生的能量，以激波的方式作用于粉末，在瞬态、高温和高压下发生烧结的一种材料加工与合成的新技术。在压实过程中，冲击波加载的压力和速率极高，加载时间极短。钨丝和基体粉末之间相互接触的界面发生挤压、变形和滑动、变形能和摩擦热的沉积，使钨丝表面和基体粉末颗粒表面产生沉积并溶化，使两者很好地结合在一起。变形溶化区发生在材料表层。由于颗粒内部仍保持相对低的温度，可对表层起到低温淬火作用，能有效地抑制晶化，从而保持非晶体的优异性能。

爆炸压实法的优点：一是可获得更大尺寸的复合材料；二是压力大，密度高，可获得98%理论密度的复合材料；三是具有快熔快冷性，可以有效地抑制晶粒长大和晶化，避免冷却效果不一致而性能不均匀的现象，故能制备出更大尺寸、高密度和高强度的钨丝增强块体非晶复合材料，同时爆炸压实法不仅可以制备出纤维束(如钨丝)增加块体非晶复合材料，而且可以制备出颗粒增强块体非晶复合材料。

3.2.74 爆炸焊接+堆焊

文献[1187]报道，可以在爆炸焊接的时效硬化型铝合金-碳素钢复合板的钢侧，堆焊一层高硬度的铁系合金，以用于模具。此高硬度的铁系合金硬而脆，不能进行爆炸焊接。此爆炸焊接+堆焊的复合材料的高硬度铁系合金层耐磨，是做模具的好材料。

同一文献还报道，能够在爆炸焊接的钛－钢复合板的钛侧，堆焊一层与氧反应弱的钛合金材料，则可以用在金属精炼的高压设备上。那层堆焊的钛合金材料，也是易脆的，不能用爆炸焊接工艺制成复合材料。其高耐氧化性能使其在金属精炼的高压设备上获得了良好的应用。

3.2.75　爆炸焊接+镶铸铝

文献[1467，1468]报道，铝－钢双金属结构部件可使钢的高热强性、高硬度、高耐磨性和铝合金的低密度、高导热性结合起来，充分利用两种金属固有的特点，因而在许多工业领域都有应用价值，如俄罗斯的T-90坦克的铝－钢复合炮塔等。铝和钢的物理和化学性质相差很大，特别是在界面形成不可逆的金属间化合物而影响其使用性能。为此，人们围绕着界面的组织结构，在不断地研究和探索新方法和开发新材料，进一步提高铝－钢复合材料界面的热力学性能，以适应双金属结构件的需要。

该文献提出和试验了一种爆炸焊接+镶铸铝的技术，探索了这种新的工艺来处理铝－钢的界面问题，即利用爆炸焊接的铜－钢复合板来改变一般的铝－钢复合板的界面结构。

具体方法如下：将 1.5 mm 厚的铜板爆炸焊接在 3 mm 厚的 50CrV 钢板上，然后制备镶铸复合板的铸型。再将该铸型预热到 700 ℃，最后将 740 ℃的铝合金 LD10（2014）液浇注入铸型中，立即插入经打磨和抛光的铜－钢复合板（铜层接触铝液），并立刻水冷铸型。以求铝合金液快速凝固，并与镶铸复合板复合成型。镶铸后，原先爆炸复合在钢上的铜层全部熔解进入铝基体内，并最终以 $CuAl_2$ 的形式存在于铝基体的铝枝晶间。

浸铝铸造后的铝－钢界面在扫描电镜等检验后发现仍具有与爆炸焊接的铜－钢界面相似的波状结构，其结合强度可达 80.5 MPa。

原始铜板的尺寸为 1.5 mm×180 mm×230 mm，钢板尺寸为 3 mm×180 mm×230 mm，铝熔体凝固后的体积为 70 mm×180 mm×230 mm。

检验表明，镶铸铝合金－钢复合体的铝合金基体区的组织类似于铝合金加铜的铸造组织。过渡区相当于铜－钢过渡区的"解体"。其中的组织和相成分都受到原爆炸焊接过渡区的影响，并指出，要获得良好的界面结构，需要优化爆炸复合板的设计。

在铝铸件的表面如此地复合一层钢板，可以从根本上提高铝铸件的表层的力学性能，如强度、耐磨性和抗冲击性。在工程中这种复合铸件在两个方面有特别重要的意义：一方面，它能延长主要因表面磨损而失效的铸铝工件的寿命；另一方面，这种复合铸件可以替代那些对铸件内部的力学性能要求不高的钢制工件，从而减轻工件的质量，实现整体的轻量化。

文献[1469]研究了铜－钢复合板浸铝铸件中铝－钢界面裂纹的形成与扩展课题。

3.2.76　爆炸焊接+表面改性

文献[1470]指出，在将来的聚变堆运行中，氚元素因具有较强的渗透性，极易对环境造成污染。因此，必须解决聚变堆结构材料中的渗透问题。陶瓷材料虽能有效阻氚，但其脆性限制了它的应用。所以，在不锈钢表面制备陶瓷阻氚渗透层成为国际上公认的储氚容器解决方案。这个方案既可以保证结构材料的性能，同时有效阻止氚渗透。采用爆炸焊接工艺对不锈钢管和纯铝管进行复合，再对该复合管坯实施塑性变形制成双金属弯管，然后将纯铝层全部或部分转化为氧化铝陶瓷，从而实现在零件的复杂空间曲面上制备高质量阻氚渗透氧化铝陶瓷涂层的目的。纯铝－316L 不锈钢复合管的弯曲塑性成形在整个环节中起着承上启下的重要作用。该文对芯棒形式对该复合管的冷推弯成形的影响进行了研究。结果表明，采用低熔点合金作为柔性芯棒对爆炸焊接的纯铝－316L 不锈钢复合管坯进行了推弯成形，效果良好。冷推弯成形的该双金属复合弯管如图 5.5.2.218 所示。

文献[1471]指出，钛及其合金具有比强度高和耐蚀性强等诸多优点，在飞行器管道、舰船管道系统和发电厂凝汽器管道系统等得到了广泛的应用。但钛及其合金管件在服役过程中，不足以抵抗各种摩擦磨损、表面硬度低和表面自然氧化形成的氧化膜容易剥落，从而无法对亚表层进行很好的保护。在液（气）体压力大和流速高的情况下，表面易产生冲刷损伤。为解决上述问题，须对钛管或管件内表面进行处理，以提高其表面硬度，改善其耐磨损和耐腐蚀性能。

钛及其合金管件内表面采用一定的工艺方法制备陶瓷涂层，可以充分发挥钛基体的高强度、高韧性和陶瓷材料的高硬度、高耐磨性的优点。氧化铝陶瓷具有耐高温、耐磨损、抗氧化、化学稳定性和热稳定性较好等特殊性能，因而，将氧化铝陶瓷材料选作钛管件内表面的涂层材料是合适的。目前，在金属基体上制备氧化铝陶瓷涂层的常用方法有等离子喷涂法、包埋渗铝+氧化法、热浸镀铝+氧化复合法、化学密实法和双层辉光离子渗铝氧化法等。

对于较长的管道和形状复杂的管件，采用常规的氧化铝涂层法，在其内表面制备厚度均匀的氧化铝涂层的难度较大和成本较高，从而限制了它实际的工程应用。基于现有涂层的技术缺陷和工程实际应用的可行性，该文献提出了一种在复杂形状钛管件内表面制备氧化铝涂层的新工艺，即采用爆炸焊接工艺制备具有高质量冶金结合的 Ti-Al 复合管坯，并对该管坯进行塑性成形制备出具有复杂曲面的实际服役管件。接着对该复合管件进行化铣处理，制备出厚度可控的铝层。再对实际管件进行微弧氧化处理，从而在管件的内表面制备出原位生成的氧化铝涂层。这一涂层可以满足耐磨损和防腐蚀的需求。

试验用材：TAl 基管尺寸 $\phi18$ mm×2 mm×350 mm，纯铝覆管尺寸 $\phi13$ mm×1 mm×350 mm。

试验工艺：爆炸焊接→塑性成形→铝层化铣→氧化处理→复合管件。

该文献提供了具体的试制工艺和参数，对试验结果进行了分析和讨论。结论指出，通过本文提出的新的复合工艺，在平板状试件和实际服役管件的表面制备的氧化铝陶瓷涂层厚度达 50 μm，其中 γ-Al$_2$O$_3$ 厚度为 40 μm，α-Al$_2$O$_3$ 厚度为 10 μm。涂层与基体结合力达 55 N，其耐蚀性能和耐冲刷性能相对于 TAl 基体有明显的提高。

上述新工艺实际上是对爆炸复合材料的表面进行了改性，从而使其获得了一些新的物理和化学特性。经过上述改性的双金属管件的形状如图 5.5.2.218~图 5.5.2.221 所示。

3.2.77 (爆炸焊接+轧制焊接)+共同轧制

文献[1472]指出，为了扩大钛-钢复合板的尺寸，通常采用焊炸+轧制的工艺。但由于在爆炸复合工艺中，覆板的厚度有一临界值，所以单纯地采用爆炸+轧制的工艺仍有局限性。因此，该文献研究了一种爆炸（夹层材料-覆板）+轧制（覆板-夹层材料+基板）的技术，成功地制造出了更大面积的钛-钢复合板。坯料的组合方法如图 3.2.77.1 所示。

试验中，覆板为 TA2，夹层材料为工业纯铁 DT4，基板为 Q235。该技术包括两个主要步骤：首先是用爆炸焊接使 DT4 和 TA2 复合；然后如图所示，将该复合体与基板 Q235 对称叠合，再进行叠轧。爆炸焊接工序中，由于 DT4 为覆板，TA2 为基板，TA2 板的厚度可以任意选择。这样就能够根据成品钛-钢复合板所需要的大尺寸，来任意选择基板（Q235）的大尺寸（厚度和面积）。因此，这一新技术和新工艺实际上对爆炸焊接和爆炸复合材料的发展是很有价值的。这种价值还会随着大型和特大型轧机的配合而得到充分的展现和发挥。

在 TA2-DT4 爆炸复合板与 Q235 基板的叠轧工艺研究时，选用了 830 ℃、900 ℃、950 ℃、1000 ℃四个加热温度，轧制方向和爆炸复合的方向平行。总的轧制压下率为 85.7%，道次压下率大于 10%。

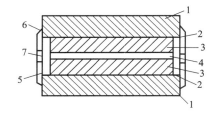

1—基板；2—夹层材料；3—覆板；
4—隔离层；5—固定板；6—焊缝；7—通气孔

图 3.2.77.1　带夹层材料的爆炸+
轧制工艺的坯料组合示意图

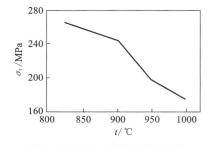

图 3.2.77.2　轧制温度对复合
板结合强度的影响

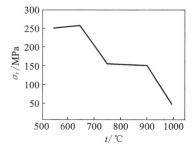

图 3.2.77.3　退火温度对
复合板结合强度的影响

热轧态的该复合板的剪切试验结果表明，加热温度为 830 ℃时结合强度较为理想（图 3.2.77.2）。然后取此状态的复合板进行退火试验（图 3.2.77.3）。由图 3.2.77.2 可见，随着热轧加热温度的升高，复合板的结合强度逐渐降低。金相检验表明，此时界面上脆性化合物的厚度增加。扫描电镜检验显示在高温轧制时，Q235 层有明显的脱碳现象。由图 3.2.77.3 可见，随着退火温度的升高，复合板的结合强度降低。

由此可见,该复合板的退火温度不宜超过 700 ℃。

结论指出,爆炸+轧制复合板的热轧加热温度在 830~880 ℃ 比较合适,退火温度在 550~650 ℃ 比较理想。

3.2.23 节讲述了用轧制焊接+爆炸焊接的工艺来研制复合刀具材料的消息,这种工艺和技术也是很有意义的。

3.2.78　我国北方冬天野外的爆炸焊接生产

文献[1473]指出,低合金钢(如常用的 16MnR),在北方冬季野外低温条件下进行爆炸复合时,容易产生低温冲击脆断。为此,本文介绍利用 3000 mm×12500 mm 大型台车电阻炉探索超低温状态下爆炸复合预热的工艺方法,确定了基板加热的爆炸复合工艺:将热处理炉的温度升至 300 ℃,然后将打磨好的基板入炉,炉温调至 80~100 ℃、保温 3 h(15 t 钢材装炉量),出炉后将用棉被包裹钢板运至爆炸场进行爆炸复合。爆炸前应确保 Q235 钢板温度高于 10 ℃,16MnR 等低合金钢板高于 15 ℃。这样可以完全防止钢基板脆裂.并且保证在加热过程中已经打磨好的基板表面不发生氧化。

文献[1474]研究了北方地区冬天低温条件下(-8~-15 ℃),面积大于 15 m² 的不锈钢-钢复合板爆炸焊接的预热工艺。通过多种方案论证,利用已具备的加热条件,选择基板合理的预热温度,同时采取有效的保温措施,实现了 a_k 值低于 110 J/cm² 的钢材超低温状态下的爆炸复合,使产品达到国内行业的标准要求。

本书作者曾在一单位见过上述预热工艺及其爆炸焊接。认为,如果再将布药工序改进一下,还可缩短基材钢板从预热出炉到运至爆炸场、直至爆炸焊接的时间。如此更能确保爆炸前钢板的温度而不致"冷脆"。

3.2.79　其他复合材料的爆炸焊接

除上述大量的复合材料之外,出于研究和应用的目的,国内外文献中还散布着其他许多爆炸焊接和金属复合材料及其工程应用的资料,现辑录部分如下。

1. 锡-铜

文献[443]用 1 mm 厚的锡板和 6 mm 厚的铜板爆炸焊接了。焊接前,将锡板固定到 2 mm 厚的承压铝板上。炸药的爆速在 1500~2700 m/s 之内,撞击角为 6.5°~20.8°,获得了良好的结合。在所有的爆速下,结合区均为波形界面。根据该文献分析,这种复合板的研制,也许是为铀-铜和钍-铜复合板的研制摸索工艺参数(见 3.2.27 节)。

2. 铑-钒

文献[646]研究了脉冲压力值对铑-钒复合板过渡区中相成分的影响,以及后续热处理对该区中组织形成的影响。爆炸焊接金相试样的分析指出,在整个接触面积上组合金属都有良好的冶金结合。在所有的撞击工艺下界面均为波状。随着压力的提高波幅增加,并在波脊上形成漩涡。过渡区的形成依靠金属的塑性变形和局部熔化。变形的和熔化的金属体积随附加压力的增加而增加。在一些无熔化的地区,显微硬度升高。这表明,在撞击下,由于共同的塑性变形,借助于铑和钒的晶格中缺陷的形成,金属硬化了。试样的热处理表明,由于金属原子沿整个界面的扩散,将出现金属间化合物的中间层。

3. 钼-铌、钼-钽和铌-钽

文献[647]报道了这些复合板爆炸焊接的资料。

4. 铝-锌、铜-锌、302 不锈钢-镍、金-钽和钨-铅等

文献[648]报道了这些复合材料爆炸焊接的资料,探讨了它们爆炸焊接的过程。

5. 铌-铜

文献[649]报道,在低温技术中,用爆炸法焊接了铌-铜复合板,其尺寸为 (0.5+25) mm×18 mm×100 mm,随后进行中间退火并轧制,获得了尺寸为 1.25 mm×45 mm×1500 mm 的复合薄板。

文献[650]研究了爆炸焊接的铜-铌过渡区,指出在该过渡区中形成了 Cu_3Nb 成分的中间化合物,这种化合物在平衡条件下是没有的。

6. 钨-铜

文献[651]借助爆炸焊接进行了钨-铜复合材料的试验。

7. 因瓦合金和其他几种材料

文献[652]报道，用爆炸焊接法制造了如下 6 种双金属材料：镍铁合金（42%NiFe）-锰合金（75%Mn15%Cu10%Ni）、镍铁合金（48%NiFe）-锰合金、因瓦合金（36%NiFe）-铜、因瓦合金-镍、因瓦合金-不锈钢、因瓦合金-工业纯铁，叙述了所研究的每一种金属组合可能的应用部门。

8. 铍-铜、铝-镁

文献[653]报道了这两种双金属爆炸焊接的资料。

9. 钴-锆

文献[654]介绍了在爆炸焊接和后续热处理的情况下钴和锆的相互作用，指出在爆炸态下，结合区锆为 38%~55%（原子百分数），形成 ZrCo 和 $ZrCo_2$ 相或它们的低共熔混合物。在某些地方还观察到了 Zr_6Co_{23} 相。这些相具有立方晶格。在 700 ℃退火 5 h 后，发现有 Zr_3Co、Zr_2Co、ZrCo 和 $ZrCo_2$。在 1000 ℃退火 5 h 后，确定存在四个相：Zr_2Co_{11}、Zr_6Co_{23}、$ZrCo_2$ 和 ZrCo。高于 1000 ℃的温度下，将形成 ZrCo 和 Zr_3Co 的共晶体。相的长大很迅速，并且锆将完全变成金属间化合物。

10. 钛-铌

文献[655]用爆炸焊接法获得了钛-铌双金属。金相和 X 射线光谱分析确定，在该系统中发现了铌向钛中的扩散，提出了扩散系数与浓度的关系，指出 $\tilde{D}$ 的最大值对应 7%的铌。由此可以得出铌向钛中有优势扩散的结论。

11. 铌、钼、铜、铝和镍与 1X18H9T 不锈钢复合

文献[258]用爆炸焊接法制造了 Nb-1X18H9T、Mo-1X18H9T、Cu-1X18H9T、Al-1X18H9T 和 Ni-1X18H9T 等组合的双金属管。结论指出，爆炸焊接的这些双金属管，在热处理前后和在高温下都有高的结合强度。

12. 铂-钯-铂

文献[656]指出，为了节约昂贵的铂，用爆炸焊接法制造了以钯为内层和以铂为外层的复合材料，组成铂-钯-铂三层结构。铂层经过氧化锆晶粒稳定化处理，其好处是能避免再结晶过程中的晶粒长大。这种三层材料可作为实验室器皿和玻璃工业中的炉衬等。该文献还介绍了另外几种铂族金属的复合材料，如以铑、铂为外层的复合材料，以金、铂为外层的复合材料等。后者的特点是能够降低玻璃材料对它的浸蚀性。

13. 铝合金-锂合金

文献[657]报道了一些现代铝合金爆炸焊接的实例，如厚 4 mm 的 8090 铝合金-锂合金（Al2.5Li1.3Cu0.8Mg0.12Zr0.1Fe0.05Si）复合板。所得接头具有高的密封性、高的分离强度和韧性。此外，为了使厚 1.6 mm 的 Supral 100 铝合金板和 Supral 150 铝合金板（Al1Cu0.4Zr）、热稳定铝合金（Al1Cu2Mn0.5Mg0.5Zr）、RAE72 气相沉积铝合金（Al7.5Cr1.2Fe），以及厚度 1.3 mm 的因科镍 MA956（Fe20Cr4.5Al0.5Ti0.5Y_2O_3）结合，顺利地利用了爆炸焊接。

文献[658]也报道，为了获得铝-锂接头和另外一些产品，同样采用了爆炸焊接，它们是不能用扩散焊得到的。

14. 钛-锆、钛-铪、锆-铪、钛-钽、钛-钼和钛-钨

文献[659]研究了用爆炸焊接法制备的这些双金属过渡区的热导性和电阻。确定，在 800~1000 K 的温度范围内，上述双金属的过渡区具有低的热导性和电导性，以及活化型的导电率。指出，在所研究的过渡区中，自由电子行程的平均长度接近自己的极限——原子间的平均距离。而在一系列的情况下，可能限制了电子状态。这就证明过渡区组织的无序性。这个结论可以用 X 射线结构研究的结果来证明。

文献[1475]报道，对钛和锆的复合板坯进行了轧制，如由 150 mm 轧成 10 mm。对内衬 15 mm 厚的锆坯（ϕ203 mm×49 mm）进行了挤压，得到尺寸为 ϕ73 mm×59 mm×9150 mm 的复合管，此时，铣去衬里厚约 1.25 mm。轧制和挤压时必须控制加工温度，避免形成金属间化合物。

15. 钛-铬镍合金

文献[660]报道了钛和铬镍合金爆炸焊接的资料，指出其结合区有致密的和不太发育的波形界面，以及不多的和弥散的夹杂物。X 射线光谱分析确定，在夹杂物中含有固溶体、易熔共晶体和如下 γ 型化合物：

Ti_2Ni、$TiNi$、$TiNi_3$、$TiCr_2$ 和 $CrNi_3$。在未经热处理的试样中，实际上未发现结合区内元素的相互扩散。当加热到 600 ℃ 和最多保温时间 <168 h 的时候，没有导致结合区明显的变化，其宽度小于或等于 10 μm。在扩散中间层中有 Ti_2Ni 化合物，其中溶有铬和形成铬基溶体。当该复合体加热到 700 ℃、800 ℃ 和 900 ℃ 的时候，将在它的结合区形成 5 个区域：第一区是镍和铬在钛中的固溶体，第二区是 Ti_2Ni 化合物中的铬，第三区是 $TiCr_2$ 化合物中的镍，第四区是弥散的混合物，第五区是铬基固溶体。在靠近界面的钛中，将观察到剪切线的形成，由于冲击波作用而产生的拉长和很细碎的 α-Ti 等轴晶粒。在铬镍合金中也出现了剪切线，它围绕金属间化合物分布，并且反映结合区塑性变形过程，这种变形在波形区有大的伸长率。因此，爆炸焊接中发生的这些物理和化学变化与剪切线的形成及高速塑性变形有关。

16. 铑-镍

文献[602]还报道了铑-镍复合的资料。指出，在结合区没有发现大的波形区和其他缺陷。在强的焊接工艺参数下将出现宽度为 7~10 μm 的熔化区。界面附近金属显微硬度增高，证明在爆炸焊接过程中金属发生了强化。并且，这种强化还与工艺参数有关。在没有熔化区的那些地方，爆炸载荷引起了镍向铑中扩散到 5~10 μm 的深度，并且扩散量约为 4%。实际上铑向镍中不扩散。在大熔化区含有 30%~40% 的铑，并且由镍-铑固溶体组成。由于它们在高温下有无限溶解度，在这种双金属的结合区中没有发现金属间化合物。

17. 铝-镍

文献[384]报道了铝-镍复合板爆炸焊接的资料。

18. 钽-铜

文献[661]报道了用爆炸焊接法制造钽-铜复合板的资料，这种复合板用作离子雾化装置的靶子。工艺如下：将钽板放进有碳钢夹具的圆筒形凹槽中，向钽板表面用 S3D Semtex 炸药焊接 1 mm 厚的铜板，然后用 25 Semtex 炸药从铜侧焊接 3 mm 的铜层。结果表明得到了具有波状界面的无缺陷的结合。经 900 ℃、100 h 退火后没有发现经过界面元素原子的扩散。

19. 钛-钽

文献[662]研究了爆炸焊接的钛-钽双金属的高温热导性。温度范围是 1200~1800 K，试样为直径 10 mm 的薄圆片。用平面热波法进行导热性测量。确定，薄圆片的热导性取决于接触偶极的性能。

20. 钽-铌-钽

文献[663]研究了该三金属的结合区。指出，板的初始抛掷角对所得接头的性能和质量有重要的影响。确定了该三金属的强度性能与那种初始抛掷角的关系。

21. 铝-锌、铜-锌、302 不锈钢-镍、金-钽和锡-铅

文献[648]除报道了这几种复合材料外，还报道了借助爆炸焊接过程进行印刷电路的封底焊。

22. 多层精密材料

文献[664]报道，借助爆炸焊接的能量获得了某些多层精密材料：弹性松弛材料、复合磁性材料、热双金属、音叉双金属、超导材料和铜-非晶玻璃材料。

23. 铜-铌

文献[5]报道了铜-铌双金属爆炸焊接的资料。焊接以后，铜的硬度由 HV100 增加到 HV（140~150），铌的硬度由 HV230 增加到 HV250。分离强度为 245 MPa，在相当宽阔的工艺参数范围内破断均沿铜层发生。显微探针确定有近似固定成分的熔体存在（74%Cu+26%Nb），并且发现有大量纯铌粒子落入铜中或熔体内。经 850 ℃、2 h 退火后，在熔体内出现两种基本成分：74%Cu+26%Nb、90%Cu+10%Nb。退火以后，该双金属的 σ_f=196 MPa，破断沿铜发生。弯曲 180° 的试验结果良好。轧制也未引起困难。

24. 铌-钛

文献[5]报道了铌-钛合金爆炸焊接的资料。铌-OT4 双金属的结合强度为 441 MPa，破断通常沿铌发生。显微探针研究表明，在熔化区内记录到了几种不同的成分：28%Nb+72%Ti、31%Nb+69%Ti、13%Nb+87%Ti 和 22%Nb+78%Ti 等。经 800 ℃ 退火 1h 后，沿整个界面在 6~10 μm 深度内引起了扩散。为了获得大面积的薄板，将复合板坯进行了轧制。轧制过程中没有出现大的困难。

25. 铌-锆

文献[5]还提到了铌-锆爆炸复合板结合区显微探针的研究结果，指出在结合区的熔体内有 75%Zr+

25%Nb 和 95%Zr+5%Nb 的成分。漩涡区内的成分非常不均匀,浓度波动达 20%。也观察到了 10~15 μm 宽度的元素扩散区。

26. 用爆炸焊接连接多种难熔金属

文献[665]报道,西北技术工业(NTI)公司运用爆炸焊接技术连接了多种难熔金属,同时在发展难熔复合材料方面确定了其独特的层压几何结构。NTI 计划在 C103Nb、钼、TZM 钼合金、钒和钽基中封压钨,在 C103Nb 和钒基中封压钼,其目的是开发一种在温度高于 1370 ℃ 时具有高比强度的增强材料。

难熔金属复合材料的最基本应用是做下一代火箭引擎、燃料涡轮和燃气涡轮。在目前这些应用中常用的材料是镍基超合金,但其使用温度限制在 1100 ℃。NASA 希望下一代的材料具有目前超合金的高比强度,但应有更高的使用温度。

另外,NTI 拟在 OFHC 铜、Glipcop 合金铜与 304L 不锈钢间研制超高真空的过渡连接头。这种过渡接头既具有可焊性,又具有高密封性。

NTI 也在爆炸焊接铜和钨、铜和铍的试样,以满足物理领域做光阑用。

27. 多种形式和多种金属组合

文献[666]提供了爆炸焊接研究的如下方向:

(1)通过形成搭接接头,使不同的和难于结合的金属管爆炸焊接,并顺利地焊接了下列组合——直径为 12.5~200 mm 的管材(不锈钢-锆、因科镍-锆、不锈钢+6061-T6 铝合金、不锈钢-САΠ、碳钢-1100 铝合金、不锈钢-钼、6061-T6 铝合金+钛、1100 铝合金-镁)。

(2)这些金属的点焊,如铜-钢、2024-T3Al+6061-T6Al、不锈钢-钛、钛-铝、铝-不锈钢等。

(3)管与管板的爆炸焊接。

(4)不同的和难于焊接的金属板材和带、箔的线爆。

(5)管部件的爆炸焊接。

(6)制造带有内部肋条的提高刚度的结构。为了进行爆炸焊接试验,应用了能很好吸收声响和爆轰波的真空箱。

28. 化学装置用多种金属组合

文献[667]指出,为制备在高压、高温和浸蚀性介质中工作的压力容器、各种装置和导管,爆炸焊接将获得广泛的应用。为了提高耐蚀稳定性和耐热稳定性,它们的工作表面用爆炸焊接法复以金、铂、钽、钛、铝、特殊钢、铅或镍合金。在这种情况下,覆层的厚度是 1~4 mm,基层的厚度是 10~40 mm。例如,用爆炸焊接厚 1 mm 的钽板和 6 mm 厚的不锈钢制造压热器外壳,经受了 250 ℃ 的温度和 0.6 MPa 的过剩压力。提供了钛管和钛管板爆炸焊接的例子和用钽-钢复合板制造薄膜(隔板)的例子。

文献[668]指出,在化学装置中,高温高压下许多过程的采用,要求用耐蚀材料制造一些装置,例如拌和器、塔和热交换器等。为了制造这些装置,通常使用被钛、钽、铝或钼复合的钢。为此利用了爆炸复合。

文献[669]提供了下列爆炸焊接的金属组合:铝-青铜-钢、铝-青铜-不锈钢、哈斯特洛伊 B2-钢、钛-钢、锆-钢、钛-不锈钢、蒙乃尔-钢、铅-钢、铝-钢和铝镁合金-钢。

29. 锆-铜等

文献[670]指出,爆炸焊接可以焊接其他焊接方法所不能焊接的金属材料组合:锆-铜、镍-钛、钛-钢、钼-铌、钼-钽、铌-钽、铝-不锈钢等。建议爆炸焊接在真空中进行,特别是复合管材,以显著地提高接头的质量。

30. 不锈钢、钛和铍

文献[671]借助爆炸焊接获得了铝和它的合金、钼、合金钢的可靠的接头。研究了不锈钢、钛和铍的爆炸焊接。

31. 镁-铜-钢

文献[672]用爆炸焊接法研究了镁-铜-钢组合。指出,由于镁的低密度,引起了镁-铜组合最佳高速撞击工艺参数选择的困难。为了减少侧面载荷的作用,使用了人工加重镁板的方法和复杂的安装方式相配合。据此,可以获得最佳的工艺参数。

32. 钛、铌、钽、锆等与钢

文献[673]提出了一个用钛、铌、钽、锆、钼、钯、铱、铂、铑、金、银和它们的合金与优质钢的薄板或箔材制成复合板、复合管和化学装置的方法——爆炸焊接法。

33. 不锈钢-铌-不锈钢

文献[674]研究了下列金属复合材料中声振动减振机理：在真空中热轧的和爆炸焊接的 08X18H10T 钢-铌-08X18H10T 钢，在空气中热轧的和爆炸焊接的 08X18H10T 钢-AMr6 合金。解释了作为弹性振动减振器的扩散层的作用，确定了声辐射和内摩擦及相对密度的关系。

34. 铌-钼、钼-镍、钛-镁和铜-铁

文献[675]用爆炸法获得了铌-钼、钼-镍、钛-镁和铜-铁的优质接头。指出，由于强烈的塑性变形将导致扩散的加速并产生更高的不均匀的扩散系数值。

35. 钛-铬镍合金

文献[676]指出，在爆炸焊接过程中，在钛-铬镍合金复合板的结合区将形成一种单向的中间层。在 800~950 ℃ 温度下的热处理，由于扩散过程的进行，结合区将发生变化：代替初始形成的单相中间层，将形成由同一化学成分和物理成分的两层组成的中间层。在钛的一边，它是 Ti_2Ni 化合物；而在铬镍合金一边，它是 Ti_2Ni 和 $TiCr_2$。

36. 11 种钢和多种耐蚀钢

文献[677]报道，对 11 种钢（普通碳钢、优质碳钢、锅炉碳钢和低合金造船钢）与耐蚀金属（铬钢、铬镍钢和高合金铬镍钢）的许多组合，进行了爆炸焊接的试验和研究。

37. 普通钢与不锈耐酸钢、钛、钽和钼

文献[678]研究了普通钢被不锈耐酸钢、钛、钽和钼的爆炸复合。弯曲和扭转试验证实了钛-钢接头的高质量。

38. 钛、钽、钼与钢

文献[679]介绍了钛、钽、钼与钢的爆炸焊接的工艺和性能，复合材料的焊接和应用等方面的资料。

39. 多种组合

文献[680]指出，爆炸焊接特别推荐应用在易形成金属间化合物的金属组合：钢和铝、钼、钽、锆、铜及其他金属的组合，碳钢与奥氏体钢、镍合金、铜及其他金属的组合。双金属应用的领域是化工设备制造、制铝工业和冷冻技术，以及压力容器。

40. 多种组合

文献[681]提供了如下组合爆炸焊接的例子：镍-钛、镍-铝、钛-铝、铬镍合金-钛、铁-钛、铁-钽、铜-铝、铜-钛、金-镍、镍-钼、铜-银、钛-铁等。研制了钛-镍复合管：内管是直径 50 mm 和长 1000 mm 的钛，外管是直径 60.5 mm 和壁厚 2.6 mm 的镍。

41. 多种组合

文献[682]研究了多种金属组合爆炸焊接后的结合强度：在 SPV32 和 SM41B 分别与 SUS316L 和 C616P（ABP1）复合的情况下，结合强度是 294~392 MPa。在 SS41 钢被 C1100P 合金（TCuP）和 A1050P 复合的情况下，结合强度相应是 147~196 MPa 和 49~98 MPa。在 SB42 钢被 TP28、C4621P（NB_3P_1）、哈斯特洛伊 C-276、镍及 NiCuP 复合的情况下，结合强度相应为 196~343 MPa、196~245 MPa、294~392 MPa、294~343 MPa 及 294~392 MPa。该文献提供了一个用爆炸焊接取代铆接的例子。

42. 铌-铜，钼-铜

文献[683]报道，在低温技术中，0.5 mm×18 mm×100 mm 的铌覆板和 25 mm×18 mm×100 mm 的铜基板爆炸焊接了。所得到的复合在中间退火后轧制到 1.25 mm×45 mm×1500 mm。获得了被钼复合的铜的电触头，以保证高的耐蚀稳定性。此时，厚 0.5 mm 的钼板焊接到直径 80 mm 和厚 25 mm 的铜坯料上。所获得的坯料用机械加工的方法加工到所需要的尺寸。

43. 多种组合

文献[684]指出，爆炸焊接法能够结合钢、铜、铝、铁、钛、铌、钴、镍、铍、镁、钼、钨、金和它们的合金，由它们组成双金属和多金属。被复合层不仅可以是平面的，而且可以是曲面的。

44. 多种组合

文献[685]报道，工业纯金属银、铝、钴、铜、铁、钼、铌、锡、钽、钛和锌被爆炸焊接法结合了。

45. 多种组合

文献[686]指出，最有前途的方法是爆炸焊接，它可使钢和铝、钛、钼、钽、锆、铜，以及其他金属结合起来。在化学工业、机器制造、原子能和船舶制造方面，这个方法被广泛采用。对于热交换器用的管与管板的焊接，爆炸焊接也被利用了。

46. 多种组合

文献[609]报道，直径为 12.7~300 mm 的下列组合在管对接的时候采用了爆炸焊接：不锈钢-锆、因科镍-锆、不锈钢+6061-T6 铝合金、不锈钢-САП、碳钢-1100 铝、不锈钢-钼、6061-T6+钛和 1100 铝-镁。

47. 多种组合

文献[687]指出，被爆炸焊接彼此结合的材料有：铝、钛、银、铂、碳钢、金、铍、钽、钼、镁、不锈钢、钨、黄铜、铜、铌、钴和锆。由它们组成的复合材料用来制造高压容器、化工装置、原子反应堆和航空发动机的热交换器，以及反应装置的零件等。

48. 多种组合

文献[171]提供了一些爆炸复合材料的品种。作为基层采用碳钢、某些结构钢和不锈钢，它们被如下覆层材料所复合：不锈钢、镍、铜、钛、锆、铝及其合金，以及哈斯特洛依型合金。基层和覆层的厚度比可以在广阔的范围内变化。获得了尺寸为 2.1 m×6 m，重达 25 t 的复合板。经检验表明，它们有高的强度、质量和可靠性。

49. 多种组合

文献[688]早在 1962 年就报道了顺利地爆炸焊接了如下金属组合：钨和钢、锆和钢、铝和钢、铝和铜、铜和银，以及铜和金。X 射线结构分析指出，后三对金属组合的结合区内形成了一薄层金属间化合物的中间层。

50. 多种组合

文献[689]也在 1962 年报道了如下金属材料爆炸焊接的消息：钼、不锈钢、镍、锆合金(Zr_{-2})、铜、镍、铝合金、钛等。

51. 多种组合

文献[172]提供了如表 3.2.79.1 所列的爆炸焊接金属组合的清单。

表 3.2.79.1　已爆炸复合的金属组合清单

覆　层		基　层	总　厚　度
材　料　名　称	δ_1/mm	材　料　名　称	/mm
不锈钢(标准的和特殊的)	1.5~18	标准牌号的碳钢和合金钢	到 50
镍和镍合金(因科镍、因科洛依、蒙乃尔)	1.5~18	标准牌号的碳钢和合金钢	到 50
铜、黄铜、铜镍合金	1.5~12.7	标准牌号的碳钢和 300 系列不锈钢	到 38
哈斯特洛伊 B、C、F 和 X 合金	1.5~9	标准牌号的碳钢	到 60
钛(ASTMB265-58T, 1 或 2 级)	1.5~6	标准牌号的碳钢	到 60
锆和锆合金	1.5~3	标准牌号的碳钢	到 60
司太立硬质合金	0.8~3	标准牌号的碳钢和 300 系列不锈钢	到 60
铝(1100-0 和 1100-H14)	1.5~3	标准牌号的碳钢	到 25

52. 多种组合

文献[690]进行了如下组合的爆炸焊接试验：不锈钢-软钢、镍-软钢、304 不锈钢-钼、铜-软钢、钛-铜、钛-软钢、铝-软钢、钽-软钢、哈斯特洛依 C-软钢、钽-铜、镁-软钢、钛-铝、因科镍-软钢、镍铬合金-软钢、镍铬合金-钼、钛铝钒合金-钨、镍钛钼合金-钼、钛-铁、不锈钢-钼-钨、钛-因科镍、不锈钢-铜-1015 钢、不锈钢-铜-软钢-黄铜、不锈钢-铝-软钢、不锈钢-软钢-黄铜-软钢、不锈钢-软钢-铜-软钢-不锈钢、钛-铜-不锈钢、铝-铜-软钢、钽-铜-软钢、银-软钢，以及奥氏体钢与软钢交替叠合共 16 层。此外，还有镍-铜、金-镍等。

53. 多种组合

文献[691]研究了铜–钢、钼–钨、银–钢、钛–钢、铁–锆、铜–铅和钨–钨等组合的结合区的成分和组织，指出在通常情况下，虽然爆炸焊接时间很短，但小于 1 μm 的金属间层的形成还是可能的，短距离的扩散是可能的，而且是实在的，并且可因点缺陷过剩而出现固态扩散的增加。

54. 多种组合

文献[5]研究了下列金属组合：铜及其合金(黄铜、Л69、Л96、ЛО90–1、锡锌青铜、铝锰青铜和铅青铜等)–钢(G3、G10、G45、G50、08КП 等)，不锈钢–低碳钢，铜–铌，铌–钛合金，镍–钢，银–钢，铌–锆，铝合金–钢，杜拉铝–钛合金，钛–钢，钛–铜，钼–钢，钼–铜，铅–铜，铅–钢，金–镍，金–铅，金–铂，铁–钯，钴–钯和镍–钯。

55. 镍钛–镍钛

以此形状记忆合金的爆炸复合材料应用于高科技领域中。

56. 钽–铜，钽–铝

以此两种爆炸复合材料应用于加速器内 X 射线转换靶上，铜或铝的基层在机械加工后制成冷却结构。

57. 5.8 章提供了数百种相同的和不同的爆炸焊接金属组合的名录

本节中大量新的金属组合的二元系合金相图在 5.9 章和文献[1036~1040]中基本上都能找到。

3.2.80　相同材料的爆炸焊接及其应用

正像相同材料的常规焊接一样，相同金属材料的爆炸焊接也是很容易的。但是，相同材料的爆炸焊接在金属爆炸焊接中不多见。这与爆炸焊接的双层和多层相同材料似乎用处不大有关。实际上，并非完全如此，双层和多层相同材料的爆炸焊接仍有不少实际的和理论上的价值。下面根据实践和文献资料总结一下这方面的问题，希望国内外同行今后在这方面多做工作。

1. 增加厚度

相同金属的爆炸焊接首先可以用来增加同种材料的厚度。爆炸焊接能够大面积地焊接同种材料。在材料的原始厚度不够的情况下，能够根据实际需要，一次、二次和多次地爆炸焊接，以获得既定厚度的同种金属材料，如钛、铜、铝、镍和不锈钢等的厚板材或厚壁管。

2. 研究爆炸复合材料中的"飞线"

如 4.7 章所讨论的，用对称碰撞爆炸焊接的工艺和技术获得了钛–钛、钢–钢和不锈钢–不锈钢等三种相同材料中的飞线。由这些材料中的飞线的形成不仅能够讨论出它们产生的原因和条件，还可以了解它们的性质和影响，甚至还能够讨论出这种飞线实质上是一种塑性变形线和裂纹源，以及继滑移和双晶之后在金属压力加工中出现的又一种塑性变形的机制。相同金属材料中的飞线在这方面的研究具有典型和特殊的意义。

3. 提高结合强度

文献[392]指出，结合区金属间化合物的存在将大大降低爆炸复合材料(如锆–钢复合板)的结合强度。而这些化合物的生长速度和数量与爆炸焊接过程中的单位塑性变形能有关，其值在等强结合的条件下随着覆板厚度的增加而增加。由此可以推测，必然存在一个临界的覆板厚度(如 5~6 mm)，在这个厚度以下，可以获得锆和钢的优质焊接。

据此，为了获得覆板厚度为 7 mm 的热交换器用锆–钢复合管板，能够分两次爆炸焊接：先在钢板上覆以 3 mm 厚的锆板，再在 3 mm 厚的锆板上覆以 4 mm 厚的锆板。如此获得了高质量和厚覆板的复合板。

4. 降低基材爆炸强化的程度

文献[692]指出，多次和小药量的爆炸复合能够降低基材爆炸强化的程度。试验结果如表 4.6.2.10 所列。由表中数据可见，为了获得 10+22 mm 厚的不锈钢–钢复合板，可以一次复合，也可以多次复合。随着爆炸载荷加载次数的增加，基板强化的程度有重要的提高。但是，这种强化小于一次或二次加载的和大药量时的强化。

5. 研究基材爆炸强化和塑性变形

图 4.8.3.23~图 4.8.3.27 为一些相同材料在单面和双面(对称碰撞)爆炸焊接后界面两侧的显微硬度分布曲线。由这些曲线可知，在单面爆炸焊接时，界面两侧的硬度分布缺乏对称性，这说明爆炸焊接过程

中覆板和基板所发生的塑性变形程度是不一样的。在双面加载的情况下，界面两侧的硬度分布有较好的对称性，由此能够说明在此情况下覆板和基板具有相似的塑性变形过程及变形程度。因此，相同材料为深入研究爆炸焊接过程中金属的塑性变形和强化提供了很好的条件。

6. 研究基材中的组织变化

文献[693]进行了BT23–BT23钛合金爆炸焊接接头组织的X射线相分析，以及金相和电子–石墨研究，指出，在这种钛合金彼此爆炸焊接的情况下，原始材料的淬火组织($\alpha''+\beta_{残余}$)在覆板内将转变为[$\alpha'+(\beta+\omega)$]组织，而在基板内将转变为($\alpha'-\beta_{残余}$)组织。仅根据ω相的存在就能证明覆板中的相转变发生在比基板中更高的压力和温度下。含ω相的材料的硬度大大提高。

由此可见，在爆炸焊接的情况下，覆板和基板中的压力及温度是不同的。由此不同自然会引起它们内部组织变化的不同。所以，相同材料的爆炸焊接为研究基材中的组织变化以及由此引起的性能的变化提供了很好的条件。

7. 研究结合区的波形形状和波形参数

由图3.2.51.1~图3.2.51.4、图4.16.5.110和图4.16.5.111、图4.16.5.132和图4.16.5.133可见，在同种金属材料爆炸焊接的情况下，其结合区的波形形状呈比较规则的正弦波形，并且颠倒观察仍几何形状相似。多层相同材料的每一个结合区中的波形形状除几何相似之外，还自上而下逐渐缩小。这一结果为研究爆炸焊接结合区波形成的机理提供了不可多得的试验依据。

8. 研究结合区中气态杂质的分布及其组织和性能

文献[694]利用爆炸焊接的钢–钢复合板研究了结合区中气态杂质（O、C、N）的分布，揭示了在冲击波作用下，在焊接的过程中，它们进入金属的可能的途径。上述气态杂质在复合板不同位置内的分布如图3.2.80.1和图3.2.80.2所示。由图可见，在从焊接开始到焊接结束的整个距离上，在结合区内气态杂质的分布是不均匀的。这种不均匀性是爆炸焊接过程中间隙内的气体被金属不均匀吸附的结果。这种吸附的机理有以下几种：在焊接的初始阶段是位错（变形）机理；在焊接的结束阶段，在长板结合的情况下是液相机理；下面的情况是过渡机理，即与焊板吸附气体的同时，进行着它们的热分解和金属的表面层被反向质量流带走的相反的过程。在结合区中上述元素分布的特性取决于从金属表面层吸收和排出气体的各自过程的强度。

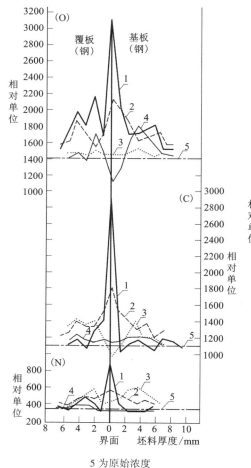

5 为原始浓度

图 3.2.80.1　沿焊接坯料的厚度和平行爆轰方向，在其始端（1）、中间（2）和末端（3、4）上生成的气态杂质含量分布图

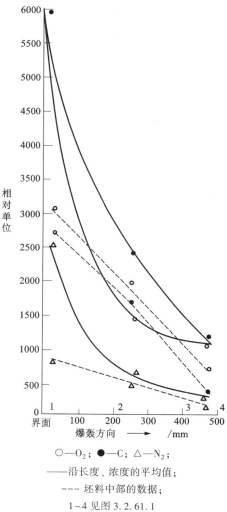

○—O_2；●—C；△—N_2；
——沿长度、浓度的平均值；
--- 坯料中部的数据；
1~4 见图 3.2.61.1

图 3.2.80.2　沿结合线气态杂质浓度的变化，顺着爆轰方向

图3.2.80.3为该文献提供的复合板的分离强度与结合区波形参数和熔化金属量的关系。由图可见，尽管结合区内的波长、波幅和熔化金属量有所变化，但分离强度却变化不大。其主要原因可能是同种材料的爆炸焊接很容易，且结合强度很高，那些变化不足以影响结合强度之故。

　　图3.2.80.4为该复合板不同位置上结合界面两侧的显微硬度分布。由图可见，在该复合板的三个位置上显微硬度的分布基本相似：界面附近最高，离开界面以后逐渐降低，虽然对应距离上的显微硬度的绝对值小有不同。

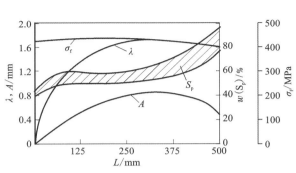

图3.2.80.3　钢-钢复合板沿
爆轰方向不同位置上的分离强度与
结合区内波长、波幅和熔化金属量的关系

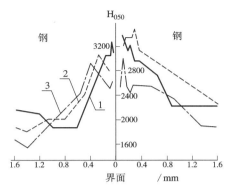

1—始端；2—中间；3—末端

图3.2.80.4　钢-钢复合板不同位置上
结合界面两侧的显微硬度分布

9. 研究材料的破断

　　文献[695]指出，爆炸焊接过程中，BT1-0和BT6等钛合金常常导致裂纹类型的破坏。为了研究这种破坏产生的条件，进行了试验。部分结果如表3.2.80.1所列。由表中数据可知，在这些试验条件下，钛合金的破断与否主要与爆炸焊接过程中的能量（E）有关。实际上，如4.7章所讨论的，a_k值较小的钛合金在较大的爆炸载荷下是容易破断的。在较小的爆炸载荷下，钛中将出现"飞线"，这种飞线就是一种裂纹源。

表3.2.80.1　BT1-0+BT6爆炸焊接后钛合金破断试验

No	$\delta_1+\delta_2$ /mm	h_0 /mm	v_d /(m·s⁻¹)	v_p /(m·s⁻¹)	β /rad	p /MPa	E /(10^6MPa·s)	试验结果
1	10+18	12	2480	414	0.165	433	97	有裂纹
2	10+18	12	2720	556	0.202	583	515	有裂纹，裂开
3	10+18	12	1900	604	0.303	632	518	裂开
4	10+18	12	1700	354	0.206	371	0	未破断
5	10+18	12	3830	390	0.153	618	778	裂开
6	10+18	12	3580	470	0.118	498	398	有裂纹
7	10+18	12	3060	277	0.098	291	0	未破断
8	2+18	4	2690	612	0.223	640	15	未破断
9	2+18	4	2210	850	0.368	892	89	未破断

10. 研究能量的消耗和焊接性窗口

　　文献[696]指出，在G3、12X18H10T、M1和BT1-0的相同材料爆炸焊接的情况下，根据距结合线不同距离上金属变形的测量所进行的试验，获得了一种经验关系，按照这种关系可以用计算的方法确定爆炸焊接过程中能量的消耗，这种消耗仅限于狭窄的结合区内。从中又获得了一种关系，用计算的方法，这种关系能够确定相同金属爆炸焊接窗口中下限的位置。

11. 研究空气对接头质量的影响

　　文献[697]利用钛-钛组合的爆炸焊接，研究了空气对接头质量的影响，并指出，在用一定的工艺参数获得的结合区内的某些熔化物中，存在着一定的细晶相的夹杂物。在热处理后，这些夹杂物的类型不变。

用电子微观衍射法确定这些夹杂物最大的可能是钛的氮化物,同时结合区内存在 ω 相。所进行的研究证明,可能存在空气对爆炸焊接接头的质量的影响。

12. 研究结合区变形的特点

文献[698]用粗晶铜研究了铜-铜爆炸焊接结合区金属塑性变形的状态和松弛过程,以及由此伴随形成的金相组织。这些结果是异种金属爆炸焊接时难以观察到的。

13. 研究"飞线"的实质

在相同材料的"飞线"的结合区,在一定的温度下退火后飞线消失,但由飞线发展而成的裂纹依然存在。由此可见,飞线是一种塑性变形线和裂纹源。再结晶退火后,相同材料的结合区(界面)消失。据此可知,两层之间达到了原子间的结合。

14. 用贱金属或富金属先做试验,以节约贵金属

例如,在做贵金属触点试验之前,先进行铜-铜复合板的爆炸焊接和后续的压力加工试验。待工艺摸索成功后,再进行贵金属试验。如此可节约大量贵金属。

15. 同种金属组合的爆炸焊接,可以容易地进行相应条件下结合区温度的计算

如 2.2.14 节所述。

16. 同种金属组合的爆炸焊接,可以容易地进行相应条件下结合区压力的计算

如 4.6.3 节所述。

17. 相同金属的爆炸焊接,能够容易和准确地研究结合区内金属塑性变形的程度与双金属结合强度的关系

如表 4.2.6.1 所列和图 5.2.2.4 所示。

18. 用多层相同材料的箔材和特殊的爆炸焊接工艺制造蜂窝结构材料

文献[322]指出,这些箔材用铝合金、钢、不锈钢、哈斯特洛伊、因科镍、镍、铜和钛等。它们的厚度从 0.013 mm 到 0.15 mm,蜂窝格子的尺寸从 1.5 mm 到 6.35 mm。

19. 用相同材料覆盖设备的压力焊焊缝,提高其耐蚀性和使用寿命

文献[290]报道,生产浓硝酸的反应器是用铝做的,其压力焊焊缝的使用寿命仅 4 个月。后用爆炸法在此焊缝上覆上一层纯铝保护层。结果此反应器的使用期限提高了 5~6 倍。

20. 相同材料的爆炸焊接在零件、部件和设备修理中的应用

这方面的应用如 3.2.59 节所述。

21. 利用相同金属材料,如钛板与钛板的爆炸焊接来缩小雷管区的面积

如图 3.5.9.1 所示。

如上所述,相同金属材料爆炸焊接的工艺、技术及其应用是相当多的,更多的工艺、技术及其应用有待更多地研究和开发。

3.3　爆炸复合材料的压力加工

在一般情况下,用爆炸焊接法生产的上述大量的金属复合材料有的还不能直接应用到生产和科学技术中去。要获得实际应用通常还得进行后续加工,如压力加工、热处理、焊接、机械加工和性能检验等。废料也要进行回收、处理和利用。因此,这类材料的后续加工是爆炸焊接和爆炸复合材料这两门学科的重要组成部分。实际上,这些课题的良好解决也大大促进了它们的应用和发展。

本篇以下几章在实践和试验资料的基础上,研究爆炸复合材料多种形式的后续加工,并探讨其规律。

爆炸复合材料的压力加工,例如轧制、冲压、旋压、锻压、挤压、拉拔和爆炸成形等是其历史发展的必然。60 多年的实践表明,爆炸焊接技术与上述众多的和传统的压力加工工艺相联合,对于克服爆炸焊接的局限性,生产更大、更薄、更长、更短、更粗、更细,以及异型的金属复合材料和零部件,显著地增加产品产量和降低成本,满足生产和科学技术日益增长的多种需求,获得更大的经济效益都具有重要的意义。另外,这种联合还是传统的压力加工技术及其产品的丰富和发展。它们因此相辅相成和相得益彰。所以,爆炸复合材料的后续压力加工是爆炸焊接工作人员和材料工作者的一项重要的研究课题及经常性的工作任务。本章在查阅了大量资料和长期实践的基础上综述这方面的内容。

3.3.1　爆炸复合材料压力加工的特点

实践指出，爆炸焊接双金属和多金属的压力加工，与单金属的压力加工有许多相似之处。例如，它们在外加载荷下都会发生一定形式和形状的塑性变形。在这种变形前有时需要加热，有时不加热。变形过程中都有组织和性能的变化。在这种变化达到一定程度之后需要进行热处理，以恢复其塑性，从而有利于后续工序的进行等。

然而，爆炸复合材料的压力加工也有其特殊之处。以复合板的轧制为例，首先要考虑两种材料原始的力学性能不同，变形抗力不同，要求的变形速度不同；它们的熔点不同，热轧的加热温度不同及保温时间不同；它们的导热系数和线膨胀系数不同，变形状况不同；它们在高温下相互作用的性质不同，在界面上形成固溶体或金属间化合物的能力不同；轧制后这一切对双金属的组织、结合强度和各自基体性能的影响不同，等等。轧制工艺和其他压力加工工艺的制订，就是要处理好这些矛盾，在千差万别的金属组合中，做到工艺、组织和性能的统一，为轧制的和其他压力加工的金属复合材料的正常使用，提供可靠的组织和性能保证。

例如，不锈钢-钢和钛-钢这两种爆炸复合板的热轧制就大不一样。前者两组元中的主要成分均为 Fe，它们的物理和力学性能没有很大的差别，因而其热轧的工艺参数（加热温度、保温时间和加工率等）可以在一个较宽的范围内选择而不显著地影响结果。但是，后者当中，钛在 882 ℃ 时会发生相变并伴随体积变化，它和钢的线膨胀系数相差很大，特别是 Ti 和 Fe 在高温下会生成多种硬而脆的金属间化合物。所以，这种组合的复合板的热轧工艺参数的范围较小，需要慎重选择。否则，热轧后的结合强度很难满足技术要求。类似的金属组合相应的还有镍-钢、镍-不锈钢和镍-钛、铜-铝等。分析和研究表明，热轧工艺参数的范围和结果的这些差异，能够简化为对应金属组合的相图在此方面的不同：对于相图中为固溶体的金属组合，它们的热轧工艺参数的范围较宽；而相图内有金属间化合物的金属组合，其工艺参数的范围较窄。此为合金相图在爆炸焊接热加工中的一大应用（见 4.14 章）。

爆炸复合材料轧制的特点和优点还表现在如下几个方面：

(1) 明显提高复合板的表面粗糙度。例如，对于铜-铝复合板来说，爆炸后坯料的表面粗糙度相应为第 4 级，经两辊-200 型轧机轧制后，其表面粗糙度与辊面相同，这种粗糙度为第 9 级，于是该复合板的表面粗糙度提高了 5 级[699]。

(2) 明显提高复合板的形状精度。爆炸焊接后，复合板会发生颇大的和不规则的宏观塑性变形（见 4.9.1 节）。轧制以后这种变形随之消失，最多有一些沿长向的单向弯曲，这种弯曲在平板机上平复以后就很小了。

(3) 明显提高复合板的厚度尺寸精度。爆炸后，覆板、基板和复合板的厚度尺寸的误差及公差无疑是大的（见 4.9.1 节）。但是经过轧制以后，特别是冷轧以后，复合板的厚度公差就小得多了。这种公差随轧机的能力而定。轧机精度越高，厚度公差越小。例如对于爆炸+热轧+冷轧的三层铝合金复合钎料箔材来说，其厚度为 0.10 mm 时，厚度公差仅±0.01 mm。

(4) 轧制还能够提高铜-铝复合板的结合强度[699]。文献[700]也指出，在轧制过程中采用大的压缩率以后，结合区缺陷的数量可以减小到最小的限度（到 0%）。这种大的压缩率从经济的观点来说也是合理的，因为可以获得大量的复合薄板。研究指出，由于爆炸焊接时结合区内形成的脆性相相对数量的减少，波形界面的缓和，以及未焊透、微观裂纹和气孔类型的局部缺陷的"医治"，爆炸焊接坯料的轧制可以明显地稳定结合强度。脆性的中间层在轧制时将破碎，它的碎片和变形金属一起分散开来。此时，双金属的结合强度与中间层碎片的相对大小成相反的关系。

下面以爆炸复合板的轧制为例，讨论这种新材料的压力加工及其规律的许多问题。

3.3.2　爆炸复合板的轧制

这类复合板的轧制根据加热与否分为冷轧、热轧和先热轧后冷轧三种。其产品对应地分为冷轧复合中板和薄板、热轧复合中板、热轧+冷轧复合薄板（包括箔材）三类。它们的轧制工艺参数由试验确定。

1. 冷轧

如果两组元的强度较低和塑性较高，如铜-铝复合板，尽管有一定程度的爆炸焊接硬化，仍可实施冷轧工艺。如果轧机的能力足够大，还可以不经过中间退火而将厚的复合板坯轧至任意小的厚度。银-铜、铜-钛复合板等亦可冷轧，只是它们须经中间退火后方能继续冷轧。

2. 热轧

对于强度较高和塑性较低的金属组合或组合之一来说，如不锈钢-钢和钛-钢复合板坯的轧制就需要加热。加热的温度依组元的物理性质和在高温下相互作用的特点而定。试验结果指出，不锈钢-钢复合板的热轧加热温度可高至 1250 ℃，而钛-钢复合板的热轧加热温度最好以不超过钛的相变温度（882 ℃）为宜。热轧过程中，特别是对那些相图上有金属间化合物的金属组合来说，第一道次的加工率要大，并以最快的速度轧至所需的厚度（厚度大于或等于 4 mm 的复合中板）。

3. 先热轧后冷轧

例如，厚度在 3 mm 以下的不锈钢-钢复合薄（卷）板，就需要将热轧过的中板经中间退火后再进行冷轧。冷轧过程中还需进行 1~2 次中间退火。有的为了获得既定组织和性能的复合薄板，还要进行成品退火。对于耐蚀的奥氏体不锈钢层来说，为了恢复其耐蚀性，该中、薄复合板还要进行固溶处理。

一些爆炸复合板的轧制工艺见表 3.3.2.1。

表 3.3.2.1 一些复合板的轧制工艺

No	金属组合	坯料尺寸/(mm×mm×mm)	轧制工艺	总加率/%
1	不锈钢-钢	(15+45)×500×1000	①1150 ℃保温 0.5~1 h，热轧至 10 mm 或 4 mm；②表面处理和中间退火后，由 4 mm 冷轧成各种厚度的薄（卷）板	83 或 93 / >35
2	钛-钢	(6+45)×500×1000	820 ℃下保温 0.5 h，热轧至 15 mm	70.5
3	黄铜-钢	厚度(10+30)	700 ℃加热，7 道次轧至 4.5 mm	88.8
4	Au-AgAuNi-CuNi	(0.92+5.54+4.64)×110×270	中间退火后，冷轧至 3 mm	73
5	铜-LY12	(2+6)×595×930	450 ℃加热 0.5 h，热轧至 4 mm	50
6	镍-钛	(1.7+10.3)×507×1032	①800 ℃加热 0.3 h，热轧至 2.5 mm ②再分别冷轧至 1.0 mm、0.5 mm、0.25 mm	79.2 / >91.7
7	镍-不锈钢	(1.6+11.9)×508×1011	①1000 ℃加热 0.3 h，热轧至 2.5 mm ②再分别冷轧至 1.0 mm、0.5 mm、0.25 mm	80 / >92
8	铜-铝	(0.9+3.5)×250×500 (1.2+2.5)×250×500	分别冷轧至 1.0 mm、0.5 mm、0.25 mm 分别冷轧至 1.0 mm、0.5 mm、0.25 mm	>77.3 / >73
9	铜-LY2M	(2.5+5.0)×200×500	450 ℃加热 0.3 h，热轧至 2.5 mm，再分别冷轧至 1.0 mm、0.5 mm、0.25 mm	>86.7
10	铝硅合金-铝锰合金-铝硅合金	(10+80+10)×350×1500	500 ℃加热 2 h，热轧至 6 mm，再冷轧至 1.5 mm，中间退火后冷轧至 0.23 mm，中间退火后再次轧至 0.16 mm	99.75

用爆炸+轧制以及和其他压力加工方法相联合生产的一些复合材料和产品如图 3.3.2.1 和图 3.3.2.2、图 5.5.2.60~图 5.5.2.78、图 5.5.2.113、图 5.5.2.124~图 5.5.2.129 所示。

文献［701］讨论了钛-钢爆炸复合板的热轧制问题，指出这种组合的复合板在 850 ℃以下加热是适宜的，此时其结合强度能够满足技术要求（$\sigma \geqslant 137$ MPa）。

0.5 mm×200 mm×L mm

图 3.3.2.1 爆炸+热轧+冷轧的镍-钛复合板

0.5 mm×200 mm×L mm

图 3.3.2.2 爆炸+热轧+冷轧的镍-不锈钢复合板

文献提供了该爆炸+轧制复合板的工艺、组织和性能方面的大量资料，进行钛表层和结合区各元素分布的检验，以及结合区内主要元素扩散层厚度的测定。最后指出，爆炸焊接和轧制工艺的联合对于克服爆炸焊接工艺在尺寸上的限制、生产更大面积的复合板及降低成本有重要意义。

文献[702]介绍了钛-钢复合板的热轧工艺：感应电炉加热，加热温度不超过 800 ℃，保温时间为 15~20 min，道次压下率为 15%~20% 或更大些，轧制过程要快，一火轧至 10 mm、15 mm 和 20 mm。板坯尺寸为 [(8 或 10)+85] mm×

表 3.3.2.2 复合板两种生产方法的相对工时消耗比较

加工方法	基本工时	准备工时	表面处理工时	总工时
爆炸复合	1	1	1	3
爆炸+轧制	0.54	0.19	0.15	0.88

700 mm×1100 mm。表 3.3.2.2 和图 3.3.2.3 提供两种工艺的成本比较。由表 3.3.2.2 中数据可知爆炸+轧制工艺的基本工时消耗显著减少，其效率是直接爆炸复合的 2 倍左右。由图 3.3.2.3 可见，当成品板材的钛层厚度与钢层厚度之比为 1:6 时，两种工艺的单位成本相等；大于这一比值时，爆炸+轧制工艺就经济得多。当大批量生产时，这种工艺的效率和优点更能显示出来。

文献[703]进行了不锈钢-钢大厚度爆炸复合板坯的轧制试验。工艺为：在 1050~1150 ℃ 加热并保温 0.5~1.0 h，在热轧机上将板坯轧至 10 mm，第一次道次加工率大于 20%，总加工率为 83%，终轧温度大于 920 ℃，随后将其空冷或水冷。或将板坯热轧至 4~8 mm 厚。由此获得的复合中板经校平和表面处理后便可直接使用。

该文献报道还将上述中板冷轧成多种厚度的薄板。这种薄板根据用途可剪切成块，也可卷成卷。

该文献提供了这种复合板在不同状态下的工艺、组织和性能。

文献[704,705]进行了镍-不锈钢和镍-钛两种复合板的热轧及冷轧试验。在小型试验中出现了如图 3.3.2.4 和图 3.3.2.5 所示的现象。由图可见，由于面积结合率的不同而影响了轧制结果。对于镍-不锈钢复合板来说，两种材料结合得很好，特别是起爆端，轧制过程中两种金属同时延伸。而对镍-钛复合板来说，由于这两种材料的焊接性较差，特别是起爆端会出现一定长度的不结合区，这种不结合区的存在严重地影响了结果。未结合部分钛层延伸得更多(也许与钛在此温度下的超塑性有关)。图 3.3.2.6 所示的钛-不锈钢复合板的热轧也有此类似情况。上述事实说明，一方面爆炸焊接的面积结合率会影响轧制结果，另一方面金属组合的不同也影响了它们的爆炸焊接。对于相图上有多种金属间化合物的金属组合，其焊接性较差(如钛-钢、钛-不锈钢和镍-钛等)。对于相图上仅为固溶体的金属组合，其焊接性较好[如镍-钢(Fe)、镍-不锈钢(Fe)等]。这一结果体现了相图在爆炸复合材料热加工中的应用。

文献[706]进行的铜-LY12复合板热轧试验过程如图 3.3.2.7 所示。由图可见，这种复合板在爆炸后冷轧、退火后冷轧和缓慢热轧时都没有成功或者边裂严重，只有在快速热轧的情况下才成功，既没有分层也没有裂边。铜-LY2M 也有类似的情况[707]。

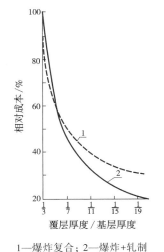

1—爆炸复合；2—爆炸+轧制

图 3.3.2.3 复合板的两种生产方法相对单位成本比较

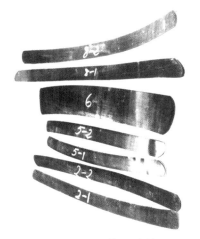

图 3.3.2.4 镍-不锈钢复合板的热轧制

起爆端未焊接部分钛延伸得更多

图 3.3.2.5 镍-钛复合板的热轧制

文献[708]对冷轧和在 656~1034 ℃ 间热轧后钛-钢爆炸复合板的显微组织和断裂特征进行了研究。冷轧压缩 30% 或更少时，焊接结合破坏。在 656 ℃ 轧制时结合面不出现金属间化合物。然而在 760~927 ℃ 之间轧制，结合面上将形成 1~2 μm 厚的 TiFe 层。在 980 ℃ 和 1034 ℃ 下轧制后将观察到 TiFe 和 TiFe$_2$（主要是后者）的双层组织。

在 656 ℃ 轧制后出现断裂，虽然沿结合区均匀的连续的应变-硬化带难以出现。在 760 ℃ 和 815 ℃ 轧制后，由于结合区内不连续的应变-硬化带里出现裂纹而造成断裂。在 870 ℃ 轧制后，TiFe 颗粒周围的金属流出现分离和产生空位，断裂由此引起。在 927 ℃ 和 1034 ℃ 轧制后，断裂通过金属间化合物相扩展。

文献[709]的钛-钢复合板的轧制工艺：在 843 ℃ 下加热 30 min，然后迅速地用三个道次热轧，直到 578 ℃。总加工率可达 59.1%。轧制复合板的结合强度良好，在室温下可以弯曲 180° 而不破裂。最后产品的结合区波长和波幅之比为 36:1。其他轧制产品及其结合区特性如表 3.3.2.3 所列。

上述复合板可在 180° 下弯曲不致分离。轧制后它们的其他力学性能：剪切强度为 213 MPa、屈服强度为 350 MPa、抗拉强度为 535 MPa，延伸率为 23%。

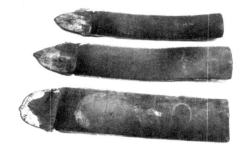

起爆端未焊接部分钛延伸得更多

图 3.3.2.6　钛-不锈钢复合板的热轧制

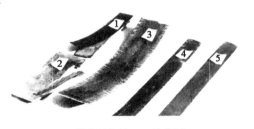

1—退火后轧制；2—冷轧制；
3、4—缓慢热轧制；5—快速热轧制

图 3.3.2.7　铜-LY12 复合板的轧制试验

表 3.3.2.3　爆炸+轧制产品及其特性

覆　层	基　层	λ/A （轧制前）	λ/A （轧制后）	轧制缩减	最后面积 /cm²
78 μm 厚的 55A 钛	12.7 mm 厚的 A212B 钢	13	117	3 到 1	101.6×533.4
78 μm 厚的 55A 钛	12.7 mm 厚的 A204B 钢	13	117	3 到 1	101.6×533.4
78 μm 厚的 55A 钛	12.7 mm 厚的 A387B 钢	12	108	3 到 1	101.6×533.4
78 μm 厚的 55A 钛	25.4 mm 厚的 A302 钢	12	192	4 到 1	101.6×711.2
78 μm 厚的 55A 钛	25.4 mm 厚的 A212B 钢	11	891	9 到 1	101.6×1778
6.35 mm 厚的 55A 钛	25.4 mm 厚的 A212B 钢	10	90	3 到 1	152.4×304.4
12.7 mm 厚的 55A 钛	30.48 mm 厚的 A212B 钢	6	54	3 到 1	2348×2467
78 μm 厚的 Ti0.5Pd	25.4 mm 厚的 type304SST	13	52	2 到 1	152.4×355.6

文献[35]研究了如下多种组合的复合板坯的轧制：

（1）不锈钢-低合金钢。这种复合板覆层厚 10 mm，基层厚 50 mm。在 1250 ℃ 进行热轧试验。试验品的分离强度为 402~539 MPa。

为了制备厚 12~40 mm、面积达 20 m² 的该复合板，采用了 80~200 mm 厚、长达 2 m 的低合金钢板坯，而不锈钢板的厚度为 16 mm 和 20 mm。爆炸焊接后对它们进行了轧制，该轧制复合板的剪切强度是 343~539 MPa。

（2）不锈钢-钢（G3）。为了获得复合坯料，利用了厚 105~165 mm 和长达 2 m 的 G3сп 钢板坯，以及厚 16 mm 和 20 mm 的 10X18H10T 不锈钢板。

爆炸焊接后的坯料经热轧成厚 32~45 mm 的复合板。其剪切强度平均为 343 MPa，分离强度平均为 470 MPa，覆层厚度为 5.4 mm 左右。

（3）不锈钢-钢（22 K）。研究了厚度从 32 mm 到 110 mm，面积达 22 m² 的 12X18H10T-22 K 钢复合板。为此利用了厚 215 mm 和长 3 m 的 22 K 钢板坯、厚 10 mm 和 16 mm 的 12X18H10T 不锈钢板。

（4）钛-钢。为了轧制，利用了 BT1-1+G3、厚 25~52.5 mm（钛层厚 6 mm 和 8 mm）的复合板坯。通常情况下在 1000~700 ℃ 下进行加热和轧制。在轧制过程中总的相对压缩率是 50%~82%。经 50%~75% 压缩率轧制后的复合坯料样板的断面形状如图 3.3.2.8 所示。由图可见，随加热温度的升高和加工率的增大，钛层向两侧的流动增加。这显然是这种条件下钛的塑性增加比钢更快之故，也与其此时的超塑性变形有关。钛-钢复合板的热轧工艺如表 3.3.2.4 所列，其力学性能如表 3.3.4.1 所列。

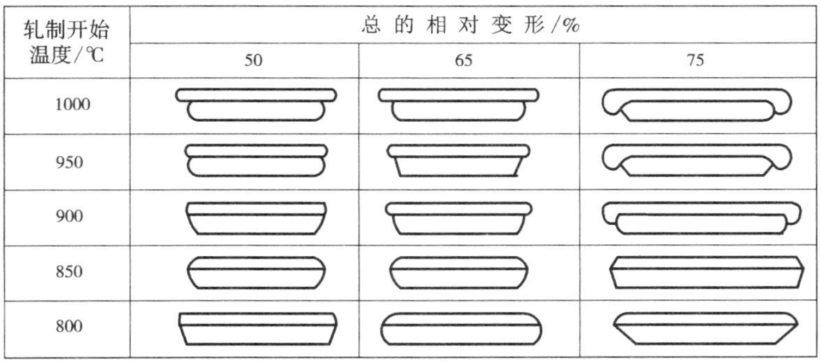

应当指出，在高于相变点轧制钛-钢复合板时轧机两侧的压下量必须相同，否则，由于钛在该温度下的超塑性将使轧制后的复合板的钛层厚度不均匀。

文献［28］还用爆炸焊接的方法对尺寸为（8+110）mm×1000 mm×2000 mm 的 1X13-18Г2A 复合板坯进行了热轧。轧制以后进行了力学性能、组织、扩散和覆层表面晶间腐蚀的研究。

文献［699］研究了铝-铜和铜-钛复合板的轧制。指出，轧制变形将引起这两种复合材料结合强度的相当大的提高和结合区稳定性的改进。金相分析表明，结合强度的提高是由于爆炸焊接时所形成的脆性相被轧碎了，以及由于局部缺陷（例如结合面缺乏连续性）消失了，而形成了新的活化中心。铜-钛复合的热轧温度的范围是 450~500 ℃，在这个范围内可采用大加工率的快速压下，如此可保证有满意的结合强度。由于冷轧，铝-铜复合板的结合强度从 14 MPa 提高到 40 MPa。

以下将散布在国内外大量文献中的有关爆炸复合材料压力加工方面的资料汇集如下，供参考。

早在 20 世纪 70 年代中期，本书作者就先后开展和完成了钛-钢和不锈钢-钢复合板爆炸焊接及热轧课题研究的工作。后来又做了镍-钛，镍-不锈钢、铜-铝和铜-钛等爆炸复合板的热轧及冷轧研究的工作。还做了铜-铝等药型罩用复合薄板的旋压工作，以及贵金属触点材料的爆炸焊接和拉拔工作。由此可见，本书作者是我国爆炸复合材料压力加工及其后热处理（见下一章）工作的先行者。

文献［1476］介绍了有关层状金属复合板的研究和生产现状，并指出，爆炸焊接、轧制和爆炸+轧制是目前 3 种主要的生产层状金属复合板的生产方法。后一种比较灵活可靠，它综合了前两者的优点，既可以生产较大面积的复合板，也可以生产较薄和很薄的板、带、箔材。

文献［1477］用爆炸+对称叠轧制的工艺研制成功了 00Cr18NiM03Si2-Q235A 复合板。坯料尺寸为（12+56）mm×1300 mm×1500 mm 和（12+48）mm×1300 mm×1500 mm 两种，成品复合板尺寸为（3+14）mm×140mm×4600 mm 和（3+12）mm×1500 mm×4200 mm 两种。热轧加热工艺为：炉头温度为 1230~1280 ℃、炉中温度为 1120~1170 ℃、炉尾温度为 650~700 ℃，加热速度为 8~10 min/cm，加热时间为 120~150 min。轧制在四辊轧机上进行。钢坯出炉温度为 1150~1180 ℃，终轧温度为 1000~1020 ℃，最大压下量大于 20 mm，最大压下率小于 25%。热轧后采用冷却水幕冷却到板面变黑，然后热校平（开校温度为 600~650 ℃）。最后将其放在平坦的地面上，并用重砝压在板垛上，以防瓢曲。待复合板完全冷却后校平和剪切。将定尺复合板再次校平，其不平度控制在 8 mm/m 以内。

检验结果表明，复合板结合率为 100%；热轧后界面上有一极窄的扩散带，其宽度为 2 mm，近界面处 γ 相数量达 60%；碳扩散后部分 α 相转变为 γ 相，基材组织为 A+P，还有少量的针状马氏体。复合板的 σ_b>375 MPa，σ>225 MPa，δ_5>25%，弯曲角（内、外、侧弯）均为 180 ℃（d=2t，d 为弯曲半径，t 为复合板的厚度），剪切强度均大于 325 MPa，扭转角大于 720°。应力腐蚀和晶间腐蚀性能良好，经热处理后能显著改善耐腐蚀性能和提高其电化学性能，用电化学方法测量的不同状态的复合板覆层的击穿电位值如表 3.3.2.5 所列。

图 3.3.2.8　在不同温度和压缩率下钛-钢复合板的横断面形状

轧制开始温度/℃	总 的 相 对 变 形/%		
	50	65	75
1000			
950			
900			
850			
800			

表 3.3.2.4　钛-钢爆炸复合板的热轧工艺

加热温度/℃	保温时间/min	开轧温度/℃	轧制后复合板的尺寸/（mm×mm×mm）	ε/%	δ'_1/mm	n
1010	30	880	14×500×3700	72.5	1.6	1.04
960	27	820	15×500×3300	70.5	1.8	0.97

注：$n=\delta_1\delta_2/\delta'_1\delta'_2$，各层变形的不均匀系数，$\delta_1$，$\delta_2$ 和 δ'_1，δ'_2 为轧制前后覆层和基层的厚度。

结论指出，采用爆炸+热轧工艺可以获得结合强度高、不贴合面积小的该双相不锈钢和普通钢的复合板。为了获得最佳的力学和耐蚀性能，该复合板须经过本文所述的热处理。

表 3.2.2.5　复合板的击穿电位值

No	试样状态	试验介质	E_b/mV	试验条件
1	轧制+水冷	3% NaCl+5%H_2SO_4	488	以 50 mV/min 的扫描速度进行测量
2	980 ℃ 300 min 空冷		542	

文献［1478］进行了 2205 双相不锈钢-Q235B 复合板的爆炸+轧制工艺的研究。在此工艺基础上，为江苏金坛 60 万 t 真空制盐工程、湖北长江盐化 30 万 t 真空制盐工程和湖南湘衡盐矿环保盐硝联产工程提供了 1300 t 该复合板，使用效果良好。

该复合板的研究路线为：爆炸制坯→轧制→校平→表面处理→检查。爆炸复合工艺中，使用 24 号、26 号硝铵岩石炸药、梯形布药、纯化黑索金特殊聚能起爆、1.8～2.2 倍覆板厚度的间隙距离等工艺参数，覆板尺寸是 8.0 mm×2100 mm×3100 mm，基板尺寸是 50 mm×2000 mm×3000 mm。热轧工艺：加热温度为 1200～1300 ℃、终轧温度为 950～1050 ℃；热校平开始 700～750 ℃、终了温度为 550～600 ℃，不锈钢面朝上。热轧过程控制：开轧温度为 1150～1200 ℃，不锈钢面朝下，一次快速轧制成品规格为（2+14）mm×2500 mm×8500 mm，利用主轧机高压水进行快速冷却至 700～750 ℃时进行热校平。然后喷水冷却。550～600 ℃通过辊道进行空冷，最后进行堆垛冷却。如此工艺过程可使 2205 双相不锈钢-钢复合板中覆板的相比例达到相关的标准。有关的力学性能数据如表 3.3.2.6 所列。

表 3.3.2.6　双相不锈钢-钢爆炸+轧制复合板的性能

材　料	终轧温度/℃	σ_b/MPa	σ_s/MPa	δ/%	弯曲角，$d=2t$	剪切强度/MPa	冲击功/J	晶间腐蚀
22015-Q235B	975	500	315	30	合格	355	94 89 82	合格
2205-Q235B	985	480	285	31	合格	380	121 154 157	合格
2205-16MnR	990	580	405	27	合格	390	95 71 79	合格

文献［1184］报道，过去一直采用爆炸+轧制法制造炊具材料，现在这类材料的需求量也很大。这和最近的厨房周边的电气化和城市高楼大厦化所需要的电磁炉大量增加有关。电磁炉用材料是将可感应加热、易磁化且导热性好的特殊钢，用奥氏体系不锈钢薄板包覆的复合板制造的。即首先用爆炸焊接法制作双面不锈钢包覆的复合板，经热轧后再冷加工成 1.0～1.5 mm 的薄复合板。

文献［1479］进行带纯铁中间层的钛-钢复合板的爆炸+轧制工艺研究。获得了钛覆层厚度为 1.2～1.6 mm、基层厚度为 12～18 mm、单张面积达 35 m^2 的钛-钢复合板。

文献［1480］报道了不锈钢-钢复合板的爆炸焊接和轧制。炸药的爆速为 2500 m/s，覆板的下落速度为 250 m/s 和 280 m/s，间隙距离为 10 mm。原材料及其力学性能如表 3.3.2.7 所列。轧制后产品的几何参数和力学性能如表 3.2.2.8 和表 3.3.2.9 所列。

表 3.3.2.7　原材料及其力学性能

原材料	规格 /mm×mm×mm	ρ /(kg·m^{-3})	σ_b /MPa	HV
Q235	140×205×3000	7800	405	130
304	15×205×3000	7900	560	170

表 3.3.2.8　热轧复合钢带的几何参数和力学性能

材　料	厚度/mm 轧制前	厚度/mm 轧制后	宽度/mm 轧制前	宽度/mm 轧制后	σ_b /MPa	HV	δ /%
Q235	14.75	0.325	205	158	—	182	—
304	140.00	2.450	205	210	—	140	—
合成配比	9.49	7.560	—	—	—	—	—
总量	153.00	2.800	205	210	480	—	20

表 3.3.2.9　冷轧复合钢带的厚度参数和力学性能

轧制段	厚度/mm 总量	厚度/mm 304	厚度/mm Q235	基复厚度比	HV_{304}	HV_{Q235}
1	2.75	0.32	2.43	7.56	—	—
2	2.00	0.26	1.74	6.69	—	—
3	1.75	0.23	1.52	6.60	—	—
4	1.25	0.20	1.05	5.25	233	185

文献［1481］研究了热轧工艺对爆炸焊接的钛-钢复合板坯的力学性能和界面显微组织的影响。结果表明：在低于钛的相变温度时加热轧制的复合板，其拉伸强度性能良好，延伸率比较高，剪切强度略高于坯料，而在相变温度以上热轧时拉伸强度相对较低，剪切强度急剧下降；终轧温度也是影响复合板结合强

度的重要因素，为此，终轧温度要求不低于 550 ℃，随后校平和空冷堆放；如上所述获得的钛-钢复合板结合界面无波形组织和无污染，产生的脆性化合物极少，其组织形态类同于钛材完全退火的等轴组织。

文献［1482］探索了大面积、薄覆层的钛-钢复合板的爆炸+轧制工艺。结果表明，使用低速炸药以及在覆层和基层之间增加一层纯铁过渡层、采用合适的爆炸复合工艺获得复合板坯，再在适当的热轧温度进行轧制，可得到面积超过 35 m²、覆层厚度小于或等于 2.0 mm 的钛-钢复合板，其各项性能指标符合国家标准要求。

试验中发现，纯铁过渡层能有效地抑制界面金属间化合物的生成。铜过渡层由于其强度和它在钛中的固溶度低，使复合板的结合强度显著降低。镍材紧缺和成本高。故选纯铁作过渡层为佳。

试验表明，随着热轧加热温度升高，复合板的结合强度下降，但下降不大。在加热温度相同的情况下，随着变形量的增加，其结合强度也增加，且增幅较大。另外，随着加热温度的增加，其弯曲性能相应得到改善。

文献［1483］比较了爆炸法和轧制法生产不锈钢-钢复合板的结果。结论指出，对于 2 mm+6 mm 的复合钢板来说，轧制法的剪切强度高于爆炸法的剪切强度。对于 2 mm+22 mm 的复合钢板来说，轧制法的剪切强度又低于爆炸法的剪切强度。所以，轧制法适于生产覆层厚度小于 2 mm 的复合钢板，而爆炸法适合生产中厚复合钢板。爆炸法的结合界面呈波状结构，轧制法的为平直状。爆炸法的结合区存在 30 μm 左右的微细晶粒带，结合区硬度高于母体，轧制法的硬度两侧和界面无明显变化。爆炸法的结合区存在 30～50 μm 厚的扩散区，轧制法时原子扩散仅 10 μm 左右，这是由于轧制法时基覆板之间设置高铬镍的中间层的阻隔所致。

文献［1484］提供了爆炸+热轧+冷轧的 304-08Al-304 三层复合薄板的生产工艺、特点和力学性能数据。这种复合薄板的特点：覆层单侧最薄为 0.08 mm，最小总厚度为 0.8 mm，覆层厚度均匀；可实现连续成卷生产；可实现单面或双面对称、非对称复合；结合率高和冷成型性能好。这种产品在轻工机械、食品、炊具、建筑、装饰、焊管、铁路客车、医药卫生和环境保护等行业有极其广泛的应用。其力学性能如表 3.3.2.10 所列。

表 3.3.2.10　304-08Al-304 复合薄板的力学性能

总厚度 /mm	σ_b /mm	σ_s /mm	δ /%	杯突值 /mm	覆层厚度 /mm	弯曲，$d=2t$，180°
1.2	490	330	57.0	11.1	0.14～0.13	合格
1.2	480	340	54.5	13.1	0.13～0.13	合格
1.2	475	335	52.5	11.1	0.12～0.13	合格
1.0	490	340	54.5	11.0	0.11～0.12	合格
1.0	480	340	58.5	11.0	0.11～0.11	合格
1.0	480	330	59.0	10.8	0.11～0.12	合格

文献［1070］介绍了面积达 35 m² 的钛-钢复合板的爆炸+轧制工艺。为了获得质量符合要求的复合板坯和最终产品，解决了几项关键技术：炸药性能参数和装药量的选择优化；覆层力学性能控制；边界效应控制；轧制工艺的合理选择。最终产品的尺寸为 ［1.2+（12～18）］ mm×（2000～3000） mm×（5000～14000） mm。爆炸复合板坯的面积为成品面积的 20% 左右。不同轧制工艺下的复合板的力学性能如表 3.3.2.11 所列。

该文献介绍，国外复合板工艺技术的开发早于我国，爆炸复合和轧制技术也领先于我国。如美国和日本爆炸复合的面积可达 20 m²，日本轧制的单张中厚复合板的面积达 60 m²。

文献［1485］报道，厚度为 0.80～1.20 mm 的不锈钢-碳钢-不锈钢三层复合板在建筑门窗、幕墙和日用炊具领域有广泛的应用前景。太钢复合板厂用爆炸+轧制法生产了厚度比为 1:10:1 的该三层复合板。材质原为 304-Q235A-304。该材料的复合薄板在冷弯试验中产生裂纹，因而后续成型性能差。为此，该厂将含碳量为 0.16% 的 Q235A 钢改为含碳量为 0.06% 的 08Al 钢，并用 1050 ℃ 热处理工艺和使其晶粒度级别小于或等

表 3.3.2.11　不同轧制工艺下钛-钢复合板的力学性能

加热温度/℃	变形量/%	σ_τ/MPa		内弯	外弯
760	80	纵	156	裂	裂
		横	156		
	90	纵	290	裂	裂
		横	285		
850	90	纵	210	合格	合格
		横	220		
900	80	纵	170	合格	合格
		横	170		
	90	纵	205	合格	合格
		横	210		

于8级，以及采用其他的工艺措施，从而使这种新材料满足了使用过程中对冷弯性能的要求。

文献[1486]报道了双面不锈钢爆炸复合板的轧制工艺。其材料为0Crl8Ni9~Q235A~0Crl8Ni9，成品规格为1.2 mm×250 mm×L mm对称型，基板厚度为1~1.04 mm，覆板厚度为0.08~0.10 mm，厚度比为1:10:1。爆炸复合的坯料在加热后经过炉卷轧机轧制成3.5 mm厚、1070 mm宽的热轧钢卷。然后切边，再进行冷轧至成品厚度，最后一道次的变形率控制在5%~10%。其工艺流程为热轧-卷取-冷轧-开卷-碱洗-水洗-烘干-固溶-冷却-平整-卷取。经过1年多的生产，证明该工艺流程可以满足这种三层复合薄板的生产。

文献[1487]报道，为了满足爆炸复合+轧制一体化技术的产业化要求，成功地进行了不锈钢-普碳钢大厚板坯（覆板厚20 mm）的爆炸复合试验，使大板的复合率达到100%。

文献[1488]指出，爆炸+轧制的钛-钢复合板以其面积大、成品率高、工艺相对简单和成本低廉等优点而被广泛应用。本文研究了爆炸态复合板的结合强度对轧制态的影响，结果如表3.3.2.12所列。

由表3.3.2.12中的数据可知，用不同性能的炸药爆炸焊接的复合板，其界面的波形参数虽然不同，但它们对这种状态的复合板的结合强度没有太大的影响，对轧制后的复合板的结合强度也影响不大（这种不大的影响是由于试验方法的少许差异造成的，都在误差范围之内）。由表中数据还可见，轧制后，这种复合板的结合强度有所降低。

文献[1489]采用爆炸焊接+热轧工艺生产了不锈钢-16MnR复合板。坯料厚度为8 mm + 132 mm。热轧后复合板厚度为22 mm。其力学性能和晶间腐蚀结果如表3.3.2.13所列。

文献[1490]研究了不锈钢-碳钢经爆炸和爆炸+轧制生产的复合板的界面成分、组织和力学性能，论证了这种工艺是目前生产复合板的理想工艺。它们的力学性能如表3.3.2.14和表3.3.2.15所列。

表 3.3.2.12　爆炸态和爆炸+轧制钛-钢复合板的界面波形参数和对应剪切强度

复合板编号	1	2	3	4
波幅/mm	0.158	0.134	0.245	0.246
波长/mm	0.97	0.798	1.04	1.36
波幅与波长之比	0.163	0.168	0.236	0.180
爆炸态 σ_τ/MPa	370	341	313	337
爆炸+轧制态 σ_τ/MPa	235	240	260	231

注：1~4号复合板是用不同性能的炸药爆炸焊接的；2.爆炸态复合板的尺寸为(6+25) mm×1000 mm×2000 mm；3.待轧制的爆炸复合板尺寸为(6+25) mm×50 mm×200 mm。

表 3.3.2.13　0Crl8Ni11Ti-16MnR 爆炸和爆炸+轧制复合板的性能

状态	σ_τ /MPa	σ_s /MPa	σ_b /MPa	δ_5 /%	内外冷弯	A_{kv} /J	晶间腐蚀
爆炸	545~635	795~800	865~885	24~25	合格	29~30	未发现
爆炸+轧制	430~460	375~385	540~550	26~28	合格	94~122	未发现

注：晶间腐蚀按GB/T334—2008进行试验。

表 3.3.2.14　(2+14) mm 0Cr8Ni9Ti-Q235 爆炸复合板的力学性能

力学性能	σ_s/MPa	σ_b/MPa	σ_5/%	σ_τ/MPa	A_{kv}/J	弯曲 $d=2t$, 180°	HBS
数据	530~490	650~550	13	340~350	18~21	内外弯曲均良好	层160，覆层241，结合层330
技术要求	235	460~370	≥26	≥147	≥27	完成	

表 3.3.2.15　0Cr18Ni9Tj-16MnR 爆炸+轧制复合板的力学性能

状态	厚度/mm	σ_s/MPa	σ_b/MPa	σ_5/%	σ_τ/MPa	冷弯 $d=2t$, 180°	A_{kv}/ J			腐蚀试验
爆炸+轧制	22	375	550	28	430~460	完好	64~78			未发现晶间腐蚀现象
	22	385	540	26	450~540	完好	94~98	84~95	29~30	
	18	425	590	29	435~460	完好	82~70	56~60	24~28	
	18	425	565	28	405~460	完好	98~100			
爆炸	8+124	785~800	865~885	24~25	510~530	基层开裂	29~30			

注：冲击功 A_{kv}：左为常温下的，中间为-10 ℃下的，右为250 ℃时效后的。

结论指出，爆炸态复合板虽然耐蚀性好和界面强度高，但塑性较低，故限制了它的应用范围。爆炸+轧制的复合板各项性能良好，工艺易于实施，有普及和推广应用价值。

文献[1491]论述了爆炸复合板的覆层和基层结合界面的状态，以及对爆炸+轧制的不锈钢复合板在拉伸成型过程中产生的影响，并提出了解决的方法。文中报道，曾用爆炸+轧制的不锈钢-低碳钢-不锈钢复合薄板来制造压力锅。后因锅沿出现的波形限制了这项应用，并将其归结于复合板的原来的界面波形。本书作者认为，实际上复合板坯在热轧和冷轧成薄板以后，其结合界面已变得平直。锅沿的波形是这种产品在加工制造过程中常会出现的"折皱"现象。通过改进旋压或冲压等加工工艺和改善材料的加工性能即可消除这一现象。

文献[1492]报道，爆炸+轧制复合法就是通过爆炸复合制坯，再进行轧制生产复合板的一种方法。该文研究了爆炸焊接钛-钢复合板坯的结合强度对轧制复合板结合强度的影响、轧制复合板的界面情况，以及爆炸+轧制复合板的结合机制等问题。结果指出，爆炸复合板坯的结合强度对其轧制后复合板的结合强度无明显影响，爆炸焊接只起到制坯的作用。轧制后复合板的界面平直，熔化块对结合质量有不利的影响。应尽可能采用低温轧制。轧制过程中出现的挤入现象是影响复合板结合强度的因素。试验数据如表3.3.2.16所列。

表 3.3.2.16　爆炸和爆炸+轧制钛-钢复合板的检验数据

复合板坯编号	1 号	2 号	3 号	4 号
结合区波形　波幅/mm	0.158	0.134	0.245	0.246
结合区波形　波长/mm	0.970	0.798	1.040	1.360
波幅/波长	0.163	0.168	0.236	0.180
爆炸复合板坯 σ_τ/MPa	370	341	313	337
爆炸+轧制复合板 $\sigma_{b\tau}$/mm	235	240	260	231

注：1. 爆炸复合板坯尺寸为(6+25) mm×1000 mm×2000 mm，轧制复合板坯尺寸为(6+25) mm×50 mm×200 mm；2. 轧制后复合板的厚度为 1 mm+3 mm。

文献[1493]报道，钛-钢复合板的轧制复合与爆炸法相比，能够实现较高的生产率和制得更宽的板材。认为轧制法批量生产的关键工艺：第一，在高真空下将钛-钢板坯复合在一起；第二，重新加热板坯和控制与调节轧制的终轧温度等加工条件；第三，选择低速高形变的轧制技术。

研究所用的复合板厚度为 40 mm，其中钛覆层厚度为 5 mm，宽 3370 mm，长 5700 mm。轧制方法有两种：一是常规的；二是低速高形变轧制。力学性能：$\sigma_{0.2}$=243 MPa，σ_b=431 MPa，δ=37%，σ_τ=186 MPa。结论指出，消除复合界面的空隙是低速高形变轧制方法的有益措施，通过控制加热温度和热处理条件能够限制界面上 TiC 层的增厚。

文献[1494]结论指出，Ti-Al 双金属管爆炸焊接后和液压胀形过程中的退火工艺均为 580 ℃、2 h，热处理后的双金属管界面结合良好，为后续液压胀形提供了很好的组织和性能基础。所提出的该双金属 T 形三通管件液压胀形的内压力计算公式为其后液压胀形提供了相对准确的内压力参考值。按此参考值进行三道次液压成形获得了既定形状和尺寸

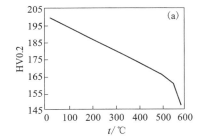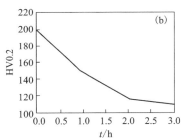

图 3.3.2.9　Ti-Al 双金属管中钛基层硬度与热处理加热温度(a)和保温时间(b)的关系

的制品，每次成形后均进行退火处理。制品形状类似于图 5.5.2.220 所示。该复合管钛基层的硬度与热处理工艺的关系如图 3.3.2.9 所示。

文献[1495]指出，管件液压成形技术是近几年发展起来的一种新的塑性成形技术。采用无缝管一次液压胀形，不仅能显著地提高制件的力学性能，还可以大幅度降低生产成本和提高生产效率。该文利用爆炸焊接的纯铁-纯铝复合管进行液压成形工艺的数值模拟和试验，成功地制备了 Fe-Al 双金属复合正三通管件(形状类似于图 5.5.2.220 所示)。试验表明，所制备的三通复合管件的成形性能与其纯铁层的成形性能相似，成形过程中两基材之间的界面结合良好。纯铁管外径为 18 mm，厚度为 2.3 mm，纯铝管外径为 13.4 mm，厚度为 0.8 mm，两管长均为 104 mm。

文献[1446]探讨 TAl-Al 双金属弯头管件塑性成形的规律，采用有限元模拟，首先确定双金属复合管推弯成形的界面结合强度临界值，其次研究轴向推制速度，摩擦因素对界面最大剪切应力和复合弯头壁厚分布的影响。模拟结果表明，复合弯头推弯成形后的临界结合强度为 50 MPa。另外，要制备界面无分层的复合弯头，

推弯成形速度和摩擦因数应分别小于 10 mm/s 和 0.125。复合弯头在几何尺寸和壁厚分布方面，试验结果与有限元模拟值基本吻合。爆炸焊接+冷推弯成形的 TAl-Al 双金属复合弯管如图 5.5.2.218 所示。

文献[1374]采用爆炸焊接工艺获得了 316L-Al 复合管，并利用 SEM 和 XRD 对复合管的结合区形貌和相组成进行了研究，测试了复合管的结合强度和过渡区的显微硬度，还进行了径向压扁和弯曲成形试验。结果表明，结合区内直线状和波状界面同时存在，过渡区域出现了明显的元素扩散现象并形成了金属间化合物，结合强度为 75 MPa，过渡区的显微硬度最高，压扁和推弯成形试验后的复合管未出现分层。制备出的复合管结合性能优异，可以承受大的塑性变形。试验材料：316L 不锈钢基管尺寸为 ϕ18 mm×2 mm×350 mm，纯铝覆管的尺寸为 ϕ13 mm×1 mm×350 mm。该爆炸焊接的复合管在弯曲成形后的产品类似于图 5.5.2.218 所示。

文献[1497]采用爆炸焊接工艺对 TA1 管材和铝管材进行了爆炸复合。利用 SED、XRD 对复合管的结合区形貌和相组成进行研究，测试了复合管的结合强度和过渡区的显微硬度，并进行了轴向压缩和径向压扁试验。结果表明，直线状和波状界面同时存在于过渡区，过渡区出现了明显的扩散现象，结合强度不低于纯铝的剪切强度，轴向压缩和径向压扁后的复合管试样均未出现分层。由此说明，爆炸焊接的这种 TA1-Al 复合管坯界面结合性能优异，可以承受大的塑性变形。

3.3.3 爆炸+轧制复合板结合区的微观组织

图 3.3.3.1~图 3.3.3.4 为几种复合板在爆炸态和轧制态下的结合区形貌。

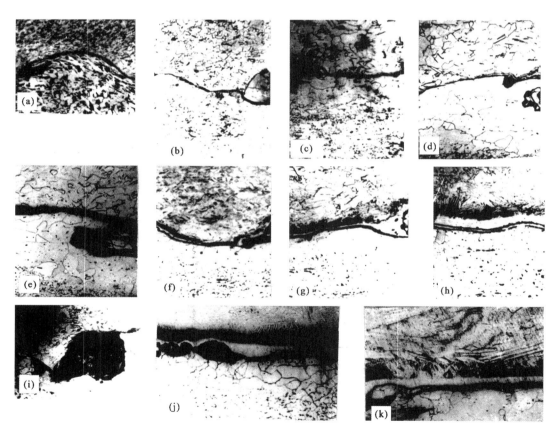

（a）爆炸态；（b）700 ℃、1 h，ε=41.3%；（c）750 ℃、1 h，ε=41.5%；（d）800 ℃、1 h，ε=44.0%；
（e）850 ℃、1 h，ε=41.4%；（f）850 ℃、1 h，ε=52.4%；（g）900 ℃、1 h，ε=43.0%；（h）1000 ℃、1 h，ε=41.0%；
（i）轧制后界面上熔化块与基体分离和剥落后留下的孔洞；（j）800 ℃、2 h，ε=42.7%；（k）800 ℃、4 h，ε=37.8%

图 3.3.3.1 热轧对钛-钢复合板结合区的形貌的影响[701]×50

图 3.3.3.1 是不同工艺下热轧后钛-钢复合板结合区的微观形貌。图中（a）显示该复合板在原始态下结合区为波状，这种结合界面的形状是所有爆炸复合材料所特有和所共有的。检验表明这种结合区还具有金属塑性变形、熔化和扩散的特征。由图中（b）～（h）可知，在不同工艺下轧制后，结合区的波形逐渐消

失，当加工率大到一定程度（如 $\varepsilon > 50\%$）以后结合界面就变得平直了。由于加热，变形区发生了再结晶和晶粒长大。钢的再结晶温度较钛为低，在 700~800 ℃ 热轧后钢的晶粒较钛为大。850 ℃ 时上述过程继续，只是在界面上出现了一条白色的窄带。900 ℃ 时这条白带加宽。在 1000 ℃ 热轧后，结合区明显地可以分为几个区域，自下而上为：钢中的铁素体和珠光体混合区，钢侧的脱碳区，Fe、C 和 Ti 的混合区，被 Fe 稳定了的 β-Ti 区，α-Ti 针状组织区等。图中(j)和(k)与(h)的组织相似，由此可见，在变形量差不多的情况下，复合板结合区的组织变化与热轧加热温度和保温时间密切相关，在较低温度下延长保温时间可达到高温短时的效果。上述高温加热后结合界面上出现的多种组织区实际上是含有多种金属间化合物的中间层。

波形漩涡区中的熔化块，在轧制过程中，因其硬而脆的性质被破碎了。在取样和磨制金相样品的时候，它们就与基体分离并脱落了[图中(i)]。

图 3.3.3.2 为不锈钢-钢复合板热轧和冷轧后的结合区形貌。由图可见，由于加工率很大，原来波状的界面完全变平直了。热轧后，由于加热和慢冷，钢中的铁素体和珠光体晶粒清晰可见。但冷轧后钢中就只有纤维状的变形组织了。不锈钢侧因其不好浸蚀，组织未显示出来，但可以估计，定与钢侧相应状态下的组织相似。在此复合板的结合界面上，未见含有异种组织的中间层存在。

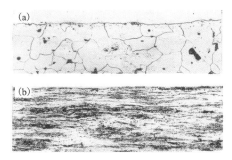

图 3.3.3.2 不锈钢-钢复合板热轧[(a)×250] 和冷轧[(b)×100]后结合区的形貌[703]

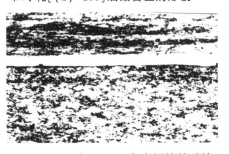

图 3.3.3.3 铜-LY12 复合板热轧后的 结合区形貌[706] ×50

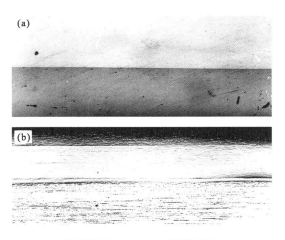

（a）半成品触头丝，×5；（b）成品触头丝，×30
图 3.3.3.4 Au-AgAuNi-CuNi 爆炸+ 轧制+拉拔复合材料的断面形貌[704]

图 3.3.3.3 为铜-LY12 复合板冷轧后的结合区形貌。由图可见，界面波形消失，变得平直。其中间白色带状组织为 LY12 板材的纯铝包覆层。由于加工率较大，两基体内均呈不同程度的纤维状变形组织。

图 3.3.3.4 为 Au-AgAuNi-CuNi 爆炸+轧制+拉拔后的半成品和成品触头丝的断面形貌。由图可见，原二个波形界面不复存在而呈现出两个平直的结合界面。在图中(b)中，拉拔加工后的金属的纤维状变形组织依稀可见。

文献[704,705]讨论了镍-钛和镍-不锈钢两种复合板的轧制。轧制前后结合区的组织变化与上述几种复合板的大同小异。

至今，国内外文献中报道了许多爆炸复合材料的热、冷压力加工问题的资料。其加工后结合区的微观组织的变化基本上与上述相似。总的说来，那些变化有一定的规律，凡是相图上含有金属间化合物的金属组合（如钛-钢、镍-钛等），热加工后它们的结合区必然出现那些化合物的中间层。而相图上仅有固溶体的金属组合（如镍-钢、镍-不锈钢、银-铜等），热加工后它们的结合区就不会出现那种中间层。中间层的有无和厚薄将决定压力加工后的复合材料的力学性能。

3.3.4 爆炸+轧制复合板的力学性能

不同类型的爆炸复合板在轧制以后，其结合区的微观组织发生了不同的如上所述的变化。这些变化通常依组元在高温下相互作用的性质不同而不同。正是由于这样的差别，必然会引起对应的复合材料的力学性能出现相应的变化。现将大量的不同类型的爆炸+轧制复合板的力学性能数据汇集如下(表3.3.4.1~表3.3.4.22,图3.3.4.1~图3.3.4.14)。由于规律明显和浅显易懂,所有数据不作具体分析和讨论。

表3.3.4.1 不同状态下钛-钢复合板的力学性能

状态	σ_τ /MPa	σ_f /MPa	拉 伸			弯 曲/(°)		a_k /(J·cm^{-2})	试样厚度 /mm
			σ_b/MPa	σ_s/MPa	δ/%	内弯	外弯		
爆炸	345	386	421	310	18	180	180	118	45
热轧	174	205	382	210	25	>150	>100	180	10

注:热轧工艺为800 ℃、1 h,$\varepsilon=78\%$。

表3.3.4.2 不同状态下不锈钢-钢复合板的力学性能

状态	σ_τ /MPa	σ_f /MPa	拉 伸			弯 曲/(°)		a_k /(J·cm^{-2})	试样厚度 /mm
			σ_b/MPa	σ_s/MPa	δ/%	内弯	外弯		
爆炸	353	437	539	514	15.2	180	180	82	20
热轧	303	330	457	353	34.4	180	180	157	10
冷轧	—	—	1090	—[1]	5.25	35	39	—	1.0
固溶[2]	—	—	608	413	35.5	180	180	—	1.0

注:(1)冷轧下的σ_s和σ_b非常接近和难于区分;(2)固溶工艺为在1020 ℃加热40 min,油淬。

表3.3.4.3 不同状态下不锈钢-钢复合板的力学性能

种 类	普钢	爆 炸 态					爆炸+轧制
覆层厚度/mm	—	10	10	10	15	15	2
σ_τ/MPa	332	297	315	294	314	317	339
σ_f/MPa	353	478	518	471	320	432	364
α/(°)	—	180	180	180	—	—	180

表3.3.4.4 不同状态下的镍-钛复合板的力学性能

状态	σ_τ /MPa	σ_f /MPa	拉 伸		弯曲/(°)		试样 厚度 /mm
			σ_b /MPa	δ /%	内弯	外弯	
爆炸	479	330	—	—	>180	>150	12
热轧	—	—	704	25.2	>60	>60	2.5
冷轧	—	—	898	11.5	>20	>20	1.0

表3.3.4.5 不同状态下的镍-不锈钢复合板的力学性能

状态	σ_τ /MPa	σ_f /MPa	拉 伸		弯 曲/(°)		试样厚度 /mm
			σ_b/MPa	δ/%	内弯	外弯	
爆炸	536	415	—	—	>180	>150	12.5
热轧	—	—	786	21.3	>120	>120	2.5
冷轧	—	—	1121	8.2	>100	>100	1.0

表3.3.4.6 不同状态下两种复合板的拉伸性能

复合板	原始 厚度 /mm	爆 炸		热 轧		冷 轧					
				2.5 mm		1.0 mm		0.5 mm		0.25 mm	
		σ_b /MPa	δ /%	σ_b /MPa	δ /%	σ_b /MPa	δ /%	σ_b /MPa	δ /%	σ_b /MPa	δ /%
铜-铝	0.9+3.5	—	—	155	12.5	208	6.7	178	6.7	147	1.5
	1.2+2.5	—	—	206	8.0	206	7.9	230	4.6	239	1.5
铜-LY2M	2.5+5.0	284	7.2	320	7.9	368	4.6	395	5.1	432	2.5
	1.7+5.0	279	6.8	311	7.8	368	5.1	402	2.4	420	2.6
	1.25+5.0	263	6.6	327	6.0	368	3.6	386	5.0	437	1.3

表 3.3.4.7 爆炸+轧制后的钛-钢复合板的分离强度[35]

爆炸态，σ_f/MPa	轧制开始温度/℃	轧制后		爆炸态，σ_f/MPa	轧制开始温度/℃	轧制后	
		压缩率/% 50	σ_f/MPa 75～82			压缩率/% 50	σ_f/MPa 75～82
392	1000	127	—	392	850	245	—
294		78	29.4	294		176	137
196		29	19.6	196		118	98
392	950	147	—	392	800	274	—
294		98	49.0	294		245	196
196		39	29.4	196		147	147
392	900	176	—	392	700	274	—
294		118	78.4	294		245	225
196		78	49.0	196		176	176

表 3.3.4.8 铜-LY12 爆炸+轧制复合板的分离强度与退火工艺的关系

加热温度/℃		350	400	450	500	400	400	400	未退火
保温时间/h		0.5	0.5	0.5	0.5	1.0	1.5	2.0	
σ_f/MPa	1	45.6	—	16.9	—	30.7	28.2	27.8	62.7
	2	38.7	32.8	—	25.6	33.0	27.6	23.9	50.8
	3	37.2	30.7	—	18.5	29.6	23.8	—	50.4
	平均	40.5	31.8	16.9	22.1	31.1	26.5	25.9	54.6

注：未退火的试样从铜层破断，其余均从界面破断。

表 3.3.4.9 铜-钛爆炸+轧制复合板的分离强度与退火温度的关系

加热温度/℃		400	500	600	700	800	未退火
保温时间/h		0.5	0.5	0.5	0.5	0.5	
σ_f/MPa	1	35.2	108.8	37.1	35.5	33.1	42.4
	2	36.8	28.6	26.9	37.0	31.8	32.9
	平均	36.0	68.7	32.0	36.3	32.5	37.7

表 3.3.4.10 不锈钢-钢爆炸+轧制复合板的拉伸性能[710]

试样号	1	2	3	4	平均
σ_b/MPa	472	469	478	470	472
最低 σ_b/MPa	401	404	404	404	403
δ/%	25.3	25.5	24.6	27.6	25.8

表 3.3.4.11 两种爆炸+热轧+冷轧三层复合薄板的力学性能[231]

复合板	厚度/mm	σ_s/MPa	σ_b/MPa	δ_5/%	冷弯180° $d=2t$
1Cr18Ni9Ti-08Al-1Cr18Ni9Ti	1.0	360	470	45	完好
	1.0	365	460	40	完好
1Cr18Ni9Ti-Q235-1Cr18Ni9Ti	1.5	330	510	35	完好
	1.5	350	515	35	完好

注：厚度比为 1:8.12:1。

表 3.3.4.12 钛-钢爆炸+轧制复合板的拉伸性能[711]

名称和板厚/mm	标准试验值	σ_b/MPa	σ_s/MPa	δ/%
TCR34 (1+9)t	JIS G 3101, SS34 G·L=200	333～431	>206	>21
		395 396 389 390	268 266 273 273	26.4 26.4 26.4 28.4
TCR60 (3+30)t	ASTM A516, Cr60 G·L=200	413～551	>221	>21
		451 475 450 447	354 363 392 342	28.0 27.5 33.6 26.8

表 3.3.4.13　几种爆炸+热轧三层复合板的力学性能[231]

复合板	厚度 /mm	σ_s /MPa	σ_b /MPa	δ_5 /%	σ_τ /MPa	A_k /J			冷弯 180° $d=2t$	晶间腐蚀
1Cr18Ni9Ti-20g -1Cr18Ni9Ti	18(2.1+13.8+2.1)	310	485	36	340~360	51	40	50	完好	无裂纹
1Cr18Ni9Ti-20g -1Cr18Ni9Ti	20(2.3+16.5+1.2)	320	490	31	328~342	79	107	110	完好	无裂纹
0Cr18Ni5Mo3Si-20g -0Cr18Ni5Mo3Si	14(1.6+10.8+1.6)	385	514	25~27	353~355	75	75	74	完好	无裂纹
GB8165-87　GB713-86		≥235	400~540	≥25	≥147	≥27			完好	无裂纹

表 3.3.4.14　钛-钢爆炸+轧制复合板的最大尺寸[711]　　　　　　　　　　/mm

名　称	覆板厚度	复合板厚度	复合板宽度					
			~1000	~1500	~2000	~2500	~3000	~3500
			复合板长度					
TCR34	0.5~1.5	6.0~15.0	8000	7500	7500	7000	—	—
TCR60	2.0~3.0	30~40	8000	8500	8500	8000	7000	6500
		36~50	8000	9000	8500	8000	7000	6500

表 3.3.4.15　铜-LY2M 爆炸+轧制复合板的拉伸性能

No(厚度比)	1 号(1:1)		2 号(1:1.5)		3 号(1:2)		4 号(1:3)		5 号(1:4)		6 号(1:1.5)*	
性能	σ_b/MPa	δ/%	σ_b/MPa	δ/%	σ_b/MPa	δ/%	σ_b/MPa	δ/%	σ_b/MPa	δ/%	σ_b/MPa	δ/%
1	318	14.9	314	12.2	321	7.2	312	7.7	328	6.46	248	10.5
2	318	13.3	311	11.6	319	7.9	310	8.0	325	6.29	248	9.8
3	316	13.4	310	10.7	321	8.7	311	6.5	327	5.20	247	12.0
平均	317	13.8	312	11.4	320	7.9	311	7.4	327	5.98	248	10.8

注：均为板状试样，带 * 的为铜-铝复合板的。

表 3.3.4.16　两种爆炸+轧制复合板的弯曲性能

金　属　组　合		铜-LY12		铜-LY12		铜-LY12		铜-钛	
原始板厚/mm		1.5+6.0		2.0+6.0		2.5+6.0		1.5+6.0	
状态		爆炸	轧制	爆炸	轧制	爆炸	轧制	爆炸	轧制
弯曲角 /(°)	1	28	48	33	46	25	30	47	>128
	2	28	53	28	46	25	32	50	>126
	3	26	56	26	41	17	47	70	—

注：试样尺寸 B mm×15 mm×150 mm，B 为复合板厚度，$d=2t$。

表 3.3.4.17　退火对铜-LY12 爆炸+轧制复合板弯曲性能的影响

退火工艺	350 ℃、0.5 h，空冷				400 ℃、0.5 h，空冷				450 ℃、0.5 h，空冷				500 ℃、0.5 h，空冷			
状　态	爆　炸		轧　制		爆　炸		轧　制		爆　炸		轧　制		爆　炸		轧　制	
试样号	1	2	1	2	1	2	1	2	1	2	1	2	1	2	1	2
弯曲角/(°)	69.5	56.5	>132	>134	>131	>137	>143	>138	85	54	74	90	58	123.5	82	90

注：试样尺寸同上，$d=2t$。

表 3.3.4.18　退火对铜-钛爆炸+轧制复合板弯曲性能的影响

退火工艺	400 ℃、0.5 h，空冷			500 ℃、0.5 h，空冷			600 ℃、0.5 h，空冷			800 ℃、0.5 h，空冷
状态	爆炸	轧制		爆炸	轧制		爆炸	轧制		爆炸
试样号	1	1	2	1	1	2	1	1	2	1
弯曲角/(°)	>129	>70	>61	>96	84.5	101.5	>123	127.5	>121	>106

注：同上表。

表 3.3.4.19　退火对铜-铝爆炸和爆炸+轧制复合板弯曲性能的影响　　　　$\alpha/(°)$

状态	厚度 /mm	弯曲 类型	退 火 工 艺				未 退 火
			350 ℃、0.5 h	400 ℃、0.5 h	450 ℃、0.5 h	500 ℃、0.5 h	
爆炸 焊接	4.1~4.2	内弯	145　144　144	142　143　144	143　144　142	145　145　142	130　130　126
		外弯	145　143　141	138　144　143	142　142　141	142　144　144	144　144　143
爆炸 焊接 + 轧制	3.8~4.0	内弯	145　144　142	136　136　136	145　143　144	144　145　143	136　130　136
		外弯	142　143　142	136　138　138	143　140　144	142　143　144	138　138　138
	1.9~2.0	内弯	136　136　136	141　141　142	136　137　137	136　136　136	143*　143*　142*
		外弯	138　138　138	144　142　143	138　138　138	138　138　138	145　138　138

注：有 * 者表示弯曲到此角度时铝层开裂；其余均为">"，即可继续弯曲下去。

表 3.3.4.20　铜-钢轧制复合板的力学性能[223]

复合板	尺寸 /(mm×mm×mm)	σ_s /MPa	σ_b /MPa	δ_5 /%	σ_τ /MPa	σ_f /MPa	弯曲性能		扭转性能	
							冷弯角	结果	扭转角	结果
T1-20g	(4+16)× 3200×4000	(255~ 274)/265	402	(25.0~ 31.0)/28.7	(147~ 160)/155	(261~ 274)/265	内外弯曲 180°	良好	520°	良好
TU1-20g	(4+16)× 3200×4000	(224~ 284)/257	(368~ 413)/401	(23.0~ 35.0)/30.4	(145~ 175)/162	(271~ 294)/276	内外弯曲 180°	良好	520°	良好
TU1-Q235	(4+16)× 3000×6000	(235~ 274)/258	(382~ 392)/387	(34.0~ 37.0)/35.8	(147~ 167)/155	—	内外弯曲 180°	良好	—	—

表 3.3.4.21　不锈钢-钢轧制复合板的力学性能[223]

复合板	尺寸 /(mm×mm×mm)	状态	σ_s /MPa	σ_b /MPa	δ_5 /MPa	σ_τ /MPa	内、外弯 曲180°	a_k /(J·cm^{-2})
0Cr13-Q235	(2.2+15.8)× 1000×2000	轧制	—	451	23.0	360	良好	107
0Cr18Ni9Ti-Q235	(2+8)× 1000×2000	950 ℃ 正火	323	429	31.5	287	良好	128
1Cr18Ni9Ti-20g	(3+15)× 2100×7300	轧制	282	475	34.5	—	良好	100
0Cr18Ni12Mo2Ti-Q235	(3.5+6.5)× 1000×1000	950 ℃ 正火	332	502	39.5	329	良好	—

表 3.3.4.22 退火对铜-LY2M 和铜-铝复合板弯曲性能的影响 α/(°)

No(厚度比)	1号(1:1)			2号(1:1.5)			3号(1:2)			4号(1:3)			5号(1:4)			6号(1:1.5) *		
热 轧 态	72	77	70	67	72	72	60	50	58	46	48	48	48	42	46	145	129	129
退火态 350 ℃、0.5 h	—			—			>149			>142			>141			—		
退火态 400 ℃、0.5 h	—			—			>141			>138	>135		>144			—		
退火态 450 ℃、0.5 h	—			—			131			>134	>134		97	144		—		
退火态 500 ℃、0.5 h	—			—			60			63			60			—		

注: * 为铜-铝复合板的。

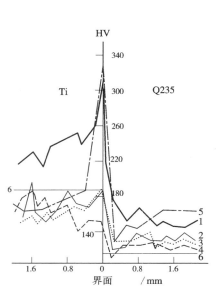

1—爆炸态；2—700 ℃、1 h，ε=41.3%；
3—800 ℃、1 h，44.0%；
4—900 ℃、1 h，43.0%；
5—1000 ℃、1 h，41.0%
6—供货态；HV—维氏硬度，MPa

图 3.3.4.1 不同工艺下的热轧
对钛-钢复合板界面附近
显微硬度分布的影响

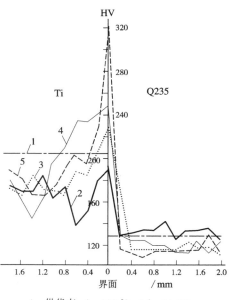

1—供货态；2—800 ℃、1 h，44.0%；
3—800 ℃、2 h，42.7%；
4—800 ℃、3 h，39.4%；
5—800 ℃、4 h，37.8%
HV—维氏硬度，MPa。后同

图 3.3.4.2 保温时间和加工率对钛-钢
爆炸+轧制复合板结合区及其附近
显微硬度分布的影响

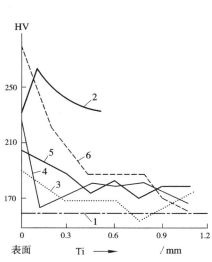

1—供货态；2—爆炸态；
3—1000 ℃、1 h；4—900 ℃、1 h；
5—800 ℃、1 h；6—700 ℃、1 h

图 3.3.4.3 不同状态下钛表层的
显微硬度分布

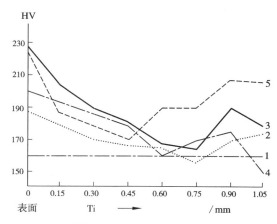

1—供货钛；2—800 ℃、1 h，44.0%；
3—800 ℃、2 h，42.7%；4—800 ℃、3 h，39.4%；
5—800 ℃、4 h，37.8%

图 3.3.4.4 保温时间和加工率对钛-钢爆炸+轧制复合板
钛表层显微硬度分布的影响

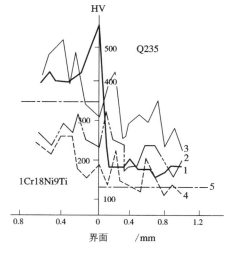

1—爆炸态；2—热轧态；3—冷轧态；
4—中间退火态；5—供货态

图 3.3.4.5 不同状态下不锈钢-钢复合板
界面附近的显微硬度分布

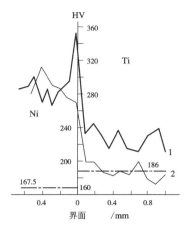

1—爆炸态；2—热轧态

点划线表示供货态或原始态，上下均同

图 3.3.4.6 不同状态下镍-钛复合板
结合区显微硬度分布曲线

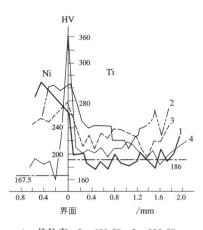

1—热轧态；2—600 ℃；3—800 ℃；

4—1000 ℃（退火、均保温 0.5 h）

图 3.3.4.7 退火对镍-钛热轧复合板
断面显微硬度分布的影响

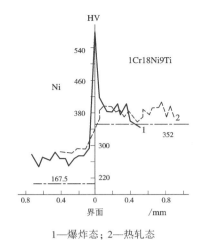

1—爆炸态；2—热轧态

图 3.3.4.8 不同状态下镍-不锈钢
复合板断面显微硬度分布曲线

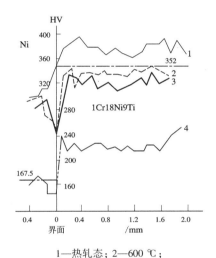

1—热轧态；2—600 ℃；

3—800 ℃；4—1000 ℃（退火，均保温 0.5 h）

图 3.3.4.9 退火对镍-不锈钢热轧
复合板断面显微硬度分布的影响

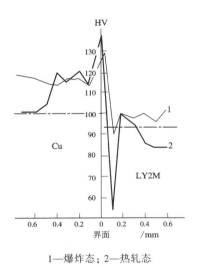

1—爆炸态；2—热轧态

图 3.3.4.10 不同状态下铜-LY2M
复合板结合区显微硬度分布曲线

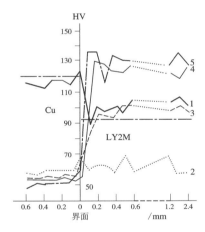

1—热轧态；2—350 ℃；3—400 ℃；

4—450 ℃；5—500 ℃（退火，均保温 0.5 h）

图 3.3.4.11 退火对铜-LY2M 热轧
复合板断面显微硬度分布的影响

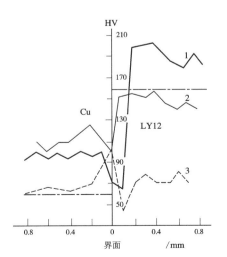

1—爆炸态；2—热轧态；3—退火态

图 3.3.4.12 不同状态下铜-LY12 复
合板结合区的显微硬度分布曲线

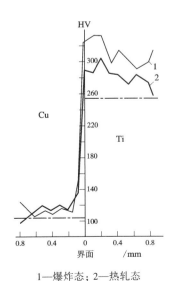

1—爆炸态；2—热轧态

图 3.3.4.13 不同状态下铜-钛
复合板断面的显微硬度分布曲线

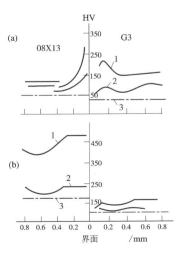

（a）爆炸焊接；（b）爆炸+轧制

1—未处理；2—750 ℃回火；3—供货态

图 3.3.4.14 不同状态下的 08X13-G3
复合板结合区的显微硬度分布曲线[28]

3.3.5　爆炸+轧制复合板的厚度参数

金属板材在爆炸焊接以后，特别是在压力加工（例如轧制）以后，覆板和基板的厚度及厚度比与原先设计的是否发生了变化？怎样变化？这些问题是爆炸焊接工作者和材料使用者都十分关心的。这个课题的研究对探讨爆炸复合材料的轧制机理也有重要的意义。本书作者多年以前在此方面做了大量的工作，获得了成千上万个数据。由这些数据的分析和讨论可以获得一些很有意义的结论，从而为爆炸复合材料的压力加工提供坚实的理论基础。一些不同状态的复合板的厚度参数如表3.3.5.1~表3.3.5.10所列。

表 3.3.5.1　不同状态的黄铜-铜复合板的厚度参数

状态	名义厚度/mm	测量	黄铜层厚度/mm			铜层厚度/mm			黄铜层+铜层			铜层：黄铜层		
			1	2	3	1	2	3	1	2	3	1	2	3
热轧态	2.5	1	1.093	0.823	0.802	1.530	1.432	1.436	2.623	2.255	2.238	1.400	1.740	1.791
		2	1.275	0.896	0.846	1.520	1.496	1.520	2.795	2.392	2.366	1.192	1.670	1.797
		3	1.297	0.807	0.855	1.486	1.477	1.488	2.783	2.284	2.343	1.146	1.830	1.740
		平均	1.222	0.842	0.834	1.512	1.468	1.481	2.734	2.310	2.315	1.237	1.743	1.776
		总平均	0.966			1.487			2.453			1.539		
		理论值	1.113			1.344			2.457			1.208		
冷轧态	1.0	1	0.455	0.438	0.368	0.560	0.534	0.521	1.015	0.972	0.889	1.231	1.219	1.416
		2	0.443	0.416	0.399	0.538	0.548	0.567	0.981	0.964	0.966	1.214	1.317	1.421
		3	0.466	0.406	0.447	0.500	0.488	0.467	0.966	0.894	0.914	1.073	1.202	1.045
		平均	0.455	0.420	0.405	0.533	0.523	0.518	0.987	0.943	0.923	1.173	1.246	1.294
		总平均	0.427			0.525			0.952			1.230		
		理论值	0.431			0.520			0.951			1.208		
	0.5	1	0.143	0.173	0.187	0.231	0.241	0.253	0.374	0.414	0.440	1.615	1.393	1.353
		2	0.146	0.175	0.168	0.240	0.232	0.236	0.386	0.407	0.404	1.644	1.326	1.405
		3	0.207	0.194	0.202	0.237	0.289	0.209	0.444	0.483	0.411	1.145	1.490	1.035
		平均	0.165	0.181	0.186	0.236	0.254	0.233	0.401	0.435	0.418	1.468	1.403	1.264
		总平均	0.177			0.241			0.418			1.362		
		理论值	0.189			0.229			0.418			1.208		
	0.25	1	0.123	0.114	0.106	0.138	0.124	0.124	0.261	0.238	0.230	1.122	1.088	1.170
		2	0.116	0.097	0.106	0.132	0.120	0.131	0.248	0.217	0.237	1.138	1.237	1.236
		3	0.108	0.105	0.104	0.126	0.122	0.118	0.234	0.227	0.222	1.167	1.162	1.135
		平均	0.116	0.105	0.105	0.132	0.122	0.124	0.248	0.227	0.230	1.142	1.162	1.180
		总平均	0.109			0.126			0.235			1.156		
		理论值	0.106			0.129			0.235			1.208		
原　始　值			2.65			3.20			5.85			1.208		

表 3.3.5.2　不同状态的铜-铝复合板的厚度参数

状态	名义厚度/mm	测量	铜层厚度/mm			铝层厚度/mm			铜层+铝层/mm			铝层：铜层		
			1	2	3	1	2	3	1	2	3	1	2	3
爆炸态	5.0	1	1.630	1.589	1.641	1.875	2.425	2.758	3.505	4.014	4.399	1.150	1.526	1.681
		2	1.572	1.541	1.652	1.897	2.501	2.410	3.469	4.042	4.062	1.207	1.623	1.459
		3	1.534	1.509	1.649	1.987	2.427	2.465	3.521	3.936	4.114	1.295	1.608	1.495
		平均	1.579	1.546	1.647	1.920	2.451	2.544	3.498	3.997	4.192	1.217	1.586	1.545
		总平均	1.591			2.305			3.896			1.449		
		理论值	1.558			2.338			3.896			1.500		

续表3.3.5.2

状态	名义厚度/mm	测量	铜层厚度/mm			铝层厚度/mm			铜层+铝层/mm			铝层：铜层		
			1	2	3	1	2	3	1	2	3	1	2	3
热轧态	2.5	1	0.885	0.949	0.950	1.437	1.452	1.370	2.322	2.401	2.320	1.624	1.530	1.442
		2	0.835	0.941	0.922	1.395	1.363	1.354	2.330	2.304	2.276	1.671	1.449	1.469
		3	0.965	0.900	0.827	1.298	1.411	1.347	2.263	2.311	2.174	1.345	1.568	1.629
		平均	0.895	0.930	0.900	1.377	1.409	1.357	2.305	2.339	2.257	1.547	1.516	1.513
		总平均	0.908			1.381			2.300			1.521		
		理论值	0.922			1.380			2.300			1.500		
冷轧态	1.0	1	0.340	0.367	0.326	0.533	0.515	0.582	0.873	0.882	0.908	1.568	1.403	1.785
		2	0.317	0.353	0.344	0.543	0.517	0.555	0.860	0.870	0.899	1.713	1.465	1.613
		3	0.345	0.326	0.328	0.506	0.539	0.563	0.851	0.865	0.891	1.467	1.653	1.716
		平均	0.334	0.349	0.333	0.527	0.524	0.567	0.860	0.872	0.899	1.583	1.507	1.705
		总平均	0.339			0.539			0.877			1.590		
		理论值	0.351			0.526			0.877			1.500		
	0.5	1	0.118	0.141	0.132	0.189	0.190	0.198	0.307	0.331	0.330	1.602	1.348	1.500
		2	0.148	0.144	0.133	0.169	0.198	0.177	0.317	0.342	0.310	1.142	1.375	1.331
		3	0.126	0.148	0.126	0.151	0.204	0.201	0.277	0.352	0.327	1.198	1.378	1.595
		平均	0.131	0.144	0.130	0.170	0.197	0.192	0.300	0.342	0.322	1.314	1.367	1.475
		总平均	0.135			0.186			0.321			1.378		
		理论值	0.128			0.193			0.321			1.500		
	0.25	1	0.075	0.069	0.063	0.077	0.094	0.084	0.152	0.163	0.147	1.027	1.362	1.333
		2	0.052	0.066	0.075	0.085	0.110	0.100	0.137	0.176	0.715	1.635	1.667	1.333
		3	0.066	0.067	0.082	0.116	0.101	0.098	0.182	0.168	0.180	1.758	1.508	1.195
		平均	0.064	0.067	0.073	0.092	0.102	0.094	0.157	0.169	0.167	1.438	1.522	1.288
		总平均	0.068			0.096			0.164			1.412		
		理论值	0.066			0.098			0.164			1.500		
原始值			2.0			3.0			5.0			1.500		

表 3.3.5.3 不同状态的铜-钛复合板的厚度参数

状态	名义厚度/mm	测量	铜层厚度/mm			钛层厚度/mm			铜层+钛层			钛层：铜层		
			1	2	3	1	2	3	1	2	3	1	2	3
爆炸态	3.45	1	1.338	1.378	1.295	1.676	1.559	1.821	3.084	2.927	3.116	1.305	1.131	1.406
		2	1.413	1.422	1.288	1.696	1.518	1.892	3.103	2.940	3.180	1.196	1.068	1.469
		3	1.458	1.522	1.398	1.697	1.522	1.750	3.055	3.077	3.148	1.095	1.022	1.252
		平均	1.403	1.441	1.327	1.690	1.533	1.820	3.081	2.974	3.147	1.199	1.074	1.376
		总平均	1.390			1.681			3.071			1.209		
		理论值	1.290			1.780			3.070			1.379		
热轧态	2.5	1	1.067	1.116	1.031	1.365	1.312	1.360	2.432	2.428	2.391	1.279	1.176	1.319
		2	1.130	1.135	1.021	1.358	1.377	1.380	2.488	2.512	2.401	1.202	1.213	1.352
		3	1.140	1.131	1.053	1.368	1.293	1.377	2.508	2.424	2.430	1.200	1.143	1.308
		平均	1.112	1.127	1.035	1.364	1.327	1.372	2.478	2.455	2.407	1.227	1.177	1.326
		总平均	1.091			1.354			2.445			1.241		
		理论值	1.028			1.418			2.446			1.379		

续表3.3.5.3

状态	名义厚度/mm	测量	铜层厚度/mm			钛层厚度/mm			铜层+钛层			钛层：铜层		
			1	2	3	1	2	3	1	2	3	1	2	3
冷轧态	1.0	1	0.439	0.441	0.429	0.525	0.522	0.517	0.964	0.963	0.946	1.196	1.184	1.205
		2	0.391	0.368	0.421	0.545	0.548	0.561	0.936	0.916	0.982	1.394	1.489	1.333
		3	0.403	0.418	0.413	0.580	0.573	0.563	0.983	0.991	0.976	1.439	1.371	1.363
		平均	0.411	0.409	0.421	0.550	0.548	0.547	0.961	0.957	0.968	1.343	1.348	1.300
		总平均	0.414			0.548			0.962			1.327		
		理论值	0.404			0.558			0.962			1.379		
	0.5	1	0.163	0.188	0.139	0.277	0.275	0.280	0.440	0.463	0.419	1.699	1.462	2.014
		2	0.161	0.168	0.154	0.279	0.263	0.273	0.440	0.431	0.427	1.733	1.565	1.772
		3	0.159	0.195	0.177	0.254	0.268	0.269	0.413	0.463	0.446	1.597	1.374	1.520
		平均	0.161	0.183	0.157	0.270	0.269	0.274	0.431	0.452	0.431	1.676	1.467	1.769
		总平均	0.167			0.271			0.438			1.623		
		理论值	0.184			0.254			0.438			1.379		
	0.25	1	0.052	0.089	0.080	0.141	0.141	0.147	0.193	0.230	0.227	2.712	1.584	1.838
		2	0.081	0.066	0.056	0.132	0.142	0.150	0.213	0.208	0.206	1.630	2.152	2.679
		3	0.072	0.061	0.061	0.136	0.142	0.152	0.208	0.203	0.213	1.889	2.328	2.492
		平均	0.068	0.072	0.066	0.136	0.142	0.150	0.205	0.214	0.215	2.077	2.021	2.336
		总平均	0.069			0.143			0.211			2.072		
		理论值	0.089			0.122			0.211			1.379		
原始值			1.45			2.0			3.45			1.379		

表3.3.5.4　不同状态下不锈钢-钢复合板的厚度参数

状态	原始态	爆炸态	热轧态	冷轧态					
Q235钢厚度/mm	45	44.95	7.11	2.37	1.34	1.11	0.78	0.42	0.24
不锈钢厚度/mm	15	14.85	2.31	0.80	0.44	0.37	0.26	0.14	0.08
总厚度/mm	60	59.80	9.42	3.17	1.78	1.48	1.04	0.56	0.32
基覆板厚度比	3.00	3.03	3.08	2.96	3.05	3.00	3.00	3.00	3.00

表3.3.5.5　不同状态下镍-钛复合板的厚度参数

状态	名义厚度/mm	测量	镍层厚度/mm			钛层厚度/mm			镍层+钛层/mm			钛层：镍层		
			1	2	3	1	2	3	1	2	3	1	2	3
热轧态	2.5	1	0.396	0.409	0.339	2.337	2.333	2.304	2.733	2.742	2.643	5.902	5.704	6.797
		2	0.411	0.360	0.385	2.322	2.395	2.287	2.733	2.755	2.672	5.650	6.653	5.940
		3	0.381	0.382	0.385	2.312	2.317	2.300	2.693	2.699	2.685	6.068	6.065	5.974
		平均	0.396	0.384	0.370	2.324	2.368	2.297	2.720	2.752	2.667	5.869	6.167	6.208
		总平均	0.383			2.330			2.713			6.084		
		理论值	0.384			2.329			2.713			6.059		
冷轧态	1.0	1	0.100	0.155	0.154	0.797	0.842	0.785	0.897	0.997	0.939	7.970	5.432	5.097
		2	0.130	0.148	0.155	0.782	0.871	0.782	0.912	1.019	0.937	6.015	5.885	5.045
		3	0.143	0.159	0.150	0.782	0.849	0.796	0.925	1.008	0.946	5.469	5.340	5.307
		平均	0.124	0.154	0.153	0.787	0.854	0.788	0.911	1.008	0.941	6.348	5.545	5.150
		总平均	0.144			0.810			0.954			5.625		
		理论值	0.135			0.818			0.953			6.059		

续表 3.3.5.5

状态	名义厚度/mm	测量	镍层厚度/mm			钛层厚度/mm			镍层+钛层/mm			钛层：镍层		
			1	2	3	1	2	3	1	2	3	1	2	3
冷轧态	0.5	1	0.064	0.107	0.080	0.442	0.480	0.464	0.506	0.587	0.544	6.906	4.486	5.800
		2	0.038	0.080	0.089	0.441	0.473	0.449	0.479	0.553	0.538	11.605	5.913	5.045
		3	0.055	0.097	0.073	0.440	0.470	0.492	0.495	0.567	0.565	8.000	4.845	6.740
		平均	0.052	0.095	0.081	0.441	0.474	0.468	0.493	0.569	0.549	8.481	4.989	5.778
		总平均	0.076			0.461			0.537			6.066		
		理论值	0.076			0.462			0.538			6.059		
	0.25	1	0.045	0.038	0.038	0.193	0.165	0.215	0.238	0.203	0.253	4.289	4.342	5.658
		2	0.046	0.057	0.039	0.201	0.186	0.213	0.247	0.243	0.252	4.370	3.263	5.462
		3	0.070	0.037	0.040	0.209	0.190	0.216	0.279	0.227	0.256	2.986	5.135	5.400
		平均	0.054	0.044	0.039	0.201	0.180	0.215	0.255	0.244	0.254	3.722	4.091	5.153
		总平均	0.046			0.199			0.245			4.326		
		理论值	0.036			0.215			0.251			6.059		
原　始　值			1.7			10.3			12.0			6.059		

表 3.3.5.6　不同状态下镍-不锈钢复合板的厚度参数

状态	名义厚度/mm	测量	镍层厚度/mm			不锈钢层厚度/mm			镍层+不锈钢层			不锈钢层：镍层		
			1	2	3	1	2	3	1	2	3	1	2	3
热轧态	2.5	1	0.242	0.294	0.314	2.222	2.311	2.206	2.464	2.605	2.520	9.182	7.860	7.026
		2	0.269	0.300	0.308	2.210	2.233	2.209	2.479	2.533	2.517	8.216	7.443	7.172
		3	0.288	0.313	0.307	2.170	2.223	2.240	2.458	2.536	2.547	7.534	7.102	7.296
		平均	0.266	0.302	0.310	2.201	2.257	2.218	2.467	2.558	2.528	8.311	7.468	7.165
		总平均	0.293			2.225			2.517			7.594		
		理论值	0.294			2.209			2.503			7.438		
冷轧态	1.0	1	0.108	0.129	0.132	0.929	0.967	0.910	1.037	1.096	1.042	8.602	7.496	6.894
		2	0.072	0.137	0.141	0.972	0.954	0.926	1.044	1.091	1.067	13.500	6.924	6.567
		3	0.106	0.136	0.123	0.914	0.907	0.952	1.020	1.043	1.075	8.623	6.669	7.740
		平均	0.095	0.134	0.132	0.938	0.943	0.929	1.034	1.077	1.061	10.242	7.046	7.067
		总平均	0.120			0.937			1.057			7.808		
		理论值	0.125			0.932			1.057			7.438		
	0.5	1	0.085	0.073	0.043	0.480	0.492	0.517	0.565	0.565	0.560	5.647	6.740	11.489
		2	0.118	0.068	0.060	0.517	0.482	0.487	0.635	0.550	0.547	4.381	7.088	8.117
		3	0.080	0.067	0.093	0.480	0.459	0.478	0.560	0.526	0.571	6.000	6.851	5.140
		平均	0.094	0.069	0.066	0.492	0.478	0.494	0.586	0.547	0.560	5.343	6.893	8.249
		总平均	0.076			0.488			0.564			6.421		
		理论值	0.067			0.498			0.565			7.438		
	0.25	1	0.028	0.064	—	0.212	0.233	—	0.240	0.297	—	7.571	3.641	—
		2	0.039	0.041	—	0.204	0.209	—	0.243	0.250	—	5.231	5.098	—
		3	0.037	0.048	—	0.203	0.209	—	0.240	0.257	—	5.487	4.354	—
		平均	0.035	0.051	—	0.206	0.217	—	0.241	0.268	—	6.096	4.364	—
		总平均	0.043			0.212			0.255			4.930		
		理论值	0.039			0.225			0.255			7.438		
原　始　值			1.6			11.9			13.5			7.438		

表 3.3.5.7 铜–LY2M 轧制复合板的厚度参数 　　　　(2.5+5.0)mm *

状态	名义厚度/mm	测量	铜层/mm			LY2M 层/mm			铜层+LY2M 层/mm			LY2M 层：铜层		
			1	2	3	1	2	3	1	2	3	1	2	3
热轧态	2.5	1	0.791	0.844	0.866	1.612	1.660	1.684	2.403	2.504	2.550	2.038	1.967	1.945
		2	0.820	0.867	0.869	1.585	1.663	1.675	2.405	2.530	2.544	1.933	1.918	1.928
		3	0.830	0.860	0.840	1.553	1.641	1.665	2.383	2.501	2.505	1.871	1.908	1.982
		平均	0.814	0.857	0.858	1.583	1.655	1.675	2.397	2.512	2.533	1.947	1.931	1.952
		总平均	0.843			1.638			2.481			1.943		
		理论值	0.827			1.654			2.481			2.000		
冷轧态	1.0	1	0.235	0.278	0.278	0.815	0.885	0.864	1.050	1.163	1.142	3.468	3.184	3.108
		2	0.265	0.283	0.282	0.809	0.832	0.859	1.074	1.115	1.141	3.058	2.940	3.046
		3	0.261	0.302	0.288	0.773	0.812	0.842	1.043	1.114	1.130	2.962	2.689	2.924
		平均	0.254	0.288	0.283	0.799	0.843	0.855	1.053	1.131	1.138	3.161	2.398	3.026
		总平均	0.275			0.832			1.107			3.025		
		理论值	0.369			0.738			1.107			2.000		
	0.5	1	0.157	0.173	0.199	0.305	0.340	0.353	0.462	0.513	0.552	1.943	1.965	1.774
		2	0.173	0.167	0.187	0.297	0.350	0.335	0.470	0.517	0.552	1.712	.2096	1.791
		3	0.115	0.179	0.202	0.441	0.332	0.338	0.556	0.511	0.540	3.835	1.855	1.673
		平均	0.148	0.173	0.196	0.348	0.341	0.342	0.496	0.514		2.497	1.972	1.736
		总平均	0.172			0.344			0.516			2.000		
		理论值	0.172			0.344			0.516			2.000		
	0.25	1	0.074	0.084	0.077	0.168	0.194	0.160	0.242	0.278	0.237	2.270	2.310	2.078
		2	0.070	0.096	0.082	0.162	0.158	0.161	0.232	0.254	0.243	2.314	1.646	1.963
		3	0.086	0.072	0.077	0.129	0.172	0.170	0.215	0.264	0.247	1.500	1.870	2.208
		平均	0.077	0.091	0.079	0.153	0.175	0.164	0.230	0.265	0.242	1.987	1.942	2.083
		总平均	0.082			0.164			0.246			2.000		
		理论值	0.082			0.164			0.246			2.000		
原 始 值			2.5			5.0			7.5			2.000		

* : 复合板的原始厚度，下同。

表 3.3.5.8 不同状态下钛–钢复合板的厚度参数

试板号	测量	钛层/mm				钢层/mm				钛层+钢层/mm			
		1	2	3	平均	1	2	3	平均	1	2	3	平均
1	1	2.223	2.215	2.233	2.224	6.900	6.903	6.922	6.908	9.123	9.118	9.155	9.132
	2	2.220	2.237	2.232	2.230	6.896	6.890	6.880	6.889	9.116	9.127	9.112	9.118
	3	2.231	2.237	2.225	2.231	6.924	6.909	6.921	6.918	9.155	9.243	9.146	9.148
	总平均	2.228				6.905				9.133			
2	1	2.115	2.123	2.128	2.122	7.010	7.017	7.028	7.018	9.125	9.140	9.156	9.140
	2	2.120	2.113	2.130	2.122	7.012	7.030	7.018	7.020	9.150	9.131	9.142	9.142
	3	2.141	2.134	2.145	2.140	7.016	7.025	7.020	7.020	9.156	9.159	9.165	9.160
	总平均	2.128				7.019				9.147			
3	1	2.209	2.213	2.200	2.207	6.905	6.913	6.923	6.914	9.114	9.126	9.123	9.118
	2	2.215	2.208	2.200	2.215	6.911	6.920	6.926	6.919	9.126	9.128	9.146	9.134
	3	2.221	2.227	2.219	2.222	6.903	6.912	6.915	6.910	9.124	9.139	9.134	9.132
	总平均	2.215				6.914				9.129			

表 3.3.5.9　铜-LY2M 轧制复合板的厚度参数　　　　　　　　　　　　（1.7+5.0）mm

状态	名义厚度/mm	测量	铜层/mm			LY2M 层/mm			铜层+LY2M 层/mm			LY2M 层:铜层		
			1	2	3	1	2	3	1	2	3	1	2	3
热轧态	2.5	1	0.614	0.615	0.610	1.748	1.718	1.730	2.362	2.333	2.340	2.847	2.793	2.836
		2	0.593	0.611	0.609	1.733	1.728	1.744	2.326	2.339	2.353	2.922	2.828	2.864
		3	0.593	0.600	0.604	1.738	1.780	1.760	2.311	2.380	2.364	2.931	2.967	2.914
		平均	0.600	0.609	0.608	1.740	1.742	1.742	1.745	2.333	2.351	2.900	2.863	2.871
		总平均	0.606			1.742			2.345			2.875		
		理论值	0.587			1.761			2.348			3.000		
冷轧态	1.0	1	0.242	0.280	0.270	0.784	0.788	0.801	1.062	1.068	1.073	3.240	2.814	2.945
		2	0.250	0.261	0.270	0.770	0.799	0.797	1.020	1.060	1.067	3.080	3.061	2.952
		3	0.242	0.275	0.269	0.731	0.778	0.796	0.973	1.053	1.065	3.021	2.829	2.959
		平均	0.245	0.272	0.270	0.762	0.788	0.798	1.006	1.060	1.068	3.114	2.901	2.952
		总平均	0.262			0.783			1.045			2.989		
		理论值	0.261			0.784			1.045			3.000		
	0.5	1	0.102	0.095	0.145	0.427	0.399	0.416	0.5129	0.494	0.561	4.186	4.200	3.869
		2	0.109	0.133	0.129	0.386	0.402	0.411	0.495	0.535	0.540	3.541	3.023	3.186
		3	0.156	0.126	0.139	0.269	0.415	0.404	0.425	0.541	0.543	1.724	3.294	2.907
		平均	0.122	0.118	0.138	0.361	0.405	0.410	0.483	0.523	0.548	3.150	3.506	2.987
		总平均	0.126			0.392			0.518			3.111		
		理论值	0.130			0.389			0.519			3.000		
	0.25	1	0.055	0.062	0.065	0.176	0.193	0.187	0.231	0.255	0.252	3.200	3.113	2.877
		2	0.062	0.073	0.064	0.159	0.183	0.195	0.221	0.256	0.259	2.565	2.507	3.047
		3	0.063	0.075	0.068	0.173	0.191	0.193	0.236	0.266	0.261	2.746	2.547	2.838
		平均	0.060	0.070	0.066	0.168	0.189	0.192	0.229	0.259	0.257	2.837	2.722	2.921
		总平均	0.065			0.183			0.248			2.815		
		理论值	0.062			0.186			0.248			3.000		
原始值			1.7			5.0			6.7			3.000		

表 3.3.5.10　铜-LY2M 轧制复合板的厚度参数　　　　　　　　　　　（1.25+5.0）mm

状态	名义厚度/mm	测量	铜层/mm			LY2M 层/mm			铜层+LY2M 层/mm			LY2M 层:铜层		
			1	2	3	1	2	3	1	2	3	1	2	3
热轧态	2.5	1	0.485	0.533	0.520	1.888	1.906	1.871	2.373	2.439	2.390	3.993	3.576	3.596
		2	0.488	0.506	0.528	1.924	1.930	1.924	2.412	2.436	2.452	3.943	3.814	3.644
		3	0.484	0.510	0.495	1.904	1.935	1.951	2.388	2.445	2.446	3.943	3.794	3.941
		平均	0.486	0.516	0.514	1.905	1.924	1.915	2.391	2.440	2.429	3.923	3.728	3.727
		总平均	0.505			1.915			2.420			3.792		
		理论值	0.484			1.936			2.420			4.000		
冷轧态	1.0	1	0.181	0.240	0.238	0.860	0.870	0.904	1.041	1.110	1.142	4.751	3.625	3.798
		2	0.222	0.227	0.281	0.866	0.905	0.896	1.088	1.132	1.177	3.901	3.987	3.189
		3	0.208	0.130	0.273	0.844	0.989	0.900	1.052	1.119	1.173	4.058	6.608	3.297
		平均	0.204	0.199	0.264	0.857	0.921	0.900	1.060	1.120	1.164	4.237	5.073	3.428
		总平均	0.222			0.893			1.115			4.023		
		理论值	0.223			0.892			1.115			4.000		

续表 3.3.5.10

状态	名义厚度/mm	测量	铜层/mm			LY2M 层/mm			铜层+LY2M 层/mm			LY2M 层：铜层		
			1	2	3	1	2	3	1	2	3	1	2	3
冷轧态	0.5	1	0.120	0.133	0.125	0.444	0.442	0.462	0.564	0.575	0.587	3.700	3.323	3.696
		2	0.113	0.125	0.120	0.434	0.438	0.463	0.547	0.563	0.587	3.841	3.504	3.858
		3	—	0.092	0.141	—	0.444	0.438	—	0.536	0.579	—	4.826	3.106
		平均	0.117	0.117	0.129	0.439	0.441	0.454	0.556	0.558	0.583	3.771	3.884	3.553
		总平均	0.121			0.445			0.566			3.678		
		理论值	0.113			0.453			0.566			4.000		
	0.25	1	0.063	0.060	0.055	0.142	0.192	0.206	0.205	0.252	0.261	2.254	3.200	3.745
		2	0.028	0.061	0.048	0.124	0.202	0.189	0.152	0.263	0.237	4.429	3.312	3.938
		3	0.059	0.053	0.041	0.140	0.199	0.185	0.199	0.252	0.226	2.373	3.115	4.512
		平均	0.050	0.058	0.048	0.135	0.198	0.193	0.185	0.256	0.241	3.019	3.409	4.065
		总平均	0.052			0.175			0.227			3.365		
		理论值	0.045			0.182			0.227			4.000		
原　始　值			1.25			5.0			6.25			4.000		

表 3.3.5.1～表 3.3.5.10 提供了大量爆炸和爆炸+轧制复合板的厚度及厚度比的数据。这些数据描述了这些复合板在爆炸焊接和随后轧制过程中厚度参数变化的共同规律：爆炸焊接以后、特别是轧制以后，覆板和基板的厚度及厚度比在不同的地方是不相同的。但是，大量数据的统计规律显示其相对厚度和相对厚度比在不同状态下基本上保持不变，或在一个小范围内变化（这种变化与结合区波形、轧辊表面的宏观凹凸度和微观不平度有关）。由此能够得出这样的结论：在轧制过程中，覆板和基板是同时参与塑性变形的，即在轧制压力加工中它们以相对相同的变形速度和变形量同时进行着塑性变形。这一点很重要，它告诉人们，只要这些金属材料的物理和力学性能不是相差太大，并且它们是牢牢地结合在一起的，轧制时它们就会一同变形，变形量和变形速度还相对一致，通常不会发生高塑性金属变形快和低塑性金属变形慢的情况。实际上，轧制过程中只要工艺参数适当，表中的几种复合板通常不会出现大的卷曲，这个事实即是上述结论的最好证明。文献[700，1278]也指出，爆炸焊接的不同材料在轧制以后，各层厚度和厚度比通常保持一定的比例不变。

3.3.6　爆炸复合板轧制机理的探讨

如上所述，爆炸复合板在轧制过程中，覆板和基板以基本相同的相对变形速度和变形量同时参与塑性变形。这个过程能够这样地来描述和解释：在正常的和不考虑结合区金属薄层的影响的情况下，轧制过程实际上是塑性较高的金属牵引着塑性较低的金属使之快些变形，塑性较低的金属又拉扯着塑性较高的金属使之慢些变形的过程。也就是容易变形的牵引着不容易变形的，而不容易变形的又拉扯着容易变形的。两者相互依存和相互制约。正是这种牵引力和拉扯力的综合作用及其平衡，才使得不同厚度和不同特性的覆板及基板在轧制过程中彼此不快不慢、不先不后和不多不少地同时变形着。如果考虑结合区金属强度特性的影响，过程会复杂一些。然而，这不外乎用三层金属的相互牵引和相互拉扯的作用来解释。爆炸焊接的三金属、四金属和多金属的轧制过程的解释及阐述亦同。复合管和复合管棒等爆炸复合材料的轧制过程理应相同，其解释和阐述亦应相同。

应当指出，结合区内的那一薄层不同于基体的金属合金，不仅以其特殊的位置成为覆层和基层金属强固地连接在一起的纽带，而且还以其特殊的作用，在轧制过程中保证覆层和基层金属同时参与塑性变形，成为这种变形过程得以进行的基础。

上述解释可以概括成和理解为爆炸复合材料塑性加工的"牵扯"机理。更详细的分析和更精辟的论述，以及它的影响因素和变化规律的探求，均有待进一步研究。

需要指出，上述机理仅适用于一般情况，下述三种情况不包括在内。

（1）对于爆炸复合板的尚未结合好的部分（雷管区、前端和两侧），在轧制过程中覆板和基板的变形如同单金属一样，各自独立地进行着。并且塑性高的变形快和延伸长，塑性低的变形慢和延伸短(图 3.3.2.5 和图 3.3.2.6)。在此过程中，还可能使本已结合好的相邻部分被撕开，从而造成更多的金属损失。因此，在这种情况下，轧制前须将未结合好的复合板部分剪除。

(2)对于基体金属的强度和塑性相差很大的复合板，例如铝-钛和铝-钢等，它们在轧制过程中覆板和基板的变形比较复杂。实践证明，铝-钛复合板在轧制过程中，铝层沿轧制方向大量流动，钛层的流动量很小，并且局部钛层出现裂纹。轧制后复合板各处的厚度比相差很大：边部为 1:1，中部某些地方为 6:1(设计厚度比为 4:1)。产生这种现象的主要原因是在轧制温度下(480 ℃)，铝和钛的热变形抗力相差悬殊。另一原因是波形界面的存在使覆板和基板的受力不均匀而引起它们不均匀的塑性变形。在制订合理的热轧工艺，特别是采用换向(交叉)轧制方法以后，获得了较好的结果[7.12]。

(3)对于基材的强度和塑性相差不大也不小的金属组合(例如铜-钛复合板)，它们在冷轧时将发生较大的卷曲。卷曲时，塑性高的基材在卷外，塑性低的基材在卷内。此时覆板和基板各自发生了不均匀的塑性变形。这种塑性变形使得原来设计的厚度和厚度比在轧制以后发生了变化。

3.3.7　爆炸复合板轧制过程中的一些问题

爆炸复合板通常由两种或多种物理、力学和化学性能都不同的金属材料组成。它们在轧制过程中，由于内外因素的作用，覆板、基板和整块复合板会出现一些影响质量的问题。这些问题归纳起来有如下一些。

1. 基材开裂

如图 3.3.7.1 所示，有些基材由于本身的强度高和塑性低，在轧制过程中有时会自行开裂(如图中 3、4 的钛为硬态，冷轧时钛层开裂了)。另一些基材，由于轧制工艺不适应其轧

1、2—铜-LY12；3、4—铜-钛

图 3.3.7.1　复合板轧制过程中基材的开裂

制特性也开裂了(如图中 1、2 的 LY12，并见图 3.3.2.7 及其说明)。为了防止基材开裂，对于前者，一方面有关基材须用软态的，另一方面进行热轧制时，热轧工艺通过试验确定；对于后者，采用适应其轧制特性的轧制工艺，例如将铜-LY12 复合板进行快速热轧。

2. 复合板分层

复合板在轧制过程中分层，其中之一例的断面形貌如图 3.3.7.2 所示。

分层的主要原因是基体间的结合强度不高。例如，原来局部位置就没结合好；局部位置虽结合了，但结合不牢；爆炸过程中在界面上生成了大量的金属间化合物；在热轧加热过程中，原有的那些化合物在继续生成和长大后形成厚实及硬脆的中间层。由于这些原因使这种复合板在轧制或其他压力加工过程中有可能出现分层的情况。

引起复合板轧制后分层还有三个原因：第一，如上所述，由于复合板边部未结合部分的影响使其在轧制过程中造成相邻的已结合部分的撕裂。这种情况实践中多有发生。第二，例如在钛-钢复合板内有大小不等的鼓包，它在热轧制时，这种鼓包只能压平而不会消失。随着加工率的增大，鼓包(不结合区)的面积扩大，最后形成更大面积的分层。第三，如图 3.3.7.2(a)所示，原较长的波形(图 4.16.5.97)被压扁，其波前漩涡区中的熔化块破碎和剥离后便形成了裂纹形状。

防止复合板在压力加工中分层的措施如下：

(1)选择最佳的工艺参数爆炸焊接结合强度最高和其他质量指标最好的复合板。

(2)切去边界效应作用区未结合好的部分。

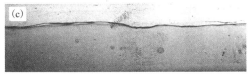

(a) 较长的波形被压扁、熔化块破碎和剥离后形成的"裂纹"；

(b) 轧制后剪切(切条)过程中金属分层；

(c) 在拉丝中分层

图 3.3.7.2　Au-AgAuNi-CuNi 复合板在压力加工中分层 (×5)

（3）选择最佳的轧制工艺，特别是相图上有金属间化合物的金属组合，其热轧加热工艺要特别慎重选择。其后轧制过程也要配合好。

3. 轧制过程中复合板卷曲缠辊

由于受轧制设备、轧制工艺和复合板基材的物理-力学性能的影响，爆炸复合板在轧制过程中有时会发生卷曲，这种卷曲严重时会造成缠辊，使轧制工序难以进行。

缠辊现象是现实存在的，其后果是严重的。为了轧制工序的顺利进行和减少材料损失，研究解决这个课题的途径和方法是重要的。下面根据实践和文献资料提出几个办法。

（1）将在冷轧下卷曲严重的复合板改为热轧。在加热的情况下，基体金属的强度降低和塑性提高，并有可能缩小差距而趋近一致，例如，钛和钢、不锈钢和钢在高温下它们的强度性能彼此趋近。这种趋近有利于它们塑性变形能力的趋近。于是，轧制过程中很大的卷曲可能就不会发生。这两种复合板高温热轧的结果证实了这一措施是正确的。

实践证明，不锈钢-钢复合板热轧时，由于前者的强度高，复合板总是向不锈钢一侧弯曲。冷却过程中，由于不锈钢的热胀系数大于碳钢的热胀系数，复合板也向不锈钢一侧弯曲。在 400 ℃ 左右，它们的热胀系数接近。因此，为了获得好的板形，应抓紧时间在热矫平机上进行多次矫平[231]。

（2）对称叠轧。在轧机能力足够的情况下，对称叠轧是解决严重卷曲的一个简单和效果良好的办法。过程是将两块复合板的覆板板面相对叠合，形成基板-覆板+覆板-基板的叠合系统。或者 4 块和 8 块相同复合板如此对称叠合。随后一同冷轧或一同热轧。这种叠合系统巧妙地平衡了覆板和基板的塑性变形能力。使其在轧制过程中的表现如同一块厚板坯一样。

（3）"不匹配"或称"异步"轧制。对于异种金属的双层复合板来说，覆板和基板塑性变形的能力无疑有或大或小的差别（这种差别就是造成卷曲和缠辊的主要原因）。为了使它们以同一相对速度和相对变形量同时进行塑性变形，在有条件的轧机上，可调整相应轧辊的线速度，以使有相应变形能力的基材发生相应的变形，从而防止严重的卷曲和缠辊。这种解决缠辊问题的方法称为"不匹配"轧制或"异步"轧制。

文献［699］提供了加热到 700 ℃ 时以匀速 ［图 3.3.7.3（a）］和在 0.92 上变速［图中（b）］轧制铜-钛复合板的试验资料。图中（a）指出了轧件的弧度 ρ 与变形度 ε 的关系（铜层向内弯曲时 ρ 为正，反之为负）。图中（b）给出了变形不均匀常数 $\varepsilon_{Cu}/\varepsilon_{Ti}$ 与总的变形度 ε 的关系。由试验结果可知，对于该复合来说，轧辊圆周速度的不匹配，将在轧制过程中既降低轧件的曲率，又降低变形的不均匀性。因为这种不匹配将发生复合各层压缩量的再分布。

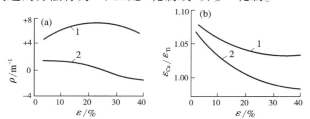

图 3.3.7.3　铜-钛复合板在匀速（1）和在 0.92 上变速（2）轧制时对铜-钛复合板的变形曲率（a）及变形均匀性（b）的影响

还有文献讨论了复合材料在异步轧机上异步轧制的优越性[713]。

（4）改小轧辊轧机轧制为大轧辊轧机轧制。在有条件的单位，可用大辊径的轧机进行轧制。如此也能有效地减小复合板轧制后的弯曲程度和防止缠辊。

4. 奥氏体不锈钢及其复合板热加工过程中的敏化问题

文献［1498］探讨了奥氏体不锈钢及其复合板的热加工过程中的敏化问题，并指出，在这种材料的使用过程中，奥氏体不锈钢存在晶间腐蚀问题。晶间腐蚀是金属晶粒之间的晶界上的状态（成分、组织或应力）与晶内不同而降低了晶界的化学稳定性、在腐蚀介质的作用下晶界遭到破坏的现象。这种现象使材料的耐蚀性明显降低，强度和塑性下降，严重时表面出现龟裂和突然间开裂，甚至造成设备爆炸，危害极大。

对于 18-8 系列奥氏体不锈钢来说，一般认为其晶间腐蚀是因晶间贫铬造成的。该种材料在热加工过程中，当晶界上的铬含量小于 12% 时，就有可能产生晶间腐蚀。试验证明，固溶态奥氏体不锈钢在 450～850 ℃ 的温度范围内才产生晶界贫铬。这个温度范围称为敏化温度区。在敏化温度区停留，不锈钢会发生渗碳，造成晶界贫铬，故一般不要在该区内进行热加工。对于奥氏体不锈钢-钢复合板来说，因存在覆板在热加工后不可能进行固溶处理，但在不低于 950 ℃ 的正火处理后，基本上可以恢复不锈钢的耐蚀性。

5. 三层铝合金复合钎料箔材冷轧过程中的气泡问题

三层铝合金复合钎料在轧至 0.2 mm 以后，由于加工硬化，需要退火，以继续冷轧。退火后发现在其两个表层出现如夏夜天空中无数个星星一样的小鼓包，真可谓"繁星点点"。这一现象的原因是：原来其两个界面上的波形漩涡区内的空气泡，在轧制过程中虽被压扁，其内的空气并未消失。在退火过程中，在高温作用下，气体的体积膨胀，从而将相应位置上的铝合金表层鼓起形成鼓包。由于漩涡区繁多，所以这种鼓包也数量繁多，从而形成"点点繁星"。这些小鼓包在后续的冷轧下（由 0.2 mm 轧制 0.08 mm）破裂，并在其内的气体排出后，在轧制力的作用下，破裂的两表层和相应位置的中间层轧制焊接在一起。这一结果不影响产品的使用。类似的还有不锈钢-钢复合薄板轧制和退火后，也会出现众多的小鼓包。

上述事实也能证明爆炸焊接过程中排气过程的现实性和严重性。

3.3.8　爆炸复合材料其他形式的压力加工

爆炸复合材料通常具有很高的结合强度。一般来说，它们经受得住后续任何形式的压力加工。除轧制外，还有冲压、旋压、锻压、挤压、拉拔和爆炸成形等。下面提供国内外一些单位使用爆炸焊接和多种压力加工相联合的工艺生产的许多产品的实例。由此可以看出爆炸复合材料后续压力加工工艺的多样性、适应性和应用前景。其每一种压力加工工艺过程中的理论和实践课题，也可以像"轧制加工"一样进行总结和提高。如此过后也定能总结出许多规律和写出许多很有价值的文章来。这一切对爆炸焊接和爆炸复合材料的理论及实践的丰富与发展，是很有意义的。

（1）爆炸复合管的轧制。如锆 2.5 铌-不锈钢爆炸复合管的轧制，其工艺就同单金属管的轧制一样。

（2）爆炸焊接+轧制+冲压。用此工艺流程获得了用于家用电器的银-铜铆钉和触头[333]、复合锅，以及用于电视机的银-铜合金高频头触头[22]。

（3）爆炸焊接+轧制+拉拔。用此工艺流程获得了 Au-AgAu（Cu）Ni-CuNi 等两层和三层贵金属异型复合触头材料[33,34]。

（4）爆炸焊接+轧制+旋压。用此工艺流程可以制造双金属的药型罩和其他旋转体的双金属零部件。

（5）爆炸焊接+热冲压。用此工艺流程获得了钛-钢复合封头件。

（6）爆炸焊接+热轧+冷轧。用此工艺流程获得了 2 层和 3 层的铝合金箔材（复合钎料），以及 3 层复合刀具材料。

（7）爆炸焊接+轧制+成形加工。用此工艺流程获得了铝-钢双金属轴瓦、铜-钢双金属套管和衬管，以及青铜-08Al 双金属轴套。

（8）爆炸焊接+轧制+拉拔。用此工艺流程获得了铜-铌钛合金复合超导线材。

（9）爆炸焊接+型辊轧制。用此工艺流程获得了圆形、椭圆形和其他形状的钛-铜双金属电极管棒。

（10）爆炸焊接+热轧制。用此工艺流程获得了装甲复合钢板、钛-钢和不锈钢-钢复合中板，以及不锈钢-钢复合薄板。

（11）爆炸焊接+穿孔+拉拔+轧制。用此工艺流程将 1Cr18Ni9Ti-15 号钢的复合管棒制成了双金属管。

（12）爆炸焊接+成形加工。用此工艺流程将铜-钢复合管坯制成了双金属热管，将不锈钢-钢复合薄板制成了复合门、窗框，以及圆形和异形的复合焊管。

（13）爆炸焊接+爆炸成形。用此工艺流程获得了铜-钢双金属封头。

（14）爆炸焊接+冷拔加工。用此工艺将铜-铝复合管制成外径为 5 mm，用于冰箱制冷剂用的异材配管接头。

（15）爆炸焊接+热轧+冷轧。用此工艺将双面不锈钢包覆的复合板轧制成 1.0~1.5 mm 厚，作为制作电磁炉用材。

（16）爆炸焊接+轧制+爆炸成形。用此工艺制造复合锅。

（17）爆炸焊接+模压+机械加工。用此工艺将铜-铝复合管棒制成电力机车内使用的过渡电接头——接地块。

（18）爆炸焊接+拉伸+摩擦焊接+冲压。用此工艺将铜-铝复合管棒制造成电力金具——接线端子（过渡电接头）。

（19）爆炸焊接+型辊轧制或模压。用此工艺将铜-铝复合管棒制成导电用的双金属铜-铝排。

（20）爆炸焊接+轧制。用此工艺获得了铜层厚度为 0.15 mm 的铜-钢复合管。

（21）爆炸焊接+轧制+成形加工。用此工艺获得了城市街灯和广场高杆的复合灯杆。

(22)爆炸焊接+轧制(挤压)+拉拔。用此工艺获得了镍-钛双金属眼镜架边线(ϕ1.70 mm)。

(23)爆炸焊接+轧制。用此工艺获得了建筑用被不锈钢包覆的螺纹钢。

(24)爆炸焊接+轧制。用此工艺研制了一种新型的弹性和减振综合性能良好的继电器用复合材料。

……

用上述联合工艺生产的很多复合材料和产品的实物图片见5.5.2节。

据1969年的资料报道,美国当时用爆炸焊接+轧制+冲压的工艺制造了银铜镍多层硬币,以取代贵金属硬币。一次的产量就超过了15000 t,其中一半是用此联合工艺生产的。又据文献报道,1990美国复合材料的发货量为117万 t,1991年保持了此水平。这么多复合材料主要用于汽车、飞机、环保设备和石油化工设备。表0.2.3.1的资料也提供了同样的信息。可以估计其中必有不少是用爆炸焊接+压力加工相联合的工艺生产出来的。由此可见,这种联合技术在大规模地生产各种品种和各种用途的复合材料及其零部件方面能够发挥多么巨大的作用,所获得的经济效益又是何等的可观。

3.3.9　爆炸复合材料压力加工技术的展望

众所周知,金属复合材料具有一系列的特点和优点,是材料科学及其工程应用的一个新的发展方向。到目前为止,生产这类材料的方法是很多的。以复合板为例,有堆焊法、熔铸法、叠轧法和爆炸焊接法等。比较起来,从性能和大批量生产上考虑,前两者较后两者大为逊色。就后两者而言,它们又各有优缺点:叠轧法需要大型轧机,工艺复杂和品种不多,但产品尺寸大且能大批量生产。爆炸焊接法不需要轧制设备,工艺简单且品种多,但产品尺寸有限制,且大批量生产有困难。所以,如果都单打一和各自为政,在金属复合材料生产这个科技领域都形成不了大气候。

然而,如果将爆炸焊接技术和传统的压力加工工艺(例如轧制)联合起来,以生产这类材料,可以预言,定能轰轰烈烈地干出一番大事业来。这就是用爆炸焊接法生产复合材料的板坯,然后将此板坯交给轧机进行轧制,最后获得各种品种、规格和尺寸的复合板材、复合带材和复合箔材。

文献[714]报道,实际生产中为了用轧制法生产钛-钢复合板,不仅要在钛和钢之间放置超低碳钢线网或不锈钢线网以阻止 Fe 和 Ti 的作用,避免在界面上生成它们的中间化合物而严重地影响结合强度,而且还要用最高负荷达9000 t的大功率轧机。目前,在我国还无此巨型轧机和无此技术能力的情况下,此方法是行不通的。

但是,如果将坯料先用爆炸法焊接在一起,然后进行轧制加工,则又是另一种结果:不仅可以简单和迅速地生产任意金属组合的复合板,而且只需要用普通的和相应规格的轧机就行了。

普通轧机在我国的钢厂和有色金属加工厂均有,生产单一金属的板、带、箔的技术也不亚于国外。在我国爆炸焊接技术已研究和应用了几十年了,科技储备很丰富。因此,只要将它们联合起来,定能在我国的金属复合材料科技领域开创一片新天地。

实践证明,爆炸焊接技术和传统的及所有的压力加工工艺(轧制、冲压、旋压、锻压、挤压、拉拔和爆炸成形等)相联合,能够低成本、高质量和大批量地制造出任意品种、规格和尺寸的双金属及多金属的复合板材、复合带材、复合箔材、复合管材、复合棒材、复合线材、复合型材和复合锻件,以及复合粉末,以满足生产和科学技术对金属结构材料日益增长的、更多和更好的以及单金属材料无法满足的要求。而且比爆炸态的复合材料有更好、更多和更广泛的应用。另外,和单金属材料一样,这类复合材料还能与其他类型的金属加工工艺(如机械加工和焊接等)相联合,来生产更多更好的新材料、新设备和新产品。这些联合不仅是历史的必然和现实的需要,而且是多品种和多尺寸的金属复合材料研究、开发、生产及应用的专业化、产业化和规模化的必由之路,还是适应我国现代化建设和可持续发展的需求的重大举措。因此,这些联合前景广阔和意义深远,期待有关的科技人员为之奋斗。

3.4　爆炸复合材料的热处理

热处理是使金属材料获得一定组织和性能的重要的后续加工工序,也是使金属爆炸复合材料获得一定组织和性能的重要的后续加工工序。这类新型材料的热处理亦有退火、淬火、回火和时效等。本章以几种爆炸复合板的退火为例，讨论这种新材料的热处理问题。

3.4.1　爆炸复合材料热处理的特点

爆炸复合材料的热处理与用其他工艺生产的金属材料的热处理相比有许多相似之处。例如，都是将其以一定的速度加热到预定的温度，再在此温度下保持一定的时间，然后以一定的速度冷却。全过程或在空气中进行，或在真空中进行，或在其他介质(水、油等)中进行。以退火为例，也分高温、中温和低温退火。目的亦为再结晶或消除应力等。根据不同的材料、组织、状态和性能的要求进行不同工艺下的热处理。

爆炸复合材料的热处理也有它的不同之处。那就是必须首先考虑组成复合材料的两种或多种组元、它们各自的熔点和再结晶温度、强度和塑性、耐蚀性和耐磨性、比热和热胀系数，以及其他物理和化学性能，特别是它们在高温下相互作用的特性。从而正确地设计热处理的工艺参数和预测热处理对它们的结合区组织、结合强度和各自基体组织及性能的影响等。

爆炸复合材料的热处理及其工艺参数的制订，就是要正确地处理上述众多矛盾，在千差万别的金属组合中做到工艺、组织和性能的统一，为对应爆炸复合材料的正常使用提供可靠的组织和性能保证。

3.4.2　爆炸复合板的退火

爆炸复合板的退火是其后续加工的一个重要工序，也是这类材料热处理的一个重要内容。其退火有三个目的：

第一，消除爆炸焊接过程中在复合材料的表面、底面、界面和基体内部形成的不同方向及大小的残余应力，包括用爆炸复合材料制成的设备和构件的焊缝中的残余应力。此种退火的温度最低。

第二，消除爆炸焊接硬化和爆炸焊接强化，为复合材料后续的机械加工创造条件。对于原始硬度和强度较高的基材来说，它们爆炸焊接硬化和爆炸焊接强化的趋势更强烈。此时，这种退火尤其重要。它们的退火温度比前者要高。

第三，再结晶退火。这种退火在不严重损失复合材料结合强度的情况下，使结合区、覆层和基层的变形组织最大限度地进行再结晶。从而为它们后续的压力加工、机械加工和使用创造条件。在压力加工过程中有时还会进行中间退火，最终产品有时还要进行成品退火(软态)。此种退火的温度最高。

爆炸复合材料的退火工艺就是根据不同的目的而制订的。制订退火工艺的原则：首先考虑金属组合中熔点最低者的熔点，其次考虑组合金属中以主要元素为系统的相图内是固溶体还是包含有金属间化合物，或者两者均有。还要考虑组元在高温下是否相变。特别是在高温退火时，这些尤为重要。

这类材料的退火工艺用试验确定。其加热的温度范围能够这样选择：其下限为组合金属中熔点较低者熔点的 $1/3 \sim 2/5$，上限是同一熔点的 $2/3 \sim 4/5$。例如，对铜-钛组合而言，它的退火温度可为 $400 \sim 800\ ^\circ\text{C}$，钛-钢和镍-钛为 $500 \sim 1000\ ^\circ\text{C}$，铜-铝为 $250 \sim 500\ ^\circ\text{C}$。上述温度范围适用于高温下界面上会生成金属间化合物的金属组合。而对于那些界面上不生成金属间化合物的金属组合来说，如不锈钢-钢和镍-不锈钢等，它们退火的加热温度范围将很宽，特别是上限可以更高。退火时的保温时间由试验确定。另外，对于高温下有相变的组元的双金属，退火温度不宜超过其相变点。

通常，上述加热温度范围的下限可能是消除应力退火的温度，上限可能是再结晶退火的温度。

对于那些高温下界面上将形成金属间化合物中间层的组合和组合之一有相变的情况来说，例如钛-钢复合板，它的退火温度不宜高，否则结合强度将损失太大而低于验收标准。此时，保证足够高的结合强度是主要矛盾，其他的目的能兼顾就兼顾，兼顾不上就算了。已经使用的几种爆炸复合材料的退火工艺如表 3.4.2.1 所列。

表 3.4.2.1　一些爆炸复合板的退火工艺

No	材　料	状　态	加热温度/℃	保温时间/h	冷却方法
1	TA2-15MnMoV	爆炸焊接后	600~650	2	空冷
2	TU1-20g	爆炸焊接后	600~650	2	空冷
3	BFe30-1-1+922	爆炸焊接后	650	2	空冷
4	0Cr13-Q235	焊接后	740	2	空冷

续表3.4.2.1

No	材料	状态	加热温度/℃	保温时间/h	冷却方法
5	TA2-Q235	爆炸焊接后	525~650	0.5~1	空冷或炉冷
6	TA2-18MnMoNb	爆炸焊接后	525~650	0.5~1	空冷或炉冷
7	TA2-16MnCu	爆炸焊接后	525~650	0.5~1	空冷或炉冷
8	不锈钢-钢	爆炸焊接后	700~1000	1~3	奥氏体不锈钢需固溶处理或正火
9	镍-钛	爆炸焊接后	525~650	0.5~1	空冷或炉冷
10	镍-不锈钢	爆炸焊接后	700~1000	1~3	空冷或炉冷
11	铜-LY12	爆炸或轧制后	350~450	0.5	空冷或炉冷
12	铜-LY2M	爆炸或轧制后	350~450	0.5	空冷或炉冷
13	铜-铝	爆炸或轧制后	350~450	0.5	空冷或炉冷
14	银合金-铜合金	爆炸焊接后	500~700	0.5~1	空冷或炉冷

3.4.3 退火后复合板结合区的微观组织

退火后一些爆炸复合板结合区的微观组织如图 3.4.3.1~图 3.4.3.13 所示。

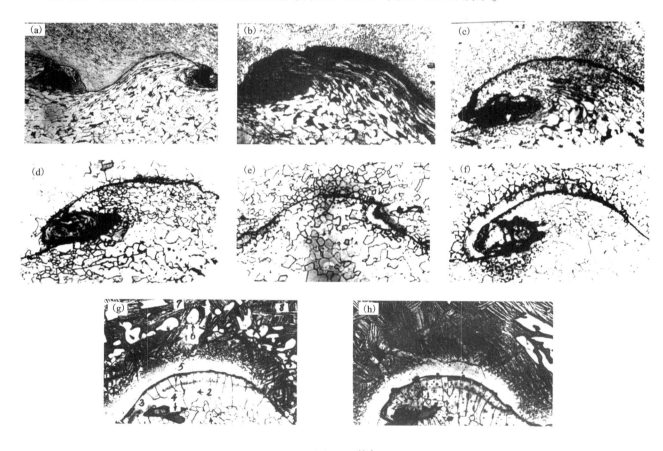

(a)×50，其余×100

(a)爆炸态；(b)500 ℃；(c)600 ℃；(d)700 ℃；(e)800 ℃；(f)900 ℃；(g)1000 ℃；(h)1050 ℃（均保温 1h）

图 3.4.3.1　退火对钛-钢复合板结合区形貌的影响

图 3.4.3.1 为钛(TA2)-钢(Q235)复合板退火前后的结合区形貌。图 3.4.3.1(a)为退火前爆炸态下的组织形态。由图可见，其结合区为波状，这种波形界面是爆炸焊接的金属复合材料结合区所特有的和常有的。由该图还可见，波形两侧出现两种不同形式的塑性变形组织，在钢侧这种变形表现为晶粒被拉长，就像常规轧制加工中的变形纤维流线一样。在界面附近变形程度最严重，随着与界面距离的增加变形程度

减弱。在波形以下的地方呈现出钢的原始组织,还可见到一些双晶。在高倍放大的情况下,在界面上可观察到亚晶粒和类似再结晶的等轴晶粒。在钛侧金属的变形以从界面"飞"向钛内的"飞线"形式出现。这种飞线即绝热剪切线,它实质上是一种特殊形式的塑性变形线或称塑性变形组织(见4.7章)。钛内还有比钢内要多的双晶。波前汇集了爆炸焊接过程中形成的大部分熔化金属,其中少部分分布在波脊上,其厚度以微米计。具有如此一些特性的结合区即为爆炸焊接的金属复合材料的焊接过渡区。

在不同工艺下退火以后,该结合区的组织形态逐渐发生了许多变化:500℃时钛侧的飞线消失,钛基体开始再结晶,而钢侧的变形流线尚存[图3.4.3.1(b)]。600℃下退火后钛的晶粒在长大;钢侧个别地方虽仍有变形流线,然而绝大部分也开始了再结晶,珠光体数量减少[图3.4.3.1(c)]。700℃退火后,钢中的变形组织完全消失,珠光体也完全消失,晶粒在长大;钛的晶粒长得更大一些[图3.4.3.1(d)]。800℃退火时钛和钢的晶粒还在长大,此时在它们的界面上出现一种断续的白色团状新相区[图3.4.3.1(e)]。900℃后这种新相区已连接成带[图3.4.3.1(f)]。此时由于钢中的Fe向钛侧扩散,使得钛的$\alpha-\beta$相变温度升高,即在此温度下还未发生那种相变。当温度升到1000℃时钛侧便由α-Ti变成针状的β-Ti了。并且,由于Fe、C和Ti元素通过界面彼此扩散,使得界面上及其两侧出现若干有明显区别的组织形态[图3.4.3.1(g)],即含有大量金属间化合物的中间层。1050℃时变化过程还在继续,但基本形式仍如1000℃下的[图3.4.3.1(h)]。

由于试样退火后是在空气中冷却的,金属在高温下的组织形态基本上都保留了下来。这种处理方法对研究类似课题颇为有利。

图3.4.3.2和图3.4.3.3为另外两种钛-钢复合板在高温退火后的结合区形貌,它们与图3.4.3.1(g)和(h)相似。只是由于钢为合金钢,其中的合金元素较多,它们扩散进钛后,更使α-Ti稳定了下来,即使在1000℃下钛侧也未转变成针状的β-Ti组织。在此两种情况下,界限分明和组织清晰的金属间化合物中间层明显可见。

应该指出,由于退火后钛-钢复合板以及其他复合材料内金属间化合物的中间层的存在,将严重地削弱它们基体间的结合强度(见3.4.4节)。

图3.4.3.4为镍-钛复合板在高温退火后的结合区形貌。由图可见,在保温时间相同的情况下,随着

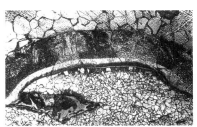

图3.4.3.2 钛-16MnCu钢复合板在1000℃、1h退火后的结合区形貌(×50)

图3.4.3.3 钛-18MnMoNb钢复合板在1000℃、1h退火后的结合区形貌(×50)

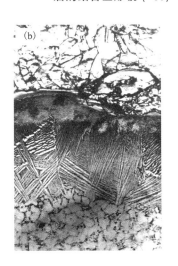

(a)1000℃、1h、×50;(b)900℃、1h、×100;(c)1000℃、0.5h、×200

图3.4.3.4 镍-钛复合板高温退火后的结合区形貌

说明:图题内的×50、×100、×150…×1000…,为该金相图片分别在金相显微镜、电子探针或电子显微镜中的放大倍数。前后均同。

加热温度的升高，其中间层的厚度明显加厚。另外，在加热温度相同的情况下，其中间层的厚度随保温时间的延长明显加厚。由此可见，加热温度和保温时间是影响爆炸复合材料退火后结合区组织形态的主要工艺参数。

　　图 3.4.3.5 为铜-LY2M 复合板在不同温度下退火后的结合区形貌。由图中(a)~(d)可见，在铜和 LY2M 硬铝的中间有一白色带状物，它实际上是该硬铝表面的纯铝包覆层。因此这种复合板由铜-纯铝-LY2M 硬铝三层组成。在退火过程中实际上是铜和纯铝层的组织在起作用。由图中(a)~(c)可见，随着退火温度的升高，铜、铝和硬铝层的组织稍有变化，但变化不大。当温度升高到 500 ℃时[图中(d)]，三层中都发生了再结晶和晶粒长大，不仅如此，在铜和纯铝之间的界面上出现一连续的双层带状物，这一带状物在 550 ℃下变成了厚实的中间层[图中(e)]。分析和研究表明，其内包含有铜和铝在高温下所能形成的所有的金属间化合物，这一金属间化合物中间层的存在也将严重削弱该复合材料的结合强度。

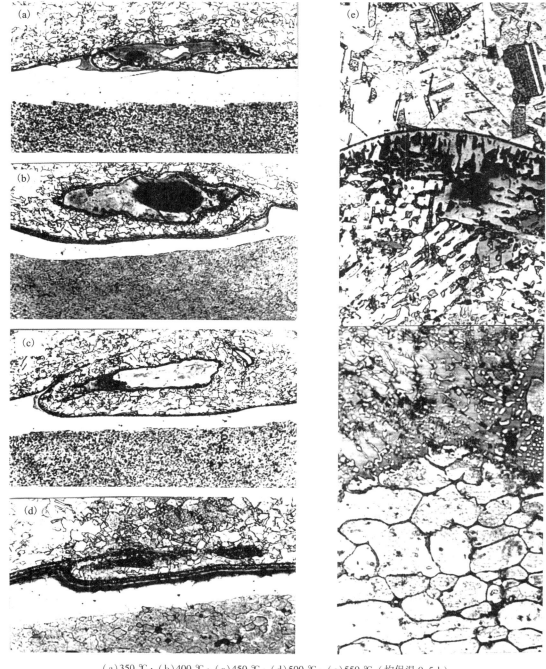

(a)350 ℃；(b)400 ℃；(c)450 ℃；(d)500 ℃；(e)550 ℃（均保温 0.5 h）

图 3.4.3.5　退火对铜-LY2M 复合板结合区形貌的影响(×100)

　　图3.4.3.6为不同退火工艺下的铜-LY12复合板结合区的微观组织形貌。由图中(a)~(d)可见，在铜和LY12硬铝之间也有一纯铝的包覆层(图中暗色部分，浸蚀不清)。在退火过程中，三层金属材料的表现也与图3.4.3.5相似，高温下也是铜和纯铝层在起作用，并形成厚实的金属间化合物的中间层[图3.4.3.6(f)]。

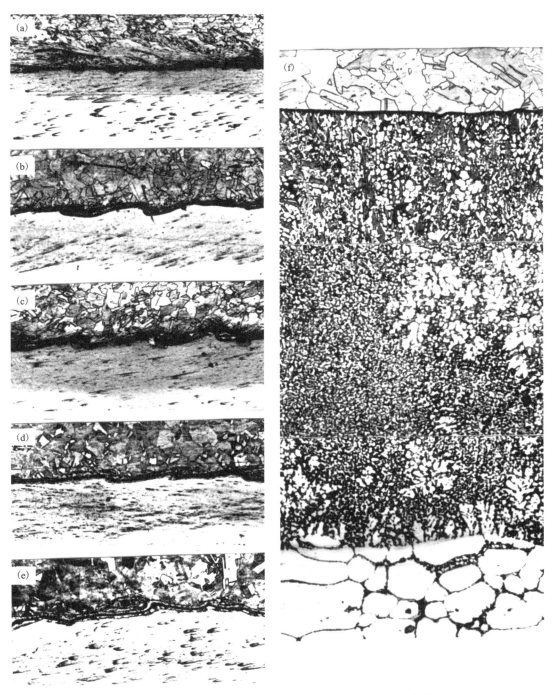

(a)300 ℃；(b)350 ℃；(c)400 ℃；(d)450 ℃；(e)500 ℃；(f)550 ℃(均保温0.5 h)

图3.4.3.6　退火对铜-LY12复合板结合区形貌的影响 (×100)

　　铜-钛复合板在不同温度下退火后的结合区形貌如图3.4.3.7所示。由图中(a)可见，在爆炸态下，该复合板结合区内具有波形、波形内金属的塑性变形和熔化(有漩涡区)等特征明显。退火过程显示，400 ℃时铜和钛的基体即已发生了再结晶和晶粒长大[图中(b)]。特别是铜侧基体随着温度的升高，其晶粒迅速长大，到800 ℃时[图中(f)]成为与界面呈一交角和互相平行的巨大晶粒。钛侧基体仅晶粒长大和无相变发生。在600 ℃下退火后，由于铜和钛在界面上的相互作用，在其间形成一白色带状物，这种带状物随着温度的升高而增宽。分析和研究表明,其内会有它们在高温下所有能形成的金属间化合物。这种中间层的存在也成为削弱该复合材料结合强度的主要因素。

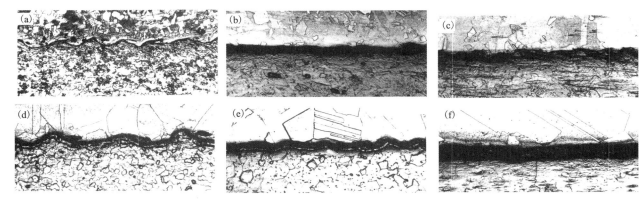

(a)爆炸态;(b)400 ℃;(c)500 ℃;(d)600 ℃;(e)700 ℃;(f)800 ℃(均保温 0.5 h)

图 3.4.3.7 退火对铜−钛复合板结合区形貌的影响(×200)

热轧的镍−钛复合板在不同工艺下退火后的结合区形貌见图 3.4.3.8。由图中(a)可见,热轧过程中由于温度的逐渐降低,两基体的晶粒变成了纤维状。由于漩涡区熔化块的破碎,它们或大或小和断续地分布在界面上。热轧后界面变得平直。500 ℃退火后[图中(b)],两基体发生回复和再结晶,并在界面上生成草丛状的带状物。这一过程持续到 800 ℃。900 ℃退火后镍和钛的晶粒都长大了。也许由于镍扩散进钛后,钛被稳定而未发生相变。此时有中间层出现。1000 ℃退火后,镍发生聚合再结晶,钛则由 α-Ti 变成了针状的 β-Ti,在它们的界面上形成了含有镍和钛的金属间化合物的中间层[图中(g)]。

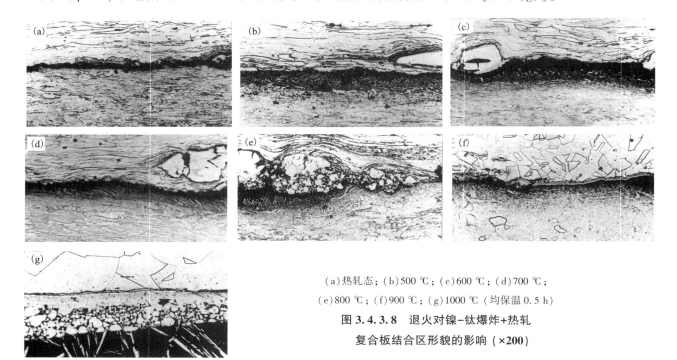

(a)热轧态;(b)500 ℃;(c)600 ℃;(d)700 ℃;
(e)800 ℃;(f)900 ℃;(g)1000 ℃(均保温 0.5 h)

**图 3.4.3.8 退火对镍−钛爆炸+热轧
复合板结合区形貌的影响(×200)**

图 3.4.3.9 为几种温度下退火后镍−不锈钢复合板结合区的形貌。由图可见,随着温度的升高,镍侧基体晶粒不断长大,以致发生聚合再结晶,不锈钢侧的晶粒也长大了。由图还可见,在此三种高温退火下,镍和不锈钢的结合面上波形尚存,也没有出现厚实的中间层。波脊上白色和黑色及其相间的窄带为不锈钢侧的碳向镍侧扩散后形成的脱碳区(显微硬度测试表明此处的硬度较低)。力学性能试验表明,在此情况下的高温退火对该种复合材料的结合性能影响不大。

热轧态镍−不锈钢复合板在不同工艺下退火后的结合区形貌如图 3.4.3.10 所示。由图可见,经过热轧,该复合板的波形界面变成了平直界面,波前漩涡区内的熔化块破碎后有的仍残留在界面上。由图中(a)可知，热轧后覆层和基层内形成变形流线。这种流线在直至 800 ℃ 退火后仍未完全消失 [图中(b)~(c)]。但 900 ℃ 时它们消失了，取而代之的是再结晶晶粒[图中(f)]。1000 ℃ 退火下镍层发生聚合再结晶[图中(g)]。由图还可见，在从 700 ℃ 至 1000 ℃ 加热的过程中[图中(b)~(g)]，镍和不锈钢的结合界面上出现了白色、黑色或黑白相间的窄带。显微硬度测试表明，此处的硬度较低，它实际上是不锈钢中的碳向镍中扩散以后形成的脱碳区。

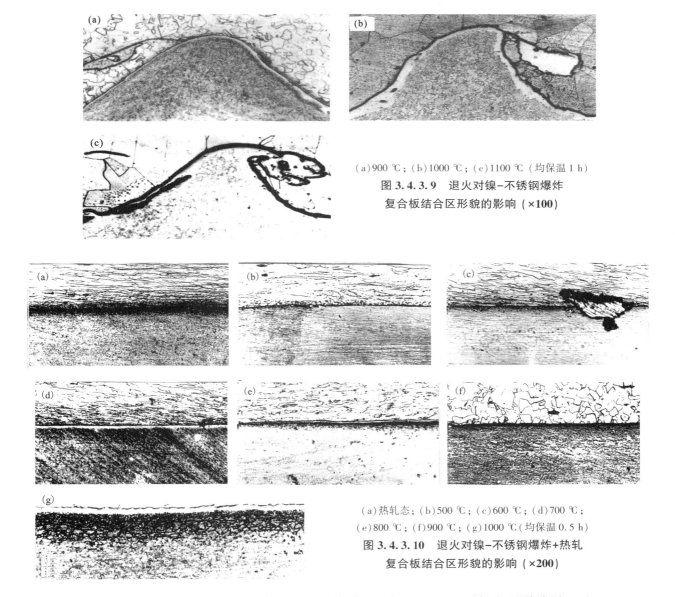

(a)900 ℃；(b)1000 ℃；(c)1100 ℃（均保温 1 h）
图 3.4.3.9 退火对镍–不锈钢爆炸复合板结合区形貌的影响（×100）

(a)热轧态；(b)500 ℃；(c)600 ℃；(d)700 ℃；(e)800 ℃；(f)900 ℃；(g)1000 ℃（均保温 0.5 h）
图 3.4.3.10 退火对镍–不锈钢爆炸+热轧复合板结合区形貌的影响（×200）

文献[715]对 1Cr18Ni9Ti-16MnR 复合板进行了热处理，发现 16MnR 一侧出现脱碳层，而 1Cr18Ni9Ti 一侧出现增碳层。后者碳含量的增加，必然造成硬度的增加。但这增加的区域不仅局限在奥氏体钢一侧经硝酸酒精腐蚀能够观察到的发暗的区域，而且试验还发现硬度增加的区域远大于以往人们认为的增碳层，它包括不锈钢一侧整个硬度提高的区域。前者称为视在增碳层，后者称为真正增碳层。

上述几种复合板退火试验的结果可以分为两种类型：一是高温加热后在结合区生成金属间化合物中间层的；二是不生成这种中间层的。研究指出(见 4.14 章)，凡是相图上有金属间化合物生成的，例如钛与钢(Fe)、钛与镍、铜与铝等，由它们组成的复合材料在高温加热后必然在结合区生成包含相图上所有金属间化合物的中间层。而对于相图上仅有固溶体的，例如镍与钢(Fe)、镍与不锈钢(Fe)、不锈钢(Fe)与钢(Fe)等，高温加热后在它们的结合区就不会有中间层生成。这就是相图在爆炸焊接的金属复合材料热处理中的重要应用。显然，结合区有无中间层将对这种材料的结合性能产生重要的影响。这方面的问题下面还会讨论。

　　对于由相同金属爆炸焊接成的复合材料的退火来说另有一种结果，如图3.4.3.11~图3.4.3.13所示。图3.4.3.11为钛-钛复合板在不同工艺下退火后的结合区形貌。由图3.4.3.11（a）可见，波形界面及其两侧的"飞线"（4.8章）清晰可见，在400 ℃下退火后界面和飞线上开始了再结晶。这个过程一直延续到700 ℃［图3.4.3.11（b）~（d）］。并且随着温度的升高，飞线和界面逐渐模糊不清。到800 ℃时［图中（e）］，飞线消失了，界面也快消失了。900 ℃［图中（f）］退火后界面消失了，同时钛的晶粒长大。1000 ℃加热后［图中（g）］它的晶粒长得更大了。

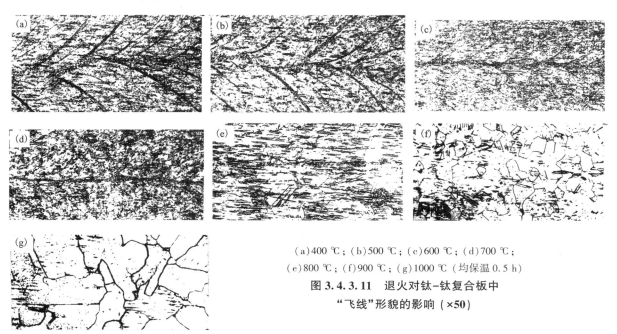

（a）400 ℃；（b）500 ℃；（c）600 ℃；（d）700 ℃；
（e）800 ℃；（f）900 ℃；（g）1000 ℃（均保温0.5 h）

**图3.4.3.11　退火对钛-钛复合板中
"飞线"形貌的影响（×50）**

　　图3.4.3.12为不锈钢-不锈钢复合板在不同温度下退火后的结合区形貌。由图中（a）可见，此复合板结合界面上的波形较为扁平，界面两侧的飞线呈白色。在500~800 ℃退火过程中［图中（b）~（e）］，基体金属和飞线发生再结晶，并且随着温度的升高，界面和飞线逐渐模糊。900 ℃退火后，界面和飞线都消失了，但由飞线发展而成的裂纹尚存［图中（f）］。1000 ℃下［图中（g）］基体的晶粒长大了，开裂的飞线没有愈合。

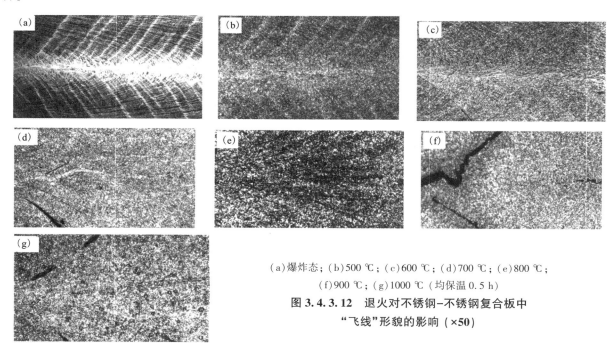

（a）爆炸态；（b）500 ℃；（c）600 ℃；（d）700 ℃；（e）800 ℃；
（f）900 ℃；（g）1000 ℃（均保温0.5 h）

**图3.4.3.12　退火对不锈钢-不锈钢复合板中
"飞线"形貌的影响（×50）**

图 3.4.3.13 为钢-钢复合板在不同温度下退火后的结合区形貌。图中(a)显示爆炸态下该复合板结合区的形貌,由图可见到界面波形和波形两侧飞线组织。图中(b)~(d)为在 500~700 ℃下退火后界面和飞线的情况,可见,随着温度的升高,基体和飞线慢慢地发生再结晶而飞线逐渐模糊。在 800 ℃退火后,界面和飞线都消失了,但由飞线发展而成的裂纹没有消失[图中(e)]。在 900~1000 ℃下退火后,基体的晶粒长大,开裂的飞线依然如故[图中(f)和(g)]。

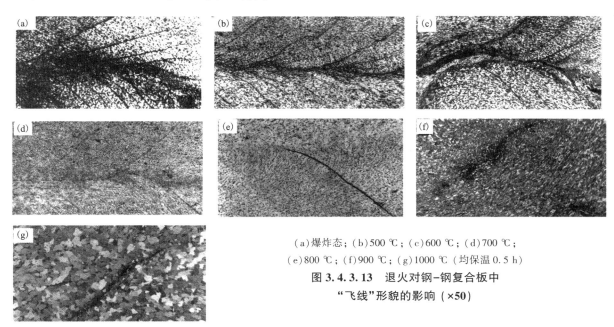

(a)爆炸态;(b)500 ℃;(c)600 ℃;(d)700 ℃;
(e)800 ℃;(f)900 ℃;(g)1000 ℃(均保温 0.5 h)

图 3.4.3.13　退火对钢-钢复合板中
"飞线"形貌的影响(×50)

图 3.4.3.11~图 3.4.3.13 的试验结果表明,由同种材料组成的复合板在高温加热退火后,其结合界面可以消失而合为一体。同时其中的飞线组织也会在一定的温度下退火后消失,但由飞线发展而成的裂纹不会消失。由此能够证明这种飞线是一种塑性变形线和裂纹源。

由上述三图可见,在保温 0.5 h 的情况下,这三种复合板中的飞线消失的温度范围分别是:钛-钛为 700~800 ℃,钢-钢为 800~900 ℃和不锈钢-不锈钢为 800~900 ℃。可以预测,随着保温时间的延长,这个温度范围将降低。由此可见,这种飞线就像轧制加工中的变形流线一样是一种塑性变形线。因此,爆炸复合材料的热处理,还为研究这类材料中的一些金属物理现象和理论课题提供了实验手段及依据。

(600 ℃、1 h,炉冷)
图 3.4.3.14　退火对 H62-Q235B 复合板
结合区形貌的影响(×50)

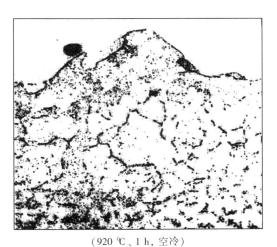

(920 ℃、1 h,空冷)
图 3.4.3.15　正火对 304-Q235B 复合板
结合区形貌的影响(×50)

说明:图 3.4.3.14、图 3.4.3.15、图 4.16.5.157~图 4.16.5.160、图 5.2.9.54 和图 5.5.9.55 由广东宏大爆破股份有限公司、广东明华机械有限公司连南分公司提供。

由图 3.4.3.14 可见，铜-钢复合板在 600 ℃、1 h 退火后，结合区波形内钢侧的金属塑性变形组织尚未发生再结晶，而仍呈现爆炸态下的强烈的塑性变形形态。由图 3.4.3.15 可见，该不锈钢-钢复合板在 920 ℃、1 h 正火后，不仅结合区的波形内而且距界面钢侧的钢层内的金属塑性变形组织均发生了再结晶和晶粒长大。在此范围内，爆炸态下的塑性变形组织完全消失。

3.4.4 退火后复合板的力学性能

爆炸复合材料在不同工艺下退火后，其结合区组织发生了明显变化。这些变化必然地会反映到它们的力学性能上来。下列材料的力学性能数据供建立退火工艺、组织和性能的关系时参考。它们的力学性能包括剪切、分离、拉伸、弯曲、冲击和显微硬度等。所有性能数据都以图和表的形式给出。由于结果十分明显，每一图表中的具体数据及其变化规律不做分析和讨论。

1. 剪切性能

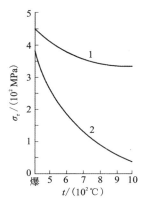

1—不锈钢-钢；2—钛-钢
（图中"爆"为爆炸态，以下均同）
图 3.4.4.1 退火对两种复合板剪切强度的影响

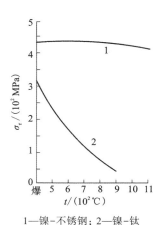

1—镍-不锈钢；2—镍-钛
图 3.4.4.2 退火对两种复合板剪切强度的影响[716, 717]

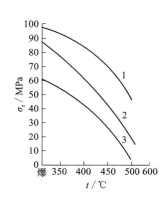

厚度比：1—1:4；2—1:3；3—1:2
图 3.4.4.3 退火对不同厚度比的铜-LY2M 复合板剪切强度的影响（均保温 0.5 h）

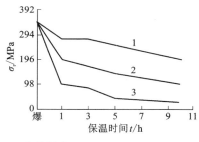

加热温度（℃）：1—525；2—625；3—725（均为空冷）
图 3.4.4.4 退火温度和保温时间对钛-钢复合板剪切强度的影响[212]

表 3.4.4.1 钛-钢复合板的剪切性能

材　料	σ_τ / MPa		断裂位置
	未经热处理	650 ℃、2 h 退火	
TA1-Q235	(186~392)/304	—	Q235 钢侧
TA1-18MnMoNb	(284~402)/364	—	18MnMoNb 侧
TA2-Q235	(221~353)/323	—	Q235 钢侧
TA2-16MnCu	(372~451)/421	—	结合面
TA5-902	—	(54~212)/179	结合面

表 3.4.4.2 不同状态的 ЭП794-12X18H10T 复合板的结合性能[718]　（11+20）mm 原始厚度

热处理工艺	回　火 450 ℃、3 h	回　火 650 ℃、2 h	退　火 850 ℃、3 h	淬　火 1050 ℃、1.5 h	爆　炸　态
σ_τ/MPa	(539~660)/629	(129~325)/207	(426~530)/466	(436~505)/475	(534~677)/609
σ_r/MPa	(870~1086)/723	(660~786)/686	(414~745)/580	(512~731)/626	(510~748)/627

注：本表中的数据的分子为范围，分母为平均值；以下均同。

表 3.4.4.3 不同状态的镍-钢复合板的剪切性能 σ_τ[35] /MPa

试 验 对 象	爆炸后	热处理后
被镍合金复合的 22K 钢	—	299
被镍合金复合的铬钼钢	598	392

表 3.4.4.4 两种复合板的剪切性能 σ_τ[235] /MPa

复 合 板	爆炸态	消应力状态	消应力处理工艺
En58J-BS1501	353	346	600 ℃、3 h, 空冷
Ti115-BS1501	307	306	400 ℃、3 h, 空冷

表 3.4.4.5 铝-钛-钢复合板的剪切性能(1)(铝-钛界面)[274]

状 态	爆 炸 态						300 ℃、1 h 真空热处理		450 ℃、1 h 真空热处理		
σ_τ/MPa	68.7	68.9	66.8	68.4	66.1	70.3	66.2	68.3	54.3	49.2	50.9
破断位置	全部在铝侧破断										

表 3.4.4.6 铝-钛-钢复合板的剪切性能(2)(钛-钢界面)[274]

状 态	爆 炸 态			450 ℃、1 h 真空热处理			
σ_τ/MPa	341	324	325	323	305	292	286
破断位置	全部从界面破断						

表 3.4.4.7 几种复合板的剪切性能

覆 层		基 层		h_0/mm	W_g/(g·cm^{-2})	状态	σ_τ/MPa						
金属	δ_1/mm	金属	δ_2/mm				1	2	3	4	5	6	平均
钛	3	钢	22	5	1.4	爆炸焊接后	435	439	410	428	413	421	423
						650 ℃、1 h 退火	258	322	303	275	235	311	284
	5			6.5	1.6	爆炸焊接后	366	367	375	321	360	372	361
						650 ℃、1 h 退火	265	255	272	222	240	257	252
铝	12	铜	10	8.5	1.7	爆炸焊接后	66	78	76	75	71	77	74
钛	3	铜	6	5	1.4	爆炸焊接后	216	191	208	208	202	195	203
						550 ℃、1 h 退火	194	198	194	181	135	121	171
						650 ℃、1 h 退火	144	150	142	147	157	150	148
铜	4	钢	22	8.6	1.3	爆炸焊接后	200	193	195	192	194	194	195
						650 ℃、1 h 退火	167	155	160	155	157	159	159
					1.7	爆炸焊接后	205	207	210	194	208	191	203
						650 ℃、1 h 退火	149	152	152	153	161	157	154
钛	3	不锈钢	18	5	1.4	一般打磨, 爆炸焊接后	293	201	392	179	218		257
						磨床磨光, 爆炸焊接后	447	530	460	441	494	279	442
	5			6.5	1.6	一般打磨, 爆炸焊接后	139	105	203	205	329		196
						磨床磨光, 爆炸焊接后	407	402	263	408	399	337	369

注: 覆板和基板原始尺寸为 300 mm×500 mm, 2# 炸药, 平行法, 边部起爆, 下垫 20 mm 钢板。

表 3.4.4.8 铝-钢复合板的剪切性能[274]

状 态	纯铝	爆 炸 态						300 ℃、1 h 真空热处理
σ_τ/MPa	56.0	71.3	72.8	68.2	70.9	65.2	68.4	59.8
破断位置		全部从铝侧破断						

表 3.4.4.9　B30-922 钢复合板的结合性能[251]

状　　态	σ_τ/MPa	σ_f/MPa
爆炸焊接后	(377~392)/386	(470~666)/580
爆炸后经 650 ℃、2 h 处理	(308~343)/320	(475~593)/537
爆炸后经 980 ℃、2 h 处理	(289~304)/294	(466~451)/449

2. 分离性能

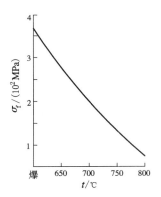

图 3.4.4.5
退火对钛-16MnCu 钢
复合板分离强度的影响

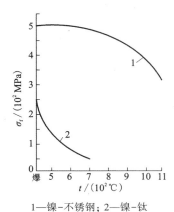

1—镍-不锈钢；2—镍-钛
图 3.4.4.6　退火对两种复
合板分离强度的影
响（均保温 1 h）[716,717]

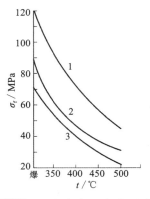

厚度比：1—1:4；2—1:3；3—1:2
图 3.4.4.7　退火对不同厚度
比的铜-LY2M 复合板分离
强度的影响（均保温 0.5 h）

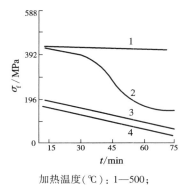

加热温度（℃）：1—500；
2—600；3—700；4—800
图 3.4.4.8　BT1-0+10X17H13M3T
双金属的分离强度与加热温度
和保温时间的关系[718]

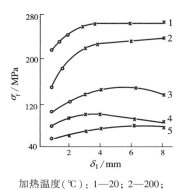

加热温度（℃）：1—20；2—200；
3—300；4—400；5—500
O—沿结合区破断；×—沿铜层破断
图 3.4.4.9　钢-铜双金属的分离强度
与钢板厚度和加热温度的关系[719]

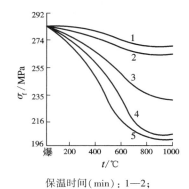

保温时间（min）：1—2；
2—5；3—15；4—30；5—60
图 3.4.4.10　铜-钢双金属的
分离强度与加热温度和
保温时间的关系[252]

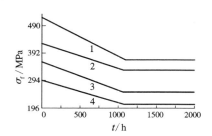

1—分离强度，2—拉剪强度，Nb-1X18H9T；
3—分离强度，4—拉剪强度，Mo-1X18H9T
图 3.4.4.11　在 800 ℃下，真空中两种复合板的
分离强度和拉剪强度与试验持续时间的关系[258]

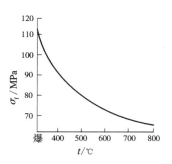

图 3.4.4.12　退火对铜-
钛复合板分离强度的
影响（均保温 0.5 h）

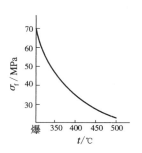

图 3.4.4.13　退火对铜-LY12
复合板分离强度的影响
（均保温 0.5 h）

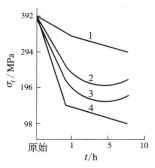

图 3.4.4.14　钛-铜复合板的分离强度
与加热温度和保温时间的关系[720]

加热温度（℃）：1—540；2—605；3—750；4—850

表 3.4.4.10　钛-钢复合板的分离性能

/MPa

材　料	未经热处理	650 ℃、2 h 退火
TA2-Q235	(279~299)/290	
TA2-16MnCu	(250~519)/385	(260~270)/265

表 3.4.4.11　08X18H10T-22K 双层钢的结合强度[28]

结合区的组织特征	热　处　理	σ_f/MPa	σ_τ/MPa 顺着爆轰方向	σ_τ/MPa 横着爆轰方向
无连续性缺陷，带有不大的铸态夹杂物的波状结合	没有热处理	568	—	—
同　上	正火+回火	539	365	353
同　上	奥氏体化+正火+回火	440	407	
同上，并带有来自结合界面的单个的非贯穿性裂纹	奥氏体化+正火+回火	487	398	—
同上，并在结合区带有规律的裂纹	奥氏体化+正火+回火	508	382	
没有裂纹及连续性缺陷的无波结合	奥氏体化+正火+回火	525		

表 3.4.4.12　几种双层钢的分离强度[28]

双　层　钢	热　处　理	σ_f/MPa
08X18H10T-22K	未热处理	(523~686)/605
	正火+回火	(433~596)/515
	正火+回火+时效（350 ℃、5000 h）	(570~610)/590
	正火+回火+热循环 350→20 ℃，200 次	(472~558)/515
08X18H10T2Б-22X*	正火+回火+热循环 350→20 ℃，200 次	(470~553)/512
08X18H10T-铬钼钒低合金钢	未热处理	(614~750)/682
	淬火+回火	(481~627)/554
	淬火+回火+时效（350 ℃、5000 h）	(440~495)/468
	淬火+回火+热循环 350→20 ℃，200 次	(382~585)/484
08X18H10T-20XM	未热处理	(434~635)/535
	淬火+回火	(487~634)/561

注：* 获得方法——堆焊，其余爆炸焊接。

表 3.4.4.13　铜-铝复合板的拉剪性能[324]

试验条件	取样位置	热处理温度	$\sigma_{b\tau}$/MPa	破断位置
铝本身未经任何处理，常温下进行	—		64　90	—
升温至 250 ℃、400 ℃、500 ℃，保温 1 h，随炉冷却	起爆端	250 ℃	64	断于铝面
		400 ℃	49	
	末端	500 ℃	54	
		500 ℃	69	
用瓦斯加热，点温计控制温度，带温剪切	—	100 ℃	58	断于铝面
		200 ℃	40	
		300 ℃	42	

表 3.4.4.14　钛-钢复合板的拉剪性能

材料	TA1-18MnMoNb	TA5-902	TA1-16MnCu			
温度/℃	室温	室温	600	700	850	870
$\sigma_{b\tau}$/MPa	(382~397)/390	(243~258)/252	(74~103)/88	(49~59)/54	24.5	24.5

3. 拉伸性能

表 3.4.4.15　钛-钢复合板的拉伸性能

材　料	σ_s/MPa	σ_b/MPa 未经热处理	σ_b/MPa 650 ℃、2 h 退火	δ_{10}/% 未经热处理	δ_{10}/% 650 ℃、2 h 退火
TA2-Q235	—	(451~475)/462	(417~431)/429	(12.0~14.5)/13.3	(20.0~22.5)/21.3
TA2-18MnMoNb	—	760			
TA5-902*	(568~583)/574	—	(681~701)/688		(8.0~11.0)/9.8

注：* 650 ℃、2 h，真空退火。

表 3.4.4.16 不同状态的铜-钢复合板的力学性能[5]

状 态	HV	σ_b/MPa	σ_s/MPa	δ/%	ψ/%	σ_f/MPa	σ_τ/MPa
爆炸态	240~400	421~441	363~392	12~16	40~45	216~225	196~255
600℃退火	200	—	—	—	—	216~274	157~206
700℃退火	150~200	—	—	—	—	—	147~176
850℃退火	—	392	255	29~31	50~55	—	176~186
900℃退火	—	—	—	—	—	167~196	—

表 3.4.4.17 爆炸复合和热处理前后，B30、922 及 B30-922 复合板的力学性能[251]

材 料	状 态	$\sigma_{0.2}$/MPa	σ_b/MPa	δ_5/%	ψ/%
B30	供货(硬态)	(534~544)/538	(559~564)/561	(5.5~6.5)/6.1	(38.5~44.5)/42.9
	供货态经 650 ℃、2 h 退火	(260~372)/301	(480~505)/490	28.5/28.5	
	爆炸复合后	(578~627)/593	(583~642)/609	(2.5~7.0)/5.3	(39.5~47.5)/39.8
	供货态经 650 ℃、2 h 退火	299/299	(412~441)/426	48.5/48.5	
922	供货态(调质)	(359~652)/617	(666~725)/705	(18.0~24.0)/20.1	(42.5~44.0)/43.5
	爆炸复合后	(666~696)/681	(740~750)/745	(11.0~11.5)/11.3	
	爆炸后经 650 ℃、2 h 退火	(613~632)/622	(706~780)/709	(18.0~18.5)/18.3	
B30-922 复合板	爆炸复合后	(740~769)/751	(750~774)/762	(10.5~11.5)/11.2	(46.0~51.5)/48.7
	爆炸后经 650 ℃、2 h 退火	(515~539)/524	(627~652)/650	(24.0~25.5)/24.8	

表 3.4.4.18 不同状态下钛-钢复合板的力学性能[192]

状 态	σ_s/MPa	σ_b/MPa	δ_5/%	a_k/(J·cm^{-2})	σ_f/MPa
爆炸态	430~455	540~590	13.0~15.5	45~92	86~320
550 ℃回火 3 h	340~380	425~485	22.0~30.0	78~87	115~255

表 3.4.4.19 在罩式炉中热处理后几种复合板力学性能试验的结果[273]

金 属 组 合	热 处 理 工 艺	复合板厚度 /mm	拉 伸 性 能			σ_f /MPa
			σ_s/MPa	σ_b/MPa	δ_5/%	
M1 铜-G3cп 钢	650 ℃、2 h 退火	33	320~340	380~496	24~28	124
BT1-0 钛+G3cп 钢	550 ℃、3 h 退火	32	300~365	425~460	19~27	216
08X18H10T-G3cп 钢	950 ℃、1 h，空冷，正火	22	315~385	420~445	35	375

表 3.4.4.20 不同状态下钛-钢复合板的力学性能[192]

状 态	σ_s/MPa	σ_b/MPa	δ_5/%	σ_f/MPa
爆炸态	330	460	26	158~175
500 ℃下回火 4h	300	450	29	125~180
550 ℃下回火 4h	280	430	30	140~158
600 ℃下回火 4h	280	430	30	160~165

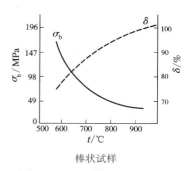

棒状试样

图 3.4.4.15 钛-16MnCu 钢
复合板的高温瞬时拉伸性能[721]

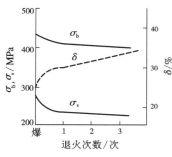

图 3.4.4.16 退火次数
对钛-钢复合板
拉伸性能的影响[722]

退火工艺: 625 ℃、1 h, 空冷

爆—指爆炸态的性能, 下同

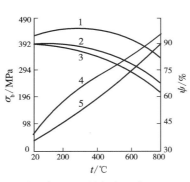

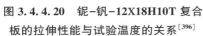

1—BT1-0+0X23H28M3AT3, 拉伸强度;
2—BT1-0+12X18H9T, 分离强度

图 3.4.4.17 两种复合板的
强度性能与加热温度的
关系(均保温 1 h)[366]

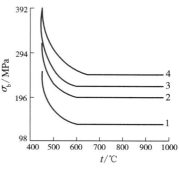

1—钢 10; 2—钢 3; 3—钢 20; 4—钢 25

图 3.4.4.18 加热温度对不同
含碳量的铜-钢复合板
抗拉强度的影响[28]

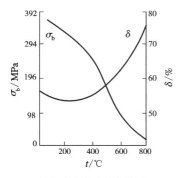

拉伸应力垂直结合界面

图 3.4.4.19 铌-钒-阿尔
姆卡铁复合板的
拉伸性能与试验
温度的关系[396]

1 和 4 为 800 ℃ 退火后; 2 为 500 ℃
退火后; 3 和 5 为爆炸焊接状态下。
1、2、3 为 σ_b; 4、5 为 ψ

图 3.4.4.20 铌-钒-12X18H10T 复合
板的拉伸性能与试验温度的关系[396]

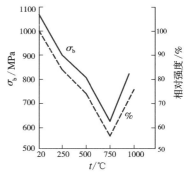

图 3.4.4.21 退火温度对钛-钼
纤维复合材料强度的影响[723]

4. 拉剪性能

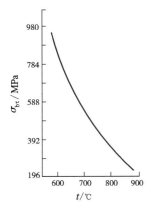

采用电阻丝炉瞬时加热,
均保温 0.5 h

图 3.4.4.22 钛-16MnCu
复合板的高温拉剪强度[721]

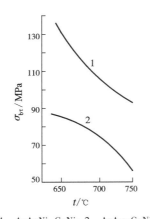

1—AgAuNi-CuNi; 2—AgAu-CuNi

图 3.4.4.23 退火温度对
两种复合板拉剪性能
的影响(均保温 8 h)[722]

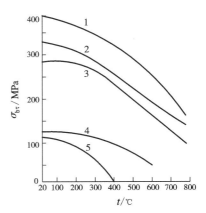

1—Nb-1X18H9T; 2—Ni-1X18H9T;
3—Mo-1X18H9T; 4—Cu-1X18H9T;
5—Al-1X18H9T

图 3.4.4.24 几种复合板的高温拉剪
强度(夹头移动速度 0.36 mm/min)[258]

注: 图 3.4.4.16 中的"爆"指爆炸态的性能, 下同。其余多处未写的也指该种情况。

5. 冲击性能

表 3.4.4.21 不同状态的 304L 不锈钢-A212B 钢复合板的拉伸性能[724]

状　态	σ_s/MPa	σ_b/MPa	δ/%
A212B，复合前	549	583	28
复合状态	429	604	22
593 ℃、1 h 热处理	379	576	21

表 3.4.4.22 切口在平行结合面的平面上，22K-08X18H10T 双层钢的冲击韧性[28] J/cm²

状　　态	在 08X18H10T 内	在结合线上	在 22K 钢中，距结合线的距离	
			1 mm	3 mm
未附加退火	34.3	21.6	34.3	50.0
附加退火	16.7	27.4	46.1	44.1

表 3.4.4.23 B30-922 钢复合板的冲击性能[1]

材　质	状　态	试　样　形　式	a_k/(J·cm⁻²)
B30	供货态	图 5.1.1.31(a)	127.4
	供货态经 650 ℃、2 h 热处理		186.2
	爆炸焊接后		119.6
	爆炸后经 650 ℃、2 h 热处理		161.7
922	供货态	图 5.1.1.31(a)	179.3
	爆炸焊接后		63.7
	爆炸后经 650 ℃、2 h 热处理		89.2
B30-922 复合板	爆炸焊接后	图 5.1.1.31(b)	73.5
		图 5.1.1.31(c)	93.1
		图 5.1.1.31(d)	131.3
	爆炸焊接后经 650 ℃、2 h 热处理	图 5.1.1.31(b)	119.6
		图 5.1.1.31(c)	135.2
		图 5.1.1.31(d)	202.9

表 3.4.4.24 钛-钢复合板的冲击韧性[725] J/cm²

状　态	U 形缺口，尖端在钛层内			U 形缺口，尖端在结合界面上		
原始态	99.0	107.8	148~117.6	90.7	111.7	157.8~117.6
退火态	163.7	150.9	169.5~156.8	112.7	154.8	151.9~127.4

文献[212]指出，爆炸焊接后，钛-钢复合板的结合区和其他位置的冲击值有差别。这是由于碰撞界面受到加工硬化而引起的。为了恢复，需要在 525 ℃进行退火。

6. 弯曲性能

表 3.4.4.25 钛-钢复合板的弯曲性能[84]

材料和状态	弯曲方向	相对弯心 d/t	取样方向	试样相对宽度 B/t	试　验　结　果
TA5-902 爆炸后经 650 ℃、2h 真空退火	外弯	3	横向	2	33°，一侧分层
				5	36°33′，两侧分层
		2	纵向	2	20°，一侧分层
				5	32°30′，两侧分层，钛大裂，裂纹长 25mm
			横向	2	23°，一侧分层
				5	31°，一侧分层
	内弯	2	纵向	2	180°完好
				5	180°钢表面完好，钛表面大裂
			横向	5	180°钢表面完好，钛表面大裂

表 3.4.4.26 退火对钛-钢复合板弯曲性能的影响[726]

退火温度/℃		500	600	700	800	900	1000
弯曲角 /(°)	1	>152	>130	>140	>146	>128	>148
	2	>129	>130	>152	>147	>127	>150
	3	>124	>134	>150	>156	>140	>150

注：保温时间均为 1 h；d=2t；t=25 mm；内弯：钛层在内。

表 3.4.4.27 B30-922 钢复合板的弯曲性能[1]

状 态	弯曲方向	结 果
爆炸焊接后	外弯（B30 朝外）	46°~50°时界面出现微小孔洞
	内弯（B30 朝内）	完好
爆炸焊接后经 650 ℃、2 h 退火	外弯	完好
	内弯	完好

文献[273]指出，热处理后 M1 铜-G3cπ 钢，BT1-0 钛+G3cπ 钢和 08X18H10T 钢-G3cπ 钢的试样，在内弯和外弯试验后，在所有情况下的结果都满意。

7. 显微硬度分布

热处理后大量复合材料结合区显微硬度的分布曲线如图 3.4.4.25~图 3.4.4.51 所示。它们的分析和讨论参考 4.8 章。所有图中的点划线均为相应材料的原始硬度。

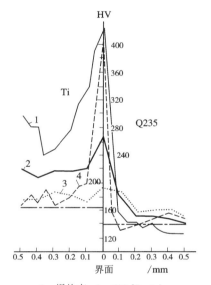

1—爆炸态；2—600 ℃、1 h；
3—800 ℃、1 h；4—1000 ℃、1 h 退火
图 3.4.4.25 退火对钛-钢复合板结合区显微硬度分布的影响

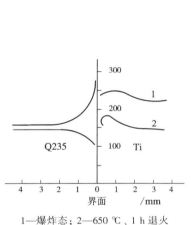

1—爆炸态；2—650 ℃、1 h 退火
图 3.4.4.26 退火对钛-钢复合板界面附近显微硬度分布的影响[84]

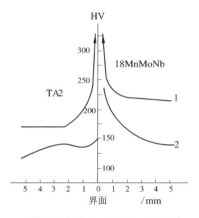

1—爆炸焊接后；2—650 ℃、1 h 退火
图 3.4.4.27 退火对钛-钢复合板界面附近显微硬度分布的影响

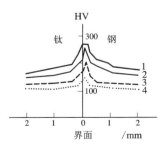

1—爆炸态；退火：2—525 ℃、1 h；
3—625 ℃、1 h；4—750 ℃、1 h
图 3.4.4.28 退火对钛-钢复合板界面附近显微硬度分布的影响[690]

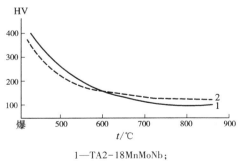

1—TA2-18MnMoNb；
2—TA2-16MnCu
图 3.4.4.29 钛-钢复合板结合区的硬度与退火温度的关系

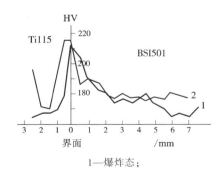

1—爆炸态；
2—400 ℃、3 h，空冷，消应力退火
图 3.4.4.30 退火对钛-BS1501 复合板断面显微硬度分布的影响[235]

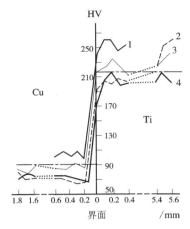

1—爆炸态；2—400 ℃；3—600 ℃；4—800 ℃退火

（均保温 0.5 h）

图 3.4.4.31 退火对铜-钛复合板断面显微硬度分布的影响

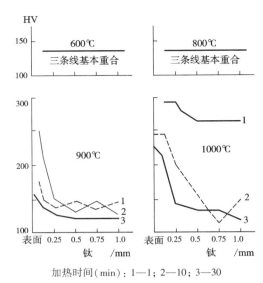

加热时间(min)：1—1；2—10；3—30

图 3.4.4.32 短时加热后，钛表层显微硬度的变化[726]

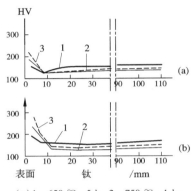

（a）1—650 ℃、5 h；2—750 ℃、1 h；
3—800 ℃、1 h；（b）1—650 ℃、10 h；
2—750 ℃、10 h；3—850 ℃、10 h

图 3.4.4.33 长时间加热后，钛表层和断面显微硬度的变化[724]

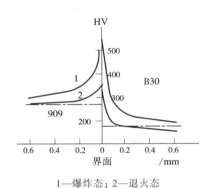

1—爆炸态；2—退火态

图 3.4.4.34 退火对 B30-909 钢结合区显微硬度分布的影响[1]

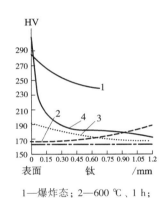

1—爆炸态；2—600 ℃、1 h；
3—800 ℃、1 h；4—1000 ℃、1 h 退火

图 3.4.4.35 退火对钛表层显微硬度分布的影响

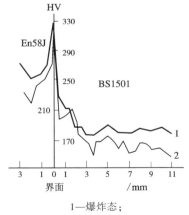

1—爆炸态；
2—600 ℃、3 h，空冷，消应力退火

图 3.4.4.36 退火对 En58J-BS1501 复合板断面显微硬度分布的影响[235]

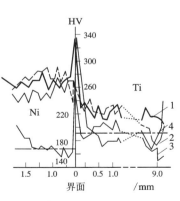

1—爆炸态；2—600 ℃；3—800 ℃；
4—1000 ℃（退火，均保温 1 h）

图 3.4.4.37 退火对镍-钛复合板断面显微硬度分布的影响

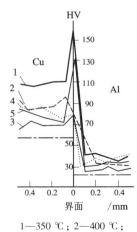

1—350 ℃；2—400 ℃；
3—450 ℃；4—500 ℃；
5—550 ℃（退火，均保温 1 h）

图 3.4.4.38 退火对铜-铝复合板断面显微硬度分布的影响

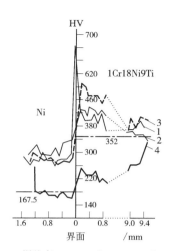

1—爆炸态；2—600 ℃；3—800 ℃；

4—1000 ℃（退火，均保温 1 h）

图 3.4.4.39 退火对
镍-不锈钢复合板断面
显微硬度分布的影响

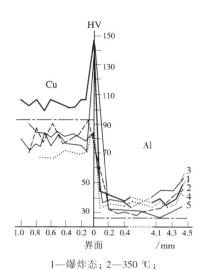

1—爆炸态；2—350 ℃；

3—400 ℃；4—450 ℃；

5—500 ℃（退火，均保温 0.5 h）

图 3.4.4.40 退火对铜-铝
复合板断面显微硬度分布的影响

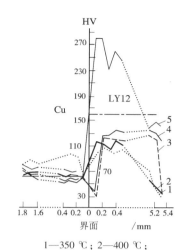

1—350 ℃；2—400 ℃；

3—450 ℃，4—500 ℃；

5—550 ℃（退火，均保温 0.5 h）

图 3.4.4.41 退火对铜-LY12
复合板显微硬度分布的影响

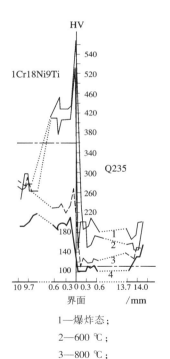

1—爆炸态；

2—600 ℃；

3—800 ℃；

4—1000 ℃

（退火，均保温 1 h）

图 3.4.4.42 退火对
不锈钢-钢复合板断面
显微硬度分布的影响

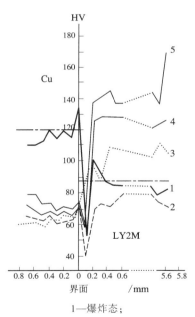

1—爆炸态；

2—350 ℃；

3—400 ℃；

4—450 ℃；

5—500 ℃

（退火，均保温 0.5 h）

图 3.4.4.43 退火对铜-LY2M
复合板断面显微
硬度分布的影响

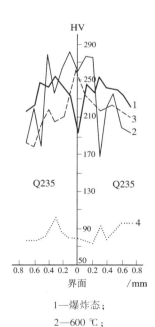

1—爆炸态；

2—600 ℃；

3—800 ℃；

4—1000 ℃

（退火，均保温 1 h）

图 3.4.4.44 退火对钢-钢
对称碰撞爆炸焊接结合区
显微硬度分布的影响

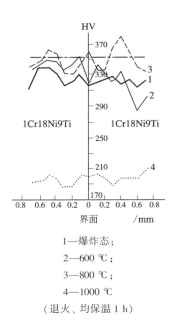

1—爆炸态；

2—600 ℃；

3—800 ℃；

4—1000 ℃

（退火、均保温 1 h）

图 3.4.4.45　退火对不锈钢-
不锈钢对称碰撞爆炸焊接
结合区显微硬度分布的影响

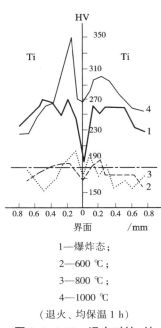

1—爆炸态；

2—600 ℃；

3—800 ℃；

4—1000 ℃

（退火、均保温 1 h）

图 3.4.4.46　退火对钛-钛
对称碰撞爆炸焊接结合区
显微硬度分布的影响

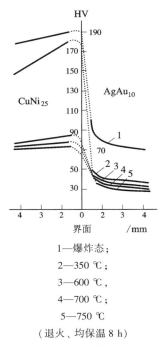

1—爆炸态；

2—350 ℃；

3—600 ℃；

4—700 ℃；

5—750 ℃

（退火、均保温 8 h）

图 3.4.4.47　退火时对
$CuNi_{25}$-$AgAu_{10}$ 复合板
断面显微硬度分布的影响[728]

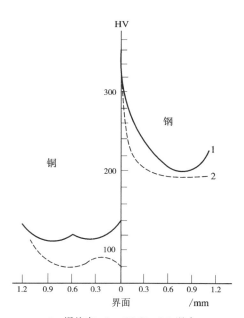

1—爆炸态；2—650 ℃、2 h 退火

图 3.4.4.48　退火时铜-钢复合板
界面两侧的显微硬度分布曲线[257]

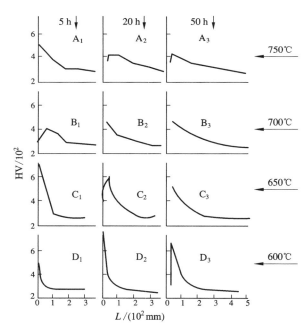

图 3.4.4.49　不同热处理参数下
1Cr18Ni9Ti-16MnR 复合板内 1Cr18Ni9Ti
一侧的显微硬度分布曲线[715]

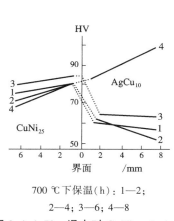

700 ℃下保温(h)：1—2；
2—4；3—6；4—8

图 3.4.4.50　退火对 **CuNi$_{25}$-AgAu$_{10}$**
复合板断面显微硬度分布的影响[728]

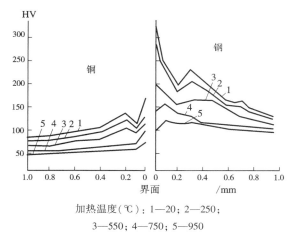

加热温度(℃)：1—20；2—250；
3—550；4—750；5—950

图 3.4.4.51　热处理对铜-钢复合板
结合区显微硬度分布的影响[727]

爆炸复合材料热处理前后的组织和力学性能的变化，在 3.3 章、4.5 章、6.4 章和本篇其他地方(如 3.2.1 节和 3.2.2 节等)也汇集了许多资料，请参考。

3.4.5　爆炸复合材料其他形式的热处理

根据不同的材质、不同的组织状态和不同的性能要求，爆炸复合材料也能够和也需要进行除退火以外的其他形式的热处理，如淬火、回火、正火和时效等。这些形式的热处理的目的和退火不同，它们大都是为了使覆层或基层材料恢复或获得某些特定的物理和化学性能。例如，热轧制的不锈钢(1Cr18Ni9Ti)-普通钢(Q235)复合板在正火以后使不锈钢恢复原来的耐蚀性能(表 3.4.5.1)。合金钢-普通钢复合板在淬火和回火以后使合金钢获得一定高的硬度和强度(表 3.4.5.2 和图 3.4.5.1)。铝合金和其他金属材料的复合板在时效以后使铝合金恢复原来的高强度和耐蚀性，等等。在这些形式的热处理之后，对另一基材的影响一般不很大。因此，这些形式的热处理也是爆炸复合材料恢复和获得预定的物理、力学和化学性能的重要的后续加工工序。值得爆炸焊接和材料工作者认真研究和使用。其每一种热处理工艺过程中的理论和实践课题，也可以像退火一样进行总结和提高。如此过后也定能总结出许多规律和写出许多很有价值的文章来。这一切也是对爆炸焊接和爆炸复合材料的理论及实践的丰富与发展，是很有意义的。

表 3.4.5.1　不锈钢-钢复合板的正火工艺

组　合　材　料	状　　态	加热温度/℃	保温时间/h	冷却方法
0Cr18Ni9Ti-Q235	爆炸+热轧制	950	2	空冷
0Cr18Ni12Mo2Ti-Q235	爆炸+热轧制	950	2	空冷

表 3.4.5.2　不锈钢-钢复合板的淬火和回火工艺

覆层材料	淬　　火	高　温　回　火
0Cr18Ni10Ti	加热到 1050～1100 ℃，然后空冷或水冷，覆板朝上	—
0Cr13	加热到 1050～1120 ℃，然后空冷或水冷，覆板朝上	加热到 740～760 ℃、保温 2 h，然后在静止的空气中冷却

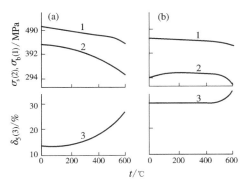

图 3.4.5.1　平板试样的 **BT1-1+G3**
双金属(a)和圆形试样的 **G3**(b)试验
时回火温度对力学性能的影响[35]

以下将散布在国内大量文献中的有关爆炸复合材料热处理方面的资料汇集如下，供参考。

文献[1499]用热处理的方法研究了 1Cr18Ni9Ti-16MnR 钢爆炸复合板交界区的冶金行为。结果指出，交界区视在增碳层的宽度随热处理参数 P_1[$P_1 = T(10 + \lg t)$，其中 T 为热处理温度，t 为热处理时间]的增大呈波浪式地增加。但真正增碳层的宽度随 P_1 的增大单调地增加。增碳层中最大硬度 HV_m 是在靠近视在增碳层的 1Cr18Ni9Ti 钢一侧，加热温度高，则 HV_m 低。作者测定了 C 和 Cr 元素在 1Cr18Ni9Ti 钢中的扩散系数，数据如表 3.4.5.3 和表 3.4.5.4 所列，表达式如式（3.4.5.1）和式（3.4.5.2）所列。

表 3.4.5.3　C 在 1Cr18Ni9Ti-16MnR 扩散偶（1Cr18Ni9i）中的扩散参数与热处理工艺的关系

编号	A_1	A_2	A_3	B_1	B_2	B_3	C_1	C_2	C_3	D_1	D_2	D_3
热处理温度 T/℃	750	750	750	700	700	700	650	650	650	600	600	600
热处理时间 t/h	5	20	50	5	20	50	2	20	50	2	20	50
热处理参数 $P_1/10^3$	10.95	11.56	11.97	10.41	10.99	11.38	9.88	10.43	10.80	9.34	9.87	10.21
真正增碳层厚度 b_2/μm	200	295	520	143	250	260	109	150	210	55	100	180
扩散系数 D_C/(10⁻¹¹cm²·s⁻¹)	96.4	94.1	65.2	49.0	37.7	31.3	28.6	13.5	10.6	7.28	6.03	7.81
D_C 的平均值		85.2			39.3			17.6			7.04	
扩散激活能 E_C/(J·mol⁻¹)	—	—	—		128000			120187			122710	
E_C 的平均值							123632					
扩散常数 D_O/(10⁻³cm²·s⁻¹)	2.0	1.95	1.35	2.14	1.56	1.37	2.86	1.35	1.06	1.83	1.52	1.97
D_O 的平均值/(10⁻³cm²·s⁻¹)		1.77			1.69			1.76			1.77	

C 在 1Cr18Ni9Ti-16MnR 扩散偶 1Cr18Ni9Ti 中的扩散系数为

$$D_C = 1.75 \times 10^{-3} \exp\left(-\frac{123632}{RT}\right) \qquad (3.4.5.1)$$

Cr 在 1Cr18Ni9Ti 钢中的扩散系数为

$$D_{Cr} = 0.185 \times 10^{-2} \exp\left(-\frac{23234}{RT}\right) \qquad (3.4.5.2)$$

表 3.4.5.4　Cr 在 1Cr18Ni9Ti 中的扩散参数与热处理工艺的关系

编　号	A_2	B_2	C_2
扩散距离 X/μm	6.56	3.04	1.50
扩散系数 D_{Cr}/10⁻¹⁴cm²·s⁻¹	25.9	5.57	1.36
扩散激活能 E_{Cr}/(J·mol⁻¹)		254244	210444
E_{Cr} 的平均值		232344	
扩散常数 D_O/(10⁻⁴cm²·s⁻¹)	19.2	16.8	19.5
D_O 的平均值/(10⁻⁴cm²·s⁻¹)		18.5	

注：扩散距离通过能谱线扫描测得。

文献[1500]研究了奥氏体不锈钢-钢爆炸复合板微观组织的特性及其热处理后的变化。结论指出，爆炸复合板结合面是一种良好的波纹状结合形式，不但有足够的变形能力，而且有一定的阻止裂纹扩展的能力。304-20g 和 316-3C 等奥氏体不锈钢-钢复合板经 920 ℃、保温 1.5 h 的空冷处理后，不锈钢发生了正火转变，基层钢进行再结晶退火。这样处理后，复合板的微观组织得到了恢复和改善。在此热处理过程中，复合界面两侧产生了元素的扩散。其中 Fe、Cr、Ni 元素的扩散范围较小，为 20～25 μm。碳元素的扩散程度较大，在钢侧出现了一条 0.1～0.6 mm 的脱碳层，而在不锈钢侧的渗碳深度约为 150 μm。漩涡区的组织检验表明，漩涡内已达到熔化状态，是金属凝固后的铸造组织，并有铸造缺陷存在。

文献[1501]对爆炸焊接的 00Cr18Ni5Mo3Si2-16MnR 复合板的相组织和成分分布进行了解剖分析，并测定了固溶处理后的力学性能及耐蚀性。结果表明，爆炸焊接没有改变 00Cr18Ni5Mo3Si2 覆层材料的相组织和化学成分。该复合板经固溶处理后得到了良好的综合性能，尤其是良好的耐点腐蚀的性能。固溶处理后的复合板的性能如表 3.4.5.5 所列。

表 3.4.5.5　00Cr18Ni5Mo3Si2-16Mn 及复合板固溶处理后的性能

No	固溶温度/℃	σ_s/MPa	σ_b/MPa	δ_5/%	A_{kv}/J, 7.5×10	冷弯, 60°	点蚀速率/[g·(m²·h)⁻¹]
1	950	433	602	23	46	完好	0.0
2	980	430	597	28	45	完好	0.14
3	1010	420	590	23	48	完好	1.17
4	1030	423	592	28	46	完好	1.01
5	1050	420	592	28	41	完好	1.43
6	1080	416	587	29	41	完好	0.55

文献[1502]在指出了不锈钢-碳钢复合板已被大量使用于长江三峡工程的排沙底孔、泄洪深孔和反弧门等结构件的制作，其后分析了 00Cr22Ni5Mo3N 不锈钢和 Q345C 碳钢的组织特点，进行了由这两种材料组成的爆炸复合板的热处理工艺研究。不同状态下的不锈钢-碳钢复合板的力学性能如表 3.4.5.6 所列，Q345C 基板的纵向冲击功与热处理温度的关系如表 3.4.5.7 所列。

表 3.4.5.6　不同状态下的不锈钢-碳钢复合板的力学性能

热 处 理 工 艺	σ_s/MPa	σ_b/MPa	δ/%	A_{kv}/J			内 弯	外 弯
爆炸复合后未处理		630	13	144	110	128	完好	完好
爆炸后经 800℃热处理	425	605	标外断	104	110	88	完好	裂
爆炸后经 900℃热处理	415	580	标外断	94	84	98	完好	裂
爆炸后经 930℃热处理	420	605	21	92	90	105	完好	裂
爆炸后经 950℃热处理	425	610	28	95	116	116	完好	完好
爆炸后经 970℃热处理	440	615	28	95	116	94	完好	完好
爆炸后经 1000℃热处理	365	560	26	14	18	16	完好	完好

注：弯曲试验中，弯心直径 $d=3t$，t 为试样总厚度，弯曲角 180°；热处理过程包括加热、保温和冷却。

表 3.4.5.7　Q345C 基板纵向冲击功与热处理温度的关系

温度/℃	920			930			940			950			960			970			980			1000		
A_{kv}/J	64	67	82	54	57	80	47	48	56	46	52	58	44	46	56	55	55	58	40	51	54	14	18	21

注：热处理工艺为加热到预定温度后保温 40 min，出炉空冷；基板未经爆炸；冲击功试验温度为 0 ℃。

由表 3.4.5.6 和表 3.4.5.7 的数据可知，合理的热处理制度，可以保证该复合板的各项性能要求。

文献[1503]研究了铝-钢（用 T2 作中间层）爆炸复合板交界区经热处理（300 ℃、350 ℃、400 ℃和 450 ℃并保温 20 min）后的组织和性能。结果表明，爆炸态下，Fe-Cu-Al 界面发生了合金元素的扩散，形成了合金元素成分的过渡区。其中 Cu-Al 交界处的扩散较为明显，合金元素扩散的距离较长，Al 元素的扩散能力较强，但未见析出物。450 ℃、20 min 热处理后，Cu-Al 交界面有明显的析出物。爆炸使 Cu-Al 界面产生了明显的硬化效应。随着热处理温度的升高，硬度峰值增加。350 ℃的热处理，硬度峰值变化不明显。爆炸态下 Cu-Al 界面的剪切强度满足了使用性能的要求。

文献[1504]研究了铜-铝复合带退火工艺对同轴电缆用铜-铝复合带组织和性能的影响。结果表明，其合理的退火工艺为 310 ℃、1 h。此时，复合带的 $\sigma_b=78$ MPa，$\delta=23.17\%$，杯突值为 8.56 mm。

前期工作研究了中间退火工艺对同轴电缆用铜铝复合带力学性能和界面的影响，复合带变形区特点和 Cu、Al 各组元压缩率与总压力的关系。

文献[1505]运用扫描电镜、金相分析和力学性能测试等手段对冲击性能不合格的基板（SA516Cr70）进行了研究和分析。结果表明，钢材中的晶粒尺寸不均匀和粒状贝氏体组织的存在是其冲击性能不合格的主要原因。为此，通过反复试验，对该基板进行了正火处理。正火工艺为：加热温度 910 ℃±10 ℃、保温 1 h，空冷。如此处理后，钢材内部的晶粒得到了细化，晶粒尺寸不均匀性得到改善，从而提高了该钢材的冲击性能，避免了经济损失。这一结果对于如何控制原材料的质量有十分重要的指导意义。

文献[1078]指出，一般来说，对于奥氏体不锈钢-钢复合板而言，恢复不锈钢层的组织状态以保证其耐蚀性能的最简单的方法，就是将其进行正火（常化）处理，即在 900 ℃左右的温度下加热，并在空气中快速冷却。

文献[1306]指出，镍基合金复合板热处理有一定的特殊性，其本身的固溶处理的温度很高，并要求很快的冷却速度。而在基材碳钢的正火范围内，多数镍基合金敏化严重，析出多种金属间化合物降低了它们的耐蚀性能。以碳钢和低合金钢为基材的镍基合金复合板，为兼顾基材的力学性能和覆材的耐蚀性能，多采用消应力热处理，而不锈钢的热处理方式与镍基合金相似。因此，以不锈钢为基材的镍基合金复合板的热处理就多了一种选择，即固溶处理。图 3.4.5.2 和图 3.4.5.3 为镍基合金的敏化曲线。

几种镍基合金复合板的腐蚀性能数据如表 3.4.5.8 和表 3.4.5.9 所列。

Incoloy625-Q345R 复合板 2 mm+22 mm 在不同热处理规范下的力学性能和腐蚀性能如表 3.4.5.10 所

列。由表中数据可见，以625合金为覆材的复合板经1000 ℃热处理后，有很好的力学性能和耐蚀性能。

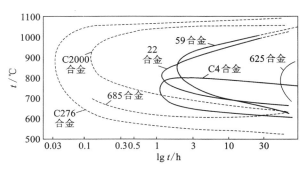

图 3.4.5.2　镍基合金的敏化曲线

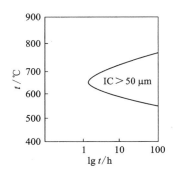

图 3.4.5.3　825 合金的敏化曲线

表 3.4.5.8　C276-0Cr18Ni9 复合板固溶处理后腐蚀性能数据

厚度 /mm	腐蚀试验 ASTM G28 法/(mm·a⁻¹)	
	复合板热处理态	C276 原材料供货态
3+12	7.99~9.39	
3+14	7.62~7.67	7.42~7.49
3+16	8.33~8.52	

表 3.4.5.9　Incoloy825-15CrMoR 复合板腐蚀性能数据

厚度 /mm	腐蚀试验 ASTM G28 法/(mm·a⁻¹)	
	复合板热处理态	lncoloy825 原材料供货态
3+24	0.23~0.25	
3+26	0.22~0.22	0.25~0.26
3+28	0.23~0.25	
3+28	0.20~0.21	

表 3.4.5.10　Incoloy625-Q345R 复合板在不同热处理工艺下的力学性能和腐蚀性能

No	热 处 理 状 态	σ_b /MPa	σ_s /MPa	δ /%	外弯	V 形冲击功, (0 ℃)/J	腐蚀试验(G28A、120 h、沸腾)	
							g/(m²·h)	mm/a
1	800±10℃、24 min、空冷	572	373	27	合格	137 124 126	3.696~4.116	4.117~4.727
2	920±10℃、24 min、空冷	588	368	31	合格	170 178 180	1.094~1.504	1.135~1.561
3	1000±10℃、24 min、空冷	531	354	31	合格	138 122 128	0.520~0.529	0.540~0.549
4	1020±10℃、24 min、空冷	530	346	33	合格	150 132 124	0.489~0.499	0.540~0.549
5	1000±10℃、24 min、空冷 +580±10℃、90 min、空冷	531	339	35	合格	172 174 176	0.794~0.807	0.824~0.838
6	1000±10℃、24 min、空冷 +600±10℃、90 min、空冷	528	339	34	合格	136 134 158	0.537~0.584	0.557~0.569
7	1000±10℃、24 min、空冷 +580±10℃、8 h、空冷	519	319	33	合格	90 109 106	1.221~1.248	1.295~1.248
8	1000±10℃、24 min、空冷 +600±10℃、8 h、空冷	511	314	34	合格	109 123 134	1.094~1.098	1.136~1.139

注：覆层为 625 的合金爆炸复合前的腐蚀试验(G28 A、120 h)结果：0.43 mm/a。

文献［1506］在用 0Crl3Al-16MnR 复合板制造换热器壳体的校圆过程中，发现 4 节筒体断裂，其中一节完全断开。检验表明，其成分、组织和硬度未见异常。力学性能发现基层钢（16MnR）的 0 ℃冲击功不合格。原因认为是复合板爆炸后热处理工艺出现偏差。故采用正火工艺来改善它的组织性能，使其平均冲击功提高了 2~5 倍。正火工艺如图 3.4.5.4 所示。该文献指出，405(0Crl3Al)-16MnR 复合板的最佳交货状态应为爆炸后进行正火处理。正火后，基层钢的 0 ℃冲击功是标准的 2 倍以上。如此不会比高温退火（800 ℃、3 h）增加太多成本。

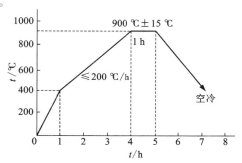

≤200 ℃/h 为升温速度

图 3.4.5.4　0Crl3Al-16MnR 热处理(正火)工艺曲线

　　文献[1486]指出，为保证 0Crl8Ni9-Q235-0Crl8Ni9 三层复合薄板的覆层不锈钢的耐蚀性，必须对其进行高温固溶(稳定化)处理。为此进行了如表 3.4.5.11 所列的固溶处理工艺，它们的力学性能如表 3.4.5.12 所列。

　　从上述 3 种热处理工艺的检验结果来看，复合板带的加热温度对基体的组织无明显的影响：基板的金相组织为铁素体+珠光体+部分魏氏体组织，晶粒度为 5~8 级，杯突值和表面硬度都较好，覆层厚度均匀。分别对上述 3 种热处理生产出的复合薄板进行冲压和冷弯试

表 3.4.5.11　三层复合薄板的固溶处理工艺

No	加热温度/℃	保温时间/min	冷　却　方　式
1	980	3	H_2、N_2 强制冷却
2	1000	3	H_2、N_2 强制冷却
3	1020	3	H_2、N_2 强制冷却

验，发现经过 980 ℃热处理工艺的较为理想，而 1000 ℃以上的热处理易造成基板魏氏体组织过分长大，不宜采用。

　　文献[1507]研究了在高温长时加热后 1Cr18Ni9Ti-16MnR 爆炸复合板碳迁移条件下的力学行为，并得出如下结论：1Cr18Ni9Ti 钢中增碳层存在 4 个区，近交界线区是硬度最高的区域；增碳层的最高硬度随时间的增加先增加然后降低，而随加热温度的降低，最高硬度增加，达到最高硬度的时间延长；增碳层很脆，且随加热温度的降低和保温时间的延长而加剧，加热温度越低，保温时间对脆性的影响越大；充氢后，增碳层的脆性更大，裂纹已难于向 16MnR 扩展，而是转向沿交界线扩展，使相邻两裂纹在此相遇，可能因此发生剥离裂纹。

表 3.4.5.12　三层复合薄板的力学性能与固溶处理工艺的关系

加热温度/℃	$\sigma_{0.2}$/MPa	σ_b/MPa	δ_5/%	杯突值/mm	弯曲，180°，$d=2t$	HV	覆层厚度/mm
980	320	500	44	9.75	完好	169	0.08
980	320	500	42	9.80	完好	172	0.80
1000	311	485	35	10.18	完好	153	0.08
1000	315	490	35	9.77	完好	153	0.08
1020	304	480	33	10.29	完好	151	0.08
2020	306	470	34	10.21	完好	156	0.09

　　文献[1508]提供了几种爆炸不锈钢复合板热处理制度，如表 3.4.5.13 所列。

　　文献[1509]研究了爆炸+轧制的钛-钢复合板的界面形貌、元素分布和退火温度对复合板结合区强度的影响。结果表明，经轧制以后，该爆炸复合板的界面呈平直状，在界面钢侧有一脱碳层。从

表 3.4.5.13　几种不锈钢复合板热处理制度

编号	复　合　板	热　处　理　制　度
1	0Cr18Ni10Ti-16MnR	爆炸后经 920 ℃热处理
2	0Cr13Al-16MnR	爆炸态
3	0Cr13Al-16MnR	爆炸后经 780 ℃热处理
4	00Cr22Ni5Mo3N-Q235C	爆炸后经 970 ℃热处理
5	1Cr18Ni9Ti-Q235A	爆炸态
6	1Cr18Ni9Ti-Q235A	爆炸后经 850 ℃、30 min 热处理
7	1Cr18Ni9Ti-Q235A	爆炸后经 850 ℃、6 h 热处理

而引起界面附近碳元素的重新分布。并对结合性能有重要影响。获得高强度结合的界面特征是界面剥离后，钢层上的 Ti 元素在一定范围内，而钛层粘有大量的 Fe。退火温度对界面的结合强度影响较大，而在相同的加热温度下，保温时间的影响则不明显，结果如图 3.4.5.5 所列。

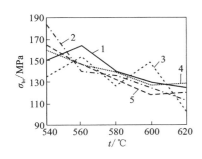

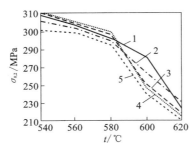

图中 1、2、3、4、5 分别表示在相应温度下保温 1 h、2 h、3 h、4 h、5 h

**图 3.4.5.5　爆炸+轧制的钛-钢
复合板力学性能与退火工艺的关系**

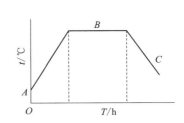

A—入炉温度：≤400 ℃；

B—保温过程：800 ℃±10 ℃，2.2 h+0.2 h；

C—终了温度：≤650 ℃(电阻炉加热)。

图 3.4.5.6　纯钛板模拟热处理工艺曲线

文献［1510］为制定钛-钢复合板封头的高温压制工艺，通过试验模拟了钛板的热处理过程。经扫描电镜和能谱分析测定，各项性能均符合 ASME 锅炉及压力容器规范 IIB 篇非铁基材料的 SB265 中 Cr2 的要求。在钛覆层涂高温涂料后，封头进行高温压制对钛覆层的各项性能没有影响。热处理工艺如图 3.4.5.6 所示。

钛在常态下能吸收气体，加热到 300 ℃开始吸氢，400 ℃时吸氧。如此可使其强度显著提高和塑性急剧下降。

文献［1511］研究了不同的热处理制度对爆炸炸接的钛-钢复合板组织和性能的影响。其组成和尺寸为 TA1-Q235R，厚度 3 mm+14 mm。在 3 种热处理制度下该复合板的力学性能如表 3.4.5.14 所列。

表 3.4.5.14　热处理工艺对钛-钢爆炸复合板力学性能的影响

No	热　处　理		σ_b /MPa	δ /%	σ_τ /MPa	外弯 $d=4t$, 105°	内弯 $d=2t$, 180°
	加热温度/℃	保温时间/h					
1	540	3	475	25.0	265 265 305	合格	合格
2	625	2.5	405	30.6	139 162 156	合陷	合格
3	750	2	450	27.0	133 139 88	合格	合格

注：热处理用箱式电阻炉。升温速度大于每小时 100 ℃，保温结束后出炉空冷。

结论指出，对爆炸焊接后的钛-钢复合板，采用 540 ℃消应力退火的热处理是合适的。625 ℃和 750 ℃热处理时，该复合板的界面有明显的碳化物析出，且钛层晶粒粗大。随着热处理温度的升高，界面强度下降的趋势越明显。

文献［1512］指出，钛-钢复合板经爆炸复合后，存在较大的残余应力。因此，在生产过程中须进行消应力退火处理。天然气炉加热速度快，保温时间短，单炉承载吨位大和成本低，可用于热处理。但是，由于该复合板中钛易吸氢和易氧化，为此进行了在天然气炉中消应力退火的可行性研究。结果表明，在天然气炉中退火后钛覆层表面无烧伤，氧含量无变化，氢含量增加 0.001%~0.002%，满足氢含量小于 0.006% 的要求。力学性能和耐蚀性均与箱式电阻炉退火的相当。复合板的剪切性能也与箱式电阻炉退火的相当，两年来的生产实践也进一步证明，使用天然气炉对钛-钢复合板进行消应力退火后，对其使用性能几乎没有影响，未出现不合格产品，而且缩短了生产工期，大幅度提高了生产效率。实践证明是完全可行的。退火温度为 540 ℃±15 ℃。

文献［1513］报道，通过不同热处理温度对 254SMo-16MnR 爆炸复合板组织和性能的影响试验指出，随着热处理温度的升高，复合界面 16MnR 侧脱碳区深度增加，254SMo 侧增碳区深度变化呈波动状态，温度低时波动大，反之小。254SMo 侧的最高硬度值在紧靠复合界面处的增碳区，且随热处理温度的升高，最高硬度值下降。热处理温度在 600~1000 ℃，254SMo 组织内的晶界和晶内都有 σ 相析出，复合板的塑性明显恶化。随着热处理温度的升高，拉伸强度呈现缓慢下降的趋势，但剪切强度则保持相对稳定。

文献［1514］指出，S32750-16MnR 不锈钢复合板的热处理有几个关键点：热处理的目的是消除结合界面上的应力、均匀化结合层复杂的组织和改善复合板的塑性。但是，这种热处理对 S32750 的含碳量会产生影响，热处理过程中 σ 相的控制和在高温下基板的氧化问题也是关键。由于覆板和基板已成一体，必须兼顾二者的热处理特性。热处理的试验方案和结果如表 3.4.5.15 所列。由表中数据可见，该复合板在 1100 ℃热处理时，能够获得较好的性能。

表 3.4.5.15　S32750-16MnR 复合板热处理工艺及其性能

No	热　处　理	σ_s /MPa	σ_b /MPa	δ_5 /%	内弯	外弯	A_{kv}/J	覆层含碳量/%
1	爆炸复合后	—	689	10	好	好	164 142 156	0.012
2	爆炸后 950 ℃	552	620	4	好	裂	112 92 98	0.023
3	爆炸后 1000 ℃	540	579	6	好	裂	84 72 72	0.015
4	爆炸后 1050 ℃	390	560	14	好	裂	56 74 63	0.017
5	爆炸后 1100 ℃	345	540	21	好	好	53 34 84	0.019
6	爆炸后 1120 ℃	325	534	24	好	好	46 52 52	0.018
7	爆炸后 1180 ℃	320	453	26	好	好	20 15 27	0.021

注：1. 弯曲试验中，$d=3t$，t 为试样总厚度，d 为弯曲半径，180°；2. 热处理过程包括加热、保温和冷却全过程。

文献［1515］研究了不同热处理制度对爆炸焊接复合板界面组织和性能的影响。结果表明，随着热处理温度的升高，界面强度缓慢降低，超过某一温度后，急剧降低（图 3.4.5.7）。抗拉强度也随加热温度的升高下降，而冲击韧性和延伸率升高，弯曲性能随加热温度的升高得到改善（图 3.4.5.8 和表 3.4.5.16）。在 700 ℃以上温度热处理的基板变形区中出现了粗大的晶粒组织，这是界面强度降低的原因之一。该复合板的材质和尺寸是：1Cr18Ni9Ti-16Mn，（2+24）mm×2000 mm×8000 mm。上述图和表中的温度：Ⅰ—400℃以下：Ⅱ—400~700 ℃；Ⅲ—700~850 ℃；Ⅳ—850~1000 ℃。均保温 90 min 后空冷。

文献［1516］报道，超级双相钢 SAF2507（即 UNSS32750）含 25%Cr、4%Mo 和 7%Ni，具有较强的抗氯化物腐蚀能力、较高的导热性和较低的热胀系数。主要用于化学加工、石油化工和海底设备。SAD2507-16Mn 复合板具有良好的塑性和焊接性，因此被大量地用于石油化工行业的设备制造。为了掌握复合钢板的性能，根据产品的技术条件进行了一系列工艺性能试验，为今后大批量生产这种复合钢板打下了良好的基础。

该复合板的力学性能与热处理工艺的关系如表 3.4.5.17 所列。由表中数据可见，该复合板的热处理工艺以 950 ℃±10 ℃、保温 2 h 为宜。

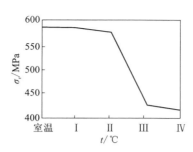

图 3.4.5.7 热处理温度对复合钢板剪切强度的影响

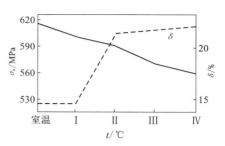

图 3.4.5.8 热处理温度对复合钢板拉伸性能的影响

表 3.4.5.16 热处理温度对冲击韧性和弯曲性能的影响

热处理温度/℃	室温	Ⅰ	Ⅱ	Ⅲ	Ⅳ
a_k/(J·cm^{-2})	229	32.3	54.0	57.0	65.9
弯曲角/(°)	75	90	180(合格)	180(合格)	180(合格)

表 3.4.5.17 SAF2507-16Mn 复合板的性能与热处理工艺关系

No	规格/mm	σ_b/MPa	σ_s/MPa	δ/%	σ_τ/MPa	弯曲角（内弯）	A_{kv}/J	热处理/℃(1 h)	晶间腐蚀
1	5+20	610	435	25	270	合格	72 72 78	400	有裂纹
2	4+20	605	338	25	265	合格	70 72 79	400	有裂纹
3	4+28	590	260	26	280	合格	125 120 110	550	有裂纹
4	5+28	595	372	28	262	合格	125 120 110	950	有裂纹
5	4+16	595	390	28	260	合格	70 60 55	950	合格
6	5+16	595	392	28	265	合格	70 60 56	950	合格

文献［1517］指出，爆炸复合板的后期处理至关重要，它直接影响复合材料安全使用。由于材料在爆炸复合过程中有较大的变形，产生加工硬化。这样就需要通过热处理来恢复其原始性能。但热处理不当会引起复合材料的力学性能和耐蚀性降低。该单位通过大量试验，以数据指导生产，在热处理时力求保证其覆层的性能。例如，表面宏观残余应力的测量，覆层耐蚀性能试验，材料模拟焊后热处理试验，热处理后组织状态的分析，特定工况下对覆层材料进行挂片试验等。

该文指出，爆炸复合钢板的设备在制造过程中焊接接头易产生裂纹。这里就其产生的原因进行了分析，如焊接过渡层材料选择不当，焊接参数不当、焊前坡口清理不良等，从而提出了许多相应措施以避免缺陷的产生。

文献［1518］为了研究几种不锈钢-钢复合板的界面微观组织，使用了如表 3.4.5.18 所列的几种热处理制度。

文献［1519］指出，由于镍基合金与碳钢的热处理制度不同，在镍-钢复合板热处理时必须兼顾两者的特点。该文通过对 N706030-16MnR 复

表 3.4.5.18 几种爆炸不锈钢-钢复合板的热处理制度

复 合 板	编号	热 处 理 制 度
0Cr13Al-16MaR	1-0	爆炸态
	1-1	750 ℃、30 min，空冷
0Cr13Al-20g	2-1	750 ℃、30 min，空冷
0Cr18Ni10Ti-16MnR	3-1	900 ℃、30 min，空冷
0Cr22Ni5Mo3N-Q235A	4-1	960 ℃、30 min，空冷
1Cr18Ni9Ti-Q235A	5-0	爆炸态
	5-1	850 ℃、30 min，空冷
	5-2	850 ℃、6 h，空冷

合板经 540 ℃退火、820 ℃和 920 ℃正火及 1180 ℃固溶处理后的结果进行分析，得出该复合板的最佳热处理制度为 540 ℃保温 30 h 以上的退火。此时，复合板能同时满足力学性能和耐蚀方面的要求。

文献［1520］研究了铝-钢加铜中间层爆炸复合板交界区经热处理（300℃、350℃、400℃和500℃，以及 20min）后的组织和性能。结果表明，爆炸态下，Fe-Cu-Al 界面发生了元素的扩散，形成了成分扩散区。其中，Al-Cu 界面的扩散较为明显，扩散距离较长，这与 Al 的扩散能力较强有关，但未见析出物。450℃、

20 min 热处理后，Al-Cu 界面有明显的析出物。爆炸使 Al-Cu 界面有明显的硬化。随着温度的升高，硬度峰值增加。350℃后硬度峰值变化不明显。爆炸态下，Al-Cu 界面的剪切强度满足使用要求。

文献[1521]通过拉伸试验、组织分析、断口形貌分析和焊缝显微硬度的测定，研究了钛-不锈钢爆炸焊接接头强度和退火工艺对该强度的影响。结果表明，该钛-不锈钢爆炸焊接的界面结合强度高于纯钛的抗拉强度值。退火温度低于 400℃时，该强度不降低。退火温度为 500℃时，结合强度明显下降，并小于 420 MPa。

文献[1522]对不同装药厚度生产的不锈钢-钢复合板在不同状态下的综合性能进行了试验和检查。结果如图 3.4.5.9~图 3.4.5.12 所示。试验用材料为 316L-16MnR，其尺寸分别为 4 mm×500 mm×800 mm 和 30 mm×450 mm×750 mm，使用硝铵类炸药。样晶状态分爆炸态和消应力退火态。

由图 3.4.5.9~图 3.4.5.12 可见，爆炸态基材的拉伸性能和冲击韧性均高于退火态的，剪切强度和界面硬度也一样。这是由于基材爆炸态下的加工硬化所致。消应力退火后，材料内部(包括界面)的加工应力减小或消失，性能有所降低。但由于退火温度并不太高，降低的幅度并不太大。金相检验指出，随着装药量的增加，结合区的波形参数相应增大。

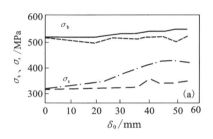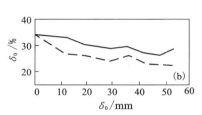

实线—爆炸态；虚线—退火态

图 3.4.5.9 316L-16MnR 爆炸复合板(a)和基板(b)的拉伸性能与药厚的关系

数相应增大。界面缺陷相应增多。通过上述试验认为，为了得到韧性较好和结合质量良好的，以及其他综合性能较好的爆炸复合板，装药量应选择适当，不可偏大。如此还可以节约资源和降低生产成本。

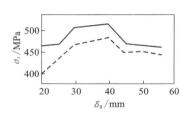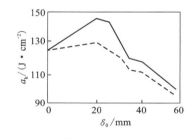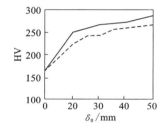

实线—爆炸态；虚线—退火态

图 3.4.5.10 316L-16MnR 爆炸复合板的剪切强度与药厚的关系

实线—爆炸态；虚线—退火态

图 3.4.5.11 316L-16MnR 爆炸复合板基板的冲击韧性与药厚的关系图

实线—爆炸态；虚线—退火态

图 3.4.5.12 316L-16MnR 爆炸复合板基板的界面硬度与药厚的关系图

文献[1523]用爆炸+轧制工艺获得了 1 mm + 3 mm 的 TA2-Q235B 复合板，然后研究了该复合板的界面金相、结合界面元素分布和退火工艺对界面结合强度的影响。结论指出，爆炸+轧制的该钛-钢复合板的结合界面呈平直状，在钢侧有一脱碳层。要获得较高的结合强度，两基体金属之间必须有较多的挤入现象发生，并且控制界面钢层上 Ti 元素的含量在一定范围之内。退火温度对这种复合板的结合强度影响较大，而保温时间则不明显。其适宜的温度为 500~600 ℃，结果如图 3.4.5.13 所示。

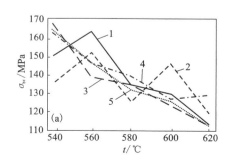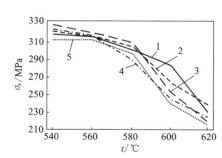

图中 1、2、3、4、5 分别表示在相应温度下的保温时间(h)

图 3.4.5.13 退火工艺对爆炸+轧制的钛-钢复合板拉剪强度(a)和屈服强度(b)的影响

文献[1524]选用 ASTM A321-16MnR、EH2600×(3+18) mm 的复合板封头进行了退火和正火试验。通过力学性能检验和金相分析，证明了爆炸焊的不锈钢复合板封头正火后的各项性能均优于退火状态的。退火是将金属材料和工件加热到临界点以上的适当温度，保温一段时间，然后随炉一起缓慢冷却，以得到平衡状态的组织。退火的主要目的是降低硬度、细化晶粒，改善材料的成形和切削加工性能、均匀材料的化学成分和组织。退火工艺分为完全退火、球化退火和去应力退火。正火是将金属材料或工件加热到临界点以上 30~50 ℃，保温后将其从炉中取出置于空气中冷却的工艺过程。正火是压力容器用钢获得最佳综合力学性能的热处理方法。特别是正火可以细化晶粒、提高韧性、防止低温脆裂等。从经济上考虑。正火比退火生产周期短、操作方便和工艺成本低，因此对受压设备在满足工艺性能和使用性能要求的前提下，应尽可能采用正火代替退火。不锈钢复合板的退火热处理使不锈钢较长时间处于 650 ℃ 敏化温度，这样会使其耐蚀性能降低。950 ℃ 左右正火可以避免这种不利影响。热处理对 ASTM A321-16MnR 复合板力学性能的影响如表 3.4.5.19 所列。

文献[1525]较全面地研究了加热对钛-钢爆炸复合板力学性能和界面显微组织的影响。结果表明，加热，特别是 800 ℃ 以上的加热对结合性能有很大的危害作用。在 700~800 ℃ 温度下，Ti、Fe 元素扩散较小，界面只形成

表 3.4.5.19　热处理工艺对 ASTM A321-16MnR 复合板力学性能的影响

热处理 工艺	σ_s /MPa	σ_b /MPa	δ_5 /%	A_{kv} /J	弯曲	HV_{10}	
						A321	16MnR
原材料(退火)	340	510	29(不合格)	158 255 242	合格	248	160
650 ℃退火	371	510	29(合格)	172 171 173	合格	237	151
950 ℃正火	320	499	30(合格)	212 220 208	合格	202	153

TiC，界面的破坏发生在 TiC 层(1~1.5 μm 厚)与钢层之间。在 900~950 ℃ 温度下：Ti、Fe 元素扩散很大，界面的生成物主要是 FeTi，其次是 Fe_2Ti。总厚约 2 μm，界面破坏发生在 FeTi 和 Fe_2Ti 之间。

应当指出，由于不锈钢、耐热钢、合金结构钢、合金工具钢、高速工具钢、耐蚀合金和高温合金等金属材料的化学成分，组织结构和各种性能千差万别，且数量庞大，它们在爆炸焊接以后的热处理工艺的制订，首先要尊重它们获得既定原始使用性能的状态，以及获得这种状态的原始的热处理工艺。在此基础上，对以它们为覆层的爆炸复合材料的热处理，从当时当地的实际情况出发，以实验结果为依据，再行决定是否适当调整。为此，应参考有关的金属材料的手册，从中获得它们的热处理的各种参数。

另外，对于性能不合格的金属材料(覆层和基层)，也应从相应的手册中查找它们获得相应性能的热处理工艺，并进行试验和处置。

还应当指出，热处理之后引起了爆炸复合材料结合区上述微观组织和力学性能的变化，与此同时必然会引起对应位置化学成分和组织结构，以及基材物理与化学性能的变化(其实组织和性能的变化是由化学成分和组织结构的变化引起的)。这些变化也应是本章讨论的内容。但考虑到分门别类，在本书中将它们分到第四篇中去了。

下面介绍我国一单位在爆炸复合板热处理炉的设计和使用中的一个创新，如图 3.4.5.14 所示。由图可见，其右边为较宽的长方形(最好是近似正方形)。这个长方形是为较大尺寸的圆形和方形的复合管板的热处理设计的。由于复合管板有时尺寸较大，没有合适的炉子进行热处理。如图所示的设计，在不增加很多投资的情况下，可以适时地解决这个问题，所以这种设计值得学习和推广。

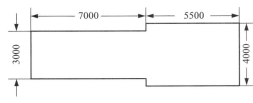

实物图见图 5.5.2.485

图 3.4.5.14　一种形状特殊的爆炸复合板的热处理炉外形(俯视图)

另外，有一个问题值得指出：工业性生产的热处理炉，按照规定，炉内上、下、左、右、前、后的实际温度差不得超过 ±10 ℃。这个温差在炉子的设计中就得首先考虑，在试车中检验合格，在长期生产中保持和严格控制。否则，对于许多对组织和性能有要求严格的覆材来说是会出大问题的。这方面的经验和教训是深刻的。这个问题对于大而长的爆炸复合板的热处理来说，自始至终的要求都是严格的，不可等闲视之。对于有的设计和建造单位提出及提供的 ±5 ℃ 或更小的温差数据是不可轻信的。因为这个课题不是那么好解决的。

综上所述，金属爆炸复合材料的热处理是金属热处理的重要组成部分，是具有极其丰富的内涵和发展前景的。这种热处理对于获得既定组织和性能的金属复合材料有重要的意义。另外，爆炸复合材料的热处

理有许多特点。这些特点使这类新型材料的热处理工艺的制定和实施别具一格。在这过程中，合金相图在相应的爆炸复合材料热处理的实践和理论中，将成为其化学和物理组成、微观组织和宏观力学性能分析的重要工具。有关合金相图见 5.9 章和文献[1036~1040]。

3.5　爆炸复合材料的焊接

　　文献[1076]报道，我国爆炸复合加工产品的总产量已跃居世界第一位。在这种形势下，我国的焊接界在爆炸复合材料，特别是爆炸复合板的焊接工艺和技术中，也做了大量的研究及实践工作。几十年来，这些工作为化工和压力容器等行业中大批重要及重大复合设备与设施的制造提供了坚实的基础，也将为我国装备制造业大国和强国声誉的确立作出应有的贡献。本章所讨论的课题就是这些"基础"和"贡献"中的大量技术成果的一部分。

　　焊接技术是机械制造工业的关键技术之一，而机械工业是国民经济的基础工业。很多工业产品、能源工程、海洋工程、航空航天工程和石油化工工程等，无不依靠机械制造工业提供装备。因此，它决定了一个国家工业生产的能力和水平。设备和产品的制造大多运用了焊接技术。据资料统计，工业发达国家钢产量的 40%左右是经过焊接加工才成为工业产品的。由此可见，焊接技术在工业生产中所起的作用。

　　对于爆炸焊接的和爆炸焊接与压力加工联合工艺制造的金属复合材料，特别是对中、厚、薄复合板来说，通常都存在一个焊接之后才能应用的问题。因此，金属爆炸复合材料的焊接，既是这种材料理论研究的一个重要课题，又是它获得应用的基础。

　　工程中的大量装备，如能源和化工工程中所使用的各种化工和压力容器的制造，爆炸复合材料都有其得天独厚的应用优势。在 50 多年的应用实践中，这种类型的材料伴随其诸多应用，焊接方面的课题都同步地提了出来，并逐步地得到了解决。因而，焊接技术在此领域中获得了新的发展。

　　我国在爆炸复合材料的焊接中做了大量的工作。例如，早在 1970 年原宝鸡有色金属研究所就解决了第一批大面积的钛-钢复合板的焊接课题，首次用此种复合板制成了生产化纤原料的设备，见图 5.5.2.57。在随后的年代里，随着应用领域的扩大，不锈钢-钢、铜-钢、铝-钢、镍-钢、锆-钢、铌-钢和钽-钢等爆炸复合板的焊接课题，也相继得到了解决。现在，复合薄板和复合管的焊接技术的研究和应用课题又提上了议事日程。在总结经验和技术要求不断提高的基础上，早在 1991 年就颁布了铜-钢、不锈钢-钢和钛-钢等复合板焊接的国家标准[729~731]。这一切都为爆炸复合材料在我国的应用和发展作出了积极的贡献。

3.5.1　爆炸复合材料焊接的特点

　　爆炸复合材料的焊接属于异种金属材料的焊接。而这种焊接是一门新兴的焊接技术。它既要研究焊接的一般规律，又要研究焊接的特殊规律。因此，这种焊接技术的开发，一方面很有意义，另一方面又有较大的困难。两种不同的金属材料在物理和化学性能上的差异，在不同程度上影响了它们之间的焊接性[732~734]。

1. 结晶化学性质的影响

　　这种影响是指金属的晶格类型、晶格常数、原子半径、原子外层电子结构等对焊接过程的影响，即指异种金属焊接时冶金学上的不相容性。它决定了不同金属在液态和固态下的互溶性，以及在高温下形成金属间化合物与否。如果互溶性好，则它们的焊接性好；如果有化合物(脆性相)生成，则轻者焊接性能差，重者使焊接成为不可能。

2. 物理性能的影响

　　物理性能包括熔化温度、线胀系数、导热系数和比电阻等。它们的差异将影响异种金属焊接时的热循环过程和结晶条件，增加焊接应力和变形，降低焊接质量。例如，当熔点相差太多时(如铝-钢等)，还可能使熔化对接焊成为不可能。

3. 金属表面状态的影响

　　这主要指表面氧化膜的性质及其在焊接过程中的变化。在生产实践中，氧化膜吸附氧、氮、氢、水、油和尘埃等污染物，给焊接带来了很大的困难。

在通常情况下，上述因素的影响还可能是综合性的。

爆炸复合材料的焊接与常规的异种金属的焊接相比，有如下相同和不同之处。

（1）爆炸复合材料的焊接属于异种金属焊接的范畴。异种金属焊接的理论和实践在爆炸复合材料的焊接中都可供借鉴。

（2）爆炸复合材料的焊接是指已经形成了复合层之间的焊接，即焊接成它们之间的对接、搭接和斜接接头。例如，将钛-钢或不锈钢-钢复合板卷筒对接成化工容器的筒体。这是两种和两层相同金属彼此对应地焊接。通常所说的异种金属的焊接，如钛和钢的焊接，是在钛与钢之间进行的。

（3）爆炸复合材料的焊接，在解决了它们之间的连接形式（坡口类型）之后，一般就变成了同种金属的焊接。特别是对于那些物理和化学性质相差悬殊的金属组合来说，更是必须这样做。而通常的异种金属的焊接总是在不同的金属之间进行的。

（4）用爆炸复合板制造化工和压力容器时，一般采用熔化焊的工艺。而通常的异种金属的焊接，除各种熔化焊工艺外，还用诸如压力焊和扩散焊的工艺。

（5）爆炸复合材料的焊接最终将转化为同种金属的焊接。仅在覆层和基层之间注意不同金属原子的相互扩散、混合和稀释，其冶金学上的问题是比较简单的。通常的异种金属的焊接，尤其是在理化性质相差悬殊的金属的熔化焊接，其冶金学上的问题异常复杂。

（6）爆炸复合材料的焊接接头的性能一般较高。在相应的加工和处理（如爆炸加工和热处理）之后，只要覆层材料选择得当，一般能满足使用条件的要求和具有相当的可靠性。通常的异种金属的焊接接头的性能，特别是那些相容性不太好的异种金属组合的接头性能，可能不尽如人意。

（7）爆炸复合材料的焊接是用它制造设备和为其获得实际应用而必须进行的一种工序过程。而通常的异种金属的焊接，一般是先作研究课题，课题完成后再制作零部件应用。在重量和体积上前者比后者大得多。

（8）爆炸焊接本身是一种最好的异种金属材料的焊接工艺。它能简单、迅速和强固地进行几乎所有异种金属组合的焊接，如此神奇的焊接性，其他任何焊接工艺和技术都不可比拟。

……

总之，爆炸复合材料的焊接有许多的特殊性。这些特殊性看似复杂，实则简单。简言之，能够将任意异种金属的爆炸复合材料的焊接转化为同种金属的焊接。它们的焊接接头的设计和焊接工艺的实施就是为这个"转化"服务的。"服务"得好，焊接接头就具有高的物理、力学和化学性能以及高的使用可靠性。

应当指出，对于由耐蚀、耐磨、耐热、导电和装饰等为目的覆层和以结构钢保证强度的基层组成的复合板来说，对其焊接接头的要求可归纳为两个方面：一是力学性能，二是物理和化学性能。前者如强度、塑性、冲击韧性和弯曲角等，通常以不低于复合板中基层的力学性能指标为准。后者中的那些物理和化学性能，则以保证覆层焊缝中原始覆层的化学组成和组织状态为标准。例如，对于钛-钢和不锈钢-钢复合板来说，为了保证焊缝中钛层和不锈钢层的耐蚀性，必须保证它们原来的化学成分和组织状态。对于以装饰性为目的不锈钢-钢和黄铜-钢复合板来说，为了保持焊缝的装饰性，也必须保证它们覆层原有的化学组成和组织状态。

在爆炸复合材料焊接的接头形式和坡口形状确定之后，就能够实施具体的焊接工艺了。对于不同的复合材料来说，它们的焊接工艺和工艺参数，如熔化焊时的焊接方法和焊机类型、保护气氛和介质、电流和电压等，都必须在实践中认真摸索，然后总结经验，逐步改进和不断提高。在此基础上制订操作规程并在以后的工作中进行修正及完善。在此方面，经过多年实践之后，到目前为止，已经公布了前述的三种复合板焊接的国家标准。这无疑为它们的焊接提供了行为准则。

下面具体讨论一些爆炸复合板的焊接问题，供参考。

3.5.2　钛-钢爆炸复合板的焊接

钛-钢爆炸复合板的焊接按文献[731]的规定实施。

这种复合板的焊接可以用对接和角接的形式，使钛层与钛层焊接、钢层与钢层焊接，从而使复合板强固地连接起来。由于 Ti 和 Fe 这两种元素在高温下熔化后会生成大量的 $FeTi$、Fe_2Ti、$FeTi_2$ 等金属间化合物，这些化合物如果存留在焊缝中就将严重地恶化焊接接头的组织和削弱其结合强度。所以在此复合板焊接的时候应特别注意钛和钢不要相互熔合。为此应科学地设计它的焊接接头的形式。这就是钛-钢复合板焊接的一个特点。

图 3.5.2.1 为几种焊接接头的形式。其中(a)型最简单,但钛层与钢层均无法焊透,接头强度较低。(b)型是在钛层加一垫块,以求钢面焊透。(f)型是在钢面加一垫块,以求钛层焊透。这两种接头的强度较高,并且对承受振动载荷有利,但焊前准备工作较复杂。(c)、(d)、(e)型是加搭板的接头,以使接头补强。

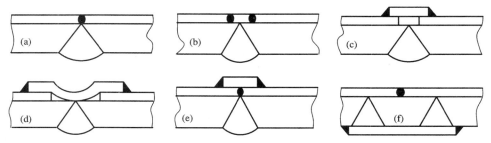

图 3.5.2.1 钛-钢复合板焊接的间接式对接接头的几种形式[735]

选择接头形式的原则是:形式简单,钢面力求焊透,以保证接头强度和减少应力集中;钛面要光滑以减小流体阻力。对图 3.5.2.1(a)和(b)的两种接头形式进行了对比试验,结果如表 3.5.2.1 和表 3.5.2.2 所列(覆板为 TA5 钛合金,基板为 902 钢)[84]。

表 3.5.2.1 复合板的两种形式的对接接头的力学性能

试 样 和 规 格		σ_b/MPa	$\sigma_{0.2}$/MPa	δ/%	弯曲角/(°)
复合板,厚度 δ=12 mm		(515~524)/519	(387~426)/407	(23.5~30.0)/26.7	180
焊接接头,a 型,δ=12 mm		(495~515)/508	—	—	180
焊接接头,b 型	δ=12 mm	(495~534)/519	(407~426)/417	—	180
	δ= 6 mm	(539~583)/559	—	—	180

注:覆层厚度 2mm;内弯,$d=2t$。

表 3.5.2.2 复合板和两种形式的焊接接头的疲劳性能

No	试样	试验前检查	应力/MPa	循环次数/次	试 验 后 检 查
1	复合板	复合完好	225~287	1×10⁶	钛面在纯弯曲时部分裂,钢面不裂,复合层完好
2				1×10⁶	未裂,复合层完好
3				1×10⁷	未裂,复合层完好
4	a 型接头	钛和钢焊缝均有 0.5~1 mm 未焊透	225~287	1×10⁶	未裂,复合层完好
5				1×10⁶	未裂,复合层完好
6	b 型接头	钢面焊透,钛面有 0.5~1 mm 未焊透	225~287	1×10⁶	1 h 后钛焊缝断裂,钢焊缝不裂,复合层完好
7				1×10⁶	未裂,复合层完好
8				1×10⁶	未裂,复合层完好

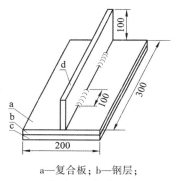

a—复合板;b—钢层;
c—钛层;d—焊接的钢板

图 3.5.2.2 钛-钢复合板角焊试样尺寸图

进行了如图 3.5.2.2 所示的角焊试验。结果表明,焊后断口检查没有发现覆层处有任何氧化和分层现象。

复钛钢的焊接应避免钛和铁的熔合。否则由于它们的金属间化合物的形成将使焊缝脆化。为此,提出在焊接坡口上用喷涂法喷上一层金属粉末,以阻止钛和铁的熔合,如图 3.5.2.3 所示。试验了 WC、TiC、Cr_3C_2 和 W 四种粉末。试验后都进行了接头组织和性能的检验,其中接头的腐蚀试验的结果如表 3.5.2.3 所列。由表中数据可见,在钛和钢焊接时,W 是作为隔离层最好的材料,此时焊缝是纯的塑性钛,它的腐蚀稳定性与覆层钛的稳定性没有区别。也发现,在钛和钢的双金属焊接时,喷涂层的厚度可以不大于 0.5 mm。

表 3.5.2.3 在 35%HCl 中接头腐蚀试验结果

研究对象		Cr₃C₂	WC	TiC	W	覆层	普通焊接焊缝
		腐蚀速度/(μm·a⁻¹)					
试验时间/h	24	27.31	20.60	9.90	10.09	8.26	9.19
	48	37.07	21.61	12.14	11.52	13.39	9.19
	72	30.05	31.09	10.71	9.66	10.40	5.33
	96	23.55	24.92	8.44	7.62	7.95	6.13
	平均	29.49	24.75	10.30	9.72	10.00	7.46

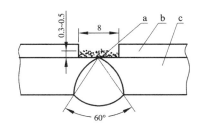

a—喷涂层；b—钛；c—钢

图 3.5.2.3 钛-钢复合板焊接
的喷涂层接头示意图[736]

试验还指出，从纯钨的喷涂层到钛的过渡区的显微组织显示，钛和钨的相互作用区不会传播到比 0.1 mm 更远的焊缝深处。在深处是纯钛，其性质与钛覆层没有区别。力学试验表明，该复合板的分离强度为 430~460 MPa，焊接接头的分离强度是 410~450 MPa，沿基体破断。焊接接头的弯曲试验(试样尺寸为 32 mm×45 mm×250 mm)提供了满意的结果。

文献[368]探讨了焊接时的加热对 BT1-0+10X17H13M3T 双金属性能的影响，指出在该双金属的焊接接头的热影响区中，电弧热可能改变界面层的性能。为此研究了焊接热循环对界面层的影响。结果如图 3.4.4.8 所示。由图可见，在制订该双金属焊接工艺的时候，必须注意处于热影响区的界面层不应承受高于 600 ℃ 和多于 30 min 的加热。只有短时加热到 600 ℃，才不会导致连续的金属间化合物中间层的形成，从而才不会对该双金属的结合强度产生重大的影响。

在上述焊接规范下，热影响区中和远离它的界面层中的金相研究指出，在金属间化合物的特性上，它们没有大的区别。10X17H13M3T 不锈钢和 BT1-0+10X13M3T 双金属的丁字形的焊接接头具有 310 MPa 的分离强度。

文献[737]指出对于钛-钢复合板的焊接来说，覆层的焊缝采用盖条法是行之有效的。选择焊接条件时，应避免钛覆层的熔透，防止因覆层与基层的混合而形成脆性的金属间相。在采用合理的焊接工艺之后，覆层焊缝有良好的组织特性和结合强度。强度试验指出，复合板基体的剪切强度为 245~336 MPa，而复合板焊缝处的剪切强度为 146~282 MPa。这两处的显微硬度分布曲线见图 5.2.9.31。

研究工作者用手工焊和自动焊的方法进行了 BT1-G3 钢的焊接试验，指出在焊接的情况下，被钛复合的钢的界面层加热到 700 ℃ 时不改变其力学性能。而在更高的温度下将发生分离强度和剪切强度的降低。这种复合材料的焊接接头可以用手工焊和自动焊两种方法来完成。如果焊接工艺和焊接构件这样选择的话，则界面层不进行高于 700 ℃ 的加热[738]。

文献[739]指出，钛-钢复合板的焊接应当排除在焊缝中和界面上所形成的大量的 TiₘFeₙ 型金属间化合物，这些硬而脆的化合物将促使焊接接头自行破坏。因此，这种复合板的焊接不允许两层焊缝同时熔化。因此需要采用专门的坡口。在这种坡口中可以完成基层的焊接，并通过焊缝根部的封底焊来保证全面焊透。为了保证覆层一边的接头的耐蚀性，用不全部熔化钛层的工艺进行镶板的搭接焊接。焊接接头的性能如表 3.5.2.4 所列。结论指出，焊接热循环不影响回火状态下的复钛钢界面层的强度性能，不提高原始状态下覆层的剪切强度，以及不促进钛和钢熔合界面的扩散过程的发生。BT1-G3 钢复合板的对接接头与等厚的 G3 钢的接头等强。

表 3.5.2.4 不同状态的钛-钢复合板焊接后在热影响区内外的结合强度

焊接前的试样状态	σ_τ / MPa		σ_f / MPa	
	在热影响区之外	在热影响区之内	在热影响区之外	在热影响区之内
爆炸态	(196~372)/274	(274~343)/304	(196~284)/245	(91~206)/162
回火态	(186~279)/235	(191~328)/245	(90~254)/166	(78~245)/176

注：回火工艺为 550 ℃、1 h，空冷。

实验研究了一定的温度和时间范围内，钛-钢复合板结合区形成金属间化合物的问题，如图 3.5.2.4 所示。由图可见，在低温和短时的时候，结合区不会形成金属间化合物。随着温度的升高潜伏期缩短。例如，如果在 1000 ℃ 的温度下，萌芽的时间大约为 60 s；那么在小于或等于 400 ℃ 下，为了形成金属间化合物相甚至 30 h 还不够。在这种情况下，潜伏期对于 BT1-0+08X18H10T 双金属来说比 BT6-G3 复合来说重要得多。考虑到在后者的接头中含有大量的碳，在约 600 ℃ 的温度下碳具有流动性，由于钛和铬的碳化物的形成，使得这种接头出现脆性区。

由于 Fe、Ni 和 Ti 的反应扩散而形成金属间化合物，在 BT1-0+08X18H10T 接头中出现高的硬度和脆性。这将导致双金属强度的改变。这种改变在温度大于或等于 600 ℃ 的情况下特别强烈。可以确定，在高温短时保温区，界面上金属间相出现得早，强度就开始降低。

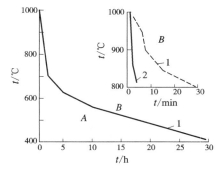

A 区—无金属间化合物；B 区—有金属间化合物

图 3.5.2.4 在 BT1-0+08X18H10T(1) 和 BT6-G3(2) 复合中形成 Fe 的金属间化合物的温度-时间关系[740]

根据上述关系，可以选择该复合板熔化焊接的热循环。用每一层的不完全焊透和后续未焊透区的低温焊（钎焊）将获得钛-钢双金属的对接接头（图 3.5.2.5）。

图 3.5.2.6 为两种钛-钢复合板焊接接头的形式。其中图中(a)是在钛覆层的坡口中镶入一薄层难熔金属（如铌片）的衬层。焊接时不应使电弧直接作用在铌片上（厚 0.1mm）。焊枪沿钛丝移动。钛丝熔化后而成焊缝。因为铌的熔点高，且电弧又不直接作用在其上，所以铌只有绝少部分熔化了。从而保证了钛与钢互不熔合，这样便可防止脆性相的生成。

图 3.5.2.6(b) 的对接处力学强度完全由基层钢的焊缝来保证，而盖板只用来保证侵蚀性介质不腐蚀接头。

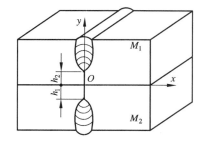

h_1 和 h_2 为未爆透的距离

图 3.5.2.5 由熔化焊完成的钛-钢复合对接接头示意图[740]

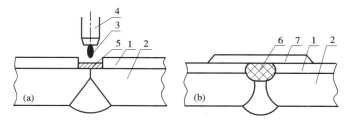

（a）加衬层；（b）加盖板

1—钛层；2—钢层；3—电弧（N 极）和填充材料；4—焊枪；
5—铌衬层；6—焊缝；7—盖板

图 3.5.2.6 钛-钢复合板的焊接[223]

关于钛-钢复合板的焊接问题，其对接焊的另一些可能的方案如图 3.5.2.7 所示。图中(a)表示先用对接焊缝结合钛层，再用钒铺焊底层。最后从几个方面填充钢板一边的扩口。在此情况下，沿底层的边缘钢和钛没有同时熔化。在相反的情况下将形成脆性区，在该区中可能产生裂纹。其余各图的焊接方案也可供参考。

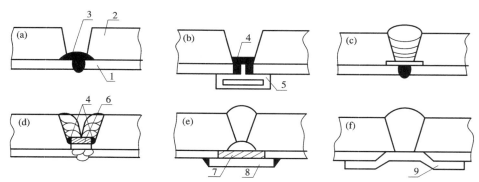

1—钛层；2—钢层；3—钒的中间层；4—钢边的根部焊缝；5—冷却用铜的汇流排；
6—钛-钢复合板的中间层；7—银底层；8—钛条；9—复合钛条

图 3.5.2.7 钛-钢复合板对接焊可能的方案[740]

钛-钢复合板在焊接时将经受多次的热循环，因此需要考虑焊接热的输入对复合板结合强度的影响和防止分层及其他缺陷的产生。因此进行了该复合板的角焊试验：通过改变电流大小和焊速以产生不同的焊接热量。试验结果表明，焊后该复合板未发生分层或裂纹，结合强度也未降低。焊接热输入对焊缝的腐蚀性能影响不大[720]。用表3.5.2.5中的焊接规范焊接的该复合板焊接接头的力学性能如表3.5.2.6所列。推荐的钛-钢复合板对接焊接头的形状如图3.5.2.8所示。

表3.5.2.5　钛板的焊接规范

焊接方法	接头形式	钨极直径 /mm	焊速 /(mm·min^{-1})	氩气流速/(L·min^{-1}) 拖盒	氩气流速/(L·min^{-1}) 喷嘴	填充金属直径 /mm
TIG 氩弧焊	角焊接	3.2	100~130	13	20	1.5~2.0

表3.5.2.6　焊接接头的强度

复合板种类	覆层金属	基层金属	σ_s/MPa	σ_b/MPa	δ/%
爆炸复合板	TP-32-2t	SB42B 25t	344~384	433~468	11~18
轧制复合板	TP-35-2t	SB42B 25t	—	427~431	—

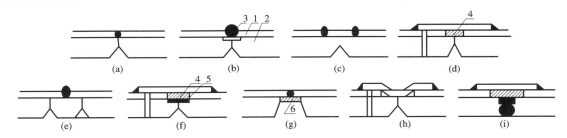

1—钛层；2—钢层；3—堆焊钛；4—插入钛片或银嵌片；5—钎焊层；6—碳钢插入片

图3.5.2.8　钛-钢复合板对接焊接头的形状示意图

复合板容器焊后热处理要考虑对钛层和复合板结合强度的影响，以及对钛层的保护。通常基层为碳钢时加热温度为500~550℃，基层为低碳合金钢时加热温度可提高一些。

文献[1526]进行了TA2-Q235复合板的焊接试验，其焊接接头结构如图3.5.2.9所示。焊接工艺规范如表3.5.2.7所列。结果指出，各项性能指标均达到设计要求。

文献[1527]进行了钛-钢复合板的基板的埋弧焊工艺研究，并指出，目前，我国钛-钢复合板设备的基板焊缝大多采用手工电弧焊焊接。其生产强度大、效率低、焊缝质量不稳定、焊缝一次探伤成片率低和返修工作量大，同时焊接过程中产生的大量烟尘使生产环境恶劣。国外大多采用埋弧焊焊接，且备有自动跟踪系统。埋弧焊焊接工艺具有焊接速度快、效率高、劳动强度低、焊缝质量稳定和一次成品率高等特点。国内埋弧焊在钢设备生产中应用广泛，但在钛-钢复合板的设备制造中未见成功报道。这主要是因为埋弧焊焊接电流大、热影响区范围大和温度高，易使焊缝两侧钛覆层氧化，对界面产生不利影响和降低复合板的结合强度。为解决这些问题，作者进行了生产前的焊接工艺研究。其中的焊接坡口形状和焊缝示意图如图3.5.2.10所示。结果指出，采用文中所述的焊接工艺获得了良好的结果，值得借鉴和推广。

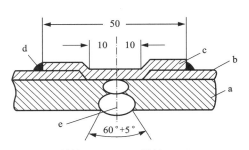

a—基板(Q235)；b—覆板(TA2)；
c—盖板(TA2)；d—覆板焊缝；e—基板焊缝

图3.5.2.9　钛-钢复合板焊接接头结构示意图

表3.5.2.7　钛材手工钨极氩弧焊工艺规范

焊材 牌号	焊丝直径 /mm	焊接电流 /A	电弧电压 /V	焊接速度 /(cm·min^{-1})	氩气流量/(L·min^{-1}) 喷嘴	氩气流量/(L·min^{-1}) 拖罩
ERTA2	2	120~130	13~14	11~13	11~12	19~22

文献[1528]讨论了钛钯合金-钢复合板的焊接课题，并指出，化工厂的蒸发器，由于其内介质为强腐蚀的稀硫酸，工况条件十分苛刻，为此选用了对此有良好耐蚀性能的钛钯合金做覆层的复合板制造。基板为16MnR，厚度为2 mm+12 mm。钛钯合金与不锈钢相比，具有弹性模量小、强度极限与屈服极限比值小、冷作和焊接时易产生强化倾向等特点。另外，该合金在熔融状态下有较高的活泼性，极易与氮、氧、氢等杂质亲和而引起脆化，并失去其耐蚀性。根据钛钯合金的物理特性，在装配和焊接时，必须采用相应的焊接方法和工艺措施。其中，根据生产实践和焊接试验，选用了如图3.5.2.11所示的坡口形式。焊接材料直接用钛钯合金的板材切条，保护气体用高纯度氩气。

文献[1529]注意到，由于对钛复合钢板制容器的使用条件和缺点的认识不足，出现了一些难以解决的质量问题，造成了一些不必要的浪费。

（1）用钛复合钢板制作容器，在设计上钛材起耐腐蚀作用，不考虑其承受载荷。但使用中钛材仍有一定的载荷：介质压力和温度应力（因Ti和钢的线膨胀系数不同而产生）。如果这两部分应力之和超过了钛材的许用应力，那么覆层的焊缝在使用过程中，易出现泄漏情况。

（2）钛材和钢材之间的焊接问题目前无法很好解决，所以这种容器的对接焊缝往往很复杂，制造难度大且可靠性差。其间难免会出现一些隐藏的缺陷。在使用过程中，这些缺陷有可能发展成为一些贯穿性的缺陷，从而造成焊缝的泄漏。

（3）这种容器的对接焊缝处覆层侧的填板和盖板与覆层焊缝无可靠的检验方法，以致无法检验出焊缝内部的缺陷，从而造成隐患。

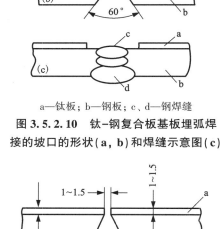

a—钛板；b—钢板；c、d—钢焊缝

图3.5.2.10　钛-钢复合板基板埋弧焊接的坡口的形状(a，b)和焊缝示意图(c)

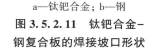

a—钛钯合金；b—钢

图3.5.2.11　钛钯合金-钢复合板的焊接坡口形状

（4）尽管钛-钢复合板的质量在不断提高，但其贴合率不可能达到100%。同时，钛层焊缝盖板本身就是一个不贴合区。在真空状态下使用时，这些不贴合区会产生鼓包、损坏或泄漏。

（5）这种容器的对接焊缝的基材上开有信号孔。在使用过程中，若覆层盖板焊缝发生泄漏，介质会从信号孔漏出，这一现象可被发现。但钛层焊接缺陷的位置尚不知，并往往难以确定。此后，修复缺陷必须深入容器内部，其难度较大，成功率也不高。

鉴于以上几点，对于以下几种情况不宜采用钛复合钢板制容器设备。

（1）在高压高温下使用的场合，覆层盖板焊缝承受的载荷超过复合材料的许用应力时不宜采用。

（2）对于容器设备在使用过程中的可靠性要求特别高时不宜采用。如设备须连续生产，无法或不能停机，或停机会造成重大损失的情况。

（3）设备投入使用后，无法进行返修，或返修费用特别高的情况。

（4）长期处于真空下的使用工况时不宜使用。

文献[1530]报道了复合板设备检漏的几种方法，并指出：针对钛-钢和钛-不锈钢复合板制造的设备的特点，结合生产实际，归纳出了此类设备检漏常见的几种方法——宏观检测法、着色法、打压法、通气法和灌水法，分析了它们的优缺点。作为常规检验，前两种是最基本的和最常用的。其中肉眼观察是着色前必须进行的一道工序。后两种是在设备按正常工序进行水压试验后，在检漏孔发现有漏水的情况下，为了找出具体漏点并进行修复而采取的。前者操作简单、可靠性强，比后者常用。

以上几种方法可以互相配合使用。用一种方法找不到漏点，或在肯定有漏点的情况下，可以用其他方法继续找。

文献[1531]介绍了钛-钢复合板钛覆盖板焊缝的6种检测方法（肉眼观测法、无损检测法、通气检查法、氨气检漏法、氦气检漏法和热气循环检漏法）的检测原理、具体操作步骤和它们的利弊，并指出，对于在常温、常压下盛装无毒和不易燃的储罐、储槽类的设备，优先使用肉眼观察法。不能满足时，依次使用无损检测法和通气检查法。对于使用温度高于 80 ℃、压力高于 0.6 MPa 或盛装有毒介质时，应视具体情况依次增加氨气检漏法和氦气检漏法。对于温度高于 180 ℃ 或温差变化大的被检设备，除进行前述两种情况的检测外，最好增加热气循环检漏，以保证检测的可靠性。

文献[1532]探讨了某炼油厂在成胶反应釜制造过程中钛-钢复合板的焊接问题，采用了如图 3.5.2.12 所示的焊接接头形式。这种形式的接头具有较高的强度和低的残余应力，抗疲劳性能也优于其他形式的接头，且对因焊接应力引起的变形或设备运行中产生的变形都将具有补偿作用，同时，可获得光滑平整的设备内壁。采用该形式的接头时，其覆层不参与强度计算，主要考虑其耐蚀性能。使用这种焊接接头的设备，能够满足其内有搅拌机构的要求。

用此焊接工艺制造的成胶反应釜已交付使用，运行良好。

文献[1533]也探讨了钛-钢复合板的焊接问题。几种形式的焊接接头如图 3.5.2.13 所示。

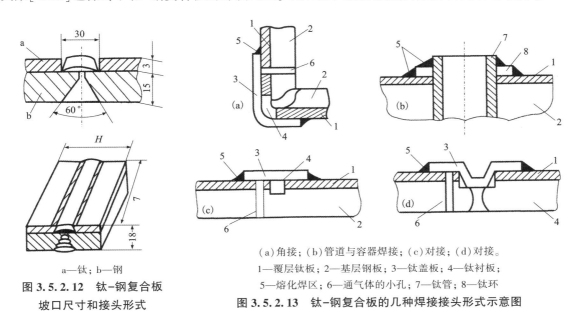

a—钛；b—钢

图 3.5.2.12　钛-钢复合板坡口尺寸和接头形式

（a）角接；（b）管道与容器焊接；（c）对接；（d）对接。
1—覆层钛板；2—基层钢板；3—钛盖板；4—钛衬板；
5—熔化焊区；6—通气体的小孔；7—钛管；8—钛环

图 3.5.2.13　钛-钢复合板的几种焊接接头形式示意图

文献[1534]报道，针对某化工厂的换热器管与管板焊缝处发生点蚀泄漏问题，经过观察和分析，找出了产生点蚀穿孔的原因有三种。

（1）选材不当。不应选择 TA2，而应选择抗间隙腐蚀效果更好的 TA9，这是根本原因。

（2）管口的坡口加工形式不当。管口加工时应加大倒角，采用 2×45°。如此可保证有足够的结合强度。

（3）焊接工艺选择不当。采用 TIG 焊和适当的焊接工艺参数，增大焊缝熔深和余高，以增加焊缝强度。采取合适的修复工艺后，设备水压和气压试验一次合格，无异常现象，效果良好。

文献[1504]报道，目前沿海核电厂凝汽器广泛采用钛-钢复合管板。管板本体及其与管子密封焊处常因冲刷腐蚀、颗粒撞击等因素易出现局部减薄、破损等缺陷，轻则腐蚀管板基体，重则破坏二回路水质，影响相关设备和部件的使用寿命。分析了钛-钢复合管板缺陷的成因和潜在风险，介绍了该复合管板的工艺试验、焊接修复工艺评定和现场修复的成功经验。

文献[1535～1538]报道了热电厂用和大型设备等用的大面积钛-钢复合板焊接方面的技术及课题，很有意义，可供进一步参考。

3.5.3　不锈钢-钢爆炸复合板的焊接

不锈钢-钢爆炸复合板的焊接按文献[730]的规定实施。

该种复合板的覆层不锈钢通常作为耐蚀材料，承受浸蚀性介质的作用。因此，除了需要保证其加工后的组织状态之外（例如爆炸复合板轧制后），还要保证这种复合板在焊接时焊缝中有与原不锈钢覆层相同的化学组成和组织状态。否则，浸蚀性的破坏首先从焊缝开始，从而造成整个设备的先期失效。这就是不锈钢-钢复合板焊接的特点和需要时刻注意的问题。

不锈钢-钢复合板的焊接，首先该类复合板在下料时要注意：如采用氧熔剂切割时覆层应向下，热影响区为 6~10 mm。等离子切割时覆层应向上,热影响区为 0.1~1 mm。压缩弧等离子切割时的热影响区最小或几乎为零。

焊接坡口的形式,一般尽可能采用 X 形坡口的双面焊。并且先焊基层[图 3.5.3.1(a)],然后焊过渡层[图 3.5.3.1(b)(c)],最后焊覆层[图 3.5.3.1(d)]。这样的焊接次序是为了保证焊缝具有良好的耐蚀性能。当现场位置不允许作上述顺序的焊接时,可采用 V 形坡口的单面焊。单面焊时先用不锈钢焊条焊完覆层,然后再焊过渡层和基层。双面焊时应考虑过渡层的焊接特点,并尽量减少覆层一侧的工作量。单面焊时应尽量保证覆层中不熔入或少熔入基层的成分。

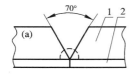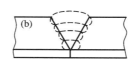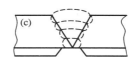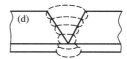

1—不锈钢;2—钢

图 3.5.3.1   不锈钢-钢复合板的焊接次序[223]

消除焊缝残余应力的热处理最好在基层焊完后进行,热处理后再焊过渡层和覆层。如需整体热处理时,所选择的加热温度和冷却速度应考虑覆层的耐蚀性和异种钢过渡区组织的不均匀性。加热温度一般为 450~650 ℃ 和空冷。

为了给 40~45 mm 以及更厚的双层钢的焊接制订最佳的焊接规范,研究了其焊接接头的性能[741]。坡口形式如图 3.5.3.2 所示,焊接规范和接头性能见表 3.5.3.1。对厚的 12X18H10T-165ГС 和

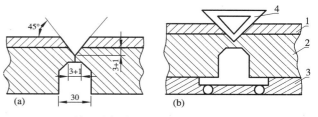

(a)坡口示意图;(b)基层钢电渣焊工艺图;
1—不锈钢,2—钢,3—垫板,4—滑块

图 3.5.3.2   厚双层钢焊接接头横截面图

12X18M10T-09Г2C 双层钢制定的电渣焊工艺,被广泛地用来制造氨生产线中的瓦斯分离器。该分离器直径 2400 mm,长 6000 mm,壁厚 45 mm,用于 200 ℃ 温度下,其中内压为 3.7MPa。

表 3.5.3.1   16ГС-12X18H10T 双层钢的焊接规范和焊接接头性能

施焊和热处理顺序	焊接方法、材料和规范				试验温度/℃	力学性能							
		自动焊				基层冲击韧性/(J·cm⁻²)				σ_b /MPa	弯曲角 α /(°)	HB (max)
	电渣焊					缺口位置						
		基层	过渡层	耐蚀层		焊缝	熔合线	距熔合线				
								1 mm	2 mm			
电渣焊↓正火↓自动焊↓630 ℃下回火①	焊丝 C_B-08Г2C,焊剂 AH-348 A,电弧电压 U=45~48 V,焊接电流 I=500 A	焊丝 08ГA,焊剂 AH-348 A,电弧电压 U=36~38 V,焊接电流 I=600 A	焊丝 08X25H、136БТЮ,焊剂 AH-26C,电弧电压 U=35~38 V,焊接电流 I=300~500 A	焊丝 C_B-07X18H10T,② 焊剂 AH-26C,电弧电压 U=35~38 V,焊接电流 I=300~500 A	+20	(14.7~20.6)/17.6	(9.8~19.6)/14.7	(10.8~12.7)/11.8	93	450	180	198
					-40	(13.7~16.7)/15.7	—	—	—	—	—	—
电渣焊↓自动焊↓正火↓630 ℃下回火				焊丝 C_B-08X25H1、13БТЮ,焊剂 AH-26C,电弧电压 U=35~38 V,焊接电流 I=300~500 A	+20	(10.8~15.7)/14.7	(9.8~18.6)/14.2	(4.9~6.9)/5.9	—	469	180	180
					-40	(3.9~10.8)/7.8	—	—	—	—	—	—

注:①炉内保温时间:正火 2.5min/mm,回火 3min/mm,空冷;②用焊丝 C_B-07X18H10T 堆焊耐蚀层时可观察到晶间腐蚀。

双层钢的焊接应该满足如下基本要求：焊接接头的强度和塑性不低于基层(碳钢或低合金钢)，覆层一边的焊缝和热影响区在耐蚀性方面应该满足对覆层提出的要求，焊缝脆断倾向不大于基层。这些要求中的哪一个都不能说谁是主要的或次要的：每一个都起重要的作用，问题是整个产品的工作能力。为了保证双层钢的焊接结构具有高的工作能力，用自动焊焊接的过渡层必须含有11%~20%的镍。一些双层钢的焊接规范、焊缝金属的化学成分及其力学性能如表3.5.3.2所列。

表3.5.3.2　一些双层钢的焊接规范、焊缝金属的成分和力学性能[742]

焊丝和覆层牌号	No	焊接电流/A	焊缝金属的成分/%					焊缝金属的力学性能			
			Si	Mn	Cr	Ni	Mo	$\sigma_{0.2}$/MPa	σ_b/MPa	δ_5/%	ψ/%
C_B-07Х25Н13 BG3сп	1	280~300	0.21	0.44	9.4	7.8	—	—	819	—	—
	2	360~380	0.20	0.42	8.0	6.3	—	—	983	6.7	—
	3	490~510	0.22	0.40	7.1	5.5	—	—	1020	—	—
	4	610~620	0.18	0.43	7.0	5.3	—	—	1000	—	—
C_B-13Х25Н18 BG3сп	5	270~290	0.24	0.45	9.7	9.75	—	701	762	3.2	—
	6	360~380	0.23	0.40	8.9	8.7	—	880	894	—	—
	7	490~510	0.25	0.47	8.3	8.1	—	—	743	—	—
	8	600~610	0.34	0.45	8.2	7.4	—	—	1177	—	—
ЭП622 Х25Н25М3	9	260~280	0.22	0.57	9.0	11.5	1.47	340	650	23.3	18.5
	10	370~380	0.22	0.70	8.4	10.2	1.30	559	894	16.0	14.6
	11	510~520	0.18	0.53	7.1	8.6	1.00	983	1256	14.9	25.5
	12	610~620	0.31	1.00	7.8	8.2	0.96	898	1267	19.7	51.1

图3.5.3.3所示的过程为在管板中焊接管材的模拟试验，并且进行两种焊接工艺下复合体的力学性能试验，结果如表3.5.3.3所列。由表中数据可见，电弧堆焊覆层不降低复合体的剪切强度。对于电弧堆焊和氩弧堆焊的试样来说，双金属在原始状态下剪切强度不降低，并且几乎等于它正火以后的值[743]。

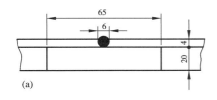 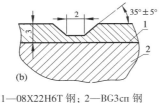 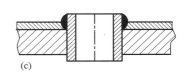

1—08Х22Н6Т钢；2—BG3сп钢

图3.5.3.3　从双金属中切取试样(a)、为了焊接去除覆层(b)和把管焊入管板之中(c)

焊接试验指出，覆层的堆焊将导致其中出现热影响区。这对于该钢种来说是典型的。这种双层钢在加热下结合区中将发生某些组织转变。但是，由于焊接过程短，不会形成扩散区。在沿结合线分布的铸态区中将发生类似于回火温度(823~923 K)下会发生的那些组织转变。双金属的破断沿结合区传播，顺着这个方向分布着铁素体-奥氏体组织。

显微硬度测量的结果指出(图3.5.3.4)，随着加热温度的提高，结合区内的硬度值降低。这一规律也符合焊接后的情况。

表3.5.3.3　不同状态下08Х22Н6Т-BG3сп双层钢的力学性能

材料状态			σ_τ/MPa
复合	原始态(焊接前)		(382~510)/409
			—
	回火温度/K	623	(305~366)/336
		773	(174~398)/278
		973	(196~360)/280
	在1323K下正火		(379~467)/407
电弧堆焊	原始态(未热处理)		(353~458)/407
	回火温度/K	623	(267~468)/356
		973	(416~519)/459
氩弧堆焊	原始态(未热处理)		(417~488)/429
	回火温度/K	623	(410~694)/563
		973	(326~503)/399

图 3.5.3.5 提供了弯曲试验下 08X22H6T-BG3сп 复合板低循环疲劳试验的结果，在堆焊的正火试验中开始形成裂纹。与未焊接的原始态相比，这种裂纹将在比较低的加载循环次数下观察到。这可以用结合区中高的强度和残余应力值来解释。在这种情况下复合板的破断类似于单金属。在结合区没有分层，尽管裂纹在过渡中它们向基层金属改变自己的方向。在堆焊试样低循环疲劳试验下，裂纹发展的速度同正火后的试样一样（图 3.5.3.6）。

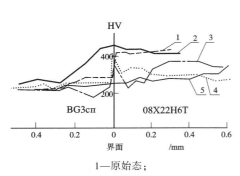

1—原始态；
2、3—在 773 K 和 973 K 下回火；
4—1323K 正火；5—氩弧封底焊
图 3.5.3.4 与状态有关的双金属结合区的显微硬度变化图

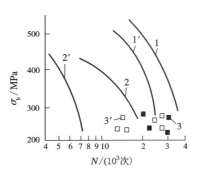

图 3.5.3.5 在原始状态下（1′、1），正火以后（2′、2）和氩弧封底焊后（3′、3），覆层中裂纹开始形成（1′~3′）和它的破断（1~3），双金属低循环疲劳试验曲线

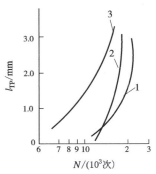

1、2—氩弧和电弧封底焊；
3—正火态
图 3.5.3.6 在低循环疲劳试验下覆层中裂纹发展的速度
$\sigma_a = 280 \sim 300$ MPa

由上述试验可见在 08X22H6T-BG3сп 双层钢中，堆焊复合不恶化其结合区的组织状态和力学性能，不影响低循环疲劳下的破断特性。

试验指出，在双层钢焊接的情况下，为了保证双层焊接接头高的工作能力，必须使过渡焊缝含有 12%~20%的镍[744]。为此需要使用含镍高的焊条，并有与之配合的焊剂；否则过渡焊缝中将存在脆性的马丁体组织，这是促使裂纹形成的原因。推荐使用如图 3.5.3.7 所示的 X 形非对称的焊接坡口[图中（a）]，以及采用图中（b）所示的焊接次序。利用实心的带状焊条和新的焊接方法，可以提高过程的生产率、设备的质量和可靠性。在生产纸浆用的蒸煮器的制造过程中，顺利地采用了上述方法。这种新方法的采用将产生大的经济效益。

文献[223]提供了不锈钢-钢复合板的焊接顺序和要求，以及工艺和性能如下：

（1）基层钢的焊接。用与基层钢同类型的焊条或焊丝，在焊接根部时不得使覆层金属熔化。

（2）中间过渡层的焊接。基层钢焊好后，清理根部和制备覆层部分的坡口。过渡层采用与不锈钢相一致的焊条或焊丝进行焊接，或者选用比不锈钢焊条韧性更好的焊条或焊丝。过渡层至少要比覆层表面低 1 mm。

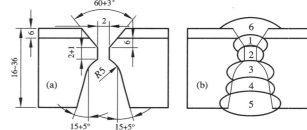

图 3.5.3.7 双层钢焊接的坡口形状（a）和多层施焊次序（b）图

（3）覆层不锈钢的焊接。对总厚度小于 10 mm 的复合板也可全采用不锈钢焊条对整个断面进行焊接。手工电弧焊时应尽量采用细焊条。MIG 和 TIG 法焊接时尽量使用细焊丝。焊接电流尽可能小。

对于内层为不锈钢的复合钢管，可先焊接覆层，后焊接基层钢。

不锈钢（1Cr18Ni9Ti）-钢（Q235）复合板的焊接工艺和焊接性能如表 3.5.3.4 所列。另两种此类型的复合板的焊接参数和接头性能如表 3.5.3.5 所列。不锈钢-钢复合板的焊接用材、焊接坡口和焊接顺序图，以及焊接接头的力学和化学性能如表 3.5.3.6~表 3.5.3.10 所列及图 3.5.3.8 和图 3.5.3.9 所示[745]。

文献[746]报道，不锈钢包覆钢复合材料的焊接可采用电弧焊、氢原子焊、惰性气体保护焊、埋弧焊、钎焊-气焊和电阻焊等方法；介绍了焊接工艺，列举了用于焊接的药皮焊条的使用例子，介绍了焊条直径所采用的电流范围，18-8CrNi 钢焊接规范和坡口形状，包覆钢里板侧平焊、横焊、立焊的焊根尺寸和间距。

表 3.5.3.4　1Cr18Ni9Ti-Q235 复合板的焊接工艺和接头性能

类型	焊接层次	焊条牌号	焊条直径/mm	焊接电流/A	σ_b/MPa	内外弯曲	a_k/(J·cm^{-2})	晶间腐蚀
I	基层	结 422	5	180	489	180°,良好	95.1	通过 YB 44-64B 法
	覆层	奥 132	4	140				
	过渡层	奥 132	3.2	105				
II	基层	结 422	5	280	483	180°,良好	82.3	通过 YB 44-64B 法
	覆层	奥 132	4	140				
	过渡层	奥 132	4	140				

表 3.5.3.5　两种不锈钢-钢复合板覆层的焊接参数和接头性能

复合板	覆层焊条牌号	焊条直径/mm	焊接电流/A	内外弯曲	a_k/(J·cm^{-2})	晶间腐蚀
0Cr18Ni9Ti -Q235	奥 132	4	130~140	180°,良好	(85.3~100.2)/95.1	通过 YB44 -64B 法
		4	160~170	180°,良好	(66.6~71.5)/68.6	
0Cr18Ni12Mo2Ti -Q235	奥 212	4	130~140	180°,良好	(123~157)/137	通过 YB44 -64B 法
		4	160~170	180°,良好	(113~147)/127	

表 3.5.3.6　不锈钢-钢复合板焊接试验用材

复合板	状态	厚度/mm	基层用焊条	过渡层用焊条	覆层用焊条
1Cr18Ni9Ti-20g	1050 ℃、空冷	3+12	J427	A302	A132
0Cr13-20g	780 ℃、空冷	3+16	J427	A302	A312
00Cr18Ni5Mo3Si2-20g	1020 ℃、空冷	3+10	J427	A302	A3112L

表 3.5.3.7　不锈钢-钢复合板的力学和化学性能

复合板	厚度/mm	σ_s/MPa	σ_b/MPa	δ_5/%	σ_τ/MPa	A_k/J	冷弯 180°, $d=2t$	晶间腐蚀 650 ℃、2 h 敏化
1Cr18Ni9Ti-20g	2.9+12	335	455	33	375	—	完好	无晶间腐蚀裂纹
0Cr13-20g	3+16	305~320	450~460	31	—	—	完好	无晶间腐蚀裂纹
00Cr18Ni5Mo3Si2-20g	3.03+10	430	525	27	375	—	完好	无晶间腐蚀裂纹
20g(GB713-1986)	6~16	≥245	400~540	26	≥147	≥27	—	—

注：复合板全部为爆炸的，冷弯包括内弯和外弯，晶间腐蚀按 GB 4334.5—2008 进行。

表 3.5.3.8　不锈钢-钢复合板焊接工艺参数

复合板	参数	基层焊缝	过渡层焊缝	覆层焊缝
1Cr18Ni9Ti-20g	焊条	J427,ϕ4 mm	A302,ϕ3.2 mm	A132,ϕ3.2 mm
	I/A	150~160	110	95~100
	U/V	24~26	22	23~25
0Cr13-20g	焊条	J427,ϕ3.2 mm,ϕ4 mm	A407,ϕ3.2 mm	A132,ϕ3.2 mm
	I/A	150~160	105	105
	U/V	23~25	23~25	23
00Cr18Ni5Mo3Si2-20g	焊条	J427,ϕ4 mm	A302,ϕ3.2 mm	A132L,ϕ3.2 mm
	I/A	130~140	105	95~110
	U/V	23	21~22	23~25

表3.5.3.9 不锈钢-钢复合板焊接接头的力学性能

复合板	拉伸强度		弯曲性能		冲击性能/(J·cm⁻²)			
	σ_b /MPa	断口位置	弯头直径 /mm	180°	试样尺寸 /(mm×mm×mm)	缺口位置	数据	平均值
1Cr18Ni9Ti-20g	510	母材	30	完好	10×10×55	焊缝	162 191 166	173
	515	母材	40	完好		热影响区	130 120 104	118
0Cr13-20g	445	母材	30	完好	10×10×55	焊缝	184 158 155	166
	465	母材	40	完好		热影响区	126 132 136	131
00Cr18Ni5 Mo3Si2-20g	520	母材	30	完好	7.5×10×55	焊缝	148 151 175	158
	550	熔合线附近	40	完好		热影响区	116 84 115	105

表3.5.3.10 不锈钢-钢复合板焊接接头的金相组织和腐蚀性能

复合板	金相组织			腐蚀性能	
	覆层	过渡层	热影响区	敏化处理	结果
1Cr18Ni9Ti-20g	奥化体加网状带状铁素体	奥氏体	奥氏体	650℃、2h	无晶间腐蚀裂纹
0Cr13-20g	奥氏体加铁素体	奥氏体柱状晶加极少量铁素体	粗大铁素体加网状马氏体	—	—
00Cr18Ni5 Mo3Si2-20g	奥氏体加网状铁素体	奥氏体加铁素体	粗大奥氏体加粒状铁素体	650℃、2h	无晶间腐蚀裂纹

注：试样加工时将焊接接头的基层钢板刨去；晶间腐蚀按 GB 4334.5—2008 进行。

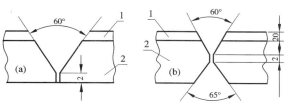

1—不锈钢；2—钢；
（a）1Cr18Ni9Ti-20g，00Cr18Ni5Mo3Si2-20g；（b）0Cr13-20g
图3.5.3.8 不锈钢-钢复合板焊接坡口图

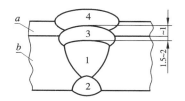

1、2—基层焊缝；3—过渡层焊缝；4—覆层焊缝
图3.5.3.9 不锈钢（a）-钢（b）复合板的焊接顺序

文献[747]指出，在不锈钢-钢复合板生产的过程中，经常出现覆层侧缺陷。采用堆焊法来修复这些缺陷经济、便利。但这种方法属于异种金属的焊接，质量控制有一定难度。与对接焊相比，堆焊的拘束度更大，更容易出现裂纹。焊接热过程对母材的性能也有影响。大多数不锈钢-钢复合板用于制造炼油和化工等领域的耐压、防腐容器及设备。这些设备的工作环境恶劣，对材料质量的要求很高。这就需要堆焊区也应满足复合板母材的力学性能和不锈钢覆层特有的耐蚀性能等要求。因此，对堆焊修复工艺必须首先进行工艺评定。没有经过工艺评定的焊接工艺，堆焊的区域再小，也存在事故隐患。行业标准 JB 4708—1992 结合多年生产实践，总结出了一整套用于修复不锈钢-钢复合板覆层缺陷的工艺评定方法。具体方法参看有关文献。

三峡工程的金属结构在泄洪坝段、厂坝段和双向五级永久船闸的过流部件的制作安装中，在世界水电建设工程史上，首次选用了大量的和我国自己生产的不锈钢-钢复合板。为此，在进行大量的焊接、工艺评定、焊工培训、产品焊接和应用研究之后，较全面地掌握了复合钢板的焊接技术，保证了三峡工程金属结构的制造安装和高产优质。[1539]

文献[1540]用图3.5.3.10所示的坡口形式（a）和焊接顺序（b）进行了不锈钢-钢复合板的焊接，制造了大量的化工设备和压力容器。这些设备自投入使用以来，一直都安全运行。

文献［1541］指出，不锈钢−钢复合板焊接时，要考虑不锈钢和碳钢的物理性能的差异，如表3.5.3.11所列。不锈钢的线膨胀系数比碳钢大约50%，而不锈钢的导热率不足碳钢的1/2。还要考虑它们的焊接性能。碳钢是所有钢材中焊接性能最好的，只是在焊接线能量过大时热影响区的晶粒过于粗大，从而降低了冲击韧性。不锈钢一般情况下也比较容易焊接，但由于其线膨胀系数大而导热率小，其焊接接头内有较大的残余应力。另外，在不锈钢熔化焊接时，熔合线附近由于过热，大部分碳化物被

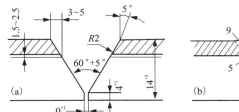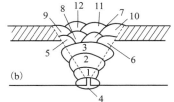

图3.5.3.10   不锈钢−钢复合板的焊接坡口(a)和焊接顺序(b)示意图

表3.5.3.11   不锈钢−钢复合板焊接接头的物理性能

材料	密度 /(g·cm^{-3})	电阻率 /(10^{-6}Ω·cm)	磁性	线膨胀系数 /(10^{-6}·℃$^{-1}$)	热导率 J /[W·(m·K)$^{-1}$]
不锈钢	7.93	72	无	20.2	22.15
碳钢	7.86	15	有	11.4	46.89

熔解，当第二次加热到500~800℃(或多层焊)时，将沿晶界析出铬的碳化物，由此会引起晶间腐蚀。再者焊接接头容易产生裂纹。因此，不锈钢−钢复合板焊接时，主要要解决的问题是不锈钢的焊接和不锈钢与碳钢之间的过渡层的焊接，即解决不锈钢的晶间腐蚀和热裂问题。

焊接坡口如图3.5.3.11所示。坡口开在覆层的优点是能减少覆层焊缝的多次受热，避免熔合线附近的碳渗透而造成晶间腐蚀，且在制作中即使焊缝质量出现问题，返修也比较容易。缺点是不锈钢的焊接量较大，容易引起焊接变形。坡口开在基层的优点是不锈钢的焊接量小和变形小。缺点是在焊接过程中覆层的不锈钢焊缝重复受热，容易引起晶间腐蚀。在需要返工时，工艺比较复杂和困难。通过反复试验和比较，以坡口开在覆层较好。

焊接时要求覆层的层间温度不高于50℃，基层不高于100℃。

文献［1542］认为，在不锈钢−钢复合板焊接时，过渡层熔合区是薄弱环节。因为奥氏体不锈钢的热膨胀系数与铁素体碳钢的不同，加上焊接残余应力和设备运行中的温度及压力的变化，使焊接接头在较短的时间内极易被破坏。同时，由于碳钢侧热影响区的碳会向不锈钢侧迁移，从而在过渡区出现强度极低的脱碳层和硬度极高的增碳层。另外，不锈钢和碳钢在焊接时在熔合线处易生成高碳的马氏体组织。这种组织在焊接过程中，或在设备运行中，容易生成裂纹，最终导致焊接接头过早失效。作者根据多年的实践经验，选用了如图3.5.3.12所示的形状的坡口。

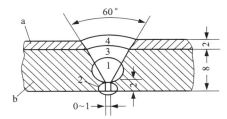

a—不锈钢；b—碳钢；1~4 焊接顺序
图3.5.3.11   焊接坡口示意图

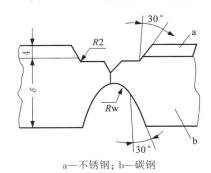

a—不锈钢；b—碳钢
图3.5.3.12   焊接坡口示意图

文献［1543］研究了不锈钢−钢复合板焊接裂纹的返修，指出因复合板供货方面的原因，在00Cr17Ni14Mo2−20R复合板3 mm+16 mm焊接时，在焊缝区和相邻母材150 mm×100 mm范围内出现大量裂纹，有些裂纹是贯穿性的。针对这一缺陷制定了返修方案。

第一，焊接材料。过渡层选用25−13型焊材(如A042、A312、A302型焊条)，它属奥氏体+铁素体(A+F)双相组织，能有效防止裂纹产生。

第二，坡口形式。尽可能选X形坡口，焊接时尽量使覆层中少熔入基层成分，防止裂纹产生。

第三，焊接。先焊接基层，并采用碱性焊条(这种焊条抗裂性能好且元素烧损少)。待基层冷却下来(低于60℃)，再焊过渡层和覆层。每焊完一层，停留20~30 min，确保层间温度低于60℃。每焊完一层后立即锤击。全部焊完后仍应立即进行锤击。

采用本文提供的返修工艺，能使焊缝拍片一次通过，用这样的返修工艺来修复其他焊接裂纹也十分有效，返修补焊一次成功率在95%以上，大大降低了成本和提高了功效。

文献[1544]研究了 00Cr22Ni5Mo3N-Q345C 复合板的焊接。该不锈钢覆层具有优良的耐孔蚀、耐应力腐蚀和耐晶间腐蚀的性能。文内首先对该复合板进行了焊接性能分析，然后进行了工艺试验和质量检验。其焊接坡口和施焊工艺顺序示意图如图 3.5.3.13 所示。

焊接后对接头进行了成分、组织和力学性能的检验，以及外观和无损探伤检验，结果表明均达到了质量标准。

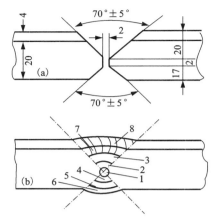

1～8 为焊接先后的顺序

图 3.5.3.13　焊接坡口(a)和施焊工艺顺序(b)示意图

文献[1545]进行了不锈钢复合板焊接工艺的评定试验及相关问题的探讨，并指出 GB 150—1998《钢制压力容器》明确规定"容器施焊前的焊接工艺评定，应按 JB 4708 进行"。但 JB 4708 并未涉及不锈钢复合板的内容，其他相关标准又不全面，甚至部分条款相互抵触。目前，国内又尚无一个较为全面、可供实际操作的复合钢板焊接工艺的评定标准。国内的一些厂家实际的做法也不尽相同，有的按 JB 4708—1992 中耐蚀层堆焊的内容进行，有的把过渡层焊缝按异种钢的角焊缝处理，有的按 ASME 标准进行，如此等等。因此，该文献的作者兼顾了 JB 4708—1992 规定的基本原则和实施中的可行性，对不锈钢复合板的焊接工艺进行评定试验和对相关问题进行了探讨。根据试验结果，作者指出，为了避免因执行不同标准而造成混乱和减少不必要的浪费，建议国家有关部门尽快提出一个统一的和全面的不锈钢复合板焊接工艺评定及焊工考试的标准规范。

文献[1546]介绍了 316L-20R 复合板的焊接工艺和技术。在分析和研究的基础上，采用如图 3.5.3.14 和图 3.5.3.15 的焊接坡口和焊接顺序。经过反复试验和多次调整工艺参数，解决了过渡层焊接易产生冷裂纹等问题，并且在焊接过程中，选择正确的焊接顺序和小的焊接规范可以提高覆层不锈钢的耐蚀性。

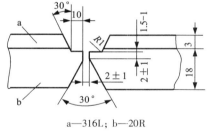

a—316L；b—20R

图 3.5.3.14　316L-20R
复合板的焊接坡口示意图

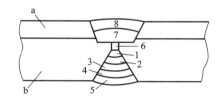

a—316L；b—20R；1～8 为焊接先后的顺序

图 3.5.3.15　316L-20R
复合板的焊接顺序

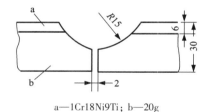

a—1Cr18Ni9Ti；b—20g

图 3.5.3.16　1Cr18Ni9Ti-20g 复合板的焊接坡口示意图

文献[1547]分析了 1Cr18Ni9Ti-20g 复合板过渡层焊接中易出现淬硬倾向、冷裂纹和热裂纹等问题的原因，并从焊材、焊接坡口和焊接工艺参数等方面入手，制定了合理的工艺措施，取得了满意的结果。用此焊接工艺焊接的该复合材料的连续蒸煮塔自 1999 年投入使用至今(2004 年发稿时)效果良好。其焊接坡口如图 3.5.3.16 所示。

文献[1548]讨论了 304L 不锈钢复合板的焊接，并指出，某公司化工研究所回转反应炉是生产化肥原料中氟橡胶的重要转动设备。其炉体入料段和出料段存在强烈的腐蚀。因此，主体材料选用抗缝隙腐蚀和应力腐蚀较好的 304L 不锈钢作覆层，基层为 16MnR(36 mm 厚)和 Q235(32 mm 厚)，该复合板由宜宾复合板厂生产。这两种材料的物理性能和爆炸复合板的力学性能和化学性能如表 3.5.3.12 和表 3.5.3.13 所列。

表 3.5.3.12　原材料的物理性能

原材料	导　热　系　数／[W·(m·℃)⁻¹]				线　膨　胀　系　数／(10⁻⁶·℃⁻¹)		
	20 ℃	100 ℃	200 ℃	300 ℃	20~100 ℃	20~200 ℃	20~300 ℃
304L	12.8	13.7	14.5	16.2	15.1	15.7	16.1
Q235	—	—	—	—	12.6	13.2	13.9

表 3.5.3.13　爆炸复合板力学性能和化学性能

复 合 板	规格/mm	σ_b/MPa	σ_s/MPa	δ_5/%	A_{kv}/J，20 ℃			σ_τ/MPa		覆层硫酸-硫酸铜法
304L-Q235	4+36	505	325	30	230	226	190	355	330	通过（GB 4334—2008）
304L-16MnR	8+32	510	320	32	142	152	150	315	330	通过（GB 4334—2008）

　　为了焊接良好，采用了如图 3.5.3.17 所示的焊接坡口。试验表明，对于 304L 不锈钢复合板的焊接，选择合适的坡口形式和焊接材料，以及合理的焊接工艺和热处理工艺，完全能使焊缝性能满足产品的技术要求，保证制造质量。回转反应炉自投产以来，已运行了 3 年多的时间，设备运行情况良好。

　　文献[1549]报道了用于化肥厂气化炉设备的复合钢板的焊接。复合材料为 SA387Crl1C12-304L。焊接坡口和焊接顺序如图 3.5.3.18 和图 3.5.3.19 所示。试验结果指出，对于大型厚壁容器的焊接，采用窄间隙埋弧自动焊可靠适用，有利于保证焊接质量。此次产品的焊接为今后施焊此类厚度的容器积累了大量的技术数据和制造经验。

　　文献[1550]指出，00Cr22Ni5Mo3N 双相不锈钢-Q235C 爆炸复合板供给三峡工程大坝，用于制造右岸地下电站排砂孔钢衬管，具有优越的耐孔蚀，耐应力腐蚀和抗晶间腐蚀的性能。该复合板的焊接采用如图 3.5.3.20 所示的坡口形式和图 3.5.3.21 所示的施焊顺序。通过对该复合板的材质和性能的分析，并根据焊接性理论和焊接接头的基层对焊缝金属的稀释作用而产生的接头硬化进行了试验研究，从而合理地选择了焊接材料，提出了焊接工艺和质量控制的方法，为该复合板的成功焊接和爆炸缺陷的修复，以及用户的使用提供了依据。

　　文献[1551]报道，北京某单位扩建工程中有一台催化剂溶液沉降槽试运行数天后，一楼管根部的信号孔发生介质泄漏，且呈逐渐严重趋势。为此，遂将其脱离装置，并在置换清洗后进行开罐，对其进行了全面详细的宏观和微观检查。发现封头上的锈蚀点应为压制时的模具压痕、模具上所携带的铁元素和内部缺陷砂轮打磨留下的污染所造成的介质腐蚀。经分析，接管根部的裂纹是温度应力、结构应力和焊接收缩应力共同形成的应力腐蚀，其中焊接收缩应力为主导因素。据此，采取了一系列的措施进行修复。

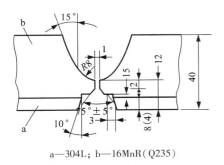

a—304L；b—16MnR（Q235）

图 3.5.3.17　焊接坡口图

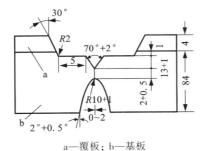

a—覆板；b—基板

图 3.5.3.18　坡口形式和尺寸图

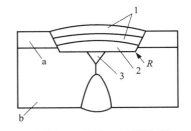

a—覆板；b—基板；1—覆板焊缝；
2—过渡层焊缝；3—基层焊缝

图 3.5.3.19　焊接顺序图

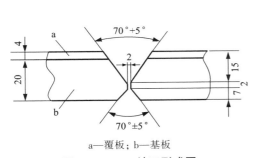

a—覆板；b—基板

图 3.5.3.20　坡口形式图

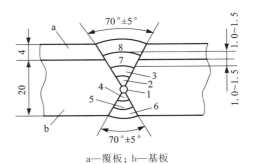

a—覆板；b—基板

图 3.5.3.21　施焊工艺顺序图

　　文献[1552]指出，举世瞩目的三峡工程金属结构在泄洪堤段、厂堤段和双向五级永久船闸的过流部件的制作安装中，选用了大量的不锈钢复合钢板，这在国内外水电建设中尚属首次。而碳钢、低合金高强度的复合钢板及异种钢的焊接，在金属结构的制造安装中要求高、难度大。为此，进行了大量的焊接、工艺评定、焊工培训和产品焊接等应用研究，较全面地掌握了复合钢板的焊接技术，保证了三峡工程金属构件的制造安装和高产优质。

文献[1553]对不锈钢复合钢板的焊接特点进行了理论分析,总结出其焊接三要素:焊接坡口、焊接材料和参数、焊接顺序。实践证明,只要遵循其焊接要点,焊接质量是非常稳定的。其焊接坡口图如图3.5.3.22所示。

文献[1554]报道,某容器主体材料为4 mm+75 mm的00Cr17Ni14Mo2-13MnNiMoNbR不锈钢爆炸复合板。由于基板钢的焊接性一般,焊接时易产生裂纹和延迟裂纹,焊接过程中必须严格控制预热温度和层间温度,做好焊后消氢和保温工作。该超低碳不锈钢复合板的焊接工艺复杂,焊接质量要求高,为了保证焊接质量对焊后热处理的要求也极高。

文献[1555]介绍了大型厚不锈钢复合板——洗涤塔焊接的坡口制定、焊材选择,以及关键部件的焊接和热处理要求。通过前期的技术准备,如工艺试验、焊接工艺评定、设计辅助焊接工装等,制定了大型厚不锈钢复合板设备的制作方案和热处理要求。洗涤塔的制作,证明了所开发的大型厚不锈钢复合板产品的焊接技术的合理性。

文献[1410]指出,14CrlMoR-321复合钢板广泛应用于化肥制造业的压力容器中。由于为CrMo不锈钢复合板,导致焊接性很差。该文通过对该复合板的焊接工艺评定,确定了它的焊接工艺和热处理工艺,选用合理的焊接材料、坡口形式、焊接工艺参数和热处理参数来保证焊接质量。焊后进行了无损检测、力学性能试验和晶间腐蚀试验,焊接质量满足技术要求。

文献[1556]研究了316-16MnR复合板的焊接问题,并指出,该复合板焊接过程中经常出现裂纹的原因是过

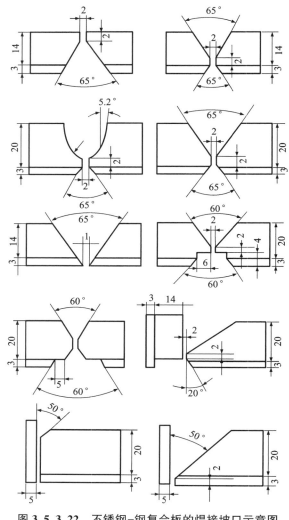

图3.5.3.22 不锈钢-钢复合板的焊接坡口示意图

渡层有马氏体生成,异种钢接头的热应力是产生焊接裂纹的主要原因。而减少熔合比是防止裂纹产生的关键。

文献[1557]报道,太原矿山机器集团有限公司2000年为安阳钢厂制造的45 m² 润滑油箱,用1Cr18Ni9Ti-Q235复合板焊接而成。箱体由面板、后板、底板、顶板和左右两块侧板共6块箱体板以及吸油浮筒、加热蛇形管等构件制成。由于受供料尺寸限制,6大块箱体板均需通过对接而成。油箱要求焊缝致密,耐介质腐蚀。由于首次对这种材料进行焊接,若制造中造成表面划伤,或焊接中产生咬边、裂纹、气孔等缺陷,都能使油箱的耐蚀性降低。为了保证焊接质量,制定了合理的焊接工艺,采取了多项措施,取得了满意的效果。

文献[1558]采用了对如图3.5.3.23所示的坡口进行了316L-16MnR复合钢板的焊接,并指出,316L不锈钢焊接时,易发生HAZ敏化区的晶间腐蚀。对于316L来说,发生敏化的区间并非在平衡加热时的450~850 ℃,而是有一个过热度,可达600~1000 ℃。因为焊接过程是一个快速加热和冷却的过程,而铬碳化合物的沉淀是一个扩散的过程,为充分扩散需要一定的过热度。所以其焊接工艺应采用快速过程,以减少处于敏化区加热的时间。因此焊接过渡层时应小热量输入,反极性、直线运条和多层多道焊。316L的导热系数小,线膨胀系数大,热量不

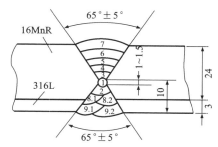

图3.5.3.23 焊接坡口和焊接顺序示意图

易散失,很容易形成所需尺寸的熔池,而且在自由状态下,易产生较大的焊接变形。因此,焊接316L时,应采用小电流、快速焊和窄焊道的多层多道焊接,道间温度要控制在60 ℃以下。

文献[1559]指出，与国际先进技术相比，我国复合钢板产品的焊接存在着差距，某些技术指导文件和标准中也存在着不妥之处。

复合钢板用于制造化工设备和压力容器的历史已不算太短，尤其以不锈钢做覆层材料的焊接也不算什么新课题。但参阅我国技术刊物上发表的一些文章，不难看出，在这方面确实存在一些问题。主要表现在采用的技术与世界先进水平相比有差距，焊接评定试验方法不规范、不经济甚至不正确。

（1）先焊接基层。先焊接基层的两种接头形式如图 3.5.3.24 所示。在这种情况下，质量控制的要点是在焊接基层焊缝接近基层与覆层的交界时，防止覆层材料被熔化，否则，在交界面处必然会导致形成脆性成分的熔敷金属。以单面坡口为例，当采用如图中（a）所示的传统接头形式时，完全靠焊工的精心操作来保证，这样便带有不确定性。由于这种接头形式存在许多问题，国外已停止使用，而代之以图中（b）所示的接头形式。焊接时只要把基层部分坡口填满，就能保证基层焊缝的强度。此时，不必担心焊接基层焊缝时会误熔化覆层材料。质量控制在这种情况下主要靠结构来保证，于是从根本上排除了不确定的人为因素。这是复合钢板焊接技术的一大进步。

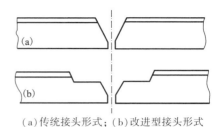

（a）传统接头形式；（b）改进型接头形式

图 3.5.3.24 先焊接基层的两种接头形式

（2）先焊接覆层。先焊接覆层的两种接头形式如图 3.5.3.25 所示。其中图中（a）这种接头形式大有问题：第一道焊道就无法施焊，因为无论怎样施焊，焊接的第一道焊道都可能会熔化覆层和基层材料，使其化学成分符合覆层材料的抗腐蚀性能的要求几乎不可能。因为基层材料的熔入量很难把握。当必须先焊覆层时，采用图中（b）所示的接头形式是可行的。

该文献还提出了复合钢板焊接工艺评定的许多问题。这些问题反映了我国与国际的技术交流和标准化工作方向均存在许多不足，从而值得认真研究和改进。

文献[1560]报道，生成油－混合进料换热器是镇海炼化 100 万 t／年航煤加氢装置改造的重要设备。为了提高设备抗 H_2S、H_2 等介质的腐蚀能力，选用了 15CrMoR－321 的耐蚀钢－不锈钢复合材料。其特点是基层材料满足结构强度、刚度和高温抗

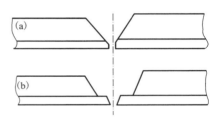

（a）无法施焊的接头；（b）可以施焊的接头

图 3.5.3.25 先焊接覆层的两种接头形式

蠕变强度的要求，不锈钢覆层满足耐蚀性能要求，可以节省大量的不锈钢材料，具有较好的经济性。本设备（U 形管式换热器）共 4 台，壳体直径 1100 mm，厚度 18 mm＋3 mm。其设计条件为管程设计压力 1.98 MPa、设计温度 340 ℃；壳体设计压力 3.3 MPa，温度 320 ℃；介质均为航煤、H_2S、H_2 等。

通过大量的焊接工艺试验，选择了最佳的焊接坡口、焊接方法、焊接工艺和热处理工艺。通过了焊接工艺评定，顺利地完成了设备的改造任务。该批设备自投产以来，运行良好。

文献[1561]报道，三峡水利枢纽工程泄洪堤段建筑物内设置有若干个泄洪深孔，在其中的门槽之间设置有一层钢衬。由于泄洪深孔运行水头高和水流速度大，且长江水质泥沙含量高，对过流面的抗冲耐磨腐蚀性能要求高。因此，深孔一，二期金属结构埋件过流面板均采用不锈复合钢板制造，其材质和厚度分别为 0Cr13N5Mo（0Cr19Ni9N、00Cr22Ni5Mo3N）－Q235，4 mm＋20 mm。该复合板在水工钢结构中是首次应用。该文通过大量的工艺评定试验，并结合工程实施应用实践，详细地介绍了该材料的焊接工艺。

文献[1562]指出，三峡工程金属结构的过水部件（如埋件、钢衬、排沙底孔、深孔、输水廊道和反弧门等）中采用了 4 mm＋20 mm 和 4 mm＋30 mm 的不锈钢与高强度低合金钢或碳钢的复合板。其中不锈钢覆层有优越的耐磨性和耐蚀性。强度主要由基层低合金钢和碳钢提供。在三峡工程的 26 万 t 金属结构中，不锈钢复合钢板就达 5000 t。由此可见，该复合板的焊接在三峡工程中的地位。

在三峡工程泄洪坝段深孔，底孔和永久船闸输水廊道埋件的制造安装中选用了 3 种不同型号的复合钢板：00Cr22Ni5Mo3N－Q345C（A＋F）、0Cr19Ni9N－Q235B（A）和 0Cr13Ni5Mo－Q345C（M＋A）。均为（4＋20）mm 厚度。采用手工电弧焊和埋弧自动焊进行焊接。

该文指出，三峡工程的金属结构在泄洪坝段、厂坝段和双向 5 级永久船闸的过渡部件的制造安装中，选用了大量的不锈钢复合板，这在国内外的水电建设中尚属首次。碳钢和低合金高强度结构钢的复合钢板

和异种钢的焊接在金属结构制造安装中要求高和难度大。在工作过程中，对碳钢、低合金钢、不锈钢种钢的焊接试验、工艺评定、焊工培训、产品焊接进行了大量的应用研究。该文较全面地介绍了这些复合钢板的焊接试验。

文献[1563~1587]提供了另一些多品种的不锈钢-钢复合板焊接工艺和技术方面的资料，鉴于篇幅，请读者根据需要自行查阅和参考。

3.5.4　铜-钢爆炸复合板的焊接

有关标准提供了铜-钢爆炸复合板的焊接的具体方法和工艺，可参照施行[729]。

文献[223]指出铜及其合金-钢复合板的焊接关键在于在钢上堆焊铜或铜合金时，大量的铁会熔于铜中而降低其焊接接头的性能。因此，一般要添加中间层，以改善焊接接头的性能。以表3.5.4.1的锰青铜-钢复合板为例，介绍该复合板的焊接特性。表3.5.4.2为其对焊接头的性能数据。

表3.5.4.1　CuMn2-20g 复合板的焊接材料和方法

覆 层 铜		过 渡 层		基 层 钢	
材　料	方　法	材　料	方　法	材　料	方　法
ϕ3mm 涂有硼砂的 CuMn3 焊丝	钨极手工氩弧焊	ϕ3mm 不涂硼砂的 CuMn3 焊丝	钨极手工氩弧焊	结507焊条	手工电弧焊

表3.5.4.2　CuMn2-20g 复合板对焊接头的性能

No		力 学 性 能			断 裂 位 置		焊 缝 成 分 /%				焊20g部分所用焊条
		σ_b /MPa	δ /%	冷弯角 /(°)	拉 伸 试 样	侧 弯 试 样	Fe		Mn		
							表层	次层	表层	次层	
1	1	191	6.8	—	焊缝气孔密集处	—	0.30	0.31	2.54	2.57	结507MoV
	2	209	10.8	—	大熔合线	—					
	3	231	11.8	—	大熔合线	—					
2	1	207	11.1	—	焊缝夹杂处	—	0.43	0.46	2.57	2.46	结507
	2	223	14.2	—	焊缝夹杂处	—					
	3	227	11.2	—	焊缝夹杂处	—					
3	1	268	22.0	180	大焊缝	铜、钢夹角处微裂	0.36	0.44	2.47	2.52	结507
	2	258	18.7	45	大焊缝	—					
	3	221	10.0	15	熔合线	大熔合线两侧夹角					
4	1	269	17.3	180	大熔合线	大熔合线处微裂	0.91	0.92	2.41	2.47	结507
	2	272	17.85	180	大熔合线	—					
	3	272	17.3	180	大熔合线	—					

文献[748]报道了将 B30-Q235 钢爆炸复合板焊接并制造10万 t 真空制盐的蒸发室罐的资料。其对接接头的坡口形式如图3.5.4.1所示，其焊接方法和程序如图3.5.4.2所示。焊接时，基层钢用结422焊条手工焊接，覆层及过渡层均用钨极氩弧焊直流焊接。所用焊接参数如表3.5.4.3所列。焊前，覆层坡口及其附近以及焊丝表面均应打磨干净并用丙酮清洗。

表3.5.4.3　焊接参数

焊缝位置	焊接电流 /A	焊丝直径 /mm	氩气流量 /(L·min⁻¹)
过渡层	250~300	3~4	15
覆层	240~280	3~4	15

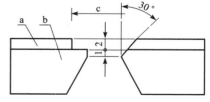

a—B30层；b—Q235钢层；c—铜焊缝。
1和2分别为复层和基层的厚度，单位为 mm

图3.5.4.1　B30-Q235 钢复合板
对接接头的坡口形式

由于铜和钢的物理及化学性能差异很大，焊接时很容易产生热裂纹，近缝区也容易形成裂纹。另外，B30 合金在温度为 500～600 ℃ 时塑性急剧下降，在多层焊时在两道焊缝的交界处容易产生裂纹。因此，B30 覆层的焊缝最好用单道焊完成，因而有必要采用过渡焊缝。

为了选择合适的过渡层材料，对蒙乃尔合金焊丝、金焊丝、纯镍焊丝、铝青铜焊丝、硅青铜焊丝和 B30 焊丝进行了比较性试验。结果表明，从物理-化学性能、组织和焊接性等方面综合分析，纯镍是这种复合板接头最理想的过渡层焊接材料。金相实验表明，用镍作过渡层材料所得的焊缝断口为韧窝状，这表明该焊缝具有很好的可塑性。

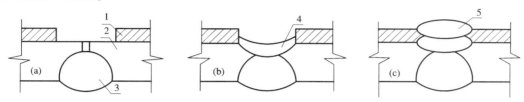

1—B30 层；2—Q235 钢层；3—钢焊缝；4—过渡层焊缝；5—B30 焊缝
图 3.5.4.2　B30-Q235 钢复合板对接接头的焊接顺序 [（a）→（b）→（c）]

B30-Q235 钢复合板上述焊接试验的结果，已成功地应用于 10 万 t 真空制盐蒸发罐的焊接结构上，获得了满意的质量。该结构已投入运行。复合材料的优良的抗腐蚀性能，大大延长了蒸发室的使用寿命和清理维修周期，获得了较大的经济效益。

在用电弧焊焊接的铜-钢复合试样（图 3.5.4.3）进行拉伸试验后，当覆层钢的厚度大于 2 mm 时，焊接过程实际上不影响该复合板的强度性能。试验结果指出，在 $k > 2\delta_1$ 的情况下破断沿焊缝发生；在 $k = 2\delta_1$ 的情况下，既可能沿结合区，又可能沿焊缝发生破断。由此得出结论，用 $k > 1.2\delta_1$ 的焊脚可以把零件焊接到复合的钢板上。

文献 [750] 指出在电弧焊的情况下，由于热传导，将伴随着基层金属的加热。控制向基层金属的热输入，就能够控制其中的温度，从而控制产品材料中的物理-化学过程，这些过程将大大影响焊接接头和整个结构的质量。

如图 3.5.4.4 所示，由于铜层的存在，会大大降低基层金属的加热温度。其中的温度决定铜层的厚度、单位长度上的焊接能量和距热源的距离。如图中（b）所示，温度下降的梯度在铜下（$z = \delta_1$）的比 $z = \delta_1 + 4$ mm 距离上的大。

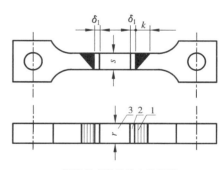

1—焊脚的直角边为 k 的焊缝；
2—厚度为 δ_1 的覆层钢；3—基层铜
图 3.5.4.3　用于拉伸试验的铜-钢复合板的焊接试样 [749]

在有无铜覆层和距铜-钢界面的钢基层内不同距离上的温度分布随时间的变化情况如图 3.5.4.5 所示。由图可见，在钢基层内，在相同的距离上和相同的时间内，没有铜覆层的温度比有铜覆层的要高。并且，在此两种条件下，随着距离的增加温度均相应降低。由图还可见，在 $\delta_1 = 1.5$ mm 的铜覆层和使用上述熔焊工艺的时候，基层金属相应最高加热温度将降低到原来的 1/3。

由上述试验可以看出，在带有高导热性的铜覆层焊接的情况下，将大大降低基层钢内的加热温度。离界面越远，基层钢内的温度越低。

图 3.5.4.6 所示的接头形式是钢板与钢-铜复合板过渡接头的电弧焊焊接试验的形式，结果指出：在试验过程中，由于结合区被加热到不同的温度，钢板和复合板覆层钢之间的焊接接头的组织与性能，深受结合区组织和性能的影响，而且取决于覆层钢的厚度，如图 3.5.4.7 所示。由图可见，随着覆层钢厚度的增加，焊接接头的强度增加，当厚度 $b \geqslant 2.5$ mm 以后就相当于铜的强度了。实际上，在覆层钢厚度达到 5 mm 的情况下，试样在距结合处界面的铜层内 8～10 mm 的地方破断。在 $b \geqslant 2.5$ mm 以后，a_k 值也达 30～40 J/cm^2。

文献 [737] 指出，在铜-钢复合板的焊接接头中，力求使铜焊缝中覆盖层的铁含量降至最低值，同时从强度性能方面考虑，应当限制铜焊缝向钢中的渗透量小于 1 mm。由剪切强度所表征的复合质量，在铜焊缝区是以合理的焊接工艺作保证的，测定的剪切强度值比铜-钢复合板半成品的约高 32%。

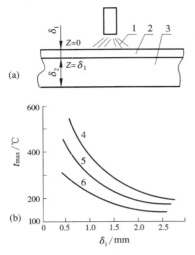

1—热源；2—铜层；3—钢层；4—$z=\delta_1$；
5—$z=\delta_1+2$ mm；6—$z=\delta_1+4$ mm；
焊接电流 120 A；焊接电压 24 V；焊接速度 9 m/h

图 3.5.4.4　覆层铜的加热形式（a），描述
铜层厚度 δ_1 对距热源不同距离上基层钢
加热点最高温度影响的实验关系（b）

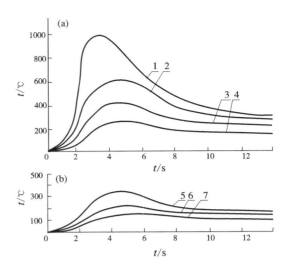

（a）在不带铜覆层熔焊的情况下；（b）在带铜覆层（$\delta_1 = 1.5$ mm）熔焊
的情况下 t_{max}（℃）：1—950（2 mm）；2—620（4 mm）；3—400（6 mm）；
4—275（8 mm）；5—360（0 mm）；6—250（2 mm）；7—190（4 mm）
括号内表示基体内距界面的距离

图 3.5.4.5　热循环和沿基层金属各深度试验点上
的最高温度值（$I = 110$ A，$U = 24$ V，$v = 5.4$ m/h）

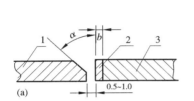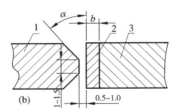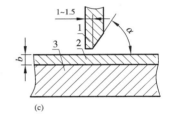

（a）V 形；（b）K 形；（c）扩大的丁字形；1—钢板；2—钢覆层；3—铜基层

图 3.5.4.6　铜-钢复合板对接接头形状图[727]

文献［1462］研究了不同焊接电流对铜-钢复合板管板接头焊接性能的影响。对于大型热交换器来说，在不进行预热的情况下，可以直接进行焊接。脉冲氩弧焊比直接氩弧焊更稳定可靠，其中方波脉冲和三角波脉冲是比较理想的波形。由于在脉冲电流的条件下，可以选用较大的峰值电流，避免了直流氩弧焊时电弧在起始位置的停留，同时减少了热量输入。因此焊接过程稳定且焊缝均匀。方波和三角波脉冲焊接工艺对手工焊和自动焊都是适用的。

文献［1588］报道了铜-钢复合板的焊接性能试验研究及应用，并指出，用于真空制盐设备中的蒸发室和加热室，长期工作在高温 NaCl 溶液介质中，这些介质对钢壳体的腐蚀速率高、清洗周期短和生产效率低。而在这种设备中采用 B30-Q235 钢的复合板来代替钢质结构，就可很好地解决这些问题。该文对 B30-钢爆炸复合板的焊

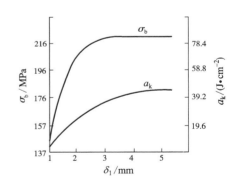

图 3.5.4.7　钢板和钢-铜复合板
对接接头的强度及冲击韧性
与复合板钢层厚度的关系[727]

接材料和过渡材料进行了选择，对接头的断口、金相组织和腐蚀试验进行了研究，并拟定出具体的施焊工艺，成功地建造了 10 万 t 真空制盐蒸发室罐体。设备经 5 年的实际考验，收到了很高的经济效益。这是我国首次将爆炸焊接的铜-钢复合板用于大型焊接结构中。其焊接坡口形式如图 3.5.4.8 所示。

文献［1589，1590］进行了铜-钢复合板的焊接工艺研究，并指出铜-钢复合板的焊接，应保证接头强度和覆层耐蚀性，防止过渡层形成合金焊缝和产生机械混合物，同时防止铜覆层产生裂纹和气孔。结论指出：采用 ERNi-1 和 HS201 作为过渡层及覆层的填充材料、选用适宜的焊接坡口形式、采用小焊接热输入 SMAW 和热源集中的 TIG 焊接时，无论先焊覆层或基层，均可获得满意的接头力学性能和使用性能，并可

有效防止熔池层下铜-钢渗透裂纹的出现；与此同时，加强焊前清理和过程惰性气体保护，可防止产生焊接热裂纹和气孔。

文献[1591]研究了 BFe-1-1+10CrNi3MoV 复合钢板的焊接工艺和热成形工艺。结果表明，焊接后的覆层铜和基层钢熔合良好，且有效地阻止了钢侧中 Fe 离子对覆层铜焊缝的污染；同时也证明了热循环引起的界面松弛对界面的剪切强度有一定的影响。

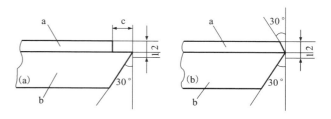

a—B30，b—Q235，c—焊缝

图 3.5.4.8 二种焊接坡口形式（a）（b）

文献[1592]指出，铝-铜爆炸焊块，由于铜基层较软，在爆炸焊接过程中产生了一些凹坑，现拟通过补焊予以修复。但由于铜的导热系数大（20 ℃时的导热系数比铁大 7 倍多，1000 ℃时大 11 倍多），焊接时热量迅速从加热区传导出去。再加上铜基层的厚度较大，热量散失得更加严重，使焊接温度很难达到熔化温度。此外，铜熔化后表面张力小，流动性大，表面成型能力差，使焊接比较困难。另一方面，焊接热量对结合界面强度产生不利影响。如果补焊之后，结合强度下降过多，将达不到标准要求。为了解决上述问题有必要对铜基层的补焊工艺进行研究。所采用的补焊工艺不但要使补焊顺利进行，而且要保证补焊之后铝-铜的结合强度仍能达到标准的要求。

试验表明，对铝-铜爆炸焊块的铜面缺陷进行修复时，应用氩气保护下的手工 TIG 焊，补焊时进行 200 ℃左右的预热。补焊时只能对位于没有铝覆层且与铝-铜台阶面距离大于 30 mm 的铜面缺陷进行修复。（本条文摘中的铝-铜爆炸焊块似为铜-钢组合——本书作者注。）

文献[1593]分析了某型塔类压力容器铜-钢复合板筒体与紫铜接管组焊的可焊性和容易出现的焊接技术问题，以及可能产生的缺陷；介绍了防止缺陷的工艺措施和焊接生产该结构的工艺方法。通过合理地选择焊接材料、焊接方法和加工方案等措施来解决此类铜-钢异种金属压力容器结构的焊接、提高焊缝强度、密封性、耐蚀性和焊缝质量等一系列问题。复合板筒体和铜接管组焊局部结构示意图如图 3.5.4.9 所示，焊接施工工艺原理示意图如图 3.5.4.10 所示。

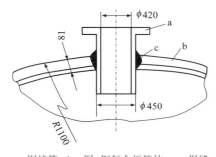

a—铜接管；b—铜-钢复合板筒体；c—焊缝

图 3.5.4.9 复合板筒体和铜接管组焊局部结构示意图

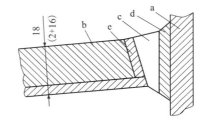

a—铜接管；b—铜-钢复合板筒体；c—焊缝金属；
d—过渡金属层Ⅰ；e—过渡金属层Ⅱ

图 3.5.4.10 焊接施工工艺原理示意图

3.5.5 铝-钢爆炸复合板的焊接

铝和钢这两种金属材料由于熔点及导热性等物理-化学性能相差太大，它们之间的熔化焊接几乎不可能，但爆炸焊接并不难。用爆炸法制成铝-钢复合材料之后，其应用也因它们的性能相差太大而受到限制，难以像钛-钢、不锈钢-钢和铜-钢复合材料一样经焊接加工后制成化工设备及压力容器。到目前为止，铝-钢复合材料主要作为分别连接铝或钢的铝-钢过渡接头使用。铝-钢复合材料有复合板、复合管和复合管棒等，用复合板也可制作和加工成复合管和复合管棒。这些铝-钢复合的过渡接头，在生产和科学技术中有许多应用。由于在地铁和轻轨中铝-钢电磁感应板已使用了 10 多年，使得铝-钢爆炸复合板的应用范围大为扩展。

铝电解槽中阴极铝母线与阴极钢棒就是通过爆炸焊接的铝-钢过渡接头连接的，如图 3.5.5.1 所示。由图可见，用自动氩弧焊的方法将厚度为 1 mm、共 54 片铝软带与铝-钢过渡接头的铝层相焊接。这样就能使铝-钢接头处的温度控制在 400 ℃以下，以确保该接头的铝层和钢层不会开裂和脱落，并保证其结合界面有良好的导电性能。

文献[279]报道，工业生产中用爆炸焊接的方法制备铝-钢过渡接头[图 3.5.5.2(A)]。为了提高该接头的结合强度，在其中间使用了铜和钛的中间层，组成 12X18H10T+M1+BT1-0+AMr6 四层金属的过渡接头。这种接头的分离试验结果 σ_f 为 196～405 MPa，平均 σ_f 为 300 MPa。拉伸试验结果 σ_b 为 350～380 MPa，平均 σ_b 为 365 MPa（AMr6 在原始状态下 σ_b＝318 MPa）。所有试样均沿 AMr6 铝合金破断。

这种产品多在可变载荷下工作，为此进行了循环寿命试验，结果如表 3.5.5.1 所列。由表中数据可见，该接头的疲劳性能是良好的。

进行了四层过渡接头的焊接试验。如图 3.5.5.2 所示，在铝合金一边用半自动焊接机进行焊接，钢侧一边用手工电弧焊完成，每条焊缝用 5 次焊成。为防止过热，在每道次之间冷却 10 min。用此工序焊成的坯料制备拉伸试样，拉伸试验的结果是 σ_b＝250～320 MPa，沿钛-AMr6 界面破断。这说明，尽管不会发生接头强度的明显变化，但是焊接热循环的作用改变了过渡区的组织，与没有事先经过热作用的试样相比，这就改变了试样的破断特性。

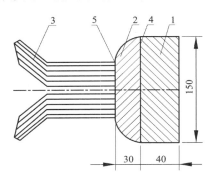

1—钢基层；2—铝覆层；3—铝软带（δ＝1 mm，共 54 片）
4—爆炸焊焊缝；5—铝-铝自动氩弧焊焊缝

图 3.5.5.1　铝软带和铝-钢过渡接头的焊接[751]

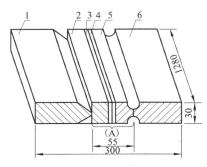

1—钢；2—钢；3—铜；4—钛；5—铝；6—铝

图 3.5.5.2　经过钢-铜-钛-铝过渡接头（A）来焊接钢和铝的试件

表 3.5.5.1　四层铝-钢过渡接头的疲劳强度

No	σ_{min}/MPa	σ_H/MPa	σ_{max}/MPa	到破断前的循环次数/N	破断位置
1	168	94	262	0.44×10⁵	AMr6 合金
2	155	84	239	0.57×10⁵	AMr6 合金
3	142	71	213	1.49×10⁵	Ti-AMr6 界面
4	117	74	191	4.53×10⁵	Ti-AMr6 界面
5	109	59	168	6.67×10⁵	Ti-AMr6 界面
6	94	53	148	7.01×10⁵	Ti-AMr6 界面
7	77	45	122	1.18×10⁶	Ti-AMr6 界面
8	65	33	98	1.57×10⁶	Ti-AMr6 界面

如此爆炸焊接的 AMr6-钢复合材料，其静态强度取决于铝合金的强度。这种复合材料有足够的循环强度，可以在承受可变载荷作用的结构上使用。焊接试验表明，这种复合材料可以作为过渡接头使用。

文献[752]制备了铝-钢和铝-钛-钢的过渡接头，其力学性如表 3.5.5.2 所列。铝-钛-钢过渡接头的坡口形状如图 3.5.5.3 所示。该文献提供了许多用爆炸焊接制成的铝-钢过渡接头连接起来的结构件的实例，如图 3.5.5.4 和图 3.5.5.5 所示。

表 3.5.5.2　铝-钢、铝-钛-钢过渡接头的力学性能

界面	A1050-SS41						A3003-TP28						TP28-SB42					
σ_τ/MPa	100	89	92	79	80	84	118	103	113	107	106	107	374	321	382	390	389	394
σ_τ/MPa（平均）	87						109						375					
破断位置	全在结合区						在 A3003 一侧						在 TP28 一侧		30%在铝侧		在 TP28 一侧	

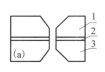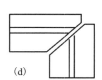

（a）（b）（e）为对接接头；（c）（d）为角接接头。1—A1050；2—TP28；3—SB42

图 3.5.5.3　铝-钛-钢过渡接头的坡口形状

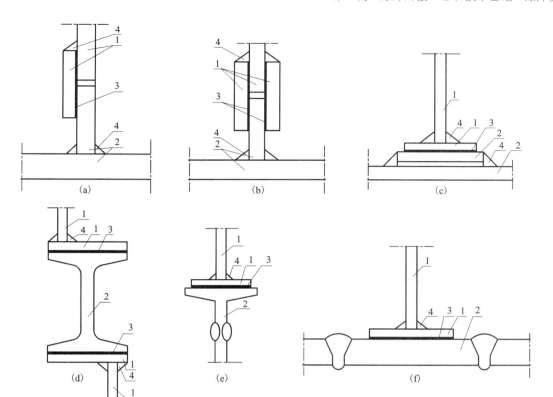

1—铝；2—钢；3—过渡接头内的爆炸焊焊缝；4—熔化焊焊缝

图 3.5.5.4　爆炸焊接的铝-钢过渡接头在各种结构件[（a）~（f）]上的应用（一）

文献［753］研究了焊接对 AMr6-G4 和 AMr6-X18H10T 两种爆炸复合材料的焊接接头性能和结合区组织的影响。前者 $\sigma_\tau = 74.5$ MPa、$\sigma_f = 97.0$ MPa；后者 $\sigma_\tau = 66.6$ MPa、$\sigma_f = 68.6$ MPa。

为了确定电弧焊接的参数和焊接次序对尺寸为 15 mm×40 mm×70 mm 的铝-钢双金属板接头强度的影响，在基层一边焊接 5 mm 厚的钢板，而在覆层一边焊接 5 mm 厚的 AMr5B 合金板（图 3.5.5.6）。焊接时，在 AMr6 一边用手工和半自动氩弧焊接机进行，在钢一边在 CO_2 中用半自动焊接机进行。在焊接的过程中，在 100~280 A 焊接电流范围内，每过 20A 改变一次试验。然后对所得焊接试样进行破断试验，结果如图 3.5.5.7 所示。由图可见，可以将其分为三部分：第一部分，随着焊接电流的增加，由于焊接深度的增加和焊缝形状的改善，破断力提高。试样的破断沿焊缝优势地发生，并从 AMr6 一边局部发生。第二部分，与最佳电流相对应，保证了最佳焊缝的形成和最高的结合强度，并且从焊缝的覆层一侧破断。第三部分，由于焊缝形成的恶化和双金属的过热，结合强度降低。这种恶化和过热，与 520 ℃时铝和钢的界面上金属间化合物中间层的形成有关。此时双金属的过渡接头上出现分层。由该图还可见，在半自动焊接的情况下最佳电流的范围较宽，破断力的平均值也比手工焊接高一些。

图 3.5.5.8 为双金属过渡接头的形状和尺寸与破断力的关系的试验（AMr6 一边半自动焊接的最佳焊接电流定为 140A）。该图可分为两部分：第一部分，改变钢边的焊接电流不影响破断力，试样沿焊缝和 AMr5B 合金破断。第二部分中，由于加热引起接头脆化和分层。焊接电流越大，破断力降低得越多。结果指出，从钢边焊接的试样先发生了分层。因此，在这种过渡接头中应先焊接 AMr5B 合金板。由图 3.5.5.8 还可见，AMr6-G4C 双金属的过热趋势比 AMr6-X18H10T 复合的小，因为在相同的单位长度能量下，它的破断力较大。

为了确定 AMr6-G4C 双金属过渡接头的形式和尺寸对破断力大小的影响，制备了三种类型的试样（图 3.5.5.6 和图 3.5.5.7）。在 B 的宽度从 20~25 mm 增加到 50 mm 时，焊接工艺和次序在上述两种试验的基础上选择。试验指出（图 3.5.5.10），这 3 种形式的过渡接头都具有高的强度，并且在 $B \geq 25 \sim 30$ mm，$p = (68 \sim 75) \times 10^3$N 的情况下，沿焊缝或 AMr5B 破断。在 $B < 25$ mm 时，由于过热将过渡接头使发生局部或全部的分层。平面过渡接头破断力的某种高值，是由对接焊缝中小的应力集中引起的，并且与焊接过程的热循环对爆炸焊接焊缝影响很小有密切关系。

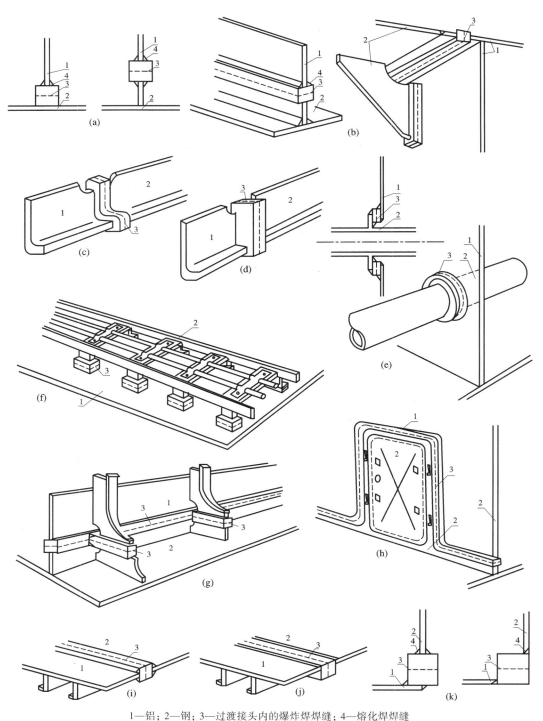

1—铝；2—钢；3—过渡接头内的爆炸焊焊缝；4—熔化焊焊缝

图 3.5.5.5 爆炸焊接的铝-钢过渡接头在各种结构件[(a)~(k)]上的应用(二)

过渡接头的金相研究指出，在使用最佳电流焊接的情况下，与原始态相比，双金属的结合区没有发生明显的变化，因而未改变其性质。

用上述试验获得的最佳焊接规范能够完成铝-钢双金属的对接接头和搭接接头的焊接，这种接头具有良好的金相组织和力学性能。

文献[752，754~757]讨论了船用铝合金-钢复合材料的焊接课题。

文献[1074]提供了铝-钛-钢和铝-铝-钢过渡接头在使用过程中的焊接的资料，并指出它们可作为舰船上层铝合金和主船体钢的过渡接头，在焊接时其结合界面的温度不能太高。法国制造的铝-铝-钢过渡接头的临界温度为 300 ℃，铝-钛-钢的为 330 ℃。因为当温度高于临界温度时，结合面两侧的原子相互扩散，可能在界面上形成晶间脆性相，使其结合强度下降。

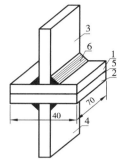

1—AMr6；2—G4C；3—AMr5B；
4—G4C；5—爆炸焊焊缝；
6—熔化焊焊缝

图 3.5.5.6 用于破断试验的
十字架形试样的焊接

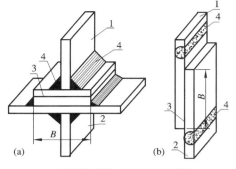

（a）丁字形试样；（b）平面形试样。
1—AMr5B；2—G4C；3—过渡接
头内的爆炸焊焊缝；4—熔化焊缝；
B—为爆炸焊焊缝的长度

图 3.5.5.7 带有爆炸焊接双金属
过渡接头的钢和铝焊接的形式

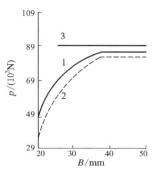

1—图 3.5.5.9，（a）试样；
2—图 3.5.5.9，（b）试样；
3—AMr6 的试样

图 3.5.5.8 双金属过渡接头的
形状和尺寸对其破断力大小的影响

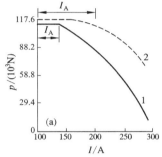
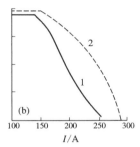
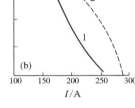

（a）AMr6-G4C；（b）AMr6-X18H10T。
1—先焊钢边；2—先焊铝边；I_A—钢边的最佳电流

图 3.5.5.9 破断力与钢边焊接电流的关系

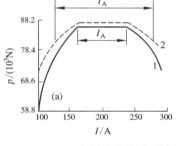
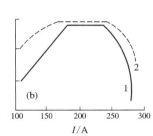

（a）AMr6-G4C；（b）AMr6-X18H10T。
1—AMr6 一边用半自动焊接；2—AMr6 一边用手工焊接；
I_A—最佳焊接电流

图 3.5.5.10 破断力与焊接电流的关系

　　有关技术条件规定的过渡接头在舰船上使用时的 6 种连接形式如图 3.5.5.11 所示。还规定焊接时铝-钛界面的温度不超过 350 ℃，道间温度不超过 60 ℃。

　　文献[1594]报道，石家庄铝厂电解车间电解槽阴极铝母线同电解槽阴极钢棒的连接，采用钢-铝爆炸焊块（即过渡接头）过渡。

　　爆炸焊块上的铝层只有 10 mm 厚，需在其上连接 1 mm 厚的软铝片 54 块。按常规要求，只能用半自动氩弧焊方法将软铝片一片一片地焊到爆炸块上。但由于条件所限，决定对部分爆炸块采用碳弧焊堆焊。半自动氩弧焊和直流碳弧焊两种焊法的适用情况的比较如表 3.5.5.3 所列。

　　据了解，国内目前还没有采用碳弧焊堆焊的连接方式。石家庄铝厂电解一期工程，对 40% 的焊块采用碳弧焊堆焊连接，60% 采用半自动氩弧焊连接。经实践比较，前者比后者多两道封头和堆焊工序，但前者的费用只有后者的 1/10，且各项技术指标，前者均优于后者。因此，这方面的碳弧焊堆焊的工艺值得推广。该文献提供了这方面的大量的具体资料。

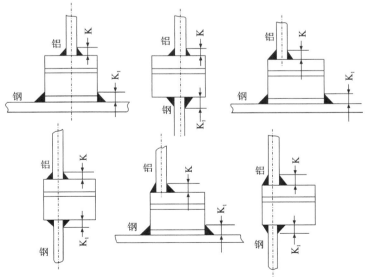

图 3.5.5.11 过渡接头与铝合金上
层建筑和主船体的角焊形式

文献[1595]针对铝焊接的特点，分析了热交换器铝合金管与铝-钢复合板焊接接头的形式，提出了先焊后胀的工艺措施，并进行了焊接工艺试验。对3003铝合金管和管板的焊接采用填丝 TIG 焊接工艺。试验结果表明满足要求。复合板基材为Q235R，厚度为 30 mm；覆层为 3003 铝合金，厚度4 mm。铝合金管材为 3003，规格为 $\phi32$ mm×3 mm。

表 3.5.5.3　两种焊接方法的适用情况的比较

No	半自动氩弧焊	直流碳弧焊
1	适应薄铝板焊接	适用厚铝板焊接
2	焊件不用预热	焊件要预热
3	熔化点小，热量低	以熔池形式，焊接温度高
4	设备小，费用高	设备少，使用方便

到目前为止，铝及其合金-钢复合材料的焊接尚无国家标准和国际通用标准。在此情况下，文献[283，758~760]可供参考。

3.5.6　镍-钢爆炸复合板的焊接

文献[737]指出，用镍-钢复合板制造部件的时候，保证覆层镍焊缝中的合金纯度对于焊接接头的耐蚀性具有特别的意义。如果覆层内焊缝金属的 Fe 含量不超过 0.3%，则在临界条件下的耐蚀性最高。

覆层为高耐蚀的镍钼合金和镍钼铬合金的复合板在化工设备的制造中具有重要的意义。这种复合材料有高的结合强度和使用性能。曾研究了覆层为 NiMo28、NiMo30 和 NiMo16Cr16Ti 的细晶粒合金材料与锅炉钢板的爆炸复合板。这些复合板的结合区的硬度分布有如下特点：在紧靠基层约 0.1 mm 宽的覆层内出现加工硬化(约 500 HV)。在覆层为 NiMo16Cr16Ti 的复合板中，900 ℃ 的热处理可使硬度峰值降低(图 5.2.9.29)。剪切强度没有因此而降低。覆层为 NiMo28 和 NiMo30 的复合板，由于腐蚀方面的原因，只能在最高温度(540 ℃)下热处理。这种热处理未能软化时效硬化区，同样在覆层上的焊接也未影响硬化(图 5.2.9.30)。考虑到在半成品的制造中覆层不可避免地硬化，为防止覆层裂缝，在冷变形中应避免小的弯曲半径。对于覆层为 NiMo30 和 NiMo28 的复合板来说，更应注意这一点。覆层为镍钼合金的爆炸复合板的焊接接头在强度性能方面符合技术规范的要求，数据如表 3.5.6.1 所列。然而值得注意的是，在用扁平弯曲试样作弯曲试验时，只有 $d=4t$ 时弯曲角才能达到 180°。未焊接的复合板和它的焊接接头的侧弯试验均可达到 180 ℃，数据如表 3.5.6.2 所列。

评定该结构使用性能的主要指标是覆层面焊接接头的耐蚀性。为此，检验了 NiMo28-HII、NiMo30-HII 和 NiMo16Cr16Ti-HII 三种爆炸复合板覆层焊缝的耐蚀性。结果发现，NiMo16Cr16Ti 的焊接覆层无论在供货态还是在 600 ℃ 和 900 ℃ 下经过了预热处理，对晶间腐蚀都是稳定的；NiMo30 覆层在焊后状态的耐蚀性不符合要求；而 NiMo28 覆层在焊后具有良好的耐蚀性。因此，在 NiMo 型复合板中应选择 NiMo28 合金。

表 3.5.6.1　镍钼合金-钢复合板焊接接头的拉伸性能　(3.2+15) mm

No	试样形状	σ_b /MPa	σ_s /MPa	δ/%		断裂位置
				$L_0=10$ mm	$L_0=15$ mm	
1	DIN 50120	538	411	35	20	过渡区
2	DIN 50120	638	439	60	40	过渡区

表 3.5.6.2　侧弯试验　　　　$d=4t$

焊接接头弯曲角/(°)				复合板			
1	2	3	4	弯曲角/(°)	δ/%		表面鉴定
					$L_0=10$ mm	$L_0=15$ mm	
180	180	180	180	180	25	23.3	无裂纹
无裂纹	无裂纹	无裂纹	无裂纹	180	25	23.3	无裂纹

文献[390]指出，在镍-钢复合板的焊接中，由于镍的流动性差和熔深浅，坡口要适当大一些，这是与其他材料不同的。一般单面坡口的角度为 80°。镍-钢复合板焊接时在基层和覆层的交界处还须进行过渡层的焊接。坡口形式的选用也应考虑过渡层的焊接特点。镍接管和复合板壳体焊接时的强度，一般在设计温度下比壳体(基材)低。因此，对镍接管与复合板壳体的连接焊缝应采用全焊透焊缝。

镍-钢复合板 A、B 类焊缝一般进行 100% 的 X 射线探伤，对覆层焊缝表面还应作 100% 渗透探伤，以保证焊缝和镍层的耐蚀性。

在大多数情况下，可以采用热成形的方法和用镍-钢复合板来制造封头。由于加热时镍对硫含量较敏感，易形成硫化物，最终在受力和弯曲时产生网状裂纹。所以，对镍-钢复合板封头的覆层表面，在冲压酸洗后应作全面的渗透探伤检验。

文献［1596］研究了 H1Cr24Ni13 过渡层焊丝对 Incoloy825–16MnR 复合板焊接性能的影响，并指出 Incoloy825 是一种含铁量较高的镍基合金，对热碱液和碱性硫化物有良好的耐蚀性能，在化学工业中有广泛的应用。在焊接 Incoloy825–16MnR 复合板时，选用填充金属或焊丝时必须保证不同材料之间有相容的冶

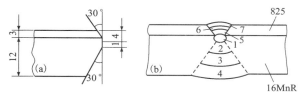

图 3.5.6.1　焊接坡口（a）和焊接顺序（b）图

金关系。本试验选用 HICr24Ni13 作为过渡层焊丝，其焊接坡口和焊接顺序如图 3.5.6.1 所示。焊接结果指出，在 Incoloy825–16MnR 复合板的焊接中，H1Cr24Ni13 是一种焊接性能优良的过渡层焊材，焊缝成形良好。

焊接接头的 $\sigma_b = 624$ MPa，内弯≥180°，外弯=180°，侧弯≥120°，焊缝综合力学性能优良。焊缝元素（Fe，Mn 等）对覆层的稀释为 0。

文献［1597］探讨了 Incoloy–20g 复合板材的焊接技术。研究这种复合板的焊接工艺，用来制造以镍基合金复合板材为主体的设备。在焊接过程中易产生裂纹、气孔和成分偏析等问题。焊接试验选择 H1Cr16Ni21 作为过渡填充材料，采用惰性气体保护焊和手工电弧焊两种形式焊接。结果表明，选择该过渡层材料，采用小电流和多道次焊接工艺，可以得到质量良好的焊缝。焊缝宽度、焊缝余高、咬边和错边均符合 JB4730—1994 标准的要求。力学性能优于 20g 钢，焊缝成分与 Incoloy800H 接近，成功地解决了成分差异较大的两种材料焊接时易出现裂纹和气孔的问题。该复合板焊接接头的焊接层次如图 3.5.6.2 所示。

文献［1598］探讨了 H1Cr26Ni21 过渡层焊丝对蒙乃尔 400–16MnR 复合板焊接性能的影响。蒙乃尔 400 对一定浓度和温度的苛性碱溶液，中等温度的稀盐酸、硫酸、磷酸，尤其是对氢氟酸都具有良好的耐蚀性，因而，它常用于较强腐蚀的场合。为降低成本，可使用其与钢的复合板。在该复合板的设备制造过程中，焊接技术尤其重要。16MnR 焊缝中熔入过量的 Cu 和 Ni，均将引起焊缝金属的热脆和开裂。焊接时，过渡层采用 H1Cr26Ni21 焊丝能获得性能优良的过渡接头。图 3.5.6.3 为其坡口形状和焊接顺序示意图。

文献［1599］依据 JB 4708—1992 和美国 ASME 规范，针对采用镍复合钢板制压力容器的性能、用途和结构特点，选择合理的坡口形式和焊接工艺，进行了一系列试验，证明了该复合板具有良好的焊接性能，符合压力容器的焊接工艺要求。本试验为镍复合钢板的应用提供了依据。焊接坡口如图 3.5.6.4 所示。

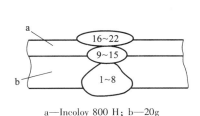

a—Incoloy 800 H；b—20g

图 3.5.6.2　复合板焊接层次图

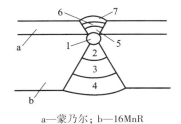

a—蒙乃尔；b—16MnR

图 3.5.6.3　焊接接头的坡口形状和焊接顺序图

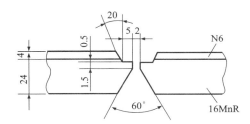

图 3.5.6.4　镍–钢复合板焊接坡口图

文献［1600］指出，镍在高浓度碱和还原性介质中具有优异的耐蚀性，这是其他金属材料无可比拟的，因而，其应用范围日益扩大。但其密度大和价格高，在设计中应考虑其经济性，常常用作衬里或双金属的覆层，因而，镍–钢复合板就是上述介质设备的常用材料。镍和镍–钢复合板的焊接有别于其他材料。为此，该文献探讨了镍及镍–钢复合板制容器的设计特点。这些特点综述如下：强度计算不应忽略过渡层对许用应力的影响，而应进行修正；镍焊接的坡口角度应大一些，镍–钢复合板的坡口应尽量选用双面焊，从而降低焊接应力对覆层的影响；接管与壳体连接采用衬镍管形式时，应设置检漏孔；镍–钢复合板封头的覆层表面，在冲压酸洗后应作全面渗透探伤检验；镍换热管与镍–钢复合管板的连接形式，宜采用强度胀和密封焊；镍换热器的折流板间距要小，换热管不宜采用 U 形管。

文献［1601］主要介绍了镍–钢（N6–16MnR）复合板制造压力容器的工艺。根据多年制造纯镍容器的经验，结合镍–钢复合板的特点，重点解决了镍和钢过渡层的焊接。镍层与钢层之间使用 Ni112 焊条过渡，然

后用氩弧焊 ERNi-1 焊丝成形,严格控制加工工艺。筒体与封头相连的 A、B 类焊缝棱角控制在 3 mm 以下,错边量 0.5 mm,不直度 1.5 mm。从而保证了镍和过渡层的焊接。采用特殊的焊接工艺,选用小电流、多道次、低焊速,控制层间温度在 80 ℃ 以下等工艺措施。使焊接接头既满足了强度要求。又减少了熔池中钢的稀释,避免了镍在焊接高温过程中与氧形成氧化镍而导致焊缝和热影响区产生裂纹,并减少了镍过量烧损而使焊缝的耐蚀性降低。

文献[1602]结合几年现场试验和施工实践经验,分析研究了镍-钢复合板设备的性能、焊接裂纹及其产生的原因,以及消除其缺陷、优化制造施焊质量的工艺措施。为提高焊接一次合格率及返修成功率,总结出一套优化工艺方案。结论指出,在某工程中焊接了二台镍-钢复合板设备,按要求进行 100% 探伤。采用上述方法和技术取得了良好效果(焊缝一次合格率为 96.2%),其他裂纹等缺陷经一次返修后全部达到要求。由此可见,正确使用与母材匹配的焊接材料是防止产生各类裂纹的重要措施;另外,高纯度氩气和合适的气体流量对获得良好的焊缝外观质量、防止焊接裂纹等缺陷至关重要;纯镍覆层焊接前对坡口周围及焊丝表面进行严格的清洗是不可或缺的工序。这样可以杜绝有害气体侵入和防止产生气孔、裂纹等焊接缺陷。此外,合适的焊接热输入可避免晶粒粗大、减小裂纹倾向;镍-钢复合板焊接时一定要注意减少基层熔合比和保持过渡层的化学成分,从而保证焊缝的耐蚀性。

文献[1306]讨论了镍基合金复合板的焊接。以 N06625 为例,它除了具有镍基合金共同的焊接特性外,还具有以下的一些特点。

(1)625 合金含 Mo 量为 9% 左右,由于 Mo 在奥氏体中溶解度低,故易向液体中偏析。因此,先结晶固相(即枝晶中心),易形成贫 Mo 而优先被腐蚀。

(2)由于 625 合金含 Nb 量很高,为 3.15%~4.15%,Nb 可与 C、Si、S、P 等结合,形成如 Fe_4Si_3 等金属间化合物和低熔点共晶而引起热裂纹。

(3)625 合金复合板焊接时,由于稀释作用,Fe 加入到焊缝中对敏化态的 NiCrMo 合金的耐蚀性十分有害,因为它能促进有害金属间相 μ 和 P 的析出。同时 Fe 的加入使 Mo 和 Nb 在奥氏体中的溶解度减小,从而增加 Mo 和 Nb 的偏析倾向,进而加大热裂纹和腐蚀倾向。

(4)625 合金在 700~950 ℃ 下加热,晶间腐蚀十分严重。因为此温度下会有大量的 Cr 和 Mo 的碳化物析出,为此焊后应快速冷却,以尽快通过此温度区间。

(5)625 合金的焊缝结晶温度区间宽,液态温度为 1360 ℃,最终结晶反应温度为 1152 ℃,结晶区间为 208 ℃,在此温度区间如受力,则焊缝容易开裂,故热裂倾向大。

625-Q235R 复合板焊接坡口示意图如图 3.5.6.5 所示。为保证焊缝耐蚀性能,过渡层和覆层选择钨极氩弧焊进行焊接,并控制层间温度在 100 ℃ 以下,焊丝选用 ERNiCrMo-3,ϕ2.0 mm。过渡层焊接前对坡口进行仔细打磨,露出金属光泽。并用丙酮清洗坡口两侧 50 mm 范围内的覆层,去除有害杂质。基层 Q345R 的焊接采用焊条电弧焊。力学性能检验和腐蚀性能数据均比较理想。

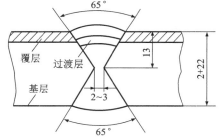

图 3.5.6.5 625-Q345R
复合板焊接坡口示意图

文献[1603]研究了不同焊接材料和工艺对镍-钢爆炸复合板的焊接接头的组织和性能的影响,并在此基础上提出了焊接这种复合板的新工艺,同时指出,原爆炸复合材料界而附近的施焊工艺是影响焊接接头性能的重要因素。

该复合板为 N6-20g,其厚度为 2 mm+10 mm。焊接时采用 H08Mn2Si 打底和钨极氩弧焊。

3.5.7 锆-钢爆炸复合板的焊接

锆-钢复合板的性能与钛-钢复合板的相似。虽然在 700 ℃ 下的热处理降低了剪切强度,然而仍高于 140MPa。图 3.5.7.1 和表 3.5.7.1 提供了不同状态下的锆-钢复合板的硬度、剪切强度和冲击功的数据。爆炸焊接后覆层的硬度提高约 50 HV。经 700 ℃ 热处理后有所降低,但仍高于覆层的初始硬度值。无论是在 580 ℃ 还是在 700 ℃ 的热处理过程中,结合区和覆层均未出现明显的软化。由此可以认为,在上述范围内的热处理过程中,不会发生或者只是在很小的范围内发生锆与钢之间的相互扩散。

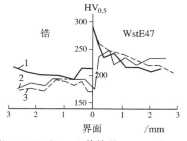

1—爆炸态；2—580 ℃、1 h 热处理；3—700 ℃、6 h 热处理

**图 3.5.7.1　锆-钢复合板结合界面
两侧在不同状态下的显微硬度分布[737]**

表 3.5.7.1　锆-钢复合板在不同状态下的力学性能

（3+30）mm 原始厚度

状　　态	σ_τ/MPa	A_k/J
爆炸态	212～351	76～80
580 ℃、1 h 热处理	245～316	78～85
700 ℃、1 h 热处理	165～175	68～71

　　锆-钢复合板的焊接时，对接接头的覆层面采用盖条法完成。由于锆比钢的熔点高（1850 ℃），在覆层的角焊缝区对基层材料的热影响是不可避免的。在基层材料的热影响区内没有观察到硬度有的升高危险。根据研究结果可以肯定，基层为锅炉钢板或细晶粒钢（包括 WstE47）板的锆的爆炸复合板适宜于制造受压容器。

　　文献［761］指出，电弧焊接的热作用对锆-钢复合质量有很大的影响。在电弧焊接锆合金管与锆合金-钢管板时（图 3.5.7.2），在其界面存在着颇大的热作用，并且由此可能形成 Zr-Fe 系金属间化合物，这些化合物形成和存在的温度是 1048～1919 K，随后为此进行了试验。

　　为了确定因焊接作用结合区达到的温度，在热交换器的模拟试板（锆-钢复合坯料）上进行了试验。在试板上每隔 23 mm 分布着直径 19.5 mm 的贯通孔，在孔中插入一根管子（管已被扩径），然后用氩弧焊接（见图 3.5.7.2）。焊接电流 100 A，一根管子的焊接时间约为 15 s。在邻近的管子冷却以后再焊接后面的管子，如此焊接下去。结果如图 3.5.7.3 所示，复合管板的结合区的温度为 773～1023 K，而保持的时间是几秒钟。在此基础上可以认为这种热作用在结合区不会引起另外的金属间化合物的形成。力学试验指出，双金属原始状态的 σ_f = 188～429 MPa，焊接热作用以后 σ_f = 382～499 MPa。由此可以得出结论，在此管与管板焊接的情况下，在工艺上产生的热作用，不会恶化锆-钢双金属的结合质量。

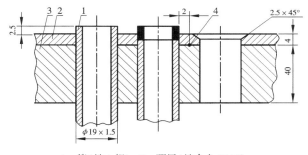

1—管（锆 1 铌）；2—覆层（锆合金 Э110）；
3—基层（20K）；4—热电偶安装位置

图 3.5.7.2　管与管板焊接装置图

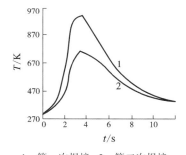

1—第一次焊接；2—第二次焊接

**图 3.5.7.3　在管与管板焊接
情况下的焊接热循环**

3.5.8　钽-钢爆炸复合板的焊接

　　钽具有突出的耐蚀性能，然而用这种金属制造大型的化工设备受到大面积的钽片、钽板成本的限制。钽-钢爆炸复合板能够大大降低成本，用于化工容器有广阔的前景。

　　但是，由于钽的熔点很高（约 3000 ℃），通常这种复合板完全不能焊接。为此制造了钽-铜-钢三层复合板。这种复合板在焊接钽覆层时，铜中间层将热量向焊接区周围传导，这样就避免了基层材料的熔化。

　　文献［737］报道，用爆炸焊接法制成了厚度为 1+3+15 mm 的钽-铜-钢（HII）复合板，用这种复合板制成了直径 1538 mm 和长 7930 mm 的塔体，其内设计参数：压力 p = 10^{-5} Pa（真空）、温度 t = 150 ℃。

　　该复合板在焊接成设备的过程中，复合面用了钽衬条加填充丝的钨极惰性气体保护焊。按照预定的焊接参数，限制熔池尺寸，避免覆层焊缝区气态和固态杂质的污染，以保证焊缝质量。经过一系列的焊接试验，确定了最佳的焊接参数。焊后用氟利昂进行了密封试验，未发现泄漏。

观察了钽覆层焊缝熔透符合要求的焊接接头的组织形态和特征。发现紧靠钽焊缝区的铜中间层的晶粒变粗，基层未发生变化。硬度测试表明，衬条和焊缝区的硬度没有显著的增高。这表明焊接过程中气体的保护是良好的。

拱形封头用热成形法制造。在这种复合板中，由于覆层材料在250 ℃以上时对气体的敏感性高，热成形时应采取附加保护措施。若借助焊接在封头四周的基层面上的钢板盖来保护，则可能在900~920 ℃下进行热成形，而不损害钽覆层。用此方法制成的冲压件具有较高的结合强度，并保证基层材料所要求的力学-工艺性能。无论是封头的转角处，还是直边区，覆层的壁厚都没有显著的变化。封头转角处覆层的硬度在距表面深约 0.05 mm 的地方发生了硬化(图 5.2.9.33)。其余截面的硬度与原始硬度相比没有很大的硬度差。侧弯试验表明，覆层具有足够的塑性。用几块这种复合板拼焊起来也可用热成形法加工成拱形封头。

在美国的 3 家公司联合研究出了使钽成为大型化工容器的结构材料——钽-铜-钢爆炸复合板。用这种复合板制成了两个直径2.44 m，高 18.3 m 的大覆钽塔，拥有这种设备的工厂以每天 600 t的速度将 HCl 转变为氯气[400]。

在钽和钢中间插入铜的目的在于防止焊接时产生的热损伤金属钽的耐蚀表面和钢基层。从经济和实用的角度来看，铜厚 1.3~1.8 mm，钽厚 0.75~1.12 mm 较适宜。铜层太厚会使钽层的热迁移太多而引起冷叠和熔化不够。钽-铜-钢复合板对接焊接头如图3.5.8.1 所示。用该复合板焊接成的锥形支撑杆如图 3.5.8.2 所示。图 3.5.8.3 提供了几种钽-钢复合板对接焊可能的方案。

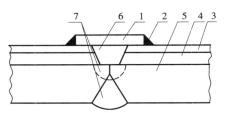

1—钽压板；2—钽焊缝；3—钽覆板；
4—铜中间板；5—钢基板；
6—铜镶条；7—碳钢焊缝

图 3.5.8.1　钽-铜-钢复合板
对接焊接头图

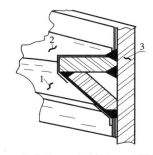

1—复合板；2—钽衬里；3—碳钢

图 3.5.8.2　用钽-铜-钢复合板
焊接成的锥形支撑杆

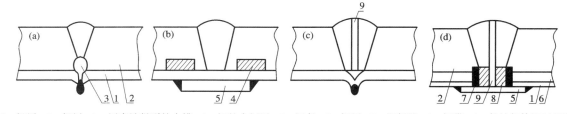

1—钽层；2—钢层；3—用腐蚀得到的小槽；4—钽的中间层；5—钽条；6—铜层；7—银焊缝；8—铜带；9—保护气体通过的孔

图 3.5.8.3　钽-钢复合板对接焊可能的方案[740]

文献[1604]指出，钽在大多数无机酸(H_2SO_4、HCl 等)中具有良好的耐蚀性，在化学工业中有重要用途。为了降低设备的成本，采用了钽-钢复合板结构。该文献研究了爆炸焊接的该种复合板的覆板厚度对钽管与该复合(管)板焊接性的影响，试验证明覆板厚度是影响钽-钢复合板与钽管焊接性的重要因素。由于钽与钢的熔点相差悬殊，且焊接时接头附近焊接温度场的分布比较复杂，容易引起界面钢基层熔化。在高温下，Fe 和 Ta 发生化学反应生成 Fe_2Ta。这种脆性金属间化合物导致复合板界面产生裂纹，并在焊接应力作用下向焊接熔池扩展从而形成贯穿性裂纹。Fe 沿贯穿性裂纹继续向焊接熔池扩散，导致焊缝裂纹扩展。当覆板厚度大于 2 mm 时可实现钽管与钽-钢复合板的焊接，而且厚度越大，焊接性越好。一般情况下，合适的覆板厚度为 2.5~4 mm。钽管与钽-钢复合板焊接接头示意图如图 3.5.8.4 所示，钽覆板的厚度与复合板界面温度的关系如图 3.5.8.5 所示。

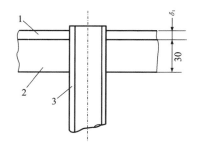

1—钽覆板(Tal)；2—钢基板(16MnR)；
3—钽管($\phi25\times1.0$ mm)；δ_1—覆板厚度。

图 3.5.8.4　钽管与钽-钢
复合板焊接接头图

文献[1605]指出，在管板式换热器制造工艺中，采用氩弧焊焊接管板是常用的工艺方法。使用无缝钽管和钽-钢复合管板进行焊接时，由于钽的熔点比钢高一倍，在高温下发生共晶反应生成δ相+Fe_2Ta，是引起焊缝开裂的主要原因。合理的覆层厚度以及控制焊接接头的温度场是保证焊接质量的关键。用 ANSYS 软件进行数值模拟研究，得到了4 种尺寸组合焊接接头的温度场数值模拟结果。通过分析此结果得到钽-钢复合板的钽层厚度是影响焊接质量的主要因素的结论。为了使钽-钢复合板钢层在焊接过程中不出现熔化，钽层厚度要达到 2.5 mm。

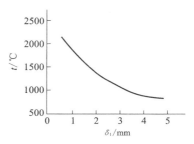

图 3.5.8.5　钽覆板的厚度与
复合板界面温度的关系

3.5.9　爆炸复合板的补焊

由于爆炸焊接过程受众多因素的影响，有时会造成复合板局部位置的爆炸不复。也就是说，爆炸复合板的结合面积率很难达到100%，特别是雷管区位置的爆炸不复很难消除。这未结合的面积部分，就是其内是充满气体的鼓包。为了消除这种鼓包，有些复合板进行了补焊；即在挖去未结合覆板之后，再在此基板位置上堆焊同种材料的覆层。如此可提高爆炸复合板的结合面积率。例如，不锈钢-钢复合板就多用此挖补法来进行补焊。补焊是提高某些爆炸复合板的面积结合率、减少金属材料损失和增加经济效益的一项重要措施。能够补焊的复合板的补焊工艺应按预定的操作规程进行，切忌偷工减料。

但是，并不是所有的爆炸复合材料都能采用补焊的方法和措施来补救，如钛-钢爆炸复合板。实践和研究表明，能否用补焊的方法来增加结合面积率和提高成品率，可以用合金的相图理论来评判：在相应组合的覆层和基层材料内，以其所含主要元素的合金相图为依据，如果该相图内为固溶体，或者两种材料的主要成分相同，则对应的爆炸复合板可以补焊，如不锈钢-钢爆炸复合板；如果该相图内有大量的金属间化合物，则对应的爆炸复合板就不能补焊，如钛-钢爆炸复合板，依此类推。由此可见，可以用合金相图来估计任一爆炸复合板未结合部分进行覆层补焊的可能性。这也是合金相图在爆炸焊接中的一大应用（见 4.14.7 节）。

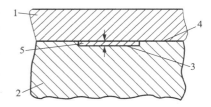

1、2—相应的合金相图上有大量
金属化合物的两种金属材料；
3—第一次爆炸焊接的焊缝；
4—第二次爆炸焊接的焊缝；
5—与 1 相同的金属材料

图 3.5.9.1　用两次爆炸焊接+补焊
法来缩小雷管区不复的面积

然而，有些研究者和单位成功地创造及使用了如图 3.5.9.1 所示的补焊方法，这种方法特别适用于常规下不能补焊的金属组合的大厚复合管板雷管区的补焊，这可能会获得接近 100%的面积结合率——雷管区更小。这种方法实际上是巧妙地将不同金属材料的焊接（补焊）变为相同金属材料的焊接（补焊）。如此类推，相信只要开动脑筋，也许还能够想出其他更多更好的方法来解决此类课题。

另外，对于钛-钢复合板来说，也可以利用以铌或铌铜为中间层的方法来补焊。

3.5.10　爆炸焊接前覆板的拼焊（拼接）

文献[1212]指出，随着工业的快速发展，所需设备的尺寸越来越大；而目前的轧制设备和技术很难提供相应大尺寸的钛板，因此在爆炸钛-钢复合板之前，钛板往往要进行拼焊处理以达到所需要的尺寸。该文献利用等离子弧焊（PAW）和钨极氩弧焊（TIG）对爆炸复合用轧制薄钛板进行了拼焊试验，试验结果表明，从宏观上看，两种焊接工艺下的焊缝均平整光滑，无裂纹、分层和焊瘤等焊接缺陷。但是 TIG 焊缝的宽度较大，为 PAW 焊缝隙的 2 倍。渗透探伤的结果表明，两种焊接工艺均有微小气孔。观察和比较两种焊件的微观组织和力学性能，发现 PAW 的焊缝的热影响区较窄，而 TIG 的焊缝热影响区较宽，且其焊缝的晶粒略微粗大。从焊接界面附近区域的显微硬度来看，PAW 各区域的硬度梯度要低于 TIG 焊件。两种焊件的力学性能检验结果表明，PAW 焊件的性能优于 TIG 焊件的。由此可见，PAW 的焊接方法更适合于爆炸复合用薄钛板的拼焊处理。

文献[1213]进行了大面积覆板拼焊的研究工作，并指出为了保证拼焊覆板的平整、减少拼焊变形、减少诸多缺陷的产生和保证爆炸焊接工艺的顺利进行，覆板的拼焊应按如下做法：改拼焊的手工焊和氩弧焊为等离子焊；采用焊接夹具；拼焊后进行仔细和完整的校平处理；仔细地调整质量比 R 和间隙距离 S；采用恒定爆速的炸药；安装时，覆板周围使用可调的夹具，以调整基、覆板间的间隙，并保证其一致；起爆位置应尽量选择以低间隙距离的位置为起爆点，避免负角起爆。

对于圆形覆板，如圆形钛覆板的拼焊，其焊缝最好不要沿直径分布。对于方形钛覆板的拼焊，可参照图3.2.1.5进行。

3.5.11　不锈钢–钢爆炸+轧制复合薄板的焊接[①]

不锈钢–钢复合薄板可以通过爆炸焊接的该组合的大厚板坯热轧后再冷轧的工艺获得。这种复合薄板，特别是用其制造的复合管有重要的经济和技术价值，是一种应当大量开发和生产的冶金产品。

但是，无论是复合薄板还是复合管，在其制造和使用前都存在焊接的问题。而它们的焊接又不同于中、厚复合板的焊接，因为厚度不大而无法打坡口。

在不锈钢–钢复合薄板焊接的过程中，为不失焊缝覆层的耐蚀性，在不用焊丝的情况下，如何保证焊缝覆层与不锈钢有相似的成分是一个需要优先考虑的问题。

研究者用微束等离子弧焊工艺在不锈钢–钢复合薄板的焊接上做了许多工作，取得了一定的成果[762]。

微束等离子弧焊方法有如下特点和优点：高的焊接速度、压缩电弧稳定、电流密度高、能量集中，特别是熔池中的熔融金属基本上是水平搅拌，且垂直搅拌不剧烈。这就使焊缝金属中不锈钢覆层的熔化量比低碳钢的熔化量大得多。到时焊缝覆层合金元素的总量可能会有些下降，但仍接近于不锈钢成分的含量。这样，在不加焊丝的情况下就可同时满足不锈钢的装饰色和耐蚀性的要求。

试验用材为爆炸焊接+轧制的不锈钢（1Cr18Ni9Ti）–钢（Q235）复合薄板，试板尺寸为0.9 mm×25 mm×150mm，其中不锈钢层厚0.25mm，Q235钢层厚0.65mm。焊机为EP-50型微束等离子弧焊机。

试验过程中分别调节了焊接电流（I，A）、焊接速度（v，mm/min）、离子气流量（Q_L，L/min）、保护气流量（Q_B，L/min）、脉冲频率（f，Hz）和脉冲占空比（η，%）等6个参数。每次试验固定5个参数的值，只变化另1个参数的值。在保证焊透的情况下，截取焊缝试样后将其磨制和抛光成金相样品，并用4%硝酸酒精溶液腐蚀，在金相显微镜下观察其焊缝形状，并测量如图3.5.11.1所示的接头截面形状内的各尺寸参数。其中：

$$S_1 = (B_1 + B) \times \delta_1 \div 2 \qquad (3.5.11.1)$$
$$S_2 = (B_2 + B) \times \delta_2 \div 2 \qquad (3.5.11.2)$$
$$\lambda = S_1 / S_2 \qquad (3.5.11.3)$$

式中，B_1为不锈钢焊缝表面的宽度，B_2为Q235钢焊缝底面的宽度，B为复合板结合层处焊缝的宽度，S_1为覆层焊缝的截面积，S_2为基层焊缝的截面积，δ_1为覆层的厚度，δ_2为基层的厚度。

焊接试验发现，不管焊接各参数如何变化，当λ值较大时焊缝将形成上宽下窄的漏斗形；当λ值较小时焊缝为上下基本上等宽的酒杯形，如图3.5.11.2所示。检验表明，当焊缝为漏斗形时，不锈钢被Q235钢稀释的程度较小，这时覆层焊缝合金元素的含量高，并接近不锈钢的成分。而焊缝合金元素的含量与λ值基本上成正比。因此，最佳的焊接工艺参数的选择应使λ值尽量大为原则。例如通过表3.5.11.1(a)中的一组参数即可获得漏斗形的焊缝，而通过表3.5.11.1(b)中的一组参数则可获得酒杯形的焊缝。6个焊接工艺参数经系统试验后，它们与λ的关系曲线如图3.5.11.3所示。

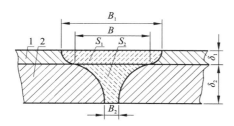

图3.5.11.1　不锈钢(1)–钢(2)
复合薄板微束等离子弧焊接与
焊缝截面形状及各参数示意图

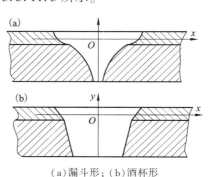

(a)漏斗形；(b)酒杯形
图3.5.11.2　两种基本的焊缝形状

---

①　本书作者提供了该试验的这种用材，并参与了其中的一些工作。

表 3.5.11.1 获得两种不同焊缝形状的焊接工艺参数

组别	I/A	v/(mm·min^{-1})	Q_L/(L·min^{-1})	Q_B/(L·min^{-1})	f/Hz	η/%	焊缝形状
a	35	500	0.75	6	10^5	30	漏斗形
b	46	400	0.50	8	—	—	酒杯形

表 3.5.11.2 两组焊接工艺下覆层焊缝内的化学成分含量 %

组别	Cr	Ni	C	Si	Mn	Ti	焊缝形状
a	14.17	8.39	0.132	0.28	1.80	0.42	漏斗形
b	6.09	0.144	0.144	0.31	0.90	0.10	酒杯形

在图 3.5.11.2 中的坐标原点处可用电子探针测定两种形状的焊缝中的合金元素含量。与表 3.5.11.1 中焊接参数相对应的结果如表 3.5.11.2 所列。由表 3.5.11.2 中数据可见，a 组的成分含量接近不锈钢的，其中 Cr 和 Ni 还比较高，因此可以相信这种焊缝能够满足耐蚀性和装饰性的要求；对于 b 组来说，估计其焊缝的耐蚀性较差，故不能满足使用要求。

焊接接头力学性能试验的结果如表 3.5.11.3 所列。由表中数据可知，虽然焊接电流从小到大变化，使得焊缝形状从漏斗形向酒杯形过渡，但只要是焊透了，其接头的强度仍高于基层的强度，且塑韧性良好。

焊缝的金相观察指出，在漏斗形的焊缝中覆层为单相的奥氏体组织，基层为奥氏体+铁素体+马氏体的混合组织。在酒杯形的焊缝中，组织均匀，且覆层和基层均为奥氏体+铁素体+马氏体的混合组织。

覆层焊缝的耐蚀性检验表明，漏斗形焊缝的晶间腐蚀结果可达 GB 4334—2008 四级，没有腐蚀沟槽。酒杯形的焊缝在晶间腐蚀试验后有明显的腐蚀沟槽，并且这种沟槽完全包围了晶粒。使用时这种焊缝必将发生严重的晶间腐蚀。

综上所述，用微束等离子弧焊的方法，不加焊丝和不留间隙，可以从覆层一侧单面焊接不锈钢-钢复合薄板。通过控制焊接工艺参数能够获得漏斗形的焊缝。这种焊缝的覆层的化学组成接近不锈钢的化学组成，其组织、力学性能和化学性能可以满足使用要求。据此指出，利用微束等离子焊接机和可行的工艺参数能够生产用不锈钢-钢复合薄板制成的设备，特别是生产用这种复合材料制成的复合管。这些产品能够带来较大的经济效益。进一步的焊接试验有待进行。

文献[1484]介绍了不锈钢复合薄板的焊接问题。该复合薄板基层为 Q235 或 08Al，厚度为 1.0~2.0 mm。覆层为 0Cr18Ni9，厚度为 0.1~0.15 mm。这种双面不锈钢复合薄板一般的焊接方式很难使接头的耐蚀性满足要求，为此，通过预留焊缝和不预留焊缝、添加不同的焊丝进行对比来解决这个问题。焊接参数如表 3.5.11.4 所列。

表 3.5.11.3 焊接接头的力学性能试验数据

焊接电流/A	断裂位置	σ_b/MPa	δ/%	弯曲角/(°) 内弯	弯曲角/(°) 外弯
34	基层	900	38.6	180	180
37	基层	908	35.7	180	180
40	基层	1020	45.5	180	180
43	基层	1030	44.2	180	180
46	基层	1050	42.5	180	180

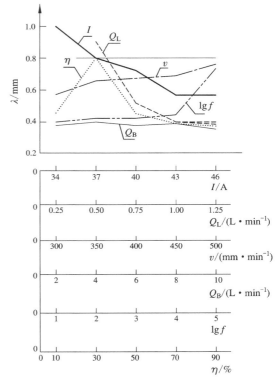

图 3.5.11.3 各焊接工艺参数与 λ 的关系曲线

表 3.5.11.4 1.5 mm 厚的双面不锈钢复合板 TIG 填焊丝焊接试验参数

焊 接 条 件	试样代号	焊接电流/A	焊接速度/(m·min^{-1})	送丝速度/(m·min^{-1})	填充焊丝牌号	对接间隙/mm
保护气体：氩气，流量 15 L/min；焊缝背保护气体：氩气，流量 10 L/min；钨极到焊丝距离：2 mm；钨极到工件距离：3 mm；焊丝直径：1 mm	1	75	0.2	1.6	HS309L	0
	2	75	0.2	1.6	ERNiCrFe-1	0
	3	75~80	0.2	1.6	HS309L	1.5
	4	75~80	0.2	1.6	ERNiCrFe-7	1.5

用上述参数焊接的所有试件均实现了单面焊双面成形,焊缝正反面成形光洁和平整,正反面均有一定的余高,没有任何咬边现象。

金相检验表明,基层的金相组织均为铁素体+珠光体,覆层的金相组织为奥氏体+少量铁素体。焊缝的金相组织,如果采用 HS309L 不锈钢焊丝作为填充金属,对于不留焊接间隙的 1.5 mm 双面不锈钢试件的对接焊缝,焊缝的组织基本相同,均为板条状马氏体;热影响区的组织为共析铁素体+贝氏体+珠光体。采用 ERNiCrFe-7 镍基焊丝作为填充金属,对于不留焊接间隙的 1.5 mm 双面不锈钢试件的对接焊,焊缝的组织为奥氏体,局部有马氏体。显微硬度(HV0.1)值分散度较大:183、270、328 和 408。

对于对接间隙 1.5 mm 的情况,如果用 HS309L 填充焊丝,则焊缝的金相组织为奥氏体+铁素体。HV0.1 为 256。如果用 ERNiCrFe-7 填充焊丝,对接间隙 1.5 mm,则焊缝的金相组织为固溶体+少量第二相,HV0.1 为 191。

用能谱仪对对接间隙 1.5 mm、填充焊丝为 HS309L 的焊缝进行了成分分析。结果表明,焊缝中 Cr 的含量为 17%~19%,覆层的 Cr 含量为 17.91%,与焊缝中的含量相当。

耐蚀性能分析指出,对于 HS309L 焊丝,当预留对接间隙 1.5 mm 时,焊缝 Cr 元素的含量达到 17%~19%,其组织为奥氏体+铁素体,具有与复合板覆层相似的耐蚀性。采用 ERNiCrFe-7 焊丝,其中的 Cr 含量高于 HS309L 的,因此接头的耐蚀性完全可以达到复合板覆层的耐蚀性。

文献[1606]对双覆层不锈钢复合钢板的焊接性能进行了试验研究。试验材料基层为 Q235A,双覆层为 1Cr8Ni9Ti,试板尺寸为 400 mm×200 mm×(0.8+5+0.8) mm。坡口形式如图 3.5.11.4 所示。两块对接,层间温度控制在 60~100 ℃。焊接组织拟选定为奥氏体+铁素体(2%~8%)的双相组织,选用 Cr24Ni13 焊丝焊接覆层,基层选用 E4343 焊条。

用手工电弧焊焊接基层,用钨极氩弧焊焊接覆层,在基层和覆层之间不加过渡层。考虑到基层对覆层的稀释作用和防止在焊缝熔合线附近出现大量的马氏体组织及其他硬化相,采用合金元素比覆层更高的填充金属材料。焊接工艺参数如表 3.5.11.5 所列。

焊接结果表明,焊接接头有令人满意的力学性能和预定的金相组织,覆层有良好的抗晶间腐蚀性能。

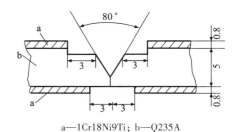

a—1Cr18Ni9Ti; b—Q235A

图 3.5.11.4 焊接坡口形式

表 3.5.11.5 焊接工艺参数

焊接材料	焊材直径 /mm	焊接电流 /A	电弧电压 /V
基层 E4343	2.5	90	22
覆层 Cr24Ni13	2.0	115	12

3.5.12 不锈钢-钢复合管的对接焊接

不锈钢-钢复合管和其他材料的复合管的焊接包括两个方面:一是这些已成型的复合管的对接焊接;二是用相应材料的复合板来生产这些复合管的工艺过程中所产生的焊接工序,如直缝焊和卷缝焊。我国正在筹建大型和多品种的复合管(冶金结合)的生产线,大口径的复合管的生产必然会用到直缝焊或卷缝焊的工艺。现在这类焊接工艺和技术的使用已经提到议事日程上来。本节主要介绍不锈钢-钢复合管的对接焊接,以复合管的加长来与其他用复合材料制成的设备一起,组成生产诸如化工产品的生产线,或者组成输送流体介质(如石油和天然气)的管线。

为了降低成本,不锈钢-钢复合管代替传统使用的全不锈钢管在普通化工、特别是石油化工工程中日益增多。外表层为不锈钢的复合管作为装饰材料在装饰工程中也崭露头角。因此,和不锈钢-钢等复合板一样,不锈钢-钢复合管在我国也为市场接受并得到应用。

不锈钢复合管有三种形式。第一,外层为普通钢管,内层为不锈钢管。这种复合管的内管在其内流通浸蚀性介质时作为耐蚀材料用。第二,外层为不锈钢管,内层为普通钢管。这种复合管的不锈钢层通常很薄,主要作为装饰材料用,也有耐蚀作用。第三,内、外层均为不锈钢管,中间为普通钢管。这种复合管在管内、外均有浸蚀性介质时使用。这三种复合管中的普通钢管,因其厚度较大和强度较高而作为支持材料用,其价格也比较便宜。

上述复合管中,不锈钢和普通钢之间均为冶金结合状态。也就是说,它们之间不是靠机械连接的方式组合在一起的。冶金结合状态的该种复合管的生产方法在本书 3.2.43 节中已有讨论，归纳起来主要有以下几种：管径不太大(小于或等于 φ300 mm)的复合管用共挤压、共拉拔、爆炸焊接+共挤压(共拉拔)、扩散焊接+共挤压(共拉拔)等工艺生产。管径较大(大于或等于 φ400 mm)的复合管用这两种材料的复合板在加工成形后进行直缝焊或卷缝焊的工艺生产。前者为无缝的复合管，后者为有缝的复合管。

不锈钢复合管在工程建设中，首先碰到和需要解决的是将其对接焊接加长的问题。这个问题解决得如何，不仅关系到工程质量的好坏，而且关系到这种结构材料能否大量推广使用，因此，须认真对待。和不锈钢等复合板一样，在长期的生产实践中，人们也逐步地解决了该不锈钢复合管的对接焊接加长的问题。从而为这种新材料在工程建设中的大量使用创造了条件，而获得了明显的经济、技术和社会效益。

下面根据文献资料讨论不锈钢-钢复合管的对接焊接的问题。

文献[1607]指出，不锈钢复合管在电力工程和化工工程中使用日益广泛，其焊接工艺是保证管路安装和维护的前提。作者们在生产实践中探索出一套合适的焊接工艺，达到了焊接性能的要求。

该文献提供了复合管的材质、尺寸和对接接头的形式，如图 3.5.12.1 所示。指出，通过对某电厂施工中不锈钢-钢复合管焊接质量进行了检测和调查，所出现的质量问题及其分布如表 3.5.12.1 所列。由表中数据可以看出，气孔和晶间腐蚀是影响焊接接头性能的关键因素。

为了解决上述问题，根据"全面质量管理"的原理，制作了因果图。由因果图中列出的 9 个末端因素进行了现场调查、测试和分析。其中 7 组数据分析的结果指出，造成焊接缺陷的主要原因是焊接工艺不当。为此，在现场进行了焊接方法、焊接材料、焊接电流、复合管致密层、错口值和坡口角度 6 个参数的正交法试验。

表 3.5.12.1　不锈钢复合管对接接头焊接缺陷统计表

主要问题	气孔、晶间腐蚀	咬边	夹钨	裂纹	其他	统计
频次	28	7	3	1	7	46
所占百分比/%	60.87	15.22	6.52	2.17	15.22	100.00

试验结果指出，该不锈钢-钢复合管出现晶间腐蚀的原因是焊缝金属贫 Cr。在焊接第一道焊缝时，不锈钢层和碳钢层同时熔化，碳钢对不锈钢的稀释和焊材中合金成分的烧损直接导致焊缝金属贫 Cr。另外，焊材中增加 Ni 的含量可抑制熔合区的碳扩散。所以含 Cr、Ni 量高的焊材取得了较好的结果。试验中还发现，如果复合

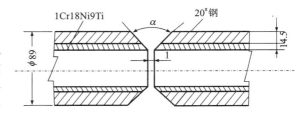

图 3.5.12.1　不锈钢-钢复合管的材质、尺寸和
对接接头的形式(α 为坡口角度)

管的结合面的清洁度不理想，即局部有铁锈，将直接导致焊缝根部出现气孔超标。鉴于氩弧焊比手工电弧焊对铁锈更敏感，采用了氩弧焊和手工电弧焊相结合的方法。增大坡口角度既增加了覆层的接触面面积，又减小了熔合比，还减少了碳钢对不锈钢的稀释，有效地降低了出现晶间腐蚀的概率。

该文献提供了新的焊接工艺和诸多参数，其中坡口形式如图 3.5.12.2 所示。结论指出，用此新的焊接工艺进行该不锈钢-钢复合管的焊接后，焊口一次合格率达 99.25%，无晶间腐蚀现象。

文献[1608]介绍了一种规格为 φ86 mm×(3+0.5) mm 的 0Cr18Ni9-20# 钢复合管的 TIG 焊接工艺，从焊接材料选择、焊接工艺评定等方面进行了分析和论证。

(1)焊接方法。由于覆层太薄，不能单独焊覆层。就先焊过渡层焊缝，再焊基层焊缝。在焊接工艺上，要保证过渡层焊缝的单面焊而双面成形。在焊接过程中不产生冶金缺陷和工艺缺陷，而且要保证过渡层化学成分、金相组织和抗腐蚀性能与 0Cr18Ni9 不锈钢的基本相似。

(2)焊接材料。过渡层焊材选用 25-13 型焊丝，以补充母材对焊缝的稀释。从打底 SMAW 盖面到选用与 20 钢相对应的焊接材料——J427 低氢焊条。

(3)焊接工艺参数。坡口如图 3.5.12.3 所示。TIG 焊电源为直流正接，用 φ3.0 mm 铈钨极，氩气纯度为 99.9%。焊条电弧焊为直流反接，焊条焊前需烘干处理。引弧和熄弧必须在坡口内或焊缝上进行，以免引起母材的局部腐蚀。道间温度控制在 60 ℃ 以下。焊接工艺参数如表 3.5.12.2 所列。

表 3.5.12.2　复合管的焊接工艺参数

焊材牌号及规格/mm	层数	焊接电流/A	电弧电压/V	氩气流量/(L·min⁻¹) 喷嘴	氩气流量/(L·min⁻¹) 焊缝背面
TGS-309L, φ2.0	第1层	62~78	12~16	8~16	7~9
J427, φ2.5	第2层	75~80	22~25	—	7~9
J427, φ3.2	第3层	85~92	23~28	—	7~9

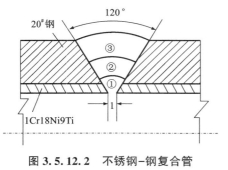

图 3.5.12.2　不锈钢-钢复合管
焊接坡口形式和焊接顺序图

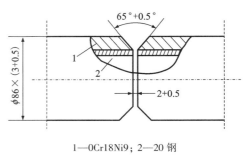

1—0Cr18Ni9；2—20 钢
图 3.5.12.3　复合管焊接
的焊接坡口与尺寸

焊接接头性能检验：

（1）过渡层的金相组织用扫描电镜和 X 射线衍射法确定。过渡层焊缝为 $\gamma+\delta$ 组织，δ 铁素体含量为 4%~7%。焊缝中未发现 $Cr_{23}C_8$ 相。焊缝中的这种组织能满足该复合管使用工艺的要求。

（2）过渡层化学成分的能谱分析指出，$W(Cr)$ 和 $W(Ni)$ 分别为 21.57% 和 11.18%。由此可见，焊缝化学成分已达到 0Cr18Ni9 同一电极电位区。焊缝、熔合区和 0Cr18Ni9 母材的合金元素含量基本一致，由此说明焊缝和母材冶金结合良好。过渡层焊缝和熔合区的抗腐蚀性能也与 0Cr18Ni9 不锈钢母材一致。由此结果可以看出，所选择的焊接工艺是合理的。

采用上述工艺焊接的管线已于 2004 年初成功投入生产运行，接头处状况良好。

文献［1609］报道，中航科技集团研制的 20# 钢-0Cr18Ni9 复合管，主要用于输油管线和腐蚀介质的输送。由于不锈钢衬层厚度只有 0.5~1.0 mm（外层 20# 钢 3 mm 厚），焊接时存在一定的困难。采用背部充氩保护的钨极氩弧焊（TIG）和超低碳奥氏体不锈钢焊丝 TGS-309L，焊接 20# 钢-0Cr18Ni9 复合管的第一层焊缝。第二层和第三层焊缝为盖面层，由于基层是 20# 钢，用 J427 焊条的焊缝强度是够的。焊缝坡口形式为 V 形，间隙 2.0 mm，钝边 0.5 mm（即衬层厚度），坡口角度为 70°。

复合管焊接的问题是焊缝的抗腐蚀，其关键取决于第一层焊缝。为此，用金相显微镜、扫描电镜和电化学分析法，对焊接接头的化学成分、金相组织、显微硬度和抗腐蚀性能进行了研究，结果指出，用此焊接工艺焊接该复合管后焊缝成形良好，焊缝成分和金相组织能满足复合管使用过程中的强度和抗腐蚀性能的要求。

文献［1610］指出，碱回收锅炉是现代制浆企业中必备的工业设备。用复合钢管制作的水冷壁来代替传统的碳钢管的水冷壁，会使碱回收锅炉的抗腐蚀性能良好。为此，对复合钢管的焊接和维护的要求很高。复合钢管的焊接包括复合钢管与复合钢管的对接焊和复合钢管与碳钢管的对接焊。为了保证它们的焊接接头的质量和碱炉运行的可靠性，该文针对复合钢管水冷壁的焊接问题进行了焊接工艺试验、分析和组织观察，从而确定合理的焊接材料、焊接工艺参数和无损探伤要求。

表 3.5.12.3　复合管母材的规格、材质和焊材牌号

名　称	规格/mm	材　质	焊材牌号
水冷壁 下段	φ63.5× 6.3/6.53	SA210CrAl -304L	0K13.09 -0K67.20

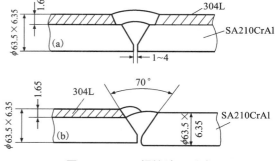

图 3.5.12.4　焊接坡口形式

复合钢管的材质为 304L-SA210CrAl，其牌号、化学成分和力学性能如表 3.5.12.3~表 3.5.12.5 所列。

焊接坡口如图 3.5.12.4 所示。焊接工艺参数如表 3.5.12.6 所列。

表 3.5.12.4　复合管的化学成分　　　/%

牌　号	C	Mn	Si	S	P	Cr	Ni
304L	0.01~0.21	1.27~1.53	0.31~0.51	0.001	0.019~0.024	18.41~18.84	9.57~10.44
SA210CrAl	0.18~0.21	0.61~0.67	0.25~0.29	0.001~0.024	0.012~0.020	—	—

结论指出，304L 不锈钢复合管水冷壁焊接时，采用氩弧焊打底，焊条电弧焊盖面，焊材选用 0K13.09~0K67.20，焊接电流为 6.5~85 A 至 110~120 A，电弧电压为 9~11 V 至 22~24 V。通过金相组织检查证明焊接质量良好。在施焊过程中，应对复合管的焊接接头进行以下检验：分别对打底焊缝、基层焊缝、覆层焊缝进行 100%外观检查；对基层焊缝进行 100%射线探伤检查；对覆层进行 100%渗透探伤检查。

文献[1346]对 316L-20g 复合管进行了 TIG 对接试验，并对接头进行了拉伸、弯曲、冲击和压力测试，以及无损探伤。利用光学、扫描电镜和化学分析的方法对接头的组织和主要合金

表 3.5.12.5 管合管的力学性能

牌 号	σ_b/MPa	σ_s/MPa	δ/%	HRB	HB
304L	≥515	≥205	>135	—	—
SA210CrAl	≥415	≥255	≥22	≥79	≥143

表 3.5.12.6 304L-SA210CrAl 复合管的焊接工艺参数

焊层	焊接方法	焊接位置	焊材直径/mm	焊材牌号	焊接电流/A	电弧电压/V
1. 基层	CTAW	2G	2.4	0K13.09	110~120	9~11
2. 基层	GTAW	2G	2.4	0K13.09	110~120	9~11
3. 履层	SMAW	2G	2.5	0K67.20	65~85	22~24

元素的扩散进行了分析。结果表明，焊缝分为碳钢层、碳钢层与过渡层之间的扩散层、过渡层和不锈钢层4 个区域。扩散层焊缝组织为马氏体+残余奥氏体，过渡层为奥氏体组织，而不锈钢层为胞状树枝晶。在试验参数下，接头的各项力学性能优良。接头无缺陷。焊缝根部 Ni、Cr 合金元素与焊接材料相比无明显变化。采用过渡焊丝起到了保持根部焊缝合金元素含量的作用。

文献[1611]讨论了复合钢管的覆层焊接问题，着重讨论了覆层材料 SUS304LTB 在焊接之后产生晶间腐蚀的倾向及其对整个焊接接头的影响，并就如何从工艺上提高覆层焊接质量进行了初步探讨。

文献[1612]报道了常减压装置中不锈钢复合管焊接的资料，并指出，在不锈钢复合管熔焊时，必然会出现不锈钢和碳钢之间的互溶，从而发生复杂的合金化过程。这里可能出现两种情况：一种是在碳钢基层上熔焊不锈钢焊缝金属；另一种是在不锈钢覆层上熔焊碳钢焊缝金属。前者，不锈钢层被碳钢少量稀释后仍是铬镍型不锈钢，只是降低了其中的 Cr、Ni 的含量，增加了碳含量，在不锈钢中易产生硬而脆的马氏体组织。其过渡层的硬化带的厚度小于 1 mm，最高硬度为 HV 230。后者，被不锈钢稀释后的碳钢中形成合金钢焊缝。在快速冷却下，它必然变得硬而脆，并对冷裂极为敏感。其过渡层硬化带的厚度可达 2.5 mm 以上，最高 HV 469。因此，在不锈钢复合管的焊接中，要严格防止在不锈钢覆层上采用碳钢焊条，或低合金钢焊条进行焊接。只允许采用不锈钢焊条在碳钢基层上进行焊接。胜利石化总厂 350 万 t/a 常减压装置 316L-20 g 不锈钢复合管线(覆层厚 2 mm)运行压力 0.08~0.22 MPa、工作温度 359~386 ℃。管线内的介质为常压过汽化油、常底油、减压过汽化油和减压渣油。在该管线的施工中，遵循上述原则，借鉴不锈钢复合板的焊接方法，结合工程实际，从焊材选用、焊接工艺参数、工程施工质量和效果等方面，介绍了适用于不锈钢复合管的焊接方法。

文献[1613]研究了不锈钢焊缝和熔合区组织对奥氏体(A)-珠光体(P)的 0Cr18Ni9-20#钢复合管焊接接头性能的影响，并指出采用如图 3.5.12.5 所示的接头形式和表 3.5.12.7 所列的工艺参数、E309L 型超低碳奥氏体不锈钢焊条和电弧焊接的方法，制备了 0Cr18Ni9-20#钢复合管单层焊和多层焊接头。

表 3.5.12.7 焊条电弧焊工艺参数

焊接材料	层 数	焊接电流 I/A	电弧电压 U/V
CHS062，ϕ2.5	第 1 层	58~70	25~30
J427，ϕ3.2	第 2 层	80~90	22~28

结论指出，获得了组织和性能均良好的焊缝及熔合区。不锈钢焊缝为 $\gamma+\delta$ 双相组织，其化学成分与 0Cr18Ni9 母材基本一致。金相和 XRD 分析表明，多层焊的再加热作用使不锈钢层焊缝较粗大的蠕虫状 δ 铁素体结晶组织破碎，并发生 $\delta\rightarrow\gamma$ 转变，使 δ 铁素体细化为球形，含量有所减少。再加热后不锈钢层焊缝中没有 $Cr_{23}C_6$ 相析出，有利提高焊缝的抗腐蚀和抗裂性能。能谱分析和显微硬度分析表明，多层焊的再热作用使过渡层焊缝-0Cr18Ni9 界面上合金元素的分布趋向均匀，没有出现碳迁移和凝固过渡层，而且使焊接接头的硬度趋于一致。

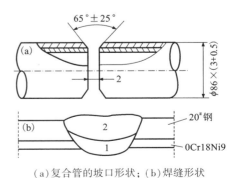

(a)复合管的坡口形状；(b)焊缝形状

图 3.5.12.5 焊接接头形式和焊接顺序图

文献[1614]采用 TIG 和 MIG 实现了 304-Q235 内衬式冶金复合管的对接焊接，并对焊接接头的成分、组织和性能进行了分析研究。结果表明，该接头的 $\sigma_b = 480$ MPa，$A_k = 113$ J。打底和过渡层内 Cr、Ni 含量可分别达 16.44% 和 9.67%。由此可以说明，对接接头的耐蚀性不低于复合管。在焊接热循环作用下，焊接接头附近的覆层和基层未开裂，这表明复合管的结合性能良好。

文献[1615]报道了结合西气东输主力气源地新疆气田双金属复合管的成功应用实例，介绍了该复合管的施工和焊接技术。该技术综合采用了特殊的坡口形式、焊接工序、焊接方法、焊接材料等工艺方法，解决了焊接难题，提出了常见缺陷的消减措施，为后续复合管在酸性高压腐蚀条件下的推广应用提供了技术参考。

文献[1616]指出，随着能源供应需求的增加，海底石油天然气等的开采量日益增大，经常需要跨地域和长距离管道输送。中国大部分油气资源含有 CO_2、H_2S、CI^- 等酸性腐蚀成分。为确保管道具有足够的强度和耐蚀性并兼顾成本，内衬不锈钢复合管已被广泛地用于海底油气输送。文献对冷拔、热胀形等方法生产的复合管进行了焊接加长研究。文献中针对复合管焊接过程中易出现的问题，通过比较不同焊接工艺下复合管焊接接头的微观组织和力学性能，提出了适合于该复合管焊接的新工艺，为复合管在实际工程中的扩大应用奠定了基础。

3.6　爆炸复合材料的机械加工①

爆炸复合材料的机械加工是继其压力加工、热处理、焊接之后的又一重要的后续加工工序，也是这类材料为获得实际应用而不可缺少的一个加工工序。在经过多年的实践之后，有许多课题值得总结和探讨。

3.6.1　爆炸复合材料机械加工的特点

与单金属材料相似，爆炸复合材料的机械加工包括切割加工、切削加工、校平和校直加工及成形加工等。在这些加工中又包括热状态下的加工和常温状态下的加工。因此，范围相当广阔和内容相当丰富。

不同金属的爆炸复合材料的机械加工首先要考虑如下因素，根据这些因素能够了解这类材料机械加工的一些特点。

(1)覆层金属和基层金属各自的力学性能，如 σ_b、σ_s、δ、ψ、HB 和 a_k 等不同。

(2)覆层金属和基层金属各自的物理性能，如导热性、线胀系数和熔点等不同。

(3)结合区与覆层和基层的组织形态及性能不同。如结合区金属具有塑性变形、熔化和扩散，以及波形的特征。依基体组元的不同，结合区熔体中或是固溶体，或是金属间化合物，或是它们的混合物。

(4)爆炸焊接以后，基体金属内都发生了一定程度的强化和硬化，整个复合材料内分布着一定大小和方向的残余应力。

……

因此，在每一项和每一次机械加工中，都得考虑上述因素对机械加工结果的影响，从而为获得优质的产品打下基础。

3.6.2　爆炸复合材料的切割加工

爆炸复合材料的切割加工即是将大块的爆炸复合材料用特定的方法分割成小块，或者切除多余的、不整齐的和缺陷较多的边部，为后续制作产品创造条件。

切割爆炸复合材料的方法很多，如气体火焰切割法、机械切割法、砂轮切割法和等离子弧切割法等。

1. 气体切割

气体切割(气割)在爆炸复合材料的切割中已被广泛采用。对于基覆比大于 1.5 的复合钢板，将基板朝上可以顺利地进行气割。但是要得到良好的切割口，其规范要比碳素钢切割的狭窄一些。一般须根据基体金属的材质和通过试验确定其最合适的工艺条件。

(1)切割燃料。采用乙炔、天然气或丙烷气均可。乙炔火焰温度较高且效果较好。

---

①　本章参考了洛阳船舶材料研究所的吴绍尧同志编写的《船舶材料手册》第十一章"金属复合材料"(讨论稿)中的部分资料，特此致谢。

（2）切割设备。用自动切割机或手动割炬均可。当使用前者时，切断口的质量更好。

（3）切割方式。分直接切割和混合切割两种。前者将复合材料的基层朝上和直接实施切割，如钛和钛合金-钢复合板和不锈钢-钢复合板均可如此切割。对铜及铜合金-钢复合板和镍及镍合金-钢复合板等，则须沿着金属复合材料的切断线，先用机械法除去覆层，并露出基层，然后进行气割。混合切割时，机械切口的宽度要根据基层钢的厚度不同而有所不同。例如切割 7+55 mm 厚的铁白铜-合金钢复合板时，机械切口为 5~7 mm。气割后获得了良好的切断面。

（4）气割时应注意的事项。

① 火口直径：切割复合材料时，通常比切割同一厚度的碳素钢或合金钢的火口直径要大 20%~30%。

② 切割的氧气压力为同一厚度的碳素钢或合金钢切割时的 50%~70%，特别是切割较薄的复合板时要更低一些。

③ 切割速度与同一厚度的碳素钢或合金钢切割时相比要稍慢一些。

④ 切割火口不要与板面垂直，而要依据切断位置和气体燃料的不同，通过试验确定具体切割火口与板面的倾角。在一般情况下，选择与切割进行的方向呈 5°~20° 为宜。

⑤ 切割规范参照表 3.6.2.1~表 3.6.2.3。

表 3.6.2.1 不锈钢-钢复合板的气割条件

总厚度 /mm	覆层 厚度 /mm	切割速度 /(mm·min⁻¹)	氧气 压力 /MPa	火口 直径 /mm	火口 距离 /mm	火口 角度 /(°)
4	0.7	580	0.05	1.0	6.8	0
6	1.5	510	0.07	1.0	6.8	0
9	2.0	460	0.08	1.0	6.8	0
16	3.0	380	0.10	1.5	7~10	10
20	3.0	320	0.15	1.5	7~10	10
22	4.0	310	0.15	1.5	7~10	10
30	3.0	300	0.20	1.5	7~10	10
50	3.0	260	0.25	2.0	7~10	15
83	3.0	230	0.28	2.0	7~10	20

表 3.6.2.2 铝青铜-钢复合板的气割条件

总厚度 /mm	覆层 厚度 /mm	切割速度 /(mm·min⁻¹)	氧气 压力 /MPa	火口 直径 /mm	火口 距离 /mm	火口 角度 /(°)
10	2.0	450	0.10	2.0	6~8	0
14	2.0	400	0.10	2.0	6~8	0
20	2.0	380	0.15	2.0	7~8	5
27	2.0	350	0.15	2.0	7~8	5
33	2.0	330	0.10	2.0	7~8	10
33	8.0	330	0.20	2.5	7~8	10
78	8.0	250	0.30	2.5, 3.5	7~8	15

表 3.6.2.3 钛及钛合金-钢复合板的气割条件

总厚度 /mm	覆层 厚度 /mm	切割速度 /(mm·min⁻¹)	氧气 压力 /MPa	火口 直径 /mm	火口 距离 /mm	火口 角度 /(°)
6	1.5	650	0.08	1.0	6	0
8	2.0	450	0.10	1.0	8	0
12	2.0	410	0.12	1.2	8	0
33	3.0	290	0.20	1.5	8	10

2. 机械切割

机械切割包括如下几种。

（1）冲剪切割。总厚度在 12mm 以下的不锈钢-钢、铜及铜合金-钢、钛及钛合金-钢等复合板可以采用冲床或剪床进行剪切。为了防止覆层因剪切翘曲而产生剥离现象，覆板应当朝上。

（2）机床切割。爆炸复合材料可以采用刨床、锯床、铣床和车床等机床进行切割，以分割成若干小部分或切边。切割时一般先从覆层开始。切割速度与碳钢和合金钢相比要适当降低些。对覆层为不锈钢的复合板进行切割时，其切割速度为切割碳钢的 70%~90%，如此才能得到良好的切削面。

对于铝及铝合金-钢复合板，通常都采用机床切割。

（3）带锯切割。爆炸复合材料可以用带锯切割，其切割速度也应比切割碳钢和合金钢的低。

（4）砂轮切割。砂轮切割机也可以用来切割爆炸复合材料，其切割速度也比切割碳钢和合金钢低。

3. 等离子切割

对于基覆比小于 1.5 的金属复合材料，多采用等离子弧切割。

文献[3]指出，就复合板的切割而言，等离子切割法是优先选用的方法。尽管可以用乙炔火焰切割，但不如用等离子切割那样干净。

文献[1078]提出，复合板的切割方法有剪床剪切、等离子切割、水切割和机械加工等方法。若采用等离子切割须留出热影响区的机加工余量。复合板的切割须从覆层往基层进行，并在覆层表面做好防护，避免覆层接触切割时产生的氧化渣及飞溅物而造成表面污染。

3.6.3 爆炸复合材料的切削加工

爆炸复合材料像单金属材料一样，可以很好地经受车削、刨削、磨削、钻孔和深铰等机械切削加工而制成各种零部件。图 5.5.2.76 为用 B30-922 钢复合板切削加工成的复合法兰盘。

切削加工时，与单金属相比，当加工到结合界面附近时，进刀量要小一些。

下面以 TA2-20MnMo 复合板的深孔加工为例，说明管板深孔加工的参数。

管板结构尺寸：直径 2030 mm，总厚度 5+400 mm 的钛-钢复合板。

管板深孔加工的参数列入表 3.6.3.1。采用这些参数进行管板的深孔加工，获得了良好结果。

表 3.6.3.1 钛-钢复合板深孔加工参数

钻头特征角	数　　值	备注
中心齿副切削刃倾入角	$-5° \sim 8°$	—
主切削刃前角 γ	$-4° \sim 6°$	倒棱宽
主切削刃负前角 β	$-50° \sim -55°$	$0.3 \sim 0.4$ mm
主切削刃后角 α	$10° \sim 14°$	—

文献[1617]报道了一种钛-不锈钢复合板铣切加工的方法，并指出，北京化工机械厂在生产从日本引进的复极式离子膜电解槽过程中，钛-不锈钢复合条的下料加工是一个难题。原材料规格为（5+15）mm×1100 mm×2400 mm。要求加工成（19±0.1）mm×（2385+0.2）mm 的细长复合板条。若使用剪板机，则公差精度难以保证和覆层容易开裂，且产生的扭曲变形也不易校正。该厂使用龙门铣床铣切，经反复试验，终于摸索出了一种行之有效的铣切方法：设计时用夹具，把整张复合板定位夹紧，以保证工件的定位精度和加工稳定性；使用 200 mm×3 mm，齿数为 50 的锯片铣刀，设计专用的铣刀体以提高刀具的刚度和承受更大的切削力；铣床转速 60 r/min，行车速度 47.5 mm/min，切削深度 20 mm；将标准铣刀的 10° 前角增大到 15°；将标准铣刀的 50 齿改制成 25 齿，加大排屑槽底圆角到 8~9 mm；在铣床上增加冷却系统，保证刀具在低温状态下工作，选用以水为主的添加少量亚硝酸钠的切屑液。

3.6.4 爆炸复合材料的校平和校直加工

根据用户对复合板平整度的要求，或者后续加工的需要，爆炸复合板通常存在的不规则的瓢曲变形，应采取多种手段进行校平。校平的方法主要有如下一些。

（1）用平板机校平。这种方法适用于面积较大的爆炸复合板的平复。

（2）压力机校平。如用油压机和水压机等来校平面积较小的爆炸复合板。

（3）爆炸焊接+爆炸校平。爆炸复合板的局部位置可以用爆炸法来校平。

（4）爆炸焊接-爆炸校平。对于面积较大和厚度较大而无法用机械平复的复合管板，可借用图 5.4.1.132 所示的方法来获得能满足技术要求（主要指平整度）的复合板。

长度较大的复合管和复合管棒在爆炸焊接以后，在长度上也会发生较大的变形。在使用前也需要整形——校直。这种校直可以在校直机上进行，也可用压力机压（较长时可以一段一段地压）。

3.6.5 爆炸复合材料的成形加工

金属爆炸复合材料可以经受弯曲成形、冲压成形和爆炸成形等形式的加工。这种加工根据温度的不同，又可分为常温下的成形加工和高温下的成形加工。图 5.5.2.75 为用爆炸+轧制的铜-铝复合板旋压加工成的复合药型罩。图 5.5.2.76 和图 5.5.2.77 为用爆炸+轧制的银-铜复合板冲压而成的复合铆钉和触头。

1. 常温下的成形加工

1）常温下的弯曲成形加工

（1）弯曲特征。以爆炸复合板为例，其塑性弯曲过程与单金属板相比有很大的不同。复合钢板塑性弯曲的基本参数如弯曲力矩、回弹量和中性层位置等决定于覆层金属和基层金属的力学性能及厚度比。同时也决定于弯曲类型，亦即覆层是受压还是受拉。塑性变形首先从屈服强度较低和距中性层较远的纤维处开始并发展，随后中性层位置向强度较高的材料一方迁移。

（2）弯曲半径。不锈钢-钢复合板的最小弯曲半径如表 3.6.5.1 所列。

（3）弯曲成形。常温下弯曲成形多用于基层为碳钢的复合材料。加工时弯曲半径应当选得尽量大一些。另外，为了防止覆层表面划伤，加工时使用的辊子或模具必须十分平滑和干净。对于爆炸硬化较大的复合板，弯曲前需要进行退火处理。

表 3.6.5.1　不锈钢-钢复合板的最小弯曲半径

材　　质	弯曲方向	最小弯曲半径
1Cr18Ni9Ti-Q235	覆层朝内	1.5 t
	覆层朝外	3.0 t
0Cr18Ni12Mo2Ti-20g	覆层朝内	3.0 t
	覆层朝外	4.0 t

注：t 为复合板试样的厚度（mm）。

文献［1111］通过对复合板筒体在卷制中的受力和变形的分析，运用工程力学的理论，推导出不同金属材料的复合板圆筒凹面金属（内）层到中性层的距离，即

$$a = 1/2 \times \frac{\sigma_{s,2}(H-\delta)^2 - \sigma_{s,1}\delta^2}{\sigma_{s,2}(H-\delta) + \sigma_{s,1}\delta} \ (\text{mm}) \qquad (3.6.5.1)$$

式中：H 为复合板总厚度，mm；δ 为凹面金属层厚度（似是覆板的厚度——引者注），mm；a 为凹面金属（内）层到中性层的距离，mm；$\sigma_{s,1}$ 为凹面金属层的屈服强度（似是覆板的屈服强度——引者注），MPa；$\sigma_{s,2}$ 为凸面金属层的屈服强度（似是基层的屈服强度——引者注），MPa。

具体图示如图 3.6.5.1 所示。

求出 a 后，就确定了中性层的位置。由此可以计算出筒体展开的长度，即

$$L = (\text{筒体内径} + 2\delta + 2a) \cdot \pi \ (\text{mm}) \qquad (3.6.5.2)$$

当 $\sigma_{s,1} > \sigma_{s,2}$ 时，中性层向凹面偏移。

当 $\sigma_{s,1} = \sigma_{s,2}$ 时，中性层在复合板的中心层上。

当 $\sigma_{s,1} < \sigma_{s,2}$ 时，中性层向凸面偏移。

在以上 3 种典型情况下，中性层的位置变化符合客观规律。

2）常温下的冲压成形加工

这种加工多用于基层金属为碳钢的场合，其加工原则和注意事项和碳钢基本相同。但是，需要采取一些措施，预防爆炸复合板在冲压加工中的分层和开裂，特别是边部应避免出现这类缺陷。

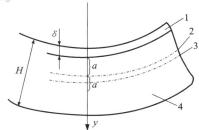

1—凹面金属层；2—所设中性层；
3—中心线；4—凸面金属层；
H—复合板总厚度；δ—覆板厚度；
a—凹面金属层到中性层的距离

图 3.6.5.1　复合板卷筒变形时中性层位置示意图

2. 高温下的成形加工

当爆炸复合板的基层为合金钢或厚度较大的碳钢时，通常采用热加工成形。

1）成形前的加热

加热温度、保温时间和重复加热次数是加热过程中的三要素。它们不仅对复合板的结合强度有很大的影响，而且直接影响产品的成形质量。

（1）加热温度对复合板性能的影响。1Cr18Ni12Mo2Ti-20g 复合板的高温性能如图 3.6.5.1 和图 3.6.5.2 所示。由图 3.6.5.2 可见，该复合板在 700℃ 以内塑性下降不大。温度升到 700~900 ℃，其塑性显著降低，此时 $\delta = 19\%$，$\psi = 30\%$。当温度超过 900℃ 后塑性增加，在 1100~1150 ℃ 时具有最高塑性。由图 3.6.5.3 可见，在 700℃ 以内加热，该复合板的结合强度下降很快。在 700~1100 ℃ 内，结合强度下降缓慢。该复合板的总厚度为 35 mm，试样在 45~60 min 内加热到试验温度，保温 15 min。几种爆炸复合材料热加工温度的范围如表 3.6.5.2 所列。

（2）保温时间对复合板性能的影响。将总厚度为 35 mm 的 1Cr18Ni12Mo2Ti-20g 复合板试样加热到 1100 ℃ 后，分别保温 15 min、30 min、60 min 和 120 min，空冷，随后进行拉伸试验和剪切试验，结果如图 3.6.5.4 和图 3.6.5.5 所示。由图 3.6.5.4 可知，在加热温度不变的情况下，该复合板的抗拉强度随保温时间的延长急剧下降。而其剪切强度在保温 30 min 时升高，继续保温后明显下降。

表 3.6.5.2　几种爆炸复合材料的热加工温度

材　　质	最高加热温度/℃	推荐热加工温度/℃
不锈钢-钢	1180	950~850
铜及铜合金-钢	1000	850~750
钛及钛合金-钢	900	700~600
镍及镍合金-钢	1000	950~850

（3）重复加热次数对复合板性能的影响。将同样的 1Cr18Ni12Mo2Ti-20g 复合板试样在 1100 ℃ 下保温 15 min，然后如此重复加热：第一组 1 次，第二组 3 次，

第三组5次。其性能试验的结果如图3.6.5.6和图3.6.5.7所示。由图3.6.5.6可见，随着加热次数的增加，该复合板的抗拉强度急剧降低。而由图3.6.5.6可见，在1次加热后，其剪切强度上升，到3次时下降，到5次时保持不变。

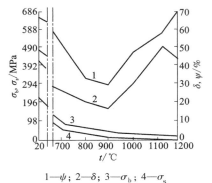

1—ψ；2—δ；3—σ_b；4—σ_s；
图3.6.5.2　加热温度对
1Cr18Ni12Mo2Ti-20g
复合板拉伸性能的影响

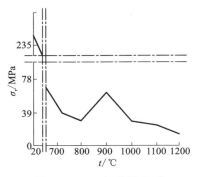

图3.6.5.3　加热温度对
1Cr18Ni12Mo2Ti-20g
复合板剪切强度的影响

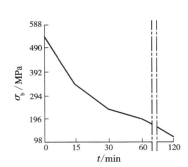

图3.6.5.4　保温时间对
1Cr18Ni12Mo2Ti-20g
复合板抗拉强度的影响

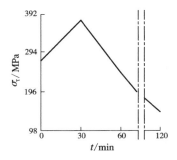

图3.6.5.5　保温时间对
1Cr18Ni12Mo2Ti-20g
复合板剪切强度的影响

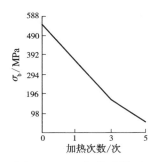

图3.6.5.6　加热次数对
1Cr18Ni12Mo2Ti-20g
复合板抗拉强度的影响

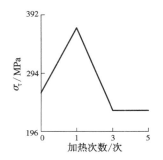

图3.6.5.7　加热次数对
1Cr18Ni12Mo2Ti-20g
复合板剪切强度的影响

（4）加热过程中的注意事项。
① 加热前应将复合板上的油类及其附着物充分清除。
② 最好使用低硫成分的燃料，其含硫量小于0.5%。
③ 将板料放在干净的耐火材料垫块上，不要使火焰与覆板表面接触；
④ 加热气氛对不锈钢-钢复合板来说以弱酸性为宜，对于高镍合金-钢复合板来说以还原性气氛为宜。
⑤ 钛-钢复合板加热时，整个钛覆板表面应加以适当保护（如涂上高温漆等），以防氧化。从表3.6.5.3可以看出钛层保护的必要性。

2）热弯曲成形
爆炸复合板的热弯曲成形与碳钢和合金钢基本相似，但应注意其分层和开裂。几种不锈钢-钢复合板的热弯曲最小半径参数如表3.6.5.4所列。

3）热冲压成形
爆炸复合板的热冲压成形与碳钢和合金钢基本相似，也应注意其过程中的分层和开裂。表3.6.5.5中的数据显示了热冲压成形后，封头各部分厚度的变化。材料为0Cr13-Q235复合板，覆层厚2.2 mm，总厚度18 mm。用钻孔法和金相法测量厚度。

用钽-铜-钢复合板制造拱形封头时，这种封头只能用热压成形法制造。由于钽在250 ℃以上对气体的敏感性高，须采用保护措施。这样就可能在900~920 ℃下进行热成形而不损坏钽覆层。如此的冲压件有较高的结合强度，并保证基层材料有所要求的力学-工艺性能。检验指出，无论是封头转角处还是直边区，覆层的厚度都没有显著的变化或者不容许的减薄。需要几张复合板组焊的钽-钢复合板封头也可采用热成形法加工[737]。图5.5.2.74为用钛-钢复合板热冲压成的复合封头。

表 3.6.5.3　钛覆层加热的特性试验

加热温度/℃	试　验　结　果
<600	钛与氧形成一层薄而致密的氧化膜，对钛起保护作用
>600	随氧化作用的加强，氧化膜加厚变松，失去保护作用
>1000	钛直接与碳化合，形成碳化钛，并大量吸氢，钛层变硬变脆，塑性降低

表 3.6.5.4　几种复合板热弯曲成形的最小半径

材　质	弯曲方向	最小弯曲半径
1Cr18Ni9Ti-Q235	覆层朝内	1.5t
	覆层朝外	3.0t
0Cr18Ni12Mo2Ti-20g	覆层朝内	2.5t
	覆层朝外	3.5t
0Cr13-Q235	覆层朝内	1.5t
	覆层朝外	3.0t

注：t 为复合板试样的厚度(mm)。

文献[1618]分析了 321-15CrMoR 爆炸金属复合板标准椭圆形封头制造工艺中的难点，对该封头的成型、热处理和加热用炉的选择及加热时炉温的控制进行了探讨，并指出，该复合板封头宜采用热冲模压成形，可以用煤反射炉进行成形加热及热处理。但坯料入炉前应涂一层耐高温涂料。热成形后必须进行正火+回火处理。

表 3.6.5.5　0Cr13-Q235 复合板热冲压封头各部位厚度变化

封头部位	热 压 封 头 厚 度 /mm							
	中心点		测点 1		测点 2		测点 3	
	覆层	总厚	覆层	总厚	覆层	总厚	覆层	总厚
直边	2.0	17.8	2.5	19.0	2.5	19.1	2.5	18.5
直边最低位置			2.4	18.2	2.4	18.4	2.4	17.6
过渡区上部			2.6	17.9	2.4	17.8	2.4	17.8
过渡区下部			2.5	17.8	2.4	17.7	2.4	17.9

文献[1410]报道了锆-钢复合板封头的压制，并指出，该复合板为锆-钛(TA1)-钢(16MnR)三层复合板，尺寸为 2 mm+2 mm+24 mm，直径为 1400 mm，由爆炸焊接而成，中间层钛起到保证复合板力学性能的过渡作用。压制工艺为：空炉加热至(600±25)℃后坯料进炉，炉内为中性火焰，保温小于 60 min。终压温度为 550~580 ℃，一次冲压成形，整个冲压过程要快。为防止坯料激冷，还应对冲压模具进行必要的预热，一般温度不低于 200℃。此外，为监测实际的压制温度，保证加热温度的均匀性，测温点的温度也很重要。锆在 300℃时开始吸氢，400℃时开始吸氧。锆材表面具有一层致密的氧化膜。虽然仅 0.01 mm 厚，但对其耐蚀性能却很重要。锆材在受到污染时易引起表面氧化膜破坏，使其抗蚀性减弱。因此，对其表面的防护应贯穿整个制造过程。此批封头须加温和变形冲压，除在锆材表面深敷专用高温防氧化涂层外，还采取了在锆覆层侧放置防护板随封头一起压制的措施，有效地防止了锆材高温氧化污染和压制时模具对锆表面机械损伤和铁离子污染的作用。须注意的是，防护板也应进行抛光处理，并涂保护材料。封头压制成型后按标准和设计图样进行质量检验。经过 100% 超声探伤检测，结果复合板的贴合状态符合 ASTMB898《活性及难熔金属复合板材料检验规范》A 级要求。锆覆层表面按 JB/T 4730《承压设备无损检测》100% 渗透检测，未发现裂纹性缺陷。封头尺寸及外观均符合 JB/T 4746《钢制压力容器封头》的要求。

文献[1078]指出，复合板筒体卷制时，卷板机的上、下轮应清理干净，覆层表面需采取保护措施，使其不受污染。另外，卷制时不能反向碾压，以防止复合板分层。对于筒体校圆来说，此时，覆层还未焊，筒节的钢层纵焊缝由于受力不均匀和应力集中，可能使焊缝处出现裂纹。所以校圆过程要精心操作，严格控制压下量。

热交换器管板的钻孔方向应从覆层往基层，以避免复合板分层。

拼焊的复合板在封头旋压成形过程中，在焊缝部位可能开裂。旋压封头须逐点挤压变形。热压时须顾及基层的力学性能和覆层的耐蚀性。锆-钢和钛-钢复合板旋压成形时要保证材料的剪切强度。镍及镍合金复合钢板封头成形时须防止 S、P 等杂质引起材料脆化和避免热加工时金属间相析出，以及后期出现焊接裂纹和应力腐蚀开裂。

封头冷旋压时材料容易加工硬化，焊缝可能产生裂纹。热旋压时材料强度降低，旋压压力小，同时可减少材料加工硬化。热旋压封头时应采用适当的加热方式，防止 S、P 等污染，还要选择适当的温度，以避免材料性能降低。

活泼金属(钛、锆等)为覆层时，须将其表面涂敷涂层或包覆再加热，以防止 C、H、O、N 等侵入。压制过程中避免覆层脱层，要保证压制温度和采取多次加热、分步压制成形的措施。

对于镍基合金和不锈钢的复合板热压封头时，应控制好热处理温度，避免覆层出现晶间腐蚀倾向而影响其耐蚀性。

文献[1619]指出，N10276-16MnR复合板广泛地用于工业生产中，对其热成型工艺的研究尤为重要。在进行系统分析后，找出了较为理想的热压工艺。针对错误的热压工艺造成的不合格封头提出了有效的补救措施，并对该复合封头的成形工艺提出了一些建议。建议如下：在可能的情况下，尽量不采用热压；由于客观原因只能热压后，加工硬化现象较为严重，应尽量采用较为保守的温度和时间；文中提到的案例是在不得已情况下的补救措施，不可作为生产中的正常工艺。

文献[1620]对目前国际范围内应用较少、耐蚀性强的超级复合双相钢板SAF2507-16MnR的成形特点进行了试验分析，归纳了其成形工艺，并提出了应用的注意事项，得出了经验性的结论。结论指出，该复合钢板由于相结构不同，因此热成型时要选择两相都能均匀变形的热加工温度，严格控制保温温度和终压温度，不宜温度过低而出现σ相；压制结束后严格进行快冷，一定要保证充分的冷却时间，使之快速降到相稳定状态。

文献[1621]根据EHA4120双面复合板椭圆封头的冲压实际经验，分析探讨了此种封头在压制过程中外表面复合层产生裂纹的原因，通过改进工艺，成功地完成了封头的压制任务。

结论指出，在设计使用这种双面复合板封头时，外侧覆层厚度应稍厚一些，以降低封头成形的难度。冲压模具在与坯料接触的部位要打磨光滑，压制前下模要预热。严格控制加热和压制时的温度，在复合材料允许的热加工温度范围内取上限值加热压制，以降低封头的冲制压力。

文献[1622]提供了$\phi3200$ mm×(3+14) mm大型薄壁00Cr17Ni14Mo2~Q235A爆炸复合板封头的热压工艺。

(1)将坯料冷压至封头曲面深度的1/2。

(2)坯料的热压加热初始温度以Q235A的为准（即930~950 ℃），终压温度（脱模温度）不得低于850℃。如果接近850℃仍未压成，则应迅速回炉内加热后再压制。为保证结合强度和耐蚀性不下降，应尽量缩短加热时间，炉内保温时间控制在20 min以内，且重新加热的次数不得超过2次。工件在550~850 ℃要迅速升温或下降。

(3)工件须待炉膛加热至380℃后方可入炉，并通过调节喷油量，使工件在15 min之内达到930~950 ℃。

(4)加热工件时，将凹模预热至450~550 ℃。

(5)工件从出炉至压制完成（脱模），控制在3 min之内，以保证终压温度高于850℃。

(6)工件压制完成和脱模后，可用两台大风扇对工件吹风，使其在3 min之内温度降至550℃以下。

文献[1623]介绍了复合钢板封头成形存在的问题，制定了SA387Gr.11C1.2-UNSN08825镍基合金复合钢板球形封头瓜瓣的热成形和热处理工艺，并进行了验证，得出只要控制好热成形温度范围就不必重新热处理，只做回火处理就能满足设计要求的结论。球形封头复合板毛坯厚度为5+77 mm，直径4600 mm，用于合成氨干煤粉气化炉。

文献[1624]对目前国际范围内应用较少和耐腐蚀性强的超级双相钢复合板SAF2507-16MnR的成形特点进行试验分析，总结了它的成形工艺，提出了应用的注意事项。该复合板用于制造某黑水过滤器，复合板的厚度为4+28 mm，金属质量为6070 kg，焊接接头系数为1，水压试验压力为13.08 MPa。该设备的制造难点是球形封头，其直径较小($\phi800$ mm)。本文着重介绍了该复合板封头的成形工艺。结论指出，该复合板由于相结构不同，其热成形工艺要选择两相都能均匀变形的热加工温度。热成形时，要严格控制保温温度和终压温度，不宜温度过低而出现σ相。压制结束后要严格进行快速冷却，一定要保证充分的冷却时间，使它快速降到相稳定状态。

文献[1625]报道了厚度为4+90 mm的13MnNiMoNbR-00Cr7Ni14Mo2复合钢板大直径筒体的制造、焊接和热处理，以及各项检测以保证产品质量和实体洗涤塔一次制造成功的资料。筒体制造工艺如下：先将复合板在300 ℃预热后压头，然后在850~950 ℃下卷筒，再经过650 ℃、3 h回火。如此保证了筒体卷制一次成形，并恢复了材料的力学性能，满足了设计要求。

3. 爆炸成形

单金属板的爆炸成形属于高速冷变形。爆炸复合板也可用爆炸成形的方法来制作各种零部件，例如半球形封头和椭圆形封头等。根据用户对产品性能的要求，成形件还可以进行热处理。

用此方法制成了多种规格的铜-钢复合封头[494]。其直径从 $\phi365$ 到 $\phi892$ mm，壁厚从 22 mm 到 28 mm，封头椭圆度(外径)小于或等于 3 mm，厚度减薄量小于或等于 2 mm。

实际上，为了获得双金属的封头等零部件，还可以采用爆炸焊接-爆炸成形的工艺。此即焊接和成形两道工序一气呵成(图 5.4.1.114 和图 5.4.1.115)。此工艺国外早有报道，值得试验和应用。这方面的内容还可参考本书 3.2.37 节。

文献[171]指出，钛-钢复合板的毛坯可在冷态或加热到 700~900 ℃ 的状态下拔长或冲压。毛坯可以是整体的，也可以是由几部分焊接起来的。冷态冲压后，提高了覆层和基层的硬度。热处理(650 ℃、1~2 h，空冷)可恢复金属的原始组织和性能。

根据毛坯的厚度(δ)的不同，为了冲压封头和其他类似的零部件，冲模合适的圆角半径(R_m)应为 2δ~3δ mm，而冲模和冲头之间的间隙 $z = 2\delta + (0.05~0.1)\delta$ mm。对于大厚度的毛坯，应取大一些的间隙。

当采用该复合板制造圆筒时，为避免损伤毛坯的覆层，转板机的辊子的工作面应仔细清理，其上不应有压痕、擦伤和其他缺陷。

热成形前，毛坯应在电炉或燃气炉中加热。为避免加热炉的火焰落到毛坯的覆层上，最好在马弗炉内加热。加热温度不超过 1000℃，因为这将引起复合板分层。

在剪床上切割钛-钢复合时，必须把覆层放在上面，以防止它从基层上断掉。剪切后的机械加工余量不应小于 3 mm。气割后的加工余量不小于 5 mm。在切割复合的切口上不应有压痕、凹陷、锈痕和其他缺陷。

文献[763]早在 1962 年就论述了爆炸在焊接、挤压、冲压和锻压中的应用。

文献[499]也早就指出，爆炸焊接提供了如下的可能性：金属和合金的广泛结合，与轧制、锻造和热处理并联，接头具有良好的力学和工艺性能，能焊接结合面很大和很小的制品，成形和焊接并联，材料具有高的热强度和腐蚀稳定性，成本低。

5.5.2 节介绍了大量的用爆炸复合材料压力加工+机械加工制成的新材料和新产品。

3.7　爆炸复合材料的废料处理

金属爆炸复合材料的生产(如钛-钢、不锈钢-钢、铜-钢、铝-钢和镍-钢，以及贵金属复合材料等)，不仅是增强和提高、充分发挥和综合利用金属材料各种物理-化学性能的重要措施，而且也是节约金属资源的重要措施。因此，这项工作值得大力开展。

随着工作的深入，大量的金属复合材料生产了出来并获得了应用。然而，在这个过程中，也产生了大量的金属复合材料的废料。文献[764]指出，在复合材料中有色金属和贵重金属材料占 5%~80%。而切边、冲压废料、铇(削)屑、管材和棒材的切头加工等产生的废料量达 5%~30%。这么多的废料如果不加利用而年复一年地堆积，不仅浪费了资源，而且会污染环境。因此，金属复合材料废料的回收和处理，以及综合利用是一个亟待解决的问题。

首先是复合材料废料的回收。这种回收包括两个方面：一是复合材料生产厂家的回收，二是复合材料应用单位的回收。前者的回收是指在复合材料生产过程中产生的废料应该回收和分类保管好。后者的回收是指应用单位回收和保管好在加工制造设备的过程中产生的边角余料废料，以及报废设备内的复合材料。

其次是复合材料废料的处理和利用。

文献[765]指出，对回收的复合材料要及时进行处理和利用。因为复合材料由不同物理和化学性能的材料组成，它们的废料的处理就明显地不同于单金属废料的处理，而具有自己的特点和复杂性。因此，要解决此问题须拟定两种方法。一是在各冶金企业中，使用现有的设备和工艺过程，完成各种废料的处理和利用。二是设计废料分选的新工艺流程，然后再利用。

例如，对于前一种方法，在处理 12X18H10T 不锈钢和含铜、镍、钛、铝合金的复合材料废料时，最理想的是将其作为电弧炉中熔炼合金钢的配料。用此法可节省贵重合金成分钛、铬和镍的消耗量。某一冶金工厂在用平炉熔炼含铜的碳素钢时，以铜-钢复合废料代替块状的铜进行试验。钢中铜含量的计算值增加证明，用此复合废料的收得率实际上与用块状铜一样。熔炼6000多吨该钢时还证实，钢中的含铜量每增加0.1%，复合废料的平均消耗量为10~12 kg/t。用此废料代替块状铜进行熔炼，不必用专门的设备和另建厂房。参与处理的双金属废料应先捆扎或加工成便于装入冶金炉的形状。

由三种或更多种有色金属组成的熔点不同的和具有多种物理性能的层状复合材料的处理及综合利用的工艺流程更为复杂。其中较简单的铜-铝-铜、铝-不锈钢-铝等复合材料废料可作为熔炼铝合金的中间合金。

反射炉是处理铝含量很高(75%~85%)的铝-钢双金属废料的一种装置和方法。一有色金属加工厂采用了此新工艺，双金属废料占装料总量的1%。

还要开发出处理含有铝合金的双金属废料及综合利用有效成分的新方法。例如，用 NaCl 和钾盐的最低共熔体，在专用的熔盐电炉中熔炼铝合金的方法前景可观。熔炼时，废料中的铁不会进入铝熔体。用熔盐电炉重熔铝锡合金屑而制成的合金锭的化学成分如下：Sn 2.2%~2.9%，Zn 0.9%~1.4%，Pb 0.2%~0.3%，Cu 9.6%~16.6%，Fe 0.6%~0.9%，Ni 0.05%~0.08%，Si 1.2%~1.4%，Mn 0.3%~0.7%和 Mg 0.1%，其余为铝。

对于铜和铜合金-钢的双金属废料，可以先用亚硫酸铵溶液将铜溶解，然后用电解沉积法使铜沉积在钢或铜的阴极上。

铝及铝合金-钢复合材料的废料中铝材的分离，可以利用铝和钢熔点的差别，将它们加热到高于铝的熔点和低于钢的熔点的温度。此后，液态的铝将从固态的钢中流出。

文献[773]报道，在530~570 ℃下，长于3 h 的扩散退火(取决于装炉量)，能使铝合金-钢双金属的废料分离。在退火过程中，在结合区将形成大量的金属间化合物，在后续冷却的情况下，由于铝合金和钢的线膨胀系数存在差别，从而使双金属分层成各组元。铜-铝复合材料的废料可利用此原理使其分离。

为了充分利用某些难以分离的金属合金的废料，可以用它们来配制新的合金材料。例如，将 Ag(90%)Cu(10%)-Cu(75%)Ni(25%)复合触头材料的废料，配制成 Ag(88%)Cu(10%)Ni(2%)合金，而用于 Au-AgCuNi-CuNi 三层触头材料。

又如将 AlSi-AlMn-AlSi 三层铝合金复合钎料的废料配制成新的铝合金。如在新的 AlSi 和 AlMn 合金的熔液中，加入其总重量的2%~5%的复合钎料材料的废料。这一比例的废料的加入，不影响这两种铝合金和由此组成的复合材料产品的组织及性能。

……

总体来说，爆炸复合材料在生产、加工和使用中产生的大量废料，应当高度重视和大力回收，并千方百计地充分处理和利用，使其变废为宝。几十年来的实践证明，只要开动脑筋，这项工作并不难。希望爆炸复合材料的生产、加工和使用单位共同努力，开创这类材料的废料回收和综合处理的新局面，使爆炸复合材料成为金属材料资源的节约、综合利用和可持续发展的一个重要的方面。

第四篇

CHAPTER 4

爆炸焊接金属学和金属物理学基础 爆炸复合材料学

爆炸焊接的最大用途是制造大面积的各种组合、各种形状、各种尺寸和各种用途的双金属及多金属复合材料。

凡是复合材料,不论是金属基、陶瓷基,还是塑料基复合材料,都存在一个结合界面的问题。这个界面不仅起着连接不同组元的作用,而且在其生产、加工和使用的过程中,还起着吸收、传递、转换、分配、阻挡、缓冲、散射和诱导外界能量的作用。因而,界面结构及其特性强烈地影响着这些复合材料的结合性能、加工性能和使用性能。

金属爆炸复合材料也是一种(层状)金属基复合材料,也存在着结合界面的问题。这种复合材料的结合界面即是其结合区。这种结合区也同样具有上述复合材料的结合界面的许多特点和作用。因此,和研究其他复合材料的界面一样,研究爆炸复合材料的界面——结合区,是爆炸焊接这门边缘学科理论研究的主要课题。

第三篇介绍了数百种金属爆炸复合材料,指出了这类材料的结合区及其内部,存在着大量共有的和特有的微观及宏观课题。例如,金属的塑性变形、熔化、扩散和波形,以及由此引起的金属成分、组织和性能的变化等。研究表明,这些问题都在金属学和金属物理学的研究范畴之内。并且由于上述变化是在高压、高速、高温和瞬时作用的爆炸载荷下发生的,而具有自己显著的特点。对这些变化和特点的研究,就成为爆炸焊接理论探讨的重要组成部分。

本篇在大量试验资料的基础上,讨论爆炸复合材料结合区及其内部众多的金属学和金属物理学课题,阐述它们形成的原因、经过、结果和变化的规律。从而,几十年来,在本学科中,不仅从宏观上,而且从微观上,首次清晰和准确地揭露及描述了爆炸焊接的各个局部过程和全过程,包括结合区波形成的各个局部过程和全过程。以此构成爆炸焊接的坚实的金属学和金属物理学基础,从而建立起一部较为完整的金属爆炸复合材料学。

4.1　爆炸焊接的结合区

爆炸焊接是焊接工艺的一种。正如一般的焊接工艺必然形成自己的焊接接头一样,爆炸焊接工艺也形成自己的焊接接头,即焊接过渡区。爆炸焊接的焊接过渡区就是它的结合区——金属间的结合界面及其附近的一薄层区域。在此一薄层区域内,不仅在宏观和微观形态上有别于其他焊接工艺的焊接接头,而且在成分、组织和性能上也有别于基体金属,因而具有自己明显的和重要的特性。本章简要地讨论爆炸焊接复合结合区的基本形态、结合区的物理和化学特性,及其在爆炸焊接中的意义,由此引出本篇所要讨论的大量问题。

爆炸焊接的复合材料有二层、三层和多层,它们有一个、二个和多个结合区。这多个结合区内的组织形态和物理及力学性能都大同小异。为简便起见,本章以双金属的结合区为例,来讨论多个结合区内的理论和实践课题,并在标题上简述"爆炸焊接的结合区"和"结合区"。

4.1.1 结合区的基本形态

大量的金相检验结果表明,爆炸焊接的双金属和多金属的结合区有如下几种基本形态。

第一种,波形结合区。该类型的结合区呈现规律的和连续的波浪形状(如 4.16.5 节的金相图片),有的波前有一个或大或小的不连续的漩涡区——熔化块,有的波前和波后各有一个漩涡区。在高倍放大的情况下,可以看到在波脊上有一薄层厚度以纳米或微米计的金属熔体。并且在不同强度和不同特性的爆炸载荷下,不同强度和不同特性的金属材料之间由于不同强度和不同特性的相互作用,将产生不同形状和不同参数(波长、波幅和频率)的波形。这种类型的结合区是一般的和常见的。

第二种,连续熔化型的结合区,如图 4.1.1.1 所示。在爆炸焊接大面积复合板的时候,有时界面上出现大面积金属熔化的现象。这种宏观现象体现在微观形态上,即如图中所示的规则和不规则的连续熔化层形式。

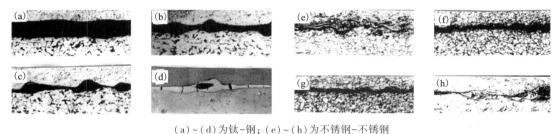

(a)~(d)为钛-钢;(e)~(h)为不锈钢-不锈钢
图 4.1.1.1 爆炸焊接双金属连续熔化型结合区(×50)

第三种,混合型结合区,如图 4.1.1.2 所示。在该类结合区中,有不规则的波形和近似波形的微观形态;又有大大小小的不连续的金属熔化块状物。一般来说,结合区为不规则的形态。

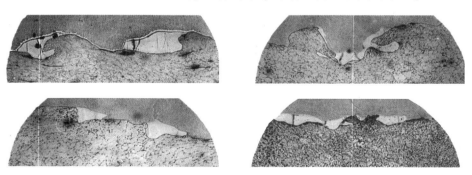

图中的材料均为钛-钢
图 4.1.1.2 爆炸焊接双金属的混合型结合区(×50)

第四种,直接接触的平面的或者直接接触的稍许波动起伏的结合区,如图 4.1.1.3 所示。在此类型的结合区中,基体金属直接接触和结合,不通过明显的塑性变形或熔化等微观组织形态来实现冶金结合。界面呈扁平波状或呈平面形式。

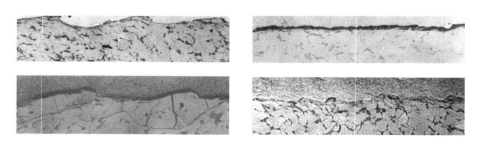

图中的材料均为钛-钢
图 4.1.1.3 爆炸焊接双金属的直接的波状或平面型的结合区(×50)

以上 4 种类型的结合区形状在任一种爆炸复合板的结合界面上大部或全部地存在着,如图 4.16.5.146 所示。由该图可以看到,用同一工艺参数爆炸焊接的复合板中,其内部的组织形态是很不一致和很不均匀的。性能检验表明,由于这种不均匀性便造成了复合板内结合性能的不均匀性。

在对上述类型的结合区进行多种检验之后,可以发现它们有如下一些物理-化学特性。

4.1.2　结合区的物理特性

1. 结合区中的波形

在一般的情况下,结合区呈现连续和规则的波形。根据 4.16.2 节的分析和研究,这些波形的出现是爆轰波波动传播的能量这个外因与金属材料这个内因相互作用的结果。进一步的研究表明,此波形成的过程就是金属爆炸焊接的过程。结合区内波的形成对于爆炸焊接过程中能量的转换和分配,对爆炸焊接接头的形成,对于结合强度的提高等都有重要的意义。此波状结合区是区别于其他焊接工艺过渡区的一大特征,其形成的原因、过程、特点和影响见本书 4.16 章。

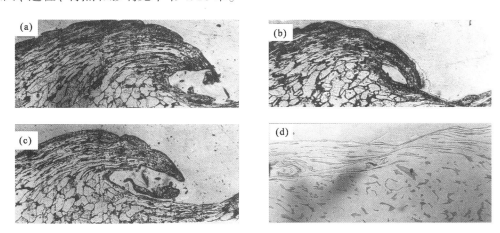

图 4.1.2.1　钛-钢复合板结合区钢侧的塑性变形(×50)

2. 结合区中金属的塑性变形

由图 4.1.2.1 和 4.16.5 节中的波形图片可知,波形内金属的组织不同于基体金属的组织。例如,在图 4.1.2.1 的钢侧,金属的晶粒沿波形轮廓被拉成弯曲的纤维状,也就是在爆炸焊接过程中,金属的组织发生了波状的塑性流动,即塑性变形。这种塑性变形是伴随着波的形成而同时形成的。所以波形成的过程,就是结合区金属发生不可逆的塑性变形的过程。由 4.16.7 节的讨论可知,结合区波形成的过程就是金属爆炸焊接的过程。结合区中这种塑性变形特性是将爆炸焊接首先置于压力焊接原理基础上的理论根据。

结合区内金属的塑性变形有许多表象和规律,其中之一是在一个波形内,在紧靠界面的地方塑性变形程度最大;随着离界面的距离的增加,其变形程度逐步减弱;当离开波形区后逐渐呈现金属原始的晶粒状态。

3. 结合区中金属的显微硬度分布

根据压力加工原理可知,金属在塑性变形后必然引起材料的加工硬化。爆炸复合材料也一样,在其塑性变形后,也引起了硬度的提高。并且,这种硬度的提高的规律,与上述相应位置金属塑性变形程度的变化的规律一致。如果将这种规律分布的显微硬度绘成曲线,那么将获得这类复合材料结合区和整个断面上的显微硬度分布曲线。这些曲线在本书 4.8 章和 5.2.9 节中介绍了许多。由这些曲线能够探讨出大量的理论和实践问题,这是很有意义的。

4.1.3　结合区的化学特性

1. 结合区金属的熔化

在爆炸焊接过程中,界面金属的熔化是很难避免的。这种熔化有熔化块和熔化层两种基本形式。前者是由塑性变形热引起的,后者是由空气的绝热压缩热引起的。不管是哪种形式的金属熔体,它们都是在高温下产生的,而且熔化速度和冷却速度都极快。由于金属组合中各自的物理和化学性质不同,金属熔体可能是基体金属的固溶体,或者是化合物,或者是它们的机械混合物而兼而有之。

　　图 4.1.3.1 为一些熔化块(漩涡区)的微观形貌。图 4.1.1.1 为熔化层的微观形貌。它们内部一般都含有金属的铸造缺陷，如孔洞、缩孔、裂纹、夹杂、偏析和疏松等。这些缺陷若存在熔化块内，它们对双金属的结合强度不会产生大的影响。但若存在熔化层内，就将成为降低双金属结合强度的原因之一。

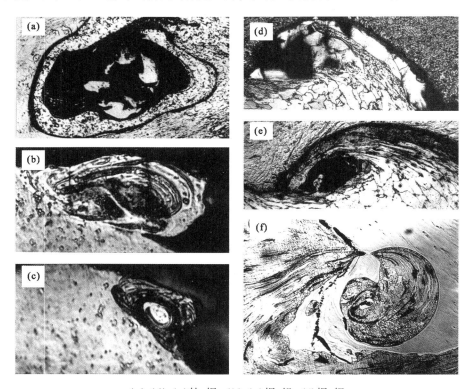

(a)(d)(e)钛-铜；(b)(c)铜-铝；(f)铜-钢

图 4.1.3.1　一些爆炸复合材料结合界面上波前熔化块(漩涡区)的微观形貌(×50)

　　在一定程度上，结合区金属的适量熔化是促使和促进爆炸焊接接头形成的基本原因之一，也是将爆炸焊接视为熔化焊工艺的理论依据。

2. 结合区金属原子间的扩散

　　在异种金属爆炸焊接过程中，在高的浓度梯度(100%)、高压(数千至数万兆帕)、高温(数千至数万摄氏度)等多种有利条件下，覆层和基层金属的原子之间必然发生彼此对流——扩散。这种扩散现象可以用光谱、X 射线、金相、电子探针和电子显微镜等分析检验手段，以及其他物理和化学方法显示出来。爆炸焊接中的扩散有两种情况：一是固态下的，即一种固态金属的原子通过界面进入另一种固态金属之中；二是液态下的，即两种金属的原子在熔化过程中，或者形成固溶体，或者形成中间化合物，还有一种金属内的自扩散。

　　结合区金属原子的扩散是爆炸焊接接头形成的第三个原因。基于这个原因，将爆炸焊接的机理置于扩散焊原理之上是有理论根据的。

　　爆炸焊接结合区和基体金属内部的物理及化学特性还有许多。例如，在宏观上，爆炸复合材料内的绝热剪切和"飞线"，残余变形和残余应力，爆炸强化和爆炸硬化，缺陷、破断和断裂力学；在微观上，爆炸复合材料内的位错和空位，它们的运动及相互作用，电极电位和腐蚀，以及相图和力学性能在此方面的应用，此外还有结合区波形成的机理等。这些特性中有的已被研究过[135, 763~769]，有的还没有被研究。它们对于研究爆炸焊接的原理和指导爆炸复合材料的应用都有重要的意义。上述若干特性是常见的和研究得较多的。它们体现了结合区特性的主要方面。抓住了这几个方面，其他问题就会迎刃而解。

4.1.4　结合区的意义

　　由 1.1.3 节结合区的定义能够推断出它的作用：结合区是基体金属之间的成分、组织和性能的过渡区，结合区是连接基体金属的纽带，没有这种结合区就没有金属间的爆炸焊接，没有一个强固的结合区就没有基体金属间的强固结合。结合区四大特征的形成，即冶金过程的进行将促使和促进金属之间的冶金结合，结合区的形成过程就是金属爆炸焊接的过程。

研究结合区和基体金属内部的基本特性及其形成过程，不仅对研究爆炸焊接机理和指导爆炸焊接实践及应用都有重要的意义。而且这些研究的成果，正如本篇的全部内容，就构成了爆炸焊接和金属爆炸复合材料的基本理论。

众所周知，爆炸焊接和爆炸复合材料的理论研究工作的重点，是双金属和多金属的结合区即界面上大量的金属物理学课题。本篇全篇的内容，虽然是本书作者和国内外众多学者几十年来研究成果的总结及提高，然而也仅仅是这些课题的一部分。只有它们是远远不够的，须知还有大量的和更为深入的工作要做。纵观全局，这些工作有如下一些：

——结合区及其附近金属合金中的原子级观察和研究。

——结合区及其附近纳米级微区的化学成分和组织结构的分析。

——结合区及其附近纳米级微区的残余变形和残余应力的分析。

——结合区及其附近微区残余变形和残余应力的测定。

——在微秒级时间内结合区及其附近反应层形成过程的研究。

——在微秒级时间内结合区及其附近反应层形成过程的控制。

——在高压、高速、高温和瞬时的爆炸载荷下，结合区金属合金的结构(晶体结构、原子结构和电子结构)及其与爆炸复合材料的成分、组织和性能之间的关系。

……

总之，不仅应当从宏观、亚微观和微观，而且应当从分子级和原子级，以及从非常规的爆炸载荷下，探讨金属爆炸复合材料的界面问题。这样，一方面能为设计大量的爆炸复合新材料提供理论指导，促进其更多、更快和更好地应用及发展；另一方面还可为爆炸焊接新技术和爆炸复合新材料的理论研究，打下更为深厚的基础，从而将该领域的理论和实践提高到一个新的水平。

应当指出，上述讨论和本书末的"后记(第二版)"是1.3章的重要补充。它们分别从微观和宏观、深度与广度上为爆炸焊接及爆炸复合材料指明了新的和恒久的发展方向。

下面在现有条件下逐一研究和讨论爆炸焊接结合区及爆炸复合材料内部的基本特征。这些基本特征的研究和讨论就是爆炸焊接机理的探讨。其结果就构成了爆炸复合材料的金属物理学的理论基础和建立起了爆炸复合材料学。

4.2　爆炸焊接结合区中金属的塑性变形

上章提到，爆炸焊接结合区具有金属的塑性变形、熔化和扩散，以及波形的明显特征。本章讨论其塑性变形的特征。

4.2.1　结合区塑性变形的一般情况

以钛-钢爆炸复合板结合区中的塑性变形为例，其一般情况如图4.2.1.1、图4.2.2.1、图4.2.2.2、图4.2.3.1及图4.2.4.1所示。由该4幅图可见，这种焊接工艺的结合区的金属的塑性变形在宏观上表现为连续不断和周而复始的波形(图4.2.1.1)，波形为此塑性变形的标志；随着图片放大倍数的增大，这种塑性变形在一个波形内越显清晰。例如，钢侧表现为晶粒被拉长而呈纤维状，而钛侧则表现为"飞线"——绝热剪切线。"飞线"这种塑性变形的形式将在本书4.7章中讨论。

其他的金属爆炸复合材料结合区的塑性变形情况与此相似。

4.2.2　结合区塑性变形的特点

由图4.2.1.1至图4.2.4.1可知，爆炸焊接结合区金属的塑性变形有许多的特点和规律。以钛-钢爆炸复合板为例，有如下一些。

(1)结合区内的塑性变形一般以波形为标志。哪里有波形，哪里就有塑性变形。波形成的过程就是这种塑性变形发生和发展的过程。

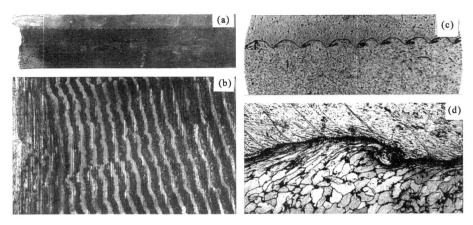

（a）纵断面；（b）钛侧结合面；（c）纵断面，×10；（d）纵断面
图4.2.1.1　钛-钢爆炸复合板结合区内的波形（×50）

（2）随着波形的起伏，金属塑性变形的状况也随之周期性地起伏变化。

（3）由于爆炸焊接过程中结合区内高温和高压的作用，该区是由一层在成分、组织和性能上与基体不同的金属合金组成，不仅熔化块内是这样，波形内的塑性变形金属也是如此。

（4）在波状分界面（波脊）上，存留着一层厚度以纳米或微米计的金属熔体。在波前或波后的漩涡区内存在着与这种熔体有同样成因的熔体。只是在形状、大小、分布和化学组成上或大或小的差别，它们对爆炸焊接的贡献也有所不同。

图4.2.2.1　钛-钢爆炸复合板结合区
波形和波形内金属的塑性变形（×50）

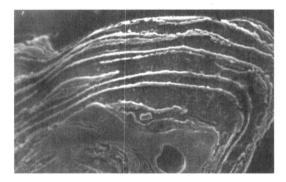

图4.2.2.2　钛-钢爆炸复合板结合区
波形的波尖上金属的塑性变形形貌（×640）

（5）塑性变形层的厚度一般来说以波形参数之一——波高的大小来度量，其数值一般为0.01~1 mm。这一薄薄的塑性变形层便是牢固地连接两基体金属的纽带。

（6）界面两侧基体金属塑性变形的性态是不一样的，钢侧为纤维状的变形流线，钛侧则为飞线——绝热剪切线。

（7）从钢侧的塑性变形来看，距界面越近，塑性变形的程度越大；反之，越小。离开波形区后便趋近于钢的原始组织。由图4.2.2.1可见，其中可以划分为如下几个区域。

Ⅰ区——在紧靠界面的地方，晶粒被破碎成粒状。它可能是在强烈变形下因断裂而成的亚晶粒，也可能是在大量变形热作用下再结晶后的等轴晶粒，有待进一步研究。

Ⅱ区——离界面远一点，该区在尺寸上较Ⅰ区宽一些。该区内是被破碎和被拉长了的晶粒的混合体。

Ⅲ区——晶粒均呈纤维状。其变形程度如以晶粒尺寸的变化来计算，最高可达百分之几千。

Ⅳ区——晶粒仅发生歪扭，这是塑性变形的开始。

Ⅴ区——显示出与基层钢的原始状态相似的晶粒组织。但是，也能观察到不少的双晶组织。这说明，在此位置外加载荷只能引起双晶式的塑性变形。

（8）在一个波形中，在波谷、波峰和波前三个不同位置上，基体金属的变形情况是不一样的。这实际上是原本均匀分布的塑性变形层(半流体)在爆炸载荷的推压下向前流动了:波谷处,变形层薄;波前处,变形层厚。由波谷经波峰到波前呈梯形分布。

(9)由图 4.16.5.146 可知,即使在同一工艺参数下爆炸的钛-钢复合板,随着爆轰距离的延伸,结合区内的波形参数是不同的,因而不同位置上的塑性变形情况是不一样的。

(10)由大量实践可知,相同的金属组合在不同的工艺条件下,以及不同的金属组合在相同的工艺条件下,结合区内的波形参数是不同的,因而它们的结合区中的塑性变形情况也是不同的。

(11)爆炸焊接是一种高速、高压、高温、瞬时和绝热的物理-化学过程,这个过程与常规压力加工条件下的物理-化学过程是不完全相同的。爆炸焊接条件下金属的塑性变形不仅在变形抗力上,而且在变形机理上都可能有较大的区别。

在众多因素的影响下,相同金属或不同金属组合的结合区的波形参数和波形形状是不同的,因而,其中塑性变形的情况也不同。但是,在不同的程度上,它们都有上述相似的特点和变化规律。

4.2.3 结合区塑性变形的起因和过程

根据 4.16.4 节波形成过程的图解,可以用图 4.2.3.1 来描述波形内金属塑性变形的起因和过程。

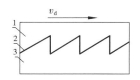 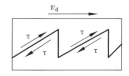 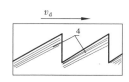 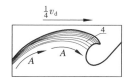

1—覆板;2—界面;3—基板;4—变形流线;τ—切向应力;A—变形流线流动的方向

图 4.2.3.1 爆炸焊接结合区波形内金属塑性变形的起因和过程描述示意图

图 4.2.3.1 的含义有如下几点。

(1)在锯齿状波动传播的爆轰波能量的作用下,覆板与基板在高速撞击的过程中,在它们的接触界面上形成锯齿形。

(2)在覆板与基板倾斜撞击的同时,外加载荷在锯齿斜边上分解出切向应力 τ。

(3)在此切向应力的作用下,界面两侧的金属发生变形——晶粒被拉长(图中仅画出基层金属的变形流线)。这就像在轧板机上轧制板材,切向应力使金属晶粒拉长一样。

(4)在紧随爆轰波的以 1/4 爆速传播的爆炸产物能量的作用下,复合界面上的锯齿波形被压弯,直的变形流线变弯曲,从而使结合界面变成弯曲和平滑的波形。与此同时,处于半流体状态的塑性变形金属也被推压向前,使得纤维状变形金属层从波谷经波峰到波前,由薄到厚呈梯形分布。这一状况从图 4.2.2.1 和图 4.2.2.2 中清晰可见。

由图 4.2.3.1 可知,它既是结合区波形成的过程,又是结合区金属在波动传播的爆炸载荷下发生不可逆的和波状的塑性变形的过程。

4.2.4 结合区塑性变形程度的测定

结合区塑性变形程度的测定包括两个方面:一是波形参数的测定(波长、波幅和频率)。这种测定的目的是以波形参数的数值来描述和记录塑性变形金属的纵向及横向范围、基体金属之间相互接触(齿合)的面积(体积),及其对双金属结合强度的影响。这项工作将在本书 4.5.2 节讨论。二是在一个波形内,从基体到结合界面逐一测定相应范围内的塑性变形的程度。以下着重讨论这种塑性变形程度测定的一些方法和结果。

如图 4.2.2.1 所示,结合界面以上是钛,以下是钢。假定界面两边金属塑性变形的情况是相同的和对称的,那么就可以以钢的塑性变形程度的测量结果为代表,这样就能够把主要精力集中到钢侧的塑性变形程度的测量上。

大家知道,金属压力加工后,塑性变形金属的一些物理和化学性质会发生变化,如厚度、硬度、晶粒度和应力等。长期以来,人们难于直接测量金属微区部位的塑性变形程度,往往借助于这些物理和化学性质的变化来间接地度量变形的程度。因而,许多常用的方法,如厚度法、硬度法、晶粒度法和应力法等就是根据这些原理产生的。现在看来，这些方法也能适用在此结合区金属的塑性变形程度的测定上。只是由于变形区尺寸的微观性，在使用上述方法的过程中还必须与适宜的仪器相配合。以下介绍晶粒度法应用的情况。

由图 4.2.2.1 可知，在一个波形内，金属的晶粒尺寸与基体内原始晶粒的尺寸显著不同。晶粒度法就是通过比较这种不同，从而判断其变形的程度的。

晶粒度法可以通过两种方法进行。一是在同一样品上，例如在钢侧，先在远离界面的基体内测定晶粒的平均尺寸，并假定这些晶粒未受爆炸载荷的影响。然后在一个波形的范围内自界面开始测定垂直界面的不同距离上晶粒的尺寸。最后比较基体原始晶粒的尺寸和随后测得的变形晶粒的尺寸。前者与后者的比差即为波形内相应位置的绝对变形量，前者与后者之比值即为波形内相应位置的相对变形量。例如，在电子显微镜下观察钛-钢爆炸复合板钢侧的塑性变形，在接近界面的地方塑性变形程度是相当大的，晶粒沿焊接方向明显伸长，它们的厚度是 $1 \sim 2\ \mu m$，而大部分的晶粒尺寸大约是 $100\ \mu m$。由此计算出金属相对的塑性变形量是 98%～99%[770]。二是制作不同加工率下金属塑性变形后晶粒尺寸的标准样品。然后将波形内不同位置的塑性变形晶粒的微观组织与标准样品的微观组织相比较，从而判定波形内不同位置金属的塑性变形程度。

本书作者将图 4.2.2.1 放大 1000 倍（见图 4.2.4.1），然后制作对应放大倍数下钢的对应加工率的标准样品。两者相比较，发现图 4.2.2.1 从界面向钢中，塑性变形程度以加工率计，Ⅰ～Ⅱ范围内为 90%～80%，Ⅱ～Ⅲ 为 70%～50%，Ⅲ～Ⅳ小于 40%。Ⅳ以下变形量很小，接近原始晶粒。

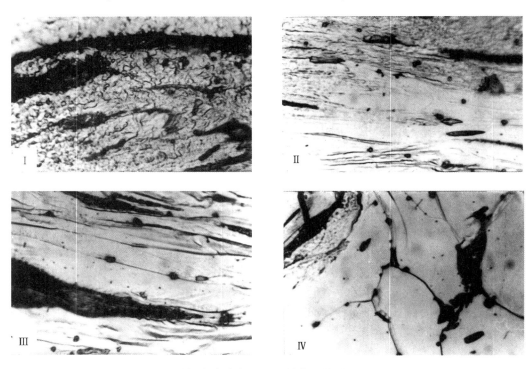

图 4.2.4.1　钛-钢复合板钢侧塑性变形的微观形貌　×1000

结果指出，上述晶粒度法是可行的。放大倍数越高，所测定的塑性变形程度越准确。

结合区金属的塑性变形层很薄，其中的晶粒组织只在高倍放大镜下才清晰可见。所以要测量此种微区范围内的变形程度，一般的宏观方法是欠佳的。上述比较法的结果充其量只是半定量性质的。现在看来，这种工艺下塑性变形程度的定量测定只有使用诸如激光等新技术才是最有效的和最理想的。

4.2.5　结合区塑性变形的影响因素

波形内金属塑性变形的情况与波形参数（波长、波幅和频率）密切相关。因此，一切影响波的形成和波形参数的因素都将毫不例外地影响波形内金属塑性变形的情况。

波形参数的影响因素将在 4.16.6 节中讨论。在此仅仅着重讨论波长 λ 和波幅 A 与波形内金属塑性变形问题的关系，如图 4.2.5.1 所示。

（1）波长 λ 表示在一个波形内金属塑性变形层的横向范围，λ 越大，这个范围越大。

（2）波幅 A 表示在一个波形内金属塑性变形层的纵向范围，A 越大，这个范围越大。在某种程度上，A 值的大小可视为结合区塑性变形层厚度的度量。

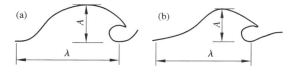

图 4.2.5.1　波形参数和波形形状
与波形内金属塑性变形的关系

（3）不同的金属组合，不仅 λ 和 A 在数量上有区别，而且即使 λ 和 A 在数量上相同，它们所包含的面积（体积）——塑性变形的范围亦不一定相同。

（4）A 值小的塑性变形层的厚度小，波形内晶粒塑性变形的情况从基体向界面的过渡比较突然；反之，A 值大的则这种过渡是逐步的。这种逐步的过渡较好地佐证了前述的规律。

（5）λ 值的大小不仅表示波长的大小，而且表示单位长度内波的数量或者单位时间内波动的次数，即波动的频率 ν。这种频率在一定程度上也表示结合区金属周期性波动的塑性变形的情况。

（6）λ、A 和 ν 还能描述双金属在结合区内相互接触（咬接）的面积（或体积），也就是覆层和基层在结合区内齿合的塑性变形的金属的面积（或体积）。

综上所述，爆炸焊接结合区内的波形参数是波形内金属塑性变形程度、状况和性质的表征及度量。

4.2.6　结合区塑性变形的意义

根据金属压力焊接的基本原理可知，两种金属材料在外加载荷和能量的作用下，借助于接触界面上金属强烈的塑性变形，使它们彼此接触的表面的原子间距达到引力和斥力相平衡的距离，此时它们就焊接起来了。在此压力焊接的过程中，结合界面上金属的塑性变形是实现金属焊接的原因和必要条件。

在爆炸焊接情况下，结合区，即焊接过渡区，具有塑性变形的明显特征。分析和研究表明，这种塑性变形应该是金属爆炸焊接的原因和机理之一。这是因为：

（1）结合区内的这种塑性变形是爆炸焊接过程中能量转换的过程、手段和媒介。本书 1.1.1 节指出了借助于结合区一薄层金属塑性变形的热效应，可将外界能量的 90%～95% 转换成热能。这些热能促成结合区变形最严重的一薄层变形金属发生熔化和基体金属原子间的相互扩散。这些能量的转换和分配都是靠塑性变形这个过程、手段和媒介才得以进行的。结合区金属的塑性变形能、熔化能和扩散能正是金属之间实现爆炸焊接所需要的基本能量。

（2）结合区一薄层金属的塑性变形、熔化和扩散，以及由此引起的界面金属内高密度的位错、空位和间隙原子的出现、运动及其相互作用，必然引起界面上金属能量和状态的变化。这些变化就是金属之间实现焊接所需的大量宏观及微观的物理-化学过程，即冶金过程。

（3）结合区金属塑性变形的程度、状况和性质直接地影响结合强度。

有文献讨论了波形参数对结合强度的影响[95]。这实际上是波形内金属塑性变形程度、状况和性质对结合强度的影响。因为，一般来说，波形参数（λ 和 A）大的，结合区金属的塑性变形程度大，变形的范围广，覆层和基层之间的接触面积（体积）大，由此变形引起的金属强化区和硬化区大等。这一切都是有利于复合结合强度提高的因素。

文献[771]提供了关于钢-钢组合的结合强度与结合区金属塑性变形程度的关系（图 5.2.2.4）。由图可见，随着结合线附近金属变形量的增加，双金属的结合强度直线地增加。

表 4.2.6.1 提供的数据表明，最大变形量、结合强度和工艺参数三者是密切相关的。在炸药厚度不变的情况下，随着间隙尺寸的增加，覆板的冲击速度和冲击区压力增加，结合区金属的最大变形量增加，双金属的结合强度增加。当最大变形量达到 35% 左右的时候，结合强度就等于基体金属的强度了。

表 4.2.6.1　钢-钢组合的工艺参数、结合区
最大变形量和结合强度的相互关系

δ_0 /mm	h_0 /mm	v_p /(m·s^{-1})	p /(10^3 MPa)	ε_{max} /%	结合强度 /MPa
20	1	340	6.0	35	407
20	2	480	9.4	46	480
20	6	830	1.7	56	510
40	0.1	—	0.04	8	266
40	0.5	320	0.06	34	407
40	3.5	840	0.17	57	524

钛–钢爆炸焊接复合板结合区的位移变形对双金属结合强度也有类似的影响[772]。

文献[773]在研究了结合区金属的塑性变形后指出，根据这种塑性变形和金属流动的特性，可以描述在爆炸焊接情况下波状轮廓形成的过程。

文献[1627]结论指出：界面区的变形程度和分布，不仅与界面波形形貌密切相关，而且与界面结合强度密切相关，变形层是界面区的重要组成部分；在一个周期波状界面内，变形分布在不同的区域显著不同，钢侧塑性变形层的宽度及钛侧绝热剪切线的大小，在波峰区最大，在波谷区最小，波腰区处于中间过渡状态，而波头包含了复杂的变形形貌；变形层宽度及绝热剪切线长度，随工艺参数的增大而增加，与装药量成指数规律上升；对厚度比 2/10 的钛–钢复合板，钢侧最大变形层宽度不足 50 μm 时，没有获得连续均匀的波状界面。其宽度越小，残留在界面上的微观孔洞和裂纹越多。当变形层宽度超过 200 μm 时，将产生沿变形流线分布的裂纹。该裂纹伴随在珠光体旁。在本试验条件下，其长度未超过一个流动变形拉长的珠光体晶粒。与此相应的钛覆板中，沿绝热剪切线产生微裂纹。

综上所述，爆炸焊接结合区中金属的塑性变形在这种焊接工艺中具有重要的意义。如果说，结合区波形成的过程就是金属爆炸焊接的过程，那么伴随波形成过程而出现的一薄层金属塑性变形就是实现金属间爆炸焊接的首要条件，这也是将这种焊接工艺的机理置于压力焊基础之上的理论依据。

爆炸焊接结合区内金属的塑性变形是在高压、高速、高温、瞬时和绝热的撞击过程中发生及形成的。在此情况下，金属塑性变形的抗力、动态屈服强度及其变形的机理等金属物理学方面的大量课题，与通常情况下的机理无疑会有大的区别。这些课题有待爆炸焊接和金属材料工作者深入探讨。

4.3　爆炸焊接结合区中金属的熔化

本章主要以钛–钢复合板为例，讨论爆炸焊接双金属结合区中的另一微观特征——熔化。这个问题虽然已有大量的资料从不同的角度进行了阐述[249, 446, 568, 569, 587, 774~776]，但是，问题远未解决，还需作深入的分析和研究。

4.3.1　结合区熔化的一般情况

在爆炸焊接过程中，两种金属接触界面上存在着十分可观的热效应（见 2.2.13 节）。因而在不同程度上引起其中一薄层金属的熔化。事实说明这种熔化是很难避免的。由于热过程的不同，这些熔化了的金属冷凝之后，基本上以三种形态存在于结合区内，它们的微观形貌如图 4.1.1.1，图 4.1.1.2，图 4.1.2.1 和图 4.1.3.1 所示。

由图 4.1.2.1 和图 4.1.3.1 可见，熔化块断续地和有规律地分布在波前的漩涡区内，波形形状和波形两侧塑性变形的金属流线清晰可见。在高倍放大的情况下，在整个波脊上（波形界面上）还可观察到厚度以纳米或微米计的熔体薄层，如图 4.16.5.35（a）和图 4.16.5.46 所示。由图 4.1.1.1 可见，结合区的金属熔体以宽窄均匀或不均匀的连续层状形式分布在结合界面上。此熔化层的两侧晶粒的塑性变形不明显。在高倍放大的情况下，可以观察到熔化层内的熔体多处断裂，这与铸态金属在急剧冷却过程中不均匀的凝固收缩有关。图 4.1.1.2 所显示的微观形貌介于熔化块和熔化层之间，并处于一种混乱状态。

以上就是由爆炸焊接过程中的热效应引起的熔化及其熔体的形状、大小和分布的一般情况。

4.3.2　结合区熔化的成因和过程

图 4.1.1.2 是介于图 4.1.1.1 和图 4.1.2.1 之间的一种状态，为简化起见将其舍去，在此仅研究熔化块和熔化层的成因。试验结果表明，这两种形式的熔体的形成原因是不一样的。

大家知道，金属熔化肯定与"热"有关。爆炸焊接的热源有 3 个：炸药的爆热、结合区金属的塑性变形热和包裹在覆层与基层之间的气体在高压下被绝热压缩时所产生的绝热压缩热。

由于爆热仅仅作用在覆层的表面上，这些热量在爆炸焊接瞬间很难透过覆层而对金属间的焊接有所直接的贡献（置于覆层表面的沥青等都不可能烧尽）。所以在除箔材作覆层之外的爆炸焊接情况下，爆热对熔化的贡献可以忽略不计。这样引起结合区金属熔化的热源实际上只有两个，并且这两种热源对应着两种不同的熔化效应：塑性变形热对应着熔化块的形成，空气的绝热压缩热对应着熔化层的形成。这两种热效应的分析、计算和温度测量见2.2.13节，这里仅描述熔化块和熔化层的形成原因及过程。

1. 熔化块的成因和过程

熔化块的成因和过程如图4.3.2.1所示。其中各小图的含义如下。

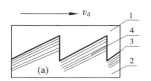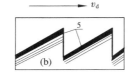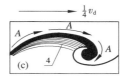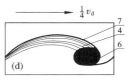

1—覆板；2—基板；3—界面；4—变形流线；5—均匀分布的金属熔体；
6—熔化块（漩涡区）；7—分布在波脊上的熔体薄层；A—金属熔体的流动方向

图4.3.2.1　爆炸焊接结合区波形内漩涡区（熔化块）的成因和过程描述示意图

图中（a）：在切向应力的作用下，界面两侧的基体金属的晶粒形成纤维状的塑性变形（在此仅画出基板的塑性变形）。

图中（b）：在此塑性变形过程中，外界载荷的90%～95%转变成热能。当如此多的热能使温度升到金属的熔点后，必然使紧靠界面的一部分塑性变形最严重的金属发生熔化。这些熔化了的金属原本均匀地分布在锯齿的斜边上。

图中（c）：在后续爆炸产物能量的作用下，随着波形的形成，原本均匀分布在锯齿斜边上的金属熔体沿着A方向流动，并逐渐汇集在波前压力最小的漩涡区内。

图中（d）：当大部分熔体流进漩涡区并冷凝后就形成了分布在波前的熔化块。波形内的塑性变形金属（半流体）也会向波前流动，形成梯度分布的变形流线。应当指出，最后必定还有少量金属熔体残留在波脊上，其厚度以纳米或微米计。

在一个波形内熔化块的形成过程如上所述。整个波形结合区内每个波前的熔化块就是以此为范例周期地和周而复始地形成的。因此这种熔化块以波长为间距和不连续地分布在爆炸焊接双金属和多金属的结合界面上。

2. 熔化层的成因和过程

爆炸焊接时在一般情况下将形成带有熔化块的波形结合区。但在另一些不正常的情况下，如间隙内的气体未能全部排出和残留气体被包裹在界面上被绝热压缩时，绝热压缩热将使气泡周围的一薄层基体金属熔化。这部分熔化金属冷凝后就汇集在界面上形成连续分布的熔化层。熔化层的微观形貌如图4.1.1.1所示，宏观形貌如图4.11.1.6所示。熔化层的形成原因和过程如图4.3.2.2所示。该图中各小图的含义如下：

图中（a）：残留气体被周围的波形结合区封锁而排不出去，形成鼓包。

图中（b）和（c）：在高压、高速和瞬时的爆炸载荷作用下，鼓包逐渐被压缩。

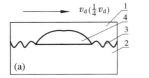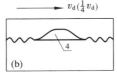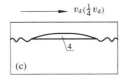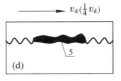

1—覆板；2—基板；3—波形界面；4—逐渐被压缩的鼓包；5—熔化层

图4.3.2.2　爆炸焊接结合区内熔化层的成因和过程描述示意图

图中（d）：鼓包内的气体在近似绝热压缩的过程中，将外加载荷的能量转变为热能。如此大量的热能必然使鼓包周围的一薄层基体金属熔化。当鼓包被压平时，这熔化了的金属熔体冷凝后就形成了扁平和连续的均匀或不均匀的熔化层。图4.3.2.3为一熔化层的放大图。由图可见，熔化层内的金属熔体内隐隐约约可见到多处断裂，这是它在高速冷凝过程中体积收缩不均匀造成的，从图4.1.1.1（d）也能见到这种情况。

上述熔化层的成因和过程的推测可用图4.3.2.4结合区内氧含量的检验结果来证实。

大家知道，鼓包中空气内的氧在绝热压缩后一定会存留在熔化金属内，于是能够通过不同类型的结合

图 4.3.2.3　钛-钢复合板界面熔化层及其中的裂纹的微观形貌　×100

区内的氧含量的相对分布来证实熔化层的上述成因。如图 4.3.2.4 所示，其中（a）图为熔化层内熔体金属中氧含量的分布曲线。由该曲线可知，熔体金属内氧的相对含量没有很大的波动。而（b）、（c）和（d）三图则显示熔化层的裂纹内氧的相对含量很高。据分析，这么多的氧以金属氧化物的形式存在其中。于是，问题清楚了。原来在熔化层形成的时候，由于过程的瞬时性，鼓包中大部分的氧来不及渗透进铸态金属中，只好进入与熔化层几乎同时形成的裂纹内，并同温度仍较高的裂纹周围的熔体金属化合生成金属氧化物。自然，剩余的气体还可能以游离态存留在裂纹的空隙中。

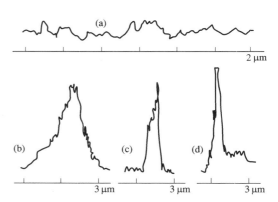

图 4.3.2.4　通过熔化层熔体内（a）和熔体间的裂纹处（b、c、d）时氧含量的电子探针检验结果

由图 4.3.2.3 可见，在长 1.540 mm 的熔化层内至少有 4 条纵向裂纹。如果推而广之，从大面积熔化区上考虑和计算，那么这种裂纹的数量、长度将是非常可观的，它们就好像肺叶上的血管和肺泡一样密密麻麻和纵横交错地分布在一大块的熔化区内。如此之多和如此之长的裂纹便构成了容纳鼓包内那些被压缩的气体物质的一个庞大的空间。

有关文献[135，249，446，568，569，587，773]用试验的方法不仅证实了爆炸焊接过程中结合区内热效应的存在，而且测定了其中的温度，并确定了这种温度与工艺参数的关系，还从理论上进行了计算。不过这些文献没有阐述熔化块和熔化层的不同的形成原因及过程，而仅有热效应是不能解释这一切的。又因为这种热效应在小板试验时跟大板试验时不一样，前者排气条件良好，不存在空气的绝热压缩，后者在接触面上存在空气层时，结合界面两侧的金属不存在明显的塑性变形。所以讨论爆炸焊接工艺下的热效应，以及分析和解释结合区内上述两种基本的熔化金属的组织形态的形成原因，必须从此两个"热过程"着手。

4.3.3　结合区熔化参数的测定

为了建立工艺、组织和性能之间的定量关系，很有必要对熔化参数进行定量的测定。

熔化参数包括熔化块和熔化层的形状、大小及分布。熔化参数的测量方法主要有如下几种。

1. 网络法

该方法又可分为三种。

（1）直接坐标纸法。即将透明坐标纸覆盖在待测定的带有熔体的金相照片上，然后沿熔体的轮廓在坐标纸上统计熔化参数的数值（面积和长度等）。

（2）剪切法。即将普通坐标纸与带有熔体的金相照片叠合，然后沿熔体的周边轮廓将其剪下。一同剪下的坐标纸上的相应轮廓的面积和长度等（通过数小格子得到）便是所需要的熔化参数。

（3）复印法。即将普通坐标纸与带有熔体的金相照片叠合，并在它们之间放进一张复写纸。然后用圆珠笔沿照片上熔体的周边轮廓描画。分开坐标纸，其上留在坐标纸内相应轮廓的面积和长度等即是所需要的熔化参数。表 4.3.3.1 为复印网格法测定的熔化参数的结果。

2. 定量金相法

该方法是利用定量电视显微镜进行多种参数，包括熔化参数的测定。表 4.5.2.1 为用这种方法测定的熔化参数，与表 4.3.3.1 一样，是用相同的金相样品和相同的金相图片进行工作的。由两表中的数据比较可知，两种方法的结果是相似的。

4.3.4　结合区熔化参数的影响因素

如上所述,在爆炸焊接结合区中通常存在着两种基本的熔体组织——熔化块和熔化层。因此,在讨论熔化参数的影响因素的时候,首先是讨论熔化块和熔化层形成的影响因素,然后才是讨论它们的参数——形状、大小和分布的影响因素。

1. 熔化块和熔化层形成的影响因素

根据熔化块和熔化层的形成原因及过程的分析可知,结合区是熔化块的形式,还是熔化层的形式,关键取决于间隙中的气体是否能及时和全部地排除出去。如果可以,结合区将是波形加波前漩涡区——熔化块的形式。如果气体排除不彻底,则结合区就可能是均匀或不均匀的和连续的熔化层的形式。或者是在一块大面积的复合板的结合区中部分为波形区(熔化块),部分为大面积熔化区(熔化层),它们之间还可能有一个波形混乱分布和熔化金属混乱分布的混合区。这3种连续、相间和周期性分布的情况已在文献[95]中详细讨论了。

2. 影响熔化块参数的因素

熔化块总是伴随着波形而出现的。在一般情况下,熔化块的各个参数与波形参数有密切的关系,而波形参数又受工艺参数的影响。因此,讨论影响熔化块参数的因素应包括两个方面。

(1)波形参数与工艺参数的关系。

(2)熔化块参数与波形参数的关系。

根据表4.3.3.1的数据简单分析如下:

① 波形参数(λ,A)越大,熔化块的面积越大;

② 波形参数(λ,A)越大,熔化块的长、短轴越大;

③ 波形参数(λ,A)越大,熔化块之间的距离越大,即分布越稀;

④ 波形参数(λ,A)越大,熔化块的周边长度越大,即熔化块与基体金属的接触面积越大;

⑤ 波形参数(λ,A)越大,熔化块的面积(数量)占有直线长度上或波形曲线长度上的厚度越大。

由上述结果可以清楚地看出波形参数对熔化块参数的影响。

3. 影响熔化层参数的因素

熔化层参数主要与工艺参数,如炸药的种类及其爆速、间隙和安装角、金属的物理和化学性质等有关。这些工艺参数归根结底决定排气过程。

4.3.5　结合区熔化的意义

大量的分析和检验表明,无论是熔化块还是熔化层,都是在高温条件下形成的。金属熔体内有的是组元的固溶体,有的是它们的金属间化合物,有的是组元熔体的混合物,有的熔体中还含有组元金属的小碎块,或者这些组成物的混合体。检验表明,结合区中这种金属熔体内大都含有大量微观的铸造缺陷。另外,由于高的冷却速度还会使那些金属熔体形成高硬度和高应力的组织,因此,这种熔体物质的物理和化学性质是相当复杂的。例如,钛-钢复合板结合区中的熔体,其显微硬度最高HM达1290[249]。具有如此特性的熔体物质存在于结合区中,无疑会对双金属的结合强度产生不良的影响。

1. 熔化块的作用和意义

熔化块本身的性质虽然不好,但由于下面的几个原因,在客观上它对爆炸焊接来说是有好处的。

(1)熔化块身处波形的漩涡区,它在结合面上是断续分布的,它与基体金属间彼此接触的面积不大。此时金属间的结合主要是靠塑性变形和扩散这两个机理,熔化块的不良影响不大。

(2)熔化块的存在,说明界面上的温度相当高。在如此高的温度下,金属易于进行塑性变形和更有利于原子间的扩散。

(3)熔化块是由金属的塑性变形热造成的。它的出现预示着界面两侧的基体金属进行了相当大的程度的塑性变形。这种变形是形成金属间爆炸焊接结合的基础和首要条件。因而,从某种意义上说,熔化块的形成也是爆炸焊接的基础和首要条件。

(4)存在熔化块的时候,在波脊上必然存在一层厚度以纳米或微米计的熔体金属。它的存在及其在界面上的流动,可以起着填充孔隙和"医治"缺陷的作用。这种作用有利于缩小塑性变形后偶有凹凸不平的界面上的原子间距,从而有利于金属键的形成和原子间的结合。

表 4.3.3.1 钛-钢爆炸复合板结合区中不同位置上波形参数和熔化参数的网格法测定及其结合强度数据

位置	波形参数 波的数量/个	波形界面长度/mm	波长 λ/mm	波高 A/mm	A/λ	熔化块 数量/个	周边长度/mm 单个	周边长度/mm 总长	中心间距/mm	长短轴/mm	面积/mm² 单个	面积/mm² 总和	宽度尺寸/mm 最宽	最窄	一般	熔化层 与基体金属接触的界面长度/mm 上(钛侧)	下(钢侧)	总长	平均	面积/mm²	熔体面积占界面直线长度上的厚度/mm	剪切强度 σ_τ/MPa
A1	多而小	—	0.160	0.026	0.163	—	—	—	—	—	—	—	0.047	0.013	0.020	1.690	1.800	3.490	1.745	0.031	0.019	251
A2	3	1.687	0.380	0.086	0.226	3	0.367 0.467 1.000	1.834	0.700 0.667	0.087×0.047 0.200×0.040 0.333×0.562	0.014 0.008 0.008	0.030	—	—	—	—	—	—	—	—	0.018	250
A3	1.5	1.980	0.660	0.180	0.273	2	1.013 1.200	2.213	1.013	0.387×0.187 0.340×0.207	0.060 0.050	0.110	—	—	—	—	—	—	—	—	0.067	350
A4	2	—	0.560	0.130	0.232	—	—	—	—	—	—	—	0.167	0.013	0.033	2.067	3.067	5.134	2.567	0.086	0.052	148
A5	5	—	—	—	—	—	—	—	—	—	—	—	0.120	0.013	0.063	1.773	1.800	3.573	1.787	0.099	0.060	0
A6	—	—	—	—	—	—	—	—	—	—	—	—	0.213	0.147	0.180	1.747	1.653	3.400	1.700	0.282	0.171	136
A7	2.5	1.820	0.480	0.089	0.185	3	0.300 0.633 0.900	1.833	0.433 0.720	0.113×0.060 0.413×0.100 0.300×0.047	0.004 0.026 0.010	0.040	—	—	—	—	—	—	—	—	0.024	338
A8	1.5	1.620	0.840	0.190	0.226	2	0.667 0.733	1.400	1.220	0.273×0.087 0.320×0.073	0.016 0.019	0.035	—	—	—	—	—	—	—	—	0.021	350
A9	1	2.233	1.000	0.250	0.250	1	1.300	1.300	1.650	0.487×0.257	0.068	0.068	—	—	—	—	—	—	—	—	0.041	358

注：表中"位置" A1～A9 如图 4.16.5.146 所示。由其中的 A5 图可见，结合面钛层的波峰及波谷发生了错动，此时结合强度为 0——检验样品在锯切时就自动分离。

以上都是促使金属材料之间爆炸焊接结合和促进结合强度提高的有利因素。表4.3.3.1中带有熔化块的结合区具有较高剪切强度的事实便是一种证明。

2. 熔化层的作用和意义

由表4.3.3.1中的数据可知，钛-钢复合板结合区是熔化层组织形式的双金属部分，它们的结合强度是不高的。这是因为它本身的性质本来就恶劣，又连续地分布在界面上，这就等于在基体金属之间设置了一层脆性的中间层。这一中间层将基体金属彼此隔离开了。基体金属彼此没有直接接触或接触不良，其结合自然不牢固。

但是，熔化层是在高温下形成的。它在形成过程中也会造成界面两侧金属的塑性变形（这种变形表现为压缩式的）和促进原子间的相互扩散，从而有利于金属间的结合。就像一般的熔化焊工艺一样，由于工件接触处的熔化也能使待焊接的工件焊接起来。只是此时熔化层不能太厚。它在一定的小的厚度时，仍然能使爆炸复合材料保持一定的结合强度。

检验表明，由于金属组合的物理和化学性质的不同，以及工艺参数的不同，它们的结合区的熔化层的组成、性质、形状、厚薄和成分分布也不同，因而它对双金属结合性能的影响不同。因此在分析熔化层对爆炸复合材料的影响的时候应当具体情况具体分析，不能一概否定。

大量事实说明，金属的爆炸焊接不是一种冷焊工艺。恰恰相反，它是一种热焊工艺。因为在爆炸焊接的过程中结合区内存在着相当强烈的热效应（见2.2.13节）。这种热效应造成了结合区内金属的熔化。这种熔化实际上是结合区内发生的又一冶金过程。这种过程从某种意义上说也是促使和促进金属材料之间的冶金结合的因素。这一结论就是将这种焊接工艺的机理置于熔化焊基础之上的理论依据。

4.4　爆炸焊接结合区中金属原子间的扩散

本章主要以钛-钢爆炸复合板结合区中的化学组成的检验结果为依据，参考大量的国内外资料，讨论爆炸焊接过程中基体金属原子间的相互扩散问题。这种扩散是该焊接工艺的焊接过渡区中的又一微观特征。

4.4.1　结合区扩散的一般情况

爆炸焊接双金属和多金属的结合区内究竟存在不存在扩散？这个问题早有争论。40多年前，学术界就有一些人认为没有扩散，而另一些人则认为存在扩散。

时至今日，不论出于何种动机和目的，仍有相当多的人不承认爆炸焊接过程中存在扩散[767, 777~781]。有的学者在分析和试验的基础上指出了扩散存在的可能性和事实[1, 132, 782~792]。然而对此问题的看法和认识还远未统一。

下面讨论这种扩散的必然性、扩散现象的显示方法、扩散参数的测量和计算，以及扩散在爆炸焊接中的意义。以此与国内外专家和学者们商讨。

4.4.2　结合区扩散的必然性

大家知道，金属合金中的原子在外力场的作用下定向运动产生宏观物质流的现象称为金属合金中原子之间的扩散。这种扩散在许多冶金过程，如相变、氧化、烧结、蠕变、内耗、多边形化、热处理、提纯、镀层和焊接等工业及技术中起着重要的作用，因而得到广泛的应用。金属的爆炸焊接是焊接工艺的一种，其焊接接头的形成过程，是一种冶金过程。这个过程就包括了扩散[33, 34, 703]。

文献[793~796]论述了原子的迁移——扩散问题和金属压力加工过程中的扩散问题。据此讨论爆炸焊接过程中扩散的必然性。

1. 高的浓度梯度必然导致扩散

扩散的菲克第一定律指出：

$$J = -D \frac{\partial c}{\partial x}$$

(4.4.2.1)

式中，J 为通过界面的扩散物质的流量，D 为扩散系数，$\dfrac{\partial c}{\partial x}$ 为界面两边物质的浓度梯度，负号表示扩散由浓度高向浓度低的方向进行。由式(4.4.2.1)可见在扩散系数不变的情况下，扩散物质的流量与浓度梯度成正比。在异种金属爆炸焊接情况下，它们间的浓度由一种 100% 突然过渡到另一种 100%。这种急剧的浓度梯度过渡是造成爆炸焊接过程中扩散的首要条件。在同种金属爆炸焊接的情况下，也能够进行自扩散。

2. 金属的塑性变形必然导致扩散

文献[797，798]指出，随着结合区波形的出现，便在波形内造成了不可逆的和强烈的塑性变形，而且这种变形是在高温下进行的。文献[795]认为，这种高温下金属的塑性变形必然导致基体原子间的相互扩散。因为在此种情况下金属塑性变形的机制正是原子间的扩散过程，而不是常温时的滑移或双晶。文献[796]指出，在常温下塑性变形的滑移机制是占优势的，当提高温度($0.3T_\text{熔}$ 以上)时扩散过程就有很大的意义了。由此可以说明，爆炸焊接过程中结合区一薄层金属在高温下的塑性变形必然导致界面附近基体金属原子间的相互扩散。

3. 金属的熔化必然导致扩散

在熔化状态下，晶体的结构遭到严重的破坏，原子间的结合力大为削弱。这就为相同的和不同的原子间的扩散创造了有利的条件。

由菲克第一扩散定律可知，当金属达到熔点时，扩散系数 D 达到最大值。此时凝集态金属的原子间的扩散最为强烈。由此可见，结合区一薄层金属的熔化必然导致基体金属的原子间的扩散。

4. 高的温度必然导致扩散

在爆炸焊接的情况下，结合区金属即使不发生熔化，由塑性变形热引起的结合区一薄层金属的温度也必然很高。扩散系数的公式为：

$$D = D_0 e^{-\frac{Q}{kT}} \tag{4.4.2.2}$$

式中，D 为扩散系数，D_0 为扩散常数，Q 为扩散激活能，k 为气体常数，T 为绝对温度。

由式(4.4.2.2)可知，在 D_0，k，Q 不变的情况下，扩散系数随着温度的升高而增大，因而原子间的扩散随温度的升高而加速。这是因为扩散是金属原子热运动的形式之一，自然而然，温度越高，原子热运动越强烈，原子离开平衡位置的机会越多，所以金属合金中的扩散现象越显著。由此可见，爆炸焊接过程中，双金属界面附近高的温度必然导致基体原子间的扩散。

5. 高的压力必然导致扩散

扩散气体在金属中的浓度可用下式计算[793]：

$$c = S\sqrt{p} \tag{4.4.2.3}$$

式中，c 为浓度，S 为比例常数，p 为压强。

由式(4.4.2.3)可知，扩散气体在金属中的浓度与压强的平方根成正比。金属和金属间原子的相互扩散与此虽有区别，但这个结论是有参考价值的。在爆炸焊接的情况下，结合区中的压力(压强)有数千至数万兆帕。在如此高的压力下，基体金属的原子会通过界面彼此扩散。本书4.5章中有许多资料提供了在爆炸焊接的高压下，造成界面两侧基体金属的原子强烈扩散的事实。

在爆炸焊接过程中，引起和造成扩散的因素是很多的。而且这些因素不是单一地起作用，它们几乎同时和综合地在起作用。所以，这个物理-化学过程，即冶金过程中的扩散就更显得必然了。以下介绍的大量事实还将有力地证实这种必然性。

应当指出，扩散的路程(距离)x 与扩散系数 D 和扩散进行的时间 t 有如下的关系，即

$$x \approx \sqrt{D\,t} \tag{4.4.2.4}$$

在爆炸焊接的情况下，其过程是很短暂的(10^{-6}s 数量级)。因而用于原子间相互扩散的时间是很短促的，它们彼此扩散的深度相应来说可能不会很深。这是该工艺下扩散过程进行的唯一一个不利的因素。但这个因素不会起决定性的作用，起决定作用的还是上述 5 个因素及其综合的作用。扩散的时间的长短只影响扩散层的深度，不能使原子间不扩散。相反，在那些有利因素及其综合作用下，结合区中不仅能形成扩散，而且能获得具有重要意义的相互扩散区。应当指出，如果将此扩散区的深度折算成单位时间内的数据，那么此爆炸焊接过程中原子间的扩散速度是相当惊人的。难怪有文献指出，此速度是常规下的千倍。

这一结果自然与爆炸焊接过程中的高压、高速、高温、高温下金属的塑性变形和熔化及其综合作用密切相关。另外，爆炸焊接过程中，结合区内的高温并不会在过程结束后马上消失，而会持续一段时间。这段时间自然会加速扩散。因此，此特种焊接技术中的扩散更是必然的。因而，没有扩散和不承认存在扩散的观点是不科学的和不实事求是的，有的人还是别有用心的。

4.4.3　结合区扩散的显示方法

显示扩散现象的方法很多。实践证明几乎所有常规的和常用的扩散显示法在这里都可以应用。

应当指出，在爆炸焊接过程中，存在着两种形式的扩散，一是基体金属的内部，由于种种原因引起的自扩散；二是基体金属之间的原子通过界面的互扩散。这种互扩散又有两种情况：通过基体间接触界面的固态下的互扩散和通过熔体的互扩散(生成固溶体或金属间化合物)。以下仅讨论互扩散的显示方法和结果。

1. 断口法

断口显示法是这样的：将爆炸焊接后的例如钛-钢复合板的覆层和基层沿界面撬开，然后将它们的结合面分别用多种分析检验手段(光谱、X射线、电子探针和电子显微镜等)进行检验，可以发现钢侧粘有钛和钛侧粘有铁。其中最简单的方法是：将撬开后的钛板和钢板的结合面喷上水，经过不长的时间后将会发现钢面黄色的铁锈中包含有未被腐蚀的白色的钛粒子，而白色的钛面上包含有黄色

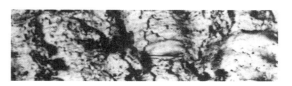
图4.4.3.1　钛-钢爆炸复合板结合区内
扩散现象的断口显示法(钢侧)(×20)

的铁锈。这就是这种复合板的结合区中Fe、Ti两种元素的原子(或原子团)彼此扩散的标志。

图4.4.3.1为电子显微镜下钢侧断口的宏观形貌。经检验证实该断口上粘有钛的粒子。

2. 金相法

金相显示法是将爆炸焊接的双金属的金相样品经浸蚀后在金相显微镜下观察。结果会发现在界面两侧各有一些黑点点。这些黑点点就是基体金属扩散后的原子或原子团。它们彼此进入另一基体金属的深度以纳米或微米计。

3. 电子显微镜法

这种显示法是用爆炸复合材料的金相样品在扫描电子显微镜中沿结合区进行化学成分的分析，以试验曲线或数据显示扩散事实。

4. 电子探针法

这种显示方法与电子显微镜法相似，也是用爆炸复合材料的金相样品在电子探针装置上进行化学成分分析，以试验曲线或数据显示扩散事实。图4.4.3.2为电子探针显示试验的一种结果。由图中(b)和(c)可见钛中有Fe和钢中有Ti；由图中(d)可知，Ti线和Fe线在通过界面时，不是陡然和垂直地过渡的，而是带有一定斜率的倾斜过渡的。这种形式的逐步过渡即为扩散所致。图4.4.3.3也显示了同样的结果，其中图中(a)为通过波形界面时的，图中(b)和(c)为通过熔化块时的现象。表4.4.3.1至表4.4.3.5和图4.4.3.4以数据的形式显示了爆炸复合材料在不同位置上(例如波峰、熔化块、熔化层等)基体金属间的扩散事实。在4.5章和4.14章中以更多的事实证实了该过程中扩散的存在。这些事实表明，爆炸复合材料中的扩散不仅在液态下进行，而且也在固态下进行。

表4.4.3.1　钛-钢爆炸复合板在垂直波峰的不同位置上主要元素的含量及分布　/%

基体	距界面/μm	0	2	4	6	8	12	16	20	30	40	50	60	100	150	200	300	400	>500
钛侧	Fe	41.59	0.65	0.49	0.40	0.33	0.26	0.13	0.23	0.16	0.16	0.13	—	0.13	0.13	0.13	—	—	—
	Ti	52.82	88.96	89.41	89.66	89.58	94.45	89.69	89.37	89.56	89.54	89.58	—	89.21	89.66	89.37	—	—	—
	Fe+Ti	94.41	89.61	89.90	90.06	89.91	94.71	89.82	89.60	89.72	89.70	89.71	—	89.34	89.78	89.50	—	—	—
钢侧	Fe	—	93.01	93.40	91.18	89.32	92.62	90.05	92.62	87.34	93.58	96.61	93.52	91.64	91.91	92.55	93.07	92.46	91.73
	Ti	—	1.72	1.48	1.22	0.94	0.89	0.59	0.51	0.27	0.26	0.21	0.18	0.18	0.17	0.16	0.15	0.20	0.15
	Fe+Ti	—	94.73	94.88	92.40	90.26	93.51	90.64	93.13	87.61	93.84	96.82	93.70	91.82	92.80	92.71	93.22	92.66	91.88

注：所有数据均为半定量性质，并为两次测量结果的平均值；使用MS-46型电子探针仪测量；表4.4.3.2和表4.4.3.3均同。

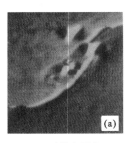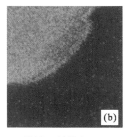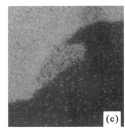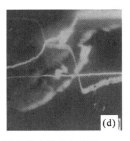

（a）反射电子象；（b）$Fe_{k\alpha}$ 特征 X 射线象；（c）$Ti_{k\alpha}$ 特征 X 射线象；（d）Ti，Fe 沿基线含量分布曲线

图 4.4.3.2 钛-钢爆炸复合板结合区内扩散现象的电子探针显示法（×132）

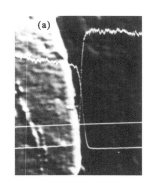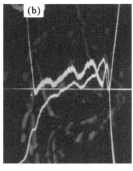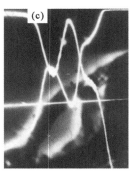

图 4.4.3.3 钛-钢（a）、（b）和锆$_2$+不锈钢（c）爆炸复合材料
结合区内扩散现象的电子探针显示法（×100）

5. X 射线显示法

上述几种方法只能显示结合区内元素的相对含量和绝对含量，以及扩散层的厚度，不能确定熔体中的组织结构，X 射线结构分析法便可弥补这一不足。图 4.5.7.1 为钛-钢爆炸复合板结合区内熔体结构的德拜图。根据各线条所显示的数据能够确定熔体中的金属间化合物的类型或者固溶体的组成。4.14 章提供了大量金属组合 X 射线结构分析法的结果。

大家知道，在合金化工艺中，固溶体或中间化合物的形成过程，就是金属溶剂和溶质的原子相互扩散、溶解或化合的过程。因此爆炸复合材料结合区中固溶体和中间化合物的存在，足以证明这种焊接工艺中必然存在着基体金属原子间的相互扩散。

表 4.4.3.2 钛-钢爆炸复合板熔化块内不同位置上主要元素的含量　　　/%

元　素	中	上	下	左	右
Fe	60.87	61.95	71.96	77.66	58.56
Ti	22.04	24.19	13.97	11.15	25.49
Fe+Ti	82.91	86.14	85.93	88.81	84.05

表 4.4.3.3 钛-钢爆炸复合板熔化层内不同位置上主要元素的含量　　　/%

位　置	元　素	测　量　次　数					
		1	2	3	4	5	6
靠近钛侧	Fe	27.58	27.07	23.66	23.46	24.21	23.56
	Ti	42.46	42.15	39.17	39.85	40.22	40.48
	Fe+Ti	70.04	69.22	62.83	63.31	64.43	64.04
靠近钢侧	Fe	24.02	24.90	24.02	25.73	25.58	23.20
	Ti	42.09	41.66	40.75	41.26	40.99	41.89
	Fe+Ti	66.11	66.56	64.77	66.99	66.57	55.09

表 4.4.3.4　在爆炸焊接的钴-锆复合材料的过渡区中，金属间相的成分及其宽度[799]

δ_0/mm	15		20				30						
位置	1	2	1	2	3	4	1	2	3	4	5	6	7
相成分 Zr(摩尔分数)/%	50	45~50	44~50	40~47	34~38	20	30.38	45~47	41~51	34~44	42~53	41~48	25~38
单个金属相的宽度/μm	6	8	90	8	4	17	34	76	58	68	95	85	53

表 4.4.3.5　钛-钢爆炸复合板结合区熔化块内电子探针定点半定量分析的结果[134]

点	行							
	1	2	3	4	5	6	7	8
1	99.9	51.8	59.1	59.6	*	—	52.2	—
		42.1	41.2	41.2		—	48.8	100.3
2	99.9	68.2	60.5	—	—	—	53.7	1.2
		32.4	40.3	—			42.6	98.4
3	99.9	59.8	60.4	—	—	—	0.2	—
		39.4	40.0	—			100.0	100.3
4	73.5	57.4	62.3	58.3	65.5	21.3	—	—
	24.8	42.9	39.1	41.1	34.6	78.8	100.2	100.0
5	59.3	65.2	57.8	59.9	62.4	—		
	39.2	32.9	41.9	39.6	39.9	100.2	100.7	101.1
6	98.3	65.2	57.8	59.9	59.8	58.2	0.9	—
	1.8	34.1	41.9	39.4	38.8	39.2	99.9	100.4
7	100.3	100.4	100.3	100.7	73.5	65.2	57.1	—
	—	—	—	—	24.5	32.8	41.2	100.6
8	100.7	100.1	100.4	100.0	100.2	100.1	100.1	99.1
	—	—	—	—	—	—	—	0.7

注：由于存在缩腔，5、6、12~14、20~22各点的结果未测出；第一个数据是铁的浓度，第二个数据是钛的浓度。

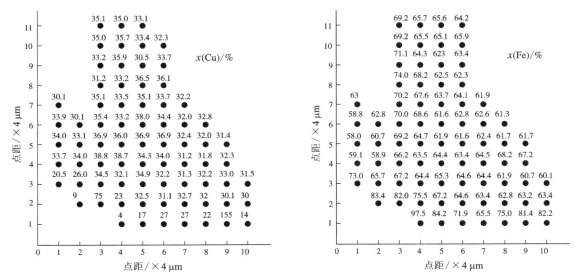

图 4.4.3.4　在铜-钢爆炸复合板结合区中某处熔体及其附近
每隔 4 μm 的点上，用 LXA-3A 型电子探针测量的 Cu 和 Fe 的浓度[788]

4.4.4   结合区扩散的测量和计算

爆炸焊接结合区中的扩散不仅可以用上述多种方法显示出来，而且扩散参数还可以用下述多种方法来测量和计算。这种测量和计算主要是针对固态下的扩散层厚度来说的。液态下的扩散测量和计算主要是针对固溶体和金属间化合物而言。此时可用多种仪器确定其化学组成，然后参照相图来确定其是固溶体还是金属间化合物，以及化合物的类型（见本书5.9.2节）。

1. 扩散层厚度的测量方法

扩散层厚度的测量方法如图4.4.4.1所示。其中，图（b）为图（a）在提高灵敏度后的试验曲线。由图可知，A 即为金属2在金属1中的单向扩散层厚度，B 即为金属1在金属2中的单向扩散层厚度，$A+B$ 即为它们共同的扩散层的厚度。图4.4.3.3（a）便可用此法来测量，图4.4.3.2（d）和图4.4.3.3（b）和（c）也可用此法来测量熔化区的宽度。其余的试验曲线依此类推。用MS-46型电子探针仪获得的试验曲线和图4.4.4.1（b）法测得的一些金属组合的扩散参数如表4.4.4.1和表4.4.4.2所列。

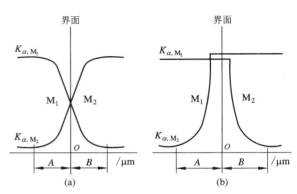

图 4.4.4.1   扩散层厚度的测量方法

研究者用MS-46型电子探针仪在检验了铜-钢复合板爆炸焊接后经过48 h的样品，测得了铜和铁相互扩散（对流渗透）的深度为20~30 μm，因而得出在爆炸焊接高压和高温下结合区金属原子间必然扩散的结论[791]。试验确定，在铝-钢爆炸焊接接头内有平均厚度为26 μm的均匀扩散区[782]。一种金属的原子向另一种金属的渗透深度可在 $10^{-3} \sim 10^{-1}$ mm 的范围内[800]。

表 4.4.4.1   不同种类和不同状态的爆炸复合板结合区中主要元素扩散参数统计

No	组　合	状　态	扩　散　方　向	单向扩散层厚度 /μm	相互扩散层厚度 /μm
1	钛-钢	850℃、1 h 退火（1）	Ti 向钢中扩散	84	176
2		850℃、1 h 退火（2）	Ti 向钢中扩散	92	164
3		850℃、1 h 退火（3）	Fe 向钛中扩散	72	
4		1000℃、1 h 退火（1）	Ti 向钢中扩散	76	248
5		1000℃、1 h 退火（2）	Fe 向钛中扩散	172	
6	铌-钢	爆炸态	Fe 向铌中扩散	4.6	7.6
			Nb 向钢中扩散	3.0	
7	钽-钢	爆炸态	Fe 向钽中扩散	8.7	12.7
			Ta 向钢中扩散	4.0	
8	锆-钢	爆炸态	Fe 向锆中扩散	5.3	9.0
			Zr 向钢中扩散	3.7	
9	铜-钢	爆炸态（1）	Fe 向铜中扩散	7.5	11.2
			Cu 向钢中扩散	3.7	
10		爆炸态（2）	Fe 向铜中扩散	8.0	14.0
			Cu 向钢中扩散	6.0	
11		爆炸态（3）	Fe 向铜中扩散	9.0	15.0
			Cu 向钢中扩散	6.0	
12	32 钼钛 -钢	爆炸态（1）	Fe 向 32 钼钛中扩散	4.3	7.6
			Mo 向钢中扩散	3.3	
13		爆炸态（2）	Fe 向 32 钼钛中扩散	5.0	14.5
			Ti 向钢中扩散	9.5	
14	钛-钢	爆炸态	Fe 向钛中扩散	3.0	15.0
			Ti 向钢中扩散	12.0	

表 4.4.4.2　钛-钢爆炸复合板结合区中不同位置上主要元素扩散参数统计

No	测　量　位　置	扩　散　方　向	单向扩散层厚度 /μm	相互扩散层厚度 /μm
1	Ti 波峰 Q235	Fe 向钛中扩散	7.0	14.7
		Ti 向钢中扩散	7.7	
2	Ti 熔化块 Q235	Fe 向钛中扩散	6.5	19.0
		Fe 向熔化块中扩散	12.5	
3	熔化层 Ti Q235	通过熔化层 Fe 向钛中扩散	4.7	10.7
		通过熔化层 Ti 向钢中扩散	6.0	

2. 扩散参数的计算

根据金属物理学的基本原理,并结合爆炸焊接的具体情况,不少文献提出了这种焊接工艺下结合区扩散参数的计算公式。以下举几例说明。

钛-钢组合扩散层深度的计算公式[134]:

$$x^2 \approx 6Dt \tag{4.4.4.1}$$

式中:x 为原子移动的距离(单向扩散);D 为扩散常数;t 为扩散进行的时间。

钛-铜组合的扩散层深度的计算公式[787]:

$$x^2 = 4Dt \tag{4.4.4.2}$$

式中:x 为铜向钛中渗透的平均深度;D 为铜向钛的扩散系数;$D = D_0 \exp[-(Q/RT)]$;t 为扩散进行的时间。

铝-铜组合的计算公式[782]:

$$x^2 = 2Dt \tag{4.4.4.3}$$

式中:x 为渗透的平均深度;D 为扩散系数;t 为扩散时间。

由式(4.4.4.1)~式(4.4.4.3)可以看出,这些公式在形式上是相似的,所不同的是由于金属组合的不同,公式右边的常数值才有所区别。

如前所述,爆炸焊接过程是很短暂的,因而这种工艺下的扩散层厚度不可能太厚。但是,应当指出,第一,扩散的时间虽然短促,然而单位时间内的扩散速度却是惊人的。第二,已经测出的以微米计的扩散层厚度对于爆炸载荷下金属间的结合来说就已经足够了。爆炸复合材料高的结合性能、加工性能和使用性能即是证明。

4.4.5　结合区扩散的意义

根据爆炸焊接的具体情况,结合区扩散的意义可以归纳为如下几个方面。

(1)高温下的扩散将促进结合区金属(界面两侧一薄层金属)的塑性变形的进行。这种塑性变形是金属爆炸焊接的首要原因和机理。

(2)高温下的扩散有利于熔体中金属原子间的相互渗透,从而有利于熔体内固溶体和金属间化合物的形成。如本书4.3章所述,它们的形成对于爆炸焊接来说也是有重要意义的。

(3)就基体金属原子间的扩散本身来说,通过扩散,一方面有利于两金属原子间距离的缩小,使它们达到引力和斥力相平衡的距离;另一方面,通过扩散可以促进结合界面及其附近的一些微观的物理-化学过程即冶金过程的进行,为基体金属之间的自由电子的通过和金属键的建立,即冶金结合的形成创造又一个有利的条件。从金属焊接原理上分析,这种扩散同结合区金属的塑性变形和熔化一起,构成了金属爆炸焊接的三个原因和三大机理。综上所述,金属爆炸焊接的过程是以炸药为能源,在高压和高温下的接触面上发生塑性变形、熔化和扩散,从而实现金属间冶金结合的一种物理-化学过程。在此过程中,基体金属间原子的相互扩散无论从理论上分析,还是从实践上来看都是必然的。

应当指出,爆炸焊接结合区内的扩散过程最好用放射性同位素的方法来揭示,以便直接地确定在该种情况下扩散参数与其他参数(包括工艺参数)之间的相互关系[791, 792]。

4.5 爆炸复合材料中的成分和组织

本篇前四章讨论了爆炸焊接结合区的一些特征，即结合区一薄层金属的塑性变形、熔化和原子间的相互扩散，它们形成的原因、过程和结果及其在爆炸焊接中的重要意义。实际上，这些就是在爆炸焊接过程中，在结合界面上进行的一些冶金过程。正是这些冶金过程，才形成了爆炸复合材料基体金属间的冶金结合。因此，这些冶金现象和冶金过程的深入探讨，对于揭示爆炸焊接的机理有重要的意义。

本章继续介绍国内外研究者在此方面的大量工作。由这些工作可以进一步揭示和论证爆炸焊接的金属物理学的本质，为爆炸复合材料学增添新的内容。这些工作包括金相、电子探针和电子显微镜及金属材料中通常使用的分析和检验手段在此方面应用的结果。其他的分析和检验手段的应用工作有待今后深入开展。

4.5.1 普通金相研究

普通金相研究就是在普通光学金相显微镜上进行金属爆炸复合材料的成分、组织和性能的研究。像其他材料的研究一样，普通金相研究也是爆炸复合材料研究的重要工具和不可缺少的组成部分。这种研究对于这类材料的检验、应用和发展有重要的意义。

从爆炸复合材料的发展历程，可以总结出普通金相研究在爆炸复合材料中有如下方面的应用：

（1）表面波形和底面波形，如本书4.16.1节所述。

（2）界面波形，见本书4.16.5节。

（3）结合区金属的塑性变形、熔化和扩散，见本书4.1章~4.4章、本书4.6.1节~4.6.4节、本书4.7章~4.14章。

（4）压力加工，见本书3.3章。

（5）热处理，见本书3.4章。

（6）焊接，见本书3.5章。

（7）机械加工，见本书3.6章。

……

普通金相研究还可以与本章后面的定量金相研究、高温金相研究、电子探针研究和电子显微镜研究等结合起来，密切配合，充分发挥各自的特点和优势，在爆炸复合材料的微观组织和宏观力学性能检验，以及机理研究中做大量工作。

实践证明，普通金相研究是爆炸复合材料研究的基础。从事爆炸焊接研究和生产的人们应当重视此项工作，并充分发挥它在研究和应用中的作用。

本书总结和探讨了爆炸焊接的金相技术（本书5.3章），提供了一整套这方面的金相图谱（见本书有关章节）。这些资料可供从事此领域工作的人们参考和使用，并希望在实践中不断予以丰富和发展。

4.5.2 定量金相研究

随着电视和计算机技术的发展，其成果也应用到了金相技术上。由计算机控制的电视定量金相显微镜，不仅具有普通金相显微镜的功能，可以进行金属合金微观组织的观察和摄影，而且能够快捷和准确地进行金属合金内组织组成物的大小、数量和分布的测定及记录，从而将金相技术和金相研究的水平推向一个新高度。

本书4.2章和4.3章用常规的方法进行了钛-钢复合板内的波形、波形内的塑性变形和熔化等组织组成物的定量测定，获得了许多有价值的数据。这些数据的一部分汇集在表4.3.3.1中。20世纪70年代中期，本书作者使用定量电视金相显微镜进行了类似的工作，也取得了大量的数据，有关结果列入表4.5.2.1中。比较表明，此两表中的数据在一定程度上是吻合的，但后者快捷得多，也许更加准确。定量电视金相显微镜在爆炸复合材料中的应用是可行的。这对于迅速和准确地检验这类材料结合区及基体内的组织，建立工艺、组织和性能的关系是不可少的。这种装置和技术在爆炸复合材料中的应用应当引起重视。

表 4.5.2.1 钛-钢爆炸复合板结合区中不同位置上波形参数和熔化参数的定量金相法测定及其结合强度数据

位置	波形参数		熔化参数																熔体面积占有界面直线长度上的厚度/mm	剪切强度 σ_τ/MPa
			熔化块							熔化层										
	波的数量/个	波形接触界面的长度/mm	数量/个	周边长度/mm 单个	周边长度/mm 总长	中心间距/mm	长短轴/(mm×mm)	面积/mm^2 单个	面积/mm^2 总和	宽度尺寸/mm 最宽	宽度尺寸/mm 最窄	宽度尺寸/mm 一般	与基体金属接触的界面长度/mm 上(钛侧)	与基体金属接触的界面长度/mm 下(钢侧)	与基体金属接触的界面长度/mm 总长	与基体金属接触的界面长度/mm 平均	面积/mm^2		
A1	多而小	—	—	—	—	—	—	—	—	0.037	0.004	0.017	1.745	1.855	3.599	1.799	0.034	0.022	251
A2	3	1.832	3	0.539 0.616 0.589	1.744	0.636 0.586	0.204×0.073 0.258×0.069 0.127×0.193	0.008 0.017 0.016	0.041	—	—	—	—	—	—	—	—	0.027	250
A3	1.5	2.109	2	1.471 0.971	2.442	1.023	0.451×0.285 0.308×0.216	0.067 0.046	0.113	—	—	—	—	—	—	—	—	0.073	350
A4	2	—	—	—	—	—	—	—	—	0.189	0.010	0.040	1.997	2.453	4.450	2.225	0.095	0.062	148
A5	5	—	—	—	—	—	—	—	—	0.116	0.010	0.052	1.839	1.769	3.608	1.804	0.087	0.057	0
A6	—	—	—	—	—	—	—	—	—	0.179	0.135	0.144	1.685	1.811	3.496	1.748	0.251	0.163	136
A7	2	2.019	3	0.391 0.632 0.670	1.693	0.663 0.722	0.146×0.081 0.235×0.096 0.304×0.077	0.009 0.018 0.012	0.039	—	—	—	—	—	—	—	—	0.025	338
A8	1.5	2.214	2	0.593 0.786	1.361	1.136	0.204×0.119 0.262×0.150	0.015 0.018	0.033	—	—	—	—	—	—	—	—	0.021	350
A9	1	2.331	1	1.196	1.196	1.540	0.463×0.193	0.056	0.056	—	—	—	—	—	—	—	—	0.036	358

注：表中“位置”A1～A9 如图 4.16.5.146 所示。由其中的 A5 图可见，结合面上钛层和钢层的波峰及波谷发生了错动，此时的结合强度为 0——检验样品在锯切时就自动分离。

4.5.3 高温金相研究

高温金相试验是金属和合金在预定的温度范围内连续升温、保温和降温，通过连续观察和记录其内部宏观及微观组织的变化，从而判断对应温度条件下其性能变化的一种金相检验方法。这种检验的结果可为相应金属和合金的热加工、热处理和焊接等工艺参数的制订提供实验依据和前期指导。

高温金相研究就是利用高温金相试验的结果，进一步探讨金属材料的加工工艺、微观组织和宏观力学性能，以及其他物理和化学性能的关系，从而指导金属材料的生产和应用的一种研究手段。

爆炸复合材料的高温金相试验和研究是金属材料试验研究的重要组成部分。其目的是利用爆炸复合材料在连续升温、保温和降温过程中，连续观察和记录结合区，以及基体内金属微观组织的变化，从而判断对应条件下其有关性能的变化，为这类材料的热加工、热处理和焊接等工艺参数的制订提供试验依据。最终为爆炸复合材料的加工工艺、组织和性能关系的建立，以及它的生产和应用提供前期指导。

爆炸复合材料的高温金相试验有一个显著的特点，那就是除了基体组织在某个过程中以一定的规律变化之外，结合区金属的组织也会以一定的规律变化。这种变化将通过本节的大量图片一清二楚地显现出来，并揭露爆炸复合材料在高温金相试验中的现象和规律。

1. 钛-钢复合板的高温金相实验

钛-钢爆炸复合板在使用前存在热加工、热处理和焊接等热过程，在使用过程中有时也有热作用和热影响。因此，研究这种复合材料在高温下的组织和性能是这种复合材料的一个重要检验项目和检验内容。钛-钢爆炸复合板的高温金相实验就是为此而设计的。

该试验在高温金相显微镜下进行。试验步骤是：从室温按一定的速度升至 1000℃，然后在此温度下随炉冷却至室温。在该温度范围内的若干预定温度和保温时间内，观察和记录该复合板样品中的界面形态和金属微观组织的变化。试验结果如图 4.5.3.1 所示。由图中(a)可见，升温前原始态复合板结合区内钢侧呈现纤维状的变形组织，钛侧则有"飞线"。当温度升到 650℃ 时[图中(b)]，钢的晶粒有所长大，钛侧的飞线尚存。当温度升至 700℃ 时[图中(c)]，上述过程在继续。在 750℃ 下钢的晶粒继续长大，钛内的飞线大部分消失，但并未完全消失[图中(d)]。850℃ 以后，飞线完全没有了，钢的晶粒长得更大了。此时由于 Fe、Ti 和 C 在高温下相互扩散和化合，界面形态发生了很大变化[图中(e)~(g)]。随后，在冷却到 850℃ 时[图中(h)]，界面形态依然如故。该样品在随炉冷却到室温的界面组织形态如图 4.5.3.2 所示。由该图可见，钛的晶粒呈针状，这可能是被 Fe 稳定下来了的 β-Ti。另外，在钛和钢之间形成了几个不同组织的区域带。

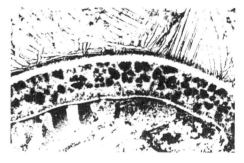

从 1000℃ 冷却至室温后

图 4.5.3.2　钛-钢复合板的高温金相试验照片之二（×50）

以上钛-钢复合板样品高温金相实验结果，也同其热轧和退火的结果相似（图 3.3.3.1 和图 3.4.3.1）。这说明影响这种复合板界面组织和形态的主要因素是加热温度和保温时间，

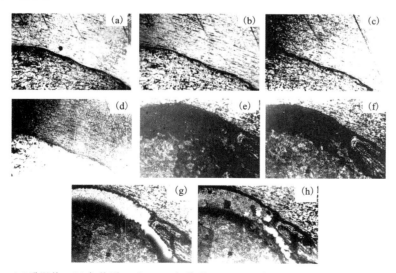

(a)升温前；(b)加热到 650℃；(c)加热到 700℃；(d)加热到 750℃，保温 5 min；(e)加热到 850℃；(f)加热到 950℃；(g)加热到 1000℃；(h)冷却到 850℃

图 4.5.3.1　钛-钢复合板的高温金相实验照片之一（×20）

而与工艺过程（退火、热轧、还有焊接）关系不大。当然，热过程的快慢、介质的异同等也会有一定的影响。

2. 锆-钢复合板的高温金相实验

锆-钢复合板高温金相实验的结果如图4.5.3.3和图4.5.3.4所示。由图4.5.3.3可见,升温前锆-钢复合板的界面呈单一和清晰的波状(锆左下和钢右上)。当温度升至600℃时,钢侧的晶粒发生了一些变化——开始再结晶[图中(b)]。当温度升至800℃时钢的晶粒迅速长大[图中(c)]。当温度升至到1000℃后,不仅钢的晶粒继续长大,而且钢和锆的界面上也起了变化——由于Fe和Zr之间在高温下的相互作用而形成金属间化合物的断续的中间层[图中(d)]。当在此温度下保持10 min后这种中间层就呈现连续分布[图中(e)]。图中(f)虽然冷却到了850℃,但由于热惯性,这种中间层继续增宽。继续冷却后[图中(g)和(h)],中间层内的组织继续变化。图4.5.3.4为冷却到室温后的该复合板结合区的组织形态。由图可见,中间层内的组织与两基体完全不同,其内多处开裂。钢侧再结晶晶粒明显可见,但锆的晶粒变化不大,这与其熔点较高(1852℃)有关。

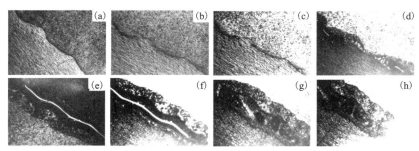 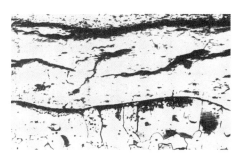

(a)升温前;(b)加热到600℃;(c)加热到800℃;(d)加热到1000℃;
(e)在1000℃保温10 min;(f)冷却到850℃;(g)冷却到650℃;(h)冷却到400℃

图4.5.3.3　锆-钢复合板的高温金相试验照片之一(×20)

从1000℃冷却至室温

图4.5.3.4　锆-钢复合板的高温金相试验照片之二(×100)

3. 镍-钛复合板的高温金相实验

图4.5.3.5为镍-钛复合板高温金相试验的结果。其中,图(a)为爆炸态下和升温前的金相组织。由图可以明显地观察到界面两侧基体金属不同的变形组织:镍侧(上)为拉伸式和纤维状,并随波形的起伏而呈弯曲状,离界面越近这种变形的程度越严重;钛侧(下)为"飞线"—— 一种特殊形式的塑性变形线(见4.7章)。图中(b)~(e)为500~700℃内的升温过程。在此过程中,镍的变形组织逐渐发生回复和再结晶。由于保温时间较短,钛侧的飞线组织尚存。图中(f)~(g)为加热到800℃和875℃的升温过程。在此过程中,由于温度的升高镍的晶粒长大了。钛侧则因为共晶基体发生了熔化。图中(h)~(i)为冷却到500℃时的形貌,镍长大的晶粒和钛侧的液化情况仍清晰可见。图4.5.3.6为加热到1000℃并随炉冷却到室温后的该复合的结合区组织形貌。由图可见,镍发生了聚合再结晶,钛侧则为被镍稳定了的β-Ti的针状组织,在它们的中间为Ni和Ti的多种金属间化合物的中间层组织。随着温度的升高和保温时间的延长,这一中间层将加厚。

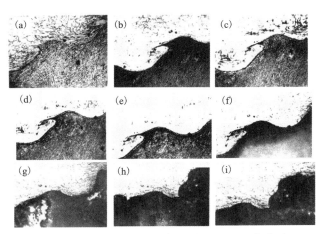 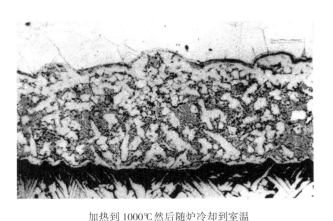

(a)升温前;(b)加热到500℃;(c)加热到600℃;(d)加热到700℃;
(e)在700℃保温10 min;(f)加热到800℃;(g)加热到875℃;
(h)冷却到500℃;(i)在500℃下保温5 min

图4.5.3.5　镍-钛复合板的高温金相试验照片之一(×80)

加热到1000℃然后随炉冷却到室温

图4.5.3.6　镍-钛复合板高温金相试验照片之二(×100)

4. 铜–LY12 复合板的高温金相实验

图 4.5.3.7 为在不同温度下加热和冷却后铜–LY12 复合板结合区的组织形态。图中(a)为加热前的形态(铜在上和 LY12 在下),界面上 LY12 的白色纯铝包覆层隐约可见。由于放大倍数较小,界面两侧基体金属的变形组织看不出来。图中(b)和(c)为加热到 250~350 ℃时的形态,由图可见,中间的纯铝包覆层清晰,并随着温度的升高,其宽度加大。图中(d)为加热到 450℃后冷却到 200℃时的形态,由图可见在 450℃下,纯铝包覆层更宽了。其实这白色的带状物是 Al 和 Cu 的多种金属间化合物的中间层。其放大后的形态如图 4.5.3.8 所示。由该图可见,由于温度低,铜侧的组织无变化,铝合金侧的变形晶粒发生了再结晶而成等轴状。在它们的中间则为 Cu 和 Al 的多种金属间化合物的中间层。进一步试验表明,随着加热温度的提高和保温时间的延长,这中间层的厚度将进一步加宽。

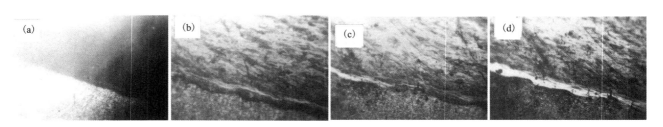

(a)升温前;(b)加热到 250℃;(c)加热到 350℃;(d)加热到 450℃后冷却到 200℃

图 4.5.3.7　铜–LY12 复合板的高温金相试验照片之一(×20)

图 4.5.3.9 为铜–铝复合板在 550℃下加热后的高温金相照片。由图可见其形态与图 4.5.3.8 相似,只是由于温度更高,中间层内出现了空洞。

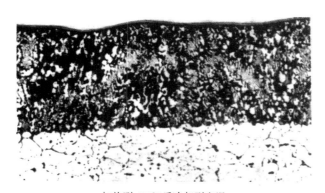

加热到 450℃后冷却到室温

图 4.5.3.8　铜–LY12 复合板的
高温金相试验照片之二(×100)

加热到 550℃后冷却到室温

图 4.5.3.9　铜–铝复合板的
高温金相试验照片(×50)

5. 镍–不锈钢复合板的高温金相实验

图 4.5.3.10 为镍–不锈钢复合板在不同温度下加热和冷却后的高温金相实验结果。图中(a)为升温前和爆炸态下的金相组织,由图可见到镍侧的变形组织和波形界面,不锈钢侧因其浸蚀效果不好而看不清楚组织。图中(b)~(d)为加热到 500~800 ℃时的组织形态,由图可见,镍随着温度的升高逐渐发生回复和再结晶,变形组织逐渐消失。图中(e)为加热到 1000℃并保温 10 min 的组织形态,由图可见,镍侧晶粒继续再结晶和长大,不锈钢侧出现白色带状物,检验表明这种带状物没有特殊的意义,除其组织为再结晶状态外,没有本质的变化。图中(f)~(h)为冷却状态下的形态。该复合板加热到 1000℃然后冷却到室温的组织形态如图 4.5.3.11 所示。由图可见,镍侧发生了聚合再结晶,不锈钢侧为再结晶后的等轴晶粒。在镍和不锈钢之间有一薄层白色带状组织,它是不锈钢中的碳扩散进镍后形成的增碳层(显微硬度试验结果表明此处的硬度较高)。

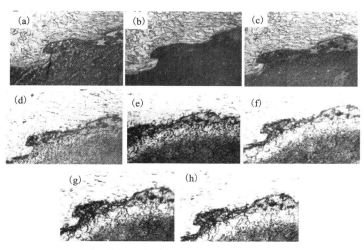

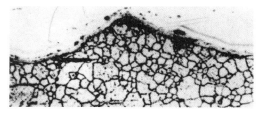

加热到1000℃后冷却到室温

图4.5.3.11 镍-不锈钢复合板的高温金相试验照片之二(×100)

6. 钽-钢复合板的高温金相实验

图4.5.3.12为钽-钢复合板在升温和冷却过程中的高温金相实验照片。图中(a)为爆炸态和升温前的结合区形态(左下为钢、右上为钽)。图中(b)~(f)为加热到650~1000℃的结合区形态。图中(g)~(j)为分别冷却到900、800、700和600℃时的结合区形

(a)升温前;(b)加热到500℃;(c)加热到700℃;
(d)加热到800℃并保温10 min;(e)加热到1000℃并保温10 min;
(f)冷却到875℃;(g)冷却到600℃;(h)冷却到500℃

图4.5.3.10 镍-不锈钢复合板高温金相试验照片之一(×80)

态。在加热过程中钢侧组织逐渐发生变化,由于放大倍数较小,组织变化的过程看不清楚,但不外乎变形组织的回复和再结晶,对钢来说还有珠光体数量的减少和消失,在冷却过程中珠光体的析出等。对于钽来说,由于其熔点极高(2996℃±50℃),所以在此温度范围内,其中的组织显示不出大的变化,界面上的变化也不大。这些可以从图4.5.3.13中明显地观察得到。

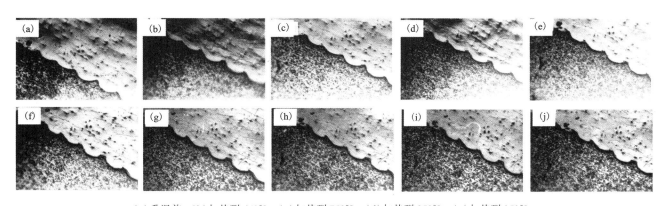

(a)升温前;(b)加热到650℃;(c)加热到750℃;(d)加热到850℃;(e)加热到950℃;
(f)冷却到1000℃;(g)冷却到900℃;(h)冷却到800℃;(i)冷却到700℃;(j)冷却到600℃

图4.5.3.12 钽-钢复合板的高温金相试验照片之一(×20)

7. 铌-钢复合板的高温金相实验

图4.5.3.14为铌-钢复合板在800~1100℃温度范围内进行高温金相实验时的结合区组织变化的照片。由图可见,随着加热温度的升高,钢侧的晶粒发生了再结晶和晶粒长大,温度越高,晶粒越大,直到聚合再结晶后形成特大晶粒。但是,即使在1100℃温度下,铌侧的变化均很小,这是由于它的熔点很高(2468℃±10℃),在此试验温度下,铌"无动于衷",因此它们的界面也变化不大。

8. 钛-钛复合板的高温金相实验

图4.5.3.15为钛-钛复合板在加热到900℃保温5 min后不同位置上的金相组织形态。由图可见,在此

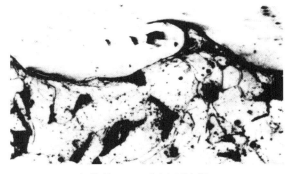

加热到1000℃后冷却到室温

图4.5.3.13 钽-钢复合板的高温金相试验照片之二(×100)

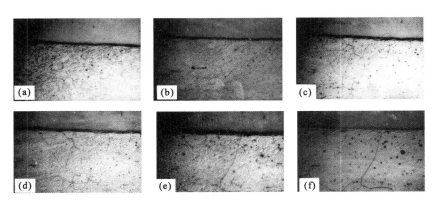

(a)加热到800℃；(b)加热到880℃；(c)加热到1000℃；(d)加热到1010℃；(e)加热到1050℃；(f)加热到1100℃

图4.5.3.14　铌-钢复合板的高温金相试验照片(×80)

温度下由于再结晶，钛-钛的结合界面分不出来了，几近消失。这一情况能够从图4.5.3.16中明显地观察到。

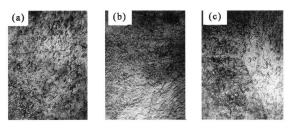 

在900℃下保持5 min；(a)、(b)、(c)表示不同位置	加热到900℃后冷却到室温
图4.5.3.15　钛-钛复合板的 **高温金相试验照片之一(×20)**	**图4.5.3.16　钛-钛复合板的** **高温金相试验照片之二(×200)**

9. 钢-钢复合板的高温金相实验

图4.5.3.17为钢-钢复合板在一定的温度范围内加热和冷却的高温金相试验结果。图中(a)为爆炸态和升温前的金相组织，由图可见到波形界面、波形界面两侧的飞线，以及钢内的铁素体和珠光体组织。在400~750℃加热的时候，上述组织仍然存在[图中(b)~(d)]。在加热到950℃后，上述组织逐渐消失了[图中(e)和(f)]。图中(g)显示，由于1000℃高温的作用，钢内的晶粒长得很大。这长大的晶粒在冷却到540℃后仍保持着[图中(j)]。

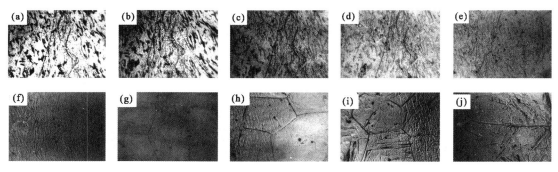

(a)升温前；(b)加热到400℃；(c)加热到500℃和保温5 min；(d)加热到750℃和保温10 min；(e)加热到850℃
和保温17 min；(f)加热到950℃；(g)加热到1000℃；(h)冷却到750℃；(i)冷却到600℃；(j)冷却到540℃

图4.5.3.17　钢-钢复合板的高温金相试验照片之一(×80)

图4.5.3.18为该试验由1000℃冷却到室温时试样的金相组织。由图可见，钢-钢的界面消失了，钢中的珠光体和铁素体清晰可见。

由以上高温金相试验的结果可以发现一些共同的特点和规律：

（1）这种试验能够连续观察和记录金属爆炸复合材料在连续升温、保温及冷却过程中结合区和基体内的组织变化。这是其他的金相实验比不上和代替不了的。

（2）和热加工及热处理试验的结果一样，此高温金相试验也能发现相图在这方面的应用：相图上有金属间化合物的金属组合，高温金相试验后也能发现在它们的结合区有中间化合物的中间层存在，其厚度随加热温度的升高和保温时间的延长而增厚。中间层内的组成也与对应的相图内相似。而相图上仅有固溶体的金属组合，不存在中间层。

（3）对于相同材料的金属组合，高温金相试验后，由于再结晶，它们的界面消失且合为一体。

（4）对于熔点相差很大的金属组合（如钽-钢和铌-钢等），高温金相试验后，其结合区组织不会发生大的变化。

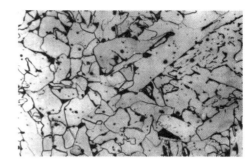

加热到 1000℃后冷却到室温

图 4.5.3.18　钢-钢复合板的高温金相试验照片之二（×100）

（5）由于保温时间较短，高温金相实验的结果与保温时间较长的热轧加热和热处理的结果稍有不同，但都符合金属物理学的基本原理。因此，高温金相试验的结果可以作为对应金属组合的热加工、热处理和焊接等的工艺参数制订的参考及前期指导。这种实验应当成为金属爆炸复合材料的成分、组织和性能分析的重要工具。

另外，用高温金相显微镜测定了一些爆炸复合材料结合界面上的物质的液化温度数据如表 4.5.3.1 所列，这些物质依相图能够估计出是对应金属组合所能形成的固溶体、金属间化合物或者它们之间的混合物。

一般的金属材料的金相研究通常在室温下进行。但是，大多数金属和合金随温度的升高或降低常伴随有组织的改变，如再结晶、晶粒长大、第二相的析出和相变等。这些改变自然会影响它们的性能。因

表 4.5.3.1　一些爆炸复合材料结合区物质的液化温度

No	金属组合	液化温度/℃	备　注
1	钛-铜	865	升温过程中，界面处扩散较明显，故该处先出现液相
2	钛-钢	1020	如将冷却后的试样再次升温，则液化温度可升至1030℃以上
3	钛-不锈钢	978±2	如将冷却后的试样再次升温，则液化温度可升至1000℃左右
4	铜-钢	1083±1	铜基体在1083℃熔化后，结合区的金属合金并未熔化，因为Cu-Fe共晶化合物的熔点为1130℃
5	铝-钛	535	400℃以上时界面扩散显著，在铝基体内出现部分液相时，界面处才开始受到液相的冲击
6	铝-铜	490	快速升温
7	铝-不锈钢	563±3	慢速升温
8	铝-钢	550	—

此，有必要研究上述组织改变的过程和规律。这种研究的手段之一就是高温金相技术。对于爆炸复合材料来说，上述大量试验结果就是高温金相技术在此领域应用的成果。

另外，许多金属材料，包括一些爆炸复合材料，常应用于低于室温的温度。所以，它们的组织和性能的低温金相研究也十分必要。低温金相研究装置就是为此设计而制造的。为了防止低温下试样表面及观察窗口上凝集水滴的问题，低温金相显微镜内必须绝对干燥和抽真空。这种装置大多备有较高真空度的真空低温台。除低温发生装置之外，其余的结构与普通金相显微镜和高温金相显微镜相似。

4.5.4　电子探针研究

1. 电子探针

人们利用 X 射线和电子的吸收或衍射过程，发展了多种有用的晶体照相技术。目前利用尖锐聚焦的电子束，分辨率能达到 0.1 μm 量级。由于 X 射线的吸收程度取决于试样中元素的原子序数，所以透视图上的逐点变化揭示了该试样中成分的变化及单位面积上质量的变化。其中吸收光谱和荧光光谱在显微化学和物理分析中得到了应用。例如，由此原理制成了电子探针显微分析仪、电子显微镜（扫描式和透射式）和超高压电子显微镜等。这里简述电子探针和一般的电子显微镜的工作原理及其在爆炸焊接材料显微分析

中的应用。

电子探针显微分析法是利用在试样表面上移动的聚焦电子束来激发试样的特征 X 射线。用 X 射线分光计分析所激发的辐射，就能够得到有关试样被辐照小面积上化学成分的资料。这种方法能够分辨各电子束位置上几立方微米的材料。最先进的电子探针设备是用计数管接收激发辐射的选择波长，并且用光点显示于观察屏上。该光点在屏幕上的扫描与聚焦电子束在试样上的扫描同步。即在屏幕上可以显示出一个图像，根据图像可求出试样散射电子的强度。这两种方法的分辨能力都可以到微米级，除有轻度的表面烧损和碳沉积外，影响都是非破坏性的。

电子探针装置通常用于研究物质沉淀、偏聚和夹杂，以及鉴别物相和研究短程扩散及成分梯度等。

2. 电子探针在爆炸复合材料研究中的应用

电子探针在爆炸复合材料的组织和成分的研究中有许多应用，现将收集到的部分资料辑录如下。

本书作者用 JCXA-733 型电子探针仪进行了不锈钢-钢爆炸复合板结合区的组织和成分的检验，结果如图 4.5.4.1~图 4.5.4.10 所示。

图 4.5.4.1 显示了不锈钢-钢大厚复合板坯的结合区波形形貌。由图可见如下组织形态：波形内钢侧晶粒的塑性变形程度自界面向着基体内部由强变弱，离开波形区后呈现出钢的原始组织；界面附近的点状物为再结晶组织；波形的两边各有一个漩涡区，爆炸焊接过程中熔化的金属大部分汇集在这里，少部分分布在波脊上（白色曲线），其厚度以微米计。以上组织形态是所有爆炸复合材料中所共有的，只是在这里由于不锈钢板较厚，其结合区波形较高，并有前后两个漩涡区（与图 4.16.5.64 相比）。

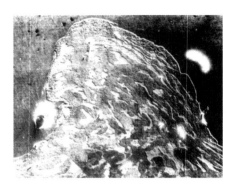

图 4.5.4.1　在电子探针下不锈钢-钢大厚复合板坯结合区中的波形形貌(×100)

图 4.5.4.2 显示了波形内钢侧自界面开始晶粒塑性变形程度由强到弱的全过程［由图中(a)到(f)］，这种变形以晶粒呈现拉伸式和纤维状为特征。此图与图 4.2.4.1 相似。

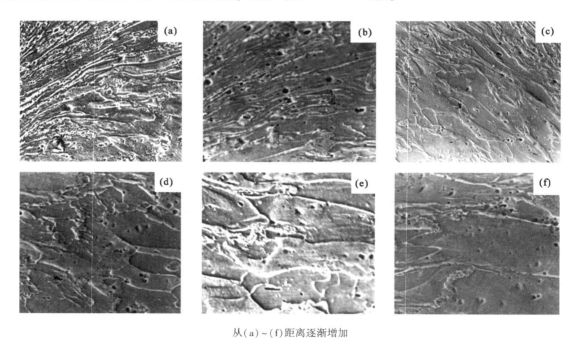

从(a)~(f)距离逐渐增加

图 4.5.4.2　在波前垂直界面的钢侧某一位置上距界面不同距离(a)~(f)内的组织形貌(×1000)

图 4.5.4.3 显示了波峰和波谷两个位置钢侧塑性变形的不同情况：波峰处强烈塑性变形的金属发生了再结晶，波谷处仅呈现较薄的纤维状的塑性变形组织。这种情况的出现与塑性变形金属从波谷经波峰向波前的流动，以及变形热在波前的大量积聚有关。

在爆炸焊接过程中，由于大量塑性变形热的生成和积聚，在结合界面上基体金属将发生不同程度的熔化，这些金属熔体不管是汇集在波形一侧或两侧的漩涡区内，还是均匀或不均匀的熔化层连续地分布在基体金属之间，其内通常都包含有铸态金属中都有的缺陷：气孔、缩孔、裂纹、夹杂和疏松等。这些缺陷在不锈钢–钢复合板的波形结合区的漩涡内也都存在，如图 4.5.4.4 和图 4.5.4.5 所示。

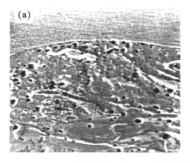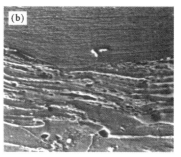

图 4.5.4.3　波峰(a)和波谷(b)位置界面钢侧的金属组织形貌(×1500)

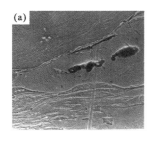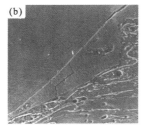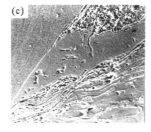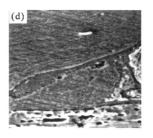

(a)×720；(b)×480；(c)×660；(d)×240

图 4.5.4.4　波前漩涡区内的熔体，其中的气孔(a)、缩孔(b、d)、裂纹(a、b)、夹杂(b、c)和疏松(a~d)等微观缺陷的组织形貌

图 4.5.4.6 显示出波脊上的几种形状的熔体。这几种形状的熔体的出现，主要原因是间隙中气体的排出不及时和不完全，从而影响了熔体的正常流动(流向波前或波后)，因而被阻止和凝固在波脊上。这是一种局部不正常的爆炸焊接过程造成的。

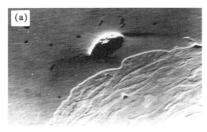

图 4.5.4.5　波前(b)和波后(a)的漩涡区及其中气泡的形貌(×200)

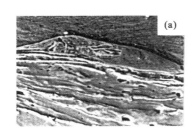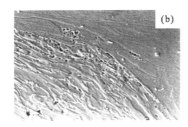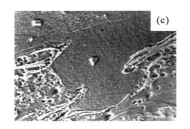

(a)×1500；(b)×720；(c)×1000

图 4.5.4.6　波脊上的熔体的形貌

由上述图像可以看出，在爆炸复合材料的结合区内存在着金属的塑性变形和熔化。另外由下面的图能够说明，在同一结合区内还存在着界面两侧异种金属原子间的相互扩散。

由图 4.5.4.7~图 4.5.4.10 可见，爆炸焊接后基体金属的原子会通过界面进行彼此扩散。这是异种金属在此过程中，在高浓度梯度、高压、高温下金属的塑性变形和熔化等综合作用下必然产生的结果。由这些图还可见，这种扩散有两种形式：一是在固态下通过界面金属原子间的相互扩散，二是在液态下在熔化过程中熔体内的相互扩散。图 4.5.4.9 和图 4.5.4.10 中线扫描形成的分布线在界面上有个突然过渡。但这种过渡并非垂直和陡然地进行，仍可发现它们有一定的斜率。这种"斜率"即为扩散的标志。随着放大倍数的增加，这种倾斜过渡的斜率更加明显。由倾斜的程度和放大倍数能够计算出该扩散层的厚度。在爆炸态下，这个厚度通常在 $5\sim20$ μm 内。

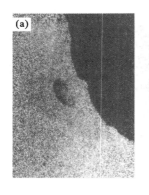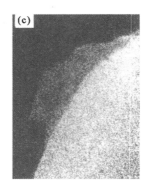

(a)Cr; (b)Ni; (c)Ni

图 4.5.4.7　通过波前(a)和
波后(b、c)的面扫描图(×540)

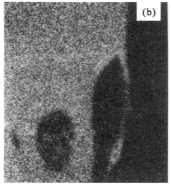

(a)Ni; (b)Cr

图 4.5.4.8　通过结合区熔体时
主要元素的面扫描图(×480)

图 4.5.4.9　通过波形界面时
基体金属中主要元素含量
分布的线扫描图(×780)

人们借助半定量的电子显微探针研究了爆炸焊接的铜-铜 2% 铍合金的焊接接头[801]。试验指出，在一薄层界面上存在着一些等轴的、无序的和任意的晶粒析出物。这些析出物与金属的熔化部分连在一起。在结合区附近，在铜铍合金中观察到了没有明显长大特征的变形双晶。原样品中双晶的密度低于经过如此加工过的固溶体试样中的密度。

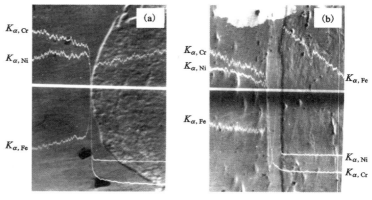

图 4.5.4.10　爆炸态(a)和热轧态(b)的线扫描图(×540)

文献［802］用电子探针研究了铜-钢复合板内钢侧的绝热剪切线内外的化学组成。结果表明，绝热剪切线内与基层钢的主要成分大致相当，数据如表 4.7.4.1 所列。

文献［803］试验研究了在 $7\times10^3\sim3\times10^5$ MPa 压力下和 $10\sim30$ μs 脉冲作用时间内，爆炸焊接的铜-铁接头中组元间进行的相互扩散。结果是：Fe 向 Cu 中扩散 $6\sim20$ μm，并且扩散区的深度随压力和脉冲作用时间的增加而增加。在 Cu 中 Fe 溶解度达 4%，这就大大地超过了极限的溶解度。爆炸焊接以后，试样在 $700\sim1000$ ℃下退火。此时扩散区增加得如此宽，以致比高的冲击波压力和长的脉冲时间作用后还要宽。

文献［804］用 LXA-3AX 射线显微分析仪进行了多种组合的结合区的研究。研究指出，在 X18H10T 和结构钢的结合区中，熔体内含有 9%Cr 和 4%Ni，本身被一薄的非合金层所包围。在钛-钢和铝-钢的结合区中有脆性的金属间化合物中间层和裂纹。在浓度曲线上可见到固定的白色相的成分。在铜-钼结合区观察到两个清晰的分界面，三个混合区的宽度分别为 8 μm、10 μm 和 14 μm。它们相应地含有

20%、25%和35%的 Mo(其余为 Cu)。铜-钢结合区的熔体内，Cu 和 Fe 的总浓度差不多都是 100%，如图 4.4.3.4 所示。

铜-铌结合区熔体中含有约 74%Cu 和 13%Nb，有时在夹杂物的周围，熔体中的 Nb 浓度达 20%~70%。在 800℃、2 h 退火后，常遇到下述比例的熔体：74%Cr+25%Nb、90%Cu+10%Nb。在钛-铌结合区的熔体内确定了下述成分：62%Ti+28Nb%、31%Ti+59%Nb、87%Ti+4%Nb、78%Ti+9%Nb、75%Ti+15%Nb。实际上的成分具有一切的可能组合，如在锆-铌结合区中常遇到下述组成的熔体：75%Zr+25%Nb、95%Zr+5%Nb。

在钛-钢结合区熔体中，钛内可溶解 23%Fe，这将导致 β-Ti 稳定到 890℃。Fe 的大量溶解(高于30%)将引起 Ti_2Fe 金属间化合物的形成，50%Ti+50%Fe 属于 TiFe 金属间化合物，而 32%Ti+68%Fe 是 $TiFe_2$。7%~8%Ti 溶解在 Fe 中将稳定 Fe 的 α 相组织。900℃、1 h 退火和在空气中冷却以后，灰色的条纹沿着整个焊缝出现了，它有固定的成分：80%Ti+20%Fe。在金属间化合物区，Fe 成分波动比较明显。根据这些变化可以推断，Fe_2Ti 型金属间化合物不是唯一的，可能存在任意的化学组成。在这种情况下，总会形成含 30%~80%Ti(其余为 Fe)的金属间化合物型的白色不腐蚀熔体。

试验研究指出，在爆炸焊接的情况下，结合区内元素的分布，几乎与其溶解度无关，并且与相图无关。

文献[805]用金相和局部 X 射线光谱分析的方法研究了在爆炸焊接和后续热处理情况下钴和锆的相互作用，指出爆炸复合材料结合区的成分和组织，一方面取决于爆炸参数，另一方面取决于被结合金属相互作用的特点(相图)。爆炸焊接的钴-锆复合结合区内的相组成及其尺寸与工艺参数的关系如表 4.4.3.4 所列。

分析指出，700℃、5 h 退火后，结合区存在 Zr_3Co、Zr_2Co、ZrCo 和 $ZrCo_2$。1000℃、5 h 退火后结合区发现 Zr_2Co_{11}、Zr_6Co_{23}、$ZrCo_2$ 和 ZrCo。高于 1000℃的温度下形成 Zr_2Co 和 Zr_3Co 的共晶体。并且，相长大得很迅速，锆将完全变成金属间化合物。

有研究者用局部 X 射线光谱分析、光学和电子显微镜方法，研究了爆炸焊接的 BT6(钛合金)-HⅡ13(工业纯铌)、OT4(钛合金)-HⅡ13-OT4 和 BT1(纯钛)-HBЧ(高纯铌)等复合和三金属结合区的显微组织及扩散过程的特点[806]。部分结果如图 4.5.4.11 和图 4.5.4.12 所示。由图 4.5.4.11 可见，在结合区中，铌的含量分布曲线证明，铌在钛中有优势扩散。由图 4.5.4.12 可见，在 800~1200 ℃范围内，$\tilde{D}$ 取决于浓度，它的数值的变化是几个数量级，在约 7%Nb 的时候，$\tilde{D}$ 达到最大值。文献[807]用金相、显微 X 射线和自射线照相的方法，也发现了钛-钢结合区发生了元素的质量转移。

文献[1628]利用电子探针、扫描电镜和透射电镜研究了双相钢 00Cr18Ni5Mo3Si2-16Mn 爆炸复合板的性能和界面微区组织结构。结果证明，该复合板的强度不低于 16Mn 基板的强度，180°扭转无裂纹出现。结合区形貌近似正弦波形，界面附近形成了微细晶区，界面处的白亮带可能是严重塑性变形和绝热熔化条件下，急冷形成的纳米晶结构层和非晶态组织。爆炸方法可用来制造纳米晶和非晶态薄膜材料。

文献[1629]采用扫描电镜、能谱仪和显微硬度计对爆炸焊接的铝-不锈钢薄壁复合管界面显微组织、成分和硬度梯度进行了分析研究。结果指出，结合良好的该复合管的界面呈平直界面或平直至波形过渡的非稳态波形界面混合出现。元素在界面扩散，主要是 Fe、Cr、Ni 向铝层内扩散. Al 向不锈钢层内扩散量少。界面附近不锈钢侧有明显硬化现象，由于热影响消除了铝的硬化。在铝侧出现的由超塑流变造成的组织变化，并没有从硬度上表现出来。需要严格控制爆炸焊接的参数，尽量减少 Al-Fe 化合物的脆性相生成。

铝和不锈钢复合在一起，可以满足某些特殊用途。

文献[1630]指出，从非晶相形成的特点出发，针对爆炸焊传热的特性提出用一种焊接界面温度场的模

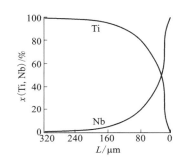

图 4.5.4.11　在 BT6-HⅡ13 的过渡区中，铌和钛的含量分布曲线

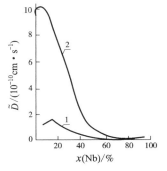

1—1000℃、5 h；2—1200℃、5 h
图 4.5.4.12　在铌-钛系统中扩散系数与浓度的关系

型来解释焊接界面非晶相的形成。材料中出现非晶相是由于爆炸焊接界面瞬时出现的薄熔化层，而后又急速冷却所致。

文献[1631]使用金相显微镜、扫描电镜、电子探针和显微硬度计对爆炸焊接的钛-铝复合板的爆炸态、退火态、轧制态界面进行了研究。结果表明：结合面呈波状结合，距起爆点越远，界面波长和波幅越大；周期性裂纹的分布与界面波形的分布吻合；复合板的界面分布着周期性的中间相，中间相由 TiAl 和 TiAl$_2$ 组成；在 450℃、10 h，490℃、3 h 的退火条件下，界面钛、铝原子相互扩散不明显，更不会产生中间相。由于爆炸硬化和爆炸热效应的影响，界面附近钛板和铝板硬度分布规律不同。周期性裂纹是变形时界面的附加拉应力引起的，裂纹源在钛层的最薄处，界面波形参数过大是钛板面出现裂纹的主要原因。爆炸复合时应严格控制波形参数和中间相。

文献[1632]运用金相显微镜、电子探针和扫描电镜对爆炸复合材料的界面进行了分析。由于爆炸冲击波的作用，复合材料界面附近的晶体内产生大量的诸如变形孪晶、堆垛层错、位错网络和位错缠绕等缺陷。作者认为，爆炸焊接过程极快，界面漩涡的铸造组织，在冷却速度大于或等于 10^5 K/s、凝固时间仅 1.5~2.5 ms 的情况下，其结晶过程和组织形态与普通铸件有较大差异，因而，在漩涡区及其附近可能形成诸如非晶、纳米晶、微晶、细针组织、细小树枝晶和等轴晶等多种组织形态。与常压铸件类似，界面漩涡内能观察到气孔、裂纹、夹杂和疏松等缺陷。成分分析的结果表明，界面两侧存在金属原子的扩散现象。

文献[1633]用 HRTEM、TEM 和 SEM 研究了 00Cr18Ni5Mo3Si2-16MnR 爆炸焊接复合板的性能和结合界面微区组织结构。结果表明，这种复合板的结合强度不低于 16MnR 基板的强度，180°扭转无裂纹出现。结合区形貌近似正弦波形，界面附近形成细微晶区。界面上的白亮带可能是严重塑性变形和绝热熔化条件下形成的纳米晶结构层和非晶态组织。此爆炸方法有望用来制备纳米晶和非晶态薄膜材料。

文献[1634]通过金相显微镜和电子探针对铝-钢复合板的界面进行了显微分析。结果表明，铝和钢在爆炸焊接过程中不易形成波形界面，复合界面呈平直状。界面处金属发生了一些冶金反应：基体金属发生了熔化，界面处的晶粒产生了严重的塑性变形，并且在直接结合的界面两侧存在着距离约为 5 μm 的扩散。铝和钢之间有一定的爆炸焊接性，但焊接窗口较小。过程中容易产生硬度较大的脆性相，这是影响其结合强度的重要因素。

文献[1635]采用 SEM、EDS 和 XRD 等试验方法，研究了 TA2-316L 爆炸复合板结合区附近的显微组织结构和化学成分，并进行了拉剪试验。结果表明，结合界面呈波状，界面附近形成细晶区，结合区存在不连续的熔合层，该层内有大量的金属基体的小碎块和金属化合物 TiC、TiN、FeC、Fe$_2$Ti、Ni$_3$Ti、α-Fe(Cr、Ni)及 Ti 和 Fe 的氧化物等，并产生了裂纹和气孔，且界面不同位置的组织和成分分布不均匀等。两基板之间发生了元素扩散。拉剪试验的各项性能满足对复合材料的要求。

文献[1636]采用爆炸焊接工艺对 316L 不锈钢管和铝管进行了爆炸复合。利用 SEM 和 XRD 对结合区形貌和相组成进行了研究；测试了复合管的结合强度和过渡区的显微硬度，并进行了径向压扁和弯曲成形试验。结果表明：直线状和波状界面同时存在，过渡区域出现了明显的元素扩散现象并形成了金属间化合物 FeAl、FeAl$_3$；结合强度为 75 MPa，过渡区的显微硬度最高，压扁和抗弯试验后的复合管未出现分层，制备出的复合管性能优异，可以承受大的塑性加工。

文献[1637]采用爆炸焊接工艺对 TA1 管材和铝管进行了爆炸复合。利用 SEM 和 XRD 对复合管结合区形貌和相组成进行了研究，测试了复合管的结合强度和过渡区的显微硬度，并进行了轴向压缩和径向压扁试验。结果表明，直线状和波状界面同时存在于过渡区，过渡区出现了明显的扩散现象，界面结合强度不低于纯铝剪切强度，轴向压缩和径向压扁后的复合管试样均未出现分层。这些事实说明 TA1-Al 复合管坯结合性能优异，可以承受后续大的塑性加工。

文献[1338]采用金相显微镜、电子探针和显微硬度计，对爆炸焊接的 321-15CMoR 复合板的结合界面进行了研究，探讨爆炸焊接过程的金属物理学机理。结果表明，界面呈波形，界面附近基体组织产生了剧烈的塑性变形，321 钢一侧存在绝热剪切带，并在局部发展为微裂纹，波峰存在一薄层"白亮带"，绝热剪切带和"白亮带"均由细小的等轴晶粒组成，界面附近原子存在短程扩散和熔化长程扩散现象，界面区显微硬度显著提高。这些特征保证了覆板和基板之间的快速优质冶金结合。

文献[1339]以 316L 为基板、铝板为覆板进行了爆炸焊接。利用扫描电镜和能谱仪研究了该双金属界面的组织结构并测量了显微硬度。结果表明，界面中间的灰色区域以化合物的形式分布在界面上，宽度5～20 μm，区域中和边缘铝量有所变化。焊缝区的硬度值较316L和铝板各自的硬度值高，这表明界面有化合物存在，其组成是(Cr、Fe)Al等的混合组织。

文献[1640]借助OM、SEM、TEM、AES和XRD等检测技术及手段，系统地研究和深入探讨了钛-钢爆炸复合界面内扩散反应区的微观组织结构、反应相的形成和生长规律。结果表明，经1173K以下（即钛的β相转变温度以下的热处理，在界的TA2侧形成TiC，它阻碍Fe和Ti的互扩散，不能生成Fe_3Ti和FeTi。经1223K以上（即钛的β相转变温度以上）的热处理，沿界面生成按抛物线规律长大的层状金属间化合物（Fe_3Ti、FeTi）。并由于Fe的扩散，在钛侧Fe的含量高处形成β-Ti或β-Ti+α-Ti组织。而在Fe的含量低处形成马氏体转变产物。此外，β转变层也按抛物线规律生长。

文献[1641]评估了爆炸复合TA2-316L板的连接能力。采用SEM、EDS、XRD等试验方法研究了该复合板结合区附近的显微组织结构和成分，并对复合板进行了拉剪试验。结果表明，结合区形貌是波状。界面附近形成晶区。结合区存在不连续的熔化层，该层内含有大量的金属基体的小碎块和合金化后生成的金属间化合物，并产生了裂纹和气孔，以及波状界面不同位置的组成成分分布存在不均匀等缺陷。两板之间发生了元素扩散。拉剪试验的各项性能满足复合材料的使用要求，拉伸后波状界面发生了分离。

文献[1642]通过金相显微镜和电子探针对铝-钢复合板的界面进行了显微分析。结果表明，铝、钢爆炸焊接过程中不易形成波状界面，界面处产生了冶金反应：基体金属发生了熔化，晶粒出现了严重的塑性变形，界面两侧存在约5 μm的原子的扩散。

文献[1643]用光学金相和电子探针等分析手段，对Ta10W-30CrNi2MoA钢爆炸复合后的界面状态进行了研究。结果表明，只要工艺参数比较合适，就能够获得具有良好界面强度的波状结合，所形成的波形是非对称性的。在波峰的后面有主要成分是Ta、Fe、W的熔化槽存在，其中成分是接近以TaFe、$TaFe_2$化合物为基的固溶体。

文献[1644]通过EDS线扫描分析、SEM检测和力学性能测定，研究了不锈钢-碳钢爆炸复合板在焊态、退火态和热轧态的力学性能和微区组织特征，分析了复合板元素过渡的特点。结果表明，退火和热轧处理后均有助于降低复合板的抗拉强度和屈服强度，恢复其塑性和韧性。该复合板在3种状态下的过渡区具有不同的显微组织特征。退火后其过渡区的波状界面和焊态基本一致，宽度为5 μm左右，而热轧成薄板后，过渡区的波形消失，其宽度为20 μm，这表明，热轧过程中界面两侧的元素出现了扩散。

文献[1645]采用平板焊接复合的方法制备了T2-QBe2复合板材，并利用金相和扫描电镜电子背散射衍射技术，对复合界面附近处QBe2和T2侧产生的绝热剪切变形及形变孪晶的微观特征进行了观测。结果表明，由于QBe2和T2在物理、力学和热学性能上的差异，在爆炸条件下只在QBe2中产生绝热剪切带，并在带内分布有十分细小的等轴晶，带内晶粒的取向基本相同。带与带之间的基体中的晶粒取向也基本相同，且两者还存在较大的取向差。爆炸冲击加载后，QBe2和T2两侧均产生形变孪晶。

4.5.5　扫描电镜研究

1. 扫描电镜

扫描电子显微镜的成像原理与透射电子显微镜完全不同。它不用电磁透镜放大成像，而是以类似于电视摄影成像的方式，利用细聚焦电子束在样品表面扫描时激发出来的各种物理信号来调制成像。新式的扫描电镜的二次电子像的分辨率已达到3～4 nm，放大倍数可从数倍到20万倍。

扫描电镜由电子光学系统，信号收集处理、图像显示和记录系统，以及真空系统三个基本部分组成。

由于扫描电镜的景深远比光学显微镜大，因而还可以用它来进行断口分析。目前的扫描电镜不只是分析形貌，它还可以和其他分析仪器相结合。这样，在同一台仪器上就可以进行形貌、微区成分和晶体结构等多种微观组织结构信息的同步分析。

2. 扫描电镜在爆炸复合材料研究中的应用

扫描电镜在爆炸复合材料研究中，和电子探针一样，主要在高倍下用来观察这类材料的结合区组织、研究其中的物理和化学组成。

本书作者用MS-46型扫描电镜在多种爆炸复合材料的研究中做了大量工作，现将有关图片介绍如下，并作简单分析。

　　图 4.5.5.1～图 4.5.5.9 为钛–钢、不锈钢–不锈钢、钛–钛和钢–钢等爆炸复合板在不同放大倍数下的"飞线"形貌。

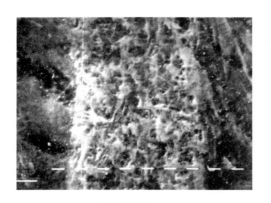

单位长度 1 μm

图 4.5.5.1　对称碰撞爆炸焊接的钛–钢
复合板钛内未裂开的飞线形貌

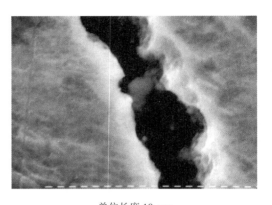

单位长度 10 μm

图 4.5.5.2　对称碰撞爆炸焊接的钛–钢
复合板钛内已裂开的飞线形貌

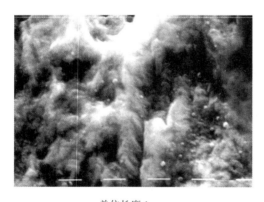

单位长度 1 μm

图 4.5.5.3　对称碰撞爆炸焊接的不锈钢–不锈钢
复合板不锈钢内未裂开的飞线形貌

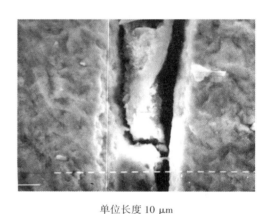

单位长度 10 μm

图 4.5.5.4　对称碰撞爆炸焊接的不锈钢–不锈钢
复合板不锈钢内已裂开的飞线形貌

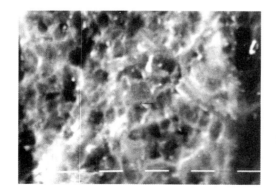

单位长度 1 μm

图 4.5.5.5　对称碰撞爆炸焊接的钛–钛
复合板钛内未裂开的飞线形貌

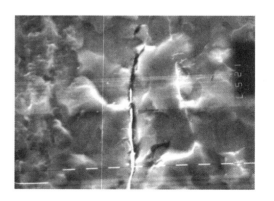

单位长度 10 μm

图 4.5.5.6　对称碰撞爆炸焊接的钛–钛
复合板钛内已裂开的飞线形貌

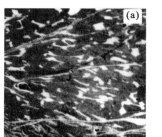 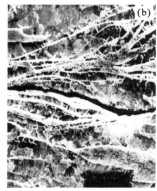 

(a)×320；(b)×2500；(c)×10000

图 4.5.5.7　对称碰撞爆炸焊接的钢-钢复合板钢内的飞线形貌(一)

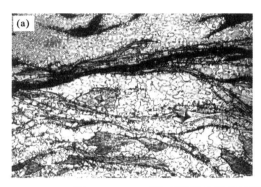 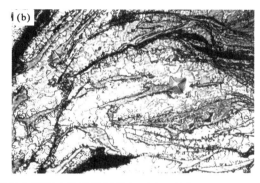

图 4.5.5.8　对称碰撞爆炸焊接的钢-钢复合板钢内的飞线形貌(二)(×500)

　　本书 4.7 章介绍了这几种复合板中的飞线在低倍放大下的形貌，上述一些图片显示出飞线在高倍放大下的形貌。由高倍放大下的图像可见，与基体原始晶粒的大小相比，飞线内的晶粒有的较其两边的基体为小，有的则大。飞线内的晶粒均呈韧窝状，这说明其在形成的过程中由于变形热的作用而发生了再结晶。由裂开的飞线的形貌可见，裂纹的两边通常不整齐，这说明了这种开裂是沿晶界发生的。测量表明，裂纹的宽度在 10~15 μm 范围内。由图 4.5.5.7 和图 4.5.5.8 可见，钢-钢复合板内的飞线在高倍下呈树根状，这点与其他组合的飞线形态不同。

　　图 4.5.5.10~图 4.5.5.21 为一些爆炸复合材料在不同状态下结合区元素分布的面扫描图和线扫描图。由这些图也可以发现在它们的结合区内(包括熔化区内)存在着异种金属原子的相互扩散。和电子探针法一样，扫描电镜法也为爆炸焊接的扩散试验和扩散规律的探求，提供了一种很有用的试验手段。

　　人们用 X-650 型扫描电镜对钛-钢复合板内钛侧的绝热剪切线(飞线)进行了观察和研究，获得了与 4.7 章和本节图 4.5.5.1、图 4.5.5.2 相似的结论[808]。

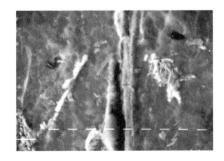  

单位长度 10 μm

图 4.5.5.9　对称碰撞爆炸焊接的钢-钢复合板钢内已裂开的飞线形貌(三)

图 4.5.5.10　钛-钢复合板结合区内主要元素(Ti)分布的面扫描图(×132)

图 4.5.5.11　钼-不锈钢复合管结合区内主要元素(Fe)分布的面扫描图(×324)

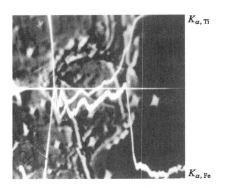

图 4.5.5.12 钛-钢复合板结合区内
主要元素分布的线扫描图(×480)

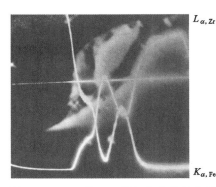

图 4.5.5.13 锆2+不锈钢复合管结合区
内主要元素分布的线扫描图(×380)

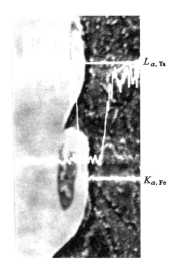

图 4.5.5.14 钛-钢复合管结合区内
主要元素分布的线扫描图(×640)

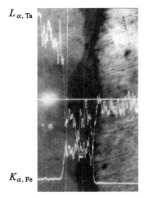

图 4.5.5.5 钽-30CrNi12MoV
复合管结合区内主要元素
分布的线扫描图(×640)

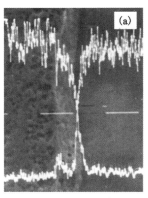

图 4.5.5.6 镍-钛复合板在爆炸态(a)
和热轧态(b)下结合区内主要
元素分布的线扫描图(×540)

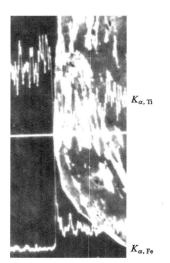

图 4.5.5.7 钽-27MnMoV
复合管结合区内主要元素
分布的线扫描图(×1250)

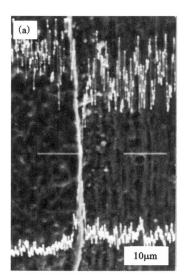
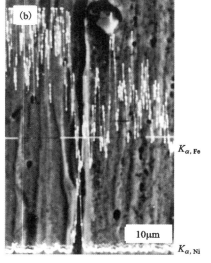

图 4.5.5.18 镍-不锈钢爆炸复合板在热轧(a)和冷轧(b)状态下
结合区内主要元素分布的线扫描图(×1250)

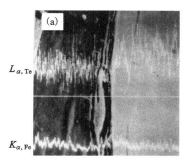
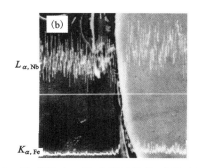
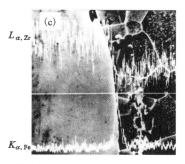

图 4.5.5.19 钽-钢(a),铌-钢(b)和锆-钢(c)爆炸复合板
结合区主要元素分布的线扫描图(×2500)

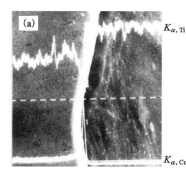
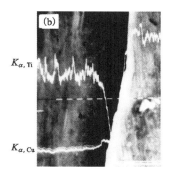

图 4.5.5.20 钛-铜复合板在爆炸态(a)和热轧态(b)下
结合区主要元素分布的线扫描图(×250)

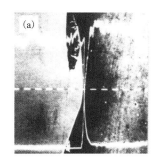
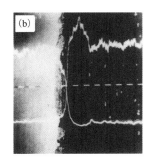
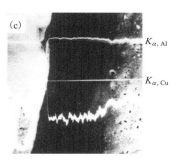

图 4.5.5.21 铜-LY12 复合板在爆炸(a),热轧(b)和退火(c)状态下
结合区主要元素分布的线扫描图(×320)

研究人员用扫描电镜和电子探针研究了钛-铜-不锈钢复合板结合层的电子显微组织特征,分析了其内的成分分布和化合物的组成[809]。指出该复合板的两个界面均有波状特征,只是铜-不锈钢界面上为正弦波,波长约 200 μm;钛-铜界面为锯齿波,波长仅 40 μm。在钛和不锈钢之间加入过渡层铜的目的是协调它们之间在物理和力学性能上的差异,有利于结合强度的提高。分析表明在爆炸复合过程中结合区的冶金反应过程比较复杂。冲击波引起的结合区金属的塑性变形,使界面附近的塑性变形金属发生回复、再结晶、熔化和相互扩散,从而形成固溶体和多种金属间化合物。这些产物的结构、大小和分布对结合强度有重要影响,须作更深入的研究。

用电子显微镜可研究爆炸焊接的物理接触区的界面结构和缺陷形态。在接触区形成了尺寸为数平方微米的非晶形材料区[810]。

人们用扫描电镜研究了碳和铬在 1Cr18Ni9Ti-16MnR 复合板的不锈钢一侧的扩散行为,其扩散系数的表达式为[715]:

$$D_C = 1.75 \times 10^{-3} \exp(-\frac{123632}{RT}) \quad (4.5.5.1)$$

$$D_{Cr} = 0.185 \times 10^{-2} \exp(-\frac{232344}{RT}) \quad (4.5.5.2)$$

　　研究人员用金相和扫描电镜研究了钛-钢复合板在不同状态下钛侧的绝热剪切线的行为[811]。试验结果表明，经热处理、拉伸和压缩等准静态加载后，绝热剪切线内的显微硬度都高于其钛基体内的显微硬度。经550℃、30 min退火，剪切线内已形成等轴再结晶组织。经625℃、30 min退火后剪切线消失。由于绝热剪切线与其基体在组织和性能上的差异，因而其内部，以及它与基体交界处是疲劳载荷下二次裂纹容易萌生的地方。

　　文献[179]也用扫描电镜、能谱仪和透射电镜等装置，对钛-20 g钢爆炸复合界面进行了分析。结果指出，复合界面为带有前漩涡的准正弦波形，并由直接结合区、熔化层和漩涡区组成。电子衍射和衍射分析证明，在熔化层和漩涡区存在非晶、微晶和微晶簇。相结构分析计算发现，直接结合区、熔化层和前漩涡区内都存在着亚稳相α''-Ti。成分分析表明，复合界面两侧有元素扩散。

　　有文献用扫描和透射电子显微镜研究了0Cr13-16MnR复合板的早期失效问题[812]。该复合板经退火后在辊轧机上校平时发生多处开裂。当时车间温度为0℃左右，覆层不锈钢侧有多处横贯整个板宽度方向的长裂纹，裂纹终止于基板钢侧；复合板断裂处断口平齐，无明显塑性变形。由宏观断口分析可知，该复合板早期断裂失效属于脆性断裂，裂纹起源于不锈钢侧或者易于出现缺陷的结合区。通过严格控制原材料的质量，改进爆炸焊接工艺和后处理工艺，并提高校平温度，能够杜绝该复合板早期脆性断裂现象。

　　人们用金相和扫描电镜研究了不同热处理工艺对254SMo-16MnR复合板结合区组织和性能的影响[789]。指出，随着热处理温度的升高，16MnR钢侧的脱碳区深度增加，而254SMo低碳高铬高钼不锈钢侧的增碳区深度变化呈波动状态。温度低，这种波动大；反之，波动小。不锈钢高硬度值处在紧靠界面上的增碳区，且随温度的升高最高硬度值下降。热处理温度在600~1000 ℃之间，不锈钢组织的晶界和晶内都有σ相析出。此时复合板的塑性明显恶化。随着温度的升高拉伸强度呈现缓慢下降的趋势，但界面上的剪切强度则保持相对稳定。

　　文献[821]指出，爆炸复合界面元素的扩散范围为25 μm左右。轧制复合时，Fe、Cr、Ni元素的扩散范围在50 μm左右，碳元素越过纯Ni镀层向不锈钢侧的扩散范围为100 μm左右。

　　文献[1646]采用扫描电镜、能谱仪和显微硬度计等手段对铝(L2)-铜(T2)爆炸复合板的结合区进行了组织、结构和性能的研究。结果表明，结合界面呈波状结构。结合区金属发生了剧烈的塑性变形（变形流线）和加工硬化。界面两侧存在原子扩散和漩涡，漩涡内汇集有金属熔体、气孔、疏松和金属碎块，在结合界面上有一层很薄的白亮层。熔化区组织内有晶态和非晶态物质。晶态以$CuAl_2$为主和Cu_3Al、Cu_4Al等为辅。由上述结果表明，爆炸焊接的机制是以压力焊为主、同时也存在有熔化焊和扩散焊的机制。

　　文献[1647]借助金相显微镜、扫描电镜和透射电镜对钛-钢爆炸复合板的波形结合区进行了组织和结构的分析。详细观察了界面区内的变形组织的特征，研究了界面区钢侧的塑性变形层和绝热剪切线与工艺参数的关系。爆炸焊接界面呈周期性的波状形貌，一个完整的波形包括波谷、波腰、波峰和波头4个区域。晶粒在各个区域的变形程度完全不同。即使在同一区域，距界面不同位置的变形情况也不同。紧靠界面的铁素体和珠光体的晶粒被成倍地拉长，并沿界面平行排列成流线形，称为流动变形层。次靠界面的晶粒也发生明显变形，并按一定取向排列，称为扭曲变形层或晶粒畸变区。最后是远离界面和无晶粒变形的基体金属。上述流动层和畸变层共同构成爆炸焊接界面的变形层。图4.5.5.22显示出一个完整波形内不同区域相应的变形层宽度。由图可见，该宽度在波谷区最小，沿波腰区不断增加，在波峰区达到最大值，最后进入波头区。波头区会有复杂的形貌，如漩涡、卷入和镶嵌等。

　　波峰处的变形层宽度即为界面区的最大变形层宽度，图4.5.5.23和图4.5.5.24展示了装药量和间隙值对变形层宽度的影响的关系。由该两图可见，变形层宽度均随这两种工艺参数的增加而迅速增加。

　　钛侧的变形的最大特点是形成大量的绝热剪切线，它起始于界面，并与界面呈约45°的角，向钛基体内延伸，发现有少数分叉传播。这种绝热线在波峰区最长、波谷区最短，并沿剪切线产生微裂纹。结论指出，界面区的变形程度和分布，不仅与界面波形的形貌密切相关，而且与界面的结合质量密切相关。

　　文献[1648]使用金相显微镜、扫描电镜和透射电镜，对Q235钢-H62黄铜爆炸焊接界面进行了研究。指出，爆炸焊接是一个比较复杂的过程。该双金属在高速碰撞下产生的高压、高温、强烈的塑性变形和扩散中，发生熔解和化合，生成一个不同于基体金属的新的组成物——结合区组织。这一过程综合了熔化焊、压力焊、扩散焊和射流四个方面的特点，从而使爆炸焊接结合面比其他焊接更牢固。

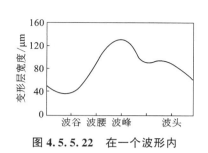

图 4.5.5.22　在一个波形内
变形层宽度的分布曲线

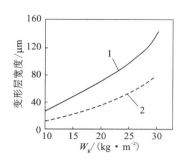

1—总变形层的宽度；2—流动变形层的宽度

图 4.5.5.23　装药量对
变形层宽度的影响

1—总变形层的宽度；2—流动变形层的宽度

图 4.5.5.24　间隙值对
变形层宽度的影响

文献［1649］论述和分析了爆炸焊、熔化焊和压力焊的不同连接机理和共同的冶金连接的本质特征。用比较和联系的方法阐述了爆炸焊接冶金结合的实质。指出，在连接机理和冶金结合方面，爆炸焊兼有熔化焊、摩擦焊和扩散焊的某些特征。

实现扩散的先决条件是待焊表面的紧密接触，因为只有当金属原子间的距离在$(1\sim5)\times10^{-8}$ cm 以内时，引力方才开始起作用。但实际上，即使经过精加工的表面，在微观上仍然是起伏不平的。经精细磨削加工的金属表面，其轮廓算术平均偏差为$(0.8\sim1.6)\times10^{-4}$ cm。在零压力下接触时，其实际接触面积只占全部表面积的百万分之一。在施加正常扩散压力时，实际紧密接触的面积也仅占全部表面积的1%左右。另外，金属表面的污染物、氧化膜和吸附气体层也会妨碍接触点上金属原子间形成金属键。因此，要实现扩散焊就必须解决待焊表面的紧密接触这个问题。

文献［1650］采用扫描电镜、透射电镜和能谱仪等对铜（T2）-钢（20）爆炸焊接复合板的结合界面的组织结构进行了试验。硬度试验表明结合区的硬度均比覆板和基板要高，特别是结合界面处的硬度最高。这说明爆炸焊接后，结合区的成分和组织发生了变化。扫描电镜组织观察表明，结合界面呈锯齿状，显示出波状结构，波长 1.0 mm，波高 0.3 mm。有波前和波后两个漩涡区。前涡内有大小不一的气孔和疏松，后涡内有被卷入的碎块。波形内钢侧晶粒呈现流变现象，即晶粒沿波的传播方向被拉长，且随波形弯曲。此流变现象越靠近界面越严重。成分分析表明，A、B、C 三个区域的 Cu 和 Fe 的含量分别为60.25%、74.91%、70.48%和39.75%、25.09%、29.52%。在透射电镜下，观察到钢侧为条状变形组织，条内有高密度的位错。铜侧晶粒被拉长，晶内有高密度的位错，并可见孪晶组织。此外，在铜侧还观察到微晶层。由此可见，在爆炸焊接复合材料的结合区存在着金属的塑性变形、熔化和扩散。

文献［1651］应用 JSM-35C 扫描电镜、能谱仪和 H-800 透射电镜对 316L-20g 爆炸复合板的结合界面进行了研究。该复合板的结合界面为带有前漩涡的准正弦波形。由于激冷所形成的非晶、微晶和超细等轴晶在界面的不同区域多次观察到。界面两侧存在原子扩散现象，在高温和高压下其扩散速度比常态快得多。同时由于界面缺陷位错和孪晶的存在又增强了扩散速度。热处理后过渡层变得平直是由于元素进一步扩散，使成分均匀化形成的。

文献［1652］对钛-20 钢爆炸焊接样品的结合区进行了电子显微分析。结果指出，使用扫描电镜观察到该结合区呈正弦波形，有漩涡状的前涡，界面和前涡的成分分析到局部有10^{-1} μm 宽的 TiFe 互熔区。使用透射电镜分析时观察到直接结合界面，该界面有微波起伏，无熔化特征。衍射分析表明钛侧有高密度位错，钢侧有等轴细晶和变形拉长晶粒区。结合区内有非晶、微孪晶和钛的亚稳相。电子衍射花样中漫射环的出现，说明结合区内有非晶存在。

文献［1653］用 SEM、EDS 和 TEM 对 L2-16MnR 爆炸焊接界面反应区进行了研究。结果发现，该区是由非晶、微晶、准晶相和多种 Fe、Al 化合物组成的混合组织。化合物的种类有 Al_3Fe、Al_2Fe、Al_6Fe、Al_5Fe_2 和 AlFe。分析了反应区和组织的形成机制。

文献［1654］采用光学显微镜、扫描电镜等手段，对 0Cr18Ni9-08Al-0Cr18Ni9 复合板在不同状态下的界面组织结构及其性能进行了研究。试验用材为爆炸焊接的不锈钢双面板坯、热轧复合中板和冷轧复合薄板，其厚度分别为 143 mm、4 mm 和 1 mm、基复比为 4∶1。结论指出，爆炸态的该复合材料的结合区存在着波形、波形内金属的塑性变形、适量熔化和原子间的相互扩散等特征。在随后的热、冷加工中，结合区波形、漩涡区和波形内的塑性变形组织随压下率的增加而逐渐消失，但界面元素的互扩散现象依然存在，最后结合面变得平直。波形结合界面的显微硬度和剪切强度大幅增加。这主要与界面上的金属产生加工硬化和组织结构的变化有关。用爆炸+轧制工艺能够生产大面积和性能都能满足技术要求的不锈钢单面和双面的复合中板及薄板。这类复合材料有广阔的应用范围和使用价值。爆炸+轧制后的成品复合板力学性能如表4.5.5.1所列。

文献[1655]采用扫描电镜、能谱仪和显微硬度计对爆炸焊接的铝-不锈钢薄壁复合管界面的显微组织、成分和硬度分布进行了研究

表 4.5.5.1　爆炸+扎制的不锈钢复合板的力学性能

组成	σ_b/MPa	σ_s/MPa	δ_5/%	HV	σ_τ/MPa	冷弯
0Cr18Ni9-08Al-0Cr18Ni9	425	265	52	245	390	完好

分析。结果表明，结合良好的该复合管的结合界面是平直界面和由平面至波形过渡的非稳态波形界面，二者混合出现。元素扩散主要是 Fe、Cr、Ni 向 Al 层进行扩散，Al 元素向不锈钢层扩散极少。界面附近不锈钢侧有明显硬化现象。在铝侧出现的由超塑流造成的组织变化，并没有从硬度分布上表现出来。应通过控制静态参数来尽量减少 Al-Fe 化合物脆性相的生成。

文献[1656]研究了爆炸焊接的 1Cr18Ni9Ti-16Mn 复合板结合区中熔融层的结构和它的应力状态。研究表明，该熔融层的结构形成与材料的密度(ρ)、比热(c)和导热系数(λ)有关。通过光学和扫描电镜观察可熔融层内由圆柱形晶体组成。发现该复合板的剪切强度与热处理工艺有关，其中爆炸态下，$\sigma_\tau = 575$ MPa，$a_k = 25$ J/cm^2；950 ℃热处理后，$\sigma_\tau = 420$ MPa，$a_k = 60$ J/cm^2。

文献[1657]利用金相显微镜、扫描电镜和透射电镜等检测手段对 Q235-黄铜爆炸焊接结合界面的微观结构进行了分析，并对其结合机理进行了讨论。指出，不同金属在高速碰撞时产生的高压、高温、强烈的塑性变形和扩散中，将发生熔解和化合。生成一些不同于基体金属的新的组成物——结合区的组织。金属的爆炸焊接综合了熔化焊、压力焊、扩散焊以及射流四个方面的特点，是一个比较复杂的过程。

文献[1658]采用扫描电镜、能谱仪和显微硬度计，对爆炸焊接的 TA2-316L 复合板的结合界面的显微组织、成分和显微硬度进行了研究。结果表明，界面呈波状，界面上有一层厚约 5 μm 的熔化层，波尾处存在漩涡状熔化块，其内有微裂纹和气孔。界面附近的组织产生了剧烈的塑性变形，钛一侧有绝热剪切带，界面附近的原子发生了扩散，界面区的显微硬度有明显的提高。

文献[1659]采用光学显微镜、扫描电镜、X 射线能谐仪和电子背射衍射仪，研究了铁素体不锈钢-钢(0Cr13Al-16MnR、0Cr13Al-20g)，奥氏体不锈钢-钢(1Cr18Ni9Ti-Q235A，0Cr18Ni10Ti-16MnR)和双相不锈钢-钢(00Cr22Ni5Mo3N-Q235C)三类爆炸复合钢板结合区的显微组织特征。发现结合界面呈准正弦波状结合，热处理后结合区基板脱碳和覆板渗碳，而且在界面的覆板一侧有一个超细晶粒带。热处理后基板的脱碳层与板面平行。覆板一侧靠近界面的硬度普遍要高于基体的硬度，而且热处理的时间越长覆板基体的硬度越低。但在界面附近，热处理时间越长，硬度越高。

文献[1660]通过力学性能测定，SEM 检测以及 EDS 线扫描分析，分别观察了焊态和退火态的不锈钢-碳钢复合板结合界面的显微结构，研究了爆炸焊接形成的波状界面和界面间的过渡层。结果表明，该复合板的结合界面属于大波状结合界面，这种界面并未使其力学性能出现明显降低。在界面上有微观熔化现象，形成了一个宽度 5 μm 左右的扩散过渡层。

文献[1661]报道，用金相显微镜、扫描电镜和俄歇谱仪，对实验室获得的钛-钢复合板(1 号试样)和工业规模生产的钛-钢复合板(2 号试样)的结合界面进行了观测分析。同时测试了这两种复合板的力学性能。结果表明，1 号材料的结合面为细波形结构，结合界面上没有中间形成物和其他缺陷，其 $\sigma_b \geq 475$ MPa，$\sigma_\tau \geq 365$ MPa。2 号材料的结合界面呈大波形结构，界面上有熔化缺陷，并形成了 Ti-Te 化合物，其 σ_b 为 278 MPa，$\sigma_\tau = 172$ MPa，这种材料的力学性能足以满足常规工程应用的要求。

文献[1314]指出，该 Nb1Zr-316L 不锈钢复合管棒产品在高温条件下长期使用，Nb 和不锈钢界面会产生材料组元的互扩散和形成扩散层，其性能与原始界面的性能有较大差别，从而影响焊接强度。为此，利用高温退火来模拟该产品的长期使用过程，即研究高温下 Nb 合金与不锈钢的互扩散行为。结果指出，该互扩散层的宽度约为 80 μm，利用透射电镜检测到该扩散层中有大量针状析出相产生，经选区电子衍射技术鉴定，析出相为亚稳定的 σ(Nb，Ni)相，基体相为(Ni，Cr，Nb，C)Fe-α 合金。

4.5.6　透射电镜研究

1. 透射电镜

透射电子显微镜是以极短的电子束作光源,用电磁透镜聚焦成像的一种高分辨率和高放大倍数的电子光学仪器。它由电子光学系统、电源、控制系统和真空系统几部分组成。

由于电子束的穿透能力较低,因此用于透射电镜分析的样品要非常薄。根据样品的原子序数大小的不同,一般厚度在 5~500 nm 之间。要制成这样薄的样品,必须通过一些特殊的方法。复型法就是其中之一。

所谓复型法就是样品表面形貌的复制。其原理与侦破案件时用石膏复制罪犯鞋底的花纹相似,这种方法实际上是一种间接或部分间接的方法。因为通过复型制备出来的样品是真实样品表面形貌组织结构细节的薄膜复制品。

由于近年来扫描电子显微镜和金属薄膜技术发展很快,复型技术已部分地被这两种分析方法所替代。下面所收集的资料就是用金属薄膜技术获得的样品在透射电镜研究中获得的。

利用材料薄膜样品在透射电镜上直接观察和分析,不仅能清晰地显示样品内部的精细结构,而且能使电镜的分辨率大大提高。此外,结合薄膜样品的电子衍射分析,还可以得到许多晶体学的信息,即在同一台仪器上同时对材料的微观组织进行同位分析。

透射电镜在爆炸复合材料的成分、组织和性能的研究中能发挥其重要的作用。

2. 透射电镜在爆炸复合材料研究中的应用

透射电子显微镜在爆炸复合材料的组织观察和成分分析中值得广为应用。现将有关资料摘引如下。

文献[813]采用透射电镜、扫描电镜和电子探针研究了钛-钢复合板结合区的显微组织。结果表明,复合界面具有明显的波形特征,波前有漩涡。结合区组织由中心细晶粒熔化区和邻近的高变形区组成。在钢侧熔化薄层厚 3~15 μm,等轴状细晶粒大小为 0.1~0.3 μm,部分区域出现微晶和非晶组织。在钛侧,薄层厚为 5~35 μm,细粒大小为 0.1~0.5 μm,不甚均匀。在钛侧形变区出现大量的绝热剪切线。在钢侧呈现大量的应力应变流线,晶粒被明显拉长,显示塑性变形特征。透射电镜观察到钛侧变形区有大量的显微孪晶,钢侧被形变拉长的晶粒内有大量位错缠结。电子探针研究表明界面层存在相互扩散和互溶,未发现 Fe_2Ti 金属间化合物形成。文献最后指出,爆炸焊接的冶金反应过程仅涉及复合界面中心附近很薄的一层,其余基体没有组织变化。所以提高爆炸复合材料结合强度的关键在于提高界面中心区的相互结合强度。

该钛-钢复合板透射电镜样品的制作方法是:沿爆轰方向用线切割机切取 0.5 mm 以下的薄片,再进行离子减薄制成透射电镜样品。离子减薄时用小角度,以 10°~15° 为宜,电压 5~6 kV。离子束流宜小,取 3~5 μA。为了保住界面中心区的显微组织,离子束流中心必须稍偏离界面中心层。离子减薄时间在 48 h 到 72 h 不等,随原始试样厚度及选取离子束流大小而定。本试验采用低角度小束流长时间溅射法,获得了满意的结果。试验用离子减薄仪的型号为 B306-MK2,在 H800 分析透射电镜上进行试验。

文献[814]也用透射电镜研究了钛-钢复合板的结合区。试样制备的程序是:沿复合板的爆轰方向取样,用水砂纸研磨后用 Gatam Model 600 型离子溅射减薄仪减薄,然后在 JEM-1000FX 电镜上观察,工作电压 200 kV。试验结果指出,该复合板的结合区是由界面层、界面层 Q235 钢侧的热影响区(再结晶区、回复区)、以显微带结构为特征的变形区(距界面层约 50 μm 以内)、界面层钛侧的绝热组织(即沿界面走向的绝热剪切线)与界面约呈 45° 倾角并最终消失在钛基体内的绝热剪切线所组成。整个结合区仅几十微米宽。钢基体内有少量形变孪晶,钛基体内有大量形变孪晶。另外爆炸复合界面呈波浪形。界面层内有熔区和非熔区两个分区,熔区内存在微晶(最大晶粒不超过 20 nm,属纳米晶粒)和非晶。非熔区内存在扩散。结论是,爆炸复合界面的"冶金结合"是通过接触面之间的局部熔化和扩散的共同作用而实现的。

文献[815]用透射电镜研究了由爆炸复合产生的冲击载荷下金属微观组织结构的特征。试验用材有钛、镍、钢和不锈钢。在相同爆炸复合撞击加载条件下制备受撞击加载过的样品,沿爆轰方向以线切割法取样,然后用水砂纸研磨至 50 μm 后,电解抛光减薄,减薄液为 10% $HClO_4$ 酒精溶液。减薄过程中放氮冷却。尔后在 H800 电镜上观察,工作电压 200 kV。

试验指出,孪生是爆炸复合撞击载荷下非常有利的变形形式。常温下在一般的形变方式中不产生孪晶的金属,在爆炸复合的撞击载荷下却可以产生孪晶。但由于撞击载荷作用的脉冲时间短,位错胞壁往往不够完善。另外，在相同的爆炸复合撞击加载条件下，层错能是影响金属在这种载荷作用下孪生变形的一个关键的内在因素。层错能减小，孪生临界剪切应力减小，孪晶发生率增加。此外，层错能也是决定金属之位错亚结构的一个关键因素。

文献[816]用透射电镜研究了铜-铝爆炸复合管的结合层。试样沿管材垂直于轴向的焊接部位截取，厚度约 0.4 mm。仔细研磨至 0.05 mm，再用离子溅射减薄法制成观察用试样。由于铜的溅射减薄速度比铝快，所以过程中要遮挡铜，减少受氩离子轰击的时间。所用电镜是 JEM-200CX。

该结论指出，爆炸焊接的铜-铝结合是由结合层内的熔化和扩散共同作用的结果。熔区内存在非晶态和晶态，晶态主要由 $CuAl_2$、Cu_3Al_2 和 Cu_4Al 组成。与熔区相邻的铝侧发生了再结晶，铜向铝中的扩散距离小于 100 nm，并在铝中析出针状的 $CuAl_2$ 相；与熔区相邻的铜侧只发生了回复，铝向铜中的扩散距离小于 100 nm，形成连续的新相层，可能是 Cu_3Al_2 和 Cu_4Al。在非熔化区存在铜-铝互扩散并形成新相层，其厚度小于 100 nm。

研究者[817]从奥氏体不锈钢-低碳钢焊接接头中切取厚 0.3~0.5 mm 的一薄层切片，把它们机械加工到 0.1 mm 厚，再经过电解抛光，然后在电子显微镜下研究。结果指出，焊接结合区的尺寸达数十微米，其组织为两种钢的混合物。在较小的晶粒区和焊接接头宽达 10 μm 的区域中，位错密度为 $10^9 \sim 10^{10}/cm^2$。在 10~600 μm 的粗晶粒区，位错密度为 $10^{10} \sim 10^{11}/cm^2$。

文献[818]还用透射电子显微镜观察和研究了软钢-软钢、不锈钢-软钢的结合区及其附近的组织。结果指出，结合区的宽度在数微米以下，其内由尺寸为 0.1 μm 数量级的微晶组成。其中的位错密度为 $10^9/cm^2$，结合区由两侧基体金属的成分组成。界面两侧 10 μm 以内区域的微晶与结合区内的有相同的大小，其内的位错密度亦为 $10^9/cm^2$。离界面更远处的晶粒更大，位错密度增加至 $10^{10} \sim 10^{11}/cm^2$。离界面数百微米以外的区域，位错密度减少至 $10^9 \sim 10^{10}/cm^2$。在离界面数微米以上的软钢中，经常看到细长的亚晶粒。这是由于碰撞时的高压和高温造成的 $\alpha \to \varepsilon$（或 γ）相变引起的，压力降低后又回复到 α 相。在不锈钢中，在离界面数十微米的区域，多数发生变形双晶，双晶的厚度在 $(50 \sim 230) \times 10^{-10}$ m 范围内。在双晶之间有高密度的位错。焊接时的变形以固体状态进行。

有文献用透射电镜研究了爆炸焊接的 00Cr18Ni5Mo3Si2-16Mn 复合板的结合界面[819]。结果表明，该复合板的宏观界面为锯齿形，基板和覆板之间有几微米宽的过渡区，该区内位错密度增大，并有细小的覆板碎屑存在。齿部边缘的晶粒破碎，齿尖部位有熔化现象。试样制备过程如下：先用线切割法切取带有结合区的薄片，经过机械抛光和双喷抛光后，在离子减薄仪上减薄，最后制成 $\phi 3$ mm 的透射电镜试样。用带有双倾台的 H800 透射电镜进行试验。

用透射电镜对铜-碳钢和黄铜-不锈钢结合区进行研究的结果如下[820]。

(1)结合界面呈波状，界面上有不连续的熔化区。经能谱分析，熔化区的成分分别为 60%~80% 铜，其余为铁；60%~90% 黄铜，其余为不锈钢。

(2)铜-碳钢的熔化区中存在相当复杂的结构，包括非晶态、微晶(小于 10 nm)、细晶(约 10^{-1} μm)、稳定相和亚稳相。黄铜-不锈钢的熔区中，只观察到了 α 和 γ 的细晶结构，不存在非晶态或亚稳相。这除了成分不同外，铜和黄铜的热导率大大优于不锈钢。因而前者在凝固时冷却速度较快，估计此时的冷却速度大于 10^6 K/s。

(3)由于结合区与两侧基体有完全不同的组织，可观察到非熔化区结合层的扩散情况。扩散层的厚度很不均匀，最厚处不超过 10^{-1} μm 数量级。

(4)在扩散层和熔区两侧，为再结晶和多边化区，该区并不均匀一致，尺寸在微米数量级。

(5)紧接着多边化区的是严重的变形区。在碳钢侧有胞状结构和不明显的高密度位错。在不锈钢、铜和黄铜侧是密集的形变孪晶。合金的层错能越低，形变孪晶越细。在不锈钢形变区中，还有 α' 马氏体。

有人用透射电镜、扫描电镜和能谱仪对不锈钢-钢爆炸和轧制复合板的界面组织、相结构和成分变化进行了研究[821]。结果发现，在此两种复合工艺下，都有越过界面的元素扩散。其中，爆炸态下的扩散范围在 25 μm 左右；轧制复合工艺下，Fe、Ni 和 Cr 原子的扩散范围在 50 μm 左右，碳原子越过纯镍(镀)层向不锈钢侧的扩散范围为 100 μm 左右。由此可见，不锈钢表面的镍层没有有效地阻止碳原子向不锈钢侧的扩散。

文献[822]根据透射电镜电子衍射的结果，发现在 0Cr18Ni11Ti-16MnR 复合板的结合区熔体内和界面上存在有微晶和非晶体结构。这些物质具有高的硬度、强度和耐蚀性。

文献[1662]使用透射电镜、扫描电镜和能谱仪对钛-钢爆炸焊接复合界面进行了分析。结果指出，复合界面为带有前漩涡的准正弦波形，在界面上还交替存在着熔化层和直接结合区，界面两侧有元素扩散。熔化层内有非晶和微晶存在。钢侧 Fe_3C 沿波形界面被拉长，铁素体转变为具有高密度位错的马氏体组织。钛侧的 α-Ti 转变为微小针叶状和块状的 α''-Ti。前漩涡内有喷雾状非晶和微晶组成的旋转体。漩涡体内微晶由 α''-Ti 和 α-Fe 形成，并发现有平行排列的微孪晶簇。

文献[1663]利用电子显微技术研究了 Al-Ti-Steel 爆炸焊接中两个异种焊接界面的显微组织变化特征。透射电镜直接取样，观察到在界面处的组织过渡区为 Al-Ti 混合组织。Ti-Steel 界面由 FeTi 金属间化合物区和非晶区组成。过渡区的形态和宽度与焊接过程中的合金元素扩散及扩散速度有关。

文献[1664]用透射电镜、扫描电镜和能谱仪等对爆炸和轧制复合板的界面组织、相结构和成分变化进行了研究。结果发现，爆炸复合是周期性熔化和非熔化构成的波状结合界面。它比轧制复合形成的平面积多 1/3 左右。两种复合方式都有越过界面的元素扩散。爆炸态的扩散范围在 25 μm 左右。轧制态的 Fe、Ni、Cr 元素的扩散范围在 50 μm 左右，碳元素越过纯镍层向不锈钢侧的扩散范围为 100 μm 左右。在此区域发现沿晶界连续析出 $M_{23}C_8$ 型碳化物。

文献[1665]在铝-铝、铝-钢、铜-钢和钢-钢的爆炸焊接试验研究的基础上，利用金相、扫描电镜和透射电镜等检测手段对爆炸焊接结合界面进行了分析，特别是用透射电镜直接观察结合区的组织变化，对认识爆炸焊接过程和结合本质有重要的意义。通过试验研究和理论分析得出如下主要结论：结合界面产生的加工硬化效应是爆炸焊接界面的一个共同特征。结合界面硬度增加，意味着结合区的组织和性能发生了变化，而与基体金属完全不同。从电子显微镜透射分析结合区的组织可知，当被焊的两种金属的固溶度较大时，所形成的固溶体结构牢固、结合强度高和焊接性能好。相反，两种金属的固溶度较小时，结合区组织为两种金属的直接结合，其结合面积小、结合强度低和焊接性能差。

文献[1666]利用透射电镜研究了 321 奥氏体不锈钢-Qd370qD 桥梁钢爆炸焊接界面附近渗碳体的微观结构。结果表明，这种复合板的界面的奥氏体侧存在大量的渗碳体，其内也存在大量的亚片层团，尺寸大小约几个纳米。这些亚片层互相平行，有的大约呈 70.5° 交叉，亚片层团之间符合一定的晶体学取向关系，即相互之间绕[110]方向旋转 180° 后，或者绕[002]方向旋转 180° 后相重合。如果在一个亚片团的附近生长出新的亚片层团，则更使其容易形成和长大，且受力最小。

文献[1667]用透射电镜、扫描电镜和 X 射线能谱仪对 TiC 硬质合金-碳钢爆炸焊接复合板界面的微观组织和相组成进行了分析。结果表明，界面上有一断续的熔合层，层厚约 10 μm，层内是尺寸为几十至几百纳米之间的纳米或亚微米的超细晶粒。组成相为铁素体、奥氏体和少量 TiC。在界面附近的碳钢侧可以看到明显的流线状组织特征，铁素体具有板条状马氏体的结构特征，珠光体层片间距减小，呈流线分布。爆炸焊接过程中，Ti 向钢中扩散 15 μm 左右。

文献[1668]用金相和透射电镜研究了爆炸、堆焊和轧制 3 种工艺获得的不锈钢-钢复合板在不同状态下的界面显微组织、脱碳层和渗碳层与加热温度和时间之间的关系。结论指出，热处理过程中，碳从碳钢中向不锈钢中扩散，并在界面两侧产生脱碳层和渗碳层。尽管与碳的扩散量相比甚微，Fe 还是从碳钢中向不锈钢扩散，Cr、Ni 从不锈钢中向碳钢层扩散。轧制复合板由于中间镍薄层(40 μm)的存在便阻止了碳从碳钢中向不锈钢内扩散。

结论指出，爆炸复合板坯界面呈波形结合，波形中存在微裂纹和孔洞，经轧制后波形基本消失，界面中的缺陷均能得到愈合。爆炸复合生成的冶金熔化区，其成分是基、覆层之间的一种马氏体不锈钢范围的新合金。在爆炸复合的界面内发现了非晶态结构层和混乱的微晶层。

文献[1669]对 Zr_{-4}-1Cr18Ni9Ti 异种金属结合层的显微组织和力学性能进行了研究，并用透射电镜进行了观察。结论指出，爆炸焊接的结合面呈波状，非常薄，有间断孤立的熔化区。非熔化区内可观察到两基材有相互扩散的现象。扩散层厚度小于 20 μm。熔化区中的成分分布不均匀，Zr_{-4} 和不锈钢大约各占 1/2。熔区中晶态物质的结构与六方的 $Zr(Fe、Cr)_2$ 一致，硬度也与其相当。结合面两侧金属都有加工硬化现象，不锈钢侧比 Zr_{-4} 侧更显著。不锈钢侧有因加热和回复形成的亚晶和硬度下降的现象。良好的爆炸焊结合面是熔化和热扩散共同作用的冶金结合，在结合面上并无裂纹形成。焊接件能经受拉伸、弯曲和冷轧变形，具有良好的力学性能。

文献[1670]借助透射电镜(TEM)和高分辨率电子显微镜(HREM)试验技术,以及 MATLAB 计算软件,研究了 TA2-TA2 爆炸复合板界面层内的纳米晶和非晶及其形成的原因,并定量地分析和探讨了绝热剪切带(ASB)内纳米晶组织的形成演化机制。

TEM 和 HREM 观察表明,TA2-TA2 爆炸复合板界面内共存着大量的纳米晶和非晶。这些纳米晶晶格完整,其内没有缺陷,晶粒尺寸分布在 2~50 nm 区间,其晶界是共格晶界,从而可以保证晶界的高强度。界面层内的非晶则呈现出长程无序的特征,并与纳米晶共存。利用爆炸复合温度场模型对界面熔层冷却速度的定量分析表明:在爆炸复合完成的瞬间,冷却速率高达 10^8 K/s,在非晶态转变温度(T_g)时的冷却速率高达 10^6 K/s。爆炸复合界面熔层的高冷却速率、爆炸复合过程中界面承受的高压力和高剪切应力都是形成非晶的有利条件。

TEM 观察表明,ASB 中心区域由 30~70 nm 的等轴晶组成。一种基于力学辅助的旋转动态再结晶(RDR)机制可以很好地解释 ASB 内组织的演化过程。将热-力学、再结晶动力学与微观组织的演化过程有机地结合起来,定量地分析了 ASB 内纳米晶组织在变形和冷却过程中的演化。

文献[1671]报道,借助 TEM 研究了热处理后钛-钢爆炸复合板界面的微观组织结构。在 1125 K 的温度下保温 600 s 后,在 TA2 和 Q235 爆炸复合界面扩散反应区内的微观组织结构特征是:界面层是 FeTi、TiC、Fe_5C_2 三者的微晶混合组织;在 TA2 侧沿界面层生成了 TiC 相;在 Q235 侧沿界面层无层状金属间混合物(Fe_2Ti、FeTi)生成,这是由于沿界面层在 TA2 侧生成的 TiC 相和界面层阻碍了 Fe 和 Ti 的相互扩散。

文献[1672]报道,在 TEM 下观察了 α-钛+钢爆炸复合板界面的结合层内,在 α-Ti 一侧产生了绝热剪切带(ASB)的微观组织和结构。结合 ASB 形变热力学状态分析,利用高应变速率下的绝热温升,使金属发生动态再结晶,从而导致晶粒细化。这种细晶组织促进了超塑性形变的发生。如此,很好地解释了在爆炸复合的($\sim 10^6$/s)的条件下,ASB 内产生的大剪切应变。

文献[1673]报道,利用电子显微技术研究了 Al-Ti-Steel 复合板爆炸焊接中两个异种焊接界面显微组织变化特征。透射电镜直接取样观察到在界面处有组织过渡区,并且过渡区之间和过渡区与母材之间存在明显的边界。Al-Ti 过渡区为 Al+Ti 的混合组织,Ti-Steel 界面由 FeTi 金属间化合物区和非晶区组成。过渡区的形态和宽度与焊接过程中的合金元素扩散及冷却速度无关。

文献[1674]在铝-铝、铝-钢、钢-钢和铜-钢爆炸焊接的基础上,利用金相显微镜、扫描电镜和透射电镜等检测手段对爆炸焊接的结合界面的微观结构进行了分析,特别是用透射电镜直接观察结合区的组织变化,对认识爆炸焊接过程和结合本质有重要的意义。当被焊两种金属的固溶度较大时,所形成的固溶体结构牢固和结合强度高,焊接性能好。相反,两种金属的固溶度较小时,结合区组织为两种金属的直接结合,其结合面积小,结合强度低,焊接性能差。结合界面硬度的增加,意味着结合区的组织和性能发生了变化,与基体金属完全不同。结合界面的加工硬化是爆炸焊接界面的一个共同的特征。

文献[1675]借助透射电镜研究了 TA2-Q235 钢爆炸复合界面结合层的微观结构。结果表明,该层的"冶金结合"是通过局部熔化和扩散共同作用实现的,宽约几十微米。复合界面呈波浪状,宽约 100 μm,由熔区和非熔区组成,熔区内存在纳米晶和非晶,非熔区内有扩散现象。结合层的结构如下:Q235 钢侧约 50 μm 内为界面层→热影响区(再结晶、回复)→形变区→含有少量孪晶的基体。TA2 侧为一沿界面走向的绝热剪切带→与界面呈 45°倾角的绝热剪切带→含有大量孪晶的基体。绝热剪切带由大小在 100 μm 内的等轴晶组成,其中位错密度低且未发生相变。

文献[1676]报道,SB265Crl-SA516Cr70 复合板爆炸焊接后,基板的低温(-29 ℃)冲击性能剧烈下降。该复合板在 540 ℃±10 ℃保温 2 h,炉冷退火后,其低温冲击性能明显改善。金相、扫描电镜和透射电镜的分析结果表明,爆炸焊接后,基板的晶粒内部产生了大量的位错团,使其位错密度升高,从而使低温冲击性能下降。退火后,基板晶粒内部的位错密度大大下降,于是,复合板的这种性能明显提高。爆炸焊接前后,基板的化学成分没有变化,微观组织也均为铁素体+珠光体。

文献[1677]指出,采用爆炸焊接的方法制备复合板后,复合板的低温冲击性能发生剧烈下降。针对这一事实,应用金相检验、扫描电镜和透射电镜分析法,对爆炸复合前后材料的微观组织进行了对比。结果表明,爆炸焊接后,复合板晶粒内部产生了大量的位错团,使其位错密度升高和韧性下降。当出现裂纹时,裂纹尖端易发生应力集中,使裂纹更易扩展,导致材料发生脆性断裂。这是爆炸复合材料低温冲击性能下降的原因。冲击载荷对基材的化学成分没有影响,也无新相生成。爆炸焊接前后,基板在 -29 ℃下的 A_{kv}

分别为 112 J、22 J、40 J。

文献[1678]利用金相显微镜和透射电镜研究了 321-Qd370 爆炸复合板界面处前漩涡内的组织。结果表明，前漩涡是由 0.1~1 μm 的等轴晶粒组成。晶粒内的组织为片状孪晶马氏体，其内发生了马氏体相变。电子衍射和能谱分析表明，在前漩涡内靠近界面处为面心立方的 $Cr_{15.58}Fe_{7.42}C_6$ 相。前漩涡内靠近基板处有较多的 100 μm 左右的含锰硅钛相，在该相内部有更细小的几纳米大小的等轴晶粒。同时观察到细小的原奥氏体和片状马氏体相互平行排列。

文献[1679]利用透射电镜研究了 321-Qd370dD 爆炸焊接界面附近基板内的组织。结果表明，基板珠光体和铁素体内部存在大量的 Fe-C 调幅分解组织。调幅分解主要有波长 2 nm 和 4 nm 的波。电子衍射证明发生了有序化，出现了调幅分解和有序化共存。受两种调幅波的作用，纳米级的颗粒从调幅分解的组织上原位析出。

文献[1680]采用透射电镜、扫描电镜和能谱分析仪等，对铜-钢爆炸复合板结合区的组织结构进行了分析。结果表明，其结合界面为波状结构，并由直接结合区、熔化层和漩涡构成，波状界面两侧存在原子扩散现象。结合区两侧的基体金属产生了严重的塑性变形和加工硬化。在界面上观察到微晶层、拉长晶粒、条状组织、高密度位错和孪晶等组织结构。

文献[1681]借助透射电镜研究了 TA2-Q235 爆炸复合界面结合层的微观结构。结果表明，该结合层的"冶金结合"是通过局部熔化和扩散共同作用实现的，宽约几十微米。由宽度在 100 nm 内变化的、熔区和非熔区组成的界面层及 Q235 钢的热影响区、以变形线为特征的变形面，以及 TA2 侧的绝热剪切带组成。绝热剪切带内的晶粒细化成 100 nm 内的等轴晶，且其中位错密度低。带内没有发生 hep→hcc 转变，亦无熔化迹象。界面层的熔化区内为非晶和纳米级微晶。Q235 钢内有少量形变孪晶，TA2 基体内有高密度且相互交叉的形变孪晶。

4.5.7　X 射线结构分析

1. X 射线结构分析

X 射线衍射是利用 X 射线在晶体中的衍射现象来分析材料的晶体结构、晶格常数和晶体缺陷（位错等），以及不同结构相的含量与内应力的方法。

X 射线结构分析是基于以下的事实进行的：每种结晶物质都有自己特定的晶体结构参数，如点阵类型、晶胞大小、原子序数和原子在晶胞中的位置等。X 射线在某种晶体上的衍射必然反映出带有晶体特征的特定的衍射花样（衍射位置 θ 和衍射强度 I）。根据衍射线条的位置并经过一定的处理便可确定物相是什么，这就是定性分析。根据衍射线条的位置和强度，就可以确定物相有多少，这便是定量分析。

多相物质的衍射花样相互独立和互不干扰，只是机械地叠加。衍射花样能够确定物相中元素的化学结合态。定性分析的原理是：只要把晶体（几万种）全部进行衍射和照相，再将衍射花样存档。试验时只要将试样的衍射花样与标准的衍射花样相对比，从中选出相同者便可确定其中的物相是什么。定性分析实质上是信息的采集处理和查找核对标准花样两件事。

X 射线结构分析中常用粉末法，由此可获得德拜图——衍射花样。

在爆炸焊接中可以用此方法来分析爆炸复合材料结合区的熔体中的组成——固溶体或中间化合物。这些组成有的是有关相图中存在的，有的可能是不存在的。由此可以确定爆炸焊接过程中结合区的物理-化学过程——冶金过程的一般性和特殊性。

2. X 射线结构分析在爆炸复合材料研究中的应用

本书作者应用粉末法获得了钛-钢复合板结合区熔体内结构组成的德拜图，如图 4.5.7.1 所示。由图中线条的分析可知，这种复合板结合区的熔体内包含有 Fe、Ti 固溶体和 Fe_2Ti（弱相）。另据本书 4.14.1 节可知，除此以外还会有 FeTi 和 $FeTi_2$ 等类型的金属间化合物。

人们用金相和显微 X 射线方法，对钛-钢接头过渡区进行了研究[807]，确定在爆炸焊接情况下，将发生金属质量的转移，特别是由下板到上板的转移很活跃。据推测，这可能是通过高速扩散和依靠高浓度的晶格缺陷进行的。质量移动和扩散的结果是沿结合界面形成金属间化合物和各种缺陷。这些将降低钛-钢复合的结合性能。被爆炸结合的元素的原子大小对它们的渗透深度有影响。

用 X 射线照相方法可确定爆炸焊接的一种金属在另一种金属中渗透的百分含量[800]。例如在钛和钢结

图 4.5.7.1　钛-钢爆炸复合板结合区熔体内的 X 射线结构分析德拜图

合的时候，结合区中含有 60%～75%Fe 和 40%～25%Ti。在结合面的中部发现有 FeTi 型的金属间化合物。在铁和锆的结合区中发现了 Fe_2Zr 型的金属间化合物。一种金属向另一种金属中渗透的深度可以在 10^{-3}～10^{-1}mm 之内。

文献[217]提供了许多爆炸焊接的阿姆卡铁和 08K11 钢结合区硬度和 X 射线结构分析的结果。指出，在 v_{cp} 不超过 3000 m/s 的情况下，铁的接触层强烈的塑性变形将保证形成该层的有序位错组织。随着离结合界面的距离增加，位错分布杂乱无章。在接触点速度超过 3000 m/s 的时候，在接触区将发生相变过程。

文献[362]指出，在脉冲焊接的情况下，由于被焊材料的高速变形将增加组织缺陷。大量缺陷的发生将导致结合区中的原子进入活化状态。这就为新相的产生创造了条件，这些新相决定所得接头的性能。

对于爆炸焊接来说，结合区是被结合材料的固态和熔融粒子的混合物进入体积相互作用的地方。X 射线相分析指出，钛-铜复合的结合区是由 Ti_3Cu_4 和 TiCu 等金属间相，以及钛的单个粒子组成。脆性的金属间粒子的数量的增加将导致强度的降低和复合材料分层。

人们在 ДРОН-УМ 衍射仪上用钴的 K_α 辐射进行了 BT23-BT23 合金爆炸焊接接头组织的 X 射线相分析，以及金相和电子-石墨研究[693]。指出，在这种钛合金彼此爆炸焊接的情况下，原始材料的淬火组织（$\alpha''+\beta_{残余}$），在覆板内将转变为 [$\alpha'+(\beta+\omega)$] 组织，在基板内将转变为（$\alpha'+\beta_{残余}$）组织。根据 ω 相的存在，这些组织的差别就证明覆板中的相转变将发生在比基板中更高的压力和温度下；含 ω 相的材料的硬度大大提高。在（$\alpha'+\beta$）区中，大的变形度也将产生高的和不均匀的宏观体积应力，这将导致裂纹的发生和发展。通常，这些应力值较大，以致用普通退火还不能消除它们，并且在后来的热加工和机械加工过程中可能造成接头过早地被破坏。

文献[348]用 $K_{\alpha,Fe}$ 辐射的 X 射线研究了爆炸焊接的硬质合金 BK20（WC 和 Co）各相的线条宽度，以及计算区分峰值高度的积分强度。还根据线条(311)最大限度的位置确定了 Co 的晶格常数 a。表 4.5.7.1 提供了这方面研究的结果。由此可见，该合金的一薄层组织将明显地改变，使 WC 和 Co 相的线条宽度强烈增加。这证明塑性变形过程的进行和 WC 溶解度的增加。

表 4.5.7.1　爆炸焊接前后硬质合金（BK20）中各相的 X 射线结构分析结果

状　态	β_{WC} /(10^{-3}rad)	β_{Co} /(10^{-3}rad)	α_{Co} /(10^{-10}m)	相成分
原始的	14.1	17.8	3.554(4%WC)	WC, β-Co
在 1100℃下爆炸焊接的	21.4	23.1	3.559(7%WC)	WC, β-Co, Fe_3W_3C

注：复合材料为 BK20-G3 钢，用热爆法焊接。

4.5.8　其他研究

在许多文献中，还报道了另外一些分析和研究的方法。现将有关内容介绍如下。

文献[660]用一些方法研究了钛-铬镍合金、钛-钢、铌-耐蚀钢、铑-镍和铝-耐蚀钢等双金属接头。

钛-铬镍合金接头的局部 X 射线光谱分析结果指出，在结合区的成分中有固溶体、易溶共晶体和 γ 化合物 Ti_2Ni、TiNi、$TiNi_3$、$TiCr_2$，以及 $CrNi_3$。该双金属加热到 600℃ 和最长保持时间小于 168 h 后，没有导致过渡区明显的变化，过渡区宽度小于或等于 10 μm。在扩散中间层中确定存在 Ti_2Ni 化合物，其中熔有 Cr 和形成以 Cr 为基的固溶体。当加热到 700℃、800℃和 900℃后，将在双金属的接触层上形成 5 个区（图 4.5.8.1）：Ⅰ 区是 Ni 和 Cr 在钛中的固溶体，Ⅱ 区是 Ti_2Ni 化合物中的 Cr，

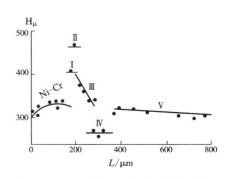

图 4.5.8.1　在钛-铬镍合金接头的接触面上扩散区的分布图

Ⅲ区是 $TiCr_2$ 化合物中的 Ni，Ⅳ区是弥散的混合物，Ⅴ区是以 Cr 为基的固溶体。

在靠近界面的钛中将观察到剪切线的形成，沿着冲击波产生的拉长了的很细小的 α-Ti 的等轴晶粒。在铬镍合金中也显现出剪切线，但是它们围绕金属间化合物分布，并且反映出接触区的塑性变形过程，在波形区晶粒有大的伸长。因此，爆炸焊接中发生的化学转变与剪切线的形成和高速塑性变形有关。

自动射线照相研究指出，在钛和钢爆炸焊接的情况下将发生高速扩散（与非动态加载相比，速度高 10^4 倍还要多）。这种扩散是由高压脉冲的相互作用引起的高的应力梯度造成的。在存在大量点和线的缺陷和剪切线的情况下，将发生无扩散的质量移动和机械扩散。被焊组元接触界面上化合物的形成在大的程度上取决这些因素。

在铌-耐蚀钢双金属的界面上，用金相分析没有发现可以见到的金属间化合物的中间层。但是显微硬度测量的结果证实它们确实存在。在其界面上有 NbC 型碳化物的中间层，这是由于碳的强烈扩散形成的。在这种情况下，组元不均匀的塑性变形是所有物理-化学相互作用附加的活化剂。在热处理情况下的冷却速度不影响结合强度。尽管已经知道，冷却速度的增加将导致热残余应力的增大。显而易见，在焊接过程中形成的附加应力，在载荷卸除以后就变成了残余应力，并在每一层中有不同的符号。

所形成的那些夹杂物，如 Nb_2Fe 金属化合物相和 NbTi 共晶体将急剧地降低双金属接头的强度。为了消除扩散时的相互作用，最好使用中间壁垒层，例如铜。

在用最佳的爆炸焊接参数获得的铑-镍接头中，在界面上没有发现颇大的波形区和缺陷。在过大的焊接工艺参数下将出现宽（7~10）μm 的熔化区。界面附近显微硬度的增高证明金属发生了强化（图 4.5.8.2）。

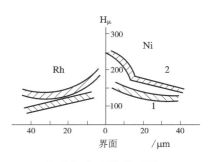

图 4.5.8.2　在铑-镍双金属结合区中不同冲击速度下的显微硬度分布 $v_p(m/s):1——300;2——400$

在最大的焊接工艺参数下将发生最大的强化。在没有熔化区的那些地方，爆炸载荷引起了 Ni 向铑中扩散到 5~10 μm 的深度，并且扩散含量约为 4%。

局部 X 射线光谱分析指出了熔化区的均匀性。大量熔化区在成分上含有 30%~40%的铑，由 Ni-Rh 固溶体组成。由于 Ni 和 Rh 能够无限互溶，在这种接头中没有发现金属间化合物形成。

在铝和 12X18H10T 耐蚀钢爆炸焊接的情况下，在界面上将生成不易腐蚀的白色相的中间层。在中间层中发现了两种固溶体：在 Fe_3Al 和 $FeAl_3$ 中的（Cr+Ni）。此外，存在各种形式的金属化合物的混合物，$25\%Fe_3Al$、$40\%Fe_3Al_2$、$50\%FeAl$、$66.6\%FeAl_2$、$71\%Fe_2Al_5$、$75\%FeAl_3$ 和 $78\%Fe_2Al_7$。其中铝的含量从 25%波动到 78%，铝-钢接头扩散区的宽度是 27~42 μm。

在其他双金属（钛-铜、锆-钢和青铜-钢等）爆炸焊接的情况下，发现了类似的现象，也就是形成一些缺陷和剪切线、金属间相，以及高速塑性变形影响不同接头的质量。

在爆炸焊接的情况下，在接头的形成中，高速塑性变形和高速扩散过程起着极为重要的作用。

人们用 X 射线显微分析法研究了铜和铌在爆炸焊接的过程中形成的过渡区，用正电子湮没法研究了过渡区中的缺陷浓度[650]。试验指出，在脉冲高压的作用下，在铜和铌焊接的过程中，将形成约为 Cu_3Nb 成分的过渡区。这个成分在平衡条件下是没有的，该区的宽度正比于附加的压力值，如图 4.5.8.3 所示。在脉冲高压下将观察到过渡区中点缺陷浓度的提高，这将强化扩散过程。与平衡条件下的扩散或静态条件下的扩散相比，此时可能使扩散加速到 2 个数量级（10~100 倍）。在试验中观察到的有明显宽度的过渡区的形成是由脉冲高压作用期中的质量迁移和后效期间中的扩散引起的。

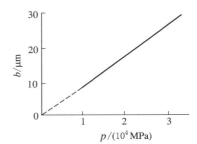

图 4.5.8.3　铜-铌双金属过渡层的宽度与压力的关系

关于脉冲载荷下铁和钛的相互作用，研究指出，这两种金属的接触区和过渡层中的组织形态及组成取决于过程的物理参数[823]。在高压冲击波的作用下，这些参数首先是冲击波前沿上的峰值压力（或在焊接情况下的冲击压力）和脉冲作用的时间。用 X 射线光谱分析和 X 射线结构分析确定在该组合的过渡层中存在 FeTi 和 Fe_2Ti 两种金属间化合物。发现在焊接过程中形成的扩散区宽度与焊接工艺有关。例如，随着压力作用时间增加 6 倍，Fe 的扩散区宽度增加 1.6 倍，而 Ti 增加 2 倍。

试验研究了脉冲焊接情况下的扩散,试样为铜-铁复合板[824]。爆炸焊接参数如表4.5.8.1所列。结果表明,在爆炸焊接过程中存在着Fe向铜中的质量迁移。当撞击压力从7×10^3 MPa提高到2.4×10^4 MPa时,渗透深度增加2倍。甚至非常粗糙的计算也指出,爆炸焊接过程中的质量迁移速度不仅大大超过固体中的,而且超过液体中的扩散速度。显然,由于质量迁移,使晶体结构的缺陷在冲击波前沿形成;质量迁移还影响应力场的梯度。弹性波的压力越高,应力场梯度越大。可以说,扩散是向有缺陷的固体中进行的。

在元素迁移中,Fe在铜中的浓度超过在平衡状态下可能的极限溶解度。例如,在2.4×10^4 MPa压力下,Fe在铜中的浓度达到3%,并且在退火后这个浓度还会增加。

在冲击波作用下对于碳的转移,试验利用了放射性^{14}C,钢中含0.2%~0.25% C[825]。在每一组合中的一个用放射性碳法扩散渗透,试样表面β-辐射的强度是$(2 \times 10^4 \sim 4 \times 10^4)/(\text{min} \cdot \text{cm}^2)$。由于^{14}C的饱和,试样中碳的总浓度增加不超过0.01%。用表4.5.8.2的方案进行冲击加工,冲击波作用的时间达1.5×10^{-5} s,压力约为2×10^4 MPa。

表4.5.8.1 铜-铁复合板爆炸焊接参数

No	炸药种类	冲击压力/MPa	压力作用时间/μs	Fe向铜中扩散的深度/μm
1	阿玛尼特+硝酸铵(25/75)	4×10^3	17	4
2	阿玛尼特	2.1×10^5	70	8~7

表4.5.8.2 碳的质量转移试验方案

No	示踪板的位置方案	板间距离/mm	压力/(10^4 MPa)	作用时间/μs	与原始的碳相比迁移的浓度/%	10%原始浓度达到的深度/μm
1	从上面运动	4.0	2	15	0.2~0.35	-
2	下面不动	4.0	2	15	9.8~12.2	30
3	从上面运动	0.0	0.3	15	0.71~1.17	10
4	下面不动	0.0	0.3	15	3.7~4.1	—

试样加工后去除污物和洗净,然后对表面进行放射分析,部分试样进行分层放射分析。放射性测量的误差不超过测量值的3%。

非示踪板表面的β-辐射强度的测量结果指出,在全部试验方案内都观察到碳从示踪板向非示踪板的质量迁移。其数量取决于压力的大小和试样预接触的条件。第二个方案碳迁移量最多(表4.5.8.2)。第一方案碳迁移量最少。在其余的方案中处于中间值。

分层放射性分析指出,用方案二时渗透深度达到4×10^{-3} cm。图4.5.8.4提供了典型的浓度曲线。

在冲击波作用下,在评价碳的扩散系数的时候,认为质量迁移服从菲克第二定律,并且对于表面恒定的扩散源来说,碳的分布近似地满足该方程的解。

扩散系数的计算指出,在$t = 3 \times 10^{-5}$ s的情况下,$D \approx 10^{-2}$ cm²/s。该值大大超过碳在铁或钢中的最大扩散系数值(大约10^{-6} cm²/s)。

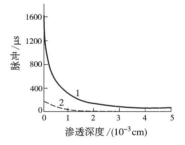

图4.5.8.4 ^{14}C辐射强度与用第二方案(1)和第一方案(2)加工后非示踪板中渗透深度的关系

上述高速渗透的原因可能是:在强大的脉冲载荷作用下和很高的应力梯度下,扩散速度加速;大量存在点和线的缺陷;碳的非扩散的质量转移,其中包括所谓的"机械扩散";比1.5×10^{-5} s更长的时间,由冲击波掘进引起的温度的作用。在后一种情况下的冷却速度比大块试板中的慢,因此高温下停留的时间长。

所获得的资料指出,在冲击载荷增加的情况下,迁移的碳的数量增加。并且,与冲击载荷源直接接触的试样中碳的迁移多。

文献[826]用显微热电动势法研究Cu(M1)-15Г双金属结合区的试验表明,某一厚度的结合区的存在是可靠结合的标志。在该标志的范围内,显微硬度HV和热电动势在相应的铜和钢之间有中间值。在不存在结合区的情况下,在HV和E的曲线上,在铜和钢的界面位置将发现明显的断线。

此外热电动势法还可用于研究双金属焊接接头组织和化学的不均匀性,以及评价该接头的腐蚀稳定性[827]。

声发射法也可用于研究爆炸焊接的钢-铝接头的弯曲试验[828]。例如,使纯铝和含碳0.25%的热轧低碳钢爆炸焊接,将 5 mm×12 mm×50 mm 的试样在试验机上进行三点弯曲试验。试样在夹具上这样夹持,以便钢和铝的结合区产生拉应力。为了记录声发射的强度,利用了具有总放大倍数 80 dB 的 S1000BM 换能机和频率为 0.1 MHz 的超声波过滤器。根据声发射的强度,确定了结合区产生的裂纹和它们的传播。金相分析指出,结合区中存在脆性的金属间化合物,且其中出现了裂纹。

化学浸蚀的方法可显示复合板中的位错组织[829]。试样先用王水进行浸蚀。覆层在原始状态和正火状态下,位错的腐蚀坑沿滑移面集中在晶内,而晶界是不受限制的。650℃下回火不仅引起沿晶界碳化铬的脱落(其数量随基层金属中的碳向覆层的扩散而增加),而且引起位错在晶界上聚集。热循环还大大增加晶界上位错的密度。显然,循环加热将促使位错沿滑移面运动。

文献[830]指出,在爆炸焊接的情况下,作为相间相互作用的物理模型,可以利用合金形成的“米捷玛”理论,这个理论是由宏观界面总结出来的。为了研究界面上金属间相和偏析的形成,也利用了这个理论。根据表面能的大小和化学亲和能的程度,计算了大量金属组合的接头的形成能。并提供了形成界面金属间相所需的能量值和键合能值。发现在同一条件下理论和试验结果之间吻合良好。对于铁-钛和铝-不锈钢组合来说,界面上的差别可以用金属间相的形成来解释。

文献[831]对爆炸焊接情况下金属的熔化进行了定量评价。指出,在爆炸焊接的过程中,存在一个临界的接触速度,低于这个速度就观察不到被焊金属的熔化。它的量值取决于被焊金属的热物理性能。在高于临界速度的情况下,在冲击区伴随有一定数量的金属的熔化,并且熔化量与飞掷速度的平方和焊板的平均厚度直线地成正比。

金相法可用于评价爆炸焊接接头结合区的塑性变形量,其结果与坐标网格法一样可以接受,但没有后者固有的缺陷。在获得强固接头时,在进行以确定塑性变形作用的有关研究中,能够利用这种方法[832]。

为了预测爆炸焊接的锆-钢(1X18H10T)接头的长期工作能力,文献[833]研究了加热对非金属互化物成长的动力学。结果指出,这种动力学服从抛物线规律,其成长过程的互化能是 92110 J/mol。厚 5 μm 的非金属互化物中间层稍稍影响接头的强度,这是最大许可值。大的中间层厚度将导致强度明显下降。在其厚度大于 8 μm 时,强度实际上降为零。

根据钛和铜原子的电子光谱计算,借助于自吸收场的方程式,可确定钛-铜双金属结合区将发生电子密度的重新分布:在铜原子晶格内电子密度高,在钛原子晶格内电子密度低。焊接接头的脆性性能与离子键有关,由电子交换引起,钛是输出者,铜是吸收者。钛表面的预氧化将减少钛质量移动的强度,从而改变化合物的相成分,这样将增加复合材料的强度[834]。

文献[835]指出,金属的爆炸加工对氢的含量和分布有影响。研究确定,在金属高速变形和爆炸加工的时候,在未直接承受爆炸作用的金属中,氢的含量与爆炸加工参数(管中的炸药量及其分布)无关而取决于金属的变形量和变形特性(压缩、扩径)。试验指出,在金属管扩径的情况下,在形成拉伸应力的时候,金属吸收氢。而在压缩的情况下,将排出氢。随着离开被爆炸直接作用的界面区,金属中氢含量的变化曲线与原始金属(未变形的)中氢的含量之间的面积,就等于在该工艺过程中被研究的金属区的吸收或失去的氢量。研究发现,在爆炸加工的情况下,用压缩波除去金属中氢的有效性取决于承受冲击波直接作用的材料的连接刚度和它变形的可能性。在同样的爆炸加工参数的情况下所达到的变形量越大,则从金属中排出的氢越少,反之亦然。文献指出,在经受爆炸加工的金属中局部含氢的水平,与原来未加工的金属中含氢的水平相比,不仅表征附加载荷的符号(压缩或拉伸),而且表征它的大小。

在 17F1C 钢试样中,用压缩冲击波进行了氢的质量迁移的研究[836]。在爆炸加工过的金属中,金属的表面在 0.2~0.3 mm 的深度上被氢饱和,这与冲击波深深地渗透进金属中有关。在爆炸反面的那一边压缩的情况下,将排出氢。研究发现,金属吸收氢的强度取决于变形的特性(扩径或压缩)、炸药包外壳的成分(导火索、弹性泡沫材料)、爆炸加工正面金属的状态(去除氧化物的净化和未净化);研究指出在压缩的情况下,利用弹性泡沫塑料条炸药和进行表面净化,以及采用扩径方式的爆炸加工,将导致金属中氢含量的增加。用压缩式的爆炸加工和利用导爆索,此时对于未净化的表面来说,将导致氢含量的降低。

文献[837]报道,用局部质谱分析法确定了爆炸焊接结合区中气体夹杂物的分布的不均匀性。提出了在爆炸焊接过程中金属吸附气体的位错和液相机理。由爆炸焊接参数确定间隙中的动力学和热力学的条件是:第一,主要取决于金属接触面的冲击作用;第二,取决于液态金属占有气体的数量。

文献[838]认为,在冲击波下,两种金属的接触区和过渡层组织中的质量转移,取决于两个基本的物理参数：冲击压力和脉冲作用的时间。研究发现，最活跃的质量移动发生在稀疏波中，而不是在压缩波中。这一结果可根据扩散蠕变过程中发生质量转移的模型来解释。

文献［839］研究了冲击波中的扩散过程。在 $7000 \sim 30000$ MPa 的压力下和在 $10 \sim 30$ μs 脉冲作用时间内，在铜和铁的接头中，单值地表明 Fe 向铜中的扩散从 6 μm 到 20 μm。并且扩散区的深度随着压力和脉冲作用时间的增加而增加。Fe 在铜中的溶解达 4%，这就大大地超过极限的平衡溶解度。爆炸焊接以后，试样在 $700 \sim 1000$ ℃ 下退火，此时扩散区增加较大，以致比高的冲击波压力和长的脉冲作用时间后还要宽。

为了明确奥氏体钢-钢复合板结合区内中间层的本质，学者们应用磁性金相学原理进行了研究[28]。在正火和奥氏体化（和随后正火）的接头的磨片上，发现了不同区域界面的金刚石棱锥体的印痕。磨片上覆盖一层磁性的悬浮液。根据磁性和非磁性相的界面，分析印痕的位置，可确定在正火接头中出现的中间层是非磁性的；而在奥氏体化的两个中间层中（碳化物带和接近它的亮带）是磁性的。

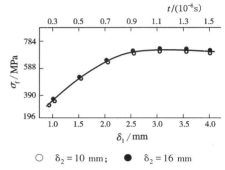

图 4.5.8.5　结合强度与焊接时间和覆板厚度的关系

金属在固相下焊接接头的形成包括了待焊金属表面原子之间形成金属键的化学相互作用。这个过程所需要的时间很短。为了证明这一点，作者进行了如图 4.5.8.5 所示的试验。这个时间的长短取决于压缩波经过覆板掘进的时间和它以拉伸波从结合区返回的时间（ $t = 2\delta_1 / v_s$，这里 v_s 为金属中的声速）。由该图可见，经过 0.9×10^{-6} s 完成爆炸焊接，这相应于 $\delta_1 = 2.5$ mm。通常，在爆炸焊接的情况下， $\delta_1 \geqslant 2.5$ mm。因此，这个时间大大超过它的最小的必需值。

4.6　爆炸复合材料中基体金属的性能

在高压、高速、高温和瞬时的爆炸载荷下，金属的性能（物理的、力学的和化学的）无疑会发生或大或小的变化。研究这些变化不仅有重要的理论价值，而且有重要的应用意义。

金属性能的变化是由其组织的变化引起的。所以，最终要归结到金属内部宏观和微观组织的变化的研究。在爆炸复合材料中，这种变化包括结合区内和基体内的组织变化。前者在本篇前 5 章中已经较详细地讨论了，后者将是本章和后续各章所要讨论的课题。

由于基体内组织变化的研究不多，而由此组织变化引起的性能的变化的资料更引人注目，所以这里仍以讨论爆炸焊接后复合材料内的性能变化为主。许多课题有待深入开展。

本章讨论的内容也是爆炸焊接结合区和爆炸复合材料内部的一些特征。

4.6.1　爆炸焊接硬化

单金属的爆炸硬化现象早已被发现，并形成了金属爆炸加工领域的一个重要分支。这种新工艺和新技术被用来硬化铁轨的道岔、铲斗的牙齿和其他许多需要耐磨的零部件及设备。其中，高锰钢的爆炸硬化就是它广泛应用的一个实例[5, 840]。

和单金属的爆炸硬化一样，双金属和多金属在爆炸焊接以后，其硬度也会增高。这种爆炸硬化是爆炸复合材料中必然发生的一种物理-力学现象。其实质是在巨大的爆炸载荷作用下，金属间的界面和内部发生了不同形式和不同程度的塑性变形及组织变化，由此导致加工硬化和硬度的增加。

本节从爆炸复合材料中金属的塑性变形和组织变化入手，讨论这种材料断面和局部位置的显微硬度值的变化规律。进而深入探讨用爆炸焊接法生产的双金属和多金属的爆炸硬化的规律，从而更好地指导其应用。

1. 爆炸复合材料结合区波形和波形内金属的塑性变形

由大量的试验可知，爆炸焊接双金属和多金属的一个及多个结合界面通常是波状的（见本书 4.16.5 节）。钛-钢复合板典型的放大后的结合区波形如图 4.2.2.1 所示。研究指出，这种波形实质上是在波动传播的爆炸载荷作用下，在结合界面上所发生的一种波状的和不可逆的塑性变形。由该图显示的波形内金属塑性变形的规律已在本书4.2章中讨论过了。在此仅着重指出一点：在一个波形内，从界面开始向基体金属内部，塑性变形经历了一个由强到弱的变化过程。这个过程基本上终止于该波形的两波谷的连线上。在此界限以下，便为金属（如钢）的原始组织（球光体+铁素体）。这种由强到弱的塑性变形是由作用在界面上的由爆炸载荷分解出来的切应力（在界面上最强，离开界面深入金属内部以后逐渐减弱）引起的。这种切应力引起金属纤维状的塑性变形。但是，在离开波形区后，载荷不会完全消失，剩余的能量仍会造成基体内部金属的塑性变形。其中钢内双晶的出现和硬度的升高就是这种变形存在的证据。从理论上说，该图钛侧基体内塑性变形分布的规律应与钢侧相似，其硬度的提高和硬化的规律也应与钢侧相似。

由于爆炸焊接双金属和多金属的结合界面通常是波状的。上述分布规律的塑性变形就以波的形式连续地、波动地和周而复始地分布在整个界面两侧，以及基体内部。

2. 爆炸复合材料结合区和断面上微观的显微硬度分布

如上所述，在爆炸复合材料的结合区和基体内部，金属发生了一定规律的塑性变形。这种变形必然引起其力学性能的变化。而描述这种变化的力学性能的项目和数据首推显微硬度数值的大小。即可以用显微硬度值的变化来描述塑性变形程度的变化。从而以此方式来描述金属材料爆炸硬化的程度和规律。

在本书4.8.3节和本书5.2.9节中汇集了大量的双金属和多金属的结合区及其断面上的显微硬度分布曲线，其中图4.8.3.1，图5.2.9.1~图5.2.9.3为钛-钢复合板的。

将上述4幅钛-钢复合板结合区的显微硬度分布曲线与图4.2.2.1中钛-钢复合板结合区波形内的塑性变形情况相对照，不难发现如下规律（见本书4.8.2节）。

第一，结合界面上硬度最高，这显然与该位置上金属塑性变形程度最严重有关。

第二，随着距界面的距离的增加，其两侧的基体内的硬度逐渐降低。这是相应位置上金属塑性变形程度逐渐减弱所致。

第三，上述两种分布形式的硬度通常高于基体金属的原始硬度。

第四，通常原始硬度高的金属材料爆炸焊接后硬化程度高；反之，硬度增加得较少。

第五，由于覆层表层与爆炸载荷直接接触，基层底层与基础相互作用，复合板的表层和底层的硬度也有所增加，特别是表面和底面。除结合区、表层和底层之外，复合板的基材内部的硬度通常也高于原始硬度。显然这仍与相应位置上金属的塑性变形和加工硬化有关。

由上述结果不难看出，不同的金属材料在不同的爆炸焊接工艺下，它们的结合区和断面上的显微硬度的变化都能用曲线表示和反映出来。并且其结果与结合区和断面上相应位置金属材料的塑性变形程度一一对应。这种对应性在微观上充分地显示了金属内部不同位置爆炸硬化的程度和规律。

3. 爆炸复合材料中宏观的硬度分布

表4.6.1.1~表4.6.1.3提供了另一些金属材料在爆炸焊接前后硬度的数据。这些数据能够在整体上和宏观上显示出它们爆炸硬化的情况。

由表4.6.1.1可见，爆炸焊接后，锆和因科镍的硬度均增加了，但后者增加得更多，这反映出因科镍有更强烈的爆炸硬化趋势。数据还显示，随着炸药量的增多，它们的硬度相应增大。这显然与外加载荷更强大有关。但在此两种用药量情况下，锆的硬度的绝对增加量显得更多。

表 4.6.1.1 爆炸焊接前后，锆和因科镍硬度的变化[386]

材 料	状 态	冲 击 硬 度 （200 g 负荷）					
		1	2	3	4	5	平均
锆	标 准	191	223	298	206	206	225
因科镍	原始材料	151	150	151	149	150	150
锆	爆炸焊接 用 $W_g = 1.58$ g/cm²	229	240	247	—	235	238
因科镍		325	344	329	315	324	327
锆	爆炸焊接 用 $W_g = 1.86$ g/cm²	258	262	265	258	261	261
因科镍		334	341	330	328	348	336

这可能与锆作为覆层，爆炸焊接过程中与爆炸载荷直接接触有关。由表中数据还可见，在同一工艺下，5 次测量的结果相差不大。这体现了爆炸硬化有较好的重复性。

表 4.6.1.2　爆炸焊接前后黄铜和钢、铁硬度的变化[5]

硬度	状态	90-1 黄铜+阿尔姆卡铁			90-1 黄铜+I(低碳钢)			90-1 黄铜+II(低碳钢)			90-1 黄铜+III(低碳钢)		
		90-1	焊缝	铁	90-1	焊缝	I	90-1	焊缝	II	90-1	焊缝	III
HRC	原始态	20	—	59~67	20	—	57~63	20	—	43~44	20	—	84~85
	爆炸后	55~60	78	70	55~65	75~78	60~64	55~65	78	59~68	55~65	94	—
HV	原始态	120	—	155	120	—	159	120	—	128	120	—	241
	爆炸后	140	300~370	212	140	—	—	140	—	—	140	—	—

　　表 4.6.1.2 显示了与表 4.6.1.1 类似的规律。在这里,黄铜的爆炸硬化趋势较钢和铁为大。表 4.6.1.3 亦然,铜作为覆层较铌钛合金硬化为大,最高达 29.2%。由表 4.6.1.1 可见,因科镍的硬化程度更大,与原始硬度相比,较小药量时平均硬度增加 327,增加程度达 118%;较大药量时平均硬度增加 336,增加程度达 124%。而表 4.6.1.2 中黄铜的硬度最多增加 45,增加程度高达 225%。由此可见,在爆炸焊接情况下,某些金属材料爆炸硬化是相当可观的和不容忽视的。

　　由于冲击波的作用,金属和合金被强化及硬化。在不存在多晶转变的情况下,如图 4.6.1.1(a) 所示,开始这种强化的程度随着压力的增加而增加,然后下降。

表 4.6.1.3　铜-铌钛复合超导体(棒)的爆炸焊接硬化

材料	原始 HV	爆炸后 HV	硬度增加/%
铌钛合金	173	178~208	2.9~20.2
铜	89	110~115	23.6~29.2

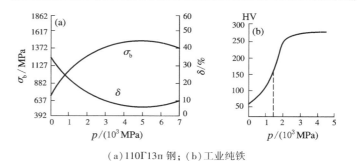

(a) 110Γ13п 钢;(b) 工业纯铁

图 4.6.1.1　材料的力学性能与冲击压力的关系[28]

材料的塑性则相反。图中曲线的走向,在 4500 MPa 压力时,与绝热压缩的残留温度的急剧升高而导致加工硬化效应的部分消除有关。在存在多晶转变的情况下[图 4.6.1.1(b)],可以引起硬度的急剧升高。在 135 MPa 压力下铁中的 $\alpha \rightarrow \gamma$ 转变可能在接近室温的温度下发生。这些在单金属中发生的现象,在爆炸复合材料中估计也会发生。

4. 爆炸焊接硬化的应用

　　如上所述,爆炸复合材料存在着明显的硬化效应,这种效应是能够为人们所利用的。

　　(1)研究表明,用常规加工硬化的方法来提高金属材料硬度的效果是有限的。但对于上述某些材料,以及其他材料来说,爆炸硬化却能使其整体或单一基体的宏观硬度成倍增加。因此对于改善和提高金属的某些性能,如耐磨性等无疑有显著的效果。所以此爆炸硬化是一种提高金属材料硬度的新途径和好方法。

　　(2)由结合区显微硬度的分布来判断复合材料的结合强度。如前所述,爆炸复合材料结合区显微硬度的分布,实际上是对应位置上金属材料的微观塑性变形及其强烈程度的表征。检验表明,这种表征与爆炸复合材料的结合强度密切相关。因为凡是结合区波形形成得较完整和发育得较充分的复合材料,这种材料的结合强度就较高[95]。而这种塑性变形与结合区波形又是同时发生和形成的。所以,实际上是结合区金属塑性变形的程度直接影响着结合强度。图 5.2.2.4 是这方面工作的又一项成果。由图可见,该复合板的结合强度与结合区金属塑性变形程度成直线关系。

　　(3)另一方面,结合区金属塑性变形的程度无疑与爆炸焊接工艺有关。因此,结合区硬度的分布状况将爆炸焊接的工艺、组织(结合区波形、波形内金属的塑性变形和加工硬化)和性能(结合强度)联系在一起。结合区硬度分布的研究,或者说结合区硬化状况的研究,不仅是爆炸复合材料力学性能检验的重要内容,而且是爆炸焊接机理研究的重要组成部分。

　　(4)整个复合材料的爆炸硬化必将造成复合材料强度的提高。研究表明,这种提高在一定范围内有利于材料的强度设计和使用。但是,过量的硬化和强化一方面会造成后续机械加工和设备制造的困难,另一方面可能使某些复合材料的屈服强度和抗拉强度接近(例如,对于 1Cr18Ni9Ti-Q235 钢复合板来说就是如此)。这从材料力学上来说是不利的。此时需要进行热处理,使其恢复至原始性能。然而,热处理工艺的制订和执行还必须考虑覆层材料的特殊性能(例如上述不锈钢的耐蚀性)不得降低。总之，硬化和强化程度的研究对于指导爆炸复合材料的后续加工和使用都有重要的意义。

综上所述，爆炸复合材料中金属硬度的提高和硬化规律的变化，都与材料中的组织变化密切相关。通常，这种变化能够用其中金属的塑性变形及其规律来描述和度量。这类材料爆炸硬化的深入研究，对于探讨爆炸焊接的机理，以及指导爆炸复合材料的应用都是完全必要的。

4.6.2　爆炸焊接强化

金属爆炸复合材料的爆炸焊接强化是指爆炸焊接后其强度指标相对于原始强度指标的提高。这种强化的原因也是在爆炸载荷下金属材料发生了不同形式和不同程度的塑性变形及组织变化所致。爆炸复合材料的爆炸焊接强化包含两个方面的内容：一是爆炸焊接后基体金属各自的强度性能的提高，二是爆炸焊接后复合材料总的抗拉强度相对于组成它的基体金属抗拉强度的提高。本节在试验资料的基础上，全面地评价金属爆炸复合材料的强化特性，从而深入讨论它们的爆炸强化问题。

1. 由计算的复合板总的抗拉强度的下限标准值，讨论爆炸复合材料的爆炸焊接强化问题

由下述公式计算复合板总的抗拉强度的下限标准值，即

$$\sigma_b = \frac{t_1\sigma_1 + t_2\sigma_2}{t_1 + t_2} \tag{4.6.2.1}$$

式中：σ_1 为基层抗拉强度的下限值，MPa；σ_2 为覆层抗拉强度的下限值，MPa；t_1 为基层的厚度，mm；t_2 为覆层的厚度，mm。

由式(4.6.2.1)计算的爆炸复合材料总的抗拉强度的下限标准值如表4.6.2.1所列，由此标准值进而计算的这些材料的强化特性数据也列在表中。表中，强化特性1为复合板实际的抗拉强度与基材中强度较高者的抗拉强度比较所得；强化特性2为复合板实际的抗拉强度与用式(4.6.2.1)计算的复合板抗拉强度的下限标准值比较所得。表中，$\Delta\sigma$ 为增加(+)或减少(−)的数量，% 为增加(+)或减少(−)的百分比。由强化特性1可以看出，除21号～25号复合板外，其余的数据均为正值。这说明爆炸焊接后复合板总的抗拉强度高于基材中原始抗拉强度的最高者。它们高出的程度既与工艺参数有关，又与它们各自原始强度有关。一般来说，爆炸载荷越大和原始强度越高，这种强化的程度越大。21号～25号复合板由于基材中铝合金低的原始强度的影响，使得这种强化特性减弱。然而，不管怎样，复合板总的抗拉强度仍远高于铝合金原始的抗拉强度。

由强化特性2也可以看出，即使是21号～25号复合板，多数数据仍为正值，这说明这些复合板总的抗拉强度通常高于按式(4.6.2.1)计算的下限标准值。检验表明，复合板的这种强化程度也与工艺参数和材料的原始强度有关。所以对于爆炸复合材料来说，与基材的原始强度相比，不必担心它们总的抗拉强度会降低。

2. 由爆炸焊接前后基体金属各自力学性能的变化，讨论爆炸复合材料的爆炸焊接强化问题

爆炸复合材料的爆炸强化，还可以从组成它们的基体金属强度指标的增加和塑性指标的降低中判别。有关数据列在表4.6.2.2～表4.6.2.10中。由表4.6.2.2中的数据可见，爆炸焊接后基材各自的强度增加和塑性降低。这是爆炸强化的典型结果。由表中数据可知，钛的强化程度较钢大，其原因有两个：一是钛更易在外加载荷下强化，二是钛作为覆层直接与爆炸载荷接触。

表4.6.2.3显示了同样的规律。所不同的是，该奥氏体不锈钢和钛同作为覆层都有比钢基层更大的强化趋势，而且不锈钢的更甚。另外，基层钢屈服强度的增加较抗拉强度的增加更快。这种情况在材料和设备的强度设计时应高度重视。

表4.6.2.4和表4.6.2.5中的数据表明，显然钛和低碳钢都有不同程度的强化，但后者更大一点。这种情况的出现可能与钛层较薄及所使用的炸药量较少有关。

从表4.6.2.6和表4.6.2.7可以看出，基层钢都爆炸强化了，只是20 g钢较921钢有更大的强化趋势，而且20 g钢的屈服强度增加的速度较抗拉强度更快。对于921钢来说，这两种强度增加的速度差不多。另外，从表4.6.2.6中的数据还可以看出，复合板末端较起爆端强化得更厉害。这与末端作用的爆炸载荷更强有关。

由表4.6.2.8中的数据可以看出，921钢的屈服强度增加的速度较抗拉强度的稍快，这可能与覆层材料不同，因而工艺参数(主要是炸药量)不同有关。还可以看出，用热处理的方法可以减轻和消除这种强化[494]。

表 4.6.2.1 一些复合板的爆炸焊接强化特性

No	复合板	厚度/mm	σb的下限值/MPa	复合板实际的σb/MPa	计算的复合板σb下限标准值/MPa	强化特性1 Δσ/MPa	强化特性1 Δσ/σb/%	强化特性2 Δσ/MPa	强化特性2 Δσ/σb/%
1	不锈钢	15	539	553	414	+14	+2.6	+139	+33.6
	Q235钢	45	372						
2	不锈钢	3	539	549	402	+10	+1.9	+147	+36.6
	Q235钢	4	372						
3	不锈钢	6	539	563	404	+24	+4.5	+159	+39.4
	Q235钢	25	372						
4	316L	4	480	539	415	+59	+12.3	+124	+29.9
	20g钢	20	402						
5	TA5	2	634	688	618	+54	+8.5	+70	+11.3
	902钢	8	37613						
6	TA2	2	392	477	400	+75	+18.7	+77	+203
	20g钢	9	402						
7	TA2	3	392	450	374	+58	+14.8	+76	+20.3
	Q235	25	372						
8	TA2	3	392	537	407	+125	+30.3	+130	+31.9
	Q235	10	372						
9	TA2	5	392	568	401	+166	+41.3	+167	+4.16
	20g	37	402						
10	TA2	5	461	588	380	+127	+27.6	+208	+54.7
	Q235	30	366						
11	不锈钢	11	392	603	516	+64	+11.9	+87	+16.9
	TA2	2	539						
12	B30	0.8	561	762	727	+17	+2.3	+35	+4.8
	922	7.2	745						
13	B30	7	561	805	716	+40	+5.2	+89	+12.4
	921	22	765						
14	QAl9-2	10	500	529	426	+29	+5.8	+103	+24.2
	20g	52	412						
15	QAl9-2	6	500	538	469	+38	+7.6	+69	+14.7
	20g	20	459						
16	铝青铜	10	500	601	531	+62	+11.5	+70	+13.2
	不锈钢	40	539						
17	铜	2	216	443	353	+71	+19.1	+90	+25.2
	Q235	14	372						
18	铜	4	285	421	383	+19	+4.7	+38	+9.9
	20g钢	20	402						
19	镍	2	392	460	375	+68	+17.3	+85	+2.27
	Q235	12	372						
20	铝	2	15	388	313	+16	+4.3	+75	+24.0
	Q235	10	372						
21	铜	5	353	303	280	-50	-14.2	+23	+8.2
	LY2M	5	207						
22	铜	3.2	411	285	287	-126	-30.7	-2	-0.7
	LY2M	5	207						
23	铜	2	388	284	259	-104	-26.8	+25	+9.7
	LY2M	5	207						
24	铜	1.7	419	279	263	-140	-33.4	+18	+6.9
	LY2M	5	207						
25	铜	1.25	351	263	236	-88	-25.1	+27	+11.4
	LY2M	5	207						

表 4.6.2.2　钛和钢爆炸焊接前后各自的力学性能和强化特性

金属	状态和强化特性		σ_b/MPa	δ/%	a_k/(J·cm^{-2})
钛（TA2）	爆炸前		461	35.0	79.4
	爆炸后		517	27.3	61.7
	强化特性	增加(+)或减少(−)的数据	+56	−7.7	−17.7
		增加(+)或减少(−)的百分比/%	+12	−22.0	−22.3
钢（Q235）	爆炸前		364	40.0	235
	爆炸后		384	34.6	148.0
	强化特性	增加(+)或减少(−)的数据	+20	−5.4	−87
		增加(+)或减少(−)的百分比/%	+5.5	−13.5	−37

注："+"和"−"表示爆炸后较爆炸前增加或减少的数据；百分比表示增加或减少的数据占爆炸前数据的百分数；强化特性的计算均为本书作者所做，以下各表相同。

表 4.6.2.4　局部爆炸焊接后，钛和钢的拉伸性能和强化特性[172]

金属材料	状态和强化特性		σ_b/MPa	σ_s/MPa	δ/%
钛	爆炸前		406	—	44.1
	爆炸后		431	—	34.0
	强化特性	增加(+)或减少(−)的数据	+25	—	−10.0
		增加(+)或减少(−)的百分比/%	+6.2	—	−22.7
低碳钢	爆炸前		429	282	38.0
	爆炸后		478	285	31.5
	强化特性	增加(+)或减少(−)的数据	+49	+3	−6.5
		增加(+)或减少(−)的百分比/%	+11.4	+1.1	−17.1

表 4.6.2.3　三种金属材料爆炸焊接前后的力学伸性能和强化特性[235]

金属	状态和强化特性		$\sigma_{0.2}$/MPa	σ_b/MPa	δ/%
BS1050（碳锰压力容器钢）	供货态		153	326	33.0
	爆炸后		234	333	32.0
	强化特性	增加(+)或减少(−)的数据	+81	+7	−1
		增加(+)或减少(−)的百分比/%	+52.9	+2.1	−0.1
En58J（奥氏体不锈钢）	供货态		185	366	63.0
	爆炸后		436	493	24.0
	强化特性	增加(+)或减少(−)的数据	+251	+127	+39.0
		增加(+)或减少(−)的百分比/%	+135.7	+34.7	−61.9
Ti115（工业级钛）	供货态		173	233	45.6
	爆炸后		314	353	18.9
	强化特性	增加(+)或减少(−)的数据	+141	+120	−26.7
		增加(+)或减少(−)的百分比/%	+81.5	+51.5	−58.6

注：三种金属材料组成两种复合板（En58J-BS1501，Ti115-BS1501）。

表 4.6.2.5　全面爆炸焊接后钛和钢的抗拉强度和强化特性[172]

金属材料	厚度/mm	爆炸前σ_b/MPa	爆炸后σ_b/MPa	σ_b增加的数据/MPa	σ_b增加的百分比/%
钛	1.5	412	419	+7	+1.7
低碳钢	9	421	470	+49	+11.6

表 4.6.2.6　爆炸焊接前后 20 g 钢的力学性能和强化特性[101]

状态和强化特性			σ_s/MPa	σ_b/MPa	δ_5/%	ψ/%	a_k/(J·cm^{-2}) 常温	−10℃	−40℃
爆炸前			270	459	33.0	61.4	141	99	94
爆炸后		起爆端	367	462	24.3	35.5	—	—	—
		末端	440	488	14.2	35.1	104	58	19
强化特性	增加(+)或减少(−)的数据	起爆端	+97	+3	−8.7	−5.9	—	—	—
		末端	+170	+29	−18.8	−6.3	−37	−41	−75
	增加(+)或减少(−)的百分比/%	起爆端	+35.9	+1.3	−26.4	−9.6	—	—	—
		末端	+63.0	+6.3	−57.0	−10.3	−26.2	−41.4	−79.8

注：复合板为 QAl9-2+20 g，其尺寸为(6+20)mm×1000 mm×1400 mm。

表 4.6.2.7   爆炸焊接前后 921 钢的力学性能和强化特性[494]

状 态 和 强 化 特 性		σ_s/MPa	σ_b/MPa	δ_5/%	ψ/%	a_k/(J·cm⁻²)		
						常温	−10℃	−40℃
爆 炸 前		690	765	18.7	59.5	172	160	161
爆 炸 后		740	805	10.0	55.5	118	125	121
强化特性	增加(+)或减少(−)的数据	+50	+40	−8.7	−4.0	−54	−35	−40
	增加(+)或减少(−)的百分比/%	+7.2	+5.2	−46.5	−6.7	−31.4	−21.9	−24.8

注:(1)复合板为 B30-921,其尺寸为 φ1209 mm×(7+22)mm;(2)爆炸后性能检验的样品取自于起爆端。

表 4.6.2.8   B30-921 钢复合板中基层钢在不同状态下的力学性能和强化特性

No	状 态 和 强 化 特 性		σ_s/MPa	σ_b/MPa	δ_5/%	ψ/%	a_k/(J·cm⁻²)
1	爆炸前(原材料)		615	697	24.0	65.3	125.0
	爆炸后(未经热处理)		739	779	14.7	62.8	92.6
	强化特性	增加(+)或减少(−)的数据	124	+82	−9.3	−2.5	−324
		增加(+)或减少(−)的百分比/%	+20.2	+11.8	38.8	−3.8	−25.9
2	爆炸前(原材料)		539	718	19.0	64.5	168
	爆炸后 600~650℃ 热处理		652	738	21.5	75.0	180
	强化特性	增加(+)或减少(−)的数据	+113	+20	+2.5	+10.5	+12
		增加(+)或减少(−)的百分比/%	+21.0	+2.8	+13.2	+16.3	+7.1
3	爆炸前(原材料)		519	703	19.8	59.3	166
	爆炸后 600~650℃ 热处理		662	725	21.0	75.0	242
	强化特性	增加(+)或减少(−)的数据	+143	+22	+1.2	+15.7	+77
		增加(+)或减少(−)的百分比/%	+21.6	+3.1	+6.1	+26.5	+45.8

图 4.6.2.1 显示了爆炸焊接的 45# 钢复合管沿壁厚屈服强度的分布情况。由图可见,与原始态相比,爆炸焊接后沿壁厚覆管和基管的屈服强度均提高了,而且界面及其附近提高得最多。由图还可见,覆管和基管屈服强度提高和变化的情况基本上相互对应和对称。只是因覆管承受的爆炸载荷更大,其屈服强度提高得相对更多一些。

文献[842]研究了爆炸焊接工艺参数(从 400 MPa 到 1600 MPa 改变冲击压力,改变覆板厚度和土壤材料)对铜-12X18H10T 钢板的爆炸强化程度的影响。试验指出,材料的强

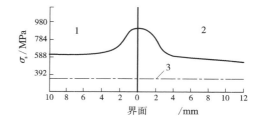

1—覆管;2—基管;3—原始屈服强度

图 4.6.2.1   爆炸焊接的 45 号钢复合管
沿壁厚屈服强度的分布[841]

化大大取决于处于焊板之上的撞击压力和基础材料。在相同的撞击压力下,覆板的强化要厉害一些;在空气层中的焊接将导致大的强化,特别是覆板;发现了已焊接的板的自由表面有更大的强化。焊接过程中,12X18H10T 钢里马氏体的形成与塑性变形有关,这种变形靠近表面最大。

有学者用颠倒基、覆板的工艺研究钛-不锈钢复合中基材的强化课题。结果指出,在该组合中,钛的强化比不锈钢大,这不取决于它们谁是覆板还是基板。但在其他许多组合中,与覆板相比,基板在很大程度上要强化得厉害些[843]。

表 4.6.2.9 是 22K 基层钢爆炸焊接前后力学性能变化的数据。

文献[1682]提供了钛板在爆炸焊接前后钛覆板拉伸性能的变化,这种材料爆炸强化的程度,如表 4.6.2.10 所列。由表中数据可见,通过爆炸复合,抗拉强度一般提高了 15%~35%,屈服强度提高了 19%~60%,断后延伸率则降低了 12%~57%,强化效果明显。TA2 比 TA1 强化程度更大,这是因为 TA2 的强度性能高于 TA1。

3. 爆炸焊接强化的合理应用

由上述大量数据可以看出，爆炸焊接以后不管是覆层、基层，还是整个复合材料的强度都增加了。这种强化在一定范围内是好事。因为爆炸强化的效果是其他压力加工方法所达不到的。材料强度的提高是材料工作者努力的目标。这有利于材料的强度设计及其合理利用。但是超出一定范围之后，严重的爆炸强化将降低复合材料的使用安全性。例如上述许多钢材在爆炸焊接以后，其屈服强度的增加速度高于抗拉强度的增加速度。特别是不锈钢（1Cr18Ni9Ti）- 钢（Q235）复合板在爆炸态下，由于爆炸强化使得它的 σ_s 和 σ_b 很接近[703]。这是很危险的。所以必须用热处理的方法来恢复基材的原始性能。

4. 爆炸焊接强化的降低和消除

通过热处理的方法能够降低和消除爆炸焊接强化。然而，正如文献［692］指出的，高温热处理在另一些情况下是不合适的。因为它可能导致基体金属强度大大降低，或者覆层某些特殊性能降低（如耐蚀性）。所以有必要用其他方法来降低和消除爆炸引起的强化。下面介绍两种特别的方法：一是低温热循环处理，二是小药量和多次爆炸复合。

表 4.6.2.9　基层（22K）钢爆炸焊接前后力学性能的变化[35]

板厚/mm	取样位置		σ_s/MPa	σ_b/MPa	δ_5/%	ψ/%	a_k/(J·cm^{-2})	备注
32	A	前	274	500	34	58	91.1	—
		后	260	490	31	57	91.1	
	B	前	245	461	32	62	87.2	—
		后	255	466	34	61	90.2	
70	A	前	235	461	34	58	74.5	试样取自于12X18H10T-22K钢复合板中的基层钢
		后	260	461	31	58	77.4	
	B	前	265	467	32	58	84.3	
		后	225	480	33	56	81.3	
110	A	前	284	480	25.5	60.0	93.1	—
		后	284	480	23.0	60.0	99.0	
	B	前	294	490	21.5	57.0	89.2	—
		后	294	490	22.0	61.0	93.1	
215	CD	前	250	510	29.0	46	44.1	22K钢，热轧态
		后	265	529	16.0	26	31.2	
	CD	前	260	486	28.0	43	61.7	22K钢，正火态
		后	265	510	24.0	34	57.8	
	CD	前	284	510	30.0	58	78.4	22K钢，淬火+回火态
		后	284	510	29.0	43	68.6	

注：A 为炸药起爆位置；B 为爆轰结束位置；C 为接近板坯表面；D 为取于板坯中部。表中，前表示爆炸焊接前的数据，后表示爆炸焊接后的数据。

表 4.6.2.10　钛板（TA1 和 TA2）在爆炸焊接前后拉伸性能的变化

牌号	No	厚度/mm	爆炸前			爆炸后			强化值/%		
			σ_b/MPa	$\sigma_{0.2}$/MPa	δ_5/%	σ_b/MPa	$\sigma_{0.2}$/MPa	δ_5/%	σ_b	$\sigma_{0.2}$	δ_5
TA1	1	3	370	285	47.5	435	370	26.5	+17.6	+29.8	-44.2
	2	3	335	245	48.5	395	300	35.5	+17.9	+22.4	-27.1
	3	3	340	245	46.5	395	340	33.5	+16.2	+38.8	-28.0
	4	5	400	255	32.0	500	425	27.5	+25.0	+66.7	-14.1
	5	2.5	345	245	52.5	415	320	32.5	+20.3	+30.6	-57.0
	6	平均值	358	255	45.5	428	351	31.1	+19.4	+37.7	-34.1
TA2	1	2.5	380	280	42.0	420	335	32.5	+10.5	+19.6	-22.6
	2	3	300	198	51.5	395	340	33.5	+31.7	+71.7	-35.0
	3	3	300	22	40.0	360	265	35.0	+20.0	+26.8	-12.5
	4	3	370	285	44.0	445	365	38.5	+20.3	+28.1	-12.5
	5	8	380	280	40.5	480	410	22.0	+35.7	+46.4	-45.7
	6	10	305	176	50.0	390	225	38.0	+27.9	+44.9	-24.0
	7	平均值	339	241	44.7	415	338	33.2	+24.4	+39.6	-25.4

注：表中强化值"+"表示数据增加的百分数，"-"表示数据减少的百分数。

低温热循环处理是在较低温度下多次地加热和冷却，使复合材料的硬度降低（此时强度自然也会降低）。例如，一次爆炸复合的 12X18H10T-09Г2 双层钢，在爆炸态下高硬度区（HB 160~180）传播到深

15 mm 的地方。在 650℃ 下保持 40 min，空冷，并在 1 h 内冷却到 20℃。在此一次热处理后高硬度区减小到 3 mm。如此 4 次热循环后，沿基体金属断面的全部硬度就如同爆炸前一样了（HB 140）。但是，如果该双层钢在 650℃ 下保持 10 h，即缓慢加热和缓慢冷却，基体金属的硬度仅降到 HB 150~160。此时加热和冷却的时间比上述多次热循环的多 2~3 倍。

多次和小药量地爆炸复合降低强化的方法是这样进行的：随着覆层的减薄，所用炸药量会自然减少，金属强化的程度必然减小。根据这个原理，为了获得大厚度的覆板，不用一次复合法，而用小厚度覆板多次复合法，最终达到预定的厚度。实践证明，如此能减轻复合板强化（硬化）的程度。实验结果如表 4.6.2.11 所列。其中基板为 09Г2C 钢，22 mm 厚；覆为 12X18H10T 不锈钢，厚度为 2.5 mm、5 mm 和 10 mm。按

表 4.6.2.11　多次爆炸焊接对基板强化程度的影响试验

No	覆　层　厚　度 /mm	σ_s /MPa	σ_b /MPa	δ /%	a_k/(J·cm⁻²) 20℃	a_k/(J·cm⁻²) -40℃
1	原始	327	487	38	137	75
2	2.5	418	497	30	139	35
3	5(2.5+2.5)	447	493	31.5	127	33
4	5	488	523	29.0	114	29.5
5	7.5(2.5+2.5+2.5)	497	525	20.5	115	35
6	10(2.5+2.5+2.5+2.5)	522	533	20.0	104	31
7	12.5(2.5+10)	575	587	15.0	87	21

表中的计划进行试验后，在距界面 2~4 mm 以下的基板中切取坯料制作拉伸试样，在距界面（1~2）mm 以下的基板中切取坯料制作冲击试样，然后进行力学性能试验。

表 4.6.2.11 中的数据表明，随着爆炸载荷加载次数的增加，基板强化的程度有大幅度的增加。但是它小于 1 次或 2 次加载和大药量时的强度。由此可见，小药量和多次复合能够减轻强化的程度。

5. 引起爆炸焊接强化的金属内部组织变化的研究

单金属材料的爆炸强化和爆炸硬化，是由其内部组织的变化引起的。金属爆炸复合材料的爆炸强化和爆炸硬化，说到底也是由它们的组织变化引起的。这种变化除存在在结合区内以外，还存在在复合材料的整个基体之中。凡是强化和硬化得最大的地方，其组织的变化也应当最大。

上一节着重讨论了钛-钢复合板结合区的组织变化和由其引起的硬化问题。然而，除结合区外，爆炸复合材料基体内部的组织变化及其规律性至今还研究得不多。这方面的工作亟待深入开展。其成果对于揭示这类新型材料爆炸强化和硬化的本质及机理、对于指导它们的广泛应用和探讨爆炸焊接机理都有重要的意义。

综上所述，爆炸复合材料中普遍地存在着爆炸强化问题，其强化的程度与爆炸焊接的工艺参数和基材的强化趋势的大小密切相关。爆炸复合材料的强化在一定范围内可以合理利用，但超出此范围之后必须设法降低和消除。这种材料内部组织变化的研究和爆炸强化、爆炸硬化机理的探讨是爆炸焊接理论研究的重要组成部分。

4.6.3　爆炸焊接条件下金属的动态屈服强度

1. 金属的动态屈服强度

在爆炸焊接过程中，双金属，例如钛-钢复合板结合区的钢侧发生了强烈的拉伸式和纤维状的塑性变形（图 4.2.2.1）。这种塑性变形与常规压力加工过程中金属的塑性变形在形式上和形状上相似。但是，前者是在爆炸焊接的条件下形成的，即在高压（数千至数万兆帕）、高速（数百至数千米每秒）、高温（数千至数万摄氏度）和瞬时（微秒数量级）的爆炸载荷下形成的。此时，它的变形条件、变形过程和变形机制与常规压力加工中的无疑有或大或小的区别。这种区别首先体现在两者中金属屈服强度的差异上。

常规压力加工条件下金属的屈服强度值可以通过拉伸试验准确测定。然而，在爆炸焊接条件下金属的屈服强度值是很难测量的。因而，这个课题的探讨，无论在方法上，还是在数据上至今都缺乏准确的结论。

爆炸载荷下金属的动态屈服强度的研究，不仅对爆炸焊接机理的探讨，而且对高压下金属性态的研究都有重要的意义。

本节根据爆炸焊接的钛-钢复合板结合区钢侧中金属塑性变形的特性，用比拟的方法来分析和计算此种条件下金属的动态屈服强度值，供进一步研究时参考。

2. 爆炸焊接条件下金属动态屈服强度的分析与计算

如图4.2.2.1所示,钛-钢爆炸复合板波形结合区的钢侧的金属发生了拉伸式和纤维状的塑性变形。这种塑性变形发生的原因和过程已在本书4.2章中讨论了。在此仅讨论引起这种变形的起始屈服应力——动态屈服强度问题。

众所周知,欲使该复合板的结合区内的金属发生塑性变形,必须使覆板(钛)对基板(钢)的撞击压(应)力相当于或者超过金属的动态屈服强度。这种压力称为临界压力。因此,如果能测量和计算出这种临界压力,那么,结合区塑性变形金属的动态屈服强度就知道了。而现在这种压力的测量和计算是比较容易的。

根据爆炸焊接过程中测量到的一些动态参数计算出来的撞击压力如表4.6.3.1和表4.6.3.2所列。

表4.6.3.1中的来流速度v_f可视为焊接速度v_{cp},平行法时这个速度与爆速v_d相当。驻点压力即为撞击点上的压力(撞击压力)。由表中数据可见,这几种金属材料爆炸焊接时,覆板对基板的撞击压力均在数万兆帕的水平上。这么高的压力是这些金属材料静态抗拉强度的几倍至几百倍,与它们的静态屈服强度相比倍数更大(大的至1314倍)。表4.6.3.2中的数据也说明了同样的问题。在这么高的压力下,这些双金属必定强固结合了,而且它们的波形结合区内必定发生了如上述钛-钢复合板中相似的塑性变形。因此,引发这种金属塑性变形的高的压(应)力值,即是此种条件下金属的动态屈服强度值。

表4.6.3.1　爆炸焊接过程中的动态参数和撞击压力[22]

动态参数	不锈钢 $\sigma_s = 392$ MPa $\sigma_b = 637$ MPa	低碳钢 $\sigma_s = 226$ MPa $\sigma_b = 461$ MPa	紫铜 $\sigma_s = 69$ MPa $\sigma_b = 294$ MPa	低碳钢 $\sigma_s = 226$ MPa $\sigma_b = 461$ MPa
来流速度, $v_{f\infty}/(\text{m}\cdot\text{s}^{-1})$	2100	3200	1691	3053
碰撞角, $\beta_{min}/(°)$	7.9	4.9	7.8	4.0
覆板下落速度, $v_{pmin}/(\text{m}\cdot\text{s}^{-1})$	292	274	230	212
驻点压力, p_s/MPa	12250	26360	90650	26460
激波压力, p_1/MPa	4890	4587	3793	3469
参数比值, $p_s/\sigma_b(p_s/\sigma_s)^*$	19.2(31.3)	57.2(98.9)	308.3(1314)	57.4(170)
参数比值, $p_1/\sigma_b(p_1/\sigma_s)^*$	7.7(12.5)	9.95(20.3)	12.9(55)	7.5(15.3)

注:＊表示此项(包括括号)中的数据为作者所加,其中σ_s取自表4.6.3.3。

本书作者根据上述原理和下述假设来计算钛-钢复合板和其他金属组合的撞击压力的过程如下,由此讨论它们的动态屈服强度问题。

在爆炸焊接过程中,假设被抛掷的钛板小块的质量$m_1 = 0.2$ cm$\times 1.0$ cm$\times 1.0$ cm$\times 4.5$ g/cm$^3 = 0.9\times10^{-3}$ kg;被抛掷的钛板小块的下落速度(v_p)分下限和上限两种,即

$$v_{p,1(min)} = 500 \text{ m/s},$$
$$v_{p,2(max)} = 1000 \text{ m/s};$$

钛板和钢板撞击作用的时间$t = 10^{-6}$ s。

由能量转换和守恒定律可知,

表4.6.3.2　几种金属和合金爆炸焊接的临界压力[2]

炸药	材料组合	α/(°)	v_p/(m·s^{-1})	p/(10^5 MPa)	$\dfrac{p^*}{\sigma_s}$
黑索金	铜-铜	18	300	0.340	493
黑索金	钢3-钢3	5	260	1.469	650
黑索金	钢3-钢3	14	360	1.672	740
阿玛尼特	Д16-Д16	5	290	0.375	500
阿玛尼特	Д16-Д16	16	850	0.446	595

注:＊表示此项数据为作者所加,铜和钢的静态σ_s取自表4.6.3.3;Д16的σ_s取75 MPa。

$$mv = Ft, \text{ 即 } F = \frac{mv}{t} = \frac{m_1 v_p}{t} \qquad (4.6.3.1)$$

式中,m_1和v_p分别为钛小块的质量及其运动的速度,F和t分别为钛板和钢板相互作用的力和时间。

将上述假设的数据代入式(4.6.3.1)中,

当$v_{p,1} = 500$ m/s 时,有

$$F_1 = m_1 v_{p,1}/t = 0.9\times10^{-3}\times500/10^{-6} = 4.5\times10^5 \text{(N)};$$

当 $v_{\text{p},2}=1000$ m/s 时，有

$$F_2 = m_1 v_{\text{p},2}/t = 0.9 \times 10^{-3} \times 1000/10^{-6} = 9.0 \times 10^5 (\text{N})_{\circ}$$

然后将上述 F 换算成钛板单位面积上的压力，即

$$p = F/S \tag{4.6.3.2}$$

式中，p 为钛板单位面积上对钢板的压力，F 为钛板和钢板的相互作用力，S 为钛板作用小块的面积（$10 \times 10 = 100$ mm^2）。

于是，有

$$p_1 = F_1/S = 4.5 \times 10^5/100 = 4.5 \times 10^3 \text{N/mm}^2 \qquad (\text{MPa})$$
$$p_2 = F_2/S = 9.0 \times 10^5/100 = 9.0 \times 10^3 \text{N/mm}^2 \qquad (\text{MPa})$$

由 p_1 和 p_2 的计算数据可知，在钛板和钢板爆炸焊接的条件下，钛板对钢板的撞击压力在数千兆帕的数量级，这个数值是钛和钢的静态屈服强度的数十倍，即它们在此条件下的动态屈服强度值是静态下的数十倍。

将式（4.6.3.1）和式（4.6.3.2）合并得

$$p = F/S = m_1 v_{\text{p}}/St \tag{4.6.3.3}$$

由式（4.6.3.3）可知，覆板对基板的撞击压力与覆板的质量和它的下落速度成正比，而与覆板的面积和覆板与基板相互作用的时间成反比。

假设在同样的试验条件下，即覆板小块的体积 $V = 0.2$ mm$\times 1.0$ mm$\times 1.0$ mm $= 0.2$ cm^3，面积 $S = 10$ mm$\times 10$ mm $= 100$ mm^2，$v_{\text{p}} = 500$ m/s，$t = 10^{-6}$ s，则可根据公式（4.6.3.3）计算出覆板为钢、不锈钢、铜、铝、镍、铌、钽、锆、铅和钼等金属材料时的撞击压力，如表 4.6.3.3 所列。

由表 4.6.3.3 可知，在前述假定的试验条件下，覆板对基板的撞击压力主要与覆板材料的密度有关：密度越大，压力越大。而动、静态屈服强度之比值与覆板材料的静态屈服强度值成反比。由表中数据还可以看出，比值大都是两位数。密度大和静态屈服强度值小的铅的比值高达 1532.43。因此，爆炸焊接条件下金属的动态屈服强度比静态值高得多。正因为如此，在强大的爆炸载荷下金属材料通常不会开裂和脆断，在它们爆炸焊接时仅在结合区发生一定规律的塑性变形。

文献[844]指出，在金属的强度指标有大的差别的情况下，屈服强度值是强度指标中的主要指标。在爆炸焊接的过程中，对于这两种金属来说，这种动态屈服强度值应该相同。

20 世纪 60 年代初的研究就已指出[845]，在爆炸焊接的情况下，存在一个临界的撞击速度（v_{p}），低于这个速度时焊接不会发生。例如，对于铜–钢的爆炸焊接来说，需要 2400 MPa 的压力（此时 v_{p} 为 120 m/s）；对于铝–铝的爆炸焊接来说，需要 620 MPa 的压力（此时 v_{p} 为 225 m/s）。

在静态下如果以铜的 $\sigma_{\text{s}} = 69$ MPa，铝的 $\sigma_{\text{s}} = 49$ MPa 计算，爆炸焊接瞬间，铜板和铝板所承受的压力分别是静态屈服强度值的 35 倍及 13 倍，也就是它们的动态和静态屈服强度之比分别是 35 及 13。这个结论与上述计算和讨论的基本一致。

文献[846]也指出，爆炸焊接过程中，由爆炸产生的压力高达 27440 MPa，两金属的撞击速度在 305 至 915 m/s 之间。因此，

表 4.6.3.3　在假定的试验条件下、一些金属材料的覆板与基板撞击压力的计算值和动、静态屈服强度之比值

No	金属材料	ρ_1 /(g·cm^{-3})	$\sigma_{\text{s,静}}$ /MPa	$p(\sigma_{\text{s,动}})$ /(10^3 MPa)	$\dfrac{\sigma_{\text{s,动}}}{\sigma_{\text{s,静}}}$
1	铝	2.7	49	2.7	55.10
2	钛	4.5	368	4.5	12.23
3	锆	6.49	245	6.49	26.49
4	钢	7.82	226	7.82	34.60
5	不锈钢	7.90	392	7.90	20.15
6	铌	8.57	196	8.57	43.72
7	铜	8.9	69	8.9	128.99
8	镍	8.9	118	8.9	75.42
9	钼	10.2	520	10.2	19.62
10	铅	11.34	7.4	11.34	1532.43
11	钽	11.6	245	11.6	67.76

撞击点上的压力为 10290~30870 MPa。这种瞬时压力大约是普通金属材料静态屈服强度的 100 倍。

文献[2]报道，室温下的纯铁在单向应变下的动态屈服强度为 950 MPa，而在简单的静态拉伸试验中，其屈服强度约为 140 MPa。这样，纯铁的动态和静态屈服强度值之比就为 6.8∶1。该文没有提供动态下的加载速度的数据。可以预言，如果加载速度更高，其动态屈服强度值将会更大。

表4.6.3.4提供了实践中常常遇到的在覆板下落速度范围内，一些金属组合彼此撞击的压力的计算结果。由此结果可以看出，撞击压力既与覆板的下落速度有关，又与覆板的密度有关。这与上述结论是一致的。由此结果还能计算出具体条件下这些金属的动态屈服强度值，以及它们与其对应的静态屈服强度的比值。

3. 爆炸焊接条件下金属动态屈服强度值分析和计算的意义

（1）大家知道，任何金属材料在压力加工过程中都具有反抗变形的能力。这种变形抗力是其在给定变形条件下足以实现塑性变形的应力强度。研究表明，材料的变形抗力不仅是变形温度、变形程度、变形速度和金属的物理-化学性能的函数，而且也是变形速度随时间变化规律的函数[847]。

在研究金属变形抗力的时候，通常以其拉伸试验中的屈服点或屈服强度来度量。屈服点或屈服强度越高，金属的变形抗力越大。然而，在高速变形下金属的变形抗力（即金属的动态屈服强度值）如何？这是一个很有意义但至今没有很好解决的课题。

表 4.6.3.4　在不同的覆板下落速度下，一些金属组合爆炸焊接时的撞击压力[5]

No	金属组合	撞　击　压　力，p/MPa					
1	钢-钢	4000	8000	12500	16500	20500	25000
2	铜-钢	3500	7500	11500	16000	21000	25500
3	铝-钢	2500	4500	7000	9000	12000	15000
4	钛-铌	2500	5500	9000	12000	15500	19000
5	铅-铜	2500	6000	9500	14000	18000	22500
6	钼-铜	4000	8500	13500	19000	24500	30000
7	钨-钢	5500	11000	16500	22000	28500	34000
8	银-钢	3500	7500	11500	16000	20500	25000
9	钛-钢	2500	5500	9000	12000	15500	18500
v_p/(m·s^{-1})		200	400	600	800	1000	1200

目前，尚不能用一个通用的公式来描述所有金属材料在任意温度和任意速度下的变形抗力，特别是在爆炸焊接高压、高速、高温和瞬时的塑性变形过程中的变形抗力，然而能够用如下的试验公式来简要地讨论这个问题。

高速变形下材料变形的抗力的计算公式为[848]：

$$p_2/p_1 = (v_2/v_1)^m \qquad (4.6.3.4)$$

式中：p_1为速度为v_1时材料的变形抗力；p_2为速度为v_2时材料的变形抗力；m为实验常数。

由式（4.6.3.4）可知，材料在高速变形下的抗力与其速度的指数成正比。

高速变形下材料的屈服应力与其速度的关系式为[849]

$$\sigma_s = \sigma_{s,0}(\varepsilon/\varepsilon_0)^m \qquad (4.6.3.5)$$

式中：σ_s和$\sigma_{s,0}$分别为变形速度是ε和ε_0时的屈服强度，m为实验常数。

由式（4.6.3.5）也可知，材料在高速变形下的屈服应力也与它的变形速度的指数成正比。

由此得出结论，材料的变形抗力与其变形速度密切相关。

（2）在用平行法爆炸焊接的情况下，其焊接速度与炸药的爆速相同，而结合区内的波形成过程与焊接过程同步。因此结合区波形内，金属塑性变形的速度与焊接速度相同，即与爆速相同。这样爆炸焊接结合区内金属塑性变形的速度就是一个可以与爆速相比拟的物理量。在一般情况下，这个物理量为（2000～3000）m/s。因此，只要计算出在如此高的变形速度下金属的变形抗力，结合区金属发生塑性变形的动态屈服强度就知道了。

（3）爆炸焊接条件下金属的变形抗力目前还没有一个准确的试验公式可以计算。但是能够肯定，要使结合区金属发生塑性变形，必须使覆板对基板的撞击压力超过它们在动态下的变形抗力，即它们的动态屈服强度。这个压力可以称为临界压力。因此，如果能够计算出这个临界压力，结合区金属的动态屈服强度就知道了。

现在，爆炸焊接过程中的若干动态参数（v_d、v_p、v_{cp}、β和γ等）是完全可以测量和计算出来的。根据这些参数就能够计算出该过程中的撞击压力。表4.6.3.1、表4.6.3.2和表4.6.3.4就是国内外专家在此方面所做的部分工作和取得的成果。本书利用式（4.6.3.3）也简单和粗略地计算出一些金属材料在既定条件下的撞击压力（表4.6.3.3）。所有这些数据在一定程度上吻合或相似，都能较为直观和准确地反映及描述爆炸焊接过程中金属的变形抗力，即它们的动态屈服强度值。

（4）由式（4.6.3.3）可知，在其他试验条件不变的情况下，或者覆板的质量增加 1 倍，或者覆板的下落速度增加 1 倍，或者覆板的面积减小 1/2，或者覆板与基板相互作用的时间减少 1/2 时，覆板对基板的撞击压力均将增加 1 倍。这几个参数增加或减少的情况在实践中是可能出现的，所以撞击压力增加或减少的情况是客观存在的。

撞击压力的大小不仅决定结合区变形金属的动态屈服强度值的大小，而且决定爆炸焊接产品的质量的好坏——过高的撞击压力将恶化产品的质量。因此，在实践中如何控制撞击压力，即选择合适的爆炸焊接工艺参数是至关重要的。同时，结合区金属的塑性变形及动态屈服强度的研究，对于探讨爆炸焊接机理和高压下的金属物理学课题的研究也有重要的理论意义。

（5）由表 4.6.3.1～表 4.6.3.4 可知，爆炸焊接条件下金属的动态屈服强度值比静态下的高出 1～3 个数量级。因此，爆炸焊接过程中的金属材料仍是一个刚体，而且是一个比常态下还要刚的刚体。爆炸焊接后金属材料的几何尺寸虽有些变化，但其质量没有明显变化，相反伴随有相当程度的强化和硬化。因而，不能将它们假设为一种不可压缩的流体。所以，将爆炸焊接情况下的金属材料视为不可压缩的流体的假设和由此得出的所有结论都是没有根据的。

本书 2.2.12 节中结合区压力的计算和大量的实验数据可作为本节所讨论课题的充实及佐证。

4.6.4 爆炸焊接后金属物理性能的变化

爆炸焊接后，不仅复合材料的结合区，而且基体材料内部都会发生明显的组织和力学性能的变化。实际上，金属组织和力学性能的变化理应和无疑也会或大或小地引起其物理性能的变化。特别是在高压和高速的爆炸载荷下，这种变化也许更加明显。因此，爆炸复合材料的物理性能、其变化规律，以及对使用的影响的研究也是爆炸焊接的重要课题。这个课题的解决对于指导这类材料的应用有重要的意义。

爆炸焊接复合材料中金属物理性能变化方面的资料尚不多见。所以，这里除介绍仅有的有关资料外，还介绍一些单金属材料爆炸加工后物理性能变化的数据，供读者进一步研究时参考。

文献[348]用热爆炸焊接的方法获得了硬质合金-钢的复合材料。研究了这种复合材料的过渡层（结合区）的组织和力学性能。还研究了 1100℃ 下用黑索金爆炸焊接过的硬质合金（BK20）的力学和物理性能，如表 4.6.4.1 所列。由表中数据可见，硬质合金的力学性能变化不大，但磁导率和矫顽力明显地改变了，前者降低，后者增加。

文献[850]试验研究了热疲劳情况下的双金属的行为。用爆炸焊接获得双金属环状试样：基材为 40X 钢，覆层为 45X3B3MΦC 钢和 3X2B8 钢。如果改变覆层的厚度和焊接参数（v_{cp} 和 β），则可以获得不同

表 4.6.4.1 爆炸焊接前后硬质合金（BK20）的物理和力学性能

状　态	$\sigma_{弯曲}$/MPa	$\sigma_{压缩}$/MPa	磁导率/(H·m^{-1})	矫顽力/(A·m^{-1})	硬　度(HRA)	密　度/(g·cm^{-3})
原始状态	2600	3312	75	5335	84	13.31
爆炸焊接后	2650	3332	50	5812	84	13.34

特性的结合区和覆层的组织。例如，覆层厚度增加，将导致其烧蚀稳定性的降低；而 v_{cp} 的增加会急剧地恶化烧蚀稳定性。在基材变形和随后热处理的情况下，将改善整个组织的均匀性、细化晶粒和碳化物粒子。此时，承受爆炸加工的试样中的裂纹密度增加，而它们的深度减小。

研究者[851]将爆炸焊接的宽 50.8 mm，厚 3.175 mm 的 α-黄铜+Ni10 因瓦合金的恒温器双金属的条材经过几道次冷轧制，获得了这种双金属的产品。这种产品的标准试验数据如下：

根据 ASTM 的热弯曲系数（从 30°～90°）：$2.8×10^{-5}$/℃

电阻：14 μΩ·cm

杨氏模量（弹性模数）：124000 MPa

注：根据 ASTM 的下述公式确定恒温器条材的热弯曲系数，即

$$F = \frac{(1/R_2 - 1/R_1)t}{T_2 - T_1} \tag{4.6.4.1}$$

式中：R_1 和 R_2 相应于 T_1 和 T_2 温度时的弯曲半径，t 为复合条材的总厚度。

图 4.6.4.1 提供了爆炸变形和轧制变形情况下，工业纯铁电阻变化的资料。

对于两种加载形式来说，在真实变形增加的情况下，比电阻均呈直线地增加。但在爆炸加工的情况下，比电阻的增加在单位真实变形上为 $17\times10^{-8}\ \Omega\cdot cm$，或者为 $1\times10^{-10}\ \Omega\cdot cm/10^2\ MPa$。而对于轧制试样来说，在单位真实变形上比电阻的增加为 $7\times10^{-8}\ \Omega\cdot cm$，或者在压缩率为 1% 时为 $12\times10^{-10}\ \Omega\cdot cm$。试验还指出，在冲击波的压力从 $10000\ MPa$ 提高到 $60000\ MPa$（变形量 $e=0.07\sim0.32$）的情况下，与原始退火的试样相比，电阻增加 $10\%\sim13\%$；在压缩率为 $20\%\sim75\%$ 的轧制以后（$e=0.22\sim1.39$），电阻增加 $4\%\sim8\%$。

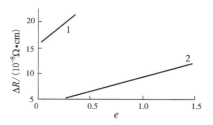

1—爆炸变形；2—0℃下轧制变形

图 4.6.4.1　取决于真实变形量的铁的比电阻的增加[852]

上述试验的退火温度仅仅到 410℃。因为温度进一步提高，碳在 $\alpha-Fe$ 中溶解，将使铁的电阻迅速增加。

由图 4.6.4.2 可知，不论是爆炸变形的，还是轧制变形的试样，在等时退火下电阻的恢复过程都可以分为四个阶段。

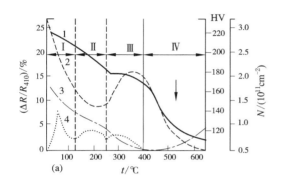 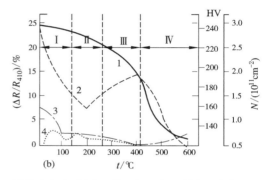

1—位错密度；2—显微硬度；3—电阻；4—电阻恢复速度；向下的箭头表示再结晶开始温度（根据 X 射线照片分析）

图 4.6.4.2　在 -196℃下用 60000 MPa 冲击波（a）和用 75% 压下率轧制（b）变形的铁，在等时退火情况下性能的恢复[852]

Ⅰ. 在 0～130 ℃ 区间，在 60 ℃ 下电阻恢复的速度有最大值；

Ⅱ. 在 130～260 ℃ 区间，在接近 200 ℃ 下电阻恢复的速度有最大值；

Ⅲ. 在 260～410 ℃ 区间，在接近 340 ℃ 下电阻恢复的速度有最大值；

Ⅳ. 高于 410 ℃。

在不同的工艺下，在上述四个阶段中，工业纯铁的有关性能的变化如表 4.6.4.2 所列。由表中数据可见，电阻随加工工艺的不同而变化；随着爆炸加工中冲击压力的增加和轧制变形量的增加，电阻的增加量增加，但爆炸加工工艺下的增加量较轧制工艺下的增加量大得多。

表 4.6.4.2　在不同工艺爆炸加工和轧制后，工业纯铁的性能的变化[852]

变形形式	压力 p /MPa	真实变形量，e /mm	变形温度，t /℃	变形后电阻的增加 /%	$\dfrac{\Delta R}{R}/\Delta H$，在退火温度范围内 /℃				$\Delta\rho_1$ /(10^5 $\Omega\cdot cm$)	再结晶温度 /℃		到再结晶软化的分量 /%
					0～130（Ⅰ阶段）	130～160（Ⅱ阶段）	260～410（Ⅲ阶段）	410～650（Ⅳ阶段）		开始	结束	
爆炸	10000	0.07	-150	10.3	5.9/0	2.3/0	2.1/-20	-/-50	9.5	630	650	90
	20000	0.16	-50	10.5	7.01/-30	1.5/0	2.0/10	-/-70	11.6	600	650	80
	20000*	0.16*	140	9.1	6.0/-	2.1/-	1.0/-	-	9.9	-	-	-
	30000	0.20	80	10.8	7.0/-	2.0/-	1.8/-	-	11.8	-	-	-
	40000	0.25	220	11.4	6.6/-55	2.8/0	2.0/15	-/-75	10.9	-	640	-
	50000	0.30	350	-	6.4/-	-	-	-	10.5	-	-	-
	60000	0.32	540	13.1	5.6/-90	4.3/0	3.2/35	-/-80	9.5	510	600	78

续表4.6.4.2

变形形式	压力 p /MPa	真实变形量,e /mm	变形温度,t /℃	变形后电阻的增加 /%	$\frac{\Delta R}{R}$/ΔH,在退火温度范围内 /℃				$\Delta \rho_1$ /(10^5 $\Omega \cdot cm$)	再结晶温度 /℃		到再结晶软化的分量 /%
					0~130 (Ⅰ阶段)	130~160 (Ⅱ阶段)	260~410 (Ⅲ阶段)	410~650 (Ⅳ阶段)		开始	结束	
轧制	—	0.22	25	4.2	2.6/0	0.6/0	1.0/−10	−/−60	2.6	570	650	58
	—	0.69	25	5.6	3/−15	1.6/0	1.0/10	−/−95	3.8	530	600	53
	—	1.39	25	8.4	3.8/−60	2.9/0	1.7/30	−/−100	4.2	510	560	50

注：* 表示变形开始温度为0℃；电阻增加值 $\Delta R/R_{410}$ 用%表示；变形温度为试样的绝热压缩温度和原始温度之差。

有文献研究了用冲击波加载后对工业纯铁和电解镍剩磁性能的影响。结果如表4.6.4.3所列。由表中数据可见，随着冲击载荷的强度增加到一定值后，矫顽力和最大磁能连续增加。与原始数值相比，矫顽力镍增加20倍，铁增加8倍，最大磁能镍增加30多倍，铁增加约10倍。在撞击前沿上压力为20000 MPa 的情况下，矫顽力、剩余磁化强度和最大磁能达到最大值。压力的进一步增加将导致上述值的某些降低。这种降低可以用伴随撞击载荷产生的更多的热效应来解释。这已被金相和X射线结构研究所证明。

表4.6.4.3   冲击波强度对铁和镍剩余磁性能的影响[853]

No	冲击速度 /($m \cdot s^{-1}$)	工 业 纯 铁					镍				
		矫顽力 /($A \cdot m^{-1}$)	剩余磁化强度 /T	最大磁能 /(10^5 $J \cdot cm^{-3}$)	HV (平均)	晶格常数变化,$\frac{\Delta a}{a}$, $\times 10^{-3}$	矫顽力 /($A \cdot m$)	剩余磁化强度 /T	最大磁能 /(10^5 $J \cdot cm^{-3}$)	HV (平均)	晶格常数变化,$\frac{\Delta a}{a}$, $\times 10^{-3}$
0	0	71.66	0.610	1.0	1470	—	95.54	0.220	0.42	1470	—
1	565	238.86	0.500	2.4	1852	1.03	1449.08	0.590	9.82	1911	0.85
2	1010	294.59	0.680	3.8	1911	1.07	1568.51	0.208	11.86	2156	1.00
3	1440	581.23	0.795	9.2	3136	1.3	1751.64	0.212	13.32	2352	1.20
4	1810	577.34	0.775	8.4	3087	1.3	1711.83	0.200	12.40	2107	1.46
5	2160	509.57	0.710	7.4	2940	1.15	1632.21	0.198	12.38	2009	1.24

金属塑性变形对矫顽力影响的研究指出，矫顽力 $H_c \propto N^{\frac{1}{2}}$，这里 N 为位错密度。众所周知，材料在冲击波加工后，晶格缺陷增加。这些缺陷将导致大量的残余内应力，其大小可由晶格常数的变化 $\Delta a/a$ 来表征(表4.6.4.3)。可以假设，由于冲击波的掘进产生的晶格缺陷是一种磁畴的"连接点"，这就会导致矫顽力的增加。金相和X射线结构分析指出，在铁和镍的显微组织中那些变化最明显的地方(铁中的可逆相变，X射线衍射扩宽和硬度的提高)，将观察到矫顽力有很大的提高(如3号~5号试验)。

在撞击载荷下，剩余磁化强度的行为类似于矫顽力。由静态到动态的塑性变形，强度开始降低，到过渡为随变形度的增加而升高。

试验制备了许多原始基材试样和在30000 MPa撞击载荷下铁和镍的试样。比较指出，撞击变形的试样的饱和磁化强度减小：铁减小 7.35×10^{-4} T，镍减小 4.87×10^{-4} T。或者，相应地，与等于1.7 T的原始铁的饱和磁化强度相比减小0.43%，与等于0.495 T的原始镍的饱和磁化强度相比减小0.985%。这种磁化强度的减小可以定性地用残余弹性应力对晶格常数的影响来解释。

X射线结构研究证实，冲击波加工后工业纯铁和电解镍的晶格常数有变化(表4.6.4.3)。这种变化导致了它们的饱和磁化强度降低不大。

文献[223]研究了爆炸焊接前后1Cr18Ni9Ti 和16Mn的弹性模量数据

表4.6.4.4   爆炸焊接前后 1Cr18Ni9Ti 和 16Mn 的弹性模量变化 E /MPa

1Cr18Ni9Ti			16Mn		
试样平行爆轰方向	试样垂直爆轰方向	原始	试样平行爆轰方向	试样垂直爆轰方向	原始
188160	187180	197960	230300	210700	205800

变化,如表4.6.4.4所列。由表中数据可见,爆炸焊接后这两种钢材中前者的弹性模量有所降低,后者有所升高。表4.6.4.5提供了922钢弹性模量数据。

表4.6.4.5　爆炸焊接后922钢的弹性模量

试样中心线到结合界面的距离/mm	弹　性　模　量 E/MPa
5	(205600~205700)/205660
15	(215110~206878)/206486
25	(206192~206290)/206241
35	(207172~207368)/207270
45	(206584~207760)/207368

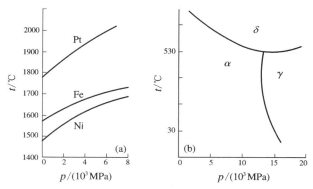

图4.6.4.3　某些金属的熔化温度(a)和铁的 $\alpha-\delta$ 转变温度(b)与压力的关系[28]

文献[239]研究了爆炸焊接的钛-钽双金属的高温热导性。在1200~1800 K范围内进行了一些薄层双金属试样的热导性测量。试样为直径10 mm的薄圆片,用平面热波法进行了试验。结果确定,薄的复合板的热导性取决于接触耦的性能。

高压影响金属的熔化温度和相转变温度,如图4.6.4.3所示。由图中(a)可以看出,随着压力的增加,铂、铁和镍的熔化温度明显升高。对于铁来说,在压力增加到5000 MPa的时候,其熔化温度大约升高100℃。多晶转变的温度可能升高,例如在钴的 $\alpha \rightarrow \beta$ 转变时。也可能降低,如在铁的 $\alpha \rightarrow \gamma$ 转变时[图中(b)]。在13500 MPa的高压下, β 相在室温条件就已经可能存在了。高压还可以导致新相的形成。例如,在压力 $p >$ 11500 MPa和 $t < 500℃$ 的温度下,可以形成新的具有密集六方晶格的 ε-铁相的变体。

表4.6.4.6　在两种加载方法下镁的变形机制 ($\varepsilon = 2\%$)

加载方法	总变形中的分量/%		
	晶内滑移	双晶	晶界滑移
静态液压	1	16	83
爆炸	45	40	15

另外,加载的方法大大地影响金属塑性变形的机制。例如,镁在静态液压加载的情况下,变形主要依靠晶界滑移;而在爆炸加载的情况下是依靠晶内滑移和双晶。数据如表4.6.4.6所列。

如上所述,某些单金属特别是复合材料,在爆炸载荷下,覆材和基材的物理性能会发生一定的变化。这些变化及其影响,目前还应研究得不多,今后应特别加强。尤其是对于那些对覆材和基材的物理性能有严格要求的爆炸复合材料特别重要,应引起高度重视。金属材料物理性能的种类,如附录B所列。另外还有磁学性能、电学性能、热学性能、光学性能和核性能等许多许多。

4.6.5　爆炸焊接后金属化学性能的变化

爆炸焊接金属复合材料中很大一部分覆层是耐蚀材料,它们用作化工和压力容器的结构材料。在使用过程中,覆层在承受介质的腐蚀的同时保护了基层——通常为结构钢材。因此,用爆炸焊接法生产的爆炸复合材料,对防止金属材料的腐蚀可以发挥重要的作用。如此说来,爆炸焊接作为一种先进的防腐蚀技术,爆炸复合材料作为一种新型的防腐蚀材料,在腐蚀与防护这门学科的实践和理论中应当占有十分重要的地位,从而应当引起人们高度的重视。实际上,本书中所讨论的大量的爆炸复合材料,如钛-钢、不锈钢-钢、铜-钢和镍-钢等大面积的爆炸复合板就首先使用在化工和压力容器中。几十年来,全世界以其总计为数千万吨计的产品及其应用,获得了巨大的经济、技术和社会效益。可以预言,爆炸焊接和爆炸复合材料在材料保护领域将发挥越来越大的作用。

大家知道,大气、土壤和水是人类赖以生存的自然环境。它们在成为人类生存摇篮的同时,又以其特有的力量,对人类创造的财富——金属材料进行"静悄悄地破坏"。这类材料在这些介质中的腐蚀,往往随时间的延长而加剧,最后导致破坏和失效。

美国政府20世纪70年代公布的调查报告指出,由于环境腐蚀,每年造成的经济损失高达700亿美元,占美国当时每年GDP的4.2%。其后,一些国家的调查结果分别是:日本1.8%、英国3.5%、意大利6.6%、波兰6%~10%。我国如果以4%计算，经济损失将高达4000亿元。每年因此环境腐蚀而损失的钢材即有1000万吨，占现今我国钢铁年产量的5%。

文献[1683]指出，我国每年因金属材料的腐蚀破坏而造成的损失达5000亿元人民币。

因此，爆炸焊接和爆炸复合材料在金属材料的腐蚀与防护的研究和应用中具有重大的理论及实用价值。

但是，两个方面的因素可能或大或小地改变这类结构材料的使用性能；第一，在爆炸载荷下，基体会发生强烈的塑性变形和组织转变；第二，物理、力学和化学性能明显不同的覆层及基层的爆炸结合，将在它们的结合区形成固溶体、金属间化合物或者它们的混合物，以及具有颇大的残余应力。可以预计，第一个因素将在浸蚀性介质、温度和压力的作用下影响覆层材料的腐蚀行为。第二个因素将影响某些特殊的腐蚀行为，首先是对腐蚀裂纹的抵抗力。

本节讨论爆炸焊接后与此有关的金属化学性能的变化，从而指导爆炸复合材料的实际应用。

1. 一般的腐蚀稳定性

对用表4.6.5.1所列的不同方法获得的和在不同状态下的双层钢进行了试验，腐蚀试验用试样如图4.6.5.1所示。部分试验的结果如表4.6.5.2所列。试验条件为：320℃，11.27 MPa压力，含200 mg/L氯离子(NaCl形式)和氧的初始浓度为6 mg/L的水溶液，并且静止、等温和满载荷。试样尺寸是2.5 mm×15 mm×40 mm。由表中数据可见，08X18H10T钢的腐蚀损失实际上不取决于复合的获得方法，并且它的腐蚀速度处于相应的原始金属的指标。

表4.6.5.1　腐蚀试验用材[28]

双层钢，获得方法	热　处　理	
	复　合　前	复　合　后
08X18H10T-22K，爆炸复合	650℃回火、13 h，空冷	920℃正火、5 h；645℃回火、13 h，空冷
18Cr8Ni-22K，堆焊	—	920℃正火、5 h；645℃回火、13 h，空冷
08X18H10T-X2M1Φ，爆炸复合	715℃回火、15 h	1000℃、8 h淬火，在油中冷却到110℃，然后空冷；715℃回火、15 h，空冷
	1000℃、8 h淬火，在油中冷却到110℃，然后空冷；715℃回火、5 h，空冷	

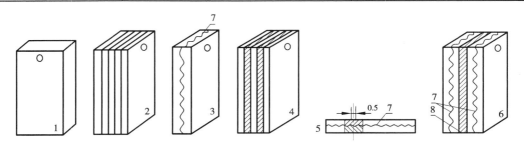

1—覆层的整体腐蚀；2—有缝的腐蚀；3—在结合区中的腐蚀；4—接触腐蚀；5—覆层中存在缺陷的腐蚀；
6—模拟积水区条件下的腐蚀和接触腐蚀；7—结合区；8—补焊端面

图4.6.5.1　用于腐蚀试验的试样[28]

表4.6.5.2　覆层金属(08X18H10T)腐蚀试验的结果[28]

覆层金属状态	基层金属	试　验　时　间 /h					
		500		1000		3000	
		质量损失/(g·m^{-2})	腐蚀速度/(μm·a^{-1})	质量损失/(g·m^{-2})	腐蚀速度/(μm·a^{-1})	质量损失/(g·m^{-2})	腐蚀速度/(μm·a^{-1})
总　的　腐　蚀							
爆炸复合后	22K钢	1.1	2.47	1.50	1.68	2.40	0.90
	X2M1Φ型钢	0.95	2.13	1.30	1.46	2.20	0.82
堆焊后	22K钢	0.95	1.68	1.10	1.24	2.00	0.75
	X2M1Φ型钢	0.73	1.64	1.05	1.18	1.90	0.71

续表4.6.5.2

覆 层 金 属 状 态	基 层 金 属	试 验 时 间 /h					
		500		1000		3000	
		质量损失 /(g·m⁻²)	腐蚀速度 /(μm·a⁻¹)	质量损失 /(g·m⁻²)	腐蚀速度 /(μm·a⁻¹)	质量损失 /(g·m⁻²)	腐蚀速度 /(μm·a⁻¹)
锻造后	—	—	—	1.65	1.85		
有 缝 腐 蚀							
爆炸复合后	22K 钢	—	—	2.15	1.21	2.71	1.04
	X2M1Φ 型钢	—	—	2.05	1.15	2.50	0.93
堆焊后	22K 钢	1.35	1.52	—	—	2.15	0.81
	X2M1Φ 型钢	1.29	1.45	—	—	2.00	0.75
锻造后	—	—	—	2.50	1.40	—	—
在有缝隙下的接触腐蚀							
爆炸复合后	22K 钢	—	—	1.66		2.21	0.83
	X2M1Φ 型钢	—	—	1.45		1.85	0.69
堆焊后	22K 钢	1.00	1.12	—	—	1.65	0.62
	X2M1Φ 型钢	0.96	1.08	—	—	1.52	0.57
锻造后	—	1.13	1.27	—	—	—	—

许多试验结果表明,在高参数的水中,覆层金属(X18H10T)腐蚀氧化过程动力学可以用抛物线特性关系来描述(图4.6.5.2)。数据表明,此时,不论是爆炸焊接,还是堆焊,都不大会影响 X18H10T 钢的腐蚀行为。

在高参数的水中,所研究的镍合金的整体耐蚀性非常高,并且接近08X18H10T 钢的稳定性。在含200 mg/L 氯离子的水中保持1000 h 后,这种合金的腐蚀速度是 1.86~2.10 μm/a (X18H10T 钢为1.85 μm/a)。

在350℃和16.46 MPa,pH 为8.25 的含硼酸(10 g/L)的水溶液中和在碱水中(0.02 g/L、NaOH),在1000 h 内的试验指出,腐蚀速度镍合金是 2.25~2.50 μm/a,X18H10T 钢是 2.7 μm/a。氧化过程动力学(图4.6.5.3)证明,在所试验时间内有大的抑制。检验所有被试验的试样,与预期相符,金属中没有发现破坏。

上述试验结果证明,在实际已采用的工艺条件下,爆炸焊接过程对复合材料的整体腐蚀不存在不良影响。

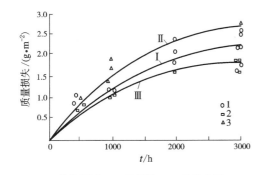

1—爆炸焊接;2—堆焊的;3—锻造金属;
I—整体腐蚀;II—有缝腐蚀;III—接触腐蚀
图 4.6.5.2　在320℃,11.27 MPa 的水中,在含
200 g/L 氯离子和6 mg/L 初始氧浓度的情况下,
在不同的试验条件下,X18H10T 钢的氧化动力学[28]

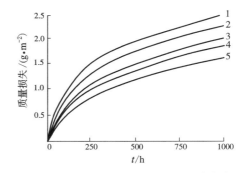

图 4.6.5.3　在320℃,11.27 MPa 的水中,
在含 200 mg/L 氯离子的情况下(1、2),
以及350℃,16.46 MPa 和 pH 为 8.25
的硼水中(3~5),高镍合金(1~4)和
08X18H10T 钢(5)的氧化动力学曲线[28]

2. 晶间腐蚀

众所周知,铬镍奥氏体钢对晶间腐蚀的敏感性取决于它的成分、热处理、变形和工艺过程。由于位错密度和空位数量的增加,它们提高了金属反应的能力和扩散速度,可能会改变钢的相组成(在大的塑性变形下析出马氏体和 α 相)。这种改变导致组织的不均匀性。因此,爆炸复合可能影响这类钢材的晶间腐蚀特性。

人们研究了高压对两种钢的晶间腐蚀倾向的影响,结果如表 4.6.5.3 所列。由表中数据可见,高压对这两种奥氏体钢的晶间腐蚀倾向的影响不大,并且只有在压力大于 50000 MPa 时才明显出现。实际上,在爆炸焊接条件下,与浸蚀性介质接触的覆层外表面上的最大压力通常不超过 50000 MPa。

表 4.6.5.3　在不同介质中奥氏体钢的晶间腐蚀与爆炸压力的关系[28]

压力 /MPa	质量损失 /g				
	X18H10				X25H20
	奥氏体化		奥氏体化+回火		奥氏体化
	65%HNO$_3$	Fe$_2$(SO$_4$)$_3$+H$_2$SO$_4$	65%HNO$_3$	Fe$_2$(SO$_4$)$_3$+H$_2$SO$_4$	65%HNO$_3$
—	0.00047	0.00194	0.00118	0.00987	0.00040
9000	0.00047	0.00200	0.00199	0.01103	0.00038
12200	0.00049	0.00248	0.00213	0.01273	0.00044
19000	0.00062	0.00256	0.00172	0.01085	0.00065
31000	0.00069	0.00255	0.00157	0.01394	0.00095
54000	0.00073	0.00310	0.00229	0.01576	0.0110

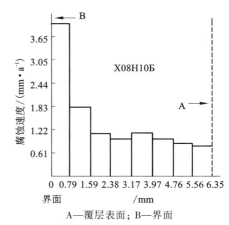

图 4.6.5.4　在 Fe$_2$(SO$_4$)$_3$ 和 H$_2$SO$_4$ 溶液中,X08H10Б-X2M 复合板距结合区不同距离上覆层的腐蚀速度[28]

在沸腾的 Fe$_2$(SO$_4$)$_3$+H$_2$SO$_4$ 溶液中,爆炸焊接以后未经热处理的试样的腐蚀速度,在外层、中心区和与珠光体钢接触的内表面的相应值为 0.87 mm/a,0.93 mm/a 和 0.90 mm/a。这些数据证实,在钢的成分不变的条件下,不存在爆炸对奥氏体钢晶间腐蚀倾向的特殊影响,仅处于原始金属材料的性能(0.60~1.20 mm/a)。

由于双层钢的热处理,包括高温加热(在弯曲和冲击下)和一次或多次回火($t \leqslant 675℃$)达 40 h,情况将有大的变化。覆层金属对晶间腐蚀的多层试验的结果如图 4.6.5.4 所示。由图可见,结合区中钢的溶解过程急剧加速,随着远离该区,腐蚀过程迅速减慢。在约 1.5 mm 的距离上,热处理实际上已经不影响这种特性。但在 10% 的草酸溶液中,腐蚀试验(电流密度为 1 A/cm^2)结果指出,在距结合区 0.9~1.6 mm 的距离上将有碳化物的强烈形成。这种形成伴随着界面位置的破裂。

在通常采用的覆层厚度 $\delta_1 \geqslant 3$ mm 和使用条件下,碳的扩散过程实际上不会进行的。即使该层内部区域稳定性降低,也不会影响爆炸焊接的耐蚀覆板的使用性能。

例如,为了研究覆层(08X18H10T)的腐蚀行为,进行了系统的试验:在 450℃、500℃、600℃ 和 650℃ 的温度下,保温 1 h、5 h、25 h、50 h、100 h、250 h、500 h 和 1000 h 以后,在完全去掉基层金属的试样上,用标准方法进行了晶间腐蚀试验,没有发现晶间腐蚀。

总之,爆炸焊接不会严重地影响与工作介质接触的 X18H10T 钢外表面的晶间腐蚀。这一结论对镍合金也适用,如表 4.6.5.4 和表 4.6.5.5 所列。

表 4.6.5.4　在 30%H$_2$SO$_4$+10%HNO$_3$ 溶液中镍合金晶间腐蚀倾向[28]

合金	回火工艺	表面状态*	腐蚀速度 /(mg·m^{-2}·h^{-1})	晶间腐蚀
X16H70 型	不回火 650℃、1 h 700℃、1 h	晶界和晶体高的溶解度	28.63 35.37 29.58	—
	660℃、25 h	沿界面强烈溶解	0.68	
X16H70БТ 型	不回火	不强烈溶解,没有裂纹	0.18	没有
	650℃、1 h 700℃、1 h	很微弱的腐蚀,没有裂纹	0.21 0.06	
	660℃、25 h	未观察到腐蚀,很细小的裂纹	0.08	很弱

注:* 试样在溶液中沸腾和弯曲 90°。

表 4.6.5.5　镍合金晶间腐蚀试验的结果[28]

合　金	回　火　工　艺	表　面　状　态*		晶间腐蚀倾向
		基　体　金　属	结　合　区	
X16H70 型	不回火 650℃、1 h 700℃、1 h	腐蚀，没有裂纹	强烈溶解，铜析出	没有
	660℃、25 h	不严重的腐蚀，没有裂纹	不多的腐蚀，铜析出	
X16H70БТ 型	不回火 650℃、1 h 660℃、25 h	腐蚀， 没有裂纹	—	没有
X16H80БТ 型	不回火	不严重的腐蚀，没有裂纹	带有晶间优势破坏的强烈溶解	弱有
	650℃、1 h		强烈溶解、晶间破坏	有
	700℃、1 h		晶界和晶体强烈溶解	弱有
	660℃、25 h		高的溶解度，铜的强烈析出	没有

注：* 试样在溶液中沸腾和弯曲 90°以后，根据 AM 方法，ГОСТ6032-75。

由上两表中的数据可见，采用含碳量低的镍合金，这种合金被铬和其他稳定性元素足够合金化，爆炸焊接以后，该合金仅有微弱的晶间腐蚀倾向。

3. 双层钢的腐蚀开裂

腐蚀开裂是在浸蚀性介质中，奥氏体钢设备腐蚀破坏最危险的形式之一。爆炸焊接后，由于位错密度和其他的金属表面上晶格缺陷增加，特别是高的残余应力，将影响诸如 08X18H10T 钢的结构腐蚀。

在 42%MgCl$_2$ 沸腾溶液中和 154℃下，研究了 3 种形式的试样的腐蚀开裂情况。其中 U 形试样的试验结果如表 4.6.5.6 所列。这些试样完全去掉基层，并以固定应力进行弯曲变形。由表中数据可见，爆炸焊接和随后热处理不会导致材料在氯化物溶液中腐蚀开裂敏感性的增加。相反，对于这些试样来说，到开裂之前的时间比原始冷轧板和堆焊金属的还长一些。焊接过程的强度的提高将导致开裂之前的时间稍微减少。由于高的位错密度，它容易萌生裂纹和使裂纹发展。未热处理的钢发现了更大的腐蚀开裂。显然，这也是加工硬化金属腐蚀开裂大的原因。

由图 4.6.5.5 所示的腐蚀强度曲线可见，对于所研究过的焊接工艺来说，金属的稳定性都比较接近。

没有外加应力的很厚基板的试样的试验表明，在堆焊面前，明显地显示出爆炸焊接的优点，

表 4.6.5.6　在 42%MgCl$_2$ 沸腾溶液中覆层金属（08X18H10T）U 形试样腐蚀开裂倾向[28]

金　属　的　特　性	试样数量/个	开裂前的时间/h
冷轧板，不经受焊接	5	2
通常的焊接工艺，加完全热处理（在接头中，有细小的铸态夹杂物和一些单个的连续性缺陷）	2	2
	7	5
	1	10
	1	60
	1	90
	1	300
通常的焊接工艺，没有后续热处理	5	3
低强度的焊接工艺（有细小的铸态夹杂物，没有连续性缺陷）	3	3
	1	100
	1	125
高强度的焊接工艺（有大块的铸态夹杂物，没有连续性缺陷）	1	2
	3	3
通常的焊接工艺加完全热处理和表面加工硬化	4	1
堆焊（X18H10Г2Б 钢）	3	2
	5	3
	2	4
	4	5
通常的焊接工艺（08X13）	5	500*

注：* 没有开裂。

数据如表 4.6.5.7 所列。在从堆焊过渡到爆炸焊接情况下，裂纹出现之前的时间急剧增加（从 50 h 增加到 600 h）。显而易见，这与堆焊金属中大量缺陷的存在有关，它们是应力腐蚀条件下的裂纹源。

表 4.6.5.7　在 42%MgCl₂ 沸腾溶液中，双金属试样对腐蚀开裂倾向的比较试验[28]

双金属的特性	试　验　时　间 /h	
	在很厚基板的 ϕ50 mm 试样上	在马蹄形试样上，$\sigma = 0.9\sigma_{0.2}$ 时
通常的焊接工艺+完全的热处理循环	670~1660，没有开裂	1~1050，没有开裂
通常的焊接工艺，没有热处理	160~830*	330*
在低的过程强度下焊接	830，没有开裂	830，没有开裂
在高的过程强度下焊接	600，没有开裂	160~600*
通常的焊接工艺+表面加工硬化	300*	600*
堆焊	10~50*	—

注：* 裂纹出现之前的时间。

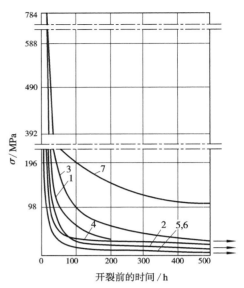

1—供货态的原始板材；
2—通常的焊接工艺+完全热处理；
3—通常的焊接工艺、无后续热处理；
4—在低的过程强度下焊接；
5—在高的过程强度下焊接；
6—通常的焊接工艺+完全热处理+表面加工硬化；
7—08X13 型钢的覆层

图 4.6.5.5　在 42%MgCl₂ 沸腾溶液中试验，08X18H10T 钢覆层的长时腐蚀速度[28]

4. 空化稳定性

在冲击试验台上，在喷管直径为 5 mm，水压为 78.4 MPa，射流速度为 73 m/s 的情况下，检测了爆炸焊接的 12X18H10T-碳钢和 08X13-碳钢复合板（$\delta_1 = 3 \sim 4$ mm）的空化稳定性。结果如图 3.2.34.1 所示。由图 3.2.34.1(a)可见，被 12X18H10T 钢复合的制品的空化稳定性，实际上处于原始的冷轧板的稳定性水平。此时，不经热处理的试样的稳定性最高。随着热处理温度和时间的增加，金属的损失几乎等于供货下的冷轧板标准试样的损失。未经热处理的空化稳定性的提高，可以用表面硬度的增加来解释，这种增加是爆炸焊接过程中它们的加工硬化引起的。由图 3.2.34.1(b)可知，被 08X13 钢复合的和未经热处理的试样的空化稳定性，比 12X18H10T 钢的标准试样低一些，因为它只有很小的加工硬化趋势。930℃ 退火将降低该复合的空化稳定性。在 650℃ 下回火的 08X13 钢的试样有接近 12X18H10T 钢试样的稳定性。08X13-G3 复合的比较试验指出，爆炸焊接的该种复合的空化稳定性，类似于用其他方法获得的该种复合的空化稳定性（共同轧制、堆焊和随后轧制）。

5. 其他腐蚀试验

在 KCl 和 HNO₃ 中，钛-钢复合板的耐蚀性能只取决于钛覆层的性能，而与复合板的制造方法无关。用经爆炸焊接的、退火的、焊缝未经任何处理的钛层，在 HCl、H₂SO₄ 和 CH₃COOH 中作了试验，没有出现因爆炸加工、热处理和焊接而引起的耐蚀性的降低。试验方法如表 4.6.5.8 所列，试验结果

表 4.6.5.8　腐蚀试验方法[720]

试 验 材 料	试　样	试验溶液、浓度、温度和时间
爆炸前钛板，TP-35；爆炸后覆层钛 TP-35，经 625℃、5 h 加热，TP-35；焊缝	尺寸(mm×mm×mm)：2×4×20；数量：每件 2 片	HCl（质量分数，%）：10%、室温、7 d；0.5%、沸腾、7 d。H₂SO₄（质量分数，%）：10%、室温、7 d。CH₃COOH（质量分数，%）：99%、沸腾、7 d。

如图 4.6.5.6 所示。将钛和钛-钢复合板的钛覆层在尿素合成塔容器的旁路中进行了电化学测定。结果表明，爆炸时的高温热作用对钛的耐蚀性几乎没有影响（图 4.6.5.7）。

文献[854]指出，铜合金（MHЖ5-1）+钢（09Г2C）复合板中的应力-应变状态大大地影响覆层的腐蚀稳定性。例如，在去除基层的情况下，经过后续热处理的试样，在 10%H₂SO₄ 溶液中 50℃ 下总的腐蚀量为 0.29~0.38 mm/a，这实际上取决于热处理制度。又如，在 1%NaCl 和 0.3%H₂SO₄ 溶液中晶间腐蚀试验结果

指出，腐蚀深度在 680℃ 和 750℃ 下退火后增加。在含 8 g/L 铜离子的 26% 氨水溶液中[以 Cu(NO₃)₂ 的形式]试验，在原始状态下和 680℃ 退火后，溃烂性腐蚀的深度为 0.01~6 mm。在 475℃ 回火后发现腐蚀深度达 0.36 mm 和腐蚀破裂。

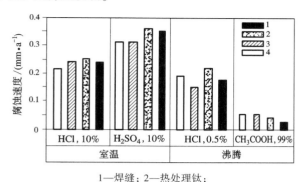

1—焊缝；2—热处理钛；
3—爆炸焊接的覆层钛；4—复合前的钛板
图 4.6.5.6　腐蚀试验结果[720]

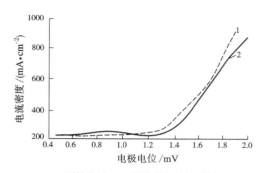

1—原始钛板；2—爆炸焊接的钛覆层
图 4.6.5.7　爆炸焊接对钛
在尿素合成塔中电化学行为的影响[720]

爆炸复合的双层钢的腐蚀开裂趋势比堆焊的类似的钢要小（表 4.6.5.9）。在 MgCl₂ 沸腾溶液中，由原始的 08X18H10T 钢板（供货态）和热处理金属包覆的平面试样经拉伸后持久腐蚀强度（基于 500 h 试验）有低的值。

在高参数水中，通过长达 3000 h 的整体接触和开口腐蚀，以及覆层金属晶间腐蚀的系统性研究指出，爆炸焊接的热力学循环不会对被研究的钢的腐蚀稳定性，以及在和基层金属(22K 钢)接触中的行为产生不良的影响。

文献[855]指出，石油和天然气气田装备的腐蚀，在突然性破坏和速度方面，焊接接头的硫化氢破裂是最危险的。因此，在电焊和焊缝热处理工艺的改进，以及采用新的焊接形式（接触焊和爆炸焊等）方面做了一些工作。试验结果表明，在爆炸焊接接头中没有危险的近缝区，它仅有宽 0.05~0.25 mm 的微观结合区。该区非常强固，并且承受得了 H₂S 的脆性（氢脆）。在 800~850 ℃，经 30 min 回火，不仅将完全消除爆炸焊接接头对 H₂S 脆性高的趋势，而且将稳定下来，这样做成的接头更加可靠。

表 4.6.5.9　爆炸复合的 08X18H10T-22K 双层钢的腐蚀开裂趋势[28]

试 样 特 征	到裂纹出现的时间/h		蹄形试样到破裂的时间/h
	圆形试样	弓形试样	
没有焊接的 08X18H10T 钢	—		2(5)
带有不多的夹杂物的爆炸复合；热处理：奥氏体化+正火+回火	670(1) 1660(1) （没有裂纹）	1050(1) （没有裂纹）	2~5(10) 60~300(3)
带有不多的夹杂物的爆炸复合	160(1) 830(1)	310(1) —	3(5)
堆焊	10(1) 50(2)	—	2~5(14)

注：括号内的数字为试样数。

复钛的 G3 钢与 G3 钢和 X18H10T 不锈钢相比，具有非常大的腐蚀稳定性。并且在一系列介质中，在稳定性方面不亚于钛合金。试验数据如表 4.6.5.10 所列。

表 4.6.5.10　在某些介质中几种金属材料的腐蚀速度[856]

介 质	G3 钢*		X18H10T		覆钛的 G3 钢		BT1 钛		BT1 再生钛	
	/(mm·a⁻¹)	等级	/(mm·a⁻¹)	等级	/(mm·a⁻¹)	等级	/(mm·a⁻¹)	等级	/(mm·a⁻¹)	等级
5%HCl	溶 解		<0.1	6	1.0	6	0.02	1	0.0012	1
5%H₂SO₄	4.41	7	—	—	0.55	6	0.08	4	0.3697	5
50%HNO₃	溶 解		<0.1	4	0.01	2	0.006	2	0.0002	0
10%AlCl₃	0.7	6	溶 解		0.01	2	0	0	0.0023	1
3%NaCl	1.15	7	0.5	6	0.009	2	0	0	0.002	1

续表4.6.5.10

介　质	G3 钢*		X18H10T		覆钛的 G3 钢		BT1 钛		BT1 再生钛	
	/(mm·a⁻¹)	等级	/(mm·a⁻¹)	等级	/(mm·a⁻¹)	等级	/(mm·a⁻¹)	等级	/(mm·a⁻¹)	等级
10%NaOH	0.008	2	0.05	4	0.003	1	0.001	0	0.002	1
四氯化碳	—	—	0.002	1	0.0011	1	0.011	3	0.0008	0
乳　酸	1.4	7	<0.1	4	0.0057	2	0.0025	1	0.0029	1
酒石酸	1.3	7	<0.1	4	0.0033	1	0.0025	1	0.0018	1

注：* 试验时间 450 h，其余 100~150 h，温度 20~25 ℃。

在所研究的溶液中，复钛试样的腐蚀电位经过 1~2 h 将达到稳定值，并且与钛的腐蚀电位区别不大（表4.6.5.11）。在复钛钢和 BT1 钛中，阴极反应的过电压实际上是相同的（图4.6.5.8）。在这两种材料中，由于表面上形成保护性的氧化薄膜，阳极反应的过电压要大。

表 4.6.5.11　在某些介质中(保持 3 h)三种材料的腐蚀电位[856]

介　质		5%NaCl	5%H₂SO₄	50%HNO₃	10%NaOH	3%NaCl	25%CaCl₂
腐蚀 电位 /V	BT1 钛	-0.01	-0.015	1.1	-0.30	-0.02	-0.02
	复钛钢	0.06	0.02	0.095	-0.28	0.09	0.14
	G3 钢	-0.28	-0.24		-0.18	-0.36	-0.38

由上述试验结果可见，复钛钢的钛覆层可以保护碳钢不受某些侵蚀性介质的作用。

文献[857]研究了不锈钢(347)-钢(A287-D)复合板对晶间腐蚀和腐蚀裂纹的稳定性。

在草酸中经阳极腐蚀试验后的金相分析指出，长时间退火，该不锈钢的腐蚀速度仅在靠近界面的位置才有大的变化，在这个位置上由钢中的碳的扩散而形成碳化物。在该扩散区以外，其中包括经受腐蚀介质作用的覆层外表面上，腐蚀速度没有大的改变。

根据复合板在 25 g Fe₂(SO₄)₃+600 mL 50%H₂SO₄ 溶液中腐蚀 120 h 的质量损失，确定了腐蚀速度。结果指出，不仅在原始状态下，而且在 899℃、1 h 的稳定退火以后，不锈钢的腐蚀速度是每月 0.0584 mm。

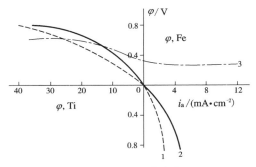

图 4.6.5.8　在 3%NaCl 溶液中，BT1(1)、复钛的 G3 钢(2)和 G3 钢(3)的静态电位极化曲线[856]

用不锈钢(304L)-钢(A212B)试样，在 154℃ 沸腾的氯化镁溶液中，进行了覆层的腐蚀破裂试验。结合区用聚四氟乙烯绝缘。结果碳钢迅速腐蚀，而阴极保护不锈钢。保持 500 h 后，被抛光的外表面变暗，但没有发现裂纹。

文献[290]报道，生产硝酸的压热器反应池一般用工业纯铝制造并用熔化焊焊接。这样的设备只能使用大约 4 个月。设备使用寿命不长是焊缝的物理-力学和电化学的不均匀性高造成的。为了增加使用期限，后来利用了高纯铝复盖焊缝并使焊缝金属变性处理。即使这样，使用寿命也仅增加大约 3 倍。过热区和焊口补焊金属的耐蚀性低的问题仍然存在。

用基体金属完全覆盖焊缝金属是提高焊接接头和装置耐蚀性的根本措施。这种覆盖借助爆炸焊接来实现。即用爆炸焊接的方法，使高纯铝板将熔化焊缝完全覆盖起来。试验结果表明，这种方法效果显著。

文献[223]报道的 NHB-1+922 钢复合板覆层的化学点蚀试验结果如表 4.6.5.12 所列。

表 4.6.5.12　NHB-1 钢爆炸焊接前后的点蚀试验结果

材　质	试验时间 /h	平均腐蚀速度 /(g·m⁻²·d⁻¹)	备　注
NHB-1 钢(原态)	168	0.04	4 个试样
爆炸焊接的 NHB-1 钢	168	0.03	5 个试样

注：NHB-1 钢为 00Cr20Ni25Mo5 耐海水腐蚀不锈钢。

试验条件：介质为 10%FeCl₃·6H₂O+0.05%NaCl，温度 30℃，pH 为 1~2，试样尺寸是 3 mm×30 mm×50 mm。

同一复合板的电化学性能如表4.6.5.13所列。试验条件：介质为3.5%NaCl，温度30℃，pH＝7，试样尺寸为ϕ11 mm×6 mm。

表 4.6.5.13　NHB-1 钢爆炸焊接前后的 E_b 和 E_p 值

材　质	击　破　电　位，E_b/V				保　护　电　位，E_p/V			
	1	2	3	平均	1	2	3	平均
NHB-1 钢(原态)	0.88	0.96	0.86	0.90	0.88	0.96	0.86	0.90
爆炸焊接后的 NHB-1 钢	0.98	0.93	0.95	0.95	0.95	0.93	0.95	0.94

BFe30-1-1+922 钢复合板覆板的应力腐蚀性能如表5.2.8.1和表5.2.8.2所列。

不锈钢(0Cr18Ni9Ti)-钢复合板覆层在20%和10%沸腾醋酸中经长时间腐蚀后腐蚀结果如表4.6.5.14所列。

表 4.6.5.14　0Cr18Ni9Ti 覆层在醋酸溶液中的腐蚀结果

醋酸浓度/%	试片表面状态	每　周　期　腐　蚀　率 /(g·m^{-2}·h^{-1})				
		I	II	III	IV	V *
20	A	(0.196~0.465)/0.331	(0.233~0.487)/0.360	(0.03~0.052)/0.028	(0.126~0.278)/0.202	~0
	B	(0.002~0.028)/0.015	~0	0	(0.000~0.002)/0.001	~0
10	A	(0.234~0.261)/0.248	~0	0	0.001	~0
	B	(0.047~0.097)/0.072	~0	0	0	(0.001~0.059)/0.030

注：＊表示试验周期为200 h，其余周期均为100 h；A 状态：覆层表面未加工，反面铲去碳钢至 Ra5；B 状态：覆层正反面均加工至 Ra5。

不锈钢(0Cr18Ni12Mo2Ti)-钢复合板覆层在20%和50%沸腾醋酸中经长时间腐蚀后的结果如表4.6.5.15所列。

表 4.6.5.15　0Cr18Ni12Mo2Ti 覆层在醋酸溶液中腐蚀结果

醋酸浓度/%	试片表面状态	每　周　期　腐　蚀　率 /(g·m^{-2}·h^{-1})				
		I	II	III	IV	V *
20	C	(0.181~0.186)/0.184	(0.058~0.086)/0.072	(0.038~0.042)/0.040	(0.000~0.003)/0.002	(0.002~0.003)/0.003
	D	(0.291~0.298)/0.295	(0.019~0.048)/0.034	0.006	0	~0
	E	(0.030~0.031)/0.031	(0.123~0.132)/0.128	(0.045~0.049)/0.047	(0.032~0.046)/0.039	(0.004~0.005)/0.005
	F	(0.092~0.116)/0.104	0.002	0.003	~0	0.001
	G	0.039	0.004	0.005	0	~0
50	C	(0.048~0.091)/0.070	(0.159~0.184)/0.172	(0.005~0.006)/0.006	0.063	(0.131~0.135)/0.133
	D	(0.076~0.100)/0.088	(0.179~0.182)/0.181	(0.090~0.097)/0.096	(0.003~0.079)/0.042	(0.047~0.051)/0.049
	E	(0.065~0.068)/0.067	(0.159~0.173)/0.166	(0.090~0.094)/0.092	(0.103~0.109)/0.106	(0.067~0.069)/0.068
	F	(0.032~0.137)/0.085	(0.010~0.074)/0.042	(0.001~0.015)/0.008	(0.008~0.150)/0.080	(0.008~0.092)/0.050
	G	(0.006~0.009)/0.008	(0.001~0.014)/0.008	(0.001~0.047)/0.024		~0

注：＊表示试验周期为200 h，其余为100 h；C 状态——覆层表面麻点严重，反面铲去碳钢至 Ra5；D 状态——覆层表面较粗糙，反面铲去碳钢至 Ra5；E 状态——覆层表面较光洁，反面铲去碳钢至 Ra5；F 状态——覆层表面经砂轮修磨，反面铲去碳钢至 Ra5；G 状态——覆层正、反面均磨至 Ra1。

文献[157]引用了美国太阳造船和干船坞公司制造的5456铝合金和软钢过渡接头的各种腐蚀试验数据，如表4.6.5.16所列。对比爆炸复合板、轧制复合板和原始金属板的腐蚀试验数据，结果显示爆炸复合板的抗腐蚀性能没有多大的变化。

人们为了使用爆炸焊接法研制的锆合金-不锈钢管接头，进行了多种形式和多个项目的腐蚀试验[858]。结果表明，锆合金的有关性能可以满足核技术的要求。大量数据汇集在本书3.2.7节中。

爆炸焊接钛-耐蚀钢和钛-铬镍合金复合材料管接头(图3.2.1.6)的腐蚀试验指出,接头的腐蚀速度小于或等于$0.09\sim0.12$ g/(m²·h),并且,耐蚀钢和铬镍合金层溶解得比钛快。在结合界面上存在金属间化合物中间层的情况下,沿着它可能产生缝隙腐蚀。在时间大于2400 h和冷热溶液($2\sim4$ mol/L、HNO_3)中法兰盘式管接头的标准腐蚀试验,没有发现明显的腐蚀现象。台阶式和法兰盘式的钛-铬镍合金管接头在工业条件下(12 mol/L、HNO_3)连续停留2年以上的观察指出,爆炸焊接接头的接触区和熔化焊缝发生了最强烈的腐蚀。

文献[859]提供的不同状态下钛-钢复合板的腐蚀结果如表4.6.5.17所列。

此外,钛-钢复合板的覆层中含有氧、氮、氢,其含量如表4.6.5.18所列。表中试样号1、2、3的含义同表4.6.5.17。试样号4的含义是热处理后的覆层,完全从双金属中排除钢层,并从钛的外层磨去0.2 mm厚的一层。3和4试样的分析结果指出,在钛表层氧和氮的含量深度不超过0.2 mm。

经热处理的双金属,钛覆层腐蚀稳定性明显降低,这与气体饱和表面层迅速溶解有关。试验时间持续500 h,溶解层厚度不超过($3.2\sim5.3$)$\times10^{-4}$mm。因此有理由认为,气体饱和层完全溶解以后,腐蚀速度可能减慢。钛-钢复合板可以承受切割、弯曲、轧制和冲压。在热冲压情况下,希望采用保护涂层,以预防钛覆层免受气体饱和。在该双金属中,由于钛层不太厚,复合板的价格低于钛板1.5倍。

不锈钢-钢复合板晶间腐蚀与热处理和覆层表面加工的关系如表4.6.5.19所列。由表中数据可见,覆层表面的腐蚀和加工将加速晶间腐蚀过程。与磨削过的表面相比,它的深度增加$3\sim4$倍。并且,磨光试样的热循环处理增加晶间腐蚀的强度和深度(增加$4\sim5$倍)。

文献[861]研究了在无机肥料介质中爆炸焊接和轧制对三层金属薄板耐蚀性的影响,这种三金属是

4.6.5.16　爆炸焊接的铝合金-钢过渡接头的腐蚀试验

试 验 及 样 品 说 明	样 品 状 态	暴露时间/月	腐蚀深度[1]/mm
6.35 mm × 76.2 mm × 177.8 mm 的 5456 铝合金-软钢爆炸焊接的过渡接头,溅浪花试验	未油漆	3	0.69
		12	0.84
		27	1.07
	全部油漆[2]	12	无
		34	无
	铝板未油漆,钢板和过渡接头油漆	12	无
		24	无
25.4 mm×406.4 mm 宽的过渡接头窄条,焊在船尾区域	无油漆	12	0.84
	用铬酸锌涂头道漆	12	无
	油漆[2]	12	无
继续5%的盐雾试验	未油漆	1000 h[3]	1.52
	油 漆	1000 h	无

注:(1)在铝中浸透的最大深度;(2)底漆由铬酸锌乙烯基组成,6455号金属漆底,第二层和第三层是油基油漆;(3)试验16 h相当于暴露一年。

表4.6.5.17　在不同的状态下钛(BT1-0)的耐蚀性

试样号		重量损失/g	腐 蚀 速 度		腐蚀等级	稳定性分类
			/(10⁻⁴g·m⁻²·h⁻¹)	/(10⁻⁴mm·a⁻¹)		
1	a	0.0005	2.4	4.6	1	Ⅰ
		0.0009	4.3	8.3	1	Ⅰ
	b	0.0008	3.7	7.1	1	Ⅰ
		0.0006	2.8	5.4	1	Ⅰ
2	a	0.0005	2.4	4.6	1	Ⅰ
		0.0016	7.4	14.2	2	Ⅱ
	b	0.0015	7.3	14.0	2	Ⅱ
		0.0010	4.6	8.8	1	Ⅰ
3	a	0.0006	29.0	56.0	3	Ⅱ
		0.0006	29.0	57.0	3	Ⅱ
	b	0.0122	59.0	100.0	3	Ⅱ
		0.0077	38.0	71.0	3	Ⅱ

注:1—BT1-钛;2—覆层钛(排除钢层后);3—2相同,但在550℃、3 h热处理后;a—试验介质为2%甲酸溶液;b—试验介质为$CaCl_2$+HCl的过饱和溶液;腐蚀等级和稳定性分类根据ГОСТ13819-1968;Ⅰ为十分耐腐蚀,Ⅱ为非常耐腐蚀;试验均在沸腾温度下保持500 h。

表4.6.5.18　不同状态下钛表层轻元素的含量　/%

试样	1	2	3	4
O_2	0.11	0.09	0.22	0.08
N_2	0.0005	0.0009	0.0013	0.006
H_2	0.004	0.003	0.003	0.001

08X18H10T-碳钢-08X18H10T，其厚度相应为 0.2+1.8+0.2 mm。在爆炸焊接以后 08X18H10T 钢覆层的耐蚀性与原始状态的钢一样。研究了覆层对晶间腐蚀和腐蚀破裂的稳定性。腐蚀疲劳试验指出，有些复合材料超过不锈钢的预定性能。根据所进行的试验和研究的结果，用这种三层板制造了装化肥的 1РМГ-4 机器的机身。大量的生产试验指出，在 6 年的时间里，上述装化肥的机器不存在机身的腐蚀。

关于爆炸焊接的 A85 接头耐蚀性提高的问题[862]。研究指出，借助氩弧焊，在边界效应未焊透的宽度内，使覆板边部熔化和随后熔化了的金属冷作硬化，是提高接头抗碱腐蚀稳定性的方法之一。另外，爆炸焊接后，将接头边部未焊好的覆层用机械加工法去除，可以获得最高的耐蚀稳定性。

文献[863]提供了两种方法获得的两种复合板在既定条件下的耐蚀性比较，如图 4.6.5.9 所示。

文献[1684]研究了铝-钢爆炸焊接材料的腐蚀与防护。作者使用爆炸焊接的两种复合板进行了腐蚀试验（7A05-纯铝-Q235 和 7A05-LP21-Q235）。结果表明，铝-钢爆炸复合接头在 3.5% NaCl 溶液中，铝受到严重腐蚀，钢受到保护。这是电偶腐蚀和晶间腐蚀等多种腐蚀机制所致。为此可采用如下的防护措施：复合材料作为结构件在海洋性环境下使用时，应尽量选用电位差小的不同金属相互接触并使用耐蚀性好的金属；爆炸复合接头端面应采取保护措施，隔绝腐蚀性介质的腐蚀；一些接触条件下的腐蚀与防护问题，需经试验筛选，选出最佳的覆层材料，并制定正确的热处理工艺，使爆炸复合材料的耐蚀性达到最佳；增大电偶反应的阻力。在双金属电偶中，电池反应的动力是两极之间的电位差，阻力是阴极和阳极的极化及内外电阻。增大阻力就可在不同程度上减缓电偶腐蚀。

表 4.6.5.19 08X18H10T-09Г2С 复合板覆层晶间腐蚀的深度与表面加工的关系[860]

1150℃ 淬火后，热处理	表 面 加 工	晶间腐蚀深度 /mm
550℃ 回火	磨光	0.05
	抛光	0.05
	抛光+腐蚀	0.16
650℃ 回火	磨光	0.10
	抛光	0.10
	抛光+腐蚀	0.40
(20~650)℃ 热循环	磨光	0.55
650℃回火+(20~650)℃ 热循环	磨光	0.53

注：用 AM 法试验 24 h。

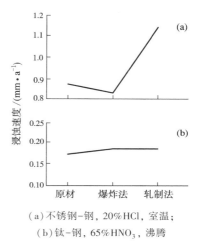

（a）不锈钢-钢，20%HCl，室温；
（b）钛-钢，65%HNO₃，沸腾

图 4.6.5.9 两种复合板在不同制造方法下的耐蚀性

文献[1685]报道，根据铝-钛-钢爆炸复合板的应用环境，将其投放在青岛、舟山和厦门三个海域的潮差区和飞溅区，暴露 1 年和 4 年后对材料的腐蚀行为进行研究。结果表明，该复合板在三个海域的腐蚀均以电偶腐蚀为主，铝层腐蚀程度比较严重。特别是在复合板的侧面铝与钛交界处的铝，其腐蚀程度不成线性关系，而是随着时间的延长腐蚀变得缓慢；三个海域潮差区的试样正面腐蚀程度的大小顺序是：舟山大于青岛大于厦门，侧面的腐蚀程度大小顺序是：厦门大于青岛大于舟山；飞溅区的试样正面腐蚀程度的大小顺序是：厦门大于青岛，侧面腐蚀程度的顺序大小是：青岛大于厦门。

文献[1686]采用 X 射线、扫描电镜、光学显微镜、动电位极化和浸泡腐蚀技术，研究了 TA2-316L 爆炸复合板复合前后的点蚀行为。X 射线检验表明，相对于基体试样，316L 侧焊缝和熔合区产生了第二相和 δ 铁素体相。动电位极化和浸泡腐蚀表明，316L 基体和焊缝金属都表现出钝性，但焊接后的 316L 耐点蚀性能降低，焊缝和熔合区被先腐蚀。

文献[1687]报道，土耳其学者研究了不同炸药量爆炸焊接的钛-不锈钢板的结合界面的冶金性能。其中，焊接试样的腐蚀试验在 3.5% 的 NaCl 水溶液中进行，试样尺寸为 15 mm×15 mm，分别进行 672 h、1344 h、2016 h 的腐蚀试验。结果表明，试样在腐蚀液中浸泡后，两种金属表面均形成了稳定和连续的氧化膜。由此导致金属增重。焊接试样的氧化速率高于原始材料的氧化速率。且随着炸药量的增加，试样的氧化速率升高。当 $R=3.0$ 时，腐蚀试样的氧化增重最大，为 0.065 g/cm²。其原因是两种金属表面因爆炸而产生的冷变形。且随着炸药量的增大变形程度增大，形成更厚的氧化层和造成更大的增重。焊接件的腐蚀速率在试验开始到 1344 h 时，焊接件的增重上升均很快。最后一个阶段（1344~2016 h）的增重上升趋势减缓。原因是两种金属表面在腐蚀开始时都非常干净，因此在开始阶段氧化膜生长迅速。一定时间后，形成的氧化膜阻碍了金属的进一步氧化，使氧化速率减小。

文献［1688］研究了铝合金-Q235 钢爆炸复合接头在 3.5% NaCl 溶液中的腐蚀特性。结果表明，复合接头区在 3.5% NaCl 溶液中发生了电偶腐蚀，加速了铝合金的腐蚀破坏。这类腐蚀过程较为复杂。由于爆炸时强大的冲击力使得接头区的组织发生了强烈的塑性变形和熔化，导致该区组织在物理、力学和电化学方面的不均匀性，使得腐蚀情况更为严重，发生电偶腐蚀和晶间腐蚀。针对这类腐蚀提出了保护措施。

本试验用材为 7A05-LF21（纯铝）-Q235 复合接头。三种材料在 3.5% NaCl 溶液中的腐蚀电位如表 4.6.5.20 所列。

表 4.6.5.20　三种材料在 3.5% NaCl 溶液中的腐蚀电位

材　料	7A05	LF21	Q235
腐蚀电位/mV	-930	-770	-536

在 3.5% NaCl 溶液中，三种不同材料相互接触的接触电流和电位随时间的变化曲线如图 4.6.5.10 所示，7A05 合金在 3.5% NaCl 溶液中的腐蚀电位随时间的变化曲线如图 4.6.5.11 所示。

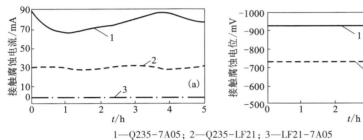

1—Q235-7A05；2—Q235-LF21；3—LF21-7A05
图 4.6.5.10　在 3.5% NaCl 溶液中三种不同金属相接触的腐蚀电流（a）和电位（b）随时间的变化曲线

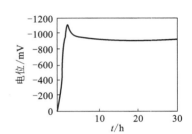

图 4.6.5.11　7A05 合金在 3.5% NaCl 溶液中的腐蚀电位随时间的变化曲线

防护措施：复合材料作为结构件在海洋性环境使用时，应尽量选用两电位差小的不同金属接触，并选用耐腐蚀好的金属；爆炸复合接头端部应采用保护措施，隔绝腐蚀介质的接触；一些特殊条件下的腐蚀和保护问题，需经试验筛选，选出最佳的覆层材料，并制定出正确的热处理工艺，使爆炸复合材料的腐蚀性能达到最佳；增大电偶反应的能力，在双金属电偶中，电池反应的能力是两极之间的电位差，阻力是阴极和阳极的极化及内外电阻，只要能设法减小动力，增大阻力，就可在不同程度上减缓电偶腐蚀。

由上述大量事实可以看出，爆炸复合材料作为一种耐蚀结构材料，既有其覆层良好的耐蚀性，又有其基层的高强度和低成本——其价格仅为相应覆层单金属材料价格的 1/2~1/5，甚至更低。从而为生产和科学技术中的腐蚀与防护提供了一套新型的和价廉物美的结构材料系统。而爆炸焊接为这种系统的建立提供了一种先进的和卓有成效的生产技术。

4.6.6　爆炸复合材料的界面电阻

爆炸复合材料的界面电阻也是金属材料在爆炸焊接条件下的一种物理性能，研究这种性能的变化也有重要的和特别的理论及实用价值。

1. 爆炸复合材料界面电阻

任何金属材料在电流通过时都有阻力——电阻。铝、铜和银等的电阻较小。在电力、电子和电化学工业中使用爆炸复合材料时，选用了铜-铝、铜-钛、铜-钢、铝-钢、铝-钛-钢和铝-钛-不锈钢等双金属和多金属组成的过渡接头。这些接头的实物照片如图 5.5.2.26~图 5.5.2.28、图 5.5.2.32~图 5.5.2.41、图 5.5.2.96，以及图 5.5.2.109~图 5.5.2.111 和图 5.5.2.170~图 5.5.2.179 所示。在这些接头内的金属之间都有一结合界面，这种结合面上的组织和性能至关重要。对于导电过渡接头来说，结合面上的电阻——界面电阻是一个重要的技术和经济指标。

2. 爆炸复合材料界面电阻的测定

由欧姆定律

$$R = U/I \qquad (4.6.6.1)$$

可知，导体中的电阻与它两端的电压成正比，与通过的电流成反比。由此可设计出测量爆炸复合材料界面电阻的原理图（图 4.6.6.1）。图 4.6.6.1（a）和图 4.6.6.2 为测量界面电阻用的试样，图 4.6.6.3 为测量电阻用的试验装置。

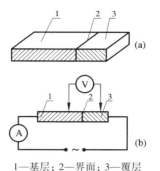

1—基层；2—界面；3—覆层

图 4.6.6.1　测量双金属
界面电阻用试样（a）和原理（b）图

图 4.6.6.2
铜–钛双金属测电阻用试样

图 4.6.6.3
测量电阻用的试验装置

　　根据上述原理和测量的有关数据，并经一些复杂的计算和处理，已获得的几种双金属过渡电接头的界面电阻如表 4.6.6.1 所列，它们的单金属的电阻值也列入表中，以便比较。由表中数据可见，有关双金属界面电阻的测量值，或者小于组成它的具有最小电阻值的单金属材料的电阻值，或者介于它们的电阻值之间。

　　工艺改进后所获得的一些双金属的界面电阻值如表 4.6.6.2 所列。与表 4.6.6.1 中的数据相比，工艺改进后，这些双金属的界面电阻通常降低了一些。由此可见，爆炸焊接的双金属过渡电接头的界面电阻不是一个常数，它们随工艺参数的不同而有所变化。由此也可见，可以通过调整工艺参数来获得所需要的过渡电接头的界面电阻值。

　　经过热循环后的一些双金属过渡电接头的界面电阻值如表 4.6.6.3 和表 4.6.6.4 所列。将该两表中数据与表 4.6.6.1 和表 4.6.6.2 相比较可知，在如此热循环后，对应双金属的界面电阻变化不大。因此，这些爆炸焊接的过渡电接头可以在高温及热冲击下使用而不会显著地降低其电性能。

表 4.6.6.1　一些双金属过渡电接头的界面电阻　　　　　　　　　$10^{-7}\ \Omega/cm^2$

双金属	测　量　值							平　均	计算值	单金属材料的电阻
	测　量　次									
铝–钢	8.64 7.42	7.80 8.72	9.22 9.56	6.39 8.64	9.58 7.67	8.51 20.80	7.58 6.75	9.09	25.00	
铝–铜	1.56 0.95 2.43	2.04 1.56 1.92	1.56 1.44 3.00	1.19 1.89 2.16	2.28 2.05 1.61	2.04 1.49 1.40	1.68 2.16 0.81	1.82	9.96	铝 6.25
钛–铜	9.62 11.70 18.50 15.30	10.50 8.50 13.70 10.0	18.20 16.60 12.30 9.76	9.03 13.90 15.00 11.60	15.70 17.20 16.60 9.94	21.00 14.30 14.00 17.00	10.50 10.80 15.10 10.10	13.47	101.60	铜 3.71
铜–钢	8.08 8.41	12.20 10.50	11.90 9.66	10.20 8.35	9.00 7.80	7.69 10.50	9.95 8.73	9.56	22.46	钛 97.90
铝–不锈钢	36.20 67.40	6.88	37.40	48.20	71.60	58.00	59.20	48.11	152.10	钢 18.75
钛–钢	47.40 36.40	48.50 35.80	34.60 39.90	48.60 36.00	44.20 40.10	48.20 35.40		41.31	116.70	不锈钢 145.80
钛–不锈钢	58.60 71.30	62.10 58.90	64.00 58.90	61.80 78.70	74.20 81.70	69.90 64.90		68.30	243.70	

表 4.6.6.2　工艺改进后一些双金属过渡电接头的界面电阻　　　　$10^{-7}\ \Omega/cm^2$

双金属接头	次　　数															平均
	1	2	3	4	5	6	7	8	9	10	11	12	13	14	15	
铝-铜	2.83	2.43	1.92	3.00	2.16	1.61	—	—	—	—	—	—	—	—	—	2.32
铜-钢	8.08	12.20	11.90	10.20	9.00	7.69	9.95	10.50	8.41	10.50	9.66	8.35	7.80	10.50	8.73	9.80
钛-铜	18.50	13.70	12.30	15.50	16.60	14.00	15.10	15.30	10.00	9.76	11.60	9.94	17.00	10.10	11.80	12.60
钛-钢	47.40	48.50	34.60	48.60	44.20	48.20	35.40	36.40	35.90	39.90	36.60	40.10	—	—	—	41.00
铝-不锈钢	36.20	68.80	37.40	48.20	71.60	58.00	59.20	67.40	—	—	—	—	—	—	—	53.60
钛-不锈钢	58.60	62.10	64.00	61.80	74.20	69.90	64.90	71.30	58.90	70.30	78.70	81.70	—	—	—	64.00
铝-钢	—	—	—	—	—	—	—	—	—	—	—	—	—	—	—	8.40

表 4.6.6.3　热循环后一些双金属过渡电接头的界面电阻　　　　$10^{-7}\ \Omega/cm^2$

双金属接头	热循环条件		测量次					平均值	总平均
	温度/℃	次数/次	1	2	3	4	5		
铝-铜	250	300	2.05	1.78	1.73	1.73	—	1.82	
	250	500	1.67	2.75	1.54	1.86	—	1.96	1.81
	350	300	1.54	1.75	1.66	1.61	—	1.64	
铝-钢	250	500	10.5	5.87	8.08	6.38	5.48	7.26	
	350	300	6.10	6.11	2.89	3.41	9.43	5.59	6.43
铜-钢	250	300	8.13	9.91	13.30	9.48	6.00	9.36	
	250	500	5.06	9.80	11.50	6.68	5.29	7.67	8.68
	350	300	10.10	10.00	5.80	8.11	11.00	9.00	
钛-铜	250	500	9.94	1.80	20.50	15.10	17.40	12.90	13.10
	350	300	12.50	15.60	9.10	14.20	15.20	13.30	

注：热循环工艺为以预定速度加热到预定温度后，保温 3 min，然后迅速水冷。如此循环 300 次或 500 次。

表 4.6.6.4　热循环后一些双金属过渡电接头的界面电阻（综合）

双金属	铝-铜	铝-钢	铜-钢	钛-铜	钛-钢	铝-不锈钢	钛-不锈钢
界面电阻 $R/(10^{-7}\Omega\cdot cm^{-2})$	1.81~1.82	6.41~8.12	8.68~9.83	13.10~13.50	27.10	37.20	45.10

图 4.6.6.4 为文献[274]介绍的测量铝-钢过渡电接头和钢中电压降原理图，并用有关公式计算了界面电阻和导电系数，结果如表 4.6.6.5 所列。对于爆炸焊接的铝-钛-钢接头来说，在铝-钢中夹入 2 mm 厚钛层，并在 450℃下热处理后，电阻值保持一定，总电阻值大体上为 $1.5\times10^{-5}\Omega/cm^2$。

铝-钢和铝-钛-钢在不同温度下经不同时间的热处理后的界面电阻的变化情况如图 4.6.6.5 所示。由图可见，在 300℃以下，不论保温时间多长，这两种接头的界面电阻值基本上保持不变。在 450℃下，随着保温时间的延长，中间层钛能够阻止界面电阻的急剧增加，而基本上保持不变。

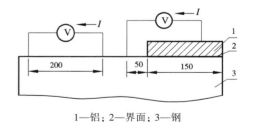

1—铝；2—界面；3—钢
图 4.6.6.4　铝-钢过渡电接头电参数测量示意图

表 4.6.6.5　铝-钢过渡电接头的电参数

测定部位	测量值			计算电阻/Ω	接触界面电阻/Ω	接触界面面积/mm²	接触界面电阻系数/($\Omega\cdot mm^2\cdot m^{-1}$)
	I/A	U/mV	R/Ω				
阳极方钢	610	1.60	—	—	—	—	—
接头部位	610	1.25	2.0×10^{-6}	1.81×10^{-6}	0.19×10^{-6}	135×10^2	2.57

用两种制方法制造的数种过渡接头的界面电阻值如表4.6.6.6所列。由表中数据可见,爆炸焊接的过渡接头的界面电阻要小得多。

文献[866]指出,爆炸焊接的结合界面的电阻等于零。为此可用其作为异种金属的导电接头。例如铝电解时,钢电极与铝母线之间以前用螺栓连接,由于接触界面处电阻大,使连接处发热,电解效率降低,而且该处温度很高而呈红色,经常发生螺栓断裂和电极掉入槽内的事故。如果换成爆炸焊接的铝-钢导电接头后就不会出现这种事故了。螺栓连接时,接触电阻为240 μΩ/cm²,使用爆炸焊接的过渡电接头接触电阻减少到0~4 μΩ/cm²。

在爆炸焊接双金属的电物理特性方面的研究指出[867],在爆炸焊接的铝-铜-钢接头中,接触过渡电阻R_k随结合区熔化金属的相对量的增加而增加,并且熔化量直线地与金属塑性变形时能量的消耗有关。无缺陷区代表了R_k的最低水平。

文献[868]提供了用两种方法获得的铜-铝过渡接头电性能数据(表4.6.6.7)。由表可见爆炸焊接接头的优越性除提高使用寿命外,还可以节电。

表 4.6.6.6　用两种方法制造的几种过渡电接头的界面电阻[865]

结合方法	20℃,98 MPa 压力下叠压			爆炸焊接
接头种类	铝-铁	铝-铝	铜-铜	铝-铁
界面电阻/(Ω·cm⁻²)	2.4×10⁻⁴	6.1×10⁻⁴	1.0×10⁻⁵	2.0×10⁻⁷

表 4.6.6.7　铝包铜接头和爆炸焊接铝-铜过渡接头电性能比较

获 得 方 法	一次检修后运行时间/a	使用寿命/a	电压降(个)/mV	吨铝耗电量/(kW·h)
铝包铜接头	3	6	83	17615
爆炸焊接铝-铜接头	5	10	3	17300

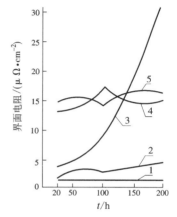

1—爆炸态铝-钢;2—铝-钢 300℃;
3—铝-钢 450℃;4—铝-钛-钢 300℃;
5—铝-钛-钢 450℃

图 4.6.6.5　热处理工艺对两种过渡接头界面电阻的影响[864]

文献[360]指出,电化学工业是最消耗电能的工业部门之一。因此尽量降低电能的非生产性消耗是很有必要的。在此方面使用一种双金属的过渡接头是一个重要的措施,爆炸焊接的接头接触界面电阻很小。例如,电解镍时,使用了铜-钛过渡接头,将使原来机械连接的同种接头的电阻降到1/15。并且,由于该接头高的腐蚀稳定性,其寿命提高3倍多。在电解锌时,爆炸焊接的铜-铝接头的界面电阻值为1.2×10⁻⁶ Ω,而冷焊法制造的这种接头的最佳电阻值是29×10⁻⁶ Ω。因此,在此方面,爆炸焊接法比冷焊法更有竞争力。

当年全世界消耗在电化学过程中的电能已超过350 MW·h/a,并且电解产物在成本上,该能耗部分占有颇大的份额。例如,在氯化钠生产中占25%~30%,铜生产中占30%~40%,过氧化氢生产中占40%~45%。因此,在电化学企业中,尽量降低电能的非生产性消耗是亟待解决的课题。

实用电化学过程的最大需用电能的参数列入表4.6.6.8中。由表中数据可见,在载流工件(导出的汇流排和电极)中,电能的消耗占全部电能的25%,而这种能耗的主要部分,又集中在电流从一个工件向另一个工件过渡的称为接触点的地方。而该接触点上的过渡电阻又起决定性的作用。为此需要寻找这种接触点的合适的制造方法。这种方法不仅能获得高的结合强度、低的过渡电阻,而且有良好的腐蚀稳定性。研究表明,爆炸焊接技术在此方面有很好的应用,这种技术能够同其他的连接方法竞争。表4.6.6.8中"高压下用铜制得母线"一栏内所列数据很好地说明了这个问题。

文献[324]提供的热循环后铜-铝接头的界面电阻值数据如表4.6.6.9所列。由表中数据可见,界面电阻值的变化在技术要求的范围内。

文献[331]试验测定了用于铝型材表面处理生产线上的铜-铝过渡电接头的界面电阻,数据如表4.6.6.10所列。

表 4.6.6.8　实用电化学过程的某些能量参数

No	电解过程类型	金属		电流密度/(A·m⁻²)	通过电解槽的电流/kA	电解温度/℃	在母线上和触头上电能的损失/%	电能的比消耗①	备注
		阳极	阴极						
1	镍的精炼(在水溶液中)	粗镍	钛	250	9	65	—	2800	用铜或铝制的母线
2	带不溶性阳极的锌的沉积(在水溶液中)	磷(含1%Ag)	铝	480	20	38	7	4×10³	用铜或铝制的母线
3	带不溶性阳极的钴的沉积(在水溶液中)	不锈钢、铅、铂+钛、石墨	电解钴	到2×10³	—	75	—	32×10³	用铜或铝制的母线
4	锡的精炼(在水溶液中)	粗锡	电解锡	100	5	35	—	1500	用铜或铝制的母线
5	带不溶性阳极的铬的沉积(在水溶液中)	铂,铅	铝	1200	5	55	—	120×10³	用铜或铝制的母线
6	铝的电解(在盐溶液中)	铂(石墨)	铂	6600	到142	950	10	18.3×10³	用铝制的母线
7	镁的电解(在盐溶液中)	铂	钢	10×10³	130	720	5.1	10×10³	用铝制的母线
8	钙的电解(在盐溶液中)	铂,碳	钢	到10×10³	到2	780	—	50×10³	经过一个电极的电流
9	钠的电解(在盐溶液中)	铜、铂	镍、钢	到9500	到30	到893	25	19×10³	用铜制的母线
10	钛的精炼(在盐溶液中)	钛	不锈钢 热强钢	30×10³	10	800	—	15×10³	用铝制的母线
11	金属的电解加工(阳极-机械加工)	被加工的固态合金的零件	钛、铜、青铜、铜钨合金、不锈钢	到24×10⁵	到40	—	—	25×10³	用铝制的母线
12	水的电解	钢	钢 镍	3670	11	95	4	6.03	在常压下用铜制的母线
13	氯和苛性碱的获得(在带固态阴极的溶池中)	钢	铂(石墨)	1560	0.61	75	5	5.6	在高压下用②铜制的母线
				600	50	—	5	2600	用铜制的母线

注:①表示对于金属和氯的电解来说,比消耗的单位是 kW·h/t,对于水的电解来说是 kW·h/m³。②指在高压下爆炸焊接的产品——本书作者注。

表 4.6.6.9　热循环后铜-铝接头的界面电阻　　　　　　　　　/μΩ

循环次数/次	0	10	20	30	40	51	67	80	100	105	221	315	456	540	704
1 号接头	415	439	438	440	443	440	430	429	441	450	449	448	452	454	465
2 号接头	423	425	430	431	445	452	425	440	446	450	454	452	448	460	473
3 号接头	450	450	452	448	445	452	454	454	452	452	451	450	460	470	502
4 号接头	416	430	443	428	415	418	436	438	440	442	442	440	451	466	472
5 号接头	440	450	439	454	453	439	446	452	454	454	456	454	460	467	463
试验过程中接头的温度/℃	28	28	30	30	28	30	30	28	25	24	25	26	25	24	23

表 4.6.6.10　铜-铝过渡电接头的界面电性参数

I/A	0.221	0.543	0.918	1.313	1.715	2.089	2.488	2.864	3.261	3.648	4.154	4.754	平均2.330
$U/\mu V$	0.229	0.538	1.008	1.430	1.870	2.265	2.733	3.077	3.598	3.982	4.527	5.172	平均2.536
$R/\mu\Omega$	1.085	1.074	1.098	1.089	1.090	1.084	1.098	1.074	1.103	1.091	1.090	1.090	平均1.089

表 4.6.6.11 列出了爆炸焊接的几种过渡电接头用双金属的结合性能。由表中数据可见，它们的结合强度高。

表 4.6.6.11　几种过渡电接头用双金属的结合强度[869]

双金属	铜-铝	铜-钛	铜-钢	铝-钢	铝-不锈钢
σ_{τ}/MPa	74	203	201	78	79
σ_f/MPa	85	215	308	86	91

文献[1425]指出，如果忽略三层复合板材（Cu 基形状记忆合金-QBe2-Cu 基形状记忆合金）的两个界面对导电性能的影响，可以将三层复合板简化为一个并联电路模型。

根据并联定律：

$$1/R_1 + 1/R_2 + 1/R_3 = 1/R \qquad (4.6.6.2)$$

将 $R = \rho \dfrac{1}{s}$ 代入上式，则上式变为

$$\rho = \frac{2\rho_1\rho_2 S}{2S_1 S_2 + S_2 \rho_1} \qquad (4.6.6.3)$$

式中：ρ_1 和 ρ_2 分别为 Cu 基形状记忆合金和 QBe2 的电阻率；S_1 和 S_2 分别为它们的厚度，并且 $S_2 \approx 2S_1$。

将 $\rho_1 = 2.98\ \mu\Omega \cdot cm$ 和 $\rho_2 = 6.58\ \mu\Omega \cdot cm$ 的实测值代入式（4.6.6.3），得复合板材的电阻率计算值 $\rho = 10.77\ \mu\Omega \cdot cm$。而复合板材的实测电阻率为 $\rho = 10.23\ \mu\Omega \cdot cm$。两相比较，计算值和实测值相差较小，并均介于两种基材之间。这一现象说明复合界面对复合板材的导电性能有影响，但影响不大。同时由此可见，复合后复合材料的导电性能基本符合并联定律。

综上所述，爆炸焊接的过渡电接头在高的结合强度下，也有低的界面电阻值，而且能经受高温和热的冲击。这些良好的力学和电性能使其广泛地应用在电力、电子和电化学工业中。它们将为提高产品质量、增加产量、增强线路和设备的安全运行能力，以及节能作出很大的贡献。

4.7　爆炸复合材料中的"飞线"——绝热剪切线

早在 20 世纪 70 年代初，本书作者借助金相显微镜就已经观察到和记录下了钛-钢复合板钛侧许多纤细的线条。当时，根据其形态取名为"飞线"，意为从界面飞出的羽线、发线或眉线。这一俗称一直习惯地沿用至今。这一"飞线"就是后来国内外常称呼的"绝热剪切线"。

40 多年前，本书作者曾推测这种飞线是金属在爆炸载荷下产生的一种特殊形式的塑性变形线和裂纹源，是继爆炸焊接结合区内金属的塑性变形、熔化和扩散之后观察到的又一种金属物理现象及特征。但一直未对它进行深入的研究。

20 世纪 80 年代初，一个偶然的机会，本书作者发现一些飞线发展成了贯通整个覆层的裂纹，此时才引起警觉。随后就对它进行了大量的试验和研究。于是，就逐渐清楚了飞线产生的原因、条件、性质、本质和影响，以及减少和消除它的措施及办法。本章就讨论这些问题。

4.7.1　爆炸复合材料中的"飞线"

起初，只在钛-钢爆炸复合材料中观察到飞线，如图 4.16.5.1~图 4.16.5.7，图 4.16.5.51~图 4.16.5.59，以及图 4.7.1.1 所示。后来又在含钛的其他爆炸复合板中观察到了飞线，如图 4.16.5.9~图 4.16.5.14 所示。再后来还在别的爆炸复合材料里发现了飞线，如图 4.7.1.2~图 4.7.1.4 所示。现在可以说，只要金属材料的强度高些，塑性低些，或者爆炸载荷强些，都有可能在其复合材料中出现飞线。

4.7.2　"飞线"产生的原因

实践证明，钛和钛合金本身及其在同其他金属材料爆炸焊接时，不管其工艺方案及工艺参数如何，其内是很容易出现飞线的。但对于普通碳钢和不锈钢的爆炸焊接来说，欲在其中炸出飞线却不那么容易。为了在这两种材料中炸出飞线，后来使用了对称碰撞和高爆速炸药等工艺方案及工艺参数。结果在普通碳钢-普通碳钢复合板的整个结合面上都出现了飞线，在不锈钢-不锈钢复合板的前半部结合面上也出现了飞线。

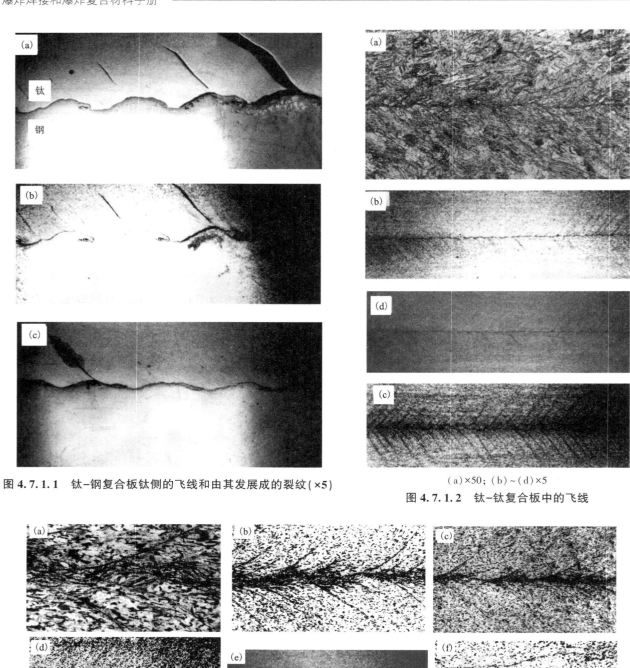

图 4.7.1.1 钛-钢复合板钛侧的飞线和由其发展成的裂纹(×5)

（a）×50；（b）~（d）×5

图 4.7.1.2 钛-钛复合板中的飞线

（a）×100；（c）×50；（b）、（d）、（f）×30；（e）×5；（a）~（e）平行爆轰波方向；（f）垂直爆轰波方向

图 4.7.1.3 钢-钢复合板中的飞线

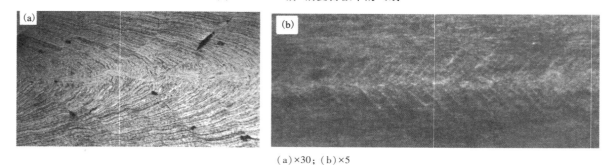

（a）×30；（b）×5

图 4.7.1.4 不锈钢-不锈钢复合板中的飞线和由其发展成的裂纹

后来的研究表明，飞线出现的难易程度首先与金属材料的强度性能有关。为此，现将钛、钢和不锈钢三种金属材料的强度性能列入表4.7.2.1中。由表中数据可见，这三种材料的拉伸性能和显微硬度没有很大的区别，但钛的a_k值较钢和不锈钢的小得多。实践及研究指

表4.7.2.1 三种金属材料的力学性能

材 料	σ_b/MPa	σ_s/MPa	δ/%	ψ/%	a_k/(J·cm^{-2})	HV
钢（Q235）	372~461	216~235	21~27	60	147	120
不锈钢（1Cr18Ni9Ti）	≥539	≥196	≥40	≥25	196~245	167
钛（TA2）	441~588	294~441	25	40~60	19.6	186

出，此a_k(或A_k)值的大小是爆炸复合材料中对应金属内飞线出现难易程度的主要影响因素：a_k值小的容易出现，a_k值大的不容易出现。其次是爆炸载荷的强度，在对称碰撞和高爆速炸药所产生的更强及特强的爆炸载荷下，即使a_k值大的金属材料，在其内也能炸出飞线来。

文献[870]指出，钛及其合金对绝热剪切带(飞线区)破坏的高敏感性，主要是因它的高强度，低的扩散率和体积比热所致。事实上，这种说法是不科学和不全面的。

4.7.3 "飞线"产生的条件

由大量实践和研究可知，此飞线产生的条件如下。

(1)对于常温下a_k值较小的金属材料，如钛及其合金，无论是作覆层还是作基层，也无论工艺参数如何，爆炸焊接后其内通常会出现飞线。

(2)对于常温下a_k值较大的金属材料，如Q235钢和不锈钢等，则必须在更强和特强的爆炸载荷下，其内才会出现飞线。

(3)如果金属材料的强度指标与$a_k(A_k)$成某种比例关系的话，那么也可以将其强度性能数据作为判断标准，强度高和塑性低的，容易出现飞线，反之则不易出现飞线。

(4)实践表明，爆炸焊接上了的材料部分有飞线，没有焊上的部分就没有飞线(例如雷管区和前端的未焊接处)。由此可见，飞线是伴随着爆炸焊接过程而产生的。

(5)实践表明，飞线的长度、宽度和密度，以及飞线区的宽度，与金属的性质和爆炸载荷的强度有关[871~873]。实践还表明，在降低爆炸载荷强度的条件下，在钛内也可以减少飞线，甚至在局部地方不出现飞线。

4.7.4 "飞线"的性质

飞线有如下性质：

(1)在正常情况下，平行爆轰波传播方向上的飞线与结合界面呈近似45°角相交并稍有弯曲。飞线从界面起始延伸至材料的内部，直至末端的走向与爆轰波传播的方向相反。垂直爆轰波传播方向的飞线[图4.7.1.4(f)]与界面的交角较小，越接近界面交角越小。

(2)在边界效应作用区域或在特强的爆炸载荷下，飞线会发展成裂纹[图4.7.1.1和图4.7.1.3(a)]。这种裂纹从其中部开始，然后向界面和表面延伸及扩宽，有的还成为贯通整个金属厚度的宏观裂纹(图4.7.1.1)。

(3)飞线在化学特性上，首先表现为对浸蚀剂的作用反应不同。浸蚀后有的呈黑色，有的呈白色。这表明其内能与基体不同。但它们的化学组成并无大的区别，数据比较如表4.7.4.1所列。

表4.7.4.1 铜合金(BFe30-1-1)+钢(921)复合板中钢侧绝热剪切线与基体钢内主要元素含量[802] /%

元 素	钢 侧 绝 热 剪 切 线 上						基 体 钢 内					
	1	2	3	4	5	平均	1	2	3	4	5	平均
Fe	0.865	0.880	0.891	0.951	0.982	0.919	0.880	0.893	0.922	0.894	0.977	0.911
Mn	0.014	0.014	0.015	0.019	0.016	0.016	0.017	0.018	0.017	0.016	0.017	0.017
Ni	0.0087	0.0087	0.0085	0.0075	0.0065	0.0080	0.0085	0.0065	0.0063	0.0065	0.0071	0.0070

（4）在高倍电镜下观察飞线内的显微组织时，发现与其两边不同，晶粒大都较细，且呈韧窝状。这说明在其形成的过程中由于变形热的作用而发生了再结晶。由裂开的飞线的形貌可见，裂纹的两边都不整齐，这说明开裂是沿着晶粒的晶界发生的。测量表明，裂纹的宽度为 $10 \sim 15\ \mu m$。这方面的情况如图 4.5.5.1 至图 4.5.5.9 所示。

（5）由于飞线内的金属组织与基体不同，这就造成了它们的力学性能的差异。如果用显微硬度来比较，则如表 4.7.4.2 所列。表中"飞线下方"指在飞线以下，即飞线与界面之间的锐角以内的范围，"飞线上方"指在飞线以上，即飞线与界面的钝角以内的范围。表中数据表明，飞线内的硬度较低，"飞线下方"较高和"飞线上方"为中间值。但均高于对应材料的原始硬度。图 4.7.4.1 为钢-钢复合板飞线内外显微硬度分布曲线。图中飞线和界面之间的高硬度是该处金属强烈的塑性变形——加工硬化所致。界面上的低硬度与其内金属的回复和再结晶有关。离开飞线向左深入基体内部以后就趋近于原始硬度了。

（6）退火试验指出，在一定的工艺下退火后，上述几种组合中的飞线会完全消失。这就像塑性变形的金属组织在再结晶退火后会完全消失一样。但由飞线发展而成的裂纹依然存在。这方面的实验结果如图 3.4.3.11～图 3.4.3.13 所示。

表 4.7.4.2　几种金属组合中飞线内外显微硬度比较

金属组合	钛-钢	钛-钛	钢-钢	不锈钢-不锈钢
飞线下方	248	258	299	402
飞线上方	241	253	274	394
飞线内	238	244	265	368
原始硬度	钛 186，钢 136	186	136	167

4.7.5　"飞线"的实质

1. 飞线是一种特殊的塑性变形线和变形组织

由图 4.2.2.1 可见，在该钛-钢复合材料的波形结合区内，钢侧金属的晶粒发生了拉伸式和纤维状的塑性变形，这种变形在界面附近最强烈。在此以滑移为机制的塑性变形金属部分的边部，可以观察到一些双晶组织。

研究表明，结合区内金属的这种塑性变形是爆炸焊接过程中能量转换和金属间结合的基础。也就是说借助此塑性变形过程将外界能量转换成金属间的结合能——塑性变形能、熔化能和原子间的扩散能，即金属在其界面上及其附近进行的塑性变形、熔化和扩散等冶金过程中实现冶金结合[874]。

然而，在钛侧只见飞线而不见金属晶粒拉伸式和纤维状的塑性变形。此时钛和钢仍强固地结合在一起。由此事实能够推测，在爆炸焊接条件下出现的这种飞线就是一种塑性变形线，或者说一种特殊形式的塑性变形（组织），借助这种变形也能进行能量的转换并造成金属间的强固结合。

2. 飞线是一种特殊的塑性变形机制

在爆炸焊接过程中，结合区金属处在高压（数千至数万兆帕）、高速（数百至数千米每秒）和瞬时（微秒数量级）的撞击载荷作用下。可以推测，像钛这种低冲击韧性的金属是来不及以滑移和双晶的形式进行塑性变形的，而只有以飞线的形式进行。当载荷更强时，其中许多还会裂开。对于冲击韧性更小的金属来说，例如钼及其合金（常温下 $a_k < 10\ J/cm^2$），在爆炸载荷下只有开裂和脆断，而不会以飞线，更不会以滑移和双晶的形式进行塑性变形[875]。

因此，可以推测飞线是金属材料、特别是 a_k 值较小的金属材料在爆炸载荷下进行塑性变形的一种特殊的塑性变形形式，或者说是一种特殊的塑性变形机制。

对此推测，许多研究者也表达了类似的观点：绝热剪切线可以认为是位错运动和孪生变形不能协调而由爆炸复合产生的大应变，材料达到失稳状态时的一种变形机制[876]。绝热剪切线是变形材料在高应变率下发生变形和破坏的机制，是引起材料破坏的强烈的局部塑性应变表面[870]。根据本试验能够获得这样一种看法：在常规载荷（包括常规冲击载荷）下，金属塑性变形的机制为滑移和双晶，而在爆炸载荷下可能就是这里讨论的飞线，即绝热剪切线。这个观点不仅适用于 a_k 值较小的金属材料（如钛及其合金），而且适

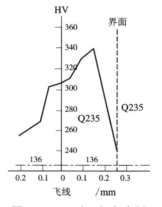

图 4.7.4.1　钢-钢复合板
飞线内外显微硬度分布曲线

用于 a_k 值较大的金属材料（如 Q235 钢和 1Cr18Ni9Ti 不锈钢）。因为后者在更强和特强的爆炸载荷下也会发生飞线状的塑性变形。外加载荷的强度和特性不同，金属材料塑性变形的机制无疑会发生某种变化。"量变"必然引起"质变"。本试验和有关文献中的所有工作，为这个"质变"的深入研究和讨论提出了问题，并指明了方向。最后，本书作者能够预言，滑移、双晶和"飞线"将成为金属材料在塑性加工中在不同特性的载荷下进行塑性变形的三种机制。

应当指出，确切地说，"飞线"是金属在爆炸焊接条件下发生绝热剪切变形的结果，而不能说是一种变形机制，其机制是剪切变形，如图 4.7.1.3（a）所示。由该图可见，飞线两侧的金属组织发生了剪切错动——剪切变形。其剪切点位置的连续轨迹即是飞线。再结晶退火后未裂开的飞线消失，其两侧的组织形态就恢复正常了。这类似于金属板材在轧制加工中产生纤维状变形流线的变形机制是滑移，产生双晶变形组织的变形机制是双晶。这就是说，滑移变形的结果是出现变形流线，双晶变形的结果是出现双晶，而绝热剪切变形的结果就是出现绝热剪切线——飞线。由此推理不难发现，这里仅是以"飞线（组织）"或"绝热剪切线（组织）"一词来形象地描述和代表绝热剪切变形机制。这就像能够以纤维状变形流线（滑移线）组织来形象地描述和代表滑移变形机制，以双晶变形组织来形象地描述和代表双晶变形机制一样。如此来认识和讨论本章所述的"飞线（绝热剪切线）"的实质将更为贴切和更能使人理解。由于这种组织和机制只有在高压、高速撞击的爆炸载荷和近似绝热的条件下才会出现，所以可以认为它们是在金属塑性加工中出现的一种新的和特殊的塑性变形组织及变形机制。

3. 飞线是一种裂纹源

飞线在一定的退火工艺下会自行消失，就像滑移线和双晶在退火后会消失一样。而由飞线发展成的裂纹不会消失（图 3.4.3.11~图 3.4.3.13）。由此也能够证明这种飞线实质上是一种塑性变形线和裂纹源。

4.7.6　"飞线"的影响

飞线的存在对爆炸复合材料的后续加工和使用等都会造成一些不利的影响。

第一，飞线对复合板的有效面积有影响。例如，在钛-钢复合板中，与图 4.7.1.1 相对应的金相样品取自于被边界效应强烈作用的复合板边缘区域。该区域越大，复合板被剪除的部分越多，成品复合板的面积越小，成品率自然越低。

第二，飞线对复合板后续加工有影响。飞线越多（长、宽和密度的数值越大），这种复合材料的爆炸硬化越严重。这种状况无疑会对它们的后续压力加工和机械加工产生不良后果。例如，钛-15MnV 钢和钛-16Mn 钢复合板在卷板及平板过程中开裂过。钛-铜复合板在冷轧过程中也开裂，它们的钛层断裂面与界面是 45°（图 4.7.6.1），这个角度与飞线的角度一致。图 4.7.6.2 为钛-钢复合板试样在弯曲试验中弯头的宏观形貌，如图所示，钛层的开裂沿飞线进行。

第三，飞线对复合板的使用有影响。由于较强烈的爆炸焊接强化和爆炸焊接硬化，爆炸复合板的强度可能高于设计标准，而塑性则可能低于设计要求。使用这种状态的复合板来制造化工设备，特别是高温和高压容器时，其影响值得深入研究。另外，如果飞线事先没有发展成裂纹，那么使用中在应力的作用下有可能变成裂纹；如果飞线变成了裂纹，那么裂纹的存在会限制复合材料的使用寿命，或者根本不能使用。因为容器内壁大量露头飞线（裂纹）的存在，将为腐蚀性介质的渗入和加速覆层金属的腐蚀提供了通道，这样极易造成失效。

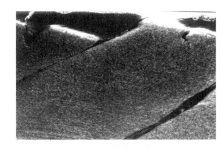

图 4.7.6.1　冷轧后钛-铜复合板中钛层开裂

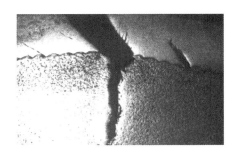

图 4.7.6.2　弯曲试验中钛-钢复合板试样的弯头形态

4.7.7　"飞线"的预防、减少和消除

如上所述，某些爆炸复合材料中存在着飞线这一特殊形式的塑性变形线，且这种飞线还是一种裂纹源，它们对这类材料的后续加工和使用会产生一些不利的影响，因而应当引起重视。但是并不是说所有的

爆炸复合材料中都有这种飞线，也并非飞线都会造成严重的效果。何况飞线的预防、减少和消除还是有办法的，因而不必对这种塑性变形组织过分担忧。

例如，在选材上尽量选用 a_k 值较大的金属材料，或事前用热处理的方法将其强度降低和塑性提高。在工艺参数上应尽量选择适中的，不用高爆速炸药和大间隙进行爆炸焊接。对于已经出现的飞线可以用热处理的方法尽量消除等。采取如上措施之后，飞线的影响就不会很大了。因此，爆炸复合材料的应用前景是乐观的。

关于爆炸焊接条件下出现的飞线的许多课题，详见文献[877~880]。"飞线"形成的微观机制和动力学过程有待深入探讨。这种探讨也许能为金属材料及其塑性加工理论增添新的篇章。

4.8　爆炸复合材料中的显微硬度

4.8.1　显微硬度分布的一般情况

如上所述，在爆炸焊接过程中，双金属和多金属的波状结合界面及其附近的一薄层发生了强烈的塑性变形。此外，在其表层(包括表面)和底层(包括底面)，以及整个断面上也发生了不同程度的塑性变形。这种塑性变形除了导致爆炸复合材料宏观强度的增加外，还将导致其对应位置微观区域显微硬度的增加。这就是在爆炸载荷下爆炸复合材料的爆炸焊接强化和爆炸焊接硬化。这些变化是爆炸焊接过程中金属间的界面和基体内部所发生的许多物理和化学变化的重要组成部分及一些特征。研究这些变化和特征对于探讨爆炸焊接原理，建立工艺、组织和性能之间的关系，以及指导这类新材料的后续加工和使用都有重要的意义。

作者在长期的工作实践中用图5.1.1.45的方法，测量了大量的金属组合的显微硬度值，绘制了如本章和本书3.3章，3.4章及5.2.9节中大量的显微硬度分布曲线。由这些曲线能够分析出爆炸复合材料中显微硬度变化的规律。这些规律不仅是理论研究和实践应用中不可缺少的，而且也是不能用其他方法取代的。因而，爆炸复合材料中显微硬度值的测量和分布曲线的绘制，是爆炸复合材料力学性能检验的一个重要项目和理论研究及实践应用的重要课题。

本章讨论的课题为在爆炸载荷作用下，复合材料内部所发生的微观塑性变形。这些内容和下章的内容，以及4.2章一起构成了爆炸复合材料的内部和外部、微观和宏观塑性变形的全貌及全景，这些也是研究爆炸焊接金属物理学原理的重要内容和又一表述及佐证。

4.8.2　显微硬度分布的一般规律

收集在本章的两层和多层复合材料结合区和断面上的显微硬度分布曲线如图4.8.3.1~4.8.3.48所示。从这些图能够发现如下规律。

(1)结合界面上的硬度通常较两侧基体内的为高。这显然与该位置上金属塑性变形的程度最强烈有关。

(2)随着与界面距离的增加，其两侧基体内的硬度逐渐降低。这是相应位置上金属塑性变形的程度逐渐减弱所致。

(3)上述两种分布形式的硬度通常高于相应基体金属原始的硬度。

(4)随着基体材料原始硬度的不同，爆炸焊接后它们硬化的程度不同。通常，原始硬度高的其硬化程度高；反之，硬度增加得较少。

(5)如图4.8.3.24、图4.8.3.25和图4.8.3.34所示，一些同种材料爆炸焊接后其界面和附近的硬度分布形式还与焊接方式及撞击能量有关。这三幅图的界面上的低硬度分布是在强大的焊接能量作用下，强烈塑性变形的金属发生了回复和再结晶所致。由这些图还可见，在这种焊接工艺下，界面两侧的分布曲线基本对称。这是由于两侧承受的能量基本相同的缘故。

(6)数据显示，爆炸复合材料的表面和底面上硬度值也较高。这是因为其表面物质与爆炸载荷直接接触，其底面物质与基础物质(地面或模具)强烈作用。这种接触和作用都会造成对应位置金属材料的塑性变形及加工硬化。

(7)由图 4.8.3.38~图 4.8.3.48 可以看出,对于三金属、四金属或多金属来说,它们的结合区或断面上的显微硬度分布也有如上所述的一般规律,这是因为它们有相似的爆炸焊接过程之故。

(8)由图 4.8.3.49 可见,结合区熔体内各点的显微硬度点大小是不一样的。由此能够估计这种熔体内的化学和物理组成是不一样的。硬度点大的可能是固溶体,小的可能是金属间化合物。这些化合物的硬度很高。它们连续分布在界面上将成为削弱和降低双金属结合强度的一个因素。

由上述显微硬度分布结果的分析不难发现不同的金属材料,在不同的爆炸焊接工艺以及不同的状态下,在它们的结合区、基体内部、表层(包括表面)和底层(包括底面)上以及其他位置的显微硬度的变化,都能在相应的分布曲线上表示和反映出来。而硬度值的高低是金属塑性变形强烈程度的表征和度量。因而,这种曲线的绘制还是研究爆炸焊接双金属和多金属中硬度变化和塑性变形情况之间关系的重要方法。对于探讨爆炸焊接的原理和揭示爆炸复合材料工艺、组织及性能之间的关系,也有重要的意义。

4.8.3　显微硬度分布的曲线图[①]

本章收集的显微硬度分布曲线图(图 4.8.3.1~图 4.8.3.48)和 3.3 章、3.4 章,以及 5.2.9 节中的图,其中所有的点划线均表示材料的原始硬度。图中的硬度点错落有序,其中硬度值高一点的可能是打在晶界和晶内硬相上,硬度值低一点的则可能是打在晶内软基体或软相上。但这种高低相差不大的分布不改变整个硬度的分布规律。

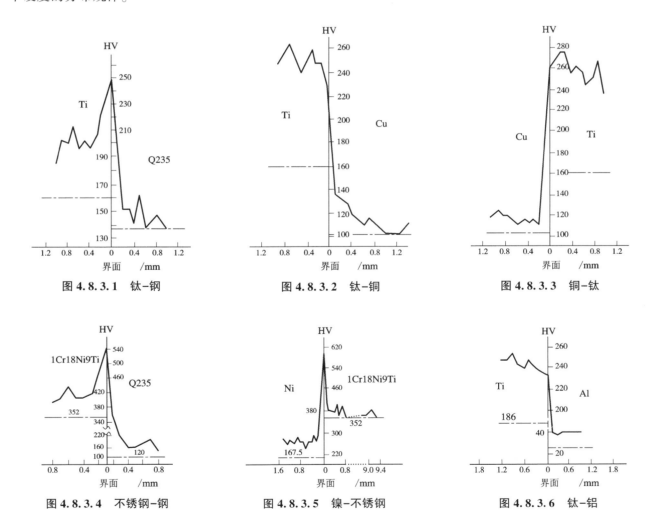

图 4.8.3.1　钛-钢　　　　　　　图 4.8.3.2　钛-铜　　　　　　　图 4.8.3.3　铜-钛

图 4.8.3.4　不锈钢-钢　　　　　图 4.8.3.5　镍-不锈钢　　　　　图 4.8.3.6　钛-铝

[①]　本节和 3.3.4 节、4.4.4 节、5.2.9 节,以及全书其他地方的显微硬度分布曲线中,为简洁图题,一般将文字简写,如"钛-钢爆炸复合板结合区的显微硬度分布曲线"简写为"钛-钢",其余类推。硬度用 HV 表示。图中的点划线均为相应金属材料爆炸前的原始硬度。全书均同。

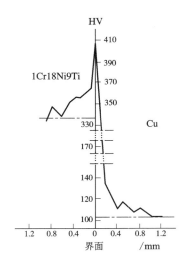

图 4.8.3.7 不锈钢-铜

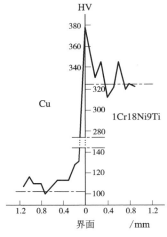

图 4.8.3.8 铜-不锈钢

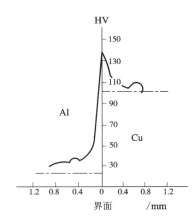

图 4.8.3.9 铝-铜

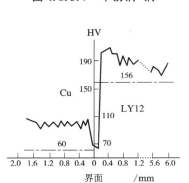

图 4.8.3.10 铜-LY12

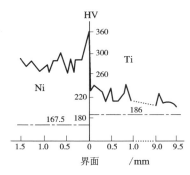

图 4.8.3.11 镍-钛

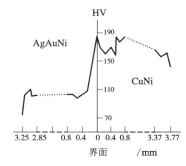

图 4.8.3.12 AgAuNi-CuNi

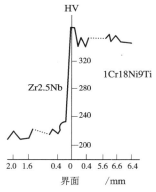

图 4.8.3.13 锆2.5铌-不锈钢

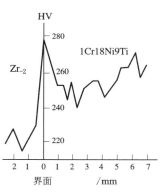

图 4.8.3.14 锆₂+不锈钢

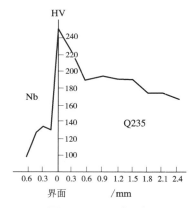

图 4.8.3.15 铌-钢

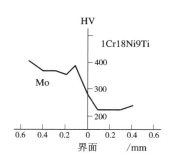

图 4.8.3.16 钼-不锈钢

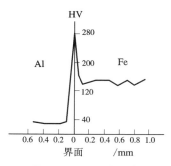

图 4.8.3.17 铝-铁

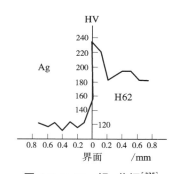

图 4.8.3.18 银-黄铜[335]

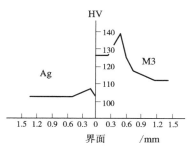

图 4.8.3.19　银-铜[335]

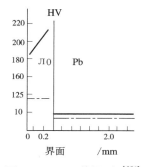

图 4.8.3.20　黄铜-铅[356]

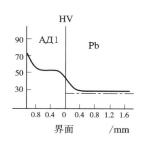

图 4.8.3.21　铝合金-铅[356]

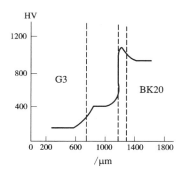

图 4.8.3.22　钢-硬质合金[348]

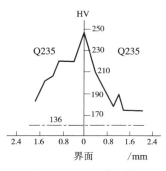

图 4.8.3.23　钢-钢

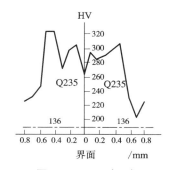

图 4.8.3.24　钢-钢

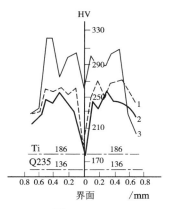

图 4.8.3.25
1—钛-钛；2、3—钢-钢

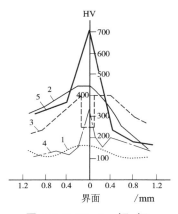

图 4.8.3.26　1—铜-铜；
2—12X18H10T-G3 钢；3—钛-钛；
4—铜-钢；5—12X18H10-G3 钢[35]

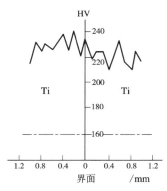

图 4.8.3.27　钛-钛

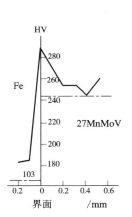

图 4.8.3.28　铁-27MnMoV 钢

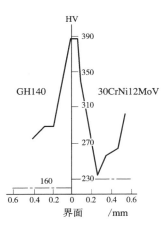

图 4.8.3.29　高温合金-合金钢

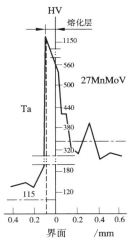

图 4.8.3.30　钽-27MnMoV 钢

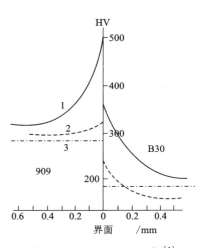

图 4.8.3.31　B30-909 钢[1]

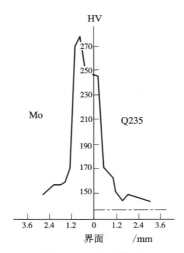

图 4.8.3.32　钼-钢

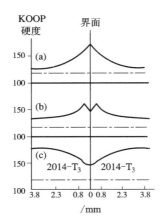

对称撞击速度：（a）低速；（b）中速；（c）高速

图 4.8.3.33　铝合金-铝合金[2]

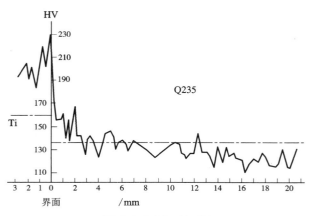

图 4.8.3.34　钛-钢

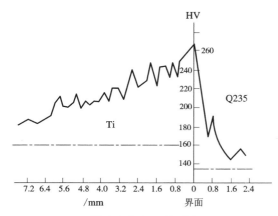

图 4.8.3.35　钛-钢

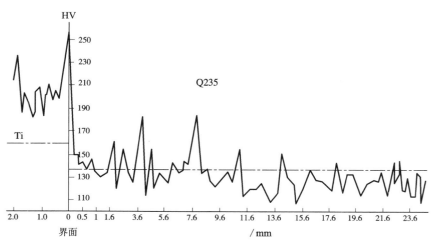

图 4.8.3.36　钛-钢

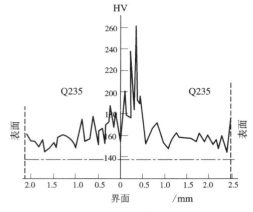

图 4.8.3.37　钢-钢

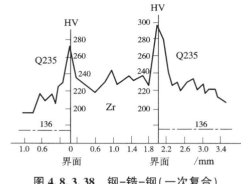

图 4.8.3.38　钢-锆-钢（一次复合）

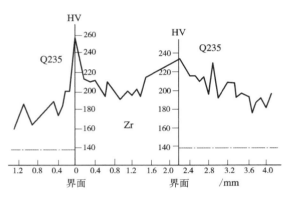

图 4.8.3.39　钢-锆-钢（二次复合）

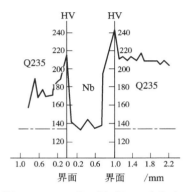

图 4.8.3.40　钢-铌-钢（一次复合）

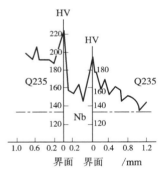

图 4.8.3.41　钢-铌-钢（二次复合）

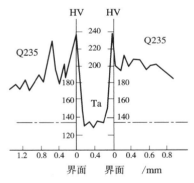

图 4.8.3.42　钢-钽-钢（一次复合）

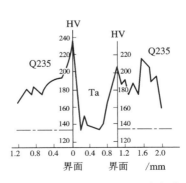

图 4.8.3.43　钢-钽-钢（二次复合）

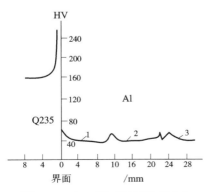

图 4.8.3.44　钢-铝（三次复合）

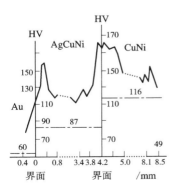

图 4.8.3.45　Au-AgCuNi-CuNi

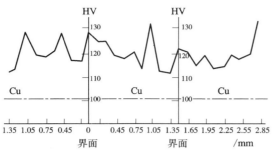

图 4.8.3.46　铜-铜-铜

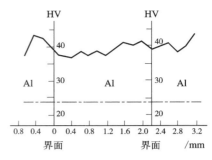

图 4.8.3.47　铝-铝-铝

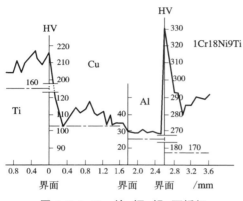

图 4.8.3.48　钛-铜-铝-不锈钢

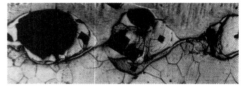

压痕小的硬度高，压痕大的硬度低

图 4.8.3.49　钛-钢爆炸复合板结合
区熔体中的显微硬度测量(×50)

4.9　爆炸复合材料的残余变形

　　大量的实践和检验数据表明，爆炸复合材料(复合板、复合管、复合管板和复合管棒等)都会发生一定程度的宏观的塑性变形。以双金属和多金属的复合板为例，这种变形表现为其长度和宽度尺寸的增加，以及厚度尺寸的减少，还有复合板面的规则和不规则的瓢曲变形。爆炸复合材料的这种残余变形，不言而喻是由剩余的爆炸能量作用于金属材料引起的。变形的大小除与爆炸剩余能量的多少有关外，自然还与金属材料本身的性质(强度和塑性)及基础的反作用力有关。爆炸复合材料的变形对其质量、后续加工和使用都有一定的影响。因此，研究这类材料的残余变形和减小及消除这种变形的方法，有重要的技术和经济意义。

　　本章试图在测量和试验数据的基础上讨论爆炸复合板和复合管变形的情况及一般规律，然后讨论这种变形对其加工和使用的影响，最后介绍一些减小和消除这种变形的途径和方法。

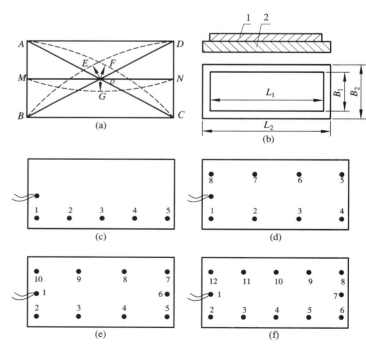

1—覆板；2—基板

图 4.9.1.1　爆炸复合板残余变形的测量位置和方法

4.9.1 爆炸复合板的残余变形

爆炸复合板的变形数据的测量位置和方法如图4.9.1.1所示。其中,图中(a)为测量复合板在三维空间上的变形,图中(b)为测量复合板在长度和宽度上的变形,图中(c)～(f)为测量复合板在厚度上的变形。它们依次用钢板尺、钢卷尺、游标卡尺和金相读数显微镜(用金相样品)来测量数据,其精确度以测量工具为准。

1. 爆炸复合板的残余变形类型

(1)复合板在三维空间上的变形。以铜-钛复合板为例,用图4.9.1.1(a)所示的方法测量,结果如表4.9.1.1所列。由表中数据可见,爆炸焊接后(中心起爆)复合板呈现瓢曲形状,即中间低四周高。数据还表明,这种变形是不规则的,并且与工艺参数密切相关。例如,在金属材料的种类和尺寸相同的情况下,还随着炸药总能量的增加,这种变形增大。在炸药总能量相同的情况下,随着复合板面积的增大

表 4.9.1.1　铜-钛复合板在三维空间上的变形数据统计

No	覆　板		基　板		最大变形/mm		
	金属	尺寸 /(mm×mm×mm)	金属	尺寸 /(mm×mm×mm)	OF	OE	OG
1	铜	2.5×701×704	钛	10×690×710	45	45	20
2	铜	2.5×700×703	钛	10×702×705	45	45	23
3	铜	2.5×695×700	钛	10×700×705	30	46	16
4	铜	2.5×703×704	钛	10×702×702	43	61	12
5	铜	2.5×715×719	钛	10×705×709	28	30	20
6	铜	2.5×710×720	钛	10×700×715	35	40	10
7	铜	2.5×720×735	钛	10×710×725	32	46	19

和材料强度的降低,这种变形增大。在炸药能量和金属性能相同的情况下,随着基板厚度的减小这种变形增大(图4.9.1.2和图4.9.1.3)。

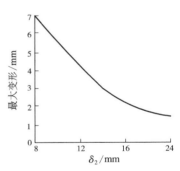

图 4.9.1.2　钛-钢复合板(中心起爆)中部的最大变形与基板厚度的关系

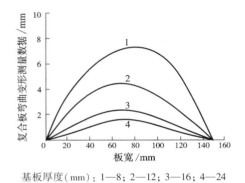

基板厚度(mm):1—8;2—12;3—16;4—24

图 4.9.1.3　基板厚度对钛-钢复合板宏观瓢曲变形大小的影响

(2)复合板在长度和宽度上的变形。用图4.9.1.1(b)所示的方法测量了一些复合板的长、宽变形,数据如表4.9.1.2和表4.9.1.3所列。

表 4.9.1.2　一些复合板长、宽尺寸变形数据统计(一)　　　　　　　　　　/mm

No	覆　板						基　板					
	金属	原始长度	爆炸后最大长度	增长	原始宽度	爆炸后最大宽度	增宽	金属	原始长度	爆炸后最大长度	增长	原始宽度	爆炸后最大宽度	增宽
1	黄铜	167	171	4	65	67	2	不锈钢	205	209	4	70	72	2
2	钢	168	172	6	85	87.5	2.5	钢	166	170	4	85	87	2
3	钢	192	202	10	98	111	13	钢	191	206	15	97	116	19
4	钛	200	215	15	70	75	5	不锈钢	200	205	5	70	75	5
	钢	200	213	13	71	76	5							
5	钛	200	212	12	71	74	3	不锈钢	200	205	5	70	72	2
	钢	200	210	10	71	73	2							
6	钛	161	169	8	59	62	3	钛	161	164	3	59	61	2
7	钛	198	213	15	70	73	3	钛	200	205	5	70	72.5	2.5

续表4.9.1.2

No	覆板 金属	原始长度	爆炸后最大长度	增长	原始宽度	爆炸后最大宽度	增宽	基板 金属	原始长度	爆炸后最大长度	增长	原始宽度	爆炸后最大宽度	增宽
8	银铜镍	300	320	20	120	132	12	铜镍	330	340	10	135	142	7
9	金	275	278	3	115	117	2	银铜镍	320	327	7	132	134	2
10	铜	205	210	5	125	129	4	铝	200	214	14	125	133	8
11	铜	205	211	6	125	128	3	铝	200	215	15	125	129	4
12	铜	205	211	6	125	132	7	铝	200	215	15	125	136	11
13	铜	205	211	6	125	133	8	铝	200	215	15	125	140	15
14	铜	410	415	5	250	260	10	铝	400	412	12	250	260	10
15	铜	410	420	10	250	268	18	铝	400	420	10	250	260	10
16	铜	410	435	25	250	265	15	铝	400	420	10	250	265	15

注：表中钢为Q235,不锈钢为1Cr18Ni9Ti,以下均同；3号为两面布药的试验；4号和5号为三层复合板。

表4.9.1.3　一些复合板长、宽尺寸变形数据统计(二)　　　　　/mm

No	复合板	覆板 原始长度	覆板 爆炸后最大长度	增长	基板 原始宽度	基板 爆炸后最大宽度	增宽	No	复合板	覆板 原始长度	覆板 爆炸后最大长度	增长	基板 原始宽度	基板 爆炸后最大宽度	增宽
1	铜-铌-钽-锆-铝	148	150	2	151	153	2	24	锆-钛	96	100	4	110	115	5
2	铜-钽-锆-铌-铝	154	155	1	152	154	2	25	铌-不锈钢	113	117	4	126	130	4
3	铜-钽-铝-铌-钢	148	151	3	154	158	4	26	锆-不锈钢	118	120	2	123	127	4
4	铜-铌-铝-钽-不锈钢	153	155	2	133	137	4	27	铌-铝	122	123	1	150	155	5
5	铜-钽-铝-锆-不锈钢	154	158	4	133	137	4	28	锆-铜	125	128	3	140	145	5
6	铜-铌-锆-钽-钢	145	147	2	148	150	2	29	钼-钛	150	152	2	182	185	3
7	铜-钽-铌-铝	148	150	2	150	145	5	30	钽-不锈钢	108	112	4	147	150	3
8	铜-铌-钽-铝	148	151	3	153	157	4	31	铌-钢	130	132	2	145	147	2
9	铜-钽-锆-铝	143	145	2	153	156	3	32	钼-铜	136	140	4	138	143	5
10	铜-锆-钽-铝	146	148	2	151	155	4	33	不锈钢-钛	159	163	4	165	170	5
11	铜-锆-铝	136	138	2	145	149	4	34	锆-铝	113	115	2	154	160	6
12	铜-钽-铝	139	141	2	150	155	5	35	锆-钢	100	103	3	140	144	4
13	铜-铌-铝	150	152	2	153	158	5	36	铌-钛	164	166	2	140	143	3
14	锆-锆-铜	121	123	2	148	150	2	37	钽-铝	125	128	3	150	155	5
15	钽-钽-钢	100	104	4	138	142	4	38	钽-铜	130	135	5	145	148	3
16	锆-锆-钢	132	134	2	154	157	3	39	钽-钛	116	120	4	118	121	3
17	钛-钛	180	186	6	160	168	8	40	镍-铝	135	138	3	150	155	5
18	钛-铜	155	158	3	150	155	5	41	镍-黄铜	136	139	3	150	152	2
19	不锈钢-不锈钢	160	164	4	150	155	5	42	镍-铜	136	142	6	140	143	3
20	钢-钢	122	125	3	116	120	4	43	镍-铝	135	141	6	150	156	6
21	钢-钛	172	174	2	160	165	5	44	镍-钢	135	141	6	150	153	3
22	钛-钢	220	223	3	220	224	4	45	镍-钛	135	142	7	150	153	3
23	钼-钢	140	145	5	140	145	5	46	镍-不锈钢	137	142	5	149	152	3

文献[140]提供了表4.9.1.4和表4.9.1.5,以及图2.4.4.1的试验结果。

表4.9.1.4　几种复合板爆炸焊接后钢基板的伸长

覆　板		基　板		原始宽度和长度尺寸	伸　长	
材料	厚度/mm	材料	厚度/mm	/(mm×mm)	/mm	/%
铝	3	钢 HII	12	400×1000	18	1.8
铜	3	钢 HII	15	1000×2550	31	1.2
钛	3	钢 HII	13	1300×3900	37	0.95
铝	5	AISI321	10	1280×3000	13	0.43
合金 706	10.5	st17Mn4	120	2000×4000	20	0.5

表4.9.1.5　黄铜-钢复合板爆炸焊接后,钢基板的相对伸长

从起爆点起的距离/mm	0~100	100~200	200~300	300~400	400~500	500~600	600~700	700~800	800~900	900~1000
伸长率/%	0.5	1.0	1.0	1.0	1.0	1.0	1.2	1.5	3.5	5.3

表4.9.1.5显示了与图2.4.4.1所示同样的变形情况。这些变形数据除了能够说明本章的问题之外,还能够说明"边界效应"问题(详见本书2.4章),是很有意义的。

由以上事实可知,每一块复合板的覆板和基板的长、宽尺寸均增加了。这种增加的量也与工艺参数和金属材料有关,通常随着炸药能量的增大(特别是两面布药的情况)、金属材料原始尺寸的增大和强度的降低,复合板(覆板和基板)的长、宽尺寸增大的量也随之增加。

(3)复合板在厚度上的变形。用图4.9.1.1(c)~(f)所示的方法分别测量了许多复合、三金属、四金属和五金属复合板在预定位置上的厚度变形数据。结果分别如表4.9.1.6~表4.9.1.9所列。此外还用金相样品在读数金相显微镜上测量了大量的双金属和多金属板的厚度数据,如表4.9.1.10~表4.9.1.14所列。

表4.9.1.6　一些复合板沿爆轰方向不同位置上厚度变形数据统计　/mm

No	复　合　板	原始总厚度	测　量　次　数					平均	$\Delta_{平}$	$\Delta_{小}$	$\Delta_{大}$
			1	2	3	4	5				
1	铜-钽-铝-钽-不锈钢	8.6	7.16	7.15	7.12	7.05	6.55	7.01	1.59	1.44	2.05
2	铜-钽-铝-铌-钢	8.0	5.18	5.35	5.29	5.18	5.09	5.22	2.78	2.65	2.91
3	铜-铝-铜-铝-铜	14.6	13.95	13.82	13.59	13.49	13.13	13.60	1.00	0.65	1.47
4	铜-铝-铜-铝-铜	10.4	9.26	8.85	8.74	8.65	8.30	8.76	1.64	1.14	2.10
5	铜-铜-铜-铜-铜	9.5	9.23	9.11	8.86	8.73	8.47	8.88	0.62	0.27	1.03
6	铜-铜-铝-钢	10.2	—	9.65	9.44	9.35	9.67	9.53	0.63	0.53	0.85
7	铜-铜-铜-钢	9.0	—	8.91	8.58	8.42	8.14	8.51	0.49	0.09	0.86
8	铜-锆-铝	8.5	6.60	6.42	6.39	6.32	6.28	6.40	2.10	1.90	2.22
9	锆-锆-铜	4.3	3.26	3.19	3.18	6.17	3.04	3.17	1.13	1.04	1.26
10	钽-钽-钢	7.3	6.82	6.77	6.60	6.49	6.35	6.61	0.69	0.48	0.95
11	铌-铌-钢	6.9	5.49	5.42	5.17	5.13	5.05	5.25	1.65	1.41	1.85
12	钛-铜	9.7	9.27	9.19	9.15	9.11	8.93	9.13	0.57	0.43	0.77
13	钢-钢	7.9	7.78	7.62	7.46	7.34	7.20	7.28	0.42	0.12	0.70
14	钛-钢	12.0	11.26	11.09	11.07	10.90	10.76	11.02	0.98	0.74	1.24
15	不锈钢-不锈钢	8.0	7.65	7.59	7.55	7.47	7.25	7.50	0.50	0.35	0.75
16	钼-钢	5.5	5.23	5.17	5.17	5.10	4.99	5.13	0.37	0.27	0.51
17	铜-铝	7.8	6.60	6.42	6.39	6.32	6.28	6.40	1.40	1.20	1.52
18	锆-钛	3.7	3.46	3.42	3.34	3.20	3.05	3.29	0.41	0.24	0.65

续表4.9.1.6

No	复 合 板	原始总厚度	测 量 次 数					平均	$\Delta_{平}$	$\Delta_{小}$	$\Delta_{大}$
			1	2	3	4	5				
19	锆-不锈钢	3.8	3.65	3.60	3.57	3.51	3.47	3.56	0.24	0.15	0.33
20	铌-不锈钢	2.5	2.32	2.33	2.32	2.29	2.23	2.30	0.20	0.17	0.27
21	不锈钢-不锈钢	6.9	6.56	6.61	6.59	6.59	6.45	6.56	0.34	0.29	0.45
22	钢-钢	7.9	7.14	7.27	7.18	7.00	6.89	7.10	0.80	0.63	1.01
23	钢-钢	8.1	7.10	7.25	7.22	7.15	7.06	7.16	0.94	0.85	1.04
24	不锈钢-不锈钢	6.8	6.56	6.60	6.57	6.55	6.38	6.53	0.27	0.20	0.42
25	锆-钛	5.3	5.19	5.10	5.02	4.92	4.81	5.01	0.29	0.11	0.49
26	锆-铝	6.7	5.50	5.58	5.54	5.53	5.19	5.43	1.27	1.12	1.51
27	锆-铜	2.7	2.56	2.57	2.54	2.50	2.39	2.51	0.19	0.13	0.31
28	锆-不锈钢	3.7	3.60	3.58	3.55	3.51	3.46	3.54	0.16	0.10	0.24
29	锆-钛	3.9	3.51	3.48	3.42	3.38	3.14	3.39	0.51	0.39	0.76
30	钽-铜	2.5	2.34	2.34	2.34	2.29	2.17	2.30	0.20	0.16	0.33
31	铌-铜	2.6	2.49	2.53	2.51	2.49	2.40	2.48	0.12	0.07	0.20
32	钽-钛	3.6	3.35	3.26	3.25	3.19	3.15	3.24	0.36	0.25	0.45
33	锆-铝	6.7	5.17	5.25	5.13	4.89	4.82	5.05	1.65	1.45	1.88
34	铌-钛	5.0	4.93	4.98	4.96	4.92	4.76	4.91	0.09	0.02	0.24
35	锆-铜	2.7	2.67	2.67	2.65	2.58	2.52	2.62	0.08	0.03	0.18
36	不锈钢-不锈钢	6.8	6.69	6.62	6.56	6.55	6.39	6.44	0.36	0.11	0.41
37	镍-铜	4.12	4.07	4.07	3.99	3.98	3.90	4.00	0.12	0.05	0.22
38	镍-钢	5.97	—	5.51	5.51	5.50	5.50	5.50	0.47	0.46	0.47
39	镍-钢	5.97	5.93	5.55	5.54	5.42	5.15	5.51	0.46	0.04	0.82
40	金-银金镍-铜镍	11.00	10.53	10.53	10.62	10.34	—	10.51	0.49	0.38	0.66
41	金-银金镍-铜镍	11.00	10.62	10.50	10.57	10.38	—	10.52	0.48	0.38	0.62

注：表中"平均"为所有厚度测量数据的平均值，"$\Delta_{平}$"为原始总厚度与平均值之差，"$\Delta_{小}$"为原始总厚度与厚度测量数据的最大值之差，"$\Delta_{大}$"为原始总厚度与厚度测量数据的最小值之差。以下各表均同。

表4.9.1.7　银-铜复合板不同位置上厚度变形数据统计　　　　　　　/mm

No	原始总厚度	1	2	3	4	5	6	7	8	平均	$\Delta_{平}$	$\Delta_{小}$	$\Delta_{大}$
1		4.18	4.22	4.33	4.29	4.02	4.21	4.28	4.21	4.22	0.28	0.17	0.48
2		3.95	4.06	4.04	4.02	4.00	4.00	4.06	4.07	4.20	0.30	0.25	0.47
3		4.08	4.10	4.15	4.10	4.10	4.08	4.12	4.10	4.03	0.47	0.44	0.55
4	4.5	4.01	3.95	4.10	3.88	3.97	4.06	4.15	4.03	4.10	0.40	0.35	0.40
5	(1.5+3.0)	4.10	4.04	4.20	4.39	4.07	4.05	4.17	4.10	4.02	0.48	0.35	0.62
6		4.08	4.04	4.00	3.84	3.86	3.91	4.01	3.79	4.08	0.42	0.33	0.58
7		4.04	3.90	4.03	3.91	3.96	3.84	4.04	3.94	3.94	0.56	0.42	0.66
8		3.80	3.83	3.83	3.77	3.89	3.94	4.00	3.95	3.96	0.54	0.46	0.66
9		4.21	4.25	4.22	4.24	4.03	4.25	4.24	4.19	3.88	0.62	0.50	0.73
10		7.59	7.51	7.51	7.36	7.31	7.46	7.61	7.55	7.49	0.41	0.31	0.59
11	7.9 (1.9+6.0)	7.64	7.45	7.65	7.39	7.37	7.45	7.66	7.49	7.51	0.39	0.24	0.53
12		7.40	7.45	7.47	7.50	7.50	7.32	7.31	7.30	7.41	0.49	0.40	0.60

表 4.9.1.8 一些复合板不同位置上厚度变形数据统计（一） /mm

No	复合板	原始总厚度	1	2	3	4	5	6	7	8	9	10	平均	$\Delta_平$	$\Delta_小$	$\Delta_大$
						测 量 次 数										
1	钛-钢-不锈钢	14.2	14.01	13.50	13.36	12.90	13.08	13.02	13.34	13.44	13.85	14.04	13.45	0.75	0.16	1.18
2	钛-钢-不锈钢	14.7	13.62	13.77	13.21	13.02	12.71	12.80	12.57	12.97	13.05	13.60	13.14	1.56	0.93	2.13
3	钢-钢	15.4	15.27	14.94	15.01	14.75	14.48	14.90	14.99	15.06	15.27	15.31	15.00	0.40	0.09	0.92
4	钢-钢	21.2	17.85	17.22	17.34	18.20	18.27	18.78	17.78	17.26	17.50	17.26	17.75	3.45	2.42	3.98
5	黄铜-不锈钢	4.7	4.61	4.59	4.57	4.62	—	4.67	4.55	4.62	4.63	—	4.61	0.09	0.03	0.15
6	钛-钛	8.5	8.48	8.48	8.15	8.10	7.82	7.92	7.80	8.10	8.12	8.35	8.13	0.37	0.02	0.68
7	钛-钛	9.9	9.83	—	9.66	9.44	9.20	9.30	9.19	9.47	9.58	9.76	9.49	0.41	0.07	0.71
8	铜镍-铜镍	7.0	7.35*	8.10*	7.49*	6.81	6.72	6.65	6.71	6.66	6.71	6.71	6.71	0.29	0.19	0.35
9			6.81	6.93	6.90	6.80	6.75	6.79	6.86	6.49	6.62	6.68	6.77	0.23	0.02	0.51
10			7.27*	7.62*	7.55*	6.88	6.73	6.66	6.73	6.66	6.63	6.76	6.72	0.28	0.12	0.37
11			7.15*	7.35*	7.19*	6.75	6.57	6.38	6.69	6.62	6.63	6.81	6.60	0.32	0.03	0.62

* 此处未结合。

表 4.9.1.9 一些复合板不同位置上厚度变形数据统计（二） /mm

No	复合板	原始总厚度	1	2	3	4	5	6	7	8	9	10	11	12	平均	$\Delta_平$	$\Delta_小$	$\Delta_大$
							测 量 次 数											
1	金-银铜镍-铜镍	10.64	10.51	10.14	10.14	10.53	9.92	9.58	9.82	9.06	9.64	9.72	9.73	9.80	9.88	0.76	0.13	1.58
2			—	10.03	10.19	10.04	10.02	9.80	—	9.72	9.82	9.80	9.92	9.91	9.94	0.76	0.45	0.92
3	银铜镍-铜镍	10.33	10.14	10.14	10.23	9.92	9.58	9.82	9.66	9.64	9.72	9.73	9.80		9.85	0.48	0.10	0.75
4	铜-铝	4.2	4.18	4.04	4.04	4.05	3.96	3.71	3.74	3.75	3.76	4.05	4.10	4.04	3.99	0.21	0.02	0.49
5			—	4.05	4.00	3.92	3.93	3.65	3.71	3.80	3.93	3.93	4.05		3.91	0.29	0.15	155
6			4.13	3.70	3.87	3.96	3.88	3.62	3.57	3.62	3.95	4.05	4.00		3.86	0.34	0.07	0.63
7			3.46	3.78	3.81	4.02	3.93	3.97	3.95	3.71	4.14	4.15	4.10	3.77	3.90	0.30	0.05	0.74
8		6.2	5.87	5.72	5.70	5.69	5.79	5.35	5.36	5.42	5.72	5.79	5.66	5.56	5.64	0.56	0.33	0.85
9			5.76	5.57	5.65	5.86	5.65	4.43	5.31	5.41	5.59	5.83	5.69	5.68	5.62	0.58	0.34	0.89
10			5.21	5.07	5.64	5.72	5.75	5.31	5.47	5.60	5.81	5.87	5.67	5.51	5.55	0.65	0.33	1.13

表 4.9.1.10 对称撞击的双层复合板厚度变形数据统计

No	左侧					右侧					复合板			
	金属	爆炸前厚度/mm	爆炸后厚度/mm	减薄量/mm	减薄率/%	金属	爆炸前厚度/mm	爆炸后厚度/mm	减薄量/mm	减薄率/%	名义总厚度/mm	实际总厚度/mm	减薄量/mm	减薄率/%
1	铜	2.40	2.20	0.20	8.3	钢	4.50	3.72	0.78	17.3	6.90	5.92	0.98	14.2
2	铝	2.70	2.29	0.41	15.2	钢	4.50	3.97	0.53	11.8	7.20	6.26	0.94	13.1
3	铜	2.50	1.92	0.58	23.2	铜	2.50	2.03	0.47	18.8	5.00	3.95	1.05	21.0
4	钛	5.00	4.34	0.66	13.2	钛	5.00	4.75	0.25	5.0	10.00	9.09	0.91	10.0
5	不锈钢	5.50	5.37	0.13	2.4	不锈钢	5.50	4.88	0.62	11.3	11.00	10.25	0.75	6.8
6	不锈钢	5.50	5.34	0.16	2.9	不锈钢	5.50	5.08	0.42	7.6	11.00	10.42	0.58	5.3
7*	不锈钢	5.90	4.98	0.92	15.6	不锈钢	6.00	5.51	0.49	8.2	11.90	10.49	1.41	11.8

续表4.9.1.10

No	左 侧					右 侧					复 合 板			
	金属	爆炸前厚度/mm	爆炸后厚度/mm	减薄量/mm	减薄率/%	金属	爆炸前厚度/mm	爆炸后厚度/mm	减薄量/mm	减薄率/%	名义总厚度/mm	实际总厚度/mm	减薄量/mm	减薄率/%
8*	钢	5.00	4.52	0.48	9.6	钢	5.00	4.61	0.39	7.8	10.00	9.13	0.87	8.7
9*	钢	5.10	3.98	1.12	22.0	钢	5.10	4.50	0.60	11.8	10.20	8.50	1.70	16.7
10	钛	5.00	4.52	0.48	9.6	钛	5.00	4.63	0.37	7.4	10.00	9.15	0.85	8.5
11	钛	5.00	4.38	0.62	12.4	钛	5.00	4.67	0.33	6.6	10.00	9.05	0.95	9.5
12	钛	5.00	4.40	0.60	12.0	钢	9.00	8.55	0.45	5.0	14.00	12.95	1.05	7.5

注：* 炸药为8321，其余为2号。

表4.9.1.11 双层复合板厚度变形数据统计

No	覆 板					基 板					复 合 板			
	金属	爆炸前厚度/mm	爆炸后厚度/mm	减薄量/mm	减薄率/%	金属	爆炸前厚度/mm	爆炸后厚度/mm	减薄量/mm	减薄率/%	名义总厚度/mm	实际总厚度/mm	减薄量/mm	减薄率/%
1	锆	0.70	0.63	0.07	10.0	不锈钢	3.00	2.97	0.03	1.0	3.70	3.60	0.10	2.7
2	锆	0.70	0.65	0.05	7.1	钛	3.00	2.57	0.43	14.3	3.70	3.22	0.48	12.9
3	锆	0.70	0.67	0.03	4.3	铜	2.00	1.90	0.10	5.0	2.70	2.57	0.13	4.8
4	锆	0.70	0.69	0.01	1.4	铝	3.00	2.52	0.48	16.0	3.70	3.21	0.49	13.2
5	铌	0.60	0.57	0.03	5.0	不锈钢	3.00	2.95	0.05	1.7	3.60	3.52	0.08	2.2
6	铌	0.70	0.61	0.09	12.9	钛	5.00	4.26	0.74	14.8	5.70	4.87	0.83	14.6
7	铌	0.60	0.47	0.13	21.7	铜	2.00	1.98	0.02	1.0	2.60	2.45	0.15	5.8
8	铌	0.60	0.47	0.13	21.7	铝	3.00	2.56	0.44	14.7	3.60	3.03	0.57	15.8
9	钽	0.50	0.40	0.10	20.0	不锈钢	3.50	3.25	0.25	7.1	4.00	3.65	0.35	8.8
10	钽	0.60	0.51	0.09	15.0	钛	4.60	4.38	0.22	4.8	5.20	4.89	0.31	6.0
11	钽	0.50	0.41	0.09	18.0	铜	2.0	1.97	0.03	1.5	2.50	2.38	0.12	4.8
12	钽	0.50	0.46	0.04	8.0	铝	3.0	2.60	0.40	13.3	3.50	3.06	0.44	12.6
13	不锈钢	1.50	1.26	0.24	16.0	不锈钢	5.30	4.95	0.35	6.6	6.80	6.21	0.59	8.7
14	不锈钢	2.10	1.70	0.40	19.0	不锈钢	4.10	4.00	0.10	2.4	6.20	5.70	0.50	8.1
15	钢	3.10	2.51	0.59	19.0	钢	4.80	4.66	0.14	2.9	7.90	7.17	0.73	9.2
16	钢	3.00	2.01	0.99	33.0	钢	5.00	4.59	0.41	8.2	8.00	6.60	1.40	17.5
17	钛	2.90	2.46	0.44	15.2	钛	5.00	4.69	0.31	6.2	7.90	7.15	0.75	9.5
18	钛	2.90	2.31	0.59	20.3	钛	5.00	4.86	0.14	2.8	7.90	7.17	0.73	9.2
19*	钛	2.70	2.26	0.44	16.3	铜	7.00	6.67	0.33	4.7	9.70	8.93	0.77	7.9
20**	钛	2.70	2.32	0.38	14.1	铜	7.00	6.59	0.41	5.9	9.70	8.91	0.79	8.1
21**	钛	2.70	2.31	0.39	14.4	铜	7.00	6.53	0.47	6.7	9.70	8.84	0.86	8.9
22	钽	0.50	0.43	0.07	14.0	铝	6.00	5.19	0.81	13.5	6.50	5.62	0.88	13.5
23	钽	0.50	0.45	0.05	1.0	铜	1.90	1.70	0.20	10.5	2.40	2.15	0.25	10.4
24	钽	0.50	0.40	0.10	20.0	钛	2.50	2.32	0.18	7.2	3.00	2.72	0.28	9.3
25	钽	0.60	0.51	0.09	15.0	钢	5.50	5.31	0.19	3.5	6.10	5.82	0.28	4.6

注：炸药19* 为2号+8321（1:2）；20** 和21** 为TNT；其余均为2号。

表 4.9.1.12　三层复合板厚度变形数据统计

No	第一层				第二层				第三层				复合板			
	金属	爆炸前厚度/mm	爆炸后厚度/mm	减薄量/mm	减薄率/%	金属	爆炸前厚度/mm	爆炸后厚度/mm	减薄量/mm	减薄率/%	金属	爆炸前厚度/mm	爆炸后厚度/mm	减薄量/mm	减薄率/%	名义总厚度/mm	实际总厚度/mm	减薄量/mm	减薄率/%
1	锆	0.70	0.54	0.16	22.9	锆	0.70	0.67	0.03	4.3	铜	2.90	2.01	0.89	30.7	4.30	3.22	1.08	25.1
2	铜	2.00	1.14	0.36	18.0	钽	0.50	0.22	0.28	56.0	铝	5.80	5.05	0.75	12.9	8.30	6.41	1.89	22.8
3	铜	1.70	1.45	0.25	14.7	铌	0.50	0.37	0.13	26.0	铝	5.90	4.52	1.38	23.4	8.10	6.44	1.66	2.05
4	铜	2.00	1.23	0.77	38.5	锆	0.70	0.47	0.23	32.9	铝	6.10	4.61	1.39	2.28	8.80	6.34	2.46	28.0
5	铜	2.00	1.20	0.80	40.0	锆	0.24	0.15	0.09	12.9	铝	5.80	4.91	0.89	15.3	8.04	6.26	1.78	22.1
6	铝	2.80	2.27	0.53	18.9	铜	3.00	2.65	0.35	11.7	钢	18.00	16.51	1.49	8.3	23.80	21.34	2.46	10.3
7	铝	2.80	2.50	0.30	10.7	钢	18.00	16.57	0.43	7.9	铝	2.80	2.00	0.80	28.6	23.60	21.07	2.53	10.7
8	铜	3.00	2.79	0.21	7.0	钢	20.00	19.84	0.16	0.8	铜	3.00	2.58	0.42	14.0	26.00	25.21	0.79	3.0
9	钛	4.00	2.51	1.49	37.3	铜	1.00	0.94	0.06	0.06	铝	14.00	11.09	2.91	20.8	19.00	14.54	4.46	23.5
10	钛	4.50	3.85	0.65	14.4	钢	4.50	3.55	0.95	21.1	不锈钢	5.65	5.60	0.05	0.9	14.60	13.00	1.60	11.0
11	钛	3.70	3.20	0.50	13.5	钢	4.50	3.53	0.97	21.6	不锈钢	6.00	5.99	0.01	0.2	14.20	12.72	1.48	10.4

表 4.9.1.13　四层复合板厚度变形数据统计

No	第一层				第二层				第三层				第四层				复合板			
	金属	爆炸前厚度/mm	爆炸后厚度/mm	减薄量/mm	减薄率/%	金属	爆炸前厚度/mm	爆炸后厚度/mm	减薄量/mm	减薄率/%	金属	爆炸前厚度/mm	爆炸后厚度/mm	减薄量/mm	减薄率/%	金属	爆炸前厚度/mm	爆炸后厚度/mm	减薄量/mm	减薄率/%	名义总厚度/mm	实际总厚度/mm	减薄量/mm	减薄率/%
1	铜	1.60	1.23	0.37	23.1	钽	0.30	0.29	0.01	3.3	锆	0.20	0.16	0.04	20.0	铝	5.90	5.10	0.80	13.6	8.00	6.59	1.41	17.6
2	铜	1.60	1.36	0.24	15.0	铌	0.50	0.34	0.16	32.0	钽	0.75	0.68	0.07	9.3	铝	5.80	4.01	1.79	30.9	8.65	6.67	1.98	22.9
3	铜	1.60	1.22	0.38	23.8	钽	0.40	0.26	0.14	35.0	铌	0.50	0.45	0.05	10.0	铝	5.80	4.72	1.08	18.6	8.00	6.35	1.65	20.6
4	黄铜	1.74	1.63	0.11	6.3	黄铜	1.75	1.57	0.18	10.3	黄铜	1.68	1.59	0.09	5.4	铝	5.80	3.49	2.31	39.8	10.97	8.28	2.69	24.5
5	黄铜	1.74	1.59	0.15	8.6	黄铜	1.75	1.58	0.17	9.7	黄铜	1.68	1.55	0.13	7.7	铝	5.80	3.45	2.35	40.5	10.97	8.17	2.80	25.5
6	铜	1.70	1.45	0.25	14.7	黄铜	1.76	1.43	0.33	18.8	铝	2.84	2.14	0.70	24.6	钢	3.86	3.64	0.22	5.7	10.16	8.66	1.50	14.8
7	铜	1.70	1.07	0.63	37.1	黄铜	1.76	1.48	0.28	15.9	铝	2.84	2.37	0.47	16.5	钢	3.86	3.61	0.25	6.5	10.16	8.53	1.63	16.0
8	钛	3.00	2.86	0.14	4.7	铜	3.00	2.23	0.77	25.7	铝	2.80	2.26	0.54	19.0	钢	2.80	2.52	0.28	10.0	11.60	9.87	1.73	14.9

2. 爆炸复合板残余变形的规律和影响因素

由上述大量数据可见，双金属和多金属板爆炸焊接以后，都会发生一定程度的和宏观的塑性变形。它们也属于焊接变形。根据数据分析，这种塑性变形有如下规律：

（1）复合板的长度稍有增加

（2）复合板的宽度也稍有增加

（3）复合板长度的增加量较宽度的为大，即长度上增加得多一些。

（4）就长度和宽度而言，通常覆板的增加量比基板的为多（由于边界效应覆板被切边，其增加量有时不好测量）。

（5）复合板的厚度值较原始总厚度为小，即爆炸焊接后变薄了。

（6）覆板的变薄量通常较基板的为多。

（7）复合板不同位置上厚度的减少是不一样的。

表 4.9.1.14 五层复合板厚度变形数据统计

No	第一层 金属	爆炸前厚度/mm	爆炸后厚度/mm	减薄量/mm	减薄率/%	第二层 金属	爆炸前厚度/mm	爆炸后厚度/mm	减薄量/mm	减薄率/%	第三层 金属	爆炸前厚度/mm	爆炸后厚度/mm	减薄量/mm	减薄率/%	第四层 金属	爆炸前厚度/mm	爆炸后厚度/mm	减薄量/mm	减薄率/%	第五层 金属	爆炸前厚度/mm	爆炸后厚度/mm	减薄量/mm	减薄率/%	复合板 名义总厚度/mm	实际总厚度/mm	减薄量/mm	减薄率/%
1	铝	5.10	2.71	2.39	46.9	铜	1.00	0.59	0.41	41.0	铝	2.80	2.03	0.77	27.5	铜	1.00	0.68	0.32	32.0	铝	5.00	4.17	0.83	16.6	15.00	10.18	4.82	32.1
2	铝	5.10	2.86	2.24	43.9	铜	1.00	0.63	0.37	37.0	铝	2.80	2.05	0.75	26.8	铜	1.00	0.74	0.26	26.0	铝	5.00	3.71	1.29	25.8	15.00	10.01	4.99	33.3
3	铜	1.00	0.74	0.26	26.0	铝	2.80	2.38	0.42	15.0	铜	1.00	0.75	0.25	25.0	铝	3.10	2.40	0.70	22.6	铜	2.50	2.42	0.08	3.2	16.40	8.85	7.55	46.0
4	铜	1.00	0.77	0.23	23.0	铝	2.80	2.32	0.48	17.1	铜	1.00	0.74	0.26	26.0	铝	3.10	2.42	0.68	21.9	铜	2.50	2.38	0.12	4.8	16.40	8.63	7.71	47.0
5	铝	2.80	2.10	0.70	25.0	铜	1.00	0.52	0.48	48.0	铝	2.50	1.81	0.69	27.6	铜	1.00	0.61	0.39	39.0	铝	3.10	2.91	0.19	6.1	9.40	7.95	1.45	15.4
6	铝	2.80	2.07	0.73	26.1	铜	1.00	0.61	0.39	39.0	铝	2.50	1.73	0.77	30.8	铜	1.00	0.62	0.38	38.0	铝	3.10	2.75	0.35	11.3	9.40	7.78	1.62	17.2
7	铜	2.44	2.41	0.03	1.3	铝	2.82	2.33	0.49	17.4	黄铜	1.64	1.38	0.26	15.9	铝	2.88	2.57	0.31	10.8	钛	5.00	4.53	0.47	9.4	14.58	13.02	1.56	10.7
8	铜	2.25	2.08	0.17	7.6	铜	2.04	1.35	0.69	33.8	铜	2.04	1.60	0.44	21.6	铜	1.45	1.37	0.08	5.5	铜	1.69	1.60	0.09	5.3	9.47	8.00	1.47	15.5
9	铜	2.25	1.80	0.45	20.0	铜	2.04	1.48	0.56	27.5	铜	2.04	2.01	0.03	1.5	铜	1.65	1.53	0.12	7.3	铜	1.69	1.48	0.21	12.4	9.47	8.30	1.17	12.4
10	铜	2.60	2.26	0.34	13.1	铝	2.90	2.62	0.28	9.7	铜	2.50	2.23	0.27	10.8	铝	2.90	2.49	0.41	16.5	铜	2.60	2.36	0.24	9.2	13.50	10.96	2.54	18.8
11	铜	1.50	1.07	0.43	28.7	钽	0.50	0.37	0.13	26.0	铝	2.80	1.73	1.07	38.2	铌	0.30	0.29	0.01	3.3	钢	2.90	2.59	0.31	10.7	8.00	6.05	1.95	22.4
12	铜	1.50	1.15	0.35	23.3	铌	0.20	0.09	0.11	55.0	铝	2.90	1.88	1.02	35.2	钽	1.00	0.83	0.17	17.0	不锈钢	3.00	2.89	0.11	3.7	8.60	6.84	1.76	20.5
13	铜	1.50	1.40	0.10	6.7	铌	0.50	0.30	0.20	40.0	锆	0.20	0.16	0.04	20.0	钽	0.50	0.44	0.06	12.0	钢	3.10	2.67	0.43	14.2	5.80	4.97	0.83	14.3

（8）沿爆轰方向复合板的厚度通常逐渐减小，即起爆端的变薄量小些，前端的大些。

（9）在两面布药时，对称撞击爆炸焊接的复合板在长、宽和厚度，以及三维空间上的变形，显得更大一些。

（10）三、四、五层多金属板的爆炸焊接变形规律与复合板的相似。

（11）整块复合板都会发生一定程度的瓢曲变形（三维空间变形），即板面不平。如果是中心起爆的情况，则复合板四周高中部低，中心凹陷得最严重。

（12）上述100多块两层和多层复合板厚度的平均减薄率的统计数据如表4.9.1.15所列。由表中数据可见，随着复合板层数的增加，其减薄率增加。五层时达20%以上，即使两层复合板也在10%以上。由此可见，爆炸焊接过后，复合板在厚度上的残余变形是很大的。

爆炸复合板的变形是客观存在的。其长、宽和厚度，以及三维方向上的变形量的大小与下述诸因素有关：

（1）随炸药能量的增加而增加。

（2）随金属强度（硬度）及厚度的降低和塑性的提高而增加。

（3）在一定范围内随间隙的增大而增加。

表4.9.1.15　复合板平均减薄率的统计数据　/%

No	第一层	第二层	第三层	第四层	第五层	复合板	备注
1	12.20	9.88	—	—	—	11.04	对称碰撞
2	13.94	7.05	—	—	—	10.50	—
3	21.45	17.55	14.31	—	—	15.36	—
4	16.66	18.34	15.94	20.70	—	17.91	—
5	22.43	31.27	23.61	19.38	10.21	21.38	—

（4）随刚性基础的设置及其质量和强度的增加而增加（瓢曲变形除外）。

（5）在爆轰距离之内，随爆轰波的传播而增加。

（6）边界效应（雷管区除外）作用的地方变形量大。

（7）实验表明[3]，完全干燥的沙和很湿的沙的基础可以使复合板的变形减到最小。标准尺寸的管板在沙基上复合后，将其变形数据进行整理，得出爆炸后出现的不平度平均为

$$\Delta = 16 - \frac{2\delta_2}{\delta_1} \qquad (4.9.1.1)$$

式中，Δ 为沿直径方向出现的总不平度（单位：mm/m）。

3. 爆炸复合板变形对材料性能的影响

爆炸复合板的残余变形将在如下几个方面产生影响。

（1）改变了复合板应有的几何尺寸。

（2）改变了复合板应有的几何形状。

（3）在一定程度上改变了基材的内部组织。

（4）在一定程度上改变了基材的性能，特别是力学性能：强度和硬度增加，塑性降低。

复合板的上述变化首先影响到它的后续加工。例如，必须先将瓢曲的复合板平复。这种校平工序除增加加工成本之外，还有可能使结合强度较低的地方开裂，或者使强度降低。

复合板的强度和硬度的增加，必然增加后续机械加工工序的困难，会增加工作量和加工成本。有些还需用热处理的方法来消除"爆炸焊接强化"和"爆炸焊接硬化"。

另外，复合板强度的增加是否补偿得了由于厚度的减小而损失的强度？这是设计部门需要认真计算的。如果爆炸复合板必须进行后续的热处理（正火或高温退火），那么，由于这种厚度的减小而损失的强度更是不容忽视的。这就是现在一些用户对爆炸复合板的减薄量设限和提出严格要求的原因。现在这个问题是引起供需双方高度重视的时候了。

4. 减小和消除复合板残余变形的方法

如上所述，爆炸复合板的残余变形弊多利少。因此，应当在实施爆炸焊接工艺之前尽量设法减小这种变形，在爆炸焊接之后千方百计地使发生变形的复合板消除变形。

在了解爆炸复合板变形的规律和影响因素之后，就不难找到减小和消除这种变形的途径及方法。

（1）在保证金属板爆炸焊接的情况下，尽量使用最小的药量和最小的间隙距离。

（2）在可能的情况下，适当地增加覆板，特别是基板的强度、硬度及厚度，适当地降低其塑性。

（3）适当地增加药框的面积，将边界效应引出复合板的面积之外。

（4）砧座等刚性基础的设置有利于减小复合板的瓢曲变形。

（5）复合板在长、宽和厚度上的变形是无法恢复的。但对于瓢曲变形来说是可以校正的——用平板机或其他压力机平复，或在热处理后平复。还可用图5.4.1.132的方法获得符合技术要求的不用平复的大面积复合管板。

文献[1690]指出，复合板在爆炸焊接过程中，常常会导致其实际厚度小于验收标准的最低值，无法满足设备的设计要求，造成复合板无法正常投入使用的严重后果。本书在大量试验研究的基础上探讨爆炸焊接使不锈钢-钢复合板减薄的原因和预防的措施，为生产提供一定的技术支撑。

试验以不同的炸药爆速、不同的爆轰距离和不同的间隙尺寸下复合板减薄的数据为依据，讨论这种减薄的原因和提出改进的措施。

试验数据如表4.9.1.16~表4.9.1.18所列。由三表可见，随着炸药爆速的增加、爆轰距离的增加和间隙高度的增加，复合板的减薄量增加。由前两表和后一表的比较可知，随着复合板厚度的增加，其减薄量减小。为此，为降低复合板的减薄量，降低炸药的爆速、缩短爆轰距离和减小间隙高度是必要的考虑因素。

表4.9.1.16   爆速对复合板减薄量的影响

No	$v_d/(\text{m} \cdot \text{s}^{-1})$	δ_1/mm	δ_2/mm	复合前$(\delta_1+\delta_2)$/mm	复合后$(\delta_1+\delta_2)$/mm	减薄量/mm	减薄率/%
1	2310	2.86	16.10	18.96	18.78	0.18	0.95
2	2430	2.86	15.86	18.72	18.50	0.22	1.18
3	2520	2.85	16.20	19.05	18.74	0.31	1.63
4	2590	2.84	16.32	19.16	18.80	0.36	1.88
5	2710	2.83	15.92	18.75	18.36	0.39	2.08
6	2880	2.86	16.08	18.94	18.48	0.46	2.43
7	2920	2.86	16.24	19.10	18.52	0.58	3.04
8	3010	2.86	16.12	18.98	18.26	0.72	3.79

表4.9.1.17   爆轰距离对复合板减薄量的影响

No	爆轰距离/m	δ_1/mm	δ_2/mm	复合前$(\delta_1+\delta_2)$/mm	复合后$(\delta_1+\delta_2)$/mm	减薄量/mm	减薄率/%
1	1.0	2.77	31.82	34.59	34.50	0.09	0.26
2	2.0	2.78	31.74	34.52	34.34	0.18	0.52
3	3.0	2.78	31.72	34.50	34.32	0.28	0.81
4	4.0	2.75	31.84	34.59	34.16	0.43	1.24
5	5.0	2.78	31.76	34.54	33.96	0.58	1.68
6	6.0	2.79	31.78	34.57	33.78	0.79	2.29
7	7.0	2.81	31.80	34.61	33.74	0.87	2.51

表4.9.1.18   间隙高度对复合板减薄量的影响

No	间隙高度/mm	δ_1/mm	δ_2/mm	复合前$(\delta_1+\delta_2)$/mm	复合后$(\delta_1+\delta_2)$/mm	减薄量/mm	减薄率/%
1	6	5.68	88.50	94.18	93.80	0.38	0.40
2	8	5.72	88.30	94.02	93.58	0.44	0.46
3	10	5.70	88.40	94.10	93.54	0.56	0.60
4	12	5.73	88.40	94.13	93.42	0.71	0.75
5	14	5.70	88.45	94.15	93.20	0.95	1.01
6	16	5.72	88.50	94.22	93.20	1.02	1.08

4.9.2   锆$_2$合金+不锈钢爆炸复合管的残余变形

锆$_2$和不锈钢两根管材在爆炸焊接以后，也会像两块金属板一样，在外形上发生与原始形状不同的宏观塑性变形。所不同的是，复合管的变形一方面表现为扩径（内爆法时）或缩径（外爆法时），另一方面表现在平直度上。复合管的这两个方面的变形严重地影响了它的形状和尺寸，因而严重地影响了它的使用。为了使应用于核反应堆中的锆$_2$+不锈钢复合管(最后用这种复合管加工成它们的过渡管接头)符合技术条件的要求(包括形状和尺寸)，本节全面深入地研究这种复合管的爆炸焊接变形及其规律和影响因素，从而为它的研制成功奠定基础。也为别的材料的复合管(管接头)的成功研制提供经验。

1. 试验方法

用 3.2.7 节所叙述的方法爆炸焊接锆$_2$+不锈钢复合管。其中工艺示意图如图 3.2.7.2 所示，复合管如图 5.5.2.18 所示，管接头如图 5.5.2.23 所示，两半模具图如图 3.2.7.1 所示，模具内孔和复合管变形图如图 2.4.1.4 和图 2.4.1.3 所示。在图 4.9.2.1 的接缝和垂直接缝的两个位置上，按图 4.9.2.2 的方法测量该复合管两个方向的外径变形数据($\phi_{//}$和$\phi_{\perp}$)，并且用图 4.9.2.3 的方法测量两半模具内孔直径的变形数据(如 1-1 和 1-2)。

为了摸索复合管外径和两半模具内径爆炸变形的规律，作者设计了许多试验方案。这些方案对于减小模管变形和获得满足技术条件要求的复合管很有效。这些试验结果为确定该复合管的爆炸焊接工艺参数提供了依据。现将大量统计数据介绍如下。

图 4.9.2.1　锆$_2$+不锈钢复合管
(剖成两半)及其上的接缝

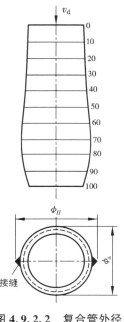

图 4.9.2.2　复合管外径
变形数据测量方法

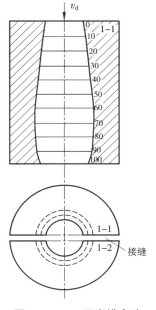

图 4.9.2.3　两半模内孔
变形数据测量方法

2. 在均匀布药情况下的爆炸变形

所谓均匀布药即是将粉状炸药均匀地布放在整个长度的覆管之内。此时其体积范围内的炸药密度是相同的。为了比较，其他工艺参数均相同。结果如表 4.9.2.1~表 4.9.2.11 所列。

表 4.9.2.1　1 号模具模孔内径变形数据　　　　　　　/mm

测量位置		0	10	20	30	40	50	60	70	80	90
试验前内径		50.6	50.6	50.5	50.5	50.5	50.5	50.4	50.4	50.4	50.3
第一次试验	1#-1	50.6	50.7	50.8	50.7	50.7	50.7	50.8	50.8	50.8	50.4
	1#-2	50.8	50.7	50.7	50.7	50.6	50.8	50.8	50.8	50.8	50.5
第二次试验	1#-1	50.7	51.2	51.1	51.2	51.2	51.3	51.5	51.5	51.5	51.1
	1#-2	51.1	51.2	51.1	51.3	51.4	51.5	51.6	51.8	51.6	51.4
第三次试验	1#-1	51.3	51.6	51.5	50.7	51.8	52.0	52.2	52.4	52.3	52.0
	1#-2	51.3	51.6	51.6	51.7	51.9	52.1	52.3	52.4	52.3	52.0
第四次试验	1#-1	51.6	52.0	52.1	52.3	52.5	52.7	53.0	53.1	53.0	52.5
	1#-2	51.6	51.9	52.1	52.4	52.6	52.8	53.0	53.2	53.2	52.5
第五次试验	1#-1	52.2	52.5	52.7	52.9	53.2	53.5	53.9	54.0	53.9	53.0
	1#-2	52.2	52.6	52.8	53.1	53.4	53.6	54.0	54.0	53.9	53.3

注: 表中 0，10，20，…，90 为从起爆点开始沿爆轰方向距起爆点的测量距离。以下有关各表均同。

表 4.9.2.2　用 1 号模具爆炸焊接的复合管外径变形数据 　　　　　/mm

复合管 No	试验前基管外径	测量方向	0	10	20	30	40	50	60	70	80	90
1	49.6	$\phi_{//}$	50.7	50.8	50.8	50.7	50.8	50.6	50.7	50.7	50.6	50.3
		$\phi_{\perp}$	50.6	50.7	50.6	50.6	50.6	50.4	50.5	50.6	50.7	50.6
2	49.5	$\phi_{//}$	51.1	51.2	51.1	51.1	51.1	51.1	51.2	51.2	51.4	51.3
		$\phi_{\perp}$	51.2	51.2	51.0	50.9	50.9	50.9	50.9	50.9	51.0	50.8
3	50.1	$\phi_{//}$	51.5	51.7	51.9	52.0	52.1	52.1	52.2	52.2	52.3	52.1
		$\phi_{\perp}$	51.3	51.2	51.2	51.1	51.1	51.3	51.5	51.5	51.5	51.5
4	50.1	$\phi_{//}$	51.5	51.6	51.8	52.0	52.0	52.2	52.3	52.5	52.4	52.4
		$\phi_{\perp}$	51.0	51.2	51.2	51.4	51.6	51.8	52.2	52.1	52.0	51.8
5	50.1	$\phi_{//}$	52.0	52.2	52.5	52.5	52.6	52.8	53.2	53.4	53.2	53.0
		$\phi_{\perp}$	52.2	52.2	51.9	52.0	52.1	52.3	52.6	52.8	52.9	52.9

表 4.9.2.3　四个不同大小的两半模具第三次试验后模孔内径变形数据 　　　　　/mm

模具 No		试验前内径	0	10	20	30	40	50	60	70	80	90	100	110
2	2#-1	74.0	74.7	74.8	74.9	75.8	76.2	76.5	76.5	76.6	76.7	77.0	76.8	76.6
3	3#-1	42.0	42.3	42.4	42.6	42.8	43.4	43.8	44.0	44.2	44.0	43.8	43.1	—
	3#-2		42.4	42.5	42.9	43.0	43.5	43.9	44.0	44.0	43.9	43.8	43.6	
4	4#-1	39.0	39.3	39.3	39.4	39.5	39.7	40.3	40.7	40.8	41.0	41.2	41.1	41.0
	4#-2		39.3	39.3	39.4	39.5	39.7	39.8	40.2	40.8	41.1	41.3	41.3	40.8
5	5#-1	32.0	32.7	32.8	33.3	33.9	34.3	34.5	34.9	35.2	35.0	36.5	—	—
	5#-2		32.8	32.8	33.7	33.8	34.3	34.5	34.8	35.1	35.0	36.5	—	—

表 4.9.2.4　用 4 号模具进行三次试验、三根复合管外径变形数据 　　　　　/mm

复合管 No	基管原始外径	测量方位	0	10	20	30	40	50	60	70	80	90
1	39.0	$\phi_{//}$	39.0	39.0	39.0	39.1	39.2	39.3	39.4	39.5	39.5	39.5
		$\phi_{\perp}$	39.5	39.6	39.6	39.6	39.6	39.7	39.7	39.7	39.8	39.9
2	39.0	$\phi_{//}$	39.0	39.1	39.2	39.4	39.6	40.0	40.2	40.2	40.2	40.1
		$\phi_{\perp}$	39.5	39.6	39.7	39.9	40.2	40.4	40.6	40.8	40.9	41.2
3	39.0	$\phi_{//}$	39.1	39.2	39.4	39.5	40.0	40.7	41.0	41.2	41.1	41.0
		$\phi_{\perp}$	39.6	39.7	39.9	40.1	40.4	40.8	41.0	41.2	41.4	41.7

表 4.9.2.5　6 号模具（6 号-1）模孔内径变形数据 　　　　　/mm

测量位置	0	10	20	30	40	50	60	70	80	90	100	110	120
试验前内径	50.3	50.3	50.2	50.2	50.2	50.3	50.3	50.3	50.4	50.5	50.5	50.4	50.4
第一次试验后	50.7	50.7	50.5	50.4	50.5	50.5	50.7	50.6	50.6	50.7	50.7	50.7	50.8
第五次试验后	52.6	52.4	52.0	52.0	52.2	52.4	52.5	52.7	52.9	52.9	52.8	52.3	52.1

表 4.9.2.6　7 号模具模孔内径变形数据 　　　　　/mm

测量位置		0	10	20	30	40	50	60	70	80	90	100
试验前	7#-1	44.7	44.7	44.7	44.8	45.2	45.4	45.7	46.0	46.3	46.6	47.0
	7#-2	44.7	44.7	44.7	44.9	45.2	45.2	45.7	46.0	46.4	46.7	47.0

续表4.9.2.6

测 量 位 置		0	10	20	30	40	50	60	70	80	90	100
第一次试验后	7#-1	44.8	44.7	44.7	44.9	45.3	45.7	46.1	46.3	46.9	47.1	47.2
	7#-2	44.7	44.9	44.8	45.2	45.4	45.8	46.3	46.5	46.5	47.2	47.1
第二次试验后	7#-1	44.9	44.9	45.0	45.4	45.8	46.3	46.8	47.1	47.6	47.7	47.7
	7#-2	44.8	45.0	45.0	45.6	46.1	46.3	47.1	47.5	47.7	47.7	47.7
第三次试验后	7#-1	45.0	45.1	45.3	45.6	46.2	46.7	47.3	47.6	47.9	47.9	47.9
	7#-2	45.1	45.2	45.2	45.7	46.2	46.8	47.2	47.6	48.0	47.9	48.0
第四次试验后	7#-1	45.2	45.4	45.6	46.1	46.6	47.2	48.2	48.5	48.6	48.6	48.4
	7#-2	45.5	45.6	45.7	46.2	47.0	47.4	48.0	48.2	48.7	48.7	48.7
第五次试验后	7#-1	45.4	45.7	45.9	46.5	47.2	47.8	48.7	49.0	49.5	49.4	49.0
	7#-2	45.7	45.8	46.1	46.8	47.6	48.3	48.8	49.1	49.5	49.3	48.9
第六次试验后	7#-1	45.6	45.9	46.2	47.0	47.8	48.9	49.6	49.9	50.3	50.6	49.6
	7#-2	46.0	46.5	46.8	47.4	48.4	49.0	49.6	49.7	50.3	49.8	49.7

表 4.9.2.7　爆炸变形后模孔内径的扩大值和平直度　　　　/mm

表 序	试 验	模具 No	扩 大 值													平直度
			0	10	20	30	40	50	60	70	80	90	100	110	120	
4.9.2.1	第五次试验后	1#-1	1.6	1.9	2.2	2.4	2.7	3.0	3.5	3.6	3.5	2.7	—	—	—	1.4
		1#-2	1.6	2.0	2.3	2.6	2.9	3.0	3.5	3.7	3.5	3.0	—	—	—	1.3
4.9.2.3	第三次试验后	2#-1	0.7	0.8	0.9	1.8	2.2	2.5	2.5	2.6	2.7	3.0	2.8	2.6		2.0
4.9.2.3	第三次试验后	3#-1	0.3	0.4	0.6	0.8	1.4	1.8	2.0	2.2	2.0	1.8	1.1	—	—	1.4
		3#-2	0.4	0.5	0.9	1.0	1.5	1.9	2.0	2.0	1.9	1.8	1.6	—	—	1.3
4.9.2.3	第三次试验后	4#-1	0.3	0.3	0.4	0.5	0.7	1.3	1.7	1.8	2.0	2.2	2.1	2.0	—	1.8
		4#-2	0.3	0.3	0.4	0.6	0.8	1.2	1.8	2.1	2.3	2.3	1.8	—		2.0
4.9.2.3	第三次试验后	5#-1	0.7	0.8	1.3	1.9	2.3	2.5	2.9	3.2	3.0	4.5	—	—		2.2
		5#-2	0.8	0.8	1.7	1.8	2.3	2.5	2.8	3.1	3.0	2.5	—	—		2.2
4.9.2.5	第五次试验后	6#-1	2.3	2.1	1.8	1.8	2.0	2.1	2.2	2.4	2.5	2.4	2.3	2.1	1.7	0.3
4.9.2.6	第六次试验后	7#-1	0.9	1.2	1.5	2.2	2.6	3.5	3.9	3.9	4.0	4.0	2.6	—	—	4.7
		7#-2	1.3	1.8	2.1	2.5	3.2	3.8	3.9	3.7	3.9	3.1	2.7	—	—	3.8

注：①模孔扩大值指爆炸后扩大的模孔内径与爆炸前的模孔内径之差；②模孔平直度指除上、下两端外，扩大后的模孔的最大数据与最小数据之差。

表 4.9.2.8　用1号模具爆炸焊接的复合管外径的扩大值和平直度　　　　/mm

复合管 No	测量位置	扩 大 值										平直度
		0	10	20	30	40	50	60	70	80	90	
1	φ∥	1.1	1.2	1.2	1.1	1.2	1.0	1.1	1.1	1.0	0.7	0.2
	φ⊥	1.0	1.1	1.0	1.0	1.0	0.8	0.9	1.0	1.1	1.0	0.3
3	φ∥	1.4	1.6	1.8	1.9	2.0	1.9	2.1	2.1	2.2	2.0	0.6
	φ⊥	1.2	1.1	1.1	1.0	1.0	1.1	1.2	1.4	1.4	1.4	0.4
5	φ∥	1.9	2.1	2.2	2.4	2.5	2.7	3.1	3.3	3.1	2.9	1.2
	φ⊥	2.1	2.1	1.8	1.9	2.0	2.2	2.5	2.7	2.8	2.8	1.0

注：①复合管外径扩大值指爆炸焊接后的复合管外径与原始基管外径之差；②复合管的平直度指除上、下两端外，复合管外径变形的最大数据与最小数据之差；③本表中的数据由表4.9.2.2整理所得。

表4.9.2.9 用4号模具爆炸焊接的三根复合管外径的扩大值和平直度 /mm

复合管 No	测量位置	扩大值										平直度
		0	10	20	30	40	50	60	70	80	90	
1	$\phi_{\parallel}$	0.5	0.6	0.6	0.6	0.6	0.7	0.7	0.7	0.8	0.9	0.2
	$\phi_{\perp}$	0.0	0.0	0.0	0.1	0.2	0.3	0.4	0.5	0.5	0.5	0.5
2	$\phi_{\parallel}$	0.5	0.6	0.7	0.9	1.2	1.4	1.6	1.8	1.9	2.2	1.3
	$\phi_{\perp}$	0.0	0.1	0.2	0.4	0.6	1.0	1.2	1.2	1.2	1.1	1.1
3	$\phi_{\parallel}$	0.6	0.7	0.9	1.1	1.4	1.8	2.0	2.2	2.4	2.7	1.7
	$\phi_{\perp}$	0.1	0.2	0.4	0.5	1.0	1.7	2.0	2.2	2.1	2.0	2.0

注：①复合管的扩大值和平直度的含义同上表；②本表中的数据由表4.9.2.4整理而得。

表4.9.2.10 复合管的圆扁度 /mm

模具 No	试验次	复合管 No	0	10	20	30	40	50	60	70	80	90	100	110	120
1	第一次	1	0.1	0.1	0.2	0.1	0.2	0.2	0.2	0.1	-0.1	-0.3	—	—	—
	第二次	2	-0.1	0.0	0.1	0.2	0.2	0.2	0.3	0.3	0.4	0.5	—	—	—
	第三次	3	0.2	0.5	0.7	0.9	1.0	0.8	0.9	0.7	0.8	0.6	—	—	—
	第四次	4	0.5	0.4	0.6	0.6	0.4	0.4	0.1	0.1	0.4	0.6	—	—	—
	第五次	5	-0.2	0.0	0.4	0.5	0.5	0.5	0.6	0.5	0.3	0.1	—	—	—
4	第一次	1	0.5	0.6	0.6	0.5	0.4	0.4	0.3	0.3	0.3	0.4	—	—	—
	第二次	2	0.5	0.5	0.5	0.5	0.6	0.4	0.4	0.6	0.7	1.1	—	—	—
	第三次	3	0.5	0.5	0.5	0.6	0.4	0.1	0.0	0.0	0.3	0.7	—	—	—
8	第一次	1	0.4	0.2	0.2	0.6	0.7	0.7	0.6	0.9	1.0	1.2	1.1	1.2	1.3
	第二次	2	0.2	0.1	0.2	0.0	0.2	0.1	0.3	0.7	0.8	1.1	1.1	1.3	1.3
	第三次	3	0.3	0.2	0.2	0.1	0.2	0.3	0.3	0.5	0.7	0.7	0.9	1.0	0.9
	第四次	4	0.3	0.2	0.2	0.1	0.1	0.1	0.4	0.4	0.8	0.8	0.4	0.4	0.8
	第五次	5	0.7	0.3	0.1	0.1	0.3	0.2	0.3	0.2	0.0	0.1	0.4	0.4	0.3
9	第一次	1	0.5	0.6	0.3	0.6	0.5	0.5	0.7	1.0	1.2	1.4	1.4	1.5	1.4
	第二次	2	0.9	0.7	0.5	0.5	0.5	0.5	0.9	1.0	1.1	1.2	1.3	1.1	0.9
	第三次	3	0.9	0.9	0.8	0.7	0.9	0.6	0.5	0.5	0.8	1.1	1.2	1.7	2.0

注：①爆炸焊接后复合管是扁圆的，扁圆度是指每一测量位置上扁圆的长短轴之差值；②本表中的数据由上述有关表内的数据整理而得。

表4.9.2.11 复合管的平直度统计 /mm

复合管 No	10-1	10-2	10-3	10-4	10-5	11-1	11-2	11-3	12-1	12-2	12-3	12-4	12-5
接缝方向上的平直度	0.2	0.6	0.9	0.8	0.9	0.8	0.9	1.3	0.3	0.4	0.5	0.8	1.0
垂直接缝方向上的平直度	0.8	0.9	0.5	0.4	0.8	0.9	0.9	0.7	0.6	0.4	0.7	0.9	1.0

由表4.9.2.1~表4.9.2.11，以及图4.9.2.4可知，在均匀布药爆炸焊接锆$_2$+不锈钢复合管，且其他工艺参数相同的条件下，复合管的外径和两半模的内孔内径都扩大了。同时，一方面随着试验次数的增加，这种扩大的趋势增加；另一方面还随着爆轰距离的增加而增大；在管长90 mm的时候，在60~80 mm的距离上达到最大值。另外，复合管外径接缝处的变形更大于垂直接缝处的变形。这表明复合管是扁圆的，模孔也是扁圆的。再者，在接缝处复合管的平直度比垂直接缝处的要差。这一切说明，在均匀布药的情况下爆炸焊接的该复合管呈葫芦状变形。这种形状的变形产生的原因见本书2.4.3节。

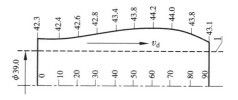

13#模具，9次试验后，1为原始外径

图4.9.2.4 均匀布药爆炸焊接的锆$_2$+不锈钢复合管的外形测绘

3. 在梯形布药情况下的爆炸变形

大量试验和测量数据表明，上述模孔和复合管的这种变形，是均匀布药的必然结果。这种变形严重地影响了复合管的几何形状和尺寸，因而影响了用这种复合管加工成管接头的效果。

为了改变上述状况，采取了如下措施，取得了良好的结果。

（1）梯形布药对模、管变形的影响。梯形布药方法是在覆管内放置一个非金属圆锥体（图 3.2.7.2），并且通过调整该圆锥体的几何尺寸来控制爆炸焊接后的模、管变形。通过这种方法，在保证覆管和基管焊接的情况下，复合管的圆扁度和平直度都可以控制在 1 mm 之内。模具内孔亦然。

（2）模具的硬度对模、管变形的影响。在其他工艺参数不变的情况下，模具内孔的硬度对这种变形量有重要的影响，表 4.9.2.12 提供了这方面的数据。由此可见，硬度值高的其内孔变形较小。但是复合管的圆扁度降低（表 4.9.2.13）。为了获得变形较小又较圆的复合管，试验指出，模孔的硬度不宜太低，也不宜太高。

表 4.9.2.12 模孔的硬度值对模孔变形量的影响 /mm

模具 No	模孔硬度 HRC	模孔原内径	0	10	20	30	40	50	60	70	80	90	100	110	120
14 号-1	未淬火	50.2	54.2	53.8	53.9	53.9	54.3	54.7	54.9	55.0	55.1	54.7	54.7	—	—
15 号-1	淬火后，40	50.2	52.3	51.4	51.4	51.4	51.5	51.6	51.8	51.9	51.9	51.8	51.6	51.7	52.1
16 号-1	淬火后，50	50.2	51.2	50.6	50.6	50.8	51.0	51.1	51.1	51.1	51.0	51.1	51.2	51.8	52.1

注：均为第五次试验后模孔内径的测量值。

表 4.9.2.13 模孔的硬度值对复合管圆扁度的影响 /mm

模具 No	模孔硬度 HRC	0	10	20	30	40	50	60	70	80	90	100	110	120
14 号	未淬火	0.4	0.5	0.5	0.5	0.6	0.6	0.6	0.7	0.8	0.7	0.5	—	—
15 号	淬火后，40	0.8	0.8	0.9	0.9	0.9	0.9	1.0	1.0	1.1	1.1	1.2	1.0	0.9
16 号	淬火后，50	1.0	1.1	1.1	1.2	1.2	1.3	1.3	1.4	1.4	1.5	1.6	1.3	1.0

注：均由第五次试验后复合管外径测量数据整理而得。

（3）销钉大小对模、管变形的影响。如图 3.2.7.1 所示，在与两半模配合使用的两副圆环上要插上 4 根销钉。这种销钉可以用不同材料和尺寸的金属丝来做。它的尺寸和强度对模、管的变形也有影响，数据如表 4.9.2.14 所列。这种影响自然也要波及复合管。

表 4.9.2.14 铁丝销钉的直径对模孔变形的影响 /mm

模具 No	模孔硬度 HRC	销钉直径 /mm	0	10	20	30	40	50	60	70	80	90	100	110	120
17 号-1	27	2.5	2.3	2.1	1.7	1.8	2.0	2.2	1.9	2.4	2.6	2.5	2.3	1.9	1.7
18 号-1	27	1.5	1.9	2.4	2.6	2.6	3.0	3.3	3.5	3.5	3.7	3.5	3.6	3.0	2.1

注：均为第五次试验后模孔的扩大值。

（4）基覆比对模、管变形的影响。一副模具在放几炮之后模孔扩大至一定程度就不能用了。为了充分利用旧模具，可将其退火、车内孔和淬火后再使用。为了和内孔扩大后的模具相配合，便在基管的外面套上一截普通钢管，然后用同样的工艺进行试验。这样就相当于增加了基管的壁厚，即增加了基管和覆管壁厚的厚度比。试验表明此基覆比增加后有利于减小模孔的变形和使复合管变圆。表 4.9.2.15 和表 4.9.2.16 提供了这方面的数据。

表 4.9.2.15 基覆比对模孔变形的影响 /mm

模具 No	基管尺寸	覆管尺寸 /（mm×mm）	基覆比	0	10	20	30	40	50	60	70	80	90	100	110	120
19 号-1	φ50×2.8	φ43.5×1.2	2.33	1.9	1.7	1.8	1.8	1.8	1.9	1.9	2.1	2.3	2.3	2.2	1.6	1.5
20 号-1	φ56×5.8	φ43.5×1.2	4.83	1.1	1.2	1.3	1.3	1.4	1.4	1.5	1.6	1.7	1.9	1.7	1.5	1.3

注：①表中数据为第五次和第一次试验后，模孔数据之差；②20 号模具的壁厚为 2.8 mm+3.0 mm=5.8 mm，2.8 mm 为原始壁厚，3.0 mm 为外套的普通钢管的壁厚。

表 4.9.2.16 基覆比对复合管圆扁度的影响 /mm

模具 No	基覆比	0	10	20	30	40	50	60	70	80	90	100	110	120
19 号	2.3	0.6	0.5	0.5	0.5	0.4	0.4	0.4	0.3	0.3	0.3	0.4	0.4	0.3
20 号	4.9	0.4	0.3	0.3	0.3	0.2	0.2	0.1	0.1	0.1	0.1	0.1	0.1	0.2

注：表中数据均为第五次试验后复合管的圆扁度数据。

（5）试验次数对模、管变形的影响。当使用一个模具时，随着试验次数的增多，模孔不断扩大，但复合管逐渐变圆。数据如表 4.9.2.17 和表 4.9.2.18 所列。

表 4.9.2.17 第 21 号-1 模具，试验次数对模孔变形的影响 /mm

试验次数	0	10	20	30	40	50	60	70	80	90	100	110	120
第一次	0.4	0.4	0.2	0.2	0.3	0.3	0.4	0.3	0.3	0.3	0.2	0.3	0.4
第二次	0.2	0.4	0.3	0.5	0.4	0.4	0.2	0.5	0.5	0.5	0.5	0.5	0.4
第三次	0.3	0.3	0.2	0.3	0.3	0.5	0.5	0.5	0.5	0.5	0.3	0.3	0.3
第四次	0.5	0.5	0.6	0.5	0.5	0.5	0.6	0.6	0.6	0.5	0.4	0.3	
第五次	0.6	0.6	0.4	0.5	0.6	0.6	0.5	0.5	0.5	0.5	0.5	0.5	0.6

注：表中第一次试验的数据为该次试验后变形孔径与原始孔径之差，其余均为本次试验的变形孔径与前次变形孔径之差。

表 4.9.2.18 第 21 号模具，试验次数对复合管圆扁度的影响 /mm

试验次数	0	10	20	30	40	50	60	70	80	90	100	110	120
第一次	0.4	0.4	0.5	0.6	0.7	0.7	0.8	0.9	1.0	1.2	1.1	1.2	1.3
第二次	0.3	0.3	0.3	0.3	0.4	0.4	0.4	0.7	0.8	1.0	1.1	1.2	1.3
第三次	0.3	0.3	0.3	0.3	0.3	0.3	0.3	0.7	0.7	0.9	1.0	0.9	
第四次	0.2	0.2	0.2	0.2	0.2	0.2	0.2	0.3	0.4	0.6	0.7	0.8	0.9
第五次	0.2	0.2	0.1	0.1	0.2	0.2	0.0	0.2	0.3	0.4	0.5	0.4	0.5

注：表中数据的计算方法与上表相似。

（6）黄油润滑（保护）对模、管变形的影响。试验表明，在模孔的内壁和基管的外壁上涂抹一层薄薄的黄（甘）油，不仅可以大大减少爆炸后的模孔和复合管在表面光洁度上的损失，减缓模孔的变形速度，还有利于复合管变圆。测量数据如表 4.9.2.19 和表 4.9.2.20 所列。

表 4.9.2.19 第 22 号-1 模具，黄油润滑对模孔变形速度的影响 /mm

试验次数	润滑与否	0	10	20	30	40	50	60	70	80	90	100	110	120
第五次	不润滑	1.3	1.2	0.9	0.8	0.9	1.1	1.3	1.3	1.3	1.3	1.2	1.2	1.4
第十次	润滑	0.9	0.8	0.8	0.7	0.8	0.8	1.0	1.0	1.1	0.8	0.9	0.4	0.6

注：第五次试验的数据为其模孔扩大值与原始模孔内径之差；第十次试验的数据为其模孔扩大值与第五次试验后的模孔扩大值之差。

表 4.9.2.20 第 22 号模具，黄油润滑对复合管圆扁度的影响 /mm

试验次数	润滑与否	0	10	20	30	40	50	60	70	80	90	100	110	120
第一次试验	不润滑	1.5	1.8	1.9	2.0	2.1	1.9	2.1	2.1	1.9	1.8	1.6	1.6	1.6
第五次试验	不润滑	1.7	1.6	1.7	1.8	1.7	1.5	1.7	1.7	1.5	1.5	1.4	1.4	1.5
第十次试验	润滑	0.7	0.9	0.9	1.0	0.9	0.8	0.7	0.8	0.8	0.8	0.7	0.7	0.8

注：第一次试验的数据为其模孔扩大值与原始模孔内径之差；第五次试验的数据为其模孔扩大值与第一次试验的模孔扩大值之差；第十次试验的数据为其模孔扩大值与第五次试验的模孔扩大值之差。

（7）铜皮包套对模、管变形的影响。为了减小模、管的变形，后来又设计了用铜皮（薄铜片）包套的方案。其方法是：几次后，模、管间的间隙增大了，为了填充这个间隙，用不同厚度的铜薄片包覆基管的外壁，然后进行安装和试验。结果如表4.9.2.21所列。由表中数据可见，该方法也可以减小模孔的变形，自然也能减小复合管的变形。

表 4.9.2.21　第 23 号-1 模具，铜皮包套对模孔变形的影响 /mm

试 验 次 数	包套与否	0	10	20	30	40	50	60	70	80	90	100	110	120
第五次试验比第一次扩大	未包套	0.3	0.2	0.2	0.2	0.3	0.2	0.3	0.3	0.3	0.4	0.4	0.3	0.2
第六次试验比第五次扩大	包套	0.1	0.1	0.0	0.2	0.1	0.2	0.1	0.2	0.2	0.1	0.0	0.0	0.1

注：第六次试验时用 0.4 mm 的铜片包套。

为了填充模孔扩大后的间隙，上述几种方法比较复杂和麻烦，成本也高。为了简化和节省起见，后来干脆使用经过筛分的细砂子来填充模和管之间的间隙。试验结果表明，这样做不仅减小了模和管的变形，而且复合管上的接缝凸棱也不存在了。

（8）炸药量对模、管变形的影响。试验结果表明，随着炸药量的增加，模、管的变形增大，数据列入表4.9.2.22和表4.9.2.23中。

表 4.9.2.22　第 24 号模具，炸药量对复合管变形的影响

试 验 号（复 合 管）		1	2	3	4	5	6
$W_g / (g \cdot cm^{-2})$		0.37	0.37	0.43	0.44	0.46	0.466
W/g		55	55	65	65	67	70
木质圆锥底部直径 ϕ_2/mm		31	31	26	26	21	21
接缝处	管径最大扩大/mm	1.2	1.9	2.2	2.1	2.8	4.1
	管径最小扩大/mm	1.0	1.6	1.6	1.1	1.8	2.1
垂直接缝处	管径最大扩大/mm	1.1	1.7	1.4	2.4	3.3	4.7
	管径最小扩大/mm	0.8	1.4	1.0	1.5	2.1	2.5
平直度	接缝处上下管径差/mm	0.2	0.3	0.5	1.0	1.0	2.0
	垂直接缝处上下管径差/mm	0.3	0.3	0.4	0.9	1.2	2.2
扁圆度	最大管径-最大管径/mm	0.1	0.2	-0.3	-1.0	-0.6	
	最小管径-最小管径/mm	0.2	0.2	0.6	-0.4	-0.3	-0.4
	最大管径-最小管径/mm	0.4	0.5	1.2	-1.3	-1.5	-2.6
管径扩大得最大的位置		接缝处	接缝处	接缝处	垂直接缝处	垂直接缝处	垂直接缝处

注：①使用粉状TNT炸药，药量计算以覆管外壁面积为准；②基管长 90 mm，木质圆锥高 70 mm；③复合管变形均与原基管外径比较，两端数据不考虑；④圆圆度中的最大和最小管径分别为接缝处和垂直接缝处的；⑤其余工艺参数相同。

复合管在爆炸焊接过程中，影响模、管变形的因素还有一些，如模具和金属管的材质及其质量、基管和覆管之间的间隙大小、基管与模孔之间的间隙大小等；这些工作有待今后深入研究。

在讨论了锆₂+不锈钢复合管的爆炸焊接变形的上述诸多影响因素之后，就能从中选取一些最佳值作为工艺参数，以便将这种变形控制在一定的范围之内。这样，既能延长模具的使用寿命，又能使复合管的变形量符合技术条件的要求，从而最后加工出合格的锆₂+不锈钢和其他材料的管接头（图 5.5.2.23~图 5.5.2.25）。

表 4.9.2.23　第 24 号-1 模具，炸药量对模孔变形的影响 /mm

模 具 号		变形量	1	2	3	4	5	6
模孔内径	24 号-1	最大	0.4	1.1	2.0	2.7	3.6	4.6
		最小	0.3	0.7	1.1	1.6	2.1	2.5
	24 号-2	最大	0.5	1.4	2.0	2.8	3.7	4.7
		最小	0.2	0.7	1.2	1.5	2.2	2.7
平直度	24 号-1	最大	0.1	0.4	0.9	1.1	1.5	2.1
	24 号-2	最小	0.3	0.7	0.8	1.3	1.5	2.0

注：本表中的数据均为依次试验后模孔内径的变形值与原始模孔内径之差；工艺参数同上表。

4.9.3　锆2.5铌–不锈钢爆炸复合管的残余变形

3.2.7节讨论了锆2.5铌–不锈钢管接头的爆炸焊接，图5.5.2.24为这种管接头的实物照片。这里汇集锆2.5铌–不锈钢复合管爆炸焊接后的变形数据，为描述复合管的爆炸焊接变形提供了又一批试验数据。

1. 爆炸焊接前锆2.5铌管的内径和不锈钢管的外径

这两种管的内径和外径的数据如表4.9.3.1所列。

表4.9.3.1　试验前管材的内径和外径尺寸

测　量　点	1	2	3	4	5	6	7	平均
不锈钢管外径/mm	40.40	40.40	40.60	40.60	40.60	40.40	40.40	40.46
锆2.5铌管内径/mm	20.40	20.40	20.40	20.40	20.40	20.40	20.40	20.40

2. 爆炸焊接后锆2.5铌–不锈钢复合管的外径和内径

爆炸焊接后锆2.5铌–不锈钢复合管的外径和内径的测量数据如表4.9.3.2所列。复合管外径和内径的尺寸是用超声波测厚仪测量的。表中的测量距离0位置为起爆端。130 mm处为末端，即爆轰结束的地方。整理该表中的数据时，考虑到起爆端和末端边界效应的影响，这两个位置上的数据不计算在内，即将上下两端各两个数据舍去，取中部10个数据为有效数据。统计和计算的结果列入表4.9.3.3中。

表4.9.3.2　锆2.5铌–不锈钢复合管爆炸焊接的内外径　　　　/mm

复合管号	测量距离	0	10	20	30	40	50	60	70	80	90	100	110	120	130
1	外径	41.90	41.50	41.25	41.26	41.23	41.27	41.18	41.19	41.18	41.19	41.22	41.18	41.19	41.40
	内径	26.72	26.46	26.21	26.21	26.31	26.26	26.21	26.21	26.26	26.26	26.36	26.34	26.25	26.20
2	外径	42.10	41.32	41.25	41.18	41.17	41.09	41.08	41.06	41.07	41.8	41.09	41.12	41.13	41.30
	内径	26.63	26.42	26.24	26.18	26.07	26.02	26.04	26.01	26.02	26.04	26.14	26.16	26.23	26.26
3	外径	43.42	42.32	42.09	41.68	41.65	41.42	41.24	41.20	41.08	41.08	41.08	41.10	41.20	41.40
	内径	27.58	27.05	27.03	26.80	26.64	26.45	26.26	26.12	26.08	26.08	26.08	26.08	26.23	26.24
4	外径	41.40	41.12	41.13	41.11	41.13	41.12	41.15	41.12	41.13	41.17	41.20	41.21	41.22	41.60
	内径	26.00	25.93	25.93	25.87	25.95	25.93	25.84	25.77	25.72	25.78	25.73	25.78	25.84	26.10
5	外径	42.42	41.80	41.45	41.38	41.27	41.25	41.25	41.19	41.09	41.08	41.12	41.12	41.20	41.50
	内径	26.68	26.68	26.35	26.35	26.21	26.10	26.05	26.04	26.01	26.02	26.14	26.27	26.27	26.33
6	外径	41.60	41.20	41.08	41.07	41.06	41.06	41.05	41.05	41.04	41.03	41.04	41.05	41.06	41.50
	内径	26.08	25.88	25.69	25.68	25.68	25.65	25.67	25.67	25.68	25.68	25.80	25.85	25.88	26.10

表4.9.3.3　锆2.5铌–不锈钢复合管数据统计　　　　/mm

复合管号	数据统计	最大值	最小值	平均值	Δ_1	Δ_2	Δ_3
1	外径	41.27	41.18	41.22	0.09	0.05	−0.04
	内径	26.36	26.21	26.26	0.15	0.10	−0.05
2	外径	41.25	41.06	41.12	0.19	0.13	−0.06
	内径	26.24	26.01	26.09	0.23	0.15	−0.08
3	外径	42.09	41.08	41.26	1.01	0.83	−0.18
	内径	27.03	26.08	26.38	0.95	0.75	−0.30
4	外径	41.21	41.11	41.15	0.10	0.06	−0.04
	内径	25.93	25.72	25.83	0.21	0.10	−0.11
5	外径	41.45	41.08	41.22	0.37	0.23	−0.14
	内径	26.35	26.01	26.15	0.34	0.20	−0.14
6	外径	41.08	41.03	41.05	0.05	0.05	−0.02
	内径	25.85	25.65	25.71	0.20	0.14	−0.06

注：Δ_1为最大值与最小值之差；Δ_2为最大值与平均值之差；Δ_3为最小值与平均值之差。

表 4.9.3.4 锆 2.5 铌-不锈钢复合管的内径数据比较 /mm

复 合 管 号	1	2	3	4	5	6
测量平均值/mm	26.26	26.29	26.38	25.83	26.15	25.71
计算值/mm	26.24	26.22	24.24	24.16	24.16	24.14
Δ/mm	+0.02	+0.07	+2.14	+1.67	+1.99	+1.57

注：Δ 为复合管内径的测量平均值与计算值之差。

锆 2.5 铌-不锈钢复合管的内径数据最有意义。其测量数据和计算数据的比较如表 4.9.3.4 所列。这些数据的计算方法如下：复合管的内径等于原始覆管的外径+2h_o（h_o 为两管间的间隙值，即原始基管的内径与覆管外径之差）。此时不考虑爆炸焊接后覆管管壁的变薄量。由表中数据可见，测量值通常大于计算值。这是由于爆炸焊接后基管内外直径的扩大和覆管管壁的变薄所致。在这种情况下，为了保证复合管的内径（其中还包括内孔的锥度）在一定的变化范围内，一方面应当在保证全面焊接的前提下尽量使用最小的炸药量；另一方面应当在试验的基础上，摸索复合管的内径在多种工艺参数下的变形规律，从而更好地控制它。

4.9.4 另外几种爆炸复合管的残余变形

本书 3.2.42 节讨论了几种复合枪（炮）管的爆炸焊接。其中，用图 3.2.42.1～图 3.2.42.3 所示的六种工艺安装方法进行了百余次试验，获得了大量的这几种复合管外径和内径的变形数据。

根据技术要求，复合枪管的内径小于 12.70 mm，复合炮管的内径小于 25.70 mm（外径留有足够的加工余量不作考核指标）。在上述大量试验后发现按图 3.2.42.3 所示的工艺安装进行爆炸焊接所得的复合管的内径基本上都能控制在技术要求的范围之内，并有良好的结合区组织和其他力学及物理性能，最后获得了良好的使用结果。上述试验说明，只要选材正确，用爆炸焊接技术来研制这几种复合枪（炮）管身的材料是可行的。

现将几种复合枪（炮）管的外径和内径的爆炸焊接变形数据列入表 4.9.4.1 和表 4.9.4.2 之中（复合管两端的数据可以不计）。它们的金属组合和爆炸焊接工艺参数对应地列在表 3.2.42.3 中。

表 4.9.4.1 几种复合枪（炮）管外径爆炸焊接变形数据 /mm

复合管	原始外径	测量距离														
		0	10	20	30	40	50	60	70	80	90	100	110	120	130	140	150
1	60.00	60.00	60.10	60.10	60.18	60.26	60.26	60.50	60.70	60.80	60.90	61.00	60.88	60.88	60.80	60.70	60.30
2	60.00	60.00	60.00	60.20	60.28	60.30	60.30	60.38	60.40	60.54	60.65	60.66	60.66	60.60	60.58	60.50	60.38
3	60.00	60.00	60.00	60.00	60.00	60.00	60.00	60.00	60.00	60.00	60.00	60.00	60.00	60.00	60.00	60.00	60.00
4	60.00	60.00	60.00	60.00	60.00	60.08	60.12	60.16	60.36	60.40	60.40	60.48	60.50	60.54	60.60
5	60.00	60.00	60.08	60.20	60.30	60.40	60.42	60.46	60.46	60.50	60.60	60.70	60.74	60.80	60.80	60.70	60.66
6	60.00	60.00	60.08	60.08	60.20	60.24	60.60	60.76	60.82	61.10	61.00	61.00	61.00	60.94	60.90
7	76.00	76.00	76.00	76.00	76.00	76.00	76.00	76.00	76.00	76.00	76.00	76.00	76.00	76.00	—	—	—
8	76.00	76.00	76.00	76.00	76.00	76.00	76.10	76.10	76.10	76.20	76.10	76.10	76.10	76.20	—	—	—
9	76.00	76.00	76.00	76.00	76.00	76.10	76.10	76.00	76.00	76.20	76.20	76.20	76.20	76.20	—	—	—
10	48.00	48.00	48.00	48.00	48.00	48.00	48.00	48.00	48.00	48.00	48.00	48.00	48.10	48.10	—	—	—
11	47.90	47.90	47.90	47.90	47.90	47.90	47.90	47.90	47.90	47.90	47.90	47.90	48.00	—	—	—
12	47.90	47.90	47.90	47.90	47.90	47.90	47.90	47.90	48.00	48.00	48.00	48.00	48.00	—	—	—
13	60.00	60.30	60.10	60.10	60.10	60.10	60.20	60.20	60.20	60.20	60.20	60.20	60.20	60.30	60.50	60.90
14	60.00	60.10	60.10	60.10	60.10	60.10	60.20	60.20	60.20	60.30	60.30	60.30	60.40	60.40	60.50	60.90
15	60.00	60.10	60.10	60.10	60.20	60.20	60.20	60.20	60.20	60.30	60.40	60.40	60.40	60.50	61.00
16	60.00	60.10	60.10	60.10	60.20	60.20	60.20	60.30	60.40	60.40	60.40	60.40	60.40	60.50	60.70

表 4.9.4.2　几种复合枪(炮)管内径爆炸焊接变形数据　　　　　/mm

| 复合管 | 名义内径 | 测量距离 | | | | | | | | | | | | | | | |
		0	10	20	30	40	50	60	70	80	90	100	110	120	130	140	150
1	24.53	24.48	24.77	24.79	24.94	25.70	25.45	25.31	25.60	26.47	26.29	25.51	26.53	26.29	26.01	25.25	25.75
2	24.49	24.87	24.78	24.77	24.48	24.87	25.03	25.17	25.28	25.47	25.52	25.63	25.76	25.73	25.67	25.63	25.59
3	24.16	25.36	25.32	25.29	25.30	25.31	25.30	25.30	25.29	25.33	25.29	25.31	25.32	25.28	25.58	25.30	25.26
4	24.16	24.32	24.25	24.28	24.29	24.32	24.42	24.14	24.17	24.34	25.00	25.23	25.50	25.50	25.48	25.42	25.49
5	24.16	24.25	24.21	24.23	24.59	24.40	24.04	24.26	25.01	25.27	25.37	25.68	25.28	26.10	26.06	25.9	—
6	24.16	24.17	24.17	24.18	24.37	24.49	24.52	24.58	25.03	25.41	25.65	26.05	26.35	26.40	26.50	26.57	
7	12.30	12.39	12.35	12.35	12.37	12.37	12.37	12.37	12.56	12.58	12.61	12.64	12.65	12.71	—	—	—
8	12.50	12.68	12.64	12.63	12.68	12.65	12.65	12.66	12.61	12.67	12.65	12.67	12.70	—	—	—	
9	12.40	12.55	12.51	12.51	12.51	12.53	12.58	12.54	12.56	12.55	12.58	12.59	12.64	12.73			
10	12.40	12.67	12.62	12.62	12.60	12.60	12.62	12.62	12.62	12.62	12.62	12.62	12.64	12.72			
11	12.66	12.66	12.62	12.63	12.63	12.66	12.66	12.66	12.66	12.69	12.71	12.68	12.69	12.79			
12	12.30	12.70	12.66	12.65	12.62	12.72	12.67	12.68	12.67	12.67	12.67	12.71	—	—	—		
13	24.30	24.81	24.77	24.70	24.67	24.70	24.77	24.83	24.85	24.95	24.97	25.05	25.14	25.36	—	—	—
14	24.30	24.35	24.35	24.30	24.33	24.38	24.43	24.46	24.56	24.73	24.77	24.79	24.93	25.05	25.19	—	—
15	24.30	24.63	24.59	24.57	24.51	24.49	24.51	24.56	24.63	24.66	24.68	24.75	24.82	25.02	25.28		—
16	24.00	24.29	24.27	24.27	24.35	24.43	24.54	24.61	24.69	24.69	24.72	24.72	24.77	24.94	24.96	24.96	24.13

4.10　爆炸复合材料中的残余应力

4.10.1　爆炸复合材料中的残余应力

金属材料在一般的熔化焊工艺中，通常采用集中的热源进行局部加热。这样，在焊件上就会产生不均匀的温度场。这种不均匀的温度场会使材料不均匀地膨胀。处于高温区的材料在加热过程中膨胀量大，它受到周围温度较低、膨胀量较小的材料的限制而不能自由地进行膨胀。于是焊件中出现内应力，使高温区的材料受到挤压，产生局部压缩塑性变形。在冷却过程中，已经受压缩塑性变形的材料，由于不能自由收缩而受到拉伸。于是，焊件中又出现了一个与焊件加热时方向大致相反的内应力场。

在焊接过程中，随时间而变化的内应力称为焊接瞬时应力。焊后当焊件温度降至常温时，残存于焊件中的内应力则为焊接残余应力。焊后残留于焊件上的塑性变形则为焊接残余变形。焊接应力和变形是焊件中形成焊接裂纹的重要原因，又是造成热应变脆化的根源。焊接残余应力和变形在一定条件下及一定程度上会严重地影响焊件的强度、刚度、受压时的稳定性、加工精度和尺寸稳定性等。

焊接残余变形的大小和分布取决于材料的线膨胀系数、弹性模量、屈服点、导热系数、熔点、比热、密度、焊件的形状和尺寸，以及焊接工艺参数和条件等。由于这些因素的影响，使得焊接应力和变形问题十分复杂。因此掌握焊接应力和变形的规律，对于预测、控制和调整它们的大小及分布具有重要的意义。爆炸复合材料中也有残余应力。由于金属材料和爆炸焊接工艺参数的不同，特别是由于结合界面的存在，使得其中残余应力的大小和方向不尽相同，因而显著地区别于单金属中的残余应力。

爆炸焊接复合材料的残余应力的形成原因和过程与单金属的不一样：在爆炸焊接过程中，在切向应力的作用下，随着波的形成，结合区金属首先发生拉伸式和纤维状的塑性变形。在结合界面上，切向应力最大，这种形式和形状的塑性变形最严重。随着离界面处距离的增加，切向应力减小，塑性变形的程度减小。当离开波形区后，切向应力逐渐消失，塑性变形也逐渐消失(见本书4.2.3节和图4.2.2.1)。

前已指出，由金属物理学的基本原理可知，金属在塑性变形中会将外界的能量转换成热能。在爆炸焊接的情况下,这个转换系数在 90%~95% 或以上。如此大量的热能积聚在结合区,必然使界面两侧塑性变形金属的温度升高。当此温度达到其熔点后,必然使界面两侧变形最严重的一薄层塑性变形金属发生熔化。

由上述分析可知,在爆炸焊接的情况下,是两种或多种金属在一起,并且是先有界面两侧金属的塑性变形,后有其温度的升高和熔化。因此,如果说单金属焊接时总先因温度的不同引起塑性变形的不同,从而造成焊接接头存在残余应力的话,爆炸焊接时结合区内的残余应力主要是因自身的塑性变形程度不同造成的,而后来的熔化也许是次要的。另外,在单金属情况下,残余应力仅分布在焊缝及其附近,大部分基体因未受热的影响,这种应力可忽略不计。但在爆炸焊接的情况下,外加载荷作用在整个基体材料上,此时除结合区会出现方向不同和大小不同的残余应力之外,在整个基体内还会出现方向和大小不同的残余应力。所以,爆炸焊接金属复合材料内的残余应力的分布比单金属焊接时的要复杂得多。

爆炸复合材料中残余应力的大小也与材料的线膨胀系数、弹性模量、屈服点、导热系数、熔点、比热、密度、焊件的形状和尺寸,以及爆炸焊接工艺参数等其他条件有关。并且,由于这类材料中金属塑性变形分布的特点(这种分布可从图 4.2.2.1 和本书 4.8 章,5.2.9 节中大量的显微硬度分布曲线中明显看出),会造成其内不同于单金属中残余应力的分布的特点。这种特点从本章后面大量的图片中便可一目了然。

爆炸复合材料内残余应力的存在会严重地影响双金属和多金属的结合强度,基体金属的强度和硬度、刚度,加工精度和尺寸稳定性,耐蚀性等物理-化学性能。因此,在掌握爆炸复合材料中塑性变形分布的规律之后,掌握其内残余应力分布的规律,对于预测、控制和调整它们的大小和分布具有重要的意义。

4.10.2　爆炸复合材料中残余应力的测定

关于爆炸复合材料中残余应力的资料,国内外已不少见。但是,至今均未形成统一的测定方法和标准,并且大都是借用单金属内残余应力的测定方法来进行测定的。所以,关于爆炸复合材料内残余应力的测定还得借用下述单金属材料的测定方法[881]。

1. 应力释放法

这种方法应用最广,按不同的应力释放方法,又分为如下几种。

(1) 切条法。将需要测定内应力的构件先划分为几个区域,在各区域的待测点上贴上应变片,或者加工引伸计所需的标距孔,然后测定它们的原始读数。各待测点距焊缝的距离不同,该位置的内应力不同。当在该位置切口或钻孔以后,内应力释放了。这种释放必然造成一定的应变量。这个应变量可通过应变片测出。再通过下式计算内应力,即

$$\sigma_x = -E e_x \tag{4.10.2.1}$$

式中,σ_x 为内应力,E 为弹性模量,e_x 为应变量,负号表示应力与应变的方向相反。

(2) 套孔法。该法采用套料钻加工环形孔来释放应力。如果在环形孔内部先贴上应变片或加工标距孔,就能测出应力释放后的应变量,从而算出内应力。

(3) 小孔法。该法的原理是:在应力场中钻一个小孔,应力的平衡受到破坏,则该孔的周围的应力将重新调整。由测定孔附近的应变量便可算出内应力。

(4) 套取芯棒测量法。该法是在被测处先钻一个通孔或深盲孔,再将一种特制骨架放入孔中,在此骨架的不同深度贴有应变片。并向孔内浇注拌有固化剂的环氧树脂。待其固化后,再用空心套料钻连同其周围的金属套取出来,即可测量应变和计算应力。本法可测量三向应力和平面应力沿焊件厚度方向的分布规律。

(5) 逐层铣削法。当具有内应力的物体被铣削一层后,该物体就会产生一定的变形。由此变形量的大小可以推算出被削层内的应力。这样,逐层往下铣削,每削一层测一次变形。根据每次铣削所得的变形差值,就可以计算出各层在铣削前的内应力。该法的一个优点是可以测定厚度上梯度较大的内应力。例如经过堆焊的复合钢板中的内应力的分布,可以通过对其挠度或曲率的变化测量而比较精确地推算出来。爆炸复合材料内的残余应力大都是用此法测量和推算出来的。

2. 无损测量法

(1) X 射线法。晶体在应力作用下原子间的距离发生变化,其变化的大小与应力的大小成正比。如果能直接测得晶格尺寸的变化,则可不破坏物体而测出内应力大小的数值。

（2）电磁测量法。本法是利用磁致伸缩效应来测定应力。铁磁物质的特性是：外加磁场强度变化时，物体将伸长或缩短。如用一传感器与物体接触形成一闭合回路。当应力变化时，由于物体的伸缩引起磁路中磁通的变化，并使传感器线圈的感应电流发生变化。由此变化可测出应力的变化。

（3）超声波测量法。声弹性研究表明，没有应力作用时超声波在各向同性的弹性体内的传播速度与有应力作用时的传播速度不同。传播速度的差异与主应力的大小有关。因此，如果能分别测得无应力和有应力作用时弹性体内横波和纵波传播速度的变化，就可计算出主应力的大小。

此外，是否可以利用激光来进行金属材料，特别是爆炸复合材料内残余应力的测量值得深入探讨。其原理也许就如同 X 射线法和超声波法一样，仅其波长不同而已。如激光法可行，其特点和优点可能更多。

4.10.3　爆炸复合材料中残余应力的分布

爆炸复合材料中残余应力的大小和分布形式在许多文献中都有介绍。现将部分内容概括如下。

文献［882］用表 4.10.3.1 中的工艺爆炸焊接了 5 种二层和多层复合材料，它们中的残余应力分布如图 4.10.3.1 至图 4.10.3.5 所示。

表 4.10.3.1　几种复合材料爆炸焊接工艺参数

No	接头或 复合材料	各层厚度 /mm	焊 接 方 法		v_{cp} /(m·s^{-1})	v_p /(m·s^{-1})	W_2 /(10^{15} J·cm^{-2})
1	OT4-1-12Х18Н10Т	10+17.5	同时焊接		2000	400	23.0
2	АМг6-АД1 -12Х18Н10Т	12+2.6 +29.4	顺序 焊接	АД1-12Х18Н10Т	1800	470	10.0
				АМг6-АД1	2500	530	31.0
3	12Х18Н10Т+08КП +МА2-1	10+2 +25	顺序 焊接	08КП+МА2-1	2000	650	15.0
				12Х18Н10Т-08КП	3200	350	22.0
4	OT4-1+ВН1+М1 +12Х18Н10Т	11+1+ 1+19.5	同时焊接		2000	400	4.5 4.6 29.0
5	OT4-1+复合中间层 +12Х18Н10Т	9.8+1.7 +18	同时焊接		3700	600	7.0 61.0

由图 4.10.3.1~图 4.10.3.3 可知，爆炸复合材料，不论是两层的还是四层的复合板，通常覆板内呈现压应力；结合区出现拉应力，并且在界面处有峰值；从界面起，深入到基板，拉应力逐渐减小，至一定深度后转变为压应力；当基板厚度较大时，有的在靠近底部一定厚度上又呈现拉应力状态；当覆板较厚时，有的在其表层出现拉应力。

由图 4.10.3.4 和图 4.10.3.5 可知回火后复合板内残余应力的分布变化。前者覆板的压应力峰值逐渐向界面移动，特别是带中间层的；界面处的拉应力峰值也相应向基板移动；随后拉应力逐渐减小，到一定深度后维持压应力状态。后者对于不同的复合板有不同的应力变化。对于 АМГ6-АД1-12Х18Н10Т 来说，回火以后覆板出现拉应力；结合区和中间层处为压应力，压应力峰值转到基层中，并深入相当深的深度，然后转变为

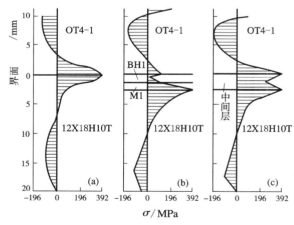

（a）没有中间层的；（b）带铜、铌中间层的；
（c）带热轧复合中间层的

图 4.10.3.1　在 OT4-1+12Х18Н10Т 复合板中
残余应力的分布

拉应力。对于 12Х18Н10Т+08К17+МА2-1 来说，回火以后覆板表层为拉应力，然后变为压应力；在中间层内部出现压应力峰值；在进入基板后全部呈现不大的拉应力状态。

以上复合板内残余应力的形成，其内的热塑性变形起着决定性的作用。然而，由于线膨胀系数和状态

的不同,复合板内残余应力的表现也不同。

另一些爆炸复合板中残余应力的分布如图 4.10.3.6 至图 4.10.3.9 所示[28]。

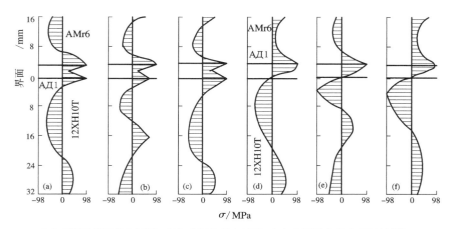
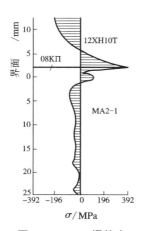

(a)坯料边部的纵向试样;(b)中间的纵向试样;(c)与焊接方向成 45°的试样;
(d)始端的横向试样;(e)中间的横向试样;(f)坯料末端的横向试样

图 4.10.3.2　在 AMr6-AД1-12X18H10T 复合板中,
在(a)~(f)位置试样内的残余应力分布图

图 4.10.3.3　爆炸态
12X18H10T+08KП+MA2-1
复合板中残余应力分布图

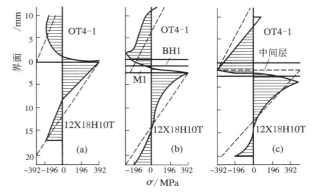
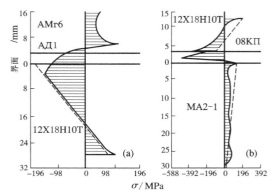

(a)无中间层的;(b)带铜、铌中间层的;(c)带热轧
复合中间层的(连续实线代表实验的,虚线表示计算的)

图 4.10.3.4　OT4-1+复合中间层+12X18H10T
复合板回火后的残余应力分布图

(a)AMr6-AД1-12X18H10T;
(b)12X18H10T+08KП+MA2-1

图 4.10.3.5　在(a)(b)复合板中,回火后残余
应力的计算(虚线)和实验(实线)分布图

图 4.10.3.6 表示用机械法去除几种复合板的基板后,根据覆板材料的变形情况,来评价试样中覆板内的残余应力的大小和方向。由图可见,除覆板为 12%铬钢的之外,其余均为拉应力。并且除镍合金覆板的拉应力较小外,其余覆板材料的拉应力均达到 200~300 MPa。在这几种较大的拉应力中,爆炸复合法的拉应力最高,叠轧的次之,堆焊的较小。

图 4.10.3.7 显示钛-钢复合板在回火状态下的残余应力分布。由图可见,即使回火也未改变覆板的压应力状态,复合界面和基板内的应力分布变化不大。这与回火温度不很高有关。由图还可见,纵向和横向的试样中残余应力的分布状况差别不大。

图 4.10.3.8 指出,在 930℃ 正火以后,该复合板不仅界面处的应力峰值消失了,而且覆板和基板中残余应力的水平也大大降低了。

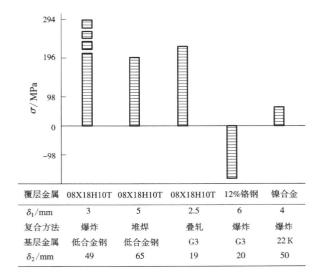

覆层金属	08X18H10T	08X18H10T	08X18H10T	12%铬钢	镍合金
δ_1/mm	3	5	2.5	6	4
复合方法	爆炸	堆焊	叠轧	爆炸	爆炸
基层金属	低合金钢	低合金钢	G3	G3	22 K
δ_2/mm	49	65	19	20	50

图 4.10.3.6　在回火后的双金属中,与覆层
金属和复合方法有关的残余应力的变化

图 4.10.3.9 表示覆板中的应力很大程度上取决于它的厚度 δ_1，它相对于 δ_2 越小，其内残余应力越大。例如，在 $\delta_1/\delta_2 \leqslant 1$ 的情况下，覆板中高的应力与基板中的应力值相比不能平衡。随着 δ_1 的增加，覆板中的应力值降低。并且在 $\delta_1/\delta_2 = 1$ 的情况下，它们的分布图相互对称。该文献还提供了双层钢在不同温度下的残余应力值，如表 4.10.3.2 所列。由表中数据可见，随温度的升高应力降低。

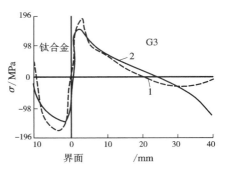

1—纵向试样；2—横向试样
图 4.10.3.7   钛-钢复合板中
残余应力的分布(回火态)

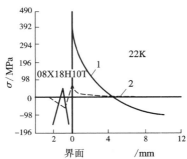

1—爆炸态；2—930℃正火态
图 4.10.3.8   08X18H10T-22K
复合板中残余应力的分布

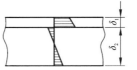 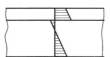 

图 4.10.3.9   在 08X18H10T-22K 复合
板中，覆层的相对厚度对其中残余应力
分布特性的影响(原则示意图)

表 4.10.3.2   08X18H10T-22K 双层钢
在不同温度下的残余应力

工作温度 /℃		27	427
残余应力 /MPa	覆层	210(210)	-109(13.7)
	基层	-222(105)	123(136)

注：表中括号内的数据为附加有内压力时的情况。

下面提供爆炸焊接的复合触点和涡轮坯料内的残余应力分布图(图 4.10.3.10)。由图可见，在这两种材料中，径向和结合区中的残余应力的分布基本相似：覆板为拉应力，基板为压应力，在结合区附近有一转变过程，并且一般在结合区内的残余应力水平较径向的为高。轴向上的残余应力均为压应力，其水平在覆板较低而基板较高。

文献[883]提供了图 4.10.3.11 和图 4.10.3.12 的双层圆筒中的残余应力图。由图 4.10.3.12 可见，两个位置的应力分布沿管径呈近似正弦波的形式波动；显微硬度 HV 和第 2 类应力 β(在 X 射线图上干涉线的扩展)实际上沿管壁厚度均匀分布。

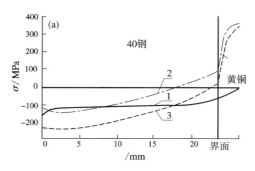 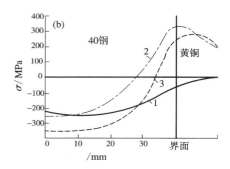 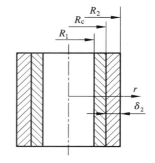

图 4.10.3.10   沿爆炸焊接的双金属触点(a)和涡轮(b)坯料的
截面，轴向(1)、结合区内(2)和径向(3)残余应力的分布[419]

图 4.10.3.11   爆炸焊接
双层管结合的示意图

文献[884]提供的不同试验条件下，爆炸焊接接头中的残余应力分布如图 4.10.3.13 至图 4.10.3.18 所示。由图 4.10.3.13 可知，在两种相同材料的焊接接头中，沿纵向、横向和与焊接方向呈 45° 角分布的试样内，覆板和基板、以及它们的结合区中的残余应力的分布基本相似，仅大小稍有差别。由图 4.10.3.14 和图 4.10.3.15 可见，在相同材料的接头中，在覆板和基板分开以后分别测定的残余应力分布图也基本上相似。只是由于后者进行了一次弹-塑性弯曲，它们的残余应

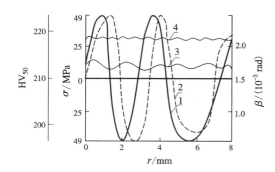

图 4.10.3.12   爆炸加工后沿 20 钢管壁轴向(1)和
结合区(2)的残余应力、硬度 HV_{50}(3)和 β(4)的分布

力的大小稍有差别。图 4.10.3.16 显示了基础的刚度对钢 3-钢 3 接头中残余应力分布的影响。由图可见，随着刚度的增加，覆板表面的拉应力逐渐消失，最后完全转变成了压应力，而结合区拉应力的峰值和范围变化不大，基板的底层也逐渐由压应力转变成拉应力。这些变化无疑与基础的不同而使复合板在爆炸焊接过程中所发生的弹-塑性变形不同有关。

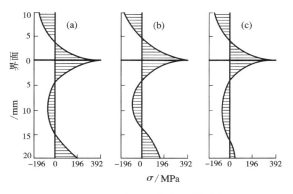

（a）（b）（c）相应于纵向、横向和与
焊接方向呈 45°角分布的试样

图 4.10.3.13　在钢 3-钢 3 接头中的残余应力图

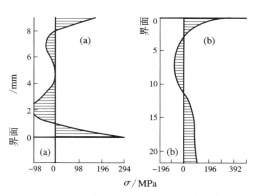

**图 4.10.3.14　在钢 3-钢 3 复合板中覆板（a）
和基板（b）内的残余应力图**

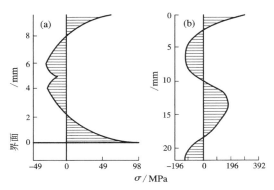

**图 4.10.3.15　弹-塑性弯曲后，
钢 3 覆板（a）和钢 3 基板（b）中的残余应力图**

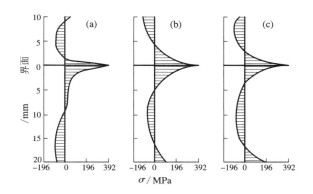

（a）$B=113\times10^8$；（b）$B=397\times10^8$；（c）$B=466\times10^8$ N/mm²

**图 4.10.3.16　基础的刚度 B 对
钢 3-钢 3 接头中残余应力分布的影响**

图 4.10.3.17 显示，对于两种不同的材料来说，颠倒它们的覆板和基板的位置，其应力分布图基本相似，仅应力的大小稍有差别。图 4.10.3.18 则显示在相同厚度的情况下，界面两侧不同金属内的应力分布基本相似和近似对称。

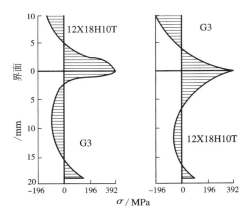

**图 4.10.3.17　在 08X18H10T-G3 接头中
残余应力分布图**

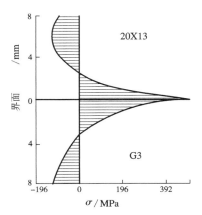

**图 4.10.3.18　在 20X13-G3 接头中
残余应力分布图**

下面是 X18H10T-22K 钢双金属断面的残余应力的分布资料[885]。其中图 4.10.3.19 为三种状态下的无效应力分布图。所谓无效应力是在去除被结合金属在相互作用中产生的内应力，使其变得无效，并且变成与组成双金属的每一组元无关而存在的残余应力。为确定无效应力，起初试样去除单金属部分，然后分层地去除每一层的单金属部分，以确定残余应力。用多次横向切取（断面）的方法将试样做成单金属，以及分层地去除这些部分。以此分切法分别确定覆板和基板的无效应力。由图 4.10.3.19(a)可见，纵向应力在焊缝区形成应力落差，并且在覆板作用压应力而在基板作用拉应力，这些应力还随热处理温度的升高而降低。由图 4.10.3.19(b)可见，弯曲应力在近焊缝区有正值，并取决于热处理，从 114 MPa 降低到 19.6 MPa。在覆层中，在原始状态下，近缝区作用着不超过 19.6 MPa 的拉应力。回火以后，这种应力变为压应力，其绝对值增大到 75 MPa。正火以后，应力仍然是压缩的，而它们的值减小到 5.9 MPa。由图 4.10.3.19(c)可见，在三种状态下总的应力差都增大。

由图 4.10.3.20 可知，残余应力在原始状态下有最大值，并且随着热处理温度的升高而降低。在基板的近缝区，它们是拉伸应力并有最大值。随着与结合界面距离增加，该值降低，在距界面 2 mm 处过渡成压应力，但不超过 69 MPa。在覆板中在结合界面上，在原始状态下应力是压缩的(-20 MPa)。然后，随着深入覆板过渡成拉伸的，在深 1 mm 的地方达 157 MPa。回火以后，在结合界面上拉应力是 245 MPa，然后急剧下降。过渡到压应力后，在深 0.5 mm 处将达到最大值(118 MPa)。正火后在深 0.5 mm 处，压应力降低到(4.9~6.9) MPa。在结合界面上仍然是拉应力(19.6 MPa)。

对总应力（无效应力和残余应力）的分析显示（图 4.10.3.21），在爆炸复合的双金属中，结合区有最大的应力。这与邻近的单金属的表面存在颇大的应力有关(基板表面上达 +412 MPa，覆板表面达 -162 MPa)，并有相反的符号。在原始状

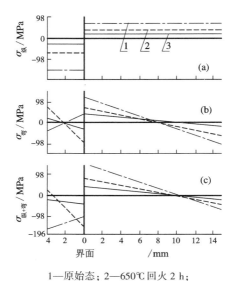

1—原始态；2—650℃回火 2 h；
3—正火+650℃下二次回火

图 4.10.3.19   X18H10T-22K 双金属截面的无效应力分布图

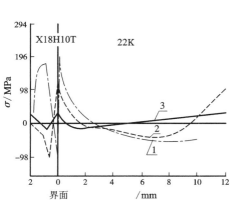

1—原始态；2—650℃回火 2 h；
3—正火+650℃二次回火

图 4.10.3.20   沿 X18H10T-22K 双金属截面残余应力的分布图

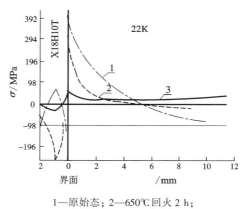

1—原始态；2—650℃回火 2 h；
3—正火+650℃二次回火

图 4.10.3.21   沿 X18H10T-22K 双金属的截面内应力（残余应力+无效应力）的分布

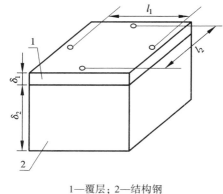

1—覆层；2—结构钢

图 4.10.3.22   确定双层钢中残余应力的试样

态下应力落差达到 574 MPa。回火后降低到 372 MPa，正火后降低到 49 MPa。这些降低与该位置加工硬化的消除和再结晶有关。热处理后，覆板中应力符号的变化，显然是由金属线膨胀系数的差别引起的。

由上述资料可以看出，在 X18H10T-22K 双金属中内应力的值和它们分布的特点，很大程度取决于热处理工艺。在热处理以后，覆板中的应力降低，甚至可能改变符号。

文献[886]用图 4.10.3.22 所示的试样确定了几种双层钢中的残余应力：试样的表面积为 30 mm×

30 mm，覆板表面在磨制以后，在硬度计上用金刚石棱锥体压几个坑。用显微镜测量 l_1 和 l_2（~20 mm），再用铇的方法去掉基板金属，并重复测量同一距离。

假设沿覆板的整个厚度上这些应力是不变的，则用下述公式计算残余应力：

$$\frac{\Delta l_1 - \Delta l_2}{l_1 - l_2} = e = -\frac{\sigma_{残}}{E(1+\eta)} \qquad (4.10.3.1)$$

式中，e 为相对变形的平均值，（在 e 为正值的情况下，$\sigma_{残}$ 为负值），E 为钢的弹性模量，η 为波松系数（$\eta = 0.3$）。

图 4.10.3.23 提供了不同的金属组合和不同的复合方法的情况下，覆板中残余应力的平均水平。由图可见，基板和覆板热膨胀系数之比是决定残余应力水平和符号的主要因素，而复合的方法是次要的。

文献［887］指出，爆炸焊接过程中残余应力形成的主要原因是：沿焊接结合层的厚度上塑性变形的不均匀性，以及组织和物理性能的不均匀性。并用逐层铇削法研究了钢-钢和钛-钢爆炸焊接接头厚度上残余应力分布的规律性。

图 4.10.3.24 为钢 3-钢 3 双金属中残余应力的分布图。由图可见，在近焊缝区拉伸应力起主要作用，其最大值达 392 MPa。离开结合区，在覆板中残余应力明显减小，并过渡到压缩应力，在基板一边，离开

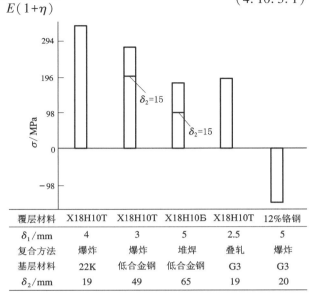

覆层材料	X18H10T	X18H10T	X18H10B	X18H10T	12%铬钢
δ_1/mm	4	3	5	2.5	5
复合方法	爆炸	爆炸	堆焊	叠轧	爆炸
基层材料	22K	低合金钢	低合金钢	G3	G3
δ_2/mm	19	49	65	19	20

图 4.10.3.23 在不同的材料中和不同的复合方法下残余应力的平均水平

结合区后残余应力急剧减小，后过渡为压缩应力。而在靠近外表面的地方，应力值变为拉伸的。由图还可见，纵向试样和横向试样的残余应力的分布在试板的整个厚度上没有很大的差别。退火后，残余应力的水平大为降低，并且仅在很小的范围内波动。由此可见，退火可以消除相同金属组合中的残余应力。

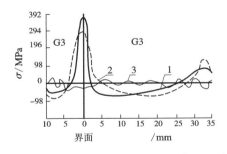

1—纵向试样，爆炸态；2—横向试样，爆炸态；3—退火态

图 4.10.3.24 爆炸焊接的钢 3-钢 3 双金属中残余应力的分布图

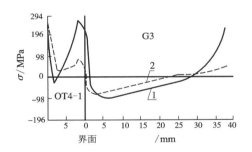

1 和 2 相应为纵向及横向试样

图 4.10.3.25 爆炸焊接后钛-钢复合板中的残余应力分布图

钛-钢复合板中残余应力分布图如图 4.10.3.25 和图 4.10.3.26 所示。由图 4.10.3.25 可见，在结合线附近作用着拉伸应力，最大值纵向试样为 274 MPa，横向试样为 98 MPa。在钛板的外表层也作用着拉伸应力，其最大值为 255 MPa。当离开结合线进入钢板后转变为压缩应力，然后又转变为拉伸应力，在外表面其最大值纵向上是 245 MPa，横向上是 59 MPa。上述纵向和横向上残余应力分布和大小上的差别，是由于爆炸焊接过程中沿厚度上不同的塑性变形的程度引起的。

回火后，钛-钢复合板中的残余应力重新进行了分布，如图 4.10.3.26 所示。因为钢的线膨胀系数比钛大，所以在钛中产生了压缩应力（127~167 MPa），在钢中先作用拉伸应力（147~176 MPa）后又转变为压缩应力。由图还可见，纵向和横向上的残余应力的分布差别不大。

不同状态下不锈钢-钢复合板内残余应力分布情况，如图 4.10.3.27 和图 4.10.3.28 所示[888]。由图 4.10.3.27 可见，爆炸态下覆板和基板中基本上为拉应力，只是覆板的表层有颇大的压应力，焊缝与其附近相比呈现出较小的拉应力状态。热处理后，覆板和基板都变成了压应力。由图还可见，在两种状态下

两次测量的结果出入不大。

图4.10.3.28显示了在覆板不锈钢中，在三种状态下基本上均为拉伸应力，并且爆炸态最低。退火以后，随着温度的升高，拉伸应力值增加，在基板钢中基本上均为压缩应力。

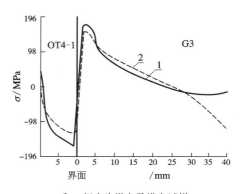
图4.10.3.26 回火状态下钛-钢复合板中残余应力分布图
1和2相应为纵向及横向试样

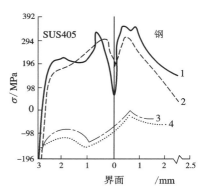
图4.10.3.27 SUS405-钢复合板在两种状态下的残余应力分布图
1、2—爆炸态；3、4—500℃加热

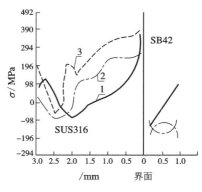
图4.10.3.28 爆炸态和热处理态的SUS316-钢复合板的残余应力分布图
1—爆炸态；2—400℃、1 h；3—600℃、1 h

文献[2]提供了如图4.10.3.29所示的三种复合板内残余应力的分布图。由图可见，由于组合材质的不同，覆板中有的呈现拉应力，有的呈现压应力。焊缝位置和基板中的应力符号也不尽相同。这体现了材料线膨胀系数不同而出现的差别。

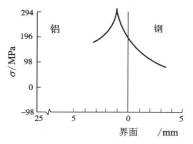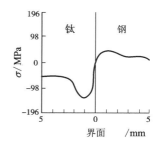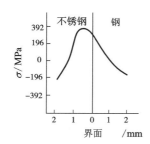
图4.10.3.29 三种复合板平行焊接方向上的残余应力分布图

在图4.10.3.30所示的三个位置上，铜合金-钢复合板内残余应力测量的结果如表4.10.3.3所列[169]。

表4.10.3.4为两种焊接工艺条件下近缝区内残余应力的比较数据。

文献[889]用X射线结构分析的方法，沿铜-铝复合板的厚度测量了残余应力的分布。指出铝板中应力小，呈单值变化且为压缩应力。在铜板中明显地改变着大小和符号。在所有情况下结合区附近在铝中压缩应力比铜中高些。在靠近铜一边的结合区内发现了拉伸应力。

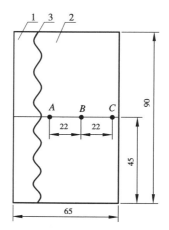
图4.10.3.30 铝锰青铜（QA19-2）+钢（20 g）双金属截面上残余应力测量位置图

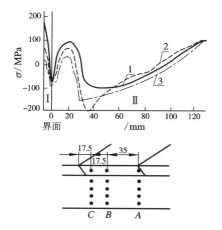
图4.10.3.31 在堆焊的大厚度双金属件中沿截面 A(1)、B(2)、C(3)位置残余应力分布图
Ⅰ—覆板金属；Ⅱ—基板金属

还研究了在珠光体钢基板上堆焊奥氏体钢覆板的双层钢内的残余应力分布，如图4.10.3.31所示。由图可见，在堆焊层中出现颇大的拉伸应力，而在焊缝区中则为压缩应力，当进入基板以后先是转变为拉伸应力，后又转变为压缩应力，在底层则又转变为拉伸应力。由图还可见，在堆焊层三个位置测定的

残余应力,尽管应力值不等,但它们的应力符号的变化完全相同,这表明堆焊双层钢内各处残余应力的分布基本相同。

表 4.10.3.3　铝锰青铜-钢双金属退火前后预定位置的应力

No	温度 /℃	状　态	σ/MPa		
			A	B	C
1	常温	退火前	+43.1	−14.7	−120.5
	550	保温 2 h	−19.6	−103.9	−97.0
		保温 1 h	−24.5	−5.9	−87.2
2	常温	退火前	+48.0	−34.3	−146.0
	650	保温 2 h	−31.4	−100.9	−125.4
		保温 1 h	−4.9	−77.4	−125.4
3	常温	退火前	+52.9	−67.6	−125.4
	750	保温 2 h	−62.7	−97.0	−105.8
		保温 1 h	−92.1	−72.5	−77.4

表 4.10.3.4　在两种焊接工艺下近焊缝区的残余应力比较

研 究 对 象	σ_s /MPa	近缝区最大残余应力/MPa	
		电弧焊接	爆炸焊接
低碳钢	206~235	206~235	314~431
非冷作硬化下的 12X18H10T 不锈钢	274~294	274~343	333~382
0T4-1 钛合金	490~686	294~392	88~392
退火态的 铝合金 AMr6	157	78~118	78~118
退火态的镁 合金 MA2-1	147~157	—	78~98

研究指出,用铣削法从铜合金-钢双金属覆板一边连续去除一层的情况下,根据欧姆电阻使用感应器测定的变形,计算了尺寸为 25 mm×24 mm×200 mm 复合试样中的残余应力值。发现在该双金属覆板的表面上,在原始状态下作用着压缩应力,在结合区出现最高的拉伸应力值。热处理实际上不改变覆板和结合区的应力特性,但是应力值将从 220 MPa(在原始状态下)降到(50~130) MPa。在基板金属中代替拉伸应力作用着压缩应力[854]。

对于镍合金-钢复合板内的残余应力分布情况,研究结果指出,在 20~600℃温度范围内镍合金的线胀系数略微超过纯铁和珠光体钢的线胀系数[相应为(15~15.9)×10⁻⁶/℃ 和(14.8~15.1)×10⁻⁶/℃]。在同一温度范围内 0X18H10T 钢的 α 接近 18×10⁻⁶/℃,而对于含镍45%的ЭП350 钢来说 α=16.8×10⁻⁶/℃。残余应力的测量指出,由于它们的线胀系数的差别不大,这种应力在结合平面上接近被镍复合的钢。与被 0X18H10T 钢复合的双金属中达到 196~294 MPa 的应力相比,只接近 49 MPa,这相对很小[890]。

人们从爆炸焊接的基本参数对 G3 钢板中残余应力的影响结果,可以得到下述原则:消耗于金属塑性变形的动能 W_2 的增加,将引起最大拉应力 σ_{max} 增加。高的拉应力区的厚度和近焊缝区中拉应力的面积都增加。取决于 W_2 值的拉应力区厚度按复杂的规律变化:在 W_2 从 27 J/cm² 增加到 500 J/cm² 时增加,并且 W_2 在进一步增加的情况下减少。随着 W_2 的增加、复杂的变化特性将证实近焊缝区高的拉应力的局部化。随着 W_2 的增加,拉应力的面积增加,就引起了 σ_{max} 值的增加。这些残余应力分布的规律性,证实了在爆炸焊接过程中,在形成残余应力时,是结合区析出的热起决定性作用[891]。

在研究了 12X18H10T-G3,AMrB-AД1-12X18H10T 等复合材料中的残余应力后,试验结果指出,这种残余应力的特性和数值实际上保持不变,与材料的原始状态和从焊板中切割试样的方向无关。在近似热物理和物理-力学性能的相同材料和不同材料的爆炸焊接接头中,回火和退火将降低残余应力。在不同性能的不同材料的接头中,残余应力将重新分布。在后一种情况下,由于各层弹性模量和线膨胀系数的差别,将产生新的残余应力场。这些差别越大,接头中形成的应力值越大。时效时间对结构稳定的 G3 的爆炸焊接接头中残余应力的研究指出,试样在室温下保持一年以后,它们的特性和数值保持不变。

热处理对奥氏体不锈钢爆炸复合钢板结合区的残余应力分布有较大的影响。由于超高压,材料发生较大变形,在界面附近产生残余应力。如果是同种材料,通过热处理可以消除它。但这种复合钢板热处理后只会增加应力。在 400℃ 和 600℃ 热处理的结果是:根据所处位置的不同有压缩应力,但主要为拉伸应力(约为 98 MPa),基板表面只有若干兆帕的压缩应力;经过热处理后,覆板表面几乎都成为拉应力,600℃ 时有 196 MPa;基板表面拉应力为 98 MPa;板厚方向的应力不太大。但经过 400℃ 和 600℃ 热处理后,将在复合材料内部产生很大的拉应力,界面附近的基板产生较大的压缩应力。这种应力是根据复合材料和基材热膨胀系数的不同而计算的结果,认为在 600℃ 时的测定值和计算值是比较一致的[892]。

由上述大量的试验资料可以看出,在爆炸复合材料中存在着复杂的应力状态。这种状态的产生除了与复合材料中的一些物理、力学和化学性能有关之外，应当强调指出，还与爆炸焊接的工艺参数密切相关。因为，良好的工艺参数将使金属之间产生牢固的结合，这种结合力将超过其中的残余应力，特别是结合界面上通常存在的残余拉应力。在不良的工艺参数下，这种拉应力就有可能使结合不良的金属之间分离。

由上述大量的试验资料还可以看出，爆炸复合材料内部存在的应力分布状态有一定的规律。这种规律在一般情况下是：覆板中(特别是其表层)为压应力，结合区内为拉应力，基板内有拉应力，也有压应力。这是强大的爆炸载荷作用于金属之上，以及金属之间强烈相互作用的必然结果。这种结果自然会显著地影响它们的结合强度、加工性能和使用性能。

4.10.4　爆炸复合材料中残余应力的影响

爆炸复合材料中残余应力的存在对其结合性能、加工性能和使用性能有明显的影响，这种影响有不好的方面和好的一面。

1.对结合性能的影响

在爆炸焊接过程中，在结合区形成波形和波形内金属强烈的塑性变形。这种变形一方面是金属之间结合的原因和机理；另一方面又使得结合区内形成较大的残余拉应力，这种拉应力力图使已经结合的金属分离。所以金属之间的爆炸焊接实际上是上述结合力和残余拉应力相互作用的结果。当结合力超过残余拉应力的时候，金属之间就能结合起来，超过得越多结合得越牢固。反之，当结合力接近残余拉应力的时候，金属之间的结合强度就不高。当结合力小于残余拉应力的时候，金属之间就不能结合。因此，结合区残余拉应力的存在对结合性能有不利影响。

2.对加工性能的影响

爆炸复合材料内存在着的不同方向和大小的残余应力，如同其显微硬度值一样，是金属爆炸焊接硬化和爆炸焊接强化的具体体现和标志。残余应力的总体水平越高，这种硬化和强化的水平越高。这种局面将造成两种不利的结果：一是过大的加工硬化使得后续的机械加工和压力加工变得困难；二是使得某些复合材料，例如 1Cr18Ni9Ti-Q235 复合板的屈服极限和强度极限接近，这种接近在材料力学和工程设计中是不允许的。因此，爆炸复合材料中过大的残余应力的存在对加工性能有不利影响。

3.对产品尺寸和精度的影响

用爆炸复合材料制成的产品，由于其内残余应力的存在，以及内外因素的影响，应力会逐渐释放、转移和重新分布。这一切将会造成产品的变形，从而影响其尺寸和加工精度。

4.对使用性能的影响

在覆板材料中，特别是在其表层内，一般存在着压应力。理论和实践都证明，对于某些耐蚀和耐磨的覆板材料，这种压应力的存在有利于其耐蚀性能和耐磨性能的提高。因此，对于那些要求覆板耐蚀性和耐磨性高的爆炸复合材料，尽量保留其表层的压应力是必要的。

4.10.5　爆炸复合材料中残余应力的消除

如上所述，爆炸复合材料内存在的残余应力有坏处、也有好处。所以，在使用前对它的处理要区别对待。

第一，对于某些包含具有耐蚀性和耐磨性覆板的爆炸复合材料来说，只要残余应力的总体水平，也就是其爆炸焊接强化和爆炸焊接硬化的程度无碍于后续的机械加工和压力加工，就无须消除它。

第二，对于那些爆炸复合的板坯，如果后续进行热轧制，其内的残余应力也无须先消除。

第三，对于那些残余应力的总体水平较高，但不影响其加工和使用的爆炸复合材料来说，也无须采取措施去消除它。因为多一道工序多一次成本。

第四，对于那些残余应力水平较高和非消除它不可的爆炸复合材料，特别是对那些爆炸态下屈服极限和强度极限很接近的爆炸复合材料来说，采取一定的措施和办法来降低残余应力水平或者尽量消除它是必要的。

前文指出，爆炸复合材料中残余应力的大小和分布，在金属组合既定的情况下，与工艺参数密切相关。所以，为了降低它的水平，首先应在工艺参数上下功夫。即在保证一定的结合强度的情况下，尽量使残余应力较小，这样就不需要对它进行处理，对后续许多加工工序和使用都有利。这是制订工艺参数的人员首先要考虑的技术问题。

当某些爆炸复合材料必须降低和消除其中残余应力的时候,可考虑采取如下措施。

1. 消除应力退火

由本书3.4章可知,消除应力退火的温度不高,保温的时间不长。目的仅仅在于消除其中的内应力。这种退火的工艺参数由试验确定,不同的金属组合和不同的硬化及强化的程度,消除应力退火的工艺参数应当是不同的。

还要指出,对于相同或相近的金属组合来说,退火后,其内应力会尽量降低,甚至消除。但对于物理和力学性能相差较大的金属组合来说,退火后,其内应力的水平可能降低,也可能重新分布。因此,在此方面还需要做更多的工作,以便达到预期的目的。

2. 压力加工

为了降低残余应力的水平,在爆炸焊接的板中铣切小槽是不利的。因为在这种情况下将出现新的残余应力使结合强度降低。但在带1%~1.3%压缩率的冷锻情况下,整个复合板均匀变形,将导致残余应力的降低,甚至完全消失[893]。

由此可以推知,爆炸复合板的表面加工,如喷砂等,将会降低和消除覆板表层的压应力。为了保持耐蚀覆板表面的压应力,表面喷砂等加工似是不必要的。

3. 爆炸加工

众所周知,用炸药爆炸的能量可以消除常规熔化焊焊缝中的残余应力。由本书5.5.1节可知,在钛合金板坯的两面爆炸包覆一层纯钛板,可以防止这种板坯的热轧开裂问题。其实,它的本质还是用爆炸法消除板坯中的铸造应力(可以试验不用包覆,也许直接爆炸一次即可)。本书3.2.30节中三层铝合金板坯在爆炸焊接以后,中间层板坯在热轧过程中也不再开裂了。其原理仍是爆炸消除了板坯中的铸造应力。这类应力是高温和长时间下的均匀化退火难以完全消除的。据资料介绍,经一次爆炸加工后,金属合金的铸锭中的晶粒细化了。这就是爆炸加工领域新发现的又一新工艺和新技术——爆炸金属热处理。

在同一基板上爆炸焊接相同厚度的覆板时,为了降低基材爆炸强化的程度可采用多次和小药量地爆炸焊接的方法(表4.6.2.10)。这一实验现象的实质就在于"爆炸消除应力"——后一次爆炸除了能引起强化之外,还能部分消除前一次的强化,两相抵消使总的强化程度减弱了。此事例说明,用爆炸加工的方法能够降低爆炸复合材料中的残余应力。

降低和消除爆炸复合材料中残余应力的方法也许还有不少。然而,根据其原理不外乎加热和加压,或者同时采用。到时可根据具体情况灵活运用。爆炸加工实际上也是一种压力加工,只是比常规压力加工时载荷大些和时间短些。正因为如此,也许其效果更佳,在有条件的情况下可试验"爆炸消除应力"法。

综上所述,在爆炸焊接的情况下,由于金属的物理、力学和化学性能的差别,特别是结合界面的存在,使得爆炸复合材料内部出现不同方向和大小的残余应力。这些应力的存在影响这种材料的结合性能、加工性能和使用性能。探寻其规律,以及降低和消除其中残余应力的方法是爆炸焊接理论和实践的一项重要课题。

本章讨论的问题是爆炸复合材料中又一个金属物理学范畴内的重要课题。这一课题的探讨以其独具特色的内容充实了爆炸焊接金属物理学的理论和实践。

4.11　爆炸复合材料中的缺陷

由于内外因素的影响,在爆炸复合材料内存在着一些缺陷。这些缺陷中,有的不会对材料的后续加工和使用产生大的影响,有的会造成严重的后果。因此,总结爆炸复合材料中的缺陷的类型,分析它们产生的原因和寻找预防的措施是爆炸焊接这门应用科学和技术科学理论探讨与实践应用的重要课题。本章在资料积累和经验总结的基础上,欲在此方面做些工作。

爆炸复合材料中的缺陷是指在这类材料的外表和内部在一些质量指标上不能满足技术要求的一些缺陷。总的说来,它们分为宏观缺陷和微观缺陷两大类。宏观缺陷是指在实施爆炸焊接工艺后,在金属复合材料的外部用肉眼即可观察得到的缺陷。微观缺陷则需要借助其他工具,如金相显微镜和超声波探伤仪等才能观测得到。

4.11.1 宏观缺陷

以爆炸复合板为例,爆炸复合材料中的宏观缺陷有如下一些。

1. 爆炸不复

实施爆炸焊接工艺后,覆板和基板之间全部或大部没有结合,即有结合但结合强度甚低的情况,称爆炸不复。其宏观形貌如4.11.1.1所示。

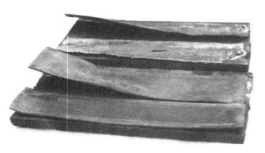

图 4.11.1.1 钛板和钢板的爆炸不复

爆炸不复产生的原因主要是工艺参数,例如炸药品种、药量和间隙大小等选择不当;在大面积爆炸复合板的情况下,还有间隙中的气体未完全排出的影响。

在金属材料确定之后,欲克服爆炸不复,首先应当选择低速炸药;第二,应当使用足够数量的炸药和适当的间隙大小;第三,选择中心起爆法等能缩短排气路程和有利于排气的起爆方法。有此三条,爆炸复合就有可能了。

2. 鼓包

在实施爆炸焊接工艺之后,复合材料的局部位置(如起爆端)不复,并且覆板的对应位置向上凸起,其内有气体,在敲击下会发出"邦邦"的空响声,其宏观形态如图4.11.1.2所示——此即"雷管区"。在有些情况下,例如退火以后,这种宏观凸起(鼓包)也会出现,如图4.11.1.3所示。此时由于气体受热膨胀,原被压平了的气体便将覆板鼓了起来。

图 4.11.1.2 在铜-LY12 复合板的起爆端(左)出现鼓包(雷管区)和铜板表面被氧化烧伤的形态

鼓包形成的原因是爆炸爆接过程中,间隙内的气体未能及时和全部地排出而有少量被"包"在覆板与基板之中。当被包的气体较多时即呈现出明显的凸起;当气体较少时就被压平;然而一受热,气体体积膨胀,便导致覆板被拱起。3.3.7节第5点就是二例。

欲消除鼓包,在选择低速炸药、适当药量和间隙值的情况下,最主要的是需要造成良好的排气条件,使间隙中的气体及时和全部地排出。

(a)在起爆端(左,爆炸后);(b)在起爆端(右)和中部(650℃、0.5 h 退火后)

图 4.11.1.3 在 Au-AgAuNi-CuNi 复合板表面上出现鼓包

3. 表面烧伤

当使用高速炸药和又无表面保护措施的时候,爆炸焊接后覆板表面局部地方将发生氧化烧伤的现象,特别是对像铝这种低熔点的金属来说,这种现象容易发生,图4.11.1.2就是一例。图4.11.1.4为铜-钛复合板上铜板表面的氧化烧伤现象，图4.11.1.5为爆轰试验中铝板上的氧化烧伤。

图4.11.1.4　在铜–钛复合板上铜表面的氧化烧伤　　　图4.11.1.5　爆轰试验中铝板上的氧化烧伤

表面烧伤的产生与高速炸药的高爆热密切相关。这种高爆热将使爆炸产物的温度更高。当它与金属表面接触时，必然使其温度升高。如果是低熔点的金属，这种金属的表面自然会被氧化和烧伤。

当使用低速炸药并使用黄油、水玻璃等保护层后，能够有效地防止氧化烧伤(见本书3.1.5节)。

4. 大面积熔化

某些爆炸复合材料，例如钛–钢复合板，在撬开覆板和基板以后，在结合面上有时会发现大面积金属被熔化了的现象，如图4.11.1.6所示。这种现象在微观上表现为熔化层(图4.1.1.1)。大面积熔化主要是来不及排出的气体被包裹在界面上，随后在高压下被绝热压缩，由此过程产生的绝热压缩热引起的(见本书2.2.13节和4.3.2节)。

图4.11.1.6　钛–钢复合板钢侧大面积熔化现象

为减轻和消除大面积熔化的现象，首先应当选择低速炸药，其次是间隙距离不要太大，最后是采用中心起爆法引爆炸药和创造良好的排气条件，从而消除气体绝热压缩的可能。

5. 结合强度不高

爆炸复合材料各层之间结合不牢固。有时稍有振动或撬动就分开了，或者有的过些时日就自行分离了，还有的在后续加工(例如轧制)后也分开了。

结合强度不高是由于爆炸焊接参数不适宜，例如药量较小、间隙较小和大面积熔化等因素造成的。提高结合强度的方法主要从这些工艺参数的调整入手。

6. 表面波形和底面波形

在一些特殊的工艺条件下，某些复合材料的表面和底面会出现波形(见本书4.16.1节)。这两种波形会影响复合材料的表面和底面的光洁度、厚度尺寸及其公差，以及外部形态。

使保护层材料与覆板表面紧密接触和使基板底面与基础物质紧密接触，能够消除表面波形和底面波形(这两种波形产生的条件见本书4.16.3节)。

7. 爆炸变形

在爆炸载荷剩余能量的作用下，复合材料在长、宽和厚度方向上，以及三维空间上发生宏观的残余塑性变形(见本书4.9章)。这种变形影响复合材料的几何形状和几何尺寸。因此，这类材料在使用前必须进行校平、校直或机械加工。一般情况下很难避免爆炸变形，只能设法减轻。欲使爆炸变形最小，必须增加基础的刚度和采用其他工艺措施(见本书4.9章)。

8. 爆炸脆裂

某些脆性金属，如钼、钨、镁、锌、铍和生铁等a_k值在常温下很小的金属材料，在炸药爆炸后，虽有局部焊接，但这些金属的板、管、棒的大部会发生脆裂。如图 4.11.1.7～图 4.11.1.9 所示。这种特性是这类材料在爆炸载荷作用下必然发生的。欲消除爆炸脆裂，需要实行热爆（见本书 3.2.8 节）。

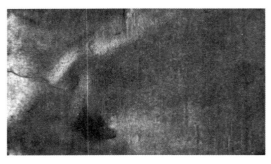

图 4.11.1.7　钼-钢复合板上钼板的脆裂

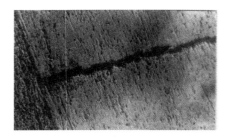

图 4.11.1.8　钼-不锈钢复合管棒内
钼棒的裂纹(×10)

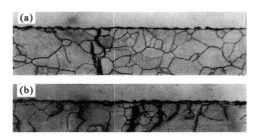

图 4.11.1.9　不锈钢-钼复合管
钼管内的裂纹(×100)

9. 爆炸断裂

在爆炸能量过大（包括边界效应作用区）和金属本身的强度高及塑性低的情况下，金属材料的基体有时会发生断裂，如图 4.12.2.1～图 4.12.2.5 所示。降低药量，避开边界效应作用区，选用强度较低和塑性较高的金属材料、热爆，以及用退火热处理的方法来降低金属的强度和提高其塑性，可以预防和避免爆炸断裂。

10. 结合面积率低

工艺参数不当、排气不畅和逆风向等因素的影响，造成复合材料的结合面积率低于国家标准的质量问题。结合面积用超声波探伤仪和测厚仪探测。

11. 雷管区

在安插雷管的复合板位置上，由于该处及其附近能量不足和空气未及时排出而造成覆板与基板不能很好地焊接和结合的一种缺陷。它产生的原因和预防的措施见本书 2.4 章。

12. 爆炸打伤

由于炸药内混有固态的块状物质（非炸药组分），在爆炸焊接过程中，在爆炸能量的推动下，它们与覆板表面发生撞击，使覆板表面的相应位置产生麻坑、小隙和裂纹等影响质量的一些缺陷。净化炸药和去除其他杂物，特别是防止布药过程中地面砂石的混入是克服这一缺陷的主要措施。

另外，爆炸焊接后为了清除覆板表面的黏附物，切忌用刚性工具，以免造成覆板表面道道伤痕。

4.11.2　微观缺陷

微观缺陷见诸于爆炸复合材料的内部，它们是用破坏性的检验方法检验复合材料内部质量时检验出来的。若干微观缺陷的类型如下。

1. 组织和性能的不均匀

在同一块爆炸复合板内的整个结合界面上，不同位置的组织形态不尽相同，因而对应位置的结合强度也不同。如图 4.16.5.146 所示和表 4.3.3.1 所列，在这块钛-钢复合板的结合区内存在着波形结合、平面结合、熔化层结合、混合型结合和乱波结合等多种结合形式。因而，对应位置的结合强度很不一致，高的达 358 MPa，低的为 0。

这种类型的缺陷产生的主要原因是气体排出过程中时而不顺畅，时而顺畅。前者产生熔化层，后者形成波形。使用低速炸药、适当的药量、合适的间隙和中心起爆法等是减小和消除这种缺陷的措施及方法。

2. 熔化层结合

在这种结合形式下，结合区分布着不同厚度的均匀或不均匀的熔化金属层。不论熔化层内的熔体是固溶体还是中间化合物，由于高速冷却，它们都硬且脆。这种性质的物质分布在界面上，无疑会削弱基体金属间的结合强度。这种结合形式如图4.16.5.146(A6)中的形式，其剪切强度仅为136 MPa。

3. 乱波结合

在波形结合和熔化层结合两种结合形式之间存在一种过渡的结合形式，如图4.16.5.146(A4)。在这种情况下，界面上既呈现波形，又有较多的熔化。此时双金属的结合强度介于波形结合和熔化层结合之间[与图4.16.5.146(A4)对应$\sigma_\tau = 148$ MPa]。

4. 波形错乱

如图4.16.5.146(A5)情况，本是波形结合的，由于外界能量的影响使波形发生了错动。此时相当于覆板和基板分离了。因此其结合强度与上述几种结合形式相比最低(为"零")。

5. 大熔化块

在波形结合形式中，漩涡区内的熔化块显得太大。这种大熔化块的存在也会使结合强度降低。另外，这种熔化块在后续压力加工(如轧制)中会与基体分离和剥落，形成孔洞和裂纹，从而降低复合板的结合强度，如图3.3.3.1(i)和图3.3.7.2(a)所示。

6. 爆炸焊接硬化

在爆炸载荷作用下，基体金属内的组织会发生一定的塑性变形，这种变形会使其硬度有一定的增加(见本书4.6.1节)。对于某些金属材料而言，这种增加是不必要的甚至是有害的。

7. 爆炸焊接强化

同理，伴随着硬度的增加，强度也会有所提高(本书4.6.2节)。这种提高有时也是不必要的甚至是有害的。用退火等工艺可以消除爆炸焊接强化和爆炸焊接硬化。

8. 残余应力

爆炸焊接后，基体金属内部，特别是结合区内会发生强弱不等的塑性变形。这种变形使得复合材料的表面、底面、内部和界面产生不同强度和不同方向的残余应力(见本书4.10章)。残余应力的存在有利有弊。通过退火等，可以减小和消除复合材料中的残余应力。

9. "飞线"(绝热剪切线)

金属材料，特别是那些常温下a_k值较小的金属材料(如钛及其合金)，爆炸焊接后在其内部将出现一种特殊的塑性变形线。检验表明这种飞线是一种裂纹源。它的存在将对复合材料的后续加工和使用产生不利的影响。一定工艺下的退火能消除未裂开的飞线(见本书4.7章)。

……

综上所述，在爆炸复合材料中存在着一些宏观的和微观的缺陷。这些缺陷将对这类材料的表面质量、力学性能、后续加工和使用产生不利的影响。在实践的基础上，总结爆炸复合材料中缺陷的类型、探讨它们产生的原因和寻找预防的方法是提高爆炸焊接产品质量的重要课题。更多的宏观和微观缺陷有待进一步揭示。

4.12　爆炸复合材料的破断

本章总结爆炸焊接过程中金属在爆炸载荷下的破断情况，讨论破断产生的原因，寻找防止破断的途径和方法，以减少金属损失和提高爆炸复合材料的成材率。

爆炸复合材料的破断包括两大方面：破坏和断裂。破坏指金属在爆炸焊接过程之后，组合或组合之一(覆板或基板)完全破裂，而不能使用；断裂指金属在爆炸焊接过程之后，组合或组合之一的一部分(大多数是边部)发生断裂，其余大部分似有使用价值。此外，还有"飞线"——裂纹源的问题。这三个方面的情况归纳了现已观察到的三种不同的破断形式。分析它们产生的原因，寻找减轻和防止破断的方法，有现实的意义和迫切性。

4.12.1   爆炸复合材料的破坏

　　有些金属材料在爆炸焊接过程之后，覆板或基板会发生不规则的和完全的破坏。这种破坏不仅使爆炸焊接难以实现，而且使组合或组合之一完全报废，从而损失大量金属和耗费大量人力及物力。这种情况过去曾多次发生。

　　金属钼爆炸焊接破坏的情况如图4.12.1.1～图4.12.1.4，以及图4.11.1.7～图4.11.1.9所示。文献[894]还提供了钨、生铁和高速钢等材料爆炸焊接破坏的图片。高强度钢、锌、镁和铍等在常温下爆炸焊接也会脆裂（见本书4.15.2节）。另外，某些钢材在低温下（如摄氏零度以下）具有"冷脆"性，它们在北方冬天的气候条件下会被炸裂而破坏。

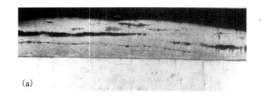

(a)

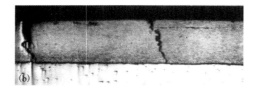

(b)

图 4.12.1.1　钼-钢复合板中
钼板内的横向(a)和纵向(b)裂纹

图 4.12.1.2　钼-钢复合板中
钼板上的裂纹

图 4.12.1.3　钼-钢复合板中
钼板的脆裂

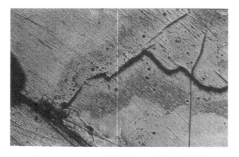

图 4.12.1.4　不锈钢-钼复合管棒
钼棒内的裂纹(×10)

　　研究表明，上述金属材料爆炸破坏的原因在于它们在常温下的 a_k 值太小。这些具有如此小的 a_k 值的金属材料是经受不住强大的爆炸载荷的作用的。

　　为了防止 a_k 值很小的金属材料在常温下爆炸焊接时发生破坏，唯一的途径是实行热爆（本书见3.2.8节）。

4.12.2   爆炸复合材料的断裂

　　大多数金属组合在爆炸焊接过程之后，一方面发生焊接，另一方面由于边界效应等原因使得边部（前端和两侧）被打伤和打裂，以及发生其他一些规则和不规则的断裂现象。

　　金属材料在爆炸载荷下发生断裂的情况如图4.12.2.1～图4.12.2.5所示。由图可见，这些断裂大多局限于复合板覆板的边部（除起爆端之外的其余三边），以前端（爆轰结束的一端）最为严重。少数情况下，边部仅出现打伤和局部开裂等现象。

　　出现上述边部断裂的复合板，需要将其开裂的边部去掉，保留完好无损的中间大部分，供机械加工和制造设备之用。

　　这种边部断裂也是要损失金属材料的。工艺条件不同，复合板发生边裂部分的大小不同，因而损失的金属数量不同。

图 4.12.2.1　钛–钢复合板钛层边部的断裂

图 4.12.2.2　钛–钢复合板钛层边部的断裂

(a)　　　　　　　　　　　　　(b)

图 4.12.2.3　锆$_2$+铝(a)和锆 2.5 铌–铝(b)复合板中锆合金覆板的断裂

图 4.12.2.4　钛–钢复合板坯
钛覆板的一角断裂

1、2—钛–钢；3—铜–钛；
4—铜–LY12(1、2 覆板断裂，3、4 基板断裂)

图 4.12.2.5　几种复合板的爆炸断裂

1. 爆炸复合材料发生边部断裂的原因

(1)边界效应的作用。边界效应的力学–能量原理见本书 2.4 章。由该原理可知，复合板边部所受到的爆炸载荷的作用大大超过其内部，其结果必然使复合板的边部打伤、打裂和断裂。

(2)炸药的能量过大。当选择高爆速炸药或者药量过大时，不仅使边部的能量过大，而且使整个复合板面上的能量过大。这过大的能量会使复合板内部，特别是边部被打伤和断裂。

(3)角度法爆炸焊接时，前端的间隙距离过大。过大的间隙使所对应的覆板位置的下落速度(v_p)增大，撞击能量增加，致使边部，特别是前端发生更大的打伤、打裂和断裂。

(4)某些金属在爆炸焊接前的状态不理想(如图 4.12.2.3 中锆合金为硬态)，使得材料的强度偏高和塑性偏低(此时 a_k 值通常也偏小)。这样，爆炸焊接之后，即使软态下不断裂，硬态下也会断裂。如果上述三个因素共同综合作用起来，硬态金属的断裂或破坏便更是确定无疑的了。

2. 防止这种断裂的途径和方法

(1)将边界效应作用区引出复合板面积之外(见本书 2.4 章)。

(2)尽量选择适当的爆炸焊接工艺，特别是选用低速炸药和适量的炸药量。

(3)尽量采用平行法和小的间隙距离来爆炸大面积的复合板。

(4)尽量选用软态的金属材料。

4.12.3　爆炸复合材料中由"飞线"引起的破断

在上述爆炸复合材料的宏观破坏和断裂中还存在一种过渡的中间状态的微观破断源——裂纹源，它就是某些爆炸复合材料中存在的"飞线"。

关于飞线产生的原因、条件、性质、实质和影响，以及消除它的方法请参见本书 4.7 章。在此仅指出，飞线是一种裂纹源，它在更大的外加载荷和使用应力下可能会发展成裂纹。这个问题应引起重视。因为它的存在和影响，例如对爆炸后的覆板和基板，以及整个复合材料的疲劳性能，其他宏观和微观的物理–化学性能的影响还研究得很少，而这些性能在这类爆炸复合材料的重要应用方面可能发挥着较大的作用。这是目前还难预见的。

4.12.4　爆炸复合材料破断的应力波机制

爆炸应力波在金属材料中的传播，包括其在两种不同材料交界面上的入射、反射、折射和透射。这种传播，在一定的条件下将引起复合材料的分层和破坏，因此应当引起重视。

应当指出，复合材料的分层，其主要原因还是结合强度不高。要解决这个问题还得从调整工艺参数入手。因此，只要结合强度超过了在界面上形成的拉伸应力，这些应力就奈何不得。因此，不要对"应力波"理论过于介意。这一论断可以从本书5.8章中数百和上千种两层、三层及多层金属组合的爆炸焊接成功的实例中得到证实。

4.13　爆炸复合材料的断裂力学

单金属材料的断裂力学是研究其断裂过程的力学行为的一门学科，它的出现、发展和应用，为工程设施的安全性评估提供了一个更便捷和更科学的方法。爆炸复合材料的断裂力学是金属材料断裂力学的重要组成部分，它是研究爆炸复合材料断裂过程的力学行为的一门学科。同样可用于评估工程设施的安全性。只是后者更年轻，因而不成熟，有待从事该学科工作的人们更多地努力。本章在简单地介绍单金属的断裂力学的基本知识之后，将摘引一些国内外的爆炸复合材料断裂力学的有关资料，供参考。

4.13.1　单金属材料的断裂力学

材料力学指出，促使无裂纹的金属材料发生断裂的推动力是应力（例如 σ），这类材料断裂的临界应力是材料的抗拉强度 σ_b。而促使带裂纹的材料断裂（即裂纹扩展）的推动力是断裂参量，即裂纹尖端应力强度因子（K）、裂纹尖端张开位移（δ）和 J 积分（J）。材料中的裂纹体的临界断裂参量 K_c、J_c 和 δ_c 是材料的断裂韧度。

断裂力学的研究表明，断裂参量（K，J 或 δ）是描述裂纹尖端应力应变场的单一参量。这些参量与裂纹所在区域的应力、裂纹尺寸和裂纹几何形状有关。例如在垂直裂纹面的正应力（σ）作用下，I 型应力强度因子 K_I 的一般表达式为

$$K_I = Y \cdot \sigma \sqrt{a} \qquad\qquad (4.13.1.1)$$

式中：Y 为裂纹几何形状因子；σ 为裂纹所在区域的名义应力；a 为裂纹尺寸。

在线弹性范围内和平面应变状态下，裂纹尖端张开位移（δ）和 J 积分（J_I）与 K_I 的关系为

$$J_I = \frac{1-r^2}{E} K_I^2, \qquad \delta = \frac{1-r^2}{2\sigma_s^2} K_I^2 \qquad\qquad (4.13.1.2)$$

式中：E 为弹性模量；r 为泊松比；σ_s 为屈服点应力。

断裂韧度的测量一般是采用已知断裂参量计算式的试样，按一定的程序加载，测取开裂时的临界载荷及由其对应的施力点位移和裂纹嘴张位移，按已知的断裂参量表达式计算断裂参量。目前国内尚无专门的用于测定焊接接头的断裂韧度的标准。焊接接头断裂韧度的测试参照文献[895～899]。

断裂韧度常用来评价金属材料和焊接接头韧性的优劣，确定焊接结构裂纹容限、评估结构寿命和使用安全性。

4.13.2　爆炸复合材料的断裂力学

爆炸复合材料的断裂力学正如这类材料一样尚处于发展之中。因而，到目前为止，国内外在此方面所做的工作不是很多，还没有形成一套完整的理论。下面仅将收集到的有关资料介绍如下。

文献[900]指出，断裂韧性是材料力学性能的重要指标，也是安全评价的重要依据。界面断裂韧性作为表征界面抵抗裂纹失稳扩展的抗力，它应该是考核界面结合力的极好方法，也是材料组织结构敏感的力学指标。爆炸复合板结合界面上可能存在冶金缺陷，研究其上裂纹的萌生和发展受到国内外学者的

重视[901,902]。

该文献建立了界面 K_{Ic} 的测量方法，并通过大量的 K_{Ic} 试验及界面金相组织的观察和动态拉伸电镜的试验，研究了不同工艺下钛-钢复合板界面裂纹的萌生和扩展，以及它的断裂机理，结果如图 1.13.2.1～图 1.13.2.3 所示。图 4.13.2.1 表示断裂韧性 K_{Ic} 劈裂试验的典型 p-δ 曲线。在劈裂过程中，试样两侧均未发生弯曲变形，全部表现为界面分离，是典型的沿界面断裂。测出的 K_{Ic} 值为 $(4 \sim 14)$ $(MPa \cdot \sqrt{m})$，数据如图 4.13.2.2 和图 4.13.2.3 所示。由实践可知，当 W_g 和 h_0 增大时，v_{cp} 和 β 增大，碰撞能量增大。由此两图可见，当 h_0 和 W_g 过小时界面的断裂韧性较差。随着它们的增加，K_{Ic} 值增加，界面抗裂纹失稳扩展的能力增强。当 h_0 值过大时会造成 K_{Ic} 值的不稳定（图 4.13.2.2）。结论是在适中的焊接能量下，能够获得理想的结合区组织，可能有的缺陷也呈细小弥散状态分布，此时界面具有最佳的抗正断能力。

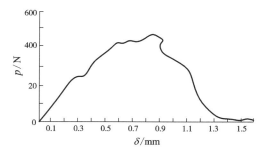

图 4.13.2.1　劈裂试验的典型负荷-位移曲线

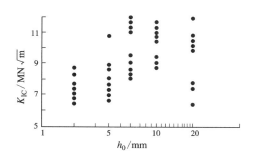

图 4.13.2.2　h_0 对界面 K_{Ic} 的影响

另外，该文献还指出，钛-钢爆炸复合板的抗疲劳性能非常好。在疲劳负荷下，裂纹一般不沿界面扩张，而是深入到基体之中。尽管多次改变试样的形状、尺寸和试验条件，裂纹始终转入钛侧扩展。这是爆炸复合板的优越性，但给 K_{Ic} 试验中预制界面疲劳裂纹带来了困难。目前使用的山形切口劈裂试样可以准确地测出界面的 K_{Ic} 值。

文献[903]研究了钛-钢爆炸复合板抗弯曲疲劳特性和断裂机制。结果如图 4.13.2.4 所示和表 4.13.2.1 所列。由图可见，随着弯曲应力的降低，疲劳寿命增加。其弯曲疲劳极限 σ_{-1} 约为 260 MPa，接近并略大于 Q235 钢的 σ_{-1}，而低于 TA2 钛的 σ_{-1}。

试验指出，在对称弯曲的条件下，复合板上下基材的表面承受的拉力最大，而结合界面承受了最大的剪切应力。所有试样的失效都起始于界面两边的基体材料，而并非结合界面。

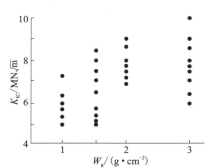

图 4.13.2.3　W_g 对界面 K_{Ic} 的影响

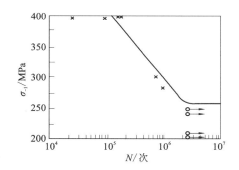

图 4.13.2.4　钛-钢复合板弯曲疲劳寿命曲线

表 4.13.2.1　钛-钢复合板弯曲疲劳试验的结果

试　样　号	1	2	3	4	5	6	7	8	9	10	11	12
负荷/MPa	392	392	392	392	343	343	294	274	245	245	196	147
试验时间/s	97	15	117	63	443	641	358	585	1439	1440	1201	1435
周次/(10^5 次)	14	2	17.59	9.66	2.6	89.6	65.3	97.1	235.47	235.82	235.64	234.52
结　果	断	断	断	断	断	断	断	断	未断	未断	未断	未断

（1）疲劳裂纹萌生。钛和钢的弹性模量相差很大（钛为 11.2 万 MPa，钢为 21.4 万 MPa），它们的屈服强度也相差很大（钛为 300 MPa，钢约为 200 MPa）。这样就会在钢侧产生较大的应力，并使它首先进入塑

性变形状态而使其更易产生裂纹。这从断口分析中可以证实：在低应力状态下，裂纹几乎无一例外地从钢侧外表处产生，然后扩展通过界面进入钛侧。而在高应力下，钢和钛都从两侧外表面产生裂纹，然后向界面相向扩展。裂纹在界面处相遇，最后撕裂而出现凸台。无论是单侧还是两侧，裂纹的萌生都是多来源的。

（2）疲劳裂纹扩展。高应力下裂纹单向扩展，试验观察到钛侧最后断裂，其剪切层出现在钛侧的外表面。在高应力下，两外表面形成的裂纹向界面扩展。断口分析证实界面处的剪切层十分显著。界面对剪切应力敏感，而实际使用时该界面正处于剪切应力量大的中平面处。所以在弯曲疲劳下界面会首先失效。高倍镜下观察显示界面处为塑性撕裂、特征韧涡状孔洞、大量的韧窝和准解理。由此可见，尽管钛-钢复合板的结合界面有裂纹相向扩展，它仍然有良好的断裂韧性。

文献[904]进行了铜-铝复合板界面的疲劳裂纹扩展特性和断裂机制的研究。

由试验记录的电位值经过标定曲线换算成裂纹长度 a，它们与对应的循环周次 N 之间的关系用 a-N 曲线表示。a-N 曲线的斜率即 da/dN 与相应的强度因子幅 ΔK 之间的关系，见图4.13.2.5。这种关系通常用 Paris 公式来表达（$da/dN = C \cdot \Delta K^n$），对三组数据以最小二乘法一元线性回归取得参数 C，N 值为

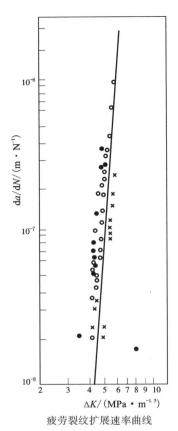

$$da/dN = 1.54 \times 10^{-17} (\Delta K)^{13.9} \qquad (4.13.2.1)$$

疲劳裂纹扩展速率曲线

图 4.13.2.5 da/dN-Δk 曲线

可见，界面疲劳裂纹扩展速率对应力强度因子十分敏感。当 ΔK 在 4.3 ~ 6.2 MPa/$m^{1.5}$ 范围内，扩展速率 da/dN 迅速增加。低于此范围时，裂纹会高速扩展以至断裂；低于此范围时，裂纹是安全的、可以不扩展。铜-铝界面的 da/dN 数量级基本上与铝合金相近。

断口分析显示其两边都有铝，铝呈现银白色。能谱成分分析也证明了这个事实。由此证明裂纹在铝一侧扩展，也证明该复合板的界面具有良好的结合力，它的抗疲劳裂纹扩展能力大于基材中性能较低的一方。

结论还指出，该复合板的断口具有复杂的组成，沿面波前进的方向有韧窝区和复杂的晶间断裂、解理断裂，二次裂纹共存区相间出现。韧窝区的韧窝大而浅，显示了较好的塑性变形能力。但界面波的波谷处出现脆性断裂。

文献[905]利用扫描电镜动态地观察和记录了拉伸试样随载荷的增大，钛-钢复合板结合界面微裂纹的萌生和扩展，直至失稳断裂的全过程。应当指出，在细波界面的情况下，当载荷为 150 MPa 时在界面上出现孔洞。随载荷的增大，在断裂前孔洞沿界面聚合，同时在钛和钢内产生微裂纹，最终失稳断裂。

在中波界面的情况下，当载荷为 333 MPa 时，微裂纹在波头旋涡内出现。随载荷的增大，微裂纹增宽约 5 μm，同时观察到它在裂尖应力作用下相互连接而沿金属流线向基体中扩展。量后失稳和导致迅速断裂。与此同时，在界面处产生微裂纹，并随载荷的增大，微裂纹迅速扩展，遂失稳沿界面迅速断裂。

在带熔化块的大波界面结合的情况下，首先，载荷在 350 MPa 时，熔化块内和熔化块与基体界面处，由于应力集中而产生微裂纹。随着载荷的增大，熔化块内的裂纹增多，熔化块和基体间的界面裂纹增宽至 10 μm，并在裂尖应力作用下沿界面向基体内深入。裂纹向前扩展的主方向与外载荷方向垂直，可见正应力对裂纹扩展有较大影响。当外载荷稍为增大时，试样失稳导致迅速断裂。

由上述实验现象可见，钛-钢复合板的断裂行为一方面与载荷的大小有关，另一方面与界面形态有关。不同的结合区形状出现不同的断裂过程。

另外，断口分析表明，钛侧和钢侧均为解理断口。能谱分析指出钛侧解理面上全为 Fe，而无 Ti；钢侧解理面上亦全为 Fe，而无 Ti。由此说明解理断裂发生在钢侧一边内。此外，波头旋涡区熔块处的断口内为 Fe、Ti 共存，Fe 和 Ti 的原子百分比近似为 1∶1。

钛-钢复合板残余应力分布指出，钛侧为压应力，钢侧为拉应力。钢侧的这种应力分布对裂纹的萌生和扩展无疑起着促进作用。并且钢侧熔化层内的再结晶和晶粒长大区域是结合层内的"薄弱环节"，是微裂

纹易于萌生和扩展的部位。

文献［854］研究了 МНЖ5-1+09Г2С
复合中的低循环疲劳强度，如图4.13.2.6~
图4.13.2.8所示。图4.13.2.6中的曲线
指出，随着加热温度的增加，低循环强度
值向更高的循环数一边移动，也就是覆
板抗裂纹萌芽的稳定性提高。到裂纹萌
芽的时间取决于热处理工艺和应力值
（图4.13.2.7和图4.13.2.8）。在相当
窄的范围内将萌芽裂纹。显然，它们的
形成在大的程度上与循环振幅有关。因
为在一些个别的情况下，在 210 MPa 和

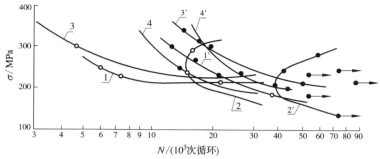

1、1′—原始态；2、2′—750℃退火态；3、3′和4、4′相应为 680℃ 和 475℃ 回火后
○—表示复合体破断开始，●—表示结合区破断，箭头指向没有裂纹的试样
图 4.13.2.6　МНЖ5-1+09Г2С 双金属的低循环疲劳曲线

230 MPa 的应力时，在相同的循环数内出现裂纹。随着加热温度的升高，裂纹的发展减慢，并使曲线比原始态复合更倾斜。

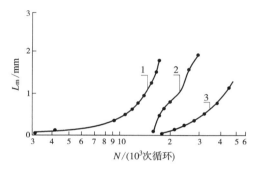

1、2、3相应为 340、270 和 230 MPa 应力下
图 4.13.2.7　在 680℃ 退火后，在不同的载荷下，
МНЖ5-1+09Г2С 双金属中裂纹发展的速度

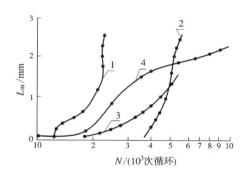

1—原始态；2—475℃ 回火后；
3、4—相应在 680℃ 和 750℃ 下退火后
图 4.13.2.8　МНЖ5-1+09Г2С 双金属中，
在 210 MPa 应力水平下裂纹发展的速度

对 МНЖ5-1 合金而言，在结合区，随着疲劳裂纹的分支而在晶间发展是其特征。裂纹沿金属间的中间层和细熔体区的传播，将改变自己的方向，并进一步过渡到基板。

在 680℃ 退火的试样中，在疲劳裂纹的周围将形成一个可称为无缺陷的区域。因为显微硬度在原始态下的 840~1100 MPa 下降至 374 MPa。

文献［906］研究了铜-钢双金属的破断问题。指出，在基板脆性破断的情况下，在结合区观察不到分层现象。此时脆性裂纹走过的地方如图 4.13.2.9 所示，在界面上有确定的方向：如果裂纹到达波峰位置，那么主裂纹向两边发展［图中（a）］；如果裂纹尖端指向波形的一侧，则它向一个方向发展［图中（b）］；如果裂纹的尖端落在波谷，那么它将停留在韧性覆板上［图中（c）］。由此可见，在覆板为韧性材料的情况下，基板的脆性破断能够被覆板所阻止。

文献［1691］报道，钛-钢复合板具有优良的抗腐性，而价格仅为钛板的 25%，备受人们青睐。用它来制造的压力容器因处交变应力作用下，故疲劳性能应受重视。作者采用板材平面弯曲的疲劳试验对其进行了评估。结果表明，破坏并非从界面开始。界面的抗剪切疲劳和抗裂纹穿透的能力最大，而复合界面承受了最大的剪切

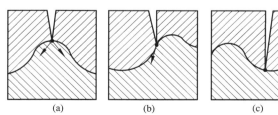

图 4.13.2.9　脆性裂纹在行进到波形界面上以后的可能情况

应力。扫描电镜断口观察表明：裂纹无例外地萌生于 Q235 钢侧外表面处，而后扩展超过界面进入钛侧，裂纹萌生是多源的。断口观察没有发现长的界面裂纹，大部分显示了塑性撕裂，特征为旋涡状孔洞、大量韧窝和准解理，呈现了很好的黏性。事实表明，界面对裂纹的扩展起了阻碍作用。裂纹穿透界面进入钛侧使

试样最后断裂，剪切唇整齐地出现在钛侧的外表面处。试验获得了钛-钢复合板弯曲疲劳应力寿命曲线，疲劳极限为 260 MPa，此值优于 Q235 钢而劣于纯钛。此外，还进行了沿界面疲劳裂纹扩展速率性能试验。结果观察到疲劳裂纹始终沿钛侧扩展而不在界面上。以上事实表明，钛-钢爆炸复合板界面具有优越的抗剪切疲劳、抗疲劳裂纹穿透和抗疲劳裂纹扩展的能力。

文献[1035]通过对 TA2-Q235 爆炸复合界面微观断裂过程的动态观察和分析，揭示了这种复合材料的微观断裂机制，即微裂纹在波前漩涡区的夹杂内或熔化块内，以及熔化块和基体的界面处萌生，并在裂尖应力场作用下沿外载荷垂直方向扩展；在室温拉伸载荷下，界面 TA2 侧的绝热组织和绝热剪切带不是裂纹易于萌生的地方；细波状结合界面内杂质少，复合质量最佳。故应通过调整工艺参数，控制界面波形，避免熔化组织产生，以保证爆炸复合材料的性能。

文献[1692]研究了爆炸焊接的 LY12-20g 复合板中界面两侧材料的弹塑性失配对面裂纹疲劳扩展的影响。结果表明，当裂纹由弹性模量和屈服强度高的一侧向低的一侧扩展时，实际驱动力大于外加名义值。当裂纹由弹性模量和屈服强度低的一侧向高的一侧扩展时，实际驱动力小于外加名义值，从而造成裂纹扩展的加速和止裂，其影响离界面越近效果越显著。但弹性模量失配在裂纹开始扩展直至界面的过程中都起作用，而强度失配只在裂尖距界面一定距离范围内才起作用。

文献[1693]对爆炸焊接的 LY12-20g 复合板中角裂纹的疲劳扩展行为进行了试验研究和理论分析。结果指出，由不同金属构成的复合板，角裂纹扩展过程中，试样两侧面的裂纹长度同一时刻不再相同。随裂纹扩展，其差距逐渐加大，直至最大值 Δac。当两侧面裂纹长度差距 $\Delta a < \Delta ac$ 时，两侧裂纹的扩展速率相同。复合板角裂纹疲劳扩展前沿线的形状取决于界面两侧材料的性能差异和界面结合的强弱。两侧材料的性能差异越大，界面结合强度越弱，裂纹扩展过程中，界面越易于开裂，两侧组元中的裂纹前沿线越易于形成近乎平行的两条直线。而结合强度越强，裂纹扩展过程中界面越不易开裂，裂纹前沿线在界面处越易于连续形成与界面呈不同角度的斜线。界面两侧性能失配及界面结合性能通过不同机制影响复合板不同取向的疲劳裂纹扩展，并且，其面裂纹疲劳扩展行为的影响比对角裂纹的影响更为显著。

文献[1694]研究了爆炸焊接的 1Cr18Ni9Ti-20g 双金属界面裂纹的扩展行为。用爆炸焊接、电子束焊接和机械加工工艺，制备了带有界面裂纹的该双金属材料的三点弯曲 J 积分裂纹扩展试样和四点弯曲疲劳试样。同时加工了 1Cr18Ni9Ti 和 20g 单一材料的这两种试样。然后进行这两种试样的裂纹扩展 J 阻力曲线及其疲劳扩展行为的试验研究。结果表明，1Cr18Ni9Ti-20g 复合材料界面裂纹的静态和动态的扩展阻力均低于裂纹在相应单一材料中的扩展阻力。

文献[1695]研究了铝-钢爆炸复合板界面的韧化作用，结果指出，垂直界面的疲劳裂纹导致的分层开裂为低周疲劳裂纹。裂纹进入下一层材料转向主应力面，是疲劳裂纹的再萌生过程。低周疲劳裂纹的扩展和转入下一层时裂纹再萌生的能量即为对外韧化的贡献。

文献[1696]指出，爆炸复合的钛-钢双金属板，其界面在剪切应力作用下的动态断裂全过程的观察和分析表明：复合界面上是否存在微裂纹缺陷是影响裂纹萌生的主要因素。剪切应力下裂纹在钢基体和钛基体中的扩展方式：首先是通过裂纹前沿滑移变形的积累，产生与外力平行的沿晶裂纹，而后再与主裂纹连通扩展。由于旋涡区界面裂纹及镶嵌块的存在，裂纹扩展方式：停顿-加宽-钝化-连通。作为障碍的镶嵌块，对裂纹尖端的钝化效果十分显著。界面的波状形貌可以引起裂纹扩展路线和方式的改变。当沿界面传播的主裂纹与应力之间的夹角增大后，裂纹扩展的路线不再是沿界面传播，而是通过引发界面一侧的母材产生沿晶裂纹。随后与之连通，从而穿过界面进行扩展。

文献[1697]报道，采 Al-LY12 爆炸复合板通过电子束焊接制得界面裂纹四点弯曲试样。由于强度错配，界面裂纹顶端局部的变形是锐化和钝化的复合型。但在疲劳载荷下其整体裂端应力应变场仍可以由纯 I 型应力强度因子主导。可以采用和单金属试样相同的方式进行界面裂纹的疲劳扩展行为研究。界面裂纹可在较低相同外载荷下开始扩展。但爆炸焊接界面存在的裂纹使得界面裂纹的扩展速率出现波动，并且阻碍裂纹的扩展。相同外载下 Al-LY12 界面裂纹的疲劳扩展速率低于单材料 LY12 的疲劳扩展速率。

文献[1698]采用四点弯曲试样对爆炸焊接的 1Cr18Ni9Ti-20g 复合板垂直界面裂纹的疲劳扩展行为进行了研究。结果表明，由于强度错配，裂纹起始于高强度材料一侧时其疲劳扩展速率提高，而起始于低强度材料一侧时其疲劳扩展速率降低。但当裂纹尖端接近界面时，界面的存在对于上述两种情况下疲劳裂纹的扩展均起到了一定的屏蔽减速作用，只是其屏蔽效应的作用范围有所不同。在不发生偏析分叉的情况下，不论裂纹起始于复合板的哪一侧，只要外加载荷足够大，裂纹均能穿过界面。同时，对于试样尺寸及其导致的裂尖应力对于裂纹的扩展路径和在界面处行为影响也进行了分析和讨论。

　　文献[1628]研究了 LY12 爆炸复合板(6 层、每层厚 1.5 mm)不同取向的拉伸强度、分层韧性和疲劳裂纹扩展行为。观测了疲劳长裂纹的扩展路径形态，并利用断裂力学理论讨论了材料的层状结构对其疲劳性能的重要影响。在 LY12 爆炸复合板中，垂直板面 L-S 取向和 L-T 取向的疲劳裂纹在扩展过程中都发生明显的止裂。

　　文献[1699]借助扫描电镜对 TA2-Q235 爆炸复合界面(包括小波状界面、中波界面和有熔块的大波界面)的微观断裂机制进行了动态研究。结果表明，这种机制是：微裂纹在波头的夹杂内或在熔块内以及在熔体和基体界面处萌生，并在裂尖应力场作用下沿与外载荷垂直的方向扩展。同时，沿 TA2-0235 界面产生微裂纹并在外载荷作用下相互连接而扩展。

　　本书 5.2.6 节还提供了许多爆炸复合材料的破断和疲劳强度方面的资料，可供进一步研究时参考。

　　如上所述，爆炸复合材料的断裂过程已有许多专家进行了研究，但其结论总的说来仅代表个别局部的问题，尚不能成为描述所有爆炸复合材料破断过程的普遍规律。因此，所有的有关资料和文献只能作为进一步研究的参考。这类材料的断裂力学理论有待在更多的实验资料的基础上去建立和发展。正如文献[907]指出的那样：对于位于两种性能不同的异种材料结合面上的裂纹、它的裂纹尖端应力应变场的特性、其表达式和应力强度因子，以及计算方法等，断裂力学工作者还在研究之中。爆炸复合材料更多和更广泛的应用有赖于这方面工作的深入开展。

4.14　合金相图在爆炸焊接中的应用

　　本书 4.2 章和 4.3 章指出，在爆炸焊接的情况下，在覆板金属和基板金属的结合面上会发生一定程度的熔化。分析和研究表明，这种熔化一般来说是不可避免的。由于内、外因素的影响，那些熔体金属呈两种基本形式分布在界面上：波形结合区的漩涡区内和波脊上，连续熔化型结合区的熔化层内。它们的形成原因和分布形式虽然不同，但它们的化学和物理组成却是相同的。并且与基体金属中主要组元相对应的普通合金相图中的化学和物理组成相似。这种相似性便为合金相图在爆炸焊接中的应用打下了基础。

　　本章在文献[908]的基础上以更多的资料讨论合金相图在爆炸焊接中的应用。这些应用可以归纳为如下几个方面。

4.14.1　由合金相图估计对应金属组合结合区熔体内的组成

　　根据二元合金相图能够大致地估计出相应金属组合爆炸焊接后结合区内熔体的化学和物理组成。

　　用不同的试验方法检测出来的大量爆炸复合材料结合区熔体内的化学和物理组成如表 4.14.1.1～表 4.14.1.7 和本书 5.2.11 节中的大量图表所列。

表 4.14.1.1　爆炸焊接双金属结合区内熔融层的化学和物理组成[909]

No	金属组合	计算值, $a/\%$		测量值, $a/\%$			金属间化合物
		A	B	I	II	平均值	
1	银-铜	63Ag	66Ag	50Ag	72Ag	57Ag	—
2	银-铁	89Ag	78Ag	92Ag	—	—	—
3	银-镍	81Ag	75Ag				
4	铝-铜	29Al	40Al	32Al	(7Al)		Cu_4Al_9(Al_2Cu)
5	铝-铁	61Al	54Al	75Al	65Al	70Al	Al_2Fe　Al_3Fe
6	铝-镍	50Al	46Al	—			Al_3Ni_2　Al_3Ni
7	铝-钛	21Al	50Al				
8	铝-锌	27Al	20Al	9Al	62Al	27Al	
9	金-铜	70Au	76Au	73Au			

续表4.14.1.1

No	金属组合	计 算 值, a/%		测 量 值, a/%			金 属 间 化 合 物
		A	B	Ⅰ	Ⅱ	平均值	
10	金－镍	85Au	80Au	78Au	—	—	—
11	铜－铁	83Cu	65Cu	89Cu			—
12	铜－镍（1）	71Cu	56Cu	82Cu	35Cu	59Cu	—
13	铜－镍（2）	71Cu	56Cu	84Cu	45Cu	64Cu	—
14	铜－钛	90Cu	61Cu	—	—	—	$CuTi$ Cu_3Ti
15	镁－铜（1）	23Mg	40Mg	49Mg	65Mg	57Mg	Mg_2Cu
16	镁－铜（2）	23Mg	40Mg	45Mg	—	—	Mg_2Cu
17	镁－铜（3）	23Mg	40Mg	40Mg	—	—	Mg_2Cu
18	钼－镍	45Mo	44Mo	62Mo			$MoNi$（?）
19	镍－钛	81Ni	55Ni	—	—	—	Ni_3Ti
20	钽－铜	30Ta	57Ta	—	—	—	
21	钽－铁	68Ta	67Ta	—	—	—	
22	钽－镍	51Ta	62Ta	—	—	—	$NiTa$（?）
23	钛－铁	31Ti	54Ti	—	—	—	Fe_2Ti
24	锡－铜	61Sn	86Sn	76Sn（95，100）Sn			Sn_5Cu_6
25	锡－铁	89Sn	92Sn	（95，98）Sn			Sn_2Fe
26	锆－铜	16Zr	54Zr	31Zr	16Zr	28Zr	
27	锆－镍	31Zr	60Zr	40Zr	7Zr	35Zr	$NiZr$ Ni_5Zr
28	锆－钛	63Zr	48Zr	66Zr	—	—	

表 4.14.1.2　爆炸焊接双金属结合区中熔融层的化学和物理组成[910]

No	金属组合	检验方法	化 学 组 成 /%	物 理 组 成
1	银－铜	电子探针	Cu 29～49，Cu 38*	固溶体
2	铜－镍	电子探针	Cu 55～65，Cu 56*	固溶体
3	钛－锆	电子探针	均匀熔融层，Ti 47	固溶体
4	铜－铁	电子探针	Cu 67～72，Cu 70*	固溶体
5	钛－镍	X 射线衍射	Ni 68～80，Ni 76*	Ni_3Ti $NiTi_2$
6	钛－铜	X 射线衍射	Cu 68～75，Cu 71*	$CuTi$ Cu_3Ti
7	钛－铁	X 射线衍射	Ti 33～40，Ti 34*	Fe_2Ti
8	镍－锆	X 射线衍射		$NiZr$ Ni_5Zr
9	镍－钽	X 射线衍射	Ta 78	$NiTa$
10	铁－钽	X 射线衍射	Ta 77	Fe_2Ta
11	铝－铜	X 射线衍射	Cu70～80，Cu 68*	Al_2Cu Al_4Cu_9
12	铝－铁	X 射线衍射	Al61～64，Al 63*	Al_3Fe Al_5Fe_2 Al_2Fe
13	铝－镍	X 射线衍射	Al55～68，Al 57*	Al_3Ni_2 Al_3Ni
14	铝－钛	X 射线衍射	Al53～62，Al 57*	$TiAl_3$
15	银－铁	电子探针	Ag60～90，Ag 89*	不固溶和不均匀的 Ag、Fe 混合物
16	银－镍	电子探针	Ni17～41、Ni 27*	不均匀混合物

注：原文均为叙述式，* 为修正平均值。

表 4.14.1.3　不同金属组合爆炸焊接后界面熔化层的化学组成[157]

金 属 组 合	Cu-Fe	Ti-Fe	Ta-Mo	304 不锈钢-Fe
连续熔化层的化学组成 /%	66Cu	34Ti	70Ta	13.2 Cr，6.8 Ni，80.1 Fe

表 4.14.1.4　爆炸焊接双金属结合区金属间化合物的组成（电子探针测定值）[911]

No	金属组合	金属间化合物及其化学组成	No	金属组合	金属间化合物及其化学组成
1	银-锌	$AgZn(34\%Zn)$	6	锡-铜	$Sn_5Cu_6(60\%Sn)$
2	铝-铜	$Al_4Cu_9(16\%\sim20\%Al)$	7	锡-铁	$Sn_2Fe(81\%Sn)$
3	镁-铜	$Mg_2Cu(43\%Mg)$			$SnFe(68\%Sn)$
4	镁-镍	$Mg_2Ni(45\%Mg)+MgNi_2(17\%Mg)$			$SnFe_3(58\%Sn)$
5	钼-镍	$MoNi_4(28\%Mo)$	8	锌-铜	$CuZn$

表 4.14.1.5　爆炸焊接双金属结合区熔体中的金属间化合物

No	金　属　组　合	金　属　间　化　合　物	文　献　来　源
1	铜-钛	Ti_2Cu_7，Ti_2Cu_3，$TiCu_3$，$TiCu_2$，$TiCu$	[361，320]
2	钛-钢	Ti_2Fe，$TiFe$，$TiFe_2$	[195，912，913]
3	锆-钢	Fe_2Zr	[800]
4	锆-钴	$ZrCo$，$ZrCo_2$，Zr_6Co_{23}，Zr_2Co_{11}	[799]
5	铝-12X18H10T	Fe_3Al，Fe_3Al_2，$FeAl$，$FeAl_2$，Fe_2Al_5，$FeAl_3$，Fe_2Al_7	[660]
6	钛-铬镍合金	$TiNi_2$，$TiNi$，$TiNi_3$，$TiCr_2$，$CuNi_3$	[660]
7	铌-12X18H10T	Nb_2Fe，$NbFe$	[660]
8	铜-金	$AuCu_3$	[914]
9	钴-钽	$CoTa_2$，Co_2Ta，Co_3Ta，Co_5Ta	[915]*
10	铝-钛	Al_3Ti，$AlTi$	[384，385]
11	钽10钨-4340钢	$TaFe_2$	[401]
12	锆-铜	$CuZr_2$	[405]
13	WC-Co+3号钢	Fe_3W_3C	[438]
14	铜-铌	Cu_3N_b	[650]**
15	铜-铝	$CuAl_2$，Cu_3Al_2，Cu_4Al	[816]
16	钼-钛	Ti_3Mo_2	[916]
17	铝-镍	$NiAl_3$	[385]

注：* 表示该文献指出，在过渡层形成了固定成分（$a/\%$）分别为 37～39、60、90、Co 的相，这些相在相图上是不存在的。** 表示这个相在平衡条件下是没有的。

表 4.14.1.6　诸组合界面合金层的组成[864]

No	金属组合	相	化 学 组 成 /% 测 定 值	化 学 组 成 /% 计 算 值	金 属 间 化 合 物
1	金-铜	固溶体	73% Au	70% Au	—
2	金-镍	固溶体	78% Au	85% Au	—
3	铝-铁	金属间化合物	66% Al	67% Al	Al_2Fe　Al_3Fe
4	钛-铁	金属间化合物	77% Ta	68% Ta	Fe_2Ta
5	钛-铁	金属间化合物	34% Ti	31% Ti	Fe_2Al
6	铜-铁	难熔	70% Cu	83% Cu	—
7	银-铁	不固熔	69% Ag	89% Ag	—

表 4.14.1.7　爆炸焊接锆-钴组合扩散区的成分及宽度的电子探针检验[799]

相	相成分(Zr)/%	化学法计算的成分(Zr)/%	扩散区宽度/μm	相	相成分(Zr)/%	化学法计算的成分(Zr)/%	扩散区宽度/μm
Zr_2Co_{11}	14	15	250	$ZrCo_2$	26～33	25～44	4
$ZrCo_{23}$	21	21	4	$ZrCo$	49	50	40

文献[1700]用显微硬度计、透射电镜和扫描电镜对铝-钢复合板结合界面进行了研究。结果表明，其结合界面呈准正弦波形，两侧的铝和铁元素进行了相互扩散，深度在微米数量级。界面上显微硬度增加，漩涡区的硬度为基体金属的3~6倍。结合界面内有铝和铁的金属间化合物（$FeAl$、$FeAl_2$、$Fe_{24}Al_{76}$），以及非晶和微晶，$Fe_{24}Al_{76}$ 相是相图上没有的。

文献[917、918、1036~1040]提供了大量的爆炸焊接中常用的和今后可能用得到的金属组合的二元和三元合金相图。由这些相图和上述表中的化学及物理组成可看出，它们是基本对应的。这样就能够根据合金相图判断对应组合的结合区内的化学及物理组成。但是，由于结合区内熔体的数量一般不多和仪器精确度等方面的原因，至今还不能将其内所有的组成物确定出来。另外，由于爆炸焊接过程的特殊性（高压、高速、高温、高温下的高速熔化及高速冷却），这些熔体内的组成物在形态、性质和种类上不会与一般的合金相图内的完全相同。然而，不管怎样，一般的合金相图是爆炸复合材料结合区微观化学和物理组成的分析的重要工具。

4.14.2 由合金相图估计对应金属组合的爆炸焊接性

根据相图上组元之间相互作用的性质，例如它们的相互溶解性或生成金属间化合物的能力等，在工艺适中的情况下，可以估计对应金属组合的爆炸焊接性。像钛-钛、铜-铜、铝-铝等相同金属的组合，以及不锈钢（Fe）-钢（Fe）、镍-钢（Fe）、镍-不锈钢（Fe）和银-铜等形成固溶体的不同金属的组合，它们都能容易地爆炸焊接在一起。而像钛-钢（Fe）、钛-不锈钢（Fe）、镍-钛和铜-铝等生成金属间化合物的不同金属的组合，虽然它们都有爆炸焊接性，但在工艺上比较困难一些。这就像一般的焊接工艺（熔化焊、压力焊或扩散焊等）在焊接相同和不同的金属材料时，前者容易和后者困难一样。从爆炸焊接"窗口"上分析和推测，相同金属的组合和能形成固溶体的金属组合的"窗口"一定较大。而易生成金属间化合物的金属组合的"窗口"一定较小。这也表现了不同的爆炸焊接性。

4.14.3 由合金相图估计对应金属组合的相对结合强度

根据上述分析，可以估计相应组合的爆炸复合材料的相对结合强度。例如，合金相图上为固溶体的金属组合，它们的结合强度会相对较高，而合金相图上多为金属间化合物的金属组合，它们的结合强度将相对较低，如表4.14.3.1所列。由此可见，一般的合金相图也是爆炸复合材料宏观力学性能分析的重要工具。

表4.14.3.1 具有不同相图特征的金属组合的结合强度比较

金 属 组 合		钛-钢	不锈钢-钢	镍-钛	镍-不锈钢	铜-LY12	铜-LY2M
爆炸前，σ_b /MPa	覆板	441~588	≥539	392~470	392~470	216	216
	基板	372~461	372~461	441~588	≥539	456	207
爆炸后 /MPa	σ_τ	358	493	479	536	65	86
	σ_f	291	464	330	416	70	117

注：不锈钢-钢和镍-钢组合剪切试验时均在强度较弱的一边破断，其余均从界面破断；硬铝表面为纯铝层包覆，实为铜-铝-硬铝三层复合板。

4.14.4 由合金相图估计后续热加工和热处理的影响

根据合金相图能够估计后续热加工和热处理对爆炸复合材料结合区组织和结合强度的影响。例如，对于合金相图上有硬脆金属间化合物的金属组合，它们在热加工（如热轧制）或热处理（如退火）以后由于高温下结合区金属间化合物的继续生成和长大，高温和长时间加热后将形成厚厚的化合物的中间层，这样将严重地削弱和降低双金属的结合强度。而对于那些合金相图上仅有固溶体的金属组合，热加工和热处理后，它们的结合区的组织变化不大，其结合强度的降低速度将缓慢得多。由此可见，合金相图也是分析和判断热加工及热处理后，爆炸复合材料结合区的微观组织和宏观力学性能的重要工具。

4.14.5 由合金相图制订工艺参数

从上述分析和研究的结果可以看出，对于一定的金属组合来说，能够依据合金相图来制订它们的爆炸焊接的工艺参数，以及后续热加工和热处理的工艺参数，以便获得良好的结合区组织和最佳的力学性能。这就是爆炸焊接中研究合金相图的最终目的，也是合金相图在爆炸焊接中最好的应用。

例如，合金相图上为固溶体的金属组合，其爆炸焊接、热加工和热处理工艺参数的"窗口"比较大，因而这些参数的选择就比较随意。这样做都不会对它们的爆炸焊接、热加工和热处理的结果产生很大的影响。当然，考虑到最佳结果和经济性，上述三种工艺参数的选择还是需要认真对待的。对于合金相图上为金属间化合物的金属组合，在进行上述三种工艺参数的选择时，经济性的考虑是次要的，最佳结果是主要的。因为只有获得了最佳结果，才能获得最大的经济性。因此，此时工艺参数的选择更要认真对待。

4.14.6　由合金相图估计轧制过程中鼓包两侧金属层轧制焊接的可能性

对于合金相图上有硬脆金属间化合物的金属组合（如钛-钢爆炸复合板），其热轧过程中，界面上的鼓包被压平后，覆层和基层不能焊合在一起。相反，鼓包的面积会相应扩大而形成更大面积的分层。而对于合金相图上仅有固熔体的金属组合，或者以同一元素为主要成分的不同牌号的合金的金属组合，在爆炸焊接后的轧制过程中，在界面上的鼓包破裂和其内的气体被挤出后，原来分离的覆层和基层能够焊合在一起——轧制焊接。如三层铝合金复合钎料的箔材和不锈钢-钢复合薄板的轧制即是如此。由此可见，由相应的合金相图能够估计，在爆炸复合板（薄板和箔材）的轧制过程中，未复合的部分（鼓包）在其内的气体排出后，鼓包两侧的金属层在其后续的轧制压力下能否结合在一起，即轧制焊接的问题。

上述三层铝合金复合钎料箔材轧制过程中出现的气泡问题的原因和结果，详见 3.3.7 节中的"5"。

4.14.7　由合金相图估计爆炸复合板补焊的可能性

众所周知，爆炸复合板的面积结合率很难达到 100%。这未结合的面积部分，就是其内充满气体的鼓包。这种鼓包存在于覆层和基层之间的界面上。按国家标准的规定，此不结合的部分，应该控制在一定小的面积和分布范围之内。因此在爆炸焊接后，为了增加面积结合率和提高成品率，有的复合板进行了补焊。例如不锈钢-钢复合板。即将未结合的不锈钢的覆层部分挖掉，再在钢层上堆焊相应厚度的不锈钢层。但是，并不是所有的爆炸复合板都能采取补焊的方法和措施来补救，如钛-钢爆炸复合板。实践和研究表明，能否用补焊的方法和措施来增加面积结合率和提高成品率，可以用合金相图的理论来评判：在相应组合的覆层和基层内，以其所含主要元素的合金相图为依据，如果该相图内为固熔体，则对应的复合板可以补焊。如果该相图内有大量的金属间化合物，则对应的爆炸复合板就不能补焊。前者以不锈钢-钢爆炸复合板为典型代表，后者以钛-钢爆炸复合板为典型代表。如此类推。由此可见，合金相图可以用来估计爆炸复合板的未结合部分进行补焊的可能性。本书 3.5.9 节讨论了一种界面上对生成金属化合物的金属组合的雷管区进行补焊的方法。这种方法另当别论。

4.14.8　由合金相图中组元的相变估计对应金属组合的爆炸焊接状况

例如，钛在 882℃下发生 $\alpha \rightleftharpoons \beta$ 相变，与此同时还伴随着 5.5% 的体积的变化。在钛-钢复合板爆炸焊接的过程中，结合区的温度高于 882℃，此时钛由 α-Ti 转变为 β-Ti，其体积缩小 5.5%。冷却后，结合区的温度又低于 882 ℃，β-Ti 又转变为 α-Ti，此时，其体积相应地增大 5.5%。在钛和钢爆炸焊接的时候，结合区内的温度如此地一升一降，将导致结合区钛侧的体积一缩一胀。如此的缩和胀，相当于在钛和钢的界面两侧的金属层之间进行了来回搓动。这种往复搓动必然削弱钛和钢之间的结合强度。

另外，与此同时，结合区之外的钛层未经历相应温度的变比（不管是升温还是降温），因而，也未经历相应的体积的变化。在此同一钛覆层内，如此不同的两个位置（结合区之内的和结合区之外的）温度和体积的变化，也会造成同一钛覆层这两部分之间的一缩一胀，亦即它们之间的来回往复搓动。这一结果也必然造成钛与钢之间结合区的强度的降低。

以上便是钛-钢复合板和其他含钛复合材料较之其他复合材料难于爆炸焊接的原因，也是钛-钢复合板的钛层可以从钢层上撬开的主要原因，如图 4.11.1.6、图 4.16.6.2～图 4.16.6.4 所示。更多的讨论请见图 4.15.1 及其上下文字。

元素的相转变温度如表 5.9.3.1 所列。

4.14.9　由合金相图中组元的相变估计对应金属组合热加工和热处理的加热温度

如上所述，由于钛在882℃上下的相变，会严重地削弱钛与其他金属材料的组合的结合强度，因此，钛复合材料的热加工和热处理的加热温度不应超过钛的这个相变温度。这已被钛-钢复合板的热轧制和热处理的最佳加热温度均低于882℃的这一事实所证明。

另外，由覆层或基层金属材料的某些物理特性(如相变)，可以分析出由它们组成的爆炸复合材料，在爆炸焊接、热加工、热处理和焊接等过程中的一些特性。这些特性对认识和指导它们的后续生产和加工都有重要的意义。

综上所述，爆炸焊接结合区内的化学和物理组成，与覆层和基层金属材料内，以其主要元素为系统的合金相图内的化学和物理组成基本相似。这种相似性就为普通的合金相图在爆炸焊接中的许多应用打下了基础。这些应用表明，合金相图是爆炸焊接和金属复合材料结合区内的化学成分及物理组成、微观组织和宏观力学性能分析的重要工具。在理论上和实践上都有重要的意义。合金相图在爆炸焊接中的大量应用，是爆炸焊接理论和实践的重要组成部分，也是这一边缘学科的金属物理学原理的又一具体描述和又一论证。合金相图在爆炸焊接中的更多的应用，有待在实践和研究中进一步地总结、提高和应用。

由上述结合区内的物理和化学组成，也有力地论证了爆炸焊接过程中基体金属原子之间相互扩散进行的必然性。

为便捷地学习和应用，本书5.9.2节汇编了很多常用的和今后可能用得到的二元合金的相图。文献[1036-1040]更提供了大量的二元和三元合金的相图，供读者们使用。

4.15　爆炸焊接对金属力学性能的要求

爆炸焊接是以炸药为能源进行金属间焊接的一种新工艺。为了获得高质量的爆炸复合材料。这种新工艺除了对炸药和爆炸提出一些特殊的要求之外(见本书2.1.2节和2.1.3节)，必然地也会对金属材料本身提出一些与常规焊接工艺所不同的特殊要求。

本书3.2.8节和文献[875]介绍了不锈钢-钼管接头用爆炸焊接法研制的全过程，详细地叙述了钼材爆炸脆裂和解决这个课题的途径及方法。这些工作和资料不仅为爆炸焊接钼复合材料和其他易脆金属的复合材料开辟了道路，而且为重新和深刻认识爆炸焊接工艺对金属材料力学性能的要求，提供了重要的试验资料和实践经验。

4.15.1　爆炸焊接对金属力学性能的要求

爆炸焊接工艺对金属力学性能的要求表现在两个方面：第一，在爆炸焊接的条件下，金属间的爆炸焊接性和焊接强度与基体金属的原始力学性能的关系；第二，在爆炸载荷的巨大冲击力下，金属材料本身是否承受得住而不致被破坏，即这种特性与其力学性能的关系。

过去，一些文献在讨论爆炸焊接工艺对金属力学性能的要求时，一般提出两个指标，如，金属材料的 $\delta \geqslant 5\%$[5] 和 $A_k \geqslant 13.5$ J[919]。又如文献[920]指出，具有延伸率至少为15%和冲击值为20.3 J的(V型缺口和室温下)任何金属都能进行爆炸复合。

现在看来，上述论断基本上是正确的。但是，这些文献的作者们没有分开说明塑性和冲击韧性对爆炸焊接的不同的作用和影响，也没有涉及其原因。因为在金属的力学性能中，它们是不同实质的两个物理量，在爆炸焊接中它们的作用和影响也是不相同的。

在爆炸焊接的情况下，金属的塑性对这种焊接的难易程度和焊接强度有很大影响。由大量的实践和试验资料可知，金属的塑性较高时，金属之间是比较容易爆炸焊接在一起的，相对的结合强度比较高，焊接"窗口"也比较宽广。此时，由金相观察和其他手段可以发现复合材料的结合界面两侧的塑性变形较为严重，塑性变形的面积较大，并且伴随一定程度的熔化和异种金属原子间的扩散。这些都是促使和促进金属间强固结合的基本因素。例如，铝-钢和铜-钢与钛-钢相比，在工艺适当情况下，前两者容易焊接，并且它们的相对结合强度较后者为高。大量事实说明，由于不同的塑性，金属间的爆炸焊接性和结合强度是不同的。

　　另一方面，在爆炸焊接过程中，覆板金属首先经受的是爆轰波和爆炸产物的高速高压撞击，随后是覆板与基板金属之间的高速高压撞击，最后还有金属复合体与基础（地面或模具）之间的高速高压撞击。所以，高速高压撞击存在于爆炸焊接的整个过程之中，而且这个过程十分短暂，在时间上以微秒计。在这种情况下，为了金属材料不被破坏，很自然地会对金属的 a_k 值提出一定的要求。

　　由上述分析可知，金属的塑性和冲击韧性性能在爆炸焊接工艺中的作用及影响是不一样的。这一结论从钼的板材、管材和棒材的爆炸脆裂及其问题的解决过程中得到了充分的论证。事实表明，金属塑性值的高低不是决定钼材爆炸脆裂与否的因素（当 $\delta > 30\%$ 时钼材仍然脆裂），而冲击韧性值的大小才是决定钼材爆炸脆裂与否的因素（当 $\delta > 30\%$ 时，其 $a_k < 10\ \text{J/cm}^2$）。

　　综上所述，从金属的爆炸焊接性和焊接强度上看，爆炸焊接对金属力学性能的要求主要表现在金属的塑性值上，而从金属材料是否爆炸脆裂上看，该工艺对金属力学性能的要求主要表现在其冲击韧性值上。钼材的爆炸脆裂及其圆满解决的全过程对于认识这一重要问题有典型的意义。

　　首先，应当指出，在一定的温度范围内和其他一定的外界条件下，有些金属的 a_k 值与其 δ 值 有较为密切的关系，此时用塑性指标作为衡量金属是否爆炸脆裂的标准也是可以的。还应当指出，在爆炸焊接的情况下，结合区金属首先发生的是塑性变形，而描述这种变形过程及其对焊接性和焊接强度有决定影响的物理量，确切地说，应当是金属的屈服强度（$\sigma_{0.2}$ 或 σ_s），而非 δ。σ_s 和 δ 在意义上和作用上是不同的。

　　其次，在爆炸焊接条件下，金属的屈服强度不同于普通条件下金属的屈服强度。这种屈服强度是在高速（数百米每秒至数千米每秒）、高压（数千兆帕至数万兆帕）、高温（数千度至数万度）和瞬时（若干微秒）作用下金属的屈服强度（见本书 4.6.3 节）。它在数值上和变形机理上与通常条件下的相比，无疑会有或大或小的区别。这种区别是材料科学和爆炸焊接的重要的研究课题。

　　另外，从事钛-钢复合板爆炸焊接的技术人员都有这样的一种感性认识：与铜-钢和铝-钢等复合板相比，该种复合板是不好复合的。即使复合了，在一般情况下，也能用尖刃工具将钛层撬开。其中 4 例如图 4.11.1.6、图 4.16.6.2~图 4.16.6.4 所示。图 4.16.6.2 中钛-钢复合板的直径为 1800 mm。

　　这是为什么？从图 5.9.2.20、图 5.9.2.3 和图 5.9.2.2 可知，Ti、Cu、Al 与 Fe 在高温下都有金属间化合物生成，而铜-钢和铝-钢复合板比钛-钢复合板好复合得多。究其原因，首先很可能与钛在常温下的 a_k 值太小有关（表 4.7.2.1）。如本书 4.7 章所述，钛在与其他金属材料爆炸焊接的时候，其结合区内的金属只能以"飞线"——绝热剪切线的形式进行塑性变形。而这种形式的塑性变形，与晶粒的拉伸式和纤维状的塑性变形相比，也许不一定有利于爆炸焊接情况下的冶金结合和结合强度的提高。这一点可能是重要的原因。

　　再者，钛在 882℃ 下会发生相变（$\alpha \rightarrow \beta$），与此同时伴随着 5.5% 体积的变化。即由 α 相转变为 β 相时，体积缩小 5.5%[35]。在爆炸焊接的过程中，结合区的温度高于 882℃；冷却后，结合区的温度又低于 882℃。结合区内温度的如此一升一降，便导致了相应位置钛的体积的一缩一胀。如此的缩和胀相当于钛层和钢层在界面上进行了来回搓动。这种往复搓动必然留下"后遗症"——在一定程度上必然削弱钛和钢之间的结合强度。

　　还有，在爆炸焊接过程中，结合区内钛侧的一薄层金属经历了上述的温度和体积的变化，而结合区外的钛层的金属没有经历同样的温度和体积的变化。在同一钛层内如此两种不同的热过程和物理-化学过程，也将造成其内相应位置同一金属两部分之间的往复搓动，如图 4.15.1.1 所示。从而造成不同的微观残余变形和残余应力。这一结果也必然削弱钛和钢之间的结合强度。

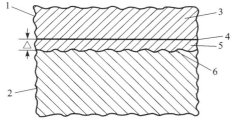

1—钛；2—钢；3—未发生相变的 α-Ti；
4—爆炸焊接过程中钛侧的相变分界线；
5—α-Ti $\underset{}{\overset{882℃}{\rightleftharpoons}}\beta$-Ti 相变区；6—结合界面

图 4.15.1.1　钛-钢复合板在爆炸焊接过程中，钛侧的相变分布示意图

　　最后，钛-钢复合板在爆炸焊接、热加工、热处理和焊接等加工工艺过程中，其结合区内 Fe_mTi_n 型硬脆金属间化合物的存在，就"先天性"地削弱了钛和钢之间的结合，也不利于结合强度的提高。

　　上述四种"效应"大概就是以钛为基材之一的复合材料比其他的金属组合的复合材料难以爆炸焊接的原因，也是钛-钢复合板的钛层可以撬开的主要原因。因为，这四种"效应"造就了这种复合材料的结合区最薄弱和最"致命"的区域——还不只是结合区的范围（图 4.15.1.1 中的"$\triangle$"）。具有上述特性的区域的厚度可能很小，其数值也许只以微米或纳米计。但是就是这么小的厚度，在扁铲这个"劈"及劈力的作用下，就会造成"势如破竹"的结果。图 4.16.6.2 便是直径 1800 mm 的钛-钢复合板在扁铲及其劈力的作用下将钛板和钢板完整分离的实物图片。钢侧界面上的波形清晰可见。

由上述讨论可见，爆炸焊接工艺对金属力学性能和其他物理及化学性能的要求可能还有不少。这方面的课题有待深入研究。

4.15.2   金属的 a_k 值在爆炸焊接中的意义

在掌握上述爆炸焊接工艺对金属力学性能的要求之后，便可以在实践中充分地利用这一规律。

就金属的强度和塑性而言，首先，在金属材料有选择余地的情况下，为了有利于爆炸焊接工艺的顺利进行和获得较高的结合强度，可以选择强度较低和塑性较高的金属材料作为基材。其次，在金属材料确定后，能够根据组合金属材料的强度和塑性数据估计其爆炸焊接后的大致结果。最后，在材料确定之后，在使用条件许可的情况下，可以考虑用热处理方法来降低它们的强度和提高其塑性；如果需要还可在爆炸焊接后用热处理的方法来恢复其原始的强度和塑性。例如，文献[1187]指出，时效硬化型铝合金硬而脆，爆炸焊接后，会产生裂纹。为了解决这个问题，先将硬化前的该铝合金进行爆炸焊接，然后再对其进行时效硬化处理。如此处理后不会对复合材料的其他组元产生影响。如此制得的 A7075P-T651+钛+模具钢三层复合材料，用于爆炸成形用模具的夹断部。又如，文献[1236]报道，对镀青铜(QBe2)进行固溶处理，以便降低其硬度和提高其爆炸焊接性能。然后再与 Q235 钢进行爆炸焊接。

就金属的冲击韧性而言，其内容和应用更丰富。

(1)从钼材的爆炸脆裂及其解决的全过程能够发现，在爆炸载荷下金属脆裂与否，不决定于它们的塑性值的高低，而决定于它们的冲击韧性值的大小。在掌握这个规律之后就能够根据金属的 a_k 值的大小来估计和判断它们爆炸脆裂的可能性。

例如，除钼及其合金外(图 4.11.1.7～图 4.11.1.9，图 4.12.1.1～图 4.12.1.4)，铍在常温和相当高的温度下也是会爆炸脆裂的[2]。灰铁也会脆裂(文献[894])，但球铁不会[2]。对于镁和锌来说，虽然可以爆炸焊接[921]，然而根据它们的 a_k 值在常温下很小的事实，可以估计都会脆裂。镁及其合金在爆炸成形时就需要加热，在爆炸焊接时的更强烈的撞击载荷下就更需要加热了。上述几种金属材料的室温和高温力学性能如表 4.15.2.1～表 4.15.2.5 所列。后来根据这一规律又预言了高速钢(W18Cr4V，表 4.15.2.6)和钨板的爆炸脆裂。

表 4.15.2.1   铸铁的力学性能

力学性能	灰 口 铸 铁		球 墨 铸 铁	
	铁素体	珠光体	铁素体	珠光体
σ_b/MPa	118～196	245～314	392～441	588～784
δ/%	0.5	0.2	10～15	1～5
a_k/(J·cm^{-2})	1.372		14.7～29.4	

表 4.15.2.2   变形锌的力学性能[923]

试验温度/℃	+20	-40	-70	-100	-195
σ_b/MPa	108～127	139	147	—	—
δ/%	10.6	12.8	13.2		
a_k/(J·cm^{-2})	5.194	2.156	1.570	1.570	1.176

表 4.15.2.3   铍在弯曲时的冲击破断功与温度的关系[922]

试 验 温 度/℃	20	100	200	300	400	500	600	700	800
旋 压 铍，A_k/J	0.167	0.176	0.343	0.353	0.686	0.304	1.862	2.744	2.744
粉末冶金铍，A_k/J	0.157	0.176	0.245	0.304	0.255	0.402	0.255	0.421	0.048

表 4.15.2.4   变形镁合金在室温下的力学性能[924]

力学性能	MA1 棒材	MA2 棒材	MA3 棒材	MA5 棒材	BM65-1(时效后)	
					棒 材	带 材
σ_b/MPa	206	274	284	314	323	314
δ/%	8	10	15	14	10	10
a_k/(J·cm^{-2})	4.90	11.76	9.80	7.84	8.82	6.86

表 4.15.2.5   变形镁(轧制态)在高温下的力学性能[925]

试验温度/℃	200	250	300	350	400	450
σ_b/MPa	558.0	29.4	19.6	17.6	9.8	5.9
δ/%	42.5	41.5	58.5	59.0	60.0	45.5
a_k/(J·cm^{-2})	22.5	49.0	122.5	166.6	102.9	132.3

文献[926]也指出，爆炸复合大尺寸金属板时，可采用室温下 $\delta \geq 15\%$，$A_k > 20.6$ J 的任意金属和合金作为覆板。对于那些对高速变形敏感的金属，如镁、铍、钼和钨等则除外。

表4.15.2.6 高速钢(W18Cr4V)的高温力学性能

试验温度/℃	20	600	700	800	900	1000	1100	1200
σ_b/MPa	—	340	222	112	108	67	31	21
δ/%	—	23.4	34.3	36.8	34.4	51.1	55.9	37.5
a_k/(J·cm^{-2})	2.65	2.63	27.24	37.64	56.94	86.63	88.4	80.75

(2)在了解某种金属材料的 a_k 值在常温下很小而在高温下又有增加的趋势以后，便可断定对这种材料实施热爆炸焊接工艺能够解决脆裂问题。而且能够根据其 a_k 值的转变温度来确定热爆的温度。有关热爆的内容详见本书3.2.8节。

例如由图4.15.2.1中的"1"确定了钼及其合金的热爆温度为400℃左右。由表4.15.2.4和表4.15.2.5可以确定镁的热爆温度为200℃左右，由表4.15.2.6可以确定高速钢的热爆温度为700℃左右。由图4.15.2.1可见一些金属材料的 A_k 值在一定的温度范围内是逐渐增大的，当 A_k 值增大到足以承受爆炸载荷的作用时，此时所对应的温度便是这些材料热爆的最低温度。当某一金属的 A_k 值在一定的温度范围内变化不大时(例如金属铍)，则可预言它的热爆温度将相当高，见表4.15.2.3和图4.15.2.1中的6。

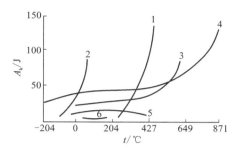

1—Mo0.5Ti；2—442 不锈钢；3—Vascojet 1000；
4—因科镍；5—17-7 不锈钢；6—铍
图4.15.2.1 一些金属材料的冲击功与温度的关系[927]

(3)某些金属在常温和在低温下都具有较小的 a_k 值(如金属锌，见表4.15.2.3)。即使应用热爆工艺获得了它的复合材料，在后续压力加工、设备制造和使用的过程中，也应特别注意它的这种低温脆性。

(4)研究钢材的 a_k 值在爆炸焊接前后的变化规律，可以指导爆炸复合材料的应用。如表4.15.2.7所列，有的钢材(如921合金钢)在

表4.15.2.7 两种钢材爆炸焊接前后的 a_k 值[928] /(J·cm^{-2})

钢 材	状 态	试 验 温 度 /℃		
		常 温	-10	-40
20g	爆炸前	141	99	94
	爆炸后	104	58	19
921	爆炸前	172	160	161
	爆炸后	118	125	121

爆炸前后，在常温和低温下其 a_k 值无太大的变化。但对于 20 g 锅炉钢来说，爆炸后其 a_k 值发生了明显的变化。这里就提出了金属材料，特别是钢材在低温下的冲击敏感性问题。由此提醒，注意北方冬天爆炸焊接时基板钢的冷脆性问题。这种冷脆性有些是由于热轧态基板钢的成分、组织和性能的不均匀引起的。为此，可用再结晶退火的办法，使其成分、组织和性能均匀。从而改善和消除这种冷脆性，或者爆炸前提高其温度(见本书3.2.78节)。

(5)如果某些钢材的 a_k 值本来就不大，爆炸后会降低；如果爆炸前不稳定，爆炸后更不稳定。这一切都为基板钢材在爆炸焊接、随后加工或使用过程中出现开裂和脆断创造了条件。例如，14MnMoV、14MnMoNb、15MnV 和 16Mn 等在爆炸焊接后，或在后续加工(平板和卷筒)过程中，就出现过开裂和断裂的现象。

(6)一些金属材料在爆炸焊接后会出现"飞线"(绝热剪切线，见4.7章)。这种飞线是一种裂纹源。它对爆炸复合材料的后续压力加工、机械加工和使用都会产生许多不利的影响。研究表明，在爆炸载荷下金属材料内出现飞线的难易程度，它的长短、宽窄和疏密等也与其在常温下的 a_k 值有关。通常 a_k 值较小的金属材料(如钛)，爆炸焊接后容易出飞线；a_k 值较大的金属材料(如 Q235 和 1Cr18Ni9Ti 不锈钢)，只有在使用高爆速炸药和特殊的爆炸焊接工艺(对称碰撞)下才会出现飞线。因此，a_k 值的大小是判断金属材料在爆炸载荷下出现飞线难易程度的依据。表4.7.2.1为上述三种金属材料的力学性能。

(7)室温冲击韧性值低的金属的箔材，例如钼箔，在常规爆炸焊接工艺下不会开裂而仅起皱(图4.15.2.2)。如果这种起皱对其使用影响

下部管棒为热爆工艺获得的
图4.15.2.2 钼箔-钢复合板和钼-不锈钢复合管棒的钼表面形态

不大，那么就能够用常规工艺来制造它们的复合材料，这样便可以大大减少由热爆所带来的许多技术上和工艺上的困难。另外，还可以通过在炸药中添加铝粉和镁粉来增加炸药的爆热，从而提高爆炸焊接过程中钼箔的温度。这样，在一定的程度和范围内有可能使常温下易脆的金属不致被炸裂。例如，使用高爆速的炸药(爆热多)后，钼的脆裂问题可能会缓解。

(8)为了保证爆炸复合材料正常的后续加工和使用，不仅需要研究这类新材料在爆炸焊接前后力学性能的变化规律，而且需要研究改善和恢复这类复合材料中基材原始的物理、力学和化学性能的途径及方法。表 5.2.10.1 所叙述的就是通过热处理来恢复钛-钢复合板基体材料性能的结果。未开裂的飞线也可以用退火来消除。

(9)对于金属的爆炸成形工艺来说，a_k 值的作用和影响也是同样的。图 4.15.2.1 中所涉及的问题就是在爆炸成形中提出来的。文献[927]指出，加热对成形奥氏体不锈钢是不需要的，对于成形马氏体不锈钢、工具钢和超级合金是有益的，而对于成形镁和耐磨合金是重要的。文献[929]也指出了在爆炸成形镁合金零件时需要将其加热到 150℃ 以上。爆炸成形中的加热本质上来说都是为了提高金属的 a_k 值。因此，研究金属的 a_k 值及其在不同温度下的变化，对金属的爆炸成形以及其他爆炸加工艺来说也是十分重要的。

综上所述，爆炸焊接工艺对金属力学性能的要求是：第一，为了易于爆炸焊接和获得结合强度较高的复合材料，要求基材的原始抗拉强度较低和塑性较高。第二，为了不使它们在爆炸载荷下开裂和脆断，金属的 $A_k(a_k)$ 值不宜太小。金属的这两种力学性能指标在爆炸焊接中的作用和影响是不一样的。

金属材料的强度、塑性和冲击韧性，以及它们的其他物理、力学和化学性能对爆炸焊接的影响和它们在整个爆炸加工领域中的作用的研究，对指导爆炸加工实践和爆炸加工后金属材料的实际应用都有重要的意义。这方面的工作是爆炸焊接、爆炸加工和材料科学领域的重要研究内容。

4.16 爆炸焊接结合区波形成的原理

本章从金属物理学的基本理论出发，以爆炸焊接双金属复合材料为例，研究和讨论其结合区中波形成的原理，三金属和多金属结合区中波形成的原理亦然。其中，首先以大量的试验资料介绍单金属和双金属在被接触爆炸和爆炸焊接中出现的表面波形、界面波形和底面波形。然后探讨其形成的原因、条件和过程，波形形状和波形参数及其影响因素，以及波的形成在爆炸焊接中的意义。最后对这种波形成的流体力学机理作一评论，指出其错误并提出这个课题正确的研究方向。于是，由此几十年来不仅第一次清晰和准确地描述了爆炸焊接结合区波的形成的全过程，而且首次清晰和准确地描述了爆炸焊接的全过程，从而提出了一整套全新的金属物理学的理论。本章所讨论的课题也是爆炸焊接结合区和爆炸复合材料内部的一个重要特征。

4.16.1 爆炸和爆炸焊接中的表面波形、界面波形和底面波形

在爆炸焊接实践中，人们常常在双金属和多金属的结合界面上观察到许多大小不同和形状各异的波形。长期以来，这种波形不仅引起了爆炸焊接工作者的广泛兴趣，而且成为专家学者们竞相研究和深入探讨但至今仍未解决的本学科的一个重大课题。

其实，在一定的工艺条件下，金属在接触爆炸和爆炸焊接后，还会出现许多大小不同和形状各异的表面波形及底面波形。例如，在用导特里什法测定炸药爆速的时候，就能在铝板上观察到类似界面波形的表面波形。当在有保护层的铝板上研究炸药爆轰的稳定性的时候，更会观察到轮廓清晰的表面波形(图 4.16.1.3 和图 4.16.1.4)。

20 世纪 80 年代初，本书作者在研究结合区波形成机理的时候，在不同的工艺下，不仅在铝板和铜板等单金属板上，而且在多种不同组合的双金属和多金属复合板上炸出了表面波形。随后又在单、双和多金属板下炸出了底面波形，以及在非金属材料(软塑料板和沥青)的保护层上观察到了类似上述波形的波形。在研究了这些类型的波形的形成机理和条件之后，本书作者现在可以得心应手和随心所欲地在单、双和多金属板上炸出表面波形、界面波形和底面波形。

不言而喻，表面波形和底面波形是自界面波形被观察到之后的又一重要发现。这一发现不仅会大开人

们的眼界,而且会丰富爆炸物理学理论研究的内容,还会为开启结合区(界面)波形形成机理的研究之门提供一把钥匙。

为了总结金属在接触爆炸和爆炸焊接条件下所出现的所有波形,也为了给研究波形成机理的同行们提供更多的参考资料,本书作者将多年来获得的大量的表面波形、界面波形和底面波形的图片汇集于此。

在此指出,所有这些图片上的波形都是在一定的工艺条件下出现的。它们形成的一般条件见4.16.3节,而具体的工艺参数由于图片太多不便一一列出。为了比较波形形状,仅少数列出了缓冲层材料和炸药种类等工艺参数,其余一概省去。

1. 单金属板的表面波形和底面波形

单金属板的表面波形和底面波形如图4.16.1.3~图4.16.1.41所示[①]。为了比较,将原始铝板和铜板的表面形态示于图4.16.1.1和图4.16.1.2中。

图4.16.1.1 试验用铝板表面的原始形态(×5)

图4.16.1.2 试验用铜板表面的原始形态(×5)

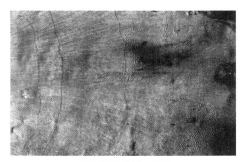

五合板保护层,TNT

图4.16.1.3 爆轰过程稳定性试验中铝板上的表面波形

三合板保护层,TNT

图4.16.1.4 爆轰过程稳定性试验中铝板上的表面波形

三合板保护层,TNT

图4.16.1.5 铝板上的表面波形(×10)

五合板保护层,2#

图4.16.1.6 铝板上的表面波形(×50)

无保护层,2#

图4.16.1.7 铝板上的表面波形(×50)

无保护层,2#

图4.16.1.8 铝板上的表面波形(×50)

---

① 图4.16.1.5~图4.16.1.16为纵断面上的正视图。为简便起见,以下各图中的"正"为表面波和底面波的正视图,"俯"为表面波的俯视图,"仰"为底面波的仰视图。所有正视图中上方的黑色部分均为环氧树脂。2#、TNT、8321和RDX为爆速从低到高的炸药。
说明:图题右面的×5、×10、×20、×50、×100、…、×1000……为该金相图片在金相显微镜、电子探针或电子显微镜中的放大倍数。前后均同。

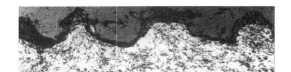

无保护层，RDX
图 4. 16. 1. 9　铜板上的表面波形（×50）

无保护层，TNT
图 4. 16. 1. 10　铜板上的表面波形（×20）

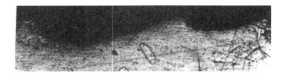

无保护层，TNT
图 4. 16. 1. 11　铜板上的表面波形（×200）

五合板保护层，2#
图 4. 16. 1. 12　铜板上的表面波形（×150）

三合板保护层，2#
图 4. 16. 1. 13　铜板上的表面波形（×5）

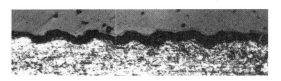

马粪纸保护层，2#
图 4. 16. 1. 14　铜板上的表面波形（×15）

无保护层，2#
图 4. 16. 1. 15　铜板上的表面波形（×50）

五合板保护层，2#
图 4. 16. 1. 16　铜板上的表面波形（×50）

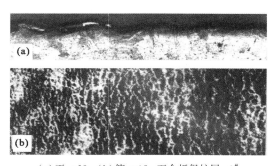

（a）正，×30；（b）俯，×15；五合板保护层，2#
图 4. 16. 1. 17　铜板上的表面波形

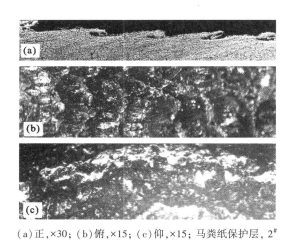

（a）正，×30；（b）俯，×15；（c）仰，×15；马粪纸保护层，2#
图 4. 16. 1. 18　铜板上的表面波形（a）、（b）和底面波形（c）

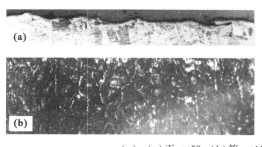

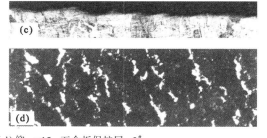

（a）、（c）正，×50；（b）俯，×15；（d）仰，×15；五合板保护层，2#
图 4. 16. 1. 19　铜板上的表面波形（a，b）和底面波形（c，d）

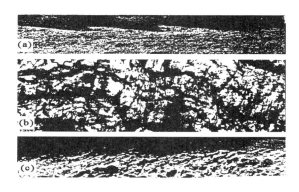

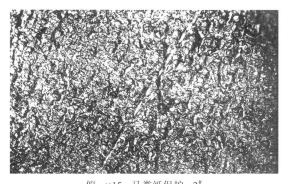

（a）、（c）正，×50；（b）俯，×15；
五合板保护层，2#

图 4.16.1.20 铝板上的表面波形
（a）、（b）和底面波形（c）

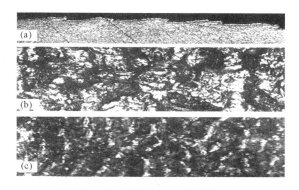

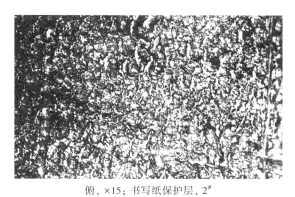

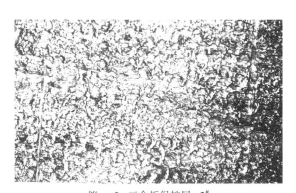

（a）正，×50；（b）俯，×15；（c）仰，×15；
五合板保护层，2#

图 4.16.1.21 铝板上的表面波形
（a）、（b）和底面波形（c）

俯，×15；马粪纸保护，2#

图 4.16.1.22 铜板上的表面波形

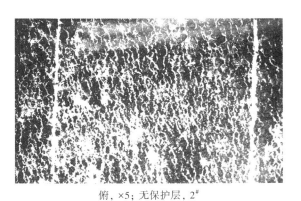

俯，×15；书写纸保护层，2#

图 4.16.1.23 铜板上的表面波形

俯，×5；五合板保护层，2#

图 4.16.1.24 铜板上的表面波形

俯，×5；三合板保护层，2#

图 4.16.1.25 铜板上的表面波形

俯，×5；去污粉保护层，2#

图 4.16.1.26 铜板上的表面波形

俯，×5；无保护层，2#

图 4.16.1.27 铜板上的表面波形

俯，×5；无保护层，2#

图 4.16.1.28　铜板上的表面波形

俯，×5；无保护层，2#

图 4.16.1.29　铜板上的表面波形

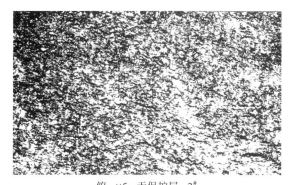

俯，×5；无保护层，2#

图 4.16.1.30　铜板上的表面波形

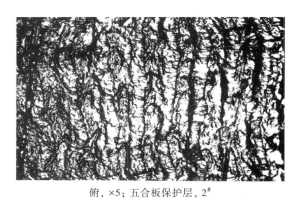

俯，×5；五合板保护层，2#

图 4.16.1.31　铝板上的表面波形

俯，×5；五合板保护层，2#

图 4.16.1.32　铝板上的表面波形

俯，×5；五合板保护层，2#

图 4.16.1.33　铝板上的表面波形

俯，×5；马粪纸保护层，2#

图 4.16.1.34　铝板上的表面波形

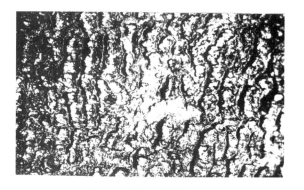

俯，×5；马粪纸保护层，2#

图 4.16.1.35　铝板上的表面波形

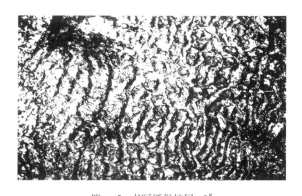

俯，×5；书写纸保护层，2#

图 4.16.1.36 铝板上的表面波形

俯，×5；无保护层，2#

图 4.16.1.37 铝板上的表面波形

2. 复合板的表面波形、界面波形和底面波形

复合板在爆炸焊接的时候，不仅会出现界面波形，而且在一定的工艺条件下还会出现表面波形和底面波形。一些复合板的表面波形、界面波形和底面波形的宏观及微观形貌如图 4.16.1.38～图 4.16.1.70 所示。图 4.16.1.39 以后的界面波形汇集在本书 4.16.5 节中。由于工作量方面的原因，图 4.16.1.49 以后的表面波形和底面波形的正视图未能摄制。相信，正如上述大量表面波形和底面波形一样，一定也有它们的波形的形状和参数。

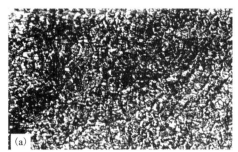
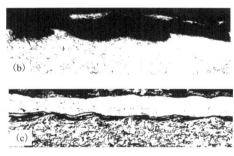
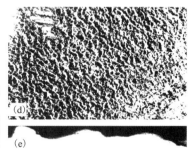

（a）（b）（d）（e）×5；（c）×50

图 4.16.1.38 铜–LY12 复合板的表面波形[（a）俯，（b）正]、界面波形[（c）正]和底面波形[（d）仰，（e）正]

界面波形见图 4.16.5.16；（a）正，×15；（b）俯，×15

图 4.16.1.39 铝–铜复合板上的表面波形

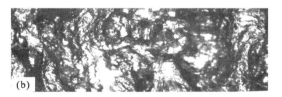

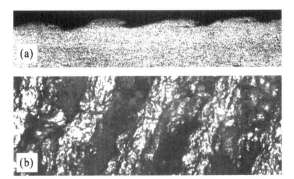

界面波形见图 4.16.5.17；（a）正，×15；（b）俯，×15

图 4.16.1.40 铝–铜复合板上的表面波形

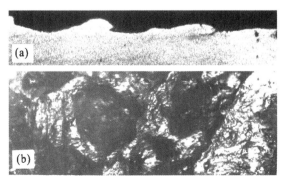

界面波形见图 4.16.5.18；（a）正，×15；（b）俯，×15

图 4.16.1.41 铝–铜复合板上的表面波形

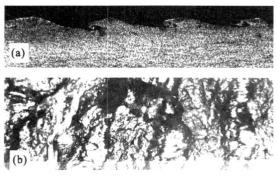
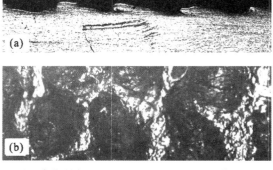

界面波形见图4.16.5.19；(a)正，×15；(b)俯，×15
图4.16.1.42　铝-铜复合板上的表面波形

界面波形见图4.16.5.20；(a)正，×15；(b)俯，×15
图4.16.1.43　铝-铜复合板上的表面波形

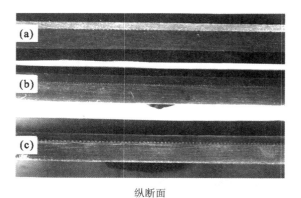

界面波形见图4.16.5.21；(a)正×15；(b)俯×15
图4.16.1.44　铝-铜复合板上的表面波形

纵断面
**图4.16.1.45　铝-钢(a)、钛-铜(b)和
不锈钢-铜(c)复合板的界面波形**

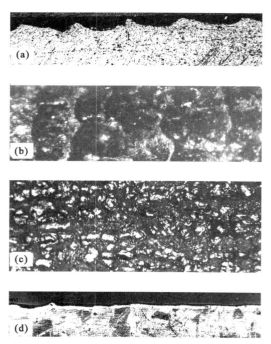
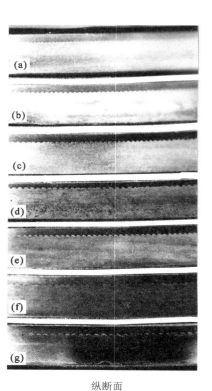

**图4.16.1.46　铝-铜复合板上的
表面波形[(a)正；(b)俯]和底面
波形[(c)仰，(d)正](×15)**

纵断面
**图4.16.1.47　钛-钢复合板
的界面波形**

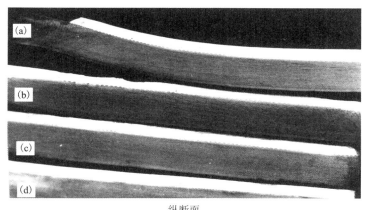

纵断面

图 4.16.1.48　钛-钢复合板的界面波形

图 4.16.1.49　钢-钛复合板
的表面波形(×5)

图 4.16.1.50　钢-钛复合板
的表面波形(×5)

图 4.16.1.51　锆 2.5 铌-不锈钢复合板
的表面波形(×5)

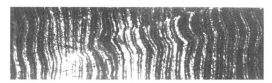

图 4.16.1.52　铌-铜复合板上
的表面波形(×5)

图 4.16.1.53　铌-铜复合板
的表面波形(×5)

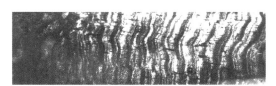

图 4.16.1.54　铌-不锈钢复合板
的表面波形(×5)

图 4.16.1.55　锆-铝复合板的表面波形(×5)

图 4.16.1.56　钼-铜复合板的表面波形(×5)

图 4.16.1.57 锆-不锈钢
复合板的表面波形(×5)

图 4.16.1.58　锆 2.5 铌-铜
复合板的表面波形(×5)

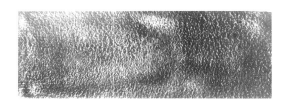

图 4.16.1.59　不锈钢-不锈钢
复合板的表面波形(×5)

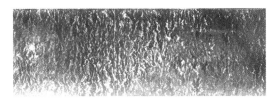

图 4.16.1.60　不锈钢-不锈钢
复合板的表面波形(×5)

图 4.16.1.61　钛-钢
复合板的表面波形(×5)

图 4.16.1.62　不锈钢-钢
复合板的表面波形(×5)

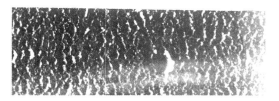

图 4.16.1.63　不锈钢-钢
复合板的表面波形(×5)

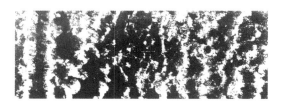

图 4.16.1.64　钼-钛
复合板的表面波形(×5)

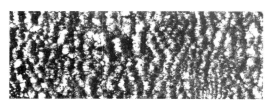

图 4.16.1.65　钛-铜复合板的表面波形(×5)

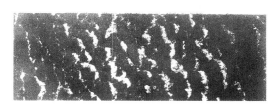

图 4.16.1.66　钢-钢复合板的表面波形(×5)

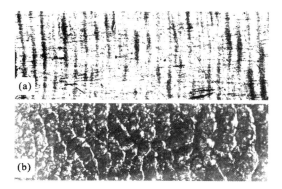

图 4.16.1.67　钢-钢复合板的
表面波形(a)和底面波形(b)(×5)

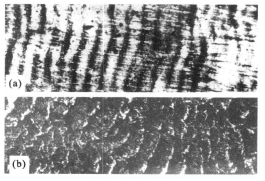

图 4.16.1.68　钢-钢复合板的
表面波形(a)和底面波形(b)(×5)

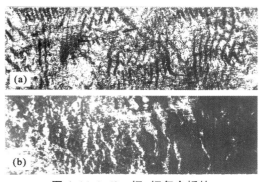

图 **4.16.1.69** 钢−钢复合板的
表面波形(a)和底面波形(b)(×5)

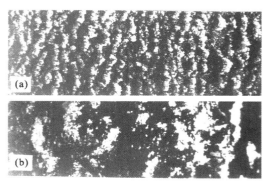

图 **4.16.1.70** 不锈钢−钛复合板的
表面波形(a)和底面波形(b)(×5)

3. 三金属板的表面波形、界面波形和底面波形

三层金属板在爆炸焊接的时候,除了会出现两组界面波形外,在一定的工艺条件下也会出现表面波形和底面波形。一些三金属的表面波形、界面波形和底面波形见图 4.16.1.71~图 4.16.1.75 所示。

界面波形见图 4.16.5.115

图 **4.16.1.71** 铜−钽−钢复合板的
表面波形(a)和底面波形(b)(×5)

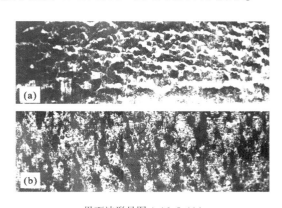

界面波形见图 4.16.5.114

图 **4.16.1.72** 铜−钽−铝三层复合板的
表面波形(a)和底面波形(b)(×5)

界面波形见图 4.16.5.116

图 **4.16.1.73** 铜−锆−铝三层复合板的
表面波形(a)和底面波形(b)(×5)

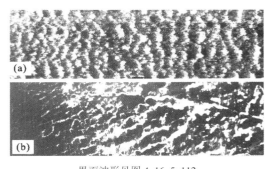

界面波形见图 4.16.5.112

图 **4.16.1.74** 锆−锆−钢三层复合板的
表面波形(a)和底面波形(b)(×5)

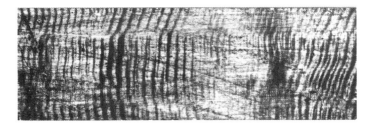

界面波形见图 4.16.5.97~图 4.16.5.99

图 **4.16.1.75** 金−银金镍−铜镍三层复合板的表面波形(×5)

4. 四金属板的表面波形、界面波形和底面波形

四层金属板在爆炸焊接过程中，在出现三组界面波形的同时，在一定的工艺条件下同样会出现表面波形和底面波形。这些波形与单金属和复合、三金属板的相似。它们的宏观和微观形貌如图 4.16.1.76～图 4.16.1.78 所示。

 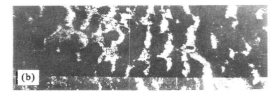

界面波形见图 4.16.5.124

图 4.16.1.76　铜−钽−锆−钢四层复合板的表面波形(a)和底面波形(b)(×5)

 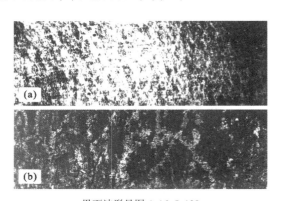

界面波形见图 4.16.5.125

图 4.16.1.77　铜−钽−铌−铝四层复合板的表面波形(a)和底面波形(b)(×5)

界面波形见图 4.16.5.128

图 4.16.1.78　铜−锆−钽−铝四层复合板的表面波形(a)和底面波形(b)(×5)

5. 五金属板的表面波形、界面波形和底面波形

五层金属板在爆炸焊接的时候，在一定的工艺条件下也会出现表面波形、界面波形和底面波形。这些波形也有波形形状和波形参数。它们的宏观和微观形貌如图 4.16.1.79～图 4.16.1.81 所示。

界面波形见图 4.16.5.138

图 4.16.1.79　铜−钽−铌−锆−不锈钢五层复合板的表面波形(a)和底面波形(b)(×5)

界面波形见图 4.16.5.139

图 4.16.1.80　铜−铌−锆−钽−不锈钢五层复合板的表面波形(a)和底面波形(b)(×5)

界面波形见图 4.16.5.142

图 4.16.1.81　铜−钽−锆−铌−铝五层复合板的表面波形(a)和底面波形(b)(×5)

6.非金属材料上的波形

在试验单金属板的底面波形的时候，或者在试验双金属板和多金属板的底面波形的时候，在单金属板或复合板的基板的底面均放置一块白色的软塑料板。在塑料板的同它们的底面接触的一面上有时会观察到类似于金属板底面波形的波形。这种非金属材料上的波形形貌如图 4.16.1.82 所示。

图 4.16.1.82　在试验底面波形的时候，在白色软塑料板上留下的波形

此外，在下述情况下也发现了沥青保护层上有波形：在爆炸铜–铝复合板的时候，用 3~5 mm 的沥青层作保护层。爆炸焊接后在残留的沥青层与覆板接触的一面上曾见到类似界面波的波形。据分析，此块沥青层可能与覆板表面未紧密接触而有间隙有关。这种间隙就给它们后来的撞击和波的形成创造了条件。

在此指出，上述许多表面波形俯视图和底面波形的仰视图，与图 4.2.1.1（b）中钢侧结合面上的波形图极为相似。由此可见，这些波形的形成原因必有许多内在的联系。

7.爆炸和爆炸焊接中波形成的原因

上述大量事实表明：在爆炸焊接情况下，不仅会出现人们常见到的结合区波形——界面波形，而且在特定的工艺条件下，单、双和多金属板在爆炸及爆炸焊接以后还会出现类似于界面波形的表面波形和底面波形。甚至在非金属保护层上也会出现波形。这些波形在国内外文献中未见有报道。

那么，如此众多、大小不同和形状各异的波形是怎样形成的呢？

众所周知，金属材料上的这些表面波形、界面波形和底面波形，从金属物理学的基本原理分析，它们无疑是金属在外加载荷下所发生的一种特殊形式的和不可逆的塑性变形。那么在此具体情况下，外加载荷是什么呢？然而，不难发现，外加载荷无疑是由炸药的爆炸产生的。于是这种载荷与金属板的相互作用就产生了这些波形。

从爆炸物理学可知，由炸药的爆炸形成的载荷包括三个部分：爆轰波、爆炸产物和爆热。在爆炸焊接过程中，爆热没有直接的贡献，因此就只有爆轰波和爆炸产物的能量了。

由本书 4.16.2 节的论证可知，爆轰波是一种具有一定波长、波幅和频率的（锯齿）波。爆炸产物的传播速度是爆轰波的四分之一。由此能够推测表面波形的如下形成机理：接触爆炸后，具有巨大能量的波动传播的爆轰波物质与金属板的表面物质相互作用，在其上形成锯齿波形。此后，在紧随爆轰波传播的爆炸产物的物质的能量作用下，锯齿波形变成弯曲和平滑的表面波形。据此不难推测，界面波形和底面波形则是剩余的爆轰波和爆炸产物的能量传至金属界面及底面时引起金属之间或底面金属与非金属之间的相互作用形成的。由于爆轰波有一定的波长、波幅和频率，金属材料上的表面波形、界面波形和底面波形也有一定的波长、波幅和频率。此波形成的原理，本书作者称之为波形成的金属物理学原理，以示与流体力学理论相区别。本章的目的就是全面、系统和深入地揭示、探讨及论证这个原理。

4.16.2 爆炸焊接结合区波形成的金属物理学机理

本章前面汇集了金属在爆炸及爆炸焊接之后出现的表面波形、界面（结合区）波形和底面波形的大量图片。

实践表明，爆炸焊接双金属和多金属的结合区在通常情况下是波状的。这是这种焊接工艺的焊接过渡区区别于其他焊接工艺的过渡区的一个十分明显和有趣的特征。这种波状界面几乎与爆炸焊接现象同时被发现，这是与金相技术的应用分不开的。

关于金属在高速倾斜撞击下波形成的第一篇报道出现在文献[930]中。随着爆炸焊接工艺的完善和焊接技术的发展，人们也就开始了对这种波状界面形成原因和过程的研究。这方面早期的文献有[18][931-935]。20 世纪七八十年代以来，国外文献上也经常报道关于此波形成机理研究的成果[5][936-941]。但是现在还没有一个人成功地建立起任何模型，以便用这种模型来计算撞击表面的周期性状态和解释试验事实[5]。诸如此类的说法和观点也出现在不少文献之中[24, 942, 943]。目前，一些国家的科研机构对这个课题正在进行深入的研究。这个课题是从事本学科研究工作的人们普遍关心的。它的解决不仅在理论上，而且在实践中都有重要的意义。由于人们的兴趣、研究的深入和讨论的活跃，以至形成了今天它的学术价值大于实用价值的局面[26]。由此可见，波形成机理至今还没有定论。

到目前为止，国内外关于波形成机理的试验和研究，基本上都是从流体力学理论出发的。这固然能够在一定程度上和一定范围内解释结合区内物质流动的现象、过程、规律和特性，然而始终无法解释波形成的根本原因。时至今日，在经过较长时间的实践、研究和分析大量的资料以后，可以说，不仅波形成问题，而且整个爆炸焊接的机理问题，仅从流体力学入手都是无法解决的。这两个问题的全面解决，只有从爆炸物理学、金属物理学和焊接工艺学的基本原理出发才有可能。

当前，在爆炸焊接理论和波形成机理的探讨中，基本上分为两大学派：流体力学学派和金属物理学学派。这里拟从金属物理学的角度在试验和研究的基础上讨论该结合区波形成的原因、经过和结果，以便同国内外同行磋商。

1. 波形成原因分析

可以先从金属物理学和哲学两大学科的基本理论的分析中找到波形成的原因。

（1）从金属物理学原理分析。大量的实践和检验表明，金属在爆炸焊接中出现的界面波形、表面波形和底面波形，都是一种金属的塑性变形形式。因而可以断言，爆炸和爆炸焊接中，此波形成的过程就是在爆炸载荷下金属发生不可逆的和波状的塑性变形的过程。

众所周知，欲使金属发生塑性变形，需要外加应力。并且只有外加应力等于或超过金属的屈服强度的时候，金属才会发生不可逆的塑性变形。例如，在压应力下轧板机使金属板材变薄变长，锻压机使金属锻件变粗变短；在拉应力下拉伸机使金属管坯变细变长，拉丝机使金属丝材变细变长等。在这些情况下，金属塑性变形的结果不仅改变了材料的形状和尺寸，而且改变了它们的组织和性能。在金属的这些塑性变形过程中，由于外加应力的宏观均匀性，及其与金属相互作用的宏观均匀性，塑性变形后的金属板材、饼材、管材和丝材在宏观上均呈现光洁和平整的外表面。

然而，在爆炸载荷下，金属的表面、界面和底面波形的出现能够说明什么呢？从金属物理学的基本原理分析，这个事实可以推论出如下许多问题。

由于爆炸复合材料中的波形确实是金属塑性变形的一种形式，这种变形也改变了金属的形状和尺寸、组织和性能。所以：

第一，这种塑性变形无疑与外加应力的大小及其与金属的相互作用有关。

第二，鉴于这种塑性变形是波状的，这种相互作用的过程应当是波动地进行的。

第三，在金属材料一定的情况下，引起这种波动进行的相互作用的外部因素，只能是波动传播的外加应力。

第四，在爆炸焊接情况下的外加应力，唯一的来源只能是爆炸载荷。并且，这种载荷的传播一定是波动地进行的。

第五，由此可以推论，金属表面、界面和底面上波状的塑性变形只能是波动传播的爆炸载荷与金属相互作用的结果。

第六，由于工艺参数的不同，爆炸载荷传播的能量和特性不同，以及由于不同金属塑性变形的能力和特性不同，从而引起它们之间的相互作用的过程及特性不同，这就造成了金属的表面波、界面波和底面波的形状及参数（波长、波幅和频率）不同。

根据上述推论，在金属一定的情况下，塑性变形形式的表面波、界面波和底面波的形成原因，只能是在金属表面、界面和底面波动传播的爆炸载荷，以及这种载荷与金属直接或间接的相互作用。

（2）从哲学原理分析。众所周知，任何一种自然现象和物理-化学过程都是在一定条件下出现的，都有其外部和内部因素的影响，并且外因是变化的条件，内因是变化的根据，外因通过内因起作用。那么，在爆炸焊接中，这些波形出现的外因和内因又是什么？它们相互作用的过程又是怎样的？

分析爆炸和爆炸焊接中三种波形的形成全过程后，可以推测，不论是表面波、界面波，还是底面波，使它们形成的外部因素都是爆炸载荷，内部因素是金属材料，前者与后者直接或间接的冲击碰撞即是它们之间相互作用的过程。在这种外因、内因及其相互作用的过程中，便形成了上述三种波形。

2. 波形成的外因

如上所述，无论是表面波、界面波、还是底面波的形成，都与波动传播的爆炸载荷有关。然而，爆炸载荷是否是一种波动传播的载荷呢？这个问题是经典的和传统的爆炸物理学未能回答的。现在如果能从理论和实践上证实爆炸载荷的波动性的话，那么，此波形成的外因的存在就是确定无疑的了，于是波形成的原因、经过和结果就不难搞清楚了。

事实究竟怎样？为了获得爆炸载荷波动性的结论，本书作者几十年来不仅翻阅了大量的文献，而且进行了许多试验。

下面列举许多事实来证实波形成的外因——爆炸载荷的波动性问题。

（1）大家知道，爆炸载荷是一种脉冲载荷。顾名思义，脉冲载荷就是一高一低地以一定的波长、波幅和频率脉动地及冲击式地传播的载荷。脉动通常可以理解为波动，并且冲击能量变化的速度和梯度都很大。

在科学技术领域中，每一个名词术语都是经过认真推敲而定名的，因而都能准确和深刻地反映物质的存在及其运动的本质。"脉冲载荷"一词理所当然也应当反映出爆炸载荷波动传播的现象和本质。

（2）爆炸化学反应是以波的形式进行的。文献[74]指出，炸药的燃烧、爆炸和爆轰这三个反应都从某一局部开始，并且以波的形式在炸药中自行传播。这种波称为化学反应波。称它是一种波是因为它的传播过程符合波的特性，即以某一速度一层一层地向前自行传播。上一层炸药状态的改变，引起下一层炸药状态的改变。在已改变为爆炸产物的区域和未反应的区域之间有一个化学反应波阵面。这个波阵面是一个很窄的区域，爆炸化学反应就在这个区域内进行，依次向前推进。波阵面的推移就是波的传播；波阵面移动的方向和速度就是波的传播方向和速度。

由此可见，由于爆炸化学反应是波动地进行的，由这个反应释放出来的能量，即爆炸载荷自然应当是波动地传播的。

（3）爆轰波的 $Z-N-D$ 模型如图 2.1.3.2 所示。本书作者可以认为这个模型是与炸药一次爆炸化学反应相对应的压力分布状态图。实际上，由于炸药的爆炸化学反应是连续地以波的形式进行的。因此，在炸药发生爆轰后的某一时刻或某一距离之内，其压力分布图应如图 2.1.4.3 所示。该图及其含义仅仅是一种推测，根据爆炸物理学的经典理论，炸药自爆炸开始至爆轰结束只有一个脉冲（图 4.16.2.1），即不存在周期和频率问题。因而人们往往认为炸药的爆轰过程是直线地进行的，也就是说，在爆轰开始以后爆炸载荷对介质的压力是恒定不变的。

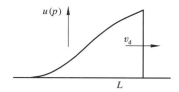

图 4.16.2.1　炸药的爆炸引起
的瞬时挠动图[76]

其实，上述观点可能是一种错觉。因为从哲学和自然科学理论分析，任何物质的运动形式及其轨迹相对而言都不是直线的，而是曲线的。例如，太阳的光线看起来是直线传播的，但是，不仅在宏观上，它在强磁场下会发生弯曲和偏转，而且在微观上光波本身就是一种电磁波，它的能量是以正弦波的形式传播的。又如，照明电灯的光线在一般情况下人的眼睛是觉察不到忽明忽暗的。然而，它的光能是由 50Hz 工频的以正弦波传播的交流电转换而来的。由此可见，图 2.1.4.3 的推测不是没有根据的。只是人们尚未从这个方向思考问题和开展工作。这无疑是爆炸物理学的一个重要研究课题。

但是，如下已有的资料可以从实践上证明上述推测是成立的。

（4）用压力传感器记录了在冲击波加载下不同厚度的铝板上压力变化与时间的关系（图 4.16.2.2）。由图可见，在同一工艺下随着时间和距离的增加，金属板上的压力（应力）分布不是均匀的，而是波动起伏的。其形态还随着金属板的厚度不同而不同（图 4.16.2.3）。

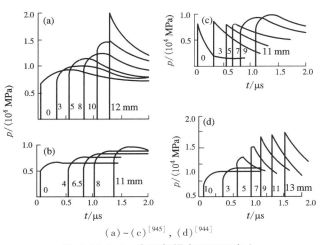

（a）~（c）[945]，（d）[944]

图 4.16.2.2　在距起爆点不同距离上
（图中毫米数）爆轰压力与时间的关系

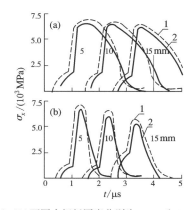

（a）（b）两图中铝板厚度分别为 5 mm 和 2 mm；
1、2 分别表示测量的和计算的曲线；5、10、15 mm 分别表示距离

图 4.16.2.3　铝板上压力与时间的关系[946]

（5）试验指出[947]，气态炸药中传播的爆轰波是不稳定的。在一些液态炸药的爆轰研究中发现了脉冲状态。而凝聚态炸药，例如某些等级的工业炸药（悬浮的、被液态饱和的和疏松的、混合的和单组元的、带液态可燃性氧化剂的炸药）来说，它们的爆轰前沿是不稳定的。由于稳定性的丧失，炸药将出现自振（脉动和旋转）爆轰状态。图4.16.2.4为某些混合炸药在四种条件下的爆速与时间的关系。由图可见，随着爆轰波的传播，炸药的爆速在微秒级的时间内脉动（或称波动）。表4.16.2.1提供了另一些混合炸药的爆轰前沿的脉动频率值和爆速值。

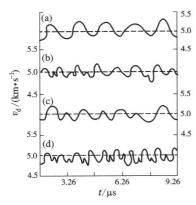

图4.16.2.4　含硅石充水的混合炸药在4种条件下的爆速与时间的关系

表4.16.2.1　几种混合炸药爆轰前沿的脉动频率值和爆速值

炸药中的添加物	ν/kHz		v_d/(km·s^{-1})	
	实验值	理论值	实验值	理论值
含铁硅石	(1) 531	529	4.60	4.65
	(2) 515	520	4.69	4.64
	(3) 486	502	4.85	4.99
方英石	(1) 371	368	4.95	4.58
	(2) 360	356	4.62	4.67
	(3) 320	300	4.79	4.91
黏土泥浆	621	610	5.20	5.15

注：炸药为TNT+水+添加物，其比例为30:30:40；添加物的粒度（mm）：（1）—0.072，（2）—0.092，（3）—0.163。

（6）试验研究了爆炸焊接中大尺寸药包内爆轰稳定性和稳定性与大板复合过程的特点[948]。结果指出在平面药包内所研究的多组元炸药中，爆轰波是以不稳定的脉动的波传播的，其速度与时间或距离的关系如图4.16.2.5和图4.16.2.6所示。由图4.16.2.5可见，在接近起爆的时刻，爆轰前沿的速度出现近似于平均常数值的有规律的脉动[图中（a）]，随后速度的脉冲振幅逐渐增加[图中（b）、（c）]。

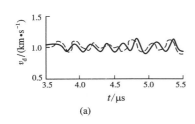
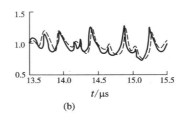
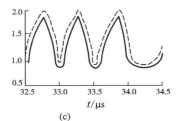

（a）　　　　　　　　（b）　　　　　　　　（c）

实线为试验值；虚线为理论值

图4.16.2.5　爆轰稳定性实验中脉动传播的爆速和时间的关系

为了消除大板爆炸复合过程中爆轰波的不稳定性，研究了用超声波处理炸药的方法。结果表明，与未经处理的炸药相比，经处理的炸药会更迅速地分解，如图4.16.2.6曲线1所示，其爆轰前沿脉动的振幅减少。

（7）试验测定了爆炸焊接过程中的接触点速度[949]。方法是在基板的表面上，或是在事先准备的小槽中，安放直径0.1mm的金属丝，然后用示波器记录爆炸焊接过程中沿丝的应力变化，获得了带有平面的和波状的结合区的应力示波图。根据此图确定了接触点速度。结果表明，在平面结合时接触点速度是不变的，而在波状结合时接触点速度是可变的。这种可变的接触点速度表明结合区的应力是可变的。这种可变性为结合区波形的形成，即在可变的或称波动的应力作用下金属发生波状的塑性变形的研究及其论证提供了又一实验证据。

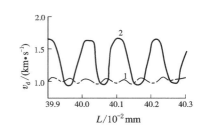

曲线1表示用功率1.5W超声波处理过的炸药；曲线2表示没有处理过的炸药

图4.16.2.6　爆炸焊接中采用的大尺寸药包内炸药的爆速与距离的关系

（8）本书作者做了一些称为爆轰波的实验，也能够明确地证实爆轰波传播的波动性：在爆炸钛-钢复合板的时候，在药包内任意位置上不布放炸药，如用塑料管、金属管或小木块等置于覆板之上（此处便没有炸药）。爆炸焊接后用尖刀工具将钛板和钢板分离，此时在未布药的与塑料管等相对应的钛板和钢板的结合面上便没有波形，而且它们尚未结合。未结合面的形状和大小还与那些隔离物的底面形状及大小相似。而其他布有炸药的地方既有波形又结合了，情况如图4.16.2.7所示。出现这一现象唯一的原因只能是该位置没有炸药——没有爆轰波。这些小实验简单和明确地证实了爆轰波的波动性、局部性和边界性。

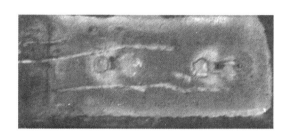

图4.16.2.7　钛-钢复合板爆轰波试验　没有炸药的地方，界面上没有波形，也没有结合

（9）本章前面所提供的大量的表面波形和底面波形的图片所显示的事实进一步证实了波动传播的爆轰波的存在。

上述试验事实说明在接触爆炸和爆炸焊接的情况下，至少常用的混合炸药的爆轰是不稳定的，爆轰波的传播是脉动的（或称波动的）。目前，国内外在此方面的大量工作，丰富了爆轰波的基本理论。这些工作不仅证实了本书作者多年前关于爆轰波的波动性的推测和预言，而且为论证爆炸和爆炸焊接中的表面波形、界面波形和底面波形形成的外因提供了切实可信的试验依据。

3. 波形成的内因

什么是波形成的内因呢？研究确定，这个内因就是与波动传播的爆炸载荷相互作用的金属材料，即金属在外加载荷的作用下发生塑性变形的能力和塑性变形过程的特性。一般而言，这个能力和特性与金属的力学性能有关。

这是容易理解的。因为波形是金属塑性变形的一种形式，在外加载荷确定之后，主要的影响因素只能是金属本身塑性变形的能力及其在变形中所表现的各种特性，虽然外界条件（如温度等）也有影响。

金属材料的力学性能等对结合区的波形形状和波形参数的影响将在4.16.5节及4.16.6节中讨论。

4. 外因与内因的相互作用

有了外因和内因之后，还得有它们之间的相互作用，才能形成结合区波形，以及表面波形和底面波形。否则，这些波形都是不能形成的。它们相互作用的过程见本书2.2.1节~2.2.3节，4.2.3节，4.3.2节和4.16.4节。

5. 波形成过程的描述

如上所述，爆炸焊接结合区中的波形是由外因、内因及其相互作用形成的。现在将其形成的过程简要地描述如下。

在用于爆炸焊接的炸药-爆炸-金属板系统（图1.1.1.1）中，炸药一经引爆，爆炸化学反应经过一段时间的加速后，便以爆轰速度在覆板上传播。当波动传播的爆轰波的能量传递给覆板后，覆板便以一定的频率（此频率与工艺参数有关）发生振动——以弹性变形为主的弹-塑性变形。如此运动形态的覆板在与基板相互作用（高速撞击和结合）过程中，便在界面上形成波状的塑性变形，即界面波形，亦即结合区波形。

图4.16.2.8和图4.16.2.9为国内外文献上提供的两幅图片，图3.2.51.1和图3.2.51.2（c）为本书作者在对称碰撞爆炸焊接试验中获得的图片，它们为论证上述波形成的过程也提供了很有价值的试验资料。

图4.16.2.8显示：在两板碰撞之前，在爆轰波能量的作用下，上板内表面就发生了波动；界面波形是上、下板撞击以后形成的，但与上板的原始波动密切相关；撞击过程将改变上板内表面原始波形的形状和参数；冲击碰撞是结合区波形成的不可缺少的过程。总之，从图上看，在碰撞点之前上板内表面的波形就已经存在了。这种波形是结合区波形成的基础。

 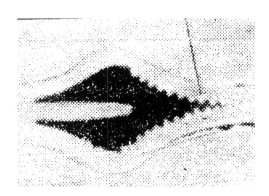

图 4.16.2.8　在铜板和铝板对称碰撞爆炸焊接的情况
下,结合区变形凸起(波形)形成过程的 X 射线照片[35]

图 4.16.2.9　对称碰撞爆炸焊接
结合区波形的"冻结"试验图片[22]

图 4.16.2.9 的试验是在对称碰撞点的上游放置一块金属斜楔,其夹角为碰撞角的 2 倍。试验后可见斜楔前方两板内表面未结合的部位有形状明显的波形。对这种现象,原文献从流体力学的观点做了解释。本书作者认为,如果从金属物理学的观点来解释却很圆满:由波动传播的爆炸载荷的作用(外因),引起金属板内表面波状的弹-塑性变形(内因)。在斜楔的阻隔下,两板在相应位置上不能撞击和结合,但那种波状的弹-塑性变形被"固化"(或称"冻结")了下来。

通过此波形"冻结"试验,原文献作者认为在碰撞点附近确实存在一个强大的挠动源。毫无疑问,现在可以肯定地说,这个强大的挠动源就是在金属中波动传播的爆炸载荷(能量)。没有它,任何金属的弹-塑性变形(包括此波状的塑性变形)都不可能发生。

文献[950]的试验结果也证实,此波形也产生在接触点之前和接触区之内。这一结论也与上述试验一致。

与界面波形相比,表面波形和底面波形也有相似的形成过程。所不同的是,表面波形是由波动传播的爆轰波物质与金属表面上的物质直接作用后形成的。底面波形是由爆轰波的剩余能量传入复合板底面,从而引起底面物质的波动,此波动的底面物质再与非金属材料(如软塑料板)和刚性底板相互作用后形成的。表面波、界面波和底面波的形成条件及过程图解见本书 4.16.3 节和 4.16.4 节。

综上所述,爆炸焊接结合区波形成的机理是几十年来从事本学科工作的人们普遍关心的重大课题,但至今没有定论。本书作者在此提出了结合区波形成的金属物理学机理,供国内外的专家学者们参考。

4.16.3　结合区波形的形成条件

本章 4.16.1 节和 4.16.5 节提供了大量的接触爆炸和爆炸焊接中出现的表面波形、界面波形和底面波形的图片。本章 4.16.2 节讨论了这些波形的形成原因,本节讨论它们形成的条件。

1. 表面波形的形成条件

在接触爆炸的情况下,无论有无缓冲层,也无论缓冲层的材质和状态如何,产生表面波形的金属材料的性能如何,在一定的工艺条件下,单、双和多金属板的表面都可能出现不同形状和参数的波形。那么,这种表面波形是怎样产生的? 它们形成的条件又是什么?

1)表面波形的产生。

单、双和多金属板上产生表面波形的工艺安装存在相同和不同之处。

(1)单金属板表面波形的产生。单金属板在如图 4.16.3.1 所示的工艺条件下一般能产生表面波形。其中,图中(b)的缓冲层为固态物质,如三合板、五合板、橡皮板、塑料板、马粪纸、各种厚度的其他纸张,以及颗粒大小不同的粉状物质(面粉、去污粉等)。图 4.16.1.3 和图 4.16.1.4 就是以三合板和五合板为缓冲层获得的铝板上的表面波形图片。

试验指出,有缓冲层时,金属板上的表面波形要大些,并且与界面波形很相似。如果没有缓冲层,表面波形要小些,但仍有波浪起伏的形状和波形的基本特征。因此,有无缓冲层不是产生表面波形的决定因素,它的存在与否仅仅影响表面波形的大小和形状。

缓冲层对表面波形的影响,主要是它决定金属板表面物质相互作用的能量的大小,进而决定金属表面

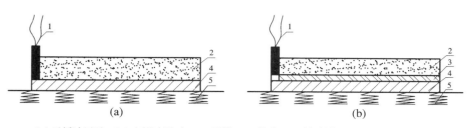

（a）无缓冲层时；（b）有缓冲层时　1—雷管；2—炸药；3—缓冲层；4—金属板；5—地面
图 4.16.3.1　接触爆炸时，单金属板上产生表面波形的工艺安装示意图

物质塑性变形的范围和强度的大小。

当没有缓冲层时，仅有爆轰波物质的质点（其单位体积的质量为 m_1，速度为 v_1）与金属板表面物质的相互作用，其能量为 $E_1 = \frac{1}{2} m_1 v_1^2$；当有缓冲层时，爆轰波的能量传递给它，使缓冲层物质（其单位体积的质量为 m_2 和速度为 v_2）再与金属板表面物质相互作用，其能量为 $E_2 = \frac{1}{2} m_2 v_2^2$。由于 $m_2 \gg m_1$，而 v_1 和 v_2 在相同的爆轰压力下不会相差太多，所以 $E_2 \gg E_1$。这样，在有缓冲层的情况下，金属表面物质所发生的塑性变形比没有缓冲层时自然要强烈得多。另外，有缓冲层时，缓冲层物质的连续性，使得金属板的表面波形与爆轰状的球面波形状相对应，而成一弧形且连成一线。由此形成的表面波形自然就像规则的界面波形了。当没有缓冲层时，金属板的表面波形虽似一弧形但不连成一线。这与不连续和松散的爆轰波物质的粒子或粒子团与金属板表面物质的相互作用有关。这就是有无缓冲层对表面波形的影响的原因。其实际形态如本章 4.16.1 节中的大量图片所示。

（2）双金属板和多金属板表面波形的产生。和单金属板相似，在图 4.16.3.2 所示的工艺条件下，一般能产生双金属板和多金属板上的表面波形。其中，缓冲层物质与单金属板中的相同。在有或无缓冲层时双金属板和多金属板上的表面波形产生的原因，及其在波形形状和参数上的区别与单金属板的情况一样。

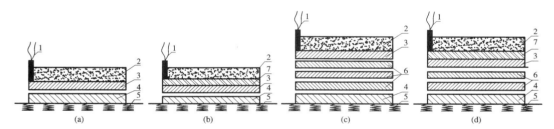

（a）、（c）无缓冲层；（b）、（d）有缓冲层；1—雷管；2—炸药；3—覆板；4—基板；5—地面；6—中间板；7—缓冲层
图 4.16.3.2　爆炸焊接时双金属板（a，b）和多金属板（c，d）上产生表面波形的工艺安装示意图

2）表面波形的形成条件。

根据上述工艺的描述可以推断出表面波形形成的条件有如下几个。

（1）要有显示表面波形的金属材料。

（2）要有炸药和引爆炸药后形成的爆轰波，并且是或者近似是接触爆炸的情况，即炸药布放在金属板上或缓冲层上并引爆之，随后爆轰波在它们之上传播。

（3）要有具有一定能量的爆轰波的物质，或者从爆轰波获得一定能量的缓冲层物质与金属板表面物质的相互作用——撞击。这种撞击的能量足够使金属板的表面物质形成波状的塑性变形——表面波形。

由于爆轰波的能量是波动地传播的，其物质或缓冲层物质与金属板表面物质的相互作用也是波动地进行的。这样，由这种波状的相互作用所产生的塑性变形也是波状的。这种金属板上的波状的塑性变形便是其表面波形。

应当指出，在有缓冲层的情况下，缓冲层与金属板表面之间会有一定的间隙距离，即它们之间不会天衣无缝地贴合在一起。在没有缓冲层的情况下，爆轰波物质的质点与金属板表面之间也会有一定的间隙距离。这种间隙距离为两种物质之间的相互作用（撞击）提供了必要条件，从而为表面波形的形成提供了必要条件。

上述条件可用下述爆轰波试验来验证。

如图 4.16.3.3 所示。在准备布药的金属板的表面上预留一定形状(圆形、矩形或三角形等)和面积不布放炸药(其中用塑料管、金属管或纸板作为炸药隔离物)。当炸药爆轰后将会发现在未布药的金属板表面上没有出现表面波形。有或没有缓冲层都存在这一现象。这种现象产生的原因无疑与爆轰波有关:不布药的地方没有爆轰波,没有爆轰波就没有其波状高速运动的物质与金属表面物质波状的相互作用。因而,就没有金属表面上波状的塑性变形——表面波形。由此可见,爆轰波是表面波形形成的必要条件之一。

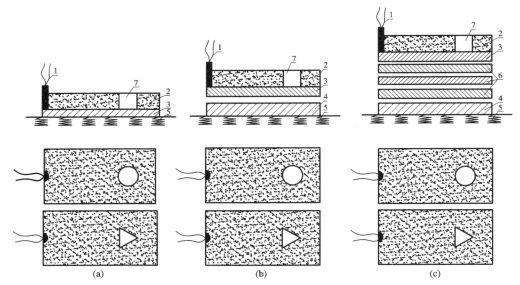

1—雷管;2—炸药;3—金属(覆)板;4—基板;5—地面;6—中间板;7—未布药区;上为正视图,中、下为俯视图,后同

图 4.16.3.3 单(a)、双(b)和多(c)金属板表面波形的爆轰波试验图

应当指出,在具备上述三个基本条件的时候,一般也会出现表面波形,但不能说一定会出现。也就是这些条件仅仅是必要的,还不是充分的。充分条件还应当考虑金属的状态和性能,爆轰波的能量和强度、爆轰波物质的质点与金属板表面物质的间隙距离,或者缓冲层物质和金属板表面物质的间隙距离,即它们之间的相互作用——撞击的能量和强度。只有在既具备必要条件,又具备充分条件的情况下,单、双和多金属板上的表面波形才会出现。

2. 界面波形的形成条件

在双金属和多金属板爆炸焊接的时候,通常会在它们的一个结合界面或多个结合界面上出现波形。这种波形就是常说的结合区波形。此波形形成的工艺图也如图 4.16.3.2 所示。由此不难看出界面波形的形成条件有三个。

(1)要想在金属间的界面上炸出波形,必须在覆板之上有一定数量的炸药。炸药爆炸之后在金属板上产生一定强度的爆轰波;

(2)必须有被炸药接触爆炸和相互作用的金属材料。如果爆轰波在空气、泥土、砂石或其他粉状、粒状或脆性材料上传播,自然得不到金属板间的界面波形;

(3)爆轰波必须和金属板相互作用,以及在爆轰波能量的推动下覆板与基板相互作用。实践说明,没有这种相互作用,界面波也是不会形成的。

以上三条件也可用如图 4.16.3.3(b)和(c)的试验来验证(实物照片见图 4.16.2.7)。有爆轰波的地方有界面波形,没有炸药,即没有爆轰波的地方就没有界面波形。当然上述三个条件也是必须的,但不是充分的。充分条件还应当包括金属材料的强度和特性,爆轰波的强度和特性,以及在爆轰波的推动下金属之间相互作用的强度和特性。在具备必要条件和充分条件的情况下,一定会出现界面波形。

3. 底面波形的形成条件

大量的实践表明,在一定的工艺条件下,单、双和多金属板在爆炸和爆炸焊接中还会出现底面波形,即在单金属板的底面和两层及多层复合板的底面出现类似于表面波形和界面波形的波状塑性变形。这种变形也有它的波形特征和参数。那么这种底面波形是怎样产生的?它的形成条件又是什么?

（1）底面波形的产生。底面波形的产生比表面波形和界面波形的产生要复杂一些。产生底面波形的单、双和多金属板的爆炸及爆炸焊接工艺如图 4.16.3.4 所示。由图可见，与通常的爆炸焊接工艺不同，在整个装置的下面都放置了一块缓冲层和一块钢砧。按此图布置的炸药-金属板系统在炸药爆炸以后，一般能获得相应的底面波形。

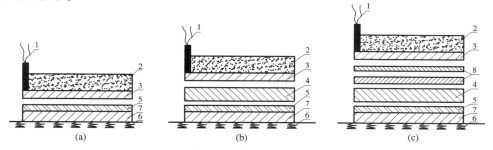

1—雷管；2—炸药；3—金属（覆）板；4—基板；5—缓冲层；6—地面；7—钢砧；8—中间板
图 4.16.3.4　爆炸和爆炸焊接时，单（a）、双（b）和多（c）金属板下产生底面波形的工艺安装示意图

（2）底面波形的形成条件。根据图 4.16.3.4 所示的工艺的描述，可以推断出底面波形的形成条件：

①有产生底面波形的金属板。

②有由炸药引爆后形成的在金属板上和金属板内波动传播的爆轰波及爆炸产物的能量。

③有与单金属板或复合板的底面金属相互作用的缓冲层物质和刚性物质（钢砧）。

不难发现，上述底面波形的形成条件与界面波形的形成条件相似。所不同的是，底面波形形成时，由于隔着缓冲层物质，基板与钢砧可以发生撞击，但不能结合。此时基板底面金属的弹-塑性波动就能在与缓冲层物质相互作用之后被固定下来，即变成塑性波动——波状的塑性变形。这种基板底面物质的波状的塑性变形就是其底面波形。

也应当指出，上述三个条件是形成底面波形的必要条件。充分条件还须考虑金属、爆炸载荷及其相互作用的强度和特性。只有具备了充分条件和必要条件之后，才会产生底面波形。

上述结论也可用单、双和多金属板下的爆轰波试验来验证（图 4.16.3.5）。其原理同图 4.16.3.3 所示的一样：在该系统内，哪里没有炸药和爆轰波，哪里就没有底面波形；哪里有炸药和爆轰波，哪里就有底面波形。

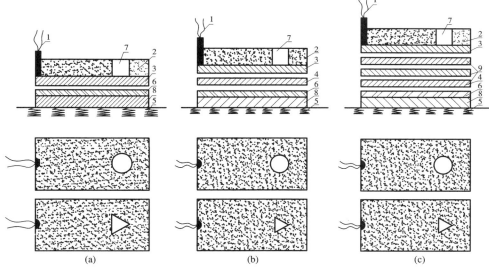

1—雷管；2—炸药；3—覆板；4—基板；5—地面；6—缓冲层；7—未布药区；8—钢砧；9—中间板
图 4.16.3.5　单（a）、双（b）和多（c）金属板底面波形的爆轰波试验图

综上所述，在本节所述的工艺条件下，不仅能够获得界面波形，而且可以获得表面波形和底面波形。后两种波形是继界面波形被发现之后的又一重要发现。

表面波形和底面波形的形成条件与界面波形的形成条件相似。不言而喻，这种相似性是从金属物理学的基本原理出发来研究波形成机理的必然结果。

4.16.4　结合区波形的形成过程图解

本章 4.16.1 节和 4.16.5 节提供了大量的爆炸及爆炸焊接中表面波形、界面波形和底面波形的图片，4.16.2 节和 4.16.3 节论述了这些波形形成的原因及条件。本节以图解的形式来描述表面波形、界面波形和底面波形的形成过程，从而为更形象地讨论此波形成问题增添一份新内容。可以肯定，这份新内容不仅对于论证本章所讨论的波形成原理和将其置于科学的基础之上有关键的作用，而且对于揭露流体力学机理的错误也有重要意义。

1. 表面波形的形成过程图解

由 4.16.3 节可知，表面波形是在接触爆炸或近似接触爆炸的工艺条件下产生的。因此，它的形成与波动传播的爆轰波有直接的关系。根据这一事实，现将单、双和多金属板的表面波形的形成过程图解如下。

（1）单金属板表面波形的形成过程图解。在接触和近似接触爆炸的工艺条件下单金属板表面波形的形成过程如图 4.16.4.1 所示。图中（a）为产生表面波形的炸药-金属板系统。图中（b）为某一时刻被雷管引爆的炸药内的爆炸化学反应以爆轰速度（v_d）在金属板上向前传播，爆炸产物以 $\frac{1}{4}v_d$ 的速度紧随其后。

图中（c）为该系统内连续几个爆轰波内的压力分布图。图中（c）、（d）所示的爆轰压力下，金属板的表面物质发生对应的锯齿形状的塑性变形。图中（e）为在紧跟爆轰波传播的爆炸产物能量的作用下，上述锯齿状的金属表面的塑性变形发生弯曲和变成弯曲平滑的表面波形。图中（f）表示如果金属的强度较低和塑性较高时，其波形将被弯曲得更平一些，甚至紧贴金属板的表面。

如图 4.16.4.1 所示，单金属板的表面波形就是在此连续不断的过程中形成的。

试验指出，有缓冲层与没有时相比，前者表面波形来得大、深和规则，且与界面波形很相似。其原因是缓冲层物质能吸收更多的爆炸载荷，在此后的与金属板的表面物质相互作用的过程要强烈得多。在如此强烈得多的能量的作用下，金属板表面上的波状的塑性变形自然要强烈得多。

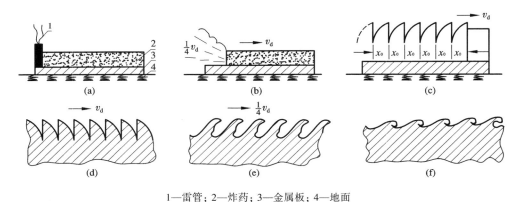

1—雷管；2—炸药；3—金属板；4—地面

图 4.16.4.1　在接触爆炸的情况下，单金属板表面波形的形成过程示意图

（2）复合板表面波形的形成过程图解。在接触和近似接触爆炸的情况下，复合板表面波形的形成过程如图 4.16.4.2 所示。由图可见，图中（a）～图（e）的过程与图 4.16.4.1 相同，此时将其视为单金属板即可。由于是复合板，在表面波形形成之后，也自然地会形成界面波形［图中（f）］。只是表面波形的初始形成较界面波形的初始形成早，因为爆轰波首先是与覆板表面接触的。如图中（g）所示，在某些特定的条件下，复合板的表面波形和界面波形的参数可能一样，此时在断面图上它们的波峰和波谷会一一对应。

（3）多金属板表面波形的形成过程图解。多金属板表面波形的形成过程可用图 4.16.4.3 来描述。由图可见，图中（a）～图（e）的过程也与图 4.16.4.1 相同，此时将多金属板视为单金属板即可。它们的表面波形的形成都是由波动传播的爆炸载荷与金属板的表面物质相互作用形成的，都是一种波状的塑性变形。同样，在表面波形形成之后，如果能量足够，还会形成界面波形。如果多金属板的材质不同，则各层界面上的波形形状不同。如果它们的材质相同，则各层界面上的波形形状几何相似，并且越往下层波形越来越小［图中（g）］。

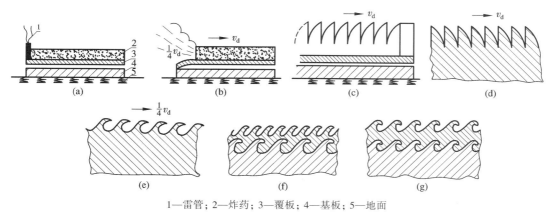

1—雷管；2—炸药；3—覆板；4—基板；5—地面

图 4.16.4.2　在爆炸焊接的情况下，双金属板表面波形的形成过程示意图

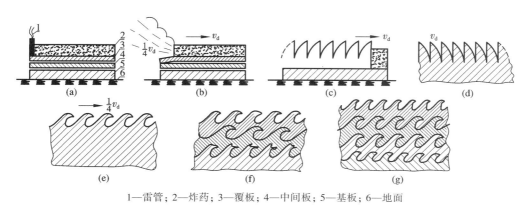

1—雷管；2—炸药；3—覆板；4—中间板；5—基板；6—地面

图 4.16.4.3　在爆炸焊接的情况下，多金属板表面波形的形成过程示意图

应当指出，从理论上推测双金属和多金属的表面波形及界面波形的波形形状和波形参数，应当有一定的关系，这种关系的建立有待今后研究。

2. 界面波形的形成过程图解

在描述了表面波形的形成过程之后，就能更好地描述界面波形的形成过程了。

界面波形的形状（见 4.16.5 节）能够简单地分为两大类：一是波幅较小的，二是波幅较大的。前者只有波前一个漩涡区，后者有波前和波后两个漩涡区。研究表明，这两类波形和漩涡区有不同的形成过程。

（1）波幅较小的界面波形的形成过程图解。这类波形的形成过程可用图 4.16.4.4 来描述。图中（a）为形成界面波形的炸药-金属板系统。图中（b）为在覆板上炸药的爆炸和在其上传播的爆轰波。图中（c）为一次爆炸反应所形成的压力下，覆板对应位置出现相应形状的弹性-塑性变形。图中（d）表示若干个这种变形。图中（e）为具有如此变形形状的覆板与基板撞击。图中（f）表示在它们的撞击面上形成对应形状。图中（g）表示在覆板和基板相互撞击的界面上发生许多物理和化学过程之后，界面合二为一，即形成了结合。图中（h）表示在紧随爆轰波传播的爆炸产物能量的作用下，界面上的锯齿状变形变得弯曲和平滑。图中（i）表示波形界面上产生的熔化金属和塑性变形金属（流线）。图中（j）表示熔化金属和塑性变形金属在爆炸产物能量的推动下发生流动。当大部分熔化金属流进漩涡区后，就形成了波前的熔化块，自然在波脊上还会残留厚度以纳米或微米计的熔体薄层。塑性变形金属（半流体）自波谷经波峰到波前也呈现由薄到厚的梯度分布。图中（k）为整个过程结束后的结合区的波形和波前漩涡区的形貌（其中波形外的塑性变形金属未画出）。本章 4.16.5 节中提供了大量的这类波形的图片，其中图 4.16.5.10，图 4.16.5.15～图 4.16.5.18 最为典型，它们的锯齿尖上的塑性变形金属被拉长并被卷成了圈圈。

应当指出，上图仅显示出少数波形的形成过程，整个结合区内的无数个波形就是以此为范例，波动地、周期地和周而复始地形成的。

还应当指出，图 4.16.4.4（c）～（e）描述的仅仅是一种特殊情况[图 3.2.51.1 和图 3.2.51.2（c）可视为这种情况]，即覆板沿整个厚度波动起来。但是大多数情况并非如此。此时可用爆炸载荷下金属的体积将

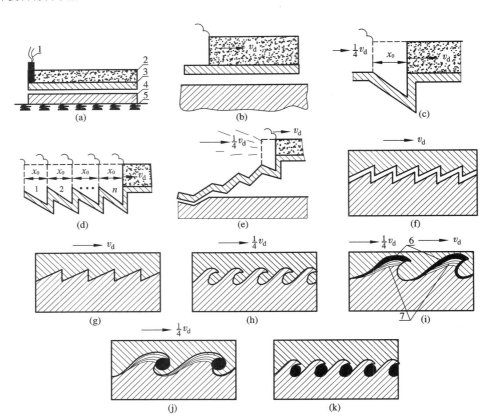

1—雷管；2—炸药；3—覆板；4—基板；5—地面；6—熔化金属；7—金属的塑性变形流线

图 4.16.4.4　波幅较小的双金属界面波形的形成过程示意图

很大地膨胀，使其内表面形成凸起（波形）来描述和解释（图 4.16.2.8 和图 4.16.2.9），而无须覆板沿厚度整个地波动起来[951]。

图 4.16.4.4(i) 内波形界面上金属塑性变形和熔化形成的原因详见本章 4.2.3 节和 4.3.2 节。由于不同的金属的塑性变形能力和特性不同，这种仅有波前一个漩涡区的界面波形的形状也不同。由此可见，在此情况下的结合区波形成的过程，就是金属爆炸焊接的过程。

(2) 波幅较大的界面波形的形成过程图解。图 4.16.4.5 描述了这类波形的形成过程。图 4.16.4.5 中(a) 以前的过程与图 4.16.4.4 中(a) 至(f) 相似，在图 4.16.4.5 中(a) 锯齿的高度较前为高，由此可以形成波幅较大和有前后两个涡区的波形。如图中(b) 所示，在后续爆炸产物能量的推压下，原来尖锐的锯齿波变成弯曲和平滑的界面波形。在此波形的形成过程中，在波形界面两侧发生了金属的纤维状塑性变形和熔化[见图中(c)，其中变形金属流线未画出]。如图中(d) 所示，此熔化金属在爆炸产物能量的推压下先沿 A 和 B 方向流动，使其中一部分汇集到波前的漩涡区内。但是，由于波幅较高，这将造成液流继续向前流动的困难。另外，覆板的密度较大（密度较大的金属将形成波幅较大的波形），它吸收的外界能量较多，因而它向下运动的压力较大。这较大的压力将封闭波峰处（O 点）的液流通道，这样就会阻止后面的液流继续流向波前。此后，一方面后面的液流继续沿 A 方向流动，另一方面波峰处的通道又被封闭，于是聚集在 O 点左侧的液流会越来越多，它所形成的压力也会越来越大。于是，在巨大的覆板压力的作用下，那些聚集的液流无路可走。没有办法，它们只好夺路而行——不得不改向流动（即沿 C 方向流动）。这样就形成了波后的漩涡区。图 4.16.4.5 中(d) 内的变形流线未画出，这种流线从波谷经波峰到波前也应当是由薄到厚梯形分布的。图 4.16.4.5 中(e) 为连续几个有如此波幅较高和波前及波后两个漩涡区的双金属界面波形。本章 4.16.5 节中有大量的这样的波形图片。图中熔化金属和塑性变形金属形成的原因见本章 4.2.3 节和 4.3.2 节。由于不同的金属的塑性变形能力和特性不同，这种有前后两个漩涡区的界面波形的形状也千姿百态。由此可见，在此情况下的结合区波形成的过程，就是金属爆炸焊接的过程。

3. 底面波形的形成过程图解

在特殊的工艺条件下将形成单、双和多金属板的底面波形。

(1) 单金属板底面波形的形成过程图解。用图 4.16.4.6 所示的工艺安装能够形成单金属板的底面波

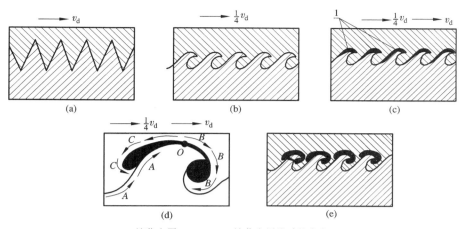

1—熔化金属；A，B，C—熔化金属流动的方向

图 4.16.4.5　波幅较大的双金属界面波形的形成过程示意图

形。图中(a)为形成底面波形的炸药-金属板系统。由图可见，与表面波形和界面波形不同，这里在金属板与钢砧之间放置了一块白色的软塑料板(其他不脆和不与金属结合的物质均可)。图中(b)~(d)与前几个图形相似。只是在图中(d)中，在形成表面波形之后，爆轰波波动传播的剩余能量引起金属板底面物质的弹性-塑性波动，并向塑料板撞击[图中(e)]。在钢砧的阻隔下，这种撞击使得弹性-塑性的波动"固化"成塑性波动。此塑性波动在爆炸产物剩余能量的作用下变成弯曲和平滑的底面波形[图中(f)和(g)]。由于工艺参数的不同，底面波形的波形参数可能大于也可能小于表面波形的波形参数。

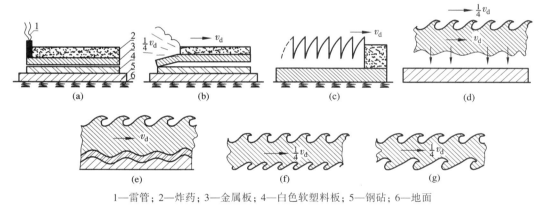

1—雷管；2—炸药；3—金属板；4—白色软塑料板；5—钢砧；6—地面

图 4.16.4.6　单金属板底面波形的形成过程示意图

　　(2)双金属板底面波形的形成过程图解。形成双金属板底面波形的工艺过程如图4.16.4.7所示。由图可见，它们与形成双金属板的表面波形相似，只是在基板和钢砧之间放置了另一种物质。这种物质既能使基板底面的波动"固化"为波形，又不使基板与钢砧结合在一起。由图还可见，该双金属底面波形的形成过程与单金属板底面波形的形成过程相似，在这里只要将结合在一起的双金属板视为一体就可以了。工艺条件合适，一块双金属板上将出现表面、界面和底面三种波形。

　　(3)多金属板底面波形的形成过程图解。可用图4.16.4.8来描述多金属板底面波形的形成过程。由图可见，多金属板底面波形的形成过程与单金属板和双金属板的相似，只是在多金属板焊接在一起之后将其视为一体就行了。同样，如果工艺合适，将在同一块多金属复合板上炸出表面波形、界面波形和底面波形。

　　应当指出，上述三种波形的形成过程图解是为了便于分析和阐述而人为地分割进行的。实际上，由于接触爆炸和爆炸焊接过程的瞬时性、连续性和复杂性，此波形的形成过程相当迅速(其速度与炸药的爆速相当，可达数千米每秒)，各个阶段很难完全割裂开来。因此，上述三种波形的形成过程在上述图解的基础上，应当建立起一个动态的、连续的和完整的概念。

　　还应当指出，爆轰波、金属的表面波、界面波和底面波都应有它们各自的波形形状和波形参数(波长、波幅和频率)。这些波形的形状和参数的异同及其相互关系、影响因素等是爆炸物理学和爆炸焊接理论研

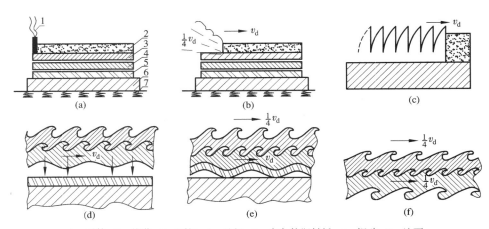

1—雷管；2—炸药；3—覆板；4—基板；5—白色软塑料板；6—钢砧；7—地面
图 4.16.4.7　单、双和多属板底面波形的形成过程示意图

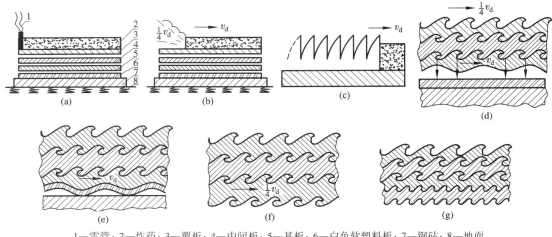

1—雷管；2—炸药；3—覆板；4—中间板；5—基板；6—白色软塑料板；7—钢砧；8—地面
图 4.16.4.8　多金属板底面波形的形成过程示意图

究的重要课题。这些课题的解决及其研究成果，对于阐述和最终解决爆炸焊接结合区(界面)波形成的机理，以及单、双和多金属板的表面波形及底面波形的形成机理，无疑有特殊的意义。

最后指出，不管是表面波形、界面波形还是底面波形，都是爆炸载荷(爆轰波和爆炸产物的能量)与金属材料的表面物质、界面物质和底面物质相互作用的结果。其中，爆炸载荷是外因，金属材料是内因，它们的相互作用是这些波形的形成不可缺少的过程和手段。没有这三个方面的因素，或者缺少其中之一，这些波形的形成都是不可能的。这一结论与本章 4.16.1 节、4.16.2 节(波形成的原因)和 4.16.3 节(波形成的条件)的结论是一致的。这种一致性是从金属物理学的基本原理出发来解决此重大课题的必然结果和归宿。这种结果和归宿也是对流体力学波形成机理的完全否定。同时，还可以得出一个结论：结合区波形成的过程就是金属爆炸焊接的过程。这一结论也是流体力学的波形成机理不可能得出的。

4.16.5　结合区波形形状的影响因素

早在爆炸焊接现象发现之初，借助金相显微技术，人们就已经观察到爆炸焊接金属复合材料界面上的波形。当时，这一奇特的现象和爆炸焊接现象一样引起了人们极大兴趣，致使这种波形的形成机理现在仍成为世界各国学者们竞相研究、探讨、争论不休但又未获结论的一个重大课题。

几十年来，在实践中，在爆炸焊接数百种和成百上千万吨金属复合材料的同时，人们也观察和记录下了大量的千姿百态的界面波形。50 多年来，本书作者在研究爆炸焊接原理的时候，在此方面也做了大量的工作。本节的目的在于继续从金属物理学的观点，讨论爆炸焊接结合区波形形状的影响因素。这种讨论以长期实践中积累的大量波形照片为基础。

1. 结合区的波形形状

结合区的波形形状由其波长和波幅的大小，以及界面曲线变化的趋势来决定。为了定性地描述该波形形状，这里使用习惯用语。例如，在波长一定的情况下，波幅较低的被认为该波形较扁平；波幅较高的则波形较高，等等。波形形状的定量描述有待今后研究。

为了获得较多的波形照片，便于从金属物理学的观点讨论波形形状的影响因素，试验中使用了不同品种和数量的炸药、不同种类和状态的金属组合（包括颠倒覆板和基板的位置），其他不同的爆炸焊接工艺参数，以及不同于单金属的金相技术。为了避免偶然性和表现可重复性，在摄制波形的高倍照片时，也摄制了一部分对应的低倍照片。现将婀娜多姿的大量的结合区波形照片和平面界面的照片汇集于后（图 4.16.5.1～图 4.16.5.147）。

为图面简洁起见均将图题简写，例如图 4.16.5.1"钛-钢爆炸复合板结合区的波形形状"简写为"钛-钢"，其余类推。工艺参数也省去了，仅有少数写出 2#、TNT 和 8321 等炸药的名称。每张图片均为覆板在上和基板在下，多层复合板时中间层依上、下次序处于中间位置。

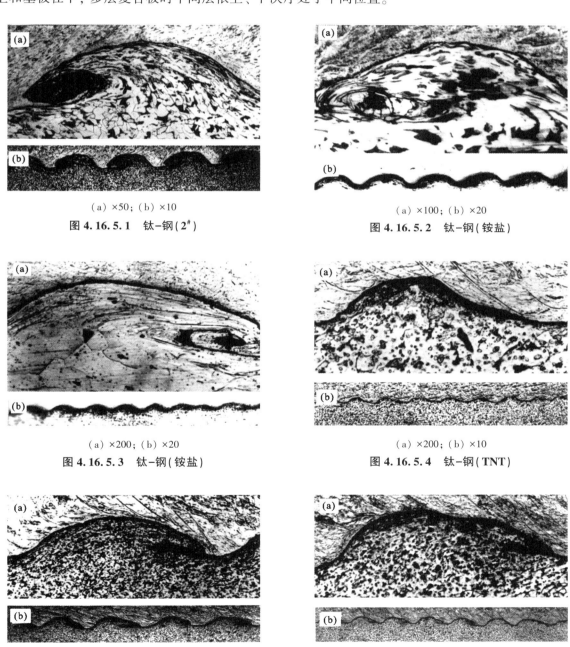

（a）×50；（b）×10
图 4.16.5.1　钛-钢（2#）

（a）×100；（b）×20
图 4.16.5.2　钛-钢（铵盐）

（a）×200；（b）×20
图 4.16.5.3　钛-钢（铵盐）

（a）×200；（b）×10
图 4.16.5.4　钛-钢（TNT）

（a）×100；（b）×15
图 4.16.5.5　钛-钢（TNT）

（a）×100；（b）×10
图 4.16.5.6　钛-钢（TNT）

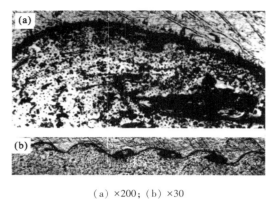

（a）×200；（b）×30

图 4.16.5.7　钛-钢（TNT）

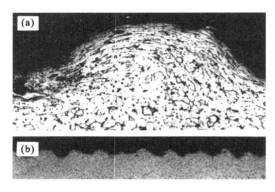

（a）×100；（b）×10

钛层脱落，上部黑色部分为环氧树脂

图 4.16.5.8　钛-钢（TNT）

2. 结合区波形形状的影响因素

由上述大量的不同爆炸焊接工艺下的不同、相同或相似形状的结合区波形，可以归纳出如下爆炸焊接结合区波形形状的一些影响因素。

（1）不同的金属组合的结合区波形形状是不同的。

（2）在炸药和金属组合相同的情况下，结合区的波形形状基本相同或相似。

（3）相同金属组合的结合区波形，随炸药种类的不同而有所不同。如图 4.16.5.1～图 4.16.5.8、图 4.16.5.10～图 4.16.5.12、图 4.16.5.15～图 4.16.5.21 所示。

（4）在金属组合和其他工艺参数相似的情况下，颠倒基、覆板的位置，结合区的波形形状基本相同或相似，即使一次或两次地复合也差不多，如图 4.16.5.9 和图 4.16.5.10，图 4.16.5.22 和图 4.16.5.23、以及图 4.16.5.101～图 4.16.5.107 所示。

（5）在其他工艺参数相似的情况下，金属组合中的一个如果密度较小，如铝、钛、锆等，不管它们是作覆板还是作基板，结合区波形的波幅均较扁平。

（6）在其他工艺参数相似的情况下，金属组合中的一个如果密度较大，如钽、金、钼等，不管它们是作覆板还是作基板，结合区波形的波幅也较扁平。

（7）在其他工艺参数相似的情况下，金属组合中的两种金属材料的密度如果处于中间值，如铁（钢、不锈钢等）、铜、镍、铌、银、铅等，则它们的结合区波形的波幅均较高。

（8）在其他工艺参数相似的情况下，金属组合相同时，如果组合中的一个状态不同，也就是强度和塑性不同，爆炸焊接后结合区波形与此有关，强度低和塑性高的波幅高一些。

（9）在较大地提高金属的塑性时，例如采用热爆炸焊接工艺，将较大地增大波幅，如图 5.5.1.72 与图 5.5.1.73 所示。

（10）当一次爆炸焊接多层相同的金属板时，各层结合区的波形形状具有几何相似性，尽管它们的波形大小不同（自上而下逐渐变小），如图 4.16.5.110、图 4.16.5.111、图 4.16.5.131～图 4.16.5.133 所示。

（11）当一次爆炸焊接多层不同的金属时，各层结合区的波形形状与对应的两层相比稍有不同，如图 4.16.5.108 和图 4.16.5.109 中的钛-钢界面上的波形与图 4.16.5.1 的稍有不同。

结合区波形形状的上述变化规律是一般的，但也有例外。

（1）如图 4.16.5.146 所示，在同一块钛-钢复合板的不同位置上结合区的微观形貌不相同，即使是波形形状也不尽相同。这与爆炸焊接过程中间隙内的气体的未完全排出及其对波形成过程的干扰密切相关。

（2）如图 4.16.5.147 所示，当不锈钢覆板的厚度不同时，其结合区的波形形状亦有区别。

（3）如图 4.16.5.148～图 4.16.5.156 所示，在通常的和对称碰撞爆炸焊接工艺的情况下，部分结合区内没有波形而呈现平面结合的形式。

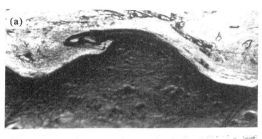

（a）×250；（b）×50

图 4.16.5.9 铜-钛（2#）

（a）×100；（b）×15

图 4.16.5.10 钛-铜（2#）

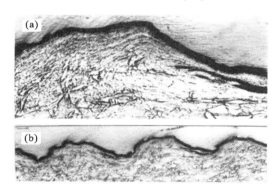

（a）×300；（b）×100

图 4.16.5.11 钛-铜（TNT）

（a）×50；（b）×15

图 4.16.5.12 钛-铜（8321）

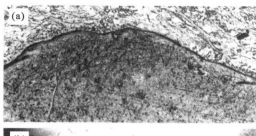

（a）×100；（b）×15

图 4.16.5.13 钛-不锈钢（2#）

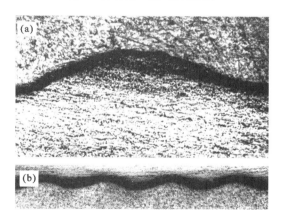

（a）×50；（b）×10

图 4.16.5.14 钛-铝（2#）

（a）×50；（b）×10

图 4.16.5.15 铝-铜（2#）

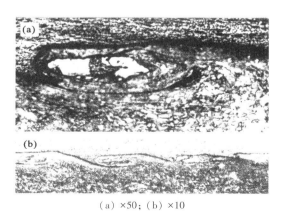

（a）×50；（b）×10

图 4.16.5.16 铝-铜（铵盐）

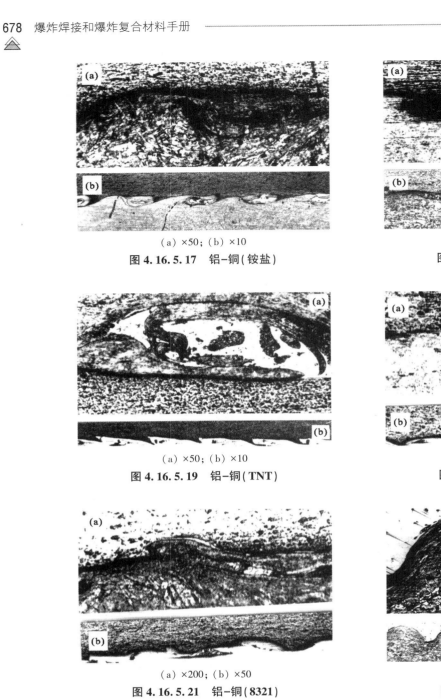

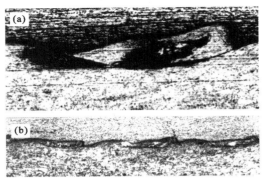

(a) ×50；(b) ×10

图 4.16.5.17　铝–铜(铵盐)

(a) ×50；(b) ×10

图 4.16.5.18　铝–铜(TNT)

(a) ×50；(b) ×10

图 4.16.5.19　铝–铜(TNT)

(a) ×200；(b) ×50

图 4.16.5.20　铝–铜(8321)

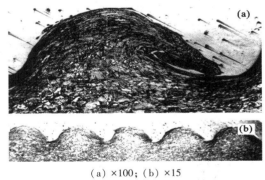

(a) ×200；(b) ×50

图 4.16.5.21　铝–铜(8321)

(a) ×100；(b) ×15

图 4.16.5.22　不锈钢–铜

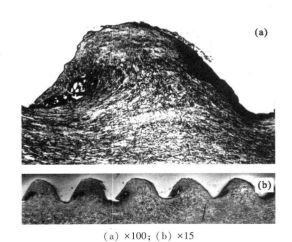

(a) ×100；(b) ×15

图 4.16.5.23　铜–不锈钢

(a) ×100；(b) ×30

图 4.16.5.24　锆–铜

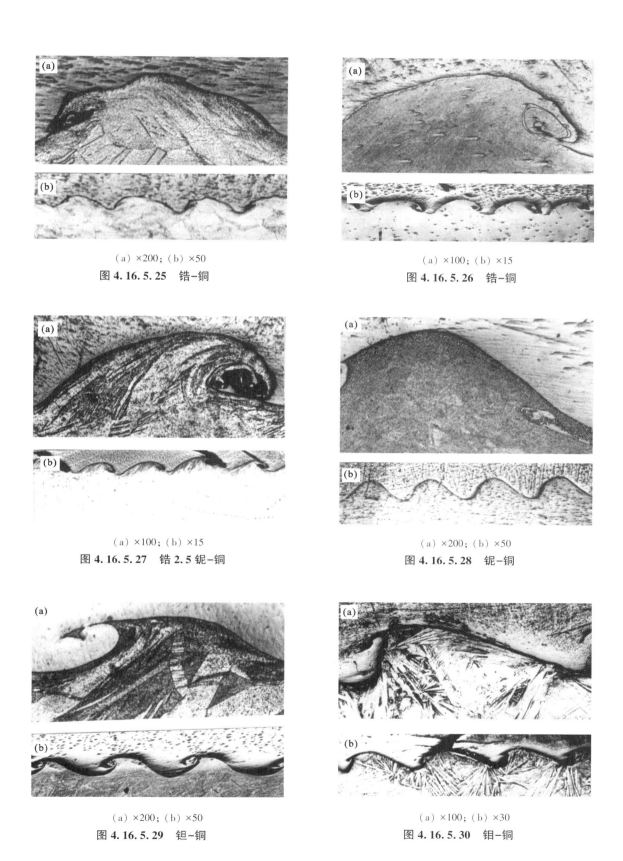

（a）×200；（b）×50
图 4.16.5.25　锆-铜

（a）×100；（b）×15
图 4.16.5.26　锆-铜

（a）×100；（b）×15
图 4.16.5.27　锆 2.5 铌-铜

（a）×200；（b）×50
图 4.16.5.28　铌-铜

（a）×200；（b）×50
图 4.16.5.29　钽-铜

（a）×100；（b）×30
图 4.16.5.30　钼-铜

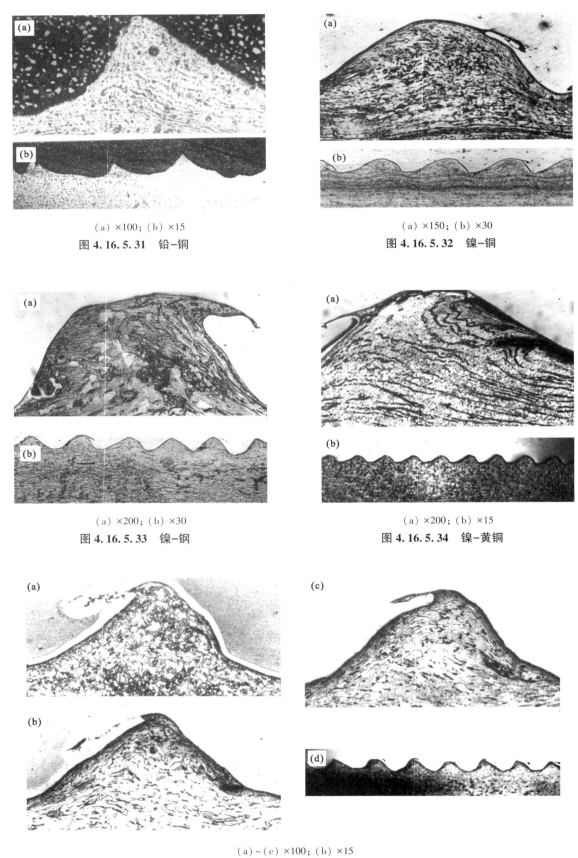

（a）×100；（b）×15
图 4.16.5.31　铅-铜

（a）×150；（b）×30
图 4.16.5.32　镍-铜

（a）×200；（b）×30
图 4.16.5.33　镍-钢

（a）×200；（b）×15
图 4.16.5.34　镍-黄铜

（a）～（c）×100；（b）×15
图 4.16.5.35　铜-钢

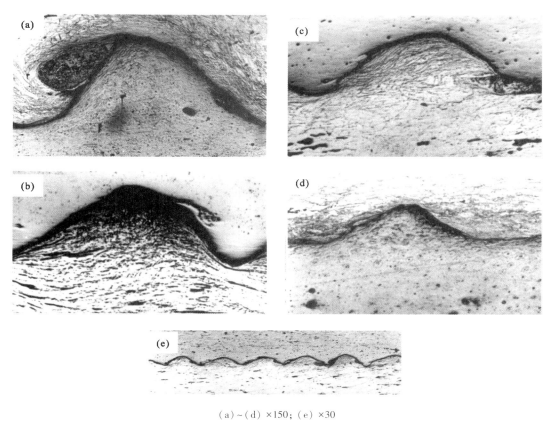

（a）～（d）×150；（e）×30

图 4. 16. 5. 36　黄铜-钢

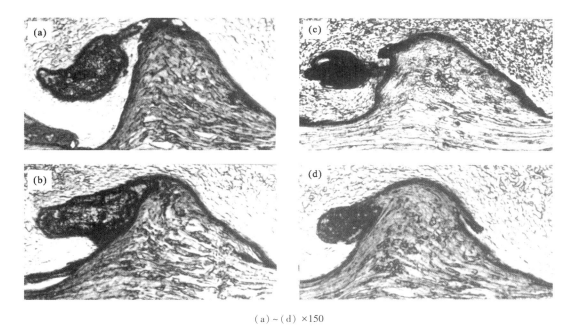

（a）～（d）×150

图 4. 16. 5. 37　银-铜

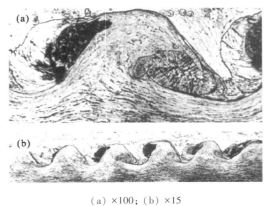

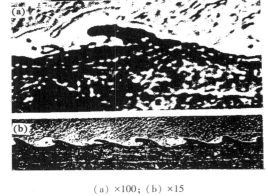

（a）×100；（b）×15

图 4.16.5.38 铜-黄铜

（a）×100；（b）×15

图 4.16.5.39 锆₂+不锈钢

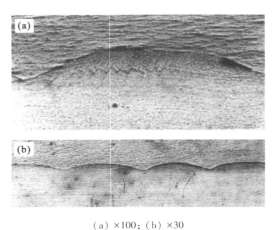

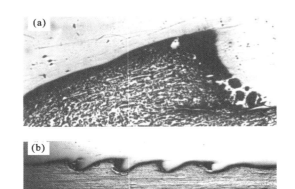

（a）×100；（b）×30

图 4.16.5.40 锆 2.5 铌-不锈钢

（a）×100；（b）×15

图 4.16.5.41 铌-钢

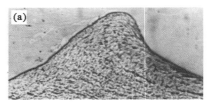

（a）、（b）×200；（c）×50

图 4.16.5.42 铌-不锈钢

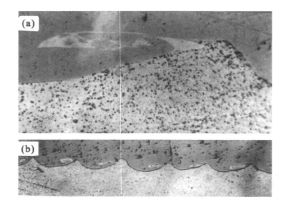

（a）×500；（b）×100

图 4.16.5.43 钽-不锈钢

（a）×500；（b）×100

图 4.16.5.44 钽-不锈钢

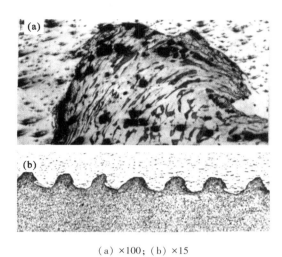

（a）×100；（b）×15

图 4.16.5.45　不锈钢-钢（板坯）

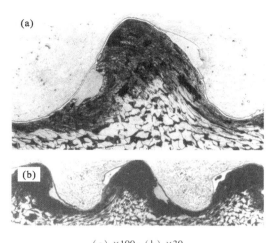

（a）×100；（b）×30

图 4.16.5.46　不锈钢-钢（板坯）

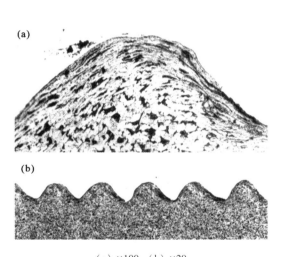

（a）×100；（b）×20

图 4.16.5.47　不锈钢-钢

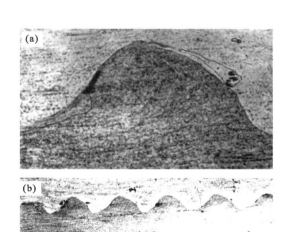

（a）×100；（b）×30

图 4.16.5.48　不锈钢-钢

（a）×75；（b）×15

图 4.16.5.49　银-锡青铜

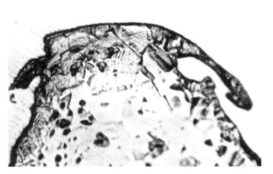

图 4.16.5.50　银-锌白铜（×100）

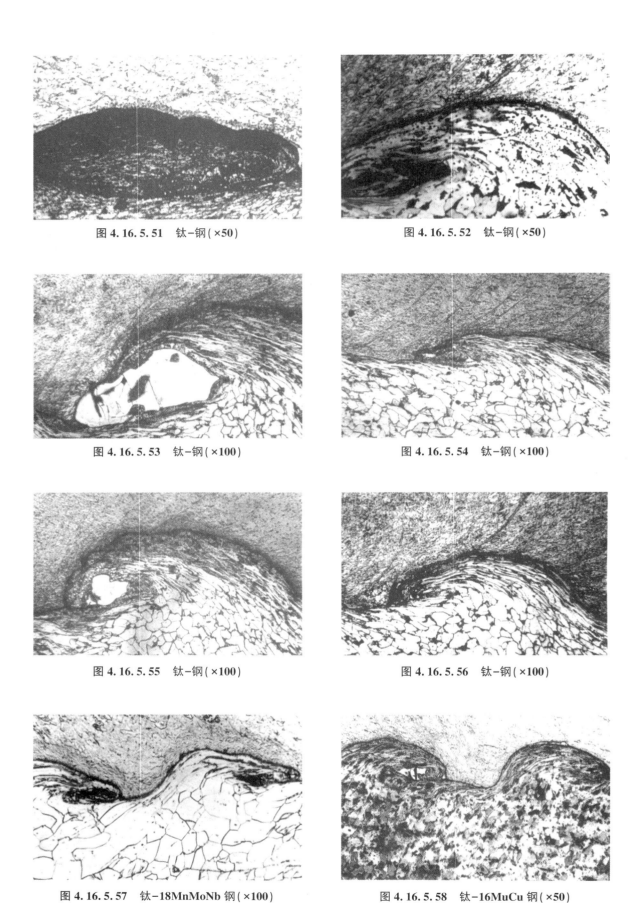

图 4.16.5.51 钛-钢(×50)

图 4.16.5.52 钛-钢(×50)

图 4.16.5.53 钛-钢(×100)

图 4.16.5.54 钛-钢(×100)

图 4.16.5.55 钛-钢(×100)

图 4.16.5.56 钛-钢(×100)

图 4.16.5.57 钛-18MnMoNb 钢(×100)

图 4.16.5.58 钛-16MuCu 钢(×50)

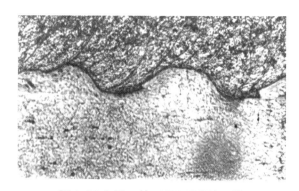

图 4.16.5.59　钛-15MnV 钢(×50)

图 4.16.5.60　铜-钢(×50)

图 4.16.5.61　铜-钢(×100)

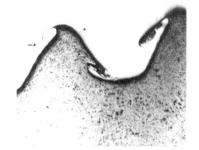

图 4.16.5.62　铜-钢(×30)

图 4.16.5.63　锰 2 铜-20 g 钢(×100)

图 4.16.5.64　不锈钢-钢(×50)

图 4.16.5.65　不锈钢-钢(×100)

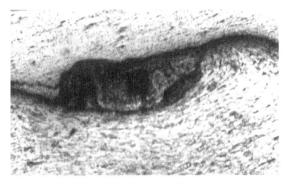

图 4.16.5.66　铝-钢(×50)

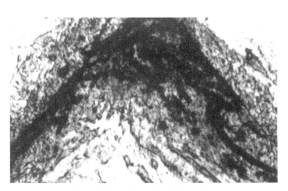

图 4.16.5.67　钢-钢(×400)

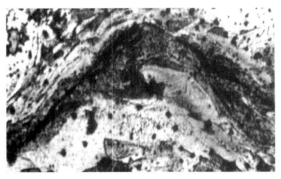

图 4.16.5.68　钢-钢（×300）

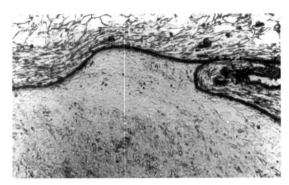

图 4.16.5.69　镍-钛（×200）

图 4.16.5.70　镍-不锈钢（×100）

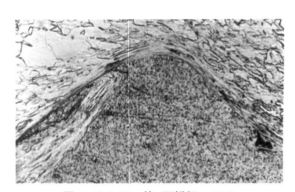

图 4.16.5.71　镍-不锈钢（×200）

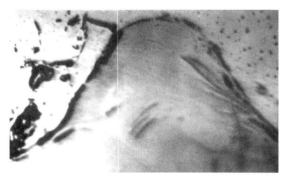

复合管棒，热爆炸焊接

图 4.16.5.72　不锈钢-钼（×50）

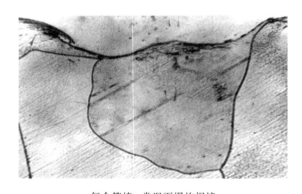

复合管棒，常温下爆炸焊接

图 4.16.5.73　不锈钢-钼（×200）

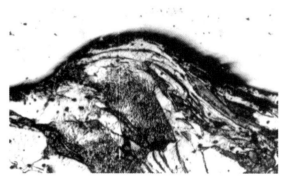

图 4.16.5.74　钼-钢（×250）

图 4.16.5.75　锆-钢（×100）

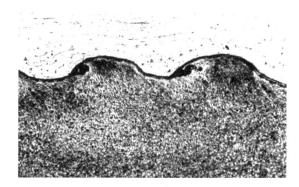

图 4.16.5.76　锆-铜（×50）

图 4.16.5.77　钛-铜（×50）

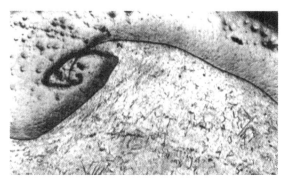

图 4.16.5.78　铌-铜（×100）

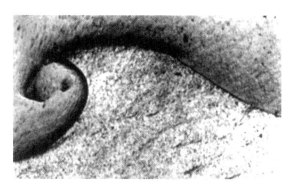

图 4.16.5.79　钽-铜（×250）

图 4.16.5.80　钼-铜（×100）

图 4.16.5.81　铝-铜（×100）

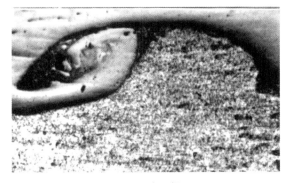

图 4.16.5.82　铌-铝（×200）

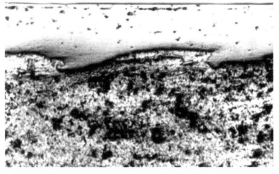

图 4.16.5.83　铌-铝（×200）

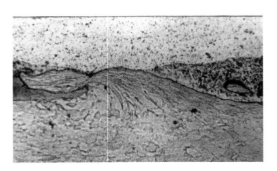

图 4.16.5.84 铝-镍(×400)

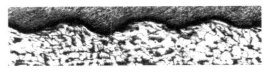

图 4.16.5.85 钛-钢(×50)

图 4.16.5.86 钛-钽(×30)

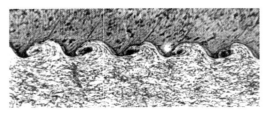

图 4.16.5.87 钛-铜(×30)

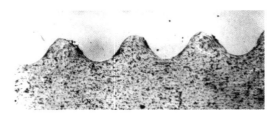

图 4.16.5.88 铌-钢(×25)

图 4.16.5.89 铌-钢(×50)

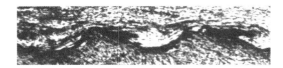

图 4.16.5.90 黄铜-钛(×100)

图 4.16.5.91 镍-不锈钢(×50)

图 4.16.5.92 铜-不锈钢(×50)

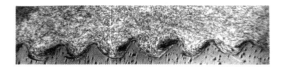

图 4.16.5.93 不锈钢-铜(×15)

图 4.16.5.94 不锈钢-钢(×15)

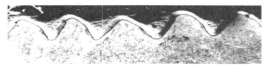

图 4.16.5.95 铌-铜(×30)

图 4.16.5.96 铝-铜(×15)

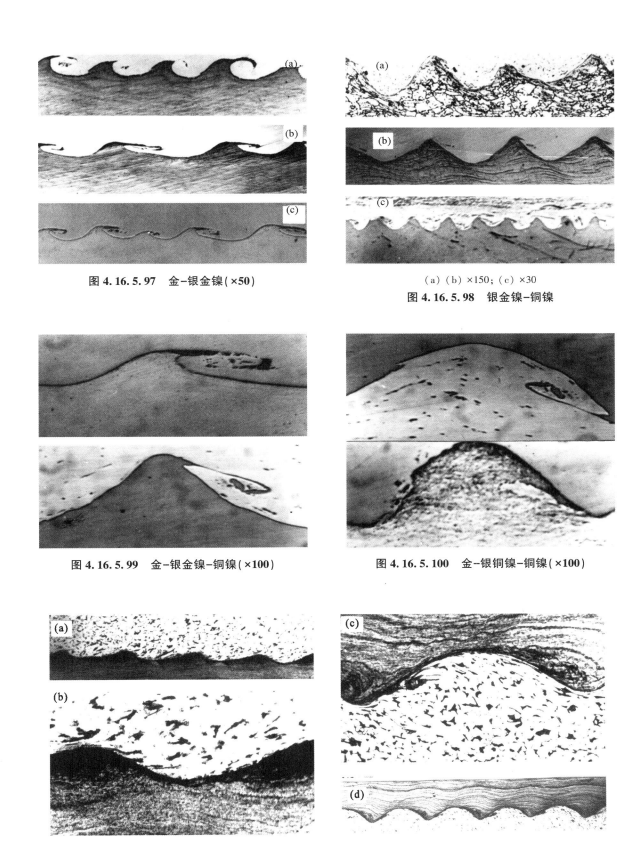

图 4.16.5.97　金-银金镍(×50)

(a)(b)×150；(c)×30
图 4.16.5.98　银金镍-铜镍

图 4.16.5.99　金-银金镍-铜镍(×100)

图 4.16.5.100　金-银铜镍-铜镍(×100)

一次复合；(a)(d)×15；(b)(c)×100
图 4.16.5.101　钢-钛 32 钼-钢

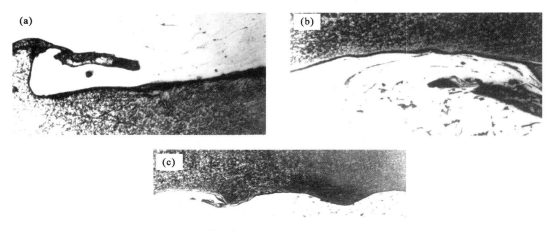

一次复合；（a）（b）×100；（c）×30

图 4.16.5.102　钢-锆-钢

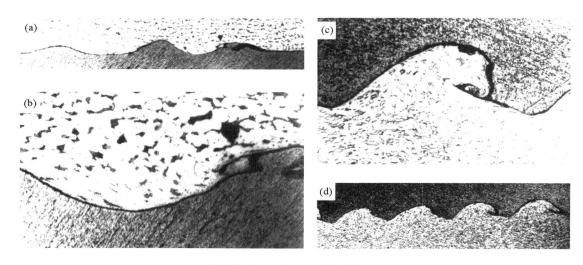

二次复合；（a）（d）×30；（b）（c）×100

图 4.16.5.103　钢-锆-钢

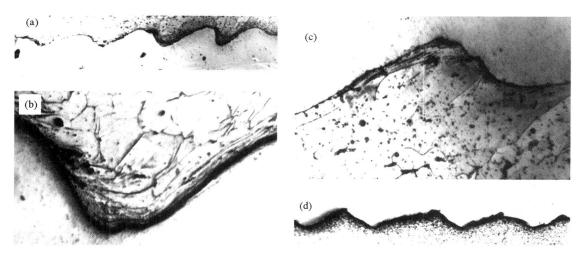

一次复合；（a）（d）×30；（b）（c）×100

图 4.16.5.104　钢-铌-钢

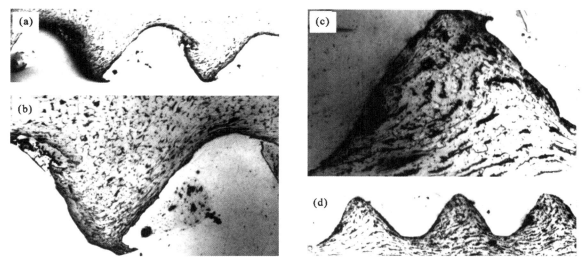

二次复合；（a）（d）×30；（b）（c）×100

图 4.16.5.105　钢-铌-钢

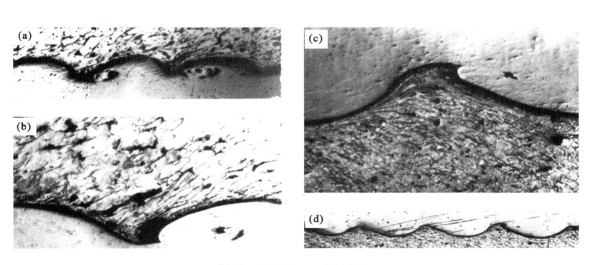

一次复合；（a）（d）×30；（b）（c）×100

图 4.16.5.106　钢-钽-钢

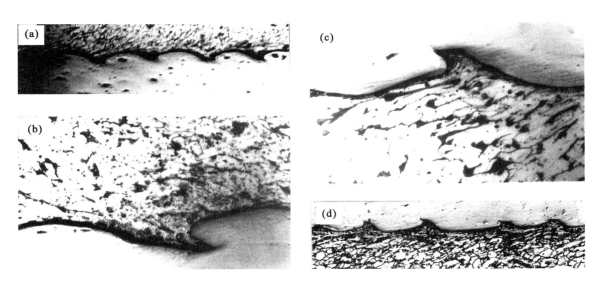

二次复合；（a）（d）×30；（b）（c）×100

图 4.16.5.107　钢-钽-钢

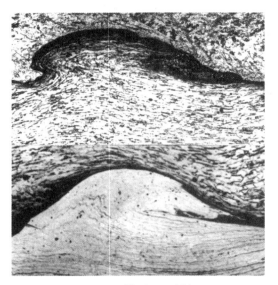

图 4.16.5.108　钛-钢-不锈钢(×100)

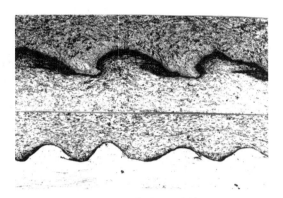

图 4.16.5.109　钛-钢-不锈钢(×30)

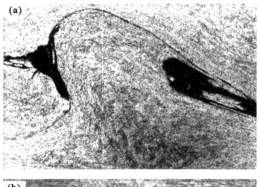

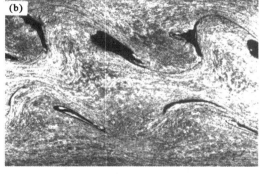

（a）×50；（b）×30

图 4.16.5.110　铝-铝-铝

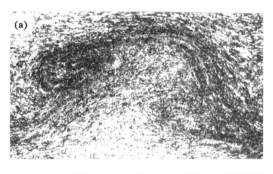

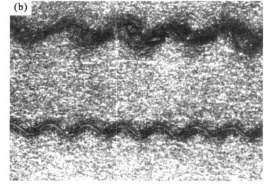

（a）×50；（b）×30

图 4.16.5.111　铜-铜-铜

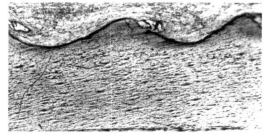

图 4.16.5.112　锆-锆-钢(×50)

图 4.16.5.113　铜-铌-铝(×50)

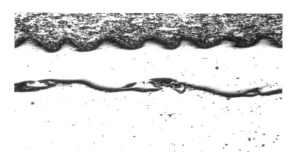

图 4.16.5.114　铜-钽-铝(×50)

图 4.16.5.115　铜-钽-钢(×50)

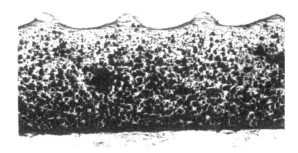

图 4.16.5.116　铜-锆-铝(×50)

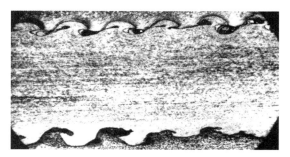

图 4.16.5.117　钛-铜-钢(×50)

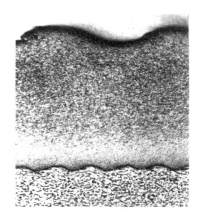

图 4.16.5.118　铜-钛-铝(×50)

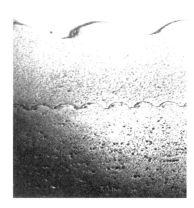

图 4.16.5.119　铜-钛-钢(×30)

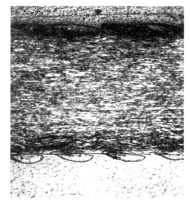

图 4.16.5.120　铝-铜-钛(×30)

图 4.16.5.121　铝-铜-钢(×15)

图 4.16.5.122　铝-钛-钢(×30)

图 4.16.5.123　钛-钢-不锈钢(×10)

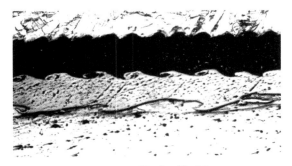

图 4.16.5.124　铜-钽-锆-钢 (×50)

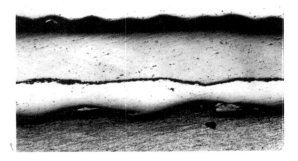

图 4.16.5.125　铜-钽-铌-铝 (×50)

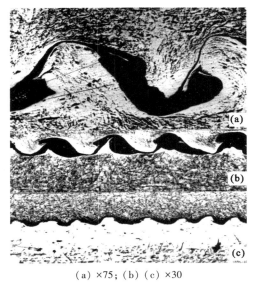

(a) ×75；(b)(c) ×30
图 4.16.5.126　黄铜-黄铜-黄铜-钢

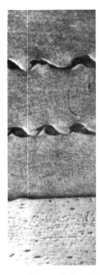

图 4.16.5.127　黄铜-黄铜-黄铜-钢 (×15)

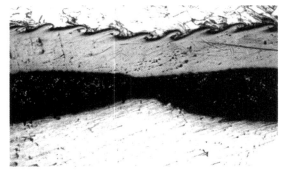

图 4.16.5.128　铜-锆-钽-铝 (×50)

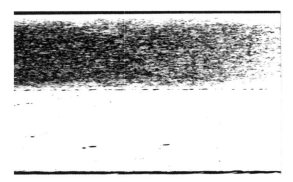

图 4.16.5.129　钛-铜-铝-不锈钢 (×15)

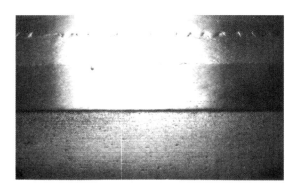

图 4.16.5.130　铜-黄铜-铝-钢 (×75)

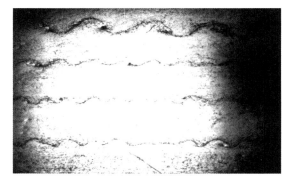

图 4.16.5.131　铝$_1$-铝$_2$-铝$_3$-铝$_4$-铝$_5$ (×7.5)

图 4.16.5.133 铝$_1$-铝$_2$-铝$_3$-铝$_4$-铝$_5$(×7.5)

图 4.16.5.132 铜$_1$-铜$_2$-铜$_3$-铜$_4$-铜$_5$(×200)

图 4.16.5.134 铜-铝-铜-铝-铜(×5)

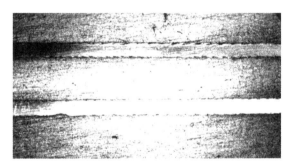

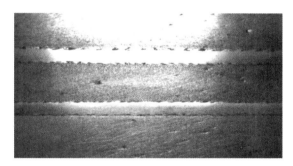

图 4.16.5.135 铝-铜-铝-铜-铝(×7.5)

图 4.16.5.136 铝-铜-铝-铜-铝(×7.5)

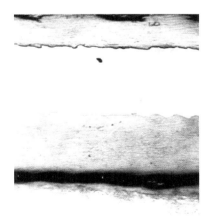

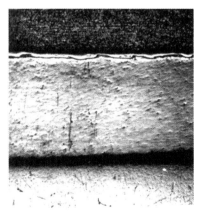

图 4.16.5.137
铜-铌-钽-锆-铝(×50)

图 4.16.5.138
铜-钽-铌-锆-不锈钢(×50)

图 4.16.5.139
铜-铌-锆-钽-不锈钢(×15)

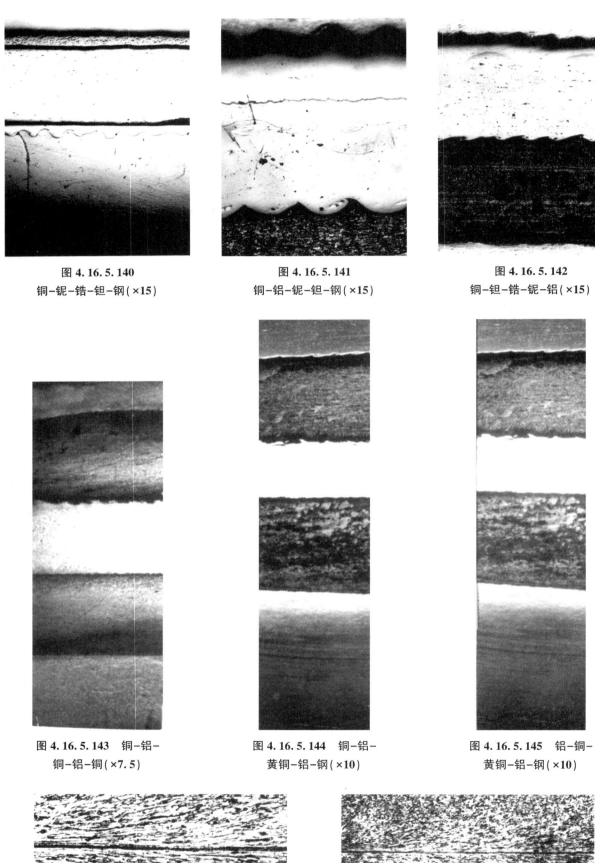

图 4. 16. 5. 140
铜–铌–锆–钽–钢（×15）

图 4. 16. 5. 141
铜–铝–铌–钽–钢（×15）

图 4. 16. 5. 142
铜–钽–锆–铌–铝（×15）

图 4. 16. 5. 143　铜–铝–
铜–铝–铜（×7. 5）

图 4. 16. 5. 144　铜–铝–
黄铜–铝–钢（×10）

图 4. 16. 5. 145　铝–铜–
黄铜–铝–钢（×10）

图 4. 16. 5. 146　钢–钢复合板的平面界面（×100）

图 4. 16. 5. 147　钢–钢复合板的平面界面（×100）

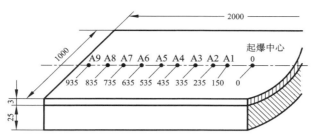

金相样品的取样位置

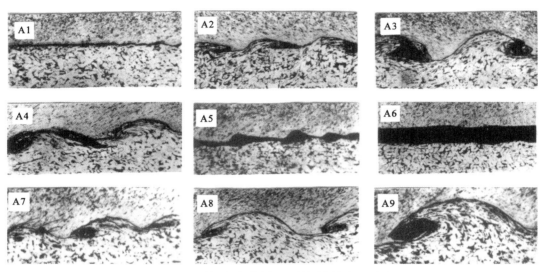

图 4.16.5.148　钛-钢复合板不同位置上结合区形貌(×50)

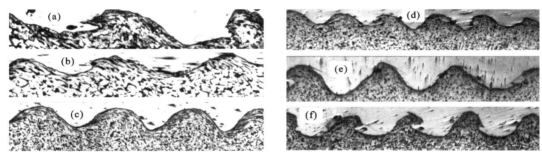

δ_1(mm)：(a)、(b)，20；(c)、(d)，15；(e)、(f)，10

图 4.16.5.149　不锈钢-钢复合板在覆板厚度不同时结合区波形形貌(×30)

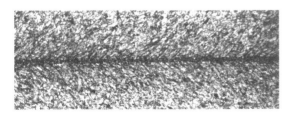

图 4.16.5.150　钛-钛复合板的平面界面(×50)

图 4.16.5.151　铜-铜复合板的平面界面(×50)

图 4.16.5.152　铜-钢复合板的平面界面(×50)

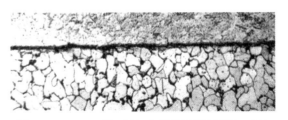

图 4.16.5.153　钛-钢复合板的平面界面(×100)

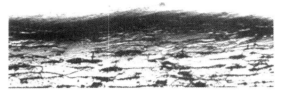

图 4.16.5.154　铝-钢复合板的平面界面(×100)

图 4.16.5.155　铜-钢复合板的平面界面(×50)

　　综上所述,爆炸焊接结合区中的波形形状的影响因素,首先是爆炸载荷,其次是金属材料,第三是在爆炸载荷下金属之间的相互作用——撞击过程。大量试验和文献指出,不同强度和特性的爆炸载荷、不同强度和特性的金属材料,以及它们之间不同强度和特性的相互作用的过程,将产生不同形状和参数(波长、波幅和频率)的结合区波形。不难发现,这一结论与 4.16.2 节中

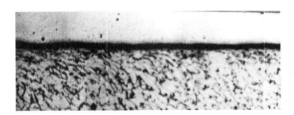

图 4.16.5.156　铌-钢复合板的平面界面(×50)

波形成的机理和 4.16.3 节中波形成的条件是一致的,自然与 4.16.6 节中波形参数的影响因素也是一致的。这是从金属物理学的基本原理出发研究这一课题的必然结果。

　　在某些爆炸焊接,特别是对称碰撞爆炸焊接的条件下,平面型结合区形成的原因、条件和过程尚待深入研究。

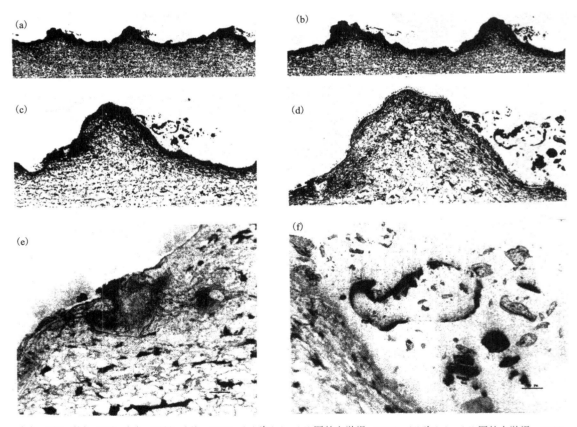

(a),×25;(b),×50;(c),×100;(d),×200;(e)为(c)、(d)图的左漩涡,×500;(f)为(c)、(d)图的右漩涡,×500

图 4.16.5.157　H62-Q235B

说明:图 4.16.5.157~图 4.16.5.160 由广东宏大爆破股份有限公司、广东明华机械有限公司连南分公司提供。

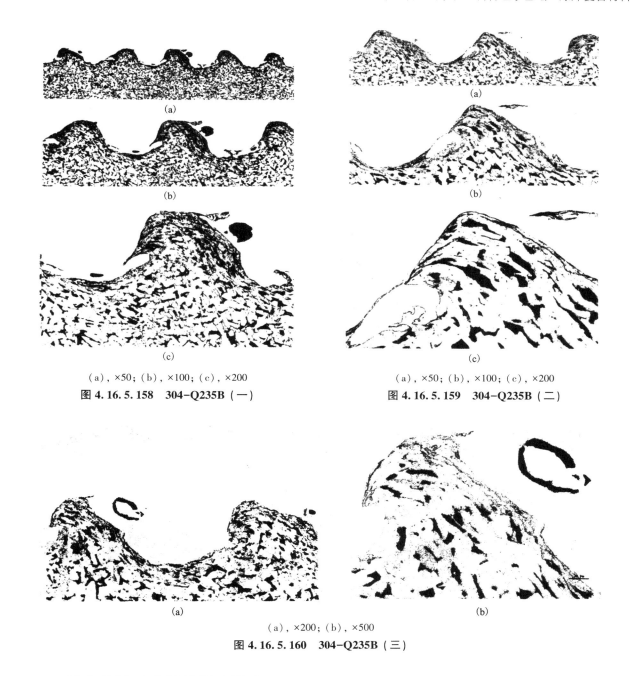

（a），×50；（b），×100；（c），×200
图 4.16.5.158 304-Q235B（一）

（a），×50；（b），×100；（c），×200
图 4.16.5.159 304-Q235B（二）

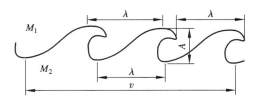

（a），×200；（b），×500
图 4.16.5.160 304-Q235B（三）

4.16.6 结合区波形参数的影响因素

上一节提供了大量的爆炸焊接双金属和多金属结合区各种形状的波形。这些波形不论其形态如何都有三个基本要素——波形参数，即波长、波幅、频率或周期。大量的实践表明，此结合区波形的波形参数受许多因素的影响。本节拟在试验、检验和文献资料的基础上讨论这些波形参数的影响因素。

1. 结合区的波形参数

三个波形参数的意义如图 4.16.6.1 所示。由图可见，所谓波长就是在结合区内一个完整波形的最大横向长度，以 λ 表示，单位为 mm。λ 可以是两波谷或两波峰，或两波前之间的横向长度。所谓波高则是一个完整波形的最大纵向高度，以 A 表示，单位为 mm。所谓频率即沿爆轰方向的结合面上单位长度内波形的数量，单位为个/cm 或个/mm。频率也可以

图 4.16.6.1 波形参数的意义示意图

单位时间内波动的次数来计量，单位为次/s。频率以符号 ν 表示。频率的倒数即为周期（$T=1/\nu$）。有时还以 A/λ 或 λ/A 来表示波形的特性。

应当指出,此波形参数还应当包括波形和漩涡区的形状,它的面积及彼此间的间距。因为只有加上这些参数之后才能准确地描述各种形状的波形——结合区的组织,以及这种组织对爆炸复合材料力学性能的影响,从而建立起工艺、组织和性能的关系。不过由于条件所限,这些参数的获得需要做大量的工作(见本书4.5.2节),在此不作详述。

2. 结合区波形参数的影响因素

前已指出,结合区波形的形成有三个必要条件:爆炸载荷、金属材料、在爆炸载荷下金属间的相互作用——冲击碰撞。实践和研究表明,这三个条件也是该波形参数的三个主要影响因素。

1)炸药和爆炸的影响

炸药和爆炸是作为外部因素来影响波形参数的。炸药的种类、数量及其爆炸过程都影响波形参数的大小。

(1)爆炸过程对波形成过程和波形参数的影响。如图4.16.6.2~图4.16.6.5所示,爆炸都是自左向右进行的。从起爆点算起,在相当一段距离的结合面上不见波形,之后虽有波形出现但较小。随着距离的

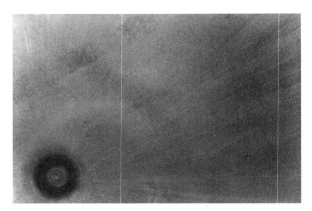

图4.16.6.2　撬开后钛-钢复合板钢侧界面的波形形貌(直径1800 mm)

增加波形越来越大——波长和波幅增加,频率降低。这一结果与图4.16.2.5的试验事实相互对应。如果复合板的长度足够长,工艺条件又比较稳定,则结合区内的波形参数将趋于稳定,直到爆轰结束。

图4.16.6.3　撬开后钛-钢复合板钢侧界面的波形形貌

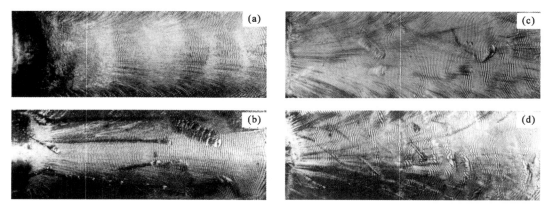

图4.16.6.4　撬开后钛-钢复合板钢侧界面的波形形貌

炸药的爆炸和爆轰过程正如所有的物理-化学过程一样,都有一个发生、发展、持续和消亡的过程。因而它对此结合区波的形成和波形参数的影响也有一个发生、发展、持续和消亡的过程。以上四图基本上符

合这一规律。但也有例外，如图 4.16.6.4 所示，在局部位置上波形参数也有由小增大的现象，有的还多次重复。这一现象的出现与工艺过程的不稳定有关。

（2）炸药种类对波形参数的影响。炸药的种类不同，其物理和爆炸性能是不同的，这就造成了各种炸药本身的爆轰波所具有的波形参数不同。在这些不同参数的爆轰波的作用下，结合区的波形参数自然也不同。

表 4.16.6.1 及图 4.16.6.6 显示了不同成分的炸药和其他工艺参数对钛-钢复合板结合区波形参数的影响。由这些图和表中数据可见，一般来说，炸药的爆速越高（含红丹粉越少），波的数量越多，波长越小和频率越高。

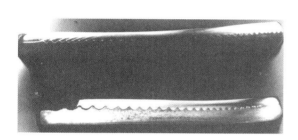

图 4.16.6.5　对称碰撞铜-钢复合板纵断面上的波形

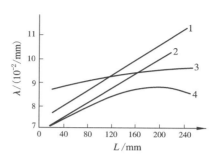

梯恩梯中红丹粉含量：1%—5%；2%—15%；3%—25%；4%—35%

图 4.16.6.6　不同组成的炸药对钛-钢复合板结合区波形参数的影响

（3）炸药使用量对波形参数的影响。实践表明，炸药的使用量对波形参数值是有很大影响的，这些能够由图 4.16.6.7~图 4.16.6.9 和表 4.16.6.1~表 4.16.6.3 看出。由这些图和表中的数据可知，随着药量的增加，波形参数（波长和波幅）增大。质量比在一定程度上表示炸药的使用量。

表 4.16.6.1　钛-钢爆炸复合板结合区的波形参数沿爆轰方向的变化与工艺参数的关系

No	δ_0 /mm	h_0 /mm	δ_1 /mm	$2^{\#}$+红丹粉 b/%	R_1	波形参数	80~130	130~180	180~230	230~280	280~330	330~380	380~430	430~480	480~530	530~580
										在 不 同 爆 轰 距 离 内 /mm						
1	60	4.7	25	10	8.13	波数/个	83	63	58	53	51	54	53	52	51	51
						λ/mm	0.60	0.80	0.86	0.94	0.98	0.93	0.94	0.96	0.98	0.98
						ν/(个·cm^{-1})	16.6	12.6	11.6	10.6	10.2	10.8	10.6	10.4	10.2	10.2
2	50	8	2	25	15.25	波数/个	54	40	40	38	38	35	34	34	34	35
						λ/mm	0.62	0.77	0.86	0.88	0.96	1.04	0.96	0.98	0.93	0.96
						ν/(个·cm^{-1})	81	65	58	57	52	48	52	51	54	52
3	40	8	3	5	3.31	波数/个	1.62	13.0	11.6	11.4	10.4	9.6	10.4	10.2	10.8	10.4
						λ/mm	1.09	1.28	1.35	1.29	1.43	1.39	1.43	1.35	1.35	1.47
						ν/(个·cm^{-1})	46	39	37	36	35	36	35	37	37	34
4 （1）	60	10	2	5	7.45	波数/个	46	39	37	36	35	36	35	37	37	34
						λ/mm	1.09	1.28	1.35	1.29	1.43	1.39	1.43	1.35	1.35	1.47
						ν/(个·cm^{-1})	9.2	7.8	7.4	7.2	7.0	7.2	7.0	7.2	7.2	6.8
（2）						波数/个	42	41	35	35	33	33	35	36	32	32
						λ/mm	1.19	1.22	1.43	1.43	1.51	1.51	1.43	1.39	1.56	1.56
						ν/(个·cm^{-1})	8.4	8.0	7.0	7.0	6.6	6.6	7.0	7.2	6.4	6.4

注：复合板的尺寸为 100 mm×600 mm。

**表 4.16.6.2 平行法爆炸焊接时，单位面积药量
对钛-钢复合板结合区波形参数的影响**

No	1	2	3	4	5	6
$W_g/(\text{g}\cdot\text{cm}^{-2})$	0.8	1.0	1.3	1.5	1.7	2.0
在金相照片内的波数/个	4.5	2.5	1.5	1.3	1.1	0.9
λ/mm	—	0.253	0.417	0.556	0.576	0.667
A/mm	—	0.040	0.095	0.132	0.145	0.185
A/λ	—	0.519	0.228	0.238	0.256	0.263

注：复合板的尺寸为 $(2+8)\text{ mm}\times100\text{ mm}\times150\text{ mm}$，TNT 粉状，$\rho_0=0.7$ g/cm^3，不用保护层。

**表 4.16.6.3 角度法爆炸焊接时，单位面积药量
对钛-钢复合板结合区波形参数的影响**

No	1	2	3	4	5	6
$W_g/(\text{g}\cdot\text{cm}^{-2})$	0.8	1.0	1.3	1.5	1.7	2.0
在金相照片内的波数/个	3.5	1.3	1.2	1.1	1.0	0.8
λ/mm	0.185	0.372	0.667	0.758	0.794	0.926
A/mm	0.037	0.067	0.138	0.165	0.250	0.300
A/λ	0.200	0.175	0.208	0.217	0.313	0.323

注：安装角 $\alpha=1°12'$，其余同上表。

2) 金属材料的影响

金属材料作为内因对波形参数施加影响。其密度、强度性能和尺寸因素在其中起主要作用。

（1）金属材料的密度对波形参数的影响。金属的密度决定它的质量，从而决定质量比。如图 4.16.6.8～图 4.16.6.10 所示，质量比不同，波形参数不同。

另从 4.16.5 节可知，在其他工艺参数相近的情况下，金属组合中的一个如果密度较小，如铝、钛和锆等，或者密度较大，如钽、金和钼等，不管它们是做覆板还是做基板，结合区波形的波幅均较小。如果密度处于中间值，如铁（钢）、铜、镍、铌、银和铅等，则波幅较大。

（2）金属的强度性能对波形参数的影响。图 4.16.6.11 给出了金属的强度性能对波形参数的影响。由图可见，试验结果发现所有的试验点都足够精确地处于一条曲线上。据此，该文献的作者推测，在金属板足够强烈地相互冲击并形成波的时候，可以忽略金属的强度性能。不过这是在相同组合的试验中得出的结论。如果是不同金属的组合在不同的工艺条件下，或者同种金属的状态不同（强度不同），它们的结合区的波形参数都会不同。这个结论在 4.16.5 节中已有论述。表 4.16.6.4 为 30ХГСА-30ХГСА 复合板材料的强度特性对结合区波形参数的影响。由表中数据可见，随着材料原始强度的增加，结合区波形的波长和波幅减少，而熔化金属的数量增加。

（3）金属的尺寸因素对波形参数的影响。金属的长、宽和厚度尺寸对波形参数的影响也是很明显的。如图 4.16.6.12 所示，随着复合板长度的增加，其对应位置上的波长逐渐增加，当增到最大值后又稍有降低。应当说，该图所显示的情况与其长度较小有关，在此长度下爆轰波尚处于加速阶段。如果复合板足够长，理论上说，在中间位置上的波长应当保持恒定。

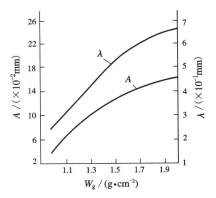

图 4.16.6.7 单位面积药量对钛-钢
复合板结合区波形参数的影响

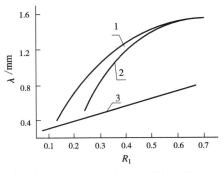

1—Cu-Cu($\alpha=10°$)；2—G3-G3($\alpha=90°$)；
3—Cu-Cu($\alpha=3°$)

图 4.16.6.8 不同工艺下波长与质量比的关系[62]

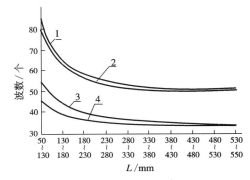

R_1：1—8.13；2—3.31；3—12.25；4—7.15
h_0：1—4.7 mm；2—8 mm；3—8 mm；4—10 mm

图 4.16.6.9 质量比对钛-钢复合板
结合区波形参数的影响

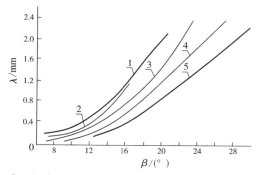

R_1：1—0.13；2—0.64；3—0.96；4—1.37；5—2.00

图4.16.6.10　B30-922钢半圆柱爆炸焊接
实验中，不同 R_1 下的 λ-β 关系曲线[92]

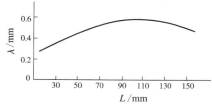

图4.16.6.12　钛-钢复合板
结合区的波长与复合板长度的关系

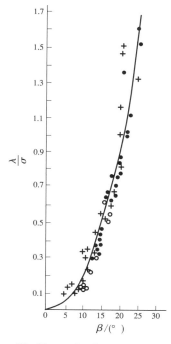

●—G3-G3；+—Cu-Cu；○—Д16-Д16

图4.16.6.11　λ/σ 与 β 的关系[64]

表4.16.6.4　不同强度特性的 30ХГСА 钢对其结合区波形参数的影响[952]

30ХГСА 钢				λ /mm	A /mm	熔化金属数量 /(mm²·mm⁻¹)	熔化金属层厚度 /mm
状态	HB	σ_b/MPa	状态组合				
1	480	1470	1+1	0.543	0.117	0.125	0.30
2	380	1372	2+2	0.614	0.129	0.115	0.40
3	330	1176	3+3	0.748	0.156	0.107	0.60
4	300	980	4+4	0.949	0.199	0.094	0.80
5	220	784	5+5	1.085	0.229	0.080	1.40
6	200	588	6+6	1.270	0.283	0.069	1.80

注：材料状态的序号为不同工艺下的淬火、回火或正火等。

　　图4.16.6.13提供了覆板厚度对波形参数的影响关系。有的研究者还提供了一个波长与覆板厚度的关系式[式(4.16.6.1)][62]。由这些可知，波长与覆板的厚度成正比。

$$\lambda = 26\delta_1 \sin\frac{\beta}{2} \qquad (4.16.6.1)$$

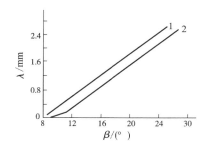

δ_1：1—7 mm；2—4 mm

图4.16.6.13　B30-922钢半圆柱爆炸焊接实验
时，不同覆板厚度下 λ 与 β 的关系曲线[92]

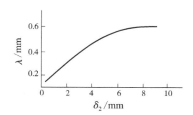

图4.16.6.14　在 $\delta_1=3$ mm，$\alpha=0°$，$\beta=10°$时，
铜-铜组合的波长与基板厚度的关系[62]

基板的厚度对波形参数也有影响，图 4.16.6.14 和表 4.16.6.5 中的数据表明，在覆板厚度和其他工艺参数不变的情况下，波形参数随基板厚度的增加而增加。

图 4.16.6.15～图 4.16.6.18 为几种组合沿爆轰方向结合区内的波形参数与工艺参数的关系图。由该四图可见，沿爆轰方向波数逐渐减少，即波形逐渐增大。其中，图 4.16.6.15 和图 4.16.6.16 显示在具体的几种工艺条件下波数没有明显的规律性。这说明这几种工艺条件的变化(如爆轰距离较短)还不足以明显地影响波形参数。

表 4.16.6.5　钛-钢复合板结合区波形参数与基板厚度的关系

No	钛，δ_1 /mm	钢，δ_2 /mm	W_g /(g·cm^{-2})	h_0 /mm	λ /mm	A /mm
1	1	8	1.5	5.4	0.68	0.20
2	1	12	1.5	5.4	0.72	0.23
3	1	16	1.5	5.4	0.79	0.26
4	1	24	1.5	5.4	0.98	0.29

图 4.16.6.17 表明，在对应的工艺条件下，角度法时的波形参数大于平行法时的波形参数。由图 4.16.6.18 可知，在同一块复合板内中部的波形参数要小于边部的参数，并且间隙大的，它们间的差别也大。大量的数据说明在同一块复合板内，各个地方的波形参数是不同的。因此，用一种公式来描述同一块复合板内各处的波形参数值的做法带有较大的片面性。

文献[1236]指出，在 QBe2-Q235 复合板爆炸焊接的情况下，在一定的装药范围内，沿爆轰方向复合板的界面波形从平直→小波→大波→稳定波形依次变化。稳定波形的参数随质量比的增大而增大，其剪切强度和分离强度也相应增大。

3) 静态和动态参数的影响

静态参数和动态参数对爆炸焊接结合区波形参数的影响是国内外研究得最多的一个课题，因而报道的实验资料也最多。下面选一些介绍。

(1) 静态参数对波形参数的影响。静态参数在炸药-金属系统内除炸药和金属材料的既定参数之外就只有间隙距离或安装角了。它们对波形参数的影响在图 4.16.6.15～图 4.16.6.18 中有一些描述。图 4.16.6.19～图 4.16.6.22 提供了更多的资料。由这些资料可以看出，在一定的试验条件下，对应组合的结合区的波形参数随着间隙距离的增加或安装角的增大而增大。

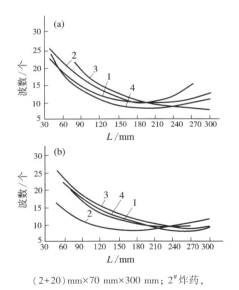

(2+20) mm×70 mm×300 mm；2#炸药，
δ_0(mm)：1—25；2—35；3—35；4—45；
(a)h_0＝12 mm；(b)α＝1°09′

图 4.16.6.15　沿爆轰方向钛-钢复合板
结合区的波形参数与工艺参数的关系

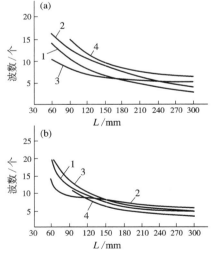

(1.6+20) mm×700 mm×300 mm；2#炸药，
δ_0：1—25 mm；2—35 mm；
3—45 mm；4—55 mm。
h_0：(a)35 mm；(b)15 mm

图 4.16.6.16　沿爆轰方向铜-钢复合板
结合区的波形参数与工艺参数的关系

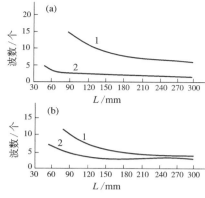

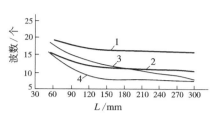

（3+7）mm×70 mm×300 mm；2 号炸药：
δ_0：1，3—25 mm；2，4—45 mm。
1，2—h_0 = 12 mm；3，4—α = 3°02′

图 4.16.6.17　沿爆轰
方向钛–钢复合板结合区的
波形参数与工艺参数的关系

（1.5+20）mm×70 mm×300 mm；2 号炸药；
δ_0 = 55 mm；h_0：（a）35 mm；（b）15 mm。
1—沿爆轰中心线上的；
2—沿复合板长向边部的

图 4.16.6.18　沿爆轰方向铜–钢复合板
结合区的波形参数与工艺参数的关系

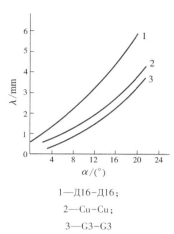

1—Д16–Д16；
2—Cu–Cu；
3—G3–G3

图 4.16.6.19　波长与
安装角的关系[62]

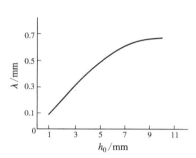

图 4.16.6.20　间隙大小对钛–钢
复合板结合区波形参数的影响[784]

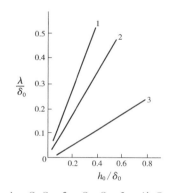

1— G–Cu；2— Cu–Cu；3 —Al–Cu

图 4.16.6.21　波长与
初始间隙的关系[953]

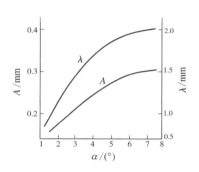

（2+8）mm×100 mm×150 mm；
TNT；W_g = 1.5 g/cm^2

图 4.16.6.22　钛–钢复合板结合
区的波形参数与安装角的关系

（2）动态参数对波形参数的影响。在爆炸焊接过程中有许多表征运动状态的参数，这些参数通过对波形参数的影响来决定爆炸焊接的结果。这些参数是动态（撞击）角 β、弯折角 γ、复板下落速度 v_p 和焊接速度 v_{cp} 等。它们对结合区波形参数的影响如图 4.16.6.23～图 4.16.6.40 所示。由图 4.16.6.23 可见，随着焊接速度的增加，该复合板结合区波形的波长迅速降低，也就是波形变小和频率增加。由图 4.16.6.24 可知，该复合板结合区的波长随撞击角的增大而迅速增加。图 4.16.6.25 则表明随撞击角的增加，波长比波幅增加得更快。图 4.16.6.26 显示在对应情况下，波长与波幅的统计关系近似为一直线。图 4.16.6.27～图 4.16.6.29 为两种材料的半圆柱实验中波长和波幅与撞击角的关系，其变化规律与前几图相似。图 4.16.6.30 为三种组合的复合材料中波形参数与撞击角的关系，由图可见，在所试验的撞击角范围内，波幅与波长的比值大都处于 0.1～0.3 之间，并且随着材料密度的增加，这个比值减小。图 4.16.6.31～图 4.16.6.34 为一组半圆柱实验中的结果，这些图也显示了撞击角对波形参数的影响，只是对波长影响更大一些，并且在不同的动态和静态参数下波长的变化也不同。

图 4.16.6.35～图 4.16.6.40 为不同炸药试验下的钛–钢复合板沿爆轰方向的波形参数值分布情况图[957]。结果显示，在前四图中，在每一种炸药下，随着爆速的增加和其他各动态参数的增加，波幅值均增加。并且，在更高的爆速下波幅增加得更快。图 4.16.6.39 和图 4.16.6.40 显示，在很高的爆速下，由于某种原因，例如间隙中气体排出得不完全，不仅使有的动态参数值下降或者增加缓慢，而且由于气体的绝热压缩，使结合面上出现熔化现象。

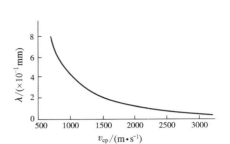

图 4.16.6.23　B30-钢
复合板结合区的波长
与焊接速度的关系[45]

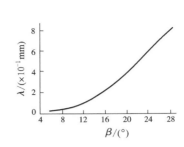

图 4.16.6.24　B30-钢
复合板结合区的波长
与撞击角的关系[45]

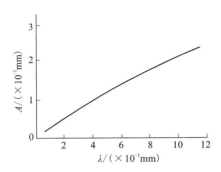

图 4.16.6.25　钛（AT5）-钢（902）
复合板结合区的波长
和波幅的统计关系[84]

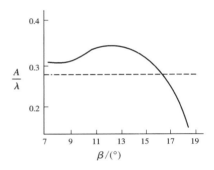

图 4.16.6.26　304 不锈钢板-
软钢半圆柱爆炸焊接实验
中，波幅和波长之比
与撞击角的关系[955]

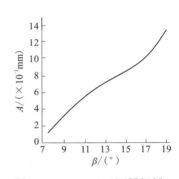

图 4.16.6.27　304 不锈钢板-
软钢半圆柱爆炸焊接实验中，
波长与撞击角的关系[955]

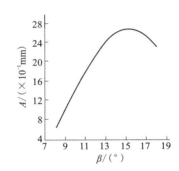

图 4.16.6.28　304 不锈钢板-
软钢半圆柱爆炸焊接实验中，
波幅与撞击角的关系[955]

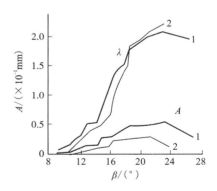

1—B30；2—1Cr18Ni9Ti
图 4.16.6.29　B30、1Cr18Ni9Ti
与钢半圆柱爆炸焊接实验中，
波形参数与撞击角的关系[954]

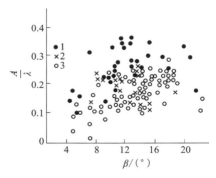

1—Д16-Д16；2—Cu-Cu；3—G3-G3
图 4.16.6.30　波幅和波长
之比与撞击角的关系[62]

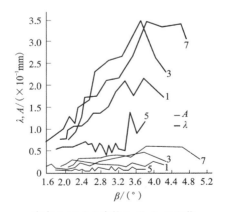

在表 4.16.6.6 中的 1、3、5、7 工艺
所示的静态和动态参数下
图 4.16.6.31　撞击角对波
形参数的影响

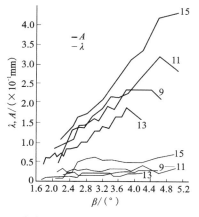

在表 4.16.6.6 中的 9、11、13、15
工艺所示的静态和动态参数下

图 4.16.6.32　撞击角对
波形参数的影响

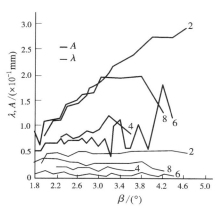

在表 4.16.6.6 中的 2、4、6、8 工艺
所示的静态和动态参数下

图 4.16.6.33　撞击角对
波形参数的影响

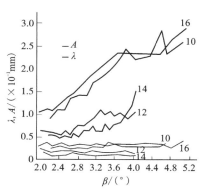

在表 4.16.6.6 中的 10、12、14、16
工艺所示的静态和动态参数下

图 4.16.6.34　撞击角对
波形参数的影响

表 4.16.6.6　与图 5.6.2.31～图 5.6.2.34 相对应的钛-钢爆炸焊接实验中的静态和动态参数[956]

No	静　态　参　数					动　态　参　数			
	δ_0/mm	δ_1/mm	$2^{\#}+b/\%$	h_0/mm	R_1	$\gamma/(°)$	$v_d/(m \cdot s)^{-1}$	$v_p/(m \cdot s^{-1})$	$v_{cp}/(m \cdot s^{-1})$
1	30	3	0	8	1.56	16.93	2140~2180	690~703	2992~907
2	60	3	25	8	12.18	21.63	2030~2100	830~858	2735~930
3	60	3	0	5	3.12	16.88	2490~2570	757~781	2857~862
4	30	3	25	5	6.09	18.83	1810~1850	651~665	2001~872
5	30	3	0	3	1.56	16.38	2140~2175	603~613	2197~862
6	60	3	25	3	12.18	17.85	1990~2030	650~663	2285~927
7	60	3	0	10	3.12	17.77	2490~2550	813~833	2995~1061
8	30	3	25	10	6.09	21.53	1850~1880	788~801	2414~1006
9	30	2	0	8	2.33	22.05	2130~2190	831~855	2554~1065
10	60	2	25	8	18.26	25.63	2020~2080	896~971	3017~1064
11	60	2	0	5	4.66	21.19	2370~2430	992~1017	2848~111
12	30	2	25	5	9.13	24.58	1800~1850	767~788	2458~1018
13	30	2	0	3	2.33	19.50	2150~2180	755~786	2352~986
14	60	2	25	3	18.16	23.80	2030~2070	833~854	2549~983
15	60	2	0	10	4.66	23.19	2370~2420	1032~1054	3191~1125
16	30	2	25	10	9.13	24.19	1810~1860	782~804	2316~964

注：b 为红丹粉的质量分数。

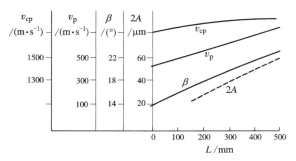

图 4.16.6.35　沿钛-钢复合板长度方向波形参数
与各动态参数的关系（用 1 号炸药焊接）

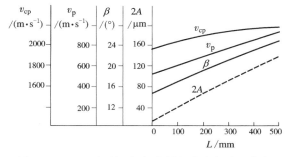

图 4.16.6.36　沿钛-钢复合板长度方向波形参数
与各动态参数的关系（用 2 号炸药焊接）

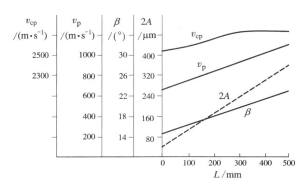

图 4.16.6.37　沿钛-钢复合板长度方向波形参数
与各动态参数的关系((用 3 号炸药焊接)

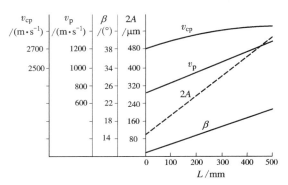

图 4.16.6.38　沿钛-钢复合板长度方向波形参数
与各动态参数的关系((用 4 号炸药焊接)

由图 4.16.4.40 可见，随着爆速的更大增加，结合区没有了波形参数，此时整个结合面上可能都是熔化金属。此种现象可参见图 4.11.1.6。

4) 其他因素的影响

除了上述三个方面的主要因素之外，下述因素也影响爆炸焊接双金属和多金属的结合区的波形参数。

(1) 热爆对波形参数的影响。图 4.16.5.73 和图 4.16.5.72 分别为常温下及高温(钼的温度 ≥ 400℃)下不锈钢-钼复合管棒结合区的波形形貌。由两图比较可见，热爆下的波幅要高得多，波形要"胖"得多(面积大得多)。

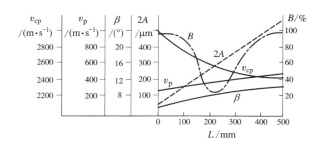

用 5 号炸药焊接；B/%—熔化区的相对长度

图 4.16.6.39　沿钛钛-钢复合板长度方向
波形参数与各动态参数的关系

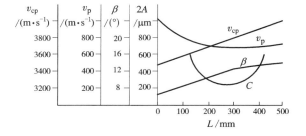

用 6 号炸药焊接；C— 熔化区厚度

图 4.16.6.40　沿钛钛-钢复合板长度方向
波形参数与各动态参数的关系

图 4.16.6.41 提供了 G3 和 ЛК-5 生铁热爆炸焊接后加热温度对其结合区波形参数的影响的资料。由图可见，随着热爆加热温度的升高，结合区的波形参数迅速增大。另外，在一定的温度下，随着炸药爆速的降低(阿玛尼特中加入的 KNO_3 数量越多，其爆速越低)，波形参数也增加，但差别不很大(图中 2 和 3 曲线)。

上述热爆对波形参数的影响，实际上是金属的强度性能对波形参数的影响。因为在高温下金属的强度下降和塑性提高而易于进行塑性变形。

(2) 多层金属爆炸焊接对各层结合区波形参数的影响。在多层板爆炸焊接的情况下，一些相同和不同金属组合的复合板中各个结合区的波形形貌在 4.16.5 节中汇集了许多。不同金属组合的多层板中的波形参数值不好比较，但相同金属组合的多层板中的波形参数值有明显的规律性。如图 4.16.5.131 ~ 图 4.16.5.133 所示，在此五层铜板和铝板的四个结合界面上的波形形状基本上相似，但越往下波形越来越小，即波长和波幅越来越小。这种规律性可用爆炸能量越往下消耗得越多，因而 λ 和 A 越来越小来解释。

(3) 层裂对波形参数的影响。有文献报道[871]，在炸药的爆速较高，而比强度(碰撞点处的动压力和材料的动态屈服强度之比)又较低的爆炸焊接试验中，当拉伸波到达某一断面

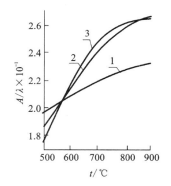

炸药：1—阿玛尼特，100%；
2—阿玛尼特+KNO_3，75/25；
3—阿玛尼特+KNO_3，50/50；

图 4.16.6.41　G3+ЛК-5
生铁热爆炸焊接时，加热
温度对波形参数的影响[349]

时，在覆板内出现的拉应力大于材料的抗拉强度，或者由于在材料某处存在缺陷的情况下，将在覆板中出现一种"层裂"现象。层裂本身不是几何相似的，则必然导致 λ/δ_1、A/δ_1（δ_1 为覆板厚度）的不相似。因此，层裂一出现，界面波的波长和波幅随之变化——由大变小逐渐衰弱。衰弱的情况视层裂的程度而定。有时波形参数仅为无层裂时的一半。层裂对波形参数产生影响的原因可能是层裂的出现改变了覆板的真实厚度和运动参数。

（4）表面粗糙度对波形成的影响。人们研究了表面粗糙度对爆炸焊接结合区波形成的影响[150]。实践指出，如果两个被焊表面的粗糙度总高（即起伏不平度之和）比爆炸焊接过程中产生的和所希望的波幅小一个数量级，那么，就能够获得焊接良好的具有对称波形的界面；当粗糙度总高接近所希望的波幅时，将获得带有周期性夹杂物中间层的波状焊接界面；当粗糙度总高比所希望的波幅高 1 倍时，将由于焊接界面产生连续中间层而使波形界面缩小；当粗糙度总高比所希望的波幅大 3 倍时，将形成带有周期性中间层和裂纹的平面型的不焊接界面。因此，为了获得波状界面，建议采用能产生波幅大于表面粗糙度总高之半的爆炸焊接参数。

（5）真空条件对波形成的影响。由 3.2.56 节引用的文献可知，铜-钢复合板在同样的工艺参数下，在真空中爆炸焊接时结合区会出现均匀的波形，而在空气的条件下爆炸焊接没有波形。由此可见，空气的存在不仅阻碍波的形成，而且毫无疑问将改变波形的形状和参数。

（6）覆板和基板的质量比对波形参数的影响。文献[958]报道，在金属爆炸焊接的过程中，波长线性地取决于覆板和基板的质量比。由所得到的关系可以确定直到稳定状态的波形发展的时间。在碰撞和凝结的瞬时，经过 0.6~0.7 μs 后波形直接产生。在这个时间内撞击点经过了 2 mm 的距离，也就是 4~6 个波长。

（7）覆板和基板的厚度比对波形参数的影响。研究人员试验了基板和覆板的厚度比对结合区波形参数的影响[959]。试验中，覆板用 3 mm 厚的低碳钢，基板做成阶梯形状，并且 $1.6<\delta_2/\delta_1<3.2$。结果表明，在一定的试验条件下，$\lambda$ 和 A 随 δ_2/δ_1 的增加而增大。

（8）v_p 的分量对波形参数的影响。在半圆柱试验法中，大量数据雄辩地证明，波长的长短取决于 v_p 的切向分量的大小，而波幅的高低取决于 v_p 的垂直分量的大小[960]。

（9）基板厚度对界面波长的影响。文献[1702]通过试验研究了基板厚度对爆炸复合材料界面波长的影响，于是提出了一个当量厚度的概念，通过数学运算后如下式所述：

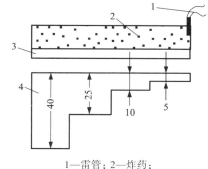

1—雷管；2—炸药；
3—覆板；4—厚度变化的基板
图 4.16.6.42　变基板厚度试验示意图

$$1/H = \frac{1}{h_1} + \frac{1}{h_2} = \frac{h_1 + h_2}{h_1 h_2} \qquad (4.16.6.1)$$

式中：H 为基（覆）板的当量厚度；h_1 为覆板厚度；h_2 为基板厚度。

为此，进行了如表 4.16.6.7 所列和图 4.16.6.42 所示的试验，结果也如表 4.16.6.7 所列。

表 4.16.6.7　基板厚度对波形参数的影响

采样位置	基板厚度/mm	覆板厚度/mm	波长/μm	当量厚度/μm	比波长	采样位置	基板厚度/mm	覆板厚度/mm	波长/μm	当量厚度/μm	比波长
1	5	3	8.25	1.875	4.4	1	5	5	6.65	2.5	2.66
2	10	3	9.4	2.308	4.07	2	10	5	8.225	3.33	2.47
3	25	3	10.25	2.61	3.93	3	25	5	9.575	4	2.49
4	40	3	11.25	2.79	4.03	4	40	5	11.275	4.44	2.54

注：工艺参数是覆板不锈钢，基板 15CrMo 钢，铵油炸药 40 mm 厚，其爆速 3300 m/s，间隙 10 mm。比波长为波长与当量厚度之比。表中波长的单位似有误，应为"μm"，下表亦同——本书作者注。

由表中数据可知，在其他工艺参数不变的情况下，随着基板厚度的增加，其当量厚度增加，但比波长基本不变（误差在 10% 以内）。

另外，又进行了如表4.16.6.8所示的试验，结果亦同。

由表中数据可见，随着覆板厚度的改变，波长和当量厚度之比（比波长）保持为常值。

由本试验可以看出，爆炸复合板材料的界面波长与覆板和基板的厚度均有关系，均随它们的厚度增加而增加，但其比波长为定值。

（10）覆板硬度对漩涡区大小的影响。文献［1703］研究了不同的覆板硬度对爆炸焊接的钛-钢复合板漩涡区形成的影响，并指出，随着覆板硬度的升高，将导致波前漩涡区难以形成，从而降低复合板界面的结合强度。并且随着覆板硬度的降低，界面波高增大。不同覆板硬度对漩涡区大小和结合强度的影响如图4.16.6.43和图4.16.6.44所示。

表4.16.6.8　覆板厚度对波形参数的影响

采样位置	基板厚度/mm	覆板厚度/mm	波长/μm	当量厚度/μm	比波长
1	5	2	4.5	1.429	3.15
2	5	5	7.9	2.5	3.16

注：工艺参数是基板为不锈钢，覆板为碳钢，铵油炸药40 mm，爆速3300 m/s，间隙分别为2 mm和5 mm（$\beta=9.45°$）

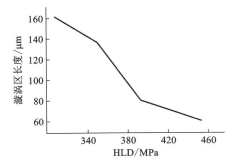

图4.16.6.43　漩涡区长度与覆板硬度的关系

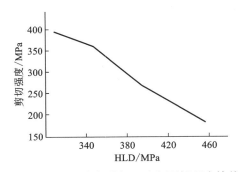

图4.16.6.44　复合板剪切强度与覆板硬度的关系

综上所述，爆炸复合材料结合区的波形参数的影响因素主要有三个：炸药和爆炸的特性，金属材料的特性，撞击过程的特性。这三个因素与波形成的三个条件是一致的。实际上，波形成的机理、波形形状的影响因素、波形成过程图解等也与这三个条件有关。它们如此"巧合"绝非偶然。其实这是从金属物理学的基本原理出发研究波形成的原理的必然结果。

静态和动态参数实质上是作为一种手段、过程和中间媒介，将金属材料和炸药及爆炸这两个内外因素有机地连接在一起，而对波形参数产生影响的。

波形成的过程就是金属爆炸焊接的过程，是获得良好结合的双金属和多金属复合材料的表征和保证。波的形成和波形参数的大小对于金属爆炸焊接来说有重要的意义（见下一节）。因此，不同金属组合在不同工艺下的波形参数的定量描述和计算是爆炸焊接波形成理论研究的一个重要课题。

4.16.7　结合区波形成的意义

爆炸焊接双金属和多金属结合区的波形成机理问题至今没有定论。它仍然强烈地吸引着世界各国从事爆炸焊接学科研究的人们运用一切手段进行这方面的探讨和展开热烈的讨论。目前，由于人们广泛的兴趣、深入的研究和活跃的讨论，已造成了它的学术价值大于实用价值的局面[24]。

然而，波形成理论的研究除了它具有毋庸置疑的学术价值之外，还有没有实用价值呢？也就是说，它对于爆炸焊接过程的进行和焊接接头的形成，对于爆炸复合材料的加工和使用，对于爆炸焊接工艺、组织和性能关系的建立等等，究竟有什么意义呢？另外，波形成理论的研究在丰富和发展爆炸物理学、金属物理学和焊接工艺学的理论方面是否也有一定的意义呢？这些问题的讨论在国内外文献上没有只言片语。本节拟在此方面提出一些看法。

1. 波形形成的过程是金属爆炸焊接能量转换和分配的过程

前已论述，爆炸焊接结合区波形成的过程就是界面上的一薄层金属在爆炸载荷下发生不可逆的和波状的塑性变形的过程。这种塑性变形越接近界面越强烈。由此能够判断，爆炸载荷的一部分能量此时转换成了结合区金属的塑性变形能，随后又借助塑性变形过程将其中的绝大部分能量转换成了热能，从而促使紧靠界面的塑性变形金属熔化。高压、高温下的塑性变形和熔化必然导致基体金属间原子的相互扩散。由金属焊接的基本原理可知，这三部分能量——塑性变形能、熔化能和扩散能是金属之间实现原子间结合的基本能量。由金属物理学的基本原理可知，这三种能量也是爆炸焊接情况下金属之间实现原子间结合的基本能量。由此可见，没有结合区波的形成，就没有其间一薄层金属的塑性变形，自然就没有后续多次和多种形式的能量的转换和分配，因此，波的形成就是金属爆炸焊接能量的转换和分配的过程。此过程更详细的描述见 1.1 章和 2.3 章。

2. 波形成的过程就是金属爆炸焊接的过程

实际上，在爆炸焊接的情况下，两种金属的结合是靠结合区波形内一薄层金属的塑性变形、熔化和基体金属原子间的相互扩散来实现的。如上所述，在波形成的过程中，由于界面上发生了多次和多种的能量转换和分配，这就必然地引起结合区金属的能量和状态的变化。其中，金属的塑性变形、熔化和扩散，以及内部高密度的位错和空位的出现及其运动等，就是这些变化的基本的和主要的组成部分。由金属焊接的基本原理可知，这些变化，即许许多多的宏观和微观的物理及化学过程——冶金过程，就是使原来分离的金属原子在彼此接近中克服斥力的作用，使原子间距缩小到晶格常数数量级和使引力起作用的过程，也就是使金属原子间实现结合——冶金结合的过程。所以，波形成的过程就是金属爆炸焊接的过程。

3. 波的形成有助于将界面上的金属熔体推向波前(和波后)的漩涡区，从而有利于结合强度的提高

由于结合区波形内金属的塑性变形，这个过程将覆板动能的大部分转换成热能，这些热能会促使界面附近一部分塑性变形金属熔化。在这些金属熔体内不管是固溶体还是金属间化合物，它们在高速冷凝下将变得硬而脆。如此硬、脆的金属熔体如果均匀地以中间层的形状分布在界面上将会严重地削弱基体金属间的结合强度。然而，由于结合区波形的形成，原本均匀分布在界面上的熔体在冷凝之前，在后续爆炸产物能量的推动下将沿波脊流向波前(或波后)的漩涡区(见 4.3.2 节和 4.16.4 节)。另有一小部分以一层极薄层的形式(厚度以纳米或微米计)存留在整个波形界面上。实践和检验证明，波形结合区内金属熔体的这两种分布形式将促进爆炸焊接的双金属和多金属结合强度的提高。

4. 波形界面增加基体金属之间的结合面积，从而有利于复合材料结合强度的提高

一般而言，在金属焊接的情况下，基体金属彼此之间的接触和结合的面积越大，它们间的结合强度将会越高。在爆炸焊接的情况下，波状的结合界面正好扩展了基体金属之间的接触和结合的面积。检验表明，这种扩展也提高了复合材料的结合强度。

例如，在一般的金属焊接的过渡区中，界面是平直的或稍带弯曲的。而在爆炸焊接的情况下，结合界面是波状的。假如这种波状是半圆形的，两者之间的接触界面的长度之比是 1.57，如图 4.16.7.1 所示。由该图可见：

$$\frac{\overset{\frown}{ADB}\ \overset{\frown}{BEC}}{\overline{AB}} = \frac{}{\overline{BC}} = \frac{3.14 \times \overline{BC}/2}{\overline{BC}} = 1.57 \tag{4.16.7.1}$$

事实上，在一般和对应的情况下，实际波形的接触界面的长度比圆弧形波的长度还要长，如图 4.16.7.2 所示。由该图可见 $\overset{\frown}{DCBFB'} > \overset{\frown}{AEB}$。

图 4.16.7.1 和图 4.16.7.2 是以半圆形波作为计算基础的。在一些情况下结合区的波形还是超半圆形的。此时该波形的弧长与弦长之比就会大于 1.57。这就是这类复合材料的结合强度很高的原因之一(力学性能试验时通常在较弱基体金属一边破断，而不是在结合界面上)。表 4.16.7.1 中的数据也能说明这个问题。试验指出，爆炸复合材料为波状结合界面的长度比轧制复合形成的平面结合界面的长度长 1/3 左右[821]。

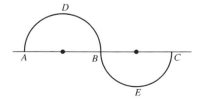

图 4.16.7.1　一般的金属焊接界面(ABC)
和爆炸焊接界面(ADBEC)长度比较图

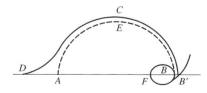

图 4.16.7.2　圆弧形波(AEB)和对应情况下
实际波形(DCBFB')结合界面长度比较图

表 4.16.7.1　钛-钢复合板结合区对应位置的波形参数和结合强度的关系

No	结 合 区 形 貌	波形界面长度/mm	波的数量/个	平均波长 λ/mm	平均波幅 A/mm	剪切强度/MPa
1	见图 4.16.5.146，A2	1.687	3	0.380	0.086	250
2	见图 4.16.5.146，A7	1.820	2.5	0.480	0.089	338
3	见图 4.16.5.146，A3	1.980	1.5	0.660	0.180	350
4	见图 4.16.5.146，A9	2.233	1	1.000	0.250	358

5. 波形参数为建立爆炸焊接工艺、组织和性能的关系打下了基础

由表 4.16.7.1 可知，结合强度与波形参数有一定的关系，即随着结合区波形的增大（界面长度、波长和波幅均增大），双金属的结合强度增加。

实际上，波形参数的大小，其意义从根本上说是结合区金属塑性变形程度强弱、塑性变形金属面积（体积）大小、塑性变形层厚薄的表征。由金属焊接的基本原理可知，金属间焊接强度的高低总是与这种强弱、大小和厚薄密切相关的。与通常的焊接工艺的焊接过渡区相比，爆炸焊接的波状焊接过渡区在这些方面相对来说总是占有相当大的优势。

上述结论经过大量实践和检验证明是正确的。这就为爆炸焊接工艺、组织和性能关系的建立打下了基础。因为在不同的工艺参数下，结合区具有不同的波形参数，因而具有不同的结合强度。这样，在实践中就可以根据所选择的结合强度来选择结合区波形参数，然后又根据这种波形参数来选择工艺参数。

在建立工艺、组织（波形参数）和性能的关系以后，根据规律不仅能够依据工艺参数来预计爆炸复合材料的性能，使成批生产的这种复合材料免受过多的破坏性的性能检验，而且能够据此性能数据来指导复合材料后续的各种加工和使用。这就是爆炸焊接结合区波形成理论研究的最终目的和价值及意义。

6. 在爆炸载荷下结合区的波的形成将在一定程度上降低金属的变形程度和消除被破坏的可能性

大家知道，高速瞬时的爆炸载荷对金属的作用，不仅是一种强烈的压缩应力波在其中传播的过程，而且是伴随这种压缩应力波在金属中出现大小相等和方向相反的拉伸应力波在其中传播的过程，以及它们相遇并强烈相互作用的过程。当这些过程中的作用力超过金属的强度极限后，必然导致金属的破坏。在未超过金属的强度极限范围内，也必然造成金属不同程度的塑性变形。

但是在爆炸焊接情况下，由于结合区波的形成，借助这个过程，如上所述，可以将爆炸载荷的绝大部分转变成其他种类和形式的能量，即金属间相互结合的能量。这样，由剩余的相对不多的能量产生的压缩应力波，以及由它的传播所形成的拉伸应力波的能量就不会太大了。它们相互作用的能量也不会太大。在如此不太大的能量的作用下，金属破坏的可能性自然要小得多。同理，金属即使变形，其程度也不会太大。由实践可知，在正常的爆炸焊接工艺下，只要金属材料的 a_k 值不是太小，它们都不会被炸裂（见 4.15 章），复合材料也不会发生严重的塑性变形，其原因就在于此。

7. 波形成理论研究的成果将丰富和发展金属物理学、爆炸物理学及焊接工艺学的基本理论

如上所述，结合区波形成的过程就是金属爆炸焊接的过程。因而，波形成理论的研究原则上就是金属爆炸焊接理论的研究。而爆炸焊接理论的研究又离不开金属物理学、爆炸物理学和焊接工艺学的已有理论。所以波形成理论的研究仍需依赖这三门学科的基本理论。但是，如 1.3 章所述，爆炸焊接也给它们提出了大量的新的研究课题。这些课题的探讨和解决必然地会在一定的程度上丰富和发展相关学科的理论，从而为金属物理学、爆炸物理学和焊接工艺学等学科增添新的篇章。也许，在某种程度上，本书的内容就是这些新篇章的具体体现。

综上所述，结合区波形成理论的研究应当包括两大方面：一是在学术上获得符合客观实际的结论；二是将理论研究成果应用到实践中去，以期对实践有所指导。没有这两个方面，特别是没有后一方面，再好的"理论"也是没有多大价值的。这是任何科学理论的必然归宿。实践证明，从金属物理学的基本原理出发来研究此波形成的问题，完全能够达到这两个目的。

波形成的意义除本文所述的外也许还有其他。它的补充和完善有待今后研究。

4.16.8　评结合区波形成的流体力学理论

距讨论结合区波形的第一篇文章发表至今已 60 多年了。几十年来，关于结合区波形成的讨论虽然远未定论,但在试验和理论探讨的基础上人们发表了大量的文献。它们代表了不同的研究者的研究成果。然而,在纵观爆炸焊接波形成研究的全局和全貌之后,不能不发现一个共同的问题,那就是到目前为止人们基本上都是从流体力学的基本理论出发去研究和讨论的。本书作者认为,长期以来,正是在这个理论的指导下,不仅没有获得一个明确的结论,而且从流体力学理论角度研究出来的四种或更多种波形成的机理都不能指导实践。

当前,如同爆炸焊接机理的研究分为流体力学学派和金属物理学学派一样,波形成机理的研究有的从流体力学的原理出发,也有的从金属物理学的原理出发。实践证明,从金属物理学的观点研究波形成的方向是正确的,在试验技术和研究手段上如有突破,也是会取得预期的效果的。

本节根据前面的讨论和已有的资料,在简要地介绍几种波形成的流体力学机理之后,明确地指出它们存在的许多问题,最后指出此波形成机理的试验研究和理论探讨的正确方向,从而对波形成的流体力学理论作一次尝试性的评论。

1. 波形成的流体力学解释

时至今日,关于爆炸焊接结合区波形成机理的解释颇多。然而,它们都建立在同一个假设的基础之上,即在爆炸焊接的时候,两种金属以很高的速度倾斜撞击,在撞击点附近材料的表面呈现类似流体的行为。换句话说,这时材料的力学强度,即阻止变形的能力和在金属中传播的压力相比达到了可以忽略的程度。在这样的流体力学理论的基础上,便出现了各种各样的波形成的机理。

现将一些文献提出的机理概括为如下四种类型。

(1) 压痕机理。这个机理以 1961 年阿普拉哈姆逊[931]和 1967 年伯赫拉尼[961]等人提出的观点为代表。

阿氏认为,覆板和基板相互撞击时,如果压力大大超过材料的强度极限,那么就将在撞击区出现如聚能效应中的那种聚能射流,并且证实那种射流和波形成区相吻合。他还做了一个试验:当速度为 1.83 m/s 的水流倾斜地射到以 0.55 mm/min 速度缓缓移动和覆盖着一层硅-有机膏的底盘上的时候,便会在底盘的表面上获得周期性的波形。他认为这种变形是由水流速度的遽然降低而造成压力降低引起的。并且,他发觉射流的偶然起伏总是存在的。这种存在就会导致表面周期性的变形。

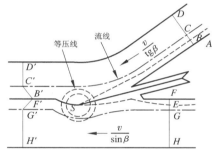

AB、EF—射流层;BC、FG—塑性变形层;
S—瞬间撞击点

图 4.16.8.1　关于撞击区射流示意图

伯赫拉尼认为,在撞击区中覆板材料的性态与低黏性流体相似。在覆板与基板撞击的接触点上将产生很高的压强,同时产生两股射流。对金属板起着自清理作用的是再入射流。当覆板压入基板表面上的时候,基板在接触点下变形,在接触点前,在基板之中形成一个凸起。此凸起形成后,也能俘获再入射流,最终能够形成独特的"象鼻"和"尾巴"。随着撞击点的移动,连续的界面波就按照这样的机理形成。图 4.16.8.1 和图 4.16.8.2 就是这个过程的示意图。

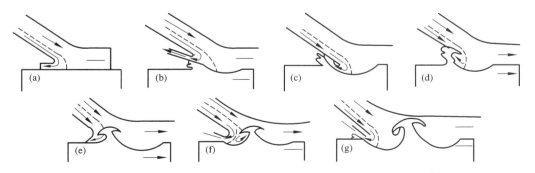

图 4.16.8.2　爆炸焊接结合区波形成过程的流体力学模型示意图[2]

有的学者认为阿普拉哈姆逊的说法与事实有出入[5],因为在爆炸焊接的具体情况下撞击角很小和聚能射流的质量很少。根据阿氏理论,波形参数应正比于射流的质量,并随撞击角的增加而减少,这就和试验相矛盾。另外,阿氏本人并没有用任何试验来评价波形参数。

同一文献认为,伯氏理论比阿氏理论前进了一步,它能解释这一试验现象。但它不能解释漩涡区的形成，以及波形参数和漩涡区的关系。

（2）流动不稳定性机理。1968年J·N·亨特提出了流动不稳定性机理。亨特认为压痕机理的主要缺点在于要求在焊接开始的区域内，在界面上有一些实质上的变形凸起。这没有试验事实的证明。另外，这种压痕机理只是一种叙说性的理论。它只指出形成波可能会有怎样的流动图形，但是没有提出理由说明为什么必然发生，也没有说明为什么传播方向上波长和波幅都稍有增长，以及为什么当密度相等的金属焊接时波在界面两侧有对称性，而当密度不同时就缺乏这种对称性。

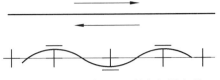

图4.16.8.3　克尔文-赫尔姆霍尔兹
不稳定性产生的原因示意图

亨特提出的机理把波的形成归属于跨越界面的速度间断或称速度的不连续，因而引起所谓的克尔文-赫尔姆霍尔兹不稳定性（图4.16.8.3）。根据这种不稳定性和伯努利定理，将在两股相向运动的液流的界面上出现波形和漩涡（图4.16.8.4），那些漩涡能够一直发展到卷起和碎裂。这都是在爆炸焊接的界面上实际观察到的现象。

这个机理假定波形在撞击点前形成，要求界面上事先存在射流，并要求射流始终贴在基板上。然而这个机理不能解释对称撞击时出现的界面波，因为理论上此时界面上无速度间断。

（3）漩涡机理。1971年W·克勒英提出了这个机理。他认为液流在越过撞击点流动时，撞击接触区（驻点区）就像一个固态障碍物一样，因而在撞击后产生了卡门提出的涡街，这种涡街与观察到的界面波形完全相似。

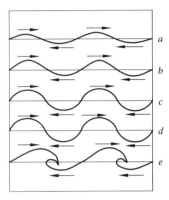

图4.16.8.4　由于速度间断
引起的界面波的形成过程示意图

这一观点获得了一些资料的支持。但它不能解释在既无焊接又无射流的情况下波的形成。它没有说明障碍物是什么和是怎样形成的，也没有说明液流的来源及其为什么要流动，即动力何在（图4.16.8.5）。

（4）应力波机理。许多学者已经详细地分析了应力波对界面波形成的作用[936,962]。不少资料讨论了由自由面的反射而产生的拉伸波和压缩波的效应，以及它们与撞击点后的界面的相互作用。

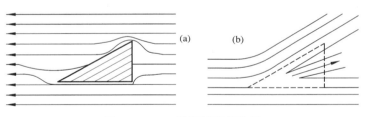

图4.16.8.5　漩涡机理示意图

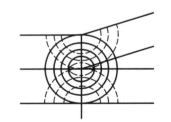

图4.16.8.6　界面波形成的
应力波机理示意图

图4.16.8.6表示一个单压缩波传播和连续反射的情况。据说这个模型可以解释界面波形成的过程。在撞击点前后方，反射波同板的表面周期性地相遇。无论是在单一的板中，还是在对称的焊件中，这些又成为新的挠动源。随着撞击点的向前移动过程继续着，于是一个界面不稳定的连续挠动源就产生了。

还有资料认为在拉伸波和压缩波及其与撞击点后的界面相互作用时，如果过多的能量传输给系统就会形成大幅度的界面波。而且，根据赫尔姆霍尔兹不稳定性和漩涡的形成原因的研究，这种波还能形成如图4.16.8.4所示的波峰的卷起和碎裂。

目前，有关波形成的机理主要有以上四种类型。此外，有的文献还提出了一个波形成的毛细管机理[963]。作者推测，金属在高速倾斜冲击时的接触面上产生的波具有毛细现象的性质。评论者认为，根据克尔文-赫尔姆霍尔兹不稳定性原理，接触面上所产生的弯曲应该增加。由于表面物质的作用，将限制那种不稳定性。有关撞击过程中接触界面上的表面张力数据现在还缺乏，这就难于对所提出的模型作最后的评价。

2. 波形成的流体力学理论的问题

以上是爆炸焊接结合区波形成的若干流体力学解释，由此构成了一套基于流体力学的理论说明。由此也可见，波形成的机理至今没有定论，其研究尚处于"百花齐放"和"百家争鸣"的阶段。

流体力学理论存在着许多无法解释的问题，本书作者根据实践及金属物理学理论认为流体力学研究的方向不正确。

第一，在爆炸焊接真实情况下，爆炸载荷下的金属根本不可能是流体。

流体力学研究方向的基础是将爆炸载荷下的金属视为流体，于是将界面波的形成用流体力学模型来处理。

但是，事实怎样呢？先做一个简单的试验：将盘子或其他容器盛满水，然后用一个与爆炸焊接工艺相似的药包同水面接触，或与其间隔一定距离，炸药爆炸后作为流体物质的水便以人们觉察不到的速度飞散开去，或者化作一缕青烟。这是流体物质在数千至数万兆帕压力下必然出现的现象和结果。

在通常的双金属爆炸焊接情况下，金属既没有被炸碎，更没有变成液体和气体而不见踪迹；相反，双金属牢牢地焊接在一起，复合体在体积和重量上没有觉察得到的减少。

大量的检验资料表明，爆炸焊接后的双金属和多金属在性能上不仅没有软化，而且硬化和强化了（即爆炸焊接硬化和爆炸焊接强化，见4.6.1节和4.6.2节）。

由金属物理学的基本原理可知，金属的变形抗力与其变形的速度有关。据分析和计算，在爆炸焊接情况下，结合区金属的变形速度与爆速相当。这样，金属的变形抗力——动态屈服强度是相当大的，以致是静态屈服强度的数倍至数百倍（见4.6.3节）。由此可见，爆炸焊接情况下的金属不仅不可能是流体，相反，它仍然是金属，仍然是刚体。因此，波形成的流体力学模型是建立在非现实和虚构基础之上的，是没有事实根据的。

第二，波形成的流体力学理论仅仅从物质的运动学上考虑问题，而没有在动力学上做工作。

大家知道，物质运动的研究分为运动学和动力学两个方面。后者描述物质运动的动力因素，前者描述在动力因素的作用下物质运动的几何轨迹。理所当然，波形成机理的研究也不例外。从理论和实践上分析，界面波形成的动力因素是在金属中波动传播的爆炸载荷。正是在这种动力因素的作用下，单、双和多金属板上才会出现表面波、界面波和底面波。但是，在流体力学机理中看不到这种动力因素。在界面波形的内部由众多的物理-化学过程，即冶金过程所造成的一薄层塑性变形金属（半流体）和熔化金属（流体）的流动及其物理-数学描述，这属于运动学方面的问题。因而，假如波形成的流体力学理论中的某些东西有可取之处的话，那么，界面上半流体和流体运动规律的描述，也仅仅是触及波形成的运动学范畴的问题。另外，流体力学理论所触及的运动学方面的问题，由于是建立在"爆炸压力下金属呈现流体性质"基础上的，所以那种运动学上的描述也是大有问题的。

第三，流体力学理论将波形成机理的研究变成了无源之水和无本之木。

众所周知，任何自然现象的发生和物理-化学过程的进行必有外因和内因及其相互作用。没有外因或者没有内因，以及它们之间不发生任何形式的相互作用，世界上任何物质的运动都是不可想象的。如此说来，此波的形成如果缺乏内、外因素的影响及其相互作用也是不可想象的。

然而，流体力学理论忽视了外因的作用，甚至根本看不到外因的影响。众多的研究者和文献仅仅是在观察和描述界面上具有半流体性质的一薄层波状塑性变形金属沿波脊上流动、最终大部分汇集到漩涡区的熔化金属的运动形态之后，便将此种运动形态的描述作为该种运动形态形成和产生的原因，即波形成的原因。这显然是是非不清、因果混淆和本末倒置。

因此，在现行的波形成的流体力学理论中，那些有可取之处的部分仅仅是描述结合面上半流体和流体物质流动的现象、流动的过程、流动的规律，或其他流动的特性，而没有揭露这种流动的现象、过程、规律和特性究竟是怎样产生的。而这一切正是需要揭露和描述的波形成的根本原因之所在。时至今日，这方面的工作基本上还是个空白点。不言而喻，波形成的流体力学的研究方向已经将这一课题引入无源之水和无本之木的境地上去了。

第四，波形成的流体力学理论在实践上没有什么价值。

众所周知，衡量一门科学或学科的理论正确与否，不仅在于这种理论能否解释其中众多的现象和过程，而且主要还在于它能否指导实践。如果以此标准来分析和判断波形成的流体力学理论是否正确的话，不难发现它在实践上并无多大的意义。

波形成的流体力学理论不能指导实践。这个理论能够解释和描述爆炸焊接过程中能量的传递、吸收、转换和分配吗？能够解释和描述结合区中金属的冶金过程(塑性变形、熔化和扩散等)吗？能够解释和描述爆炸焊接的工艺、组织和性能的关系吗？能够预计爆炸焊接的发展方向吗？能够解决 1.3 章中所提出的那些研究课题吗？……大量的和长期的理论研究及实践应用都证明，对于爆炸焊接这门技术科学和应用科学中主要的和基本的课题的解决，流体力学理论都是无能为力的。严格地说，它甚至连一个问题也解决不了。

最后，应当指出，波形成的流体力学理论的出发点和基础——聚能效应，是与爆炸焊接性质完全不同的两种自然现象和物理-化学过程(见 1.2 章)。因此，应该将聚能效应从波形成理论和整个爆炸焊接理论的研究中摈除出去并肃清其影响，并且彻底根除"言必称希腊"的恶习①。

3. 波形成机理研究的正确方向

上面已经谈到波形成的流体力学理论是不成立的，那么，这个课题的研究应该怎样进行才正确呢？实践和研究指出，爆炸焊接结合区波形成的机理只有从金属物理学的观点出发去探讨，方向才是正确的。也就是说，只有从爆炸物理学、金属物理学和焊接工艺学的基本理论出发，才能获得正确的答案。

爆炸焊接结合区波形成的过程就是覆板和基板间的一薄层界面金属在爆炸载荷作用下，发生不可逆的和波状的塑性变形的过程。所以，波形成过程的研究必然地要从如下三个方向着手：第一，研究引起波状塑性变形的外加载荷的特性；第二，研究在此特定载荷下产生不同形状和参数的波状塑性变形的金属的特性；第三，研究引起波状塑性变形的爆炸载荷和金属相互作用过程的特性。如果再在波形形状和波形参数与双金属的结合强度的关系上做些工作，就定能把爆炸焊接的工艺、组织(波形)和性能有机地结合在一起了。这样，不仅能够完美地揭露此波形成的根本原因，而且可以通过控制波形形状和波形参数——结合区组织，也就是用控制爆炸焊接工艺来控制爆炸复合材料的性能，从而对爆炸焊接进行全面的指导。

根据上述研究方向所获得的全部成果——波形成的原因、经过和结果，以及这些成果的定性、半定量和定量的解释及描述，便构成了一整套真正的爆炸焊接结合区波形成的理论。由于这套理论主要是从金属物理学的观点出发的，所以称其为波形成的金属物理学理论，以期与流体力学理论相对应和相区别。本章所述不仅清晰和准确地描述了该波形的形成的全过程，而且清晰和准确地描述了爆炸焊接的全过程，为爆炸复合材料学和爆炸焊接的金属物理学理论增添了新的内容。

可以预言，此金属物理学理论将真实和客观地揭露及探讨波形成这个自然现象和物理-化学过程的发展规律，解释和描述流体力学理论所不能解释和描述的所有课题。

文献[5,25]和其他许多早期的文献，早在 20 世纪 60 年代至 70 年代就已经提出了"结合区波形成的过程就是金属爆炸焊接的过程"的观点。这是那些文献的作者们在那个年代高举金属物理学学派的旗帜，与流体力学学派分庭抗礼的不屈行动。本书作者正是在他们的理论的指导和行动的鼓舞下，继承和发扬了他们的理论及精神，今后仍会不屈地坚持科学真理，努力奋斗，直到最后胜利。

应当指出，上述流体力学的多种机理是几十年前提出来的。几十年后的今天并未出现新的波形成的流体力学机理。这说明，这些机理或者已为人们所接受，或者人们并不赞同，只是还不能提出更新的机理，而在等待新机理的出现。时至今日，新的机理终于出现了。这就是本书本章所讨论的内容和观点，即波形成的金属物理学理论。可以预言，这个理论一定会打破沉默，将在此理论研究的一潭死水中掀起巨浪，从而让人们大开眼界、大饱眼福而欣喜雀跃。

4.17　爆炸焊接过程的金属物理学描述

1.1 章简要地描述了爆炸焊接的过程，提出了与流体力学观点完全不同的金属物理学观点。本篇讨论了爆炸焊接中众多的金属学和金属物理学方面的课题。在此基础上，本章以小结的方式再次清晰和准确地描述爆炸焊接的全过程，以飨读者。

---

① "言必称希腊"是毛泽东在《改造我们的学习》一文中的一句话。其原意是批评当时少数人不认真研究中国的历史和现实，一味地说外国的什么都好。本书作者在此引述此言，意在批评某些人在论述爆炸焊接的原理时，毫无事实和理论根据地都与"射流"及"喷射"挂上钩，这实在是害己又害人。

爆炸焊接过程的描述可以简洁地分为宏观描述和微观描述。

宏观描述就是结合区波形成过程的描述。4.16 章在试验和研究的基础上明确地指出，结合区波形成的过程，就是爆炸焊接的过程。这一论断在一般的、通常的和正常的情况下，应当是毫无疑义的。爆炸复合材料的界面呈波状。这种波形界面在其金相样品上用肉眼就能观察得到。在这一章中首先介绍了本书作者在 20 世纪 80 年代初获得的数百幅爆炸复合材料中的表面波形、界面波形和底面波形的图片。据此，作者从金属物理学的基本原理出发，探讨了这些波形形成的原因和条件，波形成过程的图解，波形形状和波形参数的影响因素，以及这种波形成过程在爆炸焊接中的意义。于是，用图片和数据、试验和理论分析，清晰和准确地讨论了爆炸焊接结合区波形成的方方面面，因而清晰和准确地描述了该波形形成的全过程，因而也清晰和准确地描述了金属爆炸焊接的全过程。

微观描述就是在爆炸焊接过程中，对在界面上、波形内和基体中，甚至在金属晶粒内部的微观范围内，所发生的众多金属学和金属物理学方面面课题的描述。

这些课题就是在爆炸焊接的结合区中出现的金属的塑性变形、熔化和原子间的相互扩散等。塑性变形的形式除了金属晶粒的拉伸式和纤维状的变形流线之外，还有双晶和"飞线"——绝热剪切线，及其外在的表现形式——硬度和强度的增加，以及在变形热的作用下，塑性变形金属的回复和再结晶，塑性变形过程中及之后，金属晶粒内部的位错、层错和空位、它们的运动和相互作用等。在变形热和空气绝热压缩热的作用下，界面两侧一薄层塑性变形的基体金属被熔化，形成波前或波前和波后的熔化块，以及熔化层，熔化金属中的气孔、缩孔、夹杂、裂纹、疏松和偏析，熔体中的固熔体和金属间化合物。在高压、高速、高温、高温下金属的塑性变形和熔化等因素的单一及综合的作用下，界面两侧基体金属原子间的扩散，自扩散和互扩散，及由这种扩散而形成固溶体和金属间化合物等。爆炸焊接后，由于界面上、波形内和基体中金属的成分、组织和特性(强度、硬度、应力、电极电位和电阻等)的不同，而造成爆炸复合材料内许多物理、力学和化学性能的不同……

本篇的大量篇幅就是讨论上述内容。这些内容的讨论既是对爆炸焊接机理的探讨，也是对爆炸焊接过程在宏观上和微观上的描述。因为在爆炸焊接过程中，在界面上、波形内和基体中必然地会发生如上所述的众多金属学和金属物理学方面的过程和现象，这些过程和现象讨论透彻了，爆炸焊接的机理和爆炸焊接的过程就呼之欲出且一目了然了。

本篇全面和系统、清晰和准确地讨论了爆炸焊接中大量的金属学和金属物理学方面的课题。这就是说，全面和系统地、清晰和准确地在宏观和微观上，将爆炸焊接的金属物理学机理展现在人们的面前。这种展现，也就是这种描述，对于爆炸焊接理论和实践来说是绝对必要的和不可或缺的。没有这种描述，爆炸焊接的机理就不清晰和不准确，爆炸焊接过程就不清晰和不准确，以致如爆炸焊接的流体力学理论那样，几十年来和在今后的漫长岁月中在此方面都将无所作为和毫无意义。

在本书引用的 1700 余篇参考文献中，没有一篇如本书这样全面和系统地、清晰和准确地讨论了爆炸焊接的金属物理学过程和金属物理学原理。因此，在本书的"前言"中写道："几十年来，在本学科中第一次清晰和准确地描述了爆炸焊接的全过程，包括结合区波形成的全过程，全面和系统地论述了爆炸焊接及爆炸复合材料的原理与应用。""内容简介"和书内其他地方也有类似的语句。这是本书作者的一己之见，但也是客观的和实事求是的，大概不会引起很大的异议。当然，作者借此机会非常感谢国内外同行们几十年来的工作，为本书提供了大量的素材。没有这些素材，本书的学术观点和理论体系很难成形。作者也希望这本书能成为大家的好帮手和不可多得的参考书、工具书及教科书。自然，也请国内外的专家学者们批评指正。

最后，衷心希望国内外的同行们，坚持科学真理，在本学科的金属物理学理论的指导下，勤奋工作、硕果累累和奋勇前行，为爆炸焊接在我国和世界获得更深入的研究、更广泛的应用和更快速的发展贡献自己最大的力量。

第五篇

CHAPTER 5

爆炸焊接和爆炸复合材料
研究及应用的工具资料

　　本书作者在 50 多年的实践和研究中，一边工作和一边探索，不仅获得了如全书所述的丰厚的专业知识和丰硕的理论成果，而且积累了宝贵的实践经验和大量的试验资料。后者包括了本篇所述的在爆炸焊接和爆炸复合材料的研究及应用中必不可少的工具资料。正是在这些"工具"的帮助下，作者在这门边缘学科和高新技术的"海洋"中精力不竭地"畅游"，为本书提供源源不断的"营养"。自然在这一过程中，这些"工具"又得到了不断的充实。

　　现在作者将这些工具资料整理出来，供从事这门科学和技术工作的同行参考，也使它成为大家的好帮手，并且希望在实践中得到发展。应当指出，除本篇所述的内容之外，4.14 章、5.9 章和 4.15 章也提供了一些很好的"工具"。掌握了它们，便从一开始就可以预知未来。

　　爆炸焊接是焊接科学的一大发展和生产复合材料的一种高新技术，爆炸复合材料是材料科学及其工程应用的一个新的发展方向，前景广阔和前途无量。因此本书作者殷切期望爆炸焊接、金属材料、焊接和表面工程，以及"内容简介"中众多学科、行业及领域中的科技人员通力合作和共同努力，将这门边缘学科的研究、开发、生产和应用，提高到一个新的水平和更高的高度。

　　作者也希望有更多的有志者进入爆炸焊接这门应用科学和技术科学的研究及应用的行列之中，并且人才辈出、硕果累累。在科学技术的发展中，无限风光在险峰，祝愿那些不畏艰险和勇敢攀登的人们登上科学技术的高峰。

　　另外，和全书一起，本篇描述的内容，也向国内外宣传和展示了我国在此科技领域所取得的成就，证明了中国人不仅在理论和研究中，而且在实践和应用上都做了大量的工作。同时，向世界表明，为了这门学科的发展，中国人也做出了应有的贡献。

5.1　爆炸复合材料的检验

　　只要工艺参数比较合适，用爆炸焊接技术所生产的各种各样的双金属和多金属复合材料就会具备一定的质量。这些质量包括外表的和内部的，物理的和化学的，宏观的和微观的，加工的和使用的，以及定性的和定量的，等等。为了了解爆炸焊接的结果，从而获得具有最佳质量的工艺参数并指导爆炸焊接的实际应用，必须对爆炸复合材料的质量以一定的标准，用多种方法进行多个项目的检验。本章全面和系统地总结了爆炸复合材料——主要是复合板——的检验项目、方法和标准。检验的结果——大量的性能数据汇集在 5.2 章和本书其他有关的篇、章、节中。

　　如同常用的金属材料一样，金属爆炸复合材料的检验可分为破坏性的和非破坏性的两大类。在每一大类中又有许多种检验项目和相应的方法。由于这类新材料的检验贯穿于爆炸焊接的原始材料及其加工和使用的全过程之中，加上待检材料品种繁多、规格各异和性能特殊，所以，爆炸复合材料的检验项目是相当可观的。然而，对于每一种复合材料来说，并非都要进行这些项目的检验不可。究竟选用哪些项目需要具体情况具体分析，不能一概而论。一般而言，以制定工艺、满足加工和使用的要求即可，在实际工作中灵活地运用。

5.1.1　破坏性检验

破坏性检验的含义是，为了检验爆炸复合材料的各种性能，必须先破坏原始复合材料，以便取样并将其加工成各种检验用途的试样，再将这些试样在相应的试验机或仪器装置上进行相应项目的检验，最后获得该项目的定性、半定量或定量的性能数据。

破坏性检验的项目有如下多种。

1. 剥皮检验

这是一种以尖刃工具将爆炸复合材料的覆板和基板强行分离，随后观察其界面形态和估计结合强度的检验方法。这种方法适用于中小型爆炸复合材料的检验。对于大型检验来说，除十分必要外，一般不采用它，因为原材料的消耗太大，特别是对于稀贵材料而言，剥皮检验前应慎重考虑。

2. 剪切检验

这项检验的方法是将剪切试样连同剪切用模具装配好后放在相应的试验机上，用压力使结合界面发生剪切形式的破断，以此剪切应力确定爆炸复合材料的结合强度。

常用的剪切试样的形状和尺寸，剪切用模具和剪切试验如图5.1.1.1~图5.1.1.9所示。剪切检验是爆炸复合材料使用得最多的一种检验项目。

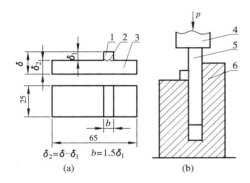

（a）剪切试样；（b）剪切试验
1—覆板；2—界面；3—基板；4—压头；
5—试样；6—模具；p—压力
图5.1.1.1　复合板的剪切检验（一）

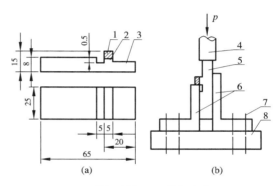

（a）剪切试样；（b）剪切试验
1—覆板；2—界面；3—基板；4—压头；5—试样；
6—靠板；7—螺钉；8—底板；p—压力
图5.1.1.2　复合板的剪切检验（二）[251]

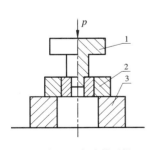

1—压头；2—复合管试样；
3—垫坯；p—压力
图5.1.1.3　复合管
的剪切试验[258]

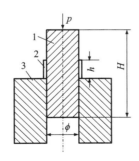

ϕ—钢芯直径；h—结合部位高度；
H—试样总高度；p—压力；1—钢芯；
2—铜覆层；3—模具
图5.1.1.4　铜包钢线剪切试验[1704]

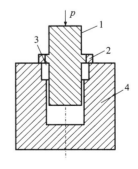

1—钛棒；2—镍管；
3—界面；4—剪切模具；p—压力。
图5.1.1.5　镍-钛复合管棒
的剪切试验[1277]

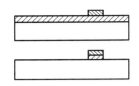

图 5.1.1.6 三层复合
板的剪切试样[283]

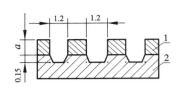

1—管；2—管板

图 5.1.1.7 管与管板
的剪切试样[23]

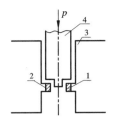

1—覆管；2—界面；
3—基管；4—压头；p—压力

图 5.1.1.8 复合管的剪切试验[2]

3. 分离检验

本项检验是将分离试样和模具装配好后一同放在试验机上，用压力使结合界面发生分离形式的破断，以此破断应力确定爆炸复合材料的结合强度。

分离检验也是爆炸复合材料的一种常用的检验项目。分离强度数据亦是表征这种材料结合性能的一个重要指标。

分离试样和试验装置如图 5.1.1.10~图 5.1.1.16 所示。

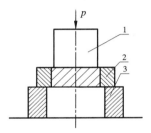

1—压头；2—复合管棒试样；
3—垫环；p—压力

图 5.1.1.9 复合管棒
的剪切试验

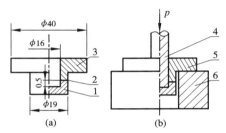

（a）分离试样；（b）分离试验
1—覆板；2—界面；
3—基板；4—压头；
5—试样；6—套筒；p—压力

图 5.1.1.10 复合板分离检验(一)

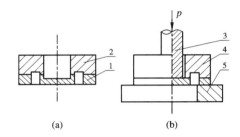

（a）分离试样；（b）分离试验
1—钛层；2—钢层；
3—压头；4—试样；
5—套筒；p—压力

图 5.1.1.11 复合板分离检验(二)[192]

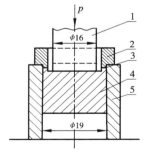

1—压头；2—覆板；3—结合线；
4—基板；5—套筒；p—压力

图 5.1.1.12 复合板的图形
试样分离试验[28]

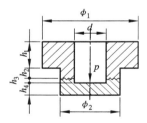

$\phi_1 \geq 7$, $\phi_2 = 4$, $d = 3$, $h_1 \geq 3$,
$h_2 \geq 0.5$, $h_3 \geq 0.5$,
$h_4 \geq 2$, p—压力

图 5.1.1.13 复合板的
图形分离试样[398]

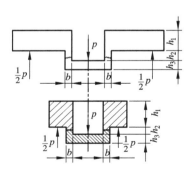

$h_1 \geq 1.5b$, $h_2 > 1b$, $h_3 \geq 1.5b$,
$b = 1.5 \sim 2$ mm；p—压力

图 5.1.1.14 复合板的
图形分离试样[5]

图 5.1.1.15 分离试验用模具和分离试样
（中间为 Cu-LY12 分离试样）的实物照片

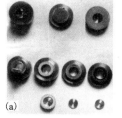
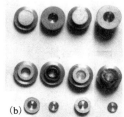

上为试验前的；中、下为试验后的
图 5.1.1.16 钛−铜(a)和铜−LY12(b)复合板的分离试样

4. 拉剪检验

本项检验是将拉剪试样固定在试验机上，以拉力使双金属的结合面同时发生拉伸和剪切形式的破断，以此破断应力来确定爆炸复合材料的结合强度。

拉剪试样及其试验如图 5.1.1.17～图 5.1.1.21 所示。覆板和基板上槽的深度必须超过波形界面，但不宜过深。

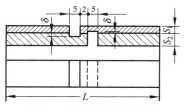

S_1 和 S_2—覆板和基板的厚度；
L—试样长度；$\delta=0.5$ mm

图 5.1.1.17　复合板的拉剪试样[2]

图 5.1.1.18　复合板拉剪试样

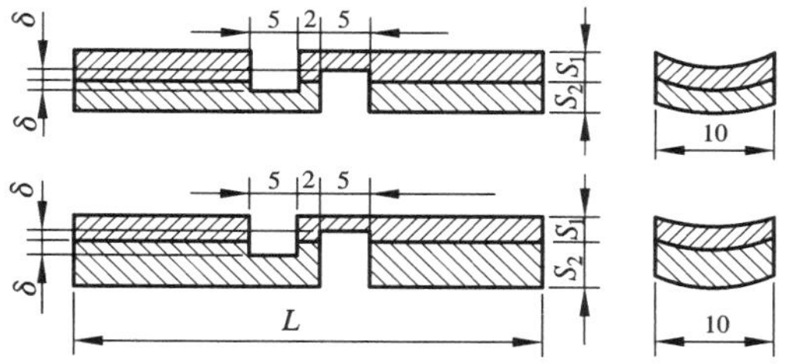

图 5.1.1.19　复合管的拉剪试样

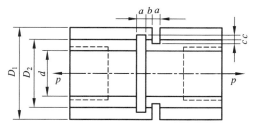

$D_1-D_2=D_2-d \geqslant 1.2b$，$a \geqslant 2b$，$c=0.5$ mm；p—拉力

图 5.1.1.20　复合管的拉剪试样[356]

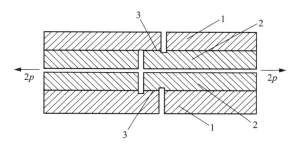

1—铝合金；2—钢；3—结合界面

图 5.1.1.21　对称试验样品双切口拉剪法试验[1705]

5. 拉伸检验

本项检验是将拉伸试样固定在试验机上，然后对其施加拉力，使试样轴向伸长直到破断为止；以此破断应力和相对伸长来确定爆炸复合材料的强度指标及塑性性能。

拉伸检验使用的试样及试验装置如图 5.1.1.22～图 5.1.1.31 所示。

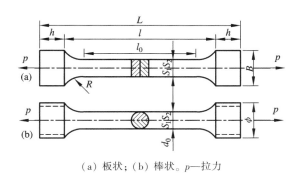

（a）板状；（b）棒状。p—拉力

图 5.1.1.22　复合板的棒状拉伸试样

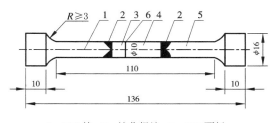

1—B30 棒；2—熔化焊缝；3—B30 覆板；
4—低碳钢基板；5—低碳钢棒；6—爆炸焊缝

图 5.1.1.23　复合板棒状拉伸试样[251]

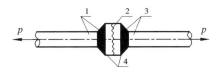

1—金属 A；2—爆炸焊接界面；
3—金属 B；4—普通焊接焊缝；p—拉力

图 5.1.1.24　复合板棒状拉伸试样[2]

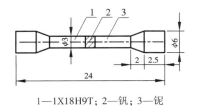

1—1X18H9T；2—钒；3—铌

图 5.1.1.25　复合板带中间层
的棒状拉伸试样[396]

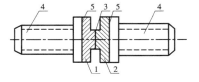

1—覆板；2—基板；3—结合界面；
4—螺钉；5—胶接面

图 5.1.1.26　复合板用螺钉
胶接的棒状拉伸试样[2]

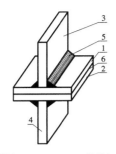

1—覆板(AMr5B)；2—基板(G4C)；
3—AMr5B；4—G4C；
5—普通焊接焊缝；6—爆炸焊接焊缝
图 5.1.1.27　十字架型拉伸试样[280]

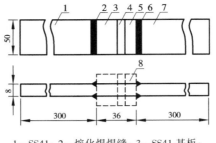

1—SS41；2—熔化焊焊缝；3—SS41 基板；
4—TP28 中间层；5—A3003P 覆板；
6—A5083 焊缝；7—A5083P；
8—爆炸三层复合材料
图 5.1.1.28　板状三金属的拉伸试样[285]

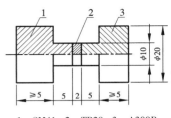

1—SM41；2—TP28；3—A300P
图 5.1.1.29　圆形三金
属拉伸试样[283]

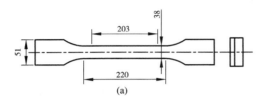

(a)

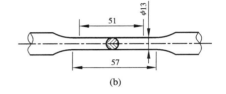

(b)

(a) 板状，当板厚<50 mm 时；(b) 棒状，当板厚>50 mm 时
图 5.1.1.30　双金属的拉伸试样[1]

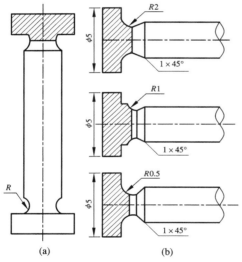

(a)　　　　(b)
图 5.1.1.31　在拉伸的情况下，试验双金属
结合强度用的带应力集中器的圆形试样(a)
和几种应力集中器的形式(b)[964]

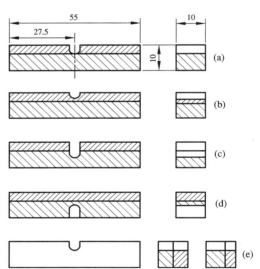

也可使用 5 mm×5 mm×40 mm 的尺寸
图 5.1.1.32　不同形式的双金属冲击试样

6. 冲击检验

本项检验是将冲击试样安装在冲击试验机上，用冲击载荷使结合面或其他位置的刻槽处发生破断，以此折断处单位面积上所消耗的冲击功来确定爆炸复合材料的冲击性能。

爆炸复合材料的几种冲击试样如图 5.1.1.32~图 5.1.1.34 所示。

7. 弯曲检验

本项检验是将待弯曲的试样安装在试验机上进行弯曲试验，以预定达到的弯曲角或破断时的弯曲角来确定爆炸复合材料的结合性能和加工性能。

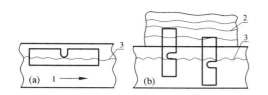

1—爆炸和轧制方向；2—堆焊层；3—爆炸焊接界面

图 5.1.1.33 用于冲击韧性试验的试样切取示意图[28]

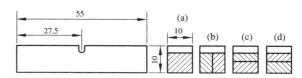

图 5.1.1.34 爆炸复合材料的冲击试样及缺口位置[1]

弯曲试样和弯曲试验如图 5.1.1.35~图 5.1.1.40 所示。该检验是这类材料又一种常用的和重要的检验项目。

实践表明，内弯曲检验时压头的半径（弯曲半径）一般以试样的厚度尺寸为宜。弯曲半径过大，此项检验的意义不大；弯曲半径过小，检验条件又过于苛刻。外弯曲时，弯曲半径需大一些。根据可能和必要，还可进行侧弯曲试验。表 5.1.1.1 为复合板弯曲试验条件的一种参考标准。

表 5.1.1.1 钛-钢复合板弯曲检验标准[170]

弯曲时覆板的位置	在下列温度下的弯曲半径	
	20 ℃	（400~900）℃
在里面	1.5t	1.0t
在外面	2.0t	1.5t

注：t 为双金属的厚度。

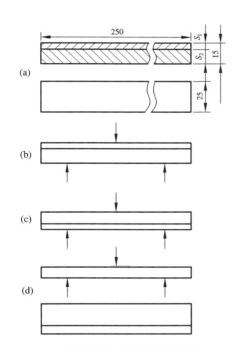

（a）复合板的一种弯曲试样尺寸；
（b）内弯；（c）外弯；（d）侧弯

图 5.1.1.35 复合板的弯曲试样和弯曲检验

1—A3003P；2—TP28；3—SM41

弯曲角>90°，弯曲半径＝6×试样厚度>54 mm

图 5.1.1.36 三金属板的侧弯曲试样[283]

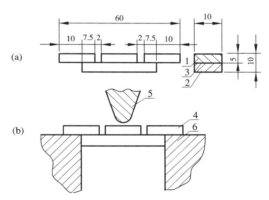

（a）冲击弯曲试样；（b）冲击弯曲试验
1—B30；2—922 钢；3—界面；
4—试样；5—冲击锤头；6—砧座

图 5.1.1.37 复合板的冲击弯曲检验[251]

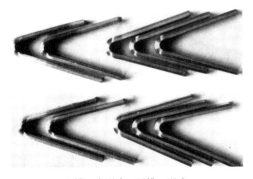

上排—未退火；下排—退火；
左半部—内弯；右半部—外弯

图 5.1.1.38 金-银金镍-铜镍爆炸+轧制复合板的弯曲试样照片

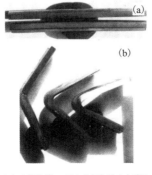

（a）试验前；（b）试验后（内弯）

图 5.1.1.39 复合枪（炮）管的弯曲试样

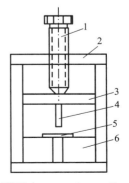

试样尺寸 1 mm×10 mm×10 mm
1—加载螺钉；2—框架；3—压块；
4—压头；5—试样；6—载物台

图 5.1.1.40 微型弯曲装置[1503]

8. 扭转检验

本项检验是将扭转试样固定在试验机上，用扭转力使爆炸复合材料发生扭转变形，以预定的扭转角，或界面分层时的扭转角来确定这种材料的结合性能和加工性能。

爆炸复合材料的扭转试样可做成如图 5.1.1.41 和图 5.1.1.42 所示的形状及尺寸。

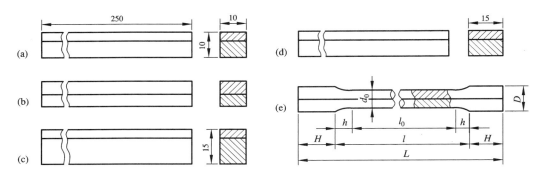

图 5.1.1.41　复合板扭转试样的几种形状和尺寸图

9. 压扁检验

本项检验是将复合管试样安装在试验机上进行压扁试验，以其基体和界面出现或不出现分层、断裂及其他非正常现象时的压扁率或总压力，来表示这种复合管的结合强度和加工性能。

图 5.1.1.42　复合板往复扭转
（ 0°~270°~0° ）试样图[2]

压扁试样的几种形状和尺寸及其试验的结果如图 5.1.1.43 和图 5.1.1.44 所示。

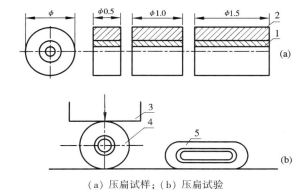

（a）压扁试样；（b）压扁试验
1—覆管；2—基管；3—压头；4—压扁前的试样；5—压扁后的试样
图 5.1.1.43　复合管的压扁试验

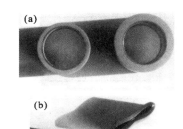
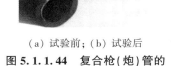

（a）试验前；（b）试验后
图 5.1.1.44　复合枪（炮）管的
压扁试样的实物照片

10. 杯突检验

本项检验是将杯突试样安装在试验机上进行杯突试验，以预定的或破断前的杯突深度来确定某些爆炸或爆炸+轧制复合材料的杯突性能。

杯突试验是弯曲和拉伸的综合性试验，是衡量材料塑性的重要标志。杯突试验可参考 GB 4156—1984 进行。铜-LY12 爆炸+轧制复合板杯突试验的结果如图 5.1.1.45 所示和表 3.2.5.11、表 3.2.5.12 所列。

11. 疲劳检验

本项检验是将试样固定在试验机上，周期性变换应力的大小和方向，使爆炸复合材料发生疲劳破断，以此破断应力来确定该种材料的疲劳性能。

此种材料的疲劳性能以疲劳极限表示，即试样在重复和交变应力的作用下，于预定周期基数内不发生断裂时所能承受的最大应力。

疲劳试验分为弯曲疲劳和剪切疲劳等多种类型，因而需要制作不同形状和尺寸的试样，以及相应的试验机。曾用于爆炸复合材料疲劳性能检验的部分试样的形状和尺寸如图 5.1.1.46~图 5.1.1.48 所示。

1—350 ℃、0.5 h；2—400 ℃、0.5 h；
3—450 ℃、0.5 h；4—500 ℃、0.5 h（退火）；
5—未退火；6—2.0 mm×70 mm×70 mm 原始试样；
7—4.0 mm×70 mm×70 mm 原始试样

图 5.1.1.45　铜-LY12 爆炸+轧制
复合板的杯突试样和试验结果

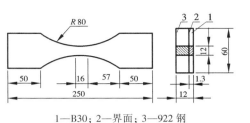

1—B30；2—界面；3—922 钢

图 5.1.1.46　双金属
的疲劳试样（一）[251]

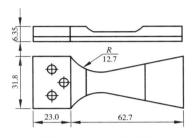

图 5.1.1.47　双金属
的疲劳试样（二）[2]

12. 蠕变检验

本项检验是将一定形状和尺寸的试样固定在相应的蠕变试验机上，在常温或高温下进行某些爆炸复合材料的蠕变极限的测定。

蠕变极限是在一定的温度和恒定的负荷下，试样在规定的时间间隔内的蠕变变形量，或者蠕变速度不超过某一规定值的最大应力。

爆炸复合材料的蠕变检验所用试样可参考单金属材料的，检验方法和标准也可借鉴单金属材料的。

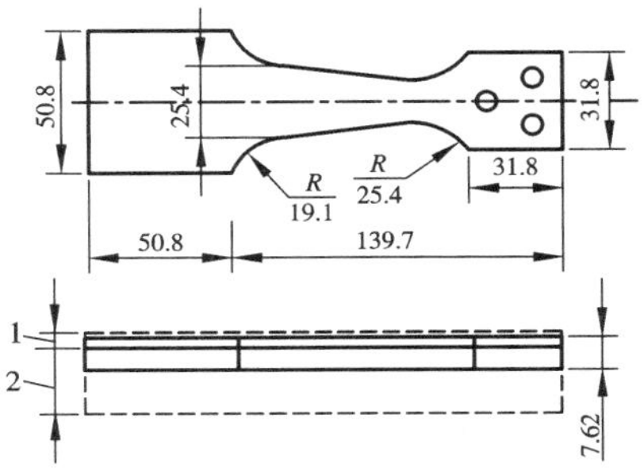

13. 显微硬度检验

本项检验主要是对爆炸复合材料的结合区和基体（包括表面和

1—原始的覆板厚度；2—原始的基板厚度

图 5.1.1.48　双金属的疲劳试样（三）[2]

底面），以及其他任意位置进行显微硬度的测量和分析，以确定爆炸焊接前后基体材料相应位置显微硬度的变化及其规律。

爆炸复合材料显微硬度的测量方法之一如图 5.1.1.49 所示。图 5.1.1.50 和本书 3.3 章、3.4 章、4.8 章及 5.2.9 节提供了大量的双金属和多金属在不同状态下的显微硬度分布曲线。

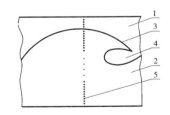

1—覆板；2—基板；3—波形界面；
4—漩涡区；5—硬度测量及其分布点

图 5.1.1.49　爆炸焊接双金属断面显微硬度的测量方法

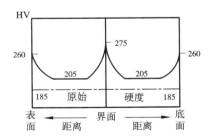

图 5.1.1.50　接触爆炸焊接的
软钢板中的显微硬度分布[965]

以上 13 种是爆炸复合材料常见的力学性能的检验项目。其中，剪切、分离、拉伸、弯曲和显微硬度等比较常用。

以下若干种破坏性的性能检验项目是使用特殊的仪器设备对爆炸复合材料的样品进行化学成分和组织，以及性能的检验。这些项目都有独立的设备、操作方法和检验方案，因而自成体系，故不在此多加叙述。这里仅简要地介绍一下各个检验项目的简单过程和目的意义，以及有关参考文献。

14. 普通金相检验

在普通光学金相显微镜下，对爆炸复合材料的金相样品进行组织、物理和化学组成的观测、图像的摄影，以及某些性能的测试和分析。

15. 高温金相检验

在高温金相显微镜下，对爆炸复合材料的金相样品进行不同加热温度和保温时间下的组织与成分的断续或连续观测及摄影，以及某些性能的测试和分析。

16. 定量金相检验

在定量电视金相显微镜下，对爆炸复合材料的金相样品进行各种组织组成物的长度、宽度和面积等参数的定量观测、计算及摄影，以及由此进行某些性能的分析。

17. X 射线结构分析

在 X 射线结构分析装置上，对爆炸复合材料的粉末样品或结合区和其他位置的组织组成物进行化学成分及组织结构的分析、测定和计算。

18. 光谱检验

在光谱分析装置上，对爆炸复合材料样品的结合区和其他位置的组织组成物进行化学成分及组织结构的定性及定量的分析、测定与计算。

19. 电子探针检验

在电子探针分析装置上，对爆炸复合材料样品的结合区或其他位置进行组织的观察和化学成分的定性及定量的测定。

20. 电子显微镜检验

在电子显微镜装置上，对爆炸复合材料样品的结合区或其他位置进行组织的观察和化学成分的定性及定量的测定。该电子显微镜又分扫描式和透射式两种。

21. 热处理检验

对爆炸复合材料的试样进行不同工艺下的退火、淬火和回火、正火、时效或调质等热处理，以确定热处理工艺对这类材料的成分、组织和性能的影响，从而为其热处理、热加工、焊接、机械加工和使用提供最佳工艺参数(表 5.1.1.2)。

表 5.1.1.2　钛-钢爆炸复合板热处理后的力学性能标准[720]

拉伸试验*	弯　曲　试　验**		结　合　强　度	
σ_b, δ	外弯	内弯	σ_τ	焊接弯曲
基板在 JIS 标准上	由与总厚度相同的复合板 JIS 标准确定	与外弯相同，但基材的标准弯曲半径≤总厚的一倍	137 MPa	三个试样中有两个弯曲部位边缘不得有 50% 以上的分离

注："*"表示将覆板除去，只进行基板拉伸；"**"表示外弯时覆板在外，内弯时覆板在内，弯曲角为180°。

22. 应力分布检验

本项检验是应用常规的、X 射线或激光等手段，对爆炸复合材料进行表面和结合区及基体内部(残余)内应力的测定，以确定各部位内应力的大小、方向和分布情况。

23. 热循环检验

本项检验是将某些爆炸复合材料的坯料，按预定的程序进行加热—保温—冷却，并如此往复循环规定的次数，然后检验经如此冷、热循环后的试样的相应力学性能，以此结果确定此热循环对相应力学性能的影响。

24. 化学腐蚀检验

本项检验是在一定的化学腐蚀性介质中和一定的温度、压力等条件下，对爆炸复合材料的试样进行一定时间内的耐蚀性试验，以腐蚀增重或失重，或使用寿命来确定这种材料在此条件下的耐蚀性能。

此项检验主要是针对爆炸焊接的耐蚀金属覆板和结合区金属合金(暴露焊缝)的。

爆炸复合材料的几种化学腐蚀检验用试样的形状和尺寸如图 5.1.1.51 和图 4.6.5.1 所示。

25. 电化学腐蚀检验

本项检验是在相应的电解质中和在不同的电极电位下，确定爆炸复合材料的试样覆板金属表面和暴露的焊缝金属承受电化学腐蚀的能力的检验方法。

26. 应力腐蚀检验

本项检验是在一定的腐蚀介质和温度等条件下，确定带有一定内应力或预应力的爆炸复合材料试样产生应力腐蚀裂纹的敏感程度的检验方法。这种检验的两种情况如图5.1.1.52所示。

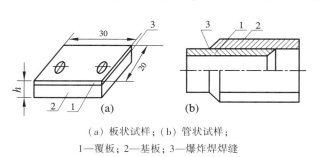

（a）板状试样；（b）管状试样；
1—覆板；2—基板；3—爆炸焊焊缝
图5.1.1.51　板状和管状双金属化学腐蚀试样[871]

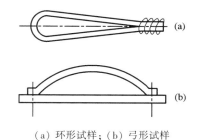

（a）环形试样；（b）弓形试样
图5.1.1.52　环形和弓形腐蚀试样[251]

27. 晶间腐蚀检验

本项检验是在一定的条件下，对爆炸复合材料的试样进行晶间腐蚀试验，以确定金属晶粒的晶界和晶间邻近区域的腐蚀趋势。

例如，对爆炸焊接的锆$_2$+不锈钢管接头，曾进行过不锈钢的晶间腐蚀倾向的检验。

28. 空穴腐蚀检验

本项检验是将爆炸复合材料在旋转状态下经受高速水流和泥沙的作用，以观测覆板金属在此腐蚀条件下的稳定性的方法。它是水电站涡轮叶片和船用螺旋桨等确定其材料耐蚀性能所必需的检验项目。

29. 空泡腐蚀检验

本项检验是在一定的介质、温度和板极电流等条件及工序下，确定爆炸复合材料的磁致伸缩空泡腐蚀性能的方法。其结果以一定时间内试样的失重来表示。

图5.1.1.53为TA5-902钢爆炸复合板的磁致伸缩空泡腐蚀的试样。

30. 耐烧蚀检验

见3.2.42节。

31. 耐电蚀检验

见3.2.6节。

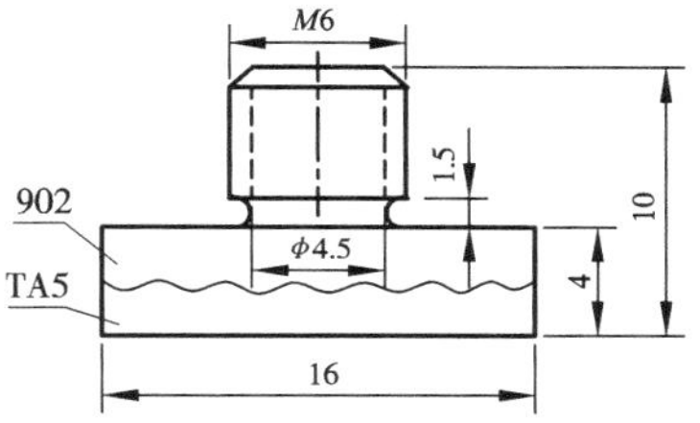

图5.1.1.53　钛（TA5）-钢（902）
爆炸复合板的空泡腐蚀试样[85]

5.1.2　非破坏性检验

非破坏性检验的含义是：在原则上不破坏原始爆炸复合材料的情况下，对它们的有关性能进行的检验。

非破坏性检验的项目有如下多种，由于这些项目的检验方法也自成体系，这里亦简单叙述它们的目的、意义和方法。

1. 表面质量检验

本项检验是对爆炸复合材料的覆板表面进行的质量检查，如打伤、烧伤、打裂、瓢曲度、尺寸公差和其他外观情况等。

2. 敲打检验

本项检验是用小锤对爆炸复合材料覆板的各个地方逐一轻敲，以打击的声响来初步地判断复合材料的结合情况。

3. 超声波检验

本项检验是用超声波探伤仪对爆炸复合材料的结合情况进行无损伤的定性或定量的检测。

4. 测厚检验

本项检验是用测厚仪对爆炸复合材料各部位的厚度进行检测。在此过程中，由厚度的突变与否还可判断复合材料是否分层。

5. 气密性检验

本项检验是对用爆炸复合材料制造的设备，以气体的压力差来显示其泄漏情况的检验方法。

图 5.1.2.1 为爆炸焊接的复合管接头进行气密性检验的一种装置示意图。

6. 密封性检验

本项检验是对用爆炸复合材料制造的设备确定有无漏气、漏水和漏油等泄漏情况的检验方法。

图 5.1.2.2 为爆炸焊接的管与管板之间密封性检验的一个例子。

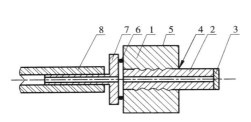

1—LF6；2—1Cr18Ni9Ti；3—真空橡皮；
4—吹氦气；5—复合管接头试样；
6—"O"形真空橡皮圈；7—"T"形管接头；
8—真空橡皮管

**图 5.1.2.1　LF6-1Cr18Ni9Ti 复合管
接头检漏装置示意图**[599]

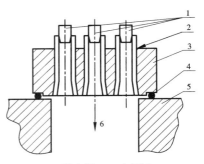

1—橡皮塞；2—吹氦气；
3—管+管板件；4—"O"形真空橡皮圈；
5—真空橡皮管；6—抽高真空并接质谱仪

**图 5.1.2.2　爆炸焊接的管板间
泄漏试验的典型装置**[549]

7. 渗透性检验

本项检验是使用渗透液使爆炸复合材料表面上的小眼或裂纹显现出来的方法。

8. 打压检验

本项检验是将水或气体充入用爆炸复合材料制造的容器内，并以一定的速度提高压力，从而显现其泄漏和耐压的性能的方法。

图 5.1.2.3 和图 5.1.2.4 为爆炸胀(焊)接的复合管和管-管板系统打压检验的装置示意图。

9. 耐压检验

本项检验是将水、油或气体充入用爆炸复合材料制造的容器内并徐徐加压，以此显示泄漏、耐压或破坏的情况的方法，如图 5.1.2.4 所示。

图 5.1.2.5 为对爆炸复合板进行鼓包(耐压)检验的装置示意图。

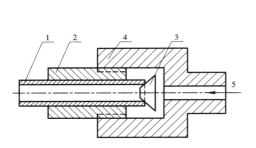

1—钛管；2—钢管；3—橡皮塞；
4—钢模；5—打水压

**图 5.1.2.3　爆炸胀(焊)接的
复合管的打压检验**[690]

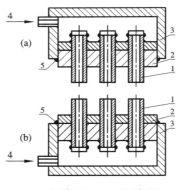

(a) 正面打压；(b) 反面打压
1—管；2—复合管板；
3—模具；4—进水口；5—熔化焊缝

**图 5.1.2.4　爆炸胀(焊)接的
管-管板的打压检验**[966]

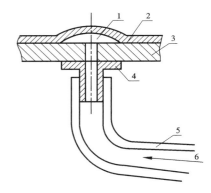

1—鼓包；2—覆板；3—基板；
4—管接头；5—真空管；6—打气

图 5.1.2.5　复合板的鼓包试验[967]

10. 电性能检验

本项检验是对爆炸复合材料多种电性能进行的测试，如超导材料的电性能和过渡电接头的界面电阻等。过渡电接头的界面电阻的测试见 4.6.6 节。

此外还有：

① 热性能检验；　　　　⑨ 热化学性能检验；　　　⑰ 冷加工检验；

② 磁性能检验；　　　　⑩ 热-力学性能检验；　　　⑱ 高温性能检验；

③ 声性能检验；　　　　⑪ 核物理性能检验；　　　⑲ 低温性能检验；

④ 化学性能检验；　　　⑫ 核化学性能检验；　　　⑳ 磁粉探伤检验；

⑤ 电热性能检验；　　　⑬ 爆炸焊接强化检验；　　㉑ 渗透探伤法检验；

⑥ 电化学性能检验；　　⑭ 爆炸焊接硬化检验；　　㉒ 射线照射法检验；

⑦ 电磁性能检验；　　　⑮ 焊接检验；　　　　　　㉓ 电磁法和涡流法检验。

⑧ 磁化学性能检验；　　⑯ 热加工检验；　　　　　……

爆炸复合材料是金属材料的一个新的类别。这类材料的检验是金属材料检验的重要组成部分。因此，常规金属材料检验的项目和方法、性能和标准，对爆炸复合材料的检验来说都可以借鉴和参考。虽然爆炸复合材料的检验有其特殊性，这种特殊性就是爆炸焊接工作者需要研究和解决的课题。

5.2　爆炸复合材料的性能

爆炸复合材料的各种性能指标是它们获得不同应用的基础。为了总结爆炸焊接和爆炸复合材料在材料科学与工程应用上的理论及实践，本书收集和归纳了几十年来国内外部分文献中的大量性能数据。由于种种原因，这些数据难以概全，也并非最佳。它们中的较佳者通过调整工艺参数也是可以达到的。

这些性能数据大部分分布在全书的有关章节中，少部分汇集如下。

5.2.1　剪切性能

有关爆炸复合材料的剪切性能指标如表 5.2.1.1～表 5.2.1.17 所列以及图 5.2.1.1～图 5.2.1.16 所示。

表 5.2.1.1　国内几种复合材料的剪切强度[1]

复合材料	TA2-Q235	TA2-18MnMoNb	TA2-16MnCu	B30-922
σ_τ/MPa	221~353	284~402	372~451	373~392

表 5.2.1.2　国外钛-钢复合板的剪切强度[175]

国家和地区	美国	日本	欧洲
σ_τ/MPa	290	243	220

表 5.2.1.3　美国材料试验协会(ASTM)规定的热轧复合板的剪切性能指标[158]

复合板的覆板材料	ASTM A263 铁素体不锈钢	ASTM A264 奥氏体不锈钢	ASTM A265 镍及其合金	耐热耐蚀镍基合金	钛	ASTM B432 铜及其合金	铝	状态
σ_τ/MPa	—	>196	>196	>196	>196	>103	>49	爆炸态
	>196	>196	>196	>196	>137	>82	—	消应力退火态

表 5.2.1.4　几种复合板的剪切强度[1016]

复合板	ST Type304-A212B 钢	Hastelloy B-A212B 钢	锆 12 级-A212B 钢	35A 钛-A212B 钢	铜 SSH-A285 钢
σ_τ/MPa	329	295	336	271(620°、1 h)	151

表 5.2.1.5　几种复合材料的剪切强度[248]

复合材料	镍铬钢-碳钢	NiCr30Fe 合金-碳钢	镍-碳钢	钛-碳钢	铝-碳钢
σ_τ/MPa	363~426	357~412	353~382	221~309	79~100

表 5.2.1.6　一些复合材料的剪切强度[2]

复合材料	304 不锈钢-A212B 钢	35A 钛-A212B 钢	HastelloyC-A212B 钢	因科镍 600-A212B 钢	1100H-14 铝+A212B 钢	DHP 铜-A212B 钢	410 不锈钢-A212B 钢	6061-T6 铝+6061-T6 铝	1018 热轧钢-1018 热轧钢
σ_τ/MPa	342	268	405	432	85	169	202	178	288

表 5.2.1.7　一些复合材料的剪切强度[24]

覆　板	不锈钢	铜和镍合金	铜	铜镍合金	Hastelloy	钛	铝
保证的 σ_τ/MPa	206	206	103	103	206	137	55
典型的 σ_τ/MPa	451	412	152	250	392	265	95

表 5.2.1.8　一些复合材料剪切强度的验收标准[23]

覆板	不锈钢、镍及其合金	钛、钽、锆、铜及其合金	银	铝
基板	钢	钢	钢、铜	钢、铜
σ_τ/MPa	206	137	98	59

表 5.2.1.9　两种铅复合板的剪切强度[356]

复合板	σ_τ/MPa	铅，原始，σ_b/MPa
ЛO60-Pb	13.7	9.8
АД1-Pb	11.3	

表 5.2.1.10　几种复合材料剪切强度标准[250]　　　　　　　　/MPa

复合材料	奥氏体不锈复合钢	镍和镍合金复合钢	钛复合钢	铜及铜合金复合钢
ASTM，ASME	>140	>140		>85
JIS，HPIS	>196	>196	>137	>98
ГОСТ	147	147		

表 5.2.1.11　一些复合材料的剪切强度[216]

No	覆 板 材 料	δ_1/mm min	δ_1/mm max	σ_τ/MPa min	σ_τ/MPa 典型例子
1	铝	6	50	55	95
2	铝青铜（A106）	1.5	20	140	310
3	黄铜	1.5	20	140	280
4	铜（OF、DHP、DLP）	1.5	22	103	152
5	铜镍合金（90/10）	1.5	22	140	216
6	铜镍合金（70/30）	1.5	22	140	235
7	Hastelloy（B、B_2、C、C276、C_4）	1.5	13	206	392
8	因科洛依（800、825）	1.5	20	206	350
9	因科镍（600~625）	1.5	20	206	350
10	蒙乃尔（400、404、K-500）	1.5	20	206	350
11	镍（Gd、200、201）	1.5	20	206	412
12	镍银合金	1.5	20	—	—
13	铂	0.4	未测量	未测量	未测量
14	硅青铜	1.5	16	140	—
15	不锈钢（奥氏体、铁素体）	1.5	25	206	450
16	钽*	0.5* 或 1.5	>6	103	137
17	钛	1.5	20	140	245
18	锆	6	12	140	338
19	锆 2.5 铌	0.3	>3	233	354
20	锆 2.5 锡	0.3	>3	235	286

*用铜做中间层

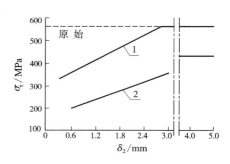

$v_p = 350$ m/s；$v_{cp} = 2050 \sim 2250$ m/s

图 5.2.1.1　在 δ_1 为 8 mm（1）和 2 mm（2）的情况下，12X18H10T-12X18H10T 组合的剪切强度与 δ_2 的关系[376]

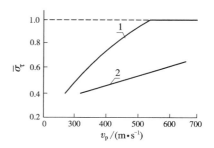

图 5.2.1.2　在 δ_1 为 1 mm（1）和 0.35 mm（2）的情况下，12X18H10T-12X18H10T 组合的相对结合强度与 v_p 的关系[371]

表 5.2.1.12 一些复合材料的力学性能（2）[690]

覆板金属	基板金属	σ_τ/MPa	α/(°)，$d=2t$	S/%
304 不锈钢	铜	151	180	95
A55 钛	钢	274	125	95
A55 钛	铜	151	125	95
铜	1100-0 铝	69	180	95
304 不锈钢	1100-0 铝	69	180	95
因科镍	镍	240	180	95
304 不锈钢	镍	240	180	95
镍	铝	69	180	95

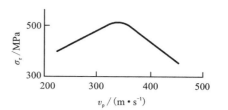

图 5.2.1.3 12X18H10T-12X18H10T
组合的剪切强度与 v_{cp} 的关系[371]

表 5.2.1.13 黄铜和钢的复合板的结合强度[5]

复合材料	90-1 黄铜+ 工业纯铁	90-1 黄铜+ 低碳钢	90-1 黄铜+ 低碳钢	90-1 黄铜+ 结构钢
σ_τ/MPa	274~314	284	343	225
σ_f/MPa	402~421	412	402	372

表 5.2.1.14 一些复合材料的结合强度[3]

覆 板 材 料	σ_τ/MPa		σ_f/MPa	
	最低强度	典型强度	最低强度	典型强度
铝	55	88	68	100
黄铜，青铜	140	280	—	—
铜	103	140	—	—
铜镍合金（90/10）	140	235	—	350
铜镍合金（70/30）	140	216	—	—
镍及镍合金	206	343	—	350
不锈钢	206	363	—	—
钽	103	140	—	—
钛	140	245	170	300

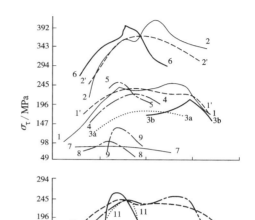

1—Cu-Cu；2—Rst13-Rst13；3—Cu-Ag；
4—Cu-Rst3；5—Cu+X12CrNi18-18；
6—Rst13+X12CrNi18-18；7—Al-Al；
8—Al-Cu；9—Al-Rst13；10—Cu-Cu；
11—Cu-Ni；12—Cu-2Ms63；13—CuNi/Cu-2Ms63；
3a—$\alpha=0°$；3b—$\alpha=5°$

图 5.2.1.4 诸种爆炸复合材料的剪切
强度与焊接速度的关系[968]

表 5.2.1.15 一些复合材料实际的剪切强度[23]

覆板	不锈钢	钛	镍	蒙乃尔合金	耐热合金	70/30 白铜	90/10 白铜	铝青铜	铜	铝
基层	钢	钢	钢	钢	钢	钢	钢	钢	钢	钢
σ_τ/MPa	304~666	255~490	304~441	372~500	372~500	265~343	323~333	343~363	167~225	77~90

表 5.2.1.16 三种用途的过渡接头的剪切强度[24]

用 途	接头类型	尺 寸	最高容许温度/℃		保证和最小的 σ_τ/MPa
			加工时	使用时	
电器用	铝-钢	按照用户要求供应组合成品，截面尺寸为 12 mm×18 mm 的纯铝板	315	260	55
	铝-钛-钢	复合在 25 mm×35 mm 的低碳钢上，钛中间层厚 2 mm	480	425	55
	铜-铝	按用户要求供应 3~6 mm 厚的铜层或无氧铜层，复合在截面尺寸为 10 mm×25 mm 的纯铝板上	260	150	55
结构用	铝合金-铝-钢	组合成品为 6 mm 厚的铝合金板，复合在 9 mm 厚的纯铝板和 18 mm 厚的低碳锰钢板上	315	260	55
低温用	铝-银-不锈钢	复合板材成品为 48 mm 的铝合金，焊接在 50 mm 的不锈钢上，并有 0.75 mm 的银中间层	260	-196(min)	274(在-196 ℃ 下的 σ_b)

表 5.2.1.17　一些复合材料的力学性能（1）[690]

覆板及其尺寸/（mm×mm×mm）		基板及其尺寸/（mm×mm×mm）		σ_τ/MPa	α/（°），$d=2t$	S/%
不锈钢	3.2×152×229	软钢	12.7×152×229	205~240	180，不分离	—
不锈钢	0.8×610×610	软钢	19×610×610	309	180，不分离	>95
铜	0.16×76×152	软钢	12.7×76×152	151	180，不分离	>95
钛	1.27×76×152	铜	15.9×76×152	137	—	>95
铝	3.18×76×152	软钢	12.7×76×152	69	180，不分离	>95
Hastelloy C	0.16×152×229	软钢	12.7×152×229	288	180，不分离	>95
因科镍	1.27×254×254	软钢	1.27×254×254	288	180，不分离	>95

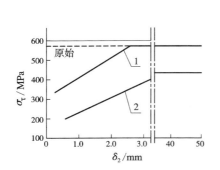

图 5.2.1.5　在 δ_1 为 6.7 mm（1）和 2 mm（2）的情况下，12X18H10T-12X18H10T 组合的剪切强度与 δ_2 的关系[373]

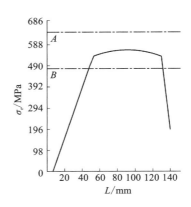

A—爆炸焊接前 X18H10T 的强度；B—爆炸焊接前 G3 的强度；
1X18H10T-G3；3+20 mm；$\delta_0=15$ mm；$\alpha=2°15'$；$v_p=1500$ m/s

图 5.2.1.6　复合板沿长向剪切强度的分布[969]

5.2.2　分离性能

有关爆炸复合材料的分离性能指标如表 5.2.2.1~表 5.2.2.9 所列以及图 5.2.2.1~图 5.2.2.6 所示。

表 5.2.2.1　几种复合材料的分离强度[2]

复合材料	TA2-Q235	TA2-18MnMoNb	TA2-16MnCu	QAl9-2+20g	B30-921	BFe30-1-1+BHW38	B30-922
σ_f/MPa	132	279~294	250~519	507	497	622	470~666

表 5.2.2.2　钛-钢复合板的分离强度与工艺参数的关系

覆板		基板		h_0/mm	W_g/（g·cm^{-2}）	试样数/个	σ_f/MPa		
金属	δ_1/mm	金属	δ_2/mm				最大值	最小值	平均值
钛	3	钢	22	5	1.4	12	482	328	415
	5		22	6.5	1.6	12	525	458	497

表 5.2.2.3　钛-铜和铜-钢复合板的分离强度与工艺参数的关系

覆板		基板		h_0/mm	W_g/（g·cm^{-2}）	σ_f/MPa									
金属	δ_1/mm	金属	δ_2/mm			1	2	3	4	5	6	7	8	9	平均
钛	3	铜	22	5	1.4	410	467	400	434	328	471	393	482	407	421
	5			6.5	1.6	490	501	502	507	523	494	458	523	521	502
铜	4	钢	22	8.6	1.7	294	320								307
					1.3	349	331								340

表 5.2.2.4　铝-钛-钢复合板的分离强度与工艺参数的关系

复合板尺寸 /(mm×mm×mm)	工 艺 参 数	σ_f/MPa									
		1	2	3	4	5	6	7	8	9	平均
（12+2+24）×300×400	铝-钛：$h_0 = 9$ mm，$W_g = 1.8$ g/cm² 钛-钢：$h_0 = 4$ mm，$W_g = 1.3$ g/cm²	124	128	135	137	141	144	151	138	141	138

注：断口全部处于铝层内。

表 5.2.2.5　铜-钢复合板的结合强度[37]

复 合 板		QA19-2+20 g（6+20）×1000×1400（mm）		B30-921 ϕ1290×(7+22)（mm）	BFe30-1-1+BHW38 ϕ980×(10+110)（mm）	
取样位置		起爆端	末端	起爆端	起爆端	末端
σ_f /MPa	最高	555	544	581	617	657
	最低	421	522	358	593	588
	平均	488	533	470	605	623
$\sigma_{b\tau}$ /MPa	最高	365	408	456	377	461
	最低	351	355	331	363	363
	平均	358	382	394	370	412

表 5.2.2.6　铝-钢复合板的分离强度与工艺参数的关系

复合板尺寸 /(mm×mm×mm)	工 艺 参 数	σ_f/MPa				
		1	2	3	4	平均
（12+24）×300×400	$h_0 = 30$ mm，$W_g = 1.8$ g/cm²	116	108	126	108	115

注：断口处于铝层内。

表 5.2.2.7　几种铝合金复合材料的分离强度[289]　　　　　　　　/MPa

炸药及材料尺寸	h_0/mm	AMr6-BT6	AMr6-1X18H10T	AMr6-Ni
炸药：6ЖB+NH₄NO₃（1:1），$\delta_0 = 30$ mm；AMr6：6 mm×65 mm×130 mm；Ti，1X18H10T，Ni：5 mm×60 mm×120 mm；在 13.3 Pa 真空箱内爆炸	3	（81~124）/105	（83~147）/123	（77~108）/86
	5	（95~139）/110	（42~103）/55	（83~106）/95
	8	（88~98）/94	（41~61）/49	0

表 5.2.2.8　一些复合材料的分离强度与工艺参数的关系[35]

覆板金属	δ_1/mm	基板金属	δ_2/mm	v_d/(km·s⁻¹)	σ_f/MPa
工业纯钛	2~10	碳钢或低合金钢	10~40	2.0~2.5	294~392
钛及其合金	2~20	钛及其合金	10~40	2.7~3.5	363~490
不锈钢	2~10	碳钢或低合金钢	20~40	2.2~3.5	323~539
黄铜	5	碳钢或低合金钢	40	2.5~3.0	343~539
铜及其合金	5	碳钢或低合金钢	40	2.8~3.5	245~343
工业纯铝	3~4	碳钢或低合金钢	30~40	1.8~2.5	88~108
铝及其合金	5~10	铝及其合金	20~40	2.7~3.5	108~127

表 5.2.2.9　不同状态的铜-铝复合板的分离强度　　　　　　（1.5+6.0）mm

状　态		爆　炸　后					轧　制　后						
退火工艺	加热温度/℃	350	400	450	500	未退火	350	400	450	500	未退火	400	400
	保温时间/h	0.5	0.5	0.5	0.5		0.5	0.5	0.5	0.5		1.5	2.0
σ_f /MPa	1	54	44	—	—	50	42	23	21	24	42	17	14
	2	50	36	—	—	31	39	20	22	—	42	21	14
	3	52	—	—	—	28	36	27	—	24	48	—	—
	平均	49	40	—	—	36	39	33	22	24	44	19	14

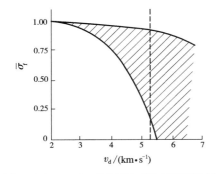

图 5.2.2.1　12X18H10T-12X18H10T 组合的相对结合强度与 v_d 的关系[371]

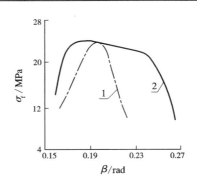

$v_{cp} = 1900$ m/s；
1—$T_{Pb} = 293$ K；2—$T_{Pb} = 77$ K

图 5.2.2.2　铅在不同的初始温度下，铅-铜接头的分离强度与冲击角的关系[355]

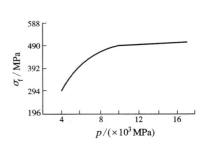

图 5.2.2.3　钢-钢复合板的分离强度与结合区压力的关系[51]

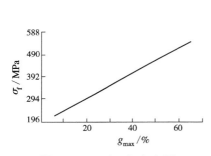

图 5.2.2.4　钢-钢复合板的分离强度与结合线旁边最大变形量的关系[51]

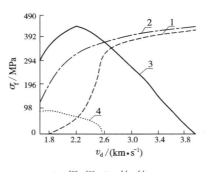

1—钢-钢；2—钛-钛；
3—钛-钢；4—铝-钢

图 5.2.2.5　几种复合材料的分离强度与爆速的关系[35]

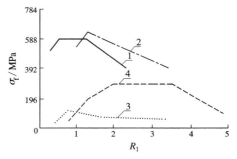

1—12X18H10T-低合金钢；
2—BT1-0+OT4；3—铝-钢；
4—BT1-0+钢

图 5.2.2.6　几种复合材料的分离强度与质量比的关系[38]

5.2.3　拉剪性能

有关爆炸复合材料的拉剪性能指标如表 5.2.3.1~表 5.2.3.8 所列。

表 5.2.3.1　一些复合材料的拉剪强度[1]

复合材料	TA2-Q235	TA2-18MnMoNb	AgCu-CuNi	AgCuNi-CuNi	Zr$_{-2}$+1Cr18Ni9Ti	QAl9-2+20 g	B30-921	BFe30-1-1+BHW38
$\sigma_{b\tau}$/MPa	142	382	178~211	164~211	343~392	358	407	417

表 5.2.3.2　几种电触头复合材料的拉剪强度[334]

复合材料	AgCu-CuNi	AgCuNi-CuNi	AgAu-CuNi	AgAuNi-CuNi
$\sigma_{b\tau}$/MPa	>178	>164	>211	>211
破断位置	覆板	覆板	覆板	覆板

表 5.2.3.3　银-铜双金属的拉剪强度[335]　/MPa

No		1	2	3	4	5	平均
纵向	1	204	214	205	219	226	214
	2	251	268	259	284	217	256
横向	1	194	168	192	232	—	197
	2	185	177	192	184	—	185

注：纵向意即与爆轰方向一致，横向意即与爆轰方向垂直。

表 5.2.3.4　银-铜复合板的拉剪强度[333]

状　态	$\sigma_{b\tau}$/MPa
爆　炸　后	114（9 个样品的平均值）

表 5.2.3.5　锆-2+不锈钢复合管的拉剪性能[858]

No		不锈钢管尺寸/mm	锆-2管尺寸/mm	h_0/mm	W_g/(g·cm^{-2}) TNT	W_g/(g·cm^{-2}) 2#	$\sigma_{b\tau}$/MPa
1	1	φ65×8×150	φ46×2.9×155	1.5	0.424	—	387
	2						383
2	1	φ65×8×150	φ46×2.9×155	1.5	—	0.565	371
	2						410
	3						406
3	1	φ65×8×150	φ46×2.9×155	1.5		0.565	416
	2						419
	3						408

表 5.2.3.6　两种双金属的拉剪强度[345]

双　金　属	原始性能 σ_b/MPa	原始性能 $\sigma_{0.2}$/MPa	原始性能 δ/%	$\sigma_{b\tau}$/MPa			破　断　特　征
4340-4340 钢	693	474	21.0	549	501	604	在基体上破断
Ti6Al4V-Ti6Al4V	906	863	1.5	585	995	782	在基体上破断

表 5.2.3.7　一些组合线状爆炸焊接部位的拉剪性能[152]

覆板 材质	覆板 δ_1/mm	基板 材质	基板 δ_2/mm	$\sigma_{b\tau}$/MPa 1	2	3	4	5	平均
铝 (AlPl-0)	1.0	SS41	9	136	143	138	130	138	137
	2.0		9	247	231	230	224	224	231
铜 (CuPl-0)	1.0	SS41	9	239	243	237	239	242	240
	2.0		9	622	619	617	617	613	617
铝青铜 (ABPl-0)	1.0	SS41	9	725	725	752	707	757	744
	2.0		9	1329	127	1343	1264	1253	130
不锈钢 (SUS 27)	1.0	SS41	9	652	670	666	682	664	666
	2.0		9	1204	1207	1179	1215	1197	1200
钛 (TP-35)	1.0	SS41	9	452	419	468	446	475	462
	2.0		9	818	846	802	826	790	816

表 5.2.3.8　锆合金-因科镍双金属的拉剪强度[386]

No	试样尺寸/mm 长	宽	厚	横截面积/mm^2	最大负荷/N	破断载荷/N	$\sigma_{b\tau}$/MPa	备　注
1	127	5.94	1.27	7.55	2793	—	359	—
2	127	5.89	1.14	6.71	2077	—	321	—
3	127	9.45	1.27	12.00	4361	—	355	—
4	127	6.35	1.27	8.06	3861	—	476	—
5	127	7.87	1.27	10.00	4381	—	299	—
6	127	7.87	1.27	10.00	4861	—	484	—
7	203	11.13	2.46	27.40	18140	15827	659	在锆合金中破裂

续表5.2.3.8

No	试样尺寸/mm 长	宽	厚	横截面积 /mm²	最大负荷 /N	破断载荷 /N	$\sigma_{b\tau}$ /MPa	备注
8	203	11.02	2.19	24.19	16111	14004	663	在锆合金中破裂
9	203	11.11	2.44	27.16	18493	11456	678	在锆合金中破裂
10	203	11.06	2.49	27.48	17689	17513	641	在靠界面的锆合金中破裂
11	203	11.07	2.21	24.45	16846	1462	686	在锆合金中破裂
12	203	11.10	2.40	26.61	18336	15915	686	在锆合金中破裂

5.2.4 拉伸性能

有关爆炸复合材料的拉伸性能指标如表5.2.4.1~表5.2.4.12所列。

表5.2.4.1 不同状态的镍-钛复合板的拉伸性能

名义厚度/mm	2.5				1.0			
状态	热轧		热轧后退火		冷轧		热轧后退火	
拉伸性能	σ_b/MPa	δ/%	σ_b/MPa	δ/%	σ_b/MPa	δ/%	σ_b/MPa	δ/%
数据 1	703	25.4	597	25.8	903	12.3	551	33.3
数据 2	711	25.4	599	26.3	894	11.1	548	33.3
数据 3	699	24.9	598	27.2	896	11.2	543	33.2
平均	704	25.2	598	26.4	898	11.5	547	33.3

注:退火工艺是600℃、0.5 h,真空。

表5.2.4.2 一些复合材料的力学性能[864]

组合 覆板	基板	复合板厚度 /mm	拉伸性能 σ_b/MPa	σ_s/MPa	δ/%	弯曲性能 内弯	外弯	σ_τ /MPa
铜	SS41	16(2+14)	404	29.8	277	良	良	176~196
磷青铜	SS41	10(2+8)	457	32.2	294	良	良	196~323
海军黄铜	SS42B	14(2+12)	468	31.4	298	良	良	196~245
阿姆斯铝青铜	SUS27	50(10+40)	601	30.5	—	良	良	323~372
高镍合金 B	SB42B	14(2+12)	503	36.4	315	良	良	294~363
高镍合金 C	SS41	14(2+12)	498	36.0	308	良	良	412~441
铝	SS41	12(2+10)	388	33.0	236	良	良	59~98
钛	SB42B	11(2+9)	477	32.0	340	良	良	333~412
铂	钛	5μ+1	405	—	377	良	良	—
不锈钢 SUS28	SS41	31(6+25)	503	40.0	363	良	良	343~412

表5.2.4.3 不同状态的镍-不锈钢复合板的拉伸性能

名义厚度/mm	2.5				1.0			
状态	热轧		热轧后退火		冷轧		冷轧后退火	
拉伸性能	σ_b/MPa	δ/%	σ_b/MPa	δ/%	σ_b/MPa	δ/%	σ_b/MPa	δ/%
数据 1	788	20.3	713	37.6	1137	7.8	791	35.5
数据 2	783	22.3	715	38.2	1098	9.3	827	32.0
数据 3	786	21.4	712	38.2	1127	7.4	836	30.0
平均	786	21.3	713	38.0	1117	8.2	818	32.5

注:退火工艺为700℃、45 min,真空。

表 5.2.4.4　钛-钢复合板的力学性能[720]　　　　　　　　　（15+21）mm

材　料	σ_b/MPa	σ_s/MPa	δ/%	a_k/(J·cm^{-2})	热处理
HII*	402~490	255	20	68.6	退火
C.P.I 级钛**	294~412	196	25	88.2	退火
钛-HII***	480	392	22	176.4~147.0	未退火
钛-HII***	480	382	27	117.6~156.8	550℃、1 h, 空冷
钛-HII***	450	343	27	147.0~245.0	(625~700)℃、1 h, 空冷
钛-HII***	470	343	30	107.8~205.8	890℃、0.5 h, 空冷

注：HII*—0.13%C, 0.21%Si, 0.56%Mn, 0.018%P, 0.021%S; C.P.I 级钛**—0.08%C, 0.05%N, 0.0125%H, 0.20%Fe; 钛-HII***—30 个试样的平均值。

表 5.2.4.5　一些复合材料结合区中的局部性能[28]

组　合	热　处　理	结 合 区 特 点	α 区			γ 区			破断时的变形 ε/%
			HV	σ_s^M/MPa	σ_b^M/MPa	HV	σ_s^T/MPa	σ_b^T/MPa	
08X18H10T-22K	未热处理	加工硬化组织,有不大的铸态夹杂物	300~350	549~637	784~882	400~450	725~813	941~1019	2~4
08X18H10T-22K	正火 930℃+回火 650℃	有脆性中间层和许多不连续的铸态夹杂物	180	323	539	300~350	549~637	784~882	3~4
08X18H10T-22K	奥氏体化 1050℃+正火 930℃+回火 650℃	脆性中间层,不大的铸态夹杂物	170	304	510	350~360	637	882	>30
05X18H10T-X2M1Φ	淬火 1000℃+正火 930℃+回火 650℃	脆性中间层,不大的铸态夹杂物	170	304	510	260~300	480~549	706~784	>15
08X13-22K	奥氏体化 1050℃+正火 930℃+回火 650℃	脆性中间层,不大的铸态夹杂物	140~160	255~294	441~490	210	392	608	>2
镍合金-22K	回火 650℃	加工硬化组织,脆性中间层,铸态夹杂物	200	363	588	300	549	784	2
镍合金-X2M1Φ	奥氏体化 1050℃+正火 930℃+回火 650℃	脆性中间层,不大的铸态夹杂物	160~170	294~304	490~510	180~250	333~451	549~686	>30
镍合金-X2M1Φ	奥氏体化 1050℃+正火 930℃+回火 650℃	脆性中间层,不大的铸态夹杂物	260	490	706	270~380	490~500	735~745	>30
X12H7Д-22K	正火(950~980)℃+回火(600~620)℃	脆性中间层,不大的铸态夹杂物	130	235	412	280~300	510~549	755~784	>30

注：σ_s^M 和 σ_b^M 为基板的, σ_s^T 和 σ_b^T 为覆板的。

表 5.2.4.6　一些复合板的力学性能[152]

No	覆　板	基　板	复合板厚度/mm	拉 伸 性 能			弯曲, d=t		σ_τ/MPa	σ_f/MPa
				σ_b/MPa	σ_s/MPa	δ_1/%	内	外		
1	脱氧铜板(D$_{Cu}$P)	SS41	16(2+14)	431	277	29.8	良	良	176~196	167~216
2	铅青铜板(ABPI-O)	SUS27	50(10+40)	601	—	30.5	良	良	323~372	186~539
3	耐蚀耐热镍基合金 C	SB42	14(2+14)	498	308	36.0	良	良	412~441	294~392
4	镍板	SS41	14(2+12)	461	315	39.0	良	良	294~344	216~294
5	白铜板(CNP)	SS41	14(4+12)	479	321	38.5	良	良	353~392	245~343

续表5.2.4.6

No	覆 板	基 板	复合板厚度/mm	拉 伸 性 能			弯曲，$d=t$		σ_τ/MPa	σ_f/MPa
				σ_b/MPa	σ_s/MPa	δ_1/%	内	外		
6	不锈钢板（SUS28）	SS41	31(6+25)	503	363	40.0	良	良	343~392	392~490
7	铝板（AIP3）	SS41	12(2+10)	388	236	30.0	良	良	58.8~98	58.8~88.2
8	钛板（TP35）	SB42	11(2+9)	477	345	32.0	良	良	333~412	245~294
9	钛板（TP35）	SUS27	13(2+11)	603	—	54.3	良	良	352~392	245~294

表5.2.4.7 几种复合材料的拉伸强度[2]

复 合 材 料	$\delta_1+\delta_2$/mm	σ_b/MPa	σ_s/MPa	δ/%
304 不锈钢-A212B 钢	3.18+25.4	608	429	22.8
35A 钛-A212B 钢	1.98+28.58	510	345	27
Hastlloy C-A212 钢	3.18+25.4	543	391	22
1100-H14 铝+A212B 钢	3.18+25.4	502	376	21
DHP 铜-A212B 钢	6.35+25.4	508	395	20

表5.2.4.8 多层材料对接接头的拉伸性能[970]

复合板厚度/mm	材 料	基板强度 σ_b/MPa	焊接接头强度 σ_b/MPa	破断特性	标准偏差/N
1.0 和 1.6	6061-T6	338	324	C	1372
1.6 和 2.3	6061-T6	485	424	C	2577
1.6 和 3.2	6061-T6	678	647	C	3195
0.6 和 1.4	Ti6Al4V	823	705	A	5057

表5.2.4.9 不同厚度材料搭接接头的拉伸性能[970]

复合板厚度/mm	材 料	基材强度，σ_b/MPa	焊接接头强度，σ_b/MPa	破断特性	标准偏差/N
1.6+6.6	6061-T6 和 2024-0	339	282	A	1911
	6061-T6 和 7075-0	339	292	A	1911
	6061-T6 和 6061-0	339	372	C	1058
	6061-T6 和 6061-T6	339	384	C	133
	6061-T6 和 A2024-T3*	339	339	A	892
	A2024-T3 和 A2024-T3*	496	311	A	1597
	7075-T6 和 A2024-T3*	622	384	A	892
	7075-T6 和 6061-T6	622	384	A	3557
1.8+6.3	2024-T4 和 6061-T6	554	523	A	3685
2.5+6.3	2219-T31 和 6061-T6	730	353	A	3283

注：A 表示沿焊缝破断（结合面积不够），B 表示在焊缝的边界上沿基体金属破断，C 表示远离焊缝沿基体金属破断，上下表同。* 表示 ALCLAD2024-T3，上下表同。

表5.2.4.10 钛-钼纤维增强复合材料的拉伸性能[723]

材 料 特 性	丝的体积含量 V/%	σ_b^c/MPa		相对强度/%
		理论	实验	
基体 BT1-0 钛箔：$\sigma_b^m=441\sim588$ MPa，$\delta=10\%\sim18\%$，$\delta_2=0.1$ mm；加强相钼丝：$\sigma_b^f=1568\sim1862$ MPa；$\delta=5\%\sim10\%$，爆炸焊接坯料由丝-箔交替叠合组成。σ_b^c（理论）$=\sigma_b^f\cdot V+\sigma_b^m\cdot(1-V)$	28	706	1088	154
	30	794	1058	134
	—	—	1372	—
	22	706	1058	151
	25	745	1058	143
	25	735	1068	145

表5.2.4.11 相同厚度材料搭接接头的拉伸性能[970]

复合板厚度/mm	材 料	基材强度，σ_b/MPa	焊接接头强度，σ_b/MPa	破断特性	标准偏差/N
1.0	A2024-T3*	262	280	C	441
1.0	A2024-T3*	486	443	B	1245
2.3	A2024-T3*	693	598	B	2264
3.2	A2024-T3*	971	498	A	755
1.6	6061-T6	339	324	B	490
2.3	6061-T6	486	432	B	1174
0.4	A2014-T3*	126	126	C	3381
1.6	A2014-T3*	485	301	A	1156
2.3	A2014-T3*	693	395	A	980
3.2	A2014-T3*	970	397	A	1686
1.6	6061-T6	338	337	B	1421
2.3	6061-T6	485	488	B	843
3.2	6061-T6	677	512	B	2976
2.5	2219-T31	719	568	B	578
1.4	Ti6Al4V	628	827	C	490
1.6	5456-0	376	334	B	2136
1.6	Cu	275	275	C	2401
1.6	2219-T31 和 5456-0	376	333	B	253
1.6	Cu 和 1100-0	122	100	A	751
1.6 和 3.2	5456-0 和 6061-T6	376	376	C	2240

表 5.2.4.12　诸种复合板性能检验的结果[863]

No	复　合　板		板 厚 /mm	拉　伸　试　验			弯曲,$d=t$		σ_τ /MPa			
	覆　板	基　板		σ_b/MPa	δ/%	σ_s/MPa	内	外				
1	不锈钢(SUS27)	DMP45	17.5(1.5+16)	485	24.5	341	良	良	333	362	382	379
2	铝青铜	SUS27	50(10+40)	601	30.5	390	良	良	321	370	365	327
3	钛	SB4B	11(2+9)	477	32.0	344	良	良	283	237	276	315
4	镍	SB2	14(2+12)	457	28.7	339	良	良	309	342	218	306
5	海军黄铜	SB2	14(2+12)	463	31.4	299	良	良	336	342	342	314
6	铜	SS41	16(2+14)	404	29.8	277	良	良	>196			
7	磷青铜	SS41	10(2+8)	457	32.2	294	良	良	289	327	260	272
8	耐盐酸镍基合金	SB42B	14(2+12)	498	36.0	304	良	良	437	421	409	433
9	钨铬钴合金	SB42B	12(2+10)	521	27.6	318	良	良	348	410	426	379
10	铝	SS41	12(2+10)	389	33.0	236	良	良	>137			
11	钛	SUS27	13(2+11)	602	54.3	—	良	良	353~412			
12	铂	钛	5 μ+1	305	38.5	—	良	良	—			

5.2.5　弯曲性能

有关爆炸复合材料的弯曲性能指标如表 5.2.5.1~表 5.2.5.4 所列。

表 5.2.5.1　不同状态的镍-钛复合板的弯曲性能　　　　　　/(°)

状　态	爆炸态, 厚 12.15 mm			热　轧　态, 厚 2.5 mm			冷　轧　态, 厚 1.0 mm		
未退火	>180	>180	>167	67	61	61	21	21	20
650 ℃、1 h 退火	—	—	—	90	103	110	82	120	93

注: $d=t$, 下表同。

表 5.2.5.2　不同状态的镍-不锈钢复合板的弯曲性能　/(°)

状　态	爆炸态, 厚 11.50 mm			热轧态, 厚 2.5 mm			冷轧态, 厚 1.0 mm		
未退火	>180	>180	>180	>121	>127	>133	96	102	100
650 ℃、1 h 退火	—	—	—	>132	>129	>129	>122	>127	>126

表 5.2.5.3　几种电触头复合材料的弯曲性能[334]

复合材料	弯曲次数/次	备　注
AgCu-CuNi	6.0	以正方向弯曲 90° 后再反向弯曲 90° 为一次弯曲次数
AgCuNi-CuNi	6.5	
AgAu-CuNi	5.5	
AgAuNi-CuNi	5.5	

表 5.2.5.4　不同状态的 AgAuNi-CuNi 复合板的弯曲性能与工艺参数的关系

W_g/(g·cm⁻²)	2.5		3.5		4.5	
状　态	爆炸态		爆炸态	爆炸后退火态	爆炸态	
弯曲类型	内弯	外弯	内弯	外弯	内弯	外弯
α/(°)	>140	>167	>133	>141	>142	>167

注: $d=t$, $t=9$ mm; 内弯指银合金向里, 外弯指银合金向外。

5.2.6　疲劳性能

有关爆炸复合材料的疲劳性能指标如表 5.2.6.1~表 5.2.6.6 所列以及图 5.2.6.1~图 5.2.6.11 所示。

表 5.2.6.1　爆炸复合钢和堆焊包覆钢的剪切疲劳试验结果[2]

复合材料和复合方法	因科镍 606-A302B 钢爆炸复合②		因科镍 82-A302B 钢堆焊包覆		因科镍 600-A302B 钢爆炸复合	
载荷/MPa	拉伸应力最大值		拉伸应力最大值		拉伸应力最大值	
	137	165	137	165	137	165
破坏周期/min	2500①	2447	2688	921	2500	2085
出现第一条裂纹的周期/min	—	2090	2501	916	—	303

注: ①没有破坏, 试验中止; ②在 621 ℃ 消除应力。

表 5.2.6.2　铜-钢复合板的疲劳试验结果[1]

复合板	No	应力 /MPa	疲劳寿命 /N	裂纹源位置	断口附近情况
B30-922	1	±467	16742	1处，在922钢外表面	完好
	2		28058	2处，在922钢外表面及棱角	外表面有2个孔洞
	3		39646	3处，在922钢外表面	完好
	4		38768	1处，在界面的外表面	完好
	5		27375	1处，在922钢外表面	外表面有1个孔洞
	6		27719	2处，在922钢外表面及棱角	完好
B30-911	1	±467	39650	1处，在911钢外表面	外表面有多个孔洞
	2		41041	1处，在界面的外表面	完好

注：试样见图5.1.1.42。

表 5.2.6.3　TA5-902 钢复合板的疲劳试验结果[1]

No	应力 /MPa	循环次数 /次	试验后状态
1	287~225	1×10^6	钛面在纯弯曲部分裂开
2	287~225	1×10^6	未断，焊接界面完好
3	287~225	1×10^7	未断，焊接界面完好

注：试样尺寸为(2+6) mm×300 mm×450 mm，试验在纯弯曲往复振动疲劳试验机上进行，振动频率为1430次/min。

表 5.2.6.4　08X18H10T-22K 双层钢的疲劳强度[28]

试样特征	疲劳极限，σ_{-1}/MPa		
	回火以后	正火和回火以后	奥氏体化、回火和正火以后
22K	—	147~172	—
双层钢，接头中带有大块的铸态夹杂物	83	88	103
双层钢，接头中带有不大的铸态夹杂物	—	157	188

表 5.2.6.5　几种双层钢的疲劳强度[971]

双层钢		疲劳试验情况	热处理工艺	持久强度极限 /MPa
覆板	基板			
—	22K	试样尺寸：50 mm×75 mm；试验类型：平面对称弯曲；试验机频率：1900~2400 次/min；试验基础：10^7 次循环	—	172
—			630℃回火 12 h+930℃退火 4 h+630℃回火 2 h	152
1X18H9T			—	83
1X18H9T			630℃回火 6 h	93
1X18H9T			630℃回火 12 h+930℃退火 4 h+630℃回火 2 h	103
0X13			—	103
0X13			630℃回火 6 h	147
0X13			630℃回火 12 h+930℃退火 4 h+630℃回火 2 h	181

表 5.2.6.6　爆炸焊接和机械连接的过渡接头的疲劳强度[158]

结合方法	尺寸 /mm		载荷 /N		疲劳周期	附注
	厚	宽	拉伸	压缩		
机械连接：4个铆钉	6.35	88.9	55625	17800	31600	铆钉破坏
机械连接：6个铆钉	6.35	127.0	55625	13350	63300	
爆炸结合的过渡接头	6.35	50.8	55625	17800	39500	在5456铝合金热影响区中破坏
	6.35	50.8	3338	11793	1267400	
	6.35	50.8	1113	17800	721500	

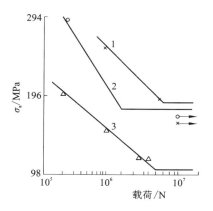

1—БРОФ6.5-0.15+钢；

2—БРОЦС4-4-2.5+钢（爆炸焊接和随后轧制）；

3—铝合金-钢（共同浇注的）

图 5.2.6.1 滑动轴承双金属的疲劳强度[28]

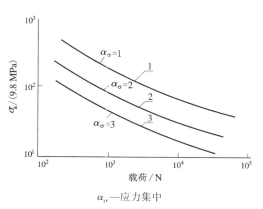

α_σ—应力集中

图 5.2.6.2 22K 钢低循环疲劳强度的
计算曲线（1）和 08X18H10T-22K
双层钢的重复-静态破断强度（2，3）[28]

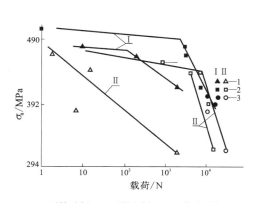

1—开始破坏；2—覆板破坏；3—完全破坏

图 5.2.6.3 堆焊（Ⅰ）和爆炸
复合（含有大量的铸态夹杂物）
（Ⅱ）的 09X18H10T-22K 双层钢
的低循环疲劳强度[30]

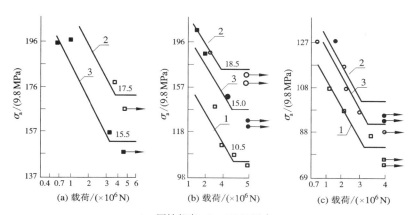

1—原始状态；2—650℃回火；

3—回火+正火（930℃）+回火（图中纵坐标值为换算的）

图 5.2.6.4 22K(a) 被 08X13(b) 及 08X18H10T(c)
爆炸复合的双层钢的疲劳强度[30]

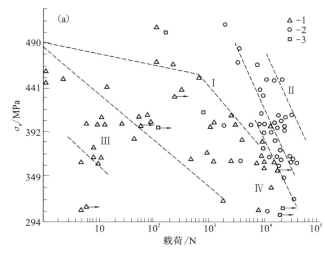

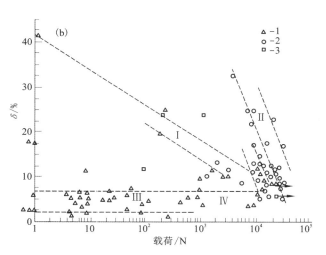

Ⅰ、Ⅱ—用最佳工艺方案爆炸复合的钢和用堆焊法复合的钢；

Ⅲ、Ⅳ—结合区带有正常组织和性能而破断的爆炸复合钢；

1—在覆板中产生破断；2—整个组合破断；3—没有破断

图 5.2.6.5 08X18H10T-22K 双金属在破坏阶段的低循环强度（a）和极限变形（b）[28]

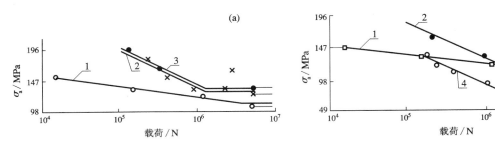

1—低碳钢；2—耐蚀钢；3—双金属；4—黄铜

图 5.2.6.6　被耐蚀钢(a)和黄铜(b)爆炸复合的低碳钢的疲劳强度[28]

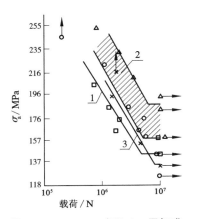

图 5.2.6.7　22 K 钢(1)、用标准
工艺被 08X18H10T 爆炸复合
的 22 K 钢(2)和用多层堆焊法
获得的 22 K 钢(3)的疲劳强度[28]

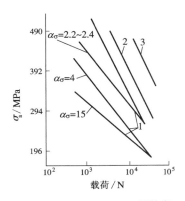

图 5.2.6.8　22 K(1)、爆炸复
合(2)和堆焊(3)的
08X18H10T-22 K 双层钢
的低循环疲劳强度[28]

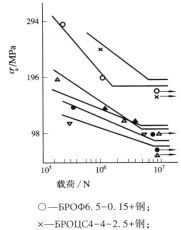

○—БРОФ6.5-0.15+钢；
×—БРОЦC4-4-2.5+钢；
●—AO20-钢；△—Al-1+钢；
▽—ACM-钢；▲—AMCT-钢

图 5.2.6.9　滚动轴承双金属的疲劳曲线[416]

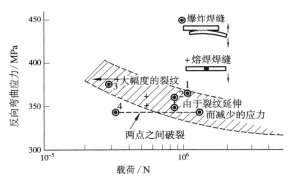

图 5.2.6.10　分别从 760 mm 管道和 760/813 mm
管道之间的对接熔接接头和搭接爆炸焊接接头
上切割下来的条形试样的疲劳强度[24]

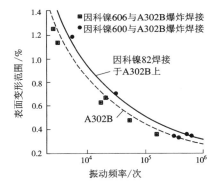

图 5.2.6.11　因科镍 606 和 600 爆炸
焊接于 A302B 钢上，与因科镍 82
焊接于 A302B 钢上的疲劳曲线比较[2]

5.2.7　热循环性能

有关爆炸复合材料的热循环性能指标如表 5.2.7.1~表 5.2.7.8 所列以及图 5.2.7.1~图 5.2.7.2
所示。

表 5.2.7.1　X08H10T-22K 双层钢在热循环后的分离强度[30]　　　　　　　　　　　　/MPa

结 合 区 特 征	热 处 理	原始的	冷热变换 300 次后	冷热变换 1000 次后
带有不大的铸态夹杂物	奥氏体化+正火+回火	532	518［(350~20)℃］	528
带有大块的铸态夹杂物	奥氏体化+正火+回火	546	491	566

表 5.2.7.2　几种组合的过渡接头在热循环后的剪切强度

覆　板		基　板		h_0 /mm	W_g /(g·cm^{-2})	热循环 工艺	试样数 /个	σ_τ/MPa			备　注
金属	δ_1/mm	金属	δ_2/mm					最大值	最小值	平均值	
钛	3	不锈钢	18	5	1.4	A	1	—	—	344	基板表面磨光
						B	3	531	433	499	
						C	2	488	417	452	
	5			6.5	1.6	A	2	462	433	447	
						B	3	419	224	326	
						C	1	—	—	333	
	3	铜	6	5	1.4	C	3	233	191	211	
	5			6.5	1.6	B	2	156	140	148	

注：热循环工艺：A—在 250 ℃下保温 3 min，水冷，连续 300 次；B—在 250 ℃下保温 3 min，水冷，连续 500 次；C—在 350 ℃下保温 3 min，水冷，连续 300 次。下表同。

表 5.2.7.3　几种组合的过渡接头在热循环后的分离强度

覆　板		基　板		h_0 /mm	W_g /(g·cm^{-2})	热循环 工艺	试样数 /个	σ_f/MPa			备　注
金属	δ_1/mm	金属	δ_2/mm					最大值	最小值	平均值	
钛	3	钢	22	5	1.4	A	2	424	354	389	
铜	4	钢	22	8.6	1.3	B	2	303	279	291	
钛	3	不锈钢	18	5	1.4	A	1	—	—	310	基板表面磨光
						B	2	303	230	268	
						C	2	273	273	273	
	5			6.5	1.6	A	2	706	646	675	
						B	1	—	—	243	
						C	1	—	—	653	
铝	3	铜	10	8.5	1.7	C	2.	87	52	69	

表 5.2.7.4　一些复合材料的热循环破断[30]

复　合　方　法	热　处　理	在切口中，与冷热变换次数有关的平均裂纹深度/mm						
		50 次	100 次	150 次	200 次	300 次	500 次	1000 次
08Х18Н10Т－Х2М1Ф，爆炸复合	淬火+回火	没有	没有	没有	没有	0.0397	0.0636	0.1272
08Х18Н10Т－Х2М1Ф，爆炸复合	回火	—	没有	没有	0.0795	0.0596	0.0795	0.1550
18Cr8Ni－Х2М1Ф，堆焊	淬火+回火	—	没有	0.0159	0.0159	0.0556	0.0715	0.1795
08Х18Н10Т－22K，爆炸复合	正火+回火	没有	没有	没有	0.078	0.0795	0.0895	0.1987
18Cr8Ni－22K，堆焊	正火+回火	没有	没有	没有	没有	没有	0.0954	0.1908

表 5.2.7.5　热循环处理前后一些复合材料的拉剪强度[396]　　　　　　　　　　/MPa

No	Mo-1X18H9T		Nb-1X18H9T		Cu-1X18H9T		Al-1X18H9T		Ni-1X18H9T	
	处理前	处理后	处理前	处理后	处理前	处理后	处理前	处理后	处理前	处理后
1	281	229	414	366	147	129	108	97	325	284
2	273	223	386	328	134	119	107	96	333	294
3	285	232	400	354	139	123	98	88	354	305
4	291	237	377	334	117	103	115	103	319	288
平均	281	230	394	345	134	119	107	96	333	295

注：热循环工艺为在(300~800)℃范围内加热，升温速度 50 ℃/min，经受 30 次热冲击。下表同。

表 5.2.7.6　铅-钢复合板的热循环性能[35]

工 艺 参 数	热循环工艺（试样尺寸为 25.4 mm×101.6 mm）		破断位置
$v_d = 1030 \sim 1300$ m/s，$h_0 = 2\delta_1$（δ_1 为铅板厚度），缓冲层为马粪纸	150℃、300 min，水冷，重复 300 次后未发现铅分层和脱落。	250℃ 加热和冷却100 次，没有脱落	所有试样都不是从界面破断

表 5.2.7.7　热循环处理前后一些复合材料的分离强度[396]　　　/MPa

No	Mo-1X18H9T		Nb-1X18H9T		Cu-1X18H9T		Al-1X18H9T	
	处理前	处理后	处理前	处理后	处理前	处理后	处理前	处理后
1	302	249	548	449	165	138	131	105
2	354	286	466	376	175	147	168	146
3	334	278	400	394	181	158	150	125
4	340	284	556	450	181	156	120	100
5	351	278	478	372	139	109	160	131
6	335	276	473	381	159	130	159	148
7	345	295	537	435	142	115	173	146
8	360	310	535	434	173	147	146	119
平均	340	280	512	412	165	137	153	127

表 5.2.7.8　热循环对几种双层钢分离强度的影响[28]　　　/MPa

双层钢及其结合区特性，获得方法	热 处 理	原 始 态	100 次冷热变换后	1000 次冷热变换后
08X18H10T-22 K，带有少量铸态夹杂物，爆炸复合	未热处理	713	758	762
	奥氏体化+正火+回火	532	517	528
	奥氏体化+弯曲+正火+回火	567	578	604
	奥氏体化+正火+回火+堆焊到覆板表面	585	536	561
08X18H10T-22 K，爆炸复合，有大量铸态夹杂物	奥氏体化+正火+回火	546	491	566
18Cr8Ni-22K，堆焊		676	666	615
08X13-22K，爆炸复合，有少量铸态夹杂物		594	521	586

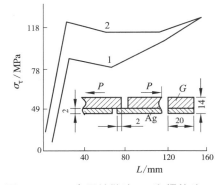

图 5.2.7.1　在用扩散法（1）和爆炸法（2）获得的银-钢[（2+12）mm]复合板中，在 600℃焊接热循环作用下，沿爆轰方向剪切强度的变化[972]

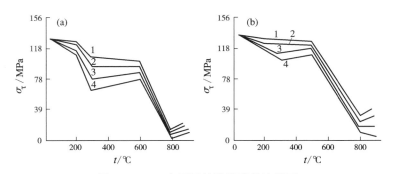

图 5.2.7.2　在不同的冷热变换次数下（1、2、3、4），用扩散法（a）和爆炸法（b）获得的银-钢复合板中，剪切强度与温度的关系[972]

5.2.8　腐蚀性能

有关爆炸复合材料的腐蚀性能指标如表5.2.8.1~表5.2.8.5所列以及图5.2.8.1~图5.2.8.2所示。

表5.2.8.1　B30-922复合试样环形应力腐蚀试验[251]

试　样　及　试　验　准　备	状　态	腐　蚀　条　件	腐蚀时间/d	结　果
试样尺寸2 mm×15 mm×200 mm，绕 d=34 mm 的弯心弯曲180°后，用带塑料壳的金属丝把试样的两个端脚捆紧，使之呈细环形状，因而产生一定的应力。见图5.1.1.52(a)	供货态	应力计算值0.95σ_{0.2}，介质为3.5% NaCl 水溶液，温度35±1 ℃，空气温度40±2 ℃，在腐蚀轮上的浸露比为1:5	>94	无应力腐蚀，开裂
	复合后靠近界面取样		>94	
	复合后靠近外表面取样		>94	

表5.2.8.2　B30-922复合试样弓形应力腐蚀试验[251]

试　样　及　试　验　准　备	状　态	腐　蚀　条　件	腐蚀时间/d	结　果
试样尺寸2 mm×15 mm×210 mm，通过夹具使试样呈弓形，其挠度以试样产生0.92 σ_{0.2} 的计算应力为准则。见图5.1.1.52(b)	供货态	应力计算值0.95 σ_{0.2}，腐蚀介质为3.5% NaCl 水溶液，温度35±1 ℃，空气温度40±2 ℃，在腐蚀轮上的浸露比为1:5。	>94	无应力腐蚀，开裂
	复合后靠近界面取样		>94	
	复合后靠近外表面取样		>94	

表5.2.8.3　爆炸焊接覆层材料的耐蚀性能[174]

金　属	腐蚀液（沸　腾）	基　材/(mm·a^{-1})	爆炸焊接覆层材料/(mm·a^{-1})
钛(TP35)	5% H_2SO_4	0.92	0.097
	65% HNO_3	0.91	0.28
不锈钢（SUS27）	5% H_2SO_4	0.085	0.095
	65% HNO_3	0.63	0.56
铜(CuP_2-0)	1% H_2SO_4	0.99	0.81
	1% HCl	1.27	1.33
阿姆斯合金（ABP_1-0）	1% H_2SO_4	0.105	0.150
	1% HCl	0.65	0.63

表5.2.8.4　08X18H10T-22 双层钢的腐蚀开裂倾向[30]

试　样　特　征	到裂纹出现的时间/h		蹄形试样，到破断的时间/h
	圆形试样	弓形试样	
没有焊接的08X18H10T 钢	—	—	2(5)
带有不多的铸态夹杂物的爆炸复合板，奥氏体化+正火+回火	670(1)，1600(1) 没有裂纹	1050(1) 没有裂纹	2~5(10)，60~300(3)
带有不多的铸态夹杂物的爆炸复合板，没有热处理	160(1)，830(1)	310(1)	3(5)
堆焊	10(1)，50(1)		2~5(4)

表5.2.8.5　不同状态下，覆板钛(BT1-0)在一般的比较腐蚀试验中的结果[192]

试样	重　量　损　失/g		腐　蚀　速　度，×10^{-4}				腐蚀等级		稳定性分类	
			g/(cm²·h)		mm/a					
A_1	0.0005	0.0009	2.4	4.3	4.6	8.3	1	1	I	I
A_2	0.0008	0.0006	3.7	2.8	7.1	5.4	1	1	I	I
B_1	0.0005	0.0016	2.4	7.4	4.6	14.2	1	2	I	II
B_2	0.015	0.010	7.3	4.6	14.0	8.8	2	1	II	I
C_1	0.006	0.006	29.0	29.0	56.0	57.0	3	3	II	II
C_2	0.0122	0.0077	59.0	38.0	100.0	71.0	3	3	II	II

注：① A—BT1-0 钛、B—覆板钛(排除钢层)，C—用 B，但在热处理后；② 1 和 2 的试验介质分别为2%的甲酸溶液和 $CaCl_2$+HCl 的过饱和溶液；③ 腐蚀等级和稳定性分类根据 ГОСТ13819-68；④ I 和 II 为十分耐蚀和非常耐蚀。

钛合金(TA5)-钢(902)复合板的磁致伸缩空泡腐蚀试验[84]用的试样如图 5.1.1.49 所示。试验条件是：介质为 3%NaCl 蒸馏水溶液，室温，板极电流为 300~320 mA。试验结果以试样的失重表示材料的空泡腐蚀性能。几种材料的空泡腐蚀性能如图 5.2.8.1 所示。由图可见，TA5-902 复合板的空泡腐蚀性能与单金属 TA5 和 BT6 钛合金一样。

腐蚀试验的实践表明，爆炸焊接以后，覆板原先与炸药接触的一面腐蚀速度最小，而接触界面的腐蚀速度最高。这是因为前者在爆炸载荷作用之后处于压应力状态，处于这种状态的金属是比较耐腐蚀的。后者一方面材料处于拉应力状态之中，另一方面界面附近的金属的组织和状态发生了变化，这种状态和变化通常降低材料的耐蚀性。例如 347 型不锈钢-钢复合板的腐蚀速度与其和两接触面的距离的关系就反映了上述规律（见图 5.2.8.2）。

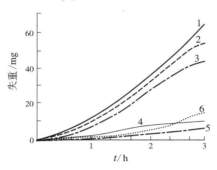

1—902 钢；2—909 钢；3—AK-25；
4—TA5；5—BT6；6—TA5-902 复合板
图 5.2.8.1　几种金属材料空泡腐蚀
试验后，失重与试验时间的关系

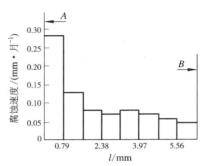

A—接触界面；B—覆板外表面
图 5.2.8.2　347 型不锈钢-碳钢
复合板的覆板的腐蚀速度与其
和两接触面的距离的关系[250]

5.2.9　显微硬度分布

多种爆炸复合材料的硬度（HV、HB、Hμ 等）分布特征如图 5.2.9.1~图 5.2.9.55 所示。其分析与 4.8 章相同，并为 4.8 章的补充和丰富。

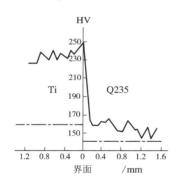

图 5.2.9.1　钛-钢

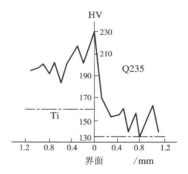

图 5.2.9.2　钛-钢

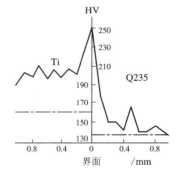

图 5.2.9.3　钛-钢

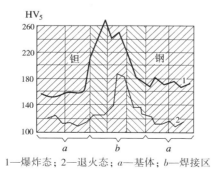

1—爆炸态；2—退火态；a—基体；b—焊接区
图 5.2.9.4　钽-钢[352]

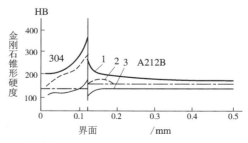

1—爆炸态；2—621 ℃消应力退火；3—954 ℃退火
图 5.2.9.5　304 不锈钢-A212B 钢[2]

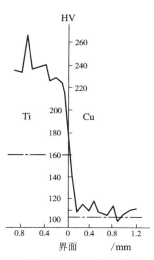

图 5.2.9.6　钛-铜

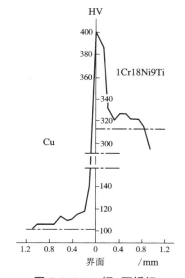

图 5.2.9.7　铜-不锈钢

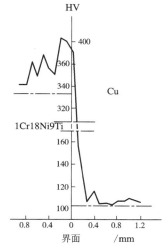

图 5.2.9.8　不锈钢-铜

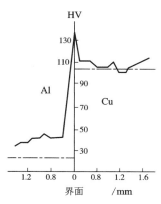

图 5.2.9.9　铝-铜

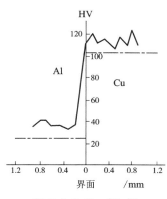

图 5.2.9.10　铝-铜

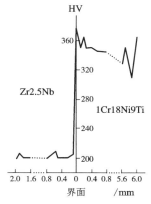

5.2.9.11　锆 2.5 铌-Nb 不锈钢

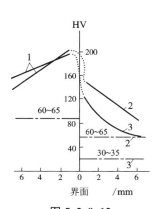

图 5.2.9.12
$CuNi_{25}(1)-AgCu_{10}(2)$ 和
$CuNi_{25}(1)-AgAu_{10}(3)$ [490]

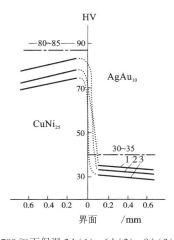

700 ℃ 下保温 2 h(1)、6 h(2)、8 h(3)
图 5.2.9.13　$CuNi_{25}-AgCu_{10}$ [490]

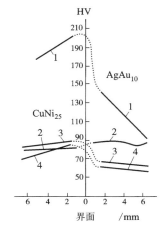

1—爆炸态；2—700 ℃、6 h；
3—750 ℃、6 h；4—650 ℃、12 h（退火）
图 5.2.9.14　$CuNi_{25}-AgCu_{10}$ [490]

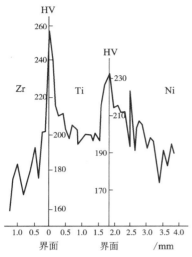

图 5.2.9.15　锆-钛-镍

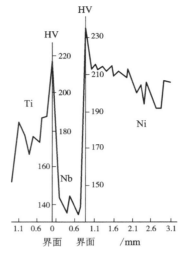

图 5.2.9.16　钛-铌-镍

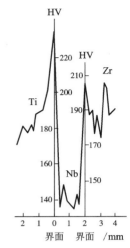

图 5.2.9.17　钛-铌-锆

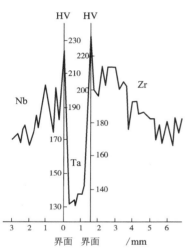

图 5.2.9.18　铌-钽-锆

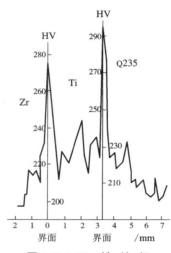

图 5.2.9.19　锆-钛-钢

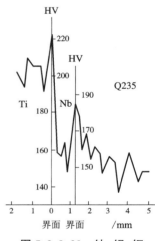

图 5.2.9.20　钛-铌-钢

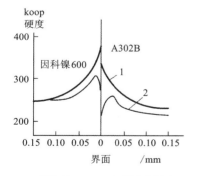

1—爆炸态；2—621 ℃消应力退火

图 5.2.9.21　因科镍

600-A302B 钢[2]

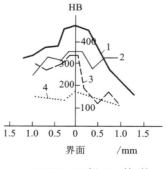
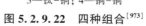

1—1X18H9T-G3 钢；2—钛-钛；

3—钛-铜；4—铜-铜

图 5.2.9.22　四种组合[973]

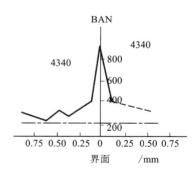

图 5.2.9.23　4340-4340[2]

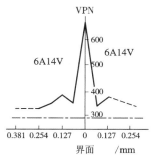

图 5.2.9.24　6Al4V-6Al4V[2]

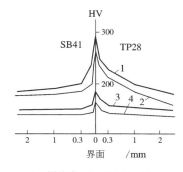

1—爆炸态；2—525 ℃、1 h；
3—625 ℃、1 h；4—725 ℃、1 h（退火）

图 5.2.9.25　钛-钢[690]

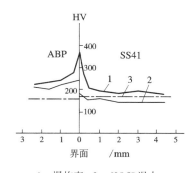

1—爆炸态；2—625 ℃退火；
3—原始态

图 5.2.9.26　ABP-SS41[866]

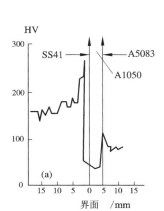

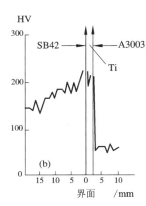

图 5.2.9.27　SS41-Al050-A5083（a）和
SB42-Ti-A3003（b）[275]

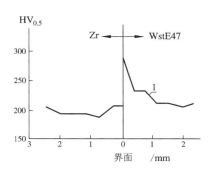

1—爆炸态，σ_τ = 212~351 MPa；
2—500 ℃、1 h 热处理，σ_τ = 245~316 MPa；
3—700 ℃、6 h 热处理，σ_τ = 165~175 MPa
原图缺曲线 2、3

图 5.2.9.28　锆-钢[170]

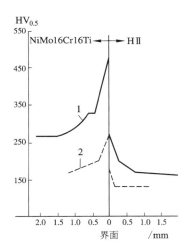

1—爆炸态，σ_τ = 426~456 MPa；
2—900 ℃、1 h 加热，σ_τ = 432~455 MPa

图 5.2.9.29　镍合金-钢[170]

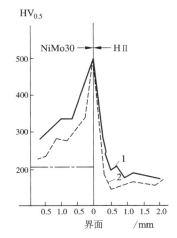

1—爆炸态复合板，σ_τ = 412~440 MPa；
2—复合板焊缝，σ_τ = 483~486 MPa

图 5.2.9.30　镍钼合金-钢[171]

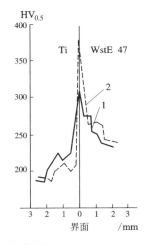

1—复合板焊缝，σ_τ = 146~282 MPa；
2—复合板基体，σ_τ = 245~336 MPa

图 5.2.9.31　钛-钢[170]

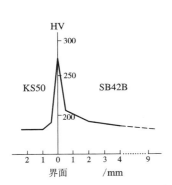

图 5.2.9.32　KS50-SB42B[863]

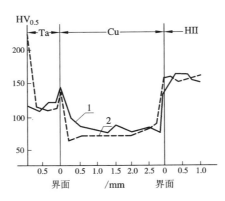

1—爆炸态；2—(900~920)℃热成形

图 5.2.9.33　钽-铜-钢[170]

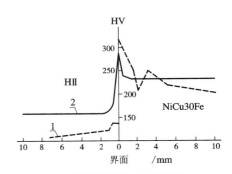

1—爆炸焊接的；2—堆焊的

图 5.2.9.34　NiCu30Fe-HII 钢[170]

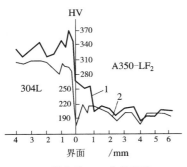

1—爆炸后；2—热处理后

图 5.2.9.35　304L 不锈钢+
A350-LF₂ 钢(锻件)[222]

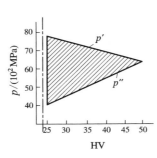

p' 相应为最大压力，这种压力的增加引起结合强度
的降低；p'' 相应为(8~10)次试验中的平均压力值，
在此压力下达到最大的焊接强度；阴影三角形内的
焊接强度与铝合金等强；p' 和 p'' 的交点相
应为结合强度 490 MPa 的铝合金的最高强度

图 5.2.9.36　典型的冲击压力与铝合金硬度的关系[372]

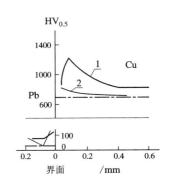

1—T_{Pb} = 77 K；2—T_{Pb} = 293 K；
冲击角 = 0.168 rad；v_{cp} = 2000 m/s

图 5.2.9.37　铅-铜[355]

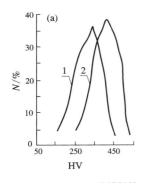

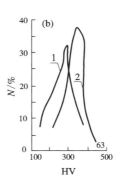

（a）1—连续焊接；2—同时焊接；
（b）1—在坯料的起始部分；2—在坯料的最后部分

图 5.2.9.38　在 АД1 和 Х18Н10Т 之间
熔化区硬度分布的频率特性与焊接
方式（a）和坯料位置（b）的关系[277]

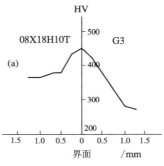

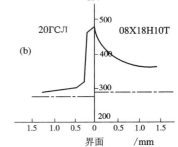

（a）无铸态夹杂物；（b）有铸态夹杂物

图 5.2.9.39　08Х18Н10Т-G3 和 20ГСЛ-08Х18Н10Т[28]

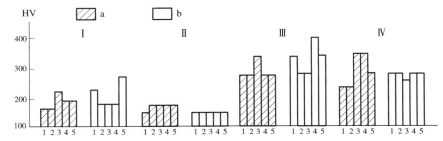

a—爆炸复合的复合结合区；b—堆焊的复合结合区；1—在 350℃下等温保温 5000 h；2—原始态；
3、4、5—相应为冷热变换 50 次、200 次和 300 次；去除接头（Ⅰ、Ⅲ）和在其界面上（Ⅱ、Ⅳ）的珠光体钢及奥氏体钢

图 5.2.9.40　08X18H10T-22K 钢，冷热变换和时效对爆炸复合的和堆焊的双金属结合区显微硬度的影响[28]

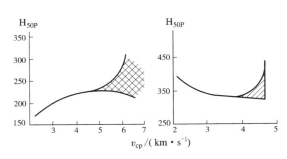

图 5.2.9.41　12X18H10T-12X18H10T
结合区熔体的硬度与焊接速度
及复合板单位面积质量的关系[371]

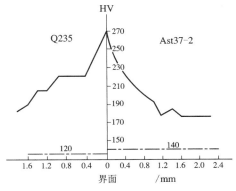

图 5.2.9.42　Q235 钢+Ast37-2 钢

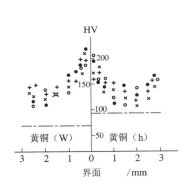

W—软态；h—半硬态

图 5.2.9.43　黄铜-黄铜
（63%Cu+37%Zu）[140]

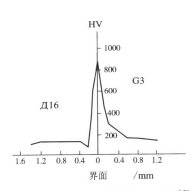

图 5.2.9.44　Д16 铝合金-G3 钢[5]

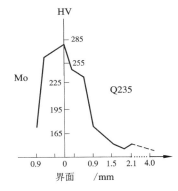

图 5.2.9.45　钼-钢

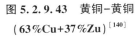

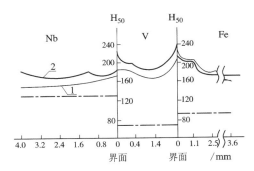

在下列冲击速度下复合板各层的硬度分布：
v_p：1—420 m/s；2—450 m/s

图 5.2.9.46　铌-钒-铁[396]

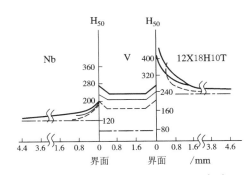

图 5.2.9.47　铌-钒-12X18H10T[396]

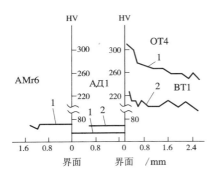

图 5.2.9.48　AMr6-AДl-OT4(1)
和 AДl-BT1(2)[381]

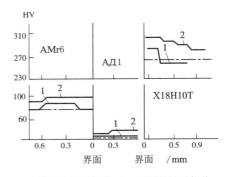

1—坯料的起始部分；2—坯料的最后部分

图 5.2.9.49　AMr6-AДl-1X18H9T[277]

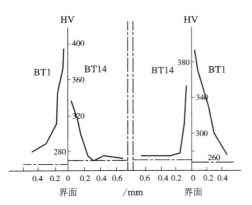

图 5.2.9.50　BT1-BT14-BT1[508]

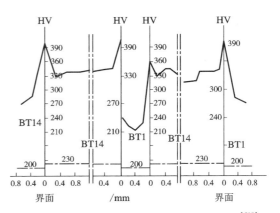

图 5.2.9.51　BT1-BT14-BT1-BT14-BT1[508]

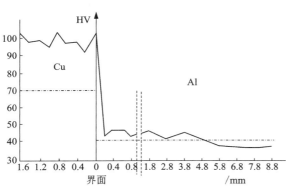

图 5.2.9.52　铜-铝管棒(一)

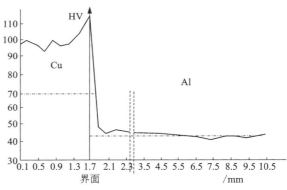

图 5.2.9.53　铜-铝管棒(二)

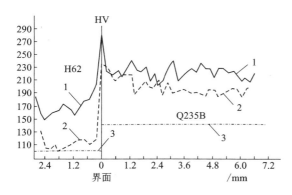

1—爆炸态；2—消应力退火态；3—原始态

图 5.2.9.54　H62-Q235B

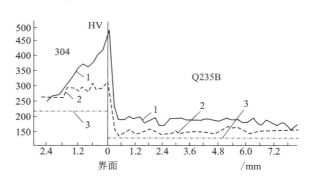

1—爆炸态；2—正火态；3—Q235B

图 5.2.9.55　304-Q235B

5.2.10　热处理和热加工性能

有关爆炸复合材料的热处理和热加工性能指标如表 5.2.10.1～表 5.2.10.7 所列以及图 5.2.10.1～图 5.2.10.13 所示。

表 5.2.10.1　铜-钢复合退火前后的结合强度[257]

试样状态	退火前	退火后
σ_f/MPa	210(110～316)	190(129～272)
σ_τ/MPa	214(162～258)	166(154～196)

注：退火工艺为 650 ℃、2 h，随炉冷却。

表 5.2.10.2　钛-钢复合板在不同状态下的性能[974]

性能		原始态	爆炸态	540 ℃ 热处理	625 ℃ 热处理	750 ℃ 热处理	850 ℃ 热处理
基板	σ_b/MPa	476	503	545～440	423～419	—	—
	σ_s/MPa	289	—	370～313	300～295	—	—
	δ_5/%	28.6	15.0	27.2～28.7	28.5～30.6	—	—
	a_k/(J·cm^{-2})	79.4	26.5	80.2	—	—	—
复合板	冷弯 $d=2t$，外弯	—	表面开裂	180°不裂	180°不裂	—	—
	结合面硬度 HV	—	>320	约 210	约 130	约 120	约 140
	σ_τ/MPa	—	约 363	245～284	186～225	约 157	118～147
	σ_f/MPa	—	约 392	274～363	196～245	157～206	98～147
	结合区金相	结合区 $\lambda=900\ \mu m$，$A=200～300\ \mu m$。540 ℃、1 h 加热后基板的再结晶和对钛层渗碳不明显。但随着加热温度的升高和时间的延长，上述反应就显著。850 ℃时基板的晶粒长大。750 ℃、5 h 加热后结合区有异相出现					

注：复合板的基板为 SB42 钢，与我国 20 g 钢相似；覆板为 TP28，与我国的 TA1 相近。

表 5.2.10.3　钛-钢复合板加热后的剪切强度[975]

No	加热温度/℃	σ_τ/MPa	冷弯，$d=t$，(°)	备　注
1	600	157	—	剪切试验的方向平行于爆轰方向，弯曲试验时钛层在外侧
2	650	125	—	
3	700	76	26	
4	750	55	26	
5	800	48	61	
6	850	64	66	
7	850	68	66	

表 5.2.10.4　ЛО62-1 黄铜+08Х17Н13М3Т 钢双金属热处理后的力学性能[35]

加热温度/℃	σ_f/MPa		加热温度/℃	σ_f/MPa	
	保温 1 h	保温 4 h		保温 1 h	保温 4 h
300	411	421	700	388	385
400	413	412	800	343	376
500	359	338	850	374	349
600	380	384	—	—	—

表 5.2.10.5　钛-钢复合板热处理后的力学性能[976]

材　料	热　处　理	σ_b/MPa	σ_s/MPa	δ/%	DVM 冲击强度/(J·cm^{-2})
HII	退火	402～490	255	20	68.6
一级工业纯钛	退火	294～412	196	25	88.2
钛-HII	爆炸态	480	392	22	176.4～245.0
钛-HII	550 ℃、1 h，空冷	480	382	27	117.6～156.8
钛-HII	625～700 ℃、1 h，空冷	451	343	27	147.0～245.0
钛-HII	890 ℃、0.5 h，空冷	470	343	30	107.8～205.8

注：复合板厚度为(2+15) mm，复合板数据均为 30 个样品的平均值。

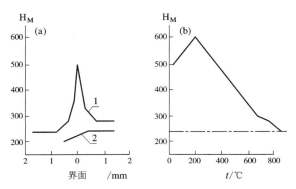

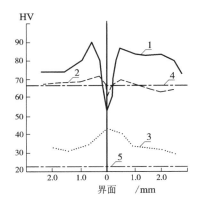

（a）结合断面上的：1—爆炸焊接后；2—850 ℃、30 min 回火；

（b）在宽 0.05～0.25 mm 微观区域内的，点划线为原始的

图 5.2.10.1　回火对爆炸焊接的 12X1MΦ
钢管结合区显微硬度的影响[977]

1—爆炸后的 Д1AM－Д1AM 接头；

2—0.5 h 退火后的 Д1AM－Д1AM 接头；

3—爆炸后的 AД－AД 接头；

4—Д1AM 的原始硬度；5—AД 的原始硬度

图 5.2.10.2　显微硬度分布[978]

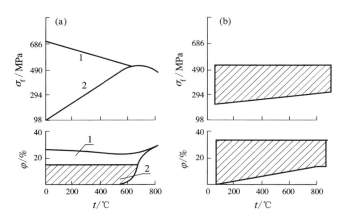

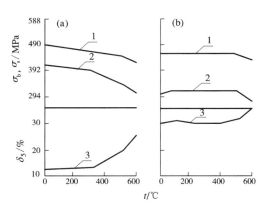

（a）爆炸焊接：1—没有 H₂S 作用的接头的试验；

2—回火以后和在过饱和 H₂S 溶液中停留 4 昼夜的试验；

（b）手工电弧焊：回火以后和在 H₂S 溶液中停留 4 昼夜的试验

图 5.2.10.3　湿的 H₂S 和回火对 12X1MΦ
钢焊管的强度和塑性的影响[977]

（a）对 BT1-1+G3 双金属的影响；（b）对 G3 的影响

1—σ_b；2—σ_s；3—δ

图 5.2.10.4　回火温度对板状试样
试验时的 BT1-1+G3 双金属和圆形试样
试验时的 G3 拉伸性能的影响[35]

表 5.2.10.6　热处理对铜-钢复合板力学性能的影响[5]

状　态	HV	σ_b/MPa	σ_s/MPa	δ/%	ψ/%	σ_f/MPa	σ_τ/MPa
爆炸态	240～400	421～441	363～392	12～16	40～45	216～225	190～255
600 ℃退火	200	—	—	—	—	216～274	157～206
700 ℃退火	150～200	—	—	—	—	—	147～176
850 ℃退火	—	392	255	29～31	50～55	—	176～186
900 ℃退火	—	—	—	—	—	167～196	—

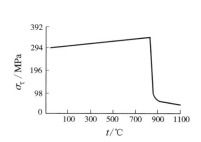

图 5.2.10.5　钛-钢复合板
在不同温度下加热和随后
水中淬火的剪切强度[976]

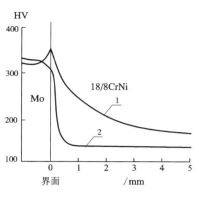

1—爆炸态；2—900 ℃、
15 min 退火后

图 5.2.10.6　钼–18/8CrNi 复合板
的断面的显微硬度分布[352]

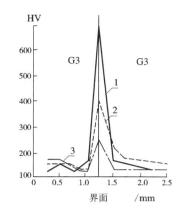

1—焊接后；2—300 ℃回火后；
3—400 ℃回火后

图 5.2.10.7　G3–G3 爆炸焊接接头
沿断面的显微硬度分布[969]

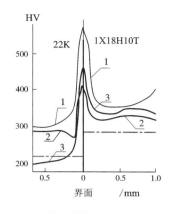

1—热处理前；2—回火后；
3—三次热处理后

图 5.2.10.8　1X18H10T–22 K
复合板结合区的显微硬度分布[971]

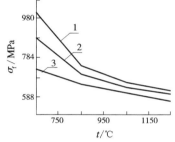

保温时间：1—1 h；2—3 h；3—7 h

图 5.2.10.9　不锈钢–低合金钢复合板的
分离强度与加热温度和保温时间的关系[35]

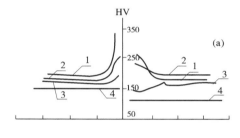

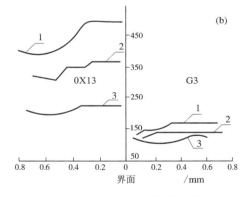

（a）爆炸焊接；（b）爆炸焊接+轧制；
1—没有热处理；2—500 ℃、2 h 退火；
3—750 ℃、2 h 退火；4—原始态

图 5.2.10.11　0X13–G3 复合板在不同
状态下结合区的显微硬度变化[977]

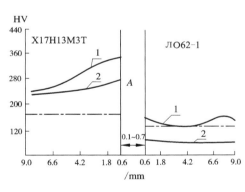

1—爆炸焊接后；2—850 ℃、4 h 退火；A—熔化区

图 5.2.10.10　沿 X17H13M3T+ЛO62–1
复合板断面的显微硬度分布[253]

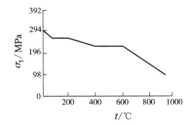

图 5.2.10.12　退火对钛–钢
复合板结合强度的影响[170]

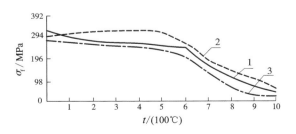

1—BT1–1+G3；2—BT1–1+MK–40；3—BT1–1+12X18H10T

图 5.2.10.13　三种复合板的分离强度与加热温度的关系[38]

5.2.11　工艺、组织和性能

有关爆炸复合材料的工艺、组织和性能如图 5.2.11.1~图 5.2.11.14 所示以及表 5.2.11.1~表 5.2.11.19 所列。

表 6.2.10.7　轧制后,厚度为 45 mm 的 12X18H10T-G3 复合不同部位的结合强度[35]

取　样　位　置	结　合　强　度　/MPa		δ_1
	σ_τ	σ_f	/mm
在起爆开始的板的部分	333	441	5.40
在板的中间	343	470	5.35
在爆轰结束的板的部分	363	470	5.50

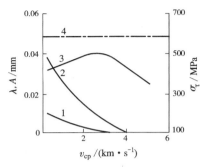

1—波长与 v_{cp} 关系;2—波幅与 v_{cp} 关系;
3—剪切强度与 v_{cp} 关系;4—为该钢的原始强度;
复合板的单位面积平均质量为 3.56 kg/m²

图 5.2.11.1　12X18H10T-12X18H10T 复合板结合区波幅(1)、波长(2)和剪切强度(3)与焊接速度的关系[371]

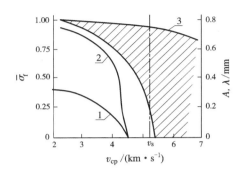

复合板单位面积平均质量为 8.73 kg/m²;
v_s—该钢的声速

图 5.2.11.2　12X18H10T-12X18H10T 复合板结合区的波幅(1)、波长(2)和相对分离强度(3)与焊接速度的关系[371]

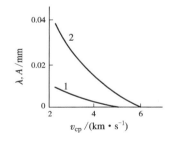

复合板单位面积平均质量为 3.56 kg/m²

图 5.2.11.3　12X18H10T-12X18H10T 复合板结合区的波幅(1)和波长(2)与焊接速度的关系[371]

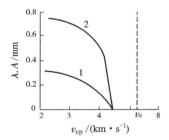

复合板的单位面积平均质量为 8.73 kg/m²;v_s—该钢的声速

图 5.2.11.4　12X18H10T-12X18H10T 复合板结合区的波幅(1)和波长(2)与焊接速度的关系[371]

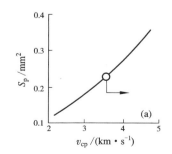

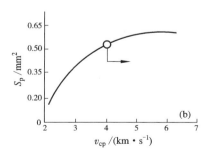

图 5.2.11.5　在 12X18H10T-12X18H10T 复合板结合区内熔体的面积与焊接速度的关系[371]

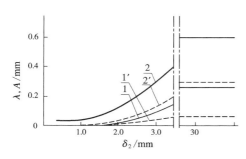

板的面积为 100 mm×300 mm，$v_p = 350$ m/s，

$v_{cp} = 2050 \sim 2250$ m/s，平行法，悬吊空中

图 5.2.11.6　在 12X18H10T 和 12X18H10T 钢板爆炸接的情况下，当覆板 δ_1 为 6.7(1, 2) mm 和 2(1′, 2′) mm 时，波幅(1, 1′)和波长(2, 2′)与基板厚度的关系[373]

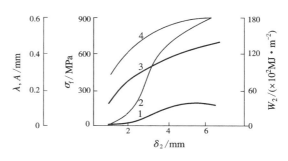

$v_p = 350$ m/s，$v_{cp} = 1800 \sim 2100$ m/s

图 5.2.11.7　在 12X18H10T 和 12X18H10T 爆炸焊接的情况下，当基板 $\delta_2 = 8$ mm 时，波幅(1)和波长(2)，分离强度(3)和塑性变形能(4)与覆板厚度的关系[373]

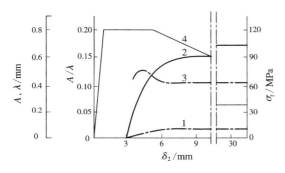

$v_p = 360 \sim 370$ m/s，$v_{cp} = 1900 \sim 2300$ m/s

图 5.2.11.8　在 AД 1 和 12X18H10T 钢板爆炸焊接的情况下，在覆板 $\delta_1 = 7.5$ mm 时，波幅(1)和波长(2)、波幅与波长之比(3)、分离强度(4)和基板厚度的关系[373]

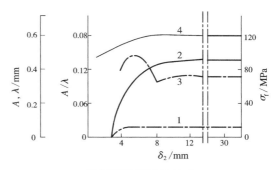

其余说明同图 5.2.11.8

图 5.2.11.9　在 AД 1 的 $\delta_1 = 2$ mm 的情况下，波幅(1)、波长(2)、它们的比(3)、分离强度(4)和基板厚度的关系[373]

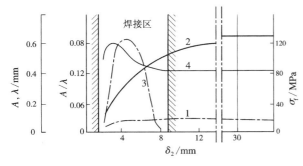

$\delta_1 = 8$ mm，$v_{cp} = 1900 \sim 2300$ m/s

图 5.2.11.10　在 12X18H10T 和 AД 1 爆炸焊接的情况下，当 $v_p = 360$ m/s 时，波幅(1)、波长(2)，它们的比(4)和结合强度(3)与 AД 1 基板厚度的关系[373]

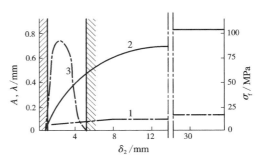

其余同图 5.2.11.10

图 5.2.11.11　$v_p = 520$ m/s，波幅(1)、波长(2)和结合强度(3)与基板厚度的关系[373]

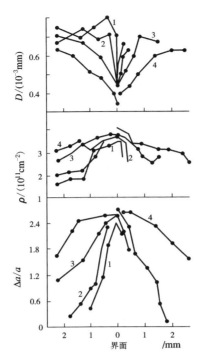

$\delta_2 = 6.7$ mm；δ_1：1—0.35 mm；2—1 mm；

3—3 mm；4—40 mm；

其余试验条件同图 5.2.11.6 至图 5.2.11.11

图 5.2.11.12　在 12X18H10T-12X18H10T
结合区内一薄层组织的特性(嵌镶块的尺寸 D、
位错密度 ρ 和 Ⅱ 类应力 $\Delta a/a$)与相互
冲击的覆板和基板的质量的关系[373]

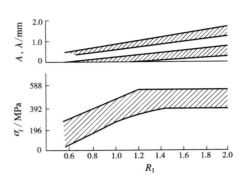

图 5.2.11.13　G3-08X18H10T
复合板结合区的波形参数和
分离强度与质量比的关系[28]

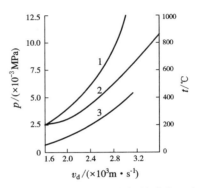

图 5.2.11.14　在铁的爆炸焊接冲击区中的
计算压力(1)、冲击压缩瞬时(2)和
卸载以后(3)的温度与爆速的关系[28]

表 5.2.11.1　08X18H10T-22K 双层钢在无波和有波的
情况下,热处理后的结合强度[28]

波形参数/mm		超声波检验信号	σ_f
λ	A	/dB	/MPa
≤0.7	≤0.2	52.2	314
		47.0	274
0	0	55.0	294
		51.0	372

注：热处理工艺为奥氏体化(1050 ℃、20 min)、正火(930 ℃、每
1 mm 厚保温 2 min)和回火(630 ℃、7 h)；下表同。

5.2.11.2　具有不同结合区组织的 08X18H10T-22K
双层钢在热处理后的结合强度[30]

结合区组织特征		σ_f/MPa	σ_τ/MPa
λ≤1.8 mm,	热冲压前	440	407
铸态夹杂物少	热冲压后	484	—
λ≤1.2 mm, 铸态夹杂物很少		483	366
λ≤3.0 mm, 100% 铸态夹杂物, 有许多树枝状单个裂纹		487	398
λ≤3.0 mm, 在基板中有许多树枝状的有规律的裂纹		508	382

表 5.2.11.3　AMr6-AДl-OT4 三金属两个界面上的波形参数和近焊缝区硬度与冲击速度的关系[381]

在 AД1-OT4 界面上计算的 v_p/(m·s⁻¹)	AMr6-AД1 界面/mm		AД1-OT4 界面/mm		近焊缝区 HV		原始 HV
	A	λ	A	λ	AД1	OT4	
500	0.10	0.64	0.79	0.10	38	317	AД1-28
540	0.09	0.67	1.07	0.18	39	342	AMr6-83
570	0.17	0.92	0.92	0.23	40	354	OT4-175

表 5.2.11.4　铜-钢复合板的界面参数与爆炸焊接工艺参数的关系[968]

No	金属组合及其尺寸 /mm	工 艺 参 数	反射波强度 σ_k / 压缩波强度 σ_l	波 形 断 口 特 征	
				平均 A/mm	平均 λ/mm
1	覆板铜，$\delta_1 = 5$；基板 20 钢，$\delta_2 = 10$	$v_d = 2600$ m/s，$v_p = 360$ m/s，$p = 6700$ MPa	1.0	0.46	0.86
2			0.85	0.48	1.05
3			0.75	0.35	0.91
4			0.60	0.42	0.95

表 5.2.11.5　青铜-钢复合板的力学性能与结合区波形参数的关系[5]

材料		σ_f /MPa	σ_τ /MPa	λ /mm	A /mm
铜合金	结构钢				
БРОЦ 4-3	I	178~318	—	1.3~0.8	0.4~0.5
	II	69~88，不均匀的波	238	0.6~0.8	0.08~0.16
	III	225~176	—	0.3	
		196	—	0.3	0.1
		78~39	—	1.0	
		392~431	304	0.5	
БР. КАМ	I	147~470	333	0.2~0.6	
	II	49~98	216	0.3~0.7	0.10~0.14
	III	167~314	235	0.7~0.8	0.10~0.15
БР. КАМЦ	I	98~118	206	1.20	0.25~0.30
		98~245	—	0.8	0.4
	II	88~157	294	0.7~1.0	—
		245~265	—	—	0.35
	III	167	—	0.9~1.0	0.25~0.30

表 5.2.11.6　700~800 ℃加热后在邻近界面的钛区中一些连续白带和暗带的化学组成[366]　/%

双 金 属	区域	H_μ/MPa	Fe	Cr	Ni	Cu
ВТ1-1+0Х23Н28М3Д3Т	亮区	7000~10000	7	2	3	0.9
	暗区	3800~4000	6	0	3	0.4
ВТ1-1+12Х18Н10Т	亮区	5000~7000	7	2	1	—
	暗区	3000~3200	2	0	1.5	—

　　本书作者在 20 世纪 70 年代用电子探针对钛-钢复合板结合区内的扩散进行了大量研究，部分数据汇集在本书 4.4 章中，其余如表 5.2.11.8~表 5.2.11.19 所列。这些数据均为半定量数据。

表 5.2.11.7　沿垂直波峰位置钛、钢两侧不同位置上 Ti、Fe 含量　/%

距 界 面 /μm		0	2	4	6	8	12	16	20	30	40	50	60	100	150
钛侧	Ti	68.81	83.53	83.62	84.78	84.93	84.48	84.51	84.86	84.57	84.50	84.16	82.78	84.50	—
	Fe	9.90	0.55	0.52	0.29	0.26	0.23	0.26	0.16	0.26	0.19	0.13	0.19	0.19	—
	Ti+Fe	78.71	84.08	84.14	85.07	85.19	84.71	84.77	85.02	84.83	84.69	94.29	82.97	84.69	—

续表5.2.11.7

距　界　面/μm		0	2	4	6	8	12	16	20	30	40	50	60	100	150
铜侧	Ti	—	6.08	1.26	1.40	1.72	0.75	0.65	0.44	0.37	0.25	0.19	—	0.13	0.15
	Fe	—	67.54	68.06	80.19	91.45	82.06	92.64	92.10	92.08	91.79	92.23	—	92.96	92.62
	Ti+Fe	—	73.62	69.32	81.59	93.17	82.81	93.29	92.54	92.45	92.04	92.42	—	93.09	92.77

表 5.2.11.8　沿结合界面钛侧一定距离上均匀分布点中 Ti、Fe 含量　　　/%

测量点	1	2	3	4	5	6	7	8	9	10	11	12	13	14	15	16	17	18	19
Ti	86.16	85.84	86.04	85.76	83.79	84.28	84.41	84.22	83.97	84.26	83.77	87.32	90.82	93.13	94.28	89.89	86.12	86.02	80.54
Fe	12.93	15.23	15.24	15.29	15.10	15.53	14.32	15.21	14.29	14.28	13.13	9.37	5.19	0.59	0.60	5.29	6.06	10.23	12.00
Ti+Fe	99.09	101.07	101.28	101.05	98.89	99.81	98.73	99.43	98.26	98.54	96.90	96.69	96.01	93.72	94.88	95.18	92.18	96.25	93.34

表 5.2.11.9　爆炸态复合板沿结合界面钢侧一定距离上均匀分布点中 Ti、Fe 含量　　　/%

测量点	1	2	3	4	5	6	7	8	9	10	11	12
Ti	7.68	2.92	1.67	1.19	5.51	5.91	7.98	9.64	10.22	7.26	7.44	9.79
Fe	75.88	83.33	84.24	92.51	94.28	94.86	98.15	97.70	89.00	86.08	87.62	84.28
Ti+Fe	83.26	86.25	85.91	93.70	99.79	100.77	106.13	107.34	109.22	93.34	95.06	94.07

表 5.2.11.10　两种复合板中"白色相"中化学组成的电子探针分析[366]　　/%

双　金　属	Fe	Ti	Cr	Ni	Cu
BT1-1+0X23H28M3Д3T	32~35	35~36	13~15	18~20	2
BT1-1+12X18H10T	50~52	31~33	11~12	8~9	

表 5.2.11.11　不同状态的复合板结合区主要元素扩散层的厚度（1）

状　态	扩　散　方　向	单向扩散层厚度/μm	相互扩散层厚度/μm
爆炸态	Ti 向钢中扩散	12.5	19.0
	Fe 向钛中扩散	6.5	
850℃、1 h 退火	Ti 向钢中扩散	73	145
	Fe 向钛中扩散	72	
1000℃、1 h 退火	Ti 向钢中扩散	90	262
	Fe 向钛中扩散	172	

表 5.2.11.12　不同状态的复合板结合区主要元素扩散层的厚度（2）

No	状　态	扩　散　方　向	单向扩散层厚度/μm	相互扩散层厚度/μm
1	爆炸态	Ti 向钢中扩散	18.5	24.5
		Fe 向钛中扩散	6	
2	1000℃、1 h，热轧，$\varepsilon=41.0\%$	Ti 向钢中扩散	28	163
		Fe 向钛中扩散	135	
3	900℃、1 h，热轧，$\varepsilon=43.0\%$	Ti 向钢中扩散	20	90
		Fe 向钛中扩散	70	
4	800℃、1 h，热轧，$\varepsilon=44.0\%$	Ti 向钢中扩散	17	77
		Fe 向钛中扩散	60	
5	700℃、1 h，热轧，$\varepsilon=41.5\%$	Ti 向钢中扩散	20	48
		Fe 向钛中扩散	28	
6	800℃、4 h，热轧，$\varepsilon=37.8\%$	Ti 向钢中扩散	36	114
		Fe 向钛中扩散	78	

表 5.2.11.13　钛侧白亮带区［图 3.4.3.1 （g）中的 5］钛、铁含量　　　/%

测量点	1	2	3	4
Ti	81.23	84.48	86.48	87.24
Fe	15.32	12.24	10.00	5.57
Ti+Fe	96.55	96.72	96.48	95.81

表 5.2.11.14　钛侧针状区［图 3.4.3.1（g）中 5~6 之间的任意位置］钛、铁含量　　　/%

测量点	1	2	3	4	5
Ti	95.45	91.83	92.39	91.18	90.05
Fe	6.15	4.67	2.91	2.44	3.84
Ti+Fe	101.60	96.50	95.30	93.62	93.89

表 5.2.11.15　钛侧针状区[图 3.4.3.1
(g)中 8 的黑色部分]钛、铁含量　/%

测量点	1	2	3	4
Ti	91.56	92.10	92.39	92.23
Fe	0.96	0.78	0.28	0.26
Ti+Fe	92.52	92.88	92.67	92.49

表 5.2.11.16　钛侧白亮块区[图 3.4.3.1
(g)中的 6]钛、铁含量　/%

测量点	1	2	3	4	5
Ti	92.68	93.48	92.62	93.24	93.28
Fe	0.36	0.32	0.29	0.27	0.27
Ti+Fe	93.04	93.80	92.31	93.51	93.55

表 5.2.11.17　钛侧针状区[图 3.4.3.1(g)中 8 的白色部分]钛、铁含量　/%

测量点	1	2	3	4	5	6	7	8
Ti	89.93	91.49	91.98	93.17	99.18	90.42	90.88	90.55
Fe	0.29	0.90	0.33	0.23	0.48	0.14	0.50	0.74
Ti+Fe	90.22	92.39	92.31	93.40	99.76	91.56	91.38	91.29

表 5.2.11.18　钛侧远离界面的基体内[图 3.4.3.1
(g)中的 7]钛、铁含量　/%

测量点	1	2	3	4	5
Ti	93.13	93.35	93.44	93.91	93.01
Fe	0.28	0.38	0.23	0.34	0.32
Ti+Fe	93.41	93.73	93.67	94.25	93.33

表 5.2.11.19　旋涡区[图 3.4.3.1
(g)中的 4]钛、铁含量　/%

测量点	1	2	3	4	5	6
Ti	33.77	34.01	32.06	36.21	32.81	33.74
Fe	54.88	55.03	58.60	51.18	52.72	52.56
Ti+Fe	88.65	89.04	90.66	87.39	85.53	86.30

5.3　爆炸焊接的金相技术和金相图谱

金相学是专门研究金属组织形态及其变化规律的一门学科。金相技术是金属材料研究的试验基础，是材料生产、工艺改进和科学研究的眼睛[979]。爆炸焊接金相技术是将一般的金相技术创造性地应用于爆炸复合材料的研究之中，以揭示这类材料的宏观和微观组织，从而改进和完善工艺、检验和提高产品质量的研究方法及手段。

本章在实践的基础上总结和探讨爆炸焊接金相技术方面的许多问题。

5.3.1　爆炸焊接金相技术的意义

自从爆炸焊接问世以后，金相技术的首次应用就发现了结合界面上的波形这样一种奇特的现象。随后各种金相研究手段和方法被迅速和深入地应用到该领域的各个方面。几十年来它们为金属爆炸焊接的理论研究和爆炸复合材料的生产及应用作出了巨大的贡献。可以说，没有金相技术的应用，就没有爆炸焊接这门应用科学和技术科学的发展。另外，人们在长期实践中，根据金相学的一般原理，在爆炸焊接双金属和多金属材料的研究中，也建立了许多新方法，解决了许多新课题，开拓了金相研究的一个新领域，从而丰富和发展了金相学的理论与实践。相信今后随着爆炸焊接技术的发展，金相技术必然会得到新的和多方面的应用。这种应用又必然地会促进爆炸焊接技术向新的深度和广度发展。

5.3.2　爆炸焊接金相技术的特点

与常规的金相技术一样，爆炸焊接金相技术也是使用各种金相手段来研究金属复合材料的工艺、组织和性能之间的关系的一种技术。但是，它在研究对象、研究内容和研究方法等诸多方面有许多不同于一般金相技术的特点。

第一，在研究对象上，爆炸焊接金相技术主要研究用这种工艺生产的大量的双金属和多金属复合材料。

第二，在研究内容上，对复合材料而言，既要研究组成它的每一种基材的组织、性能与工艺参数的关系，又要研究基材之间的结合界面的组织和性能与工艺参数的关系，还要研究这两种关系的综合——爆炸复合材料的组织和性能与工艺参数的关系。因此，研究内容要丰富得多。

第三，在研究方法上，爆炸焊接金相技术要复杂得多和困难得多。这表现在如下几个方面：

（1）研究对象是两种或多种相同，特别是不同的金属材料的结合体。

（2）在它们之间存在一个或几个结合（焊接）界面，这种界面随组元数量的增加而增加。

（3）结合界面上的组织和性能与基体截然不同。

（4）由于爆炸载荷的作用，复合材料的表层（包括表面）、底层（包括底面）和内部（包括界面）都存在着不同程度的塑性变形，因而存在着大小和方向都不尽相同的残余应力。

（5）在结合界面（结合区）上存在着一薄层金属的塑性变形、一定量的熔化和一定程度的扩散。

（6）爆炸复合材料各个部位的组织和性能不尽相同。

（7）爆炸焊接工艺几乎可以结合所有的金属材料组合，这些组合少则两层、三层，多则数十层和数百层。

……

不言而喻，上述情况是一般的金相研究中不可能遇到的。这就给成熟的金相技术带来了大量的新课题。这些课题必然要求在常规的研究方法上有新的改进、创新和突破。

第四，在研究手段上，爆炸焊接金相技术几乎要求所有常规的金相研究的仪器、装置和设备与之相配合，例如普通的光学金相显微镜、高温金相显微镜、定量金相显微镜、金相显微硬度计、扫描式和透射式电子显微镜及电子探针等。如此大量工作的开展和良好结果的取得，不仅要求使用各种设备的试验人员的支持和配合，而且要求爆炸焊接工作者自己付出辛勤的体力和脑力劳动。

上述特点也是爆炸焊接金相技术的优点。爆炸焊接金相技术的创立必将为焊接和材料科学增添新的篇章。

5.3.3 爆炸焊接金相样品的制备

和常规的金相样品一样，爆炸焊接的金相样品也是其金相研究的基础。有了一个好的金相样品，就可以开展后续大量的研究工作。爆炸焊接金相样品的制备分如下几个步骤。

1. 取样

金相检验是一种破坏性的检验方法。它首先要从爆炸复合材料中切取检验用的试样。切取前要考虑试样的代表性，即选择能够代表整块复合材料的组织和性能的位置上的试样。对复合板而言，一般根据经验可在图 5.3.3.1 的 OO' 位置上切取试样，也可根据特殊需要在其他任意地方切取。

取样的方法有多种：大块的用剪床剪切或气割法切小，小块的再用锯、刨、铣等方法切成所需要的尺寸。试样的长度以大于或等于 20 mm 为宜（稍长一点较好，这样有更多机会观察界面的组织形态），其他方向上的尺寸与之相适应并便于磨制即可。试样切取好后将其棱边倒角。

2. 镶样

如果试样较小（如线材和薄板等），或者需要同时制备几个试样，或者需要观察边角位置和测量这些位置的显微硬度，那么就将它们镶嵌起来，然后和单个大试样一样地加工制备。镶样可在镶样机上进行，也可用塑料管和环氧树脂组合镶嵌。

3. 预磨

试样准备好后进行预磨。预磨分两步进行：先用砂轮或锉刀将待磨面加工平整一下，对于镶样来说还要将金属管或塑料管外圆尖角倒一倒；然后将先粗磨过的试样在金相砂纸或水砂纸上由粗到细地磨一遍，磨制过程同一般的金相试样一样。不同的是，对那些包括软层和硬层（如铝-钢复合板）的试样来说，磨制

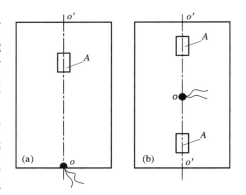

（a）短边中部起爆的；（b）中心起爆的；
A—金相样品切取位置

图 5.3.3.1 在复合板上金相试样一般的取样位置

时需要用力均匀,切勿磨出斜面或台阶。预磨也可在预磨机上进行。

4. 抛光

试样预磨好后在抛光机上进行抛光。抛光亦分粗抛和细抛两步。其方法亦同一般的金相试样一样。但对于这类复合材料的试样来说,抛光过程要快,用力要均匀,并且有时侧向硬层,以免长时间抛光后形成斜面或台阶。抛光工序进行到磨面在金相显微镜下放大至所需倍数观察无磨痕时为止。对于硬度相差较大的复合材料样品还要选择不同质地的抛光布。在带有计算机的金相显微镜上,可用其内的特殊功能去掉放大后的金相样品上少量的磨痕。

5. 浸蚀

经过上述磨制的试样再用化学试剂浸蚀之后就可成为金相检验用的金相样品。

通常用化学浸蚀的方法来显示复合材料的内部组织。由于两种或多种金属材料结合在一起,这种浸蚀的化学试剂、方法和过程与单金属有明显的区别。目前除少数不同组合的样品的金相组织能用一种浸蚀剂和一次显示出来外,大都需要使用两种或多种浸蚀剂分次浸蚀不同的金属层。并且,其中有相当多(特别是3层以上)的复合材料样品不能显示出所有金属层的组织。当然,随着金相工作的深入开展,这种情况会有大的改进。表5.3.3.1~表5.3.3.4所列为一些爆炸复合材料的浸蚀剂和浸蚀方法的介绍,供读者使用时参考。

表 5.3.3.1 曾经使用过的爆炸复合材料金相试样的浸蚀剂和浸蚀方法

No	金属组合	覆板浸蚀剂	基板浸蚀剂	浸蚀方法
1	钛-钢	1 HF+1 HNO$_3$+8 H$_2$O		同时浸蚀
		1 HF+2 HNO$_3$+3 HCl	1 HNO$_3$+9 甘油	
2	钛 32 钼-钢	1 HF+7 HNO$_3$+10 H$_2$O	1 HNO$_3$+9 甘油	
3	锆-钢	1 HF+4.5 HNO$_3$+4.5 H$_2$O	1 HNO$_3$+9 甘油	
4	铌-钢	0.5 HF+2.5 HNO$_3$+5 H$_2$O	1 HNO$_3$+9 甘油	
5	钽-钢	0.5 HF+2.5 HNO$_3$+5 H$_2$O	1 HNO$_3$+9 甘油	
6	不锈钢-钢	6 C$_3$H$_5$(OH)$_3$+2 HNO$_3$	1 HNO$_3$+9 甘油	
7	不锈钢-钼	1.5 HF+3.5 HNO$_3$+7.5 H$_2$O		
8	铜-钢	0.5 HF+40 HNO$_3$+50 H$_2$O	1 HNO$_3$+9 甘油	
9	铝-钢	8 粒 NaOH+50 mL H$_2$O	1 HNO$_3$+9 甘油	
10	钛-铜	1 HF+2 HNO$_3$+3 HCl	20%~50% HNO$_3$ 水溶液	
11	钛-铝	1 HF+2 HNO$_3$+3 HCl	1 HF+1 HNO$_3$+3 乳酸	
12	不锈钢-铜	6 C$_3$H$_5$(OH)$_3$+2 HNO$_3$	0.5 HF+40 HNO$_3$+50 H$_2$O	
13	铝-铜	40% HNO$_3$ 水溶液		同时浸蚀
14	铜-LY12	1 HF+1 HNO$_3$+3 甘油		同时浸蚀
15	锆$_{-2}$+不锈钢	1 HF+4.5 HNO$_3$+4.5 H$_2$O	FeCl$_3$ 的 HCl 饱和溶液	
16	铝-铝-铝	40% HNO$_3$ 水溶液		同时浸蚀
		HF+H$_2$O(1:1)或 HNO$_3$+ HF + 甘油(2:1:3)		同时浸蚀
17	铜-铜-铜	20%~50% HNO$_3$ 水溶液		同时浸蚀
18	镍-不锈钢	1 冰乙酸 + 1 HNO$_3$	FeCl$_3$ 的 HCl 饱和溶液	
19	Au-AgAuNi-CuNi		CuNi:0.5% 铬酐+ 0.5% H$_2$SO$_4$ + H$_2$O(余)	
20	Au-AgCuNi-CuNi		CuNi:0.5% 铬酐+ 0.5% H$_2$SO$_4$ + H$_2$O(余)	

续表5.3.3.1

No	金　属　组　合	覆　板　浸　蚀　剂	基　板　浸　蚀　剂	浸蚀方法
21	铜-铅	40%~50% HNO_3 水溶液		同时浸蚀
22	锡青铜-银	铬酐(少许)+H_2SO_4(少许)+H_2O(大量)		同时浸蚀
23	高速钢-钢	4% HNO_3+7% $FeCl_3$+酒精(余)	1 HNO_3+9 甘油	
24	NiTi-NiTi	HNO_3+HF+H_2O_2		同时侵蚀
25	Cu-Mo-Cu	(8~15)g 硝酸铁+100 mL 酒精	40 g 铁氰化钾+15 g 氢氧化钠+200 mL 水	—
26	Cu-Mo[1706]	(8~15)g 硝酸铁+100 mL 酒精	(10~30)g 铁氰化钾+(10~20)g 氢氧化钠+200 mL 水	—

注：1. 无百分比的均为体积比；2. 浸蚀方法中其余均为分次浸蚀。

表5.3.3.2　不同金属组合的浸蚀剂[117]

No	金　属　组　合	试　剂　和　浸　蚀　次　序	备　注
1	钢-铜	①8% CuCl 的氨溶液；②4% HNO_3 酒精溶液	
2	钢-钛	①H_2O 100 mL + HNO_3 3 mL；②4% HNO_3 酒精溶液	
3	钢-钼	①4% HNO_3 酒精溶液；②H_2O 100 mL + 铁氰化钾 10 g + 苛性钠 10 g	
4	钢-不锈钢	H_2O 50 mL + HCl 50 mL + HNO_3 5 mL(加热至出现蒸汽)	同时浸蚀，用棉花球擦拭
5	钢-钽	①4% HNO_3 酒精溶液；②H_2SO_4 1 mL + HNO_3 1 mL + HF 1 mL	作用 1~2 min
6	钢-银	①4% HNO_3 酒精溶液；②铬酸盐：a. HNO_3 100 mL + 铁氰化钾 2 g；b. H_2O 100 mL + Cr_2O_3 20 g + H_2SO_4 1.5 mL	稀释 a 和添加等量的 b
7	钢-铝	H_2O 95 mL + HF 1 mL + HNO_3 25 mL	同时浸蚀，黑色薄层用 4% HNO_3 酒精溶液去除
8	钢-镍	10% HCl 酒精溶液+甘油，电压 20 V，在酒精中洗净，并在 4% 的硝酸酒精液中另加浸蚀	
9	钢-黄钢	①4% HNO_3 酒精溶液；②8% $CuCl_2$ 氨溶液	
10	钢-青铜	①4% HNO_3 酒精溶液；②8% $CuCl_2$ 氨溶液	
11	钢-铌	①4% HNO_3 酒精溶液；②H_2O 1 mL + HNO_3 2 mL + H_2SO_4 1 mL + HF 1 mL	
12	钢-铅	①4% HNO_3 酒精溶液；②醋酸 10 mL + H_2O 3.5 mL	
13	铜-钼	①8% $CuCl_2$ 氨溶液；②见钢-钼条	
14	钛-铌	HNO_3 1 mL + HF 1 mL + H_2O 1 mL	同时浸蚀
15	钛-铝	H_2O 10 mL + HNO_3 3 mL + HF 3 mL	同时浸蚀
16	铌-锆	HF 3 mL + HNO_3 1 mL + H_2SO_4 1 mL	同时浸蚀
17	铜-Д16 铜-铝 铝-铝	电解浸蚀：电压 18 V，125 mL 甲醇木精 + 50 mL HNO_3	作用 1~2 min

表 5.3.3.3　一些双金属的浸蚀剂[770]

No	复 合 材 料		A 的 腐 蚀 剂	B 的 腐蚀剂	备 注
	金 属 A	金 属 B			
1	钛（35-A）	钢（A285）	2% HF	5% Nital	先 A 后 B
2	钽（电子束熔烁）	钢（A201B）	20% NH_4F，48% HF，50℃	5% Nital	先 A 后 B
3	铜（无氧铜）	钢（A212B）	15% HNO_3，0.5% H_2O_2	5% Nital	先 A 后 B
4	铜（无氧铜）	铜（无氧铜）	15% HNO_3，0.5% H_2O_2		一次腐蚀
5	钛（35-A）	铌（电子束熔炼）	10% HF，3% HNO_3		一次腐蚀

　　文献［1707］针对层状金属复合材料金相试样浸蚀难度大的问题，介绍了这种材料金属试样的浸蚀方法，特别是对结合面不规则的（如波状）金属复合材料，提出了一种利用毛细现象制备金相试样的方法。该文献还提供了如表 5.3.3.4 所列的浸蚀剂和浸蚀方法。

表 5.3.3.4　一些层状金属复合材料金相试样的浸蚀剂和浸蚀方法

No	金 属 组 合	覆 层 浸 蚀 剂	基 层 浸 蚀 剂	浸蚀方法
1	钛-钢	1 HF+1 HNO_3+8 H_2O	4% HNO_3 酒精溶液	分次浸蚀
2	不锈钢-钢	6 $C_3H_5(OH)_3$+2 HNO_3	1 HNO_3+9 甘油	分次浸蚀
3	铜-钢	0.5 HF+40 HNO_3+50 H_2O	1 HNO_3+9 甘油	分次浸蚀
4	钛 32 钼-钢	1 HF+7 HNO_3+50 H_2O	1 HNO_3+9 甘油	分次浸蚀
5	铜-LY12	1 HF+1 HNO_3+3 甘油		同时浸蚀
6	铜-铝	40%～50% HNO_3 水溶液		同时浸蚀
7	铝-铝-铝	40% HNO_3 水溶液		同时浸蚀
8	钛-铜	1 HF+2 HNO_3+3 HCl	20%～50% HNO_3 水溶液	分次浸蚀
9	钛-铝	1 HF+2 HNO_3+4 HCl	1 HF+1 HNO_3+乳酸	分次浸蚀

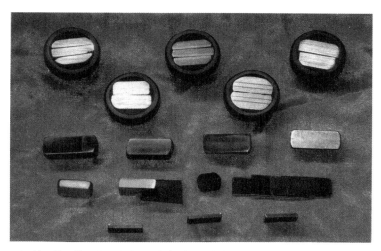

［自上而下：第 1 排和第 2 排 5 个为用环氧树脂和塑料管镶嵌的金相样品（内中有 2 个或 3 个样
品、每个样品里有 2 层～5 层金属材料）；第 4 排右边 3 个和第 5 排 3 个为用爆炸+轧制工艺获
得的复合薄板的金相样品，它们制备前需用铝板或塑料板制作的夹板夹持］

图 5.3.3.2　用上述方法制备的爆炸焊接（+轧制）的部分金相样品实物

　　金相样品的制备有许多方法和经验可资借鉴[979, 980]。但是由于爆炸复合材料的特殊性，许多东西还得摸索和创新，特别是浸蚀剂的选用和浸蚀方法的建立还要做大量的工作，希望爆炸焊接和金相工作者共同努力。

5.3.4　爆炸焊接金相样品的使用

在金相样品磨制好后，就可以在许多分析和检验的仪器、装置和设备上，进行爆炸复合材料的成分、组织和性能的分析及检验了。

1. 普通光学金相显微镜

在这种显微镜上，常在 5~1000 倍的放大倍数下进行这类材料的宏观和微观组织的观察及摄影，例如：

(1) 单金属板、复合板和多金属板的表面波形及底面波形。

(2) 双金属和多金属结合区的波形。

(3) 宏观下整块复合材料的界面形态。

(4) 爆炸态下复合材料结合区内金属的塑性变形、熔化和扩散。

(5) 热加工和热处理状态下复合材料结合区组织形态的变化。

(6) 不同状态下基材中组织的变化。

2. 高温金相显微镜

在高温金相显微镜下连续观察和记录双金属和多金属结合区在升温、保温及降温的某一时刻的组织形态，以及在某一预定温度和时间范围内组织形态的变化。本书 4.5.3 节就是这些工作的一部分。它们为多种形式的爆炸复合材料的热加工和热处理以及焊接工艺的制订提供前期指导和试验依据。

3. 定量金相显微镜

爆炸复合材料在定量金相显微镜上除了可进行像单金属材料内各种组织的形状、大小和分布的定量测定外，还可进行结合区内各种组织的形状、大小和分布的定量测定，以及计算，如波形的波长、波幅、弧长、弦长及其面积的测定及计算，熔化块的周长、长短轴及其面积、熔化块间的中心距等的测定和计算，熔化层的宽度(最大、最小和平均)、长度和面积的测定及计算，结合区金属塑性变形层厚度的测定，以及由界面向两侧方向的金属晶粒度变化的测定等。如表 4.5.2.1 所列，它可为该复合板对应位置的性能分析提供试验依据。

4. 显微硬度计

在带有显微硬度计的金相显微镜上，可进行单、双和多金属的显微硬度测量。特别是根据爆炸复合材料的特点，可以一定的规律在测定显微硬度之后，绘制它们的结合区或断面上的显微硬度分布曲线。由此可以了解各种状态下复合材料断面上显微硬度的变化，从而为它们的后续加工和使用提供试验依据。本书4.8 章、3.3 章、3.4 章和 5.2.9 节中的大量显微硬度分布曲线图就是这种工作的一部分。

5. 电子显微镜

一般的光学显微镜的放大倍数很有限，它对材料研究来说是远远不够的。电子显微镜的使用弥补了这一严重的不足。这种显微镜能够将图像放大数万至数十万倍，以至更大的倍数。在这么大的放大倍数下，金属的组织暴露无遗。爆炸复合材料研究中常用电子显微镜。

电子显微镜分为扫描式和透射式两种。

(1) 扫描式电子显微镜。这种显微镜对材料样品没有特殊的要求，只要大小合适，一般的金相样品即可。在这种电镜上可以进行低倍，特别是高倍下的组织观察、元素分析和结构分析。对爆炸复合材料来说，还可以进行界面两侧扩散层厚度的测定和其他扩散参数的计算及断口分析等。本书4.5.5 节和其他章节归纳了许多这方面的工作。

(2) 透射式电子显微镜。这种显微镜试验时所使用的样品与一般的金相样品完全不同。它必须制成复型样品或薄膜样品才能在该显微镜下进行试验。透射电镜也可进行组织观察、元素分析和结构分析等。本书4.5.6 节汇集了这种电镜在爆炸复合材料中所做的工作。

6. 电子探针

电子探针在金属爆炸复合材料的研究中也有广泛的应用。例如界面和基体内各种组织的观察和成分的分析，特别是界面两侧基体金属原子间的相互扩散的试验研究。这方面的工作也能为爆炸焊接的扩散原理的讨论和论证提供宝贵的试验资料。本书4.5.4 节和其他章节均有这方面的资料。一般的金相样品即可用于电子探针试验中。

随着金属和其他物质的分析的多种要求及质量的提高，随着电子光学新工艺和新技术的采用，新的物质分析的仪器不断出现，如俄歇电子能谱分析仪（AES）、低能电子衍射仪（LEED）、离子探针质谱仪（IPMS）、离子散射谱仪（ISS）、X光电子谱仪（XPS或ESCA）、二次离子质谱仪（SIMS）、原子探针场离子显微镜（FIM）等。这些高精度分析检验手段在金相研究中的应用，必然给金相技术带来一场新的变革。自然，它们在爆炸复合材料金相研究中的应用也必将大大促进爆炸焊接的理论研究和实践应用。

5.3.5　爆炸焊接的金相图谱

本书作者在长期的金相研究中，不仅创造性地利用普通的金相技术在爆炸复合材料的检验中取得了丰硕的技术成果，而且获得了数以千计的宏观和微观的金相图片及其他图片。仅这些图片就汇成了一集国内外仅见的图谱。这集图谱分布在全书之中，它们可分类如下，供进一步研究时参考。

（1）爆炸复合材料的表面波形和底面波形图谱，见4.16.1节。

（2）爆炸复合材料的结合区波形图谱，见4.16.5节。

（3）爆炸复合材料的高温金相检验图谱，见4.5.3节。

（4）爆炸复合材料的电子探针检验图谱，见4.5.4节。

（5）爆炸复合材料的电子显微镜检验图谱，见4.5.5节和4.5.6节。

（6）爆炸复合材料中的"飞线"图谱，见4.7.1节。

（7）爆炸复合材料中的显微硬度分布曲线图谱，见4.8章和5.2.9节、3.3.3节、3.4.3节。

（8）爆炸复合材料的压力加工图谱，见3.3.3节。

（9）爆炸复合材料的热处理图谱，见3.4.3节。

此外还有：

（10）爆炸复合材料的焊接接头图谱，见3.5章。

（11）爆炸焊接的工艺和技术图谱，见5.4章。

（12）爆炸焊接和爆炸复合材料的应用图谱，见5.5章。

（13）爆炸复合材料的检验图谱，见5.1章。

（14）爆炸复合材料的性能图谱，见5.2章、3.3.4节，以及3.2章中那些爆炸复合材料内。

（15）爆炸焊接中炸药的爆速图谱，见2.1.8节和2.1.9节。

（16）爆炸焊接的"窗口"图谱，见2.2.12节。

（17）爆炸焊接用二元合金的相图图谱，见5.9章。

（18）爆炸焊接的金属组合图谱，见5.8章。

（19）爆炸复合材料中残余应力图谱，见4.10.3节。

（20）爆炸复合材料中残余变形图谱，见4.9章。

（21）爆炸复合材料结合区的波形参数图谱，见4.16.6节。

……

5.4　爆炸焊接的工艺和技术图集

几十年来，国内外同行在爆炸焊接理论研究和实践应用中做了大量工作，积累了丰富的资料。在此基础上，为了总结和提高，本章以图形的方式，比较全面和系统地描述这门新技术中大量已知的新工艺。这样就形成了一份爆炸焊接领域新技术和新工艺的图集。随着工作的深入和应用的拓展，这个图集将会不断地增添新的内容。另外，由此图集也可一览爆炸焊接的全貌。

为了缩减篇幅，现将每幅图中共同的标注集中如下：1—雷管；2—炸药；3—覆板；4—基板；5—基础（地面、砧座、夹具或模具）；6—导爆索或导爆管；7—底座；8—传压介质（水、气）；9—缓冲层；10—冲击器；11—抽真空；12—间隙柱。另外需要注明的将在相应的图中再标出。

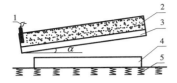

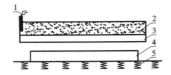

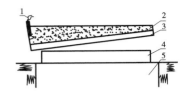

图 5.4.1.1　角度法爆炸焊接　　　　图 5.4.1.2　平行法爆炸焊接　　　　图 5.4.1.3　角度法梯形布药爆炸焊接

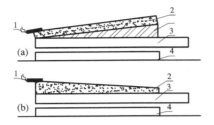

图 5.4.1.4　梯形缓冲层(a)
和梯形布药(b)爆炸焊接

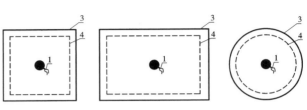

图 5.4.1.5　中心起爆法

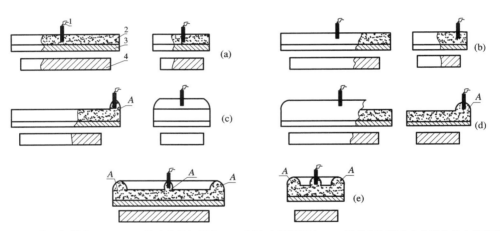

(a)、(e)中心起爆法；(b)、(d)长边中部起爆法；(c)短边中部起爆法；A—另外在边部或中心堆放的主体炸药

图 5.4.1.6　大厚度复合板坯的爆炸焊接

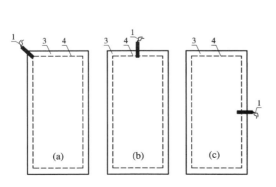

图 5.4.1.7　角(a)、短边中部(b)和
长边中部(c)起爆法

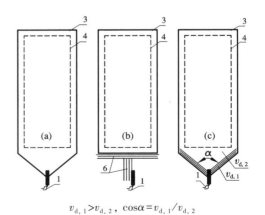

$v_{d,1} > v_{d,2}$，$\cos\alpha = v_{d,1}/v_{d,2}$

图 5.4.1.8　三角形(a)、"T"形(b)和
线状波发生器(c)起爆法

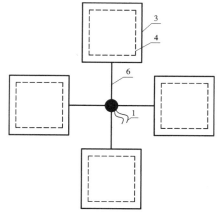

图 5.4.1.9　并联成组爆炸焊接

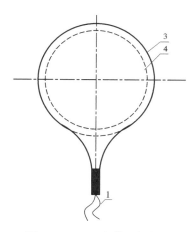

图 5.4.1.10　布袋形起爆法

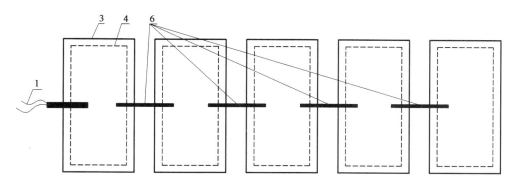

图 5.4.1.11　串联成组爆炸焊接

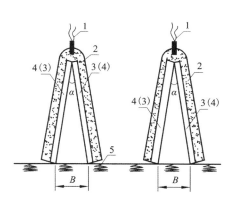

图 5.4.1.12　金属板的对称(a)
和非对称(b)碰撞爆炸焊接

α—安装角；B—下端距离

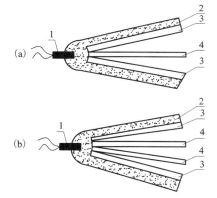

图 5.4.1.13　三金属(a)和四金
属(b)的对称碰撞爆炸焊接

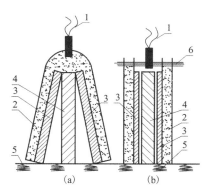

图 5.4.1.14　三层板的对称
碰撞爆炸焊接

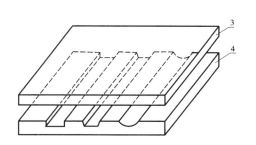

图 5.4.1.15　在基板上刻以
矩形、梯形或弧形槽以保证
复合板间隙的爆炸焊接[981]

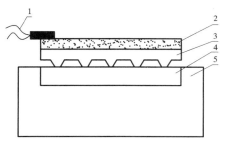

图 5.4.1.16　覆板内表面刻槽以
保证复合板间隙的爆炸焊接[690]

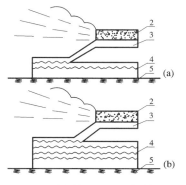

(a)三金属板；(b)五金属板
图 5.4.1.17　两次爆炸焊接

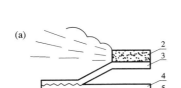
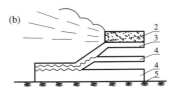
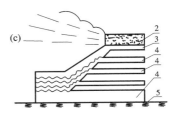

（a）双金属板；（b）三金属板；（c）五金属板

图 5.4.1.18　一次爆炸焊接

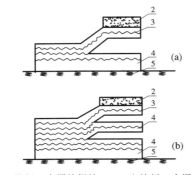

（a）四块板 3 次爆炸焊接；（b）七块板 4 次爆炸焊接

图 5.4.1.19　多次爆炸焊接

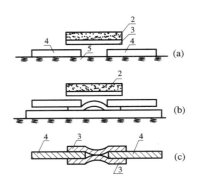

图 5.4.1.20　铜（3）-铝（4）连接件的
两次爆炸焊接

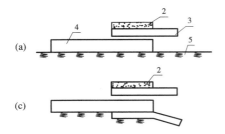

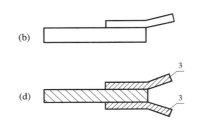

3—铝；4—载流体

图 5.4.1.21　载流体的两次爆炸焊接

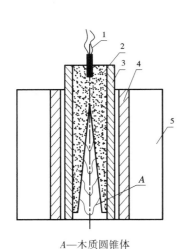

A—木质圆锥体

图 5.4.1.22　锆-2（3）+不锈钢（4）
复合管的内爆炸焊接

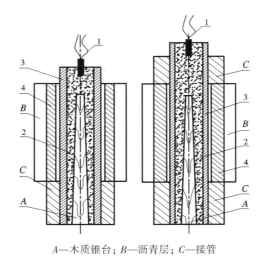

A—木质锥台；B—沥青层；C—接管

图 5.4.1.23　枪（炮）管耐烧蚀
金属衬里的爆炸焊接

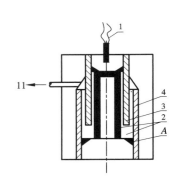

A—密封油泥

图 5.4.1.24　锆合金（3）-因科
镍（4）管接头的内爆炸焊接[156]

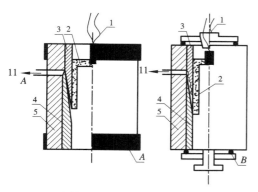

A—密封油泥；B—真空橡皮圈(圆环)

图 5.4.1.25 锆合金(3)-因科镍(4)
管接头的内爆炸焊接[156]

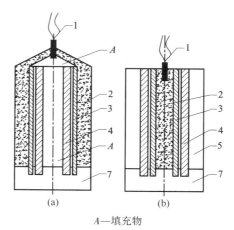

A—填充物

图 5.4.1.26 复合管的外(a)、内(b)爆炸焊接

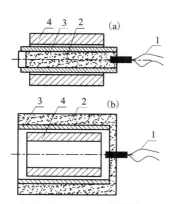

图 5.4.1.27 复合管的
内爆(a)和外爆(b)

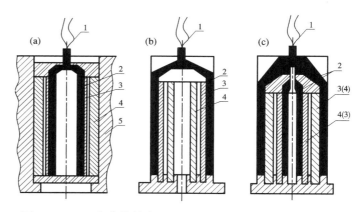

图 5.4.1.28 复合管的内(a)、外(b)和内外同时(c)爆炸焊接

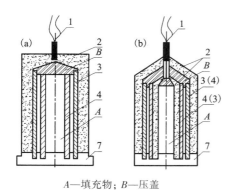

A—填充物；B—压盖

图 5.4.1.29 复合管的外爆(a)
和内外同时(b)爆炸焊接[28]

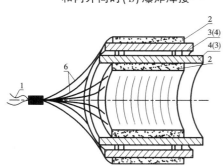

图 5.4.1.30 复合管的
内外同时爆炸焊接[982]

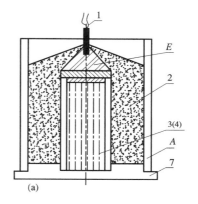

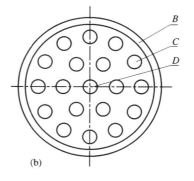

3、4 为金属管材；(a)工艺安装图；(b)管束布置图；
A—药盒；B—外壳；C—覆管；D—中心管；E—压盖

图 5.4.1.31 管束的爆炸焊接[546]

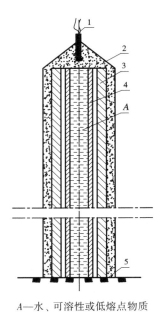

A—水、可溶性或低熔点物质

图 5.4.1.32　长复合管的爆炸焊接

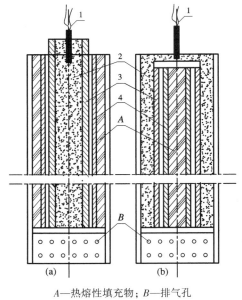

A—热熔性填充物；B—排气孔

图 5.4.1.33　长复合管的内(a)和
外(b)爆炸焊接[983]

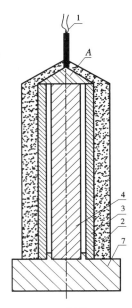

A—压盖

图 5.4.1.34　不锈钢管(3)－
钼棒(4)的爆炸焊接

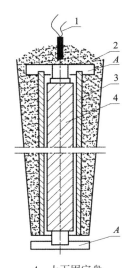

A—上下固定盘

图 5.4.1.35　长钛管(3)-钢
棒(4)的爆炸焊接

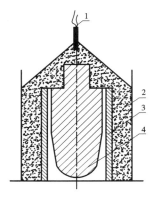

图 5.4.1.36　钢管(3)与硬质合金
异形棒(4)的爆炸焊接

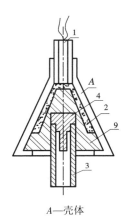

A—壳体

图 5.4.1.37　塞头(4)
和管(3)的爆炸焊接[984]

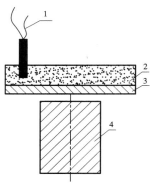

图 5.4.1.38　板(3)
和棒(4)的爆炸焊接

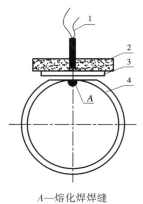

A—熔化焊焊缝

图 5.4.1.39　板(3)和
管(4)的爆炸焊接[590]

图 5.4.1.40　管壁的爆炸焊接[985]

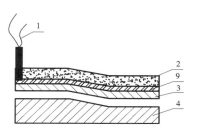

图 5.4.1.41　不规则覆板和
基板的爆炸焊接(一)[986]

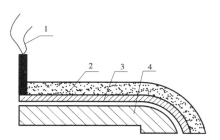

图 5.4.1.42　不规则覆板和基板的
爆炸焊接(二)

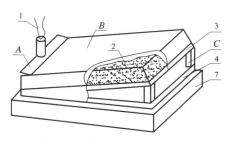

A—平面波发生器；B—炸药罩；C—间隙柱

图 5.4.1.43　带炸药罩的爆炸焊接[542]

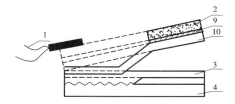

图 5.4.1.44　用冲击器爆炸焊接

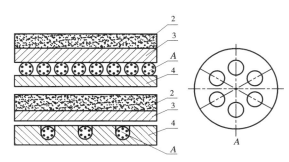

A—如图分布的线材

图 5.4.1.46　金属板间加有线材的爆炸焊接[987]

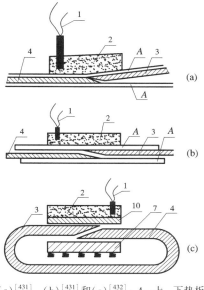

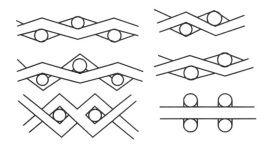

(a)[431]、(b)[431] 和(c)[432]；A—上、下垫板

图 5.4.1.45　超导材料接头的爆炸焊接

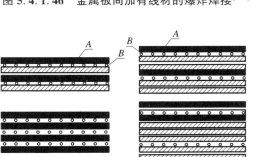

图 5.4.1.47　箔(A)线(B)及其组合的爆炸焊接[3]

待爆炸焊接的网络几何装配图

图 5.4.1.48　待爆炸焊接的网络几何装配图[3]

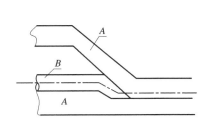

图 5.4.1.49　丝(B)-板(A)
爆炸焊接瞬时示意图[988]

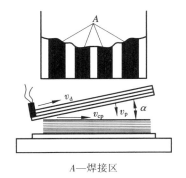

A—焊接区

图 5.4.1.50　蜂窝结构用多层(箔)
材料的爆炸焊接[3]

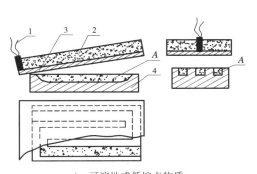

A—可溶性或低熔点物质

图 5.4.1.51　利用金属板的爆炸焊接
来封闭凹形件的一种方法[989]

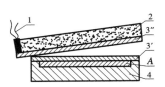

A—可溶性或低熔点物质

图 5.4.1.52 利用两次金属板(3′、3″)的爆炸焊接获得厚覆板的封闭凹形件的一种方法[989]

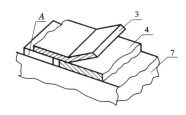

A—垫块

图 5.4.1.53 位置有选择的爆炸焊接[990]

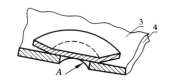

A—孔洞

图 5.4.1.54 爆炸焊接补洞[990]

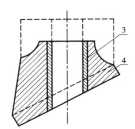

图 5.4.1.55 锻件的爆炸焊接(一)[991]

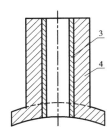

图 5.4.1.56 锻件的爆炸焊接(二)[991]

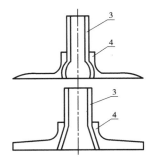

图 5.4.1.57 管(3)与零件(4)的爆炸焊接[992]

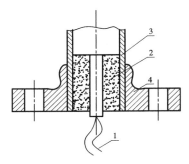

图 5.4.1.58 管(3)与法兰盘(4)的爆炸焊接[993]

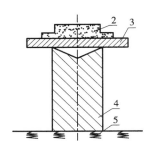

图 5.4.1.59 "T"形接头的爆炸焊接[2]

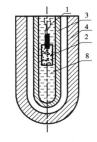

图 5.4.1.60 双金属"U"形管的爆炸焊接[929]

图 5.4.1.61 槽形结构件的爆炸焊接[985]

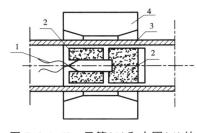

图 5.4.1.62 导管(3)和卡圈(4)的爆炸焊接[24]

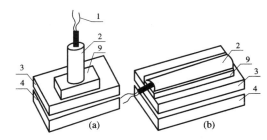

图 5.4.1.63 点状(a)和线状(b)爆炸焊接(一)[929]

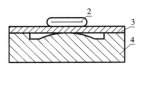

图 5.4.1.64 线状爆炸焊接(二)[994]

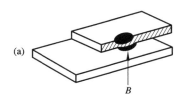

A—焊接方向；B—焊接界面

图 5.4.1.65 点状(a)和线状(b)爆炸焊接(三)[990]

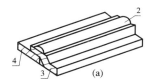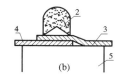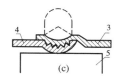

图 5.4.1.66　线状爆炸焊接(四)[995]

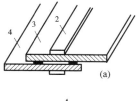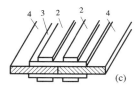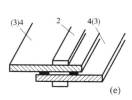

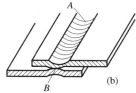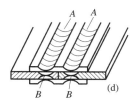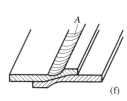

A—陷坑；B—焊缝

图 5.4.1.67　线状爆炸焊接(五)[996]

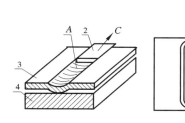

A—陷坑；B—焊缝；C— 爆轰方向

图 5.4.1.68　线状爆炸焊接(六)[996]

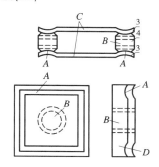

A—焊缝；B—输送氮的孔；C—厚 1.0 和
1.6 mm 的板；D—厚 12.7 mm 的板

图 5.4.1.69　用线爆制备的用于焊接
密封性实验的两种类型的试件(七)[996]

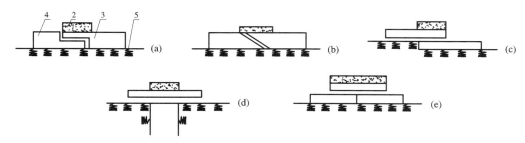

图 5.4.1.70　板材的爆炸搭接[(a)、(c)、(e)]，对接[(d)、(e)]和斜接(b)

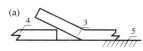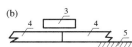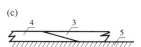

3—铝排(覆板)；4—铝排(基板)；5—夹具

图 5.4.1.71　变电所矩形铝母线的爆炸焊接[74]

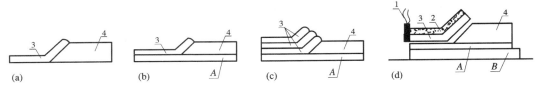

A—钢；B—钢基础

图 5.4.1.72　铜(4)-铝(3)斜接接头的爆炸焊接[118]

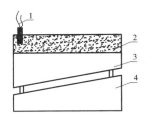

图 5.4.1.73　锆$_{-2}$(3)+不锈钢(4)
复合板的爆炸斜接

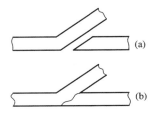

（a）焊接前；（b）焊接后

图 5.4.1.74　板材的爆炸斜接[992]

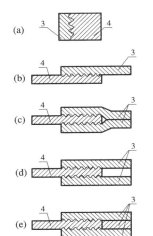

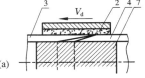

（a）焊接前；（b）焊接后；A—焊缝

图 5.4.1.76　管材接头的外爆炸斜接[24]

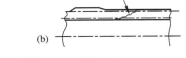

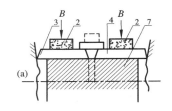

（a）焊接前；（b）焊接后；A—焊缝；B—压力

图 5.4.1.77　管材接头的外爆炸对接[24]

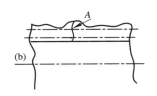

图 5.4.1.75　铝(3)-钢(4)、
铝(3)-铜(4)接头的爆炸焊接

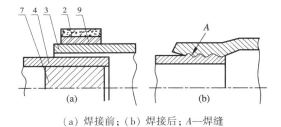

（a）焊接前；（b）焊接后；A—焊缝

图 5.4.1.78　管材接头的外爆炸搭接[24]

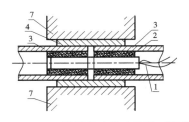

图 5.4.1.79　管材接头的内爆炸对接[993]

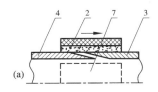

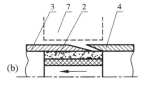

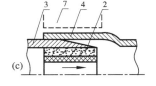

箭头表示焊接方向

图 5.4.1.80　管材接头的外(a)，内[（b）（c）]爆炸斜接[（a）（b）]和搭接(c)[26]

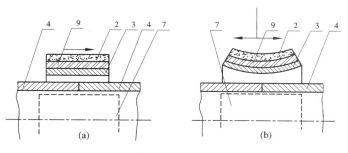

箭头表示焊接方向

图 5.4.1.81　管材接头的外爆炸对接[24]

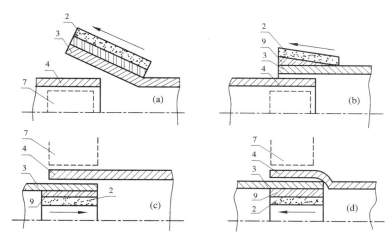

箭头表示焊接方向

图 5.4.1.82　管材接头的外 [（a）（b）] 和内 [（c）（d）] 爆炸搭接[24]

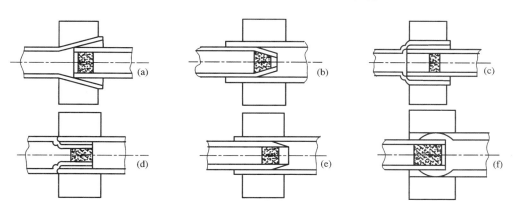

图 5.4.1.83　管材接头的内爆炸搭接[24]

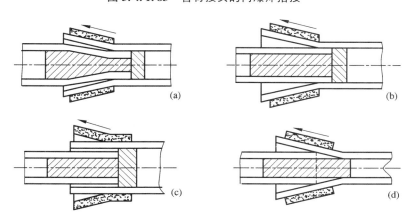

箭头表示焊接方向

图 5.4.1.84　管材接头的外爆炸搭接[24]

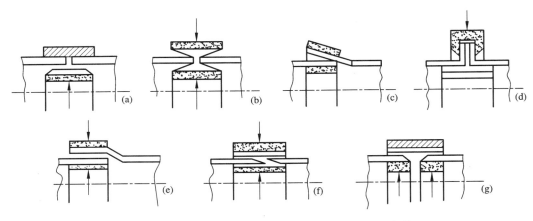

[（a）（b）]为对接；[（c）（d）（e）]为搭接；[（f）（g）]为斜接

图5.4.1.85 导管的爆炸搭接、对接和斜接[997]

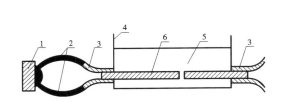

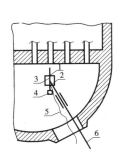

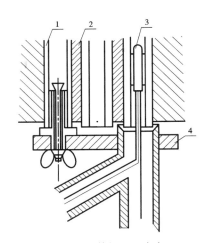

1—汇流排；2—软带；3—接头；
4—炉槽；5—炭；6—插入铁件

图5.4.1.86 供干法电解铝用的
载流体接头的爆炸焊接

1—塞头；2—夹具；
3—支架；4—平衡锤；
5—引爆线；6—操作杆

图5.4.1.87 核反应堆热交换器破
损传热管的爆炸焊接堵塞（一）[473]

1—管；2—管板；3—塞头；
4—搬运塞头的装置

图5.4.1.88 核反应堆热交换器破
损传热管的爆炸焊接堵塞（二）[474]

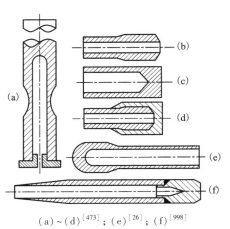

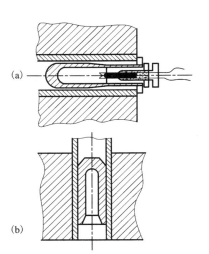

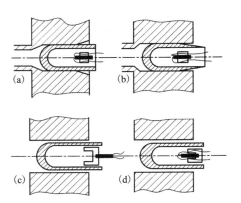

（a）~（d）[473]；（e）[26]；（f）[998]

图5.4.1.89 爆炸堵管（三）：
塞头的形状

图5.4.1.90 爆炸堵管（四）：
塞头在管板中[473]

图5.4.1.91 爆炸堵管（五）：
塞头在管板中[24]

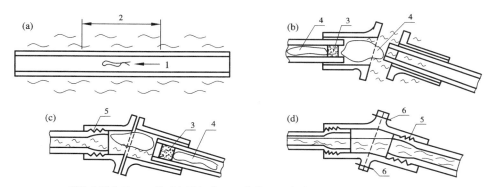

1—管道破裂位置；2—管道切除部分；3—炸药；4—气囊；5—爆炸焊缝；6—紧固螺栓

图 5.4.1.92　水下破损管道的爆炸焊接修理[24]

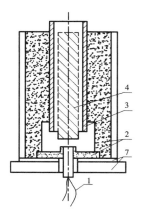

图 5.4.1.93　用火焰或电炉
加热钼棒(4)与不锈钢管(3)
的热爆炸焊接装置图(一)

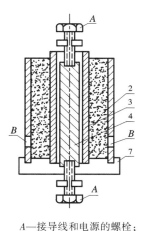

A—接导线和电源的螺栓；
B—插导爆索的小孔

图 5.4.1.94　用电加热钼棒(4)与
不锈钢管(3)的热爆炸焊接装置图(二)

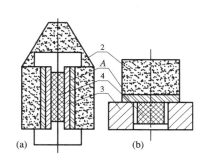

(a)(WC+Co)(4)-钢(3)；
(b)WC(4)-钢 (3)；
A—石棉隔热层(900~1200 ℃)

图 5.4.1.95　热爆炸焊接[999]

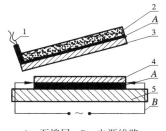

A—石棉层；B—电源线路；
(4~5)×10³ A，5 min，500~900 ℃

图 5.4.1.96　钢(3)和生铁(4)
的热爆炸焊接[349]

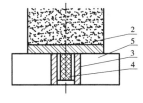

加热温度 900~1200 ℃、加热时间<4 min

图 5.4.1.97　钢(G3)(3)-硬质合金
(陶瓷)(4)的热爆炸焊接[348]

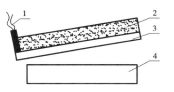

先将铅板在液氮中冷却至 293 K
和 77 K，然后将其与铜板爆炸焊接

图 5.4.1.98　铅(3)-铜(4)
冷爆炸焊接[355]

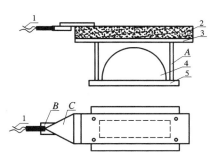

A—间隙柱；B—板状炸药；C—线状波发生器

图 5.4.1.99　不锈钢板(3)-1010 钢半圆
柱(4)爆炸焊接试验装置示意图(一)

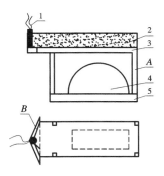

A—间隙柱；B—线状波发生器

图 5.4.1.100　半圆柱爆炸
焊接装置示意图(二)

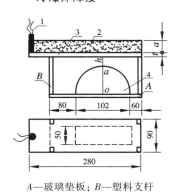

A—玻璃垫板；B—塑料支杆

图 5.4.1.101　钛板(3)-Q235 钢半
圆柱(4)爆炸焊接试验装置(三)

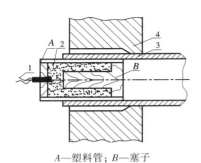

A—塑料管；*B*—塞子

图 5.4.1.102　管与管板的
爆炸焊接(一)[2]

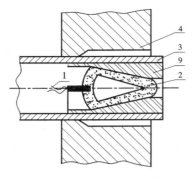

图 5.4.1.103　管与管板的
爆炸焊接(二)[990]

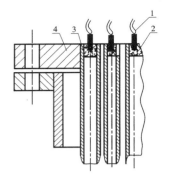

图 5.4.1.104　管与管板的
爆炸焊接(三)[993]

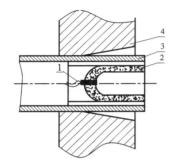

图 5.4.1.105　管与管板的
爆炸焊接(四)[995]

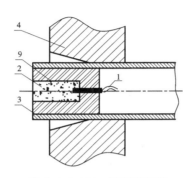

图 5.4.1.106　管与管板的
爆炸焊接(五)[24]

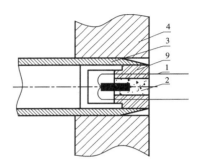

图 5.4.1.107　管与管板的
爆炸焊接(六)[1000]

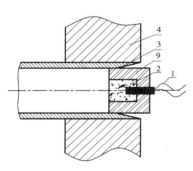

图 5.4.1.108　管与管板的
爆炸焊接(七)[1000]

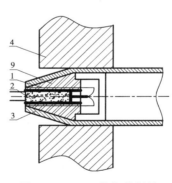

图 5.4.1.109　管与管板的
爆炸焊接(八)

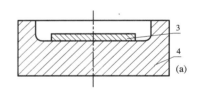

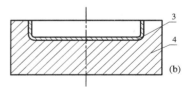

图 5.4.1.110　局部(a)和全部(b)
爆炸焊接的碟形双金属管板

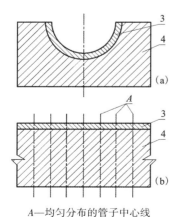

A—均匀分布的管子中心线

图 5.4.1.111　爆炸焊接的半球
形(a)和平面形(b)复合管板

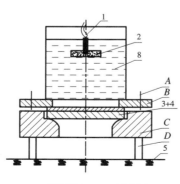

A—紧固螺钉；*B*—压边圈；
C—阴模；*D*—支架

图 5.4.1.112　爆炸焊接+爆炸成形

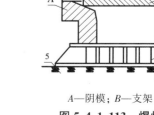

A—阴模；*B*—支架

图 5.4.1.113　爆炸
焊接+爆炸成形[494]

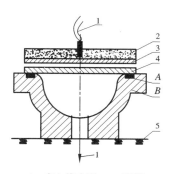

A—真空橡皮圈；B—阴模
图 5.4.1.114 爆炸焊接-
爆炸成形(一)

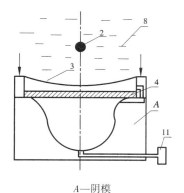

A—阴模
图 5.4.1.115 爆炸焊接-
爆炸成形(二)[1001]

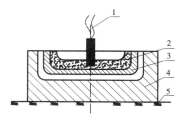

图 5.4.1.116 爆炸成形
+爆炸焊接

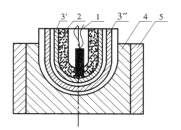

图 5.4.1.117 爆炸成形+
爆炸焊接(一)[356]

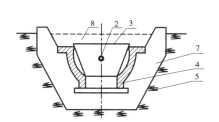

图 5.4.1.118 爆炸成形+
爆炸焊接(二)[985]

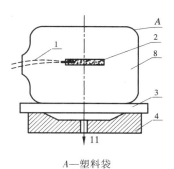

A—塑料袋
图 5.4.1.119 爆炸成形-
爆炸焊接(一)[985]

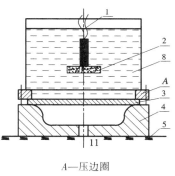

A—压边圈
图 5.4.1.120 爆炸成形-
爆炸焊接(二)

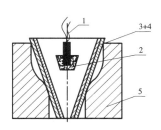

图 5.4.1.121 爆炸焊接+
爆炸胀形

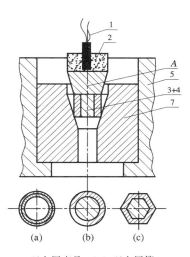

(a)　　(b)　　(c)

双金属产品：(a) 双金属管；
(b) 圆形双金属管棒；
(c) 六角形双金属管棒；A—压头
图 5.4.1.122 爆炸焊接+爆炸挤压

说明：图 5.4.1.112～图 5.4.1.135 中，"+"表示两种或三种工艺分别和依次进行，"-"表示两种工艺连续进行和一气呵成。

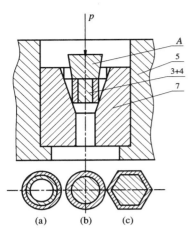

双金属产品：（a）双金属管；（b）圆形双金属管棒；
（c）六角形双金属管棒；A—压头；p—压力

图 5.4.1.123　爆炸焊接+挤压

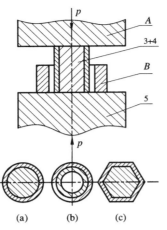

双金属产品：（a）圆形双金属管棒；
（b）双金属管；（c）六角形双金属管棒；
A—锤头；B—锻模；p—压力

图 5.4.1.124　爆炸焊接+锻压（模锻）

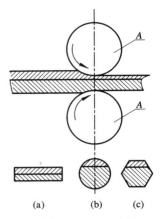

双金属产品：（a）双金属板；
（b）圆形双金属（棒、丝）；
（c）六角形双金属（棒、丝）；A—轧机

图 5.4.1.125　爆炸焊接+轧制

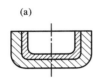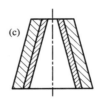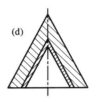

双金属产品：（a）封头形件；（b）半球形件；（c）锥台形件；（d）圆锥形件

图 5.4.1.126　爆炸焊接+轧制+旋压

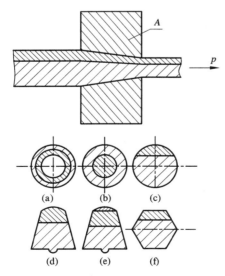

双金属产品：（a）双金属管；（b）双金属管棒（丝、线）；
（c）双金属圆棒（丝、线）；（d）双层异形触头丝；
（e）三层异形触头丝；（f）双金属六角形棒（丝、线）
A—拉模；p—拉力

图 5.4.1.127　爆炸焊接+轧制+拉拔

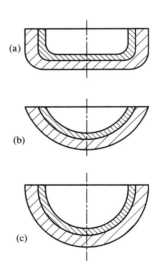

（a）双金属盆形件；（b）双金属封头件；
（c）双金属半球件

图 5.4.1.128　爆炸焊接+（轧制+）冲压

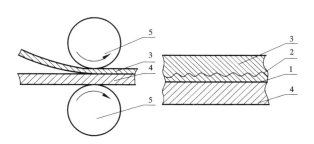

1—轧制焊接焊缝；2—爆炸焊接焊缝；
3—Q235 钢；4—高速钢；5—轧机

图 5.4.1.129　轧制焊接+爆炸焊接
制造板状复合刀具材料

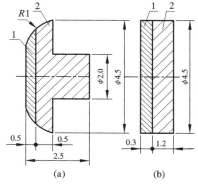

(a)　　　　　(b)

图 5.4.1.130　爆炸焊接+轧制+冲压的
银(1)–铜(2)铆钉(a)和电触头(b)[333]

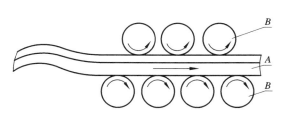

图 5.4.1.131　爆炸复合板(A)
在平板机(B)上被校平

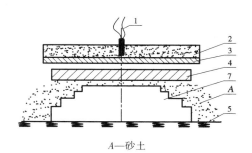

A—砂土

图 5.4.1.132　爆炸焊接–爆炸校平

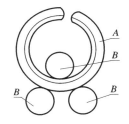

图 5.4.1.133　爆炸复合板(A)在
卷板机(B)上被卷成筒体

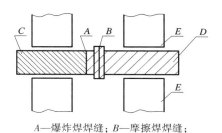

A—爆炸焊焊缝；B—摩擦焊焊缝；
C—P6M5 钢；D—45 号钢；E—摩擦焊机

图 5.4.1.134　爆炸焊接+摩擦焊接
制造棒状复合刀具材料[481]

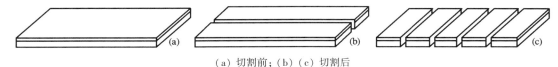

(a) 切割前；(b)(c) 切割后

图 5.4.1.135　爆炸焊接+切割

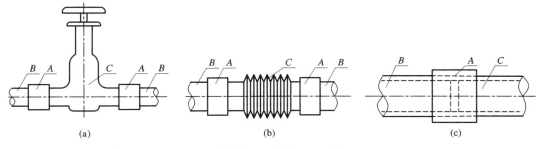

(a)　　　　　(b)　　　　　(c)

A—管接头；B—钛管；C—铝管

图 5.4.1.136　爆炸复合材料的焊接(一)：用爆炸焊接的管接头连接管道[125]

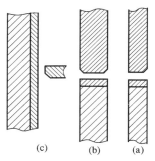

图 5.4.1.137　爆炸复合材料的焊接(二)：
V 形坡口(a)，K 形坡口(b)和扩大的
及丁字形坡口(c)对接接头边缘的准备[727]

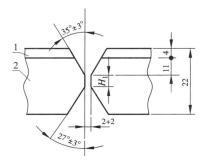

1—覆板 X17H13M3T 钢；2—基板 16ГС 钢
图 5.4.1.138　爆炸复合材料的焊接(三)：
焊接坡口

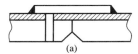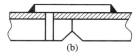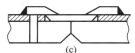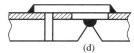

图 5.4.1.139　爆炸复合板材料的焊接(四)：双金属接头的各种焊接方法[1002]

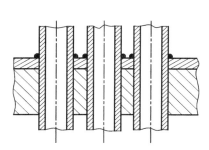

图 5.4.1.140　爆炸复合材料的焊接(五)：
管和复合管板的焊接[1003]

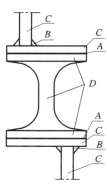

A—爆炸焊焊缝；B—熔化焊焊缝；C—铝；D—钢
图 5.4.1.141　爆炸复合材料的焊接(六)：
用爆炸复合材料焊接成的零部件

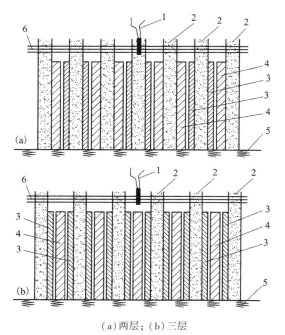

(a)两层；(b)三层
图 5.4.1.142　复合板(坯)的成排爆炸焊接

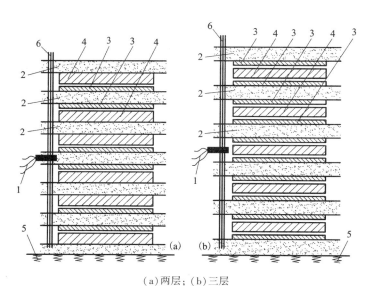

(a)两层；(b)三层
图 5.4.1.143　复合板(坯)的成堆爆炸焊接

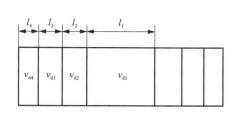

图 5.4.1.144　分段布药爆炸
复合板的布药示意图[1173]

$v_{d1}>v_{d2}>v_{d3}>v_{d4}$

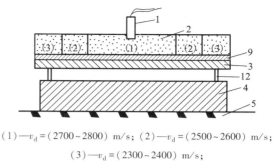

（1）—v_d=（2700～2800）m/s；（2）—v_d=（2500～2600）m/s；
（3）—v_d=（2300～2400）m/s；
钛-钢：（3+50）mm×2450 mm×7500 mm

图 5.4.1.145　爆炸焊接分段式装药示意图[1190]

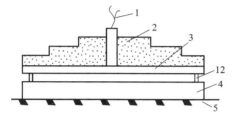

图 5.4.1.146　大面积铝-钢爆炸焊接
台阶式布药示意图[1069]

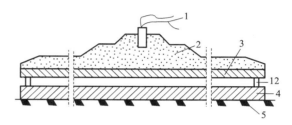

图 5.4.1.147　大面积复合板爆炸焊接
梯级布药示意图

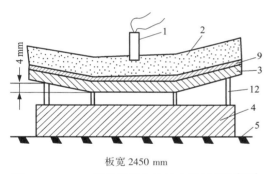

板宽 2450 mm

图 5.4.1.148　爆炸焊接角度法安装示意图[1190]

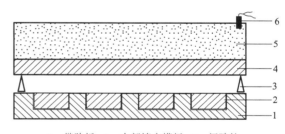

1—带肋板；2—内部填充模板；3—间隙柱；
4—薄面板；5—装药；6—雷管

图 5.4.1.149　核聚变氚增殖包层中
含流道板的爆炸焊接工艺安装示意图

5.5　爆炸焊接和爆炸复合材料的应用

5.5.1　爆炸焊接和爆炸复合材料的应用范围

　　金属爆炸焊接广泛的应用范围和重要的经济技术价值，是这门应用科学和技术科学的一大特点。和一切新工艺和新技术一样，这一特点也是它产生和赖以发展的重要条件及动力之一。纵观爆炸焊接 80 余年发展和应用的历史，与众多的焊接工艺相比，充分显示了它强大的生命力和美好的发展前景。可以预计，这株自然科学百花园中的一朵新花，必将放射出最艳丽的光彩和最醇醉的芳香，从而为人类的生产和科学技术的发展作出应有的贡献。

　　金属爆炸焊接现象早在 20 世纪 40 年代中期就被文献记录下来了。然而，它的应用却开始于 1958 年[1004]。自那时以来，国内外专家和学者在爆炸焊接的研究及应用中做了大量工作。从已经发表的大量文献中可以发现，这种新工艺和新技术的应用范围是相当广泛的。现在可以毫不夸张地说，凡是使用焊接技术和金属材料的地方，都能找到它的应用踪迹，从而遍及工业、农业、国防和科学技术的各个领域。

本章根据国内外大量文献资料，比较全面和系统地讨论爆炸焊接和用爆炸焊接法生产的各种金属复合材料应用的范围，由此可见这门应用科学的广阔的发展前景。

1. 提供了一门新的和先进的焊接工艺和技术

众所周知，一切金属材料在制成工件、零件、部件或设备的过程中，都或多或少地要使用相应的焊接或连接的方法，如气焊、电焊、钎焊、氩弧焊、扩散焊、摩擦焊、激光焊、冰压焊、超声波焊、太阳能焊、电子束焊和等离子焊等。这些焊接工艺各有特点和优点。因而它们都有一定的意义和应用价值。然而，它们也有某些缺点和局限性。例如，有些需要昂贵的设备、复杂的工艺和苛刻的技术，特别是异种金属间的焊接更是复杂和困难的课题。它们所能焊接的金属组合是相对有限的，被焊材料的尺寸也是相对有限的。焊接强度与基体金属的强度比较起来并不都能令人满意。

与上述常规的焊接工艺比较起来，爆炸焊接有许多优越之处。例如，它们需要的能源是廉价的炸药，操作过程简单。这已被 12 000 多次的爆炸焊接试验所证明[1004]。一般地说，只要有金属材料、炸药和爆炸场，以及一些辅助工具就可以进行任意组合和相当尺寸的双金属及多金属材料的爆炸焊接。随着工作人员的增加，机械化程度的提高和市场的扩大，爆炸复合材料的品种、数量、范围和规模可以不断扩大。爆炸焊接能够在一瞬间内完成，焊接强度相当于基材中较弱者的强度。所以爆炸焊接不仅为简单、迅速、有效地进行高质量、大面积和多种形式的金属（特别是不同金属）的焊接提供了一个不可替代的新工艺，而且它还是一种能够快速上马、迅速应用、投资少、经济效益显著的新技术。

本书 5.8 章汇集了数以千计的爆炸焊接的金属组合。由这些可见，如此多的相同和不同的金属组合，都能在一瞬间实现有效的焊接。实际上，大量的试验证明，不论金属材料的物理和化学性质（力学的、化学的、电的、磁的、热的、光的、声的和核的等）如何，不论金属的形状（板、带、箔、管、棒、线、型、粉末、管板和零件等）如何，金属间的任意组合原则上都能爆炸焊接。

除全面积的爆炸焊接外，金属间还可以进行点爆、线爆和局部位置的爆炸焊接。

此外，金属与塑料、玻璃、陶瓷等非金属材料也能爆炸焊接在一起。

爆炸焊接可以在地面上、坑道内、矿井里、真空中、水下和宇宙中进行。

由此可见，爆炸焊接是简单、迅速和强固地焊接同种金属、特别是异种金属及其他材料的一种好工艺和好方法。因此，可以说，爆炸焊接是焊接科学和技术的一大发展。

2. 提供了一种新的复合材料的生产工艺

大家知道，金属复合材料的生产方法是很多的。如叠轧法、堆焊法、浇注法、电镀法、涂层法、共挤压法、共拉拔法、气相沉积法和粉末冶金法等。爆炸焊接法为任意金属组合的复合材料的生产，又增加了一种简单、廉价、迅速、有效和适用范围广泛的新工艺及新技术。

3. 提供了一套新的复合结构材料系统

品种和规格繁多、形状和尺寸各异的金属爆炸复合材料，如钛-钢、不锈钢-钢、铜-钢、铝-钢、镍-钢、铜-铝、金-银金（铜）镍-铜镍、不锈钢-钢-钛等双金属和多金属的板、管、管板、板管、管棒、带材、箔材、线材、型材、锻件、粉末及异型件等，为生产和科学技术提供了一整套具有特殊物理和化学性能及有广泛用途的复合结构材料系统。这些材料按性质和用途来分类有如下几种：

1）充分利用金属化学性能的复合材料

钛、锆、铌、钽、钨、钼、铜、铝、镍、贵金属和不锈钢等，在相应的化学介质中有良好的耐蚀性，它们与普通钢组成的复合板已较为广泛地应用在化工和压力容器中。

2）充分发挥金属物理性能的复合材料

这类材料包括热双金属（热-力学性能），电子，电力和电化学用双金属（电学性能），音叉双金属（声学性能），涡轮叶片双金属（耐汽蚀性能），枪（炮）管双金属（耐烧蚀性能），贵金属复合触点材料（耐电蚀性能），复合磁性材料（磁学性能），复合超导材料（超导性能），以及复合原子能材料（核性能）等。

3）充分增强金属力学性能的复合材料

这类材料包括复合纤维增强材料（抗拉强度显著提高），复合装甲材料（各层具有不同的硬度，可显著提高材料抗拒破甲的能力），复合刀具材料（刀刃部分硬度特高），耐磨复合材料（内层材料耐摩擦磨损，外层材料承压强度高），以及比强度和比刚度更高的轻型复合材料（如铝-钛、钛-镁、钛-锂、铝-锂、铝-镁和铝-铍）等。

4）其他特殊用途的复合材料

这类材料的代表有三层复合钎料，它们的中间为与被焊结构材料相同的材料，两侧为钎料。钎焊后除将多接头的结构件(如汽车散热器)牢牢地焊成一体外，还起加固作用。又如，核燃料铀和钍的数量少、体积小、强度低，为了提高其刚度和其他目的，将其与铜组成复合材料后作为重离子的靶子。在美国，为了降低和取消三种硬币中银的含量而大量地使用爆炸焊接的银铜镍复合坯料。

总之，金属爆炸复合材料的品种和数量庞大，形状和类型很多，性质和用途很广。它们为充分发挥和综合利用，增强和提高金属材料的化学(化学腐蚀、电化学腐蚀、电蚀、热蚀、烧蚀、空气腐蚀、空泡腐蚀和核腐蚀等)、物理(电、磁、热、光、声、核和机械等)及力学(强度、刚度、韧度、硬度、塑性和弹性等)性能展现了一幅无限广阔的前景。

4. 过渡接头

用爆炸焊接法能够制造异种金属的搭接、对接和斜接的板接头、管接头及管棒接头，也可以用爆炸焊接的复合板、复合管和复合管棒来加工成这类接头(图5.5.1.1)。这种过渡接头的应用实质上是变不同金属的焊接为相同金属的焊接，从而为工程技术中异种金属的过渡连接问题提供了一个很好的解决方法和手段。例如，锆$_{-2}$+不锈钢管接头的两端分别与同种管材用常规焊接工艺焊接起来之后，放入反应堆内的锆$_{-2}$管就可以发挥其优良的核性能，而在堆外则使用廉价的不锈钢管即可。与此相似的还有锆2.5铌–不锈钢、钼–不锈钢和因科镍–不锈钢管接头等。此外，还有电冰箱内使用的铝–铜管接头，宇宙飞船上使用的钛–不锈钢管接头，现代铝生产和造船工业中使用的铝–钢板接头，以及电力、电子和电化学工业中使用的钛–铜、钛–铝、钛–不锈钢、铜–钢、铝–钢和铝–不锈钢等导电材料的接头。这些充分显示爆炸焊接不仅可以轻易地解决异种金属的焊接问题，而且还能节省稀缺和贵重的金属材料。爆炸焊接为制备任意两种和多种材料，两层和多层金属，以及各种形状的过渡接头开辟了广阔的道路。如上所述，这种过渡接头用于异种结构材料和异种导电材料的过渡连接。

5. 与压力加工相联合

这种联合实际上是爆炸焊接的延伸、充实和发展，它对于克服爆炸焊接在自身形状和尺寸上的局限性，以生产更大和更薄、更长和更短、更粗和更细，以及异形的金属复合材料及零部件又开辟了一些新的途径。同时，这种联合又是传统的压力加工技术和产品的丰富及发展。

例如，用爆炸焊接的钛–钢和不锈钢–钢复合板坯进行热轧制，可以获得面积大得多和厚度小得多的复合板。还可以用爆炸+轧制+冲压(或拉拔)的工艺制备贵金属复合触点材料，以及复合螺钉和铆钉。用爆炸+轧制工艺获得锆2.5铌–不锈钢复合管和不锈钢–钢复合管。用爆炸+轧制+旋压工艺制备复合药型罩。用爆炸+轧制+冲压工艺制造多层硬币等。大量实践指出，爆炸焊接与多种压力加工工艺，多种焊接工艺以及多种机械加工工艺的联合是历史发展的必然趋势。这种联合能够生产出不同品种、不同规格、不同形状和不同用途的复合板材、复合带材、复合箔材、复合管材、复合棒材、复合线材、复合型材、复合粉末和复合锻件，以及复合零件、部件和设备。从而相辅相成和相得益彰。

6. 其他用途

爆炸焊接的其他一些特殊的用途有：在某些钛合金热轧板坯的两面覆以一薄层纯钛板，以解决它们的热轧开裂问题。这一实例为类似性质的压力加工课题的解决提供了一个简单而行之有效的方法。又如热交换器，特别是核反应堆的热交换器的破损传热管的爆炸焊接堵塞。与传统的方法相比，它工艺简单、操作方便、速度快和质量好。此外，爆炸焊接可远距离操作，以减少射线伤害，缩短停堆时间和减少由此造成的经济损失。一般热交换器的爆炸堵管甚至不用停工即可很快修好。再如，对于欲报废的大中型零部件来说，用爆炸法覆上一层同种金属材料，或修补内外缺陷、或填补尺寸公差、或增加厚度，可使它们翻新再用。所以爆炸焊接技术为维修和充分利用一些重要、复杂和贵重的设备、零部件及材料提供了一个好方法。

综上所述，爆炸焊接的应用范围是相当广阔的。实际上，凡是使用金属材料，特别是那些使用稀缺和贵重材料的地方，价廉和性能优异的各种金属爆炸(或爆炸+压力加工)复合材料，都有用武之地并能大显身手。至于异种金属的焊接，爆炸焊更有它不可替代的优势。

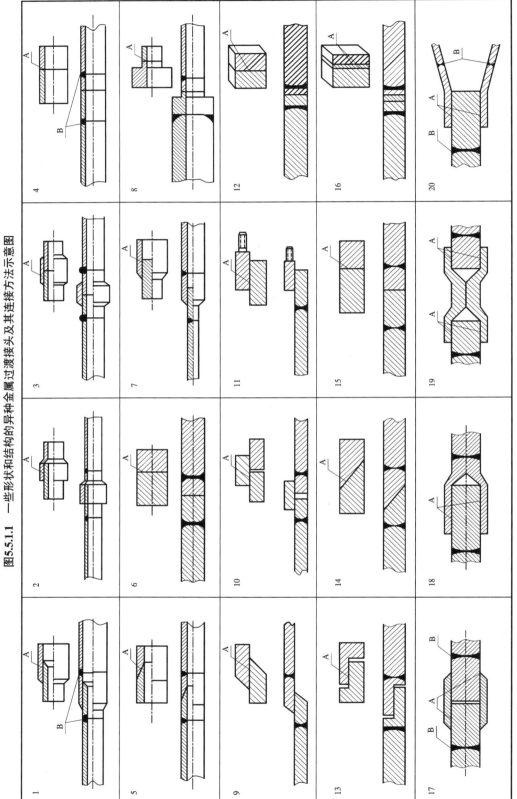

图5.5.1.1 一些形状和结构的异种金属过渡接头及其连接方法示意图

注：①每幅小图中上面的为过渡接头的形状，下面的为其连接方法；②A为爆炸焊焊缝，B为熔化焊焊缝。

5.5.2　爆炸焊接和爆炸复合材料的产品及应用实例

本书作者将几十年来所收集到的大量的爆炸焊接和爆炸复合材料的产品及其应用实例（含生产的工艺和设备）的图片汇集如下，供参考。这些图片既是爆炸焊接和爆炸复合材料的众多产品及其工程应用的典型实例，又是我国部分科研院所和生产单位几十年来的部分物质成果的鲜活展示。和本书一起，它们为向国内外宣传和展示我国在此科技领域所取得的成就提供了大量的信息及资料，从而有力地证明中国人不仅在理论和研究方面，而且在实践和应用中，都做了大量的工作；同时向世界表明，为了这门学科的发展，中国人也作出了自己应有的贡献。

图 5.5.2.1　大面积复合板爆炸焊接时
在平原上从远处看到的蘑菇状烟云

图 5.5.2.2　在山沟里进行爆炸焊接

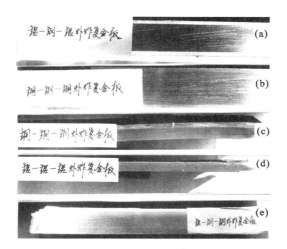

图 5.5.2.3　几种三金属板（部分）

图 5.5.2.4　几种复合板（部分）

图 5.5.2.5　铝-铜复合板

图 5.5.2.6　钛-钢复合板样品

$\phi 1800\,\text{mm} \times (5+30)\,\text{mm}$

图 5.5.2.7　钛-钢复合板

图 5.5.2.8　铜-钢复合板样品

图 5.5.2.9　铌-钢复合板样品

图 5.5.2.10　铝-钢复合板样品

图 5.5.2.11　钛-铜-钢复合板样品

图 5.5.2.12　尺寸为 (4.76+101.6) mm ×2134 mm×6096 mm 和重约 12 t 的 304 L 不锈钢-A212B 钢复合板[2]

图 5.5.2.13　钛-钢复合板坯

图 5.5.2.14　三层铝合金复合钎料板坯

图 5.5.2.15　铜-钢复合管棒(部分)

图 5.5.2.16　钛-钢复合管棒(部分)

图 5.5.2.17　钛-钢复合管棒(断面)

图 5.5.2.18　锆$_{-2}$+不锈钢复合管

图 5.5.2.19　锆$_{-2}$+不锈钢复合管

左起:铁-钢,GH140-钢,钛-钢,钽-钢
图 5.5.2.20　复合枪(炮)管坯料

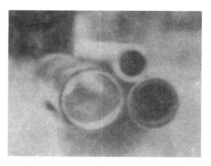
图 5.5.2.21　铜-钢复合管[1005]

图 5.5.2.22　铝+锆$_{-4}$ 复合管(部分)[2]

图 5.5.2.23　锆_{-2}+不锈钢搭接管接头

图 5.5.2.24　锆 2.5 铌–不锈钢搭接管接头

图 5.5.2.25　钼–不锈钢搭接管接头

图 5.5.2.26　铝–钢对接管接头

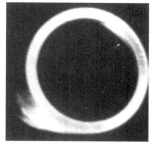

图 5.5.2.27　铜–钢对接管接头

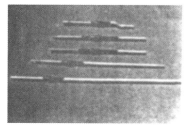

图 5.5.2.28　电冰箱用铜–
铝过渡管接头[330]

图 5.5.2.29　钢–钢搭接管接头[2]

图 5.5.2.30　几种过渡管接头[2]

图 5.5.2.31　一些过渡管接头[2]

（a）钛–不锈钢；（b）铝–不锈钢
图 5.5.2.32　法兰状对接管接头

图 5.5.2.33　钛–铜螺栓状搭接板接头

图 5.5.2.34　钛–钢螺栓状搭接板接头

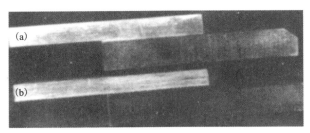

（a）铝-钢；（b）铝-钛-钢

图 5.5.2.35　搭接板接头

图 5.5.2.36　铝-钢搭接板接头

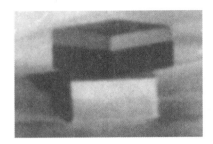

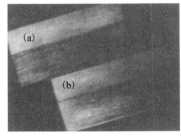

图 5.5.2.37　铝-钢对接板接头

（a）铝-钢；（b）铝-钛-钢

图 5.5.2.38　对接板接头

图 5.5.2.39　铝-钢对接棒接头

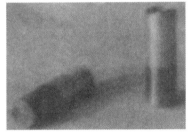

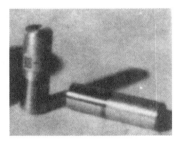

图 5.5.2.40　铝-钢对接棒接头

图 5.5.2.41　铝-不锈钢对接棒接头

图 5.5.2.42　铜-铌钛多芯超导丝复合管棒

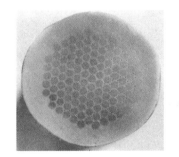

图 5.5.2.43　铜-铌钛多芯超导丝
复合管棒（断面）

图 5.5.2.44　爆炸焊接的铜-铌钛
复合超导带的连接头

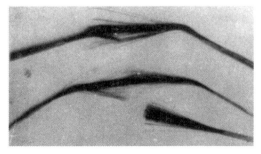

下为原始丝束

图 5.5.2.45　连接头的铜层溶解后，
铌钛超导丝接头焊接的情况

图 5.5.2.46　底部焊接的钛-钢
碟形管板

图 5.5.2.47　爆炸胀接
的钛管-钢管板

图 5.5.2.48　爆炸胀接的
铜管-黄铜管板[2]

图 5.5.2.49　爆炸胀接的钛-
钢复合管断面

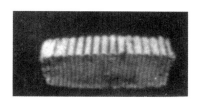

图 5.5.2.50　蜂窝结构[2]

图 5.5.2.51　复合电极卡头坯料[1005]

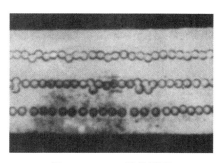

图 5.5.2.52　纤维增强
复合材料(断面)[2]

图 5.5.2.53　Ti6Al4V 肋加强壁板[2]

图 5.5.2.54　用钛-钢复合板卷成的筒体

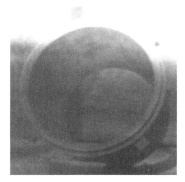

图 5.5.2.55　爆炸胀接钛-钢
复合筒

图 5.5.2.56　爆炸胀接的
黄铜管-钢管板冷却器

图 5.5.2.57　用钛-钢复合板
制作的合成纤维氧化塔

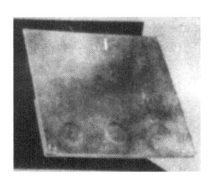

3.175 mm 厚的 6061-T6 铝板
图 5.5.2.58　爆炸点焊[2]

图 5.5.2.59　爆炸线焊(左)和
搭接焊(右)[2]

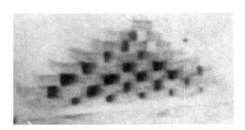

图 5.5.2.60　爆炸+轧制的铜- 铝复合板(电力设备用过渡片)　　图 5.5.2.61　爆炸+轧制的铜-铝复合板 (电力设备用过渡片)　　图 5.5.2.62　爆炸+轧制的装甲复合钢板

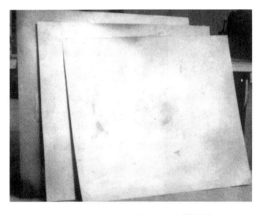

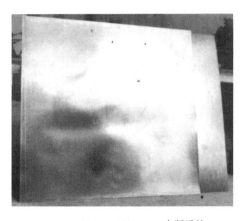

1 mm×1000 mm×3000 mm，中断后的　　　　　1 mm×1000 mm×3000 mm，中断后的

图 5.5.2.63　爆炸+轧制的镍-不锈钢复合薄板　　图 5.5.2.64　爆炸+轧制的镍-钛复合薄板

图 5.5.2.65　爆炸+轧制的不锈钢-钢复合中板　　图 5.5.2.66　爆炸+轧制的钛-钢复合中板

图 5.5.2.67　爆炸+轧制的三层铝合金 复合钎料薄板(卷材，半成品)　　图 5.5.2.68　爆炸+轧制的三层铝合金 复合钎料(箔卷材，成品)

图 5.5.2.69 分条后的三层铝合金
复合钎料(箔卷材,分条后)

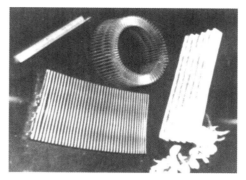

图 5.5.2.70 用三层铝合金复合钎料(箔材)制成的
汽车散热器用翅片(中)和散热元件(右和左上)

(a)触头丝束;(b)复合薄板(部分)
图 5.5.2.71 爆炸+轧制+拉拔的
Au-AgAuNi-CuNi 触头材料

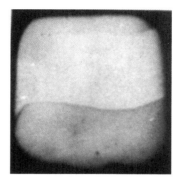

图 5.5.2.72 Au-AgAuNi-CuNi
触头丝断面形态 ×50

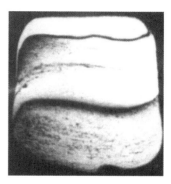

图 5.5.2.73 Au-AgCuNi-CuNi
触头丝断面形态 ×75

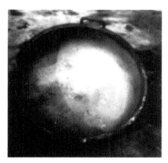

图 5.5.2.74 爆炸+热冲压的
钛-钢封头

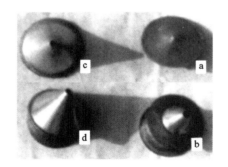

(a)、(b)、(c)为半成品,(d)为成品
图 5.5.2.75 爆炸+轧制+旋压的
铜-铝复合药型罩

图 5.5.2.76 用 B30-922 钢
复合板机加工成的
复合法兰盘[251]

图 5.5.2.77 爆炸+轧制+
冲压的银-铜铆钉

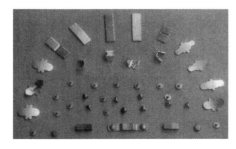

图 5.5.2.78 不同形状的银-铜复合触头

图 5.5.2.79 三层复合厨用菜刀

说明:图 5.5.2.79 为大连理工大学材料科学与工程系李同春教授提供;图 5.5.2.80~图 5.5.2.96 由大连爆炸加工研究所提供。

图 5.5.2.80　爆炸焊接烟云

图 5.5.2.81　爆炸复合板在
压力机上校平

图 5.5.2.82　爆炸复合板在热处
理炉中进行热处理

图 5.5.2.83　爆炸复合板在抛光机上进行表面抛光

图 5.5.2.84　爆炸复合板用等离子切割机进行切割

图 5.5.2.85　用不锈钢-钢
复合板制造的接触塔

图 5.5.2.86　用不锈钢-钢复合板制
造的环氧乙烷工程洗涤塔和复合封头

图 5.5.2.87　用不锈钢-钢复合板
制造的加氢脱砷反应器

图 5.5.2.88　用不锈钢-钢复合板
制造的预加氢反应器

图 5.5.2.89　我国长征火箭内用的
高强度锻铝-不锈钢复合管接头

图 5.5.2.90　地铁机车内直线电机用铜–钢感应板

图 5.5.2.91　重型汽车上用的黄铜–钢复合轴套

图 5.5.2.92　青铜–钢复合管棒和
用其制造的复合活塞

图 5.5.2.93　ND5 型内燃机车电磁涡流
离合器用铜–钢复合套筒

图 5.5.2.94　黄铜–钢复合管板

图 5.5.2.95　70/30 铜镍
合金–钢复合封头

图 5.5.2.96　电解铝用的铝–钢过渡接头

图 5.5.2.97　爆炸焊接烟云

图 5.5.2.98　5 m×5 m×20 m 的用于爆炸
复合板热处理的热处理炉

图 5.5.2.99　用于爆炸复合板校平的
50 mm×2600 mm 七辊校平机

说明：图 5.5.2.97～图 5.5.2.117 由河南洛阳船舶材料研究所爆炸焊接研究室(原洛阳双瑞金属复合材料有限公司)提供。

图 5.5.2.100　不锈钢-钢复合板
在三峡工程排砂孔中使用

图 5.5.2.101　用不锈钢-钢复合板制造的
三峡工程泄洪深孔检修门

用不锈钢-复合板制造，筒体直径 6400 mm，筒身高 45 m
图 5.5.2.102　克拉玛依炼油厂 100 万吨减压塔装置

用不锈钢-钢复合板制造，
最大直径 7200 mm，塔高 54.6 m
图 5.5.2.103　济南炼油厂 150 万吨减压塔

图 5.5.2.104　用不锈钢-钢复合板
制造的天津炼油厂汽提塔

图 5.5.2.105　用不锈钢-钢复合板
制造的沥青汽提塔

图 5.5.2.106　用钛-钢复合板制造的定远盐矿加热室

图 5.5.2.107　不锈钢-钢复合管

图 5.5.2.108　用不锈钢-钢复合板
制造的船用侧推器

图 5.5.2.109　铝-钢过渡接头在
铝的电解槽上的应用

图 5.5.2.110　电解铝用铝-钢过渡板

图 5.5.2.111　铝-铜过渡板接头

图 5.5.2.112　铝-铜复合管板

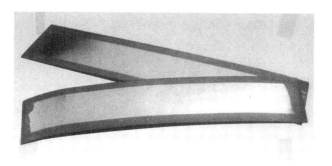

图 5.5.2.113　用于船舰上外加电流防腐装置的
阳极的爆炸+轧制铂-钛复合薄板

图 5.5.2.114　铜−不锈钢管接头

图 5.5.2.115　经校平和表面抛光后的
不锈钢−钢复合中板

图 5.5.2.116　包装待发的
不锈钢−钢复合板

图 5.5.2.117　包装待发的
铜−钢复合板

图 5.5.2.118　爆炸焊接烟云

图 5.5.2.119　爆炸复合板在校平机上进行校平

图 5.5.2.120　爆炸复合板
在热处理炉中进行热处理

图 5.5.2.121　用不锈钢−钢复合板在
卷板机上卷成的化工容器的筒体

说明：图 5.5.2.118~图 5.5.2.131 由太钢复合材料厂提供。

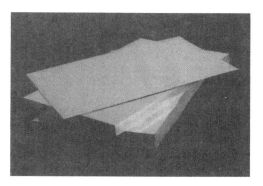

图 5.5.2.122　待爆炸焊接的
不锈钢覆板和钢基板

（3+20）mm×2000 mm×7100 mm

图 5.5.2.123　在爆炸坑中的
不锈钢-钢复合中板

（12+120+5）mm×1100 mm×3500 mm

图 5.5.2.124　待轧制的
不锈钢-钢-不锈钢三层复合板坯（一）

（14+120+14）mm×1020 mm×4200 mm

图 5.5.2.125　待轧制的
不锈钢-钢-不锈钢三层复合板坯（二）

图 5.5.2.126　爆炸+轧制的
不锈钢-钢复合中板

图 5.5.2.127　2 mm 厚的不锈钢-钢-不锈钢
三层冷轧复合薄板

图 5.5.2.128　爆炸+轧制的
不锈钢-钢-不锈钢三层复合薄（卷）板

图 5.5.2.129　爆炸+轧制的
不锈钢-钢二层复合薄（卷）板

图 5.5.2.130　用不锈钢-钢复合板
制造的化工容器

图 5.5.2.131　不锈钢-钢复合板用于三峡工程
的排沙钢管、泄洪深孔和永久船闸中

图 5.5.2.132　爆炸焊接烟云

冷卷厚 70 mm，热卷厚 110 mm

图 5.5.2.133　用卷板机将爆炸复合板
制作成压力容器的简体

图 5.5.2.134　对用爆炸复合板制作的
压力容器简体的内壁进行抛光处理

图 5.5.2.135　用埋弧自动焊接机
焊接压力容器的简体

图 5.5.2.136　对用爆炸复合板制造的
压力容器进行超声波探伤检验

图 5.5.2.137　用不锈钢-钢复合板
制造的 50 m³ 储罐

说明：图 5.5.2.132~图 5.5.2.151 由威海化工器械有限公司提供。

图 5.5.2.138　用不锈钢-钢复合板制造的高压储罐

图 5.5.2.139　用钛-钢复合板制造的 300 L 反应釜

图 5.5.2.140　用不锈钢-钢复合板
制造的磁力驱动反应釜

图 5.5.2.141　用不锈钢-钢复合板
制造的 300 L 反应釜

图 5.5.2.142　用钛-钢复合板
制造的 1000 L 反应釜

图 5.5.2.143　用不锈钢-钢
复合板制造的反应釜

图 5.5.2.144 用不锈钢-钢复合板
制造的 5000 L FCH 系列反应釜

图 5.5.2.145 用镍-钢复合板
制造的 500 L 反应釜

图 5.5.2.146 用不锈钢-钢复合
板制造的平盖反向法兰高压釜

图 5.5.2.147 用不锈钢-钢复合板
制造的 FCH 凸盖反应釜

图 5.5.2.148 用不锈钢-钢
复合板制造的 1500 L
FCH 高转速反应釜

图 5.5.2.149 用不锈钢-钢复合板
制造的导热油加热反应釜

图 5.5.2.150 用不锈钢-钢复合板
制造的 FCH 系列反应釜

图 5.5.2.151 用钛-钢复合板
制造的 15 m³ 反应釜

图 5.5.2.152 在山沟里开展爆炸焊接工作

右为本书作者
图 5.5.2.153 进行工艺安装

三层铝合金复合板坯

图 5.5.2.154　安装完毕

图 5.5.2.155　引爆炸药进行
爆炸焊接后一会儿的烟云

图 5.5.2.156　天空中的烟云

图 5.5.2.157　爆炸焊接后的三层
铝合金复合钎料板坯

图 5.5.2.158　爆炸+热轧+冷轧的
三层铝合金复合钎料的箔(卷)材

图 5.5.2.159　纵剪成不同宽度的
三层铝合金复合钎料的箔(卷)材

图 5.5.2.160　用三层铝合金复合钎料
制造的多种形状的汽车散热器(一)

图 5.5.2.161　用三层铝合金复合钎料
制造的多种形状的汽车散热器(二)

说明：图 5.5.2.160 和图 5.5.2.161 为萨帕公司的宣传资料；
　　　图 5.5.2.162 和图 5.5.2.163 为曹金生工程师提供。

图 5.5.2.162　用三层铝合金复合钎料
制造的多种形状的汽车散热器 (三)

图 5.5.2.163　用三层铝合金复合钎料
制造的多种形状的汽车散热器 (四)

图 5.5.2.164　爆炸焊接 + 车削加工的
不锈钢 - 铜 - 铝对接管接头 (左)
和棒接头 (右，两端带螺纹)

图 5.5.2.165　爆炸焊接 + 车削
加工的钛 - 钢对接管接头

图 5.5.2.166　用爆炸焊接 + 轧制
的不锈钢 - 钢 - 不锈钢三层复合
薄板制造的复合焊管 (部分)

图 5.5.2.167　用爆炸焊接 +
轧制的黄铜 - 钢复合薄板
制造的车用套管

图 5.5.2.168　爆炸焊接的
锆合金 - 不锈钢复合管 (部分)

图 5.5.2.169　爆炸焊接 +
轧制的不锈钢 - 铜复合
管棒 (方形断面、电极用)

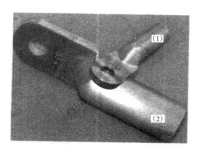

图 5.5.2.170　电力金具(一)：
高压输电线路中使用的
铜-铝接线端子(过渡接头)

图 5.5.2.171　电力金具(二)：用铜-铝
的复合板、复合管和复合管棒制作的
多种形状的过渡电接头

图 5.5.2.172　电力金具(三)：
铜-铝接线端子

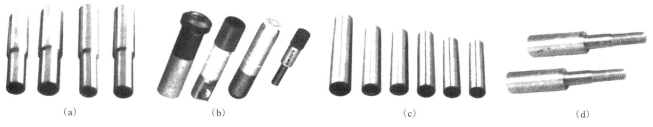

(a)　　　　　　　　(b)　　　　　　　　(c)　　　　　　　　(d)

图 5.5.2.173　电力金具(四)：铜-铝连接管[(a)~(c)]和铜-铝螺栓电缆终端接头(d)

图 5.5.2.174　电力金具(五)：铜-铝复合带
和用其制作的导电连接件

图 5.5.2.175　电力金具(六)：国外生产的多种
形态的导电用铜-铝异形件

图 5.5.2.176　铜-铝排导电体

图 5.5.2.177　电力机车上使用的铜-铝过渡电接头

说明：图 5.5.2.170~图 5.5.2.175 由中国永固集团有限公司提供；图 5.5.2.177 由湖南长沙众诚机电科技有限公司提供；图 5.5.2.178 取自洛阳船舶材料研究所爆炸焊接研究室的宣传资料；图 5.5.2.179 取自太钢复合材料厂的宣传资料。

图 5.5.2.178　广州地铁 4 号~6 号线上使用的
铝-钢复合电磁感应板(一)

图 5.5.2.179　广州地铁 4 号~6 号线上使用的
铝-钢复合电磁感应板(二)

图 5.5.2.180　加氢装置用大幅面(2.2 mm×11.0 m)
不锈钢-钢复合板

图 5.5.2.181　用不锈钢-钢
复合板制造的化学反应塔

图 5.5.2.182　用钛-钢复合板制造的热交换器

图 5.5.2.183　氯碱电解槽阴极用铜-钢复合板

图 5.5.2.184　生产线上的 KD55 型氯碱电解槽

左:爆炸焊接的铝-铜复合导电块;
右:焊接在铝梁上的铝-铜复合导电块
图 5.5.2.185　铝-铜复合板及其应用

说明:图 5.5.2.180~图 5.5.2.199 为大连理工大学爆炸复合材料研究中心提供。

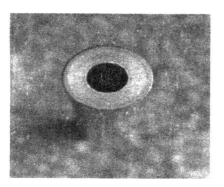

图 5.5.2.186　爆炸焊接的钛-铜复合管材

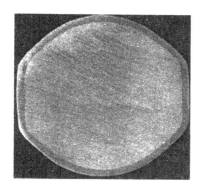

图 5.5.2.187　爆炸焊接+压力加工生产的
异形截面的钛-铜复合棒材（断面图）

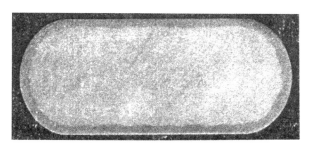

图 5.5.2.188　爆炸焊接+压力加工的扁形截面
的不锈钢-铜复合棒材（断面图）

图 5.5.2.189　爆炸焊接的铜软电缆

图 5.5.2.190　爆炸焊接的
电解用钛-铜导电吊耳

图 5.5.2.191　爆炸焊接快
速密封油井的套管头

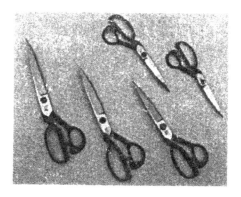

图 5.5.2.192　用 T9A-Q235A
复合钢制造的剪刀

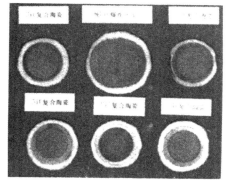

图 5.5.2.193　用爆炸烧结-爆炸焊接法
获得的各种复合陶瓷

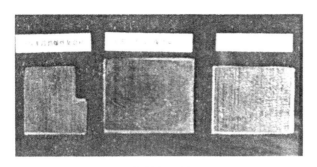

图 5.5.2.194 爆炸焊接的 100 层 25 μm
厚的非晶态合金板

图 5.5.2.195 爆炸焊接的 120 层 25 μm
厚的非晶态合金管

图 5.5.2.196 爆炸焊接的非晶态合金
薄膜的微观断面形态

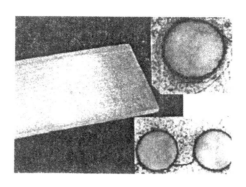

图 5.5.2.197 爆炸焊接的钢纤维增强铝板

图 5.5.2.198 用爆炸焊接技术
对接大口径的钢管

图 5.5.2.199 5 kg TNT 当量的爆炸
试验用球罐(球型爆炸洞)

图 5.5.2.200 5 m×5 m×18 m 退火炉

图 5.5.2.201 WS43-40-3000 矫平机

说明:图 5.5.2.200~图 5.5.2.217 由辽宁华阳伟业装备制造公司提供。

图 5.5.2.202　CQ5240B4 立车

图 5.5.2.203　WS11K-120-3000 卷板机

图 5.5.2.204　BJ Ⅱ-12(轮) 铣边机

图 5.5.2.205　MZ5-1500 埋弧自动焊接机

图 5.5.2.206　TPF-01 管板焊接机

图 5.5.2.207　CNL-5000A 数控等离子切割机

图 5.5.2.208　600 万 t 真空制盐蒸发罐

图 5.5.2.209　盐化工蒸发装置

图 5.5.2.210　贫富液热交换装置

图 5.5.2.211　蒸发罐

图 5.5.2.212　DN5000 发酵罐

图 5.5.2.213　脱氯塔

图 5.5.2.214　加热器

图 5.5.2.215　750 m³ 外冷器

图 5.5.2.216　液节换热管束

图 5.5.2.217　气液分离器

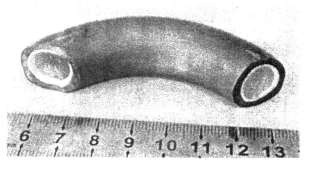

图 5.5.2.218　爆炸焊接+冷推弯成形的
纯钛-纯铝双金属复合弯管

图 5.5.2.219　爆炸焊接+冷挤压成形的
CLAM 钢-铝双金属复合异径管

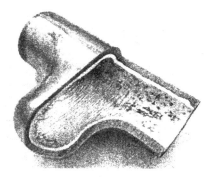

图 5.5.2.220　爆炸焊接+液压成形的不锈
钢-铝双金属复合三通管件

图 5.5.2.221　爆炸焊接+轧制成形的
不锈钢-铝双金属复合矩形管

图 5.5.2.222　百万吨 PTA（对苯二甲酸）
项目的氧化反应器

图 5.5.2.223　PTA 项目用大面积（20 m²）
的钛-钢复合板

图 5.5.2.224　冷凝器用钛-钢复合板

图 5.5.2.225　高压反应釜

说明：图 5.5.2.218~图 5.5.2.221 由南京航空航天大学材料学院提供。
　　　图 5.5.2.222~图 5.5.2.240 由宝钛集团金属复合板公司提供。

图 5.5.2.226 地铁直线电机系统用铝-钢感应板

图 5.5.2.227 钛-钢复合管板

图 5.5.2.228 钛-钢复合管板

图 5.5.2.229 超厚不锈钢-钢复合管板

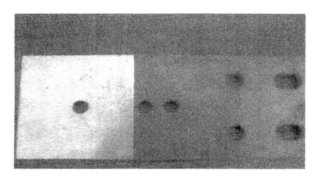

图 5.5.2.230 铜-铝过渡板

图 5.5.2.231 铜-铝复合排

图 5.5.2.232 电解铝厂用铝-钢过渡板

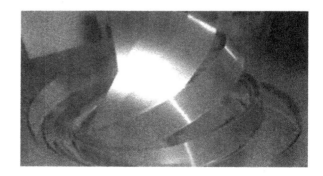

图 5.5.2.233 铜-铝复合带

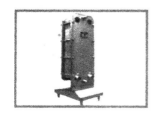

图 5.5.2.234 钛-铝复合换热器

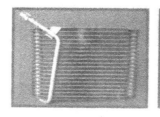

图 5.5.2.235 铝-铝复合汽车水箱

图 5.5.2.236　钢-铝复合餐具

图 5.5.2.237　用钛-钢复合板制造的电厂烟囱（部分）

图 5.5.2.238　爆炸焊接现场

图 5.5.2.239　钛-钢复合板爆炸焊接完成正检查

图 5.5.2.240　复合板坯热轧

SB265 Cr. 17-SA516 Cr. 70（8+118）mm×2400 mm×5000 mm

图 5.5.2.241　红土矿冶炼加压釜筒体板卷制

SB265 Cr. 17-SA516 Cr. 70（8+118）mm×DN5000 mm×38000 mm

图 5.5.2.242　红土矿冶炼加压釜国产化实物

SB265 Cr. 1-SA516 Cr. 70（5+30）mm×（4071~5011）mm×4460 mm

图 5.5.2.243　核电厂凝汽器用复合管板

说明：图 5.5.2.241~图 5.5.2.262 由西安天力金属复合材料有限公司提供。

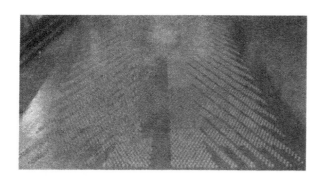

SB265 Cr. 1-SA516 Cr. 70 　（3+35）mm×3880 mm×6625 mm

图 5.5.2.244　火电厂凝汽器用复合管板

SB265 Cr. 1-SA516 Cr. 70 　（3.5+88）mm×2600 mm×5500 mm

图 5.5.2.245　PTA 项目用钛-钢封头复合板

首次国产化，SB265 Cr. 1-SA516 Cr. 70 　（3+40）mm×φ4500 mm

图 5.5.2.246　PTA 结晶器用钛-钢复合板

国内单重最大，TA1-Q345R 　（10+140）mm×φ4500 mm

图 5.5.2.247　醋酸工程热交换器用钛-钢复合板

R60702-TA1-Q345R 　（2+2+22）mm×φ3260 mm

图 5.5.2.248　醋酸工程用锆-钛-钢三层复合板

（1.2+10）mm×2000 mm×6800 mm

图 5.5.2.249　电厂烟囱用钛-钢复合板

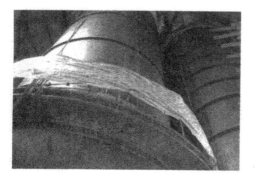

图 5.5.2.250　电厂烟囱施工现场

TA1-Q235B 　（1+3）mm×1000 mm×1000 mm

图 5.5.2.251　离子膜烧碱工程电解槽用钛-钢复合板

5083-1060-TA2-CCSB　（8+5+2+22）mm×24 mm×3000 mm

图 5.5.2.252　船舶制造业用铝合金-铝-钛-钢过渡条板

图 5.5.2.253　铜-钢复合板

图 5.5.2.254　不锈钢-钢复合板

图 5.5.2.255　锆-钢复合板封头

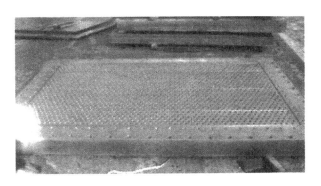

图 5.5.2.256　铜-钢-铜复合板

Ta1-R60702-TA1-Q345R

图 5.5.2.257　钽-锆-钛-钢复合板

图 5.5.2.258　钛-钢复合管板

图 5.5.2.259　T2-Q235 氯碱隔膜槽电极板

图 5.5.2.260　TC4-304 高尔夫杆球头

图 5.5.2.261　卫星用钛-不锈钢过渡接头

5.5.2.262　各种形状、材质和用途的过渡接头

（3+66）mm×2450 mm×15200 mm

图 5.5.2.263　S31603-14Cr1MoR 超长复合板

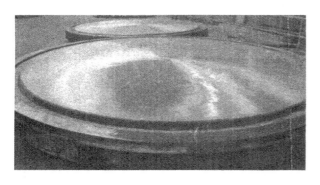

（10+250）mm×φ4500 mm

图 5.5.2.264　316L-16Mn Ⅲ大型复合管板

（3+13）mm×φ273 mm×11800 mm

图 5.5.2.265　N08825-L360MS 双金属复合管

图 5.5.2.266　316L-L415 双金属复合管弯头

图 5.5.2.267　316L-L415 双金属复合三通管

说明：图 5.5.2.263~图 5.5.2.277 由四川惊雷科技股份有限公司提供。

图 5. 5. 2. 268　煤化工用复合板制设备

图 5. 5. 2. 269　正待发运的钛-钢复合板制加热室

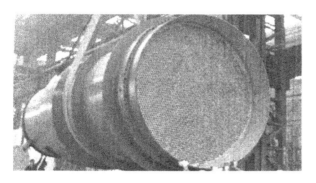

图 5. 5. 2. 270　大型钛-钢复合板制加热室

图 5. 5. 2. 271　旋压大型复合板封头

图 5. 5. 2. 272　大型复合板封头压鼓

图 5. 5. 2. 273　旋压 2. 09 m 直径的复合板封头

图 5. 5. 2. 274　金属爆炸复合材料应用在 100 万 t
全套制盐装置中

图 5. 5. 2. 275　金属爆炸复合材料应用在 30 万 t
采油储油巨轮的关键设备中

图 5.5.2.276　金属复合材料应用在西气东输工程中

图 5.5.2.277　金属复合材料应用在三峡工程中

复合板尺寸可达：（14+400）mm×3000 mm×12000 mm

图 5.5.2.278　爆炸后的镍-钢复合管板

图 5.5.2.279　爆炸后的锆-钢复合管板

复合板尺寸可达：（10+400）mm×3000 mm×12000 mm

图 5.5.2.280　铜-钢复合板

复合板尺寸可达：（16+400）mm×3500 mm×14000 mm

图 5.5.2.281　爆炸后的不锈钢-钢复合板

图 5.5.2.282　平板后的不锈钢-钢复合板

图 5.5.2.283　用镍-钢复合板加工成的复合环

说明：图 5.5.2.278~图 5.5.2.290 由南京三邦金属复合材料有限公司提供。

图 5.5.2.284　锆-钢复合管板

图 5.5.2.285　加工后的钛-钢复合管板

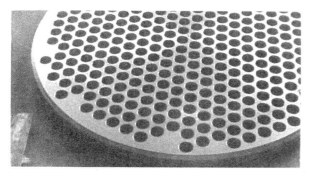

图 5.5.2.286　加工后的钛-铜复合管板

复合板尺寸可达：（10+400）mm×2500 mm×8000 mm

图 5.5.2.287　用锆-钢复合板制造的封头

图 5.5.2.288　用复合板制造的复合管

图 5.5.2.289　用不锈钢-钢复合板
正在制造生产甲醇的设备

图 5.5.2.290　用钛-钢复合板制造的设备

Zr702-Tal-TA2-16MnR　1000 mm×3000 mm

图 5.5.2.291　锆-钽-钛-钢四层复合板

R60702-TA2-Q345R

图 5.5.2.292　锆-钛-钢三层复合板

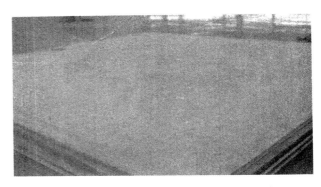

图 5.5.2.293　PTA 设备用大型钛-钢复合板

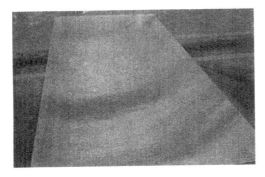

图 5.5.2.294　制造生产镁合金坩埚设备用
的 310S-钢复合板

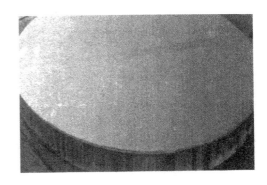

R60702-TA2-16MnⅢ（10+220）mm

图 5.5.2.295　锆-钛-钢三层复合管板

图 5.5.2.296　用钛-钢复合板制造的 100 万 kW
发电机组用管板（5+35）mm×3880 mm×7100 mm

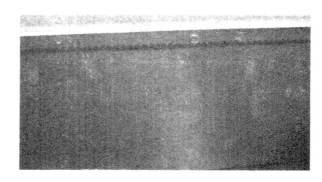

图 5.5.2.297　锆-钛-钢三层复合板断面图

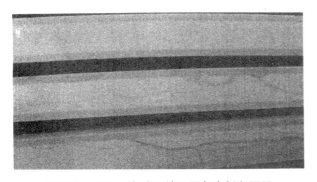

图 5.5.2.298　钛-钢-钛三层复合板断面图

图 5.5.2.299　钽-钛-钢复合轴

说明：图 5.5.2.291~图 5.5.2.308 由安徽弘雷金属复合材料科技有限公司提供。

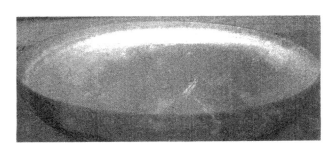

图 5.5.2.300　用镍合金-钢复合板压制的封头

图 5.5.2.301　用 310S-钢复合板制造的
铝镁（冶金）行业用坩埚

图 5.5.2.302　用钛-钢复合板制造的
100 万 t PTA 的脱水塔

φ3600 mm × 8000 mm

图 5.5.2.303　用钛-钢复合板制造
的 3400 m³ PTA 大型列管热交换器

φ7000 mm × 12000 mm

图 5.5.2.304　用钛-钢复合板制造的
4500 m³ PTA 大型反应釜

φ3600 mm × 8000 mm

图 5.5.2.305　用锆-钛-钢复合板制造的
醋酸主反应器

Zr702-Ta1-TA2-16MnR

图 5.5.2.306　用锆-钽-钛-钢四层复合板
制造的氯化乙烯反应釜

φ4400 mm × 43000 mm

图 5.5.2.307　用钛-钢复合板制造
的 PTA 大型氧化反应器

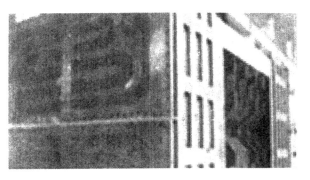

图 5.5.2.308 用钛-钢复合板制造
的 100 万 kW 发电机组冷凝器

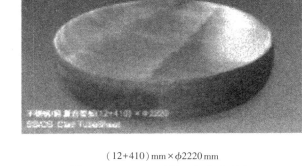

（12+410）mm×φ2220 mm

图 5.5.2.309 不锈钢-钢复合管板

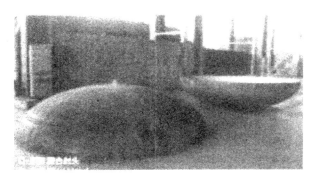

图 5.5.2.310 C276-钢复合封头

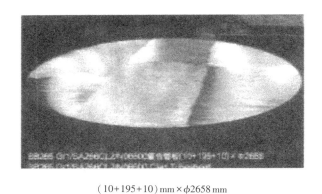

（10+195+10）mm×φ2658 mm

图 5.5.2.311 SB265 G. 1-SA266cLZ-N06600 复合管板

（3+38）mm×3000 mm×12550 mm

图 5.5.2.312 不锈钢-钢复合板

图 5.5.2.313 不锈钢-铜矩形复合管棒

（5+55）mm×3450 mm×5545 mm

图 5.5.2.314 TA2-20g 60 万千瓦机组蒸汽器用复合管板

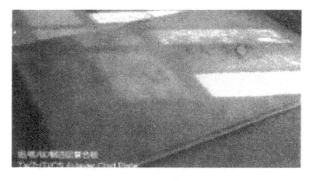

图 5.5.2.315 钽-锆-钛-钢四层复合板

说明：图 5.5.2.309～图 5.5.2.321 由南京宝泰特种材料股份有限公司提供。

图 5.5.2.316　用钽-锆-钛-钢复合板制作的反应器

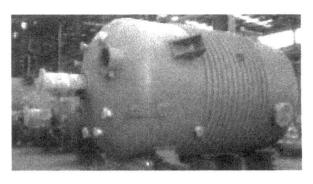

图 5.5.2.317　用钛-钢复合板制作的反应釜

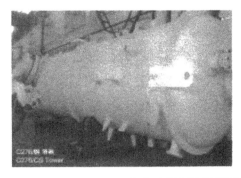

图 5.5.2.318　用 C276-钢复合板制造的塔器

图 5.5.2.319　用 Inconel 600-钢复合板制造的 TDI 塔器

$\phi 6000\,mm \times 17307\,mm$

图 5.5.2.320　用钛-钢复合板制作的 PTA 氧化反应器

$\phi 5500\,mm \times 16152\,mm$

图 5.5.2.321　用钛-钢复合板制作的结晶器

图 5.5.2.322　钛-钢复合板在电厂烟囱内筒中的应用

图 5.5.2.323　不锈钢-钢复合板在铁路桥面上的应用

说明：图 5.5.2.322～图 5.5.2.328 由洛阳船舶材料研究所爆炸焊接研究室提供。

图5.5.2.324 复合板法兰用于×××换热系统

图5.5.2.325 复合板在某导弹快艇上的应用

图5.5.2.326 复合板在减压塔中的应用

图5.5.2.327 钛-钢复合板在成胶反应釜工程中的应用

图5.5.2.328 复合板在管件中的应用

筋板：Q345R，800 mm×18 mm×12 mm；
面板：316L，800 mm×500 mm×6 mm
图5.5.2.329 爆炸焊接的筋板结构件

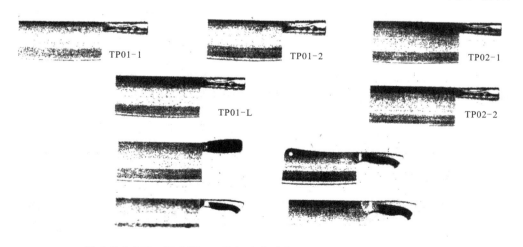

图5.5.2.330 复合菜刀：芯部为高碳合金钢8CrMoV，两侧为不锈钢

说明：图5.5.2.329由段绵俊提供；
图5.5.2.330由广东阳江十八子集团刀具制品有限公司提供。

图 5.5.2.331　野外爆炸焊接前板材的吊装

图 5.5.2.332　现场爆炸焊接间隙的摆放

图 5.5.2.333　爆炸焊接专用炸药的布置

图 5.5.2.334　布药完成等待起爆

图 5.5.2.335　起爆瞬间

图 5.5.2.336　爆炸焊接完成的复合板

图 5.5.2.337　圆形复合板

图 5.5.2.338　机加工和钻孔后的管板

说明:图 5.5.2.331~图 5.5.2.353 由湖北金兰特种金属材料有限公司提供。

图 5.5.2.339　装配在设备中的管板

图 5.5.2.340　布满管道的管板

图 5.5.2.341　正在加工的管板

图 5.5.2.342　机加工和钻孔后管板

图 5.5.2.343　矩形复合板

图 5.5.2.344　经过卷板的矩形复合板

图 5.5.2.345　复合板卷制成的筒体

图 5.5.2.346　复合板卷制成的筒体

图 5.5.2.347　复合板旋压成封头

图 5.5.2.348　复合板旋压成封头

图 5.5.2.349　由复合板制成的塔器

图 5.5.2.350　由复合板制成的压力容器

图 5.5.2.351　水电行业中复合材料制作的涡轮机

图 5.5.2.352　电解铝行业用的铝-钢爆炸复合块

图 5.5.2.353　阅兵式中坦克所采用的复合装甲

图 5.5.2.354　剪板机 QC43T-40×3200

图 5.5.2.355　校平机 W43T-10×3200

图 5.5.2.356　校平机 W43T-30×3200

图 5.5.2.357　校平油压机 YT45-1600

图 5.5.2.358　卷板机 W11S-150×3500

NO 8904-Q345Rr　（3+20）mm

图 5.5.2.359　不锈钢-钢复合板

C276-Q345R　（2+8）mm

图 5.5.2.360　哈氏合金-钢复合板

Ni5-321　（4+30）mm

图 5.5.2.361　镍-钢复合板

说明：图 5.5.2.354~图 5.5.2.358 由江苏南通太和机械集团提供；

图 5.5.2.359~图 5.5.2.374 由南京昭邦金属复合材料有限公司提供。

T2-Q345B　（10+30）mm

图 5.5.2.362　铜-钢复合板

TA2-Q345R

图 5.5.2.363　钛-钢复合板

316L-Q345B

图 5.5.2.364　不锈钢-钢复合板

C22-Q345R　（8+40）mm

图 5.5.2.365　哈氏合金-钢复合板

ALLOY600-310S　（6+25）mm

图 5.5.2.366　镍-不锈钢复合板

图 5.5.2.367　高压吸收塔

图 5.5.2.368　醋酸装置闪蒸罐

图 5.5.2.369　醋酸装置羰化反应器

图 5.5.2.370　DN5400 换热器

图 5.5.2.371　反应釜

图 5.5.2.372　120 吨导电横臂

图 5.5.2.373　旋风分离器

图 5.5.2.374　乙二醇羰反应器

图 5.5.2.375　不锈钢-钢复合板

图 5.5.2.376　钛-钢复合管板

图 5.5.2.377　锆-钢复合板(封头)

说明：图 5.5.2.375～图 5.5.2.393 由陕西宝鸡海华金属复合材料有限公司提供。

图 5.5.2.378　镍-钢复合板

图 5.5.2.379　钛-铜复合棒

图 5.5.2.380　钛-铜-铝复合棒

图 5.5.2.381　钛-钢复合管

图 5.5.2.382　钛网篮

图 5.5.2.383　钛阳极板

图 5.5.2.384　铝-钢复合块(板)

图 5.5.2.385　电力环保：如输煤皮带、
电站凝汽器管板、烟囱防腐内衬材料等

图 5.5.2.386 海洋工程：如各类管道管件、
平台主体材料等

图 5.5.2.387 航空航天：如过渡复合接头、
飞行器蒙皮等

图 5.5.2.388 石油化工：涉及 PTA 工程（氧化反应器、
结晶器、溶剂脱水塔、大型换热器等）、氯碱工程（塔
器和离子膜电解槽等）、真空制盐（蒸发罐、蒸发室、
换热器等）、醋酸工程（醋酸塔、换热器、储酸罐等）等。

图 5.5.2.389 船舶领域：连接法兰、
特殊部位用材等

图 5.5.2.390 核电领域：辅机管板等

图 5.5.2.391 军工领域：特种用材、单兵装备等

图 5.5.2.392 冶金行业：反应器、壳体储罐等

图 5.5.2.393 民用领域：炊具、高尔夫球头、建筑等

图 5.5.2.394　不锈钢–钢复合板

图 5.5.2.395　钛–钢复合板

图 5.5.2.396　锆–钢复合板

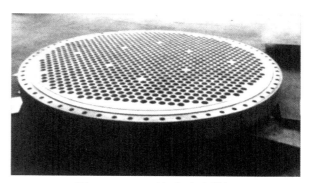

图 5.5.2.397　镍–钢复合管板

图 5.5.2.398　双相钢–钢复合板

图 5.5.2.399　蒙乃尔、哈氏合金–钢复合板

图 5.5.2.400　工具钢–钢复合板

图 5.5.2.401　铜–钢复合板

说明：图 5.5.2.394~图 5.5.2.411 由舞钢神州重工金属复合材料有限公司提供。

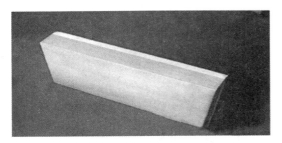

图 5.5.2.402　铝-钢复合板

图 5.5.2.403　爆炸复合材料在电力工业方面的应用

图 5.5.2.404　现场操作

图 5.5.2.405　爆炸复合材料在制盐和制碱行业的应用

图 5.5.2.406　爆炸复合材料在煤化工行业的应用

图 5.5.2.407　爆炸复合材料在核能行业的应用

图 5.5.2.408　爆炸复合材料在石化
和化工行业的应用

图 5.5.2.409　爆炸复合材料在
水利水电行业的应用

图 5.5.2.410　爆炸复合材料在海洋石化行业的应用

图 5.5.2.411　爆炸复合材料在军工行业的应用

图 5.5.2.412　不锈钢-钢复合板

图 5.5.2.413　不锈钢-锻钢复合管板

图 5.5.2.414　铜-钢复合板

图 5.5.2.415　钛-钢复合管板

图 5.5.2.416　镍基合金-钢复合板

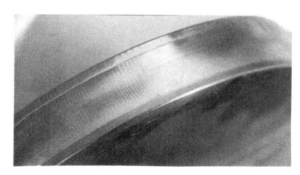

图 5.5.2.417　钛-钢-不锈钢复合管板

图 5.5.2.418　铝-钛-钢导电接头

图 5.5.2.419　应用：电解铝厂

说明：图 5.5.2.412~图 5.5.2.424 由郑州宇光复合材料有限公司提供。

图 5.5.2.420　应用：电解锌厂

图 5.5.2.421　应用：石油化工

图 5.5.2.422　应用：压力卷器

图 5.5.2.423　应用：造船工业

图 5.5.2.424　应用：水利水电

TA2-Q345R，（6+60）mm×3000 mm×12000 mm，雷管区≤25 mm，2018 年生产。

图 5.5.2.425　一次爆炸焊接成功的国内最大面积的钛-钢复合板

图 5.5.2.426　表面处理车间

图 5.5.2.427　地坑式退火炉（2500×12000 mm）

说明：图 5.5.2.425~图 5.5.2.439 为宝鸡钛程金属复合材料有限公司提供。

图 5.5.2.428　钛-钢复合管板

图 5.5.2.429　不锈钢-钢复合管板

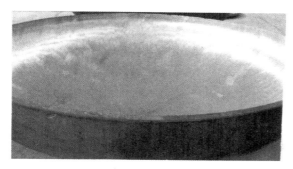

图 5.5.2.430　钛-钢复合封头

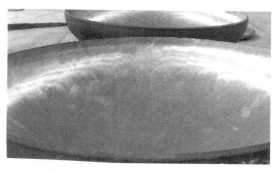

图 5.5.2.431　镍钢-钢复合封头

图 5.5.2.432　钛-钢复合板

图 5.5.2.433　钛-不锈钢复合板

图 5.5.2.434　火电厂专用钛-钢复合板

图 5.5.2.435　铜-钢复合板

图 5.5.2.436 哈氏合金-钢复合板制成的设备

图 5.5.2.437 铌-钢复合材料

图 5.5.2.438 钛-铜复合管棒

图 5.5.2.439 钛-铜复合管棒和异形复合棒

图 5.5.2.440 爆炸场现场(一)

图 5.5.2.441 爆炸场现场(二)

图 5.5.2.442 炸药爆炸瞬间(群爆)

说明:图 5.5.2.440~图 5.5.2.454 由宝鸡巨隆金属复合材料有限公司提供。

图 5.5.2.443 不锈钢-钢复合板

图 5.5.2.444 钛-钢复合板

图 5.5.2.445 镍-钢复合板

图 5.5.2.446 铜-铝复合板

图 5.5.2.447 三层复合方形管棒

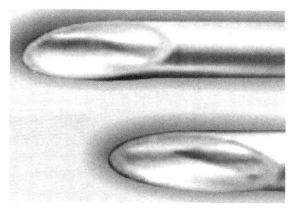

图 5.5.2.448 复合管材

图 5.5.2.449 铜-钛-铜复合板

图 5.5.2.450 钛-铜复合管棒

图 5.5.2.451　锆-钢复合板

图 5.5.2.452　复合板封头

图 5.5.2.453　PTA 氧化反应器(一)

图 5.5.2.454　PTA 氧化反应器(二)

图 5.5.2.455　现场操作(一)

图 5.5.2.456　现场操作(二)

图 5.5.2.457　炸药混装技术和现场操作

图 5.5.2.458　现场操作(三)

说明：图 5.5.2.455~图 5.5.2.468 由陕西红旗鸿远金属复合材料有限公司提供。

图 5.5.2.459 现场操作(四)

图 5.5.2.460 不锈钢-钢复合板

图 5.5.2.461 铜-钢复合板

图 5.5.2.462 钛-钢复合板

图 5.5.2.463 不锈钢-钛复合管

图 5.5.2.464 复合管材和复合棒材

图 5.5.2.465 三层复合板和弯曲试样

电解槽设备用的原材料

图 5.5.2.466　铜-钢不等面积复合板

图 5.5.2.467　电解电极接头

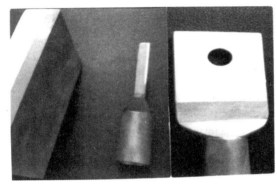

高铁用导电接头

图 5.5.2.468　钛-铜复合板

图 5.5.2.469　爆炸场现场

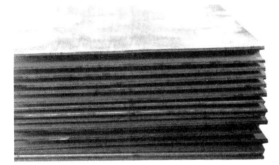

图 5.5.2.470　不锈钢-钢复合板

图 5.5.2.471　钛-铜复合圆棒

图 5.5.2.472　钛-铜复合圆棒加工件——方棒

图 5.5.2.473　钛-铜复合板加工件——吊耳

说明：图 5.5.2.469~图 5.5.2.484 由宝鸡汇鑫金属复合材料有限公司提供。

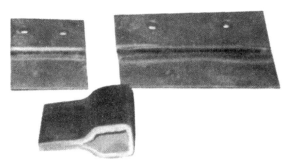

图 5.5.2.474　钛-铜复合板加工件——挂耳

图 5.5.2.475　钛-铜复合板和加工件

图 5.5.2.476　钛-铜复合板加工件

图 5.5.2.477　爆炸复合板检验

图 5.5.2.478　钛-铜复合圆棒加工件——方棒

图 5.5.2.479　应用领域：航空航天

图 5.5.2.480　应用领域：石油化工

图 5.5.2.481　应用领域：电力工业

图 5.5.2.482 应用领域：船舶制造

图 5.5.2.483 应用领域：压力容器

图 5.5.2.484 应用领域：机械制造

内部尺寸（长×宽×高）：左边 7000 mm×3000 mm×2500 mm，
右边 5500 mm×4000 mm×2500 mm。

图 5.5.2.485 一种形状特殊的爆炸复合板的热处
理炉（俯视示意图见图 3.4.5.14）

图 5.5.2.486 爆炸现场

图 5.5.2.487 铝-钢爆炸复合板

图 5.5.2.488 铜-铝复合棒

图 5.5.2.489 铜-铝复合板

说明：图 5.5.2.485～图 5.5.2.495 由湖北玉昊金属复合材料有限公司提供。

图 5.5.2.490　铜-钛复合棒

图 5.5.2.491　铝-钢爆炸焊块

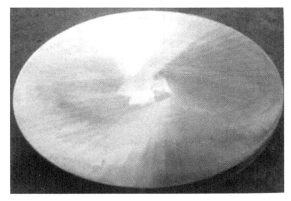

图 5.5.2.492　圆形复合板

图 5.5.2.493　热交换器用复合管板

图 5.5.2.494　多层复合板

图 5.5.2.495　用复合板制作的压力容器

S31603-Q345R，（4+20）mm×1500mm×12000mm

图 5.5.2.496　现场操作

T2-Q345R，（3+12）mm×600mm×2000mm

图 5.5.2.497　现场操作

S30408-Q345R，（3+12）mm×2300 mm×8950 mm
图 5.5.2.498　不锈钢-钢复合板

S31603-Q345R，（3+18）mm×2200 mm×6950 mm
图 5.5.2.499　不锈钢-钢复合板

（8+60）mm×600 mm×600 mm
图 5.5.2.500　铝-钢复合板

S31603-Q345R，（8+1107）mm×φ2200 mm
图 5.5.2.501　不锈钢-钢复合管板

S30408-Q345R，（4+35）mm×φ3800 mm
图 5.5.2.502　不锈钢-钢复合管板

S31603-16MnⅢ，（12+80）mm×φ1560 mm
图 5.5.2.503　不锈钢-钢复合管板

说明：图 5.5.2.496~图 5.5.2.510 由辽宁消应新材料制造有限公司提供。

（10+3+60）mm×1000 mm×2000 mm。

图 5.5.2.504　铝-钢复合板

（3+12）mm×800 mm×3200 mm

图 5.5.2.505　铝-钢复合板

N6-Q345R，（6+50）mm×φ1500 mm

图 5.5.2.506　镍-钢复合管板

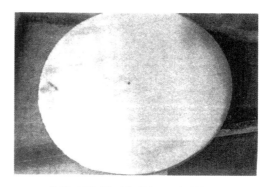

TA2-16MnⅢ，（6+50）mm×φ1200 mm

图 5.5.2.507　钛-钢复合管板

S30408-16MnⅢ，（10+90）mm×φ1490 mm

图 5.5.2.508　不锈钢-钢复合管板

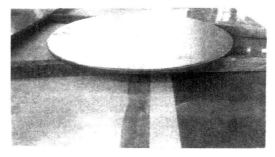

TA2-Q345R，（4+20）mm×φ1500 mm

图 5.5.2.509　钛-钢复合管板

S31603-16MnⅢ，（14+90）mm×φ1980 mm

图 5.5.2.510　不锈钢-钢复合管板

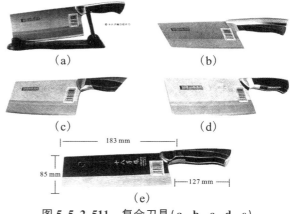

（a）　　　　　　　（b）

（c）　　　　　　　（d）

183 mm

85 mm

127 mm

（e）

图 5.5.2.511　复合刀具（a、b、c、d、e）

说明：图 5.5.2.511 所示的复合刀具（a、b、c、d、e）由广东阳江十八子集团刀具制品有限公司提供。

图 5.5.2.512　爆炸焊接场景

图 5.5.2.513　待爆炸焊接的钛-钢管板

图 5.5.2.514　爆炸焊接后的钛-钢管板

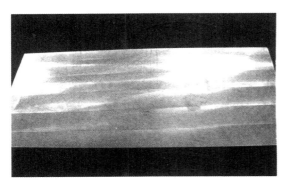

图 5.5.2.515　铅-钢复合板

图 5.5.2.516　低温用铝-不锈钢过渡接头

图 5.5.2.517　铜-钢轴套材料

图 5.5.2.518　钛-铜复合管棒

说明：图 5.5.2.512~图 5.5.2.521 由洛阳船舶材料研究所爆炸焊接研究室提供。

图 5.5.2.519　船用铝–钢过渡接头

图 5.5.2.520　各种材质、形状和用途的金属复合材料

图 5.5.2.521　不锈钢–钢复合板应用于铁路大桥桥面

图 5.5.2.522　爆炸焊接单面加筋板实物

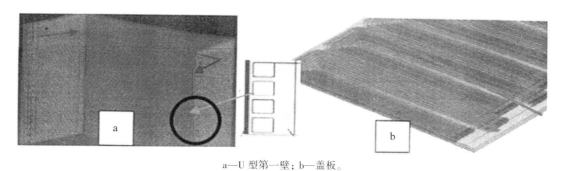

a—U 型第一壁；b—盖板。

图 5.5.2.523　液态／氦冷 TBM 构件及其内部流道示意

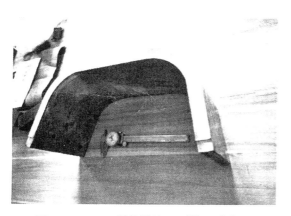

图 5.5.2.524　爆炸焊接 U 型第一壁成品

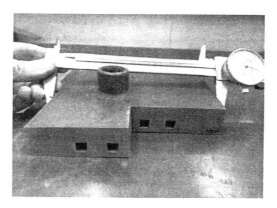

图 5.5.2.525　图 5.5.2.524 的部分剖面切割照片

说明：图 5.5.2.522～图 5.5.2.528 由段绵俊提供。

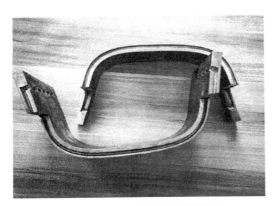

图 5.5.2.526　全流道剖面照片

图 5.5.2.527　剖开流道局部细节

其内部流道可以耐受水压 17 MPa。

图 5.5.2.528　内部流道水压测试

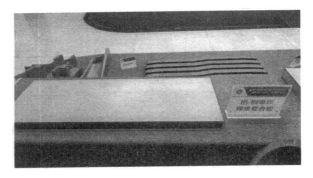

图 5.5.2.529　铝-钢爆炸焊接复合板

图 5.5.2.530　铜-铝爆炸焊接导电块

图 5.5.2.531　铜-钢爆炸焊接复合板

图 5.5.2.532　钛-钢爆炸焊接复合板

图 5.5.2.533　铝-钢爆炸焊接复合板

说明：图 5.5.2.529~图 5.5.2.533 由洛阳河南科技大学提供。

图 5.5.2.534 钛-钢复合管板

图 5.5.2.535 锆-钢复合管板

图 5.5.2.536 不锈钢-钢复合管板

图 5.5.2.537 钛-钢复合管板

图 5.5.2.538 镍-钢复合管板

图 5.5.2.539 锆-钢复合板封头

图 5.5.2.540 铜-钢复合板

图 5.5.2.541 银-钢复合板转筒焊接

说明：图 5.5.2.534～图 5.5.2.543 由安徽黄山顺钛新材料科技有限公司提供。

图 5.5.2.542   用钛-钢复合板制作的换热器

图 5.5.2.543   用铜-钢复合管板制作的换热器

图 5.5.2.544   爆炸焊接现场操作

图 5.5.2.545   用爆炸复合材料制作的核电蒸汽发生器

图 5.5.2.546   用爆炸复合材料制作的核电换热器

图 5.5.2.547   用爆炸复合材料制作的化工用结晶器

图 5.5.2.548   用爆炸复合材料制作的化工用减压器

图 5.5.2.549   用爆炸复合材料制作的化工用冷凝器

说明：图 5.5.2.544~图 5.5.2.553 由河南辰闻科技有限公司提供。

图 5.5.2.550 用爆炸复合材料制作的海水淡化装置

图 5.5.2.551 用爆炸复合材料制作的海水淡化装置

图 5.5.2.552 爆炸焊接的过渡接头在邮轮上的应用

图 5.5.2.553 爆炸复合材料在水电站中的应用

图 5.5.2.554 堆放在车间里的爆炸复合板

图 5.5.2.555 轧制复合管

图 5.5.2.556 用爆炸复合板制造的塔器

图 5.5.2.557 用爆炸复合板制造的塔器

说明：图 5.5.2.554~图 5.5.2.567 由辽宁润峰科技集团葫芦岛金属复合材料公司提供。

图 5.5.2.558 用爆炸复合板制造的储罐

图 5.5.2.559 用爆炸复合板制造的储罐

图 5.5.2.560 用爆炸复合板制造的储罐

图 5.5.2.561 用爆炸复合板制造的蒸发器

图 5.5.2.562 用爆炸复合板制造的换热器

图 5.5.2.563 用爆炸复合板制造的换热器

图 5.5.2.564 用爆炸复合板制造的反应釜

图 5.5.2.565 爆炸复合材料在电力企业的应用

图 5.5.2.566 爆炸复合材料在中海油企业的应用

图 5.5.2.567 爆炸复合材料在煤化工企业的应用

图 5. 5. 2. 568　爆炸焊接现场

图 5. 5. 2. 569　钛-钢爆炸复合板

图 5. 5. 2. 570　不锈钢-钢复合板

图 5. 5. 2. 571　铜-钢爆炸复合板

图 5. 5. 2. 572　镍-钢爆炸复合管板

图 5. 5. 2. 573　爆炸复合材料在电力行业的应用：脱硫烟囱

图 5. 5. 2. 574　爆炸复合材料在
石化行业的应用：压力容器

图 5. 5. 2. 575　爆炸复合材料在
造纸行业的应用：纸浆塔

说明：图 5. 5. 2. 568~图 5. 5. 2. 577 为江苏南京首勤特种材料有限公司提供。

图 5.5.2.576　爆炸复合材料在
化工行业的应用：储罐

图 5.5.2.577　爆炸复合材料在
化工行业的应用：储罐

图 5.5.2.578　钛-铜复合吊耳

图 5.5.2.579　不锈钢-铜复合吊耳

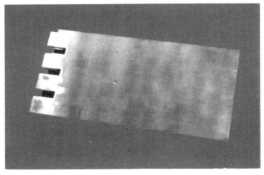

图 5.5.2.580　不锈钢-钢导电条

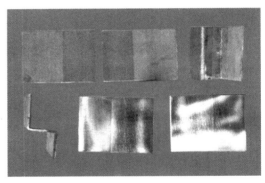

图 5.5.2.581　铜-铝复合垫片

图 5.5.2.582　钛-铜-铝复合棒

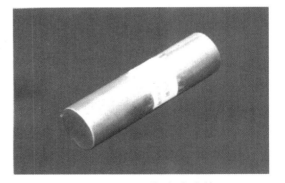

图 5.5.2.583　钛-铜复合棒

爆炸焊接和爆炸复合材料手册

说明：图 5.5.2.578~图 5.5.2.588 为陕西宝鸡安达爆破工程有限公司提供。

图 5.5.2.584　铜-铝过渡连接电极

图 5.5.2.585　铝-铜-铝复合板

图 5.5.2.586　钛-铜复合扁棒

图 5.5.2.587　铜-铝过渡连接电极

图 5.5.2.588　铝-铜复合管棒电极

图 5.5.2.589　爆炸焊接现场

说明：图 5.5.2.589～图 5.5.2.595 由安徽弘雷金属复合材料科技有限公司提供。

图 5.5.2.590 钽-锆-钛-钢复合板

图 5.5.2.591 用爆炸复合板制造的加氢反应器

图 5.5.2.592 哈氏合金-钢复合板

图 5.5.2.593 用爆炸复合板制造的 E1 浓度结晶装置

图 5.5.2.594 大面积钛-钢电站用管板

图 5.5.2.595 用爆炸复合板制造的电站用换热器

图 5.5.2.596 爆炸焊接的管接头
（见图 5.5.2.89）在航天领域的应用

图 5.5.2.597 用铜-不锈钢爆炸复合板制造的复合坩埚

说明：图 5.5.2.596 为大连爆炸加工研究所提供；图 5.5.2.597 为南京昭邦金属复合材料有限公司提供。

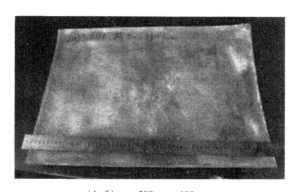

（1+5）mm×500 mm×600 mm

图 5.5.2.598　黄铜-铝水下爆炸焊接复合板

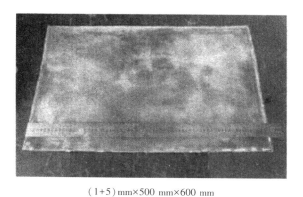

（1+5）mm×500 mm×600 mm

图 5.5.2.599　紫铜-铝水下爆炸焊接复合板

（1+10+1）mm 和（0.5+5+0.5）mm

图 5.5.2.600　铜-铝-铜水下爆炸焊接复合材料

（1+10）mm×100 mm×500 mm

图 5.5.2.601　铜-铝四面包覆水下爆炸焊接复合材料

（1+5）mm×1000 mm×2000 mm

图 5.5.2.602　钛-钢水下爆炸焊接复合板

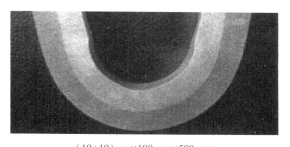

（10+10）mm×100 mm×500 mm

图 5.5.2.603　铝-钢水下爆炸焊接复合板弯曲试样

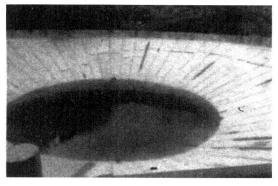

（直径 26 m，深度 6 m）

图 5.5.2.604　大型爆炸水池

（内径 2.6 m，高 3.3 m，容积 15.2 m³）

图 5.5.2.605　炸药爆炸有毒气体测试装置

说明：图 5.5.2.598～图 5.5.2.605 由中煤科工集团淮北爆破技术研究院有限公司提供。

图 5.5.2.606　钛-钢复合板爆炸焊接

图 5.5.2.607　钛-钢复合板

图 5.5.2.608　不锈钢-钢复合管板

图 5.5.2.609　铜-钢复合管板

图 5.5.2.610　不锈钢-钢复合板封头

图 5.5.2.611　镍-钢复合板

图 5.5.2.612　钛-钢复合板轧制深加工

图 5.5.2.613　镍-钢复合板

图 5.5.2.614　钛-不锈钢复合板法兰

图 5.5.2.615　钛合金-钢复合管板

图 5.5.2.616　钛-钢复合板转筒

图 5.5.2.617　钛-钢复合管

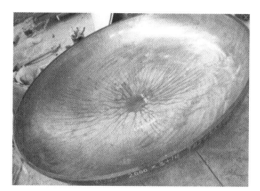

图 5.5.2.618　钛合金-钢复合板封头

图 5.5.2.619　超级不锈钢-镍基合金锻环

图 5.5.2.620　爆炸焊接远景

图 5.5.2.621　复合管板

图 5.5.2.622　复合法兰盘

图 5.5.2.623　复合异形件

说明：图 5.5.2.606~图 5.5.2.623 由安徽中钢联新材料有限公司提供。

结合本章所有的图片和全书所讨论的内容，爆炸焊接和爆炸复合材料的主要应用综述如下：

用钛-钢复合板制作处理城市污水的装置和其他环保设备，包括燃煤电厂的烟囱。用铜-不锈钢或铜镍合金-低碳钢复合板制作存放核废物的容器。用铜-钛复合板制造海洋石油平台的结构。铝-钛（铝）-钢复合板接头用于船舶制造。铝-钛-不锈钢管接头用于大型冷炼机的部件与液氮和液氧的输送管道的过渡连接。用铜-不锈钢或铜-低碳钢复合板制作具有良好导热性、刚性和美观的烹饪用具。用两层或多层复合板制作多硬度的装甲板。直径 3150 mm、重约 45 t 的镍合金-低合金钢管板用来制造大功率的水-水反应堆蒸汽发电机的管板。铜-钢和铝-钢复合材料可制造双金属的轴承、轴瓦及衬管。用铜-钢复合板制造电冶金炉和熔化炉的双层水冷外壳及双层结晶器，以及用这种大面积的复合板制造高能物理研究用的直线加速器的腔体。铜-铝复合管用于高压配电站的接线柱。在化学工业中用铜-铝汇流排代替铜的汇流排，以节省铜材。铜-铝过渡接头在铝型材的表面处理和大型电镀设备的生产中有广泛的应用。银-铜、银-铁、银-不锈钢、金-银金（铜）镍-铜镍等双层和三层的触头材料在电子、机械、航空和航天等领域有广阔的应用前景。铅-铜、铅-钛、铅-铝、铅-钢等复合材料适于在离子辐射场和浸蚀性介质中，以及在强震动载荷下工作，制造同时保护离子辐射和屏蔽强大电磁场的装置。镍-钛、镍-不锈钢复合板用来制造造纸的机械和电解设备。钛-铜复合管棒作为制碱电解槽的新型电极材料，以其优良的导电性和耐蚀性替代了传统的石墨电极。钛-铝等轻型复合材料 20 世纪中叶就成为航空和航天工业中各国竞相研制和发展的新材料。镍-钢复合板在制碱化工设备上的应用是节省镍金属的必然之举。锆-钢、铌-钢和钽-钢复合板在更为苛刻的浸蚀性介质中的应用是一个新的发展方向。铜—钢和铝-钢复合板作为轻轨和地铁机车的直线电机的感应板，已经并将要大量地使用在我国一些城市的轨道交通建设中。在三峡工程和高铁桥梁中成千上万吨地使用了我国自产的不锈钢-钢复合板。爆炸焊接和爆炸+压力加工技术在制造双层及多层，特别是新型热双金属方面尤具优势。爆炸+压力加工技术在制造双层及多层、特别是新型热双金属方面尤具优势。在煤炭、水泥、钢铁等行业，以及汽车、拖拉机和其他重型机械上使用的耐磨双金属，爆炸焊接和爆炸焊接+压力加工工艺在此方面获得了良好的应用。超导复合材料是爆炸焊接的一个新的应用领域。爆炸加工（包括爆炸焊接）在核工程中有良好的应用前景。金属与陶瓷、玻璃和塑料，以及非晶和微晶的爆炸焊接及其广泛应用是有关科技人员努力探讨的课题。普通钢和高强合金钢的复合刀具的刃口强度达 2400 MPa。将爆炸焊接的多达 600 层的金属箔材进行切割和展开而形成航空器和航天器上用的蜂窝结构。高温高压条件下使用的双金属异形管板利用爆炸焊接-爆炸成形工艺一气呵成和一次成功。运用成排、成堆和成组爆炸焊接的技术重复及大批量地生产双层、三层和多层复合板（坯）。应用爆炸焊接法生产的金属基纤维增强复合材料，具有高的横向力学性能和层间抗剪强度、高的工作温度、坚硬耐腐蚀和稳定持久等特点，并具有导电和导热等特性。金属粉末之间或金属粉末与金属板（管、棒）的爆炸焊接是粉末冶金技术的一大发展。蒸汽管道、煤气管道、石油管道、天然气管道、自来水管道和灰渣管道的爆炸焊接法生产及其对接连接，工艺简单，操作方便和成本低。

特别需要指出的是，由于钛-钢、不锈钢-钢、铜-钢和镍-钢等爆炸复合材料具有优良的耐蚀性、高的力学强度和低成本的特点，60 多年来，尤其在化工、石油化学和压力容器工业中获得了广泛的应用。例如，用其制造各种反应塔、沉析槽、搅拌器、高压釜、减压塔、洗涤塔、染色缸、蒸发器、蒸馏罐、储藏罐、环保设备、海水淡化装置和各类热交换器等，从而在生产和科学技术中发挥了重要的作用。

前已述及，1990 年美国复合材料的发货量为 119 万 t，1991 年保持此水平。这么多复合材料主要用于汽车、飞机、环保设备和石油化工设备。1997 年，美国复合材料的产量已达 148 万 t。我国现在爆炸复合材料的年产量估计也在百万吨之多。由此可见，在我国，爆炸焊接技术的发展前途和爆炸复合材料的应用前景是何等的光明与灿烂。

综上所述，爆炸复合材料从 20 世纪 60 年代初开始获得商业应用以来，70 多年间，不仅以其优良的使用性能和低成本，而且以其日益增长的，总计以数千万吨计的产量赢得了工业社会的承认和信任，从而使得它们应用的学科、行业和领域不断扩大，如爆炸加工、材料科学、焊接技术、材料保护、表面工程、石油化工、能源技术、工程机械、机器制造、舟艇船舶、地铁轻轨、交通运输、冶金设备、建筑装饰、工程爆破、环境保护、腐蚀防护、摩擦磨损、致冷致热、高压输电、电力金具、水利水电、电工电子、电脑家电、电线电缆、电解电镀、消防器材、生物医学、办公用品、体育器具、五金配件、多层硬币、仪器仪表、医药化肥、食品轻工、烹饪用具、厨房设备、家具用材、医疗器械、切削刀具、油井钻探、油气管道、桥梁隧道、港口码头、市政建设、设备维修、农业机械、真空构件、超导材料、耐磨材料、功能材料、低温装置、海洋工程、国防军工、航空航天和原子能科学，以及金属材料资源的节约、综合利用和可持续发展……实际上，可以说，凡是使用金属材料、特别是那些使用稀缺和贵重金属材料的地方，爆炸复合材料都有用武之地，并能大显身手。这些应用通常是十分新颖和独特的。限制爆炸复合材料进一步应用和发展的因素，仅仅是设计人员的想象力和创造性。至于异种金属的焊接，爆炸焊更有它不可替代的优势。

5.6　爆炸焊接的名词术语

20 世纪 80 年代初，本书作者参加了《焊接词典》一书中"爆炸焊"词条的编写工作（该书于 1985 年出版，初稿原名《焊接名词术语》）。当年在编写过程中，既深感编入的词条太少，又深感已有的词条不能完全表达其意。于是，自那时起，作者就萌发了独自收集、整理和定义爆炸焊接名词术语的计划。这个工作 40 年前即已完成，这次收入本书时作了修改和补充。

爆炸焊接名词术语不仅包括本学科专有的名词，而且含有其常用的术语。并且，它们是从金属物理学的基本观点出发来收集、整理和定义的，还从发展的角度求新和求全。

本学科的名词术语是在其几十年的发展进程中形成的，它们的收集、整理和定义工作是历史的必然和现实的需要。可以预计，这个工作将会推动爆炸焊接工艺和技术的发展。

这里收集的"名词术语"共 500 余条，供讨论和供参考。

5.6.1　爆炸焊接方法

1. 爆炸焊接方法

以炸药为能源，完成不同种类、不同形状和不同形式的金属组合之间焊接的多种方法。

2. 爆炸焊接

以炸药为能源，实现金属之间焊接的一些新工艺和新技术。在一般情况下，爆炸焊接接头（结合区）在微观上具有塑性变形、熔化和扩散，以及波形的明显特征。

3. 爆炸复合

通常指大面积的复合板、复合管和复合管棒的爆炸焊接。它是爆炸焊接应用领域最广泛的一些新工艺和新技术。

4. 爆炸点焊

通过不连续的点状的局部装药和爆轰，在金属板间形成若干不大的环状结合区，而实现金属板间局部焊接的方法。见 3.2.50 节、图 5.4.1.63（a）和图 5.4.1.65（a）、图 5.5.2.58。

5. 爆炸线焊

通过连续的带状的局部装药和爆轰，在金属板间形成若干条具有一定宽度的带状结合区，而实现金属板间局部焊接的方法。见 3.2.50 节、图 5.4.1.63 ~ 图 5.4.1.69、图 5.5.2.59（左）。

6. 爆炸压接

以炸药为能源进行金属间连接的一种新工艺和新技术。与爆炸焊接相比，爆炸压接时金属间的机械压缩和机械连接是主要的和基本的形式，仅在局部地方有不连续的焊接现象。见 3.2.57 节和 3.2.58 节。

7. 爆炸搭接

完成搭接接头的爆炸焊接方法。见 3.2.48 节和 3.2.49 节、图 5.4.1.70 ~ 图 5.4.1.85、图 5.5.2.23 ~ 图 5.5.2.25、图 5.5.2.33 ~ 图 5.5.2.36。

8. 爆炸对接

完成对接接头的爆炸焊接方法。见 3.2.48 节和 3.2.49 节、图 5.4.1.70 ~ 图 5.4.1.85、图 5.5.2.26、图 5.5.2.27、图 5.5.2.32、图 5.5.2.37 ~ 图 5.5.2.41。

9. 爆炸斜接

完成斜接接头的爆炸焊接方法。见 3.2.48 节和 3.2.49 节、图 5.4.1.70 ~ 图 5.4.1.85、图 5.4.1.85、图 3.2.5.1。

10. 爆炸堵管

用爆炸焊接的工艺和方法堵塞热交换器内破损传热管的一种新技术。见 3.2.32 节、图 5.4.1.87 ~ 图 5.4.1.91。

11. 板-板爆炸焊接

利用炸药爆轰的能量使金属板与板之间实现焊接的方法。见 3.2 章、图 5.4.1.1 ~ 图 5.4.1.21、图 5.4.1.142 ~ 图 5.4.1.143、图 5.5.2.153 和图 5.5.2.154。

12. 管-管爆炸焊接

利用炸药爆轰的能量使金属管与管之间实现焊接的方法。见 3.2.7 节、3.2.8 节、3.2.42 节 ~ 3.2.44 节、图 5.4.1.22 ~ 图 5.4.1.33、图 5.5.2.18 ~ 图 5.5.2.21。

13. 板-管爆炸焊接

利用炸药爆轰的能量使金属板与管之间实现焊接的方法。见 3.2.23 节、图 5.4.1.38 和图 5.4.1.39。

14. 管-棒爆炸焊接

利用炸药爆轰的能量使金属管与棒之间实现焊接的方法。见 3.2.8 节、3.2.46 节、图 5.4.1.34 ~ 图 5.4.1.37、图 5.4.1.93 和图 5.4.1.94、图 5.5.2.15 ~ 图 5.5.2.17、图 5.5.2.92 和图 5.5.2.169。

15. 板-管板爆炸焊接

利用炸药爆轰的能量使金属板与管板之间实现焊接的方法。见 3.2.36 节和 3.2.37 节、图 5.4.1.110~图 5.4.1.117、图 5.4.1.46。

16. 管-管板爆炸焊接

利用炸药爆轰的能量使金属管与管板之间实现焊接或胀接的方法。见 3.2.45 节、图 5.4.1.102~图 5.4.1.109、图 5.5.2.48 和图 5.5.2.56。

17. 金属粉末-金属板爆炸焊接

利用炸药爆轰的能量使金属粉末与金属板之间实现焊接的方法。见 3.2.41 节。

18. 异形件爆炸焊接

利用炸药爆轰的能量使金属异形件之间实现焊接的方法。见 3.2.47 节、图 5.4.1.53~图 5.4.1.61、图 5.5.2.53。

19. 半圆柱爆炸焊接实验

使金属平板和金属半圆柱爆炸焊接,以模拟爆炸焊接过程和确定爆炸焊接参数的一种实验方法。见 2.2.6 节、图 5.4.199~图 5.4.1.101。

20. 地面上爆炸焊接

在地面上以砂、土及其混合物,以及砧座或模具为基础进行爆炸焊接的方法。

21. 真空内爆炸焊接

在真空环境,如真空箱内或可抽真空的爆炸洞中进行爆炸焊接的方法。见 3.2.56 节、图 5.4.1.114~图 5.4.1.119。

22. 空中爆炸焊接

在离开地面一定距离的空中进行爆炸焊接的方法。见 3.2.57 节。

23. 水下爆炸焊接

在水下进行爆炸焊接的方法。见 3.2.54 节和图 5.4.1.92。

24. 地下爆炸焊接

在地面以下,如废弃的矿井里或坑道内进行爆炸焊接的方法。

25. 宇宙中爆炸焊接

在宇宙空间中进行爆炸焊接的方法。

26. 热爆炸焊接

有些金属材料,如钨、钼、锌、镁、铍、灰铁、硬质合金等,它们在常温下的 a_k 值特别小,因而在爆炸载荷下总是脆裂。在这种情况下需要将它的温度提高到相应的 a_k 值转变温度以上,并立即进行爆炸焊接,以克服脆裂的一种工艺和方法。见 3.2.8 节、图 5.4.1.93~图 5.4.1.97。

27. 冷爆炸焊接

有的金属、如铅(Pb),室温下强度太低和塑性太高,不便工艺安装。为了改变这种状况,将其在液氮中冷却变硬。然后使其在低温下立即进行爆炸焊接的一种工艺和方法。见 3.2.9 节和图 5.4.1.98。

28. 单面爆炸焊

一面布药进行爆炸焊接的方法。

29. 双面爆炸焊接

两面布药进行爆炸焊接的方法。如两面诸参数相同,此方法称为对称碰撞爆炸焊接;如两面诸参数不同,此方法称为非对称碰撞爆炸焊接。或统称为对称碰撞。见 3.2.51 节、图 5.4.1.42~图 5.4.1.44。

30. 内爆炸焊接

在管与管爆炸焊接的时候,将炸药布放于内管之内的方法,简称内爆法。见图 5.4.1.22~图 5.4.1.28。

31. 外爆炸焊接

在管与管、管与棒爆炸焊接的时候,将炸药布放于外管之外的方法,简称外爆法。见图 5.4.1.26~图 5.4.1.29。

32. 内外爆炸焊接

在管与管进行爆炸焊接的时候,将炸药布放于内管之内和外管之外并同时引爆的方法。见图 5.4.1.28(c)、图 5.4.1.29(b)和图 5.4.1.30。

33. 一次爆炸焊接

使两层、特别是多层金属材料一次焊接的方法。见图 5.4.1.18。

34. 两次爆炸焊接

为使多层金属材料焊接而分两次进行的方法。见图 5.4.1.17。

35. 多次爆炸焊接

为使多层金属材料焊接而分多次进行的方法。见图 5.4.1.49。

36. 用冲击器爆炸焊接

借用冲击器进行多层金属材料(板、箔和线材等)焊接的方法。见 3.2.52 节和图 5.4.1.44。

37. 成组爆炸焊接

利用雷管(或导爆索、导爆管)的串联或并联,并且同时引爆和一次焊接多块复合板(管)(坯)的方法。见图 5.4.1.10 和图 5.4.1.11。

38. 成排爆炸焊接

将欲焊接的若干块两层或三层金属板(坯)并排排列和在相应位置布药、并同时引爆,从而一次焊接多块两层或三层复合板(坯)的方法。见图 5.4.1.142。

39. 成堆爆炸焊接

将欲焊接的若干块两层或三层金属板(坯)堆放和在相应位置布药、并同时引爆,从而一次焊接多块两层或三层复合板(坯)的方法。见图 5.4.1.143。

40. 爆炸焊接+爆炸成形

将此两种工艺联合起来,但分别和依次进行,以生产复合零部件(如封头)的金属加工方法。见 3.2.37 节、见图 5.4.1.112 和见图 5.4.113。

41. 爆炸焊接-爆炸成形

将此两种工艺联合起来,一气呵成和一次成就,以生产复合零部件(如封头)的金属加工方法。见 3.2.37 节、图 5.4.1.114 和图 5.4.115。

42. 爆炸成形+爆炸焊接

将此两种工艺分别和依次进行的金属加工方法。见 3.2.37 节、图 5.4.1.116~图 5.4.1.118。

43. 爆炸成形-爆炸焊接

将此两种工艺联合起来,一气呵成和一次成就的金属加工方法。见 3.2.37 节、图 5.4.1.119 和图 5.4.1.120。

44. 爆炸焊接+轧制

将此两种工艺联合起来，以生产具有轧制特征的复合材料和产品的方法。见 3.3 章和图 5.4.1.25、图 5.5.2.60～图 5.5.2.69、图 5.5.2.126～图 5.5.2.129。

45. 爆炸焊接+挤压

将此两种工艺联合起来，以生产具有挤压特征的复合材料和产品的方法。见图 5.4.1.122 和图 5.5.2.123。

46. 爆炸焊接+旋压

将此两种工艺联合起来，以生产具有旋压特征的复合材料和产品的方法。见图 5.4.1.126 和图 5.5.2.75。

47. 爆炸焊接+锻压

将此两种工艺联合起来，以生产具有锻压特征的复合材料和产品的方法。见图 5.4.1.124。

48. 爆炸焊接+冲压

将此两种工艺联合起来，以生产具有冲压特征的复合材料和产品的方法。见图 5.4.1.128 和图 5.5.2.74。

49. 爆炸焊接+拉拔

将些两种工艺联合起来，以生产具有拉拔特征的复合材料及产品的方法。见图 5.4.1.127、图 5.5.2.43～图 5.5.2.45。

50. 爆炸焊接+校平（校直）

将此两种工艺联合起来，以获得一定平面度（平直度）的复合板（管）的方法。见图 5.4.1.131。

51. 爆炸焊接+转筒

将此两种工艺联合起来，以获得复合材料的筒体的方法。见图 5.4.1.133 和图 5.5.2.54。

52. 爆炸焊接+切割

将此两种工艺联合起来，以获得尺寸更小的复合材料的方法。见图 5.4.1.135。

53. 爆炸焊接+焊接

将此两种工艺联合起来，以获得尺寸更大的复合材料和制造设备的方法。见图 5.4.1.136～图 5.4.1.144。

54. 爆炸焊接+轧制+拉拔

将此三种工艺联合起来，以生产复合棒材、线材或丝材的方法。见图 5.4.1.127、图 5.5.2.71～图 5.5.2.73。

55. 爆炸焊接+轧制+旋压

将此三种工艺联合起来，以生产复合材料的旋转体零部件的方法。见图 5.4.1.126 和图 5.5.2.75。

56. 爆炸焊接+轧制+冲压

将此三种工艺联合起来，以生产复合材料的冲压件的方法。见图 5.4.1.128、图 5.5.2.77 和图 5.5.2.78。

57. 爆炸焊接±爆炸挤压

将此两种工艺分次进行或一次成就，以生产复合材料的挤压件的方法。见图 5.4.1.122。

58. 爆炸焊接±爆炸胀形

将此两种工艺分次进行或一次成就，以生产复合材料的胀形件的方法。见图 5.4.1.121。

59. 爆炸焊接+摩擦焊接

将此两种工艺联合起来，以生产复合棒材和复合刀具材料的方法。见图 5.4.1.134。

60. 轧制焊接+爆炸焊接

将此两种工艺联合起来，以生产块状复合刀具材料的方法。见图 5.4.1.129。

61. 爆炸焊接+轧制焊接

将此两种工艺联合起来，以生产面积更大和厚度更小的复合板材的方法。见 3.2.77 节。

5.6.2　爆炸焊接工艺

1. 爆炸焊接工艺

为实现金属间的爆炸焊接而制定的一整套工艺程序和技术规定。如焊接方法、焊前准备、焊接设备、焊接材料、焊接顺序、焊接操作、焊接工艺参数，以及焊后处理等。

2. 爆炸焊接技术

各种爆炸焊接方法、爆炸焊接材料、爆炸焊接工艺和爆炸焊接设备等，及其理论基础的总称。

3. 爆炸焊接操作

按照规定的工艺完成爆炸焊接的各种动作。

4. 金属材料

在此指那些经过压力加工工艺成材后，用于爆炸焊接的金属及合金的板、带、箔、管、棒、线、型材、粉末，以及锻件。

5. 金属组合

组合起来相互和彼此进行爆炸焊接的两种或多种金属材料。

6. 覆板

在板与板爆炸焊接的时候，被爆炸载荷直接驱动的金属板，亦称抛板、动板或飞板。

7. 覆管

在管与管、管与棒爆炸焊接的时候，被爆炸载荷直接驱动的金属管材。

8. 覆层

覆板和覆管，以及其他被爆炸载荷直接驱动的各种形状的金属材料的总称。

9. 基板

与覆板相组合、相碰撞和相焊接的金属板，亦称不动板、母板或母材。

10. 基管（棒）

与覆管相组合、相碰撞和相焊接的金属管（棒）。

11. 基层

基板和基管（棒），以及其他与覆板（管）相组合、相碰撞和相焊接的各种形状的金属材料的总称。

12. 炸药

炸药是这样一种化学物质，它在一定的外界能量的作用下，能够发生高速传播的爆炸化学反应，并放热、发光和生成大量气体，以爆轰波的高速运动和爆炸产物的急剧膨胀对外做功。见 2.1 章，13～19 均同。

13. 主(体)炸药

用于金属间爆炸焊接的主要的和基本的炸药。

14. 引爆炸药

用于引爆主(体)炸药和爆速较高的炸药。

15. 药包

对主(体)炸药布放后所占有体积的称呼。

16. 附加药包

对附加于主(体)炸药的引爆炸药在布放后所占有体积的称呼。

17. 导爆索

以烈性炸药为索心,以棉麻纤维为包覆材料,能够传递爆轰波的索状传爆物。导火索与此相似。

18. 雷管

用于引爆导爆(火)索、从而引爆炸药的火工用品。

19. 起爆器

用于引爆雷管、从而引爆炸药的起爆器具。

20. 金属板的加工瓢曲

压力加工后的金属板材在三维形状上的弯曲变形。见3.1.3节。

21. 覆板的重力瓢曲

在工艺安装后,整块覆板由于重力的作用而相对于平整基板表面的弯曲变形的状况。见3.1.1节。

22. 金属的待结合面

覆板和基板金属材料内准备和等待用爆炸法彼此焊接的一面。见3.1.4节,23、24均同。

23. 金属待结合面的光洁度

爆炸焊接前金属材料的待结合面平整、光亮和洁净的程度。

24. 金属待结合面的预清理

为使金属的待结合面具有一定的平、光、净程度,用喷砂、酸洗、砂布擦拭、砂轮打磨、磨床磨削或电解抛光等机械、化学或电化学的方法所进行的加工处理。

25. 间隙

金属组合按照预定的装配方式安装起来以后,覆板和基板之间保持的一定大小的距离。见3.1.3节,26~32均同。

26. 均匀间隙

间隙距离保持均匀和恒定不变时的状况。

27. 可变间隙

间隙距离逐渐增加或逐渐减小时的状况。

28. 平行法

保持均匀间隙距离的爆炸焊接方法。

29. 角度法

保持可变间隙距离即成一定角度的爆炸焊接方法。

30. 间隙支撑方法

保持一定的间隙距离的方法。

31. 间隙柱

支撑起间隙距离的木质、竹质或其他金属和非金属材质的短小柱状物。其高度尺寸与所设计的间隙大小相同。

32. 金属支撑物

用于支撑起间隙距离的非金属和金属的柱状、片状、弹簧状、小球或其他形状的异形物。

33. 缓冲保护层

工艺安装时置于炸药和覆板之间的一层物质,如橡皮板、塑料板、三合板、五合板、沥青、黄油或水玻璃等。这些物质起着缓冲爆炸载荷和保持覆板金属表面免受过分氧化及损伤的作用。见3.1.5节。

34. 基础

支撑炸药-爆炸-金属系统,并吸收、传递和消散剩余爆炸能量的材料或物体。如地面上的砂土堆、钢砧和模具等。见3.1.7节。

35. 安装方法

为使金属组合得以在爆炸载荷下焊接,而使覆板与基板成某种预定状态的装配方法。

36. 布药方式

将爆炸焊接工艺所需要的炸药数量按一定的方式,布放在覆板表面(爆炸复合板时)或侧面(爆炸复合管和复合管棒时),以及其他预定位置的装药形式和方法。

37. 均匀布药

炸药自始至终均匀和密度不变地布放在覆板表面或侧面,以及其他预定位置的装药方式。见图5.4.1.1和图5.4.1.2。

38. 梯(锥)形布药

炸药厚度逐渐增加或逐渐减少但密度不变、断面呈梯(锥)形形状而布放在覆板(管棒)表面或侧面,以及其他预定位置的布药方式。见图5.4.1.3和图5.4.1.4。

39. 起爆方法

将雷管置于药包的某一预定位置以引爆炸药的方法。

40. 中心起爆法

在用平行法安装的炸药-金属板系统中,将雷管置于药包平面的几何中心位置,而后引爆炸药的一种起爆方法。见图3.1.3.4、图3.1.6.3和图5.4.1.5。

41. 短边中部起爆法

将雷管置于矩形药包的短边中部位置,而后引爆炸药的一种起爆方法。见图5.4.1.7(b)。

42. 长边中部起爆法

将雷管置于矩形药包的长边中部位置,而后引爆炸药的一种起爆方法。见图3.1.6.4和图5.4.1.7(c)。

43. 角起爆法

将雷管置于矩形药包的一角,然后引爆炸药的一种起爆方法。见图5.4.1.7(a)。

44. 三角形起爆法

将一个三角形的附加药包与矩形主(体)药包的一边相连,并将雷管置于三角形的不与主(体)药包相连的一个顶角上,而后引爆炸药的一种起爆方法。见图5.4.1.8(a)。

45. "T"形起爆法

将导爆索做成"T"形,再将其附加在矩形药包的一边,然后用雷管引爆延伸在外的导爆索进而引爆主(体)炸药的一种起爆方法。见图5.4.1.8(b)。

46. 布袋形起爆法

在圆形件爆炸焊接时，将药包做成布袋形状，然后在布袋的"扎口"处安装雷管和引爆主（体）炸药的一种起爆方法。见图5.4.1.9。

47. 线状波起爆法

利用线状发生器产生同时推进的直线形前沿的爆轰波，来引爆主（体）炸药的一种起爆方法。见图5.4.1.8（c）。

48. 线状波发生器

在特定的布有高、低速炸药的三角形附加药包中，能产生直线形爆轰前沿的装置。见图5.4.1.8（c）。

49. 起爆端

在雷管引爆下炸药开始爆炸的金属板（管）的一端。

50. 末端

爆轰结束的金属板（管）的一端，或称前端。

51. 安装角

在角度法安装时，覆板与基板之间预先设置的静态夹角。

52. 爆炸焊接模具

在管与管，以及其他异形金属件爆炸焊接时，用以支撑和承受复合体的冲击，吸收、传递和消散剩余能量，使复合体不致发生过大的变形和破坏的夹具，以及其他辅助装置的总称。见3.2.7节和4.9.2节。

53. 爆炸焊接真空系统

为了减少间隙内，或模腔内，或爆炸洞内的气体而使用的一套真空设备。如真空箱、真空泵、真空管道及其组合系统。见3.2.56节。

54. 爆炸焊接机械

为减少手工操作和减轻体力劳动的强度，在实施爆炸焊接工艺时使用的半自动的和自动化的各种机械。

55. 爆炸焊接机械化

用一整套机械实施爆炸焊接工艺，以节省人力、减轻劳动强度、提高产品质量和生产效率的前景。

56. 爆炸洞

用于试验和研究各种爆炸现象及其规律的特殊密封装置和建筑。大型爆炸洞可以进行爆炸焊接生产。见3.2.56节。

57. 高速摄影装置

爆炸洞内主要的测试设备之一。利用该装置连续拍摄照片，以观察和研究炸药爆炸、金属爆炸加工和其他高速的物理及化学过程的连续或瞬态的行为。见3.2.56节。

58. 高压脉冲X射线装置

爆炸洞内又一主要测试设备，用其拍摄高速运动的物体在某一时刻的瞬态行为。见3.2.56节。

59. 爆炸真空箱

小型的爆炸洞，用以进行小型爆炸焊接和爆炸加工试验的真空装置。见图5.5.2.199。

5.6.3 爆炸焊接过程

1. 爆炸焊接过程

在一定的工艺条件下完成爆炸焊接的全过程。这个过程除了工艺过程、炸药的爆轰过程、能量的传递过程外，还有结合区和基体内的热过程、冶金过程，以及其他物理和化学过程。

2. 爆炸化学反应

炸药在一定的外界能量的作用下所发生的高速化学变化。见2.1章，3～11均同。

3. 爆炸化学反应区

炸药中进行爆炸化学反应的局部区域。

4. 引爆

由雷管的爆炸而引起炸药爆炸化学反应的过程。

5. 炸药的燃烧

炸药在雷管或其他热源的作用下，可能引起的燃烧，其速度为数毫米每秒至数米每秒。

6. 炸药的爆炸

炸药的燃烧在一定的条件下将发展成爆炸，其速度大于燃烧，但它是不稳定的和变化的。

7. 炸药的爆轰

以最大的稳定速度传播的爆炸称为爆轰。

8. 传爆

传播爆炸和爆轰的过程。

9. 拒爆

由于一些因素的影响，炸药在雷管引爆后不发生爆炸的现象。

10. 熄爆

由于一些因素的影响，炸药在爆炸或稳定爆轰后突然中断爆炸的现象。

11. 殉爆

一堆一定数量的炸药的爆炸，在一定的距离内引起另一堆一定数量的炸药爆炸的现象。这个距离称为殉爆距离。

12. 压缩波

波阵面到达之处，介质的压力、密度等状态参数是增大的，这种波叫压缩波。

13. 拉伸波

波阵面到达之处，介质的压力、密度等状态参数是减小的，这种波叫拉伸波。

14. 冲击波

一个跟着一个的压缩波的叠加将形成冲击波。其波阵面的压力越大波速就越高。冲击波到达时，介质状态的变化是突跃的。冲击波的前沿无限陡，其波阵面有极小的厚度。空气中的冲击波在传播过程中将很快衰减为声波。见2.1.5节。

15. 正冲击波

波阵面与质点运动方向垂直的冲击波。

16. 斜冲击波

波阵面的运动方向与其法线方向不一致时的冲击波。

17. 超声速波

传播速度超过声速的波。

18. 声速波

传播速度等于声速的波。

19. 亚声速波

传播速度小于声速的波。

20. 纵波

在固体中涉及体积变化的无旋转波。其特点是质点的运动方向与波的前进方向平行，而横波则是相互垂直。纵波又称膨胀波。

21. 横波

在固体中不发生体积变化，但既造成旋转、又造成剪切，并以较低速度传播的波。横波又称剪切波或弯曲波。

22. 体波

在固体内部传播的波。

23. 表面波

在固体表面传播的波。

24. 弹性波

当载荷在金属中引起的应力在其弹性极限范围内形成的波。在其作用下金属仅发生弹性变形。

25. 塑性波

当载荷在金属中引起的应力超过弹性极限时，金属内除了形成弹性应力波外，还要形成塑性应力波，简称塑性波。塑性波除了引起金属的弹性变形外，还引起金属的塑性变形、使金属处于弹性-塑性状态。

26. 爆轰波

在炸药中以定常速度传播的带有爆炸化学反应区的冲击波。爆轰波也是一种具有波长、波幅和频率的波，一般冲击波所具有的特性，它也具有。所不同的是，一般惰性介质中的冲击波因无外界能量的持续供应而逐渐衰减。在爆轰波中，由于波阵面后带有一个爆炸化学反应区，又是放热反应，所放出的热量可支持前面的爆轰波以恒速传播而不衰减。见 2.1.4 节。

27. 爆炸产物

由炸药的爆炸化学反应所生成的气(汽)态、固态和液态的各种产物。见 2.1.6 节。

28. 爆热

爆热是炸药爆炸以后所放出的热量，也是炸药爆炸以后所转换成的能量之一。它是将固态、液态和气态的爆炸产物加热到一定高温的热源。爆热越多，爆炸产物的温度就越高，炸药的爆速也就越高。见 2.1.7 节。

29. 卸载波

在爆轰过程结束时使介质中的载荷得以卸除的波。

30. 爆炸载荷

材料受到的作用时间以微秒级计算的由炸药爆炸所形成的载荷。

31. 入射波

投射到介质表面上的波。

32. 反射波

从介质表面或界面反射的波。

33. 透射波

投射到介质表面或界面后又穿透介质内部的波，亦名贯通波。

34. 爆炸应力波

爆炸载荷能量进入金属后所形成的应力波。

35. 覆板的抛掷

在爆炸载荷的作用下覆板在间隙中向基板的高速运动。见 2.2.3 和 3.1.3 节，35~46 均同。

36. 覆板运动加速区

在间隙中覆板被加速而做加速运动的区域。

37. 覆板运动等速区

在间隙中覆板被加速到最大值后，其飞行速度保持不变而做匀速运动的区域。

38. 覆板运动减速区

在间隙中由于空气阻力的作用等原因，覆板的飞行速度逐渐降低而做减速运动的区域。

39. 覆板的弯折

覆板在被抛掷的那一部分所在的位置与初始位置相比较所发生的弯曲变化。

40. 覆板与基板的撞击

覆板在间隙中运动结束，随后与基板发生的高速、高压和瞬时的相互冲击，俗称碰撞或撞击。

41. 倾斜碰撞

覆板的运动方向与基板表面成一倾斜角度时的碰撞。

42. 垂直碰撞

覆板的运动方向与基板表面垂直时的碰撞。

43. 对称碰撞

在两面布药进行爆炸焊接的时候，若两金属板具有完全相同的初始参数和动态参数，则此两板随后所发生的碰撞。

44. 非对称碰撞

在两面布药进行爆炸焊接的时候，若两金属板具有不同的初始参数和动态参数，则此两板随后所发生的碰撞。

45. 碰撞角

在爆炸焊接过程中，覆板和基板倾斜碰撞时彼此所形成的夹角。

46. 碰撞点

在爆炸焊接过程中，覆板和基板碰撞时的接触点。

47. 碰撞点的移动

碰撞点沿爆轰方向的运动。

48. 粒子云

在覆板和基板高速、高压和瞬时相互作用的过程中，从碰撞点沿爆轰方向压挤出来的一些金属的和表面附着物的雾状微粒。这种微粒在不同工艺下可能是固态、液态、气态或电离状态。

49. 喷射

粒子云从碰撞点向前方(未焊部分)高速运动的方式和形态。

50. 射流

碰撞点后(已焊接部分)的塑性变形金属(半流体)的熔化金属(流体)，以及碰撞点前(未焊接部分)的粒子云等高速运动形态的物质流。

51. 再入射流

根据流体力学的观点，接触面上的金属呈现流动属性。这时在碰撞点形成两股运动方向相反的射流。其中，出现在碰撞点前的一股称为再入射流。

52. 自由射流

覆板与基板碰撞时，在界面上产生的未受堵塞的射流。

53. 俘获射流

在界面上被碰撞点的隆丘堵塞而截获的射流。

54. 来流

俘获射流中向碰撞点方向运动的一股射流。

55. 出流

俘获射流中经过碰撞点按顺流方向流出碰撞点的射流。

56. 自清理

射流对覆板和基板待结合面的氧化膜、吸附气体及其他污物所起到的清除作用。

57. 结合区

爆炸焊接后处于覆板和基板之间的具有不同于基体金属的成分、组织和性能的焊接过渡区，亦称爆炸焊接接头。在一般情况下，结合区具有金属的塑性变形、熔化和原子间扩散，以及波形的明显特征。

58. 结合区金属的塑性变形

覆板和基板金属在倾斜撞击的过程中，在切向应力的作用下，接触界面上及其附近金属的晶粒所发生的不可逆的塑性变形。这种塑性变形以纤维状（如钢内）或"飞线"（如钛内）的形式显示出来。在通常情况下结合区金属的塑性变形大都包含在周期性变化的波形之内。见 4.2 章。

59. 结合区金属的熔化

结合区内一薄层塑性变形金属在塑性变形热或空气绝热压缩热的作用下，由固态变成液态。见 4.3 章，59、60 均同。

60. 熔化块

由塑性变形热形成的分布于波形结合区波前或波后漩涡内的不连续的块状金属熔体。

61. 熔化层

由空气绝热压缩热形成的分布在结合界面上呈连续层（带）状的金属熔体，亦称熔化带。

62. 结合区金属原子间的扩散

在高的浓度梯度、高压、高温、高温下金属的塑性变形和熔化等综合条件的作用下，结合界面两侧基体金属的原子彼此发生的渗透、迁移和对流。见 4.4 章。

63. 结区波形

在波动传播的爆炸载荷（爆轰波和爆炸产物）的作用下，在爆炸复合材料的界面上形成的波形。这种波形具有波长、波高、周期或频率的特征。同时波形内具有区别于基体金属的成分、组织和性能的特征。

64. 爆轰波的波长

单个的爆轰波波形轮廓的横向最大长度。见 2.1.4 节和 4.16 章，63~69 均同。

65. 爆轰波的波幅

单个的爆轰波波形轮廓的纵向最大高度，又名波高。

66. 爆轰波的周期

一个爆轰波的形成或传播所经历的时间。

67. 爆轰波的频率

单位时间内爆轰波波动的次数，或单位长度内爆轰波的个数。

68. 爆轰波的波形参数

系指爆轰波的波长、波幅、周期或频率诸参数。

69. 爆轰波波形参数的影响因素

影响爆轰波波形参数值的诸因素。

70. 爆轰波的波形形状

由波形参数所构成的爆轰波的几何形状。

71. 爆轰波波形形状的影响因素

影响爆轰波几何形状的诸因素。

72. 爆炸焊接复合体

爆炸焊接过程完成后的覆板和基板的组合体。

73. 爆炸焊接复合体的运动

复合体在剩余爆炸能量的作用下向基础的运动，以及它在基础的反力作用下的运动，直到正、反作用力消失和复合体静止为止。

74. 雷管区

在雷管引爆炸药的覆层的初始位置及其附近，由于能量的不足和气体未完全排出所造成的覆层与基层间未能很好焊接的区域。

75. 边界效应

除雷管区外，在复合板（或管）的周边（或前端）由于爆炸能量过大而引起的对应位置焊接不良和覆层打伤打裂的现象。一般边界效应还包括雷管区。

5.6.4　爆炸焊接参数

1. 爆炸焊接参数

影响爆炸焊接过程和结果的诸物理量，亦即为保证爆炸焊接质量而选定的诸物理量。见 3.1.2 节，以下 2~10 均同。

2. 材料参数

一般指用于爆炸焊接的金属和非金属材料的几何尺寸和它们的物理及化学性能。

3. 金属的力学性能

指一些用于制订工艺参数和影响试验结果的金属力学性能的项目及其数据，如 σ_b、σ_s、δ、HV 和 a_k 等。

4. 金属的密度

金属单位体积的质量。

5. 金属的化学特性

在爆炸焊接中，一般指影响金属之间的焊接性能、加工性能和使用性能的化学方面的因素。如组元的互溶性、形成中间化合物的趋势、化合物的类型、彼此扩散的能力、电极电位和耐蚀性等。

6. 金属的声速

声波在金属中传播的速度。

7. 金属材料的加工瓢曲度

一般指压力加工后金属板材单位长度内的不平程度。

8. 金属材料的加工弯曲度

一般指压力加工后金属管材和棒材单位长度内的弯曲程度。

9. 金属材料的其他尺寸偏差

如板材厚度、管材壁厚等相对于公称尺寸的误差。

10. 缓冲保护层的作用

缓冲保护层材料在爆炸焊接过程中缓冲爆炸载荷和保护覆层表面免于烧伤及打伤的效果。见 3.1.5 节。

11. 安装参数

爆炸焊接装置安装起来之后所形成的各种初始的和静态下的参数。见 3.1.2 节、3.1.3 节，以下 12~19 均同。

12. 间隙值

间隙距离的大小或变化的情况。

13. 均匀间隙值

平行法安装时恒定不变的间隙距离。

14. 可变间隙值

角度法安装时由小到大的间隙距离。

15. 安装角大小

角度法安装时由覆板和基板的几何位置所构成的静态角度值。

16. 间隙支撑物的形状大小

间隙支撑物的几何形状及其尺寸。如圆柱形、球形、片状、粒状、丝状、波纹状、螺旋状或麻花状等，及其平放后的纵向高度。

17. 间隙的支撑方法

支撑间隙的方法，如边部放置间隙物的支撑法、中间放置间隙物的支撑法等。

18. 加工瓢曲角

金属板材平放在平台上，因加工瓢曲而与平台平面所构成的几何角度。

19. 重力瓢曲角

覆板在基板上安装起来之后，由于重力瓢曲的作用，覆板相对于基板表面位置所构成的角度。

20. 炸药和爆炸参数

指炸药的物理、力学、化学和爆炸性能数据。见 2.1 章、3.1.2 节，以下 21~24 均同。

21. 炸药的种类

指炸药的类型和品种。

22. 炸药的(假)密度

非铸装和非压装的炸药的密度。爆炸焊接情况下，通常指粉状炸药在均匀布放后的实际密度。

23. 炸药的厚度

布放后炸药在药框内的实际厚度，简称药厚或药高。

24. 单位面积药量

覆板单位面积上计划布放的主(体)炸药的数量。

25. 附加药包的药量

为提高主(体)炸药的引爆和传爆能力并增加起爆位置的能量，以及其他目的而另外附加在雷管下的高爆速炸药的数量。

26. 药包尺寸

按预定方案布药后，药包的几何尺寸(长、宽和厚度尺寸)。

27. 总药量

药包内所布放的主(体)炸药的总重量。

28. 质量比

单位面积上炸药的质量与覆板材料的质量之比值。

29. 炸药的引爆能力

主(体)炸药在雷管的激发下引起爆炸和爆轰的能力。

30. 炸药的传爆能力

主(体)炸药被引爆后，继续进行爆炸和爆轰的能力。

31. 炸药传爆的临界尺寸

为保证炸药的稳定爆轰所需要的药包的最小几何尺寸，如厚度、宽度、长度或直径等。

32. 炸药传爆的极限尺寸

炸药以最高的速度进行爆轰的药包的最大几何尺寸，如厚度或直径等。

33. 炸药的爆炸化学反应区尺寸

指炸药在进行爆炸化学反应时其反应区的几何尺寸，如宽度等。

34. 冲击波速度

冲击波在炸药、金属或其他介质中传播的速度。

35. 爆轰波速度

炸药中爆轰波传播的速度，简称爆速。

36. 爆炸产物飞散速度

爆炸产物急剧膨胀后向外抛掷和散开以及紧跟爆轰波运动的速度。这个速度是爆轰波速度的1/4。

37. 爆炸产物飞散角

沿爆轰方向爆炸产物的飞散前沿与药包横向轮廓线所构成的几何角度。

38. 爆炸产物的绝热指数

描述爆炸产物运动状态的一个物理量，又名多方指数。

39. 爆热

单位质量的炸药爆炸后所放出的热量。

40. 爆温

爆热使爆炸产物加热所达到的最高温度。

41. 爆压

由爆炸载荷的能量所产生的对介质的最大压力。

42. 猛度

炸药爆炸的瞬间爆炸载荷的能量使与其接触的固体介质压缩的程度。

43. 动态参数

在炸药-爆炸-金属系统中影响爆炸焊接过程和结果的各种运动状态的参数。见 2.2.2 节~2.2.11 节、3.1.2 节、3.1.3 节，以下 44~58 均同。

44. 覆板的下落(抛掷)速度

在爆炸载荷的推动下，覆板向基板方向运动的速度，简称覆板速度。

45. 初始覆板速度

覆板开始向基板方向运动的速度。

46. 最大覆板速度

覆板向基板方向运动的最大速度。

47. 临界覆板速度

覆板与基板碰撞后产生射流的覆板速度。

48. 覆板运动加速区速度

覆板在加速运动区中的速度。

49. 覆板运动等速区速度

覆板在等速运动区中的速度。

50. 覆板运动减速区速度

覆板在减速运动区中的速度。

51. 弯折角大小

爆炸焊接过程中覆板弯折时，其弯折位置与初始位置所构成的几何角度值。

52. 最大弯折角

当充分加速后覆板弯折成的最大角度。

53. 碰撞角大小

爆炸焊接瞬时以碰撞点为顶点，其前方由两块金属板待结合面所构成的几何角度值。

54. 最大碰撞角

覆板和基板碰撞时所能构成的最大角度。

55. 临界碰撞角

产生射流所必需的最小碰撞角。

56. 碰撞点移动速度

在爆炸焊接过程中，碰撞点沿爆轰方向移动的速度。此即爆炸焊接速度。

57. 临界碰撞点移动速度

产生射流所必需的最小碰撞点移动速度。

58. 间隙内气体的排出速度

爆炸焊接过程中，间隙内的气体从碰撞点沿爆轰方向排出的速度。

59. 能量参数

炸药提供的用于金属焊接的表征能量的诸参数。见2.3章、3.1.2节，以下60~68均同。

60. 炸药的化学能

爆炸焊接所使用的全部炸药在爆炸前的状态下所含有的化学总能量。

61. 碰撞压力

覆板与基板高速碰撞瞬间，彼此在碰撞点所产生的压力。

62. 碰撞动能

覆板与基板在碰撞之前的瞬间，覆板高速运动所具有的动能。

63. 结合区金属的塑性变形能

结合区金属在高压、高速、高温和瞬时的塑性变形中所消耗的能量。

64. 结合区金属的熔化能

使结合区一薄层塑性变形金属发生熔化所消耗的能量。

65. 结合区金属原子间的扩散能

在结合区的范围内造成基体金属原子间彼此扩散所消耗的能量。

66. 其他方面的消耗能

消耗于金属间爆炸焊接之外的能量。如基体金属的强化和硬化、复合体的弹-塑性变形、过量射流的形成及其喷射、复合体的宏观运动、弹坑的形成或模具的运动，以及砂土的飞扬、爆炸声响和地表震动等。

67. 格尼能

爆炸焊接过程中，炸药的总化学能中用来驱动覆板高速运动的那部分能量。

68. 能量利用率

格尼能与炸药总化学能的比值。

69. 基础参数

指决定爆炸焊接基础作用的性质和大小的诸参数。见2.3章、3.1.2节、3.1.7节，以下70~77均同。

70. 基础的种类

指基础的类型，如砂、黏土、砂-黏土、钢砧、水泥结构、钢-水泥结构和模具等。

71. 基础的性质

指基础的材质、性能和几何尺寸等。

72. 基础的作用

在爆炸焊接过程中基础物质吸收、传递和消散多余能量而又不恶化爆炸焊接结果的能力。

73. 基础的运动方式

当爆炸焊接复合体的剩余能量传递给基础以后，基础发生运动的形式。如砂-土基础中物质被压下和压缩，以及被抛掷，弹坑的形成；或者模具的被抛掷等。

74. 基础物质的运动速度

基础物质在被抛掷过程中的运动速度。

75. 爆炸震动

由于爆炸焊接工艺的实施，其剩余能量所引起的爆炸场周围地表的震动。

76. 爆炸坑

爆炸焊接工艺实施后地面上被炸出的陷坑，或称弹坑。

77. 爆炸场周围的地形地物

指爆炸场周围的地形地貌。如山丘、平地、河流和建筑物等。

78. 气象参数

实施爆炸焊接工艺的时候，爆炸场周围影响操作和结果的诸气象数据。见3.1.2节，以下79~89均同。

79. 季节

爆炸场地区一年中的春、夏、秋、冬四个季节。

80. 气候

爆炸场地区一年四季中气象变化的情况。

81. 气温

爆炸场地区大气的温度。

82. 气压

爆炸场地区大气的压力。

83. 风向

爆炸场地区某一时刻风吹的方向。

84. 风力

爆炸场地区某一时刻风吹的大小。

85. 空气的湿度

爆炸场地区空气的湿润程度。

86. 空气的密度

爆炸场地区空气的疏密程度。

87. 爆炸气浪

在爆炸焊接过程中和结束后不久，由爆轰波、冲击波和爆炸产物推动附近的空气及其他物质像波浪一样地向外扩散运动的形态。

88. 爆炸声响

由于爆炸焊接工艺的实施，由炸药的爆炸化学反应和爆炸焊接所引起的在爆炸场周围空气中传播的声音的响度。

89. 爆炸火光

爆炸产物被爆热加热后发出的亮光。

90. 界面参数

表征爆炸焊接界面(结合区)的微观组织及其形态的诸参数。见3.1.2节，以下91~102均同。

91. 界面波形

结合界面上的波状组织，又名结合区波形。

92. 界面波波长

单个界面波的最大横向长度，或者是两个相邻界面波的波峰或波谷之间的横向距离。

93. 界面波波幅

单个界面波的最大纵向高度，或者是两个相邻界面波的波峰和波谷之间的纵向距离，又称波高。

94. 界面波周期

一个界面波形成所需要的时间。

95. 界面波频率

界面上单位长度内波的数量，或单位时间内波动的次数。

96. 界面波波幅与波长之比值

界面上单个波的波幅与其波长的数值之比，或者取相邻若干个波的这种比值的平均值。

97. 界面波的波形参数

描述界面波的形状和大小的一些参数，如波长、波幅、周期、频率、波幅与波长之比值等。

98. 界面波波形参数的影响因素

影响界面波波形参数的一些因素。

99. 界面波的波形形状

由界面波波形参数所决定的它的几何形状。

100. 界面波波形形状的影响因素

影响界面波波形形状的诸因素。

101. 熔化层参数

描述结合界面上熔化层的形状和尺寸的一些参数。如

均匀的或不均匀的熔化层，以及它们的宽窄程度等。

102. 熔化块参数

描述结合界面上波前和波后熔化块的形状及大小的一些参数。如熔化块的几何形状、长短轴和面积，以及它们之间的中心距离等。

103. 扩散参数

描述扩散过程的诸参数。如结合区的不同原子间单向扩散区和相互扩散区的宽度、扩散激活能和扩散系数等。

104. 扩散参数的影响因素

影响扩散参数值的诸因素。

105. 初始参数

爆炸焊接工艺安装完毕，炸药-金属系统所具有的决定爆炸焊接过程和结果的一些原始状态的参数。如材料参数、炸药参数、静态参数、基础参数和气象参数等。

106. 最佳初始参数

能够造成最佳的爆炸焊接过程和结果的初始参数。

107. 爆炸焊接基本条件

开展爆炸焊接工作所需要的和最基本的条件。

108. 爆炸焊接必要条件

金属间形成爆炸焊接最必需的条件。

109. 爆炸焊接最佳条件

爆炸复合材料获得最佳力学性能的工艺上的条件。

110. 爆炸焊接"窗口"

在以初始参数、动态参数或界面参数以及金属的物理、力学和化学性能内的两个(或三个)不同物理量所构成的平面(或立体)的坐标图中，由表示爆炸条件和结果的焊接参数曲线所限定的区域。这种坐标图给出了不同金属组合的爆炸焊接性的范围，亦称爆炸焊接区。见2.2.11节。

111. 复合材料的厚度参数

覆板和基板金属在原始态(爆炸前)、爆炸态、热(冷)加工态、热处理态等状态下的厚度尺寸及其变化的情况。

112. 复合材料的总厚度

在上述不同状态下复合材料总的厚度。

113. 复合材料的厚度比

在上述不同状态下基板厚度与覆板厚度之比值。

114. 单金属板的表面波和底面波

在特殊安装和接触爆炸的情况下，单金属的表面和底面所出现的波形。见4.16章，以下115~123均同。

115. 单金属板表面波和底面波的波形参数

单金属板表面波和底面波所具有的一些参数，如波长、波幅、周期或频率、波长与波幅之比。

116. 单金属板表面波和底面波波形参数的影响因素

影响单金属板表面波和底面波的波形参数大小的诸因素。

117. 单金属板表面波和底面波的波形形状

单金属板表面波和底面波所具有的几何形状。

118. 单金属板表面波和底面波波形形状的影

响因素

影响单金属板表面波和底面波的波形形状的诸因素。

119. 双金属和多金属板的表面波及底面波

在特殊安装和爆炸焊接的情况下，双金属和多金属板的表面及底面所产生的波形。

120. 双金属和多金属板表面波及底面波的波形参数

双金属和多金属板表面波及底面波所具有的一些参数，如波长、波幅、周期或频率、波长与波幅之比值。

121. 双金属和多金属板的表面波及底面波波形参数的影响因素

影响双金属和多金属板表面波及底面波的波形参数大小的诸物理量。

122. 双金属和多金属板表面波及底面波的波形形状

双金属和多金属板表面波及底面波所具有的几何形状。

123. 双金属和多金属板表面波及底面波波形形状的影响因素

影响双金属和多金属板表面波及底面波的波形形状的诸因素。

5.6.5　爆炸焊接原理

1. 爆炸焊接原理

阐述金属爆炸焊接的原因、经过和结果的一整套理论。

2. 爆炸焊接原理的流体力学基本观点

在炸药爆炸所产生的数万至数十万兆帕的压力下，金属之间的碰撞面出现黏性流体状态，产生射流和类似于聚能效应的喷射，随后金属在高压下结合在一起。见参考文献[1~3]和本书第一篇。

3. 爆炸焊接原理的金属物理学基本观点

炸药爆炸的能量通过炸药-爆炸-金属系统中多次的传递、吸收、转换和分配，在金属之间相互撞击的界面上产生许多促使和促进原子间彼此结合的物理-化学过程——冶金过程(例如结合区金属的塑性变形、熔化和扩散等)，从而使基体金属之间形成冶金结合。详见本书全书。

4. 爆炸焊接能源

造成金属之间爆炸焊接的基本能源，此即炸药的化学能。见2.1章。

5. 爆炸焊接能量

造成金属之间爆炸焊接的基本能量，此即炸药的化学能经过多次的传递、吸收、转换和分配之后，用于金属间焊接的界面上的塑性变形能、熔化能和扩散能。见2.2章。

6. 爆炸焊接能量传递、吸收、转换和分配

以爆炸复合板为例，其过程简述如下：炸药的化学能借助于爆炸化学反应转化为爆轰波和爆炸产物高速运动的动能。这种动能的一部分通过它们与覆板的相互作用，传递给复合板和被覆板吸收，从而推动覆板在间隙中向基板高速运动。覆板的这种动能的一部分，随后又借助于覆板与基板的相互作用——撞击过程，转换成和分配给金属间接触界面上进行冶金过程的能量——结合区金属的塑性变形能、熔化能和扩散能。在基体金属形成冶金结合以后，剩余的能量——覆板动能的另一部分——借助复合板与基础物质的相互作用而消散尽净。见第一篇和2.3章。

7. 结合区金属的塑性变形在爆炸焊接中的意义

这种塑性变形是爆炸焊接冶金过程的首要组成部分，是结合区内能量的转换和分配的首要过程及手段，是金属间实现冶金结合的基础，是将爆炸焊接的机理首先置于压力焊理论基础之上的依据。见4.2章。

8. 结合区中金属的熔化在爆炸焊接中的意义

波形结合区内断续分布的熔化块和波脊上厚度以纳米或微米计的熔化薄层的存在，预示着结合区的温度很高。在如此高的温度下，反过来又会促进结合区金属的塑性变形和原子间相互扩散过程的进行，以及由于它的填充作用而"医治"界面上的一些微观缺陷。这些都有利于爆炸复合材料的强固结合和结合强度的提高。结合区内一定厚度的连续熔化层的存在，一方面也会促进金属间的结合；然而，另一方面，由于其本身硬而脆的性质，会起削弱基体金属之间结合强度的作用。结合区内这两种类型的金属的熔化是将爆炸焊接的机理置于熔化焊理论基础之上的依据。见4.3章。

9. 结合区金属原子间的扩散在爆炸焊接中的意义

这种扩散有利于分离的原子之间的距离的缩小和金属键的形成，同时这种扩散又有利于结合区金属的塑性变形和熔化从而有利于金属间的结合。这种扩散是将爆炸焊接的机理置于扩散焊理论基础之上的依据。见4.4章。

10. 爆炸焊接冶金过程

在结合区中发生的诸如金属的塑性变形、熔化和扩散等促使及促进金属间连接及结合的冶金学范围内的物理-化学过程。

11. 爆炸焊接冶金结合

由爆炸焊接冶金过程所形成的金属之间的结合。

12. 波形结合

金属间的结合界面为波状形式的结合。见4.1章，以下13~21均同。

13. 波形结合区

由波形结合形成的焊接过渡区。

14. 平面结合

金属间的结合界面为平面或近似平面形式的结合。

15. 平面结合区

由平面结合形成的焊接过渡区。

16. 直接结合

不借助第三种物质(如熔化层)而靠基体金属之间的直接接触形成的结合形式。其界面不一定是平直的。

17. 直接结合区

由直接结合形成的焊接过渡区。

18. 连续熔化型结合

借助连续熔化层实现的金属间的结合形式。

19. 连续熔化型结合区

由连续熔化型结合形成的焊接过渡区。

20. 混合型结合

处于波形结合和连续熔化型结合之间的界面形状不规则的结合形式。

21. 混合型结合区

由混合型结合形成的焊接过渡区。

22. 表面波的形成

在爆炸和爆炸焊接的情况下，高速和波状运动的爆轰波和爆炸产物物质同与之接触的金属板表面物质相互作用——撞击后，在金属板表面造成波状的塑性变形的形貌。见 4.16 章，以下 23～27 均同。

23. 表面波的意义

由此表面波状的塑性变形可以推断爆轰波是一种具有一定形状和参数(波长、波幅和频率)的波。这就为研究结合区波形成的外因提供了理论根据，也为爆轰波结构的研究提供了实验基础。

24. 界面波的形成

根据已有的实验和资料可以推断，同任何自然现象的发生和物理-化学过程的进行一样，此界面波的形成必有外因和内因。研究指出，其外因是由炸药的爆炸引起的波动传播的爆炸载荷、即波动地传递给金属的能量。内因是具有一定强度和特性的金属材料，也就是在波动传播的爆炸载荷作用下金属界面上发生波状的不可逆的塑性变形的能力和特性。还有基体金属之间在界面上发生的相互作用——撞击，是此波形成的不可缺少的过程和手段。

25. 界面波的意义

界面波形成的过程就是结合区金属发生波状的塑性变形的过程，就是在结合区内发生能量转换和分配的首要过程，就是冶金过程进行的起始阶段，也就是金属间形成冶金结合和焊接的基础。

26. 底面波的形成

在接触爆炸和爆炸焊接的情况下，剩余的在金属中波动传播的爆炸载荷传播到(单、双和多)金属板的底面以后，引起底面物质发生波状的弹性变形。在如此变形状态的底面物质与基础物质相互作用——撞击后(中间隔一层惰性材料，如塑料板或马粪纸)，那种波状的弹性变形被"固化"、即形成波状的塑性变形——底面波。

27. 底面波的意义

由此底面波的形成也能推断出爆轰波是一种具有一定形状和参数的波。这些结论是经典的爆炸物理学理论中所没有的。

28. 过渡波

在半圆柱爆炸焊接试验中，在结合界面上的波形规整、形似正弦波和界面金属的塑性流动处于湍流与层流之间的一个波形。见 2.2.6 节。

29. 爆炸焊接热过程

在爆炸复合材料的结合区内发生的促使和促进金属间结合的所有热的形成、转换、吸收、传递、分配和消散，及其影响的全过程。见 2.2.13 节。

30. 爆炸焊接热过程的测定与计算

对爆炸焊接热过程的试验测定和理论计算，见 2.2.13 节。

31. 爆炸焊接热影响区

由爆炸焊接热过程所涉及和影响到的双金属和多金属的结合区及其附近区域。

32. 爆炸焊接能量的平衡

炸药爆炸后，爆炸载荷传递给覆板的能量与消耗于金属间焊接和其他方面的能量之间的平衡。见 2.3 章。

33. 爆炸焊接能量平衡的测定与计算。

对爆炸焊接过程能量平衡的测定与计算。见 2.3 章。

34. 爆炸焊接过渡区

形成爆炸焊接接头后，界面附近一薄层连接基体金属和不同于基体金属的成分、组织和性能的过渡区域，俗称结合区。见 4.1 章～4.5 章。

35. 合金相图

在金属合金的研究中，用来描述组成物、温度和浓度之间的关系的图，又名状态图。见 5.9.1 节～5.9.2。

36. 相图在爆炸焊接中的应用

爆炸复合材料的结合区内，熔体中金属合金的组成与对应合金相图中的组成相似。这种相似性就为其在爆炸焊接中的若干应用打下了基础。见 4.14 章。

37. 结合区金属塑性变形的速度

爆炸焊接过程中结合区金属进行塑性变形的速度。分析和研究表明，这个速度与焊接速度和炸药的爆速相当。

38. 结合区金属熔化的速度

爆炸焊接过程中，结合区靠近界面的部分塑性变形金属在变形热的作用下发生熔化的速度；或者在空气的绝热压缩热的作用下，鼓包周围的一薄层金属发生熔化的速度。分析指出，这个速度也与焊接速度和爆速相当。

39. 结合区金属原子间扩散的速度

爆炸焊接过程中，结合区内不同金属的原子间彼此扩散的速度。研究表明，这种速度远高于常态下的。

40. 结合区金属塑性变形的抗力

在爆炸焊接过程中，结合区金属抗拒塑性变形的能力。分析和研究表明，这种动态下金属塑性变形的抗力大大超过其静态下的。见 2.2.12 节和 4.6.3 节。

41. 爆炸焊接金属的动态屈服强度

在爆炸焊接过程中，在数千米每秒的变形速度下，结合区塑性变形金属的屈服强度。分析和研究表明，这种动态下的屈服强度也大大超过静态下的。见 2.2.12 节和 4.6.3 节。

42. 爆炸焊接前后金属物理和化学性能的变化

通常指爆炸焊接前后基体金属的力学的、电的、磁的、热的、声的、光的、化学的、电-化学的、热-化学的、磁-化学的、热-力学的、电磁的和核的等性能的变化。见 4.6.4 节和 4.6.5 节。

43. 爆炸焊接变形

在爆炸载荷下，除结合区以外的基体金属所发生的宏观和微观的塑性变形。见 1. 1. 1 节、4. 8 章、4. 9 章和 5. 2. 9 节。

44. 爆炸焊接应力

由于爆炸焊接的宏观和微观塑性变形，以及熔化在复合材料中所产生的残余内应力。见 4. 10 章。

45. 爆炸焊接强化和硬化

在爆炸焊接的情况下，由于金属中塑性变形和应力的存在而引起结合区金属及基体金属的强度与硬度的某些增加。见 4. 6. 1 节和 4. 6. 2 节。

46. 爆炸焊接对金属力学性能的要求

为了使爆炸焊接工艺能够顺利进行和获得良好的结果，而对金属材料本身的力学性能（如 σ_b、σ_s、δ、HV、a_k 等）和其他物理化学性能所提出的一些要求。见 4. 15 章。

47. 爆炸焊接热循环

在爆炸焊接过程中，结合区金属和整个基体所经历的常温-高温-常温的变化的全过程。

48. 爆炸焊接初始温度

实施爆炸焊接工艺之前基体金属的温度。

49. 爆炸焊接终了温度

实施爆炸焊接工艺之后至某一段时间内金属复合体的温度。

50. 爆炸焊接热爆温度

实施热爆焊接工艺时，在引爆炸药前的一瞬间，基体金属（或其中之一）所达到的最高温度。见 3. 2. 8 节。

51. 爆炸焊接冷爆温度

实施冷爆焊接工艺时，在引爆炸药前的一瞬间，基体金属（或其中之一）所达到的最低温度。见 3. 2. 9 节。

52. 爆炸复合材料的破断特性

在力学性能试验中，爆炸复合材料区别于单金属材料的破断特性。见 4. 12 章。

53. 爆炸复合材料的断裂力学

描述爆炸复合材料断裂过程和特性的力学理论。见 4. 13 章。

54. 爆炸焊接性

在爆炸载荷下金属间获得优质焊接性能的能力。

55. 原则爆炸焊接性

在爆炸载荷下金属间获得优质焊接性能的原则上和理论上的可能性。

56. 工艺爆炸焊接性

在具备原则爆炸焊接性后，在使用某一种工艺和方法的情况下，金属间获得优质焊接性能的工艺上和方法上的可能性。

57. 爆炸复合材料的结合性能

在同时具备原则的和工艺的爆炸焊接性的条件下，所获得的爆炸复合材料的结合性能。

58. 压力焊

在常温或加热的情况下，对焊件组合施加压力，使金属间的接触界面产生塑性变形，从而实现焊接的一种金属固态连接技术。

59. 熔化焊

通过对金属间的待焊处进行加热，并使其发生局部熔化，从而实现焊接的一种金属液态连接技术。

60. 扩散焊

在一定的温度、压力和时间的作用下，两种金属材料在彼此接触的界面上发生原子间的扩散，从而实现焊接的一种金属固态连接技术。

61. 固相焊接

对两种金属材料经过清理的接触面施以压力和温度，在不使基体金属发生熔化的情况下使金属间实现焊接的一种金属连接技术。

62. 聚能效应

当雷管引爆带有金属药型罩的聚能药包以后，在爆轰波到达药型罩的罩面时，罩金属受强烈压缩而迅速地向轴线运动，随后在轴线上高速冲击碰撞，并从内表面挤压出一部分金属来，随后在其轴线上形成一股高速流动的接近或达到熔化状态的金属流。当这股金属流与靶子相遇时，其破甲作用远远超过无罩聚能装药。在军工术语中，这样一种物理现象称为聚能效应。这种效应是破甲弹的破甲原理。见 1. 2. 2 节。

5. 6. 6　爆炸焊接材料

1. 爆炸焊接材料

用爆炸焊接方法生产的各种金属复合材料、过渡接头，以及其他产品的总称。还可以泛指与爆炸焊接法联合的用其他压力加工工艺和机械加工工艺生产的所有金属复合材料及一切产品。

2. 爆炸焊接双金属

用爆炸焊接法生产的双层金属材料。见图 5. 5. 2. 4 ~ 图 5. 5. 2. 13、图 4. 16. 5. 1 ~ 图 4. 16. 5. 96。

3. 爆炸焊接三金属

用爆炸焊接法生产的三层金属材料。见图 5. 5. 2. 3、图 5. 5. 2. 14、图 4. 16. 97 ~ 图 4. 16. 5. 123。

4. 爆炸焊接多金属

用爆炸焊接生产的四层、五层和更多层的金属材料。见图 4. 16. 5. 124 ~ 图 4. 16. 5. 145。

5. 爆炸复合板材

用爆炸焊接或爆炸焊接与轧制相联合的工艺生产的大面积的双金属和多金属复合板材。见图 5. 5. 2. 115 ~ 图 5. 5. 2. 117、图 5. 5. 2. 121 ~ 图 5. 5. 2. 127。

6. 爆炸复合管材

用爆炸焊接或爆炸焊接与轧制、挤压或拉拔相联合的工艺生产的各种长度和管径的双金属及多金属管材。见图 5. 5. 2. 18 ~ 图 5. 5. 2. 22、图 5. 5. 2. 107 图 5. 5. 2. 168。

7. 爆炸复合带材

用爆炸焊接或爆炸焊接与轧制相联合的工艺生产的复合金属的带材。见图 5. 5. 2. 128 和图 5. 5. 2. 129。

8. 爆炸复合箔材

用爆炸焊接或爆炸焊接与轧制相联合的工艺生产的复

合金属的箔材。见图5.5.2.68和图5.5.2.69。

9. 爆炸复合线材

用爆炸焊接或爆炸焊接与轧制或拉拔相联合的工艺生产的复合金属的线材。见图5.5.2.45和图5.5.2.71。

10. 爆炸复合棒材

用爆炸焊接或爆炸焊接与轧制、挤压或拉拔相联合的工艺生产的复合金属的管-棒材或棒-棒材。见图5.5.2.16和图5.5.2.17、图5.5.2.39~图5.5.2.43、图5.5.2.92、图5.5.2.169。

11. 爆炸复合管板

用爆炸焊接或爆炸焊接与爆炸成形相联合的工艺生产的双金属或多金属的平面及异形的管板。见图5.5.2.46~图5.5.2.48、图5.5.2.94和图5.5.2.112。

12. 爆炸焊接异形件

用爆炸焊接或爆炸焊接与压力加工或机械加工相联合的工艺生产的复合金属的异形件。见图5.5.2.50、图5.5.2.51、图5.5.2.53。

13. 爆炸焊接过渡接头

用爆炸焊接或爆炸焊接与压力加工或机械加工相联合的工艺生产的异种金属的过渡连接头。见图5.5.1.1。

14. 爆炸焊接搭接接头

用上述联合工艺生产的异种金属搭接形式的过渡连接头。见图5.5.2.23~图5.5.2.25、图5.5.2.33~图5.5.2.36、图5.5.2.114。

15. 爆炸焊接斜接接头

用上述联合工艺生产的异种金属斜接形式的过渡连接头。

16. 爆炸焊接对接接头

用上述联合工艺生产的异种金属对接形式的过渡连接头。见图5.5.2.26、图5.5.2.32、图5.5.2.73~图5.5.2.41。

17. 爆炸压接接头

用爆炸压接法生产的同种或异种、两层或多层金属的处于压接状态的过渡连接头。见3.2.57和3.2.58节。

18. 爆炸焊接纤维增强复合材料

用爆炸焊接法生产的纤维增强复合材料。见3.2.40节、图5.5.2.52和图5.5.2.197。

5.6.7 爆炸焊接检验

1. 爆炸焊接检验

用一定的方法和标准对爆炸焊接材料及产品的各种性能进行相应项目的检测和试验。见5.1章。

2. 爆炸焊接检验项目

检验爆炸焊接材料和产品的各种性能的诸项目。

3. 爆炸焊接检验方法

检验爆炸焊接材料和产品的各种性能的诸方法。

4. 爆炸焊接检验标准

检验爆炸焊接材料和产品的各种性能的诸标准。见附录E。

5. 破坏性的检验方法

为了检验爆炸焊接材料和产品的各种性能，必须先破坏其成品或半成品，以便取样后加工成试样，再进行性能检验的多种方法。

6. 剥皮检验

用尖刃工具和强力使爆炸复合材料的覆板和基板分离，以观察结合情况和估计结合强度的一种破坏性检验方法。

7. 剪切检验

将爆炸复合材料的带凸台的剪切试样连同剪切试验用模具安放在材料试验机上，用压力使结合界面发生剪切形式的破断，以此破断应力确定爆炸复合材料结合强度的一种检验项目和方法，亦称压剪检验。见图5.1.1.1~图5.1.1.9。

8. 分离检验

将爆炸复合材料的环状分离试样连同分离试验用模具安放在材料试验机上，用压力使结合界面发生分离形式的破断，以此破断应力确定爆炸复合材料结合强度的一种检验项目和方法。见图5.1.1.10~图5.1.1.16。

9. 拉剪检验

将拉剪试样固定在材料试验机上，使结合界面发生拉伸和剪切形式的破断，以此破断应力确定爆炸复合材料结合强度的一种检验项目和方法。见图5.1.1.17~图5.1.1.21。

10. 拉伸试验

将拉伸试样固定在材料试验机上，以拉力使结合界面或试样断面发生拉伸形式的破断，以此破断应力确定爆炸复合材料结合性能的一种检验项目和方法。图5.1.1.22~图5.1.1.31。

11. 冲击检验

将冲击试样固定在材料试验机上，用冲击载荷使结合界面或基体其他预定位置发生破断，以此破断冲击功或冲击韧性值来确定爆炸复合材料冲击性能的一种检验项目和方法。图5.1.1.32~图5.1.1.34。

12. 弯曲检验

将弯曲试样固定在材料试验机上进行弯曲试验，以预定的弯曲角或破断前试样所能弯曲的最大角度来确定爆炸复合材料弯曲性能的一种检验项目和方法。它分为内弯、外弯和侧弯三种形式。图5.1.1.35~图5.1.1.40。

13. 扭转检验

将扭转试样固定在材料试验机上，用扭转力使试样发生扭转变形至预定角度，或直至界面分层为止，以此预定的扭转角或分层前的扭转角表征爆炸复合材料结合强度和塑性性能的一种检验项目及方法。图5.1.1.41和图5.1.1.42。

14. 压扁检验

将复合管的压扁试样固定在材料试验机上，用压力使该复合管产生压扁变形，然后以其基体和界面出现或不出现分层、断裂及其他非正常现象时的总压力、压应力或压扁率，来表示这种复合管的结合强度和加工性能的一个检验项目及方法。见图5.1.4.43和图5.1.1.44。

15. 杯突检验

将复合板的杯突试样固定在杯突试验机上进行杯突试

验，以预定的或破断前的杯突深度来判定某些爆炸或爆炸+轧制复合薄板的结合强度和加工性能的一个检验项目及方法。一种复合薄板的杯突试验的结果见图 5. 1. 1. 45、表 3. 2. 5. 11 和表 3. 2. 5. 12。

16. 热循环检验

在热循环炉中，将热循环用试样在一定的温度和时间内加热，并以一定的速度和在一定的介质中冷却，使该试样经受如此热、冷应力的多次作用，最后，以此预定的作用次数，或试样的覆板和基板分层前的作用次数来表征该爆炸复合材料结合强度的一种检验项目和方法。在热循环试验后测定相应试样的剪切、分离和弯曲等相应性能，从而确定该试验对这些性能的影响和影响程度。见 4. 6. 6 节。

17. 疲劳检验

将疲劳试样固定在材料试验机上，用周期性改变方向和大小的力，使试样发生疲劳破断，以此破断应力来确定爆炸复合材料的疲劳性能的一种检验项目和方法。见图 5. 1. 1. 46~图 5. 1. 1. 48。

18. 蠕变检验

将蠕变试样固定在材料试验机上，使试样在一定的温度和作用力下，随时间发生缓慢的塑性变形直到破断，以此条件下的应力来确定爆炸复合材料蠕变性能的一种检验项目和方法。

19. 应力检验

使用 X 射线或激光等手段和方法对爆炸复合材料试样的表层、结合区及基体内部进行应力测定，以确定这种材料内部相应位置的内应力的大小、方向和分布的一种检验项目及方法。见 4. 10 章。

20. 应力腐蚀检验

在一定的温度、压力和介质等条件下，对带有内应力或预应力的爆炸复合材料试样进行检验，以确定此种材料产生应力腐蚀倾向的敏感性的一种检验项目和方法。见 4. 6. 5 节。

21. 普通金相检验

在普通的光学金相显微镜下，对爆炸焊接的金相样品进行组织形态的观测和摄影的一种检验项目及方法。见 4. 5. 1 节。

22. 高温金相检验

在高温金相显微镜下，对爆炸焊接的金相样品在升温、保温和冷却过程中的组织形态进行观测及摄影的一种检验项目和方法。见 4. 5. 3 节。

23. 定量金相检验

在定量电视金相显微镜下，对爆炸复合材料样品内的组织组成物的长度、宽度、面积和百分数等进行观测、计算及摄影的一种检验项目和方法。见 4. 5. 2 节。

24. X 射线结构检验

用 X 射线装置对爆炸复合材料样品的结合区或基体内的金属合金进行组织结构的分析和测定的一种检验项目及方法。见 4. 5. 7 节。

25. 光谱检验

用光谱仪对爆炸复合材料样品各部分的化学组成进行

定性及定量分析的一种检验项目和方法。见 4. 5. 8 节。

26. 电子探针检验

用电子探针装置对爆炸复合材料样品的结合区或其他地方进行组织观察和摄影，以及化学成分的定性、半定量或定量分析的一种检验项目和方法。见 4. 5. 4 节。

27. 电子显微镜检验

用电子显微镜装置对爆炸复合材料样品的结合区或其他地方进行组织观察和摄影，以及化学成分的定性、半定量或定量分析的一种检验项目和方法。见 4. 5. 5 节和 4. 5. 6 节。

28. 显微硬度检验

在显微硬度计上对爆炸复合材料的金相样品的结合区或其他任意位置进行显微硬度测量、分布曲线的绘制及分析的一种检验项目和方法。见图 5. 1. 1. 49 和图 5. 1. 1. 50、4. 8 章和 5. 2. 9 节，以及书中有关章节。

29. 热处理检验

在真空或非真空的热处理炉中，对爆炸复合材料进行退火、淬火、回火、正火和时效等，以确定热处理工艺对爆炸复合材料的成分、组织和性能的影响，从而为这类材料的热处理提供最佳工艺参数的一种检验项目和方法。见 3. 4 章。

30. 非破坏性的检验方法

不破坏原始的爆炸复合材料而对其各种性能进行检验的一些项目和方法。

31. 表面质量检验

爆炸焊接工艺实施后对爆炸复合材料的覆板表面进行的质量检查，如氧化、烧伤、打伤、瓢曲度和尺寸公差等。

32. 外观检查

用肉眼对爆炸复合材料进行外表上的质量的初步检查。

33. 敲打检验

用小锤对爆炸复合材料的覆板表面逐一敲击，以其声响来判断结合情况的一种检验项目和方法。

34. 超声波检验

用超声波探伤仪对爆炸复合材料的结合情况进行无损伤检测的一种检验项目和方法。

35. 测厚检验

用测厚仪对爆炸复合材料各部位的厚度进行测量的一种检验项目和方法。

36. 气密性检验

对爆炸复合材料制造的设备，用容器内外气体的压力差来检查其漏泄情况的一种检验项目和方法。

37. 密封性检验

对爆炸复合材料制造的设备，检查其有无漏水和漏油等液体漏泄的一种检验项目和方法。

38. 渗透性检验

使用渗透液检查爆炸复合材料表面有无小眼或裂纹等缺陷的一种检验项目和方法。

39. 打压检验

将水、油或空气充入用爆炸复合材料制造的容器内，并逐渐提高压力，以检查漏泄或耐压情况的一种检验项目和方法。

40. 腐蚀检验

对爆炸复合材料的耐蚀层进行耐蚀性能测试并确定其变化规律的一种检验项目和方法。见 3.2.7 节。

41. 电性能检验

对基材原来就具有的优良电性能的爆炸复合材料或过渡接头进行电性能测试并确定其变化规律的一种检验项目和方法。见 3.2.6 节和 4.6.6 节。

42. 热性能检验

对基材原来就具有的优良热性能的爆炸复合材料进行热性能测试并确定其变化规律的一种检验项目和方法。

43. 磁性能检验

对基材原来就具有的优良磁性能的爆炸复合材料进行磁性能测试并确定其变化规律的一种检验项目和方法。

44. 化学性能检验

对基材原来就具有的优良化学性能的爆炸复合材料进行化学特性测试并确定其变化规律的一种检验项目和方法。见 4.6.5 节。

45. 电-热性能检验

对基材原来就具有的优良电-热性能的爆炸复合材料进行电-热特性测试并确定其变化规律的一种检验项目和方法。

46. 电-磁性能检验

对基材原来就具有的优良电-磁性能的爆炸复合材料进行电-磁特性测试并确定其变化规律的一种检验项目的方法。

47. 电-化学性能检验

对基材原来就具有的优良电-化学性能的爆炸复合材料进行电-化学特性测试并确定其变化规律的一种检验项目和方法。

48. 磁-化学性能检验

对基材原来就具有的优良磁-化学性能的爆炸复合材料进行磁-化学特性测试并确定其变化规律的一种检验项目和方法。

49. 热-化学性能检验

对基材原来就具有的优良热-化学性能的爆炸复合材料进行热-化学特性测试并确定其变化规律的一种检验项目和方法。

50. 热-力学性能检验

对基材原来就具有的优良热-力学性能的爆炸复合材料进行热-力学特性测试并确定其变化规律的一种检验项目和方法。见 3.2.22 节。

51. 核-物理性能检验

对基材原来就具有的优良核-物理性能的爆炸复合材料进行核-物理特性测试并确定其变化规律的一种检验项目和方法。

52. 核-化学性能检验

对基材原来就具有的优良核-化学性能的爆炸复合材料进行核-化学特性测试并确定其变化规律的一种检验项目和方法。

53. 爆炸焊接强化检验

与爆炸前的金属材料相比，确定爆炸复合材料的强度性能提高程度的一种检验项目和方法。见 4.6.2 节。

54. 爆炸焊接硬化检验

与爆炸前的金属材料相比，确定爆炸复合材料的硬度指标提高程度的一种检验项目和方法。见 4.6.1 节。

55. 焊接检验

确定爆炸复合材料的焊接性和焊接性能的一种检验项目及方法。见 3.5 章。

56. 热加工检验

对爆炸复合材料进行诸如热轧制、热冲压、热拉拔和热成形等高温下的可加工性及加工性能进行检验的一种检验项目和方法。见 3.3 章。

57. 冷加工检验

对爆炸复合材料进行常温下的轧制、冲压、锻压、旋压、拉拔和成形等可加工性及加工性能进行检验的一种检验项目和方法。

58. 高温性能检验

对某些用于高温下的爆炸复合材料进行各种高温性能检验的一种检验项目和方法。

59. 低温性能检验

对某些用于低温下的爆炸复合材料进行各种低温性能检验的一种检验项目和方法。

60. 磁粉探伤检验

利用磁场中铁磁性材料的表面或近表面缺陷产生的漏磁场对磁粉的吸附现象而进行探伤的一种无损检验方法。

61. 渗透探伤法检验

该方法是利用带有荧光染料(称为荧光法)或红色染料(称为着色法)的渗透剂渗入工件的表面缺陷，然后将表面上的多余的渗透剂去除，再喷上显示剂，使缺陷内残留的渗透剂渗出，从而在显示剂的白色背景上显示缺陷的痕迹。荧光法显示的缺陷痕迹在紫外线照射下发出黄绿色荧光。着色法显示的红色痕迹在一般的光线下就看到。

62. 射线照射法检验

用 X 射线或 γ 射线照射物体，由于物体各部分材料的密度、厚度及缺陷情况不同，使透过物体的射线量发生变化，如以照相胶片置于物体之后并使之曝光，则可得到黑度与射线量相应变化的照片底片，在底片上可观察到焊缝、缺陷及其他情况。

63. 晶间腐蚀检验

在一定的温度、压力和介质条件下，对爆炸复合材料的试样进行晶界和晶界邻近区域腐蚀倾向测定的一种检验项目和方法。见 4.6.5 节。

64. 空穴腐蚀检验

使爆炸复合材料的试样在旋转状态下经受高速水流的作用，以观察覆板金属在此条件下的腐蚀稳定性的一种检验项目和方法，亦称空化腐蚀检验。见 3.2.34 节。

65. 空泡腐蚀检验

在一定的介质、温度和钣极电流等条件及工序下，对爆炸复合材料试样中的有关基材进行磁致伸缩空泡腐蚀情况测试的一种检验项目和方法。见 3.2.24 节和图 5.1.1.53。

5.6.8　爆炸焊接性能

1. 爆炸复合材料性能

在利用多种检验方法对爆炸复合材料进行相应项目的检验之后所获得的物理的、力学的和化学的性能。以下均见 3.2 章~3.7 章、5.1 章和 5.2 章。

2. 结合强度

表征爆炸复合材料基体金属之间彼此结合的强固程度的力学性能指标。

3. 结合性能

表征爆炸复合材料的结合强度和其他结合情况的性能指标。

4. 爆炸复合(结合)面积率

已经测定的爆炸复合材料的结合面积与原始待结合的基材的面积之比率，又名面积结合率。

5. 爆炸复合板的瓢曲度

与爆炸前的金属板相比，爆炸后复合板弯曲变形的程度。

6. 爆炸复合管(棒)的弯曲度

与爆炸前的金属管(棒)相比，爆炸后复合管(棒)弯曲变形的程度，又名平直度。

7. 爆炸复合板(管)的变薄量

爆炸焊接后，复合板(管)在厚度上变薄的数量。或复合管(棒)在外径上变小的数量。

8. 爆炸复合材料的表面质量

由表面质量检查所获得的对爆炸复合材料的这一质量的评价。

9. 爆炸复合材料的界面质量

用多种方法获得的对爆炸复合材料界面结合形态和界面上的其他情况的质量评价。

10. 剪切强度

用剪切检验获得的爆炸复合材料的剪切性能指标。

11. 分离强度

用分离检验获得的爆炸复合材料的分离性能指标。

12. 拉剪强度

用拉剪检验获得的爆炸复合材料的拉剪性能指标。

13. 拉伸强度

用拉伸检验获得的爆炸复合材料的拉伸性能指标。

14. 冲击吸收功(冲击韧性值)

用冲击检验获得的爆炸复合材料的冲击性能指标。

15. 疲劳强度

用疲劳检验获得的爆炸复合材料的疲劳性能指标。

16. 弯曲角

用弯曲检验获得的爆炸复合材料的弯曲性能指标。

17. 扭转角

用扭转检验获得的爆炸复合材料的扭转性能指标。

18. 热循环强度

用热循环检验获得的爆炸复合材料的热循环性能指标。

19. 蠕变强度

用蠕变检验获得的爆炸复合材料的蠕变性能指标。

20. 应力大小、方向和分布

用应力检验获得的爆炸复合材料内部的应力的大小、方向和分布的数据及图示。

21. 应力腐蚀倾向

用应力腐蚀检验获得的爆炸复合材料的应力腐蚀性能指标。

22. 晶间腐蚀倾向

用晶间腐蚀检验获得的爆炸复合材料的晶间腐蚀的结果。

23. 空穴腐蚀倾向

用空穴腐蚀检验获得的爆炸复合材料的空穴腐蚀的结果。

24. 空泡腐蚀倾向

用空泡腐蚀检验获得的爆炸复合材料的空泡腐蚀的结果。

25. 机械加工性能

爆炸复合材料在各种机械加工工艺中承受加工的能力。

26. 冷压力加工性能

爆炸复合材料在常温下的压力加工过程中承受加工的能力。

27. 热压力加工性能

爆炸复合材料在高温下的压力加工过程中承受加工的能力。

28. 热处理性能

爆炸复合材料在各种热处理工艺中承受加工的能力。

29. 焊接性能

爆炸复合材料在焊接工艺中承受加工的能力。

30. 使用性能

爆炸复合材料制成的设备或零部件在使用过程中，对其进行的多种性能项目的检验和其他使用情况的评价。

31. 气密性性能

爆炸复合材料制成的设备在气密性检验之后，对其中气体漏泄情况的评价。

32. 密封性性能

爆炸复合材料制成的设备在密封性检验之后，对其中液体漏泄情况的评价。

33. 耐压性能

爆炸复合材料制成的设备在耐压检验之后，对其承受压力情况的评价。

34. 耐蚀性能

爆炸复合材料制成的设备在耐蚀性检验之后，对其耐蚀能力的评价。

35. 断裂性能

爆炸复合材料制成的设备在使用过程中,对其产生断裂破坏的可能性的评价。

36. 电性能

对爆炸复合材料在电性能检验后的评价。

37. 热性能

对爆炸复合材料在热性能检验后的评价。

38. 磁性能

对爆炸复合材料在磁性能检验后的评价。

39. 化学性能

对爆炸复合材料在化学性能检验后的评价。

40. 电-热性能

对爆炸复合材料在电-热性能检验后的评价。

41. 电-磁性能

对爆炸复合材料在电-磁性能检验后的评价。

42. 电-化学性能

对爆炸复合材料在电-化学性能检验后的评价。

43. 磁-化学性能

对爆炸复合材料在磁-化学性能检验后的评价。

44. 热-化学性能

对爆炸复合材料在热-化学性能检验后的评价。

45. 热-力学性能

对爆炸复合材料在热-力学性能检验后的评价。

46. 核-物理性能

对爆炸复合材料在核-物理性能检验后的评价。

47. 核-化学性能

对爆炸复合材料在核-化学性能检验后的评价。

48. 高温性能

对爆炸复合材料在高温性能检验后的评价。

49. 低温性能

对爆炸复合材料在低温性能检验后的评价。

5.6.9 爆炸焊接缺陷

1. 爆炸复合材料的缺陷

爆炸复合材料的外表和内部在相应项目的检验后不能满足技术要求的一些缺陷。以下均见4.1章和4.2章。

2. 爆炸不复

在实施爆炸焊接工艺之后,复合材料的边部和中间有相当面积没有结合的情况。

3. 鼓包

实施爆炸焊接工艺后,复合材料内局部没有复合,典型情况是对应位置的覆板凸起,在敲击下发出"梆、梆"空响声的一种缺陷。

4. 大面积熔化

在爆炸大面积复合板时,覆板与基板之间产生金属大面积熔化的现象,在微观上表现为界面上的熔化层。

5. 波形紊乱

爆炸焊接后结合区内的波形不规则和混乱的现象。

6. 雷管区

在放置雷管的位置及其附近,由于能量不足和气体排出不完全,在爆炸复合材料的对应位置上造成焊接不良的现象。

7. 边部打裂

由于边界效应而使爆炸复合材料的覆板边部(复合板时)或前端(复合管时)打伤或断裂的现象。

8. 覆板打伤

被爆炸载荷推动的外界刚性介质与覆板表面过分的相互作用,或爆炸能量过大而损伤金属表面原始形态的现象。

9. 表面氧化烧伤

覆板金属表面被灼热的爆炸产物氧化和烧伤的现象。

10. 爆炸变形

爆炸焊接后复合材料在形状和尺寸等方面所发生的不希望有的和过大的宏观变化。

11. 爆炸焊接强化和硬化

从使用上考虑,爆炸焊接后复合材料内部不希望有的强度和硬度过量的增加。

12. 层裂

爆炸焊接过程中,由于爆炸应力波的入射、反射、折射和贯通而多次及反复地对基体金属强烈的作用,在某些情况下发生层状的破裂。

13. 脆裂

一些强度高和塑性低、特别是常温下 a_k 值很小的金属材料,如钼、钨、铍、镁、锌和灰铁等,在爆炸载荷作用下常常出现裂纹和断裂的现象。

14. 残余应力

爆炸焊接后残留在复合材料内部不希望有的和过大的应力。

15. 结合区缺陷

分布在爆炸复合材料结合区内的微观缺陷。

16. 热加工分层和断裂

在高温下的压力加工过程中,爆炸复合材料发生分层和断裂。

17. 冷加工分层和断裂

在常温下的压力加工过程中,爆炸复合材料发生分层和断裂。

18. 结合性能低

由工艺和操作等方面的原因所造成的爆炸复合材料结合强度低于验收标准的情况。

19. 加工性能低

由于结合性能低和其他主观及客观方面的原因,使得爆炸复合材料不能承受后续加工(主要指焊接、机械加工和成形加工)的情况。

20. 使用性能低

由于结合性能低和加工性能低,以及爆炸载荷对金属某些物理及化学性能的影响,或其他主观和客观因素的作用,爆炸复合材料的使用性能(强度和寿命等)不够理想的情况。

21. "飞线"（绝热剪切线）

在一定的爆炸焊接工艺下，某些复合材料结合界面的一侧或两侧，出现一些与界面呈近似 45°交角的塑性变形线。此线实为一种裂纹源和一种新的塑性变形机制。

5.6.10　爆炸焊接符号

见附录 D.2。

5.7　爆炸焊接课题研究的程序

爆炸焊接的课题研究和生产是这门应用科学和技术科学的两个重要组成部分。60 多年来，爆炸焊接在研究中推动生产，在生产中促进研究，如此循环往复，使爆炸焊接在生产和科学技术的发展中，获得越来越大的社会效果和经济效益，而引起人们的重视和关注。

为了更好地开展爆炸焊接的课题研究，使从事该项工作的人员能较快和较好地掌握这方面的知识及技能，这里简要地介绍一下爆炸焊接课题研究的程序，以供参考。

根据 1.3 章，爆炸焊接的课题分为两大部分，一是理论性的，二是应用性的。这里仅叙述应用性课题的研究工作开展的程序。

1. 选题

现在可以说，凡是使用金属材料和从事金属加工工作的场合，爆炸焊接都有用武之地。根据 5.5.1 节，它的应用范围是：

（1）同种、特别是异种金属材料之间的焊接。

（2）作为生产金属复合材料的一种新工艺。

（3）用这种新工艺能够生产出一整套具有各种特殊物理和化学性能的复合结构材料系统。

（4）这种新工艺和新技术本身具有很多特殊的用途。

在此范围内可以任意地选择研究课题。

研究课题的来源，一是直接地从生产和科学技术的各个部门及领域中发现与提出，二是间接地从文献资料中发现和提出。为此，特别需要注重多种文字的文摘和文献资料。

所发现、提出和采用的课题应优先考虑在生产和科学技术中最有意义及最有经济价值的，在此基础上不忽视次要的。一般来说，凡是对国家建设有利的课题都应在选择之列。

2. 调研

课题一经确定，应立即开展国内外文献资料的调查研究和市场考察工作。资料调研的目的，主要是掌握国内外在本课题或近似课题的研究中的动态。这样，一方面掌握有关资料，以便在前人工作的基础上开展自己的工作；另一方面了解本课题的难度，从而制定本课题完成后在国内外的技术和学术水平。市场考察的目的主要是掌握课题研究的产品的市场范围和应用前景，为其今后的生产初步地设想蓝图。

3. 工作计划

在选题和调研之后，制订本课题研究工作的计划。这个计划包括如下多个方面：

（1）金属材料、火工用品及辅助原材料计划；

（2）压力加工、机械加工、外协和设备计划；

（3）人员（技术人员和工人）计划和时间计划；

（4）课题研究的具体工作计划；

（5）研究报告；

（6）实验室工作完成后的扩大试验（中试）和工业性生产计划；

（7）实际应用计划；

（8）课题研究经费预算和经济效益预计；

（9）鉴定。

4. 课题研究的具体工作计划

以爆炸复合板为例，课题研究的具体工作计划包括如下方面的内容：

（1）整理本课题已有的国内外文献资料，从中选取对以后工作有借鉴价值的东西。

（2）查阅本课题所需用的所有金属材料的物理、力学和化学性能，如密度、熔点、σ_b、σ_s、δ、a_k 等，并以表格的形式表示出来。

（3）根据 4.6 章~4.15 章、5.9.2 节和覆板与基板的安排，初步估计这种金属组合的爆炸焊接性和相对的结合强度、界面上元素的互溶性和金属间化合物的生成、爆炸复合板内出现"飞线"的可能性、爆炸焊接强化、爆炸焊接硬化、爆炸变形，以及开裂或脆裂的可能性等。

（4）根据 2.2.4 节提供的经验公式计算工艺参数中的间隙值和单位面积药量。

5. 试验

在实验室范围内，爆炸焊接试验分小、中、大三种。对于非贵金属而言，小型试验时覆板和基板的面积以 100 mm×200 mm 或 150 mm×300 mm 为宜，中型试验的面积以 500 mm×1 000 mm 或稍小为宜，大型试验的面积以 1 000 mm×2 000 mm 为宜。在工作需要和特殊的情况下，大型试验的尺寸另定。

中、小型试验的目的是模拟大型试验的工艺参数，为完成课题做初步的工作。大型试验后如果性能检验的各项数据满足技术条件的要求和用户的需要，则大型试验的工艺参数就是未来生产大面积复合板的工艺参数。大型试验成功后，用其最佳工艺参数爆炸焊接至少一块大面积复合板样品，以此样品和课题研究报告作为本课题研究成果的依据。

6. 检验

小、中和大型试验中爆炸焊接的复合板，都应进行各项成分、组织和性能的检验（方法参见 5.1 章）。以这些数据作为制定工艺参数是否合适的标准。

（1）力学性能检验。一般需要进行如下项目的力学性能检验：

① 剪切强度；

② 分离强度；

③ 弯曲角；

④ 断面显微硬度分布。

还有，可进行另一些项目的检验。

（2）微观组织检验。参考 5.3 章，制备爆炸复合材料的金相样品，使用金相显微镜、电子探针和电子显微镜等，进行结合区和其他地方的微观组织的观察及记录。

（3）化学成分和组织结构检验。使用金相显微镜、X 射线、电子探针和电子显微镜等，对不同状态的样品进行结合区化学组成和组织结构的检验。

（4）超声波检验。使用超声波探伤仪测定复合板的结合面积率，为产品质量的认证提供一个依据。

7. 压力加工

随着复合面积的扩大，要获得最佳组织和性能的复合板，在工艺上和技术上将越来越困难。这种困难性也随着覆板厚度的增大和基板厚度的减小而逐渐增加。在这种情况下，为了获得面积更大和厚度更小的复合板，可以借助板材轧机。

另外，为了获得更长和更短、更薄和更厚、更粗和更细，以及异型的双金属和多金属的复合材料及产品，爆炸焊接后的复合坯料还可以与冲压、锻压、旋压、拉拔、剪切和焊接、热处理，以及爆炸成形等金属加工工艺相联合（3.3 章、3.4 章、3.5 章和 3.6 章）。实践表明，这种联合是可行的和有效的。但是这种联合必须先进行试验和研究，也就是说存在一个不同于单金属的加工工艺问题。只有在研究中确定最佳工艺参数之后，才能保证联合加工后的复合材料和产品具有较好的组织及性能。轧制和其他加工工艺实施后也应进行成分、组织和性能的检验。

8. 热处理

由于爆炸复合材料有一定程度的爆炸强化和爆炸硬化，这就可能影响后续的压力加工、机械加工和使用。在这种情况下需要用热处理的方法来消除它。再者，这种材料在压力加工之后也需要用中间退火来消除压力加工中所产生的加工硬化。又如奥氏体不锈钢-钢复合板在高温轧制后，不锈钢的组织和状态均已改变，这就会影响其耐蚀性能。为此，也需要用热处理的方法来恢复其原始的组织和状态，等等。因此，可以说爆炸复合材料的后续热处理是其获得综合性能和继续压力加工及机械加工的需要。在这种情况下最佳热处理参数的制订只有靠试验。热处理后也应进行成分、组织和性能的检验。这方面的问题可参见

9. 焊接

爆炸复合材料要获得实际应用，除了本身应具有良好的性能之外，一般来说还需要焊接，也就是说需要用不同于常规的焊接方法和工艺把爆炸复合材料（例如复合板）制成设备。因此，焊接是制造设备和构件的不可缺少的后续工序。这方面的问题可参见 3.5 章。

在通常情况下，这种材料的生产单位是不需要做这方面的工作的。但是为了更好地指导爆炸复合材料的应用，有义务开展这方面的工作，例如资料的调研、收集和整理，有条件的时候也可以进行一些试验。这样还可以起到密切关系、联合开发新产品和共同开拓市场的作用。

在掌握焊接技术之后，本单位也可以用爆炸复合材料制造设备和其他产品，以获得更多的利润。

10. 扩大试验和工业性生产

在上述试验室工作完成之后，可以进行扩大试验（中试），即使用上述研究中获得的最佳工艺参数，爆炸一定数量的大面积复合板，然后对它们进行适当数量和项目的组织及性能抽检。如果抽检合格，则用它们来制造相应的设备或应用到相关的地方去。

扩大试验过程中可能出现实验室内所未能出现的一些问题。此时应继续研究和解决这些问题，为工业性生产铺平道路。

扩大试验的工作完成后，就可以进行此种复合材料的工业性生产了。到此地步，由于数量的增加，也有可能出现一些以前不曾出现过的技术和质量问题，那时也应研究和解决它们。工业性生产是课题研究的最后阶段和最终目的。

11. 应用跟踪

在爆炸复合材料发往用户——设备和产品的制造单位及使用单位以后，要和他们保持密切的联系，共同商讨和处理复合材料在加工及使用过程中所出现的问题，直到这些设备和产品在生产中经济及安全地运行为止。这样，一方面是对用户负责，另一方面可以发现一些新的问题，以便更好地总结经验、改进工艺和提高质量。

12. 课题研究经费决算和经济效益评估

在上述所有工作完成之后，进行课题研究费用的统计，以确定其成本。在此基础上计算产品销售的价格、产值和经济效益，从而为制订产品的生产和发展计划提供依据。

13. 研究报告

在上述工作完成后，则可以拟写课题研究报告了。研究报告的内容如下：

（1）上述全部工作：图、表、公式和其他数据，以及文字分析。

（2）规律性的东西。

（3）存在的问题和解决的方法。

（4）结论和展望。

研究报告一式三份，分别存放在厂（所、资料室）、车间（研究室）和工作人员处。

14. 鉴定

在课题研究的试验室工作完成，又进行了一定规模的扩大试验和工业性生产，并掌握一定的应用情况之后，就可以将本课题的研究成果呈报上级主管部门以申请鉴定。成果一经鉴定，本项研究成果的产品一方面可以投入大规模的工业性生产及应用，另一方面能够在符合条件的情况下申请专利，以求获得知识产权和这种产权的保护。

届时整个课题的研究工作宣告结束。

应当指出，从事本行业工作的人们，不管技术多么精湛和经验多么丰富，都应有严格的科学态度，因而都应按照科研课题的程序和操作的规程进行工作，切不可投机取巧和急功近利；否则，不仅会给工作和生产带来不应有的损失，而且可能会使本单位的效益和信誉跌入低谷。

另外，从事爆炸焊接生产的单位，在经过一段时间的技术和生产活动之后，为保证爆炸复合材料的质量，应当根据 CB/T 19001—2016 质量体系设计、开发、生产、安装、服务的模式来制定本单位产品的研制、开发、生产和服务的质量控制程序，建立文件化的质量保证体系，使所有技术和生产活动过程中的人、机、料、法、环各方面都处于受控状态，排除各质量环节中的不满意因素，从而生产出质量符合标准要求的产品和获取经济效益、技术效益及社会效益。这方面工作的展开，文献［1708，1709］不失为两份很好的参考资料。

为了总结和提高，也为了宣传和交流，作为本课题所取得的技术成果的一部分，应当认真收集、整理、分析和研究所有的图片、文字及数据资料，以撰写科技论文，并在合适的刊物上发表。在此过程中，特别是对多种显微分析装置上获得的高倍和超高倍金相资料，要深入分析和认真研究爆炸复合材料的结合区内外金属组织的异同，特别是其中大量的"异"。这方面的成果，不仅能为作者们提供写作本学科论文的源源不断的素材，而且能为作者们深刻认识爆炸焊接的金属物理学原理，提供最令人信服的证据，从而为这个原理的阐述和建立坚持不懈地努力工作。

5.8 爆炸焊接的金属组合选介

5.8.1 爆炸焊接的金属组合图选

几十年的爆炸焊接实践使人们深刻地认识到，爆炸焊接具有近乎神奇的焊接性。它不仅能使相同的、不同的和任意的塑性金属组合牢固地焊接在一起，而且使用"热爆"技术还能使脆性金属组合结合起来，其中例如也能使金属与陶瓷、玻璃和塑料等非金属材料实现焊接。所以，这种焊接技术的焊接性是迄今为止的其他焊接技术所无法比拟的。正因为如此，到目前为止，人们已经将已有的金属材料数百种甚至上千种地组合起来，进行爆炸焊接试验，从而获得了数百乃至上千种两层、三层和多层金属复合材料。这些复合材料为爆炸焊接和材料科学及其工程应用展现了一幅光辉灿烂的前景。

本书收集了国内外文献上发表了的大量爆炸焊接的金属组合及其相应复合材料的资料，除因内容需要一部分放在其他章节中以外，本节比较集中地以图的形式将大量金属组合汇集在一起，供读者参考（见表5.8.1.1～表5.8.1.7）。应当指出，其中许多未做实验，但它们不仅在原则上而且在工艺上都具有爆炸焊接性。可为爆炸焊接技术的应用和金属复合材料的研究及开发提供宝贵的参考。

5.8.2 本书收录的爆炸焊接金属组合名录

除本章5.5.2节图中的金属组合外，本书所收录和包含的爆炸焊接双金属和多金属组合的名称及数量如下。从中不仅可见这种新技术的先进性和实用性，而且可见这类新材料的宏大规模和不可估量的应用价值。

1. 双金属（共220种）

钛-钢　不锈钢-钢　铜-钢　铝-钢　镍-钢　镁-钢　锆-钢　铌-钢　钽-钢　钨-钢　钼-钢　高温合金-钢　因科镍-钢　因科洛依-钢　铜镍合金-钢　硬质合金-钢　高速钢-钢　生铁（铁）-钢　镍银合金-钢　哈斯特洛依-钢　镍铬合金-钢　铅-钢　金-钢　银-钢　钯-钢　铑-钢　铱-钢　铂-钢　钛-钛　不锈钢-不锈钢　铜-铜　铝-铝　镍-镍　锆-锆　钨-钨　钼-钼　因科镍-因科镍　哈斯特洛依-哈斯特洛依　钛-不锈钢　钛-铜　钛-铝　钛-镍　钛-镍铬合金　钛-锆　钛-铪　钛-铌　钛-钽　钛-钨　钛-钼　钛-镁　钛-因科镍　钛-铁　钛-锌　钛-铅　钛-铂　钛-铍　不锈钢-铜　不锈钢-铝　不锈钢-镍　不锈钢-锆　不锈钢-铌　不锈钢-钽　不锈钢-钼　不锈钢-钨　不锈钢-蒙乃尔　不锈钢-银　不锈钢-铁　不锈钢-因科镍　不锈钢-弹簧钢　不锈钢-哈斯特洛依　不锈钢-硬质合金　不锈钢-钴　不锈钢-铍　不锈钢-因瓦合金　铁-因瓦合金　铁-锌　铜-铝　铜-锆　铜-铌　铜-铌钛　铜-钽　铜-镍　铜-铅　铜-镁　铜-锡　铜-铍　铜-铀　铜-钍　铜-钨　铜-钼　铜-锌　铜-铁　铜-灰铸铁　铜-铅铋合金　铜-金　铜-银　铜-钯　铜-铂　铜-铬镍合金　铜镍-铜镍　铜-因瓦合金　铝-镍　铝-铬　铝-锌　铝-铁　铝-铅　铝-镁　铝-锂　铝-银　铝-装甲钢　铝装甲板-马氏体时效钢　铝-锆　铝-铌　铝-钽　铝-钼　铝-钨　铝-铍　铝-镍铬合金　铝-铬镍钴合金　铝-因科镍　镍钛-镍钛　镍-铑　镍-钯　镍-金　镍-金　镍-银　镍-钨　镍-钼　镍-因科镍　镍合金-哈斯特洛依　镍-锆　镍-钽　镍-镁　镍-因瓦合金　铁镍合金-锰合金　锆-铪　锆-铁　锆-铌　锆-钴　锆合金-因科镍　锆-钨　锆-铅　铌-钽　铌-钼　铌-钨　铌-锌　铌-铅　钽-铜　钽-铝　钽-钼　钽-钨　钽-钴　钽-钒　钽-锌　钽-铁

钽10钨-铬镍钼钢　钨-钼　钨-钼　钨-银　钨-铅　钨-钒　钨-钨　钨-因科镍　钼-钒　钼-锌　钼合金-因科镍　钼-镍铬合金　锡-铁　锡-锌　锡-铅　金-银合金　金-钽　金-铅　金-铂　金银热敏双金属　银-银镉合金　银-镍铬合金　银-磷青铜　银-锡青铜　银-锌白铜　银-铁　银-锌　银-钯　银合金-铜镍合金　银(银钯、金镍、钯镉、耐磨合金)-黄铜(青铜、白铜)　钯银合金-BZn　钯-钴　钯-铁　铑-铂　铑-钒。

覆板为 Au90.5Pt30Rh0.5、Au59.5Pt40Rh0.5、Au50Pt49Rh1 的贵金属复合材料：热双金属　复合耐磨材料　复合超导材料　复合低温材料　复合钎料材料　复合弹性材料　电真空用复合材料　复合精密材料　复合功能材料　复合磁性材料　复合音叉材料　青铜(铜、镍、铬、铝、铁)粉末-铜板　CAΠ-1(铝粉末)+BHC-9(高强钢丝)。

2. 三金属 (共 127 种)

钛-钢-钛　钛-铌-钛　钛-钢-不锈钢　钛-铜-铝　钛-铜-钢　钛-铌-镍　钛-铌-锆　钛-铌-钢　TA2-TB-TA2　BT1-BT14-BT1　钛-钢-镍　钛-铜-不锈钢　不锈钢-不锈钢-铝　不锈钢-钽-锆　不锈钢-铜-铌　不锈钢-钒-铌　不锈钢-铜-钢　不锈钢-铜-镁　不锈钢-钼-钨　不锈钢-青铜-铝　不锈钢-银-铝　不锈钢-铝-钢　不锈钢-铝-不锈钢　不锈钢-银铜合金-铝合金　不锈钢-钢-不锈钢　不锈钢-镍-不锈钢　不锈钢-铜-不锈钢　不锈钢-铌-不锈钢　不锈钢-铝-铝合金　不锈钢-钛-钢　不锈钢-铜-铝合金　不锈钢-铌-铝　不锈钢-钽-铝　不锈钢-钢-镍　X18H10T-65Γ-X18H10T　X18H10T-Y18-X18H10T　30XΓCA-18H10T-30XΓCA　X18H10T-30XΓCA-X18H10T　X18H10T-42X2ΓCHM-X18H10T　铜-铜-钢　铜-钢-铜　铜-钢-铝　铜-铝-铜　铜-钛-铝　铜-钛-铜　铜-锆-铝　铜-钽-铝　铜-铌-铝　铜-钽-钢　铜-不锈钢-锰镍铜合金　铜镍-铜-铜镍　铜银(80%)-铜银(20%)-铜银(80%)　铜镍(10%)-镍-钢　铜镍(10%)-铜镍(10%)　黄铜-钢-黄铜　铝青铜-20 钢-铝青铜　铜镍-铜-2Ms63　铜-锆-锆　铜-铜-铜　铜-不锈钢-铜　黄铜-不锈钢-黄铜　黄铜-铜-钢　铜-黄铜-钢　铝-铝-铝　铝合金-铝-钢　铝合金-黄铜-铅　铝合金-铝-铅　铝锡合金-铝-钢　铝-不锈钢-铝　铝-铜-钢　铝(钛、锆)-钽(铌)-铝(镍钢)　铝-低碳钢-钢装甲材料　铝-青铜-钢　铝-青铜-不锈钢　铝合金-铝-钛　B95-铝-B95　铝合金-铝-镍　铝-不锈钢-钢　铝合金-钛-钢　铝-铜-钢　铝-镍-钢　铝-钢-钢　铝-钢-铝　镁-铜-钢　镍-不锈钢-锰镍铜合金　金-银合金-铜合金　银钎料(银铟合金)-铜-银钎料　银锂合金-不锈钢-银锂合金　铂-钯-铂　镍-钢-镍　锆-锆-钢　锆-钛-镍　锆-钽-铌　锆-钛-钢　铌-钒-钢　铌-钽-钢　铌-钒-铁　铌-铌-钢　钽-钽-钢　钽-铌-钽　钽-铜-钢　钽-锆-钢　钢-铌-钢　钢-钽-钢　钢-钛-钢　钢-不锈钢-钢　铅-钛-铅　铅-黄铜-钢　铅-铜-钢　铅-锡-钢　铅-铝-钢　哈斯特洛伊-不锈钢-钢　65Γ-X18H10T-65Γ　Y8-X18H10T-65Γ　铜-钼-铜。

3. 四金属 (共 20 种)

钛-铜-铌-钢　钛-铜-铌-不锈钢　钛-铌-铜-钢　钛-铜-铝-钢　钛-铜-铝-不锈钢　钛合金-铌-铜合金-不锈钢　不锈钢-铜-铝-黄铜　不锈钢-铜-黄铜-钢　铜-锆-钽-铝　铜-钽-锆-铝　铜-钽-铌-铝　铜-钽-铌-钢　铜-铜-铜-钢　铜-铌-钢-钢　黄铜-黄铜-黄铜-铝　铜-黄铜-铝-钢　黄铜-黄铜-黄铜-钢　铝合金-钛-铜-不锈钢　铝合金-钛-铜-钢。

4. 五金属 (共 22 种)

铜-铌-锆-钽-钢　铜-钽-铝-锆-不锈钢　铜-铌-铝-钽-不锈钢　铜-钽-铝-铌-钢　铜-钽-锆-铌-铝　铜-铌-钽-锆-铝　铜-钽-铝-钽-不锈钢　铜-钽-铌-锆-不锈钢　铜-铌-锆-钽-不锈钢　铜-铝-锆-钽-钢　铜-铜-黄铜-铜-钢　铜-铜-黄铜-钢-钛　铝-钢-铜-铜-钢　铜-铜-铜-铜-铜　铝-铝-铝-铝-铝　BT1-BT14-BT1-BT14-BT1　铝合金-铝-钛-镍-不锈钢　铝合金-铝-钛-铜-钢　铝合金-铝-钛-钢-不锈钢　X18H10T-65Γ-X18H10T-65Γ-X18H10T　不锈钢-钢-铜-钢-不锈钢。

5. 五层以上多金属 (共 7 种)

不锈钢-碳钢-不锈钢-碳钢……交替叠合 16 层，每层厚 0.5mm(防弹材料)；

铝-高锰钢-铝-高锰钢……交替叠合 11 层，每层厚 0.125mm(防弹材料)；

铝-钢-铝-钢……交替叠合多层；

向钢的阳极上结合 32 层 1mm 厚的带状导体；

铝板，12 层，每层厚 1mm；

100 层以上的金属箔材；

多至 600 层的金属箔材。

6. 其他(共 16 种)

铬粉+石墨-钢板　铬粉+碳化硅(铬粉+碳化硼)-钢板　铝(镁、钛、镍、钴)-硼(碳)纤维　金属-陶瓷　金属-玻璃　金属-塑料　铜-非晶玻璃材料　铝-硼　非晶合金-金属陶瓷　非晶型箔-镍基箔材　铝箔(其他金属箔)-高氧化铝陶瓷。

已爆炸焊接的金属组合的品种和数量远不只这些。目前，其总数可能有上千种。实际上，可以说，只要试验、生产和科学技术中需要，任意金属(包括非金属)的组合都能够用爆炸焊接的方法焊接在一起和由此制成相应的复合材料。这一特性和优点是任何焊接技术及生产复合材料的工艺方法所无法比拟的。

爆炸焊接是焊接技术的一大发展，爆炸复合材料是材料科学的一个新的发展方向。它们的理论和实践必将为焊接技术、金属材料、爆炸物理、表面工程、工程机械、石油化工、材料保护、能源技术，交通运输、舟艇船舶、冶金建筑、电工电子、仪表家电、医药化肥、食品轻工、环境保护、水利水电、超导材料、低温构件、海洋工程、国防军工、航空航天和原子能等众多学科、行业和领域增添新的篇章。

任重道远，希望一切有志于这方面工作的人们都来使用爆炸焊接这一高新技术，并用这种技术来研究、开发、生产和应用各种复合材料，使它们在我国有一个大的发展。

与本章大量新的金属组合相对应的二元系合金的相图在 5.9 章和文献[1036]中大都能找到。

表 5.8.1.1　爆炸复合金属的组合[223]

覆　板　金　属		基　板　金　属								
		低碳钢	中碳钢	低合金钢	铁素体不锈钢	奥氏体不锈钢	铜及铜合金	钛	铝	铝合金(无镁)
		1	2	3	4	5	6	7	8	9
铁素体不锈钢	1	○	○	○	○	○	○	○		
奥氏体不锈钢	2	○	○	○	○	○	○	○		
紫铜	3	○	○	○	○	○	○	○		
黄铜	4	○	○	○	○	○	○	○		
青铜	5	○	○	○	○	○	○	○	○	
铜镍合金	6	○	○	○	○	○	○			
钛	7	○	○	○	○	○	○	○	○	○
镍及镍合金	8	○	○	○	○	○	○			
铝	9	○	○	○	○	○	○	○		○
铝合金(无镁)	10	○	○	○	○	○	○	○		○
铝合金(含镁)	11	×	×	×	×	×	×	×	○	○
哈斯特洛依合金	12	○	○	○	○	○	○			
因科镍合金	13	○	○	○	○	○	○			
因科罗依合金	14	○	○	○	○	○	○			
铌	15	○	○	○	○	○				
锆	16	○						○		
钽	17	○	○	○	○	○	○			

注：○—可以爆炸复合；×—难以爆炸复合；无标记者表示尚未进行过试验。

表 5.8.1.2　爆炸焊接的相同或不相同金属的组合[1]

金属	低碳钢 AISI1004 到 1020	中碳钢 ASTM A-285	中碳钢 ASTM A-201	中碳钢 ASTM A-212	低合金钢 ASTM A-204	低合金钢 ASTM A-302	低合金钢 ASTM A-387	合金钢 AISI4130	合金钢 AISI4340	铁素体不锈钢	300 系不锈钢	200 系不锈钢	哈特菲钢（高锰）	高镍合金钢	铝及铝合金	铜	黄铜	白铜	青铜	镍及镍合金	钛及钛合金 Ti6A14V	锆及锆合金	耐蚀耐热镍基合金 B.C.F ◎	耐蚀耐热钨合金 X ◎	海恩钴铬钨系合金 6B ◎	钽	金合金	银及银合金	铂	铌及铌合金 Cb	钼	镁	镍铬合金	钨	TD 镍	钯合金	锌	因科镍尔合金	铝	35A 钛
耐蚀耐热钨合金 X ◎		×	×	×	×	×	×																	×			×													
铝																												×												
因科镍尔合金	×																																							
铌																														×										
低碳钢 AISI1004 到 1020	×									×	×		×	×	×	×	×	×			×	×			×						×						×	×	×	×
中碳钢 ASTM A-285		×																																						
中碳钢 ASTM A-201			×																																					
中碳钢 ASTM A-212				×										×																										×
低合金钢 ASTM A-204					×																																			
低合金钢 ASTM A-302						×																																		
低合金钢 ASTM A-387							×																																	
合金钢 AISI4340								×																																
合金钢 AISI4340									×																															
铁素体不锈钢	×	×								×																														
300 系不锈钢	×	×	×	×	×	×		×	×	×	×			×						×				×					×											
200 系不锈钢	×	×	×	×	×	×					×	×	×																											
哈特菲钢（高锰）													×																											
高镍合金钢											×			×																										
铝及铝合金	×	×	×	×	×	×					×				×				×																					
铜	×	×	×	×	×	×					×					×				×																				
黄铜	×	×	×	×	×	×					×	×					×				×																			
白铜	×	×	×	×	×													×			×																			
青铜			×	×	×														×																					
镍及镍合金	×	×	×	×	×	×					×			×				×		×						×	×				×									
钛及钛合金 Ti6A14V	×	×	×	×	×	×					×			×						×	×												×							
锆及锆合金				×	×	×																×															×			
耐蚀耐热镍基合金 BCF				×	×	×								×									×																	
海恩钴铬钨系合金 6B ◎			×	×	×	×					×														×															
钽		×	×	×										×	×											×							×							
金和金合金														×		×											×													
银和银合金			×	×										×														×												
铂																		×				×							×											
铌和铌合金			×	×		×					×																			×										
钼		×	×	×						×	×																						×							
镁		×	×	×									×																			×		×						
镍铬合金	×																																×							
钨										×														×										×	×					
镍 TD																					×														×					
钯合金																																	×			×				
锌	×																																				×			

注：“×”是已做过试验能够爆炸复合的金属组合。空白格是未做过试验的金属组合，不是不能爆炸复合。

表 5.8.1.3　能进行爆炸焊接的金属组合 [1006]

（其余未做试验）

金属组合	碳钢 21	低合金钢 20	合金钢 19	不锈钢 18	银 Ag 17	铝合金 Al 16	金 Au 15	钴合金 Co 14	铜合金 Cu 13	镁 Mg 12	钼 Mo 11	铌 Nb 10	镍 Ni 9	铅 Pb 8	铂 Pt 7	钽 Ta 6	钛 Ti 5	钨 W 4	锆 Zr 3	Hastelloy 2	Stellite 6B 1
碳钢　21			●	●																	
低合金钢　20	●			●									●							●	
合金钢　19	□			●	□	□			□			□				■	■		■		
不锈钢　18	□	□																			
银　Ag　17	■	□	■	■		●	●		■	●		■	■			■	■				
铝合金　Al　16	□	●	■		■		●		■	●						■					
金　Au　15												●	●		●						
钴合金　Co　14	□								□												
铜合金　Cu　13	■	□	■	■		■	●			■		●	□	■							
镁　Mg　12	■	□	□	■		■			■				■								
钼　Mo　11	□	□		□						□											
铌　Nb　10	●		●			●				●											
镍　Ni　9	□	■	■	■	□			■													
铅　Pb　8			●	●																	
铂　Pt　7	●		●	●	□																
钽　Ta　6	■	□	■	■	●	■															
钛　Ti　5	●			●	●																
钨　W　4	■	□	■	■																	
锆　Zr　3	□	■																			
Hastelloy　2	□	□																			
Stellite 6B　1	■																				

＊ 据文献（American Society for Metals.　Metals Handbook, 9th Ed.

Vol. 6 Welding, Brazing, and soldering.　Ohio：ASM, 1983）重编和补充。

●——国外已试验成功的组合；　■——国内外已试验成功的组合；　□——国内已试验成功的组合。

表 5.8.1.4　工业用爆炸复合金属组合表[1007]

金属组合		锆 1	镁 2	钨铬钴合金 3	铂 4	金 5	银 6	铌 7	钽 8	耐蚀合金 9	钛 10	镍合金 11	铜合金 12	铝 13	不锈钢 14	合金钢 15	碳钢 16
碳钢	16	●	●			●	●	●	●		●	●	●	●	●	●	●
合金钢	15	●	●	●					●		●	●	●	●	●	●	
不锈钢	14			●		●	●	●	●		●		●	●	●		
铝	13		●				●	●	●				●	●			
铜合金	12						●	●	●			●	●				
镍合金	11		●		●	●			●		●	●					
钛	10	●	●				●	●			●						
耐蚀合金	9									●							
钽	8				●			●	●								
铌	7				●			●									
银	6						●										
金	5																
铂	4				●												
钨铬钴合金	3																
镁	2		●														
锆	1	●															

表 5.8.1.5　可进行爆炸焊的典型金属组合[589]

金属组合		锆 1	镁 2	钴合金 3	铂 4	金 5	银 6	铌 7	钽 8	钛 9	镍合金 10	铜合金 11	铝合金 12	不锈钢 13	合金钢 14	碳钢 15
碳钢	15	●	●			●	●	●	●	●	●	●	●	●	●	●
合金钢	14	●	●	●					●	●	●	●	●	●	●	
不锈钢	13			●		●	●	●	●	●		●	●	●		
铝合金	12		●				●	●		●		●	●			
铜合金	11						●	●	●	●		●				
镍合金	10		●		●	●			●	●	●					
钛	9	●	●				●	●	●	●						
钽	8					●		●	●							
铌	7				●			●								
银	6						●									
金	5															
铂	4				●											
钴合金	3															
镁	2		●													
锆	1	●														

表 5.8.1.6　爆炸焊接金属组合[337]

列号对照（表头，自左至右）：

1. 低碳钢（1004-1020）
2. 中碳钢（ASTM A-201 和 A212）
3. 中碳钢（ASTM A-285）
4. 低合金钢（ASTM A-204）
5. 低合金钢（ASTM A-302）
6. 低合金钢（ASTM A-387）
7. 合金钢（AISI 4130）
8. 合金钢（AISI 4140）
9. 合金钢（AISI 4150）
10. 合金钢（AISI 4340）
11. 合金钢（AMS 6434）
12. 不锈钢（铁素体）
13. 不锈钢（200系列）
14. 不锈钢（300系列）
15. 不锈钢（301号）
16. 不锈钢（304号）
17. 不锈钢（316号）
18. 不锈钢（321号）
19. 不锈钢（347号）
20. 不锈钢（410号）
21. 高镍合金钢
22. 哈菲特钢（高锰钢）
23. Greek 阿斯科洛伊高温合金
24. 镍和镍合金
25. 因科内尔合金
26. 因科镍
27. 因科镍 X
28. 因科镍 600
29. 因科镍 718
30. Udimet（镍基耐热合金）700
31. 蒙乃尔
32. 镍铬
33. TD 镍
34. TD 镍铬
35. Waspaloy（变形镍基耐热合金）
36. Rene 41
37. 耐蚀耐热镍基合金 B

金属组合	1	2	3	4	5	6	7	8	9	10	11	12	13	14	15	16	17	18	19	20	21	22	23	24	25	26	27	28	29	30	31	32	33	34	35	36	37
低碳钢（1004-1020）	●											●	●	●										●				●									●
中碳钢（ASTM A-201）		●										●	●	●										●		●											●
中碳钢（ASTM A-212）		●										●	●	●										●													●
中碳钢（ASTM A-285）			●									●	●	●										●													●
低合金钢（ASTM A-204）				●								●	●	●																							
低合金钢（ASTM A-302）					●							●	●	●							●																
低合金钢（ASTM A-387）						●						●	●	●							●														●		
合金钢（AISI 4130）							●																									●					
合金钢（AISI 4140）								●																											●		
合金钢（AISI 4150）									●																												
合金钢（AISI 4330改良型）																																					
合金钢（AISI 4340）										●				●																							
合金钢（AMS 6434）											●																			●	●						
合金钢（A6）																																					
铸钢	●																																				
延性铸铁	●																																				
可锻铸铁	●																																				
不锈钢（铁素体）	●		●		●	●																															
不锈钢（200系列）	●	●	●	●	●	●	●																														
不锈钢（300系列）	●	●	●	●	●	●	●				●												●														
不锈钢（301号）																●			●																●		
不锈钢（304号）																																					
不锈钢（316号）																																					
不锈钢（321号）																		●	●																		
不锈钢（347号）																●								●			●	●							●		
不锈钢（410号）						●															●																
高镍合金钢														●								●															
哈菲特钢（高锰钢）																																					
Greek 阿斯科洛伊高温合金																								●			●					●					
镍和镍合金	●	●		●	●	●																		●													
因科内尔合金																									●												
因科镍	●																							●		●	●										
因科镍 X											●																										
因科镍 600											●																										
因科镍 718																													●								
Udimet（镍基耐热合金）700	●																													●	●						
蒙乃尔																															●						
镍铬							●																														
TD 镍																																	●				
TD 镍铬																							●											●			
Waspaloy（变形镍基耐热合金）																								●								●			●		
Rene 41																																				●	
耐蚀耐热镍基合金 B		●	●	●	●	●																															●
耐蚀耐热镍基合金 C		●	●	●	●	●																		●													
耐蚀耐热镍基合金 F		●	●	●	●	●																															
耐蚀耐热镍基合金 N																																					
耐蚀耐热镍基合金 X	●	●	●	●	●	●																															
铜镍	●	●		●	●	●																															
铜														●																							
铍铜																																					
黄铜	●		●	●	●	●										●	●							●													
青铜	●																																				
海恩斯25合金																																					
海恩斯钴铬钨系合金 6B		●	●								●																										
铝	●	●	●	●	●	●						●											●														
铝（1100）																																					
铝（1100/1.5%锂）																																					
铝（2014-T6）						●																															
铝（2219）																●																					
铝（6061-T6）																●							●														
铍																																					
65铍35铝																																					
铌	●	●					●																					●									
铌1锆															●																						
铌合金（C103）																																●					
金																																					
铪																																					
镁	●	●	●																																		
钼（TZM）	●	●	●											●																			●				
铟																																					
钯																																					
铂																																●					
银	●	●	●																																		
钽																						●									●			●			
钽8钨2铪							●				●																										
钽10钨																																●					
钛	●	●	●	●	●									●																		●		●			
钛6铝4钒														●																							
钛8铝1钼1钒																																					
钛（35A）		●																																			
钨														●									●														
锌	●																																				
锆	●		●	●																																	
锆_2										●													●											●			
锆_4																													●								

（续）

耐蚀耐热镍基合金C	耐蚀耐热镍基合金F	耐蚀耐热镍基合金N	耐蚀耐热镍基合金X	铜镍	铜	铍铜	黄铜	青铜	海恩斯25合金	海恩斯钴铬钨系合金6B	铝	铝(1100)	铝(2014-T6)	铝(2219)	铝(6061-T6)	铌	铌1锆	铌合金(C103)	金	铪	镁	钼	钯	铂	银	钽	钽8钨2铪	钽10钨	钛	钛6钼4钒	钨	锌	锆	锆-2	锆-4	金属组合
				●	●		●				●										●	●				●	●					●				低碳钢(1004-1020)
●	●		●	●	●		●	●	●	●	●						●				●	●				●	●		●					●		中碳钢(ASTM A-201)
●	●	●	●	●	●		●	●	●	●	●										●	●				●	●		●					●		中碳钢(ASTM A-212)
●	●	●	●	●	●		●	●		●	●										●	●				●	●		●					●		中碳钢(ASTM A-285)
●	●	●		●	●	●	●			●	●																		●							低合金钢(ASTM A-204)
●	●	●						●		●	●																		●							低合金钢(ASTM A-302)
●		●																											●							低合金钢(ASTM A-387)
								●																												合金钢(AISI 4130)
																									●											合金钢(AISI 4140)
																									●											合金钢(AISI 4150)
																						●														合金钢(AISI 4330改良型)
																●								●												合金钢(AISI 4340)
							●	●																					●							合金钢(AMS 6434)
						●																														合金钢(A6)
						●																														铸钢
																																				延性铸铁
																																				可锻铸铁
							●	●			●																		●							不锈钢(铁素体)
					●		●				●																									不锈钢(200系列)
					●			●			●	●																								不锈钢(300系列)
												●																							●	不锈钢(301号)
														●	●	●																				不锈钢(304号)
												●																						●		不锈钢(316号)
●			●							●			●														●		●							不锈钢(321号)
													●	●																						不锈钢(347号)
																																		●		不锈钢(410号)
											●																									高镍合金钢
		●					●								●									●					●							Greek阿斯科洛伊高温合金
																											●									镍和镍合金
							●																													因科内尔合金
								●																												因科镍X
												●															●									因科镍600
															●												●								●	因科镍718
																																				Udimet(镍基耐热合金)700
									●																											蒙乃尔
	●																																			镍铬
																																				TD镍
																																				TD镍铬
																																				Waspaloy(变形镍基耐热合金)
																																				Rene 41
●								●								●																				耐蚀耐热镍基合金B
	●																																			耐蚀耐热镍基合金C
		●																																		耐蚀耐热镍基合金F
															●																					耐蚀耐热镍基合金N
		●																																		耐蚀耐热镍基合金X
			●		●							●										●			●				●							铜镍
							●																		●											铜
					●			●																												铍铜
								●																												黄铜
●			●		●			●						●												●										青铜
						●					●												●					●								海恩斯25合金
													●														●				●					海恩斯钴铬钨系合金6B
													●																							铝
												●																	●			●				铝(1100)
												●																								铝(1100/1.5%锂)
																																				铝(2014-T6)
															●																					铝(6061-T6)
●			●												●							●	●			●			●							65铍35铝
	●																●										●									铌
																	●										●									铌1锆
		●																																		铌合金(C103)
																																				金
								●																												铪
		●																																		镁
															●																					钼(TZM)
																							●													钢
																									●											钯
																	●																			铂
																			●																	银
	●							●																												钽
																											●									钽8钨2铪
		●																																		钽10钨
														●	●															●						钛
														●																●						钛6铝4钒
														●																						钛8铝1钼1钒
																													●	●						钛(35A)
																															●					钨
																																●				锌
											●			●																						锆
																																				锆-2
																					●															锆-4

表 5.8.1.7　到 1964 年已实现爆炸焊接的金属材料组合[1008]

金属组合	锌(37)	钯合金(36)	TD镍(35)	钨(34)	镍铬合金(33)	镁(32)	钼(31)	钴及钴合金(30)	铂(29)	银及银合金(28)	金合金(27)	钽(26)	海恩斯—斯特莱特(25)	哈斯特洛伊X(24)	哈斯特洛伊B、C、F(23)	锆及锆合金(22)	钛及钛合金6A14V(21)	镍及镍合金(20)	青铜(19)	铜镍(18)	黄铜(17)	纯铜(16)	铝及铝合金(15)	马氏体时效处理钢(14)	哈氏高锰钢(13)	200系列不锈钢(12)	300系列不锈钢(11)	铁素体不锈钢(10)	合金钢AISI 4340(9)	合金钢AISI 4130(8)	低合金钢AISI A-387(7)	低合金钢AISI A-302(6)	低合金钢AISI A-204(5)	中碳钢AISI A-212(4)	中碳钢AISI A-201(3)	中碳钢ASTM-285(2)	低碳钢AISI 100-1020(1)
低碳钢 AISI 100-1020 (1)	●					●	●			●		●						●		●	●	●				●	●										●
中碳钢 ASTM-285 (2)						●	●			●		●	●	●	●	●	●	●	●	●	●	●	●				●									●	
中碳钢 AISI A-201 (3)						●	●	●		●		●	●	●	●	●	●	●	●	●	●	●	●				●								●		
中碳钢 AISI A-212 (4)						●	●			●		●	●	●	●	●	●	●	●	●	●	●	●				●							●			
低合金钢 AISI A-204 (5)													●	●	●	●	●	●	●	●	●	●	●				●						●				
低合金钢 AISI A-302 (6)													●	●	●	●	●	●	●	●	●	●					●					●					
低合金钢 AISI A-387 (7)													●	●	●	●	●	●	●	●	●	●					●				●						
合金钢 AISI 4130 (8)																										●	●	●		●							
合金钢 AISI 4340 (9)																											●		●								
铁素体不锈钢 (10)																	●											●									
300 系列不锈钢 (11)			●			●	●	●				●					●	●				●	●	●		●	●										
200 系列不锈钢 (12)																						●				●											
哈氏高锰钢 (13)																								●	●												
马氏体时效处理钢 (14)																																					
铝及铝合金 (15)																	●						●														
纯铜 (16)							●						●									●															
黄铜 (17)																		●		●	●																
铜镍 (18)																		●		●																	
青铜 (19)																		●	●																		
镍及镍合金 (20)								●	●			●			●			●																			
钛及钛合金 6A14V (21)				●				●									●																				
锆及锆合金 (22)															●	●																					
哈斯特洛伊 B、C、F (23)														●	●																						
哈斯特洛伊 X (24)			●											●																							
海恩斯-斯特莱特 (25)												●	●																								
钽 (26)											●	●																									
金合金 (27)										●	●																										
银及银合金 (28)									●	●																											
铂 (29)								●	●																												
钴及钴合金 (30)		●					●	●																													
钼 (31)					●		●																														
镁 (32)					●	●																															
镍铬合金 (33)				●	●																																
钨 (34)			●	●																																	
TD 镍 (35)		●	●																																		
钯合金 (36)	●	●																																			
锌 (37)	●																																				

注：●表示可爆炸焊接，空格表示无数据。

5.9　爆炸焊接用二元系合金的相图选

本篇 5.8 章提供了数百种爆炸焊接的双金属和多金属的名录。在此基础上，本章再提供数十幅爆炸焊接中常用的和今后会用得到的、以结构金属为主的二元系合金的相图。4.14 章、5.8 章和 5.9 章三章的内容相互补充、相辅相成、相得益彰和相映成趣。它们的结合为创制新型的爆炸复合材料提供了理论基础和实践依据，是从事本学科工作的科技人员需要熟练掌握和灵活运用的基础知识及基本技能。

5.9.1　合金相图

合金即是指两种和两种以上的金属元素，或者金属元素和非金属元素的熔合体，这种熔合体具有金属的特性。在工业和科学技术中，除少数场合用纯金属外，大多数时候都是使用合金。例如，碳钢就是由铁和碳组成的合金。合金比纯金属有许多更优良的物理、力学和化学性能。

大家知道，自然界中的物质有三种聚集状态：固态、液态和气态。金属和合金也是如此。

合金相图是用来描述合金的成分、温度和组织之间的关系的简明图形。本章后面部分就是大量的二元系合金的相图。对于任一成分的合金，只要从其相图上找出相应的表象点，就可以了解此时该合金中在不同的温度下存在哪些相，各个相的成分及其相对含量。

合金相图有二元系和三元系等类型。二元系合金的相图是由两个组元形成的，它又有固溶体型、共晶型和包晶型等多种。

在科研和生产实践中，合金相图是制定合金熔铸、压力加工、热处理和焊接(包括爆炸焊接)工艺的重要依据。它也是研制新合金，分析其成分、组织和性能之间的关系的重要工具。

爆炸焊接的双金属和多金属复合材料是由两种和多种金属材料组成的统一体。众所周知，在爆炸焊接的过程中，在其界面上有强烈的压力、温度和浓度的变化。由这些变化必然造成结合区内成分和组织的变化，进而造成性能的变化。分析和研究表明[908]，这些成分、组织和性能的变化与覆板和基板材料中，以其主要元素为系统的二元和三元合金的相图内所显现的变化相同或相似。因此，可以用相应的二元和三元系合金的相图来分析和描述爆炸焊接复合材料及其在压力加工、热处理、焊接或机械加工过程中的结合区内的成分、组织和性能的变化。这就是合金相图在爆炸焊接中的一些主要应用(见 4.14 章)。

5.9.2　二元系合金的相图选

为了方便读者快捷地学习和应用相图来指导本学科的理论及实践工作，下面汇集了部分常用的二元系合金的相图。这些相图中的组元均为结构纯金属。它们依次为：铁、钛、铜、铝、镁、镍。这里选辑的二元系合金相图来源于文献[917,918]，更多和更新的相图请参阅文献[1036-1040]。为了简洁，所有相图的图题均简写，例如"钛-铁二元系合金相图"简写为"钛-铁"。

1. 组合之一中主要成分为铁的二元系合金的相图

组合之一中主要成分为铁的金属材料，包括工业纯铁、普通碳素钢、优质碳素钢、合金钢、低合金钢和不锈钢等。其二元系合金相图如图 5.9.2.1～图 5.9.2.14 所示。

2. 组合之一中主要成分为钛的二元系合金的相图

组合之一的主要成分为钛的金属材料，指工业纯钛和各种钛的合金。其二元系合金相图如图 5.9.2.15～图 5.9.2.27 所示。

3. 组合之一中主要成分为铜的二元系合金的相图

组合之一的主要成分为铜的金属材料，包括工业纯铜和铜的各种合金。这里，除图 5.9.2.28～图 5.9.2.37 相图外，还有"铁-铜"(图 5.9.2.3)和"钛-铜"(图 5.9.2.19)。

4. 组合之一中主要成分为铝的二元系合金的相图

组合之一的主要成分为铝的金属材料，包括工业纯铝和铝的各种合金。这里，除图 5.9.2.38～图 5.9.2.45 相图外，还有"铁-铝"(图 5.9.2.2)、"钛-铝"(图 5.9.2.16)和"铜-铝"(图 5.9.2.28)。

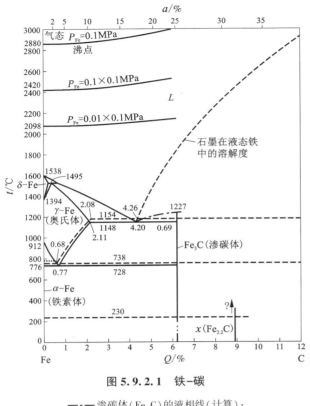

图 5.9.2.1　铁-碳

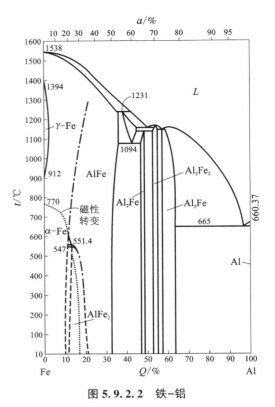

图 5.9.2.2　铁-铝

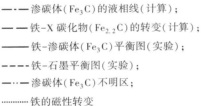

——·—　渗碳体（Fe₃C）的液相线（计算）；

—— ——　铁-X 碳化物（Fe₂.₂C）的转变（计算）；

————　铁-渗碳体（Fe₃C）平衡图（实验）；

— — — —　铁-石墨平衡图（实验）；

——··—　渗碳体（Fe₃C）不明区；

··········　铁的磁性转变

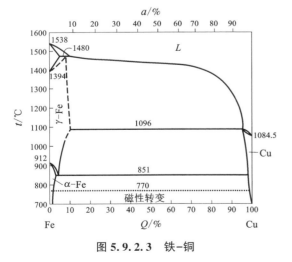

图 5.9.2.3　铁-铜

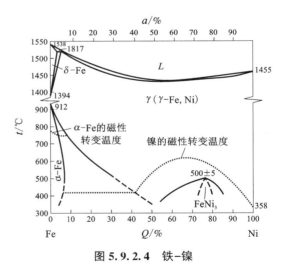

图 5.9.2.4　铁-镍

说明：所有图内的 3 位和 4 位数字均表示温度（℃），图中相应位置的化学组成（百分比）由上、下方横坐标上的刻度估计；a/% 为原子百分比，Q/% 为质量百分比。

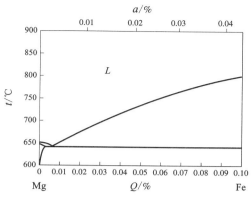

图 5.9.2.5　铁-镁

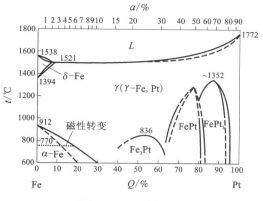

图 5.9.2.6　铁-铂

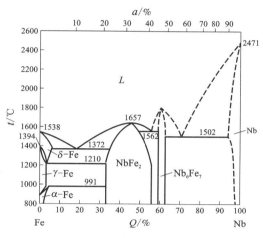

图 5.9.2.7　铁-铌

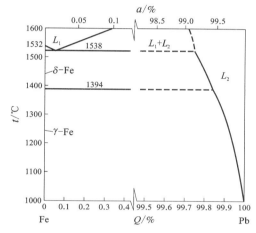

图 5.9.2.8　铁-铅

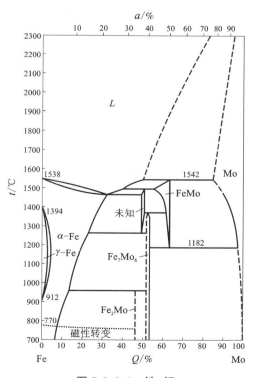

图 5.9.2.9　铁-钼

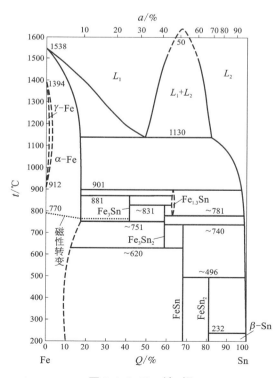

图 5.9.2.10　铁-锡

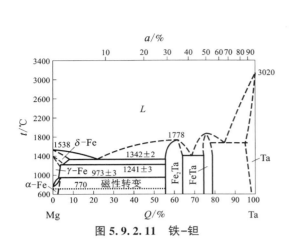

图 5.9.2.11　铁-钽

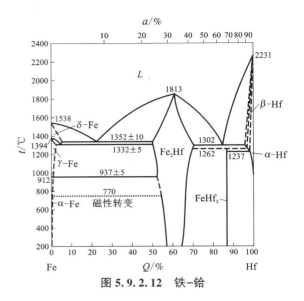

图 5.9.2.12　铁-铪

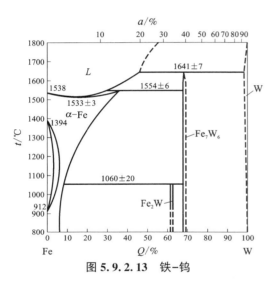

图 5.9.2.13　铁-钨

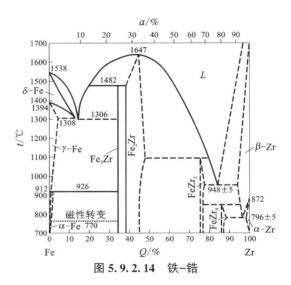

图 5.9.2.14　铁-锆

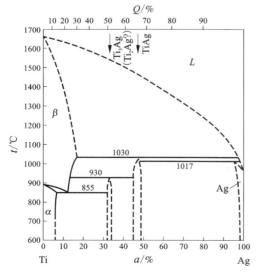

图 5.9.2.15　钛-银

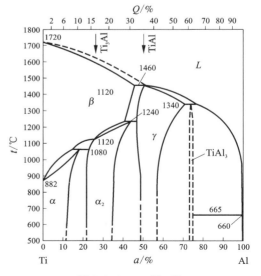

图 5.9.2.16　钛-铝

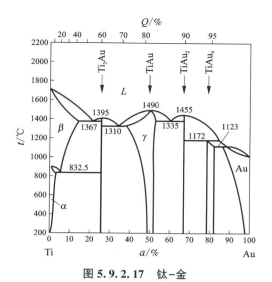

图 5.9.2.17　钛-金

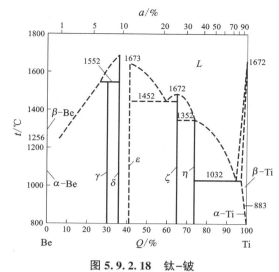

图 5.9.2.18　钛-铍

γ—$Be_{12}Ti$,　δ—β-$Be_{17}Ti_2$,　ε—α-$Be_{17}Ti_2$,　ζ—Be_3Ti,　η—Be_2Ti

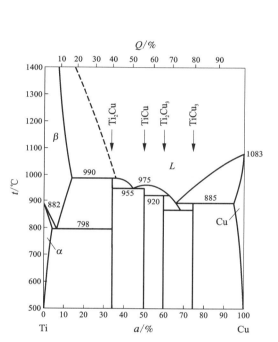

图 5.9.2.19　钛-铜

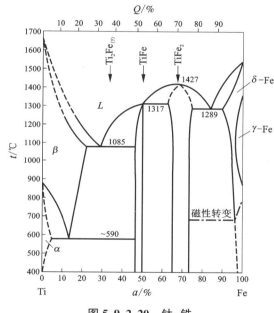

图 5.9.2.20　钛-铁

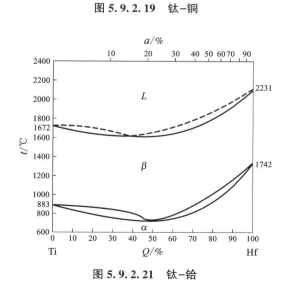

图 5.9.2.21　钛-铪

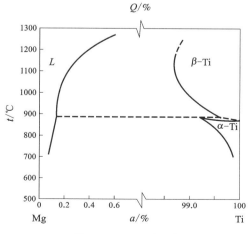

图 5.9.2.22　钛-镁

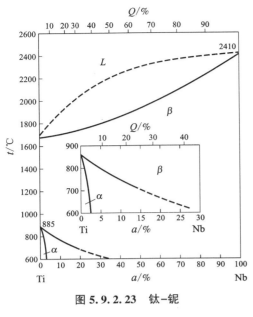

图 5.9.2.23　钛-铌

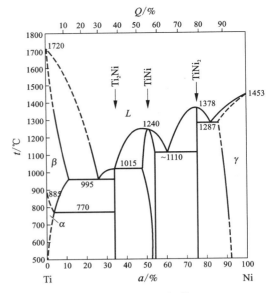

图 5.9.2.24　钛-镍

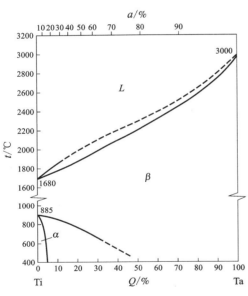

图 5.9.2.25　钛-钽

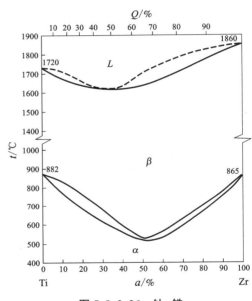

图 5.9.2.26　钛-锆

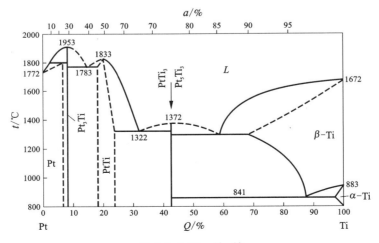

图 5.9.2.27　钛-铂

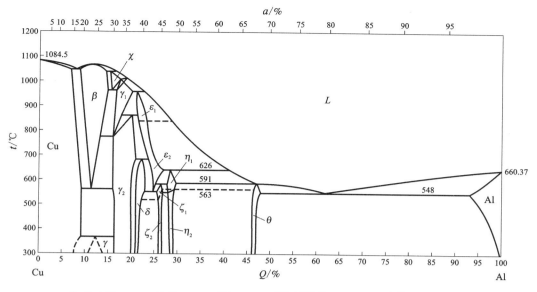

β—β-AlCu$_3$；γ_2—Al$_4$Cu$_9$；ε_2—AlCu$_3$；η_1—AlCu(高温)；η_2—AlCu(高温)；θ—Al$_2$Cu

图 5.9.2.28 铜-铝

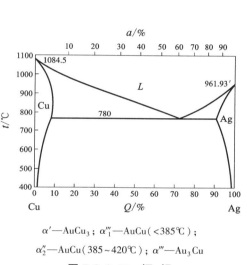

α'—AuCu$_3$；α'''_1—AuCu(<385℃)；

α''_2—AuCu(385~420℃)；α'''—Au$_3$Cu

图 5.9.2.29 铜-银

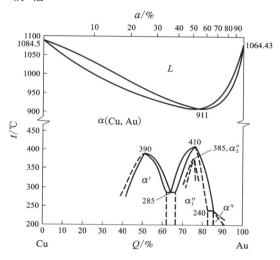

γ、γ_1—β-BeCu$_2$；γ_2—γ-BeCu；δ—Be$_2$Cu

图 5.9.2.30 铜-金

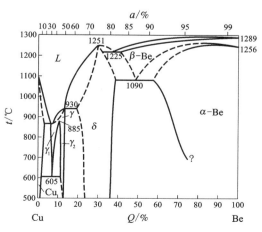

图 5.9.2.31 铜-铍

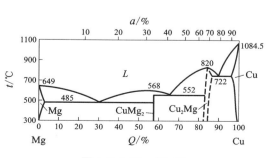

图 5.9.2.32 铜-镁

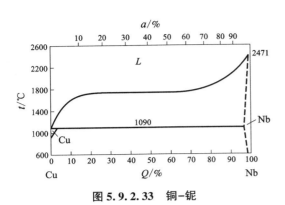

图 5.9.2.33　铜-铌

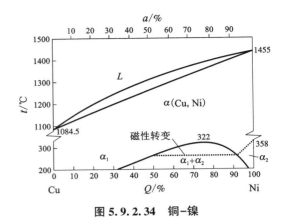

图 5.9.2.34　铜-镍

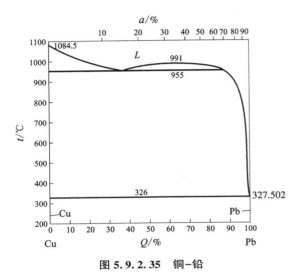

图 5.9.2.35　铜-铅

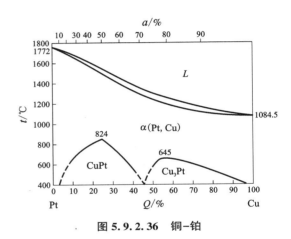

图 5.9.2.36　铜-铂

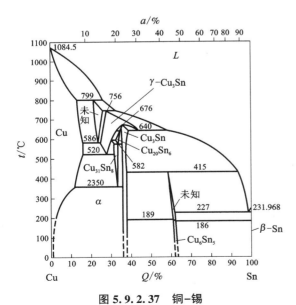

图 5.9.2.37　铜-锡

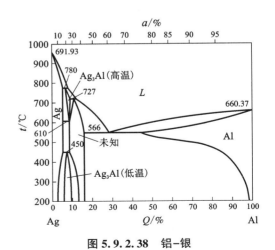

图 5.9.2.38　铝-银

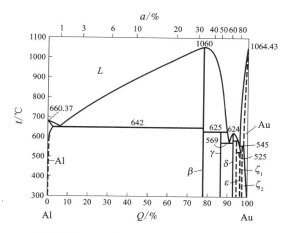

β—Al_2Au；γ—$AlAu$；δ—$AlAu_2$；ε—γ-Al_2Au_5；

ζ_1—β-$AlAu_4$(高温)；ζ_1—β-$AlAu_4$(低温)

图 5.9.2.39　铝-金

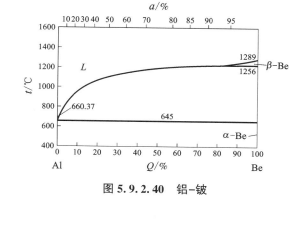

图 5.9.2.40　铝-铍

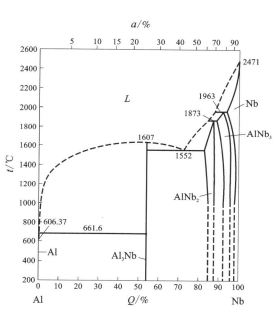

图 5.9.2.41　铝-铌

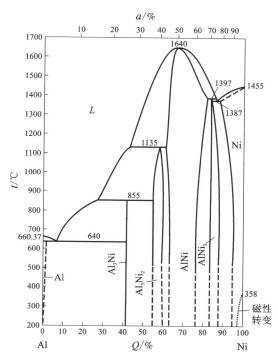

图 5.9.2.42　铝-镍

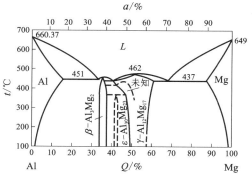

图 5.9.2.43　铝-镁

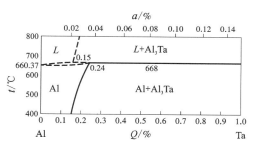

图 5.9.2.44　铝-钽

5. 组合之一中的主要成分为镁的二元系合金的相图

组合之一的主要成分为镁的金属材料,包括工业纯镁和镁的各种合金。这里,除图5.9.2.46~图5.9.2.50相图外,还有"铁-镁"(图5.9.2.9)、"钛-镁"(图5.9.2.22)、"铜-镁"(图5.9.2.32)和"铝-镁"(图5.9.2.43)。

6. 组合之一中主要成分为镍的二元系合金的相图

组合之一的主要成分为镍的金属材料,包括工业纯镍和镍的各种合金。这里,除图5.9.2.51~图5.9.2.60相图外,还有"铁-镍"(图5.9.2.4)、"钛-镍"(图5.9.2.24)、"铜-镍"(图5.9.2.34)、"铝-镍"(图5.9.2.42)和"镁-镍"(图5.9.2.49)。

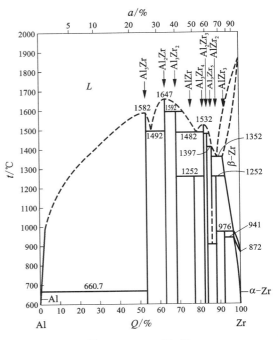

图 5.9.2.45 铝-锆

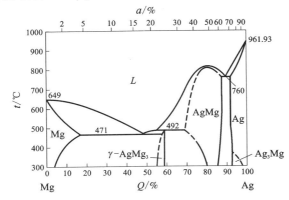

图 5.9.2.46 镁-银

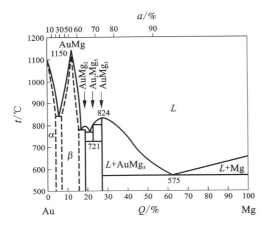

图 5.9.2.47 镁-金

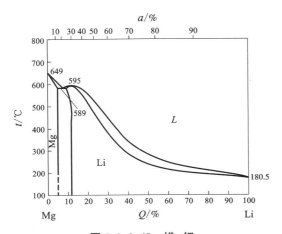

图 5.9.2.48 镁-锂

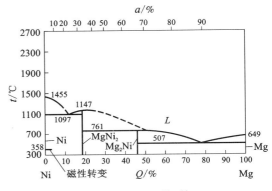

图 5.9.2.49 镁-镍

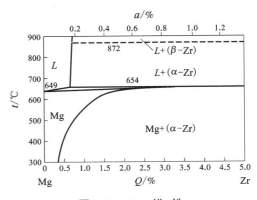

图 5.9.2.50 镁-锆

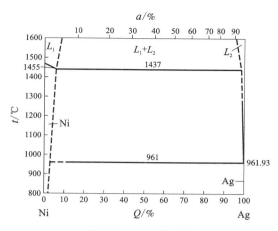

图 5.9.2.51　镍-银

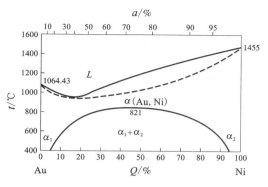

图 5.9.2.52　镍-金

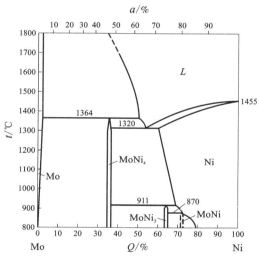

图 5.9.2.55　镍-钼

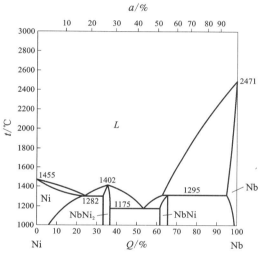

图 5.9.2.56　镍-铌

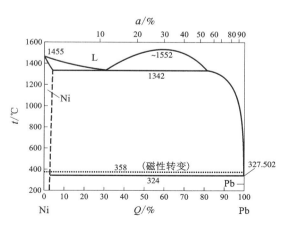

图 5.9.2.57　镍-铅

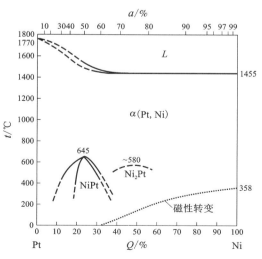

图 5.9.2.58　镍-铂

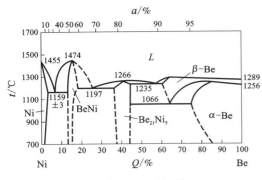

图 5.9.2.53　镍-铍

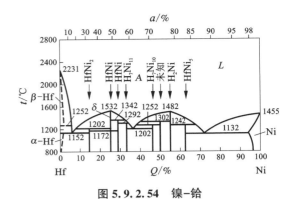

图 5.9.2.54　镍-铪

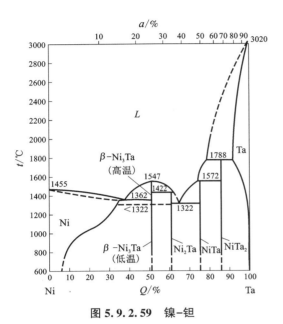

图 5.9.2.59　镍-钽

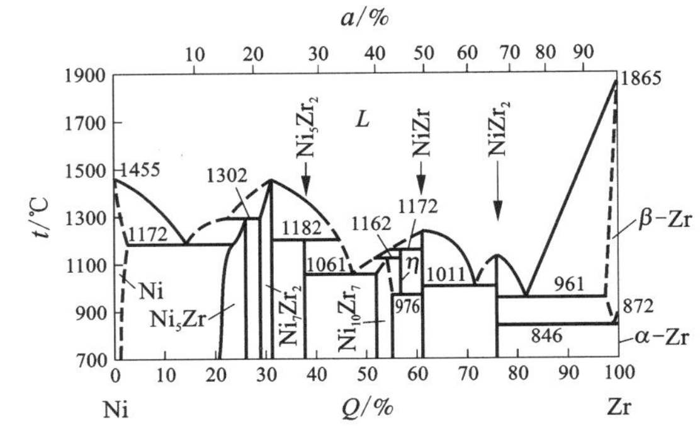

图 5.9.2.60　镍-锆

5.9.3　原子分数和质量分数的换算公式

$$Q_A = \frac{a_A M_A}{a_A M_A + a_B M_B} \times 100\%, \qquad (5.9.3.1)$$

$$Q_B = \frac{a_B M_B}{a_A M_A + a_B M_B} \times 100\%, \qquad (5.9.3.2)$$

$$a_A = \frac{Q_A / M_A}{Q_A / M_A + Q_B M_B} \times 100\%, \qquad (5.9.3.3)$$

$$a_B = \frac{Q_B / M_B}{Q_A M_A + Q_B M_B} \times 100\%。 \qquad (5.9.3.4)$$

式中：Q_A、Q_B 分别为 A、B 两组元的质量分数；

$\quad\quad a_A$、a_B 分别为 A、B 两组元的原子分数；

$\quad\quad M_A$、M_B 分别为 A、B 两组元的原子量。

5.9.4　摄氏温度和华氏温度的换算公式

$$t_1 = t_2 \times \frac{9}{5} + 32 \qquad (5.9.4.1)$$

$$t_2 = (t_1 - 32) \times \frac{5}{9} \qquad (5.9.4.2)$$

式中：t_1 为华氏温度（℉）；t_2 为摄氏温度（℃）。

5.9.5 摄氏温度和绝对温度的换算公式

$$t_1 = t_2 + 273.15 \qquad\qquad (5.9.5.1)$$
$$t_2 = t_1 - 273.15 \qquad\qquad (5.9.5.2)$$

式中：t_1 为绝对温度（K）；t_2 为摄氏温度（℃）。

5.9.6 元素的相转变温度

表 5.9.6.1 元素的相转变温度[917]

（根据 1968 年国际实用温度标）

元素符号	元素名称	相转变	转变温度/℃	元素符号	元素名称	相转变	转变温度/℃
As	砷	$\alpha-\beta$	未知	Np	镎	$\alpha-\beta$	260
B	硼	$\alpha-\beta$	未知			$\beta-\gamma$	577
		$\beta-\gamma$	未知	O	氧	$\alpha-\beta$	-249.29
Be	铍	$\alpha-\beta$	1256			$\beta-\gamma$	-229.36
Ca	钙	$\alpha-\beta$	447	P	磷	$\alpha-\beta$(白磷)	-57.8
Ce	铈	$\alpha-\beta$	-148	Po	钋	$\alpha-\beta$	未知
		$\beta-\gamma$	77	Pr	镨	$\alpha-\beta$	796
		$\gamma-\delta$	726	Pu	钚	$\alpha-\beta$	122
Co	钴	$\varepsilon-\alpha$	427			$\beta-\gamma$	207
		磁性	1123			$\gamma-\delta$	315
Dy	镝	$\alpha-\beta$	1386			$\delta-\delta'$	457
F	氟	$\alpha-\beta$	-227.6			$\delta'-\varepsilon$	480
Fe	铁	磁性	770	S	硫	$\alpha-\beta$	95.39
		$\alpha-\gamma$	912			$\beta-\gamma$	①
		$\gamma-\delta$	1394	Sc	钪	$\alpha-\beta$	1337
Gd	钆	磁性	18.6	Se	硒	$\alpha-\beta$	未知
		$\alpha-\beta$	1262			$\beta-\gamma$	209(？)
Hf	铪	$\alpha-\beta$	1742	Sm	钐	$\alpha-\beta$	918
He	氦	$\alpha-\beta$	<-272.15	Sr	锶	$\alpha-\beta$	557
		$\beta-\gamma$	未知	Sn	锡	$\alpha-\beta$	13.0
Ho	钬	$\alpha-\beta$	1430	Tb	铽	$\alpha-\beta$	1289
La	镧	$\alpha-\beta$	277	Th	钍	$\alpha-\beta$	1365
		$\beta-\gamma$	862	Ti	钛	$\alpha-\beta$	883
Li	锂	$\alpha-\beta$	-193	Tl	铊	$\alpha-\beta$	234
Mn	锰	$\alpha-\beta$	707	U	铀	$\alpha-\beta$	668
		$\beta-\gamma$	1088			$\beta-\gamma$	776
		$\gamma-\delta$	1139	Y	钇	$\alpha-\beta$	1481
N	氮	$\alpha-\beta$	-237.54	Yb	镱	$\alpha-\beta$	761
Na	钠	$\alpha-\beta$	-233	Zr	锆	$\alpha-\beta$	872
Nd	钕	$\alpha-\beta$	856				
Ni	镍	磁性	358				

注：①表中的 γ 相在所有温度都是热不稳定的。②不同的研究者、不同的时期和不同的实验条件，表中数据稍有差异，如 Ti 的相转变温度还有 880℃、881℃、882℃ 等。③本表按元素符号的字母顺序排列。②、③为本书作者注。

附录 A　元素周期表（附表 A）

附图 A.1　元素周期表 [917]

说明（示意）：

1	← 原子序数
H	← 元素
1.0079	← 原子量

族 IA	IIA	IIIB	IVB	VB	VIB	VIIB	VIII			IB	IIB	IIIA	IVA	VA	VIA	VIIA	族 0
1 H 氢 1.0079																	2 He 氦 4.0026
3 Li 锂 6.939	4 Be 铍 9.012											5 B 硼 10.81	6 C 碳 12.010	7 N 氮 14.0067	8 O 氧 16.0000	9 F 氟 18.998	10 Ne 氖 20.18
11 Na 钠 22.990	12 Mg 镁 24.312											13 Al 铝 26.98	14 Si 硅 28.08	15 P 磷 30.974	16 S 硫 32.06	17 Cl 氯 35.453	18 Ar 氩 39.948
19 K 钾 39.090	20 Ca 钙 40.08	21 Sc 钪 44.956	22 Ti 钛 47.90	23 V 钒 50.94	24 Cr 铬 51.996	25 Mn 锰 54.938	26 Fe 铁 55.847	27 Co 钴 58.9332	28 Ni 镍 58.71	29 Cu 铜 63.54	30 Zn 锌 65.38	31 Ga 镓 69.72	32 Ge 锗 72.59	33 As 砷 74.92	34 Se 硒 78.96	35 Br 溴 79.904	36 Kr 氪 83.80
37 Rb 铷 85.467	38 Sr 锶 87.62	39 Y 钇 88.906	40 Zr 锆 91.22	41 Nb(Cb) 铌 92.91	42 Mo 钼 95.94	43 Tc 锝 (98.906)	44 Ru 钌 101.07	45 Rh 铑 102.905	46 Pd 钯 106.4	47 Ag 银 107.868	48 Cd 镉 112.41	49 In 铟 114.82	50 Sn 锡 118.69	51 Sb 锑 121.75	52 Te 碲 127.60	53 I 碘 126.904	54 Xe 氙 131.3
55 Cs 铯 132.905	56 Ba 钡 137.33	57~71 镧系	72 Hf 铪 178.49	73 Ta 钽 180.95	74 W 钨 183.85	75 Re 铼 186.207	76 Os 锇 190.2	77 Ir 铱 193.9	78 Pt 铂 195.09	79 Au 金 196.966	80 Hg 汞 200.59	81 Tl 铊 204.37	82 Pb 铅 207.19	83 Bi 铋 208.98	84 Po 钋 (209)	85 At 砹 (210)	86 Ru 氡 (222)
87 Fr 钫 (223)	88 Ra 镭 226.025	89~103 锕系	104 Rf 𬬻 (261)	105 Ha 𬭶 (262)													

镧系

57 La 镧 138.906	58 Ce 铈 140.12	59 Pr 镨 140.91	60 Nd 钕 144.24	61 Pm 钷 (147)	62 Sm 钐 150.43	63 Eu 铕 151.96	64 Gd 钆 157.25	65 Tb 铽 158.925	66 Dy 镝 162.50	67 Ho 钬 164.93	68 Er 铒 167.26	69 Tm 铥 168.934	70 Yb 镱 173.04	71 Lu 镥 174.96

锕系

89 Ac 锕 (227)	90 Th 钍 232.038	91 Pa 镤 231.0359	92 U 铀 238.029	93 Np 镎 (237)	94 Pu 钚 (239.052)	95 Am 镅 (243)	96 Cm 锔 (247)	97 Bk 锫 (247)	98 Cf 锎 (251)	99 Es 锿 (254)	100 Fm 镄 (257)	101 Md 钔 (258)	102 No 锘 (259)	103 La 铹 (260)

注：（　）表示最安定的同位数质量

附录 B　元素的物理性质（附表 B）

附表 B.1　元素的物理性质[917]

元素	元素符号	原子序数	原子量	熔点/℃	沸点/℃	晶体结构(常温)	晶格常数/×10⁻¹⁰ m			比热,c /(J·g⁻¹·℃⁻¹)(20℃)	熔化潜热,Q/(J·g⁻¹)	密度,ρ/(g·cm⁻³)(20℃)	线膨胀系数/(×10⁶·℃⁻¹)(20℃)	导热系数,λ/(J·cm⁻¹·s⁻¹·℃⁻¹)(20℃)	比电阻/(×10⁻⁶Ω·cm)(20℃)	纵弹性模量,E/10³MPa
							a	b	c或轴角							
锕	Ac	89	227	1050±50	—	面心立方										
银	Ag	47	107.868	960.80	2210	面心立方	4.086			0.2339	104.6	10.49	19.68	4.184(0℃)	1.59	70.56~77.42
铝	Al	13	26.98	660	2450	面心立方	4.049			0.8996	395.4	2.699	23.6	2.22	2.6548	61.74
镅	Am	95	243	>850	(2600)	密排六方	3.635		11.74			11.7				
氩	Ar	18	39.948	-189.4±0.2	-185.8	面心立方	5.43			0.523	28.03	1.784×10⁻³	—	1.70×10⁻⁴	—	—
砷	As	33	74.9216	817(2.8MPa)	613	三方	4.59		53°49'	0.431	370.3	5.72	4.7	—	33.3	—
砹	At	85	210													
金	Au	79	196.967	1063.0	2970	面心立方	4.078			0.1305	67.4	19.32	14.2	2.97(0℃)	2.35	80.36
硼	B	5	10.811	2031	—					1.2929	—	2.34	8.3	—	1.8×10¹²(0℃)	—
钡	Ba	56	137.34	714	1640	体心立方	5.025			0.2845	—	3.5	—	—	—	—
铍	Be	4	9.0122	1277	2770	密排六方	2.2858		3.5842	1.8828	1087.8	1.848	11.6	1.46	4	254.8
铋	Bi	83	208.98	271.3	1560	三方	4.7457		57°14'12"	0.1230	52.3	9.80	13.3	0.08	106.8(0℃)	31.36
锫	Bk	97	247			密排六方										
溴	Br	35	79.904	-7.2±0.2	58	底心斜方	4.49	6.68	8.74	0.2929	67.8	3.12	—	—	—	
碳	C	6	12.01115	3727	4830	六方(石墨)	2.4614		6.7041	0.6904	—	2.25	0.6~4.3	0.24	1375(0℃)	4.9
钙	Ca	20	40.08	838	1440	面心立方	5.582			0.6234	217.6	1.55	22.3	1.26	3.91(0℃)	21.56~26.46
铌(铌)	Cb(Nb)	41	92.906	2468±10	4927	体心立方	3.301			0.2719	288.7	8.57	7.31	0.523(0℃)	12.5(0℃)	—
镉	Cd	48	112.40	320.9	765	密排六方	2.9787		5.617	0.2301	55.2	8.65	29.8	0.92	6.83(0℃)	55.37
铈	Ce	58	140.12	804	3470	面心立方	5.16			0.1883	35.6	6.77	8	0.11	75(25℃)	41.16

(续)

元素	元素符号	原子序数	原子量	熔点/℃	沸点/℃	晶体结构(常温)	晶格常数/$\times10^{-10}$ m　a	b	c或轴角	比热,c/(J·g·℃)$^{-1}$(20℃)	熔化潜热,Q/(J·g^{-1})	密度,ρ/(g·cm^{-3})(20℃)	线膨胀系数/($\times10^{6}$·℃$^{-1}$)(20℃)	导热系数,λ/(J·cm^{-1}·s^{-1}·℃$^{-1}$)(20℃)	比电阻/($\times10^{-6}$ Ω·cm)(20℃)	纵弹性模量,E/10^{3} MPa
锎	Cf	98	249	—	—										—	—
氯	Cl	17	35.453	−100.99	−34.7					0.6945	90.4	3.214×10^{-3}	—	0.72×10^{-4}	—	—
锔	Cm	96	245	—	—	密排六方									—	—
钴	Co	27	58.9332	1495±1	2900	密排六方	2.5071		4.0686	0.4142	244.3	8.85	13.8	0.69	6.24	205.8
铬	Cr	24	51.996	1875	2665	体心立方	2.884			0.4602	401.7	7.19	6.2	0.67	12.9(0℃)	245
铯	Cs	55	132.905	28.7	690	体心立方	6.13			0.2015	15.9	1.903	97	—	20	—
铜	Cu	29	63.546	1083.0	2595	面心立方	3.6153			0.3849	211.7	8.96	16.5	3.94	1.673	107.8
镝	Dy	66	162.50	1407	2330	密排六方	3.59		5.65	0.1715	105.4	8.55	9	0.10	57(25℃)	68.7~96.04
铒	Er	68	167.26	1497	2630	密排六方	3.65		5.58	0.1674	—	9.15	9	0.096	107(25℃)	—
锿	Es	99	254	—	—		—	—	—						—	
铕	Eu	63	151.96	826	1490	体心立方	4.58	—		0.1632	102.5	5.245	26	—	90(25℃)	
氟	F	9	18.9984	−219.6	−188.2	单斜				0.753	42.3	1.696×10^{-3}	—		—	
铁	Fe	26	55.847	1536.5±1	3000±150	体心立方	2.866			0.4602	274.1	7.87	11.76	0.75	9.71	196
镄	Fm	100	255	—	—		—	—	—						—	
钫	Fr	87	223	27	—		—	—	—						—	
镓	Ga	31	69.72	29.78	2237	底心斜方	4.524	4.523	7.661	0.3305	80.2	5.907	18	0.29~0.38	17.4	
钆	Gd	64	157.25	1312	2730	密排六方	3.64		5.78	0.2970	98.3	7.86	4	0.088	140.5(25℃)	54.88~196
锗	Ge	32	72.59	937.4±1.5	2830	金刚石立方	5.658			0.3054	—	5.323	5.75	0.59	46	
氢	H	1	1.00797	−259.19	−252.7	密排六方	3.76		6.13	14.43	62.76	0.0899×10^{-3}		16.99×10^{-4}	—	
氦	He	2	4.0026	−269.7	−268.9	密排六方	3.58		5.84	5.23	—	0.1785×10^{-3}		13.89×10^{-4}	—	
铪	Hf	72	178.49	2222±30	5400	密排六方	3.1883		5.0422	0.147	11.72	13.09	5.9	0.21	35.1(25℃)	75.46
汞	Hg	80	200.59	−38.36	357	三方	3.005		70°31′42″	0.138	104.2	13.546		0.082(0℃)	98.4(50℃)	
钬	Ho	67	164.93	1461	2330	密排六方	3.58		5.62	0.163		6.79			87(25℃)	
碘	I	53	126.9044	113.7	183	斜方	4.787	7.226	9.793	0.218	59.4	4.94	93	43.5×10^{-4}	1.3×10^{15}	

(续)

元素	元素符号	原子序数	原子量	熔点/°C	沸点/°C	晶体结构(常温)	晶格常数/×10⁻¹⁰ m a	b	c或轴角	比热 c/(J·g·°C)⁻¹ (20°C)	熔化潜热 Q/(J·g⁻¹)	密度 ρ/(g·cm⁻³)(20°C)	线膨胀系数/(×10⁻⁶·°C⁻¹)(20°C)	导热系数 λ/(J·cm⁻¹·s⁻¹·°C⁻¹)(20°C)	比电阻/(×10⁻⁶ Ω·cm)(20°C)	纵弹性模量 E/10³ MPa
铟	In	49	114.82	156.2	2000	体心正方	4.594	—	4.951	0.238	28.5	7.31	3.3	0.24	8.37	—
铱	Ir	77	192.2	2454±3	5300	面心立方	3.839		—	0.128	—	22.5	6.8	0.59	5.3	519.4
钾	K	19	39.102	63.7	760	体心立方	5.334			0.741	61.1	0.86	83	1.00	6.15(0°C)	—
氪	Kr	36	83.80	-157.3	-152	面心立方	5.69			—	—	3.74×10⁻³	—	0.88×10⁻⁴	—	—
镧	La	57	138.91	920	3470	密排六方	3.77		12.16	0.201	72.4	6.19	5	0.14	57(25°C)	68.6~75.46
锂	Li	3	6.939	180.54	1330	体心立方	3.5089			3.305	435.97	0.534	56	0.71	8.55(0°C)	—
铹	Lr(Lw)	103	260	—	—	—	—		—	—	—	—	—	—	—	—
镥	Lu	71	174.97	1652	1930	密排六方	3.50		5.50	0.155	109.99	9.85	—	—	79(25°C)	—
钔	Md	101	256	—	—	—	—		—	—	—	—	—	—	—	—
镁	Mg	12	24.312	650±2	1107±150	密排六方	3.2088		5.2095	1.025	368.2±8.4	1.74	27.1	—	4.45	45.08
锰	Mn	25	54.938	1245	2150	复杂体心立方	8.912			0.481	266.5	7.43	22	—	185	160.72
钼	Mo	42	95.94	2610	5560	体心立方	3.1468			0.276	292.0	10.22	4.9	1.54	5.2(0°C)	345.94
氮	N	7	14.0067	-209.87	-195.0	六方	4.04		6.60	1.033	25.9	1.250×10⁻³	—	2.51×10⁻⁴	—	—
钠	Na	11	22.9898	97.82	892	体心立方	4.289			1.234	115.1	0.9712	71	1.34	4.2(0°C)	—
铌(钶)	Nb(Cb)	41	92.906	2468±10	4927	体心立方	3.301			0.271	288.7	8.57	7.31	0.52(0°C)	12.5(0°C)	—
钕	Nd	60	144.24	1019	3180	密排六方	3.66		11.80	0.188	49.29	7.00	6	0.13	64(25°C)	—
氖	Ne	10	20.183	-248.6±0.3	-246.0	面心立方	4.53			—	—	0.8999×10⁻³	—	0.46×10⁻³	—	—
镍	Ni	28	58.71	1453	2730	面心立方	3.5238			0.439	308.8	8.902	13.3	0.92	6.84	205.8
锘	No	102	249	—	—	—	—		—	—	—	—	—	—	—	—
镎	Np	93	237	637±2	—	—	—		—	—	—	—	—	—	—	—
氧	O	8	15.9994	-218.83	-183.0	立方	6.84			0.912	13.81	1.429×10⁻³	—	2.47×10⁻⁴	—	—
锇	Os	76	190.2	2700±200	5500	密排六方	2.7341		4.3197	0.130	—	22.57	4.6	—	9.5	553.7
磷	P	15	30.9738	44.25	280	复杂立方	7.18			0.741	20.92	1.83	125	—	1×10¹⁷(11°C)	—
镤	Pa	91	231	1230	—	体心正方	—	—	—	—	—	15.4	—	—	—	—

（续）

元素	元素符号	原子序数	原子量	熔点/℃	沸点/℃	晶体结构（常温）	晶格常数/×10⁻¹⁰ m a	b	c 或轴角	比热 c (J·g⁻¹·℃⁻¹)(20℃)	熔化潜热 Q/(J·g⁻¹)	密度 ρ/(g·cm⁻³)(20℃)	线膨胀系数 ρ/(×10⁶·℃⁻¹)(20℃)	导热系数 λ/(J·cm⁻¹·s⁻¹·℃⁻¹)(20℃)	比电阻/(×10⁻⁶ Ω·cm)(20℃)	纵弹性模量 E/10³ MPa
铅	Pb	82	207.19	327.4	1725	面心立方	4.9489			0.129	26.19	11.36	29.3	0.35(0℃)	20.846	13.72
钯	Pd	46	106.4	1550	3980	面心立方	3.8902			0.244	143.1	12.02	11.76	0.70	10.8	107.8
钷	Pm	61	145	1027	2730	六方				—	—	—	—	—	—	—
钋	Po	84	210	254±10	—	立方	3.352			—	—	—	—	—	—	—
镨	Pr	59	140.907	919	3020	六方	3.67		11.84	0.188	48.99	6.77	4	0.12(-2.2℃)	68(25℃)	48.02~68.6
铂	Pt	78	195.09	1769	4530	面心立方	3.9310			0.131	112.5	21.45	8.9	0.69	10.6	147
钚	Pu	94	242	640	3235	单斜	6.182	4.826	10.956	0.138	—	19~19.72	55	0.08(25℃)	141.4(107℃)	98
镭	Ra	88	226.05	700		体心立方						5.0				
铷	Rb	37	85.47	38.9	688	体心立方	5.63			0.335	27.20	1.53	90	—	12.5	—
铼	Re	75	186.2	3180±20	5900	密排六方	2.760		4.458	0.138	—	21.04	6.7	0.711	19.3	460.6
铑	Rh	45	102.905	1966±3	4500	面心立方	3.804			0.247	—	12.44	8.3	0.879	4.51	290.08
氡	Rn	86	226	-71	-61.8		—	—	—		—	9.96×10⁻³				
钌	Ru	44	101.107	2500±100	4900	密排六方	2.7041		4.2814	0.238	38.91	12.2	9.1		7.6(0℃)	416.5
硫	S	16	32.064	119.0±0.5	444.6	斜方	10.50	12.95	24.60	0.732		2.07	64	26.4×10⁻⁴	2×10²³	
锑	Sb	51	121.75	630.5±0.1	1360	三方	4.056		57°6′30″	0.205(0℃)	160.2	6.62	8.5~10.8	0.188	39.0(0℃)	77.42
钪	Sc	21	44.956	1539	2730	密排六方	3.31		5.27	0.561	353.6	2.99			61	
硒	Se	34	78.95	217	685±1	六方	4.346		4.954	0.351	68.62	4.79	37	29~76.6×10⁻⁴	12(0℃)	57.82
硅	Si	14	28.086	1410	2680	金刚石立方	5.428			0.678	1807.5	2.33	2.8~7.3	0.837	10(0℃)	107.8
钐	Sm	62	150.35	1072	1630	三方	8.99		23°13′	0.176	72.34	7.49			88(25℃)	54.88
锡	Sn	50	118.69	231.912	2270	体心正方(β)	5.8314		3.1815	0.226	60.67	7.2984	23	0.628(0℃)	11(0℃)	41.16~45.08
锶	Sr	38	87.62	768	1380	面心立方	6.087			0.736	104.6	2.60			23	
钽	Ta	73	180.948	2996±50	5425±100	体心立方	3.303			0.142	159.0	16.6	6.5		12.45(25℃)	186.2
铽	Tb	65	158.924	1356	2530	密排六方	3.60		5.69	0.184	102.7	8.25				
锝	Tc	43	99	2130		密排六方	2.729		4.379	—		11.5	7			

(续)

元素	元素符号	原子序数	原子量	熔点/℃	沸点/℃	晶体结构(常温)	晶格常数/×10⁻¹⁰ m			比热 c/(J·g⁻¹·℃⁻¹)(20℃)	熔化潜热 Q/(J·g⁻¹)	密度 ρ/(g·cm⁻³)(20℃)	线膨胀系数/(×10⁶·℃⁻¹)(20℃)	导热系数 λ/(J·cm⁻¹·s⁻¹·℃⁻¹)(20℃)	比电阻/(×10⁻⁶ Ω·cm)(20℃)	纵弹性模量 E/10³ MPa
							a	b	c 或轴角							
碲	Te	52	127.60	449.5±0.3	990	六方	4.457		5.929	0.197	133.9	6.24	16.75	0.544	4.36×10^5(23℃)	41.16
钍	Th	90	232.038	1750	3850±350	面心立方	5.09			0.142	82.93	11.66	12.5	0.377(100℃)	13(0℃)	—
钛	Ti	22	47.90	1668±10	3260	密排六方	2.950		4.683	0.519	435.1	4.507	8.41	0.172	42	115.64
铊	Tl	81	204.37	303	1457	密排六方	3.457		5.525	0.130	21.09	11.85	28	0.389	18(0℃)	—
铥	Tm	69	168.934	1545	1720	密排六方	3.53		5.55	0.159	108.95	9.31	—	—	79(25℃)	—
铀	U	92	238.03	1132.3±0.8	3818	底心斜方	2.8545	5.868	4.9566	0.117	—	19.07	6.8~14.1	0.297	30	—
钒	V	23	50.942	1900±25	3400	体心立方	3.039			0.498	—	6.1	8.3	0.309(100℃)	24.8~26.0	176.4~196
钨	W	74	183.85	3410	5930	体心立方	3.158			0.138	184.1	19.3	4.6	1.66(0℃)	5.65(27℃)	343
氙	Xe	54	131.30	-111.9	-108.0	面心立方	6.25			—	—	5.896×10^{-3}	—	5.19×10^{-4}	—	—
钇	Y	39	88.905	1509	3030	密排六方	3.65		5.73	0.297	192.5	4.47	—	0.146(-2.2℃)	57	—
镱	Yb	70	173.04	824	1530	面心立方	5.49			0.146	53.18	6.96	25	—	29(25℃)	—
锌	Zn	30	65.37	419.5	906	密排六方	2.665		4.947	0.383	100.8	7.133	39.7	1.13(25℃)	5.916	—
锆	Zr	40	91.22	1852	3580	密排六方	3.2312		5.1477	0.280	251.0	6.489	5.85		40	94.08
𬬻	Rf	104	261													
𬭛	Ha	105	262													

附录 C　金属材料的化学性能

　　爆炸焊接金属复合材料的化学性能，主要是指它们在不同的化学和物理条件下的耐蚀性，特别是覆层材料的耐蚀性。这种耐蚀性主要包括金属材料在相应的化学和物理介质中的耐化学腐蚀、电化学腐蚀、应力腐蚀和晶间腐蚀的能力，以及在热蚀、烧蚀、电蚀、空穴腐蚀和空化腐蚀及核腐蚀等情况下的耐腐蚀的能力。这些能力是从事爆炸复合材料研究、开发、生产和应用工作的人们必须知晓和掌握的，从而使这类材料在生产和科学研究中发挥最大的作用，否则，将造成巨大的经济、财产和信誉损失。这方面的例子不少见，教训是深刻的。

　　爆炸复合材料的化学性能，不同于其原始材料的原始化学性能，而有它们自己的特性和特点。研究这些特性和特点及其影响因素并使其最优化，是爆炸焊接和材料工作者的一项日常工作和光荣任务。

　　爆炸焊接工作中常用金属材料在常态的和不同条件下的化学性能可参阅文献[1009－1034，1041－1066]。爆炸焊接后金属物理和化学性能的变化的部分资料见本书 4.6.4 节和 4.6.5 节。

附录 D 本学科使用的计量单位和符号

附表 D.1 常用法定计量单位

序号	量的名称	量的符号	单位名称	单位符号	备 注
1	长度	$L,(L)$	米	m	SI 基本单位
2			千米	km	1 km=1000 m
3			分米	dm	1 dm=10^{-1} m
4			厘米	cm	1 cm=10^{-2} m
5			毫米	mm	1 mm=10^{-3} m
6			微米	μm	1 μm=10^{-6} m
7			纳米	nm	1 nm=10^{-8} m
8	质量	m	千克(公斤)	kg	SI 基本单位
9			吨	t	1 t=1000 kg
10	重量		克	g	1 g=10^{-3} kg
11			毫克	mg	1 mg=10^{-6} kg
12	时间	t	秒	s	SI 基本单位
13			毫秒	ms	1 ms=10^{-3} s
14			微秒	μs	1 μs=10^{-6} s
15			分	min	1 min=60 s
16			(小)时	h	1 h=60 min
17			天(日)	d	1 d=24 h
18			年	a	1 a=365 d
19	电流	I	安[培]	A	SI 基本单位
20	电压	U	伏[特]	V	SI 导出单位
21			毫伏[特]	mV	1 mV=10^{-3} V
22	电阻	R	欧[姆]	Ω	SI 导出单位
23	能量	$W,(A)$	焦耳	J	SI 导出单位
24			电子伏[特]	eV	1 eV≈1.6021892×10^{19} J
25	功	$E,(W)$	千瓦小时	kW·h	1 kW·h=3.6×10^{6} J
26	功率	P	瓦[特]	W	SI 导出单位
27	热力学温度	T	开[尔文]	K	SI 基本单位
28	摄氏温度	t,θ	摄氏度	℃	SI 导出单位
29	力	F	牛[顿]	N	SI 导出单位
30	压力 压强	p	帕[斯卡]	Pa	SI 导出单位
31	应力		兆帕[斯卡]	MPa	1 MPa=10^{6} Pa
32	物质的量	n	摩[尔]	mol	SI 基本单位

（续）

序号	量的名称	量的符号	单位名称	单位符号	备 注
33	体积	V	立方米	m^3	SI 导出单位
34			升	L,（l）	$1\ L = 1\ dm^3 = 10^{-3}\ m^3$
35			毫升	mL,（ml）	$1\ mL = 10^{-3}\ dm^3 = 10^{-6}\ m^3$
36	面积	A,（S）	平方米	m^2	SI 基本单位
37	平面角	$\alpha,\beta,$ $\gamma,\theta,$ φ 等	弧度	rad	SI 辅助单位
38			［角］秒	（″）	$1'' = (\pi/64800)\ rad$
39			［角］分	（′）	$1' = (\pi/10800)\ rad$
40			度	（°）	$1° = (\pi/180)\ rad$
41	速度	u,v,w,c	米每秒	m/s	SI 导出单位
42	密度	ρ	千克每立方米	kg/m^3	SI 导出单位
43			克每立方厘米	g/cm^3	$1\ g/cm^3 = 10^{-9}\ kg/m^3$
44	电荷量	Q	库［仑］	C	SI 导出单位
45	磁感应强度 磁通量密度	B	特［斯拉］	T	SI 导出单位
46	磁场强度	H	安［培］每米	A/m	SI 导出单位
47	频率	f,（ν）	赫［兹］	Hz	SI 导出单位
48	级差	L	分贝	dB	无量纲量

附表 D. 2　爆炸焊接符号

序号	量的名称	量的符号	单位名称	单位符号
1	爆炸焊接	EW（英文缩写） CB（俄文缩写）		
2	安装（静态）角	α	度	（°）
3	碰撞（动态）角	β	度	（°）
4	弯折角	γ	度	（°）
5	均匀间隙值	h_0	毫米	mm
6	可变间隙值	h_1（min） h_2（max）	毫米	mm
7	药包直径	d	毫米	mm
8	药包长度	L	毫米	mm
9	药包宽度	B	毫米	mm
10	药包厚度	δ_0	毫米	mm
11	缓冲层厚度	δ_e	毫米	mm
12	覆板（管）厚度	δ_1	毫米	mm
13	基板（管）厚度	δ_2	毫米	mm
14	覆、基板（管）总厚度	δ	毫米	mm
15	单位面积药量	W_g	克每平方厘米	g/cm^2
16	总药量	W	克或千克	g 或 kg
17	炸药密度	ρ_0	克每立方厘米	g/cm^3

（续）

序号	量的名称	量的符号	单位名称	单位符号
18	缓冲层密度	ρ_e	克每立方厘米	g/cm^3
19	覆板(管)密度	ρ_1	克每立方厘米	g/cm^3
20	基板(管)密度	ρ_2	克每立方厘米	g/cm^3
21	爆轰波传播速度(爆速)	v_d	米每秒或千米每秒	m/s 或 km/s
22	爆炸产物运动速度	$1/4v_d$	米每秒或千米每秒	m/s 或 km/s
23	覆板下落速度	v_p	米每秒或千米每秒	m/s 或 km/s
24	碰撞点移动(焊接)速度	v_{cp}	米每秒或千米每秒	m/s 或 km/s
25	间隙内气体排出速度	v_a	米每秒或千米每秒	m/s 或 km/s
26	物质中的声速	v_s	米每秒或千米每秒	m/s 或 km/s
27	碰撞压力	p	兆帕	MPa
28	质量比	R_1		
29	炸药爆炸的总能量	E_0	焦耳	J
30	格尼能	E	焦耳每克	J/g
31	能量利用率	η	百分数	$\%$
32	结合面积率	S	百分数	$\%$
33	界面波波长	λ	毫米	mm
34	界面波波幅	A	毫米	mm
35	界面波周期	T	秒每次	$s/次$
36	界面波频率	ν	次每秒	$\nu=1/T$，次$/s$
37	界面波波长与波幅之比	$P_r=\lambda/A$		
38	抗拉强度	σ_b	兆帕	MPa
39	屈服强度	σ_s	兆帕	MPa
40	延伸率	δ	百分数	$\%$
41	压缩率	φ	百分数	$\%$
42	剪切强度	σ_τ	兆帕	MPa
43	分离强度	σ_f	兆帕	MPa
44	拉剪强度	$\sigma_{b\tau}$	兆帕	MPa
45	弯曲角	α	度	$(°)$
46	冲击功	A_k	焦耳	J
47	冲击韧性值	a_k	焦耳每平方厘米	J/cm^2
48	复合板(管)弯曲试样厚度	t	毫米	mm
49	弯曲(头)直径	d	毫米	mm
50	直径	dia	毫米	mm
51	原子百分比	a	百分数	$\%$
52	重量百分比	Q	百分数	$\%$

　　注：1. 尚未写出的法定符号请参看"常用法定计量单位"；2. 爆炸焊接符号供讨论；3. 参与文献未能统一的符号照原文标注，并稍作调整；4. 常用法定计量单位中还包括许多导出单位，如 Ω/cm^2。

附录E　本学科常用的国家标准和行业标准

E.1　已颁布的金属复合材料的国家标准和行业标准

(1) GB/T 8165—2008　　　　不锈钢复合钢板和钢带标准
(2) GB/T 8546—2007　　　　钛-不锈钢复合板
(3) GB/T 8547—2006　　　　钛-钢复合板
(4) GE/T 13238—1991　　　　铜-钢复合板
(5) YB/T 108—1997　　　　　镍-钢复合板
(6) NB/T 47011—2010　　　　锆制压力容器
(7) CB 1343—1998　　　　　铝-钢过渡接头规范
(8) GB 12769—2003　　　　　钛铜复合棒
(9) NB/T 47002(1~4)—2009　压力容器用爆炸复合板
　　　　　　　　　　　　　　第一部分　不锈钢-钢复合板
　　　　　　　　　　　　　　第二部分　镍-钢复合板
　　　　　　　　　　　　　　第三部分　钛-钢复合板
　　　　　　　　　　　　　　第四部分　铜-钢复合板
(10) GB/T 8165—2008　　　　不锈钢复合钢板和钢带
(11) GB 2342—1985　　　　　铜铝过渡板
(12) GB/T 4461—2007　　　　热双金属带材
(13) CJ/T 192—2004　　　　　内衬不锈钢复合钢管
(14) GB/T 6396——2008　　　复合钢板力学及工艺性能试验方法
(15) GB/T 7734—2004　　　　复合钢板超声波检验方法
(16) CB/T 13147—2009　　　铜及铜合金复合钢板焊接技术要求
(17) GB/T 13148—2008　　　不锈钢复合钢板焊接技术要求
(18) GB/T 13149—2009　　　钛及钛合金复合钢板焊接技术要求
(19) GB/T 16957—2012　　　复合钢板焊接接头力学性能试验方法
(20) CB/T 3593—2002　　　　铝-钛-钢过渡接头焊接技术条件
(21) SH/T 3527—2009　　　　石油化工不锈钢复合钢焊接规程
(22) NB/T 47014—2011　　　承压设备焊接工艺评定
(23) YS/T 69—2012　　　　　焊接用铝及铝合金复合板

E.2　有关的金属材料力学和化学性能试验的国家标准及行业标准

(1) GB/T 228.1—2010　　　金属材料拉伸试验　第一部分　室温试验方法
(2) GB/T 228.1—2010　　　金属拉伸试验试样
(3) GB/T 232—2010　　　　金属材料弯曲试验方法
(4) GB/T 10128—2007　　　金属材料室温扭转试验方法
(5) GB/T 4156—2007　　　　金属材料薄板和薄带埃里克森杯突试验
(6) GB/T 4340(1~4)—2009　金属材料维氏硬度试验
　　　　　　　　　　　　　第一部分　试验方法
　　　　　　　　　　　　　第二部分　硬度计的检验与标准
　　　　　　　　　　　　　第三部分　标准硬度块的标定
　　　　　　　　　　　　　第四部分　硬度值表

（7）GB/T 229—2007　　　　　金属材料夏比摆锤冲击试验方法
（8）GB/T 4159—1984　　　　　金属低温夏比冲击试验方法
（9）GB/T 4338—2006　　　　　金属材料的高温拉伸试验
（10）GB/T 2975—1998　　　　钢及钢产品力学性能试验取样位置及试样制备
（11）JB/T 4730（1～6）—2005　承压设备无损检测
　　　　　　　　　　　　　　　第一部分　通用要求
　　　　　　　　　　　　　　　第二部分　射线检测
　　　　　　　　　　　　　　　第三部分　超声检测
　　　　　　　　　　　　　　　第四部分　磁粉检测
　　　　　　　　　　　　　　　第五部分　渗透检测
　　　　　　　　　　　　　　　第六部分　涡流检测
（12）JB/T 10061—1999　　　　A 型脉冲反射式超声波探伤仪通用技术
（13）GB/T 4334—2008　　　　金属和合金的腐蚀不锈钢晶间腐蚀试验方法
（14）GB/T 10623—2008　　　金属材料力学性能试验术语
（15）JJG 139—1999　　　　　拉力、压力和万能试验机检定规程
（16）JJG 475—2008　　　　　电子式万能试验机检定规程

E.3　有关的有色、稀有和贵金属材料的国家标准及行业标准

（1）GB/T 3190—2008　　　　变形铝及铝合金化学成分
（2）GB/T 3880（1～3）—2012　一般工业用铝及铝合金板、带材
　　　　　　　　　　　　　　　第一部分　一般要求
　　　　　　　　　　　　　　　第二部分　力学性能
　　　　　　　　　　　　　　　第三部分　尺寸偏差
（3）GB/T 3198—2010　　　　铝及铝合金箔
　　　　　　　　　　　　　　　第一部分　基材
　　　　　　　　　　　　　　　第二部分　涂层铝箔
（4）YS/T 95（1～2）—2009　　空调器散热片用铝箔
（5）CB/T 5231—2012　　　　加工铜及铜合金的牌号和化学成分
（6）GB/T 2040—2008　　　　铜及铜合金板材
（7）GB/T 5153—2003　　　　变形镁及镁合金牌号和化学成分
（8）GB/T 5154—2010　　　　镁及镁合金板、带材
（9）GB/T 5235—2007　　　　加工镍及镍合金的牌号和化学成分
（10）GB/T 2054—2005　　　镍及镍合金板
（11）GB/T 2072—2007　　　镍及镍合金带材
（12）GB/T 1470—2005　　　铅及铅锑合金板
（13）YS/T 523—2011　　　　锡、铅及其合金箔和锌箔
（14）GB/T 3620.1—2007　　钛及钛合金牌号和化学成分
（15）GB/T 3620.2—2007　　钛及钛合金加工产品化学成分允许偏差
（16）GB/T 3621—2007　　　钛及钛合金板材
（17）GB/T 3669—2001　　　铝及铝合金焊条
（18）GB/T10858—2008　　　铝及铝合金焊丝
（19）GB/T 3670—1995　　　铜及铜合金焊条
（20）GE/T 9460—2008　　　铜及铜合金焊丝
（21）GB/T 13814—2008　　　镍及镍合金焊条
（22）GB/T15620—2008　　　镍及镍合金焊丝
（23）GB/T 6418—2008　　　铜基钎料
（24）GB/T13815—2008　　　铝基钎料
（25）GB/T10046—2008　　　银钎料

E.4　有关的黑色金属材料的国家标准和行业标准

（1）GB/T 700—2006　　　　碳素结构钢

（2）GB/T 699—1999　　　　优质碳素结构钢

（3）GB/T 3274—2007　　　　碳素结构钢和低合金结构钢热轧厚钢板和钢带

（4）CB/T 1591—2008　　　　低合金高强度结构钢

（5）GB 3077—1999　　　　　合金结构钢

（6）GB/T 11251—2009　　　合金结构钢热轧厚钢板

（7）GB/T 713—2008　　　　锅炉和压力容器用钢板

（8）GB 35312008　　　　　低温压力容器用低合金钢钢板

（9）YB（T）40—1987　　　　压力容器用碳素钢及低合金钢厚钢板

（10）GB 713—2008　　　　　锅炉和压力容器用钢板

（11）YB（T）41—87　　　　　锅炉用碳素钢和低合金钢厚钢板

（12）GB 712—2011　　　　　船舶和海洋工程用结构钢

（13）GB/T 714—2008　　　　桥梁用结构钢

（14）YB 168—1970　　　　　桥梁用碳素钢和普通低合金钢钢板技术条件

（15）GB/T 711—2008　　　　优质碳素结构钢热轧厚钢板和钢带

（16）GB 1298—2008　　　　碳素工具钢

（17）GB 3278—2001　　　　碳素工具钢热轧钢板

（18）GB 1299—2000　　　　合金工具钢

（19）GB 9943—2008　　　　高速工具钢

（20）GB 9944—2002　　　　①不锈钢金属；②冷顶锻用不锈钢金属

（21）GB/T 9941—1988　　　高速工具钢钢板技术条件

（22）GB 708—2006　　　　　冷轧钢板和钢带的尺寸、外形、质量及允许偏差

（23）GB 709—2006　　　　　热轧钢板和钢带的尺寸、外形、质量及允许偏差

（24）GB 247—2008　　　　　钢板和钢带检验、包装、标志及质量说明书的一般规程

（25）GB 3280—2007　　　　不锈钢冷轧钢板

（26）GB 4237—2007　　　　不锈钢热轧钢板

（27）CB/T 20878—2007　　　不锈钢和耐热钢牌号及化学成分

（28）GB 1220—2007　　　　不锈钢棒

（29）GB/T 4240—2009　　　不锈钢丝

（30）GB 1221—2007　　　　耐热钢棒

（31）GB 8162—2008　　　　结构用无缝钢管

（32）GB/T 14975—2002　　　结构用不锈钢无缝钢管

（33）GB 8163—2008　　　　输送流体用无缝钢管

（34）GB/T 14976—2002　　　流体输送用不锈钢无缝钢管

（35）GB 3639—2009　　　　冷拔或冷轧精密无缝钢管

（36）GB 3087—2008　　　　低中压锅炉用无缝钢管

（37）GB 9948—2006　　　　石油裂化用无缝钢管

（38）GB 3091—2008　　　　低压流体输送用焊接钢管

（39）GB 3092—2008　　　　低压流体输送用焊接钢管

（40）YB/T 5092—2005　　　焊接用不锈钢丝

（41）GB/T 14957—94　　　　熔化焊用钢丝

（42）GB 4238—2008　　　　耐热钢板

（43）GB4171—2008　　　　耐候结构钢

（44）GB/T 9711—2001　　　石油天然气工业管线输送系统用钢管交货技术条件

E.5 有关的炸药、爆炸及其安全的国家标准和行业标准

(1) GB/T 6722—2003 爆破安全规程
(2) WJ/T 9072—2012 现场混装炸药生产安全管理规程
(3) WJ/T 2565—2001 火药、炸药生产安全规程
(4) GB/T 13228—1991 工业炸药爆速测定方法
(5) GB/T 28286—2012 工业炸药通用技术条件
(6) GB/T 19455—2004 民用爆炸品危险货物危险特性检验安全规范
(7) GB/T 18095—2000 乳化炸药
(8) GB/T 17583—1998 多孔粒状铵油炸药
(9) GB/T 12437—2000 工业粉状铵梯炸药
(10) GB/T 12435—1990 工业用黑索金
(11) WJ 9029—2004 工业梯恩梯

本书作者注：请关注最新标准。

附录 F 本学科常用金属材料的国内外牌号对照

在本书第 2 版(《爆炸焊接和爆炸复合材料的原理及应用》一书)中,本节收集了部分国家标准和国际标准中的这方面的少许资料。在本版中作者将这些资料全部删去,并不再续加这方面的内容。这是因为,一方面,这些内容在大量的书籍和参考文献中都有详细的介绍;另一方面,这些内容随着科技的发展和时间的流逝,会有不同程度的更新和变化。再者,收录本书的内容显得太少,且无法概全,因而不能满足读者的需要。所以作者只好将本节包括的这部分内容以参考文献的形式附录,请读者根据需要自行查阅。爆炸焊接用金属材料的化学组成、组织特性、物理、力学和化学性能等各种数据也能从那些手册和参考书中查到,它们如附录 G 所列。

补正:在本书第四版编辑过程中,作者发现安徽弘雷金属复合材料公司的宣传资料里,收集到几种爆炸焊接中常用的金属材料的国内外牌号对照,现将其编排于后,供各单位和个人参考(未经核对——本书作者注)。

附表 F.1 常用不锈钢中外牌号对照表

序　号	中　国		日　本	美　国		欧　盟	密　度
	统一数字代号	新牌号(GB24511)	JIS	ASTM	UNS	EN	g/cm³
1	S30408	06Cr19Ni10	SUS304	304	S30400	1.4301	7.93
2	S30403	022Cr19Ni10	SUS304L	304L	S30403	1.4306	7.93
3	S30458	06Cr19Ni10N	SUS304N1	304N	S30451	1.4315	7.93
4	S30908	06Cr23Ni13	SUS309S	309S	S30908	1.4833	8.00
5	S31008	06Cr25Ni20	SUS310S	310S	S31008	1.4845	8.00
6	S31608	06Cr17Ni12Mo2	SUS316	316	S31600	1.4401	7.98
7	S31668	06Cr17Ni12Mo2Ti	SUS316Ti	316Ti	S31635	1.4571	7.98
8	S31603	022Cr17Ni12Mo2	SUS316L	316L	S31603	1.4404	7.98
9	S31658	06Cr17Ni12Mo2N	SUS316N	316N	S31651		7.98
10	S31653	022Cr17Ni13Mo2N	SUS316J1	316LN	S31653	1.4429	7.98
11	S31703	022Cr19Ni13Mo3	SUS317L	317L	S31703	1.4438	7.98
12	S32168	06Cr18Ni11Ti	SUS321	321	S32100	1.4541	7.93
13	S34778	06Cr18Ni11Nb	SUS347	347	S34700	1.455	7.95
14	S39042	015Cr21Ni26Mo5Cu2		904L	N08904	1.4539	8.00
15	S22253	022Cr22Ni5Mo3N	SUS329J3L		S31803	1.4462	7.98
16	S22053	022Cr23Ni5Mo3N		2205	S32205		7.98
17	S11348	06Cr13Al	SUS405	405	S40500	1.4002	7.75
18	S11163	022Cr11Ti	SUH409	409	S40900	1.4512	7.75
19	S11306	06Cr13	SUS410S	410S	S41008	1.4	7.75
20	S11710	10Cr17	SUS430	430	S43000	1.4016	7.75
21	S11790	10Cr17Mo	SUS434	434	S43400	1.4113	7.75
22	S11972	019Cr19Mo2NbTi	SUS444	444	S44400	1.4521	7.75
23	S41010	12Cr13	SUS410	410	S41000	1.4006	7.75
24	S42020	20Cr13	SUS420J1	420	S42000	1.4021	7.75
25	S31254	022Cr20Ni18Mo6CuN			S31254	1.4547	8.24

附表 F.2　常用钛及钛合金中外牌号(相似)对照表

国　标		美　标	俄　标	日　标
TA1	工业纯钛	GR1	BT1-0	TP270
TA1-1	工业纯钛(板换)	GR1	BT1-00	
TA2	工业纯钛	GR2		TP340
TA3	工业纯钛	GR3		TP450
TA4	工业纯钛	GR4		TP550
TA8	Ti-0.05Pd	GR16		
TA8-1	Ti-0.05Pd(板换)	GR17		
TA9	Ti-0.2Pd	GR7		TP340Pb
TA9-1	Ti-0.2Pa(板换)	GR11		
TA10	Ti-0.3Mo-0.8Ni	GR12		
TA17	Ti-4Al-2V		πT-3B	
TA18	Ti-3Al-2.5V	GR9	OT4-B	TAP3250
TB5	Ti-15V-3Al-3Gr-3Sn	Ti-15333		
TC4	Ti-6Al-4V	GR5	BT6	TAP6400
TC1	Ti-2Al-1.5Mn		OT4-1	
TC2	Ti-4Al-1.5Mn		OT4	
TC3	Ti-5Al-4V		BT6C	
TC10	Ti-6Al-6V-2Sn-0.5Cu-0.5Fe	Ti-662		
TC24	Ti-4.5Al-3V-2Mo-2Fe			SP-700
TA7	Ti-5Al-2.5Sn	GR6	BT5-1	TAP5250
TA11	Ti-8Al-1Mo-1V	Ti-811		
TA15	Ti-6.5Al-1Mo-1V-2Zr		BT-20	

附表 F.3　常用镍基合金中外牌号对照表

美　标	欧　标	Din标	日　标	国内行标	成　分
N08800 (Incoloy800)	1.4558	X2NiCrAITi3220	NCF800 (NCF2B)	NS1101	0Cr20Ni32AITi
N08810 (Incoloy800H)				NS1102	1Cr20Ni32AlTi
N08825 (Incoloy825)	2.4858	NiCr21Mo	NCF825	NS1402	0Cr21Ni42Mo3Cu2Ti
N06600 (Inconel600)	2.4817	LC-NiCr15Fe	NCF600 (NCF1B)	NS3102	1Cr15Ni75Fe8
N06601	2.4851	NiCr23Fe	NCF601	NS3103	1Cr23Ni60Fe13Al
N06690 (Inconel690)	2.4642	NiCr29Fe		NS3105	0Cr30Ni60Fe10
N10001 (HastelloyB)				NS3201	0Ni65Mo28Fe5V

（续）

美　标	欧　标	Din 标	日　标	国内行标	成　分
N10665 （HastelloyB-2）	2.4617	NiMo28		NS3202	00Ni70Mo28
N10276 （HastelloyC-276）	2.4819	NiMo16Cr15W		NS3304	00Cr15Ni60Mo16W5Fe5
N06455 （HastelloyC-4）	2.461	NiMo16Cr1Ti		NS3305	00Cr16Ni65Mo16Ti
N06625 （Inconel625）	2.4856	NiCr22Mo9Nb		NS3306	0Cr20Ni65Mo10Nb4

附表 F.4　常用铜及铜合金中外牌号对照表

合金	GB（中国）	ГОСТ（俄罗斯）	ASTM（美国）	DIN（德国）	BS（英国）	NF（法国）	JIS（日本）	ISO
紫铜	T1	M0	—			Cu-a1	C1020	—
	T2	M1	C11000	E-Cu58	C102	Cu-a2	C1100	Cu-FRHC
	T3	M2	C12500	—	C104	Cu-a3		—
无氧铜	TU1	M0B	C10100	—		Cu-c2	C1011	—
	TU2	M0B	C10200	OF-Cu	C103	Cu-c1	C1020	Cu-OF
磷脱氧铜	TP1	M1p	C12000	SW-Cu	—	Cu-b2	C1201	Cu-DLP
	TP2	M1Φ	C12200	SF-Cu	C106	Cu-b1	C1220	Cu-DHP
			C12300					
加砷黄铜	HSn70-1	JIOM‖70-1-0.05	C44300	CuZn28Sn	CZ111	CuZn29Sn1	C4430	CuZn28Sn1
	HAl77-2	JIAM‖77-2-0.05	C68700	CuZn20Al	CA110	—	C6870	CuZn20Al2
	H68A	—	C26130	—	CZ126	CuZn30	—	CuZn30As
普通黄铜	H96	J196	C21000	CuZn5	CZ125	CuZn5	C2100	CuZn5
	H90	J190	C22000	CuZn10	CZ101	CuZn10	C2200	CuZn10
	H85	J185	C23000	CuZn15	CZ102	CuZn15	C2300	CuZn15
	H80	J180	C24000	CuZn20	CZ103	CuZn20	C2400	CuZn20
	H70	J170	C26000	CuZn30	CZ106	CuZn30	C2600	CuZn30
	H68	J168	C26200	CuZn33	—	—	—	—
	H65	—	C27000	CuZn36	CZ107	CuZn35	C2700	CuZn35
	H63	J163	C27200	CuZn37	CZ108	CuZn37	C2720	CuZn37
	H62	J160	C28000	—	CZ109	CuZn40	C2800	CuZn40
铅黄铜	HPb63-3	JIC63-3	C34500	CuZn36Pb3	CZ124	—	C3560	—
	HPb63-0.1	—	—	CuZn37Pb0.5	—	—	—	—
	HPb62-0.8	—	C35000	—	—	—	C3710	CuZn37Pb1
	HPb61-1	JIC60-1	C37100	CuZn39Pb0.5	CZ123	CuZn40Pb	C3710	—
	HPb59-1	JIC59-1	C37710	CuZn40Pb2	CZ123	—	C3771	CuZn39Pb1
普通白铜	B0.6	MH0.6						
	B5	MH5	—	—	—	CuNi5		
	B19	MH19	C71000	—	CN104	CuNi20		
	B25	MH25	C71300	CuNi25	CN105	CuNi25	—	CuNi25

（续）

合金	GB（中国）	ГОСТ（俄罗斯）	ASTM（美国）	DIN（德国）	BS（英国）	NF（法国）	JIS（日本）	ISO
锌白铜	BZn15-20	—	C75400	CuNi18Zn20	NS105	CuNi15Zn22	C7521	CuNi15Zn22
	BZn15-21-1.8	—	—	—	NS112			
铁白铜	BFe10-1-1	—	C70600	CuNi10Fe1Mn	CN102	CuNi10Fe1Mn		CuNi10Fe1Mn
	BFe30-1-1	—	C71630 / C71640 / C71500	CuNi30Mn1Fe	CN107	CuNi30Mn1Fe	C7150	CuNi30Mn1Fe
锰白铜	BMn3-12	—	—	—			—	
	BMn40-1.5	—					—	
	BMn43-0.5	—	—	CuNi44Mn1		CuNi44Mn	—	CuNi44Mn1
锆青铜	QZr0.2	—	C15000	CuZr	—	—		
铬青铜	QCr0.5	ВРХ0.5 / ВРХ0.8	C18100 / C18200 / C18400	CuCr	CC101	—	C1820	CuCr1
铍青铜	Be1.9	ВРБНТ1.9	C17200	—	—	CuBe1.9		
	OBe2	ВРБ2	C17200	CuBe2	CB101		C1720	CuBe2
锡青铜	QSn4-0.3	ВРОФ4-0.25	C51100	CuSn4	PB101	CuSn4	C5101	CuSn4
	QSn6.5-0.1	ВРОФ6.5-0.15	C51900	CuSn6	PB103	CuSn6	C5191	CuSn6
	QSn6.5-0.4	ВРОФ6.5-0.4	C51900	CuSn6	PB103	CuSn6	C5191	CuSn6
	QSn7-0.2	ВРОФ7-0.2	C52100	CuSn8	PB103 / PB104	CuSn8	C5210 / C5212	CuSn8
	QSn4-3	—	—	—	—	—	—	CuSn4Zn2
硅青铜	QSi3-1	—	C65500	—	CS101	CuSi3Mn	—	CuSi3Mn1
	QSi1-3	—	C65800	CuNi3Si	—	—		
铝青铜	QAl5	—	C60600	CuAl15As	CA101	CuAl6		CuAl5
	QAl7	—	C61000	CuAl8	CA102	CuAl8		CuAl5
	QAl9-2	—	—	CuAl9Mn2	—	—	—	CuAl9Mn2
	QAl9-4	—	C62300	—	—	—		
	QAl10-3-1.5	—	C63200	CuAl10Fe3Mn2	—	—	C6161	CuAl10Fe3
	QAl10-4-4	—	C63300	CuAl10Ni5Fe4	CA104	CuAl10Ni5Fe4	C6301	CuAl10Fe5Ni5

附表 F.5　常用钢材中外牌号对照表

序号	中国		美国	欧盟
	标准	牌号	ASTM	EN10028
01	GB713-2014	Q245R	SA516Gr. 60	P235GH
02		Q345R	SA516Gr. 70	P355GH
03		15CrMoR	SA387Gr. 12	13CrMo4-5
04		14Cr1MoR	SA387Gr. 11	—
05		12Cr2Mo1R	SA387Gr. 22	10CrMo9-10
06		12Cr1MoVR	—	—
07		12Cr2Mo1VR	SA-542D-CL4a	—

（续）

序号	中国		美国	欧盟
	标准	牌号	ASTM	EN10028
08	GB3531-2014	16MnDR	SA516Gr. 70+S5	P355NL1
09		09MnNiDR	SA203Gr. A	13MnNi6-3
10	GB150. 2-2011	08Ni3DR（3. 5%Ni）	SA203Gr. E	12Ni14
11		06Ni9DR（9%Ni）	SA553I	—

附录 G　本学科常用的金属材料手册和参考书

　　本学科常用的金属材料手册部分如文献[1009-1034，1041-1066]所列，本专业的中文参考书如文献[1-3，22，1035 以及本专著]所列。

附录 H 本学科常用金属材料的密度(附表 H.1)

附表 H.1 本学科常用金属材料的密度

No.	金 属 材 料	密度/(g·cm⁻³)	No.	金 属 材 料	密度/(g·cm⁻³)
1	可锻铸铁	7.35	34	00Cr18Ni10N	7.93
2	球墨铸铁	7.0~7.4	35	0Cr18Ni9	7.93
3	工业纯铁	7.87	36	1Cr18Ni9	7.93
4	铸钢	7.8	37	1Cr18Ni9Si3	7.93
5	钢材	7.85	38	1Cr18Mn8Ni5N	7.93
6	高速钢(含W18%)	8.7	39	1Cr17Mn6Ni5N	7.93
7	高速钢(含W12%)	8.3~8.5	40	1Cr17Ni8	7.93
8	高速钢(含W9%)	8.3	41	1Cr17Ni7	7.93
9	高速钢(含W6%)	8.16~8.34	42	0Cr17Ni7Al	7.93
10	0Cr18Ni12Mo3Ti	8.10	43	1Cr18Ni9Ti	7.90
11	1Cr18Ni12Mo3Ti	8.10	44	0Cr26Ni5Mo2	7.80
12	1Cr18Ni16Mo5	8.00	45	0Cr18Ni13Si4	7.75
13	0Cr18Ni12Mo2Ti	8.00	46	00Cr18Mo2	7.75
14	1Cr18Ni12Mo2Ti	8.00	47	0Cr13	7.75
15	0Cr25Ni20	7.98	48	0Cr13Al	7.75
16	0Cr23Ni13	7.98	49	1Cr13	7.75
17	00Cr19Ni13Mo3	7.98	50	2Cr13	7.75
18	0Cr19Ni13Mo3	7.98	51	3Cr13	7.75
19	00Cr18Ni14Mo2Cu2	7.98	52	00Cr12	7.75
20	0Cr18Ni12Mo2Cu2	7.98	53	1Cr12	7.75
21	0Cr18Ni11Nb	7.98	54	00Cr17	7.70
22	00Cr17Ni14Mo2	7.98	55	00Cr17Mo	7.70
23	00CrNi13Mo2N	7.98	56	1Cr17	7.70
24	0Cr17Ni13Mo2N	7.98	57	1Cr17Mo	7.70
25	0Cr17Ni12Mo2	7.98	58	7Cr17	7.70
26	0Cr17Ni12Mo2N	7.98	59	3Cr16	7.70
27	0Cr18Ni10Ti	7.95	60	1Cr15	7.70
28	00Cr19Ni11	7.93	61	00Cr27Mo	7.67
29	00Cr19Ni10	7.93	62	00Cr30Mo2	7.64
30	0Cr19Ni9	7.93	63	纯铜	8.9
31	0Cr19Ni9N	7.93	64	无氧铜	8.9
32	1Cr18Ni12	7.93	65	磷脱氧铜	8.89
33	0Cr18Ni11Ti	7.93	66	H96	8.8

（续）

No.	金 属 材 料	密度/(g·cm⁻³)	No.	金 属 材 料	密度/(g·cm⁻³)
67	H90	8.8	104	B5	8.9
68	H85	8.75	105	B10	8.9
69	H80	8.5	106	B19	8.9
70	H70	8.53	107	B30	8.9
71	H68	8.5	108	BFe 30-1-1	8.9
72	H68A	8.5	109	BMn 3-12	8.4
73	H65	8.5	110	BMn 40-1.5	8.9
74	H62	8.5	111	BZn 15-20	8.6
75	H59	8.5	112	BAl 13-3	8.5
76	HPb 63-3	8.5	113	BAl 16-1.5	8.7
77	HPb 63-0.1	8.5	114	N2	8.85
78	2CuZn16Si4	8.32	115	N4	8.85
79	QSn 4~3	8.8	116	N6	8.85
80	QSn 4-4-2.5	8.75	117	N8	8.85
81	QSn 4-4-4	8.9	118	NY1~NY3	8.85
82	QSn 6.5-0.1	8.8	119	NSi 0.19	8.85
83	QSn 6.5-0.4	8.8	120	NCu 40-2-1	8.85
84	QSn 7-0.2	8.8	121	NCu 28-2.5-2.5	8.85
85	QSn 4-0.3	8.8	122	NCr 10	8.7
86	QBe 2	8.3	123	Ll(1070A)~L6(8A06)	2.71
87	QBe 1.9	8.3	124	LB1(7A01)	2.72
88	QAl 5	8.2	125	LB2(1A50)	2.72
89	QAl 7	7.8	126	LF2(5A02)	2.68
90	QAl 9-2	7.6	127	LF3(5A03)	2.67
91	QAl 9-4	7.5	128	LF4(5085)	2.67
92	QAl 10-3-1.5	7.5	129	LF5(5A05)	2.65
93	QAl 10-4-4	7.7	130	LF5-1(5056)	2.64
94	QSi 3-1	8.4	131	LF6(5A06)	2.64
95	QSi 1-3	8.6	132	LF10(5B05)	2.65
96	QMn 1.5	8.8	133	LF11	2.65
97	QMn 5	8.6	134	LF21(3A21)	2.73
98	QZr 0.2	8.9	135	LF43(5A43)	2.68
99	QZr 0.4	8.9	136	LY1(2A01)	2.76
100	QZr 0.5	8.9	137	LY2(2AO2)	2.75
101	QCr 0.5-0.2-0.1	8.9	138	LY4(2A04)	2.76
102	QCd 1	8.8	139	LY6(2A06)	2.76
103	B 0.6	8.9	140	LY7	2.8

（续）

No.	金属材料	密度/(g·cm^{-3})	No.	金属材料	密度/(g·cm^{-3})
141	LY8(2B11)	2.8	163	LT41(5A41)	2.64
142	LY9(2B12)	2.78	164	LT62	2.77
143	LY10(2A10)	2.8	165	LT66(5A66)	2.68
144	LY11(2A11)	2.8	166	LQ1	2.74
145	LY12(2A12)	2.78	167	LQ2	2.74
146	LY16(2A16)	2.84	168	Zn1，Zn2	7.15
147	LY17(2A17)	2.84	169	ZnCu1.5	7.2
148	LD4	2.75	170	Pb1~Pb3	11.34
149	LD5(2A50)	2.75	171	PbSb0.5	11.32
150	LD6(2B50)	2.75	172	PbSb2	11.25
151	LD7(2A70)	2.8	173	PbSb4	11.15
152	LD8(2A80)	2.77	174	PbSb6	11.06
153	LD9(2A90)	2.8	175	PbSb8	10.97
154	LD10(2A14)	2.8	176	Sn1~Sn3	7.3
155	LD21	2.7	177	YG3~YG3X	15.0~15.3
156	LD30(6061)	2.7	178	YG6，YG6X，YG6A	14.6~15.0
157	LD31(6063)	2.7	179	YG8，YG8N，YB8C	14.5~14.9
158	LC3(7A03)	2.85	180	YG20，YG20C	13.4~13.7
159	LC4(7A04)	2.85	181	YW1~YW4	12.0~13.5
160	LC7	2.85	182	YT05~YT30	9.3~13.2
161	LC9(7A09)	2.85	183	YN05~YN10	≥6.3~5.9
162	LT1	2.68	184	YH1~YH2	13.9~14.4

注：① No.10~62 为不锈钢，H 为加工黄铜，Q 为加工青铜，B 为加工白铜，N 为加工镍及镍合金，L 为加工铝及铝合金，Zn 为加工锌及锌合金，Pb 为加工铅及铅合金，Sn 为加工锡及锡合金，Y 为硬质合金。

② 其他黑色、有色和稀有金属材料的密度资料可从附录 6 中的有关手册及参考书中查到。

③ 附录 B 汇集了所有金属元素和非金属元素的密度的资料。

④ 在同一地方，物质的比重与其密度可视为相同。

附录Ⅰ 本学科常用的不锈钢−钢复合板的品种、规格和用途

附表 I.1 常用不锈钢−钢复合板的品种、规格和用途

	钢 号	用 途
覆 板	0Cr18Ni9	作为不锈钢使用最广泛,一般化工设备,用于制造输酸管道、容器等
	0Cr19Ni9(304)	
	0Cr19Ni9N(304N)	N 的加入进一步改善耐点腐蚀、缝隙腐蚀和晶间腐蚀性能
	00Cr19Ni10(304L)	与 0Cr19Ni9(304)性能相近的超低碳不锈钢
	1Cr18Ni9Ti、 0Cr19Ni10Ti	使用最广泛,用于食品、医药、原子能工业,适于制造耐酸容器、管道、换热器和耐酸设备,在有氯化物的条件下不宜使用
	0Cr17Ni14Mo2(316)、 0Cr18Ni12Mo2Ti	用于制造化工、化肥、石油化工、印染、原子能等工业设备、容器、管道、热交换器等
	00Cr17Ni14Mo2(316L)	主要用于化工、化肥装置中的合成塔、反应器
	00Cr19Ni13Mo3(317L)、 0Cr18Ni12Mo3Ti	主要用于化工、石油、纺织、造纸设备、容器、管道等
	00Cr18Ni5Mo3Si2、 00C22Ni5Mo3N	耐氯化物应力腐蚀性能好,用于水利、石油、化工等工业,特别适于制造热交换器、冷凝器等
	0Cr13(Al)	主要用于制造耐水蒸气、碳酸氢氨母液,热的含硫石油腐蚀的部件和设备
基 板	20g、20R、05Al、08Al, Q345A、B、C, Q235A、B、C, 15CrMnR、16MnR	

说明:1. 复合板的一般供货规格为(4~36) mm×(1000~2000) mm×(5000~9000) mm;覆板厚度一般为 1.5~4.0 mm,基板厚度一般是覆板的 2.5 倍以上,最大厚度不限。

2. 爆炸+轧制的不锈钢−钢复合板的规格为(0.8~4.0) mm×(900~1200) mm×L mm。

3. 用户对材质和规格有特殊要求时可协商。

4. 本资料取自太钢复合材料厂的宣传资料。

5. 其他复合板的品种、规格和用途,主要取决于覆板的材质、规格和用途。这些金属材料的有关资料请参阅附录 G。

附录 J　爆炸复合板主要牌号和标准表

附表 J.1　金属爆炸复合板常见产品分类表

分类	覆材		基材		规格 /mm	复合板执行标准
	牌号	标准	牌号	标准		
钛/钢（不锈钢）	TA1、TA2、TA9、TA10	GB/T 3621	Q235B、Q345R、16MnDR、15CrMoR20、20MnMo、16Mn 钢板及锻件 022Gr19Ni10、06Cr19Ni10、022Cr17Ni12Mo2、022Cr19Ni13Mo3、06Cr25Ni20、S31603S30403、S31703 不锈钢钢板及锻件	GB 3274—2007 GB 713—2008 GB 3531—2008 NB/T 47008—2010 NB/T 4710—2010 NB/T 47009—2010	[1.2+(8~20)]×3000×10000；[(3~6)+(>12)]×(<4000)×(<6500)；[(8~12)+(>30)]×φ4000	GB/T 8547—2006 GB/T 8546—2007 NB/T 47002.3—2009 ASTM B 898—2005
	SB265Gr1、Cr2、Gr11、Cr12	ASTM B 265				
	3.7025、3.7035、3.7055	DIN 17860—1990				
镍/钢	N4、N5、N6、NCu28-2.2-1.5、NCu30	GB/T 2054—2005				NB/T 4002.2—2009 ASME SA 265
	N04400	ASME SB-127				
	NO2200	ASME SB 162				
	N10276	ASTM B 575				
不锈钢/钢	022Gr19Ni10、06Cr19Ni10、022Cr17Ni12Mo2、022Cr19Ni13Mo3、06C125Ni20、S31603、S30403、S31703 等	GB/T 237—2007、GB24511—2009	Gr70、Gr65、Gr60、304、316、2205、1.4311、1.4541 钢板及锻件等	ASTM A 240、ASME SA 516、ASME SA 266、EN 10222.5—1999	[(2~5)+(>10)]×(<4000)×(<10000)；[(6~8)+(>30)]×(<φ4500)	GB/T8165—2007 NB/T 4002.1—2009 ASME SA 264/263
	304L、304、316L、317L、310S 等	ASTM A 240				
铜/钢	T2、BFe30-1-1、HSn62	GB/T 2040				NB/T 47002.4—2009
	C71500、C46400	ASTM B 171M				
锆/钛/钢	Zr1、Zr3	CB/T 21183			[(2~3)+2+(>14)]×(<3000)×(<4000)；[(8~12)+2+(>30)]×(<φ2500)	ASTM B 898—2005 YS/T 777—2011
	R60700、R60702	ASTM B 551				

注：本资料由宝钛集团金属复合板公司提供。

附录 K 公制和英制的长度、面积、体积及质量单位的换算

附表 K.1 长度单位换算表

米(m)	厘米(cm)	毫米(mm)	市尺	英尺(ft)	英寸(in)
1	100	1000	3	3.28084	39.3701
0.1	1	10	0.03	0.032808	0.393701
0.01	0.1	1	0.003	0.03281	0.03937
0.333333	33.3333	333.333	1	1.09361	13.1234
0.3048	30.48	304.8	0.9144	1	12
0.0254	2.54	25.4	0.0762	0.083333	1

注：① 1 市里=150 市丈，1 市丈=10 市尺，1 市尺=33.33 厘米，3 市尺=1 米，1 市里=500 米(市制已废除不用，下同)；

② 1 英里=1760 码，1 码=3 英尺，1 英尺=12 英寸，1 英寸=8 英分=1000 密耳=25.4 毫米；

③ 1 密耳=0.0254 毫米，1 码=0.9144 米，1 英里=5280 英尺=1609.34 米，1 海里=1.852 千米=1.15078 英里。

附表 K.2 面积单位换算表

平方米(m²)	平方厘米(cm²)	平方毫米(mm²)	平方市尺	平方英尺(ft²)	平方英寸(in²)
1	10000	1000000	9	10.7639	1550
0.0001	1	100	0.0009	0.001076	0.155
0.000001	0.01	1	0.000009	0.000011	0.00155
0.111111	1111.11	111111	1	1.19599	172.223
0.092903	929.03	92903	0.836127	1	144
0.000645	6.4516	645.16	0.005806	0.006944	1

注：① 1 平方市丈=100 平方市尺，1 平方市尺=100 平方市寸，1 亩=60 平方丈=6000 平方尺=666.7 平方米；

② 1 公亩=100 平方米，1 公顷=100 公亩，1 公顷=15 市亩，1 公顷=2.47105 英亩；

③ 1 平方码=9 平方英尺，1 平方英尺=144 平方英寸，1 英亩=43560 平方英尺。

附表 K.3 体积单位换算表

立方米(m³)	升(市升)(L)	立方英寸(in³)	英加仑(UKgal)	美加仑(液量)(USgal)
1	1000	61023.7	219.969	264.172
0.001	1	61.0237	0.219969	0.264172
0.000016	0.016387	1	0.003605	0.004329
0.004546	4.54609	277.420	1	1.20095
0.003785	3.78541	231	0.832674	1

注：① 1 市石=10 市斗，1 市斗=10 市升，1 市升=10 市合；

② 1 升=1 分米³(dm³)=1000 厘米³(cm³)，1 毫升=1 厘米³(cm³)；

③ 1 美制(石油)桶(bbl)=42 美液量加仑=158.987 升(市升)。

附表 K.4 质量(重量)单位换算表

吨(t)	千克(kg)	市担	市斤	英吨(ton)	美吨(shton)	磅(lb)
1	1000	20	2000	0.984207	1.10231	2204.62
0.001	1	0.02	2	0.000984	0.001102	2.20462
0.05	50	1	100	0.049210	0.055116	110.231
0.0005	0.5	0.1	1	0.000492	0.000551	1.10231
1.01605	1016.05	20.3209	2032.09	1	1.12	2240
0.907185	907.185	18.1437	1814.37	0.892857	1	2000
0.000454	0.453592	0.009072	0.907185	0.000446	0.0005	1

注:① 1 市担 = 100 市斤,1 市斤 = 10 市两,1 市两 = 10 市钱;

② 1 公斤(kg) = 1000 克(g),1 公斤 = 2 市斤,1 市斤 = 500 克(g);

③ 1 英吨(长吨,ton) = 2240 磅,1 美吨(短吨,shton) = 2000 磅(lb);

  1 磅 = 16 盎司(oz) = 7000 格令(gr),1 磅 = 453.6 克,1 盎司 = 27.225 克;

④ 在同一地方,物质的重量和质量可视为相同。

附录 L　本书作者发表的论文统计

附表 L.1　作者发表的论文统计

No	论 文 题 目	发 表 杂 志	发 表 日 期			
			年	卷	期	页
1	爆炸焊接的研究课题和发展方向	中南矿冶学院学报	1988	19	5	593—595
2	爆炸焊接与相图	爆炸与冲击	1989	9	1	73—83
3	钛-钢爆炸复合板的工艺、组织和性能	理化检验-物理分册	1989	25	2	10—15
4	钼-不锈钢管接头的爆炸焊接及其对金属力学性能的要求	吉林大学自然科学学报	1989		3	59—63
5	爆炸焊接与电器材料(一)	中南电器	1989		2	11—12
6	钛-钢爆炸复合板的热轧制	钢铁	1990	25	3	28—32
7	镍-钛爆炸复合板的热轧制	上海金属(有色分册)	1990	11	4	20—26
8	爆炸焊接	金属世界	1990		6	15—16
9	铸铁件表面粗糙度对硬度测试数据的影响	铸造	1990		10	36—38
10	爆炸焊接及其应用	适用技术市场	1990		11	20—21
11	爆炸焊接与 Au-AgAuNi-CuNi 异型触点材料	上海金属(有色分册)	1990	11	6	23—29
12	爆炸焊接与电器材料(二)	中南电器	1990		1	6
13	铜-硬铝(LY12)复合板的爆炸焊接与轧制	热加工工艺	1991		1	40—42
14	爆炸焊接与电器材料(三)	中南电器	1991		1	7
15	表面粗糙度对金属材料硬度测试数据的影响	钢铁研究学报	1991	3	1	81—85
16	爆炸焊接与金属复合材料	新工艺新技术	1991		2	16—17
17	镍-钛爆炸+轧制复合板的退火	上海金属(有色分册)	1991	12	3	24—29
18	铜-钛复合板的爆炸焊接	机械工程材料	1991	15	3	47—50
19	铜-LY2M 爆炸复合板的退火	金属热处理	1991		9	33—37
20	轧制对铜-LY2M 爆炸复合板组织、成分和性能的影响	轻合金加工技术	1991	19	8	21—24
21	用爆炸焊接法生产铜-铝过渡接头	中南电器	1991		4	8
22	铜-铝爆炸复合板的退火	上海金属(有色分册)	1991	12	4	25—29
23	新型异种金属的过渡接头	中南电器	1991		9	8—9
24	金属的布氏硬度	金属世界	1991		6	17
25	金属的 a_k 值在爆炸焊接中的意义	上海金属(有色分册)	1991	12	6	39—44
26	镍-不锈钢爆炸复合板的轧制	钢铁研究学报	1991	3	4	27—30
27	爆炸焊接—— 一种神奇的焊接技术	知识就是力量	1991		9	28—29
28	铜-钛爆炸复合板的轧制	上海金属(有色分册)	1992	13	1	12—15
29	抛光时间和表面粗糙度对铸铁材料硬度测试数据的影响	机械强度	1992	14	2	63—68

（续）

No	论 文 题 目	发 表 杂 志	发 表 日 期			
			年	卷	期	页
30	爆炸焊接金属复合材料中的"飞线"	上海金属（有色分册）	1992	13	3	16-24
31	钛-钢爆炸复合板的退火	上海金属（有色分册）	1992	13	4	23-29
32	轧制对爆炸复合板有关参数的影响	钢铁	1992	27	12	33-37
33	机械加工对金属材料硬度测试数据的影响	计量学报	1993	14	1	62-66
34	抛光时间和表面粗糙度对金属材料硬度测试数据的影响	上海金属（有色分册）	1993	14	3	17-23
35	爆炸焊接和金属复合材料	广东科技	1993		9	30
36	不锈钢-碳钢爆炸复合板和爆炸焊接机理探讨	广东有色金属学报	1993	3	2	133-118
37	镍-钛复合板的爆炸焊接	广东有色金属	1994		2	48-54
38	爆炸焊接和金属复合材料	广东有色金属	1994		4	50-54
39	爆炸焊接和金属复合材料	港澳经济	1994		1	60
40	爆炸焊接和金属复合材料	广东节能	1994		1	封底
41	镍-钛爆炸复合板的退火	广东有色金属	1995		1	22-26
42	用爆炸焊接法研制 Au-AgcuNi-CuNi 异型触点材料	广东有色金属学报	1995	5	2	144-150
43	不锈钢-碳钢爆炸复合板结合区的电子探针研究	广东有色金属学报	1996	6	2	125-132
44	不锈钢-钢大厚复合板坯的爆炸焊接和轧制	铜铁研究学报	1996	8	4	14-19
45	爆炸焊接与节电	广东节能	1996		1	35-41
46	镍-不锈钢复合板的爆炸焊接	广东有色金属	1996		4	27-32
47	镍-不锈钢爆炸复合板的退火	广东有色金属	1997		1	30-34
48	钢-硬铝（LY2M）复合板的爆炸焊接	广东有色金属	1997		4	49-54
49	爆炸焊接展望	金属世界	1997		1	10
50	爆炸焊接和金属复合材料	金属世界	1997		3	29
51	爆炸焊接与复合刀具	刃具研究	1997		3	1-5
52	爆炸焊接与超导复合材料	低温与超导	1997	25	4	62-67
53	铜-LY12复合板的爆炸焊接	广东有色金属	1998		4	49-54
54	爆炸焊接与减摩双金属	汽车工艺与材料	1998		2	12-15
55	爆炸复合材料的压力加工	上海有色金属	1998	19	1	8-16
56	不锈钢-钢爆炸复合板结合区的电子探针研究	钢铁研究	1998	26	1	30-34
57	金属爆炸复合材料中的显微硬度研究	理化检验-物理分册	1998	34	5	9-13
58	爆炸焊接对金属力学性能的要求	理化检验-物理分册	1998	34	7	6-10
59	爆炸焊接与贵金属复合材料	矿冶	1998	7	2	42-48
60	爆炸焊接和金属复合材料	上海有色金属	1998	19	3	121-126

（续）

No	论 文 题 目	发 表 杂 志	发 表 日 期			
			年	卷	期	页
61	爆炸焊接结合区波形成的金属物理学机理（Ⅰ）	广东有色金属学报	1998	8	1	37-46
62	爆炸焊接结合区波形成的金属物理学机理（Ⅱ）	广东有色金属学报	1998	8	2	131-136
63	爆炸焊接条件下金属中一种新的塑性变形方式	中国有色金属学报	1998	8	专辑1	239-243
64	镍-不锈钢爆炸复合板结合区的扫描电镜研究	理化检验-物理分册	1998	34	8	9-11
65	爆炸焊接和金属复合材料	钢铁研究	1998	26	6	32-36
66	金属爆炸复合材料的热处理	第10届全国复合材料会议文集	1998			322-329
67	爆炸焊接和复合钎料	第10届全国钎焊会议文集	1998			24-29
68	爆炸焊接和金属复合材料	复合材料学报	1999	16	1	14-21
69	爆炸焊接和金属复合材料	稀有金属	1999	23	1	56-61
70	相图在爆炸焊接中的应用	有色金属	1999	51	1	11-17
71	爆炸复合材料的热处理	金属热处理	1999		1	26-30
72	退火对钢-钢爆炸复合板中飞线组织和性能的影响	钢铁研究	1999	27	1	25-29
73	金属爆炸复合材料的压力加工	钢铁研究	1999	27	3	32-37
74	不锈钢-钢爆炸+轧制复合板结合区的显微研究	电子显微学报	1999		4	468-473
75	爆炸焊接在过渡接头中的应用	钢铁研究	1999	27	6	52-56
76	退火对钛-钛爆炸复合板中飞线组织和性能的影响	上海有色金属	1999	20	3	108-113
77	退火对不锈钢-不锈钢爆炸复合板中飞线组织和性能的影响	钢铁研究学报（英文版）	1999	6	2	39-43
78	爆炸焊接条件下金属动态屈服强度的分析与计算	理化检验-物理分册	1999	35	12	549-553
79	镍-钛爆炸复合板结合区的显微研究	中国有色金属学报	1999	9	专辑4	18-22
80	爆炸焊接中金属的硬化	矿冶	1999	8	3	60-64
81	爆炸焊接中金属的强化	工程爆破	2000	6	1	25-31
82	爆炸焊接与热双金属	钢铁研究	2000	28	2	60-62
83	核工程用材料中管接头的爆炸焊接	原子能科学技术	2000	34	1	49-53
84	机械加工和表面粗糙度对金属材料硬度测试数据的影响	理化检验-物理分册	2000	36	11	486-489
85	镍-不锈钢爆炸+轧制复合材料	钢铁研究	2000	28	6	57-60

（续）

No	论文题目	发表杂志	发表日期			
			年	卷	期	页
86	金属爆炸复合材料的界面电阻	第 11 届全国复合材料会议文集	2000			271－277
87	不锈钢－钢复合薄板的焊接	钢铁研究	2001	29	1	47－50
88	爆炸焊接与纤维增强复合材料	钢铁研究	2001	29	5	54－58
89	爆炸焊接条件下炸药爆速的探针法测定	工程爆破	2001	7	4	12－19
90	爆炸焊与异种金属的焊接	焊接技术	2001	30	5	25－26
91	爆炸焊接金相技术和金相图谱	理化检验－物理分册	2001	37	6	246－250
92	退火对钛－钢爆炸复合板中飞线组织和性能的影响	中国有色金属学报	2001	11	专辑 1	154－157
93	爆炸焊接在核工程中的应用	钢铁研究	2002	30	1	58－61
94	爆炸复合材料的残余变形	上海有色金属	2002	23	1	6－11
95	爆炸复合材料中的残余应力	上海有色金属	2002	23	2	53－57
96	爆炸焊接在能源技术中的应用	能源技术	2002	23	2	64－68
97	爆炸焊接与金属材料的腐蚀和防护	腐蚀与防护	2002	23	2	68－72
98	爆炸焊接与表面工程	中国表面工程	2002	15	2	8－10
99	爆炸焊接条件下炸药爆轰过程的分析和研究（Ⅰ）	钢铁研究	2002	30	5	39－45
100	爆炸焊接条件下炸药爆速的影响因素	武钢技术	2002	40	4	46－50
101	爆炸焊接过程的能量分析和能量平衡	武钢技术	2002	40	2	38－41
102	爆炸焊接和金属复合材料在汽车中的应用	汽车工艺与材料	2002		6	9－14
103	爆炸焊接条件下炸药爆轰过程的分析和研究（Ⅱ）	钢铁研究	2003	31	1	29－35
104	爆炸焊接与金属材料的保护	武钢技术	2003			
105	爆炸焊接边界效应的力学－能量原理	上海有色金属	2003	24	1	5－11
106	对称碰撞爆炸焊接试验及其实际应用	上海有色金属	2003	24	4	161－165
107	爆炸焊接	中国焊接产业	2007		5	1－6
108	爆炸焊接和爆炸复合材料	焊接技术	2007	36	6	1－5
109	铜－铝复合材料的爆炸焊接、加工和应用	中国焊接产业	2010		4	1－10
110	合金相图在爆炸焊接中的应用	中国焊接产业	2011		4	1－4

专著：1. 爆炸焊接和金属复合材料及其工程应用(第一版)，2002 年；
　　　2. 爆炸焊接和爆炸复合材料的原理及应用(第二版)，2007 年；
　　　3. 爆炸焊接和爆炸复合材料(第三版)，2017 年；
　　　4. 爆炸焊接和爆炸复合材料手册(第四版)，2024 年。

参考文献

[1] 郑哲敏, 杨振声, 等. 爆炸加工 2 版(修订本)[M]. 北京: 国防工业出版社, 1981.

[2] 埃兹拉 A A, 张铁生, 等译. 金属爆炸加工的原理与实践[M]. 北京: 机械工业出版社, 1981.

[3] 布拉齐恩斯基 T Z. 李富勤, 等译. 爆炸焊接、成形与压制[M]. 北京: 机械工业出版社, 1988.

[4] Carl L R. Metal Progress[J]. 1944, 46(1): 102−103.

[5] Дерибас А А. Физика упрочнения и сваркн взрывом[M]. Новосибирск: наука, 1972.

[6] Philipckhuk V. American Machinist[J]. 1959, 10(8): 3.

[7] Philipckhuk V. Engineering[J]. 1959, 44(4): 61.

[8] Philipckhuk V. ASTME Paper[J]. 1961, 61(350).

[9] 福山郁生(日). 爆炸压接的现状[J]. 高压力, 1970, 8(5): 2114.

[10] Pearson J. In: 2d Metal Engineering Conference of Explosive[C]. ASM Chicago, 1959.

[11] Philipckhuk V, Bois F. Le Roy. Steel[J]. 1959, 145(18): 90.

[12] Davenport D E, Duvall G E. Explosive Welding[J]. Technical Paper, SP 60−161 ASTM, 1960.

[13] Pearson J. ASTME Technical Paper[J]. SP60−10, 1960.

[14] Philipckhuk V[C]. ASD−61−124(August, 1961).

[15] Zernow L, Lieberman I, et al. Tool and Manufact[J]. Eugr, 1961, 47(1): 75.

[16] Devenport D E, Duvall G E. ASTME Detroit[M]. 1961: 47−59.

[17] AD 268015[R]. 1961.

[18] Cowan G R, Holtzman A H. Flow Configur ations in colliding plates. explosive bonding. Journal of Applied Physics[J]. 1963, 34(4): 928−939.

[19] Абрахамсон Г. Плакладлая механика[J]. 1961, 28(4): 45.

[20] Седых В С, Дерибас А А, и др. Сварочное производство[J]. 1962, (5): 3−6.

[21] 马场信吉(日). 金属[J]. 1971, 41(1): 56.

[22] 邵丙璜, 张凯. 爆炸焊接原理及其工程应用[M]. 大连: 大连工学院出版社, 1987.

[23] 陈火金, 张振迏. 中国力学学会编. 国外爆炸焊接技术和应用. 第四届全国爆炸加工学术会议论文集[C]. 北京: 中国科学院力学研究所, 1982.

[24] 克劳思兰 B, 建谟, 译. 爆炸焊接法[M]. 北京: 中国建筑工业出版社, 1979.

[25] Дерибас А А, Ставер А М. Физика горения и взрыва[J]. 1976, 12(2): 310−316.

[26] Дерибас А А, Нестеренко В Ф, и др. ФГВ[J]. 1977, 13(3): 484−489.

[27] Stone J M. Metal Coustruction[J]. 1969, 1(i): 29.

[28] Гелъман А С, и др. Плакирование стали взрывом (структура и свойства биметаллы)[M]. Москва: Машиностроение, 1978.

[29] Анисимов Ю А, и др. Сварка в СССР[M]. Москва: Наука, 1981: 409−415.

[30] Гелъман А С, Чудновский А Д, и др. Сварочное производство[J]. 1977, (11): 26−29.

[31] Doherty A E. In: Высокоэнер. воздействие на матер. сб. тр9 междунар. конф., Новосибирск, 18−22, авт., 1986 [M]. Новосибирск, 1986: 246−250.

[32] Velten R. ibid. ref[R]. 41, 8. 4. 1−28.

[33] 郑远谋. 爆炸焊接与 Au-AgAuNi-CuNi 异形触点材料. 上海金属(有色分册)[J]. 1990, 11(6): 23−29.

[34] 郑远谋. 用爆炸焊接法研制 Au-AgCuNi-CuNi 异形触点材料. 广东有色金属学报[J]. 1995, 5(2): 144−150.

[35] Кудинов В М, Коротеев А Я. Сварка взрывом в металлургии[M]. Москва: Машиностроение, 1978.

[36] Wollf E. Explosivgeschweibte faserverbundwerkstoffe ZWF[J]. 1974, 69(6): 287−293.

[37] Петушков В Г, Волгин Л А, и др. С П[J]. 1994, (4): 33−37.

[38] 王祝堂. 世界有色金属[J]. 1991, (12): 23.

[39] 申从祥. 复合材料学报[J]. 1997, 14(3): 44.

[40] 张文铖. 国外焊接技术[J]. 1978, (3): 1.

[41] 白以龙. 中国力学学会编. 材料在冲击载荷下的特性对一些爆炸加工工艺的影响. 第四届全国爆炸加工学术会议论文

集[C]. 北京：中国科学院力学研究所，1982.

[42] Седых В С, и др. Физика и химия обработки материалов[J]. 1970, (2)：6-13.

[43] Krause M-J. Schweissen und Schneiden[J]. 1983, 35(1)：36.

[44] Botros K K, Groves T K. Characteristics of the wavy interface and the mechanism of its formation in high-velocity impact weiding. et al. J. Appl. Phys[J]. 1980, 51(7)：3715-3721.

[45] 张振遒，吴绍尧. 用半圆柱法测定铜-钢爆炸焊接窗口及合理药量[R]. 1980.

[46] Edwards Wright and Arthor E. Bayce Paper form "High Energy Rate Working of Metal", V2[C]. Sept, 1964：448-472.

[47] Carlson R J, et al. Explosive Welding Bondsmitals, Largearas, Materials Engineering[C]. July, 1968：70-75.

[48] Гельман А С, и др. ФГВ[J]. 1974, 10(2)：284-288.

[49] 国营大连造船厂. 爆炸焊接[R]. 1974.

[50] Краснокутеская И П, и др. ФиХОМ[J]. 1969, (6)：99-102.

[51] Кривинцов А Н, и др. ФиХОМ[J]. 1969, (1)：132-141.

[52] Кривинцов А Н, и др. Тр. волгогр. полтехин. ин-та[J]. 1975, Вып. 2：55-61.

[53] Соннов А П, и др. Тр. Волгогд. политехин. ин-та[J]. 1975, Вып. 2：39-40.

[54] Седых В С, Соннов А П. Тр. вологр. политехин. ин-та[J]. 1975, Вып. 2：25-34.

[55] Wodara Johannes. Schweisstechnik[J]. 1963, 13(10)：433-437.

[56] Афоник П З. ФиХОМ[J]. 1975, (6)：148-150.

[57] Мерин Б В, Слиоберг С К. С П[J]. 1973, (5)：16-18.

[58] 拉实柯-阿瓦坎(苏)，著. 席聚奎，译. 焊接金属学(若干问题)[M]. 北京：机械工业出版社，1958.

[59] Crossland B, Bahrni A S. Fundamentals of explosive welding[J] Contemporary Physics. 1968, 9(1)：71-87.

[60] 北京工业学院一系. 爆炸物理基础[R]. 1974.

[61] 须藤秀治，等著. 丁瑞生，黄世衡，译. 炸药与爆破[M]. 北京：国防工业出版社，1976.

[62] Дерибас А А, и др. ФГВ[J]. 1967, 3(4)：561-568.

[63] Гордополов Ю А, и др. ФГВ[J]. 1976, 12(4)：601-605.

[64] Дерибас А А, и др. ФГВ[J]. 1968, 4(1)：100-107.

[65] Захаренко И Д. ФГВ[J]. 1972, 8(3)：422-427.

[66] Дерибас А А. ФГВ[J]. 1974, 10(3)：409-421.

[67] Onзana Taduo, Inhii Yugoro. Trans. Jap[J]. Weld. Soc., 1975, 6(2)：98-104.

[68] Holtzman A H, Conwe G R. Welding Yeseayck Council bulletin[R]. 104/April, 1965.

[69] Дерибас А А. ФГВ[J]. 1973, 9(2)：268-281.

[70] Ezra A A. Principles and Practice of Explosive Metallworking[R]. 1973.

[71] Сварка, 日本专利[P]. 262П, 1968：12, 63.

[72] Гельман А С, и др. ФГВ[J]. 1974, 10(2)：284-288.

[73] 北京工业学院一系. 炸药理论[R]. 1973.

[74] 湖南湘中供电局，等. 太乳炸药与爆炸压接[M]. 北京：水利电力出版社，1978.

[75] 斯多尔鲍申斯基 А П，等. 李群军，译. 炸药与膛内弹导学概论[M]. 北京：国防工业出版社. 1957.

[76] 林哈尔脱 J S，皮尔逊 J，著. 李景云，等译. 金属在脉冲载荷下的性态[M]. 北京：国防工业出版社，1962.

[77] 布罗贝格，著. 尹群础，译. 弹性及弹塑性介质中的冲击波[M]. 北京：科学出版社，1965.

[78] 陈勇富，洪有秋. 矿冶工程[J]. 1981, (1)：24-27.

[79] Гельман А С, и др. С П[J]. 1980, (11)：6-8.

[80] 陈勇富. 爆炸焊接飞板运动的试验研究[R]. 1979.

[81] 中国科学院力学所二室，大连造船厂. 中国力学学会编. 爆炸焊接动态参数试验报告. 第三届全国爆炸加工学术会议论文集[C]. 北京：中国科学院力学研究所，1978.

[82] 张国荣，等. 中国力学学会编. 低爆速炸药爆轰速度的测定. 第四届全国爆炸加工学术会议论文集[C]. 北京：中国科学院力学研究所，1982.

[83] 煤矿火工技术丛书编写组. 炸药爆炸理论基础[M]. 北京：煤炭工业出版社，1977.

[84] 武字 266 部队，宝鸡有色金属加工厂. TA5-902 钢板爆炸复合工艺研究[R]. 1972.

[85] 宝鸡有色金属研究所. 稀有金属合金加工[J]. 1976, (2)：30-35.

[86] Лысак В И, и др. С П[J]. 1979, (3)：7-9.

[87] 潼泽雄(日). 工业火药[J]. 1975, 36(4)：199-209.

[88] 七二五研究所. 爆炸焊接最佳参数的确定[R]. 1978.

[89] Crossland B, Cave J A. 硝酸铵和柴油混合物炸药的性质. 第五届国际高能成形会议论文[C]. 中国科学院力学研究所译, 1979.

[90] Оголихин В М. ФГВ[J]. 1983, 19(2)：99-101.

[91] Симонов В А. ФГВ[J]. 1979, 15(6)：118-121.

[92] 张振速, 吴绍尧. 铜-钢爆炸焊接窗口及其最佳参数[R]. 1979.

[93] 陈勇富, 等. 矿冶工程[J]. 1981, (1)：24-27.

[94] Канель Г И. ФГВ[J]. 1977, 13(1)：113-117.

[95] 郑远谋. 钛-钢爆炸复合板的工艺、组织和性能. 理化检验(物理分册)[J]. 1989, 25(2)：10-15.

[96] 中国科学院力学研究所译. 第五届国际高能成形会议资料[C]. 1979.

[97] Crossland B. Review of the present stale-of-the art in explosive welding[J]. Metal Technology, 1976, 3(1)：8-20.

[98] 美国专利[P]. 3397444, 1968.

[99] 第七届国际高能率加工会议论文[C]. 1981.

[100] 潘际銮, 主编. 焊接手册(第一卷)[M]. 北京：机械工业出版社, 1992, 470.

[101] 大连造船厂. 力学[J]. 1977, (3)：213-221.

[102] 陈勇富. 爆炸焊接模型律[R]. 1977.

[103] Kowalick J F, Hay D R. Second Inter. Conf. of the Center for HEF[C]. June 23-27, 1969, Estest Part Colorado V. 2.

[104] 大连造船厂. 中国力学学会编. 爆炸焊接参数试验的台阶法. 第四届全国爆炸加工学术会议论文集[C]. 北京：中国科学院力学研究所, 1982.

[105] 克拉蒂夫 L, 瓦塞克 J(捷克). 选择爆炸焊接的碰撞动力学条件. 第五届国际高能成形会议论文[C]. 1979.

[106] 薛鸿陆, 等. 铝合金板爆炸焊接可能性窗口实验研究[R]. 1979.

[107] 斯蒂夫, 等. 用计算机选择装药量和焊接几何图形的最佳值. 第五届国际高能成形会议论文[C]. 1979.

[108] Цемахович Б Д, и др. Алт. политехн. ин-т[C]. Барнаул, 1987, 9, с.

[109] Лысак В И, и др. Сварка взрывом и свойства сварочное соединения[C]. Волгоград, 1988：73-84.

[110] Жданова Н Н, и др. СВиССС[C]. Волгоград, 1988：62-68.

[111] Смелянский В Я, идр. СВиССС[C]. Волгоград, 1988：91-97.

[112] Кузвмин С В, идр. СВиССС[C]. Волгоград, 1988：69-72.

[113] Борисенко В А, и др. Высокоэнер. воздействие на матер. сб. тр. 9 междунар. конф. [C]. Новосибирск, 1986：241-245.

[114] 裴大荣, 张军良. 稀有金属材料与工程[J]. 1985, (2)：7-21.

[115] Кудинов В М, и др. Автоматичъская сварка[J]. 1981, (2)：53-56.

[116] Chadwick M D, Evans N H. Pipes and Pipelines Int. [J]. 1973, 18(2)：23-32.

[117] Дерибас А А. Физика упрачнения и сварки взрывом[M]. Новосибирск：Наука, 1980.

[118] 大连造船厂. 力学[J]. 1977, (2)：127-138.

[119] 王诚洪, 等. 中国力学学会编. 爆炸焊接结合区压力场的锰铜压力量计测量. 第五届全国爆炸加工学术会议论文集[C]. 宝鸡：宝鸡稀有金属加工研究所, 1985.

[120] 陈森灿, 叶庆荣. 金属压力加工原理[M]. 北京：清华大学出版社, 1991.

[121] 胡英, 等. 物理化学(上)[M]. 上海：上海人民教育出版社, 1979.

[122] Михайнов А Н, и др. ФГВ[J]. 1976, 12(4)：594-601.

[123] Нестеренко В Ф, и др. ФГВ[J]. 1974, 10(6)：904-907.

[124] Захаренко И Д. ФГВ[J]. 1971, 7(3)：269-272.

[125] Захарении И Д, и др. ФГВ[J]. 1971, 7(3)：433-436.

[126] Эпштейн Г Н, и др. ФиХОМ[J]. 1987, (2)：77-80.

[127] Иваков В И, и др. Využenerg. vybuchu připravě kov. mater. nov. vlastn. 6 Mezihar. symp. Gottwaldov, 22-24 rijen, 1985, sv. 2[C]. Praha, 1985：116-126.

[128] Lucas W. J. of the Institute of Metal[J]. 1971：99, 335.

[129] Баранов М А, и др. ФГВ[J]. 1979, 15(4)：155-157.

[130] Ишуткин С Н, и др. ФГВ[J]. 1980, 16(6)：69-73.

[131] Пронин В А, и др. СВиССС[J]. Волгоград, 1985：36-40.

[132] Шморгун В Г, и др. СВиССС[J]. Волгоград, 1985：31-36.

[133] 法国专利[P]. №1627735, 1973.

[134] Lucas W, et al. 第三届国际高能成形会议论文[C]. 1971.

[135] Ben-Zion Weiss. Z. Metallkunde[J]. 1971, (2): 159-166.

[136] Lucas W, et al. Pros. Second Inter. Conf. of Ceter for HEF[C]. 1969: 2. 8. 1. 1-37.

[137] Richter U, Roth J F. Grundiagen und anwendung des sprengplattierens. Die Nater Wissenschaften[J]. 1970, 57(10): 487-493.

[138] 高能成形[M]. 北京: 国防工业出版社, 1969.

[139] Hanson G, et al. Assembly for Explosively Bonding Together Metal Layers and Tubes[R]. 1974: 4.

[140] 诺贝尔狄那米特公司炸药发展部. 爆炸复合对基体材料性能的影响. 第五届国际高能成形会议论文[C]. 宝鸡有色金属研究所, 译. 1979.

[141] 潼泽雄(日). 工业火药[J]. 1974, 35(4): 200-208.

[142] Shribman V, Crossland B. Second Internatonal Conference of the Center for High Energy Forming[C]. June 23-27, 1969, Estes Park, Colorado. Vol. 2.

[143] Lnomata S 等(日). 上海化工设计院石油化工设备设计建设组编. 钛在化工中的应用(二)[R]. 1975.

[144] 美国专利[P]. 3205547, 1965.

[145] 英国专利[P]. 1288432, 1964.

[146] 日本专利, 见 Р. Ж., Сварка, 313П[P]. 1969, 12: 63.

[147] Беляев В И, Ядевич А И. 4. Mezinar. symp: Využitienery. vybuchu k pripr. kovov. metal. novych vlactn. vybuchov. svarovan, platovan., zpevnovan. a. lisovan. kovov. prasku[C]. Gottwaldov, 1979, sb. pr., Pardbice, s. a. 125-134.

[148] Алексеев Ю Л. ФиХОМ[J]. 1997, (3): 64-66.

[149] Вальчак В, Беляевский Я. Ⅱ СПОМВ СССР[C]. Новосибирск, 1981: 39-41.

[150] Hampel H. 稀有金属材料与工程[J]. 1982, (3): 106-112.

[151] Беляев В И, Чигринова Н М. Цветные металлы[J]. 1981, (11): 51-53.

[152] 冶金部北京有色金属研究院. 钛的爆炸复合与爆炸成型. 稀有金属及其合金加工译文集(一)[M]. 1971.

[153] 三机部 301 所, 七机部 308 所编. 金属爆炸加工技术[R]. 1974.

[154] Кудинов В М, Лебедь С Т. А С[J]. 1977, (5): 73-74.

[155] Richter Ulf. 331П[P]. 见 Р. Ж., Сварка[J]. 1974, 1: 63.

[156] Carlson R J, Simons C C. Joining of Zircaloy and Inconel 600 Tubes by Explosive Welding[R]. Report № BMI-1715, 1965, 2: 19.

[157] 武字 266 部队, 编. 国外爆炸复合的发展概况[R]. 1975.

[158] Цемахович Б Д. А С[J]. 1985, (6): 46-49.

[159] Даниленко, и др. А С[J]. 1982, (10): 18-21.

[160] Hawes D W, Hay D R. Eng. Dig., (Can)[J]. 1977, 23(5): 21-23.

[161] Crossland B. Metals and Mater.[J]. 1971, 5(12): 401-413.

[162] 七二五所. 爆炸焊接最佳参数的确定[R]. 1978.

[163] Захаренко И Д. ФГВ[J]. 1978, 14(3): 139-141.

[164] 付二翔. 不锈钢复合板的大面积爆炸焊接. 焊接[J]. 1982, (2): 23-25.

[165] Seishiro Yoshiwara, et al. Nippon steel Techn[J]. 1988, (37): 45-51.

[166] Trans. ISIJ[J]. 1988, 28(6): 516.

[167] 宝鸡有色金属研究所. 稀有金属合金加工[J]. 1976, (2): 15-29.

[168] Klaus H. Z. Werkstofftechn.[J]. 1971, 2(4): 169-174.

[169] 张祖湘, 蔡春富. 中国力学学会编. 爆炸焊接复合热处理工艺的研究, 第四届全国爆炸加工学术会议论文集[C]. 北京: 中国科学院力学研究所, 1982.

[170] 尹士科, 裴岱. 国外焊接技术[J]. 1977, (1): 29-31.

[171] Pocalyko A, Williams C P. Weld. J.[J]. 1964, 43(10): 854-861.

[172] 上海化学工业设计院. 钛在化工中的应用(二)[M]. 上海: 上海科技出版社, 1975.

[173] Виноградов Н В, Бобров В А. Дефектоскопия[J]. 1973, (5): 104-108.

[174] 佐佐木秀雄, 等(日). 金属[J]. 1966, 36(5): 20-25.

[175] Sticha E A. Inter. Conf. on the Use H. E. R. Methods For Forming, Welding and compaction[J]. 1973, (15): 1-15. 7.

[176] 郑远谋, 等. 爆炸焊接条件下金属中一种新的塑性变形方式. 中国有色金属学报[J]. 1998, 8(增刊 1): 239-243.

[177] Седых В С, Смелянский В Я, и др. ФиХОМ[J]. 1982, (4): 117-117.

[178] Карипушкина Т Л, и др. Прочн. пластин. матери. инов. процессы их получ. и оброб.: Тез. докл. науч. техн. конф., Минск, 29-30. Марта, 1990[C]. Минск, 1990: 60-61.

[179] 李炎，张芳松，等. 材料开发与应用[J]. 1993，8(6)：28-33.

[180] 王瑾. 稀有金属简报[J]. 1984，(7)：5.

[181] 李选明，等. 拼焊钛板爆炸复合时焊缝破裂问题初探. 稀有金属材料与工程[J]. 1991，(1)：43-47.

[182] 郑远谋. 金属的 a_k 值在爆炸焊接中的意义. 上海金属(有色分册)[J]. 1991，12(6)：39-44.

[183] 国外焊接[J]. 1987，(6)：27-31.

[184] Гульбин В Н，Николаев В Б. С П[J]. 1992，(11)：10-12.

[185] Лысак В И，Седых В С，и др. Ⅱ СПОМВ СССР[C]. Новосибирск，1981：289-291.

[186] 日本金属学会会报[J]. 1978，17(6)：15-20.

[187] Деняченко О А，и др. Хим. и неф. машностроение[J]. 1978，(2)：45-46.

[188] Кусков Ю Н，и др. С П[J]. 1975，(11)：20-21.

[189] Соннов А П，Трыков Ю П. ФиХОМ[J]. 1973，(4)：50-55.

[190] Pircher H，et al. Titanium：Sci. and Technol. Proc 5 Int. Conf.，Munich，Sent. 10-14，1984[C]. Oberursel，1985，(2)：903-908.

[191] Петушков В Г，и др. С П[J]. 1994，(4)：33-37.

[192] Чернышев О Г，и др. Сталь[J]. 1980，(5)：416-419.

[193] Anderson D K C. Explosive Welding. Abingtion[C]. 1976：8-11.

[194] Schwissen and Schneiden[J]. 1968，20(5)：226-227.

[195] Trueb L，Wittman R. Z. Metallk.[J]. 1993，63(9)：613-618.

[196] Sci. Horizons[J]. 1967，(85)：3-5.

[197] 美国专利[P]. 3331121，1967.

[198] Klein W. Materialprüfung[J]. 1968，10(3)：73-77.

[199] Rüdinger K. Z. Werkstofftechnik[J]. 1971，2(4)：169-174.

[200] Weld. and Metal Fabr.[J]. 1979，47(6)：343.

[201] 伊藤文卫(日). 钛与锆[J]. 1975，23(3)：15-20.

[202] 福本智贤(日). 钛与锆[J]. 1975，23(3)：21-27.

[203] Rochschies H. Schweisstechnik[J]. 1980，30(6)：251-253.

[204] 久保田彰(日). 溶接技术[J]. 1981，29(2)：31-38.

[205] 佐佐木秀雄，等(日). 金属[J]. 1966，36(4)：40-45.

[206] Hardwik R. Metals and Mater.[J]. 1987，3(10)：586-589.

[207] Anderson D K C. Use High-Energy Rata Mech[J]. Form.，Weld. and Conf.，Leeds，1973：181-188.

[208] James M S. Metal Construction[J]. 1969，1(1)：29-34.

[209] Pocalyko A，et al. Weld. J.[J]. 1964，43(10)：854-861.

[210] Rüdinger K. Titanium Sci and Technol[M]. Vol. 4 New York-Londan，1973：2313-2331.

[211] Rüdinger K. Haus. Tech. Vortragsveroff[J]. 1972，(287)：10-16.

[212] 马场信吉(日). 金属[J]. 1971，41(2)：56-62.

[213] Гельман А С，и др. Свойства и опыт пременения стали，плакированной взрывом[C]. 1975，14-75-87：6-10.

[214] Z. Metallkunde[J]. 1968，59(2)：104-111.

[215] Деляченко О А. А С[J]. 1975，(1)：56-57.

[216] Chadwick M D，Jackson P W. 陈登丰译. 化工与通用机械[J]. 1981，(5，7，8)：

[217] Беляев В И，и др. Дейтвие высок. давлений на материалы[J]. Киев，1986：98-101.

[218] Алексеев Ю Л，и др. ФиХОМ[J]. 1996，(1)：97-100.

[219] Croschopp J. ZIS-Mitt[J]. 1987，29(2)：125-134.

[220] 黄彦生，连敬祥. 薄覆层金属复合板的生产与应用前景. 稀有金属快报[J]. 1999，(10)：18-20.

[221] Катихин В Д，и др. ФиХОМ[J]. 1969，(4)：46-57.

[222] Wolf H. ZIS-Mitt[J]. 1987，29(2)：147-153.

[223] 张承濂，主编. 船舶材料手册[M]. 北京：国防工业出版社，1989：274-316.

[224] Susse G，et al. Využ. energ. vybchu připravě kov. metar. nov. vlastn. 6 Mezinár. symp.，Gottwaldov，22-24 rijen，1985，sv. 1[C]. Praha，1985：146-149.

[225] Oda Isemu，et al. Trans. Jap. Weld. Soc[J]. 1985，16(2)：151-156.

[226] Takezone S，et al. Trans. ASME. Eng. Metal and Techol.[J]. 1981，130(1)：36-45.

[227] Кузюков А Н，Левченко В А. Защита металлов[J]. 1986，(4)：562-564.

[228] Борисенко В А, и др. С П[J]. 1985, (4)：18-19.

[229] Авдеев Н В, и др. Вестник машиностроения[J]. 1975, (11)：60-63.

[230] 郭建华. 奥氏体不锈钢复合钢板爆炸复合后的退火处理. 压力容器[J]. 1991, 8(6)：83-85.

[231] 杜炜，等. 压力容器[J]. 1994, 11(1)：9-16.

[232] 李正华，彭文安. 稀有金属材料与工程[J]. 1984, (6)：28-32.

[233] Гельман А С, и др. С П[J]. 1974, (1)：15-16.

[234] Prümmer R. Chemic-Ingenieur-Technik[J]. 1975, 4(9)：337-340.

[235] Rowden G. Explosive Welding. Proc. of the Select Conf. Hove, 18-19 September 1968[C]. The Welding Institute, 1969.

[236] Groschopp Jürgen, et al. ZIS-Mitt. [J]. 1983, 25(2)：135-140.

[237] Дерибас А А. New Mater. and Appl. ：Proc. Inst. Phys. Conf. Warwick[C]. 22-25, Sept. , 1987.

[238] Bielawski J, et al. ZIS-Mitt. [J]. 1988, 31(2)：122-128.

[239] Ватник Л Е, и др. Сталь[J]. 1988, (8)：86-87.

[240] Борисенко В А, и др. Высокоэнер. воздействие на матер. сб. тр. 9 междунар. конф. [C]. Новосибирск, 1986：241-245.

[241] Атрощенко Э С, и др. ФиХОМ[J]. 1986, (4)：123-125.

[242] Деняченко О А, и др. Хим. неф. машиностроение[J]. 1980, (11)：20-25.

[243] Ватник Л Е, и др. Науч. тр. волгогр. полит. ин-та[J]. 1974, (1)：35-45.

[244] Carl R W. Weld. Des. and Fabr. [J]. 1979. 52(3)：122-128.

[245] Nishida Minoru. Mem. Fec. Eng. Ehime Univ. [J]. 1993, 12(4)：431-440.

[246] Ямагути Киёси, и др. 日本专利[P]. №59-35380.

[247] Hill B, et al. Corrosion[J]. 1969, 25(1)：23-29.

[248] Richter Ulf. Schweiss. und Schneid. [J]. 1972, 24(2)：52-55.

[249] Гельман А С. С П[J]. 1977, (11)：26-29.

[250] 吴绍尧. 中国力学学会编. 金属复合材料的应用现状和标准化动向. 第四届全国爆炸加工学术会议论文集料[C]. 北京：中国科学院力学研究所, 1982.

[251] 七二五所. B30-922钢爆炸复合板的性能[R]. 1978.

[252] Кудинов В М, Рева А А. А С[J]. 1977, (8)：52-55.

[253] Кудинов В М, и др. А С[J]. 1976, (5)：48-50.

[254] Конон Ю А, Соболенко Т М. ФГВ[J]. 1975, 11(2)：289-292.

[255] Афонпк И З, и др. ФиХОМ[J]. 1975, (6)：26-30.

[256] Ватник Л Е, и др. ФиХОМ[J]. 1974, (5)：94-97.

[257] Матвеенов Ф И. Сталь[J]. 1974, (5)：435-436.

[258] Гогичев И И. Сооб. АН ГССР[J]. 1975, 78(1)：137-140.

[259] Heath D J. Weld. and Metal Fabr. [J]. 1980, 48(1)：27-28.

[260] Brown D W. Rev. ATB：Met. [J]. 1985, 25(2)：137-140.

[261] Dyia Henryk, et al. Biul WAT J. Dabro Wskiego[J]. 1988, 37(10)：75-83.

[262] Оголихин В М, и др. Обраб. метар. импульс. на грузками[M]. Новосилирск, 1990：260-165.

[263] Кантимурова З К, и др. Изв. вузов. чер[J]. металлургия, 1988, (5)：153-154.

[264] Бондарь М П, и др. Využ. energ. vybuchu priprавě kov. mater. nov. vlastn. 6 Mezinar. symp. , Gottwaldov, 22-24 rijen, 1985, sv. 2[Praha][C]. 1985：340-345.

[265] Prz. Spaw. [J]. 1978, 30(10)：16-17.

[266] Minakucki Katsushi, et al. Mem. Fac. Eng. Ehime Univ[J]. 1991, 12(2)：341-349.

[267] Сибота мотонобу, и др. 日本专利[P]. №59-51830.

[268] Livne Z, et al. J. Mater. Scl. [J]. 1987, 22(4)：1495-1500.

[269] Niwatsukino T, Baba N. Held at the University of Leeds on 14-18 september. 7th Intr. Conf. on HERF[C]. 1981, Vol. 1：192-198.

[270] Crossland B, Cave J A. 硝酸铵与柴油混合物炸药的性质. 第五届国际高能成形会议论文[C]. 中国科学院力学研究所译, 1979.

[271] 角川清夫(日). 金属[J]. 1976, (2)：50-54.

[272] Ключников Р М, и др. Науч. тр. моск. ин-т стали и сплавов[J]. 1980(129)：73-75.

[273] Коломиец Е М, и др. Сталь[J]. 1980, (1)：62-64.

［274］李正华，等. 爆炸复合用的表面保护缓冲材料. 稀有金属合金加工［J］. 1971，（2）：69-70.

［275］今井保穗，中村春雄（日）. 溶接技术［J］. 1980，18（8）：50-56.

［276］普鲁莫 R A. 铝-钢爆炸焊接的结合强度、显微结构和残余应力状态. 第五届国际高能成形会议论文［C］. 宝鸡有色金属研究所译，1979.

［277］Сахновская Е Б, и др. С П［J］. 1972，（9）：7-9.

［278］Деняченко О А. А С［J］. 1975，（1）：56-57.

［279］Злобин Б С, и др. А С［J］. 1985，（3）：11-14.

［280］Лисуха Г П, и др. С П［J］. 1970，（10）：20-22.

［281］Денячеко О А. А С［J］. 1976，（1）：31-35.

［282］Зотов М И. С П［J］. 1985，（9）：6-7.

［283］防卫厅标准（NDS H4101）（日）. 轻金属溶接［J］. 1980，18（4）：30-38.

［284］Гривиякова Д，Турня М. С П［J］. 1985，（9）：9-10.

［285］Петушков В Г, и др. А С［J］. 1987，（6）：12-13、22.

［286］Рябов В Р, и др. А С［J］. 1986，（6）：52-56.

［287］Ющак П Т, и др. А С［J］. 1985，（4）：69-70.

［288］Фридляндер И Н, и др. МиТОМ［J］. 1978，（10）：36-39.

［289］Трутнев В В, и др. С П［J］. 1973，（7）：19-21.

［290］Петушков В Г, и др. А С［J］. 1989，（1）：21-24.

［291］Szecket A, et al. J. Vac. Sci. and Technol.［C］. 1985，A3（6）：2588-2593.

［292］Kramm M. Metall.（W. -Berlin）［J］. 1978，32（6）：577-578.

［293］Wolf H, Meinel M. 4. Mezinar. Symp.：Využiti energ. vybuchu kpripr. kovov. metal. no ych vlactn. vybuchov. svarovan., platovan., zpevnovan. a. lisovan. kovov. prasku, Gottweldov［C］. 1979，sb. pr.，Pardbice，s. a.：93-103.

［294］Wolf H, et al. ZIS-Mitt.［J］. 1983，25（2）：116-121.

［295］Bilmes P, et al. Metal Constr.［J］. 1988，20（3）：113-114.

［296］Limpel L, et al. Schweisstechnik（DDR）［J］. 1988，38（7）：303-305.

［297］Metallhandwerk-Techn.［J］. 1973，75（10）：638.

［298］Walczok W. Schweisstechnik（DDR）［J］. 1986，36（4）：165-167.

［299］Hansa［J］. 1991，128（3-4）：183-184.

［300］Hampol H. Aluminum［J］. 1990，66（10）：950-952.

［301］Somoneau J. Souder［J］. 1989，13（5）：30-31.

［302］Faury F, Adam A. Souder［J］. 1989，13（5）：32-34.

［303］Пинаев В Г, и др. Судостроение（Ленинграг）［J］. 1990，（12）：26-28.

［304］Preston P, Willis J. Aluminum（BRD）［J］. 1973，49（38）：178.

［305］Горанскцй Г Г. Металлургия（Минск）［J］. 1986，（20）：107-108.

［306］Горанский Г Г, и др. Využ, energ. vybuchu pripravě kov. mater. nov. vlastn. 6 Mezinar. symp. Gottwaldov，22-24 rijen，1985，sv. 2［C］.［Praha］，1985：150-155.

［307］Беляев И В, и др. Порош. металлургия（Минск）［J］. 1981，（5）：105-110.

［308］Накаидзе Ш Г, и др. Материалы докл. з-й респ. науч. -техн. конф. Молодых ученых. ин-т металлургий АН ГССР［M］. Тбиписи，1977：71-74.

［309］Ронами Г Н, и др. Науч. тр. Волгогр. политех. ин-та［J］. 1974，（1）：46-56.

［310］Loosemore G R. Weld and Metal Fabr.［J］. 1979，47（4）：229-236.

［311］Wolf H, et al. Feritigungstech. und Betr.［J］. 1981，31（8）：488-489.

［312］久保田彰（日）. 溶接技术［J］. 1983，31（1）：40-47.

［313］Stahlbau［J］. 1976，45（10）：A19-A20.

［314］Füjita Masahiro, et al. J. Ind. Explos. Soc., Jap［J］. 1991，52（5）：323-328.

［315］Izuma Takeshi, et al. Quart. J. Jap Weld. Soc.［J］. 1992，10（1）：101-106.

［316］Мукон Йосихко, et al. J. High Pressure Gas Safety Inst. Jap.［J］. 1986，26（8）：28-41.

［317］Kiknchi Michio, et al. J. Jap. Inst. Light metals［J］. 1984，34（3）：165-173.

［318］Souder［J］. 1989，13（5）：501-506.

［319］Weld. Rev.［J］. 1990，9（2）：64.

［320］Jackson P W, et al. Int. Conf. Join. and Cutt. Harrogate，30oct-2Nov.，1989；Prepr. Cambridge［C］. 1989：c. p91/1-

91/8.

[321] Sharp Tr, et al. 美国专利[P]. 3798010, 1974.

[322] Рябов В Р. A C [J]. 1994, (7, 8): 21-27.

[323] Рябов В Р, и др. A C [J]. 1995, (12): 32-34.

[324] 大连造船厂, 大连工矿车辆厂. 大截面铜-铝导线爆炸焊接试验小结[R]. 1974.

[325] Ciernik Rastislav, et al. Zváanie[J]. 1988, 37(11): 337-343.

[326] Turna Milan, et al. A C. 248951[P]. ЧССР МКИ B23K 20/08, №PV497-82, 1988.

[327] Kesavan Nair P. Materialprüfung[J]. 1986, 28(3): 76-77.

[328] Wolf H, Meinel M. 7th Intr. Conf. on HERF. Held at the University of Leeds on 14-18 September[C] 1981, Vol. 2: 1-9.

[329] Willis J. Explosive Welding. Abingtion[C]. 1976: 40-44.

[330] 陈勇富, 等. In: 中国力学学会 eds. 电冰箱铜-铝连接管爆炸焊接. 第五届全国爆炸加工学术会议论文集[C]. 宝鸡: 宝鸡稀有金属加工研究所, 1985.

[331] 陈勇富, 等. 轻合金加工技术[J]. 1996, 24(11): 37-40.

[332] 陈建国. 贵金属电触头材料的进展. 稀有金属材料与工程[J]. 1984, (1): 59-61.

[333] 袁弘鸣, 等. 稀有金属材料与工程[J]. 1983, (5): 26-30.

[334] 蒲玉瑞. 稀有金属合金加工[J]. 1976, (2): 40-43.

[335] 刘复兴. In: 中国力学学会 ed. 银-铜爆炸复合焊的研制理论分析. 第四届全国爆炸加工学术会议论文集[C]. 北京: 中国科学院力学研究所, 1982.

[336] 赖康木, 张永俐. 黄金[J]. 1993, 14(4): 34-39.

[337] 舍瓦尔兹 M M (美)著. 袁文钊, 等译校. 金属焊接手册(1979)[M]. 北京: 国防工业出版社, 1988: 178.

[338] Dyina Henryk, Maranda Audrzei, et al. Arch, hutn.[J]. 1988, 33(1): 79-88.

[339] Nowaczewski J, et al. Biul. WAT J. Dabrowskiego.[J]. 1987, 36(9): 59-65.

[340] Groschopp Jürgen, et al. ZIS-Mitt.[J]. 1983, 25(2): 128-134.

[341] Honnaker L R, et al. 美国专利[P]. 4054468, 1977.

[342] Rowe M S, et al. Platinum Met. Rev.[J]. 1984, 28(1): 7-12.

[343] Claus H, et al. Z. Werkstofftechn.[J]. 1979, 10(6): 191-200.

[344] Doherty A E, Кпор L H. Proc. of the Second Inter. Conf. of the Center for HEF, June 23-27, 1969, Estes Park[C]. Colorado, Vol. 2, 7. 4. 1-7. 4. 33.

[345] AD[P] 268015, 1961.

[346] PB[P] 161164, 1959.

[347] 郑远谋, 等. 爆炸焊接对金属力学性能的要求. 理化检验(物理分册)[J]. 1998, 34(7): 6-10.

[348] Миндели Э О, и др. ФГВ[J]. 1980, 16(3): 145-148.

[349] Миндели Э О, и др. ФГВ[J]. 1979, 15(3): 150-155.

[350] Цукр Б, Вильд И. II СПОМВ[C]. 1981, 43-44.

[351] Коняшин И Ю, Аникеев А И. Цвет. мет.[J]. 1988, (11): 80-84.

[352] Z. Metallkude[J]. 1968, 59(2): 104-111.

[353] Stanford Res Inst. J.[J]. 1967, (13): 2-7.

[354] Prümmer R. 7th Inter. Conf. on HERF. Held at the University of Leeds on 14-18 September[C]. 1981, Vol. 1: 196-191.

[355] Беляев В И, и др. С П[J]. 1981, (6): 18-19.

[356] Яковлев И В. ФГВ[J]. 1972, 8(4): 570-578.

[357] Otto H E, et al. Weld. J.[J]. 1972, 51(7): 467-473.

[358] Бумина И Л, и др. Порош. металлургия (Минск)[J]. 1990, (14): 28-32.

[359] 郑远谋. 铜-钛复合板的爆炸焊接. 机械工程材料[J]. 1991, (3): 47-50.

[360] Соловьев В Я, и др. Науч. тр. Московского ин-та стали и сплавов[J]. 1980, (129): 68-73.

[361] Грабин В Ф, и др. ФиХОМ[J]. 1970, (6): 56-59.

[362] Беляев В И, и др. ФиХОМ[J]. 1988, (2): 93-97.

[363] Гульвин В Н, и др. С П[J]. 1991, (3): 11-13.

[364] 杨拢林, 等. 钛工业进展[J]. 1999, (2): 38-41.

[365] 裴大荣. 稀有金属材料与工程[J]. 1986, (4): 28-31.

[366] Кудинов В М, и др. A C[J]. 1981, (2): 53-56.

［367］Белоусов В П, и др. С П［J］. 1971, (9): 19-21.

［368］Ющенко К А, и др. А С［J］. 1982, (3): 24-27.

［369］Naumovich V I, et al. Titanium; sci. and Technol, Proc. 5 Int. Conf., Munich, Sept. 10-14, 1984, Vol. 2［C］. Oberursel, 1985: 831-837.

［370］Prümmer R, et al. Vak-Techn.［J］. 1979, 28(6): 162-207.

［371］Лысак В И, и др. С П［J］. 1981, (9): 8-10.

［372］Сахновская Е Б, и др. С П［J］. 1971, (7): 34-36.

［373］Лысок В И. С П［J］. 1981, (6): 15-17.

［374］Коротеев А Я, и др. А С［J］. 1990, (7): 17-19.

［375］Седых В С, и др. С П［J］. 1985, (2): 17-18.

［376］Попов Н Н, и др. А С［J］. 1993, (6): 18-20.

［377］Mnkai Yoshihiko, et al. Quart. J. Jap［J］. Weld. Soc., 1986, 4(1): 166-170.

［378］Prümmer R. Chem. -Techn. (BRD)［J］. 1975, 4(9): 337-340.

［379］梁季夫, 陈勇富. 中国力学学会编. 不锈钢与铝镁合金爆炸焊接焊缝电镜研究, 第四届全国爆炸加工学术会议论文集［C］. 北京: 中国科学院力学研究所, 1982.

［380］张军良, 裴大荣. 稀有金属材料与工程［J］. 1986, (6): 13-16.

［381］Ерохин А В, и др. С П［J］. 1972, (7): 26-27.

［382］Кусков Ю Н, и др. С П［J］. 1975, (4): 34-36.

［388］Кусков Ю Н, и др. С П［J］. 1975, (9): 11-13.

［384］Трытнев В В, и др. С П［J］. 1973, (7): 19-21.

［385］Morozumi S, Takeda H, KiKuchi M. Strength and structure of the bonding interface in friction and explosive-welded aluminum and titanium joints. Light Metals［J］. 1989, 39(7): 501-506.

［386］Гульбин В Н, и др. С П［J］. 1996, (2): 2-3.

［387］Hardwick R. Metals and Mater.［J］. 1987, 3(10): 586-589.

［388］Батырев А С, Первухин Л Б. С П［J］. 1976, (6): 17-20.

［389］Маркашова Л И, и др. А С［J］. 1991, (4): 11-14.

［390］郭丽萍. 镍及镍-钢复合板容器的设计. 稀有金属快报［J］. 1999, (6): 20-22.

［391］Stromer U. ZIS-Mitt［J］. 1987, 29(2): 140-142.

［392］Деняченко О А, и др. А С［J］. 1992, (6): 20-22.

［393］Михайленко Е Н, Кирилюк В Ф. С П［J］. 1990, (3): 15-17.

［394］Карипушкина Т Л, и др. Прочн. пластин. матер. и нов. процессы их получ. и оброб: Тез. докл. науч. -техн. конф. Минск, 29-30, марта, 1990［C］. Минск, 1990: 61-61.

［395］Onuma Tsutomu, et al. J. Atom. Energy Soc. Jap.［J］. 1988, 30(9): 793-801.

［396］Казак Н Н, и др. С П［J］. 1981, (4): 23-25.

［397］Оклей Л Н, и др, ФиХОМ［J］. 1981, (4): 117-122.

［398］Линецкий Б Л, и др. Вопр. атом. наука и техн. сар. ядер. техн. и технал［J］. (Москва), 1989, (5): 33-36.

［399］Чхартишвили И В, и др. Матер. докл. з-й респ. ядер. науч. техн. конф. молодых ученых ин-т металлургий АН ГССР［C］. Тбилиси, 1977: 64-66.

［400］乔治·鲁特 Р В 公司, et al. 爆炸复合的钽-钢容器, 第五届国际高能成形会议论文［C］. 宝鸡有色金属研究所译, 1979.

［401］Lieberman E, Kennedy J R. Weld. J.［J］. 1967, 46(11): 509-515.

［402］Steffens Hans-Diefer, et al. Masehinenmarkt.［J］. 1988, 94(14): 70-74.

［403］Metal Constr.［J］. 1975, 7(12): 613-616.

［404］Аникина Л Д, и др. ФГВ［J］. 1970, 6(1): 120-123.

［405］Ставер А М, и др. ФГВ［J］. 1974, 10(5): 774-779.

［406］重庆钢厂 17 车间生产组. 热双金属爆炸结合的初步试验. 金属材料研究［J］. 1975, 3(5): 587-589.

［407］GB4461-84 热双金属带材［S］.

［408］Banariee S K, et al. Metallurgia［J］. 1970, 81(485): 85-87.

［409］Годополов Ю А, и др. Сталъ［J］. 1992, (2): 83-85.

［410］Støckel D, Priimmer R. High Temp-High Pressure［J］. 1986, 18(2): 233-240.

［411］Makhendra K. et al. Indian J. Technol.［J］. 1973, 11(12): 644.

[412] Иванов В Е, и др. ФиХОМ[J]. 1974, (4): 102-106.

[413] 陶志刚. 国外金属材料[J]. 1976, (5, 6): 132-134.

[414] 余家桢, 许宝元. 力学与实践[J]. 1986, 8(4): 33-35.

[415] Кобелев А Г, и др. С П[J]. 1996, (10): 6-8.

[416] Конон Ю А, и др. Тракторы и селъхозмашины[J]. 1975, (9): 42-44.

[417] Конон Ю А. ФГВ[J]. 1975, 11(2): 289-292.

[418] Jaris C V, Slate P M B. Explosive fabrication of composite materials[C]. Nature (Engl), 1968, 220(5169): 782-783.

[419] Махненко В И, и др. А С[J]. 1985, (3): 46-48.

[420] Конон Ю А, и др. Теор. и механол. асновы наплавки. Наплавка в машиностр. н ремонте[C]. Киев, 1981: 59-63.

[421] 国外焊接[J]. 1982, (3): 45.

[422] 稀有金属加工手册[M]. 北京: 冶金工业出版社, 1992.

[423] 杨玉坤, 等. 稀有金属材料与工程[J]. 1984, (5): 27-30.

[424] 张旭东, 等. 稀有金属材料与工程[J]. 1983, (5): 31-36.

[425] 田成文, 译. 国外焊接技术[J]. 1982, (1): 31.

[426] Cornish D N, et al. Proc. 6th Symp. Eng[C]. Probl. Fusion Res., Son Diego, Calif., 1975. New York, N. Y., 1976: 106-110.

[427] 张旭东. 稀有金属合金加工[J]. 1981, (6): 33-42.

[428] 科尼斯 D N, et al. 张旭东, 译. 稀有金属合金加工[J]. 1981, (6): 53-57.

[429] 张旭东. 低温物理[J]. 1981, 3(3): 194-201.

[430] 张旭东, 等. 稀有金属材料与工程[J]. 1983, (5): 31-36.

[431] 魏巍, 等. 铌-钛低温超导材料焊接技术的研究状况述评. 钛工业进展[J]. 1999, (1): 12-16.

[432] 冶金部矿冶研究所. 中国力学学会编. 超导材料的爆炸焊接. 第四届全国爆炸加工学术会议论文集[C]. 北京: 中国科学院力学研究所, 1978.

[433] Дерибас А А. ФГВ[J]. 1976, 12(2): 310-316.

[434] Murr L E, et al. Mater. and Mahuf. Processes. [J]. 1989, 4(2): 177-195.

[435] Verzeletti G, et al. Explosive Welding. Proc. of the Select Conf[M]. Hove, 18-19, september, 1968.

[436] Montagnani Mario, et al. Schweiss. und Schneid. [J]. 1973, 23(2): 493-496.

[437] Gandhi S C. Metalwok. Product. [J]. 1967, 111(17): 58-64.

[438] Ind. Elek. +Elektron. [J]. 1975, 20(17, 18): 338.

[439] Amesz J, et al. Nuce. Engng and Design[J]. 1968, 8(3): 337-334.

[440] Simos C C, et al. 美国专利[P]. 3377694, 1968.

[441] Carlson R J. Design News[J]. 1965, 20(15): 150-156.

[442] Дерибас А А, и др. Конструкц. матер. для реакторов темодр[M]. синтеза, 1988: 158-164.

[443] Prümmer R. Shock Waves Condensed Metter, 1983. Proc. Amer. Phys. Soc, Top. Conf., Santa Fe. N. M., July 18-21, 1983[C]. Amsterdam e a., 1984: 467-469.

[444] Crossland B, Cave J A, et al. 大厚覆板的爆炸焊接. 第五届高能成形会议论文[C]. 陈火金译, 1979.

[445] Crossland B, et al. 2nd Int. Symp. Jap. Weld. Soc., Ocoka, 1975 Ⅱ. s. 1[C]. 1975(Suppl): 1-7.

[446] 美国专利[P]. 4807795, 1988.

[447] Атрощенко Э С, и др. ФиХОМ[J]. 1986, (4): 123-125.

[448] Цукр Б, Вилъд И. Ⅱ СПОМВ СССР[C]. Новосиьирск, 1981: 43-44.

[449] 朱守良, 杨泓. 中国焊接学会编. 银锂合金包覆不锈钢的复合钎料. 第四届全国焊接会议论文集[C]. 哈尔滨: 哈尔滨焊接研究所, 1981.

[450] 罗国珍. 稀有金属材料与工程[J]. 1995, 24(4): 62.

[451] 刘泽光, 夏文华, 等. 复合钎料及其制造方法, 专利申请号 95118810. 0[P].

[452] 刘泽光, 夏文华, 等. 复合钎料及其制造方法, 专利申请号 95118821. 6[P].

[453] Вертман А А, и др. Физ. и техн. высок давлений[J]. 1991, 1(4): 71-75.

[454] Cromston Benjam Mowell. 美国专利[P]. 3733684, 1973.

[455] Suzumura A, Onzaw T, et al. Rept Resist. Weld and Ralat. Weld. Process. Strud. Jap., 1987: Pap. Annu. Meet. ll w, Vienna, July, 1988[C]. Такую 1988: 22.

[456] Омори Акира. Metal and Technol[J]. 1986, 56(5): 9-13.

［457］陈维波. 力学与实践［J］. 1984, 6(4)：封底.

［458］Cline C F, et al. Scr. met.［J］. 1977, 11(12)：1137-1138.

［459］Hammerschmidt M, et al. 4 Mezinar. symp.：Využíti energ. vybuchu k pripr. kovov. metal. novych vlactn. vybuchov. svarovan. , platovan. , zpevnovan. a. lisovan. kovov. prasku, Gottwaldov［C］. 1979, sb. pr. , Pardbice, s. a. 104-121.

［460］Kretzschmar H, Spørl D. ZIS-Mitt.［J］. 1983, 25(2)：102-108.

［461］Hammerschmidt M. VDI-Z.［J］. 1983, 125(5)：142.

［462］Prümmer R. Z. Werkstofftechn.［J］. 1982, 13(2)：44-48.

［463］Apaku Macamo, et al. 日本专利［P］. 159872, 1962.

［464］Prümmer R. Ⅱ СПОМВ СССР［C］. Новосибирск, 1981.

［465］金属玻璃. 技术市场快讯［J］. 1999, (12)：26.

［466］Никулин Ю М, и др. Тр. Волгоград. политех. ин-та［J］. 1975, (2)：199-205.

［467］Трыков Ю П, и др. Композиц. матер. в конструкциях глубоковод. техн. средств：тез докл. межвуз. науч. -техн. конф［M］. Николаев, 1991：204-206.

［468］澳大利亚专利［P］. 26339188.

［469］Fleck J N, et al. Composite Materials in Engineeying Design［C］. 1973：251-256.

［470］Hrdwick R. Explosive Welding. Abingtion［C］. 1976：28-32.

［471］Crosslad B. Explosive Welding. Abingtion［C］. 1976：21-23.

［472］Jackson P W. Explosive Welding. Abingtion［C］. 1976：24-27.

［473］Пятуник Б А, et al. Атомная техника за рубежом［J］. 1980, (5)：11-14.

［474］Weld. Des. and Fabr.［J］. 1980, 53(3)：116.

［475］Jeffcoat P J, et al. Mater. Eng. High Risk Enviren Gournay-sur Mcrrne：11TT-Int.［C］. 1988：130-147.

［476］Cabrol J C, et al. Proc. 8th Inter. Conf. on HERF［C］. 1984：299-304.

［477］Jakson P W, et al. Weld. and Fabr. Nucl. Ind. Proc. Conf. , London［C］. 1979：313-318.

［478］Crossland B, et al. Weld. and Fanr. Nucl. Ind. Proc. Conf. , London［C］. 1979：297-303.

［479］Contrell R E, et al. 美国专利［P］. 3724062, 1974.

［480］Bahrani A S, et al. Proc. Int. Conf. Weld. Res. Power Plant, Southampton［M］. London, 1972：617-633.

［481］Егоров В И, и др. С П［J］. 1985, (1)：19-20.

［482］Дерибас А А, и др. ФГВ［J］. 1977, 13(3)：484-489.

［483］Беляев В И, и др. Порош. металлургия［J］. 1985, (9)：90-93.

［484］Ковалевский В Н, и др. Металлургия (Минск)［J］. 1986, (20)：109.

［485］Лемешонок В Д, и др. Материаловед. в машнностр. , Минск［C］. 1983：97-98.

［486］Wolf H, Mneinel M. Tech. Wiss. Abs. ZIS［J］. 1988, 156：122-124.

［487］Коняшин И Ю, и др. Цвет. мет.［J］. 1988, (11)：80-84.

［488］Гельман А С, и др. Энергомашиностроение［J］. 1967, (12)：34-35.

［489］Linse V D. The Application of Explosive Welding to Turbine Componenss［M］. ASME Paper №74-GT-85, 1974.

［490］Turna M, et al. Využ. energ. vybuchu připravě kov. metal. nov. vlanzn. 6 Mezinal. symp. , Gottwaldov. 22-24 řijen, 1985, sv. 2［C］.［Praha］, 1985：252-259.

［491］Linse V D. Pap. ASME, N GT-8511 PP. , ill［S］. 1974.

［492］滕田昌大, 等(日). 塑性与加工［J］. 1974, 15(156)：19-26.

［493］滕田昌大, 等(日). 塑性与加工［J］. 1977, 18(201)：827-834.

［494］大连造船厂. 中国力学学会编. 复合封头制造工艺. 第三届全国爆炸加工学术会议论文集［C］. 北京：中国科学院力学研究所, 1978.

［495］Кузьмин В И, и др. Сварка взрывом и свойства сварочного соединения［M］. Волгоград, 1988：41-46.

［496］Кузьмин В И, и др. Тр. Волгогр. политех. ин-та［M］. Волгоград, 1987：9С.

［497］Ruppin Dietrich. Schwiss. und Schneid.［J］. 1974, 26(3)：81-85.

［498］Кузьмин В И, и др. Сварка взрывом и свойства сварочного соединения［M］. Волгоград, 1985：94-100.

［499］Czajkowski Menryk, et al. Przegl. Spawaln.［J］. 1966, 18(8)：191-195.

［500］Борзыкин В В, и др. ФГВ［J］. 1975, 11(1)：154-158.

［501］Катихин В Д. ФиХОМ［J］. 1969, (4)：46-57.

［502］Richter Ulf. 美国专利［P］. 3761000, 1973.

［503］Гелунова З М, и др. Металловед. и проч. матер［M］. Волгоград, 187：88-96.

［504］Соболенко Т М，и др. 4. Mezinar. symp.：Využitit energ. vybuchu k pripr. Kovov. metal. novych vlactn. vybuchov. svarovan.，platovan.，zpevnovan. a. lisovan［C］. Kovov. prasku，Gottwaldov，1979，sb. pr.，Pardbice，s. a. 279－287.

［505］Sharp Jr，et al. 美国专利［P］3798011，1974.

［506］Suzuki Teruhiko，et al. 美国专利［P］. 3337010，1968.

［507］Конон Ю А，и др. Ⅱ СПОМВ СССР［M］. Новосибирск，1981.

［508］Казак Н Н，и др. ФиХОМ［J］. 1974(1)：120－125.

［509］Фридляндер И Н，и др. МиТОМ［J］. 1978，(10)：36－39.

［510］张振逵，等. 材料开发与应用［J］. 1992，7(2)：11－13.

［511］Willis J. ibid. ref. 21［C］. chapter 10，40－4.

［512］Shaffer J W，et al. ibid. ref［C］. 7，4. 12. 1－28.

［513］Cranston B H. 联合王国专利［P］. 1353242.

［514］Holtzman A H，et al. Sheel Metal Industries［J］. 1962，(39)：399－414.

［515］Wright E S，et al. Lillehammer［J］. 1964，(2)：448－72.

［516］Vetem R. ibid. ref［C］. 41，8. 4. 1－28.

［517］Blazynski T Z，El－Sobky H. Structural properties of implosively welded multilayered cylinders［J］. Metals Technol.，1980，(3)：107－113.

［518］Lazari L G. Weld. Rev.［J］. 1988，7(2)：74、76、78.

［519］Минев Р М，и др. Высокоэнер. обраб. быстрозакал. матер. и высокотемператур. свехпроводников［M］. Новосибирск，1989：161－166.

［520］Persson A T. 瑞典专利［P］. 8604770－1.

［521］Рябов В Р，Павленко Ю В. А С［J］. 1991，(3)：46－56.

［522］Людаговский А В，Рабинович А И. ФГВ［J］. 1977，13(5)：767－771.

［523］Рыкалин Н Н，и др. ФиХОМ［J］. 1973，(4)：98－103.

［524］Банас Ф П，и др. Цвет. мемаллур.［J］. 1971，(5)：148－151.

［525］美国专利［P］. 3737976，1973.

［526］Котов В А，Седых В С. Тр. Волгогр. политех. ин-та［J］. 1975，(2)：46－55.

［527］Соловьев И А，и др. 6th Int. Symp. compos. Metal. Mater.，Vysoke-Tatry-stara′ Lesna，oct. 28－31，1986［C］. Bratislava，1986，(1)：116－120.

［528］Демченко В Ф，и др. Автоматиз. технал. подгот. свароч. про-ва［M］. Тула，1986：38－43.

［529］Kotov V A，et al. 5 Междунар. смопоз. о композицион. мет. материалах［M］. Bratislava-Smolenicl，8－11 nov.，1983：52－57.

［530］Kotov V A，et al. 5 Междунар. смопоз. о композицион. мет. материалах［M］. Bratislava-Smolenicl，8－11 nov.，1983，65－75.

［531］Agaw Ryuichi，et al. Mem. Fac. Eng. Ehime Univ.［J］. 1992，12(3)：445－452.

［532］Gonzales A，et al. 7th Inter. Conf. on HERF. 14－18 Septembar［J］. 1981，(1)：197－207.

［533］Dabrowski W. 7th Inter. Conf. on HERF. 14－18 Septembar［J］. 1981，(1)：218－223.

［534］Jarvis C V，Slate P M B. Explosive fabrication of composite materials［C］. Nature(Engl)1968，220(5169)：782－783.

［535］Каунов А М，и др. Порош. мет.［J］. 1984，(3)：65－68.

［536］Каунов А М. ФиХОМ［J］. 1987，(4)：108－113.

［537］Каунов А М. ФиХОМ［J］. 1984，(2)：28－34.

［538］Каунов А М，и др. ФиХОМ［J］. 1983，127：25－30.

［539］Каунов А М，и др. Металловед. и проч. матер.［C］. Волгоград，1986：83－93.

［540］Волчек А Я，и др. Нов. матер. и мехнол. в требал.：тез. докл. сов. -амер. конф. с междунар. участием，Минск，6－9 окт.，1992.［C］. Минск，1992：107－108.

［541］Kretzschmar Heinz，et al. ZIS-Mitt［J］. 1983，25(2)：108－115.

［542］徐传远. 金属材料与热加工［J］. 1980，(4)：60－68.

［543］Blazynski T Z. Explosive manufacture of bimetallic tubular transition joins. Mech. Work. Technol.［J］. 1985，12(1)：79－91.

［544］Blazynski T Z，et al. Int：S. Mech. Sci.［J］. 1978，20(11)：2.

［545］Blazyhski T Z，et al. 7th Inter. Conf. on HERF. 14－18 September［C］. 1981，Vol. 1：164－172.

［546］Bedroud У，El－Sobky H，Blazynski T Z. Implosive welding of mono－and bimetallic arrays of rods［J］. Metals Technol.，1976，

3(1)：21-28.

[547] Howell W G, et al. 美国专利[P]. 38191013, 1974.

[548] Blazynski T Z. Int. Conf. Weld. and Fabr. Non-Ferrous Metal. Eastbourne, Abington[J]. 1972, (1)：162-171.

[549] Chadwjck M D, et al. Brit. Weld. J. [J]. 1968, 15(10)：480-492, vil.

[550] Chadwick M D. et al. Metal Constr. and Brit. Weld[J]. 1973, 5(8)：285-292.

[551] Chadwick M D, et al. Pipes and Pipelines Int. [J]. 1973, 18(12)：23-32.

[552] 樊新民, 徐天祥. 稀有金属材料与工程[J]. 1995, 24(2)：55-59.

[553] 美国专利[P]. 3740826, 1973.

[554] Groschopp Jürgen, et al. 4 Mezinar symp. ：Vyuziti energ. vybuchu k pripr. kovov. metal. novych vlactn. vybuchov. svarovan. , platovan. , zpevnovan. a. lisovan. kovov. prasku[C]. Gottwaldov, 1979, sb. pr. , Pardbice, s. a. 168-180.

[555] Doherty A E. Высокоэнер. воздействие на матер. сб. тр. 9 междунар. конф[C]. Новосибирск, 1986：246-250.

[556] Hardwick R, Wang C T. Proc. of the 8th Inter. Conf[C]. on HERF June 17-21, 1984：189-194.

[557] Dawson R J C, et al. Rev. Sondure. [J]. 1975, 31(3)：99-109.

[558] Нисао Ясухиро, и др. 日本专利[P]. 50-36425, 1975.

[559] Howell W G. 美国专利[P]. 3825165, 1974.

[560] Weld. Engr. [J]. 1968, 53(11)：1E-15.

[561] Buchwald J, et al. Paper. Amer. Soc. Mech. Eng. [C]. 1968, №pet-18, 15ppj ill.

[562] 刘成等. 西安交通大学学报[J]. 1999, 33(2)：64-66、78.

[563] Justice J T, et al. 6th Bien. Joint Techn. Meet. Line Pipe Res. Camogli, Sept. 25-24. 1985, EPRG/NG-18, Vol. 2 [C]. Sill. , s. a. 11-31.

[564] Саченков З А, и др. Коррозия и защита в нефтегаз. пром-сти реф. Науч. -техн. сб. [J]. 1975, (6)：3-5.

[565] Chadwick M D, Evans N H. Metal Constr. and Brit. Weld[J]. 1973, 5(8)：285-292.

[566] Lande G. Svetsen[J]. 1987, 46(4)：13-18.

[567] Persson P I. Proc. of the 8th Inter. Conf. on HERF[C]. June 17-21, 1984：305-308.

[568] Lande G. Svetsen[J]. 1987, 46(4)：13-18.

[569] Istvanffy S M. Pipeline and Energy Plant Pip. ：Des and Technol. Proc. Inc. Conf. Calgary, Nov. 10-13, 1980[C]. Toronto e a. , 1980：225-233.

[570] 吴向东, 梅树材, 代胜林. 钛管-不锈钢管板焊接的研究[R]. 1983.

[571] Hanri H. Schweizerische Technische Zeischrift[J]. 1972, 69(3)：29-31.

[572] Hardwick R. Explosive Welding[M]. Abingtion, 1976：12-18.

[573] Gaines A L. Chem. Process. (US)[J]. 1985, 48(8)：198.

[574] Groschopp Jürgen, et al. ZIS-Mitt. [J]. 1983, 25(2)：122-127.

[575] Oxford C H, et al. Met. Trans. [C]. 1977, A8(5)：741-750.

[576] Hutn. Jisty[J]. 1987, 42(1)：19-23.

[577] Erdöl und Kohle-Erdgas-Petrochem. Vor. Brennst. -Chem. [J]. 1975, 28(3)：111.

[578] Krishnan J, Kakodkar A, Reddy G P, Yadav H S, Haldar G, Patil B T. An experimental investigation into tube-plate welding using the impactor method. J. Metar. Process. Technol. [J]. 1990, 22(2)：191-201.

[579] Hardwick R. Weld. and Fabr. Nucl. Ind. Proc. Conf[M]. London, 1979：305-312.

[580] Chadwick M D, et al. Brit. Weld. J. [J]. 1968, 15(10)：480-492.

[581] Mottram R A. Explosive Tube to Tubeplate Expansion. Proc. of the Meeting of the High Pressure Technology Association on Use of Explosives in Forming, Welding and Compaction[C]. 19th March, 1968.

[582] 西尾安弘, 等(日). 工业火药[J]. 1968, 29(1)：20-25.

[583] 樱井武尚. 爆发加工[M]. 日刊工业新闻社, 1969：111-118.

[584] Shribman V. et al. Exploslve Welding. Proc. of the Select Conference Hove[C]. 18-19 Sep. 1968.

[585] 大连造船厂. 中国力学学会编. 钛-钢复合材料尾气冷却器的爆炸焊接. 第四届全国爆炸加工学术会议论文集[C]. 北京：中国科学院力学研究所, 1982.

[586] 吴向东, 等. 中国力学学会编. 爆炸焊接的应用实例及经济效益对比. 第五届全国爆炸加工学术会议论文集[C]. 宝鸡：宝鸡稀有金属加工研究所, 1985.

[587] Mech. Eng. [J]. 1980, 102(12)：51.

[588] 张耀斌. 钛工业进展[J]. 2000, (2)：33.

[589] 美国焊接学会, 编. 清华大学焊接教研组, 译. 焊接手册(第3卷). 焊接方法, 第七版[M]. 北京：机械工业出版社,

1986, 320.

[590] Деняченко О А, и др. С П[J]. 1983, (5): 9-10.

[591] 美国专利[P]. 3562897, 1971.

[592] 美国专利[P]. 3819103, 1974.

[593] Pollanz Alfred. Schneisson und Schneiden[J]. 1969, 21(9): 434-436.

[594] 美国专利[P]. 3735476, 1973.

[595] 美国专利[P]. 4193529, 1980.

[596] 日本专利[P]. 58-13257, 1983.

[597] 美国专利[P]. 3568131, 1975.

[598] Iron Age Metalwork Internat. [J]. 1963, 2(1): 25.

[599] 冶金部长沙矿冶研究所. 中国力学学会编. 异形管嘴爆炸焊接, 第三届全国爆炸加工学术会议论文集[C]. 北京: 中国科学院力学研究所, 1978.

[600] Уилкисон У. Получение тугоплавких металлов[M]. Атомиздат, 1975.

[601] Bement L J. Weld. J. [J]. 1973, 52(3): 147-154.

[602] 美国专利[P]. 3325075, 1967.

[603] Abrahamson H. Ny tekn. [J]. 1976, (48): 16.

[604] Engimeering[J]. 1978, 218(5): 417-419.

[605] Окумура Садао, и др. Хитати Хёрон[J]. 1966, 48(9): 1055-1059.

[606] Томиясу Фудзио. Metal Engng. [J]. 1967, (7): 31-35.

[607] Уно Цукимо, et al. Chem. Factory[J]. 1968, 12(10): 65-68.

[608] Vervest W. Lastechniek[J]. 1990, 56(9): 321-323.

[609] Wittman R. Mach. and Tool Blue Book[J]. 1968, 63(5): 98-107.

[610] Lvor G, et al. 美国专利[P]. 3761004, 1973.

[611] Kotov V A, et al. 5 Межкунар. смопоз. о композицион. мет. материалах. Bratislava-Smolenice, 8-11 nov[C]., 1983: 79-84.

[612] Chadwick M D. Explosive Welding Using an Impactor. Proc. of the 7th Intr. Conf. on HERF. 14-18 Sep[C]. 1981, Vol. 1: 152-153.

[613] 溶接技术[J]. 1976, 24(2): 23-26.

[614] Petrol. Int. (Gr. Brit)[J]. 1974, 14(6): 67-69.

[615] Stalker A W. mt. [J]. 1978, 9(2): 51-56.

[616] Mclain L. Enginer(Gr. Brit)[J]. 1977, 245(6339): 40-41、43.

[617] Petrol. Times. [J]. 1977, 81(2061): 16.

[618] Auderdahl A, et al. 3rd Int. Conf. Weld. and Perform. Pipelines Londen, 18-21, Nov., 1986, Vol. 2[C]. Abington, 1987: 163-173.

[619] Brown D J, et al. Proc. 8th Int. Conf. on HERF[C]. June 17-21, 1984: 309-313.

[620] Redshaw P R, et al. Proc. 11th Annu. Offshore Technol. Conf[C]. Houston Tex., 1979, 2: 1431-1438.

[621] Kagas H T, et al. 2th Int. Symp. Jap. Weld. Soc. Osaka, 1975, I., s. 1[C]. 1975: 245-250.

[622] 英国专利[P]. 7924172, 1980.

[623] 英国专利[P]. 7828323, 1980.

[624] 英国专利[P]. 2034622, 1980.

[625] Crosslad B. Met. Yelec. [J]. 1976, 40(465): 132-138.

[626] Redshaw P R, et al. Proc. 11th Annu Offshore Technol. Conf. Houston, Tex., 1979, vol. 2[C]. Dallas, Tex., 1979: 1431-1438.

[627] Corbishley T J. Weld. Offshore Costr. Int. Conf. Neweastle-upon-ty-ne, Abington[J]. 1974, (1): 228-231.

[628] Iron Age[J]. 1974, 214(6): 55-56.

[629] Лапчинский В Ф. Сварка в СССР[M]. Москва: Наука, 1981: 487-493.

[630] Baten B. Schweiss. und Schneid. [J]. 1990, (3): 117-120.

[631] Петушков, и др. С П[J]. 1994, (4): 33-37.

[632] Iron Age[J]. 1961, 187(18): 83-85.

[633] 增渊兴一(日). 溶接学会志[J]. 1990, 59(6): 421-427.

[634] Таюрский В Е. Безопасностъ трута в пром-стъ[J]. 1977, (7): 60-61.

［635］Heinz K. ZIS-Mitt.［J］. 1989, 31(2)：158-165.

［636］Groschopp J. ZIS-Mitt.［J］. 1987, 29(2)：135-139.

［637］Кудинов В М, и др. Сварка в СССР［M］. Москва：Наука, 1981：409-415.

［638］沈乐天, 等. 爆炸洞的设计及应用［R］. 1978.

［639］湘中供电局, 冶金部矿冶研究所. 焊接［J］. 1975,（4）：37-42.

［640］Энергетик［J］. 1980,（1）：35-36.

［641］甘肃送变电工程公司. 中国力学学会编. 钢筋砼电杆爆炸焊接. 第三届全国爆炸加工学学术会议论文集［C］. 北京：中国科学院力学研究所, 1978.

［642］Metal en techn.［J］. 1977, 22(9)：18-19.

［643］Пекаръ Е Д, и др. А С［J］. 1991,（7）：49-51.

［644］Czajkowski H. Prz. Spaw.［J］. 1977, 29(9、10)：215-217.

［645］Rev. Aluminium［J］. 1963, 40(307)：364.

［646］Ксенова В О А, и др. Вестн. МГУ. Химия［J］. 1978, 19(2)：224-225.

［647］Marguardt Erwin. ZIS-Mitt.［J］. 1967, 9(12)：1706-1712.

［648］Scholer B. Weld. Des. and Fabr.［J］. 1982, 55(5)：51-52.

［649］Turner J C, Dawson P H. Explosive Welding as a Manufacturing Technique. Welding and fabrication in the nuclear industry. Thomas Telford Publishing［M］. London, 1979：319-327.

［650］Щербединский Г В, и др. ФиХОМ［J］. 1987,（5）：100-104.

［651］Bhalla A K, Williams J D. A comparative assessment of explosive and other methods of compaction in the production of tungsten—copper composites［J］. Powdermet, 1976, 19(1)：31-37.

［652］Mahemdra K, et al. India J. Technol.［J］. 1973, 11(12)：644-646.

［653］Weld. Engr.［J］. 1965, 50(4)：104.

［654］Дунаев С Ф, и др. ФиХОМ［J］. 1974,（3）：125-130.

［655］Полянский В М, и др. С П［J］. 1971,（3）：9-10.

［656］Rowe M, et al. Platitnum Met. Rew.［J］. 1984, 28(1)：7-12.

［657］Jackson P W, et al. Int. Conf. Join. and Cutt. Harrogate, 30 oct-ZNOV. 1989：Prepk. Cambridge［C］. 1989, C. P91/1-P91/8.

［658］Hardwick R. Metals and Mater.［J］. 1987,（3）：586-589.

［659］Коршунов И Г. Теплофиз. высок. температур［J］. 1992, 30(5)：935-939.

［660］Гулвбин В Н, и др. С П［J］. 1993,（9）：5-6.

［661］Turna-Da′sa′, et al. Proc. Int. Symp Intense Dyu. Load. and Eff. Beijing, June 3-7, 1986. Oxford etc.［C］. Beijing, 1988：991-996.

［662］Коршунов И Г, и др. Высокознер. воздействие на матер. сб. тр. 9 междунар. конф［M］. Новосибчрск, 18-22 авт., 1986：295-299.

［663］Прокопович М П, и др. Науч. тр. всес. и. -и. и проект. ин-т тугоплавк. мет. и тверд. сплавов［J］. 1979,（21）：10-13.

［664］Конов Ю К, и др. Композиц. прециз. материалы.［C］. 1983：5-10.

［665］郝红卫, 吴爱珍. 稀有金属材料与工程［J］. 1995, 24(3)：63.

［666］Wittman R. H. Battelle Techn. Rev.［J］. 1967, 16(7)：17-23.

［667］Prümmer R. Liesner Ch. Ing. Dig.［J］. 1977, 16(6)：57-60.

［668］Denat Helmut. Maschinanmarkt［J］. 1978, 84(98)：2001-2003.

［669］Kneider Hannelore, et al. Pakte. Metalloger［J］. 1981, 18(5)：222-236.

［670］Marguardt Erwin. ZIS-Mitt.［J］. 1967, 9(12)：1706-1712.

［671］Metaalbeweking［J］. 1961, 27(11)：217-218.

［672］Гордополов Ю А, и др. Využ. energ. vybuchu pripravě kov. mater. nov. vlastn. 6 Mezinar. symp. Gottwaldov, 22-24 rijen, 1985, sv. 2［C］.［Praha］, 1985：165-170.

［673］东德专利［P］. 3238776. 8, 1983.

［674］Бринза В Н, и др. Науч. тр. моск. ин-т стали и сплавов［J］. 1981,（127）：84-88.

［675］Наумович Н В, идр. 4 Mezinar. symp.：Využiti energ. vybuchu k pripr. kovov. metal. novych vlactn. vybuchov. svavovan. platovan., zpevnovan. a. lisovan. kovov. prasku, Gottwaldov［C］. 1979, sb. pr., Pardbice, s. a. 257-273.

［676］Бурминская Л Н, и др. Науч. тр. Волгрград. политехн. ин-та［J］. 1978,（9）：116-120.

[677] Фесчиев Н. Машиностроение[J]. 1979. 28(9)：418-420.

[678] Klein W. Explosivstoffe[J]. 1968, 16(4)：79-85.

[679] Gearg B. Z. Metallkude[J]. 1968, 59(2)：104-111.

[680] Chem. -Anlagen+Uerfanfen[J]. 1973,(10)：97-98.

[681] 日本专利[P]. 55-132477, 1982.

[682] Mol.[J].（日）1990, 28(6)：43-50.

[683] Turner J C, et al. Weld. and Fabr. Nucl. Ind. Proc[M]. Conf. London, 1979, 319-327.

[684] Chudzik Bruno. 法国专利[P]. 1527577, 1974.

[685] Onzawa Tadao, et al, Trans. Jap. Weld. Soc.[J]. 1975, 6(2)：98-104.

[686] Schweiz. Maschinenmarkt[J]. 1975, 75(46)：35-39.

[687] Steel[J]. 1965, 156(17)：59-62.

[688] Bangs S. Weld. Design and Fabric.[J]. 1962, 35(8)：40-42.

[689] Philipchuk V, et al. 美国专利[P]. 3024526, 1962.

[690] 美国专利[P]. 3233312, 1966.

[691] Luca S W, et al. Metallurgical Observations on Explosive Welding. Pros. of the 2th Int. HEF[C]. Sume 23-27, 1969：8. 1. 2.

[692] Кожевников В Е, и др. С П[J]. 1989,(3)：17-18.

[693] Хохлов В И, и др. МиТОМ[J]. 1990,(7)：55-56.

[694] Смиян О Д, и др. А С[J]. 1985,(2)：29-33.

[695] Бартенев В П, и др. Проблемы прочности[J]. 1989,(6)：111-114.

[696] Соннов А П, и др. Сварка вырывом и свойства сварорного соединения[M] Волгоград, 1986, 47-53.

[697] Бердыченко А А, и др. Využ. energ. vybuchu pripravě kov. metar. nov. vlastn. 6 Mezinar. symp. Gottwaldov, 22-24 rijen, 1985, sv. 2[C].[Praha], 1985, 325-331.

[698] Бондарь М П, и др. Vyuě energ. vybuchu pripravě kov. metar. nov. vlastu. 6 Mezinar. symp. Gottwaldov, 22-24 rijen, 1985, sv. 2[C].[Praha], 1985：291-298.

[699] Беляев В И, и др. II СПОМВ СССР[C]. Носибирск, 8-10сент., 1981, 48-50.

[700] Бакума С Ф, и др. Цветные металлы[J]. 1972,(5)：58-62.

[701] 郑远谋. 钛-钢爆炸复合板的热轧制. 钢铁[J]. 1990, 25(3)：28-32、23.

[702] 李正华, 等. 稀有金属材料与工程[J]. 1982,(1)：20-25.

[703] 郑远谋, 张胜军. 不锈钢-钢大厚复合板坯的爆炸焊接和轧制. 钢铁研究学报[J]. 1996, 8(4)：14-19.

[704] 郑远谋. 镍-钛爆炸复合板的热轧制. 上海金属(有色分册)[J]. 1990, 11(4)：20-26.

[705] 郑远谋. 表面粗糙度对金属材料硬度测试数据的影响. 钢铁研究学报[J]. 1991, 3(4)：27-33.

[706] 郑远谋. 铜-硬铝(LY12)复合板的爆炸焊接与轧制. 热加工工艺[J]. 1991,(1)：40-42.

[707] 郑远谋. 轧制对铜-LY2M爆炸复合板组织、成分和性能的影响. 轻合金加工技术[J]. 1991, 19(8)：21-24.

[708] Trueb L, Witman R. The effect of cold and hot rolling on the microstructure and fracture characteristics of titanium-to-steel explosion welds. international Journal of materials research[J]. 1973, 64(9)：613-618.

[709] 美国专利[P]. 3331121, 1967.

[710] 李正华, 等. 稀有金属材料与工程[J]. 1984(6)：28-32.

[711] 久保田彰(日). 日本金属学会会报[J]. 1978, 17(6)：544-545.

[712] 张军良, 裴大荣. 稀有金属材料与工程[J]. 1986,(6)：13-16.

[713] 胡东福. 异步轧制技术[J]. 金属世界[J]. 1994,(4)：15.

[714] 耿文范. 金属基复合材料的发展现状. 国外金属材料[J]. 1989,(1)：8-15.

[715] 于启湛, 丁国福, 等. 中国焊接学会编. 爆炸焊接复合板交界面冶金行为研究. 第七届全国焊接学术会议论文集[C]. 北京：机械工业出版社, 1993：7. 48-7. 52.

[716] 郑远谋. 镍-钛爆炸复合板的退火. 广东有色金属[J]. 1995,(1)：22-26.

[717] 郑远谋. 镍-不锈钢爆炸复合板的退火. 广东有色金属[J]. 1997,(1)：30-34.

[718] Борисенко В А, и др. С П[J]. 1985,(4)：18-19.

[719] Оголихин В М. А С[J]. 1983,(3)：14-15.

[720] 刘华堂, 辛湘杰. 化工与通用机械[J]. 1976,(12)：38-50.

[721] 宝鸡有色金属研究所. 稀有金属合金加工[J]. 1976,(2)：15-29.

[722] 宝鸡有色金属研究所. 稀有金属合金加工[J]. 1976,(2)：40-43.

［723］Анцифсров В Н，и др. ФГВ［J］. 1977，13（5）：767-771.

［724］Welding Research Council Bulletin Bolding of Metal With Explosive［C］. 104/Aoril，1965.

［725］宝鸡有色金属研究所. 关于纯钛-普通碳钢爆炸复合板的组织和性能的研究报告［R］. 1976.

［726］郑远谋. 钛-钢爆炸复合板的退火. 上海金属（有色分册）［J］. 1992，13（4）：23-29.

［727］Кудинов В М，и др. А С［J］. 1977，（8）：52-55.

［728］杨应魁，等. 复合接点材料［R］. 1975.

［729］GB/T 13147-91. 铜及铜合金复合钢板焊接技术条件［S］. 1991.

［730］GB/T 13148-91. 不锈钢复合钢板焊接技术条件［S］. 1991.

［731］GB/T 13149-91. 钛及钛合金复合钢板焊接技术条件［S］. 1991.

［732］斯重遥，主编. 焊接手册（第二卷）［M］. 北京：机械工业出版社，1992：581-614.

［733］堵耀庭，张其枢. 异种金属的焊接［M］. 北京：机械工业出版社，1986.

［734］何康生，曹雄夫. 异种金属焊接［M］. 北京：机械工业出版社，1986.

［735］武字 266 部队. 钛与钢及钛-钢复合板的焊接. 第一届钛及钛合金会议文集［C］. 上海：上海科技情报所，1973.

［736］Конюхов А В，и др. А С［J］. 1982，（11）：43-46.

［737］兰光，裴岱. 国外焊接技术［J］. 1978.（6）：37-40.

［738］Щербак М А，и др. С П［J］. 1972，（2）：19-20.

［739］Щербак М А，и др. С П［J］. 1968，（3）：26-28.

［740］Richter Ulf. Schweis. and Schneid.［J］. 1973，25（6）：218-220.

［741］国外焊接［J］. 1982，（3）：39-40.

［742］Фартушный В Г，Всюков Ю Г. А С［J］. 1977，（10）：30-33.

［743］Борисенко В А，и др. С П［J］. 1986，（4）：20-21.

［744］Каховский Ю Н，и др. А С［J］. 1990，（7）：34-36.

［745］戈兆文，等. 不锈钢复合钢板焊接工艺评定试验. 压力容器［J］. 1994，11（2）：79.

［746］溶接技术［J］. 1982，30（9）：81-82.

［747］杨蒙. 材料开发与应用［J］. 1999，14（3）：40-43.

［748］武春芝，刘俊强，等. B30-A3 钢复合板用于 10 万吨真空制盐蒸发室的焊接. 焊接［J］. 1987，（9）：17-19.

［749］Оголихин В M. А С［J］. 1983，（3）：14-15.

［750］Добрушин Л Д，и др. А С［J］. 1979，（8）：29-31.

［751］龚冀源. 铝-钢爆炸焊接头与铝软带的碳弧焊. 焊接［J］. 1991，（1）：25-26.

［752］今井保穗，中村春雄（日）. 溶接技术［J］. 1980，28（8）：50-56.

［753］Лисуха Г П，и др. С П［J］. 1970，（10）：20-22.

［754］STJ 委员会. 轻金属溶接［J］. 1979. 17（10）：27-34.

［755］STJ 委员会. 轻金属溶接［J］. 1979. 17（11）：11-28.

［756］STJ 委员会. 轻金属溶接［J］. 1979. 17（12）：11-21.

［757］Jefferson T B. Austral Welding J.［J］. 1979，23（2）：15-17.

［758］七二五研究所，新中国船厂. 铝-钢复合过渡接头焊接技术要求［R］. 1992.

［759］LWS B 8102-81. 铝-钢连接用复合材［S］. 1981.

［760］日本防卫厅标准. STJ S 11119. 船舶设计标准，第 20 款，铝合金-钢复合过渡接头［S］.

［761］Деняченко О А，и др. С П［J］. 1990，（3）：15.

［762］张胜军. 薄壁不锈钢-低碳钢（A3 钢）复合板的微束等离子弧焊接工艺研究［D］. 广州：华南理工大学，1996.

［763］Charrin V. Marche Suissemach.［J］. 1962，30（3）：19.

［764］唐锦瑚. 世界有色金属［J］. 1986，（7）：15-17.

［765］Лукашкин Н Д，и др. Цвет. металлы［J］. 1981，（1）：66-67.

［766］郑远谋. 金属爆炸复合材料中的显微硬度研究. 理化检验（物理分册）［J］. 1998，34（5）：9-13.

［767］Tamhankar R V，Ramesam J. Metallography of explosive welds. Materials Science and Englneering［J］. 1974，13（3）：25-30.

［768］Пинчук П А，и др. ФиХОМ［J］. 1965，（5）：96-106.

［769］Покатаев Е П，и др. С П［J］. 1978，（3）：10-12.

［770］Trueb Lucien F. An Electron Microscope Investigation of Explosion Bonden Metals［M］. 1968.

［771］Кривинцов А Н，Седых В С. ФиХОМ［J］. 1969，（1）：132-141.

［772］Ruppin Dietrich. Fortsch. Ber. VDI-Z.［J］. 1966，Reihe 2，（11）：41s.，ill.

［773］Беляев В И, и др. 4 Mezinar. symp. : Využiti energ. vybuchu k pripr. kovov. metal. novych vlacth. vybuchov. svarovan. , platovan. Zpevnovan. a. lisovan. kovov. prasku, Gottwaldov［C］. 1979, sb. pr. Pardbice, s. a. 65-71.

［774］Гельман А С. ФГВ［J］. 1974, 10(6): 898-904.

［775］Соннов А П, и др. Науч. тр. Волгогр. политехн. ит-та［C］. 1975, Вып. 2: 39-46.

［776］Седых В С, и др. Науч. тр. Волгогр. политехн. ит-та［C］. 1974, Вып. 1: 25-28.

［777］Schweren F F. Metalloberläche, no［C］. 10, 1964.

［778］Klein W. Schweissen und Schneiden［J］. 1967, 19(4): 172-175.

［779］Bhalla A K, et al. (Poc. Conf. on)The Use of High Energy Rate Methods for Forming, Welding and Compaction , Leeds, 1973［C］. 1973(11): 6pp.

［780］Angelo P C, et al. Trans. Indian. Inst. Metals, Sept.［J］. 1970, 23(3): 68-72.

［781］Rame San J, et al. Welding J. (miami, Fla), Jan［J］. 1972, 51(1): 23-28.

［782］Wodara J. Schwei βtechnik (DDR)［J］. 1963, 13(10): 433-437.

［783］旭化成工业株式会社. HABW 爆炸焊接法［M］. 65 日工展.

［784］宝鸡有色金属研究所. 钛-钢爆炸复合板. 第一届钛及钛合金会议论文集(第一册)［C］. 上海：上海科技情报所, 1973.

［785］Амелима А С, и др. ФГВ［J］. 1970, 6(3): 358-363.

［786］Аникина Л Д, и др. ФГВ［J］. 1970, 6(1): 120-123.

［787］Грабин В Ф, и др. ФиХОМ［J］. 1970, (6): 56-59.

［788］Бердический Г И, и др. А С［J］. 1968, (9): 15-20.

［789］侯法臣, 等.热处理温度对 254SMo-16MnR 爆炸复合板组织和性能的影响.钢铁［J］. 1995, 30(12): 39-44.

［790］Тебелинг Н Н, и др. ФиХОМ［J］. 1968, (5): 96-106.

［791］Афоник И З, и др. ФиХОМ［J］. 1975, (6): 148-150.

［792］Zemsky S V, et al. Protective Coatings on Metals［J］. 1971, (3): 55-60.

［793］冯端, 等. 金属物理(上)［M］. 北京：科学出版社, 1964.

［794］乌曼斯基, 等. 金属学物理基础［M］. 北京：科学出版社, 1958.

［795］东北工学院钢铁压力加工教研室. 金属压力加工原理［M］. 北京：中国工业出版社, 1961.

［796］米列尔 Л Е, 主编. 子群, 等译校. 有色金属及合金加工手册(上)［M］. 北京：中国工业出版社, 1965.

［797］郑远谋. 爆炸焊接结合区波形成的金属物理学机理(Ⅰ).广东有色金属学报［J］. 1998, 8(1): 37-46.

［798］郑远谋. 爆炸焊接结合区波形成的金属物理学机理(Ⅱ).广东有色金属学报［J］. 1998, 8(2): 131-139.

［799］Дунаев С Ф, и др. ФиХОМ［J］. 1994, (3): 20-25.

［800］Deribas A, et al. Comport Milieux Denses Hautes Pressions Dymam［M］. Paris-New York, 1968: 351-354.

［801］Ganin E, Komem Y, et al. Acta met.［J］. 1986, 34(1): 147-148.

［802］吴绍尧. 中国力学学会编. 铜-钢爆炸焊接结合区特征.第四届全国爆炸加工学术会议论文集［C］. 北京：中国科学院力学研究所, 1982.

［803］Рябчиков Е А, и др. Влияние высок. давлений на вещество, матер. 2-ого укр. расп. семинара, Киев, 1976［C］. Киев, 1978: 80-83.

［804］Бердичевский Г И, Соболенко Т М. А С［J］. 1968, (9): 13-17.

［805］Дунаев С Ф, д ир. ФиХОМ［J］. 1974, (3): 60-64.

［806］Полянский В М, и др. С П［J］. 1971, (3): 9-10.

［807］Гулъбин Б В, и др. Вопр. атом. науки и техн. : сер. сварки в ядер. технол. (Москва)［J］. 1988, 20(1): 25-28.

［808］杨扬, 张新民, 等. 中南矿冶学院学报［J］. 1994, 25(4): 485-489.

［809］张益谨, 任山, 等. 中南矿冶学院学报［J］. 1992. 23(6): 719-723.

［810］Васильковская М А, и др. Физ. и тех. высок. давлений［J］. 1990: 34、68-70.

［811］杨扬, 等. 稀有金属材料与工程［J］. 1977, 26(4): 13-17.

［812］肖宏滨, 等. 中国机械工程学会焊接学会编. 第九届全国焊接会议论文集［C］. 哈尔滨：黑龙江人民出版社, 1999: 2. 160-2. 163.

［813］张益谨, 等. 中南矿冶学院学报［J］. 1993, 24(2): 211-215.

［814］杨扬, 张新民, 等. 中国有色金属学报［J］. 1994, 3(5): 93-98.

［815］杨扬, 张新民, 等. 中国有色金属学报［J］. 1994, 3(5): 90-92、98.

［816］周邦新, 蒋有荣. 金属学报［J］. 1994, 30(3): B104-108.

［817］Yamashita Tatayoshi. J. Electron. Microsc.［J］. 1973, 22(1): 13-18.

［818］山下忠美等(日). 溶接学会志［J］. 1973, 42(6): 518-525.

［819］卫英慧，等. 钢铁研究学报［J］. 1999，11（4）：57-60.

［820］周邦新，彭峰. 中国力学学会编. 铜-碳钢以及黄铜-不锈钢爆炸结合层的电子显微镜研究. 第五届全国爆炸加工学术会议论文集［C］. 宝鸡：宝鸡稀有金属加工研究所，1985.

［821］李炎，张振逵，等. 材料开发与应用［J］. 1996，11（1）：24-31.

［822］王素霞. 钢铁［J］. 1994，29（4）：38-42.

［823］Рябчинков Е А，и др. Изв. вуз. черная металлургия［J］. 1979，（9）：92-94.

［824］Крубин А В，и др. Изв. вуз. черная металлургия［J］. 1979，（7）：95-97.

［825］Земекий В И，Боровик А С. ФиХОМ［J］. 1988，（2）：93-97.

［826］Стеблянко В Л，и др. Теория и практ. про-ва метизов［M］. Свердловск，1985：153-159.

［827］Кузюков А Н，и др. Физ. метал. и металловедение［J］. 1980，52（2）：424.

［828］Loosemore G R，et al. Brit. J. Non-Destruct. Test.［J］. 1981，23（1）：7-11.

［829］郑远谋. 爆炸焊接与节电. 广东节能［J］. 1996，（1）：35-41.

［830］Öberg Å，et al. Met. Trans.［J］. 1985，A16（1-6）：841-852.

［831］Сониов А П，Седых В С. Тр. Волгоград. политехн. ин-та［M］. 1975，（2）：39-46.

［832］Кривинцов А Н，и др. Тр. Волгоград. политехн. ин-та［M］. 1975，（2）：55-61.

［833］Бублинков А Л，и др. Тр. Волгоград. политехн. ин-та［M］. 1975，（2）：79-83.

［834］Беляев В И，и др. Дакл. АН БССР［M］. 1988，32（11）：1001-1004.

［835］Смиян О Д，и др. Сварка взрывом и свойства сварочного соединения［M］. Волгоград，1986：129-137.

［836］Смиян О Д，и др. Сварка взрывом и свойства соедчнения［M］. Волготрад，1986：119-128.

［837］Лысок В И，и др. Сварка взрывом и свойства сварочного соединения［M］. Волгоград，1985：65-73.

［838］Зпштейн Г Н. Высок. давления и свойства материалов. Материалы 3-ого укр. респ. науч. семинара［M］. Киев，1980：108-112.

［839］Рябчиков Е А，и др. Влияние высок. давлений на вещество. Материалы 2-ого укр. респ. науч. семинара，Киев，1976［M］. Киев，1978：80-83.

［840］陈勇富，洪有秋. 矿冶工程［J］. 1993，13（1）：16-19.

［841］Махнеко В И，и др. А С［J］. 1979，（1）：23-26.

［842］Колесников С Ю，и др. Изв. вуз. черн. металлургия［J］. 1983，（2）：84-88.

［843］Заркуа Р Ш，и др. Матер. докл. 4-й респ. науч. -техн. конф. молод. ученых，Тбилиси 1979［C］. Тбилиси，1980：130-133.

［844］Петушков В Г. А С［J］. 1986，（10）：35-38.

［845］Pacif. Factory［J］. 1962，104（3）：6-9.

［846］Carlson R J，et al. Mater. Eng.［J］. 1968，68（1）：70-75.

［847］波卢欣 П И，и др. 林治平，译. 金属和合金的变形抗力（上）［M］. 北京：机械工业出版社，1984.

［848］古勃金 С И. 金属塑性变形（第二卷），塑性的物理化学理论［M］. 北京：中国工业出版社，1965.

［849］（苏）斯德洛日夫 М А，波波夫 Е А，著. 哈尔滨工业大学锻压教研室，吉林工业大学锻压教研室，译. 金属压力加工原理［M］. 北京：机械工业出版社，1980.

［850］Бихачев С А，Ядевич А И. Порошик. Металлургия（Минск）［J］. 1981，（5）：93-98.

［851］Banariee S K，et al. Metallurgia［J］. 1970，81（485）：87-88.

［852］Хаджиев Р Р，и др. МиТОМ［J］. 1978，（8）：16-21.

［853］Киселев А Н，и др. ФГВ［J］. 1974，10（4）：594-598.

［854］Борисенко В А，и др. С П［J］. 1988，（1）：7-9.

［855］Савченков Э А，и др. Коррозия и зашита в нефтегаз. пром-сти реф. Науч. -тех. сб.［J］. 1975，（6）：3-5.

［856］Шаловалов В П，и др. Зашита мемаллов［J］. 1973，9（4）：465-467.

［857］Hill B，Trueb L F. Resistance of explosion-bonded stainless steel clads to intergranular corrosion and stress corrosion cracking. Corrosion［J］. 1969，25（1）：23-29.

［858］宝鸡有色金属研究所. 中国力学学会编. 锆$_{-2}$+不锈钢管接头的爆炸焊接，第三届全国爆炸加工学术会议论文集［C］. 北京：中国科学院力学研究所，1978.

［859］Чернышев О Г，и др. Сталь［J］. 1980，（5）：416-419.

［860］Кузюков А Н，Левченко В А. Зашита металлов［J］. 1986，（4）：562-564.

［861］Гривин В П，и др. Vyuffi. energ. vybuchu priprave kov. mater. nov. vlastu. 6 Mezinar. symp. Gottwaldov，22-24 rijen，1985，sv. 2［C］［Praha］，1985：319-324.

[862] Зотов М И, и др. А С[J]. 1985, (8): 62-64.

[863] 旭化成的工业用火药. 65 日工展[C]. №16.

[864] 石井勇五郎(日). 金属[J]. 1971, 41(1): 21-23.

[865] 潼泽雄(日). 金属[J]. 1974, 44(6): 25.

[866] 久保田彰(日). 轻金属溶接[J]. 1980, 18(1): 28-29.

[867] Седых В С, и др. Сарка взрывом и свойства саврочного соедпнения[M]. Волгоград, 1989: 13-22.

[868] 彭文安, 等. 中国力学学会编. 钛-铜等几种过渡接头的爆炸焊接. 第四届全国爆炸加工学术会议论文集[C]. 北京: 中国科学院力学研究所, 1982.

[869] 郑远谋. 爆炸焊接与节电. 广东节能[J]. 1996, (1): 35-41.

[870] 张振遒, 陈火金. 中国力学学会编. 国外爆炸焊接理论研究. 第四届全国爆炸加工学术会议论文集[C]. 北京: 中国科学院力学研究所, 1982.

[871] 李国豪, 张登霞, 等. 中国力学学会编. 对称碰撞焊接模型律试验研究, 第四届全国爆炸加工学术会议论文集[C]. 北京: 中国科学院力学研究所, 1982.

[872] 张登霞, 李国豪, 等. 中国力学学会编. 碰撞焊接金相组织分析. 第四届全国爆炸加工学术会议论文集[C]. 北京: 中国科学院力学研究所, 1982.

[873] 段文森, 马祖康, 等. 稀有金属材料与工程[J]. 1990, (3): 63-69.

[874] 郑远谋. 不锈钢-碳钢爆炸复合板和爆炸焊接机理探讨. 广东有色金属学报[J]. 1993, 3(2): 133-138.

[875] 郑远谋. 吉林大学自然科学学报[J]. 1989, (3): 59-63.

[876] 杨扬. 钛-钢爆炸复合界面的微观组织结构和力学行为[D]. 长沙: 中南工业大学, 1994: 45.

[877] 郑远谋, 等. 爆炸焊接条件下金属中一种新的塑性变形方式. 中国有色金属学报[J]. 1998, 8(增刊1): 239-243.

[878] 郑远谋, 等. 退火对钢-钢爆炸复合板中飞线组织和性能的影响. 钢铁研究[J]. 1999, (1): 25-29.

[879] 郑远谋, 等. 退火对钛-钛爆炸复合板中飞线组织和性能的影响. 上海有色金属[J]. 1999, 20(3): 108-113.

[880] Zheng Yuanmou, et al. J. Iron and Steel Res., Int. [J]. 1999, 6(2): 39-43.

[881] 田锡唐, 主编. 焊接手册(第3卷)[M]. 北京: 机械工业出版社, 1992: 74-79.

[882] Покатаев Е П, и др. С П[J]. 1981, (4): 10-12.

[883] Махненко В И, Храпов А А. А С[J]. 1979, (1): 23-26.

[884] Покатаев Е П, Трыков Ю П. С П[J]. 1978, (3): 10-12.

[885] Первухин Л Б, и др. МиТОМ[J]. 1975, (11): 28-32.

[886] Гельман А С. С П[J]. 1974, (10): 34-35.

[887] Покатаев Е П, и др. С П[J]. 1972, (9): 10-12.

[888] 久保田彰. 轻金属溶接[J]. 1981, 19(1): 28-29.

[889] Шур Д М, Цвченко Л Ф. С П[J]. 1987, (5): 35-36.

[890] Гельман А С, Львова Е П, и др. С П[J]. 1976, (6): 17-20.

[891] Покатаев Е П, и др. Тр. Волгоград. политехн. ин-та[J]. 1975(2): 83-91.

[892] 恩泽忠男, 等(日). 溶接学会志[J]. 1978, 47(4): 43-48.

[893] Nilsson T, Hagwall T, et al. Scand. J. Met. [J]. 1980, 9(1): 31-33.

[894] 郑远谋, 等. 爆炸焊接对金属力学性能的要求. 理化检验(物理分册)[J]. 1998, 34(7): 6-10.

[895] GB 7732-87. 金属板材表面裂纹断裂韧度 K_{Ie} 试验方法[S]. 1987.

[896] GB 6398-86. 金属板材疲劳裂纹扩展速率试验方法[S]. 1986.

[897] GB 4164-84. 金属板材平面应变断裂韧度 K_{Ic} 试验方法[S]. 1984.

[898] GB 2358-80. 裂纹张开位移(COD)试验方法[S]. 1980.

[899] GB 2038-80. 利用 J_R 阻力曲线确定金属材料延性断裂韧度的试验方法[S]. 1980.

[900] 段文森, 马祖康, 等. 稀有金属材料与工程[J]. 1990, (5): 63-69.

[901] Devitt D E. J. Composite Material[J]. 1980, 14(3): 270-285.

[902] Sih G C. ASTM STP[C]. 1980, 381, 30-83.

[903] 鲁汉民, 吴敬梓, 等. 稀有金属材料与工程[J]. 1989, (2): 19-22.

[904] 段文森, 刘建新, 等. 稀有金属材料与工程[J]. 1989, (3): 6-10.

[905] 杨扬, 张新民, 等. 金属学报[J]. 1994, 30(9): A409-415.

[906] Подгорный А Н, Гузь И С. А С[J]. 1975, (1): 23-25.

[907] 大政清嗣, 等. 材料[J]. 291325, 1980, P1035-1041.

[908] 郑远谋. 爆炸焊接与相图. 爆炸与冲击[J]. 1989, 9(1): 73-83.

[909] 石井勇五郎，等(日). 溶接学会志[J]. 1969, 38(12)：104-110.

[910] 石井勇五郎，等(日). 溶接学会志[J]. 1969, 38(6)：49-55.

[911] Schatt W, et al. Kristall und Technik[J]. 1968, 13(2)：185.

[912] Shcweven F F. Metalloberfläche[J]. 1964, 10.

[913] Ben-Zion Weiss. Z. Metallkunde[J]. 1971, (2)：159-163.

[914] Scholer B. Weld Desigh and Fabric.[J]. 1962, 35(8)：40-42、44.

[915] Bernard V B, et al. Vestn. Moskav. Univ.[J]. 1971, 12(3)：365-366.

[916] Людаговский А В, и др. ФГВ[J]. 1977, 13(5)：767-771.

[917] 虞觉奇，等. 二元合金状态图集[M]. 上海：上海科学技术出版社, 1987.

[918] 葛志明. 钛的二元系相图[M]. 北京：国防工业出版社, 1977.

[919] Engineer[J]. 1969, (229)：5924.

[920] Product Finishing[J]. 1980, 33(4)：10-12.

[921] Calson R J, et al. Mater. Eng.[J]. 1968, 68(1)：70-73.

[922] Филянд М А, и др. Свойства редкпх злементов(справочник)[M]. Москва：Металлургия, 1964.

[923] 米列尔 Л Е, 主编. 子群，等译校. 有色金属及合金加工手册(上)[M]. 北京：中国工业出版社, 1965.

[924] 包哥金-阿列克赛夫 Г И, 主编. 杜明等, 译校. 苏联有色金属及合金手册[M]. 北京：中国工业出版社, 1963.

[925] 波尔特洽依 К И, 等著. 林装, 译. 镁合金加工手册(工艺与性质)[M]. 北京：冶金工业出版社, 1959.

[926] Birchfield J R. Weld. Ded. and Fabr.[J]. 1982, 55(6)：78-83.

[927] 威廉芙德, 著(美). 首都机械厂资料组, 译编. 爆炸加工译丛-高能成形评论[R]. 1960.

[928] 首都机械厂, 三机部 301 所, 七机部 708 所, 编. 金属爆炸加工技术[R]. 1974.

[929] 高能成型[M]. 北京：国防工业出版社, 1970.

[930] Allen W A, Mapes J M, et al. J. Appl. Phys.[J]. 1954, (25)：675-676.

[931] Abrahamson G R. Trans ASME[J]. 1961, 28, 519.

[932] Schmittmann E, et al. Arch Eisenhütten wessen[J]. 1965, 36(9).

[933] Bahrani A S, Black T J. Proc. Roy. Soc. Ser A[C]. 1967, 296(1445).

[934] Hund J H. Pnil. Mag.[J]. 1968, 17(148)：669.

[935] Klein W. Z. Metallk.[J]. 1965, 56(26).

[936] Guduhov S K, et al. J. Compet. Phys.[J]. 1970, (5)：517.

[937] Reid S R. Int. J. Mech. Sci.[J]. 1974, 16.

[938] Годунов С К, Сегеев Н Н. ПМТФ[J]. 1974, (4)：50-56.

[939] Гордополов Ю А, Михайлов А Н. ФГВ[J]. 1977, 13(2)：288-291.

[940] Robinson J L. Phil. Mag.[J]. 1975, 31(3)：587-597.

[941] Гордополов Ю А. ФГВ[J]. 1980, 16(4)：126-132.

[942] Tadao Onsawa, Yugoro Ishij. 金属板爆炸焊接中波的形成. 第五届国际高能率加工会议论文[C]. 中国科学院力学研究所译, 1979.

[943] 薛鸿陆. 爆炸焊接中波形成的机理(调研报告)[R]. 1979.

[944] Канелъ Г И, Шербанлъ В В. ФГВ[J]. 1980, 16(4)：93-103.

[945] Лобанов В Ф. ФГВ[J]. 1980, 16(3)：113-116.

[946] Батьков Ю В, и др. ФГВ[J]. 1979, 15(5)：139-141.

[947] Даниленко В А, и др. Ⅱ СПОМВ СССР[M]. Новосибирск, 1981：193-196.

[948] Даниленко В А, и др. А С[J]. 1982, (10)：18-21、50.

[949] Babul W. High Pressure Sci. and Technol. Proc. 7th Int. AIRAPT Conf. Le Creusot, 1979 Vol. 1, Oxford e. a.[C]. 1980：354-356.

[950] Babul W. J. Tech. Phys.[J]. 1987, 28(4)：499-505.

[951] 宋秀娟，浩谦. 金属爆炸加工的理论与应用[M]. 北京：中国建筑工业出版社, 1983.

[952] Седых В С, и др. ФиХОМ[J]. 1980, (4)：117-119.

[953] Кузьмин Г Е, и др. ФГВ[J]. 1976, 12(3)：458-461.

[954] 七二五研究所. 半圆柱试验法及其在爆炸焊接中的应用[R]. 1978.

[955] Kowalick J F, Robert D. Metallograpnic Measurment of Explosive Welding Parameters. Explosive Welding[M]. 1968.

[956] 宝鸡有色金属研究所, TA2-Q235 钢半圆柱爆炸焊接实验及结果分析[R]. 1980.

[957] 克拉蒂克 L, 瓦塞克 J. 彭初廉, 译. 选择爆炸焊接的碰撞动力学条件. 捷克斯洛伐克工业化学研究所. 第五届国际高

能率加工会议论文[C]. 1979.

[958] Михайлов А Н, и др. Отд. ин-та хим. физ. АН СССР[M]. Черноловка, 1979, 8 с., Библиогр. 5 нав..

[959] Jaramillo D, et al. J. Mater. Sci.[J]. 1987, 22(9): 3143-3147.

[960] James F K, et al. Proc. of the Meeting of the High Pressure Technology Association on Use of Explosevesin Forming[C]. Welding and Compation, 1968: 9-14.

[961] Bahrani A S, Black T J, Crossland B. Proc. Roy. Soc. Ser A[M]. 1967, 296(123).

[962] Kydinov V, Bunyatycm A K$_R$. Proc. Int. Conf. on the Use of High Energy Rate Methods of Forming[C]. Welding and Compation, 1973.

[963] Дерибас А А, и др. ФГВ[J]. 1977, 13(3): 484-489.

[964] Суровцов А П, Бакланова О Н. А С[J]. 1989, (3): 27-31.

[965] Rinehart J S, Penrson J. Explosive Working of Metals[R]. (非正式结果, 仅供参考). 1963.

[966] 宝鸡有色金属研究所. 稀有金属合金加工[J]. 1976, (2): 88.

[967] Devries K T, et al. UTEC[C]. Do71-013, 3. 2. 1-3. 2. 12.

[968] Welding Research Council Bulletin Bonding of Metal with Explosioses[C]. 104/Aoril, 1965.

[969] Седых В С, и др. С П[J]. 1962, (5): 3-6.

[970] Bement L J. Weld. J.[J]. 1973, 52(3): 147-154.

[971] Гельман А С, и др. С П[J]. 1966, (10): 4-6.

[972] Батактев А Ф, Бережницкий С Н, и др. С П[J]. 1976, (6): 7-8.

[973] Седых В С, Бондаръ М П. С П[J]. 1963, (2): 1-5.

[974] 日本旭化成工业公司. 钛-钢复合板情况. 石油化工设备简讯[R]. 4, 1976.

[975] 哈尔滨锅炉厂. 钛材热加工性能试验小结[R]. 1975.

[976] Jaffee R I, Burte H M. Titanium Sclence and Technology[C]. Vol. 4, 1972.

[977] Савченков Э А, и др. Коррозия и защита в нефтегаз. пром-сти. реф. науч-техн. сб.[J]. 1976, (6): 3-5.

[978] Хорошевский В Т, Казак Н Н. ФиХОМ[J]. 1974, (3): 94-97.

[979] 姚鸿年. 金相研究方法[M]. 北京: 中国工业出版社, 1963.

[980] 沈桂琴. 光学金相技术[M]. 北京: 北京航空航天大学出版社, 1992.

[981] Stan J P, et al. Report №BMI-1594[M]. 1962.

[982] 美国专利[P]. 3761004.

[983] 美国专利[P]. 3740826.

[984] Montagnani Mario, et al. Schweiss. und Schneid.[J]. 1973, 23(12): 493-496.

[985] Czajkowski Henryk, et al. Prsegl. Spawaln.[J]. 1966, 18(8): 191-195.

[986] 美国专利[P]. 3728780.

[987] 美国专利[P]. 3737976.

[988] Ханов А M, Яковлев И В. ФГВ[J]. 1979, 15(6): 114-118.

[989] 美国专利[P]. 3735476.

[990] AD 69-820[P].

[991] Chadnik M D, et al. 陈登丰, 译. 化工与通用机械[J]. 1981, (5, 7, 8).

[992] AD 77-5101[P].

[993] Schweissen und Schneiden[J]. 1969, 21(9): 434-436.

[994] Otto H R, Wittman R. Evaluation of NASA-LANGLEY Research Ceter Explosive Seam Welding[C]. 1977.

[995] Bahrani A S, Crossland B. Explosive and Their Use in Engineering-Part 1[C]. 1968.

[996] Bement L J. Weld. J.[J]. 1973, 52(3): 147-154.

[997] Persson P I. The 8th Inter. Conf. on HERF[C]. 1984, 305-308.

[998] 二机部一院. 中国力学学会编. 热交换器爆炸堵管工艺. 第三届全国爆炸加工学术会议论文集[C]. 北京: 中国科学院力学研究所, 1978.

[999] Тавадзе Ф Н, и др. Ⅱ СПОМВ СССР, Новосибирск[C]. 1981: 70-73.

[1000] 西尾安弘, 吉田康之. 爆炸扩管法. 特许公报[S]. 昭48-34666.

[1001] 藤田昌大, 等(日). 塑性与加工[J]. 1974, 15(156): 19-26.

[1002] 龟山扶美夫(日). 钛复钢板标准[S]. 日本溶接委员会.

[1003] 宝鸡有色金属研究所. 稀有金属合金加工[J]. 1976, (2): 86.

[1004] Metal Constrer.[J]. 1975, (12): 613-616.

[1005] 大连造船厂. 中国力学学会编. 飞片原理在爆炸焊中的应用. 第三届全国爆炸加工学术会议论文集[C]. 北京：中国科学院力学研究所，1978.

[1006] 潘际銮，主编. 焊接手册(第1卷)[M]. 北京：机械工业出版社，1992：468.

[1007] 美国金属学会，编. 金属手册(第九版)(第6卷)[M]. 北京：机械工业出版社，1994：945.

[1008] 曾乐，主编.《现代焊接技术手册》编辑委员会编. 现代焊接技术手册[M]. 上海：上海科学技术出版社，1993：342-343.

[1009] 朱中平，薛剑峰. 世界常用钢号手册(第3版)[M]. 北京：中国物资出版社，2003.

[1010] 李春胜. 钢铁材料手册[M]. 南昌：江西科学技术出版社，2004.

[1011] 朱中平. 不锈钢钢号中外对照手册[M]. 北京：化学工业出版社，2004.

[1012] 孙广能. 进口钢材标准手册(美、日、德、英、法、俄及国际标准精编版)[M]. 上海：上海科学技术出版社，2003.

[1013] 钢铁产品分类、牌号、技术条件、包装、尺寸及允许偏差标准汇编(第3版)[M]. 北京：中国标准出版社，2005.

[1014] 沈宇福. 新编金属材料手册[M]. 北京：科学出版社，2003.

[1015] 贾耀卿. 常用金属材料手册(上、下)[M]. 北京：中国标准出版社，2004.

[1016] 机械设计手册(新版1)[M]. 北京：机械工业出版社，2005.

[1017] 王祝堂，田荣璋. 铝合金及其加工手册(第二版)[M]. 长沙：中南大学出版社，2005.

[1018] 王祝堂，田荣璋，主编. 铜合金及其加工手册[M]. 长沙：中南大学出版社，2002.

[1019] 林钢，等主编. 铝合金应用手册[M]. 北京：机械工业出版社，2003.

[1020] 中国标准出版社第二编辑室，编. 铝及铝合金标准汇编(上)[M]. 北京：中国标准出版社，2004.

[1021] 中国标准出版社第二编辑室，编. 铜及铜合金标准汇编[M]. 北京：中国标准出版社，2004

[1022] 潘复生，张静. 铝箔材料[M]. 北京：化学工业出版社，2005.

[1023] 莱茵斯 C，波特尔 M(德)，编. 陈振华，等译. 钛与钛合金[M]. 北京：化学工业出版社，2005.

[1024] 张喜燕，赵永庆，白晨光. 钛合金及应用[M]. 北京：化学工业出版社，2005.

[1025] 陈振华. 变形镁合金[M]. 北京：化学工业出版社，2005.

[1026] 张津，章宗和. 镁合金及其应用[M]. 北京：化学工业出版社，2004.

[1027] 重有色金属加工手册[M]. 北京：冶金工业出版社，1980.

[1028] 轻有色金属加工手册[M]. 北京：冶金工业出版社，1979.

[1029] 稀有色金属加工手册[M]. 北京：冶金工业出版社，1984.

[1030] 贵金属加工手册[M]. 北京：冶金工业出版社，1978.

[1031] 李成，主编. 中国特钢企业协会不锈钢分会，编. 不锈钢实用手册[M]. 太原：山西科学技术出版社，2003.

[1032] 高宗仁. 简明不锈钢使用手册[M]. 太原：山西科学技术出版社，2003.

[1033] U. 卡曼奇. 曼德里(印)，R. 贝德威著(印)，著. 李晶，黄运华，译. 高氮钢和不锈钢——生产、性能与应用[M]. 北京：化学工业出版社，2006.

[1034] 中国机械工程学会，中国材料研究学会，等主编. 中国材料工程大典[M]. 北京：化学工业出版社，2005-2006(第2、3卷：钢铁材料工程；第4、5卷：有色金属材料工程；第10卷：复合材料工程；第15卷：材料热处理工程；第22、23卷：材料焊接工程).

[1035] 杨扬，编著. 金属爆炸复合技术与物理冶金[M]. 北京：化学工业出版社，2006.

[1036] 唐仁政. 二元合金相图集[M]. 长沙：中南大学出版社，2007.

[1037] 戴永年，二元合金相图集[M]. 北京：科学出版社，2009.

[1038] H П. 梁基谢夫(俄)，主编. 郭青蔚，等译. 金属二元系相图手册[M]. 北京：化学工业出版社，2009.

[1039] 郭青蔚，王桂生，郭庚辰. 常用有色金属二元合金相图集[M]. 北京：化学工业出版社，2009.

[1040] 张启运，庄鸿寿，编. 三元合金相图手册[M]. 北京：机械工业出版社，2011.

[1041] 纪贵. 世界钢号对照手册[M]. 北京：中国标准出版社，2007.

[1042] 朱中平. 中外钢号手册[M]. 北京：化学工业出版社，2010.

[1043] 朱中平. 中外钢号对照手册[M]. 北京：化学工业出版社，2009.

[1044] 林慧国，瞿志豪，茅益明. 袖珍世界钢号手册(第四版)[M]. 北京：机械工业出版社，2009.

[1045] 干勇，等主编. 钢铁材料手册(上、下)[M]. 北京：化学工业出版社，2009.

[1046] 黄伯云，等主编. 有色金属材料手册(上、下)[M]. 北京：化学工业出版社，2009.

[1047] 田争. 有色金属材料国内外牌号对照[M]. 北京：中国标准出版社，2006.

[1048] 宋小龙，安继儒. 新编世界金属材料手册[M]. 北京：化学工业出版社，2008.

[1049] 安继儒，田龙岗. 金属材料手册[M]. 北京：化学工业出版社，2008.

[1050] 贾耀卿，主编. 常用金属材料手册(上、下)(第二版)[M]. 北京：中国标准出版社，2008.

[1051] 张邦维，廖树帜. 实用金属材料手册[M]. 长沙：湖南科学技术出版社，2010.

[1052] 张京山，等主编. 金属及合金材料手册[M]. 北京：金属出版社，2005.

[1053] C. 卡默，等编著(德). 卢惠民，等译. 铝手册[M]. 北京：化学工业出版社，2009.

[1054] 刘培兴，刘晓瑭，刘华蒲. 铜与铜合金加工手册[M]. 北京：化学工业出版社，2008.

[1055] 钟卫佳. 铜加工技术实用手册[M]. 北京：冶金工业出版社，2007.

[1056] 肖亚庆，主编. 万时云，等编写. 铝加工技术实用手册[M]. 北京：冶金工业出版社，2012.

[1057] 邹武装，主编. 钛手册[M]. 北京：化学工业出版社，2012.

[1058] 邹武装，主编. 锆、铪手册[M]. 北京：化学工业出版社，2012.

[1059] 刘胜新. 实用金属材料手册[M]. 北京：机械工业出版社，2011.

[1060] 孙玉福，主编. 新编有色金属材料手册[M]. 北京：机械工业出版社，2010.

[1061] 杨家斌，张丽坤. 钢铁材料手册[M]. 北京：中国标准出版社，2011.

[1062] 孙玉福，主编. 钢铁材料速查手册[M]. 北京：机械工业出版社，2009.

[1063] 高宗江. 中外钢号速查手册[M]. 太原：山西科学技术出版社，2008.

[1064] 贾风翔. 不锈钢性能及应用[M]. 北京：化学工业出版社，2012.

[1065] 顾纪清. 不锈钢应用手册[M]. 北京：化学工业出版社，2009.

[1066] 朱中平，主编. 中外不锈钢和耐热钢牌号速查手册[M]. 北京：化学工业出版社，2008.

[1067] 夏万福，等. 中国工程科技论坛第 125 场论文集[C]. 北京：冶金工业出版社，2011：147-156.

[1068] 李玉平，等. 中国工程科技论坛第 125 场论文集[C]. 北京：冶金工业出版社，2011：120-124.

[1069] 侯发臣，等. 中国工程科技论坛第 125 场论文集[C]. 北京：冶金工业出版社，2011：125-134.

[1070] 张杭永，等. 中国工程科技论坛第 125 场论文集[C]. 北京：冶金工业出版社，2011：164-170.

[1071] 张超，等. 中国工程科技论坛第 125 场论文集[C]. 北京：冶金工业出版社，2011：135-146.

[1072] 王虎年，等. 中国工程科技论坛第 125 场论文集[C]. 北京：冶金工业出版社，2011：176-179.

[1073] 王勇，等. 中国工程科技论坛第 125 场论文集[C]. 北京：冶金工业出版社，2011：180-186.

[1074] 徐宁皓，等. 中国工程科技论坛第 125 场论文集[C]. 北京：冶金工业出版社，2011：157-163.

[1075] 韩静涛，等. "2008 双(多)金属复合管/板材生产技术开发与应用"学术讨论会文集[C]. 北京：北京科技大学，2008：1-19.

[1076] 汪旭光. 中国科技论坛第 125 场论文集[C]. 北京：冶金工业出版社，前言，2011：V-VL.

[1077] 王建民，等. 爆炸焊接的应用与发展. 材料导报[J]. 2006，20(1)：42-45.

[1078] 周景蓉，等. 中国工程科技论坛第 125 场论文集[C]. 北京：冶金工业出版社，2011：87-92.

[1079] 张勇，等. 中国爆破新技术 Ⅱ[M]. 北京：冶金工业出版社，2008：17-22.

[1080] 田建胜. 爆炸焊接技术的研究与应用进展. 材料导报[J]. 2007，21(11)：99-103.

[1081] 王勇，等. 含能材料[J]. 2009，17(3)：326-329.

[1082] 罗英杰，等. 低爆速爆炸焊接炸药稀释剂优选. 煤矿爆破[J]. 2011，(3)：19-21.

[1083] 王勇，等. 中国爆破新技术 Ⅱ[M]. 北京：冶金工业出版社，2008：615-618.

[1084] 王勇，张越举，赵恩军，等. 金属爆炸焊接用低爆速膨化铵油炸药试验研究. 含能材料[J]. 2009，17(3)；326-329.

[1085] 孙业斌，张守中. 爆炸焊接用炸药的研究. 爆破器材[J]. 1990，39(6)：10-13.

[1086] 余运辉. 低爆速炸药研制. 材料开发与应用[J]. 1994，9(6)：20-23.

[1087] 安立昌. 低爆速爆炸焊接炸药的配方设计. 火炸药学报[J]. 2003，26(3)：68-69.

[1088] 田建胜，等. 爆炸焊接专用炸药试验研究. 工程爆破[J]. 2008，14(3)：59-61.

[1089] 聂云端. 爆炸焊接专用粉状低爆速炸药的研制. 爆破[J]. 2005，22(2)：106-108.

[1090] 周新利，等. 耐冻膨化炸药的制备. 含能材料[J]. 2005，13(1)：49-51.

[1091] 吕春绪. 膨化铵油炸药[M]. 北京：兵器工业出版社，2001.

[1092] 王勇，等. 一种新型低爆速炸药爆炸焊接铝-钢的性能和表面质量问题分析. 中国爆破新技术 Ⅱ[M]. 北京：冶金工业出版社，208：615-618.

[1093] 帖选勋，乌永红. 金属爆炸焊接用粉状炸药的研究. 煤矿爆破[J]. 2009(3)，28-29、27.

[1094] 杨铁. 金属复合板爆炸焊接工艺中炸药的设计与使用. 广西轻工业[J]. 2011，27(5).

[1095] 方志梅，等. 一种新型爆焊粉状乳化炸药的研制. 露天采矿技术[J]. 2009，(4).

[1096] 岳宗洪，等. 爆炸焊接专用炸药的研究与应用. 工程爆破[J]. 2011，17(2)：73-75、88.

[1097] 陈青术. 爆炸焊接机理与焊接专用炸药的试验研究[D]. 徐州：中国矿业大学，2007.

[1098] 田建胜，陈青术. 铜-A3 钢爆炸焊接 SE 型专用炸药试验研究. 爆破器材[J]. 2008，37(5)：9.

[1099] 袁胜芳，等. 低爆速爆炸焊接炸药的试验研究. 煤矿爆破[J]. 2010，(2)：1-3.

[1100] 关尚哲，等.3 mm 厚钛-钢复合板低爆速炸药稳定爆轰的研究.中国有色金属学报[J].2010,20(Z1)：

[1101] 王继峰，等.低爆速爆炸焊接专用炸药试验研究.煤矿爆破[J].2011,(4).

[1102] 罗英杰，等.低爆速爆炸焊接炸药稀释剂优选.煤矿爆破[J].2011,(3)：19-21.

[1103] 陆明，吕春绪，刘祖亮.低爆速膨化硝铵炸药及其安全性研究.爆破器材[J].2002,(2).

[1104] 袁胜芳.爆炸焊接用低爆速炸药的研制[R].2011.

[1105] 聂云端.爆炸焊接专用粉状低爆速炸药的研制.爆破[J].2005,22(2)：106-108.

[1106] 刘自军，等.中国爆破新技术Ⅲ[M].北京：冶金工业出版社,2012：819-822.

[1107] 刘自军，等.中国爆破新技术Ⅲ[M].北京：冶金工业出版社,2012：823-827.

[1108] 张越举，等.中国工程科技论坛第125场论文集[C].北京：冶金工业出版社,2011：199-203.

[1109] 王铁福.爆炸复合中起爆区不定常段的确定.爆炸与冲击[J].2004,24(3)：285-288.

[1110] 关尚哲，等.3 mm 厚钛-钢复合板低爆速炸药稳定爆轰的研究.中国有色金属学报[J].2010,20(S.1)：219-223.

[1111] 潘殿刚.复合板圆筒展开长度的计算.压力容器[J].2002,19(2)：52-53、28.

[1112] 史兴隆，等.钢管外包爆炸焊接的实验研究.内蒙古工业大学学报[J].2005,24(1)：8-11.

[1113] 方雨，等.中国工程科技论坛第125场论文集[C].北京：冶金工业出版社,2011：171-175.

[1114] 李选明，等.爆炸焊接工艺参数与波形参数的关系.焊接[J].2000,(3)：18-20.

[1115] 刘小鱼，等.梯形布药法寻求最佳爆炸焊接药量参数的实验研究.内蒙古工业大学学报[J].2004,23(4)：269-272.

[1116] 张建臣，等.双金属爆炸焊接窗口计算机仿真.聊城大学学报(自然科学版)[J].2004,17(2)：86-88.

[1117] 王宇新，等.双金属爆炸焊接窗口计算机仿真.爆破器材[J].2002,31(5)：29-32.

[1118] 张振逵.船舶科学技术[J].1996,(1)：28-33.

[1119] 王铁福.爆炸焊接参数的计算机辅助设计.高压物理学报[J].2004,18(3)：245-251.

[1120] 张振逵.材料开发与应用[J].2003,18(1)：43-46.

[1121] 张振逵.材料开发与应用[J].2003,18(2)：43-46.

[1122] 李晓杰，等.双金属爆炸焊接下限.爆破器材[J].1999,28(3)：22-25.

[1123] 樊新民，等.南京理工大学学报[J].1996,20(6)：512.

[1124] 赵静，等.双金属复合板爆炸焊接窗口研究.科学技术与工程[J].2009,9(5)：1126-1130.

[1125] 李晓杰.厚板爆炸焊接窗口的应用.爆破器材[J].1996,25(4)：27-30.

[1126] 谢飞鸿，等.爆炸焊接有效多方指数及可行性窗口研究.焊接学报[J].2004,25(4)：35-38.

[1127] 刘鹏，等.钛-钢复合板爆炸焊接装药厚度下限研究.兵器材料科学与工程[J].2011(3).

[1128] 刘鹏，等.爆炸焊接最佳药量窗口及其参数的确定.爆破器材[J].2011,40(3).

[1129] 李明，张新华，刘水.铜-铝金属爆炸焊接上限研究.南华大学学报(自然科学板)[J].2005,19(2).

[1130] 陆明，等.爆炸焊接窗口下限药量试验研究.焊接学报[J].2002,23(6)：44-46.

[1131] 王耀华.金属板材爆炸焊接研究与实践[M].北京：国防工业出版社,2007.

[1132] 谢飞鸿，等.金属爆炸焊接数值计算和工程应用.焊接学报[J].2005,26(6)：13-16、26.

[1133] 李晓杰，等.爆炸焊接斜碰撞过程的数值模拟研究.高压物理学报[J].2011,25(2)：173-176.

[1134] 王飞，等.爆炸焊接生成波状界面的数值模拟.解放军理工大学学报(自然科学版)[J].2004,5(2)：64-68.

[1135] 刘成，等.圆管内包爆炸焊接的数值模拟.西安交通大学学报[J].1999,33(2)：64-71.

[1136] 赵惠，等.爆炸焊接过程覆板运动位移的数值模拟.热加工工艺[J].2010,39(3)：1-4、9.

[1137] 马贝，等.间隙对三层圆管爆炸焊接影响的数值模拟.焊接学报[J].2009,30(9)：33-36.

[1138] 王建民，等.爆炸焊接三维数值模拟.焊接学报[J].2007,28(5)：109-112.

[1139] 李晓杰，等.爆炸焊接界面波的模拟研究.中国科技论坛第125场论文集[C].北京：冶金工业出版社,2011：65-70.

[1140] 薛治国，等.大面积钛-钢复合板爆炸焊接过程的数值模拟.焊接技术[J].2007,36(6)：12-15.

[1141] 薛治国，等.有限元仿真技术在爆炸焊接中的应用.中国科技论坛第125场论文集[C]。北京：冶金工业出版社,2011：71-76.

[1142] 薛治国，等.大面积高性能钛-钢复合板爆炸复合仿真研究.热加工工艺[J].2011(4).

[1143] 薛治国，等.数值模拟在大面积厚覆层钛-钢复合板研制中的应用.材料开发与应用[J].2011(5).

[1144] 谢飞鸿，罗冠伟，廖军生.基于δ函数的爆炸焊接界面应力场数值分析.中国有色金属学报[J].2007,17(12)：2029-2033.

[1145] 黄软，等.复合管爆炸焊接间隙取值数值模拟及其试验研究.兵器材料科学与工程[J].2011,34(1)：74-77.

[1146] 张新华，等.金属爆炸焊接模糊评价效果研究.南华大学学报(自然科学版)[J].2006,20(4).

[1147] 谢飞鸿，等.金属爆炸焊接界面应力场数值计算分析.中国有色金属学报[J].2007,17(12).

[1148] 王金相，等.钨钛混合粉末爆炸压实的数值模拟.中北大学学报(自然科学版)[J].2010(6).

[1149] 王呼和，等.平板爆炸焊接过程数值模拟.焊接学报[J].2010，31(9)：101-104、108.

[1150] 王建民，等.爆炸焊接数值模拟研究进展.焊接技术[J].2010，39(7).

[1151] 崔卫超，等.地铁用铝-钢复合电磁感应板的爆炸焊接参数数值模拟.中国爆破新技术Ⅲ[M].北京：冶金工业出版社，2012：1107-1115.

[1152] 赵惠，等.爆炸焊接过程中覆板运动位移的数值模拟.热加工工艺[J].2010，39(3)：1-4.

[1153] 彭磊，等.大幅板爆炸焊接质量的板幅尺寸效应研究.固体力学学报[J].2012，33(2)：176-181.

[1154] 张之颖，等.大板幅爆炸焊接脱焊问题的数值模拟.爆炸与冲击[J].2012，32(1)：51-54.

[1155] 张建臣.基于爆炸焊接的铜-铝复合散热片的优化设计.焊接技术[J].2007，36(5)：35-37.

[1156] 杨扬，等.Monel合金-Cu爆炸复合棒复合过程数值模拟.焊接技术[J].2009，38(8).

[1157] 隋国发，等.炸药量对双层圆管爆炸焊接影响的数值模拟.材料科学与工艺[J].2010(6).

[1158] 李晓杰.爆炸焊接界面波的数值模拟.爆炸与冲击[J].2011，31(6)：653-657.

[1159] 谢飞鸿，等.滑移爆轰载荷作用下覆板承受的冲击压力的数值计算.震动与冲击[J].2008，27(7).

[1160] 卢湘江，等.铝-铝薄板爆炸焊接厚度匹配性研究.科技导报[J].2009，27(7)：48-51.

[1161] 李晓杰，等.爆炸焊接界面波的数值模拟.爆炸与冲击[J].2011，31(6)：653-657.

[1162] 张新华，李建智.金属爆炸焊接效果模糊评价方法研究.南华大学学报(自然科学版)[J].2006，20(4)：35-37.

[1163] 李卫红.铜-钢复合管爆炸焊接的数值模拟[J].焊接学报，2013(未发表).

[1164] 张新华，李建智.金属爆炸焊接模糊评价方法研究.南华大学学报(自然科学版)[J].2006，20(4)：35-37.

[1165] 王飞，等.爆炸焊接生成波状界面的数值模拟.解放军理工大学学报(自然科学版)[J].2004，5(2)：64-68.

[1166] 史长根，汪育，徐宏.双立爆炸焊接及防护装置数值模拟和实验.焊接学报[J].2012，33(3)：109-112.

[1167] 汪育，史长根，李焕良，等.金属复合材料爆炸焊接综合技术发展新趋势.焊接技术[J].2013，42(7)：1-5.

[1168] 李明，等.铜-铝金属爆炸焊接上限研究.南华大学学报(自然科学版)[J].2005，19(2)：29-31、35.

[1169] 李晓杰.双金属爆炸焊接上限.爆炸与冲击[J].1991，11(2)：134-138.

[1170] 熊炎飞，等.工程爆破[J].2012.18(2)：76-78.

[1171] 闻鸿浩，等.高压物理学报[J].2003，17(2)：135-140.

[1172] 杨文彬，等.爆炸复合板边界效应研究.计算力学学报[J].1998，15(2)：236-238、248.

[1173] 张杭永，等.中国工程科技论坛第125场论文集[C].北京：冶金工业出版社，2011：187-192.

[1174] 李选明.钛-钢复合板爆炸复合工艺新进展.钛工业进展[J].1993，(4)：38-39.

[1175] 李平仓，等.聚能效应在爆炸焊接工艺中的应用.四川兵工学报[J].2010，31(3)：68-70.

[1176] 李选明.TA10合金厚板与钢爆炸焊接边界效应的产生与消除.稀有金属快报[J].1999，(10)：5-6.

[1177] 王飞，等.减小爆炸焊接边界效应影响研究.工程爆破[J].2005，11(2)：6-9.

[1178] 周景蓉，等.中国工程科技论坛第125场论文集[C].北京：冶金工业出版社，2011：212-218.

[1179] 袁更生.辽宁城市环境科技[J].17(3)：51-55.

[1180] 曲艳东.爆炸焊接过程的安全评价与安全管理.工程爆破[J].2009，15(3)：83-87.

[1181] 张立娟，等.连云港化工高等专科学校学报[J].2002，15(4)：50-52.

[1182] 段卫东.爆炸焊接的安全评估和安全防护措施.中国安全科学学报[J].1999，9(6)：45-48.

[1183] 段恒杰.钛-钢复合板在真空制盐装置蒸发室的应用.钛工业进展[J].1993，(1)：19-22.

[1184] 张志仁，译.杨立志，校.太钢科技[J].2004，(3)：71-75、85.

[1185] 陈百顺，等.世界有色金属，总第243期.99全国有色金属加工学术会议论文集[C]：98-99.

[1186] 陈百顺，等.TC4与钢爆炸焊接试验研究.世界有色金属[J].1999，(5)增刊：98-99.

[1187] 张延生，等.压力容器用钛-钢复合板覆材的选择.稀有金属快报[J].2005，24(8)：25-28.

[1188] 李平仓.西北有色金属研究院钛-钢复合板进入国际市场.稀有金属快报[J].2000，(2)：2.

[1189] 黄彦生，等.薄覆层金属复合板的生产与应用前景.稀有金属快报[J].1999，(10)：10-20.

[1190] 方雨，等.中国爆破新技术[M].北京：冶金工业出版社，2012：1169-1173.

[1191] 王晓星.钛工业进展[J].1990，(6)：7-8.

[1192] 关尚哲，等.中国工程科技论坛第125场论文集[C].北京：冶金工业出版社，2011：58-64.

[1193] 关尚哲，等.第二届"层压金属复合材料生产技术开发与应用"学术研讨会文集[C].北京：北京科技大学，2010：152-157.

[1194] 周曦，等.小波变换在爆炸焊接复合板超声检测中的应用.计测技术[J].2006，26(3)：10-12、34.

[1195] 高宝利，等.钛-钢复合板在滨海电站凝汽器中的应用.钛工业进展[J].2005，22(4)：36-38.

[1196] 吴全兴，译.钛-钢复合材在超大型海洋浮式构筑物上的应用研究.钛工业进展[J].1997，(3)：27-28.

[1197] 王祝堂.世界有色金属[J].1990，(6)：21.

[1198] 史耀辉，等. 钛-钢复合板在烟囱钢内筒中的应用. 建筑施工[J]. 2005，27(4)：65-66.

[1199] 同力. 宝钛集团有限公司[R]. 2012.2.8.

[1200] 李平仓. 中国科技投资[J]. 2012，(14).

[1201] 关尚哲，等. 中国爆破新技术Ⅲ[M]. 北京：冶金工业出版社，2012：1093-1099.

[1202] 王军，等. 中国爆破新技术Ⅰ[M]. 北京：冶金工业出版社，2012：1120-1126.

[1203] 易彩虹，等. 中国爆破新技术Ⅲ[M]. 北京：冶金工业出版社，2012：1188-1195.

[1204] 赵惠，等. 第三届层压金属复合材料开发与应用学术研讨会文集[C]. 北京：北京科技大学，2012：168-171.

[1205] 胡经洪. 大型钛-钢复合板设备加工技术. 压力容器[J]. 2005，22(10)：35-37.

[1206] 胡经洪. 大型钛-钢复合板设备加工技术. 第六届全国压力容器学术会议[C]. 2005，22(10)：35-37、22.

[1207] 杨扬，等. 材料工程[J]. 1994，(8、9)：93-95.

[1208] 薛治国，等. 第三届"层压金属复合材料开发与应用"学术研讨会文集[C]. 北京：北京科技大学，2012：52-56.

[1209] 张宝军，等. 第三届"层压金属复合材料开发与应用"学术研讨会文集[C]. 北京：北京科技大学，2012：172-176.

[1210] 范江峰，等. 第二届"层压金属复合材料生产技术开发与应用"学术研讨会文集[C]. 北京：北京科技大学，2010：98-103.

[1211] 刘润生. 第二届"层压金属复合材料生产技术开发与应用"学术研讨会文集[C]. 北京：北京科技大学，2010：10-18.

[1212] 樊科社，等. 爆炸焊接用薄钛板拼焊工艺. 四川兵工学报[J]. 2011，32(1)：87-90.

[1213] 侯发臣. 材料开发与应用[J]. 1991，6(4)：36-40.

[1214] 荀家福，等. 爆炸焊接复合钢板的性能研究与工业应用. 石油化工设备技术[J]. 1993(5)：54-57、62.

[1215] 林百春. 爆炸焊接不锈钢复合板隐蔽性缺陷及检测. 压力容器[J]. 1999，(4)：18-20.

[1216] 王小华，等. 中国爆破新技术Ⅲ[M]. 北京：冶金工业出版社，2012：1127-1135.

[1217] 刘津开. 316L-16MnR 不锈钢与容器钢爆炸复合板性能. 大连交通大学学报[J]. 2010，31(6)：68-71、74.

[1218] 饶常青. 不锈钢-普碳钢厚板坯的爆炸复合[D]. 南京：南京理工大学，2003.

[1219] 王铁福. 大型不锈钢-普碳钢厚板坯的爆炸焊接. 焊接学报[J]. 2004，25(2)：87-90.

[1220] 顾海根，等. 爆炸焊接不锈复合钢制压力容器和封头 RT 波状"裂纹"的试验研究. 压力容器[J]. 2002，19(12)：6-15.

[1221] 赵自源. 材料开发与应用[J]. 1992，(6)：42.

[1222] 王一德，等. 中国管理科学[J]. 2000，8(S1)：612-622.

[1223] 李江. 复合材灯杆为城市增辉添彩. 稀有金属快报[J]. 2001，(1)：18-19.

[1224] 赵路遇，等. 材料开发与应用[J]. 2000，15(1)：24-29.

[1225] 侯法臣，等. 锅炉压力容器安全技术[J]. 1994，(2)：1-5.

[1226] 吉天锡. 四川造纸[J]. 1998，27(1)：43-45.

[1227] 卢湘江，等. 工程爆破[J]. 2011，17(4)：84-89.

[1228] 董文忠，等. 爆炸焊接复合钢板在电炉设备上的应用. 电焊机[J]. 2001，31(7)：37-39.

[1229] 范述宁，等. 中国爆破新技术Ⅲ[M]. 北京：冶金工业出版社，2012：1158-1162.

[1230] 李荣锋，等. 铜-钢爆炸复合板机械性能及其断口分析. 武钢技术[J]. 1995，33(11)：49-51.

[1231] 魏红光，等. 矿用新型复合次级直线电机. 山东煤炭科技[J]. 1998，(3)：45-46.

[1232] 杨军，等. 中国表面工程[J]. 2000，13(1)：36-38.

[1233] 杨文彬，等. 氯碱工业[J]. 1997，(11)：29-32.

[1234] 李宝绵，等. 铜-钢复合材料的研究及应用. 材料导报[J]. 2002，16(2)：22-24、30.

[1235] 黄杏利，等. 大面积铜-钢爆炸焊接复合板结合性能分析. 四川兵工学报[J]. 2011，32(9)：64-66.

[1236] 侯书增，等. 新技术新工艺[J]. 2010，(2)：72-74.

[1237] 牟宇峰，等. 第三届"层压金属复合材料开发与应用"学术研讨会文集[C]. 北京：北京科技大学，2012：110-115.

[1238] 周志斌. 石油与化工设备[J]. 2010，13(9)：48-52.

[1239] 段卫东，等. 一个异型件——打桩机滑块的爆炸焊接实验研究. 爆破器材[J]. 1999，28(4)：31-35.

[1240] 安立昌. 无缓冲层爆炸焊接. 爆破器材[J]. 1997，26(6)：24.

[1241] 张鹏，等. 2#岩石炸药在铜-钢爆炸焊接中的应用. 电焊机[J]. 2001，31(3)：45-47.

[1242] 胡文军. 电气开关[J]. 1996，(3)：37-38.

[1243] 李玉平，等. 中国焊破新技术Ⅱ[M]. 北京：冶金工业出版社，2008：587-591.

[1244] 胡广胜，等. 材料开发与应用[J]. 2006，21(6)：45-46.

[1245] 朱晓军，等. 铁道标准设计[J]. 2007，(10)：58-61.

[1246] 黄维学，等. 材料开发与应用[J]. 2000，15(4)：35-39.

［1247］边振义.爆炸焊接在俄罗斯的应用.焊接技术［J］.1997，(1)：46-48.

［1248］刘津开.铝-钢爆炸复合接头组织与性能研究［D］.大连；大连交通大学，2009.

［1249］李荣锋，等.材料保护［J］.1999，32(6)：31-32.

［1250］胡文军.用爆炸加工方法生产钢-铝复合材料锅.机械［J］.1996，23(4)：38-39.

［1251］李标峰，等.材料开发与应用［J］.1994，9(6)：1-5.

［1252］胡文军，等.用铜-钢复合材料制造刀开关.爆破［J］.1996，34(3)：37-38.

［1253］胡文军.电器用金属板覆铜爆炸焊接试验.江汉石油学院学报［J］.1998，20(2)：91-95.

［1254］严华，等.14Cr1MoR 与 321 复合钢板的焊接技术.焊接技术［J］.2011，40(9)：53-55.

［1255］张建臣.基于爆炸焊接的铜-铝复合散热片的优化设计.焊接技术［J］.2007，36(15)：35-37.

［1256］张建臣，等.计算机工程与应用［J］.2006，42(34)：92-94、97.

［1257］张建臣，等.计算机工程与应用［J］.2006，(34)：92-94、97.

［1258］胡文军.覆铜电器制品的爆炸焊接.爆破［J］.1998，15(2)：85-89.

［1259］熊自立，等.金属爆炸焊接的原理和技术应用.中南工学院学报［J］.1999，13(1)：59-63.

［1260］黄吉祥.第二届"层压金属复合材料生产技术开发与应用"学术研讨会文集［C］.北京：北京科技大学，2010：165-169.

［1261］温开元.新技术新工艺［J］.2011，(7)：100-102.

［1262］鞠秀梅.中国有色金属学报［J］.1998，8(S2)：435-437.

［1263］苏海保，等.中国工程科技论坛第 125 场论文集［C］.北京：冶金工业出版社，2011：204-211.

［1264］李晓杰，等.爆炸焊接异种金属导电材料.轻合金加工技术［J］.1997，25(4)：36-38.

［1265］江文明.Cu-Al 爆炸焊技术在 60 kA 侧插自焙槽上的应用.轻金属［J］.1997，(3)：35-38.

［1266］赵慧英，等.铜-铝双金属薄板爆炸焊接参数选择.爆破［J］.2004，21(2)：80-82、85.

［1267］徐高磊，等.特种铸造及有色合金［J］.2011，31(6)：545-547.

［1268］张建成.焊接技术［J］.2007，36(5)：35-37.

［1269］戈学忠.世界有色金属［J］.1993，(9)：30.

［1270］章应，等.第二届"层压金属复合材料生产技术开发与应用"学术研讨会文集［C］.北京：北京科技大学，2010：19-26.

［1271］陆明，等.复合管爆炸焊接装置中金刚砂填充物的试验研究.热加工工艺［J］.2011，40(21)：107-110.

［1272］黄软，等.焊接技术［J］.2010，39(9)：15-18.

［1273］黄金昌，等.r-TiAl 基合金板材加工工艺.钒钛［J］.1996，(5)：54.

［1274］韩刚，等.材料开发与应用［J］.2011，26(6)：12-16.

［1275］赵惠，等.中国爆破新技术Ⅲ［M］.北京：冶金工业出版社，2012：1116-1119.

［1276］刘小鱼，等.中国爆破新技术Ⅰ［M］.北京：冶金工业出版社，2004：532-535.

［1277］周金波，等.世界有色金属［J］.1999，(243)增刊：57-59.

［1278］岳宗洪，等.中国爆破新技术Ⅲ［M］.北京：冶金工来出版社，2012：1100-1106.

［1279］孔宪平，等.爆炸复合钛-铜复合棒的孔型轧制.钛工业进展［J］.2003，20(2)：25-27.

［1280］郑月秋.钛和不同金属焊接时的爆炸过渡焊.钛工业进展［J］.1997.(1)：13-15.

［1281］李中，等.钛-铜复合棒的生产及其应用.钛工业进展［J］.1995，(6)：34-35.

［1282］李选明.钛-钢复合板爆炸复合工艺新进展.钛工业远展［J］.1998，(4)：38-39.

［1283］郭绍秋.钛工业进展［J］.1989，(2)：2-3.

［1284］易孟阳，等.TAT 钛合金轧制新工艺.钛工业进展［J］.1991，(1)：8-10.

［1285］黄永光，等.钛-铜复合棒及其标准化.稀有金属快报［J］.2005，24(5)：23-27.

［1286］庙廷钢，等.昆明工学院学报［J］.1994，19(5)：80-84.

［1287］钱钧.钛、镍材在氯碱工艺中的应用.稀有金属快报［J］.2006，25(2)：36-38.

［1288］韩明臣，译.低成本钛合金制备技术研究进展.稀有金属快报［J］.2007，26(7)：42-43.

［1289］吴玉兰，等.钛合金等温精密锻件的研制.钛工业远展［J］.1989，(5)：7-8.

［1290］裴大荣.钛的爆炸结合及其在钛加工领域的应用.钛工业进展［J］.1990，(1)：4-5.

［1291］裴大荣.钛-不锈钢两种规格的过渡接头将用于广播卫星.钛工业进展［J］.1993，(1)：27.

［1292］裴大荣.钛复合中间层的新应用.钛工业进展［J］.1994，(4)：11-12.

［1293］黄翰章，等.钛-不锈钢过渡接头研究.稀有金属材料与工程［J］.1990，(5)：33-37.

［1294］裴大荣，等.世界有色金属［J］.1999，(243)增刊：76-77.

［1295］裴大荣，等.钛-不锈钢复合棒结合强度评价.稀有金属材料与工程［J］.1997，26(5)：51-54.

[1296] 刘荣，等.稀有金属材料与工程[J].2008，37(S4)：645-648.

[1297] 裴大荣.钛工业进展[J].1988，(6)：4-5.

[1298] 胡捷，等.第三届"层压金属复合材料开发与应用"学术研讨会文集[C].北京：北京科技大学，2012：10-17.

[1299] 胡捷，等.第二届"层压金属复合材料生产技术开发与应用"学术研讨会文集[C].北京：北京科技大学，2010：142-151.

[1300] 李选明.钛-钢复合板爆炸复合工艺新进展.钛工业进展[J].1993，(4)：38-40.

[1301] 尤世武，等.稀有金属材料与工程[J].1988，(5)：11-15.

[1302] 徐卫，等.钛-铝复合板界面组织及其对加工性能的影响.稀有金属[J].2011，35(3)：342-348.

[1303] 马志新，等.采用爆炸+轧制法制备钛-铝复合板.稀有金属[J].2004，28(4)：797-799.

[1304] 徐卫，等.热加工工艺[J].2010，38(20)：91-94.

[1305] 王飞，等.机械传感器测量炸药近爆区爆炸破坏作用实验研究.爆破[J].2002，8(4)：7-10.

[1306] 薛小军，等.中国工程科技论坛第125场论文集[C].北京：冶金工业出版社，2011：101-108.

[1307] 冯志猛.石油化工设备[J].1999，28(6)：47-49.

[1308] 李文军，等.镍-钢复合板管壳式换热器的制造.压力容器[J].1998.15(2)：55-57、85.

[1309] 郑世平.江苏化工[J].2004，325：50-53.

[1310] 李选明.爆炸复合技术生产锆-钢复合板.稀有金属快报[J].2000，(6)：17.

[1311] 李选明.西北有色金属研究院成功研制厚覆层锆-钢复合板.稀有金属快报[J].2000，(10)：15-17.

[1312] 孙万仓，等.锆-钢复合板设备结构设计分析.钛工业进展[J].2012，29(1)：39-41.

[1313] 焦永刚，等.爆炸焊接外复法制取铌-不锈钢复合棒.爆炸与冲击[J].2004，24(2)：189-192.

[1314] 马雁，等.Nb1Zr与316L不锈钢爆炸焊高温退火扩散层的显微组织分析.原子能科学技术[J].2005，39(Z1)：160-163.

[1315] 吴金平，等.Nb-304L爆炸复合板界面组织分析.稀有金属材料与工程[J].2008，37(S4)：634-637.

[1316] 徐天祥，等.Ta10W合金与30GrNi2MoA钢爆炸复合的研究.兵器材料科学与工程[J].1991.(2)：28-34.

[1317] 李选明.钽-钢复合板.稀有金属快报[J].2001，(12)：16-17.

[1318] 林桥，等.稀有金属材料与工程[J].2008，37(增刊3)：757-760.

[1319] 武天真.复合材料与热双金属.金属材料研究[J].2000，26(2)：14.

[1320] 李红富，等.爆炸焊接法生产铜-钢油膜轴承衬板.爆破[J].2005，25(3)：101-104.

[1321] 廖华刚.爆炸焊接参数对复合板界面组织及力学性能的影响[D].武汉：武汉科技大学，2002.

[1322] 孙景义.焊接工业[J].2011，(1)：41-45.

[1323] 符寒光，等.高炉风口应用爆炸焊接复合材料的研究.上海金属[J].2001，23(5)：31-34.

[1324] 陆明，等.工具钢-Q235复合板爆炸焊接试验及性能研究.焊接学报[J].2001，22(4)：47-50.

[1325] 符寒光，等.特殊钢[J].2004，25(6)：46-49.

[1326] Tuama M，等.材料开发与应用[J].1998，13(5)：24-27.

[1327] 李颜文，等.焊接[J].2011.(11)：(广告部分).

[1328] 魏巍，等.钛工业进展[J].1999，16(1)：12-16.

[1329] 李志.稀有金属快报[J].2006，25(5)：45-46.

[1330] 华志强.稀有金属[J].2011，35(6)：(广告部分).

[1331] 杨文彬，等.可淬硬复合材料的爆炸焊接及应用研究.五金科技[J].2001，29(4)：15-17、24.

[1332] 闫鸿浩，等.云南大学学报(自然科学版》[J].2002，24(1A)：236-239.

[1333] 闫安军，等.异种金属接头在复合板设备中的应用.钛工业进展[J].1996，(4)：29-30.

[1334] 冷光荣，等.爆炸焊接双面复合不锈钢管板的工艺研究.江西冶金[J].2008，28(6)：6-7、36.

[1335] 赵树丰.燕山石化[J].1991，(1)：34-37.

[1336] 闫鸿浩，等.金属材料研究[J].2002，28(4)：15-19.

[1337] 张建臣，等.基于爆炸焊接的铜-铝复合散热片的优化设计.焊接技术[J].2002，31(3)：15-17.

[1338] 王宇新，等.计算力学学报[J].2003，20(1)：109-112.

[1339] 王波，等.多层金属板爆炸焊接参数的试验研究.矿业快报[J].2008，(6)：80-81.

[1340] 张胜玉.金属基复合材料的爆炸焊.焊接技术[J].1999，(2)：48.

[1341] 李晓杰，等.爆炸复合纤维增强材料的初步探索.上海金属[J].1992，14(4)：20-22.

[1342] 黄汉章.钛工业进展[J].1993，(1)：46-47.

[1343] 王宝云，等.内爆炸法制备铝-不锈钢细长双金属复合管的研究.焊接[J].2005，25(9)：54-57.

[1344] 王宝云，等.焊接[J].2005，(9)：54-57.

［1345］孙显俊，等.机械工程材料［J］.2011，35（2）：35-38、42.

［1346］吕世雄，等.20G-316L 双金属复合管弧焊接头组织与性能.焊接学报［J］.2009，30（4）：93-96.

［1347］王忠孝.第二届"层压金属复合材料生产技术开发与应用"学术研讨会文集［C］.北京：北京科技大学，2010：64-66.

［1348］席正海.国外双金属复合管生产工艺.四川冶金［J］.1989，（4）：52-58、26.

［1349］李发根，等.高腐蚀性油气田用双金属复合管.油气储运［J］.2010，29（5）：361-364.

［1350］孙育禄，等.全面腐蚀控制［J］.2011，25（5）：10-12、16.

［1351］顾建忠.国外双层金属复合钢管的用途及生产方法.上海金属［J］.2000，22（4）：16-24.

［1352］陈敏微.钢铁工艺［J］.1996，（1）：11-16.

［1353］於方，等.焊管［J］.2002，29（1）：34-36.

［1354］刘德义，等.钛铜中间层-钢扩散焊复合管界面组织与性能.焊接学报［J］.2013，34（1）：49-52.

［1355］刘建彬，等.热加工工艺［J］.2009，38（4）：125-127.

［1356］刘勇，等.油气田地面工程［J］.2006，25（9）：特别版.

［1357］段欣，等.第三届"层压金属复合材料开发与应用"学术研讨会文集［C］.北京：北京科技大学，2012：62-71.

［1358］钱乐中.焊管［J］.2007，30（3）：30-33.

［1359］毕宗岳，等.2205-Q233 大面积双相不锈钢复合板性能分析.焊管［J］.2010，33（3）：25-28.

［1360］吴华，等.第三届"层压金属复合材料开发与应用"学术研讨会文集［C］.北京：北京科技大学.2012：152-160.

［1361］黄晓斌，等.第三届"层压金属复合材料开发与应用"学术研讨会文集［C］.北京：北京科技大学.2012：123-131.

［1362］张立君，等.2205 双相不锈钢双金属复合管焊接工艺研究.焊管［J］.2009，32（4）：30-34.

［1363］刘燕学，等.第三届"层压金属复合材料开发与应用"学术研讨会文集［C］.北京：北京科技大学.2012：57-61.

［1364］肖桂华，等.不锈钢-碳钢复合管的生产技术.四川冶金［J］.2000，（1）：58-59.

［1365］胡松涛，译.崔天燮，校.太钢译文［J］.1994，（3）：49、12.

［1366］王呼和，等.钢管与钢板爆炸焊接的实验研究.兵器材料科学与工程［J］.2008，31（6）：27-30.

［1367］康遇庆，等.电站辅机［J］.2004，25（3）：54-56.

［1368］王呼和.管板爆炸焊接试验研究及数值模拟.呼和浩特：内蒙古工业大学［D］.2008.

［1369］戴兴国，译.江南造船技术［J］.1990.（1）：40-52、58.

［1370］Helmley J M.张富源，译.国外核动力［J］.1993，（3）：61-63.

［1371］陈忠平.Monel-Cu 爆炸复合棒的制备及复合过程数值模拟研究［D］.长沙：中南大学，2008.

［1372］杨扬，等.焊接学报［J］.2008，29（8）：53-56.

［1373］黄寅生.乳化炸药爆炸法生产不锈钢复合工件.煤矿爆破［J］.1999，（1）：38-39.

［1374］郭训忠，陶杰，等.爆炸焊接 316L 不锈钢-Al 复合管的界面及性能研究.南京航空航天大学学报［J］.2010，42（5）：642-644.

［1375］卢湘江，等.深空探测采样容器爆炸焊接工艺实验研究.北京理工大学学报［J］.2010，30（6）：643-646.

［1376］陈晓强，张可玉，等.线状爆炸焊接结合界面的显微分析.焊接学报［J］.2008，29（9）：105-108.

［1377］孙宇新，等.多层金属板爆炸焊接研究.南京理工大学学报（自然科学版）［J］.2009，33（5）：596-599.

［1378］陈晓强，等.水下复合板的爆炸焊接.焊接技术［J］.2004，33（6）：23-25.

［1379］陈晓强，等.水下爆炸焊接修补实验研究.爆破［J］.2004，21（1）：77-79.

［1380］张洪涛，等.水下焊接技术现状及发展.焊接［J］.2011，（10）：18-22、27.

［1381］陈晓强，等.浅谈水下爆炸焊接的发展及试验研究.中国工程科技论坛第 125 场论文集［C］.北京：冶金工业出版社，2011：77-83.

［1382］孙伟，等.中国爆破新技术Ⅲ［M］.北京：冶金工业出版社，2012：142-148.

［1383］陈晓强，张可玉，等.热加工工艺［J］.2007，36（19）：40-41.

［1384］陈晓强，张可玉，等.水下爆炸焊接有关技术试验研究.工程爆破［J］.2012，18（2）：72-75.

［1385］孙伟，等.水下爆炸焊接制备 NiTi 合金与铜箔复合板.焊接学报［J］.2012，33（10）：63-66.

［1386］李晓杰，等.水下爆炸焊接和压实.爆炸与冲击［J］.2013，33（1）：103-107.

［1387］周春华，等.爆炸焊接技术在装备抢修中的应用.工程爆破［J］.2009，15（3）：81-83.

［1388］田涛，等.爆炸焊接在装备维修中的应用研究.张家口职业技术学院学报［J］.2008，21（1）：65-67.

［1389］崔立.材料开发与应用［J］.2011，26（1）：38-41.

［1390］王承权，等.舰船钢-铝结构过渡接头的应用及节点设计.船舶工程［J］.2004，26（6）：34-36.

［1391］武春艺，等.焊接学报［J］.1990，11（4）：225-230.

［1392］李敬勇，等.船舶工程［J］.1997，（6）：35-37、49.

［1393］陈国虞，等.渡船铝合金上层建筑与钢结构的焊接.焊接［J］.1996，（1）：19-22.

[1394] 王承权，等.铝合金上层建筑与钢主船体的新型焊接过渡接头.船舶工程[J].1999，(4)：26-28、34.

[1395] 刘润泉，等.新型立式铝-钢复合接头焊后性能实验研究.船舶工程[J].2003，25(6)：60-63.

[1396] 李荣锋.第二届"层压金属复合材料生产技术开发与应用"学术研讨会文集[C].北京：北京科技大学，2010：129-134.

[1397] 王绪明.航海工程[J].2008，37(3)：20-22.

[1398] 黄杏利，等.热加工工艺[J].2011，40(16)：103-105.

[1399] 郭为民，等.爆炸复合材料铝-钛-钢在不同海域的腐蚀行为.腐蚀与防护[J].2005，26(8)：329-332、346.

[1400] 王建民，等.爆炸焊接工艺对铝-钢复合板界面性能的影响.武汉理工大学学报[J].2007，29(7)：103-105.

[1401] 许之芳，等.中国水运[J].2008，8(6)：156-157.

[1402] 王建民，等.爆炸焊接界面波形参数的影响因素.北京科技大学学报[J].2008，30(6)：636-639.

[1403] 赵路遇，等.船舶科学技术[J].1998，(1)：53-59、63.

[1404] 毛秋水，等.焊接热循环对铝合金-铝-钢复合过渡接头性能的影响.船舶工程[J].2010，32(3)：54-57.

[1405] 陈国虞.船用铝-钢过渡接头截面优化设计.上海造船[J].2002，(2)：60-62.

[1406] 崔立.船舶工程[J].2008，37(6)：36-37.

[1407] 王承权，等.铝合金船体结构应用带筋板的几个问题.船舶工程[J].2003.32(4)：8-11.

[1408] 王建民，等.铝合金-纯铝-钢复合板爆炸焊接试验及性能研究.海军工程大学学报[J].2008，20(2)：105-108.

[1409] 通讯员.钛工业进展[J].2012，29(5)：44.

[1410] 杨雷，郑世平.锆-钢复合板封头的压制.压力容器[J].2006，23(4)：51-52、25.

[1411] 程信林，等.Cu-Mo-Cu爆炸复合材料界面研究[D].长沙：中南大学，2000.

[1412] 杨扬，等.Cu-Mo-Cu爆炸复合界面组织特征.稀有金属材料与工程[J].2001，30(5)：339-341.

[1413] 张家毓，等.第二届"层压金属复合材料生产技术开发与应用"学术研讨会文集[C].北京：北京科学大学，2010：72-82.

[1414] 张兵，等.第二届"层压金属复合材料生产技术开发与应用"学术研讨会文集[C].北京：北京科学大学，2010：158-164.

[1415] 朱爱辉，等.Cu-Mo复合材料研究进展.中国钼业[J].2006，30(1)：35-38.

[1416] 王文，等."2008双(多)金属复合管(板)材生产技术开发与应用"学术研讨会文集[C].北京：北京科技大学，2008：174-180.

[1417] 朱爱辉，等.电子封装用Cu-Mo-Cu复合材料的工艺研究.稀有金属快报[J].2006，25(7)：35-39.

[1418] 颜银标，等.加热对AZ31B-7075爆炸复合板界面的影响.南京理工大学学报(自然科学版)[J].2010，34(5)：702-707.

[1419] 王全柱，等.材料开发与应用[J].2011，26(1)：29-33.

[1420] 颜银标，等.中国有色金属学报[J].2010，20(4)：674-680.

[1421] 李炎，等.Pt-Ti爆炸焊接及爆后轧制双金属断面形态与界面结构分析.洛阳工学院学报[J].1996，17(4)：25-30.

[1422] 苏旭，张振迤，等.材料开发与应用[J].1995，10(1)：23-28.

[1423] 李炎，等.TiC硬质合金-碳钢爆炸焊接复合板界面微观组织.材料热处理学报[J].2008，29(1)：85-88.

[1424] 丁彦军，等.NiTi合金爆炸焊接试验分析.焊接学报[J].2010，31(12)：109-112.

[1425] 李周，等.爆炸复合CuAlNiMnTi与QBe2合金减振弹性复合板材料.复合材料学报[J].2005，22(2)：1-5.

[1426] 谭银元.铝-钢爆炸焊接复合材料阻尼性能研究.特种铸造及有色合金[J].2005，(2)：83-84.

[1427] 佟铮，等.中国爆破新技术[M].北京：冶金工业出版社，2012：19-27.

[1428] 孙伟，等.水下爆炸焊接制备NiTi合金与铜箔复合板.焊接学报[J].2012，33(10)：63-66.

[1429] 张国伟，等.钢轨连接线爆炸焊接技术研究.兵工学报[J].2007，28(5)：613-616.

[1430] 董文惠，等.电焊机[J].2002，32(12)：29-31.

[1431] 张国伟，等.路轨跳线爆炸焊接连接技术试验研究.华北工学院学报[J].2002，23(1)：42-44.

[1432] 于天义，等.火工品[J].1996，(4)：40-41、46.

[1433] 张宇.钢轨连接线爆炸焊接技术研究[D].太原：中北大学，2008.

[1434] 黄崇旗.电线电缆[J].2008，(1)：6-9.

[1435] 张建富.有线传输[J].2006，(4)：24-25.

[1436] 李晓杰.厚板爆炸焊接窗口理论的应用.爆破器材[J].1996，25(4)：27-29.

[1437] 陈勇富.制造波纹管贮箱底板的TC₄钛合金与TCr18Ni9Ti不锈钢爆炸焊接.矿冶工程[J].1990，10(4)：8-12.

[1438] 狄建华，等.LY12铝合金与A3钢爆炸焊接条件的确定.华北工学院学报[J].2001，22(1)：65-69.

[1439] 王建民.武汉理工大学学报[J].2007，29(7)：103-105.

[1440] 刘玉存，狄建华，等.A3钢-黄铜爆炸焊接机理研究.华北工学院学报[J].2003，24(2)：94-98.

[1441] 王建民，等.爆炸焊接工艺对铝-钢复合板界面性能的影响.武汉理工大学学报[J].2007，29(7)：103-105.

[1442] 段卫东，等.铜和铝作为钛-钢爆炸焊接夹层时的复合工艺及焊接界面的实验研究.爆破器材[J].2001，30(1)：27-31.

[1443] 李晋敏，等.科技情报开发与经济[J].1998，(5)：38、41.

[1444] 闫鸿浩，等.金属功能材料[J].2001，8(4)：1-4.

[1445] 李晓杰，等.多层非晶薄板爆炸焊接原理.高压物理学报[J].1993，7(3)：214-219.

[1446] 李晓杰.非晶合金条带的爆炸焊接.高压物理学报[J].1993，7(4)：265-271.

[1447] 闫鸿杰，等.云南大学学报(自然科学版》[J].2002，24(S1)：240-243.

[1448] 孙宇新，等.稀有金属材料与工程[J].2008，37(12)：2294-2298.

[1449] 闫鸿浩，等.爆炸焊接界面产生非晶相的理论解释.稀有金属材料与工程[J].2003，32(3)：176-178.

[1450] 孙永军.非晶态合金焊接的研究进展.材料导报[J].2008，22(专辑)：322-327.

[1451] 孙宇新，等.表面涂层对非晶薄带爆炸焊接温度影响探讨.爆炸与冲击[J].2008，28(4)：350-354.

[1452] 闫鸿浩，等.高压物理学报[J].2002，16(1)：65-69.

[1453] 王金相，等.稀有金属材料与工程[J].2009，38(S1)：48-51.

[1454] 李晓杰，等.基于Laval喷管的平板爆轰驱动近似解.爆破器材[J].2004，33(1)：36-39.

[1455] 闫鸿浩.非晶态合金薄带的爆炸焊接研究[D].大连：大连理工大学，2003.

[1456] 张晓立，等.稀有金属材料与工程[J].2008，37(8)：1323-1328.

[1457] 付艳忽，等.稀有金属材料与工程[J].2011，40(S2)：164-168.

[1458] 孙宇新，等.非晶涂层薄带爆炸焊接上限分析.焊接学报[J].2008，39(6)：41-44.

[1459] 何鸿浩，等.爆破[J].2005，22(1)：13-16.

[1460] 彭坤，等.双层复合材料的软磁性能.中国有色金属学报[J].2004，14(7)：1129-1133.

[1461] 王科，等.材料热处理学报[J].2002，23(2)：1-3.

[1462] 艾建玲，等.焊接技术[J].2000，29(3)：13-14.

[1463] 赵峥，等.材料开发与应用[J].2008，23(5)：48-51.

[1464] 赵铮，等.板-粉双层复合材料的爆炸压涂制备技术.材料导报[J].2009，23(7)：95-97.

[1465] 侯发臣.中国爆破新技术Ⅱ[M].北京：冶金工业出版社，2008：582-586.

[1466] 王治平.爆轰波与冲击波[J].1999.(1)：11-15.

[1467] 张新民，等.中国有色金属学报[J].2003，13(6)：1425-1429.

[1468] 陈健美，等.特种铸造及有色合金[J].2004，(2)：21-24.

[1469] 励志峰.中国有色金属学报[J].2004，14(2)：223-227.

[1470] 郭训忠，陶杰，等."第三届层压金属复合材料开发与应用"学术研讨会文集[C].北京：北京科技大学，2012：72-82.

[1471] 郭训忠，陶杰，等.中国机械工程[J].2011，22(20)：2498-2502.

[1472] 王敏忠，等.稀有金属材料与工程[J].2010，39(2)：309-313.

[1473] 李敏伟，等.中国爆破新技术Ⅱ[M].北京：冶金工业出版社，2008：647.

[1474] 李敏伟，等.中国爆破新技术Ⅲ[M].北京：冶金工业出版社，2012：1182-1187.

[1475] 裴大荣，译.Designing with Titanium[M].The Institute of Metals，1986：95-101.

[1476] 马志新，等.层状金属复合板的研究和生产现状.稀有金属[J].2003，27(6)：799-803.

[1477] 谢洪儒，等.爆炸焊接+热轧双相不锈钢复合钢板研制.宽厚板[J].1997，3(1)：30-34.

[1478] 董宝才，等.2205双相不锈钢复合板爆炸+轧制工艺研究.压力容器[J].2005，22(2)：9-13.

[1479] 刘润生，等.大面积薄覆层钛-钢复合板爆炸+轧制工艺研究.稀有金属快报[J].2005，24(1)：18-20.

[1480] 王铁福.不锈钢-普碳钢爆炸焊接与轧制.爆炸与冲击[J].2004，24(2)：163-169.

[1481] 关尚哲，等.热加工工艺对钛-钢复合板界面力学性能和显微组织的影响.稀有金属快报[J].2005，24(11)：25-30.

[1482] 刘润生，等.稀有金属快报[J].2005，24(1)：18-20.

[1483] 范述宁，等.中国工程科技论坛第125场论文集[C].北京：冶金工业出版社，2011：44-51.

[1484] 郭励武，等.中国工程科技论坛第125场论文集[C].北京：冶金工业出版社，2011：114-119.

[1485] 王立新.冷轧不锈钢-碳钢复合板弯曲裂纹的分析.特殊钢[J].2005，26(4)：42-43.

[1486] 谢振亚，等.双面不锈钢复合板冷轧及热处理工艺.天津冶金[J].2003，(6)：21-25.

[1487] 王铁福.大型不锈钢-普碳钢厚板坯的爆炸焊接.焊接学报[J].2004，25(2)：87-90.

[1488] 赵峰，等.中国爆破新技术Ⅲ[M].北京：冶金工业出版社，2012：1148-1153.

[1489] 王素霞，等.爆炸焊接+热轧法生产复合板界面研究.钢铁研究学报[J].1995，7(3)：51-56.

[1490] 王素霞.爆炸焊接在复合板生产中的应用.首钢科技[J].1995，(5)：20-23

[1491] 杨文彬，等.爆炸复合板的界面波及其影响.爆破器材[J].1998，27(4)：24-28.

[1492] 赵峰，等.第三届"层压金属复合材料开发与应用"学术研讨会文集[C].北京：北京科技大学，2012：45-51.

[1493] 黄金昌.NKK 开发钛-钢轧制复合板.稀有金属快报[J].2002，21(6)：3-5.

[1494] 张立伍，陶杰，等.Ti-Al 双金属三通管件冷成形及热处理工艺.金属热处理[J].2010，35(8)：65-69.

[1495] 孙显俊，陶杰，等.Fe-Al 复合管液压胀形数值模拟及试验研究.锻压技术[J].2010，35(3)：66-70.

[1496] 郭训忠，陶杰，等.中国有色金属学报[J].2012，22(4)：1053-1062.

[1497] 郭训忠，陶杰，等.爆炸焊接 TAl-Al 复合管的界面及性能研究.稀有金属材料与工程[J].2012，41(1)：139-142.

[1498] 冯志猛.石油化工设备[J].2002，31(6)：38-39.

[1499] 丁成钢，等.爆炸焊接复合板交界区的冶金行为.焊接学报[J].2006，27(1)：85-88.

[1500] 赵路遇.材料开发与应用[J].1995，10(6)：20-28.

[1501] 李文达.太钢科技[J].1992，(2)：22-26.

[1502] 王一德，等.00Cr22Ni5Mo3N-Q345C 不锈钢复合板热处理工艺研究.压力容器[J].2001，18(4)：30-35、60.

[1503] 丁成钢，等.热处理对铝-钢复合板交界区的影响.焊接[J].2006，(8)：27-29.

[1504] 操丰，等.凝汽器钛-钢复合管役致缺陷及其焊接修复.焊接[J].2011.(1)：46-49.

[1505] 赵惠，等.中国工程科技论坛第 125 场论文集[C].北京：冶金工业出版社，2011：31-36.

[1506] 马耀文.16MnR-405 复合钢板换热器壳体断裂原因分析及处理方法.压力容器[J].2003，20(9)：32-37.

[1507] 于启湛，等.碳迁移后爆炸焊接复合板交界区的脆化.压力容器[J].1995，12(6)：486-495.

[1508] 王立新，等.爆破不锈钢复合板界面组织和性能分析及应用.钢铁[J].2005，40(11)：71-74.

[1509] 赵峰，等.材料开发与应用[J].2010，25(3)：30-34.

[1510] 刘鸿彦，等.石油和化工设备[J].2011，14(1)：17-20.

[1511] 王小华.材料开发与应用[J].2010，25(3)：66-70、78.

[1512] 刘利，等.钛-钢复合板天然气炉退火处理的可行性研究.钛工业进展[J].2012，29(5)：33-35.

[1513] 侯法臣，等.热处理温度对 254Mo-16MnR 爆炸复合板组织和性能的影响.钢铁[J].1995，30(12)：39-44、38.

[1514] 郭励武，等.中国爆破新技术[M].北京：冶金工业出版社，2008：631-634.

[1515] 赵浩峰，等.钢铁研究学报[J].1998，1(5)：49-52.

[1516] 周景蓉，等.中国爆破新技术Ⅱ[M].北京：冶金工业出版社，2008：627-630.

[1517] 邹华，等.中国爆破新技术Ⅱ[M].北京：冶金工业出版社，2008：604-608.

[1518] 斐海洋，等.压力容器[J].2002，19(11)：11-14.

[1519] 王勇，等.中国爆破新技术Ⅲ[M].北京：冶金工业出版社，2008：592-596.

[1520] 丁成钢，等.热处理对铝-钢爆炸复合板交界处的影响.焊接[J].2006.(8)：27-29.

[1521] 方吉祥，等.钛-不锈钢爆炸焊接接头退火性能的研究.材料热处理学报[J].2002，23(2)：4-7.

[1522] 刘润生，等."2008 双(多)多金属复合管(板)材生产技术开发与应用"学术研讨会文集[C].北京：北京科技大学，2008：132-138，

[1523] 赵峰，等."2008 双(多)金属复合管(板)材生产技术开发与应用"学术研讨会文集[C].北京：北京科技大学，2008：139-146.

[1524] 姜清，等.对爆炸焊接不锈钢复合钢板封头的热处理试验.压力容器[J].2004，21(1)：14-17.

[1525] 颜学柏，等.加热对钛-钢爆炸复合板界面力学性能和显微结构的影响.稀有金属材料与工程[J].1990，(5)：38-45.

[1526] 孙景荣，等.TA2-Q235 复合板的焊接.机械工人[J].2002，(9)：80.

[1527] 艾建玲，等.钛-钢复合板埋弧焊工艺研究.钛工业进展[J].2002，(2)：36-37.

[1528] 孙景荣.钢-钛钯合金复合板的焊接.机械工人(热加工)[J].2000，(7)：21-23.

[1529] 陈孝国.关于钛复合钢板制容器使用条件的一点看法.钛工业进展[J].1997，(1)：20-21.

[1530] 王百宁.复合板设备检漏的几种方法.钛工业进展[J].2004，21(1)：43-44.

[1531] 宋品玲，等.钛-钢复合板设备覆层盖板焊缝的检测方法.稀有金属快报[J].2006，25(11)：35-38.

[1532] 汪汀.材料开发与应用[J].2003，18(2)：15-18.

[1533] 李军良.金川科技[J].2004，(1)：47-49.

[1534] 张剑，等.钛-钢复合板换热器管板管口焊缝的现场修复.钛工业进展[J].2001，(4)：24-25.

[1535] 宋品玲，等.大型钛-钢换热器复合板焊接技术和质量评价.热加工工艺[J].2010，39(7)：117-119.

[1536] 刘亚芬，等.烟囱钢内筒钛-钢复合板焊接工艺.焊接技术[J].2007，36(1)：27-28.

[1537] 黄惠贤，等.2400 mm 烟囱钢内筒钛-钢复合板焊接工艺特点.热力发电[J].2006，(10)：68-69.

[1538] 黄惠贤.钢内筒钛-钢复合板焊接工艺特点.特钢技术[J].2006，(2)：39-41.

[1539] 李明鉴, 等. 不锈复合钢板的焊接. 焊接技术[J]. 2004, 33(6): 33-34、40.

[1540] 谭启勇. 热加工艺[J]. 2004, (2): 65.

[1541] 李素娟, 等. 安装[J]. 2002, (5): 15-16.

[1542] 张惠东, 等. 锅炉制造[J]. 2000, (1): 45-48.

[1543] 徐德明, 等. 不锈钢复合板焊接裂纹的返修. 焊接[J]. 2002, (10): 45-46.

[1544] 彭善. 山西建筑[J]. 2002, 28(S): 147-148.

[1545] 高进军. 江西石油化工[J]. 2000, (1): 39-45.

[1546] 刘靖涛. 化工设备与管道[J]. 2003, (4): 51-54.

[1547] 王伟滨, 等. 化工装备与技术[J]. 2005, 26(2): 43-44.

[1548] 唐俐. 904L 不锈复合板的焊接制造. 压力容器[J]. 2004, 21(1): 34-36.

[1549] 李志杰, 等. CrMo 不锈钢复合板的焊接. 焊接[J]. 2002, (6): 30-31.

[1550] 彭善. 山西建筑[J]. 2002, 28(5): 147-148.

[1551] 孙永成, 等. 石化技术[J]. 2001, 8(1): 42-44.

[1552] 李明案, 等. 焊接技术[J]. 2004, 33(6): 33-34、40.

[1553] 郑建西, 等. 不锈钢复合板的焊接工艺. 焊接[J]. 2005, (1): 28-30.

[1554] 倪农涛. 油气田地面工程[J]. 2010, 29(9): 82.

[1555] 李锡伟. 大厚型不锈钢复合板: 洗涤塔的焊接技术要求. 焊接技术[J]. 2011, 40(3): 54-57.

[1556] 卫世杰, 等. 中国工程科技论坛第 125 场论文集[C]. 北京: 冶金工业出版社, 2011: 93-97.

[1557] 张存风. 山西机械[J]. 2001, (3): 31-32、34.

[1558] 陆汉惠. 不锈钢复合钢板 316L-16MoR 的焊接. 焊接技术[J]. 2002, 31(1): 62-65.

[1559] 郭晶, 等. 石油化工设备[J]. 2002, 31(1): 17-19.

[1560] 叶玉芬. 耐热钢-不锈钢复合板容器的焊接. 焊接技术[J]. 2002, 31(4): 45-47.

[1561] 漆卫国. 三峡工程泄洪深孔不锈复合钢板的焊接工艺. 焊接技术[J]. 2001, 30(3): 9-14.

[1562] 李明鉴, 等. 水利电力机械[J]. 2000, (5): 51-54.

[1563] 刘宏, 等. 20MnMo 不锈钢复合板的焊接. 机械工人(热加工)[J]. 2002, (16): 11-12.

[1564] 周松, 等. 316L-16MnR 复合钢板焊接工艺及性能研究. 化工装备技术[J]. 2009, 30(6): 49-51.

[1565] 高金城, 等. CrMo 钢-不锈钢复合板的焊接. 压力容器[J]. 1994, 11(1): 75-78、82.

[1566] 李鸿雁, 等. 复合板容器不锈钢衬里焊接裂纹和鼓包的原因分析及处理方法. 中国锅炉压力容器安全[J]. 2001, 17 (5): 38-39.

[1567] 李国平, 等. 00C22NISMo3N-Q235C 不锈钢复合板性能分析. 太钢科技[J]. 2002, (2): 47-51.

[1568] 肖宏滨, 等. 0Crl3AI-20R 复合板焊接接头的组织与性能. 洛阳工学院学报[J]. 2002, 23(4): 38-40.

[1569] 李标峰, 等. 0Cr13NiSMo-Q235C 马氏体不锈钢复合板的焊接性. 材料开发与应用[J]. 2002, 17(4): 17-21.

[1570] 胡华忠, 等. 不锈钢复合板的焊接工艺探讨. 化工施工技术[J]. 1998, 20(5): 3-9.

[1571] 何世海, 等. 不锈钢复合板压力容器的焊接工艺. 沈阳工业大学学报[J]. 1998, 20(4): 32-35.

[1572] 王长兴, 等. 316L-Q235A 不锈钢复合板的焊接. 河北电力技术[J]. 1997, 16(6): 24-27.

[1573] 王全. 大型不锈钢复合板容器的焊接工艺. 洛阳工学院学报[J]. 2000, 21(3): 9-11.

[1574] 高青. AISI405-20g 不锈钢复合钢板的焊接. 设备管理与维修[J]. 2000, (7).

[1575] 张立新. 复合钢板加工中常见裂纹及解决方法探讨. 安装[J]. 2004, (2): 10-12.

[1576] 罗晓军. 254Mo-16MnR 不锈复合钢板的焊接. 焊接技术[J]. 2000, 29(1): 37-39.

[1577] 刘晓书, 等. INCONEL 复合钢板的焊接. 焊接[J]. 2000, (1): 41.

[1578] 王凤英, 等. 不锈钢复合板的焊接. 焊接[J]. 2008, (5): 65-67.

[1579] 牟君, 等. 不锈钢复合板及焊接. 煤矿机械[J]. 2004, (3): 86-88.

[1580] 费秋萍. 不锈钢复合板的焊接. 石油工程建设[J]. 1994, (3): 16-19.

[1581] 李明鉴. 不锈钢复合板的焊接. 焊接技术[J]. 2004, 33(6): 33-34、40.

[1582] 胡兰青. 00Cr18NiSM352-16Mn 复合板焊接接头组织和性能. 材料科学与工程[J]. 1998, (8): 47.

[1583] 于立新. 20g-0Cr13 复合板夹层缺陷的修复. 兵器材料科学与工程[J]. 2006, 26(3): 50-52.

[1584] 陈蓉, 等. 复合板 0Cr13Al-16MnR 的焊接工艺. 山东机械[J]. 2004, (6).

[1585] 卫世杰, 等. 304L-Q245C 复合钢板焊接的工艺研究. 中国爆破新技术 III[M]. 北京: 冶金工业出版社, 2012: 1154-1157.

[1586] 邹华, 等. 爆炸复合钢板设备制造中焊接缺陷及质量控制. 中国化工装备[J]. 2008, 10(2).

[1587] 徐晶晶. 复合板制造压力容器应注意的问题, 中国科技纵横[J]. 2010, (20): 243.

[1588] 朱刚, 等. 宽厚板[J]. 1997, 3(1): 30-34.

[1589] 杜永勤, 等. SB-265-Gr1 钛薄板的焊接. 焊接[J]. 2004, (2): 20-22、36.

[1590] 杜永勤, 等. 焊接[J]. 2004, (12): 20-23.

[1591] 何刚, 等. 材料开发与应用[J]. 2002, 17(6): 27-29、34.

[1592] 王小华, 等. 材料开发与应用[J]. 2006, 21(6): 23-25.

[1593] 张日恒. 铜-钢异种金属材料的焊接工艺. 压力容器[J]. 2003, 20(9): 24-26.

[1594] 李晓峰. 冶建技术[J]. 1987, (4): 5-9.

[1595] 古朋赟, 等. 铝-钢复合板与铝合金管板焊接工艺. 焊接技术[J]. 2013. 42(8): 22-24.

[1596] 杨永福, 等. H1Cr24Ni13 过渡层焊丝对 incoloy825 复合钢板焊接性能的影响. 焊接[J]. 2001, (12): 23-25.

[1597] 叶建林, 等. Incoloy 800H-20g 复合板材料焊接技术探讨. 稀有金属快报[J]. 2006, 25(1): 38-40.

[1598] 艾建玲, 等. 稀有金属材料与工程[J]. 2001, 30(6): 475-477.

[1599] 楼征妙, 等. 镍复合钢板的焊接工艺试验. 焊接技术[J]. 1998, 27(3): 35-36.

[1600] 郭丽萍. 镍及镍-钢复合板容器的设计. 稀有金属快报[J]. 1999, (6): 20-22.

[1601] 谭聚生. 镍-钢复合板压力容器的制造. 稀有金属快报[J]. 2001, (7): 20-22.

[1602] 阮鑫, 王成君, 等. 镍-钢复合板设备焊接裂纹及优化工艺. 焊接技术[J]. 2007, 36(4): 33-35.

[1603] 肖宏滨, 等. 新技术新工艺[J]. 2001, (8): 32.

[1604] 艾建玲, 等. 覆层厚度对钽-钢复合板焊接性能的影响. 焊接技术[J]. 2001, 30(3): 5-6.

[1605] 李臻. 焊接技术[J]. 2007, 26(4): 19-23.

[1606] 林文光, 等. 内蒙古工业大学学报[J]. 2001, 20(1); 39-42.

[1607] 薛根峰, 等. 中国焊接产业[J]. 2009, (6): 1-6.

[1608] 王能利, 等. 薄不锈钢覆层的 20 钢管对接 TIG 焊工艺. 焊接技术[J]. 2006, 35(6): 33-34.

[1609] 王能利, 等. 20-0Cr18Ni9 复合管焊接工艺和接头的抗腐蚀性能. 焊接[J]. 2003. (5): 23-26.

[1610] 李以善, 等. 碱回收锅炉用复合管的焊接工艺和组织. 焊接技术[J]. 2011, 40(4): 32-35.

[1611] 李建东. 电力建设[J]. 1995, (7): 40-43.

[1612] 程君. 石油工程建设[J]. 1999, (4): 36-38.

[1613] 王能利, 等. 多层焊对 A-P 异种钢复合管 SMAW 接头组织及性能的影响. 焊接学报[J]. 2007, 28(9): 51-54.

[1614] 黄须强, 等. 第三届"层压金属复合材料开发与应用"学术研讨会文集[C]. 北京: 北京科技大学, 2012: 18-26.

[1615] 许爱华, 等. 双金属复合管的施工焊接技术. 天然气与石油[J]. 2010, 28(6): 22-28.

[1616] 周声洁, 等. 焊接[J]. 2012, (6): 27-30.

[1617] 夏俊禄. 钛-不锈钢复合板的铣切加工. 钛工业进展[J]. 1994, (4): 2-3.

[1618] 李文军, 等. 材料开发与应用[J]. 2001, 16(5): 34-35.

[1619] 刘帆. N10276 复合板封头热压成型的分析. 压力容器[J]. 2007, 24(5): 21-25.

[1620] 郭晓春, 等. 超级双相钢复合板 16MnR-SAF2507 热成型工艺. 压力容器[J]. 2007. 24(1): 39-41.

[1621] 王振安, 等. 大型双面复合板椭圆封头冲压工艺. 压力容器[J]. 2006, 23(6): 47-48.

[1622] 杨文峰. 化工装备技术[J]. 2007, 28(5): 34-36.

[1623] 王清源, 等. SA387Cr11Cl2-UNSN08825 镍基合金复合板的热成型及热处理. 压力容器[J]. 2004, 21(12): 31-33.

[1624] 郭晓春, 等. 16MnR 钢堆焊 stiuite 合金钢的焊接工艺. 压力容器[J]. 2008, 24(6): 24-26.

[1625] 李娟娟, 等. 低合金耐热钢复合板筒体制造. 压力容器[J]. 2010, 27(2): 55-58、54.

[1626] 张保奇. 异种金属爆炸焊接结合界面的研究[D]. 大连: 大连理工大学, 2005.

[1627] 马东康, 等. 稀有金属材料与工程[J]. 1999, 28(1): 26-29.

[1628] 崔建国, 等. LY12 爆炸复合板疲劳性能研究. 中国有色金属学报[J]. 2000, 10(2): 170-174.

[1629] 王宝云, 等. 爆炸焊接铝-不锈钢薄壁复合管界面的微观分析. 稀有金属快报[J]. 2006, 25(2): 26-30.

[1630] 闫鸿浩, 等. 稀有金属材料与工程[J]. 2003, 32(3): 176-178.

[1631] 徐卫, 等. 钛-铝复合板界面组织及其对加工性能的影响. 稀有金属[J]. 2011, 35(3): 342-348.

[1632] 徐宇皓, 等. 中国工程科技论坛第 125 场论文集[C]. 北京: 冶金工业出版社, 2011: 37-43.

[1633] 胡兰青, 等. 爆炸焊接钢-钢复合板接合界面微观结构分析. 材料热处理学报[J]. 2004, 25(1): 46-48.

[1634] 王建民, 等. 材料工程[J]. 2006, (11): 36-39、44.

[1635] 韩丽青, 等. 爆炸复合 TA2-316L 板的组织和性能研究. 材料热处理学报[J]. 2008, 29(1): 107-110.

[1636] 郭训忠, 等. 爆炸焊接 316L 不锈钢-Al 复合管的界面及性能研究. 南京航空航天大学学报[J]. 2010, 42(5): 641-644.

[1637] 郭训忠, 等. 爆炸焊接 TAl-Al 复合管的界面及性状研究. 稀有金属材料与工程[J]. 2012, 41(1): 139-142.

[1638] 张保奇，等.321-15CrMoR 爆炸焊接复合板接合界面区的显微组织分析.焊接学报[J]. 2006, 27(2)：108-112.

[1639] 骆瑞雪，等.热加工工艺[J]. 2010, 39(8)：114-116.

[1640] 杨扬，等.金属学报[J]. 1995, 31(4)：188-194.

[1641] 韩丽青，等.钛-不锈钢焊接界面金属间化合物的生成动力学.材料热处理学报[J]. 2011, 32(2)：61-64.

[1642] 王建民，等.材料工程[J]. 2006, (11)：36-39.

[1643] 樊新民，等.钽合金与钢爆炸复合界面的研究.稀有金属材料与工程[J]. 1992, 21(4)：29-32.

[1644] 廖东波，等.退火及热轧对碳钢-不锈钢爆炸焊接复合板性能的影响.焊接学报[J]. 2013, 34(1)：109-112.

[1645] 杨扬，等.中国有色金属学报[J]. 2004, 14(8)：1159-1163.

[1646] 肖宏滨，等.铝-铜爆炸复合板结合界面的微观观察.洛阳工学院学报[J]. 2001, 22(4)：26-28.

[1647] 马东康，等.钛-钢爆炸焊接界面区形变特征研究.稀有金属材料与工程[J]. 1999, 28(1)：26-30.

[1648] 刘玉存，等.A3 钢-黄铜爆炸焊接机理研究.华北工学院学报[J]. 2003, 24(2)：94-98.

[1649] 郑庆平.材料开发与应用[J]. 2000, 15(6)：28-33.

[1650] 肖宏滨，等.洛阳工学院学报[J]. 2000, 21(4)：27-30.

[1651] 李炎，等.316L-20g 爆炸焊接复合界面的研究.洛阳工学院学报[J]. 1994, 15(1)：7-11.

[1652] 吴逸贲，等.电子显微学报[J]. 1993, (2)：113.

[1653] 李炎，等.爆炸焊接 L2-16MnR 界面反应区显微结构.洛阳工学院学报[J]. 1997, 18(3)：12-17.

[1654] 李晓波.中北大学学报[J]. 2006, 27(4)：365-368.

[1655] 王宝云，等.钛及钛合金表面强化技术.稀有金属快报[J]. 2005, 24(7)：6-10.

[1656] 谷锦梅，等.山西机械[J]. 2000, 29(增刊)：83-84.

[1657] 刘玉存，等.华北工学院学报[J]. 2003, 24(2)：94-97.

[1658] 李锋，等.热加工工艺[J]. 2007, 36(19)：4-6.

[1659] 张保奇，等.中国爆破新技术 II [M].北京：冶金工业出版社, 2008：597-603.

[1660] 廖东波，等.碳钢-不锈钢爆炸焊接复合板界面的显微组织.焊接学报[J]. 2012, 33(5)：99-102.

[1661] 高文柱，等.钛-钢爆炸复合板的结合界面.稀有金属材料与工程[J]. 1993, 22(2)：38-41.

[1662] 李炎，等.材料开发与应用[J]. 1993, 8(6)：28-33.

[1663] 邹杨，潘春旭，等.Cr5Mo 异种钢焊接熔合区 H$_2$S 腐蚀过程的原位观察.金属学报[J]. 2005, 41(4)：421-426.

[1664] 李炎，等.材料开发与应用[J]. 1996, 11(1)：24-31.

[1665] 狄建华.金属材料的爆炸焊接与硬化技术研究[D].石家庄：华北工学院, 2001.

[1666] 王宇飞，等.热加工工艺[J]. 2009, 38(9)：22-24.

[1667] 李炎，等.TiC 硬质合金-碳钢爆炸焊接复合板界面微观组织.材料热处理学报[J]. 2008, 29(1)：85-88.

[1668] 邹贵生，译，钱光宙，校.国外金属加工[J]. 1995, (1)：27-34.

[1669] 周海蓉，等.核动力工程[J]. 1997, 18(1)：61-64.

[1670] 熊俊.爆炸复合界面内非(纳米)晶及 ASB 内组织形成机制[D].长沙：中南大学, 2004.

[1671] 杨扬，等.中南工业大学学报[J]. 1995, 26(1)：105-108.

[1672] 杨扬，等.材料研究学报[J]. 1995, 9(4)：317-320.

[1673] 潘春旭，等.Al-Ti-Stee 复合板爆炸焊接界面的显微组织特征.金属学报[J]. 1997, 33(11)：1199-1206.

[1674] 狄建华，等.金属材料的爆炸焊接与硬化技术研究[D].太原：华北工学院, 2001.

[1675] 杨扬，等.材料研究学报[J]. 1995, 9(2)：186-189.

[1676] 赵惠，等.塑性工程学报[J]. 2011, 18(1)：48-52.

[1677] 樊科社，等.热加工工艺[J]. 2011, 40(15)：16-18.

[1678] 张金民，等.特种铸造及有色金属[J]. 2007, 27(9)：670-671.

[1679] 张金民.焊接技术[J]. 2008, 37(3)：15-17.

[1680] 肖宏滨，等.洛阳工学院学报[J]. 2000, 21(4)：27-30.

[1681] 杨扬，等.材料研究学报[J]. 1995, 9(2)：186-189.

[1682] 闫力，等.中国工程科技论坛第 125 场论文集[C].北京：冶金工业出版社, 2011：109-113.

[1683] 吴玟.双相不锈钢[M].北京：冶金工业出版社, 1999.

[1684] 刘玲霞.兵器材料科学与工程[J]. 2003, 26(1)：36-39.

[1685] 董明洪，等.材料开发与应用[J]. 2009, 24(2)：51-54.

[1686] 韩丽青，等.稀有金属材料与工程[J]. 2009, 38(3)：492-495.

[1687] 韩明臣，译.稀有金属快报[J]. 2007, 26(8)：44.

[1688] 刘玲霞.兵器材料科学与工程[J]. 2003, 26(1)：36-39.

［1689］李炎，等.Al-20钢爆炸焊接结合区绝热剪切带的TEM观察.电子显微学报［J］.1998，17（5）：473-474.

［1690］刘昕，等.中国爆破新技术Ⅲ［M］.北京：冶金工业出版社，2012：1178-1181.

［1691］段文森.钛工业进展［J］.1990，（6）：6-7.

［1692］崔建国，等.爆炸复合LY12-20g双金属板疲劳裂纹扩展行为研究I.面裂纹.金属学报［J］.2001，37（12）：1261-1265.

［1693］崔建国，等.爆炸复合LY12-20g双金属板疲劳裂纹扩展行为研究——角裂纹.金属学报［J］.2001，37（12）：1266-1270.

［1694］江峰，等.金属学报［J］.2002，38（5）：463-466.

［1695］崔建国，等.LY12-Cu双金属层合板的疲劳性能（Ⅰ）——面裂纹.中国有色金属学报［J］.2002，12（1）：76-81.

［1696］马东康，等.世界有色金属［J］.1999，（243）增刊：51-53.

［1697］江峰，等.中国有色金属学报［J］.2001，11（5）：746-770.

［1698］江峰，等.强度错配双金属板垂直界面裂纹疲劳扩展行为.金属学报［J］.2001，37（10）：1053-1058.

［1699］杨扬，等.金属学报［J］.1994，30（9）：A409-A415.

［1700］岳宗洪，等.材料开发与应用［J］.2011，26（1）：34-37.

［1701］王小绪，等.南京理工大学学报［J］.2013，37（2）：215-218.

［1702］杨文彬，等.基板厚度对爆炸复合材料界面状态的影响.试验力学［J］.2003，18（1）：45-49.

［1703］樊科社，等.中国爆破新技术Ⅲ［M］.北京：冶金工业出版社，2012：1142-1147.

［1704］吴庆美，等.铜包钢线结合强度测试方法.金属功能材料［J］.2011，18（6）：31-34.

［1705］侯海量，等.海军工程大学学报［J］.2006，18（1）：98-102.

［1706］徐国富.中国钼业［J］.1999，17（3）：45-48.

［1707］于明涛，等.理化检验（物理分册）［J］.2007，43（9）：449-451.

［1708］张天佑，等.船舶标准化与质量［J］.1998，（3）：27-29.

［1709］张天佑，等.船舶标准化与质量［J］.1998，（4）：22-23、5.

后记(第二版)

正值本书第 2 版编写和修改期间,2004 年我应邀参加了《中国材料工程大典》中"爆炸焊"和"爆炸复合材料"的编写工作。由于篇幅所限,在《中国材料工程大典》中只能将这两部分的基本内容简单介绍,而大量的实际材料、工艺技术及其应用还留待本书与读者见面。因此,本书的出版,不仅能使读者掌握爆炸焊接和爆炸复合材料的基础知识及基本技能,而且利用此机会,也再次全面和系统地向国内外宣传和展示了我国在此科技领域的成就。

由中国机械工程学会和中国材料研究学会等组织、1200 多位专家学者(包括 39 位两院院士)参与编写的总量约 7000 万字的大型工具书——《中国材料工程大典》已陆续出版。这部书中的第 10 卷"复合材料工程"和其他卷中的有关章节,涵盖了爆炸复合材料在内的和现今已知的所有复合材料(金属基、塑料基和陶瓷基)的内容,是复合材料科学的全面总结和百科全书。在这部书里,金属基复合材料占有相当大的比重。其中,不仅包括了各种层状金属复合材料(爆炸复合材料即是其中之一),而且讨论了大量的功能性复合材料和新兴的复合材料。这些复合新材料也品种和数量庞大、形状和种类繁多、性质和用途很广。它们也为充分发挥和综合利用、增强和提高金属材料的化学(化学腐蚀、电化学腐蚀、电蚀、热蚀、烧蚀、气蚀、砂蚀、空化腐蚀、空泡腐蚀和核腐蚀等)、物理(电、磁、热、光、声、核和机械等)及力学(强度、刚度、韧度、硬度、塑性和弹性等)性能,展现了一幅无限广阔的前景。

可以预言,在这些复合新材料的研究和生产中,众多的爆炸焊接新工艺和新技术一定有用武之地和大有作为,正如本书所讨论的和各种各样的数百及上千种爆炸复合材料一样。因此,希望爆炸焊接工作者与从事复合新材料研究、开发、生产及应用的科技人员通力合作和共同奋斗,开创爆炸焊接在复合材料新领域中广泛应用的新天地和新纪元。从而使其成为爆炸焊接新技术和爆炸复合新材料的一个新的和恒久的发展方向。

早在参加爆炸焊接研究之初(1970 年),我就指出:"喷射"只是爆炸焊接过程中的一种物理现象,不是其本质。1972 年,我在研制锆$_{-2}$+不锈钢管接头的时候,提出结合区原子间的扩散是金属爆炸焊接的原因和机理。1975 年后,在实践、认识、研究和大量资料的基础上,逐渐形成结合区金属的塑性变形、熔化和扩散即为金属间爆炸焊接的原因及本质的金属物理学观点与理论。由此,对当时盛行的爆炸焊接的流体力学理论从怀疑到否定,并且逐步地建立了一套自己的观点和理论。

为了总结和提高,特别是为了将上述观点和理论记录下来,30 多年前我就计划写一部书,当年还拟定了书名和写作提纲。但是由于那个年代的关系,计划未能实现。然而,几十年来,在艰难困苦中,我没有一刻遗忘和放弃过。相反,是始终紧紧地瞄准和抓住了这个既定的目标——这个目标不仅是一部书,而且是一整套理论和实践。同时,在几十年的艰难困苦中,我不屈不挠,以坚强的意志、顽强的毅力、强烈的事业心、坚定的科学信念和明确的社会责任感,为这套理论和实践的建立而呕心沥血和卧薪尝胆。为此,自那时以来,我为我的目标付出了辛勤的劳动:在 30 多年的实践和研究中,积累了数百万字的文字资料和数千张图片资料,写了百多篇数十万字的论文草稿,发表了一百多篇论文。并且为此付出了沉重的代价和奋斗了一生。现在这部书写成和出版了,终于实现了我 30 多年前的愿望和一生的梦想。

本书是作者用毕生心血完成的。从而为爆炸焊接和爆炸复合材料提供了一整套全新的理论和实践。这部著作将成为它们和"内容简介"中所提及的众多学科、行业及领域的参考书、工具书与教科书。

爆炸焊接不仅是焊接技术的一大发展,而且是生产复合材料的一种高新技术。爆炸复合材料是材料科学及其工程应用的一个新的发展方向。为了适应我国科学技术和现代化建设的需要,爆炸焊接和爆炸复合材料应当在我国有一个大的发展。为此,在国家科技发展规划中应当占有一席之地。

郑远谋

2006 年 11 月 8 日

"后记"补遗(第三版)

1. 到此本书已出三版。为出此三版书,我付出了毕生的心血。现在终于可以说我较为理想地完成了这个我为之奋斗了一生的光荣、艰巨和意义重大的任务。

本书三版之后我决定不再续版。这是因为在现有的科技水平上,本书的结构(篇、章、节)已为爆炸焊接和爆炸复合材料的理论及实践确定了一个较为完美的也许没有比这更好的框架(篇、章、节)。其中的内容也较为全面和系统地囊括了这门学科的几乎所有的内容。经过二次补充和修改之后,本书也较为全面和理想地反映及表达了这门学科的全貌。实际上,一方面,本书是我一生独立研究的丰硕成果的集大成,又是我对从事这项工作的国内外同行几十年研究成果的全面和系统的总结,以及精辟和独到的提高。能够预言,这部著作将对爆炸焊接和爆炸复合材料,以及书前"内容简介"中所提及的众多学科、行业和领域的发展起一定的推动作用。另一方面,本书和作者近50年来的工作,仅仅是为这门应用科学和技术科学的发展及其工程应用奠定基础。今后,岁月悠悠和源远流长。

2. 随着时间的推移和工作的深入,今后无疑会出现更多和更好的物质及技术成果,但都会包括在本书的所有框架(篇、章、节)之内,从而充实、丰富和更新其中的内容,使本书更具科学性和时代性。

岁月不饶人。在这种情况下,我希望与我有相同学术观点的后来人和后来人的后来人,勤奋努力和奋斗不息。在取得丰硕成果之后,在我的书的框架(篇、章、节)基础上,并在我和我的继任人的授权下,为我的书续版,使其持续不断地出版下去。与时俱进。在多少年后,使本书具有当时更新的科学性和时代性。这样,不仅使本书继续代表我和代表后来人,而且继续代表我们的国家,向世界宣传和展示我国在此科技领域内持续不断地取得的丰硕成果。同时,向世界表明,为了这门学科的发展,中国人也持续不断地作出了自己的贡献。

3. 记得在上大学的时候,一位专业课的教授在给我们讲课时,讲述了一段极富哲理的话:会读书的人既能将薄书读厚,又能将厚书读薄。当年我对此很不理解。后来,在几十年的实践和研究中,我逐渐地领悟到了其中深长的寓意。不是吗? 50多年前,有关爆炸焊接的书籍和论文寥寥无几,其理论基础和实践经验几乎为零。就是在这样的基础之上,经过几年的实践和研究,我就对这门学科产生了许多新颖的想法和形成了许多独特的见解。与此同时,我制订了写作本书的计划。正是这样,后来经过了30多年的努力和奋斗,2002年初具规模的和厚厚的本书第一版问世了。再后来,又经过10多年的努力和奋斗,现在更厚和更好的本书第三版出版了。以上就是我倾已一生将爆炸焊接这门学科当初的"薄书"读到了如此厚度的过程。不言而喻,这也是我用一生的努力和奋斗理解及践行导师哲理的过程。

另一方面,我的书很厚和内容很多。但概括起来,无非就是这么几句话:爆炸焊接是利用炸药的能量,使同种、特别是异种金属材料之间,形成具有塑性变形、熔化和扩散,以及波形的界面特征,使它们"冶金结合",从而造成金属之间的焊接和生产金属复合材料的一种新工艺和新技术。厚厚的本书中的所有内容,就是为研究、阐述和论证这几句话的。如此的述说和理解,就是将这本厚书读"薄"了。"厚书"和"薄书",如此而已。愿天下的践行者在此道路上奋斗不息和终成正果。

4. 因此,在阅读和研究本书的过程中,只要抓住了这个"总纲"就抓住了主题和要领。于是,"纲举目张",即为了达到爆炸焊接的目的,只要在工艺上下功夫,然后检验其多种宏观和微观的性能,并为获得符合相应性能要求的"冶金结合"而调整工艺参数……如此反复几次,定能达到预期的目的。在这个过程中,收集、整理、分析、总结和提高所得到的所有图片、文字和数据资料。这些实践和理论上的所有成果,就形成了本学科和本书的基本内容。上述工作过程可参阅本书5.7章"爆炸焊接课题研究的程序"。所以,希望从事和即将从事本学科工作的人们,不要一看书很厚和内容很多,就担心看不懂、学不会和干不好。实际上,只要具备了一定的文化基础知识和基本的实践经验,就一定会看得懂、学得会和干得好。许多实例都证明了这一点。其实,能否看得懂、学得会和干得好,关键还在于首先要将此书读"薄",从而树立信心和坚定信念。其次,初学者还要掌握阅读本书的方法:先从头至尾翻阅一两遍,了解全书的基本内容;然后重点阅读"导言"、1.1、2.1、3.1和5.7等章节,了解爆炸焊接的发展历史、特点和前景,爆炸焊接的金属物理学过程和本质，爆炸焊接的能源和工艺参数，以及课题研究的程序；再阅读 3.2 章内相关产品的生产工艺、组织性能和工程应用；随着实践的深入和工作的需要再阅读和研究其他有关的内容，例如其金属物理学原理。这样，经过深入实践和刻苦学习，我相信读者会在一个不太长的时间内，就能深刻理解和得心应手地掌握及运用书中的知识与技术，并且在若干年后定能有所创新和有所发展。

5. 我在书前的"内容简介"中说："本书图文并茂和通俗易懂，集理论与实践、研究和应用，以及实用于一体"。的确如此。应当指出，本书很厚和内容很多，这是作者用毕生的时间和精力，将几十年来国内外成千上万篇文献中的精华，简明扼要地汇编在一起，并加以归纳、总结和提高，从而供从事这方面工作的同行们参考。这样不仅可以节省读者大量的翻阅文献的时间，而且使读者从一开始就能分门别类地和系统地学习及掌握这门学科各个组成部分的内容，从而走捷径、快速进入"角色"和收获立竿见影及事半功倍的效果。因此，我希望这本书能够成为大家不可多得的教科书、参考书和工具书。当然我也衷心希望胸怀壮志的读者们思维活跃、独立思考和独辟蹊径，在此广阔的科技领域里扬鞭跃马和纵横驰骋，开创出另一番新天地。

6. 我在"前言"中说："这本书出版之后，希望读者一书在手能融会贯通和运用自如，并且在前人的基础上承前启后和推陈出新，为我国爆炸焊接和爆炸加工事业的发展作出自己最大的贡献。"这是我的殷切期望和写这本书的最终目的。为此，我再次希望今后有更多的有志者进入这个科技领域，并且人才辈出和硕果累累。在科学技术的发展中，无限风光在险峰，祝愿那些不畏艰险和勇敢攀登的人们登上科学技术的高峰。在此过程中，本书如能助这些人们一臂之力，我便会深感满足和荣幸。

7. 我这一生有两大愿望和目标。其中之一就是高水平和高质量地出版这部具有重大理论和实用价值的著作。经过 40 多年的努力和奋斗，现在这个愿望终于实现了，目标终于达到了。为此我很是欣慰。同时，自 2002 年本书第 1 版和 2007 年第 2 版出版以来(也许还应该从 20 世纪 80 年代以来我发表的 100 多篇论文算起)，在读者和同行中反映良好且效果良好。对此我更是欣慰——我这一生的辛劳和付出没有白费，心愿和期望没有落空。本书(实为第 3 版)出版后希望大家喜欢并请提出宝贵意见。

8. 在此着重指出，本书从金属物理学的基本原理出发，几十年来，首次清晰和准确地描述了爆炸焊接的全过程(包括结合区波形成的全过程)，全面和系统地论述了爆炸焊接的原理与应用，为这门学科提出了一整套全新的和正确的理论及实践。另外，本书所体现的金属物理学学派的工作和成果，为这门学科的研究和发展，为金属物理学学派理论体系的建立及完善，作出了决定性的贡献。因此，本书具有巨大的和不可磨灭的理论及实用价值。并且，本书所阐述的理论和实践的存续时间，将与爆炸焊接研究和爆炸复合材料生产及其应用的存续时间并驾齐驱、相互依存和相互促进而与世长存，从而以其神奇的英姿光耀在世界科学技术的百花园中。

9. 能够预言，不论还要经过多长的时间，还要引起多大的争论和还要经过多少曲折及反复，金属物理学学派的理论体系终将确立，并终将取代错误的和过时已久的流体力学"理论"。这个历史的潮流浩浩荡荡，这个历史的结局不可阻挡——不论什么人、什么单位、什么组织和什么力量，都无法抗拒。

本书为上述目的所讨论的问题和所提出的理论，是一次大胆的和挑战性的尝试，愿国内外的专家和学者们评说。

10. 为出此第 3 版书，我准备了 4 年多的时间。为此，我又收集到了 1000 多篇参考文献，其中对 700 多篇做了文摘并将其编进了书里。从这些参考文献中，我不仅看到了我国本行业的专家、学者和科技人员几十年来做了大量工作，取得了丰硕的物质和技术成果；而且看到了在我国，这门学科、行业和领域获得了前所未有的快速发展而为世界所瞩目。这一切既让我欣喜和引以自豪，又使我能逐渐忘却那个难以忘却的年代所遭受到的屈辱和痛苦。爆炸焊接大有作为，爆炸复合材料前程似锦。让我们共同努力，迎接更加美好的未来。

郑远谋

2014 年 11 月 8 日

作者简介
Brief Introduction of Author

郑远谋(Zheng Yuanmou)，男，1942 年 11 月生，湖北咸宁人，高级工程师。1966 年毕业于中南大学材料科学与工程系。原广东省鹤山市新技术应用研究所所长，中国有色金属学会会员，中国复合材料学会会员，中国汽车工程学会会员，中国工程爆破协会会员，联合国(TIPS)中国广州局专家顾问委员会专家。自 1970 年起从事爆炸焊接新技术的研究和爆炸复合新材料的生产工作。50 多年来，在该领域中取得了大量的物质和技术成果，并在爆炸焊接的金属物理学原理的探讨中有精深研究和独到见解。先后主持和参与了多个科研课题的研究，并获得多项国家级科技进步奖和省部级科技成果奖。"爆炸焊接铝合金复合钎料的制造方法"等获国家发明专利。多次参加全国性和地区性的爆炸加工、焊接、复合材料、相图及理化检验等学术会议。主要著述有专著《爆炸焊接和金属复合材料及其工程应用》(2002 年、中南大学出版社)，专著《爆炸焊接和爆炸复合材料的原理及应用》(2007 年、中南大学出版社)，专著《爆炸焊接和爆炸复合材料》(2017 年、国防工业出版社)，专著《爆炸焊接和爆炸复合材料手册》(2024 年、中南大学出版社)。编写了《焊接手册》(1992 年第一版、2001 年第二版、2008 年第三版、2016 年第三版修订本，机械工业出版社)和《焊接词典》(1985 年、机械工业出版社)两书中"爆炸焊"一章。编写了《中国材料工程大典》(2005 年、化学工业出版社)一书中"爆炸焊"和"爆炸复合材料"两部分。迄今发表论文 100 多篇。

联系电话：13660668994　18127872745

学(问)(技)术等身和学富五车
——郑远谋和他写的书,以及发表他 100 多篇
论文的杂志在一起。

自娱、自嘲。　　　　广东鹤山　2004.2